Sixth Edition

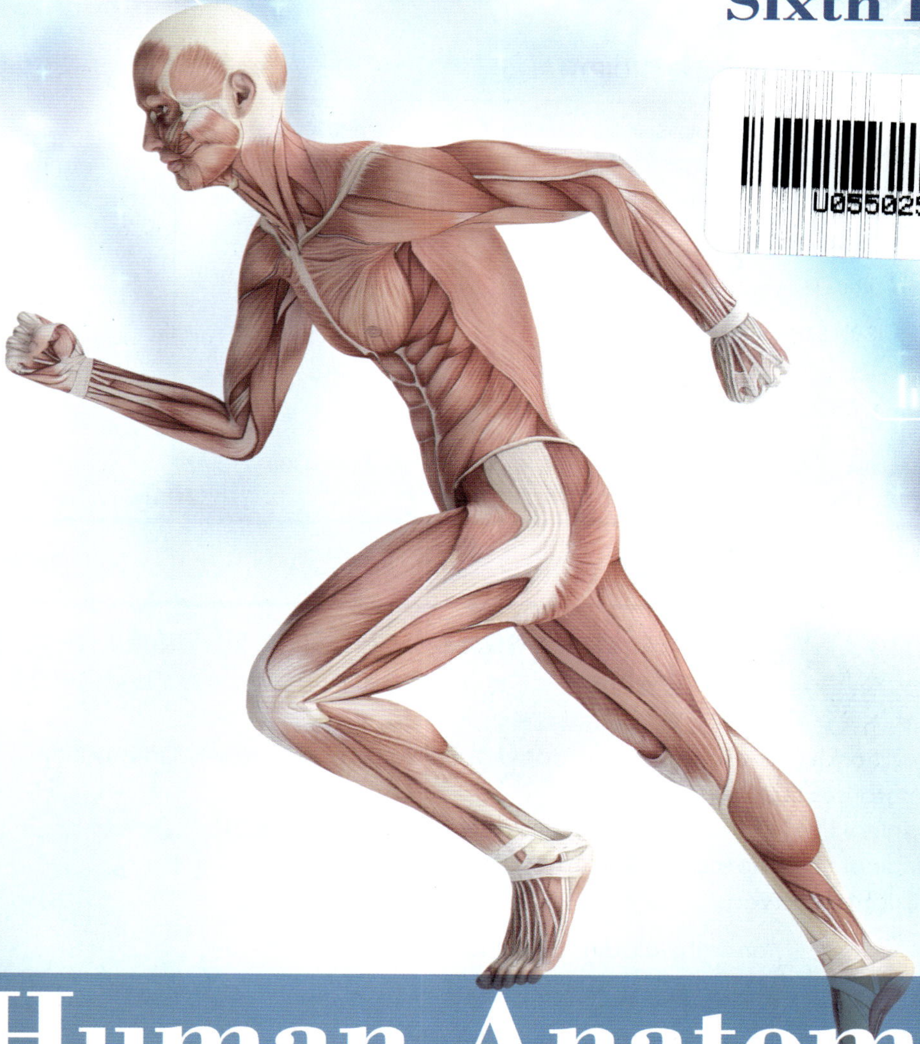

Human Anatomy

人體解剖學

Kenneth Saladin · Christina A. Gan 著
王懷詩 · 周光儀 · 馮琮涵 · 李靜恬 譯

Mc Graw Hill
東華書局

國家圖書館出版品預行編目(CIP)資料

人體解剖學 / Kenneth Saladin, Christina A. Gan 著 ; 王懷詩, 周光儀, 馮琮涵, 李靜恬譯. – 初版. -- 臺北市 : 美商麥格羅希爾國際股份有限公司臺灣分公司, 臺灣東華書局股份有限公司, 2021. 05

面 ; 公分

譯自 : Human anatomy, 6th ed.

ISBN 978-986-341-484-1 (平裝)

1. CST: 人體解剖學

394 111004130

人體解剖學

作　　者　Kenneth Saladin, Christina A. Gan

譯　　者　王懷詩　周光儀　馮琮涵　李靜恬

合作出版　美商麥格羅希爾國際股份有限公司台灣分公司

暨發行所　104105 台北市中山區南京東路三段 168 號 15 樓之 2

客服專線 : 00801-136996

臺灣東華書局股份有限公司

100004 台北市中正區重慶南路一段 147 號 3 樓

TEL: (02) 2311-4027　FAX: (02) 2311-6615

劃撥帳號 : 00064813

門市 : 100004 台北市中正區重慶南路一段 147 號 1 樓

TEL: (02) 2371-9320

總 經 銷　臺灣東華書局股份有限公司

出版日期　西元 2022 年 5 月　初版一刷

ISBN : 978-986-341-484-1

關於作者

KENNETH SALADIN 教授是喬治亞州立大學和喬治亞學院的生物學榮譽教授。他在密西根州立大學獲得動物學學士學位，然後在佛羅里達州立大學獲得寄生蟲學博士學位。他在 1977 年受聘於喬治亞學院擔任教職。他的授課包括人體解剖學和生理學、醫學生理學入門、組織學、醫學預科討論會以及動物行為等。他是人體解剖學和生理學協會、美國解剖學協會、美國生理學協會、整合與比較生物學協會以及美國科學發展協會的會員。他出版過最暢銷的教科書《解剖與生理學：形式與功能的統一》，他並且和 Robin McFarland 合著了《解剖與生理學要點》。Kenneth 教授用出版教科書的收入來資助加拉帕戈斯群島的生態系統保護和恢復，並支持加拉帕戈斯群島的查爾斯·達爾文研究站，也出資改造和裝備喬治亞學院的解剖學實驗室，資助榮譽計劃和學院的自然歷史博物館，同時也資助多個學生獎學金，並擔任該學院的生物醫學和醫學預科講座教授。Kenneth 教授和他的妻子黛安 (Diane) 居住在喬治亞州 Milledgeville，他們的兩個成年子女居住在北卡羅來納州。

©Tim Vacula

CHRISTINA A. GAN 女士是 Connect 問題庫和測試庫的數位作者，她自 2004 年以來一直在華盛頓州 Highline 學院教授解剖學、生理學、微生物學和普通生物學。在此之前，她在奧瑞岡州 Medford 郡的 Rogue 社區大學任教 6 年。Gan 女士從 Humboldt State University 獲得生物學碩士學位，專門研究各種鮭魚體中的粒線體 DNA 的遺傳變異，她也是人類解剖與生理學會的會員。當她不在教室或是開發數位媒體時，她熱愛在整個西北太平洋地區進行爬坡、登山、滑雪、皮划艇、帆船、騎自行車和山地自行車的活動。

©Chris Gan/Yuen Lui Studios

學習指引

為視覺學習者的教學作品

拉丁的驚艷插圖和照片吸引了那些視自己為「視覺學習者」的學生。

生動的插圖 具有豐富的質感，對比鮮明，色彩明亮，使解剖學活潑生動。

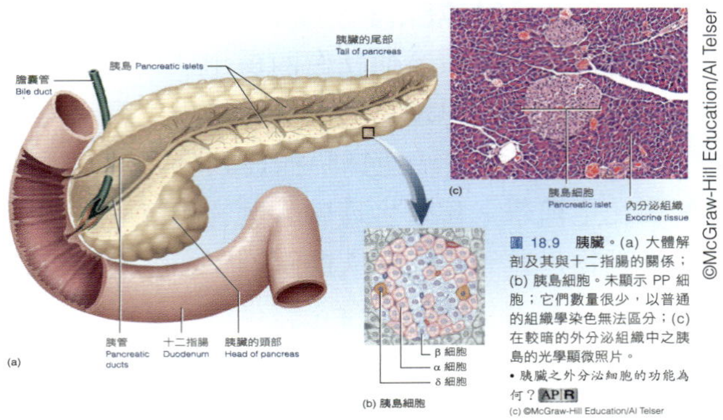

圖 18.9 胰臟。(a) 大體解剖及其與十二指腸的關係；(b) 胰島細胞。未顯示 PP 細胞；它們數量很少，以普通的組織學染色無法區分；(c) 在較暗的外分泌組織中之胰島的光學顯微照片。

• 胰臟之外分泌細胞的功能為何？APR

(c) ©McGraw-Hill Education/Al Telser

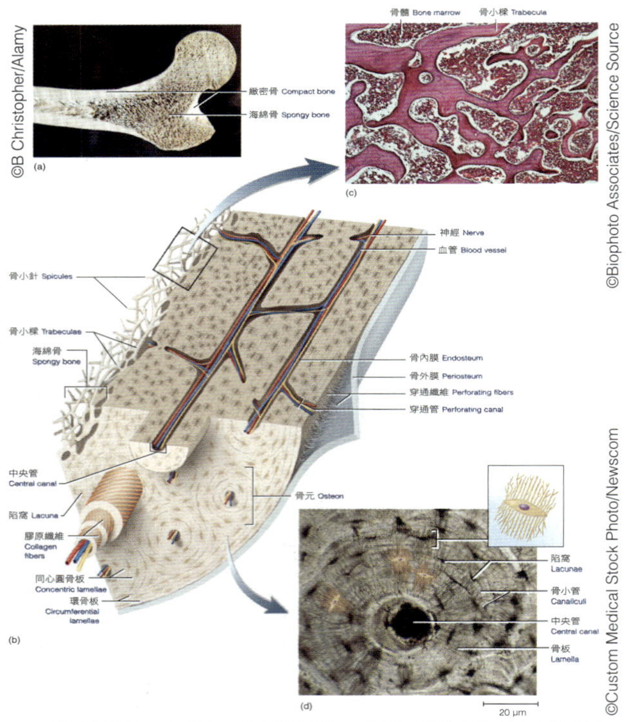

圖 6.4 骨組織的組織學。(a) 股骨額切面的緻密骨和海綿骨；(b) 骨骼的三維結構。錯開一個骨元的骨板以顯示交替排列的膠原纖維；(c) 海綿骨和骨髓的顯微外觀；(d) 緻密骨橫切面的顯微外觀。APR

• 哪種類型的骨組織具有更多的破骨細胞作用表面積？

(a) ©B Christopher/Alamy, (c) ©Biophoto Associates/Science Source, (d) ©Custom Medical Stock Photo/Newscom

過程圖 將相關的步驟編號與內文中描述的編號相應。

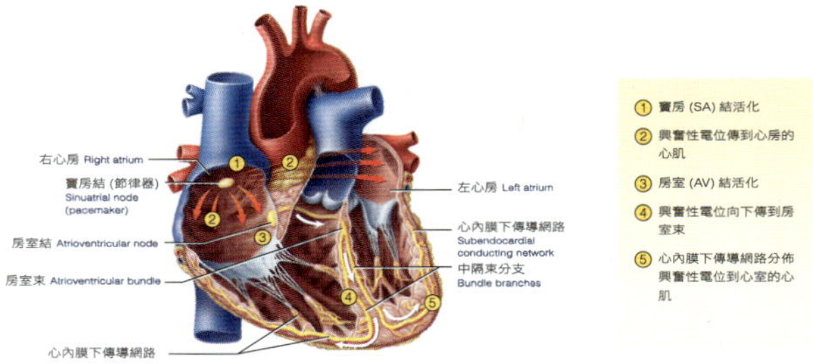

圖 20.13 心臟傳導系統。電信號沿著箭頭所指的路徑行進。

• 哪一個心房最先收到誘發心房收縮的信號？

方位工具　例如解剖學上的解剖切面和解剖藝術上的指南針，說明觀察構造的角度。

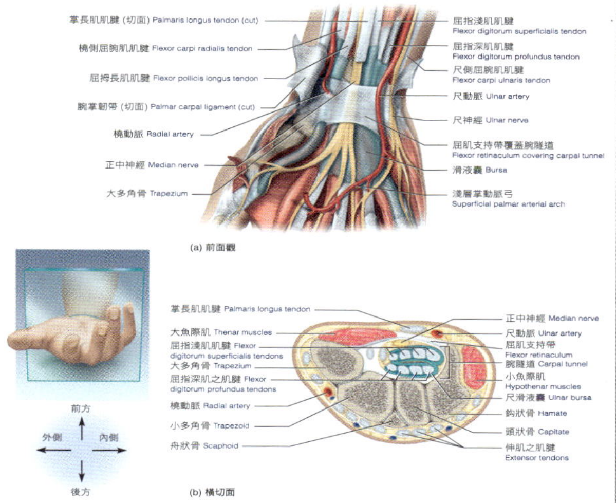

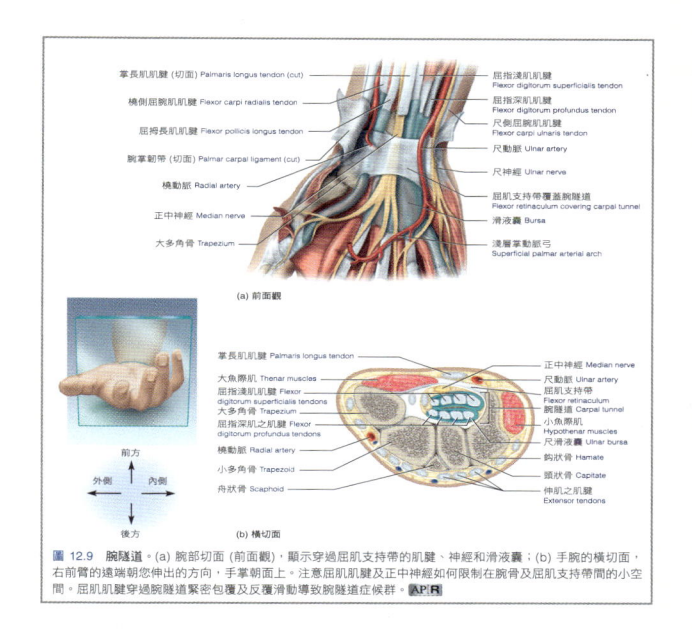

圖 12.9　**腕隧道**。(a) 腕部切面 (前面觀)，顯示穿過屈肌支持帶的肌腱、神經和滑液囊；(b) 手腕的橫切面，右前臂的遠端朝您伸出的方向，手掌朝面上。注意屈肌肌腱及正中神經如何限制在腕骨及屈肌支持帶間的小空間。屈肌肌腱穿過腕隧道緊密包覆及反覆滑動導致腕隧道症候群。APR

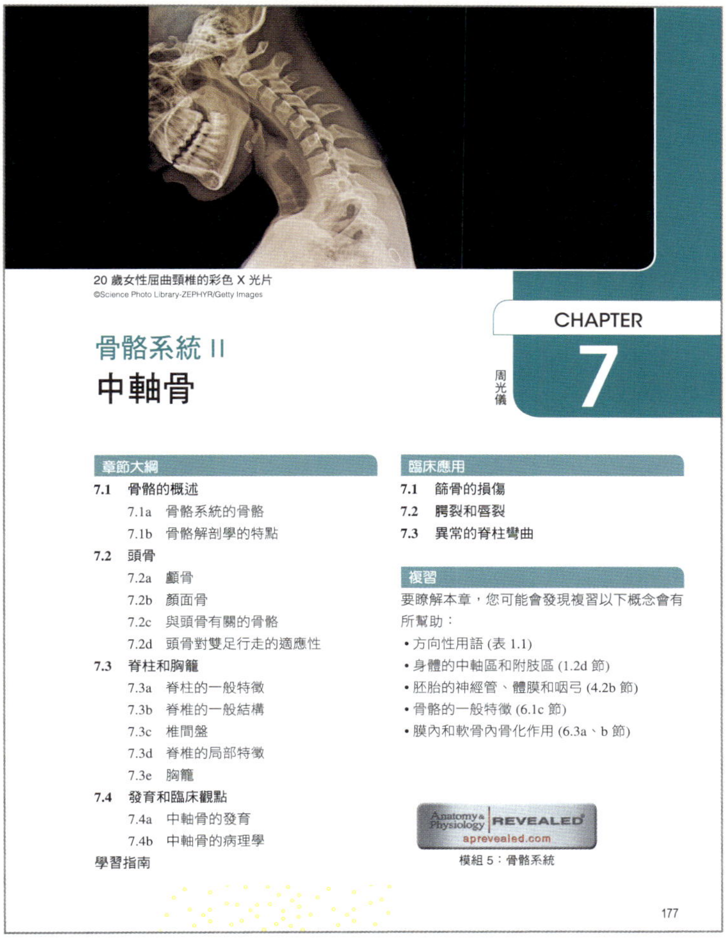

20 歲女性屈曲頸椎的彩色 X 光片
©Science Photo Library-ZEPHYR/Getty Images

CHAPTER 7

骨骼系統 II
中軸骨

周光儀

章節大綱
7.1 骨骼的概述
7.1a 骨骼系統的骨骼
7.1b 骨骼解剖學的特點
7.2 頭骨
7.2a 顱骨
7.2b 顏面骨
7.2c 與頭骨有關的骨骼
7.2d 頭骨對雙足行走的適應性
7.3 脊柱和胸籠
7.3a 脊柱的一般特徵
7.3b 脊椎的一般結構
7.3c 椎間盤
7.3d 脊椎的局部特徵
7.3e 胸籠
7.4 發育和臨床觀點
7.4a 中軸骨的發育
7.4b 中軸骨的病理學
學習指南

臨床應用
7.1 篩骨的損傷
7.2 腭裂和唇裂
7.3 異常的脊柱彎曲

複習
要瞭解本章，您可能會發現複習以下概念會有所幫助：
• 方向性用語 (表 1.1)
• 身體的中軸區和附肢區 (1.2d 節)
• 胚胎的神經管、體膜和咽弓 (4.2b 節)
• 骨骼的一般特徵 (6.1c 節)
• 膜內和軟骨內骨化作用 (6.3a、b 節)

Anatomy & Physiology REVEALED
aprevealed.com
模組 5：骨骼系統

177

學習心理學

薩拉丁 (Salatin) 在教授人體解剖學和組織學方面已有40年的經驗，他知道如何有效教學，並將這些方法納入了人體解剖學的教學法中。

章節之預習和複習的結構

章節大綱　提供內容預習並有助於複習和學習。

臨床應用　通過顯示核心科學的臨床相關性引起學習健康科學學生的興趣。

複習　使學生想起前幾章與目前正在學習的章節之相關性。

解剖與生理學的 REVEALED®
圖標指示此互動式大體解剖程式的哪個區域對應於本章主題。

9.1 關節及其分類

預期學習成果

當您完成本節後，您應該能夠

a. 解釋什麼是關節，如何命名，以及它們有什麼功能；

b. 命名和描述四大類關節；

c. 命名一些關節……得堅固的融合……

d. 描述三種類型……明；

e. 區分三種類型……

f. 描述軟骨關節……明。

在你繼續閱讀之前

回答下列問題，以檢驗你對上節內容的理解：

1. 關節學和運動學的區別是什麼？
2. 解釋骨性接合、微動關節和不動關節之間的區別。
3. 舉例說明年齡的增長，關節形成骨性接合。
4. 定義縫合、釘狀關節和韌帶聯合，並解釋這三種關節的共同點。
5. 說出三種類型的縫合，並說明它們的區別。
6. 說出兩個軟骨聯合和兩個聯合的名稱。

強化學習

每個部分都是一個概念上統一的主題，介於兩個學習「書擋」之間，起端是一組學習目標，終端是一組複習和自我測驗的問題。每個部分都有編號，方便在授課、作業和輔助材料中做為參考。這些「書擋」為學生提供可在短時間內完成閱讀的簡短，易於消化的樂觀印象。

預期學習成果　可讓學生預習接下來幾頁要學習的關鍵重點。

在你繼續閱讀之前　提示學生在繼續學習新材料之前暫停一下，先檢視對前幾頁的掌握程度。

建立詞彙

多項功能可幫助學生提高醫療詞彙水平。

發音指南　正確的發音是記住和拼寫術語的關鍵。薩拉丁提供簡單直觀的發音指南，幫助學生剋服這一障礙，並擴大學生的醫療詞彙適宜範圍。

單詞起源　通過熟悉常用的單詞詞根、詞首和詞尾，可以提高對醫學術語的準確拼寫和洞察力。

注釋　在整個章節中的頁末可幫助構建學生的單詞元素工作詞典。書末詞彙表提供最重要或常用術語清晰的定義。

凡是兩塊骨頭相接的點稱為**關節 (關節連接)**[joint (articulation)]，無論該介面的骨骼是否可以活動。關節結構、功能和功能障礙的科學稱為**關節學** (arthrology)[1] 研究肌肉骨骼運動的是**運動學** (kinesiology)[2] (kih-NEE-see-OL-oh-jee)。這是**生物力學** (biomechanics) 的一個分支，它涉及身體的各種運動和機械過程，包括血液循環、呼吸作用和聽覺的物理學。

1 *arthro* = joint 關節；*logy* = study of 研究
2 *kinesio* = movement 運動；*logy* = study of 研究

建立您的醫學詞彙　每章末尾的練習可幫助學生創造性地利用他們對新醫學單詞元素的知識。

建立您的醫學詞彙

說出每個詞彙的含意，並從本章中給出一個使用該詞彙的醫學專有名詞或稍微改變該詞彙。

1. haplo-
2. gameto-
3. zygo-
4. tropho-
5. cephalo-
6. gyneco-
7. -genesis
8. syn-
9. meso-
10. terato-

答案在附錄 A

自我評估工具

薩拉丁為學生提供了豐富的機會來評估他們對概念的理解。從簡單的回憶到分析評估的各種問題涵蓋了布魯姆教育目標分類法 (Bloomís Taxonomy of Educational Objectives) 中所有的六個認知層次。

在你繼續閱讀之前 的問題是測試簡單回憶和淺顯解釋前幾頁中所讀的內容。

應用您的知識 測試學生思考所閱讀的更深層次含義或臨床應用的能力。

應用您的知識

瑪莎正在向她的同事展示她未出生的嬰兒的超音波檢查圖像。她的朋友貝蒂告訴她，她不應該做超音波檢查，因為 X 光會導致先天缺陷。貝蒂的擔憂是否成立？請說明。

在你繼續閱讀之前

回答下列問題，以檢驗你對上節內容的理解：

12. 從什麼意義上來說自然流產可以被認為是一種保護機制？
13. 突變和染色體不分離都會造成染色體異常。它們之間有什麼區別？
14. 為什麼胎兒在 30 天時暴露於致畸物的情況下比在 10 天時暴露於致畸物更容易生出解剖構造缺陷的嬰兒？

回憶測試 在每章的結尾提供了 20 題簡單的回憶問題，以測試對術語和基本概念的記憶。

這些陳述有甚麼問題？ 要求學生簡潔地解釋為什麼敘述不正確。

測試您的理解力 問題是臨床應用和其他解釋性論文問題，需要學生將本章的基礎科學應用於臨床或其他情況。

圖解問題 在許多圖解中促使學生解釋插圖並將其應用到閱讀中。

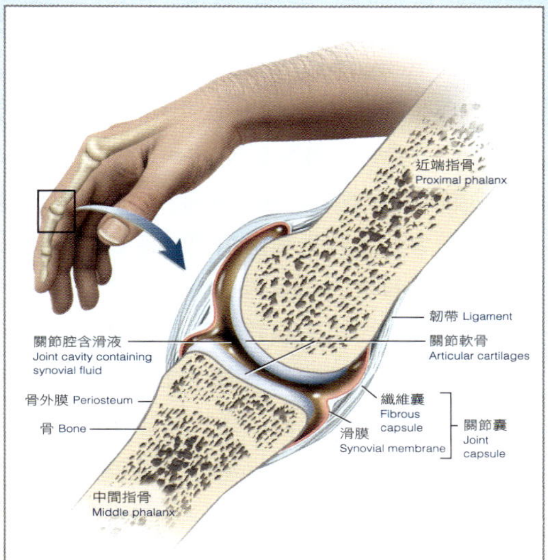

圖 9.4 **簡單滑液關節的構造**。大多數滑液關節都比這裡所顯示的指間關節複雜。

• 為什麼半月板在指間關節中是不必要的？

回憶測試

1. 在第二腰椎 (L2) 以下，何者會占據脊椎管腔
   a. 終絲　d. 脊髓圓錐
   b. 下行神經徑　e. 馬尾
   c. 薄束
2. 下列何者，不是由臂神經叢所發出
   a. 腋神經　d. 正中神經
   b. 橈神經　e. 尺神經
   c. 閉孔神經
3. 在硬膜和脊椎骨之間，最有可能找到何種組織
   a. 蜘蛛膜　d. 脂肪組織
   b. 齒狀韌帶　e. 海綿骨
   c. 軟骨
4. 下列何者傳送維持姿勢的運動訊息？
   a. 薄束　d. 前庭脊髓徑
8. 包覆神經最外層的結締組織稱為
   a. 神經外膜　d. 蜘蛛膜
   b. 神經周膜　e. 硬膜
   c. 神經內膜
9. 在肋骨之間的肋間神經，從哪個脊髓神經叢發出？
   a. 頸神經叢　d. 薦神經叢
   b. 臂神經叢　e. 以上皆非
   c. 腰神經叢
10. 所有的軀體反射都具有以下所有特性，何者除外
    a. 傳導很快　d. 非意識控制的
    b. 單突觸的　e. 是制式的
    c. 需要刺激
11. 在中樞神經系統外，神經元的神經細胞本體聚集

這些陳述有什麼問題？

簡要說明下列各項陳述為什麼是假的，或將其改寫為真。

1. 骨骼肌是唯一的橫紋肌類型。
2. 骨骼肌纖維很長，它們必須沿其長度受到數條神經纖維的刺激才能有效收縮。
3. 橫紋肌的 I 帶主要是由肌凝蛋白所組成。
4. 心肌細胞是抗疲勞及氧化型慢肌的類型。
5. 一個運動神經元只能支配一條肌纖維。
6. 要啟動平滑肌收縮，鈣離子必須與旋轉肌球素結合。
7. 眨眼反射需依賴紅色的第 I 型肌纖維。
8. 每個骨骼肌由一個運動單位支配，而每個運動單位僅支配一個肌肉。
9. 放鬆時，骨骼肌的血管比起收縮時更具波浪或彎曲。
10. 鍛鍊良好的肌肉通常會透過增加新的肌纖維來增加厚度。

答案在附錄 A

測試您的理解力

1. 喬納森 (Jonathan) 6 歲，出生時骨骼肌粒線體存在缺陷，稱為*粒線體肌病* (mitochondrial myopathy)。此異常徵象之一是，病患眼睛朝著不同的方向瞄準，並且一生中都有雙重視力。請解釋為什麼這可能是由粒線體缺陷引起的，並預測相同原因喬納森可能具有的其他一些徵象或症狀。
2. 如果肌纖維沒有彈性，對肌肉系統功能的後果是什麼？若肌肉不能伸展該怎麼辦？
3. 對於以下每對肌肉，請說明您認為哪種肌肉具有較高比例的糖解型快肌纖維：(a) 使眼睛移動的肌肉或開始吞嚥的上咽肌肉。(b) 仰臥起坐時使用的腹部肌肉或是手寫時使用的肌肉。(c) 舌頭的肌肉或肛門的骨骼肌括約肌。請解釋每個答案。
4. 雞能短途飛行，而鴨則以遠距離季節性遷徙而聞名。其中一隻鳥的胸肉之飛行肌肉通常被稱為「白肉」，而另一隻鳥的胸肉之飛行肌肉被稱為「紅肉」。請分辨分別為何種鳥類，並解釋為何這兩種鳥類在這方面如此不同。
5. 桑德拉 (Sandra) 是大學女子棒球隊的獎學金運動員，並以快球而聞名。她在酒吧飛鏢上的精湛技巧也使她受到朋友的欽佩。有關運動單位的作用方式以及不同類型，請解釋她在玩飛鏢和投球之間的力量差異。

臨床應用 **14.2**

脊髓灰質炎和肌肉萎縮性脊髓側索硬化症

脊髓灰質炎 (poliomyelitis)[14] *和肌肉萎縮性脊髓側索硬化症* (amyotrophic lateral sclerosis[15], ALS) 是兩種運動神經元破壞引起的疾病。由於缺乏神經的支配，骨骼肌會逐漸萎縮。

脊髓灰質炎 (又稱為小兒麻痺症) 是由脊髓灰質炎病毒，破壞腦幹和脊髓前角中的運動神經元所引起。脊髓灰質炎的病徵包括肌肉疼痛、無力、喪失反射、麻痺、肌肉萎縮，有時呼吸驟停。病毒會通過受糞便污染的水傳播。從歷史上看，許多患上脊髓灰質炎的兒童，多來自受病毒污染的公共游泳池。一時間，小兒麻痺症疫苗的研發，幾乎消除了新病例，但這種疾病在一些國家由於反疫苗接種政策，又重新出現。

肌肉萎縮性脊髓側索硬化症 (ALS)，或稱為漸凍症，也被稱為盧・蓋瑞格氏病 (Lou Gehrig[16] disease)，自從這位棒球選手罹患此病之後。此病症不僅有運動神經元退化和肌肉萎縮等病徵，而且還有脊髓側索區域硬化的現象，因此得名。大多數情況發生在星狀膠細胞無法從組織液中重新吸收谷胺酸鹽的神經傳遞物質，進而使其積累在體液中，產生神經毒性。ALS 的早期病徵包括肌肉無力以及説話、吞嚥和手部運動困難。感官與智力功能不受影響，如天體物理學家和暢銷書作家史蒂芬・霍金 (Stephen Hawking)(圖 14.7)，他在大學時被 ALS 折磨，儘管幾乎完全癱瘓，但他的疾病進展緩慢，在智力上沒有減弱，並能借助語音合成器和電腦與人溝通。可悲的是，很多人很快就會認為那些罹患此病的人，無法運動也無法交流自己的想法和感受。對於患病者而言，這可能比喪失運動功能，更難以忍受。

圖 14.7 史蒂芬・霍金 (1942~2018) 他説：「當我第一次被診斷患有肌肉萎縮性脊髓側索硬化症 (ALS)，醫生説我只剩兩年的壽命。45 年後的現在，我做得非常好」(來源：CNN 於 2010 年的訪談)。
©Geoff Robinson Photography/REX/Shutterstock

臨床討論合宜

臨床應用　論文涵蓋了基礎科學的臨床相關性。

目錄

關於作者 iii

學習指引 iv

PART 1

身體的架構
Organization of the Body

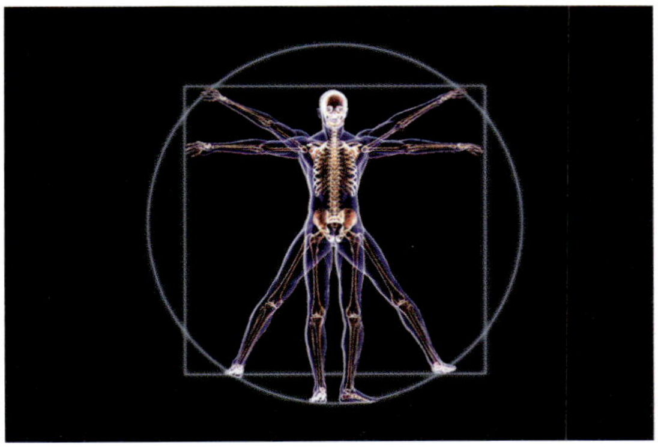

©Devrimb/Getty Images

CHAPTER 1

人體解剖學 1

1.1 人體解剖學的觀察 2

1.2 身體的架構 8

1.3 解剖學專有名詞 22

CHAPTER 2

細胞學——細胞的探索 29

2.1 細胞的探索 30

2.2 細胞表面 36

2.3 細胞內部 47

2.4 細胞生命週期 56

CHAPTER 3

組織學——探索組織 64

3.1 探索組織 65

3.2 上皮組織 67

3.3 結締組織 74

3.4 神經和肌肉組織—興奮性組織 86

3.5 腺體和膜 89

3.6 組織生長、發育、修復和死亡 94

CHAPTER 4

人體發育 100

4.1 配子生成與受精 101

4.2 產前發育階段 103

4.3 臨床觀點 118

PART 2

支持與運動
Support and Movement

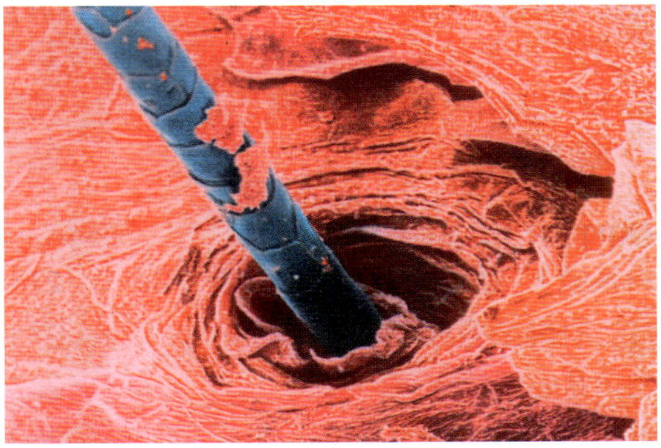

©SPL/Science Source

CHAPTER 5

體被系統 125

5.1 皮膚和皮下組織 126

5.2 毛髮和指甲 136

5.3 皮膚腺體 141

5.4 發育和臨床觀點 144

CHAPTER 6
骨骼系統 I：骨組織 **153**
6.1 骨骼系統的組織和器官 154
6.2 骨組織學 157
6.3 骨骼發育 162
6.4 骨骼的構造性疾病 169

CHAPTER 7
骨骼系統 II：中軸骨 **177**
7.1 骨骼的概述 178
7.2 頭骨 181
7.3 脊柱與胸籠 195
7.4 發育和臨床觀點 206

CHAPTER 8
骨骼系統 III：附肢骨 **215**
8.1 肩胛帶和上肢 216
8.2 骨盆帶和下肢 222
8.3 發育和臨床觀點 234

CHAPTER 9
骨骼系統 IV：關節 **240**
9.1 關節及其分類 241
9.2 滑液關節 245
9.3 選定的滑液關節解剖學 258
9.4 臨床觀點 267

CHAPTER 10
肌肉系統 I：肌肉細胞 **274**
10.1 肌肉類型與功能 275
10.2 骨骼肌細胞 277
10.3 非隨意肌的類型 289
10.4 發育和臨床觀點 292

CHAPTER 11
肌肉系統 II：中軸肌肉 **299**
11.1 肌肉結構的組成 300
11.2 肌肉、關節及槓桿 305
11.3 骨骼肌的學習方法 308
11.4 頭頸部肌肉 313
11.5 軀幹肌肉 324

CHAPTER 12
肌肉系統 III：附肢肌肉 **338**
12.1 作用於肩部及上肢的肌肉 339
12.2 作用於髖部及下肢的肌肉 354
12.3 肌肉損傷 369

圖譜
區域和表面解剖學圖集 **374**
A.1 簡介 375
A.2 本圖集的使用 375

PART 3

整合與控制
Integration and Control

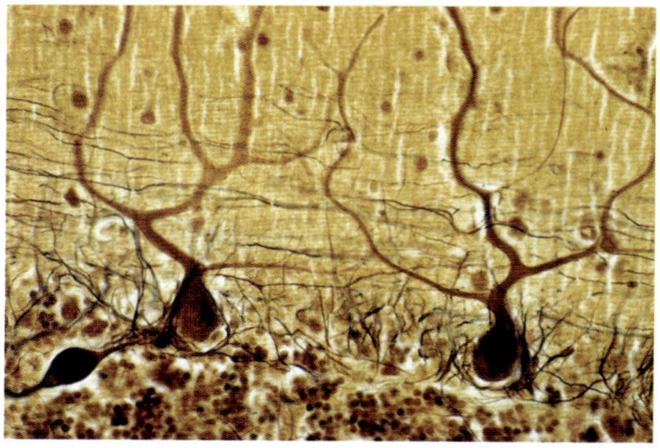

©Stephen Durr

CHAPTER 13
神經系統 I：神經組織 **396**
13.1 神經系統的概述 397
13.2 神經細胞 399
13.3 支持細胞 404
13.4 突觸和神經迴路 409
13.5 發育和臨床觀點 414

CHAPTER 14
神經系統 II：脊髓與脊神經 **420**
14.1 脊髓 421

14.2 脊神經 431
14.3 軀體反射 444
14.4 臨床觀點 446

CHAPTER 15
神經系統 III：腦部和腦神經 451
15.1 腦部的概述 452
15.2 後腦和中腦 460
15.3 前腦 469
15.4 腦神經 486
15.5 發育和臨床觀點 498

CHAPTER 16
神經系統 IV：自主神經系統和內臟反射 503
16.1 自主神經系統的一般屬性 504
16.2 自主神經系統的解剖構造 508
16.3 自主神經的作用 516
16.4 發育和臨床觀點 521

CHAPTER 17
神經系統 V：感覺器官 525
17.1 感受器類型和一般感覺 526
17.2 化學感覺 533
17.3 耳朵 538
17.4 眼睛 550
17.5 發育和臨床觀點 563

CHAPTER 18
內分泌系統 570
18.1 內分泌系統概述 571
18.2 下丘腦及腦下垂體 573
18.3 其他內分泌腺 579
18.4 發育和臨床觀點 590

PART 4
保持
Maintenance

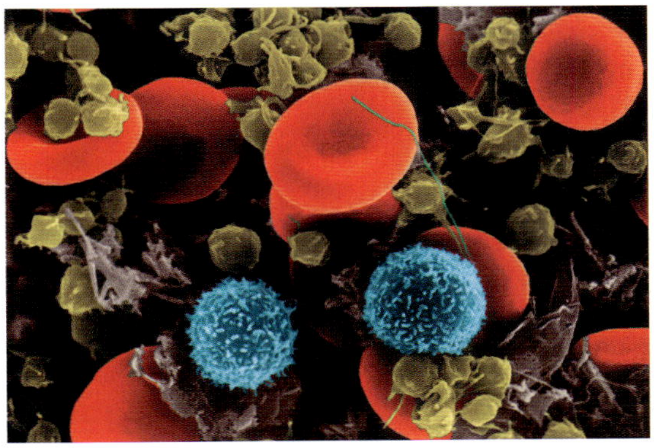
©Science Photo Library/Alamy Stock Photo

CHAPTER 19
循環系統 I：血液 597
19.1 簡介 598
19.2 紅血球 601
19.3 白血球 606
19.4 血小板 613
19.5 臨床觀點 615

CHAPTER 20
循環系統 II：心臟 621
20.1 心血管系統概述 622
20.2 心臟的大體解剖學 624
20.3 冠狀循環 632
20.4 心臟傳導系統與心肌 634
20.5 發育和臨床觀點 641

CHAPTER 21
循環系統 III：血管 648
21.1 血管的解剖學 649
21.2 肺循環 659
21.3 中軸區的體循環血管 660
21.4 附肢區的體循環血管 677
21.5 發育和臨床觀點 688

CHAPTER 22
淋巴系統及免疫 **695**
22.1 淋巴和淋巴管 696
22.2 淋巴球、組織及器官 701
22.3 與免疫有關的淋巴系統 711
22.4 發育和臨床觀點 714

CHAPTER 23
呼吸系統 **721**
23.1 呼吸系統概述 722
23.2 上呼吸道 723
23.3 下呼吸道 729
23.4 呼吸的神經肌肉面 737
23.5 發育和臨床觀點 741

CHAPTER 24
消化系統 **748**
24.1 消化過程及一般解剖構造 749
24.2 從口腔到食道 754
24.3 胃 761
24.4 小腸 766
24.5 大腸 770
24.6 消化的附屬腺體 772
24.7 發育和臨床觀點 780

CHAPTER 25
泌尿系統 **786**
25.1 泌尿系統的功能 787
25.2 腎臟 788
25.3 輸尿管、膀胱和尿道 800
25.4 發育和臨床觀點 802

PART 5
生殖
Reproduction

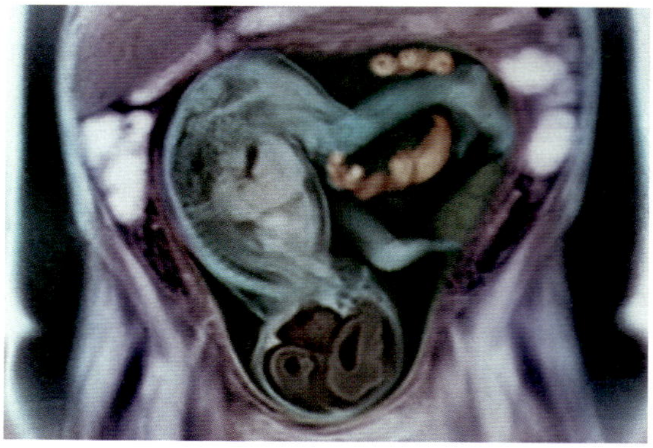

©Simon Fraser/Science Source

CHAPTER 26
生殖系統 **809**
26.1 有性生殖 810
26.2 男性生殖系統 813
26.3 女性生殖系統 826
26.4 生殖系統的發育及老化 841

附錄 A **854**
附錄 B **869**
詞彙表 **876**
中文索引 **906**
英文索引 **928**

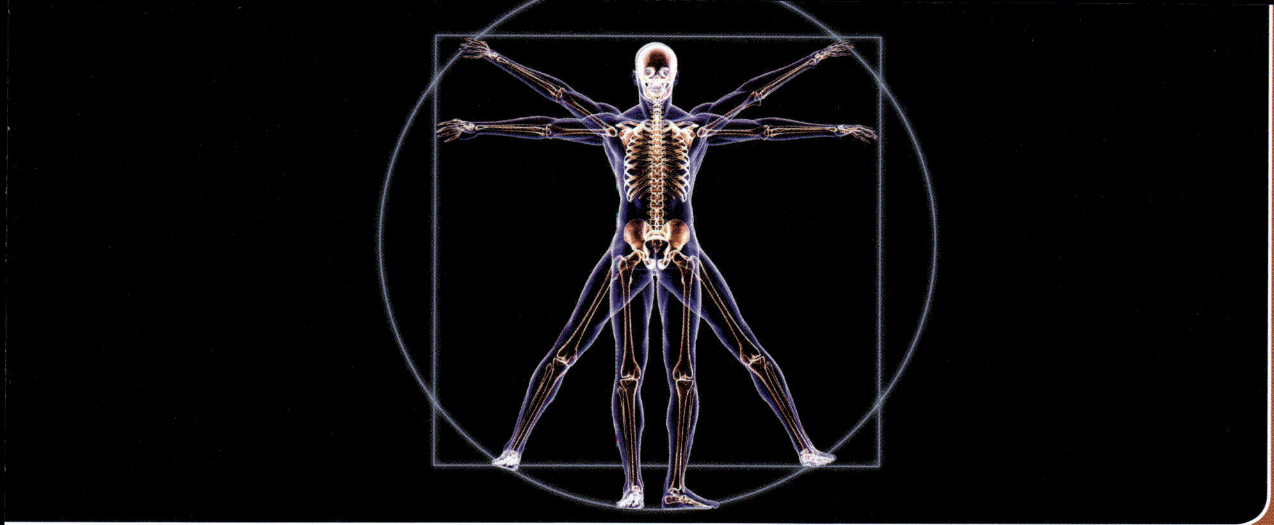

達文西的維特魯威人 (Leonardo da Vinci's *Vitruvian Man*) 風格的彩色人體骨骼 X 光圖片

PART 1

CHAPTER 1

人體解剖學

王懷詩

章節大綱

1.1 人體解剖學的觀察
- 1.1a 解剖科學
- 1.1b 學習方法
- 1.1c 人體構造的變異

1.2 身體的架構
- 1.2a 人體構造的組成階層
- 1.2b 人體器官系統
- 1.2c 人體方位的專有名詞
- 1.2d 主要人體部位
- 1.2e 體腔和膜

1.3 解剖學專有名詞
- 1.3a 醫學專有名詞的由來
- 1.3b 分析醫學專有名詞
- 1.3c 不同形式的醫學專有名詞
- 1.3d 準確性的重要

學習指南

臨床應用

1.1 內臟異位和其他解剖變異

1.2 心包填塞

Anatomy & Physiology REVEALED®
apreveale d.com

模組 1：人體方位

這本書介紹人體的構造。主要目的提供深入研究與健康和健身相關領域的基礎。除此之外，對解剖學的學習還可以增進自我理解的滿意感。即使是孩子，我們也對體內的構造感到好奇。乾燥的骨骼，博物館的展品以及精美的人體圖譜早已引起公眾的廣泛關注。

本章透過一些廣泛而又具有連續性的主題奠定我們學習解剖學的基礎，並且考慮該科學涵蓋的內容以及用於解剖學研究的方法。我們將為人體設計一個通用的「路線圖」，以提供後續章節的背景訊息。我們還將協助解剖學初學者瞭解如何熟悉醫學專有名詞。

1.1 人體解剖學的觀察

預期學習成果

當您完成本節後，您應該能夠

a. 定義解剖學 (anatomy) 及其某些子學科；
b. 命名並描述一些學習解剖學的方法；
c. 描述一些醫學影像方法；以及
d. 討論人體解剖學的變異性。

人體解剖學 (human anatomy) 是學習人體功能的基礎構造。提供理解**生理學** (physiology) 的基礎，該構造與功能的相關性；解剖學和生理學共同構成了健康科學的基礎。你可以從圖譜中學習人體解剖學；然而，美麗、引人入勝且有價值的圖譜中，僅提供構造的位置、形狀和名稱。這本書是不同的，它涉及生物學家所謂的**功能形態學** (functional morphology[1])——不僅涉及器官的構造，還涉及構造與功能相關性。

解剖學和生理學是相輔相成的。在人體發育和進化的過程中相互塑造。因此，可以說人體表現出形式和功能的統一性 (unity of form and function)。在本書中我們無法深入研究生理學的細節，但是會提供必要的功能說明以協助對人體結構的瞭解，更深刻地欣賞人體形態之美。

1.1a 解剖科學

人類在很古老的時期就對解剖學有興趣，無疑的，比我們知道的任何書寫的語言都要古老。我們猜測人類何時出於好奇而切開人體，只是想知道裡面有什麼。一些最早和最有影響力的解剖學書籍是由希臘哲學家亞里斯多德 (Aristotle)(384~322 BCE)、希臘醫師 Galen (129~c.200 CE) 和波斯醫師 Avicenna (Ibn Sina, 980~1037 CE) 撰寫的。在將近 1500 年的時間裡，歐洲的醫學教授把這些「古代大師」視為偶像，並認為他們的工作無可企及。現代人體解剖學可以追溯到 16 世紀，當時佛蘭德醫師和安德烈亞斯・維薩留斯教授 (Andreas Vesalius)(1514~64 年) 對早期權威的準確性提出質疑，而在其著作《人體結構》[(*De Humani Corporis Fabrica*) 製作出第一個準確的解剖插圖，1543 年](圖 1.1)。由維薩留斯 (Vesalius) 開始了傳統上透過《格雷解剖學》(*Gray's Anatomy*) 以及弗蘭克・內特爾 (Frank Netter) 的《人體解剖學圖集》(*Atlas of Human Anatomy*) 等著名且插圖豐富的教科書為大學生所使用。

儘管人體解剖學是專注於觀察死去人體或**屍體** (cadaver)[2] 的構造，但是人體解剖學並不是一門「死的科學」。新技術的發展使得解剖學家在上個世紀對人體結構的瞭解遠遠超過了過去 2,500 年對人體構造的發現。目前解剖學包含幾個從不同角度研究人體結構的子學科。**大體解剖學** (gross anatomy) 是經由觀察人體表面、解剖、X 射線和 MRI 掃描之類的方

1 *morpho* = form 形式，structure 結構；*logy* = study of 研究

2 *from cadere* = to fall down or die 跌倒或死亡

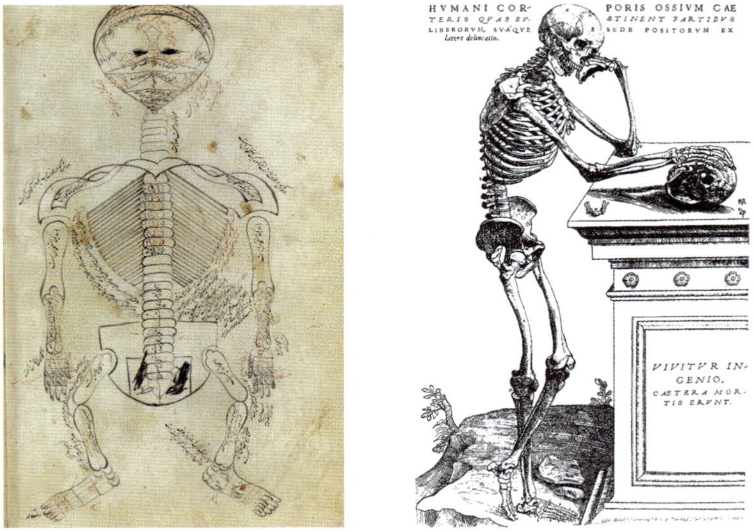

(a) (b)

圖 1.1 **醫學藝術的演變**。相距約 500 年的兩個骨骼系統插圖。(a) 摘自波斯醫師阿維森納 (Avicenna) 於 11 世紀的繪圖；(b) 摘自安德烈亞斯・維薩留斯 (Andreas Vesalius)《人體結構》(*De Humani Corporis Fabrica*, 1543)。

©NLM/Science Source

法來研究肉眼可見的結構。**表面解剖學** (surface anatomy) 是人體的外部結構，對於檢查病患身體時尤其重要。**放射解剖學** (radiologic anatomy) 是對內部結構的研究，它使用 X 射線和下一部分中將描述的其他醫學成像技術來進行。

系統解剖學 (systemic anatomy) 是一次探討一個器官系統，並且是大多數入門性教科書 (例如本書) 所採用的方法。**局部解剖學** (regional anatomy) 是一次研究人體特定區域 (例如頭部或胸部) 中的多個器官系統 [請參見第 12 章的《區域和表面解剖學圖集》]。醫學院和解剖圖譜通常從局部角度講授解剖學，因為解剖頭部、頸部、胸部或四肢區域中的所有結構比解剖整個消化系統，然後再解剖心血管系統等方式較為實際。解剖一個系統時幾乎總是會破壞到旁邊其他系統的器官。此外，由於外科醫生在身體的特定區域進行手術，因此他們必須從區域的角度考慮，並要注意該區域所有構造的相互關係。

最終，人體的結構和功能來自其組成的各個細胞。要觀察這些細胞，我們通常會取出組織樣本，切成薄片並染色，然後在顯微鏡下觀察。這種方法稱為**組織學** (histology)[**顯微解剖學** (microscopic anatomy)]。**組織病理學** (histopathology)[3] 是以顯微鏡觀察組織中的疾病跡象。**細胞學** (cytology)[4] 是對單個細胞的結構和功能的研究。人體許多重要方面的構造都很小，我們只能用電子顯微鏡才能觀察 (請參閱第 2 章 2.1 節)。亞細胞到分子階層的結構稱為**超微結構** (ultrastructure)。

1.1b 學習方法

有許多方法可以用以觀察人體結構。最簡單的方式就是**檢查** (inspection)——仔細觀察身體的外觀，例如進行身體檢查或從表面外觀進行臨床診斷。例如，對皮膚和指甲的觀察可以為諸如維生素缺乏症、貧血、心臟病和肝病等潛在問題提供線索。體格檢查不僅要檢查身體是否正常或有疾病跡象，還需要觸診和聽診。**觸診** (palpation)[5] 意味著用手觸摸身體構造，例如觸診腫大的淋巴結或是脈搏。**聽診** (auscultation)[6] (AWS-cul-TAY-shun) 是聆聽人體發出的自然聲音，例如心音和肺音。**敲擊檢查** (percussion) 時，檢查者輕敲身體，感覺到異

3 *histo* = tissue 組織；*patho* = disease 疾病；*logy* = study of 研究

4 *cyto* = cell 細胞；*logy* = study of 研究

5 *palp* = touch 觸摸，feel 感覺；*ation* = process 過程

6 *auscult* = listen 聽覺；*ation* = process 過程

常的抵抗力，並聆聽發出的聲音以發現身體異常跡象，例如液體堆積、空氣或疤痕組織。

對身體更深入的瞭解需要**解剖** (dissection) (dis-SEC-shun)，仔細切割和分離組織以揭示它們之間的關係。*解剖學* (anatomy)[7] 和*解剖* (dissection)[8] 這兩個詞都意味著「切割」。直到 19 世紀，解剖是以 anatomizing 這個字表示。在許多健康科學的學校中，大體解剖是培養學生的第一步。

解剖當然不是研究活人時所選擇的方法！不久前，通過**探索性手術** (exploratory surgery) 診斷疾病是很普遍的方式—切開身體、向內看看哪裡出了問題以及對此可以採取的措施。但是，任何破壞體腔的行為都是有風險的，現在大多數探索性手術已被**醫學影像技術** (medical imaging) 所取代，這種方法無需手術即可觀察體內構造。與成像有關的醫學分支稱為**放射學** (radiology)。以這種方式學習的解剖學稱為**放射解剖學** (radiologic anatomy)，將放射學方法用於臨床目的的人員包括**放射科醫生** (radiologists) 和**放射技師** (radiologic technicians)。

一些放射學方法涉及高能**游離輻射** (ionizing radiation)，例如 X 射線或稱為正電子的粒子。它們穿透組織，可用於在 X 射線膠片上或通過電子偵測器產生圖像。游離輻射的好處必須權衡其風險。之所以稱為*游離* (ionizing)，是因為它從撞擊的原子和分子中釋放出電子。這種作用可能導致突變並引發癌症，因此不能隨意使用游離輻射。必須謹慎地使用，但是乳房攝影或牙科 X 射線的好處則遠大於此種小的風險。

某些成像使用的方法是*非侵入性* (noninvasive) 的，因為它們不需要穿透皮膚或身體孔洞。*侵入性* (invasive) 成像技術可能需要將超聲探頭插入食道、陰道或直腸以接近要檢查的器官，或將顯像物質注入血液或身體通道以增強成像效果。

如今，任何解剖學學生都必須熟悉放射學的基本技術及其各種技術的優勢和侷限性。本書中的許多圖像都是通過以下技術產生的。

放射線攝影術

放射線攝影術 (Radiography) 首次於 1895 年，以 X 射線呈現內部構造。直到 1960 年代，這是唯一可廣泛使用的成像方法。即使在今天，此方法的使用仍占所有臨床影像的 50% 以上。X 射線穿過身體的軟組織，到達另一側的攝影底片或偵測器，在此處產生相對較暗的影像。而 X 射線在較緻密組織諸如骨骼、牙齒、腫瘤和結核小結等處被吸收，使得這些區域影像較淡 (圖 1.2a)。以 *X 射線* (X-ray) 方式的放射線成像，亦稱為 *X 光攝影* (radiograph)。放射線照相術通常用於牙科、乳房攝影、骨折診斷和胸部檢查。檢查有管腔的器官時可用**對比劑** (contrast medium) 填充管腔用以吸收 X 射線以利觀察。例如，口服硫酸鋇檢查食道、胃和小腸，或使用灌腸劑後檢查大腸。或是注射顯影劑進行*血管造影* (angiography) 檢查血管 (圖 1.2b)。放射線攝影術的一些缺點包括會被重疊器官的影像困擾，以及組織密度細微差異的器官不易被檢測。

目前一種新的放射線攝影方法稱為*數位減像血管攝影* (digital subtraction angiography, DSA) 可以更加清晰地看到血管。此方法在造影劑注入血管之前和之後進行 X 射線檢查。電腦可將第一個影像從第二個影像中去除，留下有注射顯影劑的清晰深色的血管影像，而沒有重疊和周圍的組織。這對於顯示血管阻塞和解剖畸形、腦血流異常以及腎動脈狹窄 (狹窄) 很有用，並有助於將導管穿入血管。

---
7 *ana* = apart 分開；*tom* = cut 切
8 *dis* = apart 分開；*sect* = cut 切

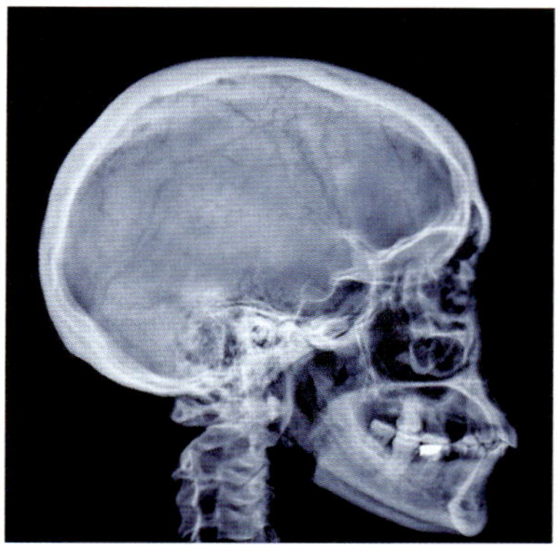

(a) X 光片 (放射線攝影)

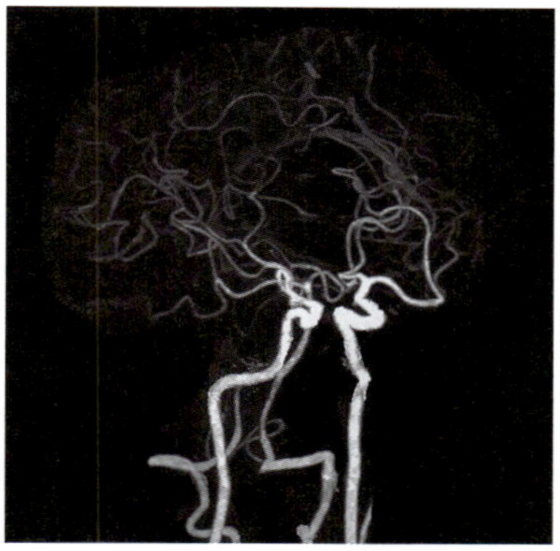

(b) 腦部血管攝影

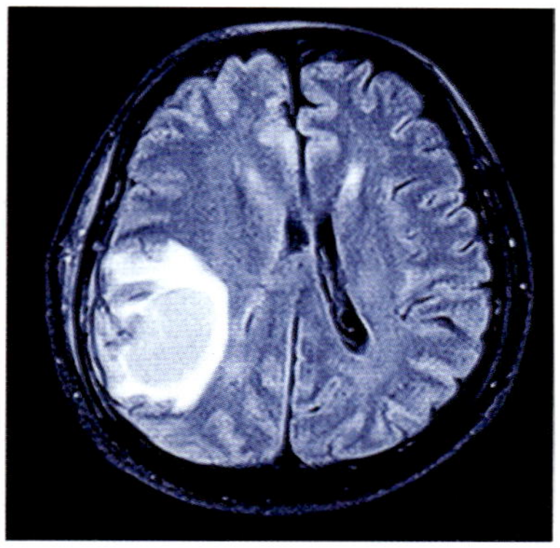

(c) 電腦斷層掃描

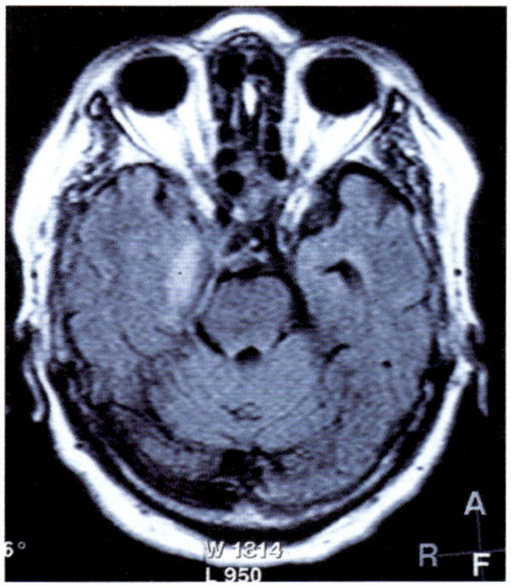

(d) 磁振造影

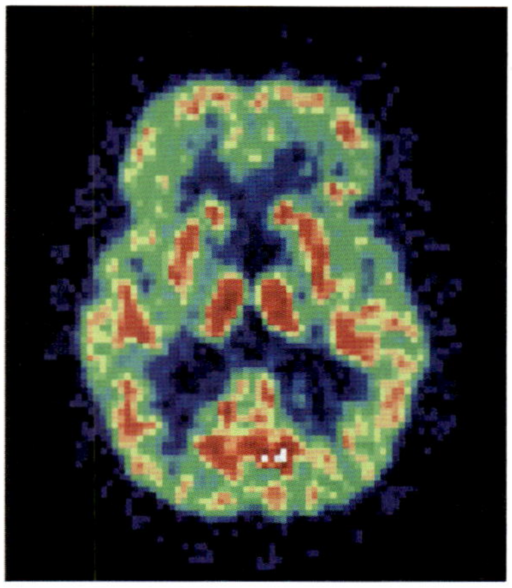

(e) 正子斷層造影

圖 1.2 **頭部放射影像。**(a) 顯示骨骼和牙齒的 X 光片(放射線攝影)；(b) 腦血管攝影；(c) 電腦斷層掃描顯示腦瘤；(d) 在眼睛平面位置之磁振造影；(e) 大腦的正子斷層造影。大腦區域的代謝活性以不同顏色顯示，從紅色 (代謝活性最大) 黃色綠色到藍色 (代謝活性最低，代表充滿腦脊髓液的腦室)。

• 哪些構造由磁振造影 (MRI) 觀察會比 X射線攝影 (X-ray) 清楚？哪些構造由 X 射線攝影 (X-ray) 觀察會比正子造影 (PET) 清楚？

電腦斷層掃描

電腦斷層掃描 [computed tomography, CT 掃描 (CT scan)] 是 X 射線的一種更複雜的應用。患者在環形機器內移動，該機器在一側發出低強度 X 射線，並在另一側通過偵測器接收 X 射線。電腦分析來自偵測器的信號，並產生大約像硬幣一樣薄的人體「切片」影像 (圖 1.2c)。電腦可以「堆疊」一系列這些影像以建立人體的三維影像。電腦斷層掃描的優點是可以對人體的薄層進行成像，因此器官重疊處很少，影像比常規 X 射線要清晰得多。CT 掃描的結果需要大量的橫切面解剖學知識來解讀影像。電腦斷層掃描可用於識別腫瘤、動脈瘤、腦出血、腎結石和身體其他異常。

動態空間重構器 (dynamic spatial reconstructor, DSR) 是一種改進的電腦斷層掃描儀，可產生比二維靜態影像更豐富的動態三維視頻影像，可顯示出器官動態和體積變化，對於觀察心臟運動和血流非常重要。

磁振造影

磁振造影 (magnetic resonance imaging, MRI)(圖 1.2d) 在觀察軟組織方面比電腦斷層更好。患者躺在被強力電磁體包圍的管狀或側邊開放式掃描儀中。患者組織中的氫原子與該磁場以及由放射師操控開關的射頻場 (radio-frequency field) 交互排列。氫原子排列變化所產生的信號可通過電腦進行分析以產生解剖影像。磁振造影可以通過頭骨和脊椎清晰地「看到」內部神經組織的影像，區分軟組織例如大腦的白質和灰質的能力較電腦斷層掃描更好。但是它有一些缺點，例如某些患者在掃描儀中會有幽閉恐懼感，機器產生的巨大噪音以及曝光時間長，使得胃部和腸道因經常性蠕動影響影像的清晰度。某些幽閉恐懼症或肥胖症患者偏愛側邊開放式的 MRI 機器，但磁場較弱，產生的影像較差，並且可能錯過重要的組織異常。

功能性磁振造影 (functional MRI, fMRI) 是磁振造影的一種形式，可以觀察組織生理中的瞬時變化。例如，大腦的 fMRI 掃描會隨著大腦執行特殊功能時其活動的方式而發生變化。該方法在區別大腦的哪些部分與情感、思考、語言、感覺和運動有關非常有用。

正子造影

正子造影 [positron emission tomography, PET 掃描 (PET scan)] 用於評估組織的代謝狀態，並辨別哪些組織在特定時間最活躍 (圖 1.2e)。該過程從注射放射性標誌的葡萄糖開始，該葡萄糖發射出正電子 (帶正電荷的電子顆粒)。當正電子與電子相撞時，會相互毀滅，並發出可以被偵檢器偵測到的伽馬射線，並由電腦後續處理其數據。彩色影像的結果顯示出哪些組織利用最多的葡萄糖，在心臟病學方面，正子造影掃描可以顯示心臟病發作引起的組織死亡程度。由於受損組織消耗微量葡萄糖或不消耗葡萄糖，因此影像看起來很暗。在神經科學方面，正子造影掃描同樣可以顯示中風或外傷對大腦的損害程度。正子造影掃描也可用於診斷癌症和評估腫瘤狀態。它們通常可以比電腦斷層掃描或磁振造影更早發現小腫瘤。正子造影掃描是**核子醫學** (nuclear medicine) 的一個例子—使用放射性同位素治療疾病或顯示人體的診斷影像。

超音波

超音波 (sonography)[9] 是第二古老且使用最廣泛的成像方法。手持探頭設備壓在皮膚上發出高頻超音波，並接收從內部器官反射回來的信號。超音波檢查可以避免 X 射線的有害影響，並且此設備相對便宜且便於攜帶。超音波主要缺點是它不能穿透骨骼，並且通常無法產生非常清晰的影像。儘管 1950 年代首先在醫學上使用超音波檢查，但是重要臨床價值的影像是等到電腦技術發展到足以分析組織反射超音波方式的差異性時才具備。超音波檢查對檢查骨骼或肺部不是很有用，但是它是產科可選擇的一種方法，此影像 [超音波掃描圖 (sonogram)] 可用於定位胎盤並評估胎兒的年齡、位置和發育 (圖 1.3)。超音波檢查還可用於查看組織的移動，例如胎兒移動、心臟的跳動以及從心臟射出的血

9 *sono* = sound 聲音；*graphy* = recording process 記錄過程

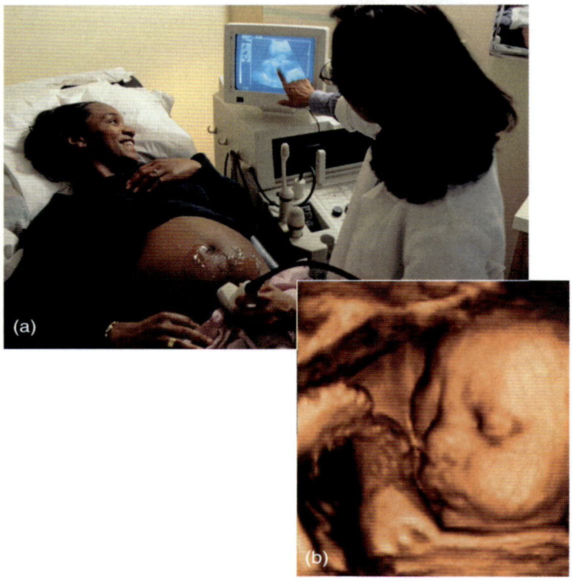

圖 1.3 **胎兒超音波檢查**。(a) 接受胎兒超音波檢查的患者；(b) 妊娠 32 週時製作的三維胎兒圖像。

• 為什麼超音波檢查對胎兒比放射線攝影或電腦斷層掃描更安全？

(a) ©Keith Brofsky/Getty Images; (b) ©Kenneth Saladin

液。跳動心臟的超音波成像稱為心臟超音波檢查 (echocardiography)。杜普勒超音波掃描 (Doppler ultrasound scan) 是一種超音波檢查方法，用於觀察心臟跳動和通過血管的血流。

應用您的知識

磁振造影的概念始於 1948 年，但直到 1970 年代才進入臨床應用。推測這種延遲的可能原因。

1.1c 人體構造的變異

快速瀏覽任何教室就足以知道沒有兩個人看起來是完全相同的。經過仔細觀察，即使是同卵雙胞胎也表現出差異性。解剖圖譜和教科書可以很容易地給你一種印象，即每個人的內部解剖結構都是相同的，但事實並非如此。此類的書籍只能教你最常見的結構——在大約 70% 或更多的人中看到的解剖結構。認為所有人體內部構造都是相同的人，會是困惑的醫學生或是不稱職的外科醫生。

有些人完全缺乏某些器官。例如，我們大多數人的前臂有掌長肌 (palmaris longus)，而腿部有蹠肌 (plantaris)，但並不是所有人都有。我們大多數人有五個腰椎 (下脊骨)，但有些人有四個，有些人有六個。我們大多數人只有一個脾臟，但有些人有兩個。大多數人有兩個腎臟，但有些人只有一個。大多數腎臟由一條腎動脈 (renal artery) 供血，並由一個輸尿管 (ureter) 引流，但在某些人一個腎臟有兩個腎動脈或輸尿管。圖 1.4 顯示了人體解剖結構的一些常見變異，而臨床應用 1.1 則描述了一個

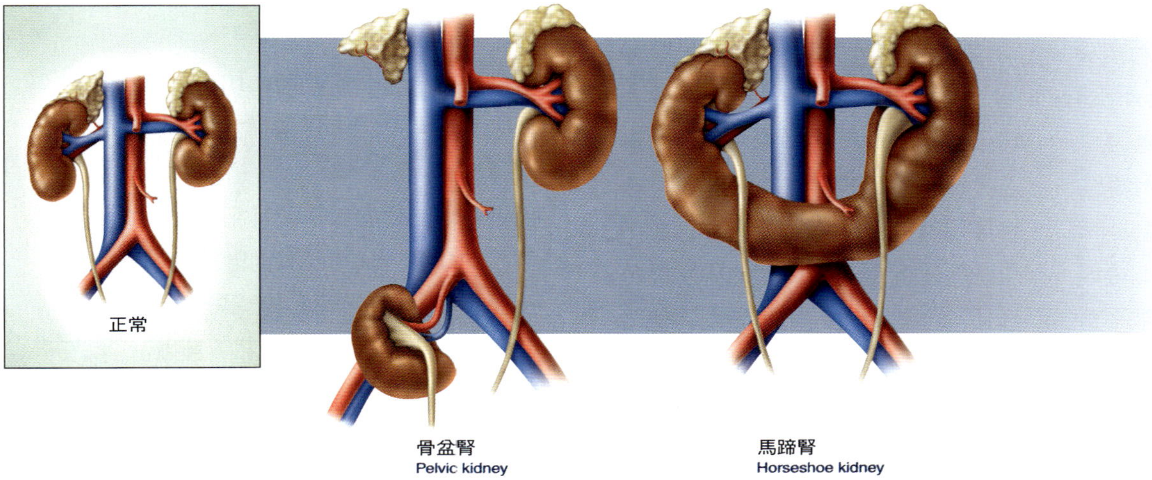

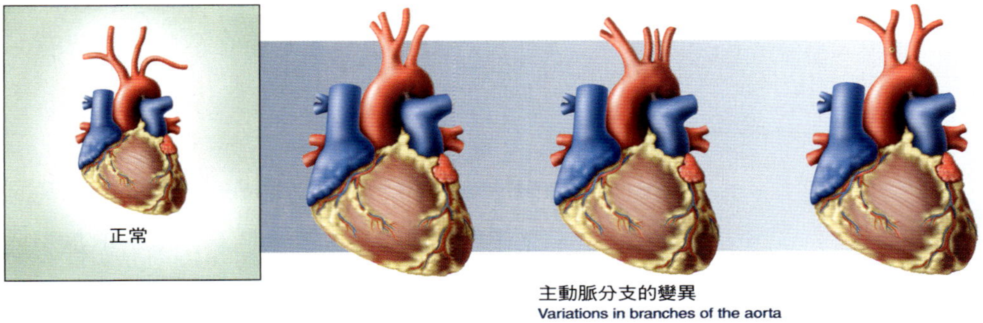

圖 1.4 腎臟和心臟附近主要動脈的解剖構造變異。

特別顯著的變異。

應用您的知識

對盤尼西林 (penicillin)(青黴素) 或阿斯匹林 (aspirin) 過敏 (allergic) 的人通常會戴上標誌過敏訊息的手環或項鍊，在醫療緊急狀況無法溝通時警示用。為什麼對器官轉位的人 (見臨床應用 1.1) 在手環上註明這一點很重要？

臨床應用 1.1

內臟異位和其他解剖變異

在大多數人中，心臟向左傾斜，脾臟和乙狀結腸在左邊，肝和膽囊主要在右邊，闌尾在右邊，依此類推。內臟的這種正常排列稱為*內臟正位* [situs (SITE-us) solitus]。然而，每 8,000 人中大約有 1 人出生時有顯著的發育異常，稱為*內臟異位* (situs inversus)，即胸腔和腹腔的器官左右反轉。心臟的選擇性左右反轉稱為*右位心* (dextrocardia)。*內臟錯位* (situs perversus) 是單個器官位於非典型位置，而不必是左右相反，例如腎臟位於下方的骨盆腔而不是在上方的腹腔。在某些情況，例如沒有完全內臟異位的右位心，可能會導致嚴重的醫學問題。而完全的內臟異位通常不會引起任何功能問題，因為所有內臟儘管左右反轉位置，但仍保持彼此的正常關係。內臟異位通常在產前超音波檢查即可診斷出來，但是許多人幾十年來一直不知道自己內臟異位，而是經由醫學影像、體檢或手術中發現。但是，你可以輕易地想像到這種狀況在診斷闌尾炎、進行膽囊手術、解讀 X 光片、聽診心臟瓣膜或記錄心電圖方面的重要性。

在你繼續閱讀之前

回答下列問題，以檢驗你對上節內容的理解：

1. 功能形態學與人體攝影圖譜所教的解剖學有何不同？
2. 為什麼在大體解剖課程中，局部解剖學比系統解剖學更好？
3. 放射學 (radiology) 與放射線攝影 (radiography) 有什麼區別？
4. 超音波檢查 (sonography) 不適合檢查腦腫瘤的大小和位置有哪些原因？

1.2 身體的架構

預期學習成果

當您完成本節後，您應該能夠

a. 以適當的順序列出從生物體到原子的人體結構複雜程度；
b. 人體器官系統的命名，並闡明每個器官的基本功能和組成；
c. 描述解剖位置並解釋為什麼在醫學語言中很重要；
d. 識別身體的三個主要解剖切面；
e. 以幾個專有名詞來描述構造相對於彼此的位置；
f. 確定身體主要的部位及其細分的區域；
g. 體腔的命名並描述及其周圍的膜；和
h. 解釋什麼是潛在空間，並舉一些例子。

以下各章的人體構造具有某種核心的通用語言。你將需要知道主要體腔和部位的名稱的含義，知道組織和器官之間的區別，並且如果你知道結構 X 位於結構 Y 的遠端或內側，那麼你應該去看哪裡。本節介紹此核心專有名詞。

1.2a 人體構造的組成階層

儘管本書主要涉及大體解剖學，但是學習的人體構造涵蓋了從整個有機體到原子的所有階層。思考一下與人類結構的類比：英語就像人體一樣，非常複雜，但是用數量有限的單詞可以傳達出無窮無盡的想法。反過來，英語中的所有單詞都是由 26 個字母中不同組合而成的。在字母和書之間依次是更複雜的組織階層：音節、單詞、句子、段落和章節。人體具有類似的複雜性階層結構 (圖 1.5)，如下所示：

生物體由器官系統所組成，
器官系統由器官所組成，
器官由組織所組成，
組織由細胞所組成，
細胞由胞器所組成，
胞器由分子所組成，
分子由原子所組成。

生物體 (organism) 是一個完整的個體，與其他個體分開仍有作用。

器官系統 (organ system) 是一組器官，它們執行生物的基本功能，例如循環、呼吸或消化 (圖 1.6)。通常，系統的各個器官相互連接，例如構成泌尿系統的腎臟、輸尿管、膀胱和尿道。

器官 (organ) 是具有確定的解剖學邊界，在視覺上可與相鄰器官區分開的結構，由兩種或多種組織組成以執行特定功能。大多數器官和更高階層的構造都在大體解剖範圍內。但是，也有器官位在器官之中—肉眼可見的大器官包含較小的器官，有些只有在顯微鏡下才能觀察到。例如，皮膚是人體最大的器官。在皮膚中包括成千上萬個較小的器官：位於其中的每個毛囊、指甲、汗腺、神經和皮膚中的血管。

組織 (tissue) 是由大量相似的細胞和細胞產物形成器官的分立區域並執行特定功能。身體僅由四種主要類別的組織組成—上皮、結締組織、神經和肌肉組織。組織學 (histology) 是對組織的探討，是第 3 章的主題。

細胞 (cells) 被認為是活生物體的最小單位。細胞由脂質和蛋白質組成的細胞膜 (plasma membrane) 包覆，通常具有一個核，即包含大部分為 DNA 的胞器。細胞學 (cytology) 是對細胞和胞器的探討，是第 2 章的主題。據估計，人體有 40 至 100 萬億個細胞，約有 200 種基本種類。

胞器 (organelles)[10] 是細胞中的顯微結構，執行其各別功能，就像心臟、肝臟和腎臟等器官執行人體中的不同功能一樣。胞器包括細胞核、粒線體、溶酶體、中心粒等。

胞器和其他細胞成分是由**分子** (molecules) 組成—由化學鍵連接的至少兩個**原子** (atoms) 的粒子。最大的分子，例如蛋白質、脂肪和 DNA，被稱為大分子 (macromolecules)。

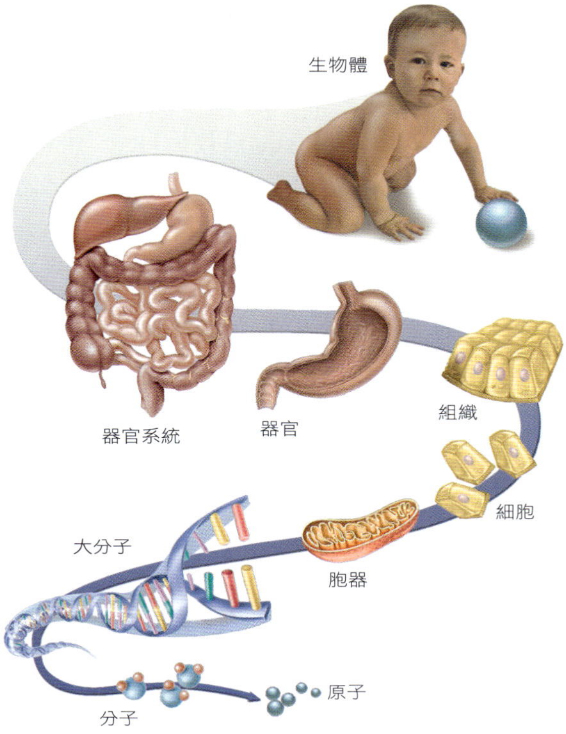

圖 1.5　人體從生物體到原子的構造階層。

10 *elle* = little 小

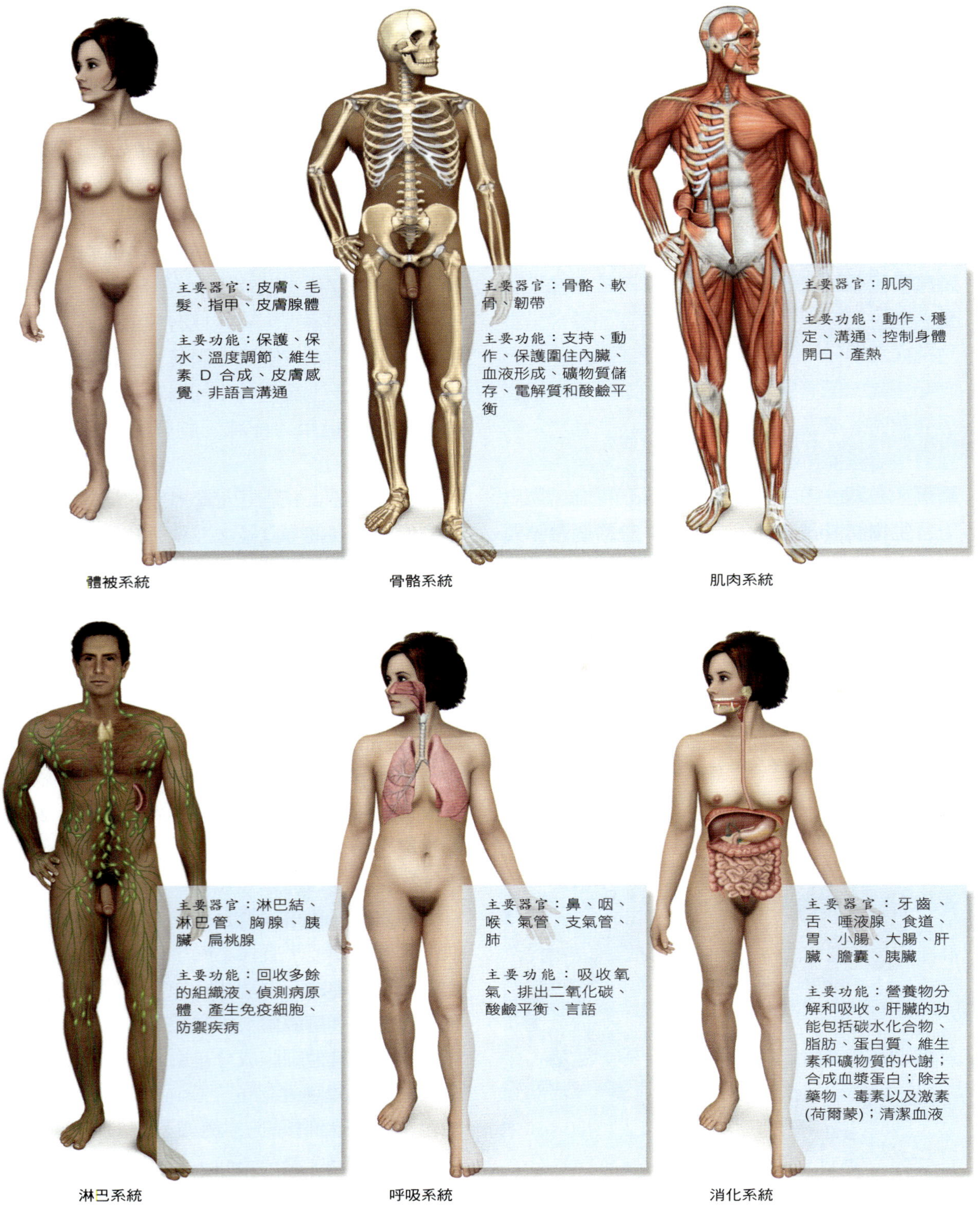
主要器官：皮膚、毛髮、指甲、皮膚腺體
主要功能：保護、保水、溫度調節、維生素 D 合成、皮膚感覺、非語言溝通
體被系統
主要器官：骨骼、軟骨、韌帶
主要功能：支持、動作、保護圍住內臟、血液形成、礦物質儲存、電解質和酸鹼平衡
骨骼系統
主要器官：肌肉
主要功能：動作、穩定、溝通、控制身體開口、產熱
肌肉系統
主要器官：淋巴結、淋巴管、胸腺、脾臟、扁桃腺
主要功能：回收多餘的組織液、偵測病原體、產生免疫細胞、防禦疾病
淋巴系統
主要器官：鼻、咽、喉、氣管、支氣管、肺
主要功能：吸收氧氣、排出二氧化碳、酸鹼平衡、言語
呼吸系統
主要器官：牙齒、舌、唾液腺、食道、胃、小腸、大腸、肝臟、膽囊、胰臟
主要功能：營養物分解和吸收。肝臟的功能包括碳水化合物、脂肪、蛋白質、維生素和礦物質的代謝；合成血漿蛋白；除去藥物、毒素以及激素(荷爾蒙)；清潔血液
消化系統

圖 1.6　11 個人體器官系統。

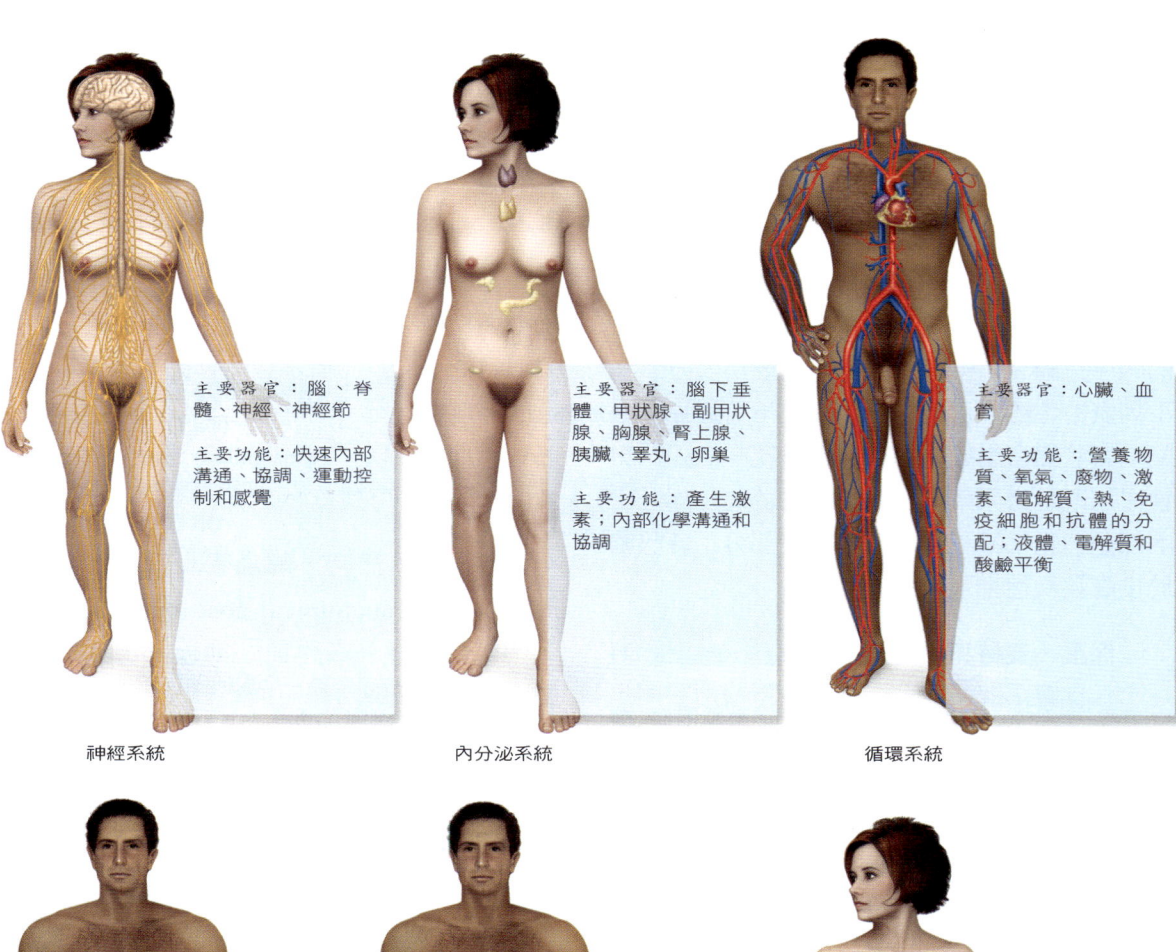

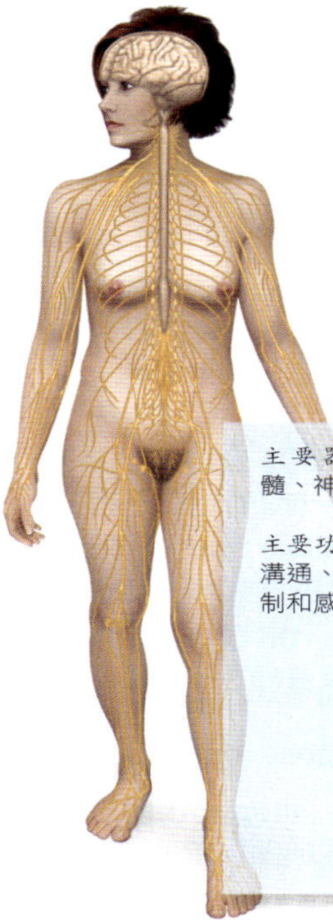

主要器官：腦、脊髓、神經、神經節

主要功能：快速內部溝通、協調、運動控制和感覺

神經系統

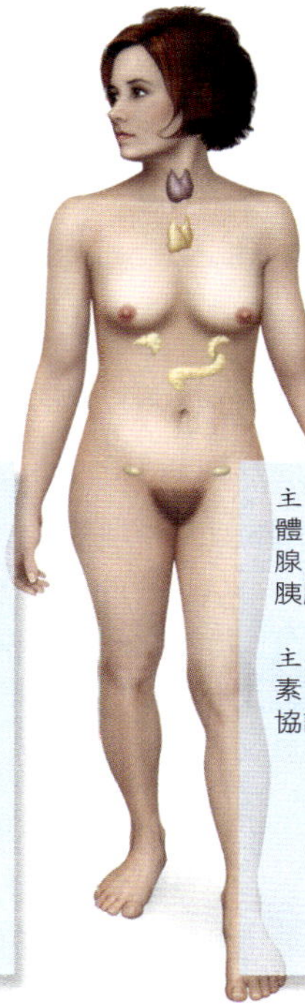

主要器官：腦下垂體、甲狀腺、副甲狀腺、胸腺、腎上腺、胰臟、睪丸、卵巢

主要功能：產生激素；內部化學溝通和協調

內分泌系統

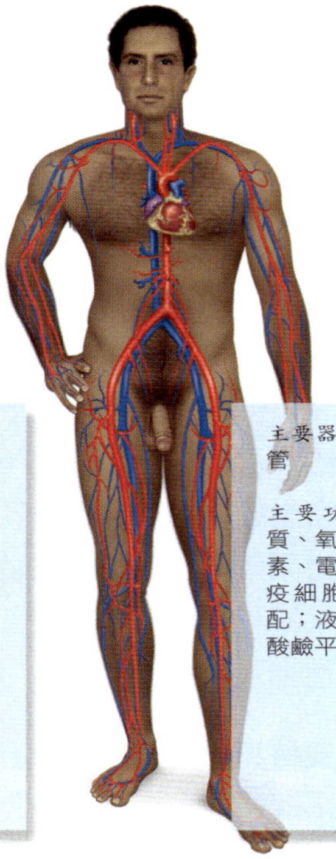

主要器官：心臟、血管

主要功能：營養物質、氧氣、廢物、激素、電解質、熱、免疫細胞和抗體的分配；液體、電解質和酸鹼平衡

循環系統

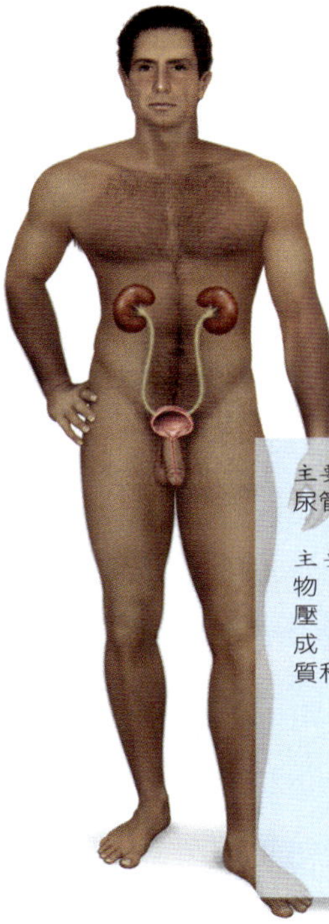

主要器官：腎臟、輸尿管、膀胱、尿道

主要功能：排除廢物、調節血量及血壓；刺激紅血球生成；控制液體、電解質和酸鹼平衡；排毒

泌尿系統

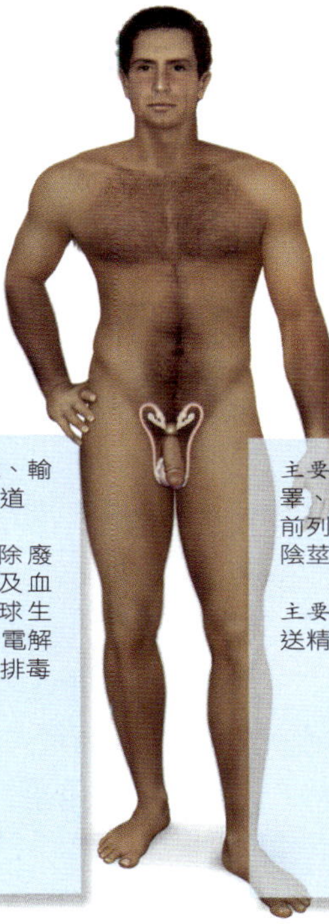

主要器官：睪丸、副睪、輸精管、精囊、前列腺、尿道球腺、陰莖

主要功能：產生及運送精子；分泌性激素

男性生殖系統

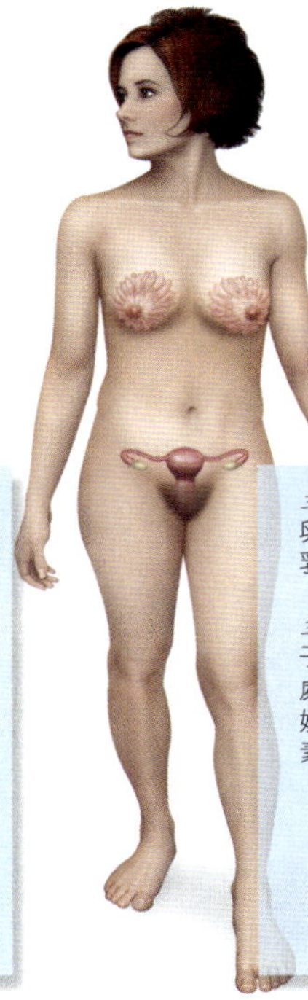

主要器官：卵巢、輸卵管、子宮、陰道、乳腺

主要功能：產生卵子；受精及胎兒發育處；胎兒營養；分娩；泌乳；分泌性激素

女性生殖系統

1.2b 人體器官系統

如前所述，可以從局部解剖學或全身解剖學的角度學習人體結構。本書採用系統的方法，我們將一次檢視一個器官系統。人體中有 11 個器官系統，以及一個位在多個器官中的細胞群的*免疫系統* (immune system)，而非單獨存在的器官系統。器官系統依據在本書中的順序在圖 1.6 中概述。依據主要功能分類在下列表中，雖然這樣的分類有其不可避免的缺陷。有些器官屬於兩個或多個系統—例如，男性尿道既是泌尿系統又是生殖系統的一部分；咽部是消化系統和呼吸系統的一部分；乳腺屬於皮膚和女性生殖系統。

保護、支持和運動系統
- 皮膚系統
- 骨骼系統
- 肌肉系統

內部溝通與整合系統
- 神經系統
- 內分泌系統

液體運輸系統
- 循環系統
- 淋巴系統

進出系統
- 呼吸系統
- 消化系統
- 泌尿系統

生殖系統
- 男性生殖系統
- 女性生殖系統

一些醫學專有名詞將兩個功能相關的系統的名稱結合在一起，例如，*肌肉骨骼系統* (musculoskeletal system)、*心肺系統* (cardio-pulmonary system) 和*泌尿生殖系統* (urogenital system)[*泌尿生殖系統* (genitourinary system)]。這些專有名詞使人們關注到兩個系統之間緊密的解剖或生理關係，但是這些並不是字面上獨立的器官系統。

1.2c 人體方位的專有名詞

當解剖學家描述身體時，他們必須指出一種構造相對於另一種構造的位置，神經或血管的通過的方向，身體部位的移動方向等等。在這些問題上進行清晰的描述需要有通用的專有名詞和參考架構。

解剖位置

在描述人體時，解剖學家假定人體是處於**解剖位置** (anatomical position)，即直立的人，雙腳靠在一起平放在地板上，手臂放在側面，手掌和臉部朝前 (圖 1.7)(此歷史請參考

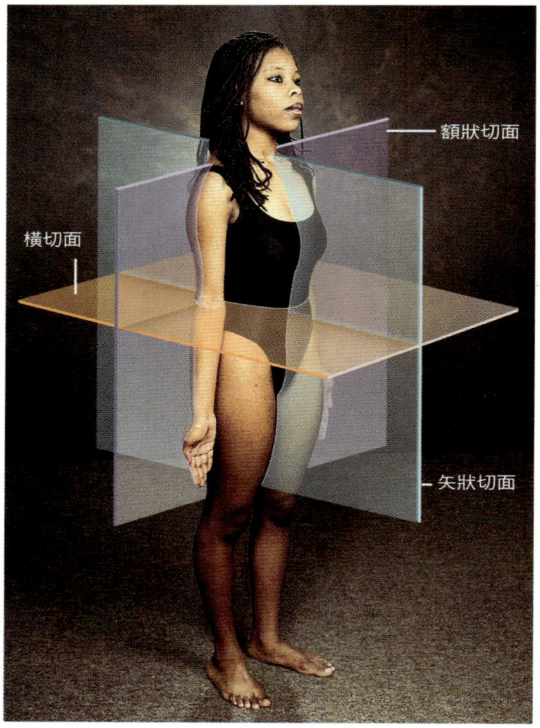

圖 1.7 人體以解剖位置站立並沿著三個主要參考平面平分為二部分。

- *此處顯示的特定矢狀切面的另一個名稱是什麼？*

臨床應用 8.3)。如果沒有這樣的參考架構，諸如胸骨、胸腺或主動脈之類的構造「位於心臟上方」將是模糊的，因為這取決於受試者是站立，面朝下還是面朝上躺著。但是，從解剖位置的角度來看，我們可以描述甲狀腺位於心臟上方 (superior)，胸骨位於心臟的前方 (anterior)[腹側 (*ventral*)]，主動脈 (aorta) 位於心臟的後方 (posterior)[背側 (dorsal)]。無論這些構造的位置如何，仍可精確的描述。即使身體是躺著的，例如醫學生解剖檯上的大體，說胸骨位於心臟的前面也可以讓觀看者想像身體處於解剖位置，而不是稱其為「心臟上方」僅是因為是身體躺著的方式。

除非另有說明，否則所有解剖學描述均指解剖位置。請記住，如果某個主體正對著你處於解剖位置，則該主體的左側則是你的右側，反之亦然。例如，在大多數解剖插圖中，心臟的左心房朝向頁面的右側，儘管闌尾位於腹部的右下方，在大多數插圖中則在頁面左側。

當手掌朝上或朝前時，前臂是**旋後** (supinated)；**旋前** (pronated) 是手掌朝下或朝後時 (見圖 9.13)；在解剖位置前臂是旋後的。俯臥 (prone) 和仰臥 (supine) 這兩個詞似乎與此相似，但含義完全不同。**俯臥** (prone) 是一個人面朝下躺著，**仰臥** (supine) 則是面朝上躺著。

解剖切面

對人體的觀察許多都是基於真實的或虛擬的「切面」，即剖面或切面。剖面 (section) 顯示內部解剖構造的實際切割面或切片，而切面 (plane) 表示經過人體的假想平面。三個主要的解剖切面分別是矢狀 (sagittal)、額狀 (frontal) 和橫狀 (transverse)(圖 1.7)。

矢狀切面 (sagittal[11] plane)(SADJ-ih-tul) 垂直延伸將身體或器官分為左右兩部分。**正中 (正中矢狀) 切面** [median (midsagittal) plane] 穿過身體的中線並將其分成相等的左右兩半。與此平行的其他矢狀切面 (偏離正中) 稱為**旁矢狀切面** (parasagittal[12] planes)，將身體分成不相等的左右部分。頭和骨盆器官通常顯示在正中切面上 (圖 1.8a)。

額狀 (冠狀) 切面 [frontal (coronal)[13] plane] 也是垂直延伸，但垂直於矢狀面，將身體分為前側 (前) 和後側 (後) 部分。舉例來說，頭部的額狀切面會將其分為包括一個臉部的部分和另一個包括頭後部的部分。胸腔和腹腔的內容物通常在額狀切面顯示 (圖 1.8b)。

橫 (水平) 切面 [transverse (horizontal) plane] 橫穿身體或垂直於其長軸的器官 (圖

11 *sagitta* = arrowr 箭頭
12 *para* = next to 旁邊
13 *corona* = crown 冠；*al* = like 像

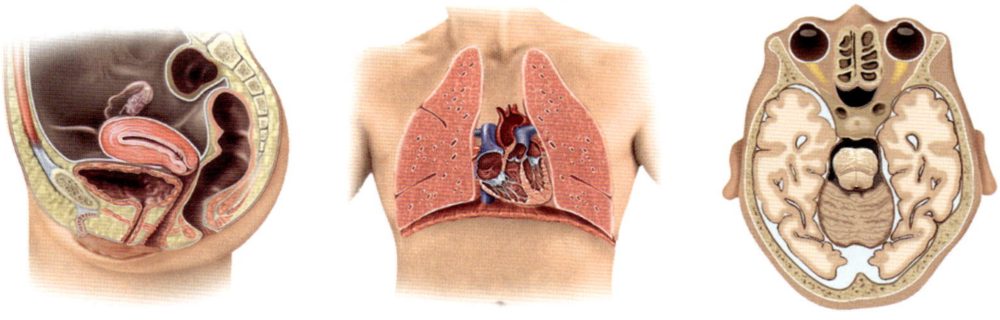
(a) 矢狀切面 (b) 額狀切面 (c) 橫切面

圖 1.8 **身體各部位的三個主要解剖切面**。(a) 骨盆區域的矢狀切面；(b) 胸部區域的額狀切面；(c) 頭部在眼睛水平處的橫切面。

1.8c)；它把身體分為上方 (上) 部分和下方 (下) 部分。電腦斷層掃描 (CT) 通常是橫切面 (見圖 1.2c)，但並非總是如此。

方向性專有名詞

在觀察人體和描述構造的位置時，解剖學家使用了一組**標準的定向詞** (directional terms) (表 1.1)。你需要熟悉這些專有名詞，才能理解本書的解剖學描述。這些專有名詞假定身體處於解剖位置。

這些專有名詞中大多數成對存在，而含義相反：前 (anterior) 對後 (posterior)、上 (superior) 對下 (inferior)、內 (medial) 對外 (lateral)、近 (proximal) 對遠 (distal) 和淺 (superficial) 對深 (deep)。介於中間的方向常由這些專有名詞的組合來表示。例如，一個結構可被描述為在前外側 (anterolateral)(朝向正面和側面)。

專有名詞**近端** (proximal) 和**遠端** (distal) 尤其會用在描述四肢的解剖結構，近端 (proximal) 用來表示相對靠近肢體的附著點 (肩或髖關節)，而遠端 (distal) 則表示距離更遠。這些專有名詞應用於對人體軀幹的解剖構造的描述，例如，相關於小腸的某些方面和腎臟的微觀結構。但是，處於解剖位置描述軀幹相關於另一個構造之上方或下方的構造時，則以專有名詞**上方** (superior) 和**下方** (inferior) 描述。這些專有名詞通常不用於四肢。儘管從技術上講可能是正確的，但通常不會用肘部位於手腕的上方來描述。而是以肘部位於手腕近端的方式描述。

表 1.1 人體解剖學方向性專有名詞

專有名詞	定義	舉例
前方 (anterior)	朝向身體前面	胸骨位於心臟前方 (anterior)
後方 (posterior)	朝向身體背面	食道位於氣管的後方 (posterior)
腹側 (ventral)	朝向前面*	腹部位於身體的腹側 (ventral)
背側 (dorsal)	朝向後面*	肩胛骨位於肋骨籠的背側 (dorsal)
上方 (superior)	上面	心臟位於橫膈膜的上方 (superior)
下方 (inferior)	下面	肝臟位於橫膈膜的下方 (inferior)
頭側 (cephalic)	朝向頭部或上端	胚胎神經管頭側 (cephalic) 端發育為腦
吻側 (rostral)	朝向前額或鼻子	前腦位於腦幹的吻側 (rostral)
尾側 (caudal)	朝向尾部或下端	脊髓位於腦的尾側 (caudal)
內側 (medial)	靠近身體正中線	心臟位於肺臟的內側 (medial)
外側 (lateral)	遠離身體正中線	眼睛位於鼻子的外側 (lateral)
近側 (proximal)	靠近附著點或起源點	肘位於腕的近側 (proximal)
遠側 (distal)	遠離附著點或起源點	指甲位在手指的遠側 (distal)
同側 (ipsilateral)	位於身體的同側 (右或左)	肝臟與闌尾位於同側 (ipsilateral)
對側 (contralateral)	位於身體的不同側 (右或左)	脾臟與肝臟位於對側 (contralateral)
淺層 (superficial)	靠近身體表面	皮膚位於肌肉的淺層 (superficial)
深層 (deep)	遠離身體表面	骨骼位於肌肉的深層 (deep)

* 僅在人體，其他動物的定義不同。在人體解剖學，前方 (anterior) 和後方 (posterior) 通常取代腹側 (ventral) 和背側 (dorsal)。

由於人類具有雙足，直立的姿勢，因此某些方向的專有名詞對人類的含義與對其他動物的含義不同。例如，**前方** (anterior) 表示身體在正常運動中處於領先地位的區域。對於四足動物，例如貓，這是身體的頭端。對於人類來說，是胸部和腹部的前部。在人類稱*前部*，在貓中稱為*腹面*。**後方** (posterior) 表示在正常運動中最後出現的區域，即貓的尾巴卻是人類的後部。在大多數其他動物的解剖構造中，*腹側*是指最接近地面的身體表面，而*背側*是指最遠離地面的表面。這兩個詞在人體解剖學中根深柢固，無法完全忽略它們，但是在本書中盡量減少使用它們，以免造成混淆。但是，在其他動物與人體解剖學進行比較時，必須牢記這種差異。

請參閱表 1.1，以瞭解在深入進行解剖學研究之前必須熟悉的其他成對的專有名詞。

1.2d 主要人體部位

在進行身體檢查和許多其他臨床處理程序時，瞭解人體的表面解剖構造和標誌非常重要。為了學習的目的，將身體分為兩個主要區域，稱為*中軸區域* (axial regions) 和*附肢區域* (appendicular regions)。主要區域中較小的部位在以下段落中進行說明，顯示在圖 1.9 中。

中軸區域

中軸區域 (axial region) 由**頭部** (head)、**頸** (neck)[頸部 (cervical[14] region) 和**軀幹** (trunk) 組成。軀幹進一步分為橫膈膜上方的**胸腔區域** (thoracic region) 和橫膈膜下方的**腹部區域** (abdominal region)。

提到腹部構造位置的一種方法是將區域劃分為象限。兩條垂直相交於臍 (中央) 的線將腹部分為**右上象限** (right upper quadrant, RUQ)、**右下象限** (right lower quadrant, RLQ)、**左上象限** (left upper quadrant, LUQ) 和**左下象限** (left lower quadrant, LLQ)(圖 1.10a、b)。象限圖通常用於描述腹部疼痛或異常的部位。

腹部也可分為九個區域，該區域由四條線以類似井字形網格交叉定義 (圖 1.10c、d)。每條垂直線都稱為*鎖骨中線* (midclavicular line)，因為它穿過鎖骨 (鎖骨) 的中點。上方的水平線稱為*肋下線* (subcostal[15] line)，因為它連接了最下方的肋軟骨的下緣 (每一側的第十根肋骨連接到胸骨下端的軟骨)。下水平線被稱為*髂嵴間線* (intertubercular[16] line)，因為它從左到右穿過髖骨的結節 [前上棘 (anterior superior spines)] 之間一骨頭的兩點位於大多數褲子的前袋開口處。該網格的三個側面區域，從上到下分別是左和右**季肋區** (hypochondriac)[17]、**腰區** (lumbar) 和**腹股溝** (inguinal)[18] 區。從上到下的三個內側區是**腹上** (epigastric)[19]、**臍** (umbilical) 和**腹下** (hypogastric)[**恥骨** (pubic)] 區。

附肢區域

身體的**附肢區** (appendicular region)(AP-en-DIC-you-lur) 由**上肢** (upper limbs) 和**下肢** (lower limbs)(也稱為*附肢* (appendages) 或*四肢* (extremities) 組成。上肢包括**手臂** (arm) [**肱區** (brachial region)](BRAY-kee-ul)、**前臂** (forearm)[**前臂區** (antebrachial[20] region)] (AN-teh-BRAY-kee-ul)、**手腕** (wrist)[**腕骨區** (carpal region)]、**手** (hand) 和**手指** (fingers) [**指** (digits)]。下肢包括**大腿** (thigh)[**股骨區** (femoral region)]、**腿** (leg)[**小腿前區** (crural region)(CROO-rul)]、**腳踝** (ankle)[**跗區** (tarsal

14 *cervic* = neck 頸部

15 *sub* = below 以下；*cost* = rib 肋骨

16 *inter* = between 之間；tubercul = *little* swelling 小膨脹

17 *hypo* = below 以下；*chondr* = cartilage 軟骨

18 *inguin* = groin 腹股溝

19 *epi* = above 以上，over 之上；*gastr* = stomach 胃

20 *ante* = fore 前，before 之前；*brachi* = arm 臂

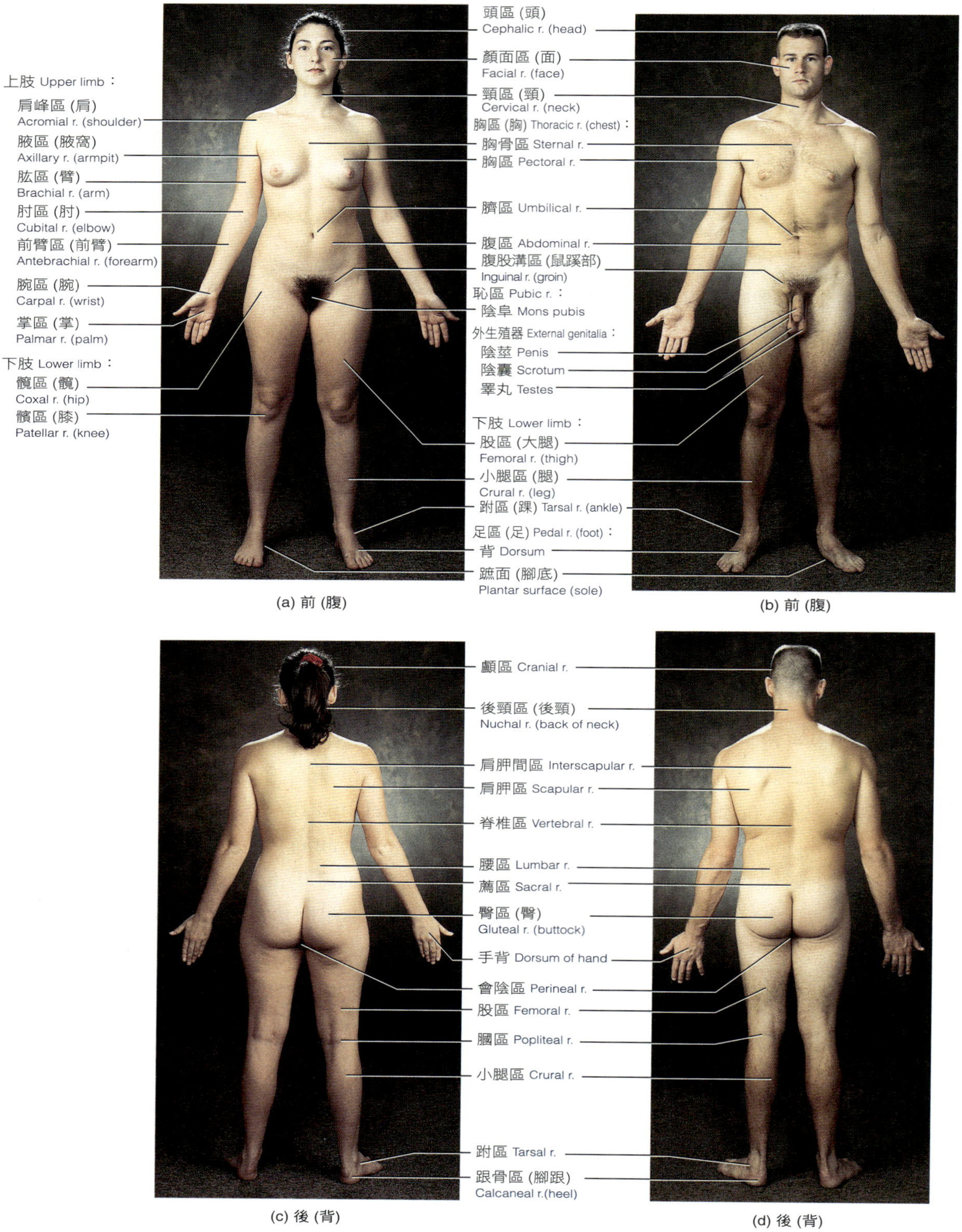

圖 1.9 成年女性和男性的身體部位 (r.= region 區)。

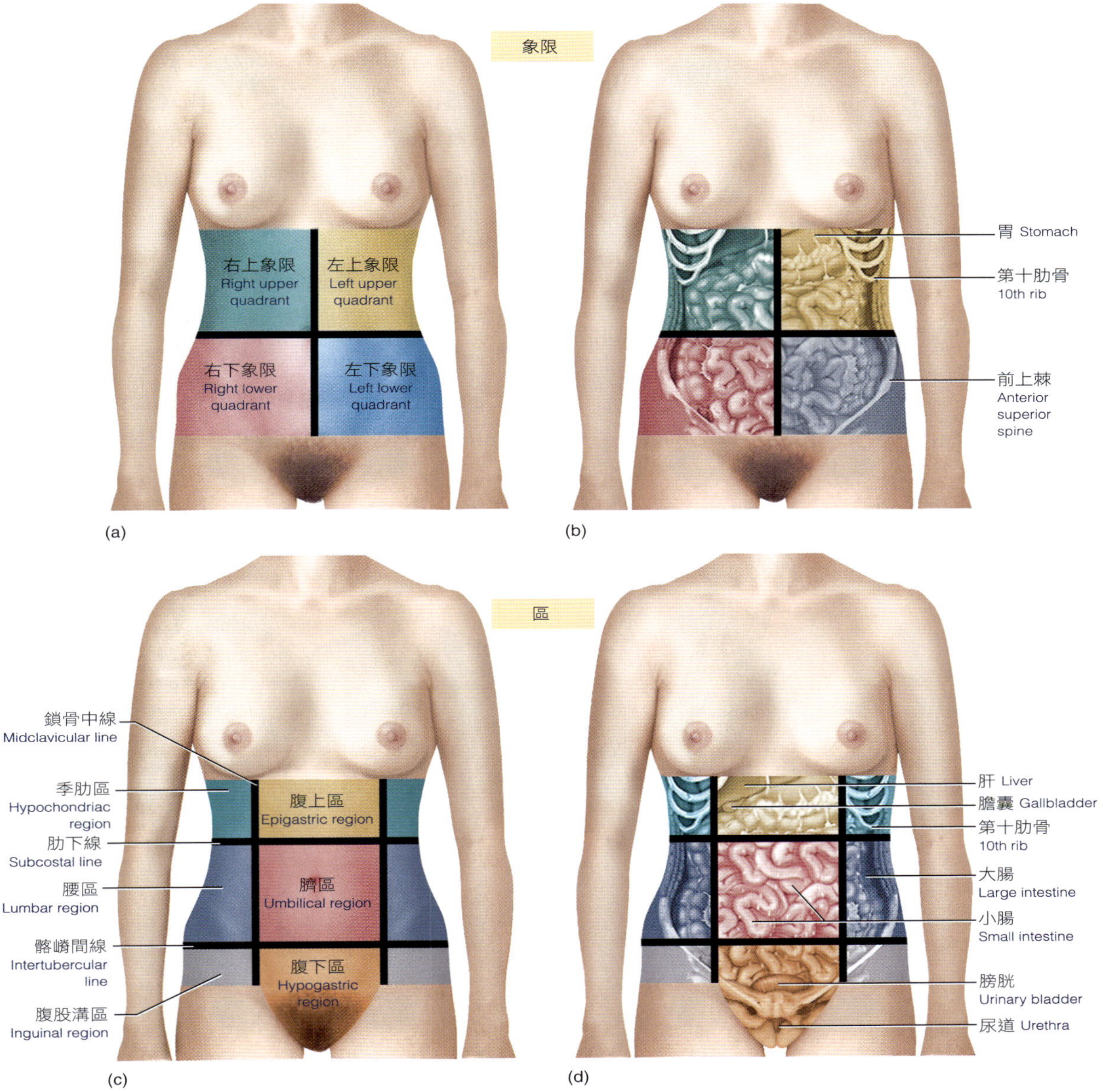

圖 1.10 **腹部的四個象限和九個區域**。(a) 外部劃分為四個象限；(b) 與象限相關的內部解剖結構；(c) 外部劃分為九個區域；(d) 與九個區域相關的內部解剖結構。

region)]、**足** (foot) 和**腳趾** (toes)[**指** (digits)]。用嚴謹的解剖學專有名詞來說，臂 (arm) 僅指肩膀和肘之間的上肢部分。腿 (Leg) 僅指膝蓋和腳踝之間的下肢部分。

肢體的**節段** (segment) 是指一個關節與另一關節之間的區域。例如，臂是肩關節和肘關節之間的部分，前臂是肘關節和腕關節之間的部分。稍微彎曲手指，你可以輕鬆地看到拇指有兩個節段 (近端和遠端)，而其他四個手指有三個節段 (近端、中間和遠端)。節段的概念在描述骨骼和肌肉的位置以及關節的運動時特別有用。

1.2e 體腔和膜

體壁圍著幾個體腔，每個**體腔** (body cavities) 都被膜襯著，並包含稱為**內臟** (viscera)(單數為 viscus[21]) 的內臟器官 (圖 1.11，表 1.2)。

顱腔和椎管

顱腔 (cranial cavity)(CRAY-nee-ul) 被顱骨 (腦殼) 包圍，並包含大腦。**椎管** (vertebral canal) 被椎骨柱 (脊柱，脊骨) 包圍，並包含脊髓。兩者彼此連接，並被稱為「**腦膜**」(meninges)(meh-NIN-jeez) 的三個膜層所襯。除其他功能外，腦膜還可以保護脆弱的神經組織免受包圍它的堅硬保護性骨骼的影響，並將脊髓固定在椎骨上並限制其運動。

胸腔

身體的軀幹包含兩個主要空間，胸腔和腹腔，由橫向的肌肉即**橫膈膜** (diaphragm) 隔開。**胸腔** (thoracic cavity) 位於橫膈上方，而下方腹部內為**腹骨盆腔** (abdominopelvic cavity)。兩個腔體都襯有一層薄**漿膜** (serous

21 *viscus* = body organ 身體器官

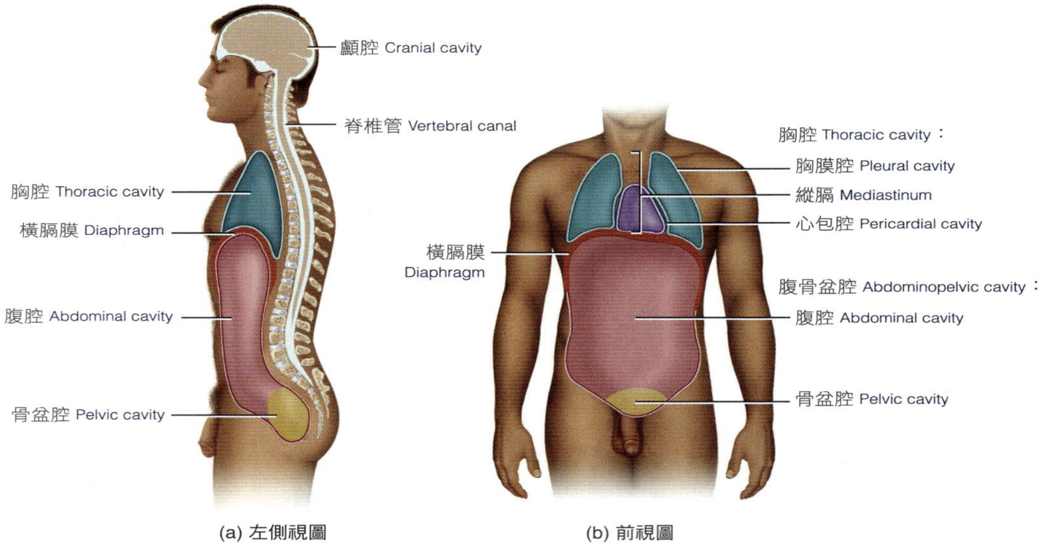

圖 1.11 主要體腔。(a) 左側視圖；(b) 前視圖。

表 1.2 體腔與膜

腔名	相關臟器	內襯膜
顱腔 (cranial cavity)	腦	腦膜 (meninges)
脊椎管 (vertebral canal)	脊髓	腦膜 (meninges)
胸腔 (thoracic cavity)		
胸膜腔 (2) (pleural cavities)	肺	胸膜 (pleura)
心包腔 (pericardial cavity)	心臟	心包膜 (pericardium)
腹骨盆腔 (abdominopelvic cavity)		
腹腔 (abdominal cavity)	消化器官、脾臟、腎臟、輸尿管	腹膜 (peritoneum)
骨盆腔 (pelvic cavity)	膀胱、直腸、生殖器官	腹膜 (peritoneum)

membranes)，此漿膜可分泌類似於血清的潤滑液體 (因此得名)。

胸腔被稱為**縱膈** (mediastinum)[22] (ME-dee-ah-STY-num) 的厚構造隔開 (圖 1.11b)。它位於肺部之間，從頸部的底部到橫膈膜，被心臟，與之相連的主要血管、食道、氣管和支氣管以及稱為胸腺 (thymus) 的腺體占據。

包覆在心臟周圍的兩層膜稱為**心包膜** (pericardium)[23]。心包膜的內層形成心臟本身的表面，被稱為**臟層心包膜** (visceral pericardium)[**心外膜** (epicardium)](VISS-er-ul)。外層被稱為**壁層心包膜** (parietal[24] pericardium)[**心包囊** (pericardial sac)](pa-RY-eh-tul)。與臟層心包膜之間的空間為**心包腔** (pericardial cavity)(圖 1.12a)(請參閱臨床應用 1.2)。此空間的**心包液** (pericardial fluid) 有潤滑作用。

臨床應用 1.2

心包填塞

在某些情況下，心包腔的侷限會導致心臟問題。如果因疾病而脆弱的心臟壁破裂，或者遭受如刀或槍傷等穿透性損傷，血液會從心臟噴入心包腔，且每次心跳都會使越來越多血液充滿腔內。患病的心臟有時還會使漿液滲入心包腔。無論哪種方式，影響都是相同的：心包囊幾乎沒有擴張的空間，因此積聚的液體會向心臟施加壓力，擠壓心臟並防止其在兩次心跳之間血液重新充盈。這種情況稱為*心包填塞* (cardiac tamponade)。如果心室無法有血液流入充盈，則心輸出量會下降，每個人都可能死於災難性的循環衰竭。如果漿液或空氣積聚在胸膜腔內，會導致類似的情況，從而導致肺塌陷。

22 *mediastinum* = in the middle 中間
23 *peri* = around 周圍；*cardi* = heart 心臟
24 *pariet* = wall 壁

胸腔的右側和左側包含肺臟。包覆著每個肺的漿膜稱為**胸膜** (pleura)[25] (PLOOR-uh)(圖 1.12b)。像心包膜一樣，它具有臟層 (內層) 和壁層 (外層)。**臟層胸膜** (visceral pleura) 形成肺的外表面，而**壁層胸膜** (parietal pleura) 襯在胸腔的內部。它們之間的狹窄空間稱為**胸膜腔** (pleural cavity)(參見圖集圖 A.11)。它由濕滑性的**胸膜液** (pleural fluid) 潤滑。

請注意，在心包膜和胸膜中，膜的臟層覆蓋 (cover) 器官的表面，而壁層襯在體腔內

25 *pleur* = rib 肋骨，side 側面

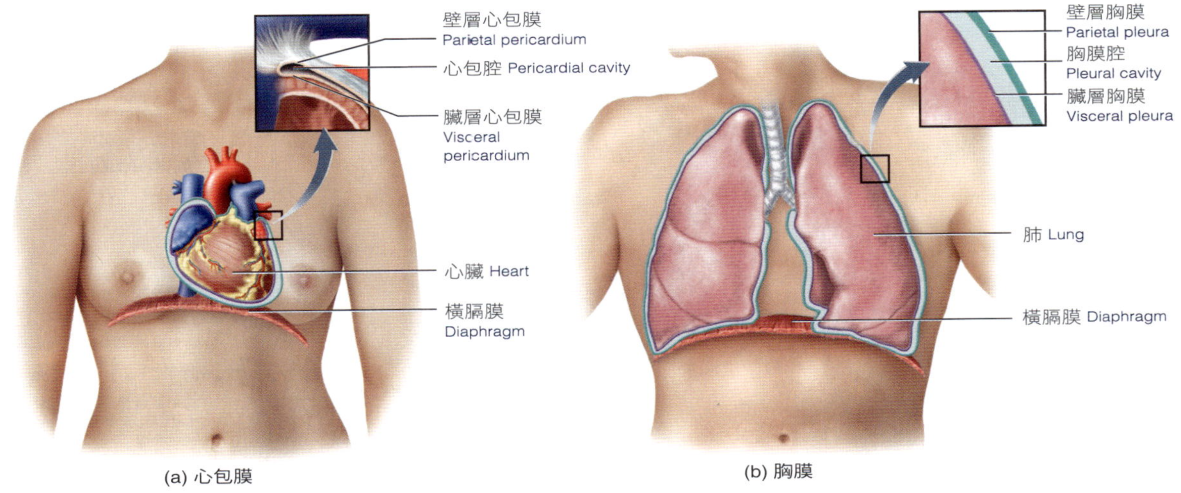

圖 1.12 胸腔漿膜的壁層和臟層。(a) 心包膜；(b) 胸膜。

部。我們將看到這種模式在其他地方重複出現，包括在腹骨盆腔。

腹骨盆腔

腹骨盆腔由上方的**腹腔** (abdominal cavity) 和下方的**骨盆腔** (pelvic cavity) 組成。腹腔包含大多數消化器官以及脾臟、腎臟和輸尿管。它向下延伸到稱為骨盆邊緣 (brim) 的骨質標誌的水平位置 (見圖 8.6 和 A.7)。邊緣下方的骨盆腔與腹腔是連續的 (沒有壁將它們分隔開)，但是它更狹窄並且向後傾斜 (見圖 1.11a)。它包含直腸、膀胱、尿道和生殖器官。

腹骨盆腔內有兩層漿膜，稱為**腹膜** (peritoneum)[26] (PERR-ih-toe-NEE-um)。**壁層腹膜** (parietal peritoneum) 襯在腔壁上。**臟層腹膜** (visceral peritoneum) 從體壁向內彎曲，環繞腹腔內臟，將其束縛在體壁上或從體壁懸掛下來，並將其固定在適當的位置。**腹膜腔** (peritoneal cavity) 是壁層和臟層之間的空間。以**腹膜液** (peritoneal fluid) 潤滑。

腹腔的某些器官靠在身體後腹壁上，僅在面對腹腔的一側被腹膜覆蓋。以此說明它們位在的**腹膜後** (retroperitoneal)[27] 位置 (圖 1.13)。這些包括腎臟；輸尿管；腎上腺；大部分胰腺；腹部的主動脈和下腔靜脈這兩個主要血管 (見圖 A.6)。被腹膜包圍並由腹膜延展薄層連接至後體壁的器官稱為**腹膜內** (intraperitoneal)[28]。

由腹膜折疊形成半透明的**後腸繫膜** (posterior mesentery)[29] (MESS-en-tare-ee) 將腸懸掛在腹腔後壁 (圖 1.14)。大腸的後腸繫膜稱為**結腸繫膜** (mesocolon)。在某些地方，腸繫膜包裹在腸子或其他內臟周圍後，繼續向著身體前壁延伸形成**前腸繫膜** (anterior mesentery)。最突出的例子是稱為**大網膜** (greater omentum)[30] 的脂肪膜，它像圍裙一樣從胃的下外側邊緣懸掛並覆蓋在腸子前方 (見圖 A.4)。它在其下方邊緣沒有附著，因此可以將大網膜掀起以露出腸。較小的**小網膜** (lesser omentum) 從胃的上內緣延伸至肝臟。

26 *peri* = around 周圍；*tone* = stretched 伸展

27 *retro* = behind 後方

28 *intra* = within 之間

29 *mes* = in the middle 中間；*enter* = intestine 腸

30 *omentum* = covering 覆蓋

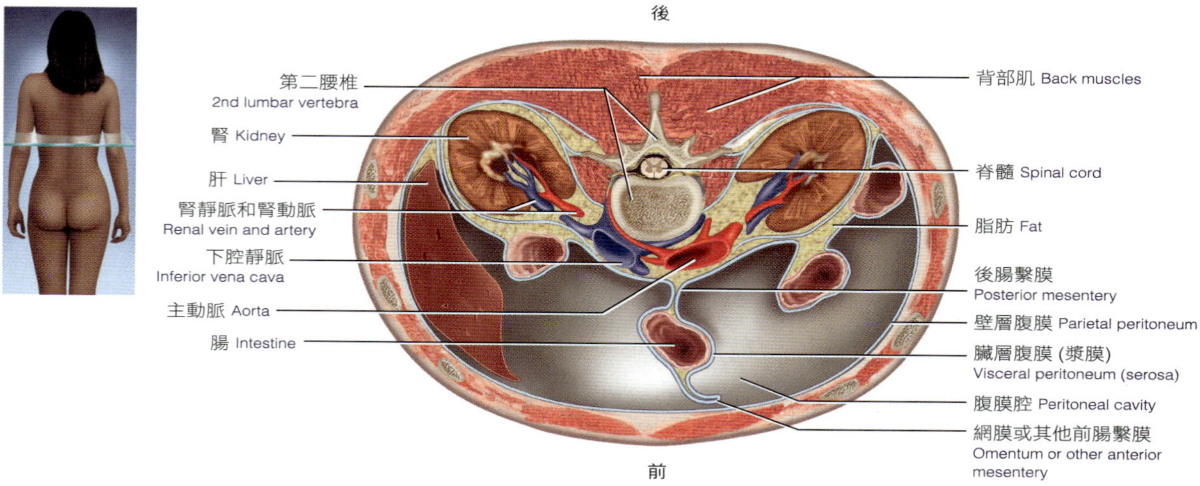

圖 1.13　腹部橫切面。顯示腹膜 (細藍線)、腹膜腔 (大部分內臟被省略) 和一些腹膜後器官 (在腹膜和後體壁之間)。

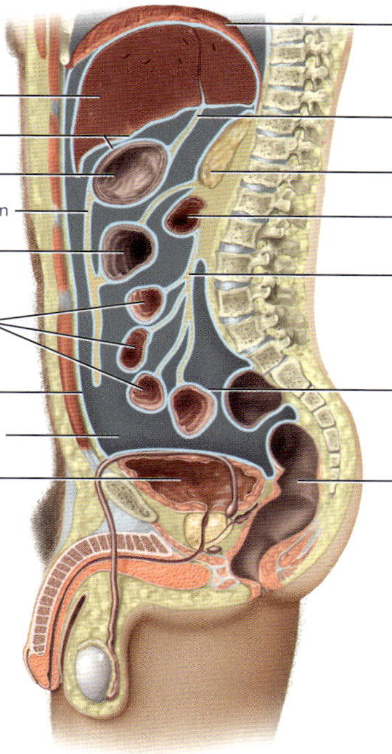

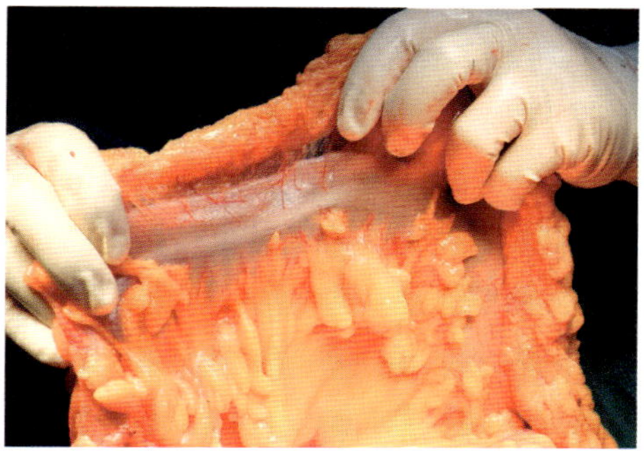

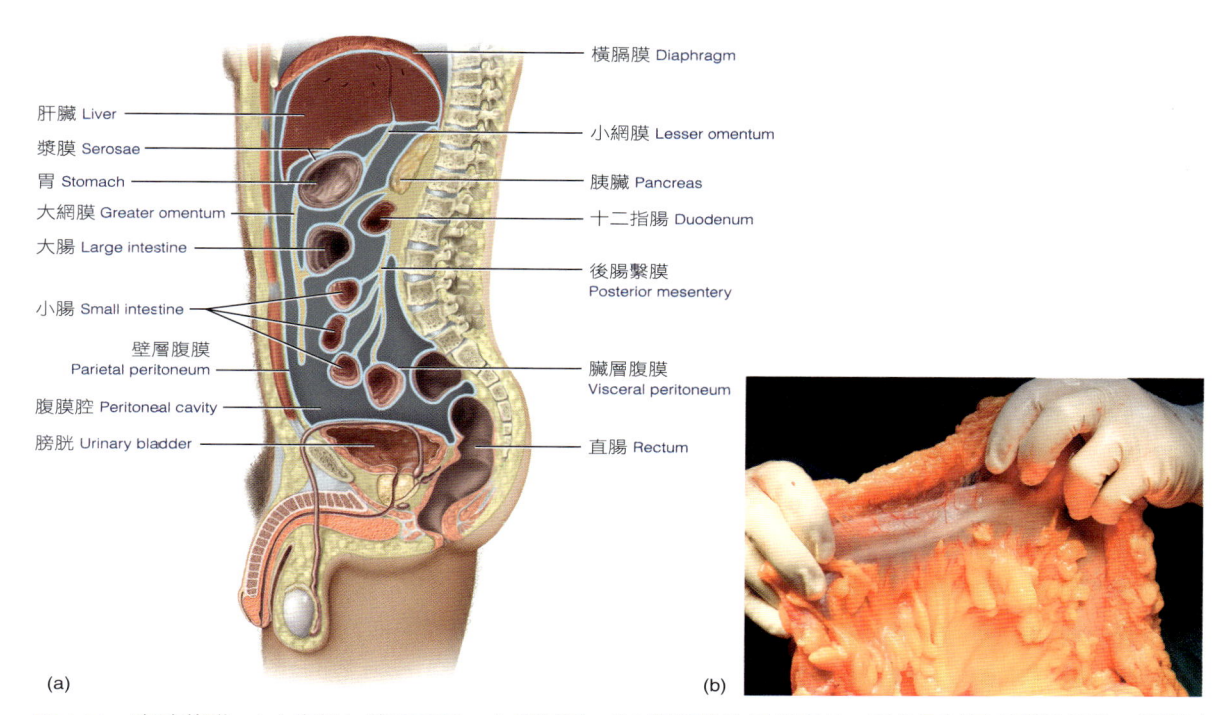

圖 1.14　腹腔漿膜。(a) 腹部矢狀切面圖，左側視圖；(b) 腸繫膜的手術照片。黃色區域是腸繫膜脂肪，肥胖症中許多額外的體重都存在於此處。

• 膀胱是否在腹膜腔內？

(b)©Casa nayafara/Shutterstock

當臟層腹膜接觸到諸如胃或小腸之類的器官時，會隔開並包裹在其周圍，在器官外層形成**漿膜** (serosa)(seer-OH-sa)(圖 1.13)。因此臟層腹膜包含腸繫膜和漿膜。

潛在空間

人體膜之間的某些空間被認為是**潛在的空間** (potential spaces)，之所以這樣命名，是因為在正常情況下，這些膜被牢固地壓在一起，並且它們之間沒有實際的空間。膜並不是物理性的附著在一起，但是在異常條件下，它們可能會分離並形成一個充滿液體或其他物質的空間。因此，膜之間僅具有可分離並產生空間的可能性。

胸膜腔就是一個例子。正常情況下，壁層胸膜和臟層胸膜之間沒有間隙地被壓在一起，但是在病理狀況下，空氣或漿液會在膜之間積聚並形成一個空間。另一個例子是子宮的內腔 [腔 (lumen)]。在未懷孕的子宮中，相對位置的壁層黏膜被壓在一起，因此器官中幾乎沒有或沒有開放空間。當然，在懷孕期間，成長中的胎兒會占據該空間，並將黏膜分開。

在你繼續閱讀之前

回答下列問題，以檢驗你對上節內容的理解：

5. 從以下列表中將人體最大和最複雜到最小和最不複雜的組成按順序排列：細胞、分子、胞器、器官、器官系統、組織。
6. 命名負責以下各項功能的器官系統：(a) 血液的運輸和分配；(b) 保水、感覺和防止感染；(c) 荷爾蒙分泌；(d) 營養物質的分解和吸收；(e) 回收多餘的組織液並偵測組織中的病原體。

7. 說明描述方向的方向性專有名詞：(a) 脊髓相對於心臟；(b) 眼睛相對於鼻子；(c) 膀胱相對於腸道；(d) 橫膈膜相對於肝臟；(e) 皮膚相對於肌肉。
8. 說明通常稱為脖子、腳底、下背部、臀部和小腿區域的替代解剖學專有名詞。
9. 命名包圍腦、心臟、肺和腹腔的膜。

1.3 解剖學專有名詞

預期學習成果

當您完成本節後，您應該能夠

a. 解釋為什麼現代解剖學專有名詞如此大量地基於希臘文和拉丁文；
b. 看到人名命名詞時可以識別；
c. 描述實現國際統一的解剖學專有名詞的努力；
d. 討論由希臘文，拉丁文或其他語文衍生出的醫學專有名詞；
e. 敘述為什麼單詞的字面意思可能無法深入瞭解其定義的一些原因；
f. 將單數名詞形式與其複數形式聯繫起來；和
g. 討論為什麼準確的拼寫在醫學交流中如此重要。

詞彙量是解剖學學生面臨的最大挑戰之一。在本書中，你將遇到拉丁文專有名詞，例如胼胝體 (corpus callosum)(大腦的一個構造)、動脈韌帶 (ligamentum arteriosum)(心臟附近的一條小纖維帶) 和橈側伸腕長肌 (extensor carpi radialis longus)(前臂肌肉)。你可能想知道為什麼沒有用「純英語」來命名這些構造，以及你將如何記住如此困難的名稱。本節將為你解答這些問題，並提供一些掌握解剖學專有名詞的有用技巧。

1.3a 醫學專有名詞的由來

大體解剖學的主要特徵具有標準的國際名詞，該名詞依據一本名為解剖學專有名詞 (Terminologia Anatomica, TA) 的書中所訂定。TA 系統是由國際解剖學家機構於 1998 年編纂的，並得到了 50 多國的解剖學家專業協會的認可。

當今醫學專有名詞中約有 90% 來自大約 1,200 個希臘文和拉丁文詞根。這回溯到古希臘和羅馬開始的科學研究。希臘和羅馬學者創造了當今仍在人體解剖學中使用的許多名詞：十二指腸 (duodenum)、子宮 (uterus)、前列腺 (prostate)、小腦 (cerebellum)、橫膈 (diaphragm)、薦骨 (sacrum)、羊膜 (amnion) 等。在文藝復興時期，解剖學發現的快速需要大量新專有名詞來描述事物。不同國家的解剖學家開始對同一構造使用不同的名稱。令他們感到困惑的是，他們經常以尊重的老師和前輩的人名命名新的構造和疾病，為我們提供諸如輸卵管 (fallopian tube) 和鞏膜靜脈竇 (canal of Schlemm) 之類的非描述性專有名詞。由人的名字創造的專有名詞稱為**人名名詞** (eponyms)[31]，對於是什麼構造或身體狀況則幾乎沒有任何線索。

為了解決這種日益嚴重的混亂，解剖學家早在 1895 年就開始開會，試圖設計出統一的國際專有名詞。這引出我們今天使用的《解剖學專有名詞》(*Terminologia Anatomica*, TA)。TA 拒絕所有人名名詞，並為拉丁文和英文提供有關大體解剖學構造的描述性專有名詞。這些專有名詞在全世界使用，因此，即使你要查看韓文或阿拉伯文的解剖學圖譜，插圖中的拉丁文標示也可能與英文圖譜中的標示相同。現在 TA 伴隨著兩個類似的書卷

31 *epo* = after 之後，related to 相對於；*nym* = name 名稱

—用於組織細胞和組織構造的《組織學專有名詞》(*Terminologia Histologica*) 和用於產前解剖學的《胚胎學專有名詞》(*Terminologia Embryologica*)。本教科書中的專有名詞符合這些準則，除了放棄廣泛使用會造成不必要困惑的不正式的專有名詞。本書避免使用大多數人名名詞。

1.3b 分析醫學專有名詞

學習解剖學專有名詞的任務在一開始時似乎很繁重，但是當你學習本書時，有一個簡單的習慣可以使你快速熟悉醫學的專有名詞——請閱讀註腳，其中解釋了單詞的字根和起源。對於那些發現科學專有名詞容易混淆、難以發音、拼寫和記憶的學生，一旦瞭解專有名詞組成的邏輯，他們通常會更加自信。只要我們瞭解如低血鈉症 (hyponatremia) 等專有名詞由三個常見的單詞元素組成：*hypo-* (低於正常水平)、*natr-* (鈉) 和 *-emia* (血液狀況)，則該專有名詞就不令人生畏了。因此，低血鈉症是血液中缺乏鈉。這三個詞的元素在許多其他醫學專有名詞中反覆出現：體溫過低 (hypothermia)、利尿鈉 (natriuretic)、貧血 (anemia) 等。一旦瞭解了 *hypo-*、*natr-*、*-emia* 的含義，你就已經擁有至少可以部分理解數百種其他生物醫學專有名詞的工具。在附錄 B 中，你將找到本書中常用的註腳單詞元素詞典。

科學專有名詞通常由以下一個或多個元素組成：

- 至少一個詞根 (root)[詞幹 (stem)] 具有單詞的核心含義。例如，在心臟病學 (cardiology) 中，詞根是 *cardi* (心臟)。許多詞都有兩個或多個詞根。在脂肪細胞 (adipocyte) 中，詞根是 *adip* (脂肪) 和 *cyte* (細胞)。
- 組合母音 (Combining vowels) 通常被插入以連接詞根，使單詞更容易發音。字母 o 是最常見的組合母音 [如在脂肪細胞 (adipocyte)]，但是所有母音都以這種方式使用，例如 ligament (韌帶) 中的 a、vitreous (玻璃體) 中的 e、fusiform (梭狀) 中的 i、ovulation (排卵) 中的 u 和 tachycardia (心搏過速) 中的 y。有些詞沒有組合母音。詞根和組合母音的組合稱為組合形式 (combining form)：例如，齒 (odont)(牙齒) + o (組合母音) 形成牙 (odonto) 的組合形式，就像成牙質細胞 (odontoblast)(產生牙齒的牙本質的細胞)。
- 詞首 (prefix) 的存在可以修飾單詞的核心含義。例如加入詞首胃 (gastric)(關於胃或腹部肌肉) 具有更多種的新含義：上腹 (epigastric)(胃上方)、下腹 (hypogastric)(胃下方)、內腹 (endogastric)(胃內) 和二腹肌 (digastric)(有兩個肌腹的肌肉)。
- 可以在單詞的末尾添加一個詞尾 (suffix) 以修改其核心含義。例如，顯微鏡 (microscope)、顯微鏡學 (microscopy)、顯微鏡的 (microscopic) 和顯微鏡學家 (microscopist) 的意義僅因其詞尾而不同。通常兩個或多個詞尾，或詞根和詞尾一起出現，以至於它們被共同視為一個複合詞尾 (compound suffix)。例如，*log* (研究) + *y* (過程) 形成複合詞尾 *-logy* (的研究；學)。

總結這些基本原則，請思考胃腸學 (gastroenterology) 一詞，表示涉及胃和小腸的醫學分支。它分開為胃 gastro／腸 entero／學 logy：

gastro = 組合形式，意為「胃」
entero = 組合形式，意為「小腸」
ology = 複合詞尾，意為「的研究 (學)」

以這種方式「解剖」單詞，並在本書中關

注單詞起源的註腳，將使你對解剖學的語言更加自在。知道一個單詞如何分解，知道它的元素含義，可以更容易地發音、拼寫和記住它的定義。

但是，有一些不幸的例外。從原始含義到當前用法的路徑常被歷史所模糊。羊膜 (amnion) 是包在胎兒周圍的透明膜，最初意思的是用來盛放犧牲羔羊血的碗。髖部的髖臼 (acetabulum)(臼) 字面意思是「醋杯」；睪丸 (testicles) 的字面意思是「小見證人」。醫學專有名詞的歷史充滿曲折，說明很多關於整個人類文化的歷史，但它們可能會使學生感到困惑。前述解析分詞方法也不能幫助使用人名命名或**首字母縮寫詞** (acronyms)——由一系列單詞的第一個字母或前幾個字母組成的單詞。例如，PET 是正子斷層造影 (positron emission tomography) 的首字母縮寫。請注意，PET 是一個可發音的詞，因此是真正的首字母縮寫詞。首字母縮寫詞不要與簡單縮寫混淆，例如 DNA 或 MRI，在每個縮寫中，每個字母必須分別發音。這些被稱為詞首字母縮寫 (initialisms)。

1.3c 不同形式的醫學專有名詞

許多初學者的困惑點是如何識別醫學專有名詞的複數形式。很少有人會不知道卵巢 (ovaries) 是 ovary 的複數，但是在其他情況下很難建立這種聯繫：例如，皮質 (cortex) 的複數是 cortices (COR-ti-sees)、體 (corpus) 的複數是 corpora，而神經節 (ganglion) 的複數是 ganglia。表 1.3 將幫助你建立原文單數和複數名詞字尾之間的連接。

在某些情況下，對於初學者來說，兩個完全不同的詞可能只是同一詞的名詞和形容詞形式。例如，brachium 表示手臂，而 brachii [如 biceps brachii (肱二頭肌) 的肌肉名稱] 則表示「手臂的」。Carpus 表示腕部，而 carpi 在多個肌肉名稱中使用，表示「腕部的」。形容詞也可以對於單數和複數以及不同程度的比較而採用不同的形式。digits 是手指和腳趾。肌肉名稱中的「digiti」是指「單一手指 (或腳趾)」，而「digitorum」是複數，意思是「多個手指 (或腳趾)」。因此，伸小指肌 (extensor digiti minimi) 僅伸展小指，而伸指肌 (extensor digitorum muscle) 則伸展除了拇指以外的所有手指。

大 (large)、較大 (larger) 和最大 (largest) 的英語單詞是一個形容詞，比較級和最高級的範例。在拉丁文中，這些詞是大的 (magnus)、重大 (major)(來自 maior) 和最大 (maximus)。在內收大肌 (adductor magnus) [大腿大 (large) 肌]、胸大肌 (pectoralis major)

表 1.3 一些名詞字尾的單數和複數形式

單數字尾	複數字尾	舉例
-a	-ae	axilla (腋窩)、axillae
-ax	-aces	thorax (胸)、thoraces
-en	-ina	lumen (腔)、lumina
-ex	-ices	cortex (皮質)、cortices
-is	-es	diagnosis (診斷)、diagnoses
-is	-ides	epididymis (副睪)、epididymides
-ix	-ices	appendix (闌尾)、appendices
-ma	-mata	carcinoma (上皮細胞癌)、carcinomata
-on	-a	ganglion (神經節)、ganglia
-um	-a	septum (中隔)、septa
-us	-era	viscus (內臟)、viscera
-us	-i	villus (絨毛)、villi
-us	-ora	corpus (小體)、corpora
-x	-ges	phalanx (指骨)、phalanges
-y	-ies	ovary (卵巢)、ovaries
-yx	-yces	calyx (腎盞)、calyces

[胸部的兩塊胸肌 (pectoralis muscles) 中較大 (larger) 者] 和臀大肌 (gluteus maximus)[臀部的三個臀肌中最大的 (largest)] 的肌肉名稱中可找到這些。

一些名詞差異表示所有格，像是腹直肌 (rectus abdominis) 是指腹部 [腹部的 (abdominis)] 直 [直 (rectus)] 的肌肉和豎脊肌 (erector spinae) 則是拉直 [豎立 (erector)] 脊柱 [脊椎 (spinae)] 的肌肉。

解剖學專有名詞也遵循希臘文和拉丁文將形容詞放在名詞之後。因此，我們有這樣的名稱，例如表皮的透明層 (stratum lucidum)、透明 (lucidum)、層 (stratum)，顱骨中的大孔 (foramen magnum)、大 (magnum)、孔 (foramen)，及前面提過的胸大肌 (pectoralis major)。

這並不是說你必須精通拉丁文或希臘文文法才能學習解剖學。然而這幾個例子可以使你學習專有名詞時留意專有名詞中要注意的某些形式，並且理想上可以使你減少對解剖學專有名詞的困惑。

1.3d 準確性的重要

關於解剖學研究的最後建議是：準確拼寫解剖專有名詞。如果你將斜方肌 (trapezius) 錯拼為大多角骨 (trapezium)，這似乎是微不足道的，但是這樣會將背部肌肉的名稱寫成為腕骨的名稱。同樣，將枕肌 (occipitalis) 改為枕骨的 (occipital) 或將顴肌 (zygomaticus) 更改為顴骨的 (zygomatic)，會將其他肌肉名稱更改為骨骼名稱。將踝 (malleolus) 改變為錘骨 (malleus)，省略了一個小而似乎微不足道的音節，從而將腳踝骨突的名稱更改為中耳小骨的名稱。「小」錯誤，例如迴腸 (ileum) 拼寫錯誤成腸骨 (ilium)，則會把部分小腸的名稱更改為髖骨。同樣，「僅」一個字母的差異就區別出味覺 (gustation) 與妊娠 (gestation)(懷孕)。

醫療專業人員需要非常注意細節和精確度——人們的生命可能有一天會掌握在你的手中。謹慎的習慣也必須延伸到你使用的語言上。許多患者因在醫院不幸的錯誤傳達而死亡。與此相比，如果說明者減少一二個小的拼寫錯誤，幾乎就不會造成悲劇。瞭解準確的重要性應該視為是經驗教訓。

在你繼續閱讀之前

回答下列問題，以檢驗你對上節內容的理解：

10. 解釋為什麼現代解剖學專有名詞如此大程度上是基於希臘文和拉丁文。
11. 區別人名名詞和首字母縮寫詞，並解釋為什麼這兩個詞都難以用來解釋解剖學的專有名詞。
12. 按照先前分析的胃腸學 (gastroenterology) 實例，將以下單詞分解為詞根、詞首和詞尾並陳述其含義：pericardium (心包)、appendectomy (闌尾切除術)、subcutaneous (皮下)、-arteriosclerosis (動脈硬化)、hypercalcemia (高鈣血症)。可以查閱附錄 B 中的單詞元素列表。
13. 寫出以下每個單詞的單數形式：-pleurae (-胸膜)、gyri (腦回)、lumina (管腔)、ganglia (神經節)、fissures (裂)。寫出以下形式的複數形式：villus (絨毛)、tibia (脛骨)、encephalitis (腦炎)、cervix (子宮頸)、stoma (小孔)。

學習指南

評估您的學習成果

為了測試你的知識，請與學習夥伴討論以下話題，或以書面形式討論，最好是憑記憶。

1.1 人體解剖學的觀察

1. 解剖學和生理學之間的區別，以及功能形態學將兩者結合的方式。
2. 大體、微觀、表面、放射學、系統和局部解剖之間的區別。
3. 當醫生對患者進行檢查，觸診、聽診和敲擊時可能尋找的範例。
4. 解剖方式不同於探索性手術，為什麼探索性手術現在不如 1950 年代那麼普遍？
5. 放射線攝影術、電腦斷層掃描 (computed tomography, CT)、磁振造影 (magnetic resonance imaging, MRI)、正子斷層造影 (positron emission tomography, PET) 和超音波 (sonography) 檢查的原理。
6. 醫學影像的侵入性與非侵入性方法之間的差異。
7. 本書介紹的解剖構造可能不適用於每個人的原因。

1.2 身體的架構

1. 從原子到人體構造複雜性的連續層級。
2. 人體構造層級與大體解剖學、組織學、細胞學和超微結構之間的相關性。
3. 11 個人體器官系統，包括每個基本功能和主要器官。
4. 解剖位置及其為何在解剖學的溝通上很重要。
5. 前臂是旋前還是旋後是什麼意思，這與俯臥 (prone) 和仰臥 (supine) 的含義有何不同。
6. 三個主要的解剖切面，以及人體的特定區域 (例如胸的中部) 在每個切面的外觀。
7. 區別前方 (anterior) 與後方 (posterior)；頭側 (cephalic)、吻端 (rostral) 和尾端 (caudal)；上方 (superior) 和下方 (inferior)；內側 (medial) 和外側 (lateral)；近端 (proximal) 和遠端 (distal)；同側 (ipsilateral) 和對側 (contralateral)；淺層 (superficial) 和深層 (deep)；以及在解剖學描述正確使用這些專有名詞的能力。
8. 為什麼在人體解剖學中大多數情況下寧可選擇前方 (anterior) 和後方 (posterior) 一詞而非腹側 (ventral) 和背側 (dorsal)？為什麼腹側和背側對於解剖貓比對於人體解剖更相關？
9. 中軸區和附肢區主要的身體部分。
10. 用於將腹部分為四個象限的標誌，以及每個象限的名稱。
11. 用於將腹部分為 3×3 網格的標誌，以及 9 個區中每個區域的名稱。
12. 容納大腦和脊髓的腔名，以及內襯在這些腔體中膜的名稱。
13. 區分胸腔、腹腔和骨盆腔的標誌。
14. 包圍心臟和肺的腔名；內襯在這些腔中膜的名稱；這些兩層膜其相對淺層和深層膜分別的名稱；以及潤滑這些膜並使心臟和肺部可輕鬆動作的液體名稱。
15. 內襯在腹腔內的膜之名稱；潤滑液的名稱；及其被描述為腹膜後器官的特徵。
16. 懸掛並束縛腹腔器官的漿膜名稱，和由該膜圍繞在器官外表面的構造名稱。
17. 潛在空間 (potential spaces) 的含義以及一些例子。

1.3 解剖學專有名詞

1. 許多醫學專有名詞基於拉丁文和希臘文的原因。
2. 《解剖學專有名詞》(*Terminologia Anatomica*, TA) 一書在現代醫學專有名詞中的角色，以及要解決的問題。
3. 如何將組織學 (histology)、心血管 (cardiovascular)、解剖學 (anatomy)、子宮內膜 (endometrium)、假複層 (pseudostratified)、皮下 (subcutaneous)、皮質脊髓 (corticospinal) 和皮下層 (hypodermic) 等醫學專有名詞分為詞首、詞根、組合形式和詞尾，以及如何辨識存在的組合母音。
4. 人名名詞和首字母縮寫詞之間以及首字母縮寫詞和詞首字母縮寫 (縮寫) 之間的區別以及各自的醫學示例。
5. 識別同一專有名詞的單數和複數形式，例如 extensor digiti 和 extensor digitorum。
6. 識別同一個形容詞以及其比較級和最高級形式，如內收大肌 (adductor magnus)、胸大肌 (pectoralis major) 和臀大肌 (gluteus maximus) 的第二個單詞。
7. 準確拼寫的重要性；為什麼即使是一個字母或其他細微的錯誤在臨床診療中也可能有非常重大的影響；以及這可能適用的例子。

回憶測試

1. 可以用肉眼觀察的構造稱為
   a. 大體解剖學 (gross anatomy)
   b. 超微結構 (ultrastructure)
   c. 顯微解剖學
   d. 大體解剖學 (macroscopic anatomy)
   e. 細胞學 (cytology)
2. 以下哪種技術需要將放射性同位素注入患者的血液中？
   a. 超音波檢查 (sonography)
   b. 正子造影 (PET)
   c. 放射線攝影 (radiography)
   d. 電腦斷層掃描 (CT)
   e. 磁振造影 (MRI)
3. 被認為是活著的最簡單的構造是
   a. 器官
   b. 組織
   c. 細胞
   d. 胞器
   e. 蛋白質
4. 跗區位在膕區的何處？
   a. 內側
   b. 淺層
   c. 上層
   d. 背側
   e. 遠端的
5. ______區緊鄰髖部內側
   a. 腹股溝 (inguinal)
   b. 軟骨病 (hypochondriac)
   c. 臍帶 (umbilical)
   d. 膕 (popliteal)
   e. 肘 (cubital)
6. 下列何者不是上肢的一部分？
   a. 足底 (plantar)
   b. 腕骨 (carpal)
   c. 肘 (cubital)
   d. 肱 (brachial)
   e. 手掌 (palmar)
7. 下列何者為腹膜內器官？
   a. 膀胱
   b. 腎
   c. 心臟
   d. 小腸
   e. 腦
8. 其中何者不是器官系統？
   a. 肌肉系統
   b. 體被 (皮膚) 系統
   c. 內分泌系統
   d. 淋巴系統
   e. 免疫系統
9. 組織學一詞最接近於
   a. 組織病理學 (histopathology)
   b. 顯微解剖學 (microscopic anatomy)
   c. 細胞學 (cytology)
   d. 超微結構 (ultrastructure)
   e. 系統解剖學 (systemic anatomy)
10. 影像技術不會使患者暴露在有害輻射下的是
   a. 放射線攝影 (radiography)
   b. 正子造影 (PET)
   c. 電腦斷層掃描 (CT)
   d. 磁振造影 (MRI)
   e. 血管造影 (angiography)
11. 切割和分離組織以顯示其構造的關係稱為______。
12. 當手掌朝前時，前臂被稱為______。
13. 胸膜的相對淺層稱為______胸膜。
14. 靠後腹壁的腹腔器官僅在前側被腹膜覆蓋，依其位置是______。
15. ______是一門科學，它不僅描述身體構造，並解釋構造的功能。
16. 當醫生按上腹部感覺肝臟的大小和質地時，他或她使用的是一種稱為______的身體檢查技術。
17. ______是使用 X 射線和電腦產生人體薄切片圖像的醫學成像方法。
18. ______是由兩種或多種類型的組織組成的最簡單的身體構造。
19. 左手和左腳彼此為______，而左手和右手彼此為______。
20. 肘部的前凹處稱為______區域，而膝蓋的相應 (但在後方) 凹處稱為______區域。

答案在附錄 A

建立您的醫學詞彙

說出每個詞彙的含義，並從本章中給出一個使用該詞彙的醫學專有名詞或稍微的改變該詞彙。

1. ana-
2. -graphy
3. morpho-
4. hypo-
5. -ation
6. -elle
7. palp-
8. ante-
9. intra-
10. auscult-

答案在附錄 A

這些陳述有什麼問題？

簡要說明下列各項陳述為什麼是假的，或將其改寫為真。

1. 在腕部測脈搏的技術稱為聽診 (auscultation)。
2. 可以在身體的單個矢狀切面看到兩個肺。
3. 異常的膚色或乾燥可能是聽診獲得的一項診斷訊息。
4. 放射學僅指那些使用放射性同位素的醫學成像方法。
5. 超音波檢查是比磁振造影 (MRI) 更好的觀察腦部腫瘤的方法。
6. 體內的細胞多於胞器。
7. 橫膈位於肺的腹側。
8. 孕婦應避免進行磁振造影掃描，因為離子輻射會對胎兒產生有潛在有害的影響。
9. 每個肺被包在壁層和臟層胸膜之間的空間中。
10. DNA 是去氧核糖核酸的首字母縮寫詞。

答案在附錄 A

測試您的理解力

1. 將以下每種放射學技術分類為侵入性或非侵入性技術，並解釋每種原因：血管造影、超音波檢查、電腦斷層 (CT)、磁振造影 (MRI) 和正子斷層造影 (PET)。
2. 剛入學的醫學生檢查多被要求檢視多個大體，而不是將僅限於一個。除了學習男性和女性解剖學的明顯目的之外，說明為什麼在醫學教育中如此重要？
3. 確定哪一個解剖切面 (矢狀、額狀或橫切) 是唯一不能同時顯示：(a) 大腦和舌頭；(b) 兩隻眼睛；(c) 心臟和子宮；(d) 下胃和臀區；(e) 兩個腎臟；和 (f) 胸骨和椎柱。
4. 外行人經常誤解醫學專有名詞。利用本章的身體部位專有名詞，你認為人們說他們有「足部疣」時真正意味著什麼？
5. 你為什麼認為《解剖學專有名詞》(*Terminologia Anatomica*) 的作者決定拒絕使用別名？你是否同意該決定？你為什麼認為他們決定使用拉丁命名解剖構造？你是否同意該決定？解釋你同意或不同意的理由。

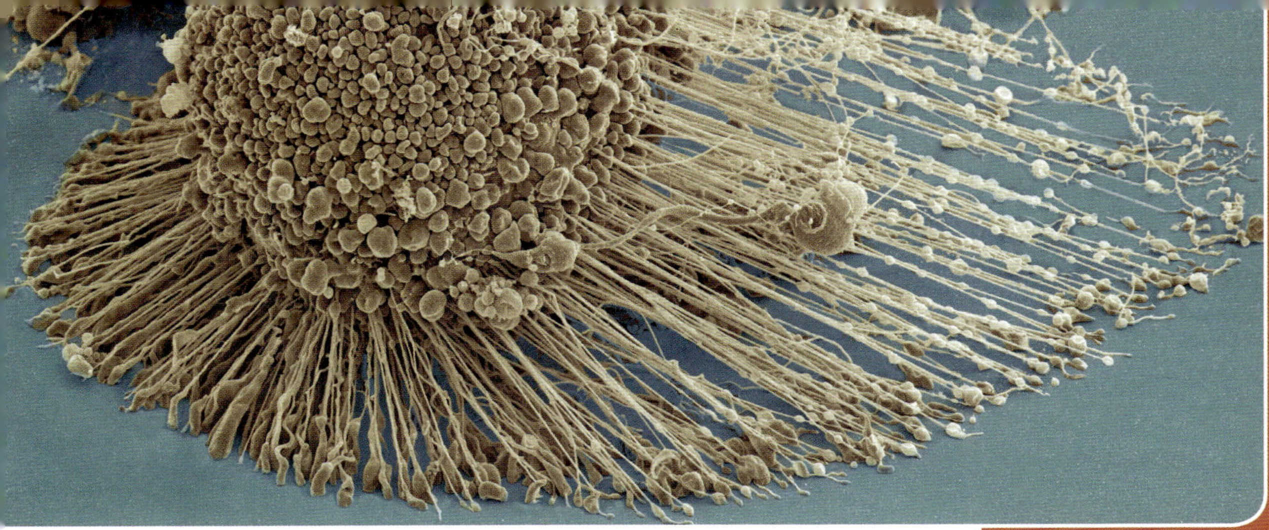

垂死的海拉 (HeLa) 癌細胞 (掃描式電子顯微鏡)

CHAPTER 2

細胞學——細胞的探索

王懷詩

章節大綱

2.1 細胞的探索
- 2.1a 顯微鏡
- 2.1b 細胞的形狀和大小
- 2.1c 細胞的基本組成

2.2 細胞表面
- 2.2a 細胞膜
- 2.2b 膜運輸
- 2.2c 細胞表面的延伸
- 2.2d 糖萼
- 2.2e 細胞接合

2.3 細胞內部
- 2.3a 細胞骨架
- 2.3b 胞器
- 2.3c 包涵體

2.4 細胞生命週期
- 2.4a 細胞週期
- 2.4b 細胞分裂
- 2.4c 幹細胞

學習指南

臨床應用

2.1 當橋粒受損
2.2 粒線體疾病
2.3 癌症

複習

要瞭解本章，您可能會發現複習以下概念會有所幫助：

- 人體構造的組成階層 (1.2a 節)

模組 2：細胞和化學
模組 3：組織

在醫學史上最重要的革命是認識到所有身體機能都來自細胞活動。擴大而言，現已認識到幾乎所有人體機能障礙都源於細胞層次的功能異常。每週都會出現許多有關細胞功能的醫學研究論文，所有藥物開發都是基於對細胞如何運作的深入瞭解。因此，細胞學的觀點對於真正瞭解人體的結構和功能、疾病的機制以及治療方法已變得不可或缺。

因此，學習解剖學由本章的細胞層次開始。我們將看到顯微鏡的持續發展如何加深了我們對細胞結構的瞭解，觀察細胞的組成成分，簡要探討細胞兩個方面的功能——通過細胞膜的運輸和細胞的生命週期。細胞週期的紊亂導致了人類最可怕的疾病之一，癌症。

2.1 細胞的探索

預期學習成果

當您完成本節後，您應該能夠

a. 陳述細胞理論的一些原理；
b. 討論顯微鏡的發展如何改變了我們對細胞結構的看法；
c. 概述細胞的主要結構成分；
d. 從描述的專有名詞識別出細胞形狀；和
e. 陳述人體細胞的大小範圍並解釋細胞大小是有限的。

細胞被認為是活著的最小實體。沒有蛋白質是活的，DNA 也不是活的，只有細胞及其組成的較大構造才是活著的。為什麼呢？因為沒有什麼比細胞小但是具有生命意義所必需的所有特徵和能力：

- **組織性** (organization)：細胞比任何無生命的物體都具有更有組織條理和複雜的構造，並持續消耗能量來維持這種組織。
- **同化** (assimilation)：細胞選擇性地從周圍環境吸收化學物質，並將其整合到自己的構造中。
- **代謝** (metabolism)：細胞不會簡單地使用現有形式的任何可用材料，而是將被同化的分子經由化學轉化為維持自身所需的新化合物。代謝 (metabolism) 是細胞或生物體中所有此類化學轉化的總和。
- **排泄** (excretion)：代謝產生廢物，細胞選擇性地消除 (排泄) 這些廢物，而不是讓它們積聚在內部。
- **反應** (responsiveness)：細胞通常經由其細胞膜的電極性變化，新陳代謝或運動來反映周圍環境的變化。
- **運動** (movement)：細胞移動其中的物質是有目的性的 (不是隨機的) 方式，使物質穿過細胞膜移動，在某些情況下，例如肌肉細胞和白血球，則是可以整個細胞移動。
- **自我複製** (self-replication)：細胞可以自我繁殖，而不是由非生命物質的外部物質產生。所有細胞都來自先前存在的細胞。

研究細胞構造和功能的科學稱為**細胞學** (cytology)[1]。一些歷史學家將 1663 年 4 月 15 日訂為此科學的誕生日，當時英國發明家羅伯特・胡克 (Robert Hooke) 運用他發明的顯微鏡觀察軟木篩發現了類似小盒子的細胞壁構造。他將此構造取名為*細胞* (cellulae)。19 世紀，由於顯微鏡技術和組織學技術 (組織製備) 的改進，細胞學有了極大的進展。到 1900 年，人們已經毫無疑問地確定了每一種生物都是由細胞組成的；細胞僅通過已有的細胞分裂而產生，而不是從無生命的物質中自發產生；並且所有細胞都具有相同的基本化學成分，例如碳水化合物、脂質、蛋白質和核酸。這些原理和其他原理已被整理為**細胞理論** (cell theory)。

1 *cyto* = cell 細胞；*logy* = study of 研究

2.1a 顯微鏡

我們不用放大就能看到的最小的東西大約為 **100 微米** (micrometers)(μm)，即約 0.1 毫米。這大約是典型印刷文句結尾處句點大小的四分之一。少數人類細胞的大小在此範圍內，例如卵細胞和一些脂肪細胞，但是大多數人類細胞只有 10 至 15 μm 寬。最長的是神經細胞 (有時超過 1 m 長) 和肌肉細胞 (可長達 30 cm)，但是兩者通常都太細長而無法用肉眼觀察到。因此，要研究細胞甚至要觀察它們，都需要顯微鏡。沒有顯微鏡就沒有細胞學的存在。

在本書中，您會發現許多**顯微照片** (photomicrographs)——通過顯微鏡拍攝的組織和細胞照片。這些照片的產生所使用的顯微鏡分為三個基本類別：光學顯微鏡、穿透式電子顯微鏡和掃描式電子顯微鏡。

光學顯微鏡 (light microscope, LM) 使用可見光產生圖像。它是最便宜的顯微鏡類型，使用最簡單，也是最常用的。除了這些優點之外，它還使我們能夠觀察活細胞並看到顏色。但是，它最大的限制是僅可產生有限的放大倍率。目前光學顯微鏡可放大 1,200 倍。光學顯微鏡有幾種，包括用於產生圖 2.16b 的螢光顯微鏡。

我們在本章中所要學習的大多數構造是無法用光學顯微鏡 (LM) 觀察到的，這不是因為光學顯微鏡無法放大到足夠倍率，而是因為它無法顯示細微的構造。好的顯微鏡最重要的不是放大倍率，而是**解析度** (resolution)——顯示細微構造的能力。任何影像都可以進行拍攝並且按照我們的意願放大，但是如果放大無法顯示更多細節，則是無用的空放大 (empty magnification)。大的模糊圖像不如小而清晰的圖像可提供的訊息豐富。由於物理方面超出本章範圍的原因，光的波長限制瞭解析度。在可見光的波長 (約 400 至 700 奈米，即 nm) 下，光學顯微鏡無法區分相距 200 nm [0.2 微米 (micrometers 或 μm)] 之內的物件。

使用較短波長輻射觀看物體時，解析度會提高。電子顯微鏡 (Electron microscopes) 使用波長非常短的電子束 (0.005 nm) 而不是可見光來實現更高的解析度。20 世紀中葉發明的**穿透式電子顯微鏡** (transmission electron microscope, TEM) 通常用於研究用鑽石刀切成超薄薄片並用可吸收電子的重金屬如鋨染色的標本。穿透式電子顯微鏡可以分辨小至 0.5 nm 的細節，並可以將生物材料放大至 600,000 倍。這甚至足以看到像蛋白質、核酸和其他大分子之類的物質。這種精細的細節稱為細胞超微結構。即使在與光學顯微鏡相同的放大倍數下，穿透式電子顯微鏡也能顯示更多細節 (圖 2.1)。它通常會產生二維的黑白圖像，但是電

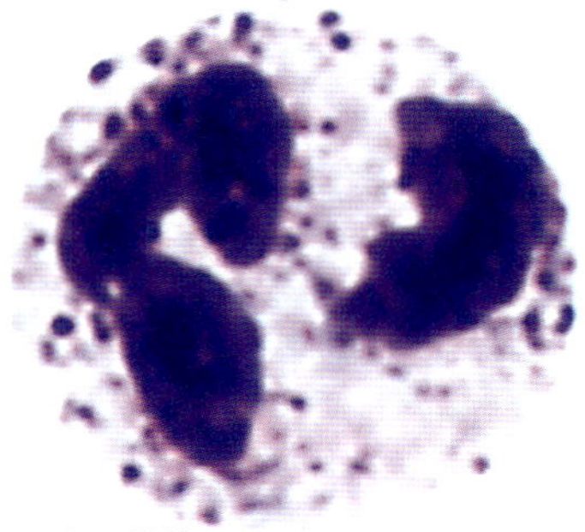

(a) 光學顯微鏡

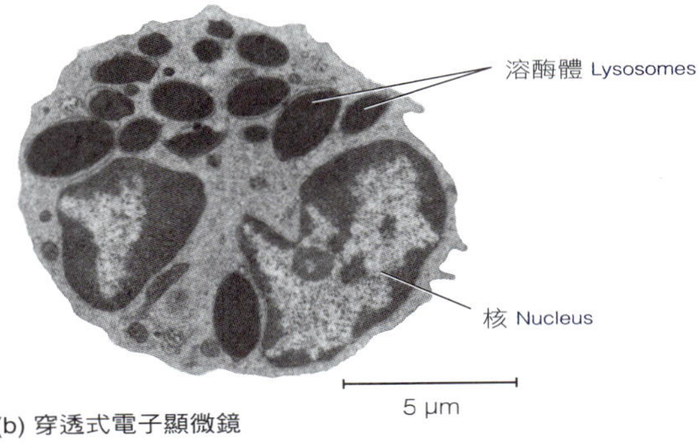

(b) 穿透式電子顯微鏡

圖 2.1 放大率與解析度。以相同的放大倍數顯示了兩個白血球 (嗜中性顆粒球)。(a) 用光學顯微鏡 (LM) 拍攝；(b) 用穿透式電子顯微鏡 (TEM) 拍攝。請注意使用 TEM 獲得的更精細的細節 (解析度)。

子顯微照片為了用於教育目的通常會被著色。

掃描式電子顯微鏡 (scanning electron microscope, SEM) 使用鍍上汽化金屬 (通常是金) 的標本。電子束打到標本並由金屬鍍層釋放出二次電子。這些電子然後撞擊螢光屏並產生影像。掃描式電子顯微鏡產生的解析度低於穿透式電子顯微鏡，並且使用較低的放大倍數，但是它產生顯著的三維影像有時比穿透式電子顯微鏡影像提供更多的訊息，並且不需要將標本切成薄片。掃描式電子顯微鏡只能看到標本的表面；它不能像光學顯微鏡或穿透式電子顯微鏡那樣可觀察標本內部。但是，可以通過*冷凍蝕刻法* (freeze-fracture method) 觀察細胞內部，在該方法中，將細胞冷凍，崩裂開後，以金蒸氣鍍上一層，然後通過穿透式電子顯微鏡或掃描式電子顯微鏡觀察。圖 2.2 比較了用光學顯微鏡 (LM)、穿透式電子顯微鏡 (TEM) 和掃描式電子顯微鏡 (SEM) 拍攝的紅血球。

掃描式電子顯微鏡 (SEM) 在視覺上令人驚嘆的應用，在本書中經常可以看到血管通過*腐蝕鑄型技術* (vascular corrosion cast) 的影像。通過將樹脂注入血管中，然後用腐蝕劑溶解掉實質的組織，僅留下樹脂鑄模。然後用掃描式電子顯微鏡對鑄型標本照相。所得到的影像不僅非常漂亮，而且可以更深入瞭解器官的血液供應 (例如，請參見第 18 章的章首頁以及圖 10.5、25.9)。

應用您的知識

列出本章中由光學顯微鏡 (LG)、穿透式電子顯微 (TEM) 和掃描式電子顯微鏡 (SEM) 製成的所有顯微照片。對於每張照片，如果尚未提供訊息，請説明你將如何知道是使用哪種顯微鏡。

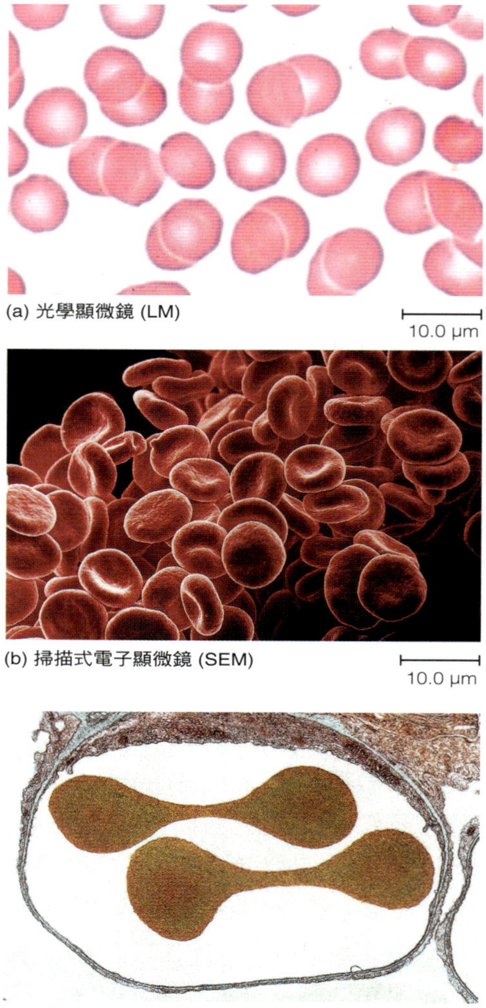

(a) 光學顯微鏡 (LM)
(b) 掃描式電子顯微鏡 (SEM)
(c) 穿透式電子顯微鏡 (TEM)

圖 2.2 由三種顯微鏡產生的紅血球 (red blood cells；erythrocytes) 影像。(a) 光學顯微鏡；(b) 掃描式電子顯微鏡；(c) 穿透式電子顯微鏡 (兩個紅血球被包在微血管內)。

• 根據 (b) 和 (c) 的影像，您能否解釋為什麼細胞在圖片 (a) 有這樣淡色的中心？

2.1b 細胞的形狀和大小

我們將檢視一般細胞的構造，但是這樣概括的介紹希望不至於限制您對人類細胞形式和功能的多樣性的瞭解。人體中大約有 200 種細胞，具有各種形狀、大小和功能。

器官和組織構造的描述通常以下列的專有名詞說明細胞的形狀 (圖 2.3)：

- 鱗狀 (squamous)[2] (SQUAY-mus)：一種薄的、扁平、鱗狀，通常在細胞核部位凸起，其形狀類似於煎雞蛋的形狀「單面荷包蛋」。鱗狀細胞排列在食道內襯以及皮膚的表層 (表皮層)。
- 立方 (cuboidal)[3] (cue-BOY-dul)：額狀切面看起來像方形，高度和寬度大致相等；肝細胞就是一個很好的例子。
- 柱狀 (columnar)：高度比寬度長，如胃和腸的內壁細胞。
- 多邊形 (polygonal)[4]：具有不規則的角形，具有四個、五個或更多的邊。在額狀切面看起來為立方形或柱狀的單元通常在頂端觀察則為多邊形，如石英晶體。
- 星狀 (stellate)[5]：具有從細胞體突出的多個突起，使其呈星形。許多神經細胞的細胞體呈星狀。
- 球狀 (spheroidal) 到卵圓形 (ovoid)：圓形到卵圓形，如卵細胞和白血球。
- 盤狀 (discoidal)：圓盤狀，如紅血球。
- 紡錘狀 (fusiform)[6] (FEW-zih-form)：紡錘形或牙籤形；細長具有較厚的中間部和錐形末端如平滑肌細胞。
- 纖維狀 (fibrous)：細長線狀，如骨骼肌細胞和神經細胞的軸突 (神經纖維)。

在某些細胞中，區分各個細胞的表面是很重要的，因為細胞表面的功能和膜組成可能不同。在覆蓋器官表面的上皮細胞 (epithelia) 中尤其如此。上皮細胞位在下方的**基底面** (basal surface) 通常附著在細胞外的基底膜 (basement membrane) 上 (見 3.2 節)。細胞的上表面稱為**頂表面** (apical surface)。它的側面是**側表面** (lateral surfaces)。你可以將它們分別視為房屋的地板、屋頂和牆壁。

有幾個因素限制了細胞的大小。如果細

2 *squam* = scale 鱗狀；*ous* = characterized by 特徵為
3 *cub* = cube-shaped 立方型；*oidal* = like 像，resembling 類似
4 *poly* = many 多；*gon* = angles 角
5 *stell* = star 星；*ate* = characterized by 特徵為
6 *fusi* = spindle 紡錘狀；*form* = shape 形狀

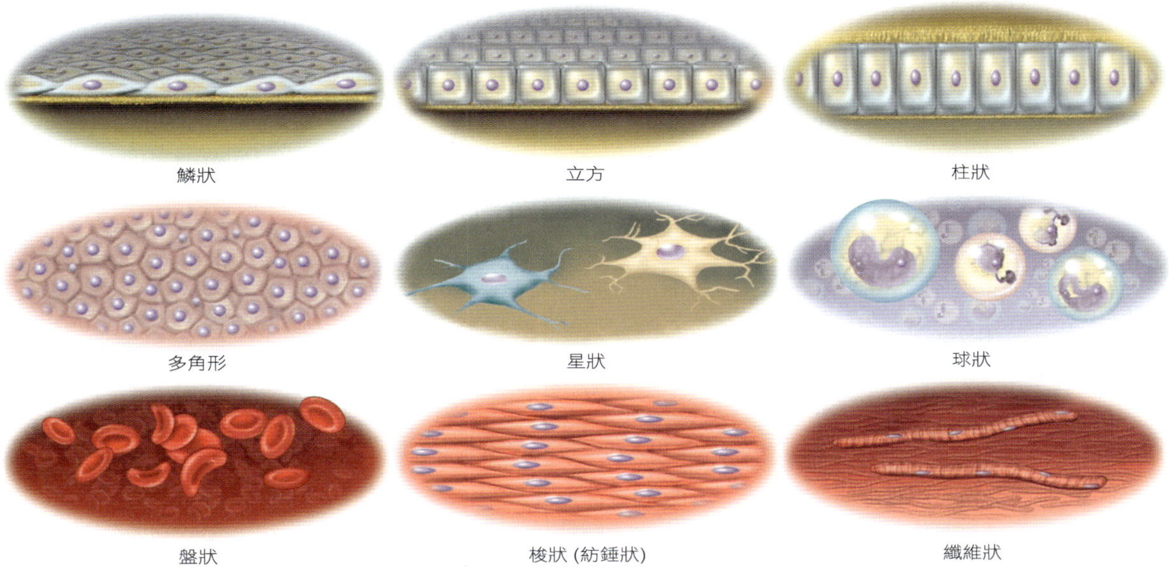

圖 2.3 常見的細胞形狀。APR

胞膨脹到過大的尺寸，它會像一個充滿水的氣球一樣破裂。另外，細胞的大小受到其體積和表面積之關係的限制。細胞的表面積與直徑的平方成正比，而體積與直徑的立方成正比。因此，對於直徑增加，細胞體積的增加多於表面積的增加。畫出每邊 10 μm 的立方形細胞 (圖 2.4)。它的表面積為 600 μm^2 (10 μm × 10 μm × 6 面)，體積為 1,000 μm^3 (10 × 10 × 10 μm)。現在，假設它的兩側又增加了 10 μm。它的新表面積將是 20 μm × 20 μm × 6 = 2,400 μm^2，其體積為 20 × 20 × 20 μm = 8,000 μm^3。20 μm 的細胞需要營養和廢物清除的細胞質是其 8 倍，而細胞表面可以交換廢物和營養物的細胞膜只有 4 倍。簡而言之，太大的細胞無法自我支持其需要。

同樣，如果細胞太大，分子將無法從一個地方擴散到另一個地方，而不能足夠快地支持其新陳代謝。擴散所需的時間與距離的平方成正比，因此，如果細胞直徑增加一倍，則細胞內分子的傳送時間將增加四倍。例如，如果一個分子從表面擴散到 10 μm 半徑的細胞中心需要 10 秒鐘，將該細胞的半徑增加到 1 mm，則到達中心需要 278 小時，實在太慢而無法支持細胞的活動。

器官由許多小細胞組成而不是較少的大細胞組成的另一個優勢是：一個或幾個細胞的死亡對整個器官的構造和功能的影響較小。

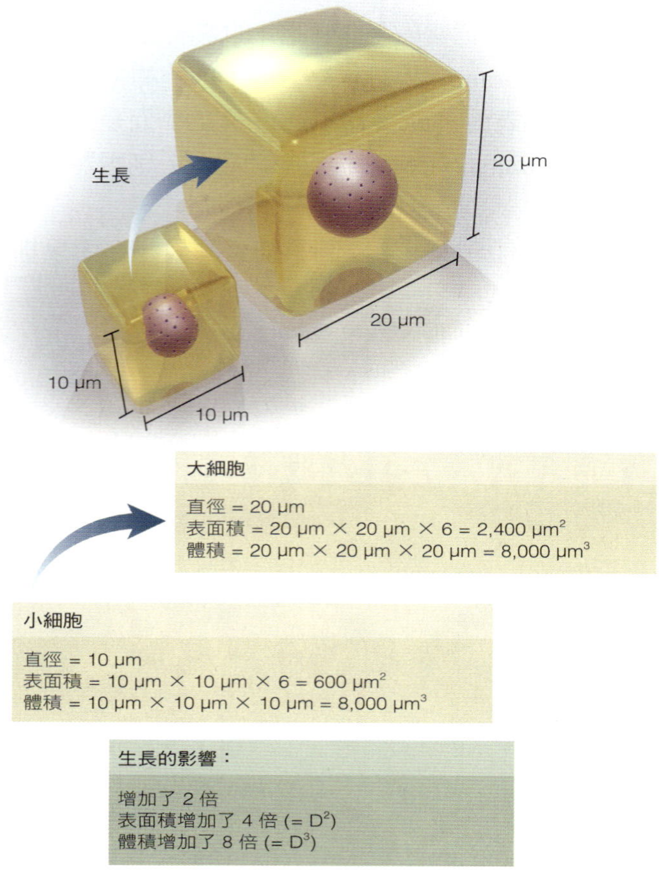

圖 2.4　細胞表面積和體積之間的關係。當細胞的寬度加倍時，其體積增加 8 倍，但其表面積僅增加 4 倍。太大的細胞可能沒有太多的細胞膜，而無法支持其細胞質體積的代謝需要。

2.1c　細胞的基本組成

在應用電子顯微鏡觀察之前，對結構細胞學的瞭解很少，僅知道細胞被包在細胞膜中並含有一個細胞核。在細胞核與細胞膜之間的物質被認為僅僅是膠狀物質混合化學物質和定義模糊的顆粒物。但是電子顯微鏡顯示，細胞質充滿了迷宮般的通道、隔室和細絲 (圖 2.5)。早期的顯微鏡學家由於大多數的這些構造太小而無法用光學顯微鏡分辨 (表 2.1)，所以很少注意到這些細節。

現在，我們將細胞視為具有以下主要成分：

- 細胞膜 (plasma membrane)
- 細胞質 (cytoplasm)
  - 細胞骨架 (cytoskeleton)
  - 胞器 (organelles)(包括細胞核)
  - 包涵體 (inclusions)
  - 胞液 (cytosol)

細胞膜 (plasma membrane; cell membrane) 形成細胞的表面邊界。被細

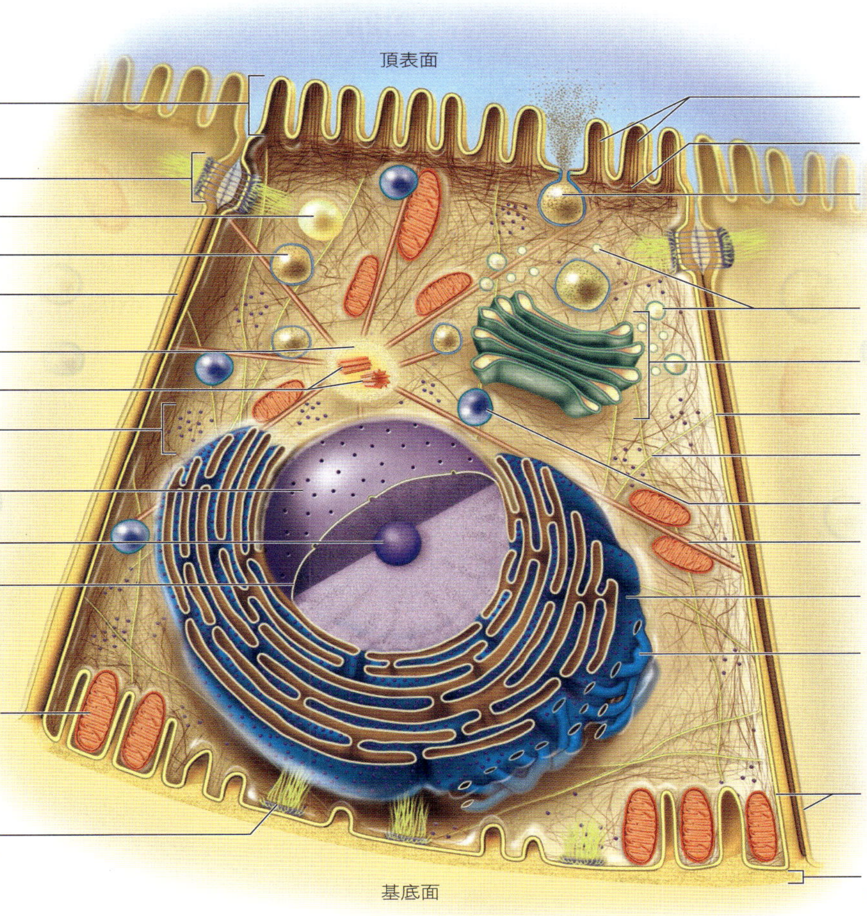

圖 2.5 **廣義的細胞結構**。胞器並非全部按相同比例繪製。細胞質中胞器的擁擠程度超過此處所顯示。

胞膜包圍的物質是**細胞質** (cytoplasm)[7]，而在細胞核內的物質 (通常是細胞最大的胞器) 是**核質** (nucleoplasm)。細胞質包含細胞骨架 (cytoskeleton)，是蛋白質絲和細管構成的支持骨架。大量的胞器 (organelles) 具有不同的構造，可以執行細胞的各種代謝任務；包涵體 (inclusions) 是異物或是儲存之細胞產物。細胞骨架、胞器和包涵體被包在稱為**胞液** (cytosol) 的清澈膠質中。

胞液 (cytosol) 也稱為**細胞內液** (intracellular fluid, ICF)。所有未包含在細胞中的體液統稱為「**細胞外液**」(extracellular fluid, ECF)。位於細胞之間的細胞外液也稱為**組織 (間質) 液** [tissue (interstitial) fluid]。其他一些細胞外液包括血漿、淋巴液和腦脊髓液。

在你繼續閱讀之前

回答下列問題，以檢驗你對上節內容的理解：

1. 敘述細胞學說的一些理論。
2. 與光學顯微鏡相較，電子顯微鏡的主要優勢是什麼？
3. 解釋為什麼細胞的大小不能無限增長。
4. 定義細胞質 (cytoplasm)、胞液 (cytosol) 和胞器 (organelle)。

7 *cyto* = cell 細胞；*plasm* = formed 形成，molded 模製

表 2.1 生物結構的大小相對於與肉眼、光學顯微鏡和穿透射式電子顯微鏡的解析度

物體	大小
肉眼可見 (解析度 70~100 μm)	
人類卵子，直徑	100 μm
以光學顯微鏡可觀察到 (解析度 200 nm)	
大多數人類細胞，直徑	10~15 μm
纖毛 (cilia)，長度	7~10 μm
粒線體 (mitochondria)，寬×長	0.2 × 4 μm
細菌 [大腸桿菌 (*Escherichia coli*)]，長度	1~3 μm
微絨毛 (microvilli)，長度	1~2 μm
用穿透式電子顯微鏡可觀察到 (解析度 0.5 奈米)	
核孔 (nuclear pores)，直徑	30~100 nm
核糖體 (ribosomes)，直徑	15 nm
球狀蛋白 (globular proteins)，直徑	5~10 nm
細胞膜，厚度	7.5 nm
DNA 分子，直徑	2.0 nm
細胞膜通道，直徑	0.8 nm

2.2 細胞表面

預期學習成果

當您完成本節後，您應該能夠

a. 描述細胞膜的構造；
b. 解釋細胞膜的脂質、蛋白質和碳水化合物成分的功能；
c. 描述將物質進出細胞的過程；和
d. 描述微絨毛、纖毛、鞭毛、偽足和細胞接合的結構和功能。

人類的許多生理現象發生在細胞表面，例如，諸如荷爾蒙之類的訊號分子的結合，對細胞活性的刺激，細胞彼此之間的附著以及物質進出細胞的輸送。由此我們開始學習細胞構造和功能。像發現新大陸的探險家一樣，在探查了海岸線之後，再深入瞭解內部。

2.2a 細胞膜

細胞膜是細胞的邊界，調節細胞與其他細胞的相互作用，並控制物質進出細胞的通道。類似的膜包著細胞的大部分胞器，並控制其吸收和釋放化學物質。細胞膜面對細胞質的一面是其**細胞內面** (intracellular face)，而細胞膜朝外的一面是**細胞外面** (extracellular face)。

膜脂質

細胞膜是一種油性雙層脂細胞膜，其中嵌入了蛋白質 (圖 2.6)。按重量計，脂質和蛋白質比例各占一半。但是，由於脂質分子較小且較輕，因此它們構成了膜中分子約 90% 至 99%。

約 75% 的膜脂質分子是磷脂。**磷脂** (phospholipid)(圖 2.7) 由稱為甘油的三碳骨架組成，脂肪酸尾部連接至兩個碳，而含磷酸鹽的頭部連接至第三個。兩條脂肪酸的尾部為疏水性 (hydrophobic)[8] (被水排斥)，頭部為親水性 (hydrophilic)[9] (被水吸引)。磷脂的頭面向細胞外面和細胞內面，而尾部形成「三明治」的中間，並盡可能遠離周圍的水。磷脂不是固定的，而是高度流動的──從一個地方到另一個地方橫向漂移、振動，沿其軸旋轉並彎曲其尾部。

在磷脂中間的膜表面附近可見**膽固醇** (Cholesterol)，約占膜脂質分子的 20%。通過與磷脂相互作用並將其固定在適當的位置，膽固醇可以使膜呈現點狀區變硬 (使其流動性降低)。但是較高濃度的膽固醇則經由防止磷脂像正常情況那樣緊密堆積，而可增加膜的流動性。

剩下的 5% 的脂質是**醣脂** (glycolipids)

8 *hydro* = water 水；*phobic* = fearing 恐懼，repelled by 排斥
9 *hydro* = water 水；*philic* = loving 喜愛，attracted to 吸引

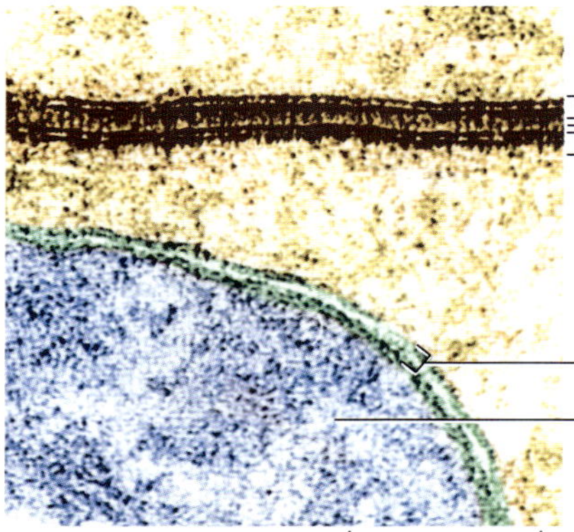

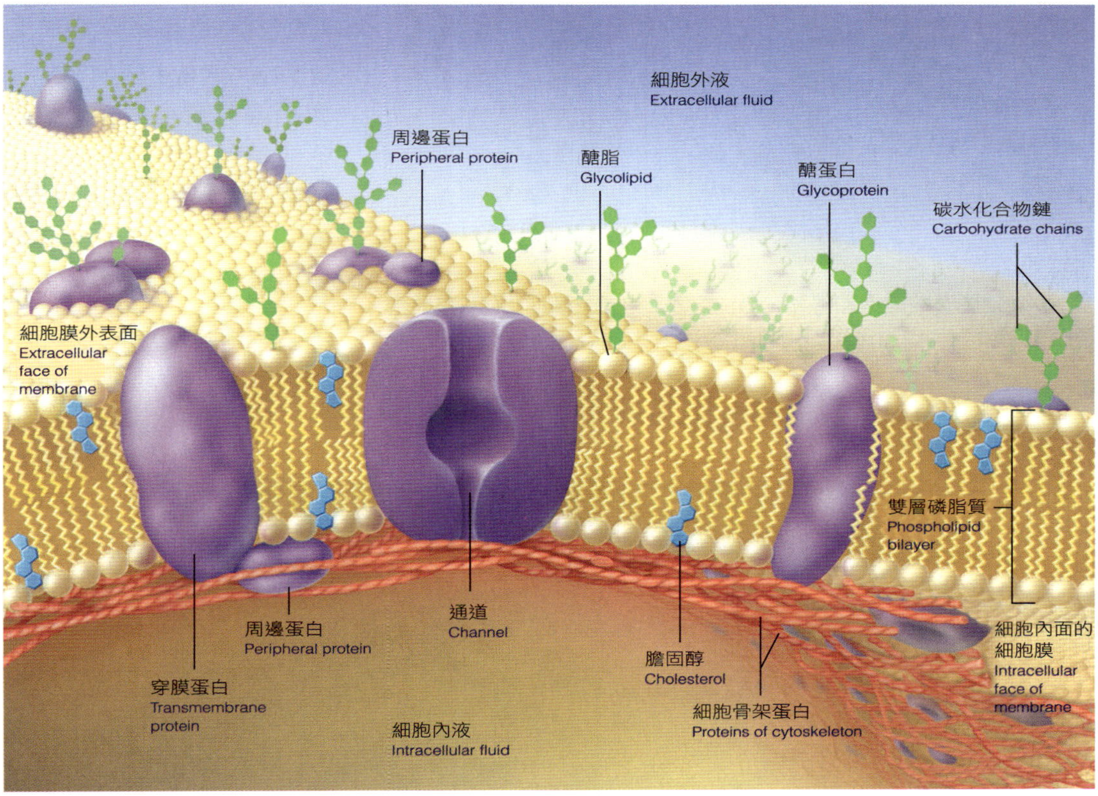

(b)

圖 2.6 細胞膜。(a) 兩個相鄰細胞的細胞膜 (TEM)。另請注意，核套膜是由雙層膜組成，其每一層類似於細胞膜；(b) 細胞膜的分子結構。
(a) ©Dr. Donald Fawcett/Science Source

——結合了短碳水化合物鏈的磷脂。醣脂僅出現在膜的細胞外表面。它們有助於形成**糖萼** (glycocalyx)——一種稍後討論的含糖細胞外層。

細胞膜的一個重要的特質是其自我修復的能力。當生理學家將探針插入細胞時不會像刺破氣球一樣。探頭滑過油膜，膜在其周圍密封。當細胞通過內吞作用吸收物質 (稍後描述) 時，它們會夾斷一部分的膜，這些膜會在細胞質中形成囊泡狀小泡。當這些囊泡從膜上拉開時，它們不會留下裂口；脂質立即流動在一起將斷裂處密封。

膜蛋白

蛋白質占膜分子的 1%~10%。它們分為兩大類，稱為整合蛋白 (integral proteins) 和膜

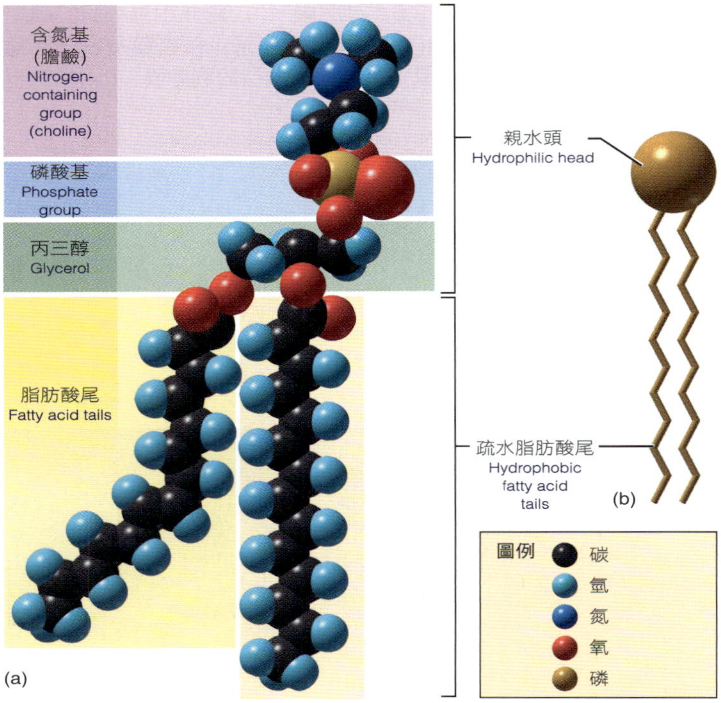

圖 2.7　磷脂質的結構和符號。(a) 磷脂質的分子模型；(b) 在細胞膜圖中用於表示磷脂質的通用符號。

周邊蛋白 (peripheral proteins)。**整合蛋白** (integral proteins) 至少部分穿入到磷酸磷脂雙層，如果它們穿透過磷酸磷脂雙層，它們也可稱為**穿膜蛋白** (transmembrane proteins)。它們具有與細胞質和細胞外液接觸的親水區域，以及疏水性區域，這些蛋白構造來回穿過膜脂，有時反覆地穿過，就像穿過織物的線一樣 (圖 2.8)。大多數穿膜蛋白是**醣蛋白** (glycoproteins) 與醣脂一樣，具有與相連的碳水化合物鏈並有助於形成糖萼。**周邊蛋白** (peripheral proteins) 是指那些未穿透磷脂層，但黏附在膜的任一面上的蛋白，通常是細胞內面。有些穿膜蛋白在細胞膜中自由漂移，而有些穿膜蛋白則錨定在細胞骨架

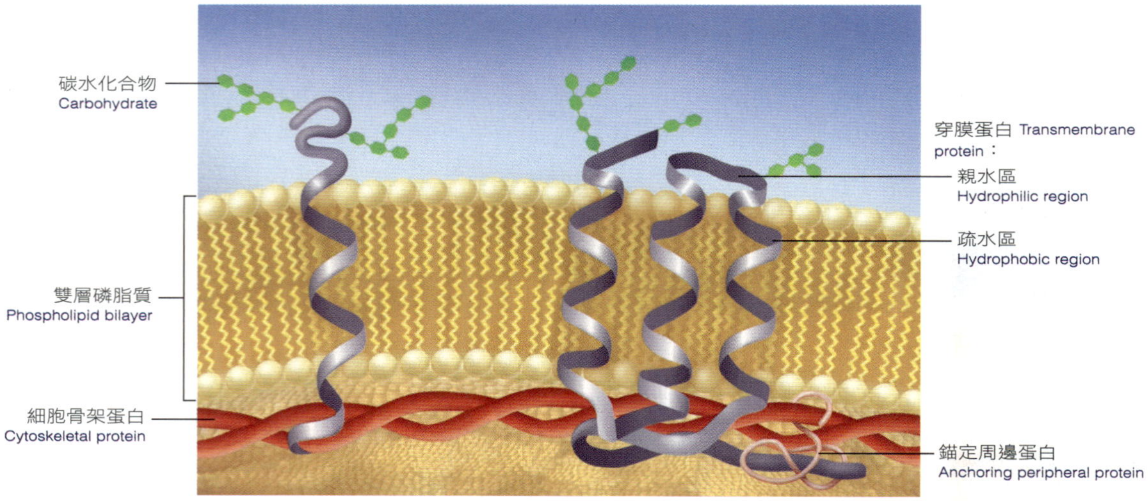

圖 2.8　穿膜蛋白。穿膜蛋白具有嵌入磷脂雙層中的疏水區和伸入細胞外和細胞內液的親水區。蛋白質可能穿過膜一次 (左) 或多次 (右)。蛋白質的細胞內「結構域」通常經由膜周邊蛋白質錨定在細胞骨架上。

• 右側蛋白質除了標記的區域外，還有哪些區域是親水的？

上，因此被固定在一個位置。大多數周邊蛋白錨定在細胞骨架上，並與穿膜蛋白相連繫。

膜蛋白的功能非常多樣，是細胞生理學中最有趣的內容之一。這些蛋白質起以下作用：

- **接受器 (或受體)** (receptors)(圖 2.9a)：細胞通過激素和神經傳遞物質等化學信號相互交流。其中一些訊息 (例如腎上腺素) 無法進入目標細胞，而只能「敲門」並傳達其訊息。它們與稱為接受器的膜蛋白結合，該接受器觸發細胞內的生理變化。其中一些具有接受器和運輸蛋白的雙重功能—它們結合細胞外液中的化學物質並將其轉運到細胞中。
- **酶** (enzymes)(圖 2.9b)：一些膜蛋白是可在細胞表面進行化學反應的酶。有些可分解所收到的化學訊息。腸細胞細胞膜中的酶執行消化澱粉和蛋白質的最後階段。
- **通道蛋白** (channel proteins)(圖 2.9c)：這些是單個蛋白質或蛋白質的聚集體構成的通道，該通道允許水和親水性溶質進入或離開細胞。有些通道始終是開放的，而另一些通道稱為**通道**或**閘通道** (gates or gated channels)(圖 2.9d)，在受到刺激時會打開或關閉，因此只有在適當的時候才允許物質進入或離開細胞。膜通道負責心臟節律器啟動、肌肉收縮和我們的大多數感覺過程以及其他功能。
- **運輸蛋白質 (載體)**[transport proteins (carriers)](見圖 2.10c、d)：運輸蛋白質不僅會開放以允許物質通過——它們會活躍的與膜一側的物質結合在另一側釋放。載體負責葡萄糖、胺基酸、鈉、鉀、鈣和許多其他物質進出細胞的運輸。
- **細胞表面標誌** (cell-identity markers)(圖 2.9e)：膜的醣蛋白和醣脂就像遺傳識別標籤一樣，是個體 (或同卵雙胞胎) 特有的。它們使身體能夠區分屬於自體或非自體的，特別是與細菌和寄生蟲等外來入侵者。
- **細胞黏附分子** (cell-adhesion molecules, CAM)(圖 2.9f)：細胞經由稱為細胞黏附分子的膜蛋白彼此黏附並黏附至細胞外物質。除了少數例外 (例如血球細胞和轉移的癌細胞)，細胞需與與細胞外物質機械性連接，否則細胞不會正常生長或存活。諸如精子和卵結合以及免疫細胞與癌細胞結合等特殊情況也是需要細胞黏附分子。

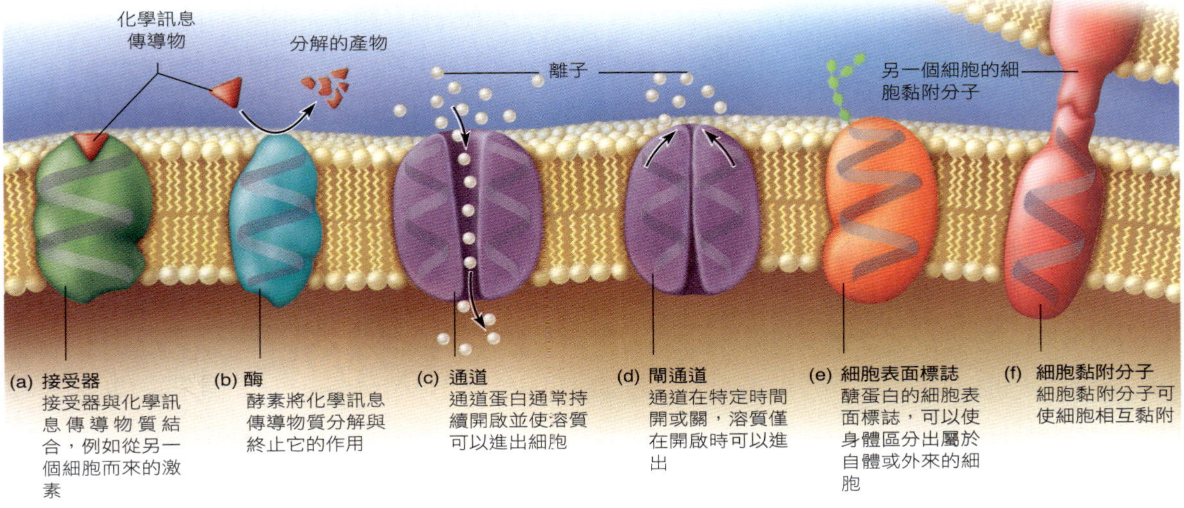
化學訊息
傳導物
分解的產物
離子
另一個細胞的細胞黏附分子
(a) 接受器
接受器與化學訊息傳導物質結合，例如從另一個細胞而來的激素
(b) 酶
酵素將化學訊息傳導物質分解與終止它的作用
(c) 通道
通道蛋白通常持續開啟並使溶質可以進出細胞
(d) 閘通道
通道在特定時間開或關，溶質僅在開啟時可以進出
(e) 細胞表面標誌
醣蛋白的細胞表面標誌，可以使身體區分出屬於自體或外來的細胞
(f) 細胞黏附分子
細胞黏附分子可使細胞相互黏附

圖 2.9 細胞膜蛋白的某些功能。

2.2b 膜運輸

細胞膜最重要的功能之一是控制物質進出胞器和整個細胞的途徑。圖 2.10 說明了通過細胞膜移動的三種方法，以及過濾，這是穿過某些血管壁的重要運輸方式。

過濾

過濾 (filtration)(圖 2.10a) 是物理壓力迫使流體通過膜的一種過程，就像水的重量迫使其通過咖啡機中的濾紙一樣。在體內，過濾的主要例子是血壓迫使液體滲出微血管壁進入組織液。這就是水、鹽、有機營養物和其他溶質從血液流到組織液的方式，在那裡它們可以到達血管周圍的細胞。這也是腎臟過濾血液中廢物的方式。

簡單擴散

簡單擴散 (simple diffusion)(圖 2.10b) 是微粒從高濃度位置到低濃度位置的淨移動——換句話說，是沿著濃度梯度下降 (down a concentration gradient)。例如，擴散就是氧氣和類固醇荷爾蒙進入細胞、鉀離子離開的方式。細胞不需要消耗任何能量即可達成；所有分子都是自發的隨機運動，這本身就為其擴散提供了能量。我們說細胞膜是選擇性通透的，因為它可以使某些粒子通過但阻止較大的粒子通過。

滲透作用

滲透作用 (osmosis)[10] (oz-MO-sis) 是水從

10 *osm* = push 推，thrust 推力；*osis* = process 過程

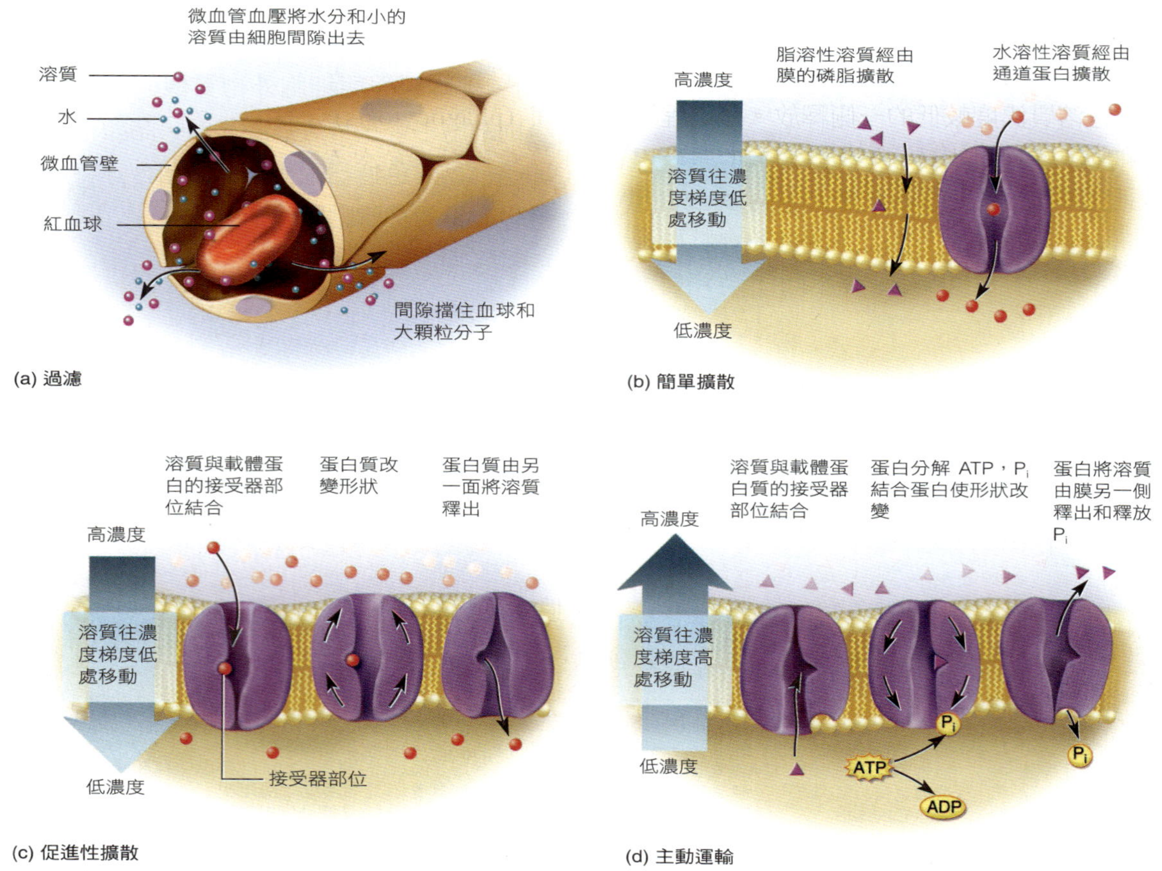

圖 2.10 膜運輸模式。(a) 過濾；(b) 簡單擴散；(c) 促進性擴散；(d) 主動運輸。

選擇性滲透膜「水較多」的一側 (溶解物質較少的一側) 到「水較少」一側 (溶解物質較多的一側) 的淨流量。水分子傾向於附著在溶解物質的顆粒上並防止以相反的方向穿過膜，從而使水在具有更多溶質的一側淨積聚。許多細胞具有稱為**水通道蛋白** (aquaporins) 的膜通道蛋白，可使水很容易通過膜。滲透失衡是腹瀉、便秘和水腫等問題的根源。滲透也是靜脈輸液治療和腎臟透析的重要考慮因素。

促進性擴散

接下來的兩個過程，即促進性擴散和主動運輸，被稱為載體引導的運輸 (carrier-mediated transport)，因為需要利用細胞膜中的運輸蛋白。**促進性擴散** (facilitated[11] diffusion) (圖 2.10c) 可以定義為溶質在載體的幫助下，經由膜向濃度梯度低處移動的過程。載體運輸溶質如葡萄糖是在不經由協助是無法通過膜的。載體與粒子在溶質濃度較高一側的膜結合，而在溶質濃度較低的一側釋放。該過程不需要細胞消耗代謝能量。促進性擴散的一種用途是吸收消化食物中的糖和胺基酸。

主動運輸

主動運輸 (active transport)(圖 2.10d) 是溶質經由載體通過單位膜運輸到濃度梯度較高 (up its concentration gradient) 處的過程，而能量消耗則由三磷酸腺苷 (adenosine triphosphate, ATP) 提供。三磷酸腺苷對於此過程至關重要，因為將粒子向濃度高處移動需要一定的能量，就像是貨車上坡。如果細胞死亡並停止產生三磷酸腺苷，主動運輸會立即停止。主動運輸的一種用途是將鈣泵出細胞。 細胞外液中的鈣已經比細胞內液中的濃度更高，因此向細胞外液中泵入更多的鈣是一項類似上坡的運動。

鈉鉀 (Na^+–K^+) 幫浦 [sodium-potassium (Na^+–K^+) pump] 是一個特別著名的主動運輸過程，它從細胞中排出鈉離子並將鉀離子帶入其中。鈉鉀幫浦在控制細胞體積中發揮作用；產生身體熱量；保持神經、肌肉和心臟的電興奮性；並為其他輸送幫浦供能量，以使溶質諸如葡萄糖通過細胞膜。您每天「燃燒」的卡路里中大約有一半是用於鈉鉀幫浦。

囊泡運輸

至此討論的所有過程都是將分子或離子個別通過細胞膜的移動。然而，在**囊泡運輸** (vesicular transport) 中，細胞將大得多的顆粒或液滴以囊泡 (vesicles) 狀通過膜運送。囊泡將物質帶入細胞的過程稱為**胞吞作用** (endocytosis)[12] (EN-doe-sy-TOE-sis)，而將物質釋放出細胞的過程稱為**胞吐作用** (exocytosis)[13] (EC-so-sy-TOE-sis)。 像主動運輸一樣，所有形式的囊泡運輸都需要三磷酸腺苷 (ATP)。有三種形式的內吞作用：吞噬作用 (phagocytosis)、胞飲作用 (pinocytosis) 和接受器引導的內吞作用 (receptor-mediated endocytosis)(圖 2.11)。

胞飲作用 (pinocytosis)[14] (PIN-oh-sy-TOE-sis) 或「細胞飲酒」發生在所有人類細胞中。在此過程中，小凹陷在細胞膜上形成，並逐漸下沉形成含有細胞外液的胞飲小泡 (pinocytotic vesicles) 進入細胞 (圖 2.11a)。腎小管細胞以這種方法來回收從血液中濾出的少量蛋白質，從而防止蛋白質在尿液中流失。

接受器引導的內吞作用 (receptor-mediated endocytosis)(圖 2.11b) 更具選擇性。它使細胞能夠由最少細胞外液中吸收特定分子。細胞外

11 *facil* = easy 簡單

12 *endo* = into 入內；*cyt* = cell 細胞；*osis* = process 過程

13 *exo* = out of 出去；*cyt* = cell 細胞；*osis* = process 過程

14 *pino* = drinking 飲用；*cyt* = cell 細胞；*osis* = process 過程

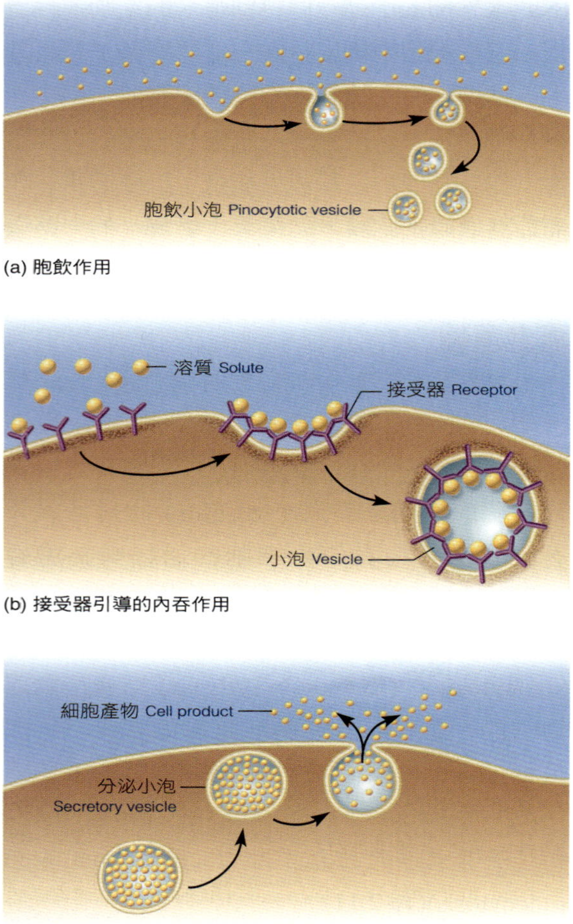

圖 2.11 囊泡運輸模式。(a) 胞飲作用。細胞吸進細胞外液的液滴；(b) 接受器引導的內吞作用。細胞膜中的 Ys 是膜接受器結合細胞外液中的溶質後聚集在一起。膜在該點下沉，直到夾入帶有接受器和結合溶質的囊泡進入細胞質；(c) 胞吐作用。細胞釋放分泌物或廢物。關於囊泡運輸的第四種模式請參閱圖 2.14 中的吞噬作用。

液中的分子與細胞膜上特定的接受器蛋白結合。然後，接受器聚集在一起，膜在此處沉入形成凹狀。凹坑很快被夾斷後在細胞質中形成囊泡。細胞利用接受器引導的內吞作用從血液中吸收膽固醇和胰島素。肝炎、脊髓灰質炎和愛滋病的病毒會誘使我們的細胞以接受器引導的內吞作用將病毒內吞入細胞。

在**吞噬作用** (phagocytosis)[15] (FAG-oh-sy-TOE-sis) 或「細胞吞噬」中，細胞伸出稱為偽足 (pseudopods) 的足狀延伸物 (見圖 2.14)，圍繞著諸如細菌或一些細胞碎片的顆粒，並且吞噬它，將其帶入被稱為吞噬體 (phagosome) 的細胞質囊泡中進行消化。吞噬作用特別是通過白血球細胞和巨噬細胞來進行，這將在第 3 章中描述。

胞吐作用 (exocytosis)(圖 2.11c) 是從細胞排出物質的過程。例如，它可用於消化腺分泌酶、乳腺細胞分泌乳汁以及精子細胞釋放酶以穿透卵。它類似於逆向的內吞作用。細胞中的分泌性囊泡 (secretory vesicle) 遷移至表面並與細胞膜融合。孔打開後將分泌物從細胞中釋放出來，空囊泡通常成為細胞膜的一部分。除釋放細胞產物外，胞吐作用是細胞補充由胞吞作用失去部分膜的方式。

2.2c 細胞表面的延伸

大多數細胞具有一種或多種類型的表面延伸，稱為微絨毛 (microvilli)、纖毛 (cilia)、鞭毛 (flagella) 和偽足 (pseudopods)。這些有助於吸收、運動和感覺接受。

微絨毛

微絨毛 (microvilli)[16] (MY-cro-VIL-eye；單數為 microvillus) 是細胞膜的延伸部分，主要用於增加其細胞的表面積 (圖 2.12)。它們在專門用於吸收的細胞中最發達，例如腸和腎小管的上皮細胞。小腸每平方毫米約有 2 億微絨毛，每個吸收性細胞的表面上約有 3,000 個。使此類細胞的吸收表面積要比其頂表面平坦的吸收表面積大得多。在味蕾和內耳的細胞上發育良好的微絨毛與感覺而不是吸收的功能有

---

15 *phago* = eating 進食；*cyt* = cell 細胞；*osis* = process 過程

16 *micro* = small 小；*villi* = hairs 毛髮

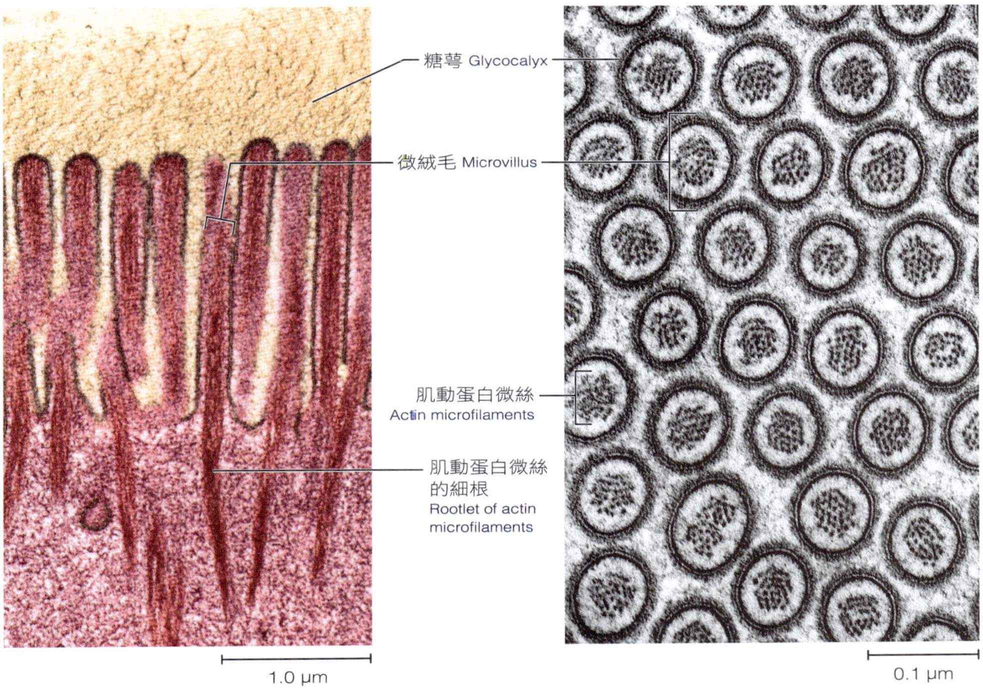

圖 2.12　微絨毛和糖萼。微絨毛由肌動蛋白微絲束錨定，肌動蛋白微絲束占據每個微絨毛的核心並伸入到細胞質中。(a) 垂直於細胞表面 (TEM) 的縱切面；(b) 橫切面 (TEM)。

(a)©Don W. Fawcett/Science Source, (b)©Bio photo Associates/Science Source

關。

光學顯微鏡無法很好地區分單個微絨毛，因為它們只有 1~2 μm 長。在某些細胞上顯示出密集的條紋，稱為**刷狀緣** (brush border)。用掃描式電子顯微鏡觀察微絨毛就像一塊深絨地毯。穿透式電子顯微鏡觀察，微絨毛通常看起來像細胞表面的指狀突出。內部結構很少但通常有束狀稱為肌動蛋白 (actin) 的堅固支撐絲。

纖毛和鞭毛

纖毛 (cilia；單數為 *cilium*[17]) 是大約 7 至 10 μm 長像毛髮狀的突出 (圖 2.13)。幾乎每個細胞都有一個長幾微米孤立且非運動性的主纖毛 (primary cilium)。在某些情況下，它的功能仍然是個謎，但其中許多是與感覺有關，作為監測鄰近區域的細胞「天線 (antenna)」。眼睛中視網膜細胞的光吸收部分是特化的主纖毛。在內耳，它們與運動和平衡功能有關。在腎小管中，它們被認為可以監測液體流動。氣味分子與鼻子中感覺細胞的非運動纖毛結合。纖毛的發育，構造或功能缺陷，尤其是不動的主纖毛，是幾種稱為纖毛病變 (ciliopathies) 的遺傳性疾病和某些悲劇性出生缺陷的原因。

運動性纖毛僅出現在少數器官中，主要在呼吸道、輸卵管 [uterine (fallopian) tubes]、腦和脊髓的內腔以及一些雄性生殖管中。纖毛細胞具有非常豐富纖毛；每個纖毛細胞通常有 50 到 200 個纖毛。這些纖毛以同步波的形式擺動，並以相同的方向掃過上皮表面，從而移動諸如液體、黏液和卵細胞等物質。

纖毛具有一個稱為**軸絲** (axoneme)[18] (ACK-so-neem) 的中央核心，由排列有序稱

17 *cilium* = eyelash 睫毛

18 *axo* = axis 軸；*neme* = thread 線

圖 2.13　**纖毛的結構**。(a) 輸卵管上皮 (SEM)。位於纖毛細胞之間較矮的分泌黏液細胞，微絨毛使其顯示出高低不平的表面；(b) 纖毛及其基體的三維結構；(c) 纖毛和微絨毛 (TEM) 的橫切面；(d) 纖毛的橫切面構造。纖毛幹的兩個中央微管終止在細胞表面，未延伸到基體內。

• 盡可能描述纖毛和微絨毛之間構造的差異。

(a)©Steve Gschmeissner/Science Source, (c)©Biophoto Associates/Science Source

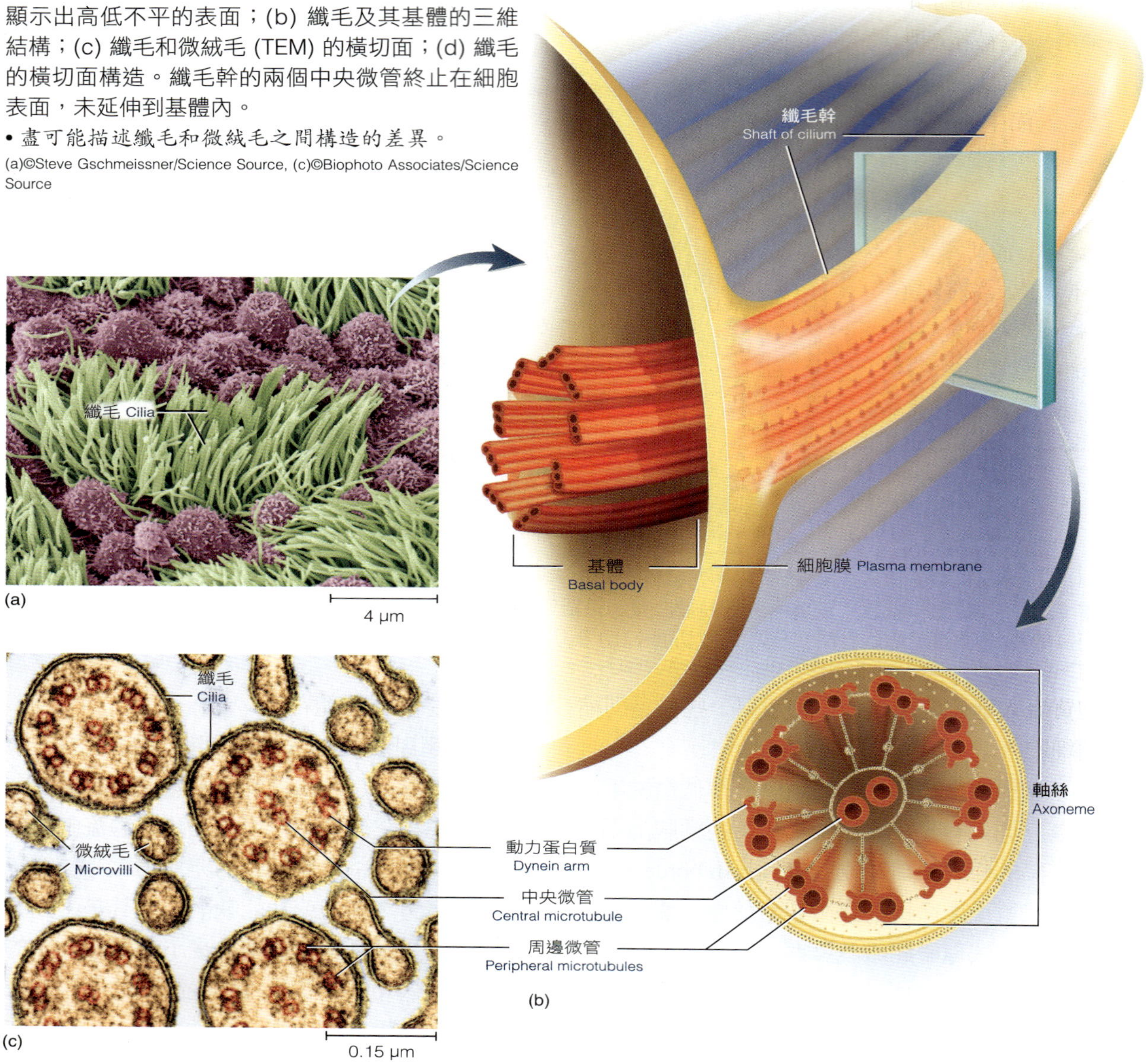

為微管 (microtubules) 的薄蛋白圓柱體構成。在可動纖毛中，有兩個中央微管，周圍是九組微管對的環，像一個摩天輪一樣排列 (圖 2.13b、d)。中央微管停止在細胞表面，但周圍的微管繼續伸入細胞一小段距離作為錨定纖毛**基體** (basal body) 的一部分。在每對周邊微管中，其中一個微管沿其長度方向具有成對的動力蛋白臂 (dynein arms)(DINE-een)。**動力蛋白** (dynein)[19] 是一種運動蛋白 (motor protein)，利用 ATP 的能量沿著相鄰的一對微管來爬行。當纖毛前端的微管爬上它們後面的微管時，纖毛向前端彎曲。在纖毛中動力蛋白沿著像鐵軌的微管上下移動用於其生長和維持的物質。非運動性纖毛缺乏兩個中央微管和動力蛋白臂。

19 *dyn* = power 力量，energy 能量；*in* = protein 蛋白質

人類唯一有功能的**鞭毛** (flagellum)[20] (fla-JEL-um) 是精子的鞭狀尾。它比纖毛長得多，並有一個被粗細胞骨架絲鞘包圍的鞭毛軸絲，使尾部變硬並賦予其更大的推進力。在第 26.2c 節中將精子結構中的鞭毛作進一步的討論。

應用您的知識

卡塔格氏症候群 (Kartagener syndrome) 是一種纖毛和鞭毛缺乏動力蛋白的遺傳性疾病。您如何看待卡塔格氏症候群對於男人生育能力的影響？對呼吸健康的影響？解釋你的答案。

偽足

偽足 (pseudopods)[21] (SOO-do-pods) 是細胞質填充的延伸部分，形狀從細小、絲狀到鈍狀、指狀等 (圖 2.14)。與其他三種表面突出不同，它們不斷變化。當細胞表面突出泡狀且細胞質流入延伸處形成偽足，而另一些偽足則縮回細胞後消失。

一個熟悉的例子是淡水生物變形蟲 (*Amoeba*) 的偽足，可用於移動和捕獲食物。白血球中的嗜中性顆粒球 (neutrophils) 靠著指狀偽足像變形蟲一樣爬行，當它們遇到細菌或其他異物時，會伸出偽足將其包圍並吞噬。巨噬細胞——來自某些白血球的組織細胞—以細絲狀偽足接觸以圈住細菌並將它們捲入以被細胞消化。像小守衛一樣，巨噬細胞因此可以維持組織的清潔。血小板伸出的偽足可以使血小板彼此附著，並附著在受損血管壁上，形成可暫停出血的血栓。

20 *flagellum* = whip 鞭子

21 *pseudo* = false 假的；*pod* = foot 腳

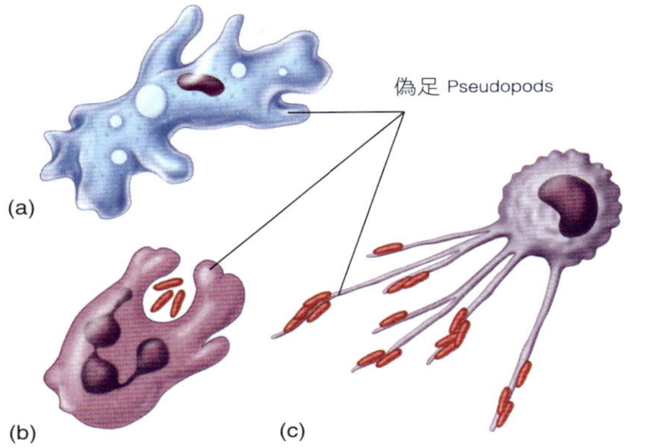

圖 2.14 **偽足**。(a) 變形蟲 (amoeba)，一種淡水生物，通過偽足爬行和捕獲食物；(b) 中性顆粒球 (白血球) 類似地使用偽足進行運動和捕獲細菌。紅色的三種細菌被偽足包圍後吞噬，部分的吞噬過程；(c) 巨噬細胞伸出絲狀偽足後圈套並「捲入」細菌。

2.2d 糖萼

基本上我們所有的細胞表面都有糖衣。它們有一層毛茸茸的表層，稱為**糖萼** (glycocalyx)[22] (GLY-co-CAY-licks)(圖 2.12)，由屬於膜醣脂和醣蛋白的短鏈糖組成。糖萼具有多種功能。它可以緩衝細胞膜並保護其免受物理和化學傷害，就像運送紙箱中的發泡聚苯乙烯「花生」(保麗龍花生) 一樣。它具有識別細胞的作用，因此在人體有區分自身健康細胞與患病細胞、入侵有機體和移植組織的能力。人類血液的類型和輸血相容性由糖萼決定。糖萼還包括前面所述的細胞黏附分子，因此有助於將組織結合在一起，以及可使精子與卵結合後的受精。

2.2e 細胞接合

在細胞表面也有某些**細胞接合** (cellular junctions)，將細胞連接在一起，以及將它們附著到細胞外物質上。這種附著使細胞能夠正常生長和分裂，抵抗壓力，彼此交流並控制物質通過細胞間隙的移動。沒有它們，心肌細胞收縮時就會破裂，每吞下一口食物都會刮擦掉食道的內襯。我們將檢視三種類型的接合——緊密接合 (tight junctions)、橋粒 (desmosomes) 和

22 *glyco* = sugar 糖；*calyx* = cup 杯子，vessel 容器

間隙接合 (gap junctions)(圖 2.15)。每種類型都有不同的用途，並且單個細胞中經常會出現兩種或更多種類型。

緊密接合

緊密接合 (tight junction) 完全圍繞著上皮細胞靠近頂表面周圍將其緊密連接到相鄰的細胞上，就像固定半打蘇打水罐上的塑膠束帶。在緊密接合處，兩個相鄰細胞的細胞膜非常靠近，並通過跨膜細胞黏附蛋白相連。這些拉鍊狀的互鎖蛋白封閉了細胞間空間，使物質難以在細胞之間通過。例如，在胃和腸中，緊密的連接防止消化液在上皮細胞之間滲漏和消化下面的結締組織。它們還有助於防止腸道細菌侵入組織，並確保大多數消化的營養物質通過上皮細胞，而不是通過細胞之間。然而我們將在後面討論的腎臟 (第 25 章) 中看到，一些緊密接合實際上仍有相當大的漏縫，而可使腎臟有正常的功能。

橋粒

橋粒 (desmosome)[23] (DEZ-mo-some) 是一種蛋白質斑，可在特定點將細胞緊密地錨釘在一起。如果我們將緊密接合與牛仔褲上的拉鍊進行比較，則可以將橋粒與搭扣進行比較。橋粒不是連續的，因此無法防止物質繞過它們並在細胞之間移動。它們可防止細胞與細胞的分開，從而使組織能夠抵抗機械應力。橋粒在表皮、子宮頸的上皮、其他上皮和心肌中很常

23 *desmo* = band 帶，bond 連繫，ligament 韌帶；*som* = body 體

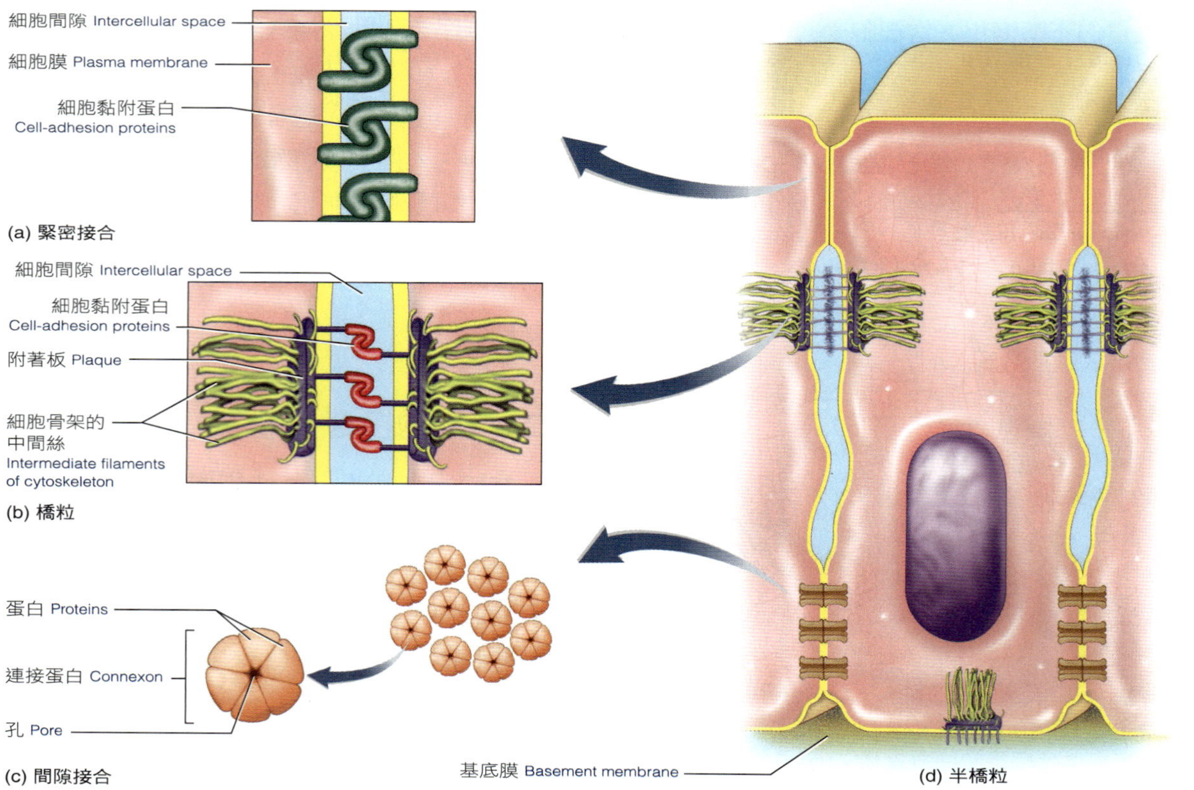

圖 2.15 細胞連接的類型和結構。(a) 緊密接合；(b) 橋粒；(c) 間隙接合；(d) 半橋粒。

• 這些連接中的哪一個允許物質從一個細胞直接流通到下一個細胞？

見。鉤狀的 J 形蛋白從內部進入細胞表面，並穿透細胞膜內表面的厚蛋白斑塊，然後 J 形蛋白的短臂又回到細胞內，從而將斑塊錨定在細胞骨架上。斑塊的蛋白質與穿膜蛋白質相連，而穿膜蛋白質又與另一個細胞的穿膜蛋白質相連，形成一個牢固的細胞黏附區。每個細胞相互鏡像，並貢獻一半的橋粒。相鄰細胞之間的這種連接形成了一個強大的結構網絡，該結構網絡將整個組織中的細胞結合在一起 (請參閱臨床應用 2.1)。表皮的基底細胞通過一半的橋粒稱為*半橋粒* (hemidesmosomes) 連接至下層基底膜，因此表皮不能輕易地與下層組織剝離。

臨床應用 2.1

當橋粒受損

我們經常會從結構受損發生的功能失調中深入瞭解其構造的重要性。*尋常型天皰瘡* (pemphigus vulgaris)[24] (PEM-fih-gus vul-GAIR-iss) 的疾病會破壞橋粒，在這種疾病中，稱為*自體抗體* (autoantibodies) 的抗體 (defensive proteins，防禦蛋白) 被誤導而攻擊特別是在皮膚中的橋粒蛋白。表皮細胞之間的橋粒被破壞導致皮膚和口腔黏膜廣泛起泡，組織液流失，有時甚至死亡。抑制免疫系統的藥物可以控制病情，但是這種藥物會損害人體抵抗感染的能力。

應用您的知識

為什麼橋粒 (desmosomes) 不適合作為胃上皮細胞之間唯一的細胞連接類型？

間隙接合

間隙 (連通) 接合 [gap (communicating) junction] 由*連接子* (connexon) 形成，連接子由六個穿膜蛋白組成，它們圍繞一個充滿水的中央通道排列成一個環，有點像橘瓣。離子、葡萄糖、胺基酸和其他小溶質可以通過通道直接從一個細胞的細胞質擴散進到另一個細胞。在人類胚胎中，營養物通過間隙接合從細胞到細胞，直到循環系統形成並接管營養物分配的角色。在心肌中，間隙接合使電興奮直接從一個細胞傳遞到另一個細胞，從而使細胞幾乎一致地收縮 (它們不存在於骨骼肌中)。在缺乏血管的眼睛晶狀體和角膜中，間隙接合使營養物和其他物質可以從一個細胞傳遞到另一個細胞。

24 *pemphigus* = blistering 起泡；*vulgaris* = common 普通

在你繼續閱讀之前

回答下列問題，以檢驗你對上節內容的理解：

5. 一般而言，什麼樣的物質可以通過其磷脂膜擴散進入細胞？哪一類的物質必須主要通過通道蛋白進入？
6. 比較穿膜蛋白和膜周邊蛋白的結構和功能。
7. 哪些膜運輸過程從分子的自發運動中獲得了所有必要的能量？哪些需要 ATP 作為能量來源？哪些膜運輸過程需要載體？哪些不是？
8. 識別糖萼對人類生存至關重要的幾個原因。
9. 微絨毛和纖毛在構造和功能上有何不同？
10. 緊密接合、間隙接合和橋粒之間的功能差異是什麼？

2.3 細胞內部

預期學習成果

當您完成本節後，您應該能夠

a. 描述細胞骨架及其功能；
b. 列出細胞的主要胞器並解釋其功能；和
c. 給出一些細胞包涵體的例子，並解釋包涵體與胞器的不同之處。

現在，我們將更深入地探討細胞的內部構造。這些被分為三類—細胞骨架、胞器和包涵體——全部包埋在透明的膠狀細胞質中。如果我們將細胞視為辦公大樓，那麼細胞骨架就像是支撐它並界定其形狀和大小的鋼樑和大樑；細胞膜及其通道將是建築物的外牆和門；而胞器是將建築物內隔間成不同功能的房間。

2.3a 細胞骨架

細胞骨架 (cytoskeleton) 是蛋白質細絲和小管的網絡，在結構上支撐細胞，確定其形狀或組織其內容物，引導細胞內物質的運輸並有助於整個細胞的運動。它在細胞質中形成密集的支持網 (圖 2.16)。它與細胞膜的穿膜蛋白連接，然後又與細胞外部的蛋白連接，因此從細胞外物質到細胞質具有很強的結構連續性。細胞骨架甚至可能連接到細胞核中的染色體，從而使細胞上的物理張力能夠移動核的包含物並且機械性地刺激遺傳功能。

細胞骨架由*微絲* (microfilaments)、*中間絲* (intermediate filaments) 和*微管* (microtubules) 組成。**微絲** (microfilaments)[**細絲** (thin filaments)] 約 6 nm 厚，由*肌動蛋白* (actin) 構成。它們廣泛分佈於整個細胞中，但尤其集中在細胞膜的細胞質側，稱為**終網** (terminal web)[**膜骨架** (membrane skeleton)] 的纖維氈中。細胞膜的脂質分佈在終網上就像塗在一片麵包上的奶油。終網像麵包一樣提供了物理支撐，而脂質像奶油一樣則提供了滲透的屏障。一般認為如果沒有終網的支持，脂質將裂成小滴，使細胞膜無法聯合在一起。如前所述，肌動蛋白微絲也形成微絨毛的支持核心並和細胞運動有關。肌肉細胞特別是充滿肌動蛋白，肌動蛋白被動力蛋白的肌球蛋白拉動，使肌肉收縮。

中間絲 (intermediate filaments)(直徑 8~10 nm) 比微絲更粗更硬。它們賦予細胞的形狀，抵抗壓力，並參與將細胞附著於其鄰近的連接處。在表皮細胞中，它們由堅韌的角質蛋白構成，並占據了大部分細胞質。它們負責頭髮和指甲的強度。

微管 (microtubule)(直徑 25 nm) 是由 13 條平行的*原纖絲* (protofilaments) 圍成的空心圓柱體，每條原纖絲均由稱為*微管蛋白* (tubulin) 的球狀蛋白質構成 (圖 2.17)。微管從中心體放射出來 (見圖 2.16)，保持胞器的位置，形成束狀維持細胞形狀和硬度，並像鐵軌一樣可將胞器和分子引導至細胞中的特定位置。它們形成較早描述的纖毛和鞭毛基體和軸絲 (axonemes)，如稍後將討論的相關胞器和有絲分裂，它們形成參與細胞分裂的中心粒和有絲分裂紡錘體。微管不是永久性構造，微管蛋白分子組成小管以及脫離小管都是動態快速變化的，脫離小管構造的維管蛋白可在細胞中的其他位置使用 (圖 2.16a)。纖毛中的微管二元體和微管三元體在纖毛、鞭毛、基體和中心粒是較穩定的。

2.3b 胞器

細胞中微小具有新陳代謝活動的構造被稱為**胞器** (organelles)(字面上是「小器官」)，因為它們對細胞來說就像器官對身體一樣，在整個個體中具有個別生理作用的構造 (見圖 2.5)。一個細胞可能具有 100 億個蛋白質分子，其中一些是強大的酶，如果不包在與其他細胞成分隔離的胞器中則有可能會破壞細胞。您可以想像追踪所有這些物質的一個極大的問題，將分子引導到正確的位置以及維持秩序以防止持續不斷的混亂。細胞通過將其內容物分隔在胞器中來維持部分的秩序。圖 2.18 和 2.19 顯示主要的胞器。

細胞核

細胞核 (nucleus)(圖 2.18) 是最大的胞器，

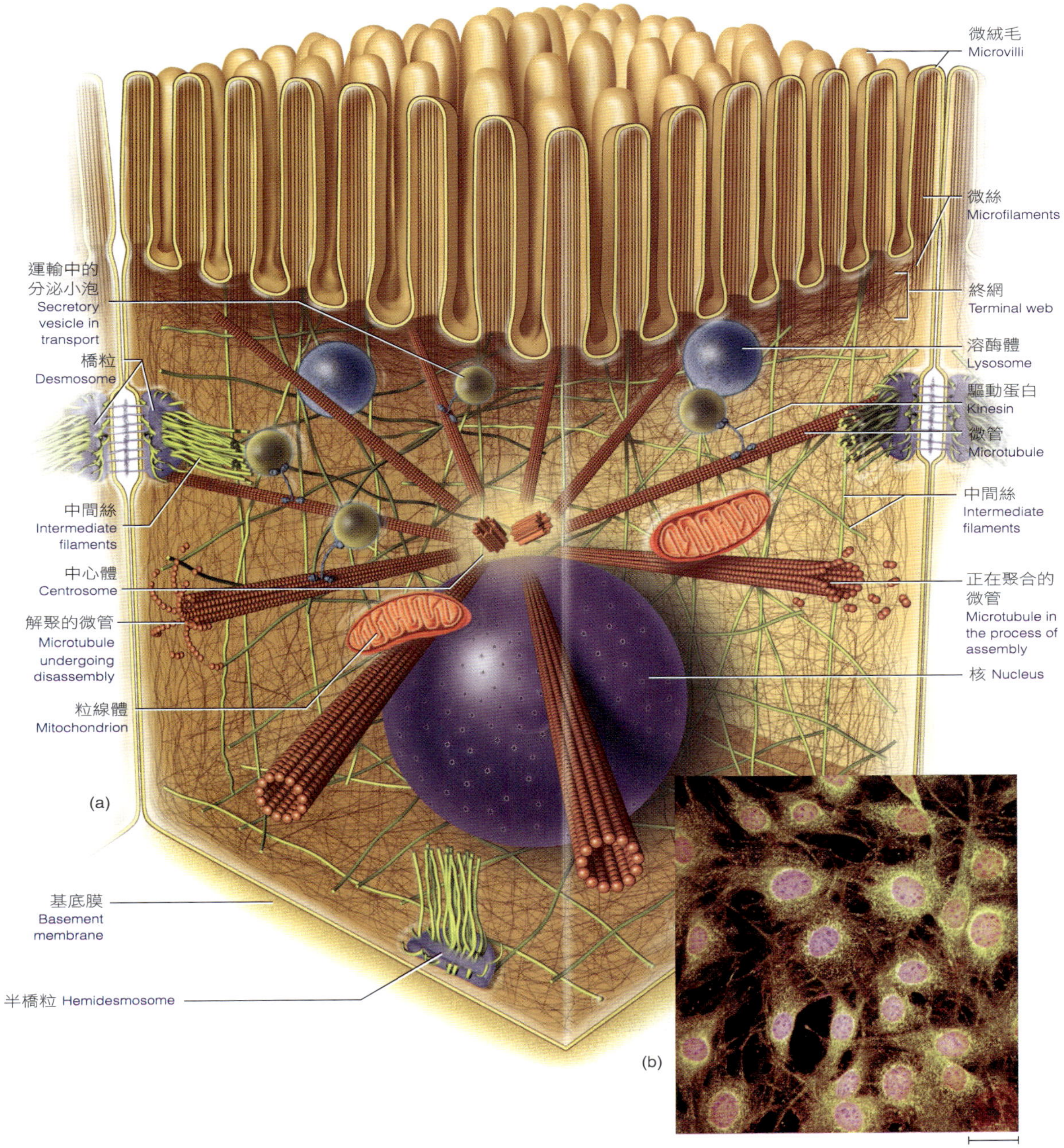

圖 2.16 細胞骨架。(a) 細胞骨架的成分。為了強調細胞骨架而僅顯示很少的胞器。注意所有的微管都從中心體放射出來，它們通常充當運動蛋白運送胞器的軌道；(b) 通過螢光顯微鏡 (LM) 拍攝螢光抗體標記細胞骨架 (黃色) 的細胞。典型的細胞骨架的密度甚至超過了 (a) 部分中顯示的密度。

• 此處顯示的哪些細胞骨架構造也在微絨毛 (microvilli)、纖毛 (cilia) 和鞭毛 (flagella) 中發揮結構性作用？

APR

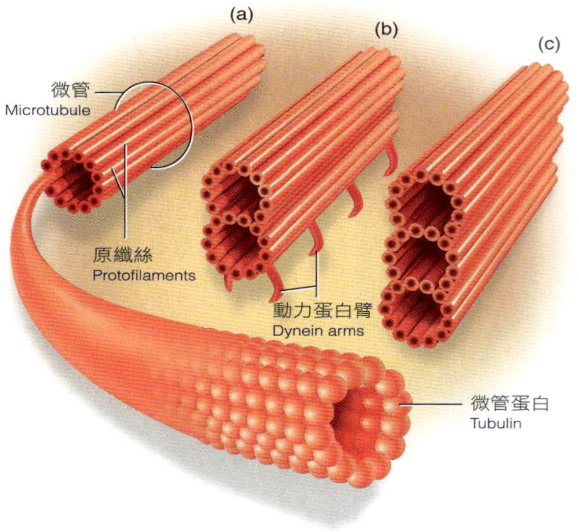

圖 2.17 微管。(a) 單個微管由 13 條原纖絲組成。每個原纖絲是由稱為微管蛋白 (tubulin) 的球形蛋白質構成的螺旋鏈；(b) 纖毛的九對微管之一；(c) 中心粒中九個三合體微管中的一個。

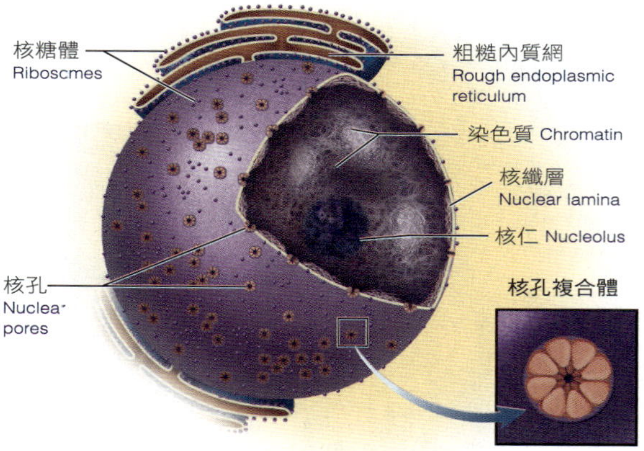

圖 2.18 細胞核。(a) 剖視圖顯示核質的表面特徵和內容物；(b) 核孔複合體的細節，由 8 種蛋白質的環由輻條連接到中央栓所形成。

通常是在光學顯微鏡下唯一清楚可見的胞器。它包含細胞的染色體，因此是細胞活動的遺傳控制中心。稱為*核糖體* (ribosomes) 的顆粒胞器在此產生，並且在基因的指導下蛋白質合成的早期步驟在此處發生。大多數細胞只有一個核，但也有例外。成熟的紅血球完全沒有；它們是*無核的* (anuclear)[25]。少數的細胞類型是*多核的* (multinuclear)，具有 2 至 50 個核，包括一些肝細胞、骨骼肌細胞和某些溶解骨質的細胞。

細胞核通常為球形到橢圓形，平均直徑約 5 μm。它被由兩個平行膜組成的**核套膜** (nuclear envelope) 包圍。核套膜上具有由八種蛋白質組成的環形*核孔複合體* (nuclear pore complex) 形成的**核孔** (nuclear pores)。這些蛋白質調節分子進出核的分子運輸並將兩層膜結合在一起。核套膜的內部襯有中間絲構成的網狀構造稱為**核纖層** (nuclear lamina)，就像一個包住 DNA 的籠子。

核內的物質稱為*核質* (nucleoplasm)。大部分是由細小分散的粒狀細絲組成的，稱為染色質 (chromatin)(CRO-muh-tin)，僅由穿透式電子顯微鏡可見。染色質由蛋白質和去氧核糖核酸 (DNA) 的複合物組成，後者構成細胞的基因。當細胞準備分裂時，在光學顯微鏡下可觀察到染色質捲曲並濃縮成可見的短粗棒狀，我們可以看到有 (通常) 46 個獨立體，即**染色體** (chromosomes)[26] (見圖 2.24)。非分裂細胞的核通常出現一個或多個密集的質體，稱為**核仁** (nucleoli)(單數為 nucleolus)，核糖體的次單位在轉運到細胞質之前就已在此形成。

內質網

內質網 (endoplasmic reticulum, ER) 一詞的字面意思是「細胞質內的小網絡」。它是由膜包圍的相互連接的通道系統，稱為池 (cisterns)[27] (圖 2.19a)。在稱為**粗糙內質網** (rough endoplasmic reticulum) 的區域中，網狀結構由覆蓋有核糖體的平行且扁平的池組成，使其具有粗糙或顆粒狀的外觀。粗糙內質網與核膜的外膜相連 (見圖 2.18)，相鄰的池由垂直

25 *a* = without 沒有；*nucle* = nucleus 核
26 *chromo* = color 顏色；*some* = body 身體
27 *cistern* = reservoir 水池

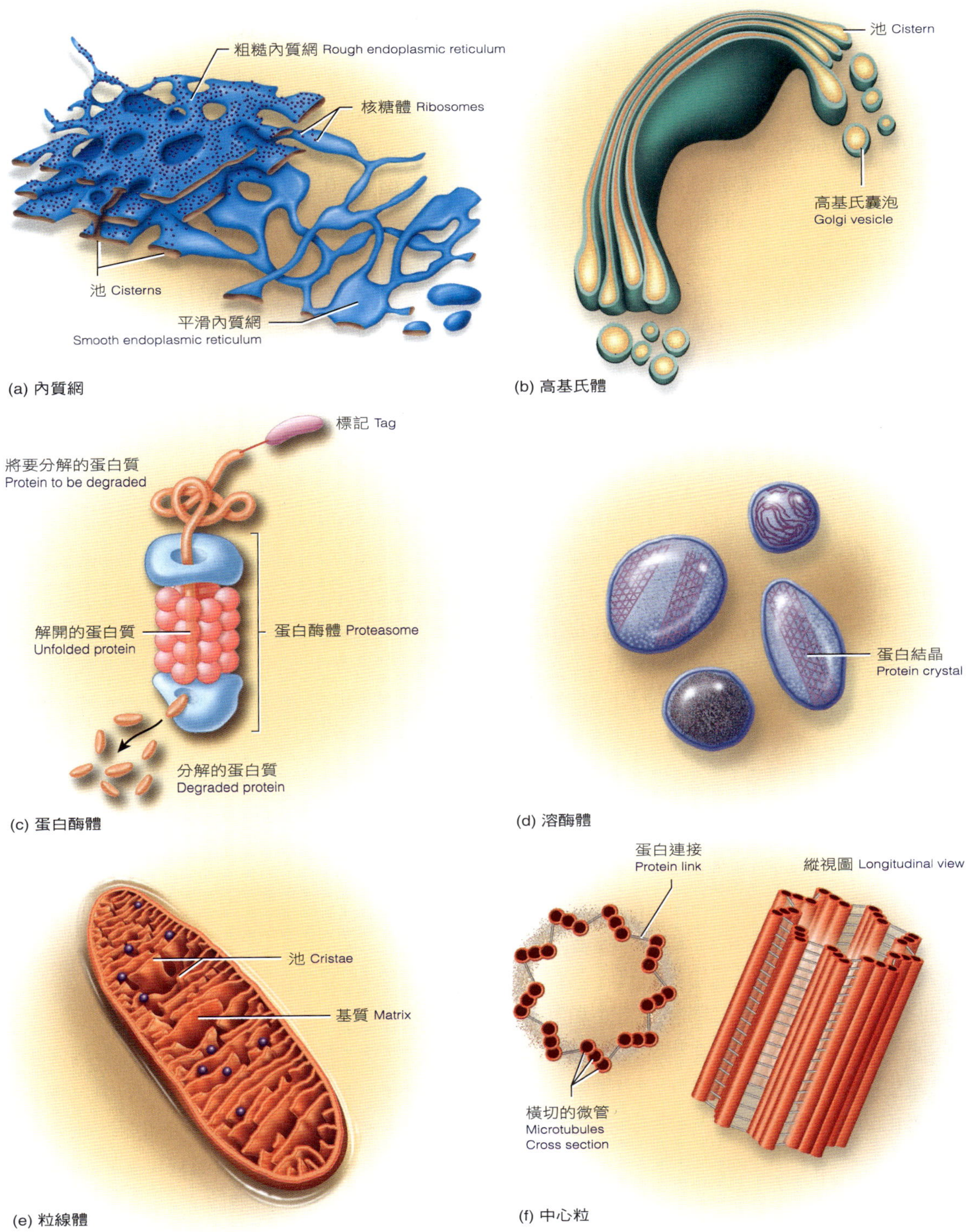

圖 2.19　主要的細胞質胞器。(a) 內質網，顯示粗糙和平滑的區域；(b) 高基氏體和高基氏囊泡；(c) 蛋白酶體分解蛋白質；(d) 溶酶體；(e) 粒線體；(f) 中心粒。中心粒通常成對出現，互相垂直。因此，電子顯微照片通常顯示出一個是縱切面，另一個是橫切面，如此處所示。

橋狀構造相連接。在稱為**平滑內質網** (smooth endoplasmic reticulum) 的區域，膜缺少核糖體，池的形狀更呈管狀，並且分支更廣泛。平滑內質網的池與粗糙內質網的池是連續的，因此這兩個是同一細胞質網絡的不同部分。

內質網合成類固醇和其他脂質，對酒精和其他藥物進行解毒，並製造細胞的幾乎所有的膜。粗糙內質網產生細胞膜的磷脂質和蛋白質。它還合成從細胞分泌或包裝在稱為*溶酶體* (lysosomes) 胞器中的蛋白質。粗糙內質網在合成大量蛋白質的細胞中最為豐富，例如產生抗體的細胞和消化腺細胞。

大多數細胞僅具有很少的平滑內質網，但在參與廣泛排毒的細胞 (如肝和腎細胞) 中相對豐富。長期濫用酒精，巴比妥類藥物和其他藥物會產生耐受性的部分原因是平滑內質網能夠增生而加速排毒。平滑內質網在合成類固醇激素的細胞中也很豐富，例如在睪丸和卵巢。骨骼肌和心肌具有廣泛網狀修飾過的平滑內質網稱為*肌質網* (sarcoplasmic reticulum)，可釋出鈣以引發肌肉收縮並在收縮之間儲存鈣。

核糖體

核糖體 (ribosome) 是細胞質中小顆粒的蛋白質和核糖核酸 (ribonucleic acid, RNA)，位於粗糙內質網和核套膜的外表面、核仁和粒線體中。核糖體「讀取」了來自核內的遺傳訊息 [信使核糖核酸 (messenger RNA)]，通過特定代碼將胺基酸組裝成特定的蛋白質。散佈在整個細胞質中的未結合的核糖體製造酶和其他細胞內使用的蛋白質。附著在粗糙內質網上的核糖體產生的蛋白質將被包裝在溶酶體中，或者是如消化酶、抗體和某些荷爾蒙，從細胞中分泌出來。

高基氏體

高基氏體 (Golgi[28] complex)(GOAL-jee) 是一組池狀構造，合成碳水化合物和某些脂質，最終修飾完成蛋白質和糖蛋白的合成 (圖 2.19b)。高基氏體類似於一堆皮塔薄麵包。通常情況下由大約 6 個彼此相鄰的池狀構造組成，稍微相隔的每個池狀構造都是扁平，稍微彎曲的囊狀，邊緣則較膨大。

圖 2.20 顯示了核糖體、內質網和高基氏體之間功能的相互作用。核糖體以遺傳學上特別的順序將胺基酸連接在一起形成特定的蛋白質。這種新蛋白穿到粗糙內質網的池狀構造中，在那裡的酶對其進行修剪和修飾。然後將改變後的蛋白質拖送到**運輸小泡** (transport vesicle) 中，運輸小泡是從內質網萌芽並將蛋白質攜帶到高基氏體最近的池狀構造。高基氏體對這些蛋白質進行分類，將它們從一個池狀構造傳遞到另一個池狀構造，切割並剪接，其中一些加上碳水化合物，最後將這些蛋白質包裝在具有膜結構的**高基氏囊泡** (Golgi vesicles) 中。這些囊泡從離內質網最遠的池狀構造邊緣萌芽出，像熔岩燈中溫熱緩慢流動的蠟滴一樣。在高基氏體附近可以看到大量出現的囊泡。

一些高基氏囊泡變為溶酶體，不久將會討論。一些遷移到細胞膜並與之融合，為細胞膜貢獻新鮮的蛋白質和磷脂。一些成為儲存細胞產物的**分泌囊泡** (secretory vesicles)，例如母乳蛋白、黏液或消化酶，隨後通過胞吐作用釋放。

蛋白酶體

核糖體製造許多蛋白質供細胞內使用，但這些蛋白質無法永遠存留在細胞中。完成工作後，必須將其清除。細胞還需要清除受損和無功能的蛋白質和通過病毒感染等方式引入的外來蛋白質。蛋白質清除工作由稱為**蛋白酶體** (proteasomes) 的胞器處理，它們是由空心圓柱形蛋白質複合物組成的 (圖 2.19c)。細胞標記

28 Camillo Golgi (1843~1926)，義大利組織學家

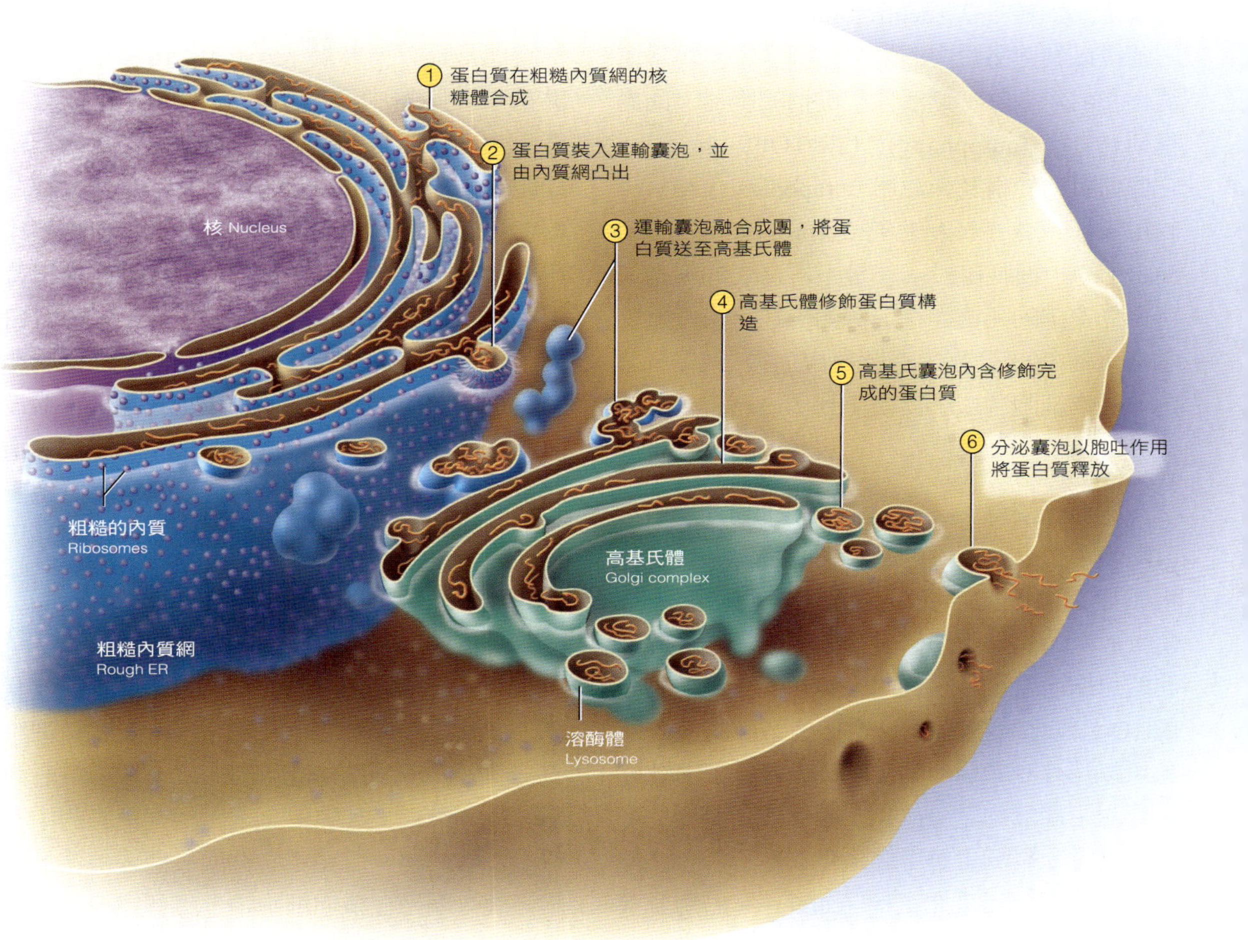

圖 2.20 **蛋白質生產的胞器合作**。蛋白質合成和分泌的步驟編號為 1 到 6。(1) 根據細胞核的指令，每個核糖體均以正確的序列組裝胺基酸以形成特定的蛋白質。蛋白質在合成時穿入粗糙內質網的池中。粗糙內質網切割並剪接蛋白質，並可能進行其他修飾；(2) 粗糙內質網將修飾的蛋白質包裝到運輸囊泡中，將其攜帶到高基氏體中；(3) 運輸囊泡與高基氏體的池融合並卸載其蛋白質；(4) 高基氏體可能進一步修飾蛋白質；(5) 高基氏體萌出包含最終蛋白質的高基氏囊泡；(6) 一些高基氏囊泡變成分泌性囊泡，它們到達細胞膜並通過胞吐作用釋放產物。APR

不需要的蛋白質以進行破壞並將其運送到蛋白酶體中。蛋白酶體的酶解開它們並將其分解成胺基酸。蛋白酶體分解 80% 以上的細胞蛋白質。

溶酶體

另一種設計用來破壞物質的胞器是**溶酶體** (lysosome)[29] (LY-so-some)(圖 2.19d)，酶包裝在膜中。儘管溶酶體通常為圓形或橢圓形，但其形狀卻極為不同。用穿透式電子顯微鏡觀察時，它們通常顯示暗灰色沒有結構的內容物，但有時顯示結晶體或平行的蛋白質層。已經辨識出至少 50 種溶酶體酶。它們分解蛋白

29 *lyso* = loosen 放鬆，dissolve，溶解；*some* = body 身體

質、核酸、碳水化合物、磷脂和其他物質。被稱為嗜中性顆粒球 (neutrophils) 的白血球吞噬細菌後以其溶酶體中的酶消化細菌。溶酶體還消化和清除多餘、無活性和破損的胞器。此過程稱為自噬 (autophagy)[30] (aw-TOFF-uh-jee)。它們還有助於稱為細胞凋亡 (apoptosis)(AP-op-TOE-sis) 或程序性細胞死亡 (programmed cell death) 的「細胞自殺」，是不再需要的細胞進行預先安排的死亡過程。例如，在足月妊娠時子宮重約 900 公克，在胎兒出生後 5 或 6 週內，透過細胞凋亡子宮縮小到 60 公克。

過氧化酶體

過氧化酶體 (peroxisomes)(未圖示) 類似於溶酶體，但含有不同的酶，不是由高基氏體產生；而是由原先存在的過氧化酶體分裂而產生，而新的過氧化酶體是由內質網與粒線體之間的合作而產生。它們的一般功能是使用分子氧 (O_2) 氧化有機分子，尤其是將脂肪酸分解為可以用作 ATP 合成能源的兩碳分子。此類反應產生過氧化氫 (H_2O_2)，因此成為胞器的名稱。之後，過氧化氫用於氧化其他分子，多餘的分子被稱為過氧化氫酶 (catalase) 的酶分解為水和氧氣。過氧化酶體也可中和自由基，並對酒精、其他藥物和各种血源性毒素具排毒作用。過氧化酶體幾乎出現在所有細胞中，但在肝臟和腎臟中尤其豐富。

粒線體

粒線體 (mitochondria)[31] (MY-toe-CON-dree-uh)(單數為 mitochondrion) 是專門用於有氧呼吸 (aerobic respiration) 作用的胞器，由此可合成人體的大部分的 ATP。它們具有各種形狀：球形、桿形、豆形或線狀 (圖 2.19e)。它們不斷地移動、蠕動和改變形狀，它們自身就像小生物一樣，它們也表現出融合 (兩個粒線體融合為一個) 和分裂 (分裂產生更多的粒線體)。像細胞核一樣，粒線體被雙層膜包圍。內膜通常具有稱為**嵴** (cristae)[32] (CRIS-tee) 的皺褶，在胞器中像突出的架子一樣並帶有可產生大部分 ATP 的酶。嵴之間的空間稱為**粒線體基質** (mitochondrial matrix)。它包含酶、核糖體和一個小的環形 DNA 分子，稱為粒線體 DNA (mitochondrial DNA, mtDNA)，在遺傳上與細胞核中的 DNA 不同，並且不是遺傳自細胞核的 DNA。它帶有13 個 ATP 酶的基因和 24 個核糖體核糖核酸和轉核糖核酸 (ribosomal and transfer RNA, rRNA 和 tRNA) 的不同類型的 RNA 基因。這些基因的突變與某些肌肉、心臟和眼睛疾病有關 (請參見臨床應用 2.2)。

中心粒

一個**中心粒** (centriole)(SEN-tree-ole) 是由每組三個微管排列成九組組成的短圓柱狀構造 (圖 2.19f)。在細胞核附近，大多數細胞有一個小的透明的細胞質斑塊，稱為**中心體** (centrosome)[33]，其中包含一對相互垂直的中心粒 (見圖 2.16)。這些中心粒與後面要敘述的細胞分裂有關。在纖毛細胞中，每個纖毛具有由垂直於細胞膜的單個中心粒構成的**基體** (basal body)。每個三合體的兩個微管形成纖毛軸突的外圍微管。

臨床應用 2.2

粒線體疾病

在 1966 年波士頓大學的 Lynn Margulis 博士帶給科學界一個很大的驚喜，他主張粒線體和植物葉綠體是從原始細菌進化而來，該細菌入侵並在其他原始、無核 (原核) 細胞中存活。這種內共生理論被人稱為「胡扯」，並在她找到出版社之前遭到了 15 種科學期刊的拒絕。但是到 1978 年，其他研究人員發現了新的遺傳證據，有力地

30 *auto* = self 自我；*phagy* = eating 吞噬
31 *mito* = thread 線；*chondr* = grain 紋理
32 *crista* = crest 嵴
33 *centro* = centra 中央；*some* = body 身體

證明了她的正確性。到了 1980 年代，被普遍接受的不僅是這些胞器如何進化的，而且是對所有植物、動物和其他真核生物 (具有細胞核的細胞) 起源的解釋。Margulis 博士的理論獲得了很高的榮譽，包括美國比爾・克林頓 (Bill Clinton) 總統在 1999 年頒發的國家科學獎章。

該理論的一個證據是粒線體 DNA (mtDNA)，即使到今天它也是像細菌的 DNA 一樣呈環狀。粒線體 DNA 現在對於追踪人類血源、犯罪案件法醫證據和醫學都非常重要。

粒線體 DNA 的突變會破壞能量代謝和 ATP 的產生，從而導致的粒線體疾病影響全世界約每 4,000 人中的 1 人。這些對男性和女性的影響相同，但只有母親可以將其傳遞給孩子，因為父親不會貢獻粒線體給受精卵 (請參閱 4.1c 節)。粒線體疾病特別影響神經和肌肉組織，因為這些組織有如此高的能量需求，所以最嚴重的是缺乏 ATP。通常在童年和青春期開始出現跡象和症狀。

一種此類疾病是 Kearns-Sayre 氏症候群 (KSS)。這通常不是從母親那裡遺傳的，而是源於早期胚胎的某些細胞 (而非全部) 中自發性的突變。因此，依據發生突變的時間和位置不同，對人體影響的分佈不均勻，和嚴重程度的差異。Kearns-Sayre 氏症候群的最初症狀通常是眼瞼下垂，並且由於眼球運動肌肉無力而眼睛難以對準。患病的孩子經常歪著頭看東西，因為他們無法正常移動眼睛。視網膜組織破裂導致視網膜出現「鹽和胡椒粉」外觀，約 50% 的病例視力下降。大多數倖存到 30 歲的 Kearns-Sayre 氏症候群患者都會失去聽力。心臟中的電傳導異常會導致死亡是常見的死亡原因，但是在已知患有 Kearns-Sayre 氏症候群的人是可以防止的。患有 Kearns-Sayre 氏症候群的人在不同程度上可能顯示其他肌肉無力、行走不穩以及比同年齡的矮小。

其他粒線體疾病包括 MELAS (粒線體腦病變、乳酸血症和類中風症狀)，LHON (Leber 遺傳性視神經病變) 等。你可以上網找到有關這些的其他訊息。

粒線體疾病尚無治癒方法，它們非常罕見以至於我們對其影響壽命的多少知之甚少。通過臨床管理，一個人可以患粒線體疾病數十年。粒線體突變也與某些老年性退化性疾病有關，並且是限制人類壽命的因素。

應用您的知識

並非所有的遺傳疾病都是遺傳性的。請說明為什麼在大多數情況下不能將 Kearns-Sayre 氏症候群 (見臨床應用 2.2) 視為遺傳疾病。

2.3c 包涵體

包涵體 (inclusions) 有兩種：累積的細胞產物，例如色素、脂肪滴和肝醣顆粒 (類似澱粉的碳水化合物)。以及進入細胞內的異物，例如灰塵、病毒和細菌。包涵體從未被膜包住，與胞器和細胞骨架不同，它們對細胞的存活不是必需的。

在你繼續閱讀之前

回答下列問題，以檢驗你對上節內容的理解：

11. 描述細胞骨架至少三個功能。
12. 簡要說明如何在電子顯微照片中識別以下的細胞成分：核、粒線體、溶酶體和中心體。每個的主要功能是什麼？
13. 區分胞器和包涵體。分別列舉兩個例子。
14. 蛋白質合成涉及哪些三個胞器？列舉兩個參與破壞蛋白質的胞器。
15. 定義中心體 (centriole)、微管 (microtubule)、細胞骨架 (cytoskeleton) 和軸突 (axoneme)。這些構造如何相互關聯？

2.4 細胞生命週期

預期學習成果

當您完成本節後，您應該能夠

a. 描述細胞的生命週期；

b. 命名有絲分裂的階段，並描述每一個階段發生的事件；和

c. 討論幹細胞的類型和臨床用途。

本章以檢查人類細胞的典型生命週期為結尾，包括細胞分裂過程。最後，我們檢視在胚胎研究和疾病治療中使用胚胎幹細胞的爭議問題。

2.4a 細胞週期

大多數細胞會定期分裂為兩個子細胞，因此一個細胞的生命週期會從分裂後延伸到另一個生命週期。該**細胞週期** (cell cycle) 分為四個主要階段：G_1、S、G_2 和 M (圖 2.21)。

第一間期 [first gap (G_1) phase] 是細胞分裂和 DNA 複製之間的間隔。在這段時間內，細胞合成蛋白質，生長並執行其對人體的預定任務。大多數人體生理學都與在第一間期細胞的作用有關。第一間期中的細胞還會積聚下一階段複製 DNA 所需的物質。

合成期 [synthesis (S) phase] 是細胞複製其中心粒和核的所有 DNA 的時期。它的每個捲曲 DNA 分子都展開成兩條獨立股，每一單股都分別作為合成另一缺失單股的模板。一個細胞在合成期開始時有 46 個 DNA 分子，結束時則有 92 個。此時該細胞具有兩組相同的 DNA 分子，可以在下一次細胞分裂時將其分配在子細胞。

第二間期 [second gap (G_2) phase] 是 DNA 複製和細胞分裂之間的一個相對短暫的間隔。在第二間期，細胞完成複製其中心粒並合成控制細胞分裂的酶。它還會檢查其 DNA 複製的準確性，通常會修復檢測到的任何錯誤。

有絲分裂期 [mitotic (M) phase] 細胞複製其細胞核，將其 DNA 分成相同的兩套 (每個細胞核一套)，然後捏進到兩個基因上相同的子細胞。下一部分將詳細討論此時期。第一間期 (G_1)、合成期 (S) 和第二間期 (G_2) 統稱為**間期** (interphase)，是在分裂期 (M) 之間。

細胞週期的長度從一種細胞類型到另一種細胞類型的差異很大。培養的結締組織細胞稱為纖維母細胞 (fibroblasts)，大約每天分裂一次，第一間期 (G_1) 8 至 10 小時，在合成期 (S) 6 至 8 小時，在第二間期 (G_2) 4 至 6 小

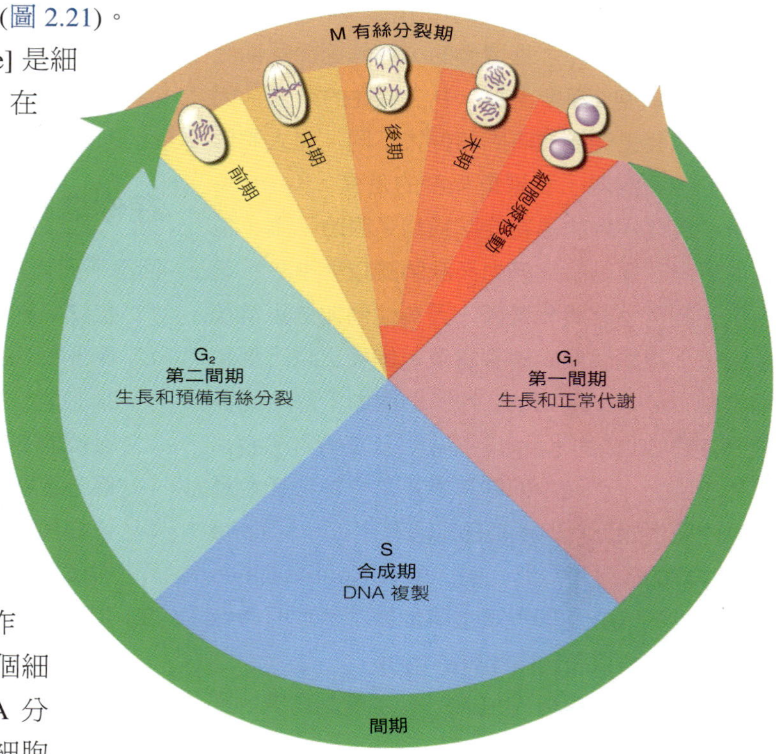

圖 2.21 細胞週期。

時，在有絲分裂 (M) 期 1 至 2 小時。胃和皮膚細胞分裂快速，骨和軟骨細胞緩慢，而骨骼肌和神經細胞則完全沒有。有些細胞離開細胞週期進入「休息」後停止分裂幾天、幾年或一個人的餘生。這些細胞則是處於 G_0 期 (G-zero phase)。活躍在細胞週期的細胞與 G_0 期中待命的細胞之間的平衡是決定體內細胞數量的重要因素。癌細胞的特性是無法停止細胞週期並進入 G_0 期 (請參見臨床應用 2.3)。

臨床應用 2.3

癌症

腫瘤 [tumor (neoplasm)[34]] 是當細胞分裂速度超過細胞死亡速度時產生的組織團塊。惡性 (malignant)[35] 腫瘤或癌症 (cancer)(圖 2.22) 生長特別快速，缺乏封閉的纖維囊，並且具有能夠脫離並擴散到其他器官的細胞 [轉移 (metastasizing)[36]]。癌症由希波克拉底 (Hippocrates) 命名，希波克拉底比較了某些乳腺腫瘤中擴張的靜脈和螃蟹伸出來的足 (crab)[37]。

所有的癌症都是由突變 (DNA 或染色體構造的改變) 引起的，這些突變可以由化學物質、病毒或放射線誘發，或者僅通過細胞週期中 DNA 複製的錯誤而發生。引起突變的物質被稱為誘變劑 (mutagens)[38]，而引起癌症的物質也被稱為致癌物 (carcinogens)[39]。許多形式的癌症源於兩個基因家族的突變，即致癌基因和抑癌基因。致癌基因 (Oncogenes)[40] 是突變基因，可促進合成過量的生長因子 (刺激細胞分裂的化學物質) 或靶細胞對生長因子的過度敏感性。腫瘤抑制基因 (Tumor suppressor, TS) 通過對抗致癌基因，促進 DNA 修復和其他方式來抑制癌症的發展。致癌基因就像細胞週期的加速器，而腫瘤抑制基因就像剎車。腫瘤抑制基因的突變使它們無法作用，就像汽車剎車失靈一樣，會使細胞分裂失控。

未治療的癌症幾乎總是致命的。腫瘤破壞健康組織；它們可以生長以阻塞主要血管或呼吸道；它們會損壞血管並引起出血；它們可以壓迫和殺死腦組織；而且它們會「飢餓的」消耗掉不成比例的人體氧氣和營養，從而使人體的營養和能量枯竭。

34 *neo* = new 新；*plasm* = growth 生長，formation 形成
35 *mal* = bad 壞，evil 惡
36 *meta* = beyond 超越；*stas* = being stationary 靜止不動

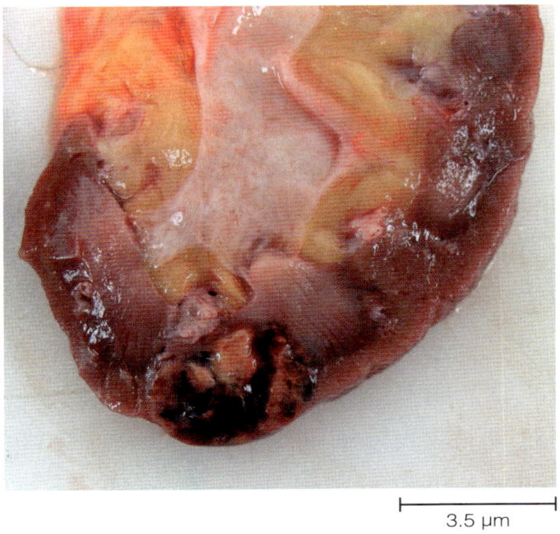

圖 2.22　Wilms 腫瘤。這是腎臟惡性腫瘤，特別發生在兒童中。

2.4b 細胞分裂

細胞通過兩種機制分裂，稱為有絲分裂和減數分裂。然而，減數分裂僅限於一種目的，即卵和精子的產生，因此將在有關生殖的第 26 章探討。**有絲分裂** (mitosis) 具有細胞分裂的所有其他功能：從一個受精卵細胞發育為一個由 40 兆個細胞或更多的細胞組成的個體；出生後所有器官的持續生長；替換死亡細胞；

37 *cancer* = crab 螃蟹
38 *muta* = change 變化；*gen* = to produce 產生
39 *carcino* = cancer 癌症；*gen* = to produce 產生
40 *onco* = tumor 腫瘤

和修復受損組織。有絲分裂的四個階段分別為——前期 (prophase)、中期 (metaphase)、後期 (anaphase) 和末期 (telophase)(圖 2.23)。

在有絲分裂開始的**前期** (prophase)[41]，染色體捲繞成短而緻密的桿狀，比在間期的長而脆弱的染色質更容易分配給子細胞。在此階段，一條染色體由兩個遺傳上相同的染色單體 (chromatids) 組成，在一個被稱為**著絲點** (centromere) 的收縮處結合在一起 (圖 2.24)。有 46 條染色體，每個染色體有 2 個染色單體，每個染色單體中有一個 DNA 分子。核套膜在前期會崩解並將染色體釋放到細胞質中。中心粒開始生長出細長微管，稱為**紡錘絲** (spindle fibers)，隨著微管生長會使中心粒分開。最終，在細胞的二個極點上都有一對中心粒。紡錘絲向染色體生長，其中的一些紡錘絲附著於著絲點二側稱為**中結** (kinetochore)[42] (kih-NEE-toe-core) 的板狀蛋白的複合物。然後紡錘絲來回拖曳染色體，直到它們沿著細胞的中線對齊。

在**中期** (metaphase)[43] 染色體在細胞赤道板上排列，略微擺動並等待刺激每個染色體由著絲點處分裂為兩個的訊號。紡錘絲形成檸檬形狀的排列，稱為**有絲分裂紡錘體** (mitotic spindle)。長的微管從每個中心粒延伸到染色體，而較短的微管形成一個星形的星狀體 (aster)[44]，固定在細胞兩端的細胞膜內部。

後期 (anaphase)[45] 開始於一種酶的激活，該酶在著絲點處將兩個姐妹染色單體彼此分離開。此時每個染色單體都被視為單股的子染色體 (daughter chromosome)。一個子染色體遷移到細胞的極點，其著絲粒可引導方向，染色體的二個臂跟隨在後方。遷移是通過在中結處的動力蛋白沿著紡錘絲爬行，纖維本身像是「被咬掉」並在染色體末端分解。由於姐妹染色單體在遺傳上是相同的，並且由於每個子細胞都從每個染色體接收一個染色單體，因此有絲分裂的子細胞在遺傳上是相同的。

在**末期** (telophase)[46]，染色單體聚集在細胞的二側。粗糙內質網在每組染色體周圍產生一個新的核膜，染色單體開始解開並回復到微細分散的染色質形式。有絲分裂紡錘體分解並消失。每個新核形成核仁，表明它已經開始製造 RNA 並預備合成蛋白質。

末期是細胞核分裂的結束，但與**細胞質分裂** (cytokinesis)[47] (SY-toe-kih-NEE-sis) 重疊，即細胞質分別進入兩個細胞內。甚至在後期也出現細胞質分裂早期的跡象。這是通過運動蛋白的肌球蛋白 (myosin) 在終網中拉動肌動蛋白 (actin) 的微絲來達成。這會在細胞的赤道周圍形成一條稱為分裂溝 (cleavage furrow) 的摺痕，細胞最終會一分為二。這些新的細胞則進入間期。

2.4c 幹細胞

幹細胞 (stem cells) 是未成熟的細胞，具有發育為一種或多種類型成熟、特化細胞的能力。它們可成為多種成熟細胞類型的能力稱為**發育可塑性** (developmental plasticity)。人體大多數器官中都有**成體幹細胞** [adult stem (AS) cells]。儘管名稱上有成體，但它們不僅限於成人，並且還存在於胎兒、嬰兒和兒童。它們增殖並替換因損壞或正常細胞更新而失去的舊細胞。一些成體幹細胞是**單能的** (unipotent)，僅能發育成一種成熟的細胞類型，例如可發育成精子或表皮細胞的細胞。一些是**多能的** (multipotent)。

41 *pro* = first 第一
42 *kineto* = motion 運動；*chore* = place 地點
43 *meta* = next in a series 系列中的下一個
44 *aster* = star 星
45 *ana* = apart 分開
46 *telo* = end 結束，final 最終
47 *cyto* = cell 細胞；*kinesis* = action 動作，motion 運動

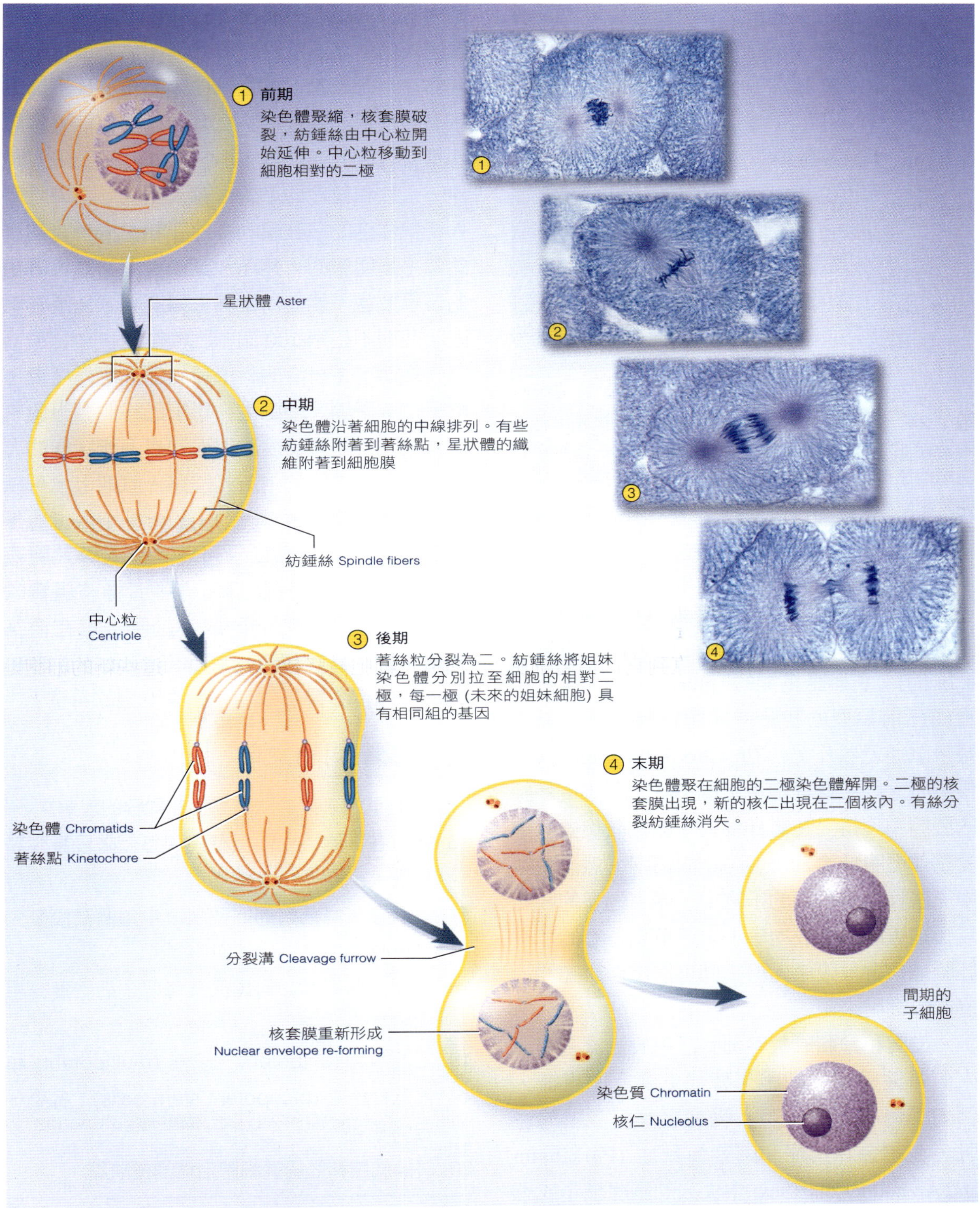

① 前期
染色體聚縮，核套膜破裂，紡錘絲由中心粒開始延伸。中心粒移動到細胞相對的二極
星狀體 Aster
② 中期
染色體沿著細胞的中線排列。有些紡錘絲附著到著絲點，星狀體的纖維附著到細胞膜
紡錘絲 Spindle fibers
中心粒
Centriole
③ 後期
著絲粒分裂為二。紡錘絲將姐妹染色體分別拉至細胞的相對二極，每一極 (未來的姐妹細胞) 具有相同組的基因
染色體 Chromatids
著絲點 Kinetochore
④ 末期
染色體聚在細胞的二極染色體解開。二極的核套膜出現，新的核仁出現在二個核內。有絲分裂紡錘絲消失。
分裂溝 Cleavage furrow
核套膜重新形成
Nuclear envelope re-forming
間期的
子細胞
染色質 Chromatin
核仁 Nucleolus
1
2
3
4

圖 2.23 **有絲分裂**。光學顯微鏡照片顯示白魚卵中的有絲分裂，染色體相對容易觀察。附圖顯示僅具有兩個遺傳上相同的染色單體之假想細胞。在人類有 23 對染色體。

(1,2)©Ed Reschke, (3,4)©Ed Reschke/Getty Images

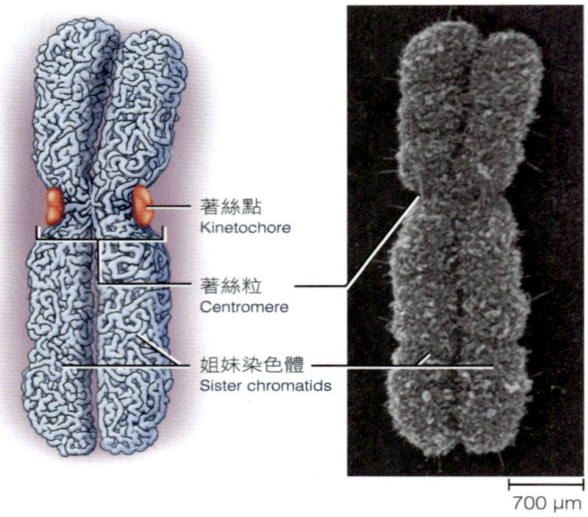

圖 2.24 **染色體**。(a) 細胞分裂中期染色體圖。從細胞週期 S 期結束到有絲分裂後期開始，一條染色體由兩個遺傳上相同的染色單體組成；(b) 掃描式電子顯微鏡觀察中期染色體。

(b)©Biophoto Associates/Science Source

胚胎幹細胞 [embryonic stem (ES) cells] 包含高達 150 個細胞 (理論上為前胚；請參閱 4.2a 節)。它們是**萬能的** (pluripotent)，能夠發育成任何類型的胚胎或成體細胞。當一對夫婦嘗試通過*體外受精* (in vitro fertilization, IVF) 懷胎時，胚胎幹細胞可以從不孕診所產生多餘的胚胎中獲得。在體外受精，卵在玻璃器皿中受精並發育成大約 8 至 16 個細胞。然後將其中一些移植到母親的子宮中。產生過多的胚胎以彌補可能的低成功率。未移植到子宮的那些胚胎通常會被毀壞，但它們可以用作研究和治療的幹細胞來源。

皮膚和骨髓成體幹細胞已用於治療多年。人們希望操縱幹細胞來替代更廣泛的組織，例如受傷的脊髓，因心臟病發作而受損的心肌，在帕金森氏症和阿茲海默症 (Parkinson and Alzheimer diseases) 中失去的腦組織，或患有糖尿病的人所需要的分泌胰島素的細胞。但是成體幹細胞的發展潛力有限，不能產生治療廣泛疾病所需的所有細胞類型。另外，它們存在非常小的數量，並且難以分離和培養出治療所需的量。胚胎幹細胞更容易獲得和培養，並且具有更大的發展性，但它們的使用已陷入政治、宗教和倫理的爭論。有人認為，如果將體外受精注定要被破壞的多餘胚胎，用於有益目的似乎是明智的。然而，其他人則認為，潛在的醫學效益不能作為毀壞人類胚胎、甚至破壞胚胎前期不超過 100 個細胞的辯護。

然而，進一步的科學發展在一定程度上化解了這場爭論。細胞生物學家已經開發出使成體幹細胞逆轉其發展路徑而回到多能狀態的方法，從而使其能夠走新的道路。原則上，可以使原本預定成為平滑肌的成體幹細胞恢復為萬能的狀態，然後以化學引導其進入導致阿茲海默症病患者或脊髓損傷癱瘓者神經組織的路徑。這種經過修飾的成年細胞，現在稱為*誘導多能幹細胞* [induced pluripotent stem (iPS) cells]，顯示對醫學效益和減少爭議的希望。

在你繼續閱讀之前

回答下列問題，以檢驗你對上節內容的理解：

16. 敘述在細胞週期四個階段中每個階段發生了什麼。
17. 說明在有絲分裂的四個階段中每個階段發生了什麼。
18. 解釋一個細胞如何確保其每個子細胞獲得相同的基因。
19. 定義*單能* (unipotent)、*多能* (multipotent) 和*萬能幹細胞* (pluripotent stem cells)。各舉一個例子。
20. 討論成體和胚胎幹細胞治療的優缺點。

學習指南

評估您的學習成果

為了測試你的知識，請與學習夥伴討論以下話題，或以書面形式討論，最好是憑記憶。

2.1 細胞研究

1. 細胞學 (cytology) 的含義以及為什麼它在醫學解剖學和生理學中很重要。
2. 光學顯微鏡、穿透式電子顯微鏡和掃描式電子顯微鏡有何不同，以及放大率和解析度的相對重要性。
3. 由術語鱗狀 (squamous)、立方 (cuboidal)、柱狀 (columnar)、多邊形 (polygonal)、星狀 (stellate)、球狀 (spheroidal)、卵圓形 (ovoid)、盤狀 (discoidal)、紡錘狀 (fusiform) 和纖維狀 (fibrous) 表示的細胞形狀。
4. 上皮細胞的基底面、頂面和側面之間的區別，以及區別它們的重要性。
5. 微米的大小以及以微米表示一些常見細胞和極端人體細胞的大小。
6. 細胞不能無限增大的原因；細胞大小的限制。
7. 細胞膜 (plasma membrane)、細胞質 (cytoplasm)、核質 (nucleoplasm)、細胞骨架 (cytoskeleton)、胞器 (organelles)、包涵體 (inclusions) 和胞液 (cytosol) 的含義。
8. 細胞內部和外部液體的術語。

2.2 細胞表面

1. 為什麼細胞表面對於理解人體功能如此重要。
2. 細胞膜的分子組成和結構。
3. 膜磷脂、膽固醇、蛋白質、醣蛋白和醣脂的一般功能。
4. 整合蛋白與細胞膜的周邊蛋白有何不同。
5. 膜蛋白的多樣生理角色，以及發揮每種作用的蛋白質的專有名詞。
6. 通過生物膜過濾的重要性以及在體內與其相關主要位置。
7. 與細胞膜有關的簡單擴散、滲透、促進性擴散和主動運輸的過程；每個過程與濃度梯度的關係，膜蛋白的參與以及是否需要 ATP。
8. 通過細胞膜進行囊泡運輸的方式：內吞作用 (通過吞噬作用、胞飲作用和接受器引導的內吞作用) 和胞吐作用；每個過程如何進行；以及經由每個過程的目的。
9. 微絨毛、纖毛、鞭毛和偽足之間的構造和功能差異。
10. 細胞糖萼的組成、位置和功能。
11. 將細胞彼此連結和細胞連結到細胞外物質的細胞接合——緊密接合、橋粒、半橋粒和間隙接合——以及它們之間的構造和功能的差異。

2.3 細胞內部

1. 細胞骨架的三個組成部分，以及它們在組成和功能上的區別。
2. 細胞核、粗糙和平滑內質網、核糖體、高基氏體、蛋白酶體、溶酶體、過氧化酶體、粒線體和中心體的構造和功能。
3. 兩種類型的細胞包涵體，它們來自何處以及它們與胞器的區別。

2.4 細胞生命週期

1. 細胞週期的四個階段以及每個階段發生什麼事件。
2. 有絲分裂的四個階段，每個階段發生什麼事件，染色體如何運作以產生兩個遺傳上相同的子代細胞。
3. 細胞質分裂的過程及其與有絲分裂重疊的部分。
4. 從細胞週期的前期到中期的染色體結構。
5. 幹細胞 (stem cells) 的含義；在醫學上的用途；成體和胚胎幹細胞之間的區別；以及幹細胞中不同程度的發育可塑性。

回憶測試

1. 下列何者是細胞中透明、無結構的膠狀物？
   a. 核質 (nucleoplasm)
   b. 內質網 (endoplasm)
   c. 細胞質 (cytoplasm)
   d. 腫瘤 (neoplasm)
   e. 胞液 (cytosol)
2. 新的細胞核形成和一個細胞夾成兩個，是在細胞週期的哪一期？
   a. 前期 (prophase)
   b. 中期 (metaphase)
   c. 間期 (interphase)
   d. 末期 (telophase)
   e. 後期 (anaphase)
3. 細胞膜中_____的量會影響其硬度與流動性。
   a. 磷脂質 (phospholipid)
   b. 膽固醇 (cholesterol)
   c. 醣脂 (glycolipid)
   d. 醣蛋白 (glycoprotein)
   e. 穿膜蛋白 (transmembrane protein)
4. 特別由細胞外液吸收物質的細胞可能具有豐富的

______。
a. 溶酶體 (lysosomes)
b. 微絨毛 (microvilli)
c. 粒線體 (mitochondria)
d. 分泌囊泡 (secretory vesicles)
e. 核糖體 ribosomes

5. 微血管通過以下何種方式從周圍組織空間吸收液體？
a. 胞飲作用 (pinocytosis)
b. 載體引導的運輸 (carrier-mediated transport)
c. 主動運輸 (active transport)
d. 促進性擴散 (facilitated diffusion)
e. 滲透作用 (osmosis)

6. 下列何者是胚胎幹細胞最好的描述？
a. 萬能的 (pluripotent)
b. 多能的 (multipotent)
c. 單能的 (unipotent)
d. 與成體幹細胞相比，發育受到更大的限制
e. 比成體幹細胞更難培養和收集

7. 下列哪一期間，細胞中 DNA 的數量翻倍？
a. 前期 (prophase)
b. 中期 (metaphase)
c. 後期 (anaphase)
d. 合成期 (the S phase)
e. 第二間期 (the G_2 phase)

8. 下列何者是分泌囊泡與細胞膜融合、然後釋放出囊泡包含物的過程？
a. 胞吐作用 (exocytosis)
b. 接受器引導的胞吞作用 (receptor-mediated endocytosis)
c. 主動運輸 (active transport)
d. 胞飲作用 (pinocytosis)
e. 吞噬作用 (phagocytosis)

9. 大多數細胞膜是由______製成。
a. 核 (the nucleus)
b. 細胞骨架 (the cytoskeleton)
c. 過氧化酶體中的酶 (enzymes in the peroxisomes)
d. 內質網 (the endoplasmic reticulum)
e. 複製現有的膜 (replication of existing membranes)

10. 物質可以通過以下任何一種方式離開細胞，但不包括下列哪一方式？
a. 主動運輸 (active transport)
b. 簡單擴散 (simple diffusion)
c. 促進性擴散 (facilitated diffusion)
d. 胞飲作用 (pinocytosis)
e. 胞吐作用 (exocytosis)

11. 大多數人類細胞的寬度為 10 到 15 ______。
12. 當荷爾蒙無法進入細胞時，它會在細胞表面與______結合。
13. ______是細胞膜上因應各種刺激打開或關閉的通道。
14. 多數 ATP 由稱為______的胞器產生。
15. 細胞之間的滲漏受到稱為_____的細胞連接的限制。
16. 描述薄鱗狀細胞的專有名詞是______。
17. 被雙單位膜包圍的兩種人類胞器是______和______。
18. 肝細胞可以透過______和______兩種胞器來解毒酒精。
19. 細胞通過稱為______的膜蛋白彼此黏附並黏附於細胞外物質。
20. 巨噬細胞透過______吞噬瀕死的組織細胞。

答案在附錄 A

建立您的醫學詞彙

說出每個詞彙的含義，並從本章中給出一個使用該詞彙的醫學專有名詞或稍微的改變該詞彙。

1. cyto-
2. squam-
3. -form
4. poly-
5. -philic
6. phago-
7. endo-
8. glyco-
9. chromo-
10. meta-

答案在附錄 A

這些陳述有什麼問題？

簡要說明下列各項陳述為什麼是假的，或將其改寫為真。

1. 人體細胞的形狀主要由其細胞壁維持。
2. 細胞膜主要由蛋白質組成。
3. 水可以經由細胞膜周圍的蛋白質而穿過細胞膜。
4. 物質可以通過擴散進入細胞，但是它們只能通過

胞吐作用離開細胞。
5. 許多細胞具有纖毛構成的刷狀緣。
6. 細胞必須使用 ATP 使物質至濃度梯度較低處。
7. 滲透是一種涉及水的主動運輸。
8. 高基氏複合體製造細胞的溶酶體和過氧化酶體。
9. 橋粒使物質能夠從一個細胞傳到另一個細胞。
10. 核仁是核質內的胞器。

答案在附錄 A

測試您的理解力

1. 如果細胞的細胞膜是由親水性分子 (例如碳水化合物) 組成的，細胞膜會發生什麼情況？
2. 由於電子顯微鏡比光學顯微鏡具有更高的解析度，您為什麼認為生物學家仍繼續使用光學顯微鏡？為什麼學生在入門生物學課程中沒有使用電子顯微鏡？
3. 本章提到脊髓灰質炎病毒通過接受器引導的內吞作用進入細胞。您為什麼認為病毒不是單純的通過細胞膜通道進入細胞？引用本章中的一些具體事實來支持您的推測。
4. 細胞學說的一個主要原則是所有身體構造和功能都源於細胞的功能。然而，骨骼的構造特性更多是由於其細胞外物質而不是其細胞。這是細胞學說的例外嗎？為什麼或者為什麼不？
5. 如果細胞中毒，使其粒線體功能停止，那麼哪些膜運輸過程將立即停止？哪些可以繼續？

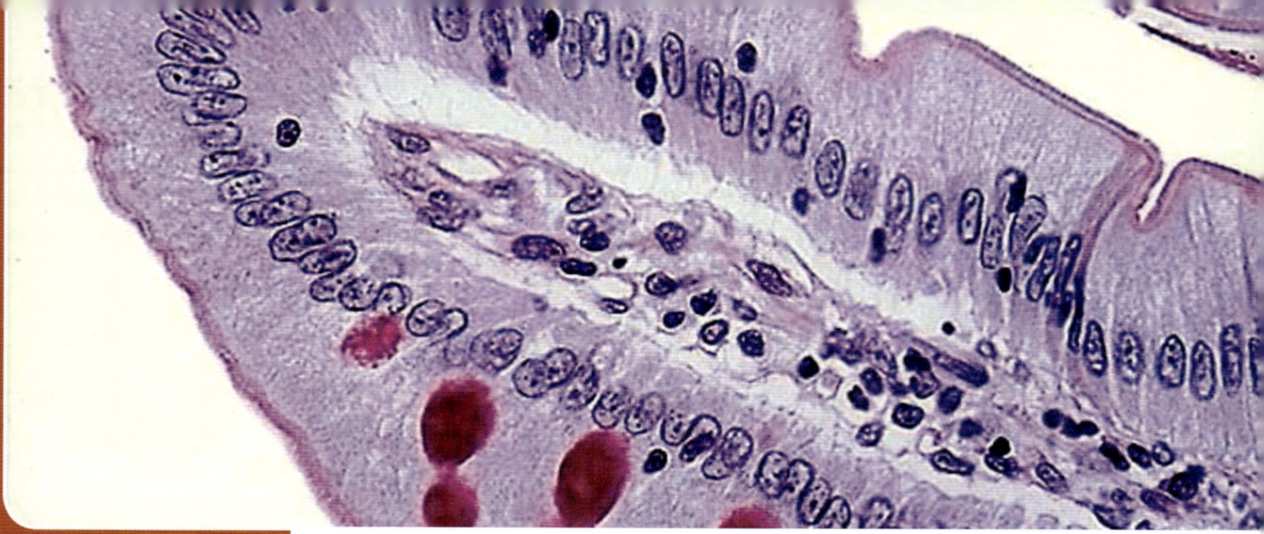

小腸上皮，顯示較高的營養吸收細胞 (紫色) 和分泌黏液的杯狀細胞 (深紅色)

CHAPTER 3

王懷詩

組織學——探索組織

章節大綱

3.1 探索組織
- 3.1a 主要組織分類
- 3.1b 理解組織切片

3.2 上皮組織
- 3.2a 單層上皮
- 3.2b 複層上皮

3.3 結締組織
- 3.3a 概述
- 3.3b 纖維結締組織
- 3.3c 脂肪組織
- 3.3d 軟骨
- 3.3e 骨
- 3.3f 血液

3.4 神經和肌肉組織——興奮性組織
- 3.4a 神經組織
- 3.4b 肌肉組織

3.5 腺體和膜
- 3.5a 腺體
- 3.5b 膜

3.6 組織的生長、發育、修復和死亡
- 3.6a 組織生長
- 3.6b 組織類型變化
- 3.6c 組織修復
- 3.6d 組織萎縮與死亡

學習指南

臨床應用

3.1 活體組織檢查

3.2 彈性蛋白缺陷的後果

3.3 脆骨病

3.4 組織工程與再生醫學

複習

要瞭解本章，您可能會發現複習以下概念會有所幫助：

- 人體構造階層 (1.2a 節)
- 體腔和膜 (1.2e 節)
- 顯微鏡 (2.1a 節)
- 細胞的形狀和大小 (2.1b 節)

Anatomy & Physiology REVEALED® aprevealed.com

模組 3：組織

人體有 40 至 100 兆個細胞和數千個器官，因此似乎是一個令人難以置信的複雜結構。幸運的是，出於我們的健康、長壽和自我認識，過去的生物學家並沒有因為這種複雜性而灰心，而是發現了更容易理解的模式。一種模式是這幾兆個細胞僅屬於大約 200 種不同的類型，並且這些細胞僅構成 4 大類組織──上皮 (epithelial)、結締 (connective)、神經 (nervous) 和肌肉組織 (muscular tissue)。

在這裡，我們研究了四種組織類別。每種類的變化；如何從微觀上識別組織類型並將其顯微解剖學與其功能聯繫起來；組織如何安排以形成器官；以及組織在個體的整個生命週期中如何隨著它們的生長，萎縮或從一種類型改變為另一種而改變。本章僅介紹成熟的組織類型。胚胎組織在第 4 章中討論。

3.1 探索組織

預期學習成果

當您完成本節後，您應該能夠

a. 列出所有成人組織分類的四個主要類別；和

b. 從二維組織切片中可視化為三維結構。

組織學 (histology)[1] [顯微解剖學 (microscopic anatomy)] 是研究組織及其如何構成器官。它連結了前一章的細胞學 (cytology) 與後續各章的器官系統 (organ system) 方法之間的缺口。

3.1a 主要組織分類

組織 (tissue) 是由大量相似細胞和細胞產物形成獨立的器官並執行特定功能。人體僅由四種**主要組織** (primary tissues) 組成──

1 *histo* = tissue 組織；*logy* = study of 研究

表 3.1 四個主要組織類別

類型		定義	代表位置
上皮 (epithelial)	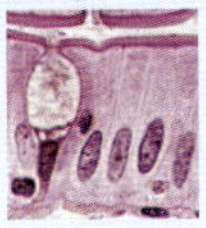 ©Ed Reschke/Getty Images	組織由覆蓋器官表面或形成腺體的緊密相鄰的細胞層組成；用於保護、分泌和吸收	表皮 消化道內層 肝及其他腺體
結締 (connective)	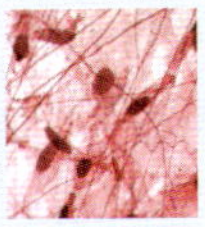 ©McGraw-Hill Education/Dennis Strete, photographer	組織通常具有比細胞體積更多的基質；專門用於支持、連結和保護器官	肌腱和韌帶 軟骨和骨骼 血液和淋巴
神經 (nervous)	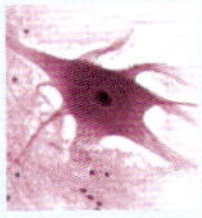 ©Ed Reschke/Getty Images	包含興奮性細胞的組織，這些細胞專門用於將訊息快速傳遞給其他細胞	腦 脊髓 神經
肌肉 (muscular)	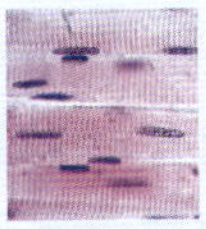 ©Ed Reschke/Getty Images	由伸長、興奮性細胞組成的組織，專門用於收縮	骨骼肌 心臟 (心肌) 內臟壁 (平滑肌)

上皮、結締、神經和肌肉組織 (表 3.1)——但這些組織至少有 23 種亞型。這四種主要組織在其細胞的類型和功能，圍繞它們的**基質** (matrix)[**細胞外物質** (extracellular material)] 的特性以及細胞與基質相對占據的空間量方面彼此不同。

在上皮和肌肉組織中，細胞彼此之間的距離非常近，幾乎看不到基質，而在結締組織中，基質通常比細胞占據更多的空間。基質 (matrix) 由纖維蛋白和**膠狀基質** (ground substance) 組成，後者通常被稱為**細胞外液** (extracellular fluid, ECF)、**間質液** (interstitial[2] fluid) 或*組織液* (tissue fluid)，儘管在軟骨和骨骼中，基質具有彈性或堅硬的特性。

總之，組織由細胞和基質組成，而基質由纖維和膠狀基質組成。

3.1b 理解組織切片

在組織學研究中，可能會將觀察到不同方式處理的組織標本包埋在顯微鏡載玻片上。大多數此類處理的是薄片的**組織切片** (histological sections)，並且經過人工上色以顯示細節。對解剖學最佳的理解力取決於從這些二維部分推斷出器官的三維結構的能力。反之，這種能力取決於對組織標本不同方式處理的認識。

組織學家使用各種不同的技術來保存，切片 (薄片) 和組織染色，以盡可能清晰地顯示其構造細節。組織標本保存在**固定劑** (fixative) 中——一種化學物質，如福馬林，可以防腐並使組織更堅固。大多數的組織標本用稱為*切片機* (microtome) 的儀器將標本切成薄片，該切片機通常會切成只有一個或兩個細胞厚度的切片。此厚度使顯微鏡的光可以通過，因此圖像不會被太多疊加的細胞層所混淆。然後將切片置於玻片上，並用組織染色**著色** (stains) 以增強可觀察到的細節。如果不染色，大多數組織將顯示為淺灰色。因此要瞭解在顯微鏡下看到的不是組織的自然顏色，而是這些組織經過染色顯示出的顏色。

在觀察組織切片時，必須嘗試將顯微影像轉換為整個結構的圖像。像圖 3.1 中的煮雞蛋和彎管通心粉一樣，在不同層面或*不同剖面* (planes of sections) 切割物體時，外觀可能會完全不同。彎曲的管子 (例如子宮腺)(圖 3.1c) 通常會觀察到分離成多個部分，因為它會蜿蜒進入或離開截面平面。但是，有經驗者會認識到，分離的片段是纏繞到器官表面的單一管的一部分。請注意切到煮雞蛋邊緣的切片可能會錯過蛋黃 (圖 3.1a)。同樣的切到細胞邊緣的切片可能會錯過細胞核，並給人一種該細胞沒有細胞核的錯誤印象，在某些組織切片中，您可能會看到許多帶有核的細胞，而許多核沒有落在切片平面的其他細胞，則從視野中看不到這些細胞的核。

許多解剖構造在一個方向上的長度明顯較另一個方向長，例如肱骨和食道。沿長度方向切開的組織切面稱為**縱切面** (longitudinal section, l.s.)，垂直於此方向切開的組織面為**橫斷面** (cross section, c.s.) 或**橫切面** (transverse section, t.s.)。在縱向和橫切面之間的斜面上切開的截面是斜切面。圖 3.2 顯示了在不同切面上切開時某些器官的外觀。

在你繼續閱讀之前

回答下列問題，以檢驗你對上節內容的理解：

1. 組織的定義並分辨組織與細胞和器官的區別。
2. 將以下各項分類為四類主要組織之一：皮膚表面、脂肪、脊髓、大部分心臟組織、骨骼、肌腱、血液和胃的內層。
3. 除細胞外，組織還由什麼組成？
4. 包埋在顯微鏡載玻片上薄且經染色的組織切片

2 *inter* = between 之間；*stit* = to stand 站立

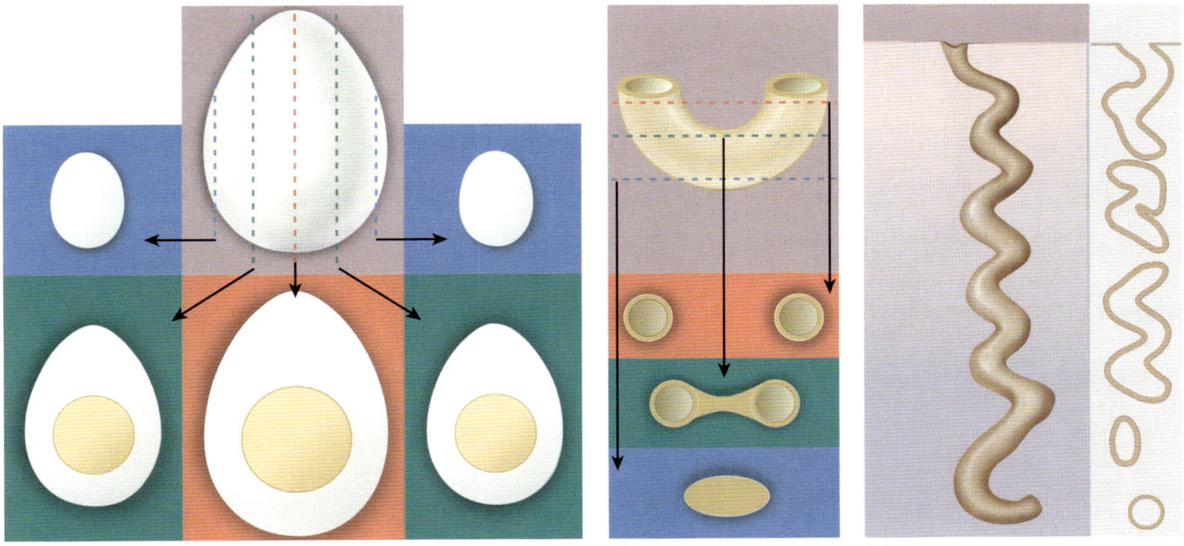

(a) (b) (c)

圖 3.1　二維圖像的三維解釋。(a) 一個煮雞蛋。請注意到較邊緣區的切面 (左上和右上) 會錯過蛋黃，就像組織切片可能會錯過核或其他構造一樣；(b) 彎曲通心粉，類似於許多彎曲的導管和小管。切面不在彎曲的部分會給人兩個獨立小管的印象。在彎曲部分的切面則顯示兩個相互連接的管腔 (lumina)(內部空間)；而更遠區域的切面可能會錯過管腔部分；(c) 彎曲腺體呈現的三個維度，以及垂直的組織切面。

• 考慮圖 2.17a 中的微管 (microtubule)。繪出正中縱向的切面。

的專有名詞是什麼？

5. 想像並草繪一支木製鉛筆在縱切面、橫切面和斜切面的外觀。

3.2　上皮組織

預期學習成果

當您完成本節後，您應該能夠

a. 描述病辨別上皮和其他組織類別的特性；
b. 列出並分類八種上皮，將它們彼此區分，並說明每種類型的上皮細胞在體內的位置；
c. 解釋上皮細胞之間的構造差異與其功能差異的相關性；和
d. 從標本或照片上識別每種上皮類型。

上皮 (epithelium)[3] 是由一層或多層緊密黏附的細胞組成的組織薄片，通常用作中空器官或體腔的內襯，器官的外表面或腺體的分泌組織。因此，我們發現上皮襯在胸膜腔，心包膜和腹膜腔內。襯在呼吸道、消化道、泌尿道和生殖道的內部通道；覆蓋胃和腸的外表面；並組成大部分腺體，例如肝臟和腎臟。人體最廣大的上皮是皮膚的表皮。上皮通常用於保護，分泌黏液和消化酶等、排泄廢物以及吸收物質如氧氣和營養物質。

上皮的細胞和細胞物質可以牆壁的磚塊和灰泥類比。上皮的細胞外物質 (“mortar”) 是如此之薄，以至於在光學顯微鏡下幾乎看不見，並且細胞看起來緊密地緊緊地在一起。上皮是無血管 (avascular)[4] 的——細胞之間沒有空間容納血管。其他無血管組織，例如軟骨、代謝率低、受傷時癒合緩慢。然而，上皮細胞幾乎總是位於血管豐富的疏鬆結締組織之上，這為它們提供了養分和廢物清除。最接近結締組織

3 *epi* = upon 在…之上；*thel* = nipple 乳頭狀，female 女性

4 *a* = without 無；*vas* = vessels 血管

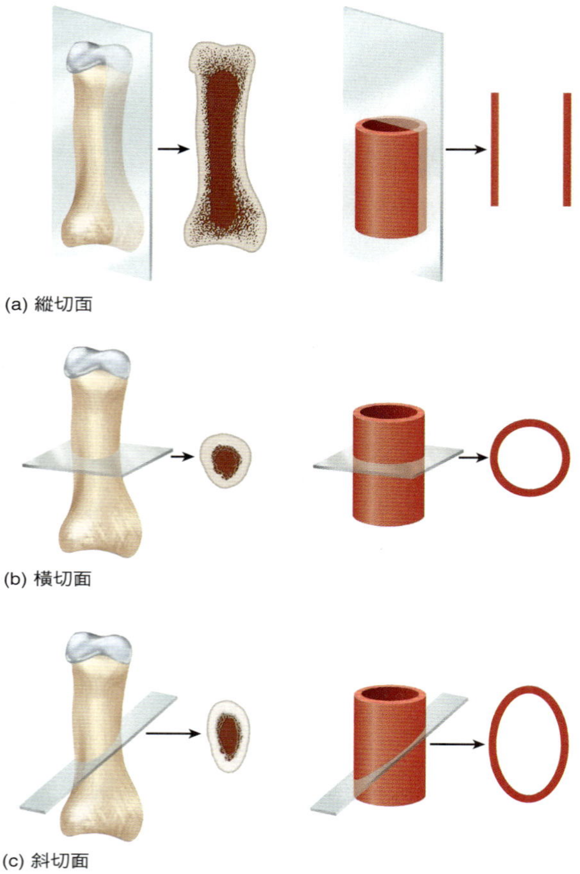

圖 3.2　縱切、橫切和斜切面。(a) 在器官的長軸上切開的縱切面；(b) 垂直於長軸截取的橫切面；(c) 斜切面，在縱向平面和橫截面平面之間切成一定角度。注意平面對諸如骨骼和血管之類的細長結構在二維外觀的影響。

層的上皮細胞通常表現出高的有絲分裂率。這使上皮能夠非常迅速地自我修復—這種能力在保護上皮中特別重要，上皮極易受到諸如皮膚擦傷和消化酶和酸侵蝕之類的傷害。

在上皮和下面的結締組織之間是一層稱為**基底膜** (basement membrane) 的構造。它包含膠原蛋白、醣蛋白和其他蛋白質—碳水化合物複合物，並逐漸與其下方結締組織中的其他蛋白質混合。基底膜用於將上皮錨定在其下方的結締組織上。它調節上皮和下面組織之間的物質交換；其下方結合的生長因子調節上皮的維持和發育。面對基底膜的上皮細胞表面是其**基底面** (basal surface)，而遠離基底膜朝向器官的內腔 (腔) 的表面是**頂表面** (apical surface)。在某些上皮細胞中，頂端表面覆蓋著密集的微絨毛或纖毛 (見圖 3.6 和 3.7)。

上皮細胞分為單層和複層兩大類，每種類別有四種：

單層上皮
- 單層鱗狀上皮
- 單層立方上皮
- 單層柱狀上皮
- 偽複層柱狀上皮

複層上皮
- 複層鱗狀上皮
- 複層立方上皮
- 複層柱狀上皮
- 泌尿上皮

在單層上皮細胞 (simple epithelium) 中，每個細胞都位於基底膜上，而在複層的上皮細胞中，一些細胞則位於其他細胞之上，並且不與基底膜接觸 (圖 3.3a)。偽複層柱狀 (pseudostratified columnar) 類型儘管顯示出偽複層的外觀但是屬於單層上皮，之前有簡短解釋其原因。所有八種上皮細胞的特徵如下 (表 3.2 和 3.3)。

3.2a　單層上皮

通常，單層上皮 (simple epithelia) 只有一層細胞，儘管在偽複層柱狀類型中這是一個有爭議的觀點。三種單層上皮以其細胞形狀命名 (圖 3.3b)：**單層鱗狀** (simple squamous)(薄鱗狀細胞)、**單層立方** (simple cuboidal)(方形或圓形細胞) 和**單層柱狀** [(simple columnar) 高窄細胞]。在**偽複層柱狀上皮** (pseudostratified columnar epithelium) 中，並非所有細胞都能到達游離表面。較高的細胞覆蓋較矮的細胞。該上皮在大多數組織切片中看起來是複層的，但

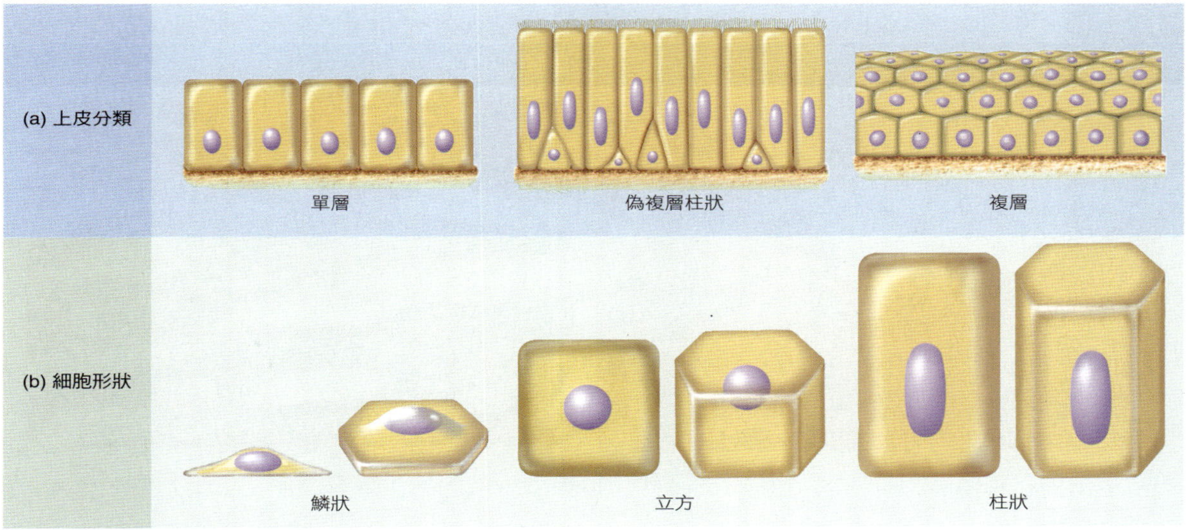

圖 3.3 **細胞形狀和上皮類型**。偽複層柱狀上皮細胞是一種特殊類型的單層上皮，具有多層細胞層的假象。

是仔細觀察，尤其是用電子顯微鏡，顯示每個細胞都位於基底膜，就像森林中的樹木一樣，其中一些樹木長得比其他樹木高，但全部固定在下面的土壤中。

單層柱狀和偽複層柱狀上皮通常具有酒杯狀的**杯狀細胞** (goblet cells)，這些細胞分泌保護性黏液在上皮表面。這些細胞的頂端充滿了分泌的囊泡。它們的產物在分泌時會變成黏液並吸收水分。細胞的基部是一個狹窄的莖狀，像酒杯一樣，位於基底膜。

表 3.2 和圖 3.4 至 3.7 說明並總結了四種單層上皮之間的構造和功能的差異。在此表和後續的表中，每種組織都由一張照片和一張有線條標示的相應繪圖顯示。這些圖闡明了細胞邊界和其他相關特徵，這些特徵可能很難在照片中或通過顯微鏡觀察到或辨別出。圖中的數字表示原始照片的大約放大倍率。當書本印出時，每一個圖都放大得比這倍率高，但是在顯微鏡上選擇最接近的放大倍率應該可以觀察到相當程度的細節 (解析度)。

3.2b 複層上皮

複層上皮 (stratified epithelia) 的細胞層數範圍由 2 至 20 層或更多，其中一些細胞直接位在在其他細胞上 (例如多層公寓)，只有最深的一層位在基底膜上。三種複層上皮以其最表面一層細胞的形狀命名：**複層鱗狀** (stratified squamous)、**複層立方** (stratified cuboidal) 和**複層柱狀** (stratified columnar)。但是，表層以下的細胞形狀可能與表面層細胞的形狀不同。第四種類型，**泌尿上皮** (urothelium)，因此種上皮僅見於泌尿道而得名。它也經常被稱為*移形上皮* (transitional epithelium)，之所以如此命名是因為它曾經被認為是複層鱗狀上皮和複層柱狀上皮之間的過渡階段。現在知道這是不正確的。

複層柱狀上皮很少見，並且重要性相對較小——僅在其他兩種上皮相遇的短距離內可見，如咽、喉、肛管和雄性尿道的有限區域。因此不再說明這種上皮。表 3.3 和圖 3.8 至 3.11 說明並總結其他三種類型。

人體最廣泛分佈的上皮是複層鱗狀，值得進一步討論。在最深層，細胞呈立方至柱

表 3.2 單層上皮

單層鱗狀上皮	單層立方上皮

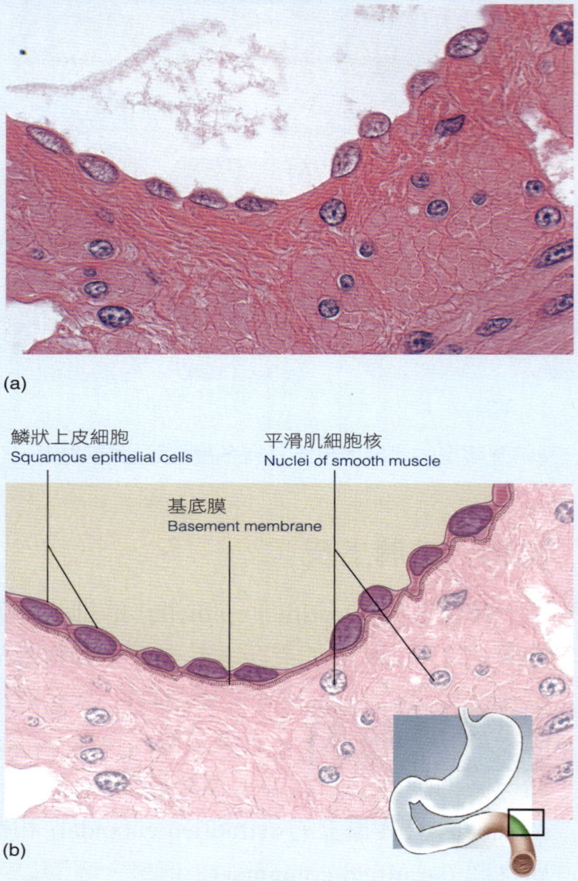

圖 3.4 小腸漿膜中的單層鱗狀上皮 (×400)。 AP|R

(a)©Dennis Strete/McGraw-Hill Education

顯微外觀：單層薄的細胞，形狀像荷包蛋，核位在鼓起的部分；核在細胞平面內扁平，像蛋黃；細胞質可能太薄，很難在組織切片中看到；在表面視圖中，細胞具有曲折的輪廓，細胞核呈圓形

代表位置：肺的氣囊 (肺泡)；腎臟腎小囊；一些腎小管；心臟和血管的內膜層 (內皮細胞)；胃、腸和其他內臟的漿膜；胸膜、心包膜、腹膜和腸繫膜表面的間皮

功能：經由快速擴散或運輸方式使物質通過膜；分泌潤滑性漿液

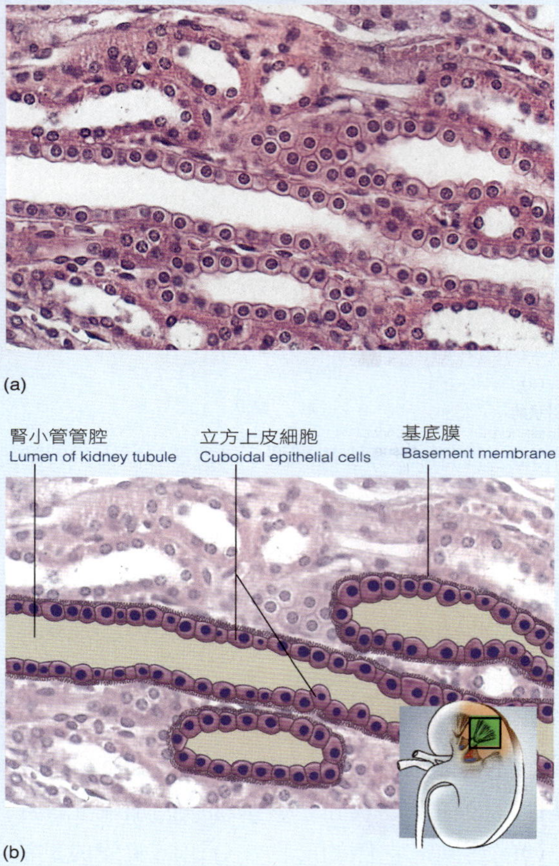

圖 3.5 腎小管中的單層立方體上皮 (×400)。 AP|R

(a)©McGraw-Hill Education/Dennis Strete, photographer

顯微外觀：單層立方形或圓形細胞；在腺體中，細胞通常呈錐體狀，並像橘子的橘瓣構造圍著中央部排列在周圍。球形的細胞核位於細胞中間；在某些腎小管的細胞具有微絨毛的刷狀緣；在肺細支氣管中的細胞則具有纖毛

代表位置：肝臟；甲狀腺、乳腺、唾液腺和其他腺體；大多數腎小管；細支氣管

功能：吸收和分泌；產生和移動呼吸道黏液

狀，並持續進行有絲分裂。它們的子細胞向上皮的表面方向推進並變得更扁平 (更鱗狀)，它們向上遷移，直到死亡並剝落。它們與表面的分離稱為**角質剝落** (exfoliation)[**脫皮** (desquamation)]；對脫落細胞的研究稱為剝落細胞學 (exfoliate cytology)(圖 3.12)。您可以輕鬆地研究脫落的細胞，方法是用牙籤輕刮牙齦，再塗在載玻片上，然後染色。子宮頸抹片

表 3.2 單層上皮 (續)

單層柱狀上皮	偽複層柱狀上皮

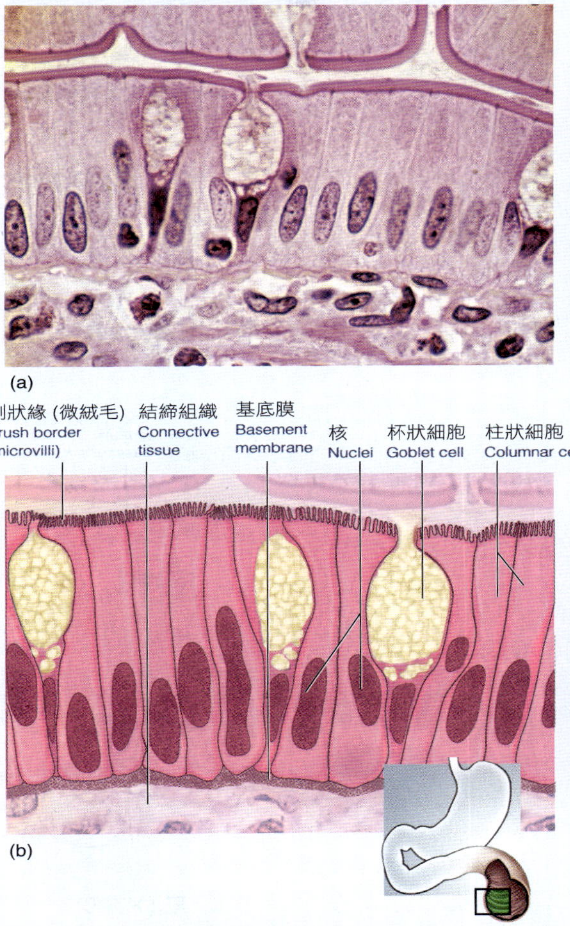

圖 3.6 小腸黏膜中的單層柱狀上皮 (×400)。 APIR

(a)©Ed Reschke/Getty Images

顯微外觀：單層高瘦的細胞；卵圓形或香腸狀的核，垂直方向，通常位在細胞的基部的下半部；穿透式電子顯微鏡 (TEM) 可觀察到細胞頂端部分常見的分泌囊泡；常顯示微絨毛構成的刷狀緣；在某些器官有纖毛；亦有杯狀細胞

代表部位：胃、腸、膽囊、子宮和子宮管的內壁；一些腎小管

功能：吸收；分泌黏液和其他產物；卵和胚胎在子宮管中的運動

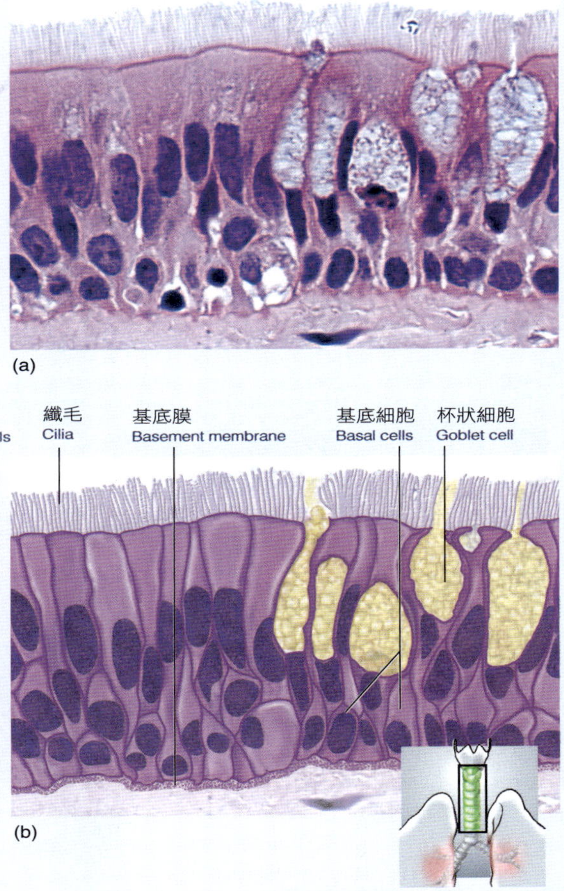

圖 3.7 氣管黏膜中的纖毛偽複層狀柱狀上皮細胞 (×400)。APIR

(a)©Dennis Strete/McGraw-Hill Education

顯微外觀：看起來是多層的。一些細胞未到達頂表面，但是所有細胞都立基於基底膜。細胞核位於上皮下半層不同的高度；常有杯狀細胞；常具有纖毛

代表部位：從鼻腔到支氣管的呼吸道；男性尿道的部分

功能：分泌和推動黏液

[巴氏抹片 (Pap smear)] 檢查使用類似的方法，檢查子宮頸脫落的細胞是否有子宮癌跡象 (見圖 26.25)。

複層鱗狀上皮分為角質化和非角質化兩種。在皮膚表皮 (表皮層) 上是**角質化** (keratinized)[**角化** (cornified)] 上皮，上面覆蓋著一層緻密的死的鱗狀細胞 (見圖 3.8)。這些細胞充填了堅固的**角質蛋白** (keratin)，並有防

表 3.3 複層上皮

複層鱗狀上皮——角質化

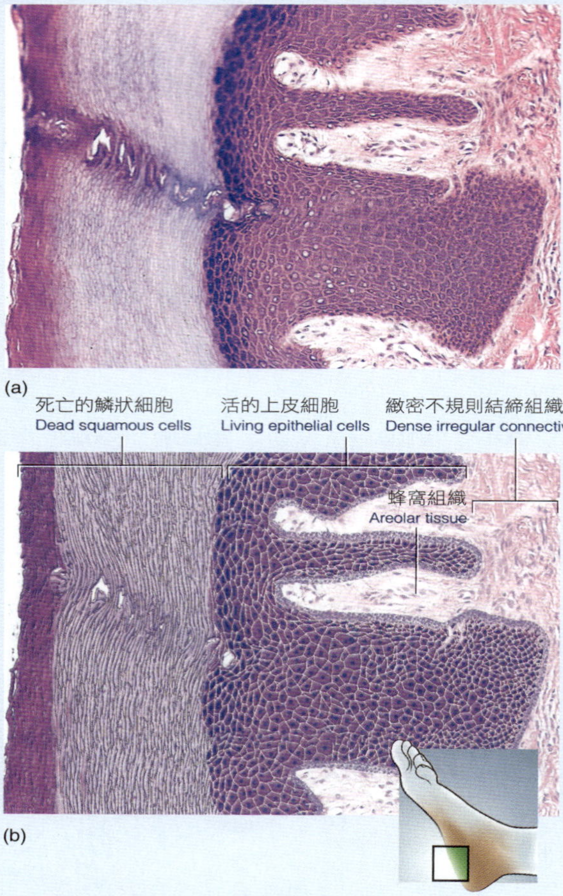

圖 3.8 足底的角質化複層鱗狀上皮 (×400)。APR

(a) ©Ed Reschke

顯微外觀：多層細胞，細胞表面逐漸變得扁平和鱗片狀。表面覆蓋有一層無核的死細胞。基底細胞為立方至柱狀

代表部位：表皮；手掌和足底的角質層特別厚

功能：抗磨擦；延緩水分由皮膚流失；抵抗病原體的侵入

複層鱗狀上皮——非角質化

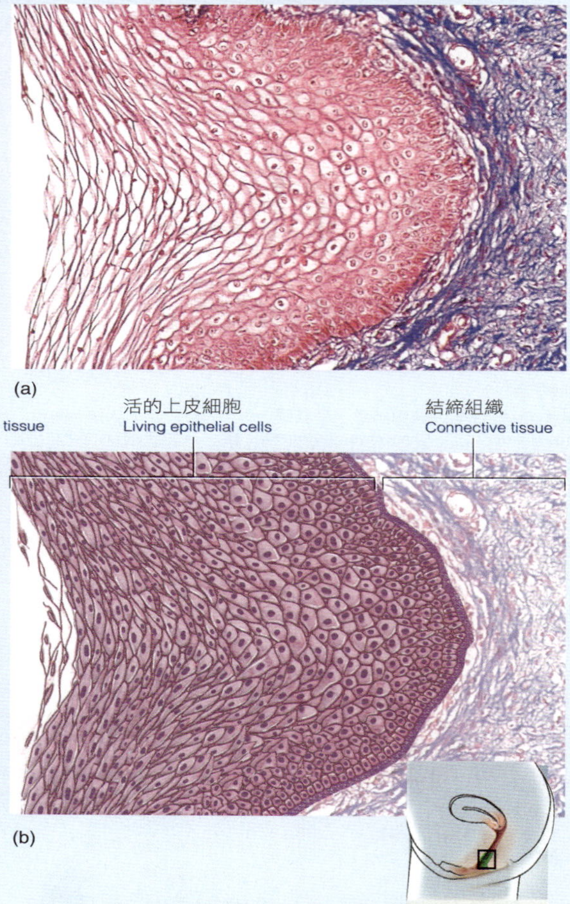

圖 3.9 陰道黏膜中非角質化的複層鱗狀上皮 (×400)。APR

(a) ©Ed Reschke/Getty Images

顯微外觀：與角質化上皮相同，但無死細胞表層

代表部位：舌頭、食道、肛管、陰道

功能：抗磨擦，抵抗病原體的侵入

水醣脂包覆。因此，皮膚表面相對乾燥。它可以減少人體的水分流失；並且可以抵抗病原體的侵入 (動物角的蛋白質也是角質蛋白，因此得名[5])。舌頭、食道、陰道和其他一些內表面都被**非角質化** (nonkeratinized) 複層鱗狀上皮覆蓋，這種類型沒有死細胞層 (見圖 3.9)。這種類型的表面也具有抗磨損性，但又濕又滑。這些特性非常適合抵抗食物的咀嚼和吞嚥以及性交和分娩所產生的壓力。

泌尿上皮是另一種特別有趣的複層上皮。為什麼只限於尿道？它的拉伸能力和允許膀胱充盈的能力是一項重要的特性，但更重要的一個特性是尿液通常是酸性且對細胞內液是高滲

5 *kerat* = horn 角

表 3.3 複層上皮 (續)

複層立方上皮

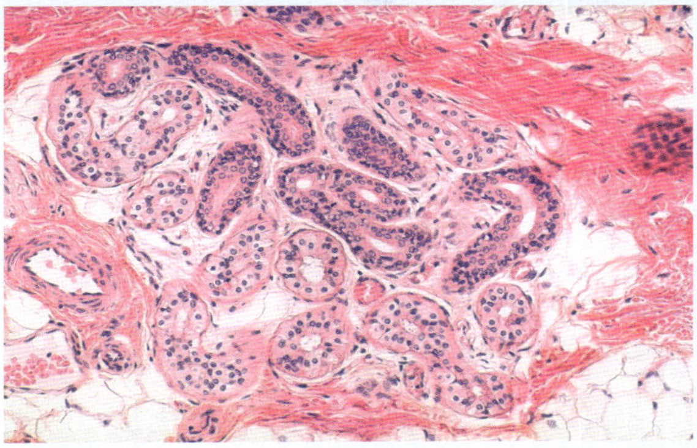

(a)

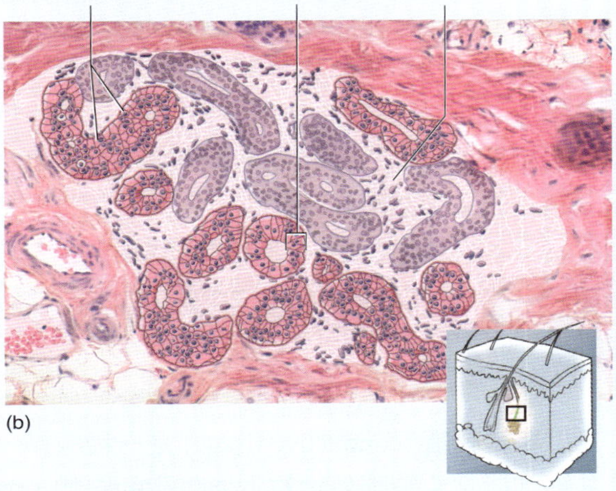

(b)

圖 3.10　汗腺管道內的複層立方體上皮 (×400)。APR

(a) ©Lester V. Bergman/Getty Images

顯微外觀：兩層或多層細胞；表層細胞大致為方形或圓形

代表部位：汗腺管道；卵巢的產卵小泡 (卵泡)；睪丸產生精子的管道 (曲細精管)

功能：有助於汗液分泌；分泌卵巢激素；產生精子

泌尿上皮 (移形上皮)

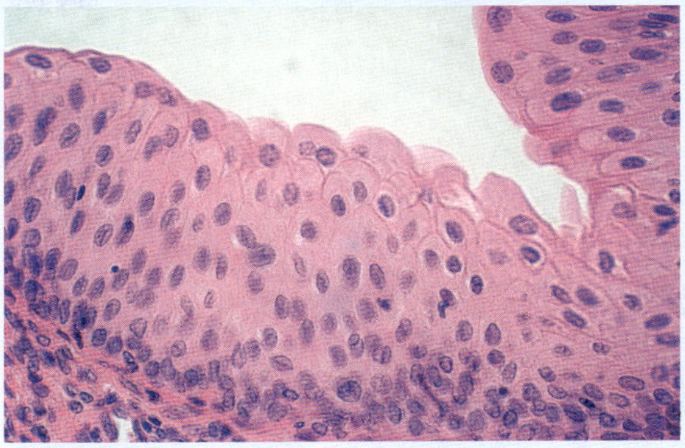

(a)

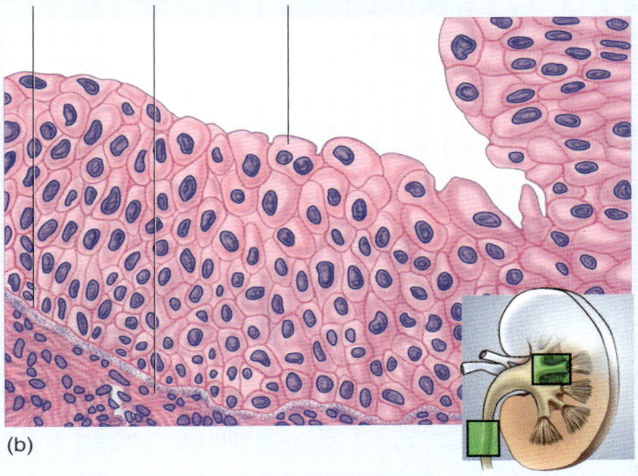

(b)

圖 3.11　腎臟中的泌尿上皮 (×400)。APR

(a) ©Johnny R. Howze

顯微外觀：有點像複層的鱗狀上皮，但表層細胞是圓形的，通常在表面上方隆起。放鬆時通常有 5 到 6 層細胞的厚度，伸展時通常為 2 到 3 層細胞的厚度；泌尿上皮拉伸時，細胞可能變扁平變薄 (例如在擴張的膀胱中)；有些細胞有兩個核

代表部位：泌尿道—部分腎臟；輸尿管和膀胱；部分的尿道

功能：保護其下方的組織免受尿液的滲透和酸性影響；伸展使尿液可注滿泌尿道

性。如果沒有什麼可以保護細胞的方法，它將傾向於通過滲透作用將水從細胞中吸出並殺死細胞。但是，泌尿上皮的圓頂表面細胞具有獨特的保護特性。它們被稱為傘細胞 (umbrella cells)。在傘細胞的上表面，細胞膜的外磷脂層比通常的要厚，並具有緻密的斑塊，稱為

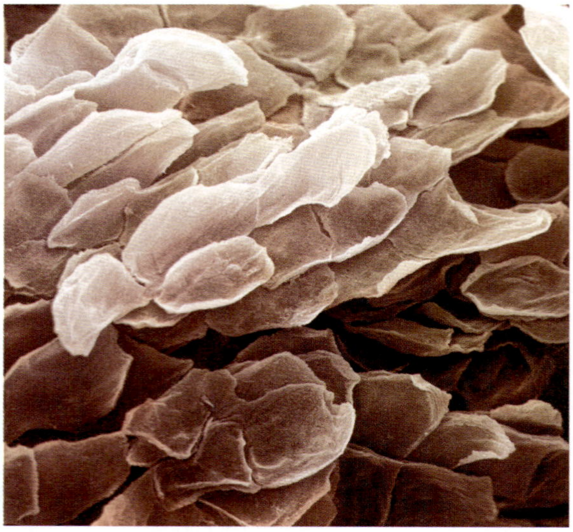

圖 3.12 陰道黏膜 (SEM) 脫落的鱗狀細胞。
©David M. Phillips/Science Source

脂質筏 (lipid rafts)，其內嵌有稱為*尿溶蛋白* (uroplakins) 的蛋白質。尿液不能穿透尿溶蛋白，並可保護上皮細胞，包括傘細胞本身的細胞質。脂質筏通過與普通細胞膜的鉸鏈相互連接。當膀胱排空並放鬆時，這些斑塊在鉸鏈處折疊，掉入細胞內部進行儲存 (如折疊筆記型電腦後放置一旁)，並且細胞向上凸起，如圖 3.11 所示。當膀胱充滿尿液時，鉸鏈會打開 (就像打開筆記型電腦一樣)，斑塊會散佈在整個表面上以保護細胞，傘細胞變得更薄更扁平。毫不奇怪，在膀胱中與尿液接觸時間最長，因此在膀胱中發展出這種上皮。

在你繼續閱讀之前

回答下列問題，以檢驗你對上節內容的理解：

6. 區分單層和複層上皮，並解釋為什麼偽複層柱狀上皮屬於前一類。
7. 解釋如何區分複層鱗狀上皮和泌尿上皮。
8. 角質化和非角質化複層鱗狀上皮細胞共有什麼功能？兩者在構造上有何不同？這種構造差異與它們之間的功能差異有何關係？
9. 食道和胃的上皮有何不同？這與它們各自的功能有何關係？
10. 解釋為什麼上皮組織即使沒有血管也能迅速修復。
11. 解釋泌尿上皮如何特別適合於尿道。

3.3 結締組織

預期學習成果

當您完成本節後，您應該能夠

a. 描述大多數結締組織具有的共同特性。
b. 討論結締組織中的細胞類型；
c. 解釋結締組織的基質是什麼，並描述其組成；
d. 說出 10 種結締組織類型並辨認其功能特性；
e 描述每種類型的細胞成分和基質，並說明可將它們區別的構造；和
f. 從標本或照片中識別每種結締組織類型。

3.3a 概述

結締組織 (connective tissue) 是一種組織，其細胞通常比細胞外物質占據更少的空間，並且在大多數情況下都擔任支持和保護器官或使器官彼此結合的作用。結締組織的大多數細胞彼此之間並不直接接觸，而是被細胞外物質隔開。大多數種類的結締組織都高度*血管化* (vascular)——富含血管。結締組織是主要組織中含量最多，分佈最廣且最多變化的組織。成熟的結締組織可分為四大類：*纖維結締組織* (fibrous connective tissue)、*脂肪組織* (adipose tissue)、*支持性結締組織* (supportive connective tissue)(軟骨和骨骼) 和*流體結締組織* (fluid connective tissue)(血液)。

結締組織的功能包括：

- **結合器官** (binding of organs)：肌腱將肌肉與

骨骼結合在一起，韌帶將一個骨骼與另一個骨骼結合在一起，脂肪則可以將腎臟和眼睛保持定位，纖維組織將皮膚與下面的肌肉結合在一起。

- **支持** (support)：骨頭支撐身體，軟骨支撐耳朵、鼻子、氣管和支氣管。
- **身體防護** (physical protection)：顱骨、肋骨和胸骨。保護脆弱的器官，例如大腦、肺和心臟；腎臟和眼睛周圍的脂肪墊可保護這些器官。
- **免疫保護** (immune protection)：結締組織細胞攻擊外來入侵者，結締組織纖維在皮膚和黏膜下形成「戰場」，免疫細胞可以迅速動員起來抵抗病原體。
- **運動** (movement)：骨骼為身體運動提供了槓桿系統，軟骨參與了聲帶的運動，而骨骼表面的軟骨使關節運動較不費力。
- **存儲** (storage)：脂肪是人體的主要能量儲備處。骨骼是鈣和磷的儲存庫。
- **發熱** (heat production)：棕色脂肪的代謝會在嬰兒和兒童體內產生熱量。
- **運輸** (transport)：血液輸送氣體、營養物、廢物、荷爾蒙和血球。

3.3b 纖維結締組織

纖維結締組織 (fibrous connective tissue) 是結締組織最多樣化的類型。幾乎所有的結締組織都含有纖維，但是這裡考慮的組織是由於纖維非常顯著而被分類在一起。當然，組織還包括細胞和基質。在觀察特定類型的纖維結締組織之前，我們將檢視這些組成。

纖維結締組織的成分

細胞 (Cells) 纖維結締組織的細胞包括以下類型：

- **纖維母細胞** (fibroblasts)[6]。這些是大的梭形細胞，通常顯示細長的纖細分支。它們產生形成組織基質的纖維和基質。
- **巨噬細胞** (macrophages)[7]。這些巨噬細胞在結締組織中遊走。吞噬並消滅細菌，其他異物以及我們體內死亡或垂死的細胞。當感知到稱為*抗原* (antigens) 的外來物質時，也會激活免疫系統。巨噬細胞來自稱為*單核球* (monocytes) 的白血球或產生單核細胞的幹細胞。
- **白血球** (leukocytes)[8] 或**白血球** (white blood cells, WBC)。白血球在血流中短暫旅行，通過微血管壁爬出後在結締組織中停留大部分時間。兩種最常見的類型是*嗜中性球* (neutrophils) 和*淋巴細胞* (lymphocytes)，嗜中性球會遊走攻擊細菌，淋巴細胞對細菌、毒素和其他外來物質起反應。淋巴細胞通常在黏膜上形成密集的斑塊。
- **漿細胞** (plasma cells)。某些淋巴細胞在偵測到異物時會變成漿細胞。然後漿細胞合成稱為抗體 (antibodies) 的抗疾病蛋白質，除了在發炎的組織和腸壁中，漿細胞很少見。
- **肥大細胞** (mast cells)。這些細胞，尤其是出現在血管附近，分泌一種叫做*肝素* (heparin) 的化學物質可抑制血液凝結，和一種叫做*組織胺* (histamine) 的化學物質可使血管擴張來增加血流量。
- **脂肪細胞** (adipocytes)(AD-ih-po-sites) 或**脂肪細胞** (fat cells)。在一些纖維結締組織中這些細胞聚集成小團狀。當它們大量出現在該區域時，此組織稱為*脂肪組織* (adipose tissue)。

纖維 (Fibers) 在纖維結締組織中有三種蛋白纖維：

---

6 *fibro* = fiber 纖維；*blast* = producing 產生
7 *macro* = big 大；*phage* = eater 食者
8 *leuko* = white 白色；*cyte* = cell 細胞

- **膠原纖維** (collagenous fibers)(col-LADJ-eh-nus)。這些由膠原蛋白構成的纖維堅韌而有彈性，可以抗拉力。膠原蛋白是人體中最豐富的蛋白質，約占總量的 25%。它是諸如明膠、皮革和膠 (glue)[9] 之類的動物產品之基礎。在新鮮組織中，膠原蛋白纖維具有閃亮的白色外觀，如在肌腱和一些肉塊中所見 (圖 3.13)。因此，它們通常被稱為*白色纖維* (white fibers)。在組織切片中，膠原纖維形成粗的波浪狀束，通常被最常見的組織學染色染成粉紅色，藍色或綠色。肌腱、韌帶和皮膚深層 (真皮) 主要由膠原纖維構成。不太明顯的是，膠原蛋白分佈在軟骨和骨骼的基質中。
- **網狀纖維** (reticular[10] fibers)。這些細的膠原細纖維披覆著醣蛋白。它在如脾臟和淋巴結之類的器官形成海綿狀網架，並構成上皮下方基底膜的一部分。
- **彈性纖維** (elastic fibers)。比膠原纖維更細，並且沿著纖維的構造分支再彼此重新結合。它們由披覆醣蛋白的稱為**彈性蛋白** (elastin) 的蛋白質構成。彈性蛋白的盤繞結構使其可以像橡皮筋一樣伸展和彈回。彈性纖維是使皮膚、肺和動脈拉伸後有回彈的能力 (彈性不是拉伸能力，而是釋放張力時回彈的傾向)。

9 *colla* = glue 膠水；*gen* = producing 產生

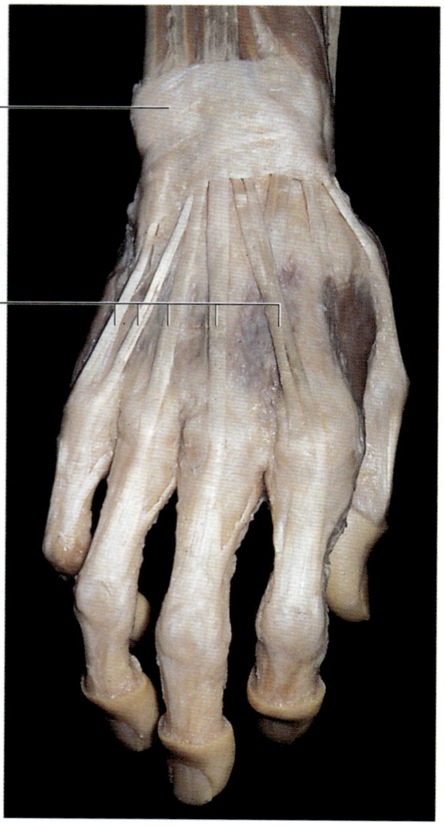

圖 3.13 **手部肌腱**。白色光澤的外觀是由組成肌腱的膠原蛋白造成。腕部的手鐲狀伸肌支持帶也由膠原蛋白組成。

• 哪些類別的結締組織組成了這些肌腱？

膠狀基質 (Ground Substance) 在某些結締組織切片中，細胞和纖維之間，似乎有很多空的空間。在活組織中，該空間被無特徵的膠狀基質占據。膠狀基質通常具有的膠狀稠度是由於蛋白質和碳水化合物組成的三類大分子：*葡萄糖胺聚醣* (glycosaminoglycans, GAG)、*肽聚醣* (proteoglycans) 和*黏附醣蛋白* (adhesive glycoproteins)。這些分子中有些最多會有 20 μm 長——比某些細胞大。膠狀基質吸收壓力，就像運送紙箱中的聚苯乙烯發泡塑料包裝一樣，它可以保護脆弱的細胞免受機械傷害。GAG 還會在關節處形成滑的潤滑劑，並構成眼球的果凍狀*玻璃體* (vitreous body) 的大部分。在結締組織中，此類分子形成膠狀，從而減慢細菌和其他疾病因子的擴散。黏附性醣蛋白將細胞膜上蛋白與細胞外的膠原蛋白和肽聚醣結合。它們將組織的所有組成部分結合在一起，並標記引導胚胎細胞遷移到組織中目的地的途徑。

10 *ret* = network 網絡；*icul* = little 小

臨床應用 3.1

活體組織檢查

活體組織檢查 (biopsy)[11] 是指從活組織樣本中取出並以顯微鏡檢查。活組織檢查的目的之一是可以僅從細胞或組織的顯微外觀來識別診斷疾病——例如，惡性腫瘤如結腸癌，感染如肺結核，或發炎性疾病如紅斑性狼瘡。診斷可能包括癌症分期 (staging)，以表明其進展程度 (請參閱臨床應用 26.3，子宮頸癌和子宮頸抹片檢查)。另一個目的是治療計劃。例如，用於癌症化學療法的合適藥物可能取決於活體組織切片所顯示的癌症類型。對於子宮頸癌或乳癌則取決於癌症的階段。第三個目的是手術指引。例如，可能會檢查接受乳房腫瘤切除術患者的標本邊緣是否乾淨，以使外科醫生可以知道是否已切除了所有惡性組織或有必要將其切除得更廣泛。

切除並檢查整個可疑腫塊，例如乳房腫塊或淋巴結，稱為切除性切片檢查 (excisional biopsy)。切開性 (核心) 切片檢查 [incisional (core) biopsy] 是移除腫塊的一部分用於診斷檢查，諸如疑似皮膚黑素瘤。如果不需要維持組織的確切結構，可以進行針抽吸方式取出細胞樣本檢查，例如用於診斷白血病的骨髓樣本。用針吸出這樣的標本稱為針抽吸活體檢查 (needle biopsy)。某些針刺活體組織檢查方式採用帶鉗的器械，該穿刺鉗通過針插入，以「咬掉」可疑組織或去除整個腫塊，例如結腸息肉。在某些被稱為電腦斷層導引穿刺檢查 (CT guided needle biopsy) 的程序中，當用電腦斷層掃描患者時，可以通過螢幕觀察來引導放置針至準確位置。

在某些情況下，當患者仍處於麻醉狀態時，由醫院內部的病理學家檢查活體組織切片標本，而外科醫生等待實驗室報告以瞭解如何進行下一步驟。在緊急程度較低的門診病例，可以將標本 (例如淋巴結) 送到其他地方的醫學檢驗實驗室，該實驗室將會把結果回報給醫師。

11 *bio* = living 活；*opsy* = viewing 查看

纖維結締組織的類型

纖維結締組織根據纖維的相對含量分為兩大類：疏鬆 (loose) 和緻密結締組織 (dense connective tissue)。在**疏鬆結締組織** (loose connective tissue) 中，大部分空間都被基質占據，該基質在組織學固定過程中從組織中溶解出來，並在製備好的組織切片中留下空白空間。我們將討論的疏鬆結締組織是蜂窩組織 (areolar tissue) 和網狀組織 (reticular tissue) (表 3.4 以及圖 3.14 和 3.15)。在**緻密結締組織** (dense connective tissue) 中，纖維比細胞和基質占據更多的空間，並且看起來緊密地充填在組織切片中。我們將討論的兩種緻密的結締組織是緻密規則 (dense regular) 和緻密不規則結締組織 (dense irregular connective tissue)(表 3.5 以及圖 3.16 和 3.17)。

蜂窩組織 (areolar[12] tissue)(AIR-ee-OH-lur) 中具有鬆散的纖維，豐富的血管和許多看似空的空間。它具有上述所有六種細胞類型。它的纖維排列無固定的方向，並且大多是膠原蛋白，但是也存在彈性和網狀纖維。蜂窩組織的外觀變化很大。在許多漿膜中，其外觀如圖 3.14 所示，但在皮膚和黏膜中，它更為緻密 (見圖 3.8b)，有時很難與緻密不規則結締組織區分。在討論了緻密不規則結締組織後，將指出如何與緻密不規則結締組織區別。

在人體幾乎所有部位的組織學切片中都可發現蜂窩組織。它圍繞著血管和神經，並穿透它們，甚至進入肌肉、肌腱和其他器官的小空間。幾乎每種上皮都位於一層蜂窩組織上，其中的血管為上皮提供營養、清除廢物，並在需

12 *areola* = little space 很小的空間

表 3.4 疏鬆結締組織

蜂窩組織	網狀組織

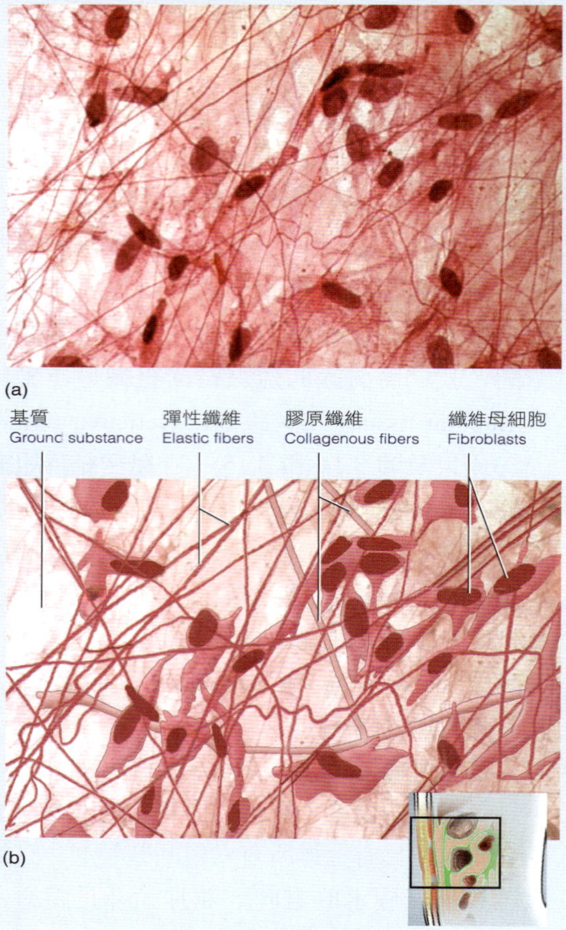

圖 3.14 攤平時腸繫膜中的疏鬆結締組織 (×400)。APR

(a) ©McGraw-Hill Education/Dennis Strete, photographer

顯微外觀：排列鬆散的膠原和彈性纖維；散佈的各種類型的細胞；豐富的膠狀基質；大量血管

代表部位：幾乎所有上皮的下層；血管、神經、食道和氣管的周圍；肌肉之間的筋膜；腸繫膜；心包膜和胸膜的臟層

功能：將上皮與深層組織鬆散地結合；允許神經和血管穿過其他組織；提供免疫防禦的場所；提供上皮細胞的營養和廢物清除

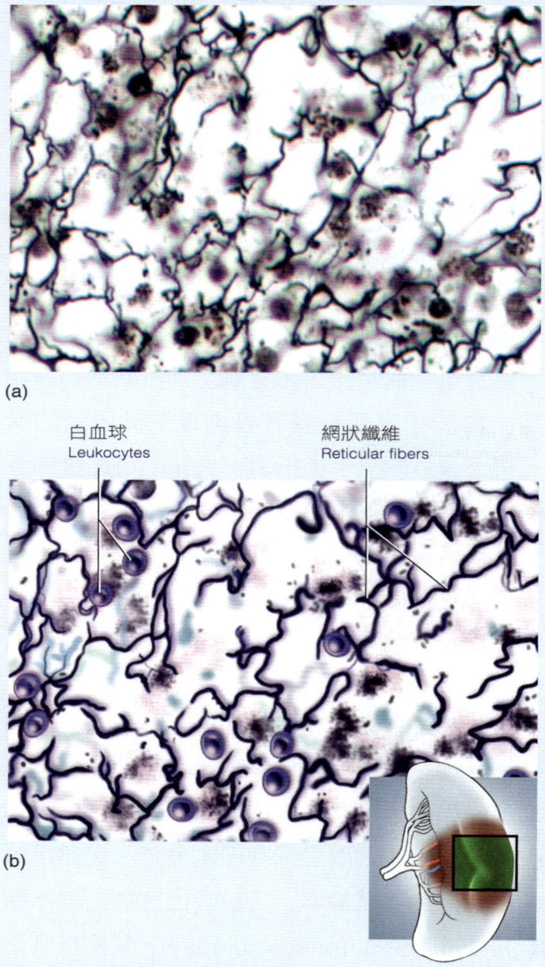

圖 3.15 脾臟中的網狀組織 (× 400)。APR

(a) ©Al Telser/McGraw-Hill Education

顯微外觀：疏鬆網絡狀的網狀纖維和細胞，大量淋巴細胞和其他血球細胞浸潤其中

代表部位：淋巴結、脾臟、胸腺、骨髓

功能：淋巴器官的支持基質 (架構)

要時隨時提供對抗感染的白血球。由於存在大量開放的，充滿液體的空間，白血球可以在蜂窩組織中自由移動，並且可以輕鬆找到並消滅病原體。

網狀組織 (reticular tissue)(圖 3.15) 是由網狀纖維和纖維母細胞構成網狀。它形成淋巴

表 3.5 緻密結締組織

緻密規則結締組織

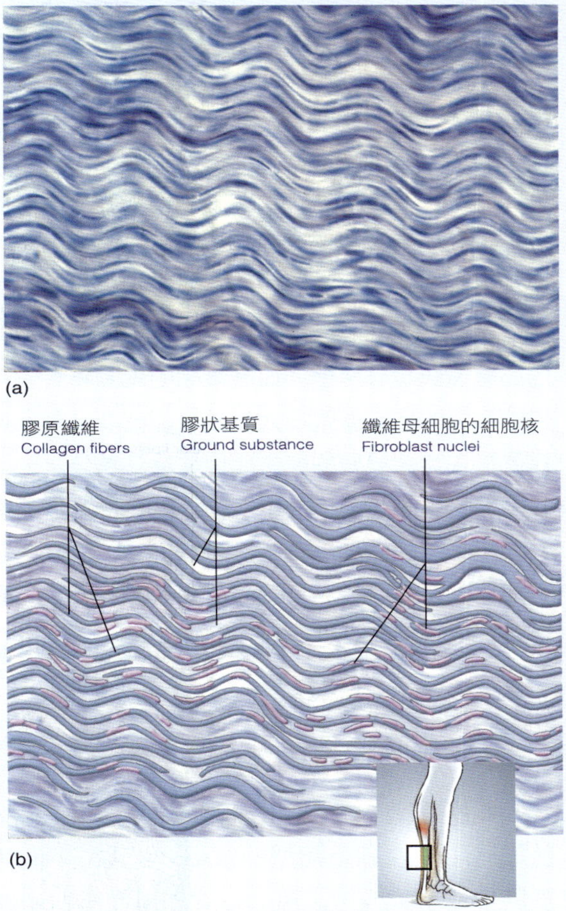

圖 3.16 肌腱中的緻密規則結締組織 (×400)。 AP|R

(a) ©Dennis Strete/McGraw-Hill Education

顯微外觀：密集堆積，平行且經常呈波浪形的膠原纖維；膠原束之間壓縮的纖細纖維母細胞核；空間 (膠狀基質) 少；血管稀少

代表部位：肌腱和韌帶

功能：韌帶牢固地將骨骼聯合在一起並抵抗壓力；肌腱將肌肉附著在骨骼上，在肌肉收縮時移動骨骼

緻密不規則結締組織

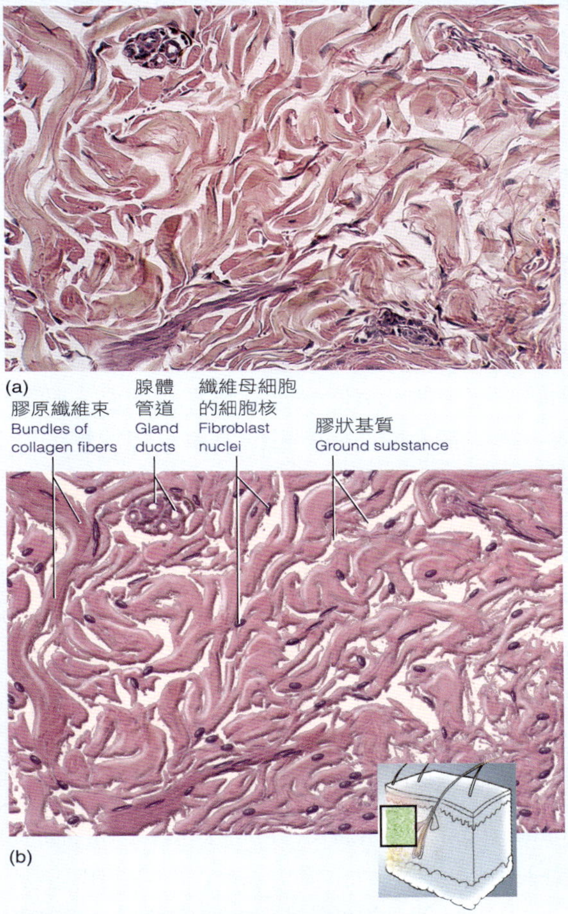

圖 3.17 皮膚真皮中的緻密不規則結締組織 (×400)。 AP|R

(a) ©Dennis Strete/McGraw-Hill Education

顯微外觀：密集堆積的膠原纖維在隨機方向上延伸；空間 (膠狀基質) 少；細胞很少；如照片所示，組織中的長纖維在較薄的組織切片中顯示為切短的碎片

代表部位：皮膚真皮層較深的部分；內臟周圍的被囊，如肝、腎、脾；肌肉、神經、軟骨和骨骼周圍的纖維鞘

功能：耐用，不易撕裂；纖維方向的變化可以承受無法預測方向上的應力

結、脾臟、胸腺和骨髓等器官的結構骨架 (基質)。纖維之間的空間充滿了血球細胞。想像一下一塊沾滿鮮血的海綿；海綿纖維類似於網狀組織基質。

緻密規則結締組織 (dense regular connective tissue)(圖 3.16) 具有以下兩個特性：(1) 膠原纖維緊密堆積，纖維之間相對而言幾乎沒有開放空間；(2) 纖維彼此平行。特別是在肌腱和韌帶中。平行排列的纖維是順應於肌腱和韌帶會沿可預測方向拉動。除了血管和感覺神經纖維等少數例外，該組織中唯一可見的細胞是纖維母細胞，其細小、紫色染色的細胞核緊緊束縛在膠原束之間。這種類型的組織幾乎沒有血管，只能提供少量的氧氣和營養，因此受傷的肌腱和韌帶癒合較慢。

聲帶和椎骨的一些韌帶由一種稱為**彈性組織** (elastic tissue) 的緻密規則結締組織構成。除了緊密堆疊的膠原纖維外，它還具有分支的彈性纖維和較多的纖維母細胞。彈性組織在大動脈管壁中呈波浪狀。當心臟將血液泵入動脈時，這些彈性構造使管壁能夠擴張釋放壓力降低下游較小血管上的承受壓力。當心臟放鬆時，動脈壁會彈回並防止血壓在心跳之間降得過低。這種彈性組織的重要性在動脈硬化等疾病中尤為明顯，例如動脈粥狀硬化、組織因脂質和鈣沉積而變硬，以及馬凡氏症候群 (Marfan syndrome)，因彈性蛋白合成的遺傳缺陷造成 (見臨床應用 3.2)。

緻密不規則結締組織 (dense irregular connective tissue)(圖 3.17) 也具有較厚的膠原蛋白束，並且細胞和膠狀基質占的空間相對較小，但膠原蛋白束的方向似乎是隨機的。這種排列使組織能夠抵抗不可預測的壓力。緻密不規則結締組織構成了真皮的大部分，它將皮膚與其下方的肌肉和結締組織結合在一起 (見圖 5.4c)。它在腎臟、睪丸和脾臟等器官周圍形成保護層，在骨骼、神經和大多數軟骨周圍形成堅韌的纖維鞘。

有時很難判斷組織是疏鬆或是緻密不規則。例如，在真皮中，這些組織並排出現，並且從一個組織到另一個組織的過渡一點都不明顯 (見圖 3.8b)。相對較大的淨空區域表示是疏鬆組織，而具有較厚的膠原束 (淨空間相對較小) 表示是緻密不規則組織。

臨床應用 3.2

彈性蛋白缺陷的後果

馬凡氏症候群 (Marfan[13] syndrome) 是彈性蛋白纖維的遺傳缺陷，通常是由小纖維蛋白(fibrillin)(一種形成彈性蛋白結構支架的醣蛋白) 的基因突變引起的。馬凡氏症候群的臨床症狀包括關節過度伸展、腹股溝疝氣，因眼睛異常拉長和晶狀體變形導致的視力問題。馬凡氏症候群患者通常顯示出異常高大的身材：四肢長、手指尖、脊柱彎曲異常和凸出的「雞胸」。更嚴重的問題是脆弱的心臟瓣膜和心房壁。血壓最高的主動脈有時在靠近心臟的地方擴張很大，並可能破裂。馬凡氏症候群在活產嬰兒的發生比例約為二萬分之一，大多數的患者在三十歲中期死亡。多位明星運動員在年輕時因馬凡氏症候群死亡，其中包括奧運排球冠軍弗洛・海曼 (Flo Hyman)，1986 年 31 歲時在日本比賽期間死於主動脈破裂。

3.3c 脂肪組織

脂肪組織 (adipose tissue) 或**脂肪** (fat) 是脂肪細胞中主要細胞類型的組織 (表 3.6)。脂肪細胞也可單獨或以小簇的形式出現在疏鬆組織中。脂肪細胞之間的空間被疏鬆組織、網狀組織和微血管占據。

脂肪是人體的主要能量儲存處。一個人儲存的脂肪量和脂肪細胞的數量是相當穩定的，但這並不意味著儲存脂肪是停滯的。新的脂肪分子不斷合成並儲存，而其他脂肪分子則分解並釋放進入循環。因此，儲存的脂肪具有恆定的置換率，在合成和分解、能量存儲和能量使用之間達到平衡。

人類有兩種脂肪組織：白色和棕色。在成人體內，**白色脂肪組織** (white adipose tissue)

13 Antoine Bernard-Jean Marfan (1858~1942)，法國醫師

表 3.6 脂肪組織

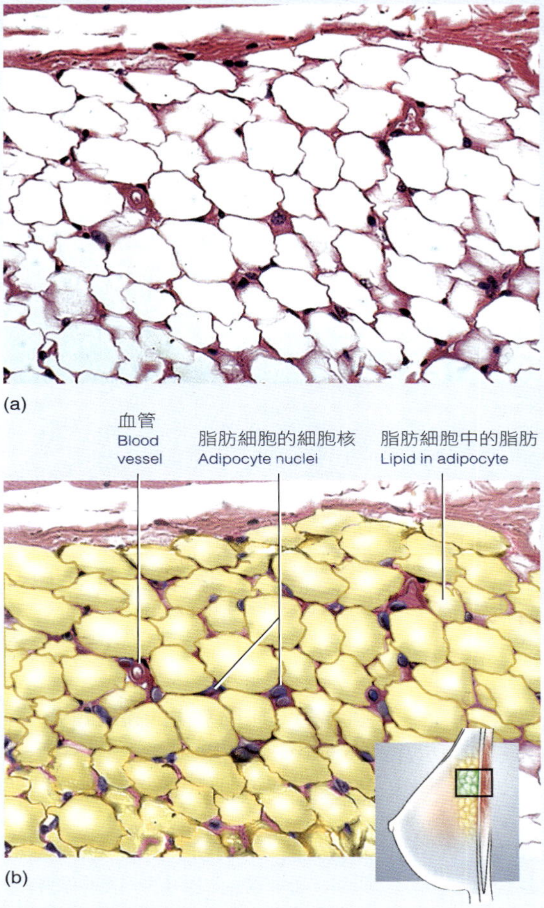

圖 3.18 乳房中的脂肪組織 (×100)。APR

(a,b): ©McGraw-Hill Education/Dennis Strete, photographer

顯微外觀：以脂肪細胞為主—大型、空洞的細胞、邊緣薄、核壓在細胞膜內面。細胞通常因組織固定劑導致皺縮；組織切片常因缺乏染色的細胞質而呈現白色；常可見到血管

代表部位：皮膚下的皮下脂肪；乳房；心臟表面；腸繫膜；圍繞腎臟和眼睛等器官

功能：儲存能量；保溫；棕色脂肪產生熱量；作為保護一些器官的緩衝墊；填充空間、塑造身形

是最豐富和重要的類型。它的脂肪細胞直徑通常為 70 至 120 μm，但在肥胖者它們的直徑可達 5 倍。它們只有一個大且位於中央的脂肪小球 (圖 3.18)。這是內容物，而不是胞器；它不包在膜中。它具有堅實、油膩的稠度 (想像培根的脂肪)。脂肪細胞的細胞質僅限於細胞膜下方的薄層，細胞核被推向細胞邊緣。由於脂肪球被大多數組織固定劑溶解，因此大多數組織標本中的脂肪細胞看起來是空的並且有些塌陷，類似於細鐵絲網。

白色脂肪可提供保溫、錨固和緩衝的功能例如眼球和腎臟等器官，並與性別有關的身體輪廓有關，例如女性的乳房和臀部。一般而言，相對於男性，女性的體重中具有較多的脂肪。女性體內脂肪有助於滿足懷孕和護理嬰兒的熱量需求，而脂肪過少則會降低女性的生育能力。

棕色脂肪組織 (brown adipose tissue) 主要存在於胎兒、嬰兒和兒童中。它最多占嬰兒體重的 6%，尤其集中在肩膀，上背部和腎臟周圍的脂肪墊中。棕色脂肪的顏色來自異常豐富的血管和粒線體中某些酶。它以多個脂肪小滴而不是僅一個大的脂肪滴的形式儲存脂質在細胞中。棕色脂肪是產熱的組織。它具有許多粒線體，但它們的代謝與 ATP 合成無關。因此，當這些細胞氧化脂肪時，它們將所有能量釋放為熱量。這在人類嬰兒和兒童中尤為重要，因為相對於體積而言，它們的體表面積要比成年人大，並且比成年人更容易散熱。

3.3d 軟骨

軟骨 (cartilage)(表 3.7 和圖 3.19 至 3.21) 是一種相對較硬的結締組織，具有彈性橡膠狀基質。您可以通過折疊和鬆開外耳或觸碰鼻尖或「亞當蘋果」[喉頭的甲狀軟骨 (thyroid cartilage)] 來感受其構造。在許多超市中也很容易看到——乳白色的軟骨——例如豬肋骨末端、雞大腿和胸骨。除其他功能外，軟骨還可以塑造並支撐鼻子和耳朵，並圍繞部分喉部 (喉頭)、氣管 (氣管) 和胸腔。

表 3.7 軟骨的類型

透明軟骨

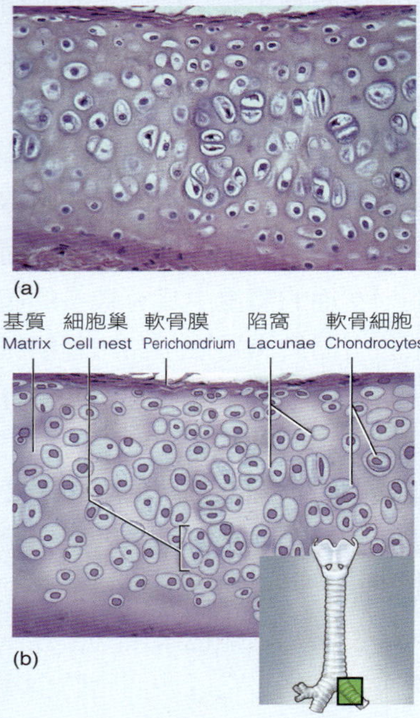

圖 3.19 支氣管中的透明軟骨 (×400)。APR

(a)©Ed Reschke/Getty Images

顯微外觀：透明的玻璃狀基質，通常在組織切片中被染成淡藍色、紫色或粉紅色。分散的細膠原纖維，通常觀察不到；軟骨細胞通常以三到四個細胞 [細胞巢 (cell nests)] 的小群聚集，被包圍在陷窩中；通常被軟骨膜覆蓋

代表部位：在活動關節的骨頭末端形成沒有軟骨膜的薄關節軟骨 (articular cartilage)；在氣管和支氣管周圍形成支撐環和板；在喉周圍形成一個盒子狀的外殼；肋軟骨 (costal cartilage) 將肋骨的末端連接到胸骨；形成胎兒骨骼的大部分

功能：使關節運動較易；在呼吸過程中保持呼吸道通暢；講話時移動聲帶；胎兒骨骼中骨的前體，形成兒童長骨的生長區

彈性軟骨

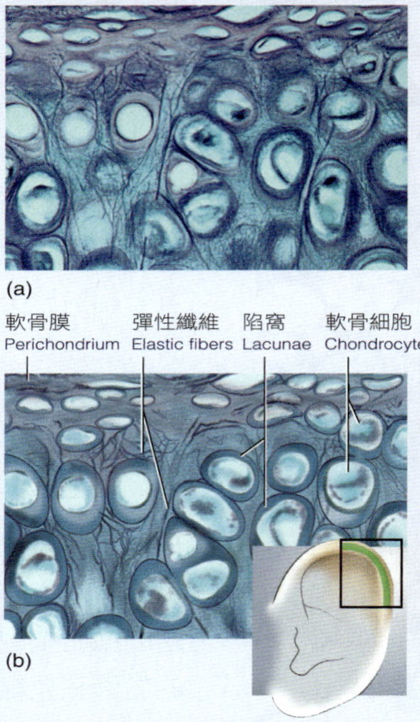

圖 3.20 外耳中的彈性軟骨 (×1,000)。APR

(a)©Ed Reschke/Getty Images

顯微外觀：彈性纖維在陷窩之間形成網狀；總是被軟骨膜覆蓋

代表部位：外耳；會厭軟骨

功能：提供可彎曲、具彈性的支撐

纖維軟骨

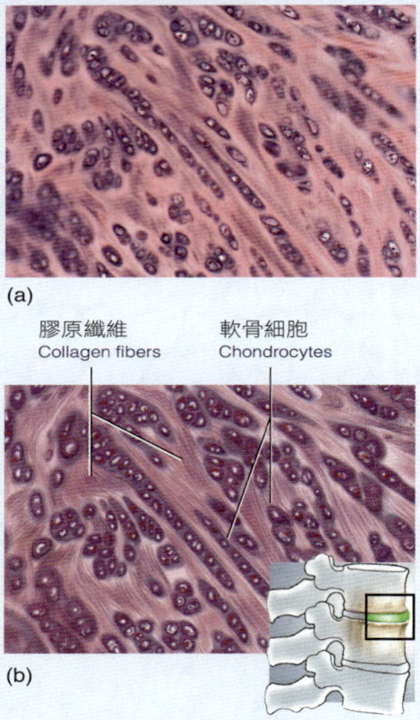

圖 3.21 椎間盤中的纖維軟骨 (×400)。APR

(a)©Al Telser, photographer/McGraw-Hill Education

顯微外觀：平行排列的膠原纖維類似肌腱；膠原纖維之間的陷窩中具有成排的軟骨細胞；沒有軟骨膜

代表部位：恥骨聯合 (兩個一半的骨盆帶之間的前關節)；分離椎骨骨骼的椎間盤；膝關節中的半月板或減震軟骨墊；在肌腱穿入關節軟骨附近骨骼上的位置

功能：抗壓並吸收某些關節的震動；通常在緻密的結締組織和透明軟骨之間過渡 (例如，在某些肌腱—骨骼連接處)

軟骨是由稱為**軟骨母細胞** (chondroblasts)[14] (CON-dro-blasts) 的幹細胞產生的，該細胞分泌基質並使基質圍繞著細胞，直到細胞陷入

14 *chondro* = cartilage 軟骨，gristle 脆骨；*blast* = forming 形成

稱為**陷窩** (lacunae)[15] (la-CUE-nee) 的小腔中。一旦被封閉在陷窩中，它們就被稱為**軟骨細胞** (chondrocytes)(CON-dro-sites)。軟骨沒有血管。因此，營養和廢物的去除取決於溶質通過具硬度基質的擴散。因為這是一個緩慢的過程，所以軟骨細胞的新陳代謝和細胞分裂速度很低，受傷的軟骨癒合緩慢。

基質富含葡萄糖胺聚醣 (glycosaminoglycans, GAG)，並包含從細到看不見到明顯粗糙的膠原纖維。儘管軟骨相對較硬，但軟骨中約有 60% 至 80% 的水，其中大部分結合在其基質的 GAG 上。纖維的差異為軟骨分為三類提供了基礎：透明軟骨 (hyaline cartilage)、彈性軟骨 (elastic cartilage) 和纖維軟骨 (fibrocartilage)。

透明軟骨 (hyaline[16] cartilage)(HY-uh-lin) 以其清晰、玻璃狀、顯微外觀而得名，這是由於膠原纖維通常不可見的細度所致。**彈性軟骨** (elastic cartilage) 因其顯著的彈性纖維而得名，而**纖維軟骨** (fibrocartilage) 因其粗大、易見的膠原束而得名。彈性軟骨和大多數透明軟骨被稱為**軟骨膜** (perichondrium)[17] (PAIR-ih-CON-dree-um) 的緻密不規則結締組織的鞘圍繞。軟骨膜和軟骨之間的軟骨母細胞儲備群有助於整個生命中的軟骨生長。纖維軟骨和一些透明軟骨 (例如長骨末端的軟骨帽) 缺乏軟骨膜。

應用您的知識

當下面的組織受傷時，你認為哪個癒合最快，哪個癒合最慢—軟骨、脂肪組織或韌帶？請說明原因。

3.3e 骨

骨 (bone) 或**骨組織** (osseous tissue) 是構成骨骼 (skeleton) 的堅硬、鈣化的結締組織。專有名詞骨骼 (bone) 在解剖學上有兩個含義——整個器官，例如股骨或下頜骨，或僅是骨組織。骨骼不僅包括骨組織，還包括軟骨、骨髓、緻密的不規則結締組織和其他組織類型。骨骼支撐著整個身體，並為大腦、脊髓、心臟、肺部和骨盆器官提供了防護罩。

骨組織有兩種形式：(1) **海綿骨** (spongy bone) 填充在長骨的頭部 (見圖 6.5)，和形成扁平骨的中間層，例如胸骨和顱骨。儘管鈣化且堅硬，但其細緻的條狀和板狀使其具有海綿狀的外觀；(2) **緻密 (密集) 骨** [compact (dense) bone] 是鈣化的緻密組織，肉眼看不到任何空間。它形成所有骨骼的外表面，因此海綿骨骼 (如果存在) 外層始終被緻密骨覆蓋。

緻密和海綿骨之間的進一步區別在第 6 章中描述。在這裡，我們僅觀察緻密骨 (表 3.8 和圖 3.22)。您要觀察學習的大多數標本可能是乾燥的緻密骨片磨成顯微鏡可觀察的薄片。大多數緻密骨排列成圍繞**中心管** (central canals) 的組織圓柱體，這些圓柱體與長骨 (例如股骨) 的軸縱向。骨基質沉積在每個中央管周圍的同心**薄片狀** (lamellae)[18] 的離子層中。中央管及其周圍的薄片稱為**骨元** (osteon)。薄層之間的微小腔被成熟的骨細胞 (bone cells) 或**骨細胞** (osteocytes)[19] 占據。細小管稱為**小管** (canaliculi)[20]，從每個腔發出到其鄰近，並使骨細胞可相互接觸。整個骨骼覆蓋著堅韌的**骨外膜** (periosteum)[21] (PERR-ee-OSS-tee-um)，類似於軟骨的軟骨膜。

在活著的狀態下，血管和神經穿過中央

15 *lacuna* = lake 湖泊，cavity 內腔，pit 坑
16 *hyal* = glass 玻璃
17 *peri* = around 圍繞；*chondri* = cartilage 軟骨
18 *lam* = plate 板；*ella* = little 小
19 *osteo* = bone 骨；*cyte* = cell 細胞
20 *canal* = canal 管，channel 管道；*icul* = little 小
21 *peri* = around 周圍；*oste* = bone 骨

表 3.8 骨骼

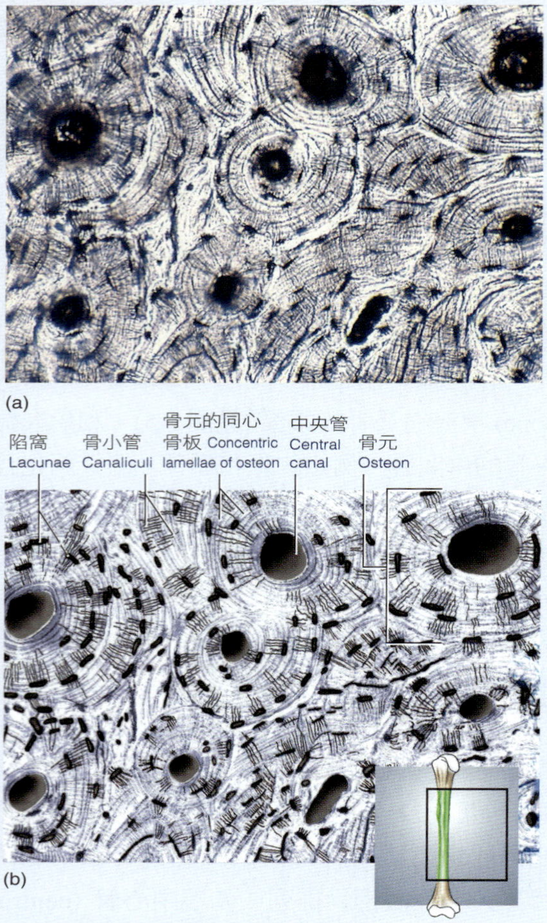

圖 3.22 緻密骨 (×100)。APR
(a)©Dennis Strete/McGraw-Hill Education

顯微外觀 [緻密骨 (compact bone, C.S.)]：鈣化基質排列在中央管周圍的同心圓薄板中；骨細胞占據相鄰薄板之間的陷窩。陷窩之間由細小的骨小管相連

代表部位：骨架

功能：身體的支撐；發揮肌肉作用；內臟的防護；鈣和磷的儲存

管，骨細胞占據著陷窩和骨小管。然而，最常在實驗室用以觀察學習的骨組織是已死且乾燥、沒有細胞、血管和神經。為了對比，這些骨片通常會以印度墨染劑浸透，以使中央管、陷窩和小管變黑 (如圖 3.22 所示)。

骨骼乾重的大約三分之一由膠原纖維和葡萄糖胺聚醣組成，它們可使骨骼在壓力下略微彎曲 (請參見臨床應用 3.3)。三分之二的成分是礦物質 (主要是鈣鹽和磷酸鹽)，使骨骼能夠承受人體體重的壓力。

臨床應用 3.3

脆骨病

成骨發育不全症 (Osteogenesis[22] imperfecta, OI) 是缺乏膠原蛋白在骨骼中堆積的遺傳缺陷。膠原蛋白缺失的骨骼非常脆弱，所以這種疾病也被稱為*脆骨病* (brittle bone disease)。患有成骨發育不全症的兒童甚至在出生時就經常出現骨折，並且他們在整個兒童時期都經常發生自發性骨折。他們可能牙齒變形以及因中耳骨骼畸形而導致聽力受損。有成骨發育不全症的孩童有時被誤認為是受虐兒童，這種疾病被診斷出之前他們的父母常受到誤告。在嚴重的情況下，孩子死產或出生後不久就死亡，而有些患者可以活到成年。對於這種疾病的兒童可做的僅有非常小心照顧、骨折的及時治療，和以骨科矯正器盡量減少骨骼畸形。

3.3f 血液

血液 (blood)(表 3.9 和圖 3.23) 是通過血管的液體結締組織。它的主要功能是運輸細胞和溶解的物質到不同位置。流動的組織像是血液和像岩石一樣堅硬的骨骼都被認為是結締組織，這似乎很奇怪，但是它們的共同點比我們先入為主所看見的要多。像其他結締組織一樣，血液的組成中膠狀基質比細胞更多。它的膠狀基質是**血漿** (blood plasma)，其細胞成分統稱為**有形成分** (formed elements)。與其他結締組織不同，血液中通常沒有纖維，但是當血液凝固時會出現蛋白纖維。將血液歸類於結締組織類別中的另一個因素是，它是由骨髓和淋巴器官的結締組織產生的。

22 *osteo* = bone 骨；*genesis* = formation 形成

表 3.9 血液

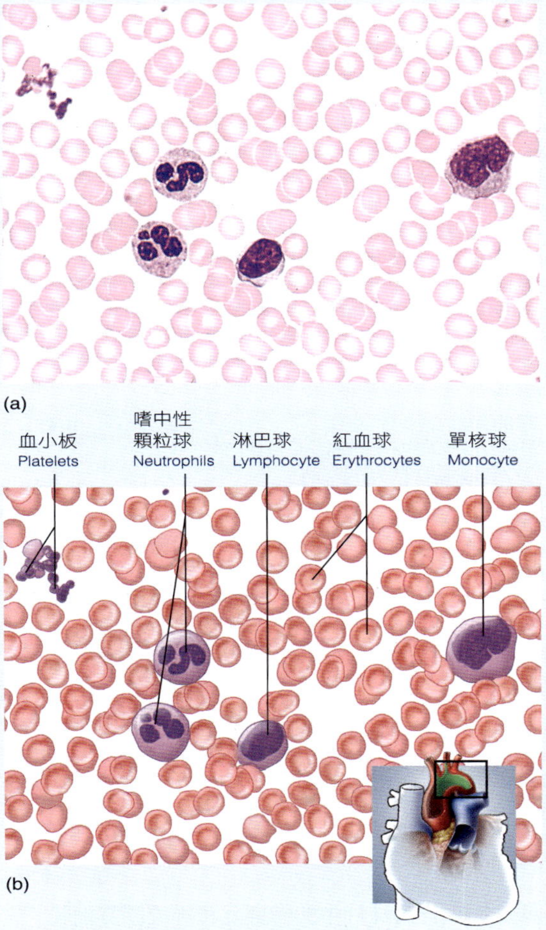

圖 3.23 血液抹片 (×1,000)。AP|R

(a) ©Ed Reschke/Getty Images

顯微外觀：紅血球呈淡粉紅色圓盤，中心淡染，無核；白血球稍大一些，數目少得多，並且具有不同形狀的核，通常染成紫色。血小板是沒有核的細胞碎片，大約是紅細胞直徑的四分之一

代表部位：包含在心臟和血管中

功能：將氣體、營養物、廢物、化學信號和熱量運輸到整個身體；提供防禦性白血球；包含凝血劑以減少出血；血小板分泌促進組織維持和修復的生長因子

有形成分 (formed elements) 分為三種：紅血球、白血球和血小板。**紅血球** [erythrocytes[23] (eh-RITH-ro-sites); red blood cells, RBCs] 是最多的。在血液抹片中，它們看起來像粉紅色的圓盤，中心部位淡染，沒有核。紅血球運輸氧氣和二氧化碳。**白血球** (leukocytes; white blood cells, WBC) 在防禦感染和其他疾病方面有著多種作用。它們經由血液和淋巴從一個器官到另一個器官，但大部分時間都存在於結締組織中。白血球比紅血球稍大，並且具有明顯的核，通常在染色後呈紫色。白血球有五種，以核形狀的變化可以做為區別的部分依據：嗜中性球 (neutrophils)、嗜酸性球 (eosinophils)、嗜鹼性球 (basophils)、淋巴細胞 (lymphocytes) 和單核球 (monocytes)。第 19 章會詳細討論了它們的特性。**血小板** (platelets) 是散佈在血球細胞之間的小細胞碎片。它們參與凝血和其他機制以減少失血，它們並且會分泌生長因子促進血管生長和維持。

在你繼續閱讀之前

回答下列問題，以檢驗你對上節內容的理解：

12. 大多數或所有結締組織具有什麼共同特點是與神經、肌肉和上皮組織不同的？
13. 列出在纖維結締組織中的細胞和纖維類型，並說明它們的功能差異。
14. 哪些物質可以說明纖維結締組織膠狀基質的膠狀穩定度。
15. 什麼是疏鬆組織？如何將其與任何其他種類的結締組織區分開？
16. 討論緻密規則和緻密不規則結締組織之間的差異，作為形態與功能之相關性的一個例子。
17. 描述透明軟骨和骨骼之間的一些相似性，差異和功能的關係。
18. 血液中三種基本有形成分是什麼，它們各自的功能是什麼？

23 *erythro* = red 紅色；*cyte* = cell 細胞

3.4 神經和肌肉組織——興奮性組織

預期學習成果

當您完成本節後，您應該能夠

a. 解釋什麼可將興奮組織與其他組織區分開來；

b. 組成神經組織之細胞類型的名稱；

c. 識別神經細胞的主要部分；

d. 三種肌肉組織的名稱並描述它們之間的差異；和

e. 從標本或照片上辨別神經和肌肉組織。

興奮性是所有活細胞的特徵，但是它在神經和肌肉組織中發展到最高程度，因此被稱為**興奮性組織** (excitable tissues)。激發它們的基礎是被稱為膜電位 (membrane potential) 的電荷差 (電壓)，發生在所有細胞的細胞膜上。神經和肌肉組織通過膜電位的變化快速回應外界刺激。在神經細胞中，這些變化導致快速訊息傳遞到其他細胞。在肌肉細胞中，它們導致細胞的收縮或縮短。

3.4a 神經組織

神經組織 (nervous tissue)(表 3.10 和圖 3.24) 通過電子和化學訊息進行聯繫。它由**神經元** (neurons)(NOOR-ons) 或神經細胞 (nerve cells)，以及大量保護和輔助神經元的支持性**神經膠質細胞** (neuroglia)(noo-ROG-lee-uh) 或**膠質細胞** (glial cells)(GLEE-ul) 組成。神經元偵測到刺激，迅速作出反應，並將訊息傳遞給其他細胞。每個神經元都有一個明顯的**神經細胞體** (neurosoma) 或細胞體 (cell body)，該細胞體容納著細胞核和大多數其他胞器。這是細胞的遺傳控制和蛋白質合成的中心。神經體的形狀通常為圓形、卵圓形或星狀。從神經體延伸出來，通常有多個稱為**樹突** (dendrites)[24] 的短而分支的突起，從其他細胞接收信號並向神經體傳遞訊息，還有一個更長的單個**軸突** (axon)[**神經纖維** (nerve fiber)]，將訊息傳出到其他細胞。一些軸突長度超過一公尺多，從腦幹延伸到足部。

表 3.10 神經組織

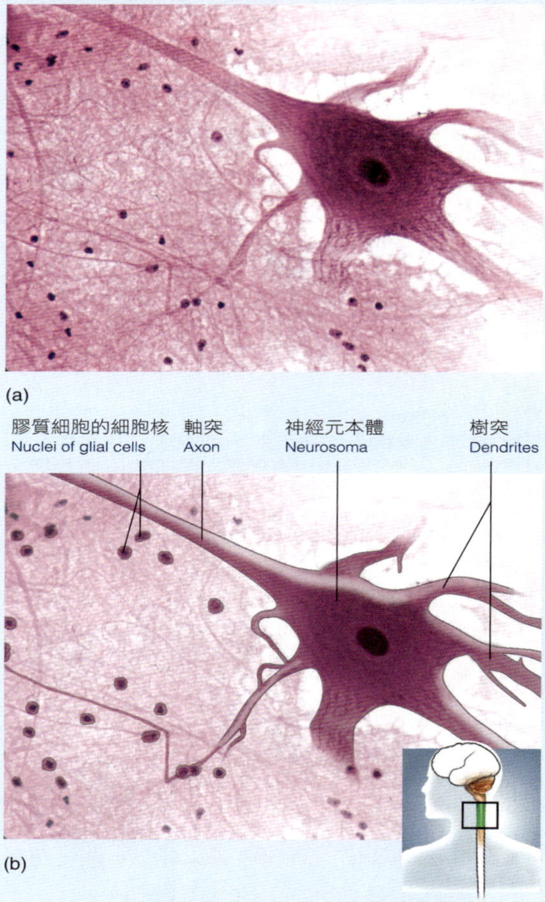

圖 3.24 脊髓抹片中的神經元和神經膠質細胞 (×400)。AP|R

(a) ©Ed Reschke/Getty Images

顯微外觀：大多數切片顯示出一些大的神經元，通常具有圓形或星狀的細胞體 (神經元細胞體)和從神經細胞體延伸出的纖維突 (軸突和樹突)。神經元周圍有大量小得多的神經膠質細胞，它們缺乏樹突和軸突

代表部位：腦、脊髓、神經、神經節

功能：內部溝通

24 *dendr* = tree 樹；*ite* = little 小

膠質細胞構成神經組織的大部分體積。它們通常比神經元小得多。第 13 章介紹了六種神經膠質細胞，它們為神經系統提供多種支持、保護和「維持」的功能。儘管它們與神經元相互溝通，但它們並不傳輸長距離訊息。

神經組織出現在腦、脊髓、神經和神經節中 (神經體的聚集體，在神經中形成結節狀構造)。第 13 至 16 章描述了神經組織結構的局部變化。

3.4b 肌肉組織

肌肉組織 (Muscular tissue) 在受到刺激時會收縮，從而對其他組織、器官或體液施加物理力。例如，骨骼肌拉動骨頭、心臟收縮並泵血、膀胱收縮並排出尿液。身體及其四肢的運動不僅取決於肌肉組織，而且消化、排除廢物、呼吸、言語和血液循環等過程也依靠肌肉組織。肌肉也是人體熱量的重要來源。

共有三種類型的肌肉組織——骨骼 (skeletal)、心臟 (cardiac) 和平滑肌 (smooth)——外觀、生理和功能不同 (表 3.11)。**骨骼肌** (skeletal muscle)(圖 3.25) 由長的線狀細胞組成，稱為**肌纖維** (muscle fibers)。大部分骨骼肌附著在骨骼上，但舌頭、上食道、一些面部肌肉和一些**括約肌** (sphincter)[25] (SFINK-tur) 肌肉 (打開或關閉人體通道的環狀或袖狀肌肉) 除外。每個細胞包含與細胞膜相鄰的多個核。骨骼肌又稱為橫紋肌 (striated) 和隨意肌 (voluntary)。第一個專有名詞是指由引起肌肉收縮的細胞質蛋白絲的重疊模式產生的交替亮帶和暗帶或**條紋** (striations)(stry-AY-shuns)。第二個專有名詞**隨意肌** (voluntary)，是指我們通常對骨骼肌是有意識的控制。

25 *sphinc* = squeeze 收縮，bind tight 緊緊束縛

應用您的知識

儘管肌肉纖維的核被壓在細胞膜的內部，但圖 3.25 中的一些核似乎位於細胞的中間。造成這種現象的原因是什麼？從三維的角度解釋二維組織學圖像。

心肌 (cardiac muscle)(圖 3.26) 僅限於心臟。它也具有橫紋，但它的其他特徵與骨骼肌不同。心肌被認為是非隨意肌，因為它通常不受意識控制。即使所有與之連接的神經被切斷，它也會收縮。它的細胞短得多，因此通常稱為**心肌細胞** (cardiomyocytes)[26]，而不稱為纖維。心肌細胞在末端分支或有凹刻狀。它們通常僅包含一個核，該核位於中心附近，並且經常被糖原 (一種類似澱粉的能量來源) 的淡染區域包圍。它們通過稱為**間盤** (intercalated[27] discs) (in-TUR-ku-LAY-ted) 的接合構造相接在一起，這些肌間盤顯示出深色的橫線將細胞與細胞間隔開。但是，除非組織是特殊染色，否則這些心肌間盤可能僅依稀可見。間盤中的間隙接合使激發波能夠在細胞之間快速傳遞，從而使心腔的所有心肌細胞都受到刺激並幾乎同時收縮。

平滑肌 (smooth muscle)(圖 3.27) 沒有條紋，是非隨意肌。平滑肌細胞在末端逐漸變細 [梭形 (fusiform)]，並且相對較短。它們具有單個居中的核。在眼睛虹膜和皮膚中有少量平滑肌，但大多數平滑肌稱為**內臟肌** (visceral muscle)，在消化道、呼吸道和泌尿道以及子宮、血管和其他器官的壁形成其中的平滑肌層。在諸如食道和小腸的位置，平滑肌形成相鄰的層，一層的細胞環繞器官，另一層的細胞縱向延伸。當環形平滑肌收縮時，可能會推動

26 *cardio* = heart 心；*myo* = muscle 肌肉；*cyte* = cell 細胞

27 *inter* = between 之間；*calated* = inserted 插入

表 3.11 肌肉組織

骨骼肌

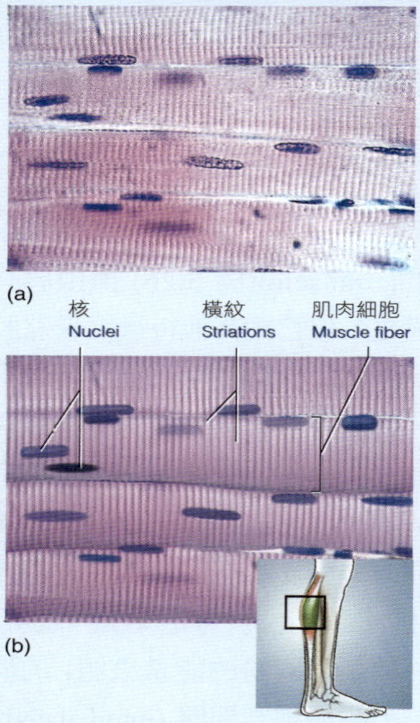

圖 3.25 骨骼肌 (×400)。 AP|R
(a) ©Ed Reschke/Getty Images

顯微外觀：長的、線狀、無分支的細胞 (肌纖維)，相對平行於組織縱切面；條紋；每個細胞有多個位在細胞膜旁的細胞核

代表部位：骨骼肌，大部分附著在骨骼上，但也包括眼瞼、尿道和肛門的隨意括約肌；橫膈膜；舌；食道的一些肌肉

功能：身體動作、面部表情、姿勢、呼吸、言語、吞嚥、控制排尿和排便以及分娩；隨意控制

心肌

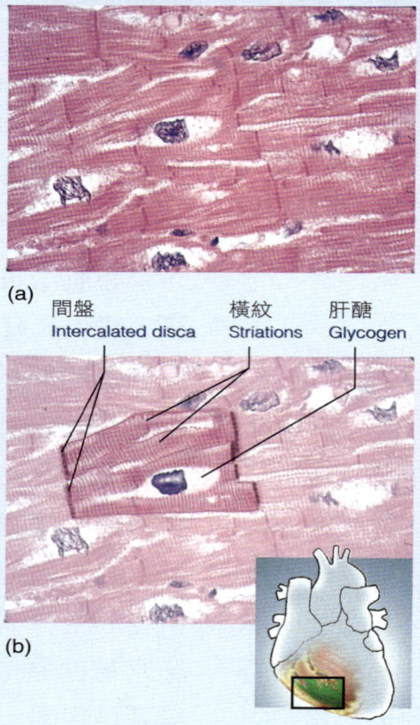

圖 3.26 心肌 (×400)。 AP|R
(a) ©Ed Reschke/Getty Images

顯微外觀：短分支細胞 (心肌細胞)；與其他類型的肌肉相比，平行於組織切面的細胞更少；條紋；間盤；每個細胞有一個細胞核，位於中心，通常被一個亮區包圍

代表部位：心臟

功能：血液泵；非隨意控制

平滑肌

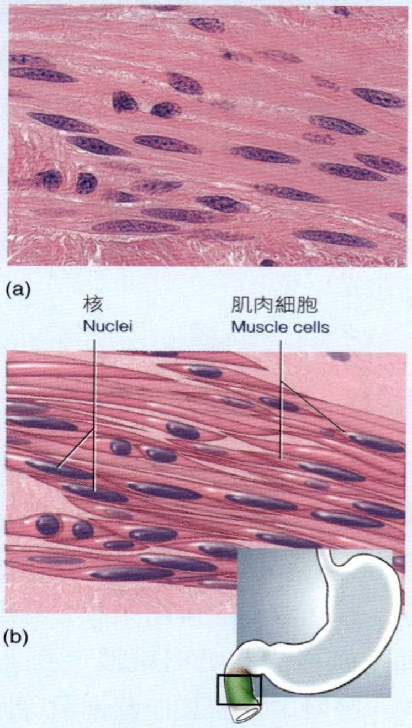

圖 3.27 腸壁平滑肌 (×1,000)。 AP|R
(a) ©Dennis Strete/McGraw-Hill Education

顯微外觀：短梭形細胞互相重疊。沒有橫紋；每個細胞具有一個位於中心的細胞核

代表部位：通常出現在內臟和血管的層狀壁；也出現在虹膜，並且與毛囊相關；尿道和肛門的非隨意括約肌

功能：吞嚥；胃和腸的收縮；糞便和尿液排出；分娩子宮收縮；控制血壓和血流；控制呼吸氣流；控制瞳孔直徑；毛髮豎立；非隨意控制

諸如食物之類的內含物通過器官。當縱向層收縮時，它會使器官變短和變厚。通過調節血管的直徑，平滑肌在控制血壓和血流方面非常重要。由平滑肌和骨骼肌形成括約肌，控制膀胱和直腸的排空。

在你繼續閱讀之前

回答下列問題，以檢驗你對上節內容的理解：

19. 神經和肌肉組織有什麼共同點？每個的主要功能是什麼？
20. 神經組織中有哪兩種基本類型的細胞，如何區別？
21. 三種肌肉組織的命名，並描述如何在顯微外觀、所在位置和功能上區別。

3.5 腺體和膜

預期學習成果

當您完成本節後，您應該能夠

a. 描述或定義不同類型的腺體；

b. 描述腺體的典型解剖結構；

c. 命名並比較腺體不同的分泌模式；

d. 描述組織形成人體膜的方式；和

e. 命名並描述人體中膜的主要類型。

我們已經探討了人體組織的所有基本類別，現在我們將探討多種組織類型構成人體腺體和膜的方式。

3.5a 腺體

腺體 (gland) 是細胞或器官分泌物質到體內其他地方使用或是作為廢物清除。腺體的分泌物可以是由腺體細胞合成的物質 (例如消化酶)，也可以是從組織中移除並被腺體修飾的物質 (例如尿液和汗液)。如果腺體產生的物質對身體有用 (例如消化酶或荷爾蒙)，則稱為**分泌物** (secretion)；如果是廢物 (例如尿液和膽汁)，則稱為**排泄物** (excretion)。腺體主要由上皮組織組成，但通常具有支撐性結締組織框架和囊膜。

內分泌腺和外分泌腺

腺體大致分為內分泌或外分泌。兩種類型都起源於表面上皮的凹陷 (圖 3.28)。多細胞**外分泌腺** (exocrine[28] glands)(EC-so-crin) 通過**導管** (duct) 連通到上皮表面，上皮構成的導管將其分泌物傳送到表面。如汗液、乳腺和淚腺一樣，分泌物可能會釋放到體表，但更多時候會釋放到其他器官 (例如口或腸) 的管腔 (腔)

28 *exo* = out 外；*crin* = to separate 分離，secrete 分泌

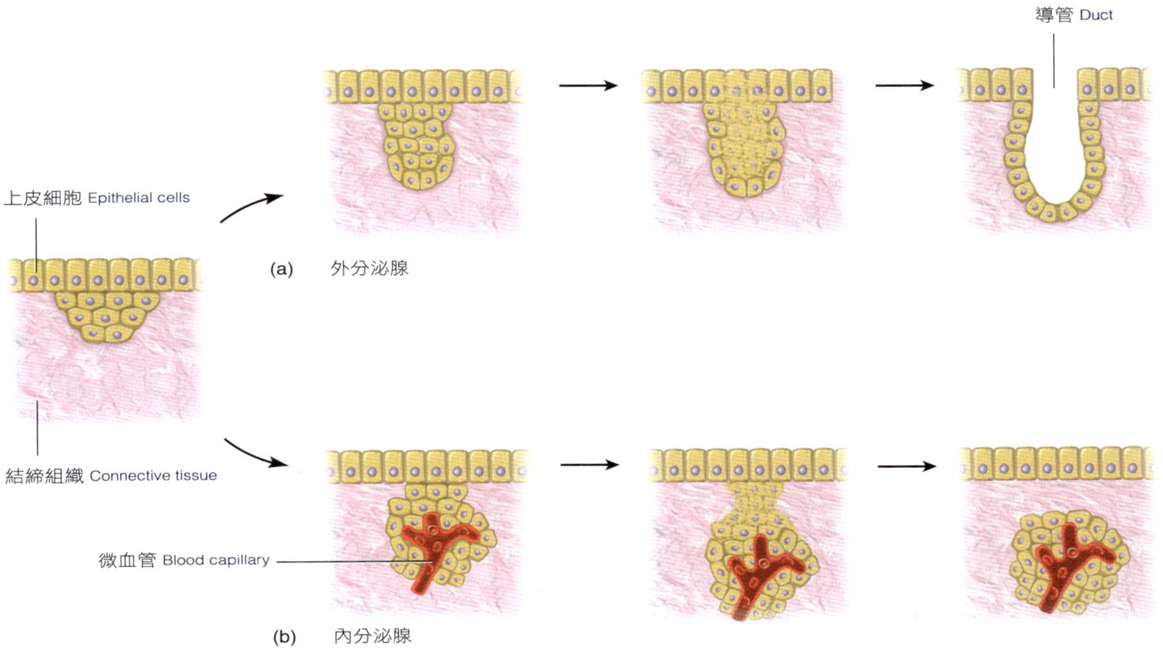

圖 3.28 外分泌腺和內分泌腺的發育。(a) 外分泌腺始於上皮細胞增生到下面的結締組織中。中心細胞的凋亡形成中空的導管。腺體通過該導管與終生表面保持連接，並將其分泌物釋放到上皮表面；(b) 內分泌腺的發育開始時也類似，但是其連接到表面的細胞退化，而分泌組織中則有微血管進入。分泌細胞會將其產物 (荷爾蒙) 分泌到血液中。

中。**內分泌腺** (endocrine[29] glands)(EN-do-crin) 與表面失去接觸，並且沒有導管。但是，它們的微血管密度很高，並且其分泌物直接進入血液中 (圖 3.29a)。內分泌腺的分泌物稱為**荷爾蒙** (hormones)，其功能是傳遞化學訊息刺激體內其他部位的細胞。內分泌腺是第 18 章的主題。

外分泌-內分泌的區別並不總是很清楚。肝臟主要是外分泌腺，它通過導管系統分泌其中一種產物膽汁，但分泌的荷爾蒙、白蛋白和其他產物則進入血液中。幾種腺體，例如胰臟、睪丸、卵巢和腎臟，都具有外分泌和內分泌部分。幾乎所有內臟都有至少一些分泌荷爾蒙的細胞，儘管通常不將大多數這些器官視為腺體 (例如，大腦和心臟)。

單細胞腺體 (unicellular glands) 主要是在非分泌性構成的上皮中發現的分泌性細胞。它們可以是內分泌或外分泌的。例如，呼吸道中主要由纖毛細胞構成的上皮也具有大量的非纖毛，分泌黏液的外分泌的杯狀細胞 (見圖 3.7)。消化道有許多分散的內分泌細胞，它們分泌的荷爾蒙與消化過程的協調有關。

29 *endo* = in 內，into 進入；*crin* = to separate 分離，secrete 分泌

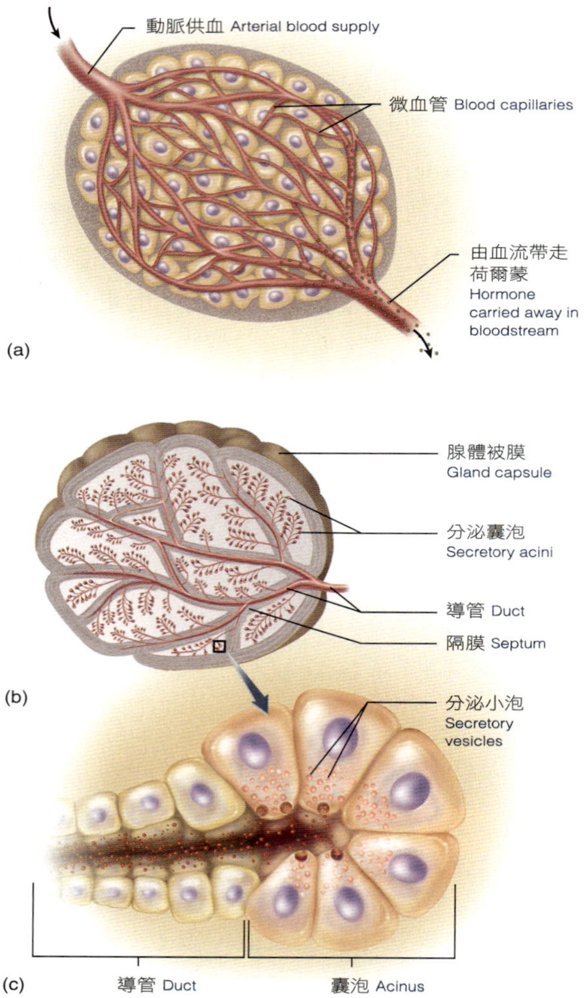

圖 3.29 **內分泌腺和外分泌腺的一般構造**。(a) 內分泌腺沒有導管，但具有高密度的微血管腺體分泌物 (荷爾蒙) 直接進入血液中；(b) 外分泌腺通常有導管系統，常沿著結締組織間隔，直到其最細的分支終止於分泌細胞的囊狀腺泡處；(c) 腺泡和導管的開頭處之細節。

• 該腺泡的細胞執行哪些膜運輸過程 (請參閱第 2.2b 節)？

外分泌腺構造

圖 3.29b 和圖 3.29c 顯示了一般的多細胞外分泌腺——是一種在乳腺、胰臟和唾液腺等器官中發現的結構。大多數腺體被包裹在纖維**囊** (capsule) 中。纖維囊通常會延伸出稱為**隔膜** (septa)[30] (單數為 *septum*) 或**小樑** (trabeculae)[31] (trah-BEC-you-lee) 的構造，將腺體內部分成肉眼可見稱為**葉** (lobes) 的隔間。更細的結締組織間隔可進一步將每個葉細分為**小葉** (lobules)(LOB-yools)。血管、神經和腺體的管道通常會穿過這些間隔。腺體的結締組織框架稱為**基質** (stroma)，支撐並組織架構著腺體組織。執行合成和分泌任務的細胞統稱為**實質** (parenchyma)[32] (pa-REN-kih-muh)。通常是單層立方或單層柱狀上皮。

如果外分泌腺只有一條未分支的管道，則被分類為**簡單** (simple) **腺**；如果它們有分

30 *septum* = wall 壁
31 *trab* = plate 盤；*cula* = little 小
32 *par* = beside 旁邊；*enchym* = pour in 倒入

支管道，則被歸類為**複合** (compound) **腺** (圖 3.30)。如果導管和分泌部分的直徑一致，則將腺體稱為**管狀** (tubular)。如果分泌細胞形成擴張的囊，則腺體被稱為**泡狀** (acinar) **腺**，囊是**腺泡** (acinus)[33] (ASS-ih-nus) 或**小泡** (alveolus)[34] (AL-vee-OH-lus)。腺泡和小管都分泌產物的腺體稱為**管泡狀腺體** [tubuloacinar (tubuloalveolar) gland]。

分泌物的類型

外分泌腺不僅按其結構分類，而且按其分泌物性質分類。**漿液性腺體** (serous glands) (SEER-us) 產生相對稀薄的水狀液體，例如汗液、牛奶、眼淚和消化液。**黏液性腺體** (mucous glands) 在口腔和鼻腔以及其他地方所分泌的一種醣蛋白稱為*黏蛋白* (mucin)(MEW-sin)。黏蛋白分泌後，會吸收水分並形成*黏液* (mucus)[請注意，*黏液* (mucus) 分泌物的拼寫與黏液的形容詞 mucous 拼寫有所不同]。**混合腺體** (mixed glands)(例如口腔底部的兩對唾液腺) 既包含漿液細胞又包含黏液細胞並產生兩種分泌物的混合物。

33 *acinus* = berry 漿果
34 *alveol* = cavity 腔，pit 孔

外分泌的分泌方式

根據外分泌腺釋放分泌物的方式，它們可分為外分泌腺 (eccrine)、頂分泌腺 (apocrine) 和全泌腺 (holocrine)。**外分泌腺** (eccrine[35] glands)(EC-rin)[有時稱為*局泌* (merocrine)]，通過胞吐作用釋放其產物 (圖 3.31a)。這些包括淚腺、唾液腺和其他大多數外分泌腺體。乳腺通過這種方法分泌乳汁中的糖和蛋白質，但是通過另一種稱為**頂泌** (apocrine)[36] 的方式來分泌乳脂 (圖 3.31b)。胞漿中的脂質融合成一個單滴，從細胞表面突起，並被一層細胞膜和一層非常薄的細胞質薄層覆蓋。腋下 (axillary) [腋窩 (armpit)] 區域的汗腺曾經被認為是頂泌方式分泌。進一步的研究發現這是不正確的。它們是外分泌汗腺，但是在功能和組織學外觀上與其他外分泌腺不同，仍然被稱為頂泌汗腺。

在**全泌腺** (holocrine[37] glands) 中 (圖 3.31c)，細胞積聚產物，然後整個細胞崩解，

35 *ec* = ex = out 外；*crin* = to separate 分離，secrete 分泌
36 *apo* = from 從，off 離，away 遠；*crin* = to separate 分離，secrete 分泌
37 *holo* = whole 整體，entire 全部；*crin* = to separate 分離，secrete 分泌

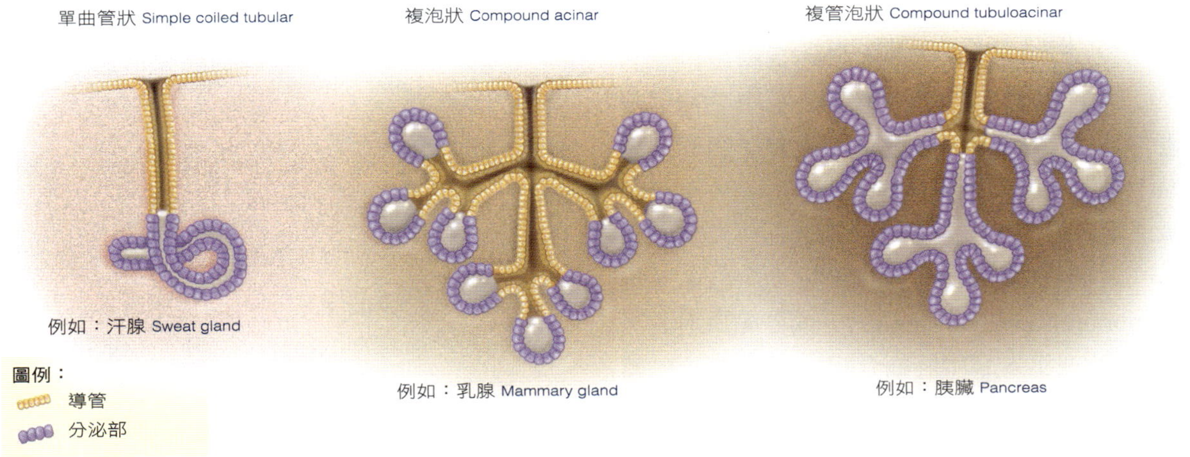

圖 3.30　某些類型的外分泌腺。腺體根據其導管的分支程度以及分泌部分的外觀進行分類。導管和分泌細胞的這種組織通常被稱為腺的「架構」。這裡顯示的只是十種左右的外分泌腺體結構中的幾種。

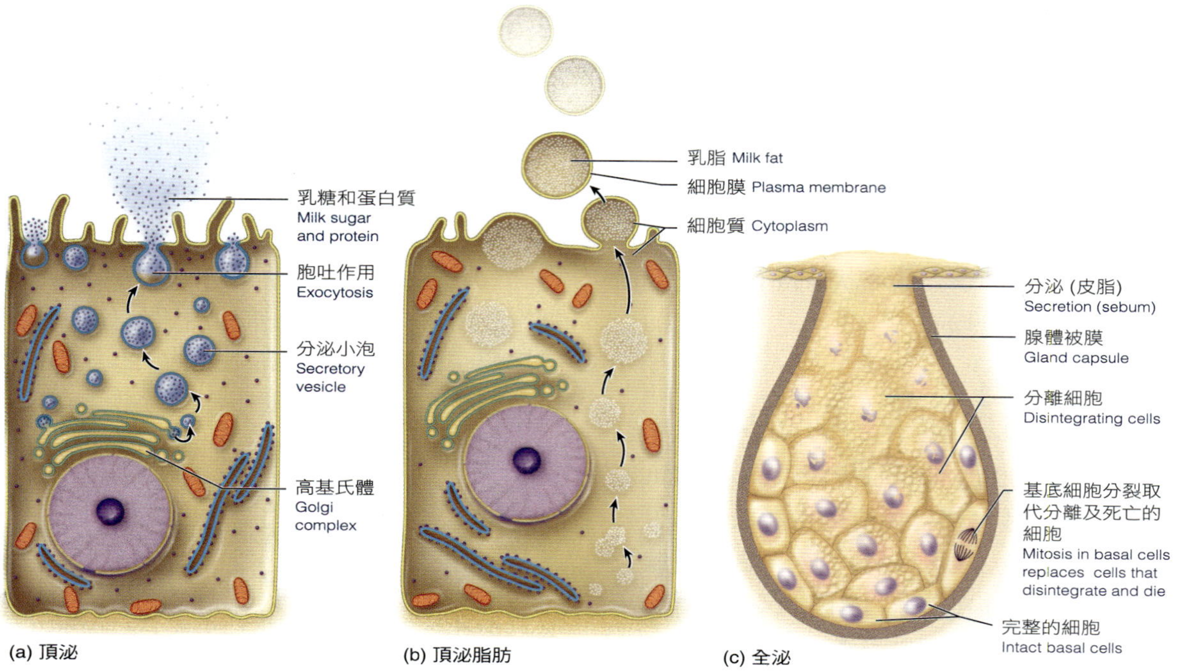

圖 3.31 外分泌的三種分泌模式。(a) 乳腺細胞中的頂泌，通過胞吐作用分泌乳糖 (milk sugar) [乳糖 (lactose)] 和蛋白質 (酪蛋白，乳清蛋白)；(b) 乳腺細胞的頂泌脂肪。脂肪滴聚結在細胞質中，之後從細胞表面突出且包著薄層細胞質與細胞膜；(c) 頭皮的皮脂腺 (油) 的全泌。用這種方法，整個腺體細胞分解分泌出去 (皮脂)。

• 這三種腺體中的哪一個需要最高的有絲分裂率？為什麼？

產生特別厚的油狀分泌物，包括細胞碎片和該細胞在崩解前已合成的物質。只有少數腺體使用這種分泌方式，例如頭皮的產生油脂的腺體和眼瞼的某些腺體。

3.5b 膜

第 1 章介紹了主要的體腔以及其內襯並覆蓋內臟的膜 (請參見表 1.2)。現在以組織學觀點考量這些膜。膜可以僅由上皮、僅由結締組織或兩者組成。

人體最大的膜是**皮膚膜** (cutaneous membrane)(cue-TAY-nee-us)，或更簡單地說，是皮膚 (在第 5 章中詳細介紹)。它由複層的鱗狀上皮 (表皮) 和位於下方的結締組織 (真皮) 組成。

內膜的兩種主要類型是黏膜和漿膜。**黏膜** (mucous membrane)[**黏膜** (mucosa)(mew-CO-sa)]內襯在通向外部的通道：消化道、呼吸道、泌尿道和生殖道。黏膜由兩到三層組成 (圖 3.32a)：(1) 上皮；(2) 稱為**固有層** (lamina propria)[38] (LAM-ih-nuh PRO-pree-uh) 的疏鬆結締組織層；(3) 有時會有一層平滑肌，稱為**黏膜肌層** (muscularis mucosae)(MUSK-you-LAIR-iss mew-CO-see)。黏膜具有吸收，分泌和保護功能。它們通常覆蓋著杯狀細胞、多細胞黏液腺或兩者所分泌的黏液。黏液會黏附細菌和異物，從而防止它們侵入組織，並有助於將其從體內清除。黏膜的上皮也可能包括吸收性，具有纖毛和其他類型的細胞。

漿膜 (serous membrane)[**漿膜** (serosa)] 由單層鱗狀上皮和位於上皮下方薄薄的一層

38 *lamina* = layer 層；*propria* = of one's own 自身

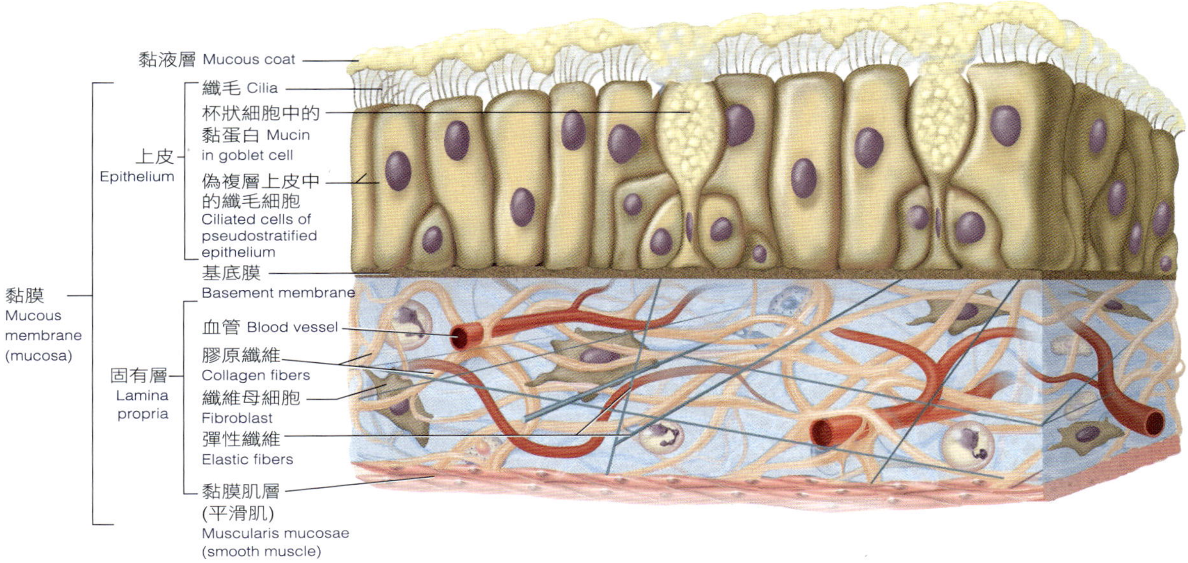

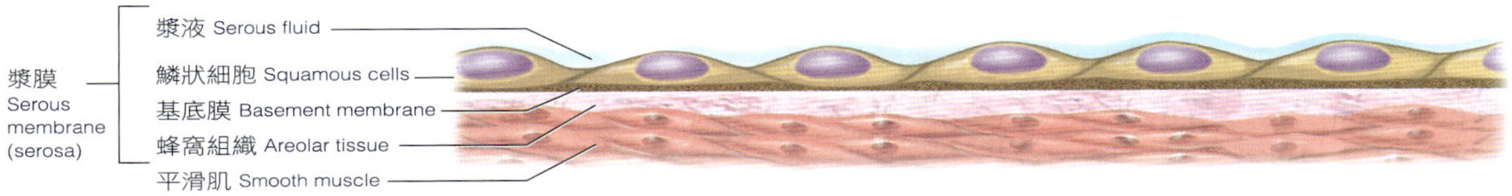

圖 3.32　**黏膜和漿膜**。(a) 黏膜的組織學，例如氣管內襯；(b) 漿膜的組織學，例如小腸的外表面。如此處所示，漿膜通常位於平滑肌層的附近，但是肌肉不被認為是膜的一部分。

• *確定體內另一個特定的位置，您可以在其中找到每種類型的膜。*

疏鬆結締組織組成 (圖 3.32b)。在胸膜、心包膜和腹膜腔的內襯中，上皮部分稱為**間皮** (mesothelium)。漿膜產生水狀**漿液** (serous fluid)(SEER-us)，其源於血液，並因其成分與血清相似而得名。漿膜襯在一些體腔的內部，並在某些內臟 (例如消化道) 上形成光滑的外表面。第 1 章所述的胸膜、心包膜和腹膜是漿膜。

循環系統襯有單層鱗狀上皮，稱為**內皮** (endothelium)。內皮位於薄薄的疏鬆結締組織上，該層通常會依序位於彈性薄層上。這些組織共同構成了稱為*血管內膜* (tunica interna) 和心臟的*心內膜* (endocardium)。

骨骼系統的某些關節被僅由結締組織構成的纖維**滑液膜** (synovial membranes)(sih-NO-vee-ul) 包圍。這些膜跨越一個骨骼到另一個骨骼的間隙，並將*滑液* (synovial fluid) 分泌到關節囊中。

在你繼續閱讀之前

回答下列問題，以檢驗你對上節內容的理解：

22. 區分簡單腺體和複合腺體，並舉例說明。區分管狀腺體和腺泡腺體，並舉例說明。
23. 比較外分泌、頂泌和全泌的分泌方式，並舉例每種分泌方式的腺體分泌物。
24. 描述黏膜和漿膜之間的差異。
25. 命名黏膜的各層，並說明各層是由四種主要組織類別的哪一種構成。

3.6 組織生長、發育、修復和死亡

預期學習成果

當您完成本節後，您應該能夠

a. 命名並描述組織生長的方式；

b. 命名並描述組織從一種類型變為另一種類型的方式；

c. 命名並描述身體修復受損組織的方式；和

d. 命名並描述組織萎縮和死亡的方式和原因。

3.6a 組織生長

組織生長是因為它們的細胞數量或大小增加。胚胎和兒童期的生長大部分是細胞**增生** (hyperplasia)[39] (HY-pur-PLAY-zhyuh)，組織經由細胞增殖而生長。骨骼肌和脂肪組織則是通過**肥大** (hypertrophy)[40] (hy-PUR-truh-fee)，從而使原有細胞增大。即使是肌肉非常發達或肥胖的成年人，其肌肉纖維或脂肪細胞的數量也與青春期後期的數量基本相同，但是細胞可能會更大。**腫瘤** (neoplasia)[41] (NEE-oh-PLAY-zhyuh) 無論是良性或惡性腫瘤都是由異常、無功能的組織發展而成。

3.6b 組織類型變化

在本章中，您已經學習了十二種以上的人體組織的形式和功能。但是，在離開這個主題之前，不應該有一旦這些組織類型建立後，它們就永遠不會改變的印像。實際上，組織能夠在一定限度內從一種類型轉變為另一種類型。最明顯的是，胚胎的未分化的組織發展成為更多樣化成熟組織類型，例如胚胎間葉 (mesenchyme) 到肌肉。這種更特化的形式和功能的發展被稱為**分化** (differentiation)。

一些組織表現出**化生作用** (metaplasia)[42]，從一種成熟組織轉變為另一種成熟組織。例如，年輕女孩的陰道襯有單層立方上皮。在青春期則變成複層鱗狀上皮，以更好地適應性交和分娩的未來需求。兒童的四肢骨骼中的紅色骨髓，在成年後大部分變成脂肪組織。鼻腔內襯有纖毛的偽複層柱狀上皮。但是，如果我們阻塞一個鼻孔並由另一鼻孔呼吸幾天，則未阻塞鼻孔通道的上皮會變成複層鱗狀上皮。在吸菸者中，支氣管的纖毛偽複層柱狀上皮可能轉變為複層鱗狀上皮。

應用您的知識

複層鱗狀上皮不能發揮纖毛偽複層柱狀上皮的哪些功能？有鑑於此，重度吸菸者支氣管上皮化生會有什麼後果？

3.6c 組織修復

受損組織可以經由兩種方式修復：再生或纖維化。**再生** (regeneration) 是由與以前相同類型的細胞代替死細胞或受損細胞。再生可恢復器官的正常功能。大多數皮膚損傷 (割傷、擦傷和輕度燒傷) 可通過再生修復。肝臟也有非常好的再生能力。**纖維化** (fibrosis) 是以疤痕組織代替受損組織，疤痕組織主要由纖維母細胞產生的膠原蛋白組成。疤痕組織有助於將器官固定在一起，但不能恢復正常功能。例如包括嚴重割傷和燒傷的癒合、肌肉損傷的癒合以及肺結核的肺部瘢痕形成。

39 *hyper* = excessive 過度；*plas* = growth 增長

40 *hyper* = excessive 過度；*trophy* = nourishment 營養

41 *neo* = new 新；*plas* = form 形式，growth 成長

42 *meta* = change 變化；*plas* = form 形式，growth 成長

3.6d 組織萎縮與死亡

萎縮 (atrophy)[43] (AT-ruh-fee) 是由於細胞變小或數量減少而引起的組織萎縮。它是由正常老化 [老年性萎縮 (senile atrophy)] 和器官使用不足 [廢用性萎縮 (disuse atrophy)] 引起的。不運動的肌肉隨著細胞變小而表現出廢用性萎縮。對於最早參加長時間微重力太空飛行的太空人來說，這是一個嚴重的問題。恢復到正常重力後，他們有時會因肌肉萎縮而變得虛弱而無法行走。現在，太空站和太空梭配置有運動器材，以保持機組人員的肌肉狀況。當肢體被固定在石膏模型中或因癱瘓而固定或者由於疾病或殘障而將人限制在床上或輪椅上時，也會發生廢用性萎縮。

壞死 (necrosis)[44] (neh-CRO-sis) 是由於創傷、毒素、感染等導致的組織過早的病理性死亡。**梗塞** (infarction) 是指組織的突然死亡，例如心肌 [心肌梗塞 (myocardial infarction)] 或腦組織 [腦梗塞 (cerebral infarction)] 血液供應中斷時。**壞疽** (gangrene) 是由於感染或血液供應受阻引起的組織壞死。乾燥的壞疽通常見於糖尿病患者的足部，其特徵是皮膚乾燥、萎縮並呈現藍紫色、棕色或黑色變色 (圖 3.33)。**褥瘡性潰瘍** (decubitus ulcers)[**褥瘡** (bed sores) 或**壓瘡** (pressure sores)] 是一種乾燥的壞疽，當人無法自由移動 (例如，躺在醫院病床或輪椅上的人)，並且持續的皮膚壓力阻斷血液流動到一個區域就易發生。壓瘡通常特別會在骨頭靠近身體表面的地方發生，例如臀部、骶骨和腳踝。在此，皮膚和結締組織的薄層尤其在骨頭與床或輪椅之間受到壓縮。濕性壞疽 (wet gangrene) 通常發生在內部器官中，並包括中性顆粒球浸潤、組織液化、膿液和惡臭。例如，它可以是由闌尾炎或結腸阻塞引起。

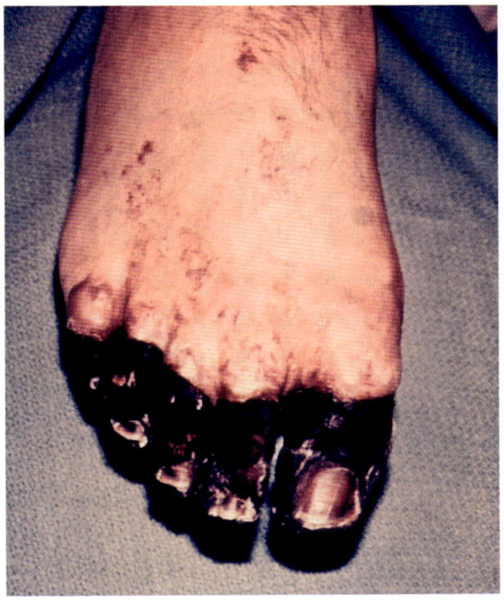

圖 3.33 糖尿病引起的足部乾燥壞疽。
Source: CDC/William Archibald

氣疽 (gas gangrene) 是感染梭狀芽胞桿菌屬 (*Clostridium*) 的細菌導致的傷口壞死，通常由於傷口被土壤污染時引起。這種疾病的命名是因組織中積累氣泡 (主要是氫氣)。這是一種致命疾病，需要立即進行處置，通常包括截肢。

因壞死而死亡的細胞通常會腫脹，細胞膜起泡 (blebbing)(起泡)，然後破裂。釋放到組織中的細胞內容物啟動發炎反應，使巨噬細胞吞噬細胞碎片。

細胞凋亡 (apoptosis)[45] (AP-op-TOE-sis) 或**程式細胞死亡** (programmed cell death)，指正常的細胞死亡，當細胞已經完成其功能，以及擔負的任務後通過死亡以移除這些細胞。經歷進行細胞凋亡時細胞會收縮，並迅速被巨噬細胞和其他細胞吞噬。細胞內容物永遠不會釋放出，因此不會引起發炎反應。儘管每小時都有數十億個細胞進行細胞凋亡，但它們被吞噬得如此之快，以至於除了可在巨噬細胞中可觀察到之外，幾乎看不到它們。

細胞凋亡的一個例子是在胚胎發育中，我們產生的神經元大約是我們需要的兩倍。與

43 *a* = without 沒有；*trophy* = nourishment 營養
44 *necr* = death 死亡；*osis* = process 過程
45 *apo* = away 離開；*ptosis* = falling 下降

標的細胞建立聯繫的細胞存活下來，而多餘的 50% 死亡。細胞凋亡在胚胎發育過程中還溶解手指和腳趾之間的厚帶，使耳垂部位與頭部側邊分開，並在懷孕結束後引起子宮縮小。免疫細胞可以刺激癌細胞經由細胞凋亡的方式「自殺」。

臨床應用 3.4

組織工程與再生醫學

組織修復不僅是自然的過程，而且是生物技術研究的活躍領域。組織工程 (tissue engineering) 是在體外 (在實驗室容器中) 人工製造組織和器官，並將其植入人體以恢復失去的功能或外觀。再生醫學 (regenerative medicine) 是該領域的一個分支，強調使用人類幹細胞來培養置換的組織和器官。

該過程通常從建立膠原蛋白或可生物降解的聚酯纖維支架 (支撐框架) 開始，有時以所需器官 (例如血管或耳朵) 的形狀。支架上植入了人類細胞，並放入「生物反應器」中進行生長。生物反應器提供營養、氧氣和生長因子。它可以是人造腔室、人類病患的身體或實驗動物。當在實驗室生長的組織達到一定程度時，將其植入患者體內所需的位置。

組織工程的皮膚移植物長期以來一直在市場上出售 (請參見臨床應用 5.4)，自此以來，人工組織已發展成為一個價值十億美元的產業。生物工程學家正在研究心臟組件，例如瓣膜、冠狀動脈、心臟組織斑塊和整個心臟腔室，其中一些已經從植入細胞的支架中產生了跳動的囓齒動物心臟。在其他組織工程實驗室已經有生長的人類肝、骨、軟骨、輸尿管、肌腱、腸和乳房組織。

人工器官生長中最艱鉅的問題之一是產生維持諸如肝臟等器官所需的微血管血液供應。儘管如此，組織工程師將取自患者身體其他部位的細胞植入無生命的蛋白質支架中，已為幾名患者建造了新的膀胱，以及為一位病患建造新的支氣管。

在你繼續閱讀之前

回答下列問題，以檢驗你對上節內容的理解：

26. 組織可以通過增加細胞大小或細胞數量來生長。這兩種生長分別有什麼用語？
27. 區分分化和化生。舉例說明一個發育過程包括這兩種方式。
28. 區分再生和纖維化。哪個過程可以恢復正常的細胞功能？如果其他過程不能恢復功能，那又有什麼好處呢？
29. 區分萎縮、壞死和凋亡，並描述一種情況下，每種形式的組織損失都可能發生。

學習指南

評估您的學習成果

為了測試你的知識，請與學習夥伴討論以下話題，或以書面形式討論，最好是憑記憶。

3.1 探索組織

1. 組織學的範圍及其與細胞學和大體解剖學的關係。
2. 組織 (tissue) 的定義。
3. 四種主要組織類型，它們彼此之間的區別方式以及可以找到每種類型組織的位置。
4. 基質 (matrix) 和膠狀基質 (ground substance) 的定義及其在組織構造中的位置。
5. 組織切片染色的組織製備。
6. 組織學中常用的切面及其與二維組織學圖像的三維解釋的相關性。
7. 除切片以外的組織學組織製備方法，以及應用其他方法通常使用的組織種類。

3.2 上皮組織

1. 上皮組織的特徵，以及一般出現的位置。
2. 基底膜的位置、組成和功能。

3. 兩種主要類別上皮的定義特徵。
4. 杯狀細胞的外觀和功能。
5. 四種單層上皮的外觀，代表性位置和功能：單層鱗狀、單層立方、單層柱狀和偽複層柱狀。
6. 四種類型的複層上皮的外觀，代表性位置和功能：複層鱗狀、複層立方、複層柱狀和泌尿上皮。
7. 非角質化和角質化的複層鱗狀上皮之間的構造、位置和功能的差異；和角質蛋白的功能。
8. 去角質的過程和臨床去角質細胞學的應用。

3.3 結締組織

1. 結締組織的特徵，以及一般出現的位置。
2. 結締組織的各種功能以及執行這些功能的結締組織類型。
3. 纖維結締組織的類型；纖維結締組織中常見的細胞類型及其功能；纖維結締組織中常見的三種蛋白纖維及其功能上的差異。
4. 結締組織中膠狀基質 (ground substance) 的含義及其化學組成。
5. 疏鬆和緻密的纖維結締組織之間的區別。
6. 兩種類型的疏鬆纖維結締組織：疏鬆和網狀結締組織的外觀、代表性位置和功能。
7. 兩種類型的緻密纖維結締組織：緻密規則和緻密不規則結締組織的外觀、代表性位置和功能。
8. 脂肪組織的特徵，顯微外觀、代表性位置和功能，以及白色和棕色脂肪組織之間的區別。
9. 以軟骨的特徵，其細胞和基質的組成和結構。
10. 軟骨膜與軟骨的關係以及缺乏軟骨膜的地方。
11. 三種類型的軟骨：透明軟骨、彈性軟骨和纖維軟骨的外觀、代表性位置和功能。
12. 骨骼的特徵，以及其細胞和基質的組成和結構。
13. 骨外膜與骨骼的關係。
14. 海綿骨和緻密骨在外觀和位置上的區別。
15. 緻密骨的顯微外觀、位置和功能。
16. 為什麼血液被認為是結締組織。
17. 血液的兩種主要成分及其三種形成的元素以及如何在微觀上區分它們。
18. 血液的功能。

3.4 神經和肌肉組織——興奮性組織

1. 細胞興奮性 (excitability) 的含義，以及鑑於所有活細胞都是可興奮的事實，為什麼將神經和肌肉組織稱為興奮性組織。
2. 神經組織的一般功能，其兩種基本細胞類型以及兩種細胞類型之間的功能區別。
3. 神經元的各個部分以及各部分的功能。
4. 神經組織的微觀外觀和位置。
5. 以肌肉組織的特徵和肌肉組織的多種功能。
6. 橫紋肌和非橫紋肌以及隨意肌和非隨意肌之間的差異。
7. 括約肌、心肌細胞、閰盤和內臟肌的含義。
8. 骨骼肌、心臟和平滑肌的微觀外觀、代表性位置和功能。

3.5 腺體和膜

1. 腺體 (gland) 的定義和一般組成。
2. 外分泌腺和內分泌腺之間的區別，以及為什麼並不容易區分它們的原因。
3. 單細胞腺體的例子和位置。
4. 多細胞外分泌腺的一般構造，包括葉和小葉、被膜和間隔、基質和實質的結構和功能解釋。
5. 對外分泌腺進行分類的系統是根據外分泌腺的導管是分支的還是未分支的，以及它們的分泌細胞是否在導管末端聚集成擴張的囊狀。
6. 漿液性、黏液性和混合性腺體之間的區別，以及每種情況的示例。
7. 外分泌腺、頂分泌腺和全分泌腺之間的區別，以及各自的例子；將某些腺體稱為頂分泌的基礎。
8. 皮膚、黏膜和漿液膜之間的區別，以及每種膜的位置和功能。
9. 黏膜和漿膜的組織層。
10. 內皮、間皮和滑膜的性質和位置。

3.6 組織的生長、發育、修復和死亡

1. 三種類型的組織生長——增生、肥大和瘤形成——包括每種的例子，它們彼此之間的區別以及每種是正常的還是病理性的。
2. 分化和化生之間的區別，以及例子。
3. 身體修復受損組織的兩種方式及其區別。
4. 組織萎縮 (atrophy) 的含義、原因和實例。
5. 某些形式的組織壞死和例子。
6. 細胞凋亡的過程，與壞死的區別以及發生細胞凋亡的情況的例子。

回憶測試

1. 下列何處具有泌尿上皮？
   a. 輸尿管 (ureters)
   b. 肺 (lungs)
   c. 小腸 (small intestine)
   d. 陰道 (vigina)
   e. 以上皆是
2. 下列何者覆蓋胃的外表面？
   a. 黏膜 (mucosa)
   b. 漿膜 (serosa)
   c. 壁層腹膜 (parietal peritoneum)
   d. 固有層 (lamina propria)
   e. 基底膜 (basement membrane)

3. 下列何者內襯在呼吸道的內部？
   a. 漿膜　d. 內皮
   b. 間皮　e. 腹膜
   c. 黏膜
4. 睪丸的曲細精管襯有______上皮。
   a. 簡單立方 (simple cuboidal)
   b. 偽複層柱狀纖毛 (pseudostratified columnar ciliated)
   c. 複層鱗狀 (stratified squamous)
   d. 簡單鱗狀 (simple squamous)
   e. 複層立方 (stratified cuboidal)
5. 當組織的血液供應被阻斷時，最有可能造成組織的______。
   a. 化生 (metaplasia)　d. 壞死 (necrosis)
   b. 增生 (hyperplasia)　e. 肥大 (hypertrophy)
   c. 細胞凋亡 (apoptosis)
6. 固定劑用於______。
   a. 阻止組織腐壞
   b. 提高對比度
   c. 修復受損的組織
   d. 將上皮細胞結合在一起
   e. 將心肌細胞結合在一起
7. 疏鬆結締組織的膠原蛋白是由下列何種細胞產生？
   a. 巨噬細胞 (macrophages)
   b. 纖維母細胞 (fibroblasts)
   c. 肥大細胞 (mast cells)
   d. 白血球 (leukocytes)
   e. 軟骨細胞 (chondrocytes)
8. 肌腱是由______結締組織組成。
   a. 骨骼的　d. 黃色彈性
   b. 疏鬆　e. 緻密規則
   c. 緻密不規則
9. 外耳的形狀是由於______。
   a. 骨骼肌 (skeletal muscle)
   b. 彈性軟骨 (elastic cartilage)
   c. 纖維軟骨 (fibrocartilage)
   d. 關節軟骨 (articular cartilage)
   e. 透明軟骨 (hyaline cartilage)
10. 血液中最豐富的形成元素是______。
   a. 血漿 (plasma)
   b. 紅血球 (erythrocytes)
   c. 血小板 (platelets)
   d. 白血球 (leukocytes)
   e. 蛋白質
11. 完成細胞的預定死亡稱為______。
12. 位於腹膜腔的簡單鱗狀上皮稱為______。
13. 骨細胞和軟骨細胞占據的小腔稱為______。
14. 肌肉細胞和軸突由於其形狀而常被稱為______。
15. 肌腱和韌帶主要由蛋白質______構成。
16. ______是一種與血液循環不良有關的組織壞死，通常合併感染。
17. 上皮細胞位於最深層細胞與下面的結締組織之間的______層上。
18. 纖維和基質構成結締組織的______。
19. 在______腺中，分泌是通過腺細胞的完全崩解的形式。
20. 每個細胞都接觸到基底膜的任何一種上皮都稱為______上皮。

答案在附錄 A

建立您的醫學詞彙

說出每個詞彙的含義，並從本章中給出一個使用該詞彙的醫學專有名詞或稍微的改變該詞彙。

1. histo-
2. inter-
3. lam-
4. -blast
5. reticul-
6. chondro-
7. peri-
8. thel-
9. exo-
10. necro-

答案在附錄 A

這些陳述有什麼問題？

簡要說明下列各項陳述為什麼是假的，或將其改寫為真。

1. 食道受到角質複層鱗狀上皮的保護，免受磨損。
2. 在組織中不是細胞的所有物質都被歸類為膠狀基質。
3. 偽複層上皮僅有基底細胞接觸基底膜。
4. 軟骨總是被纖維軟骨膜覆蓋。
5. 舌頭覆蓋著簡單的鱗狀上皮。
6. 巨噬細胞是從淋巴細胞發育而來的大型吞噬細胞。
7. 腺的分泌物是由基質產生的。
8. 棕色脂肪組織比白色脂肪組織產生更多的 ATP。

9. 組織分化完成後，組織無法改變類型。
10. 瘤形成是指從新生兒 (新生兒) 的未成熟組織發育而來的成熟組織。

答案在附錄 A

測試您的理解力

1. 經常會告訴在分娩的婦女要用力。這樣，她是否有意識地收縮子宮以推出嬰兒？根據子宮的肌肉組成證明您的答案是正確的。
2. 本章中的臨床應用描述了膠原蛋白和彈性蛋白的某些遺傳缺陷。預測可能由角質蛋白的遺傳缺陷導致的某些病理後果。
3. 當軟骨被壓縮時，水被從中擠出，當壓力消失時，水流回到基質中。既然如此，為什麼您認為缺乏運動會導致膝蓋等承重關節的軟骨退化呢？
4. 呼吸道的上皮大部分為纖毛偽複層上皮，但在肺泡中——微小的氣囊中，血液和吸入的空氣之間交換氧氣和二氧化碳的上皮為簡單鱗狀。解釋這種組織學差異的功能意義。也就是說，為什麼肺泡的上皮與呼吸道的其餘部分的上皮不一樣？
5. 有些人體細胞無法進行有絲分裂 (mitosis)[無絲分裂 (amitotic)]，包括骨骼肌纖維、神經元和脂肪細胞。考慮到有絲分裂的機制 (2.4b 節) 和這些細胞類型的構造，請解釋為什麼即使擁有所有進行有絲分裂的必要胞器，還是有困難或不可能進行有絲分裂。

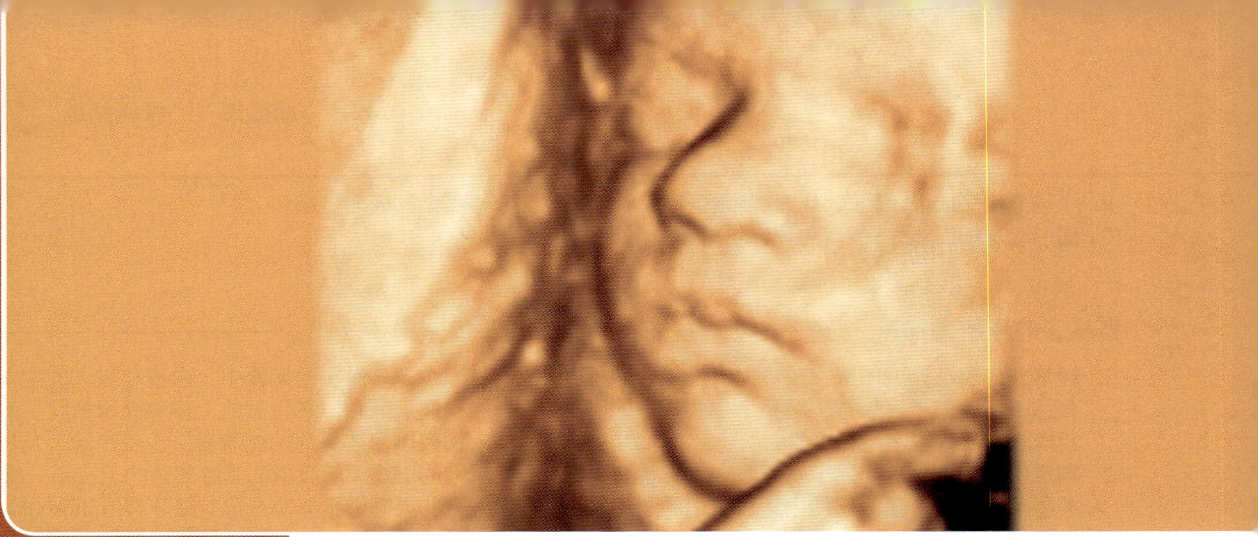

透過三維超音波檢查可以看到胎兒的臉

CHAPTER

4 人體發育

王懷詩

章節大綱

4.1 配子生成與受精
- 4.1a 配子生成
- 4.1b 精子移動和獲能
- 4.1c 受精

4.2 產前發育階段
- 4.2a 胚胎前期
- 4.2b 胚胎期
- 4.2c 胎兒期

4.3 臨床觀點
- 4.3a 自然流產
- 4.3b 先天缺陷

學習指南

臨床應用

4.1 子宮外孕 (異位妊娠)
4.2 孕吐
4.3 胎盤異常 (疾病)
4.4 腦性麻痺

複習

要瞭解本章，您可能會發現複習以下概念會有所幫助：

- 胎兒超音波檢查 (1.1b 節)
- 細胞分裂 (2.4b 節)

Anatomy & Physiology REVEALED
apreveale d.com
模組 14：生殖系統

人類生活中最戲劇性、也最神奇的也許是一個受精卵細胞轉變為獨立、完全發育的個體。從記錄思想開始，人們就開始思考嬰兒是如何在母親體內形成的，以及父母二人如何造出另一個雖然獨特但又具有父母各自特徵的人。亞里斯多德在尋求瞭解產前發育的過程中，解剖了鳥類胚胎並確定了牠們的器官發育順序。他還推測，孩子的遺傳特徵是由於男性的精液與女性的經血混合造成的。這種對人類發育的誤解持續了多個世紀。17 世紀的科學家認為，嬰兒的所有特徵都以預先形成的狀態存在於卵或精子中，並隨著胚胎的發育而簡單地展開和擴展。一些人認為精子的頭部中捲縮著一個微型人，而另一些人則認為這種微型人「存在於卵中」，而精子僅僅是精液中的寄生蟲。現代發育生物學直到 19 世紀才誕生，部分原因是當時發現了人類的卵，部分原因是對其他動物發育的比較和進化的研究結果。隨著遺傳學家發現基因如何引導人類發育的複雜模式和過程，近幾十年來對於發育生物學的理解有了巨大的進展。

本章僅描述了人類胚胎和胎兒的最早和最普遍的發育。本書的後續章節介紹了每個器官系統在特化發育中一些主要特徵。對每個系統產前發育的知識可以更深入地瞭解其成熟的解剖構造。

4.1 配子生成與受精

預期學習成果

當您完成本節後，您應該能夠

a. 描述精子和卵子產生的主要特徵；

b. 解釋精子如何移動到卵並獲得使其受精的能力；和

c. 描述受精過程以及卵如何阻止超過一個以上精子使其受精。

胚胎學 (embryology)，產前發育的研究涵蓋了從**配子生成** (gametogenesis)[1] (卵和精子的產生) 到受精、胚胎和胎兒發育以及出生的過程。在本節中，我們將討論配子發生和受精。

4.1a 配子生成

有性生殖較無性生殖具有的一個很大的優勢是它可以產生遺傳變異的後代，這是在充滿挑戰和不斷變化的環境中物種生存的關鍵。然而，有性生殖也存在問題。如果要由父母兩人的細胞結合產生後代，而且如果每個人類細胞通常都有 46 條染色體，那麼精子和卵子的結合產生一個受精卵 [**合子** (zygote)] 則具有 92 條染色體。而所有通過合子分裂出的細胞將具有 92 條染色體。然後在那一代中，具有 92 條染色體的精子將使一個具有 92 條染色體的卵受精，並且下一代將在每個細胞中具有 184 條染色體，依此類推。因此如果有性生殖是要合併每一代中父母各自的細胞，顯然必須有一種機制來維持正常的染色體數。解決方式是在形成**配子** (gametes)(性細胞) 時將染色體數目減少一半。此功能是通過一種稱為**減數分裂** (meiosis[2]；reduction division) 的特殊細胞分裂形式實現的。

由於睪丸和卵巢的構造與配子發生和減數分裂的相關性，因此配子發生和減數分裂將在第 26 章進行詳細介紹。減數分裂的實質是將具有 46 條染色體的**二倍體** (diploid) 幹細胞分為只有 23 條染色體的**單倍體** (haploid) 配子。當精子和卵子相遇時，合子恢復為二倍體 46 條染色體，23 條染色體來自母親，23 條染色體來自父親 23 條染色體。減數分裂的過程如圖 26.5 所示。

1 *gameto* = marriage 婚姻，union 聯合；*genesis* = production 生產

2 *meio* = less 少，fewer 少

4.1b 精子移動和獲能

人類的卵巢通常每個月 (典型的 28 天卵巢週期的第 14 天左右) 釋放一個卵 [卵母細胞 (oocyte)]。卵子通過纖毛在輸卵管上皮上的纖毛擺動被掃入輸卵管 [uterine (fallopian) tube]，並開始為期 3 天的時間到達子宮旅行。如果卵未受精，它將在 24 小時內死亡，並且在不超過輸卵管三分之一的位置。因此，如果精子要使卵子受精，它就必須向上移動到輸卵管中與卵子會合。絕大部分的精子都不會成功。典型的射精可能包含 2 億個精子，但其中許多精子會被陰道中的酸破壞或從陰道排出。其他的無法通過子宮頸管進入子宮；子宮中的白血球破壞了更多的精子，保護了女性免受這些「外來入侵者」的侵害。在所有這些磨難中，倖存者中有一半很可能會到錯的輸卵管。大約只有 200 個 (百萬分之一) 到達卵的鄰近區域。

剛射精出來的新鮮的精子不能立即使卵受精。它們必須經歷在女性生殖道中移動大約 10 小時的一個被稱為**精子獲能** (capacitation) 過程，在新鮮的精子中，細胞膜被膽固醇強化。獲能期間，雌性生殖道的液體稀釋了精液中的抑制因子，並使精子頭部的膜變弱，因此與卵接觸時更容易破裂。精子獲能也會激發尾部使其更有力。

精子的前端含有一種特殊的溶酶體，稱為**頂體** (acrosome)，內部包含的酶用來穿透卵和圍繞卵的某些屏障 (見圖 26.8)。當精子接觸卵子時，頂體會發生胞吐作用——頂體反應 (acrosomal reaction)，釋放這些酶 (圖 4.1)。但

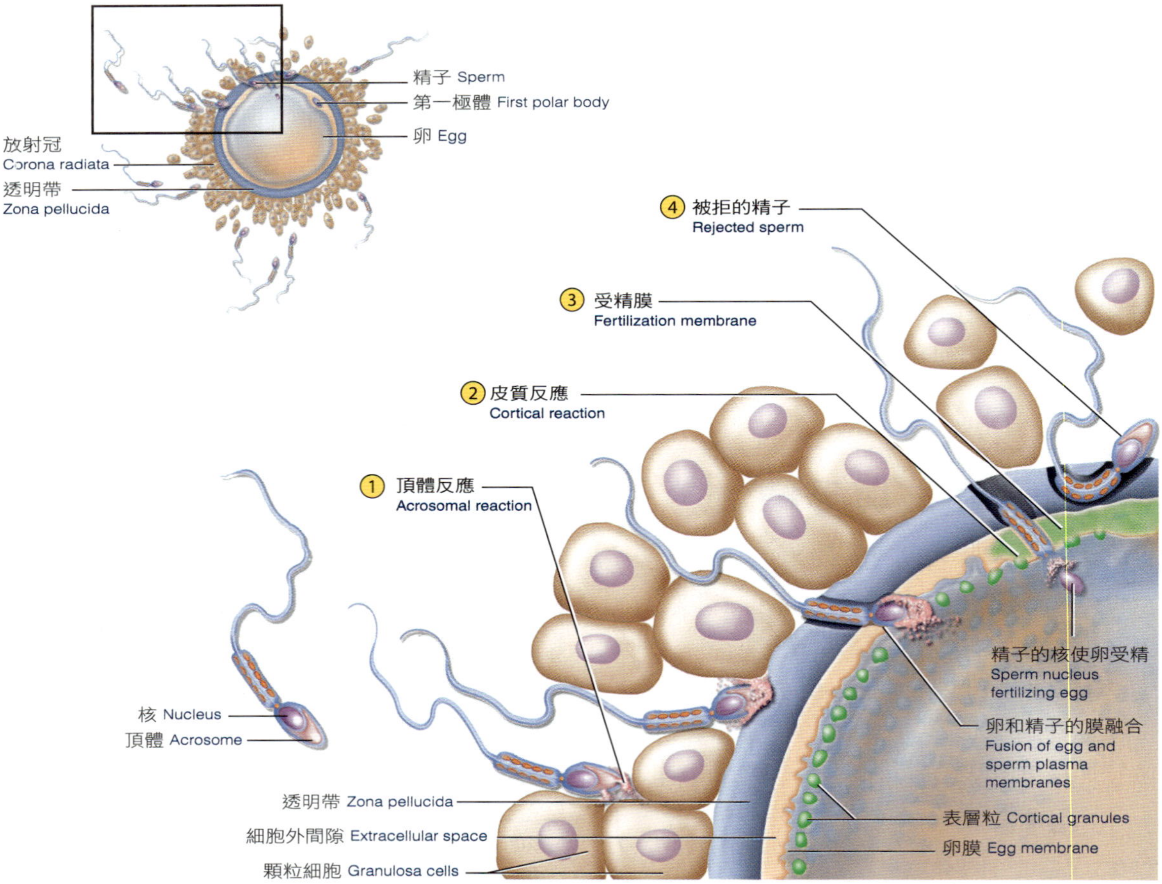

圖 4.1 受精和慢速阻斷多精受精。

是，第一個到達卵子的精子並不是使它受精的卵子。卵被稱為透明帶 (zona pellucida) 的凝膠膜包圍，在卵膜的外面有一層小顆粒細胞 (granulosa cells)。它需要大量的精子才能清出可通過這些障礙物的路徑，然後其中一個精子才能進入卵子。

4.1c 受精

當精子接觸卵子時會在其膜上消化出一個孔，之後精子的核進入卵子 (圖 4.1)。中節 (midpiece) 是頭部後面尾巴的一小段，包含精子粒線體，是合成 ATP 以提供精子運動能量的「發電室」。但是，卵通常會破壞所有的精子粒線體，因此只有母親的粒線體 (以及她的粒線體 DNA) 才能傳給後代。因此，粒線體疾病不會由父親那裡遺傳 (見臨床應用 2.2)。

只允許一個精子使卵子受精是重要的。如果兩個或多個精子使卵子受精，這種**多精受精** (polyspermy) 事件，受精卵將有 69 條或更多的染色體，會因「基因過量」而死亡。卵具有兩種機制來阻止多餘的精子並防止這種浪費的命運：(1) 首先是快速阻擋多精受精 (fast block to polyspermy)，當精子與卵子的結合會觸發卵膜上電荷的變化，從而抑制與其他精子的結合；(2) 第二個是緩慢阻擋多精受精 (slow block to polyspermy)，其中卵從卵膜下面稱為皮質顆粒 (cortical granules) 的囊泡釋放分泌物。分泌物用水膨脹，將所有剩餘的精子推離卵，並在卵和透明帶之間形成不可穿透的**受精膜** (fertilization membrane)(圖 4.1，步驟 2-4)。

受精後，卵完成減數分裂 II，精子和卵的核膨脹並破裂，兩個配子的染色體混合成一個二倍體。現在被稱為**合子** (zygote)[3] 的細胞已準備好進行第一次有絲分裂。

3 *zygo* = union 聯合

在你繼續閱讀之前

回答下列問題，以檢驗你對上節內容的理解：

1. 為什麼配子發生需要將性細胞的染色體數目減少一半？
2. 解釋為什麼精子射精後不能立即使卵子受精。
3. 解釋精子頂體和卵皮質顆粒的功能。
4. 描述受精卵阻止過多精子進入的兩種方法。

4.2 產前發育階段

預期學習成果

當您完成本節後，您應該能夠

a. 命名並定義產前發育的三個基本階段；
b. 描述子宮壁中的胚體的著床；
c. 描述將受精卵發育為胚胎的主要過程；
d. 定義和描述與胚胎相關的膜；
e. 描述如何提供胚體發育過程所需營養的三種方式；
f. 描述胎盤的形成和功能；和
g. 描述胎兒階段的一些主要發育過程。

人類**妊娠** (gestation)(懷孕) 始於**受孕** (conception)(受精) 並以**分娩** (parturition)(生產) 結束。平均持續 266 天 (38 週)。由於很少確切地知道受孕的日期，因此通常從婦女最後一次月經 (LMP) 開始的那一天開始計算為妊娠日期，並預測其出生將在 280 天 (40 週) 之後發生。但是，本章中的時間段是從受孕之日算起的。

所有受孕的產物統稱為**胎體** (conceptus)。這包括從合子到胎兒的所有發育階段，以及相關的構造，例如臍帶、胎盤和羊膜囊。

臨床上，懷孕過程分為三個月的間隔，稱為**三月期** (trimesters)：

1. **第一三月期** (first trimester)(第 1 至 12 週) 從

受精一直持續到胎兒生命的第一個月。這是最不穩定的發育階段。所有胚胎的一半以上在第一個三月期間死亡。在這段時間裡，壓力、藥物和營養缺乏對胎體的威脅最大。

2. **第二三月期** (second trimester)(第 13 至 24 週) 是器官發育大部分完成的時期。超音波檢查有可能看到胎兒良好的解剖細節。到這個三月期末，胎兒看起來很像人類，並且通過新生兒重症監護，第二個三月期末出生的嬰兒有倖存的機會。
3. 在**第三三月期** (third trimester)(第 25 週到出生)，胎兒迅速生長，器官獲得足夠的細胞分化以支持子宮外的生活。但是，某些器官，例如腦、肝和腎在出生後需要進一步分化才能完全發揮功能。受精後第 35 週，胎兒的體重通常約為 2.5 公斤 (5.5 磅)。在這樣的體重被認為是成熟的，如果早產，通常可以存活。大多數雙胞胎在妊娠約 35 週時出生，獨生嬰兒在 40 週時出生。

從生物學上而不是臨床上看，人類的發展分為三個階段，即胚胎前、胚胎和胎兒階段 (表 4.1)。

1. **胚胎前期** (preembryonic stage) 從合子開始，持續約 16 天。它包括三個主要過程：(1) 分裂 (cleavage) 或細胞分裂；(2) 著床 (implantation)，將胎體植入子宮內膜中；和 (3) 胚胎發生 (embryogenesis)，其中胚胎細胞遷移並分化為三個組織層，分別稱為外胚層 (ectoderm)、中胚層 (mesoderm) 和內胚層 (endoderm)——統稱為**原胚層** (primary germ layers)。一旦存在這些層，該個體稱為胚胎 (embryo)。
2. **胚胎階段** (embryonic stage) 從第 17 天開始，一直持續到第 8 週結束。在此階段中，原胚層發育成所有器官系統的雛形。當所有器官系統都出現時 (即使尚未發揮功能)，該個體被認為是胎兒 (fetus)。
3. **胎兒的發育階段** (fetal stage) 從第 9 週開始一直持續到出生。這是器官成長、分化並能夠在母親體外發揮作用的階段。

4.2a 胚胎前期

胚胎前期的三個主要事件是卵裂、著床和胚胎發生。

卵裂

卵裂 (cleavage) 是受精後的前三天發生的有絲分裂，將合子分裂成越來越小的細胞，稱為**分裂球** (blastomeres)[4]。從胚體沿著子宮管向

4 *blast* = bud 芽，precursor 前體；*mer* = segment 段，part 部分

表 4.1 產前發育階段

階段	發展的時間*	主要發展和定義特徵
胚胎前期		
合子 (zygote)	0~30 小時	由卵和精子結合形成的單個二倍體細胞
卵裂 (cleavage)	30~72 小時	合子的有絲分裂分裂成較小、相同的卵裂球
桑葚胚 (morula)	3~4 天	球形時期包括 16 個或更多的卵裂球
囊胚 (blastocyst)	4~16 天	充滿液體的球形階段，具有滋養層細胞的外部團塊和胚細胞的內部團塊；著床在子宮內膜；內部團塊形成胚盤並分化為三個主要胚層
胚胎階段	16 天~8 週	原始胚層分化為器官和器官系統的階段；當所有器官系統都出現時結束
胎兒的發育階段	8~38 週	器官在細胞層次上成長和成熟到能夠支持在母體外的生命階段

* 從受精之時起

下遷移開始 (圖 4.2)。第一次分裂發生在大約 30 小時內。卵裂球以越來越短的時間間隔再次分裂，每次分裂後細胞數量增加一倍。在早期分裂中，卵裂球同時分裂，但是隨著分裂的進行會變得不同步。

到排卵後約 72 小時，胚體到達子宮時，由 16 個或更多的細胞組成，具有類似桑葚的突起表面，因此被稱為**桑葚體** (morula)[5]。桑葚體不大於合子，分裂僅產生越來越小的細胞。這增加了細胞表面積與體積的比率，這有利於有效的營養吸收和廢物清除，並且產生了大量的細胞從而形成不同的胚胎組織。

桑葚體在子宮腔中以游離狀態停留 4 或 5 天，分裂成 100 個左右的細胞。再變成了一個稱為**囊胚** (blastocyst) 的空心球，其內部空腔稱為**囊胚腔** (blastocoel)(BLAST-on-seal)(圖 4.3a)。囊胚壁是一層稱為**滋養層** (trophoblast)[6] 的鱗狀上皮細胞，最後會形成胎盤的一部分，擔負滋養胚胎的重要作用。在囊胚腔的一側，附著在滋養層內部的細胞團稱為**胚細胞** (embryoblast)，之後發育為胚胎本身。

著床

排卵後約一個星期，囊胚附著在子宮內膜上，通常位在子宮的頂端或後壁。囊胚黏附到子宮內膜 (子宮的內層或黏膜) 的過程稱為**著床** (implantation)。在這一側的滋養層細胞分為兩層 (圖 4.3b)。在與子宮內膜接觸的表層，細胞膜破裂，滋養層細胞融合成多核物質，稱為**合胞體滋養層** (syncytiotrophoblast)[7] (sin-SISH-ee-oh-TRO-fo-blast)。靠近胚細胞的深層被稱

5 *mor* = mulberry 桑葚；*ula* = little 小

6 *troph* = food 食物，nourishment 營養；*blast* = to produce 生產

7 *syn* = together 一起；*cyt* = cell 細胞

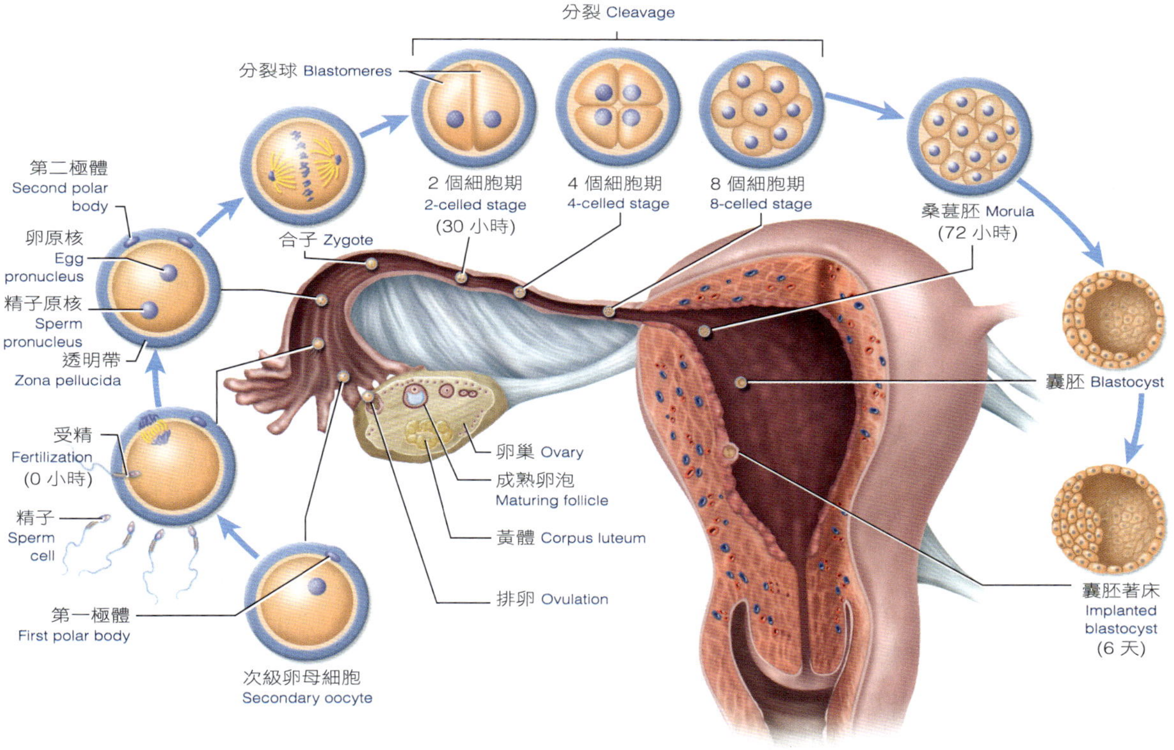

圖 4.2　**胚體的遷移**。卵在子宮管的遠端受精，並且當它遷移到子宮時，前胚開始分裂。
• 為什麼卵不能在子宮中受精？

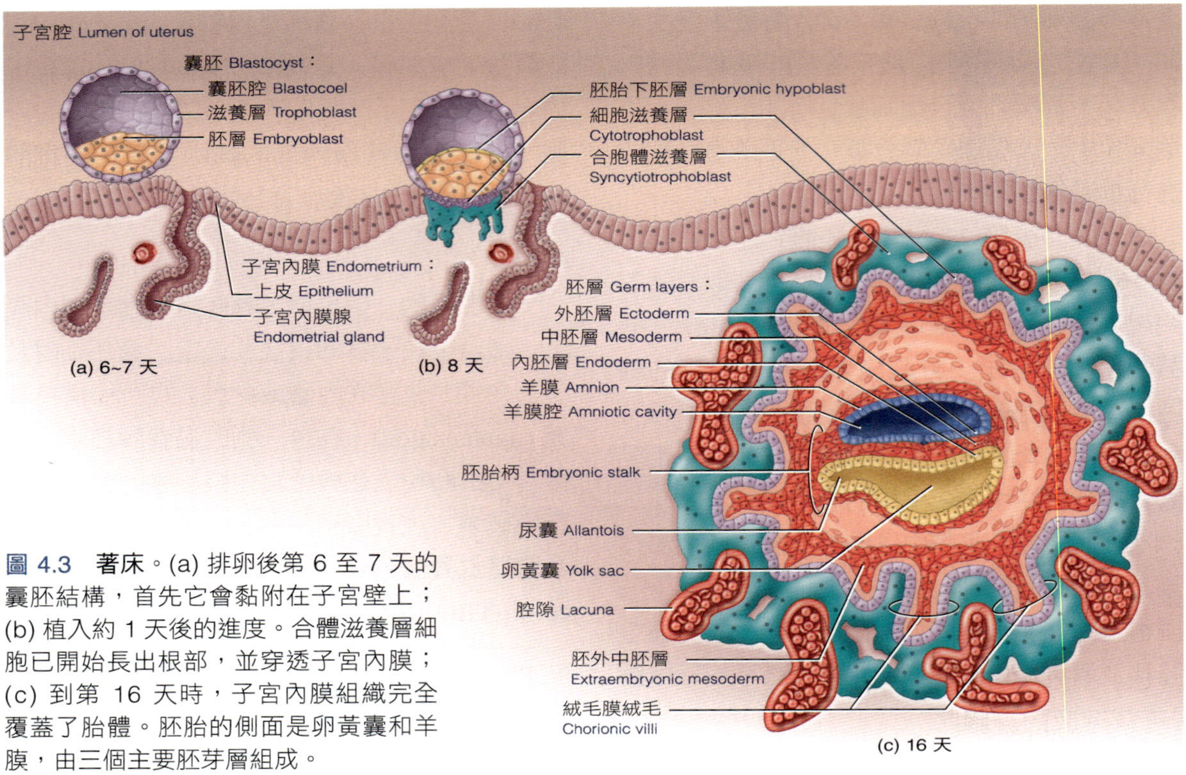

圖 4.3 著床。(a) 排卵後第 6 至 7 天的囊胚結構，首先它會黏附在子宮壁上；(b) 植入約 1 天後的進度。合體滋養層細胞已開始長出根部，並穿透子宮內膜；(c) 到第 16 天時，子宮內膜組織完全覆蓋了胎體。胚胎的側面是卵黃囊和羊膜，由三個主要胚芽層組成。

為**細胞滋養層** (cytotrophoblast)[8]，因為此層是由具有細胞膜的單個細胞所構成。

合體滋養層細胞像小根狀長入子宮，伸入過程中消化路徑中的子宮內膜細胞。子宮內膜對這種損傷做出反應是生長並最終覆蓋過滋養細胞，因此，最終胚體被完全掩埋在子宮內膜組織中。著床需要大約一週時間，在該婦女如果沒有懷孕的下一個月經期開始時完成。

胚胎發生

在著床過程中，胚細胞經歷了**胚胎發生** (embryogenesis) 過程，最終隨著卵裂球形成三個主要胚層。在此階段開始時，胚細胞與滋養細胞略微分離，在它們之間形成稱為**羊膜腔** (amniotic cavity) 的狹窄空間。胚細胞變平成為兩個細胞層組成的**胚盤** (embryonic disc)：面向羊膜腔的**上胚層** (epiblast) 和背對羊膜的**下胚層** (hypoblast)。一些亞胚層細胞增生並形成稱為卵黃囊 (yolk sac) 的膜。此時胚盤兩側有兩個空間：一側為羊膜腔，另一側為卵黃囊 (圖 4.3c)。

同時，胚盤拉長，在第 15 天左右，沿著上胚層的中線形成稱為**原條** (primitive streak) 的凹槽。這使胚胎兩側對稱，並定義了其未來的右側和左側，背側和腹側面，以及**頭端** (cephalic)[9] 和**尾端** (caudal)[10]。

下一步是**原腸胚** (gastrulation) 形成—上胚層細胞增生並向原條遷移並向下遷移到原條中 (圖 4.4)。它們取代了原始的下胚層細胞而稱為**內胚層** (endoderm)，這將成為消化道的內襯。一天後，遷移的上胚層細胞在上下胚層之間形成第三層，稱為**中胚層** (mesoderm)。中胚層一旦形成，上胚層則稱為**外胚層** (ectoderm)。因此，三個原胚層都來自原始的上胚層。某些中胚層溢出胚盤成為廣泛的胚外

8 *cyto* = cell 細胞

9 *cephal* = head 頭

10 *caud* = tail 尾

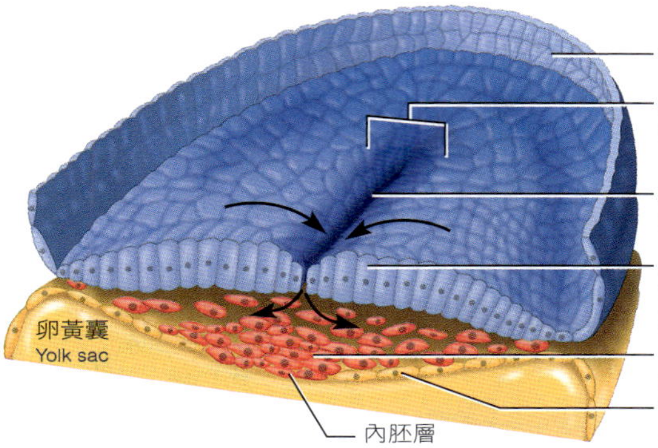

圖 4.4 **主要胚層的形成 (原腸形成)**。胚盤在第 15 至 16 天的合成視圖。上胚層細胞在表面上移動並向下進入原溝，首先以內胚層代替下胚細胞，然後中胚層填充空間。

中胚層 (extraembryonic mesoderm)，與胎盤的形成有關 (圖 4.3c)。

外胚層和內胚層是由緊密連接的細胞組成的上皮，但中胚層是鬆散的組織。之後分化為鬆散的凝膠狀結締組織，稱為**間葉組織** (mesenchyme)[11]，產生諸如心臟和平滑肌、軟骨、骨骼和血液之類的組織。

一旦形成了三個原胚層，胚胎發生就完成了，該個體被認為是**胚胎** (embryo)。此時是 16 天，大約 2 mm 長。

臨床應用 4.1

子宮外孕 (異位妊娠)

在 300 次的懷孕中大約有 1 次囊胚著床於子宮以外的地方，導致異位妊娠 (ectopic[12] pregnancy)。大多數情況是卵管妊娠 (tubal pregnancies) 在輸卵管著床。通常會發生這種情況是因為胚體遇到障礙，例如由於早期的盆腔炎、輸卵管手術、先前的異位妊娠或反覆流產而導致的狹窄。輸卵管不能夠長時間地擴大以容納不斷增長的胚體。如果不及早發現並治療這種情況，則此管通常會在 12 週內破裂，可能會造成母親死亡。有時胚體在腹盆腔著床，導致腹腔妊娠 (abdominal pregnancy)。胚體可以在任何充足血液供應的地方生長，例如在子宮、結腸或膀胱的外部。7,000 名孕婦中約有 1 名是腹腔妊娠。腹腔妊娠對母親的生命造成嚴重威脅，通常需要進行治療性流產，但約有 9% 的腹腔妊娠因剖腹產嬰兒可以活產。

4.2b 胚胎期

胚胎的發育階段從第 16 天開始，一直持續到第 8 週末。在此期間，胎盤和其他輔助構造發育，胚胎開始主要從胎盤中獲取營養，並且胚層分化為器官和器官系統。儘管這些器官仍未有功能，但它們在第 8 週出現，標誌著從胚胎期轉換到胎兒期。

胚胎折疊和器官發生

在第 3 至 4 週，胚胎快速生長並在沿著卵黃囊周圍折疊，從而將扁平的胚盤轉變為略呈圓柱形的形式。當頭端和尾端圍著卵黃囊的末端彎曲時，胚胎變成 C 形，頭和尾幾乎碰觸 (圖 4.5)。胚盤的側緣圍繞卵黃囊的側面折疊形成胚胎的腹面。這種橫向折疊形成縱向通道，即原腸 (primitive gut)，後來變成了消化道。

由於胚胎折疊，整個表面被外胚層覆蓋，之後產生皮膚的表皮。同時，中胚層分為兩層。一層附著在外胚層上，另一層附著在內胚層上，二層中胚層之間的空間稱為**體腔** (coelom)(SEE-loam)(圖 4.5b、c)。體腔由橫膈膜分為胸腔和腹腔。到第 5 週結束時，胸腔進一步分為胸膜腔和心包腔。

在此期間器官和器官系統的形成稱為**器官發生** (organogenesis)。表 4.2 列出了每個原胚層產生的主要組織和器官。

11 *mes* = middle 中間；*enchym* = poured into 倒入
12 *ec* = outside 外面；*top* = place 地方

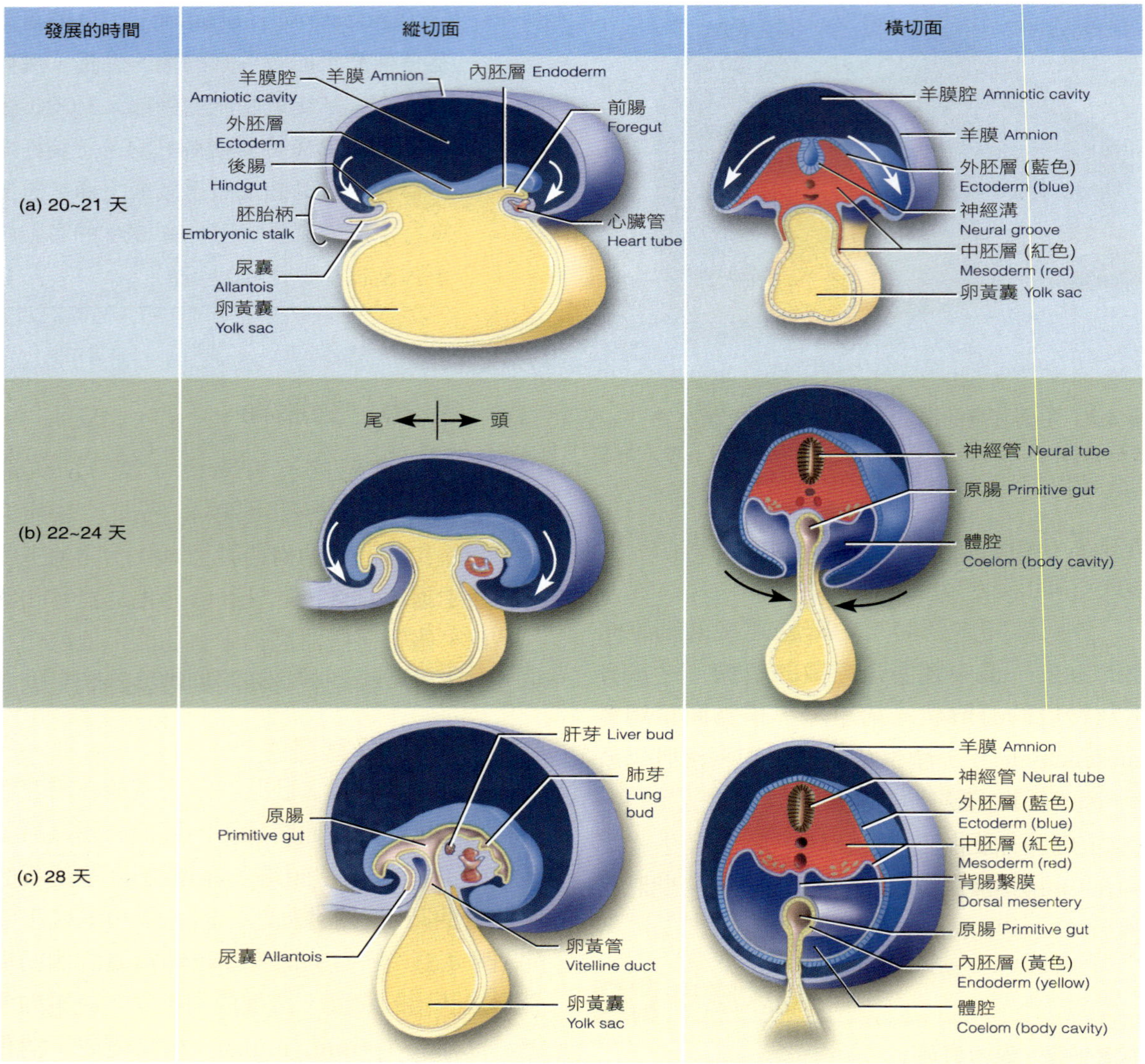

圖 4.5 **胚胎折疊**。左圖是縱切面，頭端朝右。右側圖是沿左側圖的中間位置截取的橫切面。(a) 對應於圖 4.3c 部分在稍晚階段的發育。請注意，一般情況下胚胎的頭端和尾端朝彼此捲曲 (左圖)，直到胚胎呈 C 形；而胚胎的側翼則向側面折疊 (右圖)，將扁平的胚盤變成一個更圓柱形的主體，並最終將其包裹在一個體腔中 (c)。

應用您的知識

列出成人的四種主要組織類型 (請參見表 3.1)，並分別確定主要是由胚胎三個原胚層中的哪一層分化而來。

在下面的章節，器官發生的三個主要事件對於理解器官的發育尤為重要：神經管 (neural tube) 的發育，喉部區域伸出小袋以形成咽囊 (pharyngeal pouches)，以及出現稱為體節 (somites) 的身體節段。

神經管 (neural tube) 的形成稱為**神經胚形成** (neurulation)。在 13.5 節中詳細介紹了此過程，但此處需要瞭解一些基本要點。到第 3 週，沿著胚盤的中線出現了一個厚厚的外胚層脊，稱為神經板 (neural plate)。這是整個神經

表 4.2 由三個主要胚層的衍生構造	
胚層	**主要衍生構造**
外胚層 (Ectoderm)	表皮；毛囊和豎毛肌；皮膚腺體；神經系統；腎上腺髓質；松果腺和腦下垂體；水晶體、角膜和眼睛的內生肌；內耳和外耳；唾液腺；鼻腔、口腔和肛門上皮
中胚層 (Mesoderm)	真皮；骨骼；骨骼肌、心臟、大部分的平滑肌；軟骨；腎上腺皮質；中耳；血管和淋巴管；血液；骨髓；淋巴組織；腎臟、輸尿管、性腺和生殖管的上皮；腹腔和胸腔的間皮
內胚層 (Endoderm)	大部分消化道和呼吸道的黏膜上皮；膀胱和部分尿道的黏膜上皮；附屬生殖腺和消化腺的上皮成分 (唾液腺除外)；甲狀腺和副甲狀腺；胸腺

系統的來源。隨著發育的進行，神經板下沉形成神經溝 (neural groove)，在二側的凸起邊緣稱為神經褶 (neural fold)(圖 4.6a)。沿神經褶邊緣的細胞特化成特殊的神經脊組織。接下來，褶皺的邊緣相遇並閉合，有點像拉鍊，從胚胎的中間開始並向兩端延伸。到第 4 週時，此過程形成一個封閉的通道，即神經管 (圖 4.6b)。

神經嵴細胞與覆蓋在上的外胚層中分離並沉入胚胎的更深處至神經管的側面。如 13.5 節所述，神經嵴細胞之後遷移到胚胎中的不同位置，並分化為神經系統中幾個不同組成部分以及其他組織。到第 4 週時，神經管的頭端會形成凸起或囊泡 (vesicles)，逐漸發展成大腦的不同區域，而尾端發育為脊髓。神經發育是胎兒發育最敏感的時期之一。神經管缺陷 (neural tube defects) 的異常發育是最常見和嚴重的出生缺陷之一 (請參閱 13.5b 節)。

咽囊 (支氣管袋)[pharyngeal (branchial) pouches] 是在妊娠約 4 至 5 週時，在胚胎的未來喉壁上形成的五對袋狀構造 (圖 4.7)。咽袋被**咽弓** (pharyngeal arches) 分開，咽弓是出現在頸部的隆起構造 (見圖 4.11b)。咽袋是所有從魚類到哺乳動物的脊椎動物的基本特徵。在人類中，它們發育為鼓膜 (中耳) 腔、腭扁桃體、胸腺、副甲狀腺和部分甲狀腺。

體節 (somites) 是雙側成對的中胚層，使胚胎具有分段的外觀 (見圖 4.11a、b)。它們代表了原始的分節，在魚類、蛇和其他低等脊椎動物中比在哺乳動物中更明顯。但是，人類在線狀排列的椎骨、肋骨、脊神經和軀幹肌肉中顯示出這種體節的痕跡。體節從第 20 天開始出現，到第 35 天出現 42 至 44 對。從第 4 週開始，每個體節會再分為三個組織團塊：**骨節** (sclerotome)[13]，發育為椎骨組織圍繞神經管；

13 *sclero* = hard 堅硬；*tom* = segment 段

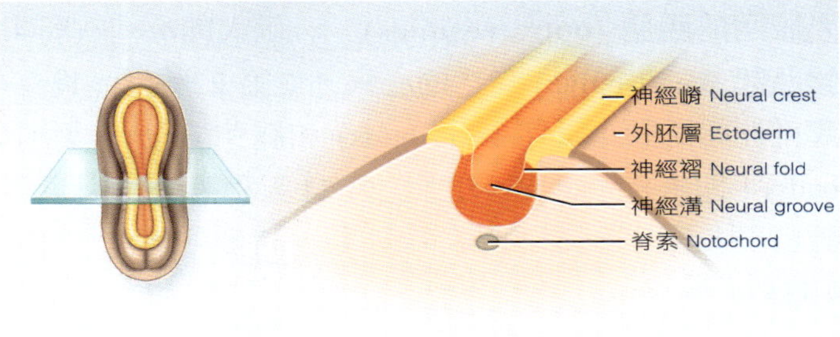

(a) 第 20 天

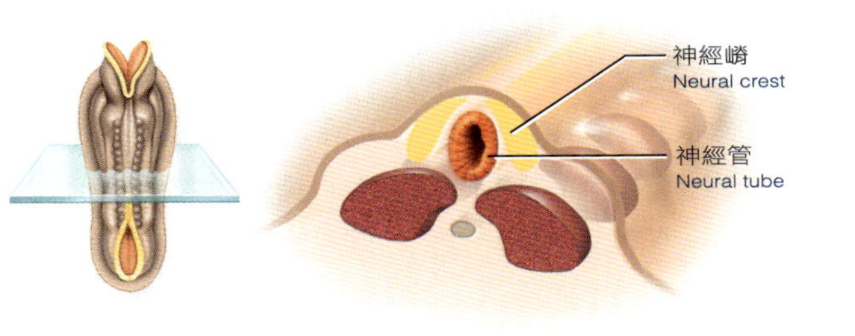

(b) 第 26 天

圖 4.6 **神經管形成**。(a) 第 20 天時的神經溝；(b) 第 26 天的神經管。(比較圖 4.11a 中的照片)

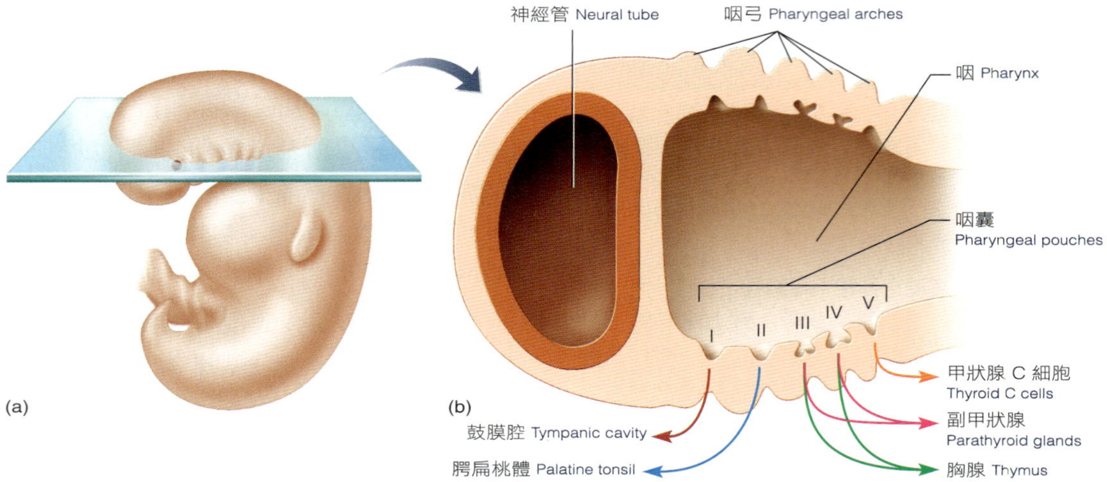

圖 4.7 **咽袋**。(a) 採用於 (b) 部分的層面；(b) 咽部區域的俯視圖，顯示五對咽囊 (I~V) 及其發育命運。比較圖 4.11b。

肌節 (myotome)[14] 會發育為軀幹的肌肉；和**皮節** (dermatome)[15]，發育為皮膚的真皮層及其相關的皮下組織。

在第 5 週時，胚胎在頭端有一個明顯的**頭部凸起** (head bulge)，並且有一對未來發育為眼睛的**視胞** (optic vesicles)。一個大的**心臟凸起** (heart bulge) 包含的心臟，從第 22 天起就開始跳動。**臂芽** (arm buds) 和**腿芽** (leg buds)，即未來的四肢，分別在第 24 天和第 28 天出現。第 3 至 7 週的胚胎外觀，請參見圖 4.11a~c。

胚外膜

胚體在胚胎的外部發展出許多附屬器官。這些包括胎盤、臍帶和四個**胚外膜** (extraembryonic membranes)——羊膜 (amnion)、卵黃囊 (yolk sac)、尿囊 (allantois) 和絨毛膜 (chorion)(圖 4.8)。瞭解這些膜，有助於瞭解所有哺乳動物都是從產卵爬行動物演化而來的。在帶殼的爬行動物卵中，胚胎位於卵黃上方，卵黃被包裹在卵黃囊中。胚胎懸浮在羊膜內的液體之中；它將有毒廢物儲存在另一個囊 (尿囊) 中；呼吸時，絨毛膜具有透氣性。所有這些膜在包括人類在內的哺乳動物中均存在，但功能有所改變。

羊膜 (amnion) 是從上胚層發育而來的透明囊。它長成完全包裹著胚胎，僅被臍帶穿透 (圖 4.8a、b；另請參見圖 4.11d、f)。羊膜充滿具有多種功能的**羊水** (amniotic fluid)：使胚胎對稱發育；防止其表面組織相互黏附； 保護胚胎免受創傷、感染和溫度波動的影響；允許自由移動對肌肉發育很重要；並在胎兒「呼吸」液體時對肺部的發育發揮作用。起初，液體是通過過濾母親的血漿而形成的，但是從第 8 到 9 週開始，胎兒大約每小時一次排尿進入羊膜腔，對提供羊膜液有很大的貢獻。但是，由於胎兒吞嚥液體與排尿的速率相當，因此羊膜液體積變化緩慢。妊娠結束時，羊膜中含有 700 至 1,000 mL 的液體。

臨床應用 4.2

孕吐

女人最早懷孕的跡象通常是孕吐 (morning sickness)，這是一種噁心的現象，有時會演變為嘔吐。劇烈而長時間的嘔吐，被稱為妊娠劇吐

14 *myo* = muscle 肌肉；*tom* =segment 段
15 *derma* = skin 皮膚；*tom* =segment 段

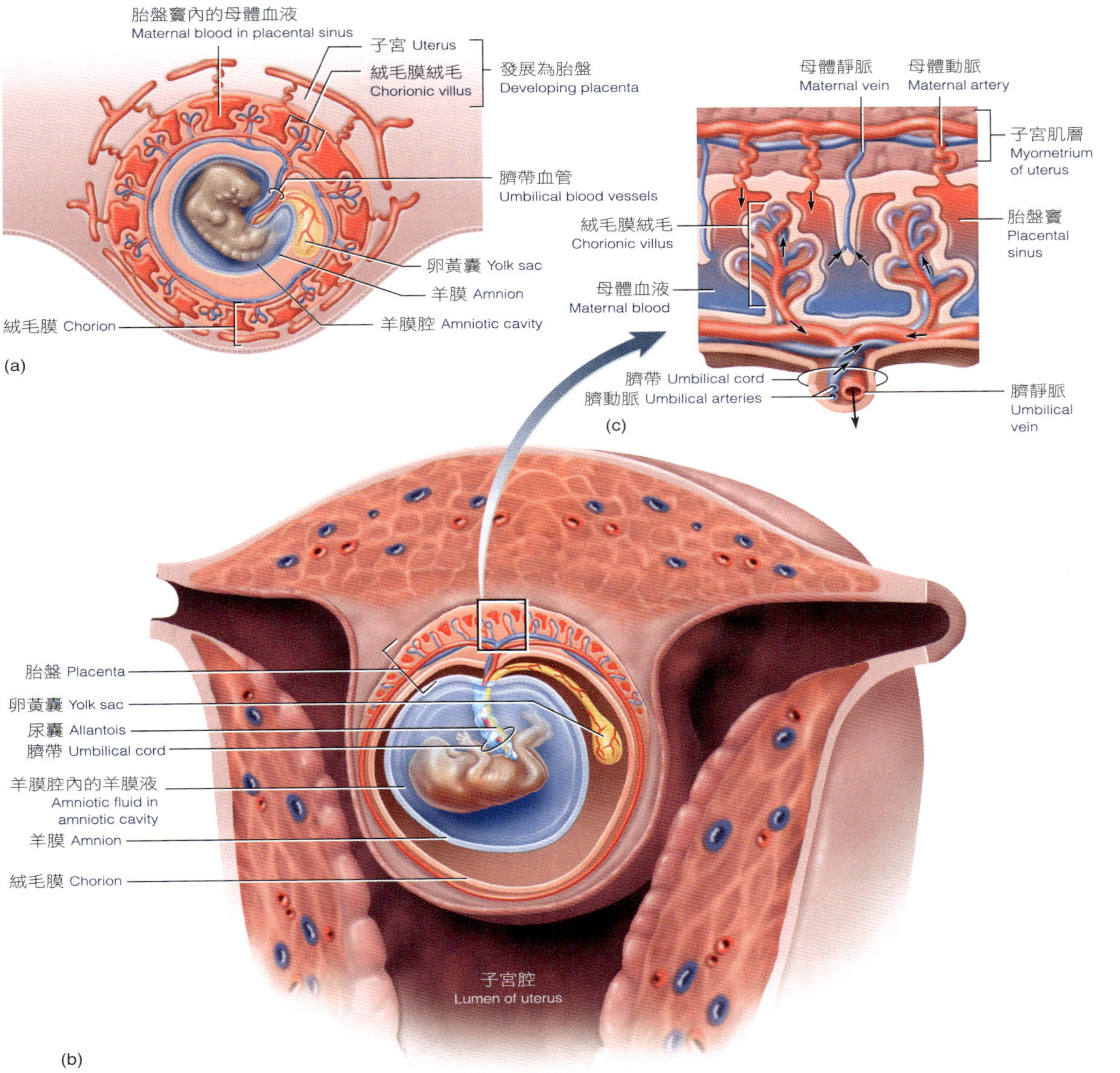

圖 4.8 **胎盤和胚外膜**。(a) 胚胎在第 4 週時，被包在羊膜和絨毛膜中，並被發育中的胎盤包圍；(b) 胎兒在 12 週時。胎盤已完成，僅位於胎兒的一側；(c) 成熟的胎盤和臍帶的一部分，顯示出胎兒與母體循環之間的關係。

(hyperemesis gravidarum)[16]，可能需要住院進行輸液療法以恢復電解質和酸鹼平衡。孕吐的生理原因尚不清楚；這可能是由於妊娠類固醇抑制腸蠕動所致。還不確定這僅僅是懷孕的不良作用還是具有生物學目的。進化論假說孕吐是一種保護胚胎免受毒素侵害的適應方法。在孕吐的高峰期也是胚胎最容易受到毒素的侵害的時期，並且有孕吐的女性傾向於偏愛清淡的食物，避免食用辛辣和刺激性食物，因為這些食物中的有毒化合物含量最高。孕婦往往對變質食物的味道和氣味特別敏感。沒有經歷過孕吐的婦女比經歷過孕吐的婦女更容易流產或生育有先天缺陷的孩子。

16 *hyper* = excessive 過多；*emesis* = vomiting 嘔吐；*gravida* = pregnant woman 孕婦；*arum* = of 的

應用您的知識

羊水過少 (oligohydramnios)[17] 是羊水量異常少。腎發育不全 (renal agenesis)[18] 是胎兒腎臟發育有缺陷。您認為其中哪一個最有可能引起另一個？解釋為什麼。羊水過少對胎兒發育有什麼後果？

正如我們已經看到的，**卵黃囊** (yolk sac) 起源於羊膜對側面的胚胎下胚層細胞。最初，它比胚胎大，並且廣泛連接到幾乎整個原腸的長度。但是在胚胎折疊過程中，其與腸道的連接變狹窄並縮小為一條稱為**卵黃管** (vitelline[19] duct) 的狹窄通道。由於卵黃囊停止生長後胚胎繼續生長很長一段時間，卵黃囊變成了一個相對較小的囊袋，懸掛在胚胎的腹側 (見圖 4.5；4.8a、b)。它產生配子生成後第一個血球和幹細胞。這些細胞通過阿米巴運動 (變形運動) 遷移到胚胎中，在那裡血球聚居於骨髓和其他組織，而配子細胞聚居於未來的性腺。最終卵黃管會收縮並崩解。

尿囊 (allantois)(ah-LON-toe-iss) 最初是卵黃囊的突出部分。最終，隨著胚胎的生長，腸道尾端向外生長與**尿囊管** (allantoic duct) 相連接 (見圖 4.5；4.8c)。它構成了臍帶生長的基礎，並成為膀胱的一部分。在離胎兒末端足夠近位置的臍帶組織橫切面，可以觀察到尿囊管。

絨毛膜 (chorion)(CORE-ee-on) 是最外層的膜，包圍著其餘的所有膜和胚胎。最初，它的整個表面都有絨毛狀突起稱為**絨毛膜絨毛** (chorionic villi)(圖 4.8a)。隨著懷孕的進行，胎盤側的絨毛會生長並分支，因此該表面被稱為叢密絨毛膜 (villous chorion)。叢密絨毛膜形成胎盤的胎兒部分。絨毛在其餘的表面部分退化後稱為平滑絨毛膜 (smooth chorion)。

產前營養

在妊娠過程中，以三種不同的重疊方式來滋養胚體。當它沿著子宮管向下行進並在著床前游離在子宮腔中時，它吸收子宮腺分泌富含醣原的分泌物，稱為**子宮乳** (uterine milk)。這種液體的積聚形成了圖 4.3a 中的囊胚腔 (blastocoel)。

著床時，胚體轉變為**滋養層細胞營養** (trophoblastic nutrition)，在滋養層中，滋養細胞消化子宮內膜的細胞，稱為**蛻膜細胞** (decidual[20] cells)。在黃體素的作用下，這些細胞增殖並積累了豐富的肝醣、蛋白質和脂質。當胚體陷入子宮內膜時，合體滋養層將蛻膜細胞消化並將營養物質提供給胚細胞。滋養層營養是著床後第一週的唯一營養方式。到第 8 週結束，它仍然是營養的主要來源。因此，從著床到第 8 週稱為妊娠的**滋養細胞期** (trophoblastic phase)。滋養層營養漸由胎盤營養取代而減弱，並在第 12 週結束時完全停止 (圖 4.9)。

在**胎盤營養** (placental nutrition) 中，來自母親血液的營養物質通過胎盤擴散到胎兒血液中。**胎盤** (placenta)[21] 是血管器官一側與子宮壁相連，另一側則通過**臍帶** (umbilical cord) 與胎兒相連。它在受精後約 11 天開始發展，在第 9 週開始成為供給營養的主要方式，從第 12 週末到出生則是唯一營養方式。從第 9 週到出生的這段時間稱為懷孕的**胎盤期** (placental phase)。

17 *oligo* = few 很少，little 小；*hydr* = water 水，fluid 液體；*amnios* = amniotic 羊膜

18 *a* = without 沒有；*genesis* = formation 形成，development 發育

19 *vitell* = yolk 蛋黃

20 *decid* = falling off 脫落

21 *placenta* = flat cake 扁平蛋糕

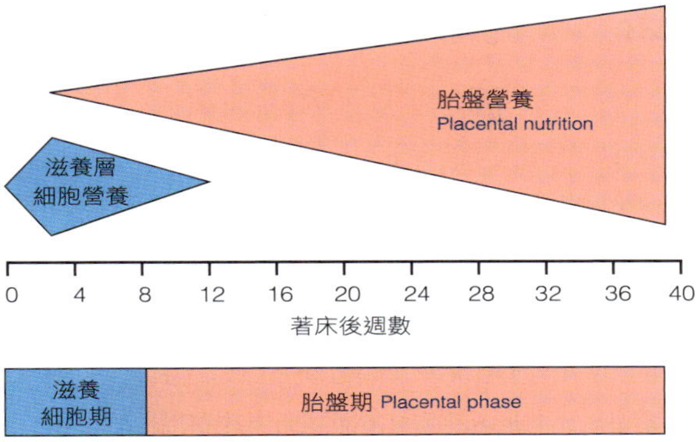

圖 4.9 滋養層細胞和胎盤營養的時間表。滋養層細胞營養在第 2 週達到高峰，並在第 12 週結束。胎盤營養從第 2 週開始變得越來越重要，直到著床後第 39 週胎兒出生。兩種營養模式最多重疊 12 週，但是*滋養層階段* (trophoblast phase) 是滋養層營養提供大部分營養的時期，*胎盤期* (placental phase) 是大部分 (最終全部) 營養來自胎盤的時期。

• *兩種模式在什麼時候對產前營養有同等的貢獻？*

臨床應用 4.3

胎盤異常 (疾病)

妊娠第三期出血的兩個主要原因是稱為*前置胎盤* (placenta previa) 和*胎盤早期剝離* (abruptio placentae) 的胎盤異常。這些都是相似的，很容易彼此混淆。對任何一種情況的懷疑都需要超音波檢查以區分兩者，並決定要採取的行動。

胎體通常著床在子宮體高處或子宮頂上。然而，在約 0.5% 的分娩中，胎盤在子宮壁上的位置太低，以致其部分或完全阻塞子宮頸管。這種情況被稱為*前置胎盤* (placenta previa)，在胎盤沒有先從子宮壁分離的情況下嬰兒將無法出生。因此，在懷孕或分娩期間可能會發生危及生命的出血。如果超音波檢查發現前置胎盤，則通過剖腹產 (C) 進行分娩。

胎盤早期剝離 (abruptio placentae)(ah-BRUP-she-oh pla-SEN-tee) 是胎盤與子宮壁過早部分或完全分離的現象。懷孕發生胎盤早期剝離的比例約在 0.4%~3.5%。輕微的剝離可能只需要臥床休息和觀察，但是更嚴重的情況會威脅到母親、胎兒或兩者的生命。此類病例需要及早剖腹產。

胎盤開始生長是當融合滋養層細胞的突起開始延伸，即第一個絨毛膜絨毛，越來越深入到子宮內膜時，就像樹根深入到子宮的滋養「土壤」中一樣 (圖 4.8a、c)。當它們消化深入路徑的血管時，絨毛被大量的血液包圍。這些血池最終合併形成一個充滿血液的腔，即**胎盤竇** (placental sinus)。暴露於母體血液會刺激絨毛的迅速發展，絨毛會分支並成長為像小花椰菜小枝一樣的形狀。胚外間葉長入絨毛，並發育為通過臍帶連接胚胎的血管。

完全發育的胎盤是一塊直徑約 20 cm，厚 3 cm 的盤狀組織 (圖 4.10)。出生時，它的重量大約是嬰兒的六分之一。面對胎兒的表面很

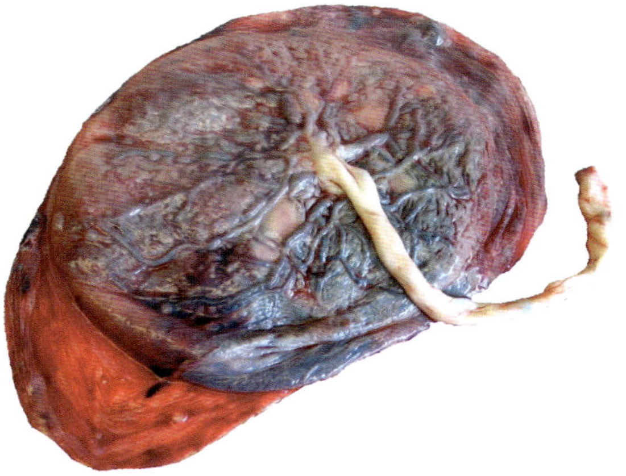

(a) 胎兒側

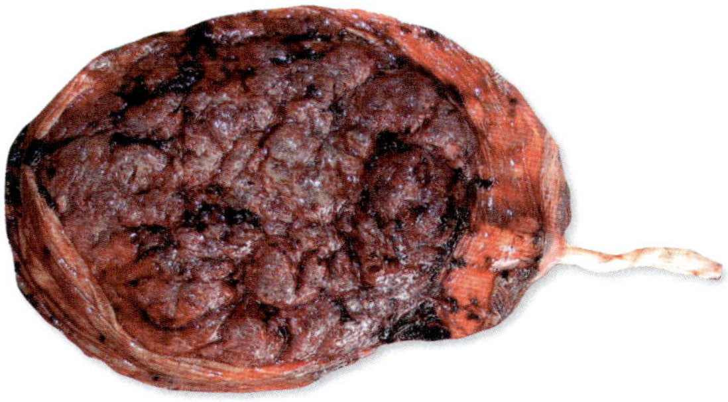

(b) 產婦 (子宮) 側

圖 4.10 胎盤和臍帶。(a) 胎兒側，顯示血管、臍帶和附著在左下緣部分的羊膜囊；(b) 產婦 (子宮) 側，絨毛膜絨毛可使胎盤顯示更粗糙的質地。

• *臍帶中有多少條動脈和多少條靜脈？哪些血管攜帶的血液中氧氣含量更高？*

光滑，連著臍帶。面對子宮壁的表面較粗糙。它包括由胎兒造成的毛茸茸的絨毛膜絨毛和由母親的子宮內膜產生的組織。

臍帶包含兩條**臍動脈** (umbilical arteries) 和一條**臍靜脈** (umbilical vein)。血液由胎兒心臟流出，沿以下路徑流動：胎兒→臍動脈→胎盤→絨毛膜絨毛→臍靜脈→胎兒。母親的血液不會流入胎兒，而是圍繞在絨毛膜絨毛。在這裡，氧氣和營養物質從母體血液通過絨毛膜擴散到胎兒血液中。胎兒的二氧化碳和其他廢物以相反的方式擴散到母親的血液中，並被帶到肺和腎臟後排出。除非胎盤障壁受損，否則兩種血流不會混合。但是，該屏障的厚度僅為 3.5 μm，是紅血球直徑的一半。在發育初期，絨毛膜絨毛 (chorionic villi) 的膜厚，養分和廢物較不易滲透，並且它們的總表面積相對較小。隨著絨毛的生長和分支，其表面積增加，膜變得更薄、更易滲透。因此，*胎盤通透率* (placental conductivity) 顯著增加，即物質擴散通過膜的速率。不幸的是，母體血液中的尼古丁、酒精和大多數其他藥物也可通透到胎盤。胎盤的營養、排泄和其他功能總結在表 4.3。

表 4.3	胎盤的功能
營養作用	將諸如葡萄糖、胺基酸、脂肪酸、礦物質和維生素之類的營養物質從母體血液運輸到胎兒血液；在懷孕初期儲存碳水化合物、蛋白質、鐵和鈣等營養物質，然後在胎兒需求量超出母親從飲食中的吸收量時，將其釋放給胎兒
排泄作用	將含氮廢物，如氨、尿、尿酸和肌酸酐從胎兒血液運輸到母體血液
呼吸作用	從母親向胎兒輸送 O_2，從胎兒向母親輸送 CO_2
內分泌作用	分泌荷爾蒙 (雌激素、黃體素、鬆弛素、人絨毛膜促性腺激素和人絨毛膜生長激素)；允許胎體合成的其他激素進入母親的血液，母體荷爾蒙進入胎兒的血液
免疫作用	將母體抗體運輸到胎兒血液中以賦予胎兒免疫力

4.2c 胎兒期

圖 4.11 顯示了胚胎和胎兒發育的主要特徵。在第 8 週結束時，所有器官系統均已存在，個體約 3 cm 長，此時被認為是胎兒。此時的骨骼剛開始鈣化，骨骼肌表現出自發性收縮，儘管這些收縮太弱而母親無法感覺到。心臟從第 4 週起開始跳動使血液循環。心臟和肝臟很大，形成突出的腹側凸起如圖 4.11b、c 所示。頭部幾乎是身體長度的一半。

胎兒期的主要變化是器官系統開始有功能，胎兒體重迅速增加，並變得更像人。足月胎兒從*頭頂到坐姿的臀部曲線位置* (crown-to-rump length, CRL) 平均約 36 cm。大多數新生兒 (新生兒) 的體重在 3.0 至 3.4 kg (6.6 至 7.5 磅) 之間。約 50% 的體重是在最後的 10 週中增加的。體重在 1.5 到 2.5 kg 之間的大多數新生兒都可存活，但也有困難性。體重低於 500 g 的新生兒很少存活。

在妊娠第三期中，有更明顯的人類臉部特徵。頭部的生長比身體其他部位慢，因此其相對長度從第 8 週時的 CRL 的一半下降到出生時的四分之一。足月時，頭顱骨在所有身體區域中具有最大的周長 (大約 10 cm)，因此分娩時頭部通過產道是最困難的。在胎兒期，四肢比軀幹生長更快，到第 20 週時達到肢體的最終相對比例 (圖 4.11f)。有關胎兒發育的其他要點請參考表 4.4，各個器官系統的發育將在之後的章節中詳細介紹 (表 4.5)。

在你繼續閱讀之前

回答下列問題，以檢驗你對上節內容的理解：

5. 將發育中的個體分類為胚胎的標準是什麼？將其分類為胎兒的標準是什麼？這些階段是什麼胎齡？
6. 在囊胚中，最終產生胚胎的細胞稱為什麼？進行著床的是什麼細胞？
7. 命名並定義在胚前階段發生的三個主要過程。

表 4.4 產前發育的主要事件，胎兒階段的重點

結束週	頂部到臀的長度；重量	發育事件
4	0.6 cm；<1 g	脊柱和中樞神經系統開始形成；以小肢芽為代表的四肢；心臟在第 22 天左右開始跳動；沒有可見的眼睛、鼻子或耳朵
8	3 cm；1 g	眼睛形成，眼瞼融合閉合；鼻子扁平，鼻孔明顯但是有黏液堵塞著；頭部幾乎與身體其餘部分一樣大；可檢測到腦波；骨鈣化開始；肢芽形成槳狀的手和腳，並帶有嵴狀稱為*指輻線* (digital rays)，之後分開成手指和腳趾。血球細胞和主要血管形成；生殖器出現，但尚未能區分性別
12	9 cm；45 g	眼睛發育良好，側向；眼瞼仍然融合；鼻子形成橋；外耳出現；四肢構造形成完整，手指有指甲；胎兒吞下羊水並產生尿液；胎兒會動，但太弱而無法讓母親感覺到；肝臟明顯並產生膽汁；上腭融合；可以區分性別
16	14 cm；200 g	眼睛正面朝前，外耳從頭部突出，臉部看起來更像人類；比例上身體較頭部大；皮膚是明亮的粉紅色，頭皮有頭髮；關節形成；嘴唇表現出吮吸動作；腎臟構造形成；消化腺形成和*胎便* (meconium)[22] 積累在腸道中。用聽診器可以聽到心跳
20	19 cm；460 g	身體上覆蓋著叫做*胎毛* (lanugo)[23] 的細毛，以及稱為*胎脂* (vernix caseosa)[24] 的乳酪樣皮脂腺分泌物，可以保護胎兒免受羊水的影響。皮膚亮粉紅色；棕色脂肪形成，將用於分娩後嬰兒身體的產熱；由於擁擠，胎兒現在彎成「胎兒位置」。*胎動* (quickening) 發生一母親可以感覺到胎兒的移動
24	23 cm；820 g	眼睛部分張開；皮膚有皺紋，粉紅色和半透明；肺開始產生*表面活性劑* (surfactant)，一種有助於分娩後嬰兒呼吸的液體。體重快速增加
28	27 cm；1,300 g	眼睛完全張開；皮膚有皺紋和發紅；出現滿頭的頭髮；形成睫毛；胎兒轉向呈現頭下腳上的*頭位* (vertex position)；睪丸開始下降到陰囊；如果在第 28 週出生可以存活
32	30 cm；2,100 g	皮下脂肪推積使胎兒看起來更飽滿，小嬰兒的外觀，皮膚較亮皺紋減少。睪丸下降
36	34 cm；2,900 g	皮下脂肪堆積更多，身體豐滿；胎毛脫落，指甲延伸到指尖；四肢彎曲；手部可緊握
38	36 cm；3,400 g	胸部明顯，乳房突出；睪丸在腹股溝管或陰囊；指甲超出指尖

表 4.5 有關器官系統進一步發育的訊息

體被 (皮膚) 系統	5.4a 節	內分泌系統	18.4a 節
骨組織	6.3 節	循環系統，心臟	20.5a 節
骨骼系統，中軸骨	7.4a 節	循環系統，血管	21.5a 節
骨骼系統，四肢骨	8.3a 節	淋巴系統	22.4a 節
肌肉系統	10.6a 節	呼吸系統	23.5a 節
中樞神經系統	13.5a 節	消化系統	24.7a 節
自主神經系統	16.4a 節	泌尿系統	25.4a 節
感覺器官	17.5a, b 節	生殖系統	26.4a 節

22 *mecon* = poppy juice 罌粟汁，opium 鴉片
23 *lan* = down 羽絨，wool 羊毛
24 *vernix* = varnish 漆；*caseo* = cheese 乾酪

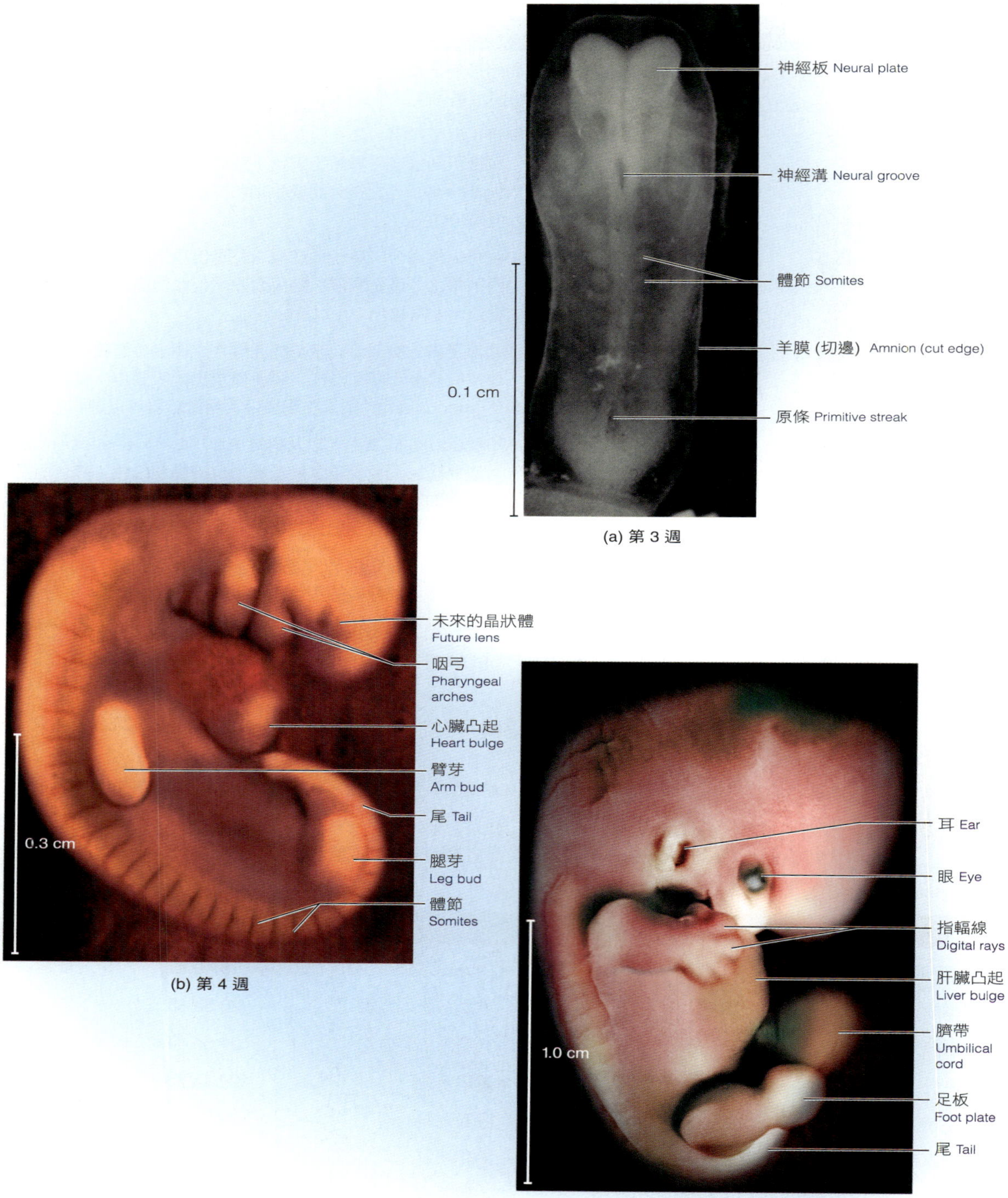

(a) 第 3 週

(b) 第 4 週

(c) 第 7 週

圖 4.11 發育中的人體。(a) 至 (d) 部分顯示了整個胚胎階段的發育；(e) 和 (f) 部分顯示了胎兒的發育階段。

(a) Source: Courtesy of the Human Developmental Anatomy Center, National Museum of Health and Medicine, Silver Spring, MD, USA, (b, c) ©Anatomical Travelogue/Science Source, (d) ©Dr G. Moscoso/Science Source, (e) ©John Watney/Science Source, (f) ©Biophoto Associates/Science Source

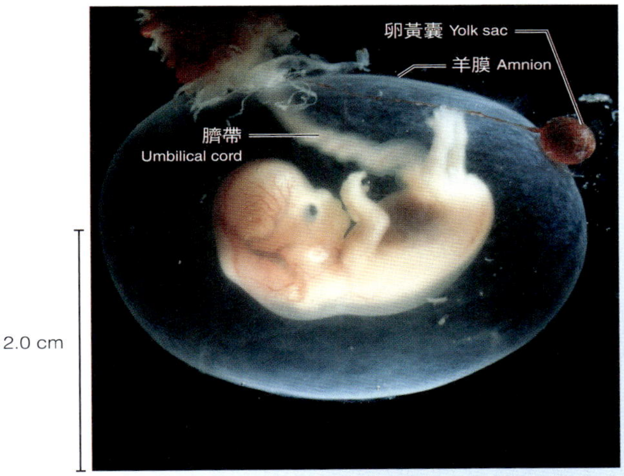

(d) 第 8 週

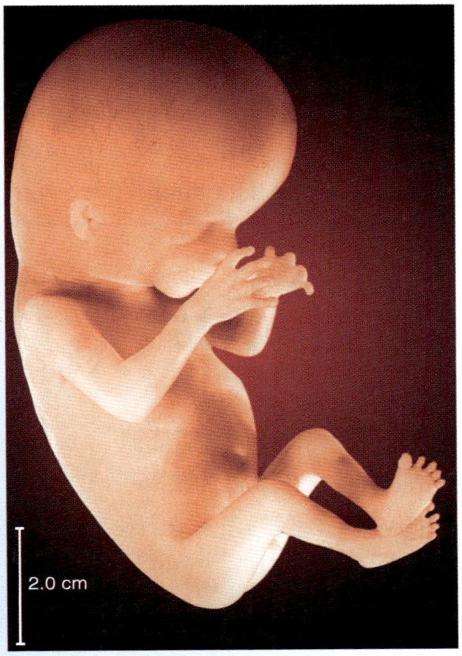

(e) 第 12 週

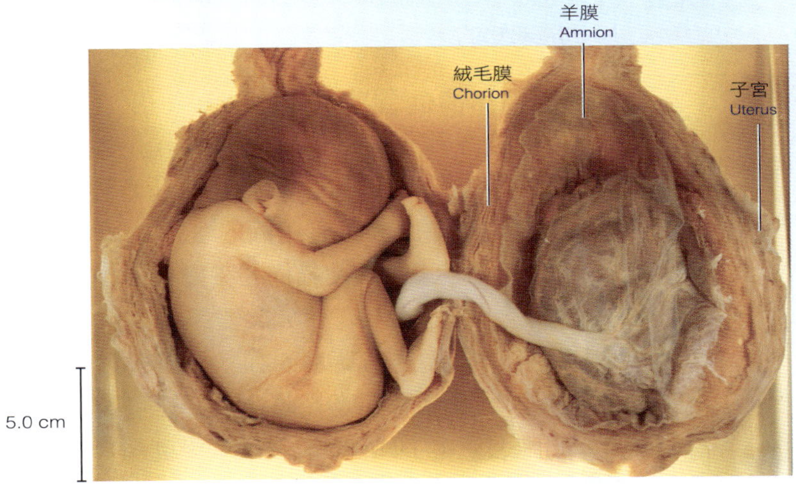

(f) 第 20 週

8. 三個主要的胚層的名稱，並解釋它們如何在胚盤中發育。
9. 區分滋養層細胞營養和胎盤營養。
10. 説明胎盤、羊膜、絨毛膜、卵黃囊和尿囊的功能。
11. 定義並描述神經管 (neural tube)、原腸 (primitive gut)、體節 (somites) 和咽囊 (pharyngeal pouches)。

4.3 臨床觀點

預期學習成果

當您完成本節後，您應該能夠

a. 討論早期自然流產的頻率和一些原因；
b. 討論某些類型的先天缺陷及其成因的主要類別；
c. 描述一些由於染色體不分離造成的綜合症；和
d. 解釋什麼是致畸物 (teratogens)，並描述其某些影響。

準父母非常擔心流產或先天缺陷的可能性。據估計，實際上所有懷孕中有一半以上以流產而告終，而父母往往沒有意識到已經懷孕，在美國出生的嬰兒中，有 2% 至 3% 具有臨床上明顯的先天缺陷。

4.3a 自然流產

大多數流產是早期自然流產 (early spontaneous abortions)，發生在受精後 3 週之內。這種流產很容易被誤認為是月經遲來和月經過多。一位研究人員估計，有 25%~30% 的囊胚無法著床。有 42% 的著床囊胚在第 2 週結束時死亡。有 16% 在第 2 週發生嚴重異常並在接下來的一週中流產。另一項研究發現，61% 的早期自然流產是由於染色體異常，例如非整倍體 (aneuploidy) 引起的，並且將對此進行簡短的討論。

與新生兒或人工流產胎兒相比，即使在發育後期自然流產的胎兒，神經管缺陷、唇裂、腭裂和染色體異常如唐氏症的發生率也明顯更高。實際上，自然流產可能是自然機制以防止無法存活的胎兒之發育或生出嚴重畸形嬰兒。

4.3b 先天缺陷

先天缺陷或**先天性異常** (congenital[25] anomaly) 是由於出生前發育缺陷導致出生時器官的構造異常或位置異常。對出生缺陷的研究被稱為**畸胎學** (teratology)[26]。先天缺陷是北美嬰兒最常見的死亡原因。並非所有的這些嬰兒出生時就有明顯的先天缺陷，有些在出生後數個月至數年後才發現。因此，到 2 歲時，有 6% 的兒童被診斷出患有先天性畸形，到 5 歲時，其發病率為 8%。以下各節討論先天性異常的一些已知原因，但是有 50%~60% 的原因是未知的。

突變和遺傳異常

遺傳異常 (genetic anomalies) 是目前已知最常見的先天缺陷的原因，約占所有病例的三分之一，占原因明確病例的 85%。遺傳缺陷的一種原因是 DNA 結構的**突變** (mutations) 或變化。除其他疾病外，突變還會導致軟骨發育不全症 (見臨床應用 6.3)、小頭畸形 (頭部異常小)、死產和兒童期癌症。突變可能是由於細胞週期中 DNA 複製錯誤或受到稱為**誘變劑** (mutagens) 的環境因素影響，包括某些化學藥品、病毒和輻射。

但是，一些最常見的遺傳疾病不是由誘變劑引起的，而是由**非整倍體** (aneuploidy)[27]

---

25 *con* = with 與；*gen* = born 出生
26 *terato* = monster 怪物；*logy* = study of 研究
27 *an* = not 不；*eu* = good 好, normal 正常；*ploid* = form 形式

(AN-you-ploy-dee) 引起的，是合子中染色體數目異常。非整倍體是因染色體**不分離** (nondisjunction) 導致，在減數分裂過程中 23 對染色體中的一對無法分離，從而使這一對染色體都進入同一子細胞。例如，假設染色體不分離導致一個卵中有 24 條染色體，而不是正常的 23 條。如果該卵被正常的精子受精，合子將具有 47 條染色體，而不是正常的 46 條。

最常見的可存活的非整倍體是**唐氏症** (Down[28] syndrom)[**21-三體症** (trisomy-21)]，是出現三條第 21 條染色體引起的。它的多重影響包括對個人的面部特徵、手、智力和性格 (圖 4.12)。在美國，在 700 到 800 例活產中約有 1 例唐氏症發生，並且與母親的年齡成正比。對於有唐氏症孩子的機率，在 30 歲以下的女性約為 3,000 分之一，到 35 歲時為 365 分之 1，到 48 歲時則為 9 分之 1。這種 21-三體症受害者中約 75% 出生前死亡，約 20% 死於 10 歲以下。典型的死亡原因包括免疫缺陷和心臟或腎臟異常。對於那些存活超過 10 年的人來說，現代醫療照護已將其預期壽命延長到 60 歲左右。然而，在 40 歲以後，這些人中約有 75% 患有早發性的阿茲海默症，與 21 號染色體上的基因有關。唐氏症的成熟大腦比正常人的腦小 20%。

28 John Langdon H. Down (1828~96)，英國醫師

致畸物

致畸物 (teratogens)[29] 是引起胎兒解剖畸形的環境因素。它們分為三大類：藥物和其他化學藥品、放射線和傳染病。致畸物的作用取決於胚胎的遺傳敏感性，致畸物的劑量和暴露時間。在頭 2 週內接觸致畸物通常不會引起先天缺陷，但可能引起流產。致畸劑可以在任何發育階段發揮破壞作用，但最脆弱時期是第 3 至 8 週。不同的器官具有不同的關鍵時期。例如，肢體異常最有可能是在第 24 至 36 天接觸致畸物而引起的，而腦部異常則是由於在 3 至 16 週接觸致畸物而引起的。

最惡名昭著的致畸藥物是沙利竇邁 (thalidomide)，它是一種鎮靜劑，於 1957 年在西德首次上市。婦女在懷孕初期服用沙利竇邁，通常是在她們知道懷孕之前就服用。當它在 1961 年從全球下架時，估計已影響了全世界 10,000 至 20,000 個嬰兒，其中許多嬰兒的臂或腿畸形 (圖 4.13)，並且經常出現耳朵，心

29 *terato* = monster 怪物；*gen* = producing 產生

(a)

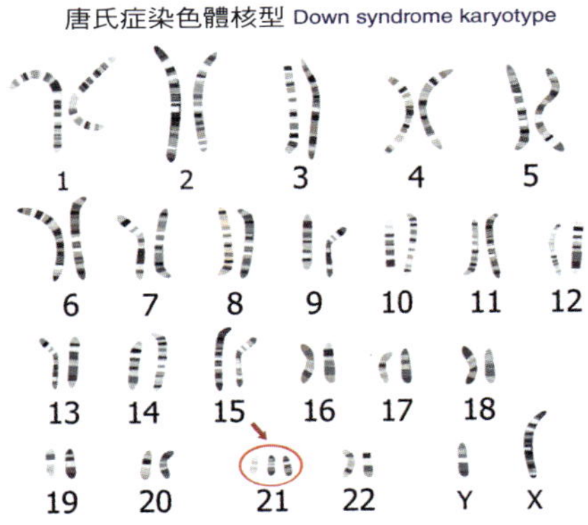

(b)

圖 4.12　**唐氏症**。(a) 一個患有唐氏症的孩子 (中間) 和她的姐妹們；(b) 染色體核型，一位患有唐氏症男性的染色體圖表。請注意，除三條 21 號染色體外，所有染色體都是配對的，因此唐氏症又稱為 21-三體症 (染色體核型是男孩，XY，而不是女孩)。

(a) ©Denys Kuvaiev/Alamy Stock Photo, (b) ©Zuzana Egertova/Alamy Stock Photo

圖 4.13 顯示沙利竇邁對一位男學童肢體發育的影響。

©Leonard McCombe/Contributor/Getty Images

臟和腸道的缺陷。許多致畸物產生的影響不太明顯，包括身體或智力障礙、高應激性、注意力不集中、中風、癲癇發作、呼吸停止、嬰兒猝死和癌症。

酒精比其他致畸物引起的先天缺陷更多。即使是每天喝一杯的孕婦，也會對胎兒和兒童發育產生不良影響，其中對有些孩童的影響直到上學才被注意到。懷孕期間酗酒會導致**胎兒酒精症候群** (fetal alcohol syndrome, FAS)，其特徵是頭部小、顏面畸形、心臟和中樞神經系統缺陷，生長遲緩以及行為症狀，例如過動、神經質和注意力不集中。吸菸也會導致胎兒和嬰兒死亡、異位妊娠、無腦 (大腦發育不全)、唇顎裂和心臟異常。

診斷性醫學 X 射線和產前感染，例如單純皰疹、德國痲疹和人類免疫缺陷病毒也可能致畸。

表 4.6 和臨床應用 4.4 中描述了一些先天性異常和其他發育障礙。

應用您的知識

瑪莎正在向她的同事展示她未出生的嬰兒的超音波檢查圖像。她的朋友貝蒂告訴她，她不應該做超音波檢查，因為 X 光會導致先天缺陷。貝蒂的擔憂是否成立？請說明。

在你繼續閱讀之前

回答下列問題，以檢驗你對上節內容的理解：

12. 從什麼意義上來說自然流產可以被認為是一種保護機制？
13. 突變和染色體不分離都會造成染色體異常。它們之間有什麼區別？
14. 為什麼胎兒在 30 天時暴露於致畸物的情況下比在 10 天時暴露於致畸物更容易生出解剖構造缺陷的嬰兒？

臨床應用 4.4

腦性麻痺

腦性麻痺 (cerebral palsy[30], CP) 是一組運動障礙的統稱，嬰兒期即出現障礙，是由於出生前、出生中或出生後不久的腦部損傷而導致的。僅在美國，它就影響約 500,000 名兒童，每年約有 10,000 新病例。

其原因包括胎兒感染和輻射暴露、臍帶和胎盤血塊、出生創傷、分娩時的母親麻醉以及分娩前或分娩時大腦缺氧。嬰兒期和直至 3 歲左右幼兒期的事故也可能導致腦性麻痺：鉛中毒和其他環境毒素、腦炎和腦膜炎等感染、溺水窒息或異物造成的窒息或身體虐待 [嬰兒搖晃症候群 (shaken baby syndrome)]。相較於正常體重足月單胎的嬰兒，腦性麻痺常見於多胎和早產嬰兒以及出生時體重輕的嬰兒。

30 *palsy* = paralysis 癱瘓

表 4.6 人類發育的一些異常 (疾病)

無腦畸形 (Anencephaly)	由於顱骨頂未能形成而導致前腦缺失，從而使前腦暴露在外。裸露的組織死亡，胎兒出生 (或死胎) 僅有腦幹。活產的無腦畸形嬰兒壽命很短
馬蹄內翻足 (畸形足) [Clubfoot (talipes)]	足畸形包括踝骨 (ankle bone; talus)。腳掌通常翻向內側，隨著孩子的成長，他們可能走路時腳踝著地而不是腳底。可以使用石膏、矯正器、矯形鞋、手術和其他方法矯正至外觀和行走方式接近正常
貓叫症候群 (Cri du chat[31])	由於 5 號染色體缺失一部分而導致的先天性異常。貓叫症候群的嬰兒會有小頭畸形、先天性心臟病、嚴重的智能障礙和虛弱的貓叫般的哭泣
水腦症 (Hydrocephalus)	腦脊髓液在腦中異常積聚。當發生在胎兒，顱骨分離，頭部變得異常大，而面部看起來則顯得過小。可能使大腦減少為薄層的神經組織。對於大約一半的患者來說是致命的，但是可以透過插入分流器將腦脊髓液從大腦排到頸部靜脈的方式治療
殘肢畸形 (Meromelia)	肢體部分缺失 (如圖 4.13 所示)，例如某些手指、手或前臂缺失。完全沒有肢體是*無肢畸形* (amelia)

你可以在以下地方找到其他發育障礙的討論

胎盤早期剝離 (臨床應用 4.3)	唐氏症 (4.3b 節)	前置胎盤 (臨床應用 4.3)
軟骨發育不全侏儒症 (臨床應用 6.2)	子宮外孕 (異位妊娠) (臨床應用 4.1)	早產 (臨床應用 23.4)
胎記 (5.1f 節)	胎兒酒精症候群 (4.3b 節)	呼吸窘迫症候群 (臨床應用 23.4)
腦性麻痺 (臨床應用 4.4)	尿道下裂 (臨床應用 26.2，表 26.2)	內臟異位 (臨床應用 1.1)
腭裂和唇裂 (臨床應用 7.2)	成骨發育不全症(臨床應用 3.3)	內臟錯位 (臨床應用 1.1)
先天性腎臟缺陷 (臨床應用 25.5)	開放性動脈導管 (臨床應用 20.4)	脊柱裂 (13.5b 節)
隱睪症 (臨床應用 26.2，表 26.2)		自然流產 (4.3a 節，表 26.3)
右位心 (臨床應用 1.1)		

腦性麻痺可能包括損傷大腦運動控制中心或連接大腦與小腦不同的途徑，或基底核和其他參與運動控制的大腦區域 (見 15.3c 節)。它通常與其他神經功能障礙有關，包括癲癇和失明。腦性麻痺與智力沒有特定關係；儘管大約 31% 的腦性麻痺受害者表現出智力上的劣勢，但這可能不僅是由於腦部損傷，而且包括對待這些孩子的方式如低估他們的能力或公開嘲笑他們。

在各種形式的腦性麻痺中，最常見的 (65% 至 75%) 是*痙攣性腦性麻痺* (spastic cerebral palsy)，其特徵是緊張而僵硬的肌肉和無法控制的攣縮。罹病者難以啟動所需要的肌肉運動並抑制不需要的肌肉運動。這些使運動和言語變得緩慢而困難，言語障礙可能會對兒童的智力和社會發展產生不利影響。

腦性麻痺是無法治癒的但不會持續進展，也就是說，隨著時間的推移，大腦的損害不會惡化。但是隨著孩子的成長，它的徵候和症狀可能會改變。此改變可設法由多方面的方式進行，以達成最大程度地減少個人侷限性的目的，學習如何彌補侷限性，並實現最大可能的獨立生活。處理方式可能需要用支架或助行器來輔助運動；癲癇發作和肌肉痙攣的醫藥控制；肌肉骨骼手術；物理、職能和語言治療；對兒童的社會發展提供心理支持。

31 *cri du chat* = cry of the cat 貓叫聲 (法語)

學習指南

評估您的學習成果

為了測試你的知識，請與學習夥伴討論以下話題，或以書面形式討論，最好是憑記憶。

4.1 配子生成與受精

1. 配子 (gametes) 和配子生成 (gametogenesis) 的含義。
2. 配子在染色體數目上與人體其他細胞有何不同，為什麼這是有性生殖的必要條件，以及哪種類型的細胞分裂會使染色體數目發生這種變化。
3. 卵子到達子宮所需的時間，受精的時間限制以及這對精子移動的含意。
4. 精子獲能的目的。
5. 受精過程，以及許多精子必須合作才能由其中一個精子使卵受精的原因。
6. 卵的防止多精受精機制，以及為什麼這很重要。
7. 精子穿透後精子及卵核和染色體隨之發生的事件。

4.2 產前發育階段

1. 懷孕時間以及如何預測分娩日期。
2. 胚體的組成。
3. 懷孕的三個孕期以及每個孕期的發育里程碑。
4. 胚胎前、胚胎和胎兒發育階段；定義它們的發育里程碑；以及這些轉變的時間表。
5. 胚前階段的三大事件；該階段結束的發育年齡(以天為單位)；和這個階段的產物
6. 分裂過程；桑葚體和囊胚的外觀；囊胚的兩個細胞團及其各自的命運。
7. 著床過程，合胞體滋養層和細胞滋養層的起源和各自的作用。
8. 胚胎發生的過程，以及由此產生的細胞層和胚外膜的名稱。
9. 發育個體被視為胚胎的年齡；當時的大小；以及哪些解剖特徵將其定義為胚胎。
10. 在胚胎發育階段發生的主要變化。
11. 胚胎折疊如何將平坦的胚盤轉變為圓柱形和 C 字形，以及如何產生原腸。
12. 胚內體腔如何形成，如何劃分為腹膜腔和胸腔，以及進一步由胸腔會區分出什麼腔。
13. 器官發生 (organogenesis) 的含義，由胚胎的三個主要胚層中的每一層發育的一些組織和器官。
14. 神經的形成的過程中，包括從神經板進展到神經溝和神經褶，再到神經管。
15. 神經嵴的起源、位置和命運。
16. 咽囊的位置和命運。
17. 肌節的位置，三個細分項和命運。
18. 頭部、心臟和四肢的早期外觀
19. 羊膜、卵黃囊、尿囊和絨毛膜的四種胚外膜的外觀、位置和功能以及羊水的功能。
20. 從子宮管向下遷移到出生期間三種滋養胚體的模式；滋養細胞及胎盤營養的時間表和重疊期。
21. 胎盤的發育和成熟構造；胎盤的胎兒和母親組成成分；以及如何通過胎盤交換營養、廢物、荷爾蒙和其他物質，同時防止母血與胎兒血的混合。
22. 胎盤與臍帶的關係及其三條血管。
23. 胎盤的各種功能，包括但不限於胎兒營養和廢物清除。
24. 個體被視為胎兒的時間，以及胎兒與胚胎的區別。
25. 從胎兒期開始到出生時發生的重大事件。

4.3 臨床觀點

1. 早期自然流產的發生率和常見原因。
2. 畸胎學 (teratology) 和先天性異常 (congenital anomaly) 的定義，以及直到出生後數月至數年才明顯出現先天性異常的例子。
3. 區別突變和非整倍體 (aneuploidy) 造成先天缺陷的遺傳原因，以及舉出由這些原因導致先天缺陷的例子。
4. 染色體不分離 (nondisjunction) 的含義及其如何導致非整倍體。
5. 唐氏症 (21-三體症) 的病因和特徵。
6. 致畸物 (teratogens) 的定義，三種常見類別的致畸物；和致畸作用的例子。
7. 胎兒酒精症候群的病因和特徵。

回憶測試

1. 當一個胚體到達子宮時，是處於發育的什麼階段？
   a. 合子 (zygote)
   b. 桑葚體 (morula)
   c. 分裂球 (blastomere)
   d. 囊胚 (blastocyst)
   e. 胚胎 (embryo)
2. 在精子核進入卵子之前，必須先______。
   a. 皮質反應
   b. 頂體反應
   c. 受精膜的形成
   d. 著床
   e. 分裂
3. 原腸發育是由於______。
   a. 原腸胚形成 (gastrulation)
   b. 分裂 (cleavage)

c. 胚胎發生 (embryogenesis)
d. 胚胎折疊
e. 非整倍體 (aneuploidy)

4. 絨毛膜絨毛是由下列何者發育而來？
a. 透明帶
b. 子宮內膜
c. 合胞體滋養層細胞
d. 胚細胞
e. 上胚層

5. 下列哪些是非整倍體造成的？
a. 唐氏症
b. 胎兒酒精症候群
c. 染色體不分離
d. 突變
e. 多精入卵

6. 胎兒的尿液在______處積聚並與其中的液體混合。
a. 胎盤竇 (placental sinus)
b. 卵黃囊 (yolk sac)
c. 尿囊 (allantois)
d. 絨毛膜 (chorion)
e. 羊膜 (amnion)

7. 前期胚胎有______。
a. 神經管
b. 心臟隆起
c. 細胞滋養細胞
d. 胚腔 (coelom)
e. 蛻膜細胞

8. 胎兒與胚胎的區別在於胎兒具有______。
a. 所有的器官系統
b. 三個胚層
c. 胎盤
d. 羊膜
e. 臂和腿芽

9. 最初的血液以及未來的卵子和精子細胞來自______。
a. 中胚層
b. 下胚層
c. 合胞體滋養層
d. 胎盤
e. 卵黃囊

10. 在妊娠的前 8 週，胚體的營養來源主要是______。
a. 胎盤
b. 羊水
c. 初乳
d. 蛻膜細胞
e. 卵黃質

11. 導致先天性解剖畸形的病毒和化學物質稱為______。
12. 非整倍體是由於______，一對染色體在減數分裂中分離失敗而引起的。
13. 腦和脊髓從稱為______的縱向外胚層管發育而來。
14. 胚體附著於子宮壁稱為______。
15. 胎兒血液流經稱為______的生長構造，該生長構造進入胎盤竇。
16. 精子穿透卵的酶包在稱為______的胞器中。
17. 受精發生在女性生殖道的一部分，稱為______。
18. 骨骼，肌肉和真皮來自分段的中胚層，稱為______。
19. 卵細胞對於______或是超過一個精子的受精具有快速和慢速阻斷的能力。
20. 當三個主要胚層形成後，發育中的個體首先被分類為______。

答案在附錄 A

建立您的醫學詞彙

說出每個詞彙的含意，並從本章中給出一個使用該詞彙的醫學專有名詞或稍微改變該詞彙。

1. haplo-
2. gameto-
3. zygo-
4. tropho-
5. cephalo-
6. gyneco-
7. -genesis
8. syn-
9. meso-
10. terato-

答案在附錄 A

這些陳述有什麼問題？

簡要說明下列各項陳述為什麼是假的，或將其改寫為真。

1. 新鮮射精的精子使卵子受精的能力比已經幾個小時的精子更強。
2. 受精通常發生在子宮中。
3. 卵通常由接觸它的第一個精子使其受精。
4. 有性生殖需要產生二倍體配子。
5. 神經系統起源於胚胎的中胚層。
6. 在女性即將分娩時會破裂並排出液體的「水袋」在解剖學上被稱為胎盤 (placenta)。
7. 誘變劑 (mutagen) 是會導致產前發育缺陷的化學物，如沙利竇邁或酒精。
8. 孩童從父親和母親那裡經由遺傳得到大致相等數量的粒線體 DNA。
9. 發育中的個體首先可被稱為胎兒是當外胚層、中胚層和內胚層三個胚層形成之時。
10. 精子運動的能量來自頂體 (acrosome)。

答案在附錄 A

測試您的理解力

1. 受精只需要一個精子即可，而射精少於一千萬個精子的男人通常是不育的。解釋這個明顯的矛盾。假設射出了 1,000 萬個精子，預測有多少精子會落在卵子的近距離內。這些精子中的任何一個受精的機率如何？
2. 胚胎學 (embryology) 和畸胎學 (teratology) 有什麼區別？
3. 您認為沙利竇邁在表 4.4 的時間軸 (線) 上的什麼時間發揮其致畸作用？說明理由。
4. 一名畸形學學家正在研究在第 12 週時自然流產的胎兒細胞學。她得出的結論是胎兒是三倍體的。您認為這個詞意味著什麼？您認為她在每個胎兒細胞中發現了多少條染色體？產生這種狀態是人類發育中何種正常過程的明顯失敗？
5. 一名年輕女子發現她懷孕約 4 週。她告訴她的醫生說，3 週前的聚會她喝了大量的酒，她擔心這對她的胎兒可能會產生影響。如果您是醫生，您會告訴她這個令人擔憂的嚴重問題嗎？為什麼或者為什麼不？

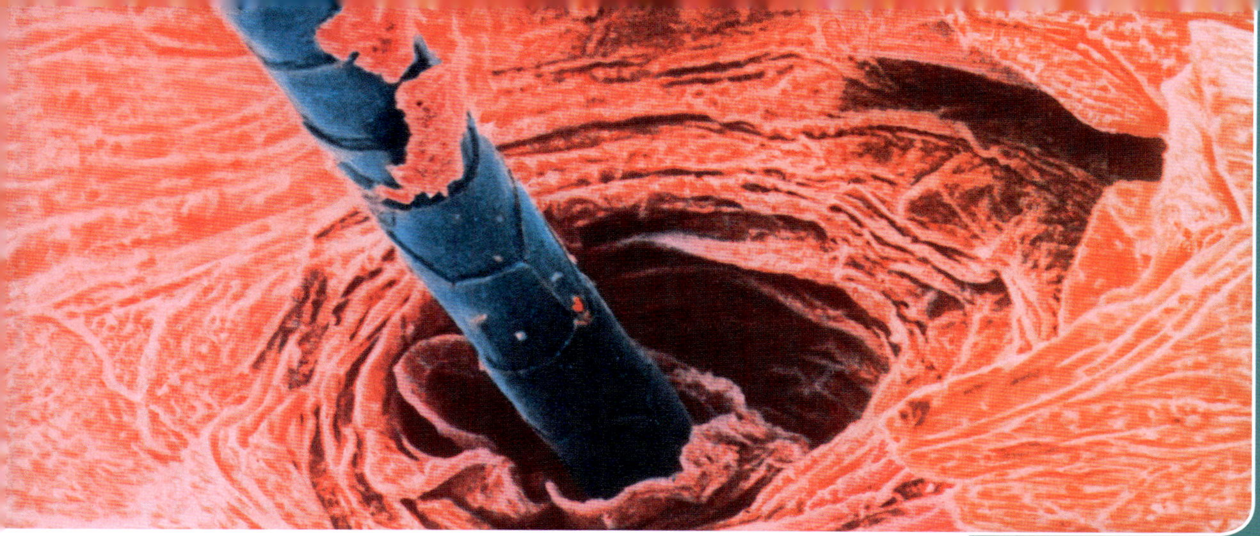

在皮膚表面由毛囊中長出來的毛髮 (掃描式電子顯微鏡)

PART 2

CHAPTER 5

體被系統

王懷詩

章節大綱

5.1 皮膚和皮下組織

- 5.1a 皮膚的功能
- 5.1b 表皮
- 5.1c 真皮層
- 5.1d 皮下組織
- 5.1e 膚色
- 5.1f 皮膚標記

5.2 頭髮和指甲

- 5.2a 毛髮
- 5.2b 指甲

5.3 皮膚腺體

- 5.3a 汗腺
- 5.3b 皮脂腺
- 5.3c 耵聹腺
- 5.3d 乳腺

5.4 發育和臨床觀點

- 5.4a 體被系統的產前發育
- 5.4b 體被系統的老化
- 5.4c 皮膚疾病

學習指南

臨床應用

5.1 張力線和手術

5.2 防曬劑、曬傷和皮膚癌

5.3 植皮和人造皮膚

複習

要瞭解本章，您可能會發現複習以下概念會有所幫助：

- 細胞連接 (2.2e 節)
- 角質化複層的鱗狀上皮 (表 3.3)
- 暈狀和緻密的不規則結締組織 (表 3.4、3.5)
- 外泌、全泌和頂泌腺類型 (3.5a 節)

Anatomy & Physiology REVEALED® aprevealed.com

模組 4：體被系統

本書中講述的第一個器官系統也是最明顯的器官系統，即*體被系統* (integumentary system)，由皮膚及其腺體、毛髮和指甲組成。人們對該系統的關注程度超過其他任何系統。由此可見，它的外觀強烈地影響我們的社交互動。很少有人會冒險出門而沒有照鏡子看看自己的皮膚和頭髮是否美觀。僅在美國，每年在皮膚和頭髮護理產品和化妝品上的花費就有數十億美元。醫護人員不應將其視為虛榮，因為正面的自我形象對促進整體健康是很重要的態度。皮膚系統的護理視為整體病患護理的重要組成部分。

皮膚、頭髮和指甲的外觀不僅僅是美學問題——仔細察看它們是身體檢查的重要部分。它們不僅可以為自己的健康提供線索，而且還可以為更深的疾病提供線索，例如肝癌、貧血、腎臟疾病和心臟衰竭。皮膚也是我們器官中最脆弱的部分，暴露於輻射、創傷、感染和有害的化學物質中。因此，與任何其他器官系統相比，它需要得到更多的醫療護理。

5.1 皮膚和皮下組織

預期學習成果

當您完成本節後，您應該能夠

a. 列出皮膚的功能並將其與皮膚的構造聯繫起來；
b. 描述表皮、真皮和皮下組織的組織學構造；
c. 描述皮膚具有的正常和病理狀況的顏色，並解釋其原因；和
d. 描述皮膚的常見標記。

皮膚、頭髮、指甲和皮膚腺體 (汗腺等) 構成**體被系統** (integumentary[1] system)；皮膚本身就被稱為**體被** (integument)。該系統的治療是稱為**皮膚病學** (dermatology)[2] 的醫學分支。

皮膚是人體最大和最重的器官。在成年人中，它的面積為 1.5 至 2.0 m^2，約占體重的 15%。它由兩層組成：稱為*表皮* (epidermis) 的複層鱗狀上皮和稱為*真皮* (dermis) 的深層結締組織層 (圖 5.1)。真皮下面是另一個結締組織層，即*皮下組織* (hypodermis)，它不是皮膚的一部分，但通常是與皮膚一起探索的構造。

大部分皮膚的厚度為 1 至 2 mm，但範圍從眼瞼的不到 0.5 mm 到肩胛之間的 6 mm。該差異主要是由於真皮厚度的變化，儘管皮膚分類為厚或薄僅根據表皮的相對厚度。**厚皮膚** (thick skin) 覆蓋了手掌，腳掌以及手指和腳趾的相應表面。由於死細胞構成的表層稱為*角質層* (stratum corneum) 非常厚，僅表皮的厚度約為 0.5 mm。該層在手掌和腳底可對抗所特別承受的壓力和摩擦。厚皮膚有汗腺，但沒有毛髮或皮脂腺 (油)。身體的其餘部分被**薄皮膚** (thin skin) 覆蓋，該皮膚的表皮層厚約 0.1 mm，角質層薄。它具有毛髮、皮脂腺和汗腺。

5.1a 皮膚的功能

皮膚遠不止是一個容納人體的容器。它具有遠遠超出外觀的各種重要功能。

1. **抵抗創傷和感染** (resistance to trauma and infection)。對人體大多數的身體傷害首當其衝的就是皮膚，但是它比其他器官有更好的抵抗創傷並從創傷中恢復的能力。表皮細胞中充滿了堅固的蛋白質**角蛋白** (keratin)，並通過強力的橋粒連接在一起，使上皮具有耐久性。很少有傳染性生物能夠穿透完整的皮膚。細菌和真菌定居在表面，但它們的數量是由相對乾燥和輕微酸度 (pH 4~6) 來控制。它的酸性保護膜稱為*酸性套* (acid

1 *integument* = covering 覆蓋

2 *dermat* = skin 皮膚；*logy* = study of 研究

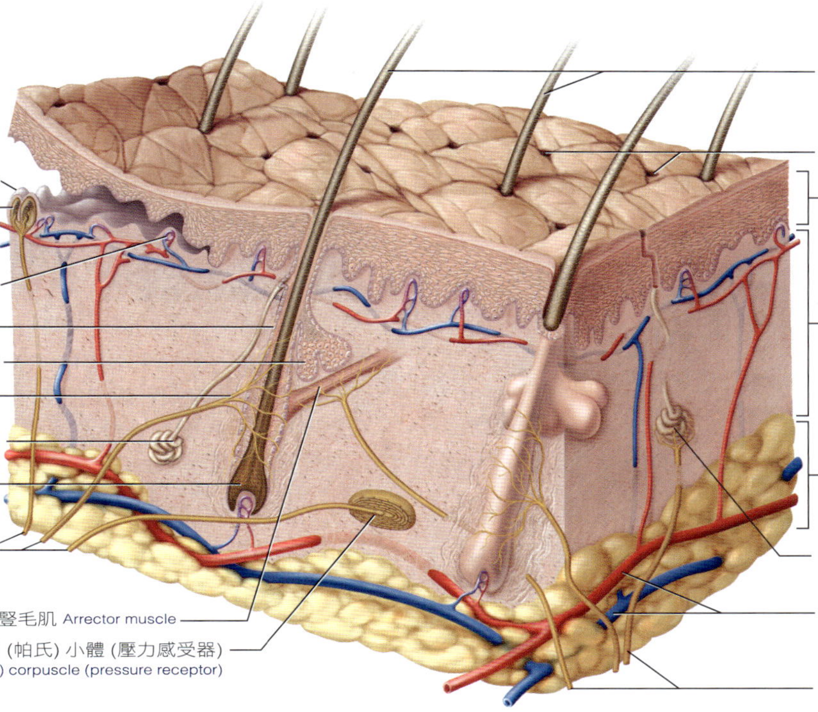

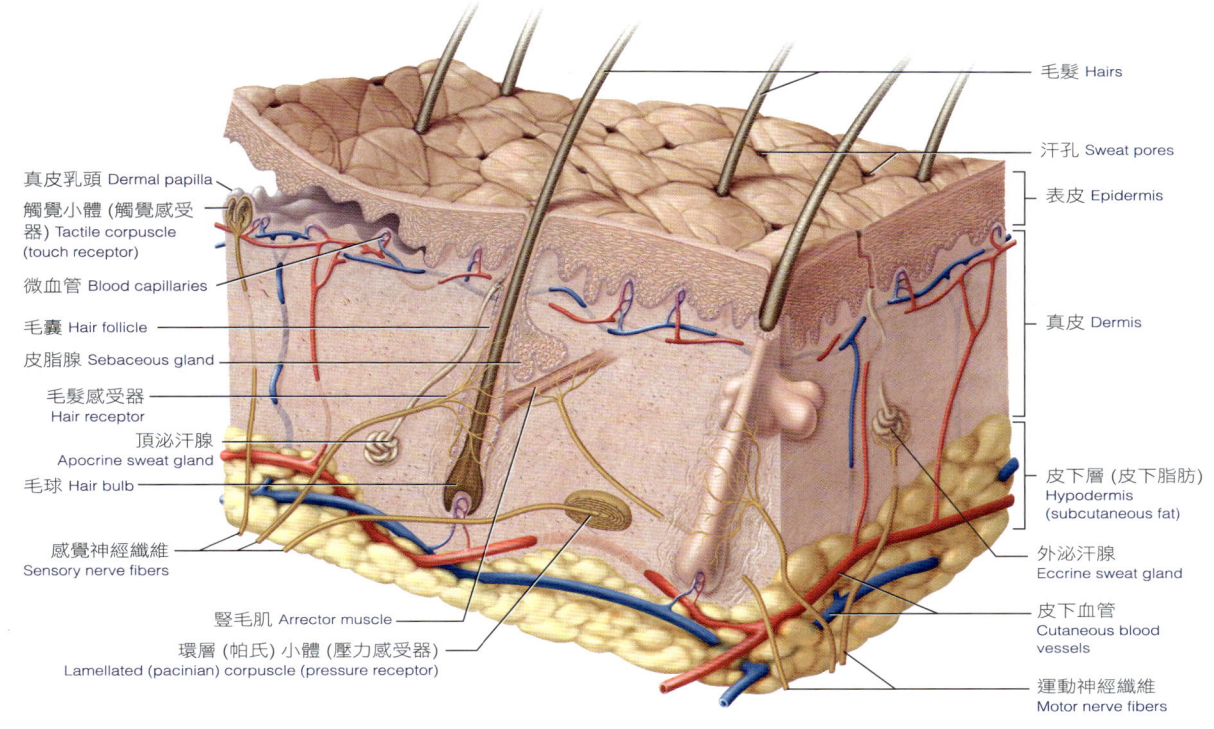

圖 5.1　**皮膚和皮下組織的構造**。表皮在左上角被剝離，顯示出波紋狀的真皮—表皮邊界。

mantle)，也含有稱為*德米西丁* (dermcidin) 和*防禦素* (defensins) 的抗菌化學物質。表皮中稱為樹突狀細胞的免疫細胞可防備突破表面的病原體。

2. **保水性** (water retention)。皮膚是防水的屏障。可以防止人體在游泳或沐浴時吸收過多的水分，但更重要的是，它可以防止人體流失過多的水分到周圍的空氣中。
3. **維生素 D 合成** (vitamin D synthesis)。維生素 D 合成的第一個步驟是在皮膚中，這是骨骼的發育和維持所必需的 (參見 6.3e 節)。肝臟和腎臟完成該過程。
4. **感覺** (sensation)。皮膚是我們最廣泛的感覺器官。具有多種神經末梢，對熱、冷、觸覺、質地、壓力、振動和組織損傷有反應。這些感覺感受器在面部、手掌、手指、腳底、乳頭和生殖器上尤其豐富。背部和關節上方的皮膚 (如膝蓋和肘部) 相對較少。皮膚感覺神經末梢的名稱和詳細的描述將在 17.1b 節中說明。
5. **體溫調節** (thermoregulation)。皮膚接收的血液量是其維護自身所需血液的 10 倍，並且富含稱為**溫度接受器** (thermoreceptors) 的神經末梢，可監控人體表面溫度。這些都與它在調節體溫方面的重要性有關。皮膚可以充當我們的大衣或散熱器，這取決於我們當時的狀況是否需要保暖或散熱。寒冷時，位在真皮層的血管收縮 [*皮膚血管收縮* (cutaneous vasoconstriction)] 以保持皮膚溫度，從而使溫暖的血液在人體較深層。當我們很熱的時候，我們會通過擴張那些血管 [*皮膚血管擴張* (cutaneous vasodilation)] 來消除多餘的熱量，從而使更多的血液流向表面並通過皮膚散發熱量。如果這還不足以恢復正常溫度，我們會出汗，汗液的蒸發具有強大的冷卻效果。如果皮膚不能使我們消除自身代謝產生的熱量，我們將很快死於體溫過高。

6. **非言語交流** (nonverbal communication)。皮膚是重要的溝通途徑。與其他靈長類動物一樣，人類的面孔比大多數哺乳動物的面孔更具表情力。複雜的骨骼肌附著在真皮層中並移動皮膚，造成微妙而多樣的面部表情 (圖 5.2)。

(a) (b)

圖 5.2 **皮膚在非語言表達中的重要性**。靈長類動物與其他哺乳動物的不同之處在於，由於面部肌肉伸入真皮的膠原纖維中並移動皮膚，因此牠們的面部表情非常豐富。

(a) ©GlobalP/Getty Images, (b) ©Joe DeGrandis/McGraw-Hill Education

5.1b 表皮

如表 3.3 中所述，**表皮** (epidermis)[3] 是角質化的複層鱗狀上皮。也就是說，其表面是由充滿角蛋白的死細胞組成。像其他上皮一樣缺乏血管，而是依靠來自其下層結締組織擴散的營養物質。它具有觸覺和疼痛的感覺神經末梢，但大多數皮膚感覺是由於位在真皮中的神經末梢。

表皮細胞

表皮由五種類型的細胞組成 (圖 5.3)：

1. 絕大多數的表皮細胞是**角質細胞** (keratinocytes)(keh-RAT-ih-no-sites)，幾乎構

3 *epi* = above 以上，upon 上方；*derm* = skin 皮膚

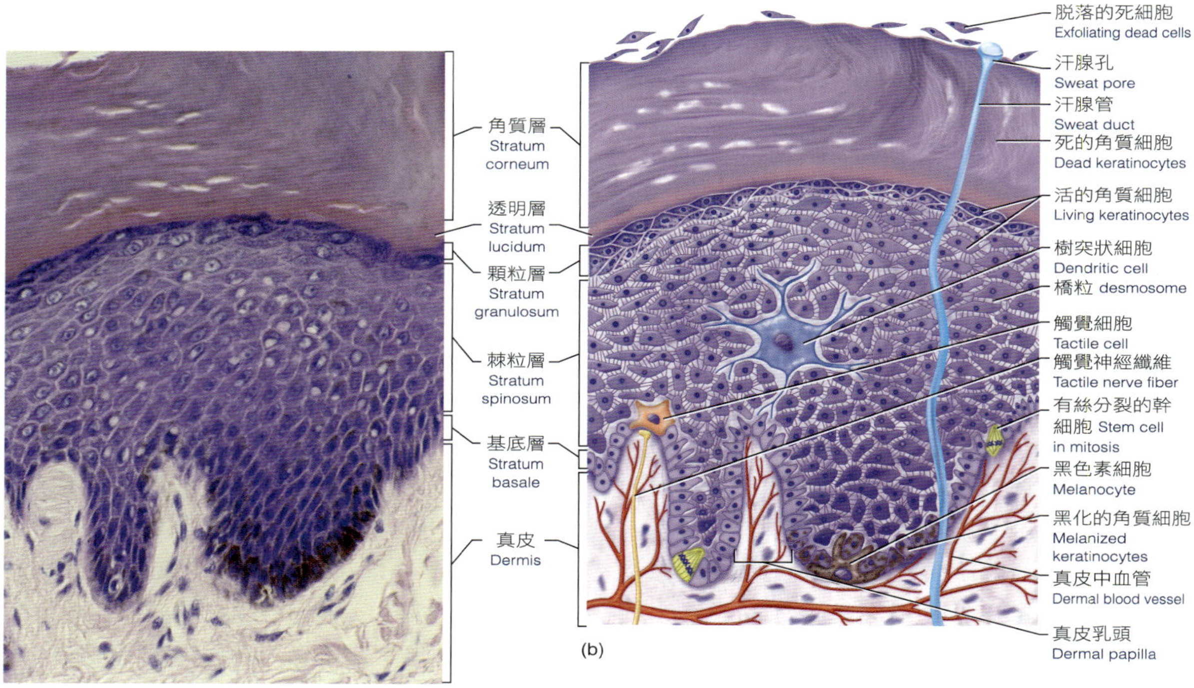

(a) (b)

圖 5.3 **表皮的層和細胞類型**。(a) 照片；(b) 照片中看不到的皮膚特徵的繪圖。角質細胞之間的間隙是因人為的固定過程中細胞收縮所造成，但通常在皮膚的顯微鏡玻片上可見。該圖強調了階梯狀是由橋粒連接了這些間隙。APR

(a) ©Biophoto Associates/Science Source

成組織切片中可見到的所有細胞。角質細胞是以其在合成角蛋白中的角色命名。

2. **幹細胞** (stem cells) 是未分化的細胞，其分裂並產生角質細胞。僅位在表皮的最深層的基底層 (stratum basale)。
3. **黑色素細胞** (melanocytes) 也僅出現在基底層中，在幹細胞和最深層的角質細胞之間。合成棕色到黑色的黑色素 (melanin)。具有長的分支突起，分佈在角質細胞之間，並不斷從其尖端脫落含黑色素的碎片 [黑素體 (melanosomes)]。角質細胞吞噬這些碎片，並積聚黑色素顆粒在核的「陽光射入的一面」。像遮陽傘一樣，色素可保護 DNA 免受紫外線輻射。將在後面討論黑色素細胞相關於膚色的種族差異。
4. **觸覺細胞** (tactile cells) 數量很少，是觸覺的感受器。它們也存在於表皮的基底層，並與下面真皮中的神經纖維相關。觸覺細胞及其神經纖維統稱為觸覺盤 (tactile disc)。
5. 在表皮的棘狀層和顆粒層 (將在下一節中介紹) 中可以發現**樹突狀細胞** (dendritic[4] cells)。它們是免疫細胞起源於骨髓並遷移至表皮層和口腔，食道和陰道的上皮。表皮中每平方毫米有多達 800 個樹突狀細胞。它們可以防止毒素、微生物和其他穿入到皮膚中的病原體。當它們偵測到此類入侵者時，會將異物碎片帶入淋巴結，並提醒免疫系統，使身體能夠自我防禦。

表皮層

表皮層的細胞通常分佈為四到五個區域或層 (厚皮膚中五層)，如圖 5.3 所示。下面的描述從深層到淺層，從最年輕的到最老的角質細胞。

1. **基底層** (stratum basale)(bah-SAY-lee) 主要包括位在基底膜上的單層立方到低柱狀幹細胞和角質細胞。黑色素細胞、觸覺細胞和幹細胞分佈在其中。當幹細胞分裂時，它們會產生向皮膚表面遷移的角質細胞，並取代失去的表皮細胞。這些細胞的生命史將在下一節中介紹。
2. **棘狀層** (stratum spinosum)(spy-NO-sum) 由幾層角質細胞組成。在大多數地方，這是最厚的一層，但在手掌和腳掌上，通常是角質層更厚。棘狀層最深處的細胞繼續分裂，但隨著它們被進一步向上推，它們停止分裂。而是產生越來越多的角蛋白細絲，從而導致細胞扁平化。因此，在棘狀層的越靠上方的細胞越扁平。樹突狀細胞也遍佈在棘狀層，但通常在組織切片中觀察不到。

   棘狀層的命名是製備組織標本時固定組織造成的人為外觀 [人為現象 (artifact)]。角質細胞之間有大量的橋粒將細胞牢固地相互連接，這在一定程度上說明了表皮的韌性。組織固定劑使角質細胞收縮，因此細胞彼此分離。然而橋粒處仍相連著，就像兩個人在彼此分開的時候牽著手一樣。因此，橋粒形成細胞與細胞之間的橋樑，使每個細胞都有刺狀的外觀由此衍生出棘狀 (spinosum)。
3. **顆粒層** (stratum granulosum) 由三到五層的扁平角質細胞 (在厚皮膚中比在薄皮膚中多) 和一些樹突狀細胞組成。該層的角質細胞含有粗糙的，深染的透明角質顆粒 (keratohyalin granules)，因此得名。這些顆粒的功能意義將簡短說明。
4. **透明層** (stratum lucidum)[5] (LOO-sih-dum) 是一個薄的半透明區域，僅在厚皮膚中可見。此層的角質細胞密集地包裹著一種叫做角母蛋白 (eleidin)(ee-LEE-ih-din) 的透明蛋白質。細胞沒有細胞核或其他胞器。由於缺少胞器，並且角母蛋白不易染上色，因此該區

---

4 *dendr* = tree 樹，branch 分支

5 *lucid* = light 光亮，clear 清晰

域具有淡色、無特徵的外觀，且細胞邊界不清楚。

5. **角質層** (stratum corneum) 由多達 30 層死亡、鱗狀、角質化的細胞組成，形成一個堅固的表面層。特別可抵抗磨擦、滲透和水分流失。

角質細胞的生命史

死細胞不斷從皮膚表面剝落。它們像空氣中的白色小斑點一樣漂浮，沉降在屋內家具和地板表面並形成積聚在其中的大量灰塵。由於我們不斷丟失這些表皮細胞，因此必須不斷地替換它們。

角質細胞是由表皮深處的基底層中的幹細胞有絲分裂產生。棘狀層中最深處的角質細胞中也有部分細胞保持有絲分裂的能力，因此可以使數量增加。有絲分裂需要大量的氧氣和養分，這些深層細胞是從附近真皮的血管中獲取的。一旦表皮細胞移動至距離真皮層超過兩個或三個細胞後，它們的有絲分裂就會停止。在製備好的皮膚切片中很少見到有絲分裂，因為它主要發生在晚上，而大多數組織學標本是在白天採集的。

隨著新的角質細胞的形成，它們將較老的角質細胞向上推。在 30 到 40 天內，角質細胞進入表面並剝落。這種細胞移動在老年時較慢，而在受傷或受壓力的皮膚中則較快。受傷的表皮比體內任何其他組織再生更快。體力勞動或太緊的鞋產生的機械壓力會加速角質細胞的增殖，並導致*老繭* (calluses) 或*雞眼* (corns)，手掌或腳底堆積厚層的死角質細胞。

當角質細胞被下面的分裂細胞向上推時，它們變平並產生更多的角蛋白絲和充滿脂質的**層板顆粒** (lamellar granules)[**被膜囊泡** (membrane-coating vesicles)]。在顆粒層中，發生四個重要的變化：(1) 透明角質顆粒釋放一種稱為*絲聚蛋白* (filaggrin) 的蛋白質，該蛋白將細胞骨架的角蛋白絲結合在一起，形成粗糙而堅韌的束狀；(2) 細胞在細胞膜下層產生一層堅硬的*套膜蛋白* (envelope protein)，在角蛋白束周圍形成幾乎不可破壞的蛋白囊；(3) 層板顆粒釋放出的脂質混合物分佈到細胞表面使其防水；(4) 最後，由於這些屏障切斷從下方供給到角質細胞的營養，它們的細胞核和其他胞器退化，細胞死亡，僅留下堅硬防水的角蛋白囊。

前述過程導致了在顆粒層和棘狀層之間的**表皮水屏障** (epidermal water barrier)。這種屏障對保持體內水分和防止脫水至關重要。屏障上方的細胞迅速死亡，形成由死亡的角質細胞和細胞碎片緊密層組成的角質層。死亡的角質細胞從表皮表面剝落 (剝落)，形成稱為**皮屑** (dander) 的細小微片。*頭皮屑* (dandruff) 是由皮脂 (油) 黏在一起的皮屑組成。

表皮防水層的奇妙效果是當我們在浴缸或湖泊中逗留時皮膚起皺紋的方式。角質層的角蛋白吸收水分並膨脹，但皮膚深層不吸收水分。角質層的增厚迫使其起皺紋。這在手指和腳趾 [「像梅乾的手指 (prune fingers)」] 的指尖上尤其明顯，因為它們的角質層如此厚並且缺少皮脂腺，無法像身體其他部位一般產生防水油脂。但是，故事可能還不止這些，因為當手指的神經被切斷時則皺紋不會形成，這說明神經系統也起一些作用。最近有假設認為，皮膚的這種皺曲可起到類似於汽車輪胎胎紋的作用，通過將指尖按在潮濕的表面上將水帶走，從而改善了抓地力。

5.1c 真皮層

表皮層下方是結締組織層，**真皮層** (dermis)。範圍從眼瞼的 0.2 mm 厚到手掌和腳掌的約 4 mm 厚。它主要由膠原蛋白組成，但也包含彈性和網狀纖維、纖維母細胞以及纖維結締組織的其他典型細胞 (在 3.3b 節中介紹)。血管、皮膚腺體和神經末梢在此處都供應充足。毛囊和指甲根埋在真皮層中。真皮包含與毛囊相關的平滑肌，如下所述。在顏面部，骨骼肌附著在真皮的膠原纖維上，並產生諸如微笑、抬頭紋或提眉的表情 (見圖 5.2)。

表皮和真皮之間的邊界在組織學上明顯且通常是波浪形的 (見圖 5.1)。向上波浪狀的指狀延伸稱為**真皮乳頭** (dermal papillae[6])，表皮向下波浪狀的延伸，稱為**表皮嵴** (epidermal ridges)。因此，真皮和表皮的邊界像瓦楞紙板一樣交錯，這種排列可抵抗表皮在真皮層上滑動。如果仔細觀察您的手和腕部，您會看到細微的溝紋，將皮膚分成長方形和菱形的微小區域。真皮乳頭在溝紋之間產生凸起區域。在指尖上，該波浪形邊界形成了 5.1f 節中討論的摩擦嵴 (friction ridges)。在嘴唇和生殖器等高度敏感的區域，異常高的真皮乳頭可使神經纖維和微細管更靠近皮膚表面。這使得這些區域顯出更紅的顏色並具有更敏銳的觸覺。

真皮層有兩個區域，分別稱為乳突層和網狀層 (圖 5.4)。**乳突層** [papillary layer (PAP-ih-lair-ee)] 是真皮乳頭內和附近的暈狀結締組織的薄層區域。它特別富含小血管。乳突層的組織鬆散，允許白血球的移動和其他防禦由表皮破口侵入微生物的作用。

真皮層的**網狀層** (reticular[7] layer) 更深、更厚。它由緻密不規則結締組織組成。皮革包含動物皮膚的網狀層，證明該組織的韌性。乳突狀和網狀層之間的界線通常是模糊的。在網狀層中，膠原蛋白形成較厚的束，留給基質很少的空間，並且通常有少量的脂肪細胞群。肥胖和懷孕期間的皮膚拉伸會撕裂膠原纖維並產生條紋 (striae)(STRY-ee) 或妊娠紋。這些尤其發

6 *pap* = nipple 乳頭；*illa* = little 小

7 *reti* = network 網狀；*cul* = little 小

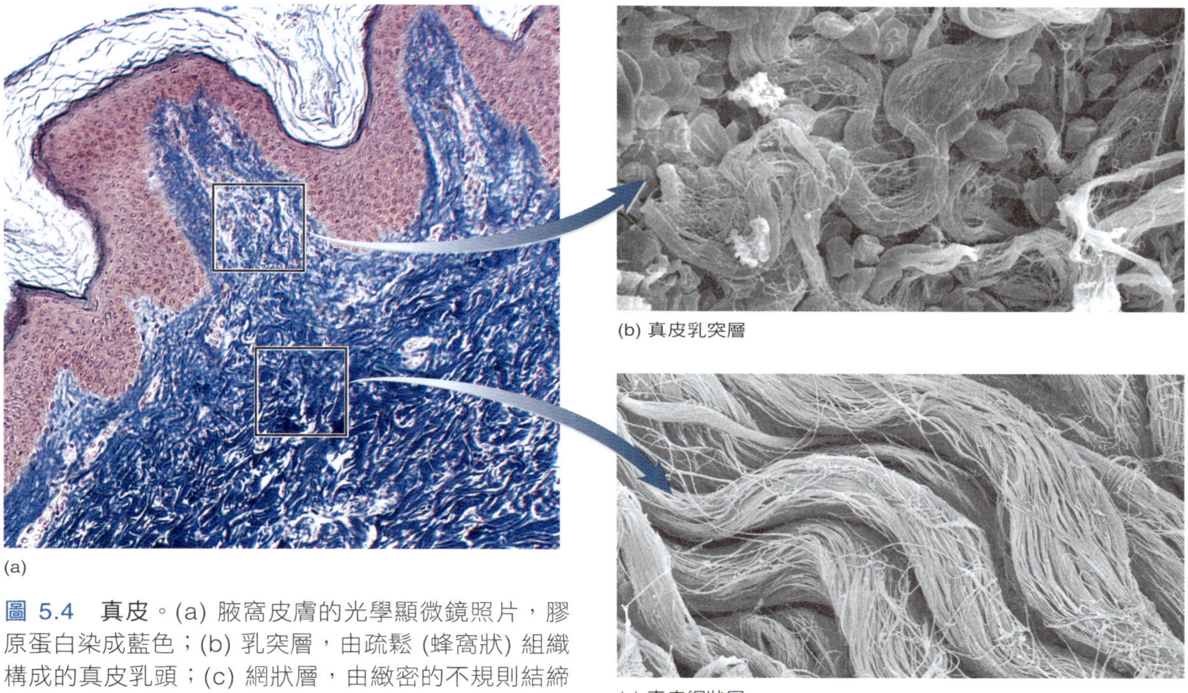

(a)

(b) 真皮乳突層

(c) 真皮網狀層

圖 5.4 **真皮**。(a) 腋窩皮膚的光學顯微鏡照片，膠原蛋白染成藍色；(b) 乳突層，由疏鬆 (蜂窩狀) 組織構成的真皮乳頭；(c) 網狀層，由緻密的不規則結締組織構成，形成真皮深層的五分之四。APR

生在體重增加最多的區域：大腿、臀部、腹部和胸部。

真皮層有廣泛分佈在表皮邊界，真皮中部以及真皮和皮下組織之間的血管叢。當真皮血管由於燒傷和過緊的鞋造成的摩擦而受傷時，漿液會從血管中滲出並積聚成**水泡** (blister)，使表皮與真皮分離，直到液體被吸收或由於水泡破裂使液體排出。

應用您的知識

真皮乳頭在手掌和足底皮膚中相對較高和數量較多，但在面部和腹部數量很少。你認為這種差異在功能上的意義是什麼？

臨床應用 5.1

張力線和手術

真皮中的膠原蛋白束主要為平行排列，在四肢為縱向或斜向的走向，但在頸部、軀幹、手腕和其他一些區域則為環形。它們使皮膚保持固定的張力，因此被稱為*張力線* (tension lines)。如果在皮膚上切口，尤其是垂直於張力線的切口，因為膠原蛋白束拉住切口的邊緣而會造成傷口裂開。即使用釘子之類的圓形物體刺穿皮膚，傷口也會以檸檬形開口張開，傷口軸的方向垂直於張力線。這種張開的傷口相對難以癒合，並且往往癒合後有過多的疤痕。外科醫生的切口平行於張力線，例如，在通過剖腹產分娩嬰兒時，在腹部橫切切口，這樣切口造成的裂縫較小並且癒合後的疤痕也較少。

5.1d 皮下組織

皮膚下方是稱為**皮下組織** (hypodermis)[8] [**皮下組織** (subcutaneous tissue)] 的一層構造。真皮和皮下組織之間沒有明顯的界線，但是皮下組織通常具有更多的暈狀和脂肪組織。它可以覆蓋身體並將皮膚與下面的組織結合。通常注射藥物至皮下層是因為皮下組織具有豐富的血管而可以快速吸收。

皮下脂肪 (subcutaneous fat) 是皮下組織主要由脂肪組織組成的。具有儲存能量和隔熱的功能。它不是均勻分佈的；例如，它幾乎不存在於頭皮中，但在胸部、腹部、臀部和大腿中相對豐富。皮下脂肪通常約占人體總脂肪的 50%。女性的平均厚度比男性平均高 8%，並且會隨年齡而變化。嬰兒和老年人的皮下脂肪比其他人少，因此對冷更加敏感。

表 5.1 總結皮膚和皮下組織的各層。

5.1e 膚色

影響皮膚顏色中最重要的因素是**黑色素** (melanin)，黑色素是由黑色素細胞產生的，但會累積在基底層和棘狀層的角質細胞中 (圖 5.5)。黑色素有兩種形式：一種是棕黑色的**真黑素** (eumelanin)[9]；另一種是紅黃色含硫色素，**棕黑色素** (pheomelanin)[10]。不同膚色 (skin color) 的人黑色素細胞數目基本上相同，但是在深色皮膚的人中，黑色素細胞產生的黑色素更多，黑色素顆粒散佈在角質細胞中而非聚成緊密團塊，以及黑色素分解更緩慢。因此，在從基底層到角質層的整個表皮中都可以看到黑色素化的細胞。在膚色較淺的人中，黑色素聚集在角質細胞核附近，因此賦予細胞較少的顏色。它的分解速度也更快，因此即使在基底層以上也只能看到一點點。

皮膚的顏色也會隨著暴露於日光中紫外線 (UV) 的影響而變化，這會刺激黑色素的合成並使皮膚變黑。當黑色素在較老的角質細胞中降解，並且角質細胞遷移至表面並脫落時曬黑

8 *hypo* = below 以下；*derm* = skin 皮膚

9 *eu* = true 真；*melan* = black 黑色

10 *pheo* = dusky 昏暗；*melan* = black 黑色

表 5.1 皮膚和皮下組織分層

層	說明
表皮 (epidermis)	角質化複層鱗狀上皮
角質層 (stratum corneum)	皮膚表面死角質細胞
透明層 (stratum lucidum)	透明、無特徵的狹窄區域，僅在厚皮膚中可見
顆粒層 (stratum granulosum)	兩到五層帶有深染的透明角質顆粒的細胞；薄皮膚中較少
棘狀層 (stratum spinosum)	多層角質細胞通常在組織固定時收縮，但通過橋粒彼此附著，使它們看起來呈多刺狀。它們離真皮越遠細胞逐漸變平。樹突狀細胞在這裡很豐富，但在常規染色的製備中無法區分
基底層 (stratum basale)	單層立方至柱狀細胞，位於基底膜上；有絲分裂最多的部位；由幹細胞、角質細胞、黑色素細胞和觸覺細胞組成，但這些都不能由常規染色區分出來。黑色到棕色皮膚的這一層的角質細胞中黑色素顯著
真皮 (dermis)	纖維結締組織，富含血管和神經末梢。汗腺和毛囊起源於此處和皮下組織
乳突層 (papillary layer)	真皮層淺層的五分之一；由暈狀組織組成；經常向上延伸為真皮乳突
網狀層 (reticular layer)	真皮層深層的五分之四；緻密的不規則結締組織
皮下層 (hypodermis)	皮膚和肌肉之間的暈狀或脂肪組織

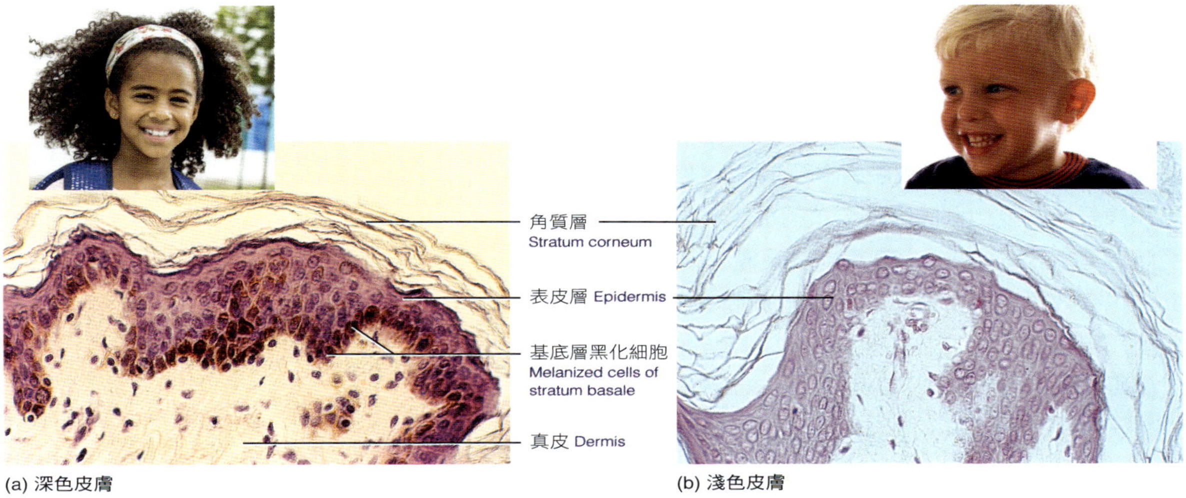

圖 5.5 **皮膚色素沉著的變化**。(a) 基底層在深色皮膚中顯示出大量黑色素沉積；(b) 淺色皮膚有很少或看不到黑色素。

• 在 (a) 部分中，五種表皮細胞中哪些是黑色素化細胞？

的皮膚會變淺。黑色素的量在身體的不同位置也有很大的不同。它相對集中在雀斑和痣中；與手掌和腳掌相對的手和腳的背面上；在乳房的乳頭和乳暈；肛門周圍在陰囊和陰莖；在女性生殖器褶皺的側面 [大陰唇 (labia majora)]。在某些人皮膚的具有大量黑色素和較少量黑色素區域之間的對比，比在其他人中更為明顯，但幾乎每個人在某種程度上都存在這種對比。

臨床應用 5.2

防曬劑、曬傷和皮膚癌

紫外線分為兩個波長範圍，UVA 和 UVB。UVA 即所謂的「曬黑射線」，具有較長的波長 (320~400 nm) 和兩者中較低的能量。UVB 即所謂的「燃燒射線」，具有較短的波長 (290~320 nm) 和較高的能量。日光浴沙龍經常宣傳它們只使用「安全的」UVA 射線，但是 UVA 可以曬黑也一樣可以造成曬傷。它也是造成大部分光照性皮膚老化的原因 (請見 5.4b 節)，並且它會抑制免疫系統。現在認為 UVA 和 UVB 均可引發皮膚癌。就像皮膚科醫生喜歡說的那樣，沒有「曬黑皮膚是健康的」這回事。

許多人根據防曬係數 (SPF) 購買防曬霜，但可能會被這個概念誤導。SPF 是在實驗室測量的防止 UVB 輻射。建議使用 SPF 最小為 15 作有意義的保護。看起來，SPF 為 30 會提供比 SPF 15 兩倍的保護，但是保護和 SPF 之間的關係不是線性的。SPF 15 防曬霜可保護皮膚免受 93% 的 UVB 侵害，但 SPF 30 只能稍微增加到防護 97% 的 UVB。儘管製造商競爭生產高 SPF 產品，但係數高卻被誤解為成比例的提供更大的保護。澳大利亞政府認為 SPF 值高於 30 會造成誤導。

此外，有效性與使用量不同、補充的頻率、皮膚類型和出汗而不同，並且游泳時會沖掉防曬霜。人們傾向於只使用標籤上提供 SPF 等級所需量的四分之一到二分之一，並且在補充塗抹的間隔時間太久。為了獲得有效的保護，應將 SPF 除以 2 的數字，並在陽光曝曬後此數字的分鐘後重新塗防曬霜，即每 15 分鐘塗 SPF 30 的防曬霜。

膚色的其他因素是血紅蛋白和胡蘿蔔素。**血紅蛋白** (hemoglobin)，血液的紅色色素，使皮膚呈現紅色至粉紅色。真皮膠原蛋白的白色使膚色變淺。皮膚在嘴唇等地方較紅，此處微血管更靠近表面使血紅蛋白更鮮明地顯示出來。根據飲食的不同，角質層和皮下脂肪會積累與維生素 A 和**胡蘿蔔素** (carotene)[11] 有關的化合物而呈淡黃色，這是一種從蛋黃以及黃色和橙色蔬菜中獲得的黃色色素。這種顏色通常在角質層最厚的地方 (在腳後跟和腳的老繭處) 最明顯。

祖先暴露於紫外線輻射 (UV radiation, UVR) 的差異是當今所見地理和種族的膚色變化之主要原因。UVR 可能有兩個不利影響：它會引起皮膚癌，並分解葉酸 (folate；folic acid)，葉酸是正常細胞分裂，生育能力和胎兒發育所必需的 B 群維生素。它還具有很好的影響：它刺激角質細胞合成維生素 D，而維生素 D 是吸收食物中鈣所必需的，因此與骨骼健康發育有關。UVR 過高增加罹癌、不孕和胎兒畸形 (例如脊柱裂) 的風險；太少就有骨畸形像是佝僂症的危險。因此，熱帶地區的原住民和後裔往往皮膚中有豐富的黑色素，以濾除過多的紫外線。原居住於較北和較南緯度地區 (陽光較弱) 的人往往皮膚白皙，UVR 可以充分穿透。因此，祖先膚色是維生素 D 和葉酸需求之間的折衷。在全球女性的平均膚色比男性淡約 4%，這可能是因為她們對維生素 D 和鈣的需求增加，以支持懷孕和哺乳。

但是出於多種原因，也有例外。UVR 暴露不僅取決於緯度。它在較高的海拔和乾燥的空氣中會增加，是因為稀薄乾燥的空氣會濾掉較少的 UVR。這有助於解釋在沙漠、安第斯山脈以及西藏和衣索比亞高原等地方原住民的深色皮膚。其他一些例外情況可能是由於人類從某個緯度遷移到另一緯度發生時間太近而導致其膚色尚未適應暴露於新級別的 UVR。差異還可能是由於衣著和住所的文化差異，不同地理的祖先之間的通婚以及達爾文式的性選擇——淺色或深色膚色伴侶的擇偶偏好。

膚色異常也可能顯示診斷價值：

---

11 *carot* = carrot 胡蘿蔔

- **發紺** (cyanosis)[12] 是由於循環血液中氧氣不足而導致的皮膚發藍。缺氧會使血紅蛋白變成紅紫色，當透過白色真皮膠原蛋白則會變淡而顯示出藍紫色。缺氧可能是由於以下條件導致的：血液無法正常攜帶肺中的氧氣，例如溺水和窒息時的氣道阻塞、肺氣腫和呼吸中止等肺部疾病。發紺也發生在寒冷的天氣和心臟驟停等情況，當血液在皮膚中的流動速度非常慢，以至於組織消耗的氧氣比新鮮的含氧血液到達的速度要快。
- **紅斑** (erythema)[13] (ERR-ih-THEE-muh) 是皮膚異常發紅。它發生在運動、炎熱的天氣、曬傷、憤怒和尷尬等情況下。紅斑是皮膚中的血管擴張使血流量增加引起的，或者是在曬傷中，由從受損的微血管中逃脫的紅血球積聚在皮膚中而引起的。
- **蒼白** (pallor) 是在流過皮膚的血液很少時以致真皮中膠原蛋白的白色透出時顯示出的淺色或灰白色。它可能是由於情緒壓力、血壓低、體溫過低、嚴重貧血或循環性休克所致。
- **白化病** (albinism)[14] 是一種遺傳性黑色素缺乏症，通常會導致乳白色的毛髮和皮膚以及藍灰色的眼睛。黑色素是通過酪胺酸酶從胺基酸酪胺酸合成的。白化病是由於從父母雙方繼承了隱性的，無功能性的酪胺酸酶基因而導致的。
- **黃疸** (jaundice)[15] 是由於血液中高量的膽紅素引起的皮膚和眼白發黃。膽紅素是血紅蛋白的分解產物。當紅血球變老時，它們會分解並釋放其血紅蛋白。肝臟和脾臟將血紅蛋白轉化為膽紅素和其他色素，肝臟將其排入膽汁。膽紅素積累足夠時會使皮膚變色，諸如紅血球迅速破壞的情況下；當癌症、肝炎和肝硬化等疾病損害肝功能時；在早產兒的肝臟發育不全，無法有效處置膽紅素時。
- **血腫** (hematoma)[16] 或瘀傷，是透過皮膚顯示的血液凝結血塊。通常是由於意外創傷 (打擊到皮膚) 引起的，但也可能顯示是血友病，其他代謝或營養失調或身體虐待。

應用您的知識

送到診所的嬰兒皮膚異常發黃。你會尋找什麼跡象來幫助確定這是由於黃疸引起的，還是飲食中蔬菜裡大量的胡蘿蔔素？

5.1f 皮膚標記

皮膚的標記包括許多線條、褶痕、嵴 (ridge) 和斑塊狀的色素沉著。**摩擦嵴** (friction ridges) 是指尖上的標記，在我們觸摸的表面上留下獨特的油性指紋。它們是大多數靈長類動物的特徵，儘管它們的功能長期以來一直不清楚。當通過撫摸不平的表面時的振動增強了對質地的敏感性，從而刺激了皮膚深層中稱為層狀小體 (lamellar corpuscles) 的感覺器官 (參見 17.1b節)。人們還認為它們可以改善人的抓握，並有助於操縱小而粗糙表面的物體。摩擦嵴在胎兒發育期間形成，並且終生保持不變。每個人都有獨特的摩擦嵴紋；甚至同卵雙胞胎的指紋都不相同。

屈曲線 (flexion lines)[**屈曲褶痕** (flexion creases)] 是手指、手掌、腕部、肘部和其他位置的屈曲表面上的線 (請參見圖譜中的圖 A.19)。它們標記關節彎曲時皮膚折疊的部位。皮膚沿著這些線與較深部位的結締組織緊密相連。

雀斑和痣是棕褐色至黑色聚集的黑色素化角質細胞。**雀斑** (freckles) 是平坦的、黑色

12 *cyan* = blue 藍色；*osis* = condition 狀態
13 *eryth* = red 紅色；*em* = blood 血液
14 *alb* = white 白色；*ism* = state 狀態，condition 狀態
15 *jaun* = yellow 黃色
16 *hemat* = blood 血液；*oma* = mass 團塊

的斑塊，隨遺傳和陽光照射而變化。**痣** (mole) [**痣** (nevus)] 是黑色素沉著的皮膚增高斑塊，通常帶有毛髮。痣是無害的，有時甚至被視為「美容痣」，但應注意它們的顏色、直徑或輪廓變化，這可作為推測是否為惡性腫瘤 (皮膚癌) 的參考。

胎記或**血管瘤** (hemangiomas)[17] 是由微血管的良性腫瘤引起的皮膚變色斑塊。*微血管血管瘤* (Capillary hemangiomas)[草莓胎記 (strawberry birthmarks)] 通常在出生後一個月左右發展。之後變成鮮紅色到深紫色，並出現小的緻密微血管的凸起，使它們看起來像草莓。5 或 6 歲時，約 90% 的微血管血管瘤會消失。*海綿狀血管瘤* (Cavernous hemangiomas) 較平坦且顏色較淡。在出生時就存在，增大到 1 歲之後退化。約 90% 到 9 歲時消失。*酒色斑* (port-wine stain) 是扁平的、粉紅色至深紫色。此斑可能很大，並且終生存在。

在你繼續閱讀之前

回答下列問題，以檢驗你對上節內容的理解：

1. 厚皮膚和薄皮膚之間的主要組織學區別是什麼？在身體上哪裡可以找到每種類型的皮膚？
2. 皮膚如何幫助調節體溫？
3. 列出表皮的五種細胞類型。描述它們的位置和功能。
4. 從深到淺列出表皮的五層。每層的顯著特徵是什麼？
5. 真皮的兩層是什麼？各層由哪種類型的組織構成？
6. 負責正常膚色的色素的名稱，並說明某些情況如何導致皮膚變色。

17 *hem* = blood 血；*angi* = vessel 血管；*oma* = tumor 腫瘤，mass 團塊

5.2 毛髮和指甲

預期學習成果

當您完成本節後，您應該能夠

a. 區分三種類型的毛髮；
b. 描述毛髮及其毛囊的組織學；
c. 討論有關各種毛髮用途的一些理論；
d. 描述頭髮的生命週期；和
e. 描述指甲的構造和功能。

頭髮、指甲和皮膚腺體是皮膚的**附屬器官** (accessory organs)[**附屬物** (appendages)]。毛髮和指甲主要由死的角質細胞組成。皮膚的角質層由柔韌的*軟角質蛋白* (soft keratin) 構成，但毛髮和指甲主要由*硬角質蛋白* (hard keratin) 組成。硬角蛋白更緻密，並且角質蛋白分子之間的大量交聯而增加韌性。

5.2a 毛髮

頭髮也稱為**毛** (pilus)(PY-lus)，複數為 *pili* (PY-lye)。它是由角質細胞構成的一條纖細的細絲從稱為**毛囊** (hair follicle) 的皮膚斜管生長出來 (圖 5.6)。

分佈和類型

毛髮幾乎遍佈身體的各處，除了嘴唇、乳頭、部分生殖器、手掌和腳掌、手指和腳趾的腹側面和側面以及手指的遠端部分、軀幹和四肢每平方公分約有 55 至 70 根毛髮，而面部則約有 10 倍。男人的鬍鬚大約有 30,000 根，而每個人的頭皮上平均約有 100,000 根頭髮。一個人與另一個人甚至兩性之間的頭髮密度差異不大，實際上在人類、黑猩猩和大猩猩中是相同的。外觀上毛髮的不同主要是由於粗細和色素的差異。

並非所有毛髮都是相同的，即使是同一個

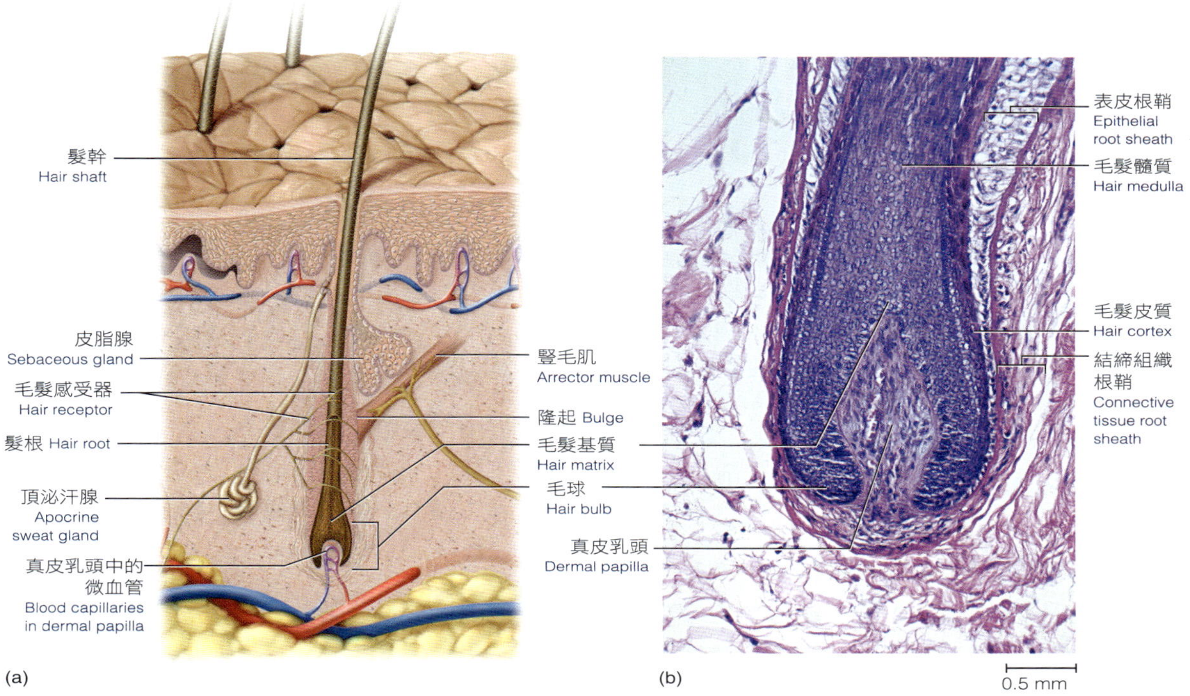

圖 5.6　頭髮和毛囊的結構。(a) 毛囊及其相關構造的解剖；(b) 毛囊底部的顯微照片。
(b) ©Ed Reschke/Getty Images

人的。在我們的一生中，會長出三種毛髮：胎毛、柔毛和終毛。**胎毛** (downy hair)(lanugo)[18] 是胎兒細的無色素毛髮。到出生時大部分都被**柔毛** (vellus hair)[19] 取代，一種類似的細白毛髮。柔毛約占女性毛髮的三分之二，占男人毛髮的十分之一，在兒童除了眉毛、睫毛和頭皮的頭髮之外的所有毛髮都是柔毛。**終毛** (terminal hair) 更長、更粗，通常色素沉著程度更高。它形成眉毛和睫毛；覆蓋頭皮；青春期後形成腋毛和陰毛、男性面部毛髮，以及軀幹和四肢上的一些毛髮。

毛髮的功能

在大多數哺乳動物中，毛髮在寒冷時可以保持身體的熱量，還可以使皮膚免受過多的太陽輻射的影響。人類的毛髮太少無法滿足這些目的，除了沒有絕緣脂肪的頭皮之外。身體其他部位的毛髮扮演著各種推測性的角色，但可能最好的推斷是與其他哺乳動物的特殊毛髮類型和毛髮斑塊相比 (表 5.2)。

毛髮和毛囊的構造

毛髮可分為兩部分：皮膚上方的**髮幹** (hair shaft) 和皮膚表面下方的**髮根** (hair root)。毛髮的根部終止於真皮或皮下層，基部膨大形成**毛球** (hair bulb)。毛髮中的活細胞僅在毛球中和毛球附近。毛球生長在稱為**真皮乳頭** (dermal papilla) 的具有血管結締組織芽周圍，是提供毛髮營養唯一的來源。緊鄰乳突上方的區域是細胞分裂活躍的區域，即**毛髮基質** (hair matrix)，即頭髮的生長中心。所有在更上方細胞的都是死細胞。

---

18 *lan* = down 羽絨，wool 羊毛
19 *vellus* = fleece 羊毛

表 5.2 頭髮的功能

軀幹和四肢的毛髮	退化的，但具有感覺接受的目的如偵測小昆蟲在皮膚上爬行
頭髮	保溫，防曬
鬍鬚、恥毛和腋 (腋下) 毛	性成熟的展現；與這些區域的頂泌腺相關，並調節這些腺體中的性氣味 (費洛蒙) 的擴散
護毛 [鼻毛 (vibrissae)]	幫助防止異物進入鼻孔和耳道；睫毛可幫助防止碎屑進到眼部，觸發保護性眨眼反射，並打斷到眼睛表面的氣流，以減緩蒸發和乾燥
眉毛	增強面部表情，可以減少刺眼的陽光，並有助於防止額頭的汗水流到眼睛

在橫切面中，一根頭髮顯示出三層構造。從內到外是髓質、皮質和毛角皮。**髓質** (medulla) 是細胞和氣腔疏鬆排列的核心。它在濃密的毛髮 (如眉毛) 中最明顯，但在中等厚度的毛髮中較窄，而在頭皮和其他地方最薄的毛髮中則沒有。**皮質** (cortex) 構成毛髮的大部分。它由幾層細長的角質細胞組成，這些細胞在橫切面上呈立方形或扁平形。**毛角皮** (cuticle) 由多層非常薄的鱗狀表層細胞組成，它們像木瓦置放方式互疊，其自由緣朝上 (參見本章首頁的圖片)。排列在毛囊上的細胞就像木瓦，朝向相反的方向。它們與毛髮表皮層的鱗片互相卡住並抵抗頭髮被拉出。當毛髮被拔出時，毛囊的這層細胞也被拉出。鱗片狀的毛角皮還可以使頭髮分開，以免它們糾纏在一起。

毛囊是伸入真皮的斜管，有時延伸至皮下組織。它主要有兩層：**上皮根鞘** (epithelial root sheath) 和**結締組織根鞘** (connective tissue root sheath)(圖 5.6b)。上皮根鞘是表皮的延伸，緊鄰髮根。朝著毛囊的最深端擴大，形成一個**隆起** (bulge)，這是毛囊生長的幹細胞來源。衍生自真皮的結締組織根鞘圍繞著上皮根鞘，並且比鄰近的真皮結締組織更緻密。

與毛囊相關的是神經和肌肉纖維。被稱為**毛髮感受器** (hair receptors) 的神經纖維纏繞著每個毛囊並對毛髮被觸動做出反應。你可以通過用別針小心地移動一根頭髮，或者在不觸摸到皮膚的情況下將手指輕輕地滑到手臂的毛髮上，來感受到它們的效果。與每根頭髮相關的是一塊**豎毛肌** (arrector muscle) (arrector pili[20])——一束平滑肌細胞，從真皮膠原纖維延伸到毛囊的結締組織根鞘 (見圖 5.1 和 5.6)。對寒冷、恐懼、觸碰或其他刺激產生反應時，交感神經系統會刺激豎毛肌收縮，從而使毛髮直立。在其他哺乳動物中，這會在皮膚附近困住溫暖空氣形成保溫層，或者使動物看起來更大，並且更不容易受到潛在敵人的攻擊。在人類中，它將毛囊拉到垂直位置並引起「雞皮疙瘩」，但沒有任何用處。

毛髮的質地和顏色

頭髮的質地與橫切面形狀的差異有關 (圖 5.7)，直髮呈圓形，波浪捲髮呈橢圓形，緊密捲髮相對扁平。頭髮的顏色歸因於毛髮皮質細胞中的色素顆粒。棕色和黑色的頭髮富含真黑素。紅頭髮的真黑素較少，而褐黑素的濃度較高。金色的頭髮中含有中等量的褐黑素和極少量的真黑素。灰白髮是由於皮質中黑色素很少或缺乏以及髓質中存在空氣而導致的。

毛髮的生長和脫落

一根毛髮的**毛髮循環** (hair cycle) 由三個發育階段組成：生長期、退行期和休止期 (圖 5.8)。在任何給定時間，大約 90% 的頭皮毛囊處於**生長** (anagen)[21] 期。在這個階段，來自毛囊隆起的幹細胞增殖並向下移動，將真皮乳突推入皮膚更深的區域，並形成上皮根鞘。乳突正上方的根鞘細胞形成頭髮基質。在這裡，鞘細胞轉化為毛髮細胞，毛髮細胞合成角蛋白，然後隨著它們被向上推離乳突而死亡。新的毛

---

20 *arrect* = erect 直立；*pili* = of a hair 頭髮的

21 *ana* = up 上；*gen* = build 建立，produce 產生

圖 5.7 頭髮顏色和質地的基礎。直髮 (a 和 b) 的橫切面是圓形的，而捲髮 (c和d) 的橫切面是扁平的。金髮 (a) 的真黑素很少，中等量的棕黑色素。真黑素在黑色和棕色頭髮中占主導地位 (b)。紅頭髮 (c) 的顏色主要來自棕黑色素。白髮 (d) 缺乏色素，髓質中有空氣。

• 此處顯示的毛髮哪一層是對應於本章首頁圖片中毛幹上的鱗片？

髮由毛囊長出，通常在前一個週期留下老的杵狀髮 (club hair) 旁邊。

在**退行** (catagen)[22] 期，毛髮基質中的有絲分裂停止，並且隆起下方的鞘細胞死亡。毛囊萎縮，真皮乳突向隆起方向靠近。毛髮基部的角質形成硬的桿狀，被稱為**杵狀髮** (club hair)，失去了錨定。杵狀髮很容易在梳頭髮時脫落，並且在頭髮的末端可以感覺到硬桿。當乳突達到隆起時，毛囊進入**休止期** (telogen[23] phase)。最終，生長期重新開始，不斷重複循環。杵狀髮在退行期或休止期或在下一個生長期被新髮推出時掉落。我們每天損失約 50 至 100 根頭髮。幸運的是，毛髮循環是不同步的，因此我們不會一次失去所有頭髮。

在年輕的成年人中，頭皮毛囊通常要花 6 至 8 年的生長期，花 2 至 3 週的退行期，以及 1 至 3 個月的休止期。在生長期，頭髮以每 3 天約 1 mm (10~18 cm/yr) 的速度生長。從青春期到 40 歲頭髮的生長速度最快。在那之後，毛囊在退行期和休止期的比例較在生長期增加。毛囊也會萎縮，開始產生細密的絨毛而不是較粗的終毛。

22 *cata* = down 下
23 *telo* = end 結束

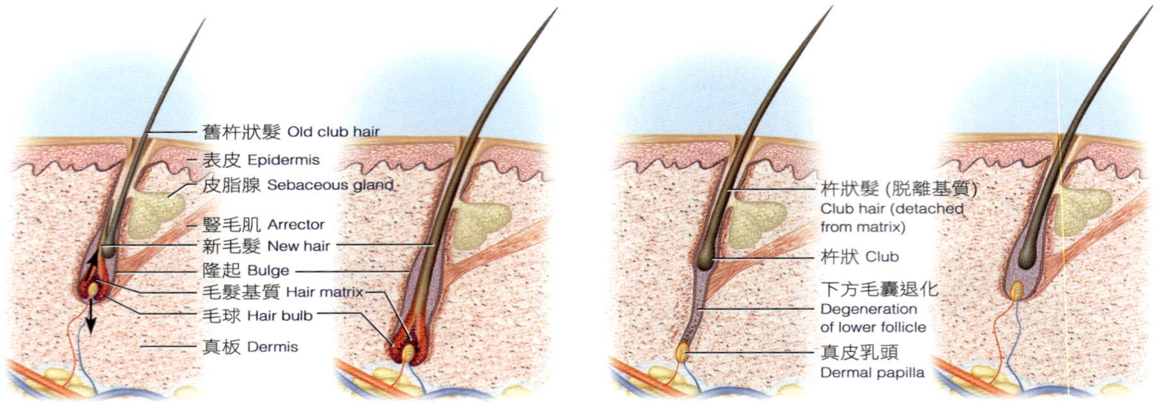

① 生長期 (早期)
(生長期，6~8 年)
幹細胞增殖和毛囊生長深入真皮層；毛髮基質細胞增殖並且角質化，使毛髮向上生長；舊杵狀髮可能暫時與新生毛髮併存。

生長期 (成熟期)

② 退行期
(退化期，2~3 星期)
毛髮生長停止；毛球角質化和形成杵狀髮；下方毛囊退化。

③ 休止期
(休止期，1~3 個月)
真皮乳突上升到隆起處；通常在休止期或下一個生長期杵狀髮脫落。

圖 5.8　毛髮週期。

頭髮稀疏或禿髮被稱為**禿頭症** (alopecia)[24] (AL-oh-PEE-she-uh)。它在某種程度上在男女中均會發生，並且可能由於疾病、營養不良、發燒、情緒壓力、放射線或化學療法而惡化。但是，在大多數情況下，這僅僅是老化問題。**型態性禿髮** (pattern baldness) 是指頭髮從頭皮的特定區域脫落而不是在整個頭皮上均勻稀疏的情況。它是由遺傳和荷爾蒙共同影響造成的。

與普遍的誤解相反，人死後頭髮和指甲不會繼續生長，剪髮並不能使其生長更快或更濃密，而情緒壓力也無法在一夜之間使頭髮變白。

5.2b　指甲

指甲 (nails) 和腳趾甲是角質層的透明硬質衍生物。它們由非常薄的，死亡的鱗狀細胞組成，緊密地堆積在一起，並充滿了硬的角蛋白平行纖維。大多數哺乳動物都有爪，而扁平的指甲是人類和其他靈長類動物的顯著特徵之一。平指甲可以作為堅固的角化「工具」，可用於梳理、分揀食物和其他操作。此外，它們還可以使你的指間變得多肉和敏感。想像一下觸摸桌上的幾粒鹽。通過從手指的另一面提供反作用力或阻力，指甲可以增強對此類微小物體的敏感度。

指甲的堅硬部分是**甲板** (nail plate)，其中包括伸出手指或腳趾尖的**游離緣** (free edge)；**甲體** (nail body) 是指甲可見的附著部分；**甲根** (nail root) 由皮膚下方往近端延伸 (圖 5.9)。**甲皺襞** (nail fold) 是略微高出指甲的周邊皮膚，之間以**甲溝** (nail groove) 與甲板的邊緣分開。甲溝與游離緣下方的空間會積聚污垢和細菌，因此在進入手術室或護理工作時需要特別注意的刷洗。

甲板下面的皮膚是**甲床** (nail bed)。它的表皮稱為**甲下皮** (hyponychium)[25] (HIPE-o-NICK-ee-um)。在指甲的近端，基底層增厚成一個稱為**甲基質** (nail matrix) 的生長區。由於基質中的有絲分裂使指甲生長——指甲每週約長 1 mm，而腳趾甲的生長稍慢。基質的厚度遮蓋了下面的真皮中的血管，這就是

24 *alopecia* = fox mange 狐疥癬

25 *hypo* = below 以下；*onych* = nail 指甲

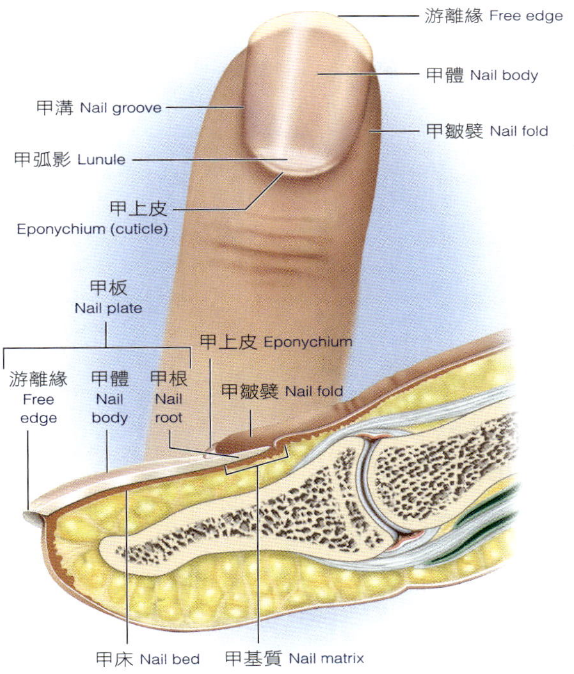

圖 5.9 指甲解剖圖。AP|R

為什麼不透明白色的月牙形**甲弧影** (lunule)[26] (LOON-yule) 常在指甲近端常出現之原因。死亡皮膚的狹窄區域，即**表皮** (cuticle) 或**甲上皮** (eponychium)[27] (EP-o-NICK-ee-um)，通常延伸到甲弧影近端的上方。

指尖和指甲的外觀在醫學診斷中可能很有價值。指尖腫脹或成杵狀 (clubbed)，是長期低血氧症造成的，可能是由於先天性心臟病和肺氣腫等疾病引起的血液中氧氣不足。營養缺乏可能反映在指甲的外觀。例如，鐵缺乏症可能導致它們變得平坦或凹入 (勺狀) 而不是凸出。與普遍的看法相反，在飲食中添加膠質對於指甲的生長或硬度沒有影響。

在你繼續閱讀之前

回答下列問題，以檢驗你對上節內容的理解：

7. 柔毛 (vellus) 和終毛 (terminal hair) 有什麼區別？
8. 描述從毛髮的根部到尖端的三個區域，以及從毛髮橫截面的三層構造。
9. 描述真皮乳頭、毛髮感受器和與毛囊相關的豎毛肌的功能。
10. 說明眉毛、睫毛、頭髮、鼻毛和腋毛的不同功能的合理理論。
11. 描述指甲和毛髮的一些相似之處。

26 *lun* = moon 月；*ule* = little 少

27 *ep* = above 以上；*onych* = nail 指甲

5.3 皮膚腺體

預期學習成果

當您完成本節後，您應該可以做到以下幾點

a. 敘述兩種類型的汗腺並說明每種汗腺的構造和功能；
b. 描述皮脂腺和耵聹腺的位置、構造和功能；和
c. 討論乳房和乳腺的區別，並說明它們各自的功能。

皮膚有五種類型的腺體：頂泌汗腺 (apocrine sweat glands)、外泌汗腺 (eccrine sweat glands)、皮脂腺 (sebaceous glands)、耵聹腺 (ceruminous glands) 和乳腺 (mammary glands)。

5.3a 汗腺

汗腺 (sweat Glands) 有頂泌和外泌兩種。**頂泌腺** (apocrine glands)(圖 5.10a) 出現在腹股溝、肛門區、腋窩和乳暈以及成年男性的鬍鬚區域。韓國人的腋窩區沒有頂泌腺，而在日本人的腋窩則很少。它們的導管通向附近的毛囊，而不是直接通到皮膚表面。頂泌和外泌汗腺均由胞吐作用分泌。頂泌汗腺不是通過圖 3.31 所示的頂泌方式分泌其產物；命名頂泌汗腺 (apocrine) 是因誤解，但不幸的是這個命名

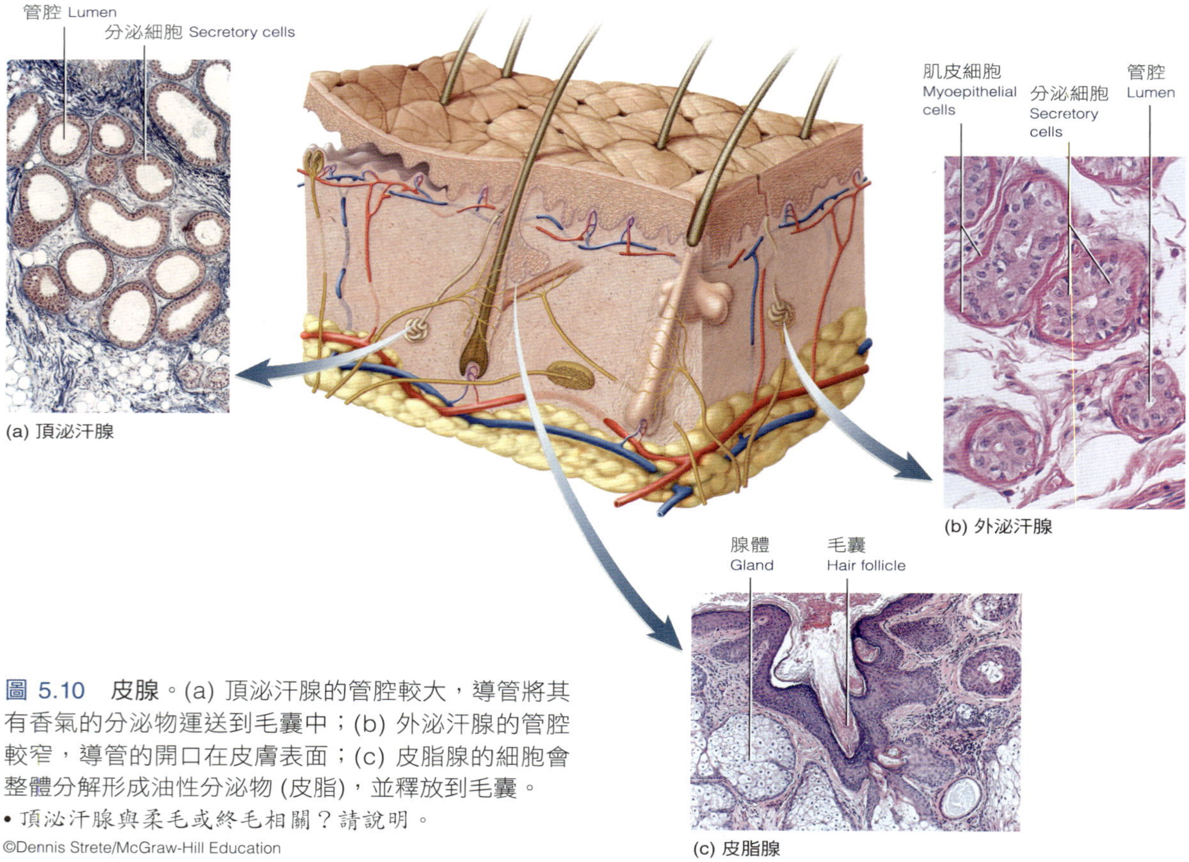

圖 5.10 皮腺。(a) 頂泌汗腺的管腔較大，導管將其有香氣的分泌物運送到毛囊中；(b) 外泌汗腺的管腔較窄，導管的開口在皮膚表面；(c) 皮脂腺的細胞會整體分解形成油性分泌物 (皮脂)，並釋放到毛囊。

• 頂泌汗腺與柔毛或終毛相關？請說明。

一直未更改。頂泌腺體分泌部分的內腔比外泌腺大得多，因此這些腺體仍被稱為頂泌腺體，以在功能上和組織學上將其與外泌類型區分。頂泌汗液比外泌汗液更濃稠和乳狀，因為其中含有更多的脂肪酸。

頂泌汗腺是特別對壓力和性刺激作出反應的氣味腺體。它們直到青春期才被激活，在女性中，它們隨著月經週期增大和收縮。這些事實以及實驗證明，它們的功能是分泌性費洛蒙 (sex pheromones)，從而對他人的性行為和生理產生微妙的影響。它們顯然相當於其他哺乳動物在達到性成熟時所發育的氣味腺。在某些文化中，頂泌汗水的氣味被認為具有吸引力或令人振奮的。變陳的頂泌汗水由於細菌對汗液中脂質的作用而散發出酸敗的氣味。難聞的體味被稱為狐臭 (bromhidrosis)[28]。它有時表示代謝紊亂，但更經常反映出不佳的衛生狀況。

許多哺乳動物具有頂泌氣味腺體是和特殊的毛簇相關聯。在人類它們幾乎僅出現在有陰毛、腋毛和鬍鬚的區域，這表明它們在功能上類似於其他哺乳動物的氣味腺。毛髮用於保留芳香的分泌物並調節其從皮膚蒸發的速率。因此女性的面部既缺乏頂泌氣味腺體也沒有鬍鬚似乎並非偶然。

外泌汗腺 (**eccrine**[29] **gland**)[**局泌汗腺** (**merocrine**[30] **gland**)] (圖 5.10b) 廣泛分佈於整個身體，但在手掌、腳掌和額頭則特別豐富。是

28 *brom* = stench 惡臭；*hidros* = sweat 汗水
29 *ec* = out 出；*crin* = to separate 分離，secrete 分泌
30 *mero* = part 部分；*crin* = to separate 分離，secrete 分泌

簡單的管狀腺體捲曲盤繞在真皮或皮下組織中，波狀或捲曲的導管孔通向皮膚表面。導管的內襯在真皮中是複層立方上皮，在表皮層中則是角質細胞。排汗功能可以使身體涼爽。汗液包含氯化鈉、氨、尿素和尿酸——也含有尿液中的廢物。皮膚中有 3 到 4 百萬個外泌汗腺，總質量相當於一個腎臟的質量。

在外泌腺和頂泌腺的分泌細胞中，有特化的**肌上皮細胞** (myoepithelial[31] cells)，其性質類似於平滑肌。它們回應交感神經系統而收縮並將汗液擠壓進入導管。

5.3b 皮脂腺

皮脂腺 [sebaceous[32] (seh-BAY-shus) glands] (圖 5.10c) 產生一種油性分泌物，稱為**皮脂** (sebum)(SEE-bum)。除了厚皮膚，它們無處不在，但在頭皮和面部最豐富。它們是瓶狀的，通常聚集在毛囊周圍，短的導管開口到毛囊。但是，有些會直接開口到皮膚表面。它們是全泌腺具有幾乎看不見的內腔。它們的分泌物由分解的細胞組成，這些細胞會被腺體周圍的有絲分裂所取代。皮脂可防止皮膚和毛髮變乾、變脆和破裂。梳好的頭髮有光澤是由於梳子將皮脂分佈到頭髮上。

5.3c 耵聹腺

耵聹腺 (ceruminous glands)(seh-ROO-mih-nus) 是僅在外耳道中發現的改變過的頂泌腺體。它們的黃色蠟狀分泌物與皮脂和死去的表皮細胞結合在一起，形成耳蠟或**耳垢** (cerumen)[33]。它們是簡單捲曲的管狀腺體，導管通向耳道的皮膚表面。耳垢使耳膜保持柔韌性，使耳道防水，殺死細菌，並且塗覆在耳道中防護的毛上，使它們具有黏性可更有效地阻止異物進入耳道。

5.3d 乳腺

乳腺 (mammary glands) 是在懷孕和哺乳條件下在*乳房* (mammae) 內發育的產乳腺。它們與乳房不是同義的，這在兩種性別均存在，甚至女性通常也僅含有少量乳腺。乳腺是改良的頂泌汗腺，其分泌比其他頂泌腺更豐富，並通過導管將其引導至乳頭，以更有效地將其輸送給子女。乳腺將在 26.3g 節中詳細討論。表 5.3 總結皮膚腺體。

在你繼續閱讀之前

回答下列問題，以檢驗你對上節內容的理解：

12. 外泌和頂泌汗腺在構造和功能上有何不同？
13. 哪一種類型的毛髮與頂泌汗腺有關？為什麼？
14. 還有哪些其他類型的腺體與毛囊相關？它的分泌方式與汗腺有什麼不同？

表 5.3 皮膚腺體

腺體類型	定義
大汗腺 (sudoriferous glands)	汗腺
頂泌腺 (大汗腺) (apocrine)	汗腺具氣味腺的作用；出現於陰毛、腋毛和男性面部毛髮覆蓋的區域；通過導管開口於毛囊
外泌腺 (小汗腺) (eccrine)	具有蒸發冷卻作用的汗腺；廣泛分佈在身體表面；導管開口到皮膚表面
皮脂腺 (sebaceous glands)	與毛囊相關的產油腺
耵聹腺 (ceruminous glands)	產生耳垢 (cerumen)[耳蠟 (earwax)] 的耳道腺
乳腺 (mammary glands)	位於乳房的產乳腺

31 *myo* = muscle 肌肉
32 *seb* = fat 脂肪，tallow 牛脂；*aceous* = possessing 擁有
33 *cer* = wax 蠟

15. 乳房和乳腺有什麼區別？還有其他哪一類型的皮膚腺體與乳腺最相關？

5.4 發育和臨床觀點

預期學習成果

當您完成本節後，您應該能夠

a. 描述皮膚、頭髮和指甲的產前發育；

b. 描述三種最常見的皮膚癌；和

c. 討論灼傷的三類以及灼傷最優先的處理方式。

5.4a 體被系統的產前發育

皮膚

表皮是由胚胎外胚層發育而來，真皮則從中胚層發育。在胚胎發育的第 4 週，外胚層細胞增殖並組織為兩層——鱗狀細胞的周皮層 (periderm) 和較深的基底層 (basal layer) (圖 5.11)。在第 11 週，基底層在這兩者之間產生了一個新的細胞中間層 (intermediate layer)。從那時到出生，基底層又被稱為生發層 (germinative layer)。它的細胞終生保留為基底層的幹細胞。中間層的細胞合成角蛋白並成為最初的角質細胞。這些細胞組織成三層——棘狀層、顆粒層和角質層——隨之胎兒周皮層脫落到羊水中。到第 21 週，胎兒周皮層消失，角質層成為胎兒體被的最外層。

在發育中的表皮層下方，中胚層分化為稱為間葉的膠狀結締組織。間葉細胞在第 11 週開始產生膠原和彈性纖維，而間葉呈現典型的纖維結締組織的特徵。真皮乳突在第 3 個月沿著真皮——表皮的邊界出現。血管在第 6 週出現在真皮。出生時，皮膚中的血管數量是其需要支持新陳代謝所需的 20 倍。過多的血管可能有助於調節新生兒的體溫。

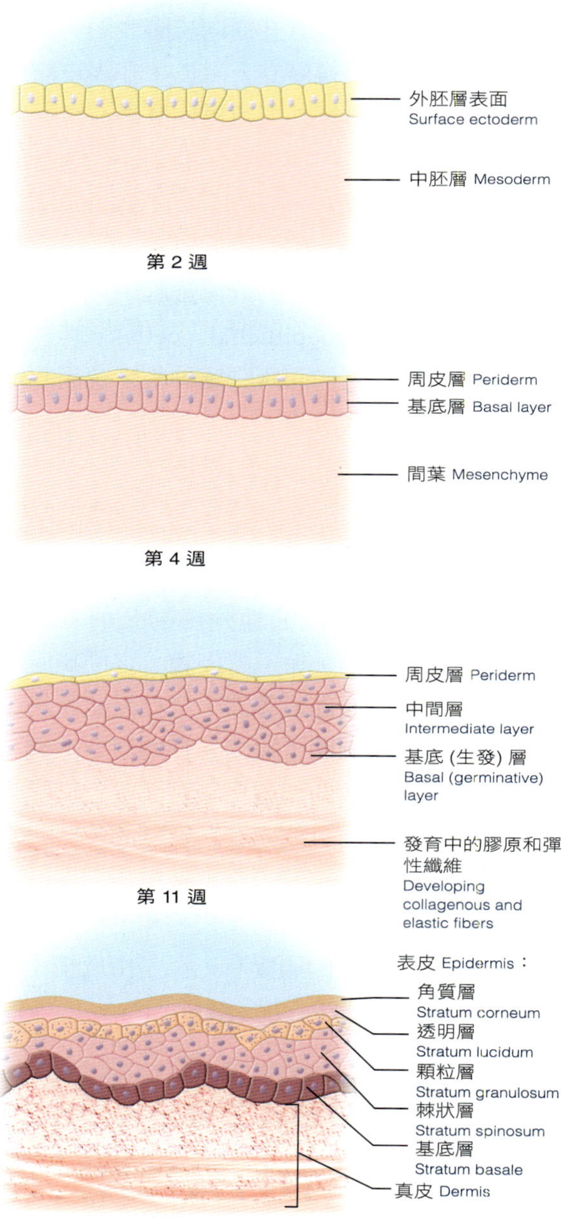

圖 5.11 表皮和真皮的產前發育。

毛髮和指甲

第一個毛囊在第 2 個月末時出現在眉毛、眼瞼、上唇和下巴上。直到第 4 個月毛囊才會在其他地方出現。出生時，男女約有 5 百萬個毛囊；出生後不再形成新的毛囊。

毛囊開始於一團稱為毛芽 (hair bud) 的外胚層細胞，其向下推入真皮並延伸成桿狀的毛釘 (hair peg)(圖 5.12)。毛釘的下端膨脹成一個毛球 (hair bulb)。真皮乳突首先出現時是在毛球正下方的一小堆組織，然後擴展到毛球。外胚層細胞覆蓋在乳突上形成了生毛基質 (germinal matrix)，這是產生毛根的有絲分裂活躍的細胞團。在胎兒中發育的第一根毛髮是柔毛，該毛髮出現在第 12 週，到第 20 週時大量出現。到出生時，大部分被汗毛取代。

指甲發育的第一個跡象是表皮增厚，大約在 10 週左右出現在手指的腹面，而在 14 週左右出現在腳趾。它們很快遷移到手指的背面，在此處形成稱為原甲區 (primary nail field) 的淺凹陷。原甲區的邊緣是甲褶皺。在每個手指的近端甲褶皺處，表皮的生發層發展成甲根。根部有絲分裂產生的角質細胞被壓縮到硬的甲板中。甲板在 8 個月時長到指尖，腳趾在出生時長到腳趾尖。

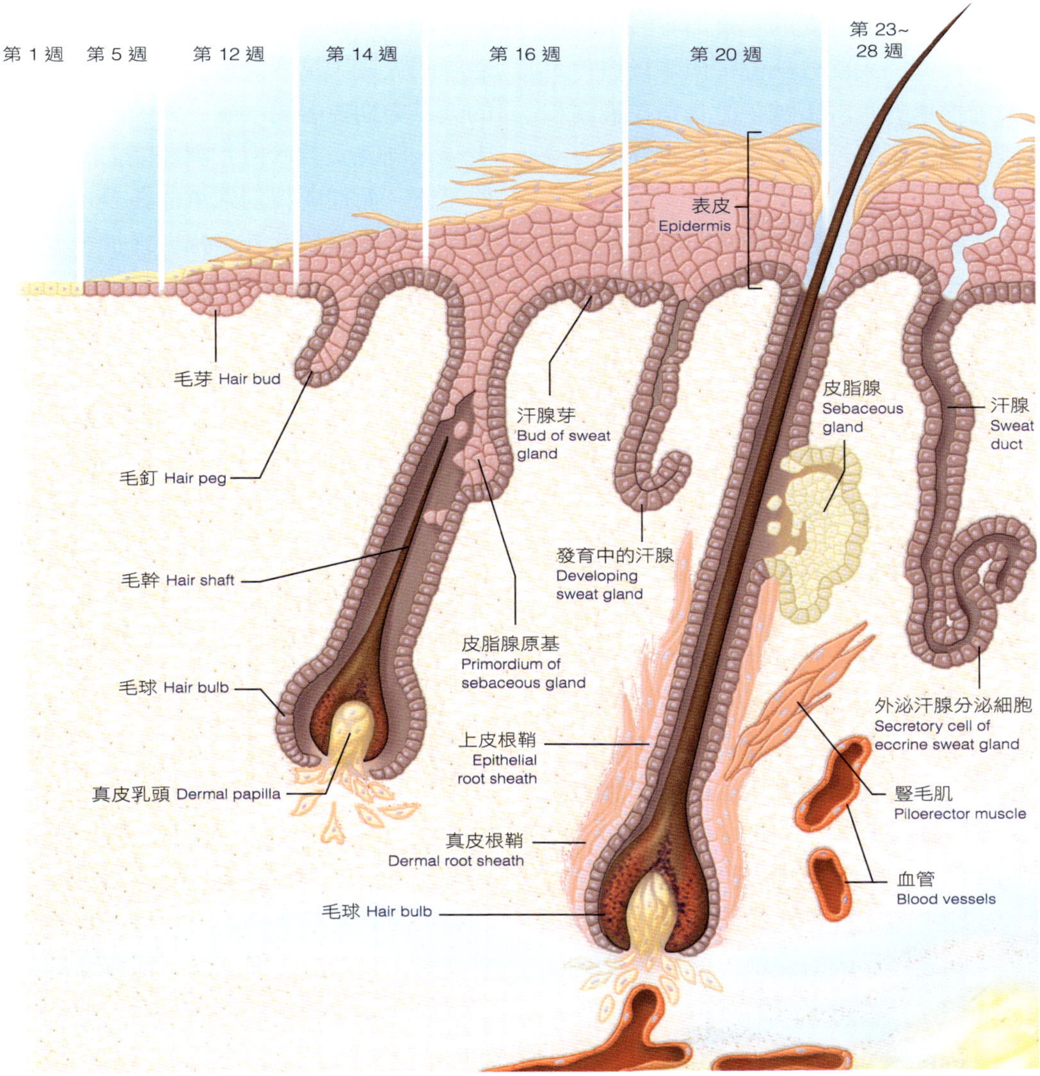

圖 5.12　毛囊和皮膚腺的產前發育。

腺體

毛球開始伸長後約 4 週，皮脂腺從毛囊側面開始生長 (圖 5.12)。到 6 個月時面部會出現成熟的皮脂腺，並且在出生前會非常活躍地分泌。它們的皮脂與表皮和周皮細胞混合形成白色油膩的皮膚塗層，稱為胎脂 (vernix caseosa)[34]。胎脂保護皮膚免受擦傷和羊水的侵害，否則會導致胎兒皮膚破裂和變硬。它的滑溜性也有助於通過陰道的分娩。胎脂先由胎毛之後由柔毛固定在皮膚上。皮脂腺在出生時就大部分進入休止狀態，在青春期受到性荷爾蒙的影響而重新活化。

頂泌汗腺也隨著毛囊的生長而發展。它們最初出現在身體的大部分部位，但隨後退化，除了在先前描述的有限區域，尤其是在腋窩和生殖區域。像皮脂腺一樣，它們在青春期變得活躍。

外泌汗腺是胚胎生發層發育出的芽生長並向下推入真皮 (圖 5.12)。這些芽最初發育成上皮組織的實心索，但索中心的細胞隨後退化形成汗腺管腔，而下端的細胞則分化為分泌和肌上皮細胞。

5.4b 體被系統的老化

體被系統的老化 (與年齡有關的退化) 通常到 40 歲後期變得很明顯。隨著黑色素細胞幹細胞死亡、有絲分裂減慢且死的毛髮不被替換，毛髮變白變少。皮脂腺萎縮會使皮膚和頭髮乾燥。隨著表皮有絲分裂的減少和膠原蛋白從真皮中流失，皮膚變得幾乎像紙一樣薄而透明。由於彈性纖維的變少和真皮乳突變平，皮膚變得更鬆散。如果你捏起小孩手背上的一小塊皮膚，放開手時它會迅速彈回。對老年人同樣做法，皮膚捏起形成的褶皺維持較久才能回復。由於失去彈性，老化的皮膚會不同程度地下垂，並可能從手臂和其他地方鬆弛地懸垂。

老年人的皮膚血管變得越來越少，越來越脆弱。由於破裂的血管的血液滲入結締組織，皮膚可能會變紅，並且老化的皮膚更容易瘀傷。許多老年人出現酒糟 (rosacea)，是細小、擴張的血管形成的網狀斑，在鼻子和臉頰上尤其明顯。老年人皮膚受傷後癒合緩慢是因為循環減少以及免疫細胞和纖維母細胞的相對缺乏。在老化的表皮中，樹突狀細胞下降多達 40%，使皮膚更容易受到反覆感染。

由於皮膚的血管、汗腺和皮下脂肪萎縮，在老年人的體溫調節可能是個問題。老年人在寒冷的天氣中更容易發生體溫過低，而在炎熱的天氣中則更容易中暑。熱浪和寒冷使窮苦的老年人同時受苦於自我調節能力降低和住房條件不佳，而造成特別嚴重的後果。

過度暴露於紫外線輻射會加速皮膚退化。這種光照性皮膚老化 (photoaging) 占人們發現有醫學上的困擾或外觀上令人不喜變化的 90% 以上：皮膚癌；皮膚發黃和斑點；老人斑 [曬斑 (solar lentigines)，發音為 len-TIDJ-ih-neez]，類似於手背和其他陽光照射區域大的雀斑；和皺紋，尤其會影響皮膚最裸露的區域 (臉、手和手臂)。受陽光傷害的皮膚會顯示出許多惡性和癌前細胞，嚴重損害真皮血管，和在表面皺紋及褶痕下方密集的粗糙，磨損的彈性纖維。

5.4c 皮膚疾病

因為皮膚是我們所有器官中暴露最嚴重的，所以它不僅是最容易受到傷害甚至是得到疾病，而且還是我們最可能發現有任何異常現象之處。我們在這裡強調兩種特別常見和嚴重的疾病，即皮膚癌和灼傷。表 5.4 簡要概述其他的皮膚疾病。

---

34 *vernix* = varnish 清漆；*case* = cheese 起司；*osa* = having the qualities of 具有…的特質

表 5.4 體被系統的某些疾病

粉刺 (acne)	皮脂腺發炎，尤指青春期開始；毛囊被角質細胞和皮脂阻塞，並發展成由這些和細菌組成的黑頭 [*黑頭粉刺* (comedo)]。毛囊持續發炎導致產生膿液和膿包
皮膚炎 (dermatitis)	皮膚的任何發炎，典型的特徵是搔癢和發紅；通常*接觸性皮膚炎* (contact dermatitis) 是因接觸到毒素如常春藤而引起
濕疹 (eczema) (ECK-zeh-mah)	過敏引起的搔癢、發紅、「滲出性」皮膚病變，通常在 5 歲之前開始；可能會發展為增厚、類似皮革並顯示深色色素斑塊的皮膚
乾癬 (psoriasis) (so-RY-ah-sis)	反覆發紅的斑塊覆蓋著銀色鱗片；有時會毀容；可能是由於自身免疫反應引起的；家族遺傳
癬 (ringworm)	皮膚真菌感染 (不是蠕蟲)，有時生長呈現圓形；常見於潮濕區域，例如腋窩、腹股溝和腳 [*香港腳* (athlete's foot)]
酒糟鼻 (rosacea) (ro-ZAY-she-ah)	紅色的皮疹樣區域，通常在鼻子和臉頰區域，特徵為細網狀的擴張血管；熱飲、酒精和辛辣食物使情況惡化
疣 (warts)	人類乳突病毒 (human papillomaviruses, HPV) 引起的良性、突起、粗糙病變。*尋常疣* (Common warts) 在兒童晚期最經常出現在手指、肘部和其他承受壓力的皮膚區域。*足底疣* (Plantar warts) 發生在腳底，*性病疣* (venereal warts) 發生在生殖器上。疣可以以液氮冷凍、電灼 (燒)、雷射汽化，外科手術切除以及某些藥物 (例如水楊酸) 進行治療

您可以在以下位置找到討論的其他體被系統疾病

皮膚異常顏色 (5.1e 節)	尋常型天皰瘡 (臨床應用 2.1)
胎記 (5.1f 節)	皮膚癌 (5.4c 節)
灼傷 (5.4c 節)	

皮膚癌

皮膚癌是由紫外線輻射誘發的。它最常發生在經常暴露的頭頸部。最常見到發生在皮膚白皙的人和老年人，他們暴露於紫外線的時間最長，可以屏蔽角質細胞 DNA 免受輻射的黑色素較少。然而，曬黑的流行造成年輕人罹患皮膚癌的驚人地增加。雖然防曬霜可以防止曬傷，但沒有證據顯示它們可以防護皮膚癌的發生 (請參閱臨床應用 5.2)。皮膚癌是最常見也是最容易治療的的一種癌症，如果早期發現並治療，它的存活率是相當高的。

有三種類型的皮膚癌是以它們起源的表皮細胞命名：基底細胞癌、鱗狀細胞癌和黑色素瘤。三種類型的區別也在於它們的**病變** (lesions)[35] (組織受損區域) 外觀。

基底細胞癌 (basal cell carcinoma[36]) 是最常見的類型。因為很少轉移，所以是最不致命的，但是如果忽略，會導致嚴重的面部毀容。它起源於基底層的細胞，並最終侵入真皮。在表面，病變首先表現為小的閃亮突起。隨著隆起的增大，通常會形成中央凹陷和串珠的「珠狀」邊緣 (圖 5.13a)。

鱗狀細胞癌 (squamous cell carcinoma) 起源於棘狀層的角質細胞。病變具有凸起、發紅、鱗狀外觀，隨後形成邊緣凸起的凹狀潰瘍 (圖 5.13b)。早期發現和手術切除痊癒的機會很大，但如果不注意或忽視，則該癌症會轉移到淋巴結，並可能致命。

黑色素瘤 (melanoma) 是一種起源於黑色素細胞的皮膚癌，通常是在原有的痣中。它占

35 *lesio* = injure 受傷

36 *carcin* = cancer 癌症；*oma* = tumor 腫瘤

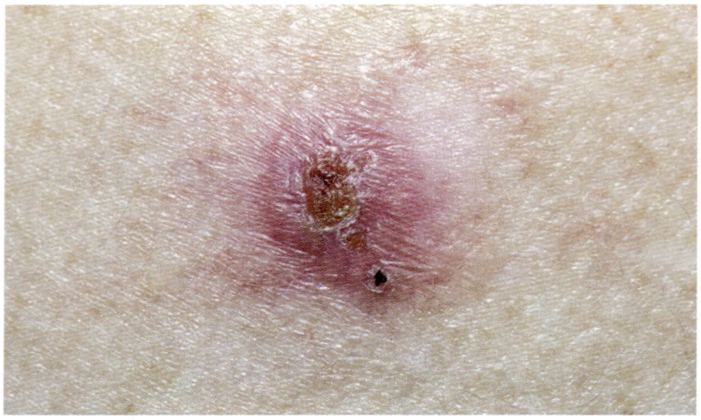

(a) 基底細胞癌

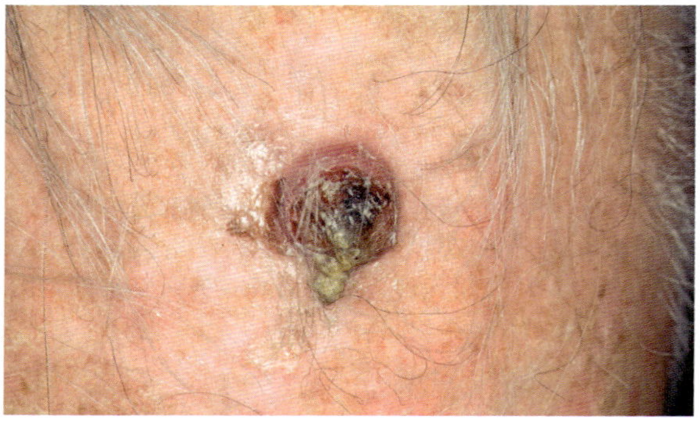

(b) 鱗狀細胞癌

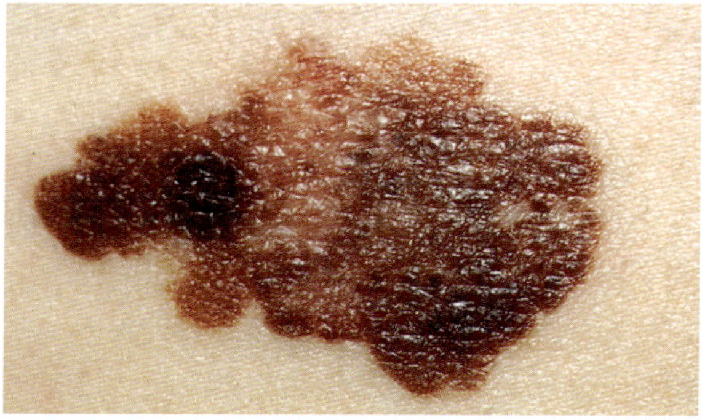

(c) 黑色素瘤

圖 5.13 三種形式皮膚癌的典型病變。(a) 基底細胞癌；(b) 鱗狀細胞癌；(c) 黑色素瘤。

• 您可以在 (c) 部分中可以辨別出哪些 ABCD 規則？

(a) ©jax10289/Shutterstock, (b) ©Science Photo Library/Alamy, (c) Source: National Cancer Institute (NCI)

皮膚癌的比例不超過 5%，但它是美國第六大最常被診斷出的癌症，也是最致命的皮膚癌。如果能及早發現就可以由外科手術切除，但是如果轉移 (很快就會轉移) 則對化學療法沒有反應。轉移性黑色素瘤的預後通常很殘酷，患者從被診斷出平均存活期僅 6 個月，只有 5% 至 14% 的患者存活 5 年。除了紫外線的暴露之外，黑色素瘤的最大危險因素是該病的家族病史。它在男性、紅髮以及在童年時期受過嚴重曬傷的人發病率相對較高。

區分痣和黑色素瘤很重要。痣的顏色均勻邊緣平整，通常不超過 6 mm 寬，大約等於一支新的木製鉛筆上橡皮的直徑。但是，如果它變成惡性的，會形成一個大而平坦，具圓齒狀邊緣擴展的病變 (圖 5.13c)。美國癌症協會建議識別黑色素瘤的「ABCD 規則」：A 為不對稱性 (病變一側看上去與另一側不同)；B 為邊緣不規則 (輪廓不均勻，但呈波浪形或圓齒狀)；C 代表顏色 (通常混合著棕色、黑色、棕褐色，有時是紅色和藍色)；D 為直徑 (大於 6 毫米)。

皮膚癌治療方式包括手術切除，放射療法或通過熱 (電乾燥法) 或冷 (冷凍治療) 破壞病變處。新的標靶治療提高了轉移性黑色素瘤存活的希望。一種治療方法是使用放射性同位素結合到刺激黑色素細胞荷爾蒙，該放射性同位素結合的荷爾蒙選擇性地與黑色素細胞結合，因而攻擊腫瘤的組成細胞。

灼傷

灼傷 (burns) 通常是由紫外線輻射，火災、烹飪時的意外或溫度過高的洗澡水造成的，但也可能由其他形式的輻射、強酸和強鹼或電擊引起。灼傷死亡主要是由於體液流失，感染以及**焦痂** (eschar)[37] (ESS-car) 的毒性作用—灼傷的死亡組織所致。

灼傷根據組織受傷的深度分類 (圖 5.14)。**一級灼傷** (first-degree burns) 僅累及表皮，特徵是發紅、輕度水腫和疼痛。在幾天內癒合，很少會留下疤痕。大多數曬傷是一級灼傷。

二級灼傷 (second-degree burns) 累及表皮和部分真皮，但至少有部分真皮未受損。

37 *eschar* = scab 痂

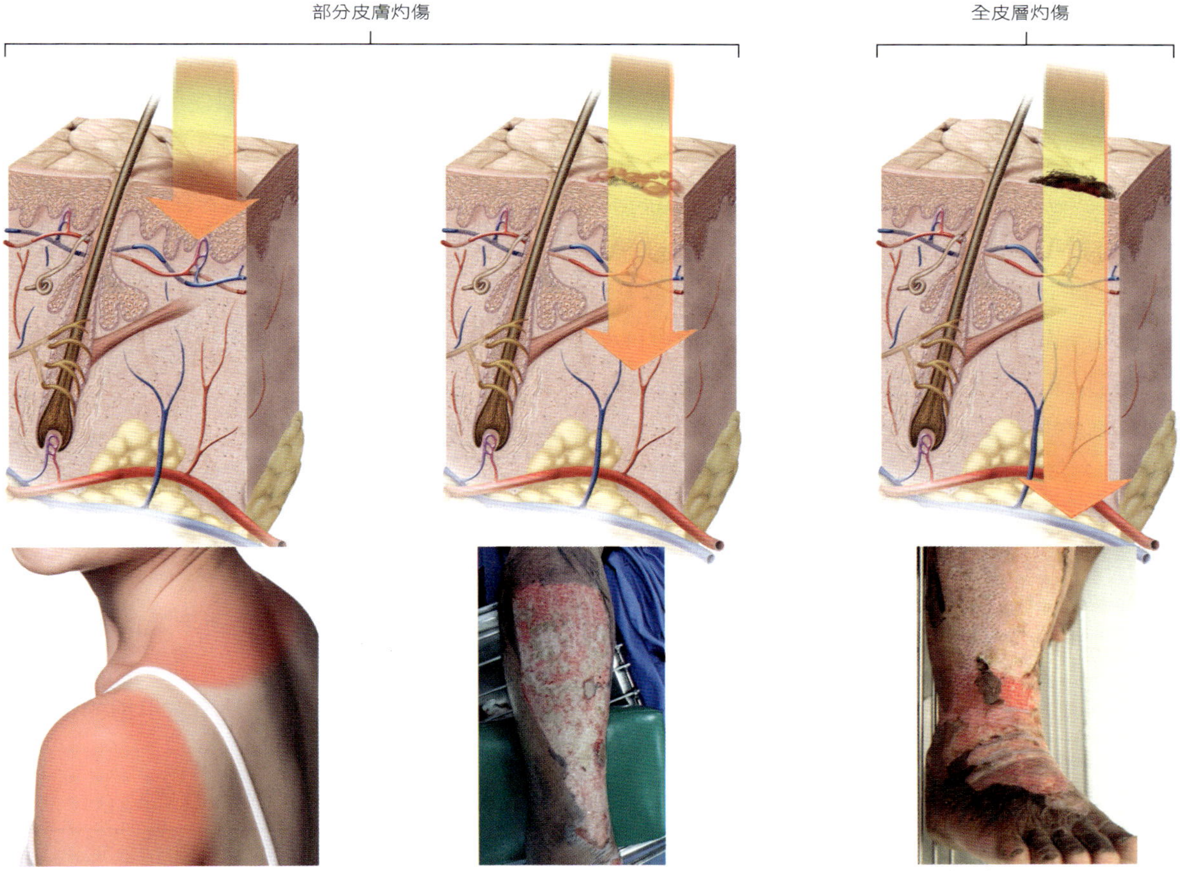

(a) 第一級 (b) 第二級 (c) 第三級

圖 5.14 三級灼傷。(a) 一級灼傷，僅累及表皮；(b) 二級灼傷，累及表皮和部分真皮；(c) 三級灼傷，延伸到整個真皮，通常累及更深的組織。

(a) ©Dmitrii Kotin/Alamy, (b) ©krit_manavid/Shutterstock, (c)©Anukool Manoton/Shutterstock

因此，一級和二級灼傷也稱為**部分皮膚灼傷** (partial-thickness burns)。二級灼傷可能是紅色、棕褐色或白色，並且會起水泡和疼痛。大約需要 2 週到幾個月的時間才能癒合並可能留下疤痕。表皮再生是經由毛囊和汗腺以及病變邊緣周圍的上皮細胞分裂而成。嚴重的曬傷和許多燙傷是二級灼傷。

三級灼傷 (third-degree burns) 是美國意外死亡的主要原因。它們也被稱為**全皮層灼傷** (full-thickness burns)，因為表皮層和真皮層被完全破壞了。有時甚至更深的組織也受損 (皮下組織、肌肉和骨骼)[一些權威人士稱擴及到骨骼的灼傷為*四級灼傷* (fourth-degree burns)]。由於沒有真皮殘留，皮膚只能從傷口邊緣再生。三級灼傷通常需要植皮 (見臨床應用 5.3)。如果三級灼傷靠自癒，可能會導致攣縮 (異常結締組織纖維化) 和外形嚴重變形。

應用您的知識

三級灼傷的外圍可能包括一級灼傷和二級灼傷的疼痛區域，但是三級灼傷的區域是無痛的。解釋沒有疼痛的原因。

臨床應用 5.3

植皮和人造皮膚

三級灼傷沒有真皮可以再生，因此需要植皮。理想情況下，這些應來自同一患者身體的其他部位［自體移植 (autografts)[38]］，沒有免疫排斥反應問題，但這在「廣泛灼傷」患者中可能是不可行的。使用他人的皮膚［稱為同種異體移植物 (allograft)[39] 或同種移植物 (homograft)[40]］，甚至可以使用其他物種的皮膚［稱為異種移植物 (heterograft)[41] 或異種移植物 (xenograft)[42]］，例如豬皮。然而，同種異體移植物和異種移植物會被免疫系統排斥，因此僅為防止感染和體液流失提供暫時的屏障。

至少有兩家生物工程公司生產人造皮膚 (artificial skin) 作為臨時灼傷覆蓋物。一種產品是在膠原蛋白膠上培養纖維母細胞以產生真皮，然後在其上培養角質細胞以產生表皮而製成的。這不僅用於治療灼傷患者，還用於治療由糖尿病引起的腿足潰瘍的患者。在某些國家可以使用的另一項新技術是噴塗皮膚移植物。從灼傷患者身上取出一張郵票大小的表皮，然後以酶分解成單獨的細胞。將細胞懸浮液噴灑到二級燒傷或其他皮膚損傷區域。在一週之內，這可以成長相當於一本書的頁面大小的健康皮膚區域。

38 *auto* = self 自我
39 *allo* = different 不同，other 其他
40 *homo* = same 相同
41 *hetero* = different 不同
42 *xeno* = strange 陌生的，alien 相異

在你繼續閱讀之前

回答下列問題，以檢驗你對上節內容的理解：

16. 胎兒的生發層會形成成人皮膚的哪一層？
17. 胎兒的胎脂是什麼？它有什麼作用？
18. 每種類型的皮膚癌分別所涉及的是哪種細胞？
19. 哪種類型的皮膚癌最危險？它早期的預警特徵是什麼？
20. 一級、二級和三級灼傷有什麼區別？

學習指南

評估您的學習成果

為了測試你的知識，請與學習夥伴討論以下話題，或以書面形式討論，最好是憑記憶。

5.1 皮膚和皮下組織

1. 體被系統和體被之間的區別，以及處理該系統的醫學分支。
2. 皮膚的兩個主要層以及皮膚下方結締組織的專有名詞。
3. 皮膚厚度的範圍，區分厚皮膚和薄皮膚的基礎以及這兩種類型的皮膚的位置。
4. 皮膚的多種功能以及哪些的皮膚構造有助於這些功能。
5. 五個表皮細胞類型及其各自的功能。
6. 在薄和厚的皮膚中看到的四到五層，它們的發生順序以及每個層的明顯組織學特徵。
7. 薄皮膚和厚皮膚的組織學區別。
8. 角質細胞從有絲分裂開始到死亡並從皮膚表面剝落的生命歷程，其發展階段與表皮層的組織學外觀如何相關。
9. 表皮防水屏障的重要性，其組成以及如何由角質細胞產生。
10. 真皮的組成，包括其纖維和細胞類型以及其中所包含的各種胞器。
11. 真皮-表皮邊界的結構、相聯結的槽和脊的名稱，以及該邊界的外觀如何以及為何在人體的不同區域有差異。
12. 真皮的乳突層和網狀層之間的差異、組織組成以及功能差異。
13. 皮下組織的組織學組成及其與真皮的區別。
14. 負責正常膚色的色素，兩種黑色素的類型以及淺色和深色皮膚之間差異的原因。
15. 多種病理性皮膚顏色以及導致這種變化的原因。

16. 皮膚的各種線、褶痕和其他標記。

5.2 毛髮和指甲

1. 毛髮和指甲的蛋白質組成以及與主要表皮蛋白質的比較。
2. 毛髮及其毛囊的區別及其一般構造的關係。
3. 三種類型的人類毛髮及其在外觀、身體位置和出現在人生的不同時期。
4. 人類各種類型和身體部位的毛髮功能。
5. 從毛髮的根部到皮膚上方的三個區域；在哪裡得到營養；哪個區域是頭髮的生長區。
6. 毛髮的橫切面中從核心到其表面的可以看到的三個區域，這些區域在細胞形態上的差異。
7. 毛囊的各層及其隆起處的功能意義。
8. 與毛髮相關的神經和肌肉及其功能。
9. 造成頭髮顏色和質地差異 (直髮、波浪形或捲髮) 的因素。
10. 毛髮生命週期的各個階段，每個階段發生的主要過程以及每個階段大約持續多長時間。
11. 毛髮稀疏的類型及其影響因素。
12. 指甲的形態以及外觀變化如何對某些疾病和病症具有診斷價值。

5.3 皮膚腺體

1. 兩種汗腺以及它們在整個人類生命中的組織學外觀、身體分佈、功能和發育的差異。
2. 皮脂腺的功能和位置，以及它們與汗腺在分泌方式上的區別。
3. 耵聹腺的位置，耳垢與這些腺體的分泌物有何不同，耳垢的功能為何？
4. 為什麼乳腺 (mammary gland) 和乳房 (breast) 的專有名詞不是同義詞，以及乳腺與頂泌汗腺的比較和對比。

5.4 發育和臨床觀點

1. 表皮由外胚層的胚胎發育階段，以及真皮在起源和發育方式上與表皮有何不同。
2. 毛髮和指甲如何從胚胎表皮發育。
3. 皮脂腺在胚胎中的位置和發生方式；胎脂的性質、胎脂和胎毛以及柔毛如何保護胎兒。
4. 兩種汗腺在產前發育上有何不同，以及在兒童期、青春期前後的不同。
5. 成年皮膚隨年齡變化的方式，尤其是老年人，以及一生中紫外線暴露史如何影響這種變化。
6. 三種類型的皮膚癌及其來源細胞，在人類中相對發生率，以及轉移和死亡率的相對風險的差異。
7. 區別三種灼傷的特徵。

回憶測試

1. ______的細胞已角質化並死亡。
   a. 乳突層　d. 角質層
   b. 棘狀層　e. 顆粒層
   c. 基底層
2. 表皮防水屏障形成於表皮細胞的位置？
   a. 進入休止期
   b. 從基底層移動到棘狀層
   c. 從棘狀層傳遞到顆粒層
   d. 形成表皮
   e. 表皮脫落
3. 肝衰竭最有可能導致以下哪些皮膚狀況或外觀？
   a. 蒼白 (pallor)
   b. 紅斑 (erythema)
   c. 尋常型天皰瘡 (pemphigus vulgaris)
   d. 黃疸 (jaundice)
   e. 黑色素沉著(melanization)
4. 以下所有因素都會干擾皮膚的微生物入侵，除了
   a. 酸性包膜　d. 角蛋白
   b. 黑色素　e. 皮脂
   c. 耳垢
5. 6 歲孩子的手臂上的毛髮是______。
   a. 柔毛　d. 終毛
   b. 汗毛　e. 紅斑痤瘡
   c. 鬍子
6. 以下哪個專有名詞與其餘的專有名詞相關性最少？
   a. 甲弧影　d. 游離緣
   b. 甲板　e. 皮層
   c. 甲下皮
7. 以下哪個是氣味腺？
   a. 外分泌腺　d. 耵聹腺
   b. 皮脂腺　e. 全泌腺
   c. 大汗腺腺體
8. ______是具有感覺作用的皮膚細胞。
   a. 觸覺細胞　d. 黑色素細胞
   b. 樹突狀細胞　e. 角質細胞
   c. 顆粒細胞
9. 胚胎皮層成為______一部分。
   a. 胎兒皮脂　d. 基底層
   b. 柔軟的毛髮　e. 真皮層
   c. 角質層
10. 下列那些皮膚細胞可提醒免疫系統抵抗病原體？
   a. 纖維母細胞　d. 樹突狀細胞
   b. 黑色素細胞　e. 觸覺細胞

c. 角質細胞

11. 在醫學專有名詞中，涉及皮膚的兩個常見詞根是______和______。
12. 導致頭髮直立的肌肉稱為______。
13. 表皮層中最豐富的蛋白質是______，而真皮層中最豐富的蛋白質是______。
14. 由於血液中氧氣濃度低而導致的皮膚發藍稱為______。
15. 真皮層向表皮層突出的構造稱為______。
16. 耵聹 (cerumen) 通常被稱為______。
17. 分泌到毛囊中的全泌腺體稱為______。
18. 毛髮的鱗狀最外層稱為______。
19. 毛髮是由稱為______的結締組織突出構造中的血管滋養。
20. ______灼傷會破壞部分真皮，但並非全部。

答案在附錄 A

建立您的醫學詞彙

說出每個詞彙的含義，並從本章中給出一個使用該詞彙的醫學專有名詞或稍微的改變該詞彙。

1. dermato
2. epi-
3. sub-
4. pap-
5. melano-
6. cyano-
7. lucid-
8. -illa
9. pilo-
10. carcino-

答案在附錄 A

這些陳述有什麼問題？

簡要說明下列各項陳述為什麼是假的，或將其改寫為真。

1. 基底細胞癌是最罕見的一種皮膚癌並且很少轉移。
2. 表皮有絲分裂僅發生在棘狀層中。
3. 真皮主要由角蛋白組成。
4. 維生素 D 是由某些皮膚腺體合成的。
5. 在遭受最大機械應力的皮膚區域真皮脊相對較小。
6. 毛角皮由死細胞組成，而毛髮的活細胞存在於皮層中。
7. 皮膚的三層是表皮、真皮和皮下組織。
8. 非洲人後裔的表皮黑素細胞密度比北歐後裔的人高得多。
9. 黑色素瘤是最常見和致命的皮膚癌。
10. 除了頭皮，幼兒身上的大部分毛髮都是柔軟的柔毛 (胎毛)。

答案在附錄 A

測試您的理解力

1. 身體的許多器官包含許多較小的器官，甚至數千個。描述在皮膚系統中一個例子。
2. 如果我們考慮比較解剖學和我們的進化歷史，那麼人類形態和功能的某些方面就不太神秘，更容易解釋。描述在體被系統解剖學中的一個例子。
3. 在本章中我們已經看到真皮層有兩個組織層，而不僅僅是一層。這如何成為第 1 章介紹的主題——形態和功能統一性的例證？
4. 寒冷的天氣通常不會干擾血液中的氧氣吸收，但無論如何都會導致紫紺發生。為什麼？
5. 為什麼表皮層對於隔絕紫外線有效，但又不是非常有效是很重要？

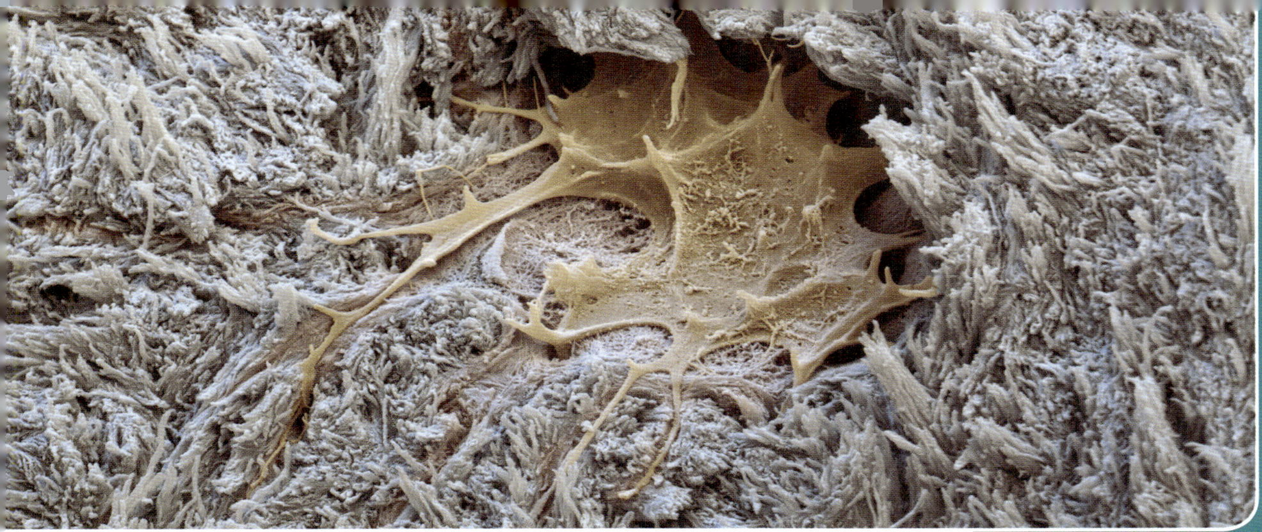

成熟的骨細胞 (骨細胞)，其細胞質突起經由鈣化的骨基質中伸出

CHAPTER 6

骨骼系統 I
骨組織

王懷詩

章節大綱

6.1 骨骼系統的組織和器官

- 6.1a 骨骼的功能
- 6.1b 骨骼和骨組織
- 6.1c 骨骼的一般特徵

6.2 骨組織學

- 6.2a 骨細胞
- 6.2b 基質
- 6.2c 緻密骨
- 6.2d 海綿骨
- 6.2e 骨髓

6.3 骨骼發育

- 6.3a 膜內骨化
- 6.3b 軟骨內骨化
- 6.3c 骨骼生長
- 6.3d 骨重塑
- 6.3e 營養和荷爾蒙因素
- 6.3f 骨骼系統的老化

6.4 骨骼的構造性疾病

- 6.4a 骨折
- 6.4b 骨質疏鬆症
- 6.4c 佝僂病和骨軟化症

學習指南

臨床應用

6.1 放射性與骨癌

6.2 軟骨發育不全侏儒症

6.3 什麼時候不吃菠菜

複習

要瞭解本章，您可能會發現複習以下概念會有所幫助：

- 幹細胞 (2.4c 節)
- 結締組織的一般特性 (3.3a 節)
- 透明軟骨 (表 3.7)
- 骨組織學簡介 (3.3d 節)
- 間葉 (4.2a 節)

Anatomy & Physiology REVEALED
aprevealed.com

模組 5：骨骼系統

在藝術和歷史上，沒有什麼比頭骨或骨骼 (skeleton)[1] 更能象徵死亡了。骨骼和牙齒是曾經活著的身體最持久的遺骸，也是生命無常最生動的提醒。

用於實驗課學習的乾燥骨骼可能會錯誤地認為骨骼是人體無生命的支架，就像建築物的鋼樑一樣。看到這種經過消毒過的骨骼，很容易忘記活著的骨骼是由充滿細胞的動態組織組成的——它可以不斷地自我重塑並在生理上與所有其他器官系統相互作用。骨骼遍佈神經和血管，證明其敏感性和代謝活性。

骨骼是第 6 章至第 8 章的主題。在本章中，我們學習骨組織——骨骼的組成、發育和生長。這將為理解後續章節中的骨骼、關節和肌肉提供基礎。

6.1 骨骼系統的組織和器官

預期學習成果

當您完成本節後，您應該能夠

a. 列出組成骨骼系統的組織和器官的名稱；
b. 描述骨骼系統的幾種功能；
c. 區分骨骼在作為骨組織和器官的不同；和
d. 描述長骨的一般特徵。

骨骼系統 (skeletal system) 由骨骼、軟骨和韌帶緊密連接形成了堅固而靈活的身體支架。胚胎時期軟骨是大多數骨骼的先驅，在成熟骨骼覆蓋在許多關節表面。韌帶在關節處將骨骼連結在一起，將在第 9 章討論。肌腱在構造上類似於韌帶，但是是將肌肉附著在骨骼上；在第 11 章和第 12 章中肌肉系統進行討論。

1 *skelet* = dried up 乾

6.1a 骨骼的功能

骨骼顯然為身體提供了物理支撐，但它也具有許多人所不知道的其他角色。包括以下的功能。

- **支持** (support)：腿、骨盆和脊柱的骨骼支撐著身體；腭骨 (jaw bones) 支撐牙齒；幾乎所有骨骼都為肌肉提供支撐。
- **運動** (movement)：骨骼肌如果沒有附著在骨骼上則沒有移動骨骼的能力。
- **保護** (protection)：骨骼包圍並保護著大腦、脊髓、肺、心臟、盆腔內臟器和骨髓等脆弱的器官和組織。
- **血液形成** (blood formation)：血液細胞和大多數免疫系統細胞主要是由紅骨髓產生。
- **電解質平衡** (electrolyte balance)：骨骼是人體鈣和磷酸鹽的主要儲存庫。它會儲存這些礦物質並在有其他需要時釋放出來。
- **酸鹼平衡** (acid-base balance)：骨骼通過吸收或釋放鹼性鹽 (例如磷酸鈣) 來緩衝血液，防止 pH 過度變化。
- **排毒** (detoxification)：骨組織從血液中吸收重金屬和其他外來元素，從而減輕它們對其他組織的毒性作用。之後它可以更緩慢地釋放排出這些污染物。然而，骨骼吸收外來元素的傾向可能會帶來可怕的後果 (請參閱臨床應用程序 6.1)。

臨床應用 6.1

放射性與骨癌

瑪麗和皮埃爾・居里 (Marie and Pierre Curie) 以及亨利・貝克奎爾 (Henri Becquerel) 共同分享了 1903 年的諾貝爾獎，從而引起公眾對於放射性的想像力。然而，幾十年來，沒有人意識到它的危險。工廠僱用婦女用鐳漆在鐘錶盤上塗上發光的數字。當他們用舌頭弄濕油漆刷以使其較細尖時這些婦女就攝入了鐳。他們的骨頭很容易吸收它，以致之後發展成骨肉瘤 (osteosarcoma)，這是最常見和致命的一種骨癌。

事後看來更可怕的是一種致命的健康風尚，人們喝著由富含鐳的水製成的「強身補藥」。一位著名的熱衷者是冠軍高爾夫球手和百萬富翁花花公子埃本・拜爾斯 (Eben Byers, 1880~1932)，他每天喝幾瓶鐳補品，並稱讚其作為奇藥和壯陽藥的優點。像工廠婦女一樣，拜爾斯罹患了骨肉瘤。到他去世時，他的頭顱骨上已經有洞形成，醫生們拔掉了整個上腭和大部分下頜骨，以阻止蔓延的癌症。拜爾斯的骨骼和牙齒放射性極強，可以在完全黑暗的環境中使膠卷曝光。大腦受損使他無法說話，但他在精神上仍警覺著痛苦的結局。他悲慘的殞落和死亡震驚了整個世界，並終結了鐳補品風潮。

6.1b 骨骼和骨組織

骨骼 (bone) 或**骨組織** (osseous[2] tissue) 的研究稱為**骨學** (osteology)[3]。骨骼是一種結締組織，其基質經由磷酸鈣和其他礦物質的堆積而硬化。硬化過程稱為**礦化** (mineralization) 或**鈣化** (calcification)。但是，骨組織只是骨骼的組成部分之一。還包括血液、骨髓、軟骨、脂肪組織、神經組織和纖維結締組織。骨骼 (bone) 一詞可以表示由所有這些成分組成的器官，也可以僅表示骨組織。

6.1c 骨骼的一般特徵

骨骼具有的多種形狀與其保護功能和運動功能有關。大多數顱骨呈薄彎板狀稱為**扁平骨** (flat bones)，例如成對的頂骨，它們構成了頭頂的圓頂。胸骨 (sternum 或 breastbone)、肩胛骨 (scapula 或 shoulder blade)、肋骨和髖骨也是扁平骨。身體運動中最重要的骨骼是四肢的**長骨** (long bones)——手臂和前臂的肱骨、橈骨以及尺骨；大腿和腿的股骨、脛骨和腓骨；以及手和腳的掌骨、蹠骨和指骨。像撬棍一樣，長骨頭充當堅固的槓桿，骨骼肌肉會對其施加作用以產生主要的身體運動。不屬於長骨或扁平骨的骨骼有時稱為**短骨** (short bones)(例如手和腳的腕骨和跗骨) 或**不規則骨骼** (irregular bones)(例如椎骨和一些顱骨)。

圖 6.1 顯示了長骨的縱切面。它的大部分由稱為**緻密 (密集) 骨** [compact (dense) bone] 的緻密白色骨組織的外殼層組成。外殼層包住一個稱為**骨髓 (髓質的) 腔** [marrow

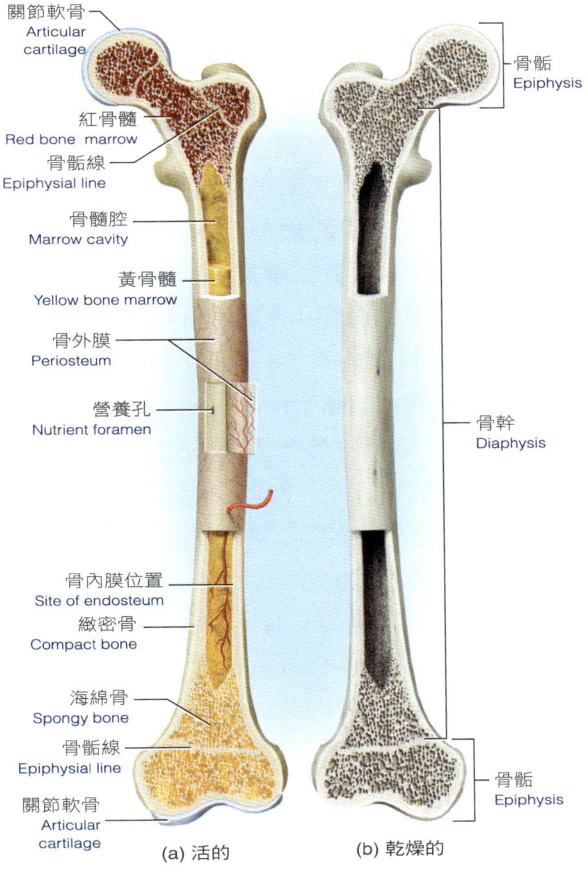

圖 6.1 長骨解剖圖。(a) 股骨，其軟組織包括骨髓、關節軟骨、血管和骨外膜；(b) 乾燥股骨縱切面。

• 長骨在骨骺處比在骨幹處較寬的功能意義是什麼？

2 *os, osse, oste* = bone 骨骼

3 *osteo* = bone 骨骼；*logy* = study of 研究

(medullary[4]) cavity] 的空間，內有骨髓。骨骼的末端是一種組織較鬆散的骨組織形式，稱為**海綿 (鬆質) 骨** [spongy (cancellous) bone]。骨骼的重量約有四分之三是緻密骨和四分之一是海綿骨。緻密骨和海綿骨將在後面詳細介紹。

長骨的主要特徵是其骨軸，稱為**骨幹** (diaphysis)[5] (dy-AF-ih-sis)，兩端各有一個擴展的頭，稱為**骨骺** (epiphysis)[6] (eh-PIF-ih-sis)。長骨的骨幹提供槓桿作用，而骨幹被擴大以增強關節並為肌腱和韌帶的附著提供更大的表面積。在兒童和青少年中，透明軟骨的**骨骺板** (epiphysial plate)(EP-ih-FIZZ-ee-ul) 分隔骨骺和骨幹的骨髓腔。在 X 光片中長骨的末端顯示為透明線 (見圖 6.10)。骨骺板是骨骼增長的區域。它不存在於成年人中。

大部分骨骼外部有**骨外膜** (periosteum)[7] 覆蓋。它具有堅韌的膠原纖維外層 (fibrous layer) 和骨形成細胞的骨原層 (osteogenic layer) 內層。外層的一些膠原纖維與肌腱連續將肌肉結合到骨骼，有一些**穿通纖維** (perforating fibers) 進到骨基質中。因此骨膜提供了從肌肉到肌腱到骨骼的牢固的附著和連續性。骨原層對於骨骼的生長和骨折的癒合很重要。骨膜的血管通過稱為**營養孔** (nutrient foramina)(for-AM-ih-nuh) 的細孔穿進骨骼。考慮骨組織學時，我們將追踪它們的去向。骨的內表面襯有**骨內膜** (endosteum)[8]，是薄層的網狀結締組織，其中有堆積骨組織和溶解骨組織的細胞。

在大多數關節處，相鄰骨骼的末端沒有骨膜，而是一層薄薄的透明軟骨，即**關節軟骨** (articular[9] cartilage)。與骨骼之間分泌的潤滑液一起，這種軟骨使關節的運動遠比將一根骨骼直接摩擦另一塊骨骼容易得多。

扁平的骨頭具有三明治狀的結構，內和外板 (inner and outer table)(層) 的緻密骨包圍著中間層的海綿骨 (圖 6.2)。在頭骨中，海綿狀層被稱為**板障** (diploe)[10] (DIP-lo-ee)。對顱骨中等度的擊打可能會使緻密骨外板骨折，但板障有時會吸收衝擊力，使內板和大腦不受傷害。

在你繼續閱讀之前

回答下列問題，以檢驗你對上節內容的理解：

1. 寫出骨骼中可見到的五種組織。
2. 除了支撐身體和保護某些內部器官之外，列出骨骼系統三個或更多的功能。
3. 解釋為什麼兒童四肢的 X 片在長骨的骨骺和骨

---

4 *medulla* = marrow 骨髓；*ary* = pertaining to 關於

5 *dia* = across 跨；*physis* = growth 成長；最初因脛骨幹上的嵴而得名

6 *epi* = upon 上，above 以上；*physis* = growth 成長

7 *peri* = around 大約；*oste* = bone 骨

8 *endo* = within 內；*oste* = bone 骨

9 *artic* = joint 關節

10 *diplo* = double 雙倍

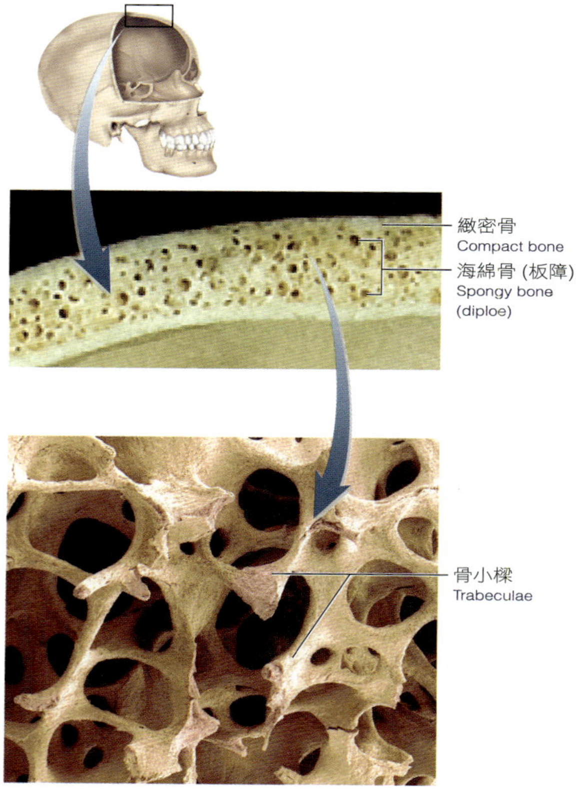

圖 6.2 扁平骨頭的結構。

(top) ©Christine Eckel; (bottom) ©Science Photo Library/Alamy Stock Photo

幹之間顯示出清晰的界線。

4. 解釋緻密和海綿骨之間的區別，並描述它們在長骨和扁平骨中的空間關係。
5. 描述長骨的骨軸、頭、生長區和纖維覆蓋的解剖學專有名詞。

6.2 骨組織學

預期學習成果

當您完成本節後，您應該能夠

a. 列出並描述骨組織的細胞、纖維和基質；
b. 描述骨組織各組成成分的功能重要性；
c. 比較兩種類型的骨組織的組織學；和
d. 區分兩種類型的骨髓。

6.2a 骨細胞

像任何其他結締組織一樣，骨骼由細胞、纖維和基質組成。骨細胞有四種類型 (圖 6.3)：

1. **骨原細胞** (osteogenic[11] cells) 是幹細胞，位於骨內膜、骨外膜的內層和將在下文中提及的中央管 (central canals) 內。它們來自胚胎間葉。骨原細胞不斷增殖並形成接下來描述的成骨細胞 (osteoblasts)。
2. **成骨細胞** (osteoblasts)[12] 是骨形成細胞，它們合成基質的有機物並幫助礦化為骨骼。它們在骨內膜和骨外膜的內層類似立方上皮成排排列在骨表面 (見圖 6.8)。成骨細胞是不

11 *osteo* = bone 骨；*genic* = producing 產生
12 *osteo* = bone 骨；*blast* = form 形成，produce 產生

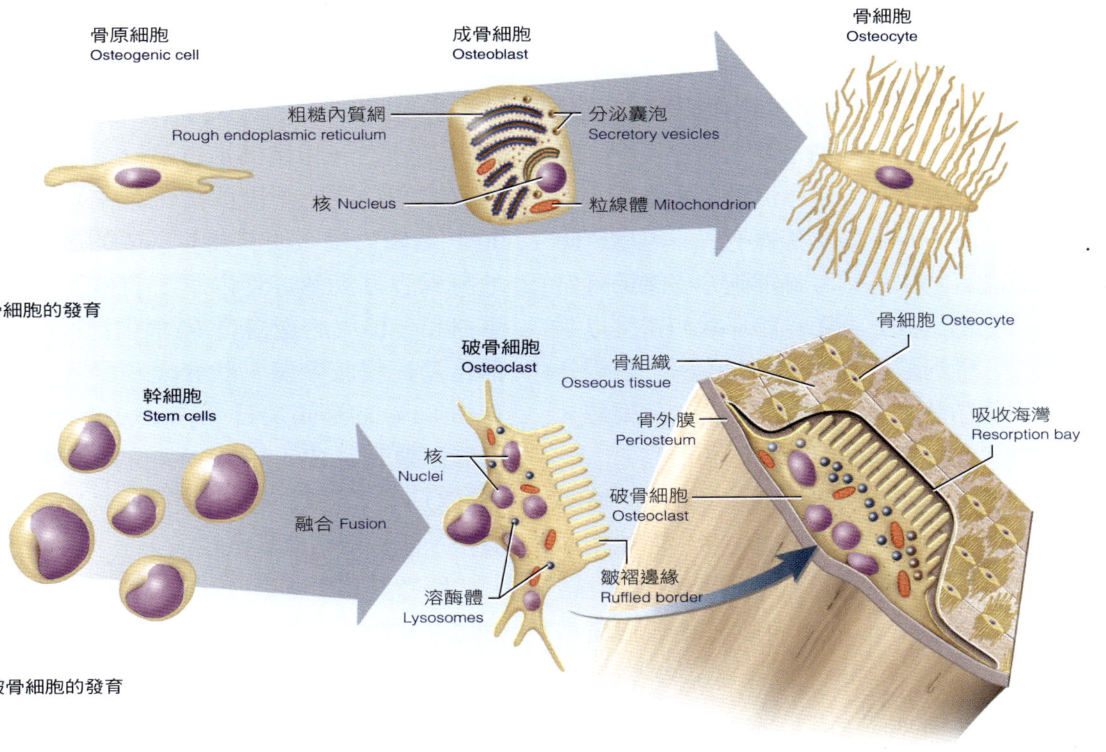

圖 6.3 骨細胞及其發育。(a) 骨原細胞發育為成骨細胞，成骨細胞在其周圍堆積骨質並轉變為骨細胞；(b) 骨髓幹細胞融合形成破骨細胞。

分裂的，因此新的成骨細胞的唯一來源是骨原細胞。壓力和骨折會刺激這些細胞加速有絲分裂，從而使成骨細胞數量迅速增加，從而增強或重建骨骼。成骨細胞的造骨活性稱為**成骨作用** (osteogenesis)。

3. **骨細胞** (osteocytes) 是之前的成骨細胞被困在它們自己所製造堆積的基質中而成。它們位在稱為**腔隙** (lacunae)[13] 的小腔中，該腔通過稱為**骨小管** (canaliculi)[14] (CAN-uh-LIC-you-lye) 的細長通道相互連接。每個骨細胞都有細長的細胞質突起進入小管，與鄰近的骨細胞的突起相接觸 (請參閱本章的章首圖片)。相鄰的骨細胞在這些突起的尖端透過間隙接合而連接。這些接合使骨細胞能夠相互傳送養分和化學信號，並將廢物運送到最近的血管進行處理。骨細胞也通過間隙接合與骨表面上的成骨細胞聯繫。

   骨細胞具有多種功能。有一些吸收骨基質，而其他堆積骨基質，因此它們有助於維持骨密度以及血液中鈣離子和磷酸根離子的平衡。也許更重要的是，它們是拉力感測器。當負載施加到骨骼上時，它會使細胞外液在腔隙和骨小管中產生流動。骨細胞有一個小的天線——一個單獨纖毛——可以感應這種液體流動。這刺激骨細胞分泌調節骨骼重塑的生化訊號—調節骨骼形狀和密度以適應壓力。骨細胞也是內分泌細胞——它們分泌一種稱為*骨鈣素* (osteocalcin) 的荷爾蒙，該荷爾蒙會影響胰島素的分泌和活性。

4. **破骨細胞** (osteoclasts)[15] 是位在骨表面溶解骨質的巨噬細胞。它們是從與產生血球相同的骨髓幹細胞發育而來。幾個幹細胞相互融合形成一個破骨細胞。因此破骨細胞異常大 (直徑可達 150 μm)，通常具有 3 或 4 個核，但有時可達 50 個。破骨細胞面向骨骼的一側具有*皺褶邊緣* (ruffled border)，是細胞膜上深的皺褶以增加其表面積。皺褶邊緣上的氫泵將氫離子 (H^+) 分泌到細胞外液中，氯離子 (Cl^-) 隨後被電吸引。因此破骨細胞和骨骼之間的空間充滿了鹽酸 (HCl)。pH 約為 4 的 HCl 溶解出相鄰骨骼的礦物質。然後破骨細胞的溶酶體釋放出消化有機成分的酶。骨組織的這種溶解稱為**骨質溶解** (osteolysis)，與成骨作用相反。破骨細胞通常位於被侵蝕骨骼表面的稱為*吸收海灣* (resorption bays) 的小凹處。

13 *lac* = lake 湖，hollow 空心；*una* = little 小
14 *canal* = canal 運河，channel 水道；*icul* = little 小
15 *osteo* = bone 骨；*clast* = destroy 破壞，break down 分解

應用您的知識

考慮到成骨細胞的功能，您認為細胞質中哪些胞器的特別豐富？

6.2b 基質

骨組織基質 (matrix) 的平均乾重中有機物約占三分之一和無機物占三分之二。該比例隨位置和功能的不同而變化。中耳骨骼約含 90% 的礦物質，使其具有必要的硬度以有效地將聲音振動傳導至內耳。有機物包括膠原蛋白和各種大的蛋白質-碳水化合物複合物，稱為葡萄糖胺聚醣、肽聚醣和醣蛋白。無機物約 85% 的**羥磷灰石** (hydroxyapatite)，一種磷酸鈣鹽 [$Ca_{10}(PO_4)_6(OH)_2$] 結晶；10% 碳酸鈣 ($CaCO_3$)；以及較少量的鎂、鈉、鉀、氟、硫酸根、碳酸根和氫氧根離子。

礦物質和膠原蛋白形成一種複合物，使骨骼具有類似於玻璃纖維的韌性和強度。礦物質可以抵抗壓力 (施加的重量會崩壞或下陷)。當骨骼中的鈣鹽不足時，它們會軟化並容易彎曲 [請參閱 6.4c 節中的*佝僂病* (rickets)]。膠原纖維使骨頭具有抵抗張力的能力，因此它可以略

微彎曲而不會折斷。例如跑步時，每當你的體重由一條腿承受時，該腿中的長骨頭都會稍微彎曲。沒有膠原蛋白，它們將非常脆，以至於裂開或破碎。成骨發育不全症 (脆骨病) 顯著證明了膠原蛋白對骨骼強度的重要性 (請參見臨床應用 3.3)。

6.2c 緻密骨

緻密骨 (compact bone) 的組織學研究通常使用已乾燥、用鋸切割並磨成半透明的薄片。此過程破壞了細胞和許多其他有機成分，但可顯示無機基質的細微細節 (圖 6.4d)。緻密骨的橫切面顯示出洋蔥狀的**同心圓骨板** (concentric lamellae)，這些同心圓排列的基質圍在一個**中央 (骨元) 管** [central (osteonic) canal] 周圍。中央管及其同心圓骨板構成**骨元** (osteon)——緻密骨的基本構造單位。在縱切面和三維重建中，我們發現骨元是圍繞中央管的圓柱組織。沿其長度方向，中央管由稱為**穿通管** (perforating canals) 的橫向或對角線通道相連。中央和穿孔管內包含血管和神經。腔隙位於基質的相鄰層之間，並通過骨小管彼此連接。最內層腔隙的骨小管通向中央管。每個骨元均由一條細的結合線 (cement line) 與其相鄰骨元分開。結合線可阻止骨骼的微小裂縫擴散，從而減少它們引起大範圍骨折的機會。

在每層骨板片中，膠原纖維沿著基質像螺絲釘的螺紋一樣以螺旋狀向下。螺旋在一個層中沿一個方向盤繞，而在下一個層中沿相反方向盤繞。就像膠合板的交替層一樣，這使骨骼更堅固並使其能夠抵抗多個方向的張力。在骨骼必須抵抗張力 (彎曲) 的區域，螺旋線像木螺釘上的螺紋一樣鬆散地盤繞，纖維相對在骨骼的縱軸伸展。在骨骼必須承受壓力的承重區域，螺旋線像螺栓上緊密排列的螺紋一樣緊密盤繞，而纖維則更接近橫向。

骨骼每分鐘接收約半公升血液。血管和神經通過表面的營養孔進入骨組織。它們通往穿通管穿過基質並通向中央管。中央管壁看起來好像被刺穿了無數的小孔。這些是最內層腔隙的骨小管開口。最靠近中央管的骨細胞從血液中吸收營養，並使它們通過其間隙接合到達鄰近的骨細胞，而且還從鄰近細胞接收廢物，並將它們運送到中央管通過血流清除。因此骨細胞的細胞質突起在中央管和骨元最外層細胞之間保持了養分和廢物的雙向流動。

並非所有的基質都組織成骨元。緻密骨的內面和外面邊界排列平行於骨骼表面的環骨板 (circumferential lamellae)。在骨元之間，我們可以發現不規則的間骨板 (interstitial lamellae)，這些是骨生長和骨重塑後殘留部分的舊骨元。

6.2d 海綿骨

海綿骨 (spongy bone) 由細緻的格子狀骨條組成，分別稱為**骨小針** (spicules)[16] (棒或刺) 和**骨小樑** (trabeculae)[17] (薄板)(見圖 6.2 和 6.4a)。儘管鈣化且堅硬，但海綿骨卻以其多孔外觀而得名。它遍佈充滿骨髓的空間 (圖 6.4c)。基質像緻密骨一樣排列在骨板中，但是它們沒有排列成同心圓層狀，並且骨元很少。這裡不需要中央管，因為骨細胞與骨髓中的血液供應相距不遠。海綿骨經過精心設計，可在不增加不必要重量的情況下賦予骨骼強度。它的小樑並非乍看的任意排列，而是沿著骨骼的應力線發展 (圖 6.5)。海綿骨顯然比緻密骨具有更多的破骨細胞可作用的表面積。因此，大多的骨質溶解發生在海綿骨，從病理學角度來看，骨質疏鬆症也是如此 (見圖 6.16)。

---

16 *spicul* = dart 鏢，little point 小點
17 *trabe* = plate 板；*cul* = little 小

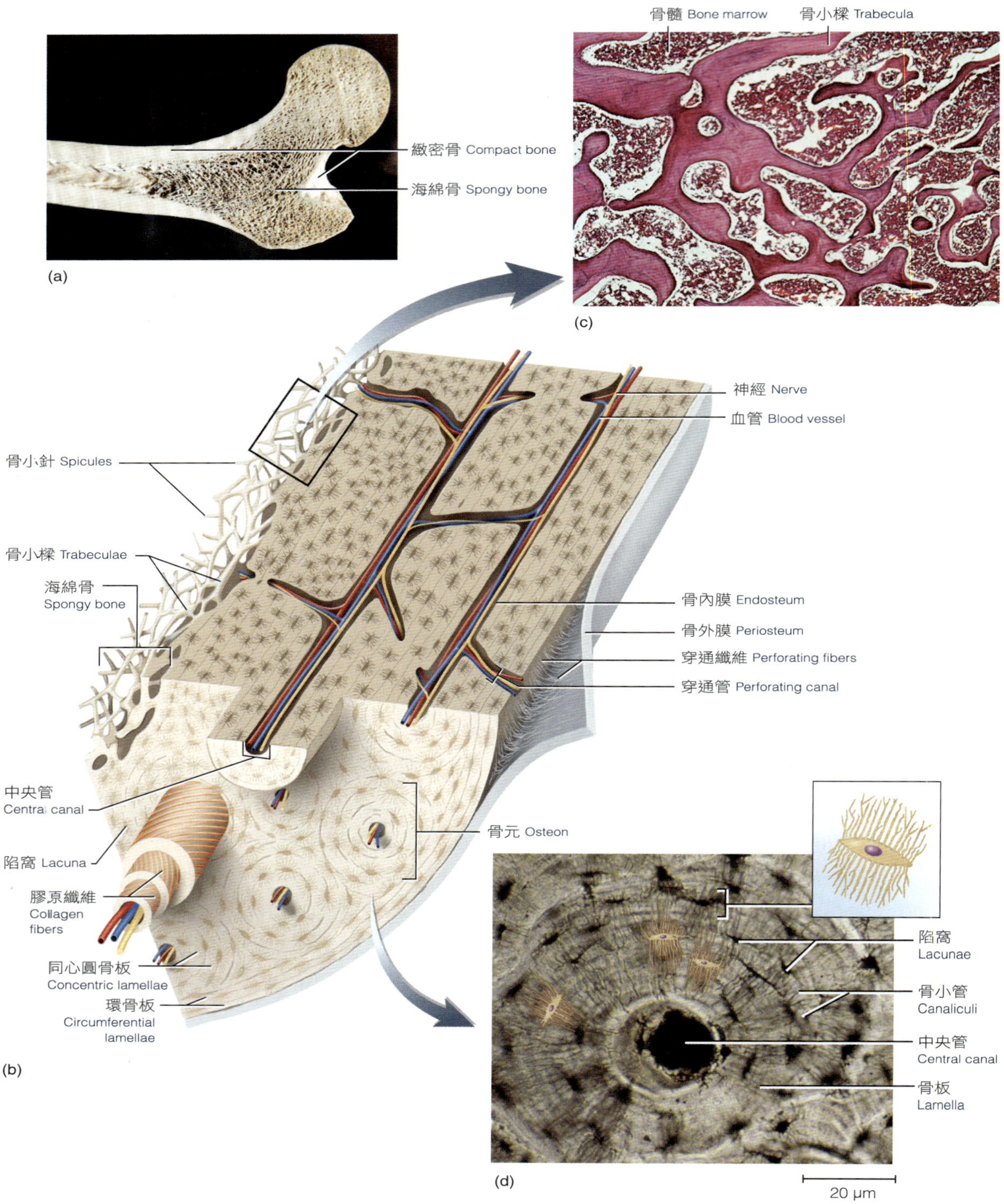

圖 6.4 骨組織的組織學。(a) 股骨頸切面的緻密骨和海綿骨；(b) 骨骼的三維結構。錯開一個骨元的骨板以顯示交替排列的膠原纖維；(c) 海綿骨和骨髓的顯微外觀；(d) 緻密骨橫切面的顯微外觀。APR

• 哪種類型的骨組織具有更多的破骨細胞作用表面積？

(a) ©B Christopher/Alamy, (c) ©Biophoto Associates/Science Source, (d) ©Custom Medical Stock Photo/Newscom

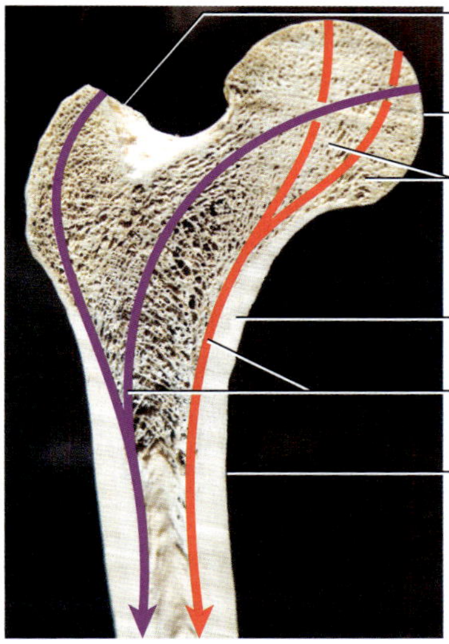

圖 6.5 **海綿骨結構與機械應力的關係**。在股骨的額狀切面，可以看到海綿骨的骨小樑沿著身體的重量施加的機械應力線排列。
©B Christopher/Alamy

6.2e 骨髓

骨髓 (bone marrow) 是軟物質的總稱，占據長骨骨髓腔、海綿骨骨小樑之間的空間以及最大的中央管。

在兒童幾乎每根骨骼的髓腔都充滿了**紅骨髓** (red bone marrow)，骨髓的顏色來自大量的紅血球。儘管它被稱為*骨髓組織* (myeloid tissue)，但最好將紅骨髓視為一個器官。第 22 章 (22.2d 節) 描述的顯微結構證明此認定的合理性。紅骨髓也被稱為*造血的* (hematopoietic)[18] (he-MAT-o-poy-ET-ic) 或造血組織。所有類型的血球都在這裡產生，但有些類型的血球也可在其他地方的造血組織 (例如淋巴結和胸腺) 中產生。

隨著年齡的增長，紅骨髓逐漸被脂肪性的**黃骨髓** (yellow bone marrow) 替代，就像在火腿骨頭中央看到的脂肪一樣。到成年初期，紅骨髓僅限於頭骨、椎骨、胸骨、肋骨、骨盆 (髖) 帶的一部分以及肱骨和股骨的近端頭；其餘的骨骼內含黃骨髓 (圖 6.6)。黃骨髓不再產生血液，但是如果發生嚴重或慢性貧血，它可以轉變回紅骨髓並恢復其作用。

18 *hemato* = blood 血液；*poietic* = forming 形成

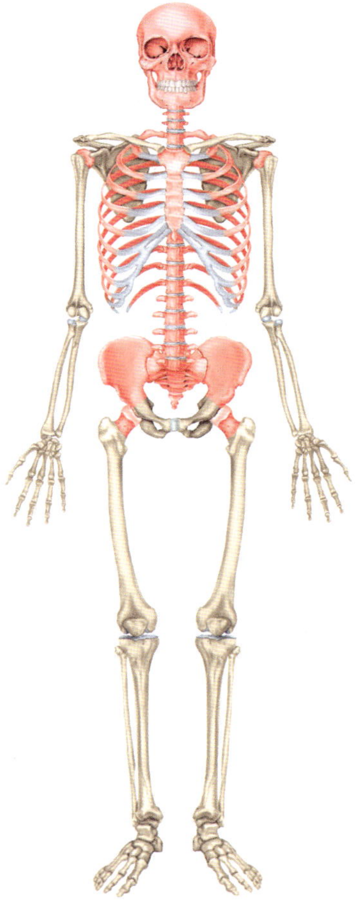

圖 6.6 **紅和黃骨髓的分佈**。在成年人中，紅骨髓占據著紅色區域的髓腔。黃骨髓發生在四肢的長骨中。
• *假設需要輸紅骨髓給患者。在此插圖的基礎上，建議一個或多個最佳解剖部位以從捐贈者抽出紅骨髓。*

在你繼續閱讀之前

回答下列問題，以檢驗你對上節內容的理解：

6. 假設你有四種骨細胞及其附近組織的未標記的電子顯微鏡照片。分別命名出四個細胞中的每一個，並簡單解釋如何由照片中區分出每一種細胞。
7. 命名骨骼基質的三種有機成分。
8. 骨骼的礦物質晶體叫什麼，它們是由什麼成分組成的？
9. 繪製骨元的橫切面並標記其主要部分。
10. 骨髓有哪兩種？*造血組織* (hematopoietic tissue) 是什麼意思？哪種類型的骨髓適合這種描述？

6.3 骨骼發育

預期學習成果

當您完成本節後，您應該能夠
a. 描述骨骼形成的兩種機制；
b. 解釋孩子身高如何增長；和
c. 解釋成熟的骨骼如何繼續生長並重塑。

骨的形成稱為**骨化** (ossification)(OSS-ih-fih-CAY-shun) 或**成骨作用** (osteogenesis)。骨化有兩種方式——*膜內* (intramembranous) 和*軟骨內* (endochondral)。兩者都始於稱為*間葉* (mesenchyme)(MEZ-en-kime) 的柔軟胚胎結締組織。

6.3a 膜內骨化

膜內骨化 (intramembranous[19] ossification) (IN-tra-MEM-bruh-nus) 產生顱骨的扁平骨和鎖骨的大部分。這樣的骨骼在類似於皮膚真皮的纖維片中發育，因此有時被稱為*真皮骨* (dermal bones)。圖 6.7 顯示了該過程的各個階段。

① 間葉首先聚集成一塊柔軟片狀有血管進入的組織，膜內 (intramembranous) 的由來是指在膜 (membrane) 中。間葉細胞沿血管排列，成為成骨細胞，並沿遠離血管的方向分泌柔軟的膠原*類骨組織* (osteoid tissue)。類骨組織類似於骨骼，但尚未被礦物質硬

19 *intra* = within 內；*membran* = membrane 膜

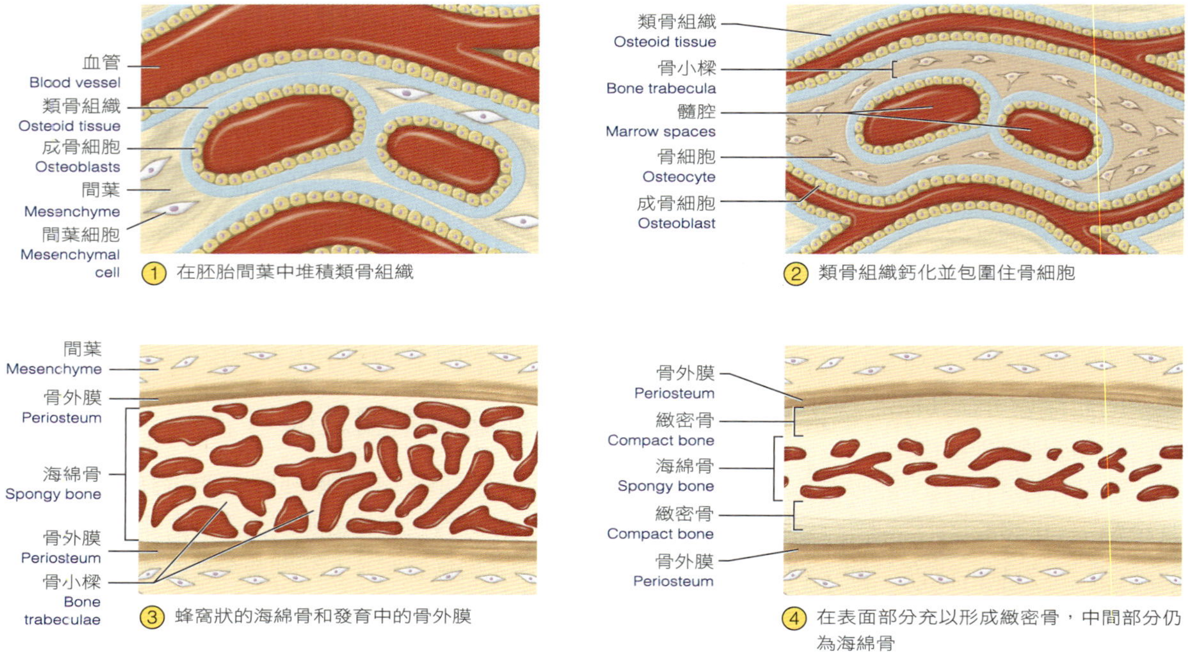

① 在胚胎間葉中堆積類骨組織

② 類骨組織鈣化並包圍住骨細胞

③ 蜂窩狀的海綿骨和發育中的骨外膜

④ 在表面部分充以形成緻密骨，中間部分仍為海綿骨

圖 6.7 **膜內骨化**。這些圖以不同的比例繪製，在開始時具有最高的放大倍率和細節，在過程結束時拉遠距離以更廣泛的觀察。
• *在第 7 章的幫助下，至少列出兩塊以此過程形成的特定骨骼名稱。*

化 (圖 6.8)。

② 磷酸鈣和其他礦物質在類骨組織的膠原纖維上結晶硬化基質。持續的類骨質沉積和礦化作用將血管和未來的骨髓擠入越來越狹窄的空間。當成骨細胞被困在自己的硬化基質中時，它們就會變為骨細胞。

③ 在進行上述過程時，更多與發育中骨骼相鄰的間葉聚集並在各個表面上形成纖維骨外膜。海綿骨由細長鈣化骨小樑構成蜂窩狀。

④ 在表面處，骨外膜下方的成骨細胞堆積骨層，填充骨小樑之間的空間，並在兩側形成緻密的骨質區域，並總體上使骨質增厚。這個過程產生了典型的扁平顱骨的三明治結構——兩層緻密骨之間有一層海綿骨。

膜內骨化在將要討論的長骨骨骼的終生增厚，加強和重塑中也起重要的作用。即使過了骨骼長度不再增長的年齡，在整個骨骼中，膜內骨化是一種在骨骼表面堆積新組織的方式。

6.3b 軟骨內骨化

軟骨內骨化 (endochondral[20] ossification) (EN-doe-CON-drul) 可產生大多數其他骨骼，包括椎骨、肋骨、肩胛骨、骨盆骨骼、四肢骨骼和部分的顱骨。它從胎兒發育的第 6 週開始，一直持續到 20 歲左右。此過程分為兩個步驟：(1) **軟骨形成** (chondrification)，其中胚胎間葉聚集並分化為近似骨骼形狀的透明軟骨模型；(2) **骨化** (ossification)，其中該軟骨被分解並被骨骼取代。許多骨骼的形狀複雜，具有多個軟骨內骨化中心，因此我們將以解剖上最簡單的骨骼之一，胎兒手掌的掌骨進行學習 (圖 6.9)。閱讀時，將以下步驟與該圖相關聯。

① 間葉在未來骨骼的位置發育成透明軟骨，覆蓋著纖維軟骨膜。一段時間後軟骨膜產生軟骨細胞，並且軟骨模型生長。

② 在軟骨中間的**初級骨化中心** (primary ossification center)，軟骨細胞開始膨脹並死亡，而它們之間的薄壁則鈣化。軟骨膜停止產生軟骨細胞並開始產生成骨細胞。成骨細胞在軟骨模型的腰部外圍堆積骨質，像餐巾環一樣將其環繞，提供了物理加固作用。軟骨膜現在變為骨外膜。

③ 血管從骨外膜向內生長並侵入骨化中心。破骨細胞到達血液並消化骨幹中的鈣化組織，將其挖空並形成**初級骨髓腔** (primary marrow cavity)。成骨細胞也到達並在腔內襯堆積骨層使骨幹變厚。隨著骨外膜下的骨質環增厚和增長，軟骨死亡的浪潮向著骨骼末端發展。骨髓腔中的破骨細胞跟隨這一波，分解鈣化軟骨的殘存物並擴大骨幹的骨髓腔。在初級骨髓腔的每個末端從軟骨過渡到骨骼的區域稱為**幹骺端** (metaphysis)(meh-TAF-ih-sis)。不久，軟骨細胞膨大和死亡也發生在該模型的骨骺，從而形成了**次級骨化中心** (secondary ossification center)。

④ 次級骨化中心經由與骨幹處相同的過程挖空，在骨頭末端產生次級骨髓腔 (secondary

20 *endo* = within 內；*chondr* = cartilage 軟骨

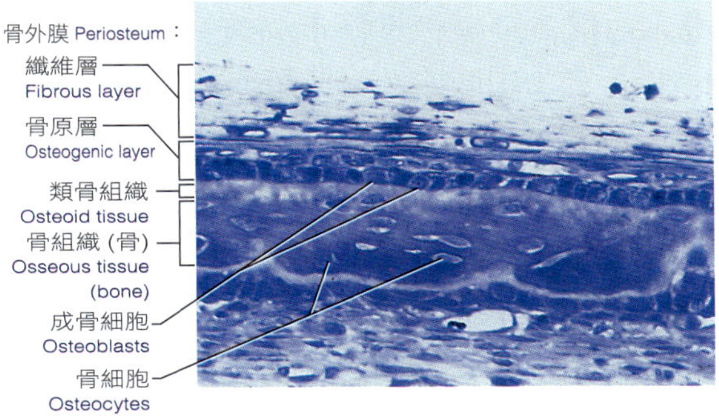

圖 6.8 人類胎兒顱骨的膜內骨化。注意骨骼兩側的類骨組織、成骨細胞和骨外膜的纖維層。
©Ken Saladin

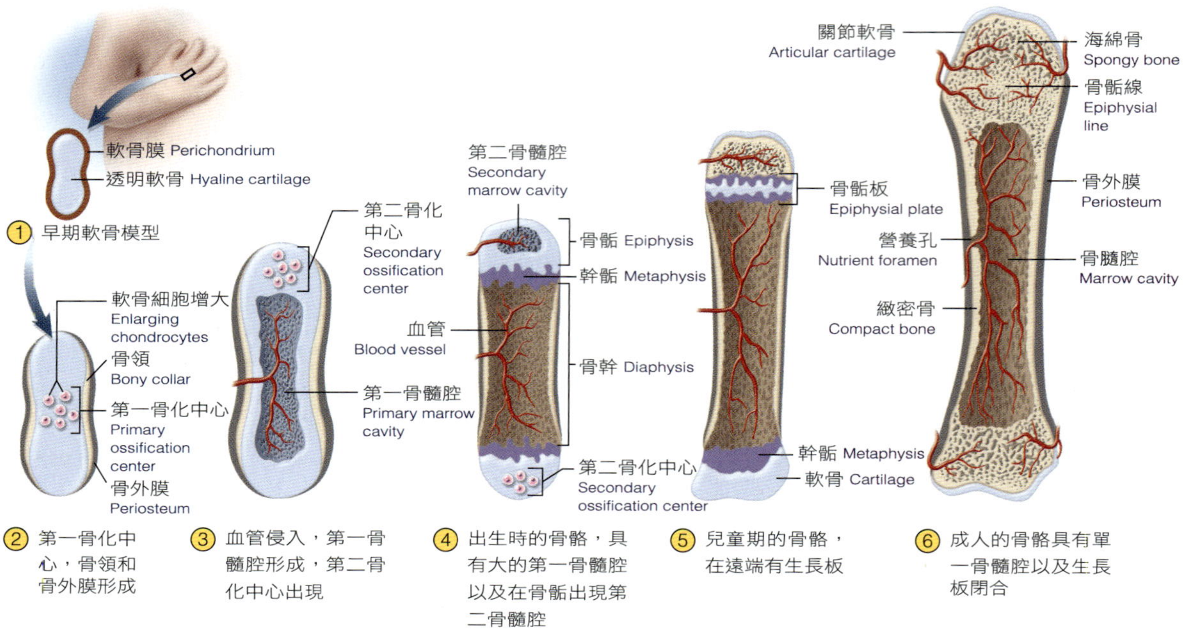

圖 6.9　軟骨內骨化階段。手的掌骨。

• *在第 8 章的幫助下，至少列出兩塊是在第 5 階段具有兩塊骨骺板 (近端和遠端) 的特定骨骼名稱。*

marrow cavity)。該空腔從中心向各個方向向外擴展。在出生時，骨骼通常看起來像圖 6.9 中的步驟 4。在具有兩個次級骨化中心的骨骼中，一個中心發育落後於另一個中心，因此在出生時一端具有次級骨髓腔，而軟骨細胞在另一端剛開始生長。四肢的關節在出生時仍是軟骨，與圖 7.30 中 12 週胎兒的關節一樣。

⑤ 在嬰兒期和兒童期，骨骺充填著海綿骨。之後軟骨則僅限於覆蓋在每個關節表面的關節軟骨，和在骨的一端或兩端處將初級和次級骨髓腔分隔開的軟骨骨骺板。該板在兒童期和青春期一直存在，並作為骨延長的生長區。下一節將描述此增長過程。

⑥ 十幾歲末到二十歲初，骨骺板中所有剩餘的軟骨通常都被消耗掉了，骨骺板和骨幹之間的間隙逐漸縮小。之後初級和次級骨髓腔合併為一個腔。骨骼不再生長，並且達到了他或她的最大成年身高。原始軟骨模型的唯一殘留物是覆蓋骨關節表面的關節軟骨。

6.3c　骨骼生長

骨化不會在出生時結束，而是會隨著骨骼的生長和重塑而持續一生。骨骼沿兩個方向生長：長度和寬度。

骨增長

要瞭解長度的增長，我們必須回到前面提到的骨骺板。在 X 光片上，由於該板尚未骨化而顯示為橫跨骨骼末端的半透明線 (圖 6.10)。它由中間的一條典型的透明軟骨帶和每一側的幹骺端組成。在圖 6.9 中的步驟 4 和 5 中，軟骨為藍色區域，每個幹骺端為紫色。即使骨骼的一端沒有骨骺板，但也會有一個幹骺端，即骨骺板軟骨和骨幹骨組織之間的過渡區。

在幹骺端，軟骨因細胞分裂和增大而增厚，然後被骨置換。圖 6.11 顯示了幹骺端的組織學構造以及此過程中的後續步驟。

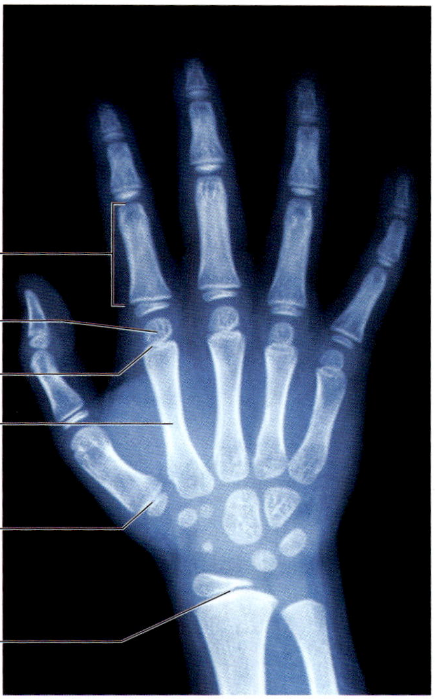

圖 6.10 **兒童手部的 X 光片**。在長骨的末端有明顯的軟骨骨骺板，這些在成年時會消失，骨骺與骨幹融合。手和手指的長骨僅發育了一個骨骺板。

① **軟骨靜止 (儲備) 區** (zone of reserve cartilage)：該區域距骨髓腔最遠，由典型靜止的透明軟骨組成。

② **細胞增生區** (zone of cell proliferation)：軟骨細胞更靠近骨髓腔，增殖並位在縱列排列的扁平腔隙中。

③ **細胞肥大區** (zone of cell hypertrophy)：接下來，軟骨細胞停止增殖並開始肥大 (變大)，就像在胎兒的初級骨化中心一樣。腔隙之間的基質壁變得非常薄。

④ **鈣化區** (zone of calcification)：礦物質沉積在排成柱狀的腔隙間基質中使軟骨鈣化。這些不是骨骼的永久性礦物質沉積，而只是對軟骨的臨時支撐，否則，由於擴大腔隙的破裂使軟骨的支撐很快變弱。

⑤ **骨質堆積區** (zone of bone deposition)：在每個柱狀排列的腔隙間壁破裂並且軟骨細胞死亡。這會將每一柱狀列轉換為縱向通道 (圖中的白色區域)，該通道立即被骨髓腔中的血管和骨髓侵入。成骨細胞沿著這些通道的壁排列並開始堆積的同心圓骨板基質，而破骨細胞則分解暫時鈣化的軟骨。

在第 5 區中的骨沉積過程在面向幹骺端的骨髓腔末端形成海綿骨區域。儘管一生中會有廣泛重塑，但這種海綿骨仍然可以終生存在。但是在骨髓腔的周圍，持續的骨化將海綿狀骨轉化為緻密骨。前述通道襯有的成骨細胞在一層層的堆積骨質，因此通道越來越窄。這些層成為骨元的同心圓骨板。最終，只有一條細長的通道存在，即新骨元的中央管。像往常一樣，困在基質中的成骨細胞變成骨細胞。

應用您的知識

在特定的骨元中，哪個骨板最老—緊鄰中央管的骨板或是那些在骨元周圍的骨板？解釋你的答案。

兒童或青少年身高如何增長？軟骨細胞在區域 2 中的增殖和區域 3 中的肥大將軟骨儲備 (1) 區域持續推向骨骼末端，因此骨骼伸長。在下肢中，此過程導致人的身高增長，而上肢的骨骼亦成比例地增長。

因此，骨伸長實際上是軟骨生長的結果。通過軟骨細胞的增殖和堆積新基質的內部，軟骨內部的生長稱為**間質生長** (interstitial growth)[21]。侏儒症最常見的形式是長骨中軟骨生長失敗 (參見臨床應用 6.2)。

當骨骺板在十幾歲至二十歲初耗盡時，會留下一條相對較密的海綿狀骨線，稱為**骨骺線** (epiphysial line)，標誌著該板當初的位置 (見圖 6.1 和 6.9，⑥)。通常骨骼表面上細小的嵴也標記此位置。當骨骺板耗盡時，我們說骨骺

21 *inter* = between 之間；*stit* = to place 放置，stand 站立

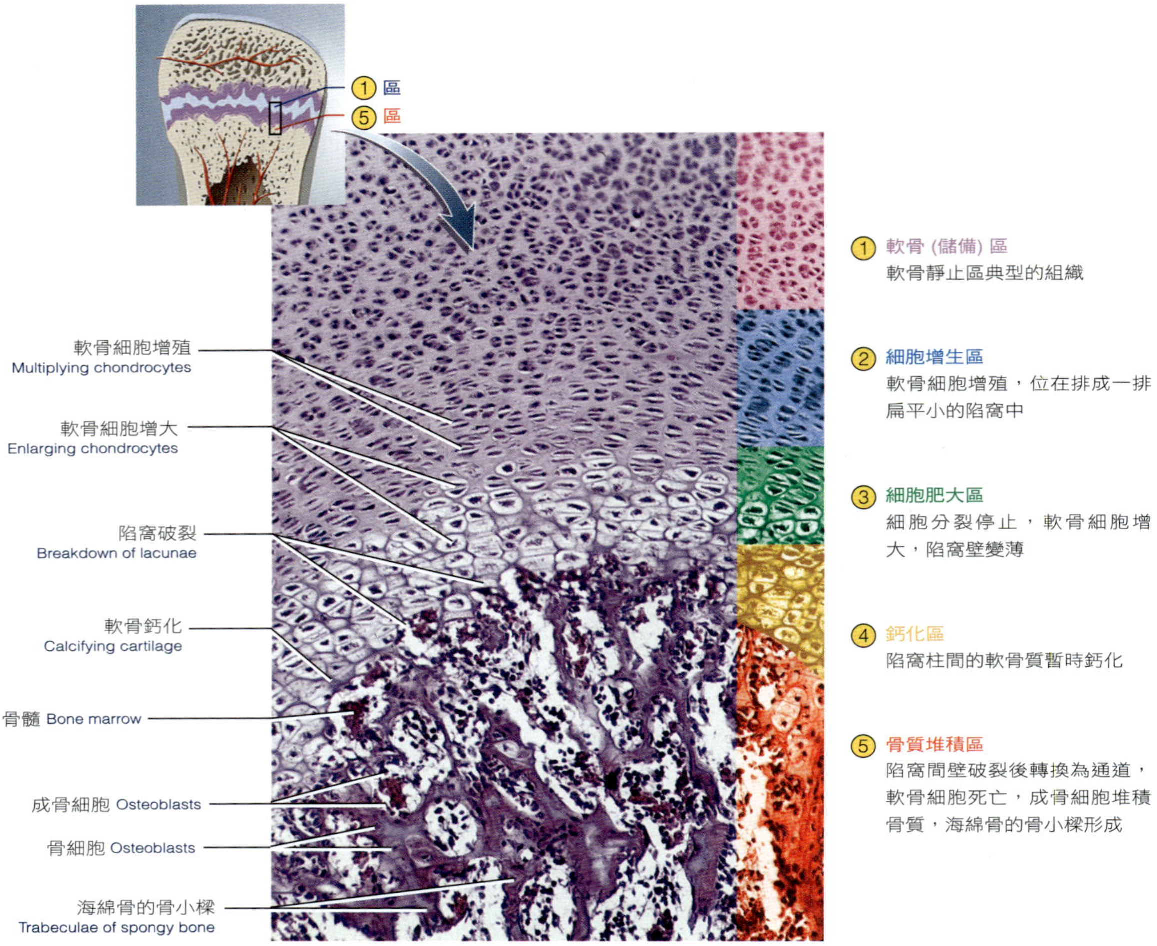

① 區
⑤ 區
軟骨細胞增殖
Multiplying chondrocytes
軟骨細胞增大
Enlarging chondrocytes
陷窩破裂
Breakdown of lacunae
軟骨鈣化
Calcifying cartilage
骨髓 Bone marrow
成骨細胞 Osteoblasts
骨細胞 Osteoblasts
海綿骨的骨小樑
Trabeculae of spongy bone
① 軟骨（儲備）區
軟骨靜止區典型的組織
② 細胞增生區
軟骨細胞增殖，位在排成一排扁平小的陷窩中
③ 細胞肥大區
細胞分裂停止，軟骨細胞增大，陷窩壁變薄
④ 鈣化區
陷窩柱間的軟骨質暫時鈣化
⑤ 骨質堆積區
陷窩間壁破裂後轉換為通道，軟骨細胞死亡，成骨細胞堆積骨質，海綿骨的骨小樑形成

圖 6.11　幹骺區域。該顯微照片顯示在長骨的生長區域中硬骨取代了軟骨。

- 這個圖中的哪兩個區域說明了一個孩子身高的增長？

©Victor Eroschenko

已經「閉合」，因為在 X 光片看不到骨骺和骨幹之間的間隙。一旦骨骺在下肢完全閉合，一個人就不再長高。骨骺板在不同骨骼和同一骨骼的不同區域的的閉合年齡不同。法醫科學經常使用各種骨骼的閉合狀態來估計未成年人死亡的年齡。

骨骼增寬和增厚

骨骼的直徑和厚度在整個生命週期中也會增長。這涉及一個稱為**附加性生長** (appositional growth)[22] 的過程，在骨表面堆積新組織。軟骨可通過間質和附加性生長方式而增大，但骨組織僅限於附加性生長方式。骨細胞包埋在鈣化的基質中，內部沒有空間堆積更多的基質。

附加性生長以膜內骨化方式發生在骨表面。骨外膜內層的成骨細胞會堆積類骨組織在骨表面上，使其鈣化，被困在骨組織中成為骨細胞，與圖 6.8 中的過程非常相似。它們在平行於骨表面處堆置層層基質，而不是像在骨骼深處那樣在圓柱狀骨元處。如前所述，此過程產生了稱為環骨板 (circumferential lamellae) 的骨表層。隨著骨骼直徑的增加，其骨髓腔也會

22 *ap* = ad = to 至，near 近；*posit* = to place 放置

變寬。這是靠著骨內膜表面的破骨細胞分解組織達成。因此，我們看到扁平骨僅由膜內骨化發育，而長骨的發育則結合軟骨內和膜內骨化方式。

6.3d 骨重塑

除了生長之外，骨骼還會通過吸收舊骨骼和堆積新骨骼而在一生中不斷重塑。此過程每年替換大約 10% 的骨骼組織。它可以修復微裂縫，將礦物質釋放到血液中，並根據使用和不用的情況重塑骨骼。**沃爾夫骨骼定律** (Wolff's[23] law of bone) 指出，骨骼的結構取決於施加在骨骼上的機械應力，因此骨骼可以適應這些應力。沃爾夫定律是形式和功能互補性的一個很好的例子，顯示骨骼的形狀由其功能經驗決定的。壓力對骨骼發育的影響在網球運動員中非常明顯，例如，使用網球拍的臂和鎖骨骨骼比另一側的骨骼更強壯。圖 6.5 很好地證明了沃爾夫定律，其中我們看到海綿狀骨的骨小樑是沿著施加在股骨上的應力線發展的。沃爾夫觀察到，這些應力線與工程師在機械起重機中已經知道的應力線非常相似。

臨床應用 6.2

軟骨發育不全侏儒症

軟骨發育不全侏儒症 (Achondroplastic[24] dwarfism)(ah-con-dro-PLAS-tic) 是四肢的長骨在童年時期就停止了生長，而其他骨骼的生長卻不受影響的情況。造成了身材矮小但頭部和軀幹的大小正常 (圖 6.12)。顧名思義，軟骨發育不全侏儒症是軟骨生長失敗的結果，特別發生在幹骺端軟骨細胞的增殖和肥大的第 2 區和第 3 區。這與垂體性侏儒症 (pituitary dwarfism) 不同，垂體性侏儒症缺乏生長激素，阻礙了所有骨骼的生長，造成身材矮小，但整個骨骼系統的比例正常。

圖 6.12 軟骨發育不全侏儒症。右邊是一位身高約 122 cm (48 in) 軟骨發育不全侏儒症的學生，與她的正常身高的室友合照。她的父母身高正常。注意頭與軀幹的正常比例，但四肢縮短。
©Ken Saladin

軟骨發育不全侏儒症是自發突變引起的，這種突變可能在複製 DNA 的任何時間發生。因此，兩位身高正常且沒有侏儒症家族史的人可能生育出患有軟骨發育不全侏儒症的孩子。突變的等位基因是顯性的，因此雜合子軟骨發育不全侏儒症的小孩至少有 50% 的機會表現出侏儒症，這取決於父母另一方的基因型。

骨重塑的發生需要成骨細胞和破骨細胞的協同作用。如果很少使用的骨骼，破骨細胞會去除基質並移除不必要的團塊。如果大量使用骨骼或對骨骼的特定區域持續施加壓力，則成骨細胞會堆積新的骨組織並使骨骼變厚。因此，隨著孩子開始走路，嬰兒或蹣跚學步小孩的相對較光滑的骨骼會形成各種表面突起、嵴

---

23 Julius Wolff (1836~1902)，德國解剖學家和外科醫生

24 *a* = without 無；*chondro* = cartilage 軟骨；*plast* = growth 成長

和棘 (見表 7.2)。例如，股骨大轉子 (見圖 6.5 和 8.10) 是因步行中使用的幾條有力的臀部肌肉的肌腱拉動刺激骨骼大塊向外生長的構造。

平均而言，與久坐的人相比運動員和從事繁重的體力勞動的人的骨骼具有更大的密度和質量。研究古代骨骼遺骸的人類學家使用這種證據來幫助區分不同社會階層的成員，例如區分貴族和勞動者。甚至在研究現代骨骼遺骸時，例如在調查可疑死亡時，沃爾夫定律也會發揮作用，因為骨骼可以提供一個人的性別、種族、身高、體重、慣用左手或慣用右手、工作或運動習慣、營養狀況和病史的證據。

骨骼的有規律的重塑取決於成骨細胞與破骨細胞之間堆積與吸收之間的精確平衡。如果一個過程超過另一個過程，或者兩個過程都發生得太快，則會發生各種骨畸形、發育異常和其他疾病，例如變形性骨炎 (osteitis deformans)[佩吉特氏病 (Paget disease)] 和骨質疏鬆症 (osteoporosis)(請參見表 6.2 和臨床應用 3.3)。

6.3e 營養和荷爾蒙因素

骨骼堆積和吸收之間的平衡受到近二十多種營養素、荷爾蒙和生長因子的影響。促進骨堆積的最重要因素如下。

- 需要**鈣** (calcium) 和**磷酸鹽** (phosphate) 作為骨骼鈣化基質的原料。
- **維生素 A** (vitamin A) 促進骨基質中葡萄糖胺聚醣 (glycosaminoglycans, GAG) 的合成。
- **維生素 C (抗壞血酸)**[vitamin C (ascorbic acid)] 促進骨骼中和其他結締組織中膠原蛋白分子的交聯。
- **維生素 D (骨化三醇)**[vitamin D (calcitriol)] 對於小腸吸收鈣是必需的，它可以減少尿中鈣和磷酸鹽的流失。維生素 D 是由自己的身體合成的。此過程開始於陽光中的紫外線作用於表皮角質細胞中的膽固醇衍生物 (7-脫氫膽固醇)。該產物由血液吸收，肝臟和腎臟完成其轉化為維生素 D。
- **降鈣素** (calcitonin) 是甲狀腺分泌的一種荷爾蒙，可刺激成骨細胞活性。它主要作用於兒童和孕婦。對於未懷孕的成年人似乎意義不大。
- **生長荷爾蒙** (growth hormone) 可促進腸道對鈣的吸收，促進骨骺板軟骨的增生以及骨骼的增長。
- **性類固醇** (sex steroids)[雌激素 (estrogen) 和睪丸激素 (testosteron)] 刺激成骨細胞並促進長骨的生長，尤其是在青春期。

甲狀腺素、胰島素和骨骼本身產生的局部生長因子 (growth factors) 也會促進骨骼堆積。骨吸收主要由一種荷爾蒙刺激：

- **副甲狀腺素** (parathyroid hormone, PTH) 由四個小的副甲狀腺 (parathyroid glands) 產生，它們附著在頸部甲狀腺背面。當血鈣濃度下降時則使副甲狀腺分泌副甲狀腺素。副甲狀腺素刺激成骨細胞，使其分泌破骨細胞刺激因子 (osteoclast-stimulating factor)，促進破骨細胞吸收骨質。這種反應的主要目的不是維持骨骼組成而是維持適當的血鈣濃度，否則人可能會遭受致命的肌肉痙攣。PTH 還可以減少尿中鈣的流失並促進骨化三醇的合成。

6.3f 骨骼系統的老化

老化對骨骼的主要影響是骨量和強度的減少。在 35 或 40 歲以後，成骨細胞的活性就不如破骨細胞。堆積和吸收之間的不平衡導致**骨質缺少症** (osteopenia)[25]，即骨質流失；當損失

25 *osteo* = bone 骨骼；*penia* = lack 缺少，deficiency 缺乏

嚴重到足以損害身體活動和健康程度時，就稱為*骨質疏鬆症* (osteoporosis)(在下一節中討論)。40 歲以後，女性每十年損失約 8% 的骨量，而男性則損失約 3%。頜骨骨質流失是牙齒脫落的一個重要因素。隨著成骨細胞合成的蛋白質減少，不僅骨骼密度隨著年齡的增長而下降，而且骨骼變得更脆弱。骨折更容易發生，癒合更慢。關節炎是與老化相關的關節疾病家族，將在 9.4a 節中討論。

在你繼續閱讀之前

回答下列問題，以檢驗你對上節內容的理解：

11. 描述軟骨內骨化的階段。寫出以此方式形成的一塊骨骼的名稱。
12. 描述幹骺端的五個區域及其主要區別。
13. 沃爾夫定律如何解釋幼兒骨骼和成人骨骼之間的某些構造上的差異？
14. 確定對骨骼生長最重要的營養。
15. 確定刺激骨骼生長的主要荷爾蒙。

6.4 骨骼的構造性疾病

預期學習成果

當您完成本節後，您應該能夠

a. 命名並描述骨折的類型；
b. 解釋骨折如何修復；
c. 討論骨質疏鬆症的原因和影響；和
d. 簡要描述骨骼的其他一些構造缺陷。

除非骨折否則大多數人可能很少想到骨骼系統，儘管許多女性知道更關注非常常見的骨骼疾病，即骨質疏鬆症。我們在本章結束時討論骨病理學。

6.4a 骨折

骨折 (Fractures) 有多種分類方法。**應力性骨折** (stress fracture) 是由骨骼的異常創傷引起的斷裂，例如摔倒、運動、交通事故和軍事戰鬥中發生的骨折。**病理性骨折** (pathological fracture) 是由應力引起的骨折但是在正常情況此應力並不會導致骨折，這種應力骨折會發生是因某些其他疾病使骨骼脆弱 (如骨癌或骨質疏鬆症)。骨折還根據骨折線的方向、皮膚是否破裂以及骨骼是僅裂開還是裂開成分開的碎片進行分類 (表 6.1、圖 6.13)。

大多數骨折是通過*閉合復位* (closed reduction) 來進行的，該過程中無需手術即可將骨碎片操縱到其正常位置。*切開復位* (open reduction) 涉及外科手術中的骨骼暴露以及使用板、螺釘或釘子重新對齊碎片 (圖 6.14)。為了在癒合過程中穩定骨骼，通常用玻璃纖維石膏固定骨折處。*牽引* (traction) 用於治療兒童股骨骨折。以超過強壯的大腿肌肉的力量來幫助骨骼碎片的復位。然而，牽引術很少用於老年患者，因為長期臥床的風險高於效益。髖部骨折通常會固定，並且鼓勵早日開始走動 (步行)，因為可以促進血液循環和癒合。

臨床應用 6.3

什麼時候不吃菠菜

許多孩子被告知「吃菠菜！這對你有好處！」大力水手卜派向卡通迷們保證，這使他變得強壯直到最終。但是，有時候吃菠菜並不是一個好主意。建議骨折在癒合的人避免食用。為什麼？菠菜富含草酸鹽，草酸鹽是一種有機化合物，可在消化道中結合鈣和鎂並干擾其吸收。因此，草酸鹽可以奪去骨折的骨骼癒合所需的游離鈣。每 100 公克菠菜約有 571 毫克草酸鹽。草酸鹽含量較高的其他食物包括可可粉 (623 mg)、大黃 (447 mg) 和甜菜 (109 mg)。

骨折在 8 到 12 週內可癒合，但複雜的骨折需要更長的時間，而老年人中所有骨折的癒

表 6.1 骨折分類

類型	說明
閉鎖性	皮膚沒有破裂 (以前稱為簡單骨折)
開放性	皮膚被破壞；骨骼突出穿過皮膚或傷口延伸到骨折的骨骼 [以前稱為複合 (compound) 骨折]
完全性	骨骼被斷成兩塊或更多塊
不完全性	局部骨折僅延伸至整個骨骼的一部分；碎片保持連接
無位移	骨骼的各部分仍處於正確的解剖排列方式 (圖 6.13a)
位移	骨骼的各個部分不符合解剖排列位置 (圖 6.13b)
粉碎	骨骼分為三塊或更多塊 (圖 6.13c)
旁彎骨折 (Greenst)	骨骼向一側彎曲，而另一側骨折不完全 (圖 6.13d)
髮絲狀 (Hairline)	細裂紋，其中骨骼的各個部分保持對齊；常見於頭骨
壓迫 (Impacted)	一個骨骼碎片被壓入另一個骨骼的骨髓腔或海綿骨中
凹陷 (Depressed)	骨骼的破裂部分形成凹陷，如顱骨骨折
線性	骨折與骨長軸平行
橫向	垂直於骨長軸的骨折
斜向	介於線性和橫向之間的對角線斷裂
螺旋	扭曲應力 (例如，滑雪事故) 導致骨折圍繞長骨軸螺旋旋轉

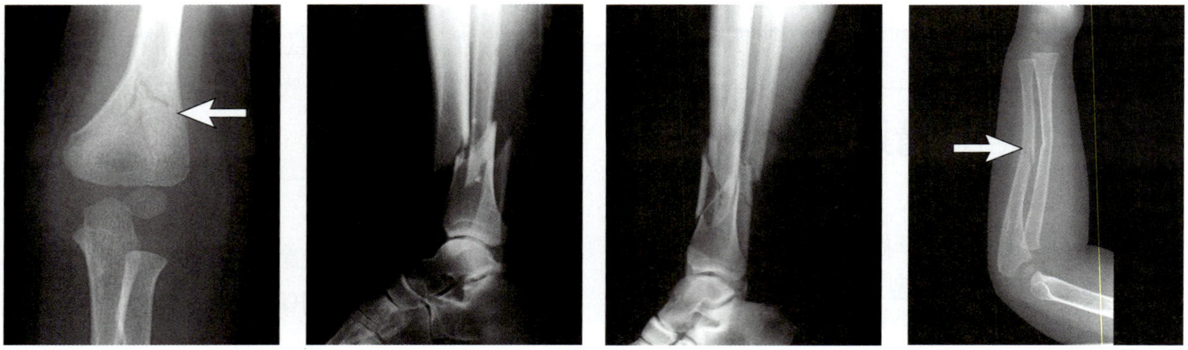

(a) 未移位 (b) 移位 (c) 粉碎性 (d) 旁彎

圖 6.13 代表性骨折類型的 X 光片。(a) 3 歲兒童的肱骨遠端未移位骨折；(b) 脛骨和腓骨移位骨折；(c) 脛骨和腓骨粉碎性骨折；(d) 橈骨和尺骨的旁彎骨折。

(a, d) ©Custom Medical Stock Photo/Newscom, (b) ©Howard Kingsnorth/Getty Images, (c) ©Lester V. Bergman/Corbis/Getty Images

合均較慢。圖 6.15 顯示了修復過程。通常，癒合的骨折在 X 光片可見骨的輕微增厚，但在某些情況下癒合非常完全以至於找不到骨折的痕跡。

6.4b 骨質疏鬆症

骨質疏鬆症 (osteoporosis[26])(OSS-tee-oh-pore-OH-sis) 是所有骨骼疾病中最常見的。可

26 *osteo* = bone 骨；*por* = porous 多孔的；*osis* = condition 狀態

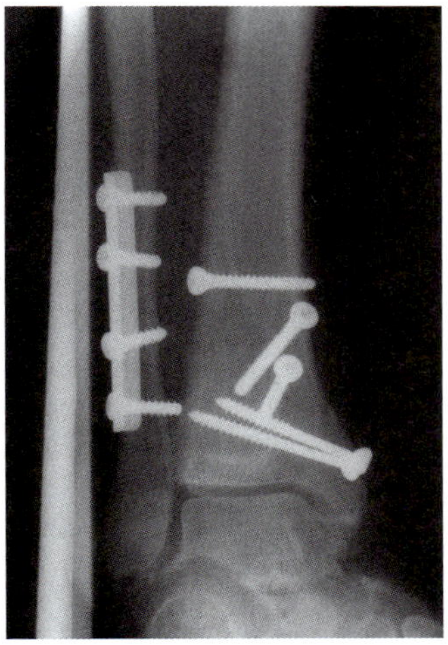

圖 6.14 踝骨骨折的切開復位。脛骨和腓骨骨折是通過外科手術暴露骨骼並用鋼板和螺釘將碎片重新排列復位。

以將其定義為一種疾病，其骨密度下降到骨骼脆弱並易遭受病理性骨折。從 40 歲左右開始，骨吸收超過骨堆積，因此整體骨密度下降。這種損失尤其來自海綿骨，因為它具有破骨細胞可作用的最大表面積。有機基質和礦物質成比例的流失，因此剩餘的骨骼成分正常。但是年老時的量可能不足以支撐身體重量和承受正常的壓力 (圖 6.16)。

骨質疏鬆症患者尤其容易發生髖部、腕部和椎骨骨折。他們的骨骼可能在很輕的壓力下就斷裂，就像坐得太快。在老年人中，緩慢癒合的髖部骨折會讓老人長時間欠缺活動，進而可能導致致命的併發症，例如肺炎。即便在骨折後存活的老人也會面臨著漫長昂貴的康復過程。脊柱畸形也是骨質疏鬆症常見的後果。由於椎體失去海綿骨，它們會因體重而受到壓迫 (圖 6.16c)。由於這個原因，人們通常在中年以後身高會降低，但是患有骨質疏鬆症的人通常會發展出一種更為明顯的脊柱畸形，稱為**脊柱後凸** (hyperkyphosis)[27]，是一種誇張的胸部彎曲 (見臨床應用 7.3)(圖 6.16d)。

骨質疏鬆症的最大危險因素是年齡、性別和種族。歐洲和亞洲血統停經後女性的風險最高。在美國骨質疏鬆症影響了約 70% 的 80 歲白人女性，約 30% 的美國女性由於骨質疏鬆症而在人生中的某個時刻遭受骨折。與男性相比，她們的初始骨量更少，並且在更早的年齡就開始流失。由於雌激素在停經後的急劇下降尤其加速骨質的流失。雌激素通過抑制破骨細胞吸收骨質來維持骨質，但是停經後卵巢不再分泌雌激素，並且吸收骨質的速率增加。到 70 歲時，普通白人女性的骨量減少 30%，甚至減少 50%。骨質疏鬆症在非洲血統的女性中較少見。年輕的黑人婦女的平均骨密度較高，即使更年期後她們骨密度也會減少，但這

27 *kypho* = bent 彎曲，humpbacked 駝背；*osis* = condition 狀態

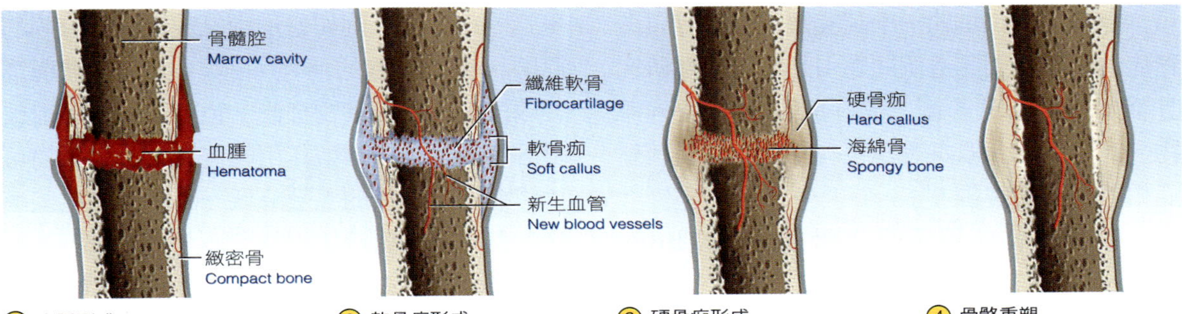

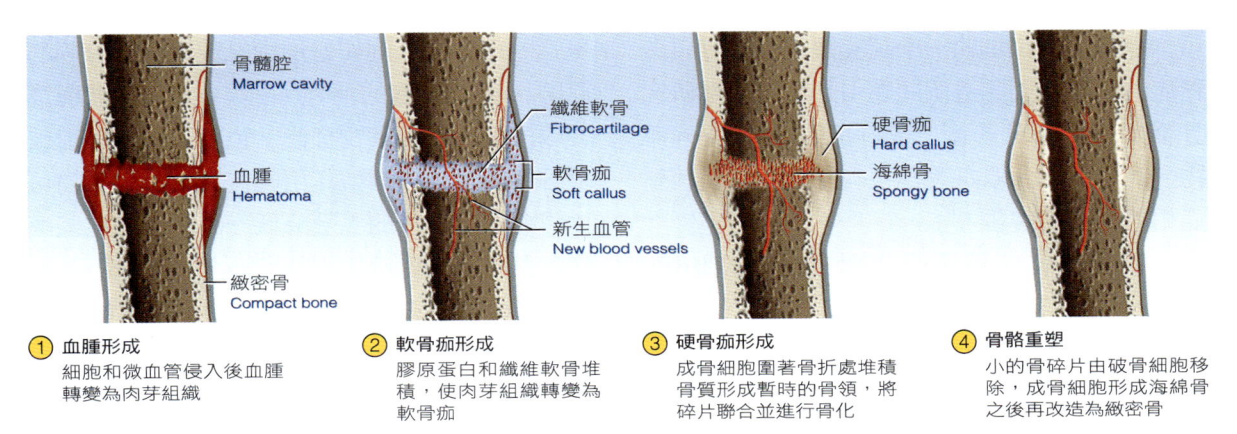

① **血腫形成**
細胞和微血管侵入後血腫轉變為肉芽組織

② **軟骨痂形成**
膠原蛋白和纖維軟骨堆積，使肉芽組織轉變為軟骨痂

③ **硬骨痂形成**
成骨細胞圍著骨折處堆積骨質形成暫時的骨領，將碎片聯合並進行骨化

④ **骨骼重塑**
小的骨碎片由破骨細胞移除，成骨細胞形成海綿骨之後再改造為緻密骨

圖 6.15 骨骼骨折的癒合階段。

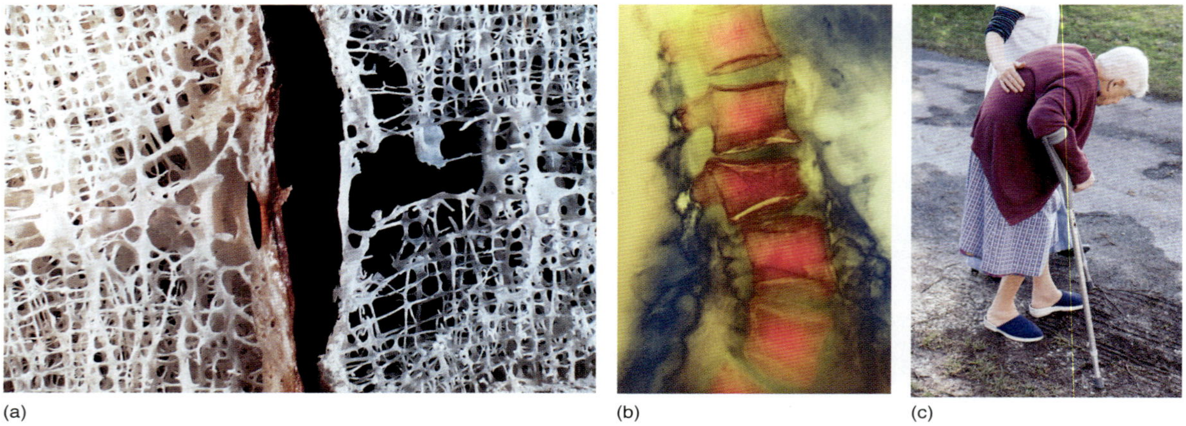

圖 6.16 **脊柱骨質疏鬆症**。(a) 在健康狀態的 (左) 和患有骨質疏鬆症的 (右) 椎體海綿骨；(b) 被骨質疏鬆症嚴重破壞的腰椎彩色 X 光片；(c) 由於骨質疏鬆症使胸椎受壓迫後所導致的胸椎脊柱彎曲異常 (脊柱後凸)。

(a) ©Michael Klein/Getty Images, (b) ©Dr. P. Marazzi/Science Source, (c) ©Phanie/Alamy

種損失通常不會達到骨質疏鬆症和病理性骨折的限度。

其他危險因素包括家族病史 (遺傳)；輕盈的體型 (較重的女性骨骼較密)；飲食中鈣、維生素 D 和蛋白質的缺乏；運動不足；抽菸；和過度使用酒精飲料。儘管年輕女性的跑步者、舞蹈家和體操運動員進行劇烈運動，但骨質疏鬆症並不少見。她們有時體內的脂肪比例很低，以至於她們停止排卵，並且在不發育卵泡的情況下，卵巢分泌出異常低水平的雌激素。但是，約有 20% 的骨質疏鬆症患者是男性，在腎上腺和睪丸中都會產生雌激素。到 70 歲時，50% 的男性的雌激素水平低於維持骨密度所需的閾值。

總體而言每年約一千萬美國人受到骨質疏鬆症的影響。因此這個問題引起很多相關研究且都聚焦於新的診斷方法、預防和治療的藥物。此外，在大眾媒體裡也有許多與骨質疏鬆症相關的藥品廣告。

骨質疏鬆症目前是以**骨質密度** (bone mineral density, BMD) 檢查來診斷，通常使用一種稱為雙能量 X 光吸光式測定儀 (dual-energy X-ray absorptiometry, DXA) 測定，此儀器使用低劑量 X 射線來測量骨密度。雙能量 X 光吸光式測定儀可以早期診斷出骨質疏鬆症因而可以更有效的治療。但是，骨質疏鬆症的嚴重程度不僅取決於骨密度，還取決於海綿骨小樑之間的連接程度，骨小樑的退化會失去連接性 (見圖 6.16b)。雙能量 X 光吸光式測定儀或任何其他可用的診斷方法都無法檢測到此情況。

骨質疏鬆症的治療是以藥物刺激成骨細胞而促進骨質堆積或以抗吸收藥物減緩骨質流失的速度。可以由合成的副甲狀腺素 (parathyroid hormone, PTH) 的脈衝療法或選擇性雌激素受器調節劑 (selective estrogen-receptor modulators, SERM) 刺激成骨細胞，此調節劑仿效雌激素的作用但是不會產生雌激素不良的副作用，例如增加中風或罹患乳腺癌的風險。破骨細胞的活性 (再吸收) 可以被稱為雙膦酸鹽的一類藥物抑制，也可以注射阻斷破骨細胞產生化學信號作用的抗體。這類藥物可以將病理性骨折的風險降低一半，但是這些藥物的侷限性是對於使用時間多久會產生不良副作用 (如骨癌) 的未知風險。新藥經常被推向市場，讀者可以上網研究骨質疏鬆症的治療方法，以找到上述類別中許多藥物的藥理學和商品名。

與許多其他疾病一樣，預防遠勝於治療。預防最好年輕時開始，從骨形成的 20 歲和 30 歲持續到老年。負重運動可以最大程度地降低骨質疏鬆的風險；攝入足夠的鈣、維生素 D (如強化牛奶) 和蛋白質；當然要避免吸菸、過度飲酒和久坐的生活方式等危險因素。對於老年人來說，諸如跳舞、爬樓梯、步行和跑步等負重鍛鍊是降低骨質疏鬆症風險的一種愉快的方式。

6.4c 佝僂病和骨軟化病

佝僂病 (Rickets) 是一種兒童時期的疾病，其骨骼由於維生素 D 和鈣缺乏而發育不良並變形。它是發展中國家最常見的兒童疾病之一，但在大多數情況下，皮膚暴露在陽光下則是可以完全預防的。如我們所見，陽光刺激維生素 D 的產生，維生素 D 對於鈣的吸收和骨質堆積是必需的。如果缺少則會使成長中的兒童骨骼異常柔軟並容易變形。後果包括脆弱的骨骼、骨痛和頻繁骨折；顱骨軟而薄；胸部、骨盆骨骼和脊柱畸形；以及 O 型腿 (圖 6.17)。

圖 6.17 肯亞東部一位佝僂病男孩。
©Jeff Rotman/Alamy Stock Photo

營養不良的兒童，尤其是在飽受飢荒困擾的地區十分普遍。如果母親在懷孕期間營養不良，則可能在出生時就出現。它也發生在母乳餵養的嬰兒，在沒有接受到陽光也未補充維生素 D 的情況下。在 1800 年代早期英國工業革命期間，倫敦有 80% 至 90% 的兒童發生這種疾病，由於空氣中瀰漫著濃煙，他們被留在室內，並且經常在工廠長時間的工作。美國於 1930 年強制在牛奶中添加維生素 D，並於 1937 年宣布禁止童工，大大減輕了佝僂病和其他健康問題。

然而隨著兒童待在室內的時間更多而不在戶外玩耍，甚至由於增加了防曬霜的使用，佝僂病現在又開始增加。由於宗教或其他文化原因，當今世界上發生率最高的地區是中東，這是因為他們的服飾包覆大部分或全部身體。如果孩子的營養充足，那麼每週三次 10 到 15 分鐘的日曬就可預防佝僂病，膚色深的人則可接受更長時間的日曬。也可以從強化牛奶和其他乳製品、雞蛋、油魚和一些蘑菇中獲得足夠的維生素 D。

骨軟化症 (osteomalacia)[28] 是成年人類似的骨骼軟化，維生素 D 缺乏症。在養老院居民和居家老年人中尤為常見，這不僅是因為陽光不足，而且因為小腸在年老時吸收膳食維生素 D 的效率較低。骨軟化症通常始於腰部疼痛之後疼痛延伸到四肢。患有骨軟化症的人會出現骨骼和關節疼痛、肌肉無力、行走和爬樓梯困難，由於椎骨受壓而導致身高下降，由於脊柱畸形而步態蹣跚，以及病理性骨折。

表 6.2 總結幾種其他的骨骼疾病。

---

28 *osteo* = bone 骨；*malacia* = softening 軟化

表 6.2 骨骼的構造性疾病

肢端肥大症 (Acromegaly)[29]	成年後生長激素過度分泌的結果，導致骨骼和軟組織增厚，在臉部、手部和足部特別明顯
變形性骨炎 (Osteitis deformans) [佩吉特氏病 (Paget[30] disease)]	破骨細胞過度增殖和吸收骨質，成骨細胞試圖通過堆積更多骨質來彌補。導致快速、無序的骨骼重塑以及脆弱變形的骨骼。畸形性骨炎通常不會被注意到，但在某些情況下會引起疼痛、變形和骨折。最常見於 50 歲以上的男性
骨肉瘤 (Osteosarcoma)	骨癌尤其影響青少年和年輕人的四肢骨骼；經常在膝蓋附近產生大的腫瘤，如果不迅速治療，通常會由於轉移到肺部而死亡

您可以在以下地方找到討論的其他骨組織疾病

軟骨發育不全侏儒症 (臨床應用 6.2)	骨軟化症 (6.4c 節)	骨質疏鬆症 (6.4b 節)
成骨發育不全 (脆骨病)(臨床應用 3.3)	骨質缺少症 (6.3f 節)	佝僂病 (6.4c 節)
骨折 (6.4a 節)		

29 *acro* = extremity 肢體；*megaly* = abnormal enlargement 異常增大
30 Sir James Paget (1814~99)，英國外科醫生

在你繼續閱讀之前

回答下列問題，以檢驗你對上節內容的理解：

16. 命名並描述五種骨折類型。
17. 什麼是骨痂 (callus)？它如何有助於骨折修復？
18. 列出骨質疏鬆症 (osteoporosis) 的主要危險因素，並描述一些預防方法。

學習指南

評估您的學習成果

為了測試你的知識，請與學習夥伴討論以下話題，或以書面形式討論，最好是憑記憶。

6.1 骨骼系統的組織和器官

1. 骨骼系統的組成部分，包括但不限於骨骼。
2. 骨骼系統的七個功能。
3. 骨骼的組成部分，包括但不限於骨組織。
4. 骨骼如何按形狀分類。
5. 緻密骨與海綿骨之間的空間關係。
6. 典型的長骨部分。
7. 典型的扁平骨的構造。

6.2 骨組織學

1. 骨骼中的四種細胞，以及它們各自的起源和功能。
2. 骨細胞的特殊構造及顯微外觀上其與骨基質之間的關係。
3. 破骨細胞的特殊構造及其與功能的關係。
4. 骨基質的組成及其有機和無機成分互補功能的重要性。
5. 緻密骨基質的組織構造，包括在顯微鏡下看到的特徵名稱。
6. 海綿骨的組織及其如何將強度與輕盈結合。
7. 兩種骨髓，它們在成人骨骼中的位置及其功能差異。

6.3 骨骼發育

1. 骨骼發育 (骨化) 的兩種模式以及每種發育方式的某些骨骼。
2. 膜內骨化的階段，將軟的間葉片狀轉變為成熟骨(通常是扁平的)。
3. 軟骨內骨化的階段，成熟的骨骼取代透明軟骨模型。
4. 成人和兒童的軟骨內骨骼之間的構造差異，特別是在骨骺板。
5. 在兒童或青少年的幹骺端的組織區；它們與骨取代軟骨有何關係；它們與每個人的身高增長有何關係；為什麼一個人在青春期結束後不能再長高。
6. 緻密骨的軟骨內發育如何導致在中央管周圍排列同心圓骨片的骨元。

7. 即使骨骼不再增長，骨骼的厚度如何增加並改變形狀。
8. 沃爾夫骨骼定律所說明的關於骨骼適應壓力變化的能力。
9. 骨骼生長和維持所需的營養。
10. 調節骨骼生長和重塑的荷爾蒙。
11. 老化對骨骼的影響。

6.4 骨骼的構造性疾病

1. 應力性骨折與病理性骨折的區別。
2. 各種類型骨折的術語。
3. 臨床治療骨折的兩種基本方法。
4. 骨質疏鬆症的定義以及為什麼這種疾病會引起老年人的嚴重關注。
5. 骨質疏鬆症的危險因素、預防、診斷和治療。
6. 佝僂病 (rickets) 和骨軟化症 (osteomalacia) 的病因、病徵和症狀。

回憶測試

1. 下列哪些細胞具有皺褶邊緣 (ruffled border) 並且分泌鹽酸？
   a. 軟骨細胞 (chondrocytes)
   b. 骨細胞 (osteocytes)
   c. 骨原細胞 (osteogenic cells)
   d. 成骨細胞 (osteoblasts)
   e. 破骨細胞 (osteoclasts)
2. 兒童骨骼的髓腔可能包含
   a. 紅骨髓
   b. 透明軟骨
   c. 骨外膜
   d. 骨細胞
   e. 關節軟骨
3. 四肢長骨的增長是靠下列何處的細胞增殖和肥大？
   a. 骨骺 (epiphysis)
   b. 骨骺線
   c. 緻密骨
   d. 幹骺 (metaphysis)
   e. 海綿骨
4. 破骨細胞與下列何種細胞有最密切相關的共同起源？
   a. 骨細胞
   b. 成骨細胞
   c. 血球
   d. 纖維母細胞
   e. 成骨細胞
5. 軟骨陷窩之間的壁在下列哪一區域分解？
   a. 細胞增殖
   b. 鈣化
   c. 軟骨靜止區
   d. 骨質堆積
   e. 細胞肥大
6. 其中何者不會促進骨質堆積？
   a. 膳食鈣
   b. 維生素 D
   c. 副甲狀腺素
   d. 降鈣素
   e. 睪丸激素
7. 一個孩子從遊樂場「攀登架」的頂部跳到地面上。他的腿骨不會摔碎，主要是因為它們含有
   a. 大量的葡萄糖胺聚醣
   b. 年輕，有彈性的骨細胞
   c. 大量的磷酸鈣
   d. 膠原纖維
   e. 羥磷灰石晶體
8. 一個長骨與另一長骨在下列何處相接？
   a. 骨幹
   b. 骨骺板
   c. 骨外膜
   d. 幹骺
   e. 骨骺
9. 骨化三醇 (calcitriol) 是由下列何者製成？
   a. 降鈣素
   b. 7-脫氫膽固醇
   c. 羥磷灰石
   d. 雌激素
   e. 副甲狀腺素
10. 骨質疏鬆的一個徵象是
    a. 變形性骨炎 (osteitis deformans)
    b. 骨軟化症 (osteomalacia)
    c. 應力性骨折
    d. 脊柱後凸 (hyperkyphosis)
    e. 鈣缺乏症
11. 磷酸鈣在骨骼中結晶的礦物質稱為______。
12. 骨細胞通過骨基質中稱為______的通道相互接觸。
13. 骨骼增加直徑的方式僅通過______方式，增加了新的表面骨片。
14. 最緻密的骨骼有規律的形成稱為_____的圓柱形單位，由圍繞中央管的骨片組成。
15. ______腺體分泌一種荷爾蒙，該荷爾蒙刺激細胞吸收骨質並將其礦物質送回血液。
16. 骨頭的末端覆蓋有一層稱為______的透明軟骨。
17. 堆積新骨質的細胞稱為______。
18. 最常見的骨病是______。
19. 年輕骨骼的骨骺軟骨與初級骨髓腔之間的過渡區域稱為______。
20. 顱骨是從一塊扁平的密集間葉板發育出來的，此過程稱為______。

答案在附錄 A

建立您的醫學詞彙

說出每個詞彙的含義，並從本章中給出一個使用該詞彙的醫學專有名詞或稍微的改變該詞彙。

1. osteo-
2. diplo-
3. lac-
4. -clast
5. -osis
6. dia-
7. -logy
8. artic-
9. -icul
10. -oid

答案在附錄 A

這些陳述有什麼問題？

簡要說明下列各項陳述為什麼是假的，或將其改寫為真。

1. 緻密骨的特徵是骨小樑包圍骨髓腔。
2. 所有骨骼的發育都是以透明軟骨模型開始。
3. 骨折是最常見的骨骼疾病。
4. 青少年長骨的生長區是關節軟骨。
5. 破骨細胞 (osteoclasts) 從成骨細胞 (osteoblasts) 發育而來。
6. 成人的四肢骨頭充滿了紅骨髓，在其中形成了大多數的血球。
7. 骨基質的蛋白質稱為羥磷灰石。
8. 在細胞肥大區中的細胞有絲分裂使長骨增長。
9. 黃骨髓具有造血功能。
10. 一名健康的年輕摩托車手發生碰撞，摔斷了五塊骨骼。這些斷裂被認為是病理性骨折。

答案在附錄 A

測試您的理解力

1. 大部分骨元的骨細胞都遠離血管，但仍接收血液中的氧氣和營養。解釋如何做到的。
2. 預測一個人如果患有退化性疾病，其中關節軟骨被磨損，骨頭之間的液體乾涸，則可能會有什麼症狀。
3. 兒童和青少年中較常見的骨折之一是骨端骨折 (epiphysial fracture)，其中長骨的骨骺與骨幹分開。解釋為什麼這種情況在兒童中比在成年人中更為普遍。
4. 描述海綿骨中骨小樑的排列如何顯示形式和功能的互補性。
5. 當表皮可以完全有效阻擋紫外線輻射，並且一個人沒有服用任何膳食補充劑來補償這個影響，請確定你預期會看到的兩種骨骼疾病，解釋你的答案。

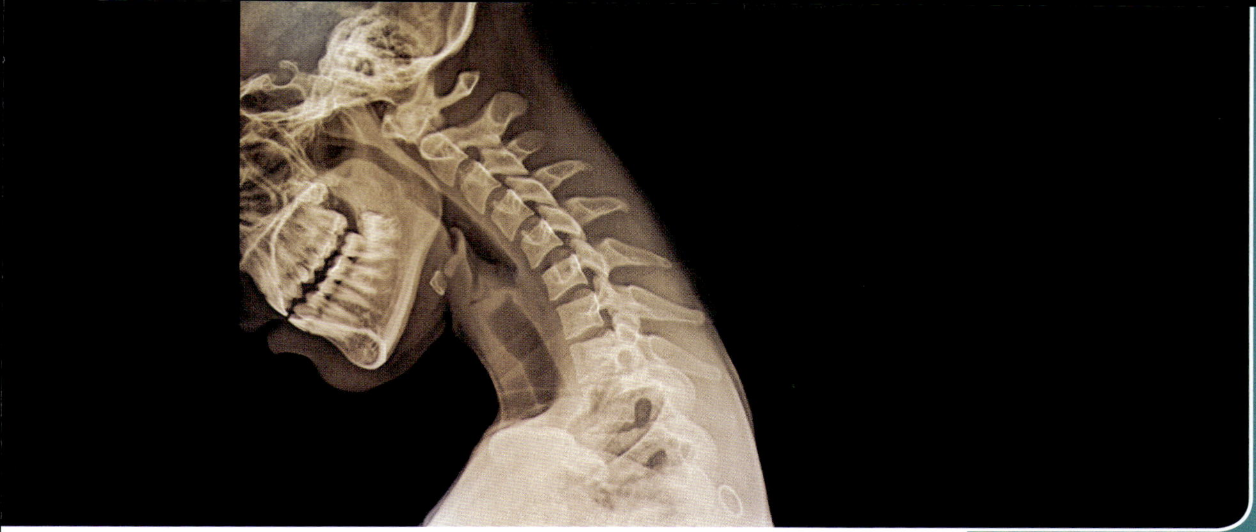

20 歲女性屈曲頸椎的彩色 X 光片

CHAPTER 7

骨骼系統 II
中軸骨

周光儀

章節大綱

7.1 骨骼的概述
- 7.1a 骨骼系統的骨骼
- 7.1b 骨骼解剖學的特點

7.2 頭骨
- 7.2a 顱骨
- 7.2b 顏面骨
- 7.2c 與頭骨有關的骨骼
- 7.2d 頭骨對雙足行走的適應性

7.3 脊柱和胸籠
- 7.3a 脊柱的一般特徵
- 7.3b 脊椎的一般結構
- 7.3c 椎間盤
- 7.3d 脊椎的局部特徵
- 7.3e 胸籠

7.4 發育和臨床觀點
- 7.4a 中軸骨的發育
- 7.4b 中軸骨的病理學

學習指南

臨床應用

7.1 篩骨的損傷

7.2 腭裂和唇裂

7.3 異常的脊柱彎曲

複習

要瞭解本章，您可能會發現複習以下概念會有所幫助：

- 方向性用語 (表 1.1)
- 身體的中軸區和附肢區 (1.2d 節)
- 胚胎的神經管、體膜和咽弓 (4.2b 節)
- 骨骼的一般特徵 (6.1c 節)
- 膜內和軟骨內骨化作用 (6.3a、b 節)

Anatomy & Physiology REVEALED®
aprevealed.com

模組 5：骨骼系統

骨骼解剖學的知識對你學習後面的章節很有幫助。它為學習其他器官系統的大體解剖學提供了一個參考重點，因為許多器官是以它們與附近骨骼的關係來命名的。例如，鎖骨下動脈和靜脈與鎖骨相鄰；顳肌與顳骨相連；尺神經和橈動脈在前臂的尺骨和橈骨旁運行；大腦的額葉、頂葉、顳葉和枕葉是以顱骨相鄰的骨骼命名的。對肌肉如何產生身體運動的理解也有賴於骨骼解剖學知識。此外，骨骼的位置、形狀和骨的形成可以作為臨床醫生決定在哪裡打針或脈搏紀錄、在 X 光片中尋找什麼，或如何進行物理治療和其他醫療步驟的標記。

7.1 骨骼的概述

預期學習成果

當您完成本節後，您應該能夠

a. 定義骨骼的兩個分部；
b 說明人體骨骼的大概數量；
c. 解釋為什麼這個數字隨年齡和人的不同而變化；以及
d. 定義幾個骨骼表面特徵的標記術語。

骨骼 (圖 7.1) 分為兩個區域：中軸的和附肢的。本章研究的**中軸骨** (axial skeleton)

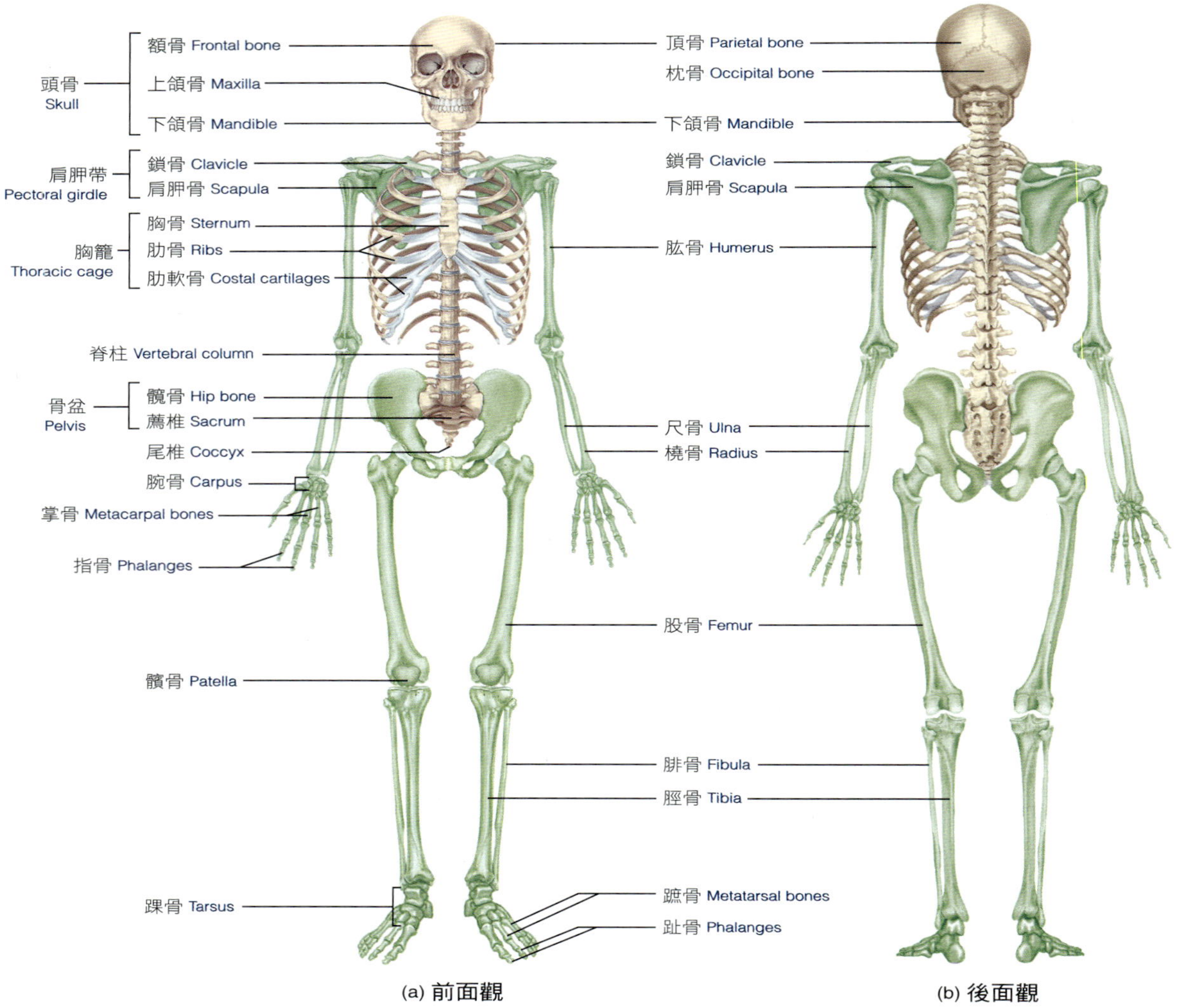

圖 7.1 成人骨骼。(a) 前面觀；(b) 後面觀。附肢骨為綠色，其餘為中軸骨。APR

構成了身體的中央支撐軸，包括頭骨、中耳骨、舌骨、脊柱、肋骨和胸骨。**附肢骨** (appendicular skeleton) 在第 8 章中學習，包括上肢骨和肩胛帶，以及下肢骨和骨盆帶。

7.1a 骨骼系統的骨骼

人們常說人體骨骼有 206 塊骨，但這只是一般成年人骨骼的數目，這不是一個不變的數字。在出生時，大約有 270 塊，在兒童時期形成的骨頭更多。但隨著年齡的增長，隨著分開來的骨骼融合，骨骼數量會減少。例如，兒童骨盆帶的每一側都有三塊骨頭，即髂骨、坐骨和恥骨，但在成人身上，這些骨頭在每一側都融合成一塊髖骨 (coxal)。這幾塊骨頭的融合，在青春期晚期到 20 多歲時完成，使成年人的骨骼平均數量達到 206 塊。這些骨骼列於表 7.1。

即使在成年人中，骨骼的數量也有所不同。其中一個原因是**種子骨** (sesamoid[1] bones) 的發育—某些肌腱對壓力作出反應所形成的骨骼。髕骨 (膝蓋骨) 是最大的骨，其他大部分的骨骼在手和腳等位置都是小的、圓的 (見圖 8.14c)。成年人骨骼差異的另一個原因是，有些人的頭骨中多了一些被稱為**縫骨** (sutural bones) (SOO-chure-ul) 的骨骼 (見圖 7.6)。

1 *sesam* = sesame seed 芝麻；*oid* = resembling 類似於

表 7.1 成人骨骼系統的骨骼

中軸骨 (Axial Skeleton)	
頭骨 (Skull)(22 塊骨頭)	
顱骨(Cranial bones)	
額骨 (Frontal bone) (1) 頂骨 (Parietal bones) (2) 枕骨 (Occipital bone) (1)	顳骨 (Temporal bones) (2) 蝶骨 (Sphenoid bone) (1) 篩骨 (Ethmoid bones) (2)
顏面骨 (Facial bones)	
上頜骨 (Maxillae) (2) 腭骨 (Palatine bones) (2) 顴骨 (Zygomatic bones) (2) 淚骨 (Lacrimal bones) (2)	鼻骨 (Nasal bones) (2) 犁骨 (Vomer) (1) 下鼻甲 (Inferior nasal conchae)(2) 下頜骨 (Mandible) (1)
聽小骨 (Auditory ossicles)(6 塊骨頭)	
錘骨 (Malleus) (2) 砧骨 (Incus) (2)	鐙骨 (Stapes) (2)
舌骨 (Hyoid bone)(1 塊骨頭)	
脊柱 (Vertebral column)(26 塊骨頭)	
頸椎 (Cervical vertebrae) (7) 胸椎 (Thoracic vertebrae) (12) 腰椎 (Lumbar vertebrae) (5)	薦椎 (Sacrum) (1) 尾椎 (Coccyx) (1)
胸籠 (Thoracic cage) (25 塊骨頭加上胸椎)	
肋骨 (Ribs) (24)	胸骨 (Sternum) (1)
附肢骨 (Appendicular Skeleton)	
肩胛帶 (Pectoral girdle) (4 塊骨頭)	
肩胛骨 (Scapulae) (2)	鎖骨 (Clavicles) (2)
上肢骨 (Upper limbs) (60 塊骨頭)	
肱骨 (Humerus) (2) 橈骨 (Radius) (2) 尺骨 (Ulna) (2)	腕骨 (Carpal bones) (16) 掌骨 (Metacarpal bones) (10) 指骨 (Phalanges) (28)
骨盆帶 (Pelvic girdle) (2 塊骨頭)	
髖骨 (Hip bones) (2)	
下肢骨 (Lower limbs)(60 塊骨頭)	
股骨 (Femurs) (2) 髕骨 (Patellae) (2) 脛骨 (Tibiae) (2) 腓骨 (Fibulae) (2)	跗骨 (Tarsal bones) (14) 蹠骨 (Metatarsal bones) (10) 趾骨 (Phalanges) (28)
總計：206 塊骨頭	

7.1b 骨骼解剖學的特點

骨頭表現出各種嵴 (ridge)、棘、凸起、凹陷、通道、孔、縫隙、腔室和關節面，通常稱為骨面標記 (bone markings)。瞭解這些特徵的名稱是很重要的，因為後來對關節、肌肉的附著物，以及神經和血管所通過路線的描述都是基於這些術語。表 7.2 列出了這些特徵中最常見的術語，圖 7.2 對其中一些特徵進行了說明。

當你研究骨骼時，把自己當作模型。你可以很容易地經由皮膚觸碰到 (感覺) 許多骨頭和它們的一些細節。旋轉你的前臂，交叉你的雙腿，摸摸你的頭骨和手腕，及想想在皮膚表面之下有什麼構造，或者你可以經由皮膚感覺自己的身體與你正在學習的內容間之關係。如果你意識到你自己的身體與你正在學習的內容，你將可從本章 (真實的，整本書) 中獲得最多。

在你繼續閱讀之前

回答下列問題，以檢驗你對上節內容的理解：

1. 說出中軸骨的主要組成部分。說出附肢骨的主要組成部分。
2. 解釋為什麼一個成年人的骨骼數量不如一個兒童多。解釋為什麼一個成年人比另一個同齡成年人擁有更多的骨骼。
3. 簡述下列各骨骼的特徵：髁、上髁、突、結節、窩、溝和孔。

表 7.2 骨骼表面特徵 (標記)

術語	說明和舉例
管道 (Canal)	骨骼中的管狀通道或隧道 (頭骨的聽道)
髁 (Condyle)	骨面圓鈕狀構造 (頭骨的枕髁)
嵴 (Crest)	狹窄的脊樑 (骨盆的髂嵴)
上髁 (Epicondyle)	髁上的外突 (股骨的內上髁)
小面 (Facet)	平坦或僅有輕微凹凸的光滑關節面 (脊椎的關節小面)
裂 (Fissure)	骨頭的縫隙 (眼眶後的裂縫)
孔 (Foramen)	骨骼上的一個洞，通常是圓形的 (頭骨的枕骨大孔)
窩 (Fossa)	淺、寬、長的盆地 (肩胛骨的棘下窩)
線 (Line) (linea)	凸起的、拉長的嵴 (ridge)(頭骨的項線)
道 (Meatus)	一條通道 (顳骨外聽道)
突 (Process)	任何骨性突起物 (頭骨的乳突)
隆凸 (Protuberance)	一個骨質增生或突出部分 (下巴的頦隆突)
竇 (Sinus)	一個在骨頭內的空腔 (頭骨的額竇)
棘 (Spine)	一個尖銳、細長或狹窄的突起 (肩胛骨的棘)
溝 (Sulcus)	一條肌腱、神經或血管的溝槽 (肱骨的結節間溝)
結節 (Tubercle)	一個小的，圓形的突起 (肱骨的大結節)
粗隆 (Tuberosity)	一個粗糙的表面 (脛骨粗隆)

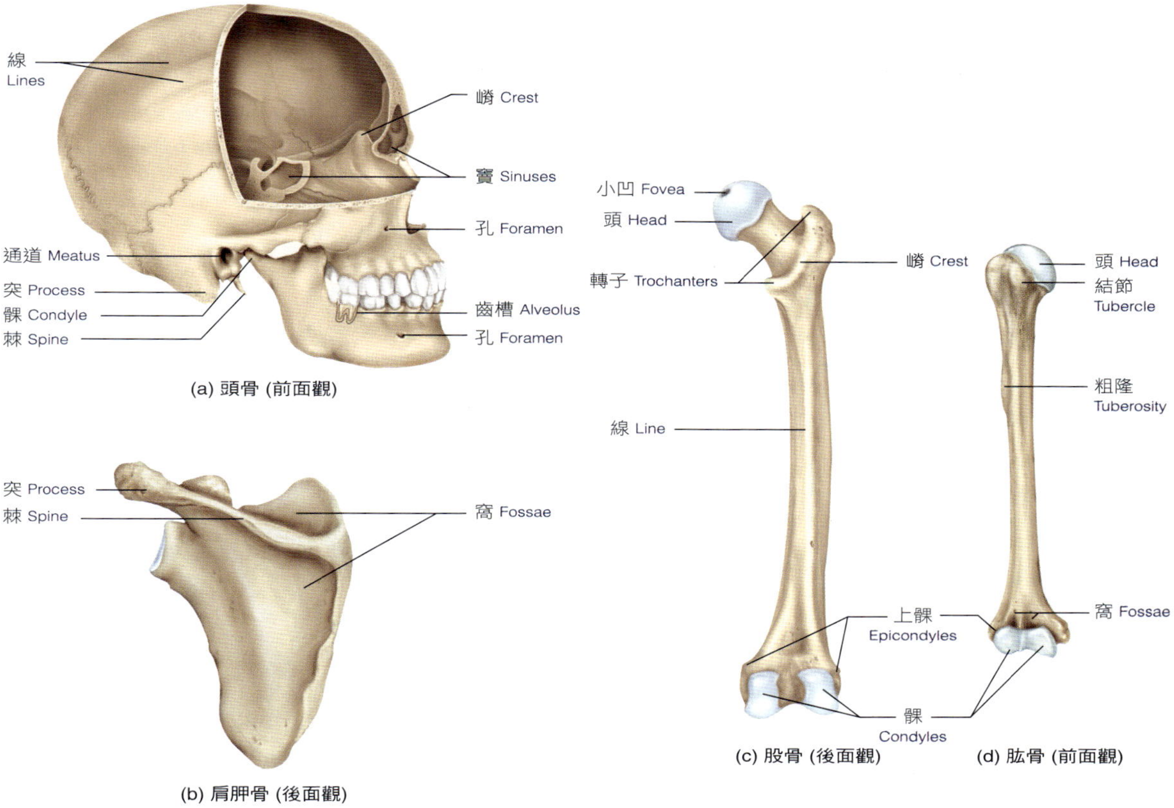

圖 7.2 **骨骼的解剖特徵**。(a) 以頭骨為例的骨骼特徵；(b) 以肩胛骨為例的特徵；(c) 以股骨為例的特徵；(d) 以肱骨為例的特徵。這些特徵大多也出現在身體的許多其他骨骼上。

7.2 頭骨

預期學習成果

當您完成本節後，您應該能夠

a. 區分顱骨和顏面骨；
b. 說出頭骨的名稱，並找出每塊骨骼的解剖學上的特點；
c. 識別頭骨內的腔室和一些個別的骨骼；
d. 說出連接頭骨的主要的縫；
e. 描述一些與頭骨密切相關的骨骼；及
f. 描述頭骨對站立運動的一些適應性。

頭骨 (skull) 是骨骼中最複雜的部分。圖 7.3 至 7.6 是其一般解剖結構的概述。雖然頭骨看起來似乎只由下頜骨 (下巴) 和其餘部分所組成，但它其實是由 22 塊骨骼所組成，有時甚至更多。它們中的大多數由**縫** (sutures) (SOO-chures) 堅硬地連接在一起，這些縫在顱骨表面看起來像接縫 (圖 7.4)。這些都是後面描述中的重要標記。

頭骨有幾個顯著的腔室 (圖 7.7)。最大的腔室是**顱腔** (cranial cavity)，成年人的體積約為 1,300 毫升，它包圍著大腦。其他腔室包括**眼眶** (orbits)、**鼻腔** (nasal cavity)、**副鼻竇** (paranasal sinuses)、**口腔** (oral cavity)(口或頰腔)、**中耳和內耳腔** (middle- and inner-ear cavities)。副鼻竇因其所在的骨骼而得名 (圖 7.8) **額竇** (frontal)、**篩竇** (ethmoidal)、**蝶竇** (sphenoidal) 和**上頜竇** (maxillary sinuses)。這些鼻竇與鼻腔相連，內有黏膜，並充滿空氣。它們使頭骨的前面變輕，並作為增加聲音共鳴

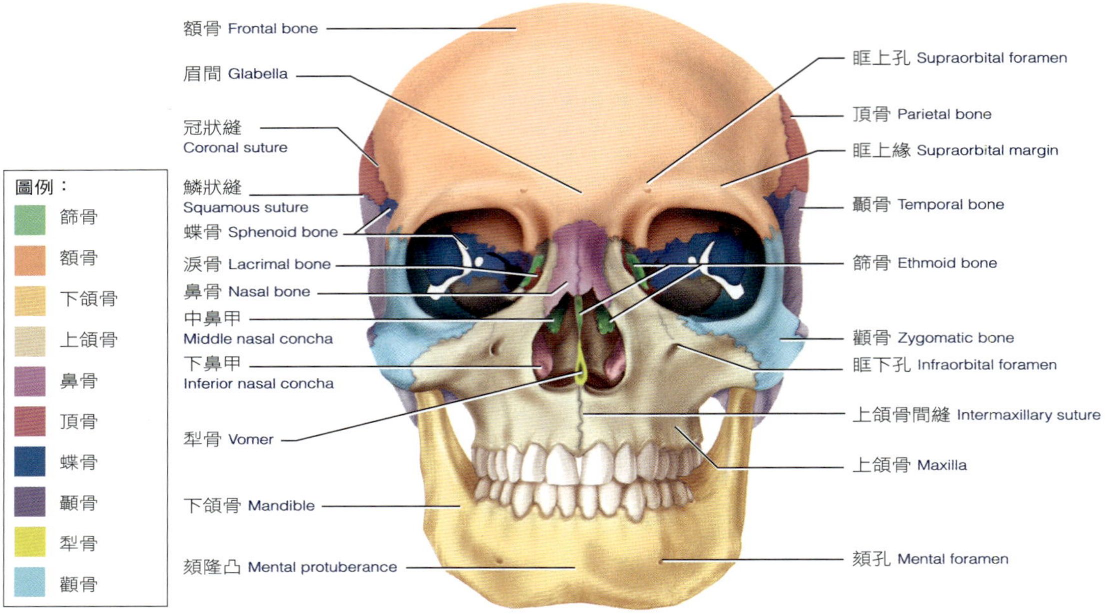

圖 7.3 頭骨 (前面觀)。APR

的腔室。

頭骨的骨骼有特別明顯的孔 [foramina-代表單數的是 foramen (fo-RAY-men)]，即為神經和血管的通道。表 7.3 中總結了一些主要的孔，其他一些孔包括在下面的個別骨骼的描述。當你在後面的章節中學習顱神經和血管時，這個表的細節對你的意義更大。

7.2a 顱骨

顱骨 (cranial bones) 是指那些包圍著大腦的骨骼，它們共同構成了**顱** (cranium)[2] [腦殼 (braincase)]。細嫩的腦組織並不直接與顱骨接觸，而是由三種稱為腦膜 (meninges)(meh-NIN-jeez) 的膜與它們分開 (見 15.1c 節)。其中最厚、最堅韌的硬腦膜 (dura mater[3]) (DUE-rah MAH-tur)，大部分鬆散地靠在顱骨內側，但在一些地方卻牢牢地附著在顱骨上。

顱骨是一個堅硬的結構，有一個開口即枕骨大孔 (foramen magnum)(字面意思是「大孔」)，在這裡脊髓與大腦相連。顱骨由兩個主要部分組成，即顱蓋和顱底。**顱蓋** (calvaria[4])(頭蓋) 並不是一個特定的骨頭，而只是頭頂的圓鐘頂，由多塊骨頭組成 (見圖 7.6)。通常學習頭骨的準備是鋸掉頭蓋，這樣就可以掀開顱骨進行內部檢查。這可以看到顱腔的**底部** (base)(地板)(見圖 7.5b)，其中有三個凹陷的地方，稱為**顱窩** (cranial fossae)。這些與腦下表面的外形相對應 (圖 7.9)。相對較淺的**前顱窩** (anterior cranial fossa) 呈新月形，容納大腦的額葉。**中顱窩** (middle cranial fossa) 突然陷入，形如一對外展的鳥翼，可容納大腦的顳葉。**後顱窩** (posterior cranial fossa) 最深，可容納腦後方很大的一個部位，稱為小腦。

顱骨有八塊：

1 額骨	1 枕骨
2 頂骨	1 蝶骨
2 顳骨	1 篩骨

2 *crani* = helmet 頭盔
3 *dura* = tough 堅韌，strong 強壯；*mater* = mother 母親
4 *calvar* = bald 禿頭，skull 頭骨

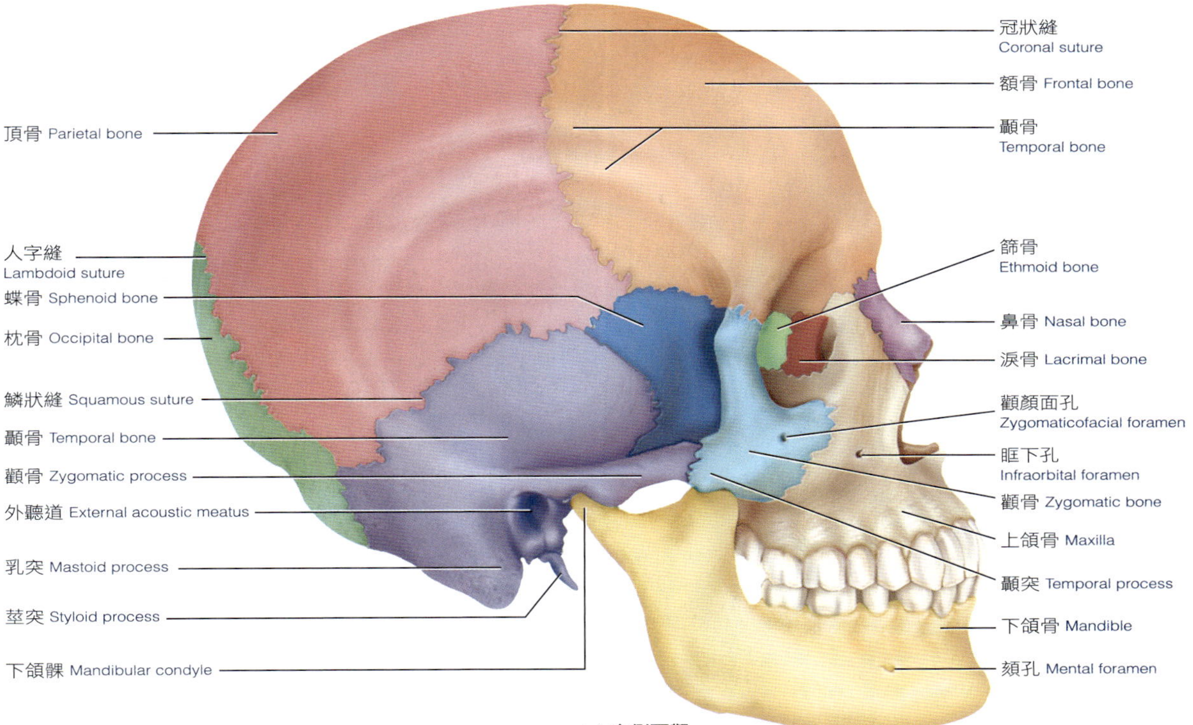

(a) 右側面觀

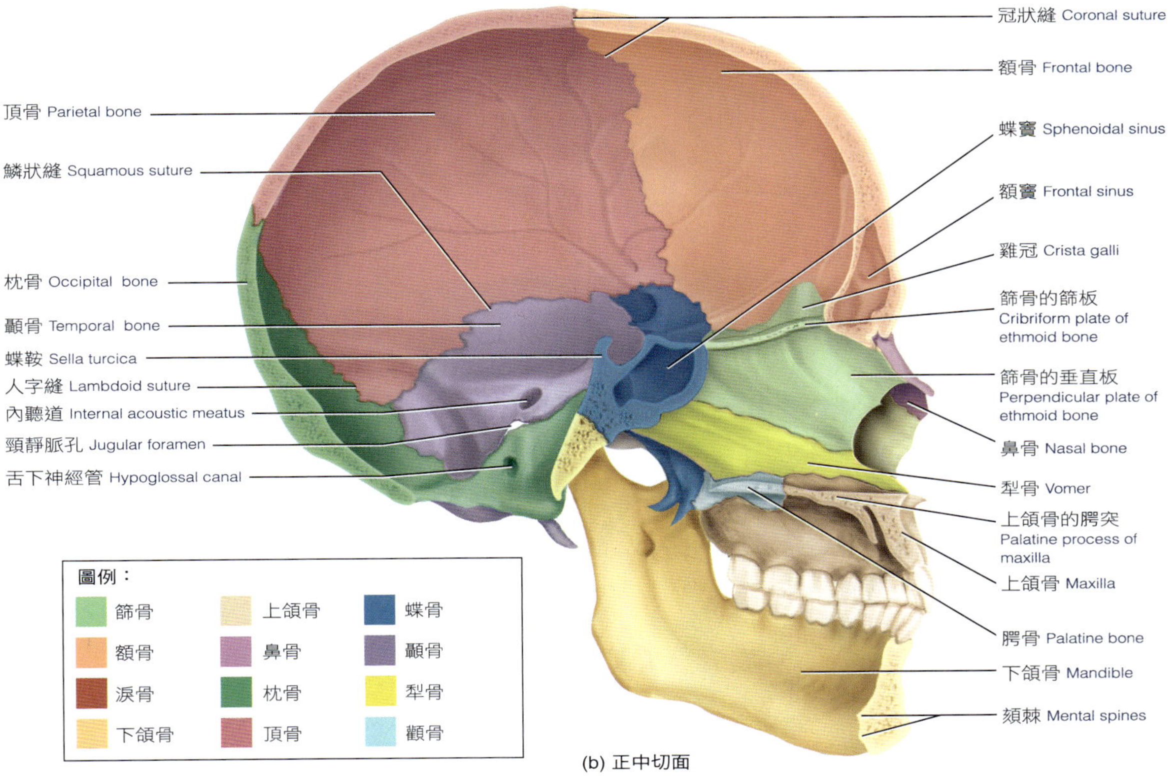

(b) 正中切面

圖 7.4 頭骨。(a) 側表面；(b) 正中切面。APR

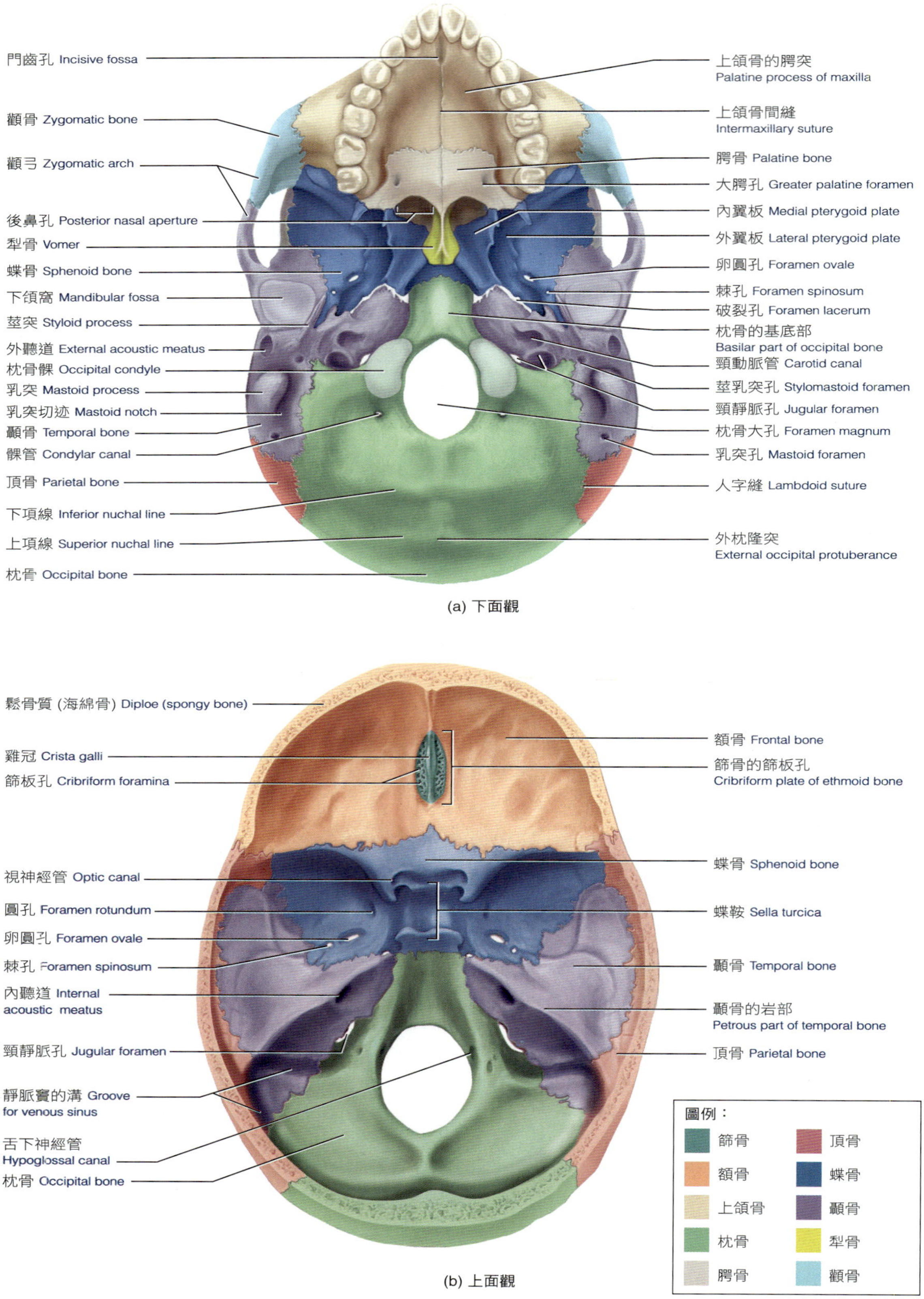

圖 7.5 頭骨底部。(a) 顱底下面觀；(b) 上面觀。APR

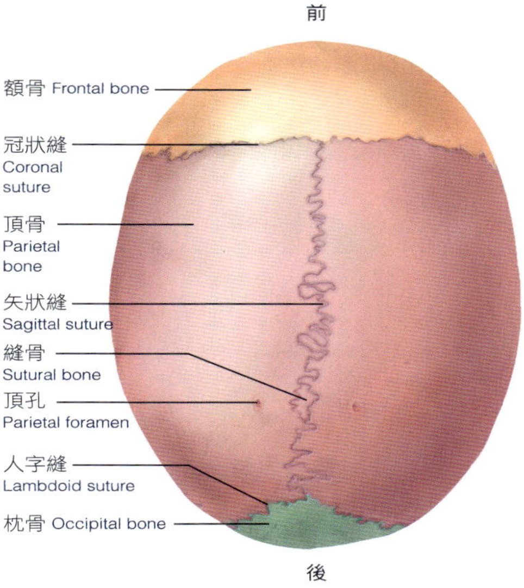

圖 7.6 顱骨，上面觀。APR

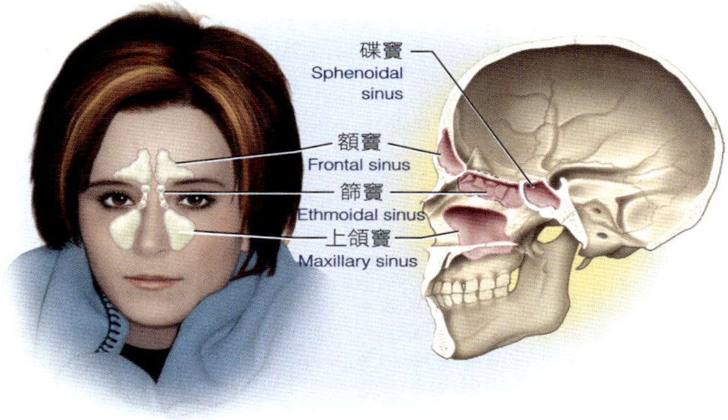

圖 7.8 副鼻竇。

• 如果沒有這些鼻竇的存在，要想保持頭部直立，需要付出的努力就會大大增加。解釋一下。

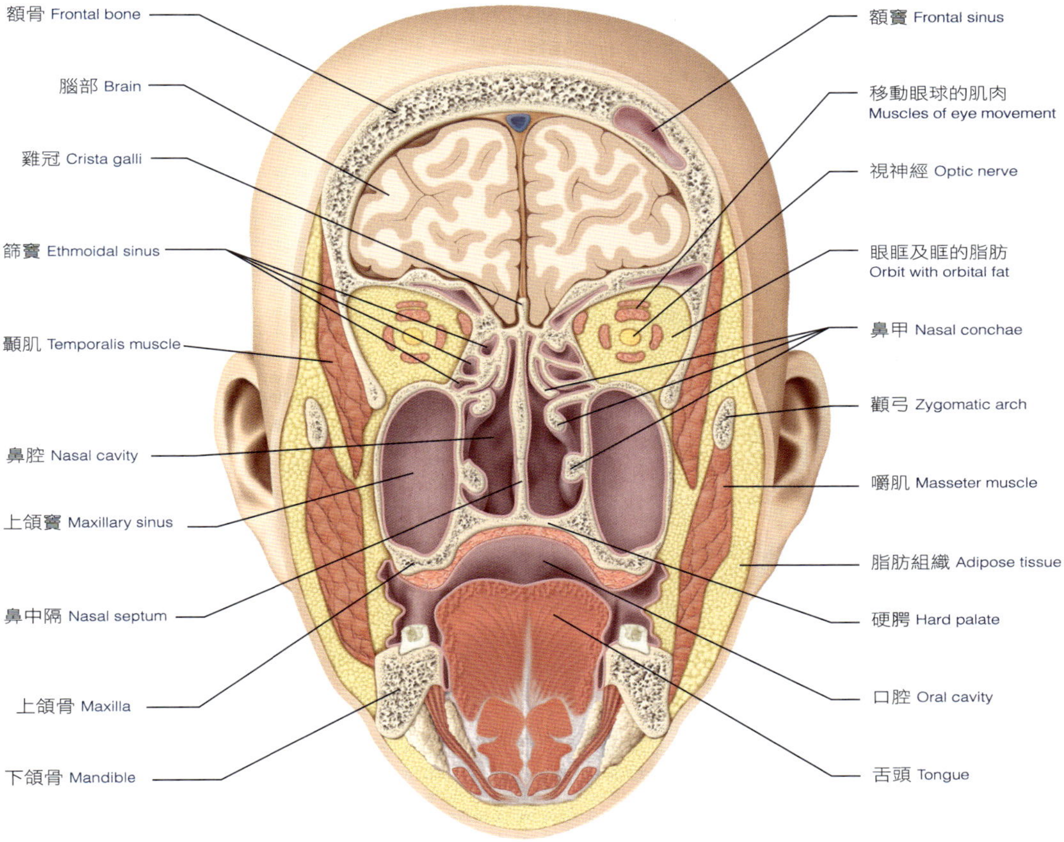

圖 7.7 頭的額剖面。圖中顯示了頭骨的主要腔體及其內容。

• 鼻甲的功能是什麼？

表 7.3 頭骨的孔和通過它們的神經和血管

骨及其孔	通過的構造
額骨 (Frontal Bone)	
眶上孔或切迹 (supraorbital foramen or notch)	眶上神經 (supraorbital nerve)、動脈和靜脈 (artery, and vein)；眼神經 (ophthalmic nerve)
顳骨 (Temporal Bone)	
頸動脈管 (carotid canal)	內頸動脈 (internal carotid artery)
外聽道 (external acoustic meatus)	聲波進入耳膜
頸靜脈孔 (jugular foramen)	內頸靜脈 (internal jugular vein)；舌咽、迷走神經和副神經 (glossopharyngeal, vagus, and accessory nerves)
枕骨 (Occipital Bone)	
枕骨大孔 (foramen magnum)	脊髓 (spinal cord)；副神經 (accessory nerve)；椎動脈 (vertebral arteries)
舌下神經管 (hypoglossal canal)	舌下神經 (hypoglossal nerve) 至舌部肌肉
蝶骨 (Sphenoid Bone)	
卵圓孔 (foramen ovale)	三叉神經下頜分部 (mandibular division of trigeminal nerve)；腦膜附屬動脈 (accessory meningeal artery)
圓孔 (foramen rotundum)	三叉神經上頜分部 (maxillary division of trigeminal nerve)
視神經管 (optic canal)	視神經 (optic nerve)；眼動脈 (ophthalmic artery)
眶上裂 (superior orbital fissure)	動眼神經 (oculomotor n.)、滑車神經 (trochlear n.) 和外展神經 (abducens n.)；三叉神經 (trigeminal n.) 的眼分叉；眼靜脈 (ophthalmic veins)
上頜骨 (Maxilla)	
眶下裂 (inferior orbital fissure)	眶下神經 (infraorbital nerve)；顴神經 (zygomatic nerve)；眶下血管 (infraorbital vessels)
眶下孔 (infraorbital foramen)	眶下神經和血管 (infraorbital nerve and vessels)
下頜骨 (Mandible)	
頦孔 (mental foramen)	頦神經和血管 (mental nerve and vessels)
下頜孔 (mandibular foramen)	下牙槽神經和下牙的血管 (inferior alveolar nerves and vessels)

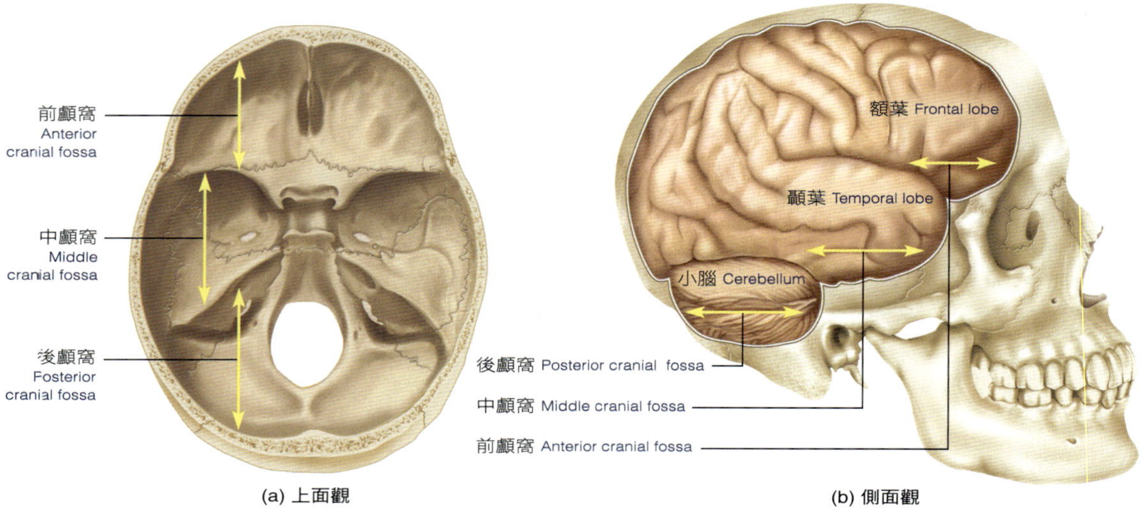

圖 7.9 **顱窩**。(a) 顱底上面觀；(b) 側面觀，顯示顱窩與腦輪廓的一致性。

額骨

額骨 (frontal bone) 從前額向後延伸至一條突出的冠狀縫 (coronal suture)，冠狀縫從右向左穿過頭頂，將額骨與頂骨連接在一起 (見圖 7.3 和 7.4)。額骨形成前壁和約三分之一的顱腔頂，它向內轉形成幾乎全部的前顱窩和眶頂。深入到眉毛處，它有一條嵴 (ridge)，稱為**眶上緣** (supraorbital margin)。每個緣的中心都有一個**眶上孔** (supraorbital foramen)(見圖 7.3 和 7.14)，它為神經、動脈和靜脈提供通道。在某些人這個孔的邊緣突破了眶緣，形成了一個眶上切迹 (supraorbital notch)。鼻根上方額骨的平滑區域稱為**眉間** (glabella[5])。額骨還包含額竇，但你可能不是在所有頭骨上都能看到這個。沿著頭蓋的切緣，你還可以看到顱骨中間的一層海綿狀骨質 (diploe)(DIP-lo-ee)(見圖 7.5b)。

頂骨

左右**頂骨** (parietal bones) (pa-RYE-eh-tul) 構成了大部分顱頂和部分顱壁 (見圖 7.4 和 7.6)。每塊骨骼的邊緣都有四條縫線，將其與相鄰的骨相連：(1) 頂骨之間的**矢狀縫** (sagittal suture)；(2) 前緣的**冠狀縫** (coronal[6] suture)；(3) 後緣的**人字縫** (lambdoid[7] suture)(LAM-doyd)；(4) 側面的**鱗狀縫** (squamous suture)。沿矢狀縫和人字縫常可見到小縫骨，如小島的骨，縫線繞其而過。頂骨和額骨的內部有一些標記，看起來有點像河流支流的航拍照片 (見圖 7.4b)。這些標記代表了骨質在腦膜血管周圍成型的地方。

頂骨外部沒有什麼特徵。有時在人字縫和矢狀縫的角附近出現**頂骨孔** (parietal foramen) (見圖 7.6)。一對輕微的外側增厚，即**顳上線**和**顳下線** (temporal lines)，形成橫跨頂骨和額骨的弧線 (見圖 7.4a)。顳線標記著大的、扇形的顳肌的附著處，這是一會聚在下頜骨上的咀嚼肌肉 (見圖 11.13a)。

顳骨

如果你摸到頭骨的正上方和耳朵的前方，也就是顳部，你可以摸到**顳骨** (temporal bone)，它構成了顱腔的下壁和部分底部 (圖 7.10)。顳骨的名稱起源於人們隨著時光的流逝在太陽穴上長出的第一搓白髮[8]。將顳骨分為四個部分是最好理解其相對複雜的形狀：

1. **鱗狀部** (squamous[9] part)(你剛才摸到的) 相對的比較平坦且垂直。它被鱗狀縫合線包圍。它有兩個突出的特徵：(a) **顴突** (zygomatic process)，向前方延伸形成後面所述的顴弓 (zygomatic arch) 的一部分；(b) **下頜窩** (mandibular fossa)，是下頜骨與顱骨相關節的凹陷。
2. **鼓室部** (tympanic[10] part) 是一塊小骨板，與**外耳道** (external acoustic meatus)(me-AY-tus) 開口處相鄰。它的下表面有一個尖銳的棘，即**莖突** (styloid process)，因其與古希臘和古羅馬人用於在蠟片上寫字的手寫筆相似而得名。舌頭、咽喉和舌骨的肌肉都是附著於它的。
3. **乳突部** (mastoid[11] part) 位於鼓室部的後方。它有一個很厚的**乳突** (mastoid process)，你可以摸到耳後有一個突出的腫塊。它充滿了與中耳腔相通的小氣竇。這些氣竇會受到感染和發炎 (乳突炎)，如果不進行治療，就會侵蝕骨頭並擴散到大腦。在乳突下面，有一個叫做**乳突切迹** (mastoid notch) 的溝槽，

---

5 *glab* = smooth 光滑
6 *corona* = crown 皇冠
7 *lambd* = the Greek letter lambda (λ) 希臘字母 lambda (λ)；*oid* = resembling 類似於
8 *tempor* = time 時間
9 *squam* = flat 平坦；*ous* = characterized by 特點是
10 *tympan* = drum (eardrum) 鼓 (耳膜)；*ic* = pertaining to 關於
11 *mast* = breast 胸部；*oid* = resembling 類似於

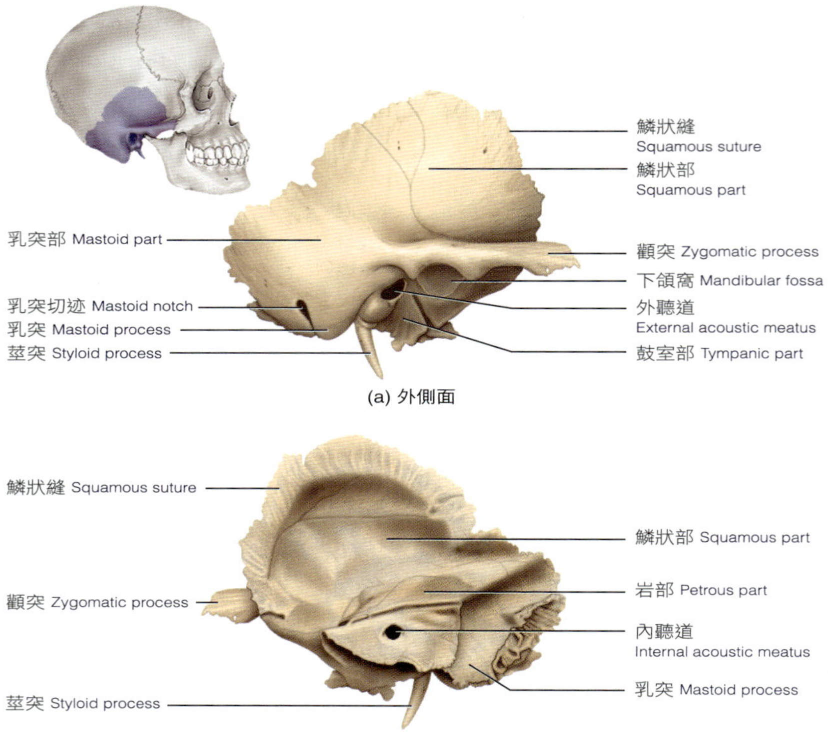

圖 7.10 **右顳骨**。(a) 外側面，面向頭皮和外耳；(b) 內側面，面向腦部。APR

位於乳突的內側 (見圖 7.5a)。它是打開口腔的二腹肌 (digastric muscle) 的起始端。切迹的前面是**莖乳突孔** (stylomastoid foramen) 穿通，莖乳突孔是顏面神經的通道，後面是**乳突孔** (mastoid foramen) 穿通，乳突孔是腦部小動脈和靜脈的通道。

4. **岩部** (petrous[12] part) 可見於顱底，它像一座小山，從後顱窩將中顱窩分開 (見圖 7.5b 和 7.10b)。中耳腔和內耳腔位於岩部。**內聽道** (internal acoustic meatus) 在其後內側表面開口，這條通道是神經的通道，它將聽覺和平衡的訊號從內耳傳到腦部。顳骨岩部的下表面有兩個突出的孔，因通過它們的主要血管而得名 (見圖 7.5a)：(1) **頸動脈管** (carotid canal) 是內頸動脈的通道，內頸動脈是腦部的主要血液供應的血管；(2) **頸靜脈孔** (jugular foramen) 是一個大的、不規則的開口，就在顳骨和枕骨之間，位於莖突的內側。腦部的血液通過此孔匯入頸部的內頸靜脈。三條腦神經也通過此孔 (見表 7.3)。

12 *petr* = stone *石頭*，rock *岩石*；*ous* = like *像*

枕骨

枕骨 (occipital bone)(oc-SIP-ih-tul) 構成頭骨的後部 (枕骨) 及其大部分的底部 (見圖 7.5)。其最顯著的特徵是**枕骨大孔** (foramen magnum)，它是脊髓與腦幹的連接處。頭部受傷的一個重要問題是腦腫脹。由於顱骨不能增大，腫脹會給腦部帶來壓力導致更多的組織損傷。嚴重的腫脹可能會迫使腦幹從枕骨大孔擠壓出來，通常會造成致命的後果。

枕骨往前是一厚的中間板，即**基底部** (basilar part)。枕骨大孔的兩邊是一個光滑的小結，稱為**枕骨髁** (occipital condyle)(CON-dile)，是頭骨放在椎柱上的構造。每個髁下面像隧道一樣穿過的是**舌下神經管** (hypoglossal[13] canal)，因為舌下神經 (hypoglossal nerve) 通過它來支配舌頭的肌肉而得名。有些人在每個枕骨髁後有一個**髁管** (condylar canal)(CON-dih-lur)，作為腦部小靜脈的通道。

在枕骨的內部，有大的靜脈竇留下的壓迹，這些大靜脈竇從腦部匯出血液 (見圖 7.5b)。這些溝中有一條沿著正中矢狀線。就在到達枕骨大孔之前，它分支成左右兩側的溝，像伸出的手臂一樣環繞枕骨，貼近每個耳朵然後終止於頸靜脈孔。位於這些溝的靜脈竇見表 21.3。

在你的後腦勺上可以摸到枕骨的其他特徵。其中一個突出的正中凸起稱為**外枕骨隆凸** (external occipital protuberance)，是**項韌帶** (nuchal[14] ligament) (NEW-kul) 的附著處，它將頭骨與椎柱連結在一起。一條嵴 (ridge)，即**上項線** (superior nuchal line)，可以從外枕骨隆突向乳突水平方向找到 (見圖 7.5a)。它被定義了頸部的上界，並提供了一些頸部和背部肌肉與頭骨的附著處。在觸診上頸部時，您會感覺到從肌肉到骨骼的轉變，它形成了一個邊界。有些肌肉藉由下拉枕骨而有助於保持頭部直立。較深的**下項線** (inferior nuchal line)，提供一些頸部深層肌肉的附著處。這種不明顯的嵴在活體上無法摸到，但在分離的頭骨上是可以看到的。

13 *hypo* = below 下面；*gloss* = tongue 舌頭
14 *nucha* = back of the neck 脖子後面

蝶骨

蝶骨 (sphenoid[15] bone)(SFEE-noyd) 的形狀很複雜，有厚實的正中**體** (body) 和向外伸出的**大翼和小翼** (greater and lesser wings)，使骨的整體形狀像蛾一樣不齊的。大部分從上面觀是最好的 (圖 7.11a)。在這個視角下，小翼形成前顱窩的後緣，並終止在一個尖銳的骨嵴，在那裡蝶骨突然掉到大翼。大翼形成約一半的中顱窩 (顳骨形成其餘部分)，並由幾個孔洞穿通。

15 *sphen* = wedge 楔子；*oid* = resembling 類似於

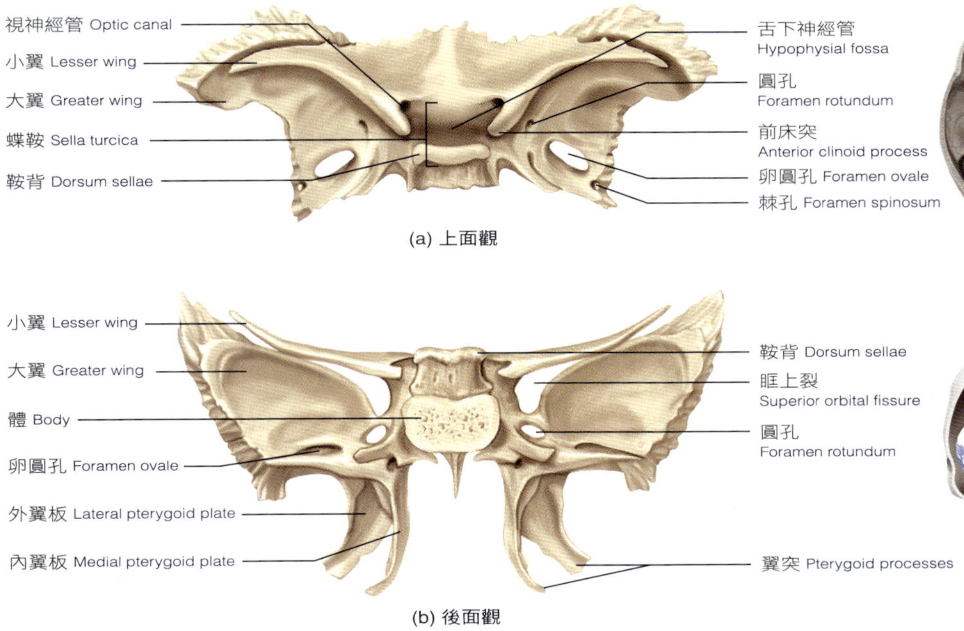

圖 7.11 **蝶體**。(a) 上面觀；(b) 後面觀，如從頭骨後面看。APR

大翼在顳骨前形成顱骨外側表面的一部分 (見圖 7.4a)。小翼形成眼眶的後壁，並包含**視神經管** (optic canal)，允許視神經和眼動脈通過 (見圖 7.14)。上方有一對小翼的骨嵴，稱為**前床突** (anterior clinoid processes)，保護著視神經孔。在眼眶後壁上有一裂口，即**眶上裂** (superior orbital fissure)，在視神經管外側上斜的位置。它是提供眼球運動肌肉的三條神經的通道。

蝶骨的體包含一對蝶竇及一個外形似馬鞍表面狀的構造名為**蝶鞍** (sella turcica[16])(SEL-la TUR-sih-ca)。蝶鞍有一個深凹的構造，稱為腦下腺窩 (hypophysial fossa)，窩內坐落了腦下垂體腺 (腦下腺)；有一個凸起的前緣稱為鞍結節 (tuberculum sellae)(too-BUR-cu-lum SEL-lee)；和後緣稱為鞍背 (dorsum sellae)。在活體上，硬腦膜延伸在蝶鞍上並附著在前床突。柄穿過硬腦膜連接垂體到腦的底部。

蝶骨上蝶鞍的外側有數個孔穿過 (見圖 7.5)。**圓孔** (foramen rotundum) 和**卵圓孔** (foramen ovale) (oh-VAY-lee) 是三叉神經兩個分支的通道。**棘孔** (foramen spinosum) 的直徑約為鉛筆的直徑，為提供腦膜動脈的通道。一個不規則的溝稱為**破裂孔** (foramen lacerum[17]) (LASS-eh-rum) 位於蝶骨、顳骨和枕骨的交界處。它在活體中充滿了軟骨，並沒有重要的血管或神經通過。

在頭骨的下面觀，可以看到蝶骨就在枕骨基底部的前面 (見圖 7.5a)，這裡所看到的鼻腔內部開口稱為**後鼻孔** (posterior nasal apertures)，或稱鼻後孔 (choanae)[18] (co-AH-nee)。每個孔的外側，蝶骨展現一對平行的**內側和外側翼板** (medial and lateral pterygoid[19] plates)(TERR-ih-goyd)。每塊翼板都有一個狹窄的下端延伸物稱為翼突 (pterygoid process) (見圖 7.5a)。翼板提供了一些咀嚼肌的附著處。

篩骨

篩骨 (ethmoid[20] bone)(ETH-moyd) 是位於兩眼之間的前顱骨 (圖 7.12)。它提供了眼眶的內側壁，鼻腔的頂部和壁以及鼻中隔的組成部分。它是一種非常多孔和脆弱的骨骼，分為三個主要部分：

1. 垂直的**垂直板** (perpendicular plate)，是一塊薄的正中板，形成鼻中隔的上三分之二的部分 (見圖 7.4b)(下三分之一部分由軟骨及犁骨形成，稍後再討論)。鼻中隔將鼻腔分為左右兩個氣體通過的空間稱為**鼻腔窩** (nasal fossae)(FOSS-ee)。鼻中隔常向一個鼻窩或另一個鼻窩彎曲或偏離。
2. 水平的**篩板** (cribriform[21] plate)(CRIB-rih-

16 *selia* = saddle 馬鞍；*turcica* = Turkish 土耳其語
17 *lacerum* = torn 撕裂，lacerated 撕裂的
18 *choana* = funnel 漏斗
19 *pterygo* = wing 翅膀

20 *ethmo* = sieve 篩子，strainer 濾網；*oid* = resembling 類似於
21 *cribri* = sieve 篩子；*form* = in the shape of 形狀

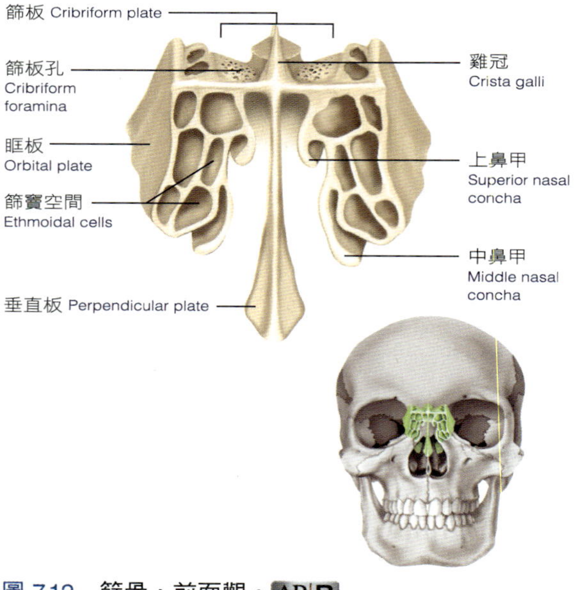

圖 7.12 篩骨，前面觀。AP|R

form) 形成鼻腔的頂部。篩板有一個正中嵴 (crest) 稱為**雞冠** (crista galli[22])(GAL-eye)，是硬腦膜的附著點。在雞冠的兩側是一個長形凹陷區域，富含有許多孔洞的**篩板孔 (嗅孔)** [cribriform (olfactory) foramina]。腦部的一對嗅球位於這些凹陷處是與嗅覺有關，而篩孔是允許嗅神經從鼻腔到嗅球的通道 (見臨床應用 7.1)。

3. **篩骨的迷路** (ethmoidal labyrinth)，是位於垂直板兩側的一大塊構造。迷路是因其內部有一個被稱為**篩骨小室** (ethmoidal cells) 而得名。這些空間共同構成了前面討論的篩竇 (ethmoidal sinus)。迷路的外側表面是一個光滑的、略微凹陷的**眶板** (orbital plate)，可見於眼眶的內側壁 (見圖 7.14)。迷路的內側表面有兩個捲曲軸狀的骨板，稱為**上及中鼻甲** (superior and middle nasal conchae[23], or turbinates)(CON-kee)。這些鼻甲從其側壁向鼻中隔突出到鼻窩內 (見圖 7.7 和 7.13)。還有一個分開的下鼻甲 (inferior nasal concha)，稍後討論。這三對鼻甲占據了鼻腔的大部分空間。在吸入氣流中，空氣填充空間和產生湍流，確保空氣與覆蓋這些骨骼的黏膜接觸，在吸入的空氣到達肺部之前，黏膜對其進行清潔、濕潤及溫暖。上鼻甲和鼻中隔的鄰近的構造還帶有嗅覺的感覺細胞。

22 *crista* = crest 雞冠；*galli* = of a rooster 公雞的
23 *conchae* = conchs 海螺 (大型海蝸牛)

通常，觀察鼻腔只能看到篩骨的垂直板 (見圖 7.3)；觀察眼眶內側壁可以看到眶板 (圖 7.14)；從顱腔內觀察，可以看到雞冠和篩板 (見圖 7.5b)。

臨床應用 7.1

篩骨的損傷

篩骨非常脆弱，很容易受到猛烈的向上打擊而受到傷害，比如人在汽車碰撞中撞到儀錶板。打擊的力量可以推動骨片通過篩板進入腦膜或腦組織。這類損傷常有腦脊液滲入鼻腔，並可能隨後從鼻腔向腦部擴散感染。頭部受到打擊，還可以

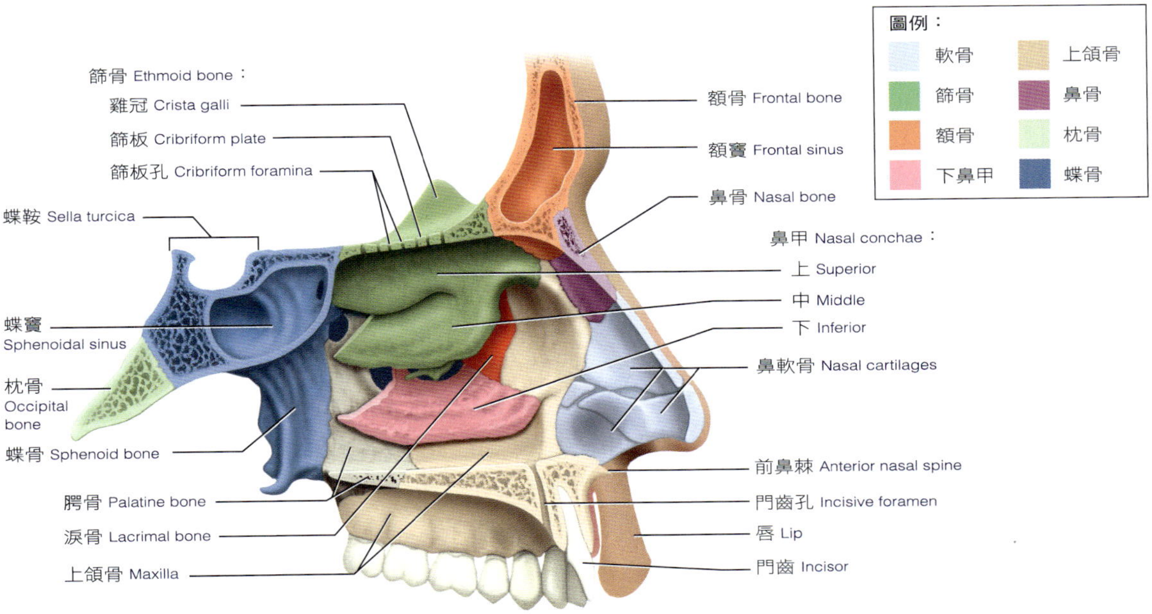

圖 7.13 **左鼻窩**。切除鼻中隔後的矢狀切面。APR

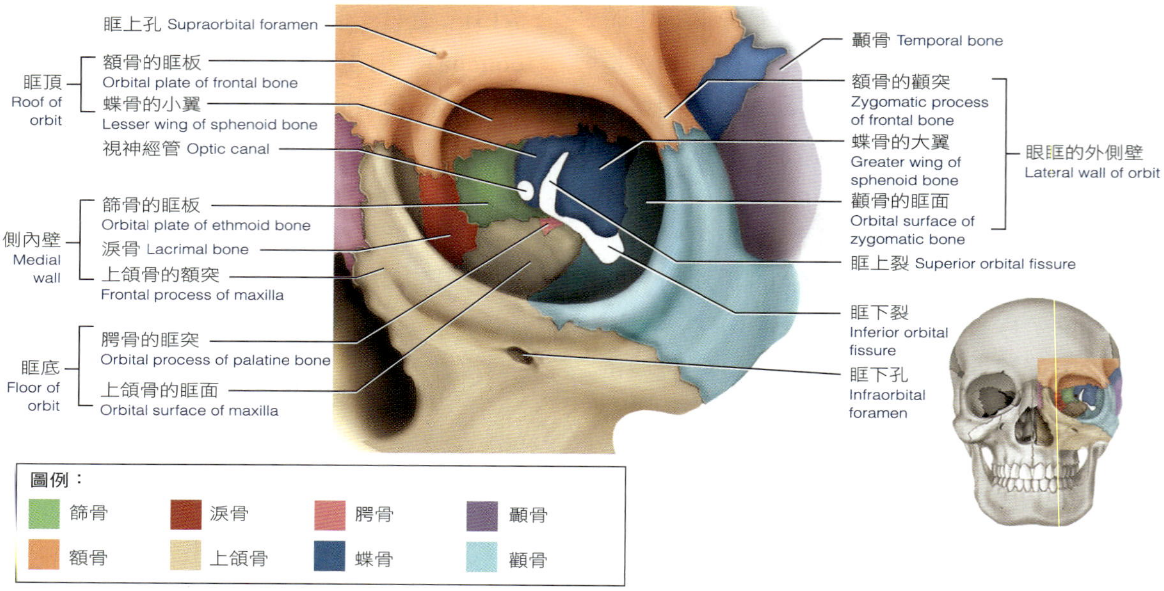

圖 7.14 左眼眶 (前面觀)。APR

剪斷通過篩骨的嗅覺神經，造成無嗅覺，即嗅覺不可逆的喪失，味覺 (大部分依靠嗅覺) 也大大降低。這不僅剝奪了生活中的一些樂趣，而且還可能是危險的，就當一個人聞不到煙、瓦斯或變質的食物時。

7.2b 顏面骨

顏面骨 (facial Bones) 並不包覆腦部，而是位於顱腔的前面。它們支撐著眼眶、鼻腔和口腔，塑造面部形狀，並為面部表情和咀嚼肌肉提供附著處。顏面骨共有 14 塊：

2 塊上頜骨 (maxillae)
2 塊鼻骨 (nasal bones)
2 塊腭骨 (palatine bones)
2 塊下鼻甲 (inferior nasal conchae)
2 塊顴骨 (zygomatic bones)
1 塊犁骨 (vomer)
2 塊淚骨 (lacrimal bones)
1 塊下頜骨 (mandible)

上頜骨

上頜骨 (maxillae)(Mac-SILL-ee) 最大的顏面骨。它們構成上頜，並在正中的**上頜骨間縫** (intermaxillary suture) 相連結 (見圖 7.3、7.4a 和 7.5a)。上頜骨的小點稱為**齒槽突** (alveolar processes)，它長在牙基之間的空隙中。每顆牙齒的根部都插入一個深窩，或**齒槽** (alveolus)。儘管牙齒與頭骨一起保存，但牙齒不是骨骼，它們將在第 24 章中詳細討論。

每個上頜骨從牙齒向上延伸到眼眶的內下壁。就在眼眶下方，有一個**眶下孔** (infraorbital foramen)，它提供面部的血管和接收鼻腔和臉頰感覺的神經通道。這條神經通過圓孔進入顱腔。上頜骨是眼眶底的一部分，在那裡有一個向下和向內側傾斜的構造稱為**眶下裂** (inferior orbital fissure)(圖 7.14)。眶下裂和眶上裂形成一個側向的 V 形，其尖部位於視神經管附近，眶下裂是顏面血管和感覺神經的通道。

腭 (palate) 形成口腔的頂部和鼻腔的底部。它由前面的骨質**硬腭** (hard palate) 和後面的肉質**軟腭** (soft palate) 所組成。大部分硬腭是由上頜骨的水平延展形成的，稱為**腭突** (palatine processes)(PAL-uh-tine)(見圖 7.5a)。在門牙 (前牙) 的後面有一個正中的凹陷處，即**門齒窩** (incisive fossa)，它是一條通往上腭的動脈和一條通往鼻中隔下面和上頜骨六顆前牙的神經通道。一或兩對門齒孔 (incisive foramina) 打開此窩，但在窩內較深難以看到。一般在胎兒發育約第 12 週時，腭突在上頜間縫處會合。如果不能接合就會引起腭裂 (見臨床應用 7.2)。

臨床應用 7.2

腭裂和唇裂

胎兒上頜骨不能結合導致腭裂，即口腔和鼻腔之間的正中裂縫，通常伴隨著一側或兩側的上唇裂。腭裂使嬰兒難以產生攝乳所需的吸力，並可能伴隨著頻繁的耳部感染以及聽力和語言障礙。腭裂和唇裂可以通過手術矯正，有良好的矯型效果，但可能需要後續的語言治療。在 18 個月大時進行矯正，可以提高語言學習能力，避免學齡兒童患此病時常面臨的社交心理的問題。

腭骨

腭骨 (palatine bones) 將口腔和鼻腔從後方分開 (圖 7.13)。每塊骨都有一塊水平板 (horizontal plate) 和一塊垂直板 (perpendicular plate) 所形成的 L 形。水平板形成硬腭的後三分之一 (見圖 7.5a)。每塊骨板都有一個大的**大腭孔** (greater palatine foramen)，是通往腭部的神經通道。垂直板是一塊薄而精緻、形狀不規則的骨板，是部分鼻腔和眼眶之間的壁的構造 (見圖 7.12)。

顴骨

顴骨 (zygomatic[24] bones)，俗稱臉頰骨，構成眼睛下外側的面頰角和每個眼眶側壁的一部分，它們大約延伸到耳朵的一半 (見圖 7.4a 和 7.5a)。每個顴骨都有一個倒 T 形，通常在接近 T 形骨幹和橫桿的交點有一個小的**顴顏面孔** (zygomaticofacial foramen)(ZY-go-MAT-ih-co-FAY-shul)。突出的顴弓從頭骨兩側伸出，是由顴骨、顳骨和上頜骨的結合形成的。

淚骨

淚骨 (lacrimal[25] bones)(LACK-rih-mul) 構成每個眼眶內側壁的一部分 (圖 7.14)。這些骨是頭骨中最小的骨，約有小指甲大小。有一個膜狀的淚囊 (lacrimal sac) 位於被稱為淚腺窩 (lacrimal fossa) 的凹陷處。眼睛裡的淚水就聚集在這個囊裡而後流到鼻腔裡。

鼻骨

兩塊長方形的**小鼻骨** (nasal bones) 構成了鼻樑 (見圖 7.3)，並支撐著塑造鼻子下面的軟骨，它們只比淚骨稍微大一點。如果您觸摸鼻樑，您可以很容易地感覺到鼻骨的終點和軟骨的起點。鼻骨常因鼻部受到打擊而骨折。

下鼻甲

鼻腔內有三個鼻甲。如前所述，上鼻甲和中鼻甲是篩骨的一部分。**下鼻甲** (inferior nasal concha) 是從鼻腔側壁向內側突出的一塊獨立的骨骼，是三個鼻甲中最大的一個 (圖 7.13)。

犁骨

犁骨 (vomer) 形成鼻中隔下面的部分 (見圖 7.3 和 7.4b)。它的名字字面意思是**耜** (plowshare)，指的是它類似於犁刃，鼻中隔的上半部由前面提到的篩骨垂直板形成。犁骨和篩骨的垂直板支撐著鼻中隔軟骨 (septal cartilage) 壁，它形成鼻中隔前面的大部分構造。

24 *zygo* = to join 加入，unite 聯合

25 *lacrim* = tear 眼淚，to cry 哭泣

下頜骨

下頜骨 (mandible) (圖 7.15) 是頭骨中最強壯的骨骼，也是唯一活動性很好的骨骼。它支撐下牙並提供咀嚼和顏面表情肌肉附著處。承受牙齒的水平部分為**體** (body)；垂直於斜後方的部分為**支** [(ramus)(RAY-mus)，複數為 rami (RAY-my)]；這兩部分在一個角處相遇，稱為**角** (angle)。下巴的凸點是**頦隆凸** (mental protuberance)。在這一區的下頜骨內 (後) 表面有一對小凸，即**頦棘** (mental spines)，它是某些頦部肌肉的附著點 (見圖 7.4b)。在下頜體的前外側表面是**頦孔** (mental foramen)，它允許下巴的神經和血管通過。下頜體的內表面有許多淺的凹陷和嵴 (ridge)，以容納肌肉和唾液腺。下頜角有一個粗糙的側表面，提供咀嚼肌 (masseter) 的止點附著。和上頜骨一樣，下頜骨的牙齒之間有尖銳的齒槽凸。

下頜支有點像 Y 形。其後分支稱為**髁突** (condylar process)(CON-dih-lur)，承受著球狀的下頜髁 (mandibular condyle) 與顳骨的下頜窩相連結。這個關節就是下頜關節，或**顳下頜關節** (temporomandibular joint, TMJ)。下頜支的前面分支是一個刀片狀的**冠狀突** (coronoid process)。它是顳肌的附著點，當你咬合時，顳肌會將下頜骨向上拉。兩個突之間的 U 形弓稱為**下頜切迹** (mandibular notch)。在下頜切迹的下面，也就是下頜支的內側表面，是**下頜孔** (mandibular foramen)，這是一個神經和血管的通道，這些神經和血管從這裡進入骨質，到達下頜牙齒 (見圖 7.4b)。牙醫通常在下頜孔附近注射利多卡因 (lidocaine)，以降低下頜牙齒的感覺。

7.2c 與頭骨有關的骨骼

有七塊骨骼與頭骨密切相關，但不被認為是頭骨的一部分。這些骨骼是每個中耳腔內的三塊聽小骨和下巴下面的舌骨。**聽小骨** (auditory ossicles[26]) 的命名為**錘骨** (malleus)、**砧骨** (incus) 和**鐙骨** (stapes)(STAY-peez)，在第 17 章中與聽覺有關的部分再討論。**舌骨** (hyoid[27] bone) 是位於下巴和喉部之間的細長 U 形骨 (圖 7.16)。它是少數幾個不與任何骨相關節的骨骼。舌骨由小的莖舌骨肌 (stylohyoid muscles) 和莖舌骨韌帶 (stylohyoid ligaments) 懸吊在頭骨的莖突上，有點像吊床。舌骨內側

26 *os* = bone 骨；*icle* = little 小
27 *hy* = the letter U 字母 U；*oid* = resembling 類似於

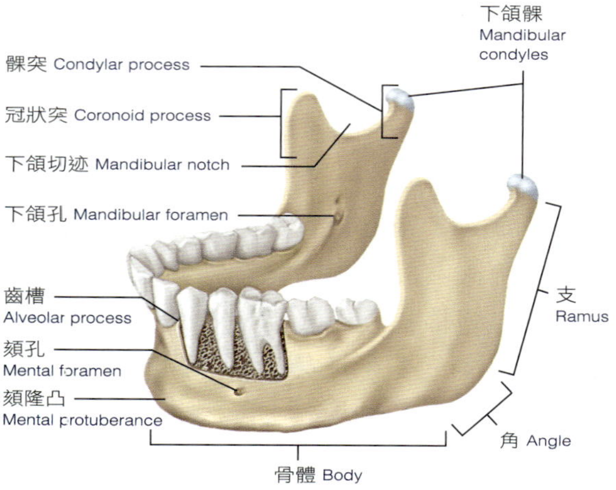

圖 7.15 下頜骨。AP|R

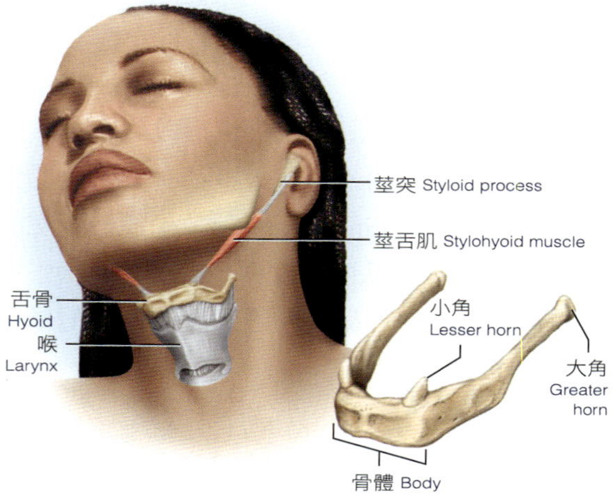

圖 7.16 舌骨。

• 為何在勒頸窒息的病例中常見舌骨骨折？

體 (body) 的兩側突起稱為**大角和小角** (greater and lesser horns)。喉 (音盒) 經由一條闊韌帶懸掛在舌骨上 (見圖 23.4)，舌骨也是控制喉、下頜和舌頭肌肉的附著點。法醫病理學家將舌骨骨折作為勒斃的證據。

7.2d 頭骨對雙足行走的適應性

一些哺乳動物可以用後腿站立、跳躍或短暫行走，但人類是唯一雙足行走習性的哺乳動物。高效的雙足運動是由於腳、腿、脊柱和頭骨的幾種適應性才得以實現。人類的頭是目光朝前的平衡在脊柱上，這在一定程度上是通過對頭骨的進化改造而實現的。在人類進化的過程中，枕骨大孔移到了更低的位置，臉部比猿人的臉部更平坦，所以枕骨髁前面的重量較小，頭部向前傾的趨勢較小 (圖 7.17)。

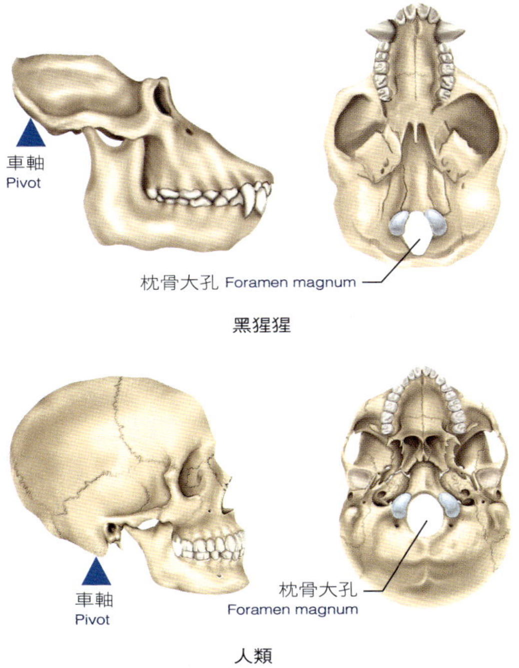

圖 7.17 **頭骨對雙足的適應性**。黑猩猩和人類頭骨的比較。人類的枕骨大孔向前面移位且面部較平坦。因此頭骨在脊柱上是平衡的，人站立時目光是向前看的。

在你繼續閱讀之前

回答下列問題，以檢驗你對上節內容的理解：

4. 命名副鼻竇的名稱並說明其位置。命名頭骨中另外四個腔體的名稱。
5. 解釋顱骨和顏面骨的差別。各舉四個例子。
6. 畫出一個橢圓形，代表顱骨的上面觀。畫出代表冠狀縫、人字縫和矢狀縫的線。標示出由這些縫分開的四塊骨骼。
7. 說出哪塊骨骼具有這些特徵：鱗狀部、舌下神經孔、大角、大翼、髁突和篩板。
8. 盡可能多地觸診以下結構，並確定哪些結構通常不能在活人身上觸診到：乳突、雞冠、眶上裂、髆突、顴骨、頦隆凸和鐙骨。

7.3 脊柱與胸籠

預期學習成果

當您完成本節後，您應該能夠

a. 描述椎柱的一般特徵和一個典型脊椎的特徵；
b. 描述椎間盤的結構及其與椎體的關係；
c. 描寫在椎柱的不同區域脊椎的特點，以及討論不同區域脊椎功能上的差異；
d. 連結椎柱的形狀與直立運動的關係；以及
e. 描述胸骨和肋骨的解剖構造，以及肋骨與胸椎如何相關節。

7.3a 脊柱的一般特徵

身體的**脊柱 (脊椎)** [vertebral column (spine)] 支撐頭骨和軀幹，使其能夠移動，保護脊髓，並吸收行走、奔跑和舉起時產生的壓力。它還為四肢、胸籠和維持姿勢的肌肉提供附著點。雖然通常被稱為背部的骨骼，但它不是由單一的骨骼所組成，而是由 33 塊**脊椎**

骨 (vertebrae) 及大部分椎體間有纖維軟骨的**椎間盤** (intervertebral discs) 所組成的長鏈。成人的脊柱平約均長 71 cm (28 in.)，由 23 個椎間盤約占長度的四分之一。大多數人晚上睡覺時比早上剛起床時短 1% 左右。這是因為在白天身體的重量會壓迫椎間盤，並將其中的水分擠出。當人在睡覺的時候，由於脊柱的重量減輕了，椎間盤就會重新吸收水分而膨脹起來。

如圖 7.18 所示，脊椎分為五群：頸部脊椎 7 個頸椎 (cervical vertebrae)(SUR-vih-cul)，胸部脊椎 12 個胸椎 (thoracic vertebrae)，腰部脊椎位於下背部的 5 個腰椎 (lumbar vertebrae)，脊椎底部 5 個薦椎 (sacral vertebrae)，及 4 個小尾椎 (coccygeal vertebrae) (coc-SIDJ-ee-ul)。所有的哺乳動物都有 7 個頸椎，即使是長頸鹿，牠的脖子也非常長。為了大家記住頸椎、胸椎和腰椎的數目 7、12 和 5，你可以想想一個典型的工作日。7 點下班 12 點吃午飯及 5 點回家。

這種排列方式的變化大約在每 20 個人中就有一個人出現。例如，最後一個腰椎有時併入薦椎，產生 4 個腰椎和 6 個薦椎。也有其他的例子，第一個薦椎與第二個薦椎未能融合，即產生 6 個腰椎和 4 個薦椎。頸椎和胸椎的數目比較固定。

成年人的脊柱有四個彎曲，其呈波浪的 S 形 (圖 7.19)。有種前方凹的彎曲 (即向後

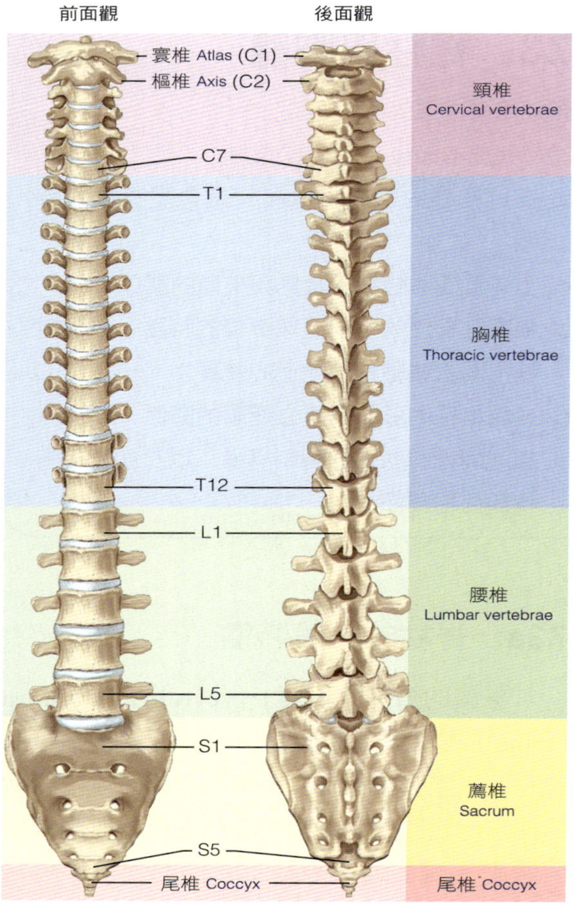

圖 7.18 脊柱。AP|R

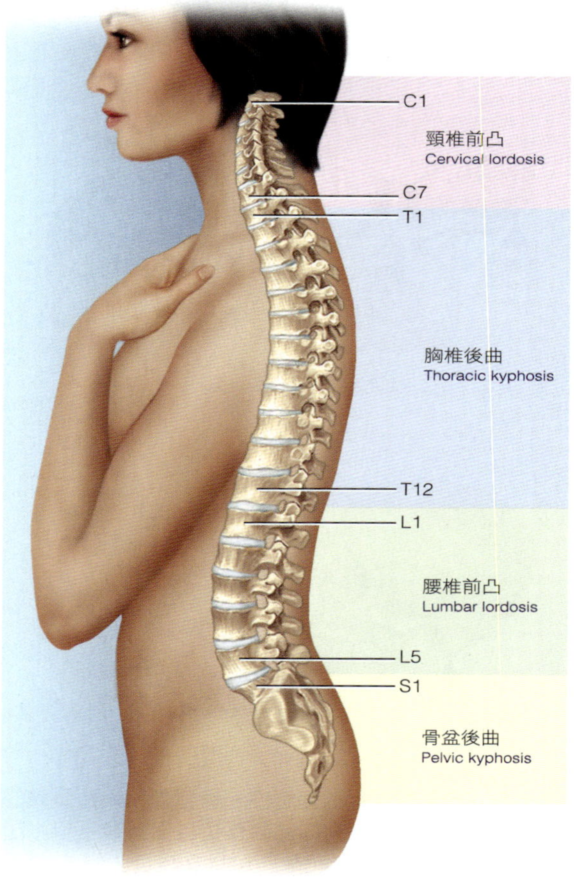

圖 7.19 成人脊柱的弧度。

彎曲) 稱為**脊柱後曲** (kyphosis)[28]。其中有兩種，即胸椎後曲 (thoracic kyphosis) 和骨盆後曲 (pelvic kyphosis)。有種向前彎曲，向後方凹陷，稱為**脊柱前凸** (lordosis)[29]。脊柱前凸也有兩種，即頸椎前凸 (cervical lordosis) 和腰椎前凸 (lumbar lordosis)。出生時，嬰兒的脊柱有一個單一的 C 形曲線，稱為原發性弧度 (primary curvature)(圖 7.20)，這反映了胎兒在擁擠的子宮內的位置。胸椎和薦椎的後曲是其殘留的。當嬰兒開始爬行和抬頭時，頸椎前凸形成，使其在俯臥時能夠向前看。當幼兒開始站立和行走時，腰椎前凸就形成了。這使

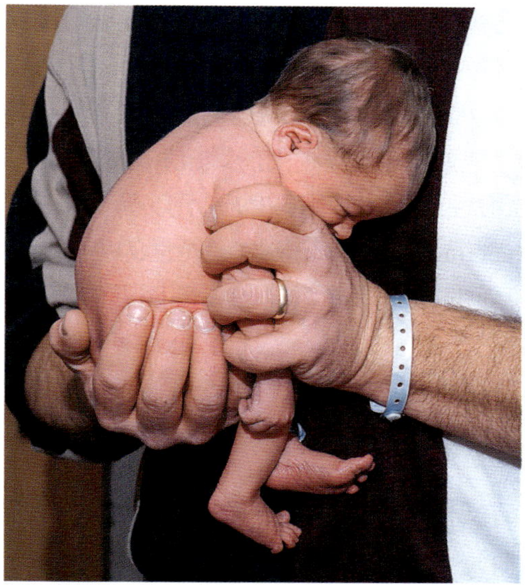

圖 7.20 新生兒脊椎的原發性彎曲。

28 *kypho* = crooked 鉤，bent 彎曲的；*osis* = condition 狀態
29 *lordo* = backward 後退；*osis* = condition 狀態

臨床應用 7.3

異常的脊柱彎曲

脊柱異常彎曲 (Abnormal spinal curvatures)(圖 7.21) 可能是由於肥胖或懷孕時腹部重量增加、姿勢不良、軀幹肌肉無力或麻痹、某些疾病或脊椎解剖學的先天性缺陷造成的。最常見的畸形是一種異常的側彎，稱為脊柱側彎 (scoliosis)。它最常發生在胸部區域，尤其是在青春期女孩。它有時是由於發育異常造成的，其中椎體和椎弓未能在一側發育。如果患者的骨骼發育尚未完成，可以用背架矯正脊柱側彎。

過度地胸椎弧度彎曲被稱為脊柱過度後曲 (hyperkyphosis)。它通常是骨質疏鬆症的結果 (見圖 6.16c)，但骨軟化症或脊椎的結核病患者以及青少年大量從事摔跤、舉重等運動也會出現這種情況。過度地的腰椎弧度彎曲稱為腰椎過度前凸 (hyperlordosis)。它的病因可能與脊柱過度後曲相同，也可能是由於懷孕或肥胖時腹部重量增加所致。

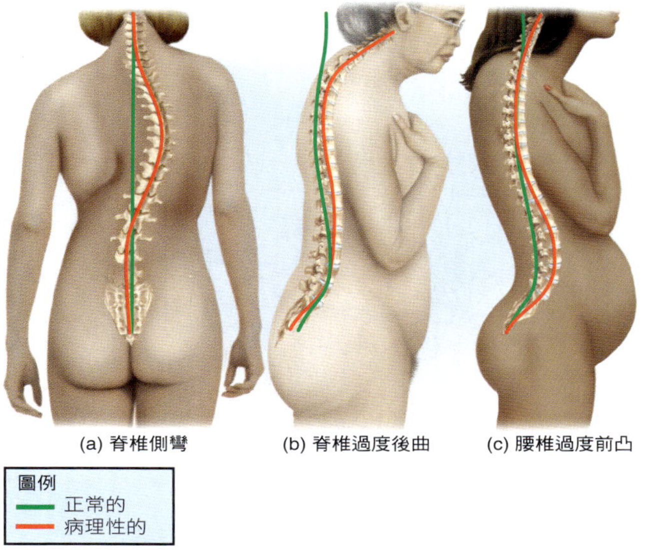

圖 7.21 異常的脊柱弧度。(a) 脊柱側彎，是一種異常的側偏；(b) 脊柱過度後曲，是一種過度地胸椎弧度彎曲，常見於老年人；(c) 腰椎過度前凸，即腰椎彎曲過大，常見於妊娠和肥胖症。

得持續的雙足行走的可能，因為身體的軀幹不會像黑猩猩那樣用兩條腿行走時 (短暫而不舒服) 而向前傾斜。現在身體的重心平衡在臀部，眼睛直視前方。由於頸椎和腰椎的弧度是在原發性弧度之後形成的，所以稱為**繼發性弧度** (secondary curvatures)。異常的脊柱側彎和前後弧度彎曲是最常見的背部問題之一 (見臨床應用 7.3)。

7.3b 脊椎的一般結構

圖 7.22 顯示為具有代表性的脊椎和椎間盤。脊椎最明顯的特徵是**椎體** (body or centrum)，或者說是由海綿骨和紅骨髓組成的塊狀物，外面覆蓋著一層薄薄的緻密骨的外殼，這是椎體承重的部分。它的上、下表面為粗糙的構造，能提供椎間盤堅固的附著力。

每個椎體的後方有一個卵圓形到三角形的空間，稱為**椎孔** (vertebral foramen)。這些椎孔共同構成**椎管** (vertebral canal)，是脊髓的通道。椎孔的邊緣是一個骨性**椎弓** (vertebral arch)，由兩側的柱狀**椎弓梗** (pedicle[30]) 和板狀**椎弓板** (lamina[31]) 所組成。從椎弓的頂點延伸出一個稱為**棘突** (spinous process)，向後下方延伸。在活人身上，你可以看到和感覺到脊椎上一排排的凸起。脊柱的**横突** (transverse process) 從椎弓梗和椎弓板的交接處向外延伸。棘突和横突提供脊肌和韌帶的附著點。

一對**上關節突** (superior articular processes) 從一個脊椎向上突出，並與一對相似的**下關節突** (inferior articular processes) 相關節，下關節突從上面的椎體向下突出 (圖 7.23a)。每個突起都有一個平坦的關節表面 [小面 (facet)]，面對相鄰脊椎的關節面。這些突起限制了脊柱的扭轉，否則會嚴重損傷脊髓。

在兩個脊椎連接的地方，它們的椎弓梗之間有一個開口，稱為**椎間孔** (intervertebral foramen)。椎間孔讓脊神經通過，以固定的間隔與脊髓連接。每個椎間孔由上位脊椎的椎弓梗上的**下脊椎切迹** (inferior vertebral notch) 和下位脊椎的椎弓梗上的**上脊椎切迹** (superior vertebral notch) 所組成 (圖 7.23b)。

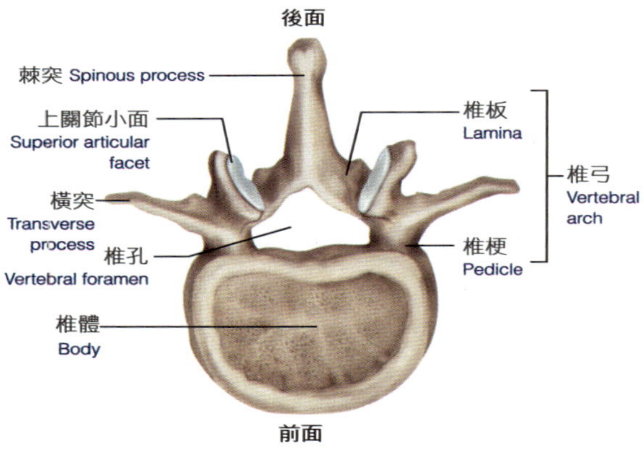

(a) 第二腰椎

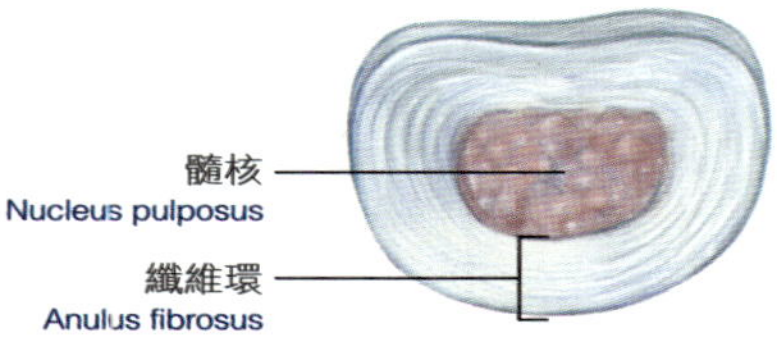

(b) 椎間盤

圖 7.22 **代表脊椎和椎間盤，上面觀**。(a) 一個典型的脊椎；(b) 一個椎間盤，方向與 (a) 部分的椎體相同，以作比較 (見圖 7.23 和 7.25b 側面觀)。

應用您的知識

我們看脊柱時，越往下看椎體和椎間盤越大。這種變化趨勢的功能意義是什麼？

7.3c 椎間盤

椎間盤 (intervertebral disc) 是位於兩個相鄰脊椎椎體間的軟骨墊。它的內側由膠質狀的**髓核** (nucleus pulposus) 所組成，周圍有一圈纖維軟骨，稱為**纖維環** (anulus fibrosus)(圖 7.22)。有 23 個椎間盤，第一個椎間盤在頸椎

30 *ped* = foot 腳；*icle* = little 小
31 *lamina* = layer 層，plate 板

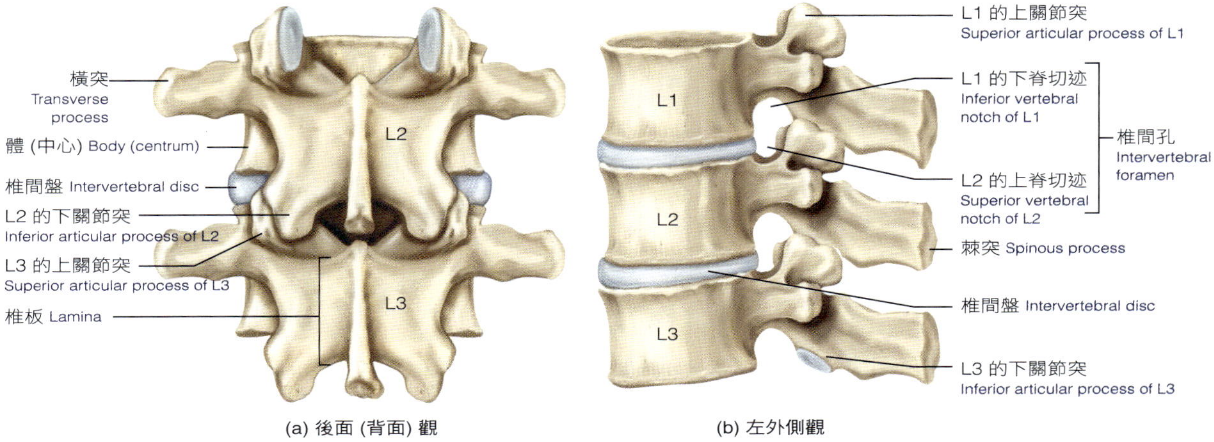

圖 7.23　**相關節的脊椎**。(a) 後 (背側) 面觀；(b) 左側面觀。

第 2 和第 3 之間，最後一個椎間盤在最後一個腰椎和薦椎之間。椎間盤有助於將相鄰的脊椎結合在一起，以增強脊椎的靈活性，支撐身體的重量，並吸收衝擊。在壓力下，例如，當你舉起重物時，椎間盤會向側面凸起。過度的壓力會導致椎間盤突出 (herniated disc)(見圖 7.36)。

7.3d　脊椎的局部特徵

我們現在要思考椎體如何從脊柱的一個區域到另一個區域，以及如何與剛才描述脊椎的一般解剖學不同。瞭解這些變化將使你能夠分辨出一個單獨的脊椎所取自脊椎的區域。更重要的是，這些形狀上的變化反映了椎體間功能的差異。

頸椎

頸椎 (cervical vertebrae)(C1-C7) 相對較小。它們的功能是支撐頭部並使其運動。前兩個椎體 (C1 和 C2) 為這樣的目的而有獨特的結構 (圖 7.24)。第一頸椎 C1 被稱為**寰椎** (atlas)，因為它支撐頭部的方式讓人聯想到希臘神話中的巨人阿特拉斯，他被宙斯判處用肩膀扛著天。它幾乎不像是典型的脊椎，它沒有椎體，只是一個精緻的環，圍繞著一個大椎孔。兩側各有一個**側面的腫塊** (lateral mass)，有一個深凹的**上關節小面** (superior articular facet)，它與頭骨的枕骨髁相關節。在頭骨的點頭動作中，如示意「是」時，枕骨髁在這關節小面上來回搖晃。**下關節小面** (inferior articular facets)，相對平坦或僅有輕微凹陷，與 C2 銜接。外側面的腫塊由一個前弓 (anterior arch) 和一個後弓 (posterior arch) 連接，後弓上有輕微的隆突，分別稱為前結節和後結節 (anterior and posterior tubercle)。

第二頸椎 C2，即**樞椎** (axis)，可使頭部旋轉，就像在做「不」的手勢一樣，其最顯著的特徵是一個突出的前節，稱為**齒突** (dens or odontoid[32] process)。其他脊椎都沒有齒突。它在出生後的第一年開始形成一個獨立的骨化中心，並在 3~6 歲時與樞椎融合在一起。它凸出到寰椎的椎孔，在那裡它被嵌在一個關節小面中，並由一條**橫韌帶** (transverse ligament) 固定 (圖 7.24c)。頭頂受到重擊使齒突通過枕骨大孔進入腦幹可造成致命的損傷。寰椎與顱骨間的銜接稱為**枕寰關節** (atlantoõccipital joint)；寰椎與樞椎間的關節稱為**寰樞關節** (atlantoaxial joint)。

32 *dens* = *odont* = tooth 牙齒；*oid* = resembling 類似於

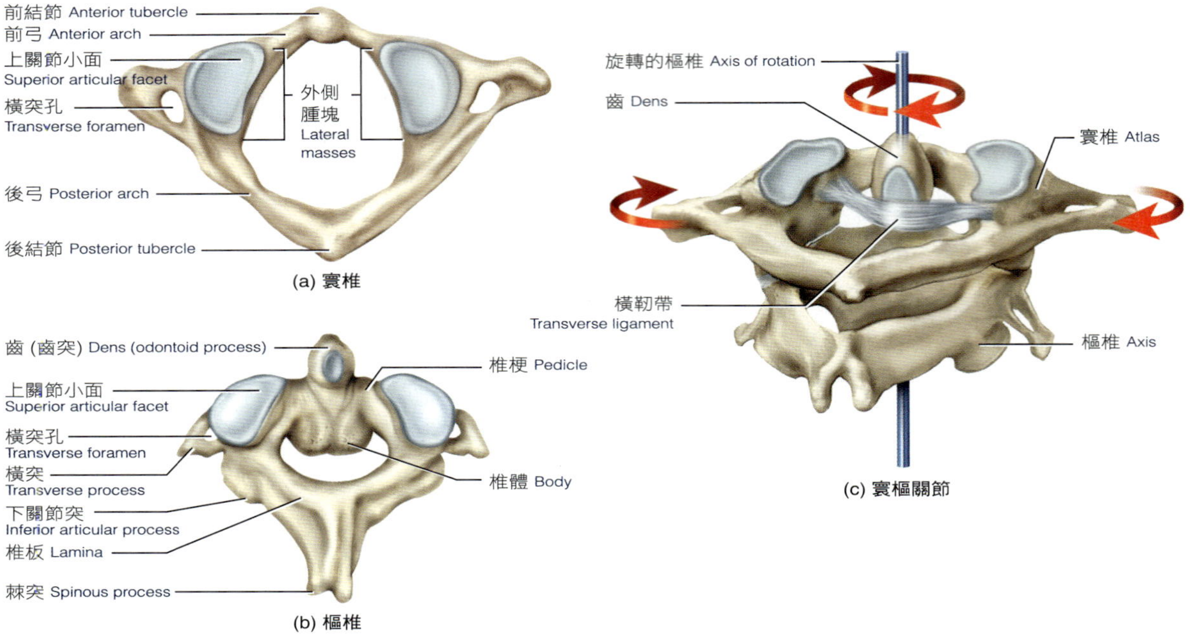

圖 7.24 **寰椎和樞椎，頸椎 C1 和 C2。**(a) 寰椎，上面觀；(b) 樞椎，後上面觀；(c) 寰椎和樞椎 (寰樞關節) 和寰椎的旋轉。這個動作使頭部左右轉動，如示意「不」。注意橫韌帶將樞椎的齒突固定住。

• 如果橫韌帶斷裂致使樞椎的齒突前滑，會造成什麼嚴重後果？APR

樞椎是第一個表現出有棘突的椎體，在 C2 至 C6 的脊椎中，棘突頂端是分叉的，或者說是雙叉 (bifid)[33] (圖 7.25a)。這個分叉為頸後的項韌帶 (nuchal ligament) 提供了附著處。所有七個頸椎在每個橫突上都有一個圓形的**橫突孔** (transverse foramen)。這些孔是提供腦部血流的椎動脈 (vertebral arteries) 和從各種頸部構造 (但不是從腦部) 匯出血液的椎靜脈 (vertebral veins) 的通道和保護構造。其他椎體沒有橫突孔，因此提供了一種容易辨識頸椎的方法。

應用您的知識

如果 C1、C2 椎體的構造與 C3 相同，頭部運動會受到怎樣的影響？又 C1 缺少棘突的功能優勢是什麼？

頸椎 C3 至 C6 與前面描述的典型脊椎相似，只是增加了橫突孔和分叉的棘突。脊椎 C7 有一點不同，它的棘突不是分叉的，但它特別長，並在頸部後下方形成一個很突出的凸起。C7 因為這個特別顯眼的棘突，有時被稱為脊突椎 (vertebra prominens)。這個特徵是計算脊椎的一個方便的標記。人們可以很容易地將頸部最大的凸起點確定為 C7，然後從那裡向上或向下數，以確定其他的凸起點。

胸椎

有 12 個**胸椎** (thoracic vertebrae)(T1-T12)，對應於連接到它們的 12 對肋骨；其他脊椎沒有肋骨。這些脊椎的一個功能是支撐包圍心臟和肺的胸籠 (thoracic cage)。它們缺少頸椎的橫突孔和分叉的棘突，但具有以下顯著的特徵 (圖 7.25b)：

- 棘突相對的較尖，角度急劇的向下。
- 椎體形狀有點像心形，比頸椎的椎體大，但

33 *bifid* = cleft into two parts 裂成兩部分

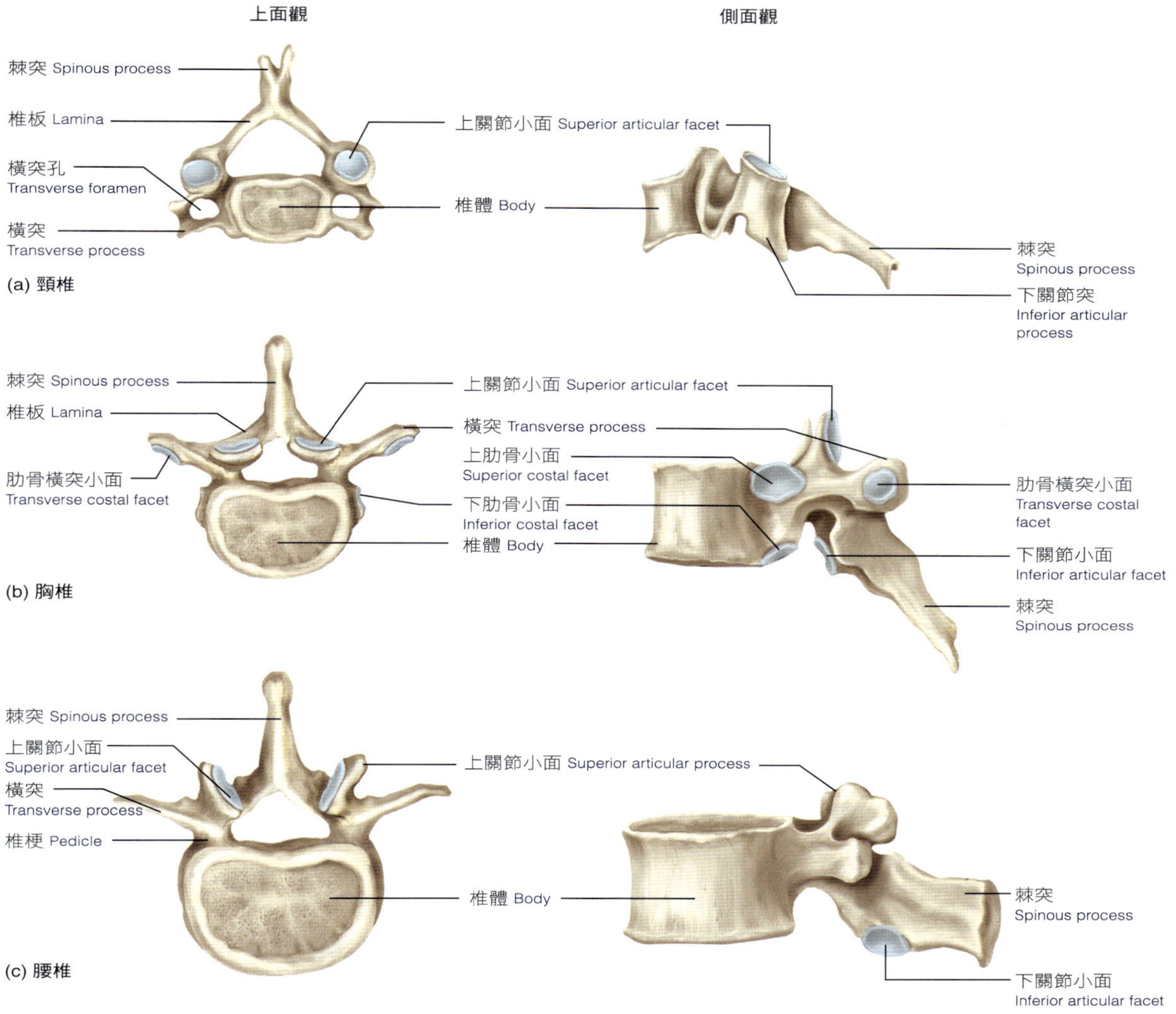

圖 7.25 **脊椎 C1 至 L5 的局部性差異**。(a) 頸椎；(b) 胸椎；(c) 腰椎。左手圖為上面觀，右手圖為左外側面觀。APR

比腰椎的椎體小。

- 椎體上有小而光滑、稍有凹陷的斑點，稱為肋骨小面 (costal facets)。
- 胸椎 T1 至 T10 在每個橫突的末端有一個淺的、杯狀的**肋骨橫突小面** (transverse costal[34] facet)。這些為肋骨 1 到 10 提供了第二個關節面。T11 和 T12 上沒有肋骨橫突小面，肋骨 11 和 12 只附著在椎體上。

胸椎之間的差異主要在與肋骨的關節連接方式上。大多數的狀況，肋骨插入兩個脊椎之間，所以每個脊椎貢獻一半的關節面——肋骨與上位脊椎的**下肋骨小面** (inferior costal facet) 連接，和下位脊椎的**上肋骨小面** (superior costal facet) 連接 (見圖 7.29)。這個術語可能有點混亂，但請注意，這些小面是以它們在椎體上的位置命名的，而不是以它們提供的肋骨連接的哪個部分而命名的。然而，脊椎 T1 和 T10 到 T12，肋骨 1 和 10 到 12 的身體上有完整的肋骨小面，它們連接在椎體上，而不是脊椎之間。這些變化在你學習了肋骨的解剖學

34 *costa* = rib 肋骨；*al* = pertaining to 關於

後，在功能上會更容易理解，所以我們屆時會回到這些關節面的細節。

胸椎 T12 的關節面與上面的脊椎不同。它的上關節面朝向後方，與 T11 的下關節面朝向前方而相連接，但 T12 的下關節面朝向外側與腰椎的關節面相連接。因此，T12 代表了胸椎和腰椎之間過渡的模式。

腰椎

有五塊**腰椎** (lumbar vertebrae)(L1-L5)。它們最顯著的特徵是厚實、粗壯的椎體，適合承受上半身的重量，而鈍而方的棘突則適合附著強壯、承重的腰部肌肉 (圖 7.25c)。此外，它們關節面的方向與其他脊椎不同。在胸椎，上關節面朝向後方，下關節面朝向前方。在腰椎上，上關節面朝向內側 (就像您要拍手的手掌)，下關節面朝向外側 (就像您的手掌遠離對方)，朝向下一個椎體的上關節面。這種排列方式可以對抗下背脊柱的扭曲。這些脊椎連接差異性最好在一個已經有關節 (組裝好) 的骨架上觀察。

薦椎

兒童有五個獨立的**薦椎** (sacral vertebrae) (S1-S5)，但它們在 16 歲左右開始癒合，到 26 歲時通常融合成一塊骨板，即**薦骨** (sacrum) (SACK-rum 或 SAY-krum)(圖 7.26)。薦骨形成骨盆腔的後壁，保護著裡面的器官。薦骨是脊柱中最大和最耐用的骨骼[35]，因此被命名為薦骨 (sacrum)。

薦骨的前表面比較光滑、凹陷，有四條橫線，表示五塊脊椎融合處。這個表面有四對大的**前薦孔** (anterior sacral foramina)，可以讓神經和動脈通向骨盆腔器官。薦骨後表面非常粗糙。脊椎的棘突融合成一個後嵴 (ridge)，稱為**正中薦嵴** (median sacral crest)。橫突在正中薦嵴的兩側融合成一個不太突出的側薦嵴。同樣在薦骨後側，有四對脊神經的開口，即**後薦孔** (posterior sacral foramina)。這裡集結的神經供應臀部和下肢。

薦管 (sacral canal) 穿過薦骨，在一個叫做**薦裂** (sacral hiatus)(hy-AY-tus) 的下開口處結束。這條通道包含脊神經根。薦骨兩側各有一個耳形的**耳狀面** (auricular[36] surface)(aw-

35 *sacr* = great 偉大，prominent 突出

36 *auri* = ear 耳朵；*cul* = little 小；*ar* = pertaining to 關於

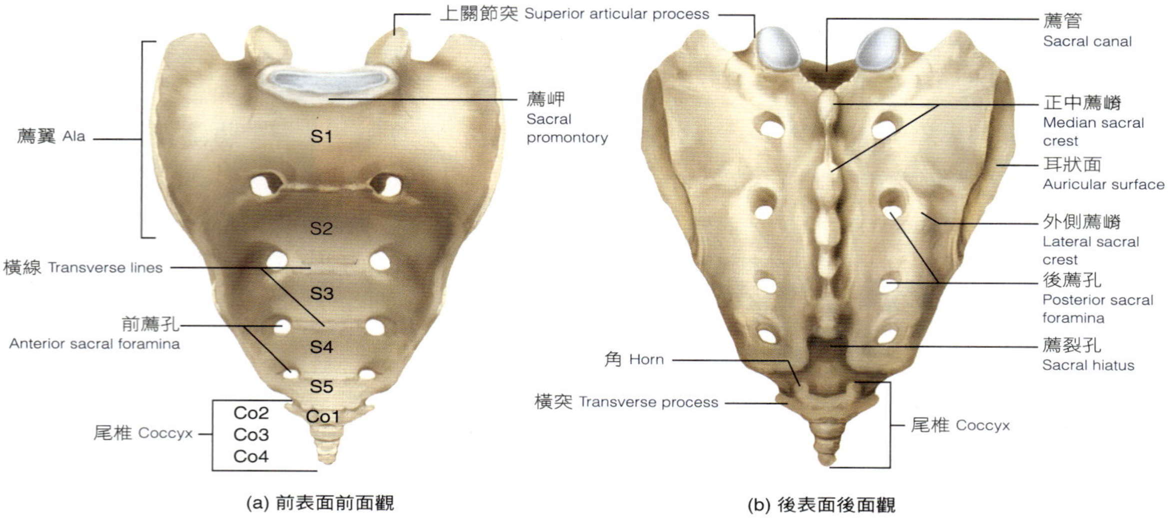

圖 7.26 **薦椎和尾椎**。(a) 前表面，它面向骨盆腔的內臟面；(b) 後表面，其表面特徵可在薦部區域觸及到。

APR

RIC-you-lur)。這與髖骨上的一個類似形狀的表面相銜接，形成堅固的、幾乎不可移動的**薦髂關節** [sacroiliac (SI) joint](SAY-cro-ILL-ee-ac)。薦椎體 S1 向前突出形成**薦岬** (sacral promontory)，支撐腰椎體 L5。在薦骨正中嵴的外側，S1 也有一對**上關節突** (superior articular processes)，與 L5 相關節。在這些關節外側有一對大的、粗糙的、像翅膀一樣的延伸部分，稱為**薦翼** (alae)[37](AIL-ee)。

尾椎

四個 (有時是五個) 微小的**尾椎骨** (coccygeal vertebrae)(Co1 到 Co4 或 Co5)，在 20 歲時融合成**尾骨** (coccyx)[38](圖 7.26)。羅馬解剖學家 Claudius Galen (c.130~c.200 年) 將其命名為杜鵑鳥的喙，因為他認為它像杜鵑的喙。它被俗稱為尾骨，的確是祖先尾巴的遺跡，但它並不是完全無用的，它為骨盆底的肌肉提供附著點。尾椎骨 Co1 有一對**角 (小角)** [horns (cornua)]，作為尾骨和薦骨的韌帶的附著點。困難的分娩或臀部重重地摔倒都會造成尾骨骨折。

37 *alae* = wings 翅膀
38 *coccyx* = cuckoo 杜鵑 (因形似杜鵑的嘴而得名)

7.3e 胸籠

胸籠 (thoracic cage)(圖 7.27) 由胸椎、胸骨和肋骨組成。它為肺和心臟形成了一個似圓錐形的外殼，並為肩胛帶和上肢提供附著點。它有一個寬闊的基部和一個較窄的上頂。它的下緣是下肋骨的弧線，稱為**肋緣** (costal margin)。胸籠不僅保護胸腔器官，而且保護脾臟、大部分的肝臟，在一定程度上也保護腎臟。最重要的是它在呼吸所扮演的角色，它使呼吸肌有節奏地擴張形成真空，將空氣吸入肺部然後再壓縮以排出空氣。

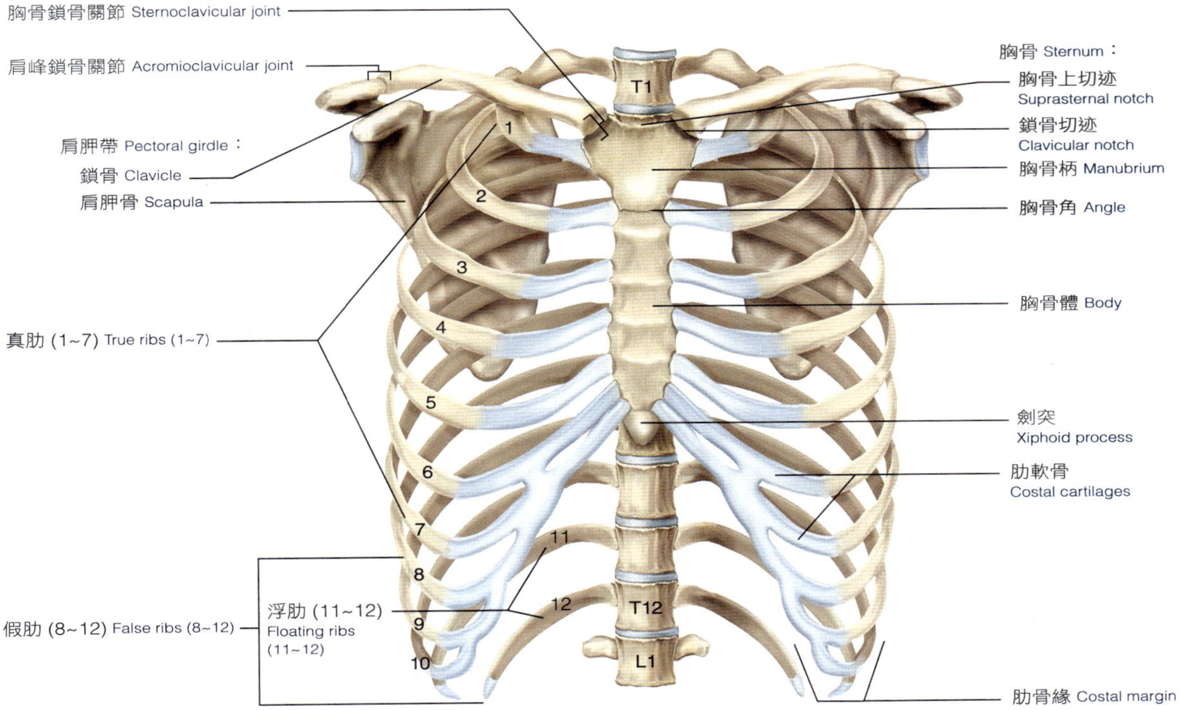

圖 7.27 胸籠和肩胛帶，前面觀。APR

胸骨

胸骨 [sternum (breastbone (乳骨)] 是心臟前方的一塊骨板 (圖 7.27)。它可分為三個區域：胸骨柄 (manubrium)、胸骨體 (body) 和劍突 (xiphoid process)。**胸骨柄** (manubrium)[39](ma-NOO-bree-um) 是寬闊的上部，形狀像領帶的結。它位於 T3 至 T4 脊椎的水平高度。你可以很容易地觸摸鎖骨之間有一個正中的**胸骨上切迹** [(suprasternal notch) 或**頸靜脈切迹** (jugular notch)]，在胸骨與鎖骨的銜接處有左、**右鎖骨切迹** (clavicular notches)。**體** (body)，或稱**胸骨體** (gladiolus)[40]，是胸骨最長的部分，位於 T5 至 T9 脊椎的水平高度。在**胸骨角** (sternal angle) 與胸骨柄連接處，是胸骨最前面突出的構造，在這裡可以摸到一個橫向的嵴 (ridge)。但有些人的胸骨角是圓形或凹陷的。第二對肋骨連接在這裡，使胸骨角成為體檢中數肋骨的有用標記。胸骨柄和胸骨體有扇形的側緣，肋軟骨在這裡連接。在下端是一個小的，匕首狀的**劍突** (xiphoid[41] process)(ZIF-oyd) 位在脊椎 T10 至 T11 水平高度。它為一些腹部肌肉提供附著處。在心肺復甦時，如果胸部按壓操作不當，可將劍突推入肝臟，造成致命的大出血。

肋骨

有 12 對**肋骨** (ribs)，男女之間的肋骨數量沒有差別 (儘管宗教信仰的流行)。每對肋骨的後端 (近端) 都與脊柱相連，除最後兩對外，所有肋骨都繞著胸部的側面弓起，並與**軟骨條** [**肋軟骨** (costal cartilage)] 與胸骨相連。

一般來說，從第 1 對到第 7 對肋骨的長度逐漸增加，到第 12 對肋骨又逐漸變小。從第 1 對到第 9 對肋骨的方向越來越斜，之後從第 10 對到第 12 對肋骨的斜度逐漸減少。它們在胸籠的不同層次的個體結構和附著物也有所不同，因此我們將隨著胸部的下降而依次對它們進行查驗，同時注意它們的特性和個體的變化。

第一對肋骨是很特殊的。在有關節的骨架上，你必須在頸部底部下方尋找它的脊椎連接處；這根肋骨的大部分位於鎖骨水平高度之上 (圖 7.27)。它是一塊短而平、C 形的骨板 (圖 7.28a)。在脊椎末端，它表現出一個與 T1 椎體相關節的**頭部** (head)。在一個單獨的脊椎上，您可以找到一個光滑的肋骨小面附著在椎體的中間。緊靠頭部的遠端，肋骨變窄為**頸部** (neck)，然後再次變寬，形成一個粗糙的區域，稱為**結節** (tubercle)。這是它與同一脊椎的橫向肋骨面的連接點。過了結節，肋骨變平變寬，形成一個緩緩傾斜的葉片狀肋

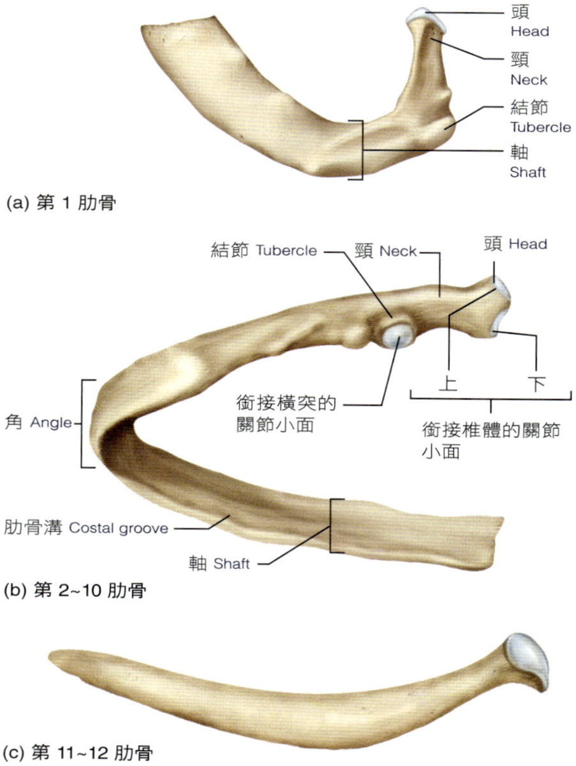

圖 7.28 **肋骨的解剖學**。(a) 第一根肋骨為非典型的平板；(b) 第 2~10 根肋骨的典型特徵；(c) 第 11、12 根浮肋的外觀。

---

39 *manubrium* = handle 把手
40 *gladiolus* = sword 劍
41 *xipho* = sword 劍；*oid* = resembling 類似於

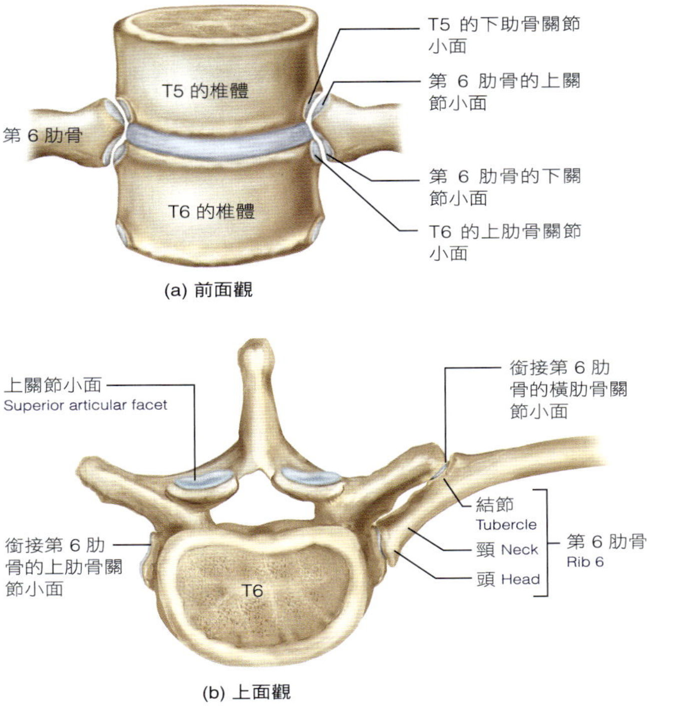

圖 7.29 **第 6 肋骨與 T5 和 T6 脊椎的關節面**。(a) 前面觀。注意肋骨的關節小面與兩個脊椎的肋骨小面的關係；(b) 上面觀。注意肋骨與脊椎的關節面有兩點：椎體的肋骨小面和橫突上的肋骨橫突小面。

骨軸 (shaft)。肋骨軸遠端有一個方形粗糙的區域。在活人身上，肋軟骨從這裡開始，一直延伸到胸骨上部。肋骨軸的上表面有一個凹槽，作為兩個血管的平台，稱為鎖骨下動脈和靜脈 (subclavian artery and vein)。

第 2 對肋骨至第 7 對的外觀比較典型 (圖 7.28b)。在近端的最後，每根肋骨都有一個頭部、頸部和結節。頭部呈楔形，插入兩塊脊椎之間。楔形的每個邊緣都有一個光滑的表面，稱為關節小面 (articular facet)。**上關節小面** (superior articular facet) 與上方脊椎的下肋骨小面相連，**下關節小面** (inferior articular facet) 與下方脊椎的上肋骨小面相連。肋骨的結節與各同號脊椎的肋骨橫突小面相關節。圖 7.29 詳細介紹了肋骨籠區域的三個肋骨-脊椎典型的附著點。

在結節之外，每根肋骨在胸側形成一個尖銳的曲線，然後逐漸向前到達胸骨 (見圖 7.27)。該曲線稱為**肋骨角** (angle)，其遠端如骨性刀片狀的稱為軸。軸的寬面是垂直方向的。軸的下緣有一個**肋骨溝** (costal groove)，是肋間血管和神經的路徑標記。每根肋骨和第 1 肋骨一樣，在肋軟骨開始的地方有一個鈍的、粗糙的區域。每根肋骨都有自己的肋軟骨與胸骨相連；由於這一特點，第 1 對至第 7 對肋骨被稱為**真肋** (true ribs)。

第 8 對肋骨至第 12 對肋骨被稱為**假肋** (false ribs)，因為它們與胸骨沒有獨立的軟骨連接。在第 8 至第 10 肋骨中的肋軟骨向上掃動，並終止在第 7 肋骨的肋軟骨上 (見圖 7.27)。第 10 對肋骨與第 2 至 9 對肋骨的不同處在於它附著在單個脊椎 (T10) 上，而不是在椎體之間。因此，T10 的脊椎上有一個完整的第 10 肋骨的肋骨小面。

第 11 對肋骨和第 12 對肋骨也是不同於一般的 (圖 7.28c)。在後方，它們與 T11 和 T12 椎體相關節，但它們沒有結節，也不附著在脊椎的橫突上。因此，這兩個椎體沒有肋骨橫突小面。在遠端的最後，這兩根肋骨相對較小、精緻的肋骨逐漸變小，並由一個小的軟骨尖端覆蓋，但沒有軟骨與胸骨或任何較高的肋軟骨連接。肋骨僅在此末端嵌入腰肌。因此，第 11 對肋骨和第 12 對肋骨也被稱為**浮肋** (floating ribs)。日本人和有一些人，第 10 對肋骨通常也是浮動的。

表 7.4 總結了這些肋骨的解剖學及其附著於脊椎和胸骨的變化。

在你繼續閱讀之前

回答下列問題，以檢驗你對上節內容的理解：

9. 討論椎間盤對脊柱長度和靈活性的貢獻。
10. 做一個表格，有三欄，標題分別是頸椎、胸

表 7.4 骨肋骨的關節

肋骨	種類	肋骨軟骨	椎體的關節	是否與橫肋骨小面相關節?	肋骨結節
1	真肋	個別的	T1	是	存在
2	真肋	個別的	T1 和 T2	是	存在
3	真肋	個別的	T2 和 T3	是	存在
4	真肋	個別的	T3 和 T4	是	存在
5	真肋	個別的	T4 和 T5	是	存在
6	真肋	個別的	T5 和 T6	是	存在
7	真肋	個別的	T6 和 T7	是	存在
8	假肋	與第 7 肋骨共用	T7 和 T8	是	存在
9	假肋	與第 7 肋骨共用	T8 和 T9	是	存在
10	假肋	與第 7 肋骨共用	T10	是	存在
11	假肋、浮肋	無	T11	否	不存在
12	假肋、浮肋	無	T12	否	不存在

椎和腰椎。在每一列中，列出每一種類型的脊椎的顯著特徵。

11. 請命名出胸骨的三個部分名稱。每個部位有多少根肋骨 (直接或間接) 與其相連？
12. 描述第 5 對肋骨如何與脊椎相連接。第 1 對肋骨和第 12 對肋骨的對脊椎相關節模式有何不同？
13. 區分真肋、假肋及浮肋。哪些肋骨屬於哪一類別？
14. 盡可能多地觸診以下結構，並確定哪些結構通常不能在活人身上觸診：樞椎的齒狀突；第 7 頸椎的棘突；第 12 胸椎橫突；薦椎的正中薦嵴；尾骨；胸骨柄；劍突；以及第 5 肋骨的肋軟骨。

7.4 發育和臨床觀點

預期學習成果

當您完成本節後，您應該能夠

a. 描述中軸骨的產前發育；以及
b. 描述一些常見的中軸骨疾病。

7.4a 中軸骨的發育

中軸骨的發育主要通過軟骨內的骨化作用。然而，顱骨的某些部分的發育是通過膜內骨化作用，沒有軟骨前驅物。

頭骨

頭骨的發育是非常複雜的，我們在這裡只對這個過程做一個大致的概述。我們可以把頭骨的發育看成是三大部分：顱底、顱骨和顏面骨。顱底和顱骨統稱為**神經顱** (neurocranium)，因為它們包圍著腦部；顏面骨骼被稱為**內臟顱** (viscerocranium)，因為它是由 4.2b 節中描述的咽弓 (內臟弓) 發育而來的。神經顱和內臟顱起源都有軟骨質和膜質的區域。軟骨質的神經顱也稱為**軟骨質顱** (chondrocranium)。

顱骨的底部由幾對軟骨板發育而成。這些軟骨板形成了大部分的蝶骨、篩骨、顳骨和枕骨。相反地，顱骨的扁骨是由膜內骨化的方法形成的。它們在胚胎第 9 週開始骨化，比顱底稍晚。隨著膜狀骨的骨化，骨組織的小樑和小針刺首先出現在骨的中心，然後向骨的邊緣擴

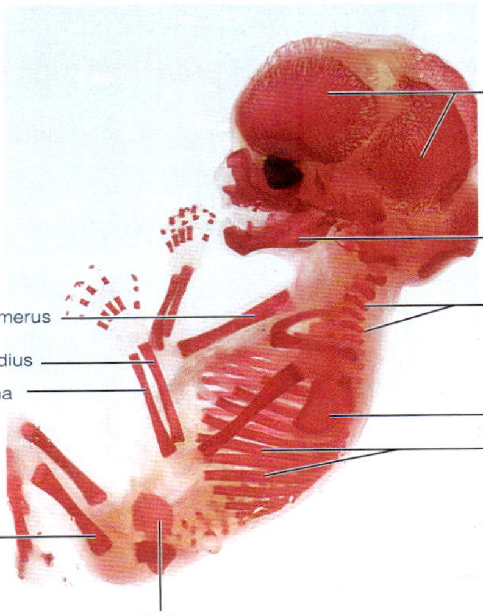

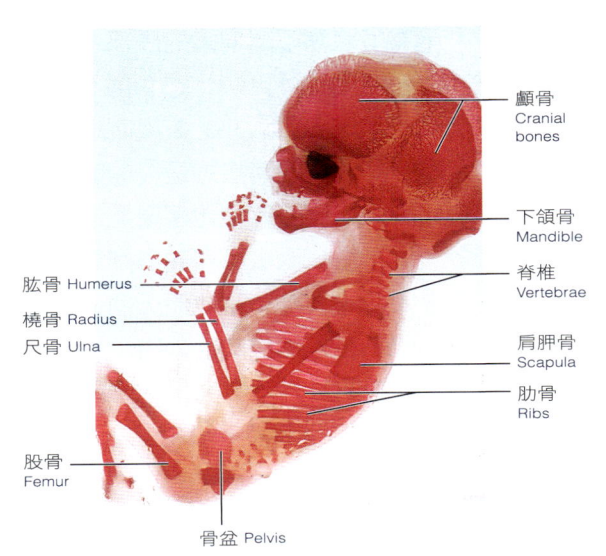

圖 7.30 12 週齡的胎兒骨骼。紅斑區域已經骨化，然而肘、腕、膝、踝關節由於仍是軟骨，所以顯得半透明。顱骨仍然分的很開。

• 為什麼嬰兒的關節比年長孩子的關節薄弱？

©Biophoto Associates/Science Source

顱骨在出生時被稱為**囟門** (fontanelles)[43] 的縫隙分開，由纖維膜橋合的 (圖 7.31)。囟門是指嬰兒的血液可以在這裡感覺到脈動。當嬰兒擠過產道時，囟門允許骨骼移動。這種移動可能使嬰兒的頭部變形，但通常在出生後幾天內就會恢復正常形狀。囟門中有四個特別突出，位置也很規則，分別是**前囟門** (anterior)、**後囟門** (posterior)、**蝶囟門** (sphenoid) 和**乳突囟門** (mastoid fontanelles)。囟門通過膜內骨化而閉合。大多數完全骨化是 12 個月的年齡，但最大的一個，前囟門，不到 18 至 24 個月是不關閉的。到了這個年齡，

43 *fontan* = fountain 噴泉；*elle* = little 小

散 (圖 7.30)。

顏面骨主要由前兩個咽弓發育而成。雖然這些弓最初是由軟骨支撐的，但這些軟骨並沒有轉變為骨。它被發育中的膜狀骨所包圍，雖然有些軟骨變成了中耳骨和舌骨的一部分，但有些軟骨卻退化和消失了。因此，顏面骨是建立在軟骨周圍的，但卻由膜內的作用發育而成。

因此，頭骨是由許多分開地的部分發育而成的。在出生時，這些部分經歷了相當大的融合，但那時它們的融合絕不是完全的。在出生時，額骨仍然是成對的。左右骨通常在 5、6 歲時融合，但有些人的前額骨之間仍有一條異位縫合 (metopic[42] suture)。在一些成年人的頭骨中，這種縫合的痕跡很明顯。

42 *met* = beyond 超越；*op* = the eyes 眼睛

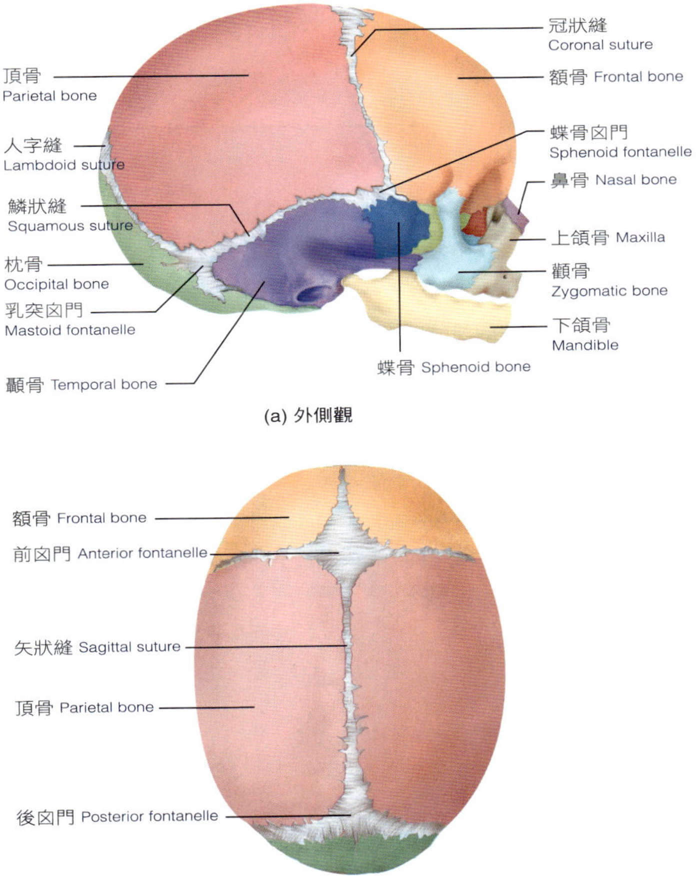

圖 7.31 胎兒出生時的頭骨。(a) 側面觀，顯示乳突和蝶骨囟門；(b) 上面觀，顯示前囟門和後囟門。

在四個額骨和頂骨間的角上可以摸到一個軟點。

下頜骨隨著年齡的增長發生明顯變化。出生時，下頜骨由左右兩塊骨頭組成，內側由軟骨和纖維結締組織組成的頦聯合 (mental symphysis)。兩邊的骨頭在第一年開始融合，到 3 歲時完全融合成一塊骨頭。下頜骨的骨體在出生時是非常纖細的，而且下頜支發育不強壯 (圖 7.31a)。在幼兒期，下頜骨大致呈向下和向前的方向生長，使下頜支更長，下巴更明顯。乳齒 (乳牙) 大約在7個月時開始萌芽出，並持續到第二年，同時下頜骨的體變寬以容納乳齒根部。乳齒大多在 6 到 13 歲之間被恆牙取代，儘管第三顆大臼齒，如果有的話，可能要到 25 歲才長出來 (見圖 24.6)。如果老齡牙齒脫落，牙槽會被重新吸收，下頜骨的骨體會變得更窄，就像嬰兒時期一樣。

應用您的知識

假設你在研究一個缺牙的頭骨。你如何判斷這些牙齒是在人死後還是在死前幾年掉的？

新生兒的臉部與大顱骨相比是平坦的、小的，隨著下頜骨、牙齒和副鼻竇的發育，臉部會逐漸增大。為了適應不斷增長的腦部，兒童的頭骨比其他骨骼生長得更快。它 9 個月的年齡即可達到約一半成人的大小，2 歲時達到四分之三的大小，8 或 9 歲時接近最終的大小。因此，嬰幼兒的頭部與軀幹的比例要比成人的頭部大得多，這一點被漫畫家和廣告商徹底利用，他們畫出大頭的人物，給他們一個更可愛或不成熟的外觀。在人類和其他動物中，年幼時大而圓的頭部被認為是激發父母的照顧本能來促進生存。

脊柱

包括人類在內的所有脊索動物的共同特徵之一就是**脊索** (notochord)，這是一種有彈性的中胚層組織的中背杆。在人類發育的第 3 週，神經管的下方就有明顯的脊索。胚胎中胚層的節段稱為體節 (somites)，位於脊索和神經管的兩側 (見 4.2b 節和圖 4.11)。在第 4 週，每個體節的一部分成為一個硬節 (sclerotome)。這就產生了脊椎軟骨，軟骨通過軟骨內骨化被骨骼取代。硬節暫時被較鬆散的間葉區分開 (圖 7.32a)。

如圖 7.32b 所示，每個椎體由兩個相鄰硬節的部分和它們之間的鬆散間葉產生。每個硬

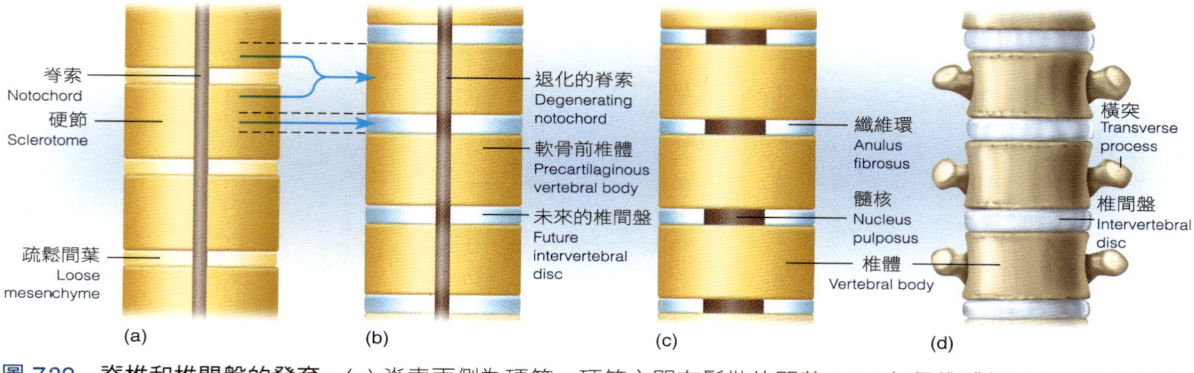

圖 7.32 **脊椎和椎間盤的發育**。(a) 脊索兩側為硬節，硬節之間有鬆散的間葉；(b) 每個椎體都是由兩個硬節的部分和它們之間的疏鬆間葉凝結而成。每個硬節的中間區域保留較少凝結，形成椎間盤的纖維環。脊索在凝結間葉的區域退化，但在椎體之間持續存在而成為髓核。虛線表示 (a) 部分硬節的哪些區域產生了 (b) 部分的椎體和椎間盤；(c) 椎體的進一步凝結。現在除了在每個椎間盤的髓核處外，脊索已經消失了；(d) 軟骨化和骨化作用形成完全發育的椎體。

節的中間部分產生了椎間盤的纖維環。脊索在發育中的椎體區域退化和消失，但在椎體之間持續存在和擴展，形成椎間盤的髓核。

同時，神經管周圍的間葉濃縮，形成脊椎的椎弓。接近胚胎期結束時，硬節的間葉形成椎體的軟骨前身 (圖 7.33a)。椎弓的兩半融合並與椎體融合，棘突和橫突從椎弓向外生長。因此，一個完整的軟骨脊柱 (vertebral column) 就建立起來。

脊椎骨的骨化始於胚胎期，但直到 25 歲才完成。每個脊椎發育由三個主要的骨化中心：一個在椎體內，另一個在椎弓的每一半。在出生時，這三個骨質部分仍由透明軟骨連接 (圖 7.33b)。椎弓的兩半完成骨化，並在 3~5 歲左右融合，從腰椎開始，逐步的發展。椎弓附著到椎體維持一段時間軟骨的狀態，以便於脊髓的生長。這些附著物在 3 至 6 歲時骨化。次級骨化中心在青春期形成，位於棘突和橫突的尖端，並形成一個環狀物環繞在椎體的周圍。在 25 歲時它們與其他脊椎結合。

肋骨和胸骨

在第 5 週時，發育中的胸椎由間葉體、椎體、椎孔和一對翼狀的外側延伸部位組成，稱為**肋骨突** (costal processes)(圖 7.33a)，不久就會形成肋骨 (ribs)。在第 6 週時，每個肋骨突的基部都有一個軟骨化中心。在第 7 週時，這些中心開始發生軟骨內骨化作用。肋骨突的底部出現一個肋脊關節 (costovertebral joint)，將其與椎體分開 (圖 7.33b)。這時，前七對肋骨 (真肋骨) 通過肋軟骨與胸骨連接。肋骨角處很快出現一個骨化中心，軟骨內骨化作用從那裡開始，一直到軟骨軸的遠端。青春期時，肋骨的結節和肋骨頭出現次級骨化中心。

胸骨 (sternum) 開始是一對長條狀的濃縮間葉帶，稱為**胸骨棒** (sternal bars)。這些條帶物最初形成於前外側體壁，並在軟骨化過程中向內側遷移。左右胸骨棒在第 7 週開始癒合，因為最上面的肋骨與它們接觸。胸骨棒的癒合向下發展，在第 9 週以形成劍突結束。骨化作用從第 5 個月開始，在出生後於短時間內即完成。在某些情況下，胸骨棒在下端未能完全癒合，所以嬰兒的劍突是分叉或穿孔的。

7.4b 中軸骨的病理學

6.4 節討論了影響骨骼各部分的疾病，特別是骨折和骨質疏鬆症。表 7.5 列出了一些特別影響中軸骨的疾病。我們將稍加深入地討論頭骨骨折、脊椎骨折和脊椎脫位以及椎間盤突出。

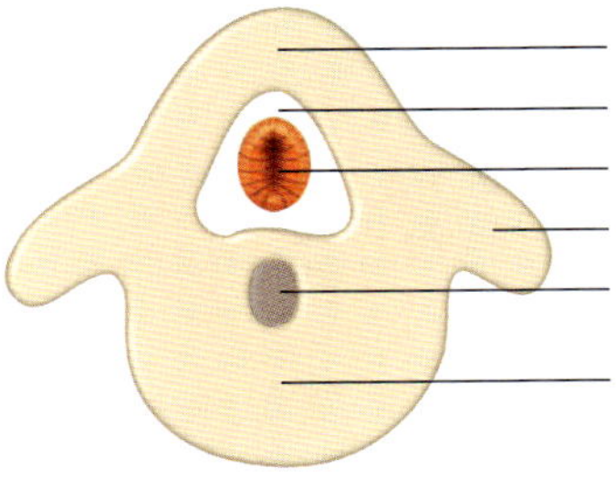

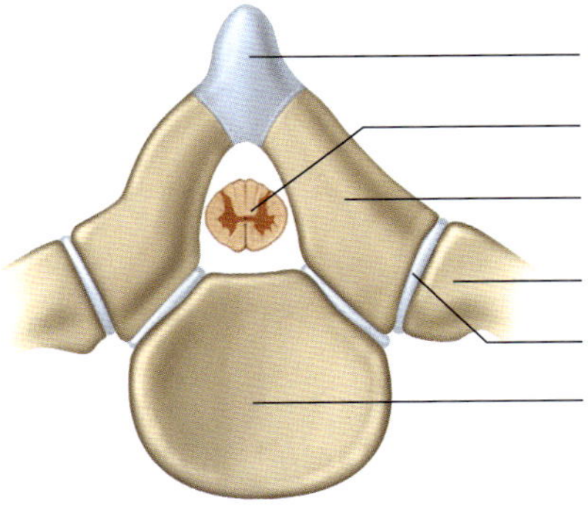

圖 7.33 **胸椎的發育**。(a) 在第 5 週時；(b) 出生時。(a) 的部分，脊椎由神經管周圍的間葉組成。脊索仍然存在。肋骨突是肋骨的前身。在 (b) 的部分，脊椎顯示了出生時的三個骨化中心-椎體和兩個椎弓。透明軟骨 (藍色) 仍然構成了棘突、椎弓和椎體之間的關節，及肋骨和脊椎之間的關節。

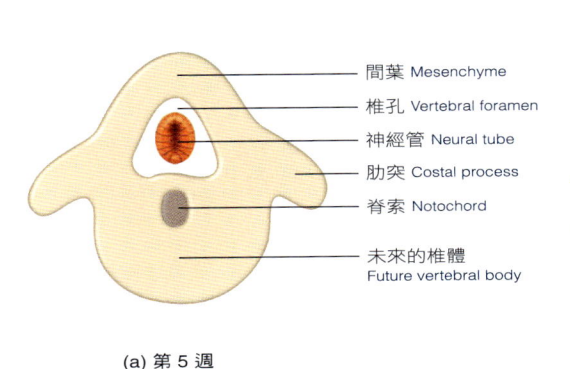

表 7.5 中軸骨的病變

顱骨病 (Craniosynostosis)	出生後頭 2 年內顱骨縫過早閉合，導致頭骨不對稱、畸形，有時會出現智力低下。原因不明。手術可限制腦損傷，改善外觀
椎管狹窄症 (Spinal stenosis)	椎骨肥大引起的椎管或椎間孔異常狹窄。多見於中老年人。可能會壓迫脊神經，引起腰痛或肌無力
脊椎病 (Spondylosis)	腰椎的椎板缺損。缺損的椎體可能向前方移位，尤其是在 L5 至 S1 水平高度。骨頭的壓力可能會導致椎板上的微骨折，最終導致椎板的溶解。可根據嚴重程度，採用非手術操作或手術治療

你可以在以下地方找到其他中軸骨的疾病討論

腭裂和唇裂 (臨床應用 7.2)	脊柱過度後曲 (臨床應用 7.3)	頭骨骨折 (7.4b節)
篩骨骨折 (臨床應用 7.1)	腰椎過度前凸 (臨床應用 7.3)	脊柱裂 (13.5b 節)
椎間盤突出 (7.4b 節)	脊柱側彎 (臨床應用 7.3)	脊椎骨骨折 (7.4b 節)

頭骨骨折

頭骨的圓頂形狀將大多數打擊的壓力分散到頭部，並傾向於將其影響降到最低。然而，重擊可以使顱骨骨折 (圖 7.34a)。大多數顱骨骨折是*線性骨折* (linear fractures)(拉長的裂縫)，可以從撞擊點向外輻射。在*凹陷性骨折* (depressed fracture) 中，顱骨向內塌陷，可能會壓迫和損傷底層的腦組織。如果打擊發生在顱骨特別厚的部位，如枕骨部，骨質可能在撞擊點向內彎曲而不破裂，但由於應力分佈在顱骨內，也可在一定距離外產生骨折，甚至在頭骨的對側 [*反裂性骨折* (contrafissura fracture)]。除了損傷腦組織外，頭骨骨折 (skull fractures) 還可損傷腦神經和腦膜血管。血管斷裂可能導致血腫 (大量凝固的血液)，壓迫腦組織，有可能在幾小時內導致死亡。

顏面外傷可產生線性 Le Fort[44] *勒堡骨折*，可預見的是這種骨折會沿著面部骨骼的薄弱線

44 Léon C. Le Fort 勒堡 (1829~93)，法國的外科和婦產科醫生

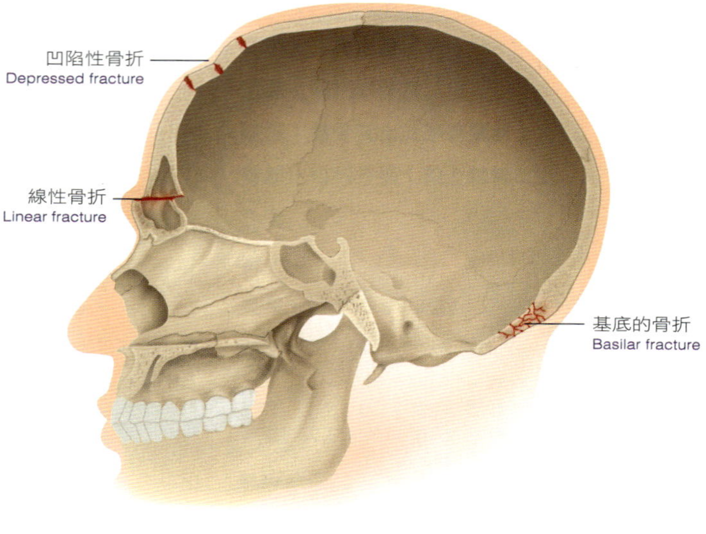

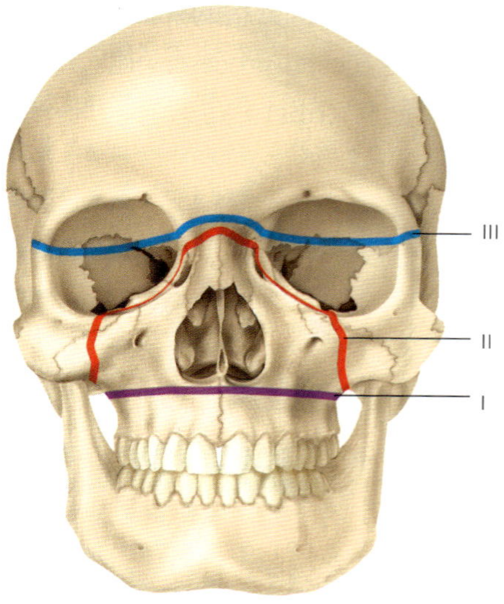

圖 7.34 頭骨骨折。(a) 內側觀，顯示額骨線性和凹陷性骨折，及枕骨的基底骨折；(b) 顏面骨 Le Fort 勒堡骨折的三種類型。

進行。三種典型的 Le Fort 勒堡骨折如圖 7.34b 所示。第 II 型 Le Fort 勒堡骨折將整個面部中央區域與頭骨的其他部分分開。

應用您的知識

描述一生中發生的兩起意外事故或其他事件，這事件可能導致顱骨凹陷性骨折；及這起事件可能導致 Le Fort 勒堡顏面部骨折。

脊椎骨折和脫位

頸椎的損傷 (斷頸) 通常是由於頭部受到猛烈的打擊，如潛水、摩托車和馬術事故，以及頸部突然彎曲或伸展，如汽車事故。這類損傷通常會擠壓椎體或椎弓，或導致一個椎體相對於其下方的椎體向前滑移。一個脊椎相對於下一個脊椎的錯位，可能會對脊髓造成無法彌補的傷害。「急性頸扭傷」(“Whiplash”) 可能是由於汽車後端碰撞導致頸部劇烈的過度伸展 (頭部向後抽動)。這將使沿椎體前部的前縱韌帶 (anterior longitudinal ligament) 拉傷或撕裂，可能導致椎體骨折 (圖 7.35a)。由於脊椎緊緊地鎖在一起的方式，在胸椎和腰椎區發生**脫位** (dislocations) 相對較少。當這些區域發生骨折時 [「斷背」(broken back)]，最常見的是 T11 或 T12 脊椎，是從胸椎到腰椎的過渡處。

椎間盤突出

椎間盤突出 [herniated (“slipped” or “rupture”) disc] 是指椎間盤的纖維突受力而破裂，通常是由於脊柱劇烈彎曲或舉重而引起的。椎間盤的裂縫使膠質的髓核滲出，有時會對脊神經根或脊髓造成壓力 (圖 7.35b)。背部疼痛是神經組織同時受壓和髓核刺激發炎的結果。約 95% 的椎間盤突出發生在 L4/L5 和 L5/S1 水準。椎間盤髓核通常向後外側方向逸出，這裡的纖維環最薄。年輕人很少發生椎間盤突出，因為他們的椎間盤水分充足，吸壓能力強。隨著年齡的增長，椎間盤脫水，退化變薄，更容易發生突出。但到了中年以後，椎間盤纖維環變厚變硬，髓核變小，所以椎間盤突出又變得不常見了。

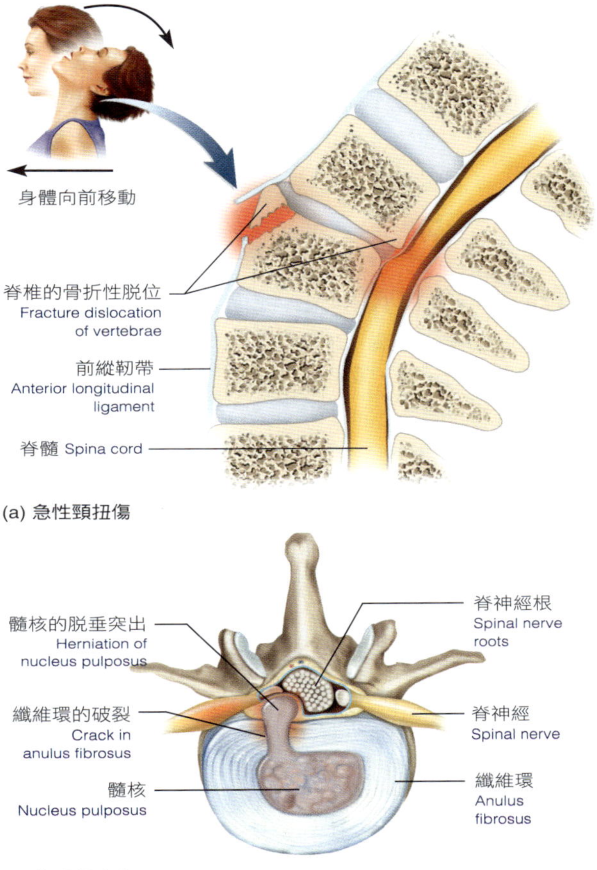

圖 7.35 脊柱損傷。(a) 急性頸扭傷的頸椎損傷。頸部猛烈的過度伸展使前縱韌帶撕裂，椎體骨折；(b) 椎間盤突出。髓核滲入椎管內，壓迫了穿過腰椎的一束脊神經根。

• 腰椎間盤突出症比頸椎間盤突出症更常見。解釋一下。

在你繼續閱讀之前

回答下列問題，以檢驗你對上節內容的理解：

15. 定義軟骨顱和內臟顱，並解釋為什麼它們各自都是這樣命名的。
16. 囟門的功能意義是什麼？最後一個囟門什麼

時候閉合？

17. 成年人的什麼結構是胚胎性脊索的殘餘？
18. 什麼是勒堡骨折？什麼是急性頸扭傷的頸椎病？
19. 解釋為什麼椎間盤突出會引起神經痛 (神經痛)。

學習指南

評估您的學習成果

為了測試你的知識，請與學習夥伴討論以下話題，或以書面形式討論，最好是憑記憶。

7.1 骨骼的概述

1. 中軸骨和附肢骨的區別。
2. 骨骼數量隨年齡的變化；典型的成人骨骼數量；以及成人數量因人而異的原因。
3. 骨頭表面特徵的術語。

7.2 頭骨

1. 頭骨中的腔室名稱和位置。
2. 頭骨解剖學中縫 (suture) 和孔 (foramen) 的定義。
3. 顱骨和顏面骨的區別。
4. 顱骨的名稱和位置，及構成其邊界的縫的名稱 (以本書命名為限)。
5. 顱骨與腦膜和腦組織的關係。
6. 顱骨和顱底的區別。
7. 三個顱骨窩的名稱和位置及其與腦部解剖學的關係。
8. 認識顱骨的重要解剖特徵 (特別是文中加粗的部分)：額骨、頂骨、顳骨、枕骨、蝶骨和篩骨。
9. 認識顏面骨的重要解剖特徵 (特別是文中加粗的部分)：上頜骨、下鼻甲、犁骨、下頜骨、腭骨、顴骨、淚骨和鼻骨。
10. 舌骨的位置、解剖和功能。
11. 三種聽小骨的名稱、位置、解剖構造及其共同功能。
12. 枕骨大孔的位置和人臉相對的平坦度與人類的雙足姿態有什麼關係。

7.3 脊柱和胸籠

1. 椎柱的功能。
2. 脊椎的五個分類；及每個分類中的椎體數量。
3. 椎間盤的數量；哪些脊椎之間有椎間盤，哪些沒有；以及椎間盤的結構 。
4. 成人脊柱的整體形狀及其四個彎曲弧度的名稱。
5. 一般脊椎骨的解剖學特性。
6. 脊椎與相鄰脊椎和肋骨相關節的表面。
7. 脊椎和椎間孔與脊髓和脊神經的關係。
8. 辨別頸椎、胸椎、腰椎的解剖學特性。
9. 前兩個頸椎 (C1-C2) 各自的獨特特徵和名稱；頭骨和 C1 之間及 C1 和 C2 之間的關節名稱；以及這兩個椎體的特徵與頭部運動的關係。
10. 肋骨和胸椎之間的關節解剖學。
11. 薦骨和尾骨以及薦骨和髖骨之間的關節的解剖學特性。
12. 胸籠的組成部分。
13. 胸骨的三個部分；它們的特徵；以及它與鎖骨和肋骨的關節。
14. 肋骨的分類；如何定義每個類別；肋骨的總數；以及哪些肋骨屬於哪個類別。
15. 肋骨的一般解剖學；第 1 肋骨和第 11、12 肋骨在解剖上有何不同；肋骨與肋軟骨、胸骨、椎體和橫突的關係。

7.4 發育和臨床觀點

1. 膜內和軟骨內骨化作用在頭骨產前發育中的互補作用。
2. 構成神經顱骨、內臟顱骨和軟骨顱骨的頭骨部分。
3. 咽弓在頭骨發育中的角色。
4. 出生後頭骨的發育變化。
5. 胎兒頭骨中前囟門的名稱和位置，為什麼它們會存在，以及它們會變成什麼。
6. 胚胎的脊索和硬節在脊椎發育中的角色。
7. 脊椎的骨化過程。
8. 肋骨從胚胎的脊椎開始發育。
9. 胸骨的胚胎發育。
10. 常見的頭骨骨折類型：線性、凹陷性、反裂性、Le Fort 勒堡骨折。
11. 脊椎骨折和脫位的原因和影響。
12. 椎間盤突出的病因、解剖學方面的影響。

回憶測試

1. 下列哪一塊不屬於副鼻竇？
   a. 額骨
   b. 顳骨
   c. 蝶骨
   d. 篩骨
   e. 上頜骨
2. 下列哪一塊屬於顏面骨？
   a. 額骨
   b. 篩骨
   c. 枕骨
   d. 顳骨
   e. 淚骨
3. 在某些椎體上看到的橫突孔是由什麼占據的？
   a. 椎動脈
   b. 髓核
   c. 脊神經
   d. 頸動脈
   e. 內頸靜脈
4. 除了______外，以下都是脊椎的群組屬於脊柱彎曲的弧度。
   a. 胸椎
   b. 頸椎
   c. 腰椎
   d. 骨盆
   e. 薦椎
5. 胸椎不具備以下哪一條件？
   a. 橫突孔
   b. 肋骨小面
   c. 橫突肋骨小面
   d. 橫突
   e. 椎梗
6. 下列哪種骨骼是通過膜內骨化形成的？
   a. 脊椎
   b. 頂骨
   c. 枕骨
   d. 胸骨
   e. 肋骨
7. 內臟顱包括：
   a. 上頜骨
   b. 頂骨
   c. 枕骨
   d. 顳骨
   e. 寰椎
8. 下列何者不是縫 (suture)？
   a. 頂骨的 (parietal)
   b. 冠狀的
   c. 人字的
   d. 矢狀的
   e. 鱗狀的
9. 蝶鞍含有何種構造？
   a. 腦下垂體
   b. 聽小骨
   c. 空氣空間 (air cells)
   d. 破裂孔
   e. 淚腺囊
10. 鼻中隔是由下列同一塊骨的部分所組成的。
    a. 顴弓
    b. 硬腭
    c. 篩板
    d. 鼻甲
    e. 中心體
11. 嬰兒顱骨之間的縫隙稱為______。
12. 外聽道是______骨骼上的一個開口。
13. 頭骨的骨骼相關節的沿線稱為______。
14. ______有大小翼，保護著腦下垂體。
15. 椎間盤突出症發生時，會出現一個叫______環的裂口。
16. 寰椎的橫韌帶將樞椎______的位置固定住。
17. 薦髂關節是在薦骨的______面與髂骨相關節形成的。
18. 我們有五對______肋骨和兩對______肋骨。
19. 肋骨 1 至 10 連接到胸骨的結締組織條稱為______。
20. 胸骨下端的點是______。

答案在附錄 A

建立您的醫學詞彙

說出每個詞彙的含義，並從本章中給出一個使用該詞彙的醫學專有名詞或稍微的改變該詞彙。

1. crani-
2. tempor-
3. masto-
4. petr-
5. lamina
6. pterygo-
7. crista
8. lacrimo-
9. costo-
10. ped-

答案在附錄 A

這些陳述有什麼問題？

簡要說明下列各項陳述為什麼是假的，或將其改寫為真。

1. 脊椎的椎體的來自於胚胎的脊索。
2. 成人的骨骼比兒童多。
3. 上頜骨就是人們比較常用的頰骨。
4. 顴弓完全由顴骨組成。
5. 硬腦膜緊緊地附著在整個顱腔的內表面。
6. 大多數成年人的頭骨兩側各有兩個囟門，上中線有兩個。
7. 耳朵後面頭骨上突出的凸起是顳骨的髁突。

8. 一般人出生時平均有 206 塊骨頭。
9. 每個脊椎都與一對肋骨銜接。
10. 腰椎不與任何肋骨銜接，因此沒有橫突。

答案在附錄 A

測試您的理解力

1. 大多數的骨骼至少與另外兩塊骨骼形成關節。例如，考慮到脊椎 T6，並找出至少 10 個它與相鄰的骨頭形成的關節 (一共有 12 個)。
2. 第 1 章指出，不同人的內在解剖學有很大的差異 (1.1b 節)。請由本章中舉出除病理病例 (如腭裂) 和正常年齡差異以外的一些例子。
3. 椎體 T12 和 L1 表面上看很相似，容易混淆。解釋如何區分這兩個構造。
4. 你可以用所有的方式來說明脊椎 C5 和 L3 之間的差異，舉例說明第 1 章介紹的形式和功能統合的主題。
5. 對於以下每塊骨頭，請說出與之相關節的所有其他骨頭的名稱：頂骨、顴骨、顳骨和篩骨。

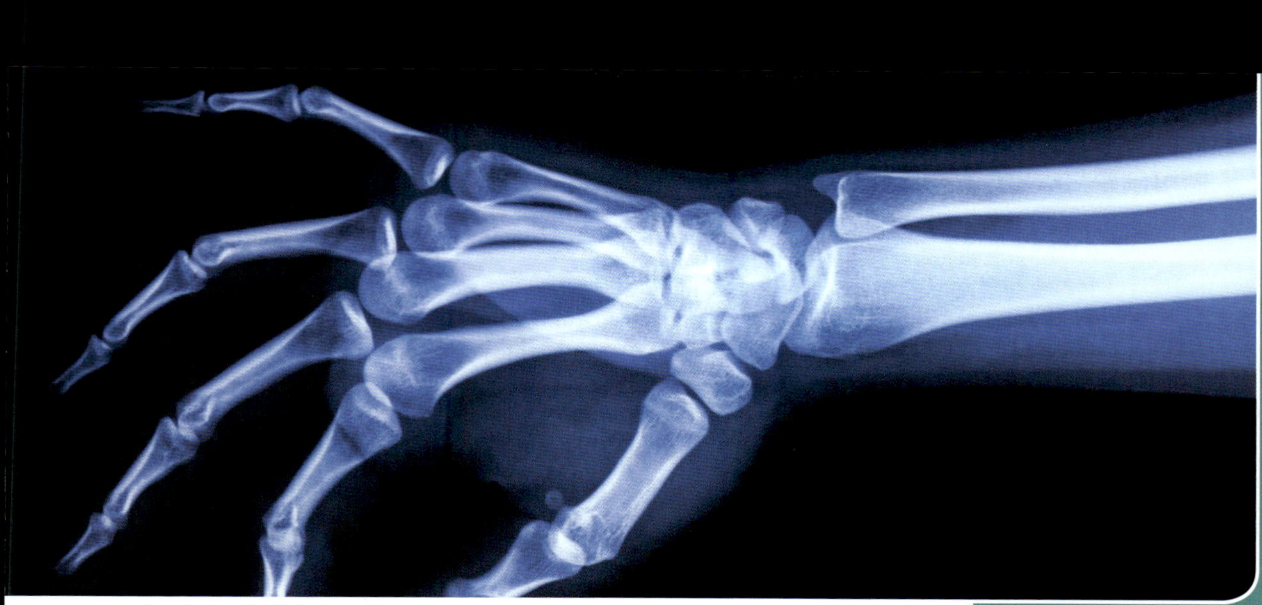

右手和遠端手臂的 X 光片
©stockdevil/123RF

CHAPTER 8

周光儀

骨骼系統 III
附肢骨

章節大綱

8.1 肩胛帶和上肢
- 8.1a 肩胛帶
- 8.1b 上肢

8.2 骨盆帶和下肢
- 8.2a 骨盆帶
- 8.2b 下肢

8.3 發育和臨床觀點
- 8.3a 附肢骨的發育
- 8.3b 附肢骨的病理學

學習指南

臨床應用

8.1 鎖骨骨折
8.2 股骨骨折
8.3 解剖位置——臨床和生物學的觀點

複習

要瞭解本章，您可能會發現複習以下概念會有所幫助：

- 附屬區域的術語 (1.2d 節)
- 骨骼的一般特徵 (6.1c 節)
- 膜內和軟骨內的骨化作用 (6.3a、b 節)

Anatomy & Physiology REVEALED®
aprevealed.com
模組 5：骨骼系統

在這一章中，我們將注意力轉移到附肢骨上——上肢和下肢的骨骼以及將它們連接到中軸骨上的肩胛帶和骨盆帶。我們非常依賴四肢的活動和對物體的操作，以至於附肢骨的畸形和損傷比大多數中軸骨的疾病更容易致殘。尤其是手部損傷，其致殘程度遠遠超過身體其他部位可比的組織損傷。附肢骨的損傷在田徑、娛樂和工作場所尤為常見。因此，附肢骨的解剖學知識對於運動教練、理療師和其他健康照護提供者等專業人員尤為重要。本章也是理解第 9 章、第 11 章和第 12 章所描述的肌肉附著和關節運動不可或缺的基礎。

8.1 肩胛帶和上肢

預期學習成果

當您完成本節後，您應該能夠

a. 辨識並描述鎖骨、肩胛骨、肱骨、橈骨、尺骨、腕骨和手骨的特徵；以及

b. 描述人類前肢的進化創新。

8.1a 肩胛帶

肩胛帶 (pectoral[1] girdle)(肩帶) 支撐著手臂，並將其與中軸骨連接起來。它由身體兩側的兩塊骨頭組成：鎖骨 (clavicle；collarbone) 和肩胛骨 (scapula；shoulder blade)。鎖骨的內側端與胸骨在胸鎖關節處銜接，其外側端與肩胛骨在**肩峰鎖骨關節** (acromioclavicular[2] joint) 處銜接 (見圖 7.27)。肩胛骨還與肱骨在**盂肱關節** [glenohumeral[3] (shoulder) joint，肩] 處銜接。這些鬆散的附著物使肩部比大多數其他哺乳動物的肩部更加靈活，但它們也使肩關節容易脫臼。

1 *pect* = chest 胸部；*oral* = pertaining to 關於
2 *acr* = extremity 肢體，peak 尖峰；*omo* = shoulder 肩
3 *gleno* = socket 插座

鎖骨

鎖骨 (clavicle)[4] (圖 8.1) 是一個略呈 S 形的骨頭，從上表面到下表面有點扁平，在上胸腔很容易看到和摸到 (見圖集圖 A.1b)。上表面比較光滑圓潤，而下表面則較平坦，並有凹槽和脊狀物供肌肉附著。內側的**胸骨端** (sternal end) 有一個圓形錘狀的頭，外側的**肩峰端** (acromial end) 明顯扁平。近肩峰端有一粗糙的粗隆，稱為**錐狀結節** (conoid[5] tubercle)，韌帶附著，面向後方，略向下。

鎖骨支撐肩部，使上肢遠離身體中線。如果沒有鎖骨，胸大肌會將肩部向前和向內拉，這在鎖骨骨折時確實會發生 (見臨床應用 8.1)。鎖骨還能將力量從手臂傳遞到身體的中軸區域，如做伏地挺身。做體力勞動的人，鎖骨會增粗，通常主導肢體的一側 (右撇子的右鎖骨) 更強壯、更短。

肩胛骨

肩胛骨 (scapula)[6] (圖 8.2) 是一個三角形的板，覆蓋在第 2 至第 7 根肋骨上。它與胸籠的唯一直接連接是藉由肌肉；當手臂和肩膀移動時，它在肋骨籠上滑動。肩胛三角的三邊稱為**上** (superior)、**內** (medial)[**椎** (vertebral)]

4 *clav* = hammer 錘子，club 棍子；*icle* = little 小
5 *con* = cone 圓錐體；*oid* = shaped 形狀
6 *scap* = spade 鋤，shovel 鏟子；*ula* = little 小

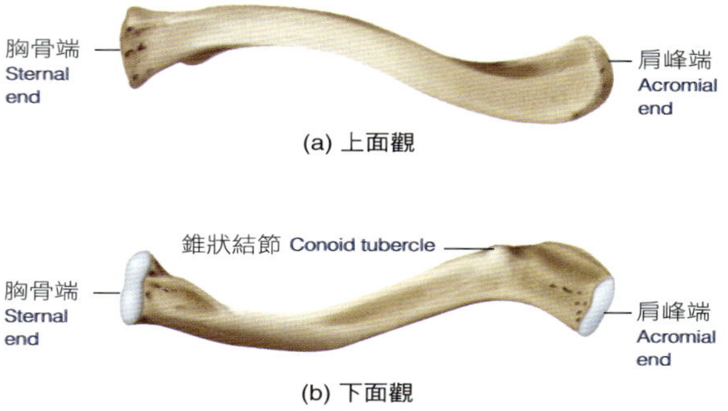

圖 8.1　右鎖骨 (鎖骨)。(a) 上面觀；(b) 下面觀。

• 鎖骨的斷裂比身體其他任何骨頭都要頻繁。說出一些原因。APR

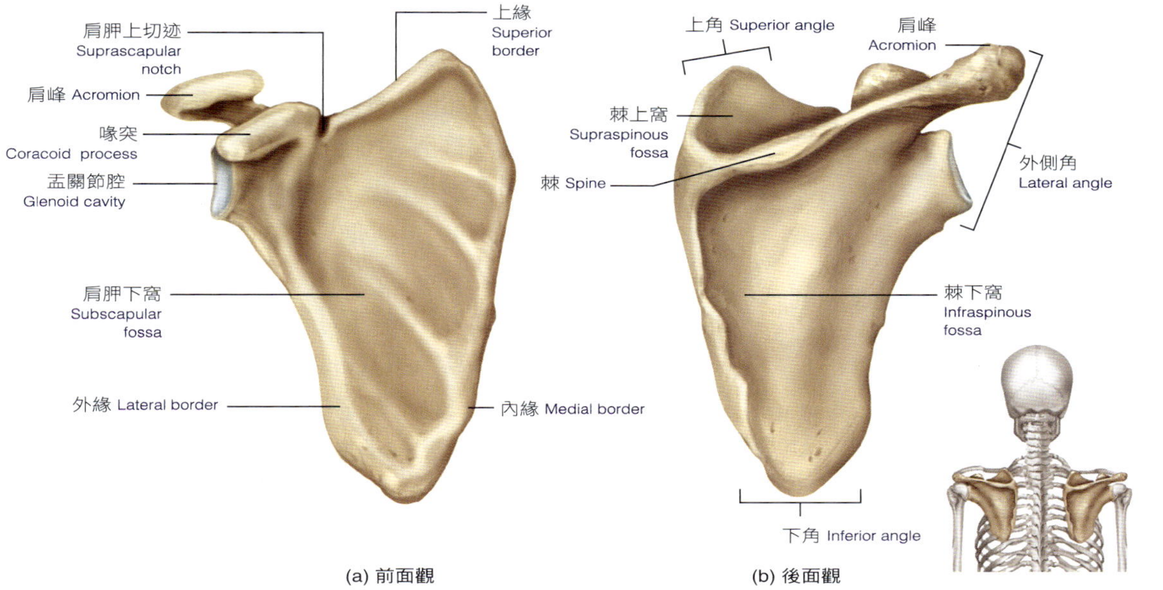

圖 8.2　右肩胛骨。(a) 前面觀；(b) 後面觀。

• 找出這塊骨骼與其他骨骼連接的兩個點。AP|R

和**外** (lateral)[**腋** (axillary)] **緣** (borders)，其三個角為**上** (superior)、**下** (inferior) 和**外側角** (lateral angles)。上緣有一明顯的**肩胛上切迹** (suprascapular notch)，為神經的通道。肩胛骨寬大的前表面，稱為**肩胛下窩** (subscapular fossa)，微凹相對無特徵。後面有一橫架狀的脊，稱為**棘** (spine)，棘上方有一深凹，稱為**棘上窩** (supraspinous fossa)，其下方有一寬闊的表面稱為**棘下窩** (infraspinous fossa)[7]。這些窩被旋轉袖肌肉 (rotator cuff) 占據 (見表 12.1 和圖 12.4)。

肩胛骨最複雜的區域是外側角，它有三個主要特徵：

1. **肩峰** (acromion)(ah-CRO-me-on) 是肩胛棘的板狀延伸，形成肩部的頂點。它與鎖骨相關節，形成了從附肢到中軸骨唯一的橋樑。
2. **喙突** (coracoid[8] process)(COR-uh-coyd) 的形狀像一個彎曲的手指，但命名為一個類似於烏鴉嘴；它提供了肱二頭肌 (biceps brachii) 和手臂的其他肌肉的肌腱的附著點。
3. **盂關節腔** (glenoid cavity)(GLEN-oyd) 是與肱骨頭銜接的淺槽，形成盂肱關節。

臨床應用 8.1

鎖骨骨折

鎖骨是人體最常發生骨折的骨骼。當人直接摔倒在肩膀或將手臂推出去摔斷，摔倒的力量通過肢體傳到肩胛帶時，就會發生骨折。骨折多發生在距外側端約三分之一處的薄弱點。鎖骨骨折時，肩部趨於下墜，頸部的胸鎖乳突肌抬高內側片，胸部的胸大肌可將外側片拉向胸骨。在寬肩的嬰兒，鎖骨有時會在出生時發生骨折，但這些新生兒骨折會很快癒合。在兒童**鎖骨骨折** (clavicular fractures) 通常為嫩枝狀不完全骨折型 (greenstick type fractures)(見圖 6.13d)。

---

7 *supra* = above 上面；*infra* = below 下面

8 *corac* = crow 烏鴉；*oid* = shaped 形狀，resembling 類似於

應用您的知識

你認為肩胛骨的哪個部位最容易骨折？為什麼會這樣？

8.1b 上肢

上肢 (upper limb) 分為 3 節，每肢含有 30 塊骨骼。

1. **肱部** (brachium)[9] (BRAY-kee-um)，或手臂本身，從肩部延伸到肘部。它只包含一根骨頭，即肱骨 (humerus)。
2. **前臂** (antebrachium)[10]，或前臂，從肘部延伸到手腕，包含兩塊骨頭—橈骨 (radius) 和尺骨 (ulna)。在解剖位置上，這兩塊骨頭是平行的，且橈骨在尺骨的外側面。
3. **手部** (hand) 包含 27 塊骨頭，分為三組—8 塊腕骨 (carpal)[11] 在手的底部，5 塊掌骨 (metacarpals) 在手掌，14 塊指骨 (phalanges) 在指頭。僅兩隻手就包含了超過四分之一的身體骨骼。

肱骨

肱骨 (humerus) 有一個半球形的**肱骨頭** (head)，與肩胛骨的盂關節腔相關節 (圖 8.3)。頭部的光滑表面 (一生中被關節軟骨覆蓋) 被稱為**解剖頸** (anatomical neck) 的溝槽形成邊緣。近端有其他突出特徵是稱為**大、小結節** (greater and lesser tubercles) 的肌肉附著點，以及它們之間的**結節間溝** (intertubercular sulcus) [溝 (groove)]，可容納肱二頭肌的肌腱。**外科頸** (surgical neck) 是常見的骨折部位，是指骨的狹窄區在結節的遠端，是從頭部到軸部的過渡構造。軸的外側表面有一個粗糙的區域，稱為**三角肌粗隆** (deltoid tuberosity)。這是肩部三角肌 (deltoid muscle) 的附著點。

肱骨遠端有兩個光滑的髁。外側面的一個，稱為**小頭** (capitulum)[12] (ca-PIT-you-lum)，形狀像一個胖輪子，且與橈骨相關節。內側面的一個，稱為**滑車** (trochlea)[13] (TROCK-lee-uh) 呈滑輪狀，且與尺骨相關節。緊靠這些髁的近端，肱骨外展形成兩個骨性突起，即**外上髁**和**內上髁** (lateral and medial epicondyles)，也就是你能在肘部最寬處摸到的凸起。內側的內

12 *capit* = head 頭；*ulum* = little 小

13 *troch* = wheel 輪子，pulley 皮帶輪

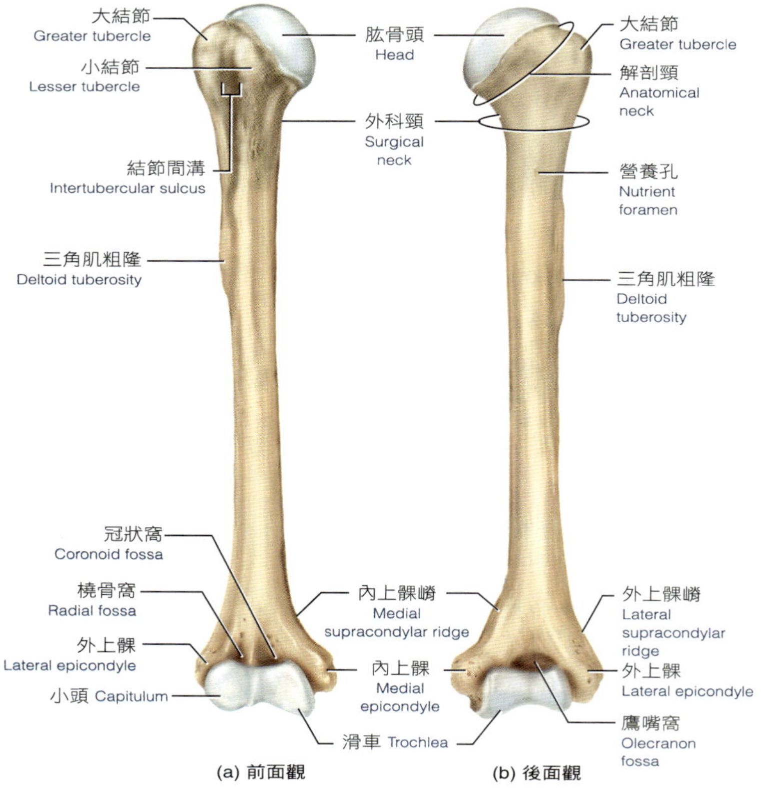

圖 8.3 右側肱骨。(a) 前面觀；(b) 後面觀。APR

9 *brachi* = arm 手臂

10 *ante* = before 之前

11 *carp* = wrist 手腕

上髁保護著尺神經 (ulnar nerve)，尺神經緊貼著表面穿過肘部後面。這個上髁通常被稱為「有趣的骨骼」(funny bone)，因為肘部受到的劇烈撞擊會刺激尺神經，產生強烈的刺痛感。緊靠上髁的近端，肱骨的邊緣呈銳角，形成**外側和內側的上髁嵴** (lateral and medial supracondylar ridges)。這些是某些前臂肌肉的附著點。

肱骨遠端也顯示了三個深凹——前面兩個和後面一個。後面的凹，稱為**鷹嘴窩** (olecranon[14] fossa)(oh-LEC-ruh-non)，當肘部伸展時，坐落了尺骨的突起稱為鷹嘴 (olecranon)。在前表面有一個內側的凹，稱為**冠狀窩** (coronoid[15] fossa)，當肘部屈曲時，坐落了尺骨的冠狀突。外側的凹為**橈骨窩** (radial fossa)，因就近的橈骨頭而得名。

橈骨

橈骨 (radius) 在前臂外側從肘部延伸至手腕，末端剛好靠近拇指基部 (圖 8.4)。橈骨近端有一個獨特的盤狀**橈骨頭** (head)。當前臂旋轉使手掌前後轉動時，該圓盤的環形上表面在肱骨小頭上旋轉，其邊緣在尺骨的橈骨切迹上旋轉。緊靠橈骨頭的遠端，橈骨有一較窄的**橈骨頸** (neck)，然後在它的內側表面增寬到一個粗糙的突起，即**橈骨粗隆** (radial tuberosity)。肱二頭肌的遠端肌腱終止於此粗隆上。

橈骨遠端從外側到內側有以下特點：

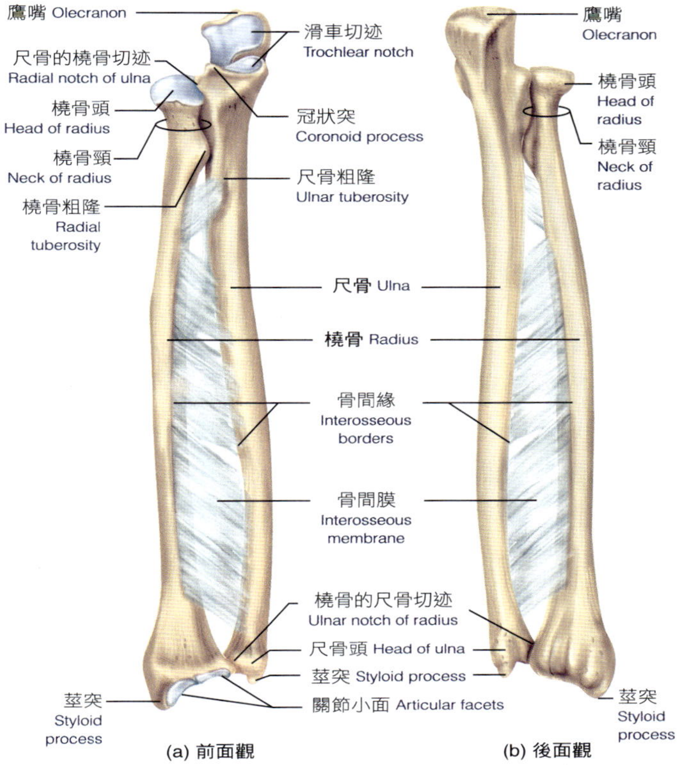

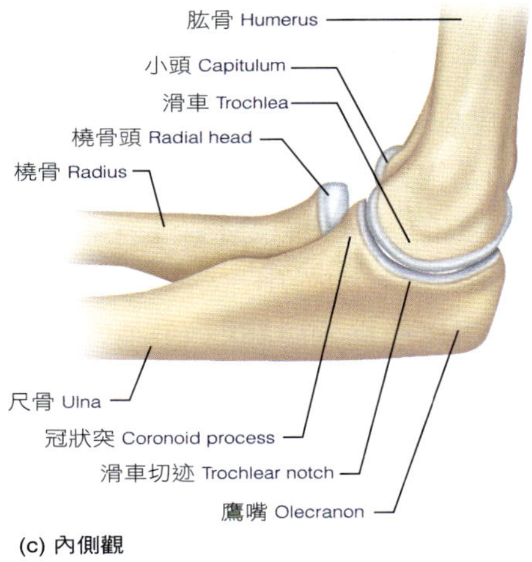

圖 8.4 右橈骨和尺骨。(a) 前面觀；(b) 後面觀；(c) 肘關節內側觀。(c) 部分顯示的是手肘屈曲 90° 時，尺骨的滑車切迹對肱骨滑車的關係。APR

1. 拇指的近端可以摸到一個骨點，即**莖突** (styloid[16] process)。
2. 兩個淺的凹陷 (關節小面) 與腕部的舟狀骨

14 *olecranon* = elbow 肘部

15 *coron* = something curved 彎曲物；*oid* = shaped 形狀

16 *styl* = pillar 柱；*oid* = shaped 形狀

和月狀骨相關節。

3. **尺骨切迹** (ulnar notch) 與尺骨末端相關節。

尺骨

尺骨 (ulna)[17] 是前臂的內側骨 (圖 8.4)。它的近端有一個類似扳手的形狀，有一個深的、C 形的**滑車切迹** (trochlear notch)，包裹著肱骨的滑車。這個滑車的後側是由一個突出的骨點**鷹嘴** (olecranon)，你把肘部放在桌子上形成的。前側是由一個不太突出的**冠狀突** (coronoid process) 形成的。在這一端的側面，尺骨有一個不太明顯的**橈骨切迹** (radial notch)，它容納了橈骨頭的邊緣。在尺骨的遠端是一個圓形的**頭部** (head) 和內側的**莖突** (styloid process)。你在手腕兩側可以摸到的骨質腫塊就是橈骨和尺骨的莖突。

橈骨和尺骨沿其骨軸由稱為**骨間膜** (interosseous[18] membrane, IM)(IN-tur-OSS-ee-us) 的韌帶連接，這是附在一個角狀嵴 (ridge) 的構造稱為**骨間邊界** (interosseous border) 上的每個骨的朝向邊緣。IM 的大部分纖維都是斜向的，從尺骨向上傾斜到橈骨。如果你前傾在桌子上，用手支撐體重，大約 80% 的力量是由橈骨承擔的。這就使 IM 繃緊，它將尺骨向上拉，並將部分力量由尺骨傳遞給肱骨。因此，IM 可以使兩個肘關節 (肱骨和橈骨之間，及肱骨和尺骨之間) 分擔負荷；這就減少了一個關節單獨承受的磨損。IM 也是幾塊前臂肌肉的附著點。

腕骨

腕骨 (carpal bones) 分為兩排，每排四塊骨骼 (圖 8.5)。雖然它們通常被稱為手腕骨，但它們位於手的底部。戴手錶或手鐲的狹窄點在橈骨和尺骨的遠端。短小的腕骨可以使手腕從一側到另一側、從前到後的運動。近排的腕骨，從外側 (拇指) 開始，分別是**舟狀骨** (scaphoid)、**月狀骨** (lunate)、**三角骨** (triquetrum) (tri-QUEE-trum) 和**豆狀骨** (pisiform)(PY-sih-form) 為拉丁語的船形 (boat-)、月狀形 (moon-)、三角形 (triangle-) 和豌豆形 (pea-shaped)。與其他腕骨不同的是，豆狀骨是一個種子骨 (sesamoid bone)；它在出生時並不存在，但在 9 至 12 歲左右在尺側屈腕肌 (flexor carpi ulnaris muscle) 的肌腱內發育。

遠端排的骨，同樣從外側開始，是**大多角骨** (trapezium)[19]、**小多角骨** (trapezoid)、**頭狀骨** (capitate)[20] 和**鉤狀骨** (hamate)[21]。鉤狀骨可以透過掌側突出的鉤或**錘狀體** (hamulus) 來識別。錘狀體是屈肌支持帶 (flexor retinaculum) 的附著物，是手腕部的纖維薄片，覆蓋腕隧道 (carpal tunnel)(見圖 12.9)。

掌骨

掌骨 (metacarpal)[22] 被稱為手掌的骨骼，第一掌骨位於拇指的近端，及第五掌骨位於小指的近端 (圖 8.5)。在骨骼上，掌骨看起來就像手指的延伸，所以手指看起來比實際長度長很多。掌骨的近端稱為**基底** (base)，軸稱為**骨體** (body)，遠端稱為**頭** (head)。當你握拳時，掌骨的頭部就形成了指關節 (knuckles)。

指骨

手指的骨頭稱為**指骨** (phalanges)(fah-LAN-jeez)；在單數中，指骨 (phalanx)[23] (FAY-lanks)。大拇指有兩根指骨，其他手指頭各有三根指骨 (圖 8.5)。指骨由羅馬數字識別，有近端 (proximal)、中端 (middle) 和遠端 (distal)

---

17 *ulna* = elbow 肘
18 *inter* = between 之間；*osse* = bones 骨骼
19 *trapez* = table 工作檯，grinding surface 研磨面
20 *capit* = head 頭；*ate* = possessing 擁有
21 ham = hook 鉤子；*ate* = possessing 擁有
22 *meta* = beyond 超越；*carp* = wrist 手腕
23 *phalanx* = line of soldiers 排兵佈陣，closely knit row 緊密編織的排

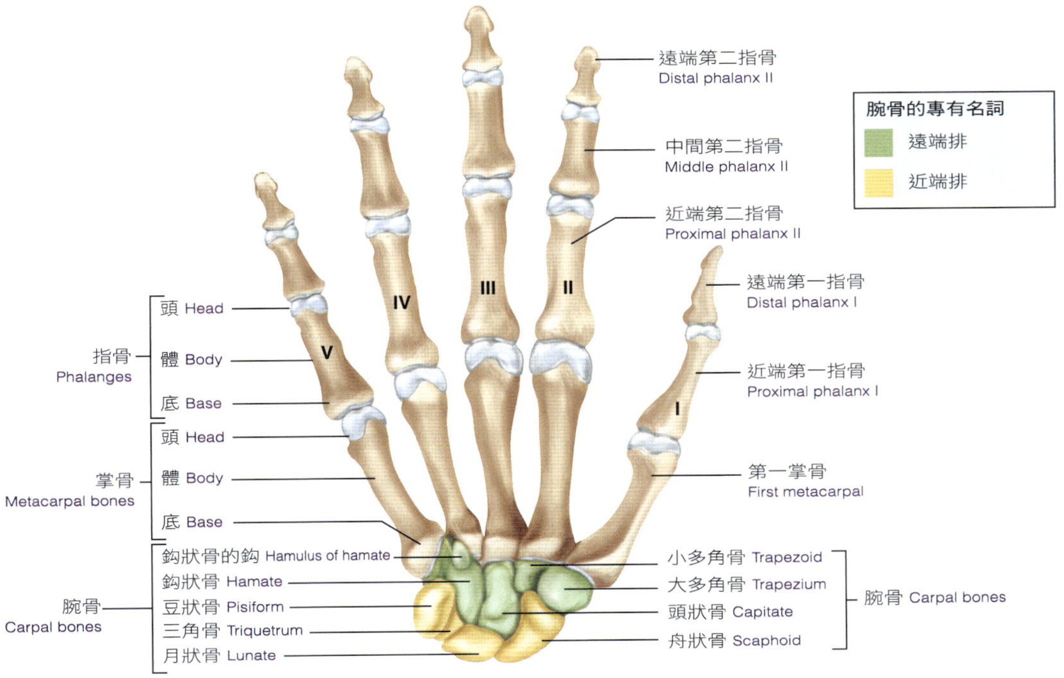

(a) 前面觀

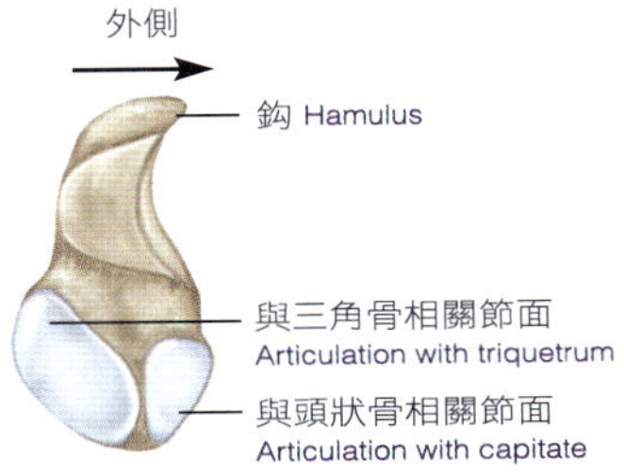

(b) 鉤狀骨

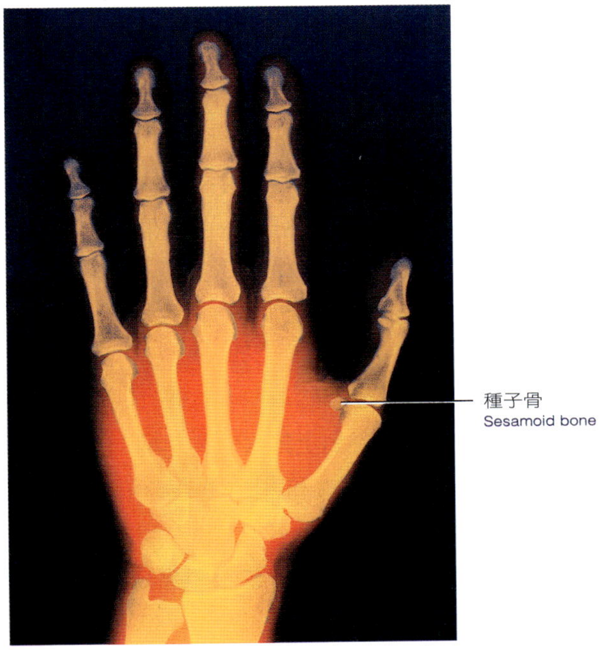

(c) 手的 X 光片

圖 8.5　右手，前面觀 (掌側)。(a) 腕骨用顏色編碼，以區分近端 (黃色) 和遠端 (綠色) 排。有些人在記憶腕骨的名稱時，會用「莎莉離開聚會帶查理回家」(“Sally left the party to take Charlie home.”) 的口訣。這些詞的第一個字母與腕骨的第一個字母相對應，從外側到內側，近端排先；(b) 右鉤狀骨，從手腕近端觀察，以顯示其獨特的鉤。這個獨特的骨頭是研究骨骼時定位其他骨頭的有用標記；(c) 一位成年人手部的彩色增強 X 光片。識別 X 光片中未標記的骨骼與 (a) 部分的圖畫進行比較。拇指基部可見一小塊種子骨。(a) 部分中的豆狀骨也是一塊種子骨。

• (c) 部分與圖 6.10 中兒童手部的 X 光片有什麼不同？APR

指骨。例如，第一近端指骨在大拇指的基底段 (拇指和手掌之間的組織外的第一段)；左手第四指骨的近端是人們通常戴婚戒的地方；第五指骨的遠端形成小指的指尖。指骨的三部分與掌骨相同：基底 (base)、體 (body)、頭 (head)。指骨的腹面由端到端略凹，由邊到邊較平坦；背面較圓，由端到端略凸。

前肢的進化

在第 7 章和第 8 章的別處，我們研究了人類雙足運動的進化是如何影響頭骨、椎柱和下肢。雙足運動對上肢的影響沒那麼明顯，但也是實質性的。在猿類中，四肢主要適應於行走和攀爬，及前肢比後肢長。因此，當動物行走時，肩部比臀部高。當一些猿類如猩猩和長臂猿雙足行走時，牠們通常會把長長的前肢舉過頭頂，以防止它們在地面上拖行。相比之下，人類的前肢主要適應於伸出手、探索環境和操作物體。它們比後肢短，肌肉遠不如猿類的前肢。我們的前肢已經不再需要用於運動，而是更好地適應於搬運物體，尤其是手，握東西更接近眼睛，並更精確地操作它們。雖然前肢的基本骨骼和肌肉模式與後肢相同，尤其是肩部和手部的關節，使前肢的活動能力大大增強。

在你繼續閱讀之前

回答下列問題，以檢驗你對上節內容的理解：

1. 說明如何區分鎖骨內側端和外側端，如何區分其上、下表面。
2. 說出肩胛骨三個窩的名稱，並分別描述其位置。
3. 肘部有哪三塊骨骼相連接？辨識該關節的窩、關節面和關節突，並說明這些特徵分別屬於哪塊骨頭。
4. 先說出腕骨近端排從外側到內側的骨骼名稱，再依次說出遠端排從外側到內側的骨骼名稱。
5. 說出從小指尖到手底部的四根長骨。
6. 盡可能多地觸診以下結構，並辨識哪些結構通常不能在活人身上觸診：肩胛骨下角、肩胛下窩、肩峰、肱骨上髁、鷹嘴和前臂的骨間膜。

8.2 骨盆帶和下肢

預期學習成果

當您完成本節後，您應該能夠

a. 辨識並描述骨盆帶、股骨、髕骨、脛骨、腓骨和足部骨骼的特徵；
b. 比較男性和女性骨盆帶的解剖學，並解釋這些功能上的顯著差異；以及
c. 描述骨盆和後肢對雙足運動的進化適應性。

8.2a 骨盆帶

骨盆 (pelvis) 和骨盆帶 (pelvic girdle) 這兩個詞被不同的官方機構以矛盾的方式使用。這裡我們將遵循《格雷解剖學》(*Gray's Anatomy*) 的做法，認為**骨盆帶** (pelvic girdle) 由三塊骨組成的一個完整的環 (圖 8.6) 兩塊臀骨 (hip bones)[**髖骨** (coxal)] 及一塊薦骨 (當然也是脊柱的一部分)。臀骨也經常被稱為髖骨 (ossa coxae)[24] (OS-sa COC-see)(單數，os coxae)[25]，這可以說是人類解剖學中最自相矛盾的術語。**骨盆** (pelvis) 是一個碗狀的結構，由這些骨骼以及它們的韌帶和肌肉組成，這些肌肉構成了骨盆腔，並形成了骨盆底。骨盆帶支撐著下肢，並包圍和保護盆腔的內臟，主要是下結腸、膀胱和內生殖器官。

每塊髖骨與脊柱連接在一點，即**薦髂關節** [sacroiliac (SI) joint]，其**耳狀面** (auricular[26] surface) 與薦骨的耳狀面相吻合，兩塊髖骨在骨盆的前側相關節，由稱為**恥骨間盤**

24 *os*，*ossa* = bone 骨骼，bones 多數骨骼；*coxae* = of the hip(s) 髖關節的
25 *in* = without 沒有；*nomin* = name 名字；*ate* = possessing 擁有
26 *aur* = ear 耳朵；*icul* = little 小；*ar* = like 像

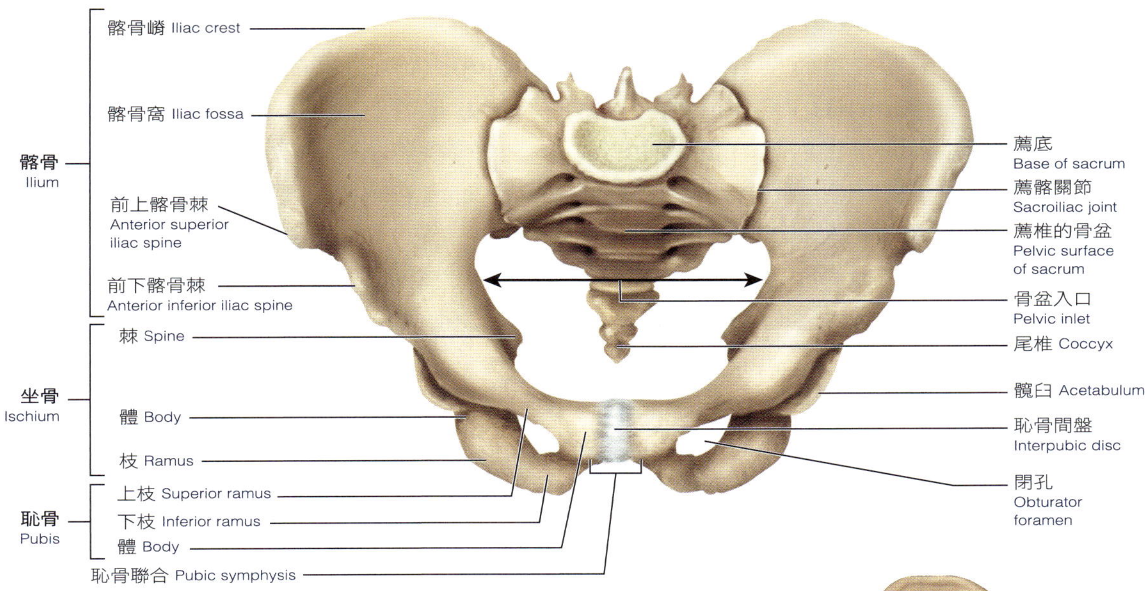

(a) 前上觀

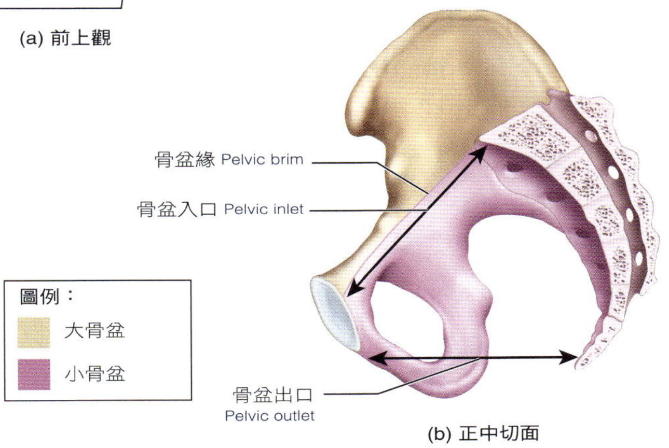

(b) 正中切面

圖 8.6 **骨盆帶**。(a) 前上觀，略向觀者傾斜，顯示薦骨底部和骨盆入口；(b) 正中切面顯示大、小骨盆及骨盆入口及出口。
• 這種解剖構造與新生兒頭骨中存在的囟門有什麼關係？AP|R

(interpubic disc) 的纖維軟骨墊連接。恥骨間盤和兩側相鄰的恥骨區域構成**恥骨聯合** (pubic symphysis)[27]，在生殖器上方可觸及的硬性突出物。

正如它的名字一樣，骨盆 (pelvis)[28] 具有碗狀的形狀，寬大的**大骨盆 (假骨盆)** [greater (false) pelvis] 位於臀部的外張處，而狹窄的**小骨盆 (真骨盆)** [lesser (true) pelvis] 則位於下方 (圖 8.6b)。兩者之間有一個被稱為**骨盆緣** (pelvic brim) 的圓形邊緣隔開。大骨盆形成下腹腔的壁，而小骨盆則包圍著骨盆腔。由骨盆緣圍成的開口稱為**骨盆入口** (pelvic inlet)，嬰兒的頭在出生時通過這個入口。小骨盆的下緣稱為**骨盆出口** (pelvic outlet)。

髖骨有三個明顯的特徵，將作為進一步描述的標記。它們是**髂骨嵴** (iliac[29] crest)(髖骨的上嵴)、**髖臼** (acetabulum)[30] (ASS-eh-TAB-you-lum)(髖臼因其形似古羅馬餐桌上的醋杯而得名)；**閉孔** (obturator[31] foramen)[髖臼下方的一個圓形至三角形的大孔，在生活中由一條稱為

27 *sym* = together 一起；*physis* = growth 增長
28 *pelvis* = basin 盆，bowl 碗

29 *ili* = flank 脅部，loin 腰部；*ac* = pertaining to 關於
30 *acetabulum* = vinegar cup 醋杯
31 *obtur* = to close 關閉，stop up 停止；*ator* = that which 那東西

閉孔膜 (obturator membrane) 的韌帶封閉]。

成人髖骨由三塊兒童時期骨融合而成，分別稱為髂骨 (ilium)(ILL-ee-um)、坐骨 (ischium)(ISS-kee-um) 和恥骨 (pubis)(PEW-bis)，在圖 8.7 中用顏色辨識。其中最大的是**髂骨** (ilium)，它從髂嵴延伸到髖臼的中央。髂嵴從一個稱為**前上髂棘** (anterior superior iliac spine) 的前點或角延伸到一個稱為**後上髂棘** (posterior superior iliac spine) 的尖銳後角。瘦小的人，前棘是通常在褲子口袋打開的地方形成可見的前突，後棘有時在臀部上方有凹陷，與棘相連的結締組織向內拉扯皮膚 (見圖 A.15)。

上棘下方是**髂前下、髂後下棘** (anterior and posterior inferior iliac spines)。後者下面是一個深的**大坐骨切迹** (greater sciatic[32] notch) (sy-AT-ic)，因坐骨神經通過它並繼續向下延伸到大腿後側而得名。髂骨的後外側表面相對粗糙質地，因為它是臀部和大腿幾塊肌肉的附著點。而前內側表面則是光滑、微凹的**髂窩** (iliac fossa)，在生命中被寬大的髂肌 (iliacus muscle) 所覆蓋。內側的髂骨表現出與薦骨上的耳廓面相吻合，所以兩塊骨頭構成了薦髂關節。

坐骨 (ischium)[33] 形成髖骨的下後部。其厚重體 (body) 的特點是有突出的**坐骨棘** (ischial spine)。在棘的下方有一個輕微的凹陷，即**小坐骨切迹** (lesser sciatic notch)，然後是表面粗糙厚厚的**坐骨粗隆** (ischial tuberosity)，當你坐著的時候，它支撐著你的身體。坐在手指上可以摸到坐骨粗隆。**坐骨枝** (ramus) 與前方的恥骨下枝相關節。

恥骨 (pubis, pubic bone) 是髖骨最前面的部分；它幾乎是水平的，形成一個支撐膀胱的平台。它有**上、下枝** (superior and inferior ramus) 和三角形的**體** (body)。一個恥骨的體與另一個恥骨的體在恥骨聯合處相關節。恥骨和坐骨環繞著閉孔。當骨盆受到劇烈的前後壓迫時，恥骨有時會發生骨折，如車輛安全帶的傷害。

人類骨盆解剖學是雙足性和分娩兩個需求之間的妥協。在猿類和其他四足哺乳動物中，腹部的內臟由腹部的肌肉壁支撐。然而，在人類，它們承受在骨盆腔的底部，碗狀的骨盆有助於支撐它們的重量。這導致了骨盆出口較窄的狀況，給我們這個物種分娩大腦袋嬰兒帶來的疼痛和困難。人類必須在顱骨融合之前出生，這樣頭部才能擠過骨盆的出口。這被認為是為什麼我們的嬰兒在出生時比其他靈長類動物的嬰兒更不成熟的原因。

臀部最大的肌肉，臀大肌 (gluteus maximus)，在黑猩猩和其他類人猿中主要是作為大腿的外展肌，也就是說，它將下肢向外移動。然而，在人類的髂骨已經向後方擴張，所以臀大肌起點於髖關節後面。這改變了這塊肌肉的功能，不是外展大腿，而是在邁步的後半段把它拉回來 (例如，當你的左腳離地並向前擺動時，拉回你的右大腿)。當一個人站立時，臀大肌也會將骨盆向後拉，這樣身體的重量就能更好地平衡在下肢上。這可以幫助我們直立起來，而不需要花費大量的精力來防止向前倒下。髂骨的後方生長是大坐骨切迹深凹的原因 (圖 8.8)。人類的髂骨也比猿類的髂骨更向前曲。這使得其他臀部肌肉 [臀中肌 (gluteus medius) 和臀小肌 (gluteus minimus)] 位於髖關節前面，它們旋轉和平衡軀幹，所以我們不會像黑猩猩在雙足行走時那樣從一邊搖擺到另外一邊。這些骨盆和相關的肌肉進化是人類邁著平穩、高效的步伐的原因，相比之下，黑猩猩或大猩猩直立行走時的步態就顯得步履蹣跚及笨拙的。

32 *sciat* = hip or ischium 臀部或坐骨；*ic* = pertaining to 關於

33 *ischium* = hip 臀部

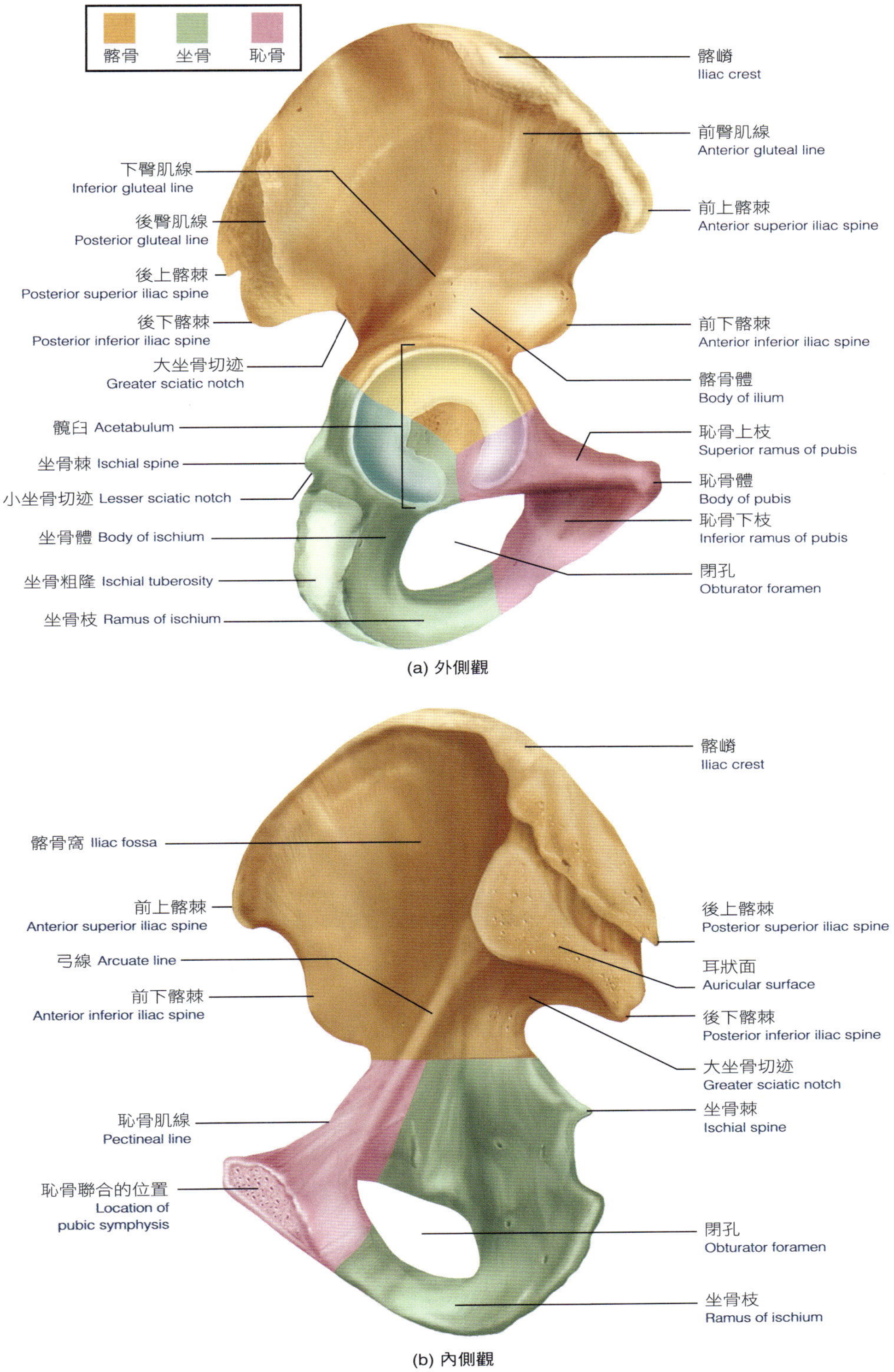
髂骨
坐骨
恥骨
髂嵴
Iliac crest
前臀肌線
Anterior gluteal line
下臀肌線
Inferior gluteal line
後臀肌線
Posterior gluteal line
前上髂棘
Anterior superior iliac spine
後上髂棘
Posterior superior iliac spine
後下髂棘
Posterior inferior iliac spine
前下髂棘
Anterior inferior iliac spine
大坐骨切迹
Greater sciatic notch
髂骨體
Body of ilium
髖臼 Acetabulum
恥骨上枝
Superior ramus of pubis
坐骨棘 Ischial spine
恥骨體
Body of pubis
小坐骨切迹 Lesser sciatic notch
恥骨下枝
Inferior ramus of pubis
坐骨體 Body of ischium
閉孔
Obturator foramen
坐骨粗隆 Ischial tuberosity
坐骨枝 Ramus of ischium
(a) 外側觀
髂嵴
Iliac crest
髂骨窩 Iliac fossa
前上髂棘
Anterior superior iliac spine
後上髂棘
Posterior superior iliac spine
弓線 Arcuate line
耳狀面
Auricular surface
前下髂棘
Anterior inferior iliac spine
後下髂棘
Posterior inferior iliac spine
大坐骨切迹
Greater sciatic notch
恥骨肌線
Pectineal line
坐骨棘
Ischial spine
恥骨聯合的位置
Location of
pubic symphysis
閉孔
Obturator foramen
坐骨枝
Ramus of ischium
(b) 內側觀

圖 8.7 **右髖骨**。(a) 外側觀。藉由顏色辨識兒童時期的三塊骨骼融合成一塊成人的髖骨；(b) 內側觀。AP|R

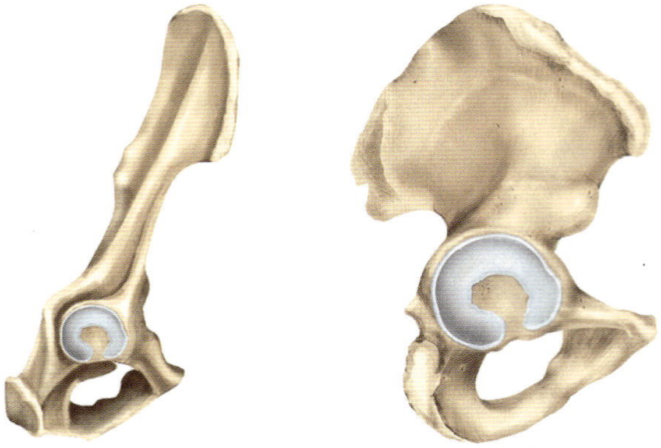

圖 8.8 **黑猩猩和人類的髖骨**。右髖骨的外側觀。人類的髂骨形成了一個更像碗狀的大骨盆，並向後面擴張 (向頁左邊)，這樣在跨步時臀大肌能產生有效的大腿後擺。

骨盆是骨骼中最具有性別差異 (sexually dimorphic) 的部分，也就是說它的解剖結構在兩性之間差異最大。在鑑定遺骸的性別時，法醫學家特別關注骨盆，儘管骨骼的其他部位也提供了許多性別線索。一般來說，男性骨盆平均比女性骨盆更強壯 (更重、更厚)，這是由於更強壯的肌肉對骨骼施加的力量。女性的骨盆是為了適應懷孕和分娩的需要。它更寬、更淺，骨盆入口和出口更大，便於嬰兒頭部通過。表 8.1 和圖 8.9 整理好骨盆在遺骸性別鑑定中最有用的特徵。

8.2b 下肢

下肢 (lower limb) 骨骼的數量和排列與上肢相似。但在下肢中，它們適應於負重和運動，因此形狀和相關節的方式不同。下肢有 30 塊骨頭，分佈在以下三個區域：

1. **大腿** (thigh)[**股骨區** (femoral region)] 是從臀部延伸到膝蓋，包含股骨 (femur)。髕骨 (膝蓋骨) [patella (kneecap)] 是股骨區和小腿區交界處的一塊種子骨。
2. **腿** (leg) 的固有**小腿區** (crural region) 是從膝蓋延伸到腳踝，包含兩塊骨骼，內側脛骨 (tibia) 和外側腓骨 (fibula)。
3. **足部** (foot) 包括**跗骨區** (tarsal region)，有 7

表 8.1 男性和女性骨盆的比較

特徵	男性	女性
一般外觀	更龐大；更沉重；更粗糙的骨面突起	比較小；較光滑；較精細的骨面突起
傾斜度	骨盆上端相對垂直	骨盆上端向前傾斜
大骨盆深度	較深；髂骨突出於薦髂關節上方較遠處	較淺；髂骨不突出於薦髂關節上方
大骨盆寬度	臀部比較不外張；前上棘較接近	臀部更外張；前上棘間距更遠
盆腔入口	心形	圓形或橢圓形
盆腔出口	較小	較大
恥骨下角	較窄，通常為 90° 或更小	較寬，通常大於100°
恥骨聯合	較高	更短
恥骨的體	更三角形	更長方形
大坐骨切迹	較窄	更寬
閉孔	較圓形	多為橢圓形至三角形
髖臼	較大，更面向外側	較小，略微面向前
薦骨	較窄而深	較寬和淺
尾骨	可動性較差；較垂直	較可移動；向後方傾斜

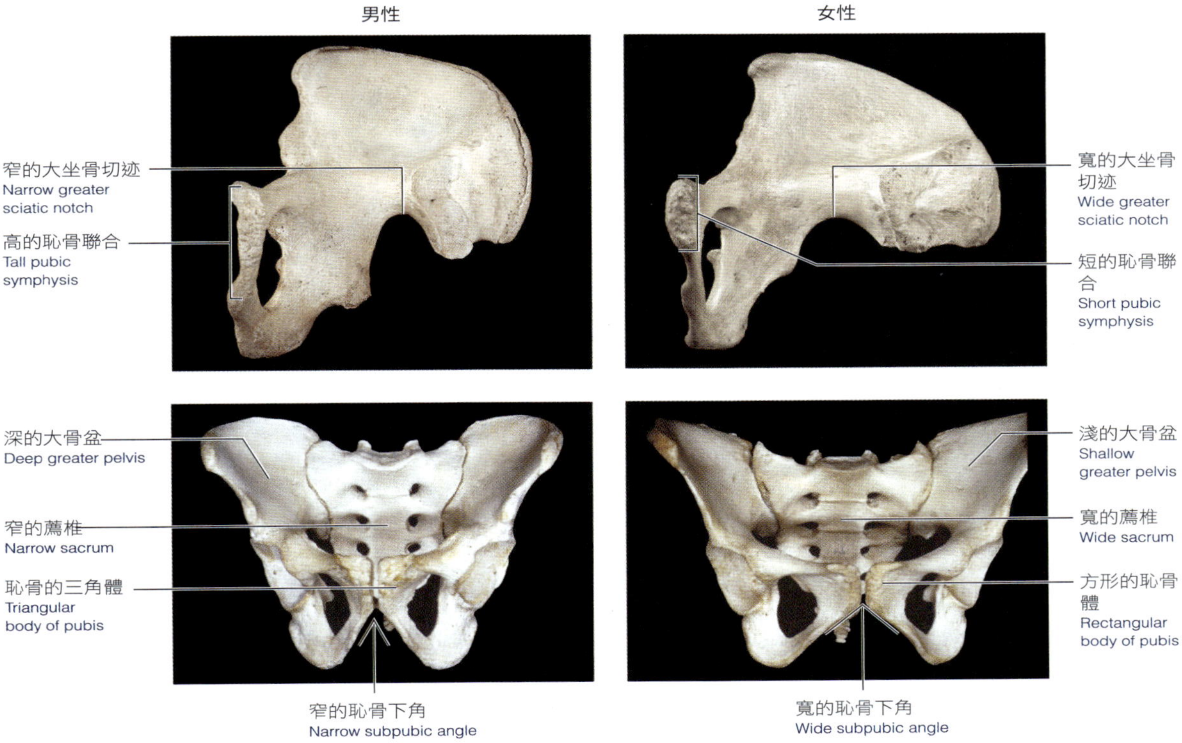

圖 8.9 比較男性和女性骨盆帶。上圖：髖骨內側觀；底部：骨盆帶的前面觀。比較表 8.1。

(內側觀) ©David Hunt/Specimens from the National Museum of Natural History, Smithsonian Institution; (前面觀) ©VideoSurgery/Science Source

塊跗骨從腳跟延伸到足弓的中點；**蹠骨區** (metatarsal region)，有 5 塊骨從那裡延伸到前腳掌，就在腳趾的近端；**腳趾** (digits)，有 14 塊骨。腳和手的骨骼占人體骨骼總數的一半以上 (206 塊中的 106 塊)。

就像手腕 (wrist) 的口語與解剖學的意義一樣，腳踝的口語與解剖學意義不同 (有人可能會戴上腳鐲在腳狹窄的部分) —腳的後半部包含七塊跗骨 (腳踝)。在解剖學上，手腕是手的一部分，而腳踝是腳的一部分 (事實上，大約一半)。

股骨

股骨 (femur)(FEE-mur) 是人體最長、最壯的骨骼，長度約為身高的四分之一 (圖 8.10)。它有一個半球形的頭，與骨盆的髖臼相關節，形成一個典型的球窩關節 (ball-and-socket joint)。一條韌帶從髖臼延伸到股骨頭上的一個凹，即股骨頭上的**頭小凹** (fovea capitis)[34] (FOE-vee-uh CAP-ih-tiss)。在股骨頭的遠端是一個縮小的**頸部** (neck)，是股骨骨折的常見部位 (見臨床應用 8.2 和圖 8.11)。頸部之外有兩個巨大的、粗糙的突起，稱為**大、小轉子** (greater and lesser trochanters[35])(tro-CAN-turs)，是臀部強大肌肉的終止點。在後側兩個轉子有一厚的骨斜脊連接，即**轉子間嵴** (intertrochanteric crest)，在前側有一條更精細的**轉子間線** (intertrochanteric line)。

股骨軸的主要特徵是後面一條嵴 (ridge)，稱為**粗線** (linea aspera[36])(LIN-ee-uh ASS-peh-ruh)，在其上端，粗線分叉成內側的螺

34 *fovea* = pit 坑；*capitis* = of the head 頭部
35 *trochanter* = to run 運行
36 *linea* = line 線；*asper* = rough 粗糙的

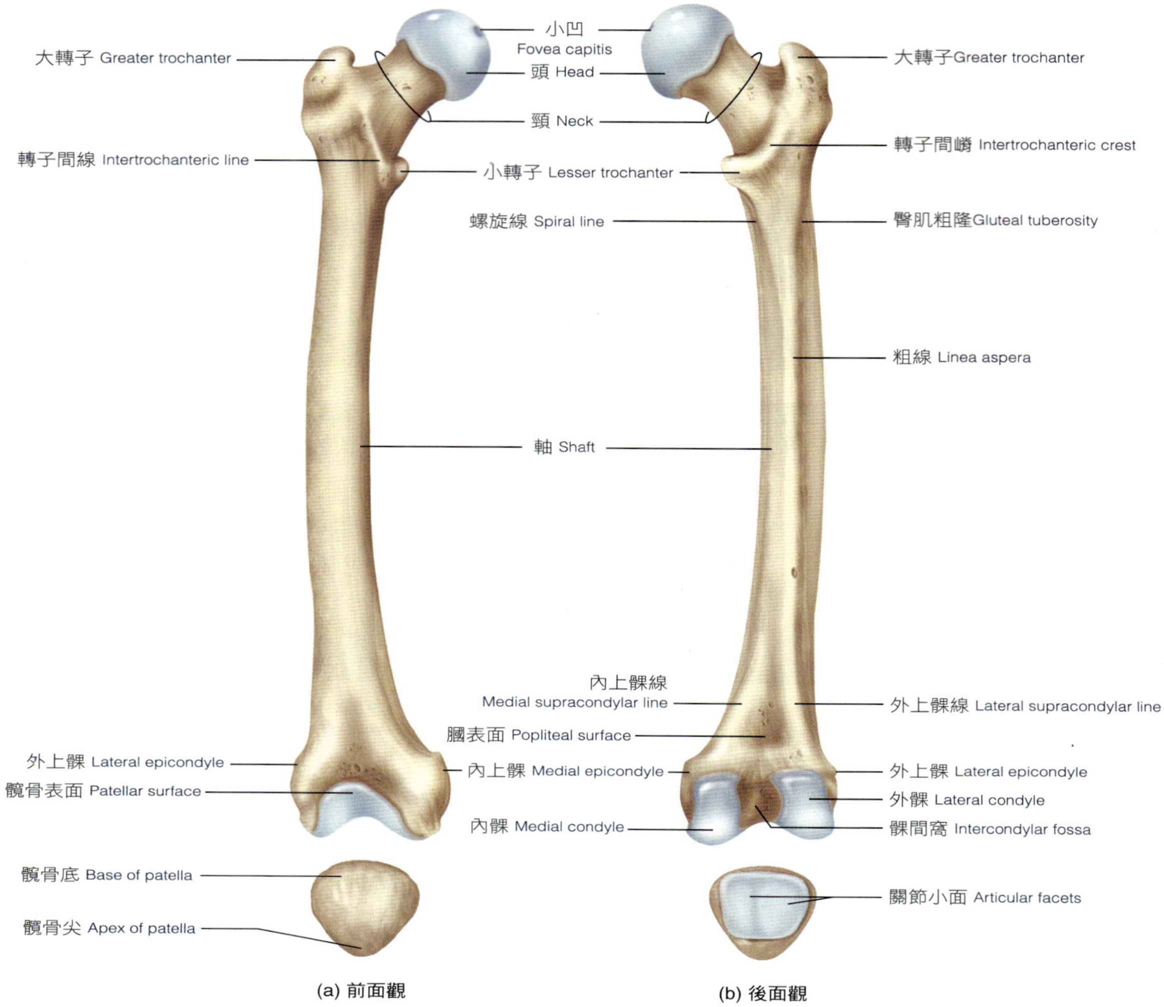

圖 8.10 右股骨和髕骨。(a) 前面觀；(b) 後面觀。

• 你能辨識股骨上有多少個關節面？它們在哪裡？ **AP|R**

臨床應用 8.2

股骨骨折

股骨是一塊非常結實的骨頭，受到大腿肌肉的保護，很少發生骨折。然而，在汽車和馬術事故、花樣滑冰摔倒等高衝擊力的外傷中，它可能會骨折。在汽車碰撞中，如果一個人的雙腳支撐在地板上或煞車踏板上，膝蓋被鎖住，衝擊力就會向上傳遞，可能會造成股骨軸或頸部骨折 (圖 8.11)。軸的粉碎性和螺旋性骨折可能需要一年的時間才能癒合。

「髖骨骨折」通常是股骨頸骨折，它是股骨最薄弱的部分。老年人在跌倒或被撞倒時，經常會摔斷股骨頸一尤其是因骨質疏鬆症而股骨衰弱的女性。股骨頸骨折癒合不良，因為這個部位解剖結構不穩定，骨膜特別薄，骨化潛力有限。此外，該部位的骨折常使血管破裂使血流中斷，導致股骨頭變性 [創傷後血管壞死 (posttraumatic avascular necrosis)]。

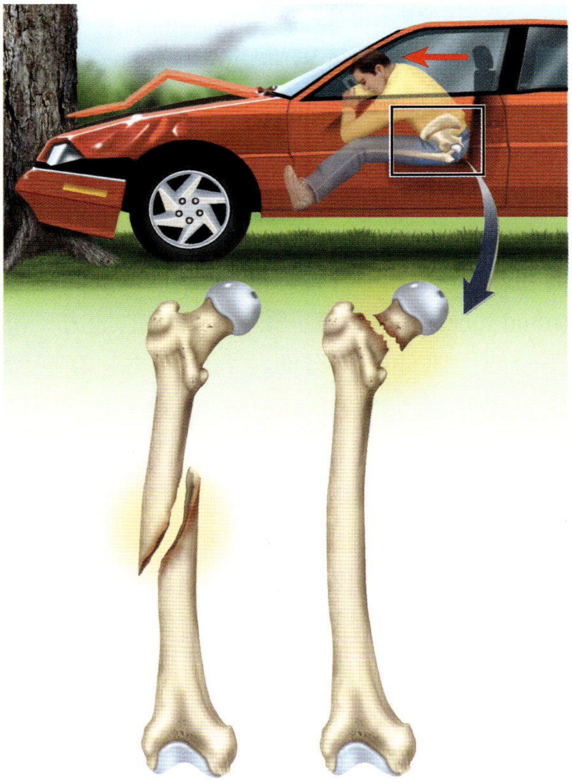

圖 8.11 **股骨骨折**。暴力外傷，如意外車禍，可能會造成股骨軸螺旋狀骨折。老年人摔倒後 (或原因)，股骨頸常發生骨折。

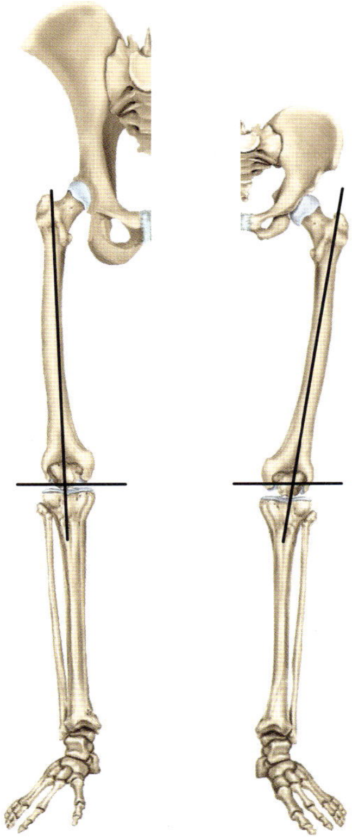

圖 8.12 **下肢對雙足的適應性**。與黑猩猩相反，黑猩猩是四足的，人類的股骨向內側傾斜，所以膝蓋更接近身體重心的下方。

旋線 (spiral lin) 和外側的**臀肌粗隆** (gluteal tuberosity)。臀肌粗隆是一個粗糙的嵴 (有時是一個凹陷)，用於連接臀大肌。在它的下端，粗線分叉成**內側**和**外側髁上線** (medial and lateral supracondylar lines)，繼續向下延伸到各自的上髁。

股骨遠端撇成**內側**和**外側上髁** (medial and lateral epicondyles)，是股骨在膝部最寬的點。這些和髁上線是某些大腿和腿部肌肉和膝關節韌帶的附著點。遠端是膝關節的兩個光滑的圓形表面，即**內側**和**外側髁** (medial and lateral condyles)，由一個稱為**髁間窩** (intercondylar fossa)(IN-tur-CON-dih-lur) 的凹槽分開。在膝關節屈曲和伸展時，髁在脛骨上表面搖晃。在股骨的前側，有一個光滑的內側凹陷稱為**髕骨表面** (patellar surface) 與髕骨相關節。在後側有一平坦或稍有凹陷的區域稱為**膕表面** (popliteal surface)。

雖然猿猴的股骨幾乎是垂直的，但人類的股骨卻從臀部向膝蓋內側傾斜 (圖 8.12)。這使得我們的膝蓋更靠近身體重心的下方。當我們站立時，我們的膝蓋會被鎖住，使我們能夠用很少的肌肉力量保持直立的姿勢。猿類不能做到這一點，牠們不能用兩條腿站立很長時間而不感到疲憊，就像你試圖用膝蓋微微彎曲來保持直立的姿勢一樣。

髕骨

髕骨 (patella)[37] 或膝蓋骨 (見圖 8.10) 是嵌

37 *pat* = pan 平底鍋；*ella* = little 小

入膝蓋的肌腱中粗略為三角形的種子骨。出生時為軟骨質，3~6 歲時骨化。它有一個寬大的上**基底** (base)，一個尖銳的下**尖點** (apex)，在其後表面有一對淺**關節小面** (articular facets)，與股骨相關節。外側面通常比內側面大。股四頭肌肌腱 (quadriceps femoris tendon) 從大腿前股四頭肌延伸到髕骨，然後作為髕韌帶 (patellar ligament) 從髕骨延續到脛骨。這與其說是結構和功能的改變，不如說是專有名詞的改變，因為肌腱連接肌肉到骨骼，韌帶連接骨骼到骨骼。由於股四頭肌肌腱在髕骨上的迴圈方式，髕骨就像一個滑輪，改變了股四頭肌的牽拉方向，提高了其伸展膝關節的效率。

脛骨

腿部有兩塊骨頭，內側是粗壯的脛骨 (tibia)(TIB-ee-uh)，外側是細長的腓骨 (fibula) (FIB-you-luh)(圖 8.13)(為了幫助記住這兩塊骨頭，哪一塊比較小，哪一塊在另外一塊的外側，請想一想三個 L's—Little Lateral fibuLa)。**脛骨** (tibia)[38] 是小腿區唯一的承重骨。它寬大的上頭有兩個相當平坦的關節面，即**內側和外側髁** (medial and lateral condyles)，由一條稱為**髁間隆突** (intercondylar eminence) 的脊分開。脛骨的髁面與股骨的髁面相關節。在髕骨下方可以摸到脛骨粗糙的前表面，即**脛骨粗隆** (tibial tuberosity)。這是髕韌帶插入的地方，也是股四頭肌伸腿時發揮拉力的地方。在此遠端，脛骨軸的**前緣** (anterior border) 有一個銳利的角，可以在小腿摸到。在腳踝處，剛好在標準禮服鞋的邊緣上方，你可以在兩側摸到一個突出的骨節。這些是**內側和外側踝** (medial and lateral malleoli[39])(MAL-ee-OH-lie)。內側的腳踝是脛骨的一部分，外側的腳踝是腓骨的一部分。

38 *tibia* = shinbone 脛骨

39 *malle* = hammer 錘子；*olus* = little 小

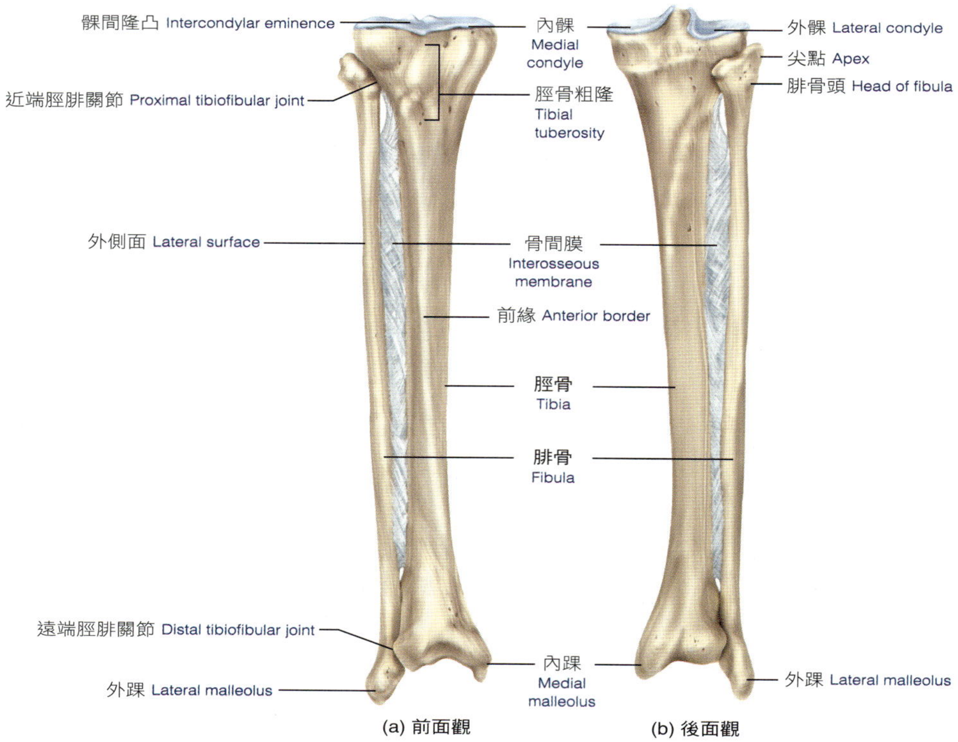

圖 8.13 右脛骨和腓骨。(a) 前面觀；(b) 後面觀。AP|R

腓骨

腓骨 (fibula)[40] (圖 8.13) 是一個細長的外側支柱，有助於穩定腳踝。它不承受身體的任何重量；事實上，骨科醫生有時會移除部分腓骨，用它來替代身體其他受損或缺失的骨骼。腓骨的近端比遠端更粗、更寬，即**頭部** (head)。頭部的點稱為**尖點** (apex)。遠端膨大處為外踝。腓骨與脛骨之間由一條稱為骨間膜 (interosseous membrane) 的韌帶連接，類似於連接尺骨和橈骨的韌帶，且頭部和尖點由較短的韌帶在上端和下端接觸脛骨。

腳踝和足部

腳踝的**跗骨** (tarsal bones) 排列成近端和遠端，有點像手腕的腕骨 (圖 8.14)。然而，由於腳踝的負重的角色，其形狀和排列方式與腕骨有明顯的不同，它們完全融入了足部的構造。最大的跗骨是**跟骨** (calcaneus)[41] (cal-CAY-

40 *fib* = pin 針；*ula* = little 小

41 *calc* = stone 石頭，chalk 粉筆

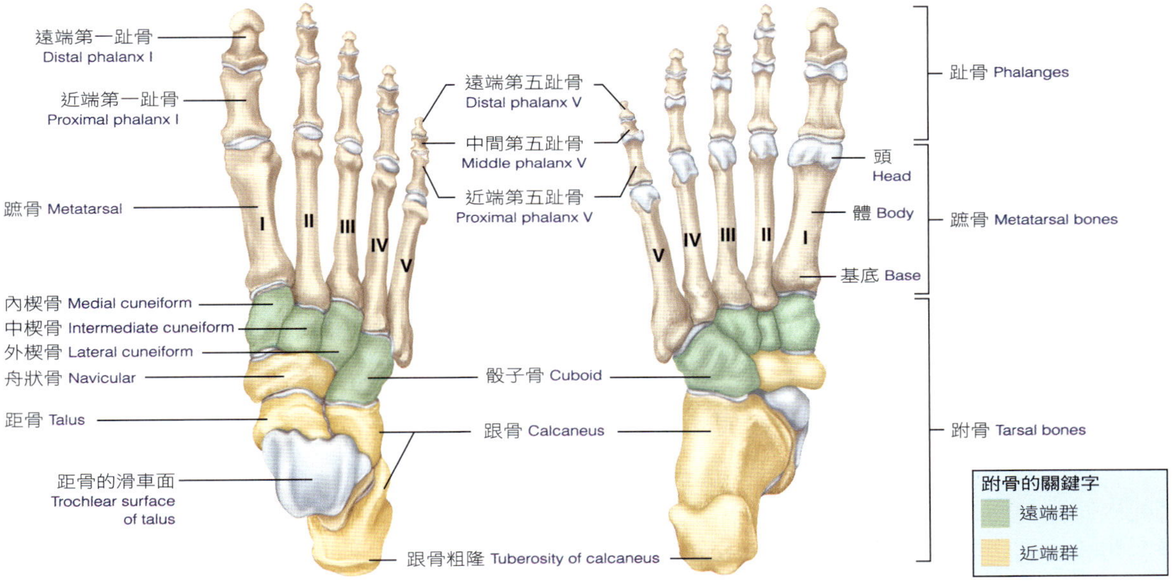

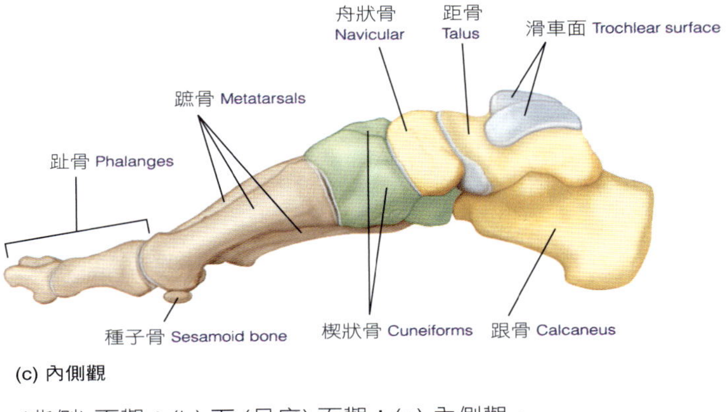

圖 8.14 右腳。(a) 上 (背側) 面觀；(b) 下 (足底) 面觀；(c) 內側觀。

• 在 (c) 部分中，一歲嬰兒最不可能出現哪一種骨骼？解釋一下。APR

nee-us)，它形成了腳跟。它的後端是來自小腿肌肉的**跟腱** [calcaneal；**阿奇里斯腱** (Achilles) tendon] 附著點。第二大的跗骨，也是最上面的跗骨是**距骨** (talus)[42]。它有三個關節面：一個下後方的關節面與跟骨相關節，一個上面的**滑車面** (trochlear[43] surface) 與脛骨相關節，且一個前面的與一個短而寬的跗骨相關節，稱為**舟狀骨** (navicular)[44]。距骨、跟骨和舟骨被認為是近端排的跗骨。

遠端群四塊骨頭形成一排。從內側到外側，這些是**內側、中間和外側楔形** (medial, intermediate, and lateral cuneiforms[45])(cue-NEE-ih-forms) 和**骰子骨** (cuboid)[46]。骰子骨是最大的跗骨。

應用您的知識

上肢和下肢各有 30 根骨頭，然而我們上肢有 8 塊腕骨，下肢只有 7 塊跗骨。下肢的差異是由什麼構成的呢？

足部其餘骨骼的排列和名稱與手部相似。近端**蹠骨** (metatarsals)[47] 與掌骨相似。它們從內側到外側是蹠骨 I 到 V，蹠骨 I 是大拇趾的近端。請注意，羅馬數字 I 在足部代表內側 (medial) 的骨群組，但在手部代表外側 (lateral) 的骨群組。但在這兩種情況下，它都是指肢體最大的數字 (見臨床應用 8.3)。蹠骨 I 至 III 與三個楔狀骨相關節；蹠骨 IV 和 V 與骰子骨相關節。

腳趾的骨和手指的骨一樣，稱為指骨。大拇趾只包含兩塊骨，即近端和遠端第一指骨。其他腳趾各含近端、中間和遠端蹠骨。蹠骨和蹠骨各有一個基底、體和頭，就像手的骨一樣。所有這些骨，尤其是指骨，在下面 (足底) 稍有凹陷。

手對人類的進化很重要，但腳可能是一種更重要的適應。與其他哺乳動物不同，人類用兩隻腳支撐整個身體的重量。跗骨之間緊密銜接，跟骨也非常發達。大拇趾不能像大多數舊大陸猴和猿類那樣對立 (圖 8.15)，也就是說，人類不能有效地用大拇趾抓取物體，但大拇趾非常發達，所以它能在步幅的最後階段提供推動身體向前移動的「腳趾離地」(“toe-off”)。因此，失去大拇趾比失去其他腳趾更容易造成殘廢。

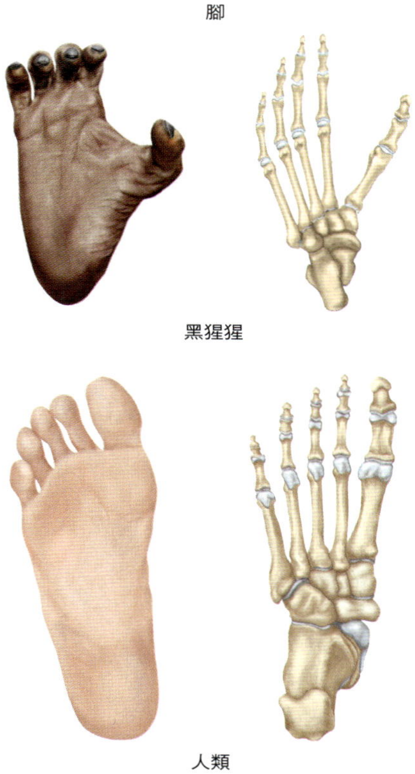

圖 8.15 足部對雙足運動的適應性。黑猩猩的大拇趾是能握的，可以包圍和抓取物體。人類的大拇趾是無法握的，但比較健壯，是為了適應雙足長步的拇趾離地的部分。

42 *talus* = ankle 踝部
43 *trochle* = pully 滑輪；*ar* = like 像
44 *nav* = boat 船；icul = little 小；*ar* = like 像
45 *cunei* = wedge 楔形；*form* 形式= in the shape of 形狀
46 *cub* = cube 立方體；*oid* = shaped 形狀
47 *meta* = beyond 超越；*tars* = ankle 腳踝

臨床應用 8.3

解剖位置——臨床和生物學的觀點

這似乎令人疑惑的是我們把掌骨第一到第五從外側算到內側，卻把蹠骨第一到第五從內側算到外側。這個小的疑惑點是 20 世紀初一個解剖學家委員會在 20 世紀初開會定義解剖位置。雙臂應該呈現手掌向前還是面向後方，在解剖位置上出現了爭議。獸醫解剖學家認為，手掌向後 (前臂旋前) 將是一個更自然的位置，與其他動物的前肢方向相當。站立時前臂旋前比較舒服，且當孩子四肢爬行時，是以手掌放在地上，呈旋前姿勢。在這種類似動物的姿態下，最大的指頭 (拇指和大拇趾) 在四肢內側。然而，臨床人體解剖學家認為，如果你讓病人「給我看看你的手臂」或「給我看看你的手」，大多數人呈現的是手掌向前或向上—也就是旋後的位置。臨床解剖學家贏得了這場爭論，所以我們按照生物學上不太合理的順序給手和腳的骨骼編號，也是這個專有名詞的繼承者。

其他一些解剖學專有名詞也反映了不太完美的邏輯。*腳背* (dorsum) 是腳的上表面——它並不朝向背部，而陰莖的*背動脈* (dorsal artery) 和*背神經* (dorsal nerve) 則沿著朝向前方 (腹側) 的表面 (見圖 26.9)。然而，在貓、狗或其他四足哺乳動物中，腳背和陰莖背動脈和神經確實是朝向背側 (向上) 的。這些都是我們從比較解剖學承襲專有名詞的例子，也是我們用其他物種對應的構造來命名人類解剖構造的習慣。

雖然猿類是平足，但人類卻有強壯而有彈性的足弓，它將身體的重量分佈在腳跟和蹠骨之間，並在行走和奔跑時吸收身體上下晃動時的壓力 (圖 8.16)。**內側縱弓** (medial longitudinal arch) 基本上從腳跟延伸到大拇趾，由跟骨、距骨、舟狀骨、楔狀骨和第一至第三蹠骨所組成。一般情況下，它遠高於地面，從濕腳印的形狀就可以看出。**外側縱**

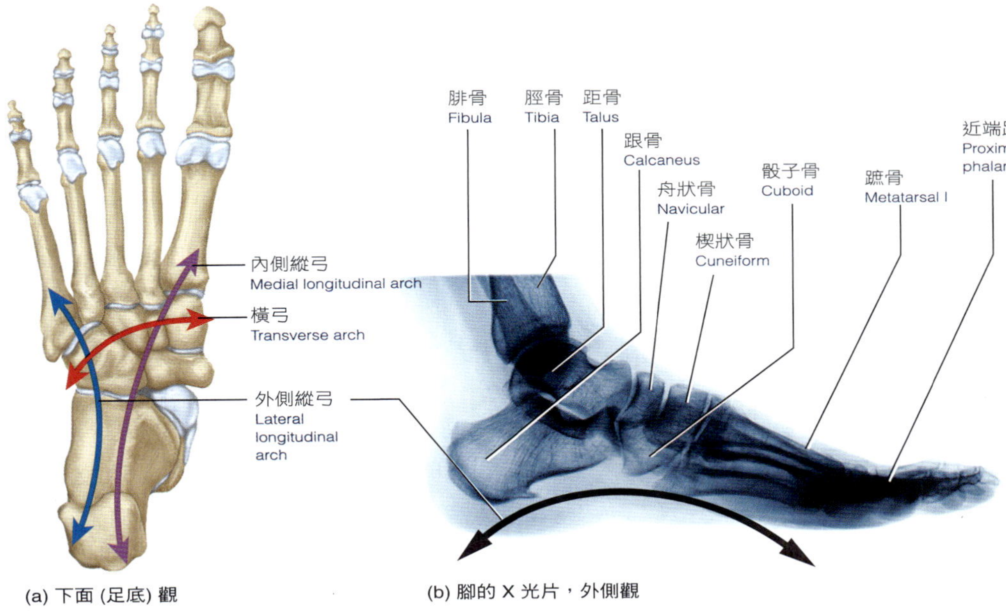

圖 8.16 足部的足弓。(a) 三個足弓的下面 (足底) 觀；(b) 外側縱弓的側面 X 光片。

(b) ©Puwadol Jaturawutthichai/123rf

弓 (lateral longitudinal arch) 從腳跟延伸到小腳趾，由跟骨、舟狀骨及第四和第五蹠骨所組成。**橫弓** (transverse arch) 包括骰子骨、楔狀骨和蹠骨近端頭。這些足弓由短而強的韌帶固定在一起。過度的重量，反覆的壓力，或這些韌帶的先天性弱點可以拉扯它們，導致扁平足 (pes planus)(通常稱為平足或落弓)。這種情況會使人對長時間站立和行走的耐受性降低。

在你繼續閱讀之前

回答下列問題，以檢驗你對上節內容的理解：

7. 命名出成人骨盆帶的骨骼。兒童的哪三塊骨頭融合成成人的髖骨？
8. 命名出你能摸到的骨盆的任意四種結構，並描述摸到它們的位置。
9. 描述男性和女性骨盆帶的幾種不同方式。
10. 股骨的哪些部位與髖關節有關？哪些部位參與膝關節的構造？
11. 命名出你的腳踝兩側突出的結節。這些構造是由哪些骨骼構成的？
12. 命名出與距骨相關節的所有骨骼的，並描述每個骨骼的位置。
13. 描述人和猿猴的骨盆和後肢有幾種不同方式，及產生這些差異的功能原因。

8.3 發育和臨床觀點

預期學習成果

當您完成本節後，您應該能夠

a. 描述出生前和出生後附肢骨的發育；以及
b. 描述一些常見的附肢骨疾病。

8.3a 附肢骨的發育

除了少數例外，四肢骨骼及其肢帶都是通過軟骨內骨化作用形成的。例外情況包括鎖骨 (主要通過膜內骨化作用形成) 和種子骨 (豆狀骨和髕骨)。雖然四肢和肢帶骨化在出生時就已開始，但它們要到 20 多歲才完成。

肢體發育的第一個標誌是第 26~27 天左右出現**上肢芽** (limb buds)，1~2 天後出現下肢芽。肢芽由外胚層覆蓋的間葉核心組成。肢芽隨著間葉的增殖而變長。肢芽遠端成扁平的槳狀**手及足板** (hand and foot plates)。手到 38 天和腳到 44 天時，這些手足板呈現出平行的嵴 (ridge)，稱為**放射狀指** (digital rays)，即未來的手指和腳趾。放射狀指之間的間葉因細胞凋亡而分解，在放射狀指之間形成切迹並不斷加深，直到第 8 週結束時，手指和腳趾已經完全分開。

未來肢體骨骼的濃縮間葉模式在第 5 週首次出現。到該週結束時，軟骨模型明顯，到第 6 週結束時，一個完整的軟骨肢骨骼出現了。長骨在下一週開始骨化，具體方式見第 6 章 (見圖 6.9)。肱骨、橈骨、尺骨、股骨和脛骨在第 7~8 週形成初級骨化中心；肩胛骨和髂骨在第 9 週形成初級骨化中心；掌骨、蹠骨和指骨在接下來的 3 週內形成初級骨化中心；坐骨和恥骨分別在第 15 週和第 20 週形成初級骨化中心。鎖骨在第 7 週早期開始在膜內骨化。

腕骨在出生時還是軟骨。其中有些早在 2 個月大的時候就開始骨化 (頭狀骨)，有些晚到 9 歲 (豆狀骨)。髕骨在 3~6 歲時骨化。長骨的骨骺在出生時為軟骨，其次級骨化中心剛開始形成。骨骺板持續到約 20 歲時，此時骨骺和骨幹融合，骨的伸長停止。髂骨、坐骨和恥骨直到 25 歲才完全融合成一個髖骨。

看起來很奇怪，最大的指頭 (拇指和大拇趾) 在手的外側，但在腳的內側、肘部和膝蓋屈曲的方向相反。這是由第 7 週發生的四肢旋轉造成的。該週早期，肢骨從身體前側伸展，手板出現了肢芽分離的最初痕跡，而足部仍是相對未分化的足板 (圖 8.17a)。未來的拇指和大拇趾都朝上，未來的手掌和腳底朝內側。

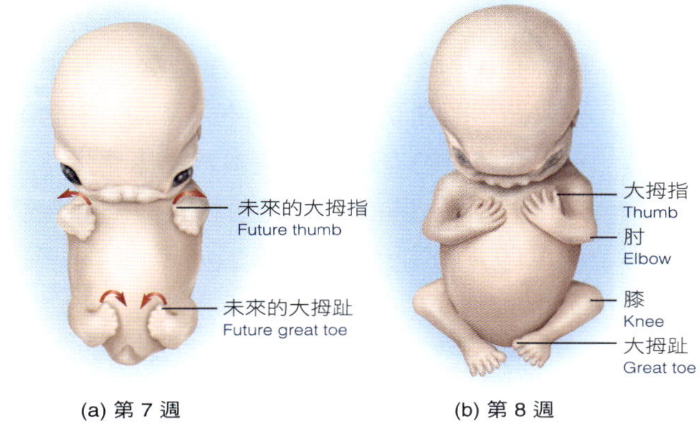

圖 8.17 **胚胎的肢體旋轉**。(a) 第 7 週時肢體旋轉的開始；(b) 第 8 週時的肢體旋轉狀態，肘部向後屈曲，膝部向前屈曲。

但隨後四肢向相反方向旋轉約 90°。上肢朝外旋轉。想像一下，把你的手伸直在你面前，手掌相對，好像你要拍手一樣。然後旋轉你的前臂，使大拇指朝向遠離對方 (向外的)，手掌朝上。下肢向內側反方向旋轉，使腳底朝下，大拇趾變成內側。因此，大拇指和大拇趾最終在手和腳相對的兩側 (圖 8.17b)。這種旋轉也解釋了為什麼肘關節和膝關節的屈曲方向相反，以及為什麼 (你將在第 12 章中看到) 屈曲肘關節的肌肉在手臂的前側，而屈曲膝關節的肌肉在大腿的後側。

8.3b 附肢骨的病理學

附肢骨有幾種發育異常，每 1,000 個活產中就有 2 個發生。最顯著的是**無肢畸形** (amelia)[48]，即完全沒有一個或多個肢體。部分肢體的缺失被稱為**部分肢畸形** (meromelia)[49]。肢體缺失通常是指沒有長骨，手或腳直接附著在軀幹上 (見圖 4.13)。這類缺損常伴有心臟、泌尿生殖系統或顱面骨的畸形。這些畸形通常是遺傳的，但也可由致畸胎的化學物質沙利度胺 (thalidomide) 等誘發。肢骨在發育的第四和第五週最容易受到致畸胎劑的影響。

另一類肢體發育障礙包括**多指畸形** (polydactyly)[50]，即多出手指或腳趾 (圖 8.18a)，以及**並指畸形** (syndactyly)[51]，即兩個或多個手指融合。後者是由於放射狀指不能分離所致。*皮膚並指症* (cutaneous syndactyly)，最常見於足部，是指間皮膚的持久性，相對容易手術矯正。*骨性並指症* (osseous syndactyly)

---

48 *a* = without 沒有；*melia* = limb 肢體
49 *mero* = part 部分；*melia* = limb 肢體
50 *poly* = many 許多；*dactyl* = finger 手指
51 *syn* = together 一起；*dactyl* = finger 手指

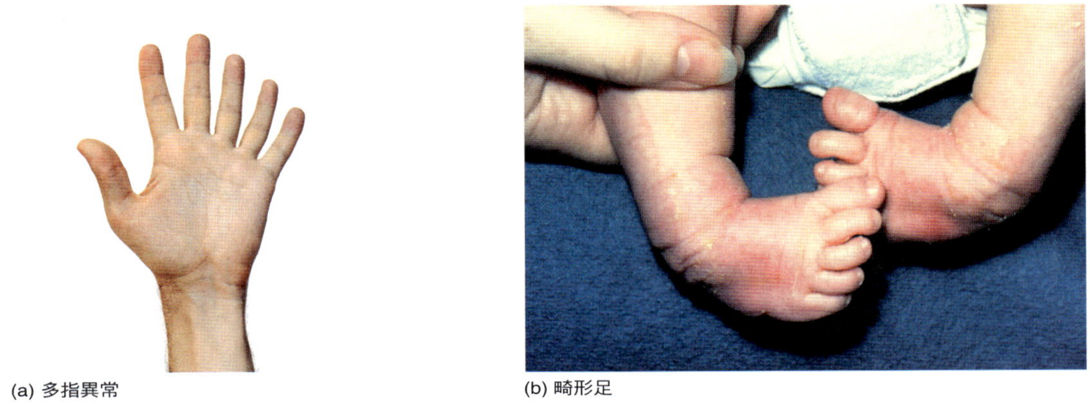

圖 8.18 **手腳先天性畸形**。(a) 多指畸形，即多出一個手指頭；(b) 馬蹄內翻足或先天杵狀足。

是由於胚胎放射狀指之間的切迹未能形成而導致的指骨融合。多指畸形和並指畸形通常是遺傳性的，但也可由畸胎體誘發。

先天杵狀足 (clubfoot) 或**馬蹄內翻足** (talipes)[52] (TAL-ih-peez) 是一種先天性畸形，足內收，足底屈曲 (定義見 9.2c 節)，足底內翻 (圖 8.18b)。這是一種比較常見的先天性缺陷，大約每 1,000 個活產兒中就有 1 個，但其原因仍不清楚。有時是遺傳性的，有些人認為也可能是胎兒在子宮內位置不正造成的，但後一種假設仍未被證實。患有馬蹄內翻足的兒童不能用腳支撐體重，往往用腳踝行走。在某些病例，馬蹄內翻足需要從新生兒期開始，每週用新的石膏對足部進行固定，持續 4~6 個月。有些病例需要在 6 至 9 個月時進行手術，以減輕緊繃的韌帶和肌腱，並重新調整足部。

附肢骨最常見的非先天性疾病是骨質疏鬆症、骨折、脫臼和關節炎。儘管這些病症也會影響到中軸骨，但在附肢骨更常見，也更容易致殘。骨折的一般分類在 6.4a 節中討論，一些附肢骨特有的骨折在本章臨床應用 8.1 和 8.2 中討論。關節炎、脫臼和其他關節疾病在 9.3 和 9.4 節中介紹。表 8.2 介紹了其他一些附肢骨的疾病。

在你繼續閱讀之前

回答下列問題，以檢驗你對上節內容的理解：

14. 描述手從肢芽到手指完全形成並分離的發育過程。
15. 解釋為什麼肘部和膝蓋的屈曲方向相反。
16. 區分無肢畸形和部分肢畸形，並區分多指畸形和並指畸形。

52 *tali* = heel 腳後跟；*pes* = foot 腳

表 8.2 附肢骨的疾病

撕裂性 (Avulsion)	指身體某部分 (如手指) 完全從身體撕裂的骨折，如許多農場和工廠機械事故中的骨折。此專有名詞也可指非骨性結構，如耳朵的撕裂
跟骨 (腳跟) 的骨刺 [Calcaneal (heel) spurs]	跟骨的異常生長。通常是由於高衝擊力的運動，如有氧運動和跑步，特別是穿不合適的鞋時造成的。足底筋膜 (腳底的結締組織片) 受壓迫，刺激骨外生，或骨刺的生長，可引起嚴重的腳痛
科列斯型骨折 (Colles[53] fracture)	橈骨和尺骨遠端的病理性骨折，常發生在手腕受壓力時 (如從扶手椅上推起自己的身體)，骨骼已因骨質疏鬆而衰弱
骨骺性骨折 (Epiphysial fracture)	長骨的骨骺與骨幹分離。常見於兒童和青少年因其軟骨性的骨骺板造成。可對骨生長的正常完成構成威脅
扁平足 (Pes planus[54])	青少年和成年人的「扁平足」或「足弓下塌」(沒有明顯的足弓)。由於長期站立或體重過重導致足底韌帶拉扯所致
波特氏骨折 (Pott[55] fracture)	脛骨、腓骨遠端的骨折，或兩者的骨折；是足球、美式足球、滑雪常見的運動損傷

您可以在以下地方找到其他附肢骨的疾病討論

鎖骨骨折 (臨床應用 8.1)	股骨骨折 (臨床應用 8.2)	骨肉瘤 (表 6.2)

53 Abraham Colles (1773~1843)，愛爾蘭外科醫生

54 *pes* = 腳；*planus* = 平坦

55 Sir Percivall Pott (1713~88)，英國外科醫生

學習指南

評估您的學習成果

為了測試你的知識，請與學習夥伴討論以下話題，或以書面形式討論，最好是憑記憶。

8.1 肩胛帶和上肢

1. 肩胛帶的功能；構成肩胛帶的骨骼；以及這些骨骼之間、與上肢和中軸骨之間所有的相關節。
2. 鎖骨和肩胛骨的解剖學特徵。
3. 上肢的四個節段 (區域)。
4. 上肢全部 30 塊骨頭的名稱和位置，以及它們之間的所有的相關節。
5. 肱骨、橈骨、尺骨、腕骨 (尤其是鉤狀骨)、掌骨和指骨的解剖學特徵。
6. 上肢在解剖學上如何適應人類的雙足性。

8.2 骨盆帶和下肢

1. 骨盆帶和骨盆的區別。
2. 骨盆帶的功能；構成骨盆帶的骨骼；以及這些骨骼之間、與下肢和中軸骨之間所有的相關節。
3. 髖骨的解剖學特徵，以及它所產生的三塊兒童時期骨的名稱和界線。
4. 大骨盆、小骨盆、骨盆緣、骨盆入口、骨盆出口的意義，以及這些結構與妊娠和分娩的關係。
5. 骨盆帶和臀部肌肉在解剖學上是如何適應人類的雙足性。
6. 男性和女性骨盆帶的區別。
7. 下肢的四個節段 (區域)。
8. 下肢全部 30 塊骨頭的名稱和位置，以及它們之間所有的相關節。
9. 股骨、髕骨、脛骨、腓骨、距骨、跟骨、舟狀骨、骰子體、楔狀骨、蹠骨和趾骨的解剖學特徵。
10. 三個足弓的名稱和標記。
11. 下肢是如何適應人類雙足的，包括股骨的角度、膝蓋的鎖緊、大拇趾、足弓。

8.3 發育和臨床觀點

1. 附肢骨的哪些部分是由膜內和軟骨內骨化形成的？
2. 肢芽的發育及其分化成肢體的方式，特別是手和足發育的過程。
3. 導致膝、肘關節屈曲方向相反，拇指和大拇趾方向相反的發育過程。
4. 附肢骨骼的發育異常，包括無肢畸形、部分肢畸形、多指畸形、並指畸形和內翻足。
5. 最常見的非先天性附肢骨疾病。

回憶測試

1. 髖骨的哪一構造與中軸骨相連？
   a. 耳狀面 (auricular surface)
   b. 關節軟骨 (articular cartilage)
   c. 恥骨聯合體 (pubic symphysis)
   d. 錐狀結節 (conoid tubercle)
   e. 冠狀突 (coronoid process)
2. 下列哪一塊骨骼支撐身體最多的重量？
   a. 髂骨 (ilium)
   b. 恥骨 (pubis)
   c. 股骨 (femur)
   d. 脛骨 (tibia)
   e. 距骨 (talus)
3. 下列哪種結構在活人身上最容易摸到？
   a. 三角肌粗隆 (the deltoid tuberosity)
   b. 大坐骨切迹 (the greater sciatic notch)
   c. 內踝 (the medial malleolus)
   d. 肩胛骨喙突 (the coracoid process of the scapula)
   e. 盂關節腔 (the glenoid cavity)
4. 與男性骨盆相比，女性骨盆有何特性？
   a. 具有一個較少活動的尾骨
   b. 具有較圓的骨盆入口
   c. 是髂脊之間較狹窄
   d. 具有較狹窄的恥骨弓
   e. 具有較窄的薦骨
5. 外側和內側的腳踝最類似於
   a. 橈骨和尺骨的莖突
   b. 肱骨的小頭和滑車
   c. 鷹嘴和喙突
   d. 一個掌骨的基底部和頭部
   e. 前上和後上髂棘
6. 當你把雙手放在臀部時，你是把它們放在下列哪一部位？
   a. 骨盆腔入口 (the pelvic inlet)
   b. 骨盆腔出口 (the pelvic outlet)
   c. 骨盆緣 (the pelvic brim)
   d. 髂嵴 (the iliac crests)
   e. 耳狀面 (the auricular surfaces)
7. 橈骨的盤狀頭與肱骨哪一構造相關節？
   a. 橈骨粗隆 (radial tuberosity)
   b. 滑車 (trochlea)

c. 小頭 (capitulum)
d. 鷹嘴突 (olecranon process)
e. 盂關節腔 (glenoid cavity)

8. 以下所有的都是腕骨，除了下列哪一塊是跗骨的構造？
   a. 大多角骨 (trapezium)
   b. 骰子骨 (cuboid)
   c. 小多角骨 (trapezoid)
   d. 三角骨 (triquetrum)
   e. 豆狀骨 (pisiform)
9. 當你坐著的時候，下列哪一構造支撐你身體的重量？
   a. 髖臼 (the acetabulum)
   b. 恥骨 (the pubis)
   c. 髂骨 (the ilium)
   d. 尾骨 (the coccyx)
   e. 坐骨 (the ischium)
10. 下列哪一塊是腳跟的骨骼？
   a. 骰子骨 (cuboid)
   b. 跟骨 (calcaneus)
   c. 舟狀骨 (navicular)
   d. 滑車 (trochlea)
   e. 距骨 (talus)
11. 小孩的髂骨、坐骨和恥骨融合成一個單一的骨骼，在成人命名為______。
12. 鷹嘴和喙突是什麼骨的一部分？
13. 人體總共有多少個指骨？
14. 肘部兩側的骨性突起是肱骨的外側和內側的______。
15. 是手腕骨之一，即______的特點是有一個突出的鉤子。
16. 將骨盆帶固定在一起，位於前面的纖維軟骨墊稱為______。
17. 膝蓋和腳踝之間的固有腿部構造，稱為______區域。
18. 橈骨和尺骨的______突是在手腕兩側形成的骨性突起。
19. 股骨近端特有的兩個巨大突起是大和小______。
20. ______弓是從腳跟延伸到大拇趾的構造。

答案在附錄 A

建立您的醫學詞彙

說出每個詞彙的含義，並從本章中給出一個使用該詞彙的醫學專有名詞或稍微的改變該詞彙。

1. pect-
2. acro-
3. -icle
4. supra-
5. carpo-
6. capit-
7. -ulum
8. meta-
9. auro-
10. tarso-

答案在附錄 A

這些陳述有什麼問題？

簡要說明下列各項陳述為什麼是假的，或將其改寫為真。

1. 儘管腕骨和跗骨的形狀大不相同，但它們的數量是相等的。
2. 手的指骨比腳多。
3. 上肢與中軸骨的連接點只有一點，即肩峰鎖骨關節 (acromioclavicular joint)。
4. 參與肩部觸碰按摩的肌肉是肩胛下窩的肌肉。
5. 在嚴格的解剖學術語中，手臂 (arm) 和腿 (leg) 這兩個詞都是指只有一塊骨頭的區域。
6. 如果你把下巴放在手上，手肘放在桌上，這時尺骨的莖突就放在桌子上。
7. 人類最常見的骨折是肱骨。
8. 橈骨遠端與大多角骨和小多角骨銜接。
9. 鉤狀骨和髕骨都是種子骨。
10. 骨盆出口是大骨盆底部通向小骨盆的開口。

答案在附錄 A

測試您的理解力

1. 在青少年中，意外傷害有時會使股骨頭與頸部分離。為什麼你認為這種情況在青少年中比成人更常見？
2. 觸摸貓或狗的後腿或檢查實驗室的骨骼，你可以看到貓和狗站立在牠們蹠骨的頭上，跟骨不接觸地面。這和女人穿高跟鞋的姿態有什麼相似之處？有何不同？

3. 一個獵鹿人在樹林裡發現了一具人骨並通知了當局。一則關於這一發現的新聞報導稱，這是一具年齡在 17 至 20 歲之間身分不明的男性屍體。哪些骨骼特徵對確定該人的性別和大致年齡最有用？
4. 喬安因患了骨肉瘤 (一種骨癌) 而被一位外科醫生切除了 8 公分的橈骨，並從喬安的下肢取下一塊骨骼移植。你認為哪塊骨骼最有可能被用作移植的來源？請解釋你的答案。
5. 一位 55 歲、重 75 公斤 (165 磅) 的瓦工安迪，正在給一棟新房的陡峭屋頂鋪設瓦片時，失足從屋頂上滑落，雙腳先著地。摔倒時他強撐著，落地時他大叫一聲，痛得翻了個身。被叫到現場的緊急醫療技術人員告訴他，他的臀部已經骨折。更具體地描述一下，他的骨折很可能發生在哪裡。在去醫院的路上，安迪說：「你知道這很有趣，當我還是個孩子的時候，我經常從那麼高的屋頂上跳下來，我從來沒有受傷過。」你為什麼認為安迪成年後比他小時候更容易發生骨折？

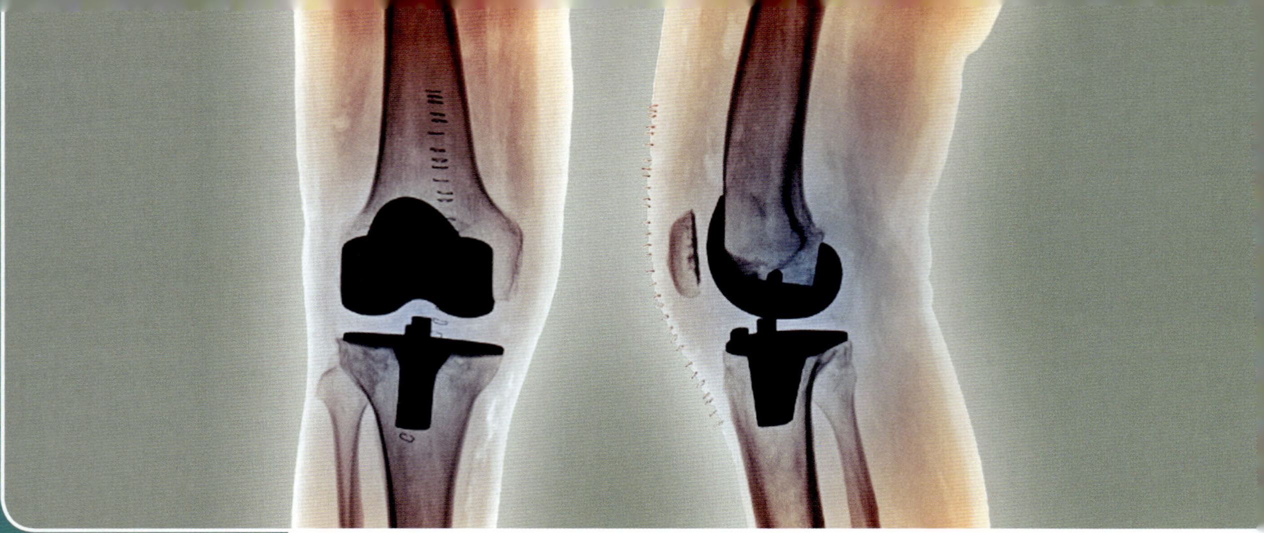

膝關節置換術的 X 光片，正面觀和側面觀 (與圖 9.28 比較)

©Zephyr/Getty Images

CHAPTER 9

骨骼系統 IV
關節

周光儀

章節大綱

9.1 關節及其分類
- 9.1a 骨性關節
- 9.1b 纖維關節
- 9.1c 軟骨關節

9.2 滑液關節
- 9.2a 一般的解剖學
- 9.2b 滑液關節的分類
- 9.2c 滑液關節的運動
- 9.2d 運動範圍

9.3 選定的滑液關節解剖學
- 9.3a 下頜關節
- 9.3b 肩關節
- 9.3c 肘關節
- 9.3d 髖關節
- 9.3e 膝關節
- 9.3f 踝關節

9.4 臨床觀點
- 9.4a 關節炎
- 9.4b 關節假體

學習指南

臨床應用

9.1 運動和關節軟骨

9.2 顳下頜關節功能障礙

9.3 肘部拉傷

9.4 膝關節損傷和關節鏡手術

複習

要瞭解本章，您可能會發現複習以下概念會有所幫助：

- 解剖切面 (圖 1.7)
- 透明軟骨和纖維軟骨的區別 (表 3.7)
- 骨骼系統解剖學 (第 7 章和第 8 章)

Anatomy & Physiology REVEALED
aprevealed.com

模組 5：骨骼系統

關節，或稱關節連接，將骨骼系統的骨骼連接成一個功能性的整體——這個系統支撐著身體，允許有效的運動，並保護較軟的器官。肩、肘、膝等關節是生物學設計出來的傑出標本——幾乎沒有摩擦的自潤滑，能夠承受重物和壓力，同時執行流暢和精確的動作。然而同樣重要的是，其他關節的活動性較小，甚至不能移動。這樣的關節能夠更好地支撐身體，保護脆弱的器官。例如，脊柱只能適度活動，因為它必須讓軀幹靈活，但又能保護脆弱的脊髓，並支撐身體的大部分重量。顱骨必須保護大腦和感覺器官，但不需要移動 (出生時除外)；因此，它們被不動的關節鎖在一起，即 7.2 節中學習的骨縫。

在日常生活中，我們最注意的是四肢活動最自由的關節，而致殘性疾病給人們感覺最嚴重的就是這裡，如關節炎。物理治療師的大部分工作都集中在肢體活動能力方面。在這一章中，我們將探索所有類型的關節，從完全不能活動的關節到最能活動的關節，但重點是後者。對關節解剖和運動的探索將為第 11 章和第 12 章的肌肉動作研究奠定基礎。

9.1 關節及其分類

預期學習成果

當您完成本節後，您應該能夠

a. 解釋什麼是關節，如何命名，以及它們有什麼功能；
b. 命名和描述四大類關節；
c. 命名一些關節，隨著年齡的增長，骨質會變得堅固的融合；
d. 描述三種類型的纖維關節，並分別舉例說明；
e. 區分三種類型的骨縫；以及
f. 描述軟骨關節的兩種類型，並分別舉例說明。

凡是兩塊骨頭相接的點稱為**關節 (關節連接)[joint (articulation)]**，無論該介面的骨骼是否可以活動。關節結構、功能和功能障礙的科學稱為**關節學** (arthrology)[1] 研究肌肉骨骼運動的是**運動學** (kinesiology)[2] (kih-NEE-see-OL-oh-jee)。這是**生物力學** (biomechanics) 的一個分支，它涉及身體的各種運動和機械過程，包括血液循環、呼吸作用和聽覺的物理學。

關節的名稱通常來自於所涉及的骨骼名稱。例如，枕寰關節 (atlanto-occipital joint) 是指寰椎與枕髁的交接處，盂肱關節 (glenohumeral joint) 是指肩胛骨盂關節腔與肱骨的交接處，橈尺關節 (radioulnar joint) 是指橈骨與尺骨的交接處。

關節可以根據相鄰骨骼之間的結合方式進行分類，在骨骼的自由活動程度上也有相應的差異。各權威機構的分類方案不盡相同，但有一種共同的觀點將關節分為四大類：骨性 (bony)、纖維性 (fibrous)、軟骨性 (cartilaginous) 和滑液關節 (synovial joints)。本節將描述其中的前三類和每一類的亞類。本章的其餘部分將主要關注滑液關節。

9.1a 骨性關節

骨性關節 (bony joint)，或稱**骨性接合** (synostosis)[3] (SIN-oss-TOE-sis)，是指兩塊骨骼之間的縫隙骨化後形成的不動關節，它們實際上成為一塊骨骼。骨性關節可以由纖維關節或軟骨關節骨化形成。例如，一個嬰兒出生時有左右額骨和下頜骨，但這些骨骼很快就會無縫地融合成一塊額骨和下頜骨。兒童時期的三塊骨骼，即髂骨、坐骨和恥骨，在成人的兩側融合成一塊髖骨。長骨的骨骺和骨幹在兒童和青

1 *arthro* = joint 關節；*logy* = study of 研究
2 *kinesio* = movement 運動；*logy* = study of 研究
3 *syn* = together 一起；*ost* = bone 骨骼；*osis* = condition 狀態

少年時期由軟骨關節連接，並在成年早期成為骨性接合。老年時，有些顱骨骨縫因骨化而閉合了，相鄰的顱骨如頂骨等成為一體。第一肋骨與胸骨的連接處在老年時也會變成骨性接合。

9.1b 纖維關節

纖維關節 (fibrous joint) 也稱為**不動關節** (synarthrosis)[4] (SIN-ar-THRO-sis)。它是指相鄰的骨骼被膠原纖維所連結，膠原纖維從一塊骨骼的基質中產生，越過它們之間的空隙，穿透到另一塊骨骼的基質中 (圖 9.1)。纖維關節有三種類型：縫合 (sutures)、釘狀關節 (gomphoses) 和韌帶聯合 (syndesmoses)。在縫合和釘狀關節中，纖維非常短，幾乎不允許運動。在韌帶聯合中，纖維較長，附著的骨骼活動性較大。

4 *syn* = together 在一起；*arthr* = joined 加入；*osis* = condition 狀態

縫合

縫合 (sutures) 是不動的或僅有輕微活動的纖維性關節，將頭骨的骨骼緊密地連結在一起，它們在其他地方都沒有出現。在第 7 章中，我們並沒有注意到一種縫合和另一種縫合之間的差異，但當你研究該章的圖表或檢查實驗室標本時，有一些差異可能已經引起了你的注意。縫合可分為鋸齒縫合 (serrate suture)、搭接縫合 (lap suture) 和平面縫合 (plane suture)。具有一定木工知識的讀者可能會認識到，這些縫合的結構和功能特性與木工

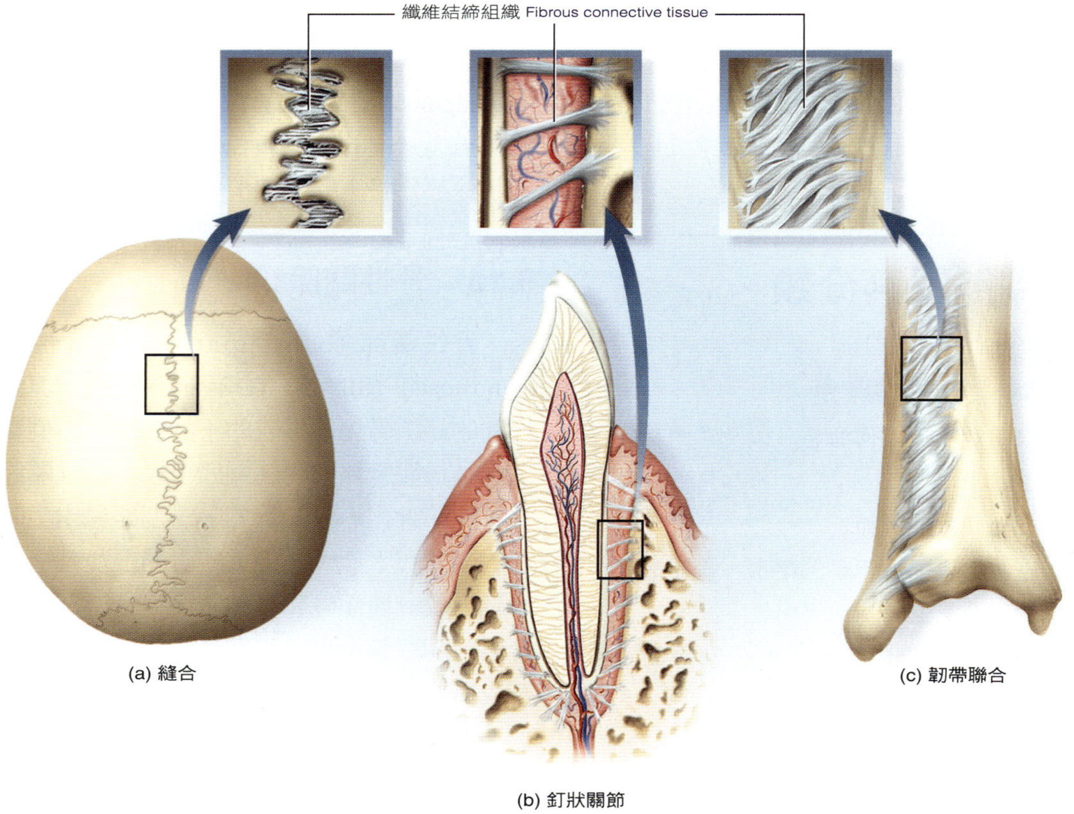

圖 9.1 **纖維關節**。(a) 頂骨之間的縫合；(b) 牙齒與領骨之間的釘狀關節；(c) 脛骨和腓骨之間的韌帶聯合。
• 哪一個不是兩塊骨骼之間的關節？為什麼？

接頭的基本類型有一些共同之處 (圖 9.2)。

鋸齒縫合 (serrate suture) 是指相鄰的骨骼通過其鋸齒狀的邊緣牢固地相互連接，就像拼圖的碎片一樣。它類似燕尾榫木接頭。表面上看，它是兩塊骨骼之間的波浪線，就像我們在冠狀、矢狀和頂骨邊緣的人字縫合中看到的那樣。

搭接 (鱗狀) 縫合 [lap (squamous) suture] 是指相鄰的骨骼有重疊的斜面邊緣，就像木工中的斜面連接。有個例子是環繞顳骨大部分的鱗狀縫合。它的斜面邊緣可以在圖 7.10b 中看到。從表面上看，搭接縫合是一條相對平滑 (無鋸齒) 的線。

平面 (對接) 縫合 [plane (butt) suture] 是指相鄰的骨骼有直的非重疊的邊緣。兩塊骨骼僅僅是彼此相鄰，就像兩塊木板黏在一起的對接。有個例子可見於口腔頂部的上頜間縫合。

釘狀關節

儘管牙齒不是骨骼，但牙齒與牙槽的連接被歸類為**釘狀關節** (gomphosis)[5] (gom-FOE-sis)。這個專有名詞指的是它與錘入木頭的釘子的相似性。牙齒被纖維性**牙周韌帶** (periodontal ligament) 牢牢地固定住，纖維性牙周韌帶由膠原纖維組成，從頜骨基質延伸到牙齒組織中 (圖 9.1b)。該韌帶使牙齒在咀嚼的壓力下移動或發出一點聲音。隨著相關的神經末梢，這種輕微的牙齒移動使我們能夠感覺到咬合的力度和感覺到卡在牙齒之間的食物顆粒。

韌帶聯合

韌帶聯合 (syndesmosis)[6] (SIN-dez-MO-sis) 是一種纖維性關節，兩塊骨骼由相對較長的膠原纖維結合。骨骼之間的分離和纖維的長度使這些關節的活動性比縫合或釘狀關節更大。橈骨和尺骨的骨幹之間有一個特殊的可動性的

5 *gomph* = nail 釘子，bolt 螺栓；*osis* = condition 狀態
6 *syn* = together 一起；*desm* = band 樂隊；*osis* = condition 狀態

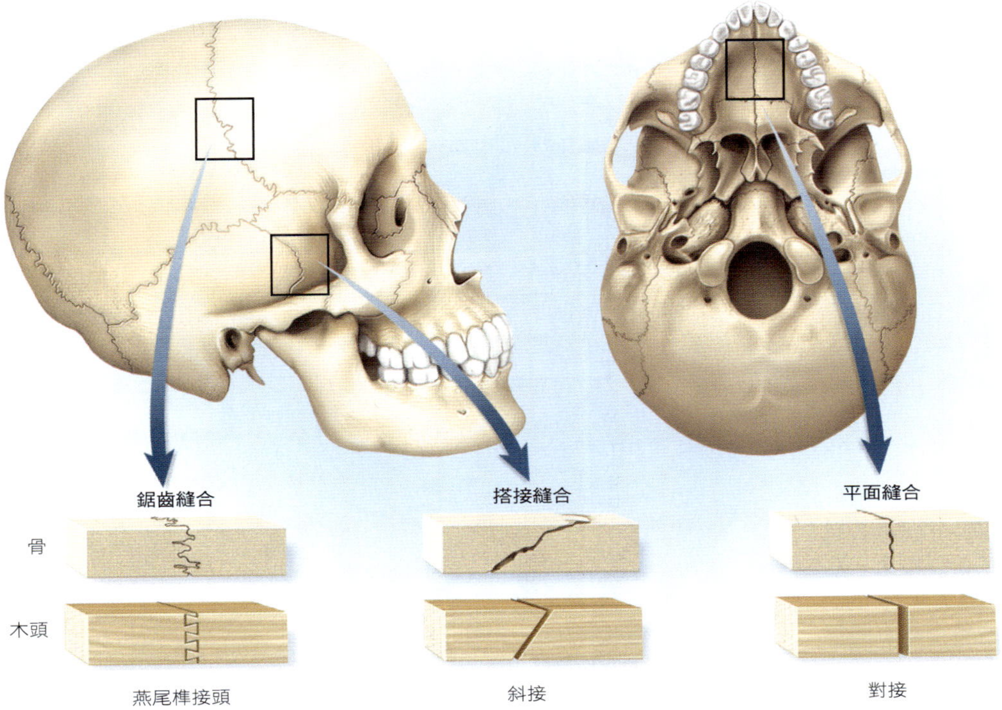

圖 9.2　**縫合**。鋸齒、搭接和平面縫合與一些常見的木頭接頭的比較。

韌帶聯合，它們是由一片寬大的纖維骨間膜 (interosseous membrane) 所連接。這種韌帶聯合允許前臂的旋前和旋後的動作。一種活動性較差的韌帶聯合是將脛骨和腓骨遠端並排結合在一起 (圖 9.1c)。

9.1c 軟骨關節

軟骨關節 (cartilaginous joint) 也被稱為**微動關節** (amphiarthrosis)[7] (AM-fee-ar-THRO-sis)。在這些關節中，兩塊骨骼經由軟骨相連 (圖 9.3)。軟骨關節的兩種類型是軟骨聯合 (synchondroses) 和聯合 (symphyses)。

軟骨聯合

軟骨聯合 (synchondrosis)[8] (SIN-con-DRO-sis) 是指骨骼與透明軟骨結合的關節。有個例子是兒童長骨的骨骺和骨幹之間的臨時關節，由骨骺板的軟骨形成。另一個例子是第一肋骨與胸骨之間由透明的肋軟骨連接 (圖 9.3a)(其他的肋軟骨由滑液關節與胸骨相連)。

聯合

聯合 (symphysis)[9] (SIM-fih-sis) 是兩塊骨

7 *amphi* = on all sides 全面；*arthr* = joined 加入；*osis* = condition 狀態

8 *syn* = together 在一起；*chondr* = cartilage 軟骨；*osis* = condition 狀態

9 *sym* = together 在一起；*physis* = growth 成長

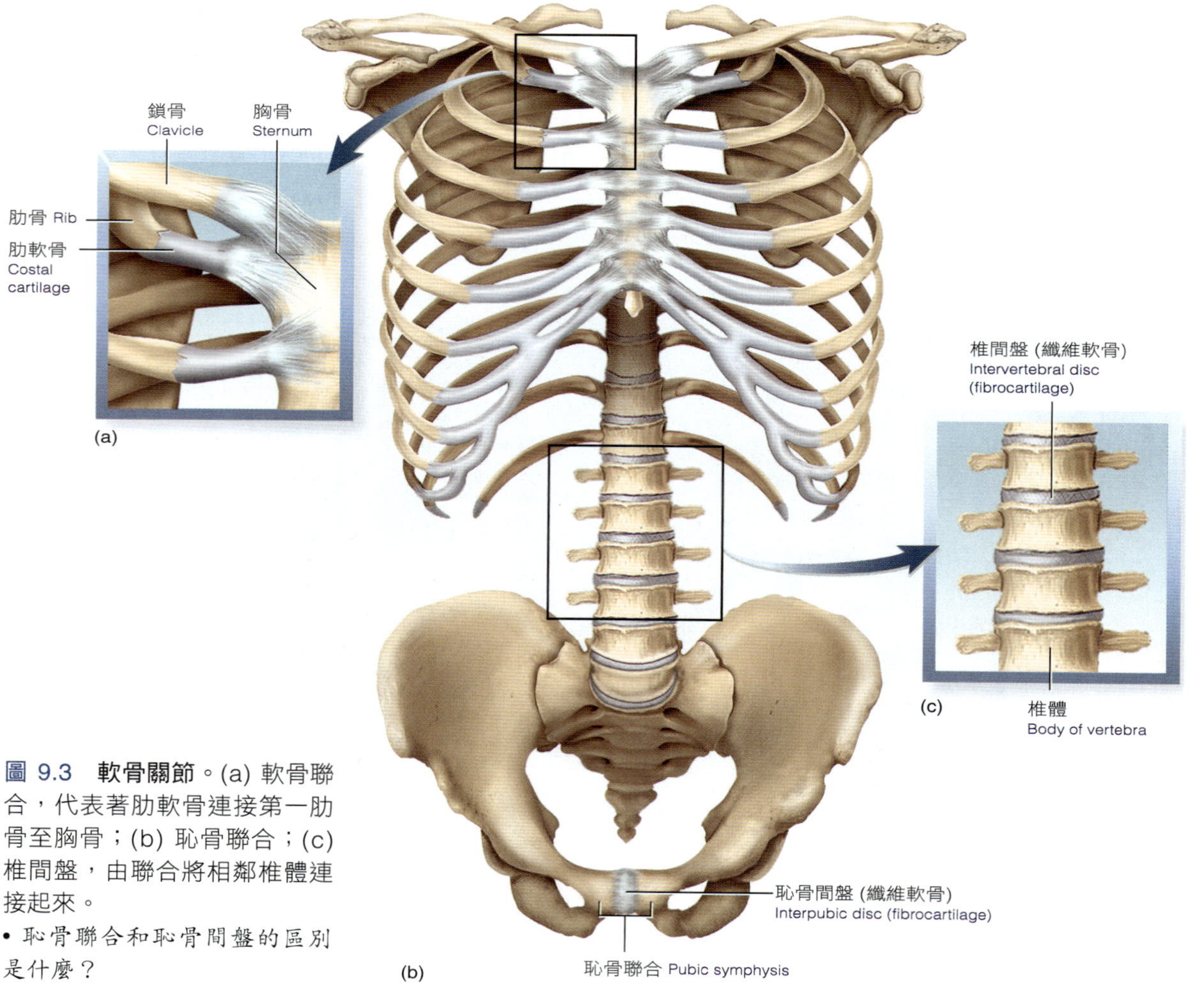

圖 9.3 **軟骨關節**。(a) 軟骨聯合，代表著肋軟骨連接第一肋骨至胸骨；(b) 恥骨聯合；(c) 椎間盤，由聯合將相鄰椎體連接起來。
• 恥骨聯合和恥骨間盤的區別是什麼？

骼由纖維軟骨連接 (圖 9.3b、c)。有一個例子是恥骨聯合，其中左右恥骨由軟骨性的恥骨間盤連接。另一個例子是兩個椎體之間的關節，由椎間盤連接。每個椎體的表面都覆蓋著透明軟骨。在椎體之間，這種軟骨會被膠原蛋白束浸潤，形成纖維軟骨。每個椎間盤只允許相鄰椎體之間的輕微活動，但全部的 23 個椎間盤共同作用使脊柱具有相當大的靈活性。

應用您的知識

椎間關節僅在頸部至腰部為聯合。中年人的薦骨和尾骨的椎間關節如何分類？

在你繼續閱讀之前

回答下列問題，以檢驗你對上節內容的理解：

1. 關節學和運動學的區別是什麼？
2. 解釋骨性接合、微動關節和不動關節之間的區別。
3. 舉例說明年齡的增長，關節形成骨性接合。
4. 定義縫合、釘狀關節和韌帶聯合，並解釋這三種關節的共同點。
5. 說出三種類型的縫合，並說明它們的區別。
6. 說出兩個軟骨聯合和兩個聯合的名稱。

9.2 滑液關節

預期學習成果

當您完成本節後，您應該能夠

a. 描述滑液關節的解剖學及其相關構造；
b. 描述六種類型的滑液關節；
c. 列舉並展示可動關節產生的運動類型；以及
d. 討論關節活動範圍的影響因素。

最熟悉的關節類型是**滑液關節** (synovial joint)(sih-NO-vee-ul)，也被稱為**可動關節** (diarthrosis)[10] (DY-ar-THRO-sis)。請大多數人指出身體中的任何關節，他們很可能會指出一個滑液關節，如肘部、膝蓋或指關節。許多滑液關節就像這些例子一樣，是可以自由活動的。其他的關節，如腕骨和踝骨之間的關節，以及脊椎骨的關節突之間的關節，其活動性比較有限。滑液關節是結構最複雜的關節類型，也是最有可能出現不舒服和致殘性功能障礙的關節。

9.2a 一般的解剖學

在滑液關節中，兩塊骨骼的表面覆蓋著**關節軟骨** (articular cartilage)，這是一層厚達 2 或 3 mm 的透明軟骨。這些表面被一個狹窄的空間分隔開來，即**關節 (關節的) 腔** [joint (articular) cavity]，其中含有一種滑的潤滑劑，稱為**滑液** (synovial fluid)(圖 9.4)。這種液體是關節的名稱，含有豐富的白蛋白和玻尿酸，使其具有黏滑感質地似的生雞蛋白[11]。它能滋養關節軟骨，清除其廢物，使滑液關節的運動幾乎沒有摩擦。結締組織**關節 (關節) 囊** [joint (articular) capsule] 包圍著空腔，並保留液體。它的外層**纖維囊** (fibrous capsule) 與相鄰骨的骨膜延續，內層為細胞性**滑膜** (synovial membrane)。滑膜主要由分泌液體的纖維母細胞樣的細胞所組成，並由清除關節腔內碎屑的巨噬細胞填充。關節囊和韌帶有感覺神經末梢提供監測關節的運動。

在少數滑液關節中，纖維軟骨從滑囊內向內生長，在關節骨之間形成一個墊。在下頜關節和遠端橈尺關節，以及鎖骨兩端 (胸鎖關節和肩峰鎖骨關節)，墊子穿過整個關節囊，稱為**關節盤** (articular disc)(見圖 9.18c)。在膝關節中，有兩個軟骨從左右兩側向內延伸，但不

10 *dia* = separate 單獨的，apart 分開的；*arthr* = jointed 加入；*osis* = condition 狀態

11 *ovi* = egg 蛋

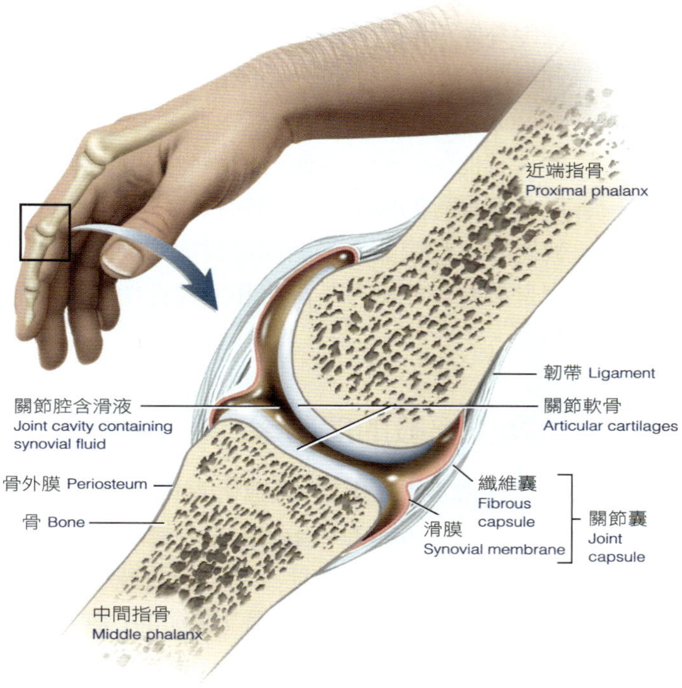

圖 9.4 **簡單滑液關節的構造**。大多數滑液關節都比這裡所顯示的指間關節複雜。

• *為什麼半月板在指間關節中是不必要的？*

完全穿過關節 (見圖 9.23d)。每個軟骨都被稱為**半月板** (meniscus)[12]，因為它是半月形。這些軟骨可以吸收衝擊和壓力，引導骨骼相互交叉，改善骨骼之間的貼合，並穩定關節，減少脫臼的機會。

與滑液關節相關的附屬結構包括肌腱、韌帶和滑囊。**肌腱** (tendon) 是連接肌肉和骨骼的條狀或片狀堅韌的膠原結締組織。**韌帶** (ligament) 通常是穩定關節的最重要結構。韌帶是一種類似的組織，可將一塊骨頭連接到另一塊骨頭上。在我們後面對個別的關節討論中，對幾種韌帶進行了命名和說明，而在第 10 章至第 12 章中，將對肌腱和肌肉的大體解剖學進行更全面的考慮。

滑囊 (bursa)[13] 是一個充滿滑液的纖維囊，位於相鄰的肌肉之間、骨骼和皮膚之間，或者肌腱穿過骨骼的地方 (見圖 9.19)。滑囊可以緩衝肌肉，幫助肌腱更容易地在關節上滑動，有時還可以通過改變肌腱拉動的方向來增強肌肉的機械作用。被稱為**腱鞘** (tendon sheaths) 的滑囊是包裹在肌腱上的細長圓柱體。這些腱鞘在手和足部特別多 (圖 9.5)，當前臂肌肉拉動手部骨骼時，可以使肌腱更容易地縱向移動。**滑囊炎** (bursitis) 是指滑囊的發炎，通常是由於關節過度操勞引起的。**腱鞘炎** (tendinitis) 是滑囊炎的一種形式，是腱鞘發炎。

臨床應用 9.1

運動和關節軟骨

當滑液因運動而升溫時，它就像溫油一樣變得更稀薄 (黏性更低)，更容易被關節軟骨吸收。軟骨就會腫脹，並提供更有效的緩衝，以對抗壓力。因此，在劇烈運動前進行熱身，有助於保護關節軟骨不被過度磨損。由於軟骨是沒有血管的，所以在運動中反覆壓縮軟骨，對其營養和廢物的排出很重要。每次軟骨被壓縮時，液體和代謝廢物都會被擠出。當體重從關節上卸下時，軟骨就像海綿一樣吸收滑液，滑液將氧氣和營養物質輸送給軟骨細胞。缺乏運動會使關節軟骨因缺乏營養、供氧和清除廢物而更快地退化。

負重運動可以增加骨骼質量，增強肌肉以穩定許多的關節，從而降低關節脫臼的風險。然而，過度的關節壓力會破壞關節軟骨，從而加速骨關節炎的發展。游泳和騎自行車是鍛鍊關節的好方法，對關節的損傷最小。

12 *men* = moon 月亮，crescent 新月；*iscus* = little 小
13 *burs* = purse 錢包

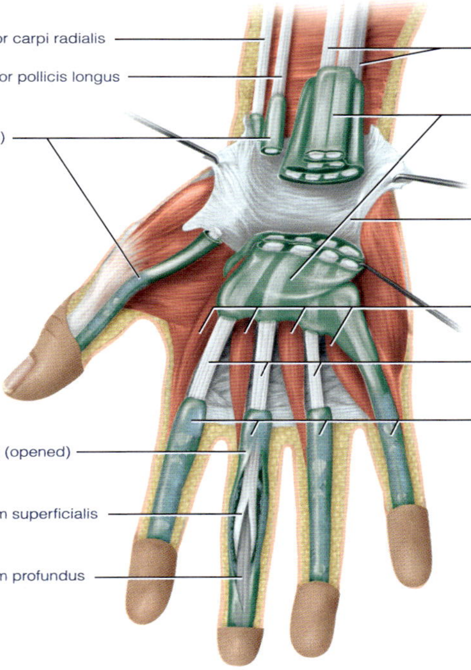

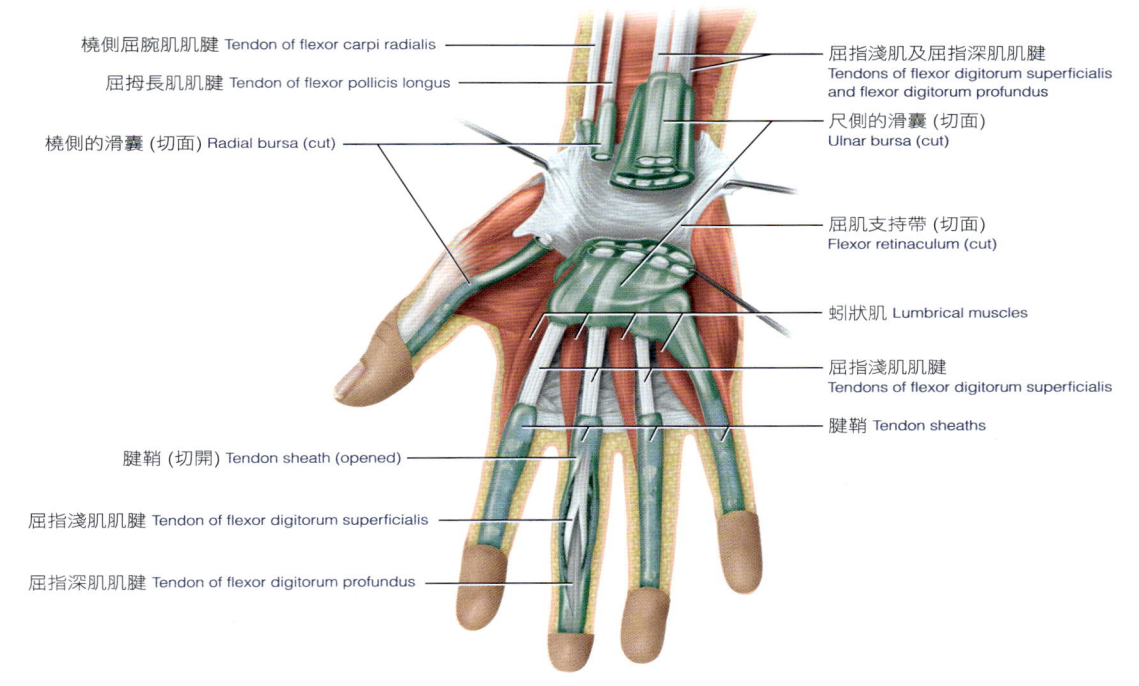

圖 9.5　手腕部的腱鞘和其他滑囊。

9.2b　滑液關節的分類

滑膜關節有六種基本類型，其運動模式由骨骼關節表面的形狀決定 (表 9.1)。我們將在此按活動度從多軸關節到單軸關節的順序進行檢視。

多軸 (multiaxial) 關節是指能在三個基本相互垂直的平面 (*x*、*y* 及 *z*) 中的任何一個平面上運動；**雙軸** (biaxial) 關節只能在兩個平面上運動；**單軸** (monaxial) 關節只能在一個平面上運動。球窩關節是唯一的多軸類型；髁狀關節、鞍狀關節和平面關節是雙軸關節；屈戌和軸樞關節是單軸關節。如圖 9.6 所示，六種類型的滑液關節在上肢是有代表的。

1. **球窩關節** (ball-and-socket joints)：這就是肩關節和髖關節。在這兩種情況下，一塊骨骼 (肱骨或股骨) 有一個光滑的半球形的頭，嵌入於另一塊骨頭 (肩胛骨的盂關節腔或髖骨的髖臼) 上的杯狀插座。
2. **髁狀 (橢圓) 關節** [condylar (ellipsoid) joints]：這些關節在一塊骨骼上呈現出橢圓形的凸面，與另一塊骨骼上的互補性凹陷相嵌合。腕部的橈腕關節和手指基部的掌指關節 (MET-uh-CAR-po-fah-LAN-jee-ul) 就是例子。為了顯示它們的雙軸運動，握住你的手，掌心朝向你。握成拳頭，這些關節就會在矢狀面屈曲。扇開你的手指，它們就會在額面平面上運動。
3. **鞍狀關節** (saddle joints)：在此，兩塊骨骼都有一個馬鞍形的表面，一個方向是凹的 (像馬鞍的前後弧度)，另一個方向是凸的 (像馬鞍的左右弧度)。最明顯的例子是手腕的大多角骨和拇指基部的第一掌骨之間的大多角掌關節。鞍狀關節也是雙軸的。例如，當你把手指分開時，拇指在正面平面上運動，而當你像抓錘子等工具一樣移動它時，拇指在矢狀平面上運動。這種運動範圍使我們和其他靈長類動物有了那個珍貴的解剖學標誌，

表 9.1 關節的解剖學分類

關節	特徵和實例
骨性關節 (Bony joint)[**骨性接合** (synostosis)]	相鄰的骨骼因骨化而融合的前纖維或軟骨關節。例如：額骨的正中線；成人長骨的骨骺和骨幹融合；髂骨、坐骨和恥骨融合成髖骨
纖維關節 (Fibrous joint) [**不動關節** (synarthrosis)]	相鄰的骨骼由膠原纖維結合，從一個基質延伸到另一個基質
縫合 (Suture) (圖 9.1a 和 9.2)	顱骨或顏面骨之間的不動纖維關節
鋸齒縫合 (Serrate suture)	骨骼由邊緣交錯的牙齒形成的波浪線連接。例如：冠狀縫、矢狀縫和人字縫
搭接縫合 (Lap suture)	骨骼斜面互相重疊，表面看起來是一條光滑的線。例：顳骨周圍鱗狀縫合
平面縫合 (Plane suture)	骨骼相互對接而不重疊或交錯。例如：腭骨縫合
釘狀關節 (Gomphosis)(圖 9.1b)	將牙齒插入牙槽內，由牙周韌帶的膠原纖維固定
韌帶聯合 (Syndesmosis)(圖 9.1c)	由韌帶或骨間膜固定在一起的微動關節。例子：脛腓關節
軟骨關節 (Cartilaginous joint) [**微動關節** (amphiarthrosis)]	相鄰的骨骼由軟骨結合在一起
軟骨聯合 (Synchondrosis)(圖 9.3a)	骨骼由透明軟骨固定在一起。例如：第一肋骨與胸骨的關節，以及兒童長骨的骨骺板與骨幹相連
聯合 (Symphysis)(圖 9.3b、c)	由纖維軟骨固定在一起的微動關節。例如：椎間盤和恥骨聯合
滑液關節 (Synovial joint)[**可動關節**(diarthrosis)] (圖 9.4 和 9.6)	相鄰的骨骼上覆蓋著透明的關節軟骨，被潤滑的滑膜液隔開，並封閉在纖維關節囊內
球窩關節 (Ball-and-socket joint)	多軸性的可動關節，即一塊骨的光滑半球形頭與另一塊骨的杯狀凹陷相吻合。例如：肩關節和髖關節
髁 (橢圓) 關節 [Condylar (ellipsoid) joint]	雙軸的可動關節，即一塊骨骼的橢圓形凸面與另一塊骨頭的橢圓形凹陷相銜接。例如：橈掌骨和掌指關節
鞍狀關節 (Saddle joint)	每個骨面呈馬鞍形的關節 (一軸凹，垂直軸凸)。例如：大多角腕關節和胸鎖關節
平面 (滑行) 關節 [Plane (gliding) joint]	通常為雙軸的可動關節，骨面稍凹或凸，相互滑動。例如：腕間關節和跗間關節；椎關節間的關節突
屈戌關節 (Hinge joint)	單軸性的可動關節，只能在一個平面上屈曲和伸展。例如：肘關節、膝關節和指間關節
軸樞關節 (Pivot joint)	一塊骨骼的突起與另一塊骨骼的環狀韌帶相配合的關節，使一塊骨骼在其縱軸上旋轉。例如：寰樞關節和近端橈尺關節

就是可相對的拇指。另一個馬鞍關節是胸鎖關節，鎖骨與胸骨銜接的地方。當你提起行李箱時，鎖骨在這個關節處的正面平面上垂直移動，而當你向前伸手推開一扇門時，鎖骨在橫向平面上水平移動。

4. **平面 (滑行) 關節** [Plane (gliding) joints]：這裡的骨表面是平的，或只有輕微的凹凸。相鄰的骨骼互相滑動，活動相對有限。平面關節見於手腕的腕骨、腳踝的跗骨和脊椎的關節突之間。它們的動作雖然輕微，但很複雜。它們通常是雙軸的。例如，當頭部向前和向後傾斜時，脊椎的關節小面向前和向後

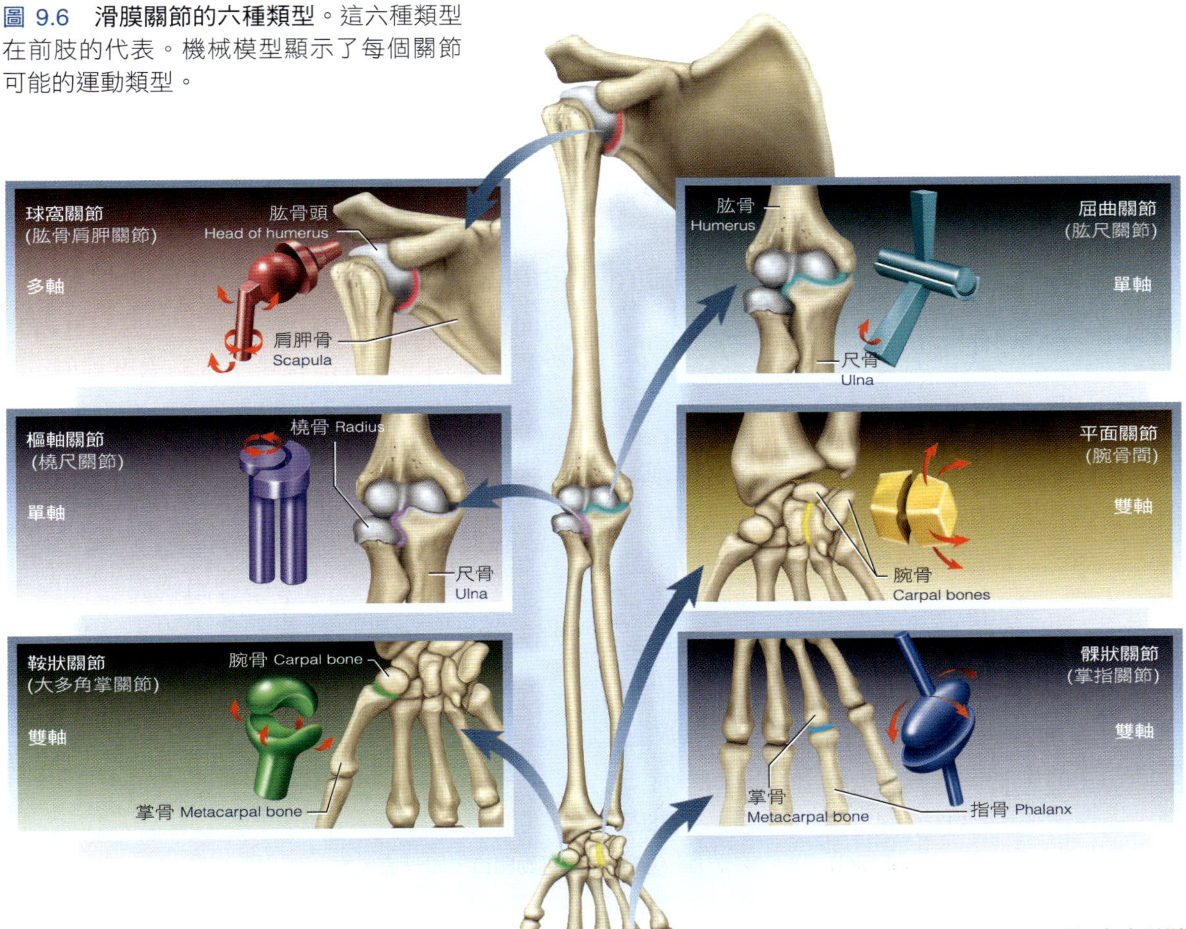

圖 9.6　**滑膜關節的六種類型**。這六種類型在前肢的代表。機械模型顯示了每個關節可能的運動類型。

滑動；當頭部從一側向另一側傾斜時，關節小面向側面滑動。雖然任何一個關節都只作輕微的運動，但手腕、腳踝和脊柱上的許多關節的共同作用使整體運動量很大。

5. **屈戌關節** (hinge joints)：這些基本上是單軸關節，在一個平面上自由移動，而在任何其他平面上很少或沒有移動，就像一個門的鉸鏈。例子發生在肘關節、膝關節和指間關節 (手指和腳趾)。在這些情況下，一個骨骼有一個凸面 (但不是半球形)，如肱骨的滑車和股骨髁。這與另一塊骨骼上的凹陷相嵌合，如尺骨的滑車切迹和脛骨的髁。
6. **樞軸關節** (pivot joints)：這是一種單軸關節，骨骼在其縱軸上旋轉，就像自行車輪軸一樣。主要有兩個例子：肘部的橈尺關節和第一二個脊椎之間的寰樞關節。在寰樞關節處，樞椎的齒突出到寰椎的椎孔內，並被橫韌帶固定在其前弓上 (見圖 7.24)。當頭部左右旋轉時，頭骨和寰椎圍繞著齒突旋轉。在橈尺關節處，尺骨的環狀韌帶包裹著橈骨的頸部。在前臂的旋前和旋後過程中，盤狀的橈骨頭像車輪一樣在軸上轉動。輪子的邊緣貼著尺骨的橈骨切迹旋轉，就像汽車輪胎在雪裡旋轉一樣。

有些關節不能輕易地歸入這六類中的任何一類。例如，下頜關節具有髁狀關節、屈戌關節和平面關節的某些方面。它與顳骨的顳骨相接處明顯有一個長形的髁，但當在說話、咬合和咀嚼時，下頜骨上下移動，它是以鉸鏈的方式移動；當下頜骨突出 (伸出) 咬東西時，它略微向前滑動；在臼齒間磨碎食物時，它左右滑動。膝關節是典型的屈戌關節，但也有樞軸類型的元素；當我們鎖住膝蓋站立更省力時，股骨會在脛骨上微微樞軸。肱橈關節 (在肱骨和橈骨之間) 在肘部屈曲時擔任屈戌關節的角色，當前臂旋前時擔任樞軸關節的角色。

9.2c 滑液關節的運動

運動學、物理治療和其他醫學和科學領域對滑液關節的運動都有特定的詞彙。以下的專有名詞構成了描述第 11 章和第 12 章中肌肉動作的基礎，也可能是你的進階課程或預期職業所不可缺少的。本節介紹關節運動的專有名詞，其中許多專有名詞是以對或群的形式出現，其含義是相反或對比的。本段是依據熟悉三個基本解剖平面和表 1.1 中方向性的專有名詞。這裡使用的所有方向性專有名詞都是指處於標準解剖位置的人 (見圖 1.7)。當一個人處於解剖位置時，每個關節都被稱為處於其**零位** (zero position)。關節運動可以描述為偏離零位或回到零位。

屈曲和伸展

屈曲 (flexion)(圖 9.7) 是一種減少關節角度的動作，通常是在矢狀面上。這在屈戌關節處特別常見，例如，彎曲肘部，使手臂和前臂從 180° 角變為 90° 角或更小。這種情況也發生在其他類型的關節上。如果你伸出雙手，手掌向上，手腕的彎曲就會使手掌向你傾斜。在肩部和髖部的球窩關節中，屈曲的意義也許是最不明顯的。在肩部，它意味著抬起你的手臂，就像指向你正前方的東西一樣，或者繼續保持這個弧度，指向天空。在臀部，它意味著抬起大腿，例如在上樓梯時將腳放在下一個台階上。

伸展 (extension) 是一種使關節伸直的動作，一般是將身體的某個部位恢復到零位，例如，伸直肘部、手腕或膝蓋，或將手臂或大腿恢復到零位。在爬樓梯時，當把身體抬到下一個台階時，髖關節和膝關節都會伸直。

關節的極度伸展，超過零位，稱為**過度伸展** (hyperextension)[14]。例如，如果你把手放在前面，掌心向下，然後抬起手背，就像欣賞一枚新的戒指一樣，這就是手腕的過度伸展 (見圖 9.10a 中的手)。上肢或下肢的過度伸展是指將肢體移到軀幹正後方的位置，就像用手臂從臀部口袋裡掏出錢包一樣。走路時下肢的每一次後擺都會使髖關節過度伸展。

幾乎所有的關節病都會出現屈曲伸展現象，但只有少數可動關節會出現過度伸展現象。在大多數可動關節中，韌帶或骨骼結構阻止了過度伸展。

> **應用您的知識**
> 試著過度伸展你的一些滑液關節，並列出一些不可能過度伸展的滑液關節。

內收和外展

外展 (abduction)[15] (ab-DUC-shun)(圖 9.8a) 是指身體的某一部位在正面的平面上偏離身體中線的運動，例如，雙腳分開站立，或將手臂舉到身體的一側。**內收** (adduction)[16] (圖 9.8b) 是指在正面的平面上向中線的運動。有些關節可以**過度內收** (hyperadducted)，比如您在站立時腳踝交叉，手指交叉，或者肩部過度內收，站立時肘部伸直，雙手抱住腰部以下。如果你把手臂高高舉起，略微越過前或後腦，你就**過**

14 *hyper* = excessive 過度，beyond normal 超出正常範圍

15 *ab* = away 離開；*duc* = to lead or carry 引導或攜帶

16 *ad* = toward 朝著；*duc* = to lead or carry 引導或攜帶

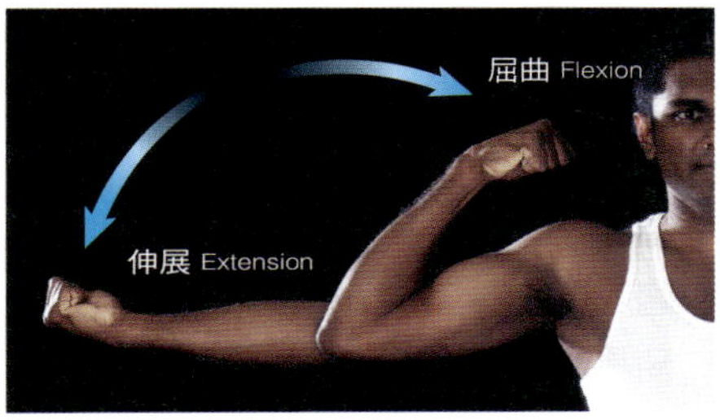

(a)

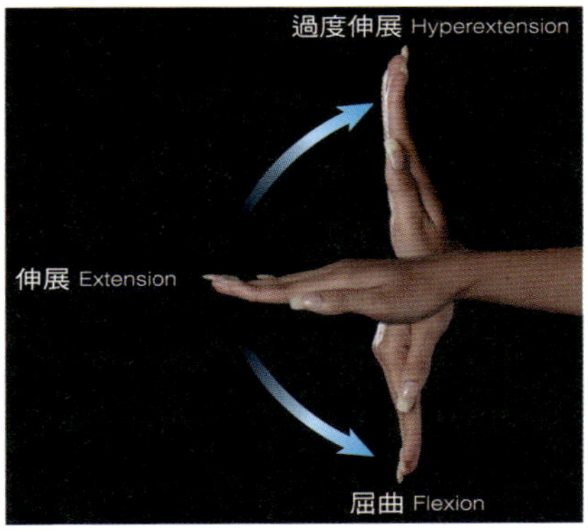

(b)

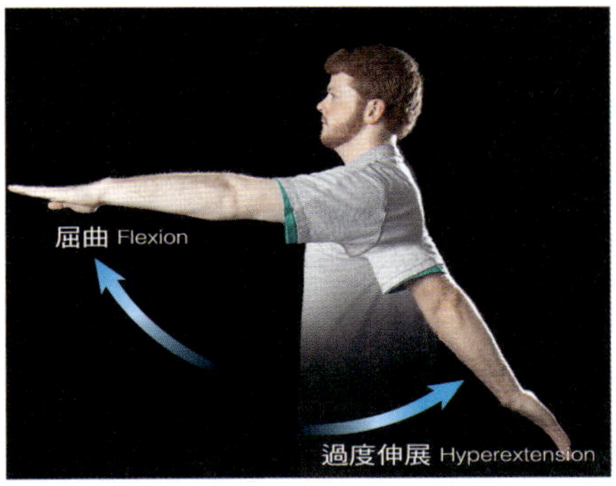

(c)

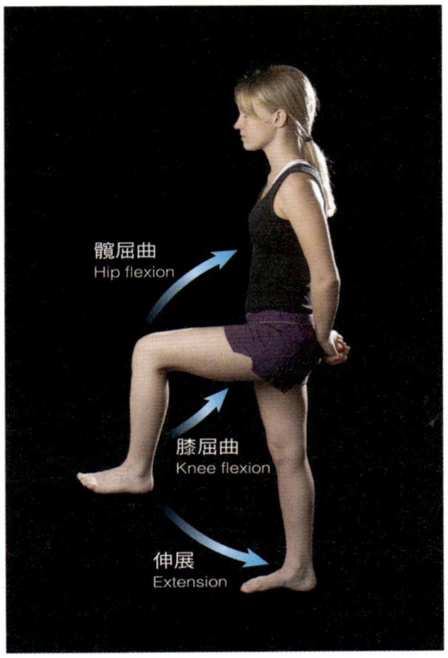

(d)

圖 9.7　屈曲和伸展。(a) 肘部的屈曲和伸展；(b) 手腕的屈曲、伸展和過度伸展；(c) 肩部的屈伸和過度伸展；(d) 臀部和膝部的屈曲和伸展。

(a) 外展

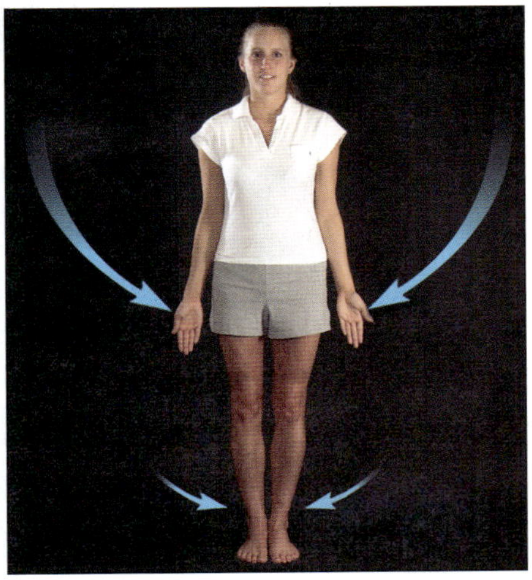
(b) 內收

圖 9.8　外展與內收。(a) 上肢和下肢的外展；(b) 四肢的內收。

度外展 (hyperabduct) 手臂。

上提和下壓

上提 (elevation)(圖 9.9a) 是指在正面垂直抬高身體某部分的動作。**下壓** (depression) (圖 9.9b) 則是在同一平面上降低身體的某一部位。例如，從地板上提起一個沉重的行李箱時，您將肩胛骨抬高；而再次放下時，您將肩胛骨壓低。這些也是咬合時重要的下巴動作。

前突和後縮

前突 (protraction)[17] (圖 9.10a) 是身體某個部位在橫向 (水平) 平面上的前面運動，而**後縮** (retraction)[18] (圖 9.10b) 是後面運動。例如，當你伸手到前面去推開一扇門時，你的肩膀會前突。當你把它放回靜止 (零) 位置或把肩拉回站軍姿時，它就會縮回。划船、臥推、俯臥撐等運動都涉及到肩部的反覆前突和後縮。

17 *pro* = forward 前進；*trac* = to pull or draw 拉動或牽引

18 *re* = back 後退；*trac* = to pull or draw 拉動或牽引

迴旋

在**迴旋** (circumduction)[19] 運動中 (圖 9.11)，一個附屬物的一端保持相當的靜止，而另一端做迴旋運動。如果一個站在畫架上的藝術家向前伸手在畫布上畫一個圓，她的上肢就會做迴旋運動，肩膀保持靜止，而手則做迴旋運動。棒球運動員在為投球上弦時，以更極端的「風車」方式繞過上肢。也可以繞過單個手指、手、大腿、腳、軀幹及頭。

19 *circum* = around 圍繞著；*duc* = to lead or carry 引導或攜帶

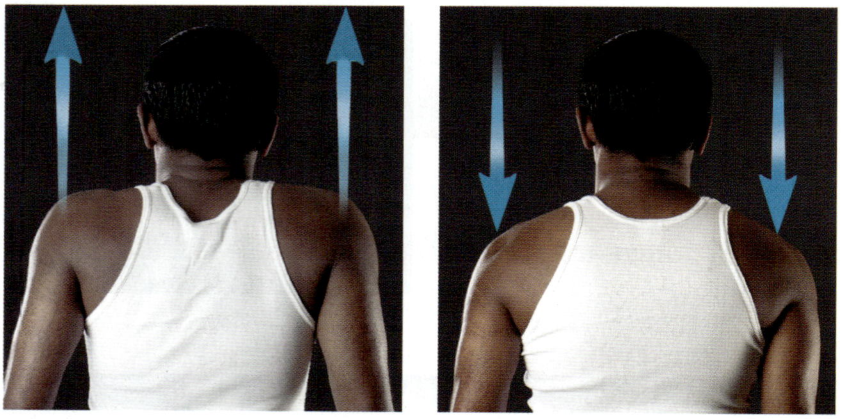
(a) 上提　(b) 下壓

圖 9.9　上提和下壓。(a) 肩部的上提；(b) 肩部的下壓。
©McGraw-Hill Education/Timothy L. Vacula, photographer

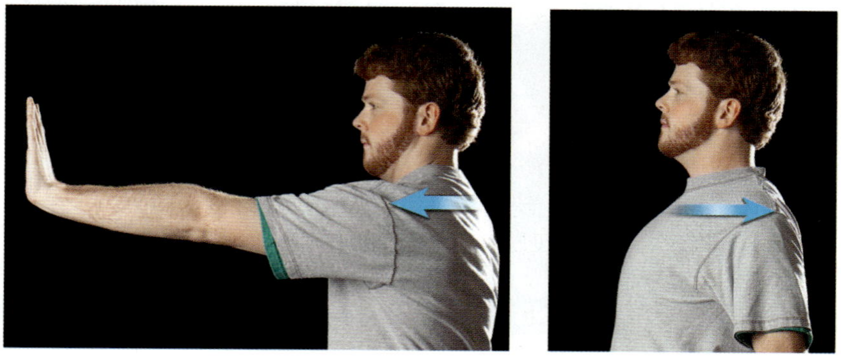
(a) 前凸　(b) 後縮

圖 9.10　前突和後縮。(a) 肩部的前突；(b) 肩部的後縮。
©McGraw-Hill Education/Timothy L. Vacula, photographer

圖 9.11　迴旋。

應用您的知識

選擇任何迴旋動作的例子，並解釋為何這動作實際上是一系列的屈曲、外展及內收的動作。

旋轉

旋轉 (rotation)(圖 9.12) 是指骨骼在其縱軸上旋轉的運動，就像自行車的輪軸一樣。例如，如果您屈肘站立，並移動前臂抓住對向的肩膀，您的肱骨就會旋轉，這個動作稱為**內旋** [medial (internal) rotation]。如果你做出相反的動作，使前臂指向遠離軀幹，你的肱骨進行**外 (外部) 旋** [lateral (external) rotation]。肱骨的外旋和內旋的好例子是其在網球的正手和反手擊球的運動。股骨也可以旋轉。如果你站立並轉動你的右腳，使你的腳趾指向遠離你的左腳，然後轉動它使你的腳趾指向你的左腳，你的股骨分別經歷外和內旋轉。在棒球投球和高爾夫等動作中，腰部有力的左右旋轉很重要。在接下來的前臂和頭部運動的討論中還會舉出其他的例子。

旋後和旋前

旋後和旋前 (圖 9.13) 主要稱為前臂的動作，但也請看後面關於腳部動作的討論。**旋後** (supination)[20] (SOO-pih-NAY-shun) 是將手掌轉向前方或向上的動作；在解剖位置上，前臂旋後，橈骨與尺骨平行。**旋前** (pronation)[21] 是相反的動作，使手掌面向後方或向下，橈骨像 X 一樣穿過尺骨。在這些動作中，橈骨盤狀頭的凹端在肱骨小頭上旋轉，盤狀頭的邊緣在尺骨的橈骨切迹內旋轉。尺骨保持相對的靜止。

為了幫助大家記住這些專有名詞，可以這樣想：你傾向於站在最舒適的位置，也就是前

20 *supin* = to lay back 躺下
21 *pron* = to bend forward 向前彎曲

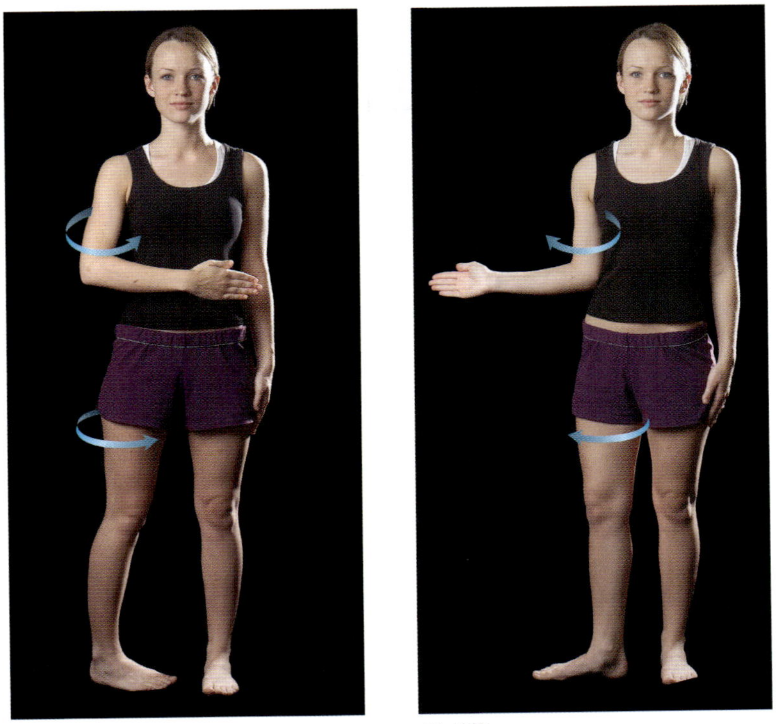

(a) 內旋　(b) 外旋

圖 9.12　**內側 (內) 和外側 (外) 旋轉**。(a) 手臂 (肱骨) 和大腿 (股骨) 的內側旋轉；(b) 手臂和大腿的外側旋轉。

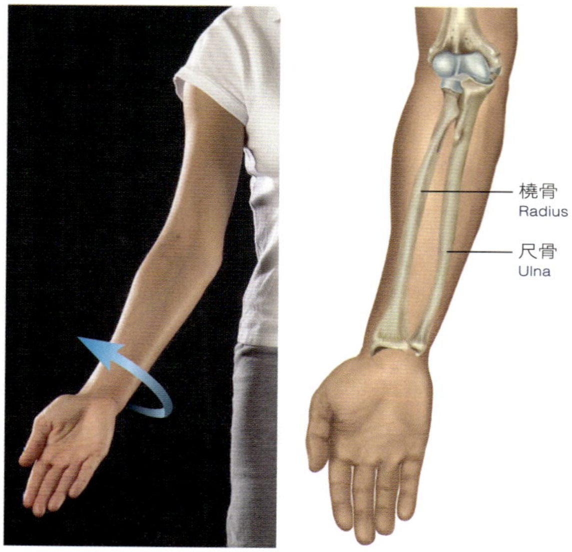

(a) 旋後

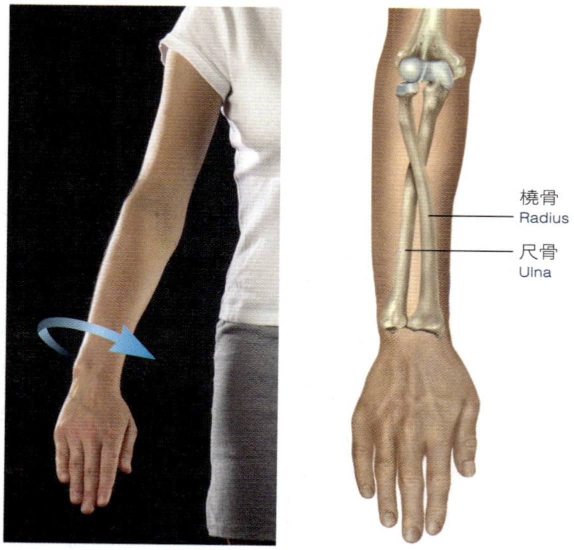

(b) 旋前

圖 9.13 (a) 前臂的旋後；(b) 前臂的旋前。注意這些前臂旋轉對橈骨和尺骨關係的影響。肌肉、神經和血管的相對位置也同樣受到影響。

臂旋前的姿勢。但如果你的手掌裡端著一碗湯，你就需要將前臂旋後，以免湯灑出來。

第 12 章描述了執行這些動作的肌肉。在這些肌肉中，旋後肌 (supinator) 是最強大的。旋後的動作通常是您用右手順時針轉動門把手或將螺絲釘轉入木頭。螺絲釘和螺栓的螺紋在設計時就考慮到了旋後的相對強度，所以在用右手的螺絲起子驅動它們時，可以發揮最大的力量。

我們現在將考慮幾個結合上述動作或具有獨特動作和專有名詞的身體區域。

頭和軀幹的特殊運動

脊椎的屈曲 (flexion) 產生向前彎曲的動作，如頭向前傾斜或在腳尖觸地運動中彎曲腰部 (圖 9.14a)。脊椎的伸展 (extension) 使軀幹或頸部伸直，如站立或頭向前看的零位。過度伸展 (hyperextension) 可用在向天看或向後彎腰時 (圖 9.14b)。

側屈 (lateral flexion) 是指頭或軀幹向中線右側或左側傾斜 (圖 9.14c)。扭腰或轉頭是當胸部或面部向右或左轉到面向零位時，稱為**右旋** (right rotation) 或**左旋** (left rotation)(圖 9.14d、e)。

下頜的特殊運動

下頜骨的運動尤其與咬合和咀嚼有關 (圖 9.15)。想像一下咬一口生的胡蘿蔔。大多數人都有一定程度的過度咬合；在休息時，上門齒 (前牙) 懸空於下門齒。然而，為了有效地咬合，門齒的鑿狀邊緣必須相遇。因此，在準備咬合時，我們要前突 (protract) 下頜骨，使下門齒向前。咬合後，我們再後縮 (retract)。實際咬合時，我們必須下壓 (depress) 下頜骨以便打開口腔，然後上提 (elevate) 下頜骨，這樣門齒就可以切斷食物。

接下來，為了咀嚼食物，我們不只是簡單地抬起和放下下頜骨，就像在牙齒之間敲打食物一樣；相反的，我們進行研磨動作，在前臼齒和臼齒的寬闊、凹凸不平的表面之間將食物粉碎。這就需要下頜骨的側向運動，稱為**外側向移動** (lateral excursion)(向左或向右移動到零位) 和**內側向移動** (medial excursion)(回到正中、零位)。

(a) 屈曲

(b) 過度伸展

(c) 側屈

(d) 旋轉

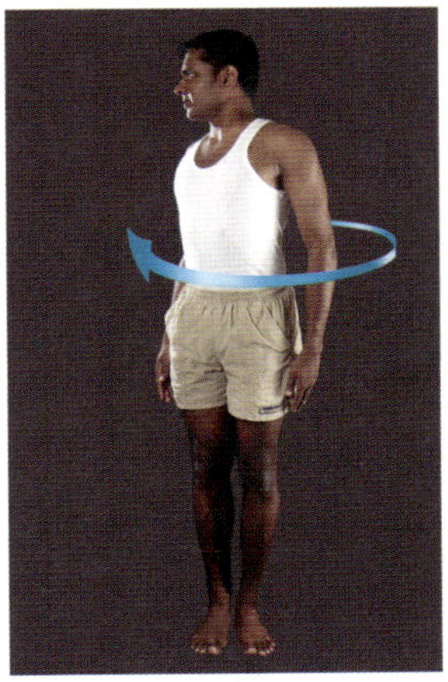
(e) 右旋轉

圖 9.14　頭部和軀幹的運動。(a) 腰部的屈曲；(b) 腰部的過度伸展；(c) 腰部的側屈；(d) 頭部的旋轉；(e) 軀幹的旋轉。

• 在頭部旋轉 (d) 時，什麼骨骼以其軸線為中心旋轉？

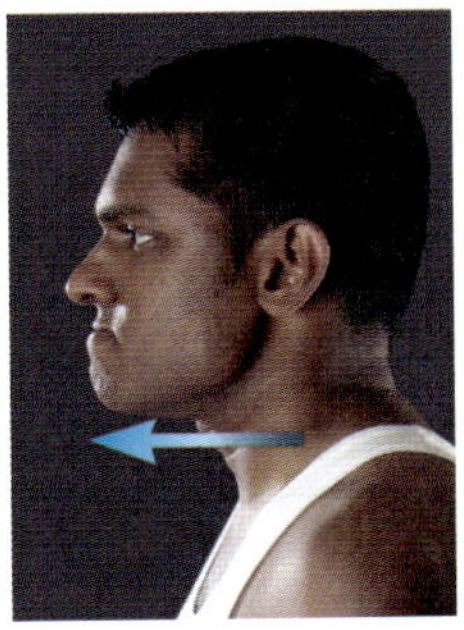
(a) 前凸

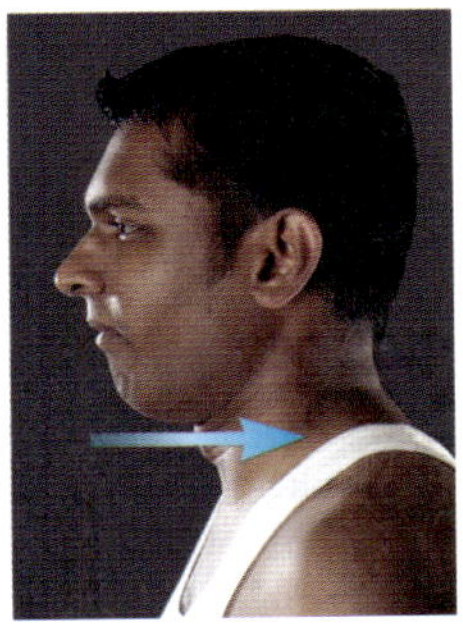
(b) 後縮

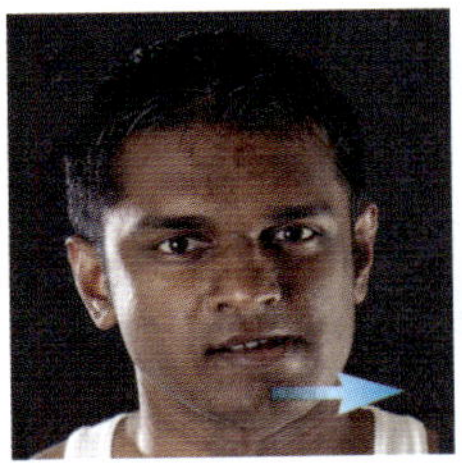
(c) 外側偏移

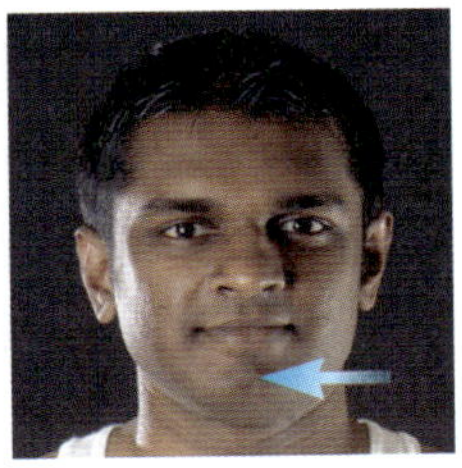
(d) 內側偏移

圖 9.15　下頜骨的運動。(a~b) 前突和後縮；(c~d) 外側向及內側向移動。

手和手指的特殊運動

手通過手腕的屈伸進行前後移動。也可以在正面平面移動。**橈側屈曲** (radial flexion) 使手向拇指方向傾斜，及**尺側屈曲** (ulnar flexion) 使手向小指方向傾斜 (圖 9.16a、b)。我們在用手左右揮動向別人揮手問好時，或者在洗窗戶、擦家具、打鍵盤時，經常會用到這樣的動作。

手指的運動變化較大，尤其是拇指的運動 (圖 9.16c~e)。手指的*屈曲* (flexion) 是捲曲手指，手指的*伸展* (extension) 是伸直手指。大多數人的手指不能過度伸展。將手指分開是外展 (abduction)，再將手指併攏，使其沿表面接觸是*內收* (adduction)。

然而，拇指是不同的，因為在胚胎發育過程中，它與手的其他部位旋轉了將近 90°。

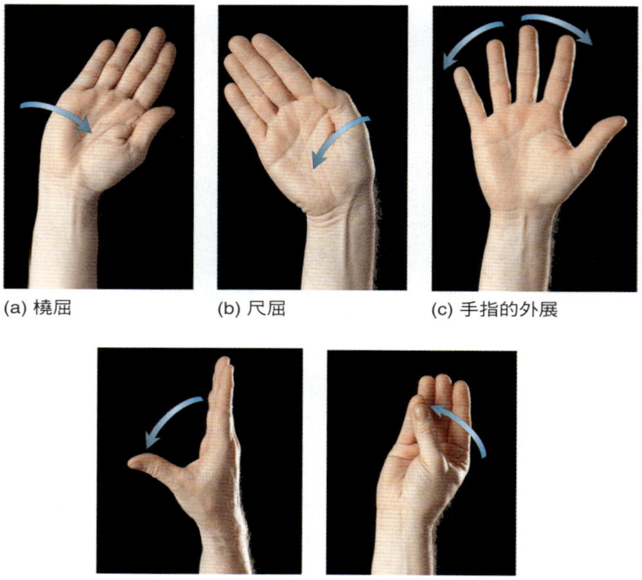

(a) 橈屈 (b) 尺屈 (c) 手指的外展

(d) 大拇指的手掌外展 (e) 大拇指對掌

圖 9.16 **手和手指的運動**。(a) 手腕的橈側屈曲；(b) 手腕的的尺側屈曲；(c) 手指的外展。本圖中拇指的位置稱為橈側外展。(a) 和 (b) 的部分顯示為手指的內收；(d) 拇指的手掌外展；(e) 拇指的對掌 (復位顯示在 [a] 和 [b] 的部分)。

如果你以完全放鬆的姿勢握住你的手 (但不是平放在桌子上)，您可能會看到，包括拇指和食指的平面與包括食指通過小指的平面約為 90°。因此，拇指運動的許多專有名詞與其他四指的運動有所不同。拇指的屈曲是彎曲關節，使拇指尖朝向掌心，而伸展則是伸直它。如果你現在將手掌平放在桌面上，五指平行並接觸，拇指就是伸展。如果將手保持在那裡，將拇指從食指上移開，使它們形成 90° 角 (但兩者都在桌面上)，拇指的運動稱為**橈側外展** (radial abduction)(圖 9.16c)。另一個動作是**掌側外展** (palmar abduction)，即將拇指從手掌平面上移開，使其指向前方，就像您要將手纏繞在工具手把上一樣 (圖 9.16d)。無論從位置上看——橈側或掌側外展——拇指內收 (adduction) 都是指讓拇指帶回以接觸食指的基底部。

另外兩個專有名詞是拇指特有的：**對掌** (opposition)[22] 是指移動拇指接近或觸摸其他手指的指尖 (圖 9.16e)。**復位** (reposition)[23] 是指回到零位。

腳的特殊運動

另外還有一些足部特殊運動的專有名詞 (圖 9.17)。**足背屈曲** (dorsiflexion) (DOR-sih-FLEC-shun) 是指腳趾抬高的動作，就像您修剪腳趾甲一樣。在你邁出的每一步中，腳在向前走時都會有背屈動作。這可以防止您的腳趾在地面上刮擦，當腳在您的面前觸及下來並導致人類運動中的腳跟著地 (heel

22 *op* = against 反對；*posit* = to place 放置
23 *re* = back 後退；*posit* = to place 放置

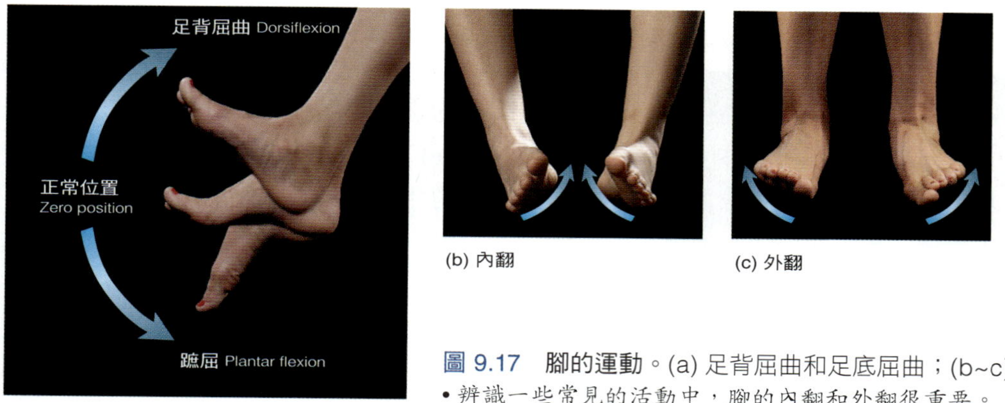

(a) 足底屈曲 (b) 內翻 (c) 外翻

圖 9.17 **腳的運動**。(a) 足背屈曲和足底屈曲；(b~c) 內翻和外翻。
• 辨識一些常見的活動中，腳的內翻和外翻很重要。

strike) 特徵。**足底屈曲 (蹠屈)**(plantar flexion) 是指腳的運動，使腳趾指向下方，就像踩汽車的油門踏板或踮起腳尖一樣。這個動作也會在你邁出的每一步中產生腳趾離地 (toe-off)，因為你身後的腳跟會抬離地面。足底屈曲可以是一個非常有力的動作，跳高運動員和籃球運動員的跳投就是其縮影。

內翻 (inversion)[24] 是將腳底向內側傾斜的一種腳部運動，腳底有點面對面，而**外翻** (eversion)[25] 是將腳底向外傾斜，遠離對方腳底的運動。這些動作在網球和足球等快速運動中很常見，有時會引起踝關節扭傷。這些專有名詞也指腳的先天性畸形，通常由矯形鞋或支架矯正。

旋前 (pronation) 和旋後 (supination) 雖然主要用於前臂動作，但也適用於腳部，但這裡指的是更複雜的動作組合。腳的旋前是指腳背屈、外翻和外展的組合，也就是腳趾抬高並遠離另一隻腳且腳底傾斜。腳的旋後是足底屈曲、內翻和內收的組合—即腳趾降低並轉向另一隻腳，腳底向另一隻腳傾斜。行走、跑步、跳芭蕾舞和穿越不平坦的地面 (如台階石)，看起來是普通的動作，但是這些動作看起來對他們似乎很難完成。

如果你將手掌放在桌子上，並假裝它們是你的腳底，你或許可以理解為什麼這些專有名詞適用於腳。傾斜你的雙手，使每隻手的內側邊緣 (拇指側) 從桌子上抬起。這就像把腳的內側邊緣從地面上抬起來一樣，正如你所看到的，這涉及到你的前臂的旋後。把雙手掌心向下放在桌子上，你的前臂已經是旋前了；但如果你把雙手的外緣 (小指側) 抬起來，就像把腳旋前一樣，你就會看到這涉及到前臂旋前運動的延續。

24 *in* = inward 向內；*version* = turning 轉向

25 *e* = outward 向外；*version* = turning 轉向

9.2d 運動範圍

關節的**運動範圍** (range of motion, ROM) 是指是指一塊骨骼可以在該關節相對於另一塊骨骼運動的度數。例如，腳踝的 ROM 約為 74°，第一指關節約為 90°，膝關節約為 130° 至 140°。運動範圍顯然會影響一個人的功能獨立性和生活品質。它也是運動或舞蹈訓練、臨床診斷和監測康復進展的一個重要考慮因素。影響關節活動範圍和穩定性的因素有很多：

- **骨骼關節面的結構**：在許多情況下，關節的活動受到骨面形狀的限制。例如，你的肘部不能伸直超過 180°，因為當它伸直時，尺骨的鷹嘴擺動到肱骨的鷹嘴窩中，就不能再移動了。
- **韌帶和關節囊的強度和韌度**：有些骨表面對關節活動的限制很小，甚至沒有任何限制。趾骨的關節就是一個例子；經由測試一具乾燥的骨骼可以看出，指間關節可以彎曲成一個很寬的弧形。然而，在活體中，這些骨骼由韌帶連接，限制了它們的運動。當你彎曲一個指關節時，關節前側 (掌側) 的韌帶會鬆弛，但後側 (背側) 的韌帶會收緊，防止關節彎曲超過 90° 左右。膝關節是另一個例子。在踢足球時，膝關節迅速伸展到 180° 左右，但它不能伸展得更遠。它的運動部分受制於十字韌帶 (cruciate ligament) 和後面介紹的其他膝關節韌帶。體操運動員、舞蹈家、雜技演員在訓練中經由逐漸拉扯韌帶來增加滑液關節的 ROM。「雙關節」的人在某些關節處的 ROM 異常大，並不是因為有兩個關節，而是因為韌帶異常長或鬆弛，實際上雙關節的人在解剖學上與正常人有根本上的不同。
- **肌肉和肌腱的作用**：膝關節的伸展也受到大腿後側的股後肌群 (hamstring muscles) 的限

制。在許多其他的關節中，也有成對的肌肉相互對抗，緩和關節運動的速度和範圍。即使是靜止的肌肉也會保持一種緊張狀態，稱為肌肉張力 (muscle tone)，在很多情況下用來穩定關節的作用。例如，防止肩關節脫臼的主要因素之一是肱二頭肌 (biceps brachii) 的張力，其肌腱穿過關節，插入肩胛骨上，並保持肱骨頭對抗盂關節腔。神經系統不斷監測和調整關節角度和肌肉張力，以維持關節穩定，限制不必要的動作。

在你繼續閱讀之前

回答下列問題，以檢驗你對上節內容的理解：

7. 關節囊的兩個組成部分是什麼？各自的功能是什麼？
8. 至少舉出單軸、雙軸和多軸關節各一個例子，並解釋其分類的原因。
9. 說出如果你直接從頭頂伸手把燈泡轉到天花板上的燈具上，會涉及到哪些關節。描述一下會發生的關節動作。

9.3 選定的滑液關節解剖學

預期學習成果

當您完成本節後，您應該能夠

a. 識別下頜、肩、肘、髖、膝和踝關節的主要解剖特徵；以及
b. 解釋這些關節間的解剖學差異與功能差異的關係。

我們現在來看看某些可動關節的大體解剖學。本書不可能討論太多的關節，但這裡所選的關節通常需要醫療照護，而且大多數關節對運動表現和日常功能有很大影響。

9.3a 下頜關節

顳下頜關節 (temporomandibular joint, TMJ) 是下頜骨髁狀突與顳骨下頜窩的相關節處 (圖 9.18)。您可以在張口和閉口時，用指尖按住緊靠耳朵前方的下頜來感受它的作用。這種關節結合了髁狀關節、屈戌和平面關節的元素。當下頜骨上提和下壓時，它的功能就像門的鉸鏈一樣，它從一側滑向另一側，在臼齒之間磨碎食物，當下頜骨向前突出去咬一口或嘴巴張大時，它就會稍微向前滑動。如果你在張嘴時摸到耳垂前方的關節，就能感覺到髁突的這種向前滑動。如果你用手掌跟不按住下巴，防止下頜骨向前滑動，你就能感覺到這種運動的必要性；你會發現很難把嘴張得很開。

顳下頜關節的滑液腔被關節盤分為上腔和下腔，允許外側向和內側向的移動。兩條韌帶支撐關節。**外側韌帶** (lateral ligament) 可防止下頜骨後移。如果下頜受到重擊，這條韌帶通常可以防止髁狀突上移而使頭骨的底部骨折。關節內側的**蝶下頜韌帶** (sphenomandibular ligament) 從蝶骨延伸到下頜骨的下頜枝。莖下頜韌帶 (stylomandibular ligament) 從莖突延伸到下頜角，但不是 TMJ 的一部分。

深深地打哈欠或下頜骨的其他劇烈下壓可使髁突從窩內彈出，向前滑落從而使顳下頜關節脫臼。可以藉由按壓臼齒，同時將下頜向後推，使脫臼的關節復位。

臨床應用 9.2

顳下頜關節功能障礙

顳下頜關節功能障礙 (temporomandibular joint dysfunction, TMD) 困擾著全世界 20%~30% 的成年人，在最常見的口腔疼痛原因中僅次於牙痛。它似乎是一個疾病群，其症狀包括顳下頜關節和相關咀嚼肌的痠痛，在咀嚼或打哈欠時加劇；咔噠聲、爆裂聲或磨牙刺耳的噪音；下頜運動受限可能導致進食或說話困難。由於對 TMD

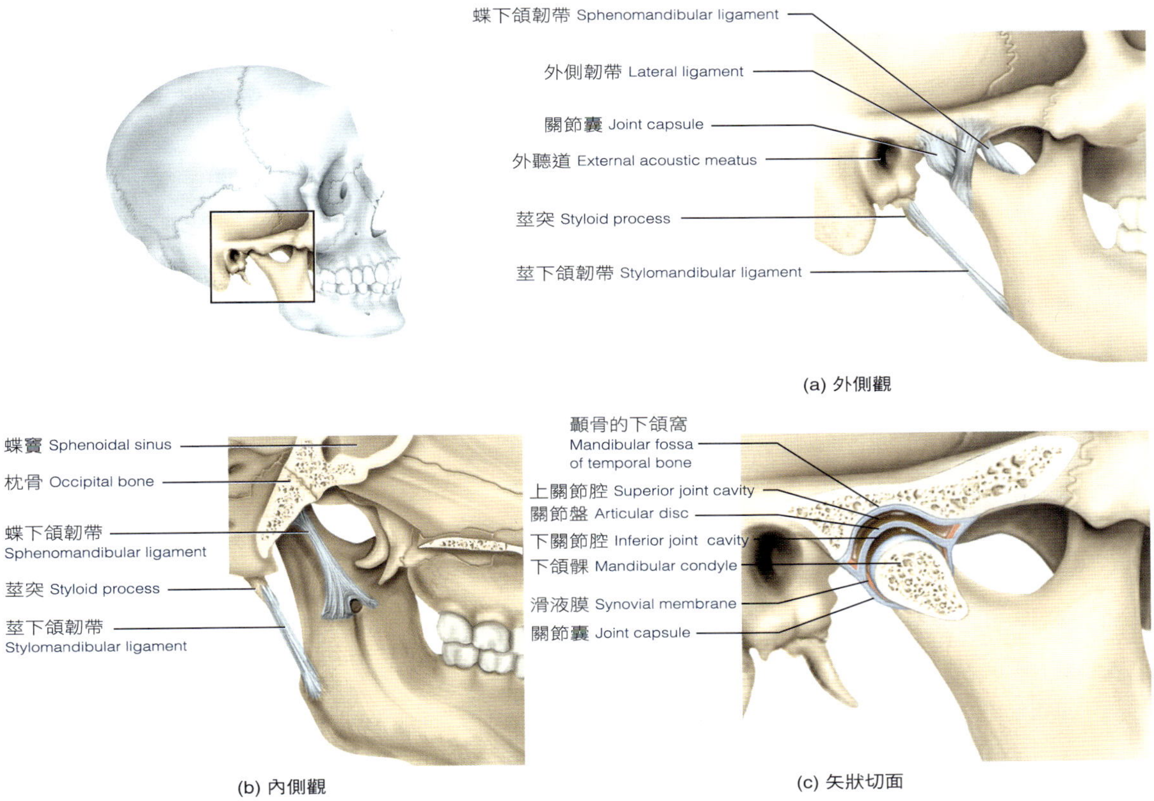

圖 9.18 **下頜 (顳下頜) 關節**。(a) 外側觀；(b) 內側觀；(c) 矢狀切面。

的病因瞭解甚少，所以對最佳的治療方法還沒有達成一致，事實上，有十幾種不同的名稱。止痛藥 (鎮痛藥) 可能會有幫助。由於 TMD 往往與焦慮、抑鬱或壓力有關，一些患者和醫生報告說，行為療法如冥想、生物回饋和瑜伽等都很成功。

9.3b 肩關節

盂肱 (肱骨肩胛骨) 關節 [glenohumeral (humeroscapular) joint] 或肩關節，是肱骨半球形頭與肩胛骨盂關節腔的相關節處 (圖 9.19)。肩關節和肘關節共同擔任定位手的作用以便執行任務；如果沒有手，肩關節和肘關節的動作就沒有多大用處了。相對較鬆的肩關節囊和較淺的盂關節腔，犧牲了關節的穩定性以獲得活動的自由。然而，該腔有一個環狀的纖維軟骨稱為**盂唇** (glenoid labrum)[26] 環繞腔的邊緣，比在一個乾燥的骨骼上看起來要深一點。

五條主要韌帶支撐著這個關節。**喙肱韌帶** (coracohumeral ligament) 從肩胛骨的喙突延伸到肱骨的大結節，和**橫肱韌帶** (transverse humeral ligament) 從肱骨的大結節延伸到小結節，創建一個隧道，結節間溝，肱二頭肌的肌腱通過。其他三條韌帶，稱為**盂肱韌帶** (glenohumeral ligaments)，相對較弱，有時也不存在。

肱二頭肌肌腱是肩部最重要的穩定者。它起源於盂關節腔的邊緣，通過關節囊，並會集到結節間溝，在那裡它是由肱骨橫韌帶抓住。在溝的下方，它匯集到肱二頭肌。因此，肌腱的功能作為一個有韌性的，可調節的皮帶，拉

26 *labrum* = lip 唇

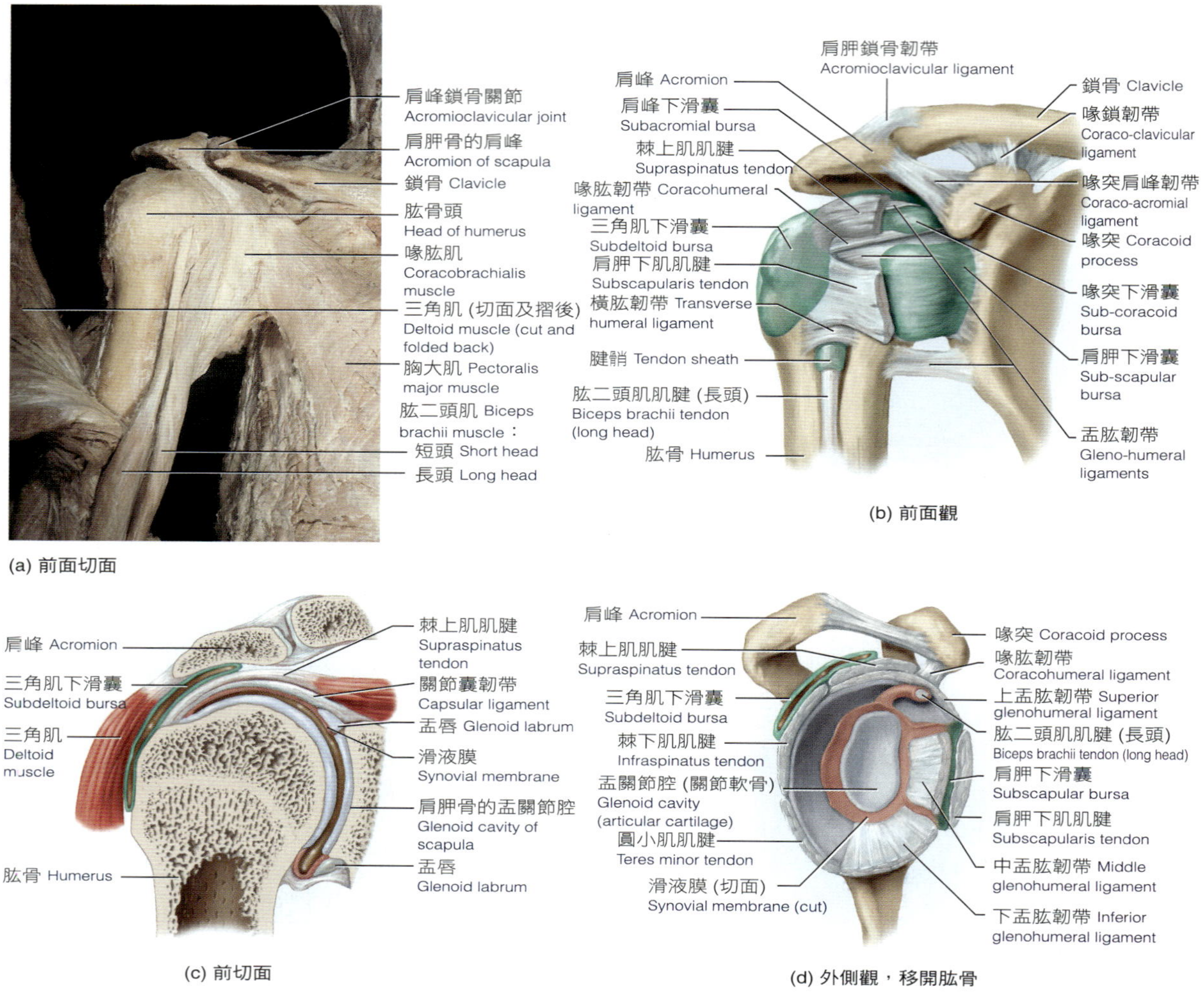

圖 9.19　肩 (盂肱) 關節。(a) 大體肩部的前面解剖；(b) 肩部解剖的前面觀；(c) 正面切面；(d) 側面觀，去除肱骨後顯示盂關節腔的解剖結構。

• 活人的肩關節窩比乾骨架上的關節窩看起來要深一些。是什麼結構使其如此？AP|R

著肱骨保持在盂關節腔上。

除了肱二頭肌外，穩定盂肱關節的四條重要肌肉是*肩胛下肌* (subscapularis)、*棘上肌* (supraspinatus)、*棘下肌* (infraspinatus) 和*小圓肌* (teres minor)。這四條肌肉的肌腱形成了*旋轉袖肌群* (rotator cuff)，它是融合到關節囊的所有面，除了下面。表 12.2 對旋轉袖肌群進行了更全面的討論。

四個滑囊與肩關節相關。它們的名字描述它們的位置──**三角肌下** (subdeltoid)、**肩峰下** (subacromial)、**喙突下** (subcoracoid) 和**肩胛下滑囊** (subscapular bursae)。

肩關節脫臼是非常痛苦的，有時會導致永久性損傷。最常見的脫臼是肱骨向下移位，因為 (1) 旋轉袖肌群在所有方向上保護關節，除了下部，及 (2) 關節是保護從上面的喙突，肩胛骨，和鎖骨。脫臼最常見的情況是手臂被外展，然後受到來自上方的打擊，例如，當伸出的手臂被從架子上掉下來的重物擊中。兒童被一隻手臂抽離地面或被用力拉扯手臂而被迫跟上時，也會發生這種情況。兒童特別容易受到這樣的傷害，不僅是因為這種虐待造成的內在壓力，而且還因為兒童的肩部沒有完全骨化，旋轉袖肌群沒有足夠的強度來承受這種壓力。因為這個關節很容易脫臼，所以你千萬不要試圖藉由拉動一個固定不動的人的手臂來移動他或她。

9.3c 肘關節

肘部包括一個由兩個關節組成的屈戌關節，即肱骨的滑車與尺骨的滑車切迹的**肱尺關節** (humeroulnar joint) 和肱骨小頭與橈骨頭連接的**肱橈關節** (humeroradial joint)(圖 9.20)。兩者都封閉在一個關節囊中。在肘關節 (elbow joint) 後側，有一個突出的**鷹嘴滑囊** (olecranon bursa)，以方便肌腱在肘部的運動。肘關節的側向運動受到一對韌帶的限制，即**橈側 (外側) 副韌帶** [radial (lateral) collateral ligament] 和**尺側 (內側) 副韌帶** [ulnar (medial) collateral ligament]。

另一個關節發生在肘部區域，**近端橈尺關節** (proximal radioulnar joint)，但它不參與屈戌。在這個關節處，橈骨的盤狀頭嵌入尺骨的橈骨切迹，並由**環狀韌帶** (anular ligament) 固定，環狀韌帶環繞橈骨頭並在兩端與尺骨相連。

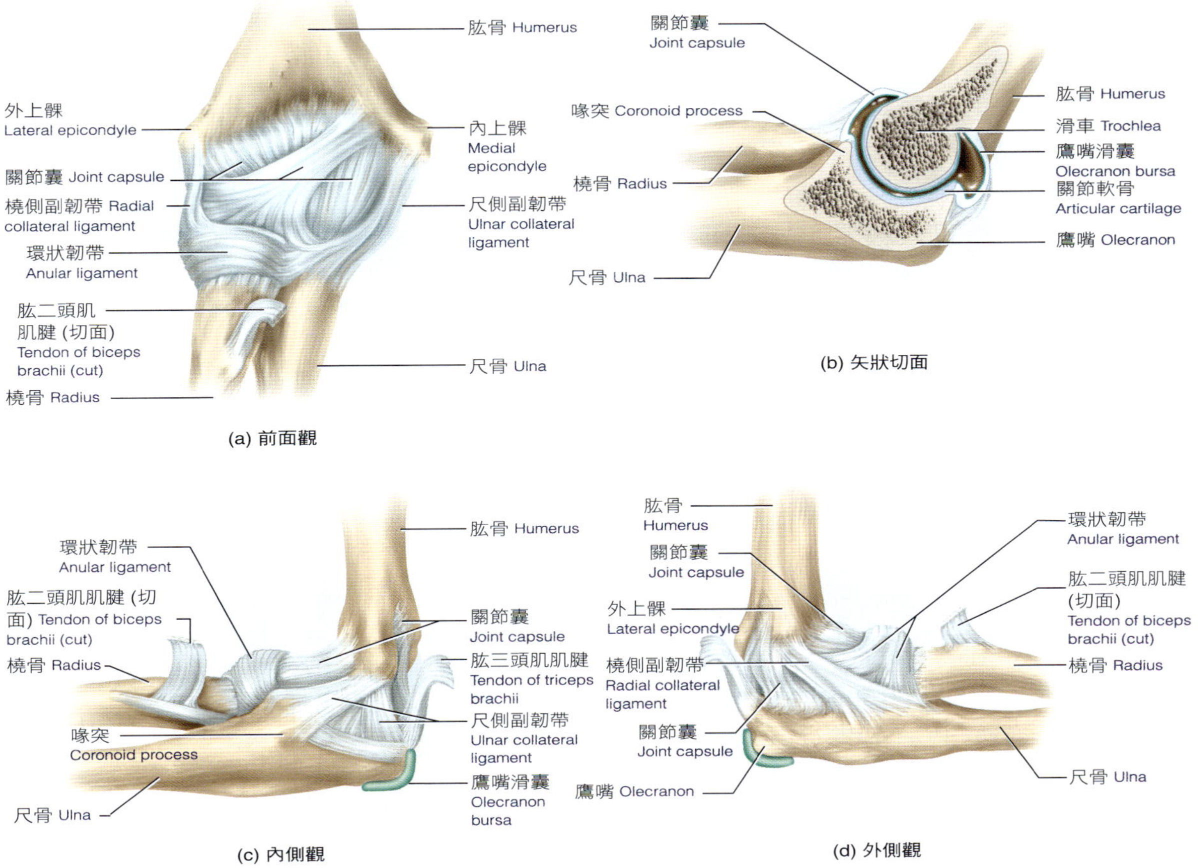

圖 9.20 **肘關節**。(a) 前面觀；(b) 矢狀切面，顯示關節腔和滑囊；(c) 內側觀；(d) 外側觀。這區域包括形成肘關節的屈戌兩個關節—肱尺關節和肱橈關節，以及一個不參與屈戌但參與前臂旋轉的關節—橈尺關節。

APR

臨床應用 9.3

肘部拉傷

兒童和青少年未成熟的骨骼特別容易受傷。肘部拉傷 (pulled elbow)(橈骨脫臼) 是學齡前兒童 (尤其是女孩) 常見的傷害。它通常是由於成人在兒童手臂前伸時用一隻手臂將其抬起或抽拉起，如將兒童抬到高腳椅或購物車上 (圖 9.21)。這樣就會使環狀韌帶從橈骨頭部撕裂，橈骨部分或全部從韌帶中拉出。然後，疼痛原因是撕裂的韌帶近端部分被捏在橈骨頭和肱骨小頭之間。橈骨脫臼的治療方法是將前臂旋後，肘部屈曲，然後將手臂放在吊帶中約 2 週時間，這樣足夠的時間才能讓環狀韌帶癒合。

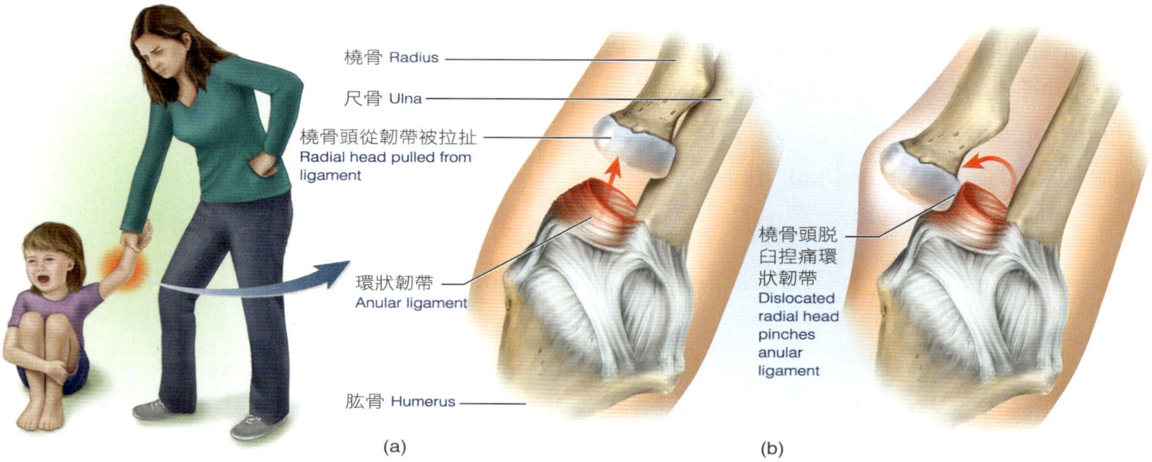

圖 9.21 肘部拉傷。用一隻手臂將兒童抽拉起使其橈骨脫臼。(a) 環狀韌帶撕裂，橈骨頭從韌帶中被拉出；(b) 肌肉收縮將橈骨向上拉。橈骨頭在肘部外側產生腫塊，並可能捏住環狀韌帶而非常疼痛。

9.3d 髖關節

髖關節 [coxal (hip) joint] 是股骨頭插入髖骨的髖臼部位 (圖 9.22)。由於髖關節承受著身體的大部分重量，所以它們有很深的窩，比肩關節更穩定。髖臼的深度比您在乾的骨骼上看到的要大一些，因為它的邊緣連接著一個馬蹄形的纖維軟骨環，即**髖臼唇** (acetabular labrum)。**髖臼橫韌帶** (transverse acetabular ligament) 彌合髖臼唇下緣的縫隙。髖關節脫臼是罕見的，但一些嬰兒遭受先天性脫臼，因為髖臼不夠深，無法拉緊股骨頭的位置。如果發現得早，這種情況可以經由佩戴 2~4 個月的背帶治療，背帶可以將股骨頭固定在適當的位置，直到關節變強。

支撐髖關節的韌帶包括前側的**髂股韌帶** (iliofemoral ligaments)(ILL-ee-oh-FEM-or-ul) 和**恥股韌帶** (pubofemoral ligaments)(PYU-bo-FEM-or-ul) 以及後側的**坐股韌帶** (ischiofemoral ligament)(ISS-kee-oh-FEM-or-ul)。每條韌帶的名稱是指它所連接的骨頭——股骨和髂骨、恥骨或坐骨。當你站起來的時候，這些韌帶會變得扭曲，並將股骨頭緊緊拉入髖臼。股骨頭上有一個明顯的凹，叫做頭小凹 (fovea capitis)。**圓韌帶** (round ligament)，或稱**圓韌帶** (ligamentum teres)[27] (TERR-eez)，由這裡發出附著於髖臼的下緣。這是一條相對鬆弛的韌帶，所以值得懷疑的是它在將股骨固定在髖臼

27 *teres* = round 圓的

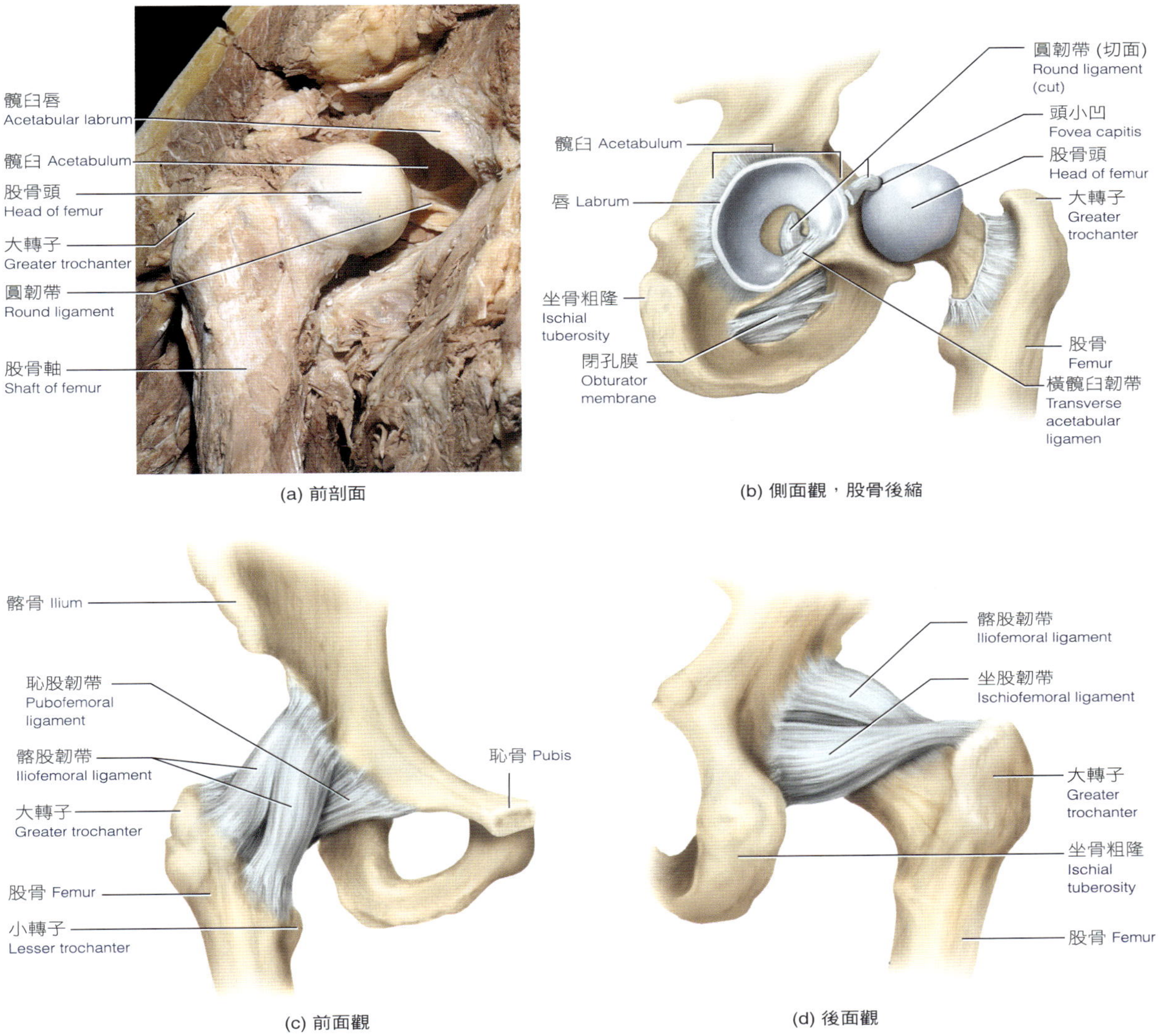

圖 9.22 **髖 (Coxal) 關節**。(a) 大體髖關節的前切面；(b) 股骨後縮的側面觀，顯示股骨頭和髖臼；(c) 前面觀；(d) 後面觀。

(a) ©Rebecca Gray/McGraw-Hill Education

內是否是重要的角色。然而，它確實包含一條動脈，為股骨頭提供血液。

應用您的知識

人體還有哪些地方有類似於髖臼唇的結構？這兩個位置有什麼共同點？

9.3e 膝關節

脛股關節 (膝關節)[tibiofemoral (knee) joint] 是人體最大和最複雜的可動關節 (圖 9.23 和 9.24)。它主要是一個屈戌關節，但當膝關節屈曲時，它也能輕微旋轉和側向滑動。髕骨及其韌帶還與股骨形成一個平面**髕股關節** (patellofemoral joint)。

關節囊僅僅包覆髕韌帶的外側和後

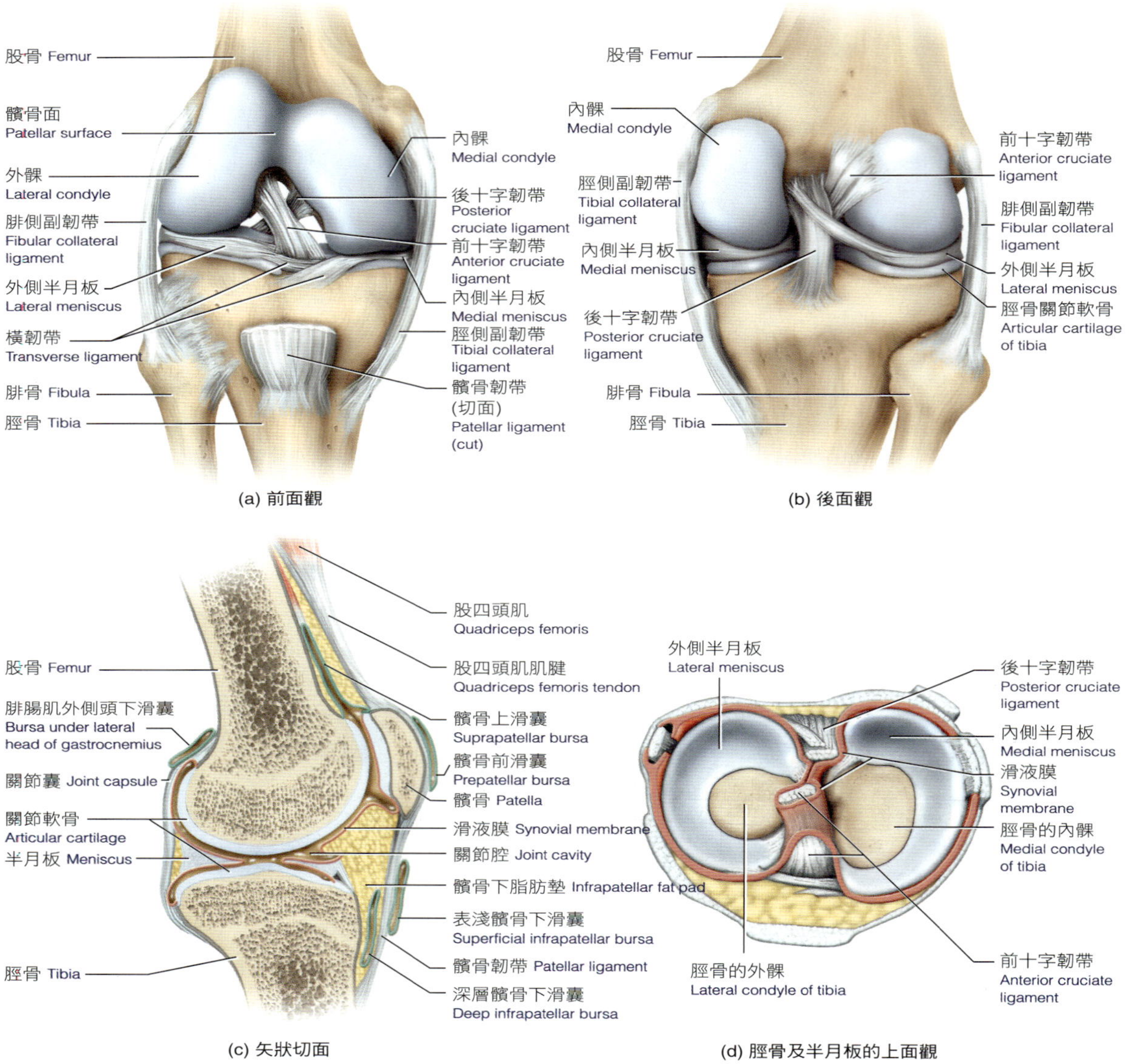

圖 9.23 膝 (脛股) 關節。(a) 切除髕骨後的前面觀；(b) 後面觀；(c) 矢狀切面；(d) 脛骨頭和半月板的上面觀。**AP|R**

側以及外側和內側髕骨支持帶 (lateral and medial patellar retinacula)(未圖示)。這些都是大腿前部大肌肉——股四頭肌 (quadriceps femoris) 肌腱的延伸。膝關節的穩定主要靠前面的股四頭肌肌腱和大腿後面的半膜肌 (semimembranosus) 肌腱。因此，建立這些肌肉的強度可以降低膝關節受傷的風險。

關節腔內有兩塊 C 形軟骨，稱為**外側**和**內側半月板** (lateral and medial menisci)(單數為 meniscus)，由一條**橫韌帶** (transverse ligament) 連接。它們吸收身體重量在膝蓋上下晃動的衝擊，防止股骨在脛骨上左右搖晃。膝關節的後側，**膕區** (popliteal region) (pop-LIT-ee-ul)，由關節囊內的一系列複雜的**囊內韌帶** (intracapsular ligaments) 和**囊外韌帶** (extracapsular ligaments) 支撐。囊外韌帶

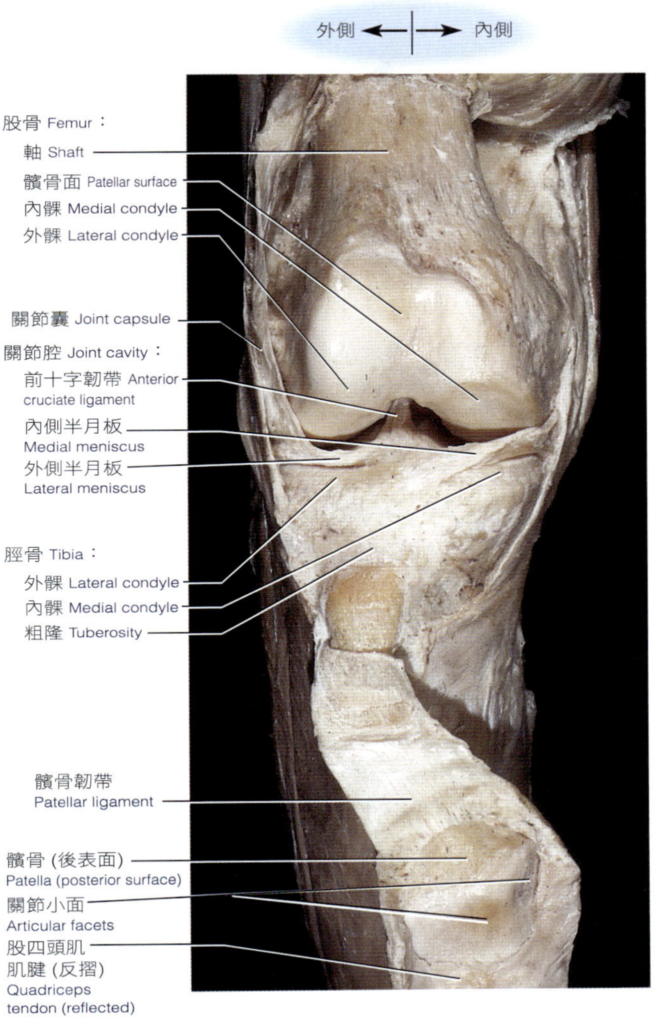

圖 9.24 **右膝關節，前面解剖。**股四頭肌肌腱已被切開並向下折疊 (反摺)，露出關節腔和髕骨後表面。

是**斜膕肌韌帶** (oblique popliteal ligament)[半膜肌 (semimembranosus) 股後肌群肌肌腱的延伸]、**弓膕肌韌帶** (arcuate popliteal ligament)、**腓骨 (外側) 副韌帶** [fibular (lateral) collateral ligament] 和**脛骨 (內側) 副韌帶** [tibial (medial) collateral ligament]。圖中只說明了兩條副韌帶，當關節伸展時，它們能防止膝關節旋轉。

關節腔深處有兩條囊內韌帶。然而滑液膜圍繞著它們折疊，因此它們被排除在充滿液體的滑膜腔之外。這些韌帶以 X 的形式相互交叉，因此它們被稱為**前十字韌帶** (anterior cruciate[28] ligament, ACL) 和**後十字韌帶** (posterior cruciate ligament, PCL) (CROO-she-ate)。它們是根據附著在脛骨前側還是後側而命名的，而不是因為它們附著在股骨上。當膝關節伸展時，前 ACL 被拉緊以防止過度伸展。PCL 防止股骨從脛骨前面滑脫，及防止脛骨向後移位。ACL 是膝關節最常見的損傷部位之一 (見臨床應用 9.4)。

人類雙足運動的一個重要方面是能夠鎖住膝蓋，及站直立時大腿的伸肌不會疲累。當膝關節伸展到 ACL 允許的最大程度時，股骨在脛骨上向內側旋轉。這個動作鎖定了膝蓋，在這個狀態下所有主要的膝關節韌帶都會被扭曲和繃緊。為了解除膝關節的鎖定，膕肌 (popliteus) 會橫向旋轉股骨，使韌帶鬆開。

膝關節至少有 13 個滑囊。其中 4 個是前面的**淺層髕下** (superficial infrapatellar)、**髕上** (suprapatellar)、**髕前** (prepatellar) 和**深層髕下** (deep infrapatellar)。位於膕肌區域的是**膕滑囊** (popliteal bursa) 及**半膜滑囊** (semimembranosus bursa)(未圖示)。膝關節的外側和內側至少還有 7 個滑囊。從圖 9.23a、你對相關詞彙 [下 (*infra-*)、上 (*supra-*)、前 (*pre*)] 的瞭解，以及表層 (superficial) 和深層 (deep) 的專有名詞，你就應該能夠找出這些名稱背後的原因，並建立一個系統來記住這些滑囊的位置。

28 *cruci* = cross 十字架；*ate* = characterized by 特徵是

臨床應用 9.4

膝關節損傷和關節鏡手術

雖然膝關節可以承受很大的重量，但它極易受到旋轉和水平方向的壓力，特別是當膝關節彎曲時(如滑雪或跑步)，受到來自後面或側面的打擊時(圖 9.25)，最常見的損傷是半月板或前十字韌帶(ACL)。膝蓋損傷癒合緩慢，因為韌帶和肌腱的血液供應不足，而軟骨通常沒有血管。

關節鏡檢查 (arthroscopy) 大大地改善了膝關節損傷的診斷和手術治療，這種手術是通過一個小切口插入一個鉛筆粗的儀器，觀察關節內部，即關節鏡 (arthroscope)。關節鏡有一盞燈、一個鏡頭和光纖，允許觀察者看到關節腔，並進行拍照或錄影。外科醫生還可以通過關節鏡抽取滑液樣本，或向關節腔內注入生理鹽水，以擴大關節腔，提供更清晰的視野。如果需要手術，可以為手術器械做額外的小切口，並通過關節鏡或監視器觀察手術過程。關節鏡手術產生的組織損傷比傳統手術小得多，使患者恢復得更快。

骨外科醫生通常用髕韌帶或股後肌群的肌腱移植來替換受損的前十字韌帶。外科醫生從患者的韌帶或肌腱中間「採集」一條，在關節腔內的股骨和脛骨上鑽一個孔，將韌帶從孔中穿出，然後用可生物降解的螺釘固定。移植後的韌帶比受損的前十字韌帶更緊繃、更「勝任」。它與血管發生了嵌合，成為更多膠原蛋白沉澱物的基底，隨著時間的推移，進一步增強了它的強度。關節鏡下前十字韌帶重建後，患者通常必須使用拐杖 7~10 天，並接受 6~10 週的物理治療，然後進行自主運動治療。約 9 個月後即可完全癒合。

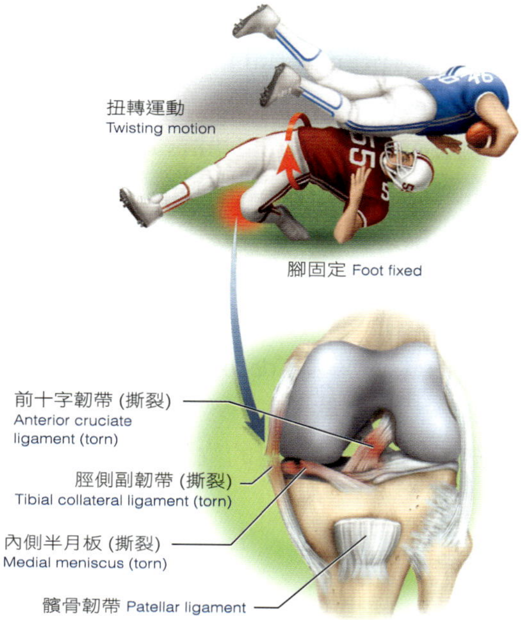

圖 9.25 膝關節損傷。

9.3f 踝關節

距小腿 (踝關節) 關節 [talocrural[29] (ankle) joint] 包括兩個關節—脛骨和距骨之間的內側關節和腓骨和距骨之間的外側關節，兩者都被封閉在一個關節囊中 (圖 9.26)。脛骨和腓骨的踝部像一個蓋子一樣懸垂在距骨的兩側，防止大部分的左右運動。因此，踝關節的活動範圍比腕關節更受限制。

踝關節的韌帶包括：(1) **脛腓前韌帶和脛腓後韌帶** (anterior and posterior tibiofibular ligaments)，將脛骨與腓骨結合起來；(2) 多部分**內側 (三角) 韌帶** [medial (deltoid) ligament]，將脛骨與腳的內側結合起來；(3) 多部分**外側副韌帶** (lateral collateral ligament)，將腓骨與腳的外側結合起來。**跟腱** (calcaneal tendon) [**阿奇里斯腱** (Achilles tendon)] 從小腿肌肉延伸到跟骨。它使足底屈曲並限制足背屈曲。足底屈曲受踝關節前側的伸肌肌腱和前部的關節囊限制。

扭傷 (韌帶和肌腱撕裂) 在腳踝處很常見，特別是當腳突然內翻或過度外翻時。扭傷會非常疼痛，並且通常伴隨著立即腫脹。最好的治療方法是固定關節，用冰袋消腫，但在極端情況下可能需要打石膏或手術。

29 *talo* = ankle 腳踝；*crural* = pertaining to the leg 與腿部有關

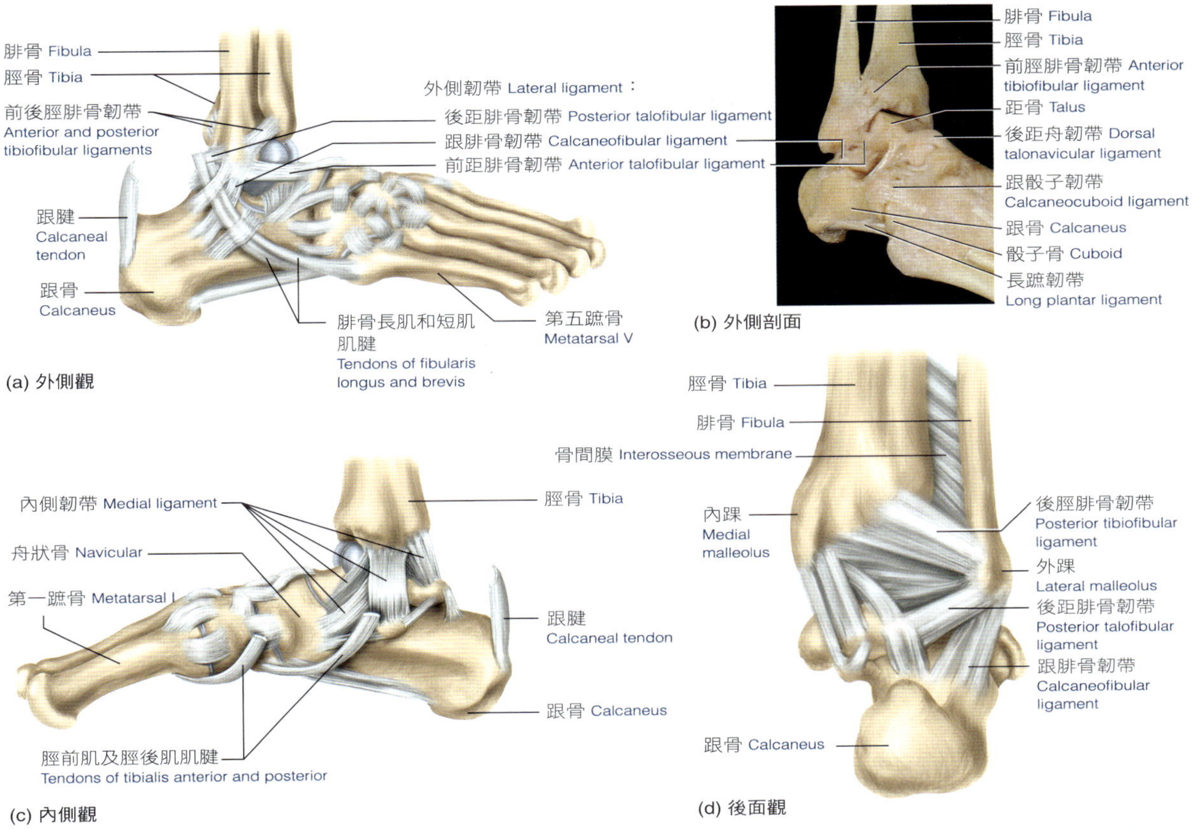

圖 9.26 右腳踝 (距小腿) 關節。(a) 側面觀；(b) 大體踝關節解剖外側面觀；(c) 內側面觀；(d) 後面觀。

APR

本節所述的滑膜關節整理於表 9.2。

在你繼續閱讀之前

回答下列問題，以檢驗你對上節內容的理解：

10. 是什麼讓下頜骨髁突不向後方滑出其窩外？
11. 至少列出三種穩定肩關節的方法。
12. 是什麼讓股骨不至於從脛骨上向後滑落？
13. 是什麼讓脛骨不從距骨側面滑落？

9.4 臨床觀點

預期學習成果

當您完成本節後，您應該能夠

a. 界定風濕病 (rheumatism) 及描述風濕病學的專業；
b. 界定關節炎 (arthritis) 並描述其形式和原因；
c. 討論人工關節的設計和應用；及
d. 辨別關節炎以外的幾種關節疾病。

我們的生活品質很大的程度取決於活動能力，而活動能力則取決於可動關節的正常功能。因此，不出所料的是關節功能障礙是最常見的病症之一。**風濕病** (rheumatism) 是一個廣義的專有名詞，指的是身體的支持性和運動性器官的任何疼痛，包括骨骼、韌帶、肌腱和肌肉。從事關節疾病研究、診斷和治療的醫生被稱為**風濕科醫生** (rheumatologists)。

表 9.2 主要的可動關節整理

關節	主要的解剖特點和作用
下頜關節 (Jaw joint) (圖 9.18)	類型：髁狀、屈戌和平面式 動作：上提、下壓、前突、後縮、外側向和內側向移動 關節：下頜骨髁突，顳骨下頜窩 韌帶：外側、蝶骨下頜韌帶 軟骨：關節盤
肩關節 (Shoulder joint) (圖 9.19)	類型：球窩型 動作：內收、外展、屈曲、伸展、迴旋、內旋和外旋 關節：肱骨頭，肩胛骨盂關節窩 韌帶：喙肱、橫肱、三條盂肱 肌腱：旋轉袖肌群 (肩胛下肌腱、棘上肌腱、棘下肌腱、小圓肌腱)、肱二頭肌腱 滑囊：三角肌下、肩峰下、喙突下、肩胛下 軟骨：盂唇
肘關節 (Elbow joint) (圖 9.20)	類型：屈戌和樞軸 動作：屈曲、伸展、旋前、旋後、旋轉 關節：肱尺——肱骨滑車，尺骨的滑車切迹；肱橈——肱骨的小頭，橈骨頭；橈尺——橈骨頭，尺骨的橈骨切迹 韌帶：橈骨副側、尺骨副側、環狀 滑囊：鷹嘴
髖關節 (Hip joint) (圖 9.22)	類型：球窩型 動作：內收、外展、屈曲、伸展、迴旋、內旋和外旋 關節：股骨頭、髖骨的髖臼 韌帶：髂股、坐股、恥股、圓韌帶、橫髖臼 軟骨：髖臼唇
膝關節 (Knee joint) (圖 9.23)	類型：主要是屈戌 動作：屈曲、伸展、輕微旋轉 關節：脛股、髕股 韌帶：前—— 髕骨外側支持帶、髕骨內側支持帶；膕囊內—— 前十字，後十字；膕囊外——協膕肌，弓膕肌；外側副、內側副。 滑囊：前——髕下淺、髕上、髕前、髕下深部；膕部——膕肌、半膜肌；內側和外側——本章未提及的其他七條滑囊 軟骨：外側半月板、內側半月板 (由橫韌帶連接)
踝關節 (Ankle joint) (圖 9.26)	類型：屈戌 動作：背屈、足底屈曲、伸展 銜接：脛骨——距骨、腓骨——距骨、脛骨——腓骨 韌帶：脛腓前、脛腓後、三角肌、外側副韌帶 肌腱：跟腱 (阿奇里斯腱)

9.4a 關節炎

在美國，最普遍的致殘性疾病是——**關節炎** (arthritis)[30]，這是一個廣義的專有名詞，包含了一百多種基本上不明顯或原因不明的疾病。一般來說，關節炎是指關節的炎症。幾乎每個人在中年以後，有時甚至更早的時候就會出現一定程度的關節炎。

關節炎最常見的形式是**骨關節炎**

30 *arthr* = joint 關節；*itis* = inflammation 炎症

(osteoarthritis, OA)，也被稱為「磨損性關節炎」，因為它顯然是關節多年磨損的正常結果。隨著關節的老化，關節軟骨會軟化和退化。當軟骨因磨損而變得粗糙時，關節活動可能會伴隨著嘎吱或劈啪的聲音，稱為捻髮音 (crepitus)。骨關節炎尤其影響手指、椎間關節、髖關節和膝關節。隨著關節軟骨的磨損，暴露的骨組織往往會形成骨刺，長入關節腔，限制了活動並引起疼痛。雖然 OA 很少發生在 40 歲之前，但它影響了大約 85% 的 70 歲以上的人。它通常不會導致殘廢，但在嚴重的情況下，它可以使髖關節無法活動。

類風濕性關節炎 (rheumatoid arthritis, RA)，這是嚴重得多，從自身免疫攻擊關節組織的結果。像其他自身免疫性疾病一樣，RA 是由一種自身抗體引起的一種錯誤的抗體，它攻擊身體自身的組織，而不是限制其攻擊外來物質。在 RA 中，一種叫做類風濕因子的自身抗體攻擊滑液膜。炎症細胞聚集在滑膜液中，並產生酵素，使關節軟骨退化。滑液膜增厚並與關節軟骨黏連，關節囊內積液，囊內纖維結締組織侵入。當關節軟骨退化時，關節開始骨化，有時骨頭會變得牢固地融合和固定，這種情況稱為**關節癒合** (ankylosis)[31] (圖 9.27)。RA 往往是對稱發展的，如果右手腕或髖關節發生 RA，左手腕或髖關節也會發生 RA。

類風濕性關節炎往往會週期性地發作和消退 (進入緩解期)。[32] 它對女性的影響遠大於男性，通常在 30~40 歲之間開始發病。沒有治癒的方法，但使用氫化可體松或其他類固醇可以減緩關節損傷。由於長期使用類固醇會削弱骨骼，但是阿斯匹林是控制炎症的首選治療方法。物理治療也是用來保持關節的活動範圍和病人的功能上的能力。

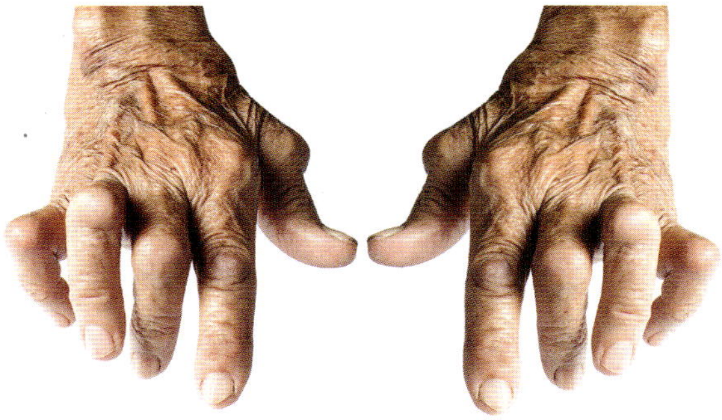

(a)

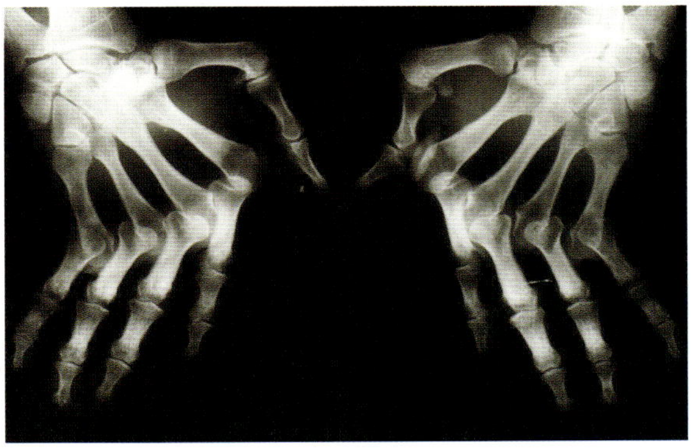

(b)

圖 9.27 類風濕性關節炎 (RA)。(a) 關節癒合的嚴重病例；(b) 患 RA 的手部 X 光片。

(a)©chaowalit407/Getty Images, (b) ©Biophoto Associates/Science Source

表 9.3 簡要介紹了關節的幾種常見病理。

9.4b 關節假體

關節置換術 (arthroplasty)[33] 是一種最後的治療手段，這是用一種稱為**關節假體** (joint prosthesis)[34] 的人工裝置來替代病變的關節。關節假體最早是在第二次世界大戰和朝鮮戰爭中為治療戰爭傷害而開發的。全髖關節置換術 (total hip replacement, THR) 由英國骨科醫生 John Charnley 爵士於 1963 年首次實施，現在是老年人最常見的骨科手術。第一台膝關

31 *ankyl* = bent 彎曲，crooked 歪曲；*osis* = condition 狀態

32 *rheumat* = tending to change 趨向於改變

33 *arthro* = joint 關節；*plasty* = surgical repair 手術修復

34 *prosthe* = something added 附加的東西

表 9.3 關節的失調症狀		
脫臼 (Dislocation) [脫位 (luxation)]	骨骼在關節處從其正常位置移位，通常伴隨著相鄰結締組織的扭傷。最常見於手指、拇指、肩膀和膝蓋	
痛風 (Gout)	一種遺傳性疾病，男性最常見，尿酸結晶積聚在關節內，刺激關節軟骨和滑液膜。引起痛風性關節炎 (gouty arthritis)，伴隨著腫脹、疼痛、組織變性，有時關節融合。最常影響的是大拇趾	
扭傷 (Strain)	肌腱或肌肉過度拉扯的疼痛，但沒有嚴重的組織損傷。通常是由於運動前熱身不充分造成的	
部分脫位 (Subluxation)	部分脫位，其中兩個骨骼在其關節表面間保持接觸	
滑膜炎 (Synovitis)	關節囊的炎症，通常是扭傷的併發症	
你可以在以下地方找到其他關節疾病的討論		
踝關節扭傷 (9.3f 節) 滑囊炎 (9.2a 節) 先天性髖關節脫臼 (9.3d 節) 肘關節脫臼 (臨床應用 9.3)	肩關節脫臼 (9.3b 節) 膝關節損傷 (臨床應用 9.4) 骨關節炎 (9.4a 節) 類風濕性關節炎 (9.4a 節)	旋轉袖肌損傷 (表 12.2) 肌腱炎 (9.2a 節) 顳下頜關節功能障礙 (臨床應用 9.2)

節置換術是在 20 世紀 1970 年代進行的。現在手指、肩關節、肘關節、髖關節和膝關節都有關節假體。美國每年為超過 25 萬名患者進行關節置換術，主要是為了緩解疼痛和恢復患有 OA 或 RA 的老年人的功能。

關節置換術對生物醫學工程提出了持續的挑戰。一個有效的假體必須堅固、無毒及耐腐蝕。此外，它必須堅固地與患者的骨骼結合，並以最小的摩擦力實現正常的運動範圍。長骨的頭部通常用非常堅硬的陶瓷如聚晶金剛石與金屬如碳化鈦、鈷-鉻或其他金屬合金結合而成的假體代替。關節套筒由聚乙烯製成 (圖 9.28)。假體用螺釘或骨水泥黏結到病人的骨骼上。

90% 以上的人工膝關節和髖關節至少可以使用 10 年，85% 以上可以使用 20 年。最常見的失敗形式是假體與骨分離。這個問題已經通過使用*多孔塗層假體* (porous-coated prostheses) 而減少了，這種假體會被病人自己的骨頭浸潤，形成更牢固的結合。然而，假體不像自然的關節那樣堅固，對於許多年輕、活躍的患者來說，這不是一個選擇。

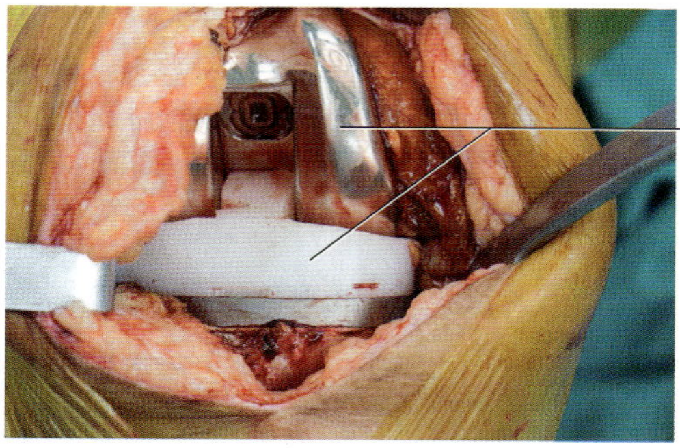

(a)

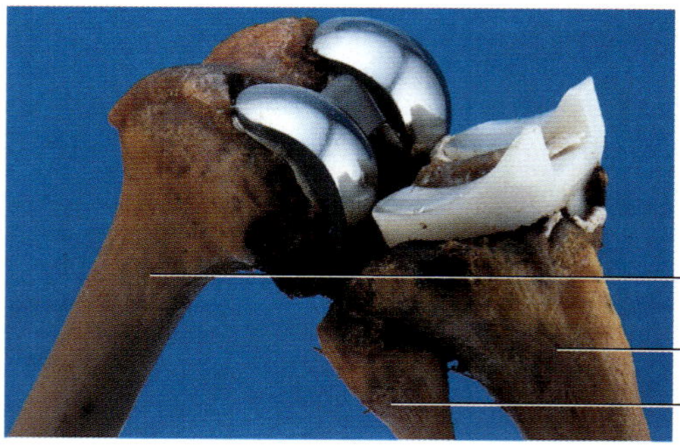

(b)

圖 9.28 **關節假體**。(a) 膝關節置換手術；(b) 膝關節假體與股骨和脛骨的自然骨結合。與本章首頁的 X 光片進行對比。

在你繼續閱讀之前

回答下列問題，以檢驗你對上節內容的理解：

14. 定義關節炎 (arthritis)。骨關節炎和類風濕性關節炎的病因有何不同？哪種類型更常見？
15. 關節假體的設計中主要工程問題有哪些？假體失效的最常見原因是什麼？

學習指南

評估您的學習成果

為了測試你的知識，請與學習夥伴討論以下話題，或以書面形式討論，最好是憑記憶。

9.1 關節及其分類

1. 關節 (articulation) 的定義。
2. 與關節結構和運動有關的科學名稱。
3. 關節常用的命名通則。
4. 將關節分類為解剖和功能類別標準的用法。
5. 骨性關節、纖維關節和軟骨關節的區別特徵；這些專有名詞的同義詞；及每一類關節的例子。
6. 纖維關節的三個亞型和三種縫合，及每個亞型的例子。
7. 軟骨關節的兩個亞型，及每個亞型的例子。

9.2 滑液關節

1. 滑液關節 (synovial joint) 的定義。
2. 廣義的滑液關節之解剖特性。
3. 哪裡可以找到某些滑液關節的關節盤和半月板的功能，以及它們的外觀。
4. 肌腱、韌帶和滑囊的定義特徵，以及它們在關節所擔任的角色；肌腱腱鞘與其他滑囊有何不同。
5. 單軸、雙軸和多軸關節的區別。
6. 滑液關節的六種類型及其分佈位置。
7. 關節屈曲 (flexion)、伸展 (extension) 和過度伸展 (hyperextension) 的定義；這些動作發生的一些日常場景；並能用自己的身體進行示範。
8. 外展 (abduction)、內收 (adduction)、過度外展 (hyper-abduction)、過度內收 (hyper-adduction) 也是如此。
9. 上提 (elevation) 和下壓 (depression) 也是如此。
10. 前突 (protraction) 和後縮 (retraction) 也是如此。
11. 迴旋 (circumduction) 也是如此。
12. 內側 (內)[medial (internal)]、外側 (外) 旋轉 [lateral (external) rotation] 也一樣。
13. 前臂的旋後 (supination) 和旋前 (pronation) 也是如此。
14. 脊柱的屈曲 (flexion)、伸展 (extension) 和過度伸展 (hyperextension)、側屈 (lateral flexion) 也是如此。
15. 頭部或軀幹的旋轉 (rotation) 也是如此。
16. 下頜骨的外側向和內側向 (lateral and medial excursion) 也是如此。
17. 腕關節前屈曲 (flexion) 後伸展 (extension)、尺骨 (ulnar) 和橈骨屈曲 (radial flexion) 也是如此。
18. 拇指的橈側外展 (radial abduction)、掌側外展 (palmar abduction)、對掌 (opposition)、復位 (reposition) 等動作也是如此。
19. 同樣是踝關節或足部的背屈 (dorsiflexion)、足底屈曲 (plantar flexion)、內翻 (inversion)、外翻 (eversion) 等動作，以及這些動作中的幾個動作如何結合在足部的旋前和旋後中。
20. 如何測量關節的運動範圍 (ROM)，以及哪些解剖學特徵決定了 ROM。

9.3 選定的滑液關節解剖學

1. 顳下頜關節 (TMJ) 的特殊功能特質；其主要解剖學特徵；以及顳下頜關節的兩種常見疾病。
2. 盂肱關節的特殊功能特質；其主要解剖學特徵；以及兩種常見損傷。
3. 發生在肘部的三個關節的名稱；它們如何使前臂運動多樣化；以及肘關節的主要解剖特點。
4. 髖關節的特殊功能特質；其主要解剖特徵；以及人站立時髖關節韌帶的作用。
5. 脛股關節的特殊功能特質；其主要解剖特點 (特別是半月板和十字韌帶)；該關節的常見損傷。
6. 距小腿關節 (踝關節) 的特殊功能特質；其主要解剖特點；以及該關節扭傷的性質。

9.4 臨床觀點

1. 風濕病的概念中所包含的疾病範圍，以及關節疾病的專科醫師的相關專有名詞。
2. 關節炎 (arthritis) 的一般意義，以及骨關節炎和類風濕性關節炎的病理學和區別性。
3. 關節假體和關節置換術。

回憶測試

1. 向外側和向內側移動式哪一種部位特有的運動？
   a. 踝關節 (the ankle)
   b. 拇指 (the thumb)
   c. 下頷骨 (the mandible)
   d. 膝蓋 (the knee)
   e. 鎖骨 (the clavicle)
2. 以下哪項是最不易移動的？
   a. 可動關節 (a diarthrosis)
   b. 骨性接合 (a synostosis)
   c. 聯合 (a symphysis)
   d. 韌帶聯合 (a syndesmosis)
   e. 髁狀關節 (a condylar joint)
3. 以下哪項是足部特有的動作？
   a. 足背屈曲和內翻 (dorsiflexion and inversion)
   b. 上提和下壓 (elevation and depression)
   c. 迴旋和旋轉 (circumduction and rotation)
   d. 外展和內收 (abduction and adduction)
   e. 對掌和復位 (opposition and reposition)
4. 以下哪個關節不能做迴旋的動作？
   a. 大多角掌關節 (trapeziometacarpal)
   b. 掌指關節 (metacarpophalangeal)
   c. 盂肱關節 (glenohumeral)
   d. 髖關節 (coxal)
   e. 指間關節 (interphalangeal)
5. 下列哪個專有名詞表示包括其他四項的一般條件？
   a. 痛風 (gout)
   b. 關節炎 (arthritis)
   c. 風濕病 (rheumatism)
   d. 骨關節炎 (osteoarthritis)
   e. 風濕性關節炎 (rheumatoid arthritis)
6. 在成人中，坐骨和恥骨由以下哪一構造結合在一起
   a. 軟骨聯合 (a synchondrosis)
   b. 可動關節 (a diarthrosis)
   c. 骨性接合 (a synostosis)
   d. 微動關節 (an amphiarthrosis)
   e. 聯合 (a symphysis)
7. 關節盤 (articular discs) 只存在於某些
   a. 骨性接合 (synostoses)
   b. 聯合 (symphyses)
   c. 可動關節 (diarthroses)
   d. 軟骨聯合 (synchondroses)
   e. 微動關節 (amphiarthroses)
8. 以下哪個關節有前、後十字韌帶？
   a. 肩關節 (the shoulder)
   b. 肘關節 (the elbow)
   c. 髖關節 (the hip)
   d. 膝關節 (the knee)
   e. 踝關節 (the ankle)
9. 腰部向後彎曲涉及脊柱的哪一種運動？
   a. 旋轉 (rotation)
   b. 過度伸展 (hyperextension)
   c. 足背屈曲 (dorsiflexion)
   d. 外展 (abduction)
   e. 屈曲 (flexion)
10. 如果你坐在沙發上，然後抬起左臂放在沙發的後面，你的左肩關節主要經歷了什麼關節動作？
    a. 向外側移動 (lateral excursion)
    b. 外展 (abduction)
    c. 上提 (elevation)
    d. 內收 (adduction)
    e. 伸展 (extension)
11. 可動關節的潤滑劑是______。
12. 可緩解肌腱在骨骼上運動的一個充滿液體的囊稱為______。
13. ______關節可以讓一塊骨頭在另一塊骨頭上旋轉。
14. ______是運動的科學。
15. 牙齒和下頷骨之間的連接稱為一個______。
16. 在一個______縫合中，相關節的骨骼有相互交錯的波浪形邊緣，有點像木工中的燕尾榫木接頭。
17. 在踢足球的過程中，膝關節表現出什麼形式的動作？
18. 關節可以移動的角度稱為其______。
19. 治療患有退化性關節疾病的醫生多數會被稱為______。
20. 一對稱為外側和內側的______軟骨可防止股骨從脛骨上滑出。

答案在附錄 A

建立您的醫學詞彙

說出每個詞彙的含義，並從本章中給出一個使用該詞彙的醫學專有名詞或稍微的改變該詞彙。

1. arthro-
2. re-
3. sym-
4. amphi-

5. -physis
6. circum-
7. ab-
8. ad-
9. duc-
10. kinesio-

答案在附錄A

這些陳述有什麼問題？

簡要說明下列各項陳述為什麼是假的，或將其改寫為真。

4. 得類風濕性關節炎的人比得骨關節炎的人多。
5. 治療關節炎的醫生叫做運動學家。
6. 滑液關節又稱不動關節。
7. 外側和內側半月板是肘關節的減震軟骨。
8. 伸手從身後的臀部口袋裡拿東西，涉及到肘部的過度伸展。
9. 外側和內側的踝部是脛骨兩側跗骨區的突起。
10. 如果要踮起腳尖去拿高架上的東西，你會使用跟骨的背屈。
11. 在軟骨關節，兩塊骨骼的表面覆蓋著一層軟骨，且它們之間有一個狹窄的空間，裡面有潤滑液。
12. 滑膜液是由滑囊分泌的。
13. 在上肢和下肢的長骨中可以找到幾條縫合。

答案在附錄 A

測試您的理解力

1. 為什麼膝關節有半月板，而上肢對應的肘關節卻沒有？為什麼顳下頜關節有關節盤？
2. 如果你滑倒了，你的腳突然被迫過度內翻的位置，什麼韌帶最有可能被撕裂：(a) 距腓後韌帶和跟腓韌帶，或 (b) 內側韌帶？解釋一下。由此造成的踝關節的狀況會被稱為什麼？
3. 假設你從解剖學的位置開始，當你在 (a) 坐到桌前，(b) 伸手拿起一個蘋果，(c) 咬一口，及 (d) 咀嚼時，你按照發生的順序，列出關節會發生的動作 (屈曲、旋前，等)。
4. 肘關節中的什麼構造與膝關節的前十字韌帶 (ACL) 擔任相同的作用目的？
5. 列出滑液關節的六種類型，如果可能，為每一種關節類型找出屬於每一種類型的上肢關節和下肢關節。在這六種關節中，哪一種關節在下肢沒有實例？

神經肌肉接合處 (掃描式電子顯微鏡)
藍色為肌纖維，黃色為神經纖維

CHAPTER 10

李靜恬

肌肉系統 I
肌肉細胞

章節大綱

10.1 肌肉類型與功能
- 10.1a 肌肉的功能
- 10.1b 肌肉的一般特性
- 10.1c 肌肉組織的類型

10.2 骨骼肌細胞
- 10.2a 肌纖維的顯微構造
- 10.2b 血液供應
- 10.2c 神經與肌肉的關係
- 10.2d 收縮與放鬆
- 10.2e 肌纖維的分類
- 10.2f 肌肉生長及萎縮

10.3 非隨意肌的類型
- 10.3a 心肌
- 10.3b 平滑肌

10.4 發育和臨床觀點
- 10.4a 胚胎的肌肉發育
- 10.4b 衰老的肌肉系統
- 10.4c 部分肌肉的疾病

學習指南

臨床應用

10.1 神經肌肉毒素及麻痺

10.2 屍僵

複習

要瞭解本章，您可能會發現複習以下概念會有所幫助：

- 肌膜的蛋白質 (2.2a 節)
- 神經元的組成 (表 3.10)
- 胚胎中胚層、體節及肌節 (4.2b 節)
- 骨骼解剖 (第 7 章和第 8 章)

Anatomy & Physiology REVEALED®
apreveaLed.com

模組 6：肌肉系統

肌肉約占人體重量一半，在醫療保健與健身等領域很重要。物理和職業治療師須要熟悉肌肉系統，才能規劃並實施復健計劃。運動員、教練、舞蹈家、雜技演員及業餘健身愛好者遵循阻力訓練計劃，透過以肌肉、骨骼和關節解剖構造為基礎的運動方案來增強各肌肉群。護理人員運用肌肉知識正確地進行肌肉注射，以安全有效的方式移動無行為能力的病患。老年醫學護理人員敏銳地意識到肌肉狀況會影響老年人的生活品質。肌肉系統對生物醫學很重要，甚至超過運動科學的範圍。肌肉是運動個體體內熱量的主要來源，通過肌肉吸收、儲存及利用葡萄糖，在血糖恆定及糖尿病預防扮演重要角色。

接下來的三章重點介紹肌肉系統。本章我們從細胞層次來認識肌肉，瞭解肌肉與神經的關係及如何收縮和放鬆，我們亦比較心臟、平滑肌及骨骼肌三種類型的肌肉。第 11 章介紹肌肉、骨骼及結締組織之間的關係，及產生之槓桿作用、力量和速度，並認識中軸 (頭部和軀幹) 肌肉。第 12 章介紹附肢肌肉，並作總結，這些章節也會提到前幾章所介紹的內容 (骨骼和關節結構)，以加強對於身體姿勢和運動的理解。

10.1 肌肉類型與功能

預期學習成果

當您完成本節後，您應該能夠

a. 列出肌肉組織的功能及執行這些功能所須具備之特性；和

b. 比較三種類型的肌肉組織之間的差異。

我們在第 3 章看到人體存在三種肌肉組織——骨骼肌、心肌及平滑肌，所有類型都有一個基本目的：將 ATP 的化學能轉換成運動的機械能。肌肉細胞對其他細胞或組織施加力量——產生理想的運動或防止不適當的運動。肌肉 (muscle) 這個名詞就是來自運動 (movement)，其字面意思是小鼠，也許是古希臘或羅馬解剖學家認為皮下的肌肉讓他想起小鼠在堆碎布中亂竄的樣子。

本章我們探討三種肌肉類型，但我們大多關注於由骨骼肌組成的**肌肉系統** (muscular[1] system)，骨骼肌的研究稱為**肌肉學** (myology)[2]。

10.1a 肌肉的功能

三種類型的肌肉共同具有下列功能：

- **運動** (movement)：肌肉能使我們從一處移動至另一處，並活動身體各個部位，如肌肉收縮能協助呼吸、血液循環、進食和消化、排便、排尿及分娩過程；肌肉在語言溝通、寫作、顏面表情及其他肢體語言中扮演各種角色。
- **穩定性** (stability)：肌肉透過防止不必要的運動來維持姿勢，有些稱為抗重力肌 (antigravity muscles)，是因為能抵抗重力的拉動並防止跌倒。肌肉透過維持肌腱張力及骨骼來穩定關節。
- **控制身體的開口及通道** (control of body openings and passages)：環繞口部的肌肉不僅用於說話，並且在咀嚼時還有助於食物的攝入及保留。在眼瞼及瞳孔，肌肉可以調節光線進入眼睛。內部肌肉環控制食物、膽汁、血液及體內其他物質的運送。環繞尿道和肛門的肌肉控制廢物排除。
- **產熱** (thermogenesis)：體內熱量對於酶的功能及調節新陳代謝是必需的，體內熱量不足時，會因體溫過低而死亡。骨骼肌在休息

1 *mus* = mouse 小鼠；cul = little 小；*ar* = resembling 類似於

2 *myo* = muscle 肌肉；*logy* = study of 研究

時，產生身體的熱量占 20% 到 30%，在運動過程中產生 40 倍的熱量。

- **血糖控制** (glycemic control)：調節血糖於正常範圍。骨骼肌吸收、儲存及大量使用葡萄糖，對於穩定血糖扮演重要作用。在老年、肥胖及肌肉衰弱無力時，由於葡萄糖緩衝功能下降，罹患第二型糖尿病風險增加。

10.1b 肌肉的一般特性

為了執行上述功能，肌肉細胞需要具備以下特性：

- **興奮性** (**反應性**)(excitability；responsiveness)：這是所有活細胞的特性，但在肌肉及神經細胞發展程度最高。當受到化學信號、伸展運動及其他刺激時，肌肉細胞會表現出電氣及機械反應。
- **導電性** (conductivity)：局部肌肉細胞的刺激，會引起電刺激在整個漿膜 (細胞膜) 上傳導，刺激細胞所有區域並引發肌肉收縮。
- **收縮力** (contractility)：肌肉細胞受到刺激時能顯著縮短，此為肌肉獨特能力，能使肌肉牽動骨骼及其他器官進行運動。
- **伸張性** (extensibility)：大多數細胞即使稍微拉伸也會破裂，但骨骼肌細胞卻可以異常地伸長。它們可以伸展至收縮長度的三倍，而不會造成傷害。若不具有此特性，則關節一側的肌肉將抵抗另一側的肌肉作用。例如，肘部屈肌之肱二頭肌 (biceps brachii) 會抵抗肘部伸肌之肱三頭肌 (triceps brachii)(見圖 11.4)。
- **彈性** (elasticity)：當拉伸的肌肉細胞釋放張力時，會回縮到較短的原始長度。若沒有彈力回縮，休息之肌肉就會鬆弛。

10.1c 肌肉組織的類型

第 3 章簡介三種類型的肌肉組織 (請見表 3.1)，本章我們將更深入探討。

骨骼肌 (skeletal muscle) 定義為通常附著在一根或多根骨骼的隨意橫紋肌，稱為**隨意肌** (voluntary) 是因為受意識控制，我們可以決定何時收縮骨骼肌。稱為橫紋肌是因為顯微鏡下可見交替的明帶、暗帶或**橫紋** (striations)，這是由於每條細胞之收縮蛋白重疊排列所致 (圖 10.1)。典型的骨骼肌細胞直徑約 100 μm、長度 3 cm (30,000 μm)，部分肌細胞的厚度 500 μm、長度 30 cm。由於肌肉長度很長，骨骼肌細胞又被稱為**肌肉纖維** (muscle fibers) 或**肌纖維** (myofibers)。

心肌 (cardiac muscle) 是橫紋肌，但是為**非隨意肌** (involuntary)，通常不受意識控制。心肌細胞不是纖維狀，而是短而結實像是有缺口的原木，因此稱為**心肌細胞** (cardiomyocytes)[3] 而不是纖維。心肌細胞通常長約 80 μm、寬 15 μm。

平滑肌 (smooth muscle) 是非隨意肌，與骨骼肌及心肌不同，沒有橫紋，因此稱為平滑肌。平滑肌包含與其他肌肉類型相同的收縮蛋白，但是不規則重疊排列，因此無橫紋。平滑肌細胞的形狀為梭形、中間厚及兩端漸細。平滑肌最厚的部分平均長約 200 μm、寬 5 μm，

3 *cardio* = heart 心臟；*myo* = muscle 肌肉；*cyte* = cell 細胞

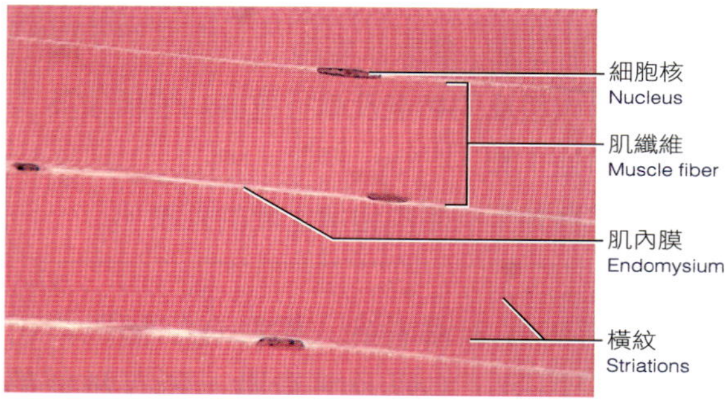

圖 10.1 骨骼肌纖維。
- 圖中哪些組織特徵明顯與心肌及平滑肌不同？

AP|R

©Ed Reschke/Getty Images

在小血管較短約 20 μm，在懷孕的子宮中可以長達 500 μm (0.5 mm)。

除非另有說明，接下來本章主要討論骨骼肌。

在你繼續閱讀之前

回答下列問題，以檢驗你對上節內容的理解：

1. 肌肉組織的一般功能有哪些與其他組織類型不同？
2. 說明肌肉系統的四個功能。
3. 說明肌肉組織的五個特性，使其能執行功能。
4. 骨骼肌、心肌及平滑肌之間的基本構造差異為何？

10.2 骨骼肌細胞

預期學習成果

當您完成本節後，您應該能夠

a. 描述肌纖維及肌絲的顯微結構；
b. 解釋骨骼肌為橫紋肌的原因；
c. 描述骨骼肌的血液供應；
d. 描述神經纖維與肌肉纖維交會的神經肌肉接合處；
e. 定義一個運動單位 (motor unit) 並討論其功能意義；
f. 解釋肌纖維如何收縮及放鬆；
g. 描述兩種主要類型的肌纖維及各自之優缺點；和
h. 描述肌肉在使用及休息時，如何生長及收縮。

10.2a 肌纖維的顯微構造

為了瞭解肌肉功能，您需要知道肌纖維的胞器及分子排列情形。相較於其他種類的細胞，肌纖維之構造及功能較具一致性。有複雜、緊密排列的內部結構，蛋白質分子排列也與收縮功能密切相關 (圖 10.2)。

漿膜稱為**肌膜** (sarcolemma)[4]，細胞質稱為**肌漿** (sarcoplasm)。肌漿主要由數十至數千個或更長的蛋白束，稱為**肌原纖維** (myofibrils) 所占據，每條蛋白束直徑約 1 μm，並含豐富的**肝醣** (glycogen)，此為澱粉樣的碳水化合物，可以在劇烈運動時提供細胞能量；還有紅色色素的**肌紅素** (myoglobin)，提供肌肉活動時所需要的氧氣。

肌纖維有許多扁平或香腸狀的細胞核附在肌膜的內側，這樣特別多核的情形是由肌纖維胚胎發育而來，如圖 10.4a 和圖 10.13。細胞大多數的其他細胞器，如粒線體位於肌原纖維之間的空間。平滑內質網在肌細胞中稱為**肌漿網** (sarcoplasmic reticulum, SR)，在每條肌原纖維周圍形成網狀結構 (圖 10.2 之藍色網狀構造)，周邊有擴張的末端囊，稱為**終池** (terminal cisterns)，從肌纖維一側橫跨至另一側。肌膜上有許多向內的凹陷，形成**橫 (T) 小管** [transverse (T) tubules] 通道，穿透細胞出現於另一側。每個 T 小管與兩側終池緊密相連及並排排列。T 小管將電流訊息從細胞表面傳遞到細胞內部，並誘導開啟肌漿網膜上的門。肌漿網是鈣離子 (Ca^{2+}) 儲存區，根據命令，肌漿網開啟門並釋放大量 Ca^{2+} 到細胞質中，Ca^{2+} 則刺激肌肉收縮。

肌絲

每條肌原纖維由平行的蛋白微絲所組成，稱為**肌絲** (myofilaments)。肌肉收縮的關鍵在於肌絲的排列及作用，因此需探討分子層次，肌絲分為三種：

1. **粗肌絲** (thick myofilaments)(圖 10.3a、b) 直徑約為 15 nm，每條粗肌絲由數百個運動蛋白分子稱為**肌凝蛋白** (myosin) 所組成。肌

4 *sarco* = flesh 肉；muscle 肌肉；*lemma* = husk 稻穀

圖 10.2　骨骼肌纖維的結構。此圖為一個細胞包含 11 個肌原纖維 (左側呈現 9 個，中間有 2 個纖維被切開)。左側的肌原纖維露出肌絲。更精細的結構如圖 10.3。

• 閱讀了本章的更多內容後，請解釋為何橫小管及終池的緊密相連很重要。

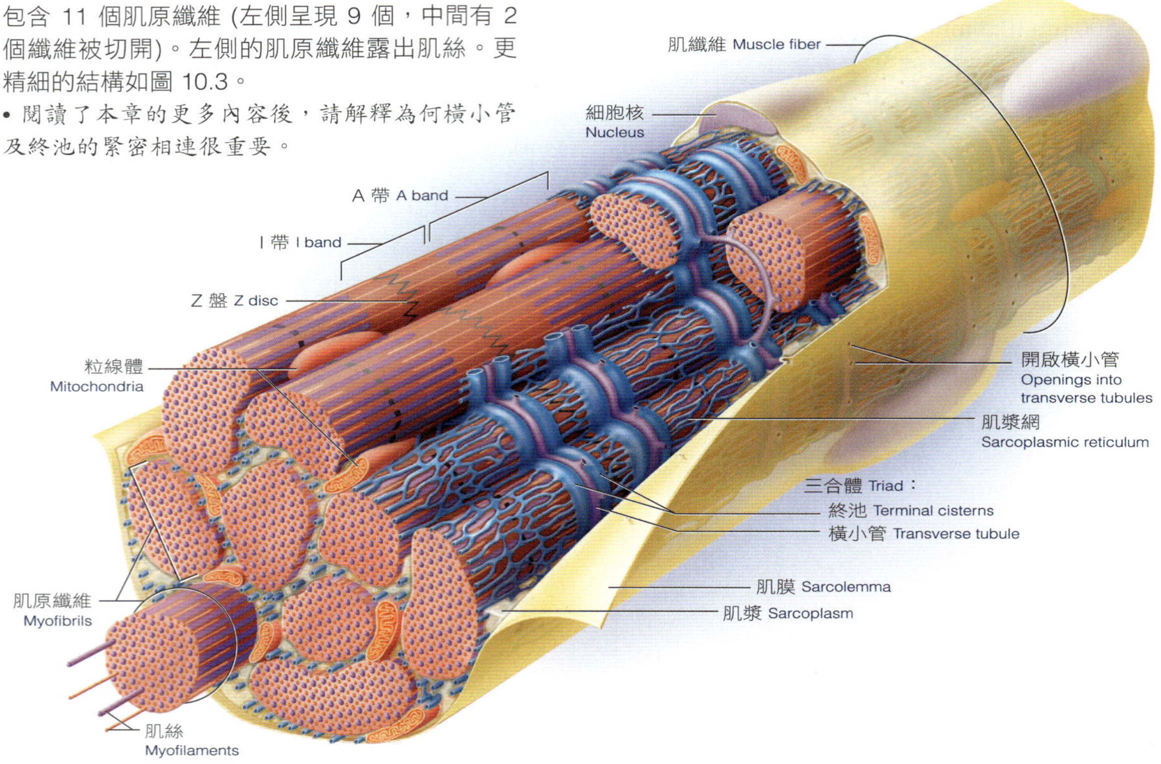

凝蛋白分子的形狀像高爾夫球桿，兩條鏈纏繞在一起形成桿狀的尾巴 (tail)，雙球狀頭部 (head) 以一個角度向外突出。一條粗肌絲就像是 200 至 500 個「高爾夫球桿」以螺旋狀排列方式圍繞成一束，頭部向外突出。粗肌絲之左側及右側各有偏向一邊的頭部，中間為沒有頭的裸區 (bare zone)。

2. **細肌絲** (thin myofilaments) 之直徑為 7 nm (圖 10.3c、d) 主要由兩股纏繞成鏈狀蛋白質的**肌動蛋白絲** [fibrous (F) actin] 所組成。每條肌動蛋白絲像珠子項鍊，由球狀之**肌動蛋白** [globular (G) actin] 次單位所組成，而肌動蛋白有一個活性部位，可以與肌凝蛋白頭部結合 (見圖 10.8)。細肌絲中還包含另一種蛋白質稱為**旋轉肌球素** (tropomyosin)，約 40 至 60 個分子。當肌纖維放鬆時，旋轉肌球素會阻斷肌動蛋白的活性部位並阻止肌凝蛋白與肌動蛋白結合。旋轉肌球素上連接著一個較小的鈣結合蛋白，稱為**旋轉素** (troponin)。

3. **彈性絲** (elastic filaments) 直徑為 1 nm (圖 10.4b) 由一種稱為**肌聯蛋白** titin[5] [**連合素** (connectin)] 巨大的彈性蛋白所組成。肌聯蛋白穿過每條粗肌絲的核心，將粗肌絲一端固定在 Z 盤 (Z discs) 及另一端固定於 M 線 (M line) 上，這樣可以穩定粗肌絲，使其居中於細肌絲之間，防止過度拉伸，並在肌肉鬆弛時有助於回彈。

肌凝蛋白及肌動蛋白稱為**收縮蛋白** (contractile proteins)，因為能縮短肌纖維。**調節蛋白** (regulatory proteins) 則是指旋轉肌球素及旋轉素，因為能像開關一樣，決定何時可以收縮及不收縮肌纖維。

輔助蛋白至少七個，出現於粗肌絲及細肌

5 *tit* = giant 巨；*in* = protein 蛋白質

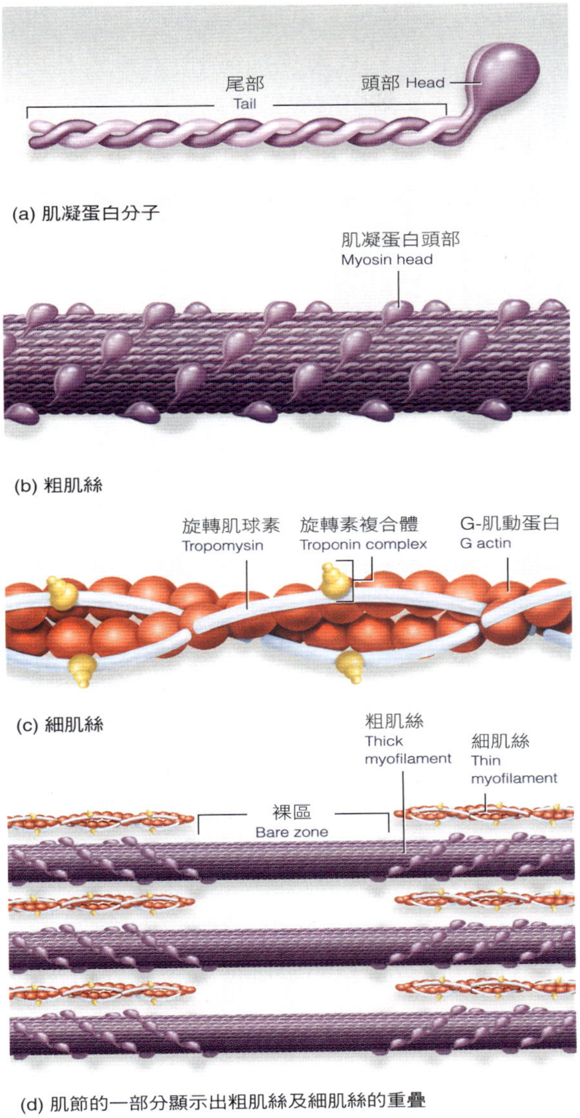

(a) 肌凝蛋白分子

(b) 粗肌絲

(c) 細肌絲

(d) 肌節的一部分顯示出粗肌絲及細肌絲的重疊

圖 10.3 **粗及細肌絲的分子結構**。(a)單條肌凝蛋白 (myosin) 分子是由兩股相互纏繞的蛋白質所組成，形成絲狀尾部和雙球的頭部；(b) 粗肌絲 (thick myofilaments) 是由 200 到 500 個肌凝蛋白分子捆在一起，頭部以螺旋狀排列向外突出；(c) 細肌絲 (thin myofilament) 是由兩條相互纏繞的肌動蛋白 (actin) 分子、較小的絲狀之旋轉肌球素 (tropomyosin) 分子，以及與旋轉肌球素相連的鈣結合蛋白稱為旋轉素 (troponin)，共同組成；(d) 粗肌絲及細肌絲之間的重疊區域。

絲或與其相關之構造。輔助蛋白協助固定肌絲，調節長度，並使肌絲相互對齊以執行最佳收縮效果。臨床上最重要的是**蛋白質失養素** (dystrophin)，此巨大蛋白質位於肌膜下，在下一段所述橫紋的每個 I 帶 (I band) 附近。蛋白質失養素將肌動蛋白絲與肌膜中的穿膜蛋白連接起來，又與緊接在肌纖維外部的蛋白質相連，並最終與肌腱連續的結締組織相連。因此，蛋白質失養素連接縮短肌纖維的內部成分，因而對肌纖維外部的結締組織產生機械拉動。蛋白質失養素的遺傳缺陷是致殘性疾病，即肌營養不良症 (參見 10.4c 節)。

橫紋及肌節

肌凝蛋白及肌動蛋白並非肌肉獨有，這些蛋白質幾乎存在所有細胞中，對於細胞運動、有絲分裂及細胞內物質運輸有作用。然而，在骨骼肌及心肌特別豐富，交織成精確的陣列，這可說明了骨骼肌及心肌的橫紋 (striations)(圖 10.4)。

橫紋肌具有較暗的 **A 帶** (A bands) 及較明亮的 **I 帶** (I bands)，*A* 代表異向性 (anisotropic) 及 *I* 代表同向性 (isotropic)，是指這些帶狀結構影響極光的方式。為了幫助記住何帶狀結構，可試想成暗帶 (d**A**rk)、明帶 (l**I**ght)。A 帶是由並排的粗肌絲所組成，粗肌絲及細肌絲重疊 A 帶的部分特別暗。

此區每條粗肌絲周圍有六條排列成六邊形的細肌絲。H 帶為 A 帶中間有較亮區域且不含細肌絲。深色的 **M 線** (M line) 位在 **H 帶** (H band)[6] 中間，可以固定粗肌絲，且 **M** 線穿過肌原纖維的蛋白質。

每條 I 帶被一條深色、狹窄、硬幣狀的 **Z 盤** (Z disc)[7]，或稱為 **Z 線** (Z line) 所分割，使細肌絲及彈性絲附著。肌原纖維之每段 Z 盤到下一個 Z 盤稱為**肌節** (sarcomere)[8] (SAR-co-meer)，即是肌纖維的功能性收縮單位。肌肉縮短是因為各個肌節縮短並相互拉近 Z 盤，

---
6 H = *helle* = bright 明亮 (德語)
7 Z = *Zwischenscheibe* = between disc 盤之間 (德語)
8 *sarco* = muscle 肌肉；*mere* = part 部分，segment 段

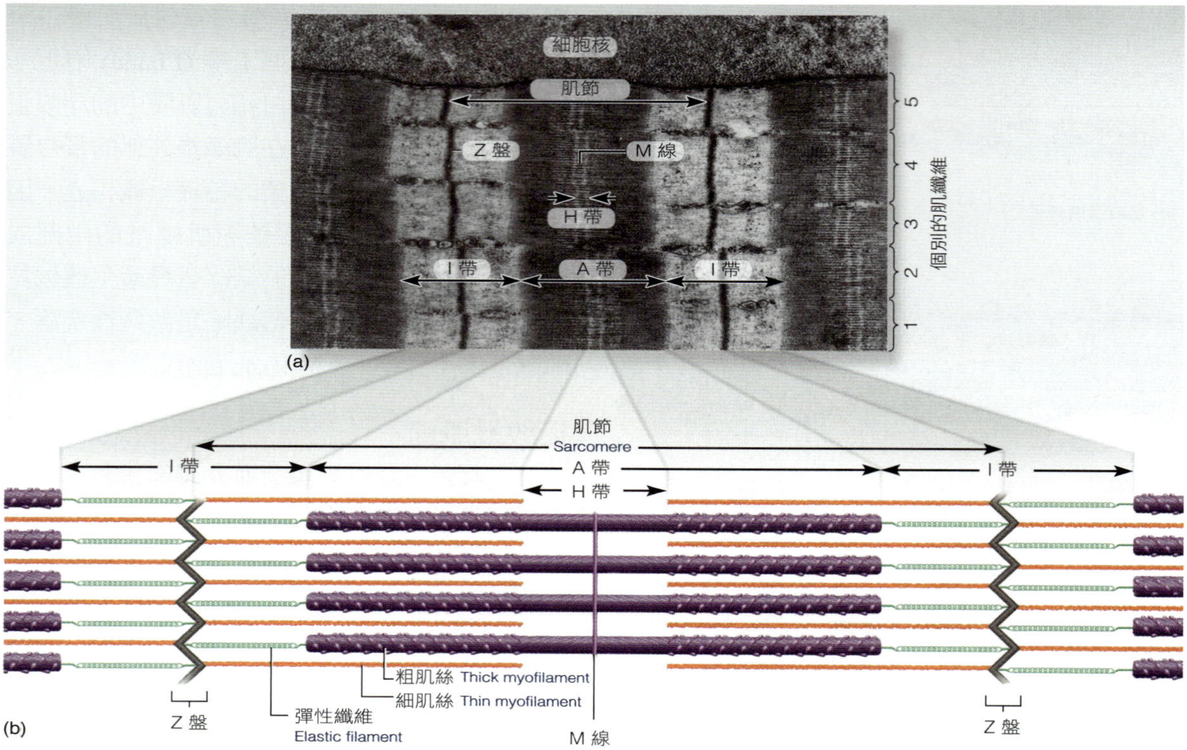

圖 10.4 橫紋肌及其分子架構。(a) 一條肌纖維的五個肌原纖維，在鬆弛狀態之橫紋 (TEM)；(b) 粗肌絲及細肌絲的重疊圖案部分解釋了 (a) 圖中的橫紋。APR

(a) ©Don W. Fawcett/Science Source

而蛋白質失養素及連接蛋白拉動了肌肉的細胞外蛋白。

表 10.1 回顧骨骼肌的組織從整個肌肉塊到分子層次肌絲之連續構造。

10.2b 血液供應

肌肉纖維對能量的需求很大，因此需要大量血液供應 (blood supply) 以輸送必需的燃料及氧氣。即使休息時，肌肉系統每分鐘接收約 1.25 L 血液，占 1/4 心輸出量。劇烈運動時心輸出量增加，肌肉系統血液超過 3/4 心輸出量，即 11.6 L/min。微血管穿過肌肉的結締組織，到達每條肌纖維，有時與肌纖維緊密相關，使肌纖維具有表面凹痕以容納血管。骨骼肌收縮時，骨骼肌的微血管起伏或捲曲 (圖 10.5)，使其有足夠的鬆弛度，可以在肌肉伸展時伸直而不會破裂。

10.2c 神經與肌肉的關係

骨骼肌需要受到神經刺激 (或人工電極刺激)，否則無法收縮。若神經連接被切斷或中毒，肌肉會癱瘓。因此，若不先瞭解神經與肌肉細胞之間的關係，就無法理解肌肉收縮。**突觸** (synapse)(SIN-aps) 是指神經纖維與另一細胞相遇並刺激的任何點。另一細胞可以是指神經元、腺體細胞、肌肉細胞或其他類型的細胞。神經肌肉關係 (nerve-muscle relationship) 是指由神經元骨骼肌纖維形成的突觸。

表 10.1 骨骼肌的結構層次

結構層次	描述
肌肉 (muscle) 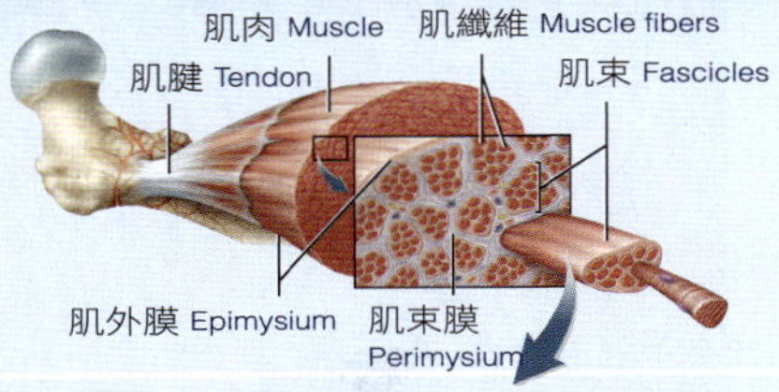	收縮器官，通常藉由肌腱附著在骨骼上，長且平行的肌纖維 (muscle fibers) 緊密排列成肌束 (fascicles)。有神經及血管供應，並包裹在纖維性肌外膜 (epimysium) 中，使其與周圍的肌肉分離 (下一章將更全面地描述肌肉的纖維結締組織)
肌束 (fascicle) 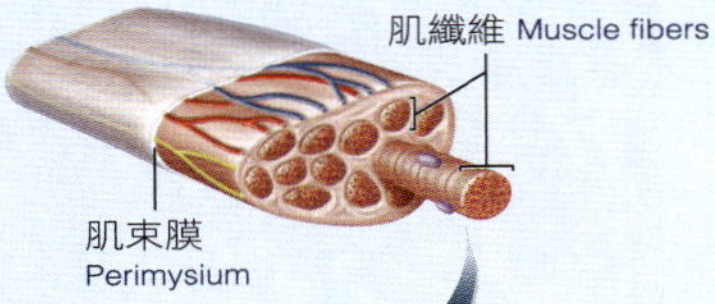	肌肉內的一束肌纖維。有神經及血管供應，並包覆在纖維性肌束膜 (perimysium) 中，與鄰近的肌束分開
肌纖維 (muscle fiber) 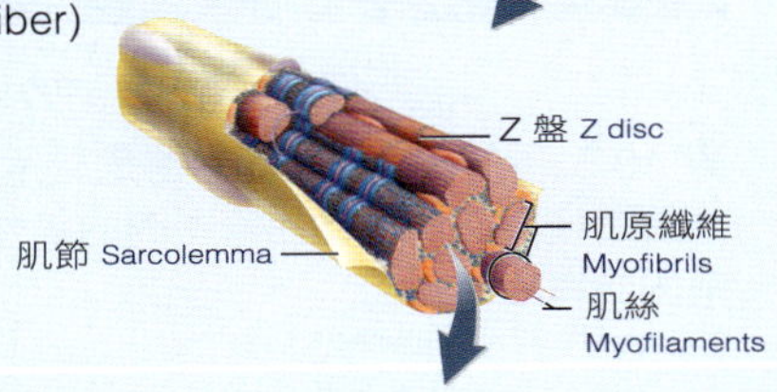	單一肌肉細胞。細、長及線狀，漿膜 (肌膜) 包覆，含有密集排列的收縮蛋白質之肌絲 (肌原纖維)，肌膜下方有多核，以及廣泛的平滑內質網 (肌漿網) 網狀結構。包覆於稱為肌內膜 (endomysium) 的細纖維套中
肌原纖維 (myofibril) 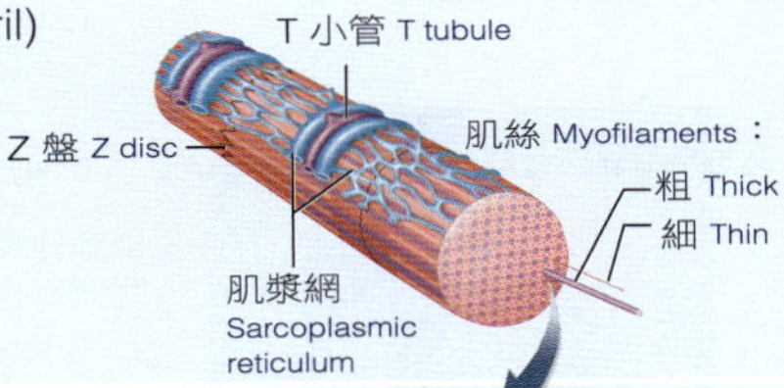	肌纖維內的一束蛋白質肌絲。肌原纖維占細胞質之大部分，每個肌原纖維包圍著肌漿網及粒線體。由於蛋白質肌絲排列有重疊，因此具有帶狀 (橫紋) 外觀
肌節 (sarcomere) 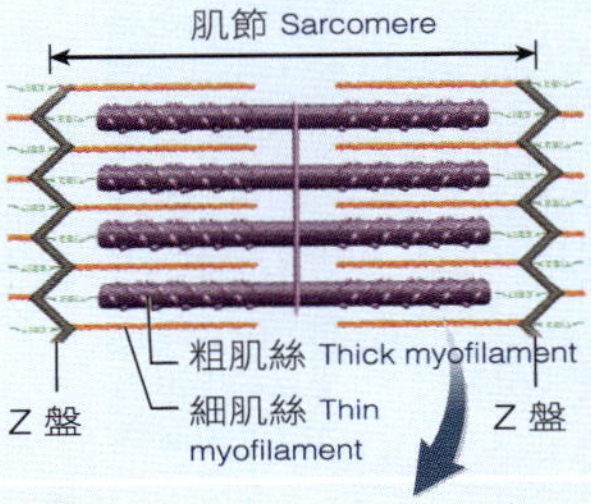	從 Z 盤到另一個 Z 盤之間的一段肌原纖維，呈現纖維的橫紋。數以百計的一端到另一端肌節組成了肌原纖維。肌纖維的功能性收縮單位
肌絲 (myofilaments) 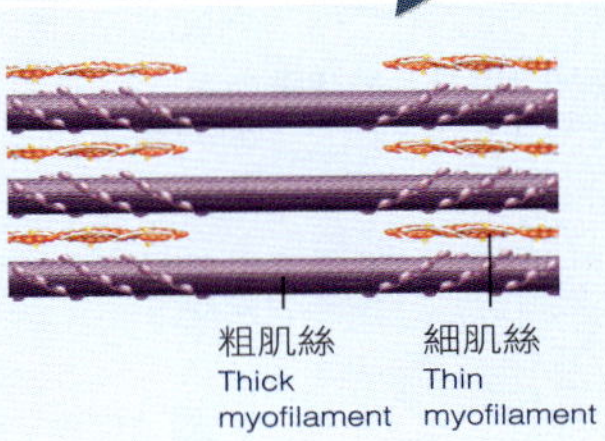	進行收縮過程的纖維蛋白鏈。兩種類型：主要由肌凝蛋白組成的粗肌絲及由肌動蛋白組成的細肌絲。粗肌絲及細肌絲彼此滑動，以縮短每個肌節。一端到另一端的肌節縮短，會使整個肌肉縮短

運動神經元

骨骼肌是由稱為體運動神經元 (somatic motor neurons) 來支配 (見圖 3.24)，這些神經元的細胞體位於腦幹及脊髓；其軸突稱為**體運動纖維** (somatic motor fibers) 延伸至骨骼肌。在末端，每條軀體運動纖維會分支以支配許多肌纖維，但是任何一條肌纖維僅受一條運動神經元支配。

神經肌肉接合

當神經纖維接近一條個別肌纖維時，會再次分支以建立幾個卵形區的接觸點，稱為**神經肌肉接合** (neuromuscular junction, NMJ) 或**運動終板** (motor end plate)(圖 10.6)。神經肌肉接合內之神經纖維的每個終端分支都與肌肉纖維形成突觸。神經肌肉接合的肌膜不規則地凹陷，像是壓在軟黏土上的手印。可以想像神經纖維就像是您的前臂，並且您的手張開印上手印，則各個突觸就像您的指尖接觸黏土的點。因此，一條神經纖維在每個神經肌肉接合處的幾個附近點位上刺激肌纖維。

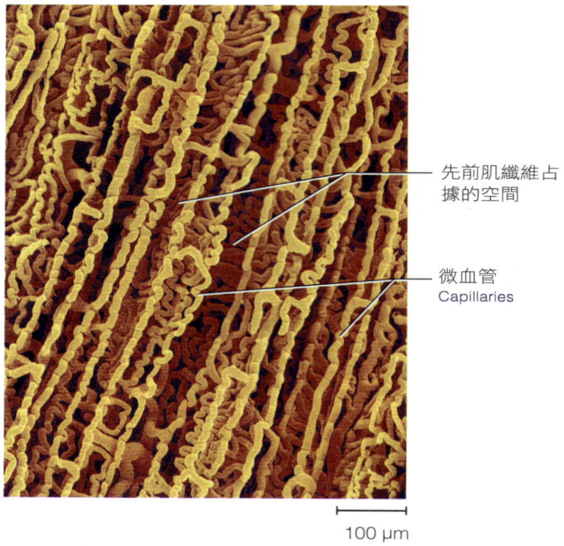

圖 10.5 肌肉的微血管。這是使用 3.1 節描述的腐蝕鑄造技術完成，微血管之間的線性凹槽為組織製備前的肌纖維位置。

©Susumu Nishinaga/Science Source

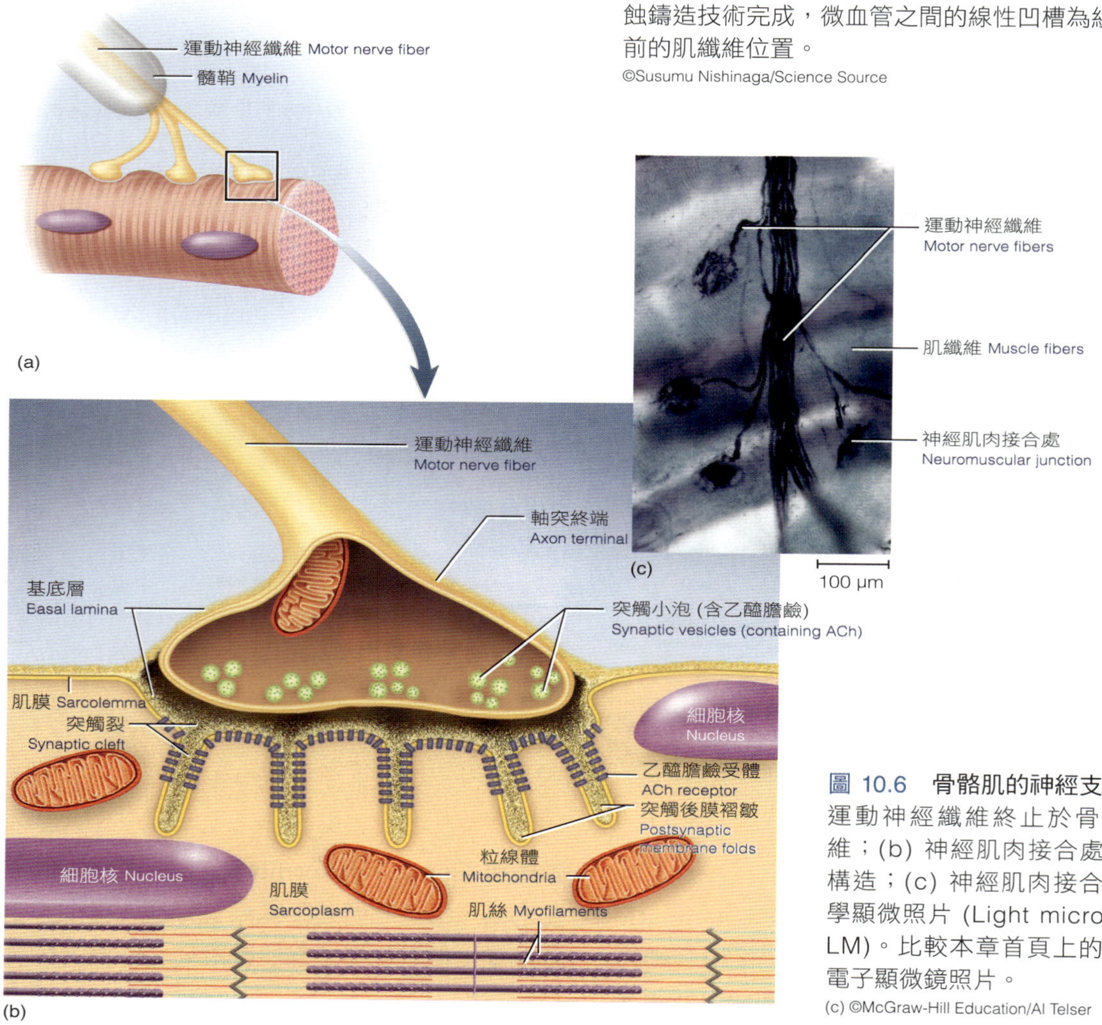

圖 10.6 骨骼肌的神經支配。(a) 運動神經纖維終止於骨骼肌纖維；(b) 神經肌肉接合處的細部構造；(c) 神經肌肉接合處之光學顯微照片 (Light micrograph, LM)。比較本章首頁上的掃描式電子顯微鏡照片。

(c) ©McGraw-Hill Education/Al Telser

在每個突觸，神經纖維末梢就像球根膨脹，稱為**軸突終端** (axon terminal)。軸突終端不直接接觸肌纖維，而是透過稱為**突觸間隙** (synaptic cleft) 之狹窄空間隔開，約 60 至 100 nm 寬 (比細胞膜的厚度稍寬)。第三種細胞稱為許旺氏細胞 (Schwann cell)，將整個接合處包裹起來，並將其與周圍組織液隔開。

軸突終端含有球狀胞器稱為**突觸小泡** (synaptic vesicles)，其中充滿化學物質**乙醯膽鹼** (acetylcholine, ACh)(ASS-eh-till-CO-leen)。當神經傳遞訊息傳至終端時，小泡會藉由胞吐作用釋放乙醯膽鹼。乙醯膽鹼在突觸間隙擴散，並與肌膜之膜蛋白稱為**乙醯膽鹼受體** (ACh receptors) 結合，受體透過引發電流導致肌肉收縮。肌膜有**突觸後膜褶皺** (postsynaptic membrane folds) 可以增加肌膜的表面積並允許容納更多乙醯膽鹼受體，而使肌纖維對神經刺激的敏感性更高。

整個肌纖維被基底層包圍，基底層 (basal lamina) 是主要由膠原蛋白及醣蛋白所組成的薄層，與周圍的結締組織分開。基底層幾乎充滿突觸間隙，在肌膜及基底層之間有**乙醯膽鹼酯酶** (acetylcholinesterase, AChE) (ASS-eh-till-CO-lin-ESS-ter-ase)，當乙醯膽鹼刺激肌肉細胞之後，乙醯膽鹼會被分解。因此，乙醯膽鹼酯酶對於停止肌肉收縮很重要 (請參閱臨床應用 10.1)。

臨床應用 10.1

神經肌肉毒素及麻痺

干擾突觸功能的毒素會麻痺肌肉。馬拉硫磷 (馬拉松) 等有機磷農藥是膽鹼酯酶抑製劑 (cholinesterase inhibitors)，可與 AChE 結合並阻止 AChE 降解 ACh。依據劑量，可以延長 ACh 的作用並產生痙攣性麻痺，這是一種肌肉收縮且無法放鬆的狀態。在臨床上，稱為乙醯膽鹼危機 (cholinergic crisis)。若影響喉及呼吸肌，則有造成窒息的危險。破傷風 (tetanus) 是一種由土壤細菌之破傷風梭菌毒素 (*Clostridium tetani*) 引起的痙攣性麻痺。在脊髓中，神經傳遞物質甘胺酸通常會抑制運動神經元產生不必要的肌肉收縮，破傷風毒素會阻止甘胺酸的釋放，導致肌肉過度刺激和痙攣性麻痹。

弛緩性麻痺 (flaccid paralysis) 是肌肉跛行且無法收縮的狀態，若是影響胸肌，也可能導致呼吸停止。弛緩性麻痺可能是由毒藥引起的，例如箭毒 (curare)(cue-RAH-ree)，其與 ACh 競爭受體部位，但不會刺激肌肉。從某些植物中提取的箭毒，被南美本地人用來做有毒的吹箭飛鏢。箭毒已被用於治療某些神經系統疾病中的肌肉痙攣，及放鬆腹部肌肉以利進行手術，但是現在大多數目的，其他肌肉鬆弛劑已取代了箭毒。

肉毒桿菌 (botulism) 中毒是由肉毒梭菌 (*Clostridium botulinum*) 分泌的神經肌肉毒素，引起的一種食物中毒。肉毒桿菌毒素會阻止 ACh 釋放，並導致鬆弛的肌肉麻痺。純化的肉毒桿菌毒素以肉毒桿菌毒素化妝品 (儘管有名稱的處方藥) 銷售。小劑量將其注射到特定的面部肌肉中。接下來的幾個小時內，由於鬆弛性麻痺開始，皺紋逐漸消失。效果持續約 4 個月，直到肌肉重新收緊並且皺紋恢復。肉毒桿菌毒素治療已成為美國成長最快的美容醫療程序，因為肉毒桿菌毒素的使用範圍已擴大到可以治療其他疾病，並且許多人每幾個月進行一次美容治療。但是，由於有時由不合格的從業人員進行管理，因此已開始產生一些不良後果。甚至一些合格的醫生將其用於 FDA 尚未批准的治療，還有一些舉辦喜慶的「肉毒桿菌派對」以流水線的方式治療病患。

運動單位

當神經傳遞訊息接近軸突終端時，會散佈至所有終端分支並刺激其支配的所有肌纖維，使肌纖維一致地收縮。由於此為單一功能單位的表現，因此一條神經纖維及其所支配的所有肌纖維都稱為**運動單位** (motor unit)。單一運動單位的肌纖維並非聚集在一起，而是分散在整個肌肉中 (圖 10.7)。因此當肌肉受到刺激時，肌肉在大範圍引起較弱的收縮，而非是一個小區域的局部收縮，有效的肌肉收縮通常需要同時間一起興奮許多個運動單位。

每個運動神經元平均支配約 200 條肌纖維。然而，在需要精細控制的部位，我們有小型運動單位 (small motor units)，如移動眼球的肌肉，每條神經纖維支配約 3 至 6 條肌纖維。小型運動單位如圖中綠色的神經元及肌纖維，

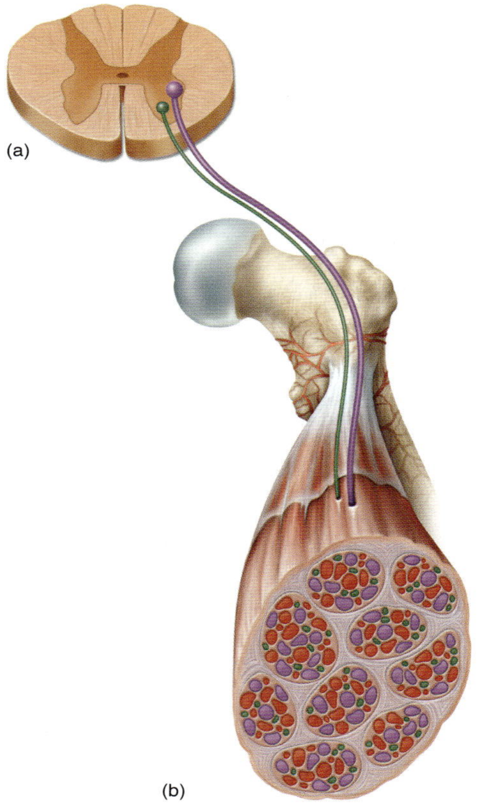

圖 10.7 **運動單位**。(a) 脊髓橫切面，在前角描繪了一個大的 (紫色) 及一個小的 (綠色) 運動神經元；(b) 肌纖維與支配之神經元的顏色一致。注意，較大神經元支配的肌纖維也比較小神經元支配的肌纖維大。還要注意，兩個運動單位的肌肉纖維並不聚集在一起，而是散佈在整個肌肉中，並與屬於不同運動單位的其他肌肉纖維 (紅色) 混合，此處未顯示支配紅色肌肉的神經元。

雖然較不強大，但提供精細運動所需的精細控制，這些運動神經元相對敏感且容易興奮。在強度比精細控制更重要的部位，我們有較大的運動單位 (large motor units)，如圖中紫色的神經元及肌纖維，如小腿腓腸肌每條神經纖維支配約 1,000 條肌纖維。大型運動單位為較強大肌肉，但是較大的神經元，較不易刺激，因此無法產生精細控制。

在肌肉中具有多個運動單位的優點在於，可以透過興奮更多或更少的運動單位來改變收縮強度。另一個優點是運動單位可以有助於「換檔工作」，肌肉纖維在持續刺激下會疲勞。例如，若您維持姿勢的肌肉中所有肌纖維同時疲勞，你可能會無力。為了防止此情況，其他運動單位會在疲勞的運動單位休息時接管，整個肌肉就可以承受長期收縮。

10.2d 收縮與放鬆

前面所述肌纖維是構造及功能的基本單位。探討肌纖維的分子細節之後，若我們不思考這是何目的，任務將不完整。為何肌纖維的所有分子及胞器如此緊密地排列，並以精確方式組織？為了回答此問題，我們將簡介基本的肌肉收縮與放鬆 (contraction and relaxation)，形成包含四個主要階段的週期。

1. **興奮** (excitation)：神經纖維釋放乙醯膽鹼刺激肌纖維，及電刺激經由 T 小管傳至細胞內部。
2. **興奮-收縮耦合** (excitation-contraction coupling)：電刺激與肌肉張力發作聯繫起來的事件。如簡述，這是藉由肌漿網及鈣離子調節。
3. **收縮** (contraction)：肌凝蛋白的頭部反覆附著並拉動細肌絲，在肌纖維中產生張力並將其縮短。
4. **放鬆** (relaxation)：使神經訊息停止，肌凝蛋

白釋放細肌絲，肌肉張力減弱。

圖 10.8 顯示此過程更精細的步驟，編號與以下描述相對應。

興奮

1. 神經傳遞訊息傳遞至軸突終端。
2. 突觸小泡釋放乙醯膽鹼，乙醯膽鹼擴散在突觸間隙並與肌纖維之肌膜上之受體結合，開啟肌膜之離子通道，使鈉離子及鉀離子移動穿過肌膜，以電刺激肌纖維。
3. 肌肉產生動作電位沿著肌纖維的長度擴散，並且進入 T 小管及細胞內部。

興奮-收縮耦合

4. 動作電位傳遞至 T 小管，使肌漿網之鈣離子通道開啟。肌漿網釋放大量鈣離子至細胞質中。
5. 鈣離子與細肌絲中的旋轉素結合。旋轉素誘導長的旋轉肌球素移動位置，沉入兩條肌動蛋白絲鏈之間的凹槽中，並暴露肌動蛋白上的活性位。
6. 同時，肌凝蛋白當頭部有 ATP 結合時，一直在彎曲的「等待」位置，像是彎曲的肘部。肌凝蛋白頭部包含 ATPase 的酶，稱為*肌凝蛋白 ATP 酶* (myosin ATPase)，可將 ATP 分解為二磷酸腺苷 (adenosine diphosphate, ADP) 和無機磷酸基團 (inorganic phosphate group, P_i)。此反應釋放出的能量，使肌凝蛋白頭部伸直，處於高能量「豎起」位置。

收縮

7. 肌凝蛋白與肌動蛋白的活性位形成鏈結或*橫橋* (cross-bridge)，並釋放 ADP 及 Pi。
8. 肌凝蛋白在細肌絲上彎曲和拉扯，就像彎曲肘部以拉入船錨的繩索一樣；稱為*動力衝程* (power stroke)。細肌絲沿著粗肌絲滑動一小段距離。肌凝蛋白結合新的 ATP，鬆開細肌絲，分解 ATP，而後退；這是*恢復衝程* (recovery stroke)。每當一個肌凝蛋白頭部鬆開細肌絲時，其他肌凝蛋白頭部就緊握，因此只要肌肉收縮，細肌絲就永遠不會完全釋放。肌凝蛋白的頭部輪流拉動肌動蛋白絲並放開，就像人用手交叉握住船錨繩索。

步驟 6 至 8 重複進行。總體效果是，細肌絲沿著粗肌絲滑動。因此，此種肌肉收縮模型稱為*滑動肌絲理論* (sliding filament mechanism)。在收縮過程中，沒有任何肌原纖維會變短，它們只會彼此滑動。由於細肌絲藉由蛋白質失養素與肌膜連接，最終與細胞外結締組織連接，故肌絲滑動會縮短整個細胞。若肌纖維中的所有肌凝蛋白頭部執行一次動力衝程及恢復衝程循環，則肌纖維縮短約 1%；若重複此過程，肌纖維可以縮短達 40%。

臨床應用 10.2

屍僵

屍僵 (rigor mortis)[9] 是死亡後 3 至 4 個小時開始的肌肉硬化及身體僵硬。部分原因是由於破壞性的肌漿網將鈣釋放至細胞質中，而受損的肌膜從細胞外液進入細胞更多的鈣離子。鈣離子活化肌凝蛋白-肌動蛋白的橫橋。當肌凝蛋白與肌動蛋白結合後，肌凝蛋白就必須先結合 ATP 分子才能釋放肌動蛋白，當然死者體內缺乏 ATP。因此，粗肌絲及細肌絲保持剛性相連，直到它們開始衰變。屍殭在死亡後約 12 小時達到高峰，在接下來 48~60 小時內減少。

鬆弛

9. 使肌纖維放鬆第一步是停止對肌肉的刺

---

9 *rigor* = rigidity 剛度，stiffness 僵硬；*mortis* = of death 死亡

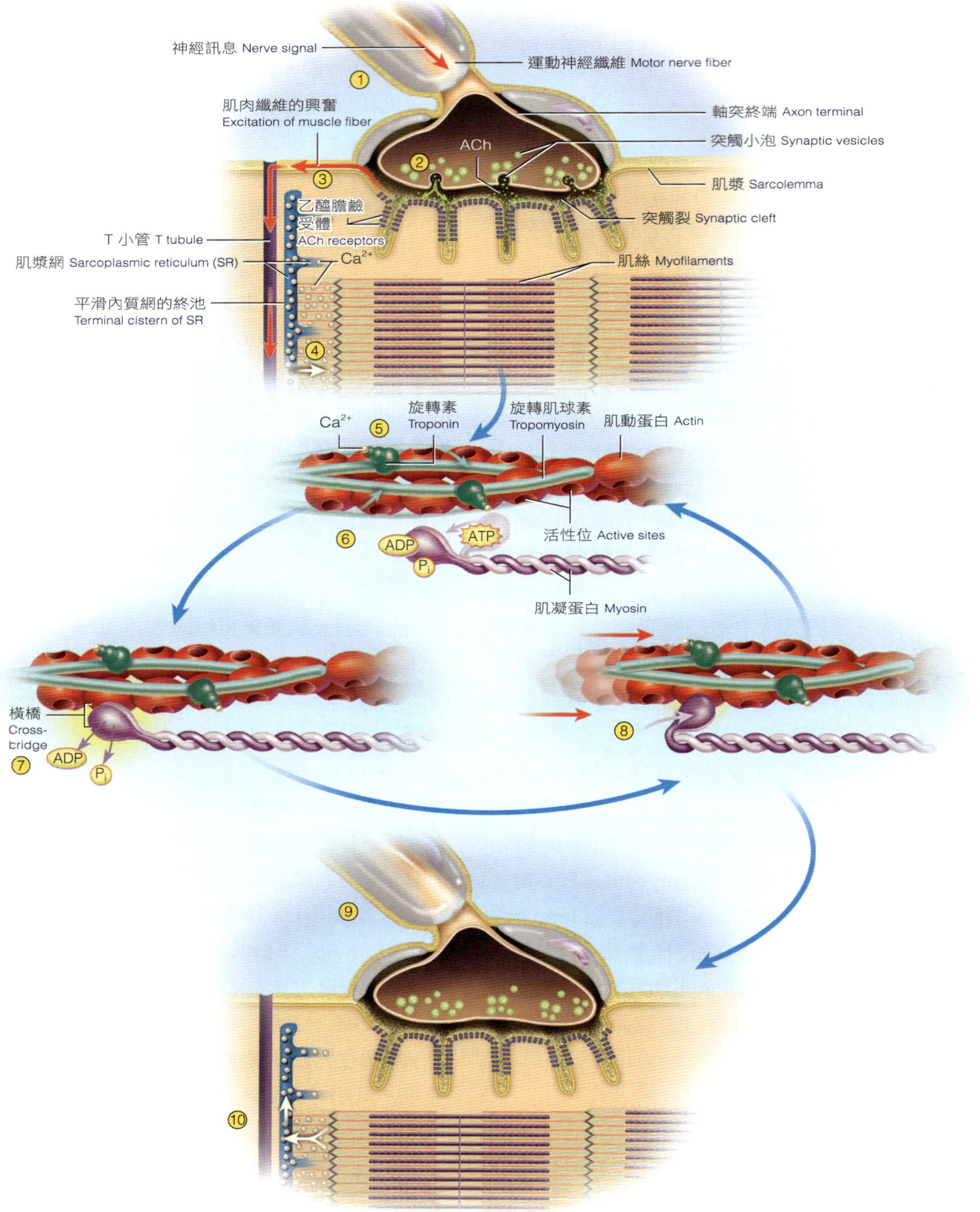

圖 10.8 **肌肉收縮及放鬆的主要事件**。步驟 1 至 3 是興奮階段；步驟 4 到 6 是興奮-收縮耦合；收縮需要重複執行步驟 6 至 8；步驟 9 至 10 是放鬆。每個步驟的說明，請見本文相應數字。

激。運動神經元停止刺激及不釋放乙醯膽鹼，因此肌纖維不再被電激發。

⑩ 肌漿網再回收鈣離子並儲存，直到下一次刺激肌肉為止。在缺乏鈣離子時，旋轉素移回至阻止活性位並阻止肌凝蛋白-肌動蛋白之橫橋形成，因此肌肉不再維持張力。肌肉放鬆時，同一關節處的重力肌或拮抗肌的作用將其伸展回至靜止長度。

應用您的知識

在肌肉收縮過程中，您認為何種肌肉區間 (見圖 10.4) 會變窄或消失？為何區間會維持與放鬆肌肉相同的寬度？請說明。

10.2e 肌纖維的分類

並非所有肌纖維在代謝上皆相似或適合執行相同的任務。有些肌纖維反應較慢，但相對耐疲勞；也有肌纖維反應較快，但也容易疲勞。主要肌纖維有幾個名稱，表 10.2 總結這些肌肉間的差異。

- **氧化型慢肌 (Slow oxidative, SO)、慢肌、紅肌或第 I 型纖維**：此肌纖維具有豐富的粒線體、肌紅素及微血管，因此較為深紅色、適合有氧呼吸，並且不容易疲勞。然而，單一刺激使肌纖維表現出較長的*牽扯* (twitch) 或收縮，持續約 100 毫秒 (ms)。小腿的比目魚肌及背部姿勢肌主要就是由這些慢肌、耐疲勞之肌纖維組成。
- **糖解型快肌 (fast glycolytic, FG)、快肌、白肌或第 II 型纖維**：此肌纖維富含厭氧酶，過程與氧氣無關、肌纖維反應迅速、牽扯時間短至 7.5 ms，但比氧化型慢肌纖維更易疲勞。糖解型快肌纖維的粒線體、肌紅素及微血管比氧化型慢肌纖維差，因此較蒼白 (呈現白色肌纖維)。此肌纖維適合快速反應，但不適合耐力運動，因此對於如籃球運動需暫停-行走移動及頻繁變化速度尤為重要。小腿腓腸肌、上臂肱二頭肌及眼球運動肌肉主要是由糖解型快肌纖維組成。

表 10.2 骨骼肌纖維的分類

特性	氧化型慢肌纖維	糖解型快肌纖維
牽扯持續時間	長達 100 ms	短至 7.5 ms
相對直徑	較小	較大
ATP 合成	需氧的	厭氧的
耐疲勞	佳	差
ATP 水解	慢	快
糖解作用	中等	快
紅素含量	豐富	少
肝醣含量	少	豐富
粒線體	豐富及較大	少量及較小
微血管	豐富	較少
顏色	紅	白、蒼白
纖維類型占主導地位的代表性肌肉		
	比目魚肌 (soleus)	腓腸肌 (gastrocnemius)
	豎脊肌 (erector spinae)	肱二頭肌 (biceps brachii)
	腰方肌 (quadratus lumborum)	眼睛運動肌

目前認為糖解型快肌纖維有 IIA 和 IIB 型兩種亞型。IIB 型肌纖維是剛剛描述的常見類型，而 **IIA 型肌纖維** [中等或氧化型快肌纖維 (intermediate or fast oxidative fibers)] 有快速牽扯及有氧抗疲勞代謝特性。除一些耐力訓練運動員之外，IIA 型纖維相對較少，此纖維類型可以藉由組織切片之特殊組織化學染色鑑定出來 (圖 10.9)。

幾乎所有的肌肉都由氧化型慢肌纖維及糖解型快肌纖維組成，但是這些纖維類型的比例在不同肌肉是不同的。主要由氧化型慢肌纖維組成的肌肉稱為*紅肌* (red muscles)，而主要由糖解型快肌纖維組成的肌肉稱為*白肌* (white

圖 10.9 **骨骼肌纖維類型**。FG，糖解型快肌纖維；SO，氧化型慢肌纖維；FO，氧化型快肌纖維。
©G. W. Willis/Oxford Scientific/Getty Images

muscles)。不同體能活動之類型及程度的人，即使同一種肌肉中，其肌纖維類型的比例也不同，例如股四頭肌 (表 10.3)。目前認為人天生就具有一定比例的纖維類型，從事競技運動的人會發現自己擅長的運動，並朝著遺傳最適合他們的運動發展。有人可能是「天生的短跑選手」，也有人可能是「天生的馬拉松選手」。

前面內容曾指出，有時兩個或多個肌肉作用於同一關節，表面上似乎具有相同的功能。我們已了解為何這種肌肉沒有像看起來那樣多餘，例如機械優勢方面的差異。另一個原因是它們在氧化型慢肌纖維與糖解型快肌纖維的比例可能不同。例如，小腿腓腸肌和比目魚肌都透過跟腱連接至跟骨，因此它們在腳跟上施加相同的拉力。然而，腓腸肌主要是糖解型快肌，適合快速、有力的運動，如跳躍；而比目魚肌則主要是氧化型慢肌，在耐力運動 (如慢跑和滑雪) 中能完成大部分工作。

表 10.3 氧化型慢肌纖維及糖解型快肌纖維在男性運動員的股四頭肌之比例

樣本人口	氧化型慢肌纖維	糖解型快肌纖維
馬拉松運動員	82%	18%
游泳者	74	26
一般男性	45	55
短跑及跳躍運動員	37	63

10.2f 肌肉生長及萎縮

眾所周知，肌肉在運動時會變大，不使用時會萎縮，這是訓練舉重等*阻力運動* (resistance exercises) 的基礎。然而，骨骼肌纖維不會進行有絲分裂。成年期的肌纖維數量與兒童後期的數量相同。肌肉如何生長呢？

運動會刺激肌纖維產生更多的蛋白質肌絲，使肌原纖維變得更厚。在某一點上，大的肌原纖維會縱向分裂，因此條件良好的肌肉每條肌纖維的肌原纖維含量要比條件弱的肌肉多。整個肌肉大量生長 (厚度) (thickness)，不是經由現有細胞的有絲分裂 (增生)(hyperplasia)，而是將已存在的細胞擴大 (肥大)(hypertrophy) 而生長。但是，部分專家認為整個肌纖維 (不僅是肌原纖維) 在達到一定尺寸時可能會縱向裂開，導致纖維數量增加，這不是藉由有絲分裂，而是透過更類似於撕裂的過程。訓練良好的肌肉會具有更多的粒線體、肌紅素、肝醣及微血管。

不使用肌肉時，肌肉會萎縮 (atrophies)。這可能是因為脊髓損傷或神經肌肉間的連結損傷 [*去神經萎縮* (denervation atrophy)]、缺乏運動 [*廢用萎縮* (disuse atrophy)] 或老化 [*衰老萎縮* (senescence atrophy)] 引起。使用數週石膏使肢體萎縮即是廢用性萎縮的很好例子。恢復運動後肌肉會快速長出，但是若萎縮太嚴重，肌肉纖維會死亡，無法被替換。因此，物理療法對於無法自主使用肌肉的人的肌肉質量維持很重要。

在你繼續閱讀之前

回答下列問題，以檢驗你對上節內容的理解：

5. 肌漿網在肌肉收縮的作用為何？肌漿網在肌肉鬆弛的作用為何？
6. 何種蛋白質構成肌纖維之粗肌絲及細肌絲？
7. 為何骨骼肌有橫紋的外觀？
8. 乙醯膽鹼來自何處，其在神經肌肉接合處扮演何作用？
9. 肌凝蛋白及肌動蛋白如何共同作用，使肌纖維縮短？
10. 糖解型快肌纖維及氧化型慢肌纖維之功能有何不同？
11. 如果缺乏有絲分裂能力，肌肉如何生長？

10.3 非隨意肌的類型

預期學習成果

當您完成本節後，您應該能夠

a. 描述心肌組織，並與其他肌肉類型比較構造及生理；和
b. 描述平滑肌組織，並與其他肌肉類型比較構造及生理。

心臟及平滑肌具有各自獨特功能相關的特殊結構及生理特性。兩者也具有彼此相同的某些特性，而與骨骼肌特性不同。兩者都是**非隨意肌** (involuntary muscle)，是因為與骨骼肌相比，在無意識的情況下發揮作用，並且超出我們隨意控制的範圍。

10.3a 心肌

心肌 (Cardiac Muscle) 構成心臟的大部分，心肌構造及功能於第 20 章詳細討論，您可以將心肌與心臟功能聯繫起來。在此，僅簡要將心肌、骨骼肌及平滑肌進行比較 (表 10.4)。

心肌像骨骼肌一樣呈現橫紋，但其他

表 10.4 骨骼肌、心肌及平滑肌的比較

特徵	骨骼肌	心肌	平滑肌
部位	與骨骼系統相關	心臟	內臟及血管壁、眼之虹膜、毛囊的豎毛肌
細胞形狀	圓柱纖維	短分支細胞	梭狀細胞
細胞長度	100 μm~30 cm	50~100 μm	30~200 μm
細胞寬度	10~500 μm	10~20 μm	5~10 μm
橫紋	有	有	無
細胞核	核、鄰近肌膜	通常一個核，靠近細胞中間	一個核，靠近細胞中間
結締組織 (請參閱第 11 章)	肌內膜、肌束膜、肌外膜	有肌內膜	僅有肌內膜
肌漿網	豐富	有	很少
T 小管	有、窄	有、寬	無
間隙接合	無	存在於肌間盤	存在於單一單位的平滑肌中
Ca^{2+} 來源	肌漿網	肌漿網及細胞外液	主要是細胞外液
神經支配及控制	體運動神經纖維 (隨意)	自主神經纖維 (非隨意)	自主神經纖維 (非隨意)
需要神經刺激嗎？	需要	不需要	不需要
組織修復方式	再生有限，主要是纖維化	再生有限，主要是纖維化	有絲分裂再生能力相對較好

方面則有一些差異 (圖 10.10a)。心肌細胞 (cardiomyocytes) 不是長的多核纖維，而是短而結實及微分支。在顯微鏡下，心肌呈現出暗線特徵，稱為**肌間盤** (intercalated discs) (in-TUR-kuh-LAY-ted)，細胞在此處匯合。這是階梯狀區域，具有間隙接合允許細胞間相互溝通，以及具有各種機械性接合，可防止細胞在收縮時拉開 (請參見第 20 章詳細內容)。每個心肌細胞可以在肌間盤連接其他幾個心肌細胞。

心肌細胞通常只有一個位於中心的細胞核 (偶爾有兩個)，常被肝醣包圍。心肌含有豐富的肝醣及肌紅素，且心肌粒線體特別大，約占細胞的 25%，而骨骼肌纖維的粒線體較小，僅占細胞的 2%。因此，儘管心肌易受到氧氣供應中斷的影響，但心肌很適合有氧呼吸，並且耐疲勞。肌漿網不如骨骼肌發達，但 T 小

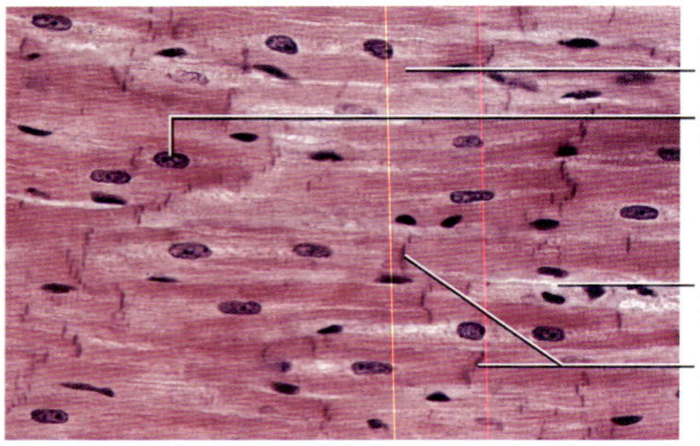

(a)

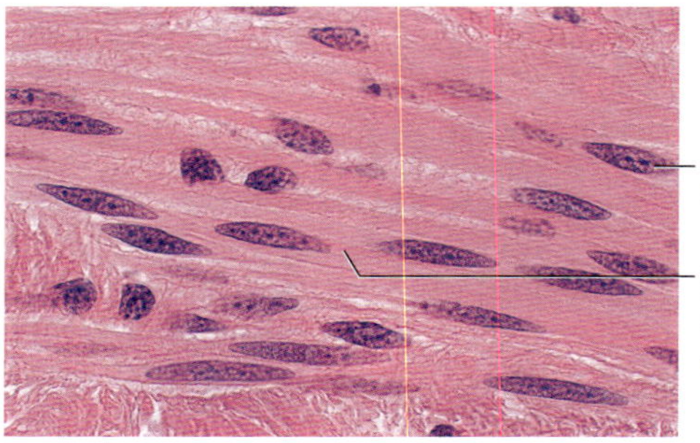

(b)

圖 10.10 **非隨意肌類型**。(a) 心肌；(b) 平滑肌。

APR

(a) ©McGraw-Hill Education/Al Telser; (b) ©McGraw-Hill Education/Dennis Strete

管較大，可吸收細胞外液的鈣離子。心肌細胞有絲分裂的能力很差；受損心肌的修復主要是形成纖維化 (疤痕形成)。

心肌是由自主神經系統 (autonomic nervous system, ANS)，而非體運動神經元支配。自主神經系統是神經系統的分支，通常在無意識或無控制的情況下運行。自主神經不會引起心跳，但可以調節心跳速率及收縮強度。即使沒有神經刺激，心臟也會有節奏跳動，此屬性稱為自律性 (autorhythmicity)，每次跳動均由心臟節律器誘發。

10.3b 平滑肌

平滑肌 (smooth muscle) 與骨骼肌有所不同 (表 10.4)，由於沒有橫紋，因此命名為「平滑 (smooth)」，原因稍後簡短說明。平滑肌細胞相對較小，可以很好地控制，如單根頭髮、眼睛的虹膜及小動脈等組織器官。然而在懷孕子宮中，平滑肌細胞變大，並產生強大的分娩收縮。

平滑肌細胞呈梭形，通常在中間寬約 5 至 10 μm，末端逐漸變細 (圖 10.10b)。在細胞中央附近只有一個細胞核。存在粗肌絲及細肌絲，但沒有橫紋、肌節或肌原纖維，因為肌絲並不像橫紋肌呈束狀相互對齊排列。Z 盤不存在，代替 Z 盤的是蛋白斑，稱為**緻密體** (dense bodies)，一部分與細胞膜的內表面相關，而另一部分則分散在整個肌漿中。一個細胞與膜相關的緻密體通常直接與另一細胞的緻密體交叉，它們之間具有聯繫，因此收縮力可以從一個細胞傳遞到另一個細胞。與緻密體相關的是中間絲的廣泛的細胞骨架網絡。肌動蛋白絲附著於中間絲，及直接附著在緻密體，因此肌動蛋白絲的運動 (由肌凝蛋白驅動) 牽動肌膜並使細胞縮短。

平滑肌肌漿網很少，沒有 T 小管。刺激平滑肌收縮所需的鈣離子主要來自細胞外液，

透過鈣離子通道，尤其是集中在肌膜小孔中，稱為**胞膜窖** (caveolae)。肌肉放鬆過程，鈣離子被幫浦打出細胞。

平滑肌本身並不構成器官，但通常在較大器官如胃、腸、子宮及膀胱的壁形成。此情況下，肌肉層複雜性的變化很大。平滑肌可能只是圍繞小動脈的細胞、食道及小腸有厚的外層縱走平滑肌及厚的內層環走肌 (圖 10.11)。當縱走肌收縮時，會縮短並擴張器官；當環走肌收縮時，會收縮並拉長器官 (就像一團麵糰擠壓在您的手中)。胃、膀胱及子宮中，平滑肌有三層或更多層，並有多個走向運行的肌肉細胞束。

平滑肌通常用來推動器官的內含物，如使食物通過消化道、排泄尿液及糞便，並分娩嬰兒。藉由擴張或收縮血管及呼吸道，平滑肌可以改變空氣和血液的流動速度，維持血壓並運送血液。調節眼睛虹膜之瞳孔直徑。形成毛囊的豎毛肌。在消化道及輸尿管，平滑肌會產生稱為**蠕動** (peristalsis) 的收縮波，將管狀器官的內含物從一端運送到另一端平滑肌並不總是被支配的，但平滑肌可以被自主神經支配，如同心臟。自主神經纖維不會與肌肉細胞形成精確定位的神經肌肉接合，而是每條神經纖維在沿平滑肌之長度上有多達 20,000 個膨大處，稱為**神經軸突結節** (varicosities)(圖 10.12)。神經軸突結節包含突觸小泡，可以釋放神經傳導物質，通常交感神經纖維釋放正腎上腺素，副交感神經纖維釋放乙醯膽鹼。

平滑肌有兩種功能分類，稱為多單位平滑肌及單一單位平滑肌 (圖 10.12)。**多單位平滑肌** (multiunit smooth muscle) 存在於部分的最大動脈、肺部氣體通道、毛囊的豎毛肌及眼睛虹膜，其神經支配雖然是自主神經，但在某種程度上類似於骨骼肌，每個神經軸突結節與單個肌肉細胞有關，每個肌肉細胞能獨立收縮。

單一單位平滑肌 [unitary (single-unit) smooth muscle] 分佈更廣，存在大多數血管、消化道、呼吸道、泌尿道及生殖道，因此也被稱為**內臟肌** (visceral muscle)。在這種類型中，神經軸突結節不與特定的肌肉細胞相關，

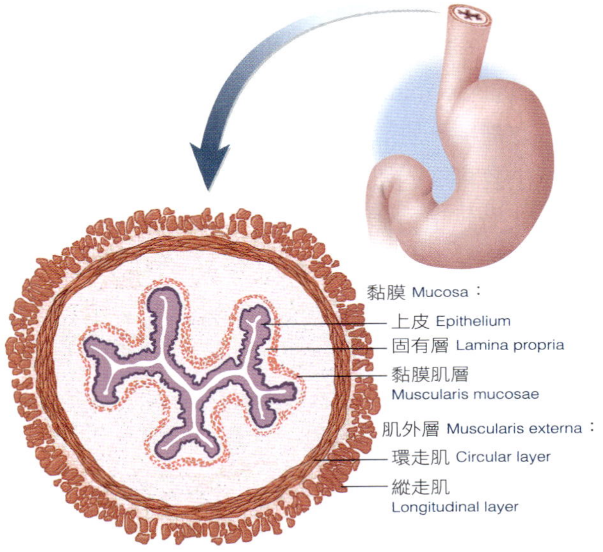

圖 10.11　**食道橫切面的內臟肌層**。許多空腔器官具有交替的環形及縱向平滑肌層。

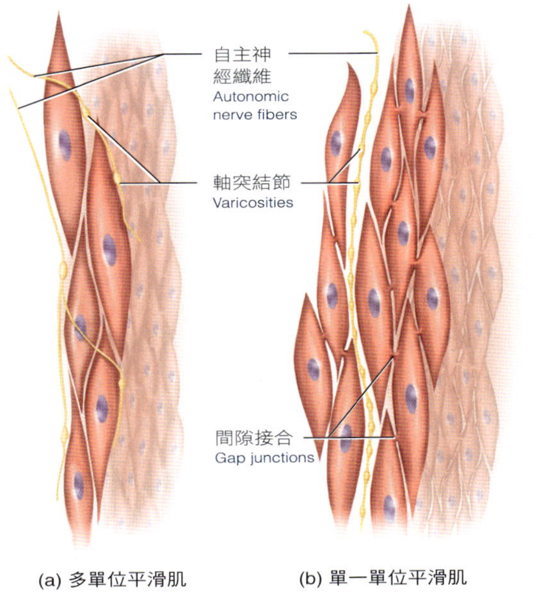

圖 10.12　**多單位及單一平滑肌**。(a) 多單位平滑肌，每個肌肉細胞都接受自己的神經支配並獨立收縮；(b) 單一單位平滑肌，神經纖維通過組織而不會與任何特定的肌細胞形成突觸，並且肌細胞間藉由間隙接合而相互連接。

而是釋放大量的神經傳導物質，可立即刺激附近的多個肌肉細胞。每個細胞的神經傳導物質受體遍佈整個表面，並可能對附近的幾條神經纖維產生反應。此外，肌肉細胞通過間隙接合彼此連接。因此，細胞間直接相互刺激，大量的細胞作為一個單位一起收縮，幾乎就像它們是單一細胞一樣，這就是此類肌肉稱為單一單位平滑肌的原因。

不論是否受神經支配，平滑肌對各種刺激作出反應，並且通常不需要電刺激肌膜。平滑肌不僅對神經纖維刺激有反應，而且對於局部化學物質及牽張有反應。平滑肌代謝大部分是有氧運動，但與骨骼肌及心肌相比，能量需求較低，因此具有很高的抗疲勞性。這使平滑肌能夠維持連續的局部收縮狀態，稱為**平滑肌張力** (smooth muscle tone)。此張力可使血管部分收縮來維持血壓，並且防止胃、腸、膀胱及子宮等器官在排空時變得鬆弛。

與骨骼肌和心肌不同，平滑肌不僅能夠肥大 (細胞生長)，而且能有絲分裂及過度發育。因此，器官如妊娠子宮透過增加新的肌肉細胞，及現有細胞擴大而生長。由於具有有絲分裂能力，受傷的平滑肌可以再生。

表 10.4 比較骨骼肌、心臟肌及平滑肌的特性。

在你繼續閱讀之前

回答下列問題，以檢驗你對上節內容的理解：

12. 心肌中哪些細胞胞器比骨骼肌更豐富、更大？在功能上有何意義？
13. 哪些細胞胞器在心肌中比骨骼肌發育少？這對興奮心肌收縮有何影響？
14. 哪些因素使心肌比骨骼肌更耐疲勞？解釋平滑肌為何相對抗疲勞？
15. 單一單位及多單位平滑肌有何不同？何種類型較多？

10.4 發育和臨床觀點

預期學習成果

當您完成本節後，您應該能夠

a. 請描述三種類型的肌肉在胚胎如何發育；
b. 請描述老年人肌肉系統發生的變化；
c. 請討論三種疾病：肌肉營養不良、重症肌無力及纖維肌痛；和
d. 簡要定義及討論肌肉系統的其他疾病。

10.4a 胚胎的肌肉發育

肌肉組織起源於胚胎中胚層，除了豎毛肌及眼內肌外。如第 4 章所述，軀幹的中胚層形成節段排列的組織塊，稱為體節 (somites)。然後將每個體節分為皮節 (dermatomes)、生骨節 (sclerotomes) 及肌節 (myotomes)。第 4 週開始，部分中胚層細胞遷移至軀體中心並形成肌肉細胞，這將形成主要的中軸肌，例如背部的豎脊肌。其他則從體節遷移到肢芽及體壁，發育成四肢、腹部、胸部及其他肌肉。

在這些部位，中胚層幹細胞伸長成紡錘狀的**肌母細胞** (myoblasts)[10]，並迅速繁殖 (圖 10.13)。肌母細胞融合為長的多核塊，稱為**初級肌管** (primary myotubes)，細胞核位於核心下方鏈中。肌管即是未來的肌纖維，兩端皆附著在發育中的肌腱及骨骼上。在肌管內部開始將肌肉的蛋白組裝成肌節 (sarcomeres)，從周圍開始向內發展。隨著中心充滿肌原纖維，細胞核則移至周邊。額外的肌母細胞沿初級肌管聚集，形成較小的次級 (secondary) 及三級肌管 (tertiary myotubes)(有時在較大的肌肉中更多)，與初級肌管融合以增厚肌纖維。

第 9 週時，出現了大多數肌肉群，並且神經纖維與肌肉纖維形成突觸。第 10 週，

10 *myo* = muscle 肌肉；*blast* = precursor 前驅

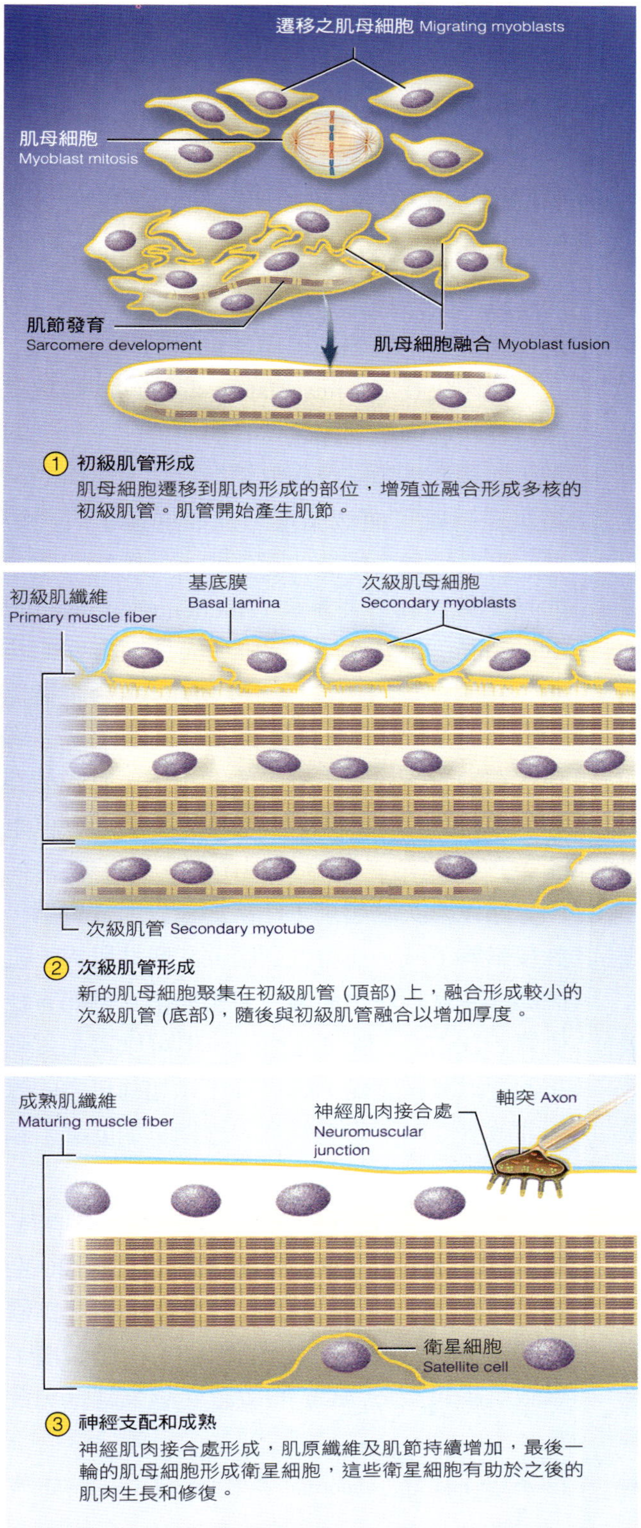

圖 10.13　骨骼肌纖維的胚胎發育。

肌纖維受到刺激，可以開始收縮。第 17 週，肌肉收縮力夠強，媽媽可以感覺到。曾經有人認為胎兒在這個時候首次活著，此發育階段稱為*初覺胎動* (quickening)[11]。

在胎兒發育後期，其他的肌母細胞與肌纖維結合並成為**衛星細胞** (satellite cells)，此為終生存在的幹細胞。部分的衛星細胞融合了不斷增長的肌纖維，並在整個童年時期為其貢獻了細胞核；衛星細胞甚至可以在成年人中再生受損的骨骼肌。根據各種估計，從妊娠的第 24 週到出生後 1 年，藉由有絲分裂產生新的肌纖維結束。之後，所有肌肉的生長都是通過肥大 (現有纖維的增大) 或大型纖維的縱向非有絲分裂來實現。25 歲以後，每條肌肉中的纖維數量開始減少。

心肌與第 20.5a 節中所述的胚胎心管 (heart tube) 有關。靠近心管的葉間細胞分化為肌母細胞，這些細胞像在骨骼肌發育過程中一樣有絲分裂地增殖。但與骨骼肌發育不同的是，肌母細胞不會融合，細胞間維持彼此連接，並在黏連處有肌間盤。心臟在第 3 週開始跳動。出生後，心肌細胞的有絲分裂持續至 9 歲。儘管目前證據顯示成年人心肌有絲分裂能力有限，可以理解學者對於能夠刺激此過程感到興趣，期望能促進心臟疾病發作之心肌損傷的心肌再生。

平滑肌發育類似於從胚胎腸道、血管及其他器官相關的肌母細胞發育而來。就像心肌一樣，這些肌母細胞從不相互融合，但在合體的平滑肌中，透過間隙接合相互連接。

---
11 *quick* = alive 活著

10.4b 衰老的肌肉系統

隨著年齡的增長，最明顯的變化之一就是瘦體質量 (肌肉) 流失及脂肪積累。大腿之電腦斷層掃描呈現顯著變化。在條件良好的年輕男性中，肌肉占大腿中部橫截面面積的 90%。在 90 歲體弱的女性，此比例僅為 30%。20 歲的肌肉力量及質量為高峰；多數人於 80 歲時的肌肉力量及耐力只剩一半。許多 75 歲以上的人無法使用上臂舉起 4.5 kg (10 磅) 的重量；一個簡單的任務 (如將一袋食品雜貨帶入房屋) 可能變得不能執行。跌倒及骨折使肌肉力量喪失是日常生活對他人依賴的主因。糖解型快肌纖維 (快速收縮) 表現出最早及最嚴重的萎縮，因此需增加反應時間及降低協調性。

肌肉強度下降有多種原因，老年肌纖維的肌原纖維較少，因此其較小且較弱。肌節變得越來越雜亂無章，肌肉粒線體變小並且氧化酶含量降低。老年肌肉的 ATP、肝醣和肌紅素較少，因此很快就會疲勞。隨著年齡的增長，肌肉還呈現更多的脂肪和纖維組織，這限制了運動及血液循環。隨著血液循環減少，肌肉損傷的癒合會更緩慢，疤痕組織也會更多。

但是，老化肌肉的虛弱及容易疲勞也源於其他器官系統的衰老。脊髓中運動神經元較少，部分肌肉萎縮可能是去神經性萎縮。其餘的神經元產生較少的乙醯膽鹼，顯示較不有效之突觸傳遞，這使得肌肉對刺激的反應較慢。作為肌肉萎縮症，運動單位的每條運動神經元支配的肌肉纖維更少，必須招募更多的運動單位才能執行任務。過去很容易完成的任務 (如扣衣服或吃飯) 需要花更多的時間及精力。老年人之交感神經系統效率較低，在運動過程中增加肌肉血流量的效率也較低，這會降低肌耐力。

但是，即使在生命後期才開始運動，也可以對肌肉進行顯著的修復。90 歲的人每週只要進行 40 分鐘訓練，6 個月內即可將肌力提高兩倍或三倍。

10.4c 部分肌肉的疾病

肌肉組織疾病稱為**肌病** (myopathies)。肌肉系統比其他任何器官系統受到更少疾病，兩個重要疾病是肌肉失養症及重症肌無力。

肌肉失養症 (muscular dystrophy[12]) 是幾種遺傳性疾病的統稱，包含骨骼肌退化、失去力量，並逐漸被脂肪及疤痕組織取代。這新的結締組織阻礙了血液循環，進而加速了肌肉變性，形成了致命螺旋的正迴饋。此疾病最常見的是裘馨氏肌肉失養症 (Duchenne[13] muscular dystrophy, DMD)，這是一種與性別有關的疾病，特別在男孩中發生 (約 3500 名活產男性中有 1 名)，由於蛋白質失養素的缺陷基因導致。在缺乏蛋白質失養素的情況下，肌膜撕裂和肌纖維死亡。DMD 出生時並不明顯，但是隨著孩子開始走路會出現困難。孩子經常摔倒，難以再次站起來，此疾病首先影響臀部，然後影響下肢，並發展到腹部和脊柱肌肉。肌肉萎縮時會縮短，而導致姿勢異常，例如脊柱側彎。DMD 是無法治癒的，但可以藉由運動來治療以減緩萎縮，透過矯正以加強無力的臀部並改善姿勢。患者常在青春期早期就需坐輪椅，很少活到 20 歲以上。

重症肌無力 (myasthenia gravis[14], MG)(MY-ass-THEE-nee-uh GRAV-iss) 最常發生於 20 至 40 歲的女性，這是一種自體免疫疾病，抗體攻擊神經肌肉接合處並誘發 ACh 受體破壞，導致肌纖維對於 ACh 的敏感性越來越低，此

12 *dys* = bad 壞，abnormal 異常；*trophy* = growth 成長

13 Guillaume B. A. Duchenne (1806~75)，法國醫師

14 *my* = muscle 肌肉；*asthen* = weakness 虛弱；*grav* = severe 嚴重

現象常先出現在面部肌肉，包括眼瞼下垂 (圖 10.14) 及複視 (由於眼肌無力)。通常有吞嚥困難、四肢無力及身體耐力差症狀。一些患有重症肌無力的人會因呼吸衰竭而迅速死亡，也有一些人的壽命正常。這可以透過膽鹼酯酶抑製劑 (可延緩 ACh 的分解並延長其對肌肉的作用) 及抑制免疫系統，而減慢對 ACh 受體攻擊的藥物來控制症狀。

纖維肌痛 (fibromyalgia)[15] 是一種慢性、嚴重且原因不明的劇烈疼痛，似乎疼痛來自肌肉和骨骼，病人常用「鈍痛及深度疼痛」來形容。然而，疼痛根源不是肌肉骨骼，這不是肌肉或骨骼的疾病，而是大腦處理疼痛訊號異常。除了感覺肌肉骨骼疼痛外，常見症狀還包括頭痛、疲勞、憂鬱、月經期疼痛 (痛經) 及睡眠中斷。通常伴隨其他疾病，如顳下頜關節功能障礙、腸躁症候群及精神病。纖維肌痛發生在大約占總人口 2%~8%，國家或種族之間沒有差異，但是女性大約是男性的兩倍。

目前尚無法治癒，已使用止痛藥治療；抗憂鬱藥及消炎藥；運動及減壓療法。表 10.5 簡要描述肌肉系統的其他疾病，在第 11 章及第 12 章描述於中軸肌或附肢肌特定疾病。

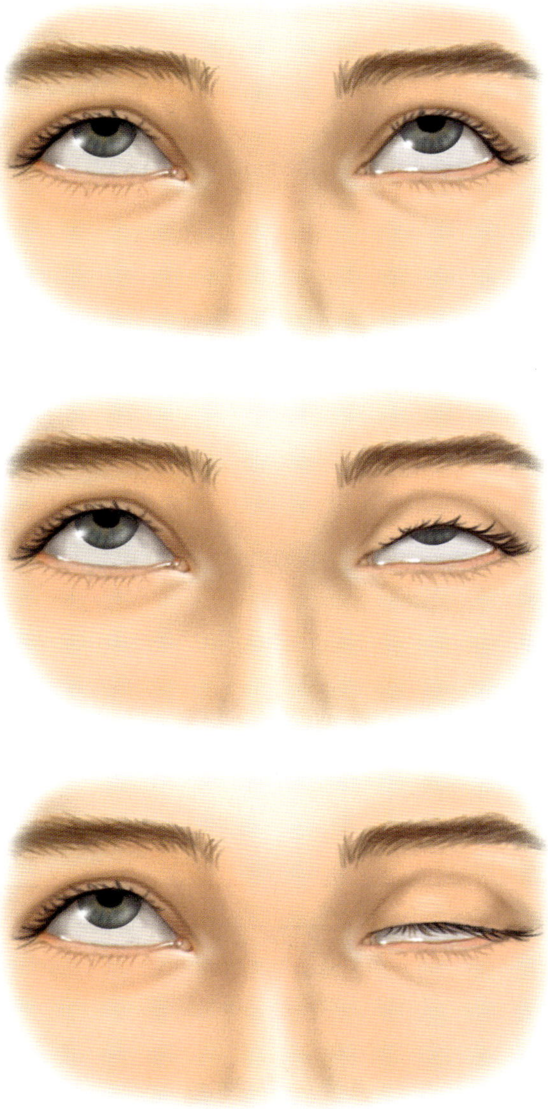

圖 10.14　重症肌無力。請受試者向上注視 (頂部面板)。在 60 秒 (中圖) 至 90 秒 (下圖) 之間，由於無法維持眼輪匝肌的刺激及收縮，導致左眼瞼明顯下垂 (上眼瞼下垂)。

在你繼續閱讀之前

回答下列問題，以檢驗你對上節內容的理解：

16. 在骨骼肌發育階段，哪些細胞介於中胚層細胞和肌纖維之間？描述每個幹細胞只有一個細胞核，其如何形成多核肌纖維。
17. 心肌、平滑肌的形成方式與骨骼肌的形成方式之間的主要差異為何？
18. 描述老年人肌肉系統中的主要變化。
19. 裘馨氏肌肉失養症的根本原因為何？蛋白質失養素的正常功能為何？
20. 重症肌無力的突觸功能如何改變？此種突觸功能障礙如何影響重症肌無力患者？

15 *fibro* = fiber 纖維；*myo* = muscle 肌肉；*algia* = pain 痛

表 10.5 肌肉系統疾病

肌肉痙攣 (Charley horse)	是指因挫傷 (對肌肉的打擊導致出血) 而引起之疼痛的撕裂、僵硬及血液凝結
攣縮 (Contracture)	不是由神經刺激引起的異常肌肉縮短，可能是由於刺激後來自肌漿的鈣離子持續存在，或疤痕組織的收縮所引起
擠壓症候群 (Crush syndrome)	肌肉大量擠壓後出現的類似休克的狀態，伴有高燒並可能致命。受損肌肉釋放的 K^+ 引起心律不整；及受損肌肉釋放的肌紅素阻塞腎小管，引起腎功能衰竭。尿中的肌紅素 (肌紅蛋白尿) 是常見的徵象
延遲發作的肌肉酸痛 (Delayed onset muscle soreness)	劇烈運動後數小時到一天，您會感到疼痛及僵硬。這與肌肉微創傷有關，伴隨 Z 盤、肌原纖維及肌膜破裂，並與血紅素及受損的肌纖維釋放之酶增加有關
橫紋肌瘤 (Rhabdomyoma)	罕見的良性肌肉瘤，通常發生在舌、脖子、喉、鼻腔、咽喉、心臟或外陰。可用手術切除治療
橫紋肌肉瘤 (Rhabdomyosarcoma)	惡性肌肉瘤；兒科軟組織肉瘤的最常見形式，占兒童癌症 <3%，在成年人中很少見。肌母細胞異常增殖的結果。從肌肉無痛的腫塊開始，但迅速轉移。藉由活體組織切片診斷，並以手術、化學療法或放射療法進行治療

您可以在以下地方找到其他討論過的肌肉系統疾病

背部受傷 (臨床應用 11.2)	疝氣 (臨床應用 11.4)	麻痺 (臨床應用 10.1 和 14.4 節)
腕隧道症候群 (臨床應用 12.2)	肌肉萎縮 (10.4b 節)	旋轉肌袖損傷 (表 12.2)
腔室症候群 (臨床應用 11.1)	肌肉失養症 (10.4c 節)	運動傷害 (表 12.10)
纖維肌痛 (10.4c 節)	重症肌無力 (10.4c 節)	
大腿後側肌群損傷 (臨床應用 12.4)		

學習指南

評估您的學習成果

為了測試你的知識，請與學習夥伴討論以下話題，或以書面形式討論，最好是憑記憶。

10.1 肌肉類型及功能

1. 肌肉學及肌肉系統 (muscular system) 術語，以及肌肉系統中不包括哪些肌肉組織。
2. 肌肉組織的五種功能。
3. 肌肉細胞的五個生理特性。
4. 骨骼肌、心肌及平滑肌之間是否存在橫紋；隨意控制或非隨意控制；細胞的形狀；以及三種類型的肌肉細胞的術語。

10.2 骨骼肌細胞

1. 骨骼肌纖維的內部顯微構造；細胞胞器及細胞骨架成分的特殊名稱；以及每個組件的功能。
2. 肌纖維中肝醣及肌紅素的作用。
3. 肌漿網的網狀結構及其生理功能。
4. 肌絲、肌原纖維及肌纖維之間的關係。
5. 構成肌原纖維的三種類型肌絲；是由何者組成；及其扮演何種角色。
6. 蛋白質失養素在肌纖維中的位置及作用。
7. 骨骼肌及心肌的橫紋名稱，及重疊排列的肌絲如何用來解釋橫紋。
8. 肌節的定義；肌節與 Z 盤的關係；及肌節在肌肉收縮中的基本作用。
9. 骨骼肌中微血管的特殊特徵。
10. 體運動神經元與一組骨骼肌纖維的關係。
11. 神經肌肉接合處之結構及其所有組成之功能。
12. 乙醯膽鹼 (ACh)、乙醯膽鹼受體及乙醯膽鹼酯酶在神經肌肉接合處的作用；當刺激肌肉時，乙醯膽鹼來自何處；及後來發生了何事件？
13. 運動單位的組成；何謂大運動單位及小運動單位；大及小運動單位的各自優點；在何處可以找到大及小運動單位。
14. 肌肉收縮及放鬆的四個階段。
15. 興奮事件——體運動神經纖維的訊號如何導致肌肉纖維電位興奮的連鎖反應；乙醯膽鹼配體閘控離子通道在此事件之作用。
16. 興奮——收縮耦合事件；肌肉纖維電位興奮如何

導致肌絲變化，使肌節收縮；以及肌漿網、鈣離子、旋轉素及旋轉肌球素在此過程中的作用。

17. 肌凝蛋白與肌動蛋白相互作用的重複循環，導致肌肉收縮；ATP 在此過程的作用。
18. 放鬆事件；如何允許肌纖維停止收縮。
19. 規律阻力運動對肌肉的影響以及肌肉的生長方式。
20. 氧化型慢肌纖維 (SO) 及糖解型快肌纖維 (FG) 之間的差異；每種肌纖維類型占主導地位的肌肉例子；及中間纖維的性能。
21. 肌肉萎縮的定義及其原因。

10.3 非隨意肌的類型

1. 心肌細胞，其特徵及細胞間如何相互連接。
2. 心肌細胞的特殊性，使其高度抗疲勞。
3. 心肌的自發活動及其受神經系統的影響。
4. 平滑肌細胞及骨骼肌纖維在細胞胞器方面的異同，以及平滑肌無橫紋的原因。
5. 多單位及單一平滑肌之間的功能差異；它們與運動神經纖維之間的關係有何不同？以及每種類型位於何處？
6. 平滑肌與骨骼肌的作用差異，以及為什麼平滑肌在某些目的上具有優勢？

10.4 發育和臨床觀點

1. 胚胎間葉細胞發育成骨骼肌纖維。
2. 心肌及平滑肌之細胞在胚胎發育時與骨骼肌細胞有何不同？
3. 老年骨骼肌出現變化；隨著年齡增長而降低了肌力、耐力及效率的多種原因？
4. 肌肉失養症 (muscular dystrophy) 的遺傳及病理模式。
5. 重症肌無力 (myasthenia gravis) 的導致原因及影響。
6. 纖維肌痛 (fibromyalgia) 的症狀及治療。

回憶測試

1. 肌細胞中的肌動蛋白絲 (actin myofilaments) 及肌凝蛋白絲 (myosin myofilaments) 稱為：
   a. 肌膜 (a sarcolemma)
   b. 肌纖維 (a muscle fiber)
   c. 肌節 (a sarcomere)
   d. 粗肌絲 (a thick myofilament)
   e. 肌原纖維 (a myofibril)
2. 除了______以外，肌肉細胞需具有以下所有屬性，才能執行其功能。
   a. 可伸展性 (extensibility)
   b. 彈性 (elasticity)
   c. 自律性 (autorhythmicity)
   d. 收縮性 (contractility)
   e. 導電性 (conductivity)
3. 在骨骼肌及心肌中具有的特徵，並且是平滑肌所缺乏的特徵是：
   a. 緻密體 (dense bodies)
   b. 支配神經 (innervation)
   c. 肌節 (sarcomeres)
   d. 肌凝蛋白 (myosin)
   e. 肌漿網 (sarcoplasmic reticulum)
4. 存在於平滑肌中，但是心肌缺乏的特徵是：
   a. dense bodies (緻密體)
   b. gap junctions (間隙接合)
   c. intercalated discs (肌間盤)
   d. Z discs (Z 盤)
   e. T tubules (T 小管)
5. 以下哪些肌肉蛋白不存在細胞內？
   a. 肌動蛋白 (actin)
   b. 肌凝蛋白 (myosin)
   c. 膠原蛋白 (collagen)
   d. 旋轉素 (troponin)
   e. 蛋白質失養素 (dystrophin)
6. 平滑肌細胞具有______，但是骨骼肌纖維則不存在。
   a. T 小管 (T tubules)
   b. ACh 受體 (ACh receptors)
   c. 粗肌絲 (thick myofilaments)
   d. 細肌絲 (thin myofilaments)
   e. 緻密體 (dense bodies)
7. ACh 受體存在於：
   a. 突觸小泡 (synaptic vesicles)
   b. 終池 (terminal cisterns)
   c. 粗肌絲 (thick myofilaments)
   d. 細肌絲 (thin myofilaments)
   e. 突觸後膜褶皺 (postsynaptic membrane folds)
8. 單一單位平滑肌細胞可以互相刺激，因為它們具有：
   a. 節律器 (pacemakers)
   b. 擴散接合 (diffuse junctions)
   c. 間隙接合 (gap junctions)
   d. 緊密接合 (tight junctions)
   e. 鈣離子幫浦 (calcium pumps)
9. 骨骼肌收縮所需的鈣離子來自：
   a. 旋轉素釋放位 (troponin release sites)
   b. 突觸小泡 (synaptic vesicles)
   c. 神經肌肉接合處 (the neuromuscular junction)
   d. 肌漿網 (the sarcoplasmic reticulum)

e. 細胞外液 (the extracellular fluid)

10. 下列所有特徵何者不是氧化型慢肌纖維所具有
 a. 豐富的肌紅素
 b. 豐富的肝醣
 c. 抗疲勞性高
 d. 紅色
 e. 大量的氧合成 ATP
11. 乙醯膽鹼從稱為______的細胞胞器釋放出來。
12. 運動神經纖維與骨骼肌纖維相遇的區域稱為______。
13. 位於 T 小管之兩側肌漿網的部位稱為______。
14. 粗肌絲主要由蛋白質______所組成。
15. 具有最佳抗疲勞的肌肉，主要由______型肌肉纖維組成。
16. 肌肉中含有一種儲氧色素，稱為______。
17. 骨骼肌的______與平滑肌中的緻密體具有相同的作用。
18. 為了刺激骨骼肌的收縮，鈣離子必須與蛋白質______結合。
19. 骨骼肌纖維發育是藉由稱為______的胚胎細胞融合。
20. 沿食道或小腸的收縮波稱為______。

答案在附錄 A

建立您的醫學詞彙

說出每個詞彙的含義，並從本章中給出一個使用該詞彙的醫學專有名詞或稍微的改變該詞彙。

1. myo-
2. -blast
3. -algia
4. sarco-
5. dys-
6. -lemma
7. anti-
8. -cul
9. -mer
10. -troph

答案在附錄 A

這些陳述有什麼問題？

簡要說明下列各項陳述為什麼是假的，或將其改寫為真。

1. 骨骼肌是唯一的橫紋肌類型。
2. 骨骼肌纖維很長，它們必須沿其長度受到數條神經纖維的刺激才能有效收縮。
3. 橫紋肌的 I 帶主要是由肌凝蛋白所組成。
4. 心肌細胞是抗疲勞及氧化型慢肌的類型。
5. 一個運動神經元只能支配一條肌纖維。
6. 要啟動平滑肌收縮，鈣離子必須與旋轉肌球素結合。
7. 眨眼反射需依賴紅色的第 I 型肌纖維。
8. 每個骨骼肌由一個運動單位支配，而每個運動單位僅支配一個肌肉。
9. 放鬆時，骨骼肌的血管比起收縮時更具波浪或彎曲。
10. 鍛鍊良好的肌肉通常會透過增加新的肌纖維來增加厚度。

答案在附錄 A

測試您的理解力

1. 喬納森 (Jonathan) 6 歲，出生時骨骼肌粒線體存在缺陷，稱為粒線體肌病 (mitochondrial myopathy)。此異常徵象之一是，病患眼睛朝著不同的方向瞄準，並且一生中都有雙重視力。請解釋為什麼這可能是由粒線體缺陷引起的，並預測相同原因喬納森可能具有的其他一些徵象或症狀。
2. 如果肌纖維沒有彈性，對肌肉系統功能的後果是什麼？若肌肉不能伸展該怎麼辦？
3. 對於以下每對肌肉，請說明您認為哪種肌肉具有較高比例的糖解型快肌纖維：(a) 使眼睛移動的肌肉或開始吞嚥的上咽肌肉。(b) 仰臥起坐時使用的腹部肌肉或是手寫時使用的肌肉。(c) 舌頭的肌肉或肛門的骨骼肌括約肌。請解釋每個答案。
4. 雞能短途飛行，而鴨則以遠距離季節性遷徙而聞名。其中一隻鳥的胸肉之飛行肌肉通常被稱為「白肉」，而另一隻鳥的胸肉之飛行肌肉被稱為「紅肉」。請分辨分別為何種鳥類，並解釋為何這兩種鳥類在這方面如此不同。
5. 桑德拉 (Sandra) 是大學女子棒球隊的獎學金運動員，並以快球而聞名。她在酒吧飛鏢上的精湛技巧也使她受到朋友的欽佩。有關運動單位的作用方式以及不同類型，請解釋她在玩飛鏢和投球之間的力量差異。

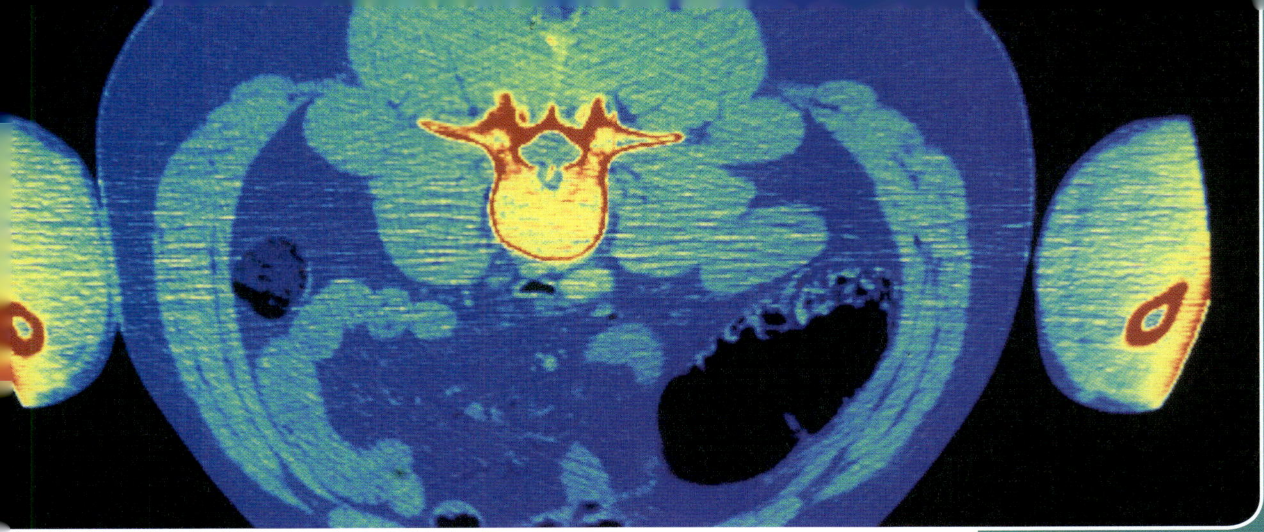

腰部電腦斷層掃描；體壁肌 (及腸) 為淺綠色

CHAPTER 11

李靜恬

肌肉系統 II
中軸肌肉

章節大綱

11.1 肌肉結構的組成
- 11.1a 肌肉的結締組織
- 11.1b 肌肉附著點

11.2 肌肉、關節及槓桿
- 11.2a 協調性肌群
- 11.2b 槓桿

11.3 骨骼肌的學習方法
- 11.3a 肌肉的命名方式
- 11.3b 肌肉的神經支配
- 11.3c 學習策略

11.4 頭頸部肌肉
- 顏面表情肌 (表 11.2)
- 咀嚼和吞嚥的肌肉 (表 11.3)
- 作用於頭部的肌肉 (表 11.4)

11.5 軀幹肌肉
- 呼吸肌 (表 11.5)
- 前腹壁肌肉 (表 11.6)
- 背部肌肉 (表 11.7)
- 骨盆底肌肉 (表 11.8)

學習指南

臨床應用

11.1 腔室症候群

11.2 使用輔助肌協助呼吸

11.3 舉重和背部受傷

11.4 疝氣

複習

要瞭解本章，您可能會發現複習以下概念會有所幫助：

- 中軸骨骼的解剖學 (第 7 章)
- 關節動作的醫學術語 (9.2c 節)

Anatomy & Physiology REVEALED
apreveaLed.com

模組 6：肌肉系統

第10 章描述肌肉的細胞階層，本章介紹器官及系統階層，並說明肌肉及結締組織如何構成整個器官；肌肉附著在骨頭上的形式；在單個關節處肌肉群組織的協調作用，以及肌肉骨骼槓桿系統的原理。

人體約有 600 塊骨骼肌，在第 11 章及第 12 章僅敘述約三分之一，本章介紹討論身體中軸 (頭部和軀幹) 的肌肉，第 12 章介紹四肢及四肢帶的肌肉。在中軸肌介紹之前，本章提供一些技巧，幫助您更深入地學習肌肉，以便容易記住肌肉的名稱、位置及動作。

11.1 肌肉結構的組成

預期學習成果

當您完成本節後，您應該能夠

a. 說出並描述肌肉的結締組織；
b. 說明如何根據肌肉的形狀及排列方向將肌肉分類；
c. 說出名稱並描述結締組織，這些結締組織將肌肉與肌肉之間及肌肉與皮膚之間分開。
d. 描述肌肉——骨骼附著的兩種基本模式；
e. 討論肌肉的可動端及固定端，如何改變使一個關節動作變為另一個關節動作；和
f. 如何在一個區域中區分出內在肌與外在肌。

11.1a 肌肉的結締組織

肌肉 (muscle) 不僅是肌肉組織，也包含結締組織、神經和血管。結締組織提供框架使各別肌肉有不同形狀、整合肌肉內部並將肌肉附著在骨骼或其他組織上，因此藉由肌肉收縮產生之力引起作用。

肌肉內結締組織

肌肉的結締組織組成，由最小至最大及由深層到淺層，如下所示 (圖 11.1)：

- **肌內膜** (endomysium)[1] (EN-doe-MIZ-ee-um)：疏鬆結締組織，包圍每條肌纖維的薄膜，提供空間使微血管及神經纖維到達所有肌纖維。在肌纖維及相關之神經末梢提供了細胞外化學環境。肌內膜組織液、神經及肌纖維之間的鈣、鈉和鉀離子交換引起肌纖維的興奮。
- **肌束膜** (perimysium)[2]：較厚的結締組織膜，將肌纖維包裹成束，稱為**肌束** (fascicles)[3] (FASS-ih-culs)。肌束是肉眼可見的平行束，如嫩烤牛肉很容易沿著其束切成薄片。肌束膜攜帶著較大的神經、血管及稱為肌梭 (muscle spindles) 之伸張感受器 (見 17.1b)。
- **肌外膜** (epimysium)[4]：包覆整個肌肉塊的纖維膜，肌外膜之外表面進一步形成筋膜 (fascia)，內面則延伸在肌束間形成肌束膜 (perimysium)。

肌束及肌肉形狀

肌肉力量及拉力方向部分取決於肌束排列方向，肌肉依照肌束排列方向，分類如下 (圖 11.2)：

- **梭狀肌** (fusiform muscles)：為中間較厚、兩端漸細，如手臂的肱二頭肌 (biceps brachii) 及小腿的腓腸肌 (gastrocnemius)。肌肉力量與肌肉最厚處之直徑成正比，梭狀肌相對來說較為強壯。
- **平行肌** (parallel muscles)：為均勻寬度的平行肌束，部分為繩帶狀，如腹部的腹直肌 (rectus abdominis)、大腿的縫匠肌 (sartorius) 及臉部的顴大肌 (zygomaticus major)；部分為方形肌 (四邊形)，如下頜的嚼肌 (masseter)。平行肌可以跨越很長的距離，

---

1 *endo* = within 內；*mys* = muscle 肌肉
2 *peri* = around 周圍；*mys* = muscle 肌肉
3 *fasc* = bundle 捆；*icle* = little 小
4 *epi* = upon 上，above 以上；*mys* = muscle 肌肉

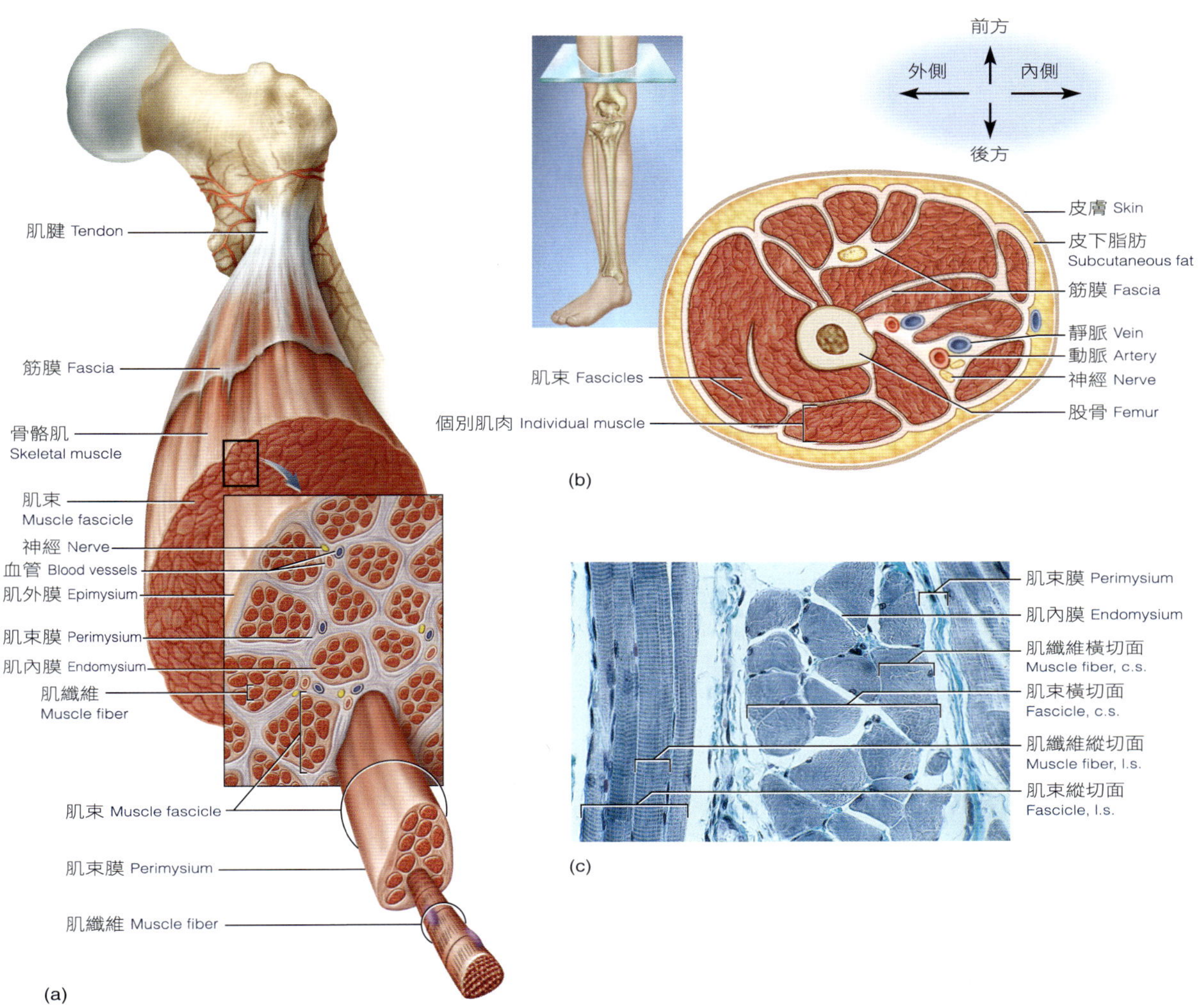

圖 11.1　肌肉的結締組織。(a) 肌肉－骨骼附著點。結締組織從肌纖維周圍的肌內膜、肌束膜到肌外膜，筋膜及肌腱具有連續性。肌腱進入骨膜，最後進入骨基質；(b) 大腿的橫切面，顯示鄰近肌肉與筋膜及骨骼的關係；(c) 舌頭上的肌束。可見在舌的上、下表面之間通過的垂直肌束與從舌尖到舌根的橫切面水平肌束交替排列。在肌束之間可以看到纖維狀之肌束膜，在肌束內的個別肌纖維間可以看到肌內膜。(c.s. = 橫切面; l.s. = 縱切面)

(c) ©Victor Eroschenko

例如從臀到膝，也可以比其他類型的肌肉更短。但是，平行肌與梭狀肌相比，肌纖維更少，產生的力量也較小。

- **三角形 (會聚) 肌** [triangular (convergent) muscles]：呈扇形，一端較寬、另一端較細。如胸部的胸大肌 (pectoralis major) 及頭部側面的顳肌 (temporalis)。儘管會聚肌在骨骼上的局部附著點較小，但是這類肌肉相對強壯，因為在較寬處的肌肉包含大量肌纖維。
- **羽狀肌** (pennate muscles)：呈羽毛狀，肌束斜行排列在整個肌肉的肌腱上，像一根羽毛軸。羽狀肌有三種類型：**單羽狀** (unipennate) 之肌束只排列在單側的肌鍵 [如手部之骨間掌側肌 (palmar interosseous) 及大腿之半膜肌 (semimembranosus)]；**雙羽狀** (bipennate)，肌束排列在兩側肌腱 [如大腿的股直肌 (rectus femoris)]；和**多羽狀**

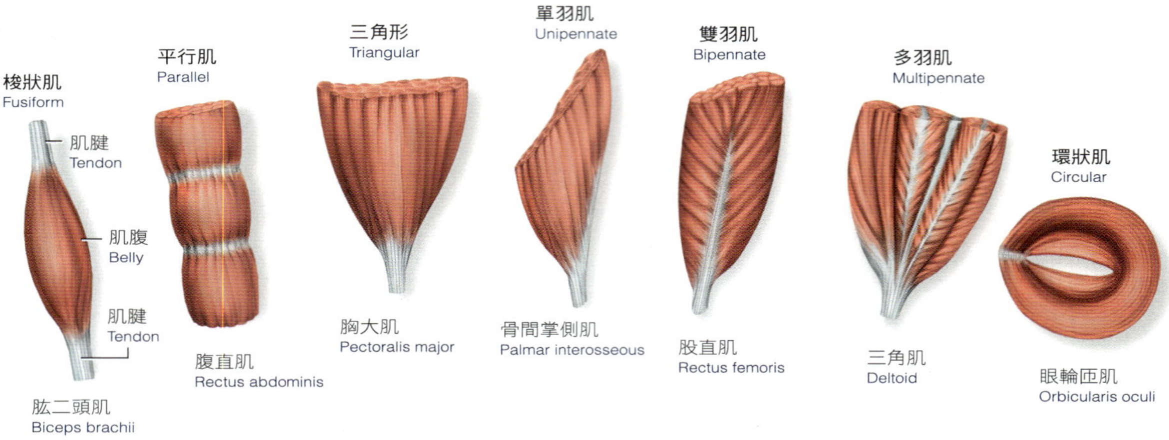

圖 11.2 依據肌束方向將肌肉分類。圖中顯示肌束呈可見的「紋理」。
• *為何部分平行肌較部分羽狀肌更強？*

(multipennate)，形狀像一堆羽毛匯聚在一個點 [如肩部的*三角肌* (deltoid)]，這肌肉相較於前面的肌肉類型能產生更大的力量，因為有更多的肌纖維匯聚在單一肌腱。

- **環狀肌 (括約肌)** [**circular muscles (sphincters)**] 在部分身體開口之周圍形成環，當環狀肌收縮時會收縮開口並防止物質通過，如眼瞼的*眼輪匝肌* (orbicularis oculi)、*尿道外括約肌* (external urethral) 及肛門外括約肌 (anal sphincters)。平滑肌也可以形成括約肌，如連接胃至小腸的*幽門瓣* (pyloric valve) 以及尿道及肛門的*內括約肌* (internal sphincters)。

筋膜和肌肉腔室

皮膚與最靠近之骨骼或體腔間很少只有一層肌肉，而是肌肉被筋膜分隔出多層或多組，**筋膜** (fascia)[5] (FASH-ee-uh) 是一層纖維結締組織，它將相鄰的肌肉或肌肉群彼此分開，並與皮下組織分開 (見圖 11.1b)。

淺層筋膜 (superficial fascia) 位於皮膚及皮下組織，將皮膚與肌肉分開。深層筋膜 (deeper fascia) 為較厚的筋膜，稱為**肌間中隔** (intermuscular septa)，及前臂及小腿的骨間膜 (interosseous membranes)(見圖 8.4 和 8.13)，將一個區域的肌肉劃分為多個**肌肉腔室** (muscle compartments)。較薄之筋膜常將一個區域的肌肉分為淺層和深層。每個肌肉腔室包含功能相似的肌肉、神經、動脈及靜脈，以提供血液循環和神經支配 (圖 11.3)。當腔室內一塊肌肉或血管受傷時，會發生嚴重的*腔室症候群* (compartment syndrome) ，部分原因是肌肉被筋膜緊緊束縛 (見臨床應用 11.1)。

5 *fasc* = band 帶

臨床應用 11.1

腔室症候群

上肢和下肢的筋膜緊密地包圍著肌肉腔室。如果腔室中的血管因過度使用或挫傷 (瘀傷) 而受損，則血液和組織液會積聚在腔室中。筋膜可防止腔室膨脹以減輕壓力。*腔室症候群* (compartment syndrome) 是肌肉、神經和血管上壓力不斷增加，引發連續性退化事件。進入腔室的血液因其動脈壓力而受阻，如果*缺血* (ischemia)(血流不暢) 持續超過 2 至 4 小時，則神經開始死亡，而 6 小時後，肌肉組織也會死亡。壓力釋放後，神經可以再生，但肌肉壞死是不可逆的。肌肉分解會將肌紅蛋白釋放到血液中，並隨即出現在尿液中 [*肌紅蛋白尿* (myoglobinuria)]，使尿液呈深色。這是腔室症候群和其他肌肉變性疾病的重要

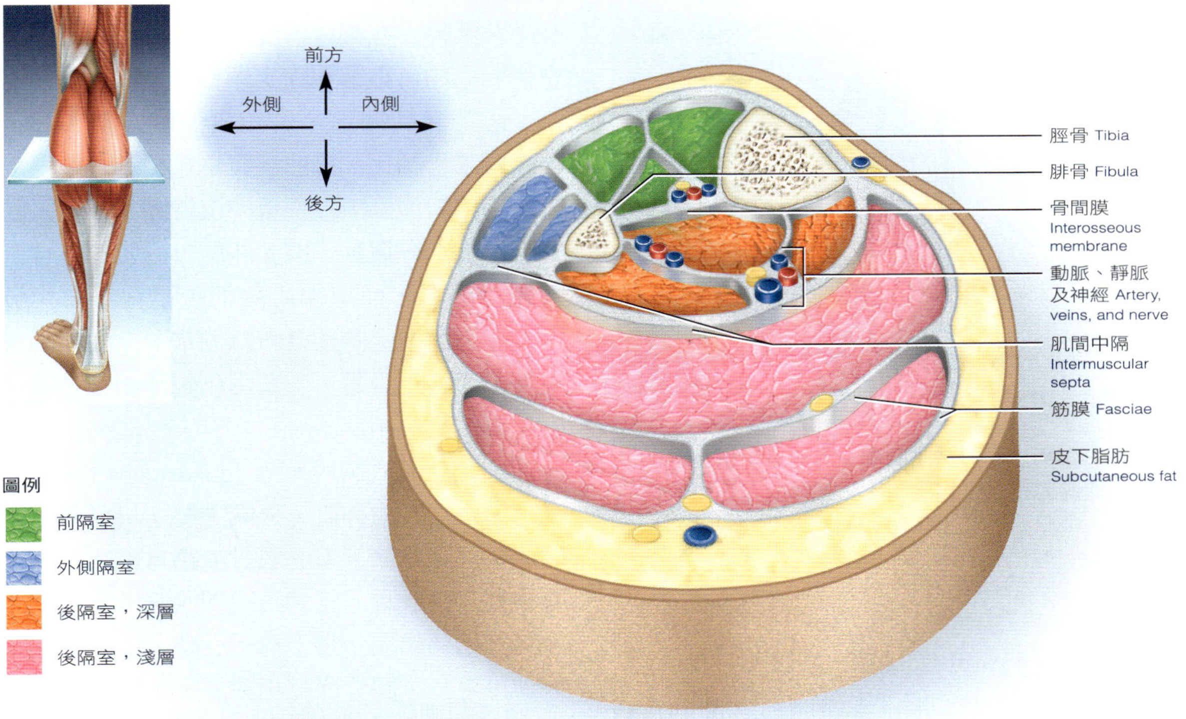

圖 11.3 **肌肉腔室**。左小腿略高於中間的橫切面，方向與讀者的小腿相同。

指標，通過肢體固定和休息，並在必要時進行筋膜切開術 (fasciotomy) 以減輕腔室壓力來治療腔室症候群。

11.1b 肌肉附著點

部分骨骼肌的一端附著在軟組織上，如附著在另一塊肌肉的筋膜、肌腱或皮膚之真皮。例如肱二頭肌 (biceps brachii) 的遠側肌腱部分附著在前臂的筋膜。臉上有許多肌肉附著在真皮上，能產生如微笑、眨眼的表情。然而，大多數骨骼肌如其名稱一樣，兩端都附著在骨骼上。肌肉與骨骼附著有兩種形式——直接和間接。

直接及間接附著點

直接 (肉質) 附著點 [direct (fleshy) attachment] 是指肉眼可見肌肉及骨骼之間很靠近，紅色的肌肉組織似乎直接從骨骼延伸出來——如沿著肱肌 (brachialis) 和肱三頭肌 (triceps brachii) 外側頭的邊緣 (圖 11.4)。微觀上肌纖維止端未直接連接至骨骼，而是由膠原纖維滲透於肌肉和骨骼之間隙。

在**間接附著點** (indirect attachment)，肌肉的末端明顯不在骨骼上，間隙由**肌腱** (tendon) 形成之纖維索 (fibrous cord) 或腱膜連接，如圖 11.4 肱二頭肌 (biceps brachii) 之兩端及圖 12.10b、12.15。您可以在腳後跟上方之跟腱 (calcaneal tendon)[阿奇里斯腱 (Achilles tendon)] 及手腕前側之掌長肌 (palmaris longus)

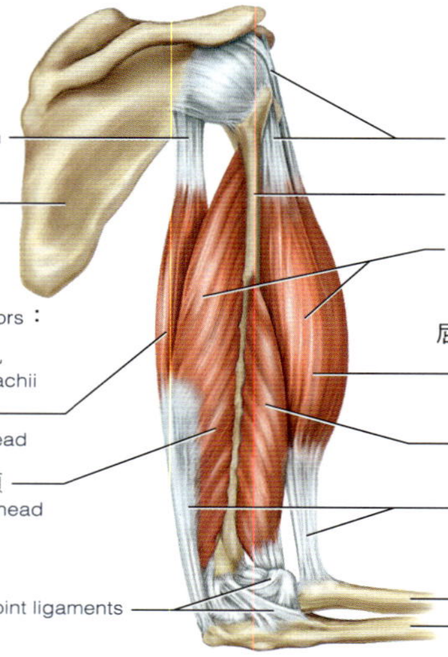

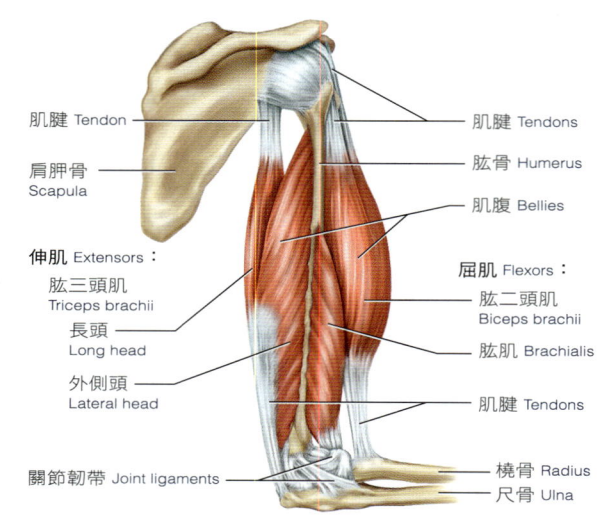

圖 11.4 作用於肘部的肌肉群。肱肌是肘部屈曲的原動肌，而肱二頭肌是協同肌。肱三頭肌是這兩肌肉的拮抗肌，是肘部伸展的原動肌。

• 這些肌肉中的何者與骨骼直接相連，何者為間接相連？

及腕肌 (flexor carpi radialis) 之肌腱摸到肌腱並感覺其質地。肌肉的膠原纖維 (肌內膜、肌束膜及肌外膜) 延伸形成肌腱，並連接至骨膜與骨基質，在肌肉至骨骼間形成很強的連續性結構。在兩側肌腱間較厚之肌肉處稱為**肌腹** (belly)。

較寬的片狀肌腱稱為**腱膜** (aponeurosis)[6] (AP-oh-new-RO-sis)，此術語最初是指頭皮下面的肌腱，現在也指部分之腹部、腰部、手部和足部肌肉相關的類似肌腱。如手掌的掌長肌腱穿過手腕，在手掌皮下擴展成扇形的掌腱膜 (palmar aponeurosis)(見圖 12.7a)。

可動端和固定端

由於大多數肌肉跨越至少一個關節並且兩端連接到不同的骨骼，肌肉收縮時會使一骨骼相對於另一骨骼移動。傳統上，固定端附著點稱為肌肉的起端 (origin)，可動端附著點稱為止端 (insertion)。然而，《格雷解剖學》(*Gray's Anatomy*) 和其他當前書籍作者不使用起端及止端之術語，是因為這觀點並不完善、有時會誤導，在某些情況下，執行不同的動作會使肌肉的可動端和固定端相反。

思考其間差異，例如與引體向上 (chin-ups) 或攀岩相比，彎曲手肘舉起槓鈴是肱骨及尺骨之相對運動，在舉重時上臂固定不動，前臂執行大部分運動，因此將肱二頭肌的近端肌腱視為起端，而遠端肌腱則視為止端。相較下，在引體向上時前臂較為固定，上臂移動得更多，而抬起身體，若藉由相對運動來定義，則起端與止端相反。

大腿前側的股四頭肌 (quadriceps femoris) 是膝關節之有力伸肌，近端主要連接股骨、遠端連接至膝關節下方之脛骨。踢足球時，脛骨的移動大於股骨，脛骨為股四頭肌的止端，而股骨將則為起端。當坐椅子上時，股骨比脛骨移動得更多，脛骨保持相對靜止，股四頭肌產生剎車作用，因此您不會突然地坐下，在此情形脛骨為股四頭肌的起端，股骨則為股四頭肌的止端。

因此，現今部分作者使用近端及遠端、上方及下方、內側和外側的附著點，而沒有單一命名系統適用於全身。

內在肌和外在肌

以解剖學概念將舌、喉、背、手及足等部位，區分出內在肌及外在肌。**內在肌** (intrinsic muscle) 位於特定區域內，起端及止端皆位於此區域。**外在肌** (extrinsic muscles) 作用於指定區域，但起端位於其他地方。例如前臂外在肌的長肌腱延伸至指骨，可以執行手指部分動作 (見圖 12.7)；其他手指運動則由手部的內在肌執行 (參見圖 12.10)。

在你繼續閱讀之前

回答下列問題，以檢驗你對上節內容的理解：

1. 從肌內膜到筋膜，依照順序說出肌肉之結締組

---

6 *apo* = upon 上，above 以上；*neuro* = nerve 神經，nervous tissue 神經組織

織的名稱及定義。

2. 描述肌束如何將肌肉排列成梭狀肌、三角形肌及雙羽狀肌。
3. 定義肌間中隔 (intermuscular septa) 和肌肉腔室 (muscle compartment)。除了肌肉之外，肌肉腔室還包含什麼？
4. 肌肉的間接附著點和直接附著點之間有何區別？
5. 說明傳統方式將肌肉的固定端定義為起端、可動端定義為止端的限制。
6. 何處可見足部的外在肌、而非內在肌？

11.2 肌肉、關節及槓桿

預期學習成果

當您完成本節後，您應該能夠

a. 比較原動肌 (prime mover muscle)、協同肌 (synergist muscle)、拮抗肌 (antagonist muscle) 及固定肌 (fixator muscle) 引發並控制關節運動；
b. 定義槓桿的三個基本類別，並以肌肉骨骼舉例；
c. 定義槓桿的機械優勢 (mechanical advantage)；和
d. 解釋為何肌肉骨骼之槓桿作用可以增加施力或是速度及距離，但是不能兩者皆增加。

11.2a 協調性肌群

肌肉無論是執行或阻止運動，都稱為**作用** (action)。骨骼肌很少獨立作用，相反地肌肉以群組形式引起作用，其共同作用產生關節的協調控制。肌肉依據作用可分為四類，須強調的是特定肌肉可以在一個關節作用中以某種方式引起作用，而同一關節可採用不同方式引起其他作用。圖 11.4 說明了以下示例：

1. **原動肌** (prime mover)，又稱為**作用肌** (agonist)，是在特定的關節運動中使用大多力量的肌肉。如屈曲肘部時，原動肌是肱肌 (brachialis)。
2. **協同肌** (synergist)[7] (SIN-ur-jist) 是幫助原動肌，兩個或多個協同肌在關節上的力量大於單一塊較大的肌肉。如肱二頭肌 (biceps brachii) 位於肱肌上方，並以協同作用屈曲肘部。原動肌及協同肌的作用不一定是相同且多餘。若原動肌在關節處單獨作用，可能導致骨骼旋轉或不預期的運動。協同肌可以穩定關節並限制這些運動，或修正運動的方向，使原動肌的動作更協調、更專一性。
3. **拮抗肌** (antagonist)[8] 是對抗原動肌的肌肉，某些情況下拮抗肌放鬆，而原動肌幾乎完全控制動作。但是，拮抗肌通常在關節處保持一定的張力，限制了原動肌的收縮速度或範圍，避免運動過度、關節受傷或不適當動作。例如，伸出手臂拿起一杯茶，肱三頭肌 (triceps brachii) 為肘部伸展的原動肌，而肱肌作為拮抗肌來減緩伸展並停止在適當位置。但若是迅速伸出手臂扔飛鏢，則肱肌需非常放鬆。肱肌及肱三頭肌為關節兩側互相拮抗的肌肉。我們在關節處需要互相拮抗的肌肉，因為肌肉只能拉動而不能推動，如單一肌肉無法肘部屈曲及伸展皆執行。在相互拮抗的肌肉中，何者作為原動肌取決於欲進行的運動。肘部屈曲時，肱肌是原動肌、而肱三頭肌是拮抗肌；當肘部伸展時，其作用相反。
4. **固定肌** (fixator) 是阻止骨骼移動的肌肉，能保持骨骼穩定，讓附著其上的肌肉拉扯其他東西。例如肱二頭肌屈曲肘部，肱二頭肌由肩胛骨延伸到尺骨，肩胛骨有空隙地

7 *syn* = together 一起；*erg* = work 作用
8 *ant (anti)* = against 拮抗；*agonist* = actor 致效，competitor 競爭

附著在中軸骨，因此當肱二頭肌收縮時，似乎會向側面拉動肩胛骨。但是，菱形肌 (rhomboids) 為固定肌可以將肩胛骨附著在脊柱上。當菱形肌與肱二頭肌同時收縮時，就能固定肩胛骨並確保肱二頭肌產生力量，以移動尺骨而非移動肩胛骨。

11.2b 槓桿

長骨作為肌肉施加力量的**槓桿** (lever)，槓桿是任何細長的剛性物體，可以圍繞稱為**支點** (fulcrum) 的固定點旋轉 (圖 11.5)。當在槓桿上某一點的**施力** (effort) 克服另一點的**抗力 (負載)**[resistance (load)] 時，就會發生旋轉。從槓桿的支點到施力點稱為**施力臂** (effort arm)，從支點到抗力點稱為**抗力臂** (resistance arm)。人體骨骼作為槓桿，關節作為支點，而力量是由肌肉產生。正如我們在機械及解剖學內容所見，有三種類型的槓桿，位在中間的是**支點** (F)、**施力** (E) 或是**抗力** (R) 會有所不同。

槓桿分類

第一類槓桿 (first-class lever)(圖 11.6a) 是支點位於中間的槓桿 (EFR)，如蹺蹺板。解剖學例子頭骨在頸部的枕寰關節上移動，頸部背部的肌肉在顱骨的枕骨向下拉，阻止頭部向前傾。若您在課堂上點頭，肌肉緊張的喪失可能會令人尷尬。支點為第一個頸椎 (C1) 或稱為寰椎。

第二類槓桿 (second-class lever)(圖 11.6b) 是抗力處於中間的槓桿 (FRE)。例如，提起手推車的手柄，使其在另一端車輪軸作為支點，在中間舉起負載。就像您坐在椅子並上提膝蓋，孩子在您膝蓋上蹦跳一樣，股骨支點在髖關節，大腿前股四頭肌像手推車一樣抬高脛骨，而抗力即是孩子或大腿本身的重量。

第三類槓桿 (third-class lever)(圖 11.6c) 是施力位在支點和抗力 (FER) 之間。例如划獨木舟時，在槳葉上端的相對固定的手柄是支點，施力在手柄下方的軸上，而水對葉片產生抗力。大多數肌肉骨骼槓桿是第三類槓桿，彎曲肘部時，前臂作為第三類槓桿，支點是尺骨和肱骨之間的關節，肱肌和肱二頭肌進行施力，手中物體的重量或前臂本身的重量為抗力。

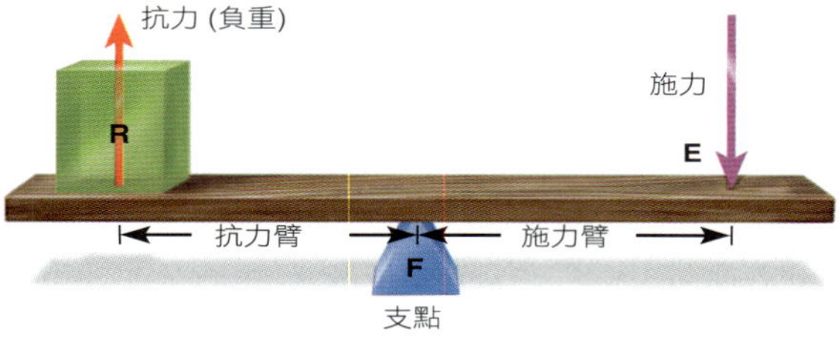

圖 11.5 槓桿的基本組成。

應用您的知識

當坐在桌子邊，雙腳懸空、足底屈曲時，施力、抗力及支點各位在何處 (基於 9.3f 節的特定關節)？足部在足底屈曲中屬於何類型槓桿？

槓桿、速度和作用力

槓桿的功能是增加運動的速度、距離或作用力，不論是對抗物體的作用力大於施加在槓桿上的力 (如用撬棍移動重物) 或使阻力物體移動得比施力臂移動更快或距離更遠 (如划船)。單一槓桿不能同時賦予這兩個優勢，一方面是作用力與另一方面是速度或距離，兩者之間存在權衡，當一方面增加時，另一方面則減少。

槓桿的**機械優勢** (mechanical advantage, MA) 是輸出力與輸入力的比值，等於施力臂的長度 (L_E) 除以抗力臂的長度 (L_R)，$MA = L_E/L_R$。若 MA 大於 1.0，槓桿產生較大作用力，但速度或移動距離較小。若 MA 小於 1.0，則槓桿產生的速度較快或移動距離較大，但產生的作用力較小，且小於輸入力 (圖 11.7a、b)。

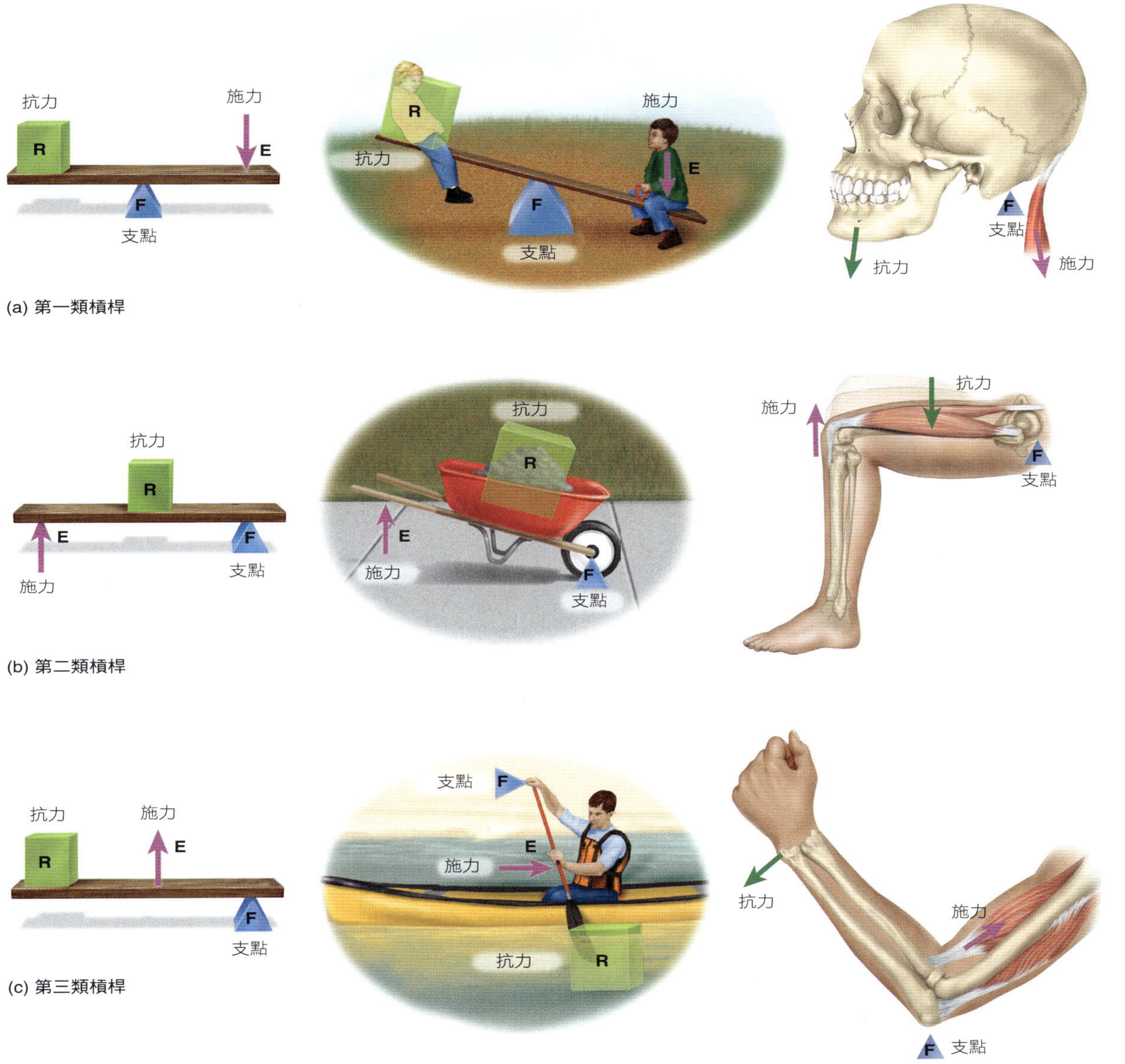

圖 11.6　三種槓桿類型。左：槓桿類別由抗力 (負載)、支點和作用力的相對位置來定義。右：解剖圖示。(a) 第一類槓桿：頸部後方的肌肉在枕骨向下拉，以抵抗頭部向前傾斜的趨勢；(b) 第二類槓桿：在坐姿時，大腿前股四頭肌收縮抬高腿部，像將孩子在膝蓋上彈跳時，支點在髖關節；(c) 第三類槓桿：在屈曲肘部時，肱二頭肌在尺骨施力、抗力是由前臂或手握的任何物體重量所提供。支點是肘關節。

例如，肱肌屈曲肘部時對尺骨的作用 (圖 11.7c)，我們將尺骨視為槓桿，手及手上物體作為負載或抗力被移動，此槓桿的支點是肱尺關節。肱肌肌腱僅在關節的稍遠處附著在尺骨上，因此施力臂非常短，抗力臂則從關節延伸到手中的負載，因此 L_E 遠小於 L_R。一般前臂由關節到肱肌肌腱的距離為 5 cm，而關節至手中負載的距離為 33 cm，其機械優勢為 MA = 5/33 = 0.15。正如預期 MA <1 的情況下，尺骨的遠端比肱骨附著點移動的速度快且距離大。

正如我們所見，部分關節上有兩個或多個

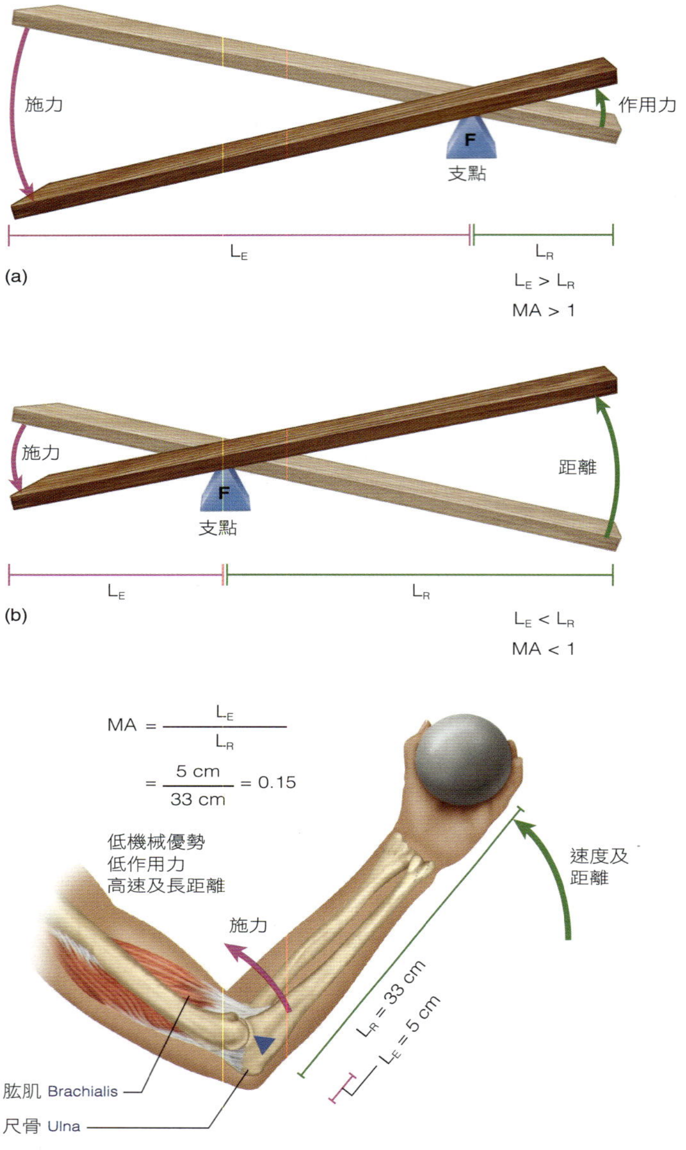

圖 11.7　機械優勢 (MA)。(a) 施力臂長於抗力臂的槓桿 ($L_E > L_R$)，產生較大的作用力，但速度或距離較小 (MA > 1)；(b) 施力臂短於抗力臂的槓桿 ($L_E < L_R$)，產生較大的速度和距離，但作用力較小 (MA < 1)；(c) 肱肌對前臂的作用之機械優勢的計算。

肌肉一起作用，似乎產生相同的效果，如肘部屈曲。剛開始時，您可能認為這種安排是多餘的，但若是肌腱連接在不同位置，產生不同的機械優勢，則具意義。例如，從起跑線起跑的跑步者使用的「低速擋」(high-MA) 肌肉雖然不會產生很快的速度，卻具有克服身體慣性的力量。然後，跑步者透過使用不同的肌肉進入「高速檔」，這些肌肉雖然機械優勢較低，但腳步速度更快。這類似汽車變速器使汽車行駛後，換檔以高速行駛。

在你繼續閱讀之前

回答下列問題，以檢驗你對上節內容的理解：

7. 協同肌及拮抗肌對關節運動的貢獻有何不同？
8. 考量下頜骨 (見圖 7.15) 和顳肌的解剖構造 (見圖 11.13a)，當顳肌用力咬蘋果時，該槓桿的支點在何處？下頜骨的施力點是何解剖部位？抗力是何處？下頜骨在此動作中屬於三種槓桿之何類別？
9. 機械優勢 (MA) 小於 1.0 的肌肉骨骼槓桿的主要好處為何？MA 大於 1.0 的槓桿其相對優勢為何？

11.3　骨骼肌的學習方法

預期學習成果

當您完成本節後，您應該能夠

a. 翻譯一些在肌肉命名中常用的拉丁詞；
b. 定義肌肉的神經支配；
c. 描述頭頸部及軀幹肌肉的神經起源，說明腦神經及脊神經的編號系統；和
d. 描述和練習有助於骨骼肌學習的方法。

11.3a 肌肉的命名方式

圖 11.8 是主要的淺層肌之概觀。一開始學習肌肉名稱似乎困難，尤其是部分肌肉拉丁詞很長，如：降下唇肌 (depressor labii inferioris) 和屈小指短肌 (flexor digiti minimi brevis)。但是名稱通常描述肌肉的結構、位置或動作的獨特部分，一旦我們熟悉了常見的拉丁詞，這些名稱將變得很有用。例如，降下唇肌 (depressor labii inferioris) 是下壓 (depresses) 下 (inferior) 唇 (labium) 肌，而屈小指短肌 (flexor digiti minimi brevis) 是指屈曲 (flexes) 最小 (minimi) 手指 (digit) 的短 (brevis) 肌。表 11.1 為肌肉名稱中常用詞，其他內容在本章註腳中說明。熟悉這些術語並注意註腳將有助於您翻譯肌肉名稱，並記住肌肉的位置、外觀和動作。

表 11.1 常用來命名肌肉的詞彙

標準	術語及意義	舉例
大小 (Size)	Brevis = 短 (short)	伸拇短肌 (Extensor pollicis brevis)
	Longus = 長 (long)	外展拇長肌 (Abductor pollicis longus)
	Major = 大 (large)	胸大肌 (Pectoralis major)
	Maximus = 最大 (largest)	臀大肌 (Gluteus maximus)
	Minimus = 最小 (smallest)	臀小肌 (Gluteus minimus)
	Minor = 小 (small)	胸小肌 (Pectoralis minor)
形狀 (Shape)	Deltoid = 三角形 (triangular)	三角肌 (Deltoid)
	Quadratus = 方形 (four-sided)	旋前方肌 (Pronator quadratus)
	Rhomboid = 菱形 (rhomboidal)	大菱形肌 (Rhomboid major)
	Teres = 圓形、圓柱形 (round, cylindrical)	旋前圓肌 (Pronator teres)
	Trapezius = 梯形 (trapezoidal)	斜方肌 (Trapezius)
位置 (Location)	Abdominis = 腹部的 (of the abdomen)	腹直肌 (Rectus abdominis)
	Brachii = 手臂的 (of the arm)	肱二頭肌 (Biceps brachii)
	Capitis = 頭部的 (of the head)	頭夾肌 (Splenius capitis)
	Carpi = 腕的 (of the wrist)	尺側屈腕肌 (Flexor carpi ulnaris)
	Cervicis = 頸部的 (of the neck)	頸半棘肌 (Semispinalis cervicis)
	Digiti = 手指的或是腳趾的，單數 (of a finger or toe, singular)	伸小指肌 (Extensor digiti minimi)
	Digitorum = 手指的或是腳趾的，複數 (of the fingers or toes, plural)	屈指深肌 (Flexor digitorum profundus)
	Femoris = 股骨的、大腿的 (of the femur, or thigh)	股四頭肌 (Quadriceps femoris)
	Fibularis = 腓骨的 (of the fibula)	腓骨長肌 (Fibularis longus)
	Hallucis = 大拇趾的 (of the great toe)	外展拇趾肌 (Abductor hallucis)
	Indicis = 食指的 (of the index finger)	伸食指肌 (Extensor indicis)
	Intercostal = 肋骨之間 (between the ribs)	外肋間肌 (External intercostals)
	Lumborum = 腰部 (of the lower back)	腰方肌 (Quadratus lumborum)

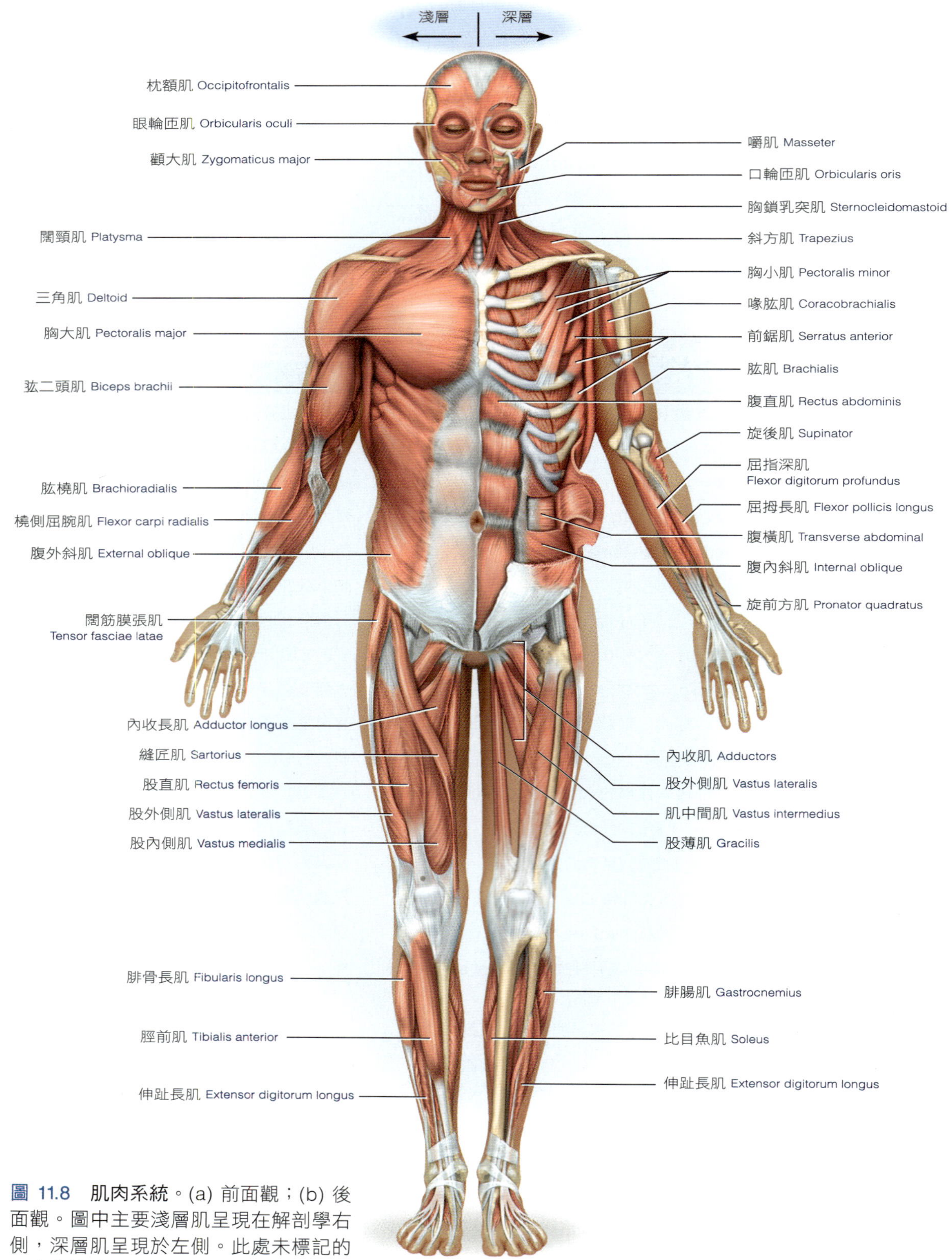

淺層
深層
枕額肌 Occipitofrontalis
眼輪匝肌 Orbicularis oculi
顴大肌 Zygomaticus major
闊頸肌 Platysma
三角肌 Deltoid
胸大肌 Pectoralis major
肱二頭肌 Biceps brachii
肱橈肌 Brachioradialis
橈側屈腕肌 Flexor carpi radialis
腹外斜肌 External oblique
闊筋膜張肌 Tensor fasciae latae
內收長肌 Adductor longus
縫匠肌 Sartorius
股直肌 Rectus femoris
股外側肌 Vastus lateralis
股內側肌 Vastus medialis
腓骨長肌 Fibularis longus
脛前肌 Tibialis anterior
伸趾長肌 Extensor digitorum longus
嚼肌 Masseter
口輪匝肌 Orbicularis oris
胸鎖乳突肌 Sternocleidomastoid
斜方肌 Trapezius
胸小肌 Pectoralis minor
喙肱肌 Coracobrachialis
前鋸肌 Serratus anterior
肱肌 Brachialis
腹直肌 Rectus abdominis
旋後肌 Supinator
屈指深肌 Flexor digitorum profundus
屈拇長肌 Flexor pollicis longus
腹橫肌 Transverse abdominal
腹內斜肌 Internal oblique
旋前方肌 Pronator quadratus
內收肌 Adductors
股外側肌 Vastus lateralis
肌中間肌 Vastus intermedius
股薄肌 Gracilis
腓腸肌 Gastrocnemius
比目魚肌 Soleus
伸趾長肌 Extensor digitorum longus

(a) 前面觀

圖 11.8　肌肉系統。(a) 前面觀；(b) 後面觀。圖中主要淺層肌呈現在解剖學右側，深層肌呈現於左側。此處未標記的肌肉將於後面圖片詳細呈現。

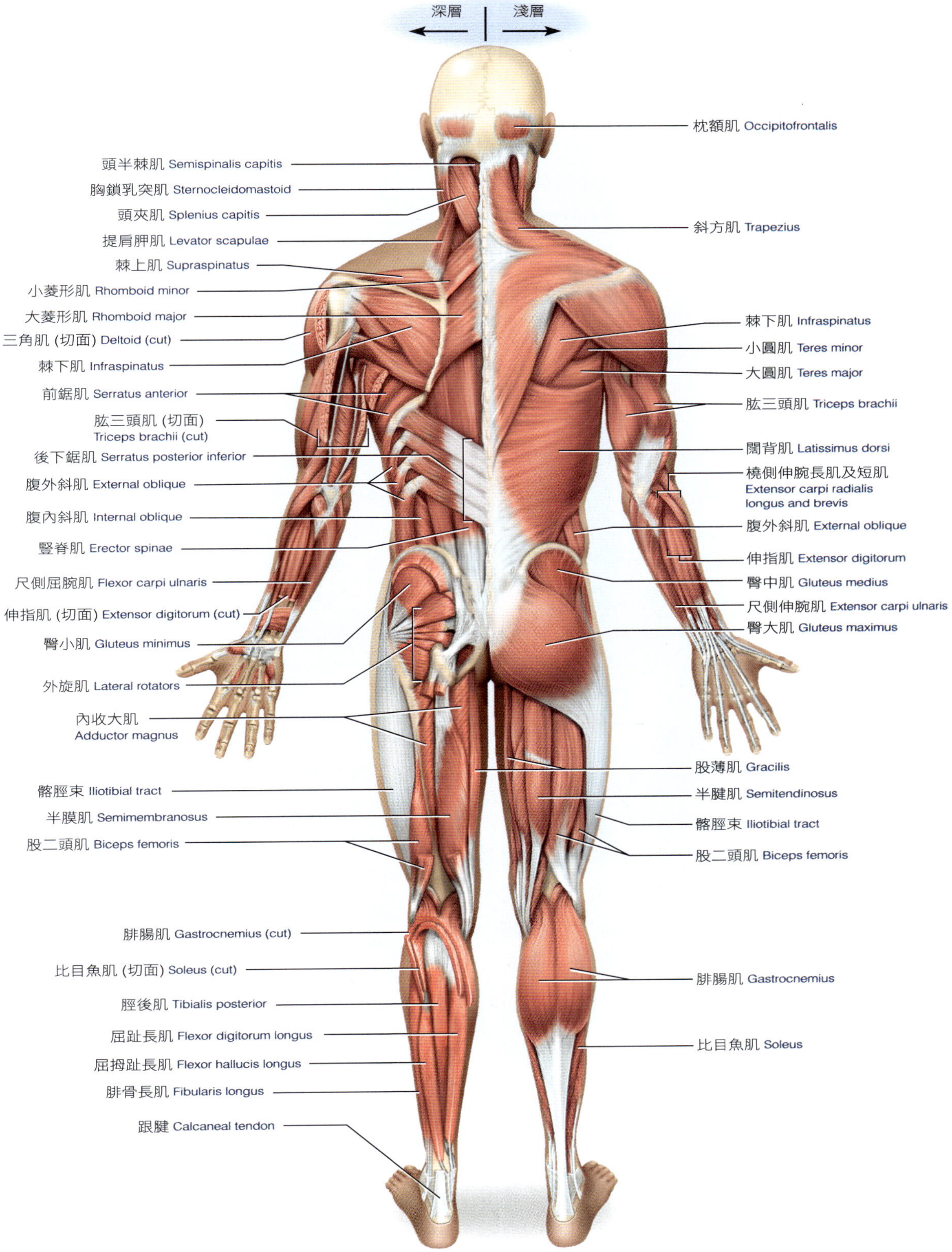
深層
淺層
枕額肌 Occipitofrontalis
頭半棘肌 Semispinalis capitis
胸鎖乳突肌 Sternocleidomastoid
頭夾肌 Splenius capitis
提肩胛肌 Levator scapulae
斜方肌 Trapezius
棘上肌 Supraspinatus
小菱形肌 Rhomboid minor
大菱形肌 Rhomboid major
三角肌 (切面) Deltoid (cut)
棘下肌 Infraspinatus
棘下肌 Infraspinatus
小圓肌 Teres minor
大圓肌 Teres major
前鋸肌 Serratus anterior
肱三頭肌 Triceps brachii
肱三頭肌 (切面)
Triceps brachii (cut)
闊背肌 Latissimus dorsi
後下鋸肌 Serratus posterior inferior
橈側伸腕長肌及短肌
Extensor carpi radialis
longus and brevis
腹外斜肌 External oblique
腹內斜肌 Internal oblique
腹外斜肌 External oblique
豎脊肌 Erector spinae
伸指肌 Extensor digitorum
尺側屈腕肌 Flexor carpi ulnaris
臀中肌 Gluteus medius
伸指肌 (切面) Extensor digitorum (cut)
尺側伸腕肌 Extensor carpi ulnaris
臀大肌 Gluteus maximus
臀小肌 Gluteus minimus
外旋肌 Lateral rotators
內收大肌
Adductor magnus
股薄肌 Gracilis
髂脛束 Iliotibial tract
半腱肌 Semitendinosus
半膜肌 Semimembranosus
髂脛束 Iliotibial tract
股二頭肌 Biceps femoris
股二頭肌 Biceps femoris
腓腸肌 Gastrocnemius (cut)
比目魚肌 (切面) Soleus (cut)
腓腸肌 Gastrocnemius
脛後肌 Tibialis posterior
屈趾長肌 Flexor digitorum longus
比目魚肌 Soleus
屈拇趾長肌 Flexor hallucis longus
腓骨長肌 Fibularis longus
跟腱 Calcaneal tendon

(b) 後面觀

表 11.1 常用來命名肌肉的詞彙 (續)

標準	術語及意義	舉例
	Pectoralis = 胸部的 (of the chest)	胸大肌 (Pectoralis major)
	Pollicis = 拇指的 (of the thumb)	拇對指肌 (Opponens pollicis)
	Profundus = 深層的 (deep)	屈指深肌 (Flexor digitorum profundus)
	Superficialis = 淺層的 (superficial)	屈指淺肌 (Flexor digitorum superficialis)
	Thoracis = 胸的 (of the thorax)	胸棘肌 (Spinalis thoracis)
頭的數量 (Number of heads)	Biceps = 二頭肌 (two heads)	股二頭肌 (Biceps femoris)
	Triceps = 三頭肌 (three heads)	肱三頭肌 (Triceps brachii)
	Quadriceps = 四頭肌 (four heads)	股四頭肌 (Quadriceps femoris)
方向 (Orientation)	Oblique = 斜的 (slanted)	腹外斜肌 (External oblique)
	Rectus = 直的 (straight)	腹直肌 (Rectus abdominis)
作用 (Action)	Abductor = 外展的	外展小趾肌 (Abductor digiti minimi)
	Adductor = 內收的	內收拇肌 (Adductor pollicis)
	Depressor = 下降的、下壓的	降口角肌 (Depressor anguli oris)
	Extensor = 伸展的	橈側伸腕肌 (Extensor carpi radialis)
	Flexor = 屈曲的	橈側屈腕肌 (Flexor carpi radialis)
	Levator = 上提的	提肩胛肌 (Levator scapulae)
	Pronator = 旋前的	旋前圓肌 (Pronator teres)
	Supinator = 旋後的	旋後肌 (Supinator)

11.3b 肌肉的神經支配

肌肉的**神經支配** (innervation) 是指刺激該肌肉興奮的神經。知道每條肌肉的神經支配，臨床醫生能根據其對肌肉功能的影響來診斷神經、脊髓及腦幹損傷，並制定實際可行的復健目標。本章描述的神經支配將有助於學習周邊神經系統 (第 14 章和第 15 章) 及本章。肌肉受兩組神經支配：

- **脊神經** (spinal nerves) 從脊髓延伸，穿過椎間孔並支配頸部以下的肌肉。脊神經藉由相鄰的椎骨字母及數字來標識，如 T6 代表第六對胸神經、S2 代表第二對薦神經。從椎間孔出來後，每對脊神經立即分支到背枝 (posterior ramus[9]) 及腹枝 (anterior ramus)。您會在許多肌肉表格中注意到神經編號及分支，某些表格中神經叢 (plexus) 是指靠近脊柱之脊神經的網狀網絡。脊神經的命名將在第 14 章說明與討論。
- **腦神經** (cranial nerves) 主要來自大腦底部，穿過顱孔並支配至頭頸部的肌肉。表 15.3 為腦神經由羅馬數字 (CN I~XII) 編號及命名，然而並非全部 12 對神經都支配至骨骼肌。

11.3c 學習策略

以下建議能協助您在教科書和實驗室中學習骨骼肌時，發展適合的策略：

- 當您閱讀肌肉時，觀察模型、大體、解剖動物或解剖圖譜。視覺圖像通常比文字更容易

9 *ramus* = branch 分支

記憶，直接觀察肌肉比描述性文字或二維圖像更能留在記憶中。

- 研究某一特定肌肉時，可以在自己身上觸診。收縮肌肉時，可感到鼓脹並感覺其動作，這樣做會讓肌肉位置和動作不會太抽象。第 12 章後面的圖譜顯示了在活體上可以看到及觸摸到的幾塊肌肉。
- 肌肉附著點位於關節骨骼上，部分骨骼被繪製及標記以顯示肌肉附著點，幫助您知道肌肉位置及如何產生特定的關節動作。
- 研究肌肉名稱的來源；在名稱中尋找命名含意。
- 自己或學習夥伴大聲說出名稱。您不會發音的術語很難被記住及拼寫，而無聲的發音不如聽、說這些名稱來得有效。部分肌肉表格中提供語音指導。

在你繼續閱讀之前

回答下列問題，以檢驗你對上節內容的理解：

10. 肌肉的神經支配 (innervation) 是什麼意思？為何知道這一點很重要？哪兩組主要神經支配骨骼肌？
11. 在表 11.1 中，從右欄中選擇一個您認為符合以下描述的肌肉名稱：(a) 位於尺骨並伸展手腕；(b) 愁眉苦臉時下拉嘴角；(c) 上提肩胛骨；(d) 將小指外展，遠離第四指；(e) 在乳房深處最大的肌肉。

11.4 頭頸部肌肉

預期學習成果

當您完成本節後，您應該能夠

a. 說出並找到產生臉部表情的肌肉；
b. 說出並找到咀嚼和吞嚥的肌肉；
c. 說出並找到移動頭部的頸部肌肉；和
d. 確定這些肌肉的附著點、動作及神經支配。

從區域和功能的角度來看，這裡將頭頸部肌肉分類如下：顏面表情肌肉、咀嚼及吞嚥肌肉，以及整體移動頭部的肌肉 (表 11.2~11.4 及圖 11.9~11.15)。

表格及本章中，每條肌肉都提供以下資訊：

- 肌肉的名稱；
- 名稱的發音，除非顯而易見或前面內容已經提供這些單字的發音；
- 肌肉的作用；

表 11.2 顏面表情肌

人的顏面表情與其他哺乳動物相比更為豐富，這是因為複雜排列的肌肉止端於真皮及皮下組織 (圖 11.9 和 11.10)。這些肌肉使皮膚有張力，並產生愉悅笑容、威脅性皺眉、困惑的皺眉或輕浮的眨眼等表情 (圖 11.11)，這影響了口語表達的微妙含義。顏面表情肌也直接有助於言語、咀嚼和其他口腔功能。這些肌肉除了一種肌肉之外，大多都由顏面神經 (CN VII) 所支配，此神經特別容易受到撕裂傷及顱骨骨折的傷害，顏面神經損傷可能會使肌肉麻痺並導致面部下垂。本表中唯一不受顏面神經支配的是提上瞼肌，是由動眼神經支配 (CN III)。

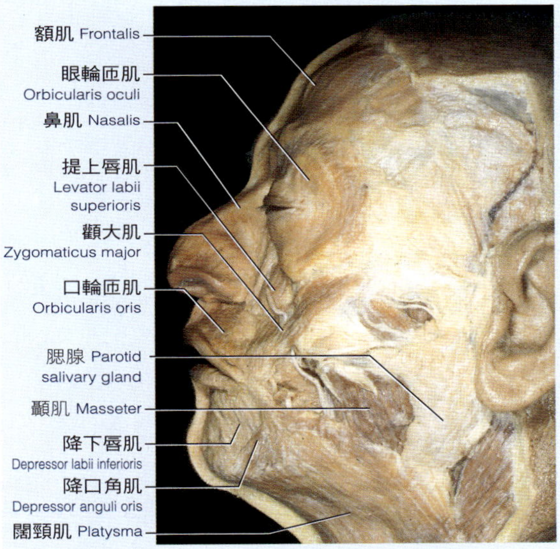

圖 11.9 大體的部分顏面表情肌。粗體字標示顏面表情所使用的肌肉。
©McGraw-Hill Education/Rebecca Gray

表 11.2 顏面表情肌 (續)

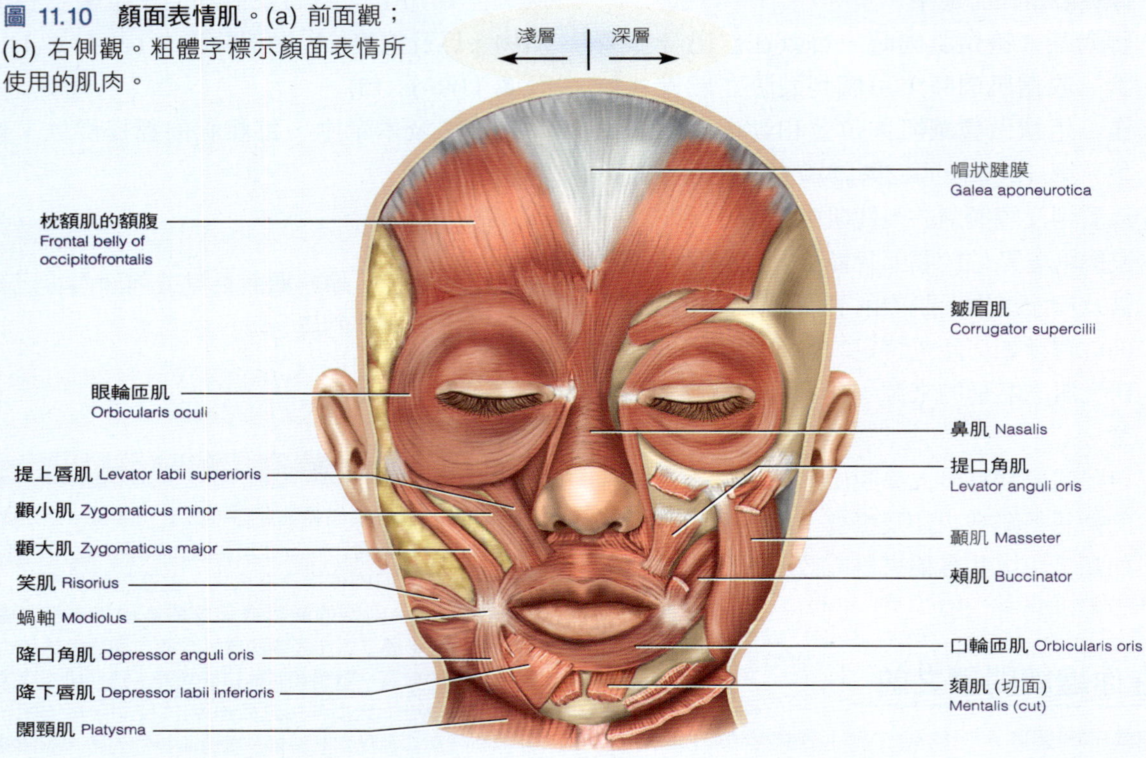
淺層
深層
帽狀腱膜
Galea aponeurotica
枕額肌的額腹
Frontal belly of occipitofrontalis
皺眉肌
Corrugator supercilii
眼輪匝肌
Orbicularis oculi
鼻肌 Nasalis
提上唇肌 Levator labii superioris
提口角肌
Levator anguli oris
顴小肌 Zygomaticus minor
顴大肌 Zygomaticus major
嚼肌 Masseter
笑肌 Risorius
頰肌 Buccinator
蝸軸 Modiolus
口輪匝肌 Orbicularis oris
降口角肌 Depressor anguli oris
降下唇肌 Depressor labii inferioris
頦肌 (切面)
Mentalis (cut)
闊頸肌 Platysma

(a) 前面觀

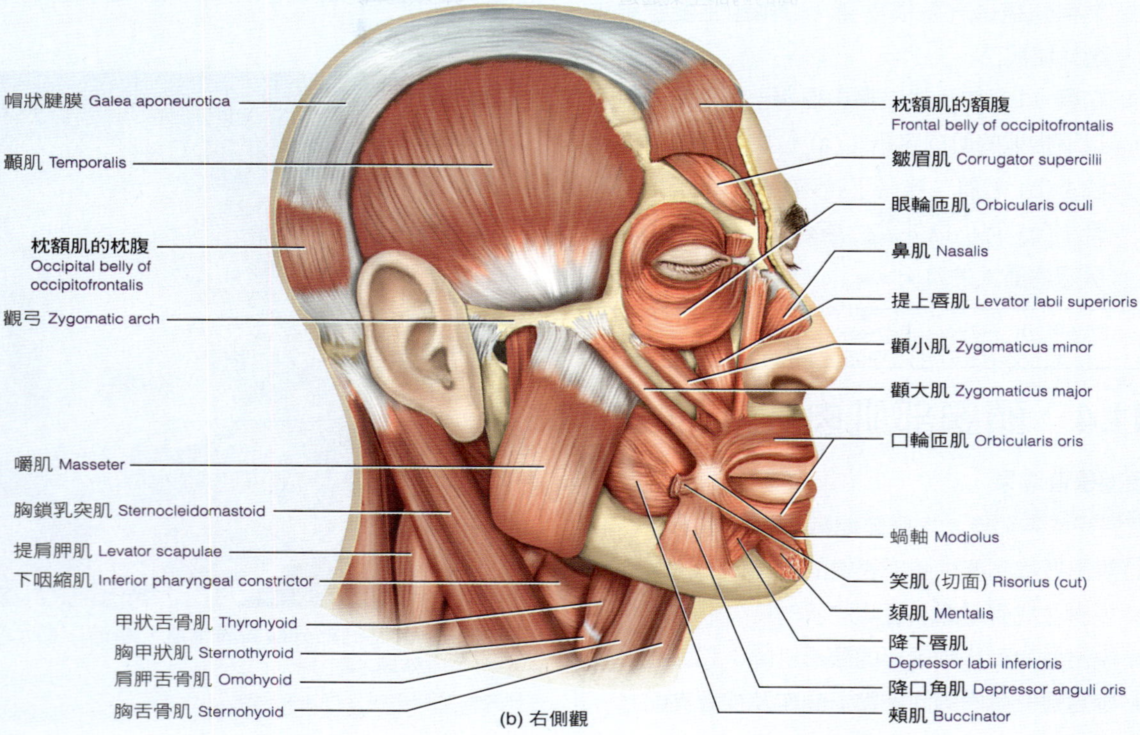
帽狀腱膜 Galea aponeurotica
枕額肌的額腹
Frontal belly of occipitofrontalis
顳肌 Temporalis
皺眉肌 Corrugator supercilii
眼輪匝肌 Orbicularis oculi
枕額肌的枕腹
Occipital belly of occipitofrontalis
鼻肌 Nasalis
提上唇肌 Levator labii superioris
顴弓 Zygomatic arch
顴小肌 Zygomaticus minor
顴大肌 Zygomaticus major
口輪匝肌 Orbicularis oris
嚼肌 Masseter
胸鎖乳突肌 Sternocleidomastoid
蝸軸 Modiolus
提肩胛肌 Levator scapulae
笑肌 (切面) Risorius (cut)
下咽縮肌 Inferior pharyngeal constrictor
頦肌 Mentalis
甲狀舌骨肌 Thyrohyoid
降下唇肌
Depressor labii inferioris
胸甲狀肌 Sternothyroid
降口角肌 Depressor anguli oris
肩胛舌骨肌 Omohyoid
頰肌 Buccinator
胸舌骨肌 Sternohyoid

(b) 右側觀

圖 11.10 顏面表情肌。(a) 前面觀；(b) 右側觀。粗體字標示顏面表情所使用的肌肉。

表 11.2 顏面表情肌 (續)

名稱	作用	骨骼附著點	神經支配
頭皮 (The Scalp)：**枕額肌** (occipitofrontalis)(oc-SIP-ih-toe-frun-TAY-lis) 覆蓋在顱頂上，覆蓋於額骨及枕骨分別命名為額頭的額腹 (frontal belly) 及頭後部的枕腹 (occipital belly)，中間為廣闊的腱膜相互連接，稱為**帽狀腱膜** (galea aponeurotica)[10] (GAY-lee-uh AP-oh-new-ROT-ih-cuh)。			
枕額肌 (occipitofrontalis)、**額腹** (Frontal Belly)	抬起眉毛向上看，表現驚訝或恐懼；向前拉頭皮並皺前額皮膚	• 帽狀腱膜 • 眉毛的皮下組織	顏面神經
枕額肌 (occipitofrontalis)、**枕腹** (Frontal Belly)	後移頭皮；固定帽狀腱膜，使額肌可作用於眉毛	• 上項線 (superior nuchal line) 及顳骨 • 帽狀腱膜	顏面神經
眼眶和鼻區 (The Orbital and Nasal Regions)：眼輪匝肌 (orbicularis oculi) 是眼瞼的括約肌，能環繞並閉合眼睛。提上瞼肌 (levator palpebrae superioris) 位於眼瞼及眼眶之眼輪匝肌深處 (見圖 17.21a)，能睜開眼睛。此組的其他肌肉會移動的眼瞼及額頭皮膚，並擴張鼻孔。圖 17.22 顯示位在眼眶並能移動眼球的肌肉。			
眼輪匝肌 (Orbicularis Oculi)[11] (or-BIC-you-LERR-is OC-you-lye)	眼瞼括約肌；眨眼、瞇眼及睡覺時閉上眼睛；協助眼淚流經眼睛	• 淚骨、額骨和上頜骨的相鄰區域，眼瞼的內側角 • 上下眼瞼，眼眶周圍的皮膚	顏面神經
提上瞼肌 (Levator Palpebrae Superioris)[12] (leh-VAY-tur pal-PEE-bree soo-PEER-ee-OR-is)	上提眼瞼，睜開眼睛	• 蝶骨小翼之眼眶後壁 • 上眼瞼	動眼神經
皺眉肌 (Corrugator Supercilii)[13] (COR-oo-GAY-tur SOO-per-SIL-ee-eye)	皺眉和集中注意力時眉毛向內側和下方移動；減少強光下的眩光	• 眶上緣內側末端 • 眉毛的皮膚	顏面神經
鼻肌 (Nasalis)[14] (nay-ZAIL-is)	擴大鼻孔；縮小前庭和鼻腔之間的內部空氣通道	• 鼻側之上頜骨 • 鼻樑和鼻軟骨	顏面神經
口部 (The Oral Region)：口是臉部表情最豐富之處，嘴唇運動對於語音表達清晰是必要的，故此區域肌肉多樣化就不足為奇了。口輪匝肌 (Orbicularis oris) 是環繞口的複雜肌肉，最近仍被誤認為是括約肌或環狀肌，但實際是由四個獨立象限相互交織而呈圓形。此區域的其他肌肉從各方向接近唇，因此向上、外側及下拉唇或口角，部分起源或終止於複雜的索，稱為**蝸軸** (modiolus)[15]，位於口角兩側 (圖 11.10)。蝸軸是以車輪樞紐命名，是臉部下方幾條肌肉的匯合點。您可以將手指放入口角內，再將手指及拇指之間的口角捏住，可以感到厚的組織結。			
口輪匝肌 (Orbicularis Oris)[16] (or-BIC-you-LERR-is OR-is)	環繞口、閉唇，如接吻時使唇突出；人類發展說話功能	• 口部的蝸軸 • 唇的黏膜下層和真皮層	顏面神經
提上唇肌 (Levator Labii Superioris)[17] (leh-VAY-tur LAY-bee-eye soo-PEER-ee-OR-is)	在悲傷、嘲笑或嚴肅的表情，上提及皺起上唇	• 顴骨和上頜骨靠近眼眶下緣 • 上唇的肌肉	顏面神經

10 *galea* = helmet 頭盔；*apo* = above 以上；*neuro* = nerves 神經，brain 大腦
11 *orb* = circle 環；*ocul* = eye 眼
12 *levat* = to raise 上提；*palpebr* = eyelid 眼瞼；*superior* = upper 上
13 *corrug* = wrinkle 皺紋；*supercil* = eyebrow 眉
14 *nas* = nose 鼻
15 *modiolus* = hub 蝸軸
16 *orb* = circle 環；*or* = mouth 嘴
17 *evat* = to raise 上提；*labi* = lip 唇；*superior* = upper 上

表 11.2 顏面表情肌 (續)

名稱	作用	骨骼附著點	神經支配
提口角肌 (Levator Anguli Oris)[18] (leh-VAY-tur ANG-you-lye OR-is)	上提口角，如微笑	• 眶下孔下之上頜骨 • 口角的肌肉	顏面神經
顴大肌 (Zygomaticus[19] Major) (ZY-go-MAT-ih-cus)	向上及外側提起口角，如笑	• 顳骨 • 口角的上外側	顏面神經
顴小肌 (Zygomaticus Minor)	上提上唇，在微笑或冷笑時露出上排牙齒	• 顳骨 • 上唇肌肉	顏面神經
笑肌 (Risorius)[20] (rih-SOR-ee-us)	笑、驚恐或輕蔑的表情將口角向外側拉	• 顴弓、耳朵附近的筋膜 • 口的蝸軸	顏面神經

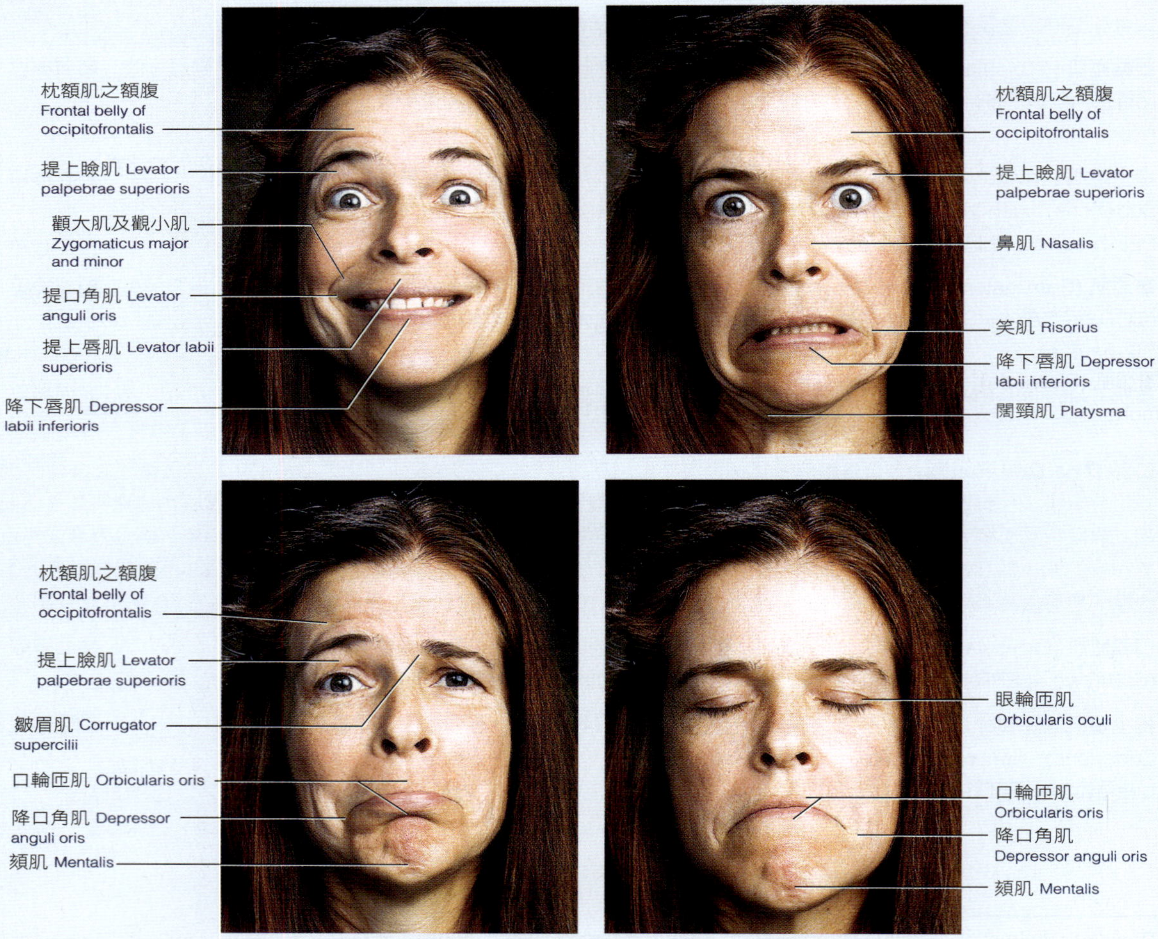

圖 11.11 部分顏面表情肌產生之表情。這些肌肉動作通常比顯示的動作更為微妙。

• 說出下列肌肉的拮抗肌：降口角肌 (depressor anguli oris)、眼輪匝肌 (orbicularis oculi) 和提上唇肌 (levator labii superioris)。

18 *angul* = angle 角；*corner* 轉角；or = mouth 嘴
19 *zygo* = join 連接，unite 聯合 (refers to zygomatic bone 指顴骨)
20 *risor* = laughter 笑

表 11.2 顏面表情肌 (續)

名稱	作用	骨骼附著點	神經支配
降口角肌 (Depressor Anguli Oris)[21]	張口或悲傷時，向外側及下拉口角	• 下頜骨體部下緣 • 口部的蝸軸	顏面神經
降下唇肌 (Depressor Labii Inferioris)[22]	咀嚼、憂鬱或懷疑時，向下及外側拉下唇	• 頦隆突附近 • 下唇的皮膚及黏膜	顏面神經
頦區及頰區 (The Mental and Buccal Regions)：頦區 (下巴) 和頰區 (頰) 與口腔相鄰。除了上述直接作用於下唇的肌肉外，頦部也有一對小的*頦肌* (mentalis)，從下頜骨的上緣延伸到頦部皮膚。部分人的頦肌較厚，兩側頦肌間可見深窩，稱為*頦裂* (mental cleft)。*頰肌* (buccinator) 是臉頰肌肉具有多種功能，如咀嚼、吸吮、吹氣。當空氣充脹臉頰時，壓縮頰肌吹出氣體。吸吮是藉由頰肌收縮以將臉頰向內拉然後放鬆，此動作對哺乳嬰兒尤其重要。可以在發出接吻聲時輕輕將指尖放在臉頰上，感覺到頰肌鬆弛時，空氣快速通過唇。			
頦肌 (Mentalis) (men-TAY-lis)	飲水、噘嘴、懷疑或輕蔑時，上提並突出下唇；上提下巴及其皮膚產生皺紋	• 下頜骨靠近下排門牙 • 位於頦隆突之下頜皮膚	顏面神經
頰肌 (Buccinator)[23] (BUC-sin-AY-tur)	使臉頰緊貼牙齒和牙齦；在牙齒間引導和保留食物以進行咀嚼；當口閉合時，牙齒縮回臉頰，以防止咬到臉頰；嬰兒用吸管喝水和哺乳；排出空氣和液體；幫助控制說話的氣流	• 上頜骨及下頜骨側面的齒槽突 • 口輪匝肌；頰及唇的黏膜下層	顏面神經
頸區及頦區 (The Cervical and Mental Region)：*闊頸肌* (platysma) 是顏面下方及上胸部的淺層肌肉。這相對來說較不重要，但男性刮鬍子時，會拉緊闊頸肌，使下頜及頸部之間的凹陷變淺，皮膚拉緊。			
闊頸肌 (Platysma)[24] (plah-TIZ-muh)	恐怖或驚奇的表情，向下拉下唇和口角；協助張大口；使下巴和頸部的皮膚拉緊	• 三角肌及胸大肌之筋膜 • 下頜骨；顏面下方皮膚及皮下組織	顏面神經

• 骨骼肌在骨骼上的附著點；在此欄中，第一個黑點為傳統所認知的起端，第二個黑點為止端 (請見 10.2c 節，了解為何不再使用起端及止端)；
• 肌肉的神經支配。

21 *depress* = to lower 降低；*angul* = angle 角，corner 轉角；*or* = mouth 嘴
22 *labi* = lip 唇；*inferior* = lower 下
23 *buccinator* = trumpeter 小號手
24 *platy* = flat 扁平

表 11.3 咀嚼和吞嚥的肌肉

以下肌肉有助於顏面表情及説話，但主要與處理食物有關。

舌的外在肌 (Extrinsic Muscles of the Tongue)：舌是靈活器官，將食物推入臼齒間進行咀嚼 (mastication)，再使食物進入咽部吞嚥 (deglutition)；舌對説話也很重要。舌的內在肌及外在肌負責這些複雜動作。內在肌由舌的上至下延伸的可變數量之垂直肌束，由右向左延伸的橫向肌束，及從舌根至舌尖延伸的縱向肌束所組成 (見圖 11.1c 和 24.5b)。外在肌將舌連接到其他構造 (圖 11.12)，其中前三者由舌下神經 (CN XII) 支配，而第四者則由迷走神經 (CN X) 和副神經 (CN XI) 支配。

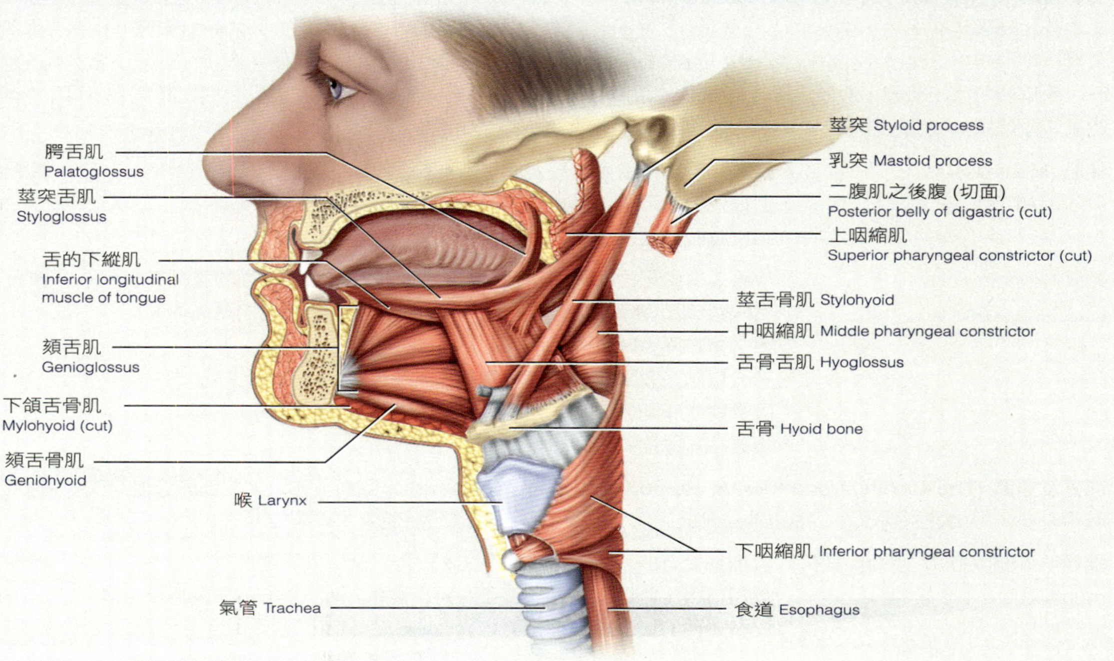

圖 11.12 舌及咽的肌肉。

名稱	作用	骨骼附著點	神經支配
頦舌肌 (Genioglossus)[25] (JEE-nee-oh-GLOSS-us)	單側肌肉收縮使舌頭偏向一側。雙側肌肉收縮會下壓舌中線或使舌伸出	• 上頦棘 (superior mental spine) 在頦隆突 (mental protuberance) 的後表面 • 舌的下表面從舌根到舌尖	舌下神經
舌骨舌肌 (Hyoglossus)[26] (HI-oh-GLOSS-us)	下壓舌	• 舌骨體及較大的角 • 舌外下表面	舌下神經
莖突舌肌 (Styloglossus)[27] (STY-lo-GLOSS-us)	向後上方拉提舌	• 顳骨莖突及由莖突至下頜骨的韌帶 • 舌的上外表面	舌下神經
腭舌肌 (Palatoglossus)[28] (PAL-a-toe-GLOSS-us)	上提舌根使口腔及咽部分開；在口腔後部形成腭舌弓	• 軟腭 • 舌外側表面	迷走神經及副神經

25 *genio* = chin 下巴；*gloss* = tongue 舌
26 *hyo* = hyoid bone 舌骨；*gloss* = tongue 舌
27 *stylo* = styloid process 莖突；*gloss* = tongue 舌
28 *palato* = palate 腭；*gloss* = tongue 舌

表 11.3 咀嚼和吞嚥的肌肉 (續)

咀嚼肌 (Muscles of Chewing)：四對肌肉使下頜骨咬合及咀嚼：顳肌 (temporalis)、嚼肌 (masseter) 及兩對翼狀肌 (pterygoid muscles)(圖 11.13)，包括下壓使張口吃食物；上提將食物咬下或在牙齒間壓碎；使牙齒切出一塊食物，再回縮將下排牙齒移至上排牙齒的後面，並使後齒相咬合；在後齒間左右移動碾磨食物，動作如圖 9.15 所示。咀嚼肌皆由三叉神經 (CN V) 分支之下頜神經支配。

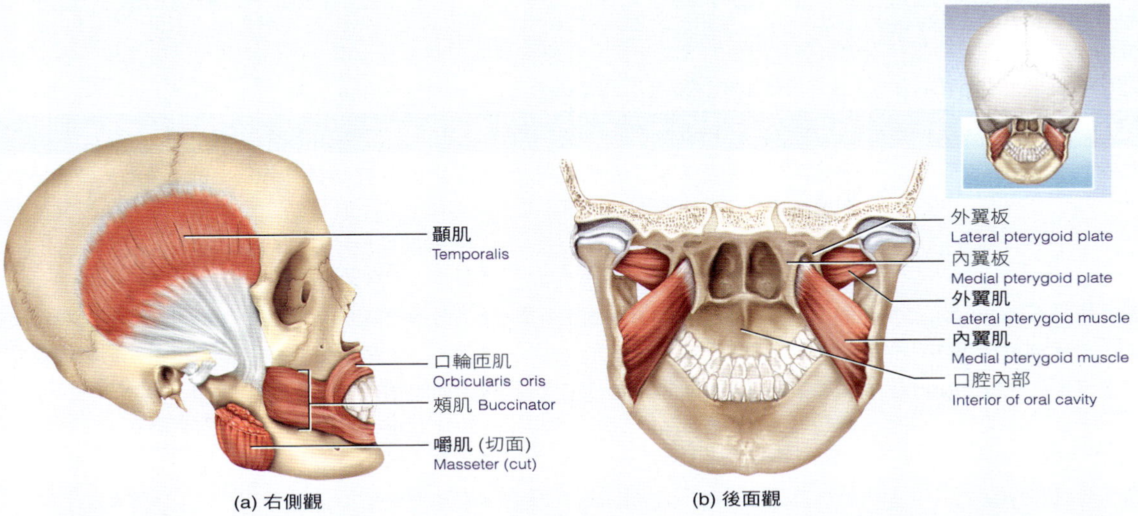

圖 11.13 **咀嚼肌**。粗體字標示肌肉作用於下頜骨之咀嚼作用。(a) 右側觀。去除部分之顴弓及嚼肌，露出顳肌附著於下頜骨；(b) 從顱骨後面望向口腔翼狀肌。

• 解釋內翼肌 (medial pterygoid muscles) 如何使下頜骨的向外側及內側移動。

名稱	作用	骨骼附著點	神經支配
顳肌 (Temporalis)[29] (TEM-po-RAY-liss)	下頜骨上提、回縮及外側、內側移動	• 顱骨的顳線 (temporal lines) 和顳窩 (temporal fossa) • 冠狀突 (coronoid process) 和下頜支前緣	三叉神經
嚼肌 (Masseter)[30] (ma-SEE-tur)	下頜骨上提，對於伸出、回縮、外側及內側移動之作用較小	• 顴弓 • 下頜支及下頜角的外側面	三叉神經
內翼肌 (Medial Pterygoid)[31] (TERR-ih-goyd)	下頜骨上提、伸出、外側及內側移動	• 外翼板的內側面、腭骨、臼齒附近的上頜骨外側面 • 下頜支的內側面和下頜角	三叉神經
外翼肌 (Lateral Pterygoid)	下頜骨下壓 (張口)、伸出、外側及內側移動	• 外翼板的外側面及蝶骨大翼 • 下頜骨之頸部 (髁下方)；顳下頜關節之關節盤及關節囊	三叉神經

29 *temporalis* = of the temporal region of the head 頭之顳部
30 *masset* = chew 咀嚼
31 *pteryg* = wing 翼；*oid* = resembling 類似 (refers to pterygoid plate of sphenoid bone 指蝶骨的翼板)

表 11.3 咀嚼和吞嚥的肌肉 (續)

舌骨肌——舌骨上肌群 (Hyoid Muscles—Suprahyoid Group)：八對與舌骨相關的舌骨肌協助咀嚼、吞嚥及發聲 (圖 11.14)。**舌骨上肌群**是由四對舌骨上的肌肉組成——*二腹肌* (digastric)、*頦舌骨肌* (geniohyoid)、*下頜舌骨肌* (mylohyoid) 及*莖突舌骨肌* (stylohyoid)。二腹肌是以兩個肌腹得名的特別肌肉，*後腹* (posterior belly) 源自顳骨的乳突切迹，並向下和向前傾斜。*前腹* (anterior belly) 源自下頜骨體部內側*二腹肌窩* (digastric fossa) 的溝。此肌肉向下和向後傾斜，兩個腹部在狹窄處之*中間肌腱* (intermediate tendon) 相連，肌腱穿過結締組織環，此為附著在舌骨上的*筋膜懸帶* (fascial sling)。因此，當二腹肌的兩個肌腹收縮時，使舌骨上提，但若從下方固定舌骨，則二腹肌可以幫助張大口。外翼肌對於張大口更為重要，而二腹肌只在極度張開口時才起作用，例如打哈欠或咬蘋果。三叉神經 (CN V)、顏面神經 (CN VII)、舌下神經 (CN XII) 支配這些肌肉。

名稱	作用	骨骼附著點	神經支配
二腹肌 (Digastric)[32]	固定舌骨下壓下頜骨；吞嚥或打哈欠時，張大口；下頜骨固定時上提舌骨	• 顳骨的乳突切迹 (mastoid notch)，下頜骨的二腹肌窩 (digastric fossa) • 舌骨，通過筋膜懸帶	後腹：顏面神經 前腹：三叉神經
頦舌骨肌 (Geniohyoid)[33] (JEE-nee-oh-HY-oyd)	固定舌骨，下壓下頜骨；固定下頜骨，上提並前突舌骨	• 下頜骨的頦下棘 • 舌骨	由舌下神經而來的第一對脊神經 C1
下頜舌骨肌 (Mylohyoid)[34]	橫跨下頜骨兩側並形成口底部；吞嚥初期上提口底部	• 下頜骨下緣附近的下頜舌骨肌線 (mylohyoid line) • 舌骨	三叉神經
莖舌骨肌 (Stylohyoid)	上提及回縮舌骨，延長口底部；說話、咀嚼和吞嚥之作用尚不清楚	• 顳骨的莖突 • 舌骨	顏面神經

舌骨肌——舌骨下肌群 (Hyoid Muscles—Infrahyoid Group)：**舌骨下肌群**位在舌骨下方。由下方固定舌骨，舌骨上肌收縮時張口。*肩胛舌骨肌* (omohyoid) 是特殊的，起源肩在胸鎖乳突肌下方，並延伸至舌骨，就如二腹肌有兩肌腹。*甲狀舌骨肌* (thyrohyoid) 以舌骨及喉部盾狀之*甲狀軟骨* (thyroid cartilage) 命名，能防止窒息，吞嚥時上提喉部，使*會厭* (epiglottis) 組織瓣封閉上端開口。您可將手指放在「亞當蘋果」(甲狀軟骨的前部突出部分)，吞嚥時可感覺其彈起。*胸甲狀肌* (sternothyroid) 是唯一沒有與舌骨相連的舌下肌，吞嚥後可以下拉喉部，使您恢復呼吸；胸舌骨肌下壓已上提的舌骨。舌骨下肌是喉外在肌，作用於喉部。在第 23 章中討論的*內在肌* (intrinsic muscles) 與聲帶、喉部開口的控制有關。支配這三種肌肉的*頸襻* (ansa cervicalis) 是頸側神經環路，源自第 1 至第 3 對頸神經之部分纖維 (見圖 14.15)。腦神經 IX (舌咽)、X (迷走神經) 和 XII (舌下神經) 也可以支配這些肌肉。

名稱	作用	骨骼附著點	神經支配
肩胛舌骨肌 (Omohyoid)[36]	下壓已上提的舌骨	• 肩胛骨上緣 • 舌骨	頸襻 (Ansa cervicalis)
胸舌骨肌 (Sternohyoid)[37]	下壓已上提的舌骨	• 胸骨柄、鎖骨內側末端 • 舌骨	頸襻
甲狀舌骨肌 (Thyrohyoid)[38]	下壓舌骨；固定舌骨，使喉部上提，如發高音一樣	• 喉部的甲狀軟骨 • 舌骨	經由舌下神經而來的 C1 脊神經
胸甲狀肌 (Sternothyroid)	在吞嚥及發聲時，可以下壓已上提之喉部；協助唱低音	• 胸骨柄、第一肋軟骨 • 喉部甲狀軟骨	頸襻

32 *di* = two 二個；*gastr* = bellies 肌腹
33 *genio* = chin 下巴
34 *mylo* = mill 磨，molar tooth 磨牙
35 *ansa* = handle 柄；*cervic* = neck 頸；*alis* = of, belonging to 屬於
36 *omo* = shoulder 肩
37 *sterno* = chest 胸，sternum 胸骨
38 *thyro* = shield 盾 (refers to thyroid cartilage 指甲狀腺軟骨)

表 11.3 咀嚼和吞嚥的肌肉 (續)

咽的肌肉 (Muscles of the Pharynx)：三對咽縮肌 (pharyngeal constrictors) 在咽部後側及外側包圍咽部，形成有助於吞嚥的肌肉漏斗 (圖 11.12)。

名稱	作用	骨骼附著點	神經支配
咽縮肌 (Pharyngeal Constrictors) (三個肌肉)	吞嚥時，依序從上、中、下咽縮肌 (superior to middle to inferior constrictor) 收縮，將食物壓入食道	• 內翼板、下頜骨、舌骨、舌骨韌帶，喉部環狀軟骨及甲狀軟骨 • 中間咽縫 (咽後側接縫)；枕骨基底部	舌咽神經及迷走神經

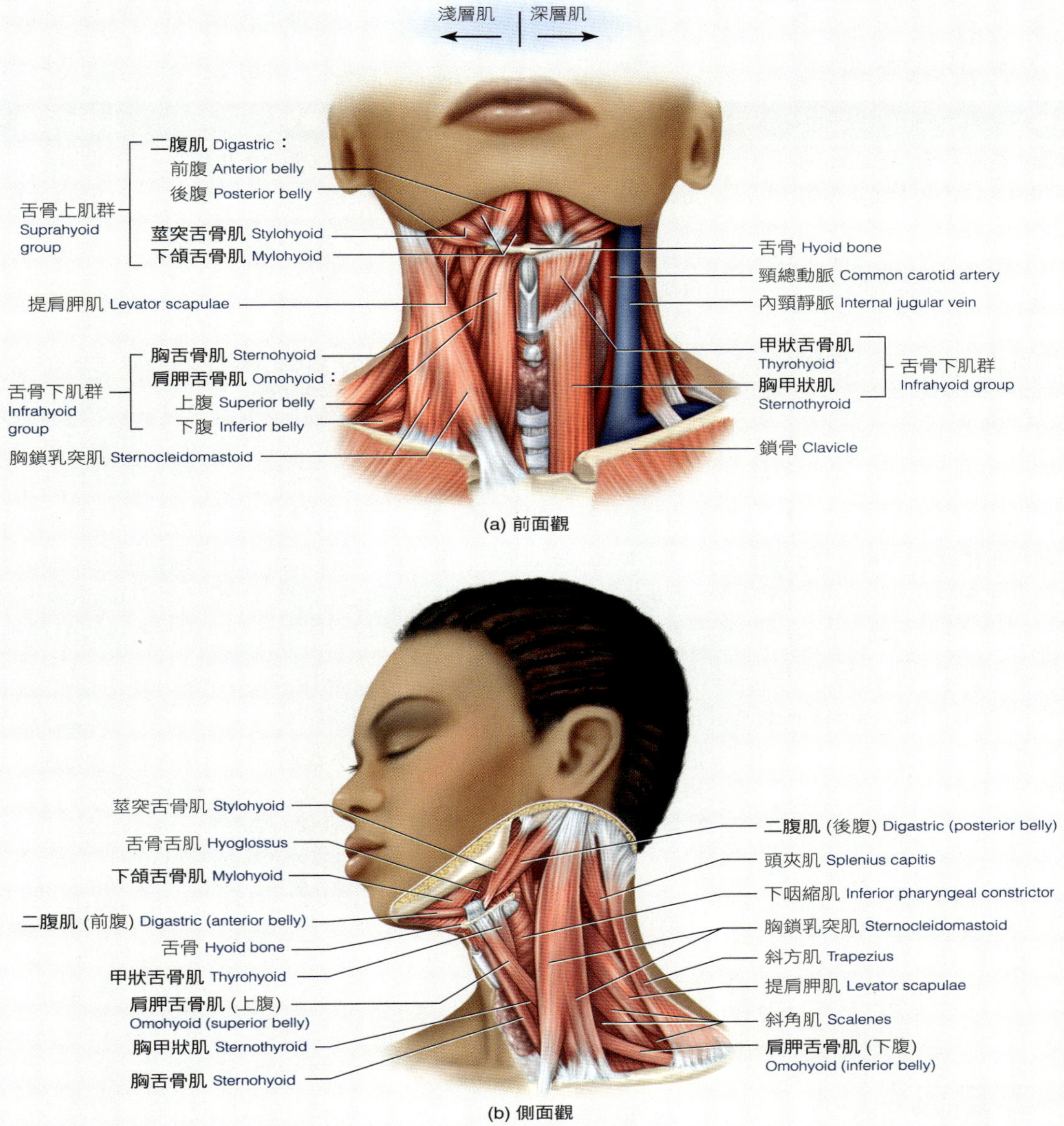

圖 11.14 頸部肌肉。(a) 前面觀；(b) 側面觀。粗體字標示舌骨上肌群及舌骨下肌群的肌肉。舌骨上肌群之其他肌肉，頦舌骨肌則位於下頜舌骨肌的深處，如圖 11.12 所示。APR

表 11.4 作用於頭部的肌肉

移動頭部的肌肉從脊柱、胸籠和肩帶延伸到顱骨，作用包括屈曲 (使頭部向前傾斜)、側屈 (使頭部向一側傾斜)、伸展 (使頭部保持直立)、過度伸展 (如向上看) 及旋轉 (使頭部向左或向右旋轉)。屈曲、伸展及過度伸展涉及一對左右肌肉的同時動作；其他動作則是一側肌肉收縮較另一側肌肉更強。結合這些動作會產生許多頭部動作，如抬頭看時涉及肩上方的旋轉和過度伸展。

取決於肌肉附著點的關係，肌肉收縮可能使頭部移向對側 (如左側肌肉收縮時，面部朝向右側) 或移向同側 (如左側肌肉收縮時，使頭部移向左側)。

頭部運動的肌肉主要由頸神經支配，部分由副神經 (CN XI) 及胸神經支配。

頸部屈肌 (Flexors of the Neck)：屈曲頸部的原動肌是*胸鎖乳突肌* (sternocleidomastoid)，這是從上胸部 (胸骨和鎖骨) 延伸到耳後乳突的一塊粗的肌肉 (圖 11.14)，當頭部旋轉到一側並稍微伸長時，容易可見。若欲觀察單側胸鎖乳突肌的收縮，可將左手食指放在左側乳突上，右手的食指放在胸骨上切迹，當收縮左側胸鎖乳突肌時，會使兩個指尖靠近，這使您的頭部傾斜、左耳靠近左肩，並且朝向右側及微向上方看。

頸部側面三條斜角肌之前、中及後*斜角肌* (scalenes)[39]，因排列類似階梯命名，作用相似會被一起考量。

名稱	作用	骨骼附著點	神經支配
胸鎖乳突肌 (Sternocleidomastoid)[40] (STIR-no-CLY-do-MAST-oyd)	單側收縮使頭部略向上並朝向對側，如看向對側肩。最常見之動作是頭部向左右旋轉。如進食或閱讀時，雙側肌肉收縮會使頭部筆直向前及向下。頭部固定時，協助深呼吸	• 胸骨、鎖骨內側的三分之一 • 乳突及上項線外側	副神經 C2~C4 脊神經
斜角肌 (Scalenes)(**前、中及後**) (Anterior, Middle, and Posterior) (SCAY-leens)	單側收縮會引起同側屈曲或對側旋轉 (使頭朝同側肩側屈，或面旋轉)，這取決於其他肌肉作用。雙側收縮可屈曲頸部。若固定脊椎，則斜角肌會上提第 1、2 肋骨，協助於呼吸	• 所有頸椎的橫突 (C1~C7) • 第 1~2 肋骨	C3~C8 之腹枝

頸部伸肌 (Extensors of the Neck)：伸肌主要位於頸部區域 (頸部後側；圖 11.15)，因此使頭部直立或向後拉。*斜方肌* (trapezius) 位於最淺層，從頸部區域延伸到肩，再向下延伸到背部一半 (見圖 11.20)，因左右斜方形共同形成梯形 (菱形) 而命名。*夾肌* (splenius) 是較深層的細長肌肉，頭部和頸部分別有*頭夾肌* (splenius capitis) 和*頸夾肌* (splenius cervicis)，因為包著深層的頸部肌肉故稱為「繃帶肌」。另一個是較深層肌肉是*半棘肌* (semispinalis)，在頭部、頸部及胸部區域的細長肌肉，在此僅列出了*頭半棘肌* (semispinalis capitis) 及*頸半棘肌* (semispinalis cervicis)；*胸半棘肌* (semispinalis thoracis) 不作用於頸部，仍列在表 11.7。

名稱	作用	骨骼附著點	神經支配
斜方肌 (Trapezius)[41] (tra-PEE-zee-us)	抬頭時，伸展頸部；側屈頸部。斜方肌對肩胛骨之作用，參見表 12.1	• 枕外隆凸，上項線內側三分之一，項韌帶，C7~T12 椎骨棘突 • 肩胛骨的肩峰及肩胛棘，鎖骨外側三分之一	副神經

39 *scal* = staircase 樓梯

40 *sterno* = chest 胸，sternum 胸骨；*cleido* = hammer 錘，clavicle 鎖骨；*mastoid* = breastlike 乳樣，mastoid process 乳突

41 *trapez* = table 桌，trapezoid 梯形

表 11.4 作用於頭部的肌肉 (續)

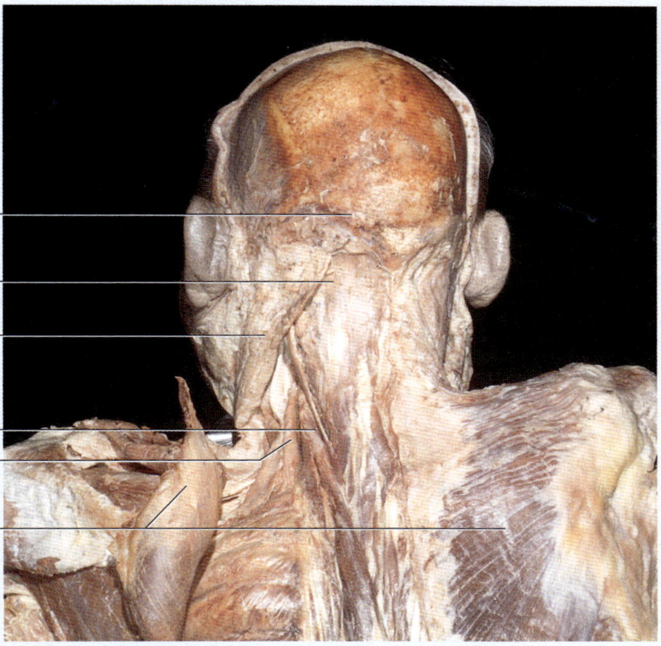

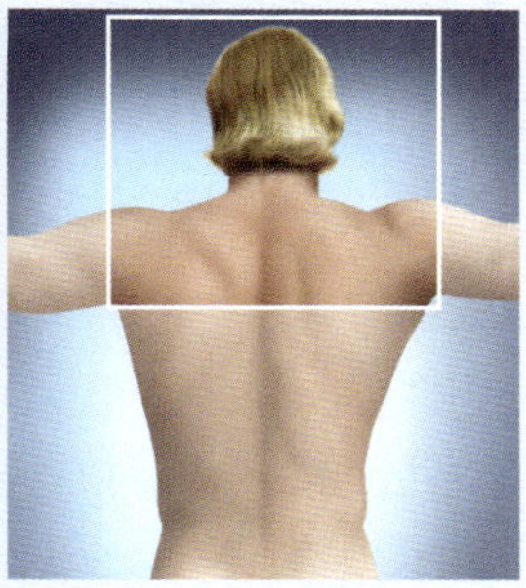

圖 11.15 肩部和頸部區域的肌肉。APR
©McGraw-Hill Education/Rebecca Gray, photographer/Don Kincaid, dissections

名稱	作用	骨骼附著點	神經支配
頭夾肌 (Splenius Capitis[42]) (SPLEE-nee-us CAP-ih-tiss) 及**頸夾肌** (Splenius Cervicis[43]) (SIR-vih-sis)	單側肌肉收縮，頭部同側屈曲和微旋轉；雙側收縮時伸展頭部	• 項韌帶下半部，C7~T6 椎骨棘突 • 乳突及枕骨上項線之下方；頸椎 C1~C2 或 C3	頸中神經之背枝
頭半棘肌 (Semispinalis Capitis) (SEM-ee-spy-NAY-lis) 及**頸半棘肌** (Semispinalis Cervicis)	伸展並對側旋轉頭部	• C4~C7 頸椎關節突，T1~T6 椎骨橫突 • 枕骨在項線及 C2~C5 頸椎棘突之間	頸及胸神經的背枝

應用您的知識

在學習過的肌肉中，請說出您認為的三項頭部內在肌及外在肌的名稱，並解釋原因。

在你繼續閱讀之前

回答下列問題，以檢驗你對上節內容的理解：

12. 說出兩條上提上唇的肌肉及兩條下壓下唇的肌肉。
13. 說出咀嚼的四對肌肉，並指出它們附著在下頜骨的位置。
14. 區分舌骨上肌群及舌骨下肌群的功能。
15. 列出頸部伸展及屈曲的原動肌。

42 *splenius* = bandage 繃帶；*capitis* = of the head 頭的
43 *cervicis* = of the neck 頸的

11.5 軀幹肌肉

預期學習成果

當您完成本節後，您應該能夠

a. 知道呼吸肌肉的名稱及位置，並解釋它們如何影響氣流及腹壓；

b. 能知道腹壁、背部及骨盆底肌肉的名稱及位置；和

c. 確定這些肌肉中的附著點、作用和神經支配。

在本節中，我們將探討三個功能群組與呼吸、腹壁與骨盆底支撐以及脊柱運動有關的軀幹肌肉 (表 11.5~11.8 及圖 11.16~11.23)。圖中您會注意到表格中尚未討論的一些主要肌肉，如胸大肌及前鋸肌，雖然位於軀幹，但它們作用於四肢及四肢帶，因此將於第 12 章討論。

表 11.5 呼吸肌

呼吸主要是透過胸腔周圍肌肉——橫膈膜、外肋間肌、內肋間肌及最內肋間肌 (圖 11.16)。

橫膈膜 (diaphragm) 是位於胸腔及腹腔之間的肌肉圓頂，向上支撐肺底部，有食道、主要血管、淋巴管及神經通過橫膈膜開口，其肌肉纖維從邊緣向**中央腱** (central tendon) 匯聚。橫膈膜收縮時會稍微變平，而擴大胸腔引起*吸氣* (inspiration)；當橫膈膜放鬆時會上升，而縮小胸腔引起*呼氣* (expiration)。

肋骨之間有三層肌肉：外肋間肌、內肋間肌及最內肋間肌。11 對*外肋間肌* (external intercostal muscles) 構成最淺層，源自後面肋骨結節向前延伸至肋軟骨及肋骨交界，肌纖維由肋骨向下及向前斜行至下一肋骨。11 對*內肋間肌* (internal intercostal muscles) 位於外肋間肌的深層，從胸骨邊緣延伸至肋骨角，其在肋軟骨間的區域最厚，在與外肋間肌交錯的區域較薄，肌纖維從每根肋骨向下並向後斜行，與肋間外肌成直角。每個都分為肋軟骨之間的*軟骨間部分* (intercartilaginous part) 及肋骨之間的*骨間部分* (interosseous part)，這兩個部分在呼吸作用上有所不同。最內肋間肌的數量差異大，因為有時不存在於胸廓上部，其肌纖維與內肋間肌方向相同，被認為有相同功能。肋間神經及血管在內肋間肌及最內肋間肌之間穿過筋膜 (見圖 14.14)。

肋間肌的主要功能是在呼吸過程胸籠 (thoracic cage) 變硬，當橫膈膜下降時，胸籠不會向內塌陷，也有助於胸籠的擴大及收縮，因此增加肺部通氣的空氣量。

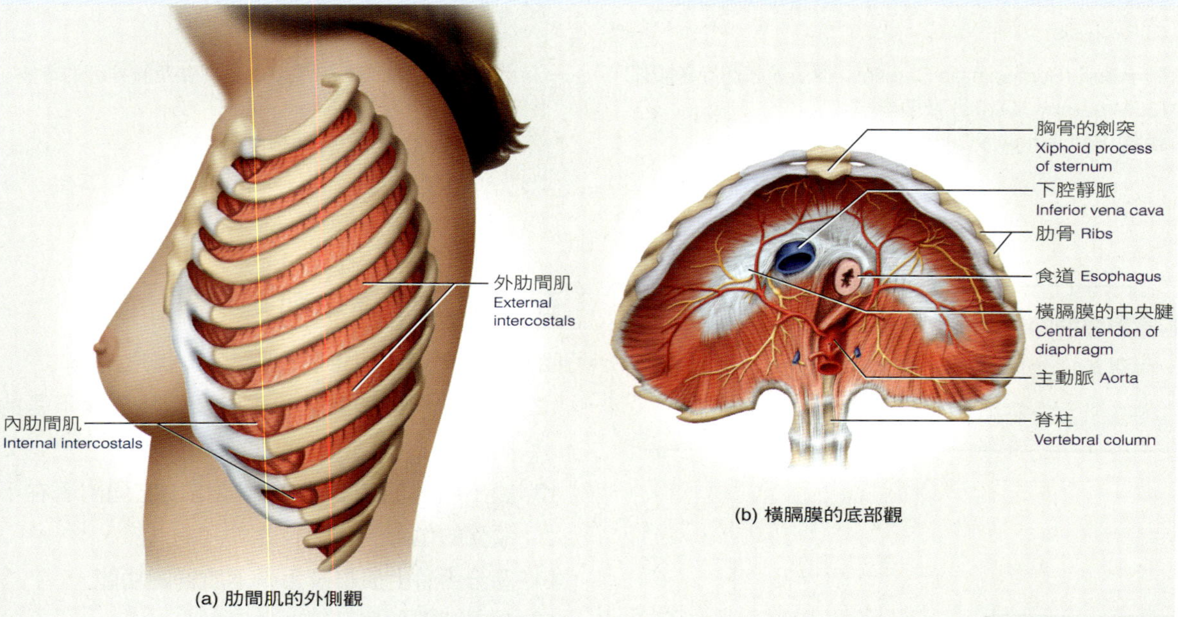

圖 11.16 呼吸肌肉。(a) 肋間肌的側面觀；(b) 橫膈膜的底部觀。APR

表 11.5 呼吸肌 (續)

名稱	作用	骨骼附著點	神經支配
橫膈膜 (Diaphragm)[44] (DY-ah-fram)	吸氣的原動肌 (負責約占 2/3 的吸氣)；可協助打噴嚏、咳嗽、哭泣、大笑及舉重；收縮壓迫腹部內臟，有助於分娩和排出尿液、糞便	• 胸骨劍突；第 7~12 對肋骨和肋軟骨；腰椎 • 橫膈膜之中央腱	膈神經
外肋間肌 (External Intercostals)[45] (IN-tur-COSS-tul)	當斜角肌固定第 1 對肋骨時，外肋間肌上提第 2~12 對肋骨；這會擴大胸腔並產生部分真空，使空氣流入。呼氣時則停止此肌肉收縮，以免呼氣過猛	• 第 1~11 對肋骨下緣 • 下一對肋骨的上緣	肋間神經
內肋間肌 (Internal Intercostals)	吸氣時，軟骨間部位協助上提肋骨並擴大胸腔。呼氣時，骨間部位下壓並回縮肋骨，壓縮胸腔並排出空氣。後者僅發生在用力的呼氣，而不會出現在放鬆的呼吸	• 第 2~12 對肋骨上緣及肋軟骨；胸骨緣 • 上一對肋骨下緣	肋間神經
最內肋間肌 (Innermost Intercostals)	推測與內肋間肌作用相同	• 第 2~12 對肋骨的上內側面；可能上方的最內肋間肌不存在 • 上一對肋骨肋溝的內側緣	肋間神經

許多其他胸部及腹部的肌肉對呼吸有作用 (請見臨床應用 11.2)：胸鎖乳突肌及頸部斜角肌；胸大肌及胸部的前鋸肌；背部後上鋸肌和後下鋸肌；下背闊背肌；內外腹斜肌及腹橫肌；甚至是部分的肛門肌肉。這些肌肉之呼吸作用在 23.4a 節描述。

臨床應用 11.2

使用輔助肌協助呼吸

氣喘、肺氣腫、心衰竭及其他情境會導致呼吸困難 (dyspnea)。呼吸困難的人會使用更多輔助肌來輔助橫膈膜和肋間肌的呼吸作用，並常靠在桌子或椅背以進行深呼吸，此動作固定了鎖骨和肩胛骨，使胸大肌 (pectoralis major) 及前鋸肌 (serratus anterior) 等輔助肌 (見表 12.1 和 12.2) 移動肋骨，而非肩帶。

應用您的知識

何種肌肉在飲食中稱為「排骨」？在肉與骨頭之間的堅韌纖維膜為何？

44 *dia* = across 跨越；*phragm* = partition 分區
45 *inter* = between 之間；*costa* = rib 肋骨

表 11.6 前腹壁肌肉

不同於胸腔，腹腔幾乎沒有骨骼支撐，但是腹部被包覆在廣闊扁平肌層，肌纖維呈不同方向延伸，以與膠合板交替層相同原理來加強腹壁。三層肌肉圍繞著腰部區域，並在前腹中部延伸約一半 (圖 11.17)。最淺層是腹外斜肌 (external oblique)，肌纖維走向為向下及向前。下一層是腹內斜肌 (internal oblique)，肌纖維走向為向上和向前，大致垂直於腹外斜肌。最深層是腹橫肌 (transversus abdominis)，具有水平肌纖維。在前方，一對垂直的腹直肌 (rectus abdominis) 從胸骨延伸到恥骨，被三條**橫向腱劃** (tendinous intersections) 分成幾塊，健美運動員稱其為「六塊肌」(six pack)。

腹斜肌及腹橫肌的肌腱為腱膜——寬闊纖維膜，其接至內側及下方 (圖 11.18 和 11.19)。腹直肌之腱膜發散並繞過腹直肌之前側、後側，封閉腹直肌稱為**腹直肌鞘** (rectus sheath) 的垂直套，並在腹直肌之間的正中線相匯合，稱為**白線** (linea alba)。另一條**半月線** (linea semilunaris) 為腹直肌鞘與腱膜交界的外側邊界。腹外斜肌腱膜之下緣形成繩帶狀**腹股溝韌帶** (inguinal ligament)，源自髂前上棘斜行延伸至恥骨。肌肉線條清晰的人在外部可以看到白線、半月線及腹股溝韌帶 (參見圖集中的 A.8)。

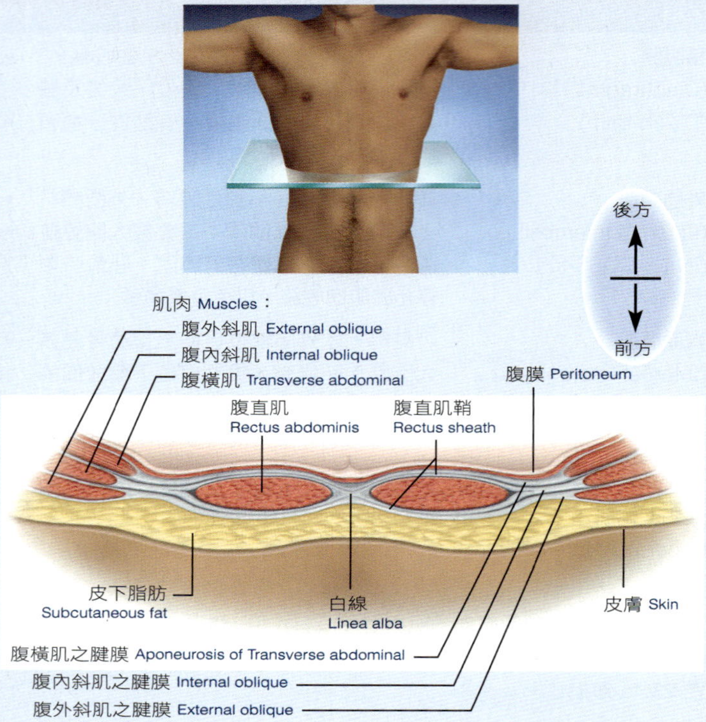

圖 11.17 前腹壁橫切面。

名稱	作用	骨骼附著點	神經支配
腹外斜肌 (External Oblique)	支撐腹部內臟以對抗重力；在舉重時能穩定脊柱；維持姿勢；壓縮腹部器官，有助於用力呼氣和大聲發聲，如唱歌及演講；有助於分娩、排尿、排便及嘔吐。單側收縮使腰部對側旋轉	• 第 5~12 對肋骨 • 髂嵴前半部分、恥骨聯合及恥骨上緣	T7~T12 脊神經之前枝
腹內斜肌 (Internal Oblique)	除了單側收縮使腰部同側旋轉之外，其餘與腹外斜肌相同	• 腹股溝韌帶、髂嵴及胸腰椎筋膜 • 第 10~12 對肋骨、第 7~10 對肋軟骨及恥骨	T7~L1 脊神經之前枝
腹橫肌 (Transverse Abdominal)	壓縮腹部內容物，與腹外斜肌作用相同，但不會移動脊柱	• 腹股溝韌帶、髂嵴、胸腰椎筋膜，第 7~12 對肋軟骨 • 白線、恥骨、腹內斜肌腱膜	T7~L1 脊神經之前枝
腹直肌 (Rectus[46] Abdominis) (REC-tus ab-DOM-ih-nis)	屈曲脊柱之腰椎；屈曲腰部，如前屈曲或仰臥起坐；在行走時穩定骨盆區；壓迫腹部內臟	• 恥骨聯合和恥骨上緣 • 劍突，第 5~7 對肋軟骨	T6~T12 脊神經之前枝

46 *rectus* = straight 直

表 11.6 前腹壁肌肉 (續)

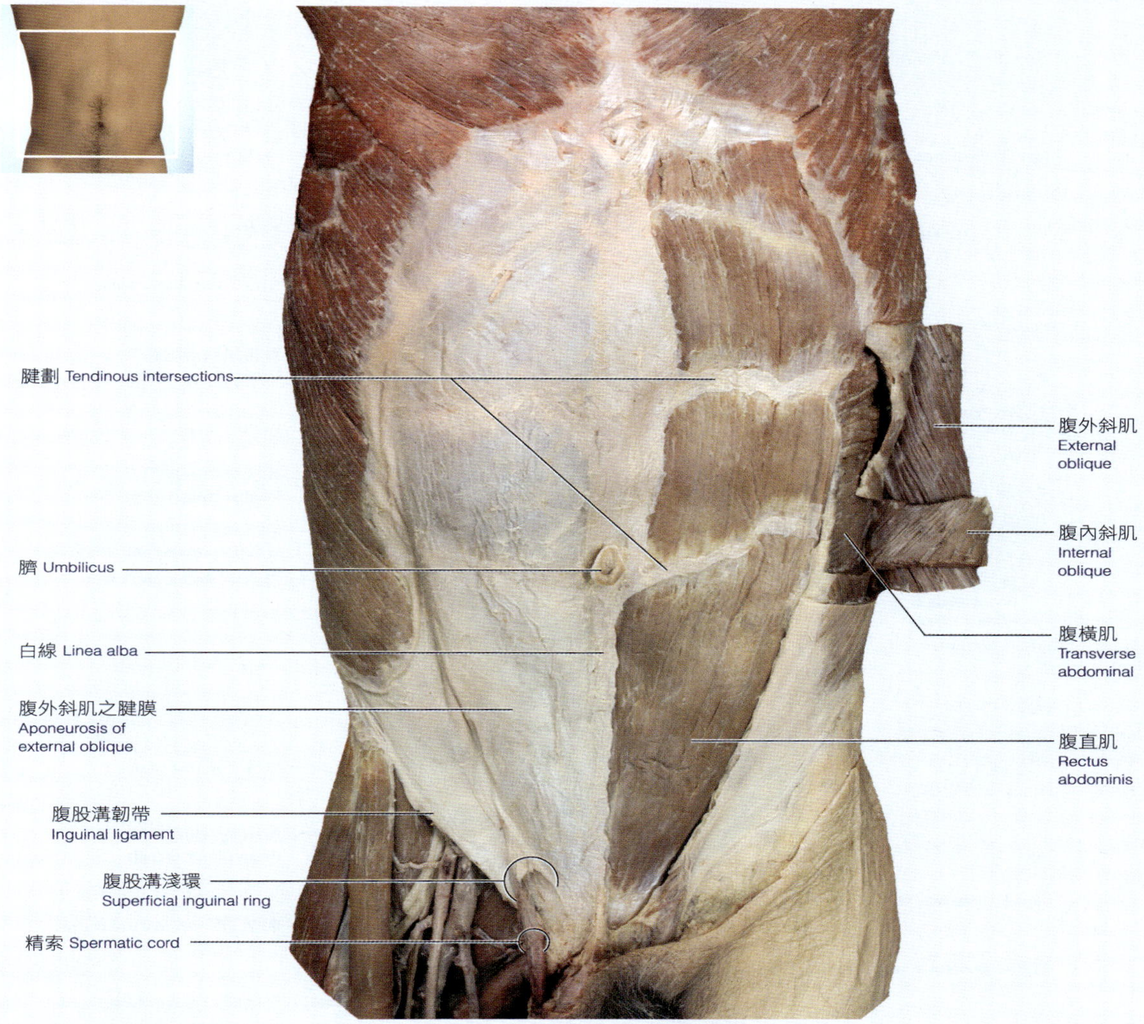

圖 11.18 **大體的胸肌及腹肌**。解剖學之左側去除腹直肌鞘以露出左側腹直肌。

表 11.6 前腹壁肌肉 (續)

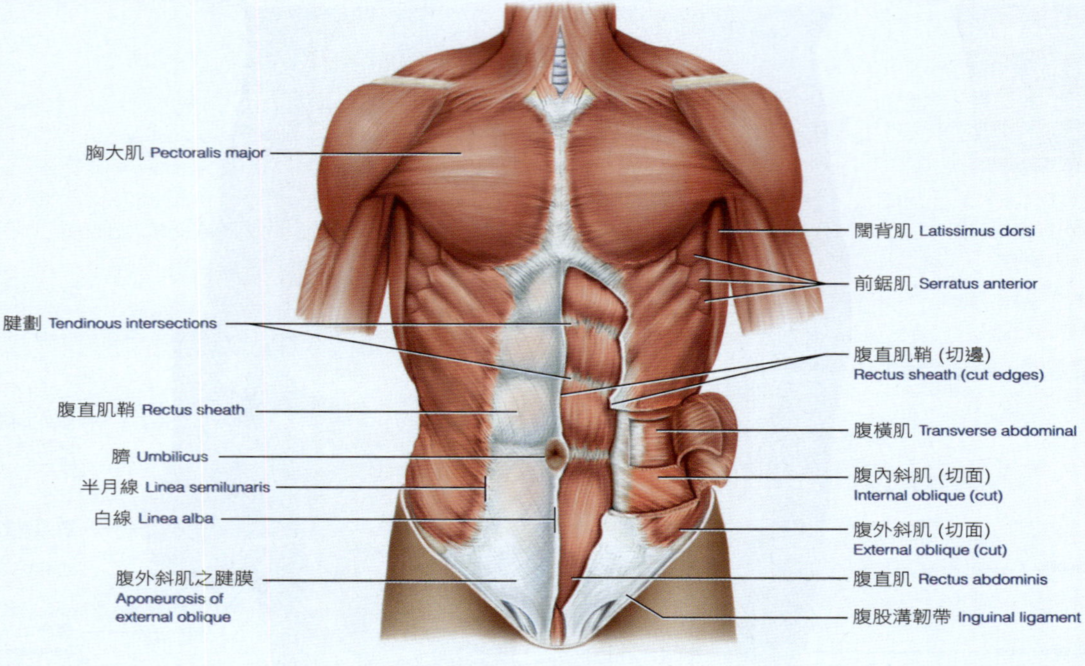

(a) 淺層

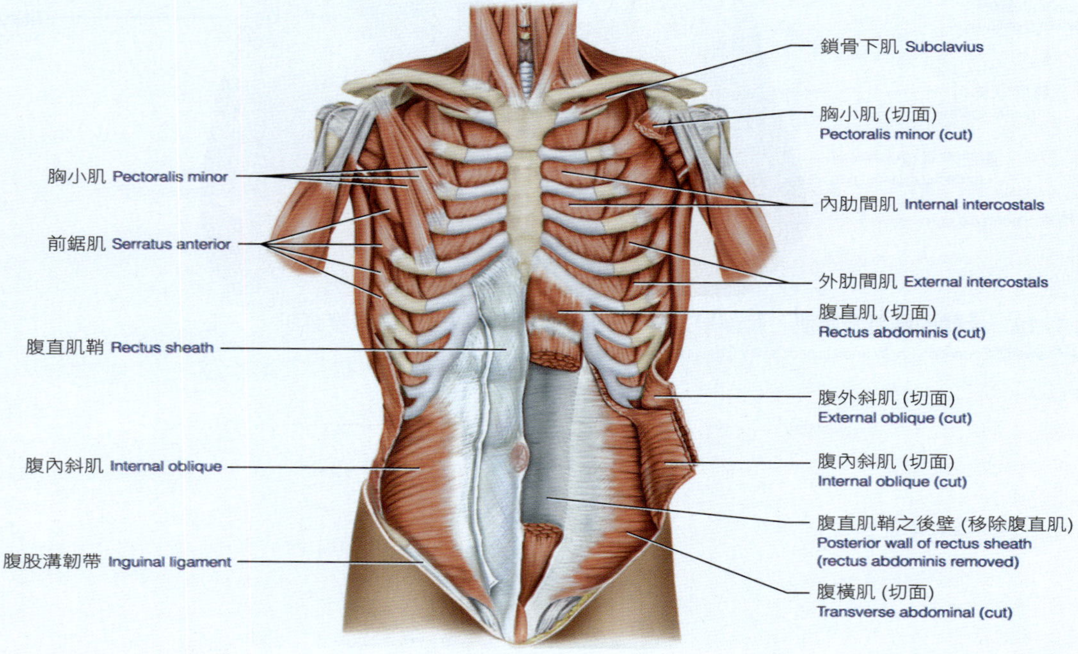

(b) 深層

圖 11.19 胸肌及腹肌。(a) 淺層肌。切開左側的腹直肌鞘，露出腹直肌；(b) 深層肌。解剖學之右側，已移除腹外斜肌露出腹內斜肌，並移除胸大肌以露出胸小肌。在解剖學左側，已切開腹內斜肌以露出腹橫肌，並切割了腹直肌中間部位呈現出後腹直肌鞘。

• 至少說出胸大肌之深層部位三塊肌肉。 APR

表 11.7 背部肌肉

背部肌肉主要是伸展、旋轉及側屈脊柱，最淺層的背部肌肉是闊背肌及斜方肌 (圖 11.20)，其與上肢運動有關，見表 12.1 和 12.2，這些肌肉之深處是起於椎骨延伸至肋骨的*後上鋸肌* (serratus posterior superior) 及*後下鋸肌* (serratus posterior inferior)(圖 11.21)，有助於深呼吸，於 23.4a 節中討論。

再深處為突出的豎脊肌，從顱骨延伸至薦骨的整個背部垂直且厚實的肌肉，在椎骨兩側之腰椎區域容易觸摸到 (豬排和丁骨牛排即是豎脊肌)。上行的豎脊肌在上腰部區域分為三條平行列 (圖 11.21 和 11.22)，最外側為髂肋肌 (iliocostalis)[47]，由下至上為*腰髂肋肌* (iliocostalis lumborum)、*胸髂肋肌* (iliocostalis thoracis) 及*頸髂肋肌* (iliocostalis cervicis)(腰、胸、頸區域)。中間為*最長肌群* (longissimus)[48]，由下至上為胸最長肌 (longissimus thoracis)、*頸最長肌* (longissimus cervicis) 及*頭最長肌* (longissimus capitis)(胸、頸及頭區域)。脊柱最內側為*棘肌群* (spinalis)，分為*胸棘肌* (spinalis thoracis)、*頸棘肌* (spinalis cervicis) 及*頭棘肌* (spinalis capitis)。這三大群肌肉功能相似，統稱為豎脊肌。

主要的深層肌肉是位於胸部之*胸半棘肌* (semispinalis thoracis) 及腰部之*腰方肌* (quadratus lumborum)。豎脊肌及腰方肌被包圍在纖維鞘，稱之為**胸腰筋膜** (thoracolumbar fascia) 中，此為部分腹部及腰部肌肉的附著點。*多裂肌* (multifidus) 是連續細小肌肉的統稱，從頸椎至腰椎之間將相鄰椎骨相互連接。

圖 11.20 **頸部、背部和臀部肌肉**。左側為最淺層肌，右側為較深層之肌肉。AP|R

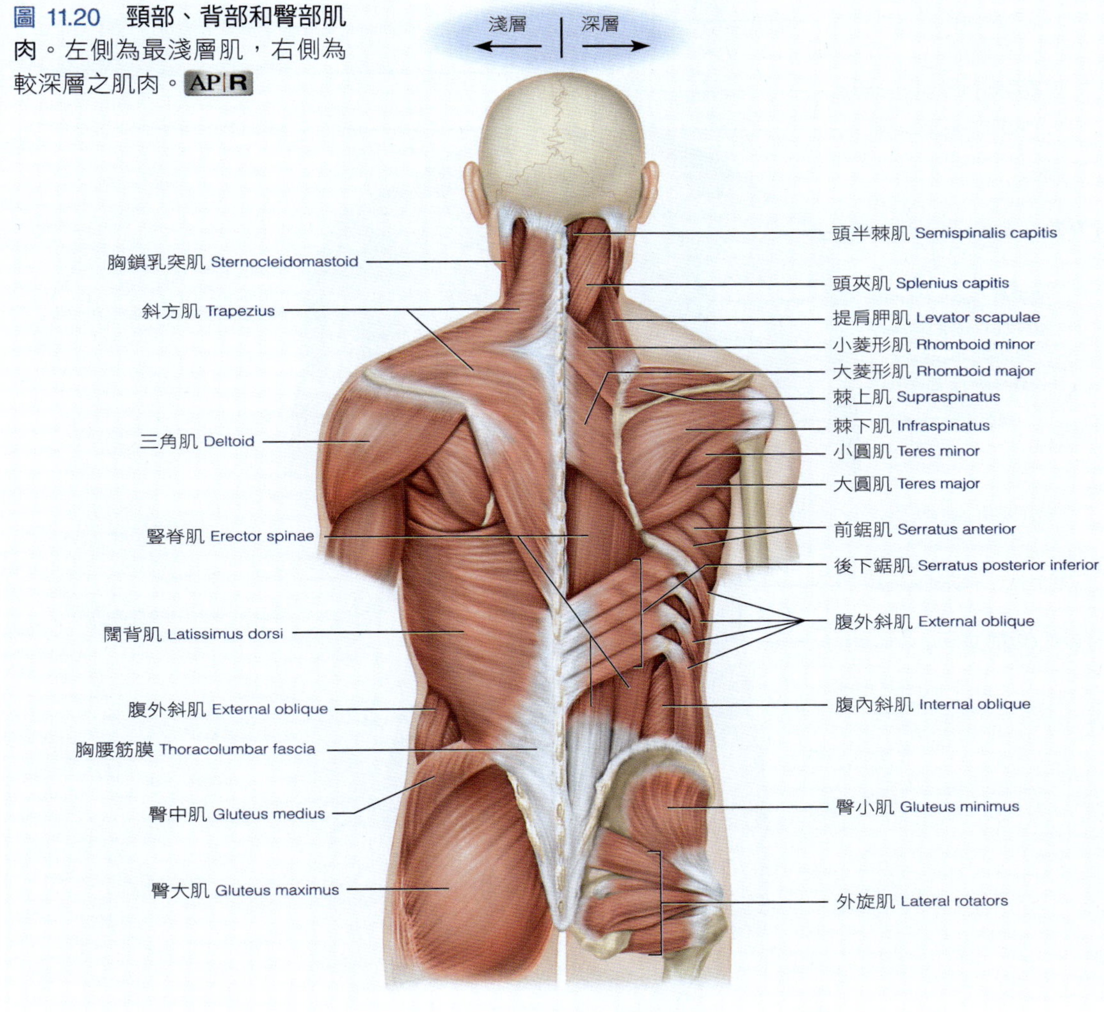

47 *ilio* = ilium of the hip bone 髖骨之髂骨；*costalis* = pertaining to the ribs 關於肋骨

48 *longissimus* = longest 最長

表 11.7 背部肌肉 (續)

名稱	作用	骨骼附著點	神經支配
豎脊肌 (Erector Spinae)[49] (eh-REC-tur SPY-nee)	維持姿勢；腰部屈曲後，將脊柱伸展；向後拱背；脊柱側屈；頭最長肌使頭部同側旋轉	• 項韌帶，第 3~12 肋骨、胸椎及腰椎，薦正中嵴及薦外側嵴，胸腰部筋膜 • 乳突、頸和胸椎及所有肋骨	頸至腰神經的背枝
胸半棘肌 (Semispinalis Thoracis) (SEM-ee-spy-NAY-liss tho-RA-sis)	伸展及對側旋轉脊柱	• T6~T10 椎骨 • C6~T4 椎骨	頸及胸神經的背枝

圖 11.21 作用於脊柱的肌肉。圖中右側較左側更深層。 AP|R

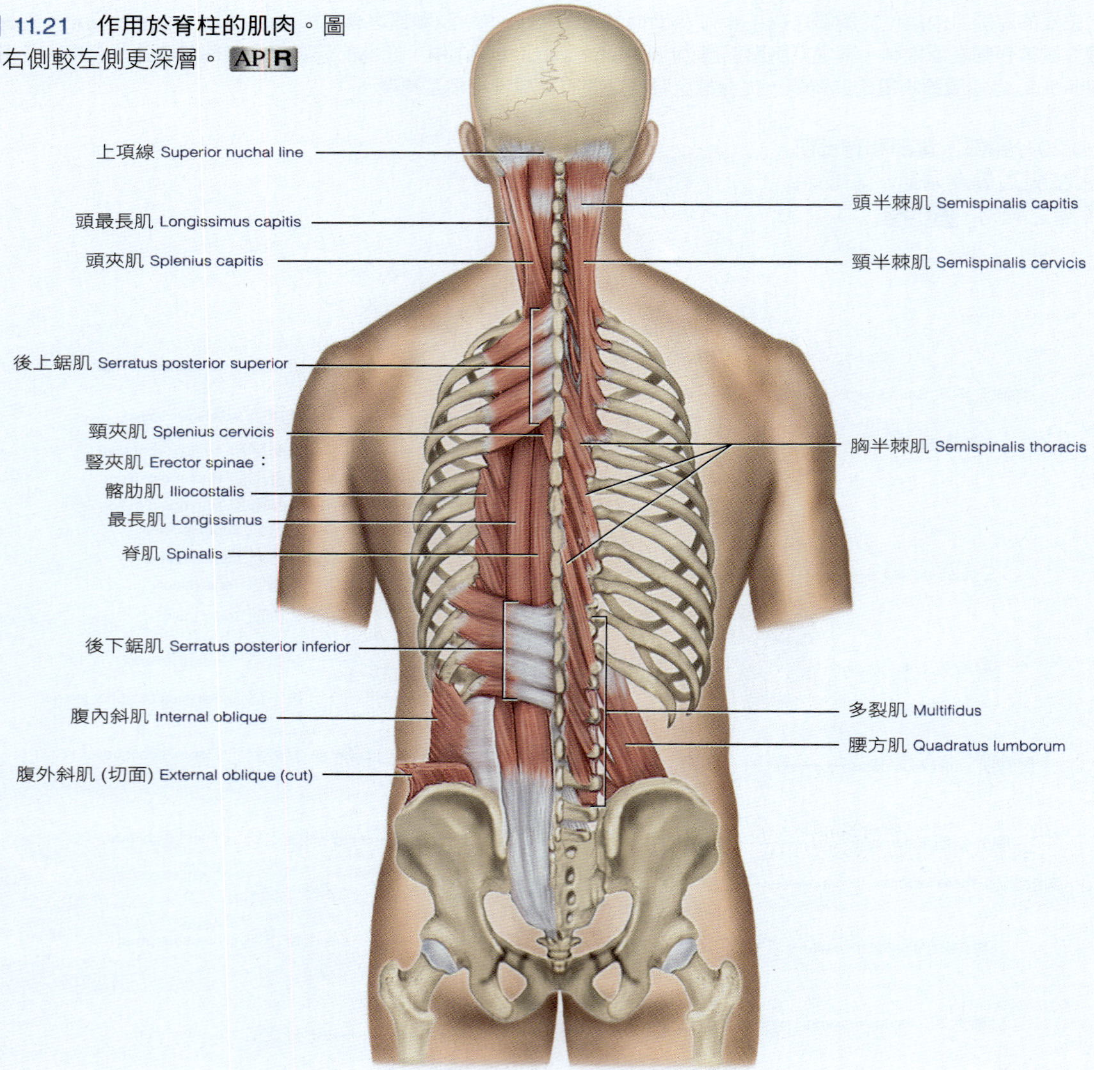

49 *erector* = that which straightens 直的；*spinae* = of the spine 脊柱的

表 11.7 背部肌肉 (續)

名稱	作用	骨骼附著點	神經支配
腰方肌 (Quadratus Lumborum)[50] (quad-RAY-tus lum-BORE-um)	單側收縮使腰椎同側屈曲；雙側收縮伸展腰椎。透過固定第 12 對肋骨及穩定橫膈膜的下方附著點來輔助呼吸	• 髂嵴、髂腰韌帶 • 第 12 對肋骨及椎骨 L1~L4	T12~L4 脊神經之前枝
多裂肌 (Multifidus)[51] (mul-TIFF-ih-dus)	當豎脊肌作用於脊柱時，穩定相鄰的椎骨，維持姿勢，控制脊柱運動	• 椎骨 C4~L5，髂後上棘、薦骨、豎脊肌腱膜 • 椎板及棘突	頸至腰椎神經之背枝

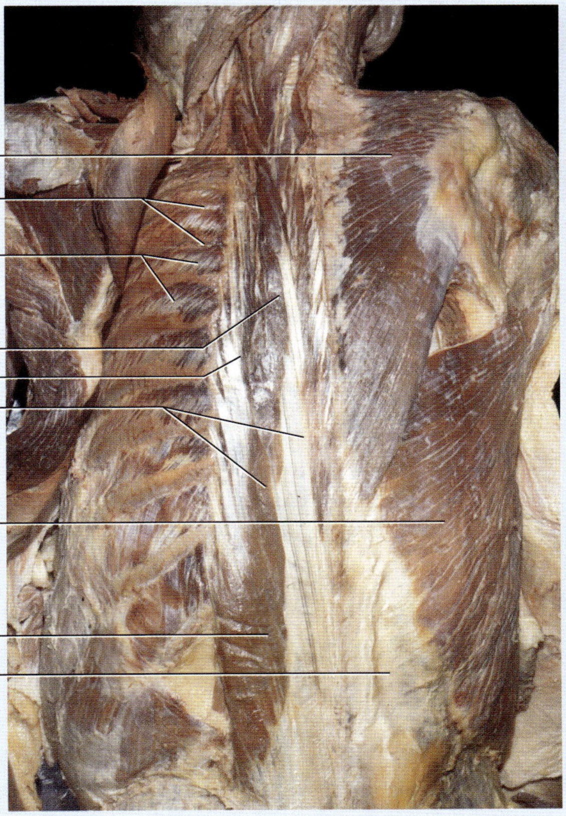

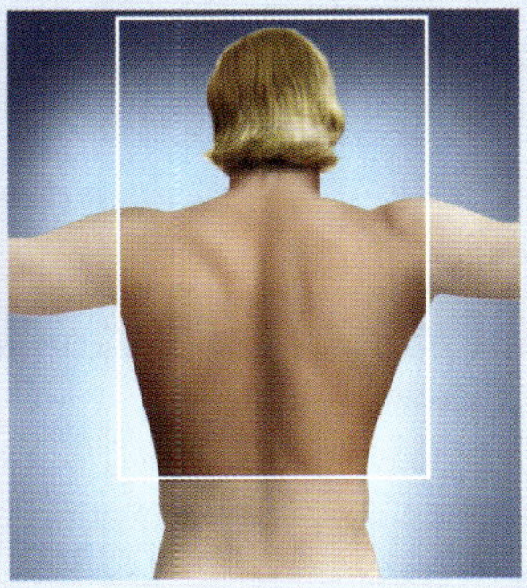

圖 11.22 大體的深層背部肌肉。

50 *quadrat* = four-sided 四面；*lumborum* = of the lumbar region 腰部區域
51 *multi* = many 很多；*fid* = branched 分支，sectioned 分段

表 11.8 骨盆底肌肉

骨盆腔的底部主要由*提肛肌* (levator ani) 的廣泛肌肉形成，其下方是大腿之間菱形區域的**會陰** (perineum) (PERR-ih-NEE-um)，四個骨骼標記為界線：前方是恥骨聯合、後方是尾骨，兩側是坐骨粗隆。肛管、尿道及陰道穿過骨盆底及會陰。會陰前半部是**泌尿生殖三角** (urogenital triangle)、後半部是**肛門三角** (anal triangle)(圖 11.23b)，此為婦產科重要標誌，強壯的**會陰纖維膜** (perineal membrane) 將泌尿生殖三角分隔成兩個肌肉腔室。會陰膜及皮膚之間的肌肉腔室稱為**會陰淺隙** (superficial perineal space)，而會陰膜及提肛肌之間的肌肉腔室稱為**會陰深隙** (deep perineal space)。我們探討這些結構時，從下方皮下開始向上至骨盆底。

會陰淺隙 (Superficial Perineal Space)：會陰淺層空間 (圖 11.23a) 包含三對肌肉：坐骨海綿肌、球海綿體肌及會陰淺橫肌。女性此區含有陰蒂；生殖器的各種腺體及勃起組織 (見圖 26.20)；及脂肪組織，脂肪組織延伸到陰阜及大陰唇並使其肥大。男性此區含有陰莖的根部。*坐骨海綿肌* (ischiocavernosus muscles) 從坐骨粗隆 (ischial tuberosities) 向陰莖或陰蒂匯聚成 V 形。男性的*球海綿體肌* (bulbocavernosus) 在陰莖根部周圍形成鞘；女性則像括號一樣包圍陰道。*會陰淺橫肌* (superficial transverse perineal muscles) 從坐骨粗隆延伸至牢固的正中纖維肌性固定點，即**會陰體** (perineal body)；及從會陰體向前方延伸的正中縫，稱為**會陰縫** (perineal raphe)(RAY-fee)。會陰淺橫肌可能協助固定會陰體，但其發育較弱且並不總是存在，因此在下列未列出。此層的其他兩對肌肉主要與性功能作用有關。

名稱	作用	骨骼附著點	神經支配
坐骨海綿體肌 (Ischiocavernosus)[52] (ISS-kee-oh-CAV-er-NO-sus)	透過壓縮器官的深層結構並迫使血液進入坐骨海綿體肌，來維持陰莖或陰蒂的勃起	• 坐骨枝及坐骨粗隆 • 包覆陰莖或陰蒂的內部結構	陰部神經
球海綿體肌 (Bulbospongiosus)[53] (BUL-bo-SPUN-jee-OH-sus)	膀胱排空後，從尿道排出殘留的尿液。有助於勃起陰莖或陰蒂。男性射精時，痙攣性收縮排出精液。在女性，有助於收縮陰道口，並排出前庭大腺分泌物	• 會陰體和正中縫 • 男性：包覆陰莖根 女性：恥骨聯合	陰部神經

會陰深隙 (Deep Perineal Space)：會陰深隙 (圖 11.23b) 包含成對的*會陰深橫肌* (deep transverse perineal muscles)，並僅在女性中具有*尿道壓肌* (compressor urethrae muscles)。會陰深橫肌將會陰體固定在正中平面，而會陰體再固定其他骨盆肌肉。女性*尿道外括約肌* (external urethral sphincter) 長期以來被認為是會陰深隙的一部分，目前被認為是尿道的一部分，而非骨盆底肌肉的一部分。

名稱	作用	骨骼附著點	神經支配
會陰深橫肌 (Deep Transverse Perineal)	會陰體固定其他骨盆肌肉；支持陰道和尿道	• 坐骨恥骨枝 • 會陰體	陰部神經
尿道壓肌 (Compressor Urethrae)	協助尿液滯留；僅存在女性	• 坐骨恥骨枝 • 左右尿道壓肌於下方之尿道外括約肌交會	陰神經；脊神經 S2~S4；骨盆內臟神經

肛門三角 (Anal Triangle)：肛門三角含*肛門外括約肌* (external anal sphincter) 及*肛尾韌帶* (anococcygeal ligament) (圖 11.23b)。肛門外括約肌是圍繞下肛管的管狀肌肉。肛尾韌帶是提肛肌的中間附著點，並連接尾骨。因此，肛尾韌帶是組成骨盆底結構之主要固定點。

名稱	作用	骨骼附著點	神經支配
肛門外括約肌 (External Anal Sphincter)	將糞便保留在直腸中，可以隨意控制排便	• 尾骨，會陰體 • 環繞肛管和肛門口	陰部神經；脊神經 S2～S4；骨盆內臟神經

52 *ischio* = ischium of the hip bone 髖骨之坐骨；*cavernosus* = corpus cavernosum of the penis or clitoris 陰莖或陰蒂的海綿體

53 *bulbo* = bulb of the penis 陰莖球；*spongiosus* = corpus spongiosum of the penis 陰莖海綿體

表 11.8 骨盆底肌肉 (續)

骨盆膈 (Pelvic Diaphragm)：骨盆膈 (圖 11.23c) 位於前述結構的深處，主要由左、右提肛肌所組成 (梨狀肌也呈現，但為下肢肌肉)。提肛肌橫跨骨盆出口的大部分，並形成小 (真) 骨盆的底部。骨盆膈分為三個部分，有時被認為獨立的肌肉——坐骨尾骨肌 [ischiococcygeus，又稱尾骨肌 (coccygeus)]、髂骨尾骨肌 (*iliococcygeus*) 及恥骨尾骨肌 (*pubococcygeus*)。左及右側之提肛肌匯聚在肛尾韌帶，間接固定在尾骨上。

提肛肌 (Levator Ani)[54] (leh-VAY-tur AY-nye)	壓迫肛管並增強肛門和尿道外部括約肌；支持子宮和其它骨盆腔內臟；幫助排便；垂直運動會影響腹腔和胸腔之間的壓力差，有助於深呼吸	• 小骨盆的內表面，從恥骨到閉孔內緣到坐骨棘 • 藉由肛尾體至尾骨；尿道、陰道及肛管壁	陰部神經；脊神經 S2~S3

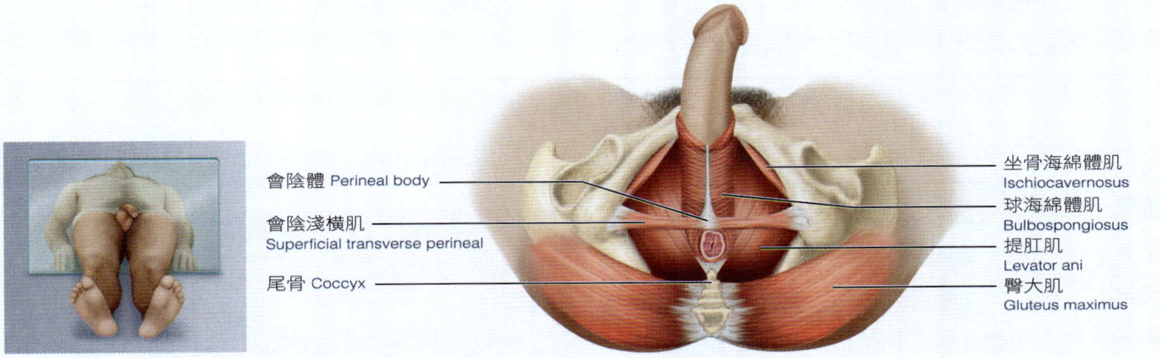

(a) 會陰淺隙、下面觀、男性

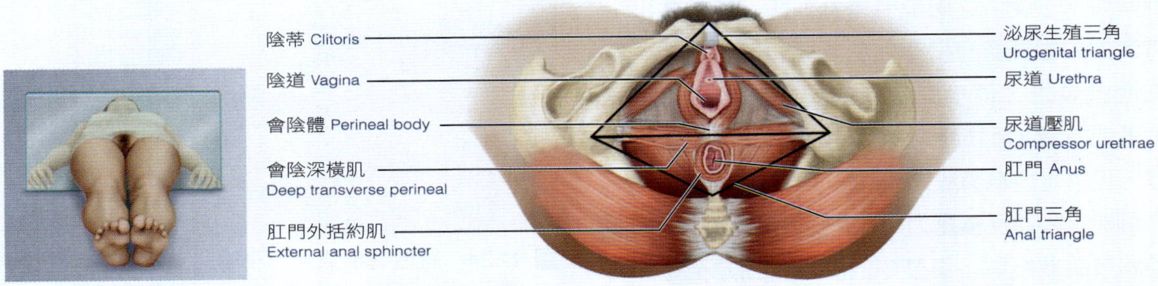

(b) 會陰深隙、下面觀、女性

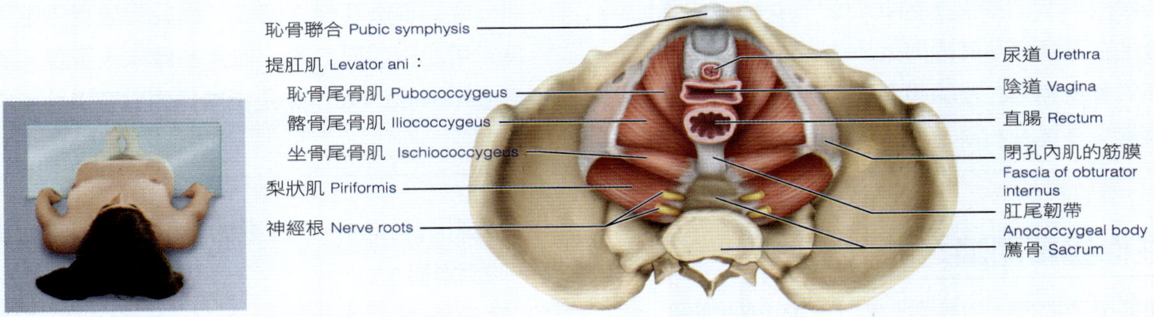

(c) 骨盆膈、上面觀、女性

圖 11.23 骨盆底肌肉。(a) 會陰淺隙 (男性)，下面觀；(b) 會陰深隙 (女性)，下面觀。此層除了陰道管之外，兩性幾乎相同，包含泌尿生殖三角及肛門三角。陰莖的根部沒有延伸到這一層；(c) 女性的骨盆膈膜，上面觀 (從骨盆腔內)。

54 *levat* = to elevate 上提；*ani* = of the anus 肛門的

臨床應用 11.3

舉重和背部受傷

當骨骼肌過度拉伸時，其肌節拉伸，粗肌絲及細肌絲幾乎沒有交疊。當刺激此種肌肉收縮時，肌凝蛋白之頭部較少能附著在肌動蛋白 (見 10.4a 節)，收縮力非常弱，並且肌肉及結締組織受到傷害。

當您完全向前彎腰且手摸腳趾時，豎脊肌會極度伸展。當站起來時，一開始由大腿後側的大腿後側肌群和臀部的臀大肌收縮，接著豎脊肌部分收縮，參與此作用。然而，突然地站立或不適當方式舉起重物可能會使豎脊肌拉緊，引起痛苦的肌肉痙攣，下背部的肌腱及韌帶撕裂，並使椎間盤破裂。腰部肌肉適合維持姿勢，不適合舉重。這就是為何在舉重時，需著重在於屈曲膝部，使用大腿及臀部的強大伸肌來舉起負重。

臨床應用 11.4

疝氣

疝氣 (hernias) 是內臟穿過腹盆腔肌肉壁於薄弱處突出，*腹股溝疝氣* (inguinal hernia) 是最常見需要治療之類型 (圖 11.24)。男性胎兒，睪丸會經由腹股溝肌肉形成之腹股溝管，從骨盆腔下降到陰囊。小囊袋之腹膜隨睪丸下降，通常在出生時消失，當囊袋持續存在於嬰兒和兒童時期，疝氣就會發生，使小腸進入囊袋中並出現於陰囊附近或陰囊 (*間接疝氣*)。成年疝氣可能看起來相似，但常是因為腹股溝管減弱 (*直接疝氣*) 所致。這可能是因為反覆壓力 (如舉重) 所導致，當橫膈膜和腹肌收縮時，腹腔中的壓力會上升至每平方英寸 1500 磅——超過正常壓力的 100 倍，會減弱腹股溝管的強度，因此破裂。女性腹股溝疝氣發生在骨盆底及其他附近部位。

疝氣會也發生在橫膈膜和肚臍，40 歲以上過重者最常見*食道裂孔疝氣* (hiatal hernia)，這是指胃的一部分穿過橫膈膜伸入胸腔，由於胃酸反流進入食道，可能引起胃灼熱，但大多數未被發現。*臍疝氣* (umbilical hernia) 是指腹部內臟穿過肚臍突出。

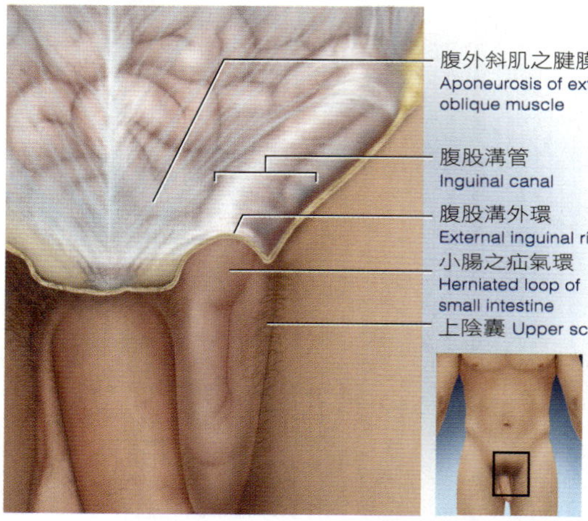

圖 11.24　腹股溝疝氣。一小腸段穿過腹股溝管進入皮膚下方的空間。

在你繼續閱讀之前

回答下列問題，以檢驗你對上節內容的理解：

16 外肋間肌或內肋間肌哪種肌肉較常被使用？請說明。

17. 請解釋肺通氣如何影響腹部壓力，反之亦然。

18. 請說出背部的一條主要的淺層肌和兩條主要的深層肌。

19. 定義會陰 (perineum)、泌尿生殖三角 (urogenital triangle) 及肛門三角 (anal triangle)。

20. 在會陰淺隙、泌尿生殖膈膜及骨盆膈中各說出一個肌肉及其功能。

學習指南

評估您的學習成果

為了測試你的知識，請與學習夥伴討論以下話題，或以書面形式討論，最好是憑記憶。

一般

1. 對於學習指南、課程或教師所提及之肌肉，能在模型、照片、圖表或解剖切片辨識定位；在生物體上觸摸到此肌肉或肌腱；並說出其在骨骼的附著點、支配神經及作用。

11.1 肌肉結構的組成

1. 肌肉結構與肌內膜、肌束膜和肌外膜的關係。
2. 骨骼肌之肌束的組成為何？肌束走向與肌肉形狀之間的關係為何？
3. 五種肌肉基本形狀的術語。
4. 筋膜、肌肉、皮膚和骨骼之間的關係。
5. 肌肉腔室和肌間中隔。
6. 比較間接及直接肌肉的附著。
7. 腱膜與肌腱的關係，並舉出腱膜的例子。
8. 肌肉起端和止端之傳統含義，及此術語的缺點。
9. 內在肌與外在肌的差異，及舉出兩者的例子。

11.2 肌肉、關節及槓桿

1. 肌肉作用的含義。
2. 肌肉扮演不同角色作為原動肌、協同肌、拮抗肌及固定肌。
3. 槓桿的三個基本組成部分及其相對位置如何定義第一類、第二類及第三類槓桿。
4. 為何單一個肌肉骨骼之槓桿無法產生最大速度及力量。
5. 機械優勢的計算及其數值與肌肉骨骼之槓桿產生的速度或力之間的關係。

11.3 骨骼肌的學習方法

1. 能夠翻譯常在肌肉命名中使用的字彙，並說明肌肉大小、形狀、位置、頭數、方向及作用等特徵(表 11.1)。
2. 肌肉之神經支配的含義；腦神經、脊神經與肌肉之間的關係；以及這些神經的通用符號。

11.4 頭頸部肌肉

1. 枕額肌 (兩個起頭) 及其與帽狀腱膜的關係 (表 11.2)。
2. 眼球區域的三塊肌肉：眼輪匝肌 (orbicularis oculi)、提上瞼肌 (levator palpebrae superioris) 和皺眉肌 (corrugator supercilii)(表 11.2)。
3. 鼻區的鼻肌 (nasalis muscle)(表 11.2)。
4. 蝸軸位置及與口腔、頰部肌肉的關係。
5. 口腔區域的九塊肌肉：口輪匝肌 (orbicularis oris)、提上唇肌 (levator labii superioris)、提口角肌 (levator anguli oris)、顴大肌 (zygomaticus major)、顴小肌 (zygomaticus minor)、笑肌 (risorius)、降口角肌 (depressor anguli oris) 及降下唇肌 (depressor labii inferioris)(表 11.2)。
6. 頰部、頦部及前頸的三塊肌肉：頦肌 (mentalis)、頰肌 (buccinator) 和闊頸肌 (platysma)(表 11.2)。
7. 舌內在肌及外在肌之間的差異。
8. 四種舌的外在肌——頦舌肌 (genioglossus)、舌骨舌肌 (hyoglossus)、莖突舌肌 (styloglossus) 及腭舌肌 (palatoglossus)(表 11.3)。
9. 四塊咀嚼肌肉——顳肌 (temporalis)、嚼肌 (masseter)、內翼肌 (medial pterygoid) 及外翼肌 (lateral pterygoid)(表 11.3)。
10. 舌骨上肌群及舌骨下肌群之間的差異。
11. 舌骨上肌群的四種肌肉——二腹肌 (digastric)、頦舌骨肌 (geniohyoid)、下頜舌骨肌 (mylohyoid) 和莖突舌骨肌 (stylohyoid)(表 11.3)。
12. 舌骨下肌群的四種肌肉——肩胛舌骨肌 (omohyoid)、胸骨舌骨肌 (sternohyoid)、甲狀舌骨肌 (thyrohyoid) 及胸骨甲狀肌 (sternothyroid)(表 11.3)。
13. 三個咽縮肌 (pharyngeal constrictors) 及其吞嚥之作用 (表 11.3)。
14. 頸部的四個屈肌——胸鎖乳突肌 (sternocleidomastoid) 和三條斜角肌 (three scalene muscles)。
15. 相對於胸鎖乳突肌的位置分為前頸三角和後頸三角。
16. 頸部的五種主要伸肌——斜方肌 (trapezius)、頭夾肌 (splenius capitis)、頸夾肌 (splenius cervicis)、頭半棘肌 (semispinalis capitis) 及頸半棘肌 (semispinalis cervicis)(表 11.4)。

11.5 軀幹肌肉

1. 橫膈膜 (diaphragm) 及三層肋間肌 (intercostal muscles) ——肋間外肌 (external)、肋間內肌 (internal) 及最內肋間肌 (innermost intercostals)(表 11.5)。
2. 其他胸部及腹盆腔之肌肉對於呼吸的貢獻。
3. 形成腹壁的四個主要肌肉——腹外斜肌 (external oblique)、腹內斜肌 (internal oblique)、腹橫肌 (transverse abdominal) 和腹直肌 (rectus abdominis)(表 11.6)。
4. 腹肌與腹直肌鞘 (rectus sheath)、腹股溝韌帶 (inguinal ligament)、白線 (linea alba) 和半月線

(linea semilunaris) 的關係。
5. 豎脊肌及其三列肌肉—— 髂肋肌群 (iliocostalis)、最長肌群 (longissimus) 及棘肌群 (thoracis)，以及每列的區域細分 (腰、胸、頸和頭轉向，每列有所不同)(表 11.7)。
6. 胸半棘肌 (semispinalis thoracis)、腰方肌 (quadratus lumborum) 及多裂肌 (multifidus)(表 11.7)。
7. 胸腰筋膜及其與豎脊肌和腰方肌的關係。
8. 會陰的界線；兩個三角區；及其兩個肌肉區。
9. 會陰淺隙的兩個主要肌肉—— 坐骨海綿體肌 (ischiocavernosus) 及球海綿體肌 (bulbospongiosus)(表 11.8)。
10. 會陰深隙及其主要肌肉，會陰深橫肌 (deep transverse perineal muscle)(表 11.8)；會陰深部之解剖學的性別差異。
11. 肛門三角之肛門外括約肌 (external anal sphincter) 及肛尾韌帶的重要性。
12. 骨盆膈膜及提肛肌 (levator ani muscles)。

回憶測試

1. 下列哪些肌肉是豎脊肌的拮抗肌？
   a. 胸半棘肌 (semispinalis thoracis)
   b. 腹直肌 (rectus abdominis)
   c. 腰方肌 (quadratus lumborum)
   d. 斜方肌 (trapezius)
   e. 頭夾肌 (splenius capitis)
2. 肌肉名稱中的詞彙______與頭部功能相關。
   a. cervicis
   b. carpi
   c. capitis
   d. hallucis
   e. teres
3. 下列何者不是舌骨上肌？
   a. 頦舌肌 (genioglossus)
   b. 頦舌骨肌 (geniohyoid)
   c. 胸骨舌骨肌 (stylohyoid)
   d. 下頜舌骨肌 (mylohyoid)
   e. 二腹肌 (digastric)
4. 下列何肌肉是頸部的伸肌？
   a. 腹外斜角肌 (external oblique)
   b. 胸鎖乳突肌 (sternocleidomastoid)
   c. 頭夾肌 (splenius capitis)
   d. 髂肋肌 (iliocostalis)
   e. 闊背肌 (latissimus dorsi)
5. 下列何者是骨盆底之最深層肌肉？
   a. 會陰淺橫肌 (superficial transverse perineal)
   b. 球海綿體肌 (bulbospongiosus)
   c. 坐骨海綿體肌 (ischiocavernosus)
   d. 會陰深橫肌 (deep transverse perineal)
   e. 提肛肌 (levator ani)
6. 在肌肉中，何種結締組織最深層？
   a. 肌束 (fascicle)
   b. 腱膜 (aponeurosis)
   c. 肌束膜 (perimysium)
   d. 肌外膜 (epimysium)
   e. 肌內膜 (endomysium)
7. ______使下腭的橫向咀嚼運動。
   a. 翼狀肌 (pterygoids)
   b. 顳肌 (temporalis)
   c. 舌骨舌肌 (hyoglossus)
   d. 顴大肌及顴小肌 (zygomaticus major and minor)
   e. 笑肌 (risorius)
8. 以下所有肌肉均作用於脊柱，除了下列何者？
   a. 後上鋸肌 (serratus posterior superior)
   b. 胸髂肋肌 (iliocostalis thoracis)
   c. 胸最長肌 (longissimus thoracis)
   d. 胸棘肌 (spinalis thoracis)
   e. 多裂肌 (multifidus)
9. 有助於咀嚼而不移動下頜骨的肌肉是
   a. 顳肌 (temporalis)
   b. 頦肌 (mentalis)
   c. 頰肌 (buccinator)
   d. 提口角肌 (levator anguli oris)
   e. 頸夾肌 (splenius cervicis)
10. 圖 11.20 中的菱形肌將被分類為______肌肉。
    a. 梭狀肌 (fusiform)
    b. 雙羽狀 (bipennate)
    c. 單羽狀 (unipennate)
    d. 平行肌 (parallel)
    e. 三角形肌 (triangular)
11. 脊椎伸展的原動肌是______。
12. 射精是由______肌肉收縮所引起的。
13. 任何會移動腳趾、但其肌腹在腿上被視為腳部______肌肉。
14. 顧名思義，______神經控制著舌頭的肌肉。
15. 以兩條肌腹命名的肌肉______，可以張開口。
16. 會陰的前半部是稱為______的區域。
17. 腹部腱膜會聚在腹部的中間之纖維帶上，稱為______。
18. 甲狀舌骨肌附著在______的甲狀軟骨上。
19. ______肌從上胸中部至耳朵後面附著，像 V 一樣發散。
20. 上背部的最大肌肉是______。

答案在附錄 A

建立您的醫學詞彙

說出每個詞彙的含義，並從本章中給出一個使用該詞彙的醫學專有名詞或稍微的改變該詞彙。

1. delt-
2. levat-
3. oculo-
4. apo-
5. epi-
6. digito-
7. labio-
8. ipsi-
9. glosso-
10. di-

答案在附錄 A

這些陳述有什麼問題？

簡要說明下列各項陳述為什麼是假的，或將其改寫為真。

1. 胸鎖乳突肌主要是胸骨的固定肌。
2. 闊背肌位於斜方肌的上方。
3. 頭夾肌和頭半棘肌的收縮使您可以屈曲頸部並向下看，像在讀書或進食時一樣。
4. 顳肌使下頜骨的外側和內側移動很重要。
5. 斜方肌的收縮主要貢獻於腰部的側屈。
6. 骨骼系統中任何第一類的槓桿其輸出端之作用力相較輸入端肌肉施力更大。
7. 橫膈膜上方有肺臟，橫膈膜下方有三個下面的胸椎及第 10-12 對肋骨。
8. 肌束膜包覆整個肌肉，並將其與相鄰的肌肉分開。
9. 口輪匝肌是咀嚼的肌肉之一。
10. 所有的腦神經支配頭部及頸部的肌肉。

答案在附錄 A

測試您的理解力

1. 說出以下肌肉的一個拮抗肌：(a) 眼輪匝肌、(b) 頦舌肌、(c) 嚼肌、(d) 胸鎖乳突肌，及 (e) 腹直肌。
2. 說出以下肌肉的一個協同肌：(a) 顳肌、(b) 橫膈膜、(c) 闊頸肌、(d) 頭半棘肌，及 (e) 球海綿體肌。
3. 牙科手術、疫苗接種、HIV 感染及其他感染有時會損傷顏面神經的分支，並減弱或麻痺其支配的肌肉，若眼輪匝肌及頰肌癱瘓可能是何神經受損。
4. 從頸部切除癌性淋巴結有時需要切除單側的胸鎖乳突肌，這將如何影響患者的頭部運動範圍？
5. 臨床應用 10.1 指出，美國食品藥品監督管理局 (FDA) 批准肉毒桿菌毒素化妝品僅用於治療眉毛之間的皺眉線。您在本章中學到的知識中，為遵循這些指導原則的醫師會將肉毒桿菌毒素注射到何肌肉中？

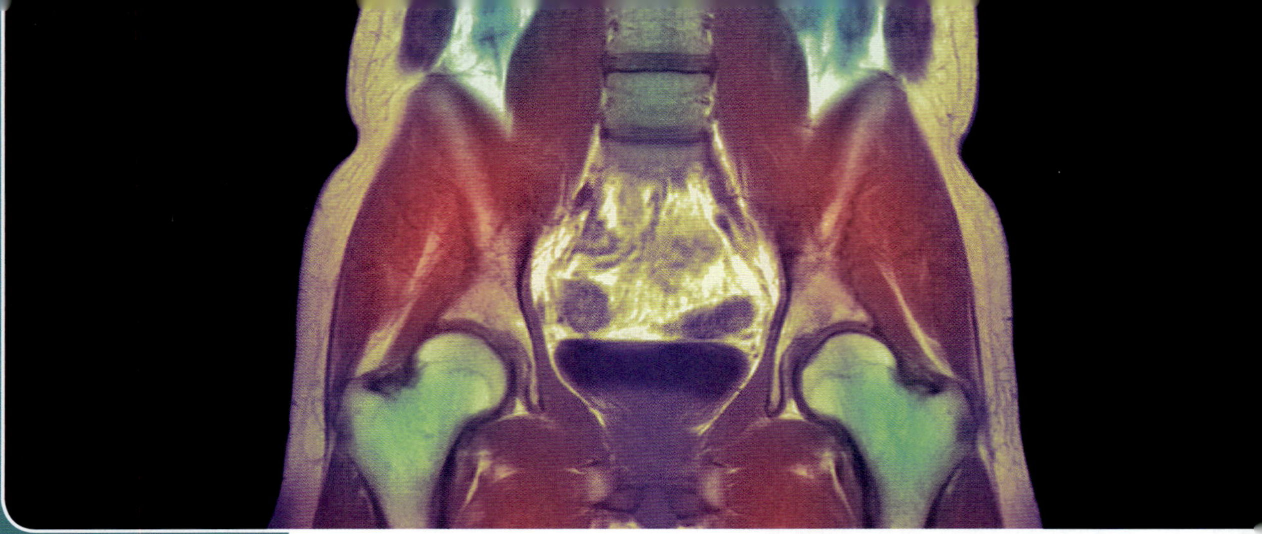

腰部和骨盆區肌肉的核磁共振造影 (MRI)

CHAPTER 12 肌肉系統 III 附肢肌肉

李靜恬

章節大綱

12.1 作用於肩部及上肢的肌肉
- 作用於肩部的肌肉 (表 12.1)
- 作用於上臂的肌肉 (表 12.2)
- 作用於前臂的肌肉 (表 12.3)
- 作用於手腕及手部的肌肉 (表 12.4)
- 手部的內在肌 (表 12.5)

12.2 作用於髖部及下肢的肌肉
- 作用於髖部及大腿的肌肉 (表 12.6)
- 作用於膝部及小腿的肌肉 (表 12.7)
- 作用於足部的肌肉 (表 12.8)
- 足部的內在肌 (表 12.9)

12.3 肌肉損傷

學習指南

臨床應用

12.1 肌肉注射

12.2 腕隧道症候群

12.3 大腿後肌群損傷

複習

要瞭解本章，您可能會發現複習以下概念會有所幫助：

- 肢體區域的術語 (1.2d 節)
- 附肢骨的解剖學 (第 8 章)
- 關節作用的術語 (9.2c 節)
- 肌肉的形狀 (梭狀、羽狀、環狀等)(11.1a 節)
- 原動肌、協同肌、拮抗肌和固定肌 (11.2a 節)
- 內在肌及外在肌 (11.1b 節)
- 肌肉的神經支配 (11.3b 節)
- 常用於肌肉命名的希臘語和拉丁語詞彙 (表 11.1)

Anatomy & Physiology REVEALED®
aprevealed.com

模組 6：肌肉系統

附肢肌肉不僅是上肢及下肢的肌肉，還包含突出於軀幹而作用於四肢的肌肉。在大多數脊椎動物，這些肌肉提供局部運動之外較多的作用，如挖洞 (鼴鼠) 及物體有限操縱 (松鼠，浣熊)。然而，人類的站立有許多演化上的改變—大型且肌肉發達的下肢，可以站立、行走及奔跑；上肢的肌肉量較小，但關節活動度較大，一系列並排較小的肌肉適合攀爬，更重要的是，可以精確地操縱物體。在本章，我們探討附肢肌肉的四個主要肌群——肩帶、上肢、骨盆帶及下肢。我們也討論幾種肌肉損傷，肌肉損傷在附肢區域比中軸區域更常見。

12.1 作用於肩部及上肢的肌肉

預期學習成果

當您完成本節後，您應該能夠

a. 說出作用在肩、上臂、前臂、手腕和手部的肌肉名稱及其部位；
b. 將這些肌肉的作用與 9.2c 節描述的關節作用相關聯；和
c. 描述每塊肌肉的附著點及神經支配。

上肢及下肢具有大量的肌肉，主要用於身體動作及操縱物體。儘管這些數量多、具學習挑戰，但是肌肉排列有邏輯與其功能相關，容易理解。肌肉名稱通常指出其功能與位置，如尺側屈腕肌 (flexor carpiulnaris) 即是「尺側的腕部屈肌 (與尺骨相關)」。屈肌位於前臂的前側，可以使手腕向前屈曲，這名稱讓我們知道它位於前臂的尺骨側 (內側)。複習表 11.1 有關肌肉的命名，並注意本章之註腳對您會很有幫助，直到像屈肌 (flexor) 與尺骨 (ulnaris) 這些術語，能直覺地記住。

肌肉腔室 (muscle compartments) 在 11.1a 節已經說明，您會發現在本章呈現之表格中，上肢的肌肉分為前腔室及後腔室，下肢的肌肉也分前、後、內側及外側腔室。

上肢可用於各種有力且精細動作，從攀爬、抓握、投擲到書寫，彈奏樂器及操縱小物體。表 12.1~12.5 及圖 12.1~12.8 及圖 12.10 將這些肌肉分為作用於肩胛骨的肌肉、作用於肱骨及肩關節的肌肉、作用於前臂及肘關節的肌肉、位於前臂作用於手腕及手部的外在肌，及位於手部作用在手指上的內在肌。

表 12.1 作用於肩部的肌肉

作用於肩帶的肌肉源自中軸骨，以及止端為鎖骨與肩胛骨。肩胛骨鬆散地附著在胸籠，並能進行活動度大運動 (圖 12.1)，包括旋轉 (上提及降低肩部的頂端)、抬高和下壓 (如聳肩和放下肩部) 以及前引和回縮 (向前和向後拉動肩部)，鎖骨支撐肩部並緩和這些動作。

前面肌群 (Anterior Group)：肩帶的肌肉分為前面肌群及後面肌群 (圖 12.2)。前面肌群主要肌肉是胸小肌 (pectoralis minor) 及前鋸肌 (serratus anterior)(見圖 11.19b)，胸小肌源自第 3~5 肋骨頭，並匯聚於肩胛骨的喙突。前鋸肌源自所有或幾乎所有的肋骨，環繞胸部側面，並越過肋骨架及肩胛骨之間的背部，止端為肩胛骨的內側緣 (椎骨側)。因此，當前鋸肌收縮時，肩胛骨沿著肋骨周圍向外側及並稍微向前滑動。

名稱	作用	骨骼附著點	神經支配
胸小肌 (Pectoralis[1] Minor) (PECK-toe-RAY-lis)	伴隨前鋸肌，在胸壁周圍向外側與前側牽引肩胛骨，使肩部前引，如伸手開門把；伴隨其他肌肉一起旋轉肩胛骨並下壓肩部之頂端，就像向下提起手提箱一樣	• 第 3~5 肋骨及覆蓋其上之筋膜 • 肩胛骨的喙突	胸內側及外側神經

1 *pectoral* = of the chest 胸部的

表 12.1 作用於肩部的肌肉 (續)

前鋸肌 (Serratus[2] Anterior) (serr-AY-tus)	將肩胛骨固定至肋骨架；伴隨胸小肌，在胸壁周圍向外側及前側牽引肩胛骨。肩胛骨前伸，這是所有向前、投擲及推動作用的主要原動肌 (稱為「拳擊手的肌肉」，是因其如拳擊手戳刺的強大推力作用)；可以旋轉肩胛骨，以抬高肩部的頂端，如提起行李箱；固定肩胛骨時，外展手臂	• 所有或幾乎所有的肋骨 • 肩胛骨內側緣	胸長神經

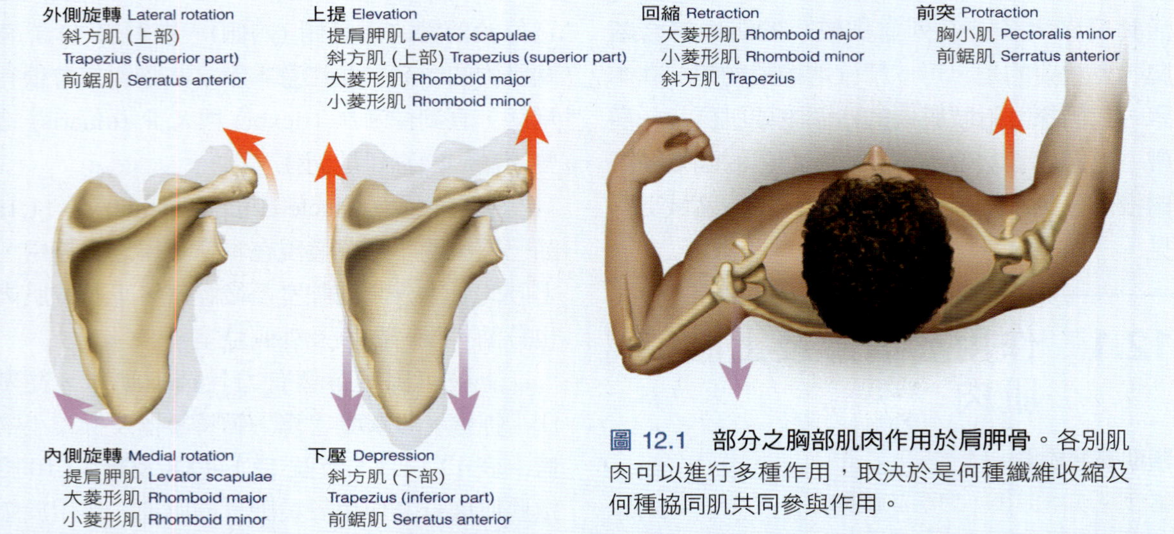

圖 12.1 **部分之胸部肌肉作用於肩胛骨**。各別肌肉可以進行多種作用，取決於是何種纖維收縮及何種協同肌共同參與作用。

後側肌群 (Posterior Group)：作用於肩胛骨的後側肌肉包括已討論之大型淺層斜方肌 (表 11.4)，以及三塊深部肌肉：*小菱形肌* (rhomboid minor)、*大菱形肌* (rhomboid major) 及*提肩胛肌* (levator scapulae)(見圖 11.20)。斜方肌作用依據是否上、中或下纖維收縮以及是單獨作用或與其他肌肉共同作用。若提肩胛肌或斜方肌的上纖維單獨作用時，使肩胛骨往相反的方向旋轉。若兩者一起收縮，則相反方向旋轉效果會相互平衡，並抬高肩胛骨和肩部，就如您將行李箱從地板上舉起。肩胛骨下壓主要透過重力拉動發生，但是斜方肌和前鋸肌可以更快、更強力地下壓肩胛骨，如游泳、錘擊及划船。

名稱	作用	骨骼附著點	神經支配
斜方肌 (Trapezius) (tra-PEE-zee-us)	在手臂運動時穩定肩胛骨和肩部；抬高肩的頂端；伴隨其他肌肉旋轉及回縮肩胛骨，如拉繩；在游泳和敲打時會快速、強制下壓肩胛骨 (另請見表 11.4 中頭頸部運動的作用)	• 枕外隆凸；上項線內側三分之一；項韌帶；C7~T12 椎骨棘突 • 肩胛骨的肩峰及肩胛棘；鎖骨外側三分之一	副神經
提肩胛肌 (Levator Scapulae) (leh-VAY-tur SCAP-you-lee)	固定頸椎時，則抬高肩胛骨；固定肩胛骨，則側屈頸部；回縮肩胛骨並支撐肩部；旋轉肩胛骨並下壓肩部頂端	• C1~C4 椎骨橫突 • 肩胛骨內側緣的上角	脊神經 C3~C4 及 C5 經由肩胛背神經
小菱形肌 (Rhomboid Minor)[3] (ROM-boyd)	回縮肩胛骨及支撐肩部；上臂運動時，固定肩胛骨	• C7~T1 椎骨棘突；項韌帶 • 肩胛骨內側緣	肩胛背神經
大菱形肌 (Rhomboid Major)	與小菱形肌相同	• T2~T5 椎骨棘突 • 肩胛骨內側緣	肩胛背神經

2 *serrat* = scalloped 扇形，zigzag 鋸齒形

3 *rhomb* = rhombus 菱形；*oid* = like 喜歡；*minor* = small 小

表 12.2 作用於上臂的肌肉

中軸肌肉 (Axial Muscles)：九塊肌肉跨越肩關節，終止於肱骨，其中起源於中軸骨的胸大肌 (pectoralis major) 及闊背肌 (latissimus dorsi) 也被認為是中軸肌肉 (圖 12.2 和 12.3)。胸大肌是乳房區域厚實的肉質肌肉，而闊背肌是從腰部延伸到腋窩的背部寬闊的肌肉。這些肌肉將手臂連接到軀幹，且是肩關節的原動肌。腋窩是這兩塊肌肉之間的凹陷區。

名稱	作用	骨骼附著點	神經支配
胸大肌 (Pectoralis Major) (PECK-toe-RAY-liss)	屈曲、內收及內旋肱骨，如在攀爬或擁抱時；協助深吸氣	• 鎖骨內側；胸骨的外側緣；第 1~7 肋軟骨；腹外斜肌之腱膜 • 肱骨結節間溝的外唇 (lateral lip)	胸內側及外側神經
闊背肌 (Latissimus Dorsi)[4] (la-TISS-ih-mus DOR-sye)	內收及內旋肱骨；如拉動划艇的船槳一樣，伸展肩關節。走路或打保齡球等動作時之手臂後擺；用雙手抓住頭頂上物體，將身體向前和向上拉，如攀爬；產生強壯手臂向下垂，如捶擊和游泳 (稱為「泳者肌肉」)；有助於深吸氣，打噴嚏和咳嗽時突然呼氣，及唱歌或吹奏樂器時長時間強制呼氣	• T7~L5 椎骨；下面 3 或 4 根肋骨；髂嵴；胸腰椎之筋膜 • 肱骨結節間溝的底部	胸背神經
肩胛骨肌肉 (Scapular Muscles)：肩部七塊肌肉因為源自肩胛骨被認為是肩胛骨肌肉，其中四塊構成旋轉肌袖，在後面說明。最明顯的肩胛骨肌肉是三角肌，覆蓋肩部的厚三角肌，是藥物注射常用部位，其前、外及後側纖維就像三塊不同的肌肉。			
三角肌 (Deltoid[5])	前側纖維屈曲並內旋上臂；外側纖維外展上臂；後側纖維伸展並外旋上臂；在走路或打保齡球時，擺動手臂；及各種手部操作任務時，調整手高度	• 肩胛骨的肩峰及肩胛棘；鎖骨 • 肱骨的三角肌粗隆	腋神經
大圓肌 (Teres Major)[6] (TERR-eez)	伸展並內旋肱骨；協助上臂擺動	• 肩胛骨下角 • 肱骨結節間溝之內唇	肩胛下神經
喙肱肌 (Coracobrachialis) (COR-uh-co-BRAY-kee-AL-iss)	屈曲及內旋上臂；在外展時抵抗上臂偏離額切面	• 肩胛骨喙突 • 肱骨幹的內側	肌皮神經

應用您的知識

由於肌肉只能拉動骨頭而不能推動，因此需要拮抗肌在關節處產生相反作用，就如三角肌能屈曲，也能伸展肩關節。

4 *latissimus* = broadest 最寬；*dorsi* = of the back 背面的
5 *deltoid* = triangular 三角形，如希臘大寫字母 Δ
6 *teres* = round 圓；*major* = larger 大

表 12.2 作用於上臂的肌肉 (續)

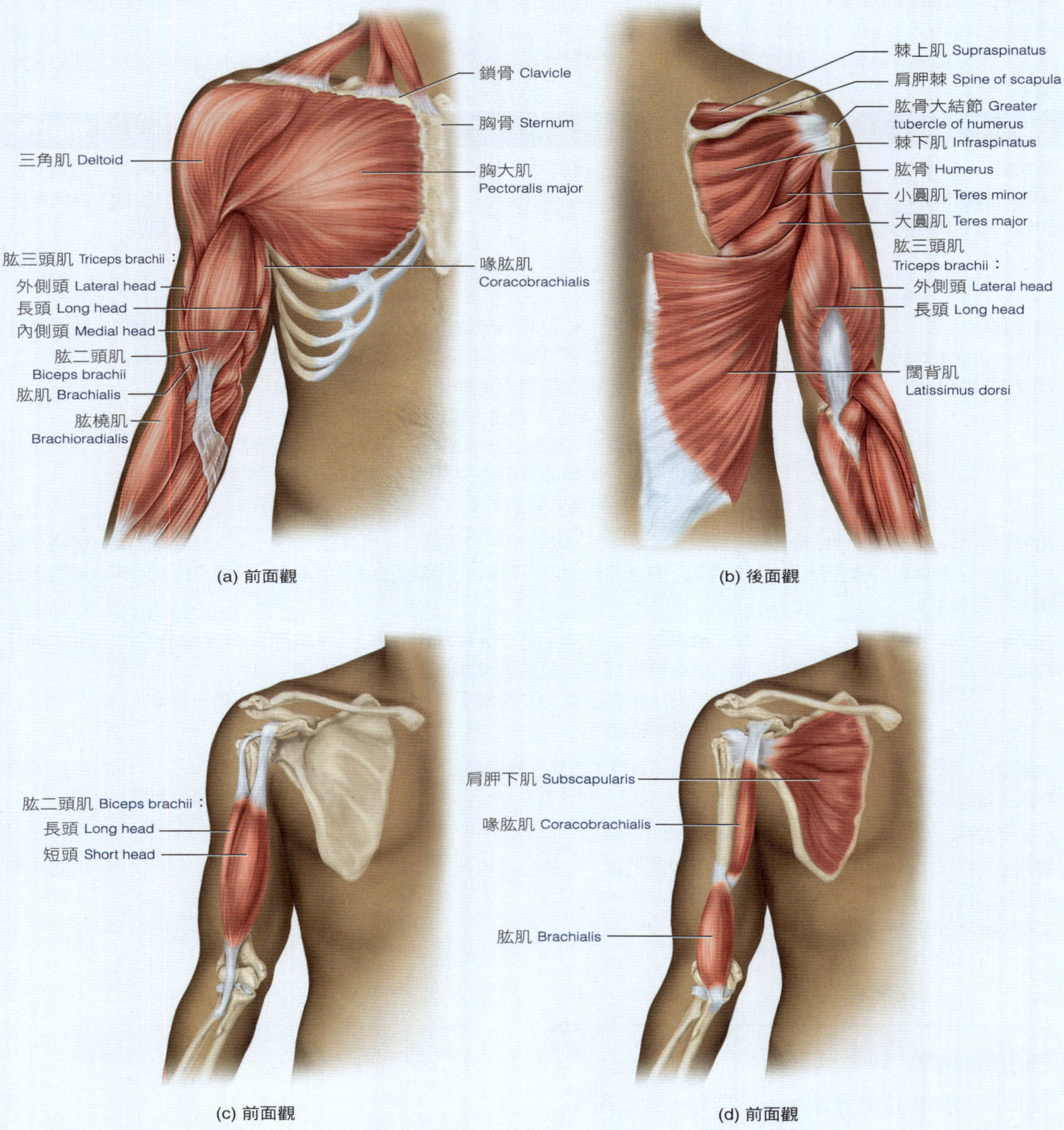

圖 12.2 胸部肌肉及上臂肌肉。(a) 淺層肌肉，前面觀；(b) 淺層肌肉，後面觀 (斜方肌已切除)；(c) 肱二頭肌，肘部屈肌；(d) 肱肌是肘部深層屈肌，及喙肱肌及肩胛下肌作用於肱骨。

• 何種肌肉可以作為胸大肌的拮抗肌？AP|R

表 12.2 作用於上臂的肌肉 (續)

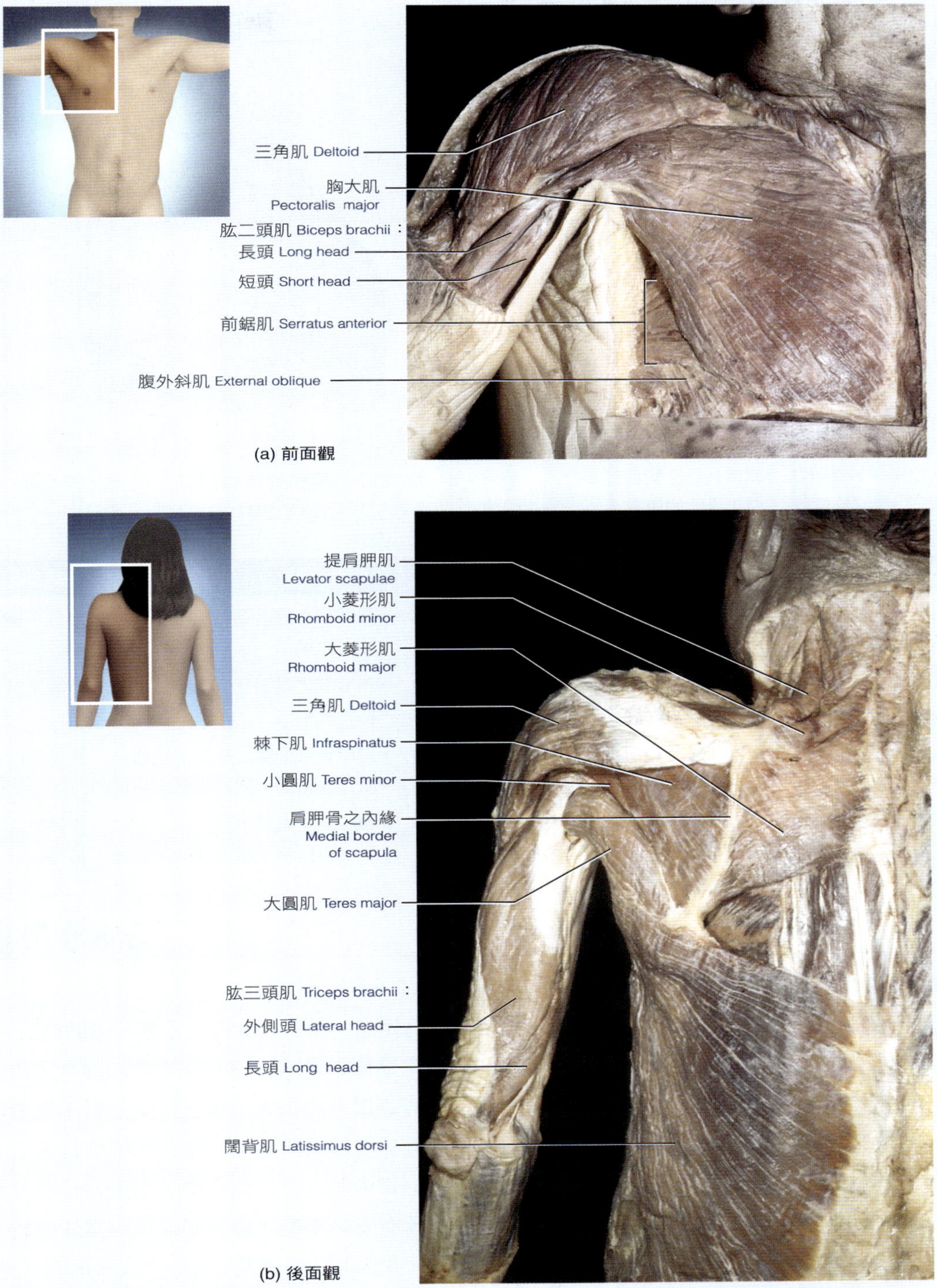

圖 12.3 大體的胸部肌肉及肱肌。(a) 右胸及肩部的前面觀；(b) 左上臂、肩部及上背部的後面觀。

表 12.2 作用於上臂的肌肉 (續)

旋轉肌袖 (Rotator Cuff)：四個肩胛骨肌肉的肌腱形成**旋轉肌袖** (rotator cuff)(圖 12.4)。這些肌肉包含棘上肌 (supraspinatus)、棘下肌 (infraspinatus)、小圓肌 (teres minor) 及肩胛下肌 (subscapularis)，依其字首暱稱為「SITS 肌肉」。前三塊肌肉位於肩胛骨後面 (圖 12.2b)。棘上肌及棘下肌位於肩胛棘上方之棘上窩及下方之棘下窩。小圓肌位於棘下肌之下方。肩胛下肌位於肩胛骨前面的肩胛下窩，位於肩胛骨和肋骨之間 (見圖 12.2d)。這些肌肉之肌腱至肱骨之前與肩關節囊融合，其終止於肱骨近端，在肱骨周圍形成局部套管。旋轉肌袖增強關節囊並將肱骨頭固定在關節盂中。

旋轉肌袖損傷常見於運動及娛樂時，尤其是當劇烈迴旋 (如投棒球及保齡球)，棘上肌之肌腱易受損。跌倒 (如滑雪時) 及從側面猛擊 (如曲棍球運動員被猛撞在木板上) 的傷害。

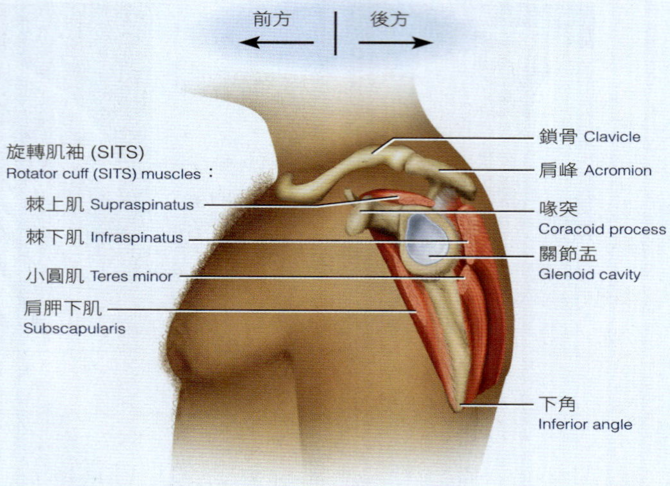

圖 12.4 與肩胛骨相關的旋轉肌袖之肌肉。側面觀。這些肌肉之前面觀及後面觀，請見圖 12.2b、d。

名稱	作用	骨骼附著點	神經支配
棘上肌 (Supraspinatus)[7] (SOO-pra-spy-NAY-tus)	協助三角肌外展上臂；放鬆上臂或負重時，可防止肱骨頭向下滑動	• 肩胛棘之棘上窩 • 肱骨大結節	肩胛下神經
棘下肌 (Infraspinatus)[8] (IN-fra-spy-NAY-tus)	調節三角肌作用，防止肱骨頭向上滑動；外旋肱骨	• 肩胛棘之棘下窩 • 肱骨大結節	肩胛下神經
小圓肌 (Teres Minor) (TERR-eez)	調節三角肌作用，防止上臂外展時肱骨頭向上滑動；內收並外旋肱骨	• 肩胛骨外側緣及相鄰之後表面 • 肱骨大結節；關節囊的後表面	腋神經
肩胛下肌(Subscapularis)[9] (SUB-SCAP-you-LERR-iss)	調節三角肌作用，防止上臂外展時肱骨頭向上滑動；內旋肱骨	• 肩胛骨之肩胛下窩 • 肱骨小結節；關節囊的前表面	上及下之肩胛下神經

臨床應用 12.1

肌肉注射

有較厚肌腹的肌肉常用於肌肉 (I.M.) 注射，由於肌肉注射的藥物會慢慢吸收到血液中，因此安全劑量較大 (最高 5 mL)，若直接注射到血液中可能會有危險甚至致命。肌肉注射也較皮下注射引起較少的組織刺激。

為了避免神經損傷或意外將藥物注入血管，必須瞭解解剖結構，解剖學知識能使臨床醫生對患者進行定位，使肌肉放鬆，減輕注射的痛苦。

通常藥物劑量達到 2 mL 適合注射至三角肌，約距肩峰以下兩指寬，當三角肌注射不當會傷害腋神經並引起肌肉萎縮。當藥物劑量超過 2 mL 則注射臀中肌之外上側象限，對坐骨神經及臀部大血管有安全距離。嬰兒和幼兒經常注射於大腿外側，是因其三角肌及臀部肌肉尚未發育完全。

7 *supra* = above 以上；*spin* = spine of scapula 肩胛骨的棘
8 *infra* = below 以下，under 下方；*spin* = spine of scapula 肩胛骨的棘
9 *sub* = below 以下，under 低於

表 12.3 作用於前臂的肌肉

肘部及前臂能進行屈曲、伸展、旋前及旋後四個作用，此是位於上臂及前臂的肌肉所執行。

位於上臂肌肉之肌腹 (Muscles with Bellies in the Arm; Brachium)：肘部主要的屈肌位於手臂的前腔室，即肱肌和肱二頭肌 (見圖 12.2c、d)。肱二頭肌 (biceps brachii) 呈現較大的前面隆起，健美運動員對其有極大興趣，但其下方的肱肌 (brachialis) 產生約 50% 的力量，是肘部屈曲的原動肌。肱二頭肌不僅是屈肌，且是功能強大的前臂旋後肌，其以兩個頭命名：**短頭** (short head)之肌腱來自肩胛骨的喙突，另一個**長頭** (long head) 之肌腱來自關節盂上緣，在肩部成環，並穩固肱骨在關節盂。兩個頭匯聚在靠近肘部之遠端單個肌腱上，其止端在前臂的橈骨及前臂內側的筋膜。

肱三頭肌 (triceps brachii) 是後腔室的三頭肌，是肘部伸展的原動肌 (見圖 12.2b)。

名稱	作用	骨骼附著點	神經支配
肱肌 (Brachialis) (BRAY-kee-AL-iss)	肘關節屈曲的原動肌	• 肱骨遠端的前表面 • 尺骨冠狀突及尺骨粗隆	肌皮神經、橈神經
肱二頭肌 (Biceps Brachii)[10] (BY-seps BRAY-kee-eye)	前臂快速或強力旋後；協同屈曲肘部、輕微屈曲肩部；長頭之肌腱將肱骨頭固定於關節盂，穩定肩膀	• 長頭——關節盂上緣 短頭——喙突 • 橈骨粗隆；前臂筋膜	肌皮神經
肱三頭肌 (Triceps[11] Brachii) (TRI-seps BRAY-kee-eye)	伸展肘部；伸展長頭及內收肱骨	• 長頭——關節盂下緣及關節囊 外側頭——肱骨近端的後表面 內側頭——肱骨幹的後表面 • 鷹嘴突；前臂筋膜	尺神經

位於前臂肌肉之肌腹 (Muscles with Bellies in the Forearm; Antebrachium)：多數前臂肌肉作用於手腕和手部，但是其中兩者是協助肘部屈曲及伸展之協同肌，三者為旋前及旋後作用。肱橈肌 (brachioradialis) 是前臂外側 (橈側) 的肌肉，位於肘部之遠端 (見圖 12.2a 和 12.6c)，源自肱骨遠端並終止於橈骨遠端。由於肱橈肌在橈骨的附著點距離肘部支點較遠，故產生的力不如肱肌及肱二頭肌。當肱肌及肱二頭肌已屈曲肘部時才有作用。肘肌是較弱的協同肌位於肘部後側，協助前臂伸展 (見圖 12.8b)。旋前是手腕附近的旋前方肌 (原動力) 及肘部附近的旋前圓肌來執行。旋後通常是由前臂上方之旋後肌的作用，肱二頭肌能輔助提供需要額外的速度或力量 (圖 12.5)。

名稱	作用	骨骼附著點	神經支配
肱橈肌 (Brachioradialis) (BRAY-kee-oh-RAY-dee-AL-iss)	屈曲肘部	• 肱骨外髁上嵴 (ridge) • 橈骨外側表面之莖突附近	橈神經
肘肌 (Anconeus)[12] (an-CO-nee-us)	伸展肘部；可能有助於控制旋前時的尺骨運動	• 股骨外上髁 • 尺骨鷹嘴突及後表面	橈神經
旋前方肌 (Pronator Quadratus)[13] (PRO-nay-tur quad-RAY-tus)	前臂旋前的原動肌；當透過手腕向前臂施力時，可以抵抗橈骨和尺骨的分離，如伏地挺身	• 尺骨遠端的前表面 • 橈骨遠端的前表面	正中神經
旋前圓肌 (Pronator Teres) (PRO-nay-tur TERR-eez)	僅在快速或有力的動作中協助旋前方肌之旋前；屈曲肘部較弱	• 肱骨幹靠近內上髁；尺骨冠狀突 • 橈骨幹的側面	正中神經
旋後肌 (Supinator) (SOO-pih-NAY-tur)	前臂旋後，如右手轉動門把手或將螺釘旋擰入木頭	• 肱骨外上髁；尺骨的旋後肌嵴及窩於橈骨切迹的遠端；肘部的橈側和尺側副韌帶 • 橈骨的近端三分之一	橈神經

10 *bi* = two 兩個；*ceps* = head 頭；*brachii* = of the arm 手臂
11 *tri* = three 三個；*ceps* = head 頭
12 *anconeus* = elbow 肘
13 *quadratus* = four-sided 四面

表 12.3 作用於前臂的肌肉 (續)

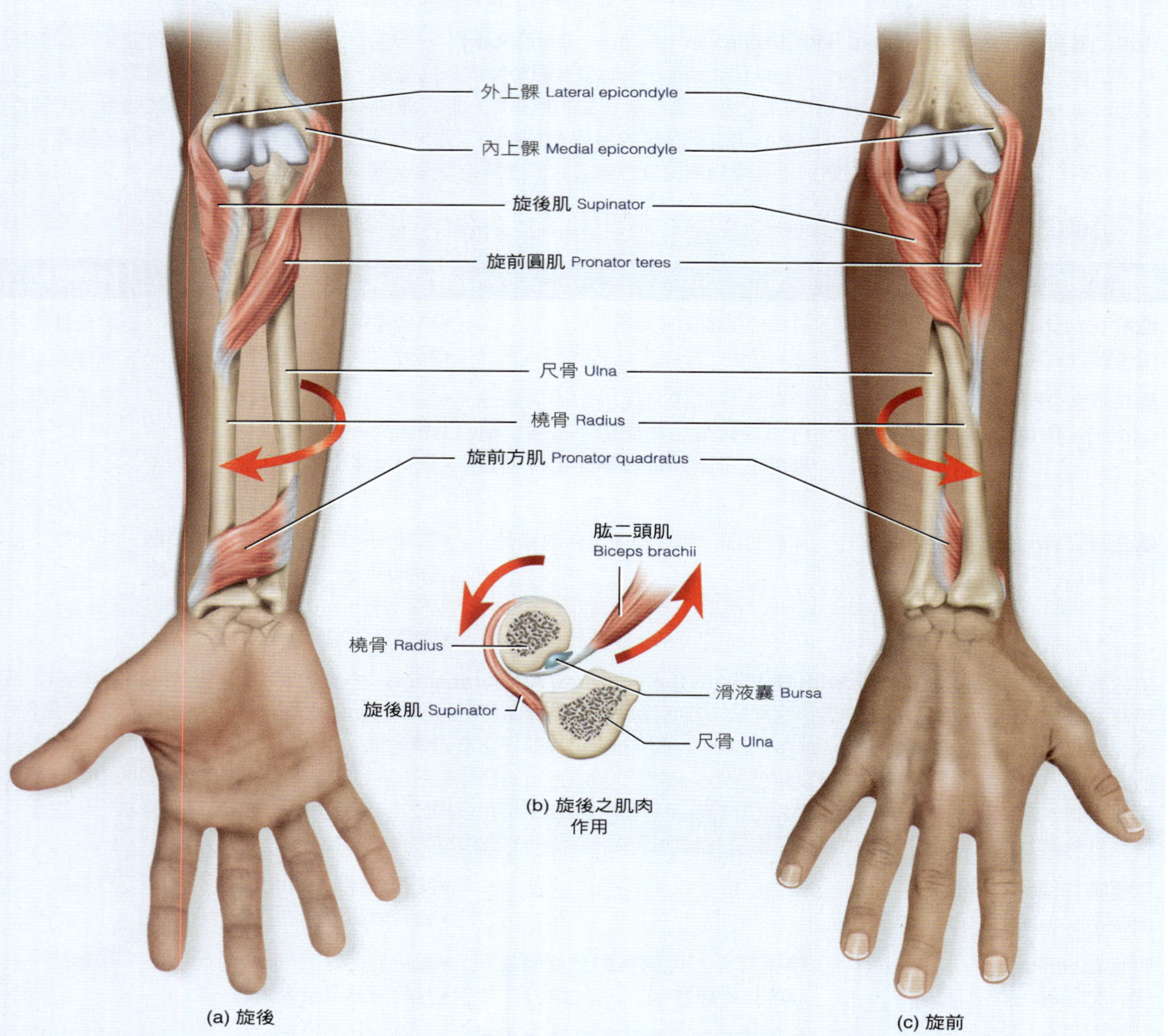

圖 12.5 前臂旋轉肌的作用。(a) 旋後；(b) 肘部遠端的橫截面，顯示肱二頭肌和旋後肌的協同作用；(c) 旋前。

• 旋前圓肌及旋前方肌之名稱，說明了其形狀為何？

表 12.4 作用於腕部及手部的肌肉

前臂的外在肌及手部的內在肌作用於手部活動。外在肌的肌腹形成了前臂上方的渾圓肉質 (伴隨肱橈肌，表 12.3)，其肌腱延伸到手腕和手部，作用主要是腕部及手指的屈曲及伸展，但也包括橈骨和尺骨的屈曲，手指外展、內收及拇指對掌，這些肌肉多且複雜，但其名稱常描述位置、外觀及功能。

這些肌肉許多作用在手部掌骨及手指近端指骨之間的**掌指關節** (metacarpophalangeal joints)，及近側指骨及中間指骨或中間指骨及遠側指骨 (或拇指的近側–遠側指骨，因拇指沒有中間指骨) 之間的**指間關節** (interphalangeal joints)。掌指關節在手指根部形成的關節，指間關節形成第二和第三指關節。部分肌腱穿過多個關節，終止於中間指骨或遠側指骨，並能屈曲或伸展所穿過的關節。

多數外在肌腱在腕部穿過纖維狀、手鐲狀的片狀組織，在前側稱為**屈肌支持帶** (flexor retinaculum)，在後側稱為**伸肌支持帶** (extensor retinaculum)(見圖 3.13)。當肌肉收縮時，這些韌帶可以防止肌腱像繃緊的弓弦。**腕隧道** (carpal tunnel) 是屈肌支持帶和腕骨之間的狹窄空間，穿過腕隧道的屈肌肌腱包裹在腱鞘中，使其容易來回滑動，而此區域反覆運動容易產生疼痛的炎症 [*腕隧道症候群* (carpal tunnel syndrome)](參見臨床應用 12.2 和 圖 12.9)。

筋膜將前臂肌肉分為前腔室和後腔室，每腔室分為淺層及深層 (圖 12.6)，下列描述四組肌群。

前 (屈肌) 腔室，淺層 [Anterior (Flexor) Compartment, Superficial Layer]：前腔室的多數肌肉是腕部和手指屈肌，其起源於肱骨的肌腱 (圖 12.7a、b)。在遠端，*掌長肌* (palmaris longus) 肌腱越過屈肌支持帶，而其他肌腱由下方穿過腕隧道。您可以在腕部觸摸到兩個突出的肌腱分別是內側的掌長肌和外側的*橈側屈腕肌* (flexor carpi radialis) (參見圖 A.19a)，後者是可用來尋找常用測量脈搏之橈動脈重要標誌。大約 14% 的人單手或雙手 (最常見的是左手) 不存在掌長肌。欲查看您是否有此肌鍵，請彎曲手腕並同時拇指和小指尖相互接觸，若存在掌長肌其肌腱會在腕部突出。

名稱	作用	骨骼附著點	神經支配
橈側屈腕肌 (Flexor Carpi Radialis)[14] (FLEX-ur CAR-pye RAY-dee-AL-iss)	屈曲腕部；協助腕部的橈側屈曲	• 肱骨內上髁 • 第 II~III 掌骨的基部	正中神經
尺側屈腕肌 (Flexor Carpi Ulnaris)[15] (ul-NAY-ris)	屈曲腕部；協助腕部的尺側屈曲	• 肱骨內上髁；鷹嘴突內側緣；尺骨後表面 • 豆狀骨；鉤狀骨；第 V 掌骨	尺神經
屈指淺肌 (Flexor Digitorum Superficialis)[16] (DIDJ-ih-TOE-rum SOO-per-FISH-ee-AY-lis)	依賴其他肌肉的作用來屈曲腕部、掌指關節及指間關節	• 肱骨內上髁；尺側副韌帶；冠狀突；橈骨上半部 • 第 II~V 中間指骨	正中神經
掌長肌 (Palmaris Longus) (pal-MERR-is)	固定手掌區的皮膚和筋膜；當攀登和使用工具等動作對皮膚施加壓力時，其可以抵抗剪力。發育不全，有時不存在	• 肱骨內上髁 • 屈肌支持帶、掌腱膜	正中神經
前 (屈肌) 腔室，深層 [Anterior (Flexor) Compartment, Deep Layer]：下面兩個屈肌構成深層 (圖 12.7c)。*屈指深肌屈曲*第 II~V 指，而拇指 (pollex) 有自己的屈肌—專門用於拇指運動的肌肉之一。			
屈指深肌 (Flexor Digitorum Profundus)[17]	屈曲腕部、掌指關節及指間關節；遠側指間關節的唯一屈肌	• 尺骨近端四分之三；冠狀突；骨間膜 • 第 II~V 遠側指骨	正中神經；尺神經
屈拇長肌 (Flexor Pollicis[18] Longus)(PAHL-ih-sis)	屈曲拇指指骨	• 橈骨；骨間膜 • 第 I 遠側指骨	正中神經

---

14 *carpi* = of the wrist 手腕的；*radialis* = of the radius 橈骨的
15 *ulnaris* = of the ulna 尺骨的
16 *digitorum* = of the digits 指；*superficialis* = shallow 淺層，near the surface 靠近表面
17 *profundus* = deep 深
18 *pollicis* = of the thumb (pollex) 拇指

表 12.4 作用於腕部及手部的肌肉 (續)

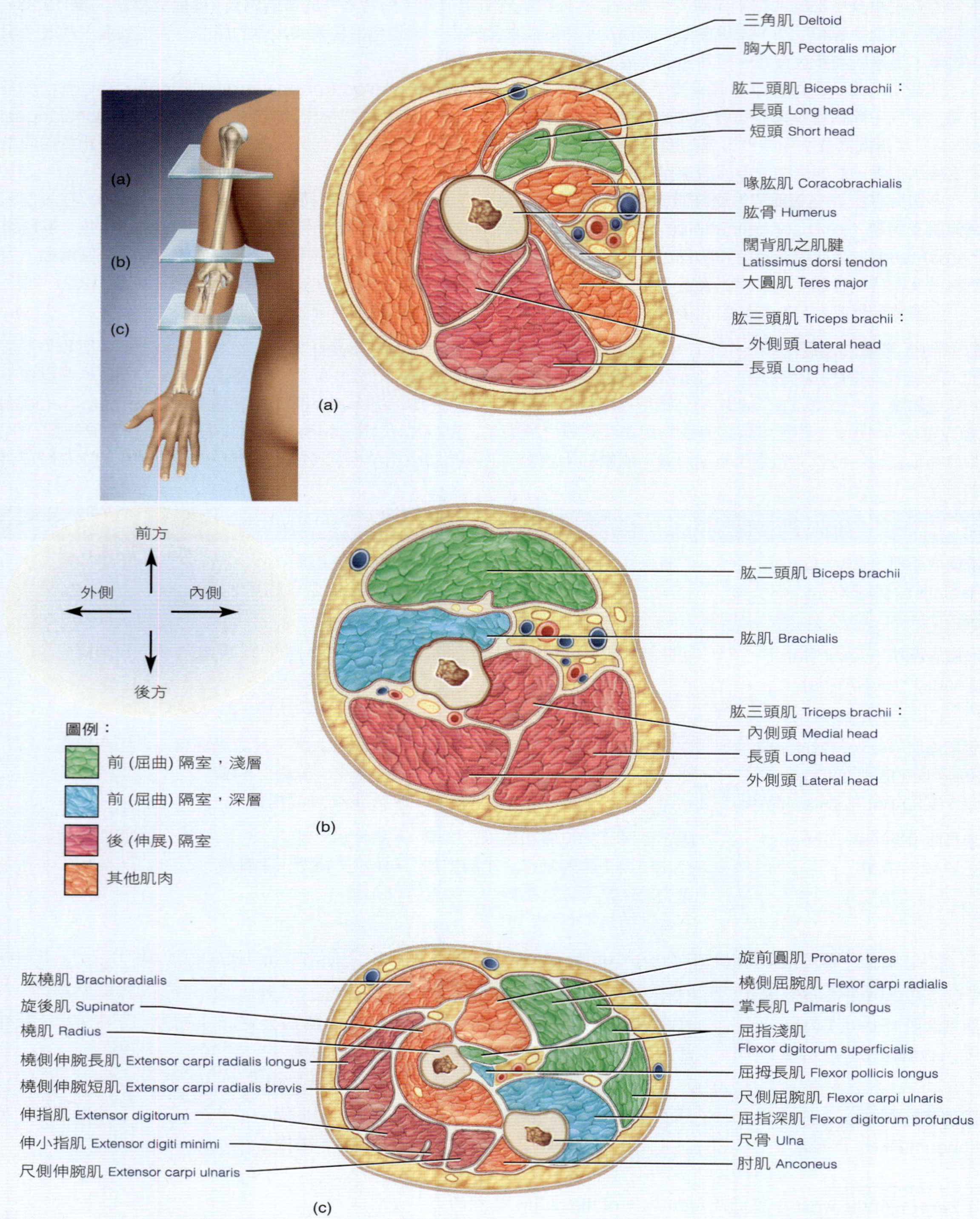

圖 12.6 上肢的連續橫切面。每部分在左圖之相應字母處截取橫切面，在後側肌肉腔室面由底部拍照。

• 為何在 (c) 未見伸拇長肌及伸食指肌？

表 12.4 作用於腕部及手部的肌肉 (續)

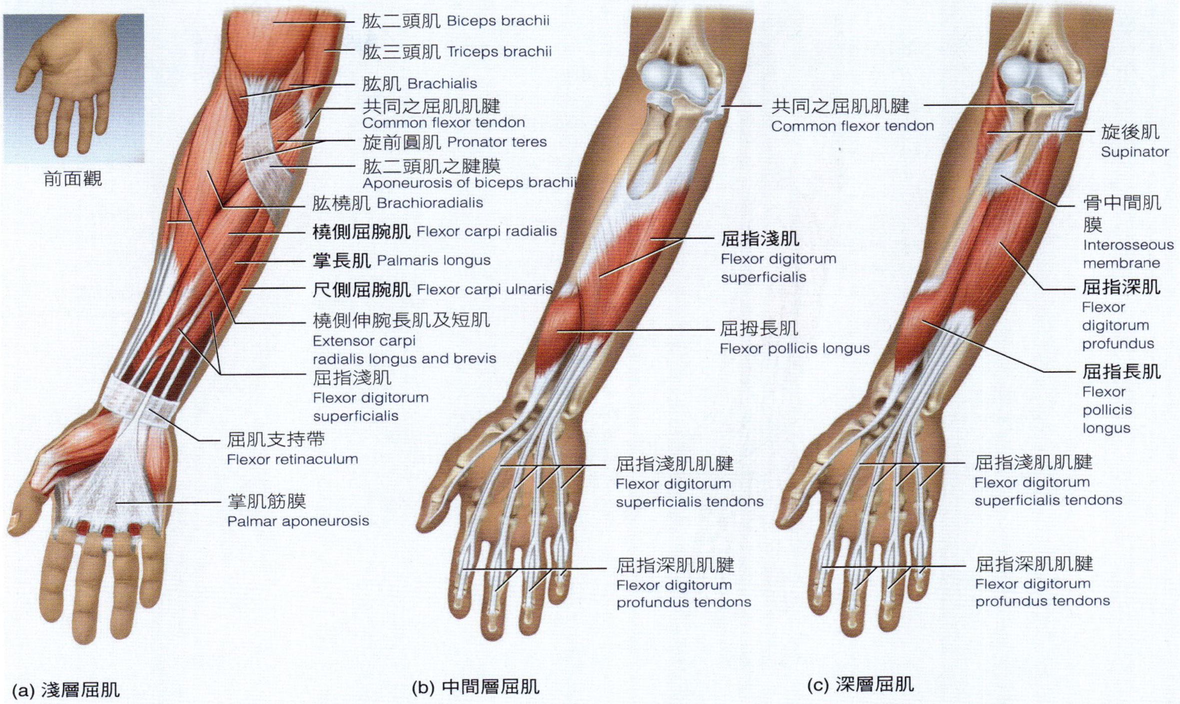

(a) 淺層屈肌
(b) 中間層屈肌
(c) 深層屈肌

圖 12.7 前臂肌肉。粗體字標示的肌肉是 (a) 淺層屈肌；(b) 屈指淺肌雖然位於 (a) 之肌肉深層，但也歸類為淺層屈肌；(c) 深層屈肌。APR

後 (伸肌) 腔室，淺層 [Posterior (Extensor) Compartment, Superficial Layer]：後腔室的淺層肌主要是腕部及手指之伸肌，共同起源於肱骨的單個肌腱 (圖 12.8a)。伸指肌 (extensor digitorum) 有四個遠端肌腱，當手指用力伸展時，容易在手背看到並觸摸到 (見圖 A.19b)，作用於第 II 至第 V 的手指。此肌肉群中其餘肌肉作用於手指，這些伸肌肌肉從外側到內側如下。

名稱	作用	骨骼附著點	神經支配
橈側伸腕長肌 (Extensor Carpi Radialis Longus)	伸展腕關節；協助腕部的橈側屈曲	• 肱骨外髁上嵴 (ridge) • 第 II 掌骨基部	橈神經
橈側伸腕短肌 (Extensor Carpi Radialis Brevis)[19] (BREV-iss)	伸展腕關節；協助腕部的橈側屈曲	• 肱骨外上髁 • 第 III 掌骨基部	橈神經
伸指肌 (Extensor Digitorum)	伸展腕關節、掌指關節及指間關節；伸展掌指關節時，手指會張開	• 肱骨外上髁 • 第 II~V 趾骨的背面	橈神經
伸小指肌 (Extensor Digiti Minimi)[20] (DIDJ-ih-ty MIN-ih-my)	伸展腕關節及小指的所有關節	• 肱骨外上髁 • 第 V 近側指骨	橈神經
尺側伸腕肌 (Extensor Carpi Ulnaris)	當握緊拳頭或握住物體時伸展並固定腕關節；協助腕部尺側屈曲	• 肱骨外上髁；尺骨幹後表面 • 第 V 掌骨基部	橈神經

19 *brevis* = short 短
20 *digit* = finger 手指；*minim* = smallest 最小

表 12.4 作用於腕部及手部的肌肉 (續)

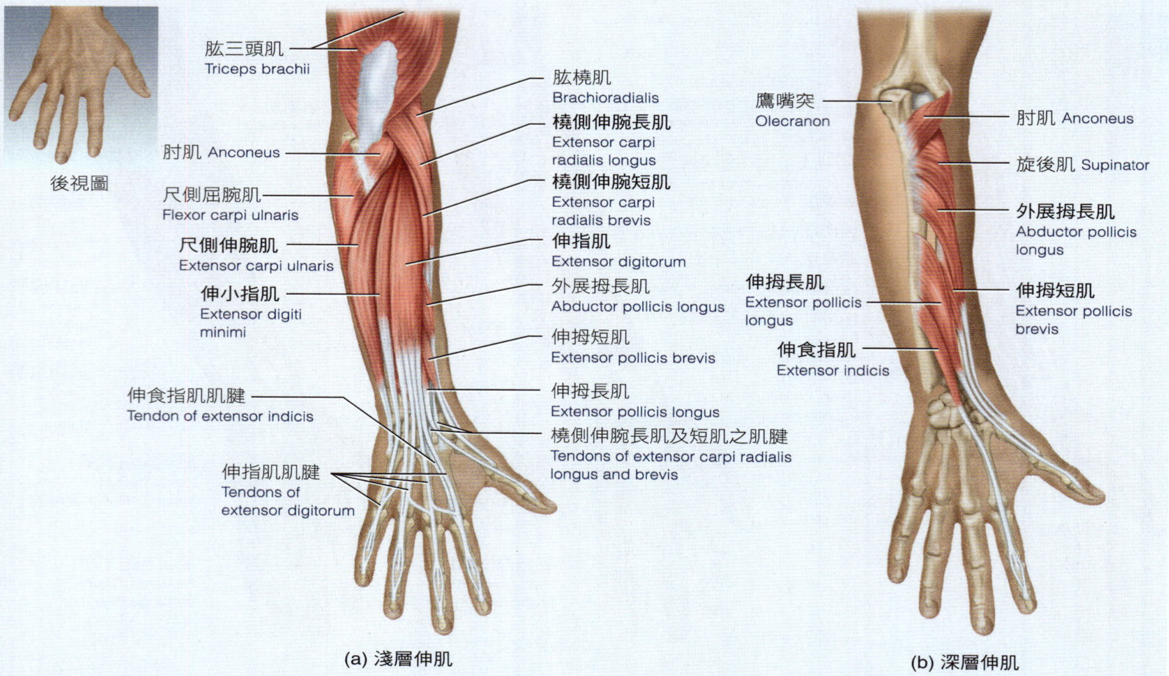

圖 12.8 **前臂後側肌肉**。粗體字標記的肌肉是 (a) 淺層伸肌及 (b) 深層伸肌。APR

後 (伸肌) 腔室，深層 [Posterior (Extensor) Compartment, Deep Layer]：下列深層肌肉僅作用於拇指及食指 (圖 12.8b)。藉由拇指用力外展並伸展至搭便車手勢，您可能會在拇指基部看到一個深的背外側凹陷，其兩側各有一個緇緊的肌腱 (見圖 A.19b)，此凹陷稱為**解剖鼻菸盒** (anatomical snuffbox)，曾經流行在此放一小撮鼻菸並將其吸入，其外側是由*外展拇長肌* (abductor pollicis longus) 及*伸拇短肌* (extensor pollicis brevis) 之兩肌腱相連接形成，內側與伸拇長肌之肌腱相接。這些從外側到內側的肌肉如下。

名稱	作用	骨骼附著點	神經支配
外展拇長肌 (Abductor Pollicis Longus)	在手掌的冠狀切面 (額切面) 外展拇指 (橈側外展)；腕掌關節處伸展拇指	• 橈骨及尺骨的後表面；骨間膜 • 大多角骨；第 I 掌骨的基部	橈神經
伸拇短肌 (Extensor Pollicis Brevis)	伸展第 I 掌骨及拇指之近側指骨	• 橈骨幹；骨間膜 • 第 I 近側指骨	橈神經
伸拇長肌 (Extensor Pollicis Longus)	第 I 遠側指骨伸展；協助伸展第 I 近側指骨及第 I 掌骨；內收外旋拇指	• 尺骨後表面；骨間膜 • 第 I 遠側指骨	橈神經
伸食指肌 (Extensor Indicis) (IN-dih-sis)	伸展手腕及食指	• 尺骨後表面；骨間膜 • 食指的中間及遠側指骨	橈神經

應用您的知識

為何手指伸展及屈曲的原動肌位於前臂而不是手部，更接近手指？

臨床應用 12.2

腕隧道症候群

腕部及手指長時間反覆運動會導致腕隧道內的組織發炎、腫脹或纖維化。腕隧道空間有限，正中神經與屈肌肌腱一起穿過腕隧道，腫脹時會壓迫正中神經 (圖 12.9)，導致手掌及掌面外側之刺痛及肌肉無力，並輻射至手臂和肩部，稱為腕隧道症候群 (carpaltunnel syndrome)。常見於在鋼琴演奏家、屠夫及長時間手腕反覆作用之人，也發生於腫瘤、感染和骨折而縮小腕隧道空間者。腕隧道症候群可用阿斯匹林、其他抗發炎藥物治療、腕部固定，有時可進行屈肌支持帶的外科切開術以減輕神經壓迫。

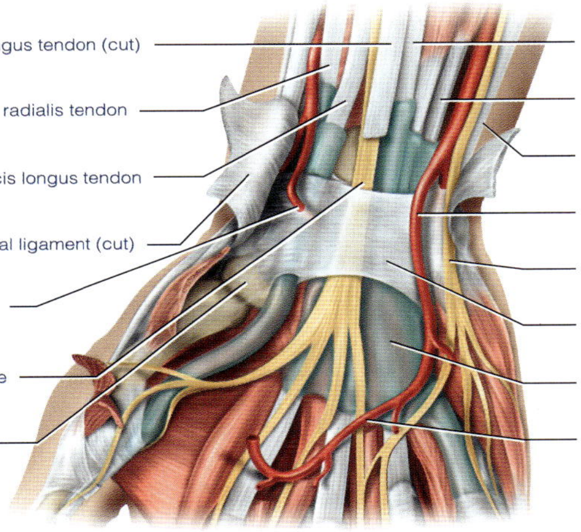

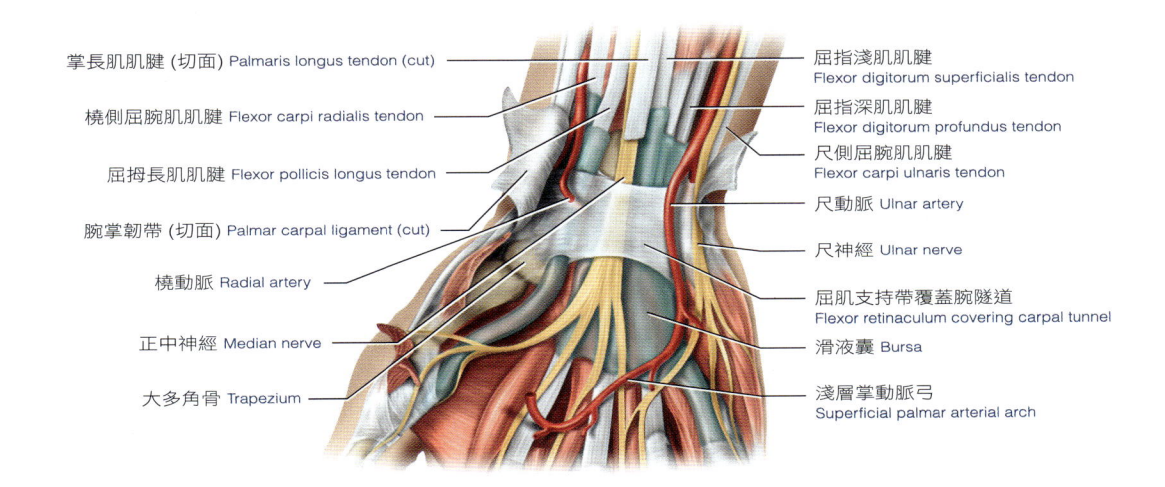

(a) 前面觀

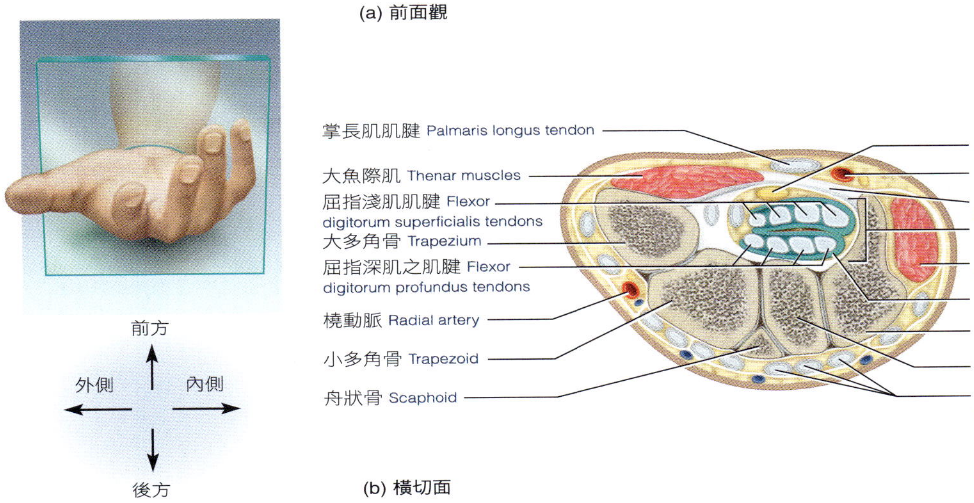

(b) 橫切面

圖 12.9 腕隧道。(a) 腕部切面 (前面觀)，顯示穿過屈肌支持帶的肌腱、神經和滑液囊；(b) 手腕的橫切面，右前臂的遠端朝您伸出的方向，手掌朝面上。注意屈肌肌腱及正中神經如何限制在腕骨及屈肌支持帶間的小空間。屈肌肌腱穿過腕隧道緊密包覆及反覆滑動導致腕隧道症候群。APR

表 12.5 手部的內在肌

手部內在肌輔助前臂的屈肌及伸肌，並使手指運動更精確，內在肌分為三組：位於拇指根部的**大魚際肌群** (thenar group)，位於小指根部的**小魚際肌群** (hypothenar group)，及這兩者之間的**掌中間肌群** (midpalmar group)(圖 12.10)。

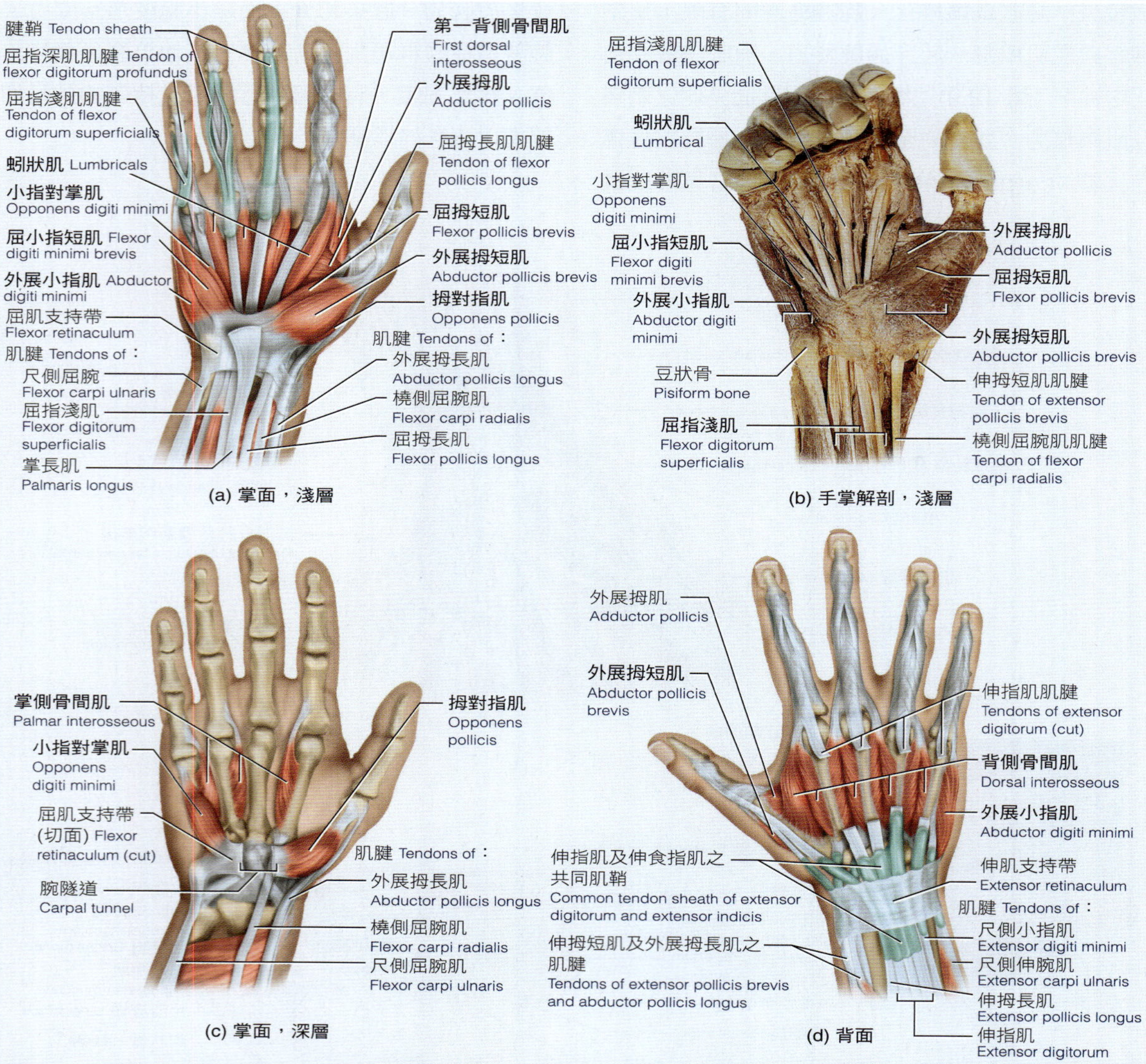

圖 12.10 手部的內在肌。(a) 手掌掌面的淺層肌肉；(b) 大體手部，掌面的淺層解剖構造；(c) 掌面的深層肌肉；(d) 手背的肌肉及腱鞘。粗體字顯示之 (a)、(c) 和 (d) 屬於不同層的肌肉。AP|R

(b) ©McGraw-Hill Education/Rebecca Gray, photographer/Don Kincaid, dissections

表 12.5 手部的內在肌 (續)

名稱	作用	骨骼附著點	神經支配
大魚際肌群 (Thenar[21] Group)：大魚際肌群 (thenar eminence) 在拇指基部形成較厚的肉質，*內收拇肌* (adductor pollicis) 在拇指和手掌之間形成網狀，此與拇指運動相關。內收拇肌有一個*斜頭* (oblique head) 從腕部頭狀骨延伸到拇指根部的尺側，及一個*橫頭* (transverse head) 從第 III 掌骨延伸至與斜頭相同附著點。			
內收拇肌 (Adductor Pollicis)	握住工具時拇指朝向手掌	• 頭狀骨；第 II~III 掌骨的基部；腕部前韌帶；橈側屈腕肌之腱鞘 • 第 I 近側指骨的內側表面	尺神經
外展拇短肌 (Abductor Pollicis Brevis)	在矢狀切面外展拇指	• 主要是屈肌支持帶；舟狀骨、大多角骨及外展拇長肌之肌腱 • 第 I 近側指骨的側面	正中神經
屈拇短肌 (Flexor Pollicis Brevis)	屈曲拇指的掌指關節	• 大多角骨；小多角骨；頭狀骨；腕前韌帶；屈肌支持帶 • 第 I 近側指骨	正中神經 尺神經
拇對指肌 (Opponens Pollicis) (op-PO-nenz)	屈曲第 I 掌骨，使拇指相碰指尖	• 大多角骨；屈肌支持帶 • 第 I 掌骨	正中神經
小魚際肌群 (Hypothenar Group)：小魚際肌群 (hypothenar eminence) 在小指基部形成較厚的肉質，這些肌肉與手指運動有關。			
外展小指肌 (Abductor Digiti Minimi)	外展小指，如張開手指	• 豆狀骨；尺側屈腕肌 • 第 V 近側指骨的內側表面	尺神經
屈小指短肌 (Flexor Digiti Minimi Brevis)	在掌指關節屈曲小指	• 鉤狀骨之鉤狀突；屈肌支持帶 • 第 V 近側指骨的內側表面	尺神經
小指對掌肌 (Opponens Digiti Minimi)	當小指移向拇指指尖相對時，第 V 掌指關節屈曲；手掌面呈凹陷	• 鉤狀骨之鉤狀突；屈肌支持帶 • 第 V 掌骨的內側表面	尺神經
掌中間肌群 (Midpalmar Group)：掌中間肌群位於手掌的凹陷處，它具有 11 小條肌肉，分為三組。			
四條背側骨間肌 (Four Dorsal Interosseous[22] Muscles)(IN-tur-OSS-ee-us)	外展手指；依賴其他肌肉的作用，強力屈曲掌指關節，但伸展指間關節；對握力重要	• 每條肌肉有兩個頭，源自相鄰掌骨的表面 • 第 II~IV 近側指骨	尺神經
三條掌側骨間肌 (Three Palmar Interosseous Muscles)	內收手指；其他作用與背側骨間肌相同	• 第 I、II、IV、V 掌骨 • 第 II、IV、V 近側指骨	尺神經
四條蚓狀肌 (Four Lumbrical[23] Muscles)(LUM-brih-cul)	伸展指間關節；協助將物體夾在拇指和手指的肉質之間，而不使這些手指在指甲邊相接觸	• 屈指深肌之肌腱 • 第 II~V 近側指骨	正中神經 尺神經

在你繼續閱讀之前

回答下列問題，以檢驗你對上節內容的理解：

1. 請說出一肌肉其止端於肩胛骨並在下列動作中扮演重要角色：(a) 推動停滯的車子，(b) 划獨木舟，(c) 上提肩部，以舉手行禮，(d) 上提肩部以在上面扛一個沉重的箱子，以及 (e) 下壓肩部以抓住手提箱的提手。
2. 描述三角肌的三個相對作用。
3. 說出旋轉肌袖的四塊肌肉及其在肩胛骨表面的位置。

---

21 *thenar* = of the palm 手掌的
22 *inter* = between 之間；*osse* = bones 骨頭
23 *lumbrical* = resembling an earthworm 類似於蚯蚓

4. 說出肘部屈曲及伸展的原動肌。
5. 說出肱二頭肌的三個功能。
6. 說出使手指屈曲的三條外在肌和兩條內在肌。

12.2 作用於髖部及下肢的肌肉

預期學習成果

當您完成本節後，您應該能夠

a. 說出作用於髖、膝、踝及趾關節的肌肉名稱及部位；
b. 將這些肌肉作用與 9.2c 節所述的關節運動相關聯；和
c. 並描述每個肌肉的附著點及神經支配。

人體最大的肌肉在下肢，與上肢不同的是，下肢對於精細適應度不如對站立、保持平衡、行走及奔跑所需強度的適應。有些肌肉跨越及作用於兩個或更多關節，如跨越髖及膝關節。為了避免混淆，本章中小腿 (leg) 在解剖學中視是僅指膝至踝之間的肢體；而足部 (foot) 是指包含跗骨區 (踝)、蹠骨區及腳趾。表 12.6~12.9 及圖 12.11~12.20 將下肢的肌肉分為作用於股骨及髖關節的肌肉，作用於小腿及膝關節的肌肉，作用於足部及踝關節的外在肌 (位於小腿) 以及作用於足弓及腳趾的內在肌 (位於足部)。

表 12.6 作用於髖部及大腿的肌肉

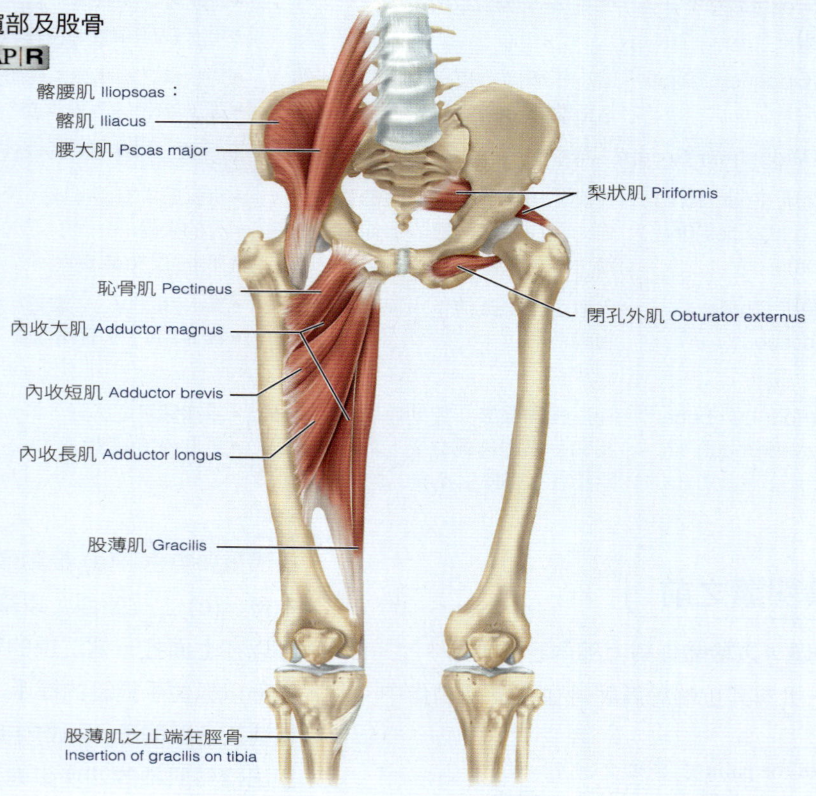

圖 12.11 作用於髖部及股骨的肌肉。前面觀。APR

表 12.6 作用於髖部及大腿的肌肉 (續)

髖部的前側肌肉 (Anterior Muscles of the Hip)：作用於股骨的大多數肌肉源自於髖骨。兩個主要的前側肌肉為髂肌 (iliacus) 及腰大肌 (psoas major)，前者為填充於骨盆大部分廣闊髂窩之肌肉，後者是主要源自腰椎，厚的圓形肌肉 (圖 12.11)；兩者合稱**髂腰肌** (iliopsoas)，以共同的肌腱終止於股骨。

名稱	作用	骨骼附著點	神經支配
髂肌 (Iliacus)[24] (ih-LY-uh-cus)	固定軀幹時，屈曲大腿，如爬樓梯；固定大腿時，屈曲軀幹，如坐椅子或床上時，向前屈曲軀幹；坐時平衡軀幹	• 髂嵴及髂窩；薦骨上外側區；薦髂韌帶和髂腰韌帶之前側 • 小轉子及附近股骨幹	股神經
腰大肌 (Psoas[25] Major) (SO-ass)	與髂肌相同	• T12~L5 椎骨椎體及椎間盤；腰椎之橫突 • 小轉子及附近股骨幹	腰神經之前枝

髖部外側及後側的肌肉 (Lateral and Posterior Muscles of the Hip)：在髖部的外側及後側是闊筋膜張肌 (tensor fasciae latae) 和三塊臀肌。**闊筋膜** (fascia lata) 是一種纖維鞘，像皮下束帶環繞大腿並緊束其肌肉。在外側面，臀大肌肌腱及闊筋膜張肌腱共同形成**髂脛束** (iliotibial tract)，此髂脛束從髂嵴 (iliac crest) 延伸到脛骨外髁 (見圖 12.13 和 12.14)。闊筋膜張肌拉緊髂脛束並支撐膝部，尤其是抬起另一隻腳時。

臀部肌肉包含臀大肌 (gluteus maximus)、臀中肌 (gluteus medius) 及臀小肌 (gluteus minimus)(圖 12.12)。臀大肌是最大臀肌，構成臀部的大部分瘦肉，是髖關節的伸肌，在行走時使腿部後擺，爬樓梯時會提供大部分上提。當大腿與軀幹成 45° 角彎曲時，將產生最大的力，這是從蹲伏位置開始競走的優勢。臀中肌位於臀大肌深部，命名是依其大小，而非位置。臀小肌是三塊肌肉中最小並位在最深層。

名稱	作用	骨骼附著點	神經支配
闊筋膜張肌 (Tensor Fasciae Latae)[26] (TEN-sur FASH-ee-ee LAY-tee)	伸展膝部，外旋脛骨，協助外展及內旋股骨；站立時，穩定骨盆於股骨頭，穩定股骨髁在脛骨	• 髂嵴；髂前上棘；闊筋膜深層面 • 經髂脛束至脛骨外髁	臀上神經
臀大肌 (Gluteus Maximus)[27]	在髖部伸展大腿，如爬樓梯 (向上爬) 或跑步和行走 (下肢後擺)；外展大腿；彎腰後上提軀幹、伸展腰部；防止軀幹在行走和跑步過程中向前傾斜；幫助穩定脛骨上的股骨	• 髂骨的後臀線，源自髂嵴至髂後上棘之後外側表面；尾骨；薦骨下後表面；豎脊肌腱膜 • 股骨的臀肌粗隆；經髂脛束至脛骨外髁	臀下神經
臀中肌及臀小肌 (Gluteus Medius and Gluteus Minimus)	外展並內旋大腿；在行走過程中，一腳抬起時，將軀幹重量移至另一放在地板的腳	• 在髂嵴及髖臼之間之大部分髂骨外表面 • 股骨大轉子	臀上神經

24 *ili* = loin 腰部，flank 側面
25 *psoa* = loin 腰部
26 *fasc* = band 帶；*lat* = broad 廣闊
27 *glut* = buttock 臀部；*maxim* = largest 最大

表 12.6 作用於髖部及大腿的肌肉 (續)

外旋肌 (Lateral Rotators)：在臀小肌下方，及另兩臀肌的深處有六塊肌肉，稱為外旋肌，以其對股骨之作用而得名 (圖 12.12)。此動作常見，如當您交叉雙腿將腳踝放在膝上，使股骨外旋且膝蓋朝向外側。這些肌肉與臀中肌及臀小肌的內旋作用相反，這些肌肉大多數也外展或內收股骨。外展作用者對於行走很重要，因為當一腳從地面抬起時，會將體重轉移到另一腳上，防止跌倒。

名稱	作用	骨骼附著點	神經支配
上孖肌 (Gemellus[28] Superior) (jeh-MEL-us)	使伸展的大腿外旋；使屈曲的大腿外展；有時不存在	• 坐骨棘 • 大轉子	到閉孔內肌神經
下孖肌 (Gemellus Inferior)	與上孖肌相同	• 坐骨粗隆 • 大轉子	到股方肌神經
閉孔外肌 (Obturator[29] Externus) (OB-too-RAY-tur)	尚不清楚；被認為在攀爬時外旋大腿	• 閉孔膜的外表面；恥骨枝和坐骨枝 • 股骨頭及大轉子之間	閉孔神經
閉孔內肌 (Obturator Internus)	尚不清楚；被認為可以使伸展的大腿外旋並外展大腿	• 坐骨枝；恥骨下枝；小骨盆前內側面 • 大轉子	到閉孔內肌神經
梨狀肌 (Piriformis)[30] (PIR-ih-FOR-mis)	使伸展的大腿外旋；使屈曲的大腿外展	• 薦骨前表面；髂骨之臀面；薦髂關節囊 • 大轉子	L5~S2 脊神經
股方肌 (Quadratus Femoris)[31] (quad-RAY-tus FEM-oh-ris)	外旋大腿	• 坐骨粗隆 • 轉子間嵴 (crest)	到股方肌神經

大腿內側 (內收肌) 腔室 [Medial (Adductor) Compartment of the Thigh]。筋膜將大腿分為三個腔室：前 (伸肌) 腔室 [anterior (extensor) compartment]、後 (屈肌) 腔室 [posterior (flexor) compartment] 及內側 (內收肌) 腔室 [medial (adductor) compartment]。前腔室及後腔室的肌肉分別主要作為膝部的伸肌和屈肌，如表 12.7。內側腔室的五塊肌肉主要作為大腿的內收肌 (圖 12.11)，但是其中部分跨過髖關節和膝關節，具有其他作用。

名稱	作用	骨骼附著點	神經支配
內收短肌 (Adductor Brevis)	內收大腿	• 恥骨體及恥骨下肢 • 股骨粗線及旋線	閉孔神經
內收長肌 (Adductor Longus)	內收、內旋大腿；在髖部屈曲大腿	• 恥骨體及恥骨下肢 • 股骨粗線	閉孔神經
內收大肌 (Adductor Magnus)	內收及內旋大腿；在髖部伸展大腿	• 恥骨下枝；坐骨枝及坐骨粗隆 • 粗線、臀肌粗隆及股骨的內髁上線	閉孔神經；脛神經
股薄肌 (Gracilis)[32] (GRASS-ih-lis)	在膝部屈曲及內旋脛骨	• 恥骨體及下枝；坐骨枝 • 髁下方之脛骨內側	閉孔神經
恥骨肌 (Pectineus)[33] (pec-TIN-ee-us)	屈曲及內收大腿	• 恥骨上枝 • 股骨旋線	股神經

28 *gemellus* = twin 雙胞胎
29 *obtur* = to close 關閉，stop up 停止
30 *piri* = pear 梨；*form* = shaped 形狀
31 *quadrat* = four-sided 四面；*femoris* = of the thigh or femur 大腿或股骨
32 *gracil* = slender 苗條
33 *pectin* = comb 梳子

表 12.6 作用於髖部及大腿的肌肉 (續)

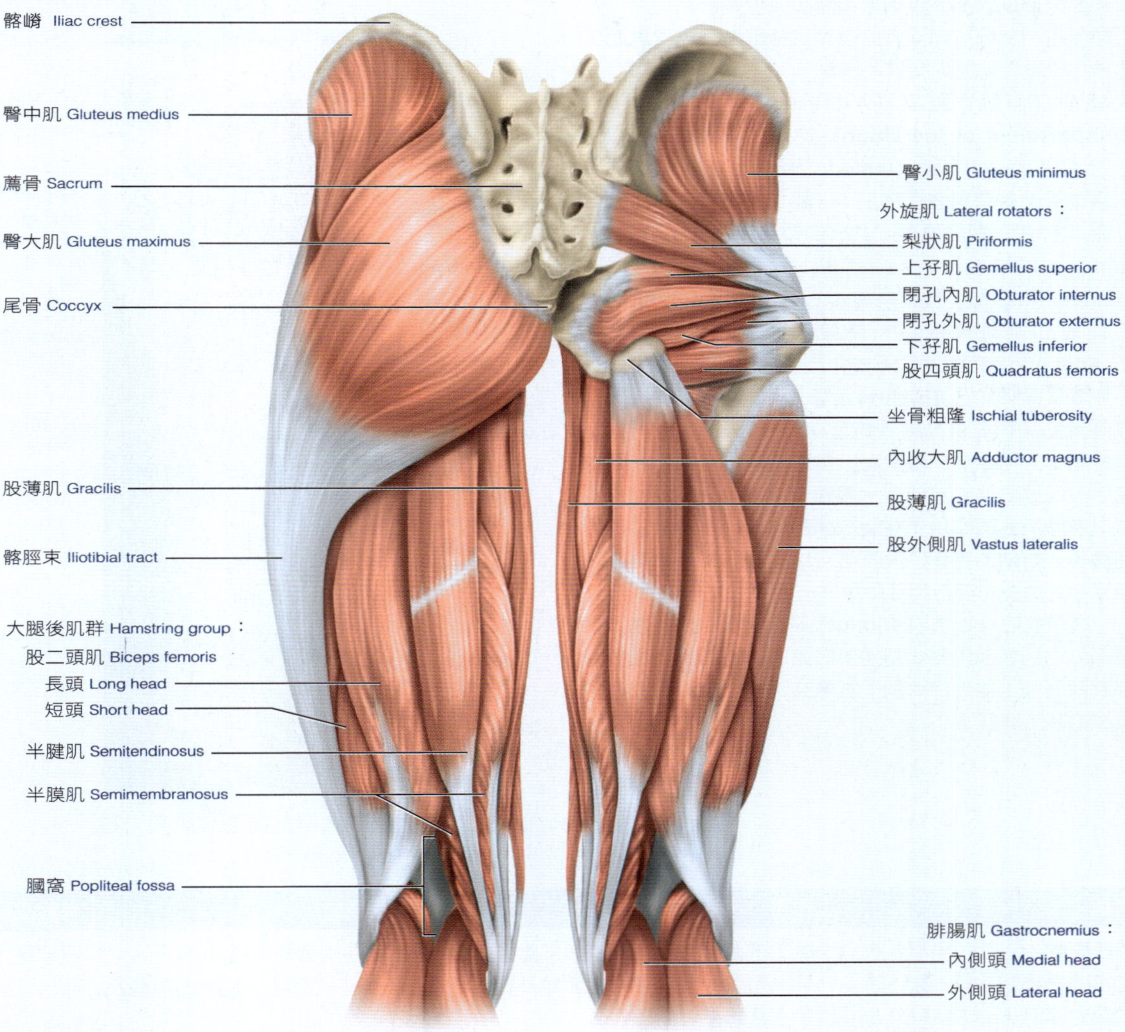

圖 12.12 **臀部後側肌肉及大腿肌肉**。左側為淺層肌。右側為去除臀中肌和臀大肌以呈現更深層的臀小肌、外旋肌及大腿後肌群的附著點。

• 描述運用臀大肌力量的兩個身體日常運動。AP|R

表 12.7 作用於膝部及小腿的肌肉

以下肌肉形成大腿肉質的大部分，並對膝蓋關節產生最明顯作用。部分肌肉同時跨髖部及膝部並在兩者處產生動作，使股骨、脛骨及腓骨移動。

大腿前 (伸肌) 腔室 [Anterior (Extensor) Compartment of the Thigh]：大腿的前腔室有大型的股四頭肌 (quadriceps femoris muscle)，是膝部伸展的原動肌及身體最強大的肌肉 (圖12.13 和 12.14；另見圖 12.19)。顧名思義，其有四個頭：*股直肌* (rectus femoris)、*股外側肌* (vastus lateralis)、*股內側肌* (vastus medialis) 及*股中間肌* (vastus intermedius)。這些股四頭肌會聚在一條**股四頭肌 (髕骨) 肌腱** [quadriceps (patellar) tendon] 上，此肌腱延伸到髕骨形成髕骨韌帶，止端為脛骨粗隆 (肌腱通常是從肌肉延伸到骨骼，而韌帶是從骨骼延伸到骨骼)。用反射鎚敲髕骨韌帶，可以測試膝反射。當您站起邁出一步或踢球時，股四頭肌使膝部伸展。股四頭肌中有一條為股直肌能與髂腰肌共同作用，在腿部運動週期之空中階段能屈曲髖部，有助於跑步。股直肌可以屈曲髖部，如高踢、爬樓梯或邁步向前抬腿等動作。

繩帶狀之*縫匠肌* (sartorius) 是人體最長的肌肉，從髖部外側到膝部內側，越過股四頭肌。縫匠肌能屈曲髖部及膝關節，並外旋大腿，就像交叉雙腿，以盤腿姿勢支撐抬高的膝部。

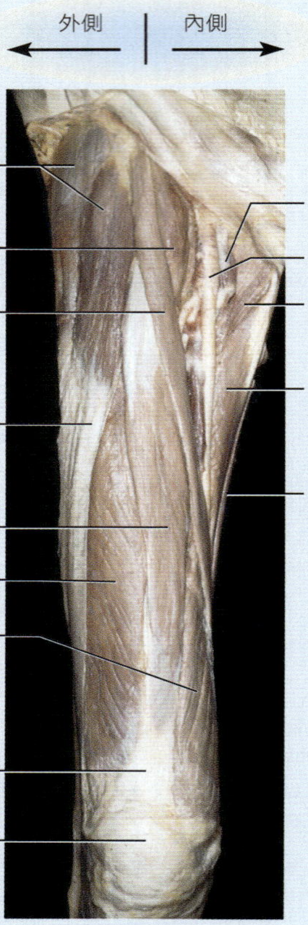

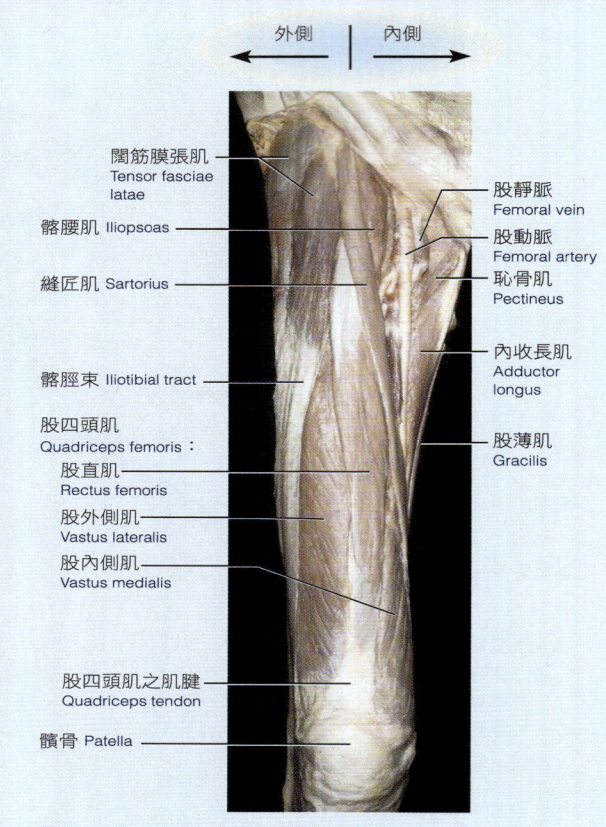

圖 12.13 **大體的大腿前面淺層肌肉。右下肢。**
©McGraw-Hill Education/Rebecca Gray

名稱	作用	骨骼附著點	神經支配
股四頭肌 (Quadriceps Femoris) (QUAD-rih-seps FEM-oh-ris)	除了下面所提及的各別頭部動作之外，可以伸展膝部，如踢球及從椅子上站起來	• 見下面各別頭部描述 • 髕骨；脛骨粗隆；脛骨的外髁及內髁	股神經
股直肌 (Rectus Femoris)	伸展膝部；於髖部屈曲大腿；若固定大腿，則屈曲髖部	• 髂前下棘及髖臼上緣；髖關節囊 • 見上述股四頭肌	股神經
股外側肌 (Vastus[34] Lateralis)	伸展膝部；在膝部運動時將髕骨保留在股骨凹槽	• 股骨大轉子、轉子間線、臀肌粗隆及粗線 • 見上述股四頭肌	股神經
股內側肌 (Vastus Medialis)	與股外側肌相同	• 股骨的轉子間線、旋線、粗線及內髁上線 • 見上述股四頭肌	股神經
股中間肌 (Vastus Intermedius)	伸展膝部	• 股骨幹的前及外側面 • 見上述股四頭肌	股神經
縫匠肌 (Sartorius)[35]	協助屈曲膝部及髖部，如坐或爬山；外展並外旋大腿	• 髂前上棘及其附近 • 脛骨近端內側面	股神經

34 *vastus* = large 大，extensive 廣泛
35 *sartor* = tailor 裁縫

表 12.7 作用於膝部及小腿的肌肉 (續)

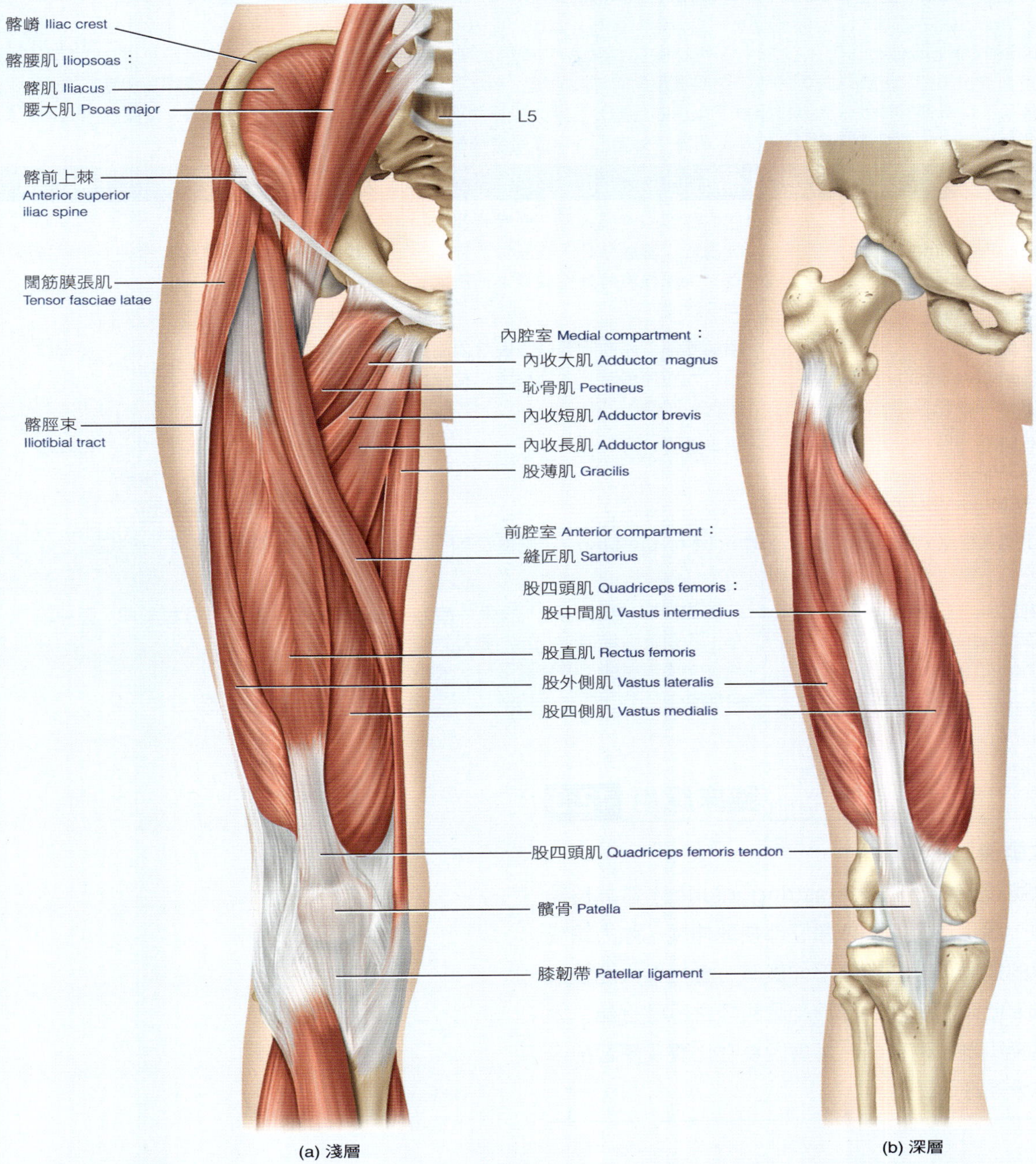

圖 12.14 **大腿前側肌肉**。(a) 淺層肌；(b) 移除股直肌及其他肌肉，以呈現股四頭肌的其他三個頭的肌肉。

表 12.7 作用於膝部及小腿的肌肉 (續)

名稱	作用	骨骼附著點	神經支配
大腿後 (屈肌) 腔室 [Posterior (Flexor) Compartment of the Thigh]：後腔室有三個**大腿後肌群** (hamstring muscles) 的肌肉，從外側到內側為股二頭肌 (biceps femoris)、半腱肌 (semitendinosus) 及半膜肌 (semimembranosus)(圖 12.12)。膝部後側的凹窩在解剖學稱為膕窩 (popliteal fossa)，這肌肉肌腱可以在膕窩兩側觸摸到突出繩帶狀肌肉—外側的股二頭肌腱及內側半膜肌腱、半腱肌腱。當狼攻擊大型獵物時，常試圖切斷獵物的大腿後肌群肌腱使其無助。大腿後肌群可以屈曲膝部，在臀大肌協助下，能在步行及跑步時伸展髖部。半腱肌因其特別長的肌腱得名，此肌肉常被橫狀或斜狀肌腱帶分為二。半膜肌名稱是附著點呈扁平狀而得名。			
股二頭肌 (Biceps Femoris)	屈曲膝部；伸展大腿；從彎腰姿勢抬高軀幹；當屈膝時，在股骨上外旋脛骨；大腿伸展時外旋股骨；拮抗大腿向前屈曲	• 長頭——坐骨粗隆 短頭——股骨粗線及股骨外髁上線 • 腓骨頭	脛神經； 腓總神經
半腱肌 (Semitendinosus)[36] (SEM-ee-TEN-din-OH-sus)	屈曲膝部；屈曲膝部時，股骨內旋脛骨；大腿伸展時，內旋股骨；拮抗大腿向前屈曲	• 坐骨粗隆 • 脛骨上方內側表面	脛神經
半膜肌 (Semimembranosus)[37] (SEM-ee-MEM-bra-NO-sus)	與半腱肌相同	• 坐骨粗隆 • 內髁及脛骨邊緣附近；股骨轉子間線及外髁；膝膕韌帶	脛神經
小腿後腔室 (Posterior Compartment of the Leg)：小腿後腔室的大多數肌肉作用於腳踝及足部，詳見表 12.8，而膕肌作用在膝部 (見圖 12.17b)。			
膕肌 (Popliteus)[38] (pop-LIT-ee-us)	若固定股骨 (如坐著)，股骨內旋脛骨；若固定脛骨 (如站立)，股骨外旋脛骨；膝部屈曲；避免蹲下時，股骨向前脫位	• 股骨外髁；外側半月板和關節囊 • 脛骨上方後表面	脛神經

臨床應用 12.3

大腿後肌群損傷

大腿後肌群損傷 (hamstring injuries) 常見於短跑、踢足球及其他依賴膝部快速伸展、強力踢或跳的運動員。快速膝部伸展時，會拉緊大腿後肌群，此時常撕裂起源於坐骨粗隆之肌腱近端。大腿後肌群拉傷很痛，常會因為在比賽或練習前未充分熱身而受傷。

36 *semi* = half 一半；*tendinosus* = tendinous 肌腱
37 *semi* = half 一半；*membranosus* = membranous 膜狀的
38 *poplit* = ham (pit) of the knee 膝部的窩

表 12.8 作用於足部的肌肉

小腿肉質是一群作用在足部的**小腿肌肉** (crural muscles) 所組成 (圖 12.15)。這些肌肉被筋膜緊密束縛，筋膜將其壓縮並幫助血液從小腿部回流。筋膜將小腿肌肉分為前、外側及後腔室 (見圖 12.19b)。

小腿前 (伸肌) 腔室 [Anterior (Extensor) Compartment of the Leg]：前腔室肌肉使踝關節足背屈曲，防止步行時腳趾摩擦地面。從外側到內側，這些肌肉是第三腓骨 (fibularis tertius)、伸趾長肌 (extensor digitorum longus)(腳趾伸肌 II~V)、伸拇趾長肌 (extensor hallucis longus)(大拇趾伸肌) 及脛前肌 (tibialis anterior)。這些肌肉肌腱緊緊地抵住腳踝，並通過類似於腕部的兩個**伸肌支持帶** (extensor retinacula)，避免彎曲 (圖 12.16)。

名稱	作用	骨骼附著點	神經支配
第三腓骨肌 [Fibularis (Peroneus[39]) Tertius][40] (FIB-you-LERR-iss TUR-she-us)	行走時足背屈曲及外翻；在小腿向前擺動時，協助腳趾離開地面	• 腓骨下三分之一的內側表面；骨間膜 • 第 V 蹠骨	腓深神經
伸趾長肌 (Extensor Digitorum Longus) (DIDJ-ih-TOE-rum)	伸展腳趾；足背屈曲；拉緊足底腱膜	• 脛骨外髁；腓骨幹；骨間膜 • 第 II~V 中間及遠側趾骨	腓深神經
伸拇趾長肌 (Extensor Hallucis[41] Longus) (ha-LOO-sis)	伸展大拇趾；足背屈曲	• 腓骨中間的前表面；骨間膜 • 第 I 遠側趾骨	腓深神經
脛前肌 (Tibialis[42] Anterior) (TIB-ee-AY-lis)	足背屈曲及內翻；抵抗身體向後傾斜 (如站在移動的船甲板上時)；協助支撐足部內側縱弓	• 脛骨近端的外髁和外側緣；骨間膜 • 內側楔狀骨；第 I 蹠骨	腓深神經

小腿後 (屈肌) 腔室，淺層肌群 [Posterior (Flexor) Compartment of the Leg, Superficial Group]：後腔室有淺層和深層肌肉群。淺層肌群的三塊肌肉是足底屈肌：腓腸肌 (gastrocnemius)、比目魚肌 (soleus) 及蹠肌 (plantaris)(圖 12.17)。前兩者稱為**小腿三頭肌** (triceps surae[43]) 通過**跟腱 (阿奇里斯腱)**[calcaneal (Achilles) tendon] 匯聚於跟骨，這是身體最強的肌腱，也是突然壓力導致的運動損傷的常見部位。蹠肌是小腿三頭肌的弱協同肌，相對不重要的肌肉，很多人不存在此肌肉，未在本表列出。外科醫生常將蹠肌肌腱用於身體其他部位所需的肌腱移植。

名稱	作用	骨骼附著點	神經支配
腓腸肌 (Gastrocnemius)[44] (GAS-trock-NEE-me-us)	足底屈曲；屈曲膝部；作用於散步、跑步及跳躍	• 股骨髁及膕窩表面；外髁上線；膝關節囊 • 跟骨	脛神經
比目魚肌 (Soleus)[45] (SO-lee-us)	足底屈曲；站立時在腳踝上穩定小腿部	• 腓骨頭後表面和腓骨近端的四分之一；脛骨中段三分之一；骨間膜 • 跟骨	脛神經

39 *perone* = pinlike (fibula) 腓骨
40 *fibularis* = of the fibula 腓骨；*tert* = third 第三
41 *hallucis* = of the great toe (hallux) 大拇趾
42 *tibialis* = of the tibia 脛骨
43 *sura* = calf of leg 小腿腿
44 *gastro* = belly 肌腹；*cnem* = leg 小腿
45 因與比目魚相似而得名

表 12.8 作用於足部的肌肉 (續)

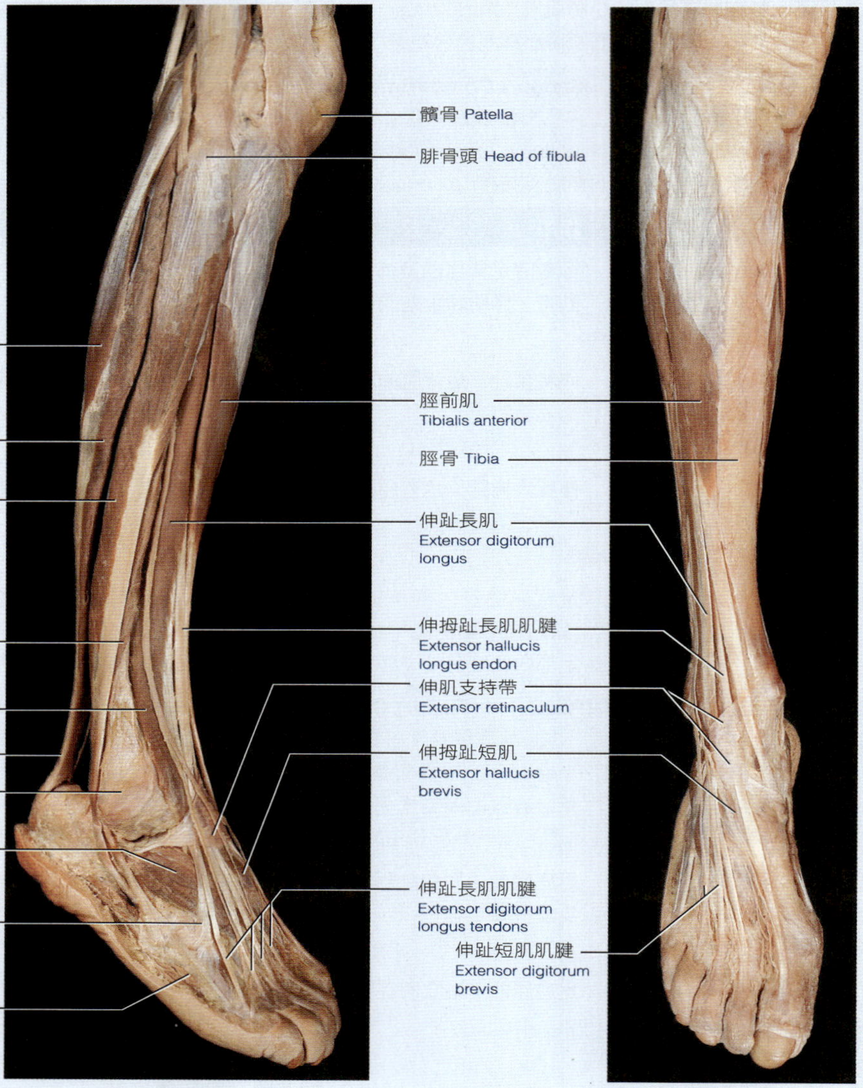

圖 12.15 小腿右腿的淺部肌肉。(a) 側面觀；(b) 前面觀。 AP|R

應用您的知識

並非所有人的肌肉都相同。根據第 11 章和第 12 章提供的資訊，請說出部分人缺少哪兩條肌肉？

表 12.8 作用於足部的肌肉 (續)

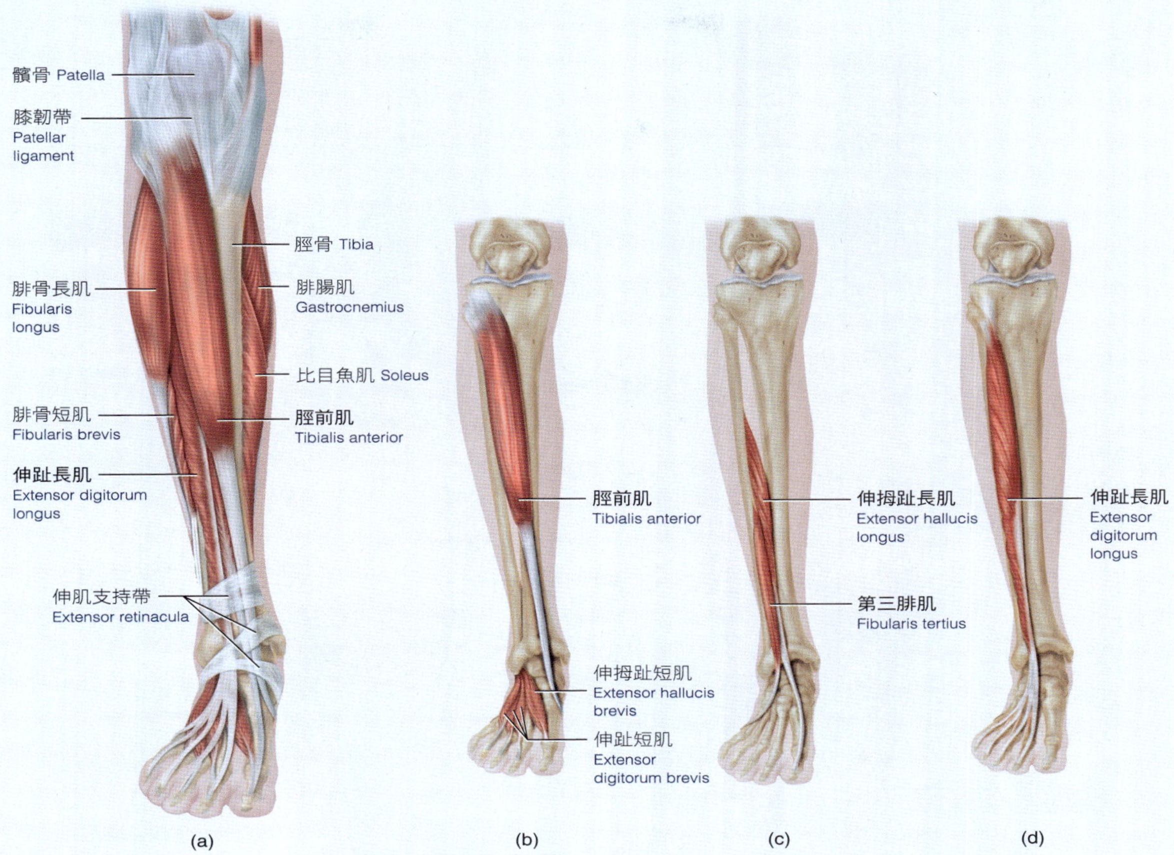

圖 12.16 小腿肌肉，前腔室。粗體標示屬於前腔室的肌肉。
(a) 小腿的淺層肌肉前面觀，也可見部分後腔室和外側腔室的部分肌肉；(b~d) 小腿前腔室及足部上半部的個別肌肉。
• 觸診自己脛骨的堅硬前表面，內側感覺到的肌肉是何肌肉？APR

表 12.8 作用於足部的肌肉 (續)

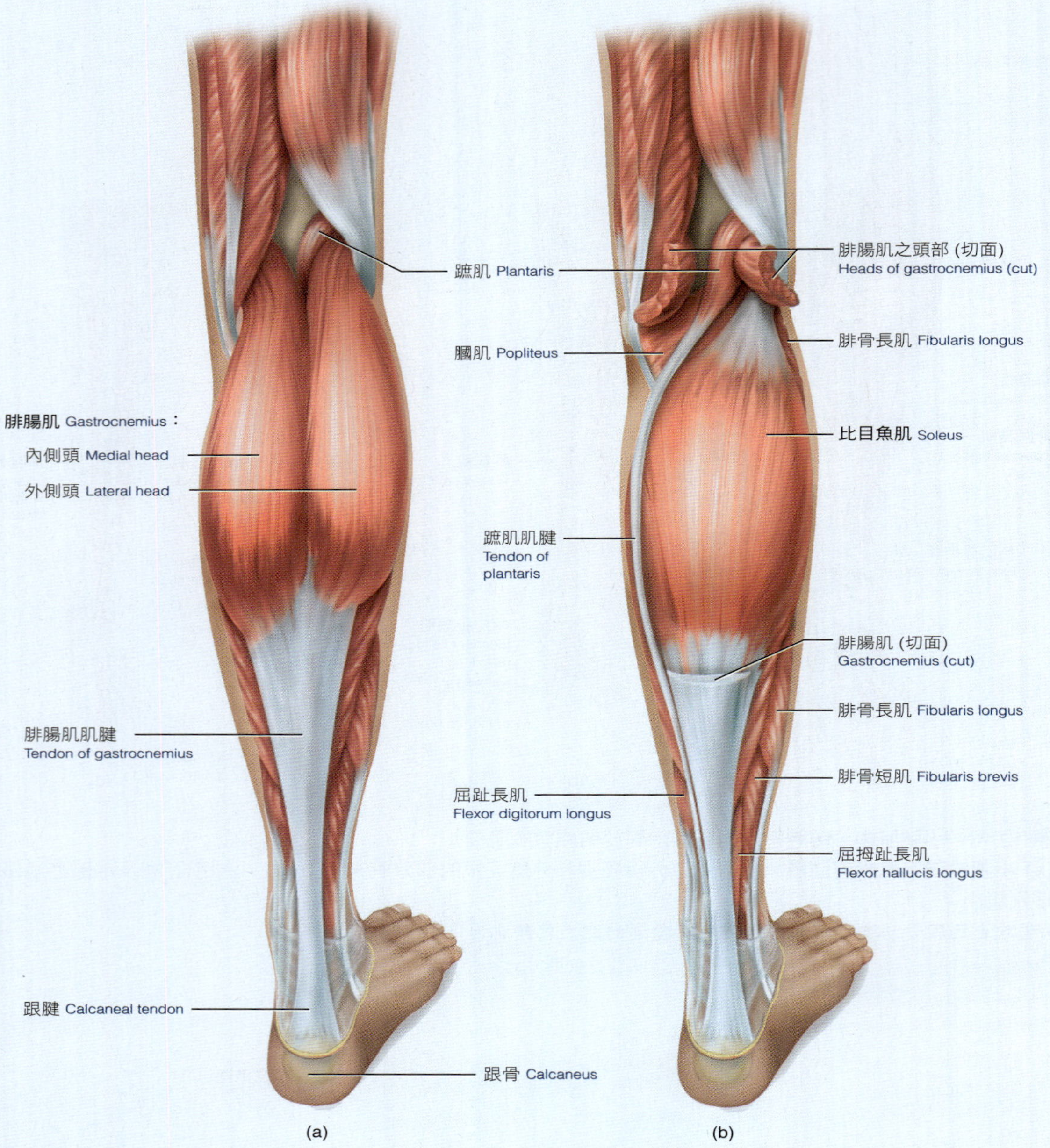

圖 12.17 **小腿的淺層肌肉，後腔室**。(a) 腓腸肌；(b) 比目魚肌，位於腓腸肌深部並與腓腸肌共同形成跟腱。腓腸肌和比目魚肌合稱小腿三頭肌。APR

表 12.8 作用於足部的肌肉 (續)

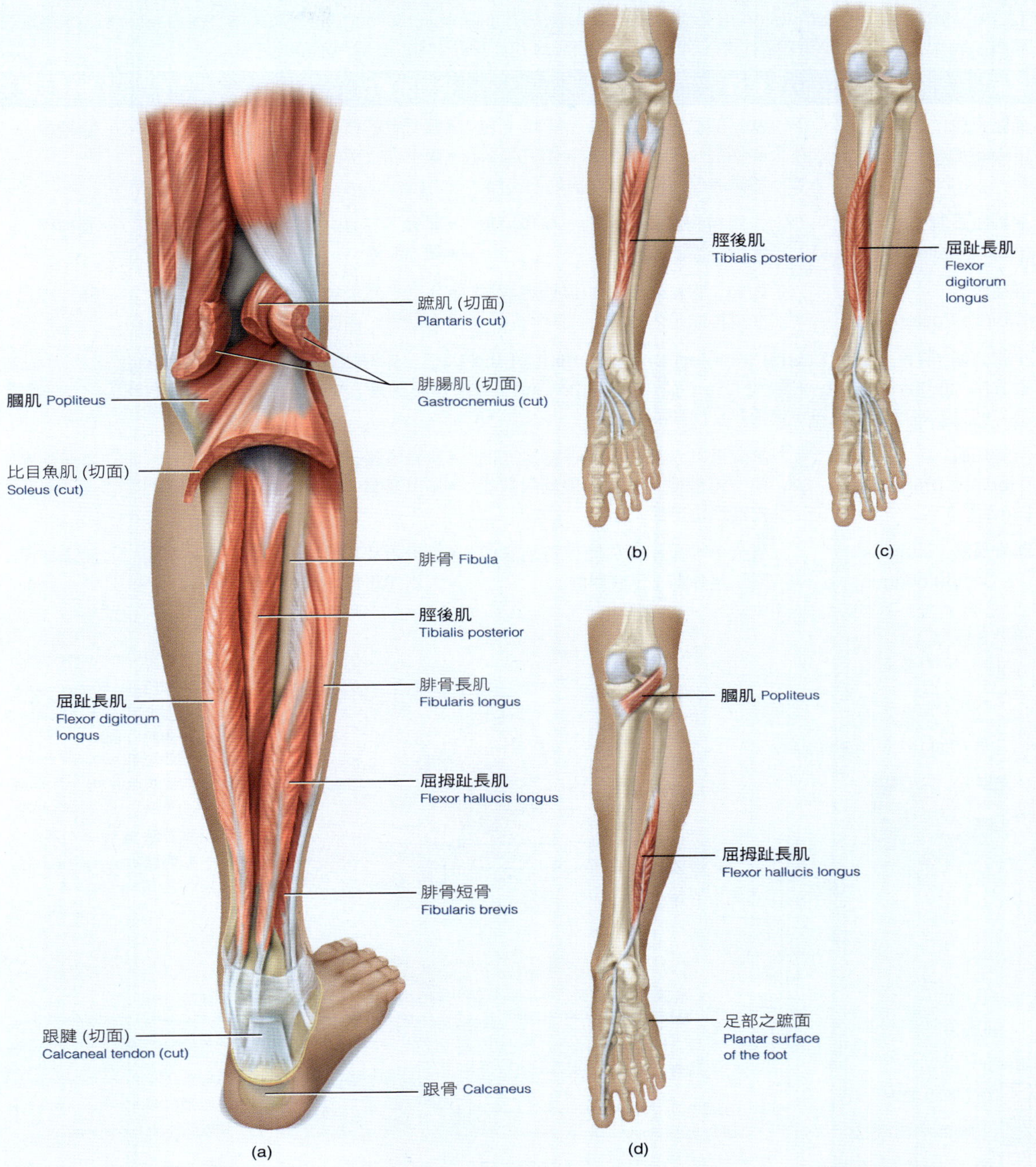

圖 12.18 小腿之後及外側腔室的深部肌肉。(a) 比目魚肌的深部；(b~d) 足底屈曲時暴露一些個別深層肌肉 (面向觀察者)。APR

表 12.8 作用於足部的肌肉 (續)

小腿後 (屈肌) 腔室，深層肌群 [Posterior (Flexor) Compartment of the Leg, Deep Group]：深層肌肉有四塊 (圖 12.18)。*屈趾長肌* (flexor digitorum longus)、*屈拇趾長肌* (flexor hallucis longus) 及*脛後肌* (tibialis posterior) 為足底屈肌。表 12.7 中描述了第四條肌肉，即*膕肌* (popliteus)，因為它作用於膝部而不是足部。

名稱	作用	骨骼附著點	神經支配
屈趾長肌 (Flexor Digitorum Longus)	當足部從地面抬起時，第 II~V 趾骨屈曲；穩定蹠骨頭，並在腳尖移動時保持腳趾遠端與地面接觸	• 脛骨幹的後表面 • 第 II~V 趾骨	脛神經
屈拇趾長肌 (Flexor Hallucis Longus)	作用與屈趾長肌相同，但作用於大拇趾 (第 I 趾)	• 腓骨下三分之二及骨間膜 • 第 I 趾骨	脛神經
脛後肌 (Tibialis Posterior)	內翻；可能在步行中協助足底屈曲或控制足內旋	• 脛骨近端後表面、腓骨及骨間膜 • 舟狀骨、內側楔狀骨，第 II~IV 蹠骨	脛神經

小腿外側 (腓骨) 腔室 [Lateral (Fibular) Compartment of the Leg]：外側腔室包括*腓骨短肌* (fibularis brevis) 及*腓骨長肌* (fibularis longus)(圖 12.15a、12.16a 和 12.19b)，可以屈曲足底、外翻。足底屈曲不僅對腳尖站立非常重要，而且在每次踏步時可提供抬起及向前的推力。

名稱	作用	骨骼附著點	神經支配
腓骨短肌 [Fibularis (Peroneus) Brevis]	腳尖著地及墊腳尖時保持足底凹陷；可能使足外翻，限制內翻並幫助穩定足部	• 腓骨遠端三分之二的外側面 • 第 V 蹠骨基部	腓淺神經
腓骨長肌 [Fibularis (Peroneus) Longus]	腳尖著地及墊腳尖時保持足底凹陷；足外翻；足底屈曲	• 腓骨頭及其近端三分之二的外側面 • 內側楔狀骨；第 I 蹠骨	腓淺神經

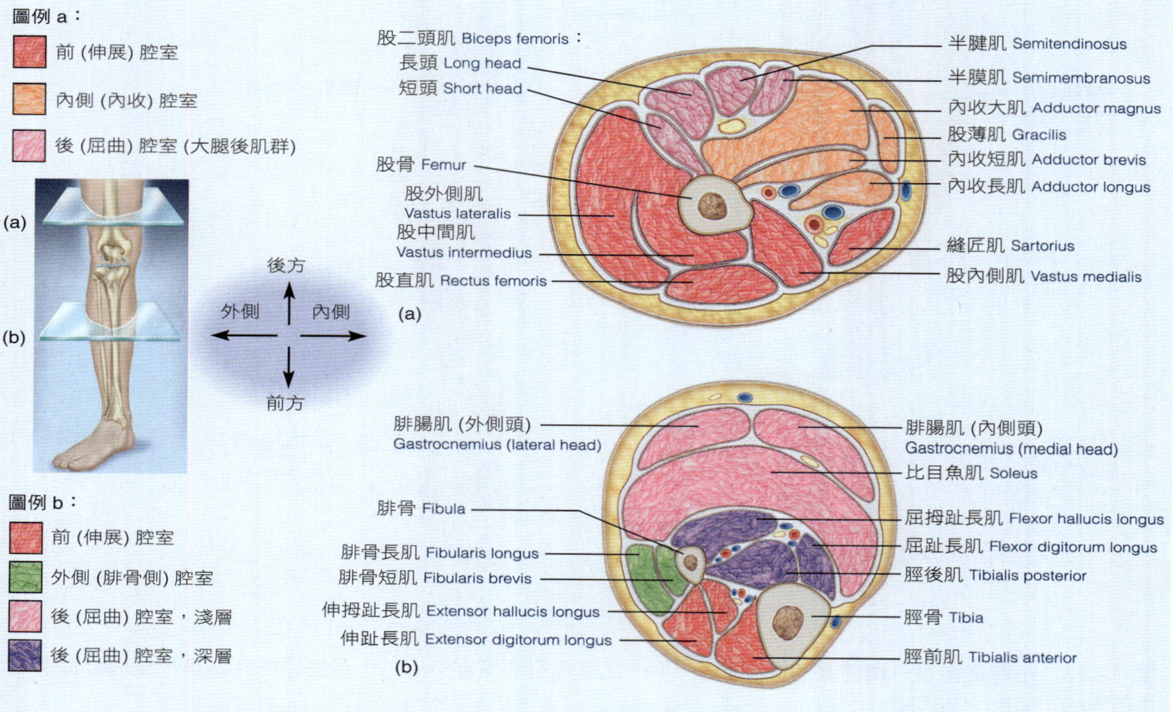

圖 12.19 下肢的連續橫切面。每部分在左圖之相應字母處截取其橫切面。

表 12.9 足部的內在肌

足部的內在肌有助於支撐足弓並協助腳趾運動，部分名稱及位置與手部內在肌相似。

足部背側 (Dorsal Aspect of Foot)：伸趾短肌 (extensor digitorum brevis) 是內在肌，位於足背 (淺層)(見圖 12.16b)。作用於大拇趾的內側肌肉稱為伸拇短肌 (extensor hallucis brevis)。

名稱	作用	骨骼附著點	神經支配
伸趾短肌 (Extensor Digitorum Brevis)	伸展第 I 近側指骨及所有 II~IV 趾骨	• 跟骨；踝部的下伸肌支持帶 • 第 I 近側指骨；伸趾長肌肌腱至第 II~IV 中間、遠側指骨	腓深神經
腹側第 1 層 (大多數為淺層)[Ventral Layer 1 (Most Superficial)]：其餘所有的內在肌位在足部腹側 (足底) 或蹠骨之間，分為四層 (圖12.20)。從足底表面切入足部，首先會在皮膚和肌肉之間遇到堅硬的纖維片，即**足底腱膜** (plantar aponeurosis)，如扇子一樣自跟骨向所有腳趾的底部散開。部分腹側肌肉源自於腱膜，包括足部中間粗的屈趾短肌 (flexor digitorum brevis)，其四根肌腱可支持除拇趾以外的所有指骨，而兩側則是—外側外展小趾肌 (abductor digiti minimi) 和內側外展拇肌 (abductor hallucis)。			
屈趾短肌 (Flexor Digitorum Brevis)	屈曲第 II~IV 趾；支持足弓	• 跟骨；足底腱膜 • 第 II~V 中間指骨	蹠內神經
外展小趾肌 (Abductor Digiti Minimi)[46]	外展並屈曲小趾；支持足弓	• 跟骨；足底腱膜 • 第 V 近側指骨	蹠外神經
外展拇趾肌 (Abductor Hallucis)	外展拇趾；支持足弓	• 跟骨；足底腱膜；屈肌支持帶 • 第 I 近側指骨	蹠內神經
腹側第 2 層 (Ventral Layer 2)：下一層由位於足中間厚的蹠方肌 (quadratus plantae) 及位於蹠骨之間的四條蚓狀肌 (lumbrical muscles) 所組成 (圖 12.20b)。			
蹠方肌 (Quadratus Plantae)[47] (quad-RAY-tus PLAN-tee)	當足從地面抬起時，屈曲第 II~V 趾骨；穩定蹠骨頭，並當腳尖著地及墊腳尖時，腳趾遠端墊與地面接觸 (與屈趾長肌相同)；第 II~V 趾骨屈曲及相關局部運動功能	• 跟骨內、外側的兩個頭 • 經第 II~V 遠側指骨的屈趾長肌肌腱	外蹠神經
四條蚓狀肌 (Four Lumbrical Muscles) (LUM-brih-cul)	屈曲第 II~V 腳趾	• 屈趾長肌肌腱 • 第 II~V 近側指骨	內及外蹠神經
腹側第 3 層 (Ventral Layer 3)：此層肌肉為屈小趾短肌 (flexor digiti minimi brevis)、屈拇趾短肌 (flexor hallucis brevis) 及內收拇趾肌 (adductor hallucis) 僅作用於大拇趾和小趾 (圖 12.20c)。內收拇趾肌的斜頭 (oblique head) 從蹠骨中間區域到大拇趾的基部呈對角線延伸，橫頭 (transverse head) 則穿過數字 II~IV 的基部並在大拇趾的基部與長頭相接。			
屈小趾短肌 (Flexor Digiti Minimi Brevis)	屈曲小趾	• 第 V 蹠骨；腓骨長肌腱鞘 • 第 V 近側指骨	外蹠神經
屈拇趾短肌 (Flexor Hallucis Brevis)	屈曲拇趾	• 骰骨；外側楔狀骨；脛後肌肌腱 • 第 I 近側指骨	內蹠神經
內收拇趾肌 (Adductor Hallucis)	內收拇趾	• 第 II~IV 蹠骨；腓骨長肌肌腱；韌帶，第 III~V 趾骨基部 • 第 I 近側指骨	外蹠神經

46 *digit* = toe 腳趾；*minim* = smallest 最小

47 *quadrat* = four-sided 四面；*plantae* = of the plantar region 足底區域

表 12.9 足部的內在肌 (續)			
腹側第 4 層 (最深層)[Ventral Layer 4 (Deepest)]：此層僅由位於蹠骨間的小骨間肌所組成—四條背側骨間肌及三條足底之蹠側骨間肌 (圖 12.20d、e)。每個背側骨間肌 (dorsal interosseous muscle) 為雙羽狀，源自兩相鄰的蹠骨。蹠側骨間肌 (plantar interosseous muscles) 是單羽狀，且僅起源於單一蹠骨。			
四條背側骨間肌 (Four Dorsal Interosseous Muscles)	外展第 II~IV 腳趾	• 每個有兩個頭部源自於兩相鄰蹠骨的表面 • 第 II~IV 近側指骨	外蹠神經
三條蹠側骨間肌 (Three Plantar Interosseous Muscles)	內收第 III~V 腳趾	• 第 III~V 蹠骨內側 • 第 III~V 近側指骨	外蹠神經

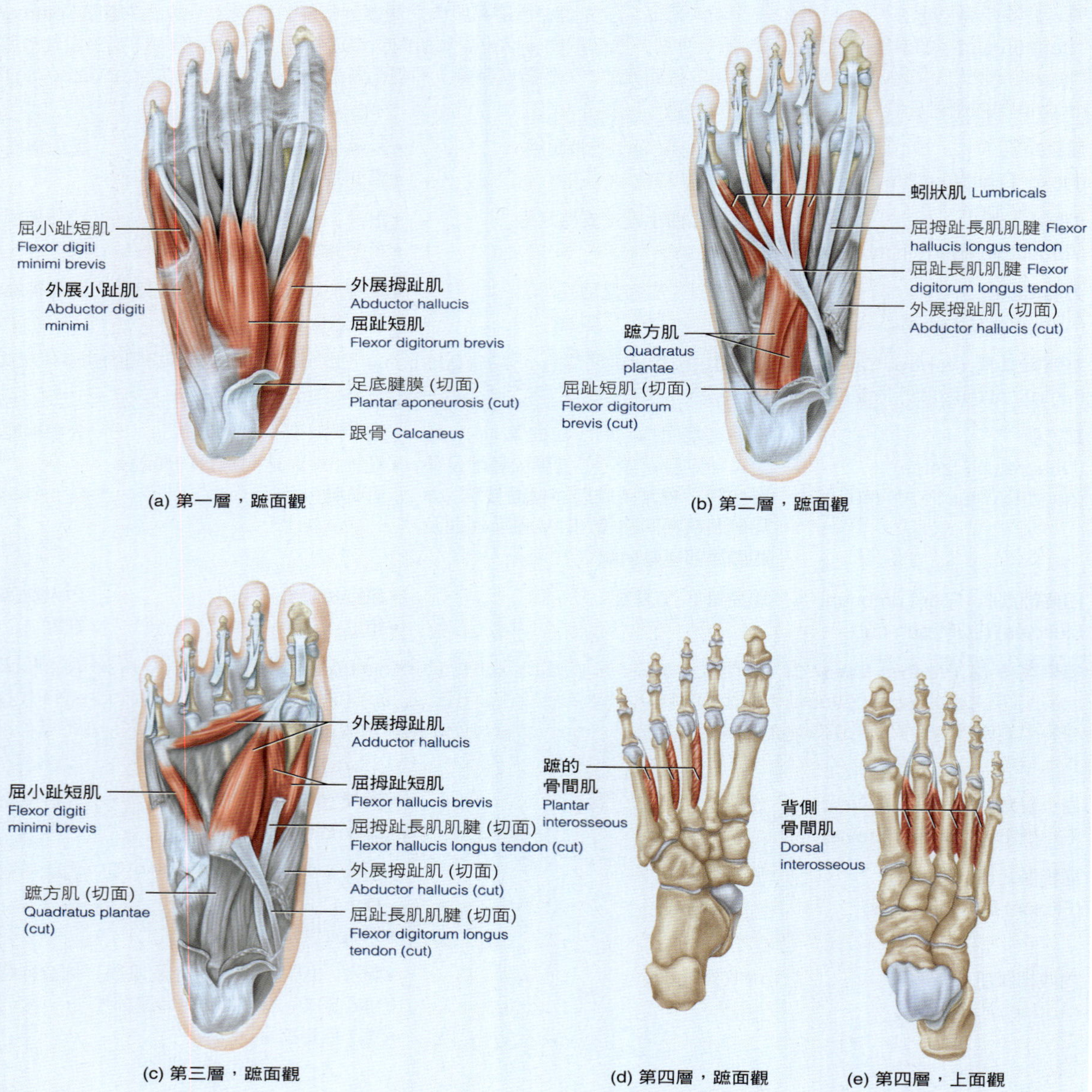

(a) 第一層，蹠面觀

(b) 第二層，蹠面觀

(c) 第三層，蹠面觀

(d) 第四層，蹠面觀
(e) 第四層，上面觀

圖 12.20 足部的內在肌。(a~d) 足底觀，分第一到第四層；(e) 第四層，上面觀。屬於各層的肌肉以色彩及粗體標示。AP|R

在你繼續閱讀之前

回答下列問題，以檢驗你對上節內容的理解：

7. 在大步行走時，您一腳踩在地面上，而另一腿向前移動，何肌肉收縮產生小腿運動？
8. 說出跨越髖關節及膝關節的肌肉及其作用。
9. 列出大腿前、中及後腔室之肌肉及主要作用。
10. 描述足底屈曲及足背屈曲在步行中扮演之作用。哪些肌肉產生這些動作？

12.3 肌肉損傷

預期學習成果

當您完成本節後，您應該能夠

a. 解釋如何減少肌肉損傷的風險；和
b. 定義在運動及娛樂中常發生的幾種肌肉損傷類型。

雖然相較於大多數的器官系統，肌肉系統疾病較少，但容易受到突然施加在肌肉及肌腱上的壓力而引起的傷害。每年，數千名高中生、專業運動員遭遇各形式的肌肉傷害，越來越多跑步及其他形式鍛鍊身體的人亦遭受此傷害，原因是缺乏適當準備及暖身，而過度勞累。表 12.10 簡要描述最常見的運動損傷 (常見之肌肉系統疾病，請參見表 10.5)。

適當鍛鍊可以預防多數運動損傷，突然劇烈運動的人可能沒有足夠的肌肉骨骼質量，來承受劇烈運動帶來的壓力。肌肉骨骼需要逐步發展，伸展運動可使韌帶和關節囊保持柔軟，而減少傷害。熱身運動可以藉由多種方式促進肌肉骨骼功能並減少傷害。適度運動很重要，多數傷害是因過度使用肌肉所造成。「沒有痛苦就沒有收穫」是危險的誤解。

最初可用「RICE」治療肌肉損傷：休息 (**R**est) 防止進一步傷害並修復；冰敷 (**I**ce) 以減少腫脹；加壓 (**C**ompression) 使用彈性繃帶以防止液體積聚和腫脹；抬高 (**E**levation) 受傷的肢體以促進血液從患處排出並限制進一步腫脹。這些措施若仍不足，可以使用抗發炎藥如氫化皮質酮 (hydrocortisone) 及阿斯匹林 (aspirin)。

表 12.10 肌肉損傷

棒球指 (Baseball finger)	受棒球影響使手指伸展，造成手指伸肌肌腱撕裂
阻擋員臂 (Blocker's arm)	由於反覆撞擊而導致前臂外側邊緣鈣化異常，如足球
投球臂 (Pitcher's arm)	在釋放棒球時，由於腕部劇烈屈曲而導致腕部屈肌附著點發炎
腹股溝拉傷 (Pulled groin)	大腿內收肌的拉傷；常見於體操運動員和舞者，在劈叉和高踢
大腿後肌群拉傷 (Pulled hamstrings)	腿後肌拉傷或肌腱附著點部分撕裂，通常在筋膜中伴有血腫 (血塊)；常由於反覆踢 (如足球)或長時間奔跑引起
騎馬骨 (Rider's bones)	大腿內收肌肌腱鈣化；騎馬時大腿長時間外展所致
脛痛 (Shin splints)	小腿區疼痛統稱—脛後肌肌腱炎、脛骨膜發炎及前腔室症候群。一段時間缺乏運動之各種小腿劇烈運動，如不習慣的慢跑、步行、穿雪鞋行走
網球肘 (Tennis elbow)	腕伸肌至肱骨外上髁附著點處發炎。可能是由需要前臂旋轉且手緊握物品的任何活動，例如使用螺絲起子，或是反手打網球時反覆拉伸腕肌，而突然受到網球的衝擊而拉緊
網球腿 (Tennis leg)	腓腸肌至股骨遠端的外側附著點撕裂傷；原因為重複施加在肌肉上的壓力，同時腳趾支撐體重

在你繼續閱讀之前

回答下列問題，以檢驗你對上節內容的理解：

11. 請解釋為何伸展運動可以減少肌肉受傷的發生率。
12. 請說明在 RICE 方法中，四種治療肌肉損傷的原因。

學習指南

評估您的學習成果

為了測試你的知識，請與學習夥伴討論以下話題，或以書面形式討論，最好是憑記憶。

一般

1. 對於學習指南、課程或教師所提及之肌肉，能在模型、照片、圖表或解剖切片辨識定位；在生物體上觸摸到此肌肉或肌腱；並說出其在骨骼的附著點、支配神經及作用。

12.1 作用於肩部及上肢的肌肉

1. 作用於肩帶的兩塊前面肌肉——胸小肌 (pectoralis minor) 及前鋸肌 (serratus anterior)(表 12.1)。
2. 作用於肩帶的四塊後面肌肉——斜方肌 (trapezius)、提肩胛肌 (levator scapulae)、小菱形肌 (rhomboid minor) 及大菱形肌 (rhomboid major)(表 12.1)。
3. 旋轉肌袖的四塊肌肉「SITS 肌肉」——棘上肌 (supraspinatus)、棘下肌 (infraspinatus)、小圓肌 (teres minor) 及肩胛下肌 (subscapularis)(表 12.2)；以及易受傷的旋轉肌袖。
4. 五塊肌肉相似於旋轉肌袖，也穿過肩關節並作用於肱骨——胸大肌 (pectoralis major)、闊背肌 (latissimus dorsi)、三角肌 (deltoid)、大圓肌 (teres major) 及喙肱肌 (coracobrachialis)(表 12.2)。
5. 作用於肘關節的上臂肌肉——肱肌 (brachialis)、肱二頭肌 (biceps brachii) 及肱三頭肌 (triceps brachii)(表 12.3)；包括兩個頭及三個頭之名稱及分佈。
6. 引起前臂運動的前臂肌肉——肱橈肌 (brachioradialis)、肘肌 (anconeus)、旋前方肌 (pronator quadratus)、旋前圓肌 (pronator teres) 及旋後肌 (supinator)(表 12.3)。
7. 作用於手腕及手部的前臂前腔室之淺層肌肉——橈側屈腕肌 (flexor carpi radialis)、尺側屈腕肌 (flexor carpi ulnaris)、屈指淺肌 (flexor digitorum superficialis) 及掌長肌 (palmaris longus)(表 12.3)。
8. 前臂前腔室的深層肌肉——屈指深肌 (flexor digitorum profundus) 及屈拇長肌 (flexor pollicis longus)。
9. 前腔室肌肉、屈肌支持帶及腕隧道的關係，及腕隧道症候群的病理學。
10. 前臂後腔室的淺層肌肉——橈側伸腕長肌 (extensor carpi radialis longus)、橈側伸腕短肌 (extensor carpi radialis brevis)、伸指肌 (extensor digitorum)、伸小指肌 (extensor digiti minimi) 及尺側伸腕肌 (extensor carpi ulnaris)。
11. 前臂後腔室的深層肌肉——外展拇長肌 (abductor pollicis longus)、伸拇短肌 (extensor pollicis brevis)、伸拇長肌 (extensor pollicis longus) 及伸食指肌 (extensor indicis)。
12. 手部內在肌的一般作用；分為三大類；大魚際肌及小魚際肌的位置 (表 12.5)。
13. 手部肌肉的大魚際肌群——內收拇肌 (adductor pollicis)、外展拇短肌 (abductor pollicis brevis)、屈拇短肌 (flexor pollicis brevis) 和拇對指肌 (opponens pollicis)(表 12.5)。
14. 手部肌肉的小魚際肌群——外展小指肌 (abductor digiti minimi)、屈小指短肌 (flexor digiti minimi brevis) 及小指對掌肌 (opponens digiti minimi)(表 12.5)。
15. 手部的掌中間肌群——四條背側骨間肌 (dorsal interosseous muscles)、三條掌側骨間肌 (palmar interosseous muscles) 及四條蚓狀肌 (lumbrical muscles)。

12.2 作用於髖部及下肢的肌肉

1. 骨盆前區的髂腰肌 (iliopsoas) 及髂腰肌群的兩塊肌肉——髂肌 (iliacus) 和腰大肌 (psoas major)(表 12.6)。
2. 三塊臀肌——臀大肌 (gluteus maximus)、臀中肌 (gluteus medius) 及臀小肌 (gluteus minimus)(表 12.6)。
3. 髖部之闊筋膜張肌 (tensor fasciae latae) 與大腿外

側之闊筋膜纖維及髂脛束的關係 (表 12.6)。
4. 髖部深層的外旋肌——上孖肌 (gemellus superior)、下孖肌 (gemellus inferior)、閉孔外肌 (obturator externus)、閉孔內肌 (obturator internus)、梨狀肌 (piriformis) 及股方肌 (quadratus femoris)(表 12.6)。
5. 大腿的內側 (內收肌) 腔室、前 (伸肌) 腔室和後 (屈肌) 腔室的位置。
6. 大腿內側腔室的肌肉——內收短肌 (adductor brevis)、內收長肌 (adductor longus)、內收大肌 (adductor magnus)、股薄肌 (gracilis) 和恥骨肌 (pectineus)(表 12.6)。
7. 大腿前腔室的肌肉——縫匠肌 (sartorius)、股四頭肌 (quadriceps femoris) 的四個頭部肌肉 [包含股直肌 (rectus femoris)、股外側肌 (vastus lateralis)、股內側肌 (vastus medialis) 及股中間肌 (vastus intermedius)]，股四頭肌肌鍵及其延伸的膝韌帶 (表 12.7)。
8. 大腿後腔室的大腿後肌群 (hamstring muscles)——半腱肌 (semitendinosus)、半膜肌 (semimembranosus)、股二頭肌 (biceps femoris)，及附近的膕肌 (popliteus)(表 12.7)。
9. 小腿的前、後及外側腔室的位置 (表12.8)。
10. 小腿的前腔室肌肉——第三腓骨肌 (fibularis tertius)、伸趾長肌 (extensor digitorum longus)、伸拇趾長肌 (extensor hallucis longus) 及脛前肌 (tibialis anterior)(表 12.8)。
11. 小腿的後腔室淺層肌肉——腓腸肌 (gastrocnemius) 和比目魚肌 (soleus) 及其與突出的跟腱 (阿奇里斯腱) 的關係 (表 12.8)。
12. 小腿的後腔室深層肌肉——屈趾長肌 (flexor digitorum longus)、屈拇趾長肌 (flexor hallucis longus) 和脛後肌 (tibialis posterior)(表 12.8)。
13. 小腿的外側腔室肌肉——腓骨短骨 (fibularis brevis) 和腓骨長肌 (fibularis longus)(表 12.8)。
14. 足部內在肌，一般功能及其上側之一條肌肉——伸趾短肌 (extensor digitorum brevis)(表 12.9)。
15. 足底內在肌及其分層排列——第 1 層 (最淺層) 的屈趾短肌 (flexor digitorum brevis)、外展小趾肌 (abductor digiti minimi) 和外展拇趾肌 (abductor hallucis)；第 2 層的蹠方肌 (quadratus plantae) 和四條蚓狀肌 (lumbrical muscles)。第 3 層的內收拇趾肌 (adductor hallucis)、屈小趾短肌 (flexor digiti minimi brevis) 及屈拇趾短肌 (flexor hallucis brevis) 以及第 4 層 (最深層) 的四條背側骨間肌 (dorsal interosseous muscles) 及三條蹠側骨間肌 (plantar interosseous muscles)。足底腱膜及其與第 1 層肌肉的關係 (表 12.9)。

12.3 肌肉損傷

1. 肌肉損傷的常見原因、預防及治療。
2. 幾種常見的肌肉、肌腱損傷的解剖部位及原因——棒球指 (baseball finger)、阻擋員臂 (blocker's arm)、投球臂 (pitcher's arm)、腹股溝拉傷 (pulled groin)、大腿後肌群拉傷 (pulled hamstrings)、騎馬骨 (rider's bones)、脛痛 (shin splints)、網球肘 (tennis elbow) 及網球腿 (tennis leg)(表 12.10)。

回憶測試

1. 您最可能缺少下列何種肌肉？
   a. 屈指深肌 (flexor digitorum profundus)
   b. 斜方肌 (trapezius)
   c. 掌長肌 (palmaris longus)
   d. 肱三頭肌 (triceps brachii)
   e. 脛前肌 (tibialis anterior)
2. 下列何肌肉與其餘四個肌肉最沒有共同點？
   a. 股中間肌 (vastus intermedius)
   b. 股外側肌 (vastus lateralis)
   c. 股內側肌 (vastus medialis)
   d. 股直肌 (rectus femoris)
   e. 股二頭肌 (biceps femoris)
3. 小腿三頭肌 (triceps surae) 是由下列何肌肉群所組成？
   a. 屈拇趾長肌 (flexor hallucis longus) 及屈拇趾短肌 (flexor hallucis brevis)
   b. 腓腸肌 (gastrocnemius) 及比目魚肌 (soleus)
   c. 外側 (lateral)、內側 (medial) 及長頭 (long heads)
   d. 肱二頭肌 (biceps brachii) 及肱三頭肌 (triceps brachii)
   e. 股外側肌 (vastus lateralis)、內側肌 (medialis) 及中間肌 (intermedius)
4. 骨間肌 (interosseous muscles) 位於下列何兩者之間？
   a. 肋骨 (ribs) 之間
   b. 脛骨 (tibia) 與腓骨 (fibula)
   c. 橈骨 (radius) 與尺骨 (ulna)
   d. 掌骨 (metacarpal bones) 之間
   e. 指骨 (phalanges) 之間
5. 下列何肌肉不屬於旋轉肌袖 (rotator cuff)？
   a. 棘上肌 (supraspinatus)
   b. 棘下肌 (infraspinatus)
   c. 肩胛下肌 (subscapularis)

d. 大圓肌 (teres major)
e. 小圓肌 (teres minor)

6. 斜方肌 (trapezius) 不會執行下列何動作？
   a. 頸部伸展
   b. 肩胛骨下壓
   c. 肩胛骨上提
   d. 肩胛骨旋轉
   e. 肱骨內收
7. 手部與足部都受到一種或多種肌肉的作用，其稱為：
   a. 伸指肌 (extensor digitorum)
   b. 外展小指肌 (abductor digiti minimi)
   c. 屈指深肌 (flexor digitorum profundus)
   d. 外展拇趾肌 (abductor hallucis)
   e. 屈趾長肌 (flexor digitorum longus)
8. 下列何肌肉不會伸展髖關節 (hip join)？
   a. 股直肌 (rectus femoris)
   b. 臀大肌 (gluteus maximus)
   c. 股二頭肌 (biceps femoris)
   d. 半腱肌 (semitendinosus)
   e. 半膜肌 (semimembranosus)
9. 腓腸肌 (gastrocnemius) 及______肌肉藉由跟腱止端於足跟
   a. 半膜肌 (semimembranosus)
   b. 脛後肌 (tibialis posterior)
   c. 脛前肌 (tibialis anterior)
   d. 比目魚肌 (soleus)
   e. 蹠肌 (plantaris)
10. 下列何者不位在大腿前腔室？
   a. 半膜肌 (semimembranosus)
   b. 股直肌 (rectus femoris)
   c. 股中間肌 (vastus intermedius)
   d. 股外側肌 (vastus lateralis)
   e. 縫匠肌 (sartorius)
11. 經常用於注射的肩部主要淺層肌肉是______。
12. 如果肌肉名稱中有拇趾 (hallucis) 一詞，則其會使______移動。
13. 前臂的旋前是藉由兩條肌肉進行的，旋前______肌位於肘部的遠端，而旋前______肌位於腕部附近。
14. 大腿後側的三塊大肌肉合稱為______肌。
15. 可限制屈肌肌腱活動範圍的結締組織帶，被稱為______，能避免肌腱像弓弦隆起。
16. 拇指及手掌之間的網狀構造主要是由______肌組成。
17. 髕骨包埋於______肌之肌腱中。
18. ______肌以其骨骼附著而命名，源自肩胛骨的喙突，終止於肱骨並內收上臂。
19. 大腿最內側的內收肌是細長的______。
20. ______和______是髖部屈肌，源自骨盆及腰椎，並共同匯聚在一條肌腱上，此肌腱終止於股骨小轉子。

答案請見附錄 A

建立您的醫學詞彙

說出每個詞彙的含義，並從本章中給出一個使用該詞彙的醫學專有名詞或稍微的改變該詞彙。

1. serrat-
2. dorsi-
3. -ceps
4. infra-
5. teres
6. profund-
7. osse-
8. ili-
9. lat-
10. maxim-

答案在附錄 A

這些陳述有什麼問題？

簡要說明下列各項陳述為什麼是假的，或將其改寫為真。

1. 小腿後腔室的所有足底屈肌都通過跟腱匯聚在腳後跟。
2. 胸小肌主要作用為肱骨內收。
3. 股四頭肌是膝部最強大的屈肌。
4. 肱二頭肌的兩個頭附著於肘部下方的橈骨及尺骨。
5. 骨間肌為梭狀肌。
6. 伸指肌肌腱和伸小指肌肌腱穿過腕隧道。
7. 腰大肌是股直肌的拮抗肌。
8. 膝部快速屈曲常會使大腿後肌群受傷。
9. 臀大肌是髖關節的主要屈肌。
10. 脛後肌和脛前肌是協同肌

答案在附錄 A

這些陳述有什麼問題？

1. 根治性乳房切除術是乳腺癌的常見治療方法，包含切除胸大肌及乳房。這會導致何功能損害？物理治療師可以訓練何協同肌使患者恢復某些失去的功能？
2. 表 12.4 描述一個簡單測試，確定您是否有掌長肌。您認為前腕另一條主要肌腱一橈側屈腕肌肌腱，在這測試中為何不會突出呢？
3. 健康不佳的中年人，在足背突然屈曲時可能跟腱會斷裂。解釋跟腱斷裂的下列徵兆：(a) 小腿上通常出現明顯的腫塊；(b) 常發生足背屈曲；(c) 患者不能有效地進行足底屈曲。
4. 習慣穿高跟鞋的女性赤腳或穿平底鞋時可能會出現疼痛的「高跟鞋症候群」，請解釋這與哪些肌肉和肌腱有關？
5. 搬家的學生以正確的方式蹲下後，抬起一箱沉重的書，他伸直雙腿抬起箱子時涉及哪些原動肌？

你能從表面外觀上辨別出幾塊肌肉？
©Y Photo Studio/Shutterstock

圖譜

周光儀

區域和表面解剖學圖集

圖集大綱

A.1 簡介
- A.1a 區域解剖學
- A.1b 表面解剖學
- A.1c 你的最好模特兒就是你

A.2 本圖集的使用
- 頭頸部 (圖 A.1-A.2)
- 軀幹 (圖 A.3-A.16)
- 上肢 (圖 A.17-A.19)
- 下肢 (圖 A.20-A.24)
- 肌肉識別的測驗 (圖 A.25)

Anatomy & Physiology REVEALED®
apreveled.com
模組 6：肌肉系統

A.1 簡介

A.1a 區域解剖學

整體來說，本書採用系統的解剖學方法，逐一檢視每個器官系統的結構和功能，無論它可橫跨哪個身體區域。然而，內科醫生和外科醫生的思維和行為都是以**區域解剖學** (regional anatomy) 的方式進行。如果一個病人出現右下象限 (LRQ) 的疼痛 (見圖 1.10)，那麼疼痛的來源可能是闌尾、小腸、卵巢或輸卵管，或者鼠蹊的肌肉等。問題是不要考慮整個器官系統 (食道可能與 LRQ 無關)，而是要考慮該區域存在哪些器官，必須考慮哪些可能性作為疼痛的原因。本圖譜依身體的區域展現出人體的幾種視圖，這樣你就可以在不同章節中細看器官系統之間存在的一些空間關係。

A.1b 表面解剖學

在研究人體解剖學的過程中，我們很容易專注於內部結構，以至於遺忘了我們從外部觀感的重要性。外部的解剖學和外觀是身體檢查和照護病患的主要關注點。身體表面標的的知識對一位在物理治療、心肺復甦、外科手術、拍 X 光片和心電圖、注射藥劑、抽血、聽心臟和呼吸聲、測量脈搏和血壓、尋找壓力點以阻止動脈出血等其他步驟的能力是至關重要的。如果忽視或誤解外部解剖結構而對病患進行錯誤的操作，對病患來說是非常有害，甚至是致命的。

在前幾章剛剛學習了骨骼和肌肉解剖學之後，現在是你們學習身體表面的好時機。我們在那裡看到的大部分內容都反映了表淺的骨骼和肌肉的基本構造。第 1 章中對表面解剖學進行了廣泛的圖片概述 (見圖 1.10)，而這裡為了提供後面各章參考的詞彙是很有必要的。本圖譜更詳盡地展現了表面解剖學，這樣你就可以把它與第 7 章至第 12 章的肌肉骨骼解剖學串聯起來。

A.1c 你的最好模特兒就是你

在學習表面解剖學時，有一種資源比任何實驗室模型或教科書插圖更有價值，那就是你自己的身體。為了更加瞭解人體的構造，請將本書中的繪圖和照片與自己的身體或與學習夥伴的身體構造進行比較。除了骨骼和肌肉外，你還可以觸診一些表淺動脈、靜脈、肌腱、韌帶和軟骨等的構造。藉由對肩、肘、踝等部位的觸診，你可以比看課本的二維圖片更能獲得在腦中形成對表層下結構的印象。而且，你越是和別人一起學習就越能體會到人體構造的變化，並能把你的知識應用到你未來的病患或顧客身上，他們和你見過的任何教科書上的圖或照片都不太一樣。經由對繪圖、照片和活體的比較，你會對身體有更深的瞭解，而不是如前面章節獨自的學習這圖集。

A.2 本圖集的使用

為了最有效地利用本圖集，在學習這些插圖時，請參考前面的章節。例如，將第 7 章中的鎖骨圖與圖 A.1 中的照片串聯起來。學習第 8 章中肩胛骨的形狀，就看你能在圖 A.9 中的照片上找到多少。看看你能否將手上可見的肌腱 (見圖 A.19) 與第 12 章中的前臂肌肉串聯起來，將骨盆帶的外部標誌 (見圖 A.15) 與第 8 章中的骨骼結構串聯起來。

在本圖集的最後，你可以測試一下你對外部可見的肌肉解剖學知識。圖 A.25 中的兩張照片有 30 個編號的肌肉和 26 個名稱的列表，其中有些肌肉在照片中不止出現一次，有些則完全沒有出現。在不回頭看前面插圖的情況下，盡自己最大的能力找出這些肌肉的名稱，然後在書後的附錄 A 中核對你的答案。

在這些插圖中，適用以下縮寫：a. = 動脈；m. = 肌肉；n. = 神經；v. = 靜脈。mm. 或 vv. 等雙字母表示複數。

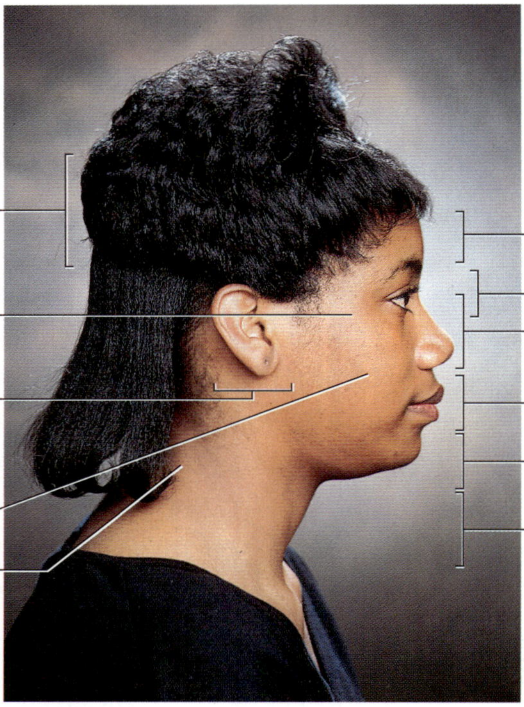

(a) 側面觀

(b) 前面觀

圖 A.1 頭頸部。(a) 頭部的解剖區域；(b) 面部區域和上胸部的特徵。

• 是什麼肌肉支撐著人中區域？什麼肌肉形成肩部的斜度？

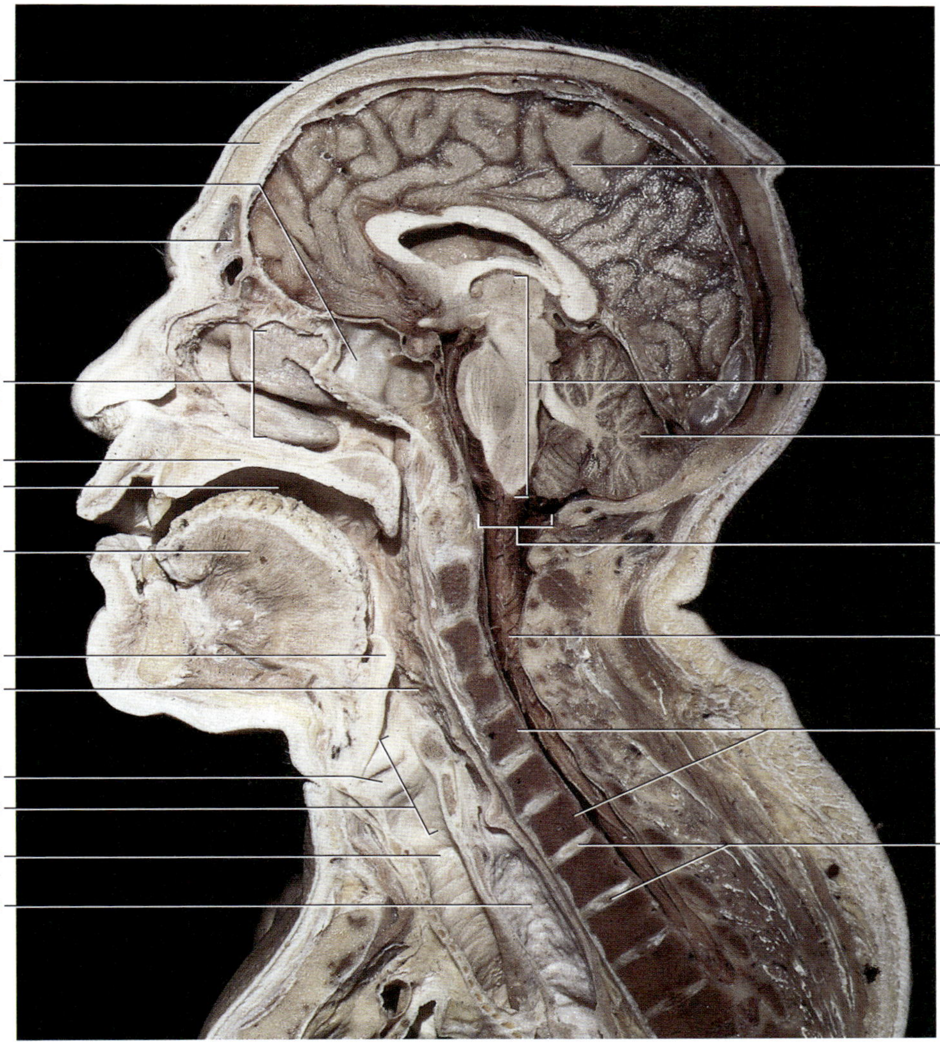
頭皮 Scalp
顱骨 Cranium
蝶竇
Sphenoidal sinus
額竇
Frontal sinus
鼻腔
Nasal cavity
腭骨 Palate
口腔 Oral cavity
舌頭 Tongue
會厭 Epiglottis
咽 Pharynx
聲帶 Vocal cord
喉 Larynx
氣管 Trachea
食道 Esophagus
大腦
Cerebrum
腦幹
Brainstem
小腦
Cerebellum
頭骨的枕骨
大孔
Foramen
magnum of
skull
脊髓
Spinal cord
脊柱
Vertebral
column
椎間盤
Intervertebral
discs

圖 A.2 **頭部正中切**。圖中顯示顱腔、鼻腔、口腔和椎管的內容。

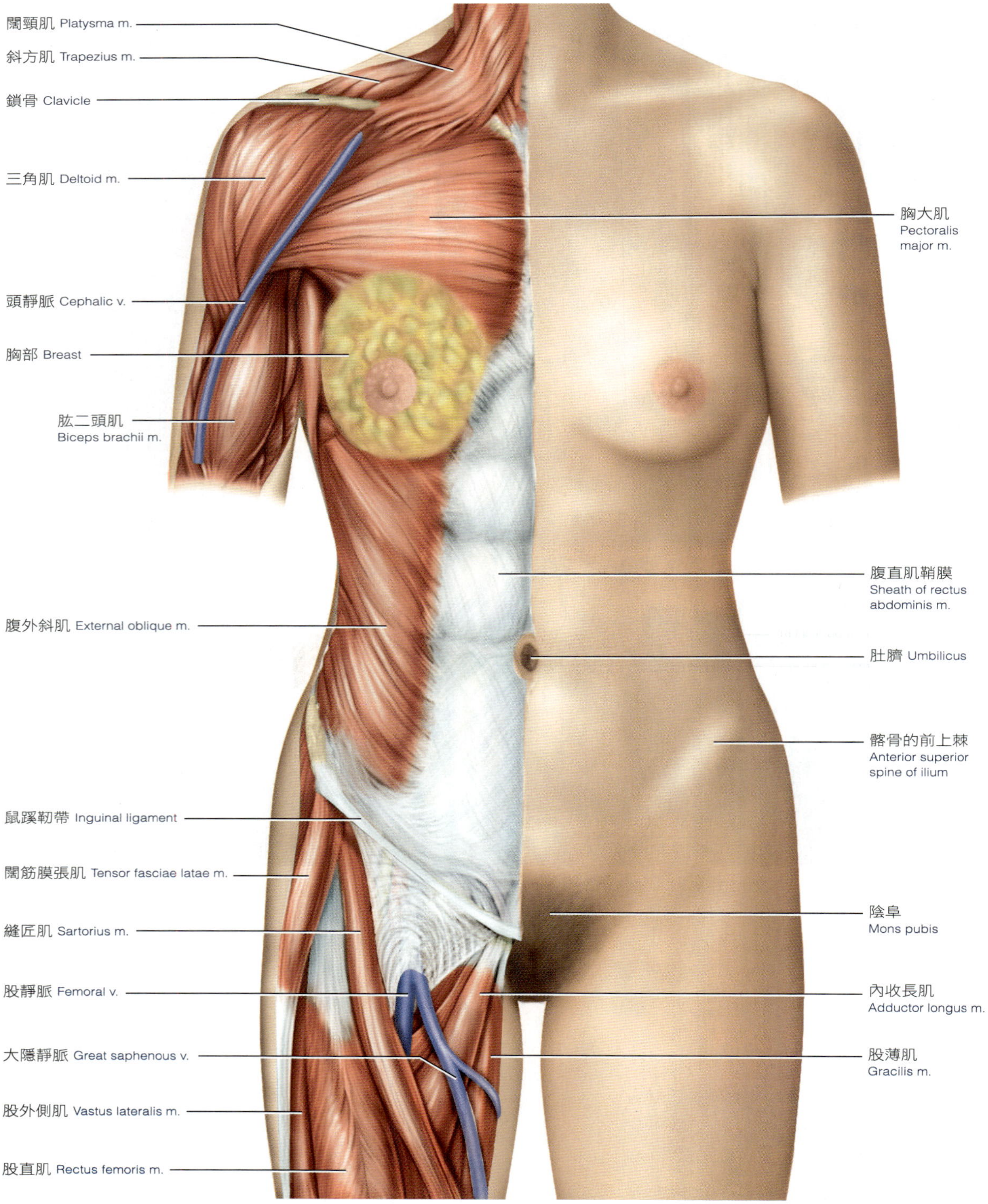
闊頸肌 Platysma m.
斜方肌 Trapezius m.
鎖骨 Clavicle
三角肌 Deltoid m.
頭靜脈 Cephalic v.
胸部 Breast
肱二頭肌
Biceps brachii m.
腹外斜肌 External oblique m.
鼠蹊韌帶 Inguinal ligament
闊筋膜張肌 Tensor fasciae latae m.
縫匠肌 Sartorius m.
股靜脈 Femoral v.
大隱靜脈 Great saphenous v.
股外側肌 Vastus lateralis m.
股直肌 Rectus femoris m.
胸大肌
Pectoralis
major m.
腹直肌鞘膜
Sheath of rectus
abdominis m.
肚臍 Umbilicus
髂骨的前上棘
Anterior superior
spine of ilium
陰阜
Mons pubis
內收長肌
Adductor longus m.
股薄肌
Gracilis m.

圖 A.3 軀幹淺層解剖學 (女性)。解剖圖左側為表面解剖學，右側為緊貼皮膚深層的結構。

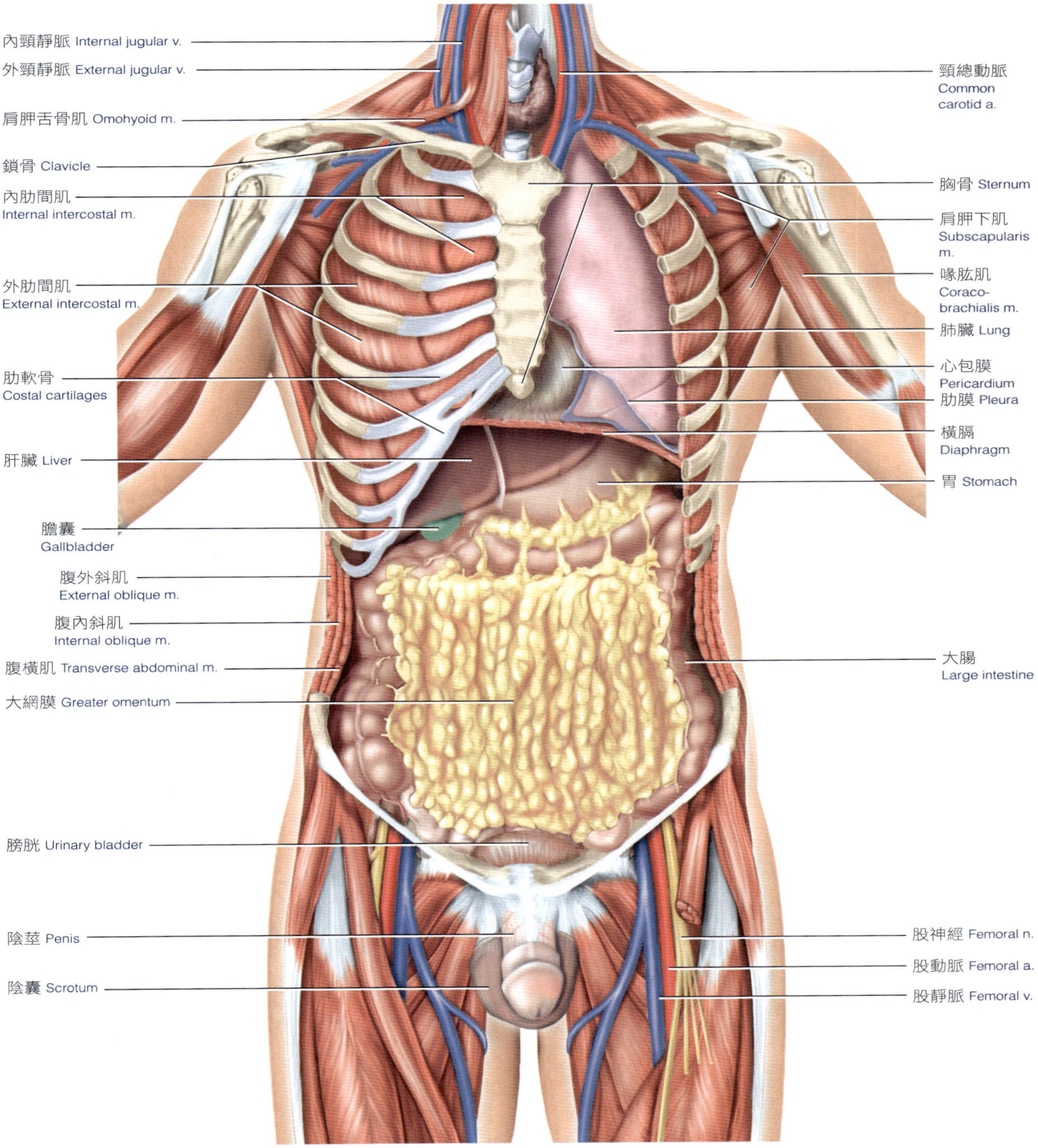
內頸靜脈 Internal jugular v.
外頸靜脈 External jugular v.
肩胛舌骨肌 Omohyoid m.
鎖骨 Clavicle
內肋間肌 Internal intercostal m.
外肋間肌 External intercostal m.
肋軟骨 Costal cartilages
肝臟 Liver
膽囊 Gallbladder
腹外斜肌 External oblique m.
腹內斜肌 Internal oblique m.
腹橫肌 Transverse abdominal m.
大網膜 Greater omentum
膀胱 Urinary bladder
陰莖 Penis
陰囊 Scrotum
頸總動脈 Common carotid a.
胸骨 Sternum
肩胛下肌 Subscapularis m.
喙肱肌 Coraco-brachialis m.
肺臟 Lung
心包膜 Pericardium
肋膜 Pleura
橫膈 Diaphragm
胃 Stomach
大腸 Large intestine
股神經 Femoral n.
股動脈 Femoral a.
股靜脈 Femoral v.

圖 A.4 **肋骨籠和大網膜層面的解剖學 (男性)**。去掉前體壁，從解剖圖左方去掉肋骨、肋間肌、胸膜。

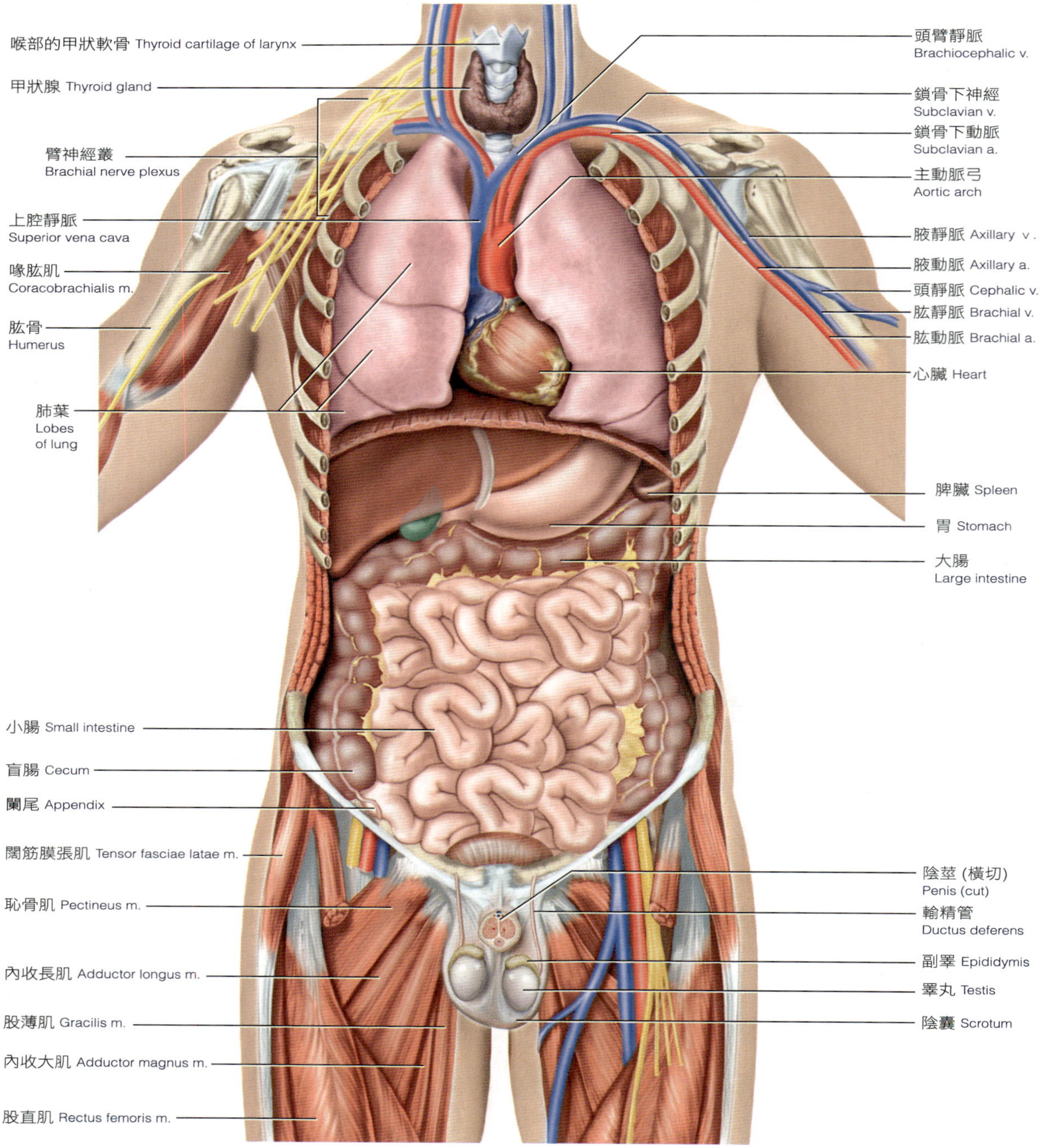

喉部的甲狀軟骨 Thyroid cartilage of larynx
甲狀腺 Thyroid gland
臂神經叢 Brachial nerve plexus
上腔靜脈 Superior vena cava
喙肱肌 Coracobrachialis m.
肱骨 Humerus
肺葉 Lobes of lung
頭臂靜脈 Brachiocephalic v.
鎖骨下神經 Subclavian v.
鎖骨下動脈 Subclavian a.
主動脈弓 Aortic arch
腋靜脈 Axillary v.
腋動脈 Axillary a.
頭靜脈 Cephalic v.
肱靜脈 Brachial v.
肱動脈 Brachial a.
心臟 Heart
脾臟 Spleen
胃 Stomach
大腸 Large intestine
小腸 Small intestine
盲腸 Cecum
闌尾 Appendix
闊筋膜張肌 Tensor fasciae latae m.
恥骨肌 Pectineus m.
內收長肌 Adductor longus m.
股薄肌 Gracilis m.
內收大肌 Adductor magnus m.
股直肌 Rectus femoris m.
陰莖 (橫切) Penis (cut)
輸精管 Ductus deferens
副睪 Epididymis
睪丸 Testis
陰囊 Scrotum

圖 A.5 肺及小腸層面的解剖學 (男性)。切除胸骨、肋骨和大網膜。

• 說出幾種受肋骨籠保護的內臟。

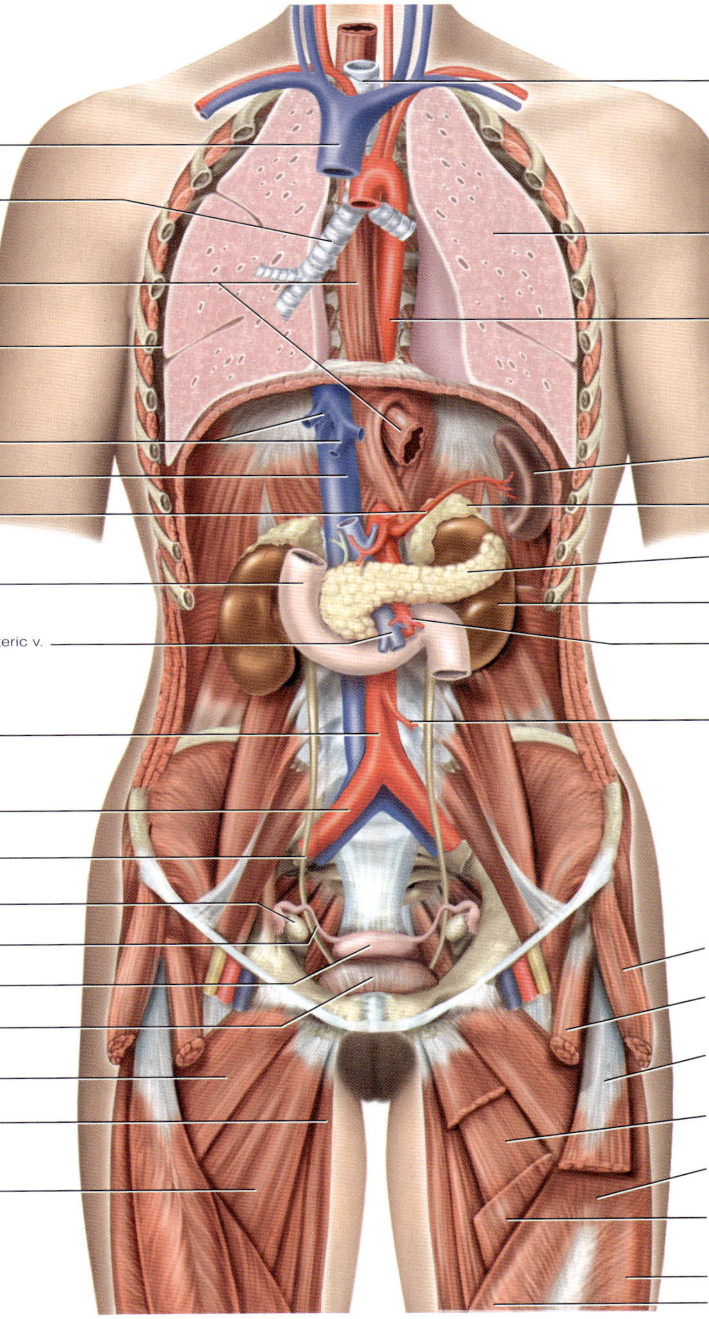

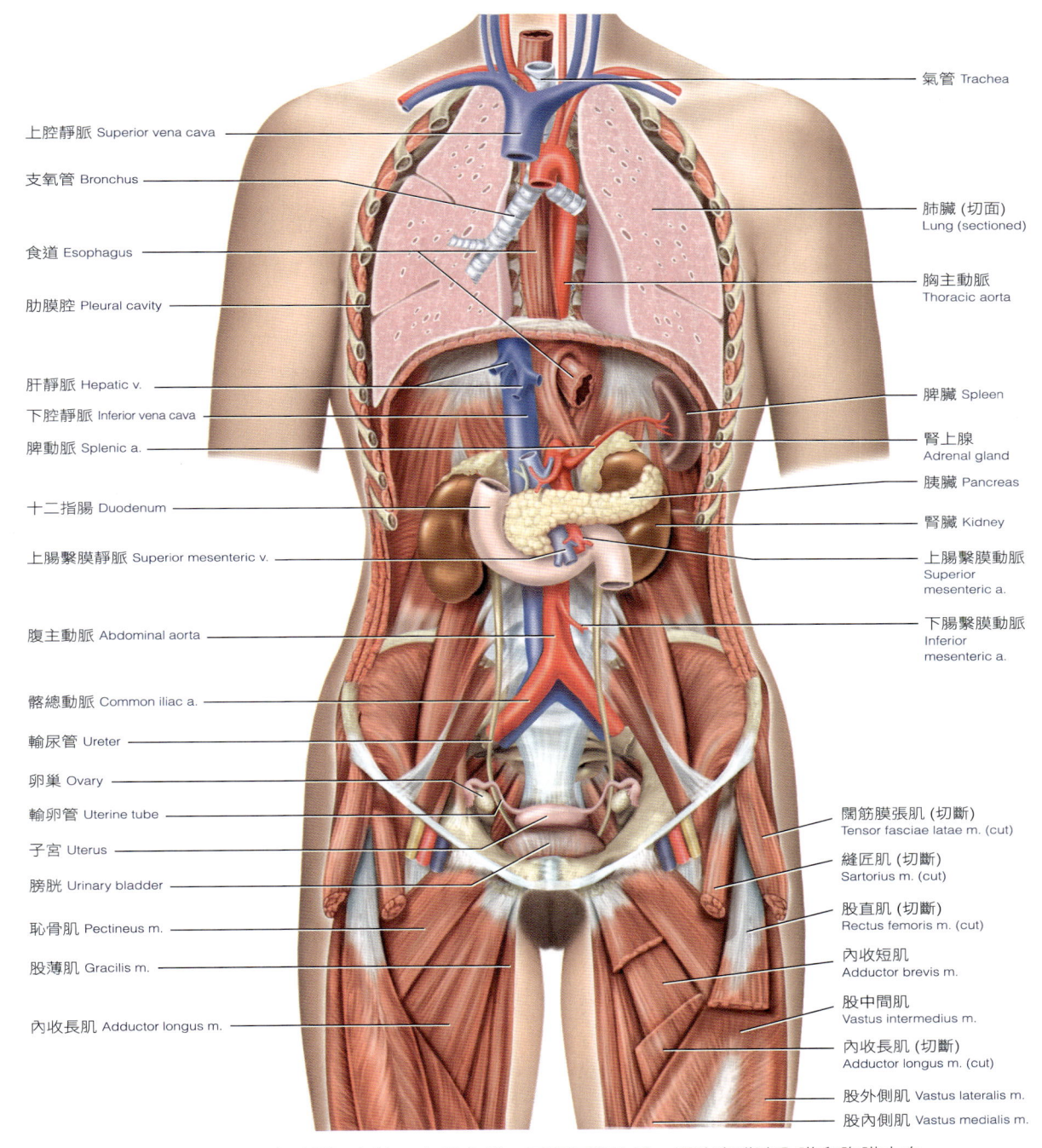

圖 A.6 **腹膜後內臟層面的解剖學 (女性)**。切除心臟，正面切開肺部，切除腹膜腔內臟和腹膜本身。

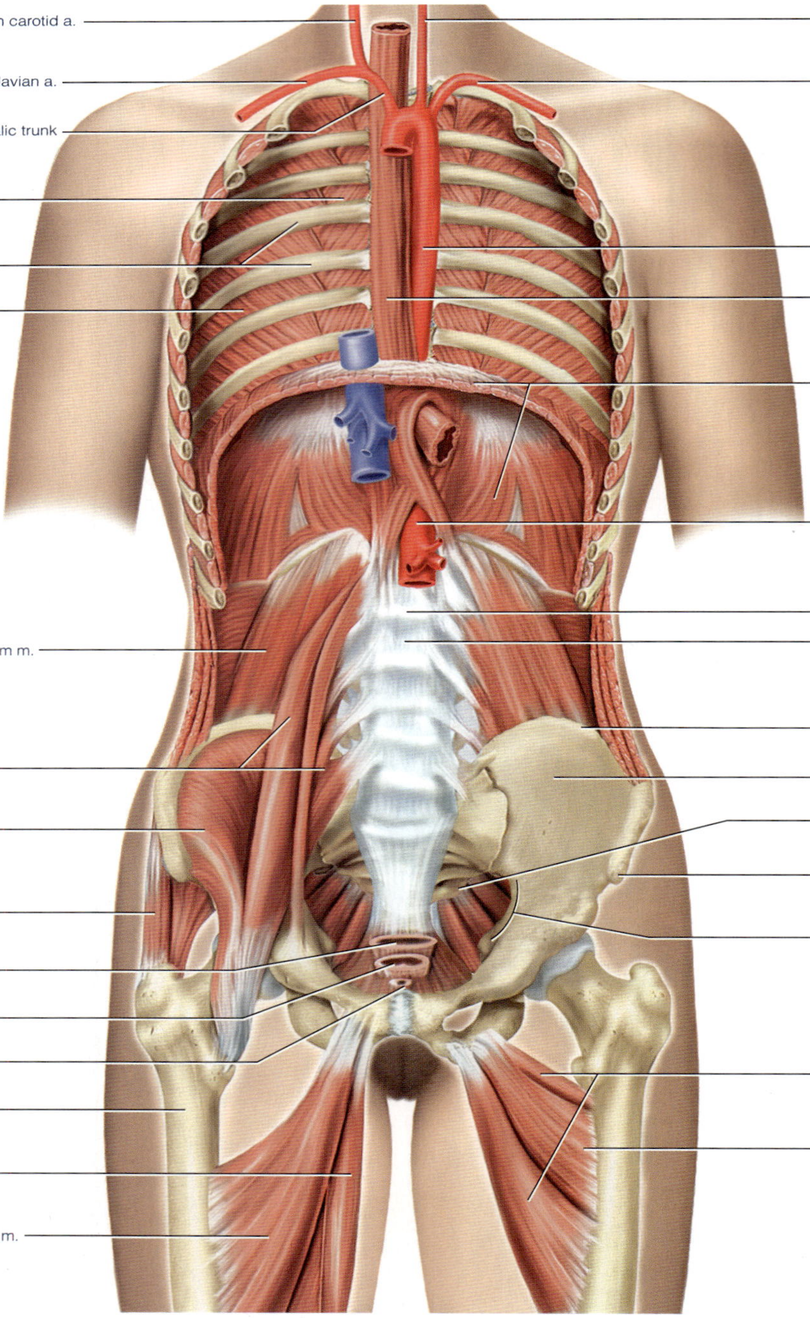

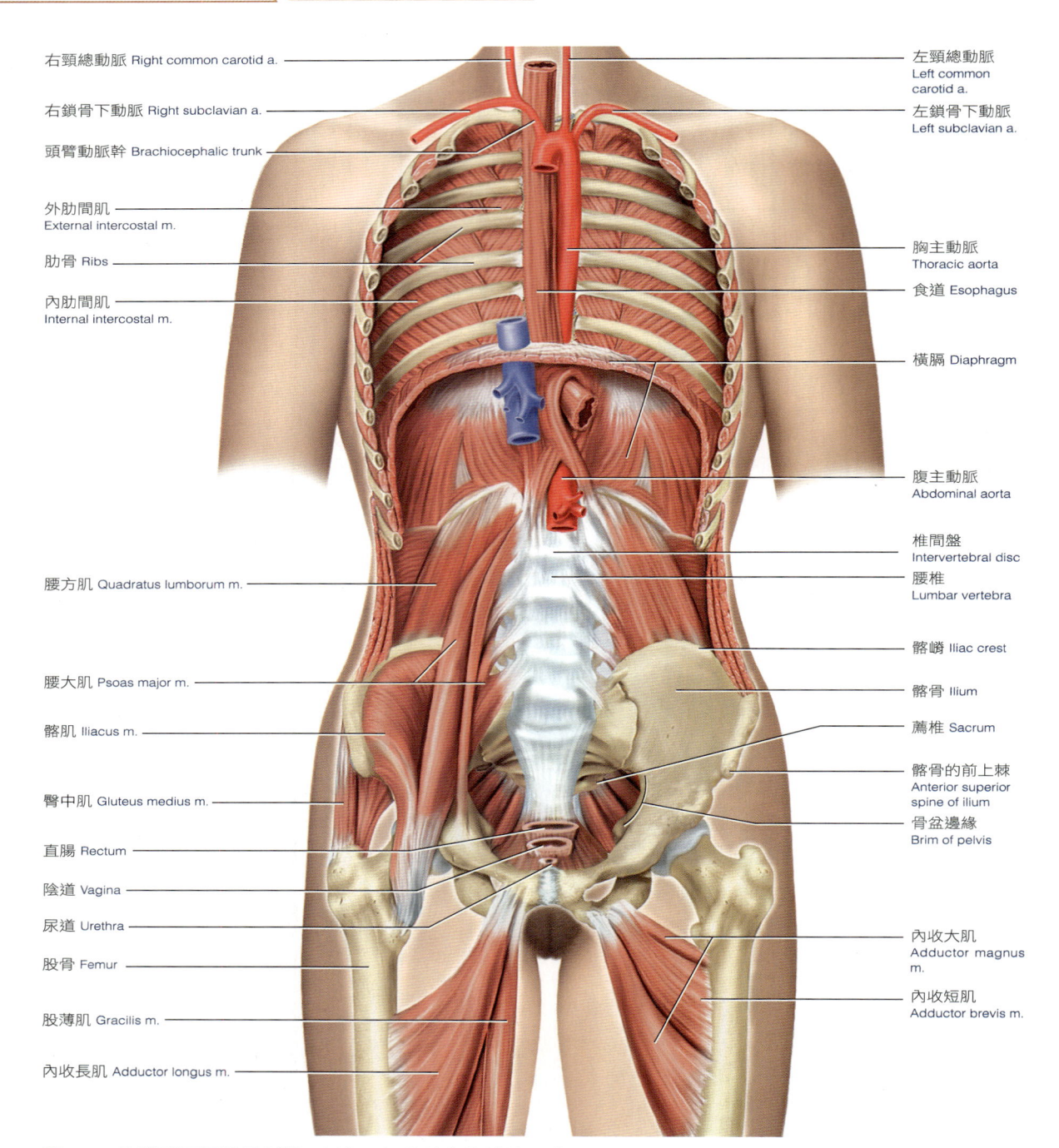

圖 A.7 後體壁層面的解剖學 (女性)。切除肺和腹膜後內臟。

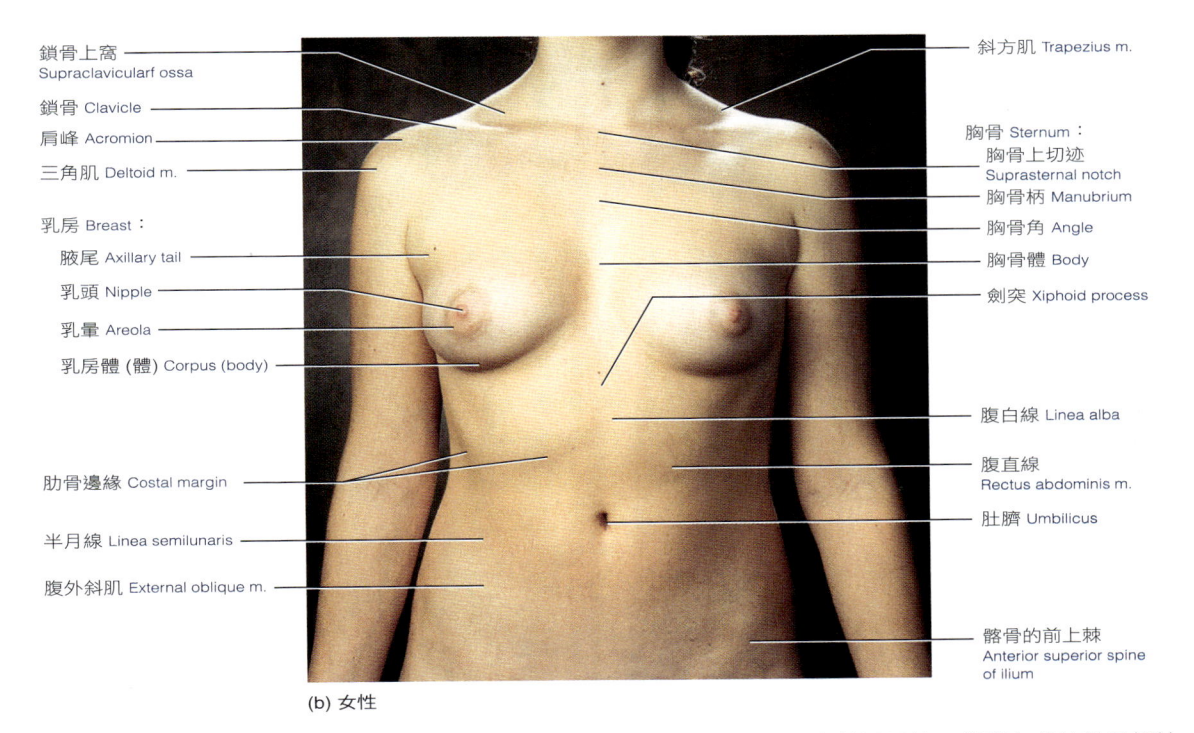

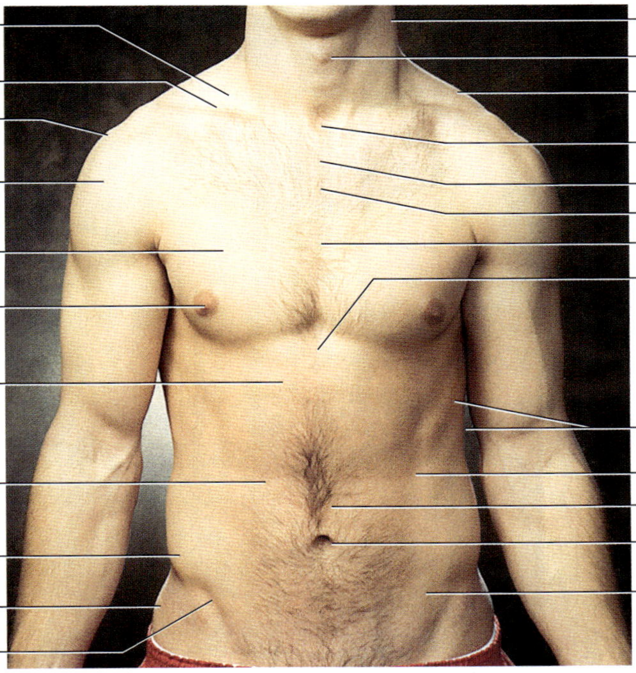
鎖骨上窩 Supraclavicular fossa
鎖骨 Clavicle
肩峰 Acromion
三角肌 Deltoid m.
胸大肌 Pectoralis major m.
乳頭 Nipple
腹直肌
Rectus abdominis m.
腹直肌的腱劃
Tendinous intersection
of rectus abdominis m.
髂骨的前上棘
Anterior superior spine of ilium
髂嵴 Iliac crest
鼠蹊韌帶 Inguinal ligament
胸鎖乳突肌
Sternocleidomastoid m.
甲狀軟骨 Thyroid cartilage
斜方肌 Trapezius m.
胸骨 Sternum：
胸骨上切迹
Suprasternal notch
胸骨柄 Manubrium
胸骨角 Angle
胸骨體 Body
劍突 Xiphoid process
前鋸肌
Serratus anterior m.
半月線 Linea semilunaris
腹白線 Linea alba
肚臍 Umbilicus
腹外斜肌
External oblique m.

(a) 男性

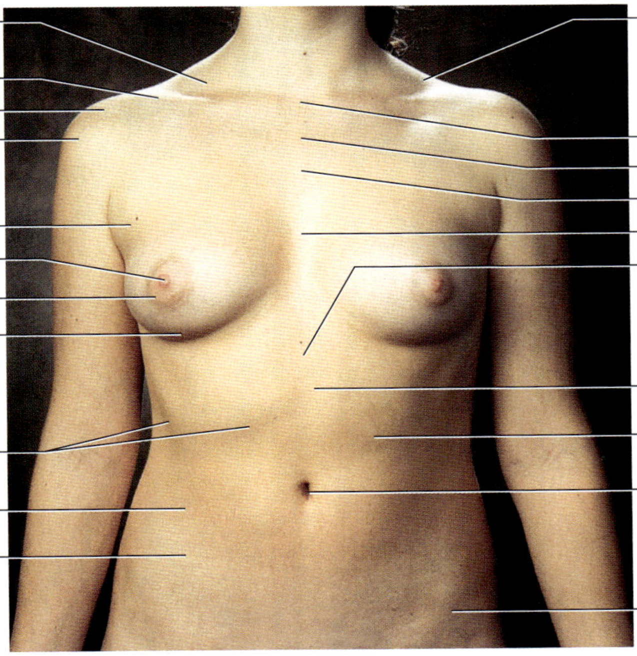
鎖骨上窩
Supraclavicularf ossa
鎖骨 Clavicle
肩峰 Acromion
三角肌 Deltoid m.
乳房 Breast：
腋尾 Axillary tail
乳頭 Nipple
乳暈 Areola
乳房體 (體) Corpus (body)
肋骨邊緣 Costal margin
半月線 Linea semilunaris
腹外斜肌 External oblique m.
斜方肌 Trapezius m.
胸骨 Sternum：
胸骨上切迹
Suprasternal notch
胸骨柄 Manubrium
胸骨角 Angle
胸骨體 Body
劍突 Xiphoid process
腹白線 Linea alba
腹直線
Rectus abdominis m.
肚臍 Umbilicus
髂骨的前上棘
Anterior superior spine
of ilium

(b) 女性

圖 A.8 胸腔和腹部，前面觀。(a) 男性；(b) 女性。所有標註的特徵都是男女性通用的，儘管有些特徵只標註在更能顯示它們的照片上。

• 胸骨上切迹兩側的 V 形肌腱部分屬於什麼肌肉？

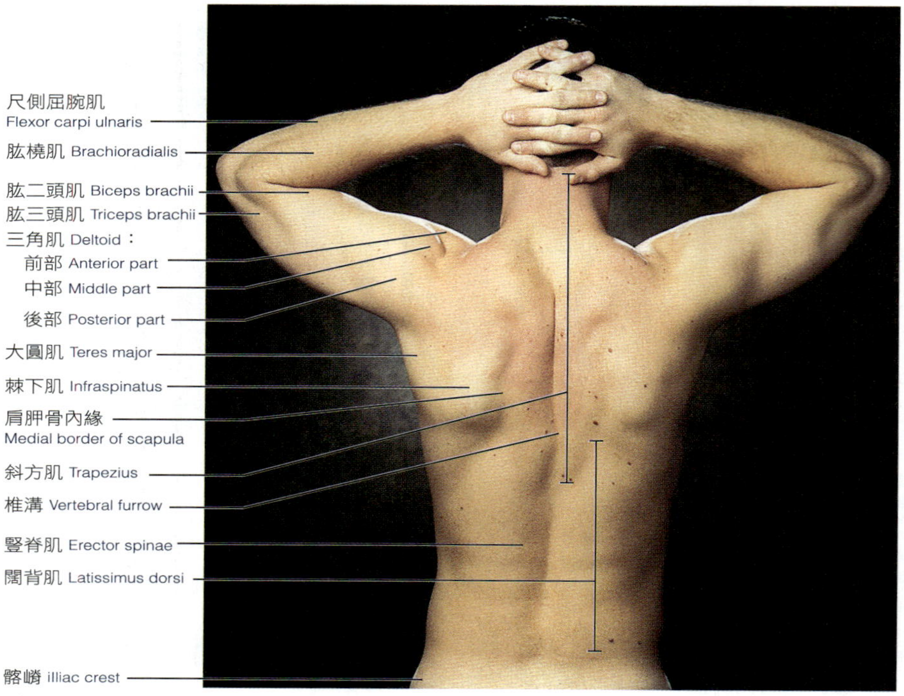
尺側屈腕肌
Flexor carpi ulnaris
肱橈肌 Brachioradialis
肱二頭肌 Biceps brachii
肱三頭肌 Triceps brachii
三角肌 Deltoid：
前部 Anterior part
中部 Middle part
後部 Posterior part
大圓肌 Teres major
棘下肌 Infraspinatus
肩胛骨內緣
Medial border of scapula
斜方肌 Trapezius
椎溝 Vertebral furrow
豎脊肌 Erector spinae
闊背肌 Latissimus dorsi
髂嵴 illiac crest

(a) 男性

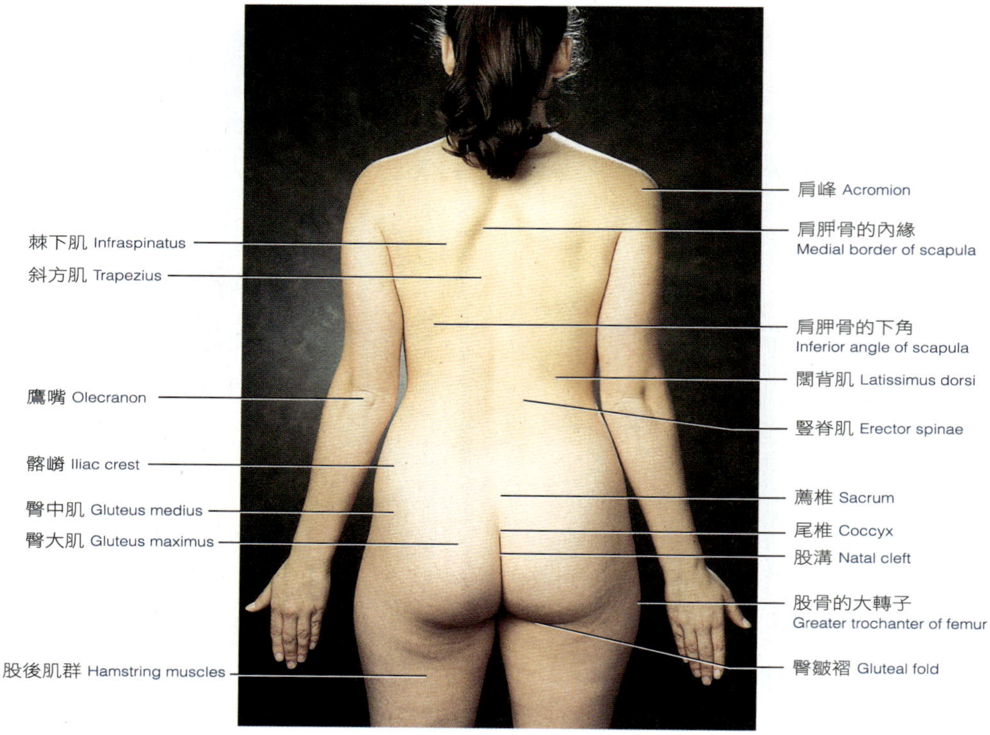
棘下肌 Infraspinatus
斜方肌 Trapezius
鷹嘴 Olecranon
髂嵴 Iliac crest
臀中肌 Gluteus medius
臀大肌 Gluteus maximus
股後肌群 Hamstring muscles
肩峰 Acromion
肩胛骨的內緣
Medial border of scapula
肩胛骨的下角
Inferior angle of scapula
闊背肌 Latissimus dorsi
豎脊肌 Erector spinae
薦椎 Sacrum
尾椎 Coccyx
股溝 Natal cleft
股骨的大轉子
Greater trochanter of femur
臀皺褶 Gluteal fold

(b) 女性

圖 A.9 **背部和臀部區域**。(a) 男性；(b) 女性。所有標註的特徵都是男女性通用的，儘管有些特徵只標註在更能顯示它們的照片上。

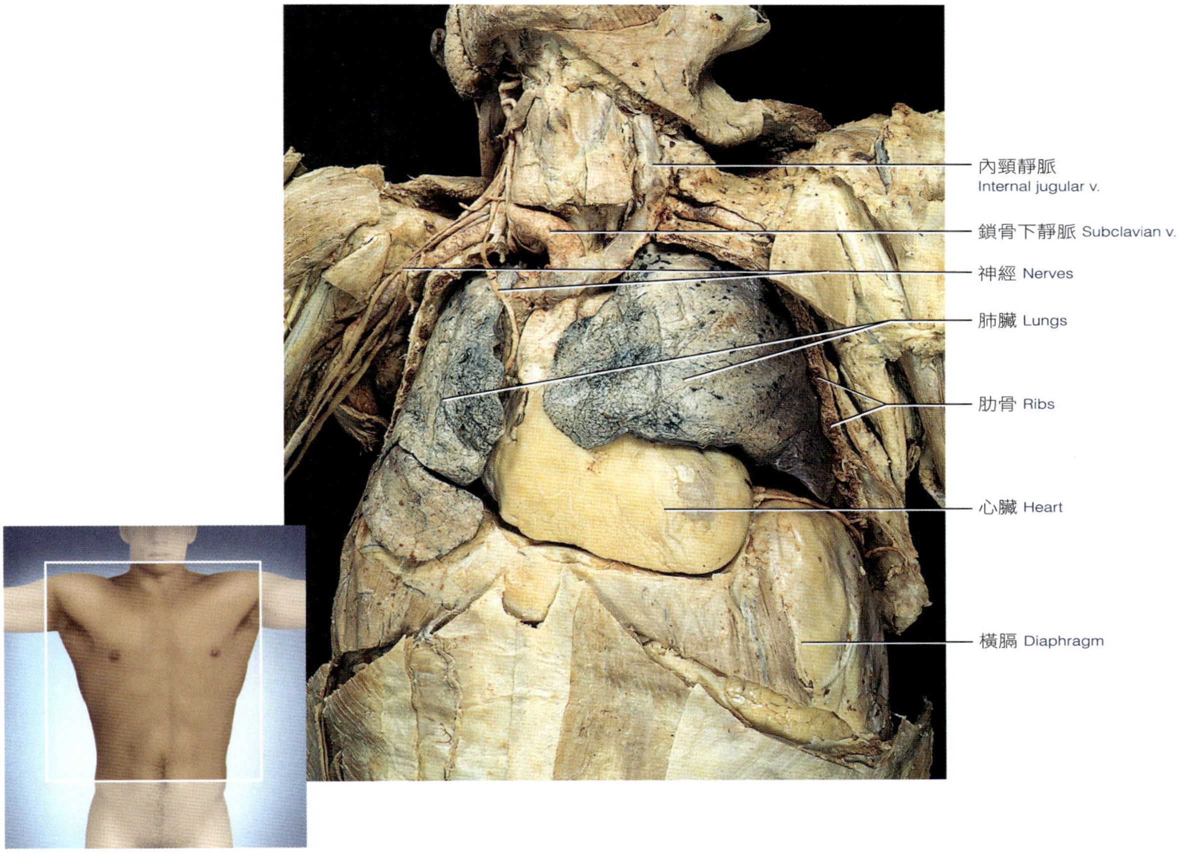

圖 A.10 胸腔的前面觀。

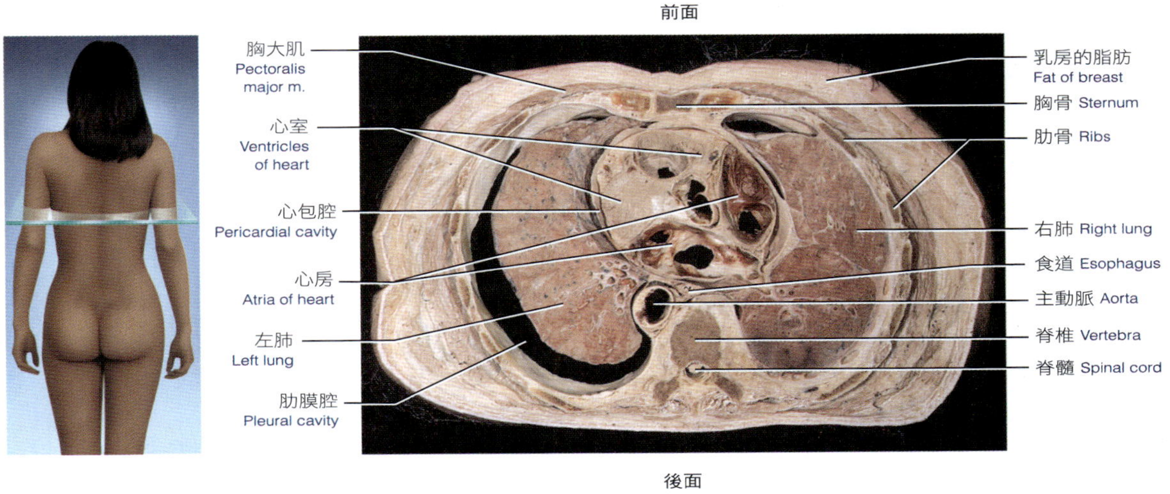

圖 A.11 胸廓的橫切面。以插圖顯示橫切的部分，其方向與讀者的身體相同。

• 在本節中，哪個術語最能描述主動脈相對於心臟的位置：後方、外側或近端？

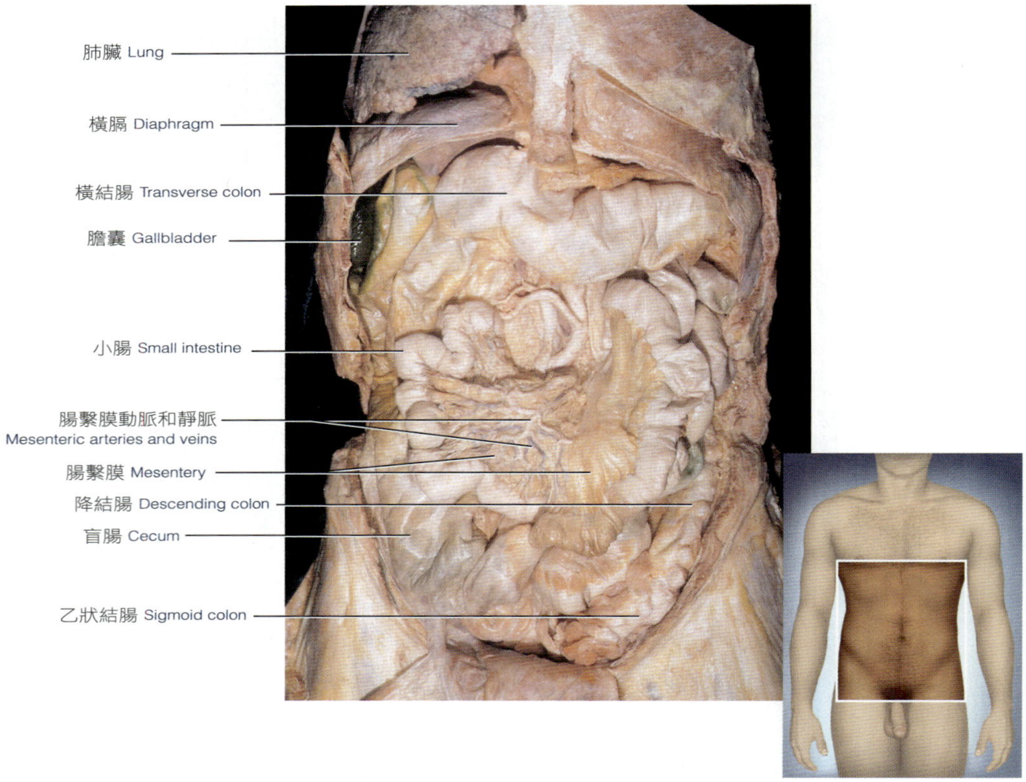

圖 A.12 腹腔前面觀。

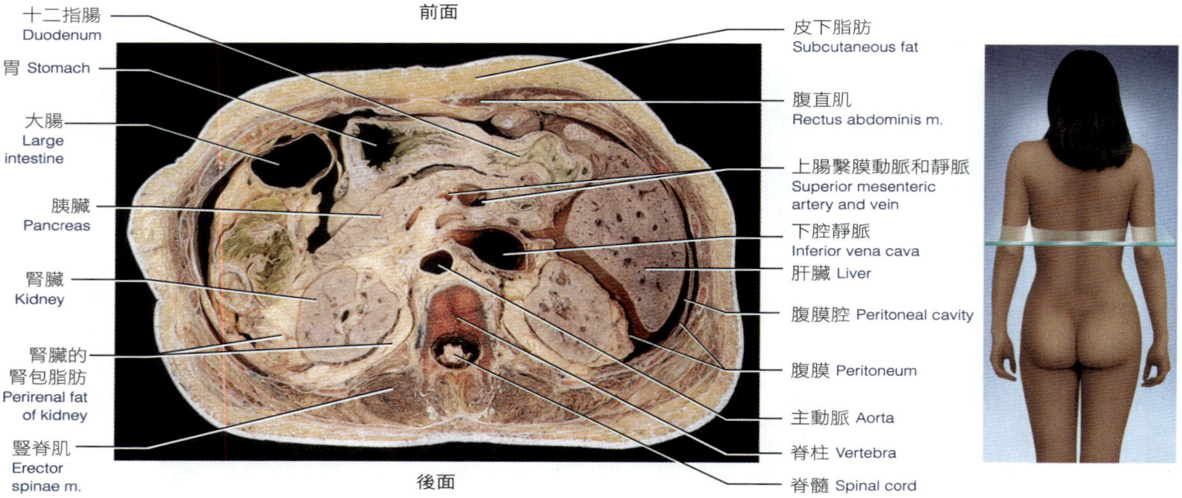

圖 A.13 腹部橫切面。以插圖顯示橫切的部分，其方向與讀者的身體相同。

• 在這張照片中，什麼組織在腹直肌的表層？

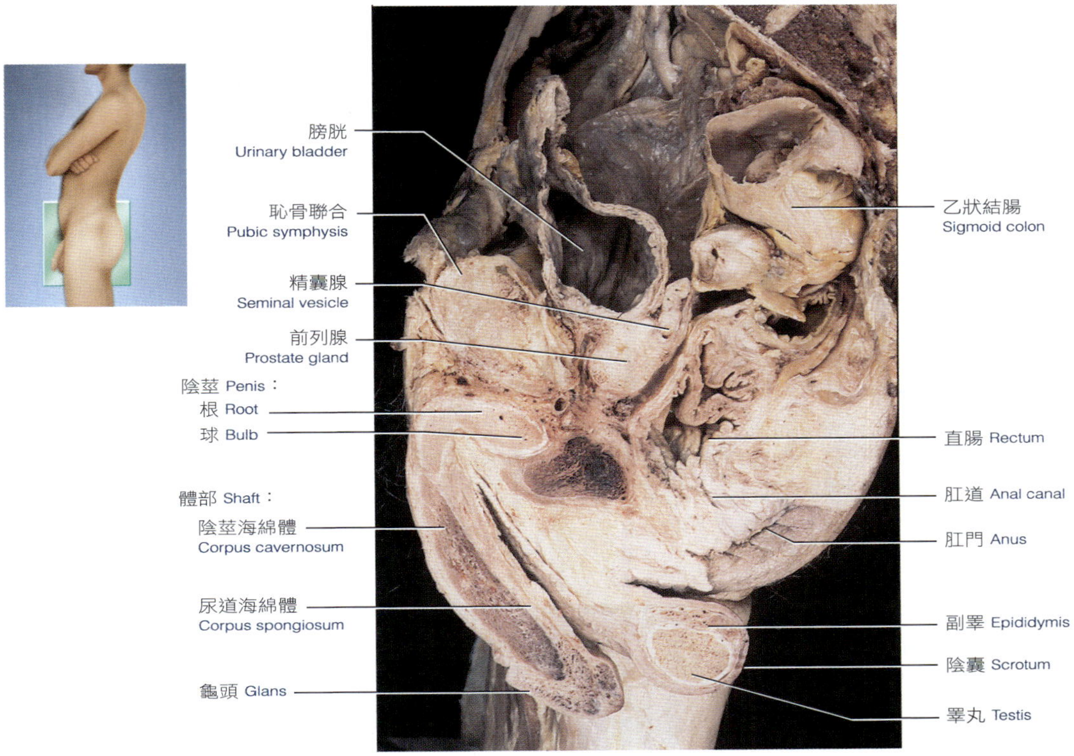

(a) 男性

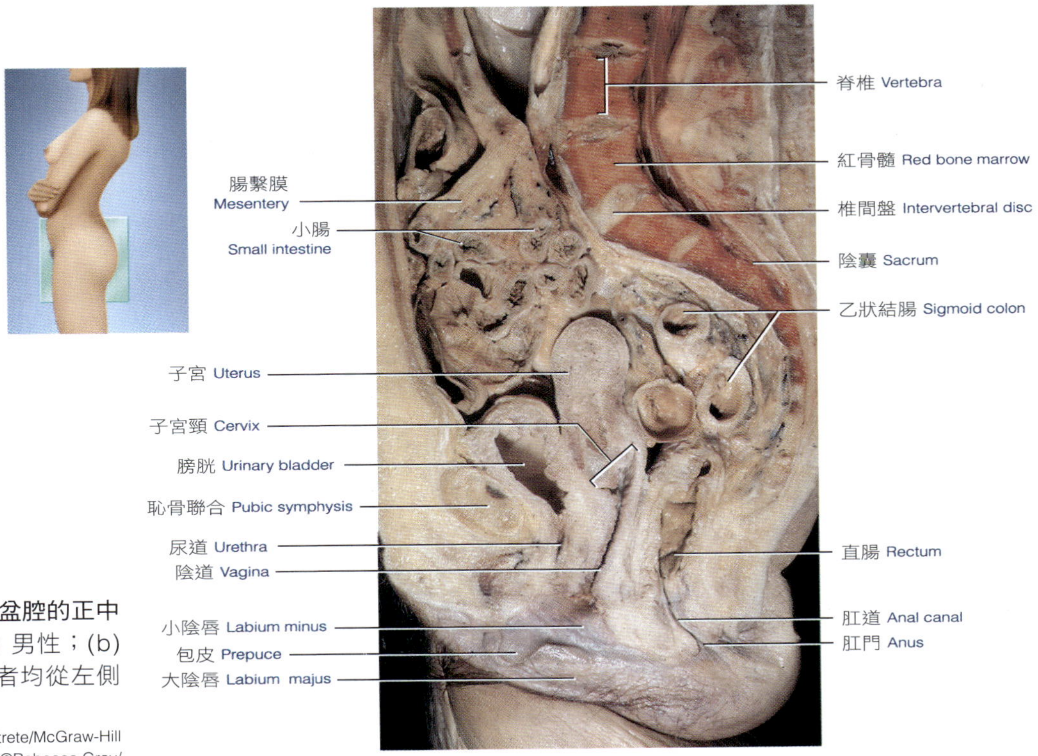

(b) 女性

圖 A.14 盆腔的正中切面。(a) 男性；(b) 女性。兩者均從左側觀察。

(a) ©Dennis Strete/McGraw-Hill Education, (b) ©Rebecca Gray/McGraw-Hill Education

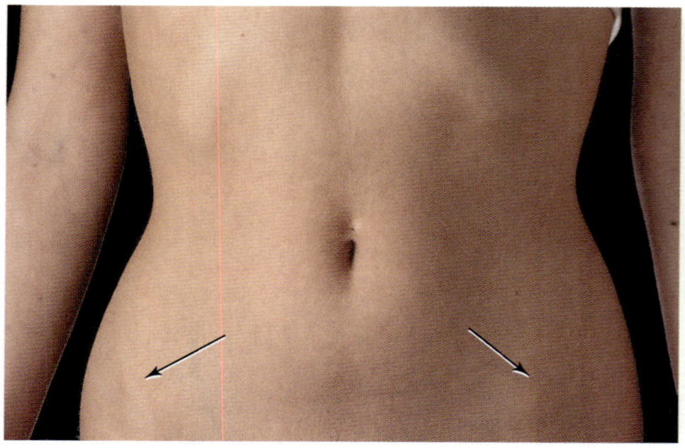
(a) 前面觀

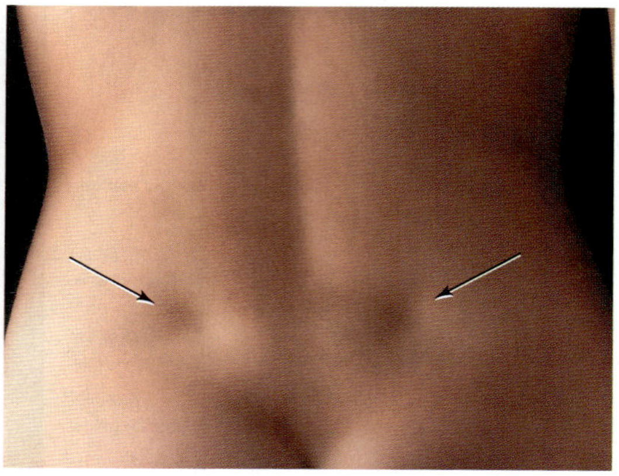
(b) 後面觀

圖 A.15 **骨盆腔標記**。(a) 髂骨前上棘的前外側有突起 (箭頭)，大約在褲子口袋打開的位置；(b) 後上棘在某些人的薦部有凹陷的標記 (箭頭)。

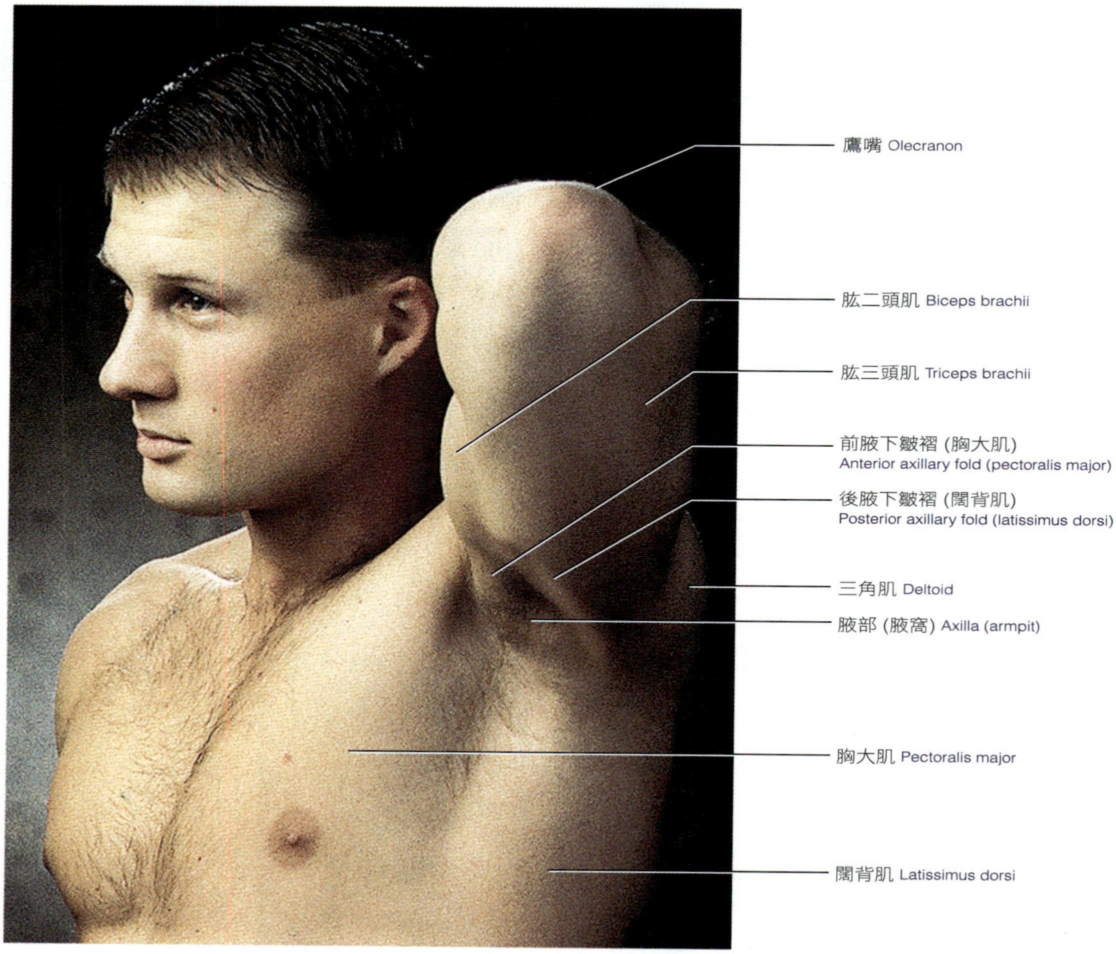

圖 A.16 腋窩區。

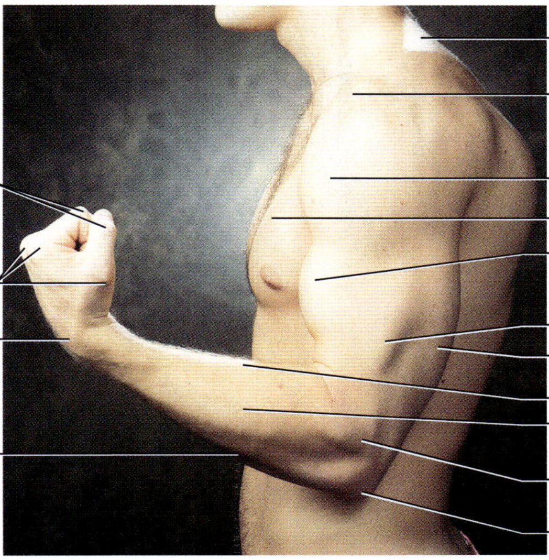
斜方肌 Trapezius
喙突 Acromion
指間關節 Interphalangeal joints
三角肌 Deltoid
胸大肌 Pectoralis major
肱二頭肌 Biceps brachii
掌指關節 Metacarpophalangeal joints
肱三頭肌 Triceps brachii：
外側頭 Lateral head
橈骨的莖突 Styloid process of radius
長頭 Long head
肱橈肌 Brachioradialis
橈側伸腕長肌
Extensor carpi radialis longus
伸指肌 Extensor digitorum
肱骨的外上髁
Lateral epicondyle of humerus
鷹嘴 Olecranon

圖 A.17　上肢，外側觀。

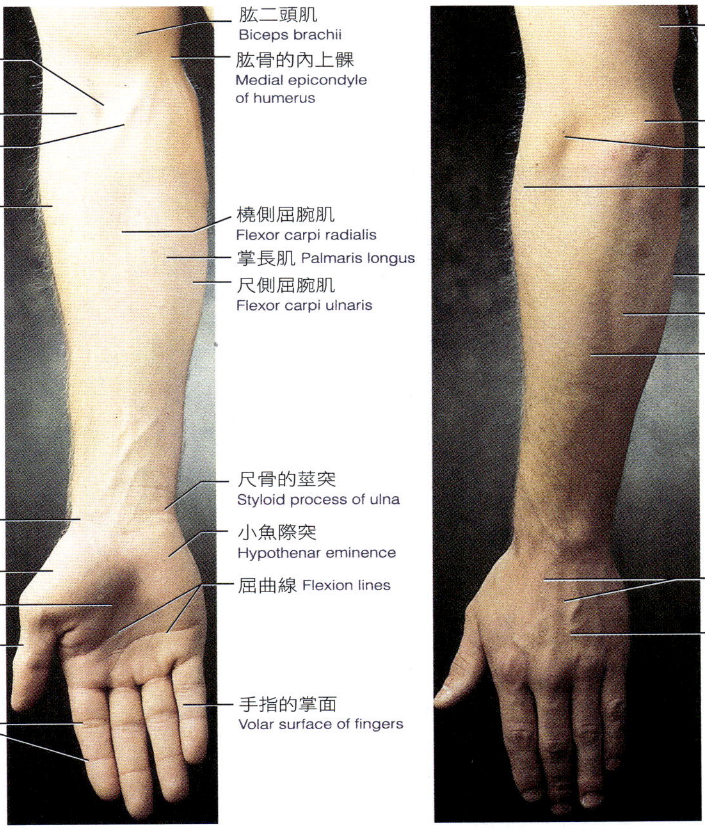
肱二頭肌
Biceps brachii
肘窩 Cubital fossa
肱骨的內上髁
Medial epicondyle
of humerus
頭靜脈 Cephalic vein
正中肘靜脈 Median cubital vein
肱橈肌 Brachioradialis
橈側屈腕肌
Flexor carpi radialis
掌長肌 Palmaris longus
尺側屈腕肌
Flexor carpi ulnaris
尺骨的莖突
Styloid process of ulna
橈骨的莖突
Styloid process of radius
小魚際突
Hypothenar eminence
大魚際突 Thenar eminence
屈曲線 Flexion lines
手掌表面 Palmar surface of hand
大拇指 (拇指) Pollex (thumb)
手指的掌面
Volar surface of fingers
屈曲線 Flexion lines
(a) 前面觀
肱三頭肌
Triceps brachii
鷹嘴 Olecranon
橈骨頭
Head of radius
肱橈肌
Brachioradialis
尺側屈腕肌
Flexor carpi ulnaris
尺側伸腕肌
Extensor carpi ulnaris
伸指肌
Extensor digitorum
伸指肌肌腱
Tendons of extensor
digitorum
手背 Dorsum of hand
(b) 後面觀

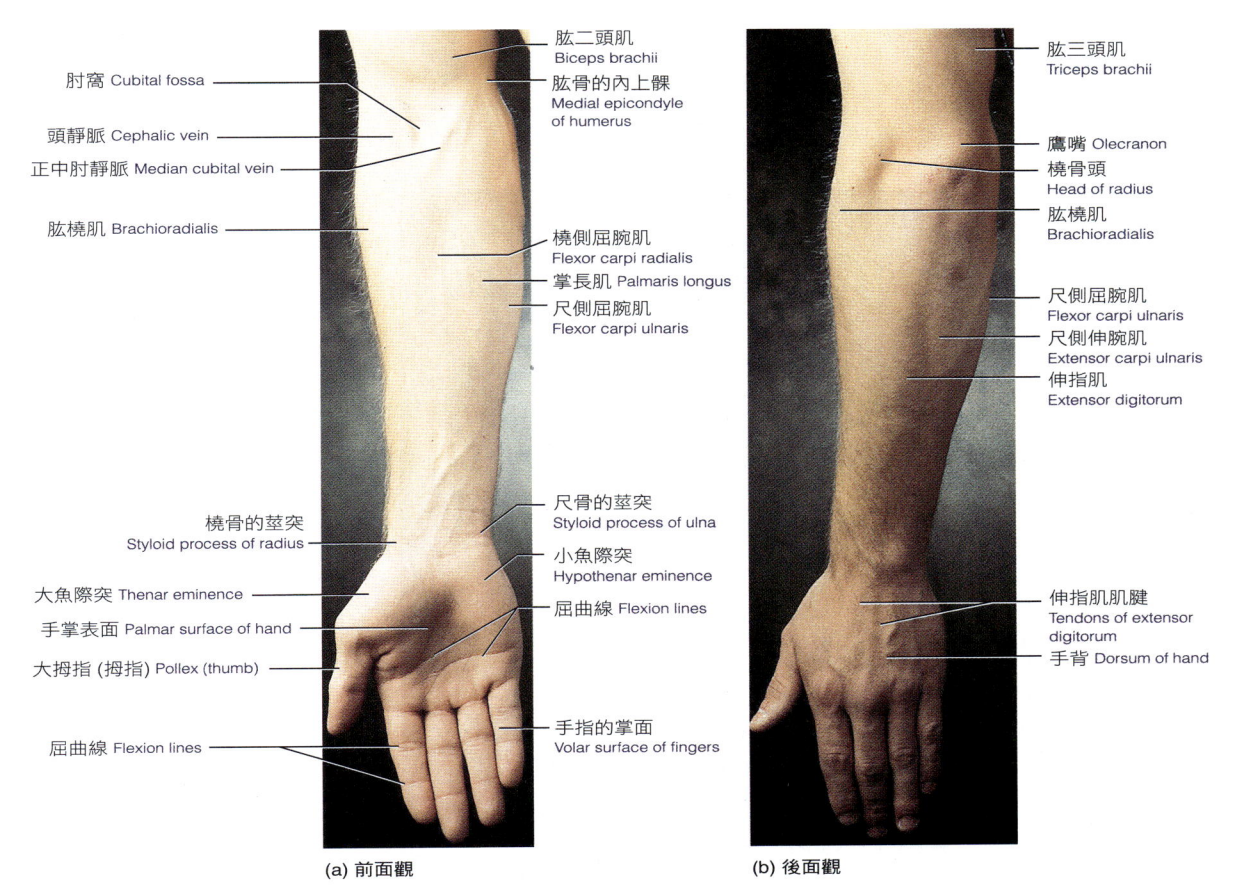

圖A.18　右前臂 (前臂)。(a) 前面觀；(b) 後面觀。

• 只有伸指肌的兩條肌腱的標記，但這塊肌肉總共有多少條肌腱？

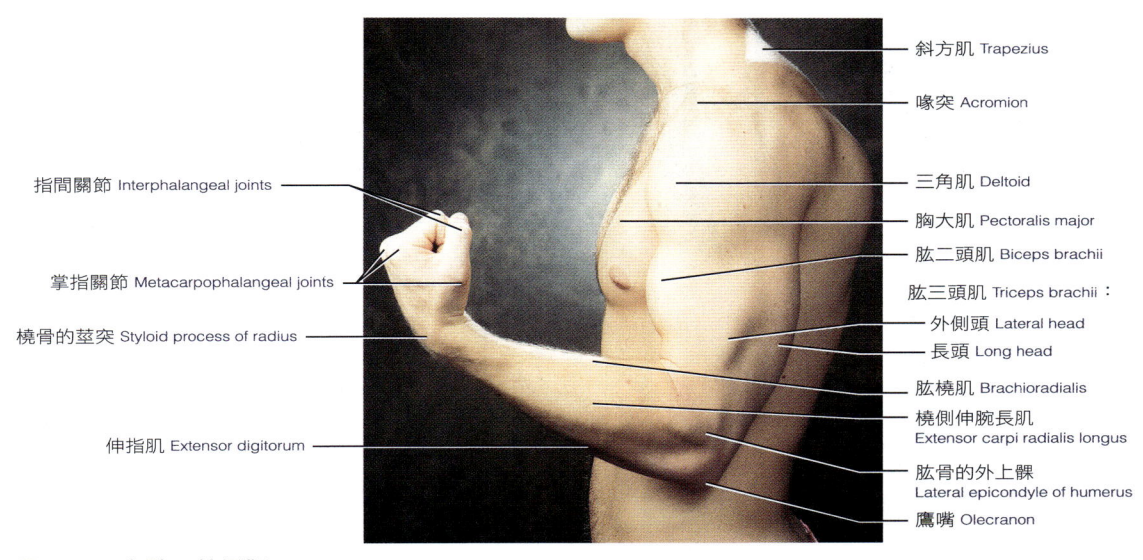

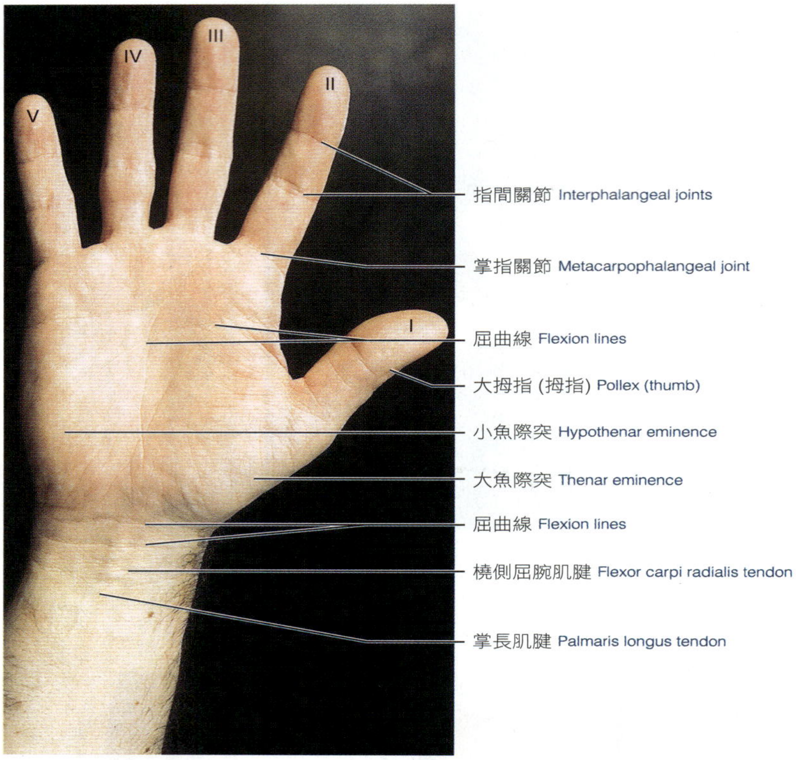

(a) 前面 (掌面) 觀

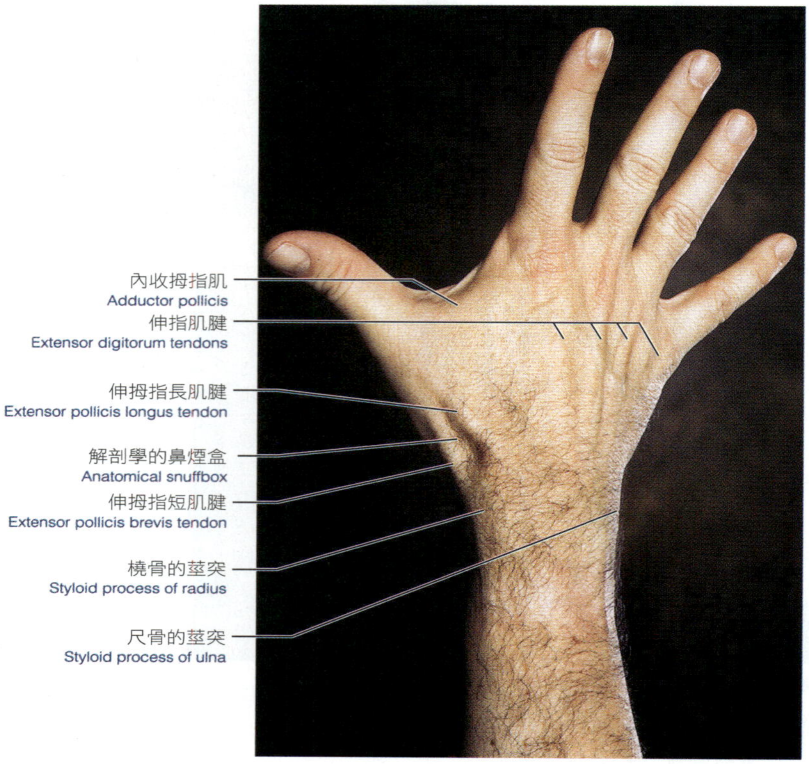

(b) 後面 (手背) 觀

圖 A.19 右腕和手。(a) 前面觀 (掌側)；(b) 後面觀 (背側)。

• 在一張或兩張照片上可以找到鞍狀關節的標記。

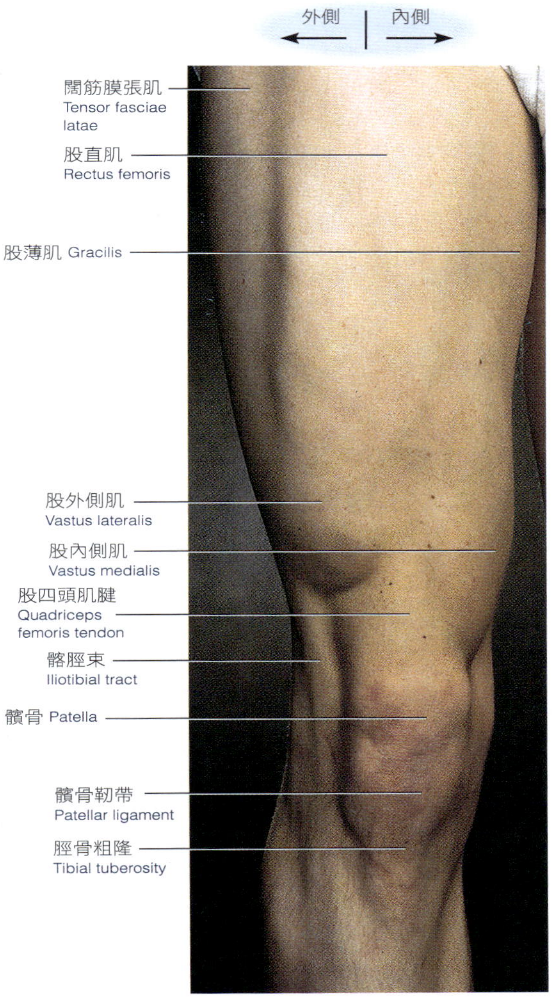

(a) 前面觀

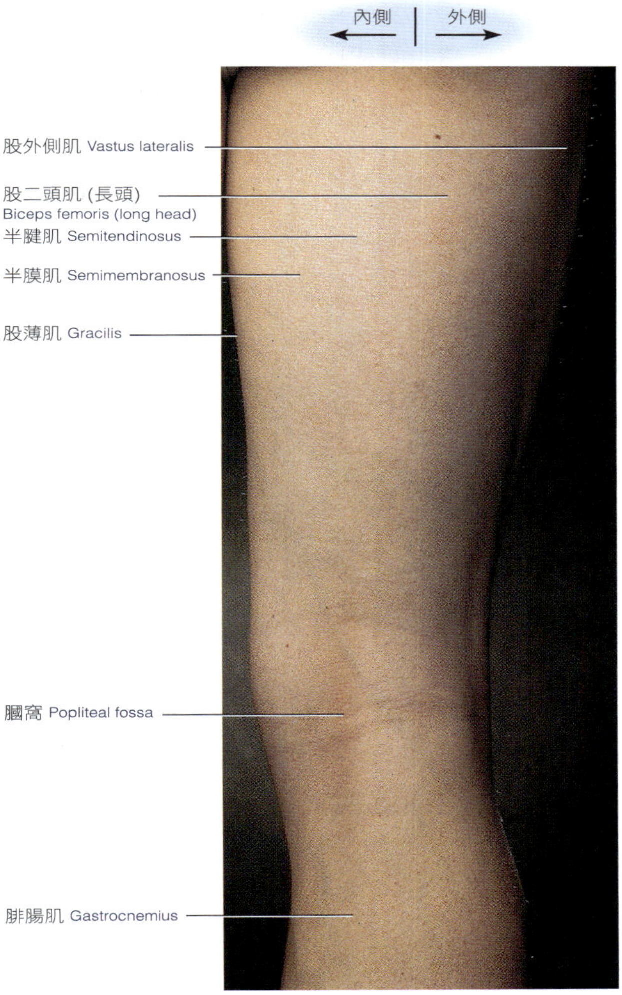

(b) 後面觀

圖 A.20 右大腿和膝蓋。(a) 前面觀；(b) 後面觀。大腿後面肌肉的位置被標出，但在活人身上很少能看到各個肌肉的邊界。

• 在 (a) 部分標出股中間肌 (vastus intermedius) 位置。

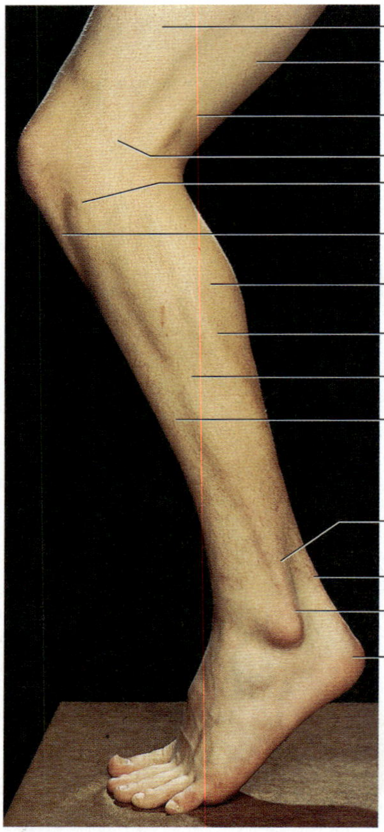

(a) 外側面觀

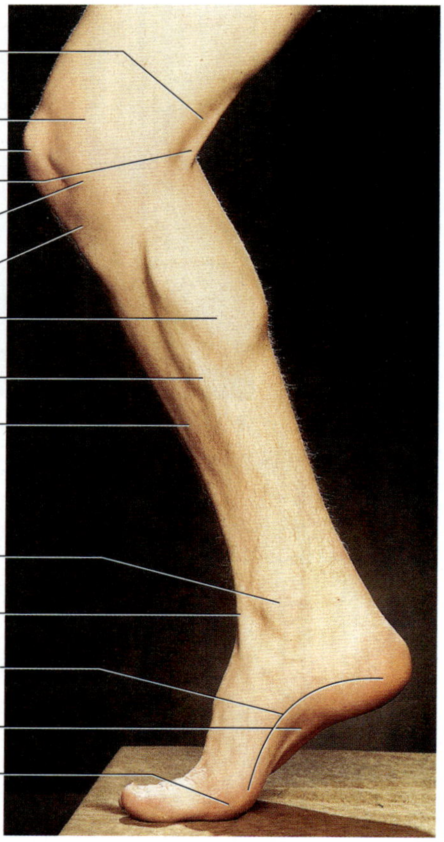

(b) 內側面觀

圖 A.21 小腿和腳。(a) 左小腿的外側觀；(b) 右小腿的內側觀。

• 外踝骨是小腿骨的哪一塊骨？

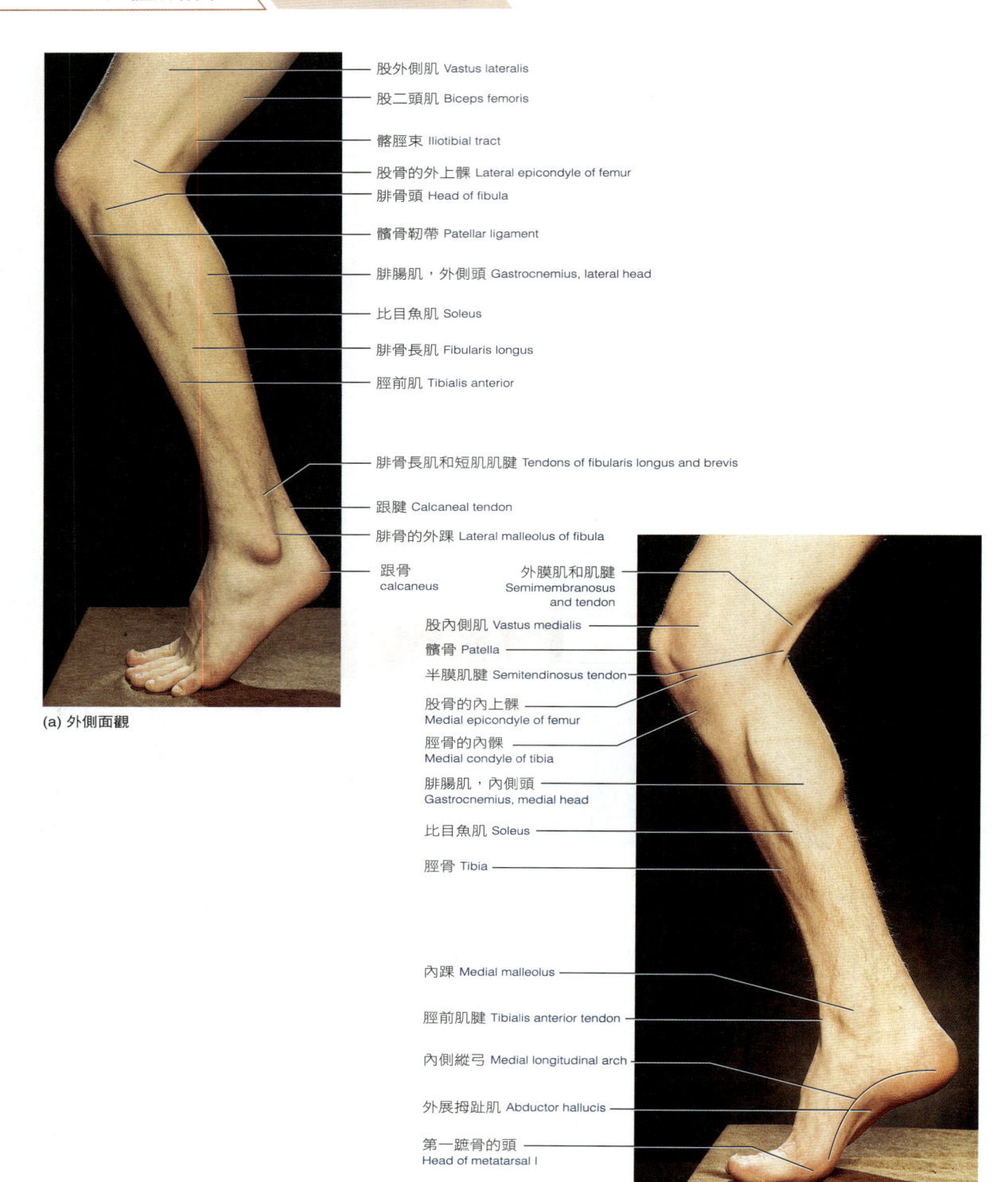

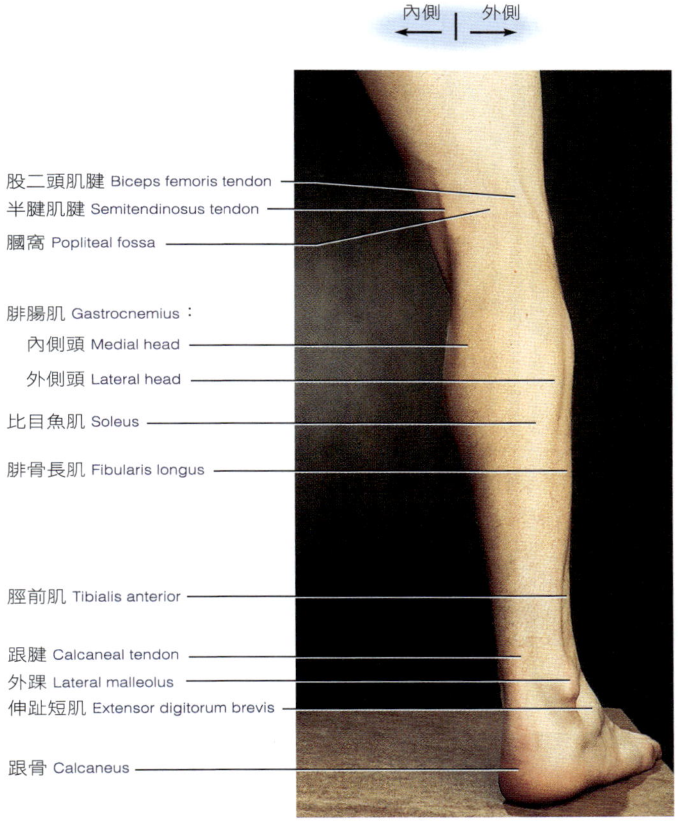
內側
外側
股二頭肌腱 Biceps femoris tendon
半腱肌腱 Semitendinosus tendon
膕窩 Popliteal fossa
腓腸肌 Gastrocnemius：
內側頭 Medial head
外側頭 Lateral head
比目魚肌 Soleus
腓骨長肌 Fibularis longus
脛前肌 Tibialis anterior
跟腱 Calcaneal tendon
外踝 Lateral malleolus
伸趾短肌 Extensor digitorum brevis
跟骨 Calcaneus

圖 A.22 右小腿和腳，後側觀。

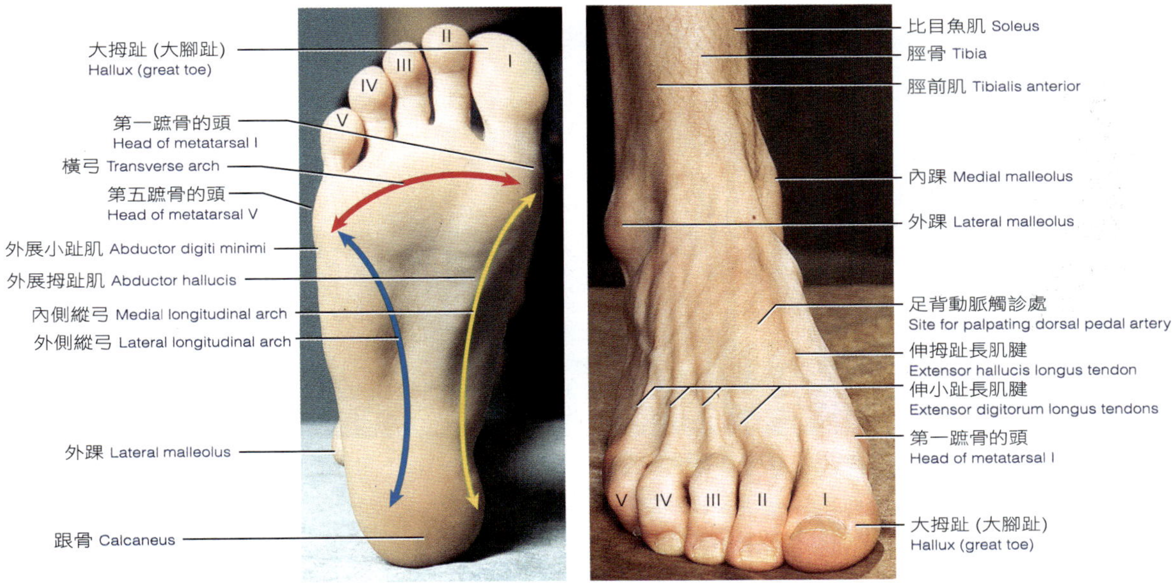
大拇趾 (大腳趾)
Hallux (great toe)
第一蹠骨的頭
Head of metatarsal I
橫弓 Transverse arch
第五蹠骨的頭
Head of metatarsal V
外展小趾肌 Abductor digiti minimi
外展拇趾肌 Abductor hallucis
內側縱弓 Medial longitudinal arch
外側縱弓 Lateral longitudinal arch
外踝 Lateral malleolus
跟骨 Calcaneus
I
II
III
IV
V
比目魚肌 Soleus
脛骨 Tibia
脛前肌 Tibialis anterior
內踝 Medial malleolus
外踝 Lateral malleolus
足背動脈觸診處
Site for palpating dorsal pedal artery
伸拇趾長肌腱
Extensor hallucis longus tendon
伸小趾長肌腱
Extensor digitorum longus tendons
第一蹠骨的頭
Head of metatarsal I
大拇趾 (大腳趾)
Hallux (great toe)

(a) 足底觀 (b) 足背觀

圖 A.23 腳。(a) 足底觀；(b) 足背觀。將 (a) 部分的足弓與圖 8.16 中的骨骼解剖學作比較。

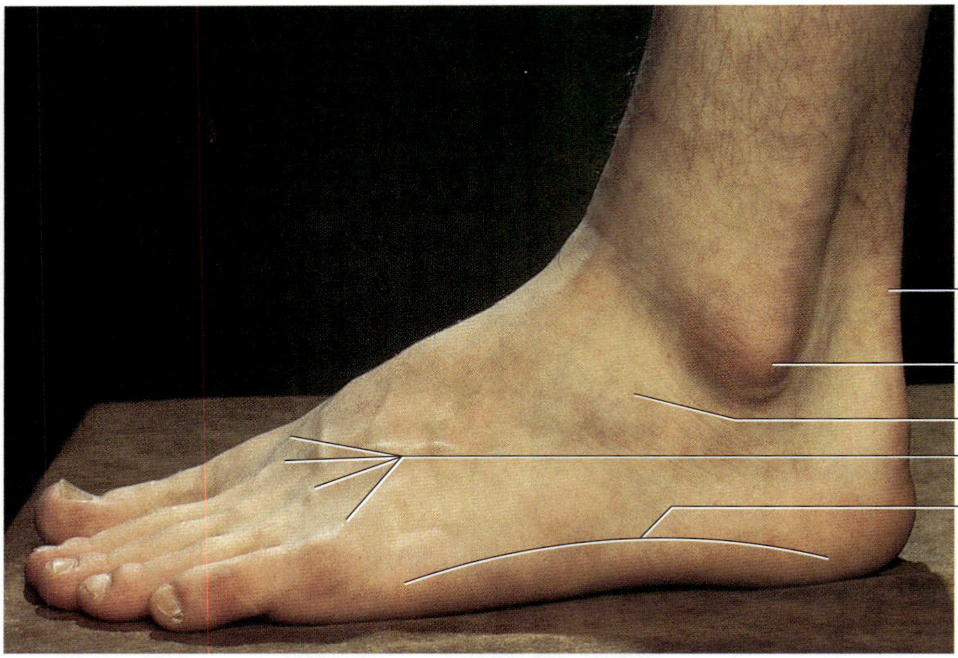

(a) 外側面觀

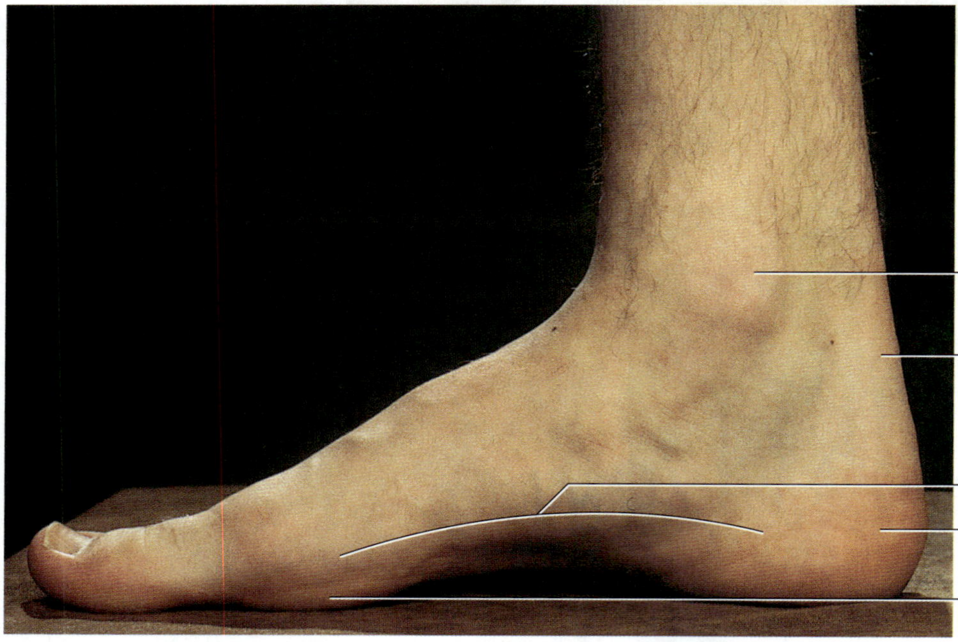

(b) 內側面觀

圖 A.24 腳。(a) 外側觀；(b) 內側觀。

• 在每張照片上標示第一趾骨中間趾節的位置。

(a) 前面觀

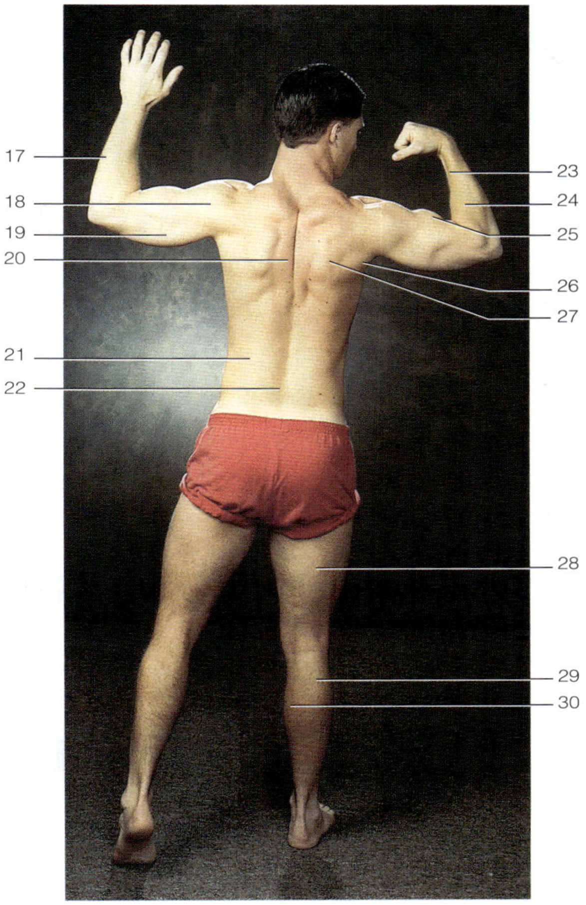

(b) 後面觀

圖 A.25 肌肉辨識的測驗。(a) 前面觀；(b) 後面觀。為了測試你對肌肉解剖學的知識，請將這些照片上的 30 個標示的肌肉與下面按字母順序排列的肌肉清單相匹配。不需要參考之前的插圖而盡可能地多回答。由於同一肌肉可能會從不同的角度顯示，因此其中一些名稱會被使用不止一次，而有些名稱則根本不會被使用。答案見附錄 A。

a. 肱二頭肌 (biceps brachii)
b. 肱橈骨 (brachioradialis)
c. 三角形 (deltoid)
d. 豎脊肌 (erector spinae)
e. 腹外斜肌 (external oblique)
f. 尺側屈腕肌 (flexor carpi ulnaris)
g. 腓腸肌 (gastrocnemius)
h. 股薄肌 (gracilis)
i. 股後肌群 (hamstrings)
j. 棘下肌 (infraspinatus)
k. 闊背肌 (latissimus dorsi)
l. 恥骨肌 (pectineus)
m. 胸大肌 (pectoralis major)
n. 腹直肌 (rectus abdominis)
o. 骨直肌 (rectus femoris)
p. 前鋸肌 (serratus anterior)
q. 比目魚肌 (soleus)
r. 頭夾肌 (splenius capitis)
s. 胸鎖乳突肌 (sternocleidomastoid)
t. 肩胛下肌 (subscapularis)
u. 大圓肌 (teres major)
v. 脛前肌 (tibialis anterior)
w. 斜方肌 (trapezius)
x. 肱三頭肌 (triceps brachii)
y. 股外側肌 (vastus lateralis)
z. 股內側肌 (vastus medialis)

PART 3

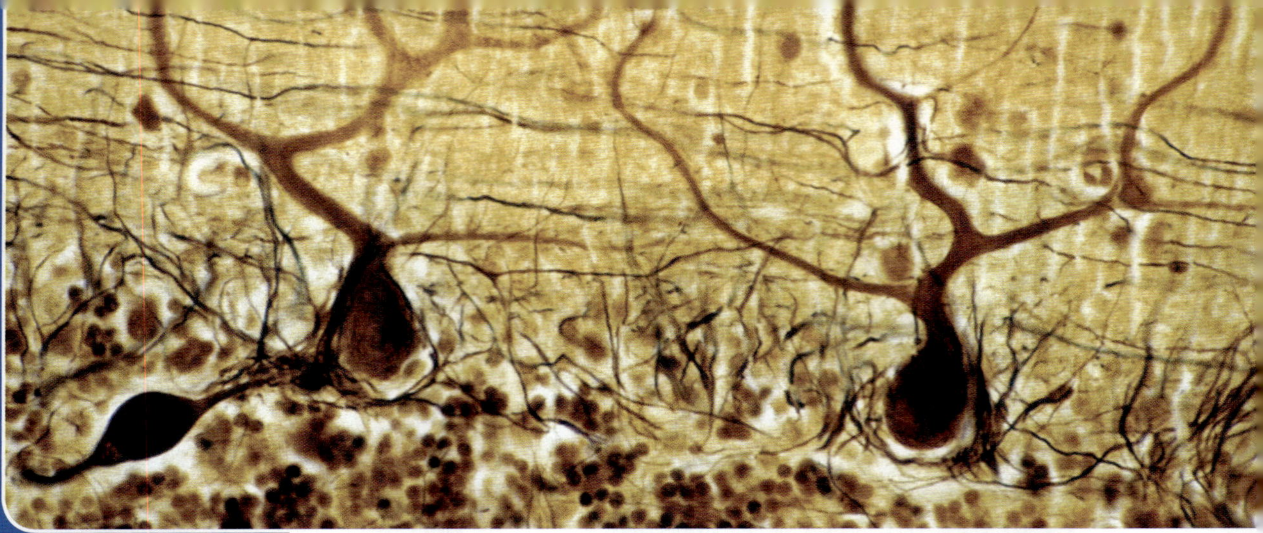

兩個蒲金氏 (Purkinje) 細胞，與運動協調和其他功能有關的神經元

CHAPTER

13

馮琮涵

神經系統 I
神經組織

章節大綱

13.1 神經系統的概述

13.2 神經細胞

13.2a 神經元的特性

13.2b 神經元的功能分類

13.2c 神經元的構造

13.2d 神經元的多樣性

13.3 支持細胞

13.3a 神經膠細胞的種類

13.3b 髓鞘

13.3c 無髓鞘的神經纖維

13.3d 髓鞘與訊息傳導

13.3e 神經再生

13.4 突觸和神經迴路

13.4a 突觸

13.4b 神經集合體和迴路

13.5 發育和臨床觀點

13.5a 神經系統的發育

13.5b 發育疾病

學習指南

臨床應用

13.1 神經膠細胞和腦腫瘤

13.2 髓鞘疾病

複習

要瞭解本章，您可能會發現複習以下概念會有所幫助：

- 早期胚胎發育，特別是神經管的部分 (4.2b 節)

Anatomy & Physiology REVEALED®
aprevealed.com

模組 7：神經系統

接下來的五個章節與神經系統有關。這是一個非常複雜而且神秘的系統。神經系統是我們所有意識的經歷、個性、身體控制和行為的基礎。它深深地吸引了生物學家、醫師、心理學家甚至是哲學家的興趣。瞭解神秘有趣的神經系統，被許多人視為是行為科學和生命科學所面臨的最終挑戰。

本章我們從最簡單的組織級別開始研究——神經細胞 (神經元) 和神經膠細胞，神經膠細胞以各種方式支持神經細胞的功能。接著我們將進入器官的層級，介紹脊髓 (第 14 章)、腦部 (第 15 章)、自主神經系統 (第 16 章) 和感覺器官 (第 17 章)。

13.1 神經系統的概述

預期學習成果

當您完成本節後，您應該能夠

a. 描述神經系統的功能；
b. 描述神經系統的構造分系；
c. 解釋不同神經分系之間的功能差異；
d. 定義神經、神經節、受體和動作器。

如果身體要維持體內恆定並有效發揮功能，則數兆個細胞必須以協調的方式共同運作。如果每個細胞的行為，都沒有考慮其他細胞正在做什麼，結果將會造成生理的混亂和死亡。我們身體有兩個器官系統專門用於維持內部協調的作用——**內分泌系統** (endocrine system) 與**神經系統** (nervous system)。內分泌系統通過分泌到血液中的化學訊息 (激素) 傳遞訊息。**神經系統** (nervous system)(圖 13.1) 則是採用電流和化學的方式，非常快速地傳送細胞之間的訊息。對神經系統的研究稱為**神經生物學** (neurobiology)，可以再細分為**神經解剖學** (neuroanatomy) 和**神經生理學** (neurophysiology)。

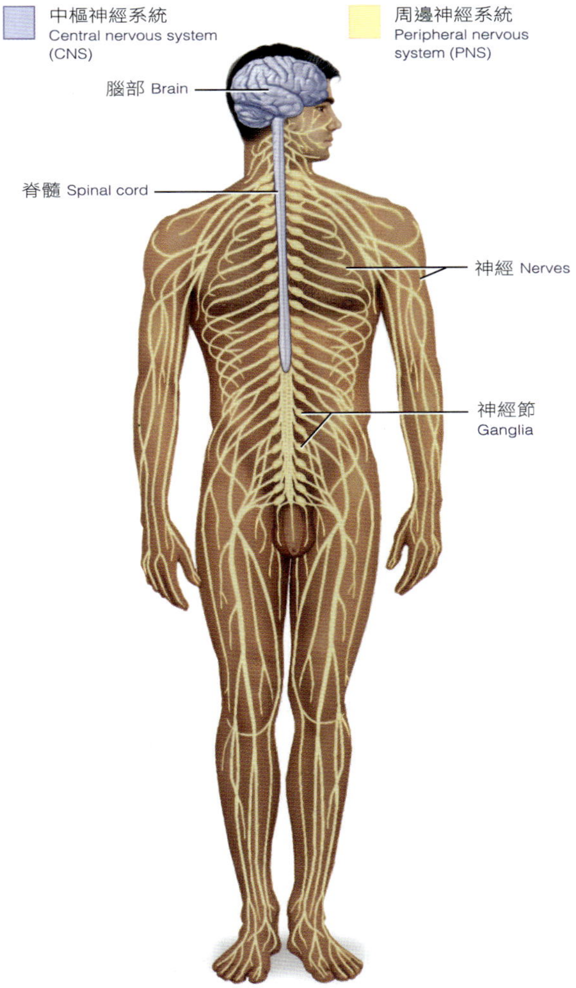

圖 13.1 神經系統。
• 哪個系統 (CNS 或 PNS) 最常遭受傷害？為什麼？

神經系統以三個基本步驟，執行其協調任務：(1) 藉由感覺神經末梢，接收體內和體外的環境訊息變化，並將訊息彙整後，傳輸到脊髓和腦部。(2) 脊髓和腦部處理此訊息，將其與過去的經驗做連結，並確定適合情況的應對措施。(3) 脊髓與腦部發出訊息，主要是命令肌肉收縮和腺體分泌，對於環境的變化做出反應。

依照解剖構造，神經系統分為兩個主要系統 (圖 13.2)：

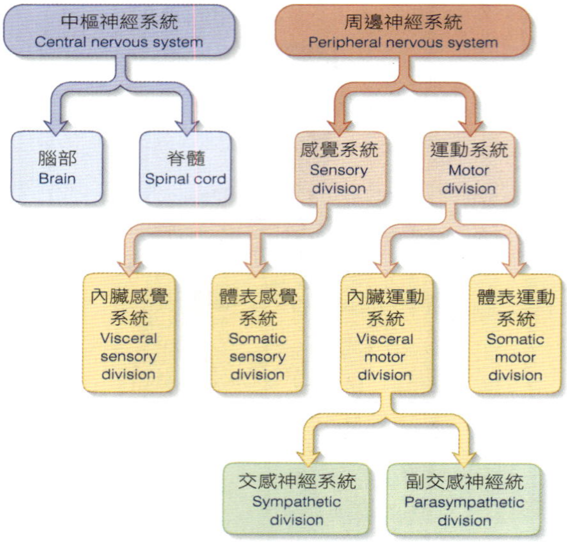

圖 13.2 神經系統的分系。

- **中樞神經系統** (central nervous system, CNS) 由腦部和脊髓所組成，分別由腦顱骨和脊柱包裹並保護。
- **周邊神經系統** (peripheral nervous system, PNS) 由腦部和脊髓所發出的神經以及神經節共同組成。一條的**神經** (nerve) 是由許多神經纖維 (軸突) 包裹在纖維結締組織中所形成。中樞神經系統發出的神經，會通過腦顱骨或是脊柱的孔洞，這些神經攜帶著傳出與傳入身體其他器官的訊息。**神經節** (ganglion)[1] 是一個神經內的膨大結狀構造，內含聚集的神經元之細胞本體。

周邊神經系統在功能上可以分為*感覺*和*運動*部分，每個部分又再分為*軀體*和*內臟*的部分。

- **感覺 (傳入) 系統** [sensory (afferent)[2] division] 將各種**感受器** (receptors)(感覺器官和感覺神經末梢) 接收的訊息傳入中樞神經系統。這是將體內和體外的刺激，告知中樞神經系統的途徑。
  - **軀體感覺系統** (somatic[3] sensory division)：負責傳遞來自皮膚、肌肉、骨骼和關節中的受體訊息。
  - **內臟感覺系統** (visceral sensory division)：負責傳遞來自胸腔和腹腔的內臟訊息，例如心臟、肺、胃和膀胱。
- **運動 (傳出) 系統** [motor (efferent)[4] system] 將中樞神經系統發出的訊息，傳送到腺體和肌肉細胞以產生反應。對於神經發出的訊息產生反應的細胞和器官，稱為**動作器** (effectors)。
  - **軀體運動系統** (somatic motor division)：將運動的訊息傳遞到骨骼肌，刺激骨骼肌收縮產生動作。可以由意識控制動作。如果是在非意識控制下收縮，稱為*軀體反射*。
  - **內臟運動系統** (visceral motor system) 又稱為**自主神經系統** (autonomic[5] nervous system, ANS)：將運動的訊息傳遞到腺體、心肌或是平滑肌。通常沒辦法用意識控制這些內臟的運動，因為此系統在無意識的狀態下運動，此系統的反應稱為*內臟反射*。自主神經系統又分兩個分系：
    - **交感神經分系** (sympathetic division)：傾向於引起身體採取行動。此系統興奮時會加快心跳速度，增加呼吸氣流，但會抑制消化作用。
    - **副交感神經分系** (parasympathetic division)：傾向使身體攝入能量和保存能量。此系統興奮時會刺激消化作用，但減慢心跳速度，並減少呼吸氣流。

雖然前述名稱可能給人的印象是身體有許多的神經系統——中樞、周邊、感覺、運動、軀體和內臟，這些只是為了方便起見。然而，身體只有一個神經系統，這些分系統之間都會

---

1 *gangli* = knot 結
2 *af* = *ad* = toward 朝向；*fer* = to carry 攜帶
3 *somat* = body 身體；*ic* = pertaining to 關於
4 *ef* = *ex* = out 離開，away 離開；*fer* = to carry 攜帶
5 *auto* = self 自我；*nom* = law 法律，governance 治理

相互聯繫，維持神經系統的整體性。

在你繼續閱讀之前

回答下列問題，以檢驗你對上節內容的理解：

1. 定義感受器和動作器。分別舉出兩個例子。
2. 區分中樞和周邊神經系統，以及區分感覺和運動系統的內臟和軀體系統。
3. 內臟運動神經系統的別稱是什麼？該系統的兩個分系是什麼？兩個分系對身體的作用有何不同？

13.2 神經細胞

預期學習成果

當您完成本節後，您應該能夠

a. 描述神經元要發揮作用必須具備的特性；
b. 定義三種神經元的功能分類；
c. 描述典型神經元的結構；和
d. 描述神經元結構的一些變化。

13.2a 神經元的特性

神經系統的功能單位是**神經細胞** (nerve cell)，或稱為**神經元** (neuron)。神經元扮演系統的交流與協調的角色。神經元具有三個必要的基本生理特性：

1. **興奮性** (excitability) [應激性 (irritability)]：所有神經細胞都具有興奮性，對環境的變化稱為**刺激** (stimuli) 會產生反應。神經元已經高度發展此特性。
2. **傳導性** (conductivity)：神經元對刺激的反應，是產生電位訊號，並且迅速傳遞到達遙遠的其他細胞。
3. **分泌性** (secretion)：當電位訊號傳到神經纖維的末梢，神經元通常會分泌一種化學物質，稱為神經傳遞物質 (neurotransmitter)。此物質會跨越細胞之間的小間隙，再刺激下一個細胞。

應用您的知識

神經細胞和肌肉細胞有什麼共同的基本生理特性？舉出一種特性是神經細胞具有而肌肉細胞缺少的，或是肌肉細胞具有而神經細胞缺少的特性。

13.2b 神經元的功能分類

神經元依照功能分類，共有三種神經元 (圖 13.3)：

1. **感覺 (傳入) 神經元** [sensory (afferent) neurons]：專門用於偵測刺激，例如光、

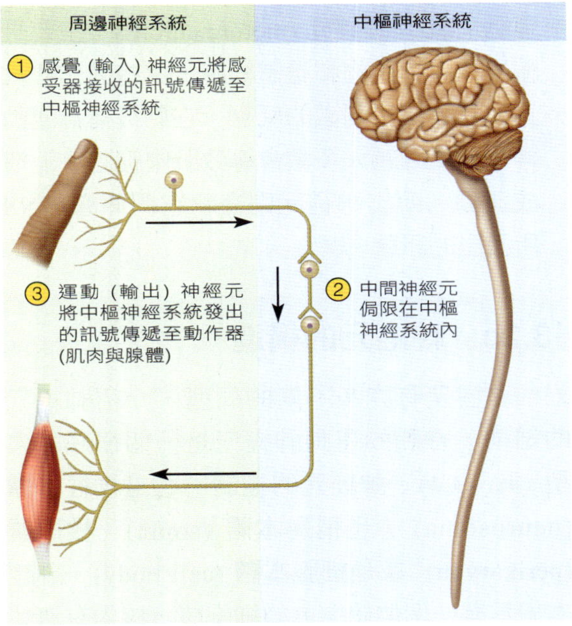

圖 13.3 神經元的三種功能分類。感覺 (輸入) 神經元將訊號傳入到中樞神經系統 (CNS)；聯絡 (中間) 神經元完全位於 CNS 中，並攜帶訊號從一個神經元到另一個神經元；運動 (輸出) 神經元從中樞神經系統傳出訊號到肌肉和腺體。箭頭指示訊號傳遞的方向。

• 傳入和傳出兩個名詞與代表的神經元功能有何相關？

熱、壓力和化學物質，並將這些感覺訊息傳入中樞神經系統。這些感覺神經元可以分佈在人體的任何器官中，但最後總是終止在腦部或脊髓；傳入這個詞就是指訊息傳導到 CNS。一些感覺感受器，本身就是神經元的末梢，例如痛覺和嗅覺的感受器。其他情況，例如味覺和聽覺的感受器，是一個獨立的細胞，但是與感覺神經元直接接觸聯繫。

2. **聯絡 (中間) 神經元** (interneurons)[6]：完全位於 CNS 內。聯絡神經元接收來自許多其他神經元的訊號，並且進行訊息整合的功能——就是處理、儲存、檢索訊息，並且將此種刺激的訊息整合後，做出反應。人類大約 90% 的神經元是聯絡神經元。聯絡神經元一詞，是指這些神經元位於中間，將傳入 CNS 的感覺路徑，與 CNS 傳出的運動路徑進行聯繫。
3. **運動 (傳出) 神經元** (motor neurons)：主要是傳出訊息到肌肉和腺體細胞，這些動作器負責執行人體對刺激的反應。它們被稱為運動神經元，因為大多數會導致肌肉細胞收縮造成運動。傳出神經元則表示它們傳導 CNS 所發出的訊號。

13.2c 神經元的構造

神經元有許多不同的外型，介紹神經元的結構，脊髓的運動神經元是一個很好的典型 (圖 13.4)。神經元的控制中心是**神經本體** (neurosoma)[7]，也稱為**本體** (soma)、**核周質** (perikaryon)[8] 或是**細胞本體** (cell body)。神經本體具有一個位於中央的細胞核，核內有清楚明顯的大型核仁。細胞質內含粒線體、溶酶體、高基氏體、發達密佈的粗糙內質網和細胞骨架。細胞骨架由密集的微管和**神經纖維原** (neurofibrils)(成束的肌動蛋白絲) 構成，將粗糙內質網分隔成許多深色的染色區域，這些區域稱為*嗜色物質* (chromatophilic substance)，這是神經元特有的構造 (圖 13.4d、e)。這些特徵在混合細胞類型的組織切片中，是鑑定神經元的有用線索。在青春期之後，成熟的神經元缺少中心粒 (centrioles)，顯然不會再進行有絲分裂。因此，死亡的神經元通常是不可替換的。存活的神經元也不能取代失去的神經元。但是，神經元是存活很久的細胞，能夠運行一百多年。目前發現甚至在老年時，中樞神經系統中仍存在著尚未特化的幹細胞，可以在有限的程度上進行分裂和再生神經組織。

神經元內主要的胞質內含物是肝醣顆粒、脂肪小滴、黑色素和一種棕色顆粒稱為*脂褐質* (lipofuscin)[9] (LIP-oh-FEW-sin)。脂褐質是溶酶體消化老舊磨損的胞器和其他物質後所產生的物質。脂褐質顆粒隨著神經元的老化逐漸堆積，並將細胞核推擠到細胞的一側。脂褐質顆粒也被稱為「磨損顆粒」，因為在老舊的神經元細胞質中含量豐富。這些顆粒似乎不會損害神經元的功能。

脊髓運動神經元的細胞本體會發出一些濃密的突起，這些突起會分支成大量的**樹突** (dendrites)[10]。樹突的命名是因為這些突起與冬天光禿禿的樹枝相像。樹突是接收來自其他神經元訊息的主要部位。有些神經元只有一個樹突，有些則有數千個樹突。神經元的樹突越多，表示可以接收其他神經元的訊息越多，有更多的訊息提供神經元進行整合，並做出決定。樹突的廣泛分佈與糾結，對於神經訊息的接收和處理，提供了緻密與精確的路徑。

在細胞本體的一側則是一個隆起的構造，稱為**軸丘** (axon hillock)，**軸突** (axon) 或稱為神

6 *inter* = between 之間
7 *soma* = body 體部
8 *peri* = around 周圍；*karyo* = nucleus 核
9 *lipo* = fat 脂肪，lipid 脂質；*fusc* = dusky 暗，brown 棕色
10 *dendr* = tree 樹，branch 樹枝；*ite* = little 小的

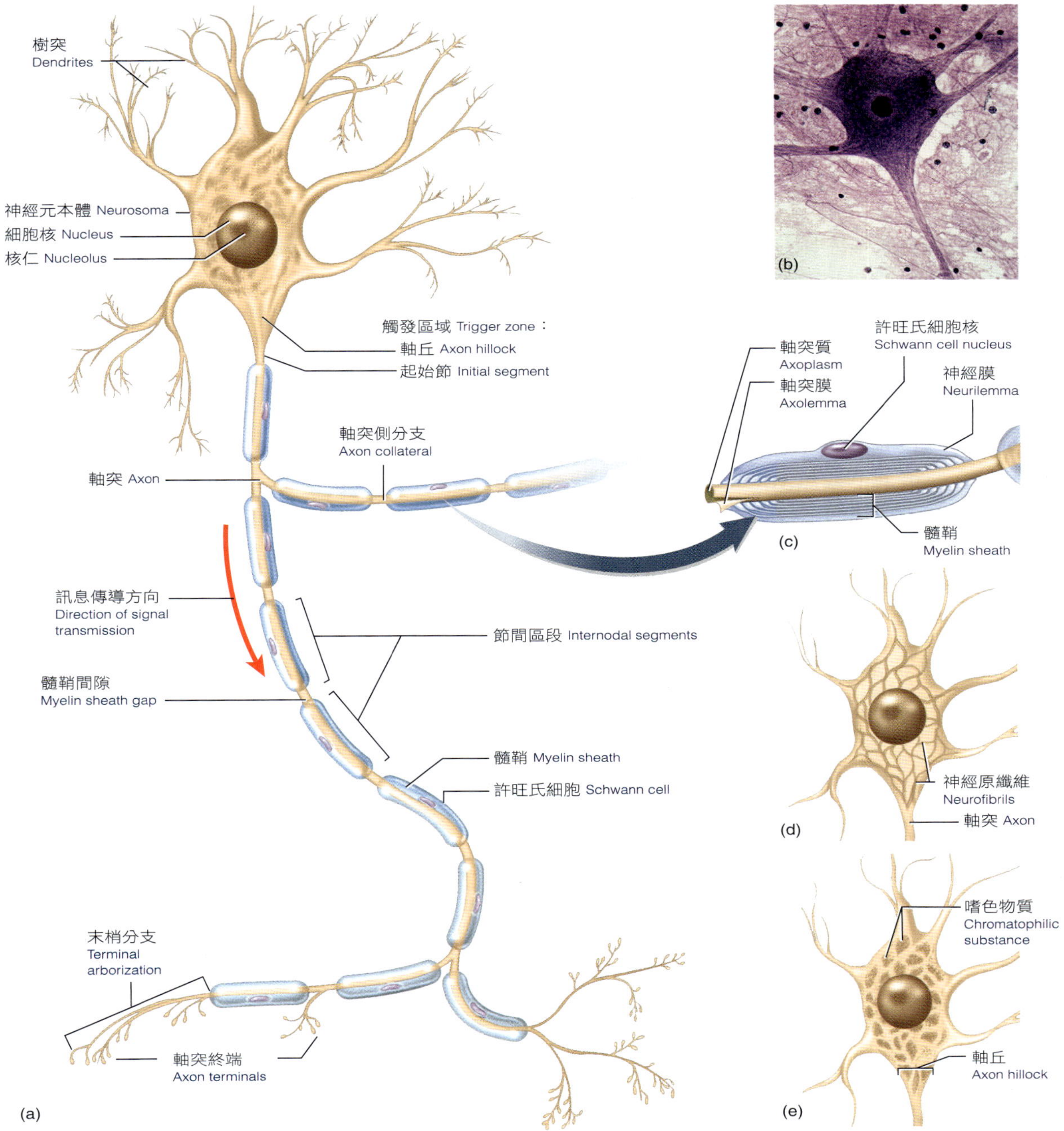

圖 13.4 **神經元的一般結構**。本章稍後將對許旺氏細胞和髓鞘進行說明。(a) 多極神經元，例如脊髓的運動神經元；(b) 多極神經元的組織照片；(c) 髓鞘的細微構造；(d) 神經本體內的神經纖維原；(e) 嗜色性物質，是細胞內的粗糙內質網 (rough ER) 被染色，而且被神經纖維原分隔而形成團塊狀。

• 依據該神經元的什麼特徵，將其分類為多極神經元？(將此圖與圖 13.5 做比較與討論)

(b) ©Ed Reschke/Getty Images

經纖維 (nerve fiber) 由此發出。軸丘與軸突的附近部分 [初始片段 (initial segment)]，合稱為**觸發區域** (trigger zone)。因為這部位通常是神經元最先產生傳出訊息的區域。軸突專門用於將神經訊號快速傳導到遠離細胞本體的位置。軸突呈圓柱狀並且大多數都沒有分支；但是，有時會出現少許側分支，稱為軸突側分支 (axon collaterals)。軸突的終端則通常會有許多分支。軸突的細胞質稱為**軸突質** (axoplasm)，其細胞膜稱為**軸突膜** (axolemma)[11]。每一個神經元僅具有一條軸突，在視網膜與腦部的一些神經元甚至沒有軸突。許多軸突被髓鞘包覆，可以提高神經元的能量效率和訊息傳導速度。髓鞘在 13.3 節中有更詳細的說明。

神經本體的直徑範圍為 5~135 μm，而軸突的直徑範圍從 1~20 μm，軸突的長度從幾毫米到超過 1 公尺長。整個動物界中已知最長的細胞就是神經元。在藍鯨，一些神經元的軸突從腦幹延伸到尾巴，軸突的長度超過 30 m (100 ft)。人類神經元的空間維度，更令人印象深刻，當我們將它們放大到熟悉對象的物體大小時。如果脊髓運動神經元的細胞本體放大成網球的大小時，其樹突將會形成巨大的灌木叢，其體積可以塞滿 30 個座位的教室。其軸突長度可以長到一英里，而其直徑比花園軟管窄。這一點值得深思。神經元必須在其「網球」大小的本體中組裝分子和胞器，並通過其「一英里長的花園軟管」將這些分子和胞器，傳送到軸突的末端。在稱為軸突運送 (axonal transport) 的過程中，神經元利用運動蛋白 (motor proteins) 可以攜帶胞器和大分子，沿著神經纖維組成的細胞骨架，運送到遙遠的目的地，即使在鯨魚的神經元也是藉由此運送方式運送到軸突的末端。

在軸突末端，通常會形成複雜纖細的**末梢分支** (terminal arborization)[12]。每個分支的終端會膨脹形成**軸突終端球** (axon terminal button)。軸突終端會與肌肉細胞、腺體細胞或其他神經元連接形成突觸 (synapse)[13]。突觸將在本章後段詳細描述。自主神經纖維並沒有軸突終端球，但有許多小珠狀的突起分佈在末端的分支，如同**靜脈曲張** (varicosities)(見圖 10.12)。每個小珠狀突起都會將神經傳遞物質分泌到其附近的區域，一次刺激周圍的許多細胞。

應用您的知識

當軸突末端需要蛋白質時，這些蛋白質必定是在細胞本體製造，沿著軸突運送到距離較遠的軸突終端。為什麼你會認為這些蛋白質不會直接在軸突終端中製造呢？

13.2d 神經元的多樣性

並非所有神經元都符合上述描述的每個細節。根據從神經細胞本體延伸出來的突起數量，將神經元加以分類 (圖 13.5)。

- **多極神經元** (multipolar neurons) 是指典型如同前述，具有一個軸突和兩個或多個 (通常很多) 樹突。這是最常見的神經元類型，常見於腦部和脊髓。
- **雙極神經元** (bipolar neurons) 有一個軸突和一個樹突。舉例如鼻腔的嗅覺細胞、視網膜和內耳的感覺神經元。
- **單極神經元** (unipolar neurons) 其神經本體只有一個突起，傳遞觸覺與痛覺到脊髓的感覺神經元為代表。這些神經元也被稱為偽單極神經元 (pseudounipolar)[14]，因為它們在胚胎

11 *axo* = axis 軸，axon 軸突；*lemma* = husk 外殼，peel 果皮，sheath 鞘

12 *arbor* = treelike 樹狀

13 *syn* = together 一起；*aps* = to touch 接觸，join 加入

14 *pseudo* = false 假的

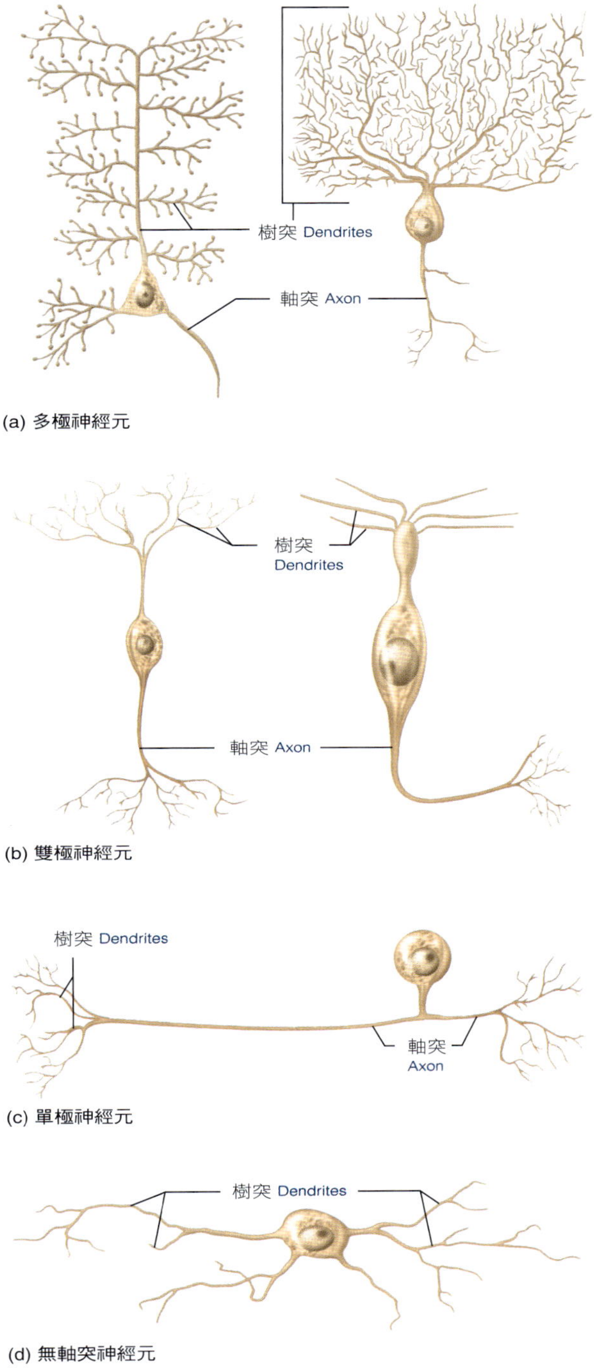

(a) 多極神經元

(b) 雙極神經元

(c) 單極神經元

(d) 無軸突神經元

圖 13.5 神經元結構的變化。(a) 腦部的兩種多極神經元—錐體細胞 (左) 和蒲金氏細胞；(b) 兩種雙極神經元—視網膜的雙極細胞 (左) 和嗅覺神經元；(c) 單極神經元負責觸覺和痛覺的感覺接收；(d) 視網膜的無軸突神經元。

時是雙極神經元，發育成熟的過程中兩個突起合而為一。單一突起在細胞本體不遠處，出現像 T 字一樣的兩條分支，遠離脊髓的稱為周邊纖維 (peripheral fiber)，負責傳遞感覺受器所產生的感覺訊息。靠近脊髓的中央纖維 (central fiber)，則是將此感覺訊息傳入脊髓。在典型的神經元中，樹突將訊號傳送到本體，而軸突則是傳出訊息。但是，在單極神經元中，由於本體只有一根突起，所以感覺訊息直接從周邊纖維傳到中央纖維，直接將神經訊號傳遞到脊髓。單極神經元的樹突被認為是呈現分支狀位在皮膚或其他器官內，而其餘的神經纖維則被認為是軸突 (由於有髓鞘的存在和產生動作電位的能力來定義)。

- **無軸突神經元** (anaxonic neurons) 有多個樹突，但沒有軸突。它們通過樹突在短距離內彼此進行交流，但是不會產生動作電位。無軸突神經元存在腦部、視網膜和腎上腺髓質。在視網膜中，有助於視覺對比度的感知。

在你繼續閱讀之前

回答下列問題，以檢驗你對上節內容的理解：

4. 解釋為什麼神經元沒有興奮性、傳導性和分泌特性就不能發揮作用。
5. 區分感覺神經元、聯絡神經元和運動神經元。
6. 定義以下各項，並解釋其對神經元功能的重要性：樹突、本體、軸突和軸突終端。
7. 依據記憶畫出多極、雙極、單極和無軸突神經元；並且在每個草圖旁邊，註明在身體的哪一器官，可以找到這樣的神經元。

13.3 支持細胞

預期學習成果

當您完成本節後，您應該能夠

a. 列出六種支持神經元功能的細胞，並說明其各自的位置和功能；
b. 描述髓鞘如何形成，圍住神經纖維；
c. 描述神經纖維直徑粗細和髓鞘的有無，如何影響訊息傳導速度；和
d. 解釋支持細胞如何參與受損神經纖維的再生作用。

神經系統中大約有一兆個神經元，一個人的神經元數量是銀河系中恆星的 10 倍。因為神經元有廣泛的分支，所以占了神經組織總體積的 50%。然而，神經元的支持細胞，稱為**神經膠細胞** (neuroglia)(noo-ROG-lee-uh) 或**膠質細胞** (glial cells)(GLEE-ul) 的數量，至少是神經元數量的 10 倍以上。膠質細胞保護神經元並幫助其執行功能。膠質的意思是「膠水」，表示其中之一的作用是與神經元連結在一起。在胎兒神經發育時，神經膠細胞會形成一個支架，將發育中的神經元引導到目的地。當成熟的神經元尚未到達目的地，就會一直被神經膠細胞覆蓋著。這樣可以防止神經元與其他細胞產生連結，到達特定地點後，才會與特定細胞產生突觸連結，因此使神經的傳導路徑更加精確。

13.3a 神經膠細胞的種類

有六種神經膠細胞，每種都有獨特的功能(表 13.1)。其中四種類型僅存在中樞神經系統(圖 13.6)：

表 13.1 神經膠細胞的種類

類型	位置	功能
寡突膠細胞	CNS	在腦部與脊髓內形成髓鞘
室管膜細胞	CNS	內襯於腦部與脊髓管腔；協助腦脊髓液的分泌與循環
微小膠細胞	CNS	吞噬與破壞微生物、異物和死亡的神經組織
星狀膠細胞	CNS	位於腦組織的表面和沒有神經元突觸的區域；形成 CNS 的支持框架；形成血腦障蔽；滋養神經元和分泌生長刺激劑；影響神經元突觸之間的交流；幫助調節 CNS 細胞外液的成分；形成疤痕組織以取代受損的神經組織
許旺氏細胞	PNS	形成神經膜包圍所有 PNS 的神經纖維，形成髓鞘，包圍大多數 PNS 的神經纖維；協助受損的神經纖維再生
衛星細胞	PNS	在神經節內包圍神經元的細胞本體；隔離神經元，並調節神經元周圍的化學環境

1. **寡突膠細胞** (oligodendrocytes)[15] (OL-ih-go-DEN-dro-sites) 外形像章魚，有一個球狀的本體，多達 15 個類似手臂的突起。每個突起都會延伸到神經纖維，並且將神經纖維包圍重複纏繞，就像使用膠帶包裹電線一般。這種纏繞的構造，稱為*髓鞘* (myelin sheath)，可以將神經纖維與細胞外液隔離，並加快神經訊號的傳導速度。
2. **室管膜細胞** (ependymal[16] cell)(ep-EN-dih-mul) 類似單層立方上皮，位在腦室和脊髓中央管的內襯。但是室管膜細胞沒有基底膜，而且有許多根狀突起，延伸到下層的組織。*腦脊髓液* (cerebrospinal fluid, CSF) 由室管膜細胞產生，是一種清澈的液體，可填充在中樞神經系統的外部與其內部空腔。一些室管膜細胞的頂端，有纖毛擺動有助於 CSF 的流動循環。室管膜與腦脊液將在 15.1d

15 *oligo* = few 少的；*dendro* = branches 分支；*cyte* = cell 細胞

16 *ependyma* = upper garment 上層裝飾

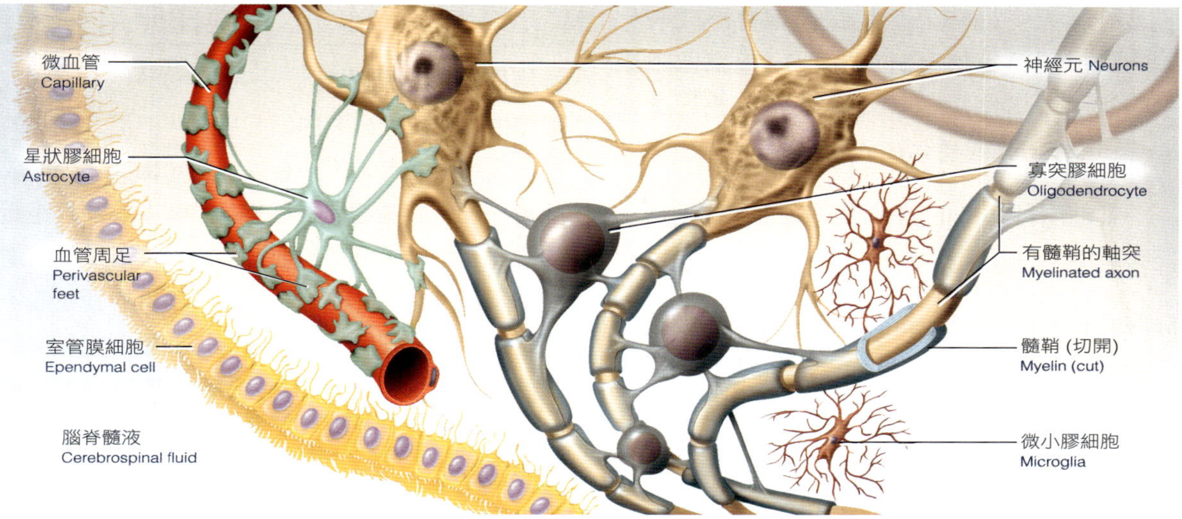

圖 13.6　中樞神經系統的神經膠細胞。

節，更詳細地說明。

3. **微小膠細胞** (microglia) 是小型的巨噬細胞，從白血球中的單核球衍生形成。它們在中樞神經系統中徘徊巡邏，伸出手指狀的突起，不斷探測組織的細胞碎屑或其他問題。它們被認為每天可以對腦組織進行許多次的檢查，吞噬壞死組織、微生物和其他異物。它們會集中出現在受到感染，創傷或中風的區域。病理學家在組織切片中，尋找微小膠細胞的聚集處，作為判斷腦部受傷部位的線索。微小膠細胞也協助突觸重塑作用，就是在神經系統發育過程中改變神經元之間的連結。

4. **星狀膠細胞** (astrocytes)[17] 是中樞神經系統中數量最多的神經膠細胞，在腦部某些區域甚至可以達到 90% 以上。它們覆蓋了整個腦部的表面，並且位於中樞神經系統灰質的神經元沒有突觸的區域。由於星狀膠細胞有許多突起分支，外形像星星的形狀，因此命名為星狀膠細胞。星狀膠細胞會在中樞神經系統的不同區域表現不同的基因，主要依據所處的環境需要什麼：
   - 它們形成了神經組織的支撐框架。
   - 它們的細胞突起稱為血管周足 (perivascular feet)，可延伸到與微血管周邊，並與微血管形成緊密連結，稱為血腦障蔽 (blood-brain barrier, BBB)。此屏障可將血液與腦組織區隔開，並管控哪些物質能夠到達腦細胞，從而達到保護神經元的作用 (請參閱 15.1e 節部分)。
   - 它們將葡萄糖轉換為乳酸，並且提供滋養給神經元。
   - 它們監視神經元的活動，以及向血管發出訊號刺激血管擴張或收縮。並且根據氧氣和營養的需求，改變腦組織局部的血流。
   - 它們會分泌稱為神經生長因子 (nerve growth factors) 的蛋白質分子，該物質可以促進神經元生長，突觸形成，以及微調腦部和脊髓的神經迴路。
   - 它們與神經元進行電位通訊，並可能影響神經元之間的突觸電位傳導。
   - 它們調節組織液的化學成分。當神經元傳遞訊號時，會釋放神經傳遞物質和鉀離子。星狀膠細胞會吸收這些物質，以避免這些物質在組織液中達到過量的程度。

17 *astro* = upper garment 星狀；*cyte* = cell 細胞

- 當神經元受損時，星狀膠細胞會形成硬化的疤痕組織，填充神經元死亡後遺留下來的空間。這個過程稱為*星狀膠細胞增多症* (astrocytosis) 或*硬化症* (sclerosis)。

其他兩種類型的神經膠細胞僅存在周邊神經系統中：

5. **許旺氏細胞** (Schwann[18] cell) 或**神經膜細胞** (neurilemmocytes)，包裹 PNS 的神經纖維，在神經纖維的周圍形成一個套筒稱為*神經膜* (neurilemma)(見圖 13.4)。在大多數情況下，許旺氏細胞會重複纏繞神經纖維，在神經膜和神經纖維之間形成髓鞘。這種方式類似於中樞神經系統內寡樹突膠細胞產生的髓鞘，但是兩者髓鞘的產生方式存在些許差異，將在後面內容描述。除了包覆周邊神經纖維形成髓鞘之外，許旺氏細胞還會協助受損神經的再生。
6. **衛星細胞** (satellite cells) 圍繞在神經節內的神經本體的周圍。它們在神經本體周圍，形成電位的絕緣環境，並且調節神經元的化學環境。

13.3b 髓鞘

髓鞘 (myelin sheath)(MY- eh-lin) 是神經纖維外圍的絕緣溝造，就像電線外圍的絕緣橡膠。髓鞘在中樞神經系統是由寡突膠細胞所形成，在周邊神經系統是由許旺氏細胞所形成。由於髓鞘是由這些神經膠細胞的細胞膜經過纏繞形成，因此其成分通常類似於細胞膜，大約有 20% 的蛋白質和 80% 的脂質，脂質主要包含磷脂質、醣脂質和膽固醇。髓鞘的脂質成分導致神經組織的某些區域呈現閃亮的白色，例如腦部和脊髓的*白質* (white matter)。

臨床應用 13.1

神經膠細胞和腦腫瘤

腫瘤由大量快速分裂的細胞組成。然而，成熟的神經元幾乎沒有細胞分裂的能力，因此很少形成腫瘤。一些腦腫瘤是由腦膜 (保護中樞神經組織的膜狀構造) 或由其他地方的腫瘤 (例如黑素瘤和結腸癌) 轉移引起。然而，成年人的腦腫瘤多數是由神經膠細胞組成，因為這些膠細胞具有活躍的細胞分裂能力。這種腫瘤稱為*神經膠質瘤* (gliomas)[19]，腫瘤成長快速且具有高度惡性。由於血腦障蔽的存在，腦腫瘤通常會沒有辦法進行化學治療，而必須使用放射治療或手術切除。

髓鞘的產生過程稱為**髓鞘形成** (myelination)。在 PNS，許旺氏細胞重複纏繞一條神經纖維，多達好幾層緊密的膜層，膜層之間幾乎沒有細胞質 (圖 13.7)。

這些緊密纏繞的膜層構成髓鞘。許旺氏細胞包裹神經纖維，最後留下最厚的最外層，稱為**神經膜** (neurilemma)[20] (noor-ih-LEM-ah)。在神經膜內，許旺氏細胞的膨出體包含其細胞核及大部分的細胞質。神經膜外層是基底板 (basal lamina)，更外層是結締組織的纖維層，稱為*神經內膜* (endoneurium)。

描述髓鞘的形成過程，可以想像您使用空的牙膏管緊緊地包裹，重複纏繞著鉛筆。鉛筆代表軸突，牙膏管的螺旋層則代表髓鞘。牙膏管擠到最後的一端澎大，就像是許旺氏細胞的細胞核所在位置。

在中樞神經系統中，每個寡突膠細胞會將其附近的許多根神經纖維纏繞形成髓鞘 (圖 13.7b)。由於它被固定在許多根神經纖維上，所以無法像許旺氏細胞一樣，在任何一條神經纖維周圍移動。新形成的髓鞘必須向內纏繞，

18 泰奧多爾・許旺 (Theodor Schwann, 1810~82)，德國組織學家

19 *glia* = glial cells 膠質細胞；*oma* = tumor 腫瘤

20 *neuri* = nerve 神經；*lemma* = husk 外殼，peel 果皮，sheath 鞘

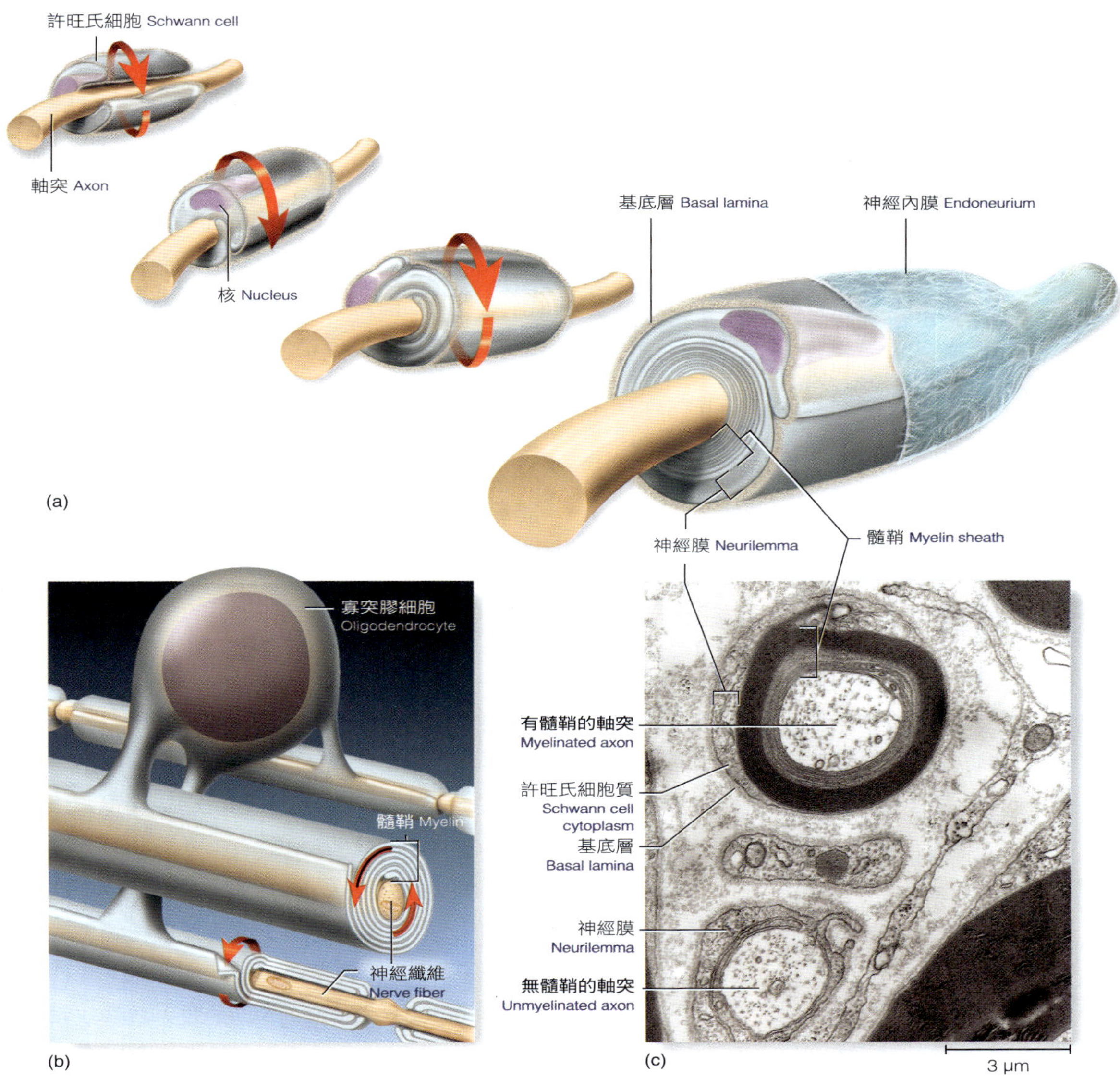

圖 13.7　髓鞘形成。(a) 在 PNS 中的一個許旺氏細胞反覆圍繞一段軸突形成多層髓鞘。形成時，髓鞘以向外盤旋方式纏繞。最外層是由許旺氏細胞構成的神經膜；(b) 在 CNS 中的一個寡突膠細胞包裹著多個神經元的多條軸突。形成時，髓鞘以向內盤旋方式纏繞；(c) 穿透式電子顯微鏡 (TEM) 圖片顯示有髓鞘的軸突 (頂部) 和無髓鞘的軸突 (底部)。

(c) ©Dr. Dennis Emery, Iowa State University/McGraw-Hill Education

將較老舊的髓鞘往外推。中樞神經系統的神經纖維沒有神經膜或神經內膜的構造。

在 PNS 和 CNS 中，由於神經纖維延伸的長度都大於一個神經膠細胞的作用範圍，所以一根神經纖維都需要許多的許旺氏細胞或寡樹突膠細胞共同包覆。因此，髓鞘會分段形成。段與段之間的間隙 (節點) 稱為**髓鞘間隙** (myelin sheath gaps)。髓鞘所覆蓋的節段，也就是節點與節點之間的構造稱為**節間段** (internodal segments)，節間段長度約 0.2~1.0 mm。

13.3c 無髓鞘的神經纖維

在 CNS 和 PNS 中有許多神經纖維是沒有髓鞘包覆的。在 PNS 中，即使無髓的神經纖維也會被包裹在許旺氏細胞內。在這種情況下，一個許旺氏細胞可以在其表面的凹槽中，含住 1 到 12 根小的神經纖維 (圖 13.8)。許旺氏細胞的細胞膜不會像在髓鞘中那樣重複纏繞神經纖維，而是僅以細胞膜包圍住每根神經纖維。許旺氏細胞的細胞膜就形成神經纖維外面的神經膜。大多數無髓鞘的神經纖維在許旺氏細胞內會有單獨的通道，但是細小的神經纖維有時會成束在單一個通道內。基底板會將許旺氏細胞以及其內含的神經纖維整個包覆。

13.3d 髓鞘與訊息傳導

訊息沿著神經纖維傳播的速度取決於兩個因素：纖維的直徑和髓鞘的有無。訊息的傳導

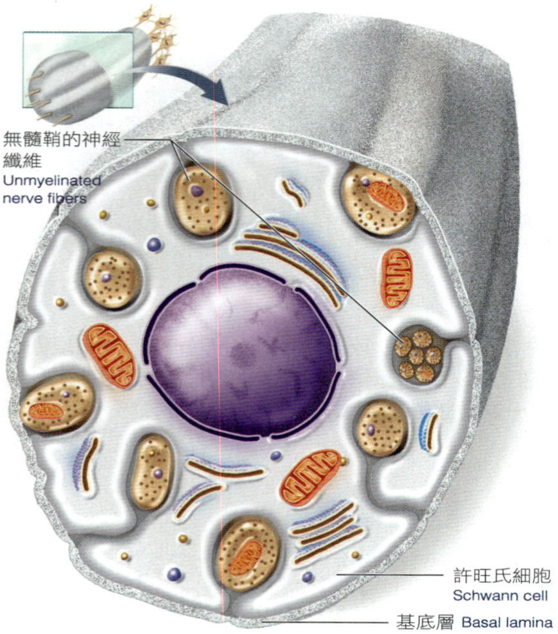

圖 13.8 無髓鞘神經纖維。許多條的無髓鞘神經纖維，在一個許旺氏細胞靠近表面的管道中被包圍保護。

• 無髓鞘神經纖維的功能缺點是什麼？它的構造優點是什麼？

發生在神經纖維的膜上，不會深入到軸突質內。直徑大的纖維具有更大的細胞膜表面積，傳遞訊息的速度比直徑小的纖維更快。髓鞘的存在會進一步加速訊息的傳導，其原因是屬於生理學領域，超出本書的範圍。細小的無髓鞘神經纖維 (直徑 2~4 μm)，其神經訊號以 0.5~2.0 m/s 的速度傳播；相同直徑大小的有髓鞘神經纖維傳遞速度上升到 3~15 m/s；直徑最大的有髓鞘神經纖維 (直徑 20 μm) 傳遞速度大到 120 m/s。

臨床應用 13.2

髓鞘疾病

多發性硬化症 (multiple sclerosis[21], MS) 和泰薩氏症 (Tay-Sachs[22] disease) 是髓鞘退化性疾病。在多發性硬化症中，中樞神經系統的寡樹突膠細胞和髓鞘變質，並被硬化的疤痕組織取代，好發年紀在 20 歲到 40 歲之間。神經的傳導被阻斷，出現的症狀取決於中樞神經系統受到影響的部位：麻木 (numbness)、複視 (double vision)、失明 (blindness)、言語缺陷、神經官能症 (neurosis) 或顫抖。患者經歷多種症狀且逐漸惡化，直到最終臥床不起。多發性硬化症的病因仍不確定；多數認為這是一種自體免疫性疾病 (autoimmune disease)，即免疫系統會攻擊自己的組織，也可能是被病毒感染而引發。目前沒有治癒的方法。發病之後是否導致壽命變短，目前仍有爭議。有些人在診斷後一年內就死亡，但是有些人患病後，仍然活了 25 或 30 年。

泰薩氏症 (Tay-Sachs disease) 是一種遺傳性疾病，主要見於東歐猶太血統的嬰兒。這是由於一種稱為 GM_2 的醣脂 (glycolipid) 類異常堆積在髓鞘。正常情形 GM_2 通常會被溶酶體內的酶分

21 *scler* = hard 堅硬，tough 強韌；*osis* = condition 狀態

22 沃倫・泰 (Warren Tay，1843~1927)，英國醫師；伯納德・薩克斯 (Bernard Sachs，1858~1944)，美國神經科醫師

解，但那些從父母雙方遺傳隱性 Tay-Sachs 基因的嬰兒都缺乏這種酶。隨著 GM_2 的積累增加，神經訊號的傳導逐漸受影響，患者通常會出現失明、喪失協調能力和癡呆症。症狀開始出現在一歲之前，大多數患者在 3~4 歲左右死亡。無症狀的成人可以通過血液檢測，鑑定是否攜帶此隱性基因，他們的小孩是否會出現此疾病，需要由遺傳顧問對生育孩子的風險進行測試並提供建議。

有人可能會想為什麼我們所有的神經纖維，不是全部都是粗的，有髓鞘的、快速的，如果是這樣，我們的神經系統就會變得非常笨重，或是限於更少的纖維。直徑大的神經纖維需要更大顆的細胞本體，以及更大量的能量來維持運作。髓鞘的演化使神經系統從較小較節省能量的神經元，進化成更複雜反應更快。傳導速度慢的無髓鞘神經纖維，對於不需要快速反應的情況 (例如分泌胃酸或擴張瞳孔) 就已經足夠了。傳導速度快的有髓鞘神經纖維，則在需要快速反應的地方使用，例如對骨骼肌的運動命令以及視覺和平衡的訊息傳遞。

13.3e 神經再生

周邊神經系統的神經纖維通常受到割傷和其他傷害，但是如果細胞本體完好無損，軸突通常可以再生。軸突再生需要兩種構造：神經膜和神經內膜。中樞神經系統缺乏這兩種構造，因此中樞神經系統的神經纖維受損則無法再生。由於中樞神經系統受到骨骼的保護，所以比周邊神經系統遭受創傷的機會少。在周邊神經系統中，許旺氏細胞會分泌神經生長因子 (nerve growth factors)，刺激軸突的再生。許旺氏細胞和神經內膜共同形成一條的**再生管** (regeneration tube)，將生長中的軸突引導到它的目的地，例如肌肉纖維。如果軸突在再生管中成功生長，將會重新找到目標細胞並且建立突觸。然而這個再生過程並不完美，有些受傷的神經元無法找到目標細胞，有些甚至會死亡。因此，神經受傷可能會使人失去精細的運動控制能力。即使順利再生，軸突生長的速度也很慢，意味著某些神經功能可能需要長達 2 年的時間才能恢復。

在你繼續閱讀之前

回答下列問題，以檢驗你對上節內容的理解：

8. 從學習過的記憶中，製作表格描述六種神經膠細胞以及其功能。哪種神經膠細胞具有最多樣的功能？
9. 描述寡樹突膠細胞和許旺氏細胞產生髓鞘的不同方式。以及每種類型的細胞本體相對於髓鞘和神經纖維的位置。
10. 比較有髓鞘神經纖維與無髓鞘神經纖維的訊息傳導速度。為什麼體內的神經纖維不是全部都是有髓鞘的呢？
11. 解釋為什麼周邊神經系統中受損的神經纖維可以再生，而中樞神經系統中受損的神經纖維卻無法再生。

13.4 突觸和神經迴路

預期學習成果

當您完成本節後，您應該能夠

a. 描述一個神經元與其他細胞之間的突觸連結構造；
b. 描述兩個神經元之間連結構造的多樣性；和
c. 描述神經迴路的四個基本變化或是神經系統的「連接模式」。

沒有神經元是隔離不與其他細胞聯繫的。神經元與一群細胞共同運作，類似於無線電和其他電子設備的電子迴路系統。在這個單元，我們檢查了神經元之間的連結構造，以及神經細胞群的功能迴路。

13.4a 突觸

神經元與任何其他細胞之間的接觸點稱為**突觸** (synapse)。這些細胞可能是上皮、肌肉、腺體、感覺或其他細胞類型，大多數情況下，則是另一個神經元。突觸使得神經整合 (neural integration)(訊息處理) 成為可能。每個突觸都是決策的設備，用於確定第二個細胞是否將響應第一個細胞所傳遞的訊號。如果沒有突觸，訊號將簡單地從感受器直接傳到動作器，動作器將對每種刺激都做出反應，神經系統將無法發揮整合訊息的能力。實際上，一個神經元可以具有大量的突觸，因此具有很大的訊息處理能力 (圖 13.9)。例如，脊髓運動神經元的樹突，大約接收來自其他神經元的 8,000 個突觸，其細胞本體則大約接收 2,000 個突觸。在小腦，一個神經元可以具有多達 100,000 個突觸。整個大腦皮質 (腦部主要的訊息處理區域) 總計約有 100 兆 (10^{14}) 個突觸。如果想像一下您每秒可以數出兩個突觸，不分白天或黑夜，也沒有喝咖啡休息時間，要全部數完這些突觸，將花費 160 萬年。

神經訊號是由稱為**突觸前神經元** (presynaptic neuron) 所發出，通過突觸，傳遞給**突觸後神經元** (postsynaptic neuron)(圖 13.10a)。當突觸前神經元的軸突終止在突觸

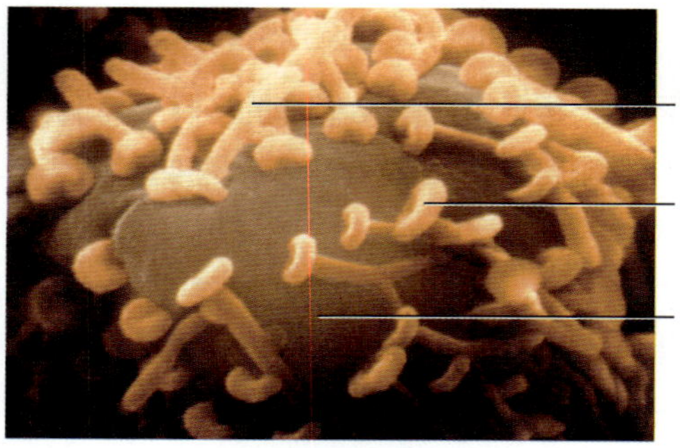

圖 13.9 掃描式電子顯微鏡圖片，顯示海蛞蝓的神經元細胞本體上的軸突末端。

• 這些突觸屬於三種突觸中的哪一種 (請比較圖 13.10)？

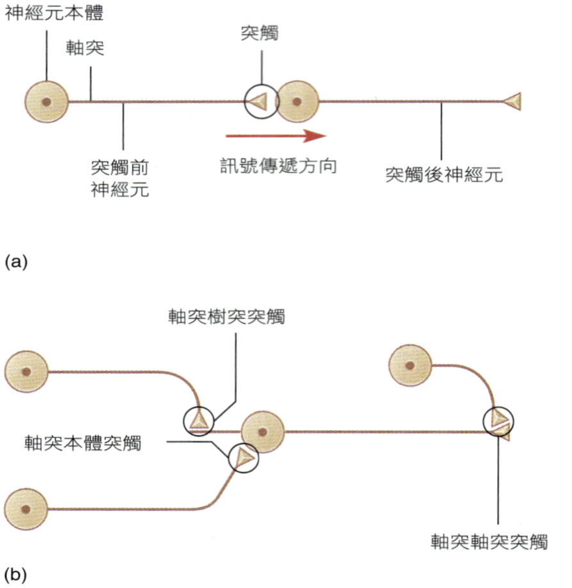

圖 13.10 神經元之間的突觸關係。(a) 突觸前和突觸後的神經元；(b) 以在突觸後神經元的接觸部位來定義突觸的類型。

後神經元的樹突，則稱這兩個神經元形成**軸突樹突突觸** (axodendritic synapse)。當突觸前神經元的軸突終止在突觸後神經元的細胞本體，則稱這兩個神經元形成**軸突本體突觸** (axosomatic synapse)。當突觸前神經元的軸突終止在突觸後神經元的軸突時，則稱它們形成**軸突軸突突觸** (axoaxonic synapse)(圖 13.10b)。

化學突觸和神經傳遞物質

化學突觸 (chemical synapse) 是指突觸前神經元釋放神經傳遞物質，刺激突觸後細胞。在 10.3b 節段落中描述的神經肌肉接合處 (neuromuscular junction, NMJ) 是一個典型例子。神經肌肉接合處和其他許多突觸都使用乙醯膽鹼 (acetylcholine) 作為神經傳遞物質。交感神經系統的突觸後神經元則是使用正腎上腺素 (norepinephrine) 作為神經傳遞物質。

一些神經傳遞物質是屬於興奮性，會刺激突觸後神經元產生神經訊號。在腦部中常見的興奮性神經傳遞物質是谷胺酸 (glutamate)，在脊髓中常見的興奮性神經傳遞物質則是天

冬胺酸 (aspartate)。有些神經傳遞物質屬於抑制性，會抑制突觸後神經元的反應。在腦部中常見的抑制性神經傳遞物質是 γ-胺基丁酸 (gamma-aminobutyric acid, GABA)，和脊髓中常見的抑制性神經傳遞物質是甘胺酸 (glycine)。其他一些知名的神經傳遞物質是多巴胺 (dopamine)、血清素 (serotonin)、組織胺 (histamine) 和 β-腦內啡 (beta-endorphin)。目前已知的神經傳遞物質超過 100 種。

在化學突觸中，一個神經元的軸突終端與下一個細胞之間，會有 20~40 奈米 (nm) 的縫隙，稱為**突觸裂** (synaptic cleft)(圖 13.11)。軸突終端內有分泌小泡稱為**突觸小泡** (synaptic vesicles)，小泡內含神經傳遞物質。許多小泡直接貼附於細胞膜內的釋放點，隨時準備根據需要，釋放內含的神經傳遞物質。突觸小泡的儲備池則是位於離膜稍遠的位置，聚集在釋放點附近，並藉由微絲束縛在細胞骨架上。當貼附在膜上的突觸小泡釋放神經傳遞物質之後，這些儲備的突觸小泡便會「向前」停靠在膜上，並且釋放儲備的神經傳遞物質。在神經元以外的一些細胞中也發現含有突觸小泡，例如在味覺、聽覺、平衡的感覺細胞中。它們直接釋放神經傳遞物質刺激鄰近的神經細胞。

突觸後神經元則沒有如此明顯的特化。它的細胞膜上含有許多蛋白質作為神經傳遞物質的受體，而且細胞膜會折疊以增加其受體的表面積，因此，對神經傳遞物質具有高度的敏感性。在化學突觸中，訊號始終是單一方向，從突觸前神經元釋放突觸小泡，神經傳遞物質跨

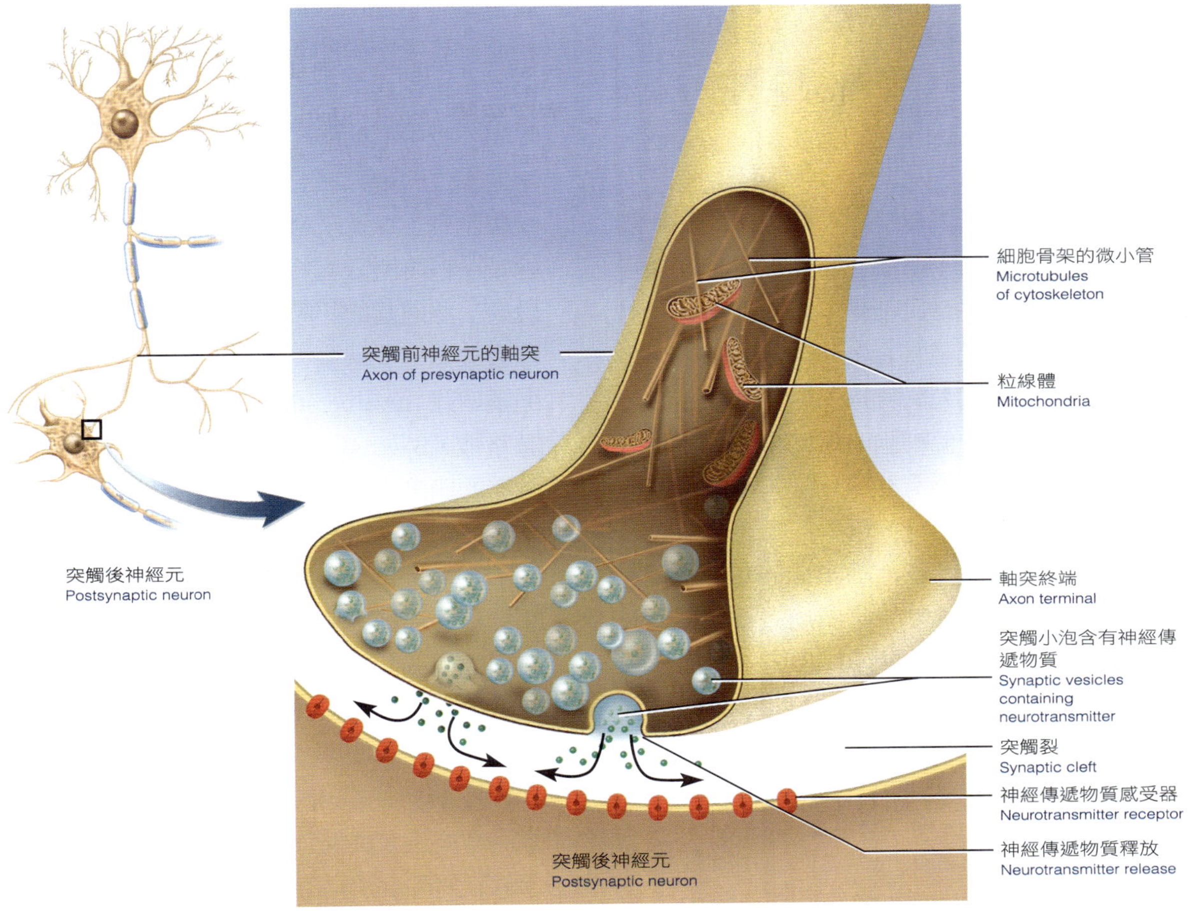

圖 13.11 化學突觸的結構。

越突觸裂，與突觸後神經元的感受器結合。這種單向傳導確保了體內的神經傳遞路徑，不至於錯亂。

當神經訊號到達突觸前神經元的軸突末端時，突觸的傳遞開始發生。突觸小泡釋放神經傳遞物質，進入突觸裂，並擴散到突觸後細胞，並與其細胞膜上的感受器結合。根據神經傳遞物質和感受器的類型，可能會刺激或抑制突觸後細胞。突觸後細胞會根據從樹突和本體上的許多突觸，所接受到的興奮性或是抑制性的訊號，進行統整分析，再決定是否發出新的神經訊號。因此，這現象如同大量的突觸前神經元會「投票」表決，贊成 (興奮) 或是否定 (抑制) 啟動突觸後細胞。

應用您的知識

在 2.2b 節中描述的所有通過膜的運輸方法中，哪一種是神經傳遞物質的釋放機制？

電流突觸

另一種類型的突觸，稱為**電流突觸** (electrical synapse)。連接一些神經元、神經膠細胞以及心肌和平滑肌細胞。這些細胞之間，相鄰的細胞藉由間隙接合 (gap junctions) 構造相連接，這種方式允許帶電的離子，直接從一個細胞擴散到下一個細胞。這種方式具有快速傳輸的優勢，因為不需要花費時間，經過神經傳遞物質的釋放和結合。電氣突觸對於腦部某些區域的神經元的同步活動非常重要。然而，電氣突觸具有兩個缺點，它們無法整合訊息並做出決策，並且電氣訊號可以多方向傳播，因此無法將訊號引導至特定的目的地。

13.4b 神經集合體和迴路

一些神經元集合在一起運作稱為**神經集合體** (neural pools)。一種神經集合體可能由成千上萬個聯絡神經元組成，與身體特定功能有關。例如，控制呼吸的節奏、走路時四肢協調擺動、調節飢餓感或是辨識氣味。神經集合體的功能取決於神經元的解剖位置，就像無線電的功能取決於其電晶體、二極管和電容器的佈置方式。神經元之間的連結稱為**神經迴路** (neural circuits)。多種的神經功能主要源自於四種主要的神經迴路運作方式 (圖 13.12)。簡介如下：

1. **發散迴路** (diverging circuit)：一根神經纖維會分支，並且與幾個突觸後細胞相接觸。然後每個突觸後細胞都再分支接觸更多細胞。如此僅一個神經元的訊息輸入就可能產生數十個訊息的輸出。這樣的迴路使得一個大腦的神經元可以刺激數千條的肌纖維。
2. **收斂電路** (converging circuit)：與發散電路相反，許多不同的訊息被集中到一個神經元或神經集合體。通過神經的收斂迴路，在腦幹中呼吸中樞的神經元，可以接收來自大腦其他部位的輸入訊息，來自動脈的血液化學受體訊息，以及來自肺中的伸張受體訊息。呼吸中樞將所有這些訊息都彙整之後，就會設定一個適當的呼吸模式，並發出訊息調整呼吸的頻率或深淺。
3. **迴盪迴路** (reverberating circuit)：神經元的刺激路線，例如 *A*→*B*→*C*→*D*，但神經元 *C* 將軸突的側分支傳送回 *A*，就稱為迴盪迴路。結果，每次 C 發射訊號時，不僅刺激神經元 *D*，而且還會刺激 *A*，並重新開始整個刺激過程。這樣的迴路會產生重複的輸出，持續到一個或多個迴路中的神經元無法激發，或是另一個來源出現抑制訊號，阻止其中一個神經元。例如，迴盪電路發送重複的訊號到橫膈膜與肋間肌，刺激肌肉收縮導致吸氣。當迴盪電路停止發送訊息，就會導致肌肉放鬆而呼氣；迴盪迴路再次發送訊號時，就會再次吸氣。迴盪迴路也可能涉及短期記

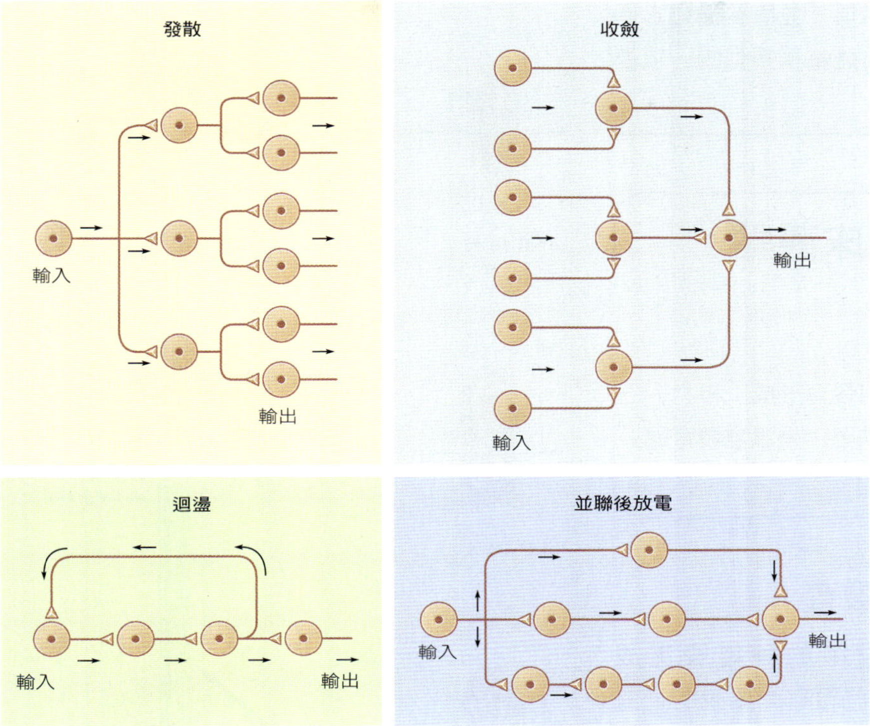

圖 13.12 **神經迴路的四種類型**。箭頭指示訊號的傳輸方向。

憶 (例如，看著電話號碼，「迴盪」在記憶中，直到想起來是誰的)。迴盪迴路也可能發生在癲癇發作時，引發不受控制的神經「風暴」。

4. **並聯後放電迴路** (parallel after-discharge circuit)：起始神經元訊號會發散，刺激許多不同路線的神經元，每條路線都有不同的突觸數量，但最終都重新收斂於同一個輸出神經元。每個突觸會將神經訊號延遲大約 0.5 ms，因此路徑中的突觸越多，需要越長的時間，才能使神經訊號通過該途徑到達輸出的神經元。由於輸出神經元接收來自多種長短不同途徑的訊息刺激，因此可能會持續被刺激一段時間。與迴盪迴路不同，此類型沒有反饋迴路。只有當並聯迴路中的所有神經元都被激發完成，訊號的輸出才會完全停止。起始的刺激停止後，仍然持續地輸出訊號稱為後放電 (after-discharge)。它解釋了為什麼當凝視著燈，然後閉上眼睛或關閉燈泡，燈泡的影像依然可以在眼中持續一段時間。這樣的並聯迴路對特定的反射動作也很重要。例如，當短暫的疼痛發生，會持續刺激肢體的肌肉收縮，導致收回手或腳以避開危險 (請參閱在 14.3 節中關於反射弧的說明)。

在你繼續閱讀之前

回答下列問題，以檢驗你對上節內容的理解：

12. 在突觸中，什麼構造特徵是存在於突觸前神經元，而突觸後神經元缺乏的？
13. 在突觸中，神經傳遞物質來自何處？它如何影響突觸後神經元？
14. 舉出四種神經傳遞物質，並說明它們之間的功能差異。
15. 什麼是電氣突觸？哪裡可以找到電氣突觸？與化學突觸相比較，說明電氣突觸的優點和缺點。
16. 神經集合體和神經迴路有什麼區別？

17. 簡述四種神經迴路的名稱，並簡要描述它們之間的功能差異。或描述每種類型的一項優點或特定目的。

13.5 發育和臨床觀點

預期學習成果

當您完成本節後，您應該能夠

a. 描述胚胎的神經系統如何發育形成；和

b. 描述一些先天的畸形或缺陷，是源自發育過程中的異常。

13.5a 神經系統的發育

神經系統發育過程中的**神經管生成** (neurulation) 在 4.2b 節中已經有簡要說明。對神經管生成過程的進一步瞭解，將是瞭解腦部和脊髓構造的基礎。腦部與脊髓的構造將分別在第 14 章和第 15 章中介紹。

關於中樞神經系統的第一個胚胎痕跡，出現在發育的第 3 週初期。胚胎背側出現縱向的條紋稱為*神經外胚層* (neuroectoderm)，變厚形成**神經板** (neural plate)(圖 13.13)。神經外胚層的細胞將來會形成大多數的神經元和神經膠細胞，其中微小膠細胞除外，它是衍生自中胚層。隨著發育繼續，神經板中央會凹陷形成一條**神經溝** (neural groove)，溝的兩側邊緣則會變厚隆起，形成**神經褶** (neural fold)。然後兩側隆起的神經褶頂端沿著中線融合，在神經溝的頸部區域最先癒合，接著像拉鍊的閉合，向前 (朝向頭部) 和向後 (朝向尾巴) 逐漸癒合。發育第 4 週後，此癒合過程創造了一條中空的管狀構造，稱為**神經管** (neural tube)。神經管在頭端和尾端尚未閉合時會與羊水連通。頭端的開口與尾端的開口分別在發育的第 25 天與第 27 天完全閉合。神經管的管腔變成充滿液體的空間，後來此管腔構成了脊髓的*中央管* (central canal) 和腦部的*腦室系統* (ventricles)。

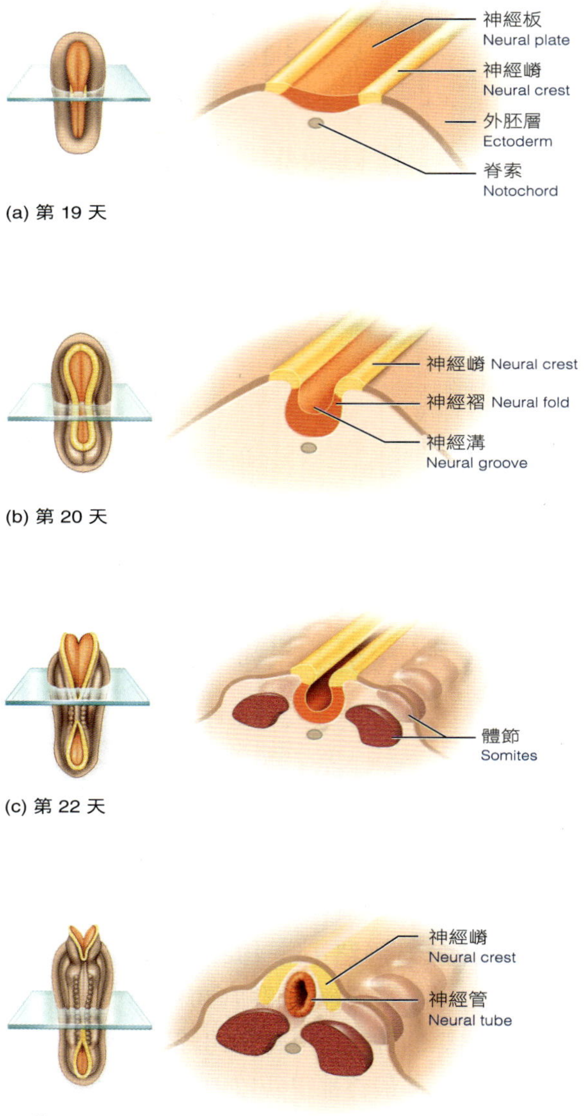

圖 13.13　神經管的形成。(a) 第 19 天時的神經板；(b) 第 20 天時的神經褶；(c) 第 22 天時的神經褶與體節；(d) 第 26 天時的神經管。左側圖都是胚胎的背面觀，右側圖都是胚胎的三維立體構造，並且在指示的位置呈現切面的組織。天數是指受精後的天數。

在神經管閉合的過程中，神經管會下沉並且與最上面的外胚層分離，接著神經管會從側邊長出側突，將來形成運動神經纖維。一些最初位於神經褶頂端的外胚層細胞，由於位於最頂端所以稱為**神經嵴** (neural crest)，神經嵴細胞在神經管閉合的過程，會脫離神經管，移動到神經管兩側。神經嵴細胞將來會發展成大多數周邊神經系統的細胞，包括感覺和自主神經的神經節、許旺氏細胞、腎上腺髓質細胞 (腎上腺在 18.3e 節中說明)、圍繞保護腦部和脊髓的腦脊膜 (meninges) 構造、皮膚的黑色素細胞、頭部和頸部的一些骨頭，還有一些其他的結構。

發育到第 4 週，神經管前端出現三個膨大的構造，稱為*初級腦泡* (primary vesicles)，由前往後分別是**前腦** (forebrain; prosencephalon[23]) (PROSS-en-SEF-uh-lon)、**中腦** (midbrain; mesencephalon[24])(MESS-en-SEF-uh-lon) 和**後腦** (hindbrain; rhombencephalon[25])(ROM-ben-SEF-uh-lon) 的 (圖 13.14)。當這些初級腦泡發育時，神經管在後腦與脊髓的交界處會轉折形成

23 *pros* = before 之前，in front 前面；*encephal* = brain 腦部

24 *mes* = middle 中間

25 *rhomb* = rhombus 菱形

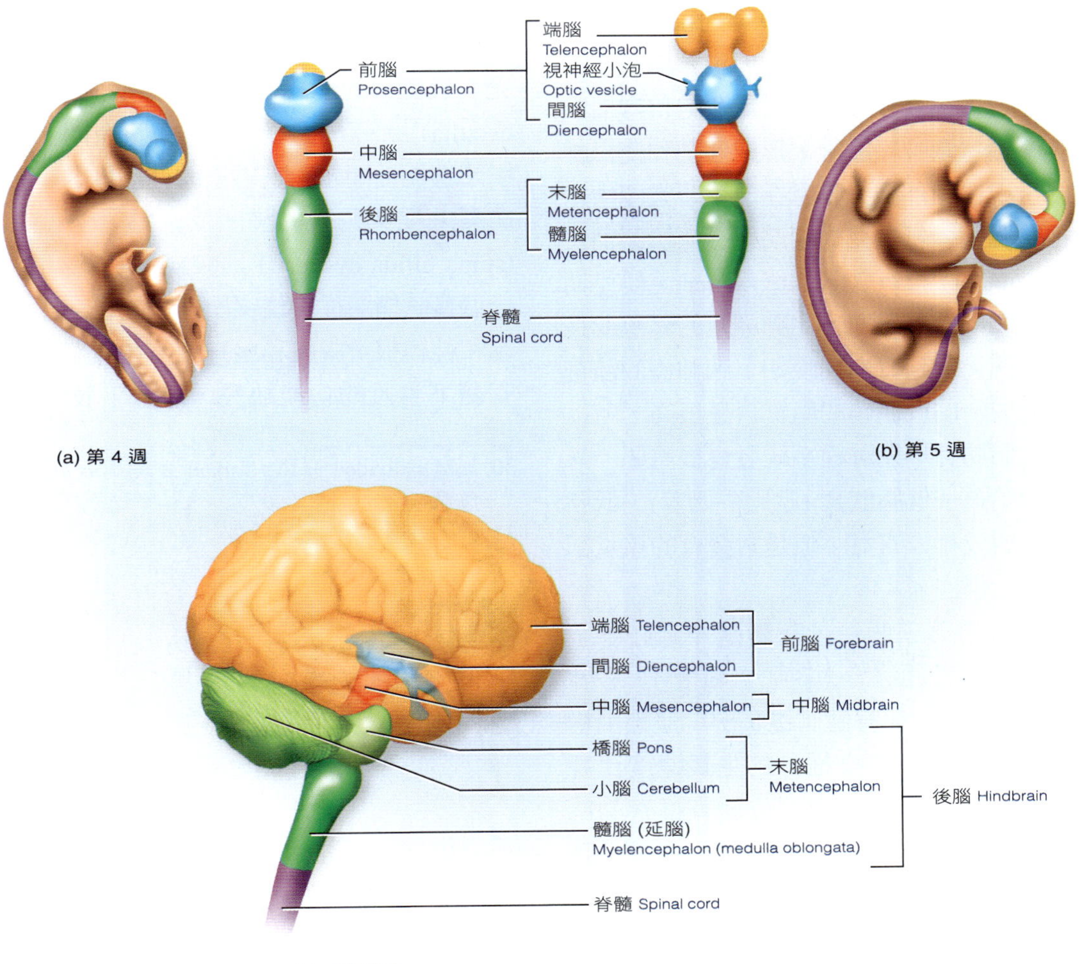

圖 13.14　**胚胎腦部的初級和次級腦泡**。(a) 在第 4 週時的三個初級腦泡；(b) 在第 5 週時的五個次級腦泡；(c) 發育完成的大腦，不同部位使用不同的顏色，是以次級胚胎腦泡的顏色相對應。

頸彎曲 (cervical flexure)，另外在中腦區域轉折形成**頭彎曲** (cephalic flexure)。

發育到第 5 週，三個初級腦泡會進一步分為五個次級腦泡 (secondary vesicles)。前腦會分為兩個，最前端的**端腦** (telencephalon)[26] (TEL-en-SEF-uh-lon) 和**間腦** (diencephalon)[27] (DY-en-SEF-uh-lon)；中腦依然保留中腦的名稱。後腦也分為兩個腦泡，即**末腦** (metencephalon)[28] (MET-en-SEF-uh-lon) 和**髓腦** (myelencephalon)[29] (MY-el-en-SEF-uh-lon)。端腦的左右兩側會膨大，後來變成左右的大腦半球 (cerebral hemispheres)，而間腦則會出現一對小杯狀的視神經小泡 (optic vesicles)，將來會進一步成為眼睛的視網膜。圖 13.14c 顯示了次級腦泡進一步完全發育的大腦結構。

在發育的第 14 週，許旺氏細胞和寡樹突膠細胞開始包圍神經纖維，形成髓鞘和使得神經纖維呈現白色外觀。胎兒在出生時大腦中也很少存在髓鞘，新生兒的腦部幾乎無法區別灰質 (gray matter) 和白質 (white matter)。嬰兒期腦部的髓鞘則進展迅速，比神經元的繁殖或長大更加快速。直到青春期晚期，腦神經的髓鞘化尚未完成。由於髓鞘的脂質含量很高，所以飲食中的脂肪對早期神經系統發育很重要。善意的父母給孩子低脂飲食 (脫脂牛奶等)，低脂飲食可能對成年人有益，但是對發育的孩童卻會造成重大傷害。

在發育的第三個月，脊髓延伸到胚胎全長。隨著脊椎骨的發育 (參見 7.4a 節)，脊神經 (spinal nerves) 從脊髓側邊長出，並經由椎間孔穿出椎骨。隨後脊椎骨的生長速度比脊髓快速。出生時，脊髓末端位於脊椎管的第三塊腰椎 (L3)，成年後脊髓末端位在第一腰椎 (L1) 或第二腰椎 (L2)。當脊柱伸長時，脊神經跟著被拉長，因此仍然是從椎間孔穿出，所以第二腰椎以下的椎管內充滿了一束的神經根，而不是脊髓。成人的脊髓結構將在第 14 章介紹。

26 *tele* = end 末端，remote 遠端
27 *di* = through 貫穿，between 之間
28 *met* = behind 後面，beyond 超越，distal to 較遠的
29 *myel* = spinal cord 脊髓

13.5b 發育疾病

中樞神經系統在胚胎發育出現多重的異常。每 100 名活產嬰兒中大約有 1 名嬰兒會出現大腦發育的缺陷。常出現的異常包括**神經管缺損** (neural tube defects, NTDs)，例如**脊柱裂** (spina bifida)(SPY-nuh BIF-ih-duh)。脊柱裂發生在一個或多個脊椎骨未能閉合，形成完整的神經管以封閉脊髓的情況。在腰薦部尤為常見。最溫和的形式是隱性脊柱裂 (spina bifida occulta)[30]，僅一到幾個脊椎骨沒有閉合，不會引起功能性問題。它唯一的外部標誌是腰部皮膚有毛髮與色素的淺凹或斑點。囊性脊柱裂 (spina bifida cystica[31]) 則較為嚴重 (圖 13.15)。一個囊狀構造從脊柱突出，可能包含部分的脊髓和神經根、腦膜和腦脊液。在極端情況下，脊髓下半段的功能缺失，導致下肢和膀胱癱

30 *bifid* = divided 分開，forked 分叉；*occult* = hidden 隱藏
31 *cyst* = sac 囊，bladder 袋

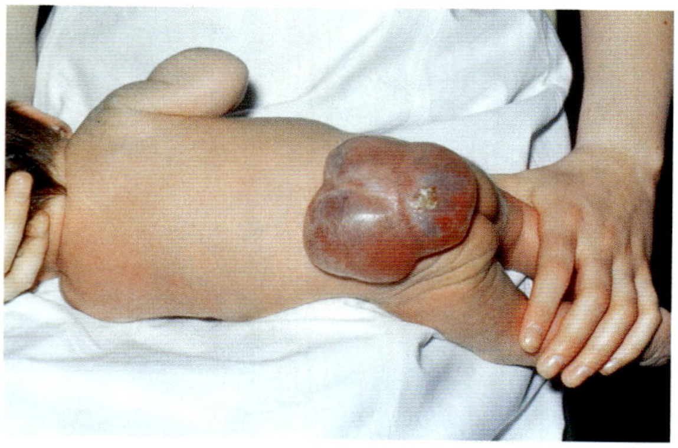

圖 13.15 患有脊柱裂的嬰兒。腰部區域的囊狀物，稱為脊髓膜膨出。
©Biophoto Associates/Science Source

瘓，以及缺乏腸道控制。膀胱癱瘓會導致慢性尿道感染和腎衰竭。婦女補充葉酸 (一種 B 群維生素)，可以有效降低胎兒罹患脊柱裂的風險。但是，僅在卵受精之前規律地服用才有效果；如果婦女意識到自己已經懷孕，才開始服用葉酸則是沒有效果的，因為屆時任何神經管發育異常都已經發生了。美國食品藥物管理局要求在麵粉中添加葉酸，該政策已降低神經管缺陷的發生率。

其他嚴重的神經管發育缺陷，包括**小頭畸形** (microcephaly)[32] 和**無腦症** (anencephaly)[33]。小頭畸形的臉部正常，但腦部和顱蓋骨變小。小頭畸形常伴有嚴重的智力遲緩低下。無腦症是由於神經管的頭端閉合失敗，使得腦部暴露於羊水中，腦組織退化，出生時腦部大部分都不存在，頭部相對平坦或在眼睛上方被截斷。這樣的嬰兒通常會在幾小時內死亡。神經管缺陷有時會在家族中發生，但也可能是由致畸劑和營養不足引起的。神經系統的其他疾病將於第 14~17 章中描述。

32 *micro* = small 小的；*cephal* = head 頭部
33 *an* = without 無；*encephal* = brain 腦部

在你繼續閱讀之前

回答下列問題，以檢驗你對上節內容的理解：

18. 神經嵴是如何產生的？什麼細胞或組織是由神經嵴所產生？
19. 神經管的閉合從哪裡開始？最後關閉的是什麼區域？
20. 五個神經管的次級腦泡會衍生形成哪些成年人腦部的結構？
21. 髓鞘的形成什麼時候開始？什麼時候完成？

學習指南

評估您的學習成果

為了測試你的知識，請與學習夥伴討論以下話題，或以書面形式討論，最好是憑記憶。

13.1 神經系統的概述

1. 人體內兩個主要的內部溝通與協調機制，以及它們之間的區別。
2. 中樞神經系統 (CNS) 和周邊神經系統 (PNS) 組成。
3. 周邊神經系統 (PNS) 在功能上分為哪兩個部分，每個部分又再分為依照所支配的器官類型再分成哪兩部分。
4. 自主神經系統，其動作器及其兩個分系。

13.2 神經細胞

1. 任何神經元的必須具備哪三個特性才能執行其功能。
2. 神經元的三個功能分類：感覺神經元、聯絡神經元和運動神經元。每個如何定義；感覺神經元和運動神經元的同義詞分別是什麼。
3. 典型神經元具備的部分。
4. 根據神經細胞本體的突起數量，區分四種類型的神經元。

13.3 支持細胞

1. 神經膠細胞 (膠質細胞) 的定義，以及神經膠細胞的一般功能。
2. 在中樞神經系統中的四種神經膠細胞以及其各自的功能。
3. 在周邊神性統終的兩種神經膠細胞以及其各自的功能。
4. 髓鞘的結構，組成和功能；在 CNS 和 PNS 中負責形成髓鞘神經膠細胞分有何不同；以及這兩種神經膠細胞如何形成髓鞘。
5. 許旺氏細胞與髓鞘、神經膜、基底層和神經內膜的關係。
6. 髓鞘為何會有髓鞘間隙，形成短節間的節段，而不是一個連續的鞘。
7. 許旺氏細胞在無髓鞘神經纖維中的角色。
8. 神經訊號的傳遞速度，與神經纖維的直徑大小以及有無髓鞘，有何不同。
9. 對於受損神經纖維的再生，神經膜與神經內膜的必要性；為什麼中樞神經系統中的神經受損，無法再生。

13.4 突觸和神經迴路

1. 突觸的定義和突觸的功能。
2. 突觸前和突觸後神經元如何定義。
3. 依據突觸前神經纖維終止於突觸後神經元的位置，定義三種突觸類型。
4. 化學突觸的特性。
5. 幾種熟悉的神經傳遞物質的名稱。
6. 神經傳遞物質對突觸後神經元的兩種反應作用。
7. 神經訊號藉由神經傳遞物質跨越突觸的傳輸機制。
8. 突觸後神經元的細胞膜與突觸前神經元的細胞膜有何不同。
9. 何處可以發現電氣突觸，它們在結構和功能上與化學突觸有何不同。
10. 神經集合體的含義及一些神經集合體執行的功能。
11. 神經迴路的四種主要類型：發散、收斂、迴盪和並聯的後放電迴路，功能有何不同；這些不同類型的神經迴路，參與哪些日常的活動。

13.5 發育和臨床觀點

1. 從神經板到神經管的胚胎發育過程。
2. 神經嵴的起源、位置和命運。
3. 神經管發育為三個初級腦泡的名稱；進一步分化為五個次級腦泡的名稱和個別命運。
4. 生產前和生產後，髓鞘形成的時間表。
5. 解釋為什麼成人的脊髓末端僅到達第一腰椎或第二腰椎。
6. 神經管缺損的含義與成因。隱性脊柱裂、囊性脊柱裂、小頭畸形和無腦症的特性。有什麼作法可以減少神經管缺陷的風險。

回憶測試

1. 神經系統的整合功能，主要由下列哪一種細胞執行：
   a. 傳入神經元
   b. 傳出神經元
   c. 神經膠質細胞
   d. 感覺神經元
   e. 中間神經元
2. 神經元起源自胚胎的：
   a. 內胚層
   b. 表皮
   c. 中胚層
   d. 間葉
   e. 外胚層
3. 成熟神經元的細胞本體，缺乏：
   a. 細胞核
   b. 內質網
   c. 脂褐素
   d. 中心粒
   e. 核糖體
4. 在 CNS 中負責破壞微生物的神經膠細胞：
   a. 微小膠細胞
   b. 衛星細胞
   c. 室管膜細胞
   d. 寡突膠細胞
   e. 星狀膠細胞
5. 一位朋友給你拍了張照片，然後您繼續看到閃光燈組件持續幾秒鐘。
   這種現像是______神經迴路造成的結果：
   a. 發散
   b. 會聚
   c. 突觸前
   d. 迴盪
   e. 並聯後放電
6. 神經傳遞物質主要堆積在：
   a. 神經元的細胞體
   b. 樹突
   c. 軸丘
   d. 軸突終端
   e. 突觸後細胞膜
7. 神經元軸突的另一個名稱是：
   a. 神經纖維 (nerve fiber)
   b. 神經原纖維 (neurofibril)
   c. 神經膜 (neurilemma)
   d. 軸突質 (axoplasm)
   e. 神經內膜 (endoneurium)
8. 直接控制胃或心跳速率的運動神經是屬於：
   a. 中樞神經系統
   b. 軀體感覺系統
   c. 軀體運動系統
   d. 內臟運動系統
   e. 內臟感覺系統
9. 在發育的胎兒腦部中，引導神經元移行的神經膠細胞：
   a. 星形膠質細胞
   b. 少突膠質細胞
   c. 衛星細胞
   d. 室管膜細胞
   e. 小膠質細胞
10. 神經系統發育過程中，下列哪一個最早出現？
    a. 神經溝
    b. 一對初級腦泡
    c. 神經板
    d. 神經嵴
    e. 神經管
11. 將訊息傳達給中樞神經系統的神經元稱為感覺神經元或是______神經元。
12. 運動效應依賴神經集合體重複輸出，最有可能是使用______型神經迴路。
13. 前腦發育的退化會導致出生缺陷，稱為______。
14. 神經元接受神經訊息，是藉由特化的突起構造，此突起稱為______。
15. 在中樞神經系統中，被稱為______的細胞，與周邊神經系統中的許旺氏細胞執行相同功能。
16. ______突觸，是指突觸前神經元與突觸後神經元的細胞本體相接形成的突觸。
17. 除腦部與脊髓之外的所有神經系統，稱為______。
18. 周邊神經系統中______和______是受損的神經纖

維再生時所必須的。

19. 在周邊神經系統中，神經元的細胞本體集中處，會形成結狀的結構稱為______。

20. 在突觸構造中，______神經元具有神經傳遞物質的感受器。

答案在附錄 A

建立您的醫學詞彙

說出每個詞彙的含義，並從本章中給出一個使用該詞彙的醫學專有名詞或稍微的改變該詞彙。

1. -ic
2. somato-
3. neuro-
4. lipo-
5. dendro-
6. -ite
7. pseudo-
8. oligo-
9. fer-
10. sclero-

答案在附錄 A

這些陳述有什麼問題？

簡要說明下列各項陳述為什麼是假的，或將其改寫為真。

1. 交感神經系統和副交感神經系統是屬於軀體運動系統。
2. 樹突是神經元的神經衝動的觸發區。
3. 神經元與神經膠細胞在人腦中的比例為 10 比 1。
4. 聯絡神經元將感覺器官連接到 CNS。
5. 髓鞘僅在周邊神經系統，因為這是許旺氏細胞出現的唯一地方。
6. 髓鞘覆蓋神經纖維的神經膜。
7. 髓鞘間隙僅存在於 PNS 的有髓鞘神經纖維。
8. 聯絡神經元位在 CNS 的大腦和脊髓，以及 PNS 的神經節中。
9. 單極神經元無法產生動作電位，因為它們沒有軸突。
10. 神經傳遞物質必須擴散到突觸後神經元內才能刺激它。

答案在附錄 A

測試您的理解力

1. 假設某些疾病阻止了星狀膠細胞在胚胎腦部中形成。您覺得對腦部的發育有何影響？
2. 如果每個突觸的突觸前和突觸後神經元，都同時具有突觸小泡和神經傳遞物質的感受器，請問對神經系統功能有何影響？
3. 神經元有何特徵，歸因於它們缺乏中心粒？
4. 當切傷手指時，疼痛訊號由單極感覺神經元傳導至中樞神經系統，其神經細胞本體接近於脊髓，在脊椎骨中。請提出說明，細胞本體位在此處，而不是靠近皮膚表面的理由。
5. 說明周邊神經系統的何種次系統，將控制以下各項動作：明亮的光線下瞳孔的收縮；寫作時的手部運動；胃痛的感覺；灰塵吹向眼睛時的眨眼；當閉上眼睛觸摸鼻子時，可以感知手的位置。簡要說明每個答案。

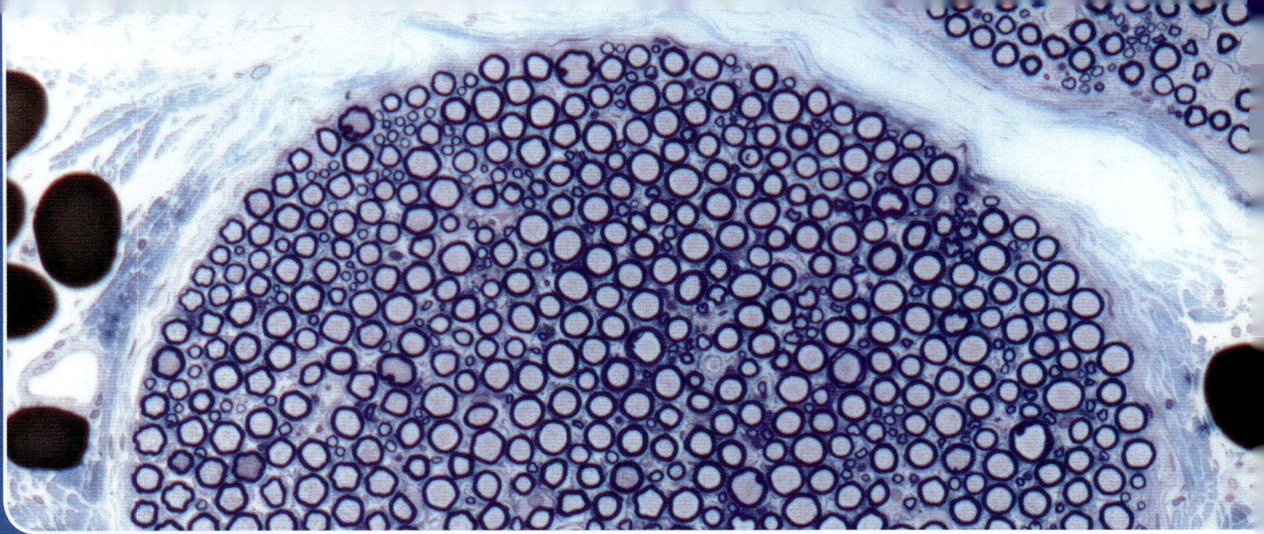

坐骨神經的橫斷面，顯示有髓鞘的神經纖維 (大型淺色的圓圈)，
許多小型無髓鞘神經纖維散落在其中。

CHAPTER 14

神經系統 II
脊髓與脊神經

馮琮涵

章節大綱

14.1 脊髓
- 14.1a 功能
- 14.1b 表面解剖構造
- 14.1c 脊髓膜——保護性膜
- 14.1d 橫切面構造
- 14.1e 脊髓神經徑

14.2 脊神經
- 14.2a 神經和神經節的一般解剖構造
- 14.2b 脊神經
- 14.2c 神經叢
- 14.2d 皮膚的神經支配和皮節

14.3 軀體反射

14.4 臨床觀點

學習指南

臨床應用

14.1 脊髓穿刺

14.2 脊髓灰質炎和肌肉萎縮性脊髓側索硬化症

14.3 帶狀疱疹

14.4 神經損傷

複習

要瞭解本章，您可能會發現複習以下概念會有所幫助：

- 神經系統的分系統 (圖 13.2)
- 神經元的功能分類 (圖 13.3)
- 中樞神經系統的胚胎發育 (13.5a 節)

Anatomy & Physiology REVEALED®
aprevealed.com
模組 7：神經系統

脊髓是連接腦部與身體的「訊息高速公路」。脖子以下，幾乎所有有意識的肌肉運動中的神經訊號都是由腦部向下傳到脊髓，轉傳到運動神經元，再傳到支配的肌肉。而感覺的訊息則是先傳到脊髓，再向上傳到腦部。因此脊髓損傷會使一個人部分或完全癱瘓、身體的感覺喪失或兩者兼有，對於個人生活品質具有破壞性的影響。治療脊髓損傷是目前最活躍的醫學研究領域。從事治療脊髓疾病患者的治療師，必須瞭解脊髓的構造與功能，才能了解患者的缺陷，才有機會進行改善，並執行適當的治療方案。

在本章中，我們不僅研究脊髓，而且還研究由脊髓發出、呈規律階梯狀間隔的脊神經。因此，我們將同時檢視中樞神經系統和周邊神經系統，因為在結構和功能上兩個系統緊密相關。同樣，在下一個章節將同時檢視腦部和腦神經。因此，第 14 章與第 15 章這兩個章節將使我們對神經系統的瞭解，從細胞層級 (第 13 章) 提升到到器官系統的層級。

14.1 脊髓

預期學習成果

當您完成本節後，您應該能夠

a. 列舉脊髓的功能；

b. 描述脊髓的外部和橫切面的解剖構造；

c. 解釋脊髓的灰質和白質的區別；和

d. 確認脊髓內傳導訊號向上和向下的主要途徑，並確定其攜帶的訊號種類。

14.1a 功能

脊髓具有四個主要功能：

1. **傳導** (conduction)：脊髓含有神經束，向上與向下傳導人體的訊息，連接軀幹的不同部位，並且與大腦連接。脊髓將感覺訊息傳到大腦，運動命令則傳到肌肉和其他動作器，而且可以將某段脊髓接收到的訊息，影響另一段脊髓的訊息輸出。
2. **神經整合** (neural integration)：脊髓神經元集合體接收來自許多來源的輸入訊息，將訊息整合後，輸出適當的訊息。例如，脊髓將來自膀胱膨脹的伸張訊號，以及來自大腦判斷時間與地點是否適合排尿的訊息，進行整合。根據這些訊息，進一步控制膀胱的收縮與否。
3. **運動** (locomotion)：步行的動作，涉及四肢幾個肌肉群的重複且協調的肌肉收縮。大腦的運動神經元啟動，步行的動作並確定其速度、距離和方向，但是將一隻腳放在另一隻腳前面的動作，一遍又一遍簡單重複的肌肉收縮，則是由脊髓中一群神經元稱為**中樞模式發生器** (central pattern generators) 負責動作的協調統合。這些神經迴路依序產生輸出訊號，刺激伸肌和屈肌，引起下肢前後交替的運動方式。
4. **反射** (reflex)：反射是指對刺激產生非意識且特定模式的反應。反射動作涉及大腦、脊髓和周邊神經。

14.1b 表面解剖構造

脊髓 (spinal cord)(圖 14.1) 是一條圓柱狀的神經組織，起端於枕骨大孔處的腦幹下方。沿著脊椎管向下，尾端在第一腰椎 (L1) 的下緣或略微超出。在成年人中平均長約 45 cm，厚約 1.8 cm (約為小手指的寬度)。脊髓長度約占脊椎管的上方三分之二，下方的三分之一將在稍後描述。脊髓的前後均有縱向凹溝，分別是前正中裂 (anterior median fissure) 和後正中溝 (posterior median sulcus)。

脊髓有 31 對脊神經。雖然脊髓外觀沒有明顯分節，但是一對脊神經所在的區域稱為一

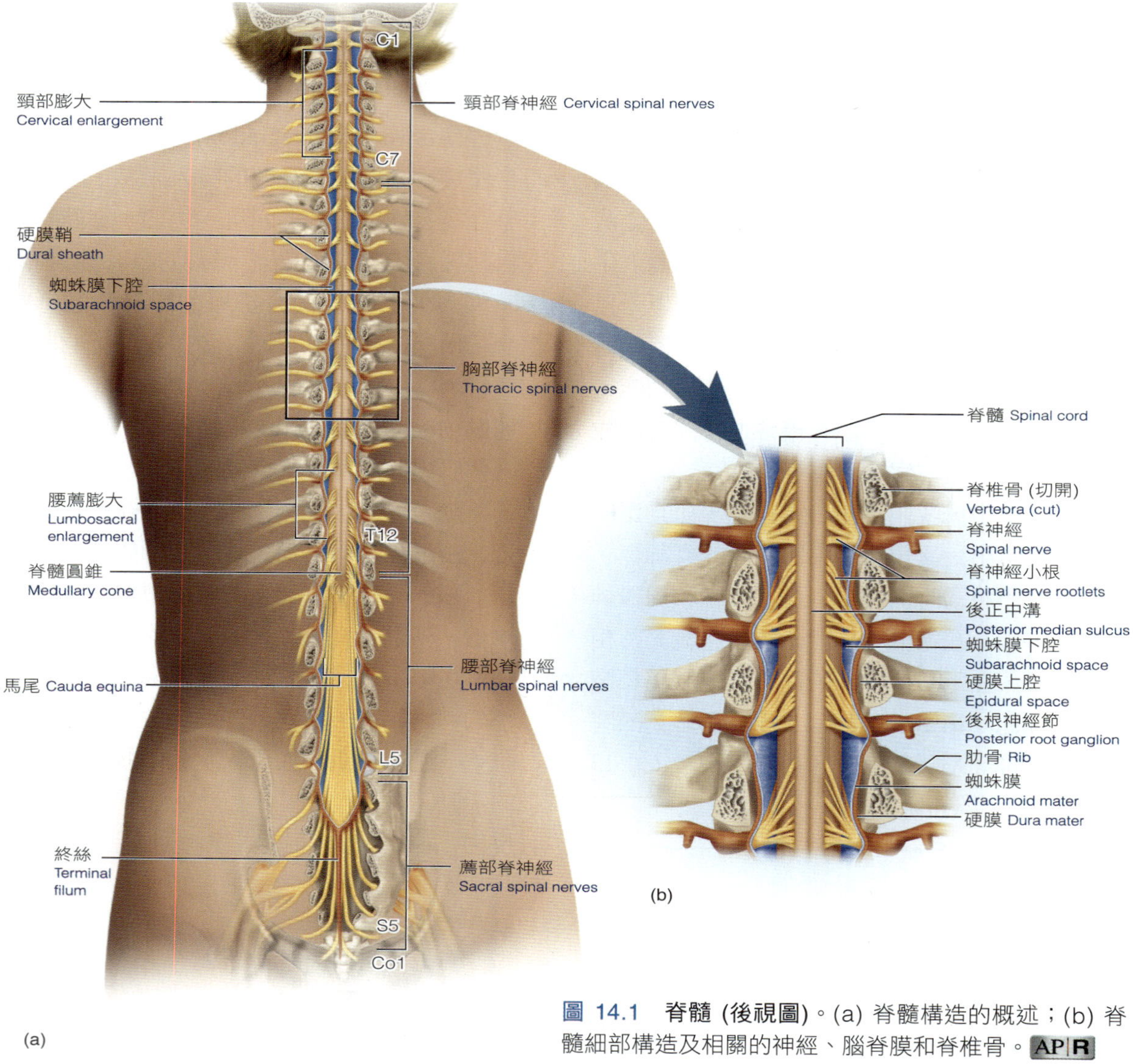

圖 14.1 脊髓 (後視圖)。(a) 脊髓構造的概述；(b) 脊髓細部構造及相關的神經、腦脊膜和脊椎骨。APR

個脊髓段 (segment)。

脊髓分為**頸段** (cervical region)、**胸段** (thoracic region)、**腰段** (lumbar region) 和**薦椎段** (sacral region)。脊髓的長度雖然僅到腰椎，但是卻有薦椎段。脊髓分段的名稱，是根據脊神經從哪一段脊椎骨的椎間孔穿出而定義，不是根據脊髓所在的脊椎骨區域而命名。

觀察脊髓外觀有兩段變粗：在頸部區域的**頸部膨大** (cervical enlargement)，發出神經支配上肢；在腰薦區域的**腰薦膨大** (lumbosacral enlargement)，發出神經支配骨盆區域和下肢。在腰薦膨大的下方，脊髓逐漸變細形成**脊髓圓錐** (medullary cone) 的構造。腰薦膨大和脊髓圓錐會發出許多成束的神經根，占據 L2 到 S5 的脊椎管。這些成束的神經根，外型跟馬的尾巴非常相似，因此命名為**馬尾** (cauda equine)[1] (CAW-duh ee-KWY-nah)，分別從 L2 到 S5 的椎間孔穿出，支配骨盆的器官與下肢。

---
1 *cauda* = tail 尾部；*equin* = horse 馬

應用您的知識
脊髓損傷通常由椎骨 C5 至 C6 (「斷脖子」) 的骨折引起，但是從未因 L3 至 L5 的骨折引起，請解釋這兩個觀察結果。

14.1c 脊髓膜——保護性膜

脊髓和腦部被封閉在由三層膜所構成的**腦脊膜** (meninges)(meh-NIN-jeez) 中。這些膜將中樞神經系統的軟組織與脊椎骨和頭顱骨的骨頭分隔開。這三層膜從表面到深層，分別是硬膜、蜘蛛膜和軟膜 (圖 14.2)。

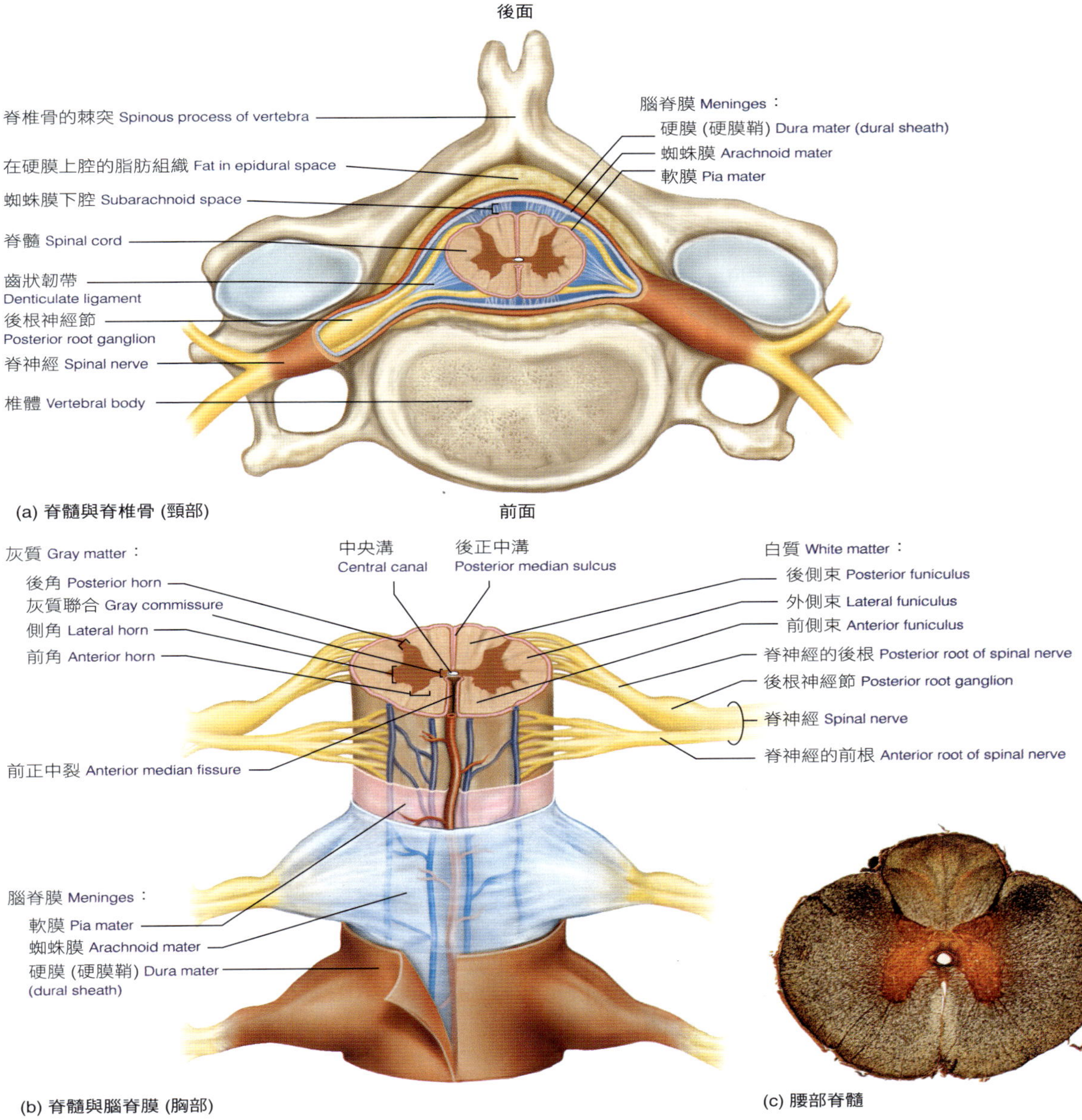

圖 14.2 脊髓的橫切面構造圖。(a) 與脊椎骨、腦脊膜和脊神經的關係；(b) 脊髓、腦脊膜和脊神經的細部構造；(c) 帶有脊髓神經根的腰段脊髓橫切面。

(c) ©Jose Luis Calvo/Shutterstock

硬膜 (dura mater)[2] 形成寬鬆的套筒稱為**硬膜鞘** (dural sheath) 包圍脊髓，是由一層結實的纖維膜構成，硬膜厚度大約和廚房橡膠手套一樣厚，由多層緻密不規則的結締組織組成。硬膜鞘和脊椎骨之間的空間，稱為**硬膜外腔** (epidural space)，充滿血管、脂肪組織和疏鬆的結締組織 (圖 14.2a)。在分娩或手術時，為了減輕疼痛，有時會將麻醉藥注入硬膜外腔，進行局部麻醉，該過程稱為*硬膜外麻醉* (epidural anesthesia)。

蜘蛛膜 (arachnoid[3] mater) 是由五或六層鱗狀或立方上皮細胞，附著在硬膜下方的膜狀構造，以及往下延伸出鬆散的膠原纖維和彈性纖維，連結到軟膜的絲狀構造所共同構成。這些鬆散的纖維所在的空間，稱為**蜘蛛膜下腔** (subarachnoid space)，充滿了腦脊髓液 (cerebrospinal fluid, CSF)，15.1d 節中將會詳述此透明的液體。在脊髓圓錐的下方，此處蜘蛛膜下腔的空間較大，被稱為**腰池** (lumbar cistern)，並被馬尾和腦脊髓液占據 (請參閱臨床應用 14.1)。

軟膜 (pia[4] mater) 是一種精緻的透明膜，由一層或兩層鱗狀到立方的細胞以及膠原和彈性纖維組成。它緊緊覆蓋在脊髓的表面，往下延伸到脊髓圓錐的尖端，軟膜匯聚形成一條纖維束，稱為*終絲* (terminal filum)，形成**尾骨韌帶** (coccygeal ligament) 的一部分，將脊髓末端固定在尾骨上。另外，覆蓋在脊髓側邊的軟膜，在脊神經之間，軟膜會延伸出**齒狀韌帶** (denticulate ligaments)，穿過蜘蛛膜連結至硬膜，具有固定脊髓避免左右晃動的作用。

2 *dura* = tough 硬的；*mater* = mother 母親，womb 子宮

3 *arachn* = spider 蜘蛛，spider web 蜘蛛網；*oid* = resembling 看起來像

4 *pia* = 以前誤譯，現在被認為是 tender 溫柔，soft 柔軟的

臨床應用 14.1

脊髓穿刺

許多神經學的疾病，是通過檢查腦脊髓液中的細菌、血液、白血球或化學成分是否異常進行診斷。抽取腦脊髓液的過程，稱為*脊椎穿刺* (spinal tap) 或*腰椎穿刺* (lumbar puncture)。患者向前傾斜或脊椎前彎側躺，因此分開脊椎骨的椎板和棘突 (圖 14.3)。腰椎上的皮膚進行局部麻醉，並在 L3 和 L4 (有時是 L4 和 L5) 的兩個棘突之間插入長針。這是抽取 CSF 最安全的位置，因為脊髓不會延伸到此，因此不會受到針頭的傷害。在深度 4 至 6 公分，針刺入硬膜並進入腰池。正常情況，腦脊髓液通常以每秒約 1 滴的速度滴出。如果患者有顱內壓偏高的跡象時，不可以進行腰部穿刺，因為穿刺會突然釋放壓力 (將導致腦脊髓液從穿刺處射出)，導致腦幹和小腦被顱內壓壓到脊椎管內，會危及生命。

14.1d 橫切面構造

圖 14.2 顯示了脊髓與脊椎骨和脊神經的關係。脊髓就像大腦一樣，包含兩種神經組織，稱為灰質和白質。**灰質** (gray matter) 具有相對暗淡的顏色，因為它僅含少量的髓鞘。主要包含神經的細胞本體、樹突和軸突近端的部分。灰質是神經元之間的突觸接觸部位，因此也是中樞神經系統的突觸訊息整合的位置。**白質** (white matter) 則包含大量有髓鞘的軸突，因此呈現明亮白色的外觀。白質由攜帶訊號的軸突組成，將訊息從 CNS 的一部分傳到另一部分。在銀染的神經組織切片中，灰質呈現棕色或金色，白質則呈現淺棕色或黃色。

灰質

脊髓的灰質位於中央，從橫切面觀察，灰質呈蝴蝶形或 H 形。灰質主要有兩個**後角** (posterior horns) 或稱為**背角** (dorsal horns)，

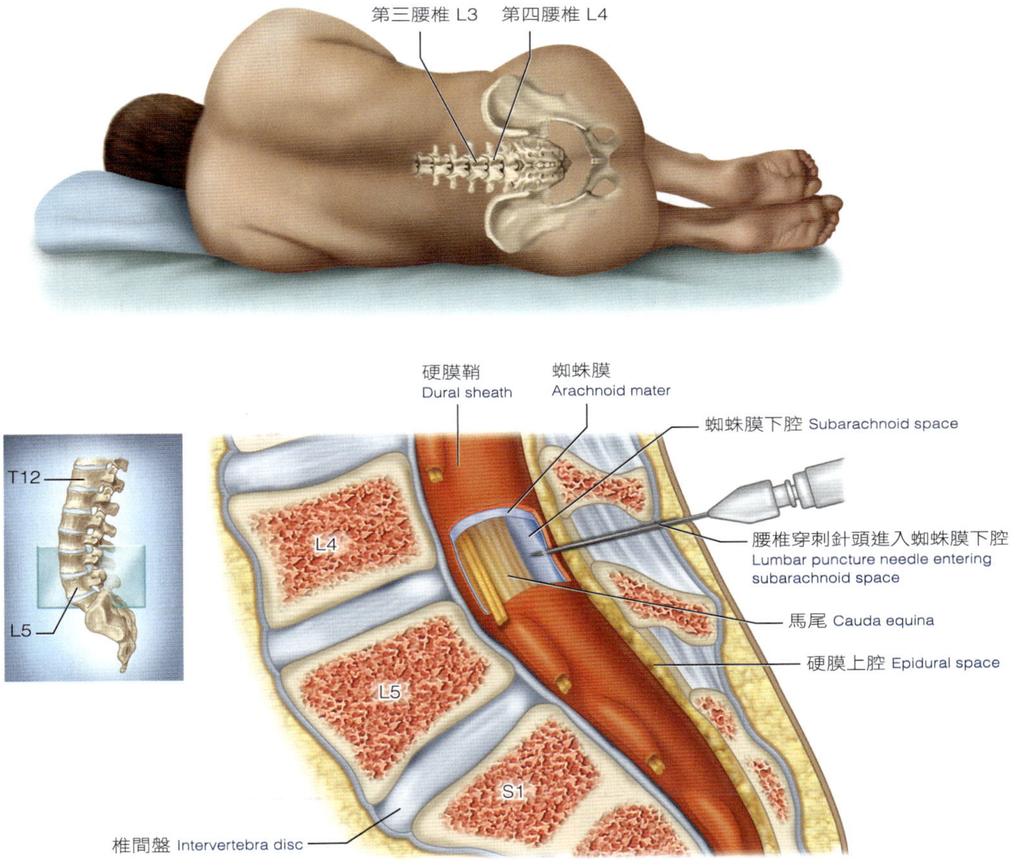

圖 14.3　**脊神經的分支**。(a) 脊神經的前外側視圖，以及脊神經的分支與脊髓和脊椎骨的關係圖；(b) 胸腔的橫切面，顯示胸部和背部的肌肉和皮膚的神經支配。本切面是從兩根肋骨之間的區域切過肋間肌。

延伸到脊髓的後外側表面。兩個較寬的**前角** (anterior horns) 或稱為**腹角** (ventral horns)，延伸到前外側表面。左側和右側的灰質，以**灰質聯合** (gray commissure) 連接。在灰質連合的中間是**脊髓中央管** (central canal)，大多數成人的脊髓中央管會塌陷，但在年輕孩童仍保持開放狀態。脊髓中央管內襯室管膜細胞，並充滿腦脊髓液。脊髓中央管是胚胎神經管腔的殘留管 (請參閱 13.5a 節)。

靠近脊髓的脊髓神經會分支為後根 (posterior root) 和前根 (anterior root)。後根攜帶感覺神經纖維，進入脊髓後角，有時會與位於後角的聯絡神經元形成突觸。這樣的聯絡神經元在頸部膨大和腰部膨大的部位含量很多。脊髓的前角含有大型的運動神經元的細胞本體，這些運動神經元的軸突會通過脊髓神經的前根，延伸到骨骼肌。脊髓的神經根將在本章後面更詳細說明。

在胸段和腰段的脊髓，橫切面可以見到其灰質有一個額外的**側角** (lateral horn)。脊髓側角包含了交感神經系統的節前神經元，其發出的軸突會併入脊髓的前根，與軀體運動神經纖維並行。

白質

脊髓的白質圍繞灰質，白質是由上行與下行的神經軸突束組成，提供 CNS 內不同部位的溝通管道。這些神經纖維束主要分成三對，稱為**神經索** (funiculi)[5] (few-NIC-you-lie)——**後側 (背側) 索**、**外側索**和**前側 (腹側) 索**。後側索位於後角的背側，外側索位於後角與前角之間，前側索則是位於前角的腹側。每個索是由許多**神經徑** (tract) 或是**神經束** (fasciculi)[6] 所組成。

14.1e 脊髓神經徑

脊髓神經徑的位置和功能的知識，對於診斷和處理脊髓損傷至關重要。**上行神經徑** (ascending tracts) 將感覺訊息傳到脊髓，再向上傳遞；**下行神經徑** (descending tracts) 則是將運動訊息傳到脊髓，再向下傳遞。特定的神經徑中的所有神經纖維都具有相似的起源、目的和功能。許多神經纖維的起源或目的是位於腦幹 (brainstem)。在第 15 章中對腦幹有更完整的說明 (請參見圖 15.6)，腦幹是一個垂直的桿狀構造，支撐著頭部後方的小腦 (cerebellum)，以及頭部上方更大的兩個大腦半球 (cerebral hemispheres)。在後續的討論，您會發現神經徑的起源或是目的，與腦幹和其他區域有關。

許多神經徑經過腦幹和脊髓，會有**交叉現象** (decussation)[7]，表示神經徑從身體的左側越過中線到身體的右側，反之亦然。神經徑交叉的結果，大腦的左側主要接收身體右側的感覺訊息，同時也會支配身體右側的運動功能。而大腦的右側主要負責身體的左側的感知和運動控制。中風損壞大腦右側的運動中心，會導致左側肢體的癱瘓，反之亦然。當神經徑的起點和終點是在身體的不同側，我們稱為**對側** (contralateral)[8]。當神經徑的起點和終點都在身體的同一側，我們稱為**同側** (ipsilateral)[9]。

脊髓的神經束彙整在表 14.1 和圖 14.4。請記住，神經束都是成對，身體的左右兩側同時具有。

上行徑

上行徑將感覺訊號傳遞到脊髓。感覺訊號從起源傳到大腦感覺區，通常由三個神經元負責：**一階神經元** (first-order neuron)，位於神經節內，負責偵測接收感覺的刺激，並向脊髓或腦幹傳導感覺訊號；**二階神經元** (second-order neuron)，位於脊髓或腦幹內，負責將感覺訊號向上傳遞到有「感覺門戶」之稱，位於腦幹上方的丘腦 (thalamus)；**三階神經元** (third-order neuron)，位於丘腦內，負責將感覺訊號傳遞到大腦皮質的感覺區域。這些神經元的軸突分別稱為一階到三階的神經纖維。一些感覺系統，可能與這種三階傳遞的模式有些許不同。

脊髓主要的上升神經徑，舉例如下。除了前面兩條神經徑，其餘的神經徑名稱都以脊髓 (spino-) 開端，後方以神經徑的目的地命名。

- **薄束** (gracile[10] fasciculus)(GRAS-el fah-SIC-you-lus)(圖 14.5a) 傳送來自胸部下半部與下肢的訊號。在第六胸椎 (T6) 下方，薄束構成了脊髓的整個後側索。在第六胸椎 (T6) 的位置，薄束與楔狀束合併在脊髓的後側索，楔狀束將於後面進行討論。薄束由一階的神經纖維組成，在同側的脊髓後側索，向上傳遞至延腦的薄核 (gracile nucleus)。這些神經纖維負責傳遞振動覺、內臟痛覺、深度覺和鑑別式觸覺 (可以精確識別兩點位置的觸覺) 的感覺訊號，尤其是軀幹下半部與下肢的本體感覺 (proprioception)[11] (本體感覺

5 *funicul* = little rope 小繩索，cord 繩索
6 *fascicul* = little bundle 小束
7 *decuss* = to cross 交叉，形成 X 型
8 *contra* = opposite 相反的；*later* = side 一側
9 *ipsi* = the same 相同的；*later* = side 一側
10 *gracil* = thin 薄的，slender 纖細的
11 *proprio* = one's own 自己的；*cept* = receive 接受，sense 感覺

表 14.1 主要的脊髓神經徑

神經徑 (束)	神經索	神經交叉	功能
上行 (感覺) 神經徑			
薄束	後側索	在延腦	傳遞軀幹 (第六胸椎以下) 與下肢之本體感覺、鑑別式觸覺、震動感覺以及內側痛覺
楔狀束	後側索	在延腦	與薄束傳遞的感覺相同，但是傳遞軀幹 (第六胸椎以上) 與上肢
脊髓丘腦徑	外側索與前側索	在脊髓	傳遞輕觸覺、癢覺、溫度感覺、痛覺、壓覺
脊髓網狀徑	外側索與前側索	在脊髓	傳遞組織受傷的廣泛痛覺
後側脊髓小腦徑	外側索	不交叉	傳遞肌肉內肌梭的本體感覺
前側脊髓小腦徑	外側索	在脊髓	傳遞肌肉內肌梭的本體感覺
下行 (運動) 神經徑			
外側皮質脊髓徑	外側索	在延腦	四肢的精細動作
前側皮質脊髓徑	前側索	在脊髓	四肢的精細動作
頂蓋脊髓徑	前側索	在中腦	視覺或聽覺刺激頭部轉動的反射動作
外側網狀脊髓徑	外側索	不交叉	平衡與姿勢的調控；痛覺的調節
內側網狀脊髓徑	前側索	不交叉	平衡與姿勢的調控；痛覺的調節
外側前庭脊髓徑	前側索	不交叉	平衡與姿勢的調控
內側前庭脊髓徑	前側索	在延腦	頭部位置的調控

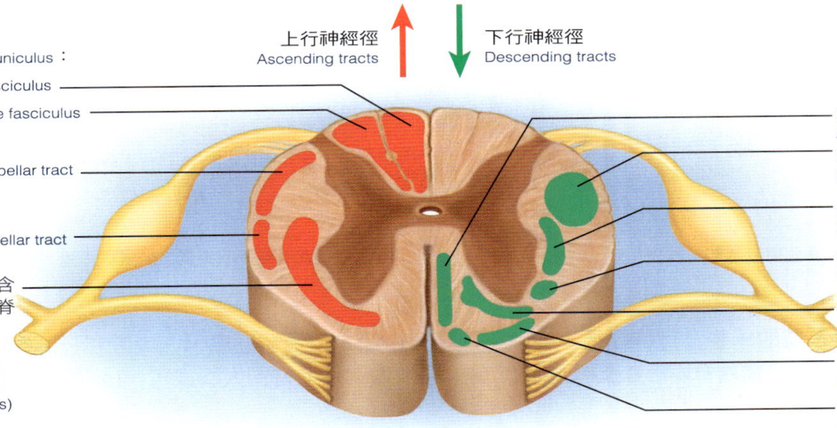

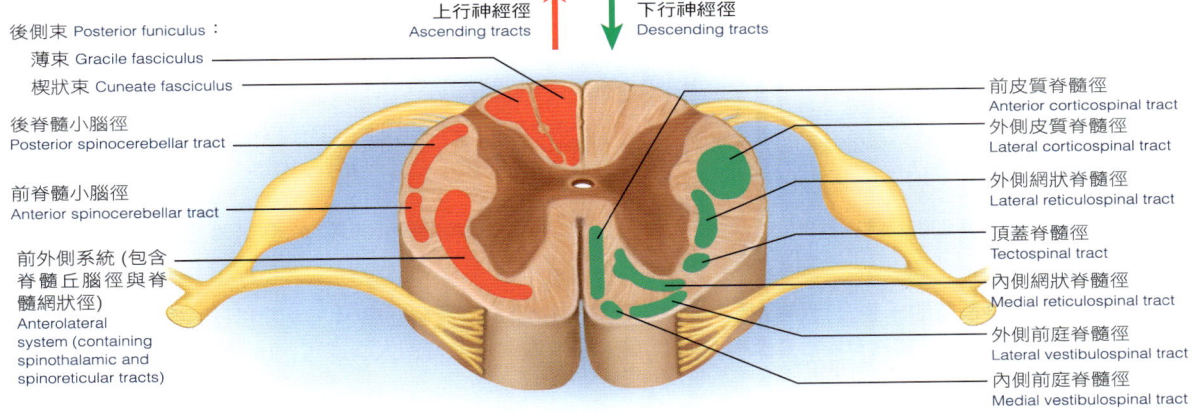

圖 14.4 **脊髓束**。所有標示的神經徑都位於脊髓的兩側，但是在脊髓的左側只標示出上行的感覺神經徑 (紅色)，而在脊髓的右側只標示出下行的運動神經徑 (綠色)。

• 假設您被告知這是在 T4 或 T10 的脊髓橫切面。請在閱讀完 14.1 節後，說明如何確定這是 T4 或是 T10 的脊髓橫切面。

是指當閉上眼睛，仍能感知身體位置的感覺)。

• **楔狀束** (cuneate[12] fasciculus)(CUE-nee-ate) (圖 14.5a) 在第六胸椎 (T6) 的位置，與薄束共同位在脊髓的後側索。楔狀束位在後側索的外側，而薄束則位在後側索的內側。楔狀束主要攜帶來自第六胸椎 (T6) 以上 (上肢和

12 *cune* = wedge 楔形

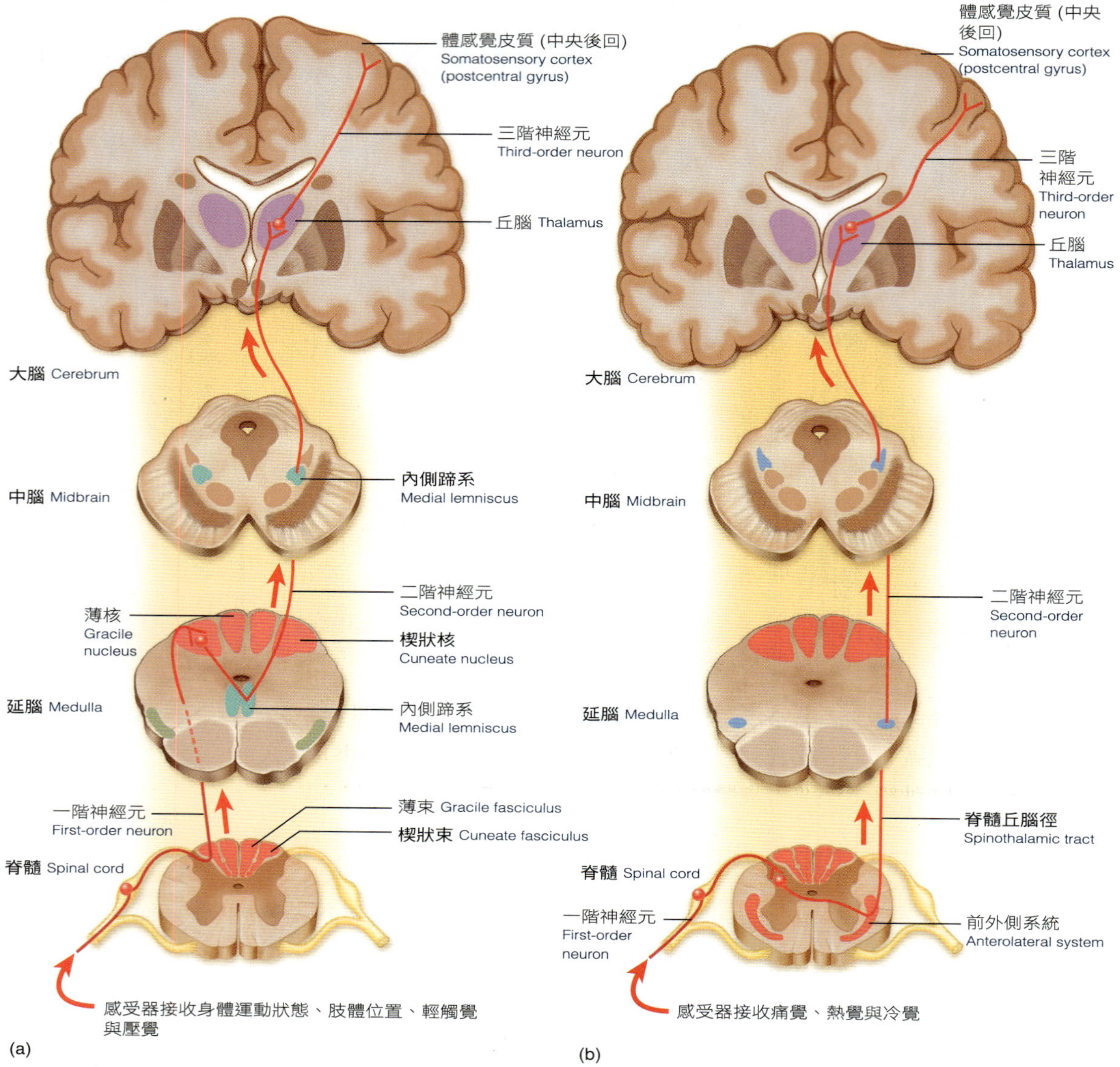

圖 14.5 中樞神經系統的一些上行神經徑。脊髓、延腦和中腦是以橫切面顯示，大腦和丘腦則以額狀切面顯示。神經訊號從圖片底部進入脊髓，並攜帶軀體感覺訊息到達圖片上方的大腦皮質。(a) 楔狀束和內側蹄系；(b) 脊髓丘腦徑。

• 根據此圖，說明為何右側的大腦半球會接收身體左側的冷熱感覺。這種身體一側的感覺訊息，傳遞到另一側大腦的現象，稱為什麼呢？

胸部)，與薄束相同類型的本體感覺訊號，向上傳遞終止在延腦同側的*楔狀核* (cuneate nucleus)。在延腦內的薄核與楔狀核接收訊息後，會發出二階神經纖維，這些纖維會交叉到延腦的對側後，向上匯聚形成**內側蹄系** (medial lemniscus[13])(lem-NIS-cus)，將訊息傳導到對側的丘腦。丘腦內的神經元再發出三階纖維到大腦皮質。因為感覺訊號在延腦交叉到對側，因此右側的薄束與楔狀束最終到達左側大腦，反之亦然。

13 *lemniscus* = ribbon 絲帶

- **脊髓丘腦徑** (spinothalamic tract)(SPY-no-tha-LAM-ic)(圖 14.5b) 會和一些較小的神經徑共同形成前外側系統 (anterolateral system)，因為都從脊髓白質的前外側部通過。脊髓丘腦徑主要負責傳遞痛覺、溫度覺、壓覺、搔癢感、輕觸覺與粗觸覺的訊號。輕觸覺是用羽毛撫摸無毛的皮膚所產生的感覺；粗觸覺是只能隱約辨識接觸的位置。脊髓丘腦徑的一階神經元位於背根神經節，發出的神經纖維從脊髓背根進入，終止於脊髓後角靠近入口處。在脊髓後角與二階神經元形成突觸。二階神經元發出的纖維交叉到脊髓的對側，並且匯聚上行直到丘腦，形成脊髓丘腦徑。三階神經元從丘腦發出到達大腦皮質。因為脊髓丘腦徑在脊髓交叉，所以脊髓丘腦徑最終將感覺訊息傳到對側的大腦半球。
- **脊髓網狀徑** (spinoreticular tract) 也是位於脊髓白質的前外側系統。主要傳遞由組織損傷引起的疼痛訊號。一階感覺神經元接收感覺後，發出一階神經纖維進入脊髓後角，立即與二階神經元突觸。二階神經纖維交叉到脊髓對側後併入前外側系統，上行至延腦與橋腦的網狀結構 (reticular formation)，網狀結構內有三階神經元。三階神經元發出神經纖維傳至丘腦，丘腦內的四階神經元在傳到大腦皮質。網狀結構會在 15.2d 節中進一步描述，並且在 17.1e 節中進一步討論脊髓網狀徑在疼痛感覺中的角色。
- **後側與前側脊髓小腦徑** (posterior and anterior spinocerebellar tracts)(SPY-no-SERR-eh-BEL-ur) 傳遞上肢與軀幹的本體感覺，匯聚在脊髓的側索，上行將訊號傳至小腦。脊髓小腦徑的一級神經元起源於肌肉與肌腱，傳遞至脊髓的後角。脊髓後角內的二階神經元再發出纖維，匯聚形成脊髓小腦徑，上行至小腦。後側脊髓小腦徑傳遞同側的感覺訊息。前側脊髓小腦徑會在脊髓交叉到對側，上行到延腦時再交叉進入同側小腦。後側與前側脊髓小腦徑都提供本體感覺給小腦，作為協調肌肉動作的作用。

下行徑

下行徑將運動訊號從大腦運動區傳遞至腦幹和脊髓。下行運動路徑通常涉及兩個神經元，稱為上和下運動神經元。**上運動神經元** (upper motor neuron) 是指細胞本體位於大腦皮質或腦幹，並有軸突終止於腦幹或脊髓的**下運動神經元** (lower motor neuron)。然後，下運動神經元的軸突再傳到肌肉或其他器官。大多數下行徑的名稱，先標示出腦部的起源點，其後加上脊髓 (-spinal)。主要的下行徑描述如下。

- **皮質脊髓徑** (corticospinal tracts)(COR-tih-co-SPY-nul) 攜帶來自大腦皮質的運動訊號，以實現精確、精細的協調肢體運動。皮質脊髓徑的神經纖維下行至延腦時，匯聚到延腦的錐體 (pyramids)，所以皮質脊髓徑又稱為錐體徑 (pyramidal tracts)。大多數的皮質脊髓纖維下行到延腦下方處交叉，進入對側脊髓白質的側索，形成**外側皮質脊髓束** (lateral corticospinal tract)，脊髓對側的。少量纖維沒有交叉，下行到同側脊髓白質的前側索，形成**前側皮質脊髓束** (anterior corticospinal tract)(圖 14.6)。然而，前側皮質脊髓束的纖維在脊髓下部還是會交叉到對側，控制對側的肌肉。皮質脊髓徑在脊髓白質的直徑，會隨著下行過程逐漸支配上肢與軀幹，而逐漸變細。
- **頂蓋脊髓徑** (tectospinal tract)(TEC-toe-SPY-nul) 起源於中腦的頂蓋 (tectum) 區域，發出的運動神經纖維會跨到中腦對側，穿過腦幹下行到脊髓控制頸部肌肉的區域。頂蓋脊髓徑主要參與頭部對於視覺 (影像) 與聽覺 (聲音) 的反射性轉向動作。
- **外側和內側網狀脊髓徑** (lateral and medial

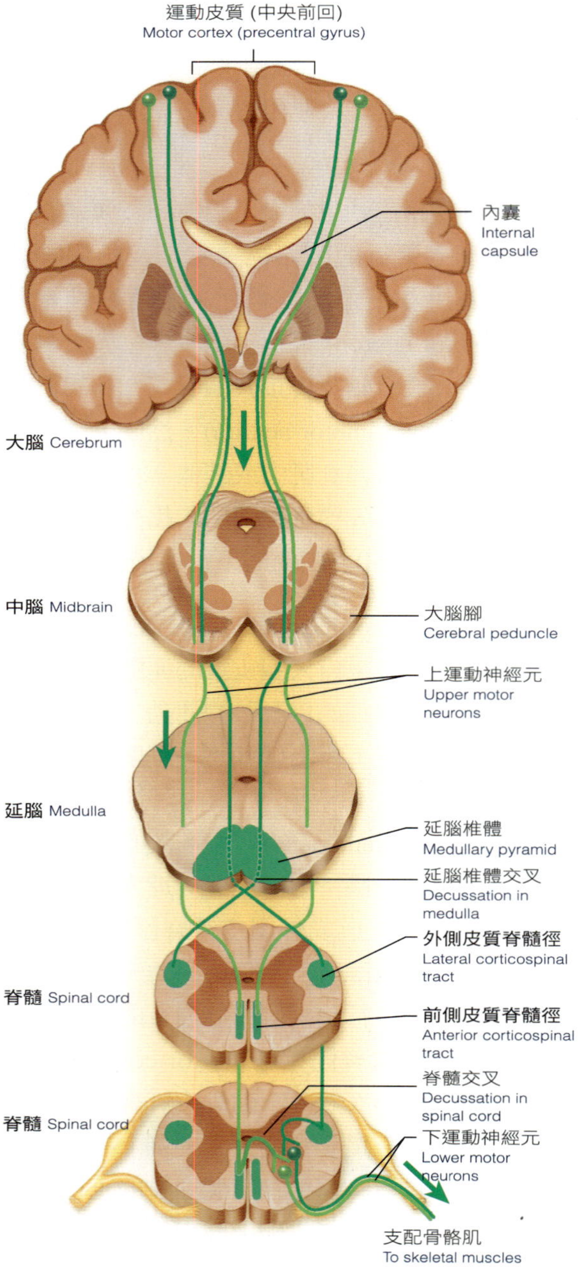

圖 14.6　中樞神經系統的兩個下行神經徑。前側和外側皮質脊髓徑，傳遞意識控制的肌肉收縮訊號。神經訊號起源於大腦皮質 (在圖片的上方)，將動作的命令向下傳到脊髓。顯示在右下方的傳遞路徑，也同樣出現在左側。

reticulospinal tracts)(reh-TIC-you-lo-SPY-nul) 起源於腦幹的網狀結構。主要發出運動訊號控制上肢和下肢的肌肉，特別是保持姿勢和平衡的動作。此神經徑還包含下行止痛纖維 (descending analgesic fibers)，可以抑制疼痛訊號傳遞到大腦 (請參閱 17.1e 節)。

- **外側和內側前庭脊髓徑** (lateral and medial vestibulospinal tracts)(vess-TIB-you-lo-SPY-nul) 起源於腦幹的前庭核 (vestibular nuclei)，前庭核主要接收從內耳接收平衡感覺的衝動，發出外側前庭脊髓徑下行到脊髓的前側索，傳遞到控制肢體的伸肌群 (externsor muscles) 的運動神經元。從而使身體與四肢伸直。這是維持身體平衡的重要反射動作。內側前庭脊髓束則會分裂成同側和對側纖維，下行通過脊髓白質的前側索，終止在頸部脊髓，主要負責控制頭部的位置。

紅核脊髓徑 (rubrospinal tracts) 在其他哺乳動物中比較顯著，主要幫助肌肉的協調動作。此神經徑雖然常見於人體解剖學的插圖中，但是在人體中幾乎不存在，對人類並沒有什麼功能上的重要性。

在你繼續閱讀之前

回答下列問題，以檢驗你對上節內容的理解：

1. 命名脊髓的四個主要區段，和兩個膨大的區域。
2. 描述脊髓的遠端 (下端) 和 L2 與 S5 之間脊椎管的內容物。
3. 描繪脊髓的橫切面圖，顯示後角和前角。標示灰色和白色的位置，以及神經索與神經徑的位置。
4. 請以解剖學解釋為什麼右腦半球發生中風，會導致身體左側的肢體癱瘓。
5. 說明下列脊髓神經徑是上升或是下降；神經徑的起源和目的地；以及負責傳遞感覺或是運動：外側皮質脊髓徑、外側網狀脊髓徑、脊髓丘腦徑、薄束。

14.2 脊神經

預期學習成果

當您完成本節後，您應該能夠

a. 大致描述神經和神經節的解剖結構；
b. 描述脊神經與脊髓的附著位置；
c. 追踪脊神經的分支；
d. 命名脊神經的五個神經叢，並描述神經叢的解剖構造；
e. 列出每個神經叢發出的一些主要神經名稱，並且確認神經所支配的構造；和
f. 解釋皮節與脊神經的關係。

14.2a 神經和神經節的一般解剖構造

脊髓通過脊神經與身體部位進行溝通。在討論這些特定的神經之前，有必要熟悉神經和神經節的一般結構。

神經 (nerve) 是由許多神經纖維 (軸突) 組成，並且藉由結締組織組合在一起 (圖 14.8)。如果我們將一條*神經纖維* (nerve fiber) 比喻成一條傳導單一方向電流的電線，那麼一條*神經* (nerve) 就相當於一條含有數以百計雙向傳導的電線組成的電纜。一個神經包含的神經纖維數量，可以從少許神經纖維多到超過一個百萬條神經纖維共同組成。神經通常呈現珍珠白色，並且類似磨損的繩子一樣會分成有許多小的分支。當離開 CNS 時，較小的分支稱為**周邊神經** (peripheral nerves)，其疾病統稱為*周邊神經疾病* (peripheral neuropathy)。

周邊神經系統的神經纖維被包裹在許旺細胞中，形成神經膜和髓鞘包圍住軸突 (見圖 13.7)。在神經膜之外，每根神經纖維都被基底層和一層細薄的疏鬆結締組織稱為**神經內膜** (endoneurium) 所包圍。多數神經中許多神經纖維會聚集成**神經束** (fascicles)，每束再被包裹在**神經周膜** (perineurium) 中。神經周膜是由多達 20 層以上重疊的類似鱗狀上皮細胞所組成。許多神經束再匯聚在一起，並且被結締組織構成的**神經外膜** (epineurium) 整群包覆，形成整條神經。粗厚的神經外膜是由緻密不規則的纖維結締組織組成，具有保護神經避免拉伸和傷害。神經新陳代謝率較高，需要充足的血液供應，血管會穿透這些覆蓋神經纖維的結締組織提供養分給神經纖維。

應用您的知識

與骨骼肌的結構相比較，神經的結構如何？組織學上，哪個神經的構造名稱與肌肉的名稱相近？

周邊神經纖維有兩種：*感覺 (輸入) 纖維*，從感覺感受器將感覺訊息傳送輸入到中樞神經系統；*運動 (輸出) 纖維*，將運動訊號從中樞神經系統輸出傳送到肌肉和腺體。感覺纖維和運動纖維可以再依據其所支配的器官，再細分為*軀體的* (somatic) 或是*內臟的* (visceral)，以及*一般的* (general) 或是*特殊的* (special) 神經 (表 14.2)。

純**感覺神經** (sensory nerves) 是指僅由感覺神經纖維所組成，是很罕見的。包括表 15.3 中描述的嗅神經和視神經。**運動神經** (motor nerves) 是指僅由運動纖維所組成。然而，大多數的神經是混合型。**混合神經** (mixed nerve) 由感覺纖維和運動纖維共同組成，因此可以雙向傳導訊號。許多通常被稱為運動的神經實際上是混合型，因為它們包含從肌肉傳回 CNS 的本體感覺訊號。

臨床應用 14.2

脊髓灰質炎和肌肉萎縮性脊髓側索硬化症

脊髓灰質炎 (poliomyelitis)[14] 和肌肉萎縮性脊髓側索硬化症 (amyotrophic lateral sclerosis[15], ALS) 是兩種運動神經元破壞引起的疾病。由於缺乏神經的支配，骨骼肌會逐漸萎縮。

脊髓灰質炎 (又稱為小兒麻痺症) 是由脊髓灰質炎病毒，破壞腦幹和脊髓前角中的運動神經元所引起。脊髓灰質炎的病徵包括肌肉疼痛、無力、喪失反射、麻痺、肌肉萎縮，有時呼吸驟停。病毒會通過受糞便污染的水傳播。從歷史上看，許多患上脊髓灰質炎的兒童，多來自受病毒污染的公共游泳池。一時間，小兒麻痺症疫苗的研發，幾乎消除了新病例，但這種疾病在一些國家由於反疫苗接種政策，又重新出現。

肌肉萎縮性脊髓側索硬化症 (ALS)，或稱為漸凍症，也被稱為盧・蓋瑞格氏病 (Lou Gehrig[16] disease)，自從這位棒球選手罹患此病之後。此病症不僅有運動神經元退化和肌肉萎縮等病徵，而且還有脊髓側索區域硬化的現象，因此得名。大多數情況發生在星狀膠細胞無法從組織液中重新吸收谷胺酸鹽的神經傳遞物質，進而使其積累在體液中，產生神經毒性。ALS 的早期病徵包括肌肉無力以及說話、吞嚥和手部運動困難。感官與智力功能不受影響，如天體物理學家和暢銷書作家史蒂芬・霍金 (Stephen Hawking)(圖 14.7)，他在大學時被 ALS 折磨，儘管幾乎完全癱瘓，但他的疾病進展緩慢，在智力上沒有減弱，並能借助語音合成器和電腦與人溝通。可悲的是，很多人很快就會認為那些罹患此病的人，無法運動也無法交流自己的想法和感受。對於患病者而言，這可能比喪失運動功能，更難以忍受。

圖 14.7 史蒂芬・霍金 (1942~2018) 他說：「當我第一次被診斷患有肌肉萎縮性脊髓側索硬化症 (ALS)，醫生說我只剩兩年的壽命。45 年後的現在，我做得非常好」(來源：CNN 於 2010 年的訪談)。
©Geoff Robinson Photography/REX/Shutterstock

14 *polio* = gray matter 灰質；*myel* = spinal cord 脊髓；*itis* = inflammation 發炎

15 *a* = without 無；*myo* = muscle 肌肉；*troph* = nourishment 營養

16 盧・蓋瑞格 (Lou Gehrig, 1903~41)，美國棒球運動員

如果神經像一根線，那麼**神經節** (ganglion)[17] 就像是一個線上的結。神經節是指在 CNS 外部的神經細胞本體的集合體。神經

17 *gangli* = knot 結

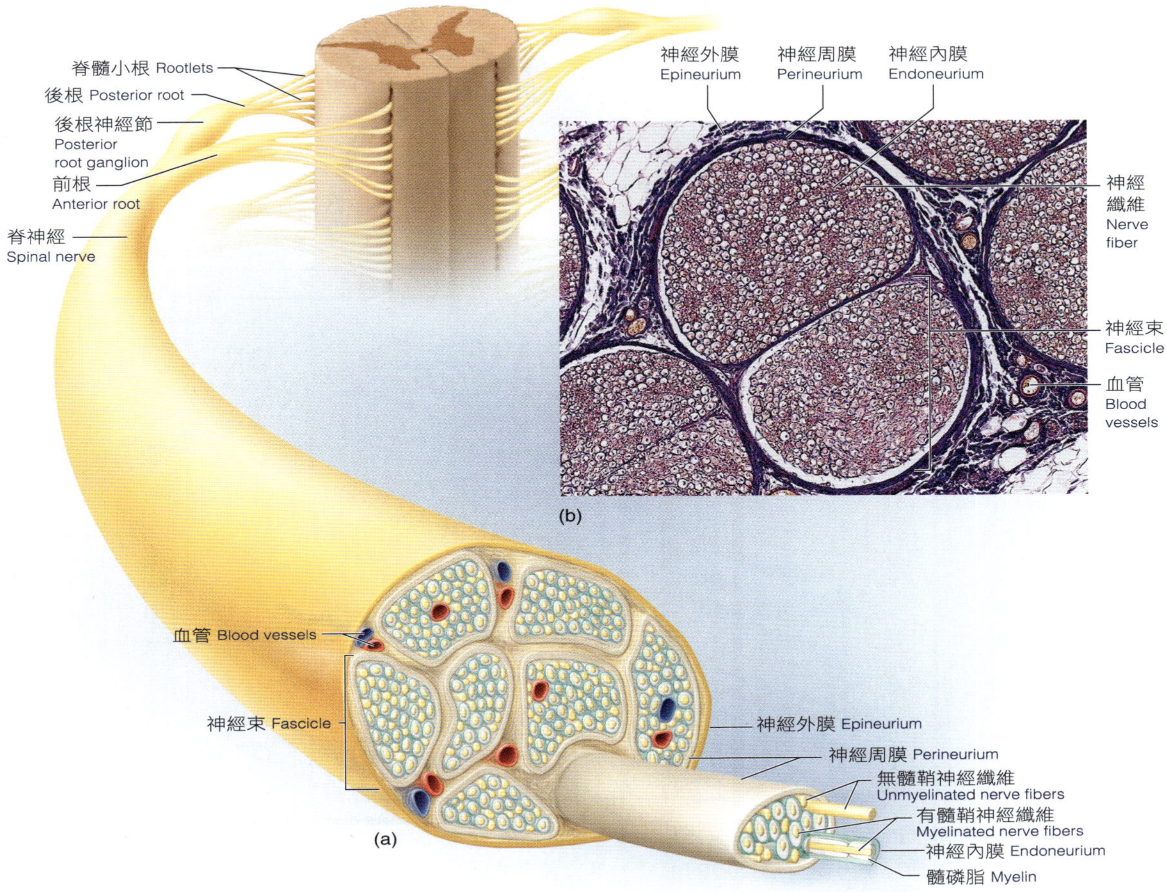

圖 14.8 **神經的構造圖**。(a) 脊髓神經及其與脊髓的連結；(b) 坐骨神經的組織切片圖 (光學顯微鏡圖片)。
(b) ©PASIEKA/Science Photo Library/Getty Images

表 14.2 神經纖維的分類

分類	描述
傳入纖維	將感受器產生的感覺訊號傳入到中樞神經系統
傳出纖維	將中樞神經系統產生的運動訊號傳出到動作器
軀體纖維	位於皮膚、骨骼肌、骨骼和關節的神經纖維
內臟纖維	位於血管、腺體和內臟的神經纖維
一般纖維	散佈在全身器官 (如肌肉、皮膚、腺體、內臟和血管) 的神經纖維
特殊纖維	主要分佈在頭部特定器官 (如眼睛、耳朵、嗅覺與味覺，以及與咀嚼、吞嚥、臉部表情等相關肌肉) 的神經纖維

節也被神經外膜所包覆。細胞本體之間有許多進出神經節的成束神經纖維。圖 14.9 顯示了一種與脊髓相連接的神經節。

14.2b 脊神經

人體共有 31 對**脊神經** (spinal nerves)：8 對頸神經 (C1~C8)，12 對胸神經 (T1~T12)，5 對腰神經 (L1~L5)，5 對薦神經 (S1~S5) 和 1 對尾神經 (Co1)(圖 14.10)。第一對頸神經從顱骨和寰椎之間通過，其他神經都從椎間孔通過，包括薦椎骨的前孔、後孔和薦骨裂孔。

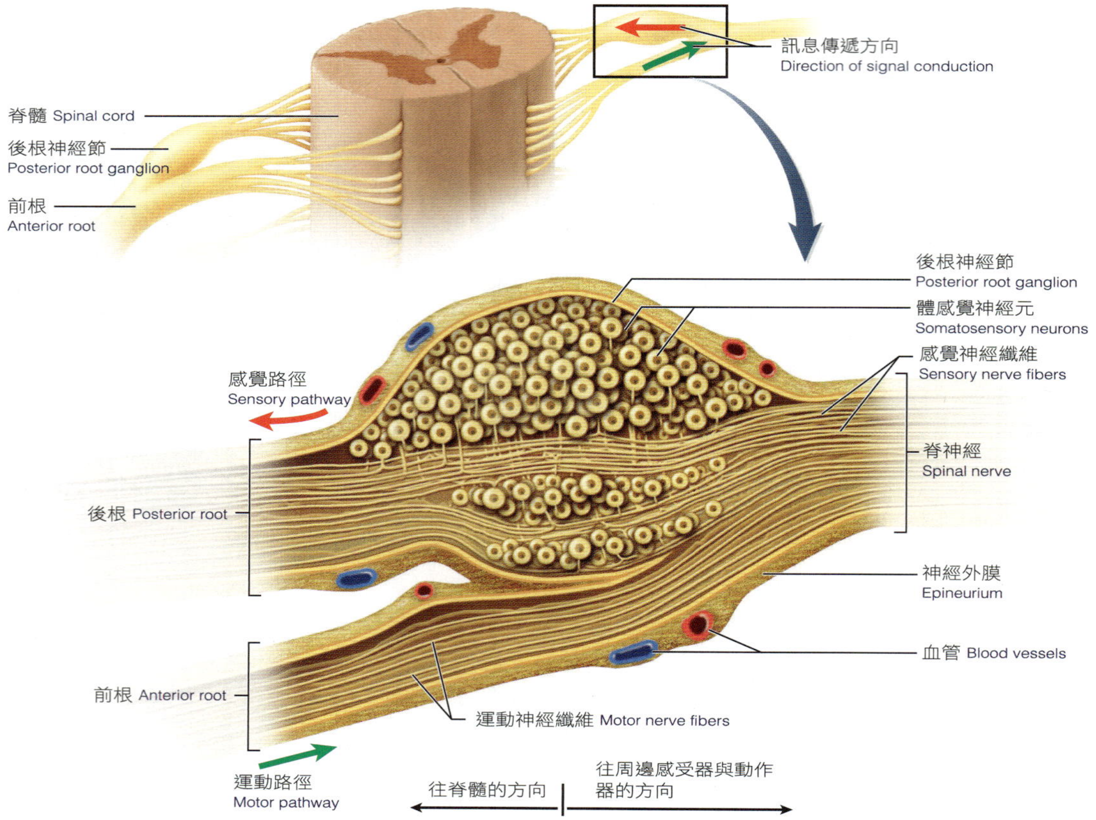

圖 14.9 神經節的構造圖。縱切面。背根 (後根) 神經節內含有感覺神經元的細胞本體，負責將周邊感覺感受器的訊息傳入脊髓。在圖片下方是脊髓神經的前根，其負責將脊髓的運動訊號傳出到肌肉和其他周邊的動作器 (脊髓的前根不屬於神經節的一部分)。

• 此圖中的軀體感覺神經元是屬於哪一種形態分類的神經元？(參見圖 13.5)

近端分支

每條脊髓神經都源自於脊髓的兩個附著處。在脊髓的每一段中，有六到八條的**神經小根** (rootlets) 從脊髓的前表面露出，並匯聚形成脊神經的**前 (腹) 根** [anterior (ventral) root]。另外六到八條的神經小根從脊髓的後表面露出，並匯聚形成脊神經的**後 (背) 根** [posterior (dorsal) root](見圖 14.1b 和 14.11)。背根距離脊髓一小段之後，會膨大形成**後 (背) 根神經節** [posterior (dorsal) root ganglion]，其中包含感覺神經元的細胞本體 (圖 14.9)。脊神經的前根沒有相對應的神經節，因為前根的神經本體位於脊髓內。

神經節的遠端，前根與後根匯合，穿出硬膜，形成脊神經 (圖 14.13)。然後，脊神經從椎間孔離開脊椎管。脊神經是混合神經，攜帶感覺訊號經過後根和神經節進入脊髓，也將運動訊號發出到身體更遠的部位。

前根和後根的長度在脊髓頸段最短，胸段往下則逐漸變長。從腰段脊髓到尾椎段脊髓的前根與後根匯聚形成馬尾。一些病毒會經由這些神經根侵入 CNS (參見臨床應用 14.3 和圖 14.12)。

圖 14.10 脊神經根和神經叢 (後視圖)。

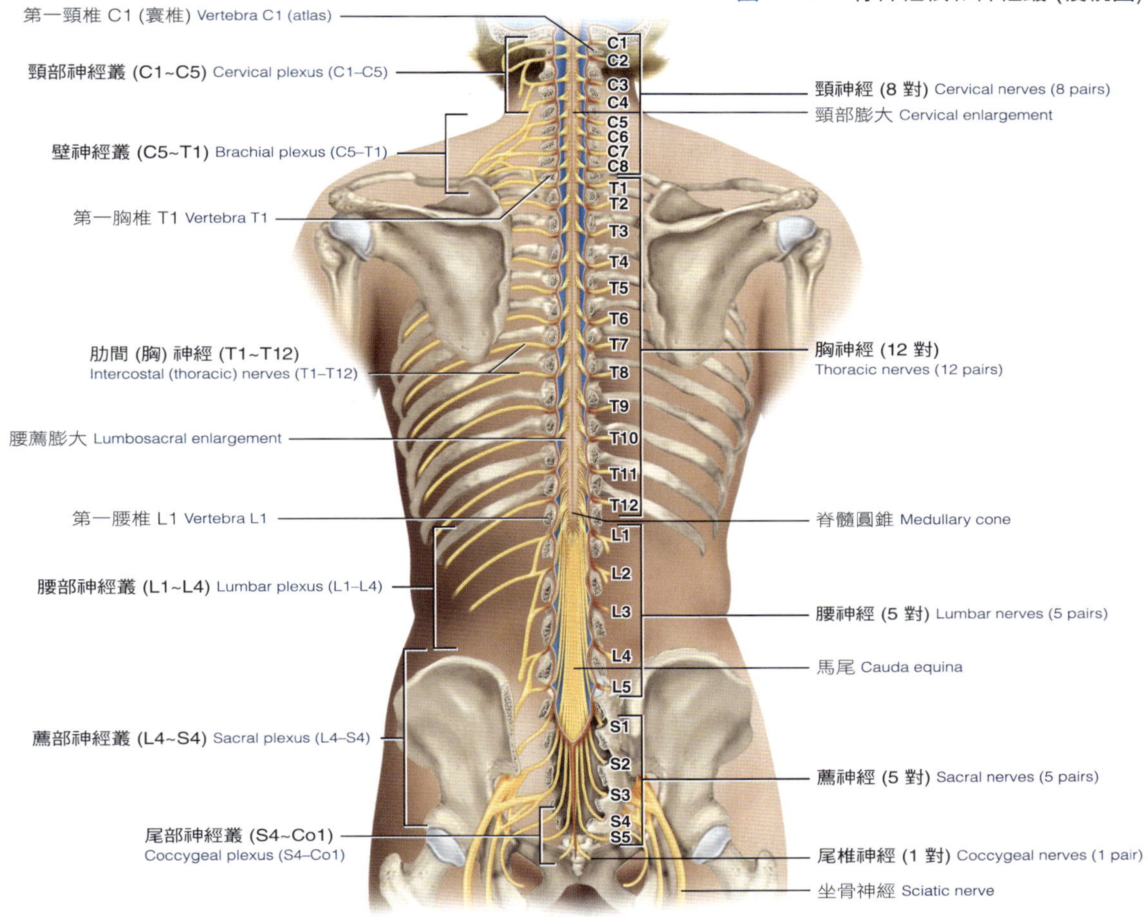

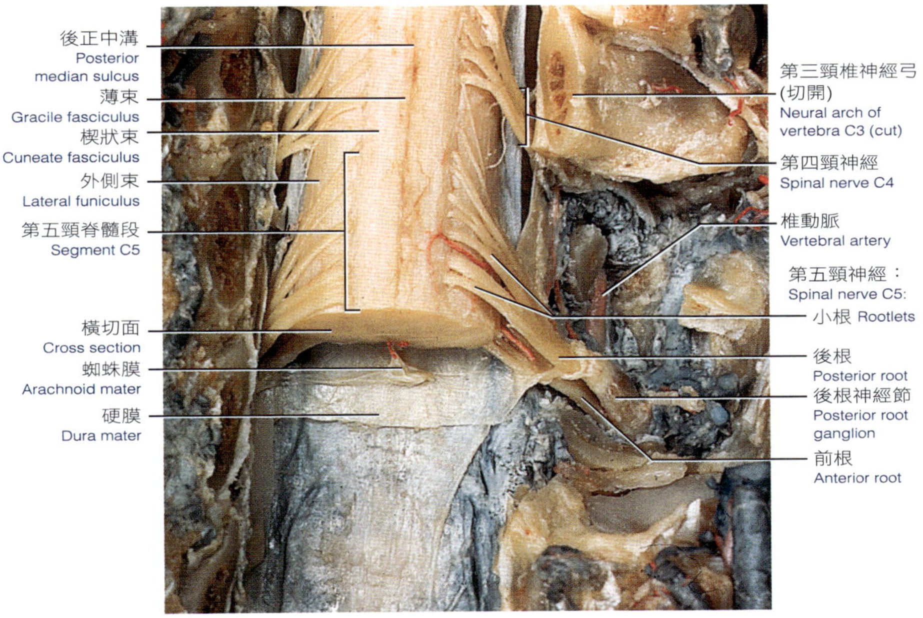

圖 14.11 兩條脊神經進入脊髓背側的連接點。脊椎骨切除的脊髓後視圖。注意每條脊神經的後根，會再分出許多小根才進入脊髓。脊髓的節段是指該脊神經所有小根與脊髓連接的區段。

- 手術切除脊髓神經的小根，將會有什麼後果？

(Source: From A Steroscopic Atlas by David L Bassett. Courtesy of Dr. Robert A Chase. MD)

臨床應用 14.3

帶狀疱疹

水痘 (chickenpox) [水痘 (varicella)] 是兒童的常見疾病，由感染水痘帶狀疱疹病毒 (varicella-zoster virus) 引起。初次感染會產生瘙癢性皮疹，通常可以痊癒而沒有併發症。但是，該病毒會終生保留在背根神經節中，由免疫系統控制住不會發病。如果免疫系統受損或免疫力降低，病毒會通過軸突運輸，沿感覺神經傳播，並引起帶狀疱疹 (shingles)[帶狀疱疹 (herpes zoster)] 出現，特徵是皮膚變色和充滿液體的小泡，沿著感覺神經的路徑分佈，並且會疼痛 (圖 14.12)。這些症狀通常出現在胸部和腰部，通常僅在身體的一側。在某些情況下，病變會出現在臉部的一側，尤其是在眼睛周圍和偶爾在嘴巴周圍。

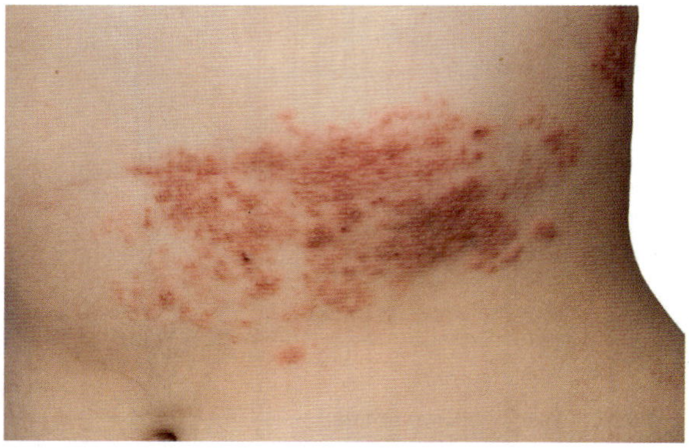

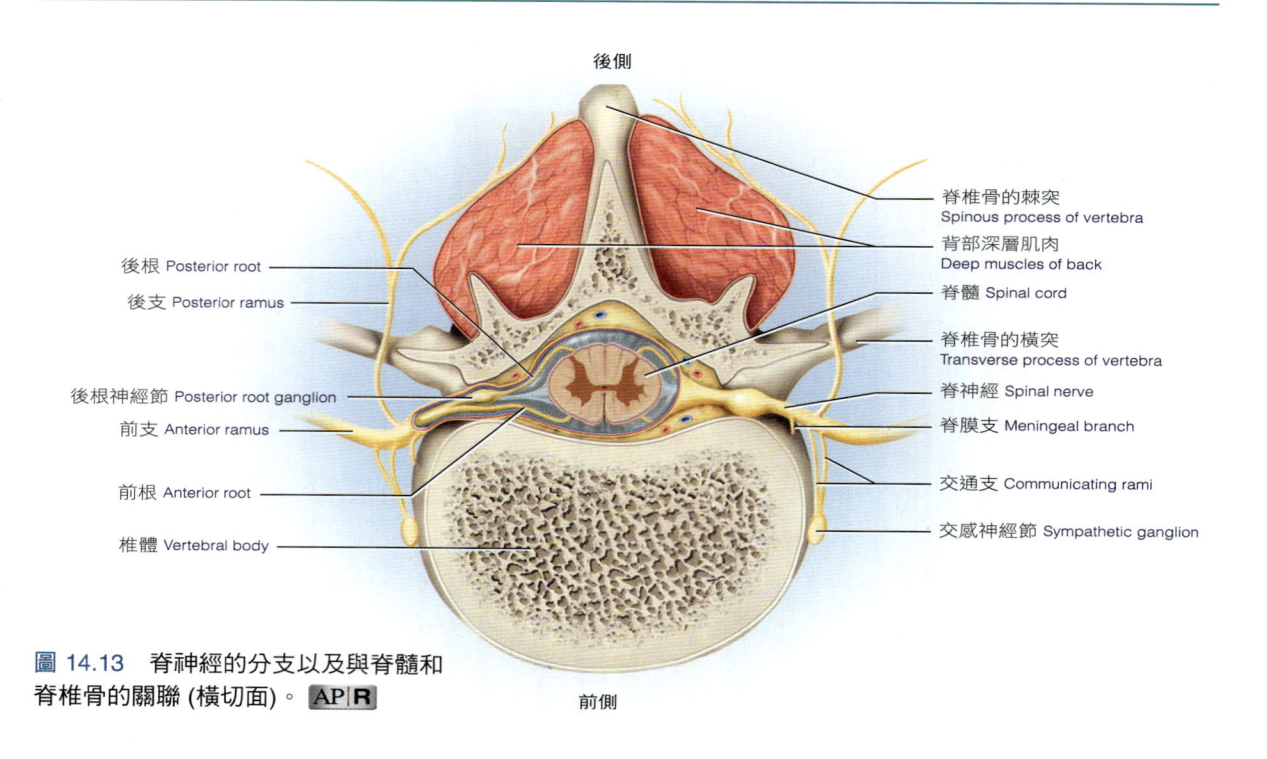

圖 14.12 帶狀疱疹的病灶會沿著感覺神經的路徑分佈。

©franciscodiazpagador/Getty Images

通常在 1~3 週內自發痊癒。給予阿斯匹林和類固醇軟膏可以幫助減輕疼痛和發炎。抗病毒藥物 (例如 acyclovir) 可以縮短帶狀疱疹發作的過程，但僅限於在第一次爆發 2 至 3 天。即使病徵消失後，有些人在過程中遭受劇烈的痛苦 [帶狀疱疹後神經痛 (postherpetic neuralgia, PHN)]，持續數月甚至數年。PHN 很難治療，但止痛藥和抗抑鬱藥會有一定幫助。帶狀疱疹在 50 歲之後尤為常見。兒童接種水痘疫苗可減少日後出現帶狀疱疹的風險。所有 60 歲以上的健康成年人，建議接種帶狀疱疹疫苗。

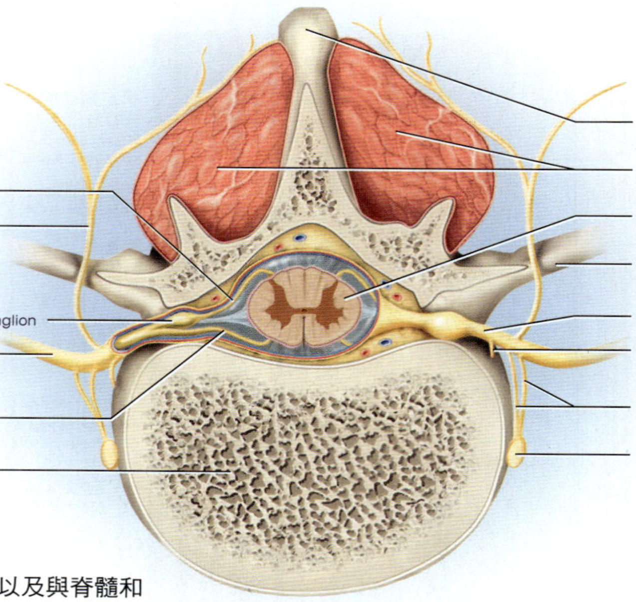

圖 14.13 脊神經的分支以及與脊髓和脊椎骨的關聯 (橫切面)。 AP|R

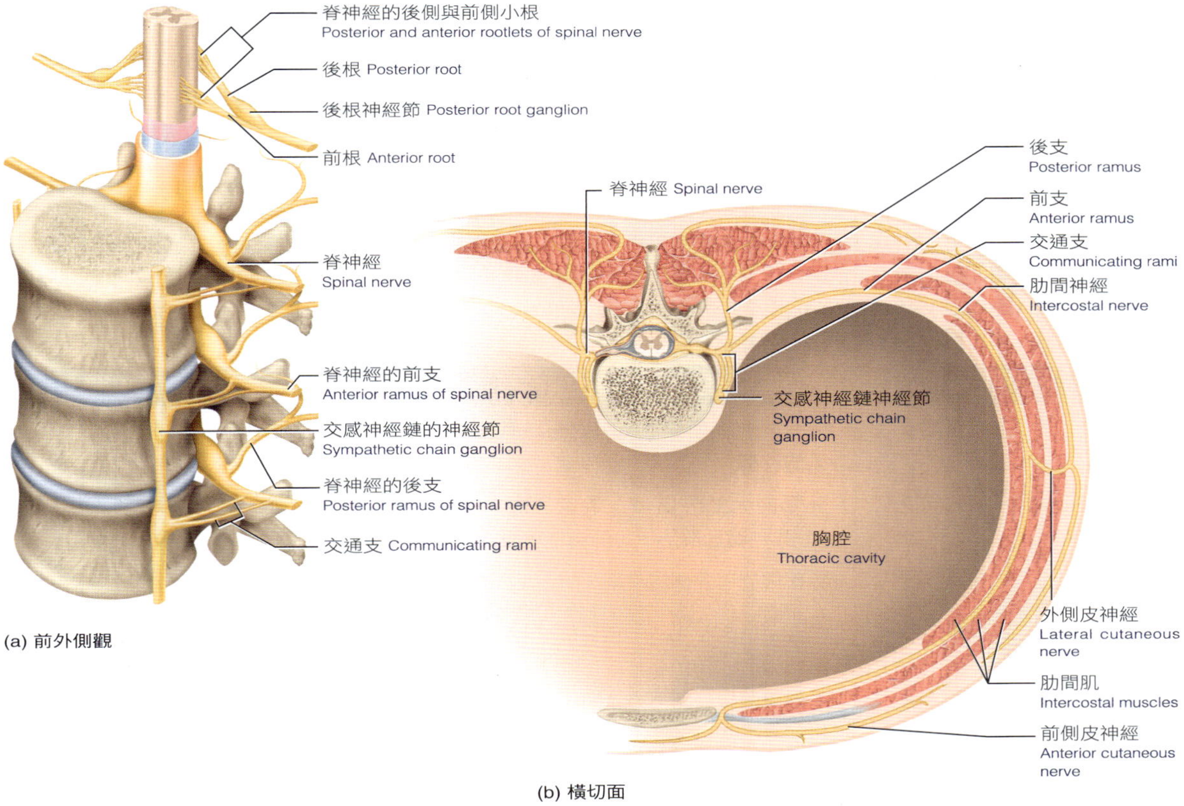

圖 14.14 **脊神經的分支**。(a) 脊神經的前外側視圖，以及脊神經的分支與脊髓和脊椎骨的關係圖；(b) 胸腔的橫切面，顯示胸部和背部的肌肉和皮膚的神經支配。本切面是從兩根肋骨之間的區域切過肋間肌。

遠端分支

通過椎間孔之後，脊神經的分支更加複雜 (圖 14.13 和 14.14)。通過椎間孔，脊神經很快分成**後支** (posterior ramus[18])、**前支** (anterior ramus) 和一個小的**腦膜支** (meningeal branch)。因此，每個脊神經在脊椎管內靠近脊髓的部位，分為前根與後根；而在離開椎間孔之後，分為前支與後支。

腦膜支從脊神經分支後，又重新進入脊椎管，並支配腦膜、脊椎骨、韌帶的感覺與運動。脊神經的後支則支配脊柱和背部的肌肉關節運動，以及背部皮膚的感覺接收。脊神經的前支是最大的分支，支配軀幹的前面和外側的皮膚感覺，以及軀幹和四肢的肌肉運動。

18 *ramus* = branch 分支

軀幹的不同區域，會由不同的前支負責支配。在胸腔區域，脊神經的前支形成**肋間神經** (intercostal nerve)，沿著肋骨的下緣往前延伸，並支配附近的皮膚和肋間肌 (與呼吸運動有關)，也支配腹部的腹外斜肌、腹內斜肌和腹橫肌。其他部位的脊神經前支則會相互會合再分支，形成複雜的神經叢 (nerve plexuses)，接下來進一步說明。

14.2c 神經叢

除胸腔區域外，脊神經的前支會形成五個複雜的神經叢：頸部的**頸神經叢** (cervical plexus)、肩膀的**臂神經叢** (brachial plexus)、下背部的**腰神經叢** (lumbar plexus)、薦椎骨附近的**薦神經叢** (sacral plexus)，最後是靠近尾骨的**尾神經叢** (coccygeal plexus)。這些神經叢如圖 14.10 所示；詳細說明見表 14.3 至 14.6 和圖 14.15 至 14.20。脊神經的前支構成每個神經叢的神經根，在表格中以紫色表示。神經根再分支成較小的分支，稱為主幹 (trunk)、前部 (anterior divisions)、後部 (posterior

表 14.3 頸神經叢

頸神經叢 (圖 14.15) 由頸神經 (C1 到 C5) 的腹側支組合形成，最終形成下列的神經，依照順序由上到下分別列出。頸神經叢中最重要的是膈神經 (phrenic[19] nerves)，它們沿著縱隔的兩側下行，最終支配橫膈，並且在呼吸運動中扮演重要角色 (圖 16.3)。除了表中列出的主要神經之外，還有許多運動分支負責支配頦舌骨肌、甲狀舌骨肌、斜角肌、提肩胛肌、斜方肌和胸鎖乳突肌。

神經名稱	組成	皮膚與其他感覺支配 (感覺)	肌肉支配 (運動與本體感覺)
枕小神經	軀體感覺	外耳內側表面的上三分之一、耳朵後側、頸部後外側的皮膚	無
枕大神經	軀體感覺	外耳的大部分區域、乳突區域、從耳下腺 (見圖 11.9) 到略低於下頜角的區域皮膚	無
頸橫神經	軀體感覺	頸部前側與外側的皮膚	無
頸襻	運動	無	肩胛舌骨肌、胸舌骨肌、胸甲狀肌 (見表 11.3)
鎖骨上神經	軀體感覺	頸部前側與外側下方、肩膀與前胸上方的皮膚	無
膈神經	混合型	橫膈、胸膜與心包膜的感覺	橫膈 (見表 11.5)

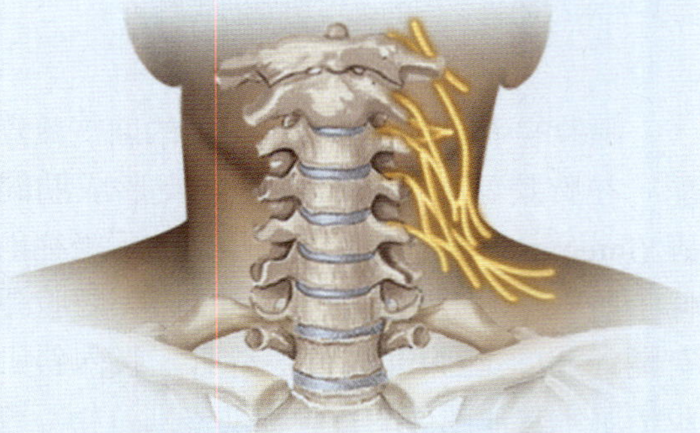

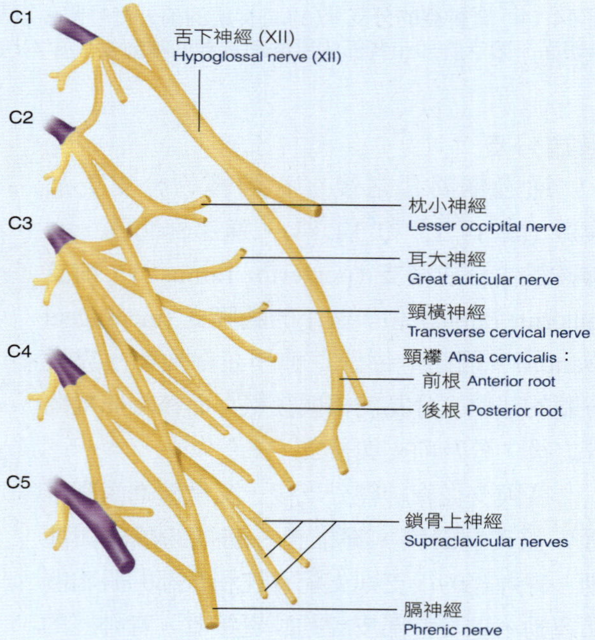

圖 14.15 頸神經叢。
• 請預測如果外科手術發生意外，不小心切斷膈神經的後果。APR

19 *phren* = diaphragm 橫膈

表 14.4 臂神經叢

臂叢神經 (圖 14.16 和 14.17) 主要由神經 C5 至 T1 的腹側支組合形成 (C4 和 T2 貢獻較小)。臂神經叢越過第一肋骨進入腋窩，負責支配上肢以及頸部和肩膀的某些肌肉。在屍體解剖時，臂神經叢以其呈現 M 或 W 字形而聞名。該神經叢的細分稱為*根*、*幹*、*支*和*索* (圖 14.16 中用顏色區分)。五個神經根是從 C5 至 T1 神經的前分支。C5 和 C6 的神經根匯聚形成**上神經幹**。C7 延伸形成**中神經幹**；C8 和 T1 的神經根匯聚形成**下神經幹**。每個神經幹再分為**前部**和**後部**。前部位於腋動脈的前方，後部位於腋動脈的後方。最後，六個分支合併成三個大的纖維束：**外索**、**後索**和**內索**。從這些索中形成以下的主要神經，按圖示順序從上到下列出。

神經名稱	組成	神經索	皮膚與關節感覺支配 (感覺)	肌肉支配 (運動與本體感覺)
肌皮神經	混合型	外索	前臂的前外側皮膚；肘關節	肱肌、肱二頭肌和喙肱肌 (表 12.2 和 12.3)
腋神經	混合型	後索	肩膀與手臂外側皮膚；肩關節	三角肌和小圓肌 (表 12.2)
橈神經	混合型	後索	手臂後側、前臂後外側和手部區域的皮膚 (圖 14.17)；肘關節、腕關節、手部關節	主要是手臂和前臂的後側伸肌群 (表 12.3 和 12.4)
正中神經	混合型	外索與內索	手部區域的皮膚 (圖 14.17)；手部關節	主要是前臂的屈肌群；拇指肌群；蚓狀肌 (I~II)(表 12.3 至 12.5)
尺神經	混合型	內索	手部區域的皮膚 (圖 14.17)；肘關節、手部關節	一些前臂屈肌；拇指內收肌；小指肌群；骨間肌；蚓狀肌 (III~IV)(表 12.4 和 12.5)

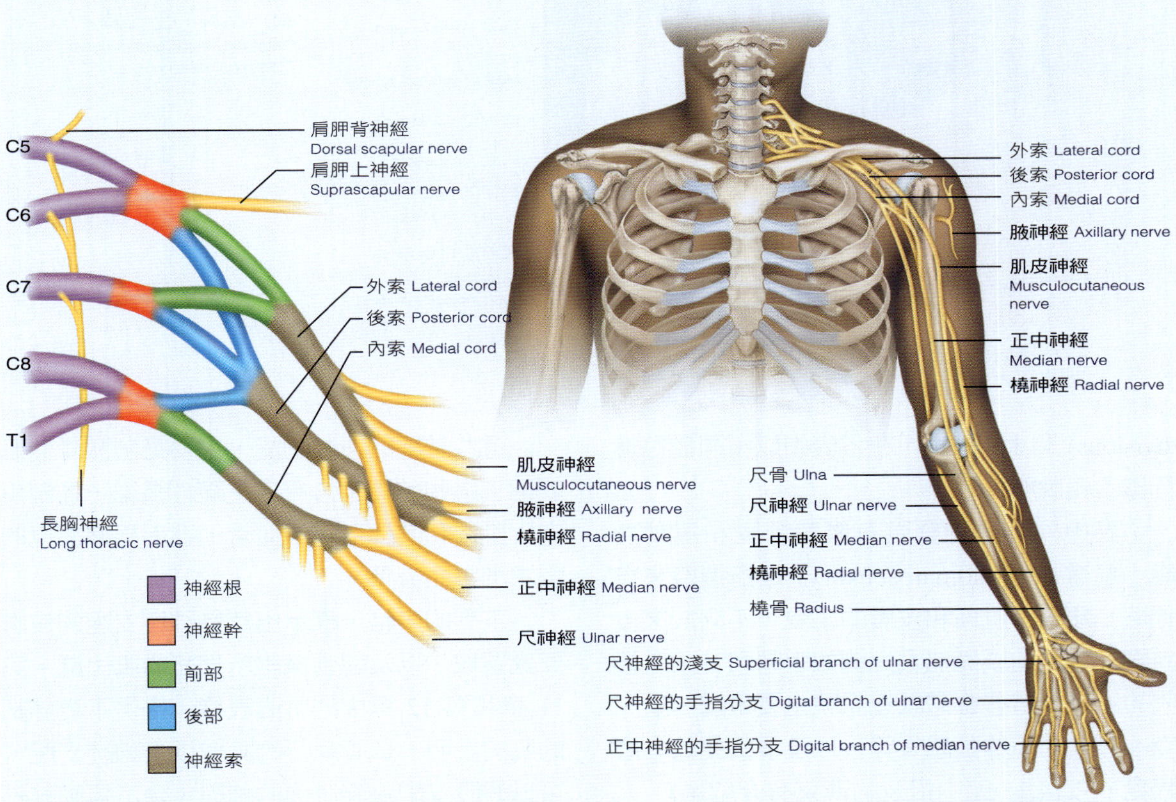

圖 14.16 **臂神經叢**。標示的神經所支配的肌肉顯示在第 12 章中，而粗體字標示的神經在此表格中進一步說明。APR

表 14.4 臂神經叢 (續)

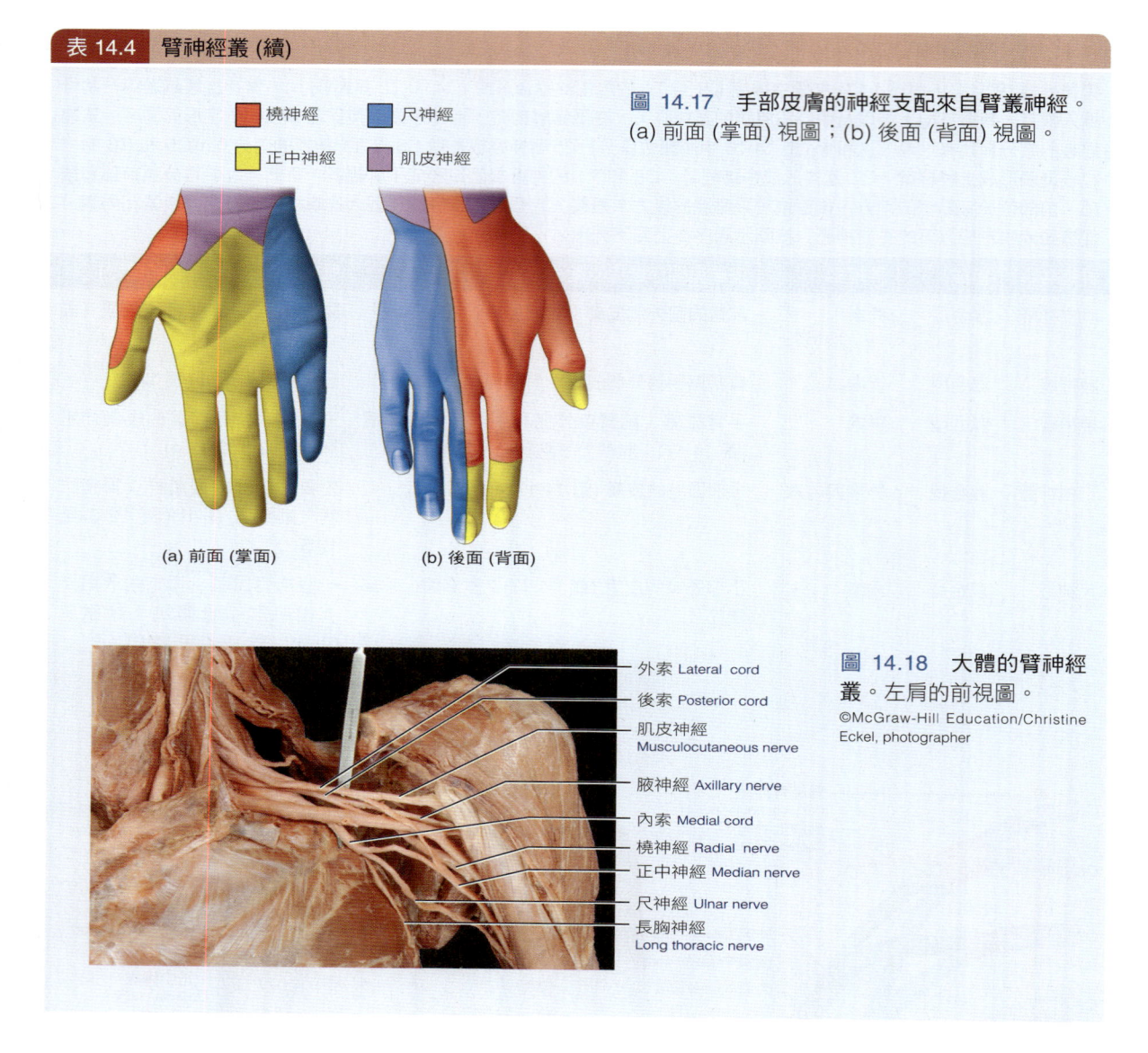

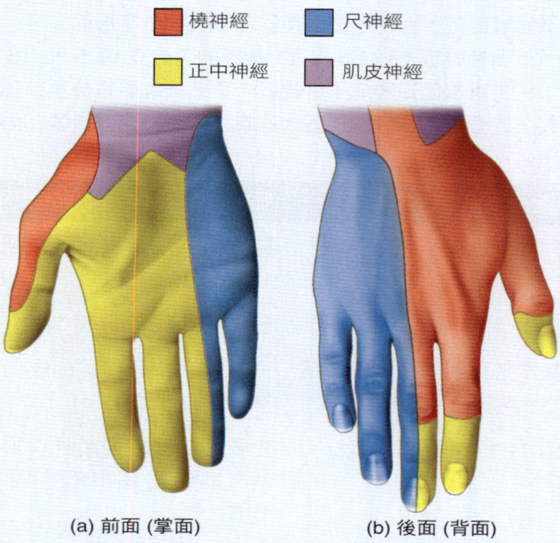

圖 14.17 手部皮膚的神經支配來自臂叢神經。(a) 前面 (掌面) 視圖；(b) 後面 (背面) 視圖。

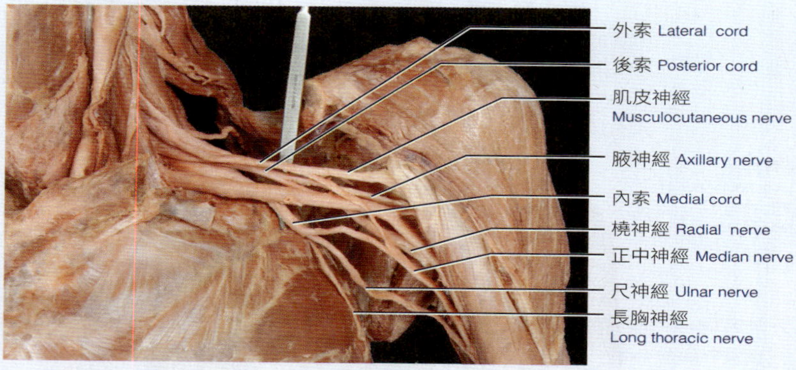

圖 14.18 大體的臂神經叢。左肩的前視圖。

©McGraw-Hill Education/Christine Eckel, photographer

divisions) 和索 (cord)，在各表中以不同顏色進行標示與說明。

表中列出的神經具有軀體感覺和運動功能。軀體感覺 (somatosensory) 是指攜帶來自骨骼、關節、肌肉和皮膚的感覺，不同於來自內臟或特殊的感覺器官，例如眼睛和耳朵所接收的感覺。這些軀體感覺訊號主要是觸、壓、冷、熱、痛與伸張感覺等，以及很重要的本體感覺 (在 14.1e 節中提及的薄束有介紹過)。大腦使用這些訊息來調整肌肉的動作，進而保持身體的平衡和動作的協調。

這些神經的運動功能，主要是刺激骨骼肌收縮。這些神經也含有自主神經纖維，控制皮膚、肌肉和其他器官的血管，進而根據部位的需求調整血流量。

下列的表格，標示出每條神經支配的皮膚感覺區域，以及運動纖維所支配的肌肉群。第 11 章和第 12 章中的肌肉表格，提供了更詳細的肌肉說明，負責執行的動作以及神經支配。可以假設支配每條肌肉的神經，除了運動神經纖維，也具有自主神經纖維控制其血管，和接收本體感覺的感覺神經纖維。

表 14.5 腰神經叢

腰神經叢 (圖 14.19) 由神經 L1 至 L4 的腹側支和一些來自 T12 的神經纖維共同組成。腰神經叢有五個神經根和兩個神經支，不如臂叢神經復雜。主要形成的神經分述如下。

神經名稱	組成	皮膚與其他感覺支配 (感覺)	肌肉支配 (運動與本體感覺)
髂腹下神經	混合	腹部前下方與臀區後外側區域的皮膚	腹內斜肌、腹外斜肌、腹橫肌 (表 11.6)
髂鼠蹊神經	混合	大腿內側上方；男性陰囊與陰莖根；女性大陰唇等區域的皮膚	腹內斜肌
生殖股神經	混合	大腿內側；男性陰囊；女性大陰唇等區域的皮膚	男性提睪肌 (圖 26.3)
股外側皮神經	軀體感覺	大腿內側與外側上方區域的皮膚	無
股神經	混合	大腿前方、內側、外側區域以及膝蓋的皮膚；小腿與足部內側區域的皮膚；髖關節與膝關節的感覺	髂肌、恥骨肌、股四頭肌和縫匠肌 (表 12.6 和 12.7)
閉孔神經	混合	大腿內側皮膚；髖關節與膝關節的感覺	閉孔外肌與大腿內收肌群 (表 12.6)

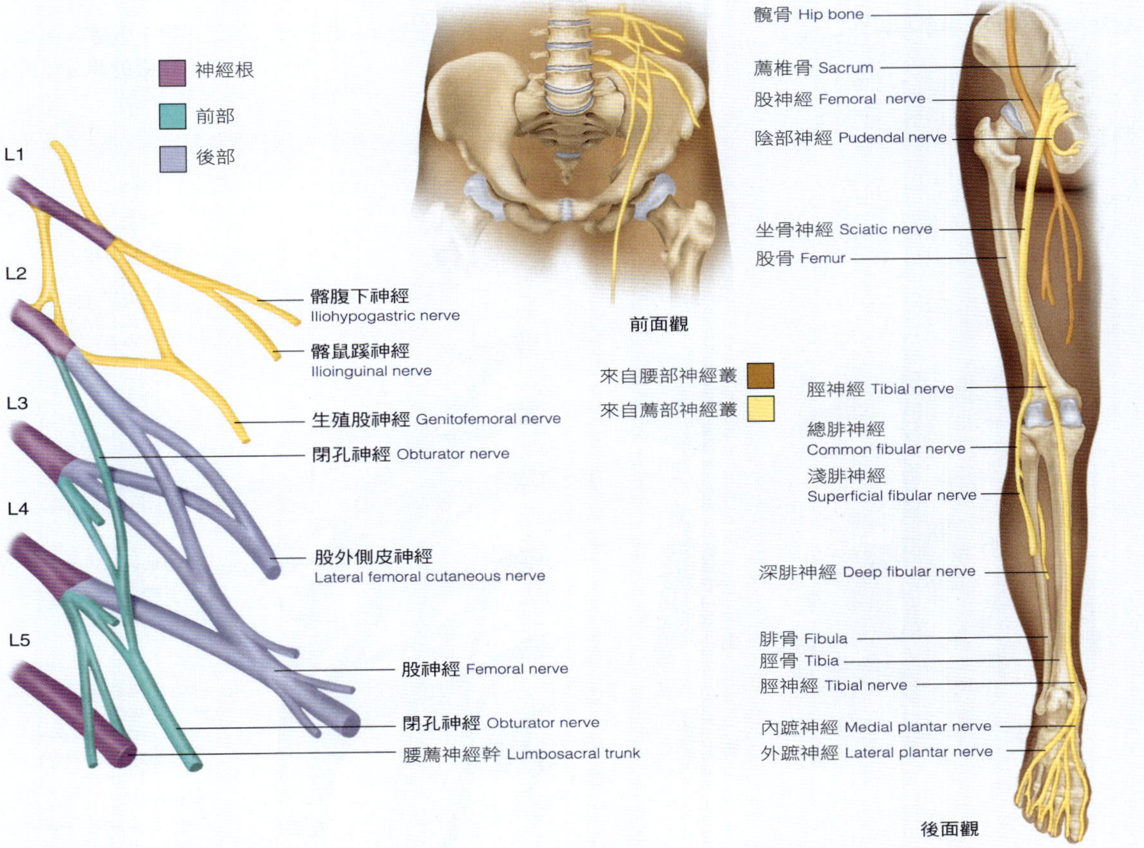

圖 14.19 **腰神經叢**。粗體字標示的神經在此表格中進一步詳細說明。AP|R

表 14.6 薦神經叢與尾神經叢

薦神經叢 (圖 14.20) 是由神經 L4、L5 和 S1 至 S4 的腹側支組合形成。薦神經叢有六個神經根，每條神經根都有前與後的分支。由於藉由*腰薦神經幹*與腰神經叢產生連結，因此有時會合併兩個神經叢稱為*腰薦神經叢*。尾神經叢是由 S4、S5 和 Co1 的腹側支形成的微小神經叢。

*脛神經*和*腓總神經*並行，由結締組織鞘包圍；因此兩者合稱為**坐骨神經** (sciatic nerve)(sy-AT-ic)。坐骨神經穿過大坐骨切迹，延伸到大腿的整個長度，並終止於膕窩。在膕窩位置，脛神經和腓總神經獨立分支，並沿著各自的路徑進入腿部。脛神經下行通過小腿，然後支配足部的內側和足底。腓總神經再分為深腓神經和淺腓神經，支配小腿外側。坐骨神經是受傷和疼痛的常見病灶 (見臨床應用 14.4)。

神經名稱	組成	皮膚與其他感覺支配 (感覺)	肌肉支配 (運動與本體感覺)
臀上神經	混合	髖關節	臀小肌、臀中肌、臀大肌和筋膜筋膜張肌 (表 12.6)
臀下神經	混合	無	臀大肌 (表 12.6)
大腿後側皮神經	軀體感覺	臀部、會陰、大腿後側與內側、膕窩、小腿後側上方的皮膚	無
脛神經	混合	小腿後側與足底的皮膚；膝關節與足部關節	腿後肌群；小腿後部肌肉 (表 12.6 和 12.7)；多數的足部內在肌肉 (藉由足底神經)(表 12.8)
腓總神經 (深腓、淺腓神經)	混合	小腿前側遠端、足背、腳趾 (I~II) 的皮膚；膝關節	股二頭肌；小腿前側與外側肌肉；足部的伸趾短肌 (表 12.7 至 12.9)
陰部神經	混合	男性陰囊與陰莖的皮膚；女性的大陰唇、小陰唇與陰道下方區域	會陰部肌肉 (表 11.8)

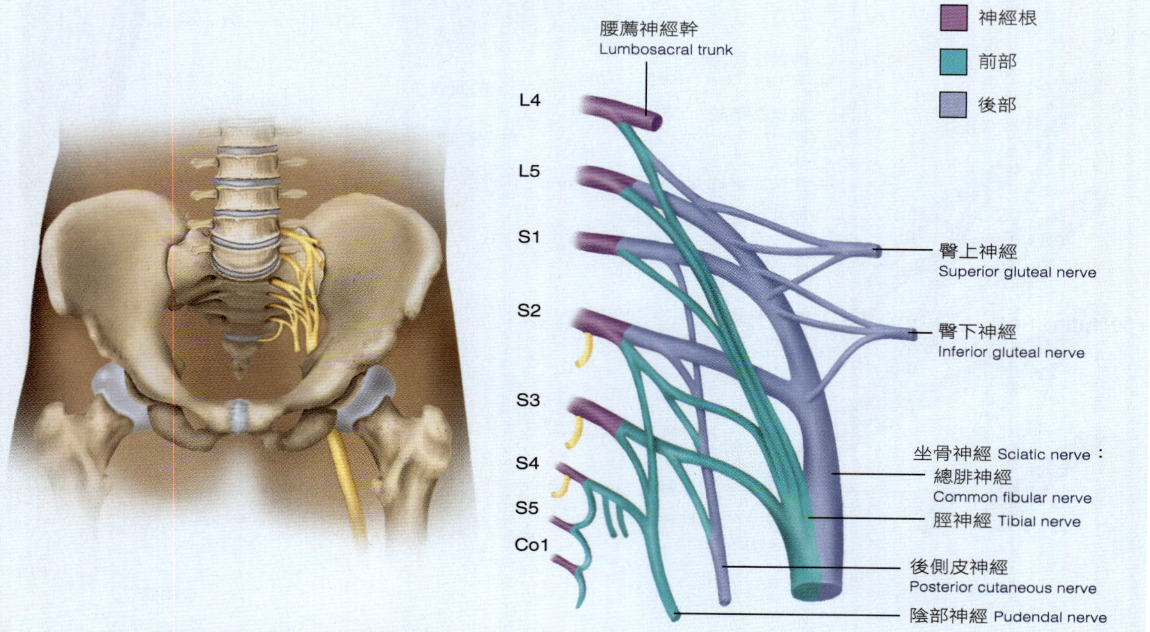

圖 14.20 薦神經叢和尾神經叢。APR

臨床應用 14.4

神經損傷

橈神經和坐骨神經特別容易受到傷害。因為橈神經穿過腋窩，可能因為拐杖調整或使用不當，而使橈神經與肱骨產生壓迫，進而導致*拐杖癱瘓* (crutch paralysis)。此外有人試圖矯正肩膀脫臼，而將腳放在腋下，然後拉直手臂，這種令人懷疑的嘗試方法，也會發生使橈神經發生類似的傷害。橈神經損傷的後果之一就是*垂腕症* (wrist drop)，手指、手部和手腕長期處於彎曲狀態，因為橈神經支配的伸肌癱瘓無力。

位於臀部和大腿後方的坐骨神經 (見表 14.6)，由於其位置和長度，是體內最容易受傷的神經。坐骨神經的創傷會產生*坐骨神經痛* (sciatica)，這是一種劇烈的疼痛，從臀部區域經過大腿和小腿後側一直延到腳踝。90% 的病例是由於椎間盤突出，或是低位脊柱的骨關節炎引起。但坐骨神經痛也可能是由於懷孕的子宮壓迫、髖關節脫位、在臀部的錯誤區域注射，或是長時間坐在硬椅邊緣而引起。男性有時會出現坐骨神經痛，是因為經常將錢包放在臀部口袋裡，並且坐在上面而壓迫到坐骨神經。

14.2d 皮膚的神經支配和皮節

除第一對頸神經 (C1) 之外，每對脊神經負責特定皮膚區域的感覺接收，稱為「**皮節**」(dermatome)[20]，皮節源自 4.2b 節中所描述的胚胎皮節。*皮節圖* (dermatome map)(圖 14.21) 是每對脊神經支配的皮膚區域的示意圖。但是，這樣的圖過於簡單了，因為皮節在其邊緣重疊多達 50%。因此，截斷一條感覺神經根，並不會使其負責的皮節區域完全失去感覺。要使特定區域的皮節失去感覺，必須切斷或麻醉三個連續的脊神經根。脊髓損傷部位的評估，可通過針刺皮膚，並評估患者沒有感覺的皮節區域。

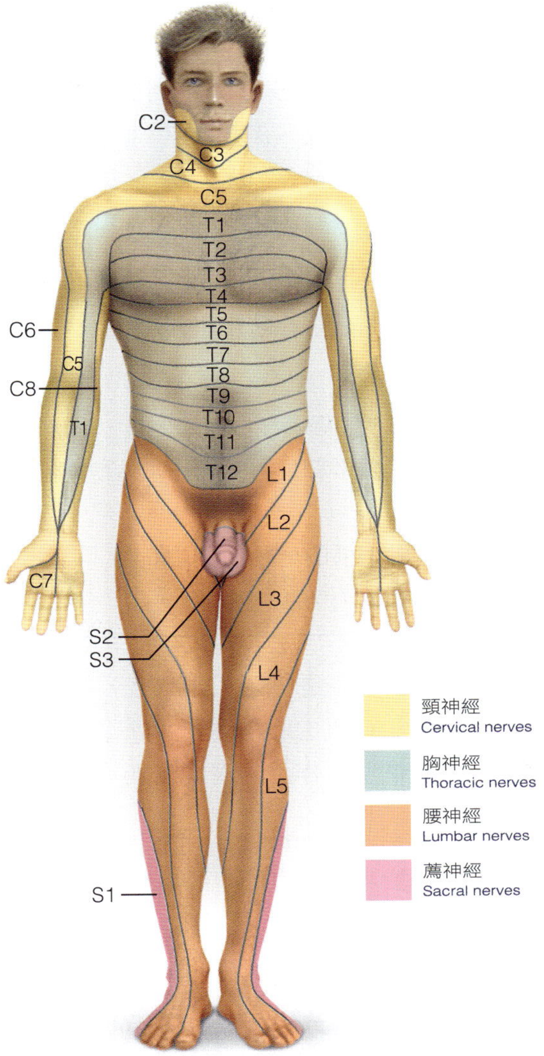

圖 14.21 **身體前面的皮節圖**。皮膚的每個區域都由相對應的脊神經感覺分支支配。脊神經以不同顏色標示。第一對頸神經 (C1) 不支配皮膚。

在你繼續閱讀之前

回答下列問題，以檢驗你對上節內容的理解：

6. 說明什麼是脊柱的前根與後根？其中何者是感覺，何者是運動？
7. 後根的神經細胞本體位於何處？前根的神經細胞本體位於何處？

---

20 *derma* = 皮膚；*tome* = 節段，部分

8. 列出脊神經的五個神經叢，並列出每個神經叢的位置。
9. 指出哪個神經叢會分支出下列的神經：腋神經、髂腹股溝神經、閉孔神經、膈神經、陰部神經、橈神經和坐骨神經。

14.3 軀體反射

預期學習成果

當您完成本節後，您應該能夠

a. 定義反射，並解釋反射與其他運動動作有何不同；
b. 描述典型反射弧的一般組成；和
c. 描述反射弧的一些常見變化。

反射 (reflex) 是快速、非意識，對於刺激引發腺體分泌或肌肉收縮的制式動作。這個定義總結了四個反射作用的構成要素：

1. 反射需要刺激 (stimulation)：不是自發的動作，而是對感覺訊息產生的反應。
2. 反射作用快速 (quick)：通常涉及很少的聯絡神經元和最少的突觸延遲。
3. 反射是非意識 (involuntary)：經常是無意識地發生，因此反射很難被抑制。給予足夠的刺激，反應基本上是自動發生。您可能會意識到刺激引起了反射動作，這種意識能使您修正或避免危險的情況，但是此意識並非反射的一部分。意識的產生通常是在反射動作已經完成之後，即使脊髓已經被切斷，因此沒有刺激到達大腦，仍有一些反射會發生。
4. 反射是制式的 (stereotyped)：基本上每次反射的路徑與動作都相同，不像我們的學習和自願行為會產生變化；反射作用是可預測的。

內臟反射 (visceral reflexes) 是指腺體、心肌和平滑肌的反應。它們是由自主神經系統控制，將在 16.1b 節中詳細討論。**軀體反射** (somatic reflexes) 是指骨骼肌的反應，例如從被火爐燙到時快速收回手部，或採到尖物時快速抬腿等。是由軀體神經系統負責控制。傳統上，稱為脊髓反射 (spinal reflexes)，這是一種誤解，其原因有兩個：(1) 脊髓反射不完全是軀體的；脊髓也參與自主 (內臟) 反射。(2) 某些軀體反射是由大腦主導而不是脊髓。

從解剖學的角度簡要討論軀體反射。軀體反射採用一種相當簡單的神經路徑，稱為**反射弧** (reflex arc)，從感覺神經傳到脊髓或腦幹，然後再回到骨骼肌。反射弧的組成，分述如下 (圖 14.22)：

1. 軀體的感受器 (somatic receptors)：皮膚、肌肉或肌腱中的感覺感受器。這些包括在皮膚內簡單的痛覺與溫度覺的神經末梢，以及位於骨骼肌內部稱為肌梭 (muscle spindles) 的特殊伸張感受器 (請參閱 17.1b 節)。
2. 傳入的神經纖維 (afferent nerve fibers)：將感覺感受器接收的訊息傳入脊髓的後角。
3. 訊息整合中心 (integrating center)：位於脊髓或腦幹灰質中的神經集合體。在大多數反射弧中，訊息整合中心會有一個或多個聯絡神經元。整合中心會彙整突觸的訊息，以決定運動神經元是否向肌肉發出訊號。
4. 傳出的神經纖維 (efferent nerve fibers)：起源於脊髓前角的運動神經元，可以向骨骼肌傳遞運動衝動。
5. 骨骼肌 (skeletal muscles)：軀體的動作器，對刺激產生反應。

最簡單的反射弧類型，是沒有聯絡神經元參與的。傳入神經元直接與傳出神經元形成突觸，因此這種途徑又稱為**單突觸反射弧** (monosynaptic reflex arc)。突觸延遲最小，並且反應特別快。大多數反射弧，有一個或多個

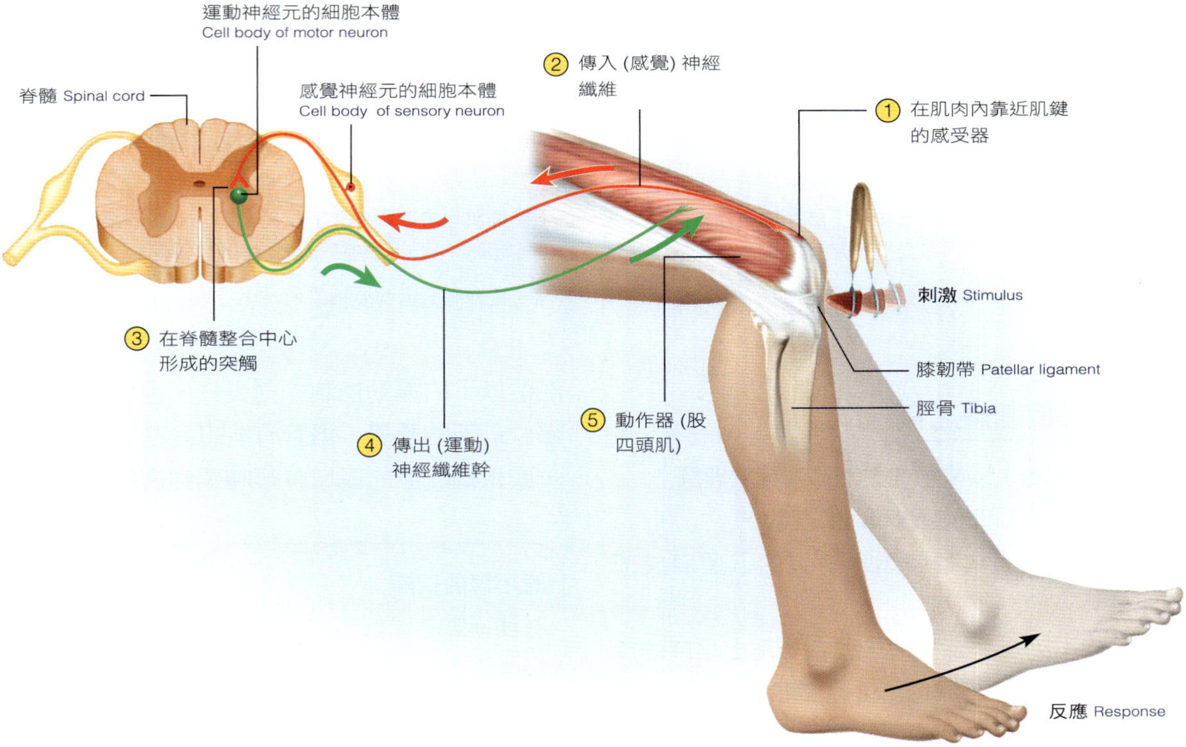

圖 14.22 **代表性反射弧**。膝跳反射的單突觸反射弧。此反射路徑是最簡單的形式。一般的反射動作，需要許多傳入和傳出神經纖維參與。

• 此圖顯示膝跳反射的運動輸出傳遞到股四頭肌。為了使膝跳反射將小腿抬起，還必須抑制同側的大腿後側肌肉，使其放鬆，此處未顯示的此抑制途徑。請解釋這種抑制性反射的必要性。APR

聯絡神經元參與，因此涉及許多突觸的多神經迴路。這樣的反射弧會產生更長時間的肌肉反應，並且通過發散迴路，可能會一次刺激多條肌肉。

應用您的知識

在單突觸反射弧中，其實有第二個突觸的存在，請確認其位置。

如圖 14.22 所示的反射為**同側反射** (ipsilateral reflex)，因為中樞神經系統的訊息的輸入和輸出都在身體的同一側。其他如交叉伸肌反射 (crossed extension reflex)(表 14.7) 則稱為**對側反射** (contralateral reflexes)，因為感覺訊息從身體一側的脊髓輸入，運動反應從對側輸出。另一種稱為**節間反射** (intersegmental reflex)，感覺訊號進入脊髓，運動輸出卻是在較高或較低的脊髓節段。例如，腳踩到尖物將腳抬起，感覺訊號從角間傳入脊髓的薦椎段，運動訊號則是由較高位的脊髓的腰段傳出，並且到達腰部與大腿肌肉將腳縮回，同時會彎曲腰部，使身體重心轉移到另一隻腿，以防止跌倒。

表 14.7 描述了幾種軀體反射。這些反射主要由大腦和小腦控制，但脊髓也調控這些反射，即使脊髓從大腦被切斷，反射仍然存在。如果刺激是突然且劇烈的，脊髓的調控會更明顯，如臨床測試的膝跳反射 (knee-jerk reflex) 和其他伸張反射。

表 14.7 軀體反射

伸張反射	當肌肉被拉伸時會刺激該肌肉收縮維持張力的反射動作。具有保持平衡和維持姿勢，穩定關節，並使關節運動更加順暢和協調的作用。膝跳反射 (圖 14.22) 是最常見的脊髓的單突觸反射
屈肌反射	當肢體受到傷害性的刺激時，會使肢體的屈肌收縮，進而導致肢體縮回的反射動作。例如燒傷或針刺刺激
交叉伸直反射	當一側的下肢屈肌收縮縮回時，另一側下肢伸肌也會收縮伸直的反射動作。伸肌收縮可以使下肢直立穩定，所以當一側的腳從地面縮回抬起時，另一側的腳可以支撐不會摔倒
肌腱反射	當肌肉收縮太強，導致肌腱被過度繃緊時，會抑制肌肉收縮的反射，以防止肌腱受傷

在你繼續閱讀之前

回答下列問題，以檢驗你對上節內容的理解：

10. 定義反射。區分軀體和內臟反射。
11. 列出並定義典型軀體反射弧的五個組成部分。
12. 針對下列反射，描述一種在功能上相關的情況：同側反射、對側反射和節間反射。

14.4 臨床觀點

預期學習成果

當您完成本節後，您應該能夠

a. 描述脊髓損傷造成的一些影響；以及
b. 定義癱瘓的種類，並且解釋這些種類的不同在基本上有何差異。

在 13.5b 節中描述了一些脊髓的發育異常。在兒童和成人中，最常見的脊髓疾病是外傷。在美國，每年通常有 10,000 至 12,000 人，常因椎骨骨折導致脊髓損傷而癱瘓。高危險群是男性從 16 歲到 30 歲，因為他們具有高危險的動作行為。其中 55% 的脊椎受傷是來自汽車和摩托車事故，18% 來自體育運動，15% 來自槍擊和刺傷。老年人容易跌倒，也處於高風險。在戰爭時期，因戰爭導致的脊髓損傷也占很高比例。

脊髓完全橫斷 (transection)，會導致受傷部位以下的運動控制立刻喪失，也會失去受傷部位以下的感覺，儘管有些患者在受傷部位的一或兩個皮節的區域會暫時感到灼痛。

應用您的知識

脊髓橫斷在第四頸椎 (C4) 以上通常會引發呼吸癱瘓 (respiratory paralysis)，但脊髓橫斷在第五頸椎 (C5) 以下，卻不會發生。請說明。

在脊髓橫斷的早期階段，患者會出現一種綜合症狀，稱為**脊髓休克** (spinal shock)。受傷部位以下的肌肉出現鬆弛性癱瘓 (flaccid paralysis)(無法收縮)，以及反射作用喪失。因為缺乏高位的中樞神經系統的刺激。事故發生後的 8 天至 8 週內，患者通常缺乏膀胱和結腸的反射，因此導致尿液和糞便滯留。此外，如果交感神經也受損，則患者可能會導致*神經性休克* (neurogenic shock)，因為血管無法收縮，導致血管擴張，進而使血壓下降過低。脊髓休克可能持續幾天到 3 個月，但通常持續 7 到 20 天。

隨著脊髓休克的消退，最初開始從腳趾到腳和腿出現軀體反射。自主神經反射也會再現。與早期的尿液和糞便滯留相反，患者現在有相反的問題，大小便失禁，因為直腸和膀胱對擴張反應會反射性排空。軀體和自主神經系統通常都表現出誇張的反射，稱為*反射亢進* (hyperreflexia)。例如，刺激膀胱的膨脹或是皮膚的觸摸，可能引發極端的心血管反應，收縮壓正常在 120 mm Hg 左右，會上升達 300 mm Hg，有時甚至會導致中風。當主要動脈管壁的壓力接受器，感覺到血壓上升後，會反射減慢心跳的速度，有時速度可低至每分鐘 30 或 40 次，稱為*心搏過緩* (bradycardia)。男性剛開始，會失去勃起與射精的能力，可能會在以後恢復這些功能，並有生育能力，但仍然缺乏性的愉悅感。

脊髓損傷最嚴重的永久性傷害是癱瘓。隨著反射的重新出現，缺乏大腦的抑制作用。因此，脊髓休克最初出現的鬆弛性癱瘓改變為痙攣性癱瘓 (spastic paralysis)。通常開始於髖部和膝蓋的慢性彎曲 (*屈肌痙攣*)，然後發展為一種四肢伸直而僵硬 (*伸肌痙攣*) 的狀態。三種形式的肌肉癱瘓：1. **截癱** (paraplegia)，脊髓損傷在 T1 至 L1，引起的兩側下肢癱瘓；2. **四肢癱瘓** (quadriplegia)，脊髓損傷在 C5 級以上，引起上肢與下肢全部癱瘓；3. **偏癱** (hemiplegia)，身體一側癱瘓麻痺，通常不是由脊髓損傷引起的，而是由中風或其他腦部病變引發。脊髓損傷如果發生在 C5 到 C7。可能產生部分四肢癱瘓的狀態，就是下肢完全癱瘓，上肢則部分麻痺 (輕癱或無力)。

脊髓損傷的治療是醫學研究重要的領域，原先因受損而死亡的脊髓組織，因為多功能幹細胞的應用，為受損的脊髓組織能夠再生，提供一線曙光，希望能使脊髓的功能恢復。

表 14.8 描述了一些脊髓和脊髓神經的傷害和其他疾病。

在你繼續閱讀之前

回答下列問題，以檢驗你對上節內容的理解：

13. 描述脊髓休克的病徵。
14. 描述鬆弛性癱瘓與痙攣性癱瘓的差異。
15. 説明截癱、四肢癱瘓和偏癱的原因。

表 14.8 脊髓和脊神經的一些疾病

格林—巴利症候群	一種急性脫髓鞘神經疾病，通常由病毒感染引起，導致肌肉無力、心跳加速、血壓不穩定、呼吸短促、有時會因呼吸癱瘓而死亡
神經痛	神經疼痛的總稱，通常由椎間盤突出或是其他原因，造成脊神經受壓迫而引起
感覺異常症	在沒有實際刺激的情況下出現發癢、灼熱、麻木或刺痛的異常感覺；神經外傷或其他周邊神經疾病常見的症狀
周邊神經病變	由於神經損傷而導致的任何感覺或運動功能喪失；也稱為*神經性麻痺*
狂犬病 (恐水症)	這種疾病通常是由動物叮咬引起的，涉及病毒感染，這種病毒感染通過軀體運動神經纖維傳播至中樞神經系統，然後經由自主神經纖維離開中樞神經系統，導致癲癇、昏迷和死亡；如果在出現中樞神經系統症狀之前未得到治療，很容易致命
脊髓膜炎	由於病毒、細菌或其他感染引起的脊髓膜發炎

您可以在以下地方找到討論的其他脊髓和神經疾病。

肌肉萎縮性側索硬化症 (臨床應用 14.2)	痲瘋病 (臨床應用 17.1)	坐骨神經痛 (臨床應用 14.4)
腕隧道症候群 (臨床應用程序 12.2)	多發性硬化症(臨床應用 13.2)	帶狀疱疹 (臨床應用 14.3)
拐杖癱瘓 (臨床應用 14.4)	截癱 (14.4 節)	脊柱裂 (13.5b 節)
糖尿性神經病變 (臨床應用 17.1)	脊髓灰質炎 (臨床應用 14.2)	脊髓創傷 (14.4 節)
偏癱 (14.4 節)	四肢癱瘓 (14.4 節)	

學習指南

評估您的學習成果

為了測試你的知識，請與學習夥伴討論以下話題，或以書面形式討論，最好是憑記憶。

14.1 脊髓

1. 脊髓的四個功能，以及與神經束、中樞模式發生器以及反射弧的關係。
2. 脊髓的範圍與脊椎骨之間的關係，馬尾的位置和組成。
3. 脊髓的四個區域和他們命名的依據。
4. 脊髓段 (segment) 是什麼意思。
5. 脊髓的頸部膨大與腰薦膨大的位置和功能。
6. 三層腦脊膜與脊髓的關係，硬膜外腔、硬膜鞘、蜘蛛膜下腔，齒狀韌帶、尾骨韌帶以及腰池之間的關係。
7. 從脊髓橫切面說明灰質與白質的位置，以及其組織的組成。
8. 說明脊髓灰質的後角、前角、外側角的位置和功能差異。
9. 說明脊髓白質的神經束和神經徑。
10. 脊髓上行神經徑的一般功能；神經徑的命名原則；神經徑的名稱、位置和功能。
11. 說明一階到三階神經元的特徵；上行神經徑有哪些交叉；以及這種交叉如何影響大腦半球和下肢感覺訊號之間的關係。
12. 脊髓下行神經徑的一般功能；神經徑的命名原則；神經徑的名稱、位置和功能。
13. 說明上和下運動神經元的特徵；下行神經徑有哪些交叉；以及這種交叉如何影響大腦半球和下肢運動控制的關係。

14.2 脊神經

1. 描述神經的結構，包括它的三層結締組織，以及這三層結締組織如何將神經組織包圍成束。
2. 比較傳入和傳出的神經纖維；軀體和內臟的神經纖維；以及一般和特殊的神經纖維。
3. 比較感覺型、運動型和混合型的神經。
4. 神經節的結構；神經節所在位置；神經節和神經之間的關係。
5. 脊神經的數量，以及如何命名和編號。
6. 說明脊神經近端部分的結構，包括其後根、前根、脊髓小根與背根神經節；以及後根和前根與脊髓的後角和前角的關係。
7. 說明脊神經遠端部分的結構，特別是其分支，後支、前支和腦膜支，以及這三個分支分別支配的構造。
8. 描述脊神經的五個神經叢：它們的名稱、位置和結構；以及有哪些神經是從神經叢發出的；以及這些神經所支配的構造 (表 14.3 至 14.6)。

14.3 軀體反射

1. 反射的一般特徵，以及內臟反射與軀體反射有何不同。
2. 反射弧的組成，以及軀體反射的傳入和傳出的路徑。
3. 比較單突觸反射弧和多突觸反射弧之間的差異。
4. 比較同側反射，對側反射和節間反射之間的差異，舉例說明每種反射類型。
5. 說明伸張反射、屈肌反射、交叉伸肌反射和肌腱反射。

14.4 臨床觀點

1. 脊髓損傷的原因和危險因素。
2. 脊髓損傷的影響，包括脊髓休克、反射亢進以及鬆弛和痙攣性癱瘓。
3. 說明截癱、四肢癱瘓和偏癱的區別，以及病因和受影響的身體部位。

回憶測試

1. 在第二腰椎 (L2) 以下，何者會占據脊椎管腔
   a. 終絲　d. 脊髓圓錐
   b. 下行神經徑　e. 馬尾
   c. 薄束
2. 下列何者，不是由臂神經叢所發出
   a. 腋神經　d. 正中神經
   b. 橈神經　e. 尺神經
   c. 閉孔神經
3. 在硬膜和脊椎骨之間，最有可能找到何種組織
   a. 蜘蛛膜　d. 脂肪組織
   b. 齒狀韌帶　e. 海綿骨
   c. 軟骨
4. 下列何者傳送維持姿勢的運動訊息？
   a. 薄束　d. 前庭脊髓徑
   b. 楔狀束　e. 頂蓋脊髓徑
   c. 脊髓丘腦徑
5. 患者的槍傷引起的骨碎片造成脊髓的損傷。現在，患者從該處身體以下，感覺不到疼痛或溫度。下列何者最有可能已損壞。
   a. 薄束　d. 外側皮質脊髓徑

b. 內側蹄系 e. 脊髓丘腦徑
c. 頂蓋脊髓徑

6. 下列何者不是脊髓的區域？
   a. 頸部 d. 腰部
   b. 胸部 e. 薦椎部
   c. 骨盆部
7. 在脊髓中，下運動神經元的細胞本體位於
   a. 馬尾馬 d. 背根神經節
   b. 後角 e. 神經束
   c. 前角
8. 包覆神經最外層的結締組織稱為
   a. 神經外膜 d. 蜘蛛膜
   b. 神經周膜 e. 硬膜
   c. 神經內膜
9. 在肋骨之間的肋間神經，從哪個脊髓神經叢發出？
   a. 頸神經叢 d. 薦神經叢
   b. 臂神經叢 e. 以上皆非
   c. 腰神經叢
10. 所有的軀體反射都具有以下所有特性，何者除外
   a. 傳導很快 d. 非意識控制的
   b. 單突觸的 e. 是制式的
   c. 需要刺激
11. 在中樞神經系統外，神經元的神經細胞本體聚集膨大的構造稱為______。
12. 在椎間孔的遠端，脊神經分支成後和前______。
13. 小腦接收從肌肉和關節的感覺傳入，是通過脊髓的______徑。
14. 下肢的運動神經支配，最主要是來自______神經叢。
15. 脊髓中稱為______的神經迴路，負責步行時有規律的肌肉收縮。
16. ______神經源自於頸神經叢，並支配橫膈。
17. 神經纖維或神經徑，從 CNS 的右側交叉到左側，反之亦然，稱為______。
18. 閉上眼睛，對身體位置和動作仍有感覺，此感覺稱為______。
19. ______神經節含有感覺神經元的細胞本體，負責將感覺訊號傳到脊髓。
20. 坐骨神經是由兩條神經組合而成，分別是______和______神經。

答案在附錄 A

建立您的醫學詞彙

說出每個詞彙的含義，並從本章中給出一個使用該詞彙的醫學專有名詞或稍微的改變該詞彙。

1. caudo-
2. contra-
3. later-
4. proprio-
5. gracil-
6. myelo-
7. a-
8. -itis
9. phreno-
10. tom-

答案在附錄 A

這些陳述有什麼問題？

簡要說明下列各項陳述為什麼是假的，或將其改寫為真。

1. 薄束是一個下行的脊髓神經束。
2. 成人脊髓的末端位在第五腰椎 (L5) 的脊椎管內
3. 脊髓中的所有神經訊號都是由下往上傳遞，再傳到大腦。
4. 一些脊神經是感覺型，而另一些則是運動型。
5. 脊髓的硬膜緊緊地貼附著脊椎骨。
6. 所有的脊髓反射都非常快，因為訊號從輸入神經元到輸出神經元，只需穿過一個突觸即可。
7. 呼吸運動取決於支配橫膈的膈神經，膈神經源自臂神經叢。
8. 皮節是由不同的脊神經支配的皮膚區域。區域之間不會重疊。
9. 大腦不會有軀體反射。
10. 如果脊髓在頸部被切斷，脊髓的軀體反射將不再發生。

答案在附錄 A

測試您的理解力

1. 吉利安從馬背上摔出。她下巴著地，導致頸部嚴重過度伸展。緊急醫療人員正確地固定了她的脖子並且將她送往醫院，但她在到達醫院後 5 分鐘死亡。屍體解剖顯示頸椎 C1、C6 和 C7 的椎骨

骨折，而且脊髓廣泛受損。假設僅這些事實就可以解釋她的死，請解釋為什麼她會死亡，而不是四肢癱瘓。

2. 華萊士是狩獵事故的受害者。一顆子彈掠過了他的脊椎骨，骨頭碎片切斷了他的左側胸段 T8 至 T10 的脊髓。自事故以來，華萊士經歷了一種稱為解離性感覺喪失 (dissociated sensory loss) 的疾病。在受傷部位以下的*左*側身體，對於深壓沒有感覺；而受傷部位以下的*右*側身體，則對於疼痛感或加熱沒有感覺。說明這次損傷影響了哪些脊髓神經徑，以及為什麼這些感覺喪失，是身體的不同側。
3. 安東尼陷入了幫派的械鬥。當攻擊者持刀，他轉向逃跑，但絆倒了。攻擊者持刀刺進他的右臀內側。他的右腿功能全部喪失，無法伸展臀部、彎曲膝蓋或是移動他的腳。這些喪失的功能完全無法恢復。解釋安東尼最有可能損傷到什麼神經。
4. 直立站著，右肩和臀部牢牢靠在牆上。抬起你的左腳離開地板，而不會失去與牆的接觸。怎麼了？為什麼？這現象說明了本章的什麼原理？
5. 當患者需要肌腱移植時，外科醫生有時會使用掌長肌的肌鍵，因為此肌肉在前臂的肌肉中相對較不重要。正中神經就在此肌肉附近，看起來與此肌肉的肌鍵非常相似。在某些情況下外科醫生錯誤地切除了一節正中神經而不是肌腱。你認為這樣的錯誤，病人會出現什麼影響？

在大腦的側面視圖顯示大腦白質神經束的分佈影像。

CHAPTER 15

神經系統 III
腦部和腦神經

馮琮涵

章節大綱

15.1 腦部的概述
- 15.1a 主要標記
- 15.1b 灰質與白質
- 15.1c 腦脊膜
- 15.1d 腦室和腦脊髓液
- 15.1e 血液供應和腦屏障系統

15.2 後腦和中腦
- 15.2a 延腦
- 15.2b 橋腦
- 15.2c 中腦
- 15.2d 網狀結構
- 15.2e 小腦

15.3 前腦
- 15.3a 間腦
- 15.3b 大腦
- 15.3c 腦部的整合功能

15.4 腦神經
- 15.4a 輔助記憶腦神經的名稱
- 15.4b 腦神經的分類
- 15.4c 神經路徑

15.5 發育和臨床觀點
- 15.5a 老化的中樞神經系統
- 15.5b 兩種神經退化性疾病

學習指南

臨床應用

15.1 腦膜炎
15.2 追踪白質的神經徑
15.3 中風
15.4 一些腦神經疾病

複習

要瞭解本章，您可能會發現複習以下概念會有所幫助：

- 顱骨解剖構造 (7.2a 節)
- 神經膠細胞及其功能 (13.3 節)
- 中樞神經系統的胚胎發育 (13.5a 節)
- 脊髓的神經徑 (14.1e 節)
- 神經和神經節的結構 (14.2a 節)

Anatomy & Physiology REVEALED
aprevealed.com

模組 7：神經系統

腦部的神秘感繼續吸引著現代生物學家和心理學家，如同古代的哲學家也是如此。亞里士多德認為大腦僅僅是用來冷卻血液的散熱器，但更早以前，希波克拉底曾表示出一種更準確的觀點。他說：「人們應該都知道，只有大腦才能感受快樂、喜悅、歡樂和笑話，以及悔恨、痛苦、悲傷和眼淚。特別的是通過它，我們可以思考、看見與聽見，並且可以區分醜陋與美麗，區分好與壞，區分快樂與不快樂。」

腦部功能如此強大，且與生死相關。人類認為大腦活動的停止，臨床上就被認定是死亡，即使身體其他器官仍在運轉。憑藉著數百個神經集合體和數兆個突觸，大腦執行著精密複雜的工作，超出了我們目前的理解。儘管如此，我們所有的心理功能，無論多麼複雜，終歸都是基於第 13 章中所描述的細胞活動。心智或人格與大腦細胞功能之間的關係是一個重大的問題，將提供豐富的素材，給未來長遠的科學研究和哲學思辨。

本章是描述腦部和與腦連接的腦神經。在這裡，我們將探討運動控制、感覺、情感、思想、語言、個性、記憶、夢想和計劃的一些奧秘。對本章的研讀將是你的大腦試圖瞭解大腦的嘗試。

15.1 腦部的概述

預期學習成果

當您完成本節後，您應該能夠

a. 描述腦部解剖構造的主要分部和重要的標記；
b. 陳述腦部的灰質與白質的位置；
c. 描述腦部的腦脊膜構造；
d. 描述充滿液體的腦室系統構造；
e. 說明腦脊髓液在腦室系統內的產生、流動和功能；和
f. 解釋腦屏障系統的重要性。

比較中樞神經系統的演化，從最簡單的脊椎動物進化到人類，脊髓的變化很小，然而大腦的變化卻是非常不同。在魚類和兩棲動物，腦部的重量與脊髓的重量大致相等，但是在人類，腦部卻是脊髓的 55 倍重。男性的腦部平均約 1,600 g (3.5 磅) 和女性的腦部平均約 1,450 g。腦部重量與身體大小成正比，與智力高低無關。尼安德塔人比現代人有更大的腦部。

人腦對自身的評價很高，通常聲稱是宇宙中已知最複雜的物體。人腦跟其他物種腦相比較是最精密的，對環境的意識，對環境變化的適應性，快速執行複雜的決策，精細的運動控制，身體的活動性和行為複雜性。在人類進化過程中，大腦在視覺、記憶、抽象的思維和手部抓握的運動控制，都顯示出最大的增長。

15.1a 主要標記

在我們學習腦部特定區域的構造和功能之前，對主要標記的概述與瞭解，將會是有幫助的 (圖 15.1 和 15.2)。這些標記將為我們進行更詳細的研究時，提供重要的參考依據。

用於描述腦部解剖結構的兩個方向性術語是吻端和尾端。**吻端** (rostral)[1] 表示「朝向嘴巴」，而**尾端** (caudal)[2] 表示「朝著尾巴」。這些術語對動物是恰當的描述，例如實驗老鼠，進行了很多神經科學的研究。這些方向術語在人類神經解剖學說明中也保留使用。但在描述人腦時，吻端是指朝向前額，尾端是指朝向脊髓。舉例來說，脊髓和腦幹都在垂直方位上，吻端表示位置較高，尾端表示位置較低。

腦部 (brain) 分為三個主要部分：大腦、

1 *rostr* = nose 鼻子
2 *caud* = tail 尾巴

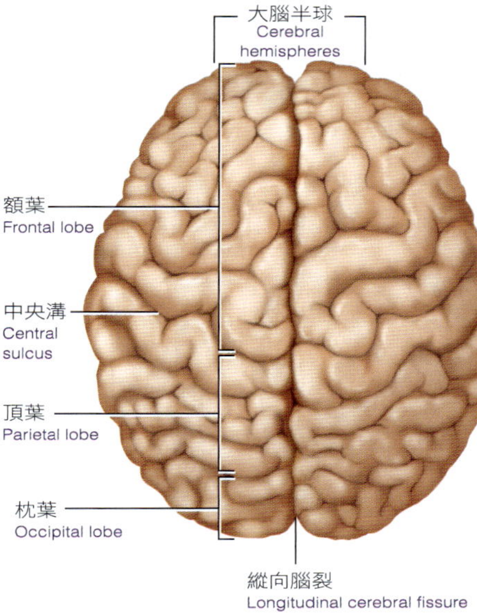

(a) 上面觀

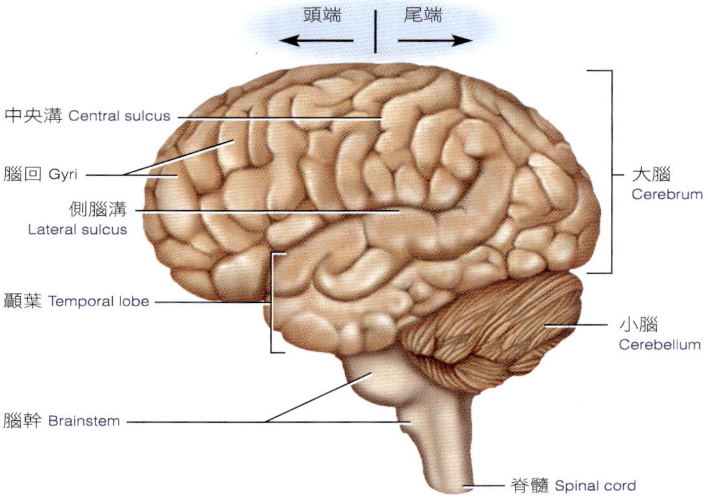

(b) 側面觀

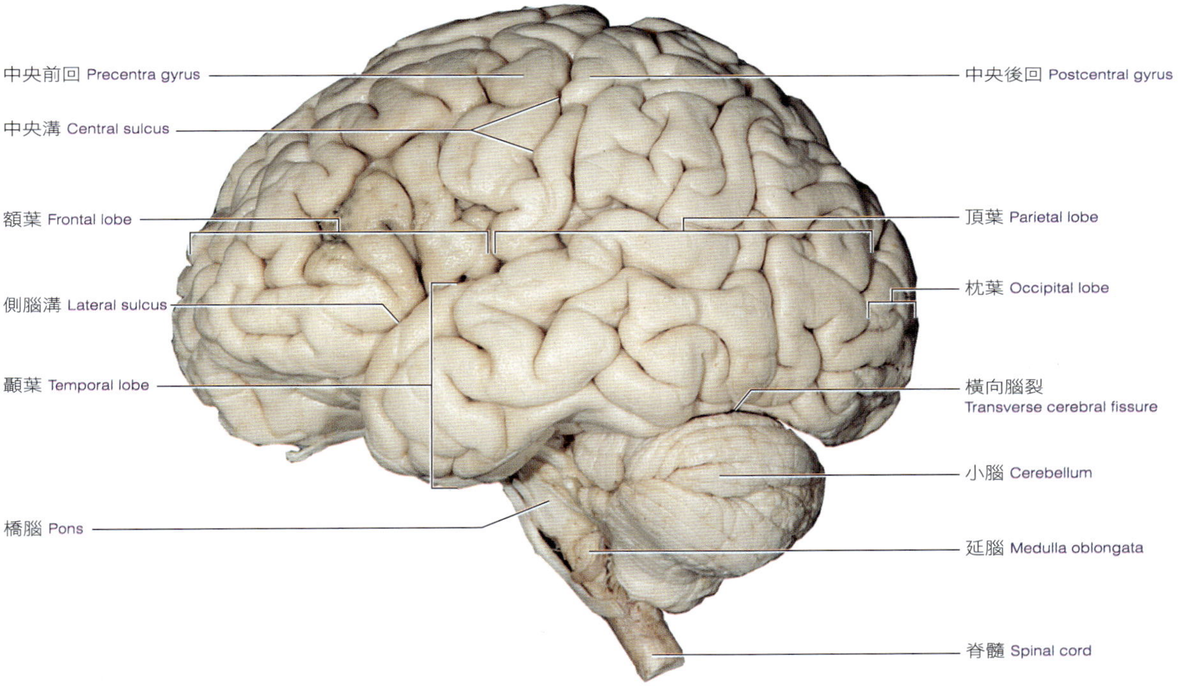

(c) 側面觀

圖 15.1 腦部的表面解剖構造。(a) 大腦半球的俯視圖；(b) 左側視圖；(c) 大體解剖的腦部側面圖。APR

(c) ©McGraw-Hill Education/Rebecca Gray, photographer

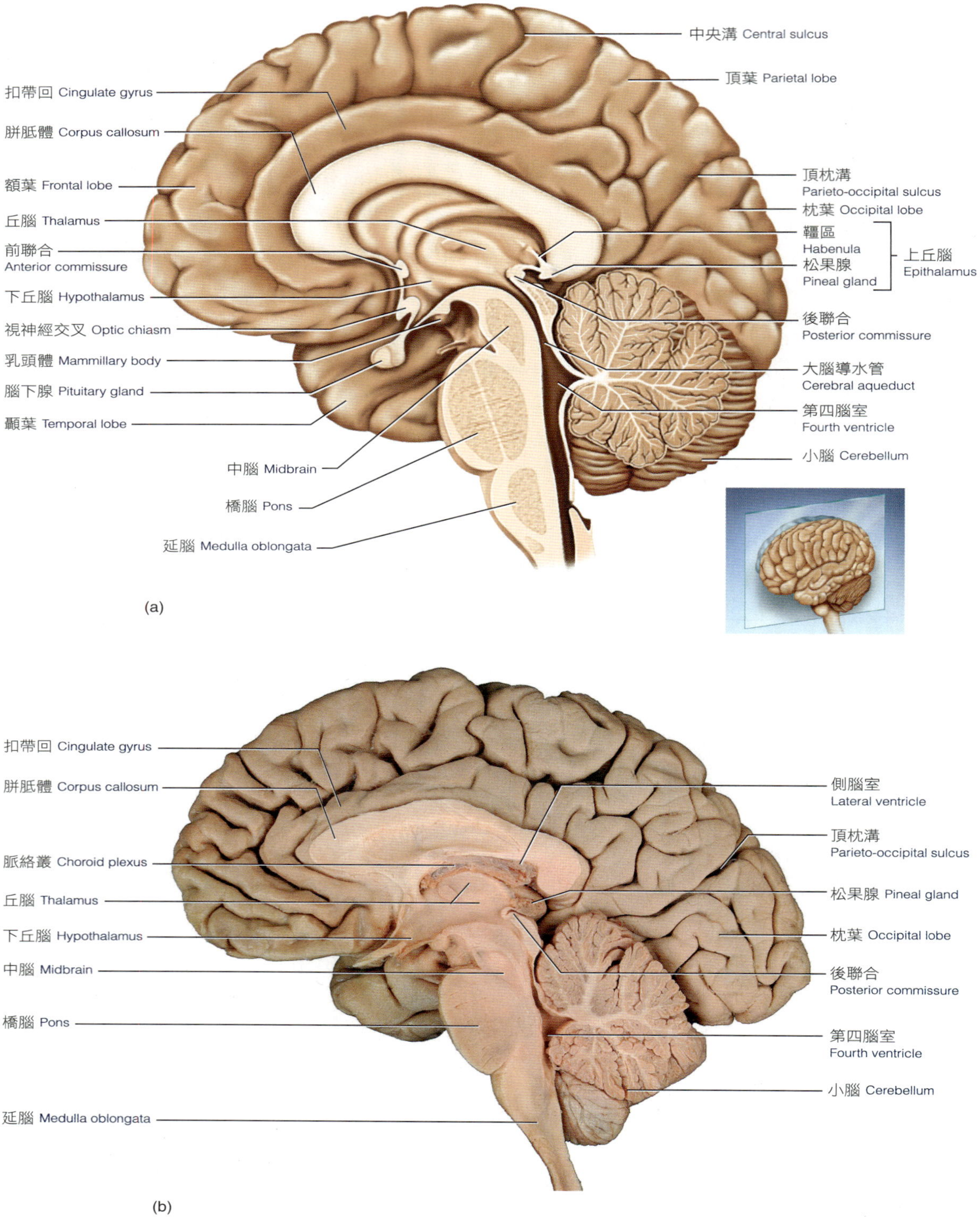

圖 15.2　腦部內側的構造。(a) 正中切面，左側視圖；(b) 大體腦部的正中切面。除了大腦皮層之外，其他部位都有增強顏色使其凸顯。APIR

(b) ©McGraw-Hill Education/Christine Eckel

小腦和腦幹。**大腦** (cerebrum)(seh-REE-brum or SER-eh-brum) 約占腦部體積的 83%，由一對**大腦半球** (cerebral hemispheres) 組合而成。每個大腦半球表面都有明顯的皺褶，稱為**腦回** (gyri)[3] (JY-rye；單數，gyrus)。腦回之間的凹溝，稱為**腦溝** (sulci)[4] (SUL-sye；單數，sulcus)。在左右半球之間有一個很深的凹槽，稱為**縱向腦裂** (longitudinal cerebral fissure)，將左右半球隔開。在縱向腦裂的底部，有一束很厚的神經纖維，稱為**胼胝體** (corpus callosum)[5]，連接著左右大腦半球，是一個重要的解剖構造 (圖 15.2)。

小腦 (cerebellum)[6] (SER-eh-BEL-um) 位於大腦下方，在顱後窩的位置。小腦與大腦之間有**橫向腦裂** (transverse cerebral fissure) 將兩者隔開。小腦也有許多腦回、腦溝與腦裂。小腦是腦部的第二大區域，體積大約占腦部體積的 10%，但是小腦的神經元數量非常多，超過腦部神經元數量總和的 50%。

大腦的第三主要部分是**腦幹** (brainstem)，腦部最小的部分，但是對於生存是不可或缺的。因為腦幹具有維持生命的基本功能，所以腦幹中風或是損傷，會比大腦或是小腦損傷，更可能致命。這本書的作者對於腦幹的定義，是指除了大腦與小腦之外，腦部其餘的部分都屬於腦幹。因此本書認為腦幹的主要部分，從吻端到尾端，分別是間腦 (diencephalon)、中腦 (midbrain)、橋腦 (pons) 和延腦 (medulla oblongata)。腦幹最常見的定義僅包括最後三個，間腦則歸類於大腦的內部構造。人體直立時，腦幹的方位是垂直的，大腦就像蘑菇帽一樣坐落在腦幹的頂部。在屍體解剖中，腦幹的傾斜角度變大，因此在許多醫學插圖也都繪製傾斜的腦幹。腦幹的尾端終止於顱骨的枕骨大孔，中樞神經系統在枕骨大孔以下則是脊髓。

3 *gyr* = turn 轉彎，twist 扭轉
4 *sulc* = furrow 槽，groove 溝
5 *corpus* = body 體；*all* = thick 厚的
6 *cereb* = brain 腦部；*ellum* = little 小的

15.1b 灰質與白質

大腦就像脊髓一樣，由灰質與白質組成。灰質是神經細胞本體、樹突和突觸組合所形成，主要位在大腦和小腦的表層，也稱為**皮質** (cortex)。在深層的白質中，有一些神經細胞本體會聚集成團，稱為**神經核** (nuclei)(參見圖 15.4c)。腦部的白質位於灰質 (皮質) 的內部，與脊髓的白質和灰質的位置，恰巧相反。然而和脊髓一樣，白質都是由束狀的軸突組成的**神經徑** (tracts)，負責連結腦部的不同部位，以及連結腦部與脊髓。白質呈白色，就是因為許多軸突都有富含白色脂質的髓鞘包覆。稍後將更詳細地描述這些神經徑。

15.1c 腦脊膜

腦部被三層膜構成的腦脊膜包裹著，這些膜位於腦組織和骨骼之間。如同在脊髓中一樣，有硬腦脊膜、蜘蛛膜和軟腦脊膜 (圖 15.3)。腦脊膜保護大腦，並為動脈、靜脈和硬腦靜脈竇提供支持結構。硬腦脊膜由緻密的結締組織纖維組成，它有兩層，外層稱為骨膜層 (periosteal layer)，就是顱骨的內側骨膜；內層稱為腦脊膜層 (meningeal layer)。在枕骨大孔 (foramen magnum) 的位置，外層的骨膜層繼續貼著顱骨，由內側骨膜轉變成顱骨的外側骨膜；而僅有內層的腦脊膜層則繼續往下延伸，進入脊椎管，包圍脊髓，構成脊髓的硬膜鞘。硬腦脊膜的骨膜層緊貼著顱骨，沒有像脊椎管中存在的硬膜外間隙。在下列地方會與顱骨緊密連結：枕骨大孔周圍、蝶鞍 (sella turcica)、雞冠 (crista galli) 和顱骨的骨縫 (sutures)。

在某些地方，硬腦脊膜的內外兩層會被**硬**

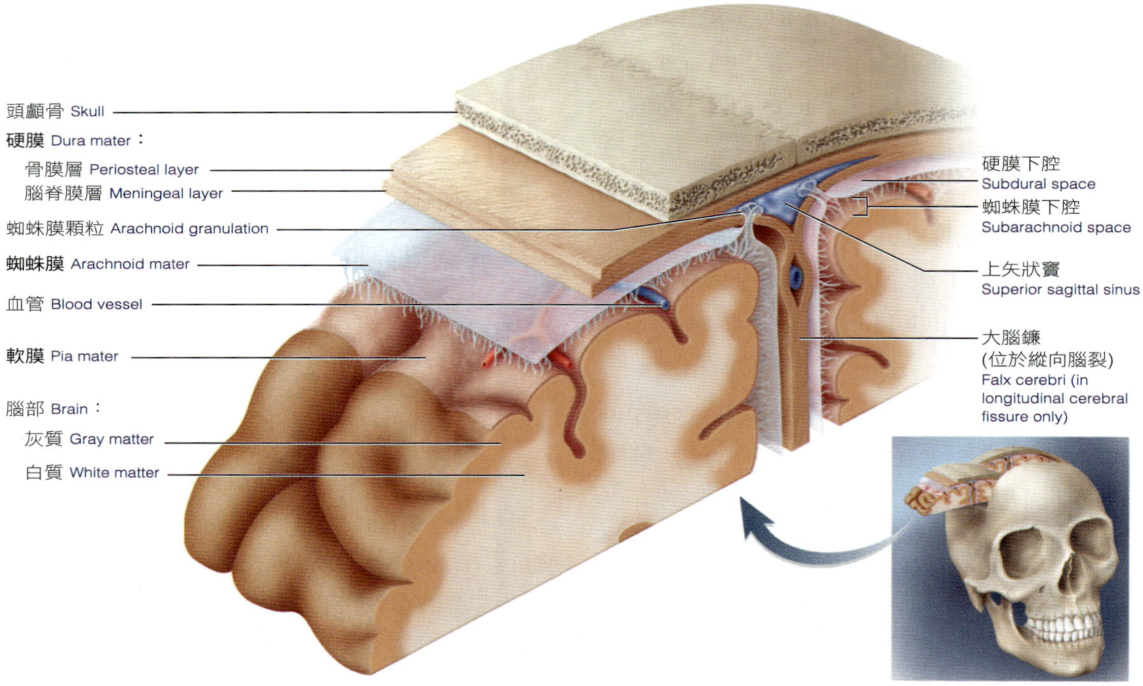

圖 15.3 **腦部的腦脊膜**。頭部的額狀切面。

腦脊膜靜脈竇 (dural sinuses) 隔開，硬腦脊膜靜脈竇負責收集循環腦部的血液。兩種主要的硬腦脊膜靜脈竇，**上矢狀竇** (superior sagittal sinus)，位在顱骨的正中線的下方。**橫竇** (transverse sinus) 從腦部正後方沿著水平線，延伸到耳朵的位置。上矢狀竇與左右的橫竇，合起來就像倒 T 字，收集腦部血液後，最終排入左右的頸內靜脈 (internal jugular veins)。硬腦脊膜靜脈竇與其他腦血管的構造，整理在表 21.2 和表 21.3 中。

在某些地方，硬腦脊膜的腦脊膜層會折疊向內，將腦部的主要部分分隔開：大腦鐮 (falx[7] cerebri)(falks SER-eh-bry)，延伸至縱向腦裂，作為左右大腦半球的垂直隔片，形狀像鐮刀因此得名；小腦天幕 (tentorium[8] cerebelli) (ten-TOE-ree-um)，在後顱窩的水平隔片，像小腦的屋頂覆蓋住小腦，隔開小腦與大腦；小腦鐮 (falx cerebelli)，位在小腦天幕的後方正中央的小隔片，將小腦左右半球稍微隔開。這些隔片可以防止腦部在顱腔內過度晃動。

蜘蛛膜和軟腦脊膜的組織構造，與脊髓的構造一樣 (請參閱 14.1c 節)。蜘蛛膜是大腦表面的透明膜。蜘蛛膜下腔 (subarachnoid space) 空間將蜘蛛膜與軟腦脊膜分開。軟腦脊膜是一個非常薄的薄膜，緊貼著腦部的表面，甚至延伸入腦溝內，並跟隨動脈穿入腦部組織。沒有顯微鏡的情況下，肉眼無法觀察到軟腦脊膜的構造。

15.1d 腦室和腦脊髓液

腦部內部有四個空腔稱為**腦室** (ventricle)。最大的是兩個**側腦室** (lateral ventricles)，左右側腦室分別位在左右大腦半球內，形狀呈弧形或是 C 型 (圖 15.4)。每個側腦室的內側都有一個小孔，稱為**室間孔** (interventricular foramen)，連通到**第三腦室**

7 *falx* = sickle 鐮刀狀
8 *tentorium* = tent 帳篷

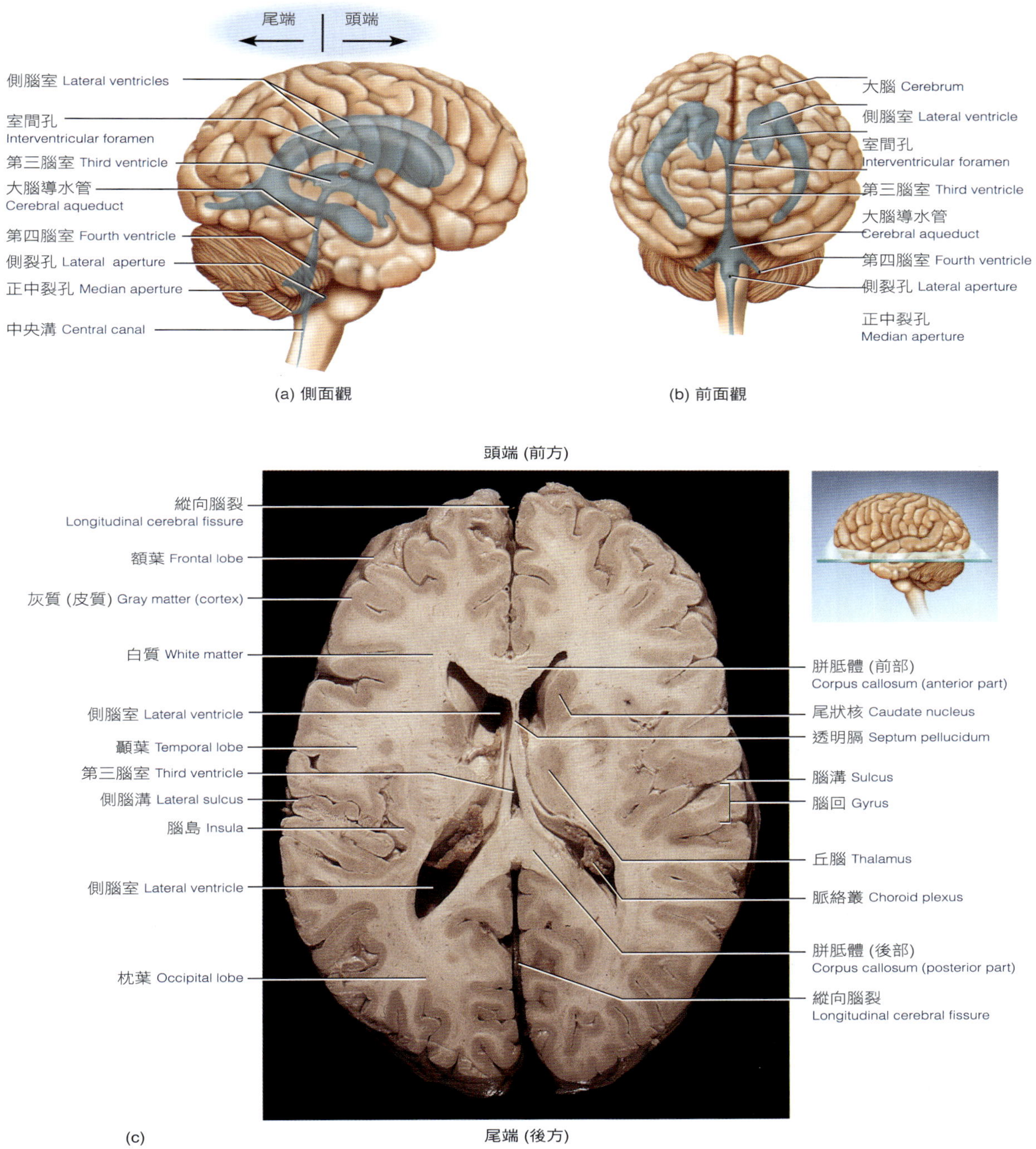

圖 15.4　腦部的腦室。(a) 右側視圖；(b) 前視圖；(c) 大體腦部水平切面的俯視圖，顯示大腦的側腦室和其他特徵。APR

(c) ©McGraw-Hill Education/Rebecca Gray, photographer

(third ventricle)。第三腦室是位於胼胝體正中央下方的狹窄空間。第三腦室的下方，有一條稱為**大腦導水管** (cerebral aqueduct) 的管道，經過中腦並連通**第四腦室** (fourth ventricle)。第四腦室是位在橋腦和小腦之間，像菱形一樣的空腔 (圖 15.2)。第四腦室的尾部縮小，並延伸到脊髓中央，形成脊髓的**中央管** (central canal)。

每個腦室的地板或牆壁上，都有微血管構成海綿狀的構造稱為**脈絡叢** (choroid plexus) (圖 15.4c)，其構造與胎兒絨毛膜的組織相似。室管膜細胞是神經膠細胞的一種，覆蓋每個脈絡叢外表面，以及腦室與脊髓中央管的內表面。脈絡叢會產生腦脊髓液。

腦脊髓液 (cerebrospinal fluid, CSF) 是一種透明無色的液體，充滿在中樞神經系統的腦室以及蜘蛛膜下腔。腦部每天產生約 500 ml 的腦脊髓液，但幾乎以相同的速度不斷回收，所以約維持 100 至 160 mL 在腦室與蜘蛛膜下腔中。其中大約 40% 是位於蜘蛛膜下腔，30% 是位於腦室內，30% 的脈絡叢中。腦脊髓液是由脈絡叢中微血管內的血漿經過過濾，以及室管膜細胞的化學修飾後形成，釋放到腦室內以及進入蜘蛛膜下腔。

腦脊髓液產生後會在 CNS 內部與周圍持續流動，主要是室管膜細胞的纖毛擺動，以及心跳搏動形成的血壓，推動腦脊髓液流動。在側腦是產生的腦脊髓液，通過室間孔流入第三腦室 (圖 15.5)，然後向下穿過大腦導水管流到第四腦室。位在第三和第四腦室的脈絡叢會增

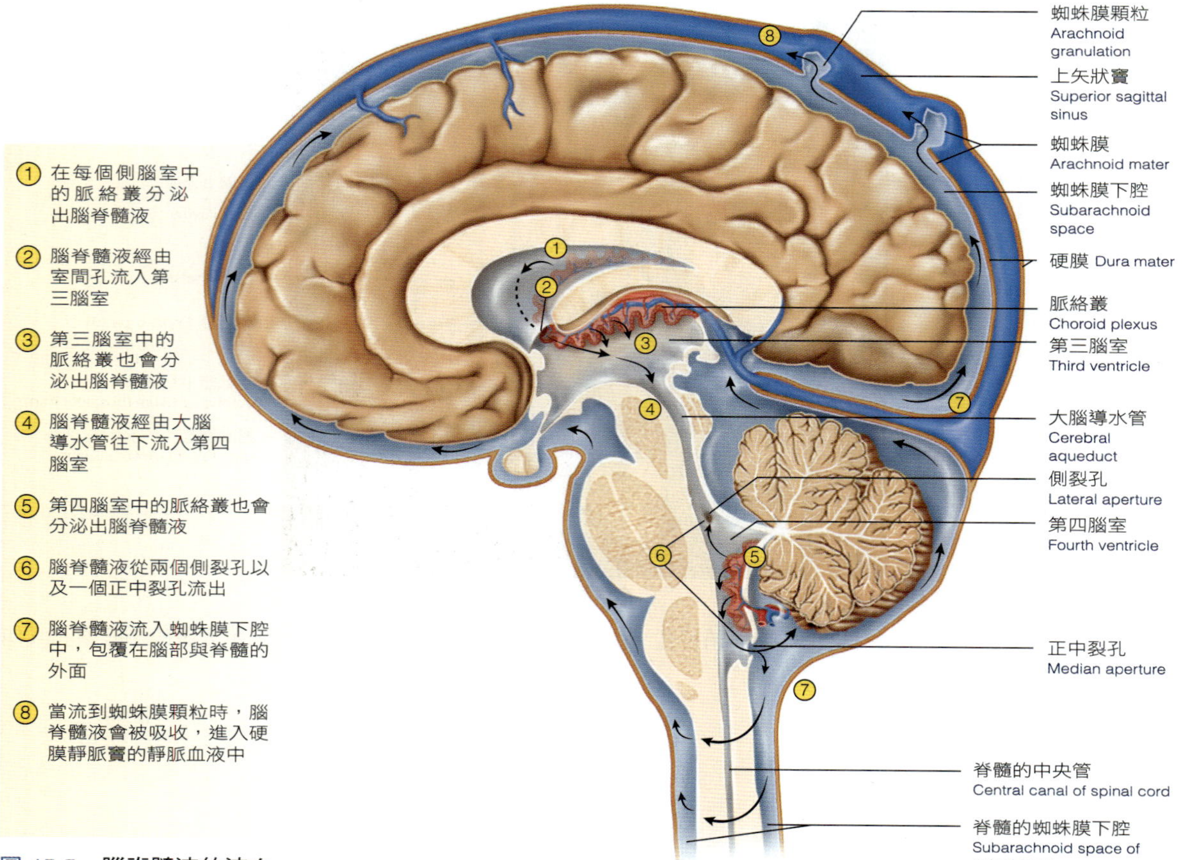
① 在每個側腦室中的脈絡叢分泌出腦脊髓液
② 腦脊髓液經由室間孔流入第三腦室
③ 第三腦室中的脈絡叢也會分泌出腦脊髓液
④ 腦脊髓液經由大腦導水管往下流入第四腦室
⑤ 第四腦室中的脈絡叢也會分泌出腦脊髓液
⑥ 腦脊髓液從兩個側裂孔以及一個正中裂孔流出
⑦ 腦脊髓液流入蜘蛛膜下腔中，包覆在腦部與脊髓的外面
⑧ 當流到蜘蛛膜顆粒時，腦脊髓液會被吸收，進入硬膜靜脈竇的靜脈血液中
蜘蛛膜顆粒
Arachnoid granulation
上矢狀竇
Superior sagittal sinus
蜘蛛膜
Arachnoid mater
蜘蛛膜下腔
Subarachnoid space
硬膜 Dura mater
脈絡叢
Choroid plexus
第三腦室
Third ventricle
大腦導水管
Cerebral aqueduct
側裂孔
Lateral aperture
第四腦室
Fourth ventricle
正中裂孔
Median aperture
脊髓的中央管
Central canal of spinal cord
脊髓的蜘蛛膜下腔
Subarachnoid space of spinal cord

圖 15.5 腦脊髓液的流向。

加更多的腦脊髓液。少量的腦脊髓液流入脊髓的中央管，大多數的腦脊髓液會通過第四腦室壁上的三個裂孔：一個正中裂孔 (median aperture) 和兩個側裂孔 (lateral apertures)，流到蜘蛛膜下腔。在大腦和脊髓表面的蛛網膜下腔中流動的腦脊髓液，會經由**蜘蛛膜顆粒** (arachnoid granulations) 回收，蜘蛛膜顆粒是一種像花椰菜狀的許多小顆突起，穿過硬腦脊膜進入大腦的上矢狀竇內。腦脊髓液最後穿透這些顆粒，回收到腦脊膜靜脈竇的血液中。

腦脊髓液具有三個功能目的：

1. **提供浮力** (buoyancy)：因為腦部和腦脊髓液的密度相等，所以腦部在 CSF 中既不下沉也不漂浮，藉由蜘蛛膜中的精密細絲懸吊支持著。從遺體取出的人腦重約 1,500 g，但是當腦部懸浮在腦脊髓液中，其有效重量僅約為 50 g。同樣道理，將沉浸在湖中的人舉起，會比在陸地上容易得多。這種浮力作用使腦部可以發育得較大，而不受自身重量的影響。如果沒有腦脊髓液提供浮力，腦部會沉重地壓在顱骨上，重量會壓死許多神經細胞。
2. **提供保護** (protection)：腦脊髓液還可以保護腦部，避免頭部搖晃時撞擊到顱骨。但是如果劇烈震動，大腦仍可能撞擊顱骨內部，而遭受傷害。在虐待兒童的案件中常見的症狀 (嬰兒搖晃症候群)，以及車禍、拳擊或是強力撞擊等造成的頭部傷害也容易引發腦震盪。
3. **化學穩定** (chemical stability)：腦脊髓液的流動，可以沖洗神經組織的代謝廢物，調節神經組織化學環境的穩定。腦脊髓液成分略有變化，會引起神經系統嚴重的問題。例如，一個甘胺酸濃度偏高，會破壞溫度和血壓的調控；以及高 pH 值 (偏鹼性) 的腦脊髓液會導致頭暈和暈倒。

臨床應用 15.1

腦膜炎

腦膜炎 (meningitis)(腦膜發炎) 是嬰兒和兒童最嚴重的疾病之一。特別是發生在 3 個月至 2 歲之間。腦膜炎是由各種細菌和病毒，通過鼻腔或喉嚨侵入呼吸道，咽喉或耳朵後，再侵入中樞神經系統。軟膜和蜘蛛膜最容易受到影響，並且這裡的感染可以傳播到鄰近的神經組織。腦膜炎會導致腦腫脹，腦出血，有時甚至在症狀發作後的幾個小時內死亡。徵兆和症狀包括高燒、脖子僵硬、嗜睡、劇烈頭痛和嘔吐。

細菌性腦膜炎可通過檢查腦脊髓液中的細菌和白血球來協助診斷。腦脊髓液是從兩個腰椎之間進行腰椎穿刺 (lumbar puncture)，抽取蜘蛛膜下腔的液體 (請參閱臨床應用 14.1)。腦膜炎可能突然引發死亡，所以嬰兒和兒童如果發高燒，應立即就醫。大學新生的腦膜炎發病率略有上升，特別是住在擁擠宿舍的人，比住在校園外的人較容易發生。

應用您的知識

如果有一顆小的腦瘤堵住腦室的室間孔，將會造成什麼影響？

15.1e 血液供應和腦屏障系統

腦部僅占成人體重的 2%，但是卻接受 15% 的血液 (約 750 mL/min)，以及消耗 20% 的血液氧氣和葡萄糖。但是，儘管腦部很重要，腦部的血液也含有細菌毒素和會傷害腦部的抗體。腦組織受損本質上是不可替代的，因此腦部必須受到很好的保護。因此，有一個**腦屏障系統** (brain barrier system, BBS) 嚴格管控從血液流到腦部組織液的物質。

該系統的一個組成部分是**血腦屏障**

(blood-brain barrier, BBB)，幾乎包圍住整個腦組織的所有微血管。在發育中的大腦中，星狀膠細胞伸出細長的突起，接觸微血管。它們沒有完全包圍微血管，而是刺激血管的內皮細胞 (endothelial cells) 之間形成緊密接合 (tight junctions)。這些緊密接合及其周圍的基底膜構成血腦屏障。任何從血液進入神經組織的物質，都必須通過內皮細胞本身的篩選，而不會從細胞間的間隙通過。

腦屏障系統的另一個組成部分是**血液-腦脊髓液屏障** (blood-CSF barrier)，由覆蓋在脈絡膜叢微血管表面的室管膜細胞形成，室管膜細胞彼此之間也是有緊密接合 (tight junctions) 構造，任何從血液要形成腦脊髓液，都需要經過室管膜細胞。然而，構成腦室系統的室管膜細胞之間則沒有緊密接合構造，因為腦組織和腦脊髓液之間會進行物質的交換。

腦屏障系統對水具有高滲透性；葡萄糖、脂溶性物質、氧氣和二氧化碳；以及部分藥物，例如酒精、咖啡因、尼古丁和麻醉劑也都有通透性。因為腦屏障系統是重要的保護裝置，會阻斷抗生素和抗癌藥物的治療功效，從而使腦部疾病的治療更加複雜。

在第三和第四腦室的壁上，稱為**腦室周邊器官的斑塊** (circumventricular organs, CVO) 中，沒有血腦屏障的情形。這些斑塊的血液可以直接進入大腦組織，使大腦能夠監測並對血液的化學變化產生反應。不幸的是，這些斑塊也提供了人類免疫不全病毒 (HIV) 侵入大腦的途徑。

在你繼續閱讀之前

回答下列問題，以檢驗你對上節內容的理解：

1. 列出腦部的三個主要部分，並描述其位置。
2. 定義腦回和腦溝。
3. 從尾端到吻端，說明腦幹的組成部位名稱。
4. 從表層到深層，說明三層腦脊膜的名稱。
5. 描述腦脊髓液的三種功能。
6. 說明腦脊髓液的來源，以及通過的路線，和如何圍繞中樞神經系統。
7. 說明腦屏障系統的兩個組成部分，並解釋該系統的重要性。

15.2 後腦和中腦

預期學習成果

當您完成本節後，您應該能夠

a. 列出後腦和中腦的組成部分；
b. 描述後腦和中腦的主要特徵；和
c. 解釋後腦和中腦的每個的功能區。

我們將從腦部的尾端往吻端方向介紹腦部的構造與功能。先從相對較為簡單的後腦先介紹，再逐步介紹到複雜的前腦。前腦負責思想、記憶和情感之類的複雜功能。介紹順序將由後往前，依照胚胎時期的五個次級腦泡及其成熟的衍生物，如圖 13.14。

15.2a 延腦

胚胎時期的後腦進一步發育成兩個部分，末腦和髓腦 (圖 13.14)。髓腦最終發育成**延腦** (medulla oblongata)。延腦的末端位於枕骨大孔，長度大約 3 cm，延腦的前端與橋腦交界，兩者之間有明顯橫溝。延腦包含所有大腦和脊髓之間連通的神經纖維。四對的腦神經源自或是終止於延腦內的神經核。延腦內還包含幾個與基本生理功能有關的神經核：**心跳中樞** (cardiac center)，負責調節心跳的速度與力量；**血壓調節中樞** (vasomotor center)，負責調節血管的收縮或是放鬆，進而調節血壓；**呼吸調節中樞** (respiratory centers)，負責調節呼吸的速率和深度；以及其他涉及咳嗽、打噴嚏、流口水、吞嚥、嘔吐、打嗝和流汗的調節中樞。

延腦的外部解剖結構如圖 15.6。前表面有一對棒狀的隆起，稱為延腦的**錐體** (pyramids)。錐體形狀很像並排的球棒，在頭端較寬，尾部逐漸變細。左右錐體之間有前正中裂 (anterior median fissure) 分隔開，前正中裂會延伸到脊髓 (圖 15.6a)。錐體的外側有一個凸起構造，稱為**橄欖** (olive)。延腦的後表面有兩對神經束，即薄束和楔形束，與脊髓中的神經束是連續的 (圖 14.4a)。

圖 15.7c 顯示了延腦的一些內部結構。不同位置的橫切面會顯示出不同的結構，但具代表性的切片中，我們可以看到以下構造：

- **皮質脊髓徑** (corticospinal tracts)：位在延腦的腹側面 (圖片的底部)。皮質脊髓徑位在錐體，主要是來自大腦皮質傳遞到脊髓的運動神經纖維。這些纖維中約有 90% 會交叉到對側，在錐體尾端附近稱為椎體交叉 (pyramidal decussation) 的構造，就是交叉的神經纖維所形成 (圖 15.6a)。因此頸部以下的肌肉運動受對側大腦的控制。
- **下橄欖核** (inferior olivary nucleus)：呈波浪狀的灰質層，緊鄰在皮質脊髓徑的背側，在橄欖的內部。下橄欖核主要接收來自大腦和脊髓的許多訊號，並將這些訊號傳遞給小腦。
- **網狀結構** (reticular formation)：下橄欖核背面模糊不清的灰質區域。主要是因為神經核與神經纖維交錯成網狀，所以神經核的邊界不清楚。網狀結構是從脊髓上段開始出現的細長結構，通過延腦、橋腦和中腦。網狀結構內部的神經核涉及人體許多最基本的生理功能，本章稍後將討論其中的一些功能。
- **薄核和楔狀核** (gracile and cuneate nuclei)：脊髓中富含感覺纖維的薄束與楔狀束分別終止於此。感覺纖維在這些核內形成突觸，將訊息傳給核內的二階神經元，並發出二階神經纖維交叉到對側，再匯聚上行，形成帶狀的**內側蹄系** (medial lemniscus[9])。內側蹄系穿過腦幹，繼續上行到丘腦，在丘腦內與三階神經元形成突觸，三階神經元再將感覺訊號傳遞到大腦，維持清楚的意識。
- **頂蓋脊髓徑** (tectospinal tract)：位在內側蹄系的背側，攜帶中腦頂蓋發出的運動訊號，傳遞到頸部脊髓。調控頭部和頸部的運動。
- **後側脊髓小腦徑** (posterior spinocerebellar tract)：從脊髓延伸到延腦的後外側邊緣。攜帶感覺訊息傳送到小腦。
- **第四腦室** (fourth ventricle)：位在延腦和小腦之間，充滿腦脊液的空腔 (圖 15.2)；延腦的背側面形成第四腦室的地板後半部。
- **第 VIII、IX、X 和 XII 腦神經**，起源或是終止在延腦。腦神經的拉丁名稱和功能詳見表 15.3。在圖 15.7c 的組織切片，我們可以看到其中兩對腦神經的神經核，迷走神經 (X) 和舌下神經 (XII)。三叉神經 (V) 的神經核主要位在橋腦，但是會延伸到延腦，也見於在此圖中。總結來說，第 VIII 至 XII 的腦神經，負責頭部的感覺功能包括觸覺、壓覺、溫度覺、味覺、聽覺和痛覺。運動功能包括咀嚼、吞嚥、語言、呼吸、心血管調控、腸胃蠕動和分泌，以及頭部、頸部和肩膀的動作。

15.2b 橋腦

胚胎時期的末腦會發育為橋腦和小腦。**橋腦** (pons)[10] 的長度約為 2.5 cm。橋腦的大部分形成了腦幹前方的隆起 (圖 15.6a)。橋腦的後方主要由兩對很粗的神經束組成稱為小腦腳 (cerebellar peduncles)，如圖 15.7b 的被切掉上

---

9 *lemn* = ribbon 絲帶；*iscus* = little 小的

10 *pons* = bridge 橋

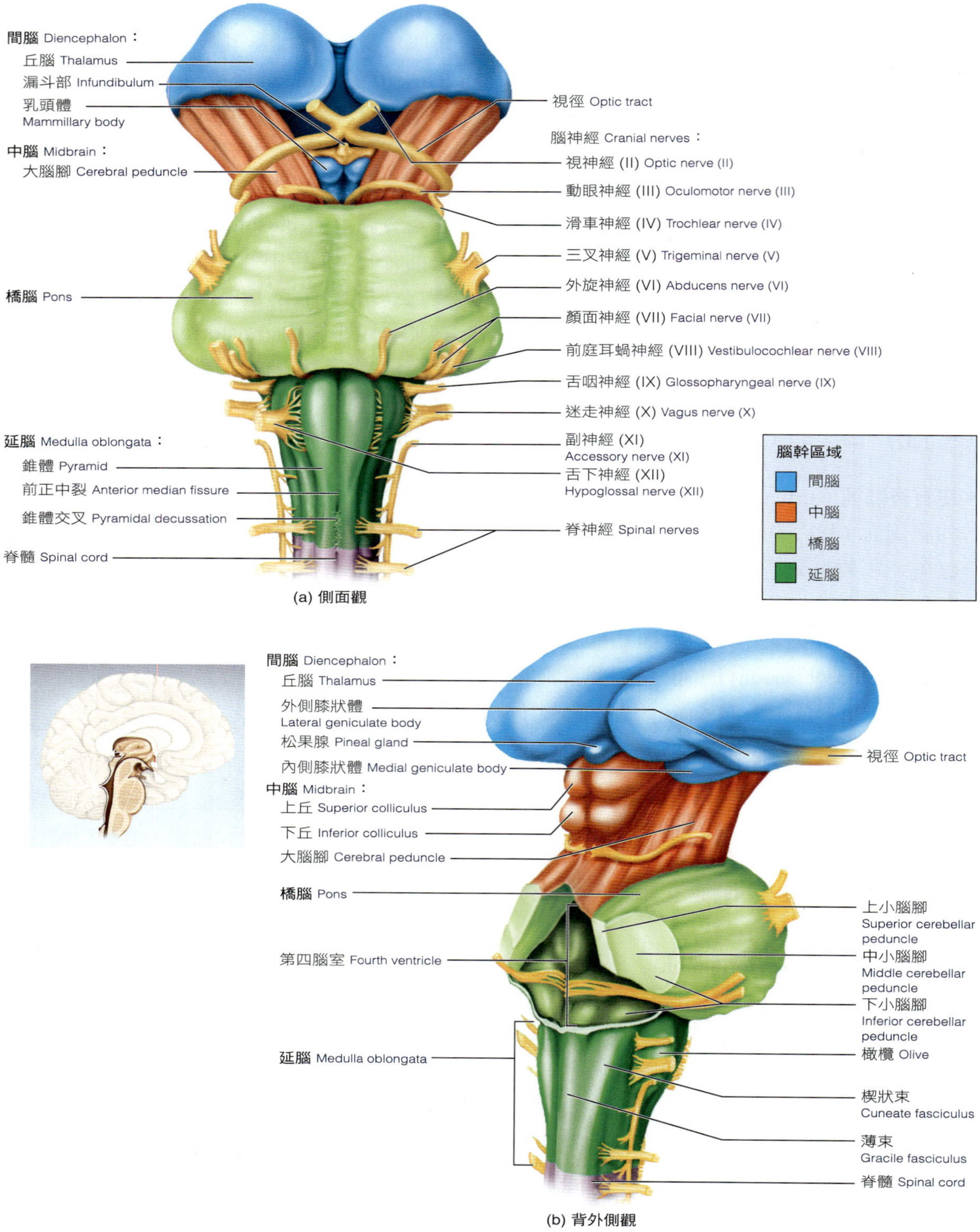
間腦 Diencephalon：
丘腦 Thalamus
漏斗部 Infundibulum
乳頭體
Mammillary body
中腦 Midbrain：
大腦腳 Cerebral peduncle
橋腦 Pons
延腦 Medulla oblongata：
錐體 Pyramid
前正中裂 Anterior median fissure
錐體交叉 Pyramidal decussation
脊髓 Spinal cord
視徑 Optic tract
腦神經 Cranial nerves：
視神經 (II) Optic nerve (II)
動眼神經 (III) Oculomotor nerve (III)
滑車神經 (IV) Trochlear nerve (IV)
三叉神經 (V) Trigeminal nerve (V)
外旋神經 (VI) Abducens nerve (VI)
顏面神經 (VII) Facial nerve (VII)
前庭耳蝸神經 (VIII) Vestibulocochlear nerve (VIII)
舌咽神經 (IX) Glossopharyngeal nerve (IX)
迷走神經 (X) Vagus nerve (X)
副神經 (XI)
Accessory nerve (XI)
舌下神經 (XII)
Hypoglossal nerve (XII)
脊神經 Spinal nerves
腦幹區域
間腦
中腦
橋腦
延腦
(a) 側面觀
間腦 Diencephalon：
丘腦 Thalamus
外側膝狀體
Lateral geniculate body
松果腺 Pineal gland
內側膝狀體 Medial geniculate body
中腦 Midbrain：
上丘 Superior colliculus
下丘 Inferior colliculus
大腦腳 Cerebral peduncle
橋腦 Pons
第四腦室 Fourth ventricle
延腦 Medulla oblongata
視徑 Optic tract
上小腦腳
Superior cerebellar peduncle
中小腦腳
Middle cerebellar peduncle
下小腦腳
Inferior cerebellar peduncle
橄欖 Olive
楔狀束
Cuneate fasciculus
薄束
Gracile fasciculus
脊髓 Spinal cord
(b) 背外側觀

圖 15.6 **腦幹**。(a) 腹側面觀；(b) 背外側觀。這些插圖採用了顏色編碼，以配合圖 13.14 中的胚胎起源。小腦的中小腦腳與下小腦腳的邊界不明顯。一些學者對於間腦是否屬於腦幹有不同看法。AP|R

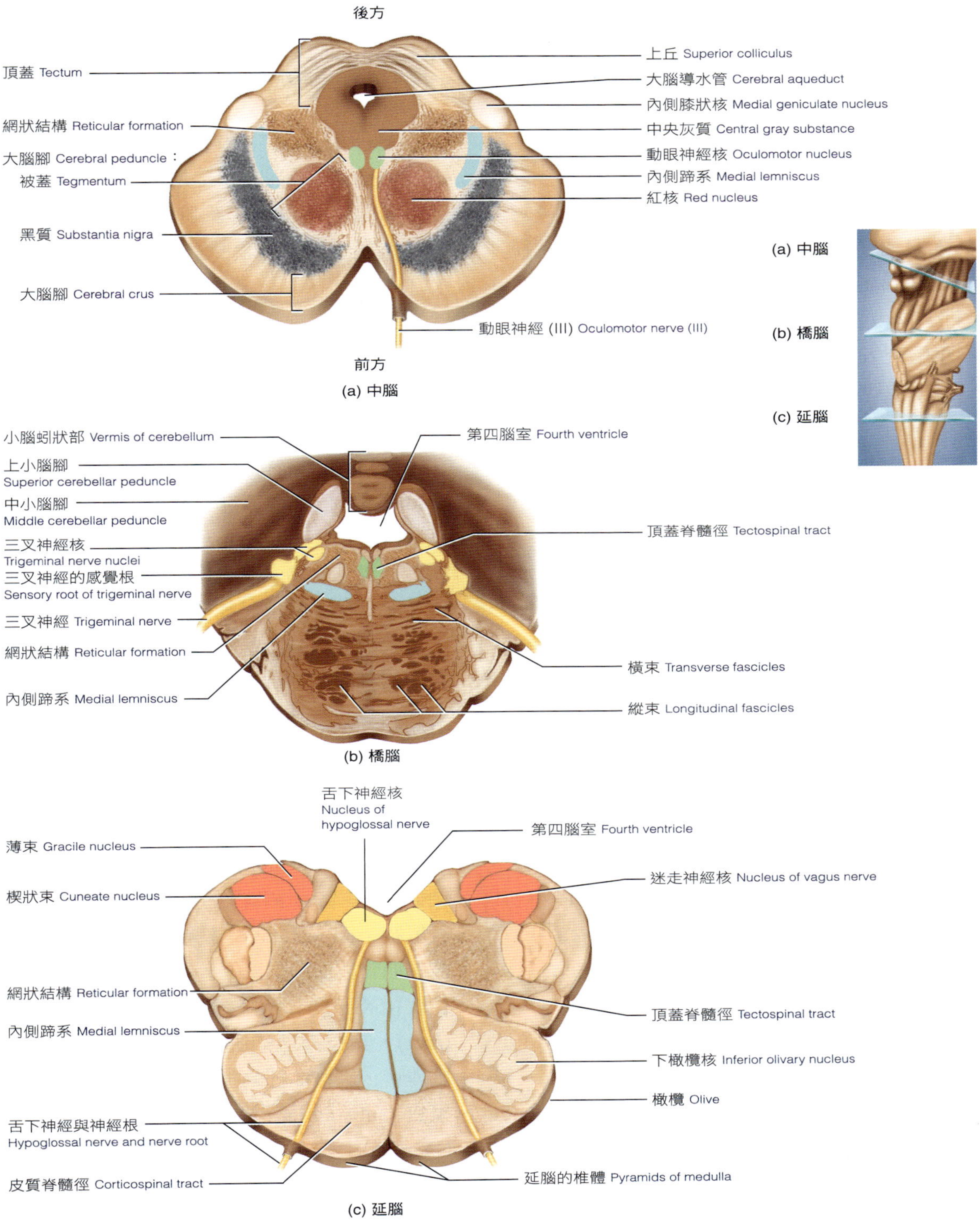

圖 15.7　腦幹的橫切面。右圖顯示每個切面切過腦幹的位置，所有呈現的切面都是由下往上觀察。(a) 中腦切面，傾斜地切過上丘；(b) 橋腦切面。切過中小腦腳；(c) 延腦。

• 在三個切面中，請追踪與描述在第 14.1e 段落提及的薄束與楔形束之神經纖維的路徑。APR

半部的構造。小腦腳負責連接小腦與腦幹 (圖 15.6b)，將與小腦一起討論。

在橫切面中，先前在延腦中提到的網狀結構、內側蹄系和頂蓋脊髓徑，都會延伸到橋腦，還有以下內容：

- 在 14.1e 節中描述的脊髓的感覺神經路徑，會繼續延伸到橋腦。其中的**前外側系統** (anterolateral system)，含有通往丘腦的脊髓丘腦徑 (spinothalamic tract)；以及**前側脊髓小腦束** (anterior spinocerebellar tract)，將感覺訊號傳導至小腦。
- 第 V 至 VIII 的腦神經會起源或是終止在橋腦。雖然我們在圖 15.7b 中的橫切面圖僅標示出三叉神經 (V)。其他三對腦神經 (VI、VII、VIII) 是從橋腦和延腦之間的橫溝中發出 (參閱圖 15.21)。各自的名稱和功能整理在表 15.3。總結來說，這四條神經，負責的感覺功能包括聽覺、平衡覺、味覺和面部感覺，例如觸覺和痛覺。運動功能包括眼球運動、面部表情控制、咀嚼、吞嚥以及唾液和眼淚的分泌。
- 在橋腦前半部膨大構造的白質內，包括連接小腦左右半球的橫向神經束，以及傳遞上行與下行神經訊號的縱向神經束。
- 橋腦的背側面構成第四腦室的地板前半部。另外小腦的蚓狀部 (vermis)，以及上小腦腳，構成第四腦室的天花板。

即使小腦也是胚胎末腦衍生形成，但是小腦不是腦幹的一部分。接著將繼續介紹構成腦幹的中腦，然後再回來討論小腦。

15.2c 中腦

胚胎時期的中腦最後只形成一個成熟的大腦結構，也稱為**中腦** (midbrain)。屬於腦幹的一小段，連接後腦和前腦 (圖 15.2)。中腦內部也包含網狀結構和內側蹄系的延續。連通第三腦室與第四腦室的大腦導水管，會穿過中腦 (圖 15.7a)。中腦的橫切面具有以下結構：

- **大腦導水管周邊灰質** [central (periaqueductal) gray substance]：是指圍繞在大腦導水管周邊的一群神經細胞。這群神經細胞與網狀結構，調控我們對疼痛的認知 (參閱 17.1e 節)。
- **中腦頂蓋** (tectum)[11]：指大腦導水管的背側區域。中腦頂蓋有四個明顯的凸起構造，上方的一對凸起稱為**上丘** (superior colliculi[12])，下方的一對凸起稱為**下丘** (inferior colliculi) (col-LIC-you-lye) (圖 15.6b)。上丘主要負責調控視覺反射，例如眨眼、對焦、瞳孔擴張和收縮；以及視覺上跟踪移動的物體，還有看到周遭事物產生眼睛和頭部轉動的反射動作等。下丘主要負責接收與處理來自腦幹的聽覺訊息，並將聽覺訊號傳到大腦的其他部位，尤其是丘腦。他們對兩隻耳朵聽到的聲音之間的時間差很敏感，因此有助於定位聲音的來源。下丘在聽覺反射中扮演重要角色，例如當被突然的噪音嚇到時，會出現跳起閃避等反射動作。
- **中腦被蓋** (tegmentum)[13]：位於大腦導水管腹側面的區域，是中腦主要的部位。被蓋內有**紅核** (red nucleus)，紅核因為內部有高密度的血管與血液供應，因此呈紅色而得名。從紅核發出的紅核脊髓神經束 (rubrospinal tract)，調控頸部的肌肉運動。紅核會與小腦連接，調控精細的動作。
- **黑質** (substantia nigra)[14] (sub-STAN-she-uh NY-gruh)：充滿黑色素呈現深灰色或黑色的神經核。位於中腦被蓋和大腦腳之間 (將於

11 *tectum* = roof 頂，cover 蓋
12 *colli* = hill 山丘；*cul* = little 小的
13 *tegmen* = cover 蓋
14 *substantia* = substance 物質；*nigra* = black 黑色

後面討論)。黑質是運動調控中心，將抑制訊號傳遞到丘腦和基底核 (稍後討論)。抑制不必要的肌肉收縮，以提高運動的效能。黑質如果退化，將導致帕金森氏症，出現無法控制的肌肉震顫 (參閱 15.5b 節)。

- **大腦腳** (cerebral crura)(CROO-ra；單數，crus[15])：將大腦與腦幹相連結。大腦腳、被蓋和黑質共同形成大腦腳 (cerebral peduncle)。從大腦的皮質發出的皮質脊髓徑和其他神經束，匯聚向下穿過大腦腳，傳到腦幹下方與脊髓。
- 第 III 和 IV 腦神經。起源於中腦，與眼球運動有關的腦神經。在圖 15.7a 的中只標示出第 III 對動眼神經。

該圖還顯示了內側膝狀核 (medial geniculate nucleus)，但這是丘腦的神經核，而不屬於中腦。只是恰好在這個切面中可以見到。上小腦腳 (superior cerebellar peduncles) 會連結中腦與小腦，但在此切面上沒有顯示。

15.2d 網狀結構

網狀結構 (reticular[16] formation) 是由鬆散的神經核與神經纖維交錯形成的網狀區域，此區域垂直貫穿腦幹的各個層面，並與腦部的許多區域相連絡 (圖 15.8)。網狀結構的神經核與神經纖維束交錯，和腦幹內其他的神經核不同。它包含超過 100 多個小型的神經核，但是沒有明確的邊界。這些網狀結構的功能包括：

- **軀體運動控制** (somatic motor control)：大腦與小腦的一些運動神經元會將運動訊息藉由軸突傳送至網狀結構的神經核，然後發出網狀脊髓徑 (reticulospinal tracts)，傳遞到脊髓。這些神經束會調節肌肉的張力以維持平衡和姿勢，尤其是在當身體處於運動狀態時。網狀結構還接收來自眼睛和耳朵的訊號，再傳遞到小腦，因此小腦可以整合視覺、聽覺和前庭刺激 (平衡和運動)，達成協調運動的作用。另外，網狀結構的運動功能，還包括凝視中心 (gaze centers)，負責調控兩眼的運動，能夠跟踪和專注於物體上。以及包括中樞模式生成器 (central pattern generators) 負責調控呼吸或是吞嚥的肌肉，產生有節奏的動作。
- **心血管控制** (cardiovascular control)：網狀結構包括前面提到位在延腦的心跳和血管調節中心。
- **疼痛調節** (pain modulation)：來自下半身的疼痛訊號傳到大腦之前，會經過網狀結構。下行止痛纖維 (descending analgesic fibers)

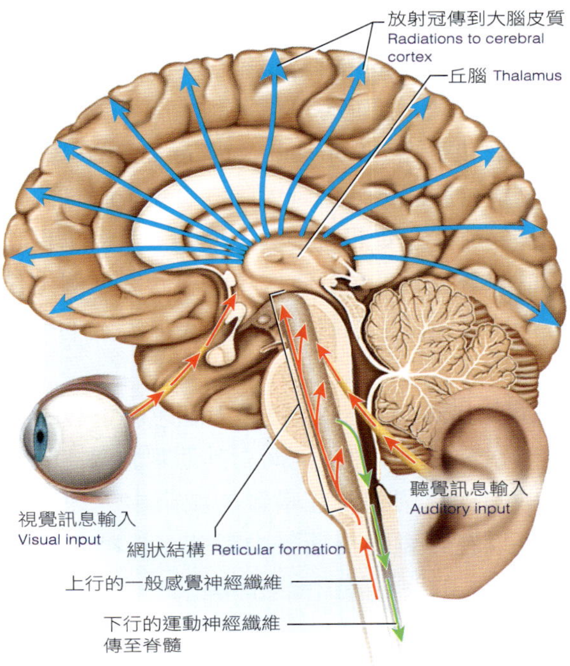

圖 15.8 **網狀結構**。紅色箭頭表示輸入到網狀結構的訊息路徑；藍色箭頭表示從丘腦轉傳發散到大腦皮質的訊息路徑；綠色箭頭表示從網狀結構輸出傳到脊髓的路徑。

• 在圖 15.7 腦幹的三個部位切面中，找出網狀結構的位置。

15 *crus* = leg 小腿
16 *ret* = network 網狀；*icul* = little 小的

起源於網狀結構，將會在 17.1e 節中詳細說明。這些止痛的神經纖維會下降到脊髓，以阻止疼痛訊號從脊髓傳遞到大腦。

- **睡眠和意識** (sleep and consciousness)：網狀結構會將訊號傳遞到大腦皮質和丘腦，使其控制哪些感覺訊號要到達大腦，並引起我們的自覺意識。它負責維持意識狀態，例如警覺或是睡眠。網狀結構受損可能導致不可逆的昏迷。
- **習慣** (habituation)：這是大腦忽略重複的、無關緊要的刺激，同時對其他刺激保持敏感的過程。例如，在嘈雜的城市中，一個人可以在吵雜的交通聲中睡著，但聽見鬧鐘或嬰兒的哭泣聲卻會立即醒來。網狀結構會抑制掉不重要的刺激，但是卻會允許重要或異常的感覺訊號通過。網狀結構調節大腦皮質的活動被稱為*網狀激活系統* (reticular activating system) 或*丘腦外皮質調節系統* (extrathalamic cortical modulatory system)。

15.2e 小腦

小腦 (cerebellum) 是後腦最大的部分，也是整個腦部的第二大構造。由左右**小腦半球** (cerebellar hemispheres)，以及中間狹窄的蚯蚓狀稱為**蚓狀部** (vermis)[17] 的構造所組成 (圖 15.9)。每個半球都有細長且平行的褶皺稱為

17 *verm* = worm 蟲

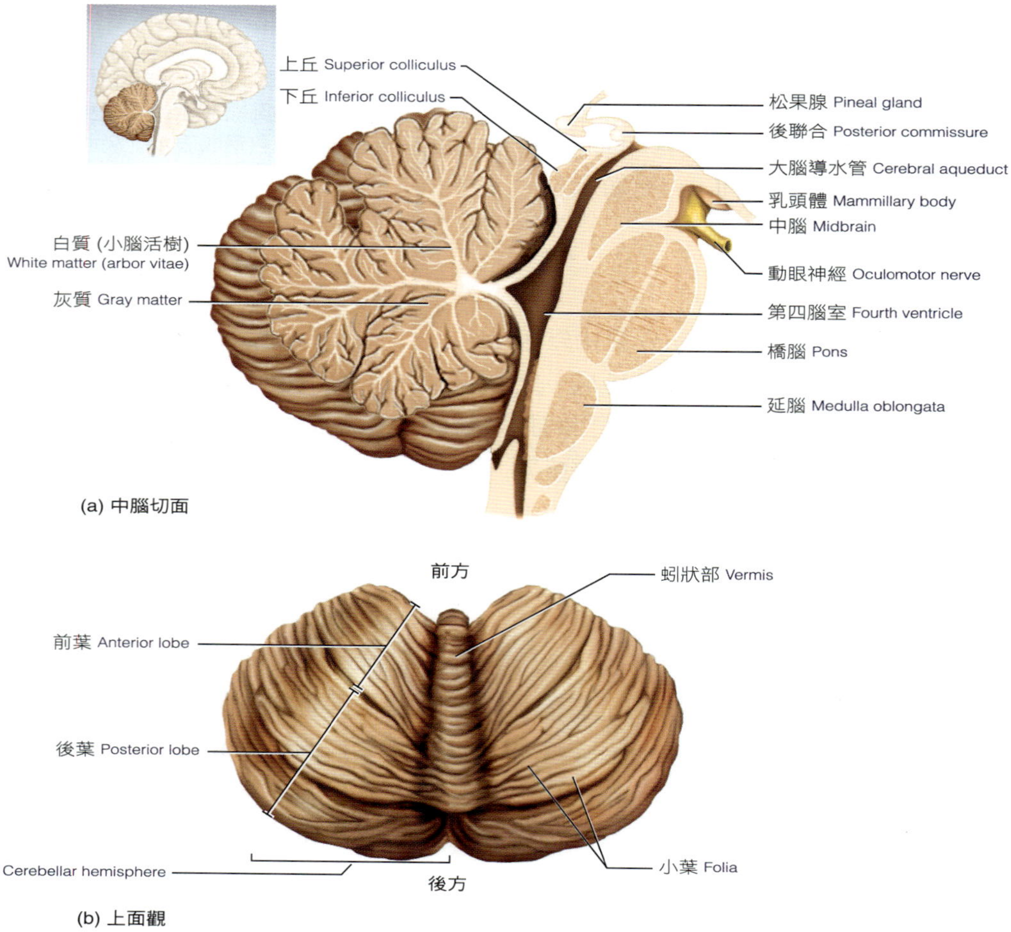

圖 15.9 小腦。(a) 正中切面，顯示小腦與腦幹的關係；(b) 俯視圖。APR

葉 (folia)[18]，由淺溝隔開。小腦灰質位於皮質，白質位於內部深層。在矢狀切面，白質呈分支蕨類狀，稱為**小腦活樹** (arbor vitae)[19]。每個小腦半球內，各有四個小的神經核位於白質內，稱為**小腦深核** (deep nuclei)。所有輸入小腦的訊息會傳送到小腦皮質，然而小腦所有的輸出訊息，均來自小腦深核。

小腦有三對連接到腦幹的神經束，稱為**小腦腳** (cerebellar peduncles[20])(peh-DUN-culs)：下小腦腳 (inferior peduncles) 連結到延腦，中小腦腳 (middle peduncles) 連結到橋腦，上小腦腳 (superior peduncles) 連結到中腦 (圖 15.6b)。這些小腦腳由許多傳入或是傳出小腦的神經纖維束組成。小腦與腦幹之間的連繫很複雜，忽略掉一些例外，我們還是可以得出一些概括。大部分來自脊髓小腦徑的神經纖維，經過延腦，從下小腦腳進入小腦；來自大腦其餘部分的神經纖維，經過橋腦，由中小腦腳進入小腦。小腦的傳出神經纖維，則多數由上小腦腳傳出。

小腦藉由脊髓小腦徑接收肌肉和關節的感覺訊息，進而監測身體的運動狀況 (圖 15.10a)。大腦發出的肌肉運動訊號，則會經由中小腦腳傳入小腦，小腦會將此運動命令與目前身體的狀態進行分析比較。這些小腦腳也攜帶著眼睛和耳朵的視覺與聽覺訊號，以及對身體位置的感知訊息。這些訊息在小腦整合後，從上小腦腳傳到中腦和丘腦的各個部位。丘腦將小腦傳來的訊號，轉傳到大腦皮質，使大腦可以微調肌肉的收縮 (圖 15.10b)。

儘管小腦僅占腦部質量的 10%，但小腦的表面積大約是大腦皮質的 60%，並且包含所有腦部神經元的一半以上，約有 1 兆個。小腦內微小密集的**顆粒細胞** (granule cells)，是整個腦部中數量最多的神經元。然而，小腦內最獨特的神經元是大顆球形的**蒲金氏細胞** (Purkinje[21] cells)(pur-KIN-jee)。這些細胞具有大量的樹突分支，而且呈現平面狀，就像是壓扁的樹枝一般 (圖 13.5a，以及第 13 章的開頭頁)。蒲金氏細胞排列在單一線上，這些厚的樹突平面則相互平行，像書架上的整齊排列的書本。蒲金氏細胞的軸突會延伸到小腦深核，與輸出神經元形成突觸，輸出神經元則發出神經纖維傳遞至腦幹。

小腦的功能在 1950 年代仍屬未知。1970 年代，它已被視為運動的協調中心。直到現在，正電子斷層掃描 (PET) 與功能磁共振成像 (fMRI) 的技術，以及小腦病變患者的行為研究，已經擴展對小腦功能的認知。小腦的主要功能是對各式各樣的感覺輸入進行評估，對肌肉運動的監控只是其中一項功能。小腦病變患者會出現嚴重的運動能力缺陷，以及一些感覺，如語言、情緒、認知和其他非運動功能的障礙。本章後面將會介紹更多。

表 15.1 總結了後腦和中腦功能，在最後幾頁將進行討論。

在你繼續閱讀之前

回答下列問題，以檢驗你對上節內容的理解：

8. 列舉延腦內部的神經核，以及其調控的功能。
9. 描述橋腦與小腦的解剖構造和功能的關聯。
10. 描述中腦頂蓋、黑質和大腦導水管周邊灰質的功能。
11. 描述網狀結構，並列出其中幾項功能。
12. 描述小腦的一般功能。

18 *foli* = leaf 葉
19 *arbor* = tree 樹；*vitae* = of life 生命的
20 *ped* = foot 腳；*uncle* = little 小的

21 約翰內斯・馮・蒲金 (Johannes E. von Purkinje, 1787~1869)，波希米亞解剖學家

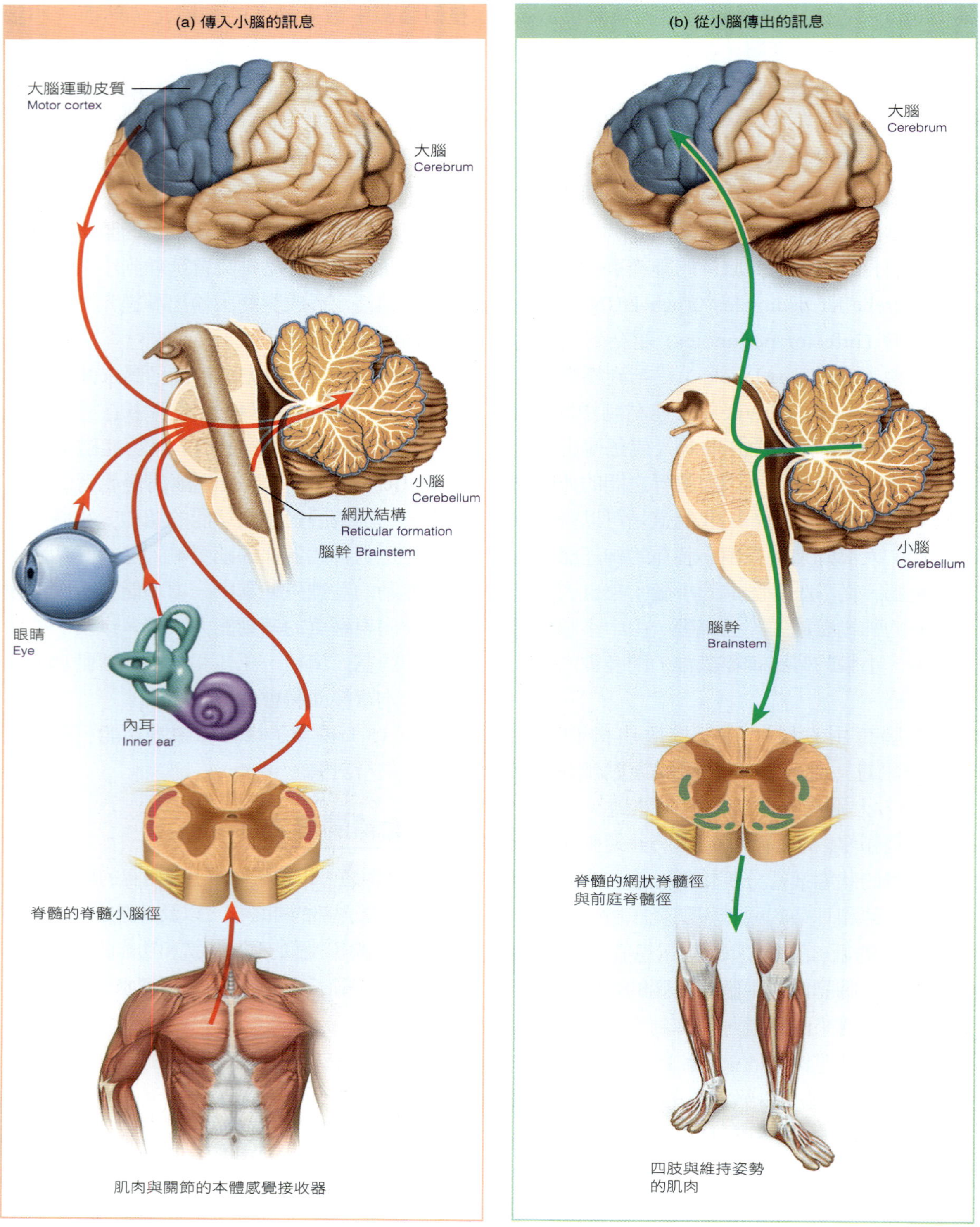

圖 15.10 **小腦的傳入和傳出之主要路徑。**(a) 傳入小腦的傳入路徑；(b) 從小腦傳出發送到大腦和肌肉的傳出路徑。

表 15.1 後腦和中腦的功能

延腦	腦神經 IX、X 和 XII 以及 VIII 的某些神經纖維的起源或終止於延腦。延腦的感覺神經核接受來自味蕾、咽部、胸腔和腹部內臟的感覺。運動神經核包括心跳中樞 (調整心跳速度和強弱)、血管調節中樞 (控制血管直徑和血壓)，兩個呼吸中樞 (控制呼吸的頻率和深度)，以及許多中樞涉及言語、咳嗽、打噴嚏、流口水、吞嚥、打嗝、嘔吐、出汗、胃腸道分泌以及舌頭和頭部運動
橋腦	腦神經 V~VII 和 VIII 的某些纖維的感覺終止和運動起源於橋腦。橋腦的感覺神經核接收來自面部、眼睛、口腔和鼻腔、鼻竇和腦膜的感覺，涉及痛覺、觸覺、溫度覺、味覺、聽覺和平衡感覺。運動神經核控制咀嚼、吞嚥、眼球運動、中耳和內耳反射、臉部表情以及眼淚和唾液的分泌。橋腦的其他神經核負責將大腦的信號轉傳到小腦 (小腦的大部分輸入纖維來自橋腦)，或在睡眠、呼吸、膀胱控制和姿勢維持等作用扮演重要功能
中腦	腦神經 III~IV 的起源 (與眼球運動有關)。紅核與精細運動控制有關。黑質則將抑制信號轉傳至前腦的丘腦和基底核。大腦導水管周邊灰質調節疼痛的知覺。上丘與視覺注意力和眼球跟踪運動，視覺反射有關，例如將視線轉移到周圍視覺中看到的物體上。下丘將聽覺信號傳遞給丘腦和調節聽覺反射，例如對響亮聲音的驚嚇反應
網狀結構	遍佈整個腦幹的 100 多個神經核的網狀架構，包括前面所述的一些神經核。參與軀體運動控制、平衡、視覺注意、呼吸、吞嚥、心血管控制、疼痛調節、睡眠和意識狀態
小腦	肌肉協調、精細運動控制、肌肉張力、姿勢、平衡、判斷時間的流逝；參與一些情感，處理觸覺輸入、空間知覺和語言

15.3 前腦

預期學習成果

當您完成本節後，您應該能夠

a. 說明間腦的三個主要組成部分，並描述其位置和功能；
b. 標定大腦的五個腦葉，並確定其位置與功能；
c. 描述大腦白質中的三種神經徑類型；
d. 描述大腦皮質內不同的細胞型態，以及組織學的排列方式；和
e. 說明基底核和邊緣系統的位置與功能。

前腦 (forbrain) 由間腦和大腦組成。如前面提到，本書作者將間腦歸類為腦幹最前端的部分，然而多數的學者則認為間腦不屬於腦幹。

15.3a 間腦

胚胎的間腦 (diencephalon) 有三種主要衍生物：丘腦 (thalamus)、下丘腦 (hypothalamus) 和上丘腦 (epithalamus)。這些結構圍繞著第三腦室。

丘腦

大腦半球內都有一個**丘腦** (thalamus)[22]，呈橢圓球狀，位在大腦半球的下方，腦幹的上方 (圖 15.4c、15.6 和 15.15)。丘腦約占間腦的五分之四。橢圓球狀的丘腦內側會突出到第三腦室，外側則會突出到側腦室。大約 70% 的人，左右的兩個丘腦之間，會藉由狹窄的丘腦間連合 (interthalamic adhesion) 構造相互連接。

丘腦由至少 23 個神經核共同組成，我們將這些神經核歸類為五個主要的功能群：前面、內側、腹面、外側和後面神經核群。這些區域及其功能如圖 15.11a 所示。

一般來說，丘腦是「通往大腦的門戶」。幾乎所有的感覺訊號和其他要傳入大腦的訊息，都會經過丘腦神經核的突觸傳遞，包括味覺、聽覺、平衡感覺、視覺以及軀體的感覺包

22 *thalamus* = chamber 腔室，inner room 內房

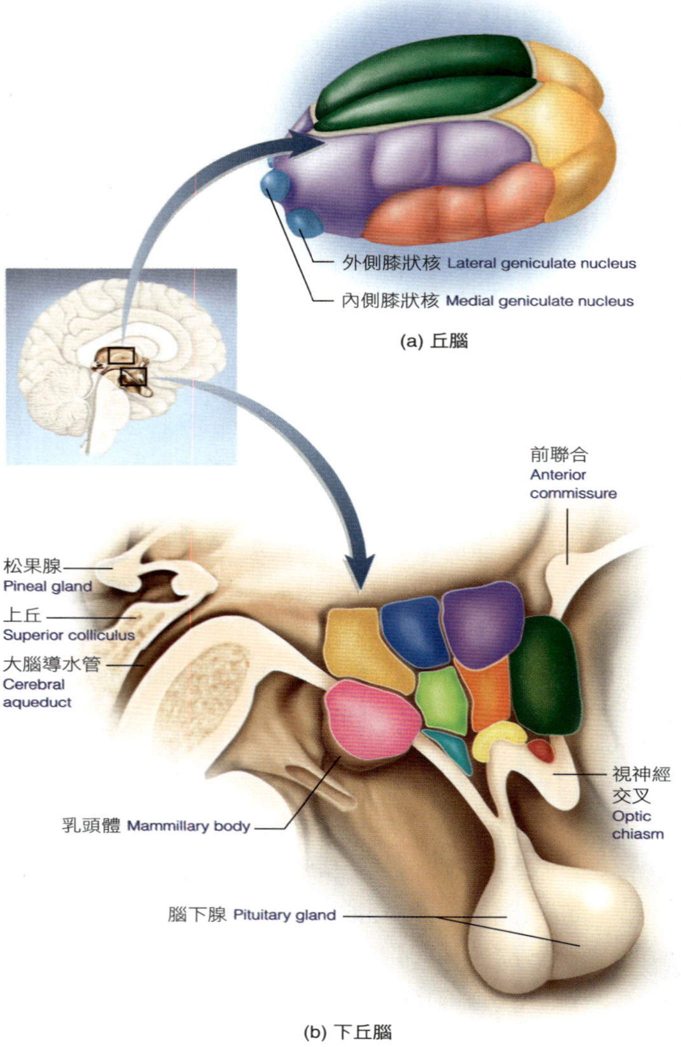

丘腦內的神經核	
前側核群	屬於邊緣系統的一部分；與記憶和情緒有關
內側核群	將情緒訊號傳出到前額皮質；情緒的感知
腹側核群	將體感覺訊號傳出到大腦的中央後回；將小腦和基底核的訊號傳出到運動相關的大腦皮質
外側核群	將體感覺訊號傳出到大腦的聯合區域；參與邊緣系統的情緒功能
後側核群	將視覺訊號轉傳至枕葉 (藉由外側膝狀核)；將聽覺訊號轉傳至顳葉 (藉由內側膝狀核)
下丘腦內的神經核	
前側神經核	口渴中樞；體溫調節中樞
弓狀神經核	調節食慾；釋放激素調控腦下腺前葉的分泌
背內側神經核	暴怒與其他情緒
乳頭體神經核	傳遞邊緣系統與丘腦之間的訊息；參與長期記憶
室旁核	分泌催產激素 (與生產、乳汁排出、性高潮有關)；調控腦下腺後葉
後側神經核	與中腦的導水管周邊灰質功能相近，參與調控情緒、心血管、疼痛抑制等
視前核	生殖系統功能的激素調控；監測體溫
視叉上核	生物時鐘；調節晝夜節律與女性生殖週期
視上核	分泌抗利尿激素 (與體內水分平衡有關)；調控腦下腺後葉
腹內側神經核	參與調控醣類與脂質代謝、食慾、體溫、性行為與情緒

圖 15.11　間腦。(a) 丘腦；(b) 下丘腦。僅顯示了丘腦和下丘腦的部分神經核，而且列出其功能。表格中所列出的不是全部的神經核。間腦的第三部分，上丘腦，在此圖中並未顯示；請參看圖 15.2a。APR

括觸覺、痛覺、壓覺、溫度覺等。丘腦神經核會過濾這些訊息，並僅轉接一小部分到大腦皮質。

丘腦在運動控制也扮演關鍵的作用。丘腦會轉傳小腦到大腦的訊號，並提供大腦皮質和基底核之間的回饋迴路。最後，丘腦也參與邊緣系統的情緒與記憶功能。*邊緣系統* (limbic system) 是複雜的結構，包括顳葉和額葉的大腦皮質和一些丘腦前核。丘腦在運動與感覺的調控作用，將在本章稍後和第 17 章，進一步討論。

下丘腦

下丘腦 (hypothalamus) 構成第三腦室的側壁和底部的一部分。下丘腦的前面延伸至視交叉 (optic chiasm)，後面延伸到一對突起

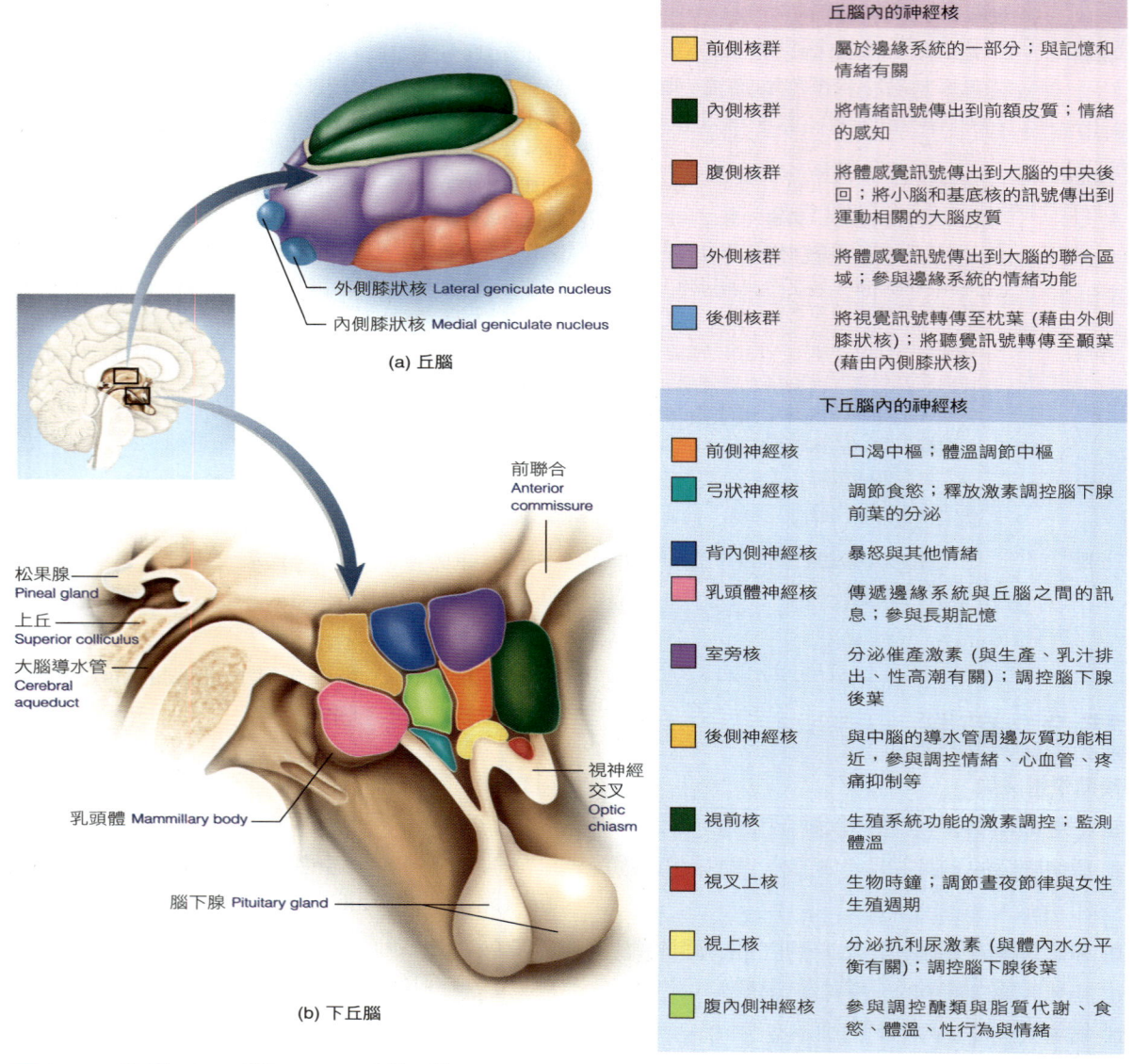

的構造，稱為乳頭體 (mammillary[23] bodies)(圖 15.2a)。每個乳頭體包含三至四個乳頭體神經核 (mammillary nuclei)，它們的主要功能是將訊號從邊緣系統傳遞到丘腦。位於視交叉和乳頭體之間，有下丘腦的漏斗部 (infundibulum) 延伸往下的莖，連結到腦下垂體。

下丘腦是自主神經系統和內分泌系統的調控中心。幾乎可以調節人體的所有器官，以達到體內的恆定作用。它的神經核也是多種內臟功能的調控中心 (圖 15.11b)：

- **激素分泌** (hormone secretion)：下丘腦分泌的激素控制腦下腺前葉。通過腦下腺分泌的激素調節生長、代謝、生殖和壓力。下丘腦還會分泌兩種激素，儲存在腦下腺後葉：催產素 (oxytocin) 與分娩的子宮收縮、乳汁排出以及情感聯繫有關。抗利尿激素 (antidiuretic hormone) 則與水分調控有關。在適當的時候，下丘腦發送神經訊號到腦下腺後葉，刺激這些激素的釋放。
- **自主效應** (autonomic effects)：下丘腦是自主神經系統的整合調控中心。下丘腦會發送出神經纖維到達腦幹，調控心跳、血壓、瞳孔大小和胃腸道分泌和運動等功能。
- **溫度調節** (thermoregulation)：下丘腦恆溫器 (hypothalamic thermostat)，由一群集中在視前核的神經元組成，負責監測體溫。當體溫偏離正常值過多時，此中心會刺激下丘腦前部的散熱中心，或是下丘腦後部乳頭體附近的產熱中心。這些中心會啟動了以下的機制：發抖、出汗或是皮膚血管的收縮或擴張，來升高或是降低體溫。
- **飲食攝取** (food and water intake)：下丘腦調節飢餓和飽食感覺。尤其是弓形核 (arcuate nucleus)，具有調節短期食慾和長期體重的激素接受器。下丘腦神經元具有滲透壓感受器 (osmoreceptors)，可以監測血液的滲透壓，當身體脫水時，會尋找飲水補充水分。因此，我們的飲水與攝食的驅動器，都由下丘腦控制。
- **睡眠和甦醒節律** (sleep and circadian rhythms)：下丘腦的尾部是網狀結構的一部分。這裡的神經核會調節睡眠和甦醒的節奏。位於視神經交叉上方的視叉上核 (suprachiasmatic nucleus) 調控我們的一天 24 小時晝夜節律 (circadian rhythm) 的活動節奏。
- **情緒和性反應** (Emotional and sexual responses)：下丘腦包含神經核調控各種情緒反應，包括憤怒、攻擊、恐懼、愉悅和滿足；以及調控性慾，包括性交和性高潮的反應。情緒狀態會通過乳頭體進而影響內臟功能。例如，焦慮會使心臟加速，或是使胃部不適。
- **記憶** (Memory)：乳頭體除了在情緒迴路的作用外，也將海馬 (hippocampus) 產生的訊號傳遞到丘腦。海馬是創造新記憶的中心，如同大腦的「老師」。位於海馬和大腦皮質之間的乳頭體，對於新記憶的獲取至關重要。

上丘腦

上丘腦 (epithalamus) 主要由**松果腺** (pineal gland)(內分泌腺將在 18.3a 節中說明) 和**韁核** (habenula)(神經核負責傳遞邊緣系統的訊號到中腦)，以及第三腦室上方薄薄的區域，共同構成 (見圖 15.2a)。

15.3b 大腦

胚胎的端腦會變成大腦 (cerebrum)，也是人類腦部中最大最顯著的部分。你的大腦使您可以翻開這些頁面，閱讀和理解單詞，記住想法，與他人談論，並進行檢測。大腦是感官知

23 *mammill* = nipple 乳頭，little breast 小胸部

覺、運動控制、記憶和心理過程，例如思想、判斷力和想像力所在的位置。人類與其他動物差異最大的部位。也是神經生物學最複雜和最具挑戰性的區域。

解剖構造

普遍認為「大腦」(cerebrum) 和「腦部」(brain) 是同義詞。主要區別在 15.1a 節中進行了描述，如有必要可以複習 (圖 15.1 和 15.2)。大腦是指兩個大腦半球 (cerebral hemispheres)，兩個大腦半球由縱向腦裂 (longitudinal cerebral fissure) 分隔，中間由神經束構成的胼胝體 (corpus callosum) 連接；每個大腦半球表面都有明顯的皺褶，稱為腦回 (gyrus)。腦回之間的凹溝，稱為腦溝 (sulcus)。大腦表面的皺褶，允許更多的皮質填充在顱腔內。將皺褶的大腦皮質全部攤開，表面積約 2,500 cm^2，將近一本典型教科書的 4.5 頁大小。如果大腦的表面是光滑的，那麼它的表面積只剩原本的 1/3，訊息處理能力也將等比例減少。人類大腦高度折疊的現象，與大多數其他哺乳動物的大腦表面光滑，是最明顯的差異之一。

一些腦回具有一致且可預測的解剖結構。但是其他的腦回構造，則因人而異，左右半球也不完全一樣。某些明顯的腦溝，將每個大腦半球分為五個構造與功能不同的腦葉 (lobe)。前四個在大腦表面上可以辨識，並以其鄰近的顱骨名稱命名 (圖 15.12)；第五個腦葉，從大腦表面無法看見。

1. **額葉** (frontal lobe)：位於額骨的後方，眼睛的上方。從額頭向後方延伸到呈波浪狀的**中央溝** (central sulcus)。主要具有認知 (思想) 和其他更高的心智活動，語言和運動控制等功能。
2. **頂葉** (parietal lobe)：形成腦部的最上部，位於頂骨的下方。從中央溝延伸至**頂枕溝** (parieto-occipital sulcus)，頂枕溝在大腦半球的內側表面較明顯 (圖 15.2)。主要接收

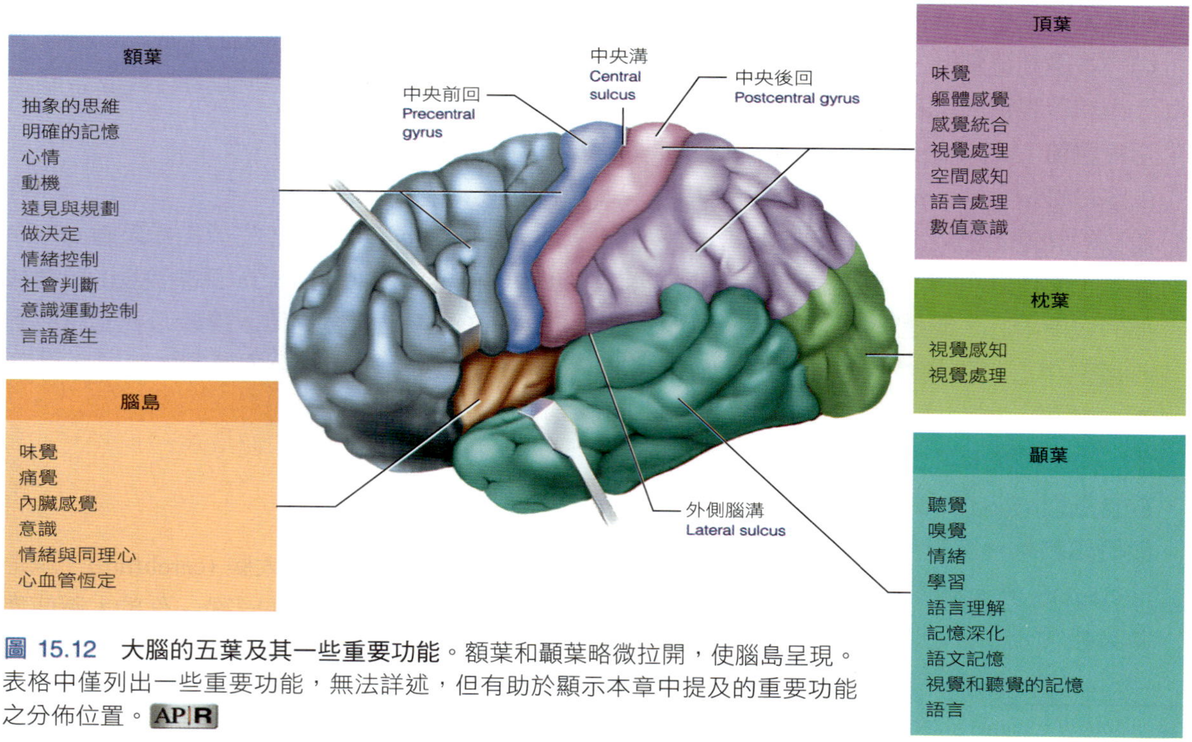

圖 15.12 大腦的五葉及其一些重要功能。額葉和顳葉略微拉開，使腦島呈現。表格中僅列出一些重要功能，無法詳述，但有助於顯示本章中提及的重要功能之分佈位置。APR

和整合身體的一般感覺 (general senses) 訊號，在本章後面會介紹；以及屬於特殊感覺 (special senses) 的味覺和一些視覺處理。

3. **枕葉** (occipital lobe)：在腦部的後方，枕骨的前方，頂枕溝的後方。是大腦的主要視覺中心。
4. **顳葉** (temporal lobe)：腦部外側呈水平的腦葉，靠近顳骨，與上方的頂葉之間有**外側腦溝** (lateral sulcus) 分隔。功能包括聽覺、嗅覺、學習、記憶以及視覺和情感的某些方面。
5. **腦島** (insula)[24]：位在外側溝內部的一小塊大腦皮質，要將外側溝撥開，或是切掉一些顳葉，才能見到 (圖 15.4c 和 15.15)。因為比較難深入探測，所以對其功能的瞭解較少，目前已知負責味覺、內臟感覺有關。

大腦白質

大腦的大部分是白質。白質是由許多神經膠細胞和有髓鞘的神經纖維組成，負責傳遞大腦的不同腦區之間，以及大腦和腦幹或脊髓之間的訊息。這些神經纖維聚集成束，稱為*神經徑* (請參閱臨床應用 15.2)。大腦白質 (cerebral white matter) 的神經徑分為三種類型 (圖 15.13)：

1. **投射徑** (projection tracts)：主要是大腦投射到腦幹或是脊髓的神經纖維，傳遞大腦和身體的其他部分之間的感覺與運動訊息。例如皮質脊髓徑，將運動訊號從大腦傳送到腦幹和脊髓。其他投射徑帶有感覺訊號向上傳到大腦皮質。這些大腦白質內投射的神經纖維，從大腦皮質的不同區域，往下匯聚成束。整個形狀如同發散的扇形，散開的部分稱為*放射冠* (corona radiata)[25]。匯聚成束的部分稱為*內囊* (internal capsule)，內囊會從丘腦和基底核之間通過，然後再形成中腦的大腦腳與延腦的椎體，延伸到腦幹或脊髓。
2. **連合徑** (commissural tracts)：主要是連接左右大腦半球之間的神經纖維。腦部最大的連合徑是連接左右半腦之間的胼胝體。另外，還有**前連合** (anterior commissure)(COM-ih-shurs)與**後連合** (posterior commissures)(圖 15.2a)。連合徑使兩個大腦半球之間的訊息可以相互交流。
3. **關聯徑** (association tracts)：主要在同一個大腦半球內，連接的不同腦區的神經纖維。*長關聯纖維* (long association fibers) 是連絡不同的腦葉之間，而*短關聯纖維* (short association fibers) 則是連絡同一個腦葉內的不同腦回之間。這些關聯徑的功能是連結感官與記憶。例如聞到玫瑰花香，可以說出花的名稱，以及描繪出花朵的模樣。

臨床應用 15.2

追蹤白質的神經徑

本章的首頁彩色圖片是使用相對較新的核磁共振造影 (MRI) 稱為*擴散張量造影* (DTI)。擴散張量造影是一種檢測水分子擴散，以追踪在中樞神經系統白質中，有髓鞘的平行神經纖維束的方法。在大多數情況，這種水分子擴散是隨機的，不會產生有用的信號。然而，白質中平行的神經纖維束，以及絕緣的髓鞘，使得水分子的擴散具有方向性，更多的水分子沿著神經纖維擴散。擴散的向量可以用顏色編碼，在左右腦之間的神經束標示為紅色，前後走向的神經束標示為綠色，上下走向的神經束標示為藍色。最常繪製的圖像是皮質脊髓徑，此徑是大腦控制肌肉的主要輸出途徑；第二大關注的圖像是*弓狀束* (arcuate fasciculus)，此神經束連通語言相關的沃尼克氏區和布洛卡氏區 (請參見 15.3c 節的「語言」段落和圖 15.16)。利用擴散張量造影顯示的圖像，稱為*神經束造影* (tractography)。

---

24 *insula* = island 島
25 *corona* = crown 皇冠；*radiata* = radiating 放射狀

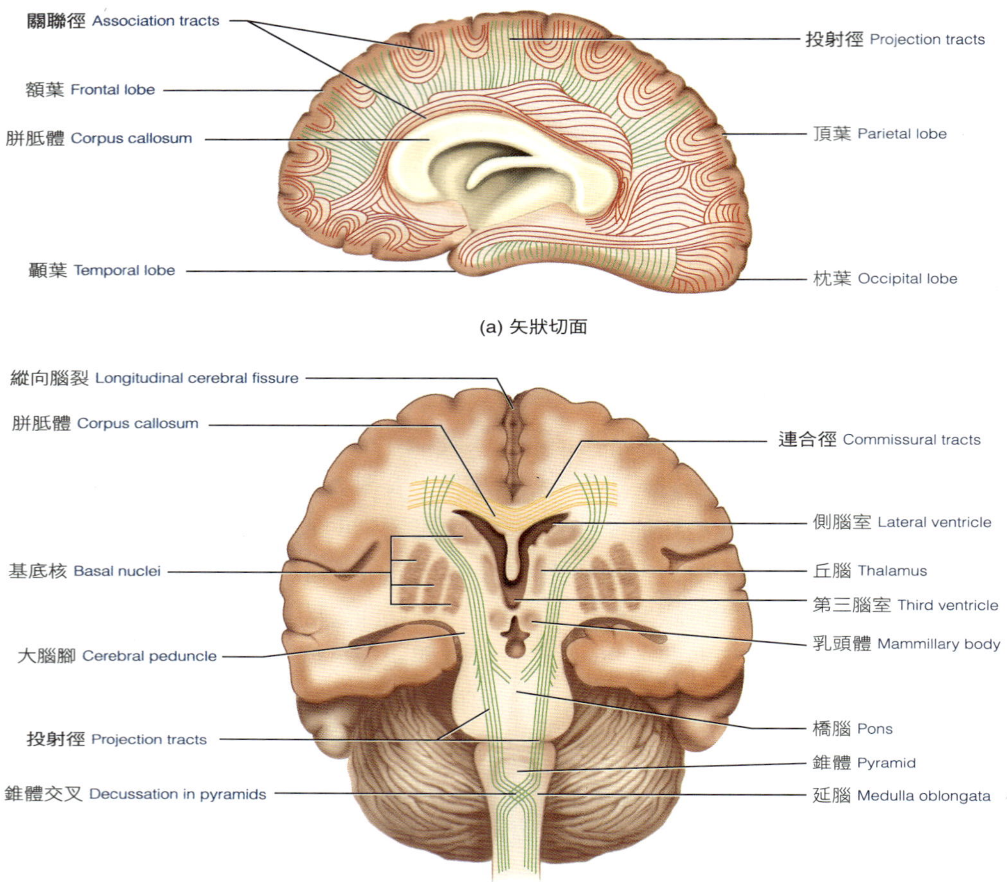

圖 15.13 腦部白質的神經路徑。(a) 矢狀切面，顯示關聯神經徑 (紅色) 和投射神經徑 (綠色)；(b) 額狀切面，顯示連合神經徑 (黃色) 和投射神經徑。

擴散張量造影的發明可以追溯到 1990 年代，但直到最近才在病患者中得到應用，使其成為神經病理學中，一種高度敏感的成像方法。迄今為止，其最大用途是評估急性缺血性中風，第二大診斷為腦腫瘤，以及腦腫瘤對運動、語言和視覺方面的影響。神經外科醫生在核磁共振影像沒辦法清楚顯示時，會使用擴散張量造影來定位腦腫瘤和病變位置。這使外科醫生能精確地瞄準問題區域，避免傷害到其他區域。此技術也有助於監測兒童的髓鞘成熟度，與老年人的退化性改變，多發性硬化症引發的髓鞘退化疾病的過程，腦損傷 (TBI) 的傷害程度，以及大腦對於治療的反應。此技術已經在臨床上應用在阿茲海默症、癲癇、自閉症和古柯鹼成癮的檢定。臨床醫生希望此技術能應用在預測疾病的發展過程，以便更早更有效地進行治療。此技術也應用於評估心肌、前列腺疾病和肌肉和肌腱受到的運動傷害。

大腦皮質

神經訊息的整合主要是在大腦的灰質中進行，大腦灰質分佈在三個地方：大腦皮質、邊緣系統和基底核。**大腦皮質** (cerebral cortex[26]) 厚度僅為 2 至 3 mm，覆蓋大腦半球的表面。儘管很薄，但是被高度折疊成大腦的腦回和腦

26 *cortex* = bark 樹皮，rind 外皮

溝，因此整個皮質包含約 140 至 160 億個神經元，約腦部質量的 40%。大腦皮質最獨特的細胞是**錐狀細胞** (pyramidal cells)(圖 13.5a)，它們具有圓錐形的細胞本體。一根尖尖的樹突延伸向大腦表面，而且有許多側分支；另外從細胞本體側邊水平方向延伸出其他樹突；以及有一根軸突往下投射到白質中。錐狀細胞是大腦主要的輸出神經元，它們是皮質中唯一會發出神經纖維，並與中樞神經系統的其他部分連接的神經元。

邊緣系統

邊緣系統 (limbic[27] system) 是情緒和學習的重要中心。最初在 1850 年代描述邊緣系統為每個半球的內側的大腦皮層環，環繞著胼胝體和丘腦。其最突出的構造是在胼胝體上方的**扣帶回** (cingulate[28] gyrus)(SING-you-let)。扣帶回涵蓋胼胝體上方的額葉和頂葉，以及顳葉內側的**海馬回** (hippocampus)[29] (圖 15.14) 和**杏仁核** (amygdala)[30] (ah-MIG-da-luh)。杏仁核在海馬回的前部，也位於顳葉。關於邊緣系統的組成結構，仍然存在不同的意見，但是前面提到的三個構造是已經確認。其他的結構包括乳頭體和一些下丘腦神經核，一些丘腦神經核、基底核和一部分的額葉稱為前額葉 (prefrontal cortex) 和眶額皮質 (orbitofrontal cortex)。邊緣系統的內部組成會互相連結，藉由複雜的神經徑迴路，使神經核和大腦皮質的神經元之間形成圓形的反饋模式。所有這些結構中都是雙邊配對的；每個大腦半球都有一套邊緣系統。

早期一直認為邊緣系統與嗅覺有關，因為與嗅覺途徑密切相關，但是從 1900 年代初開始一直持續到現在，實驗已經充分顯示邊緣系統在情緒和記憶有重要作用。邊緣系統具有愉悅與厭惡的中心。刺激愉悅中心會產生一種感覺快樂或獎賞；刺激厭惡中心則會產生不舒服的感覺，例如恐懼、生氣或悲傷。邊緣結構已知的愉悅中心是伏隔核 (nucleus accumbens)，而已知的厭惡中心是杏仁核。接下來的幾頁將

27 *limbus* = border 邊界
28 *cingulate* = girdle 腰帶
29 *hippocampus* = sea horse 海馬；以其形狀命名
30 *amygdala* = almond 杏仁；以其形狀命名

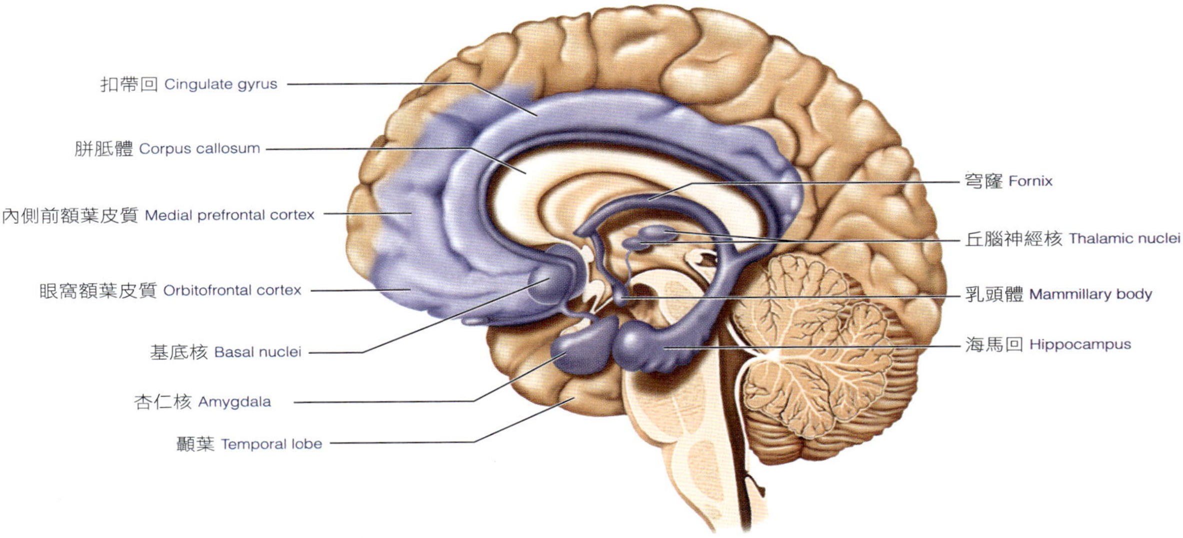

圖 15.14 **邊緣系統**。環狀的結構包含重要的學習和情緒中心。在大腦額葉，邊緣系統的組成部分沒有明確的邊界。

介紹杏仁核在情緒中的角色，以及海馬在記憶中的角色。

基底神經核

基底神經核 (basal nuclei)(圖 15.15) 是埋藏在白質深處的腦灰質團，位於丘腦外側。先前也稱為基底神經節 (basal ganglia)，但是由於神經節是指在周邊神經系統內的神經細胞本體聚集膨大的構造，因此大腦內部的基底核，就不再使用基底神經節這個名詞。神經解剖學家目前認為有三個主要神經構造組成基底核：**尾狀核** (caudate[31] nucleus)、**殼核** (putamen)[32]

31 *caudate* = tailed 尾巴，tail-like 尾狀的
32 *putam* = pod 豆莢，husk 果殼

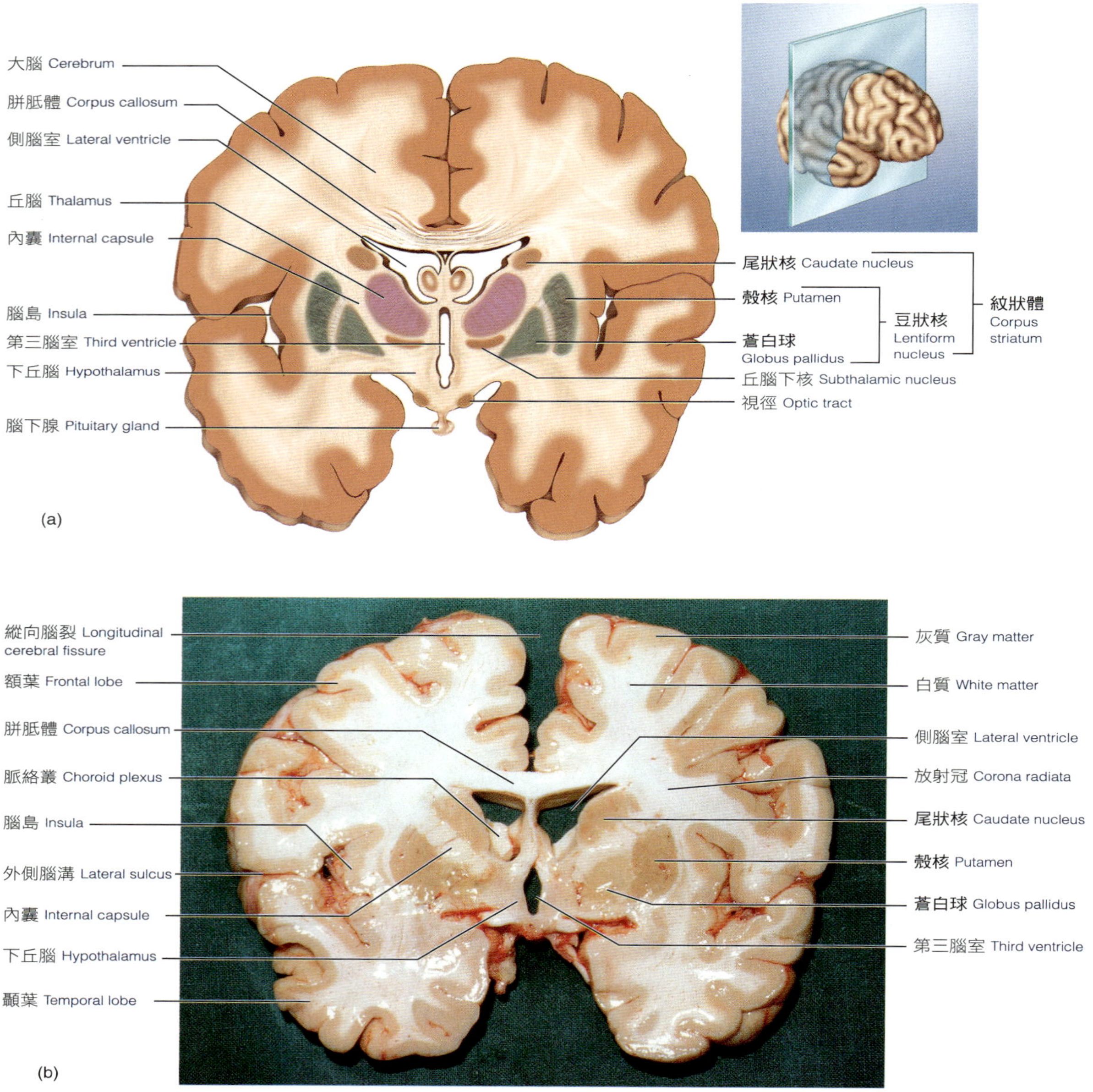

圖 15.15 基底核。(a) 腦部的額狀切面；(b) 相對應的新鮮腦組織切片。基底核的構造以黑體字標出。APR

(b) ©BioPhoto Associates/Science Source

和**蒼白球** (globus pallidus)[33]。這三個神經核合稱為紋狀體 (corpus striatum)，因為切片中這些神經核有條紋狀的構造。殼核和蒼白球兩者合稱為豆狀核 (lentiform[34] nucleus)，因為外型很像豆子才如此命名。基底核參與運動控制功能，將於後面段落中說明。

15.3c 腦部的整合功能

我們將介紹許多腦部的「高階」功能：感覺意識、運動控制、語言、情緒、思想和記憶。這些功能很多都在大腦皮質，但不限於大腦；間腦及小腦也有參與。一種高階功能可能不會限定在特定的大腦區域。腦部的功能不容易用解剖構造來界定其邊界。一些功能在解剖構造上重疊，一些功能從一個區域到另一個區域跨越解剖邊界，而一些功能意識和記憶則遍佈大腦。

討論大腦功能區的一般原則，我們區分為主要皮質和聯合皮質。**主要皮質** (primary cortex) 是指直接接收感覺輸入的區域，直接來自感覺器官或腦幹；或是指皮質區域會直接發出運動神經纖維到達腦幹，並且以將腦神經和脊神經將運動訊號發出。**聯合皮質** (association cortex) 是指除了主要皮質之外的所有其他區域，聯合皮質參與了訊息的整合功能，例如感覺輸入的解釋，運動輸出的規劃，認知 (思維) 過程以及回憶的儲存和回想。大腦皮質的 75% 為聯合皮質。通常，主要皮質區域的周邊就會有聯合皮質，有相同的一般功能。例如，從眼睛接收視覺輸入的主要視覺皮質，周邊就有視覺的聯合皮質，對視覺刺激進行訊息的整合與認知。一些聯合皮質是多模式的 (multimodal)；就是會收到來自多種感官的輸入，並將其整合到對周圍環境的整體感知中。額葉的聯合皮質稱為**前額葉皮質** (prefrontal cortex) 是認知和情感功能的重要中心。

特殊感覺

特殊感覺 (special senses) 是指味覺、嗅覺、聽覺、平衡感覺和視覺，由頭部相對複雜的感覺器官負責接收。從這些特殊器官接收的感覺訊息，會傳遞到大腦特定的主要皮質區，然後再轉傳到周圍的聯合皮質區域。這些感覺訊息就會在聯合皮質與記憶進行整合，變成可識別和可理解的訊息。在這裡，我們僅簡要說明每種特殊感覺有關的大腦皮質區域 (圖 15.16)。第 17 章再詳細介紹特殊感官將訊號傳遞到大腦特殊區域的途徑。

- **視覺** (vision)：視覺訊號由枕葉後方的**主要視覺皮質** (primary visual cortex) 接收。主要視覺皮質的前方是**視覺聯合區域** (visual association area)，包括枕葉的其餘部分，頂葉的一部分以及顳葉下方的一部分。視覺聯合區域整合許多訊息，因此我們可以識別我們看到的東西。
- **聽覺** (hearing)：聽覺訊號由顳葉上方的**主要聽覺皮質** (primary auditory cortex) 接收。**聽覺聯合區域** (auditory association area) 包括主要聽覺皮質的下方，以及側腦溝內側。這區域使我們能識別語音聲調，熟悉的音樂或是誰打來的電話。
- **平衡感覺** (equilibrium)：來自內耳的平衡訊號，主要傳遞到小腦和幾個腦幹的神經核，這些神經核與頭部和眼球的轉動以及內臟功能有關。該系統的某些神經纖維會通過丘腦，到達側腦溝和中央溝下端的區域，這是認知我們身體在空間中的運動和方位的區域。
- **味覺** (taste)：味覺訊號主要傳遞到**主要味覺皮質** (primary gustatory cortex)，位在頂葉中

33 *glob* = globe，ball 球；*pallid* = pale 蒼白
34 *lenti* = lens 晶體；*form* = shape 形狀

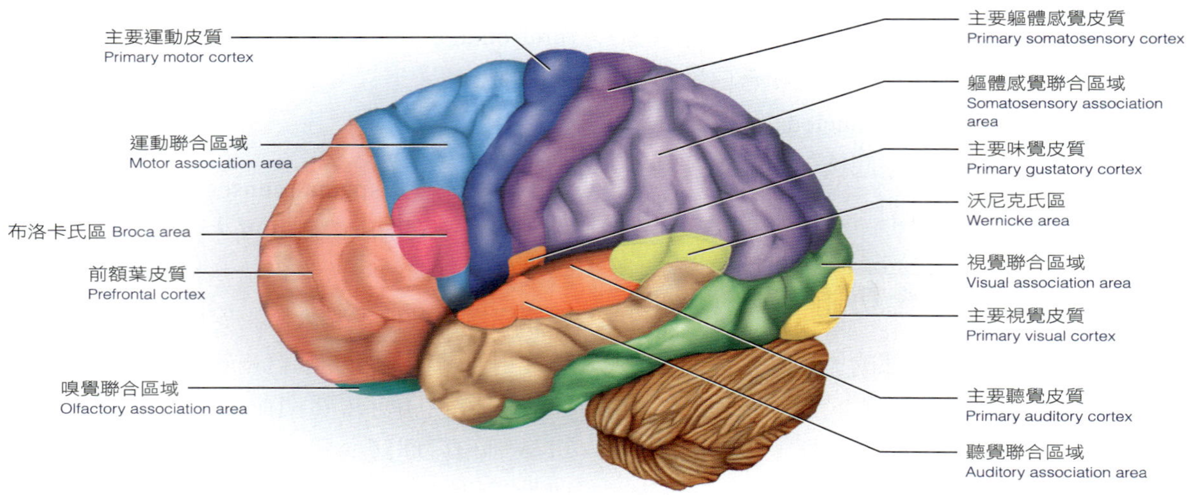

圖 15.16 **大腦皮質的一些功能區**。布洛卡氏區和沃尼克氏區的語言功能，只為在一個大腦半球，通常是左側。其他顯示的區域在兩個大腦半球都同時存在。

央後回的下端皮質和腦島前部區域。**味覺聯合區域** (gustatory association area) 與嗅覺的聯合區域整合在一起。

- **嗅覺** (smell)：**主要嗅覺皮質** (primary olfactory cortex) 位於顳葉內側面和額葉下面。**眶額皮質** (orbitofrontal cortex)(圖 15.14) 包含嗅覺聯合區域、整合嗅覺、味覺和視覺訊息，使人們對食物的色香味產生想要 (或是拒絕) 的感覺。

一般感覺

一般感覺 (general senses) 或稱軀體感覺 [(somatosensory or somesthetic[35]) senses] 在人體上廣泛分佈，並且具有相對簡單的感覺受器 (參見 17.1b 節)。包括觸覺、壓覺、拉扯、溫度覺和痛覺。頸部以下所接收的軀體感覺訊號，經由薄束與楔狀束，以及脊髓丘腦徑向上傳遞。軀體感覺神經纖維在傳遞到丘腦之前，會在脊髓或是延腦中交叉到對側 (參閱表 14.1 和圖 14.5)。因此，軀體感覺訊號最終到達對側的大腦皮質。身體右側的感覺刺激傳遞到左腦半球產生感知，反之亦然。丘腦將所有軀體感覺訊號，傳遞至大腦的**中央後回** (postcentral gyrus)。中央後回位於中央溝的後方，是大腦頂葉最前方的腦回 (圖 15.1c)。中央後回從側腦溝上升直到頭頂，然後再下降到縱向腦裂內側。中央後回的皮質稱為**主要軀體感覺皮質** (primary somatosensory cortex)(圖 15.17)。

中央後回與身體的感覺區域相比對，呈現倒立的感覺人像，傳統上將其描繪為感覺小人 (sensory homunculus[36])(圖 15.17b)。如圖所示，下肢的感覺傳遞到中央後回的上半部分，而面部的感覺則傳遞到中央後回的側面下方。身體感覺接收的區域在大腦中央後回的區域，呈現點對點的對應關係，即**體感覺地圖** (somatotopy)[37]。繪製的感覺小人呈現罕見的怪異扭曲的形狀，因為是依照人體部位的神經支配多寡和敏感程度的比例進行繪製，而不是依照人體部位的大小。因此，手和臉在軀體感覺皮質區域比軀幹區域大。

軀體感覺聯合區域 (somatosensory

35 *som* = body 身體；*esthet* = sensation 感覺

36 *hom* = man 人類；*unculus* = little 小的

37 *somato* = body 身體；*top* = place 位置

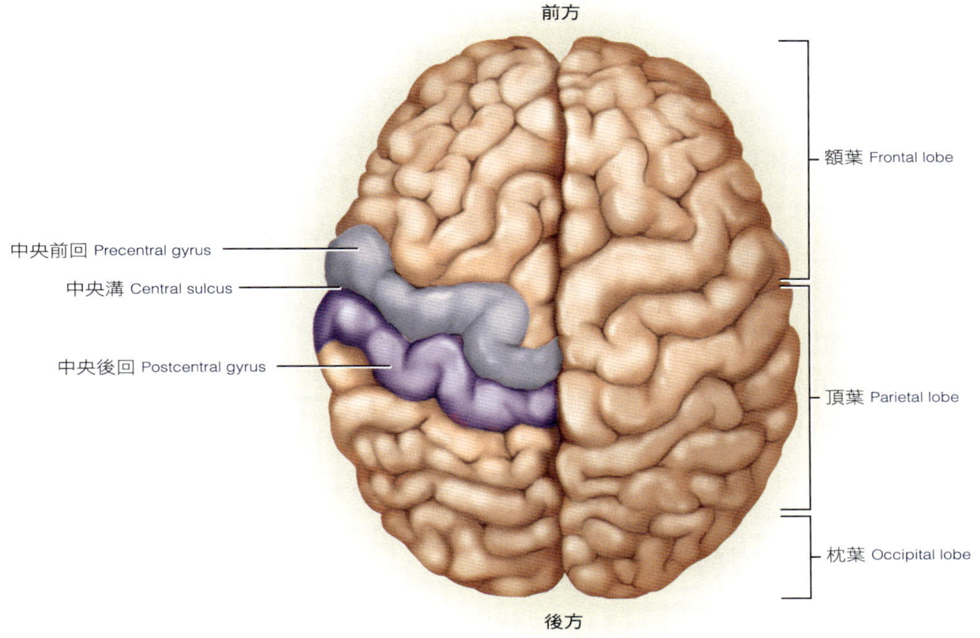

(a)

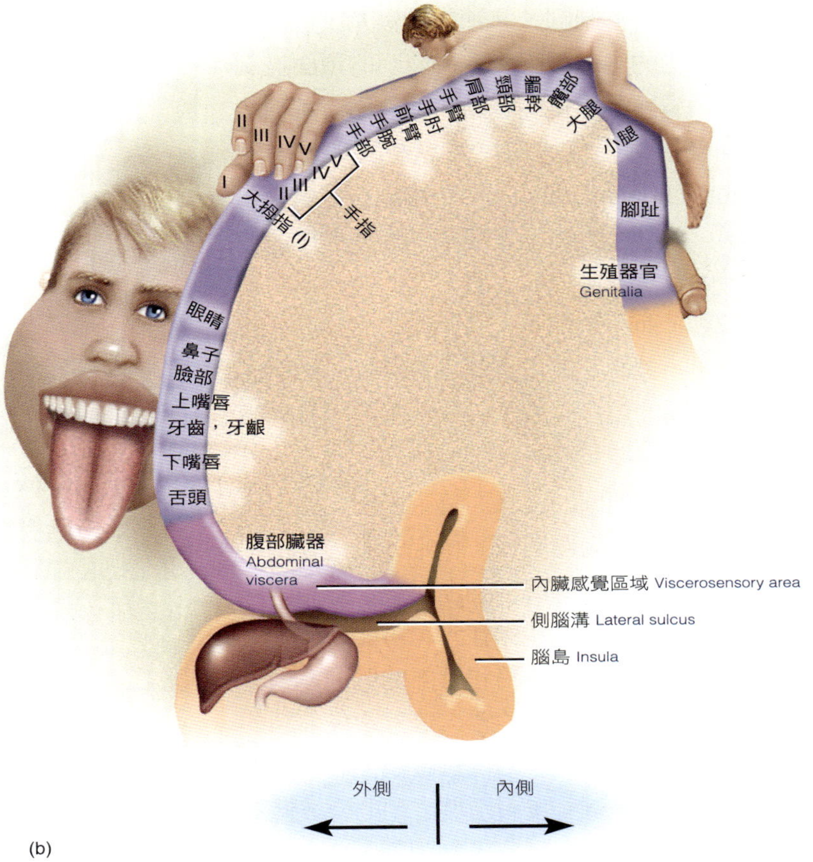

(b)

圖 15.17 主要軀體感覺區 (中央後回)。(a) 大腦的俯視圖，顯示了中央後回的位置 (紫色)；(b) 感覺小人，繪出的身體部位大小，是依照負責接收此部位的感覺皮質區域大小的比例所繪製。

AP|R

association area)，負責儲存與整合軀體感覺的訊息，位於頂葉的中央後回的後方，和外側溝的頂部 (圖 15.16)。

運動控制

產生收縮骨骼肌的意圖，始於額葉的**運動聯合區域** (motor association area)，又稱為**運動前區** (premotor area)(圖 15.16)。這區域負責規劃我們的行為，例如當想要跳舞，打字或說話時，這區域的神經元就會開始規劃動作所需使用的肌肉，以及其收縮程度和順序等。然後發送程序到**中央前回** (precentral gyrus)，又稱為主要運動區 (primary motor area) 的神經元，中央前回位在額葉的最後端，緊鄰中央溝 (圖 15.1c)。中央前回的神經元向腦幹或脊髓發送運動訊號，最終導致肌肉收縮。

中央後回與中央後回一樣，也具有體運動地圖。例如，控制腳趾運動的神經元，位在縱向腦裂內側的中央前回。中央前回的頂面控制著軀幹，肩膀和手臂的運動，下外側區域則是控制面部肌肉。依據區域可以繪製出運動小人 (motor homunculus)(圖 15.18b)。與感覺小人一樣，運動小人也是呈現罕見的怪異扭曲的形狀，因為是依照控制人體部位的神經運動單位的多寡，而不是依照人體部位的大小進行繪製。例如，控制手部拇指的皮質神經元數量，比控制大腿的要多得多，因為拇指參與各種複雜的動作，需要更好更精細的控制。

但是中央前回的區域與特定肌肉之間，沒有精確的點對點對應關係。特定的肌肉是由中央前回內特定區域的許多神經元共同控制。同樣，中央前回中的一顆神經元，可能最終影響不只一根肌肉，例如肩膀和肘部的肌肉運動，兩者都有助於協調手的位置。雖然中央前回的運動地圖，描繪出特定的皮質區域控制特定區域的運動，但是這些皮層區域之間的會彼此重疊，邊界並沒有清楚劃分。

中央前回的錐體細胞稱為**上運動神經元** (upper motor neurons)。它們發出的神經纖維，約有 1,900 萬根終止於腦幹的神經核，100 萬根匯聚形成皮質脊髓徑，在延腦的錐體交叉，再下降到脊髓調控運動。因此，在頸部以下，每個中央前回控制身體的對側肌肉。在腦幹或脊髓內，上運動神經元的神經纖維與下運動神經元會形成突觸，由**下運動神經元** (lower motor neurons) 的軸突支配骨骼肌。

腦部的基底核和小腦，對於身體的肌肉控制也很重要。基底核接收大腦皮質的訊號，然後再傳出運動訊號通過丘腦，再將訊息傳回大腦皮質。除了主要視覺和聽覺區域之外，幾乎所有的大腦皮質區域，都會向基底核發送訊號。基底核會處理這些大腦皮質的訊息，然後將其輸出到丘腦，將這些訊號再轉傳回大腦皮質，尤其是傳遞到前額葉皮質，運動聯合區和中央前回。因此，基底核主要負責規劃和執行動作的反饋迴路。

基底核的其他功能，承擔著很少大腦思考，就能進行高度練習過的動作，例如寫作、打字、駕駛汽車、使用剪刀或綁鞋帶等。基底核還控制計劃的發起和停止，以及在行走過程中，肩膀和臀部的重複動作。

基底核病變會引起運動障礙，稱為**運動失能症** (dyskinesias)[38]。某些運動障礙的特徵是行動受到異常的抑制。例如，帕金森氏症 (Parkinson disease)，患者很難從椅子上站起或開始走路出現困難，並緩慢地拖著腳走路 (參閱 15.5b 節)。平穩且輕鬆的移動，需要刺激協同肌肉群，並抑制其拮抗肌肉群。帕金森氏症的患者，拮抗肌肉群不受抑制。因此，協同肌群與拮抗肌群在關節處互相拉扯對抗，導致很難隨心所欲地移動。其他運動障礙的特點，則是出現誇張或多餘的動作，例如亨廷頓舞蹈

---

38 *dys* = bad 不良，abnorma 異常，difficult 困難的；*kines* = movement 運動

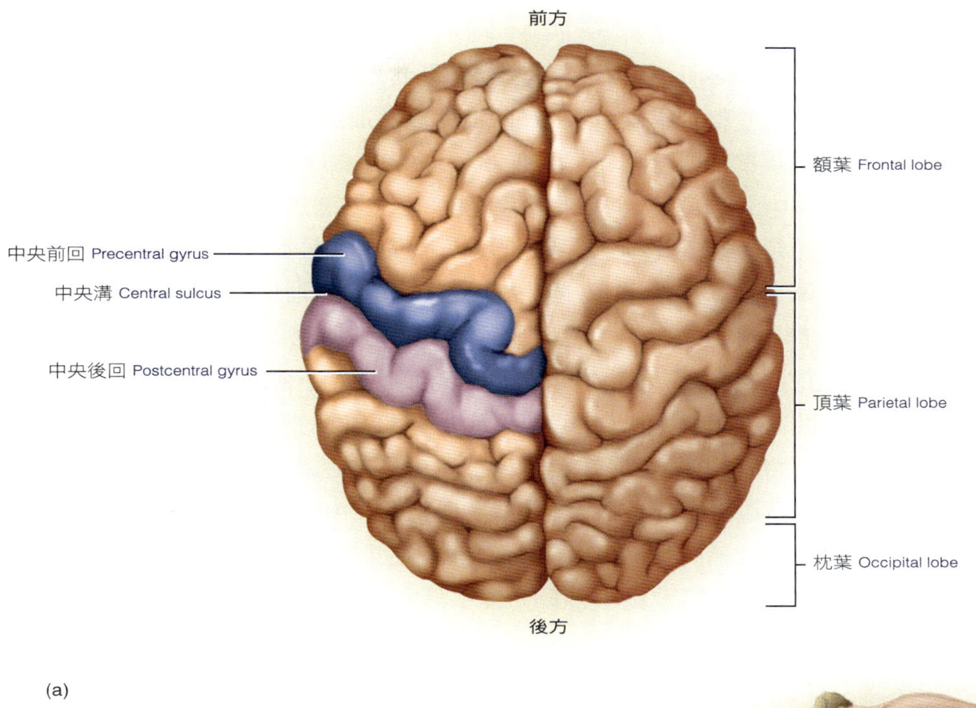

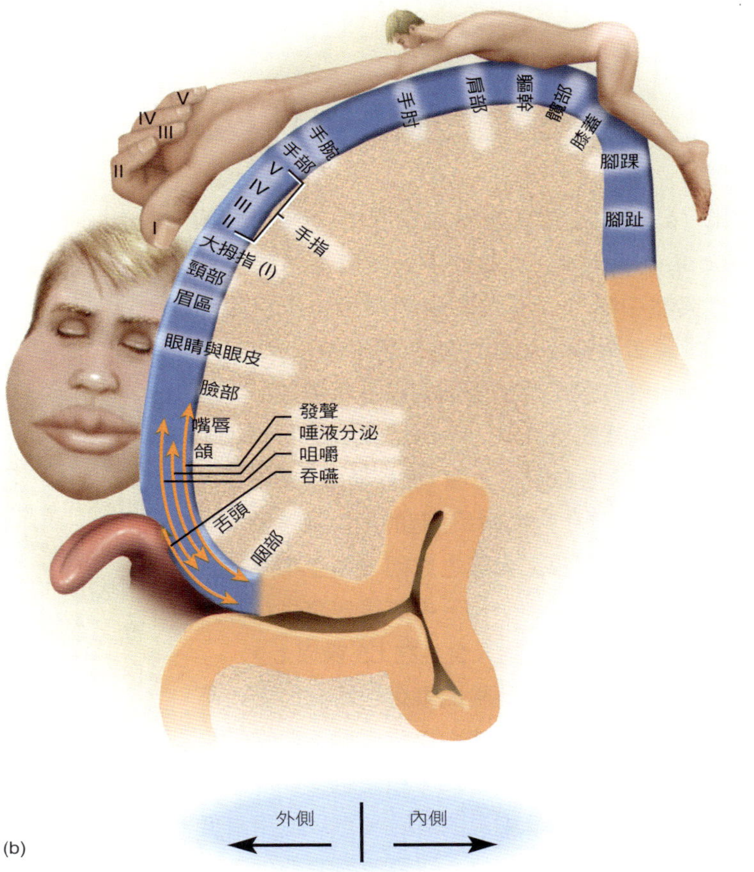

圖 15.18　主要運動區 (中央前回)。 (a) 大腦的俯視圖，顯示了中央前回的位置 (藍色)；(b) 運動小人，繪出的身體部位大小，是依照負責控制此部位的運動皮質區域大小的比例所繪製。

• 身體的哪些部位由最大的運動皮質區域所控制—是具有大型肌肉的區域或是具有許多小型肌肉的區域？

APR

病 (Huntington disease) 出現的四肢晃動。

小腦在運動協調中非常重要。小腦有助於學習運動技能，保持肌肉張力和姿勢，肌肉收縮平順，協調眼睛和身體的動作，並整合不同關節之間的運動，例如在投棒球時整合肩膀和肘部的動作。小腦如同運動控制中的比較整合器。它可接收大腦上運動神經元要發出的運動訊息，以及接收從肌肉和關節傳來的本體感覺訊息，瞭解目前身體的實際狀態 (圖 15.10)。小腦的蒲金氏細胞將這兩者進行比較分析。如果運動訊息與目前身體狀態之間存在差異，小腦就會發出訊號到小腦深核，再將訊號傳遞到丘腦和大腦皮質。大腦皮質中的運動神經元皮層就會根據小腦的訊號，調整肌肉收縮的強度以符合身體目前狀態。小腦的病變會導致動作不靈活 (clumsy)，步態笨拙等運動失調現象 (ataxia)，並且諸如爬樓梯之類的動作，幾乎不可能完成。

臨床應用 15.3

中風

中風 (strock) 或稱為腦血管意外 (cerebral vascular accident, CVA) 是指腦組織的血液供應突然中斷，而導致腦組織壞死。按病因區分，中風有兩種：出血性腦中風 (hemorrhagic stroke)，蜘蛛膜下腔的腦血管破裂所導致。更常見的是缺血性腦中風 (ischemic stroke)(iss-KEE-mic)，通常是腦血管被血塊 (血栓形成) 或脂質沉積 (動脈粥狀硬化) 堵塞所引起的。中風是僅次於冠狀動脈疾病的第二大死亡原因；發生中風的人大約有一半壽命不到一年。中風可能發生在任何年齡，但約三分之二的人發生在 65 歲以上。

除年齡之外，中風的危險因素還包括高血壓、高血膽固醇、肥胖、糖尿病；以及選擇不適當的生活方式，如過度飲酒、吸菸，和使用安非他命和古柯鹼等毒品。降低中風的危險，可以使用降低膽固醇藥物；降血壓藥物；以及改變其他生活方式、醫療和手術方法等。每日服用小劑量的阿斯匹林，尚未被發現有助於預防初次的中風，但可能有益於預防曾經中風的人再次復發。

中風的症狀取決於出血或阻塞的血管供應的區域，神經元會缺少血液供應而死亡。症狀可能包括癱瘓 (通常發生在腦中風對側的身體)，失明或其他的感覺喪失，失語症 (言語喪失) 或認知缺陷 (失去意識、記憶或理性障礙)。類似症狀持續少於 24 小時，稱為短暫性腦缺血發作 (transient ischemic attack, TIA)，俗稱「小中風」。小中風可能預示後續會發生真正的中風。

要準確識別中風的症狀，並且快速給予幫助，請依據字母縮寫 FAST 的原則進行檢視：面部 (Face) 無力 (在面部的一側下垂)，手臂 (Arm) 漂移 (一隻手臂無法舉到頭頂上方)，語音 (Speech) 困難，和記下時間 (Time) 呼救。FAST 中風口訣「臉歪手垂大舌頭，記下時間快送醫」。其他一些症狀包括視野缺陷，無法伸出舌頭，並按命令向左和向右移動，喪失記憶等。中風發生超過 3 小時後，腦部就會發生不可逆的損傷 (神經元死亡)，因此如果發生中風，記得盡速送醫。強調口號，時間就是大腦！

語言

語言包括多種能力，閱讀、寫作、口說和理解口語和文字等。由不同大腦皮質區域負責。**沃尼克氏區** (Wernicke[39] area)(WUR-nih-kee)[又稱為**語言感覺區** (posterior language area)] 負責識別與理解口語和文字。此區位於側腦溝的後方，通常在左側大腦半球，在視覺、聽覺和軀體感覺區域之間的皮質 (見圖 15.16)。這是一個感覺聯合區，接收附近的許多主要感覺皮層訊息。角回 (angular gyrus) 是位於頂葉尾狀與沃尼克氏區上方的腦回，負責

39 卡爾．沃尼克 (Karl Wernicke, 1848~1904)，德國神經學家

讀寫能力。

當我們想要講話時，沃尼克氏區會根據學習到的語法規則，制定短句，並傳達演講計劃，到達位在同一半球的前額葉皮質下方的**布洛卡氏區** (Broca[40] area)[又稱為**語言運動區** (motor speech area)]。正子放射斷層掃描 (PET) 顯示我們準備發言時，布洛卡氏區的代謝活性會增加。布洛卡氏區會為對喉、舌、臉頰和嘴唇的肌肉產生運動程序，以發出聲音。該程序會發送到執行運動的主要運動皮層，再由主要運動皮質的神經元發出命令，傳到下運動神經元，刺激肌肉收縮講出話語。

大腦語言區域的病變，往往會產生多種語言缺陷，稱為**失語症** (aphasias)[41] (ah-FAY-zee-uhs)。可能包括完全無法說話；說話緩慢，難以選擇單詞；講話模糊不清，難以理解的用詞和不合邏輯的語序；無法理解別人的書面文字或口頭表達；或無法說出看到的物體。由於第 VII 和 XII 對腦神經 (面部和舌下神經) 控制許多語言相關的肌肉，所以語言障礙也可能是由這些神經或是其相關的腦幹神經核受損所造成。

應用您的知識

湯普森先生發生中風，損傷了他的沃尼克氏區。梅雅女士發生中風，傷到她的布洛卡氏區。這兩位病患的語言障礙，會有什麼不同？

情緒

情緒和記憶並非僅是大腦的功能，而是源於前額葉皮質區域和間腦之間的相互作用。下丘腦和杏仁核在情緒中扮演特別重要的作用。由獲得 1949 年諾貝爾獎的瑞士生理學家華特海斯 (Walter Hess)，藉由實驗發現刺激貓的下丘腦不同神經核，會引起憤怒、攻擊和其他情緒反應。涉及獎勵和懲罰感覺情緒的神經核，也在貓、大鼠、猴子和人類的下丘腦中發現。

杏仁核 (amygdala) 是人類情緒最重要的中心之一，先前描述的邊緣系統的主要組成部分。杏仁核從視覺、聽覺、味覺、嗅覺以及一般的軀體和內臟感覺中接收處理後的訊息。因此它能夠對於令人噁心的氣味、難吃的食物、優美的畫面、悅耳的音樂或肚子疼等感覺做出情緒反應。對於恐懼的感受特別重要。杏仁核接收許多感覺之後，輸出的神經訊號有兩個方向：(1) 一些神經纖維投射到下丘腦和腦幹下方，從而影響軀體和內臟的運動系統。例如：看見某些影像或聽見某些聲音的情感反應，可能通過這條路徑，使人心跳加速、使毛髮直立 (豎毛反應)，或引起嘔吐。(2) 其他神經纖維投射到調控意識和情感表達的前額葉皮質區域。使我們能表達愛慕或是控制憤怒的能力。

人格的許多重要方面都取決於功能完整的杏仁核和下丘腦。當杏仁核或下丘腦的特定區域被破壞或被人工刺激，人類和其他動物都會表現出反應遲鈍，或是異常的憤怒、恐懼、侵略、防衛、愉悅、痛苦、愛慕、性慾和依賴等，以及在學習，記憶和動機方面出現異常。

認知

認知 (cognition)[42] 是指我們使用獲得的知識，進行心理處理的過程、感官知覺、思想、推理、判斷、記憶、想像力和直覺。認知能力有許多種類，廣泛分佈在大腦的聯合皮質區域。這是研究大腦最困難的領域，也是無法完全瞭解的大腦功能。目前我們對認知功能的瞭解，大多來自腦部病變患者的研究，經由癌症、中風和創傷造成腦組織破壞的區域。第一次和第二次世界大戰造成許多腦損傷，增加對大腦功能區的瞭解。最近許多影像系統，

40 皮埃爾・保羅・布洛卡 (Pierre Paul Broca, 1824~80)，法國外科醫師和人類學家

41 *a* = without 無法；*phas* = speech 說話

42 *cognit* = to know 知道，to learn 學習

例如正子放射斷層掃描 (PET) 和功能性磁振造影 (fMRI) 對於腦功能研究提供更精確的見解。通過這些方法，研究人員可以針對正在執行各種認知活動或是工作的人，對其大腦進行掃描，並從影像查看在不同的心理和工作狀態下，大腦哪些區域最活躍 (圖 15.19)。

注意環境中的物體的知覺，是位於布洛卡氏區和沃尼克氏區語音中心對側的頂葉。此大腦區域的病變，會產生*對側忽視症候群* (contralateral neglect syndrome)，患者會忽略掉身體一側的物體。甚至無法識別，穿著衣服和照顧自己的身體；或是忽略閱讀頁面一側的所有單詞。這類患者也無法描述從住家到公司的路線，並且會在熟悉的建築內迷路。

前額葉皮質與許多人類最獨特的能力有關，例如抽象思維、遠見、判斷力、責任感、目的感和社交行為。這區域的大腦病變容易使人分心，不負責任，非常固執，無法預測未來的事件，並且沒有企圖心或是對未來的計劃。

小腦最近研究也顯示具備認知的功能。正子放射斷層掃描顯示，小腦在分析視覺和觸覺訊息，解決空間難題，判斷時間的流逝，計劃和安排活動，區分發音相似的單詞，以及執行其他語言工作時，都表現出增強的活性。例如，如果被給予一個名詞，例如蘋果，並被要求思考一個相關動詞，例如吃，這時候小腦會出現較強的活性。只要求這個人重複念蘋果時，小腦活性較弱。觸摸砂紙會在某種程度上激活小腦，但是如果要求比較兩種不同砂紙的質地，小腦會更加活耀。小腦還有助於判斷有關運動的短期預測，例如飛行中的棒球在下一秒或兩秒內的可能位置，以便可以抓住它。小腦病變的患者會有情緒過度反應和衝動控制的問題。有很多患有注意力不足過動症 (ADHD) 的小孩，具有較小的小腦。

記憶

記憶是屬於認知功能之一，但需要特別關注。記憶有兩種：(1) **程序記憶** (procedural memory)。對於動作技能的保留，例如如何繫鞋帶、拉小提琴或在鍵盤上打字；(2) **陳述記憶** (declarative memory)，對於事件的保留，以

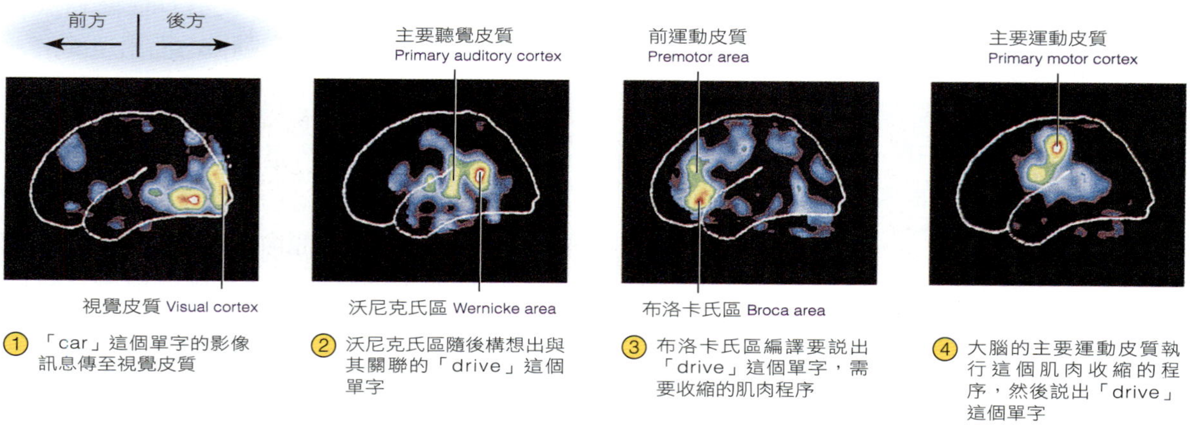
前方
後方
主要聽覺皮質
Primary auditory cortex
前運動皮質
Premotor area
主要運動皮質
Primary motor cortex
視覺皮質 Visual cortex
沃尼克氏區 Wernicke area
布洛卡氏區 Broca area
① 「car」這個單字的影像訊息傳至視覺皮質
② 沃尼克氏區隨後構想出與其關聯的「drive」這個單字
③ 布洛卡氏區編譯要說出「drive」這個單字，需要收縮的肌肉程序
④ 大腦的主要運動皮質執行這個肌肉收縮的程序，然後說出「drive」這個單字

圖 15.19 **在執行語言功能期間，對大腦進行正電子放射斷層掃描 (PET) 掃描的影像**。這些掃描影像代表一個或多個受試者的大腦的電腦平均圖像，步驟是給這些受試者看一個單字 (例如 car)，然後被要求說出一個與這單字相關的單字 (例如 drive)。最活躍的大腦區域以紅色顯示，較不活躍的區域以藍色顯示。此研究顯示，布洛卡氏區和沃尼克氏區不參與簡單的重複單字，但在人們必須評估單字並選擇適當相關的答案時會很活躍。PET 掃描還顯示當一個人重複地練習，並變得更加熟練時，會有不同的神經集合體參與運作。

及可以用文字表達的事件，例如姓名、日期或事實，對即將進行的檢查很重要。在細胞層級，兩種記憶的內存形式可能涉及相同的過程：可能有新的突觸形成，或是生理變化使突觸傳遞在某些路徑的效率更高。

邊緣系統在回憶的建立中扮演重要角色。杏仁核產生情感記憶，例如黃蜂在皮膚上叮咬時產生灼熱刺痛的恐懼。海馬回 (hippocampus)(圖 15.14) 對於建立長期的陳述性記憶至關重要。海馬本身不儲存記憶，而是將感覺和認知的體驗，整合成長期記憶。當發生事件後，海馬會從許多感覺的輸入訊息中學習，剛開始產生短期記憶。稍後，也許在睡覺時，它會反覆播放此短期記憶到大腦皮質，如同「緩慢的學習者」，但是逐漸形成長期的記憶。這個「教導大腦皮質」的過程直到建立長期記憶，稱為**記憶強化** (memory consolidation)。海馬的病變則產生新的陳述性記憶的能力會喪失，但是不會影響已經儲存的舊記憶，也不影響獲得新的程序記憶，所以還是可以學習新的運動技能。

長期記憶存儲在大腦皮質的各個區域。語言的記憶 (詞彙和語法規則) 存於沃尼克氏區。對臉孔、聲音和熟悉物件的記憶，儲存在顳葉上部。個人的社會角色，適當的行為、目標和未來計劃，儲存在前額葉皮質。程序記憶則儲存在大腦運動聯合區的皮質、基底核和小腦。

大腦側化

乍看之下，左右大腦半球好像完全相同，但仔細檢查會發現許多差異。例如，女性的左側顳葉長於右側。在慣用左手的人，其左側額葉、頂葉和枕葉通常寬於右側。兩個半球在某些功能方面也有所不同 (圖 15.20)。兩個半球都不是「主導的」，但是都有特別專司的任務。這種左右半腦在功能上的差異稱為**大腦側化** (cerebral lateralization)。以往認為有些人是

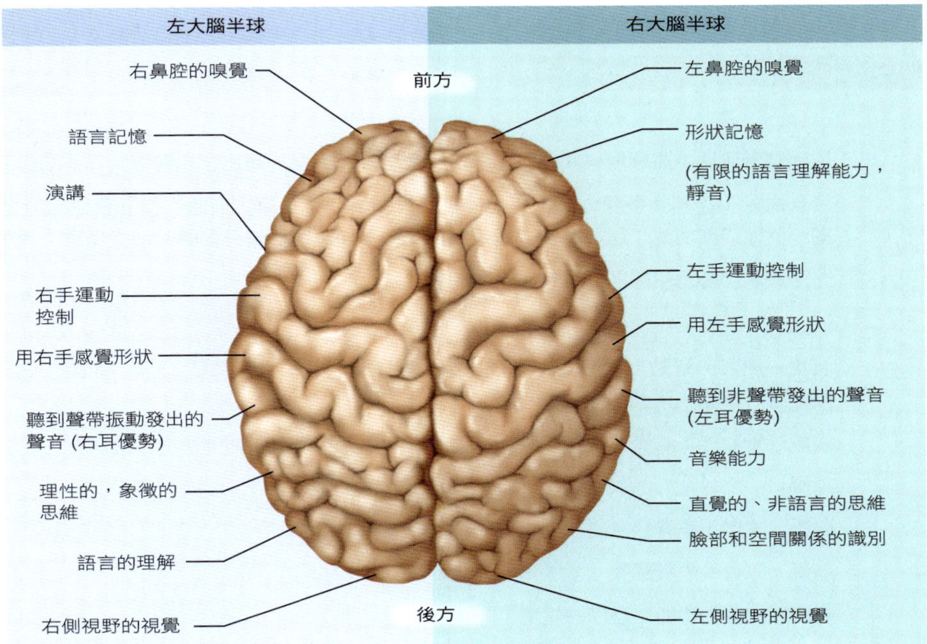

圖 15.20 **大腦功能的側化**。兩個大腦半球在功能上並不完全相同。

• 如果一個人被描述為「左腦人」，這是否意味著他或她很少使用大腦右半球？

「左腦」，有些人是「右腦」的想法，是一個令人懷疑的流行神話。

一個大腦半球，通常是左半球，稱為理智性半球 (categorical hemisphere)。它專門用於口說和書面語言，以及在科學和數學領域，進行邏輯的推理和分析。這個半球似乎將訊息分解為片段，並以線性方式對其進行分析。另一個大腦半球，通常是右半球，稱為抽象性半球 (representational hemisphere)。它以更整合整體的方式感知訊息。它是想像力和洞察力的所在；音樂和藝術技巧；感知模式和空間關係；節奏感、語調和講話的情感；和影像、聲音、氣味和口味的比較等。

表 15.2 總結了在前幾頁描述的前腦功能。

在你繼續閱讀之前

回答下列問題，以檢驗你對上節內容的理解：

13. 丘腦在感覺功能中的作用是什麼？
14. 列出下丘腦的至少六個功能。
15. 説明大腦的五個腦葉名稱。並描述它們位置和邊界。
16. 描述基底核的位置，以及其一般的功能。
17. 描述邊緣系統的位置，哪一個部位參與情緒？哪一個部位參與記憶？
18. 描述大腦的軀體感覺、視覺、聽覺和額葉聯合區域的位置和功能。
19. 描述主要運動皮質和主要感覺皮質的軀體地圖。
20. 説明沃尼克氏區、布洛卡氏區和中央前回在語言功能中，扮演什麼角色？

15.4 腦神經

預期學習成果

當您完成本節後，您應該能夠

a. 按照編號列出 12 對腦神經的名稱；
b. 確定每對腦神經起源以及終止於何處；和
c. 陳述每對腦神經的功能。

表 15.2 前腦功能

間腦	
丘腦	處理感覺訊號；將感覺與其他訊息轉傳至大腦；將大腦的傳出訊息轉傳到其他腦部區域
下丘腦	合成激素；控制腦下腺分泌；自主神經反應影響心跳速率、血壓、瞳孔直徑、消化道分泌與運動、其他內臟功能；體溫調節；飢餓與口渴中樞；睡眠與晝夜節律；情緒反應；性功能；記憶
上丘腦	分泌激素；傳遞中腦與邊緣系統之間的訊號
大腦葉	
額葉	嗅覺；語言的運動；骨骼肌的意識控制；程序的記憶；認知功能，例如抽象的思維、判斷力、責任感、遠見、企圖心、計劃和專注於任務的能力
頂葉	軀體感覺功能；味覺；身體運動和方位的認知、語言識別，非運動方面的語言功能
枕葉	視覺
顳葉	聽覺、嗅覺、視覺訊息辨識、學習、記憶、情緒
腦島	聽覺、味覺、內臟感覺
基底核	潛意識的運動功能；程序的記憶
邊緣系統	學習、情緒、滿足和厭惡反應

為了發揮功能，大腦必須與身體產生聯繫。大部分輸入和輸出都是通過脊髓傳遞，但是也通過 12 對**腦神經** (cranial nerves) 進行聯繫。這些腦神經主要來自大腦的底部，通過顱骨的孔洞，主要支配頭頸的肌肉和感覺器官。從最前端，以羅馬數字 I 到 XII 進行編號 (圖 15.21)。每個神經都有一個描述性名稱，如視神經和迷走神經。圖 15.22 顯示了腦神經接收或是支配周邊器官的路徑，每個路徑分別在表 15.3 和圖 15.23 至 15.34 中進行了詳細的說明。

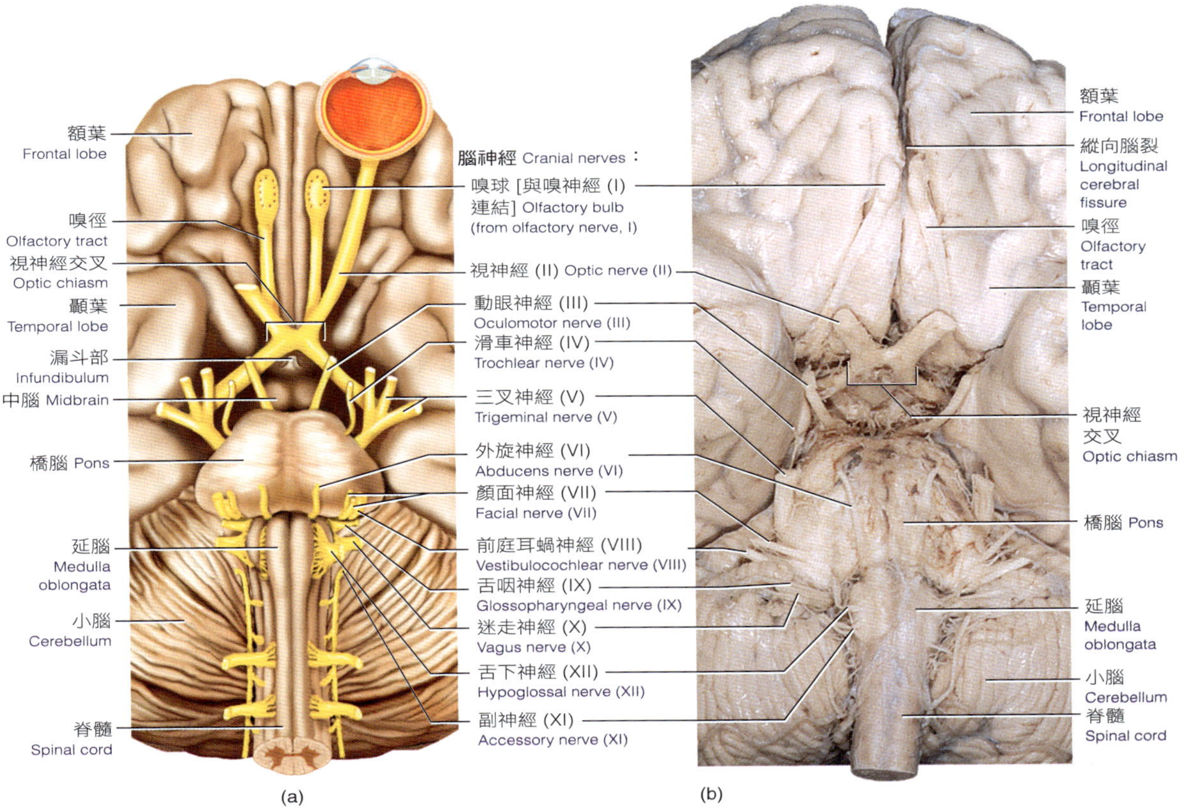

圖 15.21 **腦神經**。(a) 腦底部，顯示 12 對腦神經的位置；(b) 大體腦底部的腦神經。APR

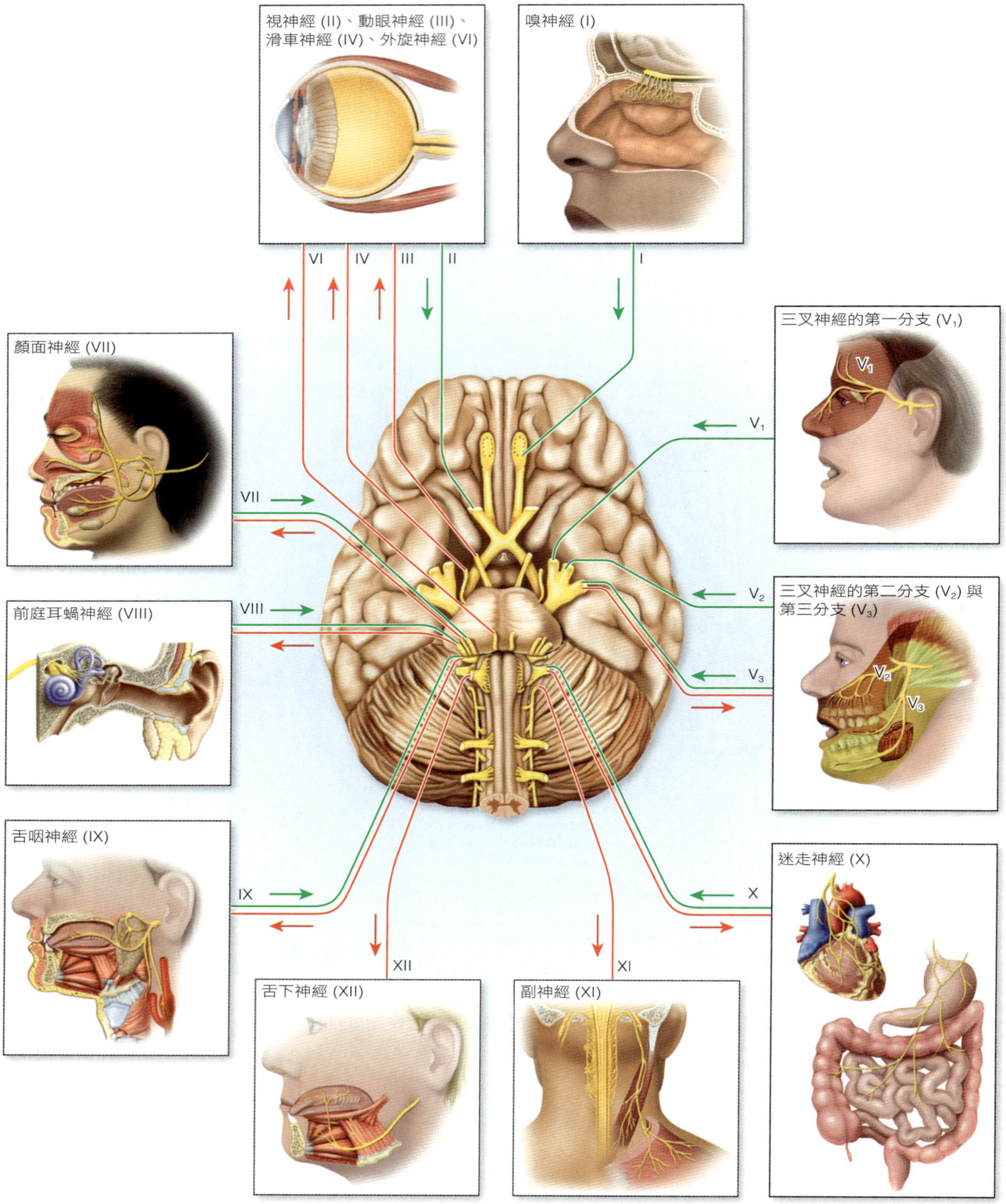

圖 15.22 腦神經的路徑。與感覺功能相關的路徑以綠色顯示，與運動功能相關的路徑以紅色顯示。除了第 I 與第 II 對腦神經只攜帶感覺纖維，其他具有運動功能的腦神經，也都有攜帶肌肉的本體感覺纖維，不過在此圖中被省略。

表 15.3 腦神經

所有學者均同意列為混合或感覺神經的腦神經是為混合或純粹的感覺神經。那些歸類為運動或感覺為主的神經也具有其他類型的神經纖維。運動神經主要含有支配肌肉收縮的神經纖維，其實也包含本體感覺的神經纖維。

I. 嗅神經。接收嗅覺的神經，由許多獨立的神經束組成，這些神經束通過在鼻腔頂部的篩板。從顱骨取出的大腦上看不到嗅神經，因為大多數的神經束在取出大腦時會斷裂。

內含	功能	起源	終止	顱窩通道	損傷後果	臨床測試
感覺	嗅覺	鼻腔的嗅覺黏膜	嗅球	篩骨的篩孔	嗅覺喪失	確定是否可以聞到(不一定要識別)芳香物質，例如咖啡、香草、丁香油或肥皂

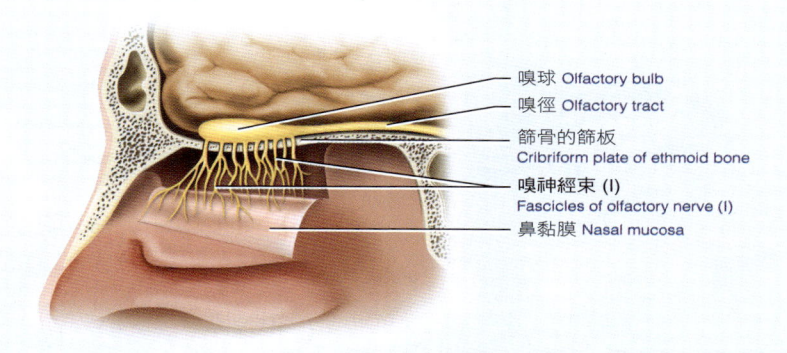

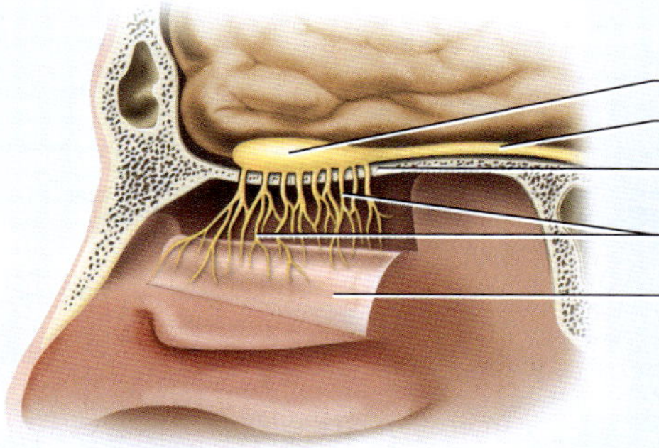

圖 15.23 嗅神經 (I)。 APR

II. 視神經。這是接收視覺的神經。

內含	功能	起源	終止	顱窩通道	損傷後果	臨床測試
感覺	視覺	視網膜	丘腦與中腦	視神經管	部分或是全部視野缺損	用檢眼鏡檢查視網膜；測試周邊視野和視覺敏銳度

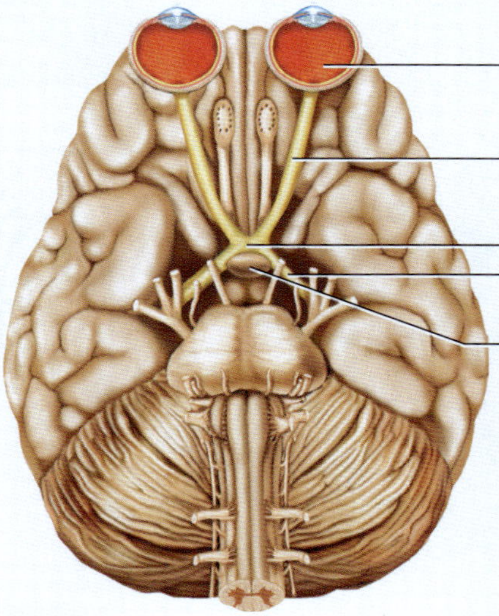

圖 15.24 視神經 (II)。 APR

表 15.3 腦神經 (續)

III. 動眼神經 (Oculomotor[43] Nerve)(OC-you-lo-MO-tur)。該神經控制著眼球向上、向下和向內轉動的肌肉，以及控制虹膜、晶狀體和上眼瞼。

內含	功能	起源	終止	顱窩通道	損傷後果	臨床測試
運動為主	眼球運動、眼瞼打開、瞳孔縮小、對焦近物	中腦	軀體運動纖維終止在提上眼瞼肌；眼球的上直、內直、下直、下斜肌肉；自主神經纖維終止在虹膜收縮肌與晶體的睫狀肌	眶上裂	眼瞼下垂；瞳孔擴張；眼球運動困難；休息時眼球偏向外側；複視；對焦困難	觀察左右眼瞳孔的大小和形狀差異；光照瞳孔的反應測試；測試追踪運動物體的能力

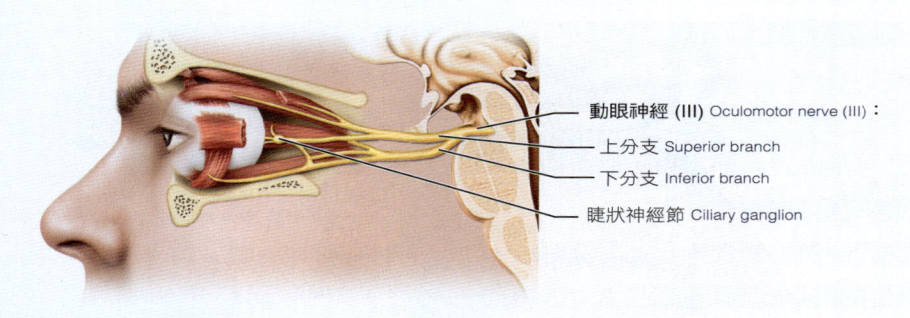

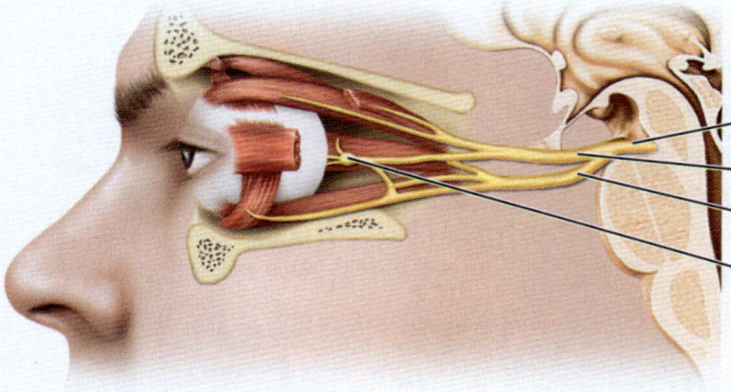

圖 15.25 動眼神經 (III)。APR

IV. 滑車神經 (Trochlear[44] Nerve)(TROCK-lee-ur)。該神經控制眼球的上斜肌，上斜肌收縮可使眼球向內側旋轉，並在頭部轉動時，稍微下壓眼球。這是唯一從腦幹背側發出的腦神經。而且是唯一完全交叉支配的腦神經，左側滑車神經控制右眼，反之亦然。

內含	功能	起源	終止	顱窩通道	損傷後果	臨床測試
運動為主	眼球運動	中腦	對側的上斜肌	眶上裂	複視和眼睛無法向外側下方轉動；眼睛偏向外側上方；患者頭部向患側傾斜	測試眼睛旋轉的能力；需要使用檢眼鏡檢查

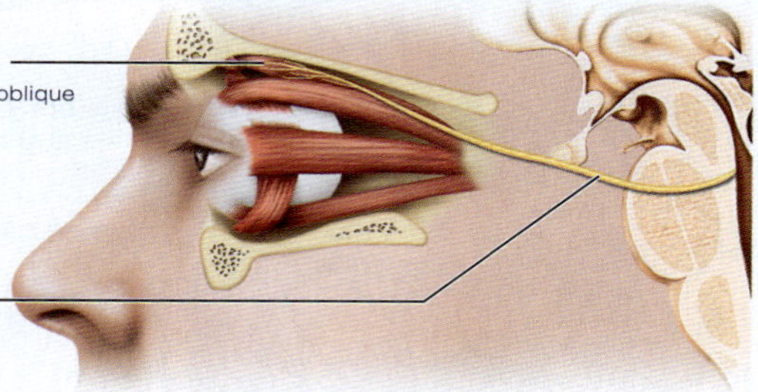

圖 15.26 滑車神經 (IV)。APR

43 *oculo* = eye 眼睛；*motor* = mover 移動
44 *trochlea* = mover 滑輪 (肌腱穿過的環)

表 15.3 腦神經 (續)

V. 三叉神經 (Trigeminal[45] Nerve)(tri-JEM-ih-nul)。臉部最重要的感覺神經，除了視神經外，是第二大的腦神經。有三條分支：眼支 (V_1)、上頜支 (V_2) 和下頜支 (V_3)(圖 15.27)。

內含	功能	起源	終止	顱窩通道	損傷後果	臨床測試
眼支 (V_1)						
感覺	臉部上方的觸覺、溫度覺、痛覺接收	如圖所示的臉部上方；眼球表面；淚腺；鼻腔上方黏膜；額竇與篩竇	橋腦	眶上裂	臉部上方的感覺喪失	測試角膜反射 (輕觸眼球引發眨眼反應)
上頜支 (V_2)						
感覺	臉部中段的觸覺、溫度覺、痛覺接收	如圖所示的臉部中段；鼻腔黏膜；上頜竇；硬腭；上排牙齒與牙齦	橋腦	圓孔和眶下孔	臉部中段的感覺喪失	感覺測試，利用輕觸、小針、冷或熱的物體接觸臉部
下頜支 (V_3)						
混合	感覺：臉部下巴的觸覺、溫度覺、痛覺接收 運動：咀嚼肌肉	感覺：如圖所示的臉部下方；舌頭前 2/3 (非味蕾)；霞排牙齒與牙齦；口腔底部；硬腦膜 運動：橋腦	感覺：橋腦 運動：二腹肌的前腹；嚼肌、顳肌、內翼肌、外翼肌；中耳的鼓膜張肌	卵圓孔	臉部下方的感覺喪失；咀嚼無力	評估運動功能藉由患者咬緊物體時觸診嚼肌和顳肌；測試下頜骨左右移動的能力，以及頂住下頜，測試張開嘴巴的能力

臨床應用 15.4

一些腦神經疾病

三叉神經痛 (Trigeminal neuralgia[46]) 是一種出現在臉上的陣發性強烈刺痛，一陣一陣的抽痛或伴隨以雷電般的刺痛感。通常由附近的血管或是腫瘤，壓迫到三叉神經所引發。觸摸、刷牙、喝酒、刮鬍子或洗臉，甚至微風拂面，都會引發疼痛。疼痛持續幾秒鐘到一或兩分鐘，但每天最多可能發生 100 次；尚未治療時，刺痛可能難以忍受。通常好發在 50 歲左右，女性的好發率高於男性。目前可以用藥物治療；血管外科以減輕對神經壓力；或伽馬刀放射手術，故意造成神經的小傷害，以刺激癒合。

貝爾氏癱瘓 (Bell[47] palsy) 或稱為顏面神經麻痺，是顏面神經退行性疾病，可能是由於引發唇皰疹的皰疹病毒感染造成。症狀是一側的表情肌麻痺或無力，導致臉部特徵變形，例如嘴角或眼瞼下垂。顏面神經麻痺可能會口語不清，眼皮無法閉合，有時會抑制淚液分泌，進而引起眼睛乾澀。可能還會失去部分味覺。貝爾氏癱可能突然出現，有時是隔夜出現，並且通常在 3 到 5 週左右自發消失。

---

45 *tri* = three 三；*gem* = born 天生形成 (*trigem* = triplets 三叉)
46 *neur* = nerve 神經；*algia* = pain 疼痛
47 查爾斯・貝爾 (Sir Charles Bell, 1774~1842)，蘇格蘭醫師

表 15.3 腦神經 (續)

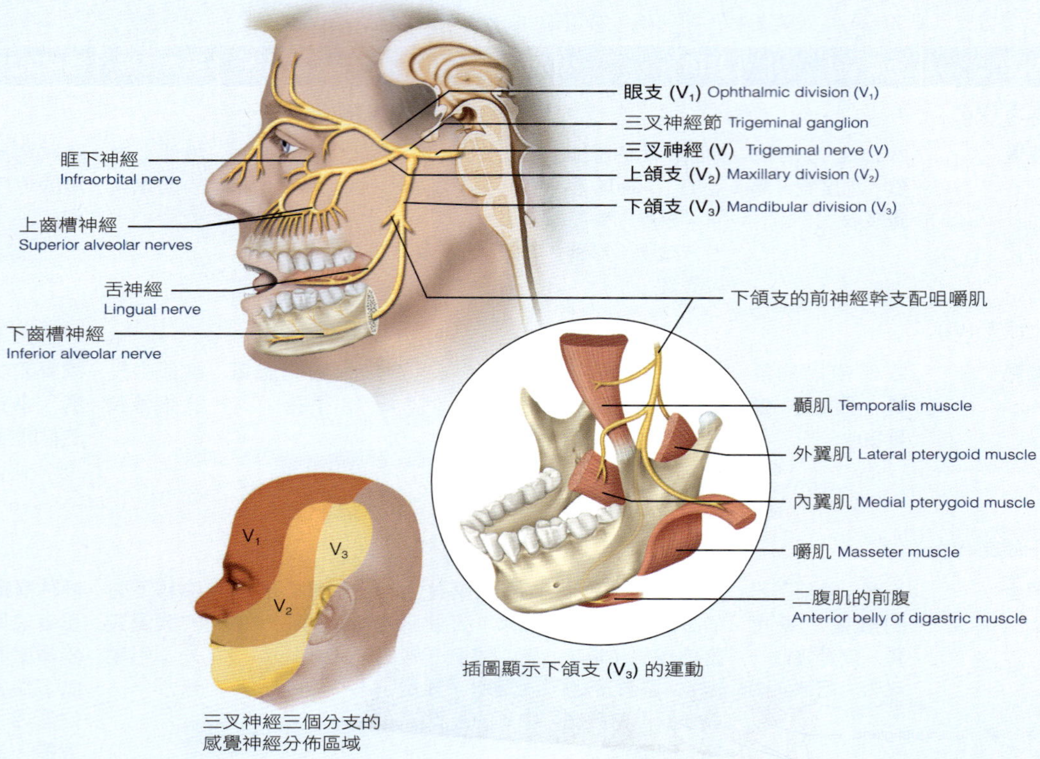

圖 15.27 三叉神經 (V)。 APR

VI. 外旋神經 (Abducens[48] Nerve)(ab-DOO-senz)。此神經控制眼球的外直肌，收縮時使眼球向外側轉動。

內含	功能	起源	終止	顱窩通道	損傷後果	臨床測試
運動為主	眼球外側轉動	橋腦下方	外直肌	眶上裂	眼睛無法側視；在休息，眼睛因為外直肌無力而向內偏轉，形成內斜視	測試眼球向外側的移動功能

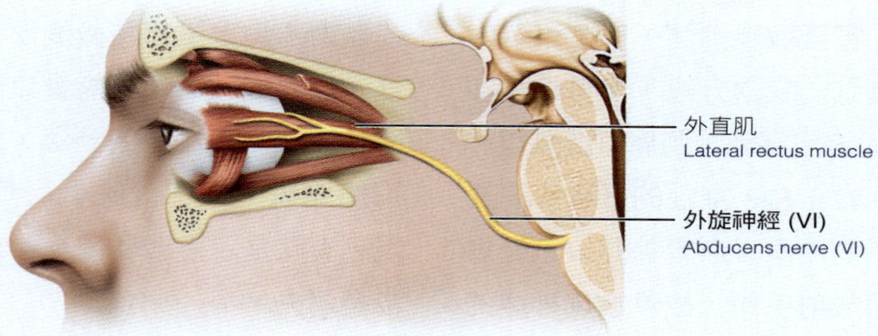

圖 15.28 外旋神經 (VI)。 APR

48 *ab* = away 遠離；*duc* = to lead 引導或 turn 使轉彎

表 15.3 腦神經 (續)

VII. 顏面神經 (Facial Nerve)。此神經是支配臉部表情肌的主要運動神經。主要有五個分支：顳支、顴支、頰支、下頜支、頸支。

內含	功能	起源	終止	顱窩通道	損傷後果	臨床測試
混合	感覺：味覺 運動：臉部表情肌、淚腺、唾液腺、鼻腔與口腔黏膜的分泌	感覺：舌頭前2/3 的味蕾 運動：橋腦	感覺：丘腦 運動：表情肌、二腹肌、中耳的鐙骨肌、莖突舌骨肌。 副交感神經：下頜下腺、舌下腺、鼻腔與口腔黏膜腺體	內聽道與莖乳孔	表情肌癱瘓無力；舌頭前2/3 的味覺喪失 (特別是甜味)；乾眼症；唾液分泌減少	用糖、鹽、醋和奎寧測試舌頭前三分之二的味覺；用氨氣測試淚腺；測試臉部表情，如微笑、皺眉、吹口哨、揚眉、閉眼等

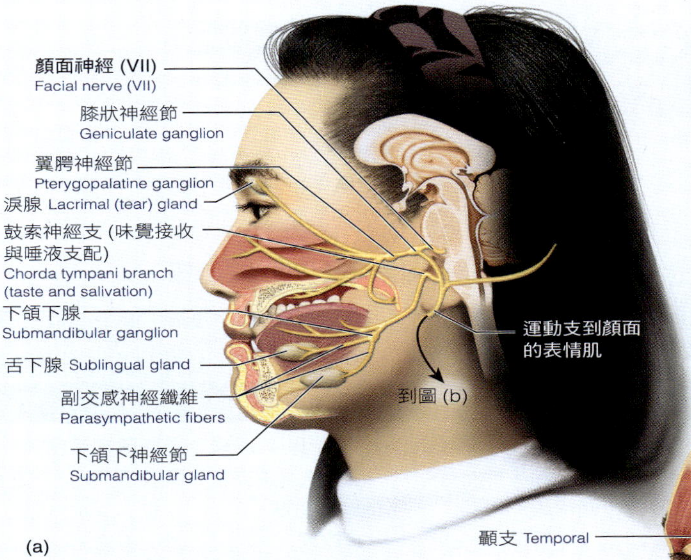

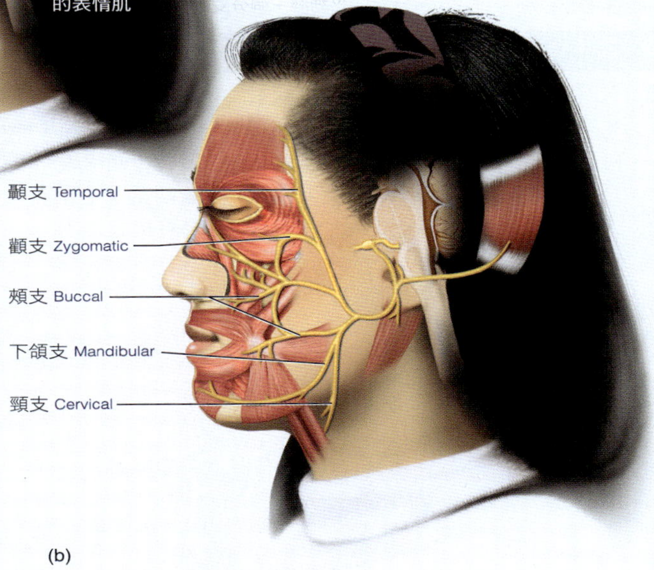

圖 15.29 顏面神經 (VII)。(a) 顏面神經和相關器官；(b) 顏面神經的五個主要分支；(c) 記住顏面神經五個主要分支的方式。 AP|R

表 15.3 腦神經 (續)

VIII. 前庭耳蝸神經 (Vestibulocochlear[49] Nerve)(vess-TIB-you-lo-COC-lee-ur)。此神經是接收聽覺與平衡感覺的神經，但是也含有調控耳蝸毛細胞的運動神經纖維，以調整聽覺 (請參閱 17.3b 節)。

內含	功能	起源	終止	顱窩通道	損傷後果	臨床測試
感覺為主	聽覺與平衡感覺	感覺：內耳的耳蝸、前庭、半規管 運動：橋腦	感覺：聽覺終止在延腦；平衡感覺終止在延腦與橋腦交界處 運動：耳蝸的外側毛細胞	內聽道	神經性耳聾、頭暈、噁心、失去平衡以及眼球震顫 (眼睛非自主地左右晃動)	檢查眼球震顫；測試聽力、平衡以及能否直線行走

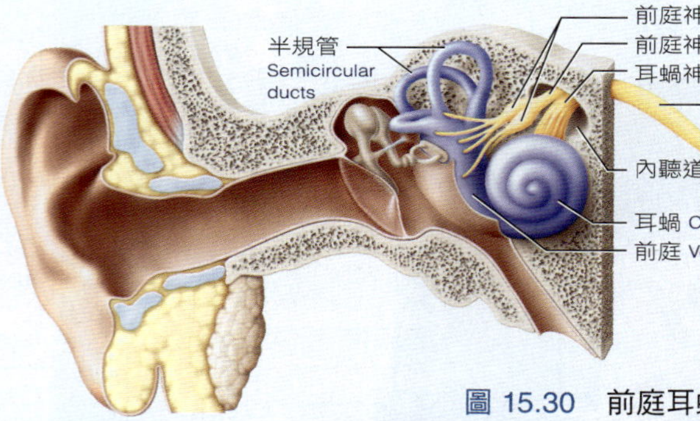

圖 15.30 前庭耳蝸神經 (VIII)。APR

IX. 舌咽神經 (Glossopharyngeal[50] Nerve)(GLOSS-oh-fah-RIN-jee-ul)。這是一條複雜的混合型神經，調控頭頸部的多種感覺和運動功能，包括來自舌頭、喉嚨和外耳的感覺；控制食物攝入；以及某些心血管和呼吸方面的功能。

內含	功能	起源	終止	顱窩通道	損傷後果	臨床測試
混合	感覺：味覺；舌頭和外耳的觸壓冷熱痛覺；血壓和呼吸的調節 運動：流口水、吞嚥、作嘔	感覺：咽部；中耳和外耳；舌頭後 1/3 的味蕾；內頸動脈 運動：延腦	感覺：延腦 運動：耳下腺；舌頭後側腺體；莖咽肌 (在吞嚥時將咽部上提)	頸靜脈孔	舌頭後 1/3 味覺喪失 (失去苦澀和酸味)；吞嚥障礙	用酸辣物質測試舌頭後三分之一的味覺；測試作嘔反射，吞嚥和咳嗽；注意是否言語障礙

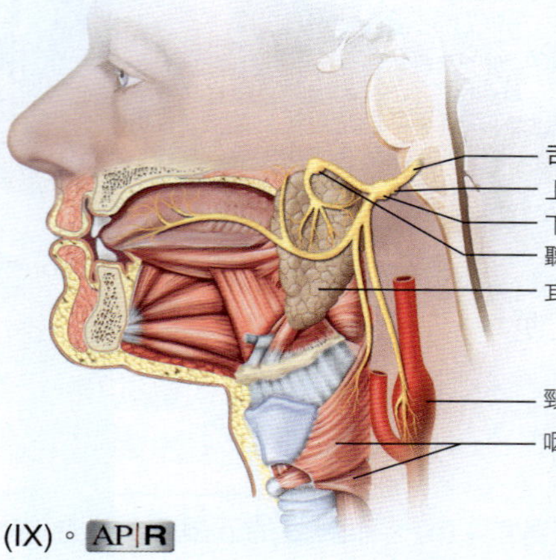

圖 15.31 舌咽神經 (IX)。APR

49 *vestibul* = entryway 入口 (內耳的前庭)；*cochlea* = conch 海螺，snail 蝸牛 (內耳的耳蝸)
50 *glosso* = tongue 舌頭；*pharyng* = throat 咽喉

表 15.3 腦神經 (續)

X. 迷走神經 (Vagus[51] Nerve)(VAY-gus)。迷走神經在所有腦神經中分佈最廣，不僅支配頭頸部的器官，也支配胸腔和腹腔的大多數內臟。在控制心臟、肺臟、消化和泌尿功能方面扮演重要角色。

內含	功能	起源	終止	顱窩通道	損傷後果	臨床測試
混合	感覺：味覺；飢餓、飽足和胃腸道不適的感覺。運動：吞嚥、言語、心跳減慢、支氣管收縮、胃腸道分泌和運動	感覺：胸腔與腹腔的內臟、舌根、咽部、喉部、會厭、外耳與硬腦膜 運動：延腦	感覺：延腦 運動：舌頭、腭、咽部、喉部、心、肺、肝、脾、消化道、腎與輸尿管	頸靜脈孔	聲音沙啞或全啞；吞嚥和胃腸道運動障礙；如果兩側迷走神經都損傷會致命	檢查說話時軟腭的動作；檢查吞嚥是否異常；有無作嘔反射、聲音是否沙啞、無法用力咳嗽

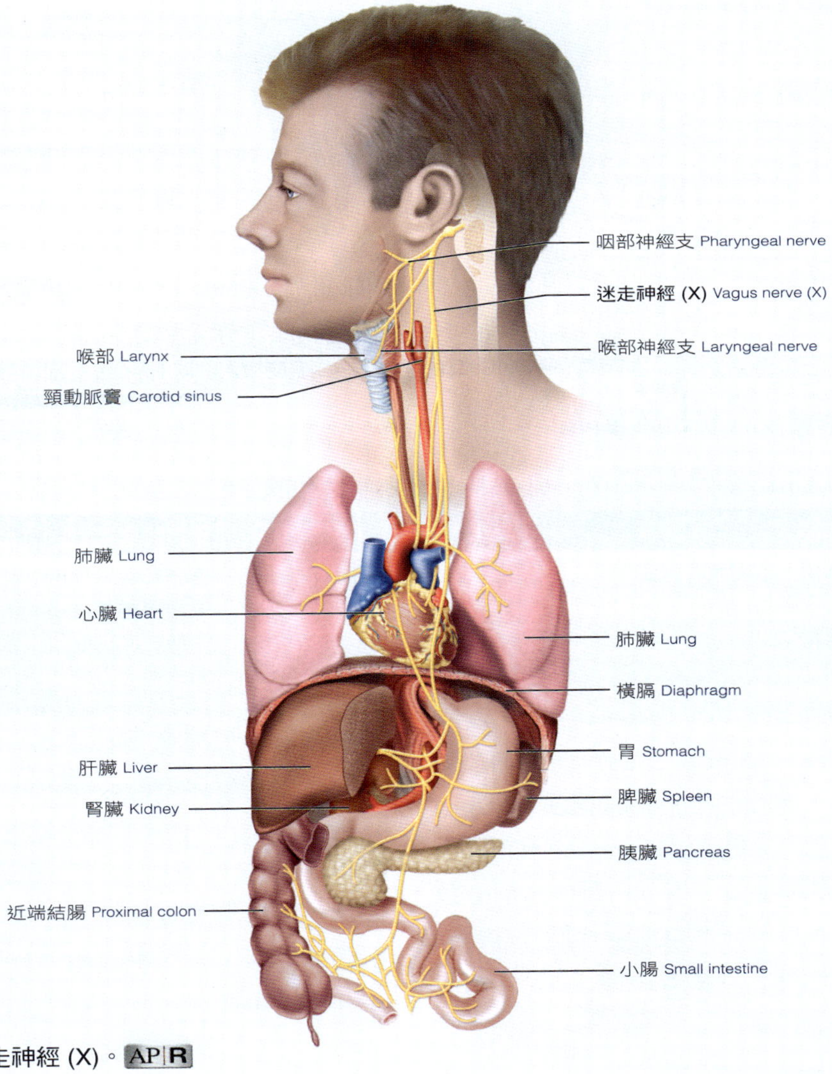

圖 15.32 迷走神經 (X)。APR

51 *vag* = wandering 遊蕩迷路

表 15.3 腦神經 (續)

XI. 副神經 (Accessory Nerve)。此神經有不尋常的路徑。它起源於頸部脊髓，而不是大腦。因此，嚴格來說，這不是一條真正的腦神經。它沿著脊髓上升，通過枕骨大孔進入顱腔，然後經由頸靜脈孔離開顱骨。並且併入迷走神經。副神經主要控制吞嚥和頸肩的肌肉。

內含	功能	起源	終止	顱窩通道	損傷後果	臨床測試
運動為主	吞嚥；頭頸與肩部的運動	延腦與頸部脊髓 (C1~C6)	軟腭、咽部；斜方肌與胸鎖乳突肌	頸靜脈孔	頭、頸和肩膀的運動障礙；損傷側的聳肩困難；胸鎖乳突肌麻痺，頭部轉向受傷的一側	測試轉頭和聳肩的能力

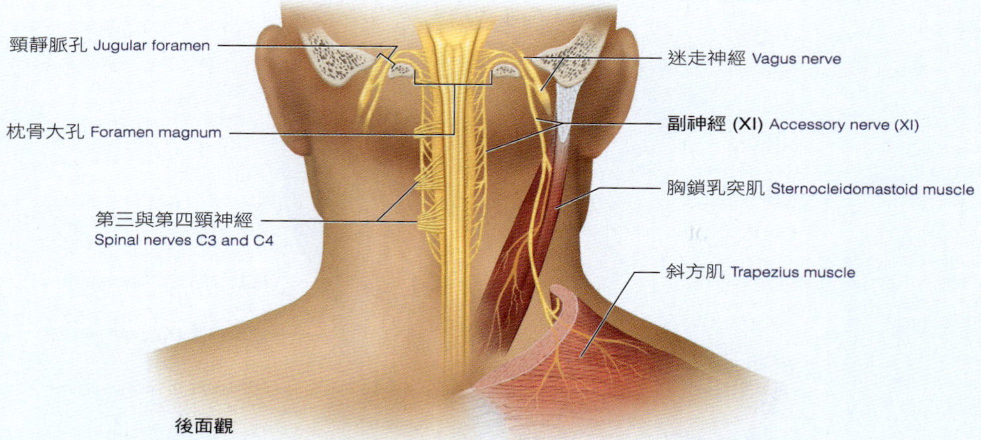

圖 15.33 副神經 (XI)。後視圖。APR

XII. 舌下神經 (Hypoglossal[52] Nerve)(HY-po-GLOSS-ul)。此神經控制舌頭運動。

內含	功能	起源	終止	顱窩通道	損傷後果	臨床測試
運動為主	演說、咀嚼和吞嚥時舌頭的運動	延腦	舌頭的外在肌與內在肌	舌下神經管	言語和吞嚥障礙；如果兩側神經受損，舌頭無法向前吐出；單側受損，舌頭吐出時朝受傷的一側偏斜	觀察舌頭吐出或縮回時的變化；測試舌頭向前吐出的能力

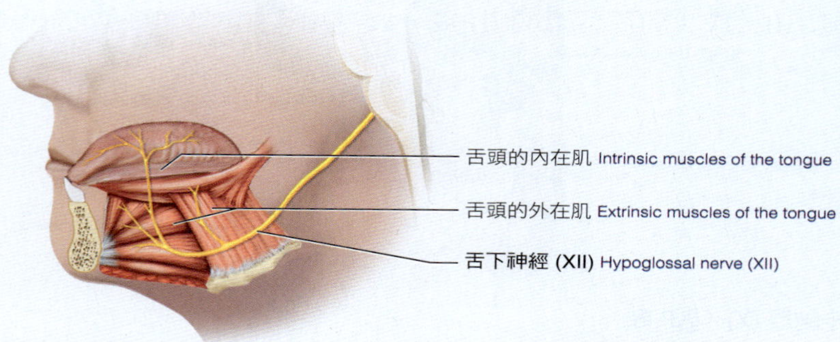

圖 15.34 舌下神經 (XII)。APR

52 *hypo* = below 下方；*gloss* = tongue 舌頭

15.4a 輔助記憶腦神經的名稱

幾代生物學和醫學專業的學生都依靠順口溜 (記憶輔助) 的短句和語法，從極端逗趣到不宜發表的猥褻，來幫助記住腦神經的解剖名稱。中文的記憶法是：1 嗅 2 視 3 動眼，4 滑 5 叉 6 外旋，7 顏 8 聽 9 舌咽，10 迷走 11 副，12 舌下神經束。英文的記憶法有，「哦，曾經參加解剖學決賽，非常好的假期」(**O**h, **o**nce **o**ne **t**akes **t**he **a**natomy **f**inal, **v**ery **g**ood **v**acation **ah**ead)。擷取每條神經英文名的前一個字母，拼成的句子。

Old	**ol**factory (I)
Opie	**op**tic (II)
occasionally	**oc**ulomotor (III)
tries	**tr**ochlear (IV)
trigonometry	**trig**eminal (V)
and	**a**bducens (VI)
feels	**f**acial (VII)
very	**ve**stibulocochlear (VIII)
gloomy,	**glo**ssopharyngeal (IX)
vague,	**vag**us (X)
and	**a**ccessory (XI)
hypoactive.	**hypo**glossal (XII)

15.4b 腦神經的分類

傳統上將腦神經歸類為感覺神經 (I、II 和 VIII)、運動神經 (III、IV、VI、XI 和 XII) 或混合神經 (V、VII、IX 和 X)。實際上，只有腦神經 I 和 II (嗅覺和視覺) 是純感覺的，而其餘所有腦神經，都包含傳入和傳出纖維，因此都是混合型神經。傳統上被分類為運動神經，不僅刺激肌肉收縮，還包含在肌肉內的本體感覺傳入纖維，這為大腦提供了無意識的回饋，以控制肌肉收縮，並且使一個人可以意識到，諸如舌頭的位置和頭部的方位。腦神經 VIII，接收聽覺和平衡感覺，在傳統上被歸類為感覺神經，但還是具有運動纖維，將訊號傳回到內耳，以「微調」增強聽覺。傳統上被分類為混合神經，其感覺功能與運動功能明顯不同。例如，顏面神經 (VII) 感覺功能在味覺，運動功能在控制面部表情。

本書仍是以傳統分類方式介紹腦神經，但是必須提醒，除了兩個神經之外，所有的神經都是混合型，表 15.3 描述了許多顯著的感覺或運動功能。

15.4c 神經路徑

大部分腦神經的運動纖維起始於腦幹的運動神經核，最終傳出支配腺體和肌肉。感覺纖維則起始於頭頸部的感覺感受器，最終傳入腦幹的感覺神經核。特殊感官的傳遞途徑將在第 17 章介紹。本體感覺的感覺感受器都位在受運動神經支配的肌肉內，但本體感覺神經纖維，經常不是從支配肌肉的運動神經，而是從不同神經傳入大腦。經常行進大腦與提供運動神經支配的神經不同。

大多數腦神經接受或是支配同一側腦幹的感受器與動作器。因此如果腦幹的一側損傷，則會引發同一側頭部的感覺或運動出現障礙。這與大腦皮質控制運動和軀體感覺的路徑相反，如前所述，一側大腦皮質損傷，會引起對側的感覺喪失和運動障礙。例外情況是視神經 (腦神經 II)，其中一半的視神經纖維，會交叉到大腦的另一側 (參見第 17 章)。以及滑車神經 (腦神經 IV)，其中所有運動纖維會支配對側眼部的上斜肌。

在你繼續閱讀之前

回答下列問題，以檢驗你對上節內容的理解：

21. 按名稱和編號列出純粹的感覺神經，並說明其功能。
22. 唯一延伸到頭部之外的腦神經是哪一條？一

般來說，它會支配哪些構造？

23. 如果動眼神經、滑車神經或外展神經受損，所有三種情況都發生，會出現何種結果？
24. 哪個腦神經負責傳遞面部最大區域的感覺訊號？
25. 列出負責接收味覺的兩條腦神經，並且描述其感覺纖維的起源在何處。

15.5 發育和臨床觀點

預期學習成果

當您完成本節後，您應該能夠

a. 描述老年人的大腦解剖構造與神經功能的變化；和

b. 從神經傳遞物質和大腦解剖構造的層面，討論阿茲海默症和帕金森氏症。

15.5a 老化的中樞神經系統

在第 13 章中，我們介紹了神經系統的發育。終其一生，神經系統也表現出一些明顯的變化。大約 30 歲左右，神經系統達到了發展和效率的巔峰。到 75 歲，大腦的平均重量變輕，只剩 30 歲時的大腦重量的一半。腦回變窄，腦溝變身，皮質變薄，大腦和腦膜之間的空間變大。神經元的新陳代謝也會變慢，細胞內的粗糙內質網和高基氏體變少。老舊的神經元內積聚許多脂褐素，並開始出現*神經纖維原團塊* (neurofibrillary tangles) 現象，那是細胞質中的細胞骨架聚集形成緻密團塊。在細胞外的基質中出現*老年斑塊* (senile plaques)，尤其是唐氏症患者和阿茲海默症更為明顯。斑塊是由細胞和神經纖維包圍*澱粉樣蛋白* (amyloid protein) 核心所形成。

老舊神經元的訊號傳導效率也變低。髓鞘的變性減慢了軸突的傳導效率。老舊神經元的突觸變少，並且有多種原因，使得訊號無法在突觸之間傳輸，如同小嬰兒時期：神經元產生較少的神經傳遞物質，突觸的感受器較少，突觸周圍的神經膠細胞的保護變差，使得神經傳遞物質容易溢散。標的細胞對去甲腎上腺素的受體變少，因此交感神經系統變得無法調節體溫和血壓。

並非中樞神經系統的所有功能均受到老化的影響。語言能力和長期記憶力會比運動協調、智力功能和短期記憶更好。老年人通常更容易想起過往的回憶，最近發生的事情則容易忘記。

15.5b 兩種神經退化性疾病

神經系統就像一台擁有大量零件的機器，容易出現故障。在醫學教科書中神經系統的疾病有很多章節，這裡無法完全介紹。本章節的臨床應用 15.1 和 15.2，我們介紹過腦膜炎和兩種腦神經疾病，在表 15.4 中簡要描述了其他幾種神經學疾病。本段落我們將簡要介紹兩種最常見的腦功能障礙，阿茲海默症和帕金森氏症。兩者都與大腦中的神經傳遞物質失衡有關，被認為是*神經退化性疾病* (neurodegenerative diseases)。對這兩種疾病的基本瞭解，可以增加對大腦某些區域的臨床相關性有更多的認識。

阿茲海默症 (Alzheimer[53] disease, AD) 在 65 歲以上的美國人口中占 11%，到 85 歲時會占 47%。療養院入院人數的一半以上患有此病，是老人死亡的主要原因之一。阿茲海默症可能在 50 歲之前就開始出現症狀，只是非常輕微和模棱兩可，以至於難以早期診斷。症狀之一是對於近期發生事件的記憶力減退。隨著疾病進展，患者注意力逐漸降低，在以前熟悉

53 愛羅斯・阿茲海默 (Alois Alzheimer, 1864~1915)，德國神經學家

表 15.4 一些腦部與腦神經損傷的相關疾病

腦性麻痺	胎兒發育、出生或嬰兒期大腦運動區域受損，導致肌肉運動不協調；原因包括產前麻疹感染、藥物和輻射暴露；出生時缺氧；腦積水等
腦震盪	通常由於撞擊造成的大腦損傷，常會引發意識喪失，視力或平衡障礙，和短期健忘症
腦炎	通常由蚊子傳播的病毒或單純疱疹病毒引起的腦部發炎，伴隨發燒；引起神經變性和壞死；可能導致妄想症、癲癇發作或死亡
癲癇	神經元突然大量放電 (癲癇) 的疾病，導致運動性抽搐，感覺和精神混亂，以及意識障礙；可能是由於出生時或是後來造成的腦部創傷、腫瘤、感染、藥物、酗酒或先天性腦畸形
偏頭痛	經常發生的頭痛，常伴有噁心、嘔吐、頭暈和厭光；引發原因通常是天氣變化、壓力、飢餓、紅酒或噪音等因素；多見於女性，有時是遺傳性的
精神分裂症	一種思想障礙，涉及妄想、幻覺，對情況的不適當情緒反應，不同語調和社交退出。導因於遺傳或神經網絡的發育異常

您可以在以下地方找到其他討論過的腦部和腦神經相關疾病

阿茲海默症 (15.5b 節)	腦神經損傷 (表 15.3)	帕金森氏症 (15.5b 節)
失語症 (15.3c 節)	腦積水 (表 4.6)	脊髓灰質炎 (臨床應用 14.2)
貝爾氏癱瘓 (臨床應用 15.4)	腦膜炎 (臨床應用 15.1)	泰—薩二氏症 (臨床應用 13.2)
腦腫瘤 (臨床應用 13.1)	多發性硬化症 (臨床應用 13.2)	三叉神經痛 (臨床應用 15.4)
小腦性運動失調 (15.3c 節)		

的地方可能會迷失方向。阿茲海默症患者可能會出現情緒低落、困惑、偏執、好鬥或幻覺，最終甚至會失去閱讀、寫作、交談、散步和吃飯的能力。容易死於肺炎或其他禁閉的併發症。

病理解剖證實了阿茲海默症的診斷。大腦皮質和海馬的腦回有一些萎縮，神經原纖維團塊和老年斑含量很多 (圖 15.35)。膽鹼類的神經元數量減少，因此大腦內的乙醯膽鹼的數量降低。目前的研究正努力在確認阿茲海默症的病因，並制定治療策略。研究人員在早期和晚期出現多種症狀的患者身上，已經確定了 1 號、14 號和 21 號染色體上的三個基因與阿茲海默症有關。

帕金森氏症 (Parkinson[54] disease, PD)，也稱為癱瘓性焦慮症 (paralysis agitans) 或帕金森綜合症 (parkinsonism)，在 50 或 60 歲左右開

54 詹姆斯・帕金森 (James Parkinson, 1755~1824)，英國醫師

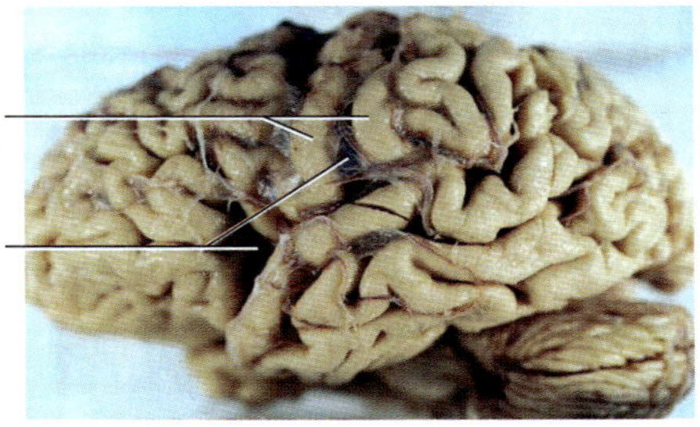

(a)

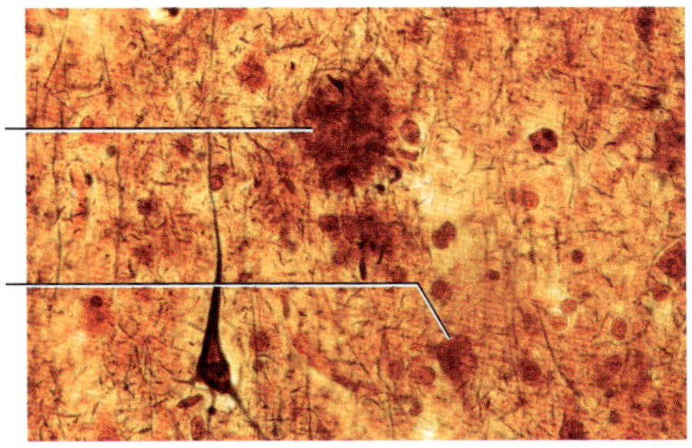

(b)

圖 15.35 阿茲海默症。(a) 死亡的阿茲海默症患者的大腦。注意萎縮的腦回和寬的腦溝；(b) 阿茲海默症患者的大腦切片。神經纖維纏繞著神經元，在細胞外基質中可見老年斑。

(a) ©Science Source, (b) ©JOSE LUIS CALVO MARTIN & JOSE ENRIQUE GARCIA-MAURIÑO/iStock/Getty Images

始出現，典型的運動功能逐漸喪失的疾病。這是由於中腦黑質中的多巴胺釋放神經元產生病變。已經鑑定出帕金森氏症遺傳的基因，但是大多數病例是非遺傳性的，原因不明。多巴胺是一種抑制性神經傳遞物質，通常可以防止基底核神經過度活動。多巴胺釋放神經元的退化，將導致基底核過度活躍。因此，造成不自主的肌肉收縮，諸如手部不自主地震顫，和強迫性的大姆指與手指之間的「滾丸」動作等。另外，面部肌肉可能會變得僵硬，並產生凝視，無表情的臉，嘴巴略微張開。患者的活動範圍逐漸縮小。患者的步伐較小，步行緩慢，呈現前彎的姿勢和傾向跌倒。講話語音不清，筆跡變得擁擠，難以辨認。扣衣服和準備食物等動作，變得越來越艱難。帕金森氏症患者無法康復，但是藥物、神經外科和物理療法可以減輕其嚴重程度。

在你繼續閱讀之前

回答下列問題，以檢驗你對上節內容的理解：

26. 描述兩個方面，說明老年人的神經元功能降低。
27. 描述隨著年齡增長，大腦中出現的一些變化。
28. 描述阿茲海默症和帕金森氏症中，神經解剖構造和行為出現的變化。

學習指南

評估您的學習成果

為了測試你的知識，請與學習夥伴討論以下話題，或以書面形式討論，最好是憑記憶。

15.1 腦部的概述

1. 典型成人腦部的重量。
2. 中樞神經系統解剖名詞，吻端和尾端的含義。
3. 腦部的三個主要區域：大腦、小腦和腦幹。
4. 腦部的主要標誌，包括大腦半球、腦回和腦溝、縱向和橫向腦裂，以及胼胝體。
5. 腦部灰質與白質的位置。
6. 腦部的腦脊膜；它們與脊髓的脊膜有何不同；硬腦脊膜與硬腦脊膜靜脈竇的關係。
7. 腦部的四個腦室及其相互聯繫的構造。
8. 腦脊髓液的功能、來源、流向和回收路徑。
9. 腦屏障系統的組成；保護腦組織的意義；保護系統可阻隔的物質，以及這屏障系統阻礙腦部疾病治療的意義。

15.2 後腦和中腦

1. 延腦、橋腦和中腦的位置、構造特徵和功能。
2. 網狀結構的組成、位置和功能。
3. 小腦的解剖和組織構造，其輸入和輸出路徑及功能。

15.3 前腦

1. 前腦的兩個基本組成部分；間腦的三個組成部分。
2. 間腦的位置與組成，以及其基本功能。
3. 下丘腦的位置與組成及其功能。
4. 上丘腦的位置和組成及其功能。
5. 大腦的五個主要分葉。
6. 大腦五個分葉的界線和其功能。
7. 大腦白質中的三種主要神經纖維徑，以及三者之間的區別。
8. 大腦皮質中的兩種神經元，以及區別廣泛分佈的新皮質和限制區域的舊皮質和古皮質。
9. 邊緣系統的位置與組成以及一般功能。
10. 大腦基底核的名稱和位置以及一般功能。
11. 大腦的主要皮質和聯合皮質的區別。
12. 大腦接收特殊感覺：視覺、聽覺、平衡感覺、味覺和嗅覺的主要皮質區和聯合皮質區的個別位置。
13. 大腦中央後回的軀體感覺區分佈圖，對側下肢的感覺區與中央後回的關係；軀體感覺聯合區的位置和一般功能。
14. 大腦中央前回的軀體運動區分佈圖，對側下肢的運動區與中央前回的關係；運動聯合區的位置和一般功能。
15. 上運動神經元和下運動神經元的位置和功能關係。
16. 基底核和小腦的運動功能。
17. 大腦語言中心的位置；在語言理解、思考該說什麼或寫什麼，以及講話等行為，語言中心在大腦中如何相互作用。

18. 失語症的某些原因，以及失語症患者會出現哪些語言障礙。
19. 下丘腦、杏仁核和前額葉皮質在情感的表達和經驗中，扮演的角色。
20. 認知功能的含義是什麼，以及某些大腦區域在認知中的作用。
21. 記憶的形式；杏仁核和海馬在記憶功能的角色；與各種記憶相關的大腦皮質區域。
22. 兩個大腦半球在不同的認知、感覺和運動功能的特化，以及在理智性和抽象性之間的差別。

15.4 腦神經

1. 12 對腦神經的編號和名稱，及從大腦底部識別每一對腦神經。
2. 第 I 至第 XII 對腦神經的起源、終止和功能，和三叉神經的三個分支。

15.5 發育和臨床觀點

1. 老化對中樞神經系統常見的影響，以及對神經功能與生活品質的實際影響。
2. 阿茲海默症的徵兆和症狀；病理解剖可以看到的組織學病變；阿茲海默症與神經傳遞物質功能的關係；阿茲海默症的遺傳因子。
3. 帕金森氏症的徵兆和症狀；病理解剖可以看到的組織學病變；帕金森氏症與神經傳遞物質功能的關係；帕金森氏症的一些治療方法。

回憶測試

1. 下列何者位於下丘腦的尾端？
   a. 丘腦　d. 腦下垂體
   b. 視神經交叉　e. 松果體
   c. 大腦導水管
2. 聽覺主要與下列何者有關？
   a. 邊緣系統　d. 顳葉
   b. 前額葉皮層　e. 頂葉
   c. 枕葉
3. 血液-腦脊髓液屏障是由何者形成？
   a. 微血管　d. 寡突膠細胞
   b. 內皮細胞　e. 室管膜細胞
   c. 原生質星狀膠細胞
4. 延腦的錐體包含
   a. 下行的皮質脊髓神經纖維
   b. 連合神經纖維
   c. 上行的脊髓小腦神經纖維
   d. 聯絡延腦與小腦的纖維
   e. 上行的脊髓丘腦神經纖維。
5. 以下哪一項與視覺無關？
   a. 顳葉　d. 滑車神經
   b. 枕葉　e. 迷走神經
   c. 中腦頂蓋
6. 在嘈雜的自助餐廳讀書時，感到想睡覺並且打盹了幾分鐘。在所有自助餐廳的聲音中，當你聽到「回來」時，立刻就醒過來。請問當你在打盹時，何者阻斷了聽覺訊息傳達你的聽覺皮質？
   a. 顳葉　d. 延髓
   b. 丘腦　e. 前庭耳蝸神經
   c. 網狀激活系統
7. 由於腦部的病變，某位患者出現永遠吃不飽的情形，而且已經吃得太多，以至於現在體重將近 600 磅。請問她腦部最有可能損傷的部位是
   a. 下丘腦　d. 基底核
   b. 杏仁核　e. 橋腦
   c. 海馬
8. 下列何者與小腦在胚胎發育中最為相關，並且是小腦主要的輸入神經纖維的來源。
   a. 端腦　d. 橋腦
   b. 丘腦　e. 延腦
   c. 中腦
9. 下列哪一條腦神經受損，可能導致眼球運動的缺陷。
   a. 視神經　d. 顏面神經
   b. 迷走神經　e. 外旋神經
   c. 三叉神經
10. 下列哪一條腦神經，沒有起源或是終止在眼眶？
   a. 視神經　d. 外旋神經
   b. 動眼神經　e. 副神經
   c. 滑車神經
11. 連結左右大腦半球，呈 C 形的神經纖維束，稱為______。
12. 大腦有四個腔室稱為______，腔室內充滿______液體。
13. 在矢狀切面，小腦白質呈現出一種分支形式，稱為______。
14. 邊緣系統的一部分，負責形成新記憶的是______。
15. 腦室中的腦脊髓液，是由團塊狀的微血管分泌產生，此團塊稱為______。
16. 大腦的主要運動區是在額葉的______腦回。
17. 您的性格主要取決於大腦的哪個腦葉？
18. 識別或理解感覺訊息的大腦皮質的區域稱為______。
19. 線性、分析和語言思維發生在大腦的______半

球，多數人位於左側。

20. 講話的運動模式，產生在稱為______區的大腦皮質，然後傳出訊息到主要運動皮質，調控肌肉發出聲音。

答案在附錄 A

建立您的醫學詞彙

說出每個詞彙的含義，並從本章中給出一個使用該詞彙的醫學專有名詞或稍微的改變該詞彙。

1. gyr-
2. sulc-
3. cereb-
4. pedunc-
5. insul-
6. -ellum
7. neo-
8. tect-
9. foli-
10. radiat-

答案在附錄 A

這些陳述有什麼問題？

簡要說明下列各項陳述為什麼是假的，或將其改寫為真。

1. 兩個大腦半球是通過橫向腦裂分開。
2. 中腦黑質的變性會導致阿茲海默症。
3. 神經訊息從右大腦半球傳到左大腦半球，必須通過胼胝體。
4. 每個大腦半球都有其自己的側腦室、第三腦室和第四腦室。
5. 大部分的腦脊髓液是由脈絡叢產生。
6. 聽覺接收是枕葉的功能。
7. 在大腦、小腦和腦幹的表面都有腦回和腦溝。
8. 主要的視覺皮質區位在眼睛上方的額葉。
9. 識別他人講話內容的功能區，與控制自己聲帶的腦區是同一位置。
10. 視神經控制眼球的運動。

答案在附錄 A

測試您的理解力

1. 在以下各種情況下，哪一條腦神經負責將疼痛訊號傳入大腦：(a) 沙子吹入眼睛；(b) 咬到舌頭；(c) 進食過多導致胃痛。
2. 小腦損傷和基底核損傷，對骨骼肌的功能有哪些不同的影響？
3. 假設神經解剖學家對一隻動物進行兩個實驗，此動物與人類具有相同的脊髓和腦幹結構：在實驗 1，他橫切延腦前側的錐體；在實驗 2，他橫切延腦後側薄束和楔狀束。兩次實驗的結果會有何不同？
4. 一個人可以在整個大腦半球被破壞的情況下倖存，但無法在下丘腦被破壞的情況下存活，下丘腦在腦組織中只占小部分。請說明這種差異，並描述一些大腦半球的損傷如何影響一個人的生活品質。
5. 以下各項構造的損傷，最明顯的影響分別是什麼：(a) 海馬；(b) 杏仁核；(c) 布洛卡氏區；(d) 枕葉；和 (e) 舌下神經。

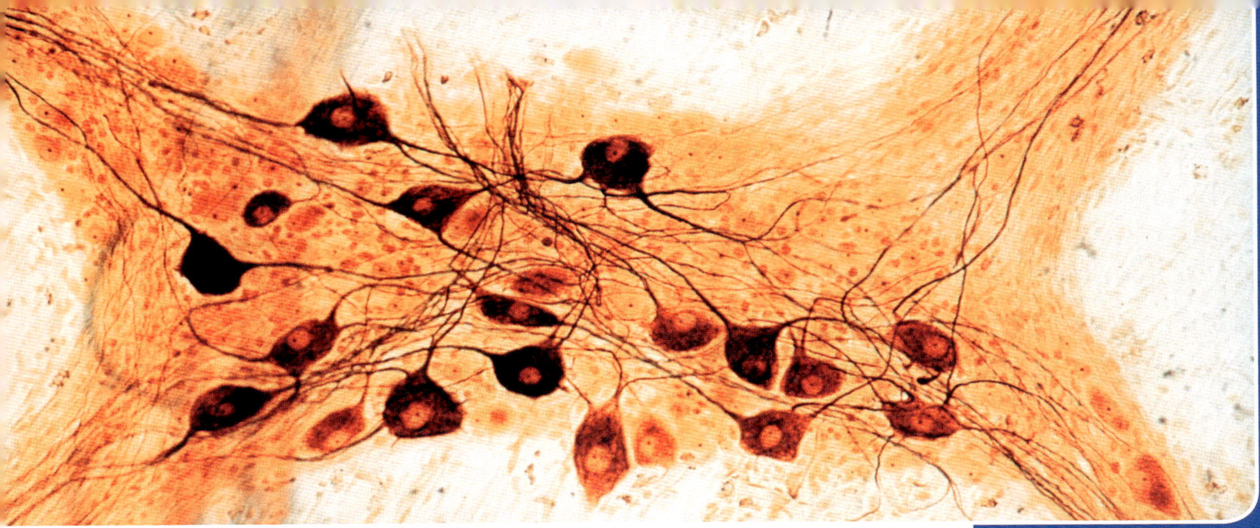

消化道的腸肌神經叢中的自主神經元

CHAPTER 16

神經系統 IV
自主神經系統和內臟反射

馮琮涵

章節大綱

16.1 自主神經系統的一般屬性
- 16.1a 一般作用
- 16.1b 內臟反射
- 16.1c 自主神經系統分系
- 16.1d 神經通路

16.2 自主神經系統的解剖構造
- 16.2a 交感神經分系
- 16.2b 腎上腺
- 16.2c 副交感神經分系
- 16.2d 腸肌神經系統

16.3 自主神經的作用
- 16.3a 神經傳遞物質和感受器
- 16.3b 雙重神經支配
- 16.3c 自主功能的中央控制

16.4 發育和臨床觀點
- 16.4a 自主神經系統的發育和老化
- 16.4b 自主神經系統的疾病

學習指南

臨床應用

16.1 生物反饋
16.2 巨型結腸
16.3 藥物與自主神經系統

複習

要瞭解本章，您可能會發現複習以下概念會有所幫助：

- 平滑肌的神經支配 (10.3b 節)
- 神經系統的概述 (13.1 節)
- 神經傳遞物質和感受器 (13.4a 節)
- 神經和神經節的一般解剖構造 (14.2a 節)
- 脊神經的分支 (14.2b 節)
- 下丘腦 (15.3a 節)
- 邊緣系統 (15.3b 節)
- 腦神經，尤其是 III、VII、IX 和 X (表 15.3)

Anatomy & Physiology REVEALED
apreveaLed.com

模組 7：神經系統

我們有意識地感知許多神經系統的活動，前幾章已經討論過一般和特殊的感覺，我們的認知過程和情感，以及有意識的運動。但是神經系統有另一個分支，它以相對祕密的方式在運作，通常不需要我們費力去思考，甚至用意識去修改或抑制它。

這種祕密的系統稱為*自主神經系統* (autonomic nervous system, ANS)。其名稱為「自主」(self-governed)[1]，因為幾乎完全不用意志控制。負責調節許多與生命相關的基本功能，例如心率、血壓、體溫、呼吸、瞳孔直徑、消化、能量代謝、排便和排尿等。簡言之，自主神經系統悄悄地管控著許多無意識的作用，維持人體的恆定狀態。

華爾特・坎農 (Walter Cannon, 1871~1945)，美國生理學家，創造了諸如*動態平衡* (homeostasis) 和*戰鬥或逃跑* (fight-or-flight) 等名詞，畢生致力於自主神經系統的研究。他發現動物可以在沒有交感神經系統的情況下存活，但是必須保持溫暖且沒有承受壓力。此動物無法調節體溫，無法承受費力的運動，或是獨立存活。確實，自主神經系統的功能對於存活率的影響，比軀體神經系統的功能更重要；缺乏自主功能是致命的，因為身體沒有它就無法維持體內恆定。因此為了瞭解身體機能，許多藥物的作用方式以及在健康照護等方面，就必須特別意識到自主神經系統的運作方式。

16.1 自主神經系統的一般屬性

預期學習成果

當您完成本節後，您應該能夠

a. 解釋自主神經和軀體神經系統在形式和功能有哪些不同；
b. 解釋什麼是內臟反射，並描述一些例子；和
c. 解釋自主神經的兩個分系的一般功能有何不同。

16.1a 一般作用

自主神經系統 (autonomic nervous system, ANS) 可以定義為負責控制腺體、心肌和平滑肌的運動系統。因此也被稱為**內臟運動系統** (visceral motor system)，以區別控制骨骼肌的軀體運動系統 (見圖 13.2)。自主神經系統的主要支配器官是胸腔和腹骨盆腔的內臟 (例如心臟、肺臟、消化道和泌尿道) 以及體壁的一些構造 (例如皮膚的血管、汗腺和豎毛肌)。

軀體和內臟的運動系統，分別被描述為意志和非意志。軀體運動系統支配骨骼肌，通常受到自己的意志調控。心肌和平滑肌和腺體一樣，它們通常不受意志調控。但是，這種意志和非意志的區別，並沒有明顯的界線。一些骨骼肌的反應也是非意志調控，例如軀體反射和中耳內的小肌肉，很難或是不可能用意志控制。另一方面，生物反饋的治療用途 (請參閱臨床應用 16.1) 表明有些人可以學習用意志控制血壓等內臟功能。

內臟的動作器不依賴自主神經系統就能運作，但自主神經系統只是根據身體的變化，調節內臟的活動。以心臟為例，即使將所有自主神經都切斷，也能跳動，但是無法在休息和運動的狀況下調節心跳速率。如果支配骨骼肌的軀體神經被切斷，肌肉會表現出鬆弛性麻痺，而且不再收縮。但是如果調節心肌或平滑肌的自主神經被切斷，肌肉經常出現過度的反應，稱為*去神經超敏反應* (denervation hypersensitivity)。

1 *auto* = self 自己；*nom* = rule 規則

臨床應用 16.1

生物反饋

生物反饋 (biofeedback) 是利用一種儀器，產生的聲音或是視覺訊號，以偵測受試者的血壓變化、心跳速率、肌肉張力、皮膚溫度、腦波或是其他生理變量。它提供受試者通常不會注意到的生理變化與警示。一些受試者被訓練成可以控制他們自己的血壓或心跳速率，使儀器產生一定的聲音或是視覺訊號。最終他們可以在沒有儀器的監測情況下，控制血壓或心跳速率。生物反饋並不是一種快速、簡便、可靠、便宜，而且適用於所有疾病的治療方法，但是目前成功使用於治療有些人的高血壓、壓力和偏頭痛。

16.1b 內臟反射

自主神經系統的作用是通過**內臟反射** (visceral reflexes)。是一種對於刺激產生無意識的自動定型反應，就像 14.3 節中討論的軀體反射，但是由於涉及的是內臟的感受器和動作器，所以內臟反射的反應速度較慢。一些學者將內臟的傳入 (感覺) 路徑也視為自主神經系統的一部分，但多數學者還是將自主神經系統限制為內臟的傳出 (運動) 路徑。不論如何，自主活動涉及內臟反射弧，包括感受器 (由神經末梢偵測伸展、組織損傷、血液中的化學物質、體溫和其他內部刺激)，傳入神經元將內臟感覺傳到中樞神經系統，傳遞給中樞神經系統的聯絡神經元，傳遞給傳出神經元，將內臟運動訊號傳出中樞神經系統，最後傳到動作器，引發內臟動作。

舉例說明，血壓升高會產生內臟壓力反射 (baroreflex)[2]。血壓升高會刺激位於頸動脈與主動脈管壁的壓力感受器 (baroreceptors)，感覺訊號經由舌咽神經傳入延腦 (圖 16.1)。延腦將此感覺訊息與其他訊息整合後，從迷走神經將訊號傳回心臟。迷走神經就會使心跳減慢使血壓降低，因此完成體內恆定的負回饋迴路。另外一種壓力反射弧，當心臟上方 (頸動脈與主動脈管) 的血壓突然下降時，會使心跳加速，例如當我們從躺著突然站起來，重力將血液維持在下半身時。

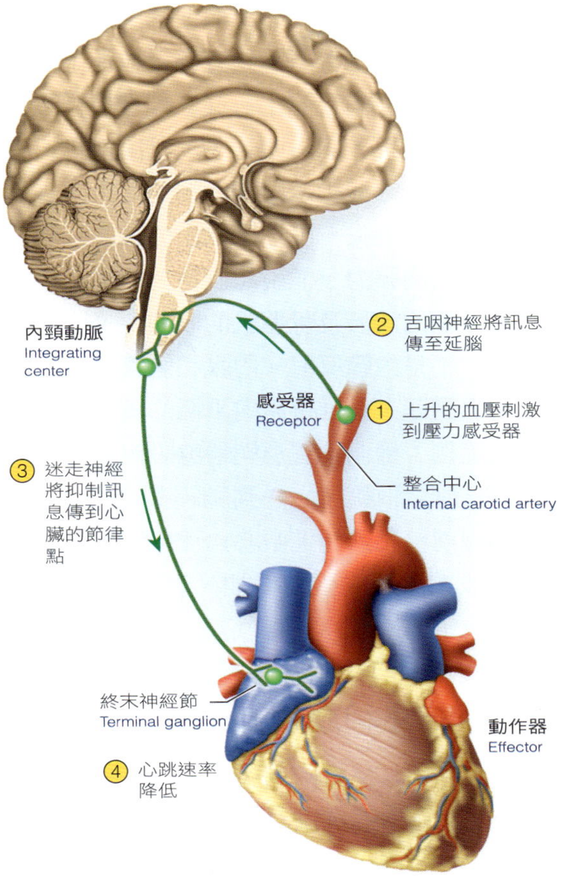

圖 16.1 在血壓調節中的自主反射弧。

內臟反射的另一個例子是身體發冷顫的自主神經反應。皮膚冷卻會刺激稱為冷覺感受器 (cold receptors) 的神經末梢。感覺訊號經由脊髓神經傳入脊髓，然後沿脊髓丘腦徑延伸至腦幹，再傳到下丘腦的體溫調節中心 (位於下丘腦視前核的神經細胞群)。通過下丘腦的血液溫度下降，也會刺激這裡的神經元。體溫調節中心的神經元收到刺激後，會發送訊號傳遞到

2 *baro* = pressure 壓力

下丘腦後部的熱促進中心。熱促進中心的輸出神經纖維，經過腦幹下降到脊髓，並進入交感神經路徑 (本章稍後介紹)。交感神經纖維最終到達皮膚的血管，刺激血管平滑肌收縮。皮膚血管收縮的結果減少皮膚表面的血液流動，進而減少熱量的損失。下丘腦輸出的神經訊號，也可增強肌肉張力，並引起發抖，產生額外的體熱，但是由於涉及骨骼肌的收縮，是一種軀體反射而不是內臟反射。內臟和軀體反射共同參與體溫調節，是維持體內平衡的負回饋迴路的最佳範例：檢測到體溫與穩態設定值的偏差 (身體冷顫)；訊號被發送到神經整合中心 (下丘腦的視前核和熱促進中心)；和產生反應 (皮膚血管收縮、肌肉張力增加、發抖)，使體溫恢復到設定值。

16.1c 自主神經系統分系

自主神經系統有兩個分系：交感神經和副交感神經。兩者的解剖結構和功能各不相同，但通常會支配同一器官，並且具有拮抗或協同的作用。**交感神經分系** (sympathetic division) 調節許多生理活動，提高警覺性、心跳速率、血壓、肺氣流、血糖濃度和心臟和骨骼肌的血流量，但同時減少流到皮膚和消化道的血流量。坎農將極端的交感神經系統反應稱為「戰鬥或逃跑」(fight-or-flight) 反應，因為當動物受到攻擊時，交感神經系統會啟動捍衛自己，或是逃離危險的反應。在我們的生活中，這種反應也會在許多情況，包括醒覺、運動、競爭、壓力、危險、創傷、憤怒或恐懼的情況下發生。通常，交感神經的作用我們不容易察覺。相比之下，**副交感神經分系** (parasympathetic division) 對許多身體機能具有鎮定的作用。它與降低能源消耗以及維護正常的身體相關，包括消化食物和廢物排除等功能。副交感神經系統可以認為是維持「休息和消化」(resting-and-digesting) 的作用。

這並不意味著身體狀態的改變是因為哪個系統活化。通常，兩個系統都是同時活化的。兩個系統表現出自動調節，稱為**自主張力** (autonomic tone)。根據人體不斷變化的需求，調整交感張力 (sympathetic tone) 與副交感張力 (parasympathetic tone) 使兩者達到平衡。例如，副交感神經張力可以維持腸內的平滑肌張力，並且將平靜心率降低至約每分鐘 70 至 80 次。如果副交感的迷走神經被切斷時，心臟會以自己的固有速度 (約每分鐘 100 次) 跳動。交感神經張力可以維持大多數血管呈現部分收縮，進而維持血壓。失去交感神經張力，會導致血壓快速下降進而導致休克。

兩種分系沒有絕對的刺激或抑制作用。例如，交感神經分系刺激心跳，但抑制消化和泌尿功能，而副交感神經分系則恰好相反。

16.1d 神經通路

自主神經系統通常被歸類為周邊神經系統的一部分，但是其組成的神經細胞，在中樞和周邊神經系統內都具有。自主神經系統的控制神經核位在下丘腦和腦幹的區域內，運動神經元則位在脊髓和周邊的神經節，發出的自主神經纖維，則併入脊髓神經和腦神經內。

到達目標器官的自主運動途徑與軀體運動途徑明顯不同。軀體途徑中，在腦幹或脊髓中的運動神經元發出有髓鞘的軸突，一直延伸到骨骼肌。自主途徑則不同，運動訊號必須經由兩條神經纖維，才能到達目標器官，兩條神經纖維必須在自主神經節的神經元中形成突觸 (圖 16.2)。前面的纖維稱為**節前神經纖維** (preganglionic fiber)，起始於腦幹或脊髓內的神經細胞本體。軸突發出後延伸到自主神經節 (位於中樞神經系統外部，通常在脊椎骨附近，或位於目標器官內或附近)。在

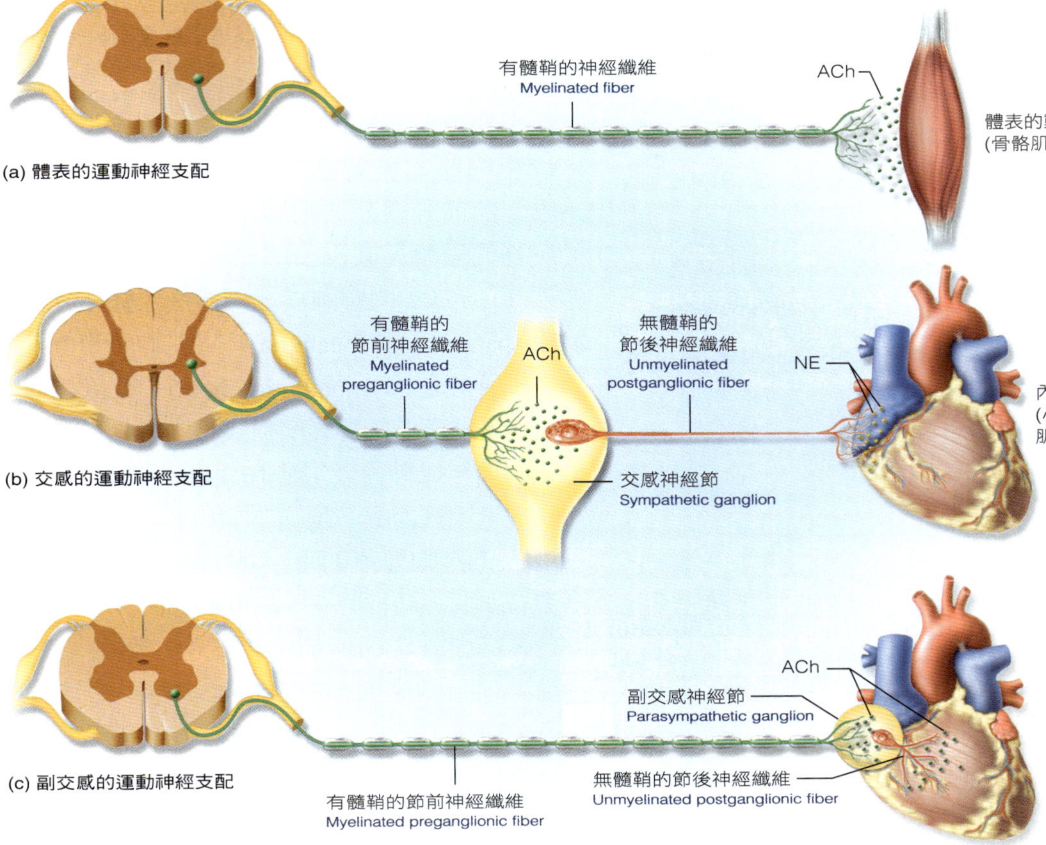

圖 16.2 **軀體和自主神經傳出途徑的比較。**(a) 軀體傳出途徑，一條神經纖維從中樞神經系統傳出到目標器官或細胞；(b) 交感神經路徑，從中樞神經系統到動作器之間，由兩個神經元負責傳遞，神經節的位置通常靠近脊髓；(c) 副交感神經路徑，從中樞神經系統到動作器之間，也需要兩個神經元負責傳遞，但是神經節位於目標器官內或附近。交感神經系統在目標器官附近釋放的神經傳遞質通常是正腎上腺素 (NE)，而副交感神經系統在目標器官附近釋放的神經傳遞質則是乙醯膽鹼 (ACh)，在 16.3a 節列出一些變化。

自主神經節內，與第二神經元的神經細胞本體形成突觸，並分泌神經傳遞物質乙醯膽鹼 (acetylcholine, ACh) 刺激後者。第二神經元發出的軸突，稱為**節後神經纖維** (postganglionic fiber)，離開神經節，到達目標器官或細胞。取決於在纖維的種類，可能會分泌乙醯膽鹼或是正腎上腺素。這些神經傳遞物質對目標細胞可能具有興奮或抑制作用，將在 16.3 節中說明。自主神經的節前神經纖維是有髓鞘的，然而節後神經纖維是無髓鞘的。

與軀體運動神經纖維不同，自主神經的節後神經纖維最終不是與目標細胞形成突觸。取而代之的是，神經末梢終止在一串珠狀類似靜脈曲張的神經軸突結節 (varicosities)，將神經傳遞物質釋放到組織中，能同時刺激許多細胞 (圖 10.12)。

表 16.1 總結了軀體神經和自主神經系統之間的區別，以及後續章節詳細介紹了交感與副交感的差異，如圖 16.2b 和 c。

表 16.1 軀體和自主神經系統之比較

特徵	軀體神經系統	自主神經系統
動作器	骨骼肌	腺體、平滑肌、心肌
控制	通常是意識控制	通常是非意識控制
傳出路徑	從 CNS 傳出到達動作器，由一條神經纖維完成；無神經節	從 CNS 傳出到達動作器，由兩條神經纖維完成；在神經節形成突觸
遠端神經末梢	神經肌肉接合器	神經軸突結節
神經傳遞物質	乙醯膽鹼 (ACh)	乙醯膽鹼 (ACh) 和正腎上腺素 (NE)
目標細胞的動作	興奮	興奮或抑制
神經截斷的作用	鬆弛性癱瘓	去神經超敏反應

在你繼續閱讀之前

回答下列問題，以檢驗你對上節內容的理解：

1. 自主神經系統和軀體運動系統在功能上與構造上，有何不同？
2. 內臟反射與軀體反射有何相似之處？有何不同之處？
3. 自主神經系統的兩個分系是什麼？兩者在功能上有何不同？
4. 請定義節前神經纖維和節後神經纖維。為什麼軀體運動系統沒有使用這些名詞？

16.2 自主神經系統的解剖構造

預期學習成果

當您完成本節後，您應該能夠

a. 識別交感和副交感神經系統的構造組成與神經路徑；
b. 討論腎上腺與交感神經系統的關係；和
c. 描述消化系統的腸肌神經系統，並解釋其重要性。

16.2a 交感神經分系

交感神經分系也稱為胸腰神經分系 (thoracolumbar division)，因為它的節前神經元主要位於脊髓的胸部和腰部區域。它具有較短的節前神經纖維和較長的節後神經纖維。節前神經元的細胞本體位在胸腰段脊髓灰質的側角。其發出的節前神經纖維會先併入 T1 至 L2 的脊神經，再連接到**脊柱旁神經節** (paravertebral[3] ganglia)，這些神經節會串成**交感神經鏈** (sympathetic chain)。交感神經鏈位於脊柱兩側，神經節從頸椎到尾骨呈縱向排列，連結成神經索 (圖 16.3 和 16.4)。神經節的數量因人而異，但通常頸椎旁有 3 對 (上，中，下)，胸椎旁 11 對，腰椎旁有 4 對，薦椎旁有 4 個，尾椎旁有 1 對神經節。

交感神經的節前神經元位在胸腰段的脊髓，但是神經節卻有在頸椎、薦椎與尾椎兩旁，似乎很奇怪。但是如圖 16.4 所示，交感神經鏈會從胸部區域上升到頸部神經節，腰部區域的神經鏈則會下降至薦椎骨和尾骨的神經節。因此，交感神經纖維分佈到身體的各個層面。一般而言，頭部的交感神經來自第一胸段 (T1) 脊髓，頸部的交感神經來自第一胸段 (T2) 脊髓，胸部和上肢的交感神經來自 T3 到 T6，腹部的交感神經來自 T7 到 T11，下肢的交感神經來自 T12 到 L2。這些神經的分佈會相互重疊，而且因人而異。

在胸腰椎區域，可以見到每個脊柱旁的神經節會經由交通支 (communicating rami) 的兩個小分支，連接到脊神經 (圖 16.5)。交感的節前神經纖維是有髓鞘包覆的，通過**白交通支** (white communicating ramus[4]) 傳入神經節，因為髓鞘呈現白色，所以稱為白交通支。交感的節後神經纖維則沒有髓鞘包覆的，離開

3 *para* = next to 旁邊；*vertebr* = vertebral column 脊柱
4 *ramus* = branch 分支

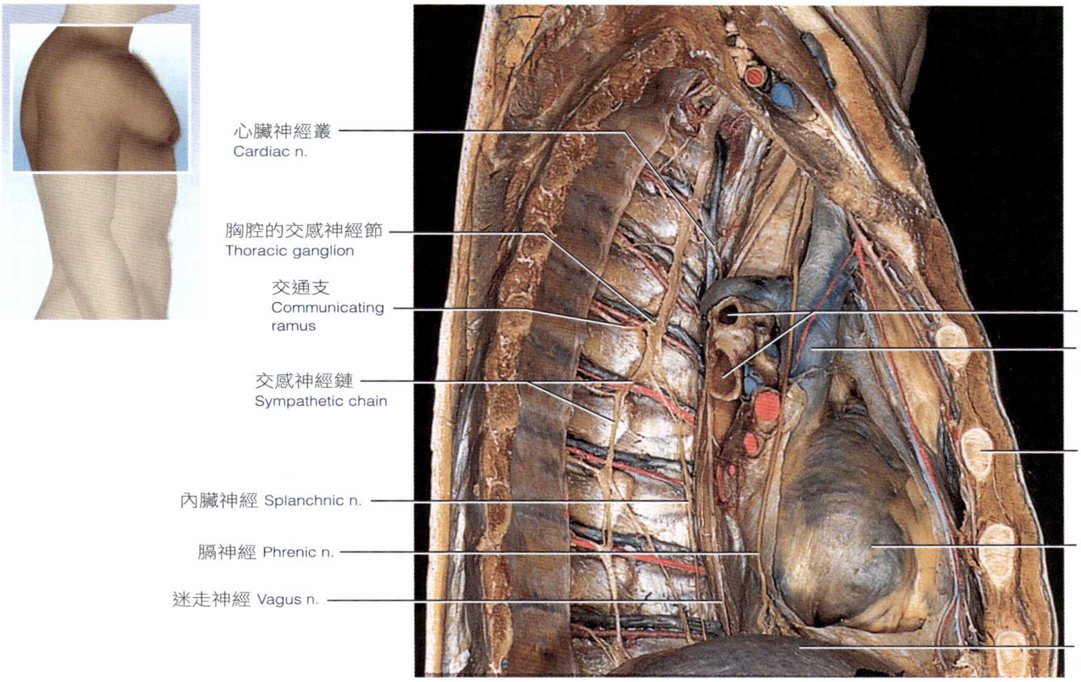

圖 16.3 交感神經鏈的神經節。胸腔的右側視圖。APR
©Dr. Robert A. Chase

神經節後再併入脊神經，由於神經纖維沒有髓鞘包覆呈現灰色，因此稱為**灰交通支** (gray communicating ramus)。節後神經纖維經過灰交通支後併入脊神經，到達目標器官。

> **應用您的知識**
>
> 自主神經的節後神經纖維的傳導速度，比軀體運動神經纖維的傳導速度，快還是慢？為什麼？(參看 13.3d 節段落中的提示。假設兩者纖維直徑無明顯差異)

交感的節前神經纖維進入交感神經鏈之後，可能遵循以下三個路徑中的任何一個：

- 有些神經纖維直接進入旁邊的神經節，並立即與節後神經元形成突觸。
- 有些神經纖維進入神經節之後沒有形成突觸，而是沿著神經鏈往上或往下傳遞，與不同高度位置的神經節形成突觸。這些上行或下行的神經纖維，就是將脊柱旁神經節，串成一條鎖鏈的神經纖維。也會串起頸部、薦椎和尾骨的神經節。
- 有些神經纖維經過脊柱旁神經鏈，不形成突觸，而是從神經鏈發出形成內臟神經 (splanchnic nerves)，將在後續作介紹。

因此交感神經纖維會經由三種路徑，離開脊柱旁神經節：脊神經、交感神經和內臟神經。在圖 16.5 中的數字可和下列說明相對應：

① **脊神經路徑**：一些交感的節後神經纖維，從神經節發出，通過灰交通支，併到脊神經，再跟著脊神經的分支，前往目標器官。大多數汗腺、豎毛肌，以及皮膚和骨骼肌的血管，都是由這路徑負責支配。

② **交感神經路徑**：一些交感的節後神經纖維，直接從神經節發出交感神經，形成神經叢進到心臟、肺臟、食道和胸腔血

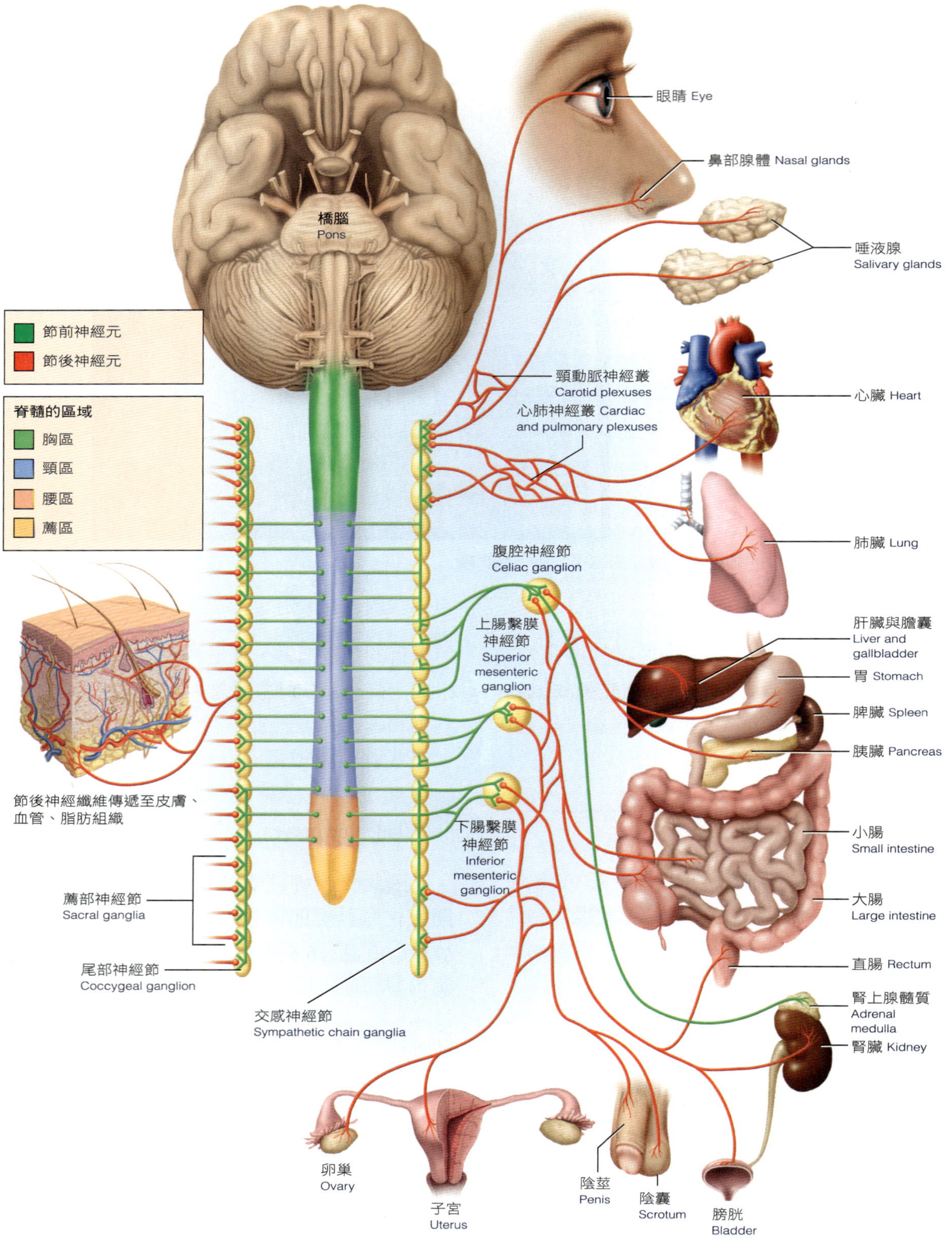

圖 16.4　交感神經系統的示意圖。所有的神經路徑和神經節都存在左右兩側。

• 肺臟的交感神經支配是否使人吸氣、呼氣，還是兩者或是皆無？請解釋你的答案。AP|R

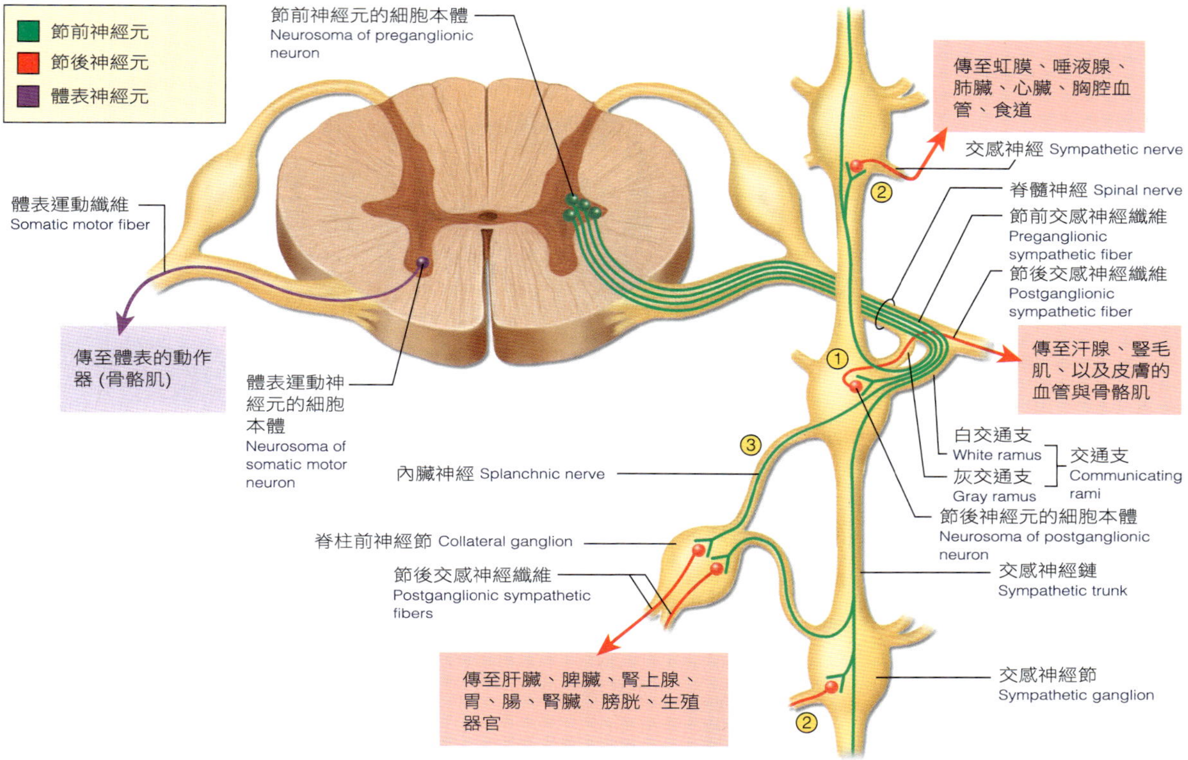

圖 16.5 **交感神經傳出途徑 (右) 與軀體神經傳出途徑 (左) 之比較**。交感神經纖維遵循圖中三種編號的路線中的任何一條傳出，編號旁邊的文字中有解釋。

• 請問交感神經元的細胞本體與軀體傳出神經元的神經細胞本體，位於脊髓的部位名稱。

管。在頸動脈周圍形成一個頸動脈神經叢 (carotid plexus)，這些交感神經叢跟著頸動脈進入頭部，支配頭部的臟器，包括汗腺、唾液腺和黏膜腺體；皮膚的豎毛肌與血管；和虹膜的擴張肌。來自上頸與中頸神經節的一些纖維，會形成心臟神經叢 (cardiac nerves) 進入心臟 (心臟神經叢同時還含有副交感神經纖維)。

③ **內臟神經路徑**：一些交感的節前神經纖維，從 T5 到 T12 的脊神經通過，並沒有形成突觸。直接通過神經節，形成**內臟神經** (splanchnic[5] nerves)，進入第二組的交感神經節，稱為**脊柱前神經節** [collateral (prevertebral) ganglia]。在這裡交感節前神經纖維才與神經節形成突觸。

脊柱前神經節發出的交感節後神經纖維會形成神經叢，包裹在腹主動脈周圍的稱為**腹主動脈神經叢** (abdominal aortic plexus)(圖 16.6)。脊柱前神經節有三種主要的神經節，**腹腔神經節** (celiac ganglia)、**上腸繫膜神經節** (superior mesenteric ganglia) 和**下腸繫膜神經節** (inferior mesenteric ganglia)。這三種神經節都位在同名動脈的周圍。從這些神經節發出的節後神經纖維會伴隨這些動脈及其分支到目標器官。表 16.2 彙整三種脊柱前神經節的神經支配。

一些學者把腹腔神經節和上腸繫膜神經節以及附近神經叢，合稱為腹腔神經叢或太陽神經叢 (solar plexus)，一些學者只將腹腔神經節

5 *splanchn* = viscera 內臟

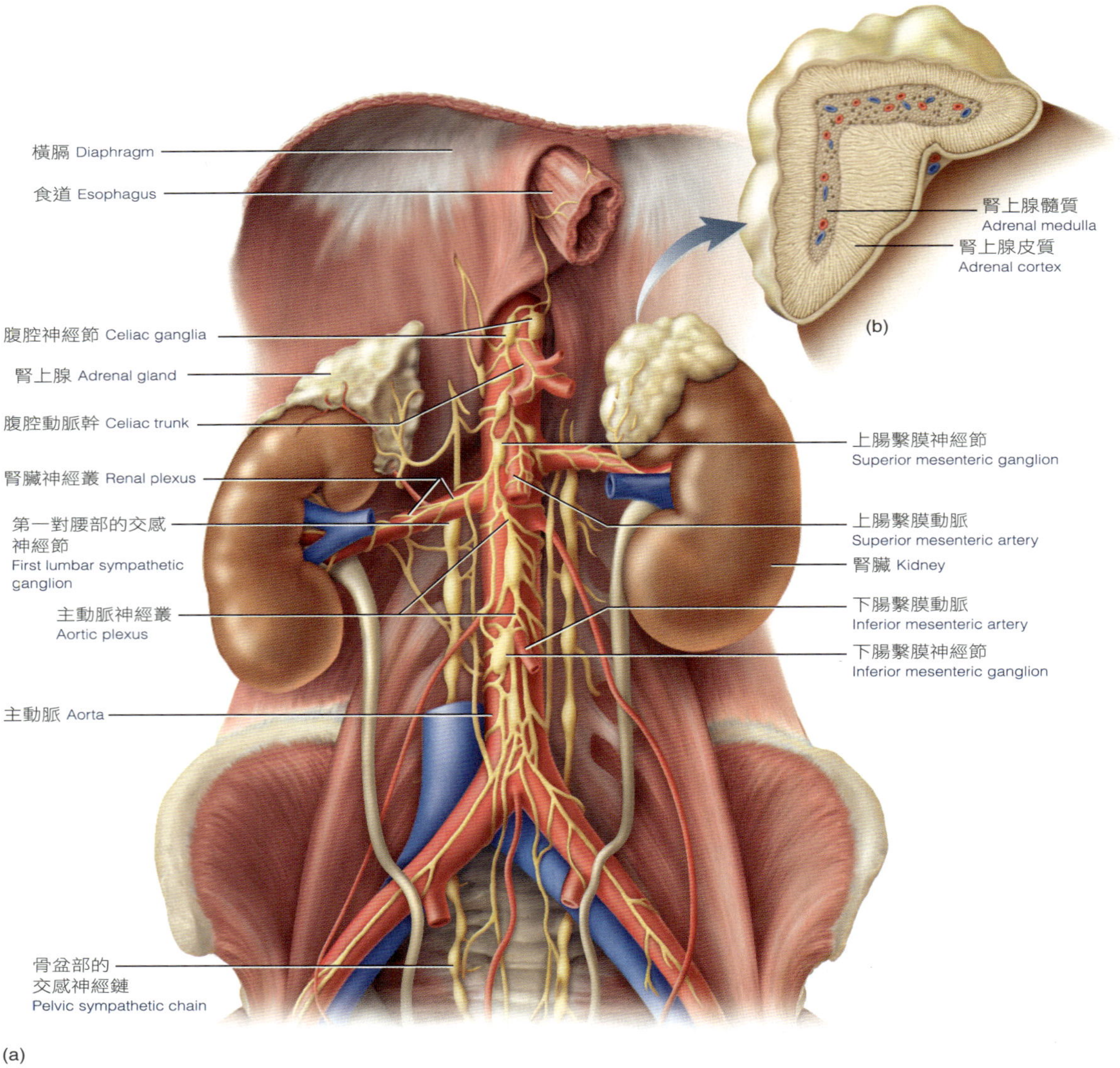

圖 16.6 交感神經系統的腹部組成。(a) 脊柱前神經節、腹主動脈神經叢和腎上腺；(b) 腎上腺 (冠狀切面)。只有腎上腺的髓質在交感神經系統中扮演角色。腎上腺的皮質功能在第 18.3e 節中描述。

表 16.2 與脊柱前神經節相連結的構造

交感神經鏈	⟶	脊柱前神經節	⟶	節後神經節之目標器官
胸部神經節 (第 5~9 或 10)	⟶	腹腔神經節	⟶	胃、脾、肝、小腸、腎
胸部神經節 (第 9 和 10)	⟶	腹腔神經節和上腸繫膜神經節	⟶	小腸、大腸、腎
腰部神經節	⟶	下腸繫膜神經節	⟶	直腸、膀胱、生殖器官

和附近神經叢合稱。因為這神經節與附近神經叢的整體結構，就像是太陽放射出光芒。

綜合以上所述，肌肉和體壁的動作器，主要由脊神經路徑中的交感神經支配。在頭部和胸腔的動作器，主要由交感神經路徑支配。腹腔內的動作器主要由內臟神經路徑支配。

在交感神經系統中，節前神經元與節後神經元之間，沒有簡單的一對一對應關係。一個節後神經元可以接收多個節前神經元的突觸，從而展現了在 13.4b 節中討論的*神經收斂現象* (neural convergence)。此外，一條節前神經纖維可能分支，並與多個節後神經纖維形成突觸，因此展現*神經發散現象* (neural divergence)。大多數交感神經的節前神經元會與 10 至 20 節後神經元形成突觸。這意味著當一個節前神經元激發時，它可以激發多個節後神經纖維，進而影響不同的目標器官。因此，交感神經系統有相對廣泛的影響。

16.2b 腎上腺

成對的**腎上腺** (adrenal[6] glands) 像帽子一樣，蓋在腎臟的上方 (圖 16.6a)。每個腎上腺實際上是兩個具有不同的功能和胚胎起源的腺體所組成。外層是**腎上腺皮質** (adrenal cortex)，分泌固醇類激素，見 18.3e 節。內層是**腎上腺髓質** (adrenal medulla)，本質上是交感神經節 (圖 16.6b)。它是由沒有樹突或軸突的交感節後神經元所組成。交感神經的節前神經穿過皮質，終止於這些細胞。交感神經系統和腎上腺髓質，在發育和功能方面是如此緊密相關，合稱為*交感腎上腺系統* (sympatho-adrenal system)。腎上腺髓質會分泌多種激素到血液中，約 85% 是腎上腺素，15% 的正腎上腺素和微量的多巴胺。

16.2c 副交感神經分系

副交感神經系統也稱為*顱薦神經分系* (craniosacral division)，因為此系統的節前神經元主要位在腦幹和薦段脊髓區域；其神經纖維經由腦神經和薦椎神經中傳遞。副交感節前神經元的細胞本體位於中腦、橋腦、延腦，以及薦段脊髓的 S2 至 S4 段 (圖 16.7)。副交感的節前神經纖維很長，終止於**終末神經節** (terminal ganglia)，位在目標器官的附近或是內部 (圖 16.2c)。如果終端神經節已嵌入目標器官的壁上，也稱為*壁內神經節* (intramural[7] ganglion)。因此，副交感的節前神經很長，幾乎一直到達目標細胞，而節後神經纖維很短。

副交感神經系統存在一些神經發散現象，但遠少於交感神經系統。一條的副交感節前神經纖維支配的神經節後纖維，少於五根。此外，副交感的節前神經纖維甚至在靠近目標器官時才出現發散的分支。因此，副交感神經比交感神經，具有更高的選擇性與專一性。

副交感神經纖維通過以下四個腦神經離開腦幹。前三個提供頭部的副交感神經支配，最後一個提供胸腔和腹骨盆腔內臟的副交感神經支配 (表 15.3)。

1. **動眼神經 (III)**：動眼神經攜帶副交感神經纖維，負責控制眼睛的水晶體的曲度和瞳孔的大小。節前神經纖維進入眼眶，並終止於眼球後面的*睫狀神經節* (ciliary ganglion)。節後神經纖維從神經節發出，進入眼球並支配*睫狀肌* (ciliary muscle)，收縮會使水晶體的曲度變厚，以及支配*瞳孔收縮肌* (pupillary constrictor)，收縮會使瞳孔縮小。
2. **顏面神經 (VII)**：顏面神經攜帶副交感神經纖維，負責調節淚腺、唾液腺和鼻黏膜的腺體。顏面神經從橋腦發出後不久，它的副交感纖維分開並形成上下兩個較小的分支。上分支的副交感神經終止於翼腭神經節 (pterygopalatine ganglion)，此神經節靠近上頜骨與腭骨的交界處。節後神經纖維進到眼眶支配淚腺，進到鼻腔和口腔支配鼻腔、上腭和口腔黏膜的腺體。下分支稱為*鼓索神經* (chorda tympani)，穿過中耳鼓室，並終止於

---

6 *ad* = near 靠近；*ren* = kidney 腎臟

7 *intra* = within 在⋯之內；*mur* = wall 壁

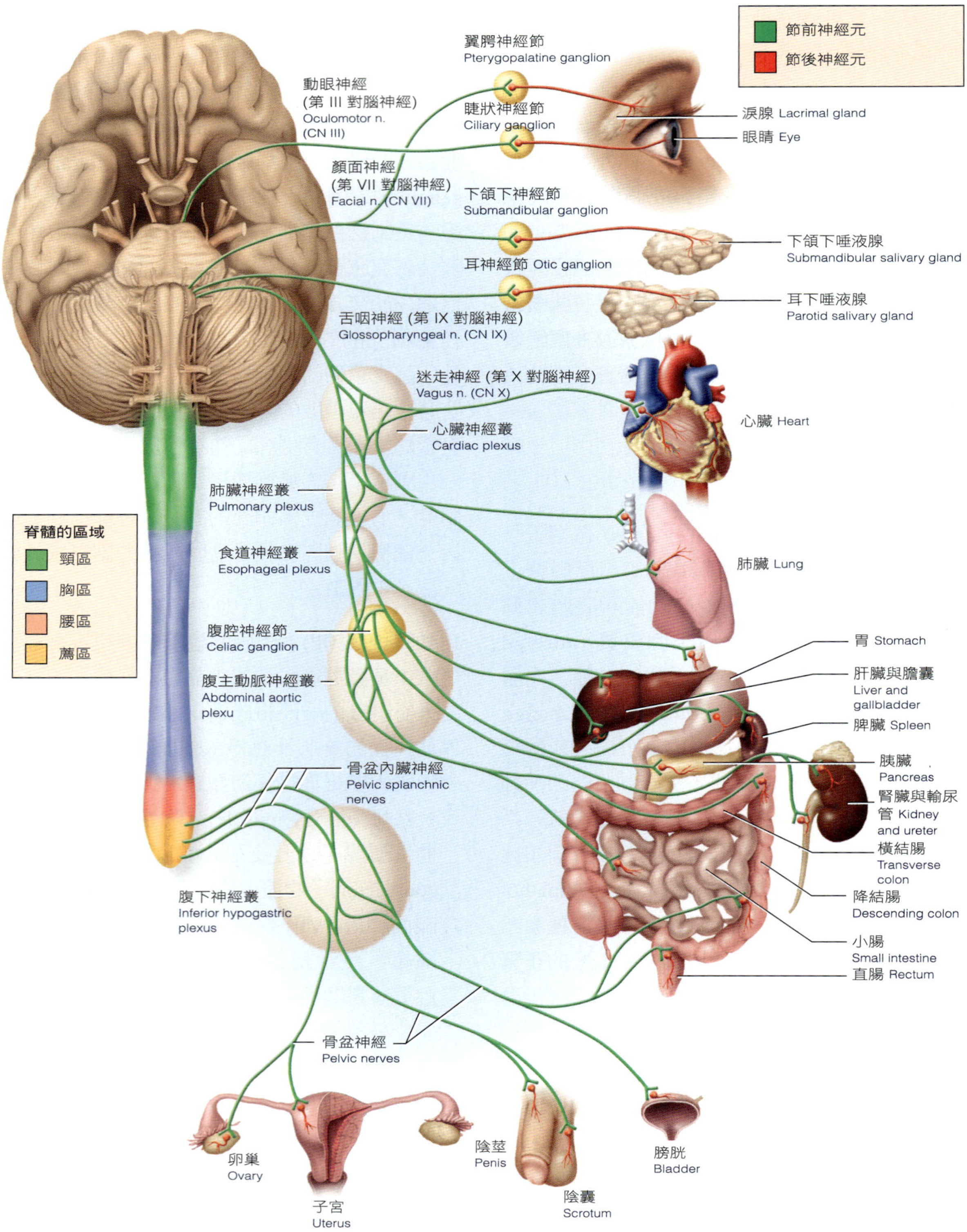

圖 16.7 副交感神經系統的示意圖。所有的神經路徑和神經節都存在左右兩側。

• 哪條神經攜帶最多的副交感神經纖維？APR

下頜下神經節 (submandibular ganglion)，此神經節靠近下頜角的內側。節後神經纖維進到口腔底部的兩對唾液腺 (下頜下腺和舌下腺)，支配其分泌。

3. **舌咽神經 (IX)**：舌咽神經攜帶副交感神經纖維主要與耳下腺的唾液分泌有關。舌咽神經的一條分支會進入中耳，稱為鼓室神經 (tympanic nerve)，內含副交感節前神經纖維。此神經穿過中耳鼓室與卵圓孔，並在卵圓孔下方進入耳神經節 (otic[8] ganglion)。節後神經纖維併入三叉神經的耳顳神經枝，進到耳下唾液腺 (parotid salivary gland)，支配其分泌。
4. **迷走神經 (X)**：迷走神經攜帶將近 90% 副交感神經節前纖維。從腦幹發出後，順著脖子往下，並且在縱隔腔中形成三個神經叢：**心臟神經叢** (cardiac plexus) 調節心跳；**肺臟神經叢** (pulmonary plexus) 伴隨支氣管和血管進入肺部，調節支氣管與血管；**食道神經叢** (esophageal plexus)，其纖維調節吞嚥。

    在食道的下端，食道神經叢形成前迷走神經幹和後**迷走神經幹** (vagal trunks)。兩條迷走神經幹會穿過橫膈，進入腹腔之後再形成腹主動脈叢 (abdominal aortic plexus)。如前所述，交感神經節前神經纖維會在這裡與交感神經節形成突觸。然而，迷走神經的副交感節前神經纖維則只是穿過神經叢不會形成突觸。經過神經叢之後，副交感節前神經纖維會傳到終末神經節，終末神經節臟器，支配肝、胰、胃、小腸、腎臟、輸尿管和大腸的前半段。

除了迷走神經的副交感神經纖維，其餘的副交感神經纖維，是從 S2 到 S4 的薦椎段脊髓發出。它們從脊神經的前支發出後，往骨盆腔分支出**骨盆內臟神經** (pelvic splanchnic nerves)，左右的骨盆內臟神經匯聚形成**下腹下神經叢** (inferior hypogastric plexus)。一些副交感節前神經纖維在這裡形成突觸，但大多數穿過神經叢，並通過**骨盆神經** (pelvic nerves) 到達目標器官的終末神經節，支配器官包括：大腸的後半段、直腸、膀胱和生殖器官。除少數例外，副交感神經系統不會支配體壁的構造 (汗腺、豎毛肌和皮膚血管)。

表 16.3 中比較自主神經的交感與副交感神經系統。

8 *ot* = ear 耳；*ic* = pertaining to 關於

應用您的知識

如果頸部脊神經的前根受損，是否會影響自主神經的功能？為什麼會影響或者為什麼不會影響？

16.2d 腸肌神經系統

消化道有自己的神經網絡，稱為**腸肌神經系統** (enteric[9] nervous system)。與自主神經不同的是，它不是由腦幹或脊髓發出；但像自主神經系統一樣的是，它可以支配平滑肌和腺體。是否將其歸類到自主神經的一部分仍存在一些分歧。腸肌神經系統由嵌在消化道的管壁上的大約 1 億個神經元所組成 (請參閱本章

9 *enter* = intestines 小腸；*ic* = pertaining to 關於

表 16.3 交感和副交感神經系統的比較

特徵	交感	副交感
CNS 的起源	胸腰部	顱薦部
神經節的位置	脊柱旁神經節與脊柱前神經節	終末神經節靠近或是位於目標器官內
神經纖維長度	節前短，節後長	節前長，節後短
神經發散程度	廣泛的	侷限的
系統的作用	通常是廣泛且普及的	通常是局部與特殊的

的開頭圖片)，可能有更多的神經元位在脊髓中，它具有自己的反射弧。腸肌神經系統主要調節食道、胃、腸的運動，以及消化酶和胃酸的分泌。為了正常運作，這些消化活動還需要通過交感神經系統和副交感神經系統共同調節。腸肌神經系統將會在臨床應用 16.2 和 24.1c 段落中，更詳細介紹。

臨床應用 16.2

巨型結腸

腸肌神經系統的重要性，在它失去功能時，變得更加明白。一種遺傳缺陷疾病稱為*赫普隆氏病* (Hirschsprung disease)[10]，又稱為先天性巨結腸 (congenital megacolon)，就是因為腸肌神經系統異常。在正常的胚胎發育過程中，神經嵴細胞會遷移到大腸，並建立腸肌神經系統。但是，在赫普隆氏病患者，他們的神經嵴細胞沒有到達大腸的遠端部分 (乙狀結腸和直腸)(圖 24.16)，因此沒有腸肌神經節。在沒有這些神經節的情況下，乙狀結腸與直腸區域無法正常蠕動，持續收縮，因而阻止糞便通過。糞便在狹窄部位以上持續積聚，導致大腸擴張形成巨型結腸，並伴有腹脹和慢性便秘。最多危及生命的併發症是結腸壞疽、腸穿孔和腹膜細菌感染，稱為*腹膜炎* (peritonitis)。選擇的治療方法是手術切除受影響的部分，然後將健康的結腸部位，直接與肛管連接。

赫普隆氏病常見於沒有第一次排便的新生兒，男嬰的發生率是女嬰的四倍，儘管其發病率在 5,000 例活產嬰孩中有 1 例。如果是唐氏症的嬰兒，此病的發生率是十分之一。

赫普隆氏病不是引起巨型結腸的唯一原因。在中美洲和南美洲，被稱為「親吻蟲」的昆蟲叮咬，會將*錐蟲* (trypanosomes) 的寄生蟲傳播給人類。這些寄生蟲與導致非洲昏睡病的寄生蟲相似，導致*查加斯氏病* (Chagas[11] disease)。除其他影響外，寄生蟲會破壞自主神經節的腸肌神經系統，導致結腸腫大和壞疽。

在你繼續閱讀之前

回答下列問題，以檢驗你對上節內容的理解：

5. 解釋為什麼交感神經分系也稱為胸腰段分系，即使其脊柱旁神經節是從頸部一直延伸到薦椎。
6. 描述或圖解說明下列各結構的關係：節前神經纖維、節後神經纖維、脊神經前支、灰交通支、白交通支和脊柱旁神經節。
7. 從解剖學角度，解釋為什麼副交感神經分系比交感神經分系，更選擇性地影響目標器官呢。
8. 請從延腦到小腸，追踪迷走神經的副交感神經纖維的路徑。

16.3 自主神經的作用

預期學習成果

當您完成本節後，您應該能夠

a. 命名自主神經系統使用的神經傳遞物質，並以不同的神經傳遞物質和感受器類型，定義神經元和突觸的種類；
b. 關於神經傳遞物質和感受器，請解釋為什麼自主神經系統的兩個分系，支配同一器官，卻會形成相反的影響；
c. 解釋自主神經系統的兩個分系，當支配著同一器官時，兩者如何相互作用；和
d. 描述中樞神經系統如何調節自主神經系統。

10 哈拉爾・赫普隆 (Harald Hirschsprung, 1830~1916)，丹麥醫師

11 卡羅斯・查加斯 (Carlos Chagas, 1879~1934)，巴西醫師

16.3a 神經傳遞物質和感受器

如前所述，自主神經系統的兩個分系通常會對同一器官產生不同的影響。例如，交感神經會加速心跳，而副交感神經則會降低心跳。但這並不意味著對每一個器官，交感神經都是刺激性，而副交感神經都是抑制性。每一分系都會刺激某些器官而抑制其他器官。例如，副交感神經會刺激腸道平滑肌收縮，但是會抑制心肌。交感神經對這兩個肌肉的作用正好相反。表 16.4 整理了這種相反效果的範例。範例中有些沒有作用的原因，通常是因為對該組織或器官沒有或是很少的神經支配。

不同的自主神經元，為何會有這種相反的效果呢？有兩個根本原因：(1) 交感和副交感神經元分泌不同的神經傳遞物質，並且 (2) 細胞對同一神經傳遞物質的反應也不同，取決於擁有哪種類型的感受器。自主神經傳遞物質和感受器的基本類別如下 (圖 16.8 和表 16.5)。

- **乙醯膽鹼** (Acetylcholine, ACh)：交感和副交感的節前神經元以及副交感神經的節後神經元都會分泌這種神經傳遞物質。少數支配汗腺與一些血管的交感神經節後神經元，也會分泌這種神經傳遞物質。凡是分泌乙醯膽鹼的神經纖維都稱為**膽鹼型纖維** (cholinergic fiber)(CO-li-NUR-jic)，任何與其結合的感受器都稱為**膽鹼型感受器** (cholinergic receptor)。有兩種膽鹼型感受器：
  - **毒蕈鹼型感受器** (Muscarinic receptors) (MUSS-cuh-RIN-ic)：這些感受器的命名，是因為在研究過程中使用蘑菇毒素才

表 16.4 交感和副交感神經系統的作用

目標器官	交感神經	副交感神經
眼睛瞳孔	擴張	縮小
眼睛水晶體	變薄看遠物	變厚看近物
淚腺	無作用	分泌
汗腺	分泌	無作用 (例外：手汗)
豎毛肌	收縮豎毛	無作用
心跳速率	加快	減慢
內臟的血管	血管收縮	無作用 (胃腸道血管擴張)
皮膚的血管	血管收縮	無作用 (臉部血管擴張，臉紅)
支氣管	支氣管擴張	支氣管收縮
腎臟	減少尿量	無作用
膀胱逼尿肌	無作用	收縮，膀胱排空
唾液腺	黏液分泌	漿液分泌
胃腸道運動	減少	增加
胃腸道分泌	減少	增加
肝臟	肝醣分解	肝醣合成
胰臟酵素分泌	減少	增加
陰莖或陰蒂	鬆弛	勃起
射精	刺激	無作用

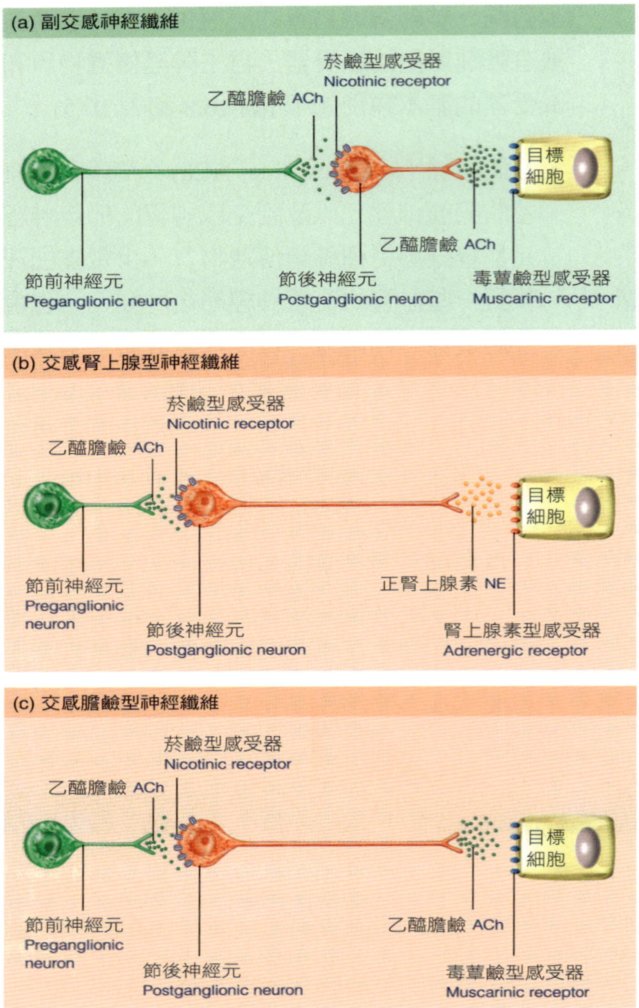

圖 16.8　自主神經系統的神經傳遞物質和感受器。(a) 所有副交感神經纖維都是膽鹼型；(b) 大多數交感神經的節後神經纖維是腎上腺素型；分泌正腎上腺素 (NE)，並且目標細胞的細胞膜表面帶有腎上腺素型的感受器；(c) 一些交感神經的節後神經纖維是屬於膽鹼型；會分泌乙醯膽鹼 (ACh)，並且目標細胞的細胞膜表面具有毒蕈鹼類的膽鹼型感受器。

表 16.5　自主神經系統中膽鹼型和腎上腺素型纖維的位置

神經分系	節前神經纖維	節後神經纖維
交感	膽鹼型	多數是腎上腺素型，少數是膽鹼型
副交感	膽鹼型	膽鹼型

發現此感受器。所有的心肌、平滑肌和腺體細胞，只要是接受膽鹼型神經支配的，都具有毒蕈鹼型感受器。由於毒蕈鹼型感受器有不同的亞型，所以乙醯膽鹼會刺激某些細胞，並抑制其他細胞。

- **菸鹼型感受器** (Nicotinic receptors) (NIC-oh-TIN-ic)：這些感受器的命名，是因為在研究過程中使用植物毒素 (尼古丁)，因此又稱為尼古丁型感受器。主要位在自主神經的突觸；腎上腺髓質的細胞，以及在骨骼肌肉細胞的神經肌肉交界處。乙醯膽鹼會刺激所有具有菸鹼型感受器的細胞。

- **正腎上腺素** (Norepinephrine, NE)：幾乎所有交感神經的節後神經元，都是分泌這種神經傳遞物質。凡是分泌正腎上腺素的神經纖維，都稱為**腎上腺素型纖維** (adrenergic fibers)，而接受此物質的感受器則稱為**腎上腺素型感受器** (adrenergic receptors)。腎上腺素型感受器有兩個主要類別：
  - **α 型腎上腺素感受器**：這種感受器通常具有興奮性的效果。例如，正腎上腺素與子宮平滑肌的 α 型感受器結合，會促進了分娩時的子宮收縮。
  - **β 型腎上腺素感受器**：這種感受器通常具有抑制性的效果。例如，正腎上腺素與與 β 型感受器結合，會抑制腸道蠕動。

這兩種腎上腺素感受器的作用都有例外，由於 α 型和 β 型腎上腺素感受器在生理上都有不同的亞型，但這種詳細的生理細節，超出了本書的範圍。

16.3b 雙重神經支配

大多數的內臟都會同時接收交感神經和副交感神經的支配，因此稱為**雙重神經支配** (dual innervation)。在這種情況下，交感與副交感對同一器官，可能產生拮抗或協同的作用 (antagonistic or cooperative effects)。拮抗作用就是相反效果。因此，交感神經會使瞳孔擴大，副交感神經則使瞳孔縮小 (圖 16.9)。其他的例子已經在表 16.4 中討論與比較。而當交感與副交感支配同一器官的不同細胞時，就可以產生協同作用。例如，副交感神經刺激唾液腺分泌唾液酶，而交感神經則刺激唾液腺分泌黏液。

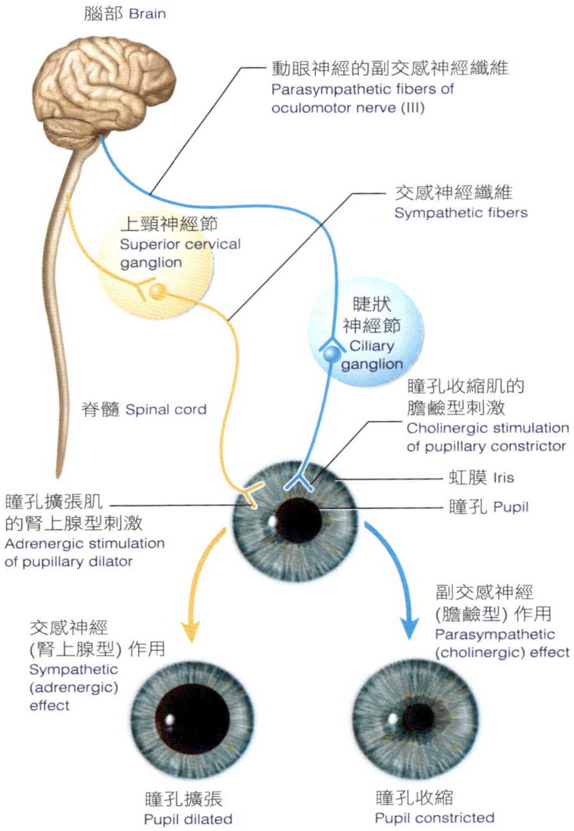

圖 16.9 虹膜的雙重神經支配。虹膜上的交感 (黃色) 和副交感 (藍色) 神經的拮抗作用。

• 如果一個人處於恐懼狀態，請問其瞳孔是呈現擴張或收縮？為什麼？

自主神經系統的雙重神經支配不一定總是產生相反的作用。腎上腺髓質、豎毛肌、汗腺和許多血管只接受交感神經支配。沒有雙重神經支配，卻可以調控的例子，就是血流的調節。交感神經纖維對血管的平滑肌，具有基本的交感神經張力 (sympathetic tone)，使血管保持在局部收縮的張力，稱為血管收縮張力 (vasomotor tone)(圖 16.10)。交感神經的刺激上升，會使血管平滑肌收縮。交感神經的刺激下降，則會使平滑肌放鬆，血管因而擴張。

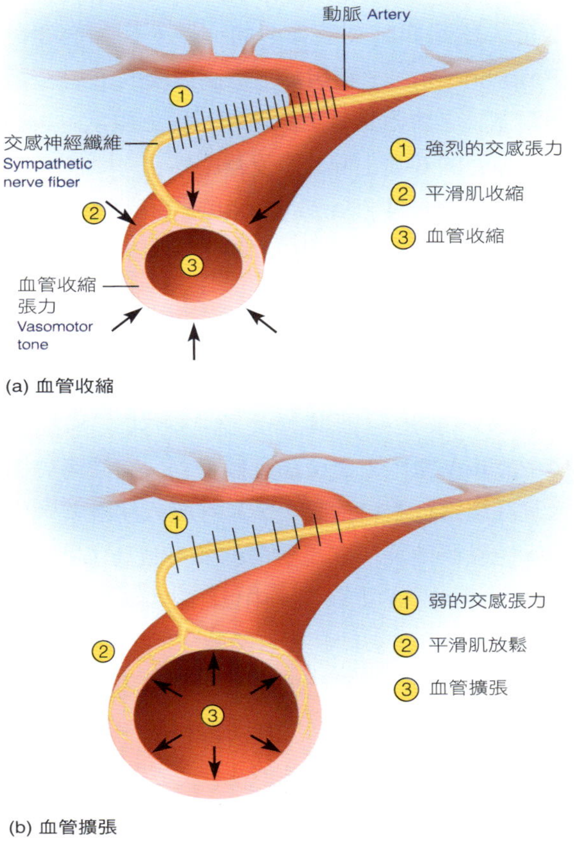

圖 16.10 交感張力和血管張力。(a) 交感神經放電速率增加會使血管收縮；(b) 交感神經放電速率降低則使血管舒張。平滑肌鬆弛使血管內的血壓將血管壁向外推，使血管擴張。穿過神經纖維的黑線代表動作電位，(a) 圖中的激發頻率較高，而 (b) 圖中的激發頻率較低。

臨床應用 16.3

藥物與自主神經系統

許多藥物的設計都是奠基在自主神經傳遞物質和感受器類別的知識。*類交感神經藥* (Sympathomimetics)[12] 是通過刺激腎上腺素型感受器，或是促進正腎上腺素的釋放，來增強交感神經的作用。例如在感冒藥 (品名 Dimetapp 和 Sudafed PE) 中的成分苯腎上腺素 (phenylephrine)，會通過刺激某些 α-腎上腺素感受器從而擴張細支氣管，收縮鼻血管，減少鼻黏膜腫脹，來幫助呼吸。*抗交感神經藥* (Sympatholytics)[13] 則是通過抑制正腎上腺素的釋放，或是與腎上腺素型感受器結合卻不活化，達到抑制交感神經的作用。例如心律錠 (Propranolol)，一種用於治療高血壓的 β 感受器阻斷劑。它會阻止腎上腺素和正腎上腺素，與心臟和血管的 β-腎上腺素感受器相結合。

類副交感神經藥 (Parasympathomimetics) 會增強副交感神經作用。例如，舒樂津 (Pilocarpine) 可緩解青光眼 (眼壓過大)，藉由擴張眼部血管，排出液體達成緩解作用。*抗副交感神經藥* (Parasympatholytics) 則是抑制乙醯膽鹼的釋放，或是阻斷其感受器。例如，阿托品 (Atropine) 會阻斷毒蕈鹼型感受器，有時用於擴大瞳孔以進行眼科檢查，或是在吸入麻醉前，使呼吸道黏膜乾燥。它是致命的*茄科植物* (Atropa belladonna)[14] 的提取物。中世紀的女人用茄科植物來擴大瞳孔，被認為比較美麗。

研究藥物對於神經系統的影響，尤其是仿效，增強或抑制神經傳遞物質的作用的科學，稱為*神經藥理學* (neuropharmacology)。

12 *mimet* = imitate 模仿，mimic 仿效

13 *lyt* = break down 分解，destroy 破壞

14 *bella* = beautiful 美麗，fine 美好；*donna* = woman 女人

16.3c 自主功能的中央控制

雖然稱為自主神經系統，但是並不是一個獨立的神經系統。但是它的所有傳出都來自中樞神經系統，並且接收來自大腦皮層、下丘腦、延腦和周邊神經系統的訊息。

大腦皮層對自主神經功能的影響顯而易見。憤怒時會使血壓升高，恐懼時使心跳加速。想到美食會使胃部攪動，性幻想或是圖像會增加生殖器的血流。邊緣的系統涉及許多情緒反應，並且與含有重要的自主控制中心的下丘腦有廣泛的聯繫 (請參閱 15.3b 節)。因此，感官、情感和精神體驗等，會藉由邊緣系統與自主神經系統產生連接。

下丘腦包含許多自主功能的神經核，包括飢餓、口渴、體溫調節和性反應。以人工方式刺激不同部位的下丘腦，可以出現交感神經系統的醒覺反應，或是出現副交感神經的鎮靜反應。下丘腦的許多神經訊號回傳出到腦幹的尾部區域，從那裡再傳到腦神經，以及脊髓中的交感節前神經元。

中腦、橋腦和延腦內含許多自主神經細胞核，經由腦神經傳遞：動眼神經 (瞳孔收縮)，顏面神經 (淚腺、鼻與腭的黏膜腺，與唾液腺的分泌)，舌咽神經 (唾液分泌、血壓調節) 和迷走神經 (主要的副交感神經，支配胸腔和腹部的內臟)。

脊髓也包含自主神經核。負責調控自主反應如排便和排尿反射。幸運的是，大腦能夠有意識的抑制這些反應。但是當大腦控制脊髓的路徑受傷切斷，尿液和糞便排除的控制，只有自主神經反射，因此累積一部分就會排出，無法用意識控制。

在你繼續閱讀之前

回答下列問題，以檢驗你對上節內容的理解：

9. 腎上腺素型和膽鹼型與何種神經傳遞物質相關？
10. 為什麼一種自主神經傳遞物質，在不同的目標細胞，能夠產生相反的作用？
11. 當交感神經和副交感神經都支配相同的目標器官時，可以有哪兩種方式相互作用？舉個例子說明。
12. 在沒有交感與副交感同時雙重支配的器官中，交感神經系統如何產生相反作用？
13. 大腦中的什麼系統，負責將有意識的思考與情感，和具有自主控制中心的下丘腦相連接？
14. 列出一些受到下丘腦內神經核調控的自主反應。
15. 中腦、橋腦和延腦，在自主控制方面扮演什麼角色？
16. 列舉一些由脊髓控制的內臟反射。

16.4 發育和臨床觀點

預期學習成果

當您完成本節後，您應該能夠

a. 描述自主神經元和神經節的胚胎起源；
b. 描述自主神經系統老化的一些後果；和
c. 描述幾種自主神經功能障礙。

16.4a 自主神經系統的發育和老化

自主神經系統的節前神經元的發育，來自**神經管** (neural tube)(13.5a 節所述)；節前神經元的細胞本體終生保留在腦幹和脊髓中。自主神經節和節後神經神經元的發育，則是來自神經管相鄰的**神經嵴細胞** (neural crest cell)。在第 5 週胚胎發育過程中，一些神經嵴細胞移動到脊柱旁，成為交感神經節。一些神經嵴細胞則移動到主動脈前，形成脊柱前神經節與腹主動脈神經叢；其他神經嵴細胞則移動到心臟、肺臟、消化道和其他內臟。形成副交感的終末神經節。

腎上腺髓質細胞的發育，是從附近的交感神經節移動過來，因此也是來自神經嵴細胞 (外胚層細胞)。在發育過程中，腎上腺的髓質細胞被中胚層的細胞包圍，中胚層細胞最終形成腎上腺的皮質 (因此腎上腺皮質不屬於自主神經系統)。

自主神經的效率與其他神經系統一樣，隨著年齡的增長而下降 (請參閱 15.5a 節)。在老年時，自主神經的目標器官內神經傳遞物質的感受器較少，因此對自主神經的刺激反應較差。因此，老年人可能容易有乾眼症和更多的眼部感染；眼睛瞳孔對於光線強度變化的調適較慢，夜視能力較差；血壓控制不佳；腸道運動變差以及容易便秘。由於血管壓力反射的效率降低，一些老年人容易產生**體位性低血壓** (orthostatic hypotension)，當他們從平躺突然站立時，血壓會下降，有時會引起頭暈，失去平衡或暈倒。

16.4b 自主神經系統的疾病

表 16.6 描述了一些自主神經系統的疾病。

在你繼續閱讀之前

回答下列問題，以檢驗你對上節內容的理解：

17. 自主神經系統的節前和節後神經元的胚胎來源，有何不同？
18. 簡要說明老年人的自主神經系統功能下降後，對於腸道、眼睛和血壓有何影響。

表 16.6 自主神經系統的一些疾病

賁門痙攣 (Achalasia[15] of the cardia)	食道自主神經的缺陷，導致吞嚥障礙，並伴有食道下括約肌無法放鬆，食物無法進入胃中 (食道與胃交界處的胃區域稱為賁門)。導致食道的巨大擴張，食物無法向下推送。在年輕人中常見；原因仍然知之甚少
霍納 (Horner)[16] 氏症候群	慢性單側瞳孔收縮，眼瞼下垂，眼球退回眼眶，皮膚潮紅，而且臉部無法排汗。起因於上頸神經節或上胸脊髓段受傷或是腦幹病變的結果，導致頭部的交感神經遭截斷
雷諾 (Raynaud)[17] 氏病	偶發性手指或腳趾的動脈痙攣性收縮，導致麻木、寒冷和疼痛。這些手指或腳趾起初可能會出現發紺，但隨後會發紅，伴有抽動和感覺異常 (刺痛、灼痛或發癢)。反覆發生和嚴重情況會導致指甲變脆，偶爾甚至會導致壞疽，而必須截肢。最常見於年輕女性，通常由於情緒壓力或短暫暴露於寒冷引起。有時會將患處的交感神經切斷來治療

您可以在以下的章節找到其他關於自主神經系統疾病的討論

動眼和迷走神經損傷的自主神經作用 (表 15.3)	查加斯 (Chagas) 氏病 (臨床應用 16.2) 巨結腸疾病 (臨床應用 16.2)	大量反射反應 (14.4 節) 體位性低血壓 (16.4a 節)

15 *a* = without 無法；*chalas* = relaxation 放鬆
16 約翰・弗里德里希・霍納 (Johann F. Horner, 1831~86)，瑞士眼科醫師
17 莫里斯・雷諾 (Maurice Raynaud, 1834~81)，法國醫師

學習指南

評估您的學習成果

為了測試你的知識，請與學習夥伴討論以下話題，或以書面形式討論，最好是憑記憶。

16.1 自主神經系統的一般屬性

1. 自主神經系統的一般功能和作用。
2. 自主神經系統的自主非意識性質。
3. 內臟反射弧的性質。
4. 交感神經和副交感神經的一般生理作用與兩者之間的差異。
5. 自主張力以及交感和副交感神經同時支配的作用。
6. 自主神經系統的基本組成構造。
7. 自主神經輸出的兩神經元路徑。

16.2 自主神經系統的解剖構造

1. 交感神經系統從脊髓發出的區域。
2. 交感神經鏈的解剖構造，包括在每個區段的神經節數量。以及為什麼交感神經從脊髓發出後，會沿著交感神經鏈往上或往下延伸到其他脊椎高度。
3. 交感神經的節前神經纖維，發出後的路線變化與終點，有時在神經鏈之內，有時會超出神經鏈。
4. 交感神經系統中，內臟神經和腹主動脈叢，以及腹主動脈叢的三個神經節的位置。
5. 交感神經的發散程度，以及發散程度對目標器官的影響。
6. 腎上腺髓質與其所釋放的激素，在交感神經系統扮演的角色。
7. 確認攜帶副交感神經纖維的腦神經和脊神經。
8. 在第 III、VII、IX 和 X 對腦神經中的副交感神經纖維的路徑和終點，包括迷走神經通過的胸腔和腹腔神經叢。
9. 從薦椎段脊髓發出的副交感神經纖維的路徑和終點，包括骨盆內臟神經、下腹下神經叢和骨盆神經。
10. 腸肌神經系統的位置和功能。

16.3 自主神經的作用

1. 自主神經的效應是取決於釋放的神經傳遞物質和感受器的類型。
2. 膽鹼型神經纖維的定義，以及在自主神經系統發生的位置。
3. 膽鹼型感受器的兩種類型，以及它們在效果上有何不同。
4. 腎上腺素型神經纖維的定義，以及在自主神經系統中發生的位置。
5. 腎上腺素型感受器的兩種類型，以及它們在效果

上有何不同。
6. 舉例說明自主神經進行雙重神經支配的目標器官，以及當雙重神經支配發生時，交感和副交感神經如何相互作用。
7. 在沒有雙重神經支配的情況下，交感神經對單一支配的目標器官，如何產生相反的作用。
8. 中樞神經系統對自主神經系統的多層次控制。

16.4 發育和臨床觀點
1. 自主神經系統的組成中，哪些發育自胚胎的神經管，哪些發育自神經嵴細胞。
2. 自主神經系統功能如何隨年齡而變化，以及自主神經系統老化對功能和生活品質的影響。

回憶測試

1. 自主神經系統沒有支配下列何種構造？
   a. 心肌　d. 唾液腺
   b. 骨骼肌　e. 血管
   c. 平滑肌
2. 毒蕈鹼型感受器會與下列何者結合？
   a. 腎上腺素　d. 膽鹼酯酶
   b. 正腎上腺素　e. 神經肽
   c. 乙酰膽鹼
3. 下列哪一對腦神經沒有攜帶副交感神經纖維？
   a. 迷走　d. 舌咽
   b. 顏面　e. 舌下
   c. 動眼
4. 以下哪一對腦神經攜帶交感纖維？
   a. 動眼　d. 迷走神經
   b. 顏面　e. 以上皆無
   c. 三叉
5. 下列哪一種神經節不屬於交感神經系統？
   a. 肌肉內神經節　d. 下腸繫膜神經節
   b. 脊柱旁神經節　e. 上頸神經節
   c. 腹腔神經節
6. 下列何者分泌腎上腺素？
   a. 交感神經節前纖維
   b. 交感神經節後纖維
   c. 副交感神經節前纖維
   d. 副交感神經節後纖維
   e. 腎上腺髓質
7. 下列何者是中樞神經系統中，最重要的自主控制中心？
   a. 大腦皮層　d. 下丘腦
   b. 邊緣系統　e. 交感神經鏈
   c. 中腦
8. 灰交通支包含
   a. 內臟感覺纖維　d. 交感節後神經纖維
   b. 副交感運動神經纖維　e. 驅體運動神經纖維
   c. 交感節前神經纖維
9. 下列何者不是由神經嵴細胞發育形成？
   a. 交感神經節
   b. 腹腔神經節
   c. 副交感神經節前神經元
   d. 副交感神經節後神經元
   e. 腎上腺髓質
10. 下列何者不是交感刺激所引起的？
   a. 瞳孔擴張　d. 支氣管擴張
   b. 心跳加速　e. 豎毛現象
   c. 消化分泌
11. 分泌正腎上腺素的神經纖維，被稱為______纖維。
12. 目標器官同時接收交感和副交感神經纖維共同支配的情形，稱為______。
13. 交感和副交感神經維持連續活動狀態，稱為______。
14. 大多數副交感神經節前纖維被發現在______神經中。
15. 消化道具有半獨立性的神經系統稱為______神經系統。
16. 一種胚胎組織，會發育形成自主神經節，以及節後神經元，但不會形成任何的節前神經元。此胚胎組織稱為______。
17. 腎上腺髓質包含______神經系統特化的節後神經元。
18. 交感神經系統具有短的______和長的______神經纖維。
19. 體位性低血壓 (Orthostatic hypotension) 是由於自主神經的______反射無效所引發。
20. 交感神經刺激血管，維持血管呈現部分收縮的狀態，稱為______。

答案在附錄 A

建立您的醫學詞彙

說出每個詞彙的含義，並從本章中給出一個使用該詞彙的醫學專有名詞或稍微的改變該詞彙。

1. nom-
2. baro-

3. splanchno-
4. reno-
5. path-
6. para-
7. lyt-
8. auto-
9. ram-
10. mur-

答案在附錄 A

這些陳述有什麼問題？

簡要說明下列各項陳述為什麼是假的，或將其改寫為真。

1. 當交感神經系統興奮時，副交感神經系統會停止運作，反之亦然。
2. 灰交通支和白交通支是副交感神經節與脊神經的聯絡途徑。
3. 用意志控制自主神經系統是不可能的。
4. 交感神經系統會促進消化作用。
5. 許多交感神經纖維會經由腦神經傳遞到目標器官。
6. 沒有從大腦到膀胱和直腸的神經訊號，是不會出現排尿和排便動作。
7. 一些副交感神經纖維是屬於腎上腺素型。
8. 只有副交感神經纖維會分泌乙醯膽鹼。
9. 自主神經系統的起源，與形成中樞神經系統的神經管無關。
10. 由於交感神經纖維僅起源自胸段和腰段脊髓，所以交感神經不會支配頭部的器官。

答案在附錄 A

測試您的理解力

1. 您在準備晚餐時將生洋蔥切成丁，氣味使您的眼睛流眼淚。請描述此現象的傳入和傳出以及涉及的途徑。
2. 假設你晚上獨自行走，當你聽到狗在後面咆哮時。描述在這種情況下，你的交感神經系統將會如何運作，讓你做好準備。
3. 假設心臟神經受到破壞。這將如何影響心臟，以及面對壓力的狀況，身體會如何做出反應？
4. 當野狼的交感神經系統刺激豎毛肌收縮，會有什麼優點？在人類，交感神經系統刺激豎毛肌收縮，會發生哪些現象？
5. 兒科文獻報導了一種 Lomotil 止瀉藥，會造成兒童中毒。Lomotil 的主要成分是苯乙氧基化物 (diphenoxylate)，其作用如同嗎啡的效果，但它也含有阿托品 (atropine)。在臨床應用 16.3 的段落中，有描述阿托品的作用模式，為什麼 Lomotil 具有止瀉的作用？當阿托品中毒時，瞳孔要擴張或是收縮？皮膚是濕潤或是乾燥？心跳是升高或是降低？膀胱會保存尿液或是無法控制的排尿？請解釋。

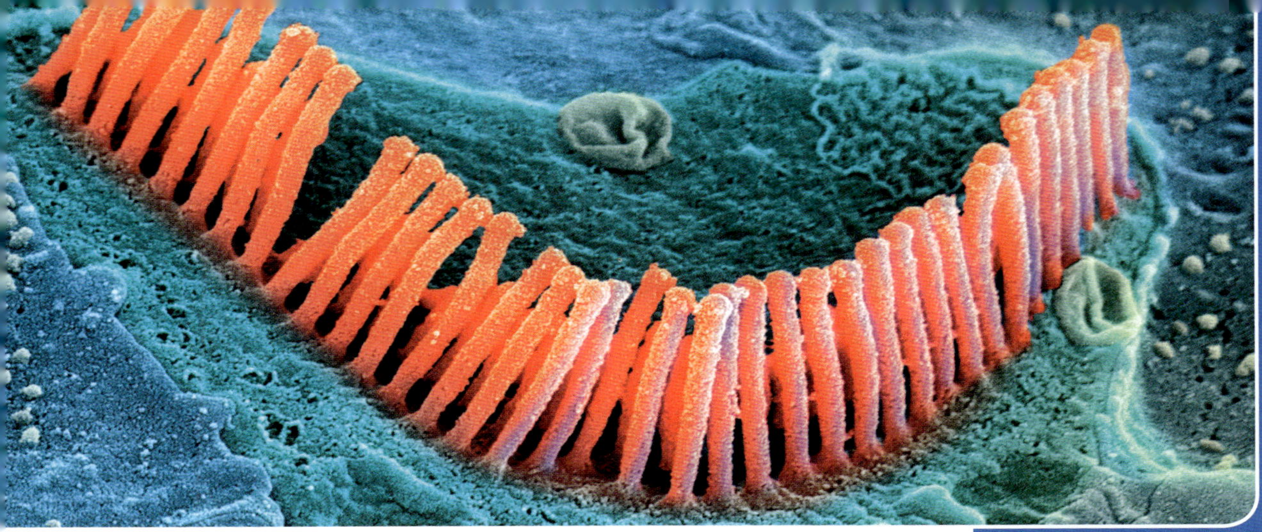

內耳的感覺細胞上方的微絨毛排列成獨特的 V 字型

CHAPTER 17

神經系統 V
感覺器官

馮琮涵

章節大綱

17.1 感受器類型和一般感覺
- 17.1a 感受器分類
- 17.1b 一般感覺
- 17.1c 感覺接收區域
- 17.1d 軀體感覺投射途徑
- 17.1e 疼痛

17.2 化學感覺
- 17.2a 味覺
- 17.2b 嗅覺

17.3 耳朵
- 17.3a 耳朵的解剖構造
- 17.3b 聽覺功能
- 17.3c 聽覺投射途徑
- 17.3d 前庭器
- 17.3e 前庭投射通路

17.4 眼睛
- 17.4a 眼眶的附屬構造
- 17.4b 眼球的解剖構造
- 17.4c 影像的形成
- 17.4d 視網膜的結構和功能
- 17.4e 視覺傳遞途徑

17.5 發育和臨床觀點
- 17.5a 耳朵的發育
- 17.5b 眼睛的發育
- 17.5c 感覺器官的疾病

學習指南

臨床應用

17.1 疼痛的價值
17.2 中耳感染
17.3 耳聾
17.4 失明的主要原因

複習

要瞭解本章，您可能會發現複習以下概念會有所幫助：

- 神經元的收斂迴路 (13.4b 節)
- 脊髓神經徑 (表 14.1)
- 脊髓神經徑的交叉 (14.1e 節)
- 大腦皮層的感覺區域 (15.3c 節)
- 腦神經 (表 15.3)

Anatomy & Physiology REVEALED aprevealed.com
模組 7：神經系統

凡是喜歡音樂、藝術、美食或良好交談的人會感激人的感官。然而感官的重要性超越了從環境中感受愉悅。1950 年代，普林斯頓大學的行為科學家，研究了蘇聯共產黨用來對政治犯逼供的方法，包括禁閉和感覺剝奪。學生志願者被綁在黑暗的隔音室內，或是懸吊在黑暗的水箱中。在短時間內，他們經歷了視覺、聽覺和觸覺的幻覺，不連貫的思維方式，智力下降，有時出現病態恐懼或恐慌。有時在燒傷患者，可見看到類似的情形。因為被固定以及包紮 (包括眼睛)，因此長期缺乏感覺刺激。患者連接到生命支持設備，並被限制在氧氣帳篷有時會變得發狂。簡而言之，感覺的輸入對於人格和智力功能的完整性至關重要。

此外，許多感覺器官的訊息，從未引起我們有意識的注意，例如血壓、體溫和肌肉張力。然而，感覺器官藉由監測這些狀況，啟動軀體和內臟反射，這些反射在維持身體的恆定非常必須的，使我們在不斷變化和充滿挑戰的環境中得以生存。

17.1 感受器類型和一般感覺

預期學習成果

當您完成本節後，您應該能夠

a. 定義感受器和感覺器官；
b. 概述感覺感受器的三種分類方法；
c. 定義一般感覺，列出幾種類型，並描述它們的感受器；
d. 解釋感覺神經元的接收區域之意義與相關性；
e. 描述一般感覺傳遞到大腦皮質的途徑；和
f. 描述疼痛的類型，以及其投射途徑。

感受器 (receptor) 是專門用於偵測刺激的任何結構。一些感受器是簡單的神經末梢 (樹突)，而另一些則是由神經末梢與結締組織、上皮組織或肌肉組織相結合形成的**感覺器官** (sense organs)，可增強或緩解刺激的反應。我們的眼睛和耳朵是感覺器官的明顯例子，但是在我們的皮膚、肌肉、關節和內臟中，也有無數微小的感覺器官。

17.1a 感受器分類

感受器可以通過多個重疊系統進行分類：

1. 依據刺激類型：
   - **溫度感受器** (thermoreceptors)，會對冷熱產生反應。
   - **感光感受器** (photoreceptors)，眼睛對光有反應。
   - **化學感受器** (chemoreceptors)，對化學物質產生反應，包括氣味、味道和體液成分。
   - **傷害感受器** (nociceptors)[1] (NO-sih-SEP-turs)，是疼痛感受器；對創傷引起的組織損傷 (打擊、切傷)、局部缺血 (血液流動不良)，或熱和化學試劑的過度刺激。
   - **機械感受器** (mechanoreceptors)，對組織或是細胞產生的物理變形產生反應，例如觸摸、擠壓、拉伸、張力或振動。包括聽力和平衡器官，以及皮膚、內臟和關節的許多感受器。
2. 依據感受器在體內的分佈位置：
   - **一般 (軀體) 感覺** [general (somatosensory, somesthetic) senses]，廣泛分佈在皮膚、肌肉、肌腱、關節囊和內臟。偵測觸摸、壓力、伸展、加熱、寒冷和疼痛，以及許多意識無法感知的刺激，例如血壓和血液化學成分。感受器的結構相對簡單，有時只是直接裸露的樹突。
   - **特殊感覺** (special senses)，是相對複雜的

1 *noci* = pain 疼痛

感覺器官，負責調節由腦神經支配的頭部器官。包括視覺、聽覺、平衡覺、味覺和嗅覺。

3. 依據刺激的來源：
   - **外部感受器** (exteroceptors)，偵測身體外部刺激的感受器，包括視覺、聽覺、味覺、嗅覺；以及皮膚的感覺，例如熱覺、觸覺和痛覺。
   - **內部感受器** (interoceptors)，偵測身體內部臟器刺激的感受器，例如胃、腸和膀胱等，產生的內臟疼痛、噁心、拉撐和壓力等感覺。
   - **本體感受器** (proprioceptors)，偵測身體或肢體在運動時關節的位置。此感受器主要位在肌肉、肌腱和關節囊。

17.1b 一般感覺

一般感覺的感受器結構與生理作用相對簡單。由一根或幾根神經纖維與少量的結締組織組成。根據結締組織的有或無，可以歸類為無被囊或有被囊的神經末梢 (表 17.1)。以下描述九種類型的一般感覺感受器 (圖 17.1)。

無被囊的神經末梢 (unencapsulated nerve endings) 是沒有結締組織包裹的感覺樹突。包括：

- **游離的神經末梢** (free nerve endings)：*熱感受器* (warm receptors) 對溫度的上升起反應；*冷感受器* (cold receptors) 對溫度下降起反應；和*傷害感受器* (nociceptors) 或稱為疼痛感受器。這些都是屬於游離的樹突，沒有與任何特化的細胞或組織連結。在皮膚和黏膜內含量豐富。通常呈現許多神經分支，穿透結締組織或是位在上皮細胞之間。
- **觸覺盤** (tactile discs)：在皮膚偵測輕觸覺和壓覺。觸覺盤是一種呈扁平狀的神經末梢，會與位在表皮底部特化的*觸覺細胞* (tactile cell) 相接觸。
- **毛髮感受器** (hair receptors) 又稱為**毛根神經叢** (root hair plexuses)：螺旋纏繞在毛囊的樹突，偵測毛髮的運動。例如，當一隻螞蟻在皮膚上行走時，觸碰到一根又一根的毛髮，就會產生刺激。但是，此種感覺會很快適應，所以我們穿著衣服時，並不會對衣服一直觸碰皮膚的感覺所困擾。毛髮感受器在睫

表 17.1 一般感覺的感受器

感受器種類	位置	形式
無被囊包覆的神經末梢		
游離的神經末梢	廣泛分佈，特別在上皮與結締組織	痛覺、冷、熱
觸覺盤	表皮的基底層	輕觸覺、壓覺
毛髮感受器	毛囊周圍	輕觸覺、毛髮的動作
有被囊包覆的神經末梢		
觸覺小體	指尖、手掌、眼瞼、嘴唇、舌頭、乳頭和生殖器的真皮乳頭	輕觸覺、質地
終球	黏膜	輕觸覺、質地
球小體	真皮、皮下組織、關節囊	較重的連續觸摸或壓力；關節動作
層狀小體	真皮、關節囊、骨膜、乳房、生殖器、一些內臟	重壓、拉伸、發癢、振動
肌梭	骨骼肌	肌肉張力 (本體感覺)
肌腱器	肌腱	肌腱張力 (本體感覺)

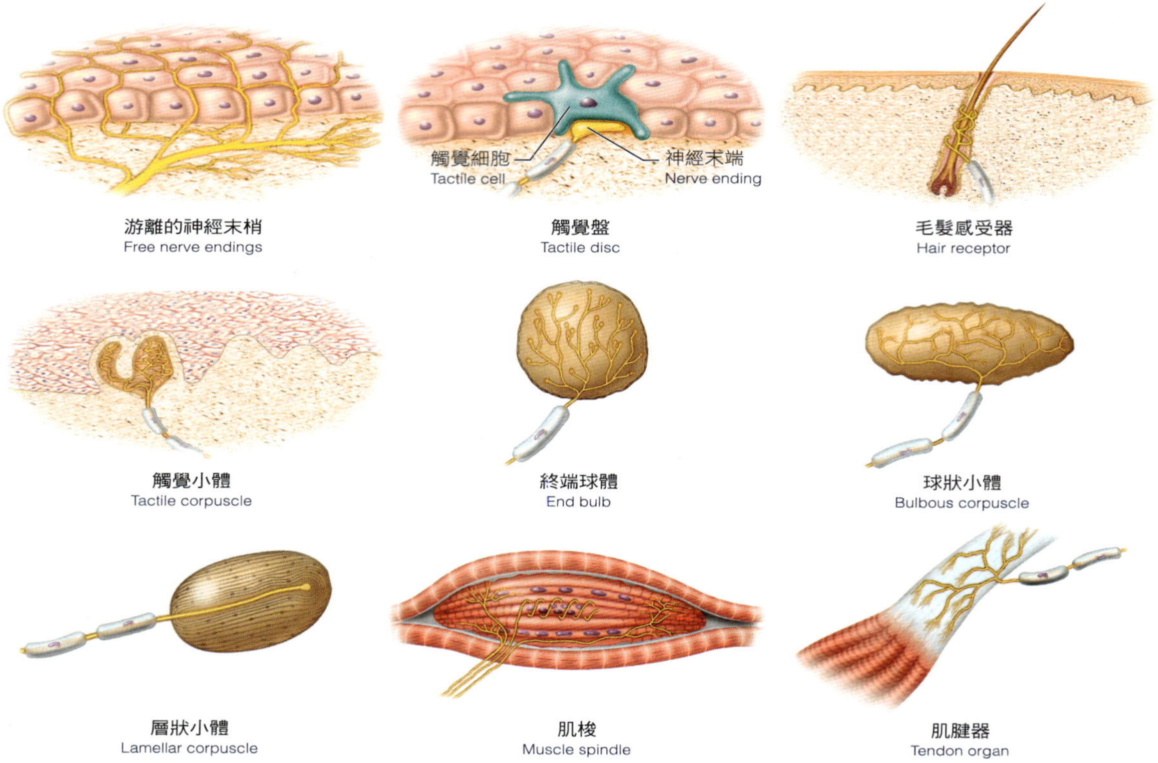

圖 17.1 **一般 (軀體) 感覺的感受器**。有關功能，請參見表 17.1。

毛中尤為重要，稍有觸摸就會產生保護性眨眼反射。

有被囊的神經末梢 (encapsulated nerve endings) 是包裹在神經膠細胞或結締組織中的感覺樹突。大多數是偵測觸摸、擠壓和拉伸的機械感受器。圍繞感覺樹突的結締組織，可增強感受器的敏感性，或使其對刺激的類型更具選擇性。包括以下感受器：

- **觸覺小體** (tactile corpuscles) 又稱為**麥氏小體** (Meissner corpuscles)：輕觸覺的受體。呈卵圓形或梨形，由一團扁平的許旺氏細胞，包住兩三條彎曲向上的神經纖維所組成。位在皮膚的真皮乳頭中，在敏感的無毛區域含量最多，例如指尖、手掌、眼瞼、嘴唇、乳頭和生殖器。用指甲輕輕地劃過你的前臂，然後劃過你的手掌，可以感覺到觸覺的差異，是因為手掌皮膚中有高密度的觸覺小體。觸覺小體使你能夠分辨絲綢和砂紙的區別。
- **終端球體** (end bulbs)：由結締組織組成的橢圓形球，包住一根感覺神經纖維。在結構和功能上類似於觸覺小體，但主要分佈在嘴唇和舌頭的黏膜中，眼睛的結膜，以及大型神經的神經外膜也都有分佈。
- **球狀小體** (bulbous corpuscles)：承受恆定重壓、皮膚拉扯、指甲變形和關節動作的感受器。這些有助於我們對捏在指尖之間物體形狀的感知。外型呈現長條扁平，包含一些神經纖維的囊。位於真皮、皮下組織和關節囊中。
- **層狀小體** (lamellar corpuscles) 又稱為**帕氏小體** (Pacinian[2] corpuscles)：負責偵測振動、

2 菲利波・帕西尼 (Filippo Pacini, 1812~83)，義大利解剖學家

關節運動、深層壓覺和皮膚的拉伸。此感受器長達 1 或 2 mm，橫截面看起來像切開的洋蔥。單一根的感覺樹突位在層狀小體的中心。洋蔥狀小體的最裡面一層是扁平的許旺氏細胞，其他層是由纖維母細胞呈同心圓方式排列組成，層與層之間有狹窄且充滿液體的空間。層狀小體出現在骨膜、關節囊、胰臟和一些內臟中；尤其是在手、腳、乳房和生殖器的真皮深處。當你用指尖撫摸一個物體的表面，皮膚深處的層狀小體偵測到手指產生的振動，就可以感知物體表面的紋理。

- **肌梭** (muscle spindles)：位於肌肉中的拉伸受體，觸發各種軀體反射。肌梭具有細長的纖維囊，長約 4 至 10 mm，呈梭狀 (在中間厚，在末端逐漸變細)。內含 3 到 12 條特化的肌纖維，稱為梭內肌纖維 (intrafusal fibers)，肌梭兩端具有收縮能力，中間膨大部分則缺乏橫紋和收縮能力。不同類型的感覺神經纖維會纏繞在梭內肌纖維的中間膨大部分。另外有像花朵一樣的神經末端，與梭內肌纖維的兩端相接觸。
- **肌腱器** (tendon organs)：位於肌腱中的拉伸受體，可以保護肌腱或肌肉，避免過度拉扯造成損傷。可以抑制肌肉收縮。肌腱器大約 0.5 mm 長，由小而疏鬆的膠原纖維包覆一或多根的神經纖維所組成。這些神經纖維末端呈扁平葉狀突起，位在膠原纖維之間。

17.1c 感覺接收區域

單一個感覺神經元所負責接收的區域，稱為其**感覺接收區域** (receptive field)。只要在這感受區域內受到的任何刺激，都是從這個神經元將訊息傳入中樞神經系統。因此，大腦能否精準確認刺激位置，取決於感受區域的大小。例如，背部的一個觸覺感受區域直徑可達 7 cm。該區域內的所有觸覺，都會刺激到同一個的神經元 (圖 17.2a)，所以很難精確地分辨，在何處發生觸摸。例如在同一感受區域內，相隔 1 或 2 cm 的兩個點同時接觸背部，會認為只有一個觸摸點。相反地，在指尖感受區域的直徑可能小於 1 mm，也就是說，指尖

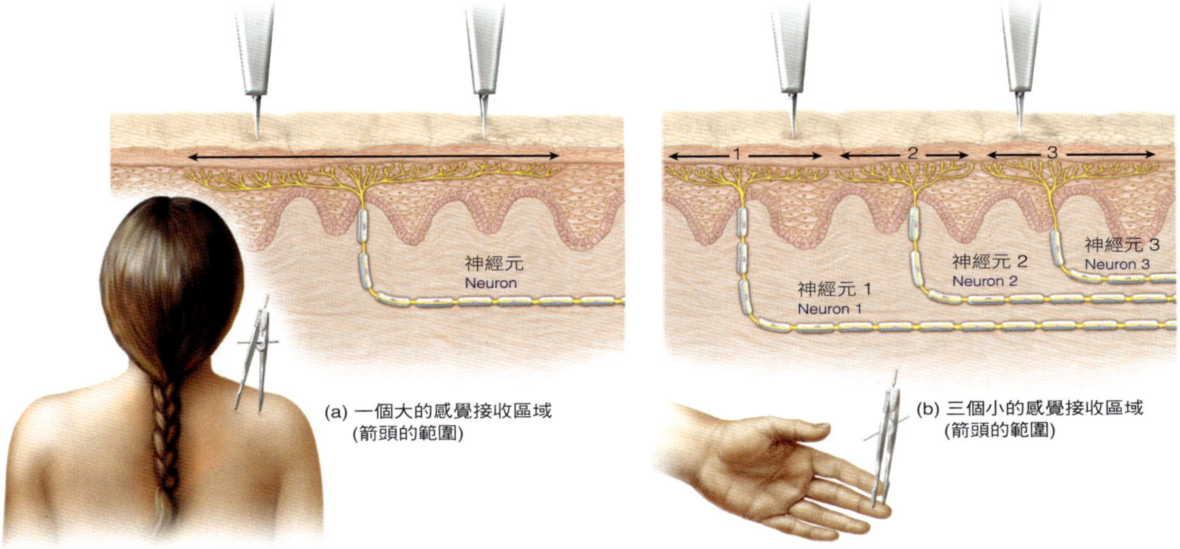

圖 17.2　感覺神經元的接收區域。(a) 在背部皮膚，一個感覺神經元具有較大的接收區域。在該接收區域內的兩個鄰近的點被觸摸時，大腦僅感覺到一個接觸點；(b) 在手指指尖，一個感覺神經元具有較小的接收區域。指尖附近的兩個接觸點可能會刺激到不同的神經元，因此可以區分出兩個不同的接觸點。

的觸覺神經纖維的密度較高。相隔僅 2 mm 的兩個點同時接觸指尖，也可以分辨出有兩個不同觸摸點 (圖 17.2b)。因此，我們說指尖比背部皮膚具有更精細的兩點觸覺辨認能力 (two-point touch discrimination)。這對於感覺紋理和操縱小物體等功能至關重要。感受領域的概念不僅適用於觸覺，也適用於其他感官，例如視覺的解像力 (當兩個點距離很近時，可以分辨兩個點的能力)。

應用您的知識

盲人使用的點字，是由凸起的點組成的符號，突出頁面 1 mm，點與點之間相距約 2.5 mm，可以用指尖掃描分辨點的位置。當一個盲人用指尖閱讀盲文，你認為他或她的感覺神經元具有大的或是小的感受區域？請說明。

17.1d 軀體感覺投射途徑

感覺投射 (Sensory projection) 是指從一個感受器或是感受區域，將接收到的感覺訊號傳遞到大腦中特定位置的感覺皮質，使大腦能夠識別刺激的來源。感覺訊號所傳遞的途徑，稱為**投射途徑** (projection pathways)。從感受器到大腦的感覺皮質，大多數需要經過三個神經元的傳遞，稱為**一階**、**二階**和**三階神經元** (first-, second-, and third-order neurons)。這些神經元發出的軸突，稱為一階到三階神經纖維。負責接收觸覺、壓覺、本體感覺的一階神經纖維，是大型、有髓鞘且傳遞快速的纖維。負責接收熱和冷的一階神經纖維，則是小型，沒有髓鞘且傳遞速度較慢的纖維。

來自頭部的軀體感覺訊號，例如面部感覺，是經由一些腦神經 (尤其是第五對三叉神經) 傳到橋腦和延腦。傳入腦幹的一階神經纖維，在腦幹中經由突觸傳遞給二階神經元，發出的二階神經纖維會交叉後上行傳遞到對側的丘腦，位於丘腦內的三階神經元再發出三階神經纖維傳遞到大腦的感覺皮質。本體感覺訊號是一個例外，因為從腦幹發出的二階神經纖維將這些訊號傳遞到小腦。

在頭部以下，一階感覺神經纖維傳入脊髓後角。痛覺和溫度覺的一階神經纖維在脊髓傳遞給二階神經元，發出二階神經纖維會交叉到對側脊髓，然後匯入脊髓丘腦徑，上升到丘腦內的三階神經元。相反地，觸覺的一階神經纖維進入脊髓後角後，直接匯入脊髓後束向上傳遞，在腦幹才傳遞給二階神經元，發出的二階神經纖維會交叉上行到對側的丘腦。由於這兩種途徑都有交叉的情形，所以大腦半球的體感覺皮質主要接收身體對側的感覺訊息。這些感覺訊號都是經由二階神經元傳入丘腦，然後再由丘腦的三階神經元傳到大腦的初級感覺皮質。

頭部下方的本體感覺訊號，是沿著脊髓小腦徑向上傳遞至小腦。胸腔和腹腔內臟的感覺訊號，是經由迷走神經 (第 X 對腦神經) 傳到延腦。最近的研究顯示，內臟痛覺訊號也可以在脊髓的薄束中向上傳遞。

17.1e 疼痛

疼痛是由組織損傷或有害刺激引起的不適，通常會導致閃避的動作。它使我們意識到可能的傷害情況或組織損傷，使我們避免受傷，或是使已經受傷的區域減少傷害，有更好的機會修復 (參見臨床應用 17.1)。

疼痛不僅僅是因為軀體感覺感受器的過度刺激。疼痛具有自己的專門感受器 (傷害感受器) 和目的。傷害感受器在皮膚和黏膜分佈特別密集，除了腦部和肝臟沒有傷害受體之外，幾乎所有器官中都有分佈。在某些腦外科手術中，患者必須保持意識清楚，並能夠與外科醫生交談；這樣的病人只需要進行局部麻醉。一般的頭痛，其實是位在腦膜中的傷害感受器傳遞的訊息。

有兩種類型的傷害感受器，分別對應不同的疼痛感覺。第一類型是有髓鞘的疼痛纖維以 12 至 30 m/s 的極快速度傳導，以產生快速 (第一次) 疼痛 [fast (first) pain] 的感覺。當傷害發生時立刻感覺到劇烈、局部、刺痛的感覺。第二類型是無髓鞘的疼痛纖維以 0.5 至 2.0 m/s 較慢的速度傳導，並產生隨後緩慢 (第二次) 疼痛 [slow (second) pain] 的感覺。是一種持續、隱約、瀰漫的疼痛感覺。來自皮膚、肌肉和關節的疼痛，稱為軀體疼痛 (somatic pain)，來自內臟的疼痛，稱為內臟痛 (visceral pain)。內臟痛通常是由於拉扯，化學刺激或缺血 (ischemia)(血液流動不良) 造成，通常伴有噁心的感覺。

眾所周知，臨床醫生很難精確定位患者的疼痛位置，因為疼痛的傳播方式有多樣和複雜路線，而且在傳遞路線的任何地方都可以產生疼痛感覺。

臨床應用 17.1

疼痛的價值

儘管我們都不想要疼痛，但如果我們沒有疼痛感覺的話，情況可能會更糟。痲瘋病 (Leprosy)，又稱為漢生病 (Hansen[3] disease) 提供了很好的疼痛保護功能的例子。痲瘋桿菌造成的神經感染，會導致受影響區域的痛覺喪失。患者不會注意到輕微的傷害，例如擦傷和裂傷。他們忽視傷口因而導致嚴重的繼發感染，從而損害骨骼和其他更深層的組織。未經治療的患者中，約有25%的人導致手指或腳趾嚴重受傷。糖尿病也會引起神經損傷 (糖尿病性神經病) 和痛覺喪失，常導致肢體變成缺血壞疽，甚至是必須截肢。

疼痛訊號通過兩個主要途徑到達大腦，每個主要途徑都包含多個次要路徑：

1. 頭部的疼痛訊號藉由四對腦神經傳遞到腦幹：主要是三叉神經 (V)，也有顏面神經 (VII)、舌咽神經 (IX) 和迷走神經 (X)。三叉痛覺神經纖維進入橋腦，並下降到延腦中。其餘三個腦神經的痛覺神經纖維也傳遞到延腦。延腦內的二階神經元，發出二階神經纖維上升到丘腦，再由丘腦將痛覺訊息傳遞到大腦皮質。稍後我們將介紹從丘腦到皮質的傳遞。
2. 頸部以下的疼痛訊號會藉由三種上行的脊髓束傳遞：脊髓丘腦徑、脊髓網狀徑和薄束。這些途徑在第 14 章中已經描述 (請參閱表 14.1 和圖 14.5)。脊髓丘腦徑是最重要的疼痛途徑，傳遞大部分的軀體疼痛訊號到達大腦皮質，使我們意識到疼痛。脊髓網狀徑則將疼痛訊號傳導到腦幹的網狀結構，再傳遞到下丘腦和邊緣系統。這些疼痛訊號會影響內臟、情緒和對疼痛的行為反應，例如噁心、恐懼和一些反射作用。薄束是直到最近才認為具有傳遞痛覺的功能，主要傳遞內臟疼痛，例如胃痛或腎結石的疼痛，傳到丘腦。圖 17.3 顯示脊髓丘腦徑和脊髓網狀徑的疼痛傳遞途徑。

當丘腦從上述來源接收到疼痛訊號時，丘腦內的三階神經元將大多數感覺訊號傳遞到大腦的中央後回。傳遞到中央後回的哪一區域則取決於疼痛的起源部位；回想一下第 15 章中介紹的體感覺地圖和感覺小人的概念 (參見圖 15.17)。中央後回主要是接收體感覺，也就是接收有關軀體的疼痛和其他感覺的訊號。然而，中央後回位於大腦外側溝深處的區域是屬於內臟感覺區域，負責接收由薄束傳遞上行的內臟疼痛訊號。

人們常常將內臟的疼痛，錯認為來自皮膚或其他淺表部位的疼痛，例如心臟的疼痛

3 格哈德．阿瑪爾．漢生 (Gerhard H. A. Hansen, 1841-1912)，挪威醫師

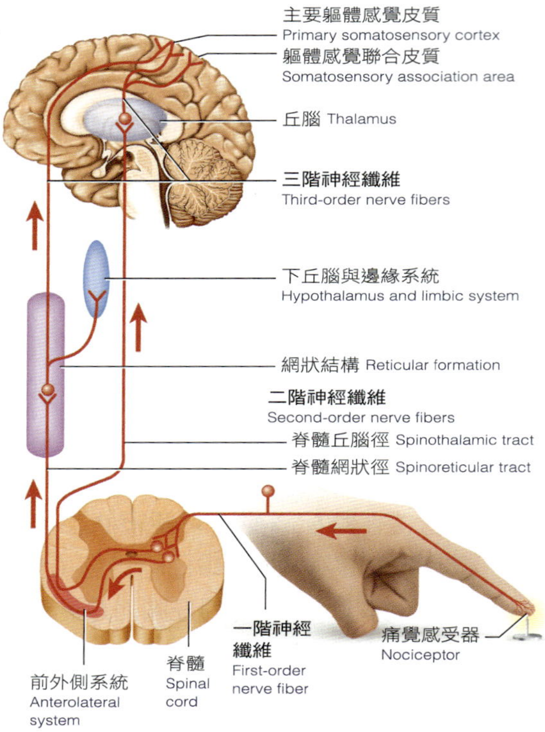

圖 17.3 **痛覺的傳遞途徑**。一階神經纖維將疼痛訊號傳遞到脊髓後角，二階神經纖維將訊號傳導至丘腦，而三階神經纖維將訊號傳導至大腦皮質。脊髓丘腦徑的訊號由脊髓先傳到丘腦，再由丘腦傳至感覺皮質。脊髓網狀徑的訊號由脊髓先傳到網狀結構，繞過丘腦，由網狀結構直接傳到感覺皮質。

• 包含主要軀體感覺皮質的腦回名稱是什麼？此腦回屬於到大腦的五個腦葉中的哪一個呢？

感覺會「輻射」到左肩和內側手臂的疼痛 (圖 17.4a)。這種現象稱為**轉移痛** (referred pain)，導因於神經路徑在進入中樞神經系統時的匯聚現象。例如，在心臟疼痛的情形，脊髓節段 T1 至 T5 同時負責接收來自心臟，以及胸部和手臂的感覺輸入。接收心臟和皮膚疼痛的不同神經纖維，會傳遞到脊髓內相同的聯絡神經元，然後沿著相同的路徑，傳到丘腦和大腦皮質。大腦無法區分訊號是否來自不同區域。由於皮膚比心臟具有更多的疼痛感受器，而且比心臟更常受傷，進入脊髓後又是經由相同路徑傳遞，所以大腦就認為痛覺訊號是來自皮膚的可能性最大。瞭解轉移痛的來源對於器官功能障礙的診斷是非常重要的 (圖 17.4b)。

幻肢疼痛 (phantom limb pain) 是一種令人毛骨悚然的現象，就是已經被截斷的肢體卻感覺疼痛，有時甚至是劇烈的。對肢體殘留端的任何刺激，都會沿著相應的脊髓路徑傳遞感覺衝動，最終傳送到大腦的體感覺皮質，造成截肢的肢體仍然存在的錯覺。幻肢疼痛可能伴有其他的感覺，例如缺肢的重量感覺、搔癢、刺痛、壓力、熱或冷的感覺，這些被稱為幻肢感覺 (phantom limb sensations)。似乎與幻肢疼痛

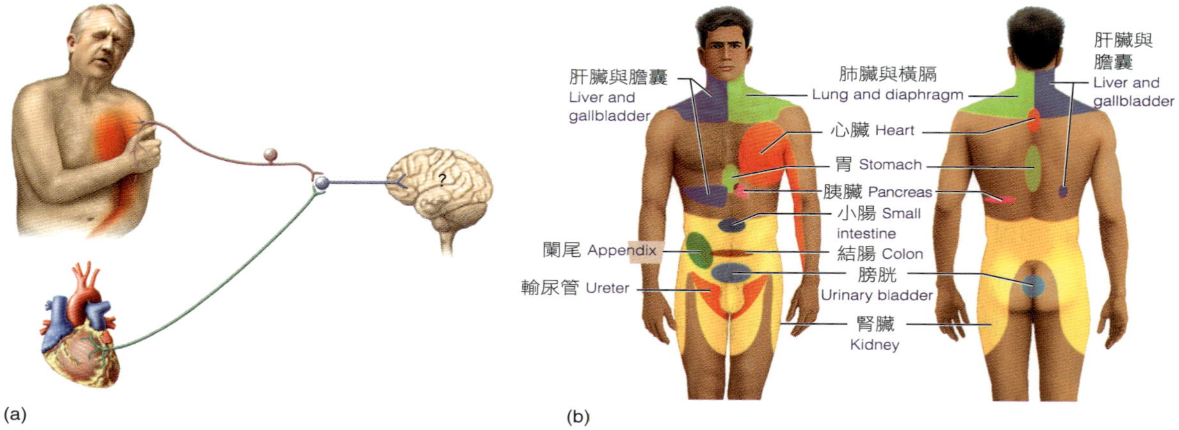

圖 17.4 **轉移痛**。(a) 心臟病發作的疼痛，通常會感覺「輻射」到左手臂內側，因為大腦無法區分此疼痛訊號，是來自心臟或是左手臂內側的皮膚區域；(b) 內臟器官的疼痛會同時在皮膚的特定區域也會感覺到疼痛。轉移痛的分佈位置，女性與男性的細節有些許不同。

有不同的傳導機制。當其他身體部位被移除時，也可能出現幻肢疼痛的現象，如拔牙或乳房切除後。常規的止痛藥對於幻肢疼痛沒有明顯的止痛反應。有些人藉由針灸、生物反饋和電刺激神經獲得了緩解，但這些與安慰劑的作用類似。幻肢疼痛的神經機制尚不清楚，但是似乎與中樞神經系統有關，而不是肢體殘端本身發生的任何問題。幾種相近的理論之一是皮質重置 (cortical remapping)，就是指截肢後大腦體感皮質的「重新佈線」，從而導致觸碰臉部的感覺訊號，傳遞至之前負責接收殘肢疼痛訊息的大腦皮質，因而產生幻肢疼痛的感覺。

就疼痛而言，最奇異的現象之一是在嚴重受傷的情況，例如士兵在戰鬥中受到幾乎致命的傷害，卻報告說他們只有輕微疼痛或是幾乎沒有感覺疼痛。發生這種情況是由於一種稱為疼痛的脊髓管控 (spinal gating) 現象，其中周邊神經發出的疼痛訊號被脊髓阻斷，不會到達大腦，所以不會感到疼痛。

網狀結構的神經元會發出**下行的止痛神經纖維** (descending analgesic[4] fibers) 具有緩解疼痛的作用。這些神經纖維併入下行的網狀脊髓徑，到達脊髓後角，與一階疼痛神經元的軸突形成突觸。在突觸位置釋放緩解疼痛的神經傳遞物質稱為腦內啡 (enkephalins) 和強啡肽 (dynorphins)，可抑制一階疼痛神經元釋放疼痛的神經傳遞物質。因此，疼痛訊號在第一個脊髓突觸就被阻斷，沒有傳到大腦，因此減輕或是沒有疼痛的感覺。

在你繼續閱讀之前

回答下列問題，以檢驗你對上節內容的理解：

1. 區分一般感覺和特殊感覺。
2. 本段落中提出的三種感受器分類的方案。在每種方案中，對於脹滿的膀胱感受器如何分類？味覺感受器如何分類？
3. 游離的神經末梢可以偵測到哪些刺激的形式？
4. 命名任何四種有被囊包覆的神經末梢，並確認它們專門偵側的刺激方式。
5. 大多數的二階體感覺神經元在何處與三階神經元形成突觸？
6. 脊髓丘腦徑和網狀脊髓徑在疼痛感覺方面的作用有何不同？

17.2 化學感覺

預期學習成果

當您完成本節後，您應該能夠

a. 描述味覺和嗅覺的感受器構造；和

b. 描述這兩種感覺的傳遞途徑。

味覺和嗅覺是屬於化學感覺。這兩種感覺都是由於環境中的化學物質與感受器細胞結合，觸發腦神經中的感覺神經。其他位於腦部與血管中的化學感受器，分別負責監測腦脊髓液和血液的化學成分，則並未在本段落中討論。味覺和嗅覺不僅影響我們對食物的接受或拒絕，還會刺激胃液分泌和血液流動以幫助消化，而且會刺激胰島素分泌以調節營養的代謝。

17.2a 味覺

味覺 (gustation) 始於化學物質刺激聚集在大約 4,000 個**味蕾** (taste buds) 中的感覺細胞。大多數味蕾分佈在舌頭，但有些分佈在臉頰內部和軟腭、咽和會厭，尤其是在嬰兒和兒童。舌頭表面肉眼可見的凸起構造，不是味蕾而是各種**舌乳頭** (lingual papillae)(圖 17.5a)：

1. **絲狀乳頭** (filiform[5] papillae)：是微小尖狀的角質化的突起，沒有味蕾 (圖 17.5b)。形成

4 *an* = without 沒有；*alges* = pain 疼痛

5 *fili* = pain 絲線；*form* = shaped 形狀

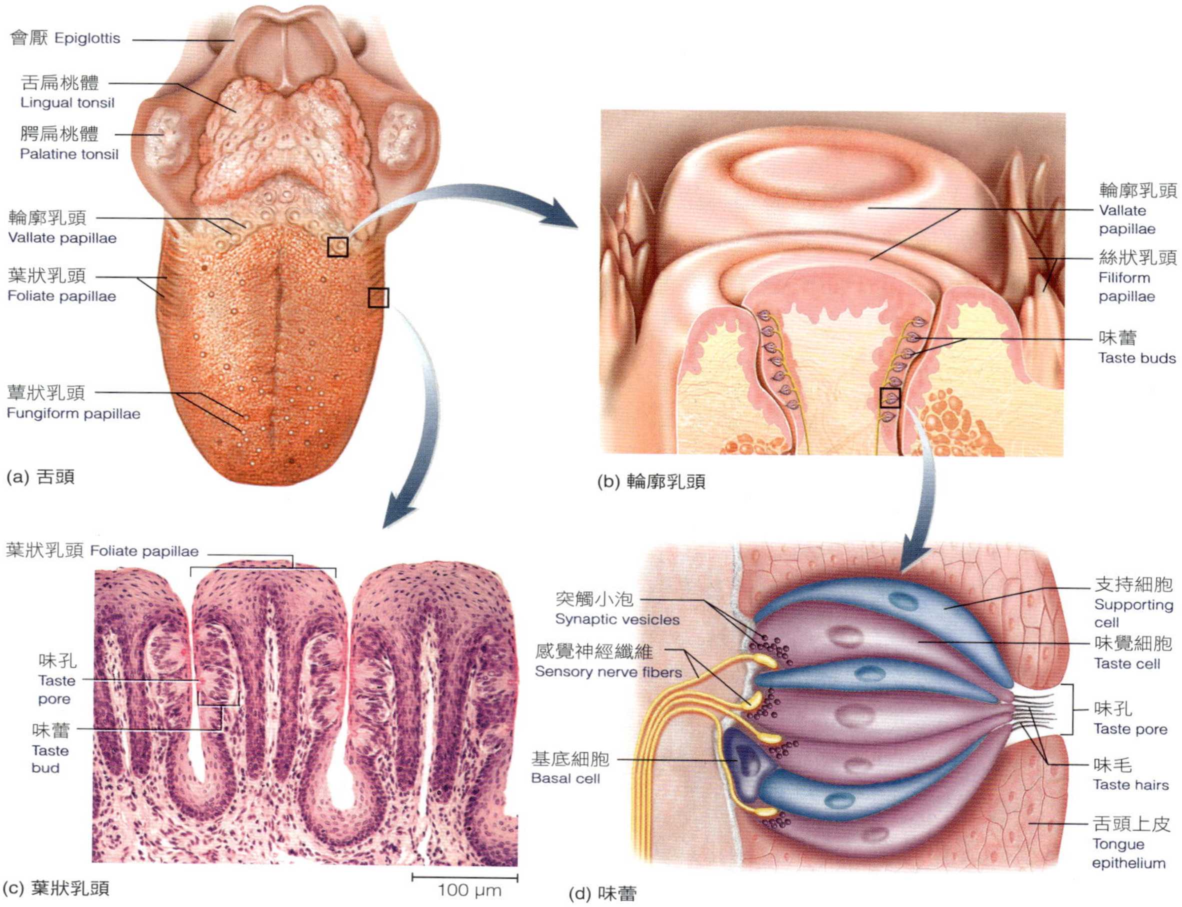

圖 17.5 味覺感受器。(a) 舌的上表面和舌乳頭的位置；(b) 輪廓狀乳頭的細部構造；(c) 味蕾位於兩個鄰近的葉狀乳頭的側壁上；(d) 味蕾的結構。

• 請問 (d) 圖中的何種細胞將會分化，取代已死亡的味覺細胞？APR

(c) ©Jose Luis Calvo/Shutterstock

舌頭的粗糙表面，可以增加食物的摩擦，幫助咀嚼，對於許多哺乳動物來說，用舌頭修飾皮毛也很重要。絲狀乳頭是人類舌頭上最豐富的乳頭，很小並且沒有味覺作用。絲狀乳頭內的神經支配，可以感受食物的質感，稱為口感 (mouthfeel)。

2. **葉狀乳頭** (foliate[6] papillae)：在人類中較少發育形成。位於舌尖向後約三分之二的位置，在舌頭的兩側形成平行的脊，與臼齒和前臼齒相鄰。此處是咀嚼發生的位置，食物中多數的化學物質在此釋放。葉狀乳頭內大部分的味蕾在 2 或 3 歲時退化。這說明了為什麼成年人可以忍受或是喜歡的食物，小孩子卻經常拒絕。

3. **蕈狀乳頭** (fungiform[7] papillae)(FUN-jih-form)：形狀很像蘑菇。每個蕈狀乳頭約有三個味蕾位於頂端。蕈狀乳頭在舌頭上分佈廣泛，但集中在舌尖和兩側。像絲狀乳頭一樣，蕈狀乳頭可以感受食物的質感。

4. **輪廓乳頭** (vallate[8] papillae)：是大型位在舌頭後部，呈 V 形排列的舌乳頭。每一個都

6 *foli* = leaf 葉子；*ate* = like 像

7 *fungi* = mushroom 蘑菇；*form* = shaped 形狀

8 *vall* = wall 牆；*ate* = like 像，possessing 具有

被深的圓形溝槽包圍。舌頭僅有 7 到 12 個輪廓乳頭，但卻含有一半以上的味蕾，每個輪廓乳頭約有 250 個味蕾，味蕾都位在溝槽的兩側 (圖 17.5b)。

無論位於何處，所有味蕾的結構都相似 (圖 17.5c、d)。外形像檸檬，由 50 到 150 個細胞組成，細胞有三種類型：*味覺細胞* (taste cells)、*支持細胞* (supporting cells) 和*基底細胞* (basal cells)。**味覺細胞** [taste (gustatory) cells] 外型呈香蕉狀，細胞的頂端有一簇微絨毛稱為**味毛** (taste hairs)，可增加味覺受體的表面積。舌頭上皮表面有凹陷的小孔，稱為**味孔** (taste pore)，味毛會伸入味孔中。味覺細胞是上皮細胞，不是神經元，但在其底部，會與感覺神經纖維形成突觸，並具有突觸小泡，可釋放神經傳遞物質。味覺細胞的壽命為 7 至 10 天。**基底細胞** (basal cells) 是幹細胞，可以替換死亡的味覺細胞，而且也會與感覺神經纖維形成突觸，在味覺訊號傳導到大腦之前具有處理感覺訊息的作用。**支持細胞** (supporting cells) 形狀類似味覺細胞，但沒有味毛，也沒有突觸小泡與感覺作用。

有五種*主要的味覺* (primary taste)：甜、鹹、酸、苦、鮮。鮮味 (umami) 是最近發現的主要味道，是由谷胺酸和天冬胺酸刺激產生的味覺。發音為「ooh-mommy」，是日語，意思是「美味」。

舌頭的不同部位都可以偵測到五種味覺。之前流行的舌頭「口味圖」，指出不同味覺位於舌頭的不同部位，但是感官生理學家很久以前就放棄了這個概念，因為舌頭對不同味覺的接收沒有特化的區域，也沒有對應到大腦的不同區域。

我們感知到的許多風味，不只是混合五種主要味覺，也受到食物的質感、香氣、溫度、外觀以及心情狀態的影響。許多口味取決於氣味。如果沒有香氣，肉桂只有淡淡的甜味，而咖啡和薄荷則是苦味。胡椒等口味是由於刺激三叉神經的游離末端。三叉神經的分支稱為*舌神經* (lingual nerve)、支配絲狀和蕈狀乳頭，負責傳達食物質感的訊號。

顏面神經 (VII) 負責接收舌頭前三分之二區域的味覺訊息。舌咽神經 (IX) 負責接收舌頭後三分之一區域的味覺訊息；迷走神經 (X) 負責接收腭、咽和會厭黏膜的味覺訊息。所有的味覺神經纖維都會傳遞到延腦內的孤立核 (solitary nucleus)。孤立核內的二階神經元，再將味覺訊號轉傳到兩個部位：(1) 下丘腦和杏仁核，可以刺激自主反射，例如流口水或嘔吐；(2) 丘腦，丘腦內的三階神經元再轉傳到腦島以及大腦側腦溝的頂部 (圖 17.6)，而產生味道的意識。

處理後的訊號會進一步轉傳到眶額皮質 (見圖 15.14)，此皮質會整合來自鼻子和眼睛的訊息，使我們對食物的色香味有整體的印象。

17.2b 嗅覺

嗅覺 (olfaction) 是對空氣中的化學物質

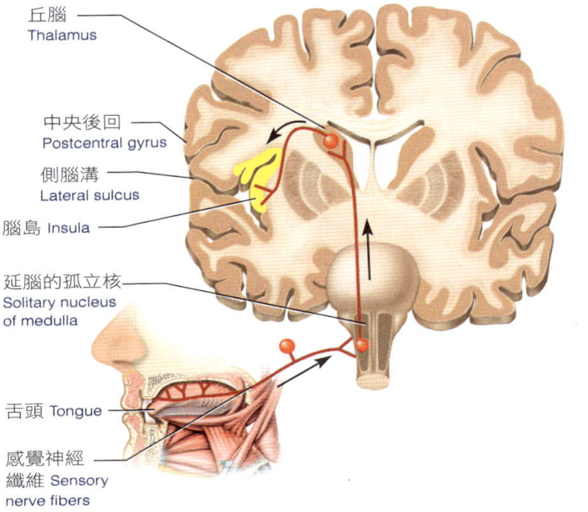

圖 17.6 **傳遞到大腦皮質的味覺途徑**。圖中並未顯示將味覺訊號從孤立核傳遞到下丘腦和杏仁核的其他途徑。

產生反應。位於鼻腔頂部的上皮組織稱為**嗅覺黏膜** (olfactory mucosa)，黏膜內有嗅覺的受體細胞負責偵測 (圖 17.7)。嗅覺上皮大約有 5 cm^2，覆蓋上鼻甲和鼻中隔；鼻腔的其餘部分，襯有非感覺性呼吸黏膜 (respiratory mucosa)。嗅覺黏膜的位置靠近腦部，但是通風不良；為了要識別氣味或找到其來源，經常需要用力吸氣。儘管如此，嗅覺仍屬高度敏感。我們可以偵測到濃度極低的氣味分子，大多數人可以分辨出 2,000~4,000 種不同的氣味；有些人可以區分多達 10,000 種。平均而言，女人比男人對氣味更敏感，而且她們在接

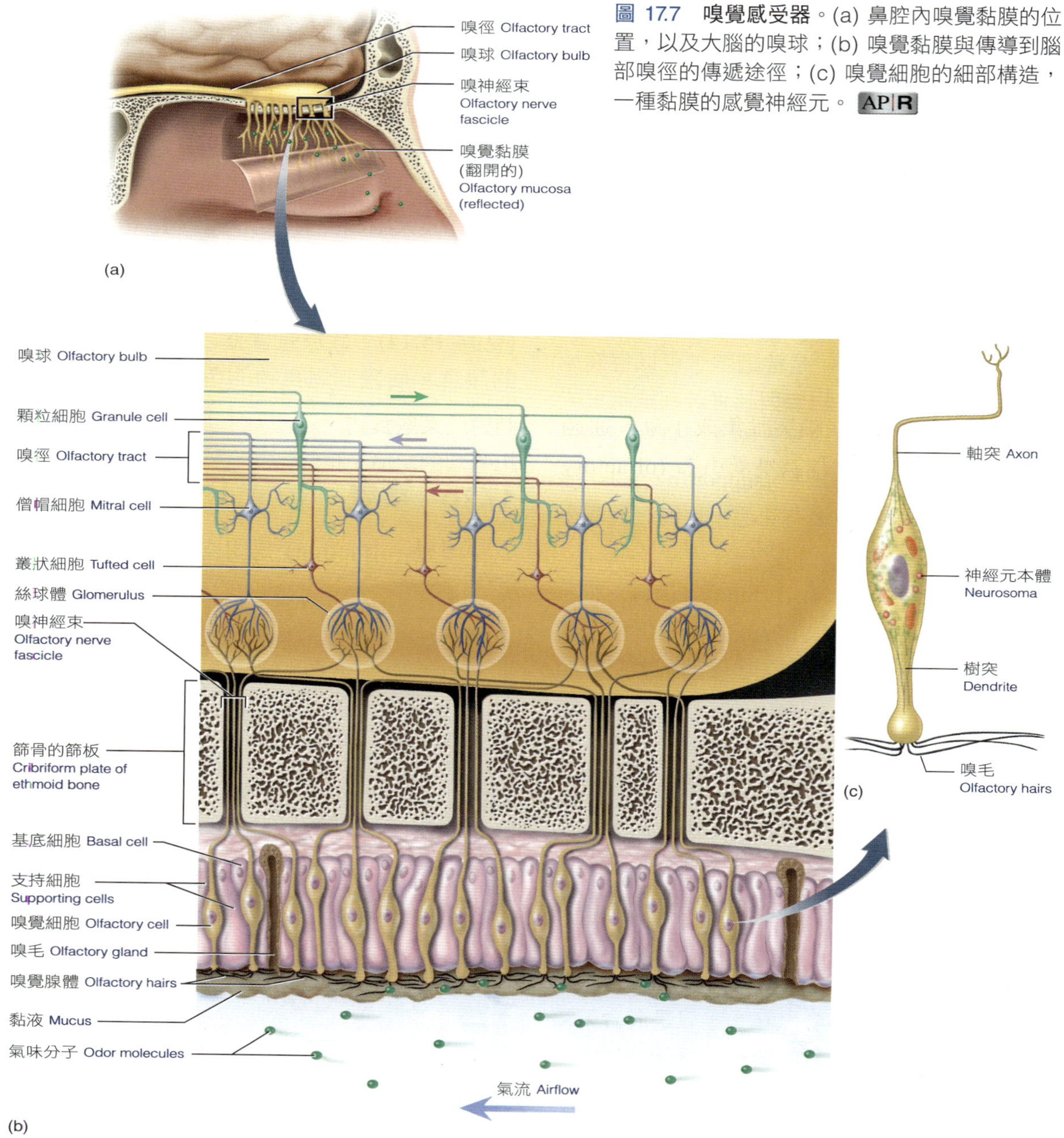

圖 17.7 嗅覺感受器。(a) 鼻腔內嗅覺黏膜的位置，以及大腦的嗅球；(b) 嗅覺黏膜與傳導到腦部嗅徑的傳遞途徑；(c) 嗅覺細胞的細部構造，一種黏膜的感覺神經元。 APR

近排卵時，比在月經週期的其他階段，對一些氣味更加敏感。

嗅覺黏膜上皮由 1,000~2,000 千萬個**嗅覺神經元** (olfactory neurons)，以及支持細胞和基底細胞共同構成。由於支持細胞中有脂褐素，所以嗅覺黏膜呈淡黃色。嗅覺細胞本身就是神經元，而味覺細胞不是神經細胞。嗅覺細胞是體內唯一直接直接暴露於外部環境的神經元。顯然，直接暴露於外部環境，使得嗅覺細胞的壽命僅 60 天。但是，與大多數的神經元不同，它們是可更新替換的。基底幹細胞會不斷分裂，並分化為新的嗅覺細胞。

嗅覺細胞的形狀有點像保齡球瓶。最寬的部分是神經細胞本體，包含細胞核。細胞的頸部和頭部是特化的樹突，頂端膨大有 10 至 20 根不動的纖毛稱為**嗅毛** (olfactory hairs)。這些纖毛會包埋在上皮表面一薄層黏液中，是氣味分子的結合位置。每個嗅覺細胞的底部逐漸變細成為軸突。這些軸突匯集成小束，通過篩骨篩板中的小孔，稱為嗅覺小孔 (olfactory foramina)。這些軸突小束就是第一對腦神經 (嗅神經)。

當嗅神經穿過篩骨的篩板後，會進入位在前額葉下方的一對**嗅球** (olfactory bulbs)(圖 15.21)。在嗅球內，會與兩種神經元的樹突形成突觸。這兩種神經元，分別稱為僧帽細胞 (mitral cells) 與叢狀細胞 (tufted cells)。嗅神經上行分支，而僧帽細胞和叢狀細胞的樹突分支向下延伸，彼此相接觸匯集形成稱為絲球體 (glomeruli)(圖 17.7b)。具有相同受體類型的細胞，會匯集在同一個絲球。因此每個絲球都負責接收特定的氣味。更高的大腦中心能分辨複雜的氣味，例如巧克力、香水、葡萄酒等，都是通過解讀來自特定氣味組合的絲球訊息來識別。這類似於我們的視覺系統，僅使用眼睛的三個特定顏色的受體細胞的訊息輸入，即可解讀所有可見光譜的顏色。

僧帽細胞和叢狀細胞攜帶來自絲球的訊號。兩種神經元的軸突匯聚形成**嗅徑** (olfactory tracts)，沿著額葉下方向後延伸。嗅徑中多數的嗅覺纖維終止在顳葉下表面的一些相鄰區域 (圖 17.8)；我們將這些區域視為**主要嗅覺皮質** (primary olfactory cortex)。值得注意的是，嗅覺訊號直接傳達大腦皮質，沒有經過丘腦轉傳。其他的感覺訊息都需要經過丘腦轉傳。然而，主要嗅覺皮質的某些訊號，會傳到丘腦再轉傳到嗅覺聯絡區域或是別處。

從主要嗅覺皮質發出的訊號，會傳播到大腦和腦幹的許多其他地方。腦島和眶額皮質就是兩個重要的大腦部位。眶額皮質位於額葉的下方，眼睛的上方 (圖 15.14) 似乎是我們識別並區分氣味的位置。此皮質接收味覺和嗅覺的訊息，並將它們整合成我們對味道的整體感覺。其他的嗅覺訊號會傳播到海馬、杏仁核和下丘腦。考慮到這些大腦區域的功能，所以我們對於某些食物、香水、醫院或是腐肉，會引起強烈的記憶、情緒反應和內臟反應，例如如打噴嚏或咳嗽，唾液和胃酸的分泌，或嘔吐。

嗅覺皮質的大多數區域也會通過稱為顆粒細胞的神經元，將神經訊號發送回嗅球。顆粒細胞 (granule cells) 會抑制僧帽細胞和叢狀細

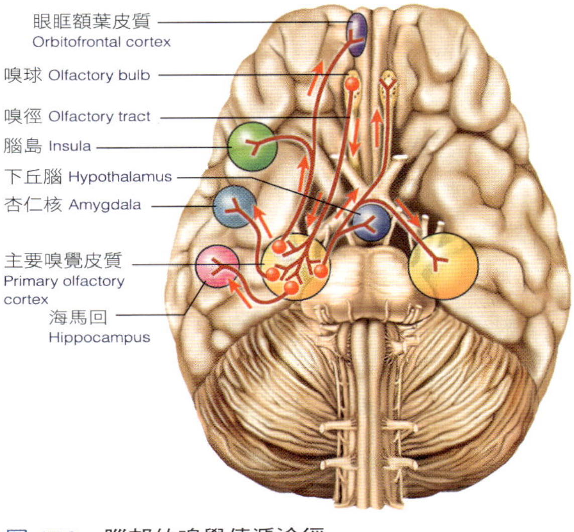

圖 17.8　腦部的嗅覺傳遞途徑。

胞。此反饋的影響使得在不同情況下，氣味會產生改變。例如當飢餓的時候，食物可能會聞起來更美味。而如果已經吃飽或是生病時，相同食物就沒有這種感覺。

應用您的知識

當 (1) 顏面神經，(2) 舌咽神經受傷損壞，可能會喪失哪些部位的味覺？為什麼？哪一塊顱骨骨折，最有可能導致嗅覺喪失？為什麼？

在你繼續閱讀之前

回答下列問題，以檢驗你對上節內容的理解：

7. 舌乳頭和味蕾有什麼區別？何者肉眼可見？
8. 哪些腦神經負責將味覺衝動傳到大腦？
9. 嗅覺細胞的哪個部分，提供氣味分子的結合位置？
10. 大腦的哪個區域接收來自嗅覺細胞傳入的下意識訊息？哪個區域接收有意識的訊息？

17.3 耳朵

預期學習成果

當您完成本節後，您應該能夠

a. 描述耳朵的解剖和組織構造；
b. 簡要說明耳朵如何將振動轉換為神經衝動，如何區分不同的聲音強度和音調；
c. 解釋前庭器的解剖構造，與我們辨識身體的位置和動作的關聯；和
d. 描述聽覺和前庭將訊號傳遞到大腦的途徑。

聽覺 (hearing) 是對振動的空氣分子產生的反應，**平衡感覺** (equilibrium) 是對運動和平衡的感覺。這些感官存在於顳骨的內耳中，包覆著充滿液體的通道和感覺細胞。

17.3a 耳朵的解剖構造

耳朵有三部分，分別稱為外耳、中耳和內耳。外耳與中耳主要將聲音傳到內耳，在內耳將聲波的振動轉換為神經訊號。

外耳

外耳 (outer ear) 呈漏斗狀，將空氣的振動傳播到鼓膜。**耳廓** (auricle) 位於頭部兩側，由皮膚覆蓋彈性軟骨構成形狀和支撐，下方的耳垂主要是脂肪組織。耳廓有可見的螺紋和凹窩，可以將聲音引導到耳道 (圖 17.9)。

耳道 (auditory canal) 或稱為**外聽道** (external acoustic meatus) 是位於顳骨的通道。稍微呈 S 形，長度約 3 cm (圖 17.10)。有皮膚覆蓋，並由纖維軟骨支撐其開口和顳骨的其餘部分。開口附近有堅硬的**防護毛** (guard hairs) 保護。耳道內有汗腺特化的耵聹腺和皮脂腺，分泌物與脫落的皮膚細胞共同形成**耳垢** (cerumen)。耳垢是黏稠且覆蓋著保護毛，使其更有效地保護耳道，阻止異物進入。其黏性也可以阻止昆蟲、壁蝨或其他害蟲進入。另

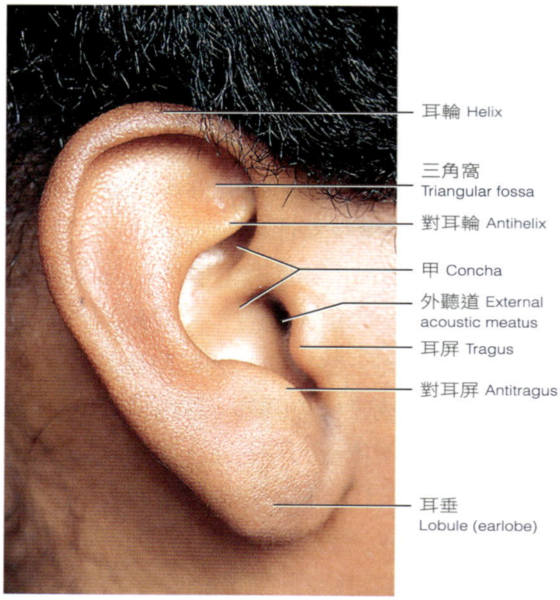

圖 17.9 耳朵的耳廓。

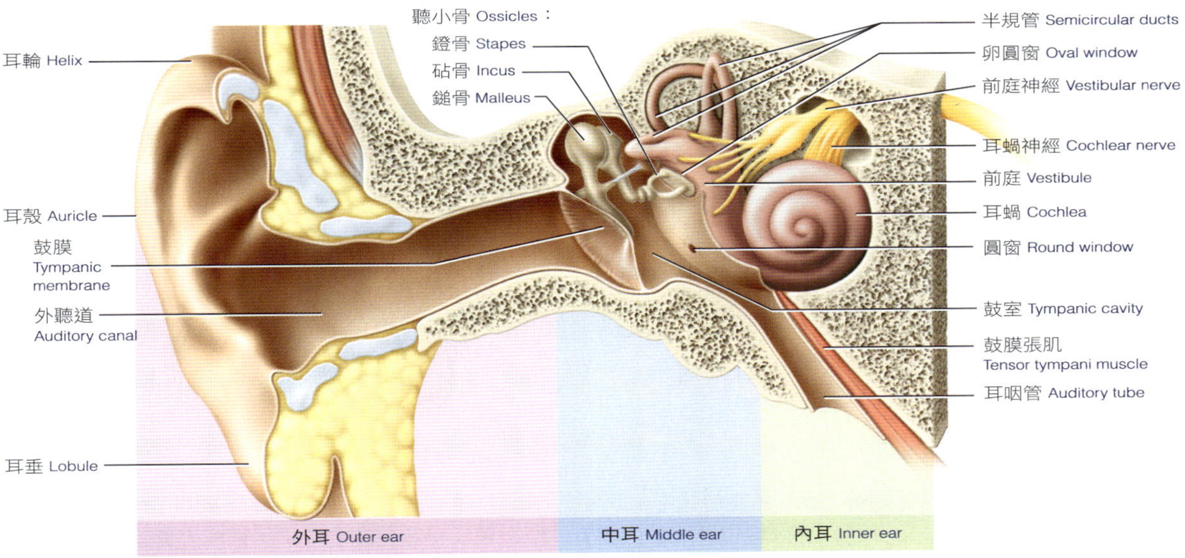

圖 17.10　耳朵的內部解剖構造。AP|R

外，耳垢包含溶菌酶且 pH 值低，均可以抑制細菌生長；耳垢還可以防水，保護其皮膚和鼓膜不會吸收水分；並保持鼓膜的柔韌。正常情況下，耳垢會從耳道中掉出來，但是有時會變得巨大而干擾聽力。

中耳

中耳 (middle ear) 位於顳骨的鼓室 (tympanic[9] cavity)。在外耳和內耳之間只有 2 到 3 mm 寬的空間，鼓室內容納三個最小的骨頭，和兩條最小的骨骼肌。

中耳始於**鼓膜** (tympanic membrane)，鼓膜位於耳道的最內端，將外耳與中耳隔開。鼓膜的直徑約為 1 cm，略微圓錐形，形狀如同斗笠，凹面朝外側。鼓膜懸掛在顳骨的一個環形凹槽中，可以隨著聲波自由振動。鼓膜由迷走神經和三叉神經的感覺分支支配，對疼痛具有高敏感度。

鼓室的後部連通到顳骨的乳突，乳突內有充滿空氣的空腔，稱為乳突細胞 (mastoid cells)。空腔中的空氣是經由**耳咽管** (auditory tube, pharyngotympanic or Eustachian[10] tube) 進入，耳咽管是連通中耳鼓室與鼻咽的通道，用於調節鼓室內的氣體。耳咽管通常是關閉狀態，但會當吞嚥或打哈欠時會打開，讓空氣進入或離開鼓室。這樣可以使鼓膜兩側的氣壓達到平衡，使其可以自由振動。一側的壓力過大就會造成振動不良聽覺減弱。不幸的是，喉部的感染也會經由耳咽管傳播到中耳 (參閱臨床應用 17.2)。

臨床應用 17.2

中耳感染

中耳炎 (otitis[11] media) [中耳感染 (Middle-Ear Infection)] 在兒童中尤為常見，因為兒童的耳咽管相對較短且水平 (圖 17.11)。上呼吸道的感染容易從喉嚨到鼓室和乳突氣室。發炎後體液會積聚在腔內，引發壓力、疼痛和聽力損傷。如果中耳炎不治療，它可能會從乳突氣室擴散，並引起腦膜炎，這是可能致命的腦膜感染。慢性中耳炎

9 *tympan* = drum 鼓

10 巴托羅米歐・奧斯塔基歐 (Bartolomeo Eustachio, 1520~74)，義大利解剖學家

11 *ot* = ear 耳；*itis* = inflammation 發炎

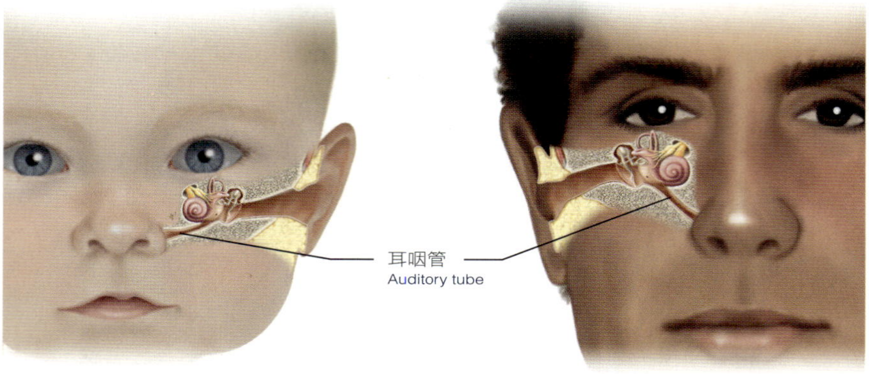

圖 17.11 嬰兒和成人的耳咽管。(a) 在嬰幼兒中，耳咽管相對較短且水平，連通中耳和鼻咽；(b) 在成年人中，耳咽管較長且傾斜，因此可以更好地引流中耳內物質。所以嬰幼兒和兒童的感染，較成人更容易從鼻咽傳播到中耳。

可能引發中耳聽小骨的融合，防止它們自由振動，因此造成聽力喪失。有時必須刺破鼓膜並插入細小的引流管將鼓室內的液體引流，該過程稱為鼓膜造口術 (tympanostomy)[12]。這引流管可以使耳朵自發地排出的壓力，並使感染逐漸癒合。

三塊中耳內的小骨頭，稱為**聽小骨** (auditory ossicles[13])(圖 17.10)。由外而內，第一塊是**鎚骨** (malleus)[14]，外形像鎚子，細長的柄貼附在鼓膜內表面，頭部會與第二塊聽小骨形成關節。第二塊是**砧骨** (incus)[15]，大致呈三角形，關節表面與鎚骨形成關節；短肢藉由鼓膜壁上的韌帶懸吊著。長肢則與第三塊聽小骨鐙骨形成關節。

鐙骨 (stapes)[16] (STAY-peez) 是人體最小的骨頭，有一個頭部與砧骨形成關節，弓狀部和橢圓形底部連接在一起，整體形狀像馬鐙。橢圓形的底部被韌帶圍住，稱為**卵圓窗** (oval window)，內耳的構造從卵圓窗開始。

中耳的肌肉是鼓膜張肌和鐙骨肌。**鐙骨肌** (stapedius)(stay-PEE-dee-us) 起端在鼓室後壁，止端在鐙骨。**鼓膜張肌** (tensor tympani)(TEN-sor TIM-pan-eye) 起端在耳咽管壁，沿著耳咽管旁，連接在鎚骨。當出現巨大聲響時，這些肌肉會收縮，抑制聽小骨的振動，從而保護內耳脆弱的感覺細胞；這反應稱為鼓膜反射 (tympanic reflex)。當受到突發的巨大聲響 (如槍聲)，或是持續的工廠噪音或吵雜的音樂，感覺細胞都會造成不可逆的損壞 (請參閱臨床應用 17.3)。

內耳

內耳 [inner (internal) ear] 位於顳骨岩部內，有許多管道構成的**骨性迷路** (bony labyrinth)。骨性迷路是充滿液體的腔室管道，管道內含有膜性小管稱為**膜性迷路** (membranous labyrinth)(圖 17.12)。膜性迷路內的液體類似於細胞內液，稱為**內淋巴液** (endolymph)。在膜性迷路和骨骼之間的液體，則類似於腦脊髓液的另一種液體，稱為外

12 *tympano* = drum 鼓；*stomy* = making an opening 做一個開口
13 *oss* = bone 骨頭；*icle* = little 小的
14 *malleus* = hammer 鎚子，mallet 槌
15 *incus* = anvil 砧板
16 *stapes* = stirrup 馬鐙

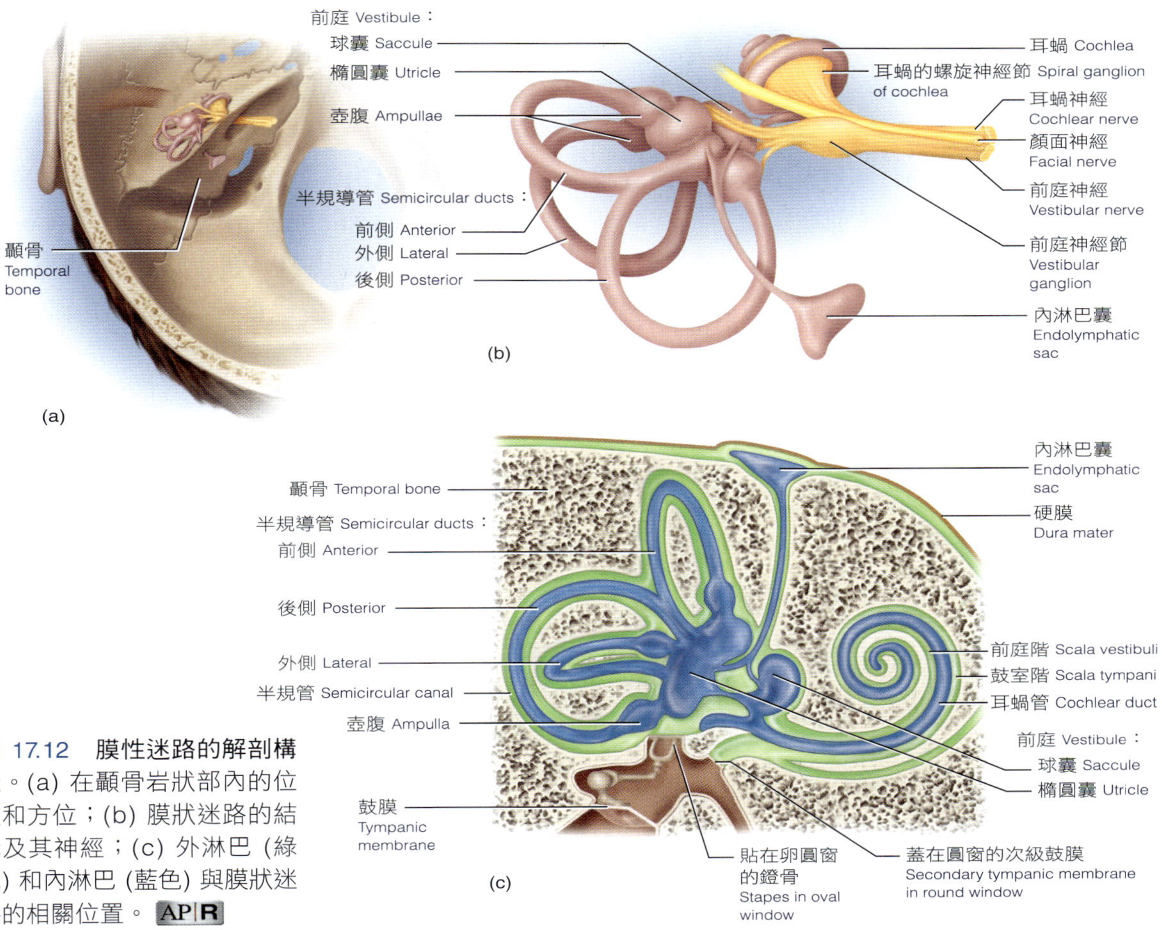

圖 17.12　**膜性迷路的解剖構造**。(a) 在顳骨岩狀部內的位置和方位；(b) 膜狀迷路的結構及其神經；(c) 外淋巴 (綠色) 和內淋巴 (藍色) 與膜狀迷路的相關位置。 APR

淋巴液 (perilymph)。膜性迷路位於骨性迷路裡面的情形是屬於管中有管的構造，有點像自行車的輪胎內還有內胎。

從卵圓窗向內，骨性迷路的第一個構造是橢圓形的空腔，稱為**前庭** (vestibule)，前庭內包含兩個平衡的器官——橢圓囊 (utricle) 和球囊 (saccule)(後續將會詳細介紹)。從前庭後方延伸的是三個半圓形的骨性管道，稱為**半規管** (semicircular canals)，每個半規管內都含有膜性小管，稱為**半規導管** (semicircular ducts)，負責偵測頭部的旋轉。從前庭前方延伸的是一種骨性的螺旋管道，稱為**耳蝸** (cochlea)[17] (COC-lee-uh or COKE-lee-uh)，因為類似蝸牛的形狀而得名。耳蝸內包含聽覺器官，稱為**耳蝸管** (cochlear duct)，因此是我們當前關注的焦點。

在其他脊椎動物中，耳蝸是筆直的或略微彎曲的。但是，在大多數哺乳動物中，它呈螺旋狀，可以在顳葉的狹窄空間中有較長的耳蝸。在人類，耳蝸的底部寬大約 9 mm，高度大約 5 mm。耳蝸的頂點指向前外側 (圖 17.12a)。耳蝸纏繞大約兩圈半，中央軸的海骨頭稱作**蝸軸** (modiolus)[18] (mo-DY-oh-lus)。骨性迷路的耳蝸支持著內部膜性的耳蝸管。

耳蝸管包含可將聲波轉換為神經訊號的結構。耳蝸的縱切面可以看到五個相似的

17 *cochlea* = snail 蝸牛

18 *modiolus* = hub 樞紐中心

切面 (圖 17.13a)。每一個切面看起來都像圖 17.13b。重要的是要認識到實際上從基部到頂端是連續的都具有相同的構造。在切面中，耳蝸管是一個三角形的空間，底部是厚的**基底膜** (basilar membrane)，上方是較薄的**前庭膜** (vestibular membrane)。前庭膜上方的空間稱為**前庭階** (scala[19] vestibuli)(SCAY-la vess-TIB-you-lye)，而基底膜下方的空間稱為**鼓室階** (scala tympani)(TIM-pan-eye)。這些空間充滿了外淋巴液，並且在耳蝸的頂端，經由一狹窄管道相互連通。前庭階從前庭的卵圓窗開始，從耳蝸底部螺旋向上延伸到頂點；鼓室階則從頂點再螺旋向下回到耳蝸底部，最後到達**圓窗** (round window)(圖 17.12)。圓窗有一層膜覆蓋，此膜又稱為*次級鼓膜* (secondary tympanic membrane)。

在耳蝸管內，有螺旋形的器官，稱為**螺旋器** [spiral (acoustic) organ] 或柯蒂氏器 (Corti's organ)，位在基底膜上 (圖 17.13b 中的方框區域)。這是主要產生聽覺神經訊號的構造，因此我們必須特別注意其結構細節。

螺旋器的上皮由**毛細胞** (hair cells) 和支持細胞 (supporting cells) 組成。毛細胞因其頂端具有長而堅硬的微絨毛稱為**靜纖毛**

19 *scala* = staircase 樓梯

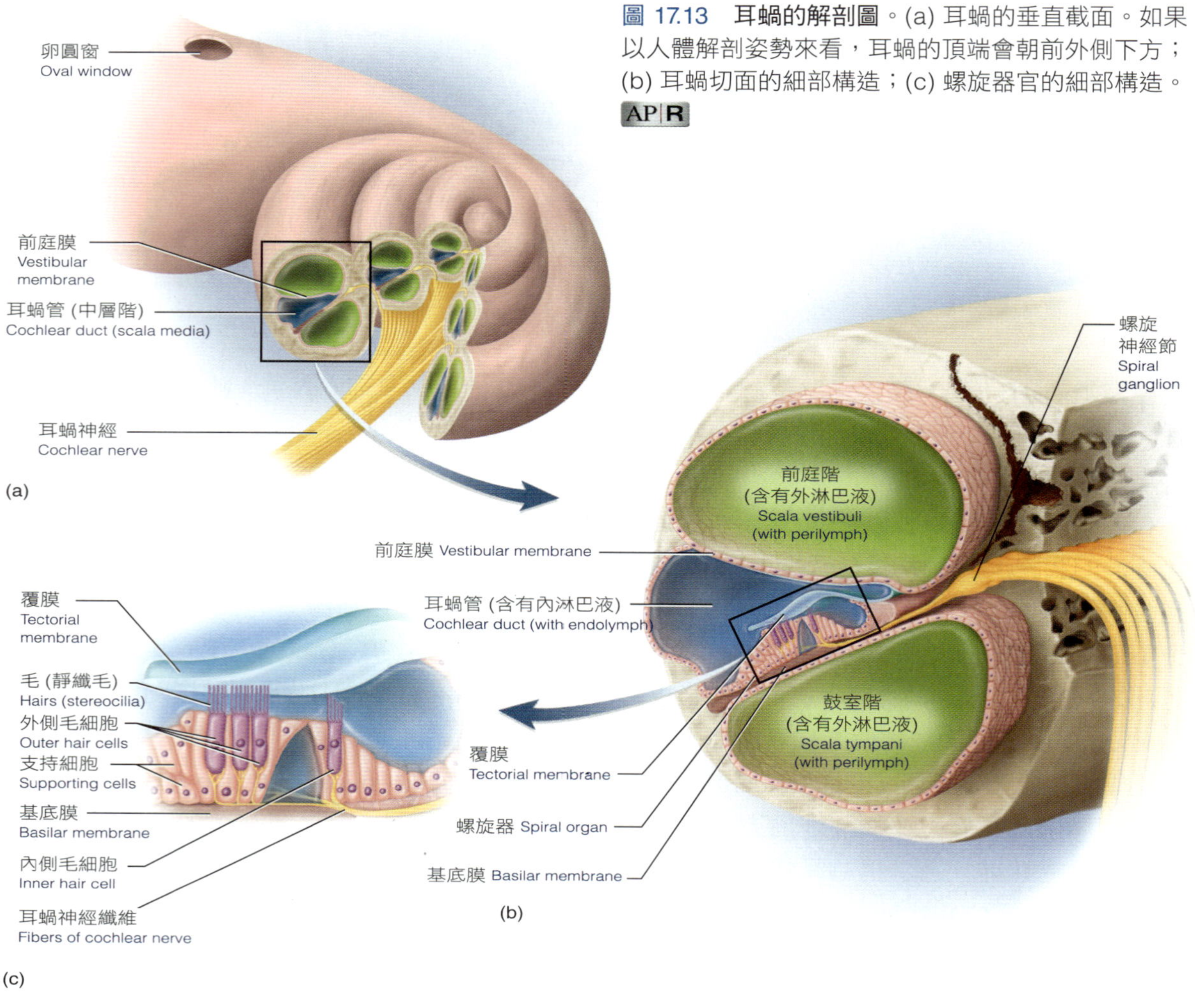

圖 17.13　耳蝸的解剖圖。(a) 耳蝸的垂直截面。如果以人體解剖姿勢來看，耳蝸的頂端會朝前外側下方；(b) 耳蝸切面的細部構造；(c) 螺旋器官的細部構造。 APR (stereocilia)[20] 而得名 (請參閱本章開頭的照片) (靜纖毛與真正的纖毛不同。靜纖毛是屬於較長的微絨毛，中央沒有微管構造，所以靜纖毛不會擺動)。蓋在靜纖毛表面的是一種凝膠性的膜狀物，稱為**覆膜** (tectorial[21] membrane)。當耳蝸因聲波振動時，覆膜會滑動有助於刺激毛細胞。

螺旋器有四排毛細胞 (圖 17.14)。位在基底膜內側的一排，稱為**內側毛細胞** (inner hair cells, IHCs)，總共約有 3,500 個細胞。每個內側毛細胞的頂端，都有 50 到 60 根的靜纖毛，從短到長依序排列。另外約 20,000 個**外側毛細胞** (outer hair cells, OHCs)，整齊地在外側排成三排，與內側毛細胞相對。每個外側毛細胞大約有 100 根成 V 形排列的靜纖毛，其尖端嵌入覆膜中。所有的聽覺都來自內側毛細胞，內側毛細胞提供 90% 至 95% 的耳蝸神經纖維。外側毛細胞的功能是調整耳蝸對不同頻率的反應，並協助內側毛細胞可以精確地工作。

20 *stereo* = solid 固體
21 *tect* = roof 屋頂

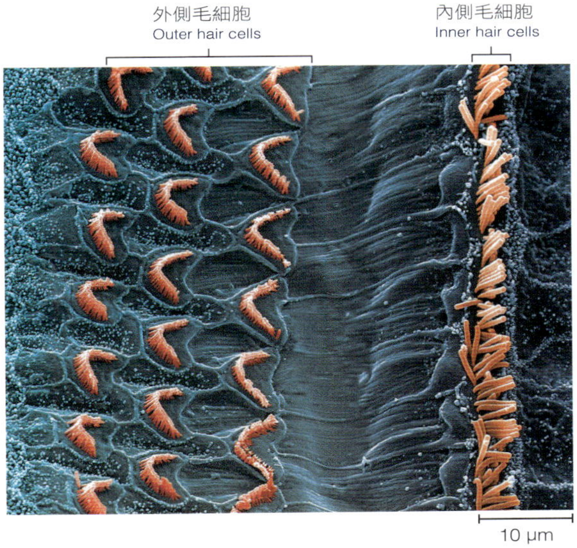

圖 17.14 **耳蝸毛細胞的頂部表面之掃描式電子顯微鏡圖片**。所有我們聽到的信號皆來自右側的內部毛細胞。
©Quest/SPL/Science Source

毛細胞不是神經元，而是在細胞底部與神經纖維形成突觸。內側毛細胞僅與感覺神經元的樹突形成突觸。外側毛細胞則與感覺神經元的樹突 (將訊號傳導到大腦)，以及運動神經元的軸突 (從腦幹傳遞到毛細胞的運動訊號) 形成突觸。耳蝸的感覺神經元是雙極神經元，其神經細胞本體聚集形成**螺旋神經節** (spiral ganglion)。感覺神經元的樹突從螺旋器傳向螺旋神經節。感覺神經元的軸突則從螺旋神經節向下穿出耳蝸，然後匯聚形成前庭耳蝸神經 (VIII) 的耳蝸支。耳蝸支將聽覺訊號傳遞到腦幹。

臨床應用 17.3

耳聾

耳聾 (deafness) 是指任何方式導致的聽力損失，從輕度短暫到嚴重且不可逆轉。傳導性耳聾 (conduction deafness) 是一種將聲波振動傳遞到內耳時發生障礙，導致聽覺喪失。可能是由於鼓膜受損，中耳炎或是外聽道阻塞所引起。另一個原因可能是耳硬化症 (otosclerosis)[22]，導致聽小骨相互融合，或鐙骨融合到卵圓窗，使聽小骨無法自由振動。神經性耳聾 (nerve deafness) 是由於毛細胞或任何與聽覺有關的神經元死亡，導致聽覺喪失。它是音樂家、建築工人和在嘈雜環境中工作的人，常見的職業病。許多人喜歡吵雜的演唱會、汽車立體音響和個人立體聲耳機也會因此付出一些代價。耳聾導致一些人會產生被談論、貶低或欺騙的幻想。貝多芬說，他的耳聾使他差一點自殺。

17.3b 聽覺功能

為了從功能上瞭解這種解剖構造，我們將檢視聽覺功能的基本方面。圖 17.15 是機械模

22 *oto* = ear 耳；*scler* = hardening 堅硬的；*osis* = process 過程，condition 情況

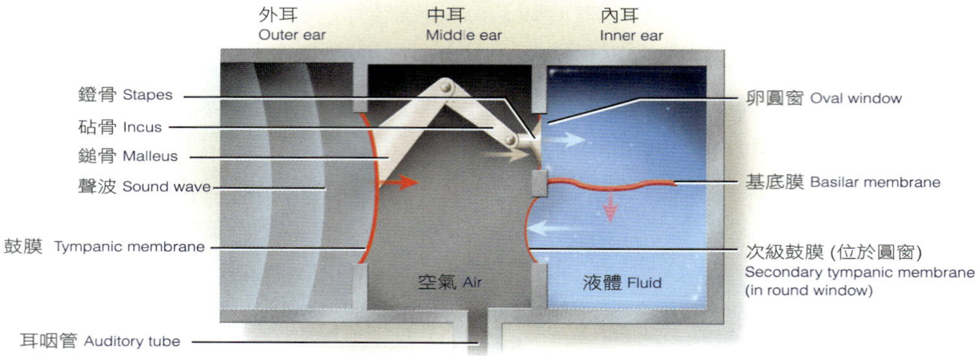

圖 17.15 聽覺的機械模型。鼓膜每次的向內運動，會向內推動中耳的聽小骨和內耳液。內耳液體再推動基底膜，並通過第二鼓膜向外凸出，將壓力釋放。因此，基底膜上下的振動與鼓膜的振動同步。

• 為何中耳內的高氣壓，將會降低內耳基底膜的運動？

型，以簡單的方式展示了一些基本機制。當聲波振動鼓膜時，三塊聽小骨將這些振動傳遞到內耳。鐙骨的基部振動到內耳的液體，液體的波動會導致基底膜上下振動。這樣一來，基底膜上的毛細胞就會上下振動，而覆蓋在毛細胞上方的覆膜仍然相對靜止。毛細胞每次向上運動，會導致靜纖毛擠到覆膜，迫使靜纖毛來回搖擺。靜纖毛的搖擺會打開細胞膜的鉀離子通道，使鉀離子大量進入毛細胞，激發毛細胞。興奮的毛細胞從其底部的突觸小泡中釋放神經傳遞物質，並且該神經傳遞物質會激發相鄰的感覺神經纖維。因此聲波振動就轉換成神經訊號，我們將在下一段落繼續追蹤此訊號。

耳蝸必須產生大腦可以分辨出響度和音調差異的神經訊號。響亮的聲音會導致基底膜劇烈的振動，導致耳蝸神經纖維快速激發。柔和的聲音則導致耳蝸神經纖維緩慢激發。高音和低音則是振動基底膜的不同區域。高音調的聲音主要會刺激到耳蝸根部附近的毛細胞，低音調的聲音則會刺激耳蝸尖端附近的毛細胞。因此，大腦區分響度和音調，是藉由耳蝸神經被激發的速度快慢，以及耳蝸管的哪些區域正在產生最強的訊號。

為了調整耳蝸並提高聲音頻率的辨別，腦幹會發出運動纖維通過耳蝸神經到外側毛細胞。外側毛細胞的下方固定在基底膜，細胞頂端藉由靜纖毛固定在覆膜內 (圖 17.13c)。來自大腦的訊號經由聽神經到達外側毛細胞引發收縮。外側毛細胞拉住基底膜和覆膜，從而抑制基底膜特定區域的振動。這可以增強大腦分辨出不同聲音頻率的能力，這能力對於分辨別人的演講中所發出的詞句相當重要。

17.3c 聽覺投射途徑

來自耳蝸的感覺神經纖維匯集形成**耳蝸神經** (cochlear nerve)。並且與**前庭神經** (vestibular nerve) 合併 (圖 17.12b) 形成前庭耳蝸神經 (vestibulocochlear nerve)(腦神經 VIII)。前庭耳蝸神經離開內耳，從顳骨的內聽道穿出進入顱腔。隨後進入延腦的耳蝸神經核 (cochlear nucleus)。

耳蝸神經纖維傳遞到耳蝸神經核內的二階神經元，再由二階經元傳遞到鄰近的橋腦內的上橄欖核 (superior olivary nucleus)(圖 17.16)。上橄欖核具有多個連接和功能：

• 通過耳蝸神經 (VIII)，將訊號傳回耳蝸，刺激外側毛細胞以進行耳蝸的調音。

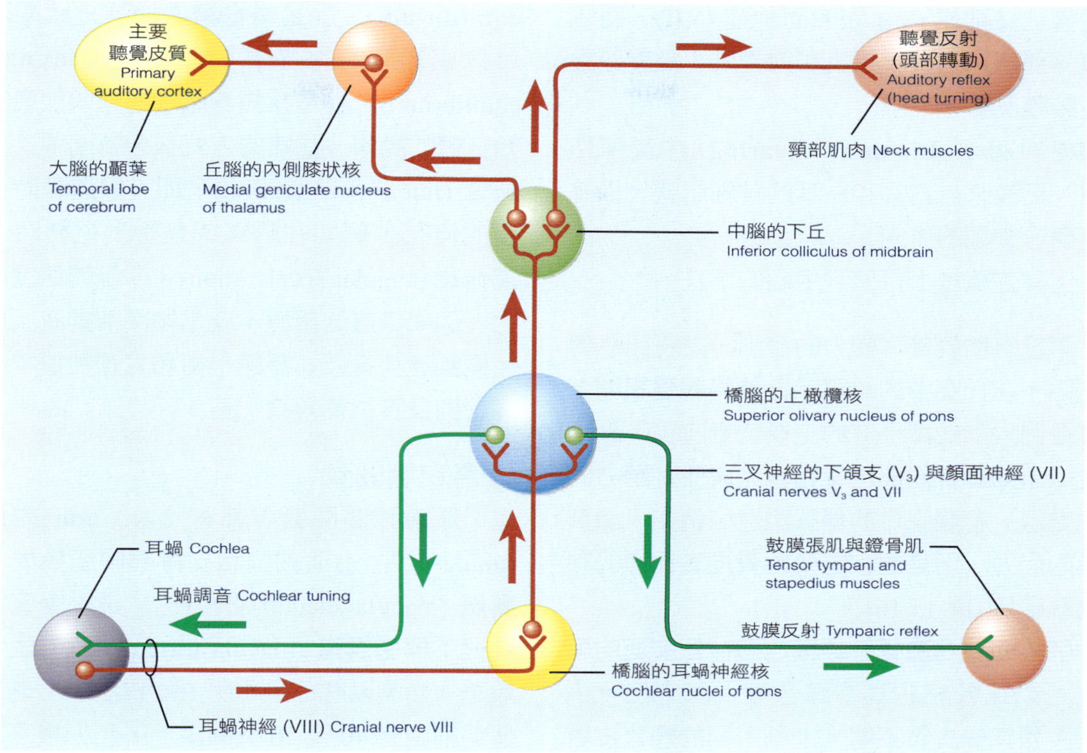

(a)

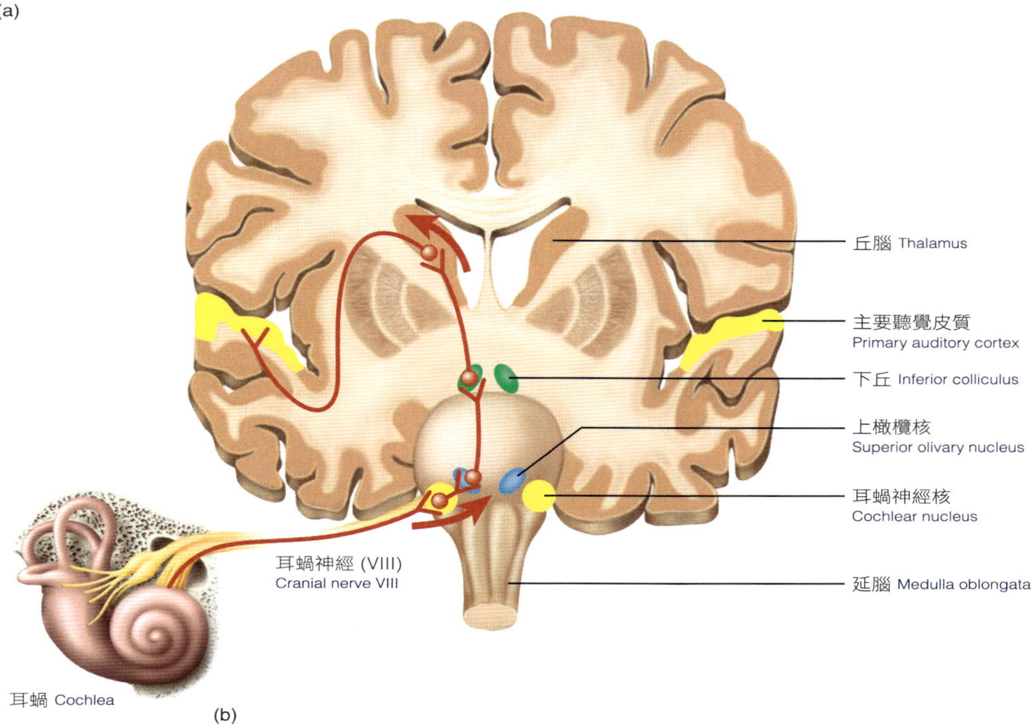

(b)

圖 17.16 腦部的聽覺傳遞途徑。(a) 示意圖；(b) 腦幹和腦部的額狀切面，顯示聽覺處理中心的位置 (腦神經 V_3 = 三叉神經的下頜枝；CN VII = 顏面神經；CN VIII = 前庭耳蝸神經)。

- 通過三叉神經 (V_3) 和顏面神經 (VII)，將訊號分別傳送到鼓膜張肌和鐙骨肌，負責保護性鼓膜反射。
- 在雙耳聽力 (binaural[23] hearing) 中發揮作用，比較來自右耳和左耳的神經訊號，以確定聲音來源的方向。
- 發出神經纖維上行傳到中腦的下丘。

下丘有助於雙耳聽力的辨別，並將訊息傳向丘腦。在丘腦中的神經元繼續將聽覺訊號上行傳遞到大腦顳葉上方的主要聽覺皮質。顳葉是意識感知聲音的部位；它也完成雙耳聽力的訊息處理。有關聲音的理解記憶，例如，識別聲音的能力，則是位在主要聽覺皮質周邊的聽覺關聯區域 (圖 15.16)。

腦幹的左右聽覺神經核之間存在廣泛的聯繫，可以比較左右耳的聲音輸入和定位。因此，與體感覺皮質不同，大腦單側的聽覺皮質接收來自兩耳的訊息。由於這種廣泛的交叉現象，對單側大腦聽覺皮質的傷害，不會導致單側聽力喪失。

17.3d 前庭器

耳朵在脊椎動物演化史上的原始功能不是聽覺，而是平衡，負責在三維空間中維持身體的協調、平衡和方位。直到後來脊椎動物才進化出耳蝸、外耳與中耳的結構，以及具有聽覺功能的耳朵。在人類中，平衡的感受器組合成**前庭器** (vestibular apparatus)，由三個**半規導管** (semicircular ducts) 和兩個囊腔：位於前庭前方的**球囊** (saccule)[24] (SAC-yule) 和位於前庭後方的**橢圓囊** (utricle)[25] (YOU-trih-cul) 共同組成 (圖 17.12)。

平衡的感覺分為**靜態平衡** (static equilibrium)，就是當身體處於靜止狀態時，可以感知頭部的方位；**動態平衡** (dynamic equilibrium)，就是感知身體在運動或加速時感知身體的動作。加速的方式又分為兩種：*直線加速* (linear acceleration)，即直線運動時，速度的變化，例如在騎車或是乘坐電梯時；*角度加速* (angular acceleration)，即旋轉速度的變化，例如身體的旋轉，或是頭部轉動時。球囊和橢圓囊負責感知靜態平衡和直線加速；半規導管則負責偵測角度加速。

球囊和橢圓囊

球囊和橢圓囊內都有 2×3 mm 的*斑塊* (macula)[26]，由毛細胞和支持細胞所構成。**球囊斑** (macula sacculi) 的方位，幾乎垂直於球囊壁；**橢圓囊斑** (macula utriculi) 的方位，則幾乎與橢圓囊底部呈水平 (圖 17.17a)。斑的每個毛細胞有 40 至 70 個靜纖毛，和一根真正的纖毛稱為**動纖毛** (kinocilium)[27]。靜纖毛和動纖毛的頂端，都被包埋在膠狀的**耳石膜** (otolithic membrane) 中。這個膠狀膜內含許多稱為**耳石** (otoliths)[28] 的顆粒，以增加重量，其成分是碳酸鈣和蛋白質組成。(圖 17.17b)。通過增加到耳石膜的密度和慣性，耳石增強對於重力和運動的感覺。

圖 17.17c 顯示了橢圓囊斑如何偵測頭部的傾斜。當頭部直立，耳石膜直接下壓，對毛細胞的刺激最少。然而，當頭部傾斜的時候，耳石膜因為重力下垂導致纖毛彎曲，刺激毛細胞。頭部任何方位的刺激，都會引起兩耳內的球囊與橢圓囊的組合刺激。大腦能得知頭部的方位，是藉由比較兩耳內兩個囊的輸入訊息。如果同時比較眼睛與頸部的伸張感受器的輸入訊息，就可以偵測只有頭部傾斜或是整個身體都在傾翻。球囊斑的工作原理類似，不同之處

23 *bin* = two 兩個；*aur* = ears 耳朵
24 *saccule* = little sac 小囊
25 *utricle* = little bag 小袋子
26 *macula* = spot 斑點
27 *kino* = moving 移動的
28 *oto* = ear 耳；*lith* = stone 石頭

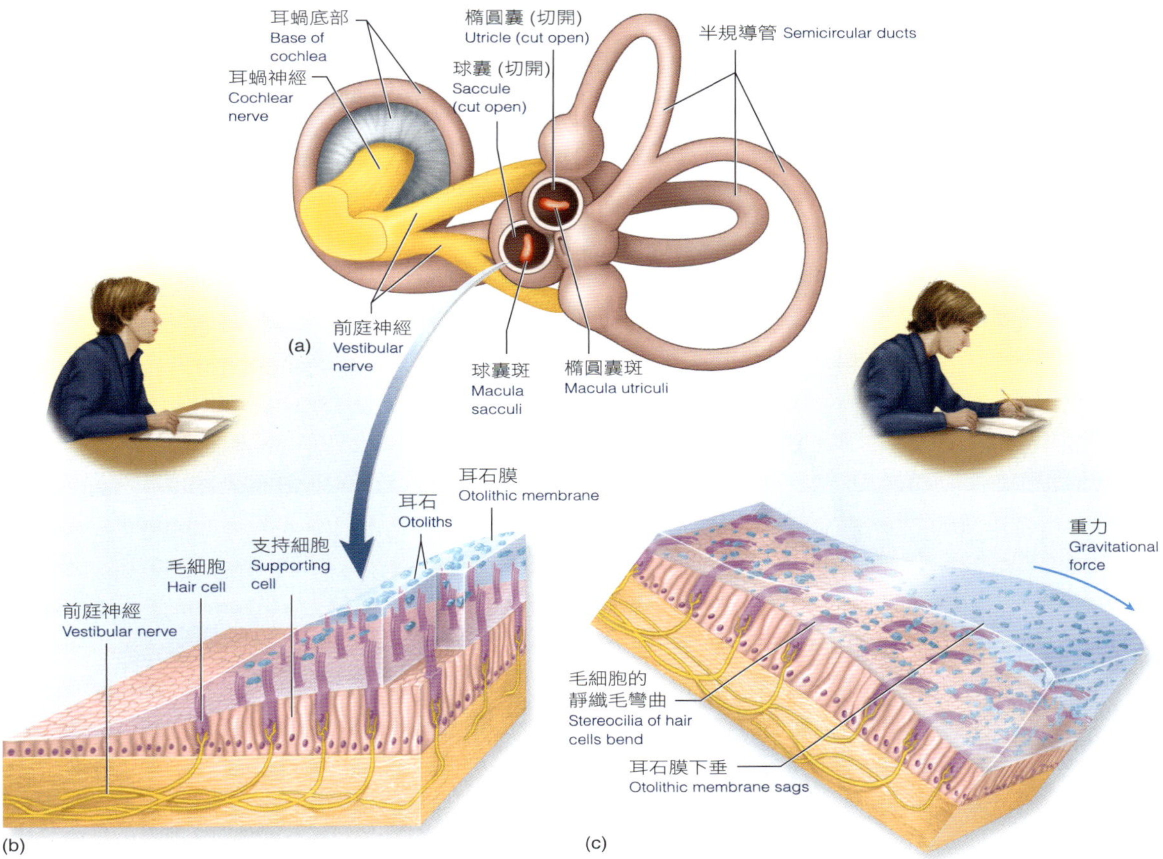

圖 17.17 球囊和橢圓囊。(a) 球囊斑和橢圓囊斑的位置；(b) 斑的結構 (剖視圖)；(c) 當頭部傾斜時，耳石膜對毛細胞的作用。

• 為什麼在乘坐電梯時，球囊斑的反應會比橢圓囊斑的反應更強烈？

在於其呈垂直方向，所以其對身體的上下運動更加敏感。例如，當你站起來或是從高處跳下。

耳石膜的慣性對於偵測直線加速特別重要。假設你坐在停等紅燈的汽車內，然後開始往前直線行駛。橢圓囊內的耳石膜由於慣性，會短暫地落後於其餘組織的後方，因此使得靜纖毛向後彎曲，並刺激毛細胞。當汽車遇到下一個紅燈煞車時，橢圓囊斑也會停止，但是耳石膜因為慣性，會持續往前，因此使得靜纖毛向前彎曲，刺激毛細胞。這些毛細胞將這種刺激模式轉換為神經訊號，因此大腦得知你在直線速度上的變化。

如果你站在電梯裡，並且電梯開始上升，球囊內垂直斑的耳石膜因為慣性，會短暫地向下彎曲毛細胞。電梯停下來時，耳石膜會短暫持續向上，因此向上彎曲毛細胞。因此，球囊斑可以偵測身體垂直速度的變化。在坐下、起立或是跌倒時，以及當走路和跑步時，頭部的上下擺動的感覺偵測就很重要。

半規導管

頭部也會旋轉，例如當坐在旋轉的椅子上，走下大廳並拐彎，向前彎腰撿起地板上的東西，或躺在床上將頭部側轉。這些動作都會刺激到位於顳骨的骨性半規管內的三個半規導管 (圖 17.18)。前和後半規導管都呈垂直方位，而且兩者之間的夾角為直角。外半規導管

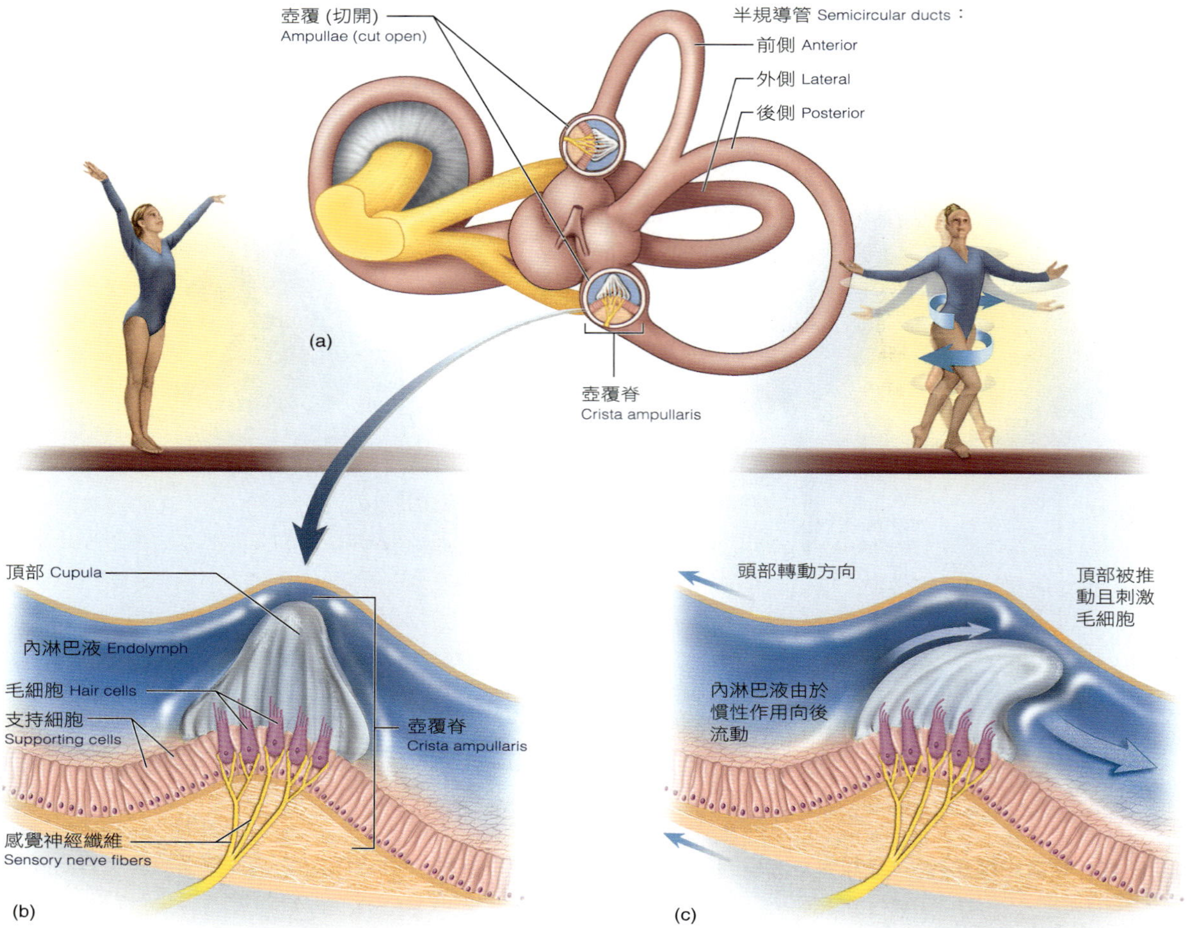

圖 17.18 **半規導管**。(a) 半規導管的結構，每個壺腹被切開，以顯示壺腹脊和頂蓋；(b) 壺腹脊的細部構造；(c) 當頭部旋轉時，內淋巴液對頂蓋和毛細胞的作用。

則與水平方向成 30 度夾角。三個導管位於不同方位，所以當頭部在不同平面中旋轉時，會刺激到不同的導管。例如頭部左右轉動，表達「不」的意思；頭部上下擺動，表達「是」的意思；頭部左右傾斜擺動，將耳朵靠近肩膀。這些動作都會刺激不同方位的半規導管。

半規導管充滿內淋巴。每個半規導管都會與橢圓囊連通，連通的基部有一個膨大的構造，稱為**壺腹** (ampulla)[29]。在膨大的壺腹內由隆起的構造，由一叢的毛細胞和支持細胞組成，稱為**壺腹脊** (crista ampullaris)[30]。毛細胞具有許多靜纖毛和一根動纖毛，這些纖毛都包埋在膠狀稱為**頂部** (cupula)[31] 的團塊內。此團塊從壺腹脊延伸到壺腹的頂端。當頭部轉彎，半規導管跟著旋轉，但是導管內的內淋巴液因為慣性會短暫滯留，因此導致膠狀的頂部被推動。這推動使纖毛彎曲，進而刺激毛細胞。然而，在連續旋轉 25 到 30 秒後，內淋巴液的流動就會趕上了導管的運動，因此即使繼續旋

29 *ampulla* = little jar 小罐子

30 *crista* = crest 波峰，ridge 山脊；*ampullaris* = of the ampulla 壺腹

31 *cupula* = little tub 小盆

轉，對毛細胞的刺激也會停止。

應用您的知識

半規導管本身無法檢測運動狀態，只能檢測加速度的變化，就是運動速率的改變。請解釋為什麼。

17.3e 前庭投射通路

球囊斑、橢圓囊斑和半規導管內的毛細胞，在細胞基部會與**前庭神經** (vestibular nerve) 的感覺纖維形成突觸。前庭神經和耳蝸神經會合併形成前庭耳蝸神經。同側的前庭神經纖維會將訊息傳入同側橋腦和延腦內的四個**前庭神經核** (vestibular nuclei)。在腦幹內左右兩側的前庭神經核會彼此交流，因此每個神經核都可以接收來自兩側耳朵的訊息輸入。這些神經核處理有關身體的位置和運動狀態的訊號，並且將這些訊息再轉發傳到五個目標 (圖 17.19)：

1. 小腦：整合前庭的訊息，進一步控制頭部的運動、眼睛的運動、肌肉的張力，以及身體的姿勢。
2. 網狀結構：被認為當姿勢改變的時候，可以調節呼吸和血液循環。
3. 脊髓：從腦幹下行的前庭神經纖維，匯聚形成兩個前庭脊髓徑 (參見圖 14.4)，會進一步與支配伸肌的運動神經元形成突觸。這傳導路徑讓你可以快速移動軀幹和四肢以保持平衡。
4. 丘腦：傳到丘腦後會再將訊號轉傳到大腦皮質的兩個區域。一個是位在中央後回的下端，鄰近面部的感覺區域。在這裡我們可以意識到身體的位置和動作。另一個在中央溝的下端，前一個區域的稍微前方，大約在主要感覺區過渡到運動皮質的區域。該區域被認為是參與控制頭部和身體的運動。
5. 動眼、滑車和外旋神經核 (腦神經 III、IV

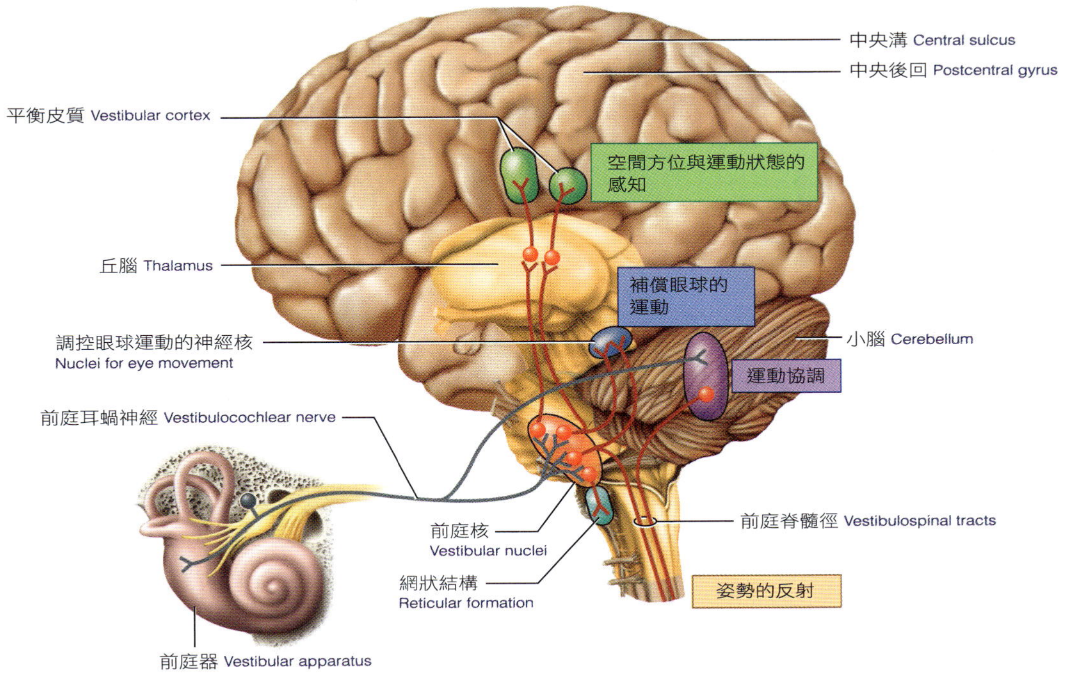

圖 17.19 腦部的前庭投影途徑。

和 VI)：這些神經核負責調控眼球的運動，以補償頭部的運動，此動作稱為前庭眼球反射 (vestibulo-ocular reflex)。要觀察此效果，可以拿著書本在舒適的閱讀距離，將視線固定在頁面中間，頭部不動將書本左右移動每秒一次，你將無法閱讀。但是如果拿著書本左右移動，同時頭部以相同速度左右擺動，這次你將能夠閱讀該頁面。因為前庭眼球反射可以補償頭部轉動時，保持雙眼盯著目標。這種反射也可以使我們在走路或奔跑造成身體晃動時，可以將視線固定在遠處的物體。

在你繼續閱讀之前

回答下列問題，以檢驗你對上節內容的理解：

11. 在中耳內有三個聽小骨和兩塊肌肉，有何好處？
12. 解釋鼓膜的振動，最終如何導致耳蝸的毛細胞釋放神經傳遞物質。
13. 大腦如何識別鋼琴的高音 C 和中音 C 兩者之間的差異？又如何識別大聲和輕聲？
14. 半規導管的功能與球囊和橢圓囊的功能有何不同？
15. 半規導管的感覺機制與球囊和橢圓囊的感覺機制有何相似之處？

17.4 眼睛

預期學習成果

當您完成本節後，您應該能夠

a. 描述眼睛及其附屬器官的解剖構造；
b. 描述視網膜的組織結構及其感受器細胞；
c. 解釋為什麼在白天和夜晚，需要不同類型的受體細胞和神經迴路；和
d. 描述大腦中的視覺傳遞路徑。

視覺 (vision) 是對於發光或是反射光線的物體，形成可辨識圖像的能力。首先將光線聚焦在一層稱為視網膜 (retina) 的構造上，視網膜是感光細胞的所在位置。可以將光線經由化學反應，轉換成神經訊號。大腦必須接收並闡釋該神經訊號，才能完成視覺的過程。

17.4a 眼眶的附屬構造

眼球位於骨骼構成的凹窩稱為**眼眶** (orbit) 中。眼眶區域在臉部，包含一些保護眼睛的結構 (圖 17.20 和 17.21)。包括眉毛、眼瞼、結膜、淚器和眼球的外在肌肉。

- **眉毛** (eyebrows) 可增強臉部的表情和非語言的交流，並在一定程度上保護眼睛，避免上方直射的強光，和避免前額出汗直接滴入眼睛。
- **眼皮** (eyelids) 或稱**眼瞼** (palpebrae)(pal-PEE-bree) 會定期關閉眨眼，用眼淚潤濕眼睛，清除表面的雜物，阻擋異物進入眼睛，並防止視覺刺激干擾我們的睡眠。上下眼皮之間的裂縫稱為**瞼裂** (palpebral fissure)，瞼裂的兩側角落，分別稱為**內角和外角** (medial and lateral canthi)。眼皮大部分由皮膚覆蓋的眼輪匝肌所構成 (圖 17.21a)。它還包含支撐性的纖維板稱為**瞼板** (tarsal plate)，瞼板在眼瞼邊緣會增厚。瞼板裡面有約 20 至 25 個**瞼**

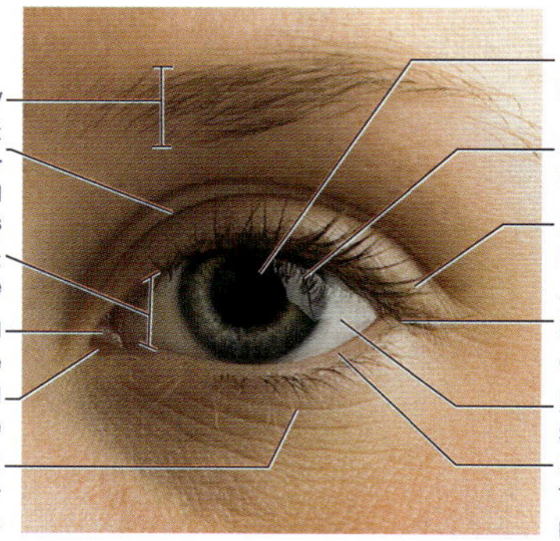

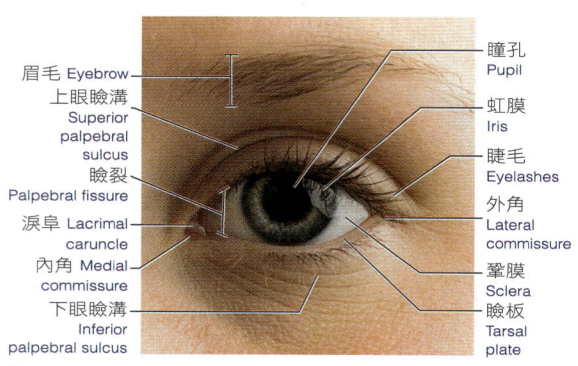

圖 17.20 眼眶區域的外部解剖構造。
©Timothy L. Vacula

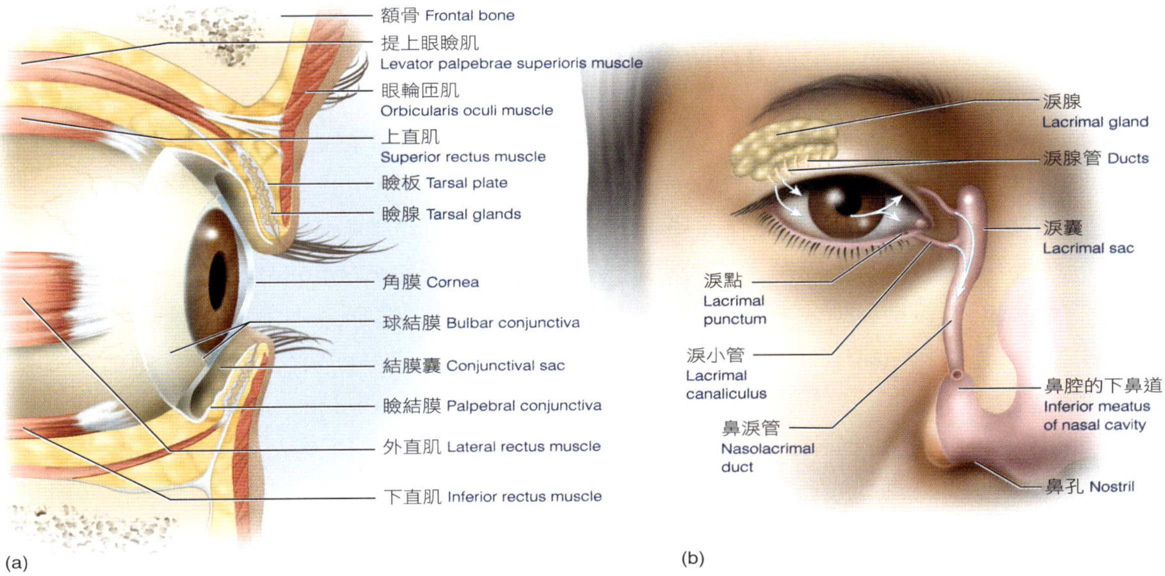

圖 17.21　眼眶的附屬構造。(a) 眼睛和眼球的矢狀切面；(b) 淚器。箭頭指示來自淚腺的淚液，流過眼睛前面，進入淚囊，再下降進入鼻淚管。

• 阻塞淚點會產生什麼影響？AP|R

腺 (tarsal glands)，腺體開口在眼瞼邊緣。瞼腺分泌一種油脂，可以遮蓋眼睛並減少淚液的蒸發。**睫毛** (eyelashes) 具保護功能，可防止雜物進入眼睛。碰觸睫毛會刺激毛囊感受器，引發眨眼反射。睫毛還可以擾亂眼睛表面的氣流，因此減少淚液的蒸發和眼睛的乾澀。在大風或雨天情況下，我們可以瞇起眼睛，使睫毛進一步保護眼睛，但不會完全阻礙視覺。

• **結膜** (conjunctiva)(CON-junk-TY-vuh) 是一層透明的黏膜，覆蓋在眼瞼內表面以及眼球前表面 (角膜沒有結膜覆蓋)。覆蓋在眼瞼內表面的結膜，稱為瞼結膜 (palpebral conjunctiva)，覆蓋在眼球前表面的結膜，稱為球結膜 (bulbar conjunctiva)，瞼結膜與球結膜是相同構造，兩者之間的空間稱為結膜囊 (conjunctival sac)。結膜的主要功能是分泌一層黏液，以防止眼球乾澀。具有豐富的神經支配，並且對疼痛高度敏感。結膜含有豐富的血管，因此當結膜的血管擴張時，就會出現「佈滿血絲的眼睛」。因為結膜有豐富血管，而角膜沒有血管，所以當結膜受傷時，會比角膜癒合得更快。

應用您的知識

如果結膜覆蓋了角膜，會如何影響視力？

• **淚器** (lacrimal[32] apparatus)(圖 17.21b)，由**淚腺** (lacrimal gland) 和一系列將淚液導入鼻腔的管子所組成。杏仁狀的淚腺位於眼眶外側上方的額骨淺窩內。淚腺約有 12 條短管直接開口在結膜表面。分泌的淚液可以清潔和潤滑眼睛表面，供應結膜氧氣和營養，而且含有防止感染的溶菌酶 (lysozyme)，降低眼部的感染。淚液流過眼睛後，會聚集在眼內角區域，眼內角有一塊粉紅色肉團稱為**淚**

32 *lacrim* = tear 眼淚

阜 (lacrimal caruncle[33])(CAR-un-cul)。眼瞼在淚阜的上下各有一個小孔稱為**淚點** (lacrimal punctum[34])，當閉眼時，淚液會經由淚點擠入**淚小管** (lacrimal canaliculus)，再引導到**淚囊** (lacrimal sac)。當眼睛睜開，在淚囊內的淚液會經由**鼻淚管** (nasolacrimal duct) 流到鼻腔的下鼻道。因此當哭泣，淚液很多時除了從眼睛流出，也會導致流鼻涕。通常眼淚從鼻腔進入咽喉後被吞下。感冒時，鼻淚管腫脹阻塞，流淚無法排出，可能會從您的眼睛邊緣溢出。

- 六條**眼球的外在肌** (extrinsic eye muscles)，附著在眼眶壁以及眼球的外表面。外在肌表示肌肉附著在眼球之外，與眼球的內在肌區分開來，稍後會再討論。外在肌負責眼睛的運動 (圖 17.22)。包括四塊直肌和兩塊斜肌。**上直肌** (superior rectus)、**下直肌** (inferior rectus)、**內直肌** (medial rectus)、**外直肌** (lateral rectus) 四塊肌肉的起端在眼眶後壁的腱環，止端在眼球的鞏膜前部。收縮時可以造成眼球的上下內外移動。**上斜肌** (superior oblique) 沿著眼眶的內側壁向前，其肌腱穿過由纖維軟骨構成的**滑車環** (trochlea)[35]，止端在眼球的外側上方。**下斜肌** (inferior oblique) 起端在眼眶內壁，止端在眼球的外側下方。滑車神經 (IV) 支配上斜肌，外旋神經 (VI) 支配外直肌，動眼神經 (III) 支配其餘四條肌肉。

33 *car* = fleshy mass 新鮮肉團；*uncle* = little 小
34 *punct* = point 點
35 *trochlea* = pulley 滑輪

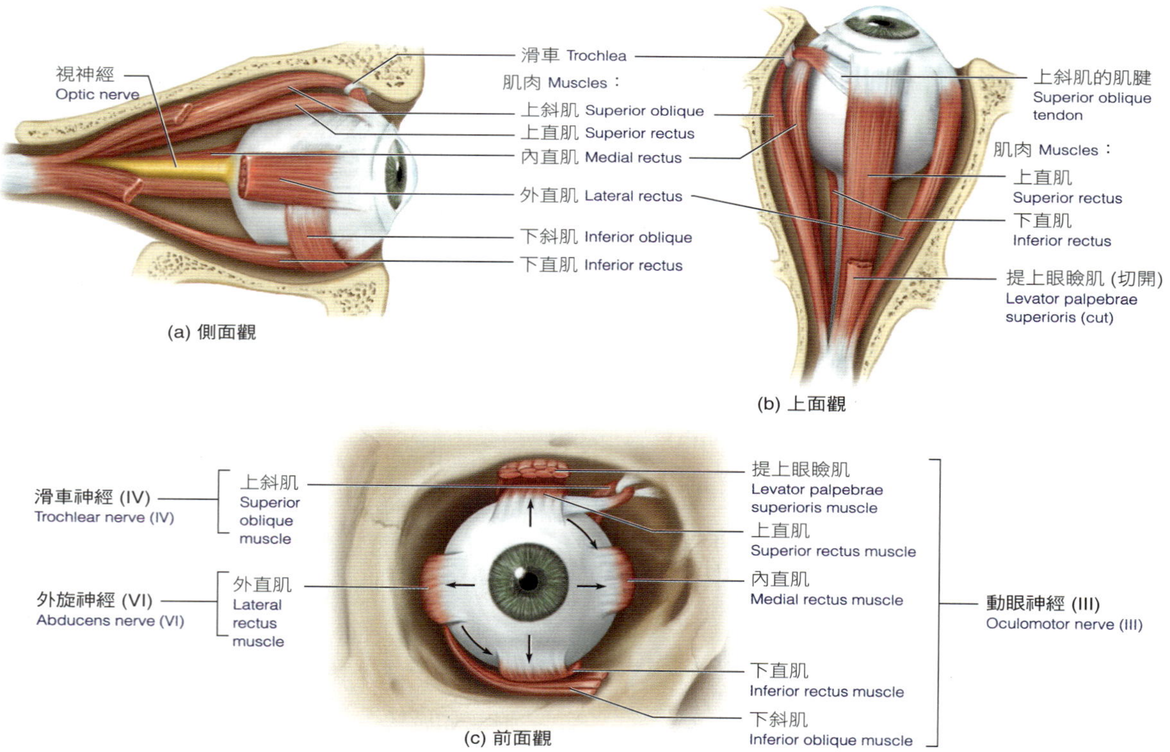

圖 17.22 眼球的外在肌肉。(a) 右眼的側面圖。切開外直肌，使一部分的視神經呈現；(b) 右眼的俯視圖；(c) 外在肌肉的神經支配；箭頭指示每個肌肉產生的眼球運動方向。

• 腦神經 III、IV 或 VI，哪一條神經受損會導致最大的視覺功能喪失？為什麼？AP|R

眼眶脂肪 (orbital fat) 包圍眼球的側面和背面。提供眼睛的緩衝保護，使其活動自如，並且保護眼球後部的血管和神經。

17.4b 眼球的解剖構造

眼球是一顆直徑約 24 mm 的球體 (圖 17.23)，具有三個主要組成部分：(1) 三層的眼球壁；(2) 允許光線入射和聚焦的光學組件；(3) 神經成分，視網膜和視神經。視網膜是不僅是神經成分，而且是眼球壁的內層。角膜是眼球壁外層的一部分，也是光學組件之一。

眼球壁

構成眼球壁的三層構造如下：

- 最外層是**纖維層** (fibrous layer)，分為鞏膜和角膜兩個區域。**鞏膜** (sclera)[36] 覆蓋大部分眼球表面構成眼白的部分，由緻密的結締組織組成，內含有血管和神經，提供堅韌的纖維保護，以及眼球外在肌肉的附著。**角膜** (cornea) 是鞏膜的前方特化的透明區域，使光線得以進入眼睛。主要由緊密規則排列的膠原纖維層和薄的纖維母細胞組成。角膜最前方是薄薄的多層鱗狀上皮覆蓋，角膜後方則是單層鱗狀上皮。前後的上皮細胞都會將鈉離子泵出角膜組織，水分跟隨鈉離子滲透離開角膜，這種機制可以防止角膜過度積水，腫脹和喪失透明度。前方的上皮也是幹細胞的來源，使角膜輕微受傷時，具有再生的能力。
- 中間是**血管層** (vascular layer) 也稱為**葡萄膜** (uvea)[37] (YOU-vee-uh)，因為在解剖時，類似於去皮的葡萄。血管層分成三個區域：脈絡膜、睫狀體和虹膜。**脈絡膜** (choroid) (CO-royd) 有豐富血管，位在視網膜後層，

36 *scler* = hard 硬的，tough 堅韌的

37 *uvea* = grape 葡萄

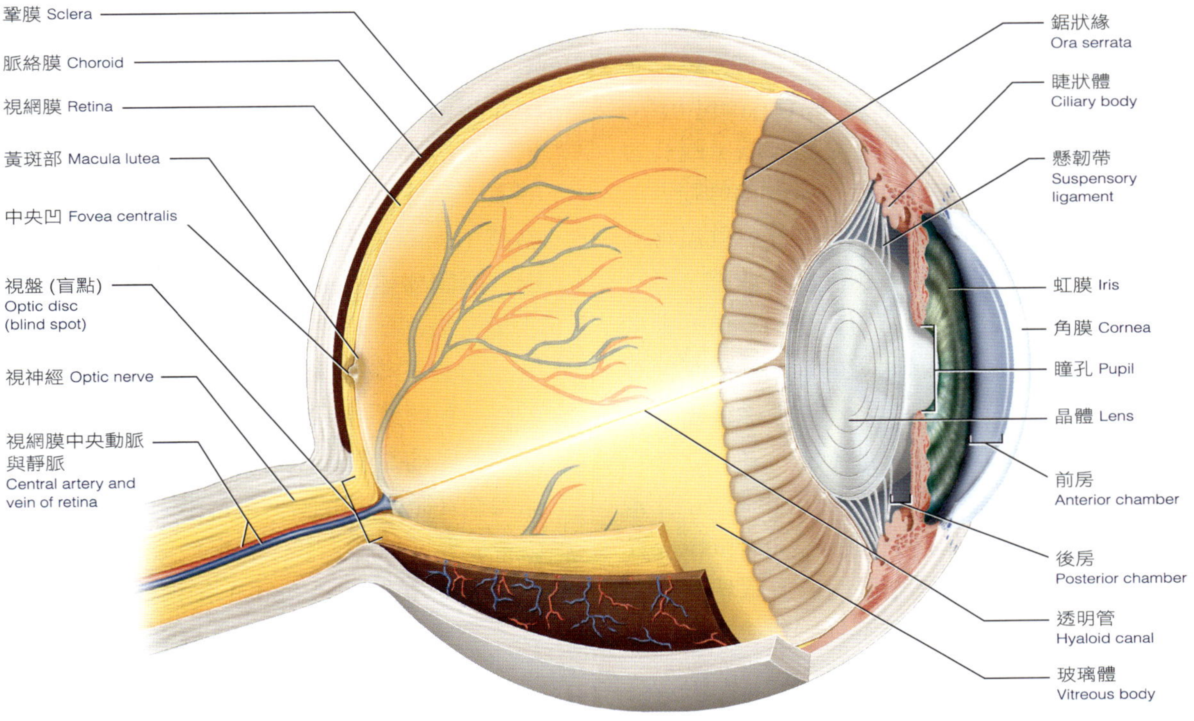

圖 17.23 眼睛 (矢狀切面)。傾斜的玻璃體管是胚胎發育時的玻璃體動脈的殘餘構造。APR

有許多色素的組織。英文的命名是因為組織類似於胎兒的絨毛膜 (chorion)。脈絡膜的前方會變厚形成**睫狀體** (ciliary body)，支撐晶體並在其周圍形成肌肉環。睫狀體內的平滑肌稱為**睫狀肌** (ciliary muscle)，可以控制晶體的張力，因此在對焦時很重要。睫狀體還支撐虹膜，並分泌一種稱為房水的液體。**虹膜** (iris) 是控制**瞳孔** (pupil) 直徑的光圈。虹膜有兩個色素層。一個是在虹膜後方的色素上皮 (pigment epithelium)，可以阻止雜散的光線到達視網膜。另一個是虹膜前邊界層 (anterior border layer)，含有**色素細胞** (chromatophores)[38]。色素細胞內含有覺高濃度的黑色素，會使虹膜呈現黑色、棕色或黃褐色。如果黑色素較少，光現從虹膜後方上皮反射，會使虹膜呈藍色、綠色或灰色。

瞳孔的直徑由虹膜中的兩組收縮元件控制。**瞳孔收縮器** (pupillary constrictor) 由瞳孔周圍同心圓排列的平滑肌組成。**瞳孔擴張器** (pupillary dilator) 呈放射狀排列，由虹膜後方色素上皮細胞的突起所形成。由於色素上皮細胞具有上皮和收縮雙重特性，因此這些細胞被分類為肌上皮細胞 (myoepithelial cells)。當肌上皮細胞的突起收縮，瞳孔會擴大，完全擴張的瞳孔比完全收縮的瞳孔，可以接納多達五倍的光線。當光的強度增加或是需要近物對焦時，瞳孔就會收縮。當光線昏暗或是需要遠物對焦時，瞳孔就會擴張。不同的情緒狀態，也會使瞳孔收縮或是擴張。瞳孔對光的反應稱為瞳孔光反射 (photopupillary reflex)。

睫狀肌、瞳孔收縮器和瞳孔擴張器，被認為是**眼球內在肌肉** (intrinsic eye muscles)。前述的外在肌肉位於眼球外部。交感和副交感神經纖維都從眼球後部進入，並且支配這些內在肌肉 (圖 16.4 和 16.7)。交感神經纖維來自上頸神經節，支配瞳孔擴張器，會擴大瞳孔。副交感神經纖維經由動眼神經 (腦神經 III) 進入眼睛，支配瞳孔收縮器，會縮小瞳孔，進從而與交感神經作用相互拮抗 (圖 16.9)。副交感神經也會使睫狀肌收縮，使晶體變厚，可以對焦到近物。

- **內層** (inner layer) 神經層由視網膜 (retina) 組成，貼在眼球內壁後三分之二的位置。視神經 (optic nerve) 是視覺訊號傳向大腦的途徑。

光學元件

眼睛的光學組件是透明的構造，光線通過，折射光線，然後將圖像聚焦在視網膜上。這些構造包括角膜、房水、晶體和玻璃體。角膜前面已經描述。

- **房水** (aqueous humor) 由睫狀突分泌的漿液，先流到虹膜和晶體之間的空隙，稱為**後房** (posterior chamber)(圖 17.24)。接著通過瞳孔流入角膜和虹膜之間的空間，稱為**前房** (anterior chamber)。最後流入位於角膜鞏膜交界處的圓形靜脈，稱為**鞏膜靜脈竇** (scleral venous sinus)，回到靜脈系統。正常情形，房水的吸收速率與分泌速率平衡 (有關重要例外，請參閱臨床應用程序 17.4)。
- **晶體** (lens) 由扁平緊密壓縮的透明細胞，稱為**晶體纖維** (lens fibers) 組成。晶體懸掛在瞳孔後面，藉由稱為**懸韌帶** (suspensory ligament) 的纖維絲 (圖 17.23 和 17.25)，將其與睫狀體連結。韌帶上的張力會使晶體變平，直徑約 9.0 mm，中央約 3.6 mm 厚。當晶體從從眼睛中取出，沒有壓力的情況下，它會放鬆成球狀，類似於塑料珠子。
- **玻璃體** (vitreous[39] body) 是透明的膠狀物質，充滿在晶體後面的玻璃腔 (vitreous chamber) 中。玻璃體協助維持眼睛的眼內

38 *chromato* = color 顏色；*phore* = beare 持有

39 *vitre* = glassy 玻璃狀

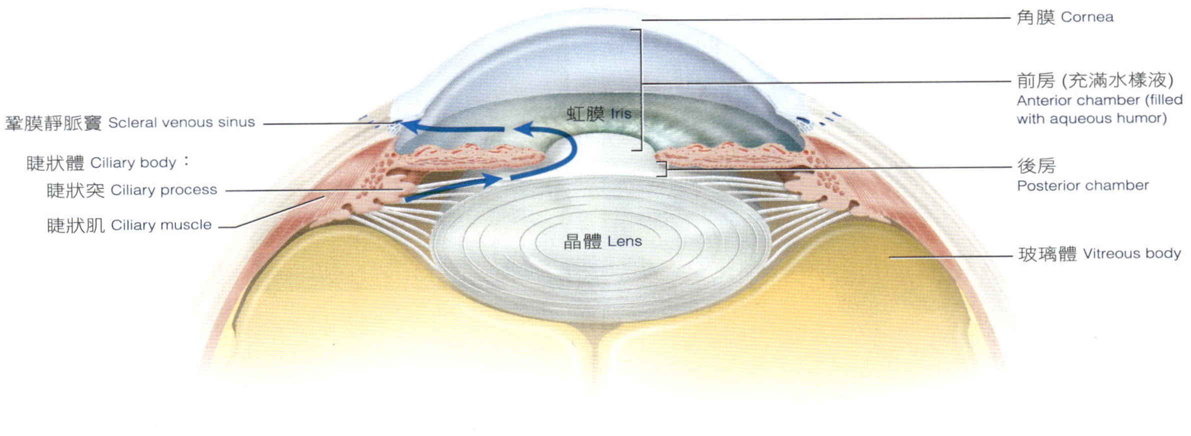

圖 17.24 **水樣液的產生和再吸收**。藍色箭頭指示水樣液從睫狀突產生，流入後房，通過瞳孔進入前房，最後進入鞏膜靜脈竇，靜脈重新吸收液體。

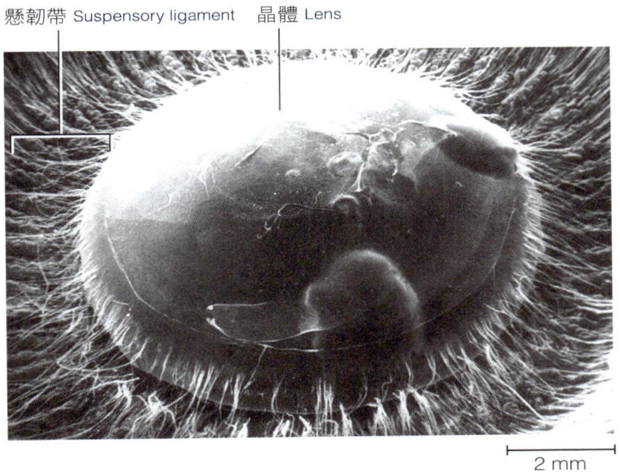

圖 17.25 **晶體的掃描式電子顯微鏡圖片**。晶體的後視圖，懸韌帶連結晶體與睫狀體。
©Ralph C. Eagle, M.D./Science Source

壓 (intraocular pressure)，使眼睛呈球形，使外在的肌肉拉動眼球時，眼球不會壓縮和扭曲變形，並且使視網膜平順地壓在眼球內壁避免脫落。這些影響中的最後一項，對於將圖像聚焦在視網膜上非常重要。

神經成分

眼睛的神經成分是視網膜和視神經。視網膜是透明的薄膜，僅附著在兩個位置：**視盤** (optic disc)，就是視網膜後方匯聚形成視神經的位置；以及**鋸狀緣** (ora serrata)[40]，就是視網膜前方呈鋸齒狀的前緣。視網膜的其餘部分則是藉由膠狀玻璃體的壓力，平穩地貼在眼球的內側壁。視網膜會剝離可能是因為頭部撞擊或是玻璃體的壓力不足造成。視網膜必須依賴脈絡膜供應氧氣與營養和排除代謝廢物，因此視網膜組織如果與脈絡膜分離太久會死亡。分離的視網膜會導致視野範圍的缺損。

眼球的內側後方通常稱為**眼底** (fundus)，可以使用一種稱為眼底鏡 (ophthalmoscope) 的工具，將眼底的結構放大以進行檢查。在晶體中心正後方，眼睛的視軸位置，有一群視網膜的細胞聚集，稱為**黃斑** (macula lutea)[41]，直徑約 3 mm (圖 17.26)。在黃斑的中心有一個小凹，稱為**中央凹** (fovea[42] centralis)，中央凹是視覺最敏銳的地方，其原因將在後面段落詳述。位於黃斑內側約 3 mm 的位置是視盤 (optic disc)。整個視網膜的神經元發出的神經纖維匯聚在視盤，並且組成視神經從眼球後方發出。在視神經的內部有血管從視盤進入或是

40 *ora* = border 邊緣，margin 邊界；*serrata* = notched 切口，serrated 鋸齒狀
41 *macula* = spot 斑點；*lutea* = yellow 黃色
42 *fovea* = pit 小凹，depression 凹陷

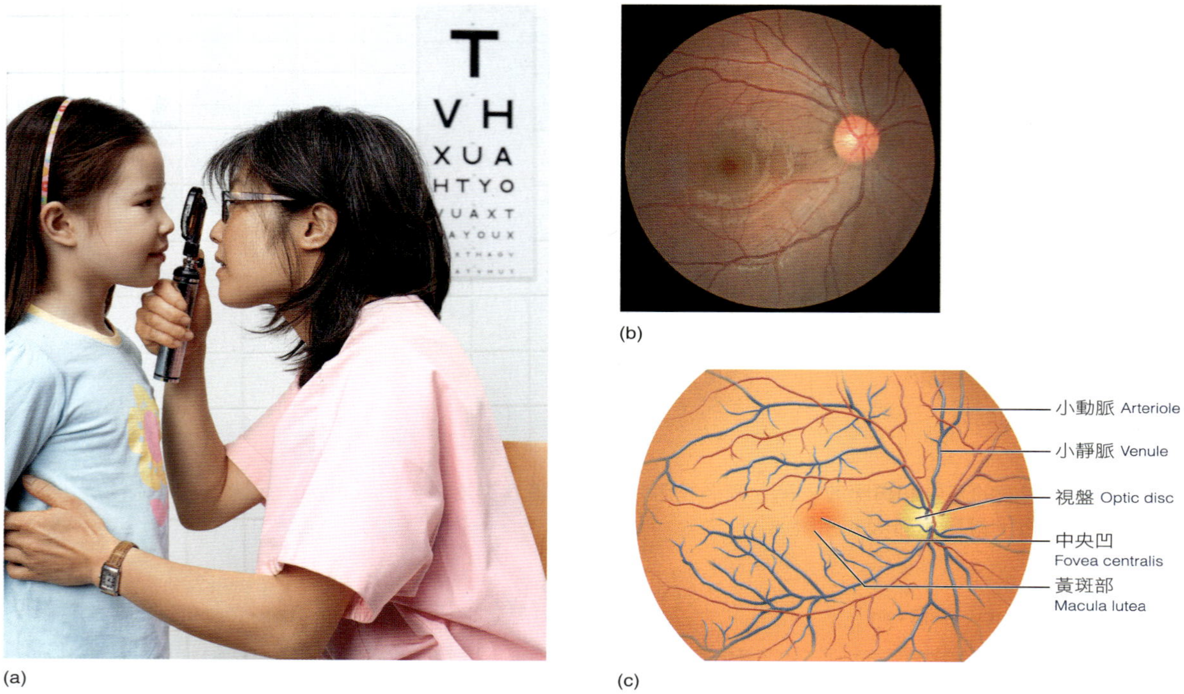

圖 17.26 **眼底 (後部)**。(a) 使用檢眼鏡；(b) 檢眼鏡的眼底照片；(c) 眼底的解剖特徵。注意血管從視盤發散，視盤也是匯聚形成視神經的構造。眼底的檢查也可以提供心血管是否健康的參考。

(a) ©Peter Dazeley/Getty Images, (b) ©Nikom nik sunsopa/Shutterstock

離開眼球。因此眼科的檢查，不僅是評估視覺系統，還可以直接、無侵入性的檢查血管，是否有高血壓、糖尿病、動脈粥狀硬化和其他血管疾病的跡象。

視盤的位置不包含感光細胞，因此會產生視野的**盲點** (blind spot)。想要看到盲點的效果，可以閉上右眼，用左眼往前凝視，將視線固定在房間的一個物體上。接著在與眼睛齊平，且距離臉部約 30 cm (1 ft) 的位置，舉起一隻鉛筆。開始向左水平移動鉛筆，但請保持左眼凝視固定在房間的那個物體上。當鉛筆在距離你視線中央的左側約 15 度角時，鉛筆的筆頭會消失不見，因為筆頭的影像正巧落在左眼的盲點上。通常不會注意到視野中有盲點，是因為大腦使用盲點周圍的圖像，以類似的方式填充該區域的虛構影像。另一個原因是眼睛會不斷經歷微小的飄動 (掃視)，以確保相同的視野區域，不會總是投射在視網膜的相同區域。

臨床應用 17.4

失明的主要原因

失明的最常見原因是白內障 (cataracts)、青光眼 (glaucoma)、黃斑部病變 (macular degeneration) 和糖尿性視網膜病 (diabetic retinopathy)。

白內障使晶體混濁。晶體纖維隨著年齡的增長而變暗，晶體纖維之間出現液泡和裂縫，裂縫中積聚來自退化纖維的碎屑，都會造成晶體混濁。白內障是糖尿病的常見併發症，但也可能由大量吸菸、紫外線輻射、放射療法、某些病毒和藥物等原因所引起。白內障使視覺背景呈現乳白色，或是感覺看東西隔著一層水幕[43]。可以通過人工晶體的置換，來治療白內障。植入的人工晶體幾乎

43 *cataract* = waterfall 瀑布

可以立即改善視力，但近視仍然需要眼鏡。

青光眼是眼內壓力升高造成，當鞏膜靜脈竇阻塞，導致房水的分泌速度大於被吸收的速度，眼內壓力就會逐漸增加。眼睛前房和後房的壓力增加，導致晶體後退，進而壓迫玻璃體。玻璃體再壓迫視網膜，以及緊貼的脈絡膜，並壓縮滋養視網膜的血管。沒有良好的血液供應，視網膜細胞就會死亡，視神經可能萎縮，造成失明。初期症狀不容易察覺，直到損害是不可逆轉，才引起注意。虛幻的閃光是青光眼的早期症狀。晚期症狀包括視力昏暗、視野縮小、燈泡周圍有彩色光暈[44]。青光眼可以通過藥物或手術使其停止惡化，但失去的視力則無法恢復。這種疾病可以在定期眼科檢查的早期階段診斷發現。視野檢測、視神經檢查，以及通過稱為眼壓計的儀器進行眼壓的測量。

黃斑部病變是指視網膜中央部分和視力最清晰部位，就是黃斑部的受體細胞死亡。它病變的速度很慢，以至於沒有注意到視力的變化，但最終會導致視野中央失去視力。使得閱讀、駕駛汽車或需要精細動作的工作無法勝任。目前無法治癒，可以通過定期眼科檢查發現，進行治療以減慢其惡化。

糖尿性視網膜病導致美國許多成人失明。這是由於滋養視網膜的血管內血糖過高，導致視網膜變性退化。通過早期發現和控制血糖的情況下，90% 的患者可以預防失明。

17.4c 影像的形成

當光線進入眼睛並聚焦在視網膜上，會產生微小的倒立影像。入射光線經過角膜的折射，沿著眼睛的光軸投射到視網膜，晶體會微調使圖像清楚的聚焦。當聚焦在距離 6 m (20 ft) 以上的物體時，晶體會變平，中心厚度約 3.6 mm，折射光線較少。當聚焦在距離小於 6 m 的物體時，晶體會變厚，中心厚度約 4.5 mm，可更大角度折射光線。這些晶體的變化稱為調節 (accommodation)。晶體的彈性、角膜形狀或眼球的前後徑等如果出現異常，會導致各種視覺缺陷，如表 17.2 和圖 17.27 的說明。

17.4d 視網膜的結構和功能

將光能轉化為動作電位發生在視網膜。其細胞結構如圖 17.28 所示。最後層是深色的**色素層** (pigmented layer)，其作用類似於膠片相機的黑色內部，以吸收雜散光，從而降低反射回眼睛的視覺圖像。

應用您的知識
脊椎動物的眼睛通常被稱為相機眼睛，因為與膠片相機的機制相似。盡可能列出眼睛與相機的比較。

視網膜的**神經層** (neural layer) 由三種主要細胞層組成。從眼底往前方，主要視網膜細胞是感光細胞 (視桿細胞和視錐細胞)、雙極細胞和神經節細胞。

1. **感光細胞** (Photoreceptor cells)：感光細胞包括所有能吸收光線並產生化學或電訊號的細胞。共有三種：視桿、視錐和一些神經節細胞。只有視桿和視錐細胞產生圖像；神經節細胞稍後討論。每個視桿或視錐細胞都有一個**外節** (outer segment) 指向眼壁，和**內節** (inner segment) 面向內部 (圖 17.29)。外節與內節之間有狹窄區域，狹窄區域中包含九對微小管；外節部分實際上是高度特化的纖毛，專門吸收光線。內節部分包含粒線體和其他細胞器。在感光細胞的基部是細胞本體，含有細胞核，並有細胞突起與下一層的視網膜細胞形成突觸。

44 *glauco* = grayness 灰色

表 17.2 眼睛影像形成的一些缺陷

近視[45]	近視是由於眼球前後徑較長，很難對焦在遠處的物體。光線進入眼睛到達視網膜之前先聚焦，然後影像在落到視網膜上時再次發散。使用凹透鏡矯正，使光線在進入眼睛之前先稍微發散
遠視[46]	遠視是由於眼球前後徑較短，很難對焦在近處的物體。光線進入眼睛到達視網膜時尚未聚焦，然後影像聚焦在視網膜後方。使用凸透鏡矯正，使光線在進入眼睛之前先稍微匯聚
老花[47]	隨著年齡的增長，對焦於近處物體的能力下降。主要是由於老化使得晶體的彈性下降，通常是在 40 到 45 歲之間開始發生。導致閱讀和手工操作困難。用老花眼鏡或雙焦點鏡片進行改善
散光[48]	無法同時將不同的平面上，進入眼睛的光線聚焦。專注於垂直線 (例如一扇門的邊緣)，可能會導致水平線 (例如桌面) 失焦。由於角膜形狀的偏差所引起，角膜的形狀像湯匙的背面，而不是球形的一部分。使用「圓柱形」透鏡進行矯正，可以折射一個平面的光線比另一個平面更多

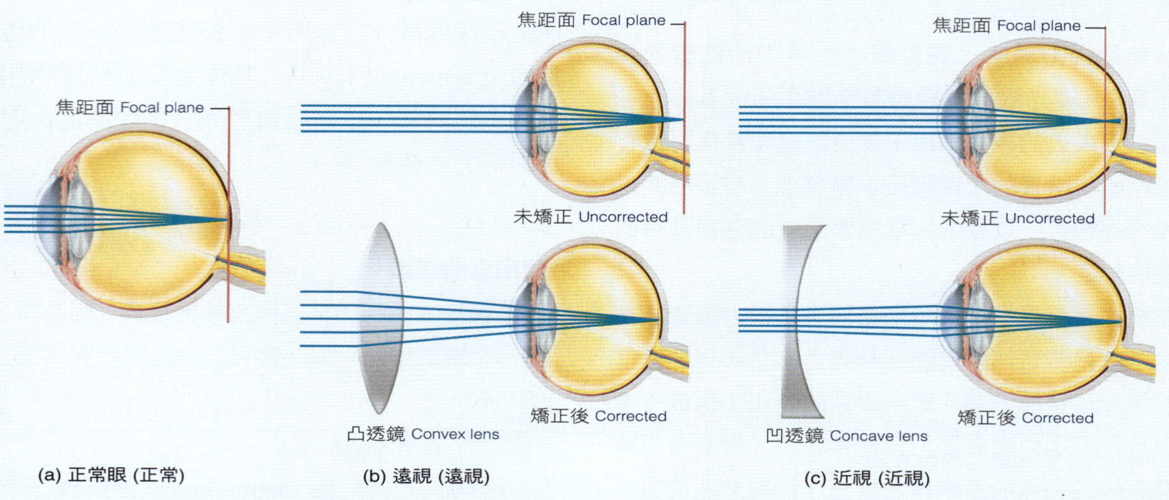

圖 17.27 **兩種常見的視覺缺陷和矯正鏡片的作用**。(a) 正常的眼睛，光線匯聚在視網膜上；(b) 遠視和凸透鏡的矯正效果。凸透鏡使光線在進入眼睛之前就稍微匯聚，因此可以聚焦在更前方的位置，正好聚焦在較短的眼球的視網膜上；(c) 近視和凹透鏡的矯正效果。凹透鏡使光線在進入眼睛之前先稍微發散，因此可以聚焦在更後方的位置，正好聚焦在較長的眼球的視網膜上。

視桿細胞 (rod) 的外節呈圓柱形，就像一疊硬幣包在紙捲中一樣。細胞膜包覆大約 1000 個膜片。每個膜片都佈滿視覺色素的球狀蛋白，稱為*視紫紅質* (rhodopsin)。膜片將這些色素分子保持在吸收光線最佳的位置。視桿細胞負責**夜晚視覺** [night (scotopic[49]) vision]，並僅產生灰色的圖像 (*單色視覺*)。即使在普通的室內照明下，視桿細胞都呈現*飽和* (過度刺激) 狀態且無功能。

視錐細胞 (cone) 與視桿細胞相似，不過其外節呈圓錐形，而且外節的膜片是由細胞膜直接平行折疊形成。視錐細胞對光線敏感，像星光也會產生刺激，是唯一接收日光強度的受體細胞，因此負責**白天視覺** [day

45 *my* = near 附近；*opia* = eye condition 眼部疾病
46 *hyper* = beyond 超越；*opia* = eye condition 眼部疾病
47 *presby* = old age 老年；*opia* = eye condition 眼部疾病
48 *a* = without 無；*stigma* = point 點；*ism* = condition 情況
49 *scot* = dark 黑暗；*op* = vision 視野

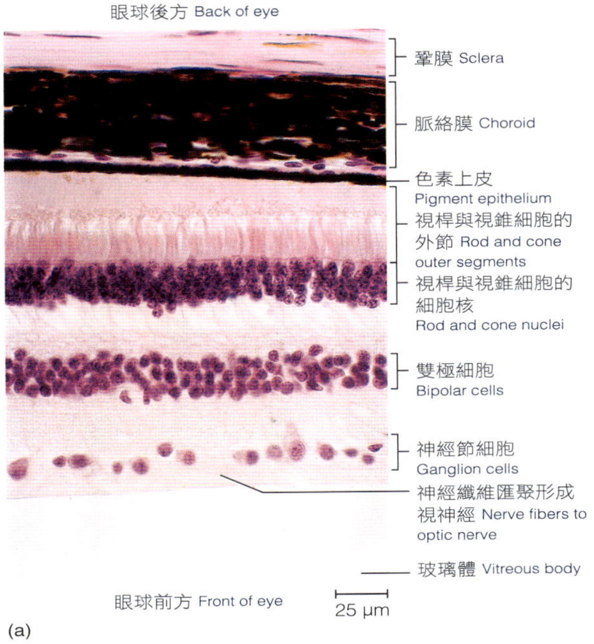

(a)

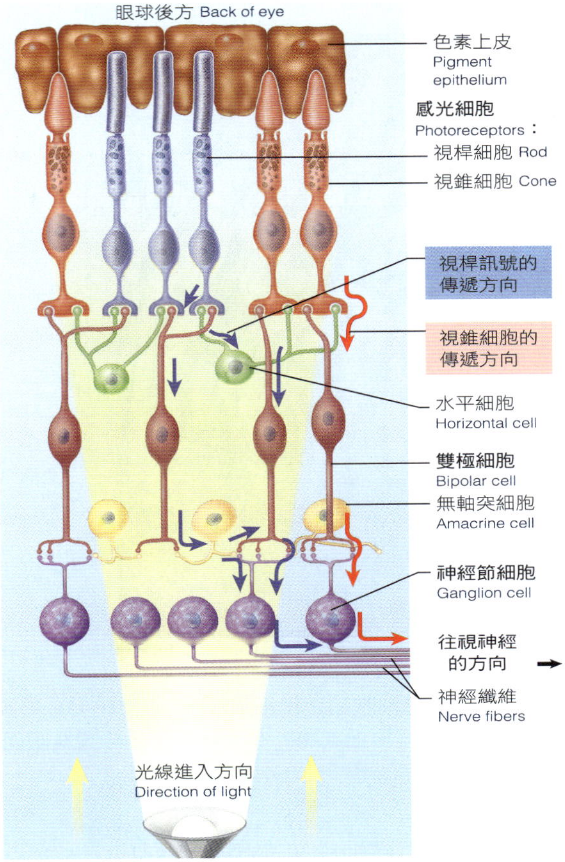

(b)

圖 17.28 視網膜的組織學。(a) 顯微照片；(b) 視網膜細胞的分層和電路的示意圖。

(a) ©McGraw-Hill Education/Dennis Strete, photographer

(photopic[50]) vision]。也負責**色彩視覺** (color vision)(三色視覺)。與視桿細胞不同，視錐細胞並沒有攜帶相同的視覺色素。視錐細胞的色素顆粒稱為光蛋白 (photopsins)。一些視錐細胞的光蛋白對波長 420 奈米 (nm) 的深藍色光反應最好；一些視錐細胞對波長 531 奈米 (nm) 的綠光反應最好；還有一些視錐細胞對波長 558 奈米 (nm)的橙黃色光反應最好。我們看到的所有顏色都是三種類型的視錐細胞，傳入大腦的各種混合結果。

2. **雙極細胞** (Bipolar cells)：視桿和視錐細胞與雙極神經元的樹突形成突觸。然後直接或間接地傳給接下來要描述的神經節細胞 (圖 17.28b)。

3. **神經節細胞** (Ganglion cells)：是視網膜最大的神經元，靠近玻璃體，且排列成單層。多數的神經節細胞接收來自多個雙極細胞的輸入訊息。神經節細胞發出的軸突形成視神經。有一些神經節細胞會直接吸收光，將訊號傳導至腦幹內可調制瞳孔直徑和身體的晝夜節律的神經核。這些神經節細胞沒有傳遞視覺圖像，而是僅偵測光的強度，它們的感覺色素稱為黑色蛋白素 (melanopsin)。

視網膜還有其他的細胞，但這些細胞沒有形成單獨一層。**水平細胞** (horizontal cells) 和**無軸突細胞** (amacrine[51] cell)(AM-ah-crin) 會將視桿細胞、視錐細胞和雙極細胞之間進行水平

50 *phot* = light 明亮；*op* = vision 視野

51 *a* = without 無；*macr* = long 長的；*in* = fibe 纖維

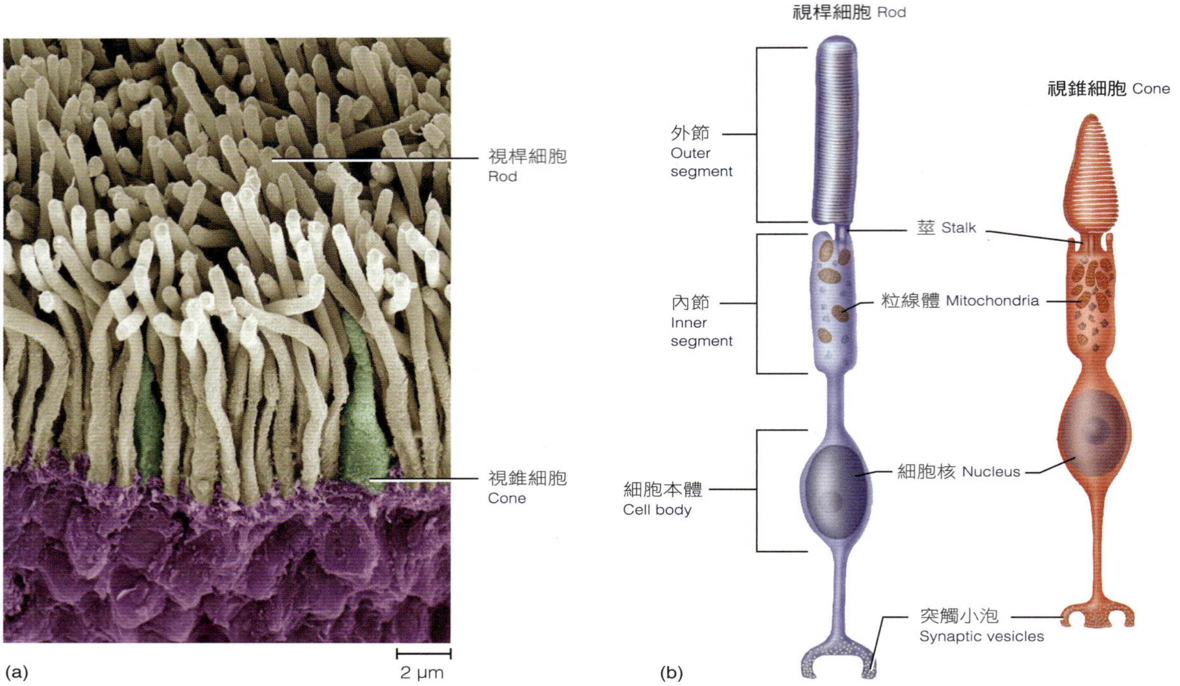

圖 17.29 視桿細胞和視錐細胞。(a) 人體視網膜的視桿和視錐細胞的掃描式電子顯微鏡圖片；(b) 視桿和視錐細胞的構造。視桿細胞的外節，實際更長，因為版面繪圖被縮小了。

(a) ©Steve Gschmeissner/Science Source

連接。攜帶視桿細胞訊號的雙極細胞，不會直接與神經節細胞形成突觸，而是先傳給無軸突細胞再轉傳至神經節細胞。水平細胞和無軸突細胞在增強對比感、影像清晰感以及光強度的變化方面，扮演多種角色。此外，視網膜的一部分由星形膠細胞和其他類型的神經膠細胞組成。

在一個眼球的視網膜中，大約有 1.3 億視桿細胞和 650 萬視錐細胞，但是在視神經中，只有大約一百萬條神經纖維。比例上是近 140 個感光細胞匯聚成 1 條視神經纖維，顯然在視覺訊號傳至大腦前，必須有實質性的神經收斂迴路 (neural convergence)，以及視網膜訊號必須先經過處理。神經收斂迴路起始於多個視桿或視錐細胞匯聚到一個雙極細胞，並再次出現多個雙極細胞匯聚到單個神經節細胞。

視網膜迴路與視覺敏感性

為什麼我們有兩種類型的感光細胞，視桿和視錐細胞。為什麼我們不能簡單地使用一種在白天和黑夜都能產生詳細色彩視覺的類型呢？答案主要在於神經收斂迴路的概念 (請參閱 13.4b 節)。視覺的**雙重性理論** (duplicity theory) 認為，單一類型的感光細胞不能同時產生高敏感度和高解析度。需要一種類型的細胞和神經迴路，以提供高敏感度的夜視能力；和不同類型的感光細胞和神經迴路，以提供高解析度的白天視野。

視桿細胞對暗光的高敏感度部分，源於視紫紅質吸收光時發生的一系列化學反應。這一系列的反應放大了光的影響，因此很小的光刺激視桿細胞，就會產生相對較大的輸出。除此之外，大約 600 個視桿細胞匯聚到一個雙極細胞，然後多個雙極細胞會通過無軸突細胞，再匯聚到一個神經節細胞 (圖 17.30a)。所以微弱

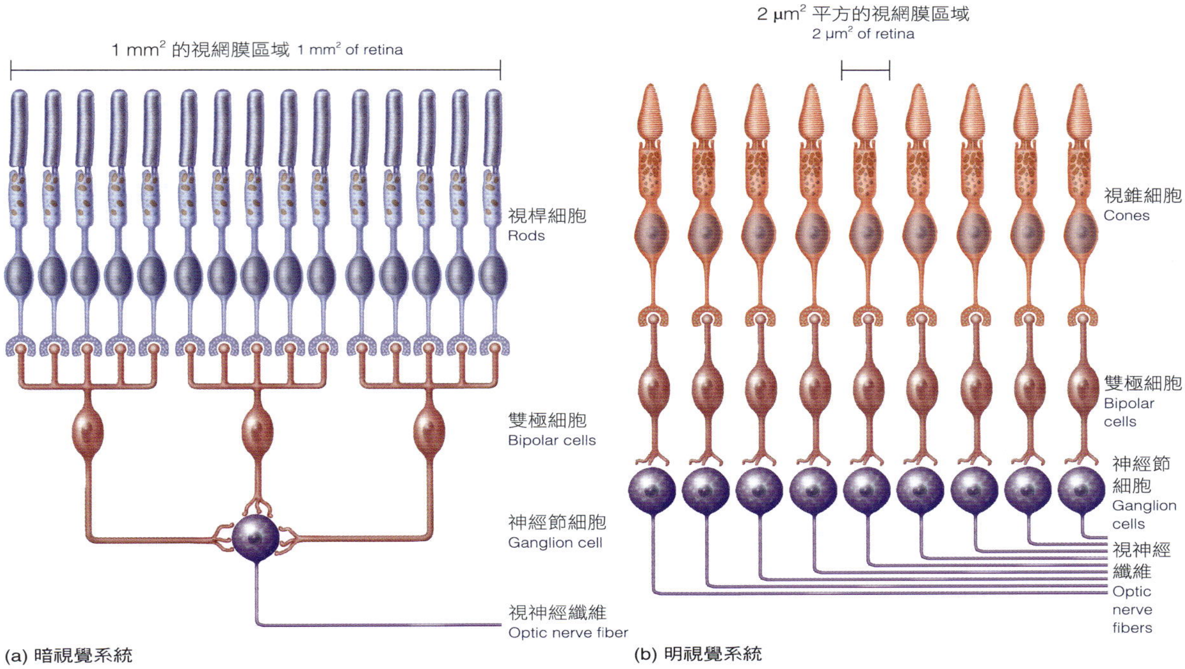

圖 17.30 **視網膜電路和視覺靈敏度**。(a) 在暗視 (夜視) 系統中，許多桿狀細胞匯聚在一個雙極細胞上，並且許多雙極細胞再匯聚在一個神經節細胞上。這種會聚情形使視桿能結合作用並刺激神經節細胞，即使在昏暗的光線下也能產生訊號。但是，這意味著每個神經節細胞，負責接收較大的視網膜區域，所以會產生較模糊的影像；(b) 在明視 (日視) 系統中，幾乎沒有神經收斂現象。在視網膜的中央凹，一個視錐細胞都有一個「私人線路」到達大腦，因此每一條視神經纖維代表一個微小的視網膜區域，因此視力相對清晰。但是，缺乏神經收斂性，意味著視錐細胞不能結合刺激神經節細胞，因此在昏暗的光線下，視覺不能很好地發揮作用。APIR

的光線刺激到一些桿狀細胞，匯聚到一個雙極細胞會產生累加效應，幾個雙極細胞可以協同激發一個神經節細胞。因此，在昏暗的光線下只有弱刺激單個視桿細胞，也可以激發神經節細胞做出反應。此系統的一個缺點是無法解析精細的圖像。一個神經節細胞可以接收來自約 1 mm^2 視網膜內的視桿細胞訊息。因此，傳到大腦感知到的是粗糙的圖像，類似過於放大的照片或低解析度的數位圖像。

在視網膜邊緣附近，感光細胞特別大而且彼此距離寬。如果專注於頁面中間的單字時，將無法閱讀頁邊附近的單字。視覺的精確度隨著遠離中央凹，則圖像的解析度迅速下降。眼睛的周邊視野是低解析度的系統，主要用來提醒我們周圍物體的運動，使我們將眼球朝向那個方位以便進一步辨識。

當直視某件東西時，其圖像會落在視網膜的中央凹，此處含有約 4,000 個視錐細胞，沒有視桿細胞。此外，中央凹的雙極細胞與神經節細胞則移位到側面，像頭髮分開一樣，所以不會干擾光線直接落在視錐細胞。這些微小的視錐細胞，就像高品質照片中細小的色點；負責在中央凹處形成高解析度的圖像。此外，此處的視錐細胞並沒有神經迴路收斂的情形。每個視錐細胞僅與一個雙極細胞連接，而一個雙極細胞又只與一個神經節細胞形成突觸。這種方式為每個中央凹的視錐細胞提供了一個「私人專線」傳到大腦。中央凹的一個神經節細胞可以接收來自約 2 μm^2 視網膜內的視錐細胞訊息 (圖 17.30b)。遠離中央凹的視錐細胞表現出一些神經收斂迴路，但是不像視桿細胞那麼廣泛。在中央凹處，視錐細胞缺乏神經收斂迴路的代價，是在神經節細胞上不會產生累加效應，因此視錐細胞對於弱光較不敏感 (需要更亮的光才能引起反應)。

應用您的知識

如果你直視著夜空中的昏暗星星，它會消失，如果你略微看向旁邊，它就會重新出現。為什麼？

17.4e 視覺傳遞途徑

視覺傳遞途徑的一階神經元是視網膜中的雙極細胞。它們直接或間接 (通過無軸突細胞) 與二階神經元形成突觸，二階神經元即視網膜的神經節細胞，其軸突匯聚形成視神經 (腦神經 II)。視神經穿過視神經管離開眼眶，然後匯聚交叉形成一個 X 形狀，稱為**視神經交叉** (optic chiasm[52])(KY-az-um)，視神經交叉位於下丘腦的下方與腦下垂體的前方。視神經交叉之後，神經纖維會再匯聚形成**視徑** (optic tracts)(圖 15.24)。在視神經交叉中，每一條視神經中只有一半的神經纖維，尤其是內側視網膜的神經纖維，會交叉到對側；外側視網膜的神經纖維不會交叉到對側 (圖 17.31)，這種情形稱為**半交叉** (hemidecussation)[53]。因此右側

52 *chiasm* = cross, X 呈 X 型交叉
53 *hemi* = half 一半；*decuss* = to cross 交叉，form an X 呈 X 型

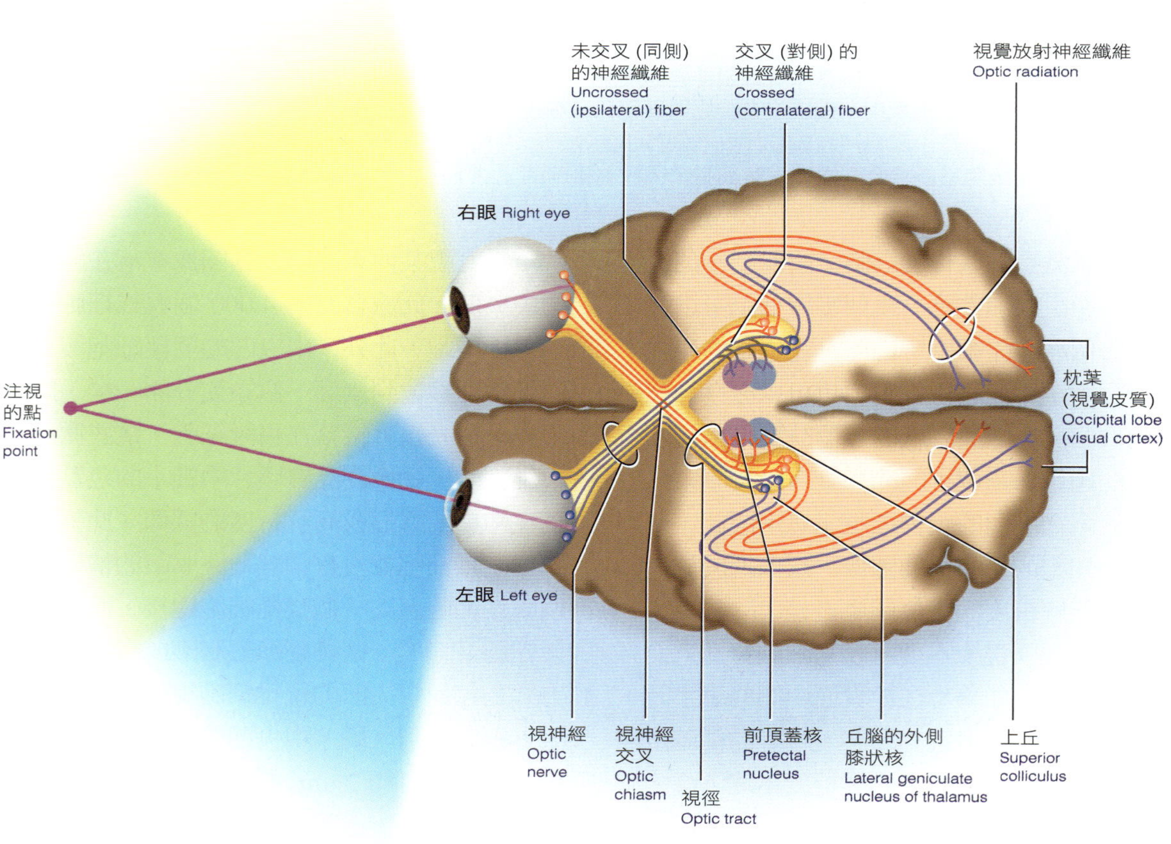

圖 17.31 **視覺傳遞途徑**。請注意，視神經交叉處的半交叉現象，會導致每個大腦的枕葉，可以同時接收兩個眼睛的視覺訊號。

大腦半球接收左側視野中的物體圖像，因為左側視野物體的圖像，會落在每個眼球的右半視網膜 (左眼的內側和右眼的外側視網膜)。你可以追蹤圖 17.31 中的視網膜各半部分的神經纖維到達右側大腦半球。相反，左側大腦半球看到右側視野中的物體。由於右腦控制身體左側的運動反應，所以大腦的每一側都能看到在身體同一側的運動狀況。兩眼的視覺和大腦半球的視野在視野中央會重疊。就是這個重疊現象，使我們獲得了立體 (三維空間) 的視覺。

視神經交叉後形成的視徑，從外側繞過下丘腦，大多數的神經纖維傳入丘腦的**外側膝狀核** (lateral geniculate[54] nucleus)(jeh-NIC-you-late)。外側膝狀核內的三階神經元再發出軸突，並形成大腦白質中的**視覺放射神經纖維** (optic radiation)。這些纖維投射到大腦枕葉的主要視覺皮質，產生圖像的感知。如果中風導致枕葉的神經組織破壞，即使眼睛功能正常也會導致失明。

視網膜的神經節細胞形成的視神經纖維有一部分走不同的路線；投射到中腦的上丘 (superior colliculi) 和鄰近的前頂蓋核 (pretectal nuclei)。上丘負責控制眼球外在肌肉的視覺反射動作，而前頂蓋核則負責調控眼球內在肌的瞳孔光反射，和晶體的焦距調節作用。因此，這一部分的神經節細胞 (約占總數的 1% 至 2%) 不參與形成我們看到的圖像，僅用於提供視覺所引發的軀體以及眼睛的自主反射。

大腦中視覺訊息處理的機制非常複雜，超出了本書的範圍。在視網膜就開始進行一些影像的處理，例如對比度、亮度、運動物體和立體視覺。主要視覺皮質會通過聯合神經纖維束，連接到位於頂葉後部和顳葉下部的視覺關聯區域。視覺關聯區域負責處理視覺的數據，以提取有關觀測物體的位置、運動狀態、顏色、形狀、邊界和其他特質。此關聯區域還存儲視覺的記憶，並使大腦識別我們所看到的東西，例如識別印刷品的文字或看到的對象名稱。關於視覺的訊息處理，仍有許多值得探究，對生物學、醫學、心理學乃至哲學都會產生重要的影響。

54 *geniculate* = bent like a knee 彎曲像膝蓋

在你繼續閱讀之前

回答下列問題，以檢驗你對上節內容的理解：

16. 列出眼睛的光學組件，並說明每個組件在形成圖像的作用。
17. 盡可能列出視桿細胞與視錐細胞在結構和功能上的多項差異。
18. 請說明從視網膜細胞吸收光的訊號，傳遞到三階神經纖維終止於大腦枕葉的傳遞途徑。
19. 討論視覺的雙重理論，總結具有不同類型的視網膜感光細胞的優勢。

17.5 發育和臨床觀點

預期學習成果

當您完成本節後，您應該能夠

a. 描述胚胎時期眼睛和耳朵的發育特徵；和
b. 描述一些味覺、視覺、聽覺、平衡感覺和體感覺功能的異常情形。

17.5a 耳朵的發育

耳朵發育自第一個咽囊 (請參閱 4.2b 節) 以及第一和第二咽弓的鄰近組織。最先發展的是內耳。它最早的痕跡是外胚層增厚，稱為**耳板** (otic placode)[55]。原本在表面增厚的耳斑向內凹陷，形成一個**耳窩** (otic pit)，然後繼續陷入中胚層中，最後與上面的外胚層分離，形成一個封閉的**耳囊** (otic vesicle)(圖 17.32a)。

55 *ot* = ear 耳；*ic* = pertaining to 關於；*plac* = plate 板；*ode* = form 形式，shape 形狀

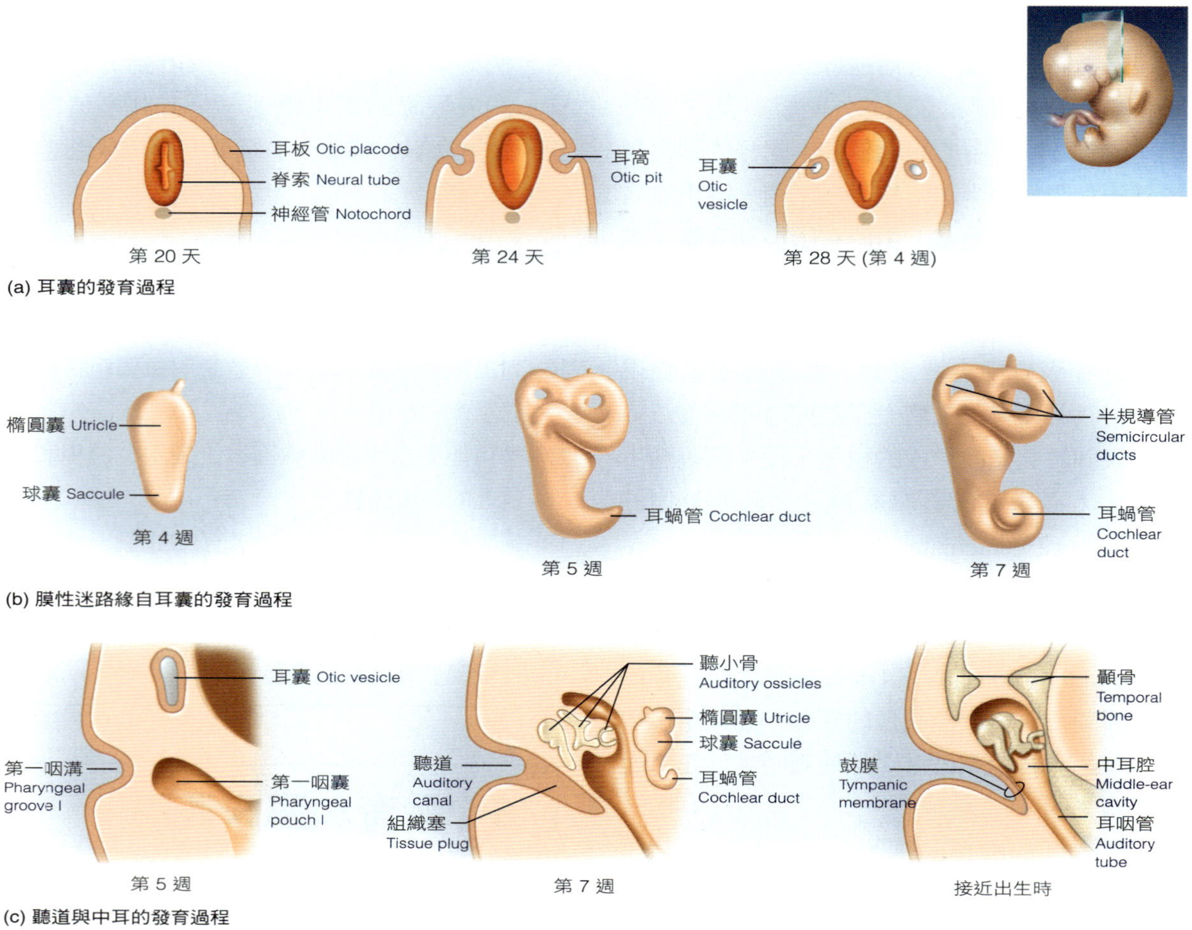

圖 17.32　耳朵的發育。(a) 受精後第 20 到第 28 天的耳囊發育；(b) 在第 4 至 7 週，耳囊發育形成膜性迷路；(c) 從第 5 週到出生時的外聽道和中耳的發育；(d) 耳廓的發育，耳廓小丘的編號可以顯示發育完全的耳廓分別來自哪一個小丘。

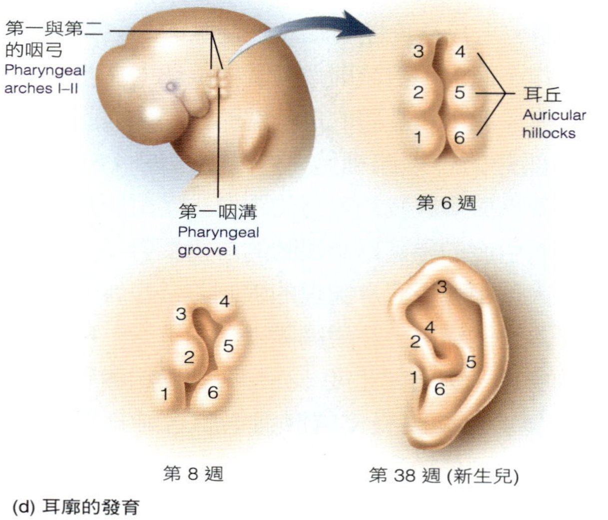

耳囊分化為兩個腔室，橢圓囊和球囊；不久之後，半規導管從橢圓囊的上方衍生形成，而耳蝸管則從球囊的下方衍生形成 (圖 17.32b)。包圍在耳囊外側源自中胚層的間葉組織，首先分化形成軟骨囊，然後在轉變成顳骨的岩狀部及內耳的骨性迷路。

中耳腔 (或稱為鼓室) 和耳咽管則是發育自第一個咽囊的延伸。第一和第二咽弓的間葉組織發育出三塊聽小骨和兩條中耳肌肉。剛發育完成時，間葉組織仍緊緊包住這些聽小骨和小肌肉，直到胎兒發育的最後一個月，包圍的間葉組織才會退化消失，留下鼓室的空間 (圖 17.32c)。

在中耳開始形成的同時，臉部側面的第一和第二咽弓會形成三對隆起，稱為耳丘 (auricular hillocks)(圖 17.32d)。這三對的耳丘會膨大、融合進一步分化為耳廓的褶皺和凹窩。耳廓在形成的過程，位於兩個咽弓之間的第一個咽溝開始拉長，並且向內凹陷，形成外聽道。鼓膜的形成則源自於外聽道和鼓室之間的壁，因此它具有雙層構造，外側是外胚層衍生，內側是內胚層衍生形成。

17.5b 眼睛的發育

眼睛發育的早期構造是**視囊** (optic vesicle)，在受精後第 24 天時，從神經管發育形成的間腦的兩側，向外突出形成 (圖 17.33a、b)。當視囊持續向外發育，到達表面的外胚層時，它會向內凹陷，形成一個雙層壁的**視杯** (optic cup)，而視杯與間腦之間的連接管道變窄，形成空心的**視柄** (optic stalk)。視杯的外壁將來變成色素視網膜 (pigment retina)，最後形成視網膜的色素上皮。視杯的內壁將來形成神經視網膜 (neural retina)。在發育第 6 週晚期，神經視網膜的細胞開始移動，

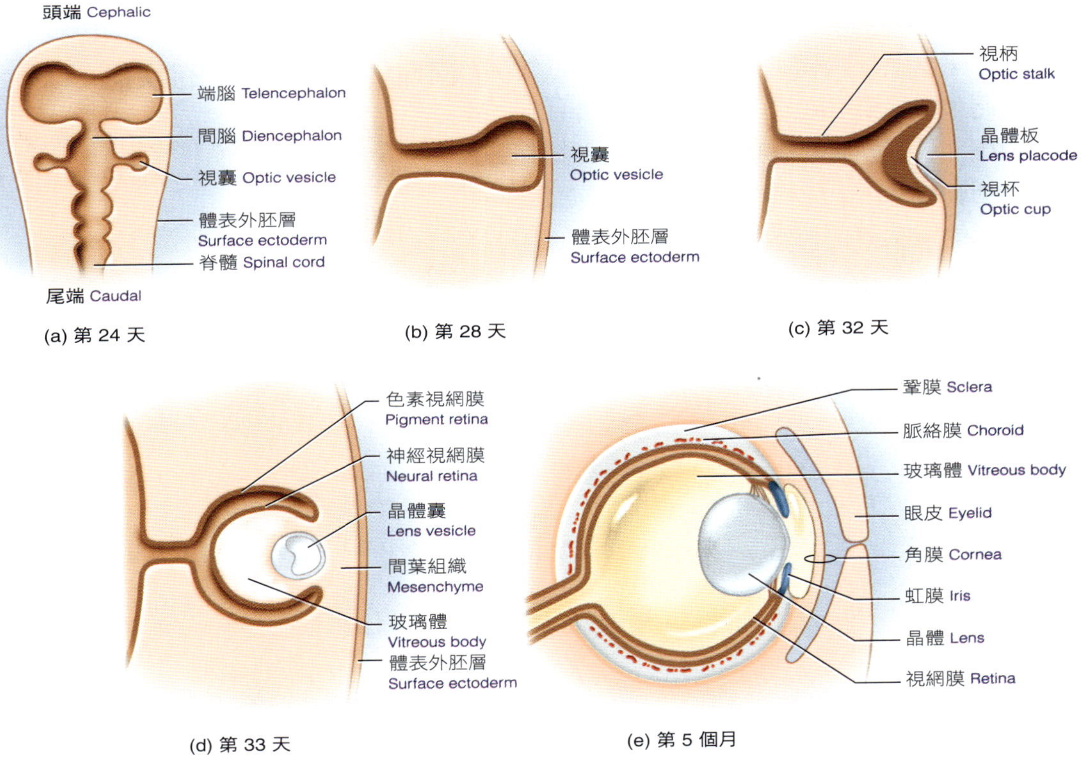

圖 17.33 **眼睛的發育**。(a) 第 24 天時胚胎頭部的水平切面。視囊是由間腦向外側突出形成；(b) 在第 28 天左右，視囊的前緣接觸體表外胚層；(c) 在第 32 天左右，視囊內陷，並變成視杯，同時誘導體表外胚層形成晶體；(d) 在第 33 天，晶體囊與體表外胚層分離，並且位於視杯中，在晶體囊與視網膜之間已分泌出凝膠狀的玻璃體；(e) 在 5 個月時，晶體囊中充滿了晶體纖維。鞏膜、脈絡膜、虹膜和角膜，都已經部分形成；眼皮快要分開，將會重新睜開眼睛。

形成感光細胞層 (視桿和視錐) 以及其他神經元。色素視網膜和神經視網膜兩層之間的狹窄空間逐漸關閉，但是視杯的這兩層只是貼附而不會融合。這就是為什麼老年之後的視網膜容易剝離。到發育的第八個月，視網膜的所有細胞層都已存在。從神經節細胞發出的神經纖維延伸到視桿內，將來進一步發育成視神經。

人類和其他脊椎動物的視網膜，比較奇特的地方是，視桿和視錐細胞是朝向眼睛的後方，遠離入射光源，這樣的安排叫做*反向視網膜* (inverted retina)。章魚眼睛的構造與人類的眼睛有很多相似構造，但是章魚眼睛的感光細胞都是朝向光源。人類反向視網膜的原因，是由於視桿和視錐細胞，與神經管的室管膜細胞有相同的胚胎發育來源。當視杯向內凹陷，感光細胞形成視杯的內側壁，向後接近視杯後側，如同室管膜細胞位在腦室的內側壁。這些感光細胞和室管膜細胞之間的同源性，也見於這些細胞都具有發達的纖毛。室管膜細胞具有常規的活動纖毛，而視桿和視錐細胞的外節段則是特化的纖毛。

當視杯向外側突出，接觸到表面的外胚層時，視杯會誘導外胚層細胞增厚形成**晶體板** (lens placode)(圖 17.33c)。此晶體板剛開始會形成空心的**晶體囊** (lens vesicle)，隨後形成實心的晶體 (圖 17.33d、e)。玻璃體從膠狀分泌物發展而來，此膠狀分泌物積聚在晶體囊和視杯之間的空間。

間葉組織包圍在視杯的周圍，並分化為眼球的外在肌、眼眶的一些附屬結構，以及眼球的某些組件，包括脈絡膜、鞏膜和部分的角膜。眼瞼是從外胚層的褶皺發育形成。在發育的第三個月後期，上眼瞼和下眼瞼彼此互相發育靠近並且融合在一起，使眼睛關閉。在發育第五個月和第七個月期間，上下眼瞼才再次分開，使眼睛睜開。

17.5c　感覺器官的疾病

此章節已經討論過很多種的感覺障礙。表 17.3 列出了五種其他的多種感覺障礙，以及簡要的說明。

表 17.3	一些感覺的疾病
味覺喪失	一種或多種味覺感覺的喪失，通常是由於舌咽神經受損 (苦味消失) 或顏面神經受損 (甜、酸和鹹味消失)
色盲	由於遺傳因素導致三種顏色類型的視錐細胞缺少一種，因此無法區分某些顏色，例如綠色和橙色。一種性聯遺傳的隱性因子，男性發生的比例多於女性
梅尼爾氏症	一種本體感覺障礙，會經歷眩暈發作 (頭暈)，並經常伴有噁心、耳鳴和耳朵壓力。通常伴有進行性聽力損失
感覺異常	在沒有刺激的情況下，卻感到麻木、刺痛、發熱或其他感覺；一種神經損傷的症狀和其他神經系統疾病
耳鳴	感覺到虛幻的聲音，例如呼嘯聲、蜂鳴聲、滴答聲或振鈴聲。可能是短暫或永久的、間歇或持續的；通常與高頻造成聽力損失有關。可能是由於耳蝸損傷造成的、阿斯匹林或其他藥物、耳部感染、梅尼爾氏症或其他原因

您可以在以下位置找到其他感覺器官疾病的討論

厭食症 (臨床應用 7.1)	視網膜剝離 (17.4b 節)	痲瘋病 (臨床應用 17.1)
散光 (表 17.2)	糖尿性神經病變 (臨床應用 17.1)	中耳感染 (臨床應用 17.2)
白內障 (臨床應用 17.4)	青光眼 (臨床應用 17.4)	近視 (表 17.2)
耳聾 (臨床應用 17.3)	遠視 (表 17.2)	老花 (表 17.2)

在你繼續閱讀之前

回答下列問題，以檢驗你對上節內容的理解：

20. 描述耳朵的發育過程中，第一個咽囊和前兩個咽弓的貢獻。
21. 從胚胎學的角度，解釋為什麼視桿和視錐細胞的外節段會背對入射光源。
22. 感覺異常和耳鳴相似嗎 (表 17.3)？
23. 厭食症 (見臨床應用7.1) 和味覺喪失 (表 17.3) 相似嗎？

學習指南

評估您的學習成果

為了測試你的知識，請與學習夥伴討論以下話題，或以書面形式討論，最好是憑記憶。

17.1 感受器類型和一般感覺

1. 感覺感受器的含義，以及感受器結構所涵蓋的範圍術語。
2. 感受器依據刺激類型，如何分類。
3. 一般 (軀體感覺) 和特殊感覺有何不同，以及哪些感覺屬於一般感覺，哪些屬於特殊感覺。
4. 感受器如何依據刺激來源進行分類。
5. 哪些感覺神經末梢是屬於無被囊包覆的類型，並且負責偵測哪些刺激。
6. 哪些感覺神經末梢是屬於有被囊包覆的類型，為什麼如此命名，負責偵測哪些刺激。
7. 說明感覺接收區域的概念，以及感受區域的大小與兩點刺激時的相關距離的關係。
8. 感覺傳遞途徑和第一至第三階神經元的概念。
9. 軀體感覺傳遞到大腦皮質和小腦的傳遞途徑。
10. 疼痛的定義，區別在快痛和慢痛，以及軀體疼痛和內臟疼痛之間的差別。
11. 頭部以及身體其他區域的疼痛訊號傳遞途徑。
12. 關於轉移疼的解釋，以及一些例子。
13. 網狀結構的作用，以及下行的止痛神經纖維如何調節對痛苦的敏感性。

17.2 化學感覺

1. 味蕾與舌乳頭的關係；舌乳頭的類型和在舌頭的位置；哪些類型的舌乳頭有味蕾，哪些沒有；除了舌頭以外，還有哪些位置具有味蕾。
2. 味蕾和味覺細胞的結構。
3. 五種主要的味覺，以及味道和風味之間的差異。
4. 味覺的傳遞途徑，以及訊號最終到達大腦皮質的位置。
5. 嗅覺黏膜以及嗅覺神經元的所在位置和結構。
6. 嗅覺訊號從黏膜傳遞到大腦皮質、邊緣系統和下丘腦的多種傳遞途徑。
7. 大腦皮質對氣味的感知，尤其是來自解剖學觀點。

17.3 耳朵

1. 耳朵的三個主要分部。
2. 外耳的部分。
3. 中耳的部分，包括其三塊聽小骨和兩條肌肉。
4. 內耳膜性迷路的主要組成部分。
5. 耳蝸的解剖結構，以及內側毛細胞與外側毛細胞的功能差異。
6. 在耳朵內的振動如何導致神經訊號的產生。
7. 耳蝸功能如何使大腦區分聲音大小 (響度) 和音調高低。
8. 從耳蝸到大腦的主要聽覺皮質的傳遞途徑；途徑中傳遞到上橄欖核和下丘的主要功能。
9. 靜態和動態平衡的區別，直線加速和角度加速的區別；內耳專門偵測這些變化的結構。
10. 球囊和橢圓囊以及內部斑的結構。
11. 耳石膜在刺激球囊斑與橢圓囊斑的作用。
12. 兩耳內的球囊和橢圓囊如何使人感覺到頭部的方位，以及如何區分水平和垂直方位的直線加速。
13. 半規導管的結構，以及頭部的角度 (旋轉) 運動如何刺激毛細胞。
14. 平衡訊號傳遞到腦幹、小腦和大腦的多種傳遞途徑。

17.4 眼睛

1. 眼眶的附屬結構和解剖構造。
2. 眼球壁的三層結構以及每層的成分。
3. 眼睛的光學組件，以及它們如何控制光線和聚焦到視網膜形成圖像。
4. 眼睛的神經組成，視網膜的不同區域在功能上有何不同。
5. 視桿細胞和視錐細胞的結構，每個細胞中的視覺色素的所在位置，以及兩種細胞類型在功能有何不同。

6. 視網膜中的視桿細胞和視錐與雙極細胞和神經節細胞之間的關聯，以及視神經纖維的起源。
7. 一些神經節細胞具有感光作用，但是與視覺的影像形成作用無關。
8. 視網膜中的水平細胞和無軸突細胞的位置，以及其在視覺中的作用。
9. 如果只具有單一類型的視網膜迴路，無法同時獲得高感光度和高解析度的原因。與此相關，視網膜中的視桿迴路和視錐迴路有何不同。
10. 視網膜的視覺訊息傳遞到枕葉和中腦的傳遞途徑，包括在視神經交叉位置發生的一半 (內側) 的神經纖維交叉，以及此現象如何將左眼與右眼的視覺訊號傳到枕葉。
11. 中腦和枕葉在視覺的功能。

17.5 發育和臨床觀點

1. 耳斑如何發育出內耳的主要結構。
2. 前兩個咽弓和第一個咽囊如何發育出外耳和中耳的結構。
3. 視囊如何形成，以及視囊如何發育形成視網膜。
4. 在胚胎發育過程中，晶體、玻璃體、前房、角膜、虹膜和眼瞼如何形成。

回憶測試

1. 偵測冷和熱刺激是經由
   a. 游離的神經末梢　d. 層狀小體
   b. 本體感受器　e. 觸覺小體
   c. 終端球
2. 所有感覺訊號除了______都必須經過丘腦轉傳，才能到達大腦皮質。
   a. 嗅覺　d. 平衡感覺
   b. 味覺　e. 視覺
   c. 聽覺
3. 輪廓乳頭對______味道特別敏感。
   a. 苦味　d. 鮮味
   b. 酸味　e. 鹹味
   c. 甜味
4. 耳朵受到一定程度的保護，藉由下列何者才不會受到巨大聲音的傷害
   a. 前庭　d. 鐙骨肌
   b. 蝸軸　e. 上直肌
   c 鐙骨
5. 耳蝸內螺旋器的感覺神經元，將聽覺訊號傳遞到
   a. 螺旋神經節　d. 下丘
   b. 耳蝸核　e. 顳葉
   c. 上橄欖核
6. 螺旋器位在
   a. 鼓膜　d. 前庭膜
   b. 第二鼓膜　e. 基底膜
   c. 蓋膜
7. 乘坐電梯時開始上升的加速度，是由下列何者接收感覺
   a. 前半規導管　d. 球囊斑
   b. 螺旋器　e. 橢圓囊斑
   c. 壺腹脊
8. 最高密度的視錐細胞位於
   a. 壺腹脊　d. 絨毛膜
   b. 視盤　e. 基底膜
   c. 中央凹
9. 在「充滿血絲」的眼中，看到的這些擴張的血管是何者的血管
   a. 視網膜　d. 鞏膜
   b. 角膜　e. 脈絡膜
   c. 結膜
10. 如果______肌肉同時收縮，一個人將會呈現鬥雞眼 (cross-eyed)
    a. 兩眼的內直肌
    b. 兩眼的外直肌
    c. 右眼的內直肌和左眼的外直肌
    d. 兩眼的上斜肌
    e. 左眼的上斜肌和右眼的下斜肌
11. 最精細的視覺是當圖像落在視網膜上的小凹中，此位置稱為______。
12. 視神經纖維來自視網膜上的______細胞。
13. 專門用於偵測組織損傷，並產生痛覺的一種感覺神經末梢，稱為______。
14. 在球囊斑和橢圓囊斑的凝膠膜，有一種碳酸鈣與蛋白質組成的顆粒，可以增加凝膠膜的重量，此顆粒稱為______。
15. 耳蝸內有三排的______細胞，具有呈 V 形排列的靜纖毛，可以調節耳蝸的頻率敏感性。
16. ______是一塊小型的骨頭，會在卵圓窗上振動，將聲音的振動傳達到內耳。
17. 中腦的______接收聽覺的輸入，並引發轉頭的聽覺反射。
18. 味覺細胞的頂端微絨毛，稱為______。
19. 嗅覺神經元會與僧帽細胞以及叢狀細胞在額葉下方的______形成突觸。
20. 在______現象中，來自內臟的疼痛會被認為是來自皮膚的疼痛。

答案在附錄 A

建立您的醫學詞彙

說出每個詞彙的含義，並從本章中給出一個使用該詞彙的醫學專有名詞或稍微的改變該詞彙。

1. noci-
2. an-
3. fili-
4. oto-
5. trochle-
6. fovea
7. alges-
8. -ate
9. tympano-
10. -stomy

答案在附錄 A

這些陳述有什麼問題？

簡要說明下列各項陳述為什麼是假的，或將其改寫為真。

1. 所有疼痛訊號必須經過腦幹的網狀結構，才能到達丘腦和大腦。
2. 觸覺的感覺神經元終止於丘腦。
3. 舌頭分為不同的區域，每個區域內的味蕾都特化成只負責偵測五種主要的味覺的其中一種。
4. 視神經是由視桿細胞和視錐細胞的軸突所組成。
5. 我們聽到的所有聲音，都來自三排的耳蝸外側毛細胞所接收。
6. 來自耳蝸和前庭器的神經纖維，終止於同側的丘腦。
7. 視桿和視錐細胞的外部節段都指向眼球前方，以盡可能捕獲較多的入射光。
8. 人類的神經元永遠不會暴露於身體的外部環境。
9. 鼓膜沒有神經纖維分佈。
10. 玻璃體位於眼球的後房。

答案在附錄 A

測試您的理解力

1. 神經收斂的原理在 13.4b 節中有解釋。請討論其與轉移痛和暗視的相關性。
2. 哪種類型的皮膚受體，能夠使你感覺到昆蟲在頭髮上爬行？哪種類型可以使你觸診病人的脈搏？哪種類型會使你感覺到皮帶太緊了？
3. 如果眼睛內玻璃體的凝膠物質開始被瓦解或是吸收，請預測可能的後果。
4. 假設病毒能夠選擇性地入侵，並摧毀下列神經組織組織。請預測感染後對感覺的影響：(a) 螺旋神經節，(b) 前庭神經核，(c) 腦神經 VIII 的運動神經纖維，(d) 腦神經 VII 的運動神經纖維，(e) 脊髓節段 L3 至 S5 的後角。
5. 比較嗅覺細胞和味覺細胞之間的異同。

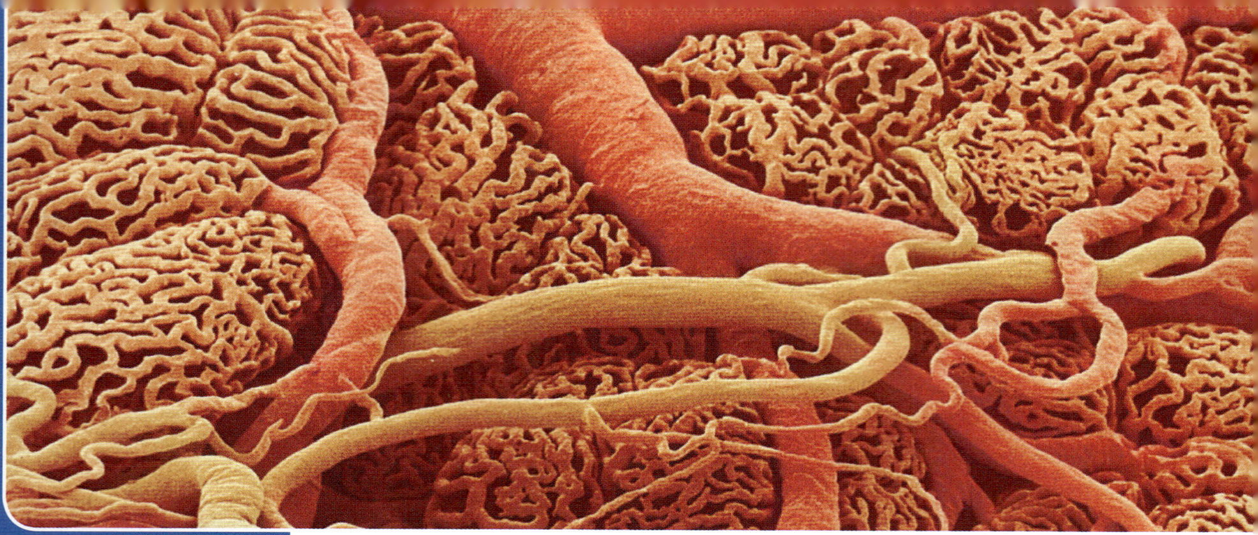

甲狀腺血管的腐蝕鑄型標本 (掃描式電子顯微鏡)

CHAPTER

18 內分泌系統

李靜恬

章節大綱

18.1 內分泌系統概述

18.1a 內分泌腺及外分泌腺的比較

18.1b 內分泌系統及神經系統的比較

18.2 下丘腦及腦下垂體

18.2a 解剖學

18.2b 下丘腦的激素

18.2c 腦下垂體前葉激素

18.2d 腦下垂體後葉激素

18.3 其他內分泌腺

18.3a 松果腺

18.3b 胸腺

18.3c 甲狀腺

18.3d 副甲狀腺

18.3e 腎上腺

18.3f 胰島

18.3g 性腺

18.3h 其他組織及器官的內分泌細胞

18.4 發育和臨床觀點

18.4a 內分泌腺的產前發育

18.4b 老化的內分泌系統

18.4c 內分泌失調

學習指南

臨床應用

18.1 缺乏腦下垂體的生活

18.2 甲狀腺素失調

複習

要瞭解本章，您可能會發現複習以下概念會有所幫助：

- 咽囊的胚胎發育 (4.2b 節)
- 神經脊細胞的胚胎發育 (13.5a 節)
- 下丘腦 (15.3a 節)

Anatomy & Physiology REVEALED® apreveaIed.com

模組 8：內分泌系統

身體欲發揮整體功能，器官必須相互溝通並協調其活性。即使只有幾個細胞的簡單生物體也具有細胞間溝通的機制。人類這樣複雜的動物，是透過神經及內分泌系統來實現，並分別運用神經傳導物質及激素進行溝通。

大家至少都聽說過一些激素，如生長激素、甲狀腺素、雌激素及胰島素，至少也熟悉一些分泌激素的腺體 (如腦下垂體及甲狀腺)，以及因為激素過量、缺乏或功能障礙導致的疾病 (糖尿病、甲狀腺腫、侏儒症等)。本章對人體合成激素的腺體及細胞進行探討，重點介紹大體解剖構造及組織學。儘管本書的重點不在生理學或病理學上，但我們將在此簡略地說明何謂激素，及其如何產生作用，激素在整個生命期中如何變化及可能的異常事件。

18.1 內分泌系統概述

預期學習成果

當您完成本節後，您應該能夠

a. 辨識激素及內分泌系統；
b. 解釋標的器官之概念；
c. 描述內分泌腺及外分泌腺的區別；和
d. 描述內分泌系統及神經系統之間相似及差異處。

激素 (hormones)[1] 是分泌至血液中的化學訊息，可刺激遠處器官的生理反應。最熟悉的激素來源是傳統上被認為是**內分泌腺** (endocrine glands) 的器官，例如腦下垂體、甲狀腺及腎上腺等 (圖 18.1)。然而，愈來愈多的內分泌學知識顯示，許多通常不被認為是腺體的組織及器官，也會分泌激素，包括大腦、心臟、小腸、骨骼及脂肪組織。**內分泌系統** (endocrine system) 由所有產生激素的細胞及腺體組成。**內分泌學** (endocrinology) 是研究該系統的科學，是與疾病診斷及治療有關的專業醫學。

內分泌腺的微血管密度很高，可以吸收及帶走激素 (請見本章的首頁圖片)，這些血管是特別可滲透的類型，稱為*有孔型微血管* (fenestrated capillaries)，管壁上有較大的孔洞，容易從腺體組織中吸收物質 (見圖 21.6)。

激素一旦進入血液，就會隨血液運送至各處，無法選擇運送到特定器官。但是，對激素有反應的唯一器官或細胞是具有該激素受體的器官或細胞。我們稱這些為**標的器官** (target organs) 或**標的細胞** (target cells)。例如，甲狀腺刺激素隨血液循環至各處，但是只有甲狀腺會產生反應。

18.1a 內分泌腺及外分泌腺的比較

第 3 章，我們探討另一類腺體，即是*外分泌腺* (exocrine glands)。外分泌腺及內分泌腺之間的主要差異在於是否存在導管。大多數外分泌腺透過導管將其產物分泌到皮膚或腸黏膜等上皮表面 (見圖 3.29)。汗腺及唾液腺就是很好的例子。相較之下，腦下垂體及甲狀腺等內分泌腺是無導管，其分泌物 (激素) 會釋放到血液中。因此，激素 (hormones) 最初被稱為人體的內部分泌物，*內分泌* (endocrine)[2] 一詞仍然暗示這事實。部分腺體，例如胰臟具有外分泌腺及內分泌腺。

部分腺體及分泌細胞無視外分泌與內分泌的任何分類。例如，肝細胞將膽汁藉由導管分泌到小腸時，就像傳統意義上的外分泌細胞。但是，肝細胞也將激素直接分泌到血液中，則為內分泌細胞的作用。肝細胞也將白蛋白及凝血因子直接分泌到血液中，因為不是透過導管釋放，不符合傳統的外分泌概念。但它們不是

1 *hormone* = to excite 興奮，set in motion 啟動

2 *endo* = internal 內部；*crin* = to secrete 分泌

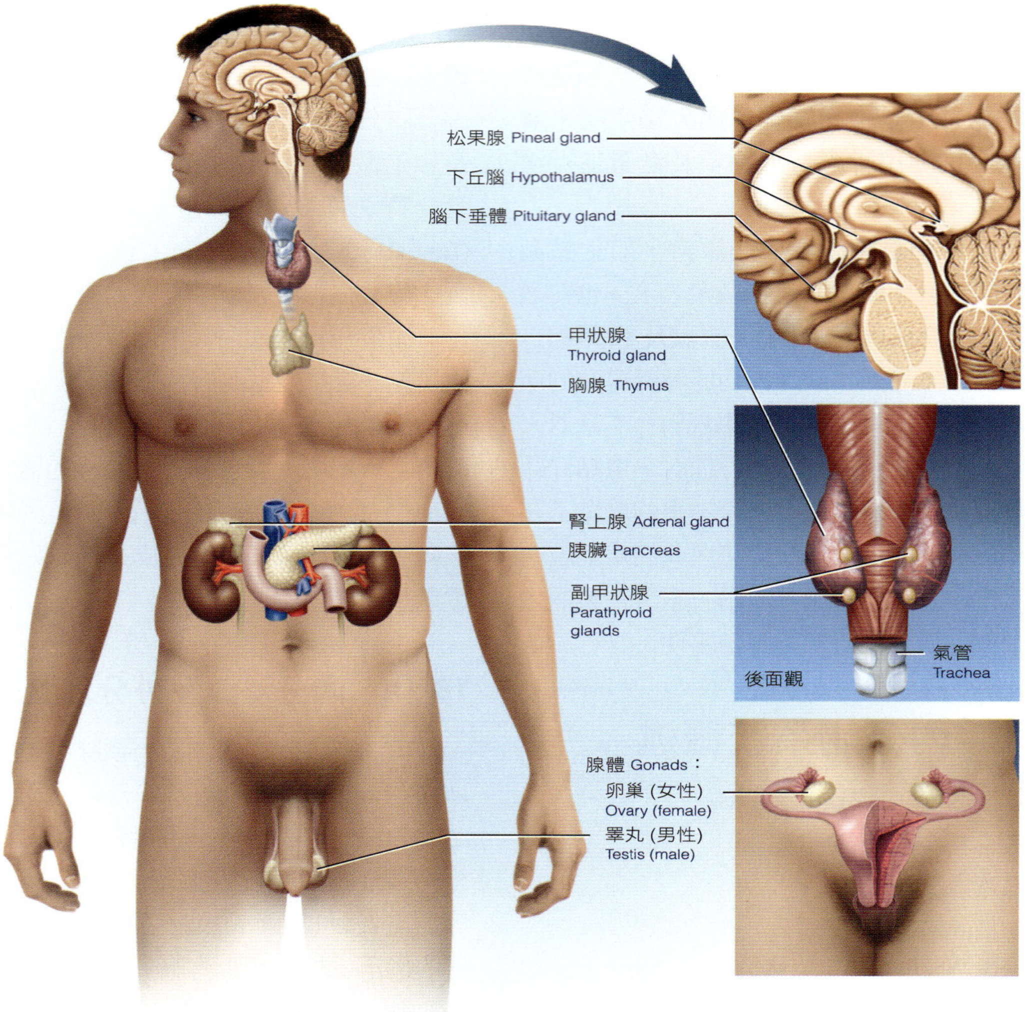

圖 18.1　內分泌系統的主要器官。內分泌系統還包含許多器官中的腺細胞，未在此處顯示。

• 閱讀本章後，至少說出三個未在圖中顯示之分泌激素的器官。APR

激素，也不符合內分泌的概念。肝細胞只是自然界眾多混淆我們的訊息之一，這將歸類為特別類別。

18.1b　內分泌系統及神經系統的比較

神經系統及內分泌系統用於內部交流，其作用為互補而非重複多餘。兩者間重要的區別是開始及停止對刺激做反應的速度。神經系統通常會在幾毫秒內做出反應，而激素則需要幾秒鐘至幾天的時間才能引起作用。當刺激停止時，神經系統幾乎立即停止反應，而激素的影響可能持續數天甚至更長。另一個不同的是，傳出神經纖維僅支配一個器官及該器官內有限數量的細胞，因此通常是精確作用於標的，且相對具特異性。相較之下，部分激素對人體的影響非常廣泛，如甲狀腺素及生長激素。

但是，這些差異不應使我們忽略兩個系統之間的相似性及交互作用。兩者都藉由化學方式進行傳遞訊息，並且幾種化學物質可以同時作為激素及神經傳導物質，例如去正腎上腺素、多巴胺及膽囊收縮素。因此，當一種特定的化學物質 (如多巴胺) 被腎上腺分泌時，可以被視為激素；而當被大腦的神經元分泌時，則被視為神經傳導物質。另一個相似之處是某些激素及神經傳導物質對相同標的細胞產生相同的作用。例如，正腎上腺素及升糖素都會刺激肝臟分解肝醣並釋放葡萄糖。

當神經及內分泌系統協調其他器官系統活動時，會不斷相互調節。部分神經元會刺激激素分泌，而部分激素也可以刺激或抑制神經元的作用。

部分細胞無法嚴格分類為神經元或腺體細胞，在許多方面作用像是神經元，但又像內分泌細胞將其分泌物 (例如催產素) 釋放到血液中，因此將這些細胞稱為——**神經內分泌細胞** (neuroendocrine cells)。

在你繼續閱讀之前

回答下列問題，以檢驗你對上節內容的理解：

1. 定義激素 (hormone)、比較激素及神經傳導物質 (請參閱 13.4a 節)。它們有何共同點？及差異處？
2. 定義術語標的細胞 (target cell)。
3. 比較外分泌腺及內分泌腺相似及差異處，說明為何這樣區分並不完美。
4. 神經系統及內分泌系統有何不同？有何相似？其相互重疊的功能及交互作用的功能為何？

18.2 下丘腦及腦下垂體

預期學習成果

當您完成本節後，您應該能夠

a. 描述腦下垂體的位置、解剖結構及其與下丘腦的解剖關係；
b. 解釋下丘腦如何控制腦下垂體功能；和
c. 列出腦下垂體前葉及後葉所產生的激素，並說明其功能。

沒有控制全部內分泌系統的總控制中心，但是腦下垂體及大腦附近的下丘腦可以調節內分泌系統。這是開始進行內分泌腺探討的合適部位。

18.2a 解剖學

下丘腦 (hypothalamus) 的形狀像扁平的漏斗，位於大腦第三腦室的底部及外側壁，在 15.3a 節有詳細介紹。下丘腦調節身體從水分平衡到性慾的原始功能，並藉由腦下垂體發揮作用。

腦下垂體 (pituitary gland; hypophysis)[3] 透過垂體柄與下丘腦相連，並且部分包圍在蝶骨鞍狀的蝶鞍 (sella turcica) 中 (見 7.2a 節所述)，約寬 1.3 cm (約菜豆的大小) 的卵圓形腺體，但在懷孕期間增大 50%。看起來像是一個腺體，但組織學和胚胎學顯示基本上有兩個腺體——腦下垂體前葉及後葉 (anterior and posterior pituitary)，具有獨立的起源及功能。在胎兒，兩者之間有一條組織帶稱為腦下垂體中間部 (pars intermedia)，但隨後的發育過程中，中間部的細胞與前葉的細胞混合在一起，因此成人沒有單獨的中間部。

腦下垂體前葉 (anterior pituitary)，又稱為垂體腺體部 (adenohypophysis)[4] (AD-eh-no-hy-POFF-ih-sis)，膨大的前葉 (anterior lobe) 是腦下垂體主要部分，占前四分之三 (圖 18.2)。具有三類細胞 (圖 18.3a)：**嗜酸性細胞** (acidophils) 及**嗜鹼性細胞** (basophils)，分別用酸性及鹼性染料染色會較深；及**厭色性細胞**

3 *hypo* = below下；*physis* = growth 生長
4 *adeno* = gland 腺體

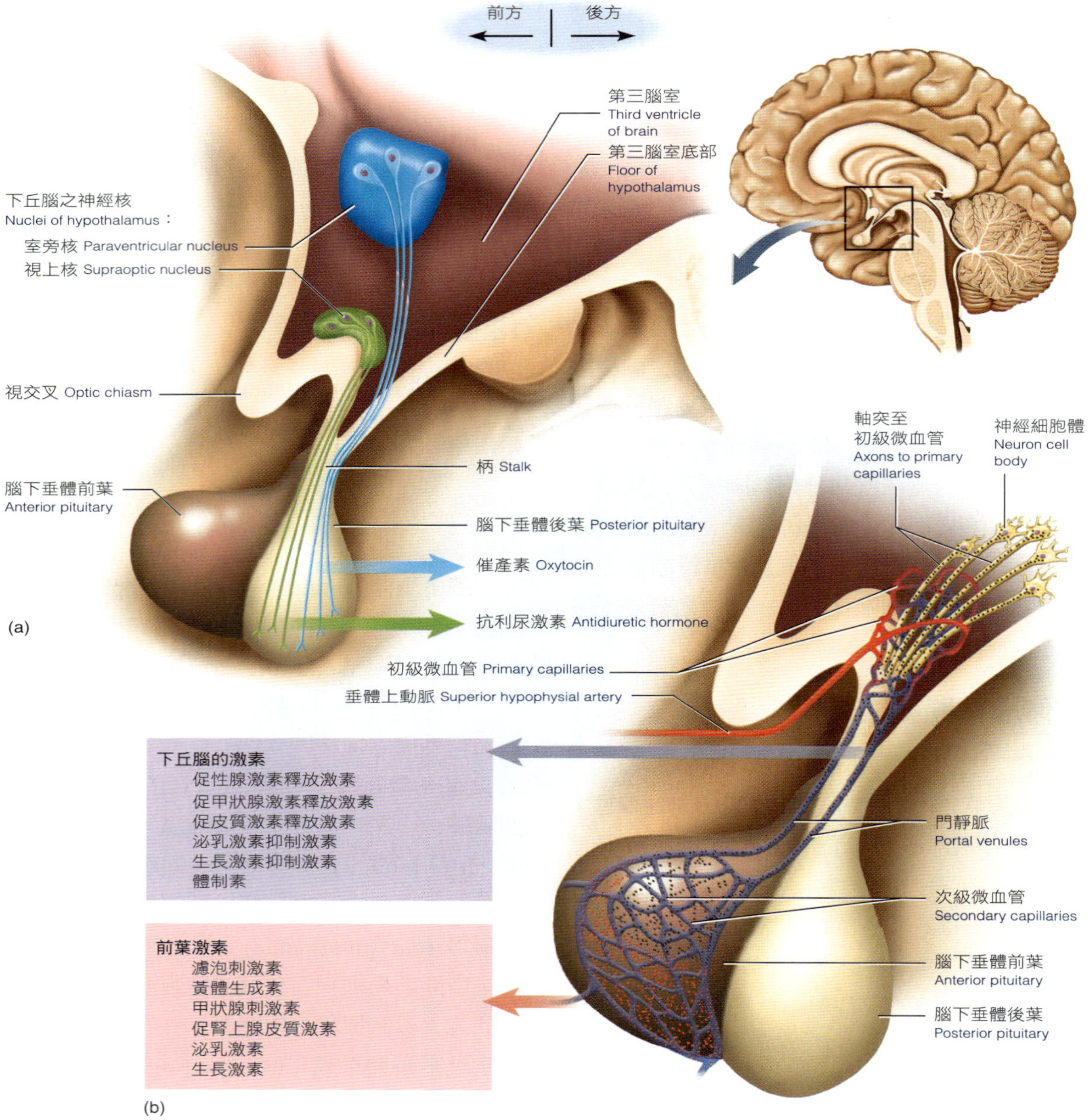

圖 18.2 腦下垂體解剖圖。(a) 腦下垂體的主要結構，及腦下垂體後葉的激素。請注意，這些激素是由下丘腦中的神經內分泌細胞的兩個核所合成，再由腦下垂體後葉釋放；(b) 下丘腦-腦下垂體門脈系統。紫色方框顯示的激素是由下丘腦分泌，並經垂體門脈系統運送至腦下垂體前葉。粉紅色方框顯示的激素是腦下垂體前葉所分泌，可以受到下丘腦釋放激素及抑制激素來控制。

• 腦下垂體的哪個部分主要是由腦組織所組成？APR

(chromophobes)[5]，其幾乎不吸收染料顯得相對蒼白。嗜酸性細胞及嗜鹼性細胞分泌腦下垂體前葉激素，這些細胞至少有五個亞類，但以普通組織學染色無法區分。厭色性細胞很少或沒有分泌活性，功能尚未確定。它們可能是暫時耗盡其分泌物的細胞，也可能是發展成嗜酸性

5 *chromo* = color 顏色，dye 染料；*phob* = fearing 恐懼，repelling 排斥

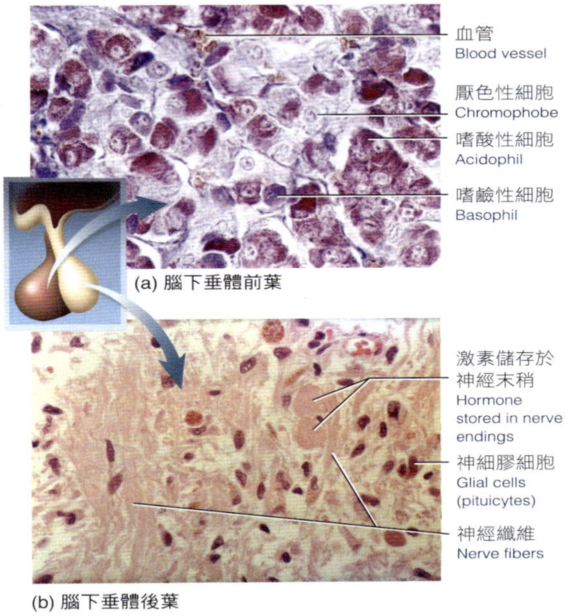

圖 18.3　**腦下垂體的組織學**。(a) 腦下垂體前葉。嗜鹼性細胞包括促性腺細胞、促甲狀腺素細胞及促腎上腺皮質細胞。嗜酸性細胞包括體促素細胞及泌乳激素細胞。組織染色法無法區分這些亞型。厭色性細胞會抵抗染色，其功能尚不清楚；(b) 腦下垂體後葉，是由神經組織組成。

(a) ©Victor P. Eroschenko; (b) ©Biophoto Associates/Science Source

細胞及嗜鹼性細胞的幹細胞。

腦下垂體前葉與下丘腦沒有神經聯繫，但下丘腦透過稱為**腦下垂體門脈系統** (hypophysial portal system) 的複雜血管與腦下垂體相連。在循環解剖學中，門靜脈系統是一種路徑，此路徑之血液回流至心臟前，經過兩個微血管床 (一個又一個)。腦下垂體由*垂體上動脈* (superior hypophysial artery) 供應血液，此動脈分成下丘腦的*初級微血管* (primary capillaries) 床，血液流經*垂體門靜脈* (portal venules)，接著小靜脈順著垂體柄向下流至前葉的*次級微血管* (secondary capillaries) 床。下丘腦控制腦下垂體藉由分泌激素進入初級微血管，向下進入垂體門靜脈並至前葉的次級微血管床。這些激素包含刺激及抑制腦下垂體釋放其自身激素。

腦下垂體後葉 (posterior pituitary)，又稱*垂體神經部* (neurohypophysis)，是腦下垂體的後四分之一。連接腦下垂體及下丘腦的**柄部 (漏斗)**(stalk；infundibulum) 是腦下垂體後葉的一部分，柄部下面腺體的膨大部分稱為*後葉* (posterior lobe)。腦下垂體後葉不是真正的腺體，而是大量神經組織神經膠細胞之間，混合著來自下丘腦神經內分泌細胞之軸突 (圖 18.3b)。軸突以束狀之**下丘腦-腦下垂體徑** (hypothalamo–hypophysial tract) 的形式穿過漏斗，並終止於後葉。下丘腦的神經元分泌激素，沿著神經軸突向下運輸並儲存在後葉中。接著，神經訊息沿著相同的軸突傳播，可以使激素釋放到血液。

18.2b　下丘腦的激素

我們探討下丘腦、前葉及後葉這三個部位產生的激素，並簡要說明每種激素的基本功能。

下丘腦合成六種調節腦下垂體前葉的激素 (圖 18.2 和表 18.1)，四種是*釋放激素* (releasing hormones)，可以刺激腦下垂體前葉分泌激素，另外兩種是*抑制激素* (inhibiting hormones)，其可抑制腦下垂體分泌。多數情況下，下丘腦激素 (hypothalamic hormones) 的命名呈現對腦下垂體激素分泌的刺激或抑制作用。例如，*促甲狀腺激素釋放激素* (thyrotropin-releasing hormone) 刺激腦下垂體前葉釋出*甲促素* (thyrotropin)。促性腺激素釋放激素 (gonadotropin-releasing hormone) 控制*濾泡刺激素* (follicle-stimulating hormone) 及*黃體生成素* (luteinizing hormone)，兩激素合稱為*促性腺激素* (gonadotropins)。生長激素抑制激素 (growth hormone inhibiting hormone, GHIH) 又稱為*體制素* (somatostatin)。其他兩種下丘腦之激素——**催產素** (oxytocin, OT) 及**抗利尿**

表 18.1 下丘腦之釋放激素及抑制激素，調節腦下垂體前葉

下丘腦的激素	對於腦下垂體前葉的主要作用
促甲狀腺激素釋放激素 (Thyrotropin-releasing hormone, TRH)	促進甲狀腺刺激素及泌乳激素的分泌
促皮質激素釋放激素 (Corticotropin-releasing hormone, CRH)	促進促腎上腺皮質激素的分泌
促性腺激素釋放激素 (Gonadotropin-releasing hormone, GnRH)	促進濾泡刺激素及黃體生成素的分泌
生長激素釋放激素 (Growth hormone-releasing hormone, GHRH)	促進生長激素的分泌
生長激素抑制激素 (Growth hormone-inhibiting hormone, GHIH) [體制素 (somatostatin)]	抑制生長激素及甲狀腺刺激素的分泌
泌乳激素抑制激素 (Prolactin-inhibiting hormone, PIH)	抑制泌乳激素的分泌

激素 (antidiuretic hormone, ADH) 是在腦中合成，但由腦下垂體後葉儲存並分泌。稍後討論與腦下垂體後葉相關功能。

18.2c 腦下垂體前葉激素

腦下垂體前葉合成並分泌六種主要激素 (表 18.2)，前四種稱為**促素** (tropic[6] hormones；trophic[7] hormones)，因為會刺激其他內分泌腺的生長，最前面兩激素之標的器官為性腺，稱為**促性腺激素** (gonadotropins)。圖 18.4 顯示這些激素與下游標的器官之關係。

6 *trop* = to turn 轉向，change 改變
7 *troph* = to feed 餵養，nourish 滋養

表 18.2 腦下垂體激素

激素	標的器官	主要作用
腦下垂體前葉		
濾泡刺激素 (Follicle-stimulating hormone, FSH)	卵巢、睪丸	女性：刺激卵巢濾泡的生長及雌激素分泌 男性：刺激精子生成
黃體生成素 (Luteinizing hormone, LH)	卵巢、睪丸	女性：刺激排卵、黃體化及黃體維持 男性：刺激睪固酮分泌
甲狀腺刺激素 (Thyroid-stimulating hormone, TSH)	甲狀腺	刺激甲狀腺生長，及甲狀腺素分泌
促腎上腺皮質激素 (Adrenocorticotropic hormone, ACTH)	腎上腺皮質	刺激腎上腺皮質的生長，及糖皮質素的分泌
泌乳激素 (Prolactin, PRL)	乳腺、睪丸	女性：刺激乳汁合成 男性：增加對黃體生成素的敏感性，及增加睪固酮分泌
生長激素 (Growth hormone, GH)	肝、骨骼、軟骨、肌肉、脂肪	刺激廣泛組織的生長，特別是在所述組織中
腦下垂體後葉		
抗利尿激素 (Antidiuretic hormone, ADH)	腎臟	保留水分
催產素 (Oxytocin, OT)	子宮、乳腺、腦	子宮收縮、乳汁射出；可能涉及射精、精子在女性子宮中運送、性愛及親子關係

圖 18.4 腦下垂體前葉的激素及標的器官。圖上方顯示下丘腦之釋放激素，刺激除了泌乳素之外的所有腦下垂體前葉激素 (圖下方) 的分泌，泌乳素會受下丘腦抑制激素的調節。

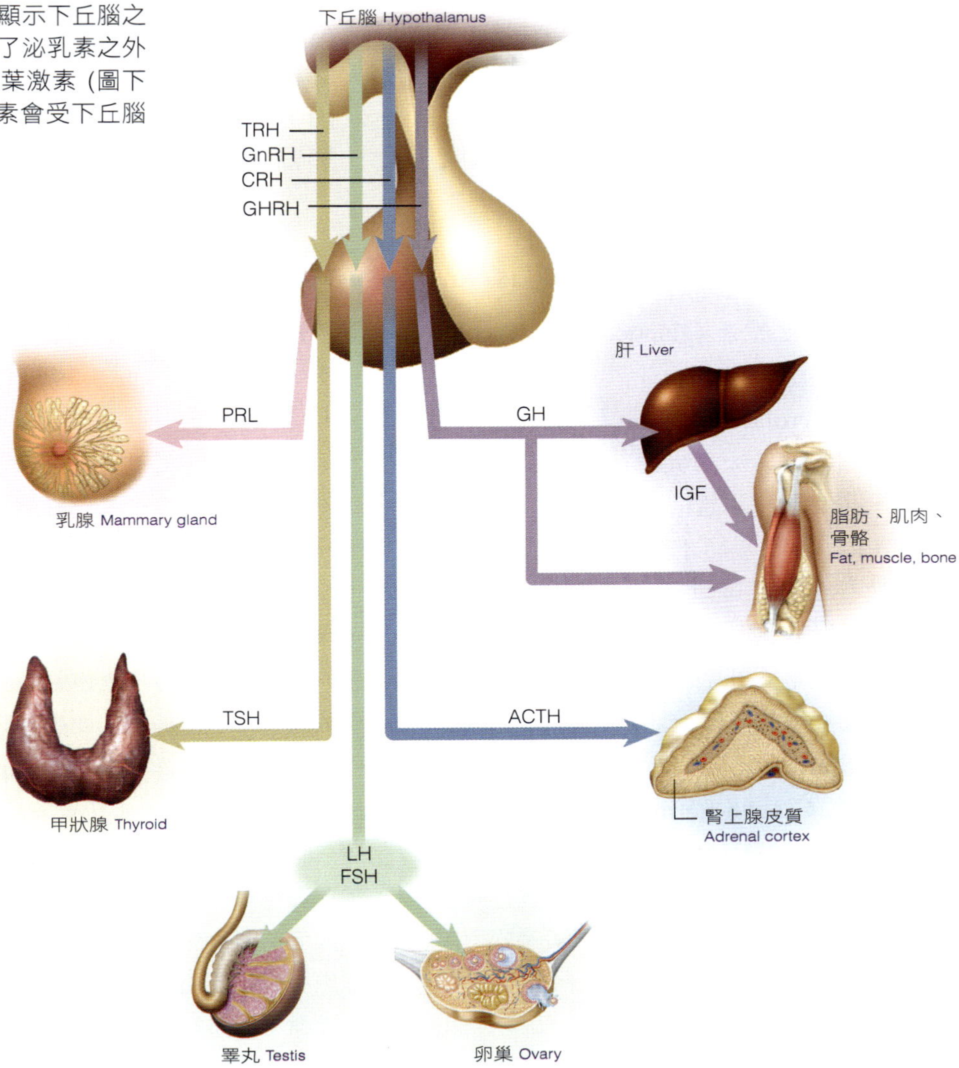

1. **濾泡刺激素** (Follicle-stimulating hormone, FSH)。FSH 是由腦下垂體細胞之嗜鹼性細胞中稱為促性腺細胞 (gonadotropic cells) 所分泌，標的器官是卵巢及睪丸。在卵巢，FSH 刺激卵巢激素的分泌，包含卵子的氣泡狀之濾泡 (follicles) 發育。在睪丸，FSH 刺激精子生成。
2. **黃體生成素** (Luteinizing hormone, LH)。LH 是由促性腺細胞所分泌。在女性，刺激排卵 (卵子的釋放)。LH 是因為排卵後會刺激濾泡剩餘的部分發展成為**黃體** (corpus luteum)[8] 而得名。LH 也刺激黃體分泌懷孕中重要的激素-黃體素。在男性，LH 刺激睪丸分泌睪固酮。
3. **甲狀腺刺激素** (Thyroid-stimulating hormone, TSH) 又稱**甲促素** (thyrotropin)。TSH 是由稱為嗜鹼性細胞中之促甲狀腺素細胞 (thyrotropic cells) 所分泌。TSH 刺激甲狀腺的生長及甲狀腺素的分泌，其作用之描述在

8 *corpus* = body 體；*lute* = yellow 黃色

後面。

4. **促腎上腺皮質激素** (Adrenocorticotropic hormone, ACTH) 或**皮促素** (corticotropin)。ACTH 是由嗜鹼性細胞中之*促腎上腺皮質細胞* (corticotropic cells) 所分泌，對於調節身體面對壓力的反應很重要。ACTH 是因為對腎上腺皮質的作用而得名，腎上腺皮質是腎附近的內分泌腺之外層。ACTH 刺激腎上腺皮質分泌*糖皮質素* (glucocorticoids)，稍後討論。
5. **泌乳激素** (Prolactin[9], PRL)。PRL 是由稱為嗜酸性細胞的*促泌乳細胞* (prolactin cells) 所分泌，在懷孕期間體積及數量會大量增加。儘管 PRL 直到產後才對乳腺產生作用，但是女性在懷孕及哺乳期間都會分泌 PRL，以刺激乳汁合成。男性 PRL 的生理意義尚未確認。促泌乳細胞的腫瘤有時會導致男性及未哺乳女性的乳汁分泌，這種情況稱為*溢乳* (galactorrhea)。
6. **生長激素** (Growth hormone, GH) 或**體促素** (somatotropin)。GH 是由嗜酸性之*促體素細胞* (somatotropic cells) 所分泌，是腦下垂體前葉中數量最多的細胞，腦下垂體產生的 GH 至少是其他任何激素的一千倍。與前述激素不同的是，GH 不是針對一個或幾個器官，而是對身體有廣泛的作用，特別是在軟骨、骨骼、肌肉及脂肪。GH 一般作用是促進有絲分裂及細胞分化，以促進廣泛的組織生長。GH 不僅直接刺激前述組織，並能刺激肝臟及其他組織分泌**類胰島素生長因子** (insulin-like growth factors, IGF)，又稱為**體介素** (somatomedins)[10]。IGFs 刺激與 GH 相同的標的器官 (圖 18.4)，兩者一起藉由脂肪調節能量，增加鈣離子、電解質含量及刺激蛋白質的合成，以支持組織的生長，此作用最明顯影響於孩童期和青春期。GH 於成年生活之能量代謝及組織維持中繼續發揮作用，但是成人不會因為 GH 缺乏而受到不良影響。

9 *pro* = favoring 傾向；*lact* = milk 奶

10 生長激素調節蛋白 (*somato*tropin *med*iating prote*in*) 的縮寫

臨床應用 18.1

缺乏腦下垂體的生活

腦下垂體分泌的激素具有廣泛的功能，很難想像生活中缺少它。然而在 29,000 名孩童中，大約只有 1 名出生時腦下垂體組織很少或缺乏腦下垂體組織。至少已知有五個突變可導致腦下垂體發育不全。還有更多的人因腫瘤、腦外傷、蛛網膜下腔出血或其他原因而使腦下垂體受破壞。

泛腦下垂體功能不足 (panhypopituitarism[11], PHP) 是指所有腦下垂體產生的激素皆缺乏，出生時出現 PHP 的某些跡象如面部中線的缺陷，例如缺少單個而非一對中央門牙、唇裂或鼻裂，而男孩則是*陰莖異常小* (micropenis)。以後可能出現的徵象及症狀包括營養代謝不良、生長遲滯、肥胖、疲勞、低血壓和青春期延遲。PHP 通常會影響成年人的生活品質，教育程度、就業及收入低；對性生活、婚姻及生育興趣低；並增加罹患心血管疾病的風險。一些證據顯示會降低預期壽命，但因為至今研究樣本量較小，尚不能確定。

PHP 是無法治癒的，需要終生激素替代療法——每天注射生長激素及口服甲狀腺素、皮質醇 (氫化皮質酮) 及抗利尿激素。在適當的年齡，男孩要接受睪固酮，女孩要接受雌激素，以發展青春期。

皮質醇是抵抗壓力的關鍵激素 (參見 18.3e 節) 尤其重要。缺乏皮質醇時，如疾病、外傷或手術等壓力可能會誘發威脅生命的*腎上腺危象* (adrenal crisis)，此表現為突然嗜睡、神智不清及言語不清，有可能出現電解質失衡、嘔吐、抽搐、血壓

11 *pan* = all 全部；*hypo* = below normal 低於正常

下降、暈厥以及潛在的猝死。腎上腺危象必須立即肌肉注射皮質醇，父母、老師、其他看護人及急救人員必須清楚認知，並準備在發生腎上腺危機時立即採取行動。

18.2d 腦下垂體後葉激素

兩種腦下垂體後葉 (posterior pituitary hormones) 的激素是抗利尿激素及催產素，兩者都在下丘腦合成，沿著漏斗柄向下運送並儲存於垂體後葉中，視需要時釋放 (圖 18.2)。

1. **抗利尿激素** (Antidiuretic[12] hormone, ADH)：ADH 主要在一對稱為視上核 (supraoptic nuclei) 的神經元群集中合成，其位於視交叉上方的下丘腦的左側和右側。ADH 可增加腎臟保留水分的能力，減少排尿量，有助於預防脫水。ADH 也被稱為*血管加壓素* (vasopressin)，是因為會引起血管收縮。這對人體來說需要異常高的濃度，然而除了在病理狀態下，此作用令人存疑。ADH 也具有大腦神經傳導物質的作用，在神經科學文獻中通常稱為*精胺酸加壓素* (arginine vasopressin)。
2. **催產素** (Oxytocin[13], OT)：OT 主要是由位在第三腦室左右側壁的一對下丘腦核，稱為**室旁核** (paraventricular nuclei) 所合成。OT 具有多種生殖作用。在分娩時，OT 會刺激分娩時之子宮收縮；在哺乳期的母親，會刺激乳汁流向乳頭，可以哺餵嬰兒。在男性及女性之性滿足及性高潮時，OT 都會激增；此種激增可能有助於男性生殖道推送精液，並協助子宮收縮將精子運送到女性生殖道。顯然，OT 有助於性滿足，以及伴侶之間的情感聯繫及嬰兒與母親的聯繫。在缺乏催產素時，雌性哺乳動物會忽略無助的嬰兒。

12 *anti* = against 對抗；*diuret* = to pass through 通過，urinate 排尿

13 *oxy* = sharp 鋒利，quick 快速；*toc* = childbirth 分娩

在你繼續閱讀之前

回答下列問題，以檢驗你對上節內容的理解：

5. 請思考腦下垂體為何是兩個單獨的腺體，請說出兩個好理由？
6. 描述下丘腦向腦下垂體傳遞訊號的兩種解剖學途徑。
7. 建立一個三欄位的表格，在中間欄位列出腦下垂體前葉的六種激素，在左欄位列出控制這些腦下垂體分泌的下丘腦激素，在右欄位列出每種腦下垂體前葉激素之標的器官及作用。
8. 說出腦下垂體後葉釋放的兩種激素，並說明它們在何處製造及其功能。

18.3 其他內分泌腺

預期學習成果

當您完成本節後，您應該能夠

a. 描述其餘內分泌腺的構造及位置；
b. 說出這些內分泌腺產生的激素並說明其功能；和
c. 討論典型內分泌腺以外的器官中，其內分泌細胞所扮演的角色。

18.3a 松果腺

松果腺 (pineal[14] gland) 附著在胼胝體後端下方之第三腦室頂部 (見圖 15.2 和 18.1)，名稱暗示像松果的形狀。哲學家 René Descartes (1596~1650) 認為它是人類靈魂的所在區。若是如此，孩子的靈魂一定比成人多，一個孩子的松果腺長約 8 mm、寬 5 mm，但是 7

14 *pineal* = pine cone 松果

歲以後迅速消退，而成人則纖維組織萎縮。松果腺分泌高峰在 1 至 5 歲之間，青春期末分泌量下降了 75%，器官的皺縮被稱為**退化** (involution)，伴隨著*松果沙* (pineal sand) 的鈣化顆粒出現。這些顆粒在 X 射線上可見，使放射線醫生能確認腺體位置。松果腺從正常位置移位，可能是腦腫瘤或其他結構異常的證據。

我們不再在松果腺中尋找人類的靈魂，但這小器官仍是具有神秘功能的神秘構造。在夜間，會合成**褪黑激素** (melatonin)，而抑制促性腺激素的分泌並防止性早熟。褪黑激素會引起嗜睡，有些人使用低劑量協助睡眠或減少時差。褪黑激素分泌的變化可能與經前症候群及季節性情緒失調 (seasonal affective disorder, SAD) 之情緒障礙有關。

松果腺被認為在我們的 24 小時*日夜節律* (circadian rhythms) 之生理功能中發揮作用，與日夜週期同步。松果腺透過間接途徑接收有關環境明暗的訊息，視神經的部分纖維終止於中腦上丘，而非到達枕葉的視覺皮層 (見圖 17.31)，在此處與第二級神經纖維形成突觸，這些神經纖維向下到達胸脊髓，然後到達交感神經鏈的頸神經節，來自此處第三級之神經纖維重新進入頭骨並傳向松果腺。

18.3b 胸腺

胸腺 (thymus) 對於內分泌、淋巴及免疫三個系統有作用，胸腺位於縱隔腔之胸骨柄後方、心臟上方的雙葉形腺體。在胎兒及嬰兒相對於鄰近的器官較大，有時在兩肺之間突出至橫膈膜，並向上延伸到頸部 (圖 18.5a)，胸腺持續生長至 5 或 6 歲，成長速度不及其他胸腔器官，因此相對體積較小。14 歲以後，胸腺快速退化；60 歲時，重量約為 20 g，但隨著年齡的增長，脂肪逐漸增加、腺體減少。在老年人，胸腺是少量纖維及脂肪殘留物，幾乎不能與周圍的縱隔腔組織區分開來 (圖 18.5b)。

胸腺是部分白血球成熟的位置，這些白血球對於免疫防禦很重要 [T 淋巴球之 *T* 是代表*胸腺* (thymus)]。胸腺分泌**胸腺生成素** (thymopoietin)、**胸腺素** (thymosin) 及**胸腺因子** (thymulin)，這些激素刺激其他淋巴器官的發育，並調節 T 淋巴球之發育及活性。在 22.2e 節更詳細討論其免疫功能。

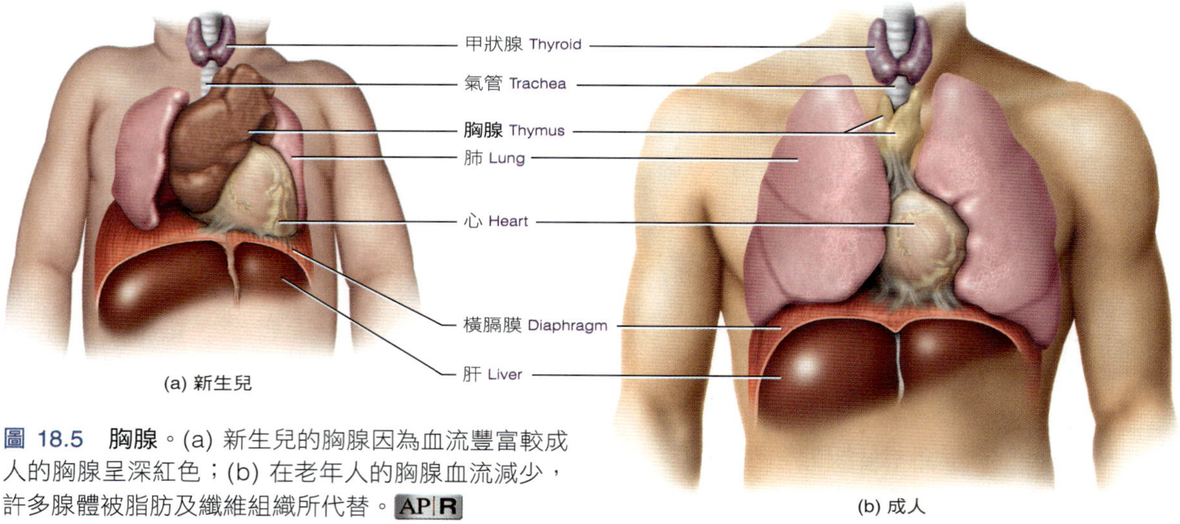

圖 18.5 胸腺。(a) 新生兒的胸腺因為血流豐富較成人的胸腺呈深紅色；(b) 在老年人的胸腺血流減少，許多腺體被脂肪及纖維組織所代替。APR

18.3c 甲狀腺

甲狀腺 (thyroid gland) 是最大的純粹內分泌功能的成人腺體，重 20~25 g，由兩葉片所組成，像蝴蝶一般圍繞著氣管，緊鄰於喉部下方 (圖 18.6a)。甲狀腺以喉部附近之盾狀甲狀軟骨 (thyroid[15] cartilage) 為名。腺體的每葉下端呈球狀，上端漸細。在下端附近，兩葉片由一條狹窄的組織橋 [**峽部** (isthmus)] 相連一起，峽部跨過氣管前方。

甲狀腺每公克組織的血液流動速度是人體最高的之一，有豐富的血管使腺體呈深紅棕色。來自頸外之頸總動脈的一對上甲狀腺動脈 (superior thyroid arteries)，及來自鎖骨附近的鎖骨下動脈的一對下甲狀腺動脈 (inferior thyroid arteries) 供應。甲狀腺由兩到三對甲狀腺靜脈 (上、中、下) 回流，這些靜脈回流入頸內靜脈及顱內靜脈。

甲狀腺的主要組織學特徵是由**甲狀腺濾泡** (thyroid follicles)(圖 18.6b) 所組成，內襯單層立方上皮之**濾卵細胞** (follicular cells)，並充滿富含蛋白質的膠體。濾泡細胞主要分泌**甲狀腺素** (thyroxine)，因為結構中有四個碘原子，又稱為**四碘甲狀腺素** (tetraiodothyronine, T_4)(TET-ra-EYE-oh-doe-THY-ro-neen)。甲狀腺也能分泌三個碘原子的**三碘甲狀腺素** (triiodothyronine, T_3)(try-EYE-oh-doe-THY-ro-neen)。**甲狀腺素** (thyroid hormone, TH) 是指 T_4 及 T_3。

甲狀腺素刺激產前及孩童時期的腦部發育及骨骼生長，促進腦下垂體之生長激素分泌，加快軀體反射、提高心跳速率及新陳代謝速率，促進腸道對碳水化合物的吸收，並降低血漿膽固醇含量。TH 也可刺激新陳代謝速率，顯著影響人體之產熱，這就是所謂的**產熱效應** (calorigenic[16] effect)。

甲狀腺在濾泡的周圍具有較少量的**濾泡旁細胞** (parafollicular)，又稱 **C (透明) 細胞** [C (clear) cells]。當血鈣高 (hypercalcemia) 於正常值時，濾泡旁細胞會分泌**降鈣素** (calcitonin)。降鈣素可促進骨骼堆積 (bone deposition) 及骨嗜 (bone resorption) 之間的平衡，此較有利於

15 *thyr* = shield 保護；*oid* = like 像，resembling 類似

16 *calori* = heat 熱量；*genic* = producing 產生

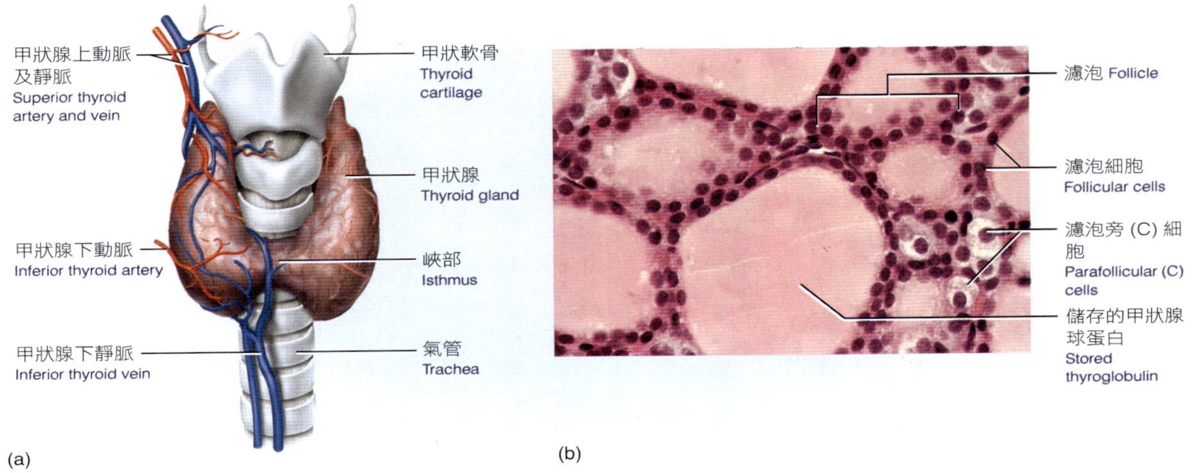

圖 18.6 甲狀腺。(a) 大體解剖，前面觀。主要血管呈現在解剖學右側；(b) 組織學，顯示囊狀甲狀腺濾泡 (甲狀腺素的來源) 及濾泡旁細胞 (C 細胞)。

• 濾泡旁細胞功能為何？ APR

(b) ©Biophoto Associates/Science Source

骨骼堆積，血鈣會隨著鈣離子進入骨骼而下降，但這影響僅在孩童才有意義，此降鈣素的作用對於健康成年人是可忽略。

18.3d 副甲狀腺

副甲狀腺 (parathyroid glands) 是頸部小卵圓形腺體，長約 3~8 mm、寬約 2~5 mm，通常有四個，但約 5% 的人有更多個，副甲狀腺通常位在圖 18.7a 所示的大致位置，附著在甲狀腺的後側，但是副甲狀腺的位置變化很大，並不總是附著在甲狀腺上，也可以出現在舌骨上方及主動脈弓下方，藉由薄的纖維囊、脂肪組織與甲狀腺組織分開 (圖 18.7b)，以與甲狀腺相同的血管供應血液並回流。

低鈣血症 (Hypocalcemia) 也就是缺乏鈣時，會刺激副甲狀腺的**主要細胞** (chief cells) 分泌**副甲狀腺素** (parathyroid hormone, PTH)。PTH 藉由促進腸道吸收鈣，抑制鈣由尿液中排泄，及間接刺激嗜骨細胞進行骨嗜來提高血液中的鈣含量。

臨床應用 18.2

甲狀腺素失調

甲狀腺素分泌過多或分泌不足的人 (分別稱為甲狀腺功能亢進及甲狀腺功能低下)，其甲狀腺素對代謝率的影響變得很明顯。這可能是由於腦下垂體的甲狀腺刺激素 (TSH) 過多 [甲狀腺功能亢進症 (hyperthyroidism)] 或不足 [甲狀腺機能低下症 (hypothyroidism)]，或者是自體抗體 (autoantibodies) 對自身組織反應不當所引起。

甲狀腺功能亢進症最嚴重的形式是葛瑞夫茲氏病 (Graves[17] disease)。這是一種模擬 TSH 的自身抗體的作用，該抗體與甲狀腺上的受體結合並且過度刺激甲狀腺。葛瑞夫茲氏病的徵象及症狀包括新陳代謝快、流汗、不耐熱、心跳加快、體重減輕。由於眼眶組織水腫和發炎，眼睛經常突出 (眼球突出)。

其他自體抗體會引起甲狀腺功能低下，這是因為它們會破壞甲狀腺組織。在成年人中，這會導致

17 羅伯・詹姆斯・葛瑞夫茲 (Robert James Graves, 1796~1853)，愛爾蘭醫師

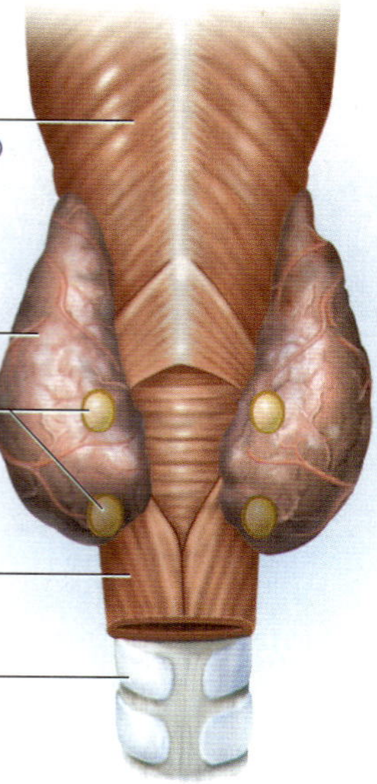

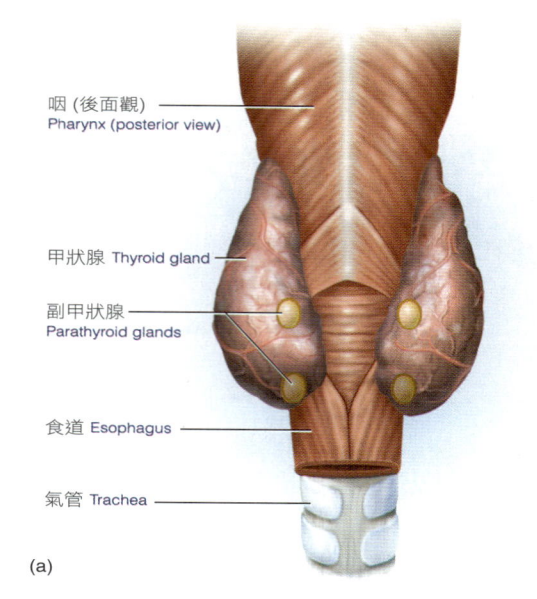

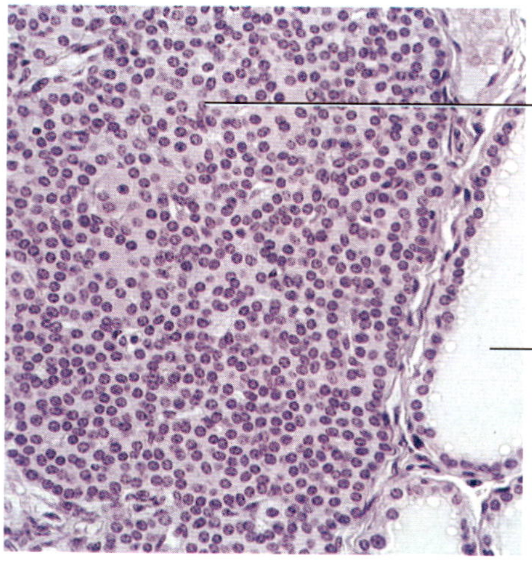

圖 18.7 副甲狀腺。(a) 甲狀腺的後表面通常包埋四個副甲狀腺；(b) 組織學。APR
(b) ©Victor P. Eroschenko

黏液性水腫 (myxedema)[18]，這是一種代謝率降低、嗜睡、精神不振、寒冷、浮腫及體重增加之症候群。由於甲狀腺素對胎兒的神經系統發育很重要，因此，如果不進行激素替代療法，從出生開始就存在的甲狀腺素缺乏症 (稱為先天性甲狀腺功能低下症) 會導致智力低下。地方性甲狀腺腫 (endemic goiter) 也是種甲狀腺功能低下，與飲食有關 (請參見 18.4c 節)。

一般而言，自體免疫疾病 (是因自體抗體引起的疾病) 對女性的影響大於男性。葛瑞夫茲氏病影響女性的人數是男性的 7 至 10 倍，黏液性水腫約為男性的 5 倍。

18.3e 腎上腺

腎上腺 [adrenal (suprarenal) gland] 附著在每個腎臟的上至內側 (圖 18.8)。右腎上腺大致呈三角形，靠在腎臟的腎上極。左腎上腺呈新月形，從腎臟的內側凹痕 (腎門) 延伸至上極。腎上腺與腎臟為腹膜後器官，位於腹膜及體後壁之間的腹膜腔外部。成人腎上腺高約 5 cm、寬 3 cm，及厚約 1 cm。成人腎上腺重量約 7~10 g，但新生兒則約為兩倍。2 個月大時，因外層 (腎上腺皮質) 的退化，重量減少了約 50%。

腎上腺如同腦下垂體，是由兩個不同來源及功能的胎兒腺體合併而成。內核為**腎上腺髓質** (adrenal medulla)，占腺體質量的 10%~20%。依據血流量不同，顏色從灰色到深紅色，其周圍是厚的**腎上腺皮質** (adrenal cortex)，占腺體的 80%~90%，整個腺體被纖維囊包圍。

腎上腺有三條動脈供應血液：源自橫膈膜之膈動脈的上腎上腺動脈 (superior suprarenal artery)；源自主動脈的中腎上腺動脈 (middle suprarenal artery)；及源自腎臟之腎動脈的下腎上腺動脈 (inferior suprarenal artery)。血液藉由腎上腺靜脈 (suprarenal vein) 回流，右腎上腺之腎上腺靜脈流至下腔靜脈，而左腎上腺之腎上腺靜脈則流至左腎靜脈。

18 *myx* = mucus 黏液；*edema* = swelling 腫脹

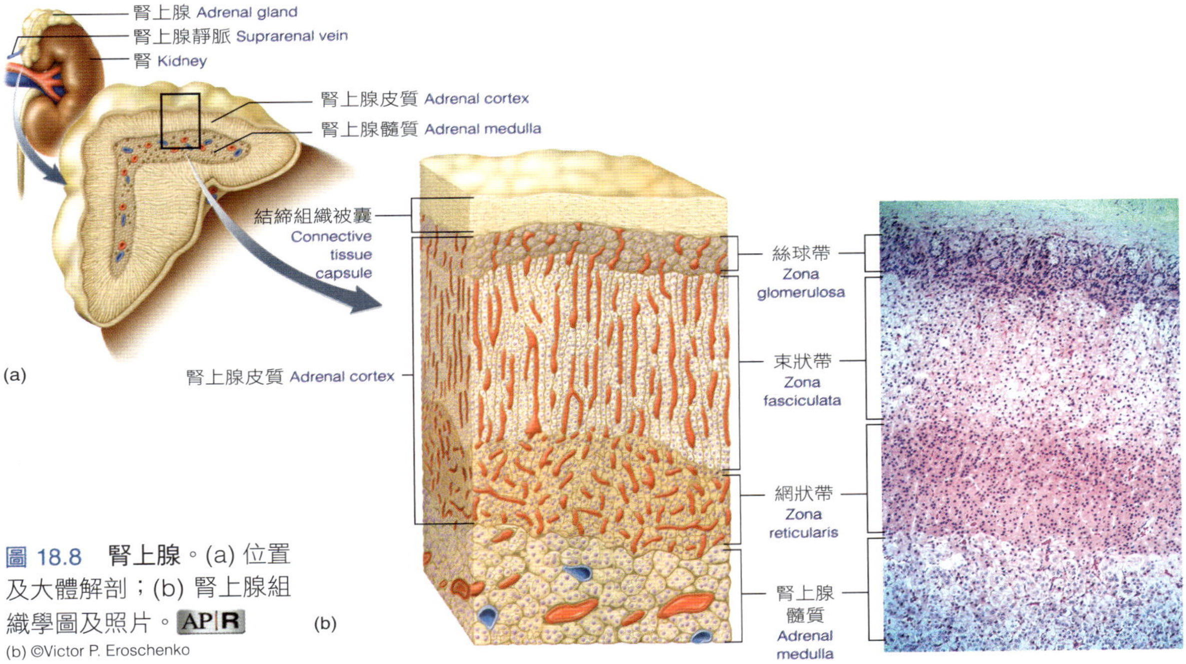

圖 18.8 腎上腺。(a) 位置及大體解剖；(b) 腎上腺組織學圖及照片。AP|R

(b) ©Victor P. Eroschenko

腎上腺髓質

腎上腺髓質具有雙重性質，作為內分泌腺及交感神經系統的神經節 (見 16.2b 節)。交感神經節前神經纖維穿過腎上腺皮質至腎上腺髓質之**嗜鉻細胞** (chromaffin cells)(cro-MAFF-in)。這些細胞可被染料染呈褐色而得名，本質是交感神經突觸後神經元，由於沒有軸突或樹突，而是像其他任何的內分泌腺將分泌物直接釋放至血液中，因此嗜鉻細胞被認為是神經內分泌細胞。當其受神經纖維刺激後，會分泌**腎上腺素** (epinephrine)、**正腎上腺素** (norepinephrine) 及**多巴胺** (dopamine) 的混合物。在恐懼、疼痛及其他壓力下，嗜鉻細胞分泌活性增加，並模擬及補充了交感神經系統的興奮作用。嗜鉻細胞還可以提高代謝率、提高心跳速率及心收縮強度，並調節葡萄糖及脂肪酸來滿足人體對能量增加的需求。

腎上腺皮質

腎上腺皮質包圍著髓質，能合成 25 種以上的類固醇激素，統稱為**皮質類固醇** (corticosteroids) 或**類皮質素** (corticoids)。

這些激素都是由膽固醇合成，膽固醇與其他脂質使皮質呈黃色。目前所知，只有五種皮質類固醇在生理上具有重要意義。皮質由三層組織所組成，其組織學及激素分泌皆不同 (圖 18.8b)。

1. **絲球帶** (zona glomerulosa[19])(glo-MER-you-LO-suh) 是一個薄層，在人體內比其他部分哺乳動物發育較少，是在腺體表面於被膜下方。絲球 (glomerulosa) 是指細胞排列成小的圓形簇 (full of little balls)，絲球帶會分泌礦物皮質素 (mineralocorticoids) 一家族激素。
2. **束狀帶** (zona fasciculata[20])(fah-SIC-you-LAH-ta) 是厚的中間層，約占皮質的四分之三。細胞排列在垂直於腎上腺表面、由微血管分隔的平行束狀帶中，此區細胞稱為**海綿細胞** (spongiocytes)，是因為細胞質有過多的脂質小滴而呈現泡沫狀外觀。束狀帶分泌稱為糖皮質素 (glucocorticoids) 及性類固醇 (sex steroids)。
3. **網狀帶** (zona reticularis[21])(reh-TIC-you-LAR-iss) 是狹窄的，位在最內層與腎上腺髓質相鄰，細胞呈分支網絡而得名。此層分泌性類固醇——**雄性素** (androgens) 及少量**雌激素** (estrogens)。男性及女性皆有雄性素存在並扮演重要角色，因最著名的作用為刺激多方面的男性發育及生殖生理學，故命名雄性素。腎上腺皮質的雄性素是**脫氫表雄酮** (dehydroepiandrosterone, DHEA)(dee-HY-dro-EP-ee-an-DROSS-ter-own) 及**雄烯二酮** (androstenedione)(AN-dro-STEEN-di-own)，這些類似於睪固酮，但效力較弱，可以刺激男性生殖道的產前發育、男女在青春期的恥骨毛和腋毛以及頂分泌腺的生長，及青春期、成年男女的性慾。

醛固酮 (aldosterone) 是最重要的礦物皮質素，僅由絲球帶分泌，作用於腎臟將鈉保留在體液中，並藉由尿液排出鉀。水分藉由滲透作用與鈉一起保留，因此醛固酮有助於維持血量及血壓。**皮質醇 (氫化皮質酮)**[Cortisol (hydrocortisone)] 是最有效的糖皮質素，由束狀帶及網狀帶分泌，此激素能刺激脂肪及蛋白質分解、糖質新生及將脂肪酸及葡萄糖釋放至血液。皮質醇有助於身體適應壓力並重建受損的組織。**雄性素** (androgens) 及**雌激素** (estrogens) 是由束狀帶及網狀帶分泌的性類固醇。腎上腺雄性素與睪固酮相關，對於生殖發

19 *glomerul* = little ball 小球；*osa* = full of 充滿
20 *fascicul* = little bundle 小束；*ata* = possessing 具有
21 *reticul* = little network 小網絡；*aris* = pertaining to 關於

育、行為，及骨質維持有作用。在男性中，睪丸分泌的大量雄性素掩蓋了腎上腺，但是在女性中，腎上腺滿足了雄性素需求約 50%。腎上腺雌激素通常在育齡婦女中較不重要，因為與卵巢產生的雌激素相比，其數量很少。然而更年期後，卵巢不再有作用，只有腎上腺會分泌雌激素。

應用您的知識

孕婦的腎上腺束狀帶明顯增厚，您認為此現象有何益處？

18.3f 胰島

胰臟 (pancreas) 是長形海綿狀腺體，位於胃的下後方。大部分位在腹膜後 (圖 18.9)，長約 15 cm、厚約 2.5 cm，大部分是外分泌之消化腺，於 24.6c 節中討論胰臟的大體解剖結構。但是，散佈在整個外分泌組織的是大約 100~200 百萬個稱為**胰島** (pancreatic islets)，又稱**蘭氏小島** (islets of Langerhans[22]) 的內分泌細胞。儘管胰島的質量不到胰臟的 2%，但它們分泌的激素對於代謝十分重要，尤其是胰島素及升糖素，這些激素的主要作用是調節**血糖** (glycemia)，即血液中葡萄糖的濃度。

典型胰島大小約為 75×175 μm。胰島包含少量至 3,000 個細胞，主要分為三類：

1. α 細胞 (alpha cells) 或是**升糖素細胞** (glucagon cells)，於兩餐之間血糖降低時，就會分泌**升糖素** (glucagon)，其作用是刺激肝臟儲存的葡萄糖釋放以及脂肪組織中的脂肪酸釋放，而提供人體血源性燃料，直到下一次進餐。
2. β **細胞** (beta cells) 或稱為**胰島素細胞** (insulin cells)，能分泌**胰島素** (insulin) 及**澱粉素** (amylin)。在進餐時及飯後立即分泌胰島素，以反應血液中營養物質 (如葡萄糖及胺

22 保羅・蘭格罕 (Paul Langerhans, 1847~88)，德國解剖學家

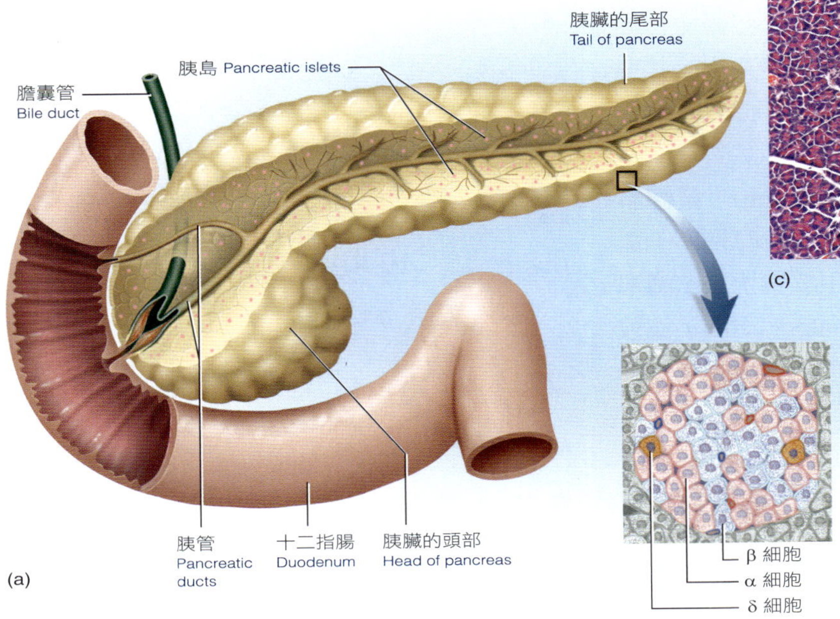

(a)

(b) 胰島細胞

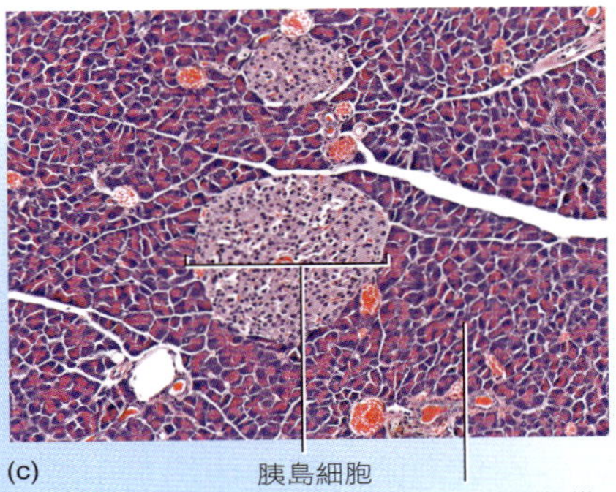

(c)

圖 18.9 胰臟。(a) 大體解剖及其與十二指腸的關係；(b) 胰島細胞。未顯示 PP 細胞；它們數量很少，以普通的組織學染色無法區分；(c) 在較暗的外分泌組織中之胰島的光學顯微照片。

• 胰臟之外分泌細胞的功能為何？ APR

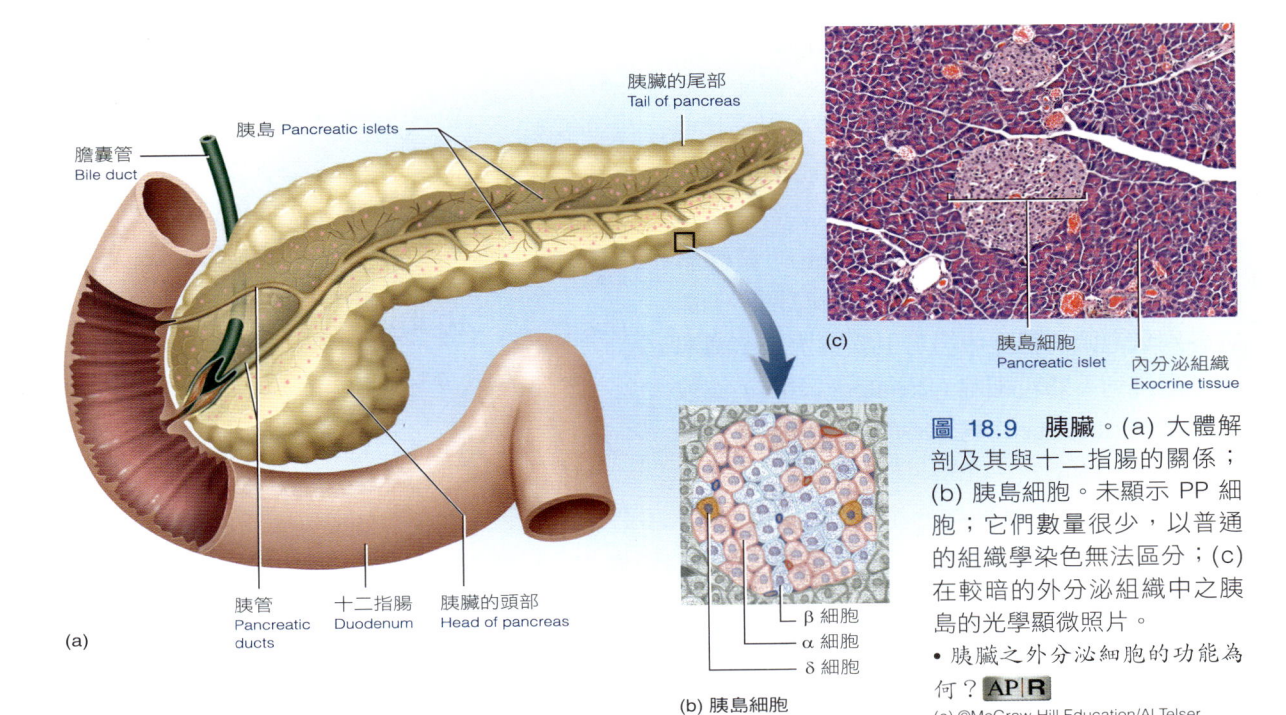

基酸) 的升高，可以刺激大多數人體組織吸收這些營養物質並進行儲存或代謝，澱粉素會增強胰島素的作用並影響胃排空及膽汁分泌。

3. δ 細胞 (delta cells) 或稱為**體制素細胞** (somatostatin cells)，能分泌體制素 (somatostatin)，即生長激素抑制激素 (growth hormone-inhibiting hormone)。體制素在與胰島素相同的條件下分泌，有助於調節消化及營養吸收的速度，並可能調節其他胰島細胞的活性。
4. **PP 細胞** (PP cells) 於進餐後 4 或 5 小時能分泌**胰多肽** (pancreatic polypeptide, PP)，藉由作用於大腦的受體，PP 抑制了迷走神經對胰臟刺激。

這些胰臟細胞的比例約為 α 細胞為 20%、β 細胞為 70 %、δ 細胞為 5 %，以及少量的 PP 細胞及其他細胞。

18.3g 性腺

性腺 (gonads)(卵巢和睪丸) 如同胰臟，具有內分泌腺及外分泌腺的功能。外分泌產物是卵子及精子，而內分泌產物是性腺激素，其中大多數是固醇類激素，在 26.2b 和 26.3a 節描述其大體解剖結構。

卵巢主要分泌**雌激素** (estrogen)、**黃體素** (progesterone) 及**抑制素** (inhibin)。每個卵子都在各別氣泡狀的濾泡中發育 (圖 18.10a)，濾泡中內襯排列著**顆粒細胞** (granulosa cells)，並被**內鞘細胞** (theca cell) 包圍。內鞘細胞及顆粒細胞共同合成雌激素。在每月卵巢週期，濾泡排卵 (釋放卵子) 並且開始分泌大量黃體素。雌激素及黃體素有助於生殖系統及女性特徵之發育、調節月經週期、維持妊娠、乳腺發育以備泌乳。濾泡也會分泌抑制素，抑制素會從卵巢傳遞至腦下垂體前葉，以抑制濾泡刺激素

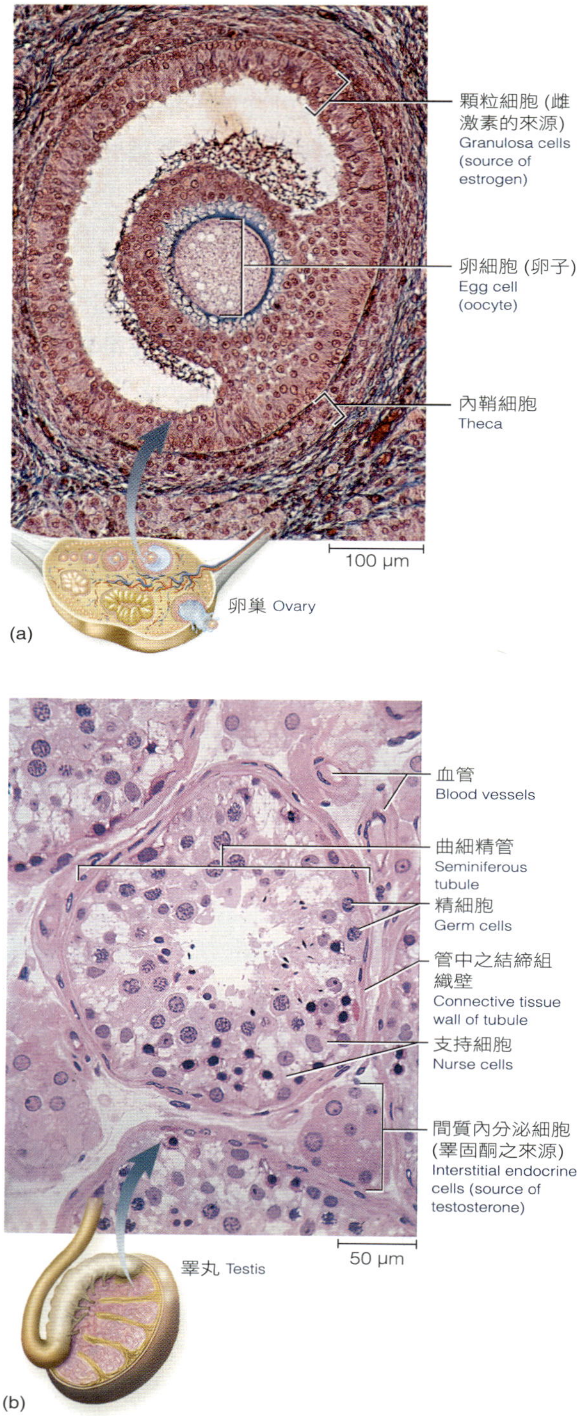

圖 18.10 **性腺**。(a) 卵巢濾泡的組織學；(b) 睪丸的組織學。卵巢的顆粒細胞，及睪丸的間質內分泌細胞及支持細胞會分泌激素。APIR
©Ed Reschke/Getty Images

(FSH) 的分泌。這些激素的作用將在第 26 章進一步討論。

睪丸分泌**睪固酮**、較少量弱效的雄性素 (androgens)、雌激素以及抑制素，睪丸主要是由產生精子的曲細精管所組成。曲細精管壁部分由**支持細胞** (supporting cells；Sertoli cells；nurse cells) 構成，也是抑制素分泌的來源，透過限制 FSH 的分泌，抑制素可以調節精子生成的速率。曲細精管之間有**間質內分泌細胞** (interstitial endocrine cells)(圖 18.10b) 是睪固酮及其他性類固醇的來源。睪固酮刺激胎兒及青春期男性生殖系統的發育，以及青春期男性特徵的發育及性慾，在整個成年期維持精子生成及性本能。

18.3h 其他組織及器官的內分泌細胞

典型內分泌腺以外的其他幾個組織及器官也具有分泌激素的細胞：

- **皮膚** (skin)：表皮的角質形成細胞產生膽利鈣醇 (cholecalciferol)，這是**促鈣三醇** (calcitriol)[又稱為**活化型維生素 D_3** (1, 25-dihydroxy vitamin D_3)] 的合成第一步。需藉由肝臟及腎臟完成此過程。
- **肝** (liver)：肝臟至少參與五種激素的合成：(1) 將膽利鈣醇轉化為促鈣二醇 (calcidiol)，這是促鈣三醇合成的第二步驟。(2) 分泌**血管收縮素原** (angiotensinogen)，此蛋白質被腎臟、肺部及其他器官轉化為**血管收縮素 II** (angiotensin II)，此激素可以升高血壓。(3) 分泌**紅血球生成素** (erythropoietin, EPO)(eh-RITH-ro-POY-eh-tin)，刺激紅血球 (erythrocyte) 生成。(4) 分泌**鐵調素** (hepcidin)，調節鐵的恆定。(5) 分泌**類胰島素生長因子-I** (insulin-like growth factor I, IGF-I)，調節生長激素的作用。
- **腎** (kidneys)：腎臟分泌人體大部分紅血球生成素 (85%)；協助促鈣三醇合成過程的第三步驟，也是最後一步驟；參與在血管收縮素 II 合成過程之第二步驟。
- **心** (heart)：心臟分泌心房利鈉胜肽 (natriuretic[23] peptides)，可增加鈉由尿液中排泄，並且降低血壓。
- **胃** (stomach) 及**腸** (intestines)：這些器官構成了人體最大的內分泌網絡，包含各種腸內分泌細胞 (enteroendocrine cells)[24]，分泌超過 15 種**腸激素** (enteric hormones)，調節進食、消化、胃腸活動力及分泌，以及維持黏膜。腸內分泌細胞包括刺激胃酸分泌的**胃泌素** (gastrin)；**膽囊收縮素** (cholecystokinin) (COAL-eh-SIS-toe-KY-nin)，可以刺激膽汁分泌；**飢餓素** (ghrelin)(GREL-in)，能產生飢餓感；以及**胜肽 YY** (peptide YY)，會產生飽食感 (食慾不振)，並想停止進食。
- **脂肪組織** (adipose tissue)：脂肪細胞分泌**瘦素** (leptin)，瘦素對大腦具有長期的食慾調節作用，並在青春期開始作用。
- **骨組織 (骨)**(osseous tissue；bone)。造骨細胞分泌**骨鈣化素** (osteocalcin)，增強胰島素的分泌及作用並抑制脂肪堆積 (體重增加)。
- **胎盤** (placenta)：在懷孕期間執行許多功能，包括提供胎兒營養、氧及清除廢物。分泌雌激素、黃體素、調節懷孕，刺激胎兒發育及母親乳腺發育。

應用您的知識

通常，兩種激素對相同標的器官有拮抗 (antagonistic) 的作用。例如，催產素會刺激分娩時子宮收縮，而黃體素則會抑制早產。在本章中，請列舉其他激素拮抗作用的例子。

23 *natri* = sodium 鈉；*uretic* = pertaining to urine 與尿有關
24 *entero* = intestine 腸

內分泌系統是廣泛的，包括許多散佈的腺體及其他器官組織中的個別細胞。表 18.3 概述下丘腦及腦下垂體以外的內分泌器官及組織。

表 18.3 下丘腦及腦下垂體以外來源的激素

來源	激素	標的器官及組織	主要作用
松果腺 (Pineal gland)	褪黑激素 (Melatonin)	腦	影響情緒、可能調節青春期時機
胸腺 (Thymus)	胸腺生成素、胸腺素、胸腺因子 (Thymopoietin, thymosin, thymulin)	T 淋巴球	刺激 T 淋巴球的發育及活動
甲狀腺 (Thyroid gland)	四碘甲狀腺素及三碘甲狀腺素 [Thyroxine (T_4) and triiodothyronine (T_3)]	大多數組織	提高新陳代謝率及熱量產生；促進敏捷、更快的反射；增加飲食中碳水化合物的吸收、蛋白質合成、胎兒及孩童的成長以及中樞神經系統的發育
	降鈣素 (Calcitonin)	骨骼	透過抑制蝕骨細胞活性，以促進骨骼的淨堆積；降低血鈣
副甲狀腺 (Parathyroid glands)	副甲狀腺素 (Parathyroid hormone, PTH)	骨骼、腎臟、小腸	透過刺激骨嗜 (骨骼分解)、活化型維生素 D_3 合成、腸內鈣吸收，並減少尿中鈣排出，以增加血鈣量
腎上腺髓質 (Adrenal medulla)	腎上腺素、正腎上腺素、多巴胺 (Epinephrine, norepinephrine, dopamine)	大多數組織	對喚醒及壓力的適應性反應
腎上腺皮質 (Adrenal cortex)	醛固酮 (Aldosterone)	腎臟	促進 Na^+ 保留及 K^+ 排泄；維持血壓及血量
	皮質醇及皮質固酮 (Cortisol and corticosterone)	大多數組織	刺激脂肪及蛋白質分解代謝、糖質新生、抗壓性及組織修復
	雄性素 (Androgens)	骨骼、肌肉、皮膚、許多其他組織	恥骨毛及腋毛的生長、骨骼生長、性慾、男性之出生前發育
胰島 (Pancreatic islets)	升糖素 (Glucagon)	主要於肝臟	刺激葡萄糖合成、肝醣及脂肪分解、葡萄糖及脂肪酸釋放進入循環
	胰島素 (Insulin)	大多數組織	刺激葡萄糖及胺基酸吸收；降血糖；促進肝醣、脂肪及蛋白質合成
	體制素 (Somatostatin)	胃、小腸、胰島	抑制消化及抑制營養吸收；抑制升糖素及胰島素分泌
	澱粉素 (Amylin)	胃、膽囊	增強胰島素作用；幫助調節胃排空及膽汁分泌
卵巢 (Ovaries)	雌激素 (Estrogen)	許多組織	刺激女性生殖發育及青春期生長；調節月經週期及懷孕；準備哺乳期的乳腺

表 18.3 下丘腦及腦下垂體以外來源的激素 (續)

來源	激素	標的器官及組織	主要作用
	黃體生成素 (Progesterone)	子宮、乳腺	調節月經週期及懷孕；準備哺乳期的乳腺
	抑制素 (Inhibin)	腦下垂體前葉	抑制 FSH 分泌
睪丸 (Testes)	睪固酮 (Testosterone)	許多組織	刺激生殖發育、肌肉骨骼生長、精子生成及性慾
	抑制素 (Inhibin)	腦下垂體前葉	抑制 FSH 分泌
皮膚 (Skin)	膽利鈣醇 (Cholecalciferol)	—	活化型維生素 D_3 (促鈣三醇) 的前驅物 (見腎臟)
肝臟 (Liver)	促鈣二醇 (Calcidiol)	—	活化型維生素 D_3 (促鈣三醇) 的前驅物 (見腎臟)
	血管收縮素原 (Angiotensinogen)	—	血管收縮素 II 的前驅物 (見腎臟)
	紅血球生成素 (Erythropoietin)	紅骨髓	促進紅血球生成
	鐵調素 (Hepcidin)	小腸	調節飲食中鐵的吸收
	類胰島素生長因子 I (Insulin-like growth factor I)	許多組織	調節生長激素的作用
腎臟 (Kidneys)	紅血球生成素 (Erythropoietin)	紅骨髓	促進紅血球生成
	活化型維生素 D_3，又稱促鈣三醇 (Calcitriol)	小腸	主要促進腸道吸收飲食中之鈣，以提升血鈣
	血管收縮素 I (Angiotensin I)	—	血管收縮素 II 的前驅物，為血管收縮劑
心臟 (Heart)	心房利尿鈉胜肽 (Natriuretic peptides)	腎臟	促進 Na^+ 及水分流失，以降低血量及血壓
胃及小腸 (Stomach and small intestine)	胃泌素 (Gastrin)	胃	分泌酸
	膽囊收縮素 (Cholecystokinin)	膽囊、腦	釋放膽汁；抑制食慾
	飢餓素 (Ghrelin)	腦	飢餓感；開始進食
	YY 胜肽 (Peptide YY)	腦	飽食感；停止進食
	其他腸內激素 (Other enteric hormones)	胃、小腸	消化道不同區域的分泌及運動的協調
脂肪組織 (Adipose tissue)	瘦體素 (Leptin)	腦	長期食慾調節
骨骼組織 (Osseous tissue)	骨鈣化素 (Osteocalcin)	胰臟、脂肪組織	增加胰島素分泌；增強標的器官之胰島素敏感性；減少脂肪堆積
胎盤 (Placenta)	雌激素、黃體素等 (Estrogen, progesterone, and others)	母親及胎兒的許多組織	刺激胎兒發育及孕婦身體適應妊娠；哺乳期的準備

在你繼續閱讀之前

回答下列問題，以檢驗你對上節內容的理解：

9. 請說出孩童之內分泌腺比成人大的兩個內分泌腺，其功能為何？
10. 在寒冷的天氣中，何種激素會使人體的產熱？這種激素有什麼其他功能？
11. 請說出腎上腺皮質各層分泌的主要激素，及腎上腺髓質分泌的主要激素，並說明各激素之功能。
12. 性腺激素及促性腺激素有何區別？
13. 何種激素在調節血糖最為重要？何種細胞製造這些激素？在何處可以找到這些細胞？
14. 請說出下列每個器官 (心臟、肝臟及胎盤) 所產生的激素，並說明每種激素的功能。

18.4 發育和臨床觀點

預期學習成果

當您完成本節後，您應該能夠

a. 描述主要內分泌腺的胚胎發育；
b. 確定哪些內分泌腺或激素含量在老年人中變化最大，並陳述這些變化的後果；和
c. 描述常見的內分泌系統疾病，尤其是糖尿病。

18.4a 內分泌腺的產前發育

像其他腺體一樣，內分泌腺主要從胚胎上皮細胞發育而來，但隨著內分泌腺的成熟而失去與上皮表面的連接，因此沒有導管 (見圖 3.28)。三個胚層—外胚層、中胚層及內胚層，皆參與內分泌系統的發育。

腦下垂體有雙重起源 (圖 18.11a~c)。垂體腺體部起源於稱之為腦下垂體囊 (hypophysial pouch)，此囊從咽的外胚層向上生長。此囊由外胚層表面破裂並形成繼續向上移的中空囊。同時，垂體神經部是下丘腦的向下延伸，稱為神經性垂體芽 (neurohypophysial bud)。此芽在整個生命期以垂體柄與腦維持著聯繫。囊及芽並排，並被包埋在蝶骨的蝶鞍中，兩者變得緊密地結合在一起，看起來就像一個腺體。

與大腦有關的另一個內分泌腺，即是松果腺，是由位在第三腦室的室管膜細胞所形成。第三腦室的痕跡持續存在，在松果腺柄部為管狀構造。

甲狀腺生長始於內胚層囊之甲狀腺憩室 (thyroid diverticulum)，從咽底部稍向後至腦下垂體囊，再向後遷移到未來喉部位置之下方 (圖 18.11a、d、e)。

在頸部及其附近，胸腺、副甲狀腺及甲狀腺 C 細胞源自於 4.2b 節所述的咽囊 (pharyngeal pouches)。細胞團從第三個及第四個囊中分離出來，分成多個細胞群，這些細胞群繼續形成副甲狀腺、胸腺及甲狀腺 C 細胞。

腎上腺與腦下垂體一樣具有雙重起源 (圖 18.12)。回憶一下 13.5a 節，外胚層神經嵴細胞 (neural crest cells) 會脫離神經管，並產生交感神經元及其他細胞。部分神經嵴細胞成為腎上腺髓質。神經嵴細胞反過來刺激上覆的間皮 (胚胎腹膜腔的內襯之漿膜) 的細胞增殖。間皮增厚並在髓質周圍生長，最終完全封閉並發育為腎上腺皮質。腎上腺直到 3 歲才發育完成。

18.4b 老化的內分泌系統

內分泌腺在整個生命週期中的功能差異很大。如本章所見，在出生後的前兩個月，腎上腺會縮小約一半。青春期後，松果腺及胸腺發生明顯的退化。晚年時，它們只剩孩童時期腺體皺縮的痕跡，大部分的分泌組織被脂肪或纖維替代。

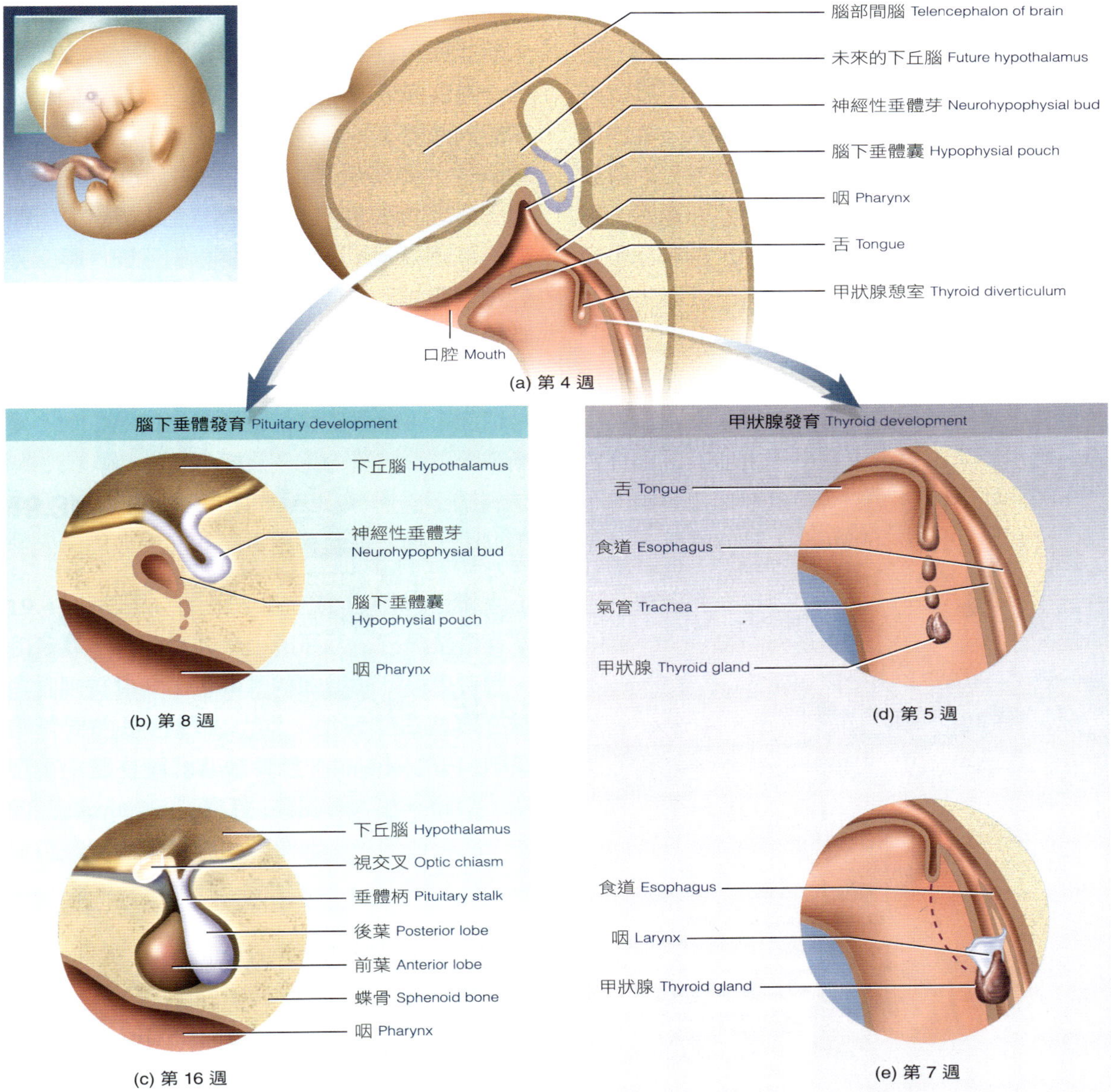

圖 18.11　垂體和甲狀腺的胚胎發育。(a) 第 4 週胚胎的矢狀切面，顯示腦下垂體前葉、後葉及甲狀腺的早期芽 (未來腺體)；(b) 第 8 週，腦下垂體囊從咽部分離；(c) 第 16 週，腦下垂體的結構基本完整；(d) 第 5 週，甲狀腺經過頸部下降，並與舌頭的連接切斷；(e) 第 7 週時，甲狀腺已到達最終位置，喉下方之氣管。

老年人很常見葡萄糖代謝受損，原因包括飲食不良、運動不足、脂肪增加、肌肉減少，胰島素分泌減少以及胰島素效力減弱等多種原因。飯後肌肉通常吸收大部分的血糖，此為穩定血糖的主要方式。但是，當衰老的人失去肌肉量時，進餐後的血糖會比較多肌肉的人的血糖更高，即使胰島素分泌正常，糖尿病的風險也會增加。

卵巢功能在停經期 (約 50 至 55 歲) 急劇下降，此時濾泡被耗盡並不再分泌雌激素。剩餘的雌激素主要來自腎上腺分泌的雄性素的酶所轉化而來，與停經前的狀態相比，含量非常

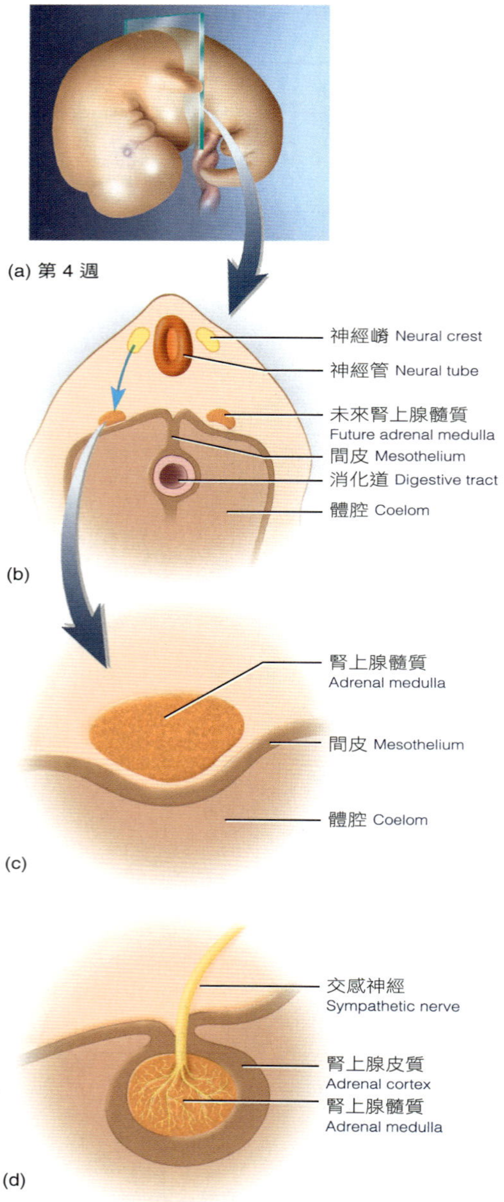

圖 18.12 **腎上腺的胚胎發育**。(a) 第 4 週胚胎，其剖面在 (b) 中可見；(b) 未來的腎上腺髓質來自神經脊分離的細胞團；(c) 腎上腺髓質的生長及間皮的鼓脹進入體腔 (coelom)；(d) 間皮增厚並包圍腎上腺髓質，形成腎上腺皮質。

低且呈非環狀。這增加了停經後婦女發生心血管疾病、骨質流失 (骨質疏鬆症) 及癡呆症的風險。男性中的雄性素 (睪固酮及腎上腺之 DHEA) 逐漸下降。80 歲男性循環中的睪固酮濃度約為 20 歲男性的 20%。與年齡有關的生殖功能變化在第 26 章中進一步討論。

在許多情況下，隨著年齡的增長，內分泌功能的減弱不是因為激素分泌減少，而是現有激素的效能降低。第二型糖尿病就是這種情況，這是因為胰島素受體缺乏或功能障礙所導致。甲狀腺功能的下降並非因為腺體分泌的甲狀腺素 (T_4) 明顯減少，而是因為標的器官將其轉化成為 T_3 (活性更高的形式) 的效率降低。老年人的壓力反應也較難以控制。正常情況下，腦下垂體前葉所分泌的 ACTH，會刺激腎上腺皮質分泌皮質醇 (cortisol)；皮質醇誘導腦下垂體減少 ACTH 的分泌。但是在老年人中，腦下垂體對皮質醇的反應較弱，因此 ACTH 含量仍然較高，而且壓力反應的持續時間也會比年輕時更長。

18.4c 內分泌失調

內分泌系統的疾病 (表 18.4) 主要是生理性，因此不在本解剖書的範圍之內，但在此簡要介紹一些例子。大多數內分泌疾病與以下三個原因有關：

1. **激素分泌過多** (hypersecretion)；
2. **激素分泌不足** (hyposecretion)；或者
3. **激素不敏感** (hormone insensitivity)，雖有激素存在，但是受體缺陷導致身體對激素無反應。

激素分泌過多有時是因為內分泌腺腫瘤。例如**嗜鉻細胞瘤** (pheochromocyto-ma)(FEE-oh-CRO-mo-sy-TOE-ma) 是種腎上腺髓質瘤，引起腎上腺素及正腎上腺素的過度分泌。激素過多會引起神經質、消化不良、出汗、心悸、高血壓及新陳代謝率增加。患者通常會感到恐慌或即將來臨的厄運。大多數嗜鉻細胞瘤是良性的 (非癌性的)，但會引起高血壓危及生命，通常需要手術切除腫瘤。

表 18.4 內分泌系統疾病

愛迪生氏病 (Addison disease)	腎上腺糖皮質素或礦物皮質素的過度分泌，導致低血糖、低血壓、體重減輕、虛弱、抗壓性降低、皮膚變黑以及潛在的致命性脫水及電解質失衡
腎上腺性生殖器症候群 (Adrenogenital syndrome)	腎上腺雄性素分泌過多。產前過度分泌會導致女孩出生時有男性化的生殖器，被誤認為男孩。孩童通常會陰莖或陰蒂腫大及青春期過早。女性有男性化的影響，例如，增加體毛、鬍鬚生長及聲音低沉
先天性甲狀腺功能低下(Congenital hypothyroidism)	出生後甲狀腺分泌不足，導致身體發育遲緩、臉圓、體溫低、昏睡，及嬰兒不可逆轉的腦損傷
庫欣氏症候群 (Cushing syndrome)	腎上腺皮質過度活化使皮質醇分泌過多，碳水化合物及蛋白質代謝中斷，高血糖、水腫、骨骼及肌肉質量下降，有時會在臉部或肩膀之間造成異常的脂肪堆積
黏液性水腫 (Myxedema)	嚴重或長期的成人甲狀腺功能低下，導致代謝率低、呆滯及嗜睡、體重增加、便秘、皮膚及頭髮乾燥，怕冷及組織腫脹
垂體性侏儒症 (Pituitary dwarfism)	孩童時期生長激素分泌不足，導致身材異常矮小，四肢與軀幹比例正常

您可以在下方找到其他內分泌系統疾病的討論

肢端肥大症 (表 6.2)	地方性甲狀腺腫 (18.4c 節)	黏液性水腫 (臨床應用 18.2)
糖尿病 (18.4c 節)	葛瑞夫茲氏病 (臨床應用 18.2)	嗜鉻細胞瘤 (18.4c 節)

分泌不足的一個明顯例子是**地方性甲狀腺腫** (endemic goiter)(圖 18.13)。這是因為飲食碘缺乏引起的甲狀腺疾病。通常當腺體分泌甲狀腺素 (TH) 時，會向下丘腦及腦下垂體前葉傳遞負回饋訊號，藉此調節促甲狀腺激素釋放激素 (TRH) 和甲狀腺刺激素 (TSH) 的分泌，使甲狀腺不會受到過度刺激。然而，碘缺乏會降低甲狀腺素分泌及負回饋作用，使腦下垂體分泌過多的 TSH，試圖更強地刺激甲狀腺。甲狀腺產生大量的膠體，但是仍然沒有碘，無法將其轉化成具有活性的甲狀腺素。膠體在腺體中積聚，引起可見的腫脹，即甲狀腺腫。地方性 (endemic) 一詞是指在特定地理區域內發生的某種疾病。地方性甲狀腺腫在美國中西部曾經很普遍，是因土壤碘含量低，並且很少獲得富含碘的海鮮。在已開發國家，由於食鹽、動物飼料及肥料中都添加了碘，因此幾乎沒有此疾病。常見於沒有這些措施也無法獲得富含碘之海鮮的地區，尤其是在中部非洲、南美的山區、中亞及印度。

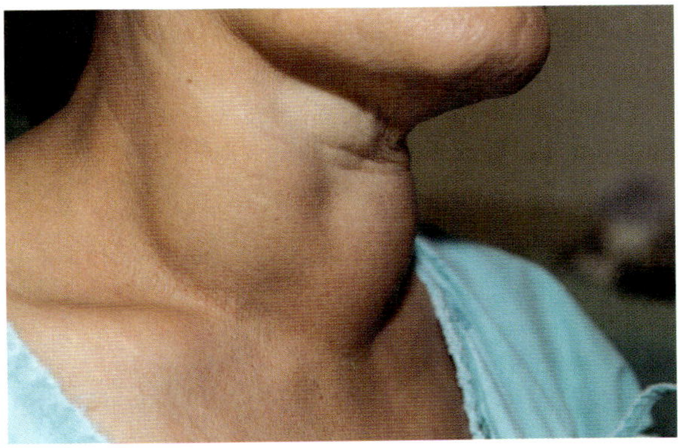

圖 18.13 嚴重的地方性甲狀腺腫案例。

糖尿病 (Diabetes mellitus, DM) 是世界上最常見的代謝疾病，是第二和第三種內分泌失調的例子，包括高脂血症及激素不敏感。這是造成成人失明、腎衰竭、壞疽及肢體截肢的主要原因。第一型糖尿病是因為胰島中分泌胰島素的 β 細胞破壞所致，顯然是因遺傳上易罹患糖尿病之人群，受各種病毒感染所誘發。β 細胞耗竭會導致胰島素分泌不足，當胰島素降至臨界值時，通常會在 30 歲之前開始出現徵象及症狀。人體無法調節碳水化合物、蛋白質或脂肪的新陳代謝，血糖會急劇升高。超出本書描述範圍之外的因素，無法有效控制此疾病的人會感到無法滿足的口渴及飢餓感，產生大量含糖的尿液，並且大量減輕體重。血管及神經病理會導致失明 (糖尿病性視網膜病變) 及壞疽。致死原因可能為心血管疾病、腎衰竭或 pH 失衡 (酸中毒)。第一型糖尿病的治療基礎是注射胰島素，但是運動及飲食也很重要。

第一型僅占糖尿病之 5%~10%、第二型占糖尿病的 90%~95%，這與胰島素不敏感有關，初期胰島素可以是正常或是較高，但人體對此無反應。脂肪組織會抑制大多數細胞吸收血糖，因此體內的脂肪越多，葡萄糖吸收的效率就越低，血糖值也就越高。已知超過 36 個基因突變會導致第二型糖尿病的風險，而肥胖會增加遺傳易感受性個體的風險。第二型糖尿病通常在 40 歲以後被診斷出，但是孩童肥胖率增加與早期發病率的大幅增加有關。透過飲食及運動的減肥計劃可以控制第二型糖尿病，通常補充胰島素敏感性藥物及胰島素本身。

在你繼續閱讀之前

回答下列問題，以檢驗你對上節內容的理解：

15. 請解釋關於胚胎發育，腦下垂體與甲狀腺有何共同點？腦下垂體與腎上腺有何共同點？
16. 在某些情況下，即使荷爾蒙分泌量幾乎沒有變化，內分泌功能在老年人也會下降。請解釋原因，並舉例說明支持您的解釋。
17. 假設一場車禍使孕婦的蝶骨骨折並切斷了腦下垂體。假設她仍然懷孕了，那麼這意外會如何影響她的分娩的子宮收縮呢？以及這會如何影響她的哺乳能力？請解釋這兩種情境。
18. 何種外表會讓您懷疑某人可能飲食中缺碘？為何在田納西州的本地人比在西藏的本地人看到它更令人驚訝？

學習指南

評估您的學習成果

為了測試你的知識，請與學習夥伴討論以下話題，或以書面形式討論，最好是憑記憶。

18.1 內分泌系統概述

1. 激素 (hormone) 及內分泌系統 (endocrine system) 的定義。
2. 典型內分泌腺的微血管異常性質，及此微血管類型的功能意義。
3. 激素如何在體內傳遞。
4. 對激素有反應之細胞及器官的術語，以及其他細胞及器官對某種激素無反應的原因。
5. 內分泌腺的特徵，內分泌腺與外分泌腺相比較。
6. 具有雙重內分泌及外分泌功能的腺體，以及無法依任何簡單的內分泌-外分泌標準，進行分類的分泌細胞的例子。
7. 內分泌及神經系統之間的功能差異及相似之處。

18.2 下丘腦及腦下垂體

1. 腦下垂體的位置、解剖構造，及其與下丘腦及蝶骨的關係。
2. 垂體腺體部的位置；在人類胎兒中的三個部分；成人中不存在哪一部分。
3. 垂體腺體部中的三種細胞及區別。
4. 下丘腦-腦下垂體門脈系統的解剖結構，及其在下丘腦與垂體腺體部之間扮演之溝通角色。
5. 垂體神經部的位置；其三個部分；下丘腦-腦下垂體徑的結構及功能。
6. 調節腦下垂體前葉的六種下丘腦激素及其功能。
7. 兩種激素在下丘腦中合成，並儲存在腦下垂體後葉至釋放。
8. 標的器官或組織及腦下垂體前葉激素的功能：濾泡刺激素、黃體生成素、甲狀腺刺激素、促腎上腺皮質激素、泌乳激素、生長激素及類胰島素生長因子。
9. 腦下垂體後葉激素之合成部位、標的器官及作用：催產素及抗利尿激素。

18.3 其他內分泌腺

1. 松果腺的位置及解剖構造，及其在生命期中的變化及褪黑激素的功能。
2. 胸腺的位置及解剖構造，及其在生命期中的變化，在免疫中的作用以及扮演此作用的激素。

3. 甲狀腺的位置、解剖構造及組織學；血液供應；分泌的三種激素及哪些甲狀腺細胞分泌這些激素；激素的功能。
4. 副甲狀腺的位置及解剖構造；分泌的激素及其功能。
5. 腎上腺的位置和解剖構造及其血液供應。
6. 腎上腺髓質與交感神經系統的關係；髓質分泌的激素及其功能。
7. 三層腎上腺皮質；組織學上的差異；各層分泌的激素及其功能。
8. 胰島的位置及構造；三種主要類型的胰島細胞；每種細胞類型分泌的激素及其功能。
9. 卵巢及睪丸中內分泌細胞的位置及名稱；分泌的激素及其功能。
10. 皮膚、肝臟、腎臟、心臟、胃、小腸、脂肪組織、骨骼及胎盤在合成及分泌激素，或激素合成過程中所扮演的作用；激素的名稱及功能。

18.4 發育和臨床觀點

1. 隨著年齡增長，胰島素分泌的變化及作用。
2. 隨著年齡增長，性激素分泌的變化，以及更年期停止卵巢功能對身體的影響老年激素有效性下降的一些後果。
3. 老年激素有效性下降的後果。
4. 腎上腺皮質嗜鉻細胞瘤的起因及影響。
5. 地方性甲狀腺腫的起因及影響。
6. 兩種糖尿病的起因及影響。

回憶測試

1. 腦不會合成以下何種激素？
   a. 促甲狀腺激素釋放激素 (thyrotropin-releasing hormone)
   b. 抗利尿激素 (antidiuretic hormone)
   c. 泌乳激素釋放激素 (prolactin-releasing hormone)
   d. 濾泡刺激素 (follicle-stimulating hormone)
   e. 催產素 (oxytocin)
2. 下列何種激素與其他激素最沒有共同點？
   a. 促腎上腺皮質激素 (adrenocorticotropic hormone)
   b. 濾泡刺激素 (follicle-stimulating hormone)
   c. 甲促素 (thyrotropin)
   d. 甲狀腺素 (thyroxine)
   e. 泌乳素 (prolactin)
3. 若下丘腦-腦下垂體徑 (hypothalamo-hypophysial tract) 被破壞，何種激素將不再分泌？
   a. 催產素 (oxytocin)
   b. 濾泡刺激素 (follicle-stimulating hormone)
   c. 生長激素 (growth hormone)
   d. 促腎上腺皮質激素 (adrenocorticotropic hormone)
   e. 皮質固酮 (corticosterone)
4. 以下何者不是激素？
   a. 泌乳激素 (prolactin)
   b. 胸腺素 (thymosin)
   c. 碘 (iodine)
   d. 心房利尿鈉胜肽 (natriuretic peptide)
   e. 類胰島素生長因子 (insulin-like growth factor)
5. ______除了激素合成之外沒有其他功能，而其餘除了合成激素之外，還能產生分泌其他物質。
   a. 肝臟 (liver)
   b. 性腺 (gonads)
   c. 唾液腺 (salivary glands)
   d. 副甲狀腺 (parathyroid glands)
   e. 胰臟 (pancreas)
6. 下列哪個腺體是由咽囊發育而來？
   a. 腦下垂體前葉 (anterior pituitary)
   b. 垂體後葉 (posterior pituitary)
   c. 甲狀腺 (thyroid gland)
   d. 胸腺 (thymus)
   e. 腎上腺 (adrenal gland)
7. 下列腺體中，何種腺體的外分泌組織多於內分泌組織？
   a. 胰臟 (pancreas)
   b. 垂體腺體部 (adenohypophysis)
   c. 甲狀腺 (thyroid gland)
   d. 松果腺 (pineal gland)
   e. 腎上腺 (adrenal gland)
8. ______會使嗜骨細胞活性增加，血鈣升高。
   a. 副甲狀腺激素 (Parathyroid hormone)
   b. 降鈣素 (Calcitonin)
   c. 促鈣三醇 (Calcitriol)
   d. 醛固酮 (Aldosterone)
   e. 促腎上腺皮質激素 (ACTH)
9. 下列何種內分泌腺最直接參與免疫功能？
   a. 胰臟 (pancreas)
   b. 胸腺 (thymus)
   c. 垂體腺體部 (adenohypophysis)
   d. 腎上腺 (adrenal glands)
   e. 甲狀腺 (thyroid gland)
10. ______參與活化型維生素 D_3 (calcitriol) 及紅血球生成素 (erythropoietin) 的合成。
    a. 腦下垂體 (pituitary) 前葉及後葉

b. 甲狀腺 (thyroid gland) 及胸腺 (thymus)
c. 肝 (liver) 腎 (kidneys)
d. 副甲狀腺 (parathyroids) 及胰島 (pancreatic islets)
e. 表皮 (epidermis) 及肝臟 (liver)

11. ______是從胚胎的腦下垂體後囊發育而來
12. 抗利尿激素是由下丘腦中稱為______的一群神經元產生。
13. 脂肪細胞分泌______激素，會向腦發出訊號，有助於調節食慾。
14. 心臟分泌的激素稱為______，會增加尿鈉及水的排出量。
15. 調節葡萄糖代謝的腎上腺類固醇，統稱為______。
16. 下丘腦-腦下垂體門脈系統是指腦與______進行溝通。
17. ______細胞是分泌激素的神經元或源自神經元的細胞。
18. 男性睪固酮主要由______細胞分泌。
19. 皮質醇是由腎上腺皮質層______分泌，會對腦下垂體激素______產生反應。
20. 胃及小腸分泌的激素，統稱為______。

答案在附錄 A

建立您的醫學詞彙

說出每個詞彙的含義，並從本章中給出一個使用該詞彙的醫學專有名詞或稍微的改變該詞彙。

1. crin-
2. oxy-
3. pro-
4. troph-
5. corpo-
6. thyro-
7. natri-
8. calori-
9. lact-
10. -phob

答案在附錄 A

這些陳述有什麼問題？

簡要說明下列各項陳述為什麼是假的，或將其改寫為真。

1. 激素藉由內分泌腺細胞的短導管分泌，至最近的微血管。
2. 所有激素均由內分泌腺分泌。
3. 腦下垂體後葉僅合成兩種激素，催產素及抗利尿激素。
4. 松果腺及胸腺從青春期末到中年逐漸變大，然後開始萎縮。
5. 腎上腺中央的組織稱為網狀帶 (zona reticularis)。
6. 請說出一腺體具有內分泌或外分泌功能，但不能同時具有這兩種功能。
7. 皮質類固醇是由腎上腺髓質的胰島細胞所分泌。
8. 催產素及抗利尿激素經由稱為腦下垂體柄或漏斗之導管所分泌。
9. 在本章介紹的內分泌腺中，只有腎上腺是成對的，其餘都是單一個。
10. 胰島素是胰臟最著名的激素，由胰島的 α 細胞所分泌。

答案在附錄 A

測試您的理解力

1. 一名年輕男子歷經一次摩托車事故，該事故使他的蝶骨骨折並切斷了腦下垂體柄。此後不久，他開始排泄大量尿液，每天最多 30 公升，並且口渴。說明他的頭部受傷可能是如何造成這些影響的。
2. 檢查松果腺和附近大腦結構之間的解剖關係，並在必要時在第 15 章中回顧這些大腦結構的功能。根據此訊息，請解釋為何大型松果腺腫瘤可能導致 (a) 腦積水及 (b) 部分眼球運動的癱瘓。
3. 腎衰竭會使人處於貧血和低鈣血症的危險中。為了預防此情況，腎透析患者通常接受激素替代治療。請解釋腎衰竭與這些疾病中每種激素的關聯性，並確定將使用哪些激素來改善或預防它們
4. 腎上腺皮質激素是類固醇，而胰島素是一種蛋白質。有鑑於此，若您將它們在電子顯微鏡進行比較，您期望在腎上腺海綿狀細胞及胰臟 β 細胞的細胞器中看到哪些主要差異？
5. 腎上腺皮質的選擇性破壞或去除是致命的，但腎上腺髓質的破壞或去除不會產生明顯的不良影響。請解釋為何腎上腺之皮質與髓質在生命的需求上，為何有如此差異。

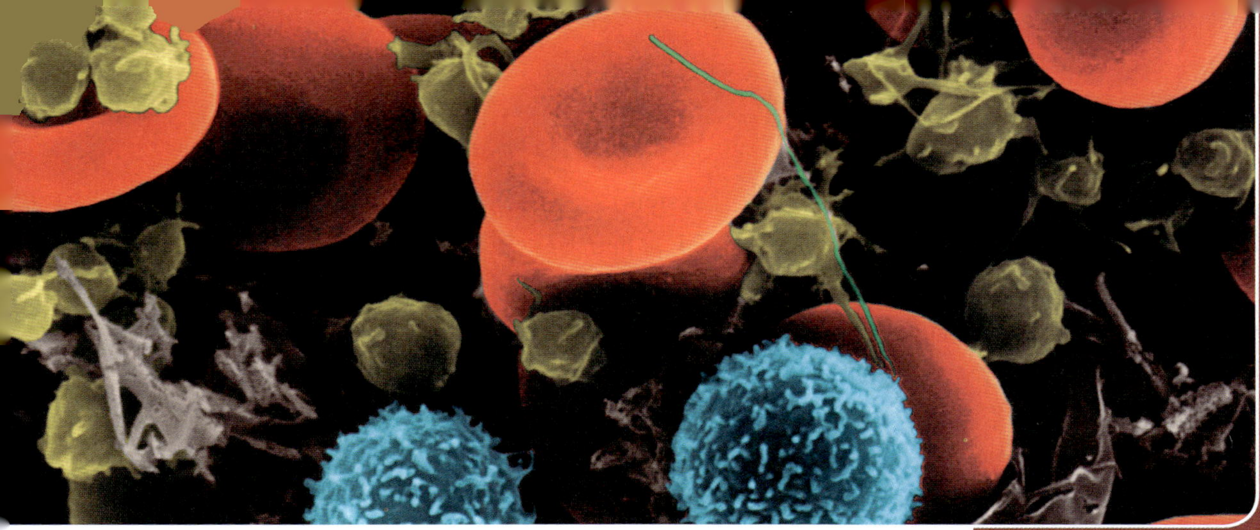

紅血球 (紅色凹盤)、白血球 (藍色) 和血小板 (綠色) (掃描式電子顯微鏡)

PART 4

CHAPTER 19

循環系統 I
血液

周光儀

章節大綱

19.1 簡介
- 19.1a 循環系統的功能
- 19.1b 血液的成分和一般特性
- 19.1c 血漿

19.2 紅血球
- 19.2a 形式與功能
- 19.2b 紅血球的數量
- 19.2c 血紅蛋白
- 19.2d 紅血球的生命週期
- 19.2e 血型

19.3 白血球
- 19.3a 形式與功能
- 19.3b 白血球的類型
- 19.3c 白血球的生命週期

19.4 血小板
- 19.4a 形式與功能
- 19.4b 血小板的產生
- 19.4c 止血

19.5 臨床觀點
- 19.5a 老年血液學
- 19.5b 血液疾病

學習指南

臨床應用

19.1 骨髓和臍帶血移植手術

19.2 全血細胞計數

19.3 鐮狀細胞病

複習

要瞭解本章，您可能會發現複習以下概念會有所幫助：

- 滲透 (2.2b 節)
- 紅骨髓 (6.2e 節)

Anatomy & Physiology REVEALED apreveaIed.com

模組 9：心血管系統

血液一直有一種特殊的神秘感。自古以來，人們就看到血液從身體裡流出來，隨之而來的是個人的生命。難怪血液被視為一種神秘的「生命力」的來源。即使在今天，當我們發現自己在流血時，也會變得特別驚恐，血液對情緒的影響足以讓很多人看到它就會暈倒。從古埃及到 19 世紀的美國，醫生們都會從病人身上抽出「壞血」來治療各種疾病，從痛風到頭痛，從痛經到精神疾病。事實上，放血很可能是導致喬治-華盛頓死亡的一個因素，他很可能感染了鏈球菌，並堅持讓醫生給他放血。長期以來，人們認為遺傳甚至道德特徵都是通過血液傳播的，人們至今還在使用「我有四分之一切諾基血統」這樣毫無根據或比喻的說法。

儘管血液是一種特別容易接近的組織，但在 20 世紀中葉之前，人們對血液的特殊功能知之甚少。但在過去的幾十年裡，技術已經為**血液學** (hematology)[1]，血液研究開創了一個新的時代。癌症和愛滋病等疾病給血液學研究增添了新的動力，最近的發現挽救和改善了無數人的生命，否則他們就會遭受痛苦和死亡。

19.1 簡介

預期學習成果

當您完成本節後，您應該能夠

a. 描述循環系統的功能和主要組成部分；

b. 描述血液的成分和生理特性；以及

c. 描述血漿的成分。

19.1a 循環系統的功能

循環系統 (circulatory system) 由心臟、血管和血液組成。**心血管系統** (cardiovascular system)[2] 一詞僅指心臟和血管，這是第 20 和 21 章的主題。循環系統的基本目的是將血液中的物質從一個地方運送到另一個地方。血液是這些物質流動的液體介質；血管確保血液正確地流向目的地；心臟是保持血液流動的幫浦。

具體來說，循環系統的功能如下：

運輸

- 血液將氧氣從肺部輸送到身體的所有組織，同時它從這些組織中收集二氧化碳，並將其輸送到肺部排出體外。
- 它從消化道中收集營養物質，並將其輸送到身體的所有組織。
- 它將代謝廢物帶到腎臟中進行清除。
- 它將激素從內分泌細胞帶到目標器官。
- 它將各種幹細胞從骨髓和其他來源運輸送到組織中，在那裡停留和成熟。

保護

- 血液在炎症中擔任多種角色，是限制感染擴散的機制。
- 白血球能消滅微生物和癌細胞。
- 抗體和其他血液蛋白可以中和毒素，幫助消滅病原體 (病原體)。
- 血小板分泌的因子可以啟動血液凝固和其他過程，使血液流失減少到最少。

調節

- 血液在不同的條件下，通過吸收或排出液體，幫助維持體內最佳的液體平衡和分佈。
- 血液蛋白藉由緩衝酸和鹼來穩定細胞外液的 pH 值。
- 血液流動的變化有助於調節體溫，經由將血液輸送到皮膚上進行散熱，或將血液保留在身體深處以保存熱量。

考慮到有效地將營養物質、廢物、激素，

1 *hem, hemato* = blood 血液；*logy* = study of 研究

2 *cardio* = heart 心臟；*vas* = vessel 血管

特別是氧氣從一個地方運輸到另一個地方的重要性，我們很容易理解為什麼過度的血液流失會很快致命，為什麼循環系統需要機制來盡量減少這種損失。

19.1b 血液的成分和一般特性

大多數成年人的血液大約有 4 L 至 6 L。血液是一種液態的結締組織，與其他結締組織一樣，由細胞和細胞外基質組成。基質是**血漿** (plasma)，是一種透明的淡黃色液體，占血液體積的一半多一點。懸浮在血漿中的是**有形成分** (formed elements)——細胞和細胞碎片，包括紅血球、白血球和血小板 (圖 19.1)。專有名詞「有形成分 (formed element)」表示這些是具有一個明確可見結構的封閉膜體。它們不能全部稱為細胞，因為如後文所述，血小板只是某些骨髓細胞的碎片。

因此，有形成分有七種：紅血球、血小板、五種白血球。五種白血球分為有顆粒細胞 (granulocytes) 和無顆粒細胞 (agranulocytes) 兩類，理由在後面解釋。有形成分分類如下：

紅血球[3] (紅血球細胞, RBCs)
血小板
白血球[4] (白血球細胞, WBCs)
　有顆粒細胞
　　嗜中性球
　　嗜酸性球
　　嗜鹼性球
　無顆粒細胞
　　淋巴球
　　單核球

有形成分與血漿的比例可以經由取一管的血液樣本在離心機中旋轉幾分鐘來觀察 (圖

3 *erythro* = red 紅色；*cyte* = cell 細胞
4 *leuko* = white 白色；*cyte* = cell 細胞

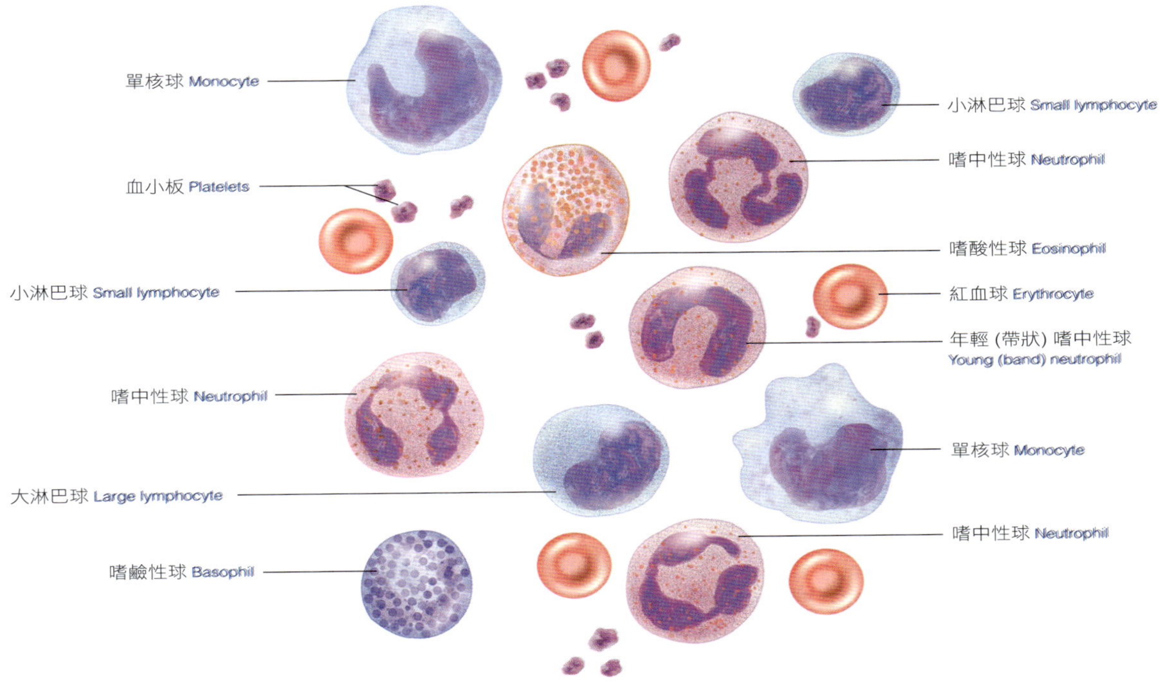

圖 19.1 血液的有形成分。
• 為何紅血球和血小板缺乏其他有形成分所具有的東西？

19.2)。紅血球是密度最大的血球，沉澱在試管底部，通常占全血總體積的 37%~52%，這個值稱為——*血比容* (hematocrit)。白血球和血小板沉澱在紅血球上方的一層狹窄的乳白色或黃褐色-色層，稱為*淡黃色覆層* (buffy coat)，它們占血液總量的 1% 或更少。在管子的頂部是血漿，通常占血液體積的 47% 到 63%。

表 19.1 列出了血液的一些一般特性。該表中的一些專有名詞將在本章後文中定義。

19.1c 血漿

血漿是水、蛋白質、營養物質、電解質、含氮廢物、激素和氣體的複雜混合物 (表 19.2)。當血液中的凝固物和固體物質被清除後，剩下的液體就是**血清** (serum)。除了沒有凝血蛋白纖維蛋白原外，血清與血漿基本相同。

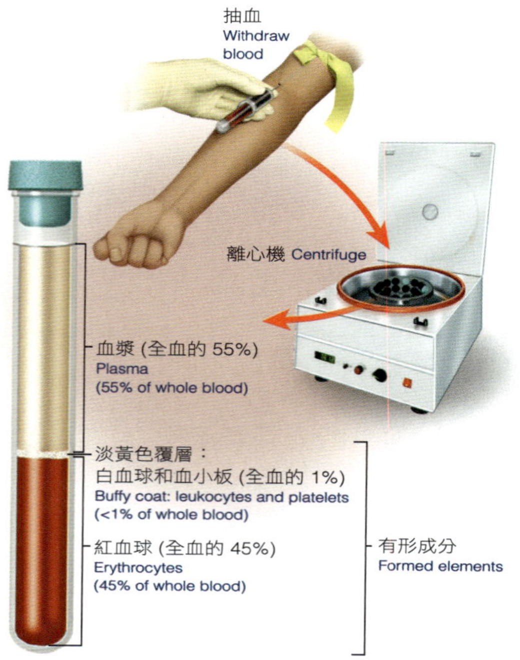

圖 19.2 分離血液中的血漿和有形成分。取少量血液樣本於玻璃管中，在離心機中旋轉，將細胞與血漿分離。紅血球是密度最大的成分，沉澱在管子的底部；接下來是血小板和白血球；血漿則留在管子的頂部。

按重量計算，蛋白質是最豐富的血漿溶質，每分升 (g/dL) 中共有 6 至 9 公克。血漿蛋白擔任著多種角色，包括凝血、防禦和運輸其他溶質，如鐵、銅、脂類和疏水性激素等。血漿蛋白有三大類：白蛋白、球蛋白和纖維蛋

表 19.1 血液的一般特性*

體重的平均比例	8%
成人身體的體積	女性：4~5 L； 男性：5~6 L
體積/體重	80~85 mL/kg
平均溫度	攝氏 38°C (華氏 100.4°F)
酸鹼度 (pH)	7.35~7.45
黏度 (相對於水)	全血：4.5~5.5；血漿：2.0
滲透度	280~296 mOsm/L
平均鹽度 (主要是氯化鈉)	0.9%
血比容 (紅血球所占的血球容積)	女性：37%~48% 男性：45%~52%
血紅蛋白	女性：12~16 g/dL 男性：13~18 g/dL
紅血球平均計數	女性：4.2~5.4 百萬/μL 男性：4.6~6.2 百萬/μL
血小板計數	130,000~360,000/μL
白血球總數	5,000~10,000/μL

*根據使用的測試方法不同，數值略有不同

表 19.2 血漿的成分

水	92% (依重量計算)
蛋白質	白蛋白、球蛋白、纖維蛋白原、其他凝集因子、酵素及其他 (見表 19.3)
營養素	葡萄糖、胺基酸、乳酸、脂類 (膽固醇、脂肪酸、脂蛋白、三酸甘油酯及磷酸脂質)、鐵、微量元素及維生素等
電解質	鈉鹽、鉀鹽、鎂鹽、鈣鹽、氯鹽、碳酸氫鹽、磷酸鹽和硫酸鹽
含氮廢物	尿素、尿酸、肌酐、肌酸、膽紅素、氨
激素	血液中運輸的所有激素
氣體	氧氣、二氧化碳和氮氣

白原 (表 19.3)。許多其他的血漿蛋白是生存所不可缺少的，但它們所占的比例不到 1%。

應用您的知識
根據您的體重，估計您自身血液的體積 (以公升為單位) 和重量 (以公斤為單位)。

白蛋白 (albumin) 是最小和最豐富的血漿蛋白。它能運輸各種溶質並緩衝血液的 pH 值。它還對血液的兩個物理特性做出了重大貢獻：其黏度 (viscosity)(厚度或流動阻力) 和滲透度 (osmolarity)(不能通過血管壁顆粒的濃度)。經由其對這兩個變數的影響，白蛋白濃度的變化可以顯著影響血容量、壓力和流量。**球蛋白** (globulins) 分為三個亞型；從分子量最小到最大的是 α、β 和 γ 球蛋白。球蛋白在溶質運輸、凝血和免疫中發揮著各種作用。**纖維蛋白原** (fibrinogen) 是纖維蛋白 (fibrin) 的可溶性前體，是一種黏性蛋白，形成血栓的框架。其他一些血漿蛋白是參與凝血過程的酵素。

表 19.3 血漿中的主要蛋白質

蛋白質	功能
白蛋白 (60%)*	血液黏度和滲透壓的主要貢獻者；運輸脂質、激素、鈣和其他溶質；緩衝血液酸鹼度
球蛋白 (36%)*	
α 球蛋白	
結合蛋白	運送死亡紅血球釋放的血紅蛋白
血漿銅藍蛋白	輸送銅
凝血酶原	促進血液凝固
其他	輸送脂質、脂溶性維生素和激素
β 球蛋白	
運鐵蛋白	運輸鐵
補體蛋白	幫助消滅毒素和微生物
其他	輸送脂類
γ 球蛋白	抗體；對抗病原體
纖維蛋白原 (4%)*	變成纖維蛋白，即血栓的主要成分。

*占血漿蛋白總量的百分比 (按重量計)

肝臟每小時產生多達 4 g 的血漿蛋白，貢獻了除 γ 球蛋白以外的所有主要蛋白，其中 γ 球蛋白來自漿細胞 (plasma cells)——結締組織細胞，這些細胞是來自被稱為 B 淋巴細胞的白血球細胞。

應用您的知識
肝癌或肝炎等疾病怎麼會導致凝血功能受損？

在你繼續閱讀之前

回答下列問題，以檢驗你對上節內容的理解：

1. 列出血液的一些運輸、保護和調節功能。
2. 血液的兩個主要成分是什麼？概述有形成分的分類。
3. 列出血漿蛋白的三大類。血清中缺少哪一種成分？
4. 血液白蛋白的功能有哪些？

19.2 紅血球

預期學習成果

當您完成本節後，您應該能夠

a. 描述紅血球 (RBCs) 的形態和功能；
b. 解釋一些紅血球和血紅蛋白數量的臨床測量方法；
c. 描述血紅蛋白的構造和功能；
d. 討論紅血球的形成、壽命和死亡；以及
e. 解釋血型的化學和免疫學基礎及臨床特點。

紅血球 (erythrocytes) 或**紅血球細胞** (red blood cells, RBCs)，有兩個主要功能：(1)從肺部攜帶氧氣並將其輸送到其他地方的組織，

及 (2) 從組織中攜帶二氧化碳並將其由肺部排出。紅血球是血液中最多的有形成分，因此，人們在顯微鏡檢視下看到的最明顯東西。它們也是最關鍵的生存要素，白血球或血小板的嚴重缺乏可以在幾天內致命，但紅血球的嚴重缺乏可以在幾分鐘內致命。在重大外傷或大出血時，正是由於缺乏由紅血球攜帶的生命之氧，才會迅速導致死亡。

19.2a 形式與功能

紅血球是一個雙凹形的盤狀細胞，邊緣厚，中心薄，呈下陷狀。它的直徑約為 7.5 μm，邊緣厚 2.0 μm (圖 19.3)。大多數細胞，包括白血球，都有豐富的胞器，而紅血球在發育過程中失去了細胞核和幾乎所有的胞器，明顯缺乏內部結構。在穿透式電子顯微鏡下，紅血球的內部呈均勻的灰色。由於缺乏粒線體，紅血球完全依靠無氧發酵來產生 ATP。由於缺乏有氧呼吸，它們無法消耗必須運送到其他組織的氧氣。

由於缺乏細胞核和 DNA，紅血球不能進行蛋白質合成和有絲分裂。然而，缺乏細胞核有一個最重要的優勢。當發育中的紅血球失去細胞核時，它的中心就會塌陷，並獲得雙錐體形狀。這種形狀的主要好處是，它能使密集的紅血球漿液以平穩的層流通過大血管，使湍流最小化，它能使紅血球彎曲並通過最細小的血管。也有人認為，這只是細胞及其細胞骨架在去掉細胞核後最容易、最穩定的放鬆形狀，它可能根本沒有生理功能。

成熟紅血球的漿膜外面有決定一個人血型的糖脂。在膜的內表面有兩種細胞骨架蛋白，血影蛋白 (spectrin) 和肌動蛋白 (actin)，使其具有彈性和耐久性。當紅血球通過小的毛細血管和血管竇時，這一點尤為重要。許多這些通道比紅血球的直徑更窄，迫使紅血球在擠壓通過時被拉伸、彎曲和折疊。當它們進入較大的血管時，紅血球會彈回盤狀，就像一個充滿空氣的內管。

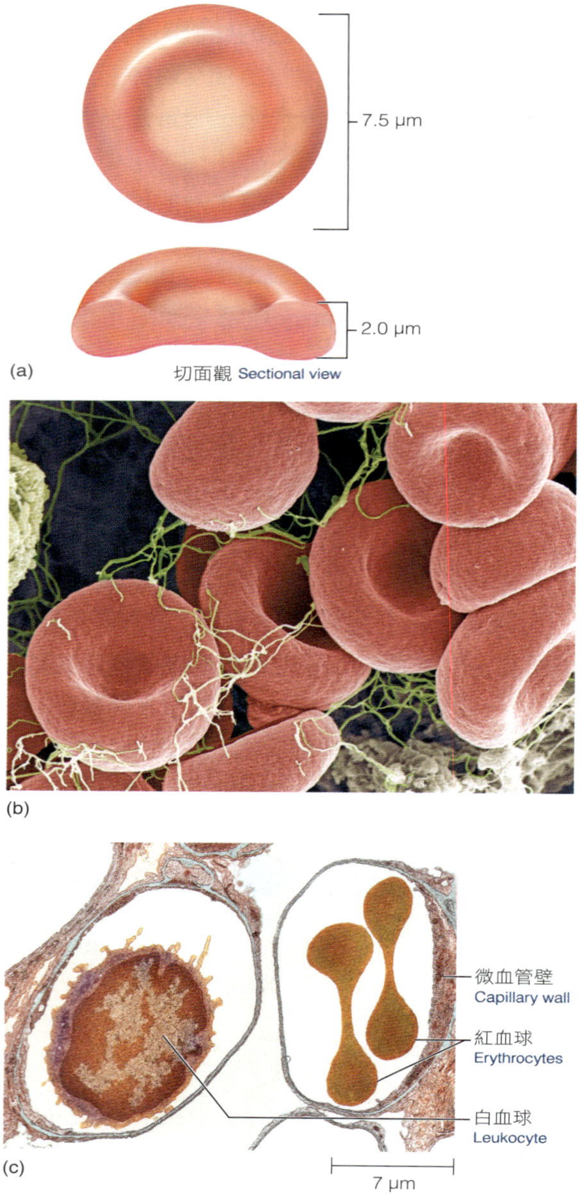

圖 19.3 紅血球的構造。(a) 紅血球的尺寸和形狀；(b) 掃描式電子顯微照片。注意細胞的凹形；(c) 血液毛細管中紅血球的穿透式電子顯微照片。注意細胞中心有多薄，以及它們缺乏胞器或其他內部結構。

• 為什麼紅血球中心會塌陷？APR

(b) ©Science Photo Library/Alamy Stock Photo, (c) ©Thomas Deernick, NCMIR/Science Source

由於沒有胞器占據的空間，紅血球在固定

的細胞體積下可以攜帶更多的血紅蛋白。其細胞質主要由 33% 的血紅蛋白溶液組成 (每個細胞約有 2.8 億個分子)。血紅蛋白尤其以其氧氣運輸功能而聞名，但它也有助於二氧化碳的運輸和血液 pH 值的緩衝。

19.2b 紅血球的數量

循環的紅血球數量對健康至關重要，因為它決定了血液中可攜帶的氧氣量。血液學中最常規的兩項測量是紅血球數量的測量：**紅血球計數** (RBC count) 和**血比容** (hematocrit)[5] 或**紅血球容積** (packed cell volume, PCV)。男性的紅血球計數通常為 460 萬至 620 萬 RBC/μL，女性為 420 萬至 540 萬 RBC/μL [一微升 (μL) 與立方毫米 (mm^3) 的體積相同；紅血球計數也用 RBCs/mm^3 表示]。血比容是指紅血球占血容量的百分比 (圖 19.2)。男性的血比容通常在 45%~52% 之間，女性則在 37%~48% 之間。

19.2c 血紅蛋白

血液的紅色是由**血紅蛋白** (hemoglobin, Hb) 造成的，血紅蛋白是一種含鐵-氣體運輸的蛋白質，通常只存在於紅血球中。血紅蛋白由四條稱為**球蛋白** (globins) 的蛋白鏈組成 (圖 19.4a)。在成人血紅蛋白中，其中兩條 α 鏈長 141 個胺基酸，另外兩條 β 鏈長 146 個胺基酸。每條蛋白質鏈上都有一個叫做**血基質** (heme) 的非蛋白質成分 (圖 19.4b)。每條血基質的中心是一個鐵原子 (Fe)，是氧的結合點。擁有四個血基質群，每個血紅蛋白分子最多可以運輸四個氧氣。血液中約 5% 的二氧化碳也由血紅蛋白運輸，但這是與球蛋白成分結合，而不是與血基質結合，因此一個血紅蛋白分子可以同時運輸兩種氣體。全血中的**血紅蛋白濃度** (hemoglobin concentration)，一般男性為 13~18 g/dL，女性為 12~16 g/dL。

5 *hemato* = blood 血液；*crit* = to separate 分離

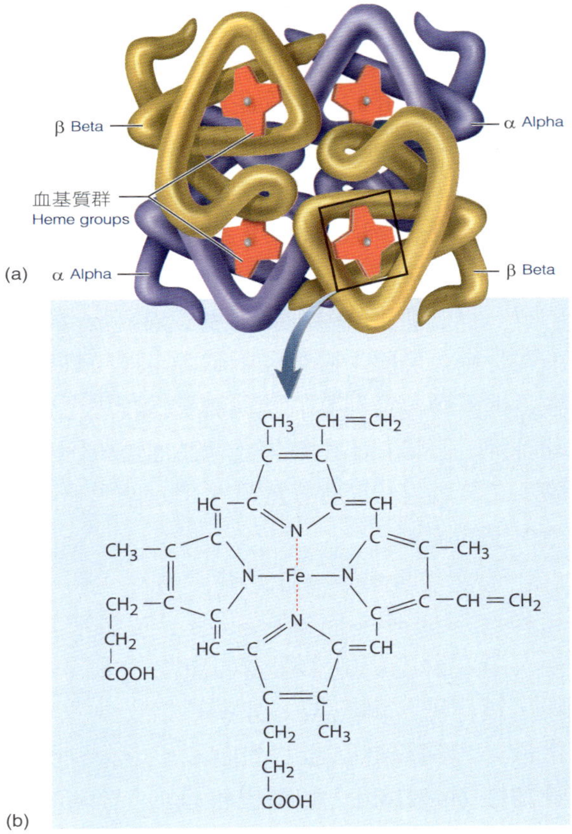

圖 19.4 **血紅蛋白的構造**。(a) 血紅蛋白分子由兩個 α 蛋白和兩個 β 蛋白組成，每個蛋白上都結合有一個非蛋白的血基質群；(b) 血基質群的構造。
• 氧在哪裡與這個分子結合？

19.2d 紅血球的生命週期 AP|R

一般而言，血液的生成稱為**造血作用** (hematopoiesis)(he-MAT-oh-poy-EE-sis)。造血的知識對於瞭解白血病、貧血和其他血液疾病提供了基礎。在具體研究紅血球的生成之前，我們將先研究造血的一些一般特性。

產生血球細胞的組織稱為**造血組織** (hematopoietic tissues)。人類胚胎中的第一個這類的組織形成於卵黃囊 (yolk sac)，是與所有脊椎動物胚胎相關的膜 (見圖 4.5)。在大多

數脊椎動物 (魚類、兩棲類、爬蟲類和鳥類) 中，卵黃囊包圍著卵黃，將卵黃的營養物質轉移到成長中的胚胎，並產生第一批血球細胞的前身。然而，即使是不下蛋的動物，也有一個卵黃囊以保留其造血功能 (它也是後來產生卵子和精子的細胞來源)。在人類發育的第 3 週，這裡形成了稱為血島 (blood islands) 的細胞群。它們產生的幹細胞會遷移到胚胎本體，並在骨髓、肝臟、脾臟和胸腺中定居。幹細胞在這裡繁殖，並在整個胎兒發育過程中產生血球細胞。肝臟在出生時停止產生血球細胞。脾臟不久後就停止產生紅血球，但它終生繼續產生淋巴細胞。

從嬰兒期開始，紅骨髓就會產生所有的七種有形成分，而淋巴細胞不僅在那裡產生，還在淋巴組織和器官中產生，尤其是胸腺、扁桃體、淋巴結、脾臟和黏膜中的淋巴組織。骨髓和淋巴器官的血液形成分別稱為**骨髓性** (myeloid)[6] 和**淋巴性造血** (lymphoid hematopoiesis)。

所有有形成分都可以追溯到一種常見的骨髓幹細胞，即**造血幹細胞** (hematopoietic stem cell, HSC)。造血幹細胞之所以如此命名，是因為它們有可能發展成多種成熟的細胞類型。它們的繁殖速度相對較慢，因此在骨髓中的數量很少。它們有些繼續分化成各種更特化的細胞，稱為**部落形成單位** (colony-forming units, CFUs)，每種類型註定要產生一種或另一類有形成分。經過一系列**前驅細胞** (precursor cells)，部落形成單位分裂並分化成成熟的有形成分。

紅血球的產生具體稱為**紅血球生成** (erythropoiesis)[7] (eh-RITH-ro-poy-EE-sis)，它始於造血幹細胞成為紅血球部落形成單位 (erythrocyte colony-forming unit, ECFU)(圖 19.5)。激素紅血球生成素 (erythropoietin, EPO) 刺激紅血球部落形成單位發展為原紅血球母細胞 (proerythroblast)，然後是紅血球母細胞 [erythroblast (normoblast)]。

紅血球母細胞繁殖，建立大量細胞群，並合成血紅蛋白。當這項任務完成後，細胞核萎縮並從細胞中排出。該細胞現在被稱為網狀細胞 (reticulocyte)[8]，因其由核糖體群 (polyribosomes) 組成的臨時網路而得名。網狀細胞離開骨髓，進入循環血液。在一兩天內，最後的多核糖體解體並消失，該細胞現在是一個成熟的紅血球。正常情況下，循環中的紅血球中約有 0.5%~1.5% 是網狀細胞，但當人體製造紅細胞特別迅速時，如補償失血時，這一比例就會上升。

從造血幹細胞轉化為成熟的紅血球的整個過程需要 3 至 5 天，包括四個主要的發展過程，即細胞體積縮小、細胞數量增加、血紅蛋白的合成以及細胞核和其他細胞器的喪失。這個過程通常每秒產生約 100 萬個紅血球，或每

6 *myel* = bone marrow 骨髓

7 *erythro* = red 紅色；*poiesis* = formation of 形成

8 *reticulo* = little network 小網路；*cyte* = cell 細胞

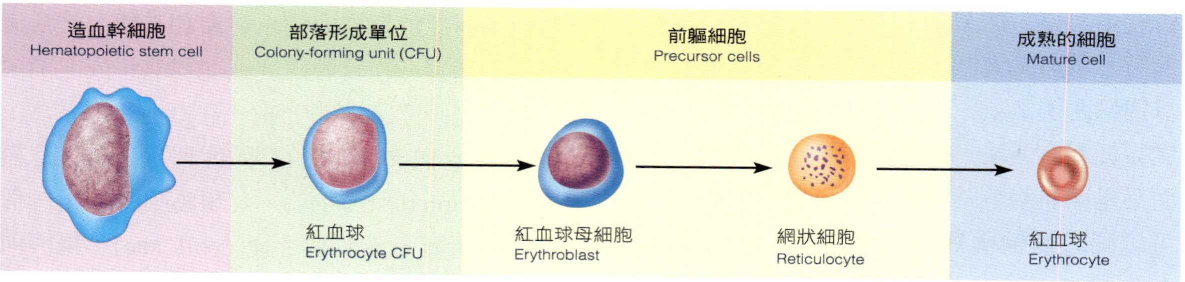

圖 19.5 紅血球生成作用。紅血球發育的幾個階段。

天產生 20 mL 的紅血球。

紅血球從骨髓中釋放出來後，平均壽命約為 120 天。隨著年齡的增長，它的膜蛋白 (尤其是血影蛋白) 會退化，膜變得越來越脆弱。沒有細胞核或核糖體，紅血球無法合成新的血影蛋白。最終，當它試圖彎曲通過狹窄的毛細血管和血竇時，它就會破裂。脾臟被稱為「紅血球墓地」，因為紅血球在通過其小通道時特別困難。在這裡，老細胞被困住，被分解，被破壞。

由於缺乏蛋白質合成胞器，不能進行自我修復，所以紅血球的壽命往往被描述得比較短。然而，這 120 天的壽命與其他有形成分相比，其實是比較長的。大多數白血球 (有細胞核) 的壽命不到一週，血小板的壽命約為 10 天。只有單核細胞和淋巴細胞的壽命超過了紅血球。

臨床應用 19.1

骨髓和臍帶血移植手術

骨髓移植是白血病、鐮狀細胞疾病、某些形式的貧血和其他疾病的一種治療選擇。其原理是用捐獻者的幹細胞取代癌變或有缺陷的骨髓，希望它們能重建正常的骨髓和血液細胞。患者首先要接受化療或放療，以破壞有缺陷的骨髓，並消除會攻擊捐獻者骨髓的免疫細胞 (T 細胞)。骨髓是從捐獻者的胸骨或髖骨中抽取，並注射到受贈者的循環系統中。捐贈者的幹細胞在患者的骨髓腔內定植，並在理想的情況下建立健康的骨髓。

然而，骨髓移植有幾個缺點。其一，很難找到相容的捐獻者。患者體內存活的 T 細胞可能會攻擊捐獻者的骨髓，而捐獻者的 T 細胞可能會攻擊患者的組織 (*移植物抗宿主反應*)。為了抑制移植排斥，患者必須終身服用免疫抑制劑藥物。這些藥物使人容易受到感染，並有許多其他不良副作用。感染有時是從捐獻的骨髓本身感染的。簡而言之，骨髓移植是一種高風險的手術；多達三分之一的患者死於治療的併發症。

另一種具有多種優勢的方法是使用一般在每次分娩時都會被丟棄胎盤血。胎盤血比成人骨髓含有更多的幹細胞，而且不太可能攜帶感染性微生物。經父母同意，可以用注射器從臍帶中提取胎盤血；而且在臍帶血庫中以液氮冷凍，幾乎可以無限期儲存。臍帶血中的未成熟免疫細胞對受贈者組織的攻擊力較低，因此臍帶血移植的排斥率較低，也不需要捐獻者和受贈者之間的血液配對，這意味著有需要的病患可以獲得更多的捐獻者。臍帶血移植手術在 1980 年代率先開展，已成功治療白血病和其他廣泛的血液疾病。

然而，臍帶血的使用可能很快就會被周邊血液 (從血管中提取) 的幹細胞採集所取代。周邊血液比骨髓更容易獲得，也比臍帶血更容易獲得，而且隨著技術的改進，它能更快地替換受贈者的造血幹細胞，而且感染疾病的風險也低。

19.2e 血型

人類有許多由基因決定的*血群* (blood groups)，每個血群都包含多種**血型** (blood types)。其中最熟悉的是 ABO 群 (有A、B、AB 和 O 血型) 及 Rh 群 (有 Rh 陽性和 Rh 陰性血型)。這些血型在紅血球表面的糖脂的化學組成方面有所不同；圖 19.6 顯示了 ABO 型在這方面的不同。糖脂作為*抗原* (antigens)，能夠引起免疫反應的物質。血漿中含有*抗體* (antibodies)，能與外來紅血球上不相容的抗原發生反應。

紅血球抗原和血漿抗體決定了輸血中捐贈者和受贈者血液的相容性。例如，一個 A 型血的人，血漿中含有抗 B 型抗體。如果這個人誤輸了 B 型血，這些抗體就會攻擊捐贈者的紅血球。紅血球凝集—它們形成團塊，阻礙了小血管的循環，對大腦、心臟、肺和腎臟等重要器官造成破壞性後果。凝集的紅血球也會

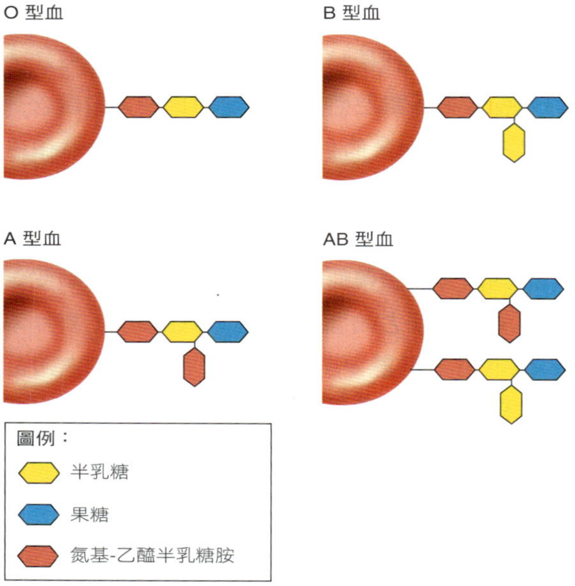

圖 19.6 **ABO 血型的化學基礎**。血型是由紅血球漿膜的糖脂化學性質所決定。A 型、B 型、AB 型和 O 型紅血球僅在糖脂分子的末端 3~4 個碳水化合物上有所不同。它們的末端都有半乳糖和岩藻糖，但它們在與半乳糖鍵合其他糖的存在有無和類型有所不同。O 型中沒有附加糖；A 型中是 N-乙醯半乳糖胺；B 型中是另一種半乳糖；AB 型細胞同時具有 A 型和 B 型鏈。

破裂 [*溶血* (hemolyze)] 並釋放其血紅蛋白。這些游離的血紅蛋白被腎臟過濾掉，堵塞了微細的腎小管，可在一週左右引起腎衰竭死亡。如果 B 型人接受了 A 型血，或者 O 型人接受了 A 型或 B 型血，也會發生同樣的情況，母體和胎兒之間 Rh 類型的不相容有時會導致新生兒嚴重貧血 [*新生兒溶血病* (hemolytic disease of the newborn, HDN)]。母體和胎兒之間 ABO 血型不匹配的病例中，約有 1/10 的病例也會引起新生兒溶血病，事實上，這些病例約占所有新生兒溶血病病例的 2/3。然而，Rh 引起的新生兒溶血病對胎兒的影響更為嚴重。

應用您的知識

為什麼法院會對與人類疾病無關的血型也感興趣？

在你繼續閱讀之前

回答下列問題，以檢驗你對上節內容的理解：

5. RBC 的兩大功能是什麼？
6. 定義*血比容* (hematocrit) 和*紅血球計數* (RBC count)，並說明各自的正常臨床數值。
7. 描述血紅蛋白分子的結構。解釋血紅蛋白分子中氧和二氧化碳攜帶的位置。
8. 說出一個紅血球生產過程的各個階段，並說明它們之間的區別。
9. 解釋血漿和紅血球的成分是什麼，為什麼血型在臨床上很重要。

19.3 白血球

預期學習成果

當您完成本節後，您應該能夠

a. 描述五種白血球的外觀；
b. 解釋白血球的一般功能和每種白血球個別的角色；
c. 描述白血球的形成和生活史；及
d. 描述白血球的產生、死亡和廢棄。

19.3a 形式與功能

白血球 (leukocytes) 或**白血球細胞** (white blood cells, WBCs) 是最少的有形成分，總共只有每微升 5,000 至 10,000 個白血球。然而，我們的生活離不開它們，因為它們能保護我們免受微生物感染和其他疾病的侵襲。白血球在染色血片中很容易辨認，因為它們有明顯的核，用最常見的血液染色劑從淺紫色到深紫色染色。它們在體內的數量比血片中的低數量要多得多，因為它們在血液中只停留幾個小時，然後通過毛細血管和小靜脈壁遷移，在結締組織中度過餘生。這就好像血液只是白血球工作的地鐵；在血片中，我們只看到那些在工作途中的白血球，而不是已經在組織中的白血球。

白血球與紅血球的不同之處在於它們一生中都保留著自己的胞器；因此，當用穿透射電子顯微鏡觀察時，它們顯示出複雜的內部結構 (圖 19.7)。在這些胞器中，有常用的蛋白質合成工具，即細胞核、顆粒內質網、核糖體和高基複合體，因為白血球必須合成蛋白質才能發揮其功能。其中一些蛋白質被包裝到溶酶體和其他胞器中，它們以明顯的細胞質顆粒出現，以區分一種白血球不同於另一種類型白血球。

19.3b 白血球的類型

如本章開頭所述，白血球有五種 (表 19.4)，它們之間的區別在於它們的相對大小和多寡、它們核的大小和形狀、它們是否有某些細胞質顆粒、這些顆粒的粗細和染色特性，最重要的是它們的功能。所有的白血球在細胞質中都有稱為**非特異性** (nonspecific) [**嗜藍的** (azurophilic)[9]] **顆粒** (granules) 的溶酶體，之所以如此命名是因為它們能吸收血液染色中的藍色或紫色染料。五種白血球類型中的三種類型——嗜中性球、嗜酸性球和嗜鹼性球被稱為**顆粒球** (granulocytes)，因為它們也有各種類型的**專一性顆粒** (specific granules)，可以明顯地染色，並將每種細胞類型與其他細胞區分開來。嗜鹼性球因其專一性顆粒與甲基藍強烈的染色而得名，甲基藍是一種常見的血液染色混合物，稱為賴特氏染色劑 (Wright's stain)。嗜酸性球因其專一性顆粒與賴特染色中的酸性染料嗜伊紅染色而得名。嗜中性球的專一性顆粒不與這兩種染料進行強烈的染色。專一性顆粒含有酶和其他化學物質，用於防禦病原體。剩下的兩種白血球類型——單核球和淋巴球——被稱為**無顆粒球** (agranulocytes)，因為它們缺乏專一性顆粒。專一性顆粒在光學顯微鏡下不明顯，因此這些細胞的細胞質看起來比較清晰。

9 *azuro* = blue 藍色；*philic* = loving 愛的

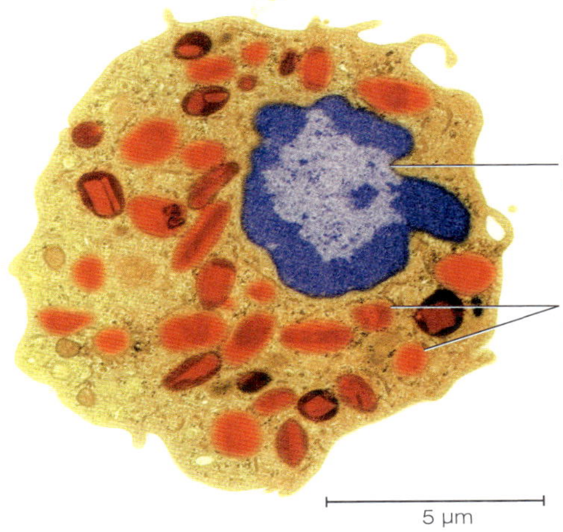

圖 19.7 **嗜酸性球的構造**。與紅血球不同的是，白血球的細胞質中擠滿了胞器，包括細胞核。
©Scott Camazine/Alamy

請記住白血球核的顏色 (通常是紫色) 和其顆粒的顏色不是天然的顏色。它們是由用於染色血片的染料造成的，它們會因您所研究的血液塗片上使用的染色劑不同而不同。每種類型的白血球所給出**差值計數** (differential count) 是指該白血球類型占總白血球計數的百分比。

顆粒球

- **嗜中性球** (neutrophils)(NEW-tro-fills) 是最豐富的白血球，占循環白血球的 60%~70%。細胞核清晰可見，在一個成熟的嗜中性球中，通常由三到五個分葉組成，由細長的核鏈連接。這些核鏈有時非常纖細，幾乎不可見，嗜中性球可能看起來好像有多個核。年輕的嗜中性球有一個不分裂的核，通常形狀像一條帶子，因此，它們被稱為*帶狀細胞*。嗜中性球也被稱為*多形核白血球* (polymorphonuclear leukocytes, PMNs)，因為它們的核形狀各異。

細胞質中含有細小帶紅色至紫色的專一

表 19.4 白血球細胞 (白血球)

嗜中性球

白血球的百分比	60%~70%
平均數	4,150 個細胞/μL
直徑	9~12 μm

外觀*

細胞核通常有 3~5 個分葉，呈 S 形或 C 形排列

細胞質中有細小的淡紅色至紫色專一性顆粒

差值計數

細菌感染時數目增加

功能

吞噬細菌

分泌抗菌化學物質

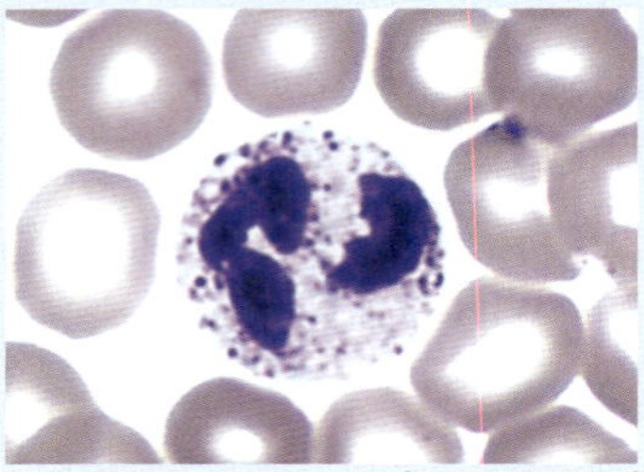

嗜中性球 Neutrophil 10 μm

嗜酸性球

白血球的百分比	2%~4%
平均數	170 個細胞/μL
直徑	10~14 μm

外觀*

細胞核通常有兩個大的分葉，用細線連接

細胞質內有大的橙粉色專一性顆粒物

差值計數

晝夜、季節和月經週期的階段性波動很大

寄生蟲感染、過敏、膠原蛋白疾病、脾臟和中樞神經系統疾病時數目增加

功能

吞噬抗原——抗體複合物、過敏原和炎性化學物質

分泌酵素，削弱或消滅寄生蟲，如蠕蟲

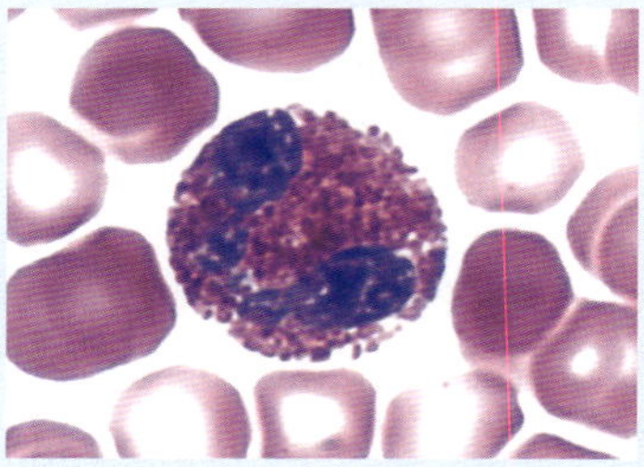

嗜酸性球 Eosinophil 10 μm

嗜鹼性球

白血球的百分比	< 0.5%
平均數	40 個細胞/μL
直徑	8~10 μm

外觀*

核大且形狀不規則，但通常被遮擋住了

細胞質內有粗大、豐富、深紫色的專一性顆粒

差值計數

相對穩定

水痘、鼻竇炎、糖尿病、黏液性水腫和紅血球增多症時數目增加

功能

分泌組織胺 (血管擴張劑)，增加組織的血流量

分泌肝素 (抗凝血劑)，經由防止凝血來促進其他白血球的流動性

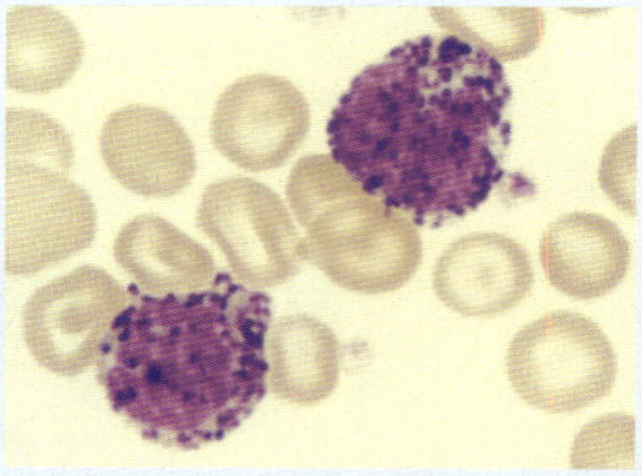

嗜鹼性球 Basophils 10 μm

表 19.4 白血球細胞 (白血球) (續)

單核球

白血球的百分比	3%~8%
平均數	460 個細胞/μL
直徑	12~15 μm

外觀*

卵圓形、腎形或馬蹄形的細胞核

細胞質呈現豐富的淺紫色，有稀疏、細小的、非專一性的顆粒

有時非常大，呈星狀或多邊形

差值計數

病毒感染和炎症時會數目增加

功能

分化為巨噬細胞 (組織的大型吞噬細胞)

吞噬病原體、死亡的嗜中性球和死亡細胞的碎片

呈現抗原以啟動免疫系統的其他細胞

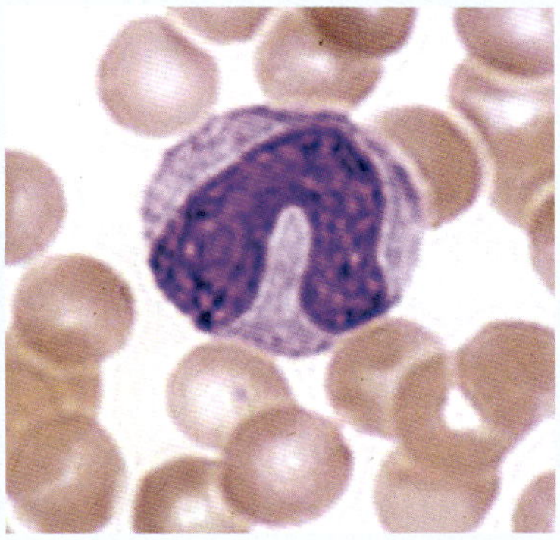

單核球 Monocyte

©Victor P. Eroschenko

淋巴球

白血球的百分比	25%~33%
平均數	2,200 個細胞/μL
直徑	
小	5~8 μm
中	10~12 μm
大	14~17 μm

外觀*

核呈圓形、卵圓形，或稍凹陷的一面，均勻的深紫色的顏色

在小淋巴球中，細胞核幾乎充滿了整個細胞，只留下稀疏的透明、淡藍色的細胞質邊緣

在大淋巴球中，細胞質更豐富；大淋巴球可能很難與單核球區別開來

差值計數

各種感染和免疫反應時數目增加

功能

有幾個功能類別無法在光學顯微鏡下區分

消滅癌細胞、感染病毒的細胞和外來細胞

呈現抗原以啟動免疫系統的其他細胞

協調其他免疫細胞的行動

分泌物抗體

擔任免疫的記憶

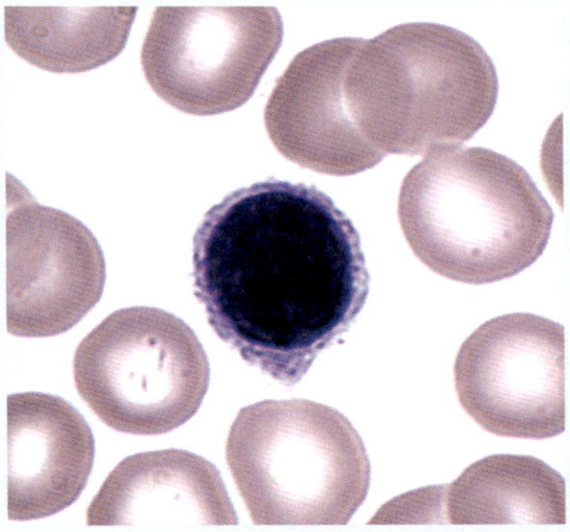

淋巴球 Lymphocyte

©McGraw-Hill Education/Al Telser

*外觀是指用賴特氏染色 (Wright's stain) 的血液塗片

性顆粒，其中含有溶酶體和其他抗菌劑。單個顆粒非常小，在光學顯微鏡下幾乎看不到，但它們使細胞質呈現淡淡的紫丁香色。

嗜中性球是具有攻擊性的抗菌細胞。它們有兩種消滅細菌的方法。一種是吞噬和消化細菌。另一種是釋放一種強效的混合有毒化學物質，包括次氯酸 (HClO)(家用漂白劑的活性劑) 和超氧陰離子 ($O_2\cdot^-$)，它與氫離

子反應產生過氧化氫 (H_2O_2)。就像漂白劑和過氧化氫經常作為消毒劑在家庭周圍使用一樣，它們對組織中的細菌是致命的。這些化學物質在嗜中性球周圍形成一個**殺傷區** (killing zone)，對入侵者是致命的，但對嗜中性球本身也是致命的。因此，嗜中性球是人體抵禦感染的自殺性衛士。細菌感染通常會刺激嗜中性球增加，因為這支細胞大軍被動員起來對抗它們。

- **嗜酸性球** (eosinophils)(EE-oh-SIN-oh-fills) 在血片中較難被發現，因為它們只占 WBC 數量的 2%~4%。但在呼吸道、消化道和下泌尿道的黏膜中，嗜酸性球卻非常豐富。嗜酸性球核通常有兩個大分葉，由一條細線連接，細胞質中有大量粗大的玫瑰色至粉紅色的橙色專一性顆粒。嗜酸性球分泌的化學物質可以削弱或消滅比較大的寄生蟲，如鉤蟲和絛蟲，任何一個白血球都無法吞噬太大的寄生蟲。它們還能吞噬和處理炎性化學物質、抗原抗體複合物 (大量抗原分子被抗體黏在一起) 和過敏原 (引發過敏的外來抗原)。過敏、寄生蟲感染、膠原蛋白疾病、脾臟和中樞神經系統疾病常常會引起嗜酸性球計數升高，稱為嗜酸性球增多症。嗜酸性球數也會隨著晝夜、季節和月經週期的不同階段而有很大的波動。
- **嗜鹼性球** (basophils)(BASE-oh-fills) 是白血球中最罕見的，實際上也是所有形成分中最罕見的，通常不到白血球數量的 0.5%。它們主要可以由大量極粗糙的深紫色特殊顆粒來識別。細胞核大部分被這些顆粒遮住，但體積大，顏色淺，典型的 S 形或 U 形。嗜鹼性球分泌兩種化學物質，協助身體的防禦過程。(1) **組織胺** (histamine)，是一種血管擴張劑，能擴大血管，加速血液流向受傷組織，並使血管的通透性增強，使血液成分如嗜中性球和凝血蛋白能更快地進入結締組織；(2) **肝素** (heparin)，是一種抗凝血劑，能抑制血液凝固，從而促進該區域其他白血球的流動性。它們還能釋放化學信號，吸引嗜酸性求和嗜中性球到感染部位。在糖尿病、水痘和其他各種疾病中，嗜鹼性球的數量經常會上升。

無顆粒球

- **單核球** (monocytes)(MON-oh-sites) 通常是在血液塗片上看到的最大的白血球，通常是紅血球直徑的兩三倍。它們的數量約占白血球總數的 3%~8%。細胞核大而清晰可見，常呈相對淺紫色，典型的卵圓形、腎形或馬蹄形。細胞質豐富，含有稀疏的細小顆粒。在製備的血液塗片中，單核球常呈銳角至尖狀 (見圖 19.1)。炎症和病毒感染時，單核球數量上升。單核球只有在離開血液並轉變為稱為**巨噬細胞** (macrophages)[10] (MAC-ro-fay-jez) 的大型組織細胞後才去工作。一個小時內，一個巨噬細胞可以消耗相當於自身體積 25% 的異物。它們破壞死亡或垂死的宿主和外來細胞、致病化學物質和微生物以及其他異物。它們還能切碎或處理外來抗原，並將其片段顯示在細胞表面，以提醒免疫系統注意病原體的存在。因此，它們和其他一些細胞被稱為抗原呈現細胞 (antigen-presenting cells, APCs)。人體內有幾種巨噬細胞來源是由單核球或與單核球相同的造血幹細胞。其中有些有特殊的名稱，如中樞神經系統的微小膠原細胞 (microglia)、肺部的肺泡巨噬細胞 (alveolar macrophages) 或稱塵埃細胞 (dust cells) 和肝臟的衛星狀巨噬細胞 (stellate macrophages)。
- **淋巴球** (lymphocytes)(LIM-fo-sites) 包括最小的白血球；直徑為 5~17 μm，從比紅血球小到 2.5 倍大不等，但循環血中的淋巴球一

10 *macro* = big 大；*phage* = eater 飲食者

般在範圍的小端。它們的數量僅次於嗜中性球，因此在檢查血液塗片時很快就會被發現。它們的數量約為 2,200 個細胞/μL，占白血球數量的 25%~33%。淋巴球核呈圓形、卵圓形或一側稍有凹陷。通常染成深紫色，幾乎充滿整個細胞，尤其是小淋巴球。細胞質染成淡藍色，並在細胞核周圍形成一個狹窄的、通常幾乎察覺不到的邊緣，儘管它在大淋巴球中更為豐富。小淋巴球有時很難與嗜鹼性球區別，但大多數嗜鹼性球有明顯的顆粒，而淋巴球的核則是均勻的或僅有斑點。嗜鹼性球也缺乏大多數淋巴球所見的透明細胞質的邊緣。大淋巴球很難與單核球區分。

淋巴球的數量在各種感染和免疫反應中增加。其中一些淋巴球在身體對病毒和癌症的非專一性防禦中發揮作用，但大多數淋巴球參與*適應性免疫* (adaptive immunity)，即身體識別以前遇到的某種抗原，並迅速作出反應，使人很少或根本不生病。各種淋巴球在光學顯微鏡下無法區分，但在功能上有所不同。正如你在 22.2 節中所看到的，有三類功能的淋巴球——*NK (自然殺手) 細胞*、*B 細胞*和 *T 細胞*，它們攻擊不同類別的病原體。

19.3c 白血球的生命週期

白血球生成作用 (Leukopoiesis)(LOO-co-poy-EE-sis)，即白血球的生成，始於與紅血球生成相同的造血幹細胞 (HSCs)。一些造血幹細胞分化成不同類型的部落形成單位，然後繼續產生三種細胞株中的任何一種 (圖 19.8)——(1) *骨髓母細胞* (myeloblasts)，致力於產生三種顆粒球；(2) *單核母細胞* (monoblasts)，產生單核球；或 (3) *淋巴母細胞* (lymphoblasts)，產生淋巴球。

顆粒球和單核球留在紅骨髓中，直到需要時才會出現；骨髓中這些細胞的數量是循環血的 10 至 20 倍。相比之下，淋巴球在骨髓中開始發育，但隨後遷移到其他地方。**B 淋巴球** (B lymphocytes)[**B 細胞** (B cells)] 在骨髓中成熟，有些留在那裡，而另一些則分散到淋巴結、脾臟、扁桃體和黏膜中。要記住它們的成熟部位，可能需要考慮 B 代表骨髓 (bone marrow)，儘管這些細胞實際上是以雞的一個器官 (*Fabricius* *的滑囊*) 命名的，在那裡它們被發現。**T 淋巴球** (T lymphocytes)[**T 細胞** (T cells)] 開始在骨髓中發育，但隨後遷移到胸腺 (在縱隔的一個腺體位於心臟上方)並在那裡成熟。T 代表*胸腺依賴性* (thymus-dependent)。成熟的 T 淋巴球從胸腺中分散出來，與 B 淋巴球一樣在相同的器官中繁殖。**自然殺手 (NK) 細胞** [natural killer (NK) cells] 像 B 細胞一樣在骨髓中發育。

循環中的白血球不會在血液中停留很長時間。顆粒球在血液中循環 4 至 6 小時，然後移行到組織中，在那裡再生活 4 或 5 天。單核球在血液中循環 10 或 20 小時，然後移行到組織中，並轉化為各種巨噬細胞，這些巨噬細胞的壽命可長達數年。淋巴球負責長期免疫，其壽命從幾週到幾十年不等。

當白血球死亡時，它們一般會被巨噬細胞吞噬和消化。然而，死亡的嗜中性球是造成膿液呈乳白色的原因，有時會被皮膚表面的水泡破裂而被處理掉。

臨床應用 19.2

全血細胞計數

在醫學常規檢查和疾病診斷中，最常見的臨床程序之一是*全血細胞計數* (complete blood count, CBC)。全血細胞計數可以提供多種血液值的高度資訊概況：每微升 (μl) 血液中紅血球、白血球和血小板的數量；每種白血球類型的相對數

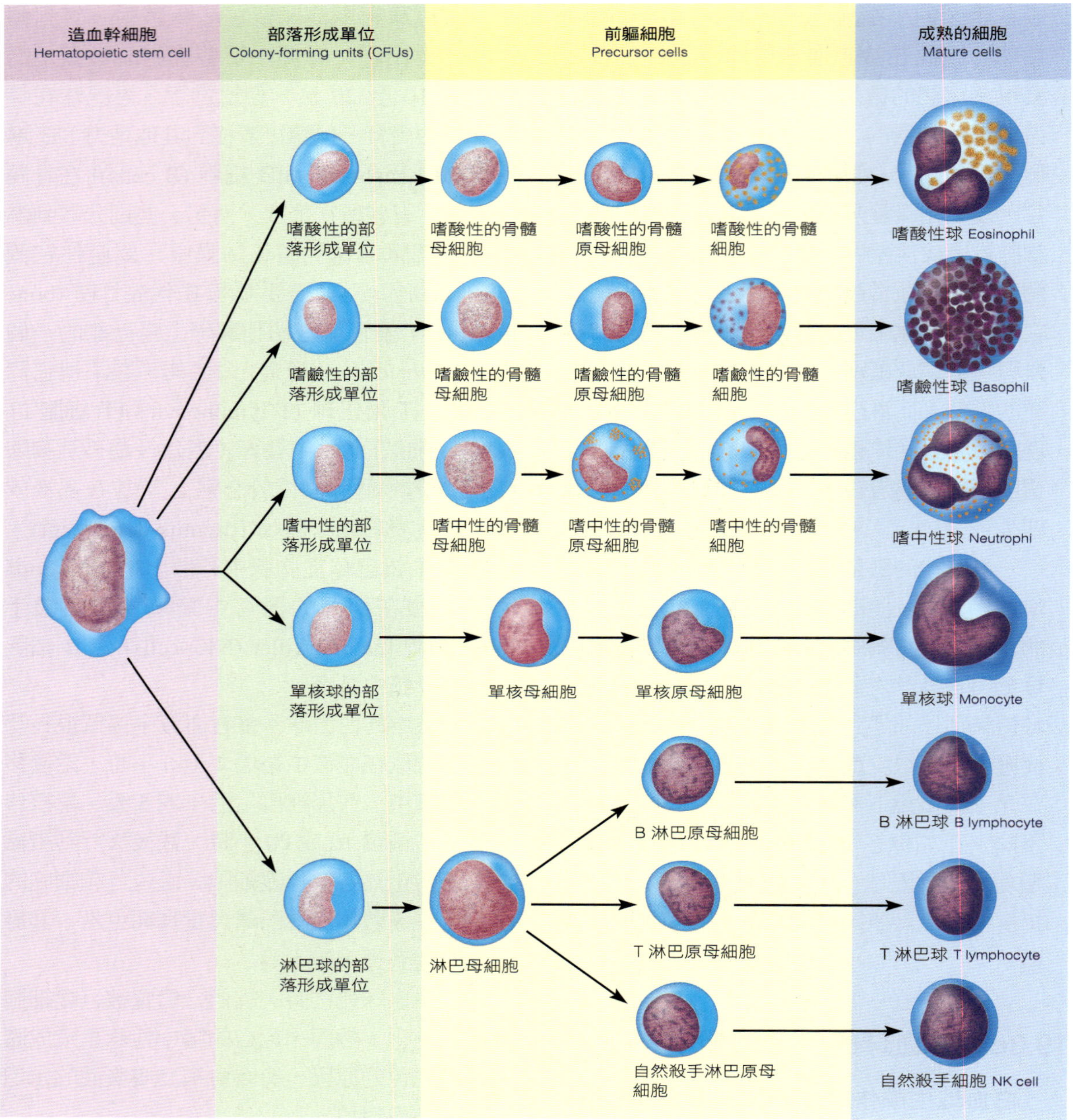

圖 19.8 白血球的生成作用。白血球的發育階段。

• 解釋在許多細胞名稱中出現的組合形式 myelo- 的含義和相關性。

量 (百分比)，稱為*白血球差值計數* (differential WBC count)；血比容；血紅蛋白濃度；以及各種紅血球指數，如紅血球大小 [*平均紅血球體積* (mean corpuscular volume, MCV)] 和每個紅血球的血紅蛋白濃度 [*平均紅血球血紅蛋白* (mean corpuscular hemoglobin, MCH)]。

紅血球和白血球計數過去需要在顯微鏡下檢查校正載玻片上的稀釋血液塗片，而白血球差值計數則需要檢查染色血液塗片。如今，大多數實驗室使用*電子細胞計數儀* (electronic cell counters)。這些設備通過一個非常狹窄的管子抽取血液樣本，管子上的感測器可以識別細胞類型，測量細胞大小和血紅蛋白含量。與舊的視覺方法相比，這些計數器基於更多的細胞數量提供更快、更準確的結果。然而，細胞計數器仍然會錯誤地識別一些細胞，醫學技術專家必須審查結果，以發現可疑的異常，並識別儀器無法識別的細胞。

從全血細胞計數中獲得的資訊非常豐富，在此不多舉幾個例子。各種形式的貧血表現為紅血球計數低或紅血球大小、形狀和血紅蛋白含量異常。血小板缺乏可提示藥物不良反應。嗜中性球數高提示細菌感染，嗜酸性球數高提示過敏或寄生蟲感染。特定的白血球類型或白血球幹細胞數量升高可能表明各種形式的白血病。如果全血細胞計數不能提供足夠的資訊，或提示其他疾病，可做其他檢查，如凝血時間和骨髓活檢。

在你繼續閱讀之前

回答下列問題，以檢驗你對上節內容的理解：

10. 一般來說，白血球的目的是什麼？
11. 說出五種白血球的名稱，並說明每種白血球的具體功能。
12. 描述使人能夠在顯微鏡下辨識每種白血球類型的關鍵特徵。
13. 什麼是巨噬細胞？它們是由哪一類白血球產生的？說出巨噬細胞的一些類型。

19.4 血小板

預期學習成果

當您完成本節後，您應該能夠

a. 描述血小板的構造；
b. 解釋血小板在止血和維護血管中的多種角色；
c. 描述血小板的產生和壽命；以及
d. 描述止血的一般過程。

循環系統在動物演化中很早就發展了，隨之而來的是進化出了止漏的機制，而止漏是有可能致命的。血小板是止血的主要角色，是本節的重點。

19.4a 形式與功能

血小板 (platelets) 不是細胞，而是骨髓細胞的小碎片，稱為*巨核細胞* (megakaryocytes)。它們是僅次於紅血球的第二大有形成分；一根手指頭血液中的正常血小板數量在 13 萬到 40 萬個血小板/μL 之間 (平均約 25 萬個)。但在不同的生理條件下，以及從身體各處採集的血樣中，血小板的數量可以有很大的差異。儘管血小板的數量很多，但由於血小板太小 (直徑 2~4 μm)，對血容量的貢獻甚至比白血球還小。

血小板具有複雜的內部構造，包括溶酶體、粒線體、微小管和微小絲、充滿血小板分泌物的顆粒，以及被稱為**開放的管狀系統** (open canalicular system) 的通道系統，該系統開到血小板表面 (圖 19.9a)。它們沒有細胞核。啟動時，它們形成偽足並能進行阿米巴運動。

儘管血小板體積小，但其功能比任何一種真正的血細胞都要豐富：

- 它們分泌的*血管收縮劑* (vasoconstrictors)，是一種化學物質，能使破損的血管痙攣性收縮，從而幫助減少血液流失。
- 它們黏在一起，形成臨時的*血小板栓* (platelet plugs)，以封堵受傷血管的小斷口。
- 它們分泌*促凝劑* (procoagulants)，或凝血因子，促進血液凝固。
- 它們啟動形成一種*血栓溶解酶* (clot-dissolving enzyme)，溶解已經超過其作用的血栓。
- 它們分泌化學物質，吸引嗜中性球和單核球

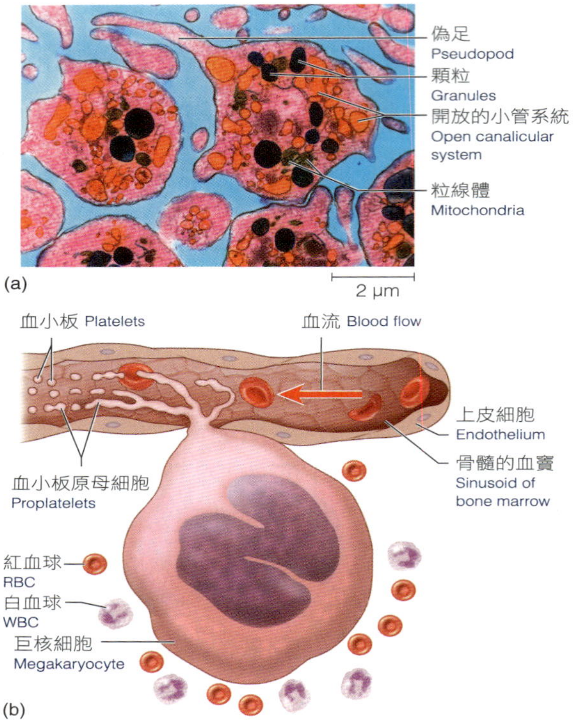

圖 19.9 血小板。(a) 血小板的結構 (TEM)；(b) 血小板是由巨核細胞的原血小板剪切產生的。注意巨核細胞相對於紅血球、白血球和血小板的大小。APR
(a) ©NIBSC/SPL/Science Source

到炎症部位。

- 它們會內化並消滅細菌。
- 它們分泌的*生長因子* (growth factors) 能刺激纖維母細胞和平滑肌的有絲分裂，從而幫助維護和修復血管。

19.4b 血小板的產生

血小板的產生是造血作用的一個分支，稱為**血小板生成** (thrombopoiesis)。血小板偶爾也被稱為*血小板細胞* (thrombocytes)[11]，但這個專有名詞現在通常保留給其他動物，如鳥類和爬行動物的有核真細胞。一些造血幹細胞產生激素*血小板生成素* (thrombopoietin) 的受體，從而成為*巨核母細胞* (megakaryoblasts)，致力於血小板生成線的細胞。巨核母細胞不經過核分裂和細胞質分裂而反覆複製其 DNA。其結果是**巨核細胞** (megakaryocyte)[12] (meg-ah-CAR-ee-oh-site)，這是一個直徑達 150 μm 的巨大細胞，肉眼可見，具有巨大的多葉核和多組染色體 (圖 19.9b)。在紅骨髓中，巨核細胞位於稱為血竇的充血空間旁，血竇房內有一層薄薄的單層鱗狀上皮，稱為內皮細胞 (見圖 22.9)。

巨核細胞萌發出長長的珠狀卷鬚，稱為*原血小板* (proplatelets)，通過內皮突出到血竇的血液中。血流將原血小板剪斷，原血小板在血液中行進時，會分解成血小板。這種破裂多被認為發生在肺部的小血管中，進入肺部的血液中原血小板相對較多，但從肺部流出的血液則顯示血小板較多，原血小板很少。

最近的研究有一個驚人的發現，至少在小鼠體內，肺部也有大量的巨核細胞，而且大部分血小板是在那裡產生的，而不是在骨髓中。巨核細胞在肺部和骨髓之間可以自由交換。人類是否也是如此，還有待證實。

大約 25%~40% 的血小板儲存在脾臟中，需要時釋放。其餘的血小板在血液中自由循環，可活 5 或 6 天左右。

19.4c 止血

止血 (hemostasis)[13] 是指出血的停止。止血的細節超出了解剖學教科書的範圍，但血小板在這一過程中的基本作用將在這裡簡單探討。血管受傷後，血小板會釋放*血清素* (serotonin)。這種化學物質會刺激血管收縮，或縮小血管，以減少血液流失。血小板也會黏附在血管壁上，並相互黏附，形成一種黏性物質，稱為*血小板栓* (platelet plug)。血小板栓能暫時封堵小血管的斷裂。血小板和血管周圍的受傷組織也會釋放*凝血因子* (clotting factors)。

11 *thrombo* = clotting 凝血；*cyte* = cell 細胞

12 *mega* = giant 巨大；*karyo* = nucleus 核；*cyte* = cell 細胞

13 *hemo* = blood 血液；*stasis* = stability 穩定

通過一系列的酶促反應，凝血因子將血漿蛋白的纖維蛋白原 (fibrinogen) 轉化為黏性蛋白的纖維蛋白 (fibrin)。纖維蛋白黏附在血管壁上，當血液細胞和血小板到達時，許多血細胞和血小板就像蜘蛛網中的昆蟲一樣黏在纖維蛋白上。由此產生的纖維蛋白、血小板和血液細胞 (圖 19.10) 形成了一個凝塊，理想的情況是將血管的斷裂處密封起來，以便血管能夠癒合。

一旦封堵滲漏，危機過去，血小板就會分泌血小板衍生生長因子 (platelet-derived growth factor, PDGF)，這種物質可以刺激纖維母細胞和平滑肌增生，取代血管的受損組織。當組織修復完成，不再需要血栓時，必須將血栓處理掉。然後，血小板分泌凝血因子 XII (factor XII)，這種蛋白質會啟動一系列反應，導致形成一種稱為血漿素 (plasmin) 的纖維蛋白消化酶。血漿素就會溶解舊血塊。

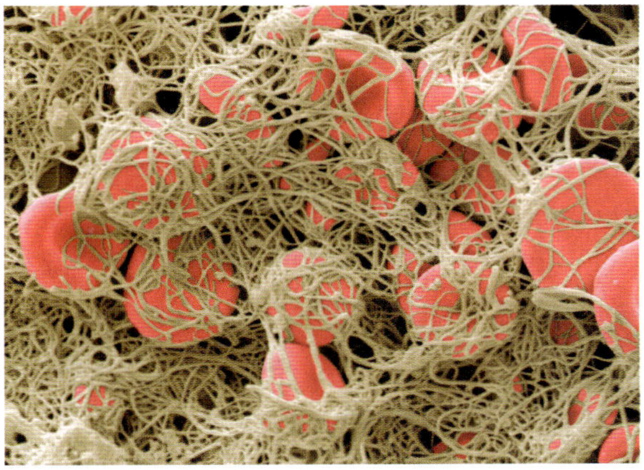

圖 19.10 血栓 (SEM)。可見紅細胞被困在黏性蛋白網中。

• 這種蛋白質的名稱是什麼？

在你繼續閱讀之前

回答下列問題，以檢驗你對上節內容的理解：

14. 列出血小板的幾種功能。
15. 血小板是如何產生的？它們的壽命有多長？
16. 簡述血小板幫助止血和修復受損血管的階段。

19.5 臨床觀點

預期學習成果

當您完成本節後，您應該能夠

a. 描述老年時血液中發生的變化；及
b. 描述一些常見的紅血球、白血球和血小板數量和形態的異常，以及這些異常的後果。

19.5a 老年血液學

我們在前面的段落中已經探究了血液的胚胎起源和持續的造血發育。在生命的另一端，衰老對血液有多種影響。有證據顯示，紅血球生成的基線速率並不會隨著年齡的增長而發生太大的變化，70 多歲的健康人的細胞數、血紅蛋白濃度和其他變數與 30 多歲的人差不多。但是，老年人對造血系統的壓力適應性不強，可能是因為其他器官系統的衰老。

引起老年人貧血的因素非常複雜而且相互關聯。它可能是營養不良、運動不足或特定疾病造成的。老年腎臟的正常萎縮可能是一個因素，因為腎臟分泌紅血球生成素，這是紅血球生成的主要刺激因素。造血幹細胞能分裂和繼續產生新的血細胞的次數，也可能有內在的限制。在缺乏其他因素的狀況下，如不良的運動或營養習慣，幾乎不可能確定僅僅是衰老是否會導致貧血。

血栓形成 (thrombosis)，在老年時期變得越來越麻煩就是血液在未破裂的血管中異常凝結。血管中的動脈硬化斑塊可以作為血液凝固的部位。血液在靜脈中特別容易凝結，因為那裡的血液流動最慢。50 歲以上的人約有 25%

有血栓堵塞靜脈的經歷，尤其是不經常運動的人和只能臥床或坐輪椅的人。靜止性血栓可引起中風、心臟衰竭或腎功能衰竭，血栓可游離並在血液中游走 [這種情況稱為血栓栓塞症 (thromboembolism)]，直到它們停留在小血管中並切斷通往其他器官的血流。肺功能衰竭往往是由血栓栓塞導致的。

19.5b 血液疾病

我們對血液學的一些臨床問題進行了探討。特別是影響有形成分的相對數量，從而影響染色血液塗片的外觀，或改變個別有形成分外觀的疾病。一些常見的非結構性血液疾病見表 19.5。

紅血球疾病

兩種主要的紅血球疾病是**貧血** (anemia)[14] (紅血球或血紅蛋白缺乏) 和**多血症** (polycythemia)[15] (紅血球過多)。後者也稱為紅血球增多症 (erythrocytosis)。

貧血有三種基本類型：

1. **紅血球生成或血紅蛋白合成受抑制** (depressed erythropoiesis or hemoglobin synthesis)：在這種情況下，紅血球的生成跟不上紅血球的正常死亡。我們已經看到，老年人腎臟萎縮可因缺乏促紅血球生成素而降低紅血球生成率。在任何年齡階段，飲食中缺乏鐵或某些維生素都可引起營養性貧血 (如缺鐵性貧血)。輻射、病毒和某些毒物破壞骨髓而引起貧血。
2. **溶血性貧血** (hemolytic anemia)：這是由於紅血球破壞速度超過紅血球生成速度而造成的。溶血性貧血可由各種毒藥、藥物反應、鐮狀細胞病、動物毒液或瘧疾等破壞血液的寄生蟲感染引起。

14 *an* = without 沒有；*em* = blood 血；*ia* = condition 狀況

15 *poly* = many 許多；*cyt* = cells 細胞；*hemia* = blood condition 血液狀況

表 19.5 一些血液疾病

彌散性血管內凝血 (Disseminated intravascular coagulation, DIC)	在未破裂的血管內廣泛的凝血，僅限於一個器官或發生在全身。通常由敗血症引發，但當血液循環明顯減慢時也會發生 (如心臟驟停)。其特點是大面積出血，血管被凝固的血液充血，缺血器官組織壞死
栓塞 (Embolism)	任何異常物體 (血栓) 在血液中流動，如氣泡 (空氣栓塞)、凝集的紅血球或細菌，或流動的血塊 (血栓栓塞)。有堵塞小血管和切斷重要組織血流的危險，從而引起中風、心臟衰竭、腎衰竭或肺衰竭
血友病 (Hemophilia)	由於遺傳性凝血因子的缺乏而導致血液凝固異常緩慢，通常是指凝血因子 VIII (一種肝臟產物)。長期出血會導致肌肉和關節等部位的凝血 (血腫) 疼痛，或導致致命性失血。可通過注射缺失的凝血因子治療
傳染性單核細胞增多症 (Infectious mononucleosis)	B 淋巴細胞感染 Epstein-Barr 病毒。通常通過唾液交換傳播，如接吻；最常見於青少年和青年。引起發熱、疲勞、咽痛、淋巴結發炎和白血球增多。通常是自限性的，幾週內消失
敗血症 (Septicemia)	血液中的細菌，源於身體其他部位的感染。通常會引起發燒、寒顫和噁心，並可能引起敗血症休克

你可以在以下地方找到其他血液疾病的討論。

貧血 (19.5b 節)	白血球減少症 (19.5b 節)	地中海貧血症 (19.5b 節)
白血病 (19.5b 節)	多血症 (19.5b 節)	血小板減少症 (19.5b 節)
白血球增多症 (19.5b節)	鐮狀細胞病 (臨床應用 19.3)	血栓形成 (19.5a 節)

3. **出血性貧血** (hemorrhagic anemia)：這是一種由出血引起的紅血球缺乏症。它可能是外傷的結果，如槍傷、車傷或戰場傷；血友病；出血性潰瘍；動脈瘤破裂；或月經量多。

雖然貧血最明顯的影響是紅血球數量，但也會影響紅血球形態。例如地中海貧血，是地中海後裔的一種遺傳性血液病。它的特點是血紅蛋白合成不足，不僅紅血球數量減少，而且現有的紅血球呈微囊性 (microcytic)(異常小) 和低色素性 (hypochromic)(蒼白)。缺鐵性貧血肌無力症也有這些結構性異常的特點。如異形紅血球症 (poikilocytosis)[16] 其中紅血球呈水滴狀、鉛筆狀和其他可變的異常形狀。鐮狀細胞病是另一種著名的遺傳性貧血，其紅血球形態異常 (見臨床應用 19.3)。

無論貧血的原因是什麼，它都可能導致疲倦、嗜睡、呼吸急促，或更嚴重的後果——器官惡化 (壞死) 源於缺氧 (缺氧)。

多血症 (polycythemia)(POL-ee-sih-

16 *poikilo* = variable 變數；*cyt* = cell 細胞；*osis* = condition 狀況

臨床應用 19.3

鐮狀細胞病

鐮狀細胞病 (Sickle-cell disease) 是一種遺傳性血紅蛋白缺陷，每 365 名活產的非洲裔美國人中就有 1 名，每 16,300 名活產的西班牙裔美國人中就有 1 名。大約 1/13 的非裔美國人是無症狀的帶基因者，有可能傳給他們的孩子。這種疾病是由一個有缺陷的基因引起的，該基因導致纈胺酸被每條 β 血紅蛋白鏈中的谷胺酸取代。異常的血紅蛋白 (HbS) 在低氧程度時變成凝膠狀，如當血液通過缺氧的骨骼肌時。紅血球變得細長、僵硬和尖銳 (鐮刀形；圖 19.11)。這些變形、不靈活的細胞不能自由通過細小的毛細血管，它們傾向於相互黏連和黏附在毛細血管壁上。因此，它們聚集在小血管中，阻塞了血液循環。血液循環受阻會產生劇烈的疼痛，並可導致腎臟或心臟衰竭、中風或癱瘓，以及其他許多影響。脾臟清除有缺陷的紅細胞的速度快於它們被替換的速度，因此導致貧血和個體的身體和智力發育不良。如果不進行治療，患有鐮狀細胞病的孩子幾乎沒有機會活到 2 歲，即使得到最好的治療，也很少有受害者能活到 50 歲。

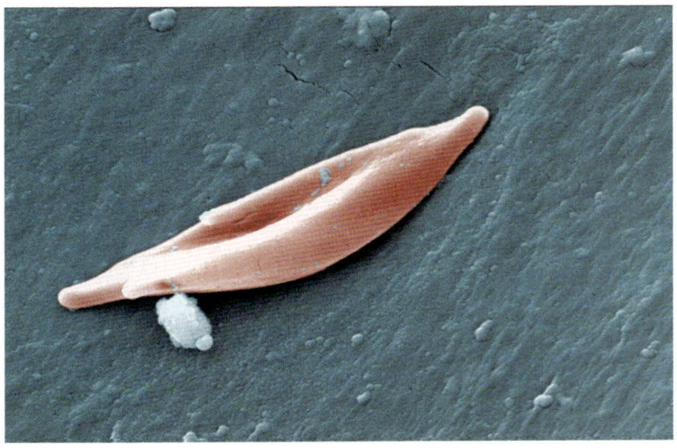

圖 19.11 **鐮狀細胞病**。左下角的紅血球已經變形為診斷這種遺傳性疾病的尖鐮刀形狀。
© Janice Haney Carr/CDC

鐮狀細胞病起源於非洲地區，那裡有數百萬人因瘧疾而喪生。瘧疾寄生蟲通常入侵和繁殖在紅血球中，但它們不能在帶有 HbS 血紅蛋白的紅血球中生存。因此，鐮狀細胞基因賦予了對瘧疾的抵抗力，特別是在 16 個月以下的嬰兒，甚至在那些雜合子 (只攜帶一個基因複製) 而沒有鐮狀細胞病的人中。在非洲，HbS 挽救的生命遠遠超過鐮狀細胞病的死亡人數，所以自然選擇有利於該基因的持續存在而不是被淘汰。但在瘧疾罕見的北美洲，這種基因的流行率已經下降，因為擁有這種基因在進化上沒有什麼好處，而且許多擁有這種基因的人在繁殖前就夭折了。

THEME-ee-uh)，即紅血球數量過多，可由骨髓癌 (原發性多血症)或其他多種疾病 (繼發性多血症) 引起。後者包括異常高的需氧量 (如從事過度熱衷於有氧運動的人) 或低氧供應 (如生活在高海拔地區或患有肺部疾病如肺氣腫的人)。紅血球計數可上升到 1100 萬個紅血球/μL，血比容可高達 80%。濃稠的血液淤積在血管中，極大地增加了血壓，給心血管系統帶來危險的壓力，可能導致心臟衰竭或中風。

白血球疾病

白血球缺乏症稱為**白血球減少症** (leukopenia)，可由重金屬中毒、放射線照射以及麻疹、水痘、脊髓灰質炎、愛滋病等傳染病引起。這樣的白血球缺乏抗病能力，使人容易受到機會性感染，正常人可以抵禦的感染，但對於免疫系統受損的人來說，可能會不堪重負，甚至危及生命。異常高的白血球計數稱為**白血球增多症** (leukocytosis)。它通常是由感染或過敏引起的，但也可能源於情緒壓力和脫水等原因 (當血液中的水分流失時，白血球會變得更加集中)。**白血病** (leukemia) 是一種造血組織的癌症，會導致循環中的白血球數量過多。它也使人容易受到機會性感染，因為即使白血球數量很高，但這些都是不成熟的白血球，無法發揮正常的防禦作用——像擁有一支龐大的兒童軍隊。白血病往往會導致貧血和血小板減少 (見下一節)，因為幹細胞被轉移到快速生產白血球而不是紅血球和血小板上。

血小板疾病

血小板減少症 (thrombocytopenia)，即血小板數量低於 10 萬/μL，是由白血病、放射線或骨髓中毒等原因引起的。它不僅導致血管受傷時凝血功能受損，而且由於失去了血小板正常的血管維護功能，自發性出血會增多。

在你繼續閱讀之前

回答下列問題，以檢驗你對上節內容的理解：

17. 紅血球的過量和不足是什麼意思？白血球的過量和不足是什麼意思？
18. 貧血的三種基本分類是什麼？
19. 白血球增多症和白血病在哪些方面是相同的？它們之間有什麼區別？
20. 描述一些血小板減少的原因和影響。

學習指南

評估您的學習成果

為了測試你的知識，請與學習夥伴討論以下話題，或以書面形式討論，最好是憑記憶。

19.1 簡介

1. 循環系統的組成部分及循環系統與心血管系統的區別。
2. 循環系統的功能。
3. 血液中有形成分與血漿的比例。
4. 七大類有形成分。
5. 血漿的組成。
6. 血漿蛋白的種類和來源。

19.2 紅血球

1. 紅血球 (RBCs) 的功能、形狀和內容。
2. 血紅蛋白的功能。
3. 紅血球計數、血紅蛋白濃度和血紅蛋白濃度的含義和典型值，包括測量單位；以及男性和女性在這些數值上的差異。
4. 血紅蛋白的結構，以及氧氣和二氧化碳與分子結合的位置。
5. 造血的意義，以及出生前和出生後發生造血的器官和組織。
6. 紅血球生成的各個階段以及刺激這過程的激素的特性。
7. 紅血球的壽命。
8. ABO 和 Rh 血型；ABO 血型間差異的化學基礎；以及血型與輸血和妊娠的相關性。

19.3 白血球

1. 每微升血液中的白血球總數。
2. 一個白血球的內部構造與一個紅血球有什麼不同。
3. 白血球的一般功能。
4. 顆粒細胞和無顆粒細胞之間的區別。
5. 三種類型的顆粒細胞，兩種類型的無顆粒細胞，以及這五種類型的白血球如何在染色血液塗片中直觀地識別。
6. 嗜中性球的主要功能及其實現的方法。
7. 嗜酸性球的功能。
8. 嗜鹼性球的兩種分泌物及各分泌物的功能。
9. 單核球與巨噬細胞的關係；巨噬細胞的兩個主要功能。
10. 淋巴球的一般功能和三大家族。
11. 白血球生成的主要三個細胞株。
12. 紅骨髓和胸腺在白血球生成中的角色。
13. 各種類型的白血球移行和壽命，以及過期白血球的命運。

19.4 血小板

1. 血液中血小板的來源和構造，以及為什麼認為血小板是有形成分而不是細胞。
2. 血小板的多元功能。
3. 血栓生成的過程。
4. 血小板在血液凝固和老血塊的廢棄所扮演的角色。

19.5 臨床觀點

1. 老年人的血液和造血系統變化的方式及其原因。
2. 貧血的意義；貧血的三個基本類別；以及貧血的影響。
3. 多血症的意義；其原因及其影響。
4. 白血球減少症的意義；其原因及其影響。
5. 白血球增多症的意義和原因。
6. 白血病的意義；對感染病抵抗力的影響；及對紅血球和血小板數量的影響。
7. 血小板減少症的意義、病因及其影響。

回憶測試

1. 抗體屬於血漿蛋白的某一類，稱為
   a. 白蛋白 (albumins)
   b. γ 球蛋白 (gamma globulins)
   c. α 球蛋白 (alpha globulins)
   d. 促凝劑 (procoagulants)
   e. 凝集素 (agglutinins)
2. 血清是指血漿減去其何種成分？
   a. 鈉離子 (sodium ions)
   b. 鈣離子 (calcium ions)
   c. 纖維蛋白原 (fibrinogen)
   d. 白蛋白 (albumin)
   e. 細胞 (cells)
3. 在大多數染色血液塗片中看到最豐富的有形成分 (formed elements) 是
   a. 紅血球 (erythrocytes)
   b. 嗜中性球 (neutrophils)
   c. 淋巴球 (lymphocytes)
   d. 血小板 (platelets)
   e. 單核球 (monocytes)
4. 肝素和組織胺是由下列哪一種物質分泌的？
   a. 漿細胞 (plasma cells)
   b. 嗜鹼性球 (basophils)
   c. B 淋巴球 (B lymphocytes)
   d. 血小板 (platelets)
   e. 嗜中性球 (neutrophils)
5. ______有細顆粒狀的細胞質，細胞核一般分為 3~5 個分葉。
   a. 嗜鹼性球 (Basophils)
   b. 嗜酸性球 (Eosinophils)
   c. 淋巴球 (Lymphocytes)
   d. 單核球 (Monocytes)
   e. 嗜中性球 (Neutrophils)
6. 血小板具有以下所有功能，除了
   a. 凝集 (coagulation)
   b. 堵塞破損的血管 (plugging broken blood vessels)
   c. 刺激血管收縮 (stimulating vasoconstriction)
   d. 運輸氧氣 (transporting oxygen)
   e. 招募嗜中性球 (recruiting neutrophils)
7. 下列哪一個是顆粒球 (a granulocyte)？
   a. 一單核球 (a monocyte)
   b. 一淋巴球 (a lymphocyte)
   c. 一巨噬細胞 (a macrophage)
   d. 一嗜酸性球 (an eosinophil)
   e. 一紅血球 (an erythrocyte)
8. 過敏反應會刺激______計數上升。
   a. 紅血球 (erythrocyte)
   b. 血小板 (platelet)
   c. 嗜酸性球 (eosinophil)
   d. 單核球 (monocyte)
   e. 嗜中性球 (neutrophil)
9. 貧血最可能是下列哪一個器官衰竭所引起的？
   a. 心臟 (the heart)
   b. 肺臟 (the lungs)
   c. 腦下腺 (the pituitary gland)

d. 腎臟 (the kidneys)
e. 脾臟 (the spleen)

10. 氧氣與血紅蛋白分子______的結合。
a. 纈胺酸 (valine)
b. 鐵 (Fe)
c. 球蛋白 (globin)
d. 血影蛋白 (spectrin)
e. β 鏈 (beta chain)

11. 血液中所有有形成分的產生稱為______。
12. 由紅血球組成的血容量的百分比稱為______。
13. 當單核球離開血流時，它們會變成大的、吞噬性的結締組織細胞，稱為______。
14. 白血球計數過低稱為______。
15. ______是指從血液中除去所有有形成分和纖維蛋白原後剩下的液體。
16. 整體止血涉及到的幾個機制，稱為______。
17. ______是由血紅蛋白分子的每條 β 鏈中改變一個胺基酸的突變所致。
18. 紅血球數量過高稱為______。
19. 血小板是由巨大的骨髓細胞產生，稱為______。
20. 腎臟激素______刺激紅血球生成。

答案在附錄 A

建立您的醫學詞彙

說出每個詞彙的含義，並從本章中給出一個使用該詞彙的醫學專有名詞或稍微的改變該詞彙。

1. hemato-
2. leuko-
3. -emia
4. -blast
5. erythro-
6. mega-
7. myelo-
8. thrombo-
9. macro-
10. -poiesis

答案在附錄 A

這些陳述有什麼問題？

簡要說明下列各項陳述為什麼是假的，或將其改寫為真。

1. 一個人的血比容是指每微升血液中的紅血球所有的數量。
2. 所有紅血球都是由骨髓的造血作用產生的，所有白血球都是由淋巴的造血作用產生的。
3. 貧血是由於血液中氧濃度過低引起的。
4. 在打擊細菌感染的過程中，最重要的白血球是嗜鹼性球。
5. 血栓形成是所有止血機制的統稱。
6. 淋巴球是血液中含量最多的白血球。
7. 循環血液中的單核球來自於紅骨髓中的組織巨噬細胞。
8. 成年人的紅骨髓是新的血液細胞唯一的來源。
9. 由於紅血球沒有細胞核，所以它們的壽命不如顆粒球來的長。
10. 白血病是一種嚴重缺乏白血球的疾病。

答案在附錄 A

測試您的理解力

1. 考慮到紅血球中血紅蛋白的數量和血紅蛋白的氧結合特性，計算一個紅細胞能攜帶多少分子的氧氣。
2. 一位患者被發現嚴重脫水，紅血球計數升高。紅血球計數是否一定說明紅血球生成障礙？為什麼或為什麼不呢？
3. 腎功能衰竭患者通常會接受血液透析和紅血球生成素 (erythropoietin；EPO) 替代治療。解釋給予 EPO 的原因，並預測不將其納入治療方案的後果。
4. 一名白血病患者的皮膚出現微小的出血點 [瘀斑 (petechiae)]。解釋為什麼白血病會產生這種症狀。
5. 你認為血小板能合成蛋白質嗎？為什麼或為什麼不呢？

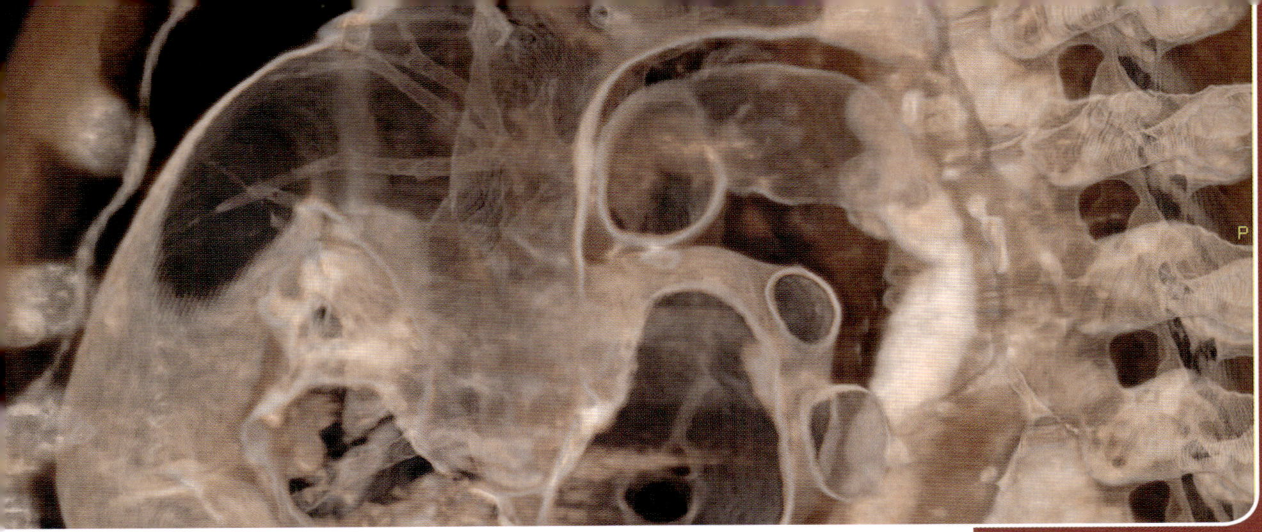

心臟的三維電腦斷層掃描。人面向左的左側面觀。

CHAPTER 20

循環系統 II
心臟

周光儀

章節大綱

20.1 心血管系統概述
20.1a 肺和體循環
20.1b 心臟的位置、大小和形狀
20.1c 心包膜
20.2 心臟的大體解剖學
20.2a 心臟壁
20.2b 心臟腔室
20.2c 心臟瓣膜
20.2d 血液流經心臟腔室
20.3 冠狀循環
20.3a 動脈供應
20.3b 靜脈回流
20.4 心臟傳導系統與心肌
20.4a 傳導系統
20.4b 心肌的構造
20.4c 心臟的神經供應
20.4d 心動週期
20.5 發育和臨床觀點
20.5a 產前心臟的發育
20.5b 出生時的變化
20.5c 老化的心臟
20.5d 心臟疾病

學習指南

臨床應用

20.1 冠狀動脈疾病
20.2 心臟傳導阻滯
20.3 心電圖
20.4 開放性動脈導管

複習

要瞭解本章，您可能會發現複習以下概念會有所幫助：

- 胸腔解剖學 (1.2e 節)
- 胞橋小體和隙列接合 (2.2e 節)
- 內皮細胞 (3.5b 節)
- 橫紋肌的超顯微構造 (10.3 節)
- 自律神經系統的解剖學 (16.1 節)

Anatomy & Physiology REVEALED
aprevealed.com

模組 9：心血管系統

與大多數器官相比，我們對心臟的認識更為深刻，對心臟衰竭也更加小心。關於心臟的學說至少與有文字記載的歷史一樣古老。一些古代中國、埃及、希臘和羅馬的學者正確地推測，心臟是一個幫浦用來給血管充滿血液。然而，亞里斯多德的觀點卻倒退了一步。也許是因為當我們情緒激動時，心臟會加快步伐，而悲傷會引起「心痛」，他認為心臟主要是作為情緒的所在地，但推測它也可能是促進消化的熱源。在中世紀西方醫學院校教條堅持亞里斯多德的思想。在那個時代，也許唯一的重大進步是 13 世紀阿拉伯醫生伊本・安-納菲斯 (Ibn an-Nafis) 描述了冠狀血管在滋養心臟方面的作用。然而，16 世紀的維薩里斯 (Vesalius) 解剖和解剖圖，大大地提高了心血管解剖學的知識，並為更科學性地研究心臟和治療其疾病奠定了基礎。

在 20 世紀初的幾十年裡，除了臥床休息外，幾乎沒有任何治療心臟病的建議。後來人們發現硝酸甘油可以改善冠狀動脈循環，緩解體力消耗造成的疼痛；毛地黃被證明對治療異常心律有效；利尿劑首次被用於降低高血壓。在過去的幾十年裡，冠狀動脈繞道手術、血栓溶解酶、瓣膜置換、心臟移植、人工的心臟節律器、人工心臟等進展，使心臟病學成為最引人注目的醫學領域之一。

20.1 心血管系統概述

預期學習成果

當您完成本節後，您應該能夠

a. 定義並區分肺循環和體循環；

b. 描述心臟的一般位置、大小和形狀；及

c. 描述包在心臟外面的心包囊。

心血管系統 (cardiovascular system) 由心臟和血管組成。心臟的功能是作為一個肌肉幫浦，使血液在血管中流動。血管將血液輸送到身體的所有器官，然後再返回心臟。本章的重點是**心臟學** (cardiology)[1] 是一個包括心臟的研究、臨床評估其功能和疾病以及治療心臟疾病的領域。血管將在第 21 章中討論。

20.1a 肺和體循環

心血管系統有兩個主要的分支：一個是**肺循環** (pulmonary circuit)，將血液輸送到肺部進行氣體交換，然後再送回心臟；另一個是**體循環** (systemic circuit)，將血液供應給身體的每一個器官 (圖 20.1)，包括肺部的其他部位和心臟本身的外壁。

心臟的右半部供應肺循環。它接收在體內循環的血液，並將其幫浦入大動脈，即*肺動脈幹* (pulmonary trunk)。缺氧的血液從那裡被分配到肺部，在那裡它卸下二氧化碳並吸收新的氧氣。然後通過*肺靜脈* (pulmonary veins) 回到心臟的左邊 (見圖 20.3)。

心臟的左半部供應體循環。它將血液幫浦入人體最大的動脈——*主動脈* (aorta)。主動脈的分支，最終將氧氣輸送到身體的每一個器官，並收集它們的二氧化碳和其他廢物。在與組織交換氣體後，這些血液通過身體的兩個最大的靜脈——*上腔靜脈* (superior vena cava)，收集上半身的血液，和*下腔靜脈* (inferior vena cava)，收集橫膈膜以下的所有血液返回心臟。肺動脈幹、肺靜脈、主動脈和兩個腔靜脈被稱為*大血管* (great vessels)[*大動脈和靜脈* (great arteries and veins)]，因為它們的直徑相對較大。

20.1b 心臟的位置、大小和形狀

心臟位於胸腔的縱膈內，在肺臟之間，深達胸骨。從上到下的中點來看，心臟向左偏

1 *cardio* = heart 心臟；*logy* = study 研究

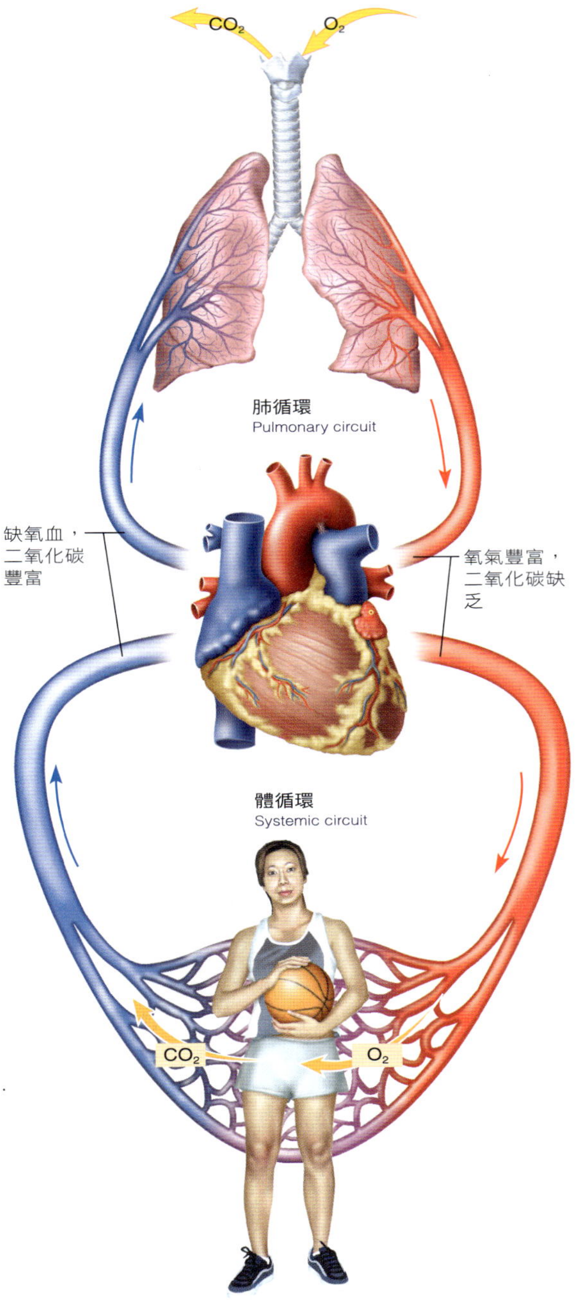

圖 20.1 心血管系統總示意圖。

• 肺臟的血流供應是由肺循環、體循環還是兩者都有？請解釋一下。APIR

斜，所以大約三分之二的心臟位於中線平面的左側 (圖 20.2；另見圖 A.10 的大體解剖)。心臟的上面是寬的，稱為**心底** (base)，是前述大血管的附著點。心臟的下面漸漸變尖，在橫膈上方有一個鈍點，即心臟的**心尖** (apex)(圖 20.3)。

成年人的心臟重約 300 g (10 盎司)，心底寬約 9 cm (3.5 in.)，從心底到心尖約 13 cm (5 in.)，從前面到後面最厚處約 6 g (2.5 in.)。無論一個人的身體大小，從兒童到成人，心臟的大小與拳頭大小大致相同。

20.1c 心包膜

心臟被封閉在一個稱為**心包膜** (pericardium) 的雙層壁囊中。心包膜的外壁是一個堅韌的纖維囊，稱為**纖維性心包膜** (fibrous pericardium)。它包圍著心臟，但不與心臟相連。在這層膜的深處有一層薄薄的膜，稱為**漿膜性心包膜** (serous pericardium)。它有兩層，一層是位於纖維性心包膜內側稱為*壁層* (parietal layer)，另一層是附著在心臟表面的*臟層* (visceral layer)，形成心臟本身的最外層，即*心外膜* (epicardium)(圖 20.4)。纖維性心包膜由韌帶錨定在下面的橫膈和前面的胸骨上，由纖維結締組織更鬆散地錨定在心臟後方的縱膈組織上。

漿膜性心包膜的壁層和臟層之間的空間稱為**心包腔** (pericardial cavity)(見圖 20.2b 和 20.4)。心臟並不在心包腔內，而是被心包腔包覆著。心臟與心包膜的關係通常被描述為類似於一個拳頭推入一個充氣不足的氣球 (圖 20.4c)。與拳頭接觸的氣球表面就像心外膜一樣，氣球外表面就像心包膜，而它們之間的空隙就像心包腔一樣。

心包腔內僅有 5 至 30 mL **心包液** (pericardial fluid)，由漿膜性心包膜滲出。心包液能潤滑心臟的膜，以最小的摩擦力使心臟跳動。在*心包炎* (pericarditis) 的情況下，心包膜可能會變得粗糙，並在每次心臟跳動時產生疼痛的*摩擦* (friction rub)。除了減少摩擦，心包膜還將心臟與其他胸腔器官隔離，並將其錨

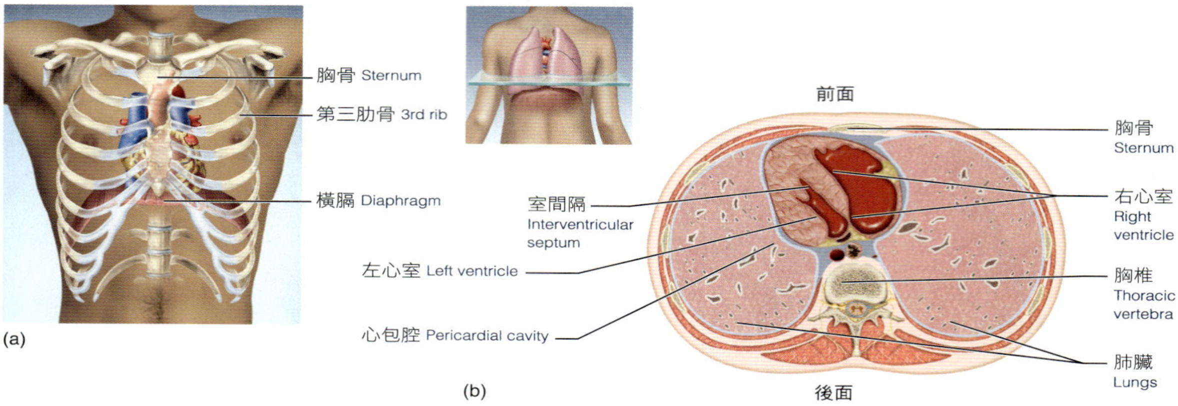

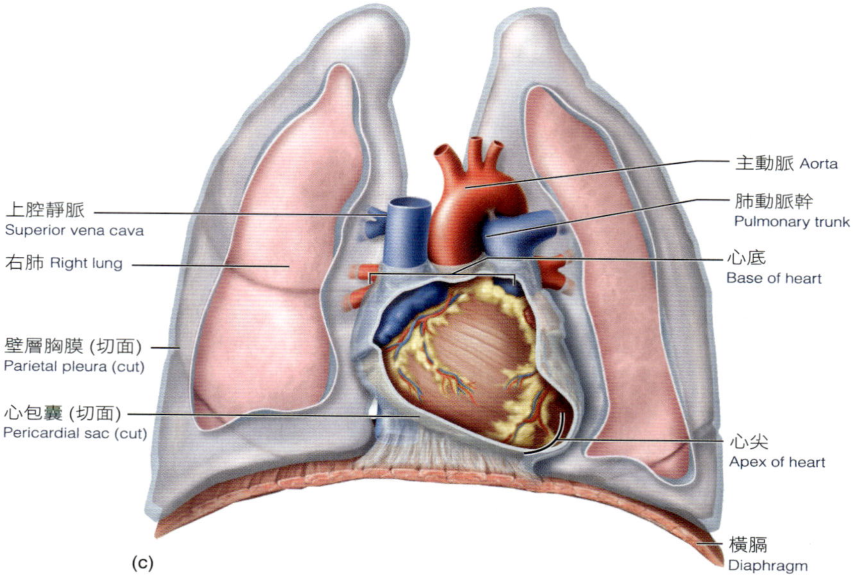

圖 20.2 心臟在胸腔的位置。(a) 與胸腔的關係；(b) 心臟水平面的胸腔橫切面。構造的方向與旁觀者身體的方向相同；(c) 胸腔的前面觀，肺部略微後縮，心包囊打開。

• 心臟的大部分位於正中切面的右側或左側呢？APR

定在胸腔內。心包膜允許心臟有擴張的空間，但又能抵抗過度擴張 [參見臨床應用 1.2 中的心包填塞 (cardiac tamponade)]。

在你繼續閱讀之前

回答下列問題，以檢驗你對上節內容的理解：

1. 區分肺循環和體循環，並說明心臟的哪一部分提供哪一部分血流。
2. 利用兩個顏色繪製心包膜的草圖，用其中一種顏色表示纖維性心包膜，另一種顏色表示漿膜性心包。對於後者，應同時標注心包壁層和臟層。顯示心包膜、心包腔和心壁之間的關係。

20.2 心臟的大體解剖學

預期學習成果

當您完成本節後，您應該能夠

a. 描述心壁的三層；
b. 辨識心臟的四個腔室；
c. 辨識心臟的表面特徵，並將其與心臟內部的四個腔室解剖構造連貫起來；
d. 辨識心臟的四個瓣膜；及
e. 追蹤血液在心臟的腔室和瓣膜以及鄰近血管中的流動。

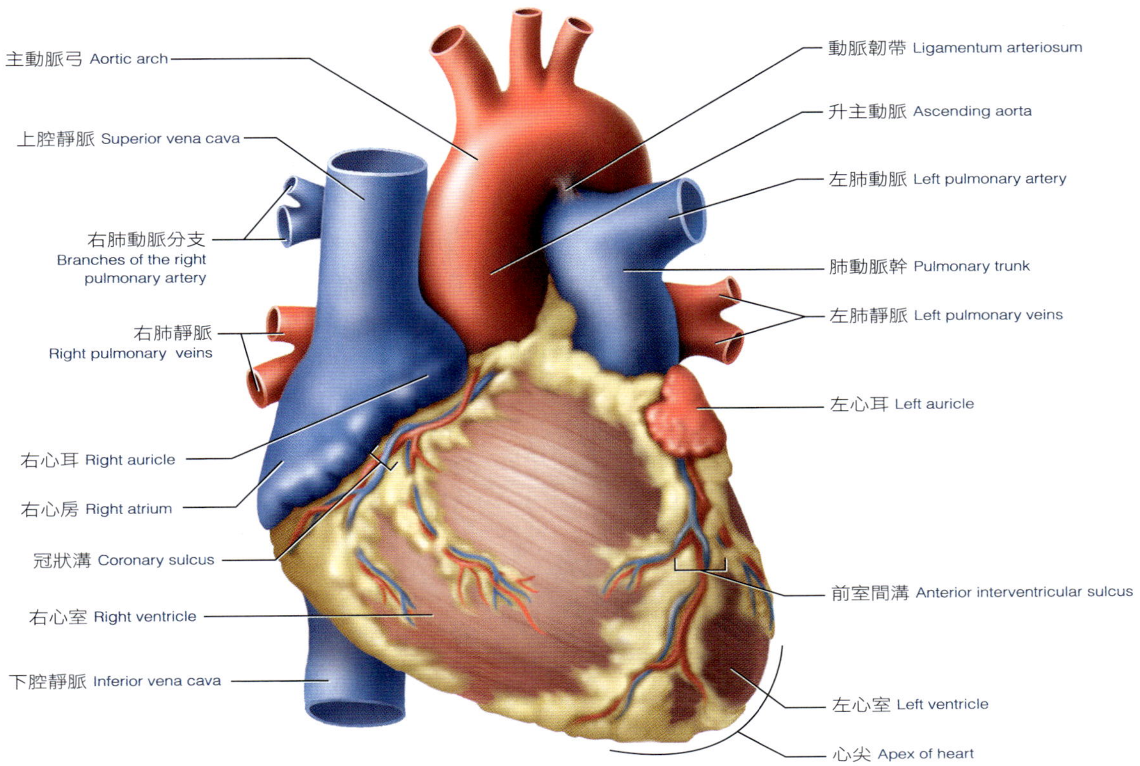
主動脈弓 Aortic arch
上腔靜脈 Superior vena cava
右肺動脈分支 Branches of the right pulmonary artery
右肺靜脈 Right pulmonary veins
右心耳 Right auricle
右心房 Right atrium
冠狀溝 Coronary sulcus
右心室 Right ventricle
下腔靜脈 Inferior vena cava
動脈韌帶 Ligamentum arteriosum
升主動脈 Ascending aorta
左肺動脈 Left pulmonary artery
肺動脈幹 Pulmonary trunk
左肺靜脈 Left pulmonary veins
左心耳 Left auricle
前室間溝 Anterior interventricular sulcus
左心室 Left ventricle
心尖 Apex of heart

(a) 前面觀

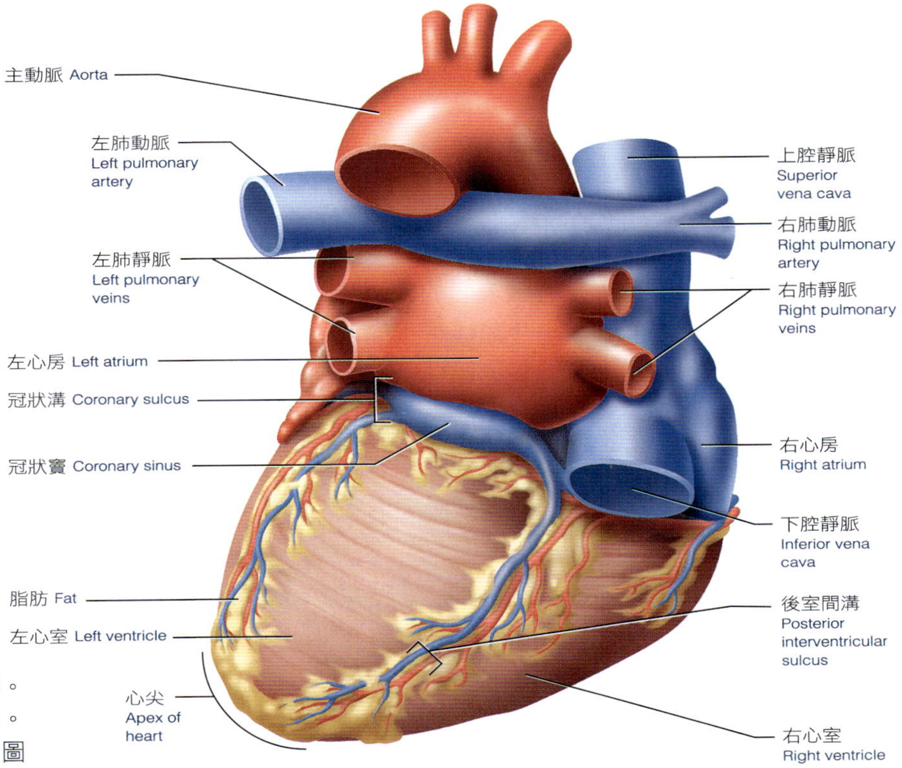
主動脈 Aorta
左肺動脈 Left pulmonary artery
左肺靜脈 Left pulmonary veins
左心房 Left atrium
冠狀溝 Coronary sulcus
冠狀竇 Coronary sinus
脂肪 Fat
左心室 Left ventricle
心尖 Apex of heart
上腔靜脈 Superior vena cava
右肺動脈 Right pulmonary artery
右肺靜脈 Right pulmonary veins
右心房 Right atrium
下腔靜脈 Inferior vena cava
後室間溝 Posterior interventricular sulcus
右心室 Right ventricle

(b) 後面觀

圖 20.3 心臟表面解剖學。 (a) 前面觀；(b) 後面觀。心臟表面的冠狀血管如圖 20.11 所示。APIR

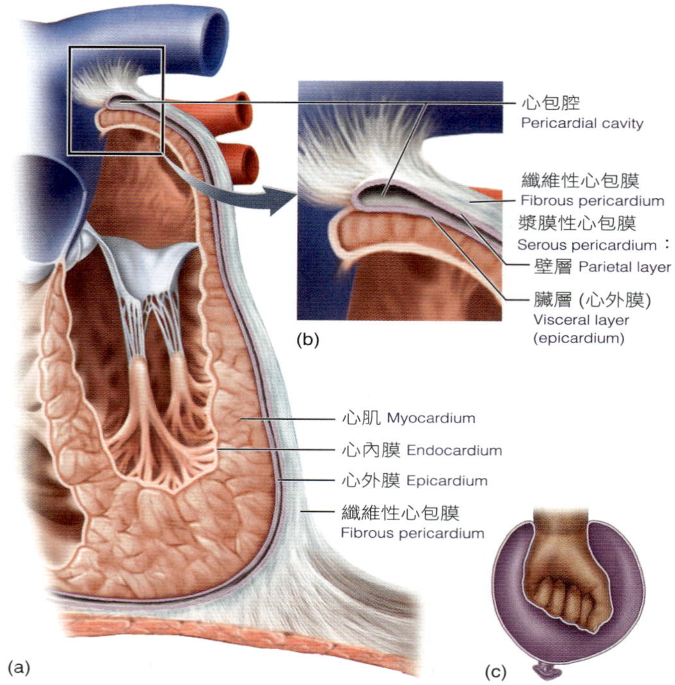

圖 20.4 **心包膜和心臟壁**。(a) 心臟的冠狀切面，顯示心壁的三層及與心包膜的關係；(b) 心包膜和心包腔的細節；(c) 氣球內的拳頭，通過類比顯示心包膜的雙層壁是如何包裹心臟的。 AP|R

20.2a 心臟壁

心臟壁由三層組成，即薄薄的心外膜覆蓋其外表面，中間是厚厚的肌肉心肌，而心內膜則薄薄的覆蓋在心臟腔室的內部 (圖 20.4)。

心外膜 (epicardium)[2] 是心臟表面的一層漿膜。它主要由一單層的鱗狀上皮組成，上面覆蓋著一層薄薄的暈狀組織，在大多數地方，它像紙巾一樣薄，而且是半透明的，所以心肌的肌肉可以透視出來 (圖 20.5a)。在有些地方，它還包括一層厚厚的脂肪組織。冠狀動脈血管的最大分支穿過心外膜。

心內膜 (endocardium)[3] 是襯於心臟腔室內層，覆蓋在瓣膜上，並與血管的內襯 [內皮 (endothelium)] 相連。與心外膜一樣，它是由簡單的鱗狀上皮組成，上覆薄薄的暈狀組織層，但它沒有脂肪組織。

心肌 (myocardium)[4] 由心臟的肌肉組成，位於以上這兩層之間，構成了心臟的大部分的質量。心肌負責心臟的工作，其厚度根據各個心臟腔室的工作負荷而變化。心臟肌肉的細胞被稱為**心肌細胞** (cardiomyocytes)。心肌細胞成束，呈螺旋狀環繞心臟，稱為**心渦** (vortex of the heart)(圖 20.6)。這種排列方式使心臟以扭轉或擰動的方式收縮，從而增強了血液的噴出。

心臟還有一個由膠原纖維和彈性纖維組成的結締組織框架，稱為**纖維骨架** (fibrous skeleton)。這種組織特別集中在心臟腔室間的壁上，瓣膜周圍的纖維環 (fibrous rings)[纖維環的拉丁文 (anuli fibrosi)] 中，以及這些環之間相互連接的組織片中 (見圖 20.8)。纖維骨架具有多種功能：(1) 它為心臟提供結構上的支撐，特別是在瓣膜和大血管開口的周圍；它使這些孔洞保持開放，防止血液湧入時過度擴張。(2) 它能錨定心肌細胞，並給它們提供一些拉力。(3) 具一種電性的非導體，它在心房和心室之間擔任著電性絕緣體的作用，所以心房不能直接刺激心室。這種絕緣作用對電性活動和收縮活動的時間和協調很重要。(4) 有些權威人士認為 (雖然也有人不同意)，纖維骨架的彈性反衝力可能有助於心臟在每次跳動後重新充血，就像玻璃吸管的橡膠吸球一樣，當你放鬆握力時，它就會膨脹。

應用您的知識

部分纖維性骨架有時會在老年時發生鈣化。你認為這將如何影響心臟功能？

2 *epi* = upon 在上面；*cardi* = heart 心臟
3 *endo* = internal 內部；*cardi* = heart 心臟
4 *myo* = muscle 肌肉；*cardi* = heart 心臟

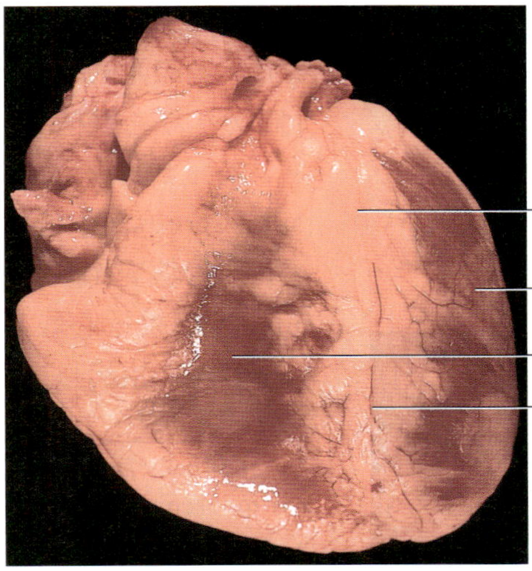

(a) 前面觀，外部解剖

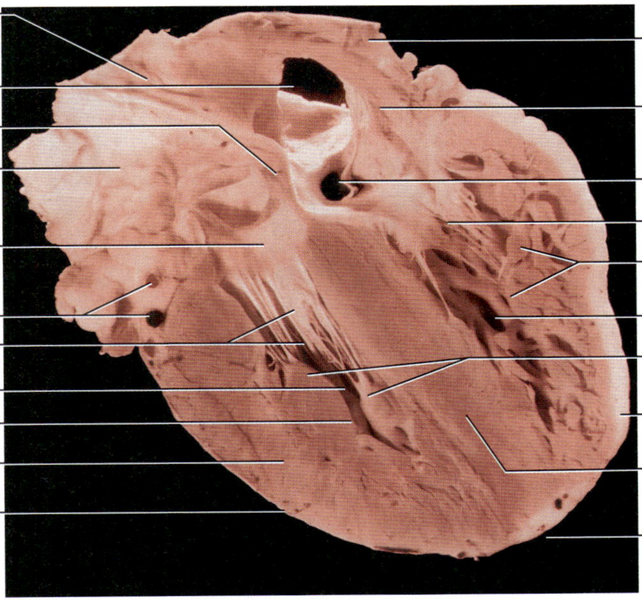

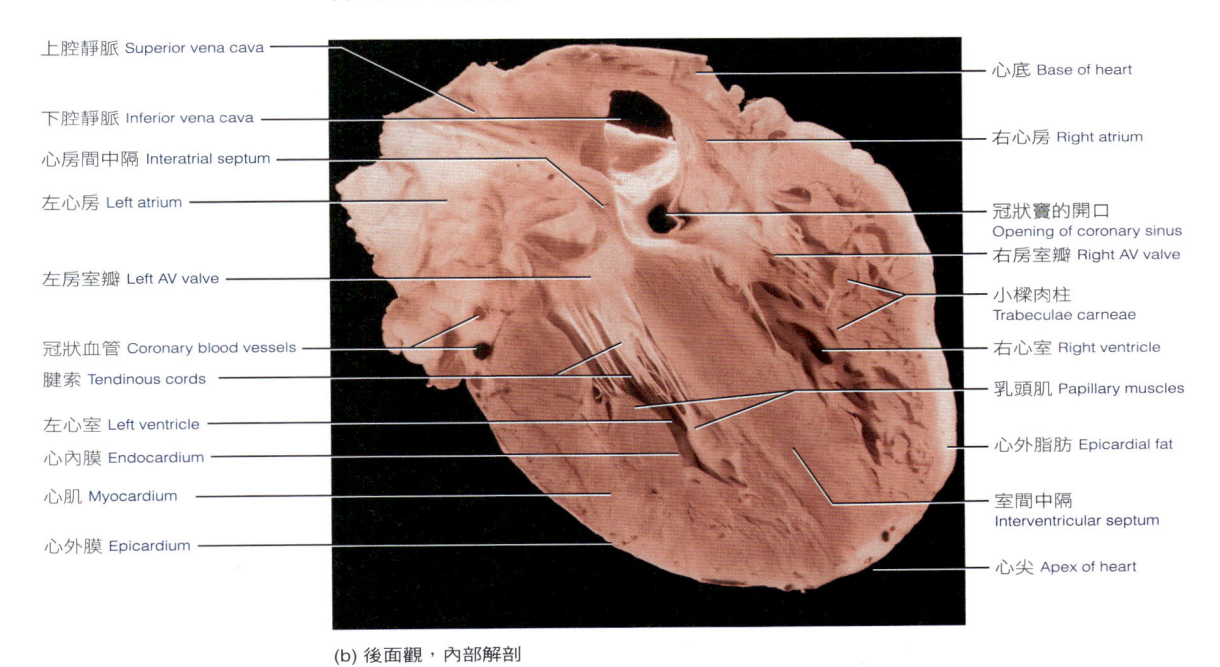

(b) 後面觀，內部解剖

圖 20.5　人類大體的心臟。(a) 前面觀，外部解剖；(b) 後面觀，內部解剖。APR

20.2b　心臟腔室

心臟有四個腔室，以冠狀切面最為明顯 (圖 20.7)。位於心臟上極 (心底) 的兩個腔室是**右和左心房** (right and left atria)(AY-treeuh；單數為 atrium[5])。它們是接受血液經由大靜脈返回心臟的薄壁腔室。每個心房的大部分都在心臟的後面，所以從前面觀只能看到一小部分。這裡每個心房都有一個小耳狀的延伸部分，稱為**心耳** (auricle)[6]，可以稍微增加其體積。

兩個下面的心室，即**右和左心室** (right

5 *atrio* = entryway 入口處

6 *auricle* = little ear 小耳朵

and left ventricles[7]) 是將血液射入動脈並使其在身體周圍流動的幫浦。右心室構成心臟前面的大部分，左心室構成心尖和下後部。

表面上四個心臟腔室的邊界由三條溝 (槽) [sulci (grooves)] 標示，這些溝主要由脂肪和冠狀血管填充 (圖 20.5a)。**冠狀溝** (coronary[8] sulcus) 環繞近心底，將上面的心房和下面的心室分開。抬起心房的邊緣可以看到它。另外

7 *ventr* = belly 肚皮，lower part 部；*icle* = little 小
8 *coron* = crown 皇冠；*ary* = pertaining to 有關於

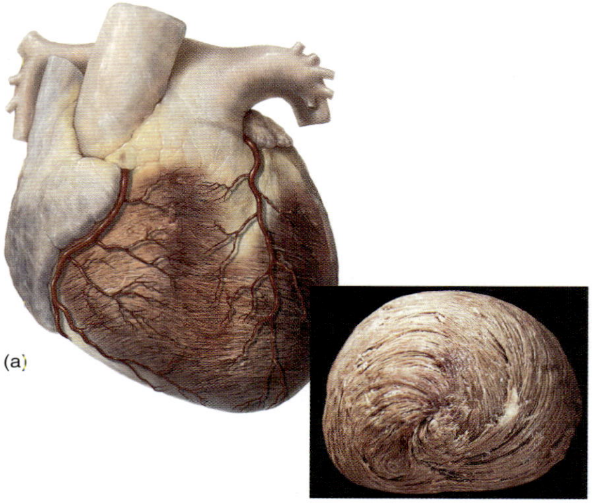

圖 20.6　心渦。(a) 心臟前面觀，透明化的心外膜，露出心肌束；(b) 從心尖觀察，顯示肌肉在心臟周圍盤繞的方式。當心室收縮時，將導致扭轉運動。
©Photo and Illustration by Roy Schneider, University of Toledo. Plastinated heart model for illustration courtesy of Dr. Carlos Baptista, University of Toledo

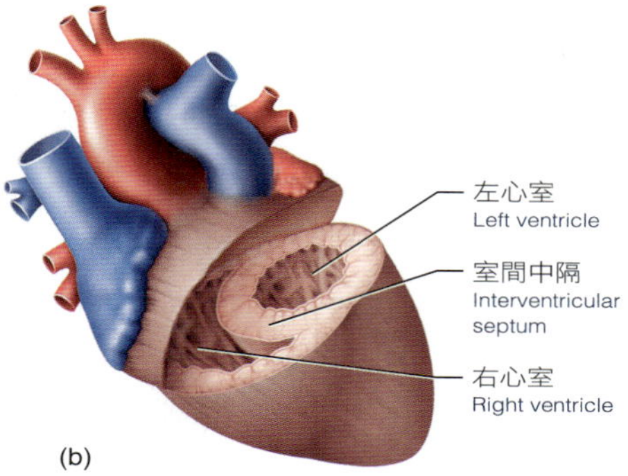

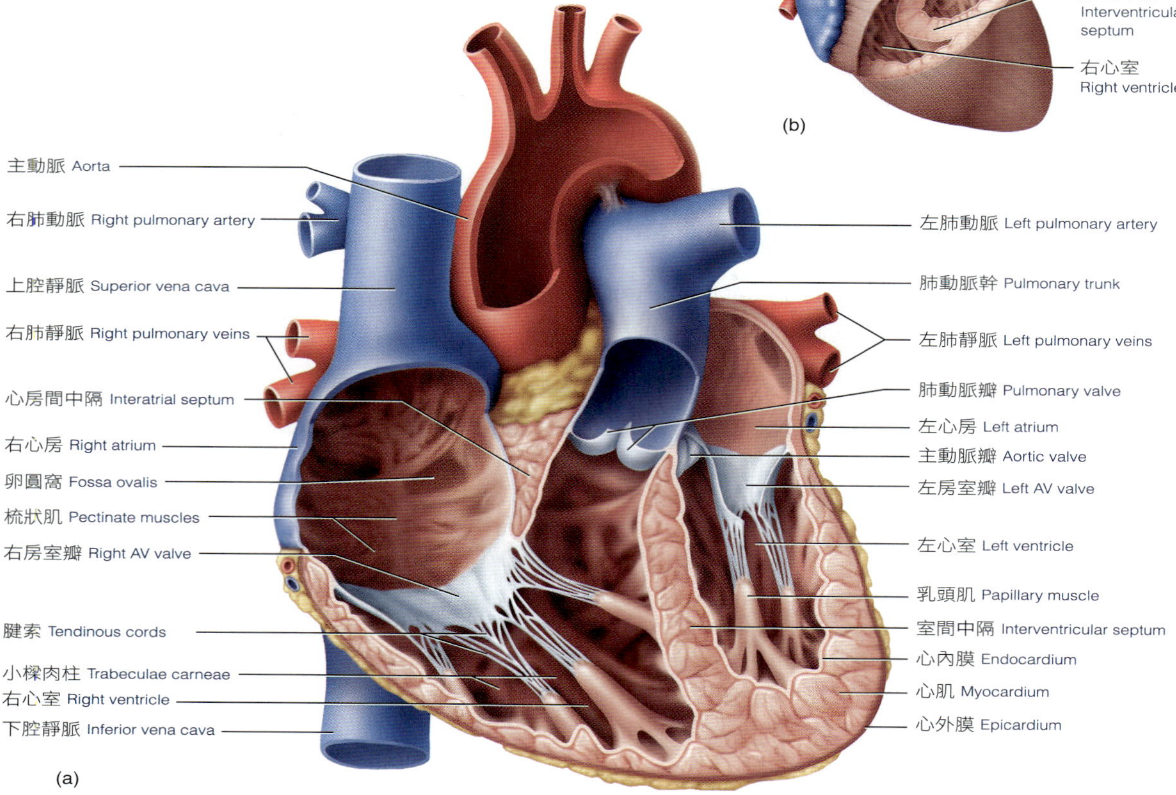

圖 20.7　心臟內部解剖學。(a) 冠狀切面，前面觀；(b) 橫切面，顯示心室的形狀和空間關係。右心室包繞左心室呈 C 形，但兩個心室的體積相同。
• 心房梳狀肌更接近於心室乳頭肌還是小樑肉柱？AP|R

兩條溝從冠狀溝斜斜向下延伸至心臟前面的心尖，稱為**前室間溝** (anterior interventricular sulcus)，後面的一條稱為**後室間溝** (posterior interventricular sulcus)。這些溝覆蓋著內壁，室間隔 (interventricular septum) 將右心室和左心室分開。冠狀溝和兩個室間溝包藏著最大的冠狀血管。

心房展現出薄薄的鬆弛壁，與它們的輕工作量相對應，所有它們做的是幫浦血液到下面的心室。它們之間由稱為**心房間隔** (interatrial septum) 的壁分開。右心房和兩個心耳都有心肌的內嵴，稱為**梳狀肌** (pectinate[9] muscles)。**室間隔** (interventricular septum) 是一道心室之間更發達的肌肉垂直牆。

右心室只把血液幫浦到肺部，再幫浦回左心房，所以它的壁只有適度的肌肉。左心室壁的厚度是它的二到四倍，因為它在所有四個心臟腔室中將血液泵到全身，承擔著最大的工作量。

兩個心室都呈現出稱為**小樑肉柱** (trabeculae carneae)[10] (trah-BEC-you-lee CAR-nee-ee) 的內嵴。人們認為這些嵴可能是為了在心臟收縮時，使心室壁不至於像吸盤一樣相互黏連，從而使心室在重新充盈時更容易擴張。如果你將手弄濕，將手掌緊緊地按在一起，然後將手掌拉開，你就可以體會到光滑的濕表面是如何相互黏連的，如果沒有小樑，心壁也可能會如此黏連。

20.2c 心臟瓣膜

為了有效地幫浦血液，心臟需要瓣膜來保證主要的單向流動。在每個心房和相應的心室之間有一個瓣膜，在每個心室的出口處有一個瓣膜進入大動脈 (圖 20.7)，但在大靜脈排入心房的地方沒有瓣膜。每個瓣膜由兩三個纖維性的瓣片組成，稱為**尖瓣或葉瓣** (cusps or leaflets)，上面覆蓋有心內膜。

房室瓣 [atrioventricular (AV) valves] 調節心房和心室之間的開口 (圖 20.8)。**右房室瓣** (right AV valve) 有三個尖瓣，因此也被稱為**三尖瓣** (tricuspid valve)。**左房室瓣** (left AV valve) 因形狀類似於教堂主教的頭飾，被稱為**僧帽瓣** (mitral valve)(MY-trul)，後來又被稱為二尖瓣 (bicuspid valve)，但這一專有名詞已不再使用。它來自 19 世紀初的一個誤解，認為它只有兩個尖瓣，但仔細檢查後發現它在兩個主要尖瓣之間有小的附屬尖瓣。

纖細的腱索 [tendinous cords (chordae tendineae)]，讓人聯想到降落傘的護罩線，將瓣膜尖端連接到心室底部的錐形**乳頭肌** (papillary muscles) 上。乳頭肌並不幫助瓣膜打開。相反的它們與心室的心肌其他部分一起收縮，並牽拉腱索。這就防止了房室瓣膜過度隆起到心房或像風吹雨傘一樣由內向外翻轉。由於腱索鬆弛而導致的過度隆起稱為瓣膜脫垂 (valvular prolapse)(見表 20.1)。每條乳頭肌有二至三條基底附著物與心室底部相連。這些多重附著物可能控制乳頭肌的電性興奮時間，及它們可能以類似於埃菲爾鐵塔的重量支撐在其四條腿上的方式分配機械壓力。多重附著物也可以提供一些額外的功能，保護房室瓣在一個附著物失效時不至於出現完全機械式的故障。

半月瓣 (semilunar[11] valves)(肺動脈和主動脈瓣) 調節血液從心室流入大動脈。**肺動脈瓣** (pulmonary valve) 控制從右心室進入肺動脈幹的開口，及**主動脈瓣** (aortic valve) 控制從左心室進入主動脈的開口。每個瓣膜都有三個形似襯衫口袋的尖瓣。當血液從心室射出時，血液從下方推過這些瓣膜，並將其尖部壓在動脈壁上。當心室放鬆和擴張時，動脈血流向心室，

9 *pectin* = comb 梳子；*ate* = like 像

10 *trabec* = beam 樑；*ula* = little 小；*carne* = flesh 肉，meat 肉

11 *semi* = half 半；*lun* = moon 月亮；*ar* = like 像

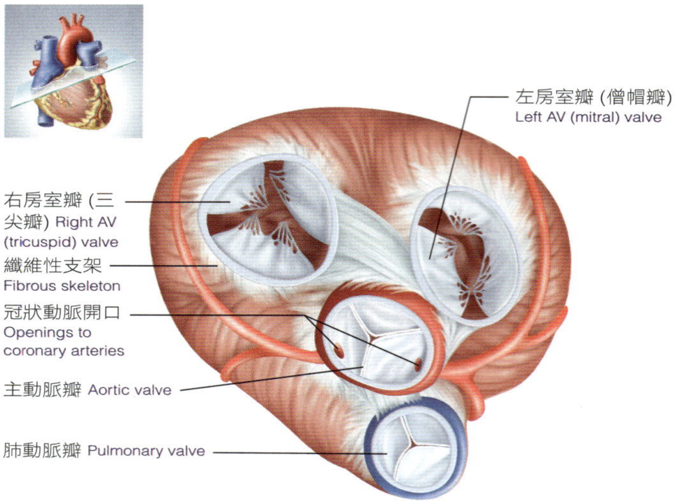

(a)

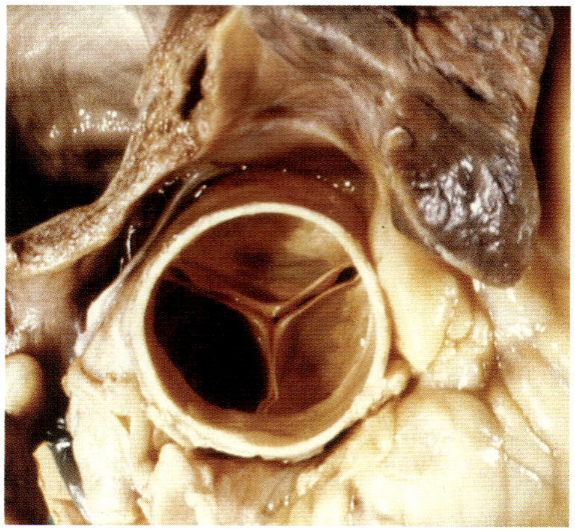

(b)

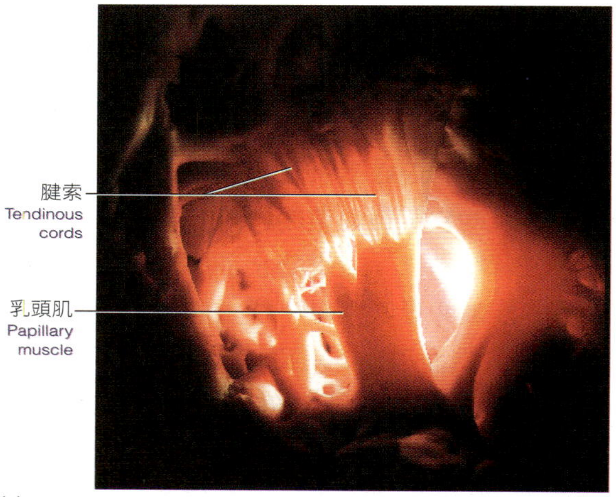

(c)

圖 20.8　心臟瓣膜。(a) 去掉心房後的心臟上面觀；(b) 主動脈瓣，上面觀，顯示三個尖瓣像 Y 字形相接，其中一個尖瓣被血塊染黑；(c) 從右心室內看到的乳頭肌和腱索。肌索的上面末端與右房室瓣膜的尖瓣相連。

(b) ©Biophoto Associates/Science Source, (c) ©McGraw-Hill Education

但很快就充滿了尖瓣。膨脹的尖瓣在中心相遇，並迅速封住開口，因此很少的血液能夠回到心室。由於這些尖瓣與動脈壁相連的方式，它們不能脫垂，就像如果你把手塞進襯衫口袋裡，它就會從裡面翻出來一樣。因此，它們不需要或不擁有腱索。

心臟瓣膜的打開和關閉不是靠自身的肌肉力量。尖瓣只是通過血壓的變化被推開和關閉(圖 20.9)。當心室放鬆且壓力較低時，房室瓣的尖瓣軟弱地垂下，兩個房室瓣都打開。血液從心房通過瓣膜自由地流向下方的心室。當心室充滿血液後，心室開始收縮，迫使血液向上衝撞這些瓣膜的下方。這就把瓣膜的尖瓣推到一起，關閉了開口，所以血液就不會輕鬆地噴回心房。過一會兒，心室上升的壓力迫使肺動脈和主動脈瓣打開，血液從心臟射出。

20.2d　血液流經心臟腔室

直到 16 世紀，解剖學家們都認為血液是經過心臟中隔上的隱形孔洞直接從右心室流向左心室的。這是不正確的，心臟左右心室的血液是完全分開的。圖 20.10 顯示了血液從右心房流經人體並回到起點的路徑。

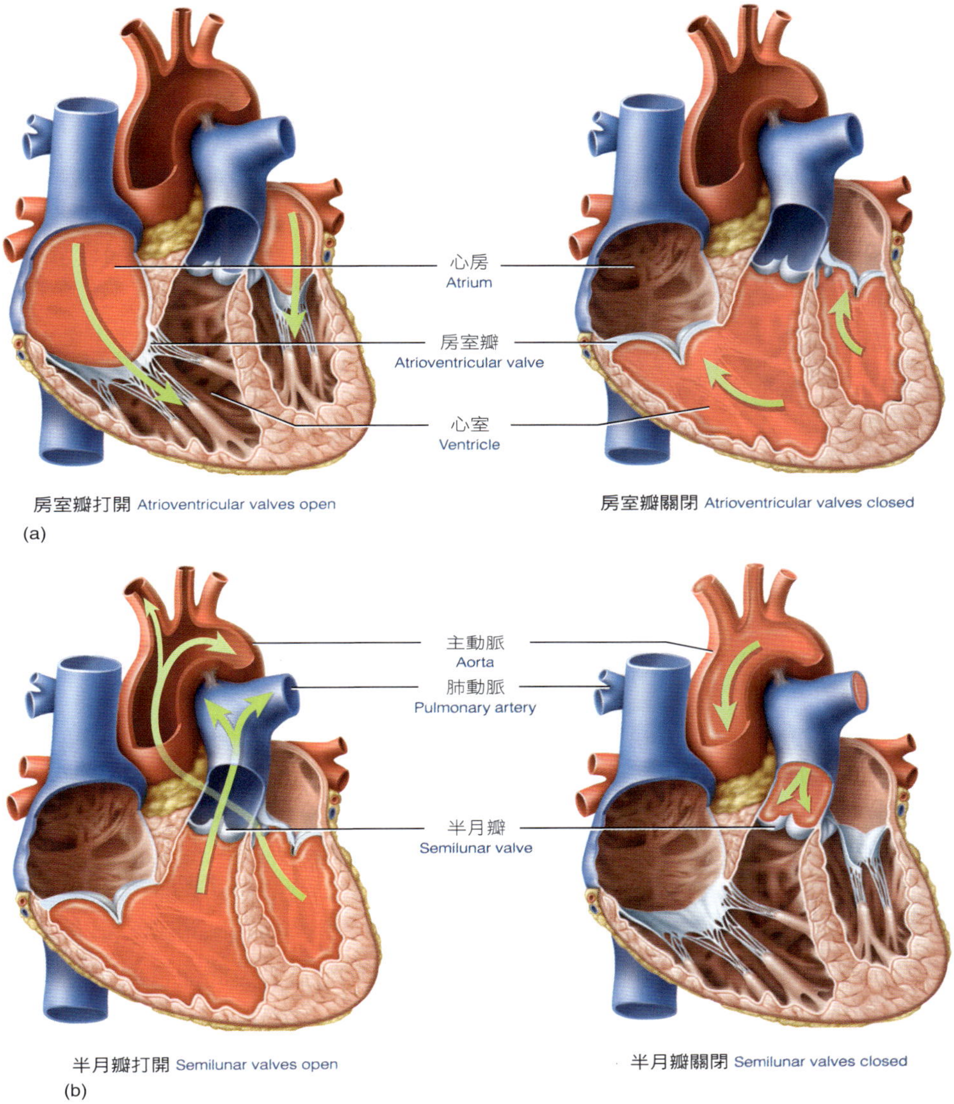

圖 20.9 **心臟瓣膜的操作模式**。(a) 房室瓣。當心房壓大於心室壓時，瓣膜打開，血液流過。當心室壓力上升到高於心房壓力時，心室的血液推動瓣膜尖瓣關閉；(b) 半月瓣。當心室壓力大於動脈壓力時，瓣膜被迫打開，血液射出。當心室壓力低於動脈壓力時，動脈血使瓣膜關閉。

• 腱索扮演什麼角色？

血液經體循環通過上、下腔靜脈到達右心房，從右心房通過右房室瓣直接流入右心室。當右心室收縮時，它將這些血液通過肺動脈瓣射到肺動脈幹，前往肺臟將二氧化碳換成氧氣。

血液從肺臟通過左側兩條肺靜脈和右側兩條肺靜脈回流；這四條肺靜脈都注入左心房。血液通過左房室瓣 (僧帽瓣) 流入左心室。左心室的收縮將這些血液通過主動脈瓣射入升主動脈，以其方式再繞體循環一圈。

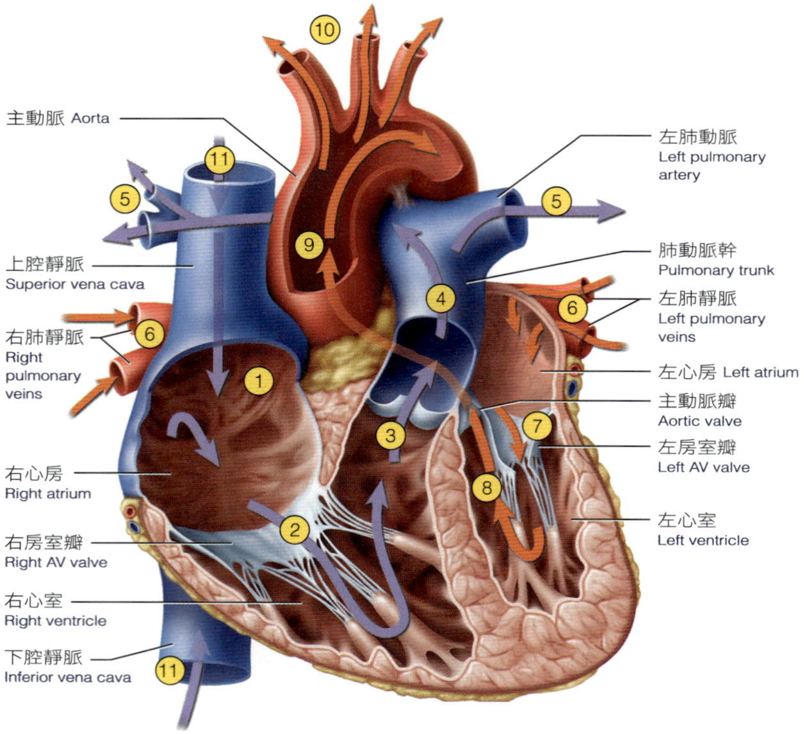

① 血液由上、下腔靜脈進入右心房
② 血液由右心房經過右房室瓣流入右心室
③ 右心室收縮迫使肺動脈瓣打開
④ 血液經肺動脈瓣流入肺動脈幹
⑤ 血液分佈於右及左肺動脈進入肺臟，在肺臟將二氧化碳交換成氧氣
⑥ 血液經由肺靜脈回流到左心房
⑦ 血液由左心房通過左房室瓣流入左心室
⑧ 左心室收縮 (與第 ③ 步驟同時) 迫使主動脈瓣打開
⑨ 血液經由主動脈瓣流入升主動脈
⑩ 血液由主動脈分佈至身體各器官，將氧氣交換成二氧化碳
⑪ 血液經由腔靜脈回流入右心房

圖 20.10　血液流經心臟的途徑。從 4 到 6 的路徑是肺循環，從 9 到 11 的路徑是體循環。紫色箭頭表示缺氧血，橙色箭頭表示充氧血。APR

在你繼續閱讀之前

回答下列問題，以檢驗你對上節內容的理解：

3. 命名出心臟三層構造的名稱，並説明它們構造的差異性。
4. 纖維性骨架的功能有哪些？
5. 追蹤血液在心臟中的流動，按順序説出每個腔室和瓣膜的名稱。

20.3　冠狀循環

預期學習成果

當您完成本節後，您應該能夠

a. 描述滋養心肌的動脈和回流心肌的靜脈；及
b. 定義心肌梗塞 (myocardial infarction)，並與冠狀動脈的相關性。

如果你的心臟壽命為 80 年，平均每分鐘跳動 75 次，它將跳動超過 30 億次，幫浦出 2 億多公升的血液。簡而言之，它是一個非常勤勞的器官，它需要大量的氧氣和營養物質，這是可以理解的。心室中的血液無法滿足這些需求，因為血液中的物質在心肌中的擴散速度太慢。相反，心肌有自己的動脈和微血管供應，將血液輸送到每個心肌細胞。心壁的血管構成了**冠狀循環** (coronary circulation)。

在休息時，冠狀血管每分鐘為心肌提供約 250 mL 的血液。儘管心臟的重量只占身體重量的 0.5%，但這構成了循環血液的 5%，僅用於滿足心臟的新陳代謝需求。它獲得了 10 倍於它的「公平份額」來維持其繁重的工作負荷。

20.3a 動脈供應

冠狀循環是心臟解剖學方面變化最大的。下面的描述只涵蓋了大約 70% 到 85% 的人所看到的模式，而且只包括少數最大的血管 (比較圖 20.11c 中所看到的小血管的密度)。

主動脈離開左心室後，立即發出一條右冠狀動脈和一條左冠狀動脈，這兩條動脈的開口位於兩個主動脈尖瓣形成的口袋深處 (見圖 20.8a)。**左冠狀動脈** (left coronary artery, LCA) 穿過左心耳下的冠狀溝，並分成兩個分支 (圖 20.11)：

1. **前室間支** (anterior interventricular branch) 沿前室間溝至心尖，繞過彎曲處，並沿心臟後側上行一小段距離。在那裡，它與稍後描述的後室間支匯合。臨床上，它也被稱為左前降支 [left anterior descending (LAD) branch]。這條動脈提供兩個心室和室間隔的前三分之二處血流。
2. **迴旋支** (circumflex branch) 繼續環繞在心臟左側冠狀溝處。它發出一個**左邊緣支** (left marginal branch)，沿心臟左邊緣而下，為左心室提供血液，然後迴旋狀支在心臟後側結束，為左心房和心室後壁提供血液。

右冠狀動脈 (right coronary artery, RCA) 提供右心房和竇房結 (節律器) 血液，然後沿著右心耳下的冠狀溝繼續前進，並發出自己的兩個分支：

1. **右邊緣支** (right marginal branch) 向心尖運

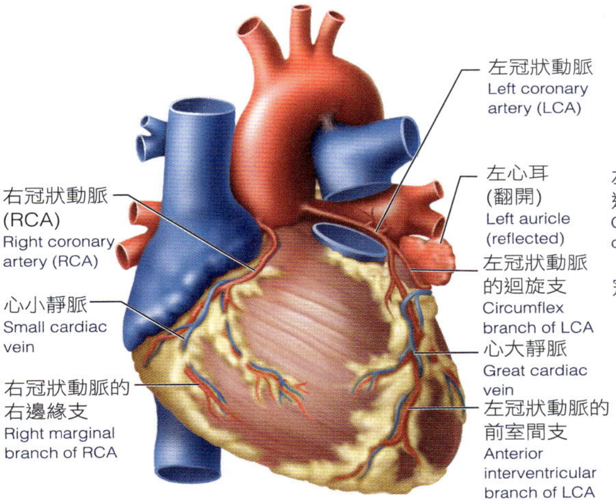

(a) 前面觀

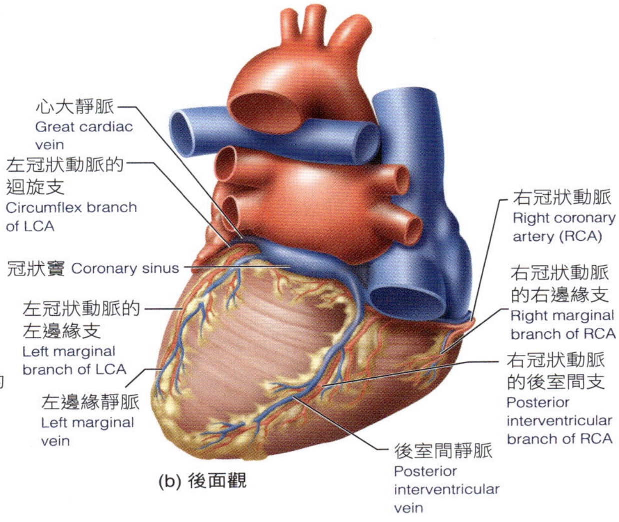

(b) 後面觀

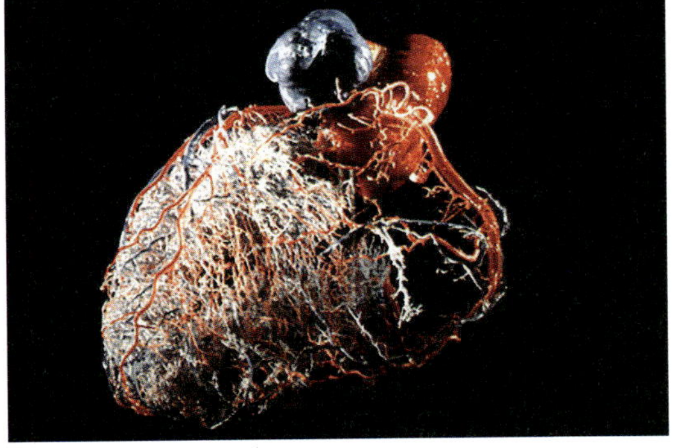

(c)

圖 20.11 **主要冠狀血管**。(a) 前面觀；(b) 後面觀；(c) 冠狀循環的聚合物鑄型。APR

行，提供右心房和心室外側的血液。

2. 右冠狀動脈繼續繞過心臟右緣至後側，發出一條小分支至房室結，然後發出一條大的**後室間支** (posterior interventricular branch)。該分支沿相應的溝下行，提供兩個心室的後壁以及室間隔後部的血液。它的終點是與左冠狀動脈的前室間支相連。

心肌的能量需求是如此的重要，以至於心肌任何部位的血液供應中斷都會在幾分鐘內引起壞死。冠狀動脈中的脂肪沉澱物或血栓可導致**心肌梗塞** (myocardial infarction[12], MI)，即一片被剝奪血流的組織突然死亡 (見臨床應用 20.1)。幾個**動脈吻合** (arterial anastomoses)(ah-NASS-tih-MO-seez) 提供了一些防止心肌梗塞的保護，這些吻合點是兩條動脈連接在一起，並將其血液流向更下游的點。吻合提供了一條替代途徑，如果主要途徑受阻，可提供心臟組織血液稱為**側枝循環** (collateral circulation)。

在大多數器官中，當心室收縮並將血液射入動脈時，血流達到高峰，當心室放鬆並重新充血時，血流減少。而冠狀動脈的情況正好相反：心臟放鬆時血流達到高峰。這有三個原因。(1) 心肌收縮壓迫冠狀動脈，使血流受阻。(2) 心室收縮時，主動脈瓣被迫打開，瓣膜尖瓣蓋住冠狀動脈的開口，阻礙血液流入冠狀動脈。(3) 當它們放鬆時，主動脈中的血液會短暫地流回心臟。它充滿了主動脈瓣尖，其中一部分流入冠狀動脈，就像水倒入桶中，從桶底的孔流出一樣。因此，在冠狀血管中，當心室鬆弛時血流量增加。

20.3b 靜脈回流

靜脈回流 (venous drainage) 是指血液離開器官的途徑。流經心壁的微血管後，約 20% 的冠狀動脈血液直接從多條心小靜脈 (small cardiac veins) 注入心臟腔室，尤其是右心室。另外的 80% 血液通過以下途徑返回右心房 (圖 20.11)：

- **心大靜脈** (great cardiac vein) 從心臟前面收集血液，並與前室間動脈並排，它將血液從心尖向冠狀溝攜帶，然後繞過心臟左側，注入下文所述的冠狀竇。
- **後室間 (心中) 靜脈** [posterior interventricular (middle cardiac) vein]，位於後室間溝，收集心臟後方的血液。它也將血液從心尖向上攜帶，並匯流到同一個竇。
- **左邊緣靜脈** (left marginal vein) 從靠近心尖的地方向上走，沿左邊緣注入冠狀竇。
- **冠狀竇** (coronary sinus) 是心臟後側冠狀溝內的一條大的橫靜脈，匯集了上述三條靜脈以及一些較小靜脈的血液。它將血液注入右心房。

在你繼續閱讀之前

回答下列問題，以檢驗你對上節內容的理解：

6. 左冠狀動脈的兩個主要分支是什麼？它們在心臟表面的位置在哪裡？右冠狀動脈的分支有哪些，它們的位置在哪裡？
7. 冠狀動脈系統吻合的醫學意義是什麼？
8. 為什麼冠狀動脈在心室放鬆時攜帶的血流量比心室收縮時大？
9. 注入冠狀竇的三大靜脈是什麼？

20.4 心臟傳導系統與心肌

預期學習成果

當您完成本節後，您應該能夠

a. 描述心臟的電性傳導系統；
b. 對比心肌和骨骼肌的結構；及
c. 描述心肌細胞的細胞間連接的類型和重要性。

12 *infarct* = to stuff 填充

臨床應用 20.1

冠狀動脈疾病

冠狀動脈疾病 (coronary artery disease, CAD) 是指冠狀動脈狹窄，導致維持心肌的血流量不足。它通常是由動脈粥樣硬化 (atherosclerosis) 引起的，動脈粥樣硬化是一種血管疾病，脂肪沉積在動脈壁上，導致動脈變性和血流受阻。動脈粥樣硬化斑塊 (動脈瘤)[plaque (atheroma)] 由脂質、平滑肌和瘢痕組織組成，可發展為鈣化的複雜斑塊 (complicated plaque)，使動脈壁變得僵硬。當動脈閉塞到心肌因缺氧而開始死亡時，可發生心肌梗塞 (myocardial infarction) 或稱為心臟病發作 (heart attack)。動脈部分阻塞時，當動脈收縮時可引起暫時的沉重感和胸痛，稱為心絞痛 (angina pectoris)。

動脈瘤導致心臟病發作的原因有很多，其中動脈瘤本身可能會堵塞動脈，導致血流不足以支持心肌 (圖 20.12)，尤其是在運動時，心肌的新陳代謝需求急劇增加。血小板常常黏附在動脈瘤上產生血栓。如果血管空間 (管腔) 已經大部分被動脈瘤封閉，血栓就可以完成工作。另外，血栓可以從動脈瘤中游離出來，堵塞下游較小的冠狀動脈。

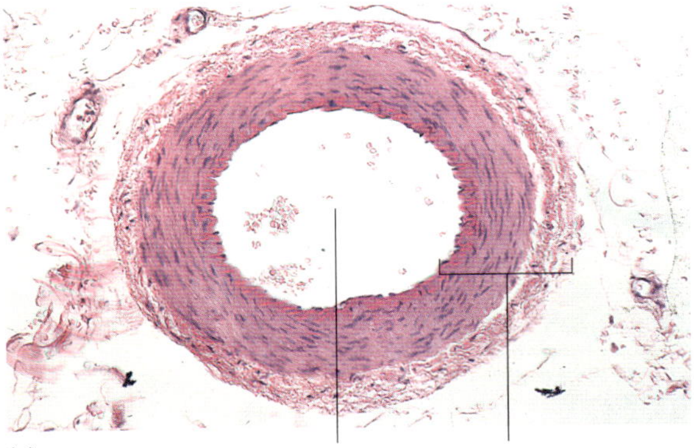

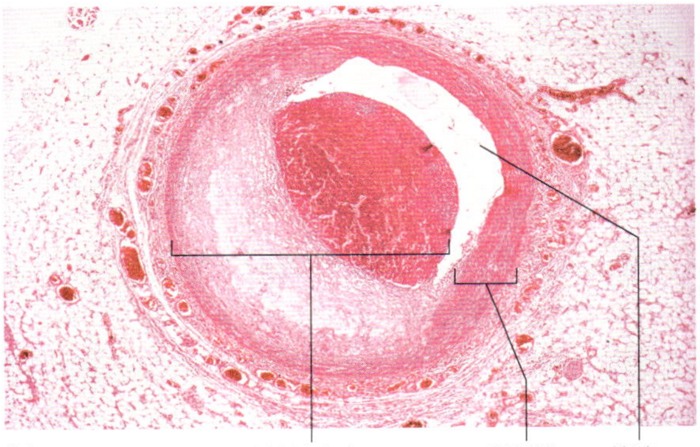

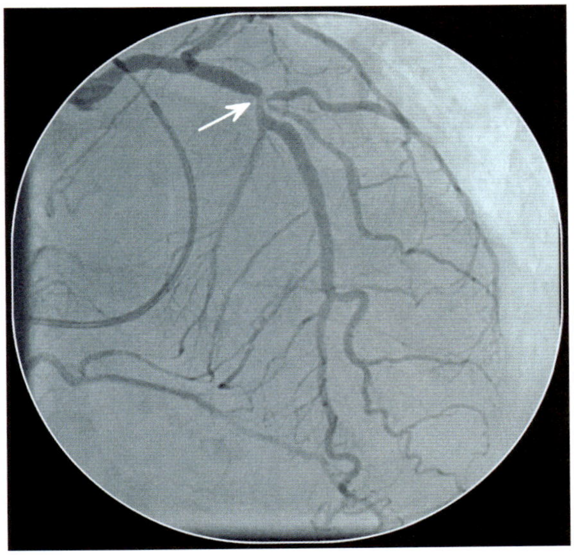

圖 20.12 **冠狀動脈粥樣硬化**。(a) 一條健康動脈的橫切面；(b) 晚期動脈粥樣硬化的動脈的橫斷面。原有管腔大部分被鈣化瘢痕組織組成的斑塊阻塞。管腔縮小到一個很小的空間，很容易被靜止或移動的血塊或血管收縮所堵塞；(c) 冠狀動脈造影顯示前室間動脈 (左前降枝，LAD) 60% 阻塞 (箭頭)。

關於心臟最明顯的生理事實是，它是自律性的。[13] 它在固定的時間間隔內自發地收縮，在靜止的成人通常是每分鐘約 75 次 (bpm)。在無脊椎動物中，如蛤蜊、螃蟹和昆蟲，每一次心跳都是由神經系統的節律器觸發的。然而，在脊椎動物中，如我們自己，觸發每一次心跳的信號來自於心臟本身。事實上，我們可以切斷接到心臟的神經，將心臟從體內取出，並將其保存在充氣的生理鹽水中，它就會跳動數小時。把它切成小塊，每一塊都會繼續自己的節奏性脈動。因此，它的節律很明顯的並不依賴於神經系統。心臟有它自己的節律器和電性傳導系統，我們現在要關注的就是這個。

20.4a 傳導系統

有些心肌細胞已經失去了收縮能力，而是專門用於產生和傳導電信號。這些細胞構成了**心臟傳導系統** (cardiac conduction system)，它控制著刺激的路線和時間，以確保四個腔室相互協調。電信號的產生和通過傳導系統的順序如下 (圖 20.13)。

① **竇房結** [sinuatrial (SA) node]，是右心房內的一片特別修飾的心肌細胞，就在近上腔靜脈的心外膜下。這是啟動每一次心跳和決定心率的節律器。

② 來自竇房結的信號遍佈整個心房，如圖中紅色箭頭所示。

③ **房室結** [atrioventricular (AV) node]，位於心房間隔下端，靠近右房室瓣。該結點是通往心室的電信號通道。所有前往心室的電子信號都必須通過房室結，因為纖維性骨架擔任絕緣體，防止電流通過任何其他途徑前往心室。

④ **房室束** [atrioventricular (AV) bundle] 是一條由改良的心肌細胞組成的束，信號離開房室結通過該束。該束很快分叉成**左右束分支** (right and left bundle branches)，進入室間隔並下降通向心尖。

⑤ 束分支產生**傳導性心肌纖維** (conducting cardiac myofibers) [以前叫蒲金氏細胞 (Purkinje cells)]，它們在心尖向上傳播，

13 *auto* = self 自己

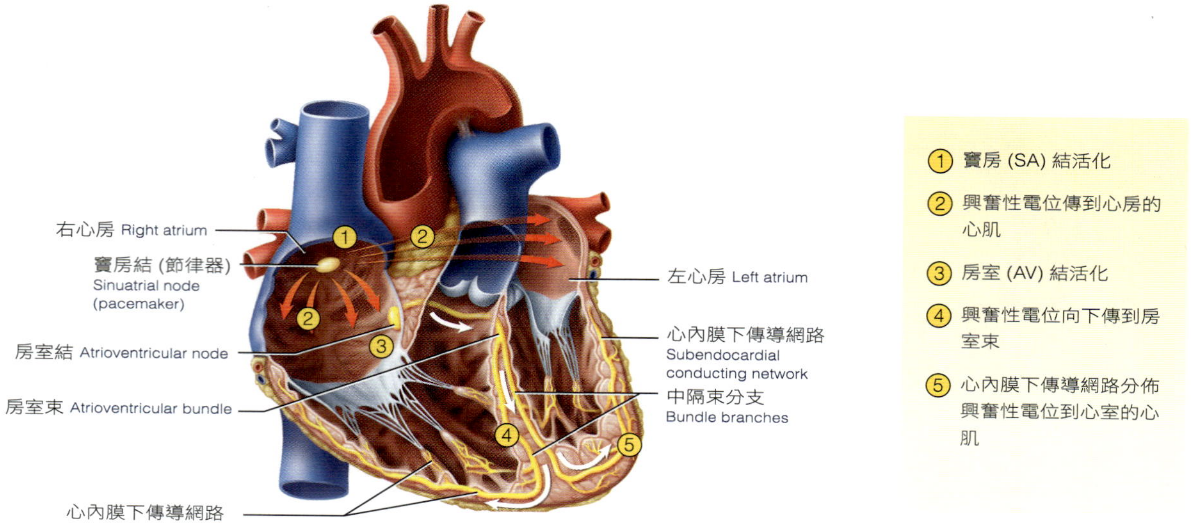

圖 20.13 **心臟傳導系統**。電信號沿著箭頭所指的路徑行進。
• 哪一個心房最先收到誘發心房收縮的信號？

並遍佈整個心室的心肌。這些肌纖維將電興奮分配給心室的心肌細胞。它們共同構成了**心內膜下傳導網路** (subendocardial conducting network)。左心室的網路比右心室的網路更為複雜。

在我們檢查了心肌的構造後，我們將看到這個傳導系統如何與心臟的收縮和放鬆週期有關。

20.4b 心肌的構造

行進的電信號並不以傳導肌纖維為終點，這些肌纖維並不能到達每個心肌細胞。相反的，心肌細胞將信號從一個細胞傳遞到另一個細胞。這是骨骼肌做不到的，所以要瞭解心跳是如何協調的，就必須瞭解心肌細胞的顯微解剖，以及它們與骨骼肌纖維的不同之處。

心肌與骨骼肌一樣有橫紋，但在結構和生理方面與骨骼肌有許多不同。心肌細胞是相對較短、較厚的細胞，一般長 50~100 μm，寬 10~20 μm (圖 20.14)。細胞的兩端稍有分叉，像一根木頭，末端有切迹。每一個心肌細胞通過其多個末端分叉與其他幾個細胞接觸，所以它們共同形成了一個貫穿心臟腔室的網路。一個心肌細胞通常只有一個中心位置的細胞核，周圍通常有大量的儲能碳水化合物，肝醣；然而四分之一到三分之一的細胞有兩個或更多的細胞核。肌漿網比骨骼肌不發達；它缺乏末端終池，不過它有與 T 小管有關的足狀囊。T 小管比骨骼肌大得多。在細胞興奮時，它們從細胞外液接納鈣離子以啟動肌肉收縮。心肌細胞的粒線體特別大，約占細胞體積的 25%，而骨骼肌的粒線體則小得多，僅占細胞體積的 2%。

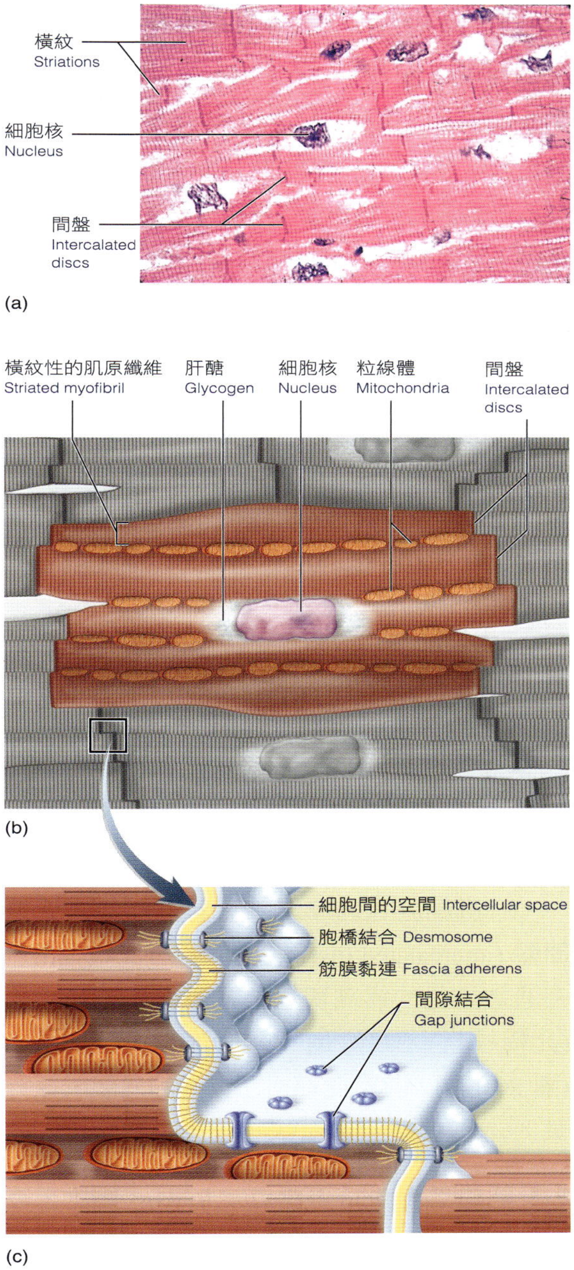

圖 20.14 **心肌**。(a) 光學顯微圖；(b) 心肌細胞的構造 (紅色) 及其與相鄰心肌細胞的關係。在心肌細胞的兩端，通常通過其間盤的機械和電接合與兩個或更多的相鄰細胞相連；(c) 間盤的構造。

• 間盤的哪種成分可以使心肌細胞對鄰近的心肌細胞進行電興奮的刺激？

臨床應用 20.2

心臟傳導阻滯

心臟傳導阻滯 (heart block) 是指由於傳導性心肌纖維的病變和退化，電信號不能正常通過心臟傳導系統的情況。當一個或兩個房室束分支發生病變時，就存在束支阻滯 (bundle branch block)。全心傳導阻滯 (total heart block) 是由於房室結的疾病導致。心臟傳導阻滯是導致心律不整 (cardiac arrhythmia) 的原因之一，心律不整是指心跳不規律 (見圖 20.15c)。在全心心臟傳導阻滯的情況下，來自竇房結的信號在病變的房室結處停止，無法到達心室肌肉。心室按其固有節律跳動，每分鐘約 20~40 次 (bpm)，與心房不同步，速度太慢，無法長時間維持生命。

應用您的知識

為什麼心肌中的粒線體要比骨骼肌中的粒線體更大、更豐富？

心肌細胞通過厚厚的端對端連接，稱為**間盤** (intercalated discs)(in-TUR-ku-LAY-ted)，在適當染色的組織切片中，間盤表現為暗線 (比橫紋粗)。間盤是一種複雜的階梯狀結構 (圖 20.14c)，具有骨骼肌所沒有的三個明顯特徵：

1. **交錯的褶皺** (interdigitating folds)：細胞末端的漿膜折疊得有點像雞蛋盒的底部。相鄰細胞的褶皺相互交錯，增加了細胞間接觸的表面積。
2. **機械性接合** (mechanical junctions)：細胞由兩種類型的機械性連接——筋膜黏連和胞橋結合。筋膜黏連 (fascia adherens)[14] (FASH-ee-ah ad-HEER-enz) 是最廣泛的。它是一條寬闊的帶狀物，其中肌原纖維絲的肌動蛋白被錨定在漿膜上，每個細胞通過穿膜蛋白的方式與下一個細胞相連。因此，收縮細胞的運動肌原纖維絲間接拉動鄰近細胞。筋膜黏連在這裡和那裡被胞橋結合 (desmosomes) 打斷。在 2.2e 節 (圖 2.15) 中更詳細地描述了胞橋結合是一片細胞間機械性的連接。它們防止收縮的心肌細胞被拉開。
3. **電子接合** (electrical junctions)：間盤還包含間隙接合 (gap junctions)，它形成的通道可使離子從一個細胞的細胞質直接流入下一個細胞 (其結構見 2.2e 節和圖 2.15c)。這些接合使每個心肌細胞都能對其鄰近的細胞進行電刺激。因此，兩個心房的整個心肌和兩個心室的整個心肌幾乎都是單一個細胞。這種統一的動作是心臟腔室有效的幫浦血液的關鍵。

骨骼肌含有衛星細胞，可以分裂並在一定程度上替代死亡的肌肉纖維。然而，心肌缺乏衛星細胞，所以受損心肌的修復幾乎完全是經過纖維化 (瘢痕) 來完成的。心肌的有絲分裂和再生能力非常有限。

20.4c　心臟的神經供應

儘管心臟有自己的節律器，但它也接受交感神經和副交感神經。它們並不啟動心跳，而是改變心跳的速度和收縮強度。交感神經可以將心率提高到每分鐘 230 次，而副交感神經則可以將心率降低到每分鐘 20 次，甚至讓心臟停止幾秒鐘。

通往心臟的交感神經通路起源於下頸部至上胸椎脊髓的神經元，這些神經元的傳出纖維從脊髓傳到交感鏈，並沿交感鏈上行至三個頸神經節。**心臟神經** (cardiac nerves) 從頸神經節產生，通過稱為心臟神經叢 (cardiac plexus) 的神經網，然後繼續到達心室的肌肉 (見圖 16.4)。這些神經的刺激會增加心室收縮的力

14 *fascia* = band 帶；*adherens* = adhering 黏著

量。然而，有些神經纖維支配心房和冠狀動脈。

通往心臟的副交感神經路徑是經由迷走神經。右側迷走神經主要支配竇房結，左側迷走神經主要支配房室結，儘管每條神經對兩個結都有一些交叉神經支配。心室沒有或幾乎不接受迷走神經的刺激。迷走神經使心跳減慢。如果沒有這種影響，竇房結會產生約每分鐘 100 次的平均靜息心率，但迷走神經 (vagus nerves) 穩定的背景放電 [迷走神經張力 (vagal tone)] 通常會將靜息心率保持在每分鐘約 70 至 80 次。[15]

20.4d 心動週期

如果您可以將上述解剖構造與一個完整的收縮和放鬆週期的**心動週期** (cardiac cycle) 聯繫起來，那麼它應該具有更多的意義。這將顯示心臟的構造如何共同工作以完成血液循環。

15 來自德語拼寫，Elektrokardiogramm。

臨床應用 20.3

心電圖

除了用聽診器 (stethoscope) 聽心音 [聽診 (auscultation)] 外，臨床上評估心臟功能最常用的方法是心電圖 (electrocardiogram, ECG or EKG[15])——通過貼在皮膚上的電極記錄心臟的電活動。當心房和心室的肌肉進行電性放電 [去極化 (depolarizes)] 和充電 [再極化 (repolarizes)] 時，會產生電流，這些電流通過體液中的電解質傳導到皮膚表面。這裡的活動可以記錄為小的電壓變化，表現為心電圖向上和向下的偏轉 (圖 20.15a)。

在心電圖中可以看到三個主要事件，分別命名為 P 波、QRS 複合體和 T 波 (這些字母是任意選擇的，它們不代表任何單詞)。每一個波和波之間的間隔都與正文中描述的心臟週期事件相關。QRS 複合物是最大的波，因為它主要是由心室的去極化產生的，心室是心臟最大的肌肉塊，產生的電流最大。

心電圖的不規則有助於診斷心臟功能的疾病。在心室纖維顫動中 (圖 20.15b)，心電圖表現出隨機波動，與心臟病發作時不協調的心室蠕動有關。在心臟傳導阻滯 (圖 20.15c) 中，有些 P 波之後沒有通常的 QRS 複合體 (見本章末測試您的理解力問題 4)。電解質失衡、激素失衡和許多其他疾病都會在心電圖的其他異常情況中產生明顯的徵兆。

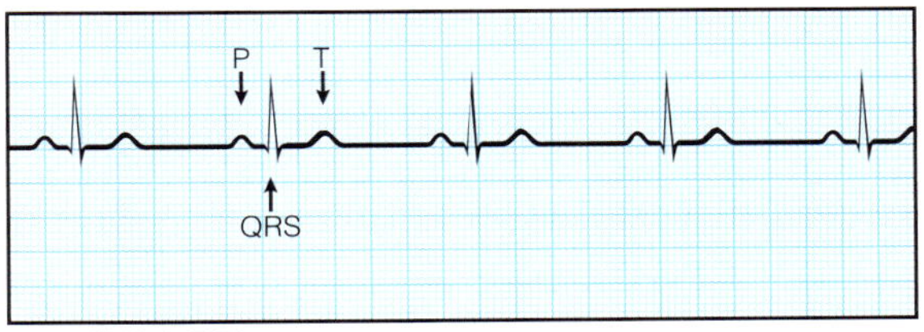

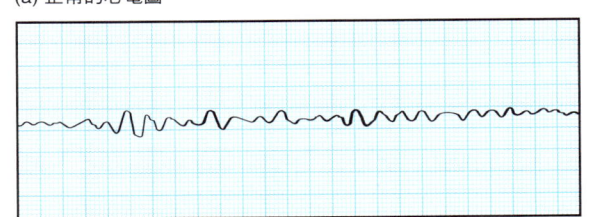

(a) 正常的心電圖

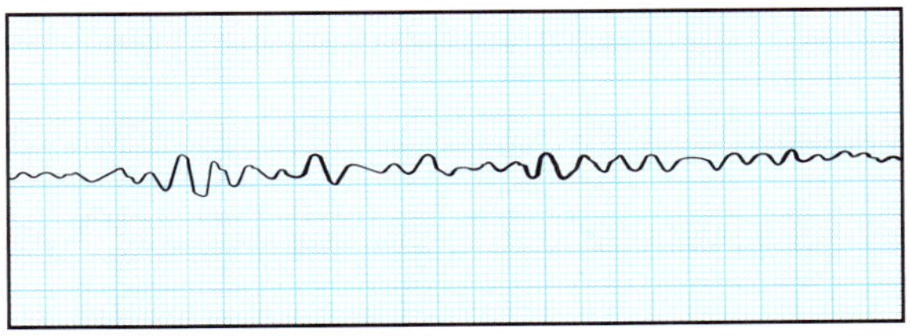
(b) 心室纖維顫動的異常心電圖

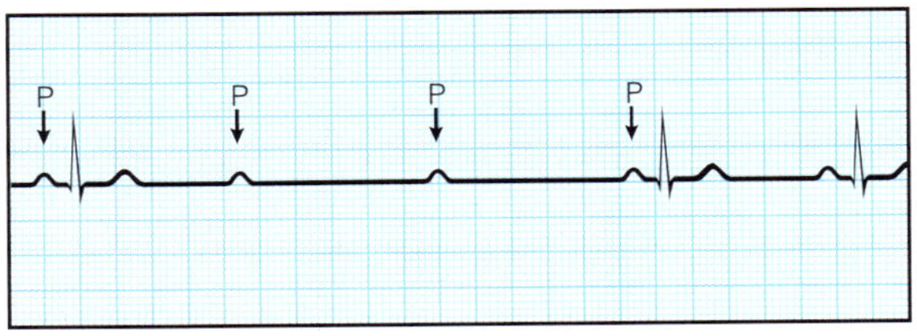

(c) 心臟傳導阻滯的異常心電圖

圖 20.15 **心電圖**。(a) 正常的心電圖，顯示 P 波、QRS 複合體和 T 波；(b) 心室纖維顫動的異常心電圖，表現為心室的肌肉不規則的電活動和蠕動、不協調的收縮。這種心電圖是典型的心肌梗塞；(c) 心臟傳導阻滯的異常心電圖 (見臨床應用 20.2)。

心動週期的電活動可以用皮膚的電極記錄為**心電圖** (electrocardiogram, ECG)(見臨床應用 20.3 和圖 20.15)。心臟腔室的電興奮會引起收縮，或**收縮期** (systole)(SIS-toe-lee)，從而將血液從心室中排出。任何心臟腔室的放鬆稱為**舒張期** (diastole)(dy-ASS-toe-lee)，允許腔室重新充血。圖 20.16 顯示了心臟的電活動和收縮的活動在心動週期中的相互關係。

① 一開始在舒張期時，四個腔室都是放鬆的。房室瓣打開，血液從腔靜脈和肺靜脈流入心臟，血液通過這些瓣膜流向心室，部分心室充血。

② 竇房結 (SA) 活性增加，使心房肌興奮 (見圖 20.13)，產生心電圖的 P 波且啟動心房的收縮。收縮的心房完成對心室的充血。

③ 房室結 (AV) 活性增加，電興奮沿房室束、束支和傳導肌原纖維擴散至整個心室。心室去極化產生 QRS 複合物。這種興奮引發心室收縮，同時心房放鬆。心室收縮迫使房室瓣關閉，且半月瓣 (主動脈和肺動脈) 打開。心室將血液射入主動脈和肺動脈幹。

④ 心室再極化 (以 T 波為標誌) 並放鬆；所有四個腔室再次處於舒張期。半月瓣因大動脈回壓而重新關閉，房室瓣膜重新打開，且心室開始重新充血，為下一個週期做準備。

整個心動週期通常由竇房結每隔一段時間就會重複一次—在靜息的成人心臟每 0.8 秒左右，產生的心率每分鐘約 75 次 (75 bpm)。由竇房結計時的正常心跳稱為*竇性心律* (sinus rhythm)。圖 20.15 (b 和 c) 顯示了一些由心肌或傳導系統疾病引起的對比性的異常記錄。

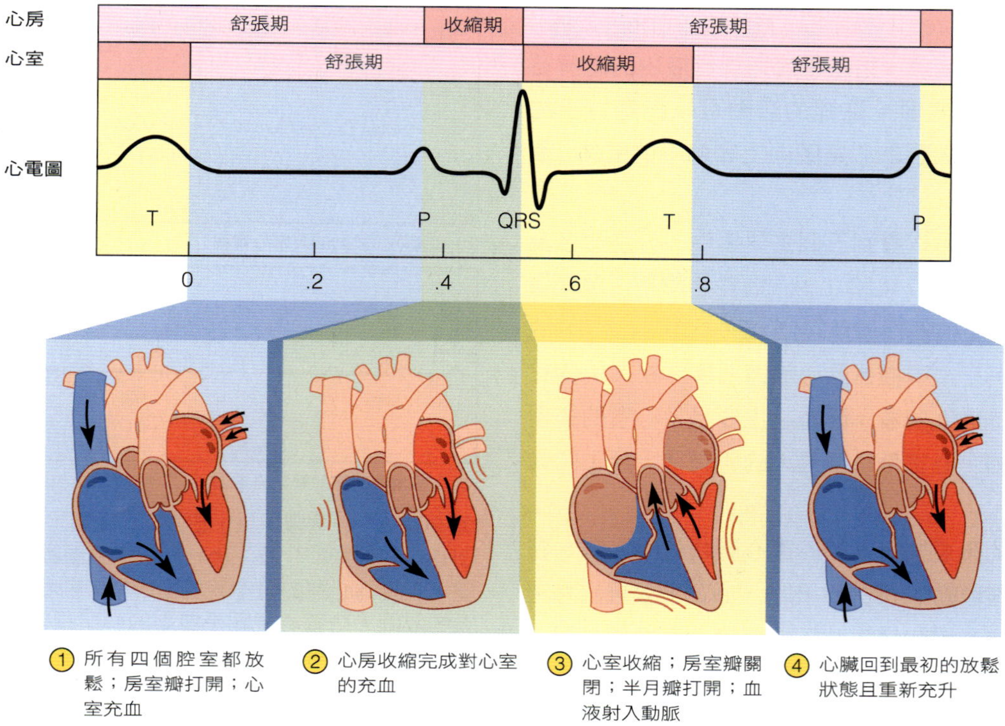
心房
心室
心電圖
舒張期
收縮期
舒張期
舒張期
收縮期
舒張期
T
P
QRS
T
P
0
.2
.4
.6
.8
① 所有四個腔室都放鬆；房室瓣打開；心室充血
② 心房收縮完成對心室的充血
③ 心室收縮；房室瓣關閉；半月瓣打開；血液射入動脈
④ 心臟回到最初的放鬆狀態且重新充升

圖 20.16 **心動週期**。一個完整的心臟收縮和放鬆週期中的主要事件。

在你繼續閱讀之前

回答下列問題，以檢驗你對上節內容的理解：

10. 為什麼說人的心臟是自律性的？它的節律器在哪裡，叫什麼名稱？
11. 按心臟節律器發出的訊號所走的順序列出心臟傳導系統的組成部分。
12. 辨識出心肌比骨骼肌發育較差的胞器，以及發育較好的胞器。這些差異的功能意義是什麼？
13. 說出間盤中兩種類型的細胞接合，並解釋其功能上的重要性。
14. 定義心動週期、收縮期和舒張期。縮短舒張期對心率和心動週期的持續時間有何影響？

20.5 發育和臨床觀點

預期學習成果

當您完成本節後，您應該能夠

a. 描述人類心臟的胚胎發育；
b. 描述出生時心臟解剖學的變化和原因；
c. 解釋心臟在老年時如何和為何發生變化；以及
d. 界定或簡述幾種最常見的心臟疾病。

20.5a 產前心臟的發育

心臟是胚胎中最早開始運作的器官之一。在第 3 週出現了最初的痕跡；到 22 至 23 天時(通常在母親意識到自己懷孕之前)，心臟已經開始跳動；到第 24 天時，心臟在整個胚胎中進行血液循環。

在第 3 週，胚胎前端的中胚層區域濃縮成一對縱向的細胞索，到第 19 天時，這些細胞索成為中空的平行**心內的心臟管** (endocardial heart tubes)(圖 20.17a)。隨著胚胎的生長和頭部區域的折疊，這些管狀物被推得更近，分隔它們的組織被分解，它們融合成單一個心臟管(圖 20.17b)。當管狀物融合時，周圍的中胚層形成原始的心肌，負責幾天後心跳的發生。胎兒的心跳大約在第 20 週左右首次用聽診器聽到。

隨著頭部區域的持續折疊，心臟管拉長並分葉成五個擴張的空間，其中有些空間對應於未來的心臟腔室，從吻部到尾部，這些空間是**動脈幹** (truncus arteriosus)[16]、**心球** (bulbus cordis)[17]、**心室** (ventricle)、**心房** (atrium) 和**靜脈竇** (sinus venosus)(圖 20.17c)。其中有兩個，即心室和心球比其他部位生長得更快，導致心臟先是環狀成 U 形，然後是類似魚的心臟 S 形 (圖 20.17d、e)。在這一環形過程中，如圖中箭頭所示，心球向尾部移動，心室向左移動，心房和靜脈竇向吻部移動。在此環形過程中，心臟向心包腔內膨出。環形在第 28 天完成，導致成人心房和心室的先驅假想它們相互之間的最終關係 (未來的心房現在在未來的心室上面，或者說是在吻部)。在第 21 天看到的原始心室成為成人心臟的左心室，心球的下面部分成為右心室。現在，心球的上面部分和動脈幹統稱為圓錐動脈幹 (conotruncus)(圖 20.17e)。這條通道很快就產生了主動脈和肺動脈幹。

下一個發育期是通過心房間隔和心室間隔的生長，將心臟管分割成獨立的心臟腔室 (兩個心房和兩個心室)。大約第 33 天時，除了心房之間有一個叫做卵圓孔 (foramen ovale) 的開口外，心房間隔已經形成。這個孔一直持續到出生後；其重要性將在下一節討論。靜脈竇起初是一個分離的心臟腔室，但後來經過大規模的再塑形，不僅形成了右心房，還形成了冠狀竇、竇房結 (節律器)，及部分的房室結。

室間隔在第 4 週末開始出現在心室的底部

16 *truncus* = trunk 主幹；*arteriosus* = arterial 動脈
17 *bulbus* = bulb 球莖；*cordis* = of the heart 心臟的

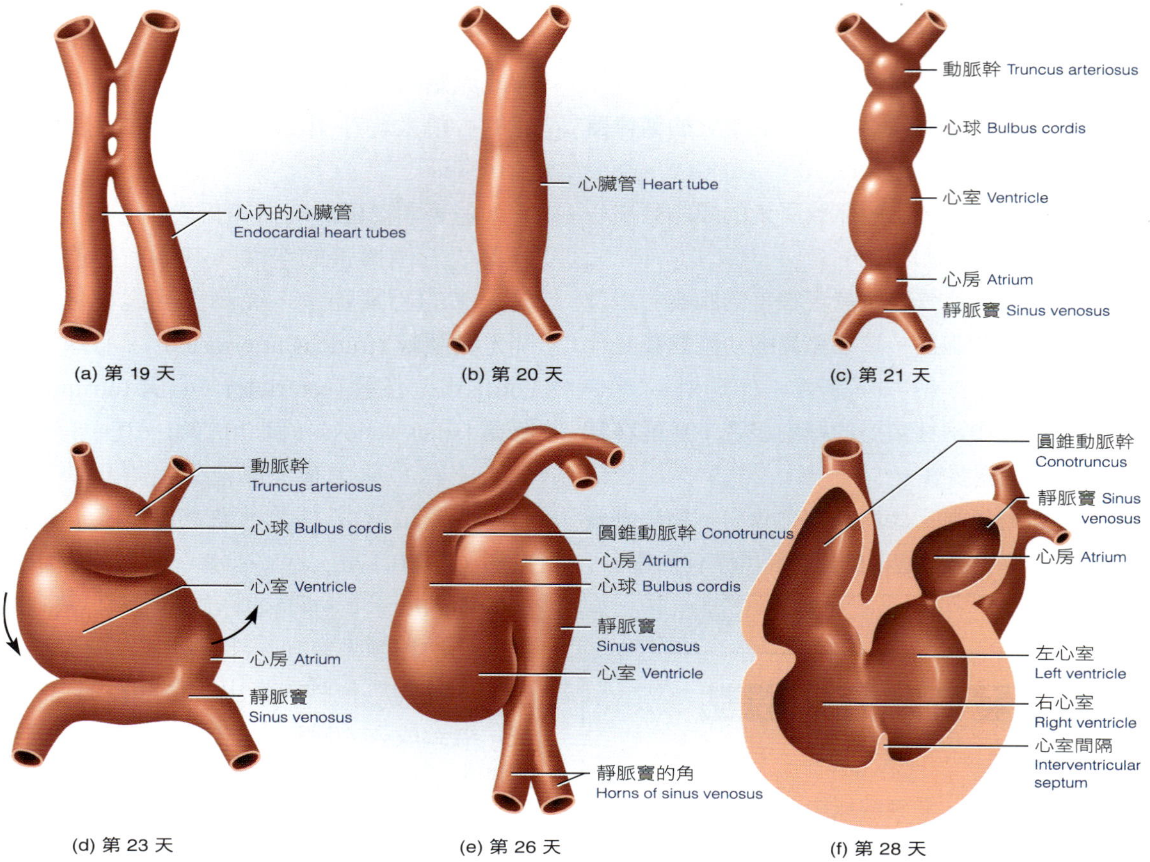

圖 20.17 **心臟的胚胎發育**。(a) 第 19 天心內的心臟管開始融合；(b) 第 20 天時完全融合，形成心臟管；(c) 第 21 天時心臟管分成 5 個擴張的分葉。大約一天後心臟開始跳動；(d) 心臟在第 23 天左右開始環形環繞，心球向尾部遷移 (左箭頭)，及心房和靜脈竇向吻部遷移 (右箭頭)。在這個階段的一天內，血液在整個胚胎中循環；(e) 環形過程幾乎在第 26 天完成；(f) 第 28 天時的心臟冠狀切面。隨著室間隔的發育，圓錐動脈幹將縱向分為升主動脈和肺動脈幹，分別接受來自左心室和右心室的血液。這裡看到的單一心房在第 33 天時分為右心房和左心房。

(圖 20.17f)，並隨著兩邊心室的生長而增高。在第 7 週結束時，室間隔已經完成。同時，心室壁的內側變成了蜂窩狀的空腔，並分化為小樑肉柱、乳頭肌和腱索。

胚胎的外流通道，早期由心球和圓錐動脈幹組成 (圖 20.17e)，沿其長度一分為二，形成升主動脈和肺動脈幹。在這些事件中，該通道的扭轉反映在成人肺動脈幹圍繞主動脈扭轉的方式上。這與室間隔的形成密切協調，因此右心室將開放通向肺動脈幹，左心室通向主動脈。這個階段的發育不正常是許多心臟出生缺陷的原因。

20.5b 出生時的變化

由於胎兒的肺臟尚未完全膨脹或功能不全，因此將所有血液幫浦入胎兒的肺臟沒有什麼意義。胎兒肺臟獲得的血液足以滿足其代謝和發育的需要，但大部分血液通過兩條解剖的捷徑或*分流通道* (shunts) 繞過肺循環 (圖 20.18)。一條是**卵圓孔** (foramen ovale)，即通過心房間隔的開口。部分血液進入右心房通過該開口直接進入左心房，並從那裡進入左心室

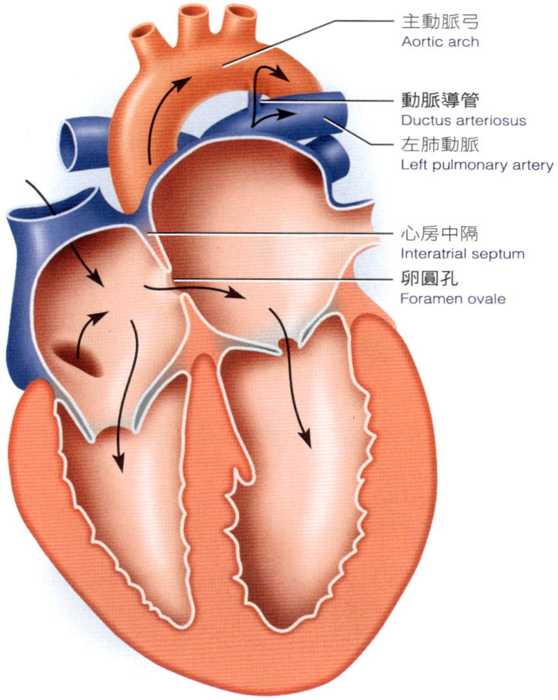

圖 20.18 **胎兒的心臟**。注意兩個分流通道 (卵圓孔和動脈導管)，使大部分血液繞過無功能的肺臟。

和體循環。另一條分流通道是從左肺動脈底部到主動脈的一條短血管，即**動脈導管** (ductus arteriosus)。由右心室幫浦入肺動脈幹的大部分血液都會直接由這條短血管進入主動脈，而不是沿著通常的路徑進入肺臟。

出生時，胎兒肺部膨脹，其對血流的阻力急劇下降。壓力梯度的突然變化導致組織瓣封住了卵圓孔，右心房的血液不能再直接流入左心房而繞過肺部。多數人的組織生長在一起，永久地封住了孔，只在右心房壁上留下一個凹陷，即卵圓窩 (fossa ovalis)，標記著它以前的位置。約有 15% 的成年人的卵圓孔仍未封閉，但組織瓣作為一個瓣膜，防止血液通過。動脈導管通常在出生後 10 至 15 小時左右開始收縮。它在 2 到 4 天內有效地封閉了血流，並在 2 到 3 週大時成為永久封閉的纖維索 [動脈韌帶 (ligamentum arteriosum)](或見臨床應用 20.4)。

臨床應用 20.4

開放性動脈導管

開放性動脈導管 (patent[18] ductus arteriosus, PDA) 是指動脈導管不能閉合。在出生後的短時間內，開放性動脈導管不會引起任何問題；但隨著肺臟的充氣和功能的改善，肺臟的血壓會下降到主動脈血壓以下。然後血液可能開始從主動脈弓流回肺循環，立即進行第二次經過肺臟的肺循環。由於這些血液很快就會回到左心室，所以明顯增加了左心室的負荷量。肺部有時會對持續的高血流量做出反應，血管變化增加肺部阻力，同時也給右心室帶來壓力。

開放性動脈導管的徵兆包括：兒童早期體重增長較差、頻繁感染呼吸道疾病、運動性的呼吸困難 (dyspnea)(困難的呼吸) 及心臟肥大 (cardiomegaly)(心臟變大)。通常在 6~8 週齡時被懷疑出開放性動脈導管，因為持續「機器般」的心雜音；心臟超音波 (超音波) 和其他心臟影像學檢查可以證實。

在出生後 10 至 14 天內，通常可以用前列腺素抑制劑刺激動脈導管關閉，但如果失敗，則需要進行手術。手術最好在出生後一年內進行，因為如果延遲手術，得到感染性心內膜炎 (infective endocarditis) 的風險會上升 (表 20.1)。它不需要開胸手術。可以從腹股溝的血管中穿入一根導管到心臟，插入一個關閉動脈導管的塞子或線圈。這是一種低風險的手術，幾乎沒有死亡率。

20.5c 老化的心臟

老化對心血管系統的一個值得注意的影響是動脈硬化。雖然這本身不是一種心臟病，但它對心臟有重要影響。正常情況下，當心室噴出血液時，動脈會擴張以適應壓力的增加。當動脈因年齡增長而硬化或因動脈硬化而鈣化

18 *patent* = open 開放

表 20.1 常見的心臟病變

心包填塞 (Cardiac tamponade)	心包腔內的漿液或凝血塊對心臟的壓迫，使心臟在舒張期不能完全膨脹和充血，從而降低收縮期的心輸出量 (另見臨床應用 1.2)
心肌病變 (Cardiomyopathy)	除瓣膜功能障礙或血管疾病外，任何原因引起的心肌疾病。可引起心壁和室間隔的萎縮或肥厚，或心臟擴張和衰竭
充血性心衰竭 (Congestive heart failure, CHF)	任何一個心室無法幫浦出像另一個心室一樣多的血，導致周邊組織積血和水腫 (充血)。左心室衰竭導致肺充血，右心室衰竭導致全身充血 [曾被稱為浮腫 (dropsy)]。一邊心室衰竭致使另一邊心室受到壓力，可能導致其後續的衰竭。
感染性心內膜炎 (Infective endocarditis)	心內膜的炎症，通常是由於鏈球菌或葡萄球菌的細菌感染所致
二尖瓣脫垂 (Mitral valve prolapse, MVP)	瓣膜缺損，在心室收縮時，一個或兩個二尖瓣瓣尖鼓脹進入心房。通常是遺傳性的，每 40 個人中就有一個人受影響，尤其是年輕女性。僅有 3% 的病例會引起重大疾病，包括胸痛、乏力、呼吸短促，偶有感染性心內膜炎、心律不整或中風
風濕熱 (Rheumatic fever)	由細菌感染引發的自體免疫疾病。抗鏈球菌或其他細菌的抗體攻擊心臟瓣膜組織，導致瓣膜特別是二尖瓣的疤痕形成和收縮 (狹窄)。血液通過功能不全的瓣膜因逆流引起湍流，聽到的是*心雜音* (heart murmur)
中隔缺損 (Septal defects)	心房間隔或心室間隔的異常開口，使血液直接在心臟的左右腔室間流動。導致肺動脈高壓、呼吸困難和乏力。如果不即時矯正，通常在兒童時期是致命的
心室纖維顫動 (Ventricular fibrillation)	心室心肌蠕動、不協調的收縮，沒有有效的射血。通常由心肌梗塞 (MI) 引起；是心臟病發作的常見死因

你可以在以下地方找到其他心臟疾病的討論

心絞痛 (臨床應用 20.1) 心律不整 (臨床應用 20.2) 冠狀動脈疾病 (臨床應用 20.1)	心臟傳導阻滯 (臨床應用 20.2 和 20.3) 心肌梗塞 (臨床應用 20.1)	開放性動脈導管 (臨床應用 20.4) 心包炎 (20.1c 節)

時，它們就不能這樣做。它們比年輕的動脈更抗拒血液流動，而心臟必須更努力地工作以克服這種阻力。像其他肌肉一樣，當心臟更加努力工作時，它就會成長。心室會增大，尤其是左心室，它必須最努力地工作以克服最大的阻力。在心室肥大時，心壁和室間隔會變得很厚，以至於心室內的空間嚴重縮小。心輸出量有時會下降到心衰竭的程度。

在老化的心臟中還可以看到許多其他變化：瓣膜環 (valve anuli) 變得更加纖維化甚至鈣化，且房室瓣 (特別是二尖瓣) 變厚並傾向於脫垂。室間隔有時向左偏移且影響血液射入主動脈。纖維性骨架的彈性變差，所以在舒張期回彈能力降低以幫助心臟充血。竇房結和傳導系統的細胞流失，所以脈衝傳導效率較低，且更不規則。傳導系統的退化會增加心律不整或心臟傳導阻滯的風險。心肌中心肌細胞死亡，心臟因此變得更脆弱。老年人的心臟對交感神經刺激的敏感性降低，運動耐力更加下降。

20.5d 心臟疾病

在美國心臟疾病是主要的死亡原因 (每年約占所有年齡組死亡人數的 30%)。最常見的心臟疾病是冠狀動脈粥樣硬化，常常導致心肌梗塞。然而，還有許多其他的心臟疾病。心臟病的主要類型是心臟解剖學的先天性缺陷、心肌肥厚或退化、心包膜和心壁的炎症、瓣膜缺損和心臟腫瘤。本章的臨床應用和表 20.1 中介紹了幾個例子。

在你繼續閱讀之前

回答下列問題，以檢驗你對上節內容的理解：

15. 胚胎的心臟何時開始跳動？胚胎的心臟在什麼孕齡可以聽到？
16. 由心臟管發育而來的五個原始腔室是什麼？隨著心臟的繼續發育，每個腔室會變成什麼樣子？
17. 描述胎兒血液繞道肺臟的兩條路徑 (分流通道)。出生後不久，這兩條路徑簡短的分別發生了什麼？
18. 為什麼老年時心臟容易增大？為什麼心律不整的風險會增加？

學習指南

評估您的學習成果

為了測試你的知識，請與學習夥伴討論以下話題，或以書面形式討論，最好是憑記憶。

20.1 心血管系統概述

1. 心血管系統的兩個循環，每個循環的功能，以及心臟的哪一邊分別提供那一邊的血量。
2. 大血管及其與心臟腔室的關係。
3. 心臟相對於相鄰器官和身體正中切面的位置和方向。
4. 成年人心臟的形狀、大小和重量。
5. 心包膜，其壁層和臟層，心包囊的兩個組織層，及心包囊與鄰近器官的附著。
6. 心包腔及心包液的重要意義。

20.2 心臟的大體解剖學

1. 心壁三層的名稱和組織學組成。
2. 心臟纖維性骨架的組成和功能。
3. 四個心臟腔室的名稱、位置、功能以及與四個心臟腔室相對應的心臟表面標記。
4. 心房與心室之間及右心室與左心室之間肌肉差異的原因。
5. 大血管及其與心臟腔室的關係。
6. 將心臟腔室彼此分開的內部中隔。
7. 兩種房室瓣的名稱、位置及解剖學，以及它們與腱索和乳頭肌的關係。
8. 兩個半月瓣的名稱、位置及解剖學。
9. 心臟瓣膜的運作模式。
10. 血流心臟腔室和瓣膜的路徑。

20.3 冠狀循環

1. 兩條冠狀動脈的起源、分支和分佈。
2. 冠狀循環的主要靜脈及冠狀血流匯入右心房的路徑。
3. 心肌梗塞的原因和心臟側支循環提供的保護。
4. 冠狀動脈血流在舒張期最大，收縮期減少，與身體其他部位的動脈血流相反的原因為何。

20.4 心臟傳導系統與心肌

1. 心臟節律器的名稱和位置。
2. 房室束、束分支、傳導性心肌纖維和心肌的間隙接合在傳導心臟電興奮的作用。
3. 心肌細胞的特化構造特徵，特別是間盤的成分。
4. 交感神經和副交感神經到心臟的起源和終止，以及它們各自對心臟功能的影響。
5. 心動週期的四個主要階段以及它們與心臟解剖學的關係。

20.5 發育和臨床觀點

1. 心臟管的胚胎起源，以及心臟管是如何分開和折疊，從而產生完全成形的心臟。
2. 胎兒心臟內和接近胎兒心臟的兩個分流通道，使大部分血液繞過無功能的肺臟。
3. 嬰兒出生後開始自主呼吸時，心臟解剖學和血流發生的變化。
4. 老化對心臟的影響。
5. 心臟病的主要分類和一些常見心臟疾病的基本特徵。

回憶測試

1. 心臟傳導系統包括以下所有內容，但不包括
   a. 竇房結 (the SA node)
   b. 房室結 (the AV node)
   c. 束分支 (the bundle branches)
   d. 腱索 (the tendinous cords)
   e. 傳導性心臟肌原纖維 (the conducting cardiac myofibers)
2. 要從右心房到右心室，血流要經右房室瓣，即______瓣膜。
   a. 肺臟 (pulmonary)
   b. 三尖瓣 (tricuspid)
   c. 半月瓣 (semilunar)
   d. 主動脈 (aortic)
   e. 二尖瓣 (mitral)
3. 有______條肺靜脈注入心臟右心房？
   a. 沒有
   b. 一
   c. 二
   d. 四
   e. 超過四
4. 冠狀血管是循環系統______循環的一部分。
   a. 心 (cardiac)
   b. 肺 (pulmonary)
   c. 系統化 (systematic)
   d. 體 (systemic)
   e. 心血管 (cardiovascular)
5. 心壁的最外層稱為______。
   a. 纖維性心包膜 (the fibrous pericardium)
   b. 心外膜 (the epicardium)
   c. 臟層心包膜 (the visceral pericardium)
   d. a 和 c 都是
   e. b 和 c 都是
6. 這是血液在心臟腔室循環時經過的一些部位，按英文字母順序排列：(1) 左心房 (left atrium)，(2) 左心室 (left ventricle)，(3) 二尖瓣 (mitral valve)，(4) 肺動脈瓣 (pulmonary valve)，(5) 右心房 (right atrium)，(6) 右心室 (right ventricle)，(7) 三尖瓣 (tricuspid valve) 血液從腔靜脈進入心臟到血液經主動脈離開心臟的時間，按正確的順序排列，正確的是：
   a. 1→3→2→4→5→7→6
   b. 1→2→3→5→7→6→4
   c. 5→3→6→4→1→2→7
   d. 6→7→5→4→2→3→1
   e. 5→7→6→4→1→3→2
7. 升主動脈和肺動脈幹從胚胎______發育而來。
   a. 只有心球 (bulbus cordis only)
   b. 只有動脈幹 (truncus arteriosus only)
   c. 靜脈竇的角 (horns of the sinus venosus)
   d. 圓錐動脈幹 (conotruncus)
   e. 心室 (ventricle)
8. ______防止心室收縮期，房室瓣隆起鼓入心房。
   a. 腱索 (tendinous cords)
   b. 梳狀肌 (pectinate muscles)
   c. 小樑肉柱 (trabeculae carneae)
   d. 房室結 (AV nodes)
   e. 尖瓣 (Cusps)
9. 左冠狀動脈前室間支的血流入心肌微血管，接下來匯流至______。
   a. 上腔靜脈 (the superior vena cava)
   b. 心大靜脈 (the great cardiac vein)
   c. 左心房 (the left atrium)
   d. 心中靜脈 (the middle cardiac vein)
   e. 冠狀竇 (the coronary sinus)
10. 下列哪一個不是老年心臟的特點？
    a. 心室增大
    b. 心房壁增厚
    c. 彈性纖維性骨架較少
    d. 傳導系統的細胞較少
    e. 對正腎上腺素的敏感性較低
11. 任何心臟腔室的收縮稱為______，其放鬆稱為______。
12. 從主動脈到靜脈腔的循環路徑是______循環。
13. 左冠狀動脈的迴旋支在一個叫做______的凹槽中行進。
14. 電信號在到達心室心肌細胞之前所經過的最細微的通路稱為______。
15. 電信號從一個心肌細胞迅速通過心肌間盤的傳遞到另一個心肌細胞。
16. 左心房室瓣膜向左心房異常的隆起稱為______。
17. ______神經支配心臟，傾向於降低心率。
18. 心臟組織因血流不足而死亡俗稱心臟病發作，但臨床上稱為______。
19. 心臟腔室中的血液與心肌之間由一層薄膜隔開，稱為______。
20. 竇房結由胚胎的心臟管室發育而成，稱為______。

答案在附錄 A

建立您的醫學詞彙

說出每個詞彙的含義，並從本章中給出一個使用該詞彙的醫學專有名詞或稍微的改變該詞彙。

1. cardio-
2. epi-
3. semi-
4. -ary
5. -icle
6. -genic
7. lun-
8. coron-
9. ventr-
10. fasci-

答案在附錄 A

這些陳述有什麼問題？

簡要說明下列各項陳述為什麼是假的，或將其改寫為真。

1. 所有通過心肌循環的血液最終都會流入冠狀竇，並從那裡流入右心房。
2. 心臟包含在臟層和壁層的心包膜之間的心包腔內。
3. 電信號必須通過竇房結才能從心房到達心室。
4. 四個心臟瓣膜都有腱索，以防止其尖瓣脫垂。
5. 如果從中樞神經系統到心臟的所有神經都被切斷，心臟就會停止跳動。
6. 如果心臟神經被切斷，心臟就會停止跳動，因為心肌細胞得不到信號就無法收縮。
7. 許多心臟靜脈都有吻合，即使其中一條靜脈堵塞，也能確保心肌獲得血液。
8. 在胚胎發育過程中，室間隔長出，將單個原始心室分為右心室和左心室。
9. 上、下腔靜脈的血液在進入右心房時血流經過半月瓣。
10. 四條肺靜脈進入心臟的右心房。

答案在附錄 A

測試您的理解力

1. 瓊斯先生，78 歲，死於冠狀動脈血栓症引發的大面積心肌梗塞。驗屍時，發現右心室外側及後側及室間隔後面有壞死的心肌。根據本章資料，你認為血栓症發生在冠狀循環的什麼部位？
2. 貝基，2 歲，出生時室間隔有一個洞 [室間隔缺損 (ventricular septal defect, VSD)]。考慮到左心室的血壓明顯高於右心室的血壓，預測室間隔缺損對貝基的肺動脈壓、全身血壓以及心室壁長期變化的影響。
3. 馬庫斯出生時大動脈錯位 (transposition)，主動脈從右心室發出，肺動脈從左心室發出。假設沒有其他解剖學上的異常，在他的病例中，追蹤血流經過肺部和全身的路徑。預測馬庫斯的心血管系統輸送氧氣到全身組織的能力的後果，如果有的話。你認為馬庫斯在嬰兒期就需要立即進行手術矯正，在2、3 歲時進行矯正，還是可以不用管，不會嚴重影響他的壽命？
4. 複習臨床應用 20.2 心臟傳導阻滯的情況，並檢查圖 20.15c 該情況的心電圖。解釋為什麼心電圖中的第二個 P 波後是另一個 P 波，而不是 QRS 複合物。
5. 在左心室擴張型心肌病變中，心室可能會極大地增大。解釋為什麼這可能導致在心室收縮期通過二尖瓣的血液逆流 (血液從心室流回左心房)。

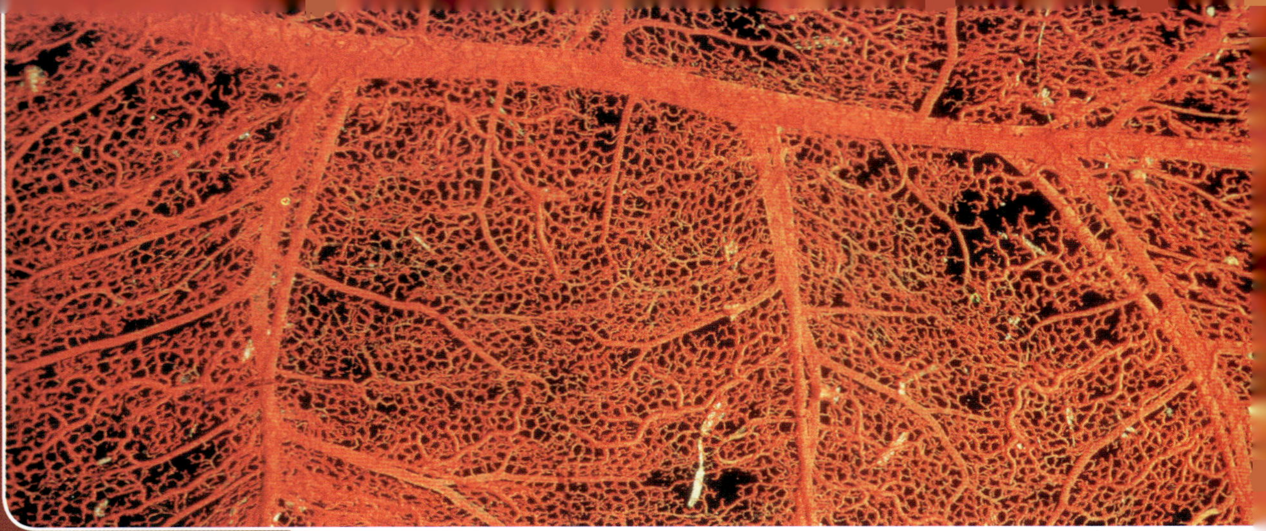

微血管床

CHAPTER 21

循環系統 III 血管

周光儀

章節大綱

21.1 血管的解剖學
- 21.1a 血管壁
- 21.1b 動脈
- 21.1c 微血管
- 21.1d 靜脈
- 21.1e 循環路徑

21.2 肺循環

21.3 中軸區的體循環血管
- 主動脈及其主要分支 (表 21.1)
- 頭頸部動脈 (表 21.2)
- 頭頸部靜脈 (表 21.3)
- 胸部動脈 (表 21.4)
- 胸部靜脈 (表 21.5)
- 腹部和骨盆區的動脈 (表 21.6)
- 腹部和骨盆區的靜脈 (表 21.7)

21.4 附肢區的體循環血管
- 上肢動脈 (表 21.8)
- 上肢靜脈 (表 21.9)
- 下肢動脈 (表 21.10)
- 下肢靜脈 (表 21.11)

21.5 發育和臨床觀點
- 21.5a 血管的胚胎發育
- 21.5b 出生時的變化
- 21.5c 血管系統的老化
- 21.5d 血管的疾病

學習指南

臨床應用

21.1 動脈瘤

21.2 靜脈曲張

21.3 空氣栓塞

21.4 中央靜脈導管

21.5 動脈壓力點

複習

要瞭解本章，您可能會發現複習以下概念會有所幫助：

- 胚胎的初級生殖層 (4.2a 節)
- 四肢的肌肉區 (11.1a 節)
- 肺循環和體循環 (20.1a 節)
- 與心臟有關的大血管 (20.1a 節)
- 心臟的收縮期和舒張期 (20.4d 節)

Anatomy & Physiology REVEALED
aprevealed.com

模組 9：心血管系統

血液離開心臟後所走的路線，是許多世紀以來人們所困惑的問題。早在西元前 2650 年，中國傳統醫學就正確地認為血液在身體周圍完整地循環流動，然後再回到心臟。羅馬醫生克勞迪斯・蓋倫 (Claudius Galen，西元前 129 年~西元前 199 年) 卻認為，血液在靜脈中來回流動，就像空氣在支氣管中流動一樣。他認為肝臟直接從食道接收食物並將其轉化為血液，心臟將血液經過靜脈幫浦送到所有其他器官，而這些器官則消耗血液。動脈被認為只含有一種神秘的蒸氣或「生命之靈」(vital spirit)。

中國人的觀點是正確的，但第一次實驗證明是在 4000 年以後才出現的。英國醫生威廉・哈維 (William Harvey, 1578~1657) 研究了蛇類心臟的充盈和排空；把心臟上下的血管綁起來，觀察對心臟充盈和輸出量的影響；測量了各種活體動物的心輸出量；估計人類的心輸出量。他的結論是：(1) 心臟在半小時內幫浦出的血量比全身的血量還要多；(2) 消耗的食物不夠多，無法說明不斷產生這麼多血液的原因；因此 (3) 血液回到心臟，而不是被周圍器官消耗掉。他無法解釋為何，因為顯微鏡還沒有發展到讓馬塞洛・瑪律皮吉 (Marcello Malpighi, 1628~94) 和後來的安東尼・范・呂文浩克 (Antony van Leeuwenhoek, 1632~1723) 發現血液微血管。

西元 1628 年，哈維在一本短小而優雅的書中發表了他的研究成果，書名為《動物心臟和血液運動的解剖學研究》(*Exercitio Anatomica de Motu Cordis et Sanguinis in Animalibus*)。這在生物學和醫學史上具有里程碑的意義，是對動物生理學的第一次實驗研究。但是，亞里斯多德 (Aristotle) 和蓋倫的思想在醫學界如此根深蒂固，在活體動物上做實驗的想法又如此奇怪，以至於哈維的同時代人拒絕接受他的想法。事實上，他們中的一些人認為他是個瘋子，因為他的結論違背了常識——他們推理說，如果血液不斷地再循環，而不是被組織消耗，那麼血液還有什麼作用呢？

哈維活到了耄耋之年，曾擔任英國國王的醫生，後來在胚胎學方面做了重要工作。他的案例是生物醫學史上最有趣的案例之一，因為它顯示了實證科學如何推翻舊的理論並催生更好的理論，以及常識和對權威的盲目效忠如何干擾對真理的接受。但最重要的是，哈維的貢獻代表了實驗生理學的誕生。

21.1 血管的解剖學

預期學習成果

當您完成本節後，您應該能夠

a. 描述血管的構造；
b. 描述動脈、微血管和靜脈的不同類型；
c. 追蹤血液從心臟流出和返回的一般路徑；及
d. 描述這條路徑的一些變化。

血管有三個主要類別動脈、靜脈和微血管。**動脈** (arteries) 被定義為心血管系統的傳出血管，也就是將血液從心臟輸送出去的血管。**靜脈** (veins) 被定義為傳入血管，即把血液帶回心臟的血管 (它們的定義不取決於它們所攜帶的血液是否含氧量高或低；見後面的討論)。**微血管** (capillaries) 是連接最小的動脈和最小的靜脈的微型薄壁血管。除了它們的一般位置和血流方向外，這三種類型的血管在血管壁的組織學構造上也有所不同。

21.1a 血管壁

動脈和靜脈的血管壁由三層組成，稱為「層」(tunics)(圖 21.1 和 21.2)：

1. 血管**內層** (tunica interna；tunica intima) 位於血管內側，暴露在血液中。它由一種稱為內

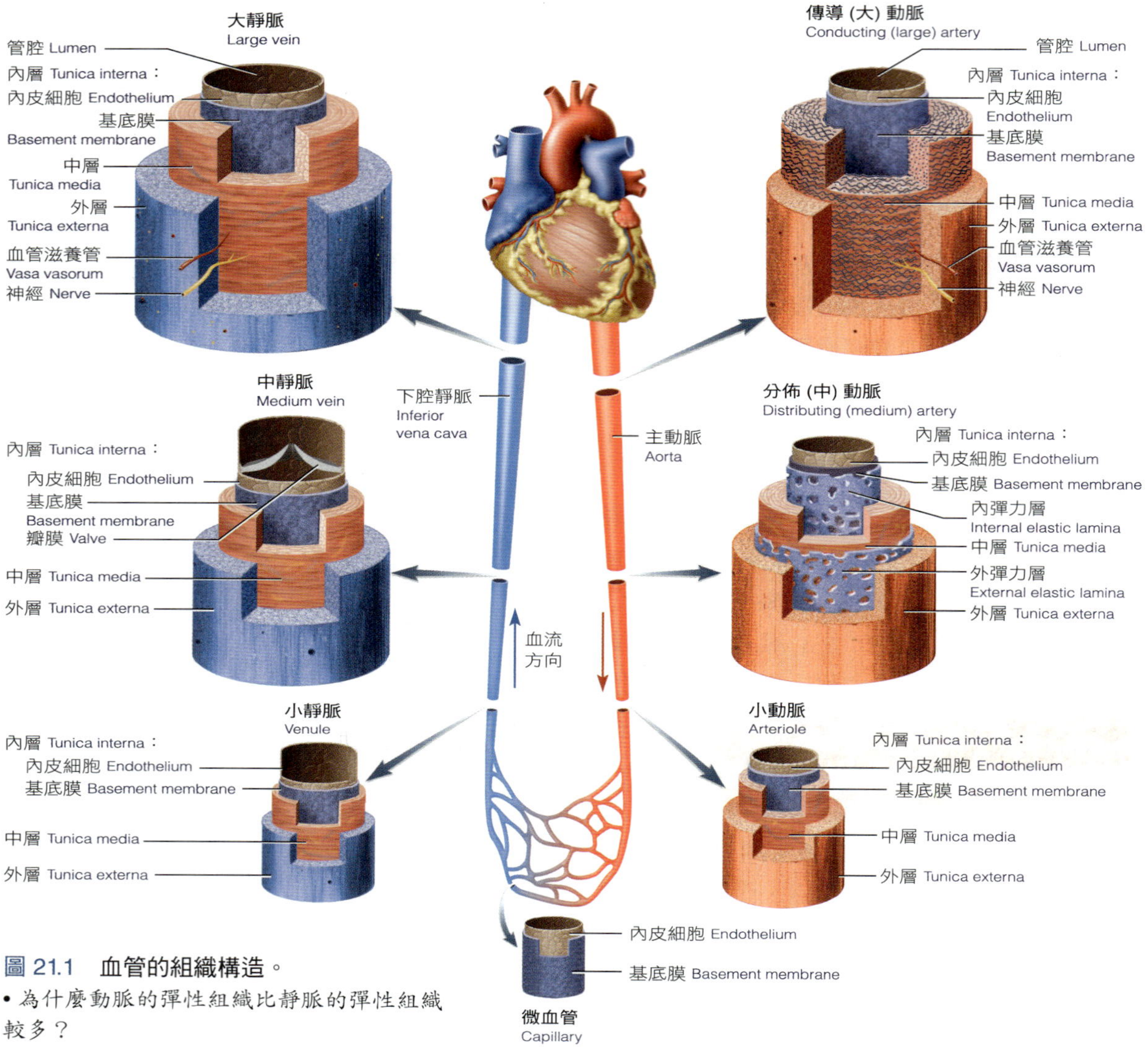

圖 21.1　血管的組織構造。

• 為什麼動脈的彈性組織比靜脈的彈性組織較多？

皮的單層鱗狀上皮組成，上面覆蓋著一層基底膜和疏鬆的結締組織；它與心臟的心內膜是連續的。內皮對進入或離開血液的物質起著選擇性通透的屏障作用；它分泌化學物質，刺激血管壁肌肉收縮或放鬆，從而使血管變窄或變寬；它通常排斥血液細胞和血小板，使它們不黏在血管壁上而自由流動。但在特殊情況下，血小板和血液細胞確實會黏附在它上面。當內皮受損時，血小板會黏附並形成血栓；當血管周圍組織發炎時，內皮細胞會產生細胞-黏附分子 (cell-adhesion molecules)，誘導白血球黏附在表面。從而使白血球聚集在需要其防禦作用的組織中。

2. 血管**中層** (tunica media)，即中間層，通常是最厚的。它由平滑肌、膠原蛋白和某些條件下的彈性組織組成。肌肉和彈性組織的相對數量在不同的血管之間有很大的差異，並構成下一節描述的血管分類的基礎。血管中層加強了血管的強度，防止血壓致血管破裂，肌肉使血管變寬或變窄，這些反應稱為血管擴張 (vasodilation) 和血管收縮 (vasoconstriction)[統稱為血管運動

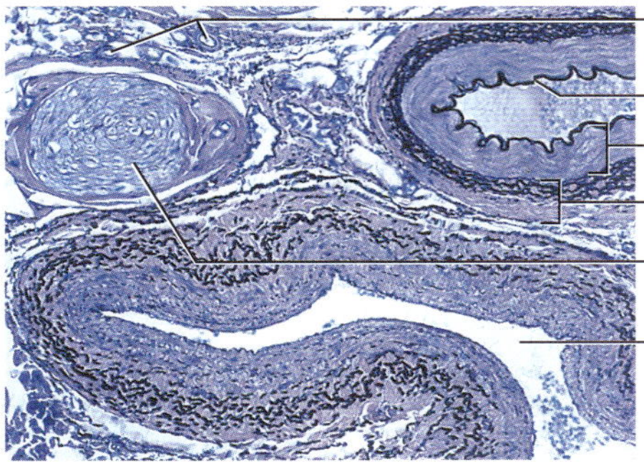

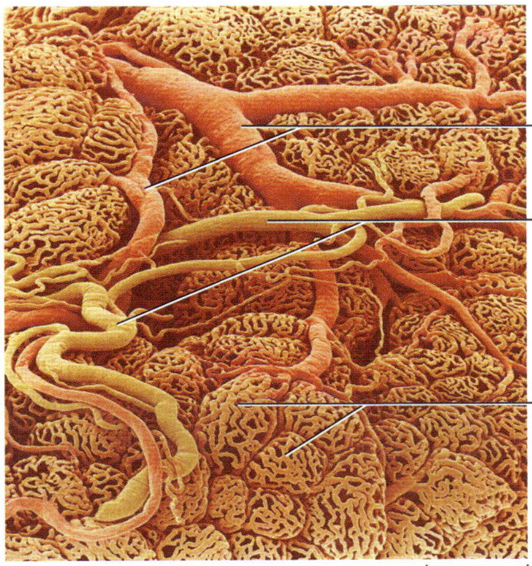

圖 21.2　**圖 21.2 血管的顯微照片**。(a) 神經血管束，由小動脈、小靜脈和神經在結締組織的總腱鞘內共同伴行組成。接近動脈管腔的深色波浪線為內彈力層；(b) 眼球血管的腐蝕性鑄型 (掃描式電子顯微鏡；SEM)。
©Dennis Strete/McGraw-Hill Education, (b) ©Susumu Nishinaga/Science Source

(vasomotion)]。

3. 血管**外層** (tunica externa；tunica adventitia[1]) 是最外層。它由疏鬆的結締組織組成，經常與鄰近的血管、神經或其他器官的結締組織合併。它固定血管，並允許小神經、淋巴管和較小的血管到達並穿透大血管的組織。

所有的血管都需要為自己的組織提供營養、供氧和廢物清除工作，而中大型動脈和靜脈的血液流經它們時，不能完全滿足這些需要。那血液流速過快，血管壁過厚，血液與組織液之間無法進行充分的化學物質交換。因此，較小的血管穿透大血管的外表面，增加通道而通過血管外層，並分支成微血管，供應大血管的深層組織。為大血管服務的小血管網路稱為**血管滋養管** (vasa vasorum)[2] (VAY-za vay-SO-rum)。它們是最顯眼的血管外層，因為這組織裡的鬆散組織不會像血管組織的中層那樣遮蔽了它們的視線。它們至少為血管壁外層的一半提供了血液。血管壁內層的組織被認為是由腔內的血液擴散而獲得營養。

21.1b　動脈

動脈被認為是心血管系統的*阻力血管* (resistance vessels)，因為它具有比較堅固、有彈性的組織構造，可以抵抗內部的高血壓。心臟的每一次跳動都會在動脈中產生壓力的激增，因為血液被噴射到動脈中。動脈的構造就是為了承受這些壓力的激增。由於比靜脈更有肌肉，它們即使在空的時候也能保持其圓形的形狀，在組織切片中它們看起來是相對圓形或卵圓形的形狀。

動脈的分類

動脈按大小分為三個類別，當然從一個類別到下一個類別是有一個逐漸過渡的過程。

1. **傳導 (彈性或大) 動脈** [conducting (elastic or large) arteries] 是最大的動脈。就像州際公路一樣，它們的作用只是將血液高速輸送到主要的「出口匝道」，然後再輸送到各個器官。主動脈、頸總動脈和鎖骨下動脈、肺動脈幹和髂總動脈都是傳導動脈的例子。它們在內層和中層之間的邊界處有一層彈性組織，稱為*內彈力層* (internal elastic lamina)，

1 *advent* = added to 添加到

2 *vasa* = vessels 血管；*orum* = of 的

但在顯微鏡下，它是不完整的且很難與中層的彈性組織區別。中層由 40~70 層彈性片組成，穿通如瑞士乾酪片卷成管狀，與平滑肌、膠原蛋白和彈性纖維等薄層交替排列。在組織學切片中，這種彈性組織為主導的視野。穿通使神經和血管滋養管穿透血管各層，使平滑肌細胞通過間隙接合相互溝通。在中層和外層之間的邊界處有一個外彈力層 (external elastic lamina)，但它也很難與中層的彈性片區分開來。外層厚度不到中層的一半，在最大的動脈中相對稀疏。它有良好的血管滋養管供應。

傳導動脈在心室收縮期擴張以接受血液，而在舒張期回彈。它們的擴張可以減輕血液的壓力，使下游較小的動脈承受較小的收縮期壓力。它們在心臟跳動之間的回彈可以防止血壓在心臟放鬆和再充盈時降得太低。這些作用減少了血壓的波動，否則會出現血壓波動。因動脈粥樣硬化而變硬的動脈不能自由地擴張和回彈。因此，下游的血管承受更大的壓力，更容易發展成動脈瘤 (見臨床應用 21.1)。

2. **分佈 (肌肉或中) 動脈** [distributing (muscular or medium) arteries] 是較小的分支，它們將血液分佈到特定的器官，比如出口匝道及服務於各個城鎮的州際公路。大多數有特定解剖學名稱的動脈都屬於這前兩個大小級別。肱動脈、股動脈、腎動脈和脾動脈是分佈動脈的例子。分佈動脈通常有多達 40 層平滑肌，構成約四分之三的血管壁厚度。在組織學切片中，平滑肌比彈性組織更明顯。但內外彈力層均較厚，且通常很明顯。
3. **阻力 (小) 動脈** [resistance (small) arteries] 之所以被稱為阻力 (小) 動脈，是因為它們的直徑小，數量多，使它們成為抵抗血液流入任何特定器官的主要阻力點。在我們的高速公路比喻中，它們就像城市的街道，在那裡

臨床應用 21.1

動脈瘤

動脈瘤 (aneurysm) 是動脈或心臟壁上的一個弱點。它形成了一個薄壁、隆起的囊，隨著心臟的每一次跳動而跳動，最終可能會破裂。在動脈瘤剝離 (dissecting aneurysm) 中，血液在動脈的管層之間積聚，並使它們分離，通常是因為中層的退化。動脈瘤最常見的部位是腹主動脈 (圖 21.3)、腎動脈和腦底部的動脈環。即使沒有出血，動脈瘤也會對腦組織、神經、鄰近的靜脈、肺部氣道或食道造成壓力，從而引起疼痛或死亡。其他後果包括神經上的失調、呼吸或吞咽困難、慢性咳嗽或組織充血。動脈瘤有時是由於血管的先天性弱點造成的，有時是由於外傷或細菌感染，如梅毒。但最常見的原因是動脈粥樣硬化和高血壓的結合。

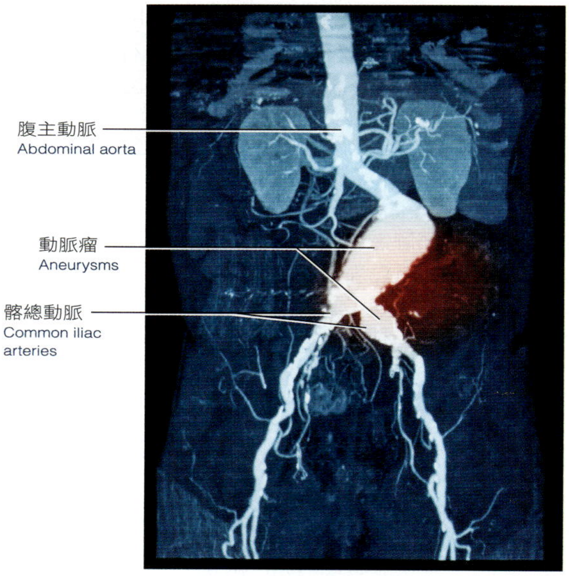

圖 21.3 **動脈瘤**。某高血壓患者腹骨盆區核磁共振血管造影 (MRA)，顯示下主動脈和左髂總動脈突出 (動脈瘤)。

交通會大大減慢；這些動脈的狹窄直徑是造成這種減慢的原因。這些動脈通常沒有具體的解剖學名稱，因為它們的位置和排列方式

因人而異，甚至在人的一生中都會發生變化。它們的直徑小於 0.1 mm，通常有一到五層平滑肌。最小的阻力動脈，只有一到三層平滑肌，被稱為**小動脈** (arterioles)。小動脈有非常少的外層。它們是控制一個器官或組織接受多少血液的主要控制點。

在某些地方，被稱為**後小動脈** (metarterioles)[3] 的短血管連接著小動脈和微血管，或者提供血液捷徑繞過微血管直接流向小靜脈。它們沒有一個連續的血管中膜，而是有各別的肌肉細胞間隔很短的距離，每個肌肉細胞形成一個**微血管前括約肌** (precapillary sphincter)，該括約肌環繞著一個微血管的入口。這些括約肌的收縮減少或關閉通過各別微血管的血流，並將血液轉移到其他地方的組織或器官。

動脈感覺器官

心臟上方的某些主要動脈壁上有感覺接受器，可監測血壓和化學反應 (圖 21.4)。這些接受器將訊息傳遞給腦幹，以調節心跳、血管運動和呼吸作用。它們主要有三種類型。

1. **頸動脈竇** (carotid sinuses) 是對血壓變化作出反應的*感壓接受器* (baroreceptors)(壓力感測器)。沿頸部兩側上升是一條*頸總動脈* (common carotid artery)，在下頷角附近分支，形成通往大腦的*頸內動脈* (internal carotid artery) 和通往顏面部的*頸外動脈* (external carotid artery)。頸動脈竇位於頸內動脈分支點上方的管壁上。頸動脈竇的中層較薄，外層有豐富的舌咽神經纖維。血壓升高很容易使薄的中層被拉扯，刺激這些神經纖維。然後，舌咽神經將訊息傳遞到腦幹的*血管運動中樞*和*心臟中樞* (vasomotor and cardiac centers)，腦幹的反應是降低心率，擴張血管，進而降低血壓。在主動脈弓的血管壁上也有類似的感壓接受器。

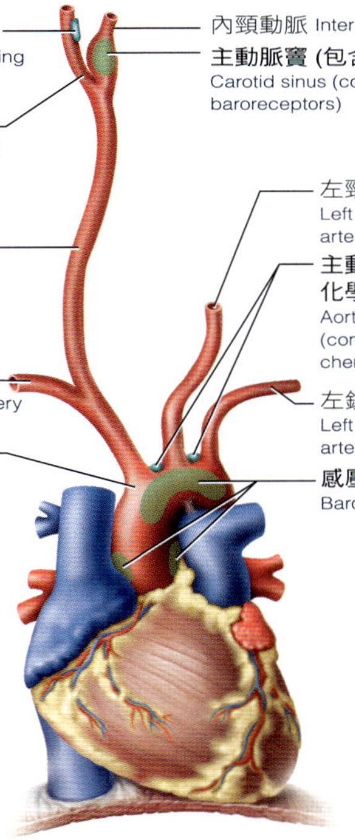

圖 21.4 **心臟上動脈的感壓接受器和化學接受器**。此處顯示的構造在左頸動脈中重複出現。APR

2. **頸動脈體** (carotid bodies) 也位於頸總動脈的分支附近，是約 3×5 mm 的卵圓形接受器，由舌咽神經的感覺纖維支配。它們是監測血液成分變化的**化學接受器** (chemoreceptors)。它們主要向腦幹呼吸中樞傳遞訊息，調整呼吸以穩定血液的酸鹼值及其二氧化碳和氧氣的水平。
3. **主動脈體** (aortic bodies) 是位於主動脈弓靠近頭部和手臂動脈內的一至三個化學接受器。它們在結構上與頸動脈體相似，且具有相同的功能。它們由迷走神經支配。

21.1c 微血管

為了使血液達到任何作用，營養物質、廢物和激素等物質必須通過血管壁在血液和組織液之間傳遞。在幾乎所有較大的血管中，血管壁太厚，血液和組織液之間的化學物質

3 *meta* = beyond 超越，next in a series 下一個系列

無法通過。在血液循環中，只有兩個地方發生這種情況，即微血管和小靜脈。我們可以把這兩個地方看作是心血管系統的「業務端」(business end)，因為系統的其他部分都存在以服務於這裡發生的交換過程。由於微血管的數量大大超過小靜脈，所以它們是兩者中比較重要的。微血管有時被稱為心血管系統的*交換血管* (exchange vessels)。最小的血管小動脈、微血管和小靜脈也被稱為**微型血管 (微循環)**[microvasculature (microcirculation)]。

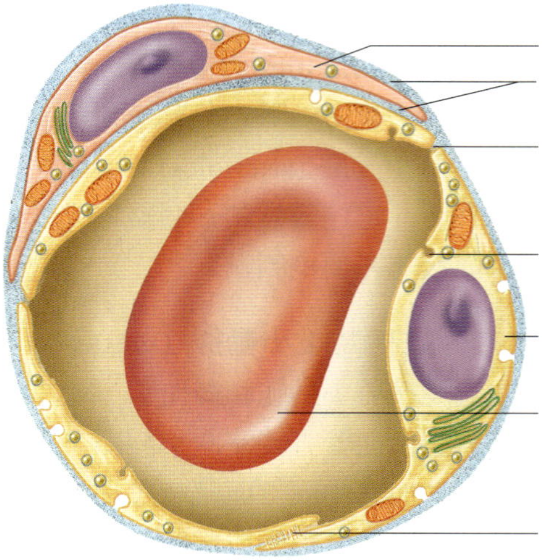

圖 21.5 連續型微血管的構造 (橫切面)。

血液微血管 (圖 21.5) 僅由內皮細胞和基底層組成。它們的管壁薄至 0.2~0.4 µm。它們在近端 (接受動脈血的地方) 平均直徑約為 5 µm，在遠端 (排入小靜脈的地方) 擴大到約 9 µm，而且它們經常沿途分支。由於紅血球的直徑約為 7.5 µm，它們常常不得不伸展成細長的形狀，以擠過最小的微血管。

據估計，微血管的數量為 10 億個，其總表面積為 6,300 m^2，但更重要的一點是，人體中幾乎沒有任何細胞距離最近的微血管超過 60~80 µm (約 4 至 6 個細胞寬度)。也有少數例外。肌腱和韌帶中缺少微血管，上皮、眼角膜和眼球的水晶體也沒有微血管。

微血管的類型

有三種類型的微血管，其區別在於它們允許物質通過其壁的難易程度，以及構造上的差異，這些差異導致它們的通透性大或小。

1. **連續型微血管** (continuous capillaries)(圖 21.5) 出現在大多數組織和器官中，如骨骼肌、肺和腦。它們的內皮細胞通過緊密的結合連接在一起，形成了一個像水管一樣的連續管子。有時單一內皮細胞捲成一個管子，就像捲餅一樣，在給定的點形成整個管壁。內皮細胞周圍有一層薄薄的醣蛋白層，即**基底層** (basal lamina)，將其與鄰近的結締組織隔開。內皮細胞通常由狹窄的**細胞間裂隙** (intercellular clefts) 分開，約 4 nm 寬。葡萄糖等小溶質可以通過這些裂隙，但血漿蛋白、其他大分子以及血小板和血球細胞被阻擋。腦部的連續微血管缺乏細胞間裂隙，有較完整的緊密結合，形成 15.1e 節討論的血腦障蔽。

   有些連續的微血管表現出位於內皮細胞外的稱為**外被細胞** (pericytes) 的細胞。外被細胞有細長的卷鬚，纏繞在微血管周圍，它們含有與肌肉相同的收縮蛋白，被認為是收縮和調節微血管的血流。它們含有與肌肉相同的收縮蛋白，人們認為它們能收縮和調節通過微血管的血流。它們還可以分化成內皮細胞和平滑肌細胞，從而有助於血管的生長和修復。
2. **窗型微血管** (fenestrated capillaries) 的內皮細胞佈滿了被稱為**過濾孔 (窗孔)** [filtration pores (fenestrations[4])](圖 21.6)。這些孔的直徑約為 60~80 nm，通常由一層薄薄的糖蛋白膜覆蓋。它們允許小分子，甚至是像蛋白質激素這樣大的分子 (例如胰島素) 快速通

4 *fenestra* = window 窗戶

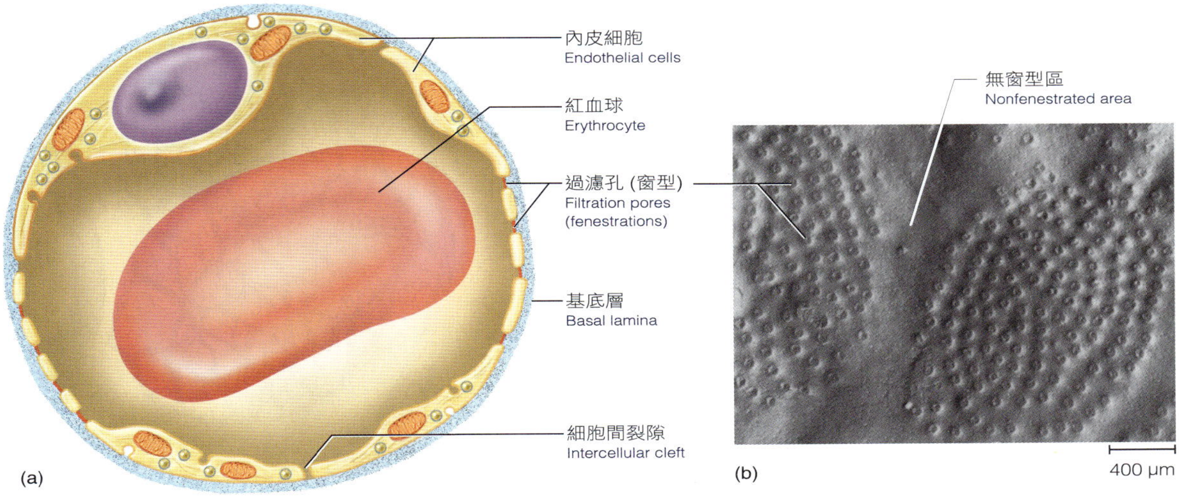

圖 21.6 **窗型微血管的構造**。(a) 微血管的橫切面；(b) 一個窗孔型的內皮細胞表面觀 (掃描式電子顯微鏡；SEM)。該細胞具有被無窗型區分開的過濾孔 (開孔) 的。

• 辨識一些具有這種微血管而不是連續毛細血管的器官。

(a) ©Courtesy of S. McNutt

過，但它們仍然保留了大多數蛋白質和較大顆粒在血液中。窗型微血管在參與快速吸收的器官或腎臟的過濾、內分泌腺、小腸和腦脈絡叢中都很重要。

3. **竇型微血管** (sinusoids) 是肝臟、骨髓、脾臟和其他一些器官中不規則的充血空間 (圖 21.7)。它們是扭曲、曲折的通道，通常寬 30 到 40 μm，與周圍組織的形狀相符。內皮細胞被寬闊的縫隙隔開，沒有基底層，細胞也經常有特別大的窗孔穿過。甚至蛋白質和血液細胞也可以通過這些孔隙；肝臟合成的白蛋白、凝血因子和其他蛋白質就是這樣進入血液的，新形成的血細胞也是這樣從骨髓和淋巴器官進入循環的。有的竇型微血管含有巨噬細胞或其他特殊細胞。

微血管的通透性

微血管壁的構造與其通透性有密切關係，即物質從血液到組織液或從組織液到血液的容易程度。物質通過微血管壁的途徑有三種 (圖 21.8)：(1) 內皮細胞之間的細胞間裂隙；(2) 窗型微血管中的過濾孔；(3) 內皮細胞質膜和細

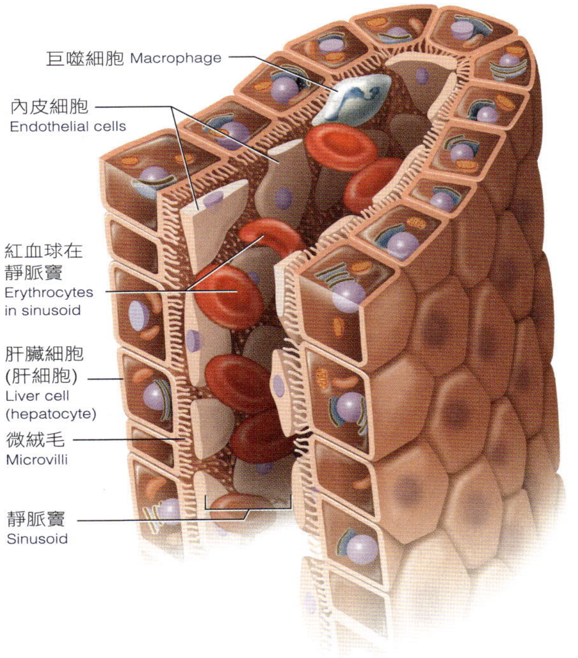

圖 21.7 **肝臟的一個竇型微血管**。內皮細胞間的大間隙允許血漿直接與肝細胞接觸，但在竇型微血管的管腔內保留血液細胞。

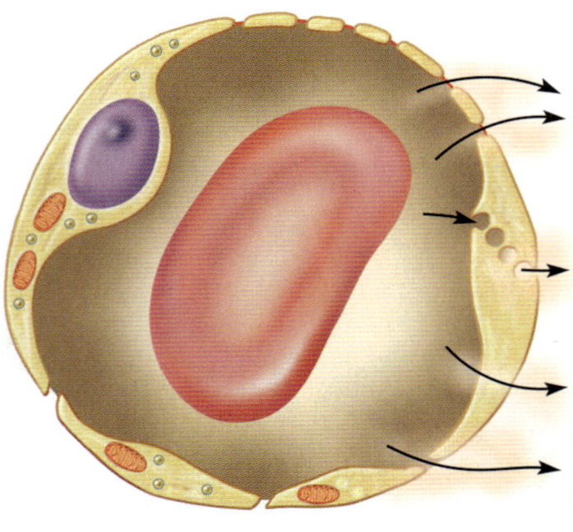

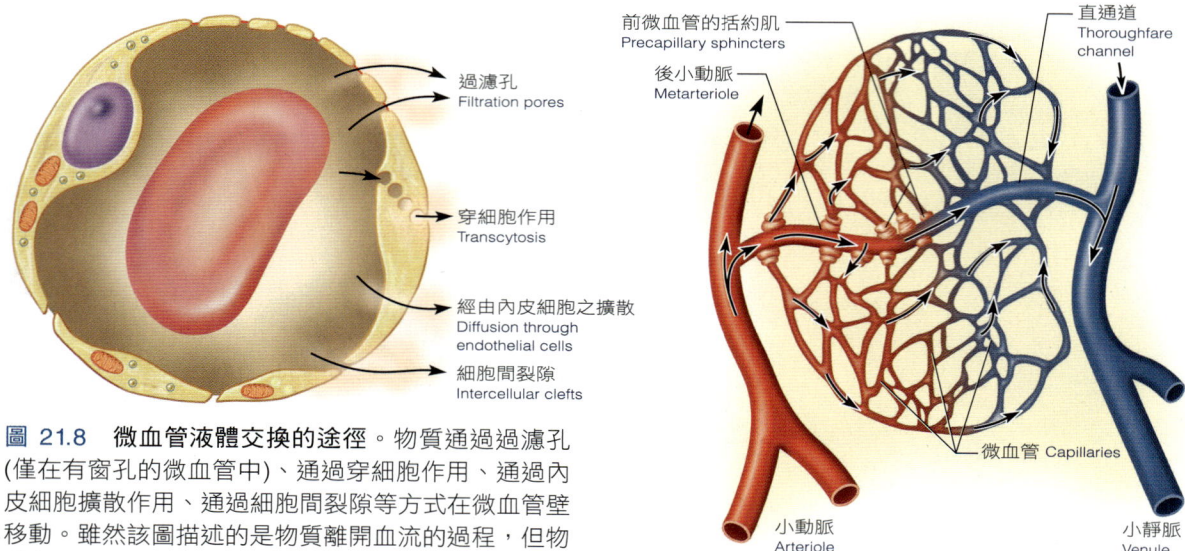

圖 21.8 **微血管液體交換的途徑**。物質通過過濾孔 (僅在有窗孔的微血管中)、通過穿細胞作用、通過內皮細胞擴散作用、通過細胞間裂隙等方式在微血管壁移動。雖然該圖描述的是物質離開血流的過程，但物質也可以通過同樣的方法進入血流。

胞質。非極性分子如氧氣、二氧化碳、脂類和甲狀腺激素等很容易經過內皮細胞擴散。葡萄糖、電解質等親水性物質和胰島素等大分子物質通過細胞間裂隙和過濾孔，或通過稱為穿細胞作用 (transcytosis) 的過程穿過內皮細胞。內皮細胞在微血管壁的一側經過內胞噬作用將分子或液滴內化，將內胞噬的空泡運送到細胞的另一側，並在該側經過外胞噬作用釋放這些物質。

微血管床

微血管被組成一羣稱為**微血管床** (capillary beds)，通常有 10 到 100 條微血管，由一條小動脈或後小動脈提供血流 (圖 21.9；也見本章章首照片)。在微血管的起始之外，後小動脈繼續成為一條**通道** (thoroughfare channel) 直接通向小靜脈。微血管排空到通道的遠端或直接進入小靜脈。

當微血管前括約肌開放時，微血管的血液供應充足，並與組織液進行交換，當括約肌關閉時，血液繞過微血管，通過通道流向小靜脈，進行相對較少的液體交換。體內沒有足夠的血液來填充整個血管系統，因此，在任何特定的時間內，大約四分之三的身體微血管是關閉的。例如，在骨骼肌中，大約 90% 的肌肉在休息期間幾乎沒有血流。在運動時，它們獲得豐富的血流，而其他地方的微血管床 (如皮膚和腸道) 則關閉以補償它。

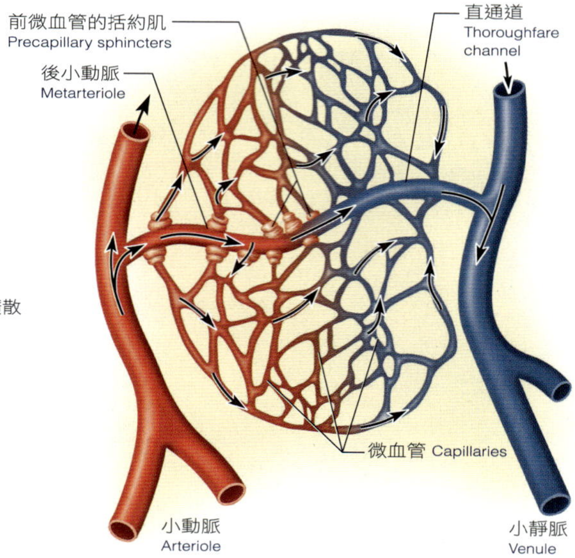

(a) 括約肌打開

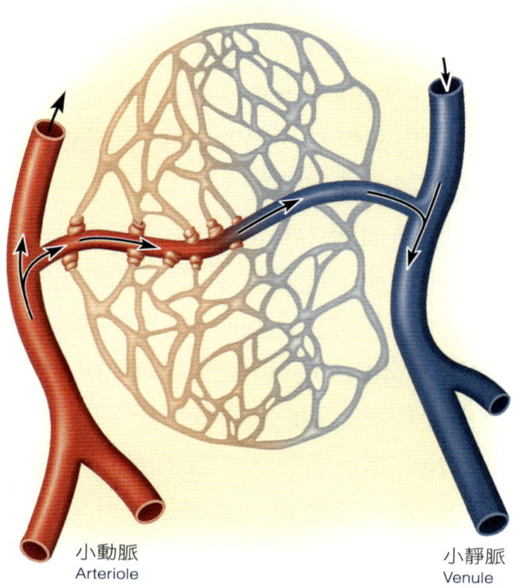

(b) 括約肌關閉

圖 21.9 **微血管血流的調節**。(a) 微血管前括約肌擴張，及微血管供血豐富；(b) 微血管前括約肌關閉，血液繞過微血管。

21.1d 靜脈

靜脈被認為是心血管系統的容量血管 (capacitance vessels)，因為它們的管壁比較薄，比較鬆弛，很容易擴張以容納更多的血液，也就是說，它們比動脈有更大的血液容納能力。在靜止狀態下，大約 64% 的血液存在靜脈中，而動脈中只有 13% (圖 21.10)。靜脈之所以有如此薄的管壁和容納能力，是因為它們離心臟的心室較遠，承受著相對較低的血壓。在大動脈中，血壓平均為 90 至 100 mm Hg，在心縮期會激增到 120 mm Hg，而在靜脈中，血壓平均為 10 mm Hg 左右。此外，靜脈中的血流是穩定的，而不是像動脈中的血流那樣隨著心跳而脈動。因此，靜脈不需要厚的、耐壓的管壁。當靜脈排空時，它們就會塌陷，因此，在組織學切片中，它們的形狀相對扁平、不規則 (見圖 21.2)。

當我們追蹤動脈中的血流時，我們發現它反覆分裂成動脈系統中越來越小的分支 (branches)。反之，在靜脈系統中，我們發現小靜脈在接近心臟時，會合併成越來越大的靜脈。我們把較小的靜脈稱為支流 (tributaries)，比喻為小溪匯合，作為河流的支流。在研究靜脈的類型時，我們將沿著血流的方向，從最小的血管到最大的血管。

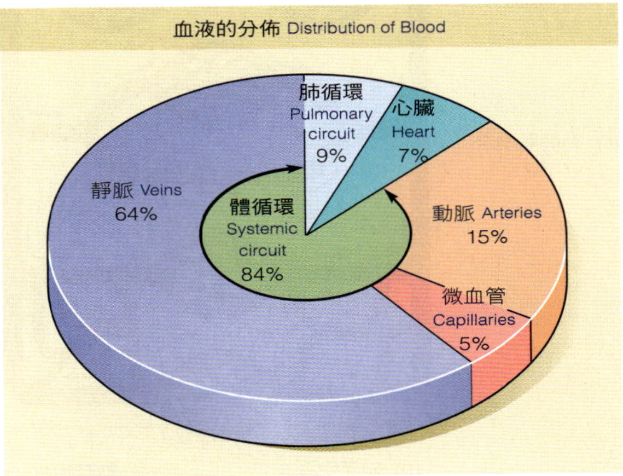

圖 21.10 休息時成人血液的典型分佈。
• 哪些解剖學上的事實使靜脈所含的血液比動脈多得多？

1. **微血管後靜脈** (postcapillary venules) 是最小的靜脈，開始直徑約 15 至 20 μm。它們接受血液從微血管直接或通過遠端通道的方式。它們有一內層只有少數被外被細胞 (pericytes) 和網狀纖維所包圍，但沒有肌肉。微血管後靜脈甚至比微血管更多孔，因此，小靜脈也與周圍組織交換液體。大多數白血球通過小靜脈壁從血流中移出。
2. **肌肉型的小靜脈** (muscular venules) 從微血管後靜脈接受血液。直徑 1 mm 以上，它們也有平滑肌細胞，最初是分散的，但在較大的小靜脈中成為一連續層 (中層)。
3. **中靜脈** (medium veins) 的範圍在直徑 10 mm 以內。大多數有獨立名稱的靜脈都屬於這一類，如前臂的橈靜脈和尺靜脈，腿部的小和大隱靜脈。中靜脈的中層是由一個鬆散的平滑肌束所組成，被膠原、網狀和彈性纖維組織區域打斷。外層相對較厚。

   許多中靜脈，尤其是四肢的中靜脈，在管腔中間的內層有褶皺，形成指向心臟的**靜脈瓣膜** (venous valves)(圖 21.11)。在站立或坐著的人身上，靜脈中的壓力不足以使所有的血液在重力的作用下向上流動。血管中的血液向上流動部分取決於骨骼肌的按摩動作和這些瓣膜在肌肉放鬆時防止血液再次下降的能力。當靜脈周圍的肌肉收縮時，它們會迫使血液通過瓣膜。在靜脈瓣膜的幫助下，通過肌肉按摩推動血液流動的機制稱為骨骼肌幫浦 (skeletal muscle pump)。靜脈曲張的部分原因是由於瓣膜的失效 (見臨床應用 21.2)。極小和極大靜脈、腹腔靜脈和腦靜脈都沒有這種瓣膜。
4. **靜脈竇** (venous sinuses) 是指血管壁特別薄、管腔大、無平滑肌的靜脈。例如心臟的

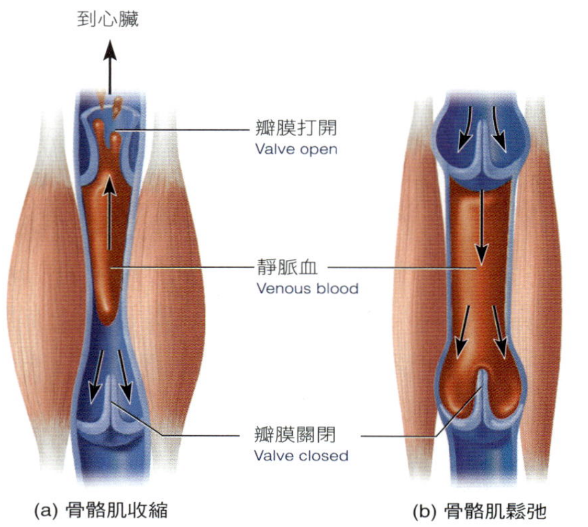

圖 21.11 **骨骼肌幫浦。**(a) 肌肉收縮擠壓深靜脈，迫使血液通過下一個瓣膜向心臟方向流動。壓迫點以下的瓣膜可防止血液逆流；(b) 當肌肉放鬆時，血液在重力的作用下向下流回，但只能流到最近的瓣膜處。

冠狀竇和腦的硬腦膜竇。與其他靜脈不同，它們不具備血管運動能力。

5. **大靜脈** (large veins) 的直徑大於 10 mm。它們管壁的三層都有一些平滑肌。中層相對較薄，只有適量的平滑肌；外層是最厚的一層，包含縱向的肌肉束。大靜脈包括腔靜脈、肺靜脈、頸內靜脈和腎靜脈。

應用您的知識
為什麼在頸部的頸靜脈不需要有靜脈瓣膜？

臨床應用 21.2

靜脈曲張

長時間站立的人，如理髮師、收銀員等，血液容易積聚在下肢，拉伸靜脈。尤其是表淺的靜脈，周圍沒有支撐組織更是如此。拉伸會將靜脈瓣膜的尖瓣拉得更遠，直到它們無法密封血管，無法防止血液倒流。當靜脈進一步膨脹時，靜脈壁就會變得脆弱，並發展成*靜脈曲張* (varicose veins)，出現不規則的擴張和扭曲的路徑。肥胖和懷孕也會促使靜脈曲張的發展，對骨盆區域的大靜脈造成壓力，阻礙四肢的排水。靜脈曲張的形成有時是由於遺傳性的瓣膜薄弱。隨著血液回流的減少，腿部和腳部的組織可能會變得水腫和疼痛。*痔瘡* (hemorrhoids) 是肛門的靜脈曲張。

21.1e 循環路徑

最簡單、最常見的血液流動途徑是心臟→動脈→微血管→靜脈→心臟。血液從離開心臟到返回心臟，通常只經過一個微血管網 (圖 21.12a)，但也有例外，特別是門脈系統和血管吻合。

門脈系統 (portal system)(圖 21.12b) 是一條血液流經兩個微血管床，一個接一個然後

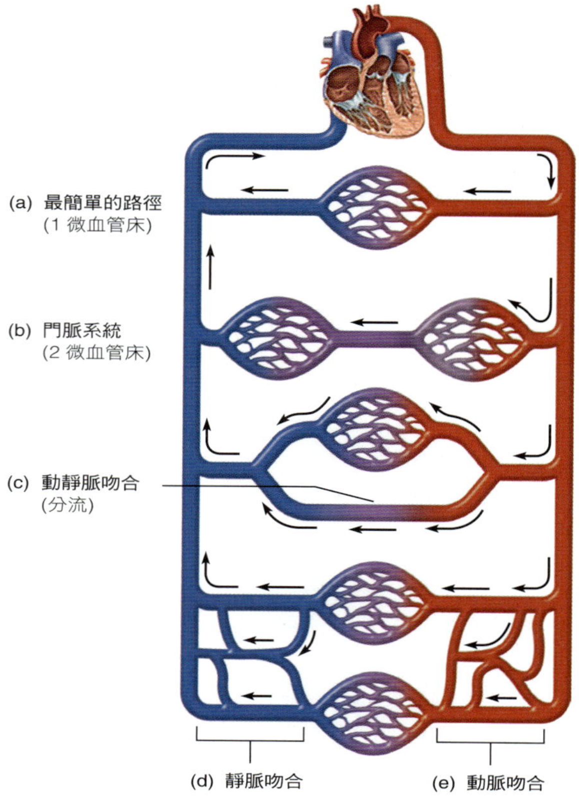

圖 21.12 **循環路徑的變化。**
• 在研究了表 21.1 至 21.11 之後，辨識三個動脈吻合和三個靜脈吻合的具體部位。

返回心臟的通道。例如，在肝臟的門脈系統 (hepatic portal system) 中，血液從小腸的微血管床獲取營養，然後通過一系列的靜脈流向肝臟，那裡有第二個微血管床 (圖 21.7 中的肝臟的竇)。血液在這裡卸下一些營養物質，拾取肝細胞產生的物質，然後流向心臟。其他門脈系統出現在腎臟 (見 25.2c 節) 和連接下丘腦到腦下腺前葉 (見 18.2a 節)。

血管吻合 (anastomosis) 是指兩條靜脈或動脈在沒有微血管介入的情況下合併的點。在**動靜脈吻合 (分流)** [arteriovenous anastomosis (shunt)] 中，血液從動脈直接流入靜脈 (圖 21.12c)。分流發生在手指、手掌、腳趾和耳朵，它們通過讓溫熱的血液繞過這些暴露的表面，減少寒冷天氣中的熱量損失。不幸的是，這使得這些缺血的部位更容易被凍傷。在**動脈吻合** (arterial anastomosis) 中，兩條動脈合併，為組織提供了側枝 (替代) [collateral (alternative)] 供血途徑 (圖 21.12e)。冠狀動脈循環的吻合在第 20 章中已經提到 (見 20.3a 節)。它們也常見於關節周圍，因為運動可能會暫時壓迫動脈並阻塞一條通路。**靜脈吻合** (venous anastomoses)，即一條靜脈直接排入另一條靜脈是最常見的 (圖 21.12d)。它們提供了從一個器官引流的幾條替代途徑，因此靜脈阻塞很少像動脈阻塞那樣危及生命。本章後面將介紹幾種動脈和靜脈吻合。

在你繼續閱讀之前

回答下列問題，以檢驗你對上節內容的理解：

1. 說出一個典型血管壁的三層構造，並解釋它們之間的區別。
2. 對比傳導型動脈、小動靜脈和小靜脈的中層，並解釋組織學上的差異與這些血管的功能差異有何關係。
3. 描述連續型微血管、窗型微血管和竇型微血管的區別。
4. 描述中等靜脈與中等 (分佈或肌肉) 動脈之間的區別。說明造成這些差異的功能原因。
5. 將一個血管吻合和一個門脈系統與較典型的血流途徑進行對比。
6. 描述血源性物質可以通過微血管壁進入組織液的三種途徑。

21.2 肺循環

預期學習成果

當您完成本節後，您應該能夠

a. 追蹤血液通過肺循環的路線；及
b. 解釋肺部和身體血液供應之間解剖和功能上的差異。

本章的其餘部分重心在介紹主要動脈和靜脈的名稱和路徑。這裡描述了肺循環；之後的部分涉及中軸區 (頭、頸、胸、腹骨盆區) 的系統動脈和靜脈；接下來的部分涉及附肢區 (四肢) 的系統動脈和靜脈。

肺循環 (圖 21.13) 是身體中唯一的動脈輸送缺氧血液和靜脈輸送含氧血液的途徑；體循環的情況正好相反。肺循環的目的主要是將二氧化碳交換為氧氣。肺臟還通過支氣管動脈 (bronchial arteries) 接受分開的體循環血液供應 (見表 21.4 中之 I.1)。

肺循環始於**肺動脈幹** (pulmonary trunk)，這是一條從右心室斜向上升的大血管，分支為右和左**肺動脈** (pulmonary arteries)。當它接近肺臟時，右肺動脈一分為二，兩個分支都在內側的凹陷處進入肺部，稱為肺門 (hilum) (見圖 23.9)。上支為**上葉動脈** (superior lobar artery)，供應肺的上葉。下支在肺內再分叉形成**中葉** (middle lobar) 和**下葉動脈** (inferior lobar arteries)，供應該肺的下兩葉。左肺動脈的變化較大。它在進入肺葉前向上葉發出數條

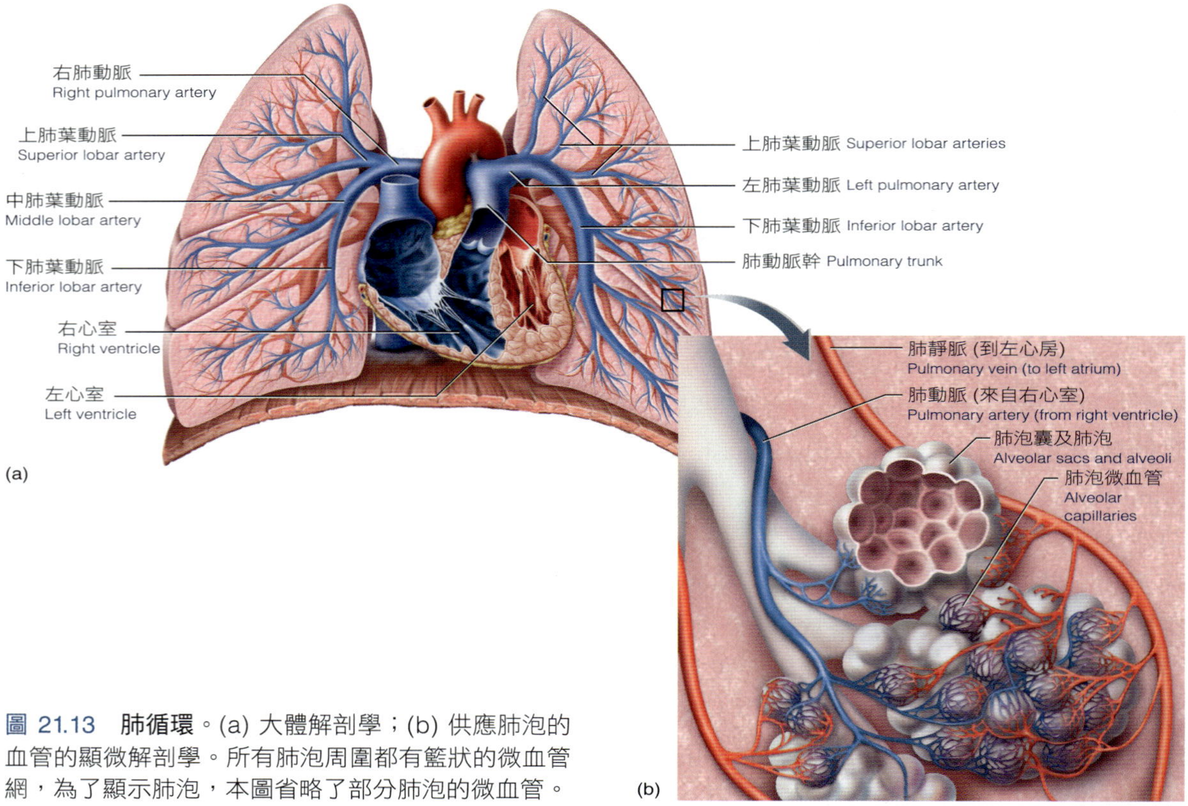

圖 21.13 **肺循環**。(a) 大體解剖學；(b) 供應肺泡的血管的顯微解剖學。所有肺泡周圍都有籃狀的微血管網，為了顯示肺泡，本圖省略了部分肺泡的微血管。

上葉動脈，然後進入肺部，向下葉發出數量不等的下葉動脈。

在兩肺中，這些動脈最終通向圍繞肺泡 (氣囊) 的小籃狀微血管床。這裡是血液卸下二氧化碳和拾取氧氣的地方。離開肺泡微血管後，肺部血液流入小靜脈和靜脈，最終通向主要的**肺靜脈** (pulmonary veins)，在肺門處流出肺部。心臟的左心房兩側各有兩條肺靜脈 (見圖 20.3b)。

在你繼續閱讀之前

回答下列問題，以檢驗你對上節內容的理解：

7. 追溯紅血球從右心室到左心房的流向，說出沿途的血管。
8. 每個肺有兩個分開的動脈供應。解釋它們的功能。

21.3 中軸區的體循環血管

預期學習成果

當您完成本節後，您應該能夠

a. 辨識中軸區的主要體循環動脈和靜脈；及
b. 追蹤血液從心臟流向中軸區的任何一個主要器官，再回到心臟。

體循環 (圖 21.14 和 21.15) 為所有器官提供氧氣和營養物質，並清除其代謝廢物。其中一部分，冠狀循環已在 20.3 節中描述。本節研究了中軸區 (即頭、頸和軀幹) 的動脈和靜脈。表 21.1 至 21.7 和圖 21.16 至 21.26 按區域追蹤動脈流出和靜脈回流。它們只概述了最常見的循環路徑；每個人的循環系統在解剖學上有很大的差異。

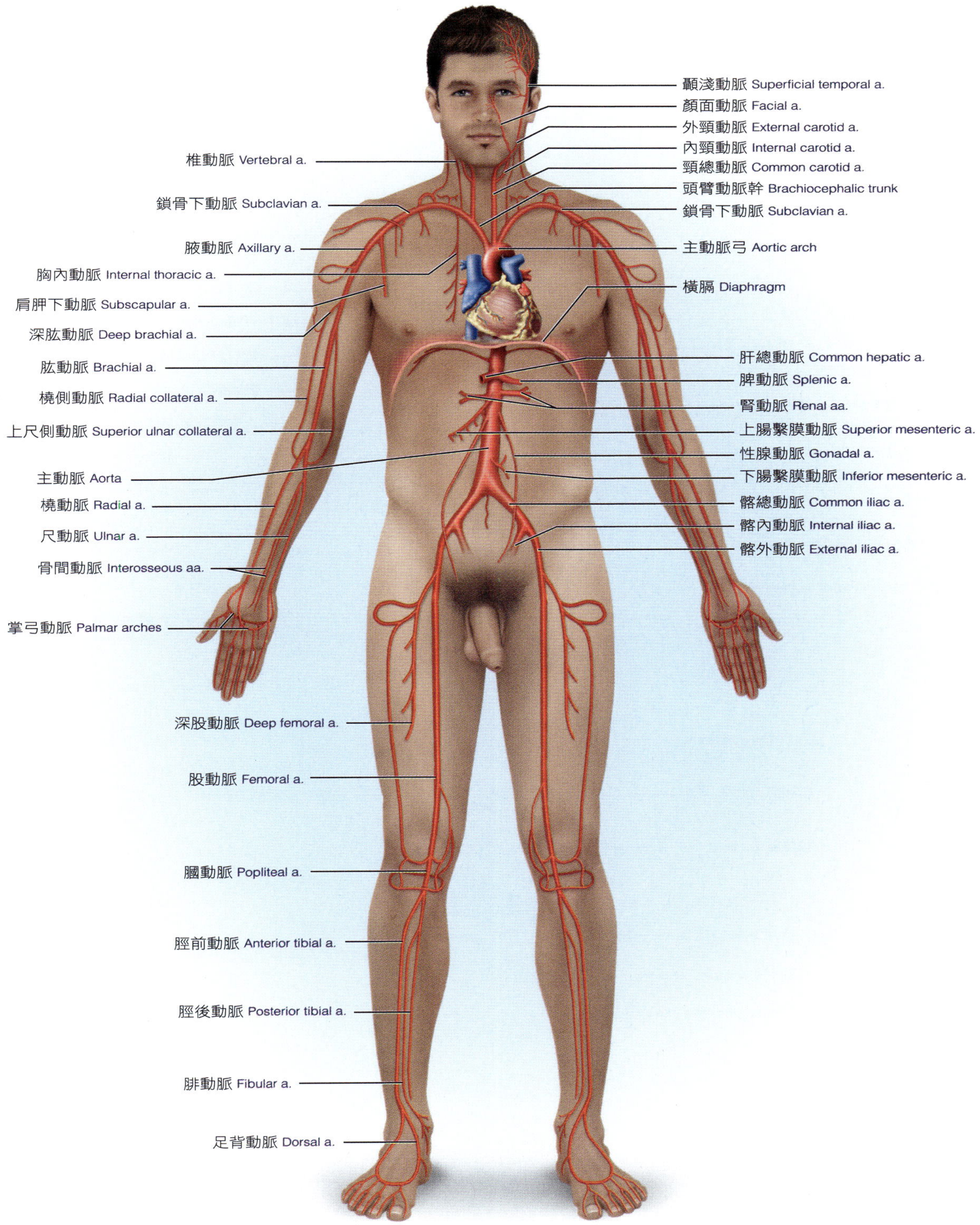
顳淺動脈 Superficial temporal a.
顏面動脈 Facial a.
外頸動脈 External carotid a.
內頸動脈 Internal carotid a.
頸總動脈 Common carotid a.
頭臂動脈幹 Brachiocephalic trunk
鎖骨下動脈 Subclavian a.
主動脈弓 Aortic arch
橫膈 Diaphragm
肝總動脈 Common hepatic a.
脾動脈 Splenic a.
腎動脈 Renal aa.
上腸繫膜動脈 Superior mesenteric a.
性腺動脈 Gonadal a.
下腸繫膜動脈 Inferior mesenteric a.
髂總動脈 Common iliac a.
髂內動脈 Internal iliac a.
髂外動脈 External iliac a.
椎動脈 Vertebral a.
鎖骨下動脈 Subclavian a.
腋動脈 Axillary a.
胸內動脈 Internal thoracic a.
肩胛下動脈 Subscapular a.
深肱動脈 Deep brachial a.
肱動脈 Brachial a.
橈側動脈 Radial collateral a.
上尺側動脈 Superior ulnar collateral a.
主動脈 Aorta
橈動脈 Radial a.
尺動脈 Ulnar a.
骨間動脈 Interosseous aa.
掌弓動脈 Palmar arches
深股動脈 Deep femoral a.
股動脈 Femoral a.
膕動脈 Popliteal a.
脛前動脈 Anterior tibial a.
脛後動脈 Posterior tibial a.
腓動脈 Fibular a.
足背動脈 Dorsal a.

圖 21.14　**體循環的主要動脈 (前面觀)**。為了清晰起見，左側與右側的動脈不同，但幾乎所有的動脈都出現在兩側 (a. = 動脈；aa. = 動脈的複數)。

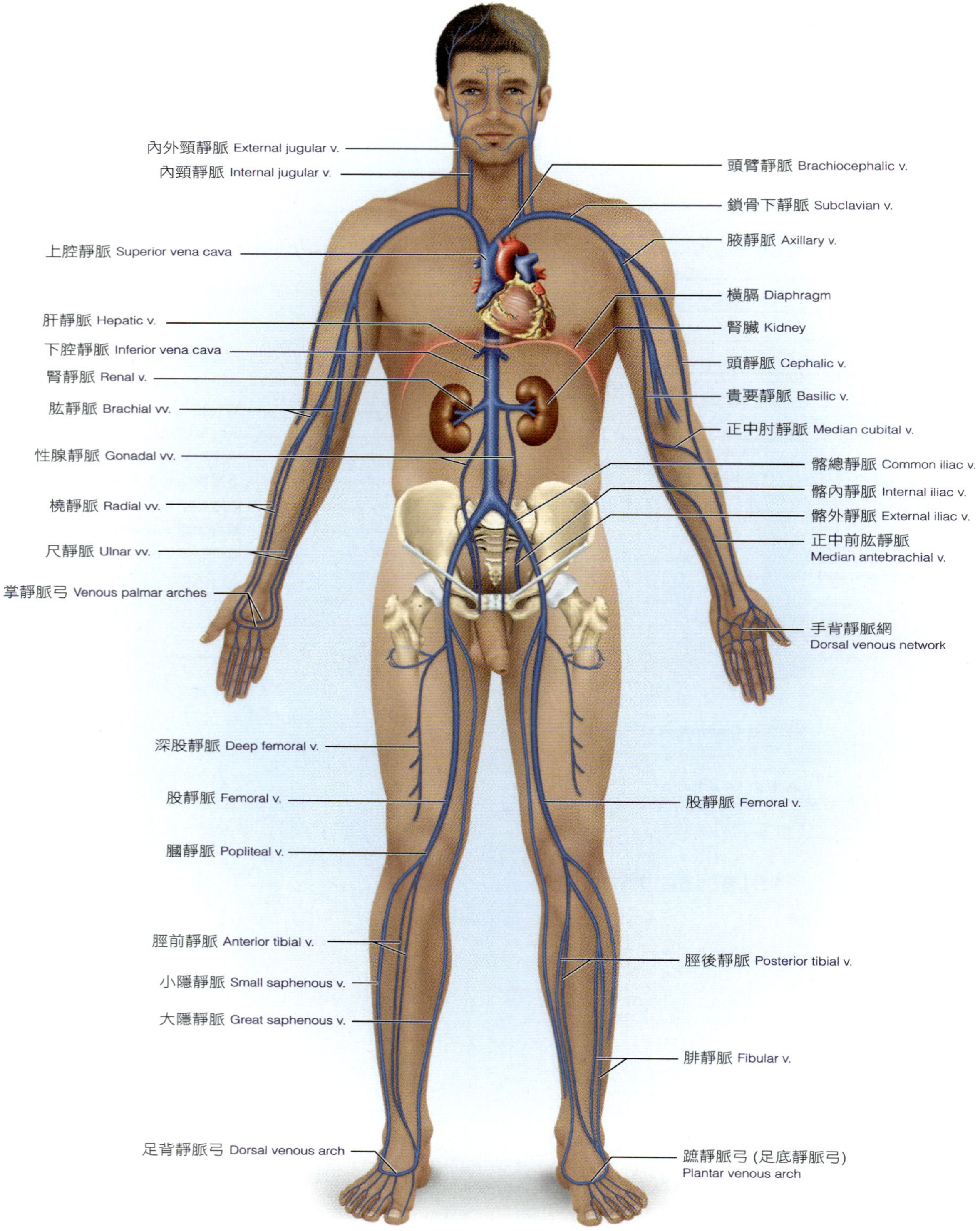
內外頸靜脈 External jugular v.
內頸靜脈 Internal jugular v.
上腔靜脈 Superior vena cava
肝靜脈 Hepatic v.
下腔靜脈 Inferior vena cava
腎靜脈 Renal v.
肱靜脈 Brachial vv.
性腺靜脈 Gonadal vv.
橈靜脈 Radial vv.
尺靜脈 Ulnar vv.
掌靜脈弓 Venous palmar arches
深股靜脈 Deep femoral v.
股靜脈 Femoral v.
膕靜脈 Popliteal v.
脛前靜脈 Anterior tibial v.
小隱靜脈 Small saphenous v.
大隱靜脈 Great saphenous v.
足背靜脈弓 Dorsal venous arch
頭臂靜脈 Brachiocephalic v.
鎖骨下靜脈 Subclavian v.
腋靜脈 Axillary v.
橫膈 Diaphragm
腎臟 Kidney
頭靜脈 Cephalic v.
貴要靜脈 Basilic v.
正中肘靜脈 Median cubital v.
髂總靜脈 Common iliac v.
髂內靜脈 Internal iliac v.
髂外靜脈 External iliac v.
正中前肱靜脈
Median antebrachial v.
手背靜脈網
Dorsal venous network
股靜脈 Femoral v.
脛後靜脈 Posterior tibial v.
腓靜脈 Fibular v.
蹠靜脈弓 (足底靜脈弓)
Plantar venous arch

圖 21.15 **體循環的主要靜脈 (前面觀)**。為了清晰起見，左側與右側的靜脈不同，但幾乎所有的靜脈都出現在兩側 (v.= 靜脈；vv.= 靜脈的複數)。

表 21.1 主動脈及其主要分支

所有體循環動脈都來自主動脈，主動脈有三個主要區域 (圖 21.16)。

1. **升主動脈** (ascending aorta) 上升到左心室上方約 5 cm。它唯一的分支是冠狀動脈，它產生於主動脈瓣的兩個尖瓣後面。它們是 20.3 節中描述的冠狀循環的起源。
2. **主動脈弓** (aortic arch) 向左彎曲，就像位於心臟上方的一個倒置的 U 型一樣。它依次發出三條主要動脈：**頭臂動脈幹** (brachiocephalic[5] trunk) (BRAY-kee-oh-seh-FAL-ic)、**左頸總動脈** (left common carotid artery)(cah-ROT-id) 和**左鎖骨下動脈** (left subclavian[6] artery)(sub-CLAY-vee-un)。這些情況在表 21.2 和 21.8 中有進一步說明。
3. **降主動脈** (descending aorta) 向下通過心臟後方，先在脊柱的左側，然後在脊柱前方，經胸腔和腹腔。橫膈上方稱*胸主動脈* (thoracic aorta)，下方稱腹主動脈 (abdominal aorta)。它在下腹腔內分叉進入*右和左髂總動脈* (right and left common iliac arteries)(見表 21.6，第四部分)。

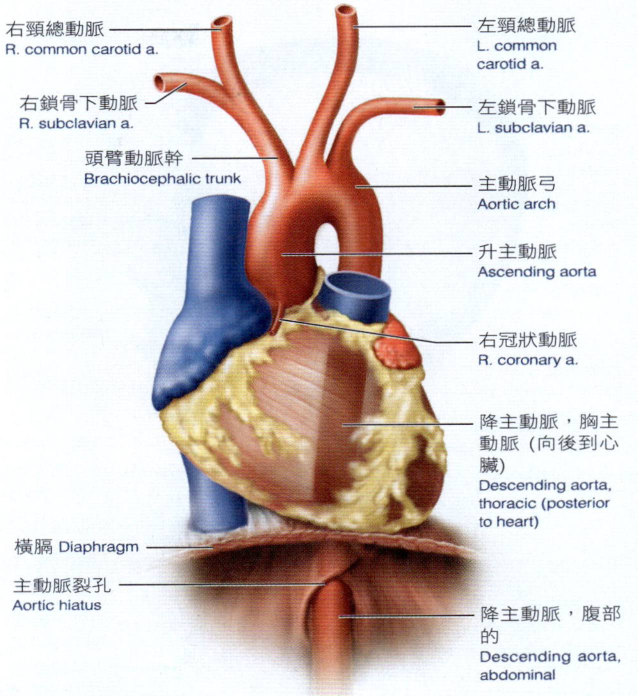

圖 21.16 胸主動脈 (L. = 左；R. = 右；a. = 動脈)。APR

表 21.2 頭頸部動脈

I. 頭頸部動脈的起始

頭頸部的血液來自四對動脈 (圖 21.17)。

1. **頸總動脈** (common carotid arteries)。在離開主動脈弓後不久，頭臂動脈幹分支為*右鎖骨下動脈* (right subclavian artery)(進一步的追溯見表 21.4) 和**右頸總動脈** (right common carotid artery)。沿主動脈弓稍遠處，**左頸總動脈** (left common carotid artery) 獨立產生。頸總動脈沿著氣管向上穿過頸部前側區域 (見本表第 II 部分)。
2. **椎動脈** (vertebral arteries)。這些動脈來自於左右鎖骨下動脈，通過 C1 至 C6 脊椎的橫突孔向頸部上移動。它們通過枕骨大孔進入顱腔 (見本表第 III 部分)。
3. **甲狀腺頸動脈幹** (thyrocervical[7] trunks)。這些細小的動脈來自椎動脈外側的鎖骨下動脈；它們供應甲狀腺和一些肩胛肌肉。
4. **肋骨頸動脈幹** (costocervical[8] trunks)。這些動脈源於鎖骨下動脈，稍稍向外側延伸。它們供應深部頸肌肉和一些肋骨籠上的肋間肌。

---

5 *brachio* = arm 手臂；*cephal* = head 頭
6 *sub* = below 下面；*clavi* = clavicle 鎖骨，collarbone 鎖骨
7 *thyro* = thyroid gland 甲狀腺；*cerv* = neck 頸部
8 *costo* = rib 肋骨

表 21.2 頭頸部動脈 (續)

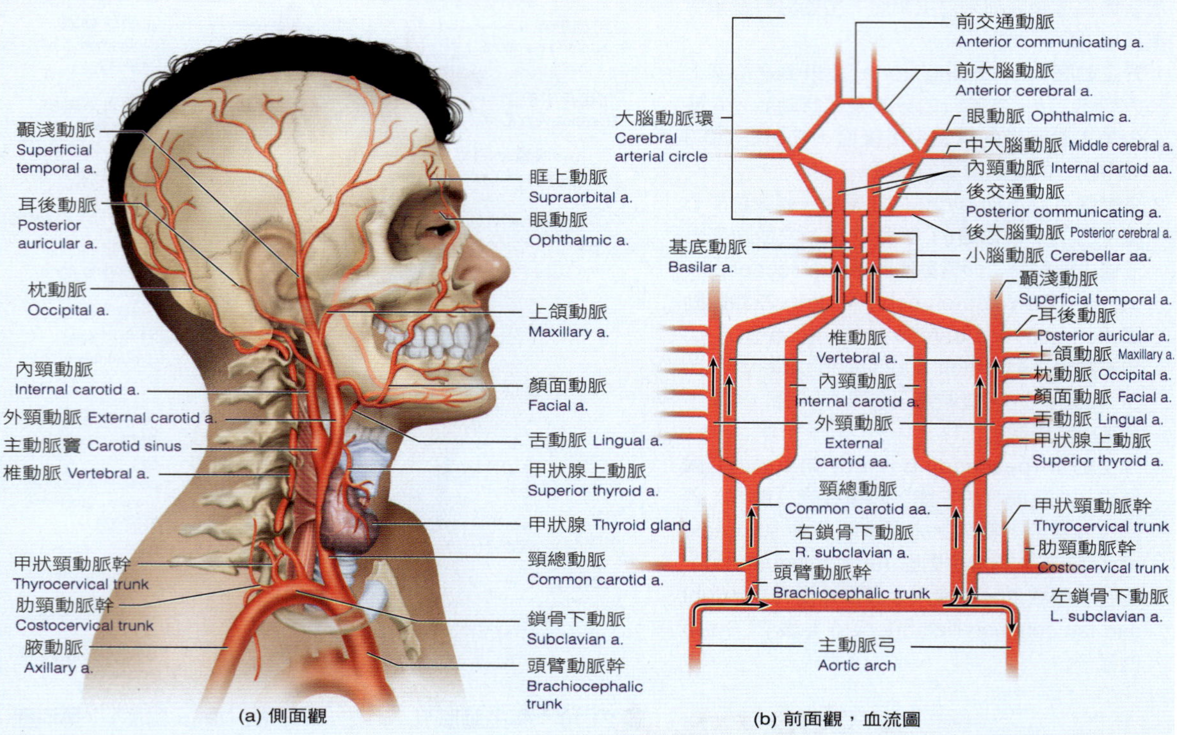

圖 21.17 頭頸部表淺 (顱外) 動脈。(a) 側面觀；(b) 前面觀，血流示意圖。示意圖的上部描繪了圖 21.18 中的大腦循環 (a. = 動脈；aa. = 動脈的複數)。APIR

II. 頸總動脈的延續

頸總動脈在所有頭頸動脈中分佈最廣。近喉突 (「亞當的蘋果」)[laryngeal prominence (“Adam's apple”)]，每條頸總動脈都分支成*外頸動脈*和*內頸動脈* (external and internal carotid artery)。

1. **外頸動脈** (external carotid artery) 在頭顱外側上行，為除眼眶外的大多數頭部外面構造提供能量。外頸動脈按上升次序產生下列動脈：
   a. **甲狀腺上動脈** (superior thyroid artery) 通往甲狀腺和喉部；
   b. **舌動脈** (lingual artery) 通往舌頭；
   c. **顏面動脈** (facial artery) 通往顏面的皮膚和肌肉；
   d. **枕動脈** (occipital artery) 通往後頭皮；
   e. **上頜動脈** (maxillary artery) 通往牙齒、上頜骨、口腔和外耳；及
   f. **顳淺動脈** (superficial temporal artery) 通往咀嚼肌、鼻腔、顏面部外側、大部分頭皮和硬腦膜。
2. **內頸動脈** (internal carotid artery) 通過下頜角的內側，及通過顳骨的頸動脈管進入顱腔。它供應眼眶和大約 80% 的大腦血流。因此，壓迫下頜骨附近的內頸動脈可導致意識喪失 (但很危險，絕不能像有些人那樣為了消遣而做)。每條內頸動脈進入顱腔後，會產生以下分支：
   a. **眼動脈** (ophthalmic artery) 通往眼眶、鼻子和前額；
   b. **前大腦動脈** (anterior cerebral artery) 通往大腦半球內側 (見本表第 IV 部分)；及
   c. **中大腦動脈** (middle cerebral artery) 在大腦的外側溝中行進，提供腦島血流，然後向大腦的額葉、顳葉和頂葉的外側區域發出許多分支。

表 21.2 頭頸部動脈 (續)

III. 椎動脈的延續

椎動脈產生的小分支，供應脊髓及其腦膜、頸椎和頸部深層肌肉，然後進入枕骨大孔，供應顱骨和腦膜，並沿腦幹前部匯合成一條**基底動脈** (basilar artery)。基底動脈的分支供應小腦、橋腦和內耳。在橋腦——中腦交界處，基底動脈分叉並流入大腦動脈環 (cerebral arterial circle)，下文將介紹。

IV. 大腦動脈環

大腦的血液供應是如此重要，以至於它由幾個動脈吻合口提供，特別是被稱為**大腦動脈環** (cerebral arterial circle) 的一系列動脈，它圍繞著腦下腺和視神經交叉 (圖 21.18)。大腦動脈環從內頸動脈和基底動脈接受血液。大多數人缺乏一個或多個組成部分，只有 20% 的人有完整的動脈環。瞭解動脈環的分佈對於瞭解血栓、動脈瘤和中風對腦功能的影響極度重要。這裡介紹的前大腦、後大腦動脈和第 II 部分介紹的中大腦動脈為大腦提供了最重要的血液供應。相關腦部解剖的提醒請參考第 15 章。

1. 兩條**後大腦動脈** (posterior cerebral arteries) 從基底動脈產生，並向後掃向大腦後部，為顳葉和枕葉的下面和內側區域以及中腦和丘腦提供血流。
2. 兩條**前大腦動脈** (anterior cerebral arteries) 從內頸動脈產生，向前方行進，然後在胼胝體後方拱起一直到頂葉的後限。它們向額葉和頂葉發出廣泛的分支。
3. 單一**前交通動脈** (anterior communicating artery) 是左右前腦動脈之間的短吻合。
4. 兩條**後交通動脈** (posterior communicating arteries) 是大腦後動脈和內頸動脈之間的小吻合。

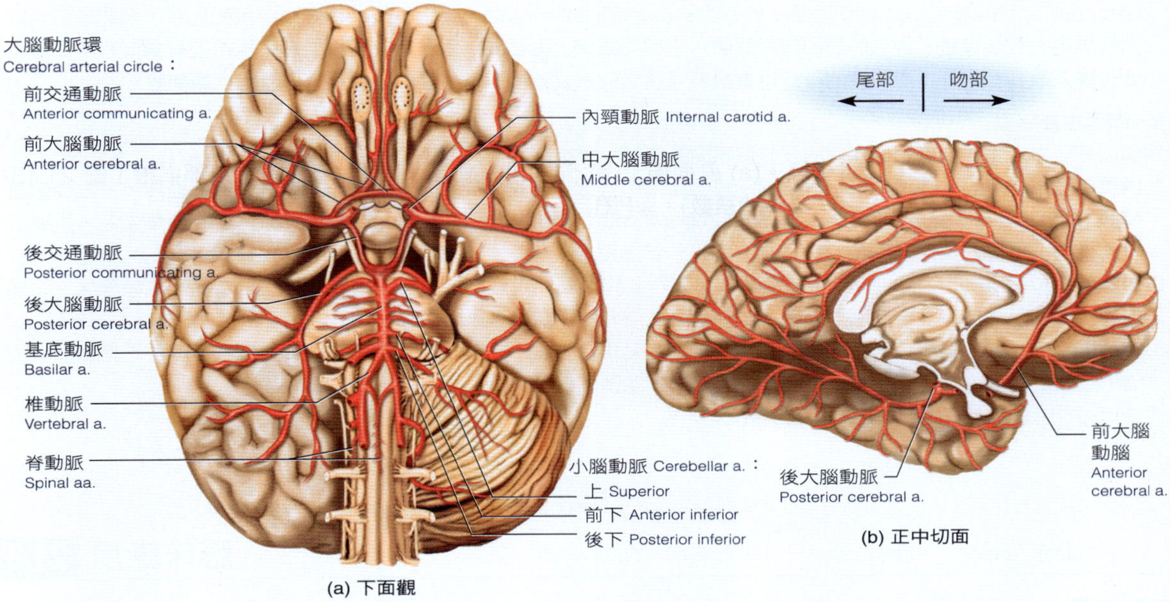

圖 21.18 大腦循環。(a) 腦的下面觀顯示血液供應到腦幹、小腦和大腦動脈環；(b) 腦的正中切面顯示大腦前動脈和後動脈的較遠端分支。大腦中動脈的分支分佈在大腦的外側表面 (未圖示)。APR

表 21.3 頭頸部靜脈

頭頸部主要由三對靜脈——內頸靜脈 (internal jugular)、外頸靜脈 (external jugular) 和椎靜脈 (vertebral veins) 匯流。我們將從這些靜脈的起始端追溯到鎖骨下靜脈 (subclavian veins)。

I. 硬膜靜脈竇

血液在大腦中循環後，會聚集在大的薄壁靜脈中，稱為**硬膜靜脈竇** (dural venous sinuses)——硬腦膜各層的空間充滿了血液 (圖 21.19a、b)。提醒一下硬腦膜的構造將有助於理解這些竇。大腦和顱骨之間的這層堅韌的膜，有一層骨膜與骨骼相貼，一層腦膜與大腦相貼。在少數地方，這些層之間有一個空間，以容納一個集血竇。兩個大腦半球之間有一垂直的鐮刀形硬腦膜壁，稱為大腦鐮 (falx cerebri)，其中包含兩個竇。硬腦膜靜脈竇共約有 13 個，我們在此只研究最突出的幾個。

1. **上矢狀竇** (superior sagittal sinus) 位於大腦鐮上緣，覆蓋在大腦縱裂上 (圖 21.19a；另見圖 15.3 和 15.5)。前面開始於顱骨雞冠附近，後方延伸至頭顱後方，止於顱骨後枕隆突。在這裡，它通常向右彎曲，並匯入橫竇 (transverse sinus)。
2. **下矢狀竇** (inferior sagittal sinus) 包含在大腦鐮下緣，拱起於胼胝體上，深藏於縱裂中。在後方，它與大腦大靜脈 (great cerebral vein) 相接，它們的結合形成了**直竇** (straight sinus)，一直延伸到頭部後方。在那裡，上矢狀竇和直竇在一個稱為**匯竇** (confluence of the sinuses) 處相會。
3. 左右**橫竇** (transverse sinuses) 從匯竇引出，環繞枕骨內側，通向耳朵 (圖 21.19b)；它們的路徑由枕骨內表面溝的標記 (見圖 7.5b)。右側橫竇主要從上矢狀竇接受血液，左側橫竇主要從直竇引流。橫向的，每個橫竇都做一個 S 形彎曲，即**乙狀竇** (sigmoid sinus)，然後通過頸靜脈孔出顱。血液從這裡流向內頸靜脈 (見本表第 II.1 部分)。
4. **海綿竇** (cavernous sinuses) 是位於蝶骨體兩側充滿血液的蜂窩狀空間 (圖 21.19b)。它們從眼眶的上眼靜脈 (superior ophthalmic vein) 和大腦的中淺靜脈 (superficial middle cerebral vein) 等來源接受血液。它們通過幾個出口排出，包括橫竇、內頸靜脈和顏面靜脈。它們在臨床上很重要，因為感染可以通過這條途徑從面部和其他淺表部位進入顱腔。另外，海綿竇的炎症也會損傷通過它的重要結構，包括頸內動脈和第三至第六顱神經。

II、頸部主要靜脈

頸部的靜脈血液主要通過頸部兩側的三條靜脈向下流動，所有靜脈都排入鎖骨下靜脈 (圖 21.19c)。

1. **內頸靜脈** [internal jugular[9] vein)((JUG-you-lur) 沿頸部深達胸鎖乳突肌。它接受來自腦的大部分血液，沿途從**顏面靜脈** (facial vein)、**顳淺靜脈** (superficial temporal vein) 和**甲狀腺上靜脈** (superior thyroid vein) 匯集血液，經過鎖骨的後面，再排入鎖骨下靜脈 (在表 21.5 中進一步追蹤)。
2. **外頸靜脈** (external jugular vein) 沿頸部側面下行至胸鎖乳突肌淺層，也排入鎖骨下靜脈。它從腮腺唾液腺、面部肌肉、頭皮和其他表淺構造匯入支流。其中部分血液還沿靜脈吻合匯入內頸靜脈。
3. **椎靜脈** (vertebral vein) 與椎動脈一起在頸椎的橫突孔下行進。雖然伴行動脈通向大腦，但椎靜脈並不是從那裡來的。它引流頸椎、脊髓和一些頸部小的深層肌肉，並匯入鎖骨下靜脈。

表 21.5 列出了血液流向心臟的其餘部分。

臨床應用 21.3

空氣栓塞

硬腦膜竇或頸靜脈損傷所帶來的失血危險比吸入循環系統的空氣要小。血液中存在的空氣稱為空氣栓塞 (air embolism)。這是神經外科醫生非常關心的問題，他們有時會在病患坐著的情況下進行手術。如果硬腦膜竇被刺破，空氣會被吸進竇內並積聚在心腔內，從而阻斷心輸出量導致猝死。體循環中較小的氣泡可使腦、肺、心肌和其他重要組織的血流中斷。

9 *jugul* = neck 脖子，throat 喉嚨

表 21.3 頭頸部靜脈 (續)

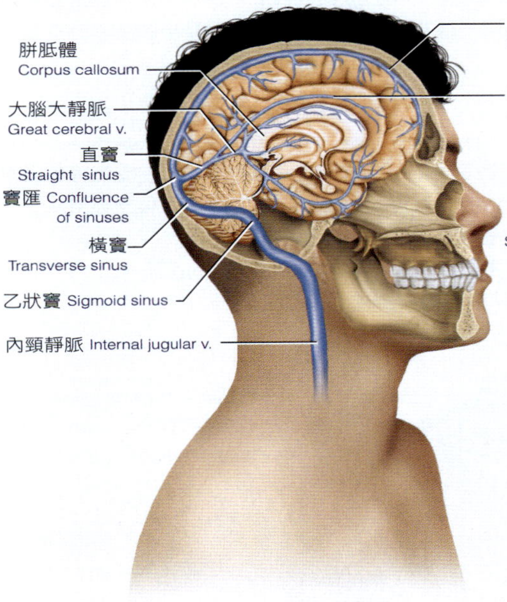

(a) 硬腦膜靜脈竇，內側觀

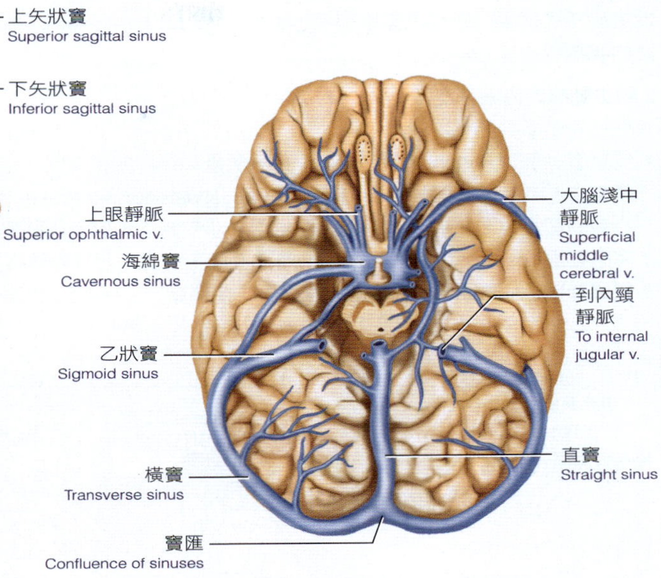

(b) 硬腦膜靜脈竇，下面觀

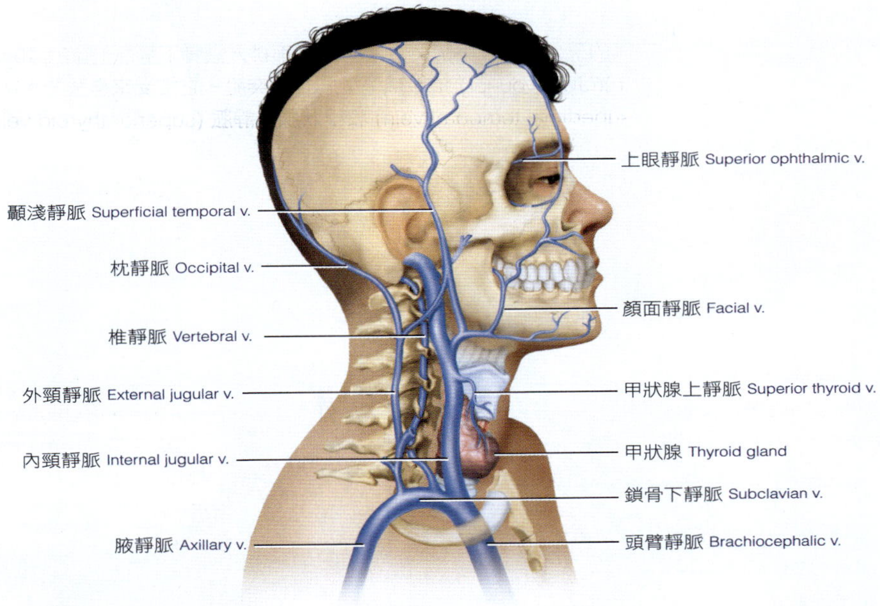

(c) 頭頸的淺靜脈

圖 21.19 頭頸部靜脈。(a) 大腦硬腦膜靜脈竇的正中切面；(b) 大腦硬膜靜脈竇的下面觀；(c) 頭頸部的表淺 (顱外) 靜脈。APR

表 21.4 胸部動脈

胸部由直接來自主動脈 (本表第 I 和第 II 部分) 和鎖骨下動脈和腋動脈 (第 III 部分) 的幾條動脈供應血液。胸主動脈始於主動脈弓遠端，止於**主動脈裂孔** (aortic hiatus)(hy-AY-tus)，這是一條穿過橫膈的通道。沿途發出許多小分支到胸腔的臟器和體壁 (圖 21.20)。

I. 胸主動脈的內臟分支

這些血管供應胸腔臟器的血流：

1. **支氣管動脈** (bronchial arteries)：雖然數量和排列方式不同，但通常有兩條在左側，一條在右側。右支氣管動脈通常來自左支氣管動脈的一條或*後肋間動脈* (posterior intercostal artery)(見第 II.1 部分)。支氣管動脈供應臟層胸膜、心包膜和食道，並進入肺部供應支氣管、小支氣管和較大的肺血管。
2. **食道動脈** (esophageal arteries)：四或五條未成對的食道動脈從主動脈前表面產生，供應食道的血流。
3. **縱膈動脈** (mediastinal arteries)：許多小縱膈動脈 (未圖示) 供應後縱膈構造的血流。

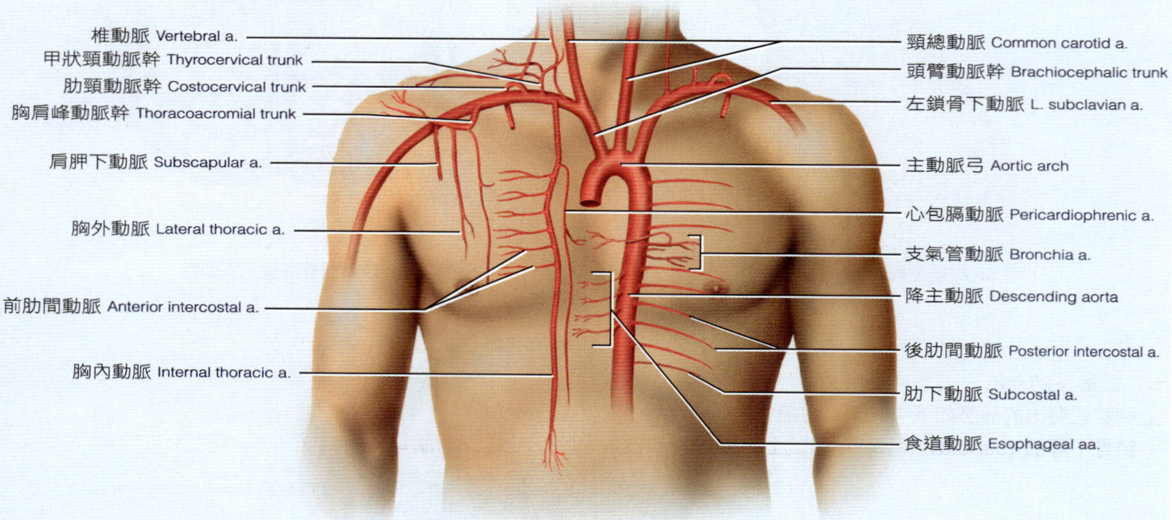

(a) 主要的動脈

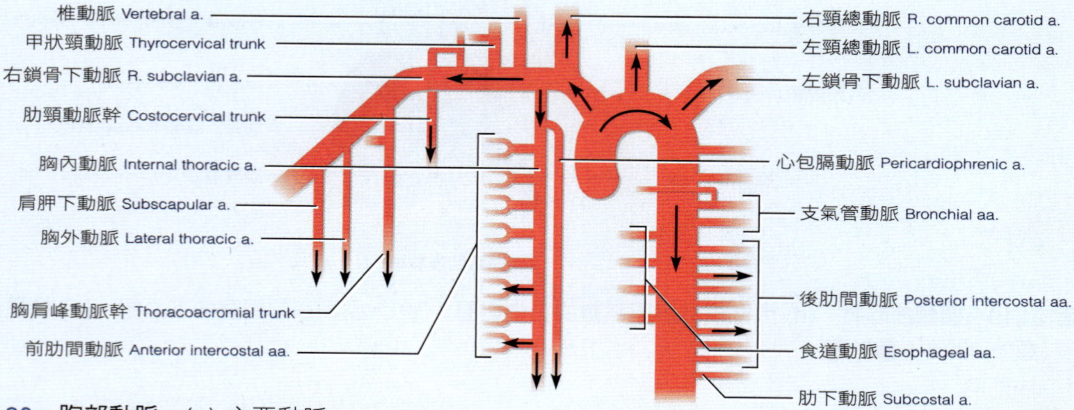

(b) 血流圖

圖 21.20 胸部動脈。(a) 主要動脈；(b) 血流示意圖。 APR

表 21.4 胸部動脈 (續)

II. 胸主動脈的壁層分支

以下分支主要供應胸壁的肌肉、骨骼和皮膚；只說明第一個分支：

1. **後肋間動脈** (posterior intercostal arteries)：九對後肋間動脈從主動脈後表面產生，在肋骨 3 至 12 之間繞過肋骨後側，然後與*前肋間動脈* (anterior intercostal arteries) 吻合 (見本表第 III.1 部分)。它們供應肋間肌、胸肌、前鋸肌和一些腹肌，以及椎體、脊髓、腦膜、乳房、皮膚和皮下組織的血流。在哺乳期婦女中，它們會增大。
2. **肋下動脈** (subcostal arteries)：從第 12 根肋骨下的主動脈中產生的一對動脈。它們供應後肋間組織、椎體、脊髓和背部深層肌肉的血流。
3. **膈上動脈** (superior phrenic[10] arteries)(FREN-ic)(未圖示)：這些動脈數量不等，產生於主動脈裂孔，供應膈肌的上、後區域的血流。

III. 鎖骨下動脈和腋下動脈的分支

胸壁也由以下動脈供應的血流，這些動脈產生於肩部區域——第一條來自鎖骨下動脈，其他三條來自其延續的腋動脈：

1. **胸內 (乳腺) 動脈** [internal thoracic (mammary) artery] 供應乳房和前胸壁，並發出以下分支：
   a. **心包膈動脈** (pericardiophrenic artery) 供應心包和橫膈的血流。
   b. **前肋間動脈** (anterior intercostal arteries) 從胸動脈沿胸骨往下時產生。它們沿肋骨間移動，供應肋骨和肋間肌，並與後肋間動脈吻合。每條胸動脈都沿著上面的肋骨下緣發出一條分支，並沿著下面的肋骨上緣發出另一條分支。
2. **胸肩峰動脈幹** (thoracoacromial[11] trunk)(THOR-uh-co-uh-CRO-me-ul) 為肩上區和肩胛區提供分支。
3. **胸外動脈** (lateral thoracic artery) 供應胸肌、前鋸肌和肩胛下肌。它還向乳房發出分支，女性的比男性大。
4. **肩胛下動脈** (subscapular artery) 是腋下動脈的最大分支，它供應肩胛骨和闊背肌、前鋸肌、大圓肌、三角肌、肱三頭肌和肋間肌。它供應肩胛骨和背闊肌、前鋸齒肌、大三角肌、肱三頭肌和肋間肌的血流。

表 21.5 胸部靜脈

I. 上腔靜脈的支流

上胸腔最突出的靜脈如下：它們將血液從肩部區域送回到心臟 (圖 21.21)。

1. **鎖骨下靜脈** (subclavian vein) 引流上肢的血液 (見表 21.9)。它從第一肋骨外側緣開始，行至鎖骨後面。它接受外頸靜脈和椎靜脈的血流，然後在接受內頸靜脈的地方結束。
2. **頭臂靜脈** (brachiocephalic vein) 是由鎖骨下靜脈和內頸靜脈聯合形成的。右頭臂靜脈很短，約 2.5 cm，左頭臂靜脈長約 6 cm。它們接受脊椎、甲狀腺、上胸壁和乳房的支流，然後匯合形成下一條靜脈。
3. **上腔靜脈** (superior vena cava) 是由左右頭臂靜脈聯合形成的，它在下行約 7 cm 處匯入右心房。它的主要支流是*奇靜脈* (azygos vein)。除肺循環和冠狀循環外，它匯集橫膈上方的所有結構的血流。它還通過下文所述的奇靜脈系統接受腹腔的血流。

II. 奇靜脈系統

胸部器官的主要靜脈引流是通過*奇靜脈系統* (azygos sysyem)(AZ-ih-goss) 進行的 (圖 21.21)。該系統中最突出的靜脈是**奇靜脈** (azygos[12] vein)，它位於後胸壁的右側，因左側沒有一個配對而得名。它接受以下支流的血流，然後在 T4 脊椎處滙入上腔靜脈。

1. **右升腰靜脈** (ascending lumbar vein) 匯流至右腹壁，然後穿透橫膈進入胸腔。奇靜脈起於升腰靜脈與右側**肋骨下靜脈** (subcostal vein) 在第 12 肋骨下交會處。
2. **右後肋間靜脈** (posterior intercostal veins) 引流肋間空間的血流。第一條 (上) 注入右頭臂靜脈；第 2、3 肋間靜脈合併形成*右上肋間靜脈* (right superior intercostal vein) 後注入奇靜脈；第 4~11 肋間靜脈分別進入奇靜脈。
3. **右食道、縱隔、心包、支氣管靜脈** (esophageal, mediastinal, pericardial, and bronchial veins)(未圖示) 將各自器官的血流注入奇靜脈。
4. **半奇靜脈** (hemiazygos[13] vein) 在左胸後壁上行，它始於左升腰靜脈剛穿透橫膈後，與肋骨 12 下方的肋下靜脈連接。然後，半奇靜脈接受下三條後肋間靜脈、食道靜脈和縱膈靜脈。在 T9 脊椎水平處，它向右交叉並注入奇靜脈。

---

10 *phren* = diaphragm 隔膜
11 *thoraco* = chest 胸部；*acr* = tip 頂部；*om* = shoulder 肩部
12 *unpaired* 未成對；來自 *a* = without 沒有；*zygo* = union 結合，mate 交配
13 *hemi* = half 一半

表 21.5 胸部靜脈 (續)

5. **副半奇靜脈** (accessory hemiazygos vein) 在左後胸壁下行，接受後肋間靜脈 4 至 8 的排出的血流，有時也接受左支氣管靜脈的血流。它在 T8 脊椎水平處向右交叉並注入奇靜脈。

左後肋間靜脈 1 至 3 是這一側唯一最終不會注入至奇靜脈的靜脈。第一條通常直接注入到左頭臂靜脈。第二條和第三條聯合起來形成*左上肋間靜脈* (left superior intercostal vein)，注入左頭臂靜脈。

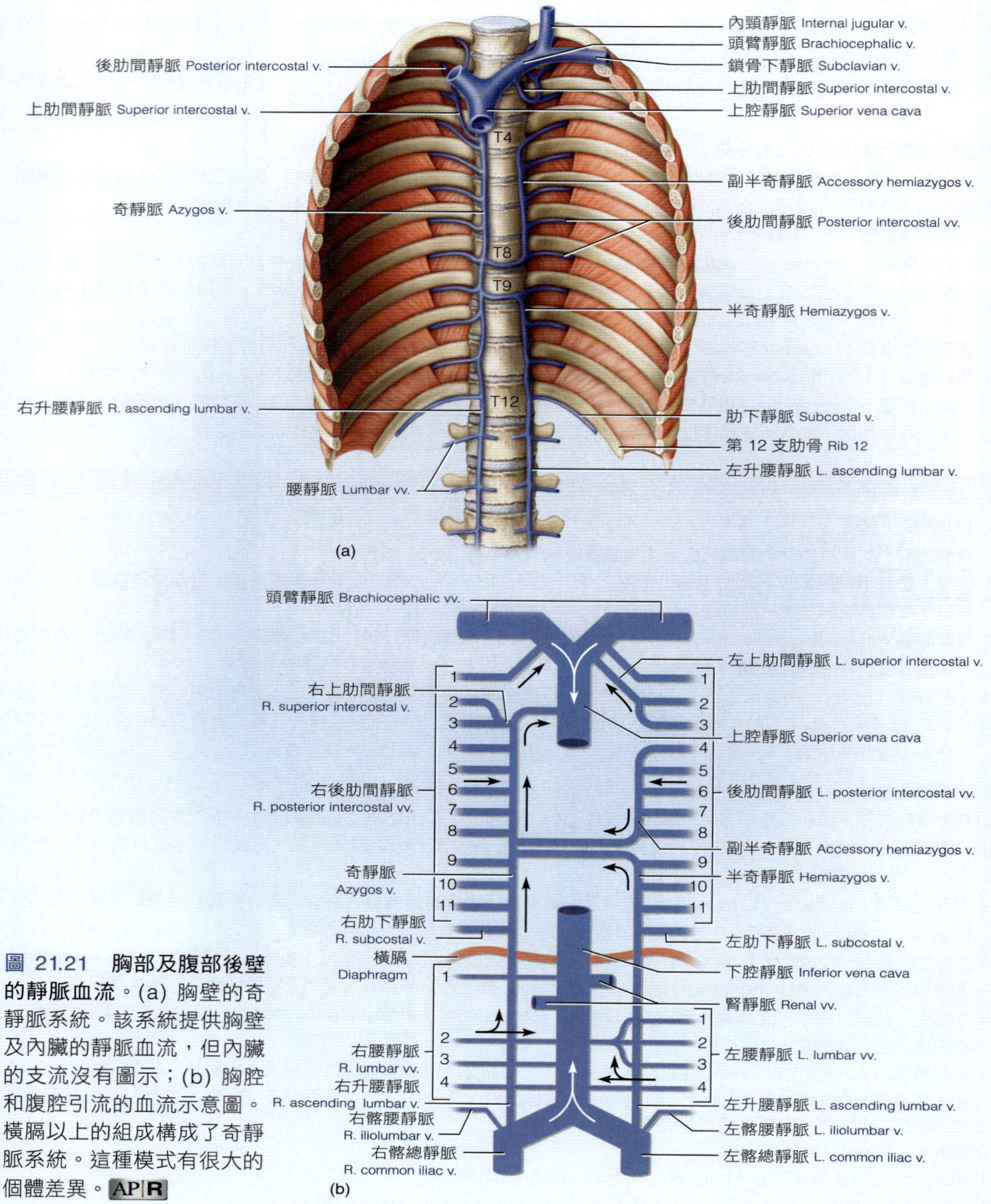

圖 21.21 胸部及腹部後壁的靜脈血流。(a) 胸壁的奇靜脈系統。該系統提供胸壁及內臟的靜脈血流，但內臟的支流沒有圖示；(b) 胸腔和腹腔引流的血流示意圖。橫膈以上的組成構成了奇靜脈系統。這種模式有很大的個體差異。APR

表 21.6 腹部和骨盆區的動脈

主動脈通過主動脈裂孔後降至腹腔，並在 L4 脊椎水平處結束，在那裡它分支為右和左髂總動脈 (common iliac arteries)。腹主動脈為腹膜後器官。

I. 腹主動脈的主要分支

腹主動脈按這裡列出的順序分出動脈 (圖 21.22)。英文複數表示的是成對的左右動脈，單數表示的是單獨的正中動脈。

1. **膈下動脈** (inferior phrenic arteries) 供應橫膈下表面的血流。它們可能來自主動脈、腹腔動脈幹或腎動脈。每條動脈發出 2~3 條小的**腎上腺上動脈** (superior suprarenal arteries) 至同側腎上腺 [adrenal (suprarenal) gland]。
2. **腹腔動脈幹** (celiac[14] trunk)(SEE-lee-ac) 供應上腹部內臟的血流 (見本表第 II 部分)。
3. **上腸繫膜動脈** (superior mesenteric artery) 供應腸道的血流 (見第 III 部分)。
4. **腎上腺中動脈** (middle suprarenal arteries) 從主動脈外側產生，通常與上腸繫膜動脈在同一水平；它們供應腎上腺的血流。
5. **腎動脈** (renal arteries) 供應腎臟的血流，並向每個腎上腺發出一條小的**腎上腺下動脈** (inferior suprarenal artery)。

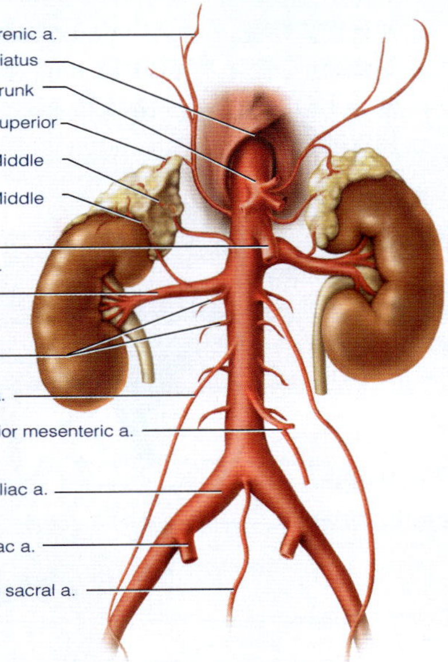

圖 21.22 腹主動脈及其主要分支。APR

6. **性腺動脈** (gonadal arteries)[女性為**卵巢動脈** (ovarian arteries)，男性為**睪丸動脈** (testicular arteries)] 是細長的動脈，從中腹主動脈發出，沿後體壁下降到女性骨盆腔或男性陰囊。性腺在腎臟附近開始胚胎的發育，性腺動脈就相當短。當性腺下降到骨盆腔時，這些動脈就會生長並獲得其特殊的長度和走向。
7. **下腸繫膜動脈** (inferior mesenteric artery) 供應大腸遠端的血流 (見第 III 部分)。
8. **腰動脈** (lumbar arteries)(從下主動脈中產生，共四對。它們供應後腹壁的血流 (肌肉、關節和皮膚)和脊髓以及椎管內的其他組織。
9. **正中薦動脈** (median sacral artery) 是主動脈下端的微小內側動脈，供應薦骨和尾骨的血流。
10. **髂總動脈** (common iliac arteries) 在主動脈下端產生分叉。本表第 IV 部分對其進行了進一步的描述。

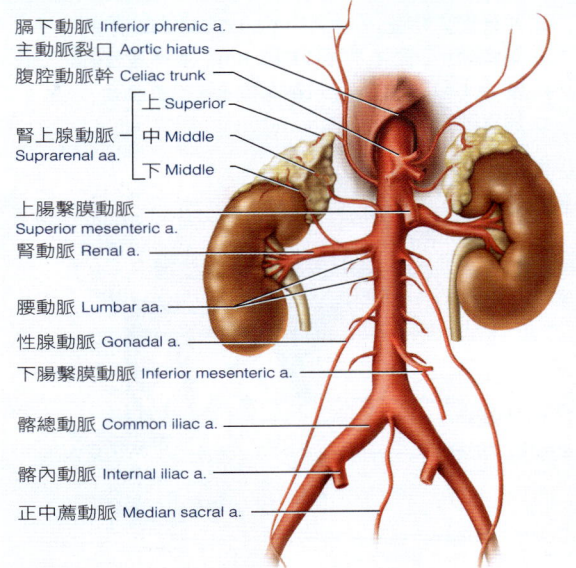

II. 腹腔動脈幹的分支

腹腔動脈循環通往上腹部的內臟可能是腹主動脈以外最複雜的途徑。因為它有許多動脈吻合，血流並不遵循簡單的線性路徑，而是在幾個點上分開和重合 (圖 21.23)。當你學習下面的描述時，在圖中找出這些分支的位置，並辨識動脈吻合點。

短又粗的腹腔動脈幹，長度幾乎不超過 1 cm，是主動脈的中間分支，就在橫膈下方。它緊接著產生三個分支——肝總動脈 (common hepatic)、左胃動脈 (left gastric) 和脾動脈 (splenic arteries)。

1. **肝總動脈** (common hepatic artery) 經過右側，發出兩個主要分支——胃十二指腸動脈和肝固有動脈。
   a. **胃十二指腸動脈** (gastroduodenal artery) 發出**右胃網膜動脈** (right gastro-omental artery) 到達胃部，然後繼續成為**上胰十二指腸動脈** (superior pancreaticoduodenal artery)(PAN-cree-AT-ih-co-dew-ODD-eh-nul)，它分成兩支分別繞過胰臟頭的前後兩側。這些分支與下胰十二指腸動脈 (inferior pancreaticoduodenal artery) 的兩個分支吻合，在第 III.1 部分中討論。
   b. **肝固有動脈** (hepatic artery proper) 升向肝臟方向。它發出**右胃動脈** (right gastric artery)，然後分支為**右肝動脈和左肝動脈** (right and left hepatic arteries)。右肝動脈發出**膽囊動脈** (cystic artery) 至膽囊，然後兩條肝動脈從下方進入肝臟。
2. **左胃動脈** (left gastric artery) 供應胃和食道下端的血流，繞著胃小彎 (lesser curvature)(上內緣) 劃弧形，並與右胃動脈吻合 (圖 21.23b)。因此，右胃動脈和左胃動脈從相反的方向接近並提供胃的這個邊緣之血流。左胃動脈也有分支通往下食道，右胃動脈也提供十二指腸的血流。

14 *celi* = belly 腹部，abdomen 腹部

表 21.6 腹部和骨盆區的動脈 (續)

3. **脾動脈** (splenic artery) 提供脾臟的血流，但在往脾臟的途中會發出以下分支：
   a. 幾條小的**胰動脈** (pancreatic arteries) 提供胰臟的血流。
   b. **左胃網膜動脈** (left gastro-omental artery) 繞著*胃大彎* (greater curvature)(下外側緣)，與右胃網膜動脈吻合。這兩條動脈與胃本身相距約 1 cm，並穿過*大網膜* (greater omentum) 的上緣，大網膜是懸浮在大彎上的脂肪膜 (見圖 A.4 和 24.3)。它們為胃和網膜提供血流。
   c. **短胃動脈** (short gastric arteries) 提供胃的上半部 (胃底) 的血流。

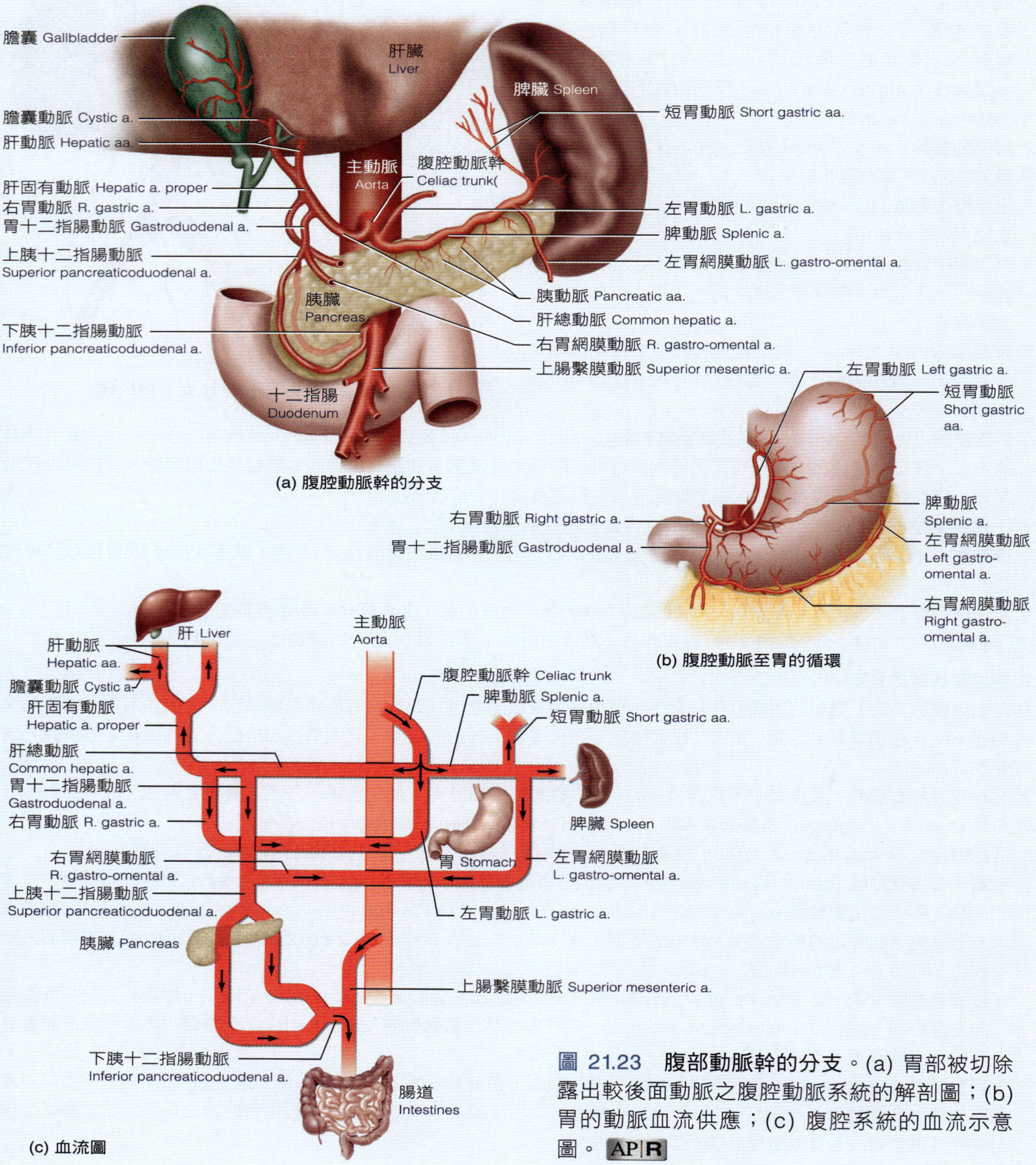

圖 21.23　腹部動脈幹的分支。(a) 胃部被切除露出較後面動脈之腹腔動脈系統的解剖圖；(b) 胃的動脈血流供應；(c) 腹腔系統的血流示意圖。 AP|R

表 21.6 腹部和骨盆區的動脈 (續)

III. 腸繫膜的循環

腸繫膜是一層半透明的薄片，將腸子和其他腹腔臟器懸吊在後體壁上 (見圖 1.14 和 24.3)。它包含許多動脈、靜脈和淋巴管，為腸道提供和匯出血流。動脈供應來自上和下腸繫膜動脈 (superior and inferior mesenteric arteries)；這些動脈之間有許多吻合，即使一條路線暫時受阻，也能確保腸道有足夠的側枝循環。

上腸繫膜動脈 (superior mesenteric artery)(圖 21.24a) 是最重要的腸道血液供應，幾乎提供所有小腸和大腸近半部的血流。上腸繫膜動脈從上腹主動脈的內側產生，並發出以下分支：

1. 前面已經提到過的**下胰十二指腸動脈** (inferior pancreaticoduodenal artery)，分支繞過胰臟的前側和上側，與上胰十二指腸動脈的兩個分支相吻合。
2. 12 至 15 條**空腸和迴腸動脈** (jejunal and ileal arteries) 形成扇形陣列，幾乎提供所有小腸的血流 (稱為空腸和迴腸的部分)。
3. **迴腸結腸動脈** (ileocolic artery)(ILL-ee-oh-CO-lic) 提供迴腸、闌尾和部分大腸 (盲腸和升結腸) 的血流。
4. **右結腸動脈** (right colic artery) 也提供升結腸的血流。
5. **中結腸動脈** (middle colic artery) 提供大部分橫結腸的血流。

下腸繫膜動脈 (inferior mesenteric artery) 源於下腹主動脈，提供大腸的遠端的血流 (圖 21.24b)：

1. **左結腸動脈** (left colic artery) 提供橫結腸和降結腸的血流。
2. **乙狀結腸動脈** (sigmoid arteries) 提供降結腸和乙狀結腸的血流。
3. **上直腸動脈** (superior rectal artery) 提供直腸的血流。

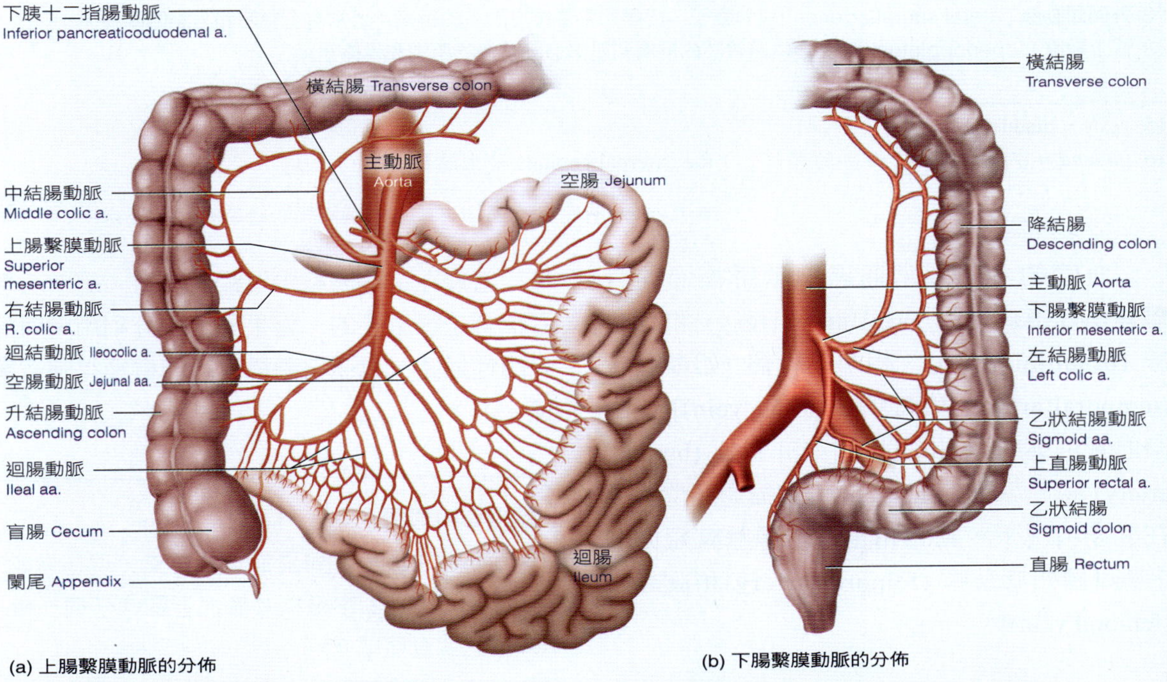

圖 21.24 腸繫膜動脈。(a)上腸繫膜動脈的分佈；(b)下腸繫膜動脈的分佈。APR

表 21.6 腹部和骨盆區的動脈 (續)

IV. 骨盆區的動脈

兩條髂總動脈由主動脈分支產生，下降 5 cm 後在薦髂關節水平處分為髂外動脈和髂內動脈。髂外動脈主要提供下肢的血流 (見表 21.10)。**髂內動脈** (internal iliac artery) 主要提供骨盆壁和內臟的血流。圖 21.30 中僅以示意圖形式顯示了其分支。

髂內動脈起源後不久，分為前和後動脈幹。前動脈幹產生以下分支：

1. **膀胱上動脈** (superior vesical[15] artery) 供應膀胱和輸尿管遠端。它通過一條短的*臍動脈* (umbilical artery) 間接從前動脈幹產生，這條臍動脈是供應胎兒臍帶動脈的殘餘部分。臍動脈的其餘部分在出生後成為封閉的纖維索。
2. 在男性，**膀胱下動脈** (inferior vesical artery) 供應膀胱、輸尿管、前列腺和精囊。在女性，對應的血管是**陰道動脈** (vaginal artery)，供應陰道、部分膀胱和直腸。
3. **直腸中動脈** (middle rectal artery) 供應直腸。
4. **閉孔動脈** (obturator artery) 通過閉孔離開骨盆腔，供應大腿內側的內收肌。
5. **內陰動脈** (internal pudendal[16] artery)(pyu-DEN-dul) 提供陰莖和陰蒂的會陰及勃起組織；它為性興奮時的血管充血提供血液。
6. 在女性中，**子宮動脈** (uterine artery) 是子宮的主要血液供應，並供應一些血液到陰道。懷孕時它會大幅度擴大。它從子宮邊緣向上穿過，然後在子宮輸卵管處橫向轉彎，與*卵巢動脈* (ovarian artery) 吻合，從而也供應血液到卵巢 (見表 21.6 第 I.6 部分和圖 26.18)。
7. **臀下動脈** (inferior gluteal artery) 供應臀部肌肉和髖關節。

後動脈幹產生以下分支：

1. **髂腰動脈** (iliolumbar artery) 供應腰部體壁和骨盆骨。
2. **外側薦動脈** (lateral sacral arteries) 通向薦管、皮膚和薦骨後方的肌肉組織。通常有上動脈和下動脈兩種。
3. **臀上動脈** (superior gluteal artery) 供應臀部的皮膚和肌肉以及盆壁的肌肉和骨骼組織。

---

15 *vesic* = bladder 膀胱

16 *pudend* = 字面意思是「可恥的部位」；the external genitals 外生殖器

血管的名稱通常通過標示所經過的身體區域 [如*腋動脈* (axillary artery) 和*肱靜脈* (brachial vein)]、相鄰的骨骼 [如*顳動脈* (temporal artery) 和*尺靜脈* (ulnar vein)] 或由該血管供應或排出的器官 [如*肝動脈* (hepatic artery) 和*腎靜脈* (renal vein)] 來描述其位置。在許多情況下，動脈和相鄰的靜脈有類似的名稱 [例如*股動脈* (femoral artery)和*股靜脈* (femoral vein)]。

當您在這些表格中追蹤血流時，經常去參考插圖是很重要的。如果您不充分利用所附的說明性插圖，單憑口頭描述可能會顯得晦澀難懂。

應用您的知識

學習了腹主動脈和骨盆血管的分支，現在你能辨識出圖 21.3 中磁核共振血管圖中任何一條未標記的動脈嗎？

表 21.7 腹部和骨盆區的靜脈

I. 下腔靜脈的支流

下腔靜脈 (inferior vena cava, IVC) 是人體最大的血管，直徑約 3.5 cm。它由左右髂總靜脈在 L5 脊椎水平的會合形成，並在後側體壁上升時引流許多腹部臟器的血流。它位於腹膜後，緊靠主動脈的右側。IVC 按以下上升的順序從許多支流匯集血液 (圖 21.25)：

1. **髂內靜脈** (internal iliac veins) 引流臀部肌肉；男性的大腿內側、膀胱、直腸、前列腺和輸精管；女性的子宮和陰道。它們與引流下肢的*髂外靜脈* (external iliac veins) 結合，見表 21.11。它們的結合形成**髂總靜脈** (common iliac veins)，然後匯合成下腔靜脈 (IVC)。
2. 四對**腰靜脈** (lumbar veins) 排入下腔靜脈，以及第 II 部分所述的升腰靜脈。
3. 性腺靜脈 [女性的**卵巢靜脈** (ovarian veins) 和男性的**睪丸靜脈** (testicular veins)] 引流性腺血液。與性腺動脈一樣，出於同樣的原因 (表 21.6，第 I.6 部分)，這些都是細長的血管，末端遠離其起源。左性腺靜脈注入左腎靜脈，而右性腺靜脈直接注入下腔靜脈。
4. **腎靜脈** (renal veins) 將腎臟的血液注入下腔靜脈。左腎靜脈也從性腺靜脈和左腎上腺靜脈接受血液，它的長度是右腎靜脈的三倍，因為下腔靜脈位於身體正中平面的右側。
5. **腎上腺靜脈** (suprarenal veins) 引流腎上腺 (腎上腺)。右腎上腺靜脈直接注入下腔靜脈，左腎上腺排入左腎靜脈。
6. **膈下靜脈** (inferior phrenic veins) 引流橫膈下側。
7. 三條**肝靜脈** (hepatic veins) 引流肝臟，從其上表面延伸至下腔靜脈的一小段距離。

在接受這些血管的血流輸入後，下腔靜脈穿透橫膈，從下方進入心臟的右心房。它不接受任何胸腔的引流。

II. 腹壁的靜脈

一對**升腰靜脈** (ascending lumbar veins) 從下面的髂總靜脈和上述後側體壁的腰靜脈接受血液 (見圖 21.21b)。升腰靜脈在上升至橫膈時與旁邊的下腔靜脈產生吻合。左升腰靜脈經主動脈裂孔穿過橫膈，繼續成為上方的半奇靜脈。右升腰靜脈通過橫膈到椎管的右側，繼續成為奇靜脈。奇靜脈和半奇靜脈的其他路徑見表 21.5。

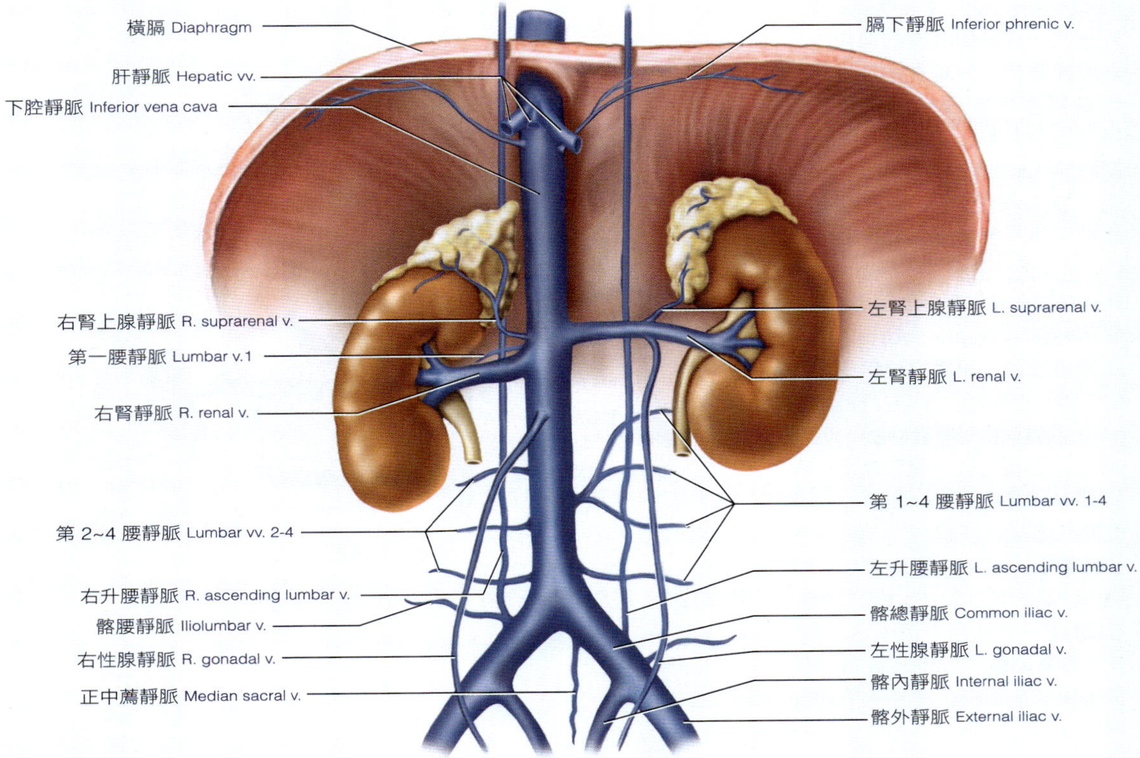

圖 21.25 下腔靜脈及其支流。比較圖 21.21b 的血流示意圖。

• 卵巢和睪丸的血液排出靜脈為什麼會終止在離性腺很遠的地方？ AP|R

表 21.7 腹部和骨盆區的靜脈 (續)

III. 肝門系統

肝門系統 (hepatic portal system) 接收所有從腹腔消化道以及胰臟、膽囊和脾臟排出的血液 (圖 21.26)。它之所以被稱為門脈系統，是因為它將腸道和其他消化器官的微血管與肝臟的修飾型的微血管 [肝竇 (hepatic sinusoids)] 連接起來；因此，血液在返回心臟之前，會串聯通過兩個微血管床。腸道血液在餐後數小時內都含有豐富的營養物質。肝門系統使肝臟在血液分配到身體其他部位之前，首先得到這些營養物質。它還能使血液中的細菌和毒素從腸道中清除，這是肝臟的一項重要功能。肝臟的主要靜脈如下：

1. **下腸繫膜靜脈** (inferior mesenteric vein) 接受來自直腸和結腸遠端的血液。它在腸繫膜內匯聚成扇形排列，及注入脾靜脈。
2. **上腸繫膜靜脈** (superior mesenteric vein) 接受整個小腸、升結腸、橫結腸及胃的血液。它在腸繫膜中也表現為扇形排列，然後與脾靜脈相接形成肝門靜脈。
3. **脾靜脈** (splenic vein) 從脾臟引流，穿過腹腔向肝臟移動。沿途從胰臟接**胰靜脈** (pancreatic veins)，再接下腸繫膜靜脈，然後終止在與上腸繫膜靜脈相接處。
4. **肝門靜脈** (hepatic portal vein) 是脾靜脈和上腸繫膜靜脈匯合後的延續。它向上、向右行進約 8 cm，從膽囊接受**膽囊靜脈** (cystic vein)，然後進入肝臟下表面。在肝臟內，它最終通向無數微小的肝竇。血液從肝竇注入前面所述的肝靜脈，且主入下腔靜脈。肝臟內的循環將在第 24.6a 節中詳細描述。
5. 左、右**胃靜脈** (gastric veins) 沿胃小彎形成弧形，再注入肝門靜脈。

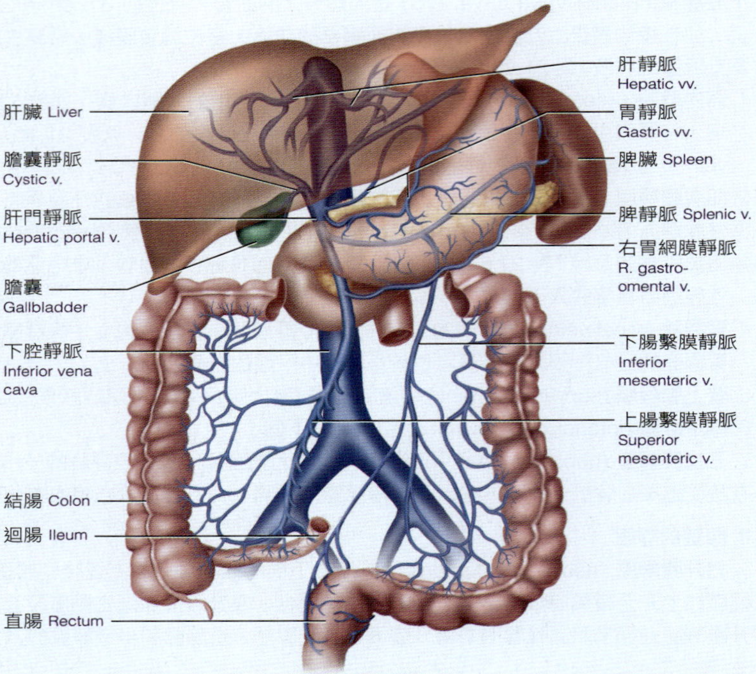

(a) 肝門系統的支流

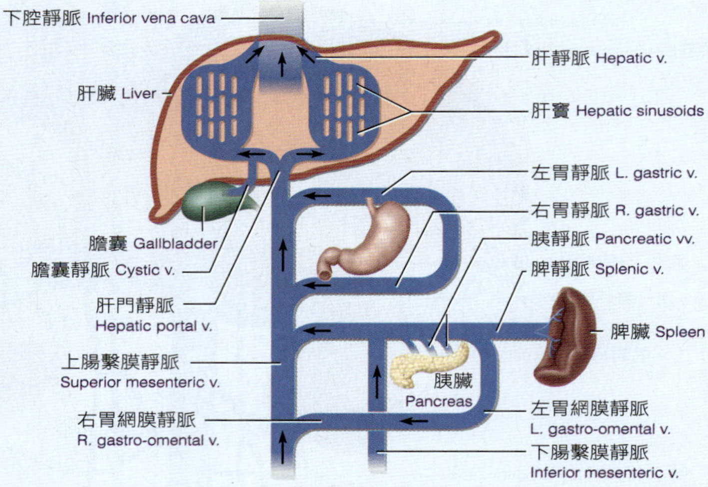

(b) 血流示意圖

圖 21.26 肝門系統。(a) 支流；(b) 血流示意圖。

在你繼續閱讀之前

回答下列問題，以檢驗你對上節內容的理解：

9. 簡明比對外頸動脈和內頸動脈的終點。
10. 簡述 (a) 大腦動脈環，(b) 腹腔動脈幹，(c) 上腸繫膜動脈，及 (d) 髂內動脈為其供血的器官或部位。
11. 如果你要解剖一具屍體，你會在哪裡尋找內頸靜脈和外頸靜脈？什麼肌肉可以幫助你將彼此區分開來？
12. 追溯一個血球細胞從左腰體壁到上腔靜脈，說出它將經過的血管。
13. 解釋有一肝門系統連接腸道微血管到肝臟微血管的功能重要性。

21.4 附肢區的體循環血管

預期學習成果

當您完成本節後，您應該能夠

a. 辨識肢體的主要體循環動脈和靜脈；以及
b. 追蹤血液從心臟流向上肢或下肢的任何區域，再回到心臟。

附肢區的主要血管詳見表 21.8 至 21.11 和圖 21.27 至 21.32。雖然附肢動脈通常是深層的，且受到良好的保護，但靜脈有深層的和淺層的兩種，您可能會在手臂和手部看到幾條淺層的靜脈。深層靜脈與動脈平行，通常有類似的名稱 [例如股動脈 (femoral artery) 和股靜脈 (femoral vein)]。在某些情況下，深層靜脈成對出現在相應的動脈兩側 [如兩條橈動脈 (radial artery) 旁的橈靜脈 (radial veins)]。

這些血管將按照與血流方向相對應的順序進行描述。因此，我們將從肩部和骨盆部位的動脈開始，並進展到手部和腳部，然而我們將從手部和腳部開始追蹤靜脈，並朝著心臟方向前進。

靜脈通路比動脈通路有更多的吻合，所以流動的路線往往不那麼清晰。如果所有的吻合都被圖解，許多靜脈通路看起來更像是混亂的網路，而不是回到心臟的明確路線。因此，大多數的吻合，尤其是那些高度可變的和未命名的吻合在圖中都被省略了，以使您專注於更普遍的血流過程。幾張圖中的血流示意圖也將有助於澄清這些路徑。

表 21.8 上肢動脈

上肢由一條突出的動脈供應，這條動脈沿其路線從鎖骨下 (subclavian) 到腋窩 (axillary) 再到肱動脈 (brachial)，然後向手臂、前臂和手部發出分支 (圖 21.27)。

I. 肩部和手臂 (肱部)

1. 頭臂動脈幹起自主動脈弓，分支為右頸總動脈和**右鎖骨下動脈** (right subclavian artery)；**左鎖骨下動脈** (left subclavian artery) 直接起自主動脈弓。各鎖骨下動脈在各自的肺部拱起，升高至頸的底部略高於鎖骨。然後通過鎖骨後方，向下高過第一肋骨，僅在肋骨外側緣結束為名。在肩部，它發出幾個小分支到胸壁和內臟，描述於表 21.4。
2. 由於該動脈繼續經過第一肋骨，因此被稱為**腋動脈** (axillary artery)。它繼續穿過腋窩區，發出小的胸廓分支 (見表 21.4)，並在肱骨頸部結束，再次只是命名。在這裡，它分出一對**迴旋肱動脈** (circumflex humeral arteries)，它環繞肱骨，彼此的外側形成吻合，並供應血液到肩關節和三角肌。過了這一環，血管就叫肱動脈。
3. **肱動脈** (brachial artery)(BRAY-kee-ul) 沿肱骨內側和前側繼續向下，並終止在肘部遠端，沿途供應肱骨前屈肌。這條動脈是最常見的血壓測量部位，使用壓脈帶環繞手臂並壓迫動脈。
4. **深肱動脈** (deep brachial artery) 從肱骨近端產生，供應肱骨和肱三頭肌。大約在手臂的中段，它繼續作為橈側副動脈。
5. **橈側副動脈** (radial collateral artery) 在手臂外側降下，在肘部稍遠處注入橈動脈。

表 21.8 上肢動脈 (續)

6. **上尺側副動脈** (superior ulnar collateral artery) 沿著肱動脈中段產生，在手臂內側降下。它在肘部稍遠處注入尺動脈。

II. 前臂、手腕和手部

就在肘部遠端，肱動脈分叉成橈和尺動脈 (radial and ulnar arteries)。

1. **橈動脈** (radial artery) 向前臂外側降下，與橈骨並行，營養前臂外側肌肉。最常見的把脈位置是在大拇指近端橈動脈處。
2. **尺動脈** (ulnar artery) 經前臂內側降下，與尺骨並列，營養前臂內側的肌肉。
3. 前臂的**骨間動脈** (interosseous[17] arteries) 位於橈骨和尺骨之間。它們從尺骨動脈上端分支出一條短的**總骨間動脈** (common interosseous artery) 開始。總骨間動脈快速分為前支和後支。**前骨間動脈** (anterior interosseous artery) 沿骨間膜前側下行，營養橈骨、尺骨和深層屈肌。它通過骨間膜與後骨間動脈相連，終止於遠端。**後骨間動脈** (posterior interosseous artery) 沿肌間膜後側下降，主要營養表淺的伸肌。
4. 腕部的橈動脈和尺動脈吻合後產生兩個 U 型**掌弓** (palmar arches)。**深掌弓** (deep palmar arch) 主要由橈動脈供應，**淺掌弓** (superficial palmar arch) 主要由尺動脈供應。弓部發出動脈至手掌區和手指。

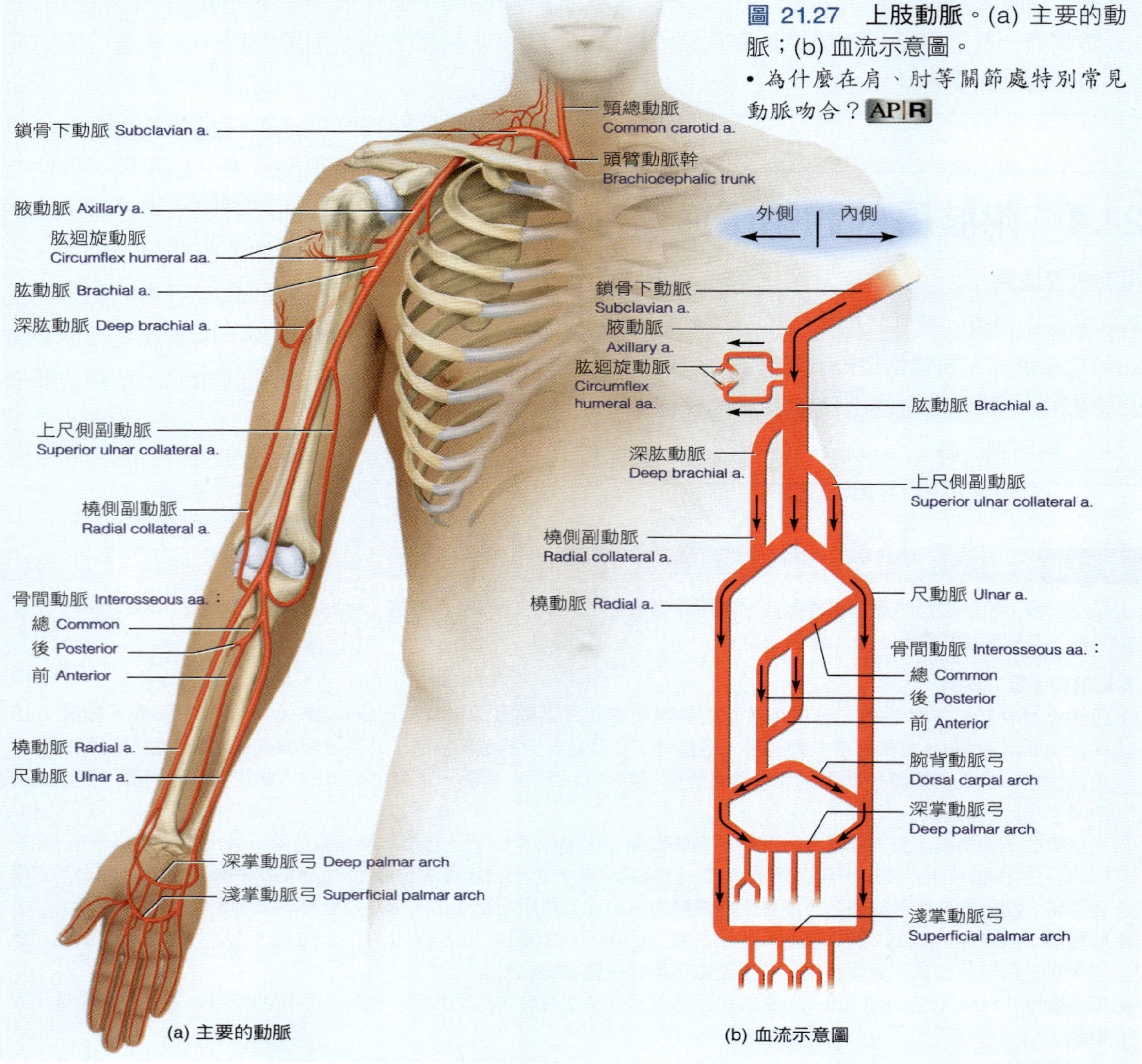

圖 21.27 上肢動脈。(a) 主要的動脈；(b) 血流示意圖。

• 為什麼在肩、肘等關節處特別常見動脈吻合？APIR

17 *inter* = between 在…之間；*osse* = bones 骨頭

表 21.9 上肢靜脈

淺層靜脈和深層靜脈都收集了上肢的血流，最終導致腋下和鎖骨下靜脈與同名動脈平行 (圖 21.28)。淺靜脈通常在外部可見，直徑較大，比深靜脈攜帶更多血液。

I. 淺層靜脈

1. **手背靜脈網** (dorsal venous network) 是一個靜脈叢，經常可以透過手背的皮膚看到；它是注入前臂的主要淺層靜脈、頭靜脈和貴要靜脈。
2. **頭靜脈** (cephalic[18] vein)(sef-AL-ic) 從手背靜脈網的外側產生，沿前臂和手臂的外側上行至肩部，並在那裡與腋靜脈相連。靜脈輸液通常通過該靜脈的遠端進行。
3. **貴要靜脈** (basilic[19] vein)(bah-SIL-ic) 來自手背靜脈網的內側，沿前臂後側上行，並繼續進入手臂。它在手臂中段轉入深層，在腋窩處與肱靜脈相連 (見本表第 II.4 部分)。

   為了幫助記住哪條靜脈是頭靜脈，哪條是貴要靜脈，請想像你的手臂從軀幹直直地舉起 (外展)，拇指向上，就像胚胎肢芽的方向。頭靜脈沿著手臂上側靠近頭部的位置運行 (由 cephal，「頭」的暗示)，而 basilic 這個名字則暗示手臂的下側 (基底)(雖然沒有因此而命名)。
4. **正中肘靜脈** (median cubital vein) 是頭靜脈和貴要靜脈之間的一條短的吻合，斜穿肘窩 (肘前彎之處)。通常透過皮膚可以清晰地看到，是最常見的抽血部位。
5. **正中前肱靜脈** (median antebrachial vein) 排出手部的血管網，稱為**淺掌靜脈網** (superficial palmar venous network)。它沿前臂內側上行終止於肘部，不同程度地注入貴要靜脈、正中肘靜脈或頭靜脈。

II. 深層靜脈

1. **深和淺掌靜脈弓** (deep and superficial venous palmar arches) 接受來自手指和掌區的血液。它們是連接橈和尺靜脈的吻合。
2. 兩條**橈靜脈** (radial veins) 從掌弓的外側產生，沿著橈骨順著前臂上行。在肘部稍遠處，它們匯聚並產生稍後描述的肱靜脈之一。

臨床應用 21.4

中央靜脈導管

上肢的靜脈，特別是前臂和手背的靜脈，是最常用的靜脈注射 (intravenous, I.V.) 藥物和抽血液檢體的部位。這裡可以通過注射器或*靜脈插管* (*導管*)[intravenous cannula (catheter)] 給藥——是一種通常只有幾公分長的柔性管子，插入表淺靜脈。然而靜脈插管有靜脈炎和敗血症 (感染) 的風險，而且停留時間不能超過 96 小時。

然而，*中央靜脈導管* (central venous catheter, CVC) 或*中心管線* (central line) 可以放置較長時間，從幾週到一年不等。中心靜脈導管是一根細長而有彈性的管子，通常穿入頭靜脈、貴要靜脈、肱靜脈、鎖骨下靜脈或內頸靜脈，直到到達靠近心臟右心房的上腔靜脈。由於這些靜脈較深，中心靜脈導管的插入由床邊超音波引導，導管尖端的最終位置由 X 光確認。

有各種類型的中央靜脈導管，包括 PICC 線 (PICC line)[*周邊插入的靜脈導管* (peripherally inserted venous catheter)；發音為 “pick”]。PICC 管線用於長期輸液、營養物質、抗生素、化療和其他藥物，以及會導致小靜脈發炎的腐蝕性藥物。與注射器或靜脈導管給藥量相比，PICC 管線可用於給藥量較大的藥物；確保藥物被迅速稀釋並迅速分佈到全身；對於心臟病患者，可將藥物迅速注入心臟。它們還用於腎臟透析、頻繁採集血液檢體和監測醫院病人的中心靜脈壓。PICC 管線還可以使門診病人在家中進行靜脈注射藥物，通常在家庭健康照護護理師的指導下進行長期門診治療。

---

18 *cephalic* = related to the head 與頭部有關

19 *basilic* = royal 皇家的，prominent 突出的，important 重要的

表 21.9 上肢靜脈 (續)

3. 兩條**尺靜脈** (ulnar veins) 從掌弓的內側產生，沿著尺骨順著前臂上行，它們在接近肘部處聯合起來形成另一條肱靜脈。
4. 兩條**肱靜脈** (brachial veins) 繼續向肱部上行，兩側為肱動脈，並在腋窩前匯成一條靜脈。
5. **腋靜脈** (axillary vein) 由肱靜脈和貴要靜脈聯合形成。它從大圓肌下緣開始，穿過腋窩區，沿途接上頭靜脈，在第一肋骨外緣，它改名為鎖骨下靜脈。
6. **鎖骨下靜脈** (subclavian vein) 繼續進入肩部鎖骨後方，並在其與頸部內頸靜脈相接處終止。在那成為頭臂靜脈。左右頭臂靜脈匯合形成上腔靜脈，血液注入心臟的右心房。

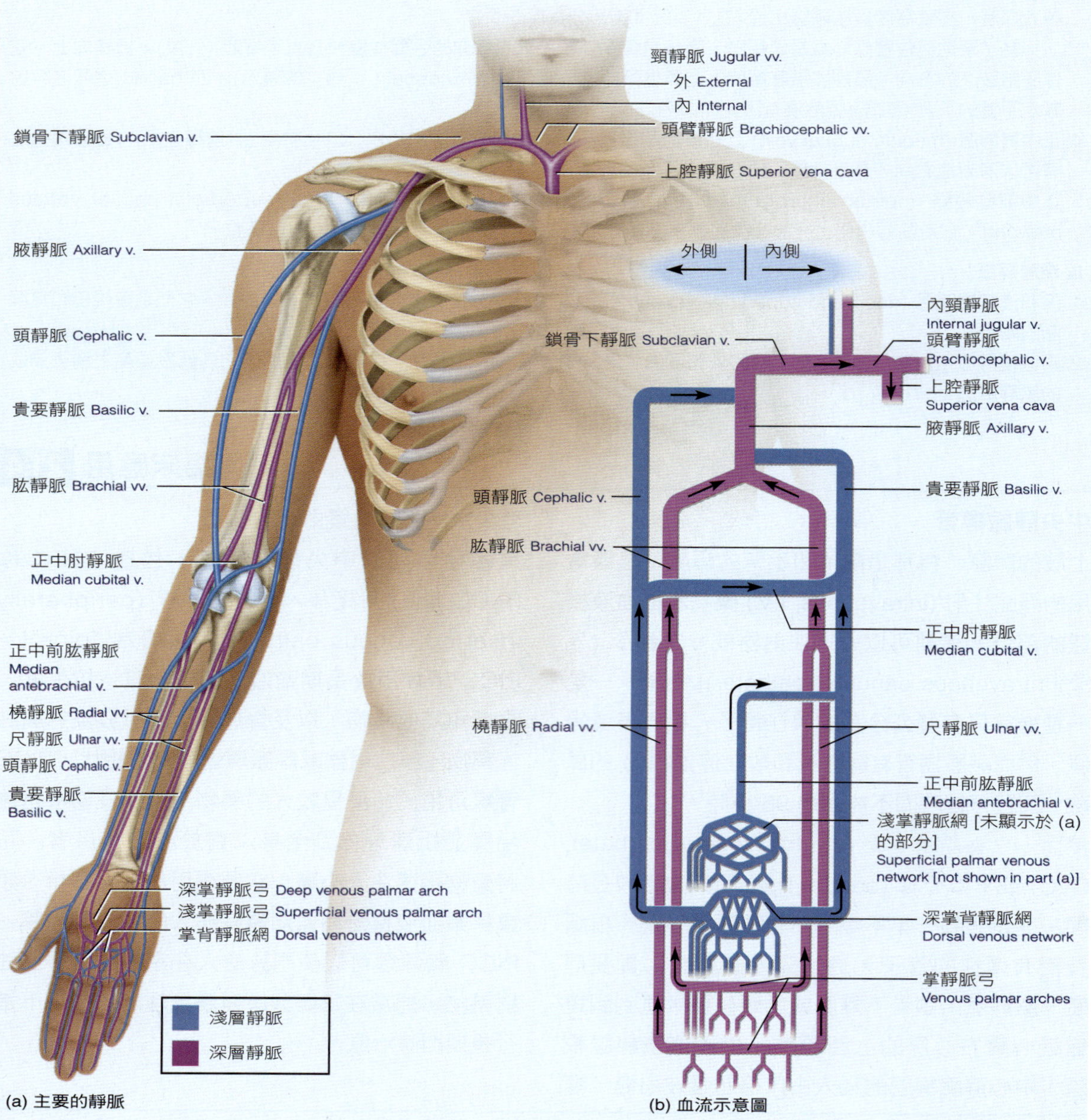

圖 21.28 上肢靜脈。(a) 主要的靜脈；(b) 血流示意圖。這種模式的變化是非常常見的。為了清楚起見，省略了許多靜脈吻合。APR

表 21.10 下肢動脈

正如我們已經看到的，主動脈在其下端分叉成右和左髂總動脈，其中每條動脈很快又分為髂內和髂外動脈。我們在表 21.6 (第 IV 部分) 中追蹤了髂內動脈，現在我們追蹤髂外動脈，因為它供應下肢 (圖 21.29 和 21.30)。

I. 從骨盆區到膝蓋的動脈

1. **髂外動脈** (external iliac artery) 向腹壁和骨盆帶的皮膚和肌肉發出小分支，然後經過腹股溝韌帶後面，成為股動脈。
2. **股動脈** (femoral artery) 通過大腿上內側的*股三角* (femoral triangle)，在這裡可以摸到它的脈搏 (見臨床應用 21.5)。在三角區，它向皮膚發出幾條小動脈，然後產生以下分支，然後再下降到膝蓋。
   a. **深股動脈** (deep femoral artery) 從股外側，三角區內產生。它是最大的分支，是大腿肌肉的主要動脈供應。它是最大的分支，是供應大腿肌肉的主要動脈。
   b. 兩條**股迴旋動脈** (circumflex femoral arteries) 從股深部產生，環繞股骨頭，並在外側面吻合。主要供應股骨、髖關節和股後肌群。
3. **膕動脈** (popliteal artery) 是股動脈在膝蓋後部膕窩的延續。它始於股動脈從內收肌肌腱的一個開口 [*內收肌裂孔* (adductor hiatus)] 處出現，並在此分為*脛前*和*脛後動脈* (anterior and posterior tibial arteries) 處結束。當它通過膕窩時，發出的吻合稱為**膝動脈** (genicular[20] arteries)，供應膝關節。

II. 腿部和腳部的動脈

在腿部最重要的三條動脈是脛前動脈、脛後動脈和腓動脈。

1. **脛前動脈** (anterior tibial artery) 源於膕動脈，並立即穿過腿部骨間膜至前室。在那裡，它向脛骨外側移動，並供應伸肌。到達腳踝後，它產生下面腳的足背動脈：
   a. **足背動脈** (dorsal artery of the foot) 穿越腳踝和腳內側上表面，並產生弓形動脈。
   b. **弓狀動脈** (arcuate artery) 從內側到外側橫掃足部，並產生供應腳趾的血管。
2. 脛後動脈 (posterior tibial artery) 是膕動脈的延續，沿腿部下行，在後方深部，沿途供應屈肌。下方通過踝關節內側到腳的蹠區。它產生了以下幾點：
   a. **內及外蹠動脈** (medial and lateral plantar arteries) 起源於踝部脛後動脈分叉處。內蹠動脈主要供應大腳趾。足底外側動脈橫掃足底，成為深蹠弓。
   b. **深蹠弓** (deep plantar arch) 給腳趾提供了另一組動脈。
3. **腓動脈 (腓)** [fibular (peroneal) artery] 從脛後動脈近膝蓋的近端產生，經後區外側下降，沿途供應腿部外側肌肉，最後在腳跟處形成動脈網。

---

20 *genic* = knee 膝蓋

表 21.10 下肢動脈 (續)

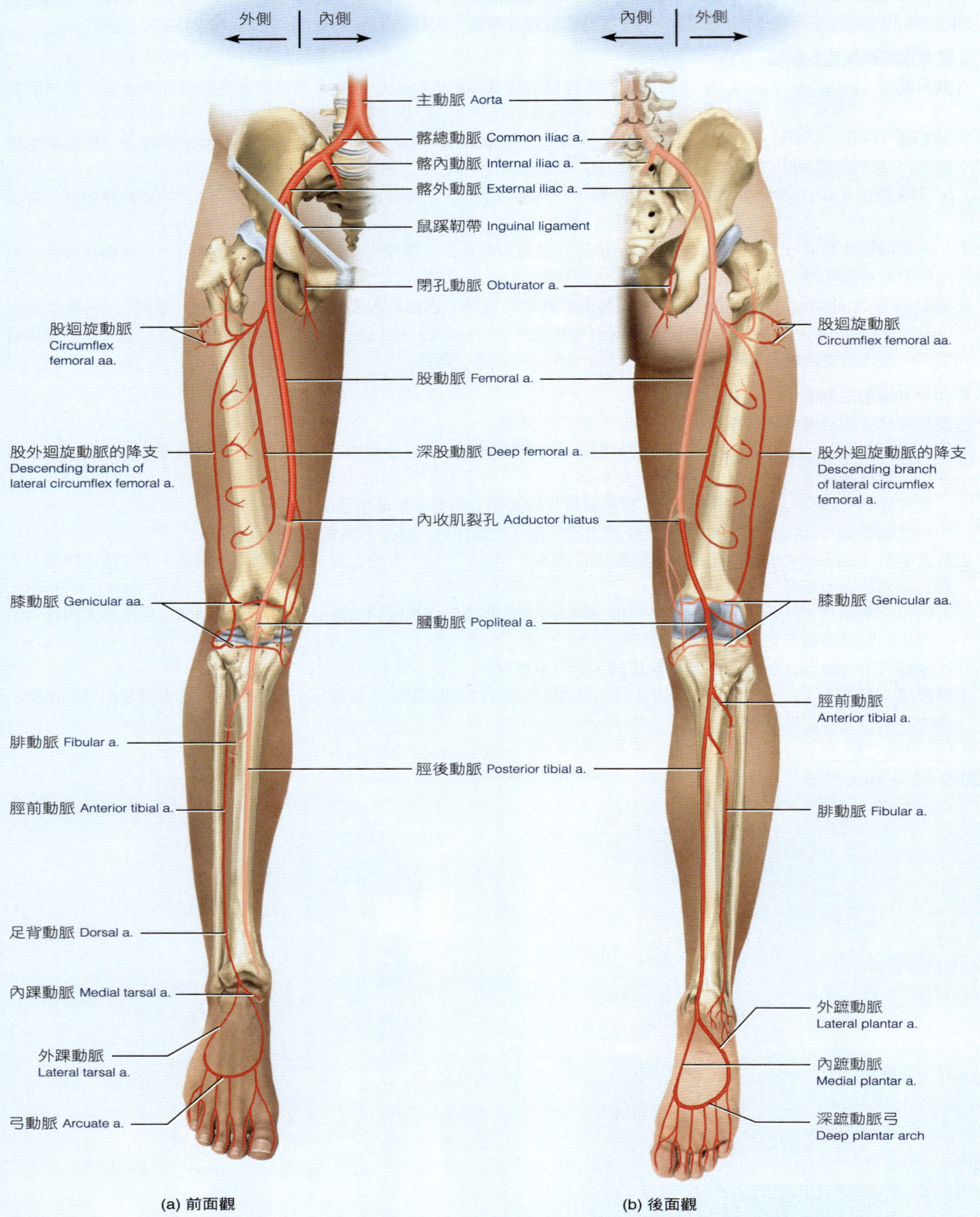

圖 21.29 下肢動脈。(a) 前面觀；(b) 後面觀。強烈的蹠曲，在 (a) 的部分上表面面向觀察者，在 (b) 的部分鞋底面向觀察者。APR

表 21.10 下肢動脈 (續)

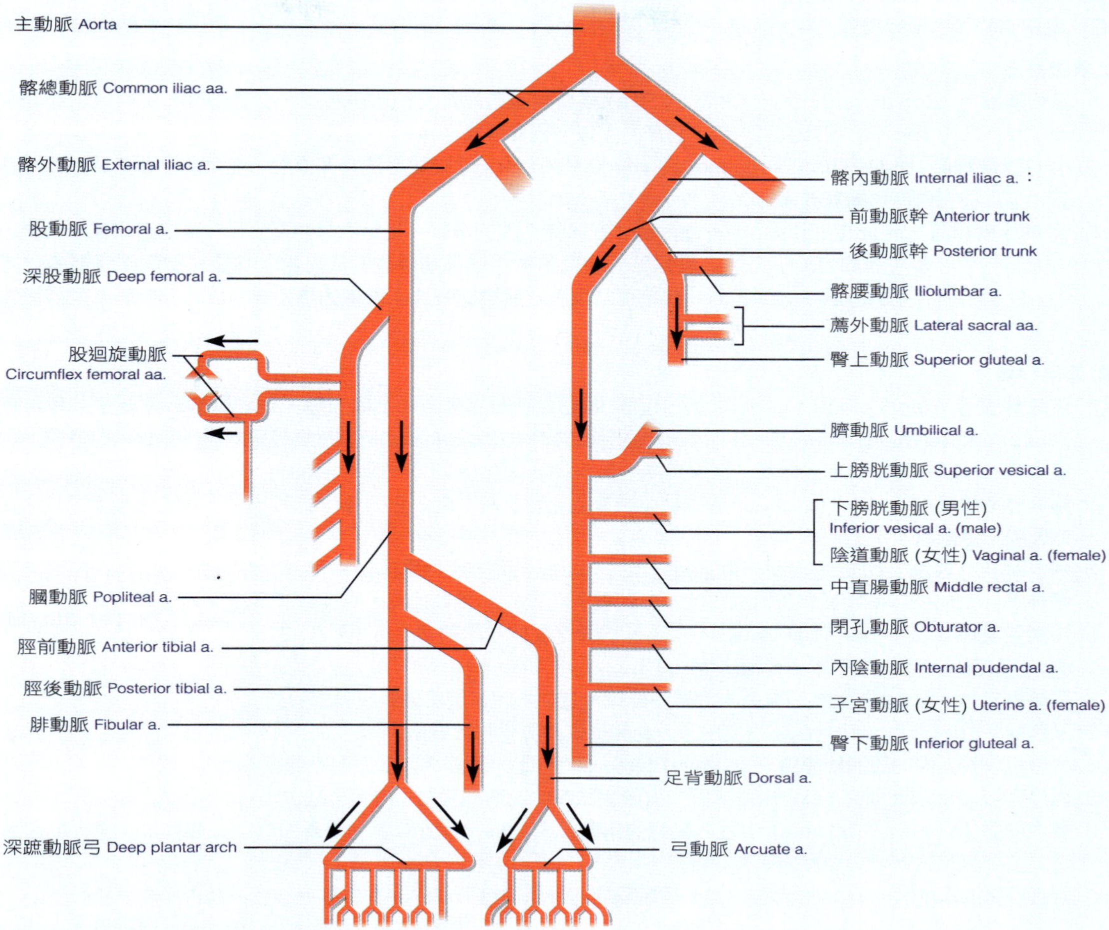

圖 21.30 **骨盆區和下肢動脈示意圖**。為了清晰起見，右邊的骨盆示意圖被拉伸。這些動脈的位置不如左側所描繪的肢體動脈那樣低。

應用您的知識

手和腳的動脈有一定的相似性。腕部和手部的哪些動脈與足弓動脈和腳的深蹠弓的排列和功能相提並論？

表 21.11 下肢靜脈

我們將遵循下肢從腳趾到下腔靜脈的引流 (圖 21.31 和 21.32)。與上肢一樣，有深層靜脈和淺層靜脈，它們之間有吻合。圖中省略了大部分吻合。

I. 表淺靜脈

1. **足背靜脈弓** (dorsal venous arch)(圖 21.31a) 通常可以透過足背的皮膚看到，它從腳趾和更近端的部分收集血液，有許多與手背靜脈網類似的吻合。它產生了以下兩條靜脈。
2. **小 (短) 隱靜脈** [small (short) saphenous[21] vein](sah-FEE-nus) 從足弓的外側產生，並沿著腿部的那一側一直到膝蓋。在那裡它引流到膕靜脈。
3. **大 (長) 隱靜脈** [great (long) saphenous vein] 是人體最長的靜脈，從足弓內側產生，一直沿著小腿和大腿走到腹股溝區。它在腹股溝韌帶稍下方注入股靜脈。它通常被用作長期靜脈輸液之處；在嬰兒和靜脈塌陷的休克患者中，它是相對合適的靜脈。該靜脈的一部分通常用於冠狀動脈繞道手術中的移植物。大和小隱靜脈是靜脈曲張最常見的部位之一。

II. 深層靜脈

1. **深蹠靜脈弓** (deep plantar venous arch)(圖 21.31b) 接受來自腳趾的血液，並在兩側分別產生**外和內蹠靜脈** (lateral and medial plantar veins)。外蹠靜脈發出腓靜脈 (fibular veins)，然後越過內側，接近內蹠靜脈。兩條蹠靜脈經過小腿後方踝關節的內踝，繼續成為一對脛後靜脈 (posterior tibial veins)。
2. 兩條**脛後靜脈** (posterior tibial veins) 通過小腿嵌入小腿肌肉深處。它們像一個倒 Y 字一樣在脛骨上三分之二的地方匯成一條靜脈。
3. 兩條**腓 (腓) 靜脈** [fibular (peroneal) veins] 上升到小腿後面，同樣匯成 Y 字形。
4. **膕靜脈** (popliteal vein) 從膝蓋附近開始，由這兩個倒置的 Y 匯聚而成。它穿過膝蓋後面的膕窩。
5. 兩條**脛前靜脈** (anterior tibial veins) 在脛骨和腓骨之間的小腿前室上行 (圖 21.31a)。它們產生於足背靜脈弓的內側，在膝蓋遠端匯合，然後流入膕靜脈。
6. **股靜脈** (femoral vein) 是膕靜脈進入大腿的延續。它從大腿深層肌肉和股骨引流血液。
7. **深股靜脈** (deep femoral vein) 引流由深股動脈提供的股骨和大腿肌肉。它沿股骨軸接受四條主要支流，然後是一對環繞股骨上端的**股迴旋靜脈** (circumflex femoral veins)，最後排入上面的股靜脈。
8. **髂外靜脈** (external iliac vein) 由股靜脈和大隱靜脈在腹股溝韌帶附近結合形成。
9. **髂內靜脈** (internal iliac vein) 沿髂內動脈的走向及其分佈。其支流流向臀部肌肉；大腿內側；男性的膀胱、直腸、前列腺和輸精管；女性的子宮和陰道。
10. **髂總靜脈** (common iliac vein) 是由髂外靜脈和髂內靜脈聯合形成的。左右髂總靜脈再結合形成下腔靜脈。

---

21 *saphen* = standing 站立

表 21.11 下肢靜脈 (續)

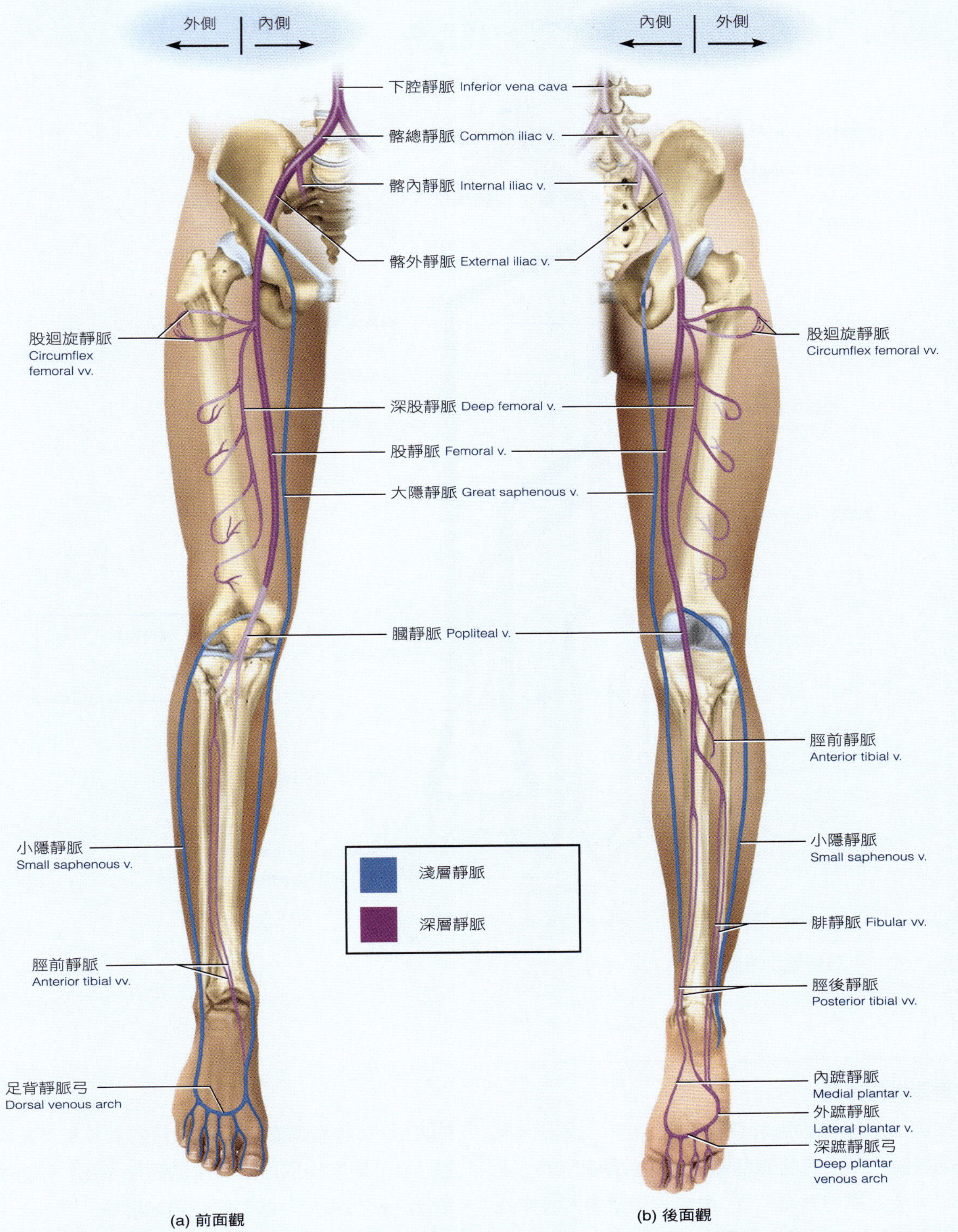

圖 21.31 下肢靜脈。(a) 前面觀；(b) 後面觀。強烈的蹠曲，在 (a) 的部分上表面面向觀察者，在 (b) 的部分鞋底面向觀察者。APR

表 21.11 下肢靜脈 (續)

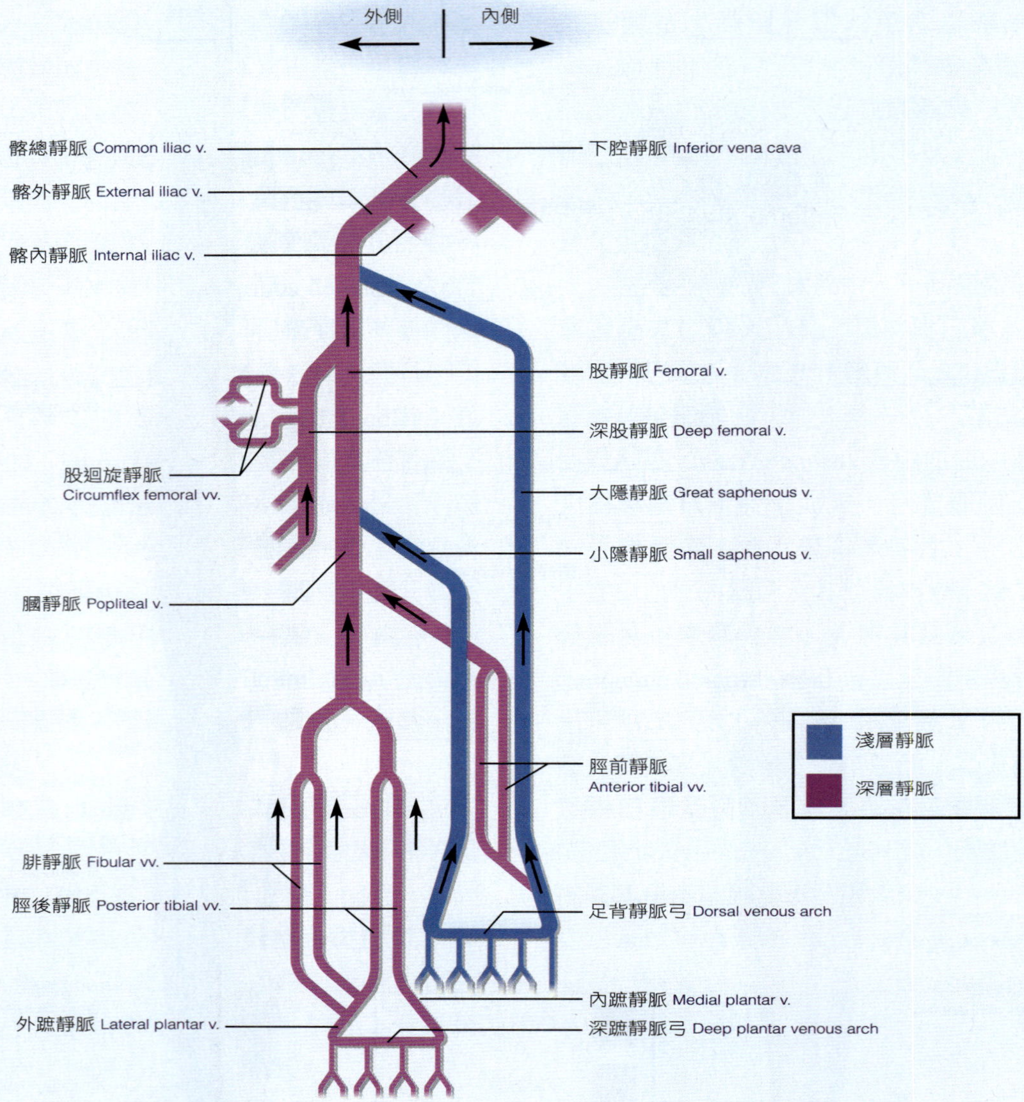

圖 21.32 下肢靜脈示意圖。

應用您的知識

從前面對肢體動脈和靜脈的討論中，找出與下列各臨床應用有特殊關係的動脈或靜脈。(1) 通常測量血壓的動脈；(2) 最經常測量病人脈搏的動脈；(3) 為阻止大腿裂傷的動脈出血而應加壓的血管；(4) 經常進行靜脈輸液的上肢和下肢靜脈；(5) 通常抽取血液樣本的靜脈；(6) 可從中取出一部分用於冠狀動脈繞道的靜脈。

臨床應用 21.5

動脈壓力點

在某些地方，主要動脈離體表很近可以觸診到。這些地方可以用來測量脈搏，也可以作為緊急壓力點 (pressure points)，在那裡施加強大的壓力以暫時減少動脈出血 (圖 21.33a)。其中一個點是大腿內側上面的股三角 (femoral triangle) 區 (圖 21.33b、c)。這是下肢動脈供應、靜脈引流和神經支配的重要標誌。它的邊界是外側的縫匠肌，上側的腹股溝韌帶，內側的內收長肌。股動脈、股靜脈和股神經在此點接近表面運行。

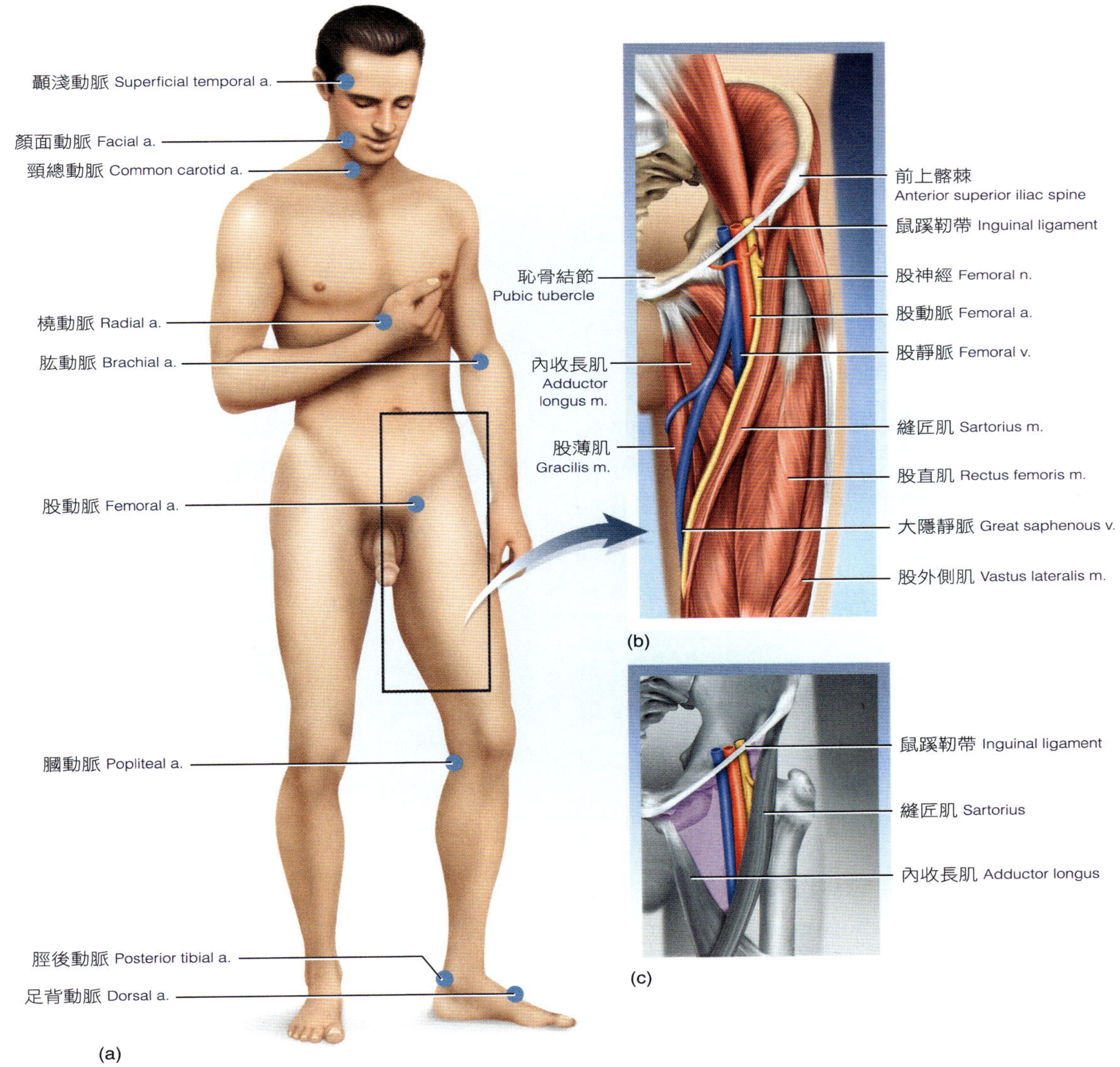

圖 21.33 **動脈壓力點**。(a) 動脈離表面足夠近的區域，可以觸診脈搏或施加壓力以減少動脈出血；(b)股三角區的構造；(c) 股三角的邊界。

在你繼續閱讀之前

回答下列問題，以檢驗你對上節內容的理解：

14. 追蹤一個紅血球從左心室到腳趾的可能路徑。
15. 追蹤一個紅血球從手指到右心房的可能路徑。
16. 鎖骨下動脈、腋動脈和肱動脈其實是一條連續的動脈。沿著它的走向給它起了三個不同的名字，原因是什麼？
17. 說出大隱靜脈具有特殊臨床意義的兩個方面。該靜脈位於何處？

21.5 發育和臨床觀點

預期學習成果

當您完成本節後，您應該能夠

a. 描述血管的胚胎發育。
b. 解釋出生時循環系統如何變化；以及
c. 描述老年時血管發生的變化。

21.5a 血管的胚胎發育

血管的發育，無論是在胚胎中還是在以後的生活中，都稱為**血管生成作用** (angiogenesis)[22] 胚胎的血管生成作用的第一個痕跡出現在妊娠 13~15 天。此時，胚胎是由外胚層、中胚層和內胚層組成的三層盤，通過胚胎柄 (embryonic stalk) 與子宮相連，並與三種膜——絨毛膜 (chorion)、羊膜 (amnion) 和卵黃囊 (yolk sac) 有關 (見圖 4.5)。在卵黃囊中，間葉細胞群分化成細胞團，稱為血島 (blood islands)。血島中間有空隙，這些空隙中的細胞分化成血母細胞 (hemocytoblasts)，即第一種血細胞的先驅。邊緣的細胞成為血管母細胞 (angioblasts)，產生未來血管的內皮 (圖 21.34)。

隨著血島的增殖和生長，它們開始相互連接，其內部空間形成血管的腔隙。到第3週結束時，卵黃囊已經完全血管化。在隨後的幾週裡，肝臟、脾臟和骨髓中開始出現血島，而卵黃囊和胚胎外部其他部位的血島則消失。也是在這個時期，心管形成並與血管相連 (見圖 20.17)。大約在第 3 週結束時，心臟開始跳

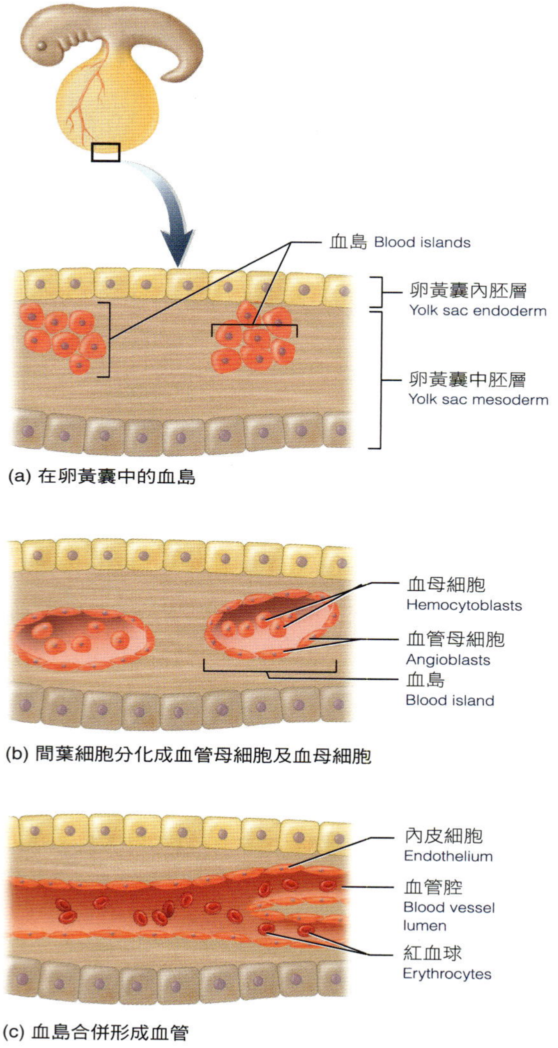

圖 21.34 血管和紅血球的發育來自胚胎的血島。

22 *angio* = vessel 血管；*genesis* = origin 起點，production 產生

動，一週後，建立起單向的血流。這時的血管不是長長的均勻的管子，而是一個不規則形狀的通道網路。接受血流量最大的，會發展出內膜和外膜，變得更有管狀，從而成為典型的血管。那些流量較小的血管要不是退化，就是除了內皮細胞外，什麼都沒有，從而成為微血管。微血管和較大的血管萌發側枝，最終形成成熟的心血管系統解剖學的迴路。

21.5b 出生時的變化

正如我們在 20.5b 節中所看到的，胎兒有某些分流 (shunts)，使大部分血液繞過無功能的肺部：卵圓孔 (foramen ovale) 和動脈導管 (ductus arteriosus)。出生後，當肺部有功能時，這些分流就會關閉，在主動脈弓和左肺動脈之間的心房間中隔和動脈韌帶 (ligamentum arteriosum) 上留下一個卵圓窩 (fossa ovalis)。另一個胎兒分流管叫靜脈導管 (ductus venosus)，繞過肝臟，胎兒肝臟在出生前功能也不是很好。這是一條靜脈；從胎盤回流的血液通過臍靜脈進入胎兒體內，並流入靜脈導管。然後，靜脈導管排入下腔靜脈。出生後，靜脈導管收縮，血液被迫流經肝臟。靜脈導管在肝臟的下表面留下一個纖維狀的殘餘物，即靜脈韌帶 (ligamentum venosum)。

兩條臍動脈成為上膀胱動脈 (superior vesical arteries)，通向尿道膀胱。臍靜脈成為纖維索，即圓韌帶 (round ligament)，將肝臟連在前體壁 (圖 21.35)。

21.5c 血管系統的老化

隨著年齡的增長，我們的動脈變得不易擴張，吸收的收縮力也越來越小。這種不斷增加的僵化被稱為**動脈硬化** (arteriosclerosis)。它的主要原因是一生受到自由基的損害，自由基導致動脈壁的彈性和其他組織逐漸變質惡化，就像老舊的橡皮筋一樣，變得堅硬而沒有彈性。另一個促成因素是**動脈粥樣硬化** (atherosclerosis)，即動脈壁上脂質沉積物的增長 (見臨床應用 20.1)。這些沉積物可成為鈣化的複雜斑塊 (complicated plaques)，使動脈具有堅硬的骨質感。由於這些變化，血壓常常隨著年齡的增長而升高，一些老年人患高血壓及其後果風險升高，如動脈瘤、中風和腎衰竭。不過，這似乎並不是心血管衰老的內在因素。有的文化中，肉食較多的老年人沒有表現出動脈硬化或與年齡相關的高血壓。很難將衰老本身與生活方式、遺傳、進化和其他對這種心血管變化的影響分開。

老化的另一個影響是感壓接受器的反應力下降，所以對血壓變化的血管運動的反應不那麼迅速或有效。在一些老年人中，反應遲鈍會引起體位性低血壓 (orthostatic hypotension)。當一個人從躺著變成坐著或站著的姿勢，比如下床，血液就會被重力從大腦中抽走。如果不及時糾正壓力反射，腦血流量的下降就會引起頭暈，甚至暈倒、跌倒，進而帶來嚴重骨折的危險。

21.5d 血管的疾病

動脈粥樣硬化是最常見的血管疾病，可導致中風、腎功能衰竭或心衰竭——最著名的是最後一種。因此，在第 20 章中對冠狀動脈疾病進行了描述。表 21.12 描述了一些其他血管的疾病。前面幾章中提及的一些血液和心臟病理也包括血管病理的內容。

在你繼續閱讀之前

回答下列問題，以檢驗你對上節內容的理解：

18. 血管母細胞是由什麼發育而來的，發育成什麼？
19. 說出兩種出生後不久就會閉合成為纖維索血管的名稱。

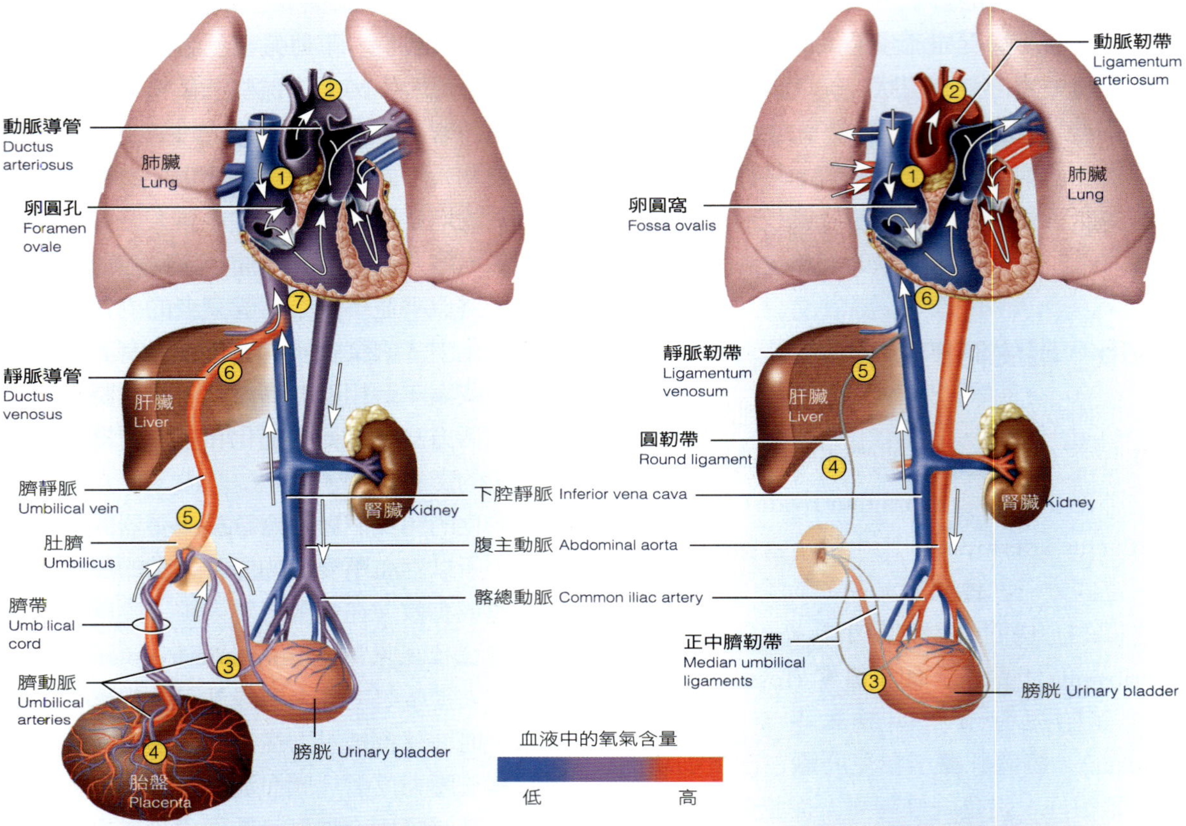

(a) 胎兒循環

① 血液從右心房直接流過卵圓孔進入左心房而繞過了肺臟
② 血液還從肺動脈幹穿過動脈導管流入主動脈，從而繞過了肺臟
③ 缺氧，充滿廢物的血液經過兩條臍動脈流到胎盤
④ 胎盤將二氧化碳和其他廢物排除，並為血液重新充氧
⑤ 含氧的血液通過臍靜脈返回胎兒
⑥ 胎盤血流經靜脈導管進入下腔靜脈 (IVC)，從而繞過肝臟
⑦ 臍靜脈的胎盤血與下腔靜脈的胎兒血液混合即返回心臟

(b) 新生兒循環

① 卵圓孔關閉形成卵圓窩
② 動脈導管收縮且形成動脈韌帶
③ 臍動脈退化且形成正中臍韌帶
④ 臍靜脈收縮且形成肝圓韌帶
⑤ 靜脈導管退化且形成肝靜脈韌帶
⑥ 現在返回心臟的血液僅是缺氧的體循環血液

圖 21.35　出生時發生的一些循環的變化。(a) 足月胎兒的循環系統；(b) 新生兒的循環系統。

20. 描述除特殊的血管疾病外，老年時血管發生的兩種變化。

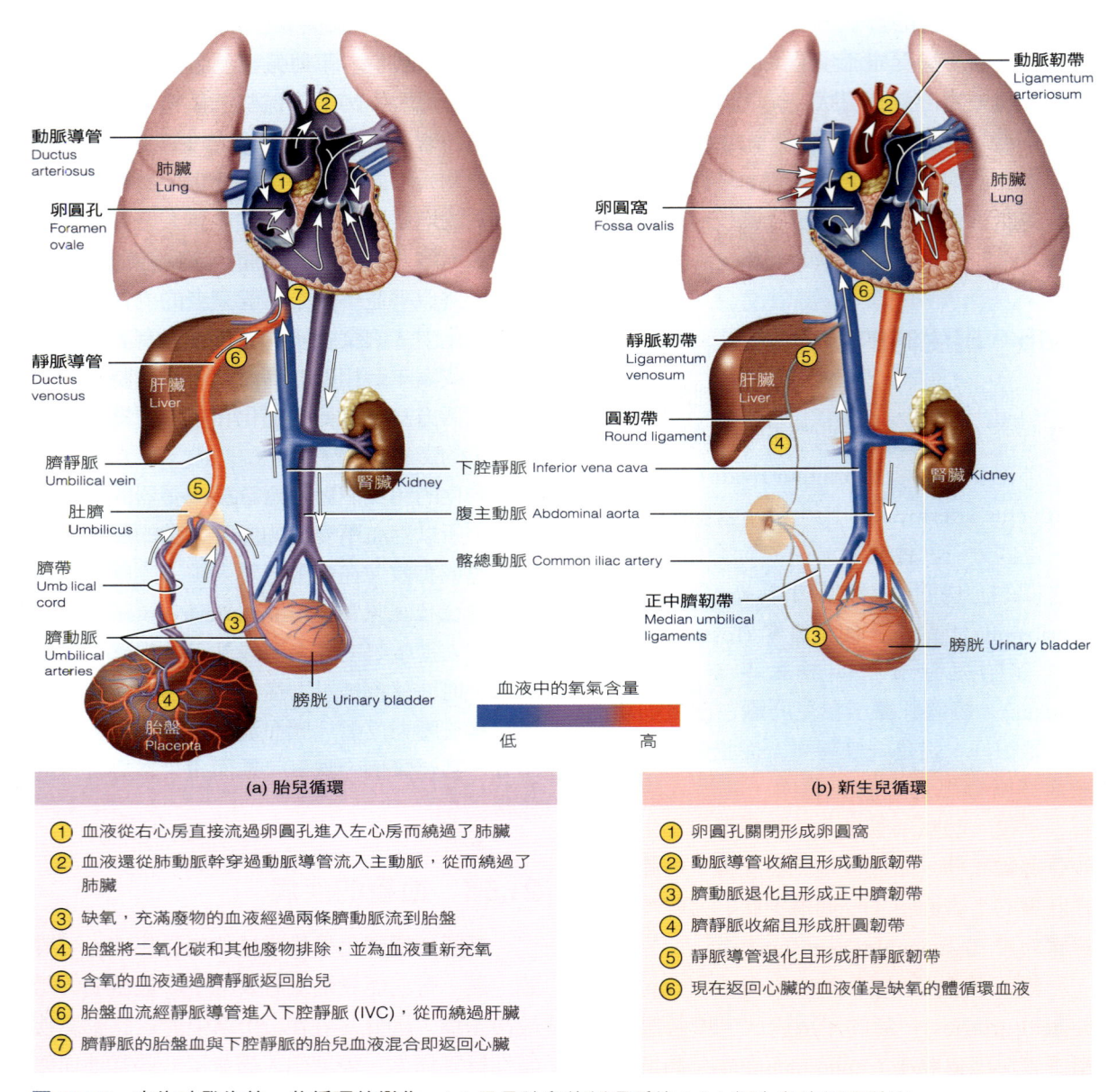

表 21.12 一些血管的病理學

高血壓 (Hypertension)	異常高的血壓。在一個年輕的成年人中，血壓達到 130/85 被認為是正常的，血壓超過 140/90 被認為是高血壓，而在這些範圍之間的血壓是邊緣或「高正常」。大約 90% 的高血壓 [*原發性高血壓* (primary hypertension)] 病例是由於對遺傳的複雜性、行為和其他因素的認識不足造成的。危險因子包括肥胖、久坐的生活方式、飲食、吸菸、性別和民族血統。*繼發性高血壓* (secondary hypertension)(10% 的病例) 是由其他可辨識的疾病如腎功能不全、動脈粥樣硬化、甲狀腺功能亢進和真性紅血球增生症引起的。通過調整飲食、減輕體重以及 β-受體阻斷劑 (可降低血管對交感神經刺激的反應性)、鈣離子通道阻斷劑 (可使血管平滑肌鬆弛)、利尿劑 (可降低血容量) 和 ACE 抑制劑 (可抑制血管收縮第二型血管張力素的合成) 等藥物治療
靜脈炎 (Phlebitis)	靜脈發炎，引起疼痛、觸痛、水腫和皮膚變色。通常原因不明，但可能在手術、分娩或感染後發生
中風 (腦血管意外) [Stroke (cerebrovascular accident)]	當腦動脈粥樣硬化、血栓形成或腦動脈瘤出血時，腦組織突然死亡 (梗塞)。影響範圍從不明顯到致命，取決於組織損傷的程度和受影響組織的功能。失明、癱瘓、喪失語言能力和感覺喪失是亞致死性影響
血管炎 (Vasculitis)	任何血管的炎症 (參見本表中的靜脈炎)，通常由免疫反應或感染性病原體引起，但有時由輻射、創傷或毒素引起。產生多種症狀，包括肌肉和關節疼痛、發熱、頭痛、心肌缺血、麻木和失明

你可以在以下地方找到其他血管疾病的討論

空氣栓塞 (Air embolism) (臨床應用 21.3) 動脈瘤 (Aneurysm) (臨床應用 21.1) 動脈硬化 (Arteriosclerosis) (21.5c 節)	動脈粥樣硬化 (Atherosclerosis) (21.5c 節和臨床應用 20.1) 體位性低血壓 (Orthostatic hypotension) (21.5c 節) 開放性動脈導管 (Patent ductus arteriosus)(臨床應用 20.4)	雷諾氏病 (Raynaud diseas) (表 16.6) 靜脈曲張 (Varicose veins) (臨床應用 21.2)

學習指南

評估您的學習成果

為了測試你的知識，請與學習夥伴討論以下話題，或以書面形式討論，最好是憑記憶。

21.1 血管的解剖學

1. 動脈、微血管和靜脈的含義，與血液從心臟流出和回流的路線。
2. 動脈和靜脈的三個組織層的名稱和特性。
3. 為什麼動脈被稱為*阻力血管*，這與它們的組織學有什麼關係。
4. 動脈的三個大小等級；它們的組織學和功能差異性；以及兩種最大類型的動脈的範例。
5. 後小動脈和微血管前括約肌的位置、構造和功能。
6. 頸動脈竇、主動脈的感壓接受器、頸動脈體和主動脈體的位置和功能。
7. 血液微血管的大小和一般構造，以及物質可以通過微血管壁進入或離開血流的路徑。
8. 連續型微血管、窗型微血管和竇型微血管的區別。
9. 微血管床的構造，以及它與通道和微血管前括約肌的關係。
10. 為什麼靜脈被稱為*容量血管*，這與其體積、血壓和組織學有什麼關係。
11. 微血管後小靜脈、肌肉型小靜脈、中靜脈、靜脈竇、大靜脈的區別。
12. 靜脈瓣膜的位置、構造和功能。
13. 血液循環路徑的變化，特別是門脈系統和三種吻合的變化。

21.2 肺循環

1. 肺循環中的血流路徑，包括其血管名稱，從血液離開右心室到進入左心房的各點依次排列。
2. 肺循環的功能及其與動脈和靜脈中氧氣和二氧化碳相對濃度的關係。
3. 肺部的體循環血液供應以及在功能上與肺循環的相異處。

21.3 中軸區的體循環血管

1. 主動脈的三個主要區域——升主動脈、主動脈弓和降主動脈；從前兩條產生的主要動脈；胸主動脈和腹主動脈的區別；以及主動脈如何結束 (表 21.1)。
2. 頸部兩側上升的四條動脈之名稱和路徑 (表 21.2 第 I 部分)。
3. 頸總動脈、外頸動脈和內頸動脈的走向；外頸動脈和內頸動脈所發出分支的名稱；以及這些分支所供應的區域 (表 21.2，第 II 部分)。
4. 大腦動脈環的位置和組成；供應大腦動脈環的動脈；以及由此產生的大腦動脈 (表 21.2，第 III、IV 部分)。
5. 硬腦膜靜脈竇的位置和名稱及其與內頸靜脈和顏面靜脈的關係 (表 21.3，第 I 部分)。
6. 內頸靜脈和外頸靜脈以及椎靜脈的位置；這些靜脈從其接受血液的血管；以及它們最終排入的血管 (表 21.3，第 II 部分)。
7. 胸主動脈的分支及其供應的區域 (表 21.4 第 I、II 部分)。
8. 鎖骨下動脈和腋動脈的走向；它們沿途發出的分支；以及這些分支提供的區域 (表 21.4，第 III 部分)。
9. 鎖骨下靜脈和頭臂靜脈的走向；由它們引流的區域；以及上腔靜脈的起點和終點 (表 21.5，第 I 部分)。
10. 奇靜脈、半奇和副半奇靜脈的位置；注入該系統的其他靜脈；以及奇靜脈系統血液的流向 (表 21.5，第 II 部分)。
11. 腹主動脈分支動脈的名稱、發生順序和供應的器官 (表 21.6，第 I 部分)。
12. 腹腔動脈幹的位置；其三個主要分支；以及由這些分支及其分支提供的器官 (表 21.6，第 II 部分)。
13. 上腸繫膜動脈的起源；其分支；及其供應的消化道區域 (表 21.6，第 III 部分)。
14. 下腸繫膜動脈的起源；其分支；以及它所供應的消化道區域。
15. 髂總動脈的起源；其分支分為髂外動脈和髂內動脈；髂內動脈的兩條主幹；這兩條主幹分支的名稱；以及這些分支提供的器官和組織 (表 21.6，第 IV 部分)。
16. 髂內靜脈和髂外靜脈的位置；它們的匯合形成髂總靜脈；兩條髂總靜脈的匯合形成下腔靜脈；以及髂內靜脈和髂外靜脈引流的區域 (表 21.7，第 I 部分)。
17. 流入下腔靜脈的支流，按其上升腹腔的順序排列；這些支流所引流的器官和區域；以及下腔靜脈的終點 (表 21.7，第 I 部分)。
18. 升腰靜脈及其與下腔靜脈和奇靜脈系統的關係 (表 21.7，第 II 部分)。
19. 肝門系統的一般用途，以及將其定義為門脈系統的兩個微血管床的位置 (表 21.7 第 III 部分)。
20. 在進入肝臟之前直接或間接排入肝門靜脈的支流；這些支流所排出的器官；以及肝門靜脈的血液在肝臟內和離開肝臟後的去向 (表 21.7，第 III 部分)。

21.4 附肢區的體循環血管

1. 血液從鎖骨下動脈到手掌部位所經過的動脈分支和替代路徑，以及沿途由其分支提供的構造 (表 21.8)。
2. 血液從手部進入頭靜脈和貴要靜脈所經過的淺層靜脈，以及這兩條靜脈在肱骨區的終點 (表 21.9，第 I 部分)。
3. 然後是血液從手部到鎖骨下靜脈的深層靜脈，以及從頭靜脈和貴要靜脈收集血液的地方 (表 21.9，第 II 部分)。
4. 血液從髂總動脈到足部的動脈分支和替代路徑，以及沿途由其分支提供的構造 (表 21.10)。
5. 從足部到股靜脈的血液所經過的淺層靜脈 (表 21.11，第 I 部分)。
6. 血液從足部到達髂總靜脈的深層靜脈 (表 21.11，第 II 部分)。

21.5 發育和臨床觀點

1. 胚胎卵黃囊中第一個血液細胞的起源。
2. 血管在胚胎卵黃囊及其他器官中形成的過程。
3. 分流允許大部分的胎兒血液在出生前繞過肝臟和肺部，這些分流在出生後不久會發生什麼狀況。
4. 多種原因導致動脈隨著年齡的增長而僵硬，以及對健康的影響。
5. 老年人為何有時從臥姿到坐姿或站姿起身時，會出現頭暈甚至暈倒、跌倒的心血管方面的原因。

回憶測試

1. 血液通常從以下哪部位流入微血管床
   a. 一條分佈型動脈 (a distributing artery)
   b. 一條傳導型動脈 (a conducting artery)
   c. 一條後小動脈 (a metarteriole)
   d. 一條通道 (a thoroughfare channel)
   e. 一條小靜脈 (a venule)
2. 血漿溶質最容易從以下哪部位進入組織液中
   a. 連續型微血管 (continuous capillaries)
   b. 窗型細血管 (fenestrated capillaries)
   c. 動靜脈吻合 (arteriovenous anastomoses)
   d. 側枝血管 (collateral vessels)
   e. 靜脈吻合 (venous anastomoses)
3. 一條適應於血壓波動的血管，應該具有
   a. 一彈性的中層 (an elastic tunica media)
   b. 一厚厚的內層 (a thick tunica interna)
   c. 單向瓣膜 (one-way valves)
   d. 一彈性內皮 (a flexible endothelium)
   e. 一剛性的中層 (a rigid tunica media)
4. 血液在返回心臟之前血流經兩個微血管床的循環路徑稱為
   a. 一動靜脈吻合 (an arteriovenous anastomosis)
   b. 一動脈吻合 (an arterial anastomosis)
   c. 一靜脈吻合 (a venous anastomosis)
   d. 一靜脈回流路徑 (a venous return pathway)
   e. 一門脈系統 (a portal system)
5. 腸道血液通過哪條路徑流入肝臟
   a. 上腸繫膜靜脈 (the superior mesenteric vein)
   b. 肝門靜脈 (the hepatic portal vein)
   c. 腹主動脈 (the abdominal aorta)
   d. 肝竇 (the hepatic sinusoids)
   e. 肝靜脈 (the hepatic veins)
6. 在胚胎中血島首先形成
   a. 脾臟 (spleen)
   b. 卵黃囊 (yolk sac)
   c. 胎盤 (placenta)
   d. 肝臟 (liver)
   e. 紅骨髓 (red bone marrow)
7. 除了______外，以下所有動脈中流動的大部分血液注定會在返回心臟之前先通過大腦循環。
   a. 椎動脈 (vertebral arteries)
   b. 內頸動脈 (internal carotid arteries)
   c. 基底動脈 (basilar artery)
   d. 顳淺動脈 (superficial temporal artery)
   e. 前交通動脈 (anterior communicating artery)
8. 除______外，以下血管均位於上肢。
   a. 頭靜脈 (cephalic vein)
   b. 小隱靜脈 (small saphenous vein)
   c. 肱動脈 (brachial artery)
   d. 肱迴旋動脈 (circumflex humeral arteries)
   e. 掌動脈 (metacarpal arteries)
9. 在下列各項中，最容易獲得和經常用來抽取病人血液的血管是______。
   a. 橈靜脈 (the radial vein)
   b. 正中肘靜脈 (the median cubital vein)
   c. 外頸動脈 (the external carotid artery)
   d. 橈動脈 (the radial artery)
   e. 尺動脈 (the ulnar artery)
10. 從脛後靜脈到股靜脈，血液要流經
   a. 脛前靜脈 (the anterior tibial vein)
   b. 膕靜脈 (the popliteal vein)
   c. 髂內靜脈 (the internal iliac vein)
   d. 大隱靜脈 (the great saphenous vein)
   e. 貴要靜脈 (the basilic vein)
11. 過濾孔是______微血管的特徵。
12. 骨骼肌的微血管屬於結構型，稱為______。
13. 血管內襯上皮稱為______。
14. 兩條______ 靜脈像倒置的 Y 字形聯合起來，形成下腔靜脈。
15. 頸動脈和主動脈體之所以被稱為______，是因為它們會對血液化學的變化作出反應。
16. 通過溶液滴狀物的攝取和釋放在微血管內皮的運動稱為_____。
17. 注入右心房的兩條最大的靜脈是______和______。
18. 靠近頭部的主要動脈中的壓力感測器叫做______。
19. 大腦的大部分血液供應來自一圈動脈吻合口，稱為______。
20. 手臂的主要淺層靜脈是內側的______，外側的______。

答案在附錄 A

建立您的醫學詞彙

說出每個詞彙的含義，並從本章中給出一個使用該詞彙的醫學專有名詞或稍微的改變該詞彙。

1. vas-
2. advent-
3. fenestr-
4. cephalo-
5. jugul-
6. angio-
7. celi-
8. genic-
9. -orum
10. vesic-

答案在附錄 A

這些陳述有什麼問題？

簡要說明下列各項陳述為什麼是假的，或將其改寫為真。

1. 血管中的大部分肌肉都在內膜中。
2. 胰臟和脾臟主要從上腸繫膜動脈獲得血液供應。
3. 微血管是唯一能與周圍組織交換液體和血液細胞的血管。
4. 血液從離開心臟到返回心臟，總是只經過一個微血管床。
5. 上腔靜脈始於兩條鎖骨下靜脈的交會處。
6. 由於微血管沒有肌肉，通過它們的血流量是恆定的，它不能瞬間增加或減少。
7. 一條大血管的中膜平滑肌主要靠血液中的營養物質在血管腔內的擴散來得到養分。
8. 動脈血液不先流經微血管就不能進入靜脈。
9. 在少數特殊情況下，缺少腦動脈環的一條或多條動脈。
10. 大腦的血液大多沿外頸靜脈流回心臟。

答案在附錄 A

測試您的理解力

1. 假設脛後靜脈因血栓形成而阻塞。描述足部血液進入髂總靜脈一種或多種的替代路徑。
2. 為什麼基底動脈的動脈瘤破裂比前交通動脈的動脈瘤破裂更嚴重？
3. 從上腸繫膜靜脈採集的血液樣本和從肝靜脈採集的樣本之間會有什麼不同？特別要考慮營養水平和細菌數的差異，必要時可在本書中先預覽肝功能 (24.6a 節)。
4. 為什麼窒息 (緊抓住脖子) 會使人昏迷？會牽涉到哪些動脈？
5. 為什麼在頸動脈竇設置感壓接受器而不是在例如腹主動脈或髂總動脈等其他位置更好？

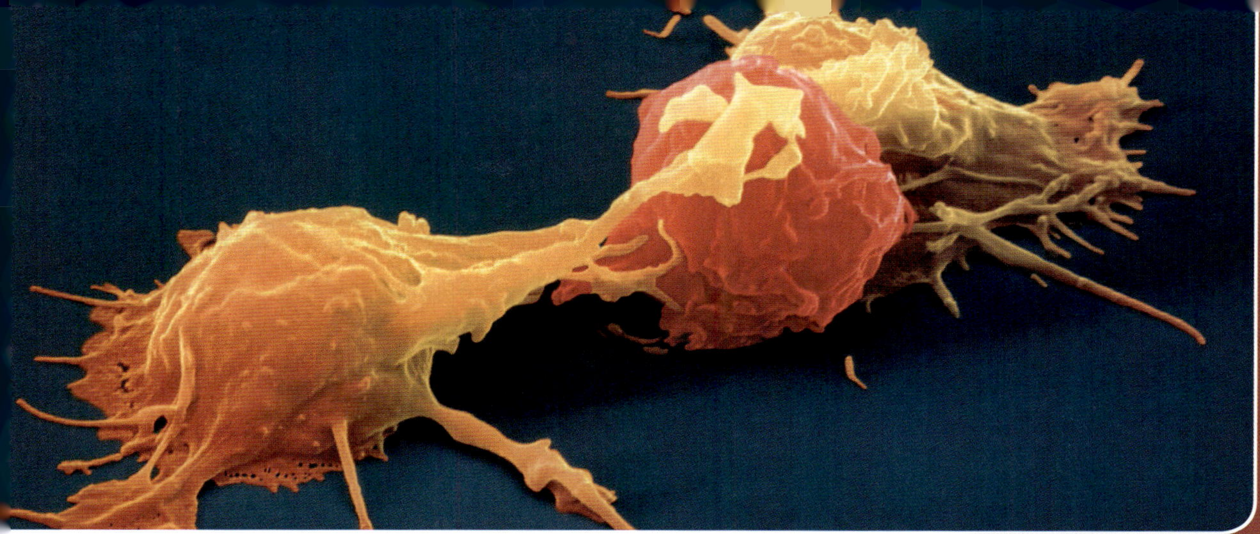

自然殺手細胞 (橘色) 攻擊人類的癌細胞 (紅色)

CHAPTER 22

淋巴系統及免疫

李靜恬

章節大綱

22.1 淋巴和淋巴管
- 22.1a 淋巴系統的組成和功能
- 22.1b 淋巴
- 22.1c 淋巴管
- 22.1d 淋巴流

22.2 淋巴球、組織及器官
- 22.2a 淋巴球
- 22.2b 淋巴組織
- 22.2c 淋巴器官概述
- 22.2d 紅骨髓
- 22.2e 胸腺
- 22.2f 淋巴結
- 22.2g 扁桃體
- 22.2h 脾臟

22.3 與免疫有關的淋巴系統
- 22.3a 防禦方式
- 22.3b B 淋巴球與體液免疫
- 22.3c T 淋巴球與細胞免疫

22.4 發育和臨床觀點
- 22.4a 胚胎發育
- 22.4b 老化的淋巴及免疫系統
- 22.4c 淋巴及免疫疾病

學習指南

臨床應用

22.1 淋巴結及轉移癌

22.2 脾切除術

複習

要瞭解本章，您可能會發現複習以下概念會有所幫助：

- 一般腺體的結構：囊、隔膜、基質及實質 (3.5a 節)
- 白血球類型，尤其是淋巴球 (19.3b 節)

Anatomy & Physiology REVEALED aprevealed.com

模組 10：淋巴系統

淋巴系統是由組織、器官及淋巴管組成的網絡，有助於維持人體的液體平衡、清除體內的異物，並提供免疫細胞以防禦疾病。在人體所有系統中，這可能是大多數人最不熟悉的系統。但若沒有淋巴系統，循環系統和免疫系統都將無法運轉——循環會因體液流失而停止，身體會因缺乏免疫力而被感染。本章討論淋巴系統的解剖構造及其體液回收與免疫作用。淋巴系統的結構和功能與免疫系統密切相關，本章將對此進行討論。

22.1 淋巴和淋巴管

預期學習成果

當您完成本節後，您應該能夠

a. 列出淋巴系統的功能及基本組成；
b. 解釋淋巴如何形成；
c. 描述淋巴進入血液的途徑；和
d. 解釋淋巴流經淋巴管的原因。

22.1a 淋巴系統的組成和功能

淋巴系統 (lymphatic[1] system)(圖 22.1) 是由下列所組成：(1) 淋巴 (lymph)，是此系統從組織間質收集的液體，並運回到血液中；(2) 淋巴管 (lymphatic vessels)，可運送淋巴；(3) 淋巴組織 (lymphatic tissue)，是由淋巴球及巨噬細胞聚集而成，存在於人體的許多器官中；(4) 淋巴器官 (lymphatic organs)，這些免疫細胞聚集在一起並藉由結締組織囊與周圍器官分開。APR

淋巴系統的功能包括：

1. **體液回收** (fluid recovery)：體液從微血管不斷地過濾至組織間質，微血管再吸收的液體約 85%，但是約 15% 不再吸收的液體之中，一天約有 2~4 L 水分及 1/4~1/2 的血漿蛋白質。若水及蛋白質沒有返回到血液中，人將在數小時內死於循環衰竭。淋巴系統的任務之一，即是再吸收組織間質中過多液體並運送回血液。甚至部分干擾淋巴的導流，也會造成組織因為過多的液體而腫脹，稱為**淋巴水腫** (lymphedema)(圖 22.2)。
2. **免疫** (immunity)：淋巴系統回收多餘的組織間液時，也會從組織中吸收外來的細胞及化學物質。這些可能是引起疾病的**病原體** (pathogens)[2]——微生物。在返回血液的過程中，液體通過作為過濾器之淋巴結，免疫細胞可以抵禦病原體，並激活保護性免疫反應。因此，淋巴系統是監測及報告幾乎所有身體組織的雜質或入侵。
3. **脂質吸收** (lipid absorption)：在小腸中，膳食之脂質無法藉由腸道微血管吸收，而是藉由稱為乳糜管 (lacteals) 的特殊淋巴管吸收。

22.1b 淋巴

淋巴 (Lymph) 是由淋巴管吸收的組織間液，通常是澄清、無色的液體，與血漿相似，但蛋白質含量低。淋巴組成會因為不同部位及時間而有所不同，例如飯後因小腸中高脂質含量，從小腸導流的淋巴呈乳白色。這小腸淋巴被稱為乳糜 (chyle)[3] (發音為「kile」)。離開淋巴結的淋巴確實含有大量淋巴球，事實上這是血液中淋巴球的主要來源。淋巴也可能包含巨噬細胞、激素、細菌、病毒、細胞碎片，甚至是運行中的癌細胞。

22.1c 淋巴管

淋巴流經類似於血管的**淋巴管** (lymphatic vessels；lymphatics)，這始於微觀的**微淋巴管**

1 *lympho* = water 水

2 *patho* = disease 疾病；*gen* = producing 產生

3 *chyle* = juice 液體

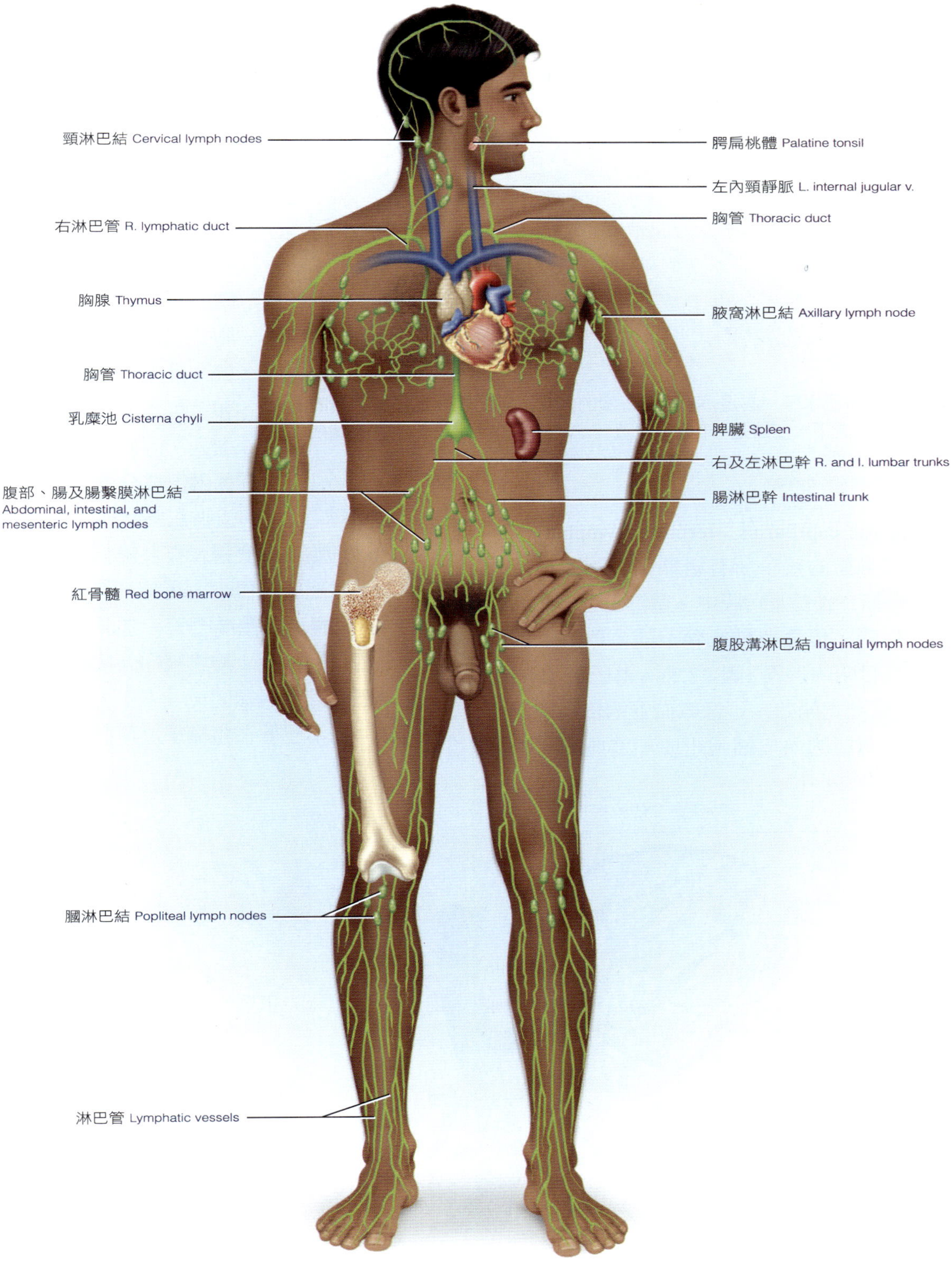
頸淋巴結 Cervical lymph nodes
右淋巴管 R. lymphatic duct
胸腺 Thymus
胸管 Thoracic duct
乳糜池 Cisterna chyli
腹部、腸及腸繫膜淋巴結
Abdominal, intestinal, and mesenteric lymph nodes
紅骨髓 Red bone marrow
膕淋巴結 Popliteal lymph nodes
淋巴管 Lymphatic vessels
腭扁桃體 Palatine tonsil
左內頸靜脈 L. internal jugular v.
胸管 Thoracic duct
腋窩淋巴結 Axillary lymph node
脾臟 Spleen
右及左淋巴幹 R. and l. lumbar trunks
腸淋巴幹 Intestinal trunk
腹股溝淋巴結 Inguinal lymph nodes

圖 22.1 淋巴系統。

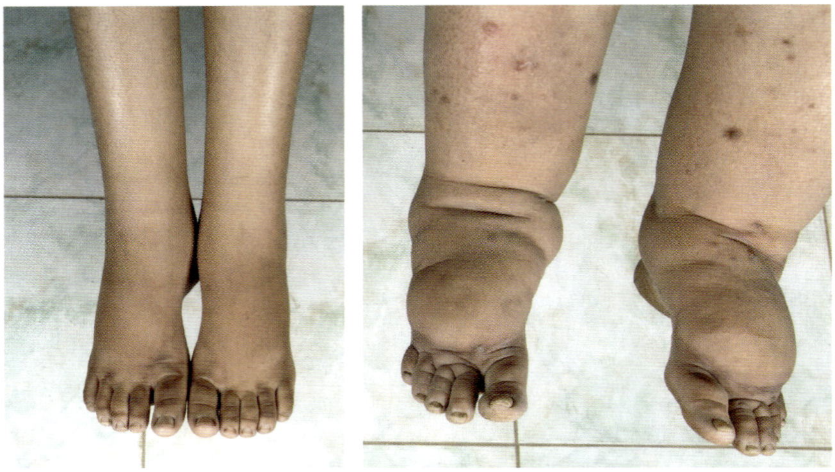

圖 22.2 淋巴水腫。右邊是一位 52 歲的婦女，她的腿及足部有嚴重的淋巴水腫。相較之下，左邊是一位 21 歲沒有水腫的女性。淋巴管阻塞是造成水腫的原因之一。

(lymphatic capillaries；terminal lymphatics)，其穿透身體的幾乎所有組織，但不存在於軟骨、骨骼、骨髓及角膜中。微淋巴管與微血管緊密相關，但是與微血管不同，微淋巴管的一端是封閉的盲管 (圖 22.3)，淋巴流 (lymph flow) 從此處開始，不像微血管遍佈。微淋巴管由一薄層的內皮細胞組成，這些細胞像屋頂板一樣彼此鬆散地重疊。細胞藉由蛋白淋巴錨定絲 (lymphatic anchoring filaments) 附著在周圍組織上，防止囊袋塌陷。

與微血管的內皮細胞不同，淋巴管內皮細胞沒有緊密的連接，也沒有連續的基底層。實際上，細胞之間的間隙大，使細菌、淋巴球、其他細胞及顆粒可以與組織間液一起進入。因此，到達淋巴結的淋巴成分就像一份關於上游組織狀態的報告。

內皮細胞的重疊邊緣作為瓣膜，可以打開和關閉。當組織流體壓力高時，將瓣膜向內推 (開啟)，流體滲入微淋巴管。當淋巴管中的壓力高於組織間液時，瓣膜被向外按壓 (閉合)，防止淋巴漏回到組織間。

較大的淋巴管在組織學上類似於靜脈，內

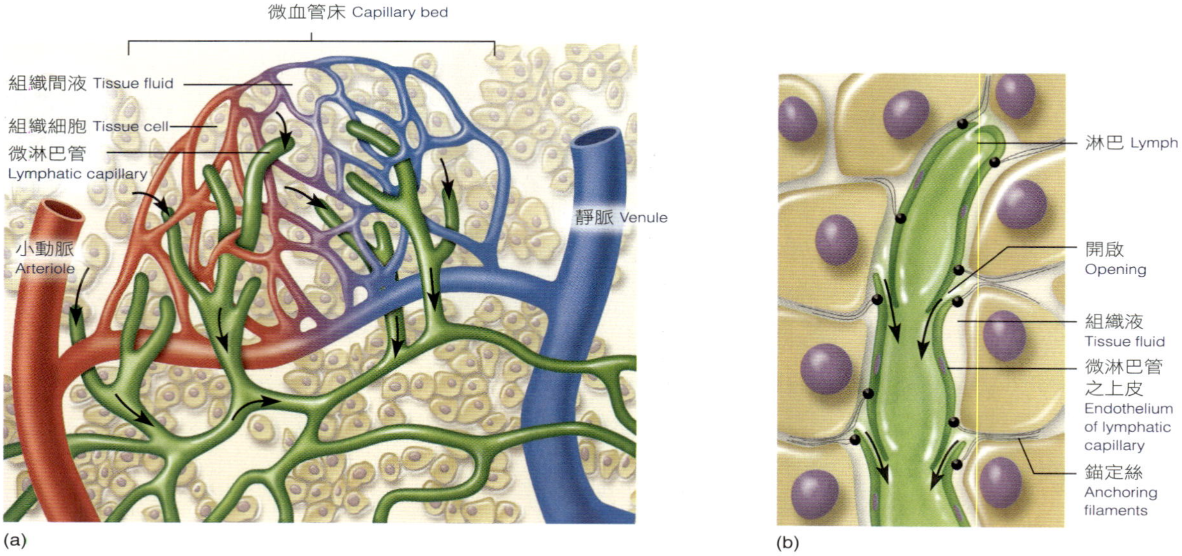

圖 22.3 微淋巴管。(a) 微淋巴管與微血管床的關係；(b) 藉由微淋巴管回收組織間液。
• 為什麼轉移性 (metastasizing) 癌細胞進入淋巴系統較進入血液中更容易？

膜 (tunica interna) 具有內皮及瓣膜 (圖 22.4)、中膜 (tunica media) 具有彈性纖維及平滑肌，以及外部為較薄的外膜 (tunica externa)。與靜脈相比，淋巴管壁更薄、瓣膜更緊密。

應用您的知識

將微淋巴管的結構與連續性微血管的結構進行比較。請解釋為何它們的結構差異與功能差異有關。

當淋巴管沿著路徑匯聚越來越大，名稱也隨之改變。從組織間液回到血液的途徑是：微淋巴管 (lymphatic capillaries) → 收集管 (collecting vessels) → 淋巴幹 (lymphatic trunks) → 淋巴導管 (collecting ducts) → 鎖骨下靜脈 (subclavian veins)。因此，液體從血液至組織間液，並且再從淋巴再回收至血液的過程不斷循環 (圖 22.5)。

無數的微淋巴管匯聚形成**收集管** (collecting vessels)，常沿著靜脈及動脈行進，並與其有共同的結締組織鞘。淋巴經由收集管不定期緩慢地排入淋巴結，在淋巴結中免疫細胞會監測液體中是否有外來抗原，以吞噬細菌。淋巴再從另一側的其他收集管離開淋巴結，繼續前進後會再遇到幾個淋巴結，之後才返回到血液中。

最後，收集管匯聚形成更大的**淋巴幹** (lymphatic trunks)，導流身體大部分體液。有

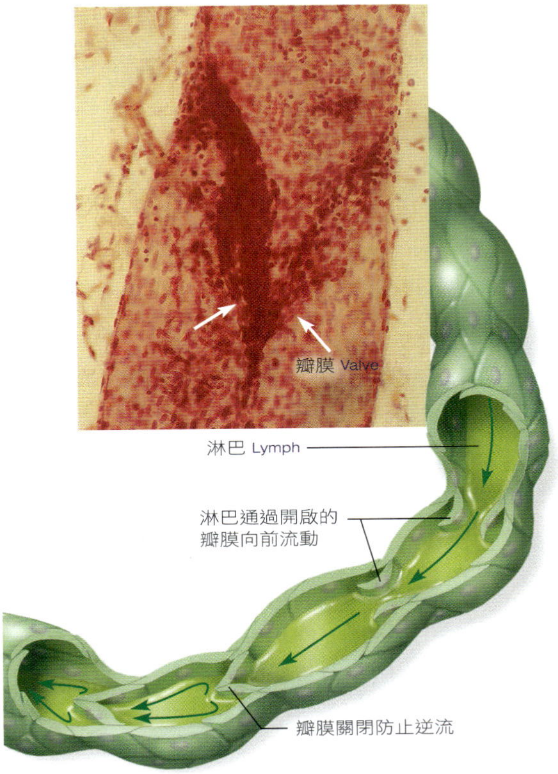

圖 22.4 **淋巴管中的瓣膜**。(a) 淋巴瓣膜的照片；(b) 瓣膜的運作以確保淋巴單向流動。
(a) ©Dennis Strete/McGraw-Hill Education

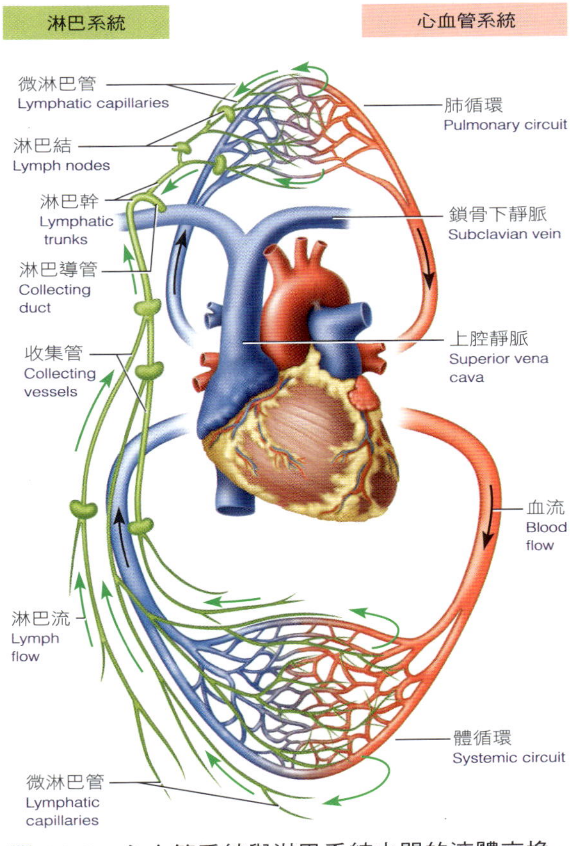

圖 22.5 **心血管系統與淋巴系統之間的液體交換**。微血管將液體送出至組織間質。淋巴系統回收多餘的組織間液，然後再將其返回血流。淋巴從微淋巴管經收集管、淋巴幹和淋巴導管，並經過多個淋巴結過濾後，重新進入鎖骨下靜脈之血流。

• 請找出組織間液由微淋巴管回收，而非由微血管回收的兩個好處。

11 個名稱顯示位置及導流之身體部位，包含單一個腸淋巴幹 (intestinal trunk)，成對的頸淋巴幹 (jugular)、鎖骨下淋巴幹 (subclavian)、支氣管縱膈淋巴幹 (bronchomediastinal)、肋間淋巴幹 (intercostal)、腰淋巴幹 (lumbar trunks)。腰淋巴幹不僅導流腰部區域，也導流下肢的淋巴。

淋巴幹匯聚形成兩個**淋巴導管** (collecting ducts)，此為最大的淋巴管 (圖 22.6)：

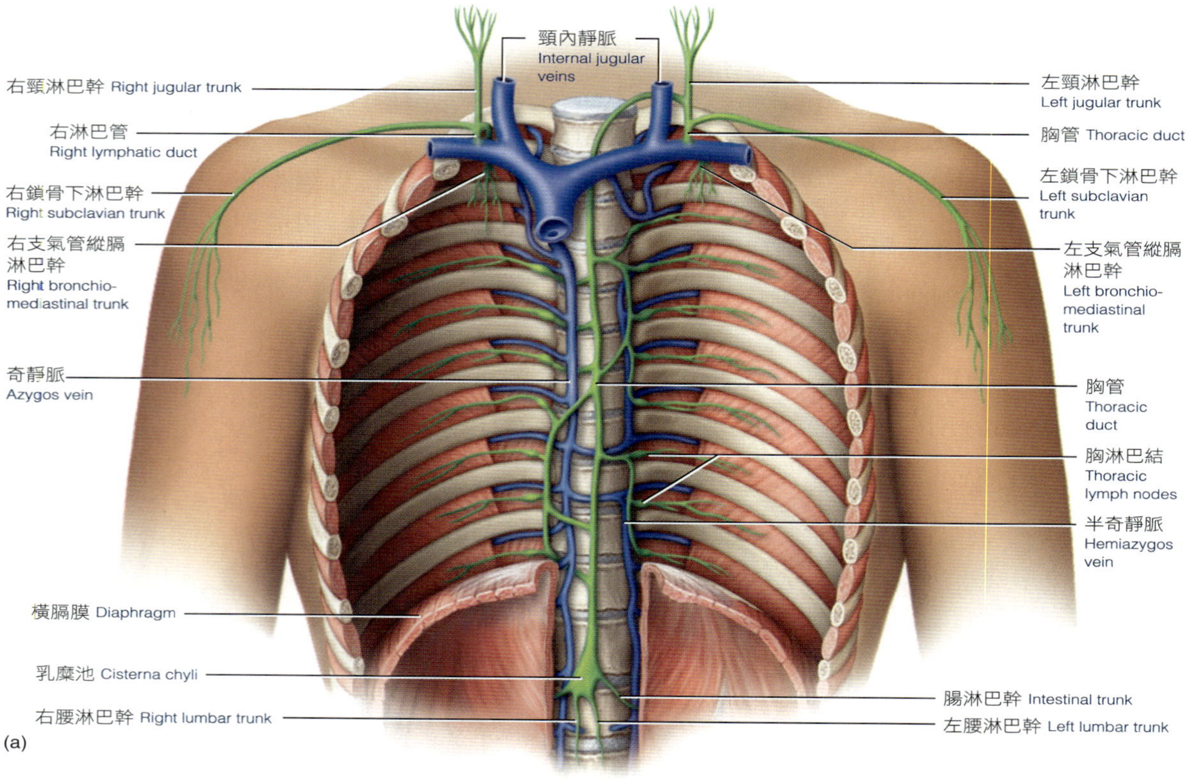

(a)

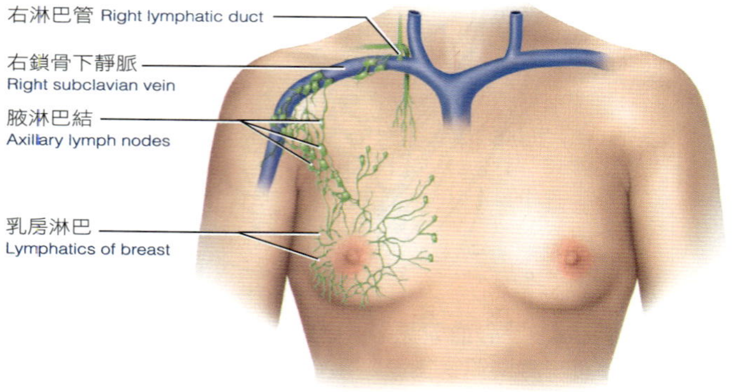

(b)

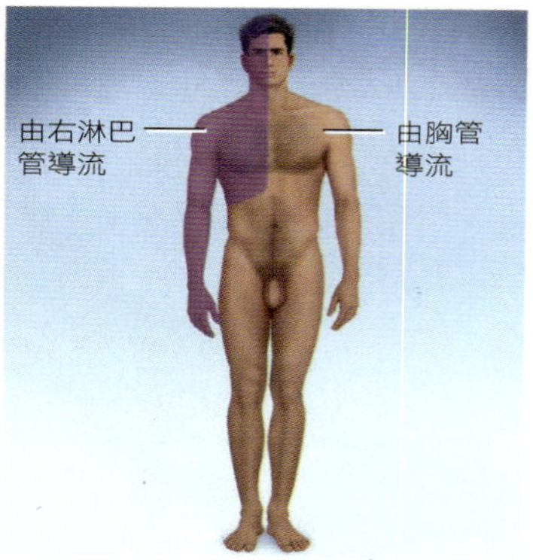

(c)

圖 22.6 **胸部的淋巴回流**。(a) 胸部及上腹部的淋巴管及其與鎖骨下靜脈的關係，淋巴藉由鎖骨下靜脈返回到血液中；(b) 右側乳腺和腋窩區的淋巴導流；(c) 右淋巴管及胸管導流的身體部位。

• 為什麼在懷疑患有乳癌時，經常對腋窩淋巴結進行活組織檢驗？ AP|R

1. **右淋巴管** (right lymphatic duct) 是由右胸腔中的右頸淋巴幹、右鎖骨下淋巴幹及右支氣管縱膈淋巴幹匯聚而成，會導流右側的上肢、胸腔及頭部淋巴，送入右鎖骨下靜脈。
2. 左側的**胸管** (thoracic duct) 更大且更長，始於橫膈膜下面，導流至脊柱前方的第二腰椎高度。在此，兩側腰淋巴幹及腸淋巴幹匯合在一起，形成一個**乳糜池** (cisterna chyli)(sis-TUR-nuh KY-lye)，以大量乳糜 (chyle)(小腸中脂肪淋巴) 命名，並在消化後收集。胸管伴隨主動脈穿過橫膈膜，靠近脊柱並上升至中縱隔，當穿過胸腔時會匯集左支氣管縱膈淋巴幹、左鎖骨下淋巴幹及左頸淋巴幹其餘的淋巴，然後再導流至左鎖骨下靜脈。因此，此導管會導流所有橫膈膜下方之淋巴，並導流左上肢以及左側的頭、頸及胸部。

22.1d 淋巴流

驅動淋巴流的動力與靜脈回流相似，淋巴系統沒有心臟幫浦，並且淋巴比靜脈血的壓力及流速更低。淋巴流的主要機制是淋巴管本身的節律性收縮，而淋巴對拉伸的反應。淋巴管瓣膜就如靜脈瓣膜，可以防止淋巴逆流。淋巴流也藉由骨骼肌擠壓淋巴管產生，就如骨骼肌幫浦驅動靜脈回流 (見圖 21.11)。由於淋巴管常伴隨動脈包裹在共同的結締組織鞘中，因此動脈搏動也會有節奏地擠壓淋巴管並促進淋巴流。此外，吸氣時胸腔 (呼吸) 幫浦可促進淋巴從腹部導流至胸腔。吸氣期間，胸腔內的壓力低於腹腔。腹部壓力較大，擠壓淋巴幹及乳糜管使淋巴向上流至胸腔淋巴管。最後，在淋巴導管回流至鎖骨下靜脈，快速流動的血液將淋巴引入其中。

在你繼續閱讀之前

回答下列問題，以檢驗你對上節內容的理解：

1. 請列出淋巴系統的主要功能。
2. 液體如何進入淋巴系統？是什麼阻止淋巴從淋巴管排出？
3. 淋巴進入淋巴管，會流向何處？是什麼驅動淋巴流動？

應用您的知識

為何淋巴導管連接至鎖骨下靜脈比連接鎖骨下動脈具有更多的功能意義？此外，為何淋巴導管進入鎖骨下靜脈的上表面，而非是從下方進入較為有利？

22.2 淋巴球、組織及器官

預期學習成果

當您完成本節後，您應該能夠

a. 列出淋巴系統中主要的細胞類型並說明其功能；
b. 描述淋巴組織類型；和
c. 描述紅骨髓、胸腺、淋巴結、扁桃體及脾臟的解剖構造，以及淋巴及免疫的功能。

除了淋巴管，淋巴系統的另一個組成成分是淋巴組織。範圍從消化道、呼吸道、生殖道及泌尿道的黏膜中散佈的細胞，到包裹在淋巴器官之中的緊密細胞群。這些組織由各種淋巴球及其他細胞組成，在防禦及免疫方面具有各種作用。

22.2a 淋巴球 AP|R

淋巴系統除了扮演純粹的結構角色外，還有七大類防禦性細胞。

1. **嗜中性白血球** (neutrophils) 是積極的抗菌白血球，在前面已討論 (請參閱 19.3b 節)。
2. **自然殺手細胞** (natural killer cells；NK cell)

是大型淋巴球，會攻擊並裂解細菌、轉移的組織細胞及宿主細胞 (host cells)(已感染病毒或癌細胞)(請見本章的首頁圖片)。它們不斷地巡邏監視身體，發現異常細胞予以破壞。這是人體抵抗癌症的最重要防禦手段之一。

3. **T 淋巴球 (T 細胞)**(T lymphocytes cell；T cells) 以此命名，是因為其在胸腺發育一段時間，而後依賴胸腺激素來調節其活動。T 是代表胸腺依賴性 (thymus-dependent)。T 淋巴球主要有四個亞型，但仍發現有新的類型。
   - 毒殺性 T 淋巴球 (cytotoxic T cells；T_C cells)：唯一直接攻擊並殺死其他細胞的 T 淋巴球，它們對被轉移的組織及器官的細胞、癌細胞及受病毒、細菌、寄生蟲感染的宿主細胞特別有反應。細胞依據其表面糖蛋白 CD8，稱為 T8、CD8 或 CD8+ 細胞。CD (cluster of differentiation) 代表分化細胞團，這是許多細胞表面分子的分類系統。
   - 輔助性 T 淋巴球 (helper T cells；T_H cells)：對抗原產生反應並活化各種防禦機制，但不會自行進行攻擊。相反，它們會幫助其他免疫細胞對威脅做出反應。T_H 細胞在多種防禦方式中有重要的協調作用。由於表面糖蛋白為 CD4，故被稱為 T4、CD4 或 CD4+ 細胞。
   - 調節性 T 淋巴球 (regulatory T cells；T_R Cell) 或稱為 T-regs：扮演抑制作用，防止免疫系統失控。
   - 記憶性 T 淋巴球 (memory T cells；T_M cells)：提供抗原的持久記憶。再次暴露後，免疫系統會迅速中和抗原，因此不會引起任何疾病症狀。這就是我們對某種疾病具有免疫 (immune)[4] 的意思。

4. **B 淋巴球 (B 細胞)**(B lymphocytes；B cells) 分化為結締組織細胞之漿細胞 (plasma cells)，會分泌防禦蛋白**抗體** (antibodies)。這是因首次發現於雞的免疫器官法氏囊 (bursa) 而命名，但是也可以想成骨髓 (bone marrow) 中的 B (B 淋巴球成熟處)。部分 B 淋巴球會變成記憶性 B 淋巴球，而不是漿細胞，其功能像記憶性 T 淋巴球一樣，有長久免疫力。

在染色的血液抹片中，不同類型的淋巴球看起來相似，但是循環中淋巴球約 80% 為 T 淋巴球、15% B 淋巴球及 5% 自然殺手細胞及幹細胞。

5. **巨噬細胞** (macrophages) 是由血液中遷移出來的單核球所發育而來，巨噬細胞是巨大的吞噬細胞，會吞噬組織碎片、死亡的嗜中性白血球、細菌及其他異物 (圖 22.7)。巨噬細胞也處理異物，並將其抗原活性片段 (antigenic determinants) 運送至細胞表面，再呈現給 T_C 及 T_H 細胞，以刺激 T 淋巴球發起針對外來入侵者的免疫反應。巨噬細胞、B 淋巴球及網狀細胞統稱為**抗原呈現細胞** (antigen-presenting cells, APCs)，因為它們會向其他免疫細胞呈現抗原片段。

巨噬細胞系統 (macrophage system) 是

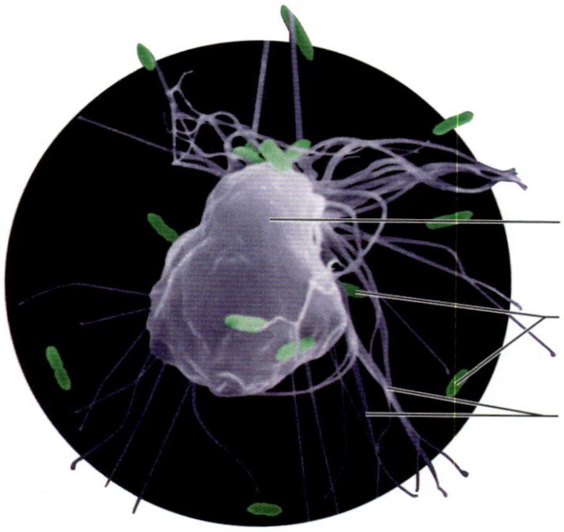

圖 22.7 **巨噬細胞攻擊細菌**。巨噬細胞的絲狀偽足圈住了桿菌，並吸引至細胞表面進行吞噬。

4 *immuno* = free 免費

指除了嗜中性白血球以外的人體所有吞噬細胞。這些吞噬細胞中部份是游動的細胞，會主動尋找病原體；其他巨噬細胞則固定在特定部位具有戰略定位，僅吞噬進入的病原體。巨噬細胞系統之細胞包括疏鬆結締組織的巨噬細胞、中樞神經系統的*微小膠細胞* (microglia)、肺臟的*肺泡巨噬細胞* (alveolar macrophages) 及肝臟的*肝巨噬細胞* (hepatic macrophages)。肺臟及肝臟之巨噬細胞在第 23 章及第 24 章介紹。

6. **樹突狀細胞** (dendritic cells) 是在表皮、黏膜及淋巴器官中發現的分支細胞，會藉由受體媒介的胞吞作用而非直接吞噬異物，但功能類似巨噬細胞，並包含在巨噬細胞系統中。樹突狀細胞屬於身體軍隊中的抗原呈現細胞。
7. **網狀細胞** (reticular cells) 是分支的固定細胞，貢獻於淋巴器官基質，並在胸腺作為抗原呈現細胞 [此細胞與*網狀纖維* (fibers) 不同，網狀纖維是在淋巴器官中常見的細分支的膠原纖維]。

22.2b 淋巴組織

淋巴組織 [lymphatic (lymphoid) tissues] 是黏膜及各種器官的結締組織中淋巴球的聚集。最簡單的形式是**瀰漫性淋巴組織** (diffuse lymphatic tissue)，淋巴球分散而非密集聚集，普遍位於通向人體的外部通道，如呼吸道、消化道、泌尿道及生殖道，在此處被稱為**黏膜相關淋巴組織** (mucosa-associated lymphatic tissue, MALT)。

在某些地方，淋巴球及巨噬細胞聚集在**淋巴小結** (lymphatic nodules) 或稱為**淋巴濾泡** (follicles) 的緻密團塊中 (圖 22.8)，病原體侵入組織且免疫系統應對此挑戰時，淋巴球及巨噬細胞會在附近遊走。然而，豐富的淋巴小結是淋巴結、扁桃體及闌尾一致的特徵。在

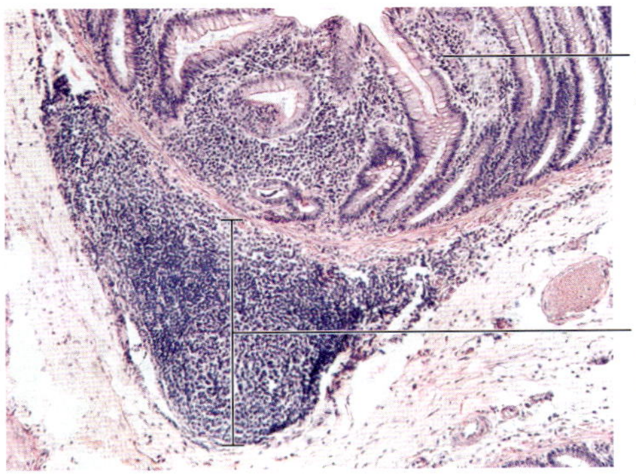

圖 22.8 小腸黏膜中的淋巴小結。這是與黏膜相關淋巴組織 (MALT) 的例子。

迴腸 (小腸遠端) 有**集結淋巴小結** (aggregated lymphatic nodules)，過去被稱為*培氏斑* (Peyer patches)。

22.2c 淋巴器官概述

不同於瀰漫性淋巴組織，**淋巴器官** (lymphatic organs) 有明確的解剖部位及至少有部分結締組織囊，將淋巴組織與周圍組織分隔開。淋巴器官包括紅骨髓、胸腺、淋巴結、扁桃體及脾臟。紅骨髓及胸腺是*初級淋巴器官* (primary lymphatic organ)，因為分別是將 B 淋巴球及 T 淋巴球成為有*免疫活性* (immunocompetent) 的區域，使淋巴球能辨識抗原並產生反應。淋巴結、扁桃體及脾臟則為*次級淋巴器官* (secondary lymphatic organs)，因為具有免疫活性的淋巴球在初級淋巴器官成熟後，會遷移至此處。

22.2d 紅骨髓

紅骨髓也許看起來不是器官，在活組織檢驗或輸血時從骨骼吸出的血液，看起來像是濃稠的血液。然而，在顯微鏡檢查仔細觀察，此較少受干擾的骨髓顯示是由多種組織組成特殊結構，廣義來說也符合器官的標準。

如 6.2e 節所述，骨髓有兩種：黃骨髓及

紅骨髓。黃骨髓是脂肪組織，目前先不討論，但是紅骨髓與造血 (hematopoiesis) 及免疫力有關。兒童的紅骨髓幾乎占據整個骨髓腔，而成人的紅骨髓僅存在於部分中軸骨、肱骨及股骨的近端頭部 (見圖 6.6)。紅骨髓是免疫系統之淋巴球的重要供應者。

紅骨髓是柔軟、組織鬆散，高度血管物質，藉由骨內膜與骨組織分離。骨髓產生各類型的血液定形成分；紅色來自大量紅血球，許多小動脈進入骨骼表面的*營養孔* (nutrient foramina)，穿透骨骼後排入骨髓中的竇 (sinusoids)(圖 22.9)。竇排入*中央縱向靜脈* (central longitudinal vein)，此縱向靜脈透過相同於動脈進入的路徑離開骨骼。竇為 45~80 μm，與其他血管一樣內襯內皮細胞，並被網狀結締組織包圍。網狀細胞分泌集落刺激因子 (colony-stimulating factors)，誘導各種白血球類型的形成。在四肢長骨中，老化的網狀細胞會積聚脂肪並轉化為脂肪細胞，最終將紅骨髓替換成為黃骨髓。

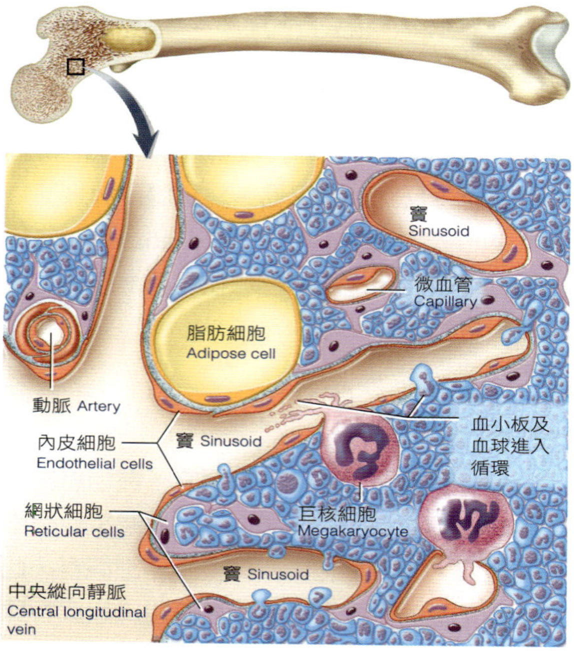

圖 22.9 **紅骨髓組織學**。血液中形成元素透過內皮細胞擠入竇中，並聚集在左下角的中央縱向靜脈上。

竇之間的空間被造血細胞的*島* (islands)，或稱*索* (cords) 占據，此部位在各個階段都由巨噬細胞及血球細胞組成。巨噬細胞破壞畸形的血球，並丟棄發育中紅血球的細胞核。隨著血球的成熟，會穿過網狀和內皮細胞進入竇並經血流離開。血小板也以這種方式進入血液。

應用您的知識

若我們將紅骨髓視為淋巴器官，並部分透過結締組織囊的存在來定義淋巴器官，那我們可以將紅骨髓囊稱為何呢？

22.2e 胸腺

胸腺 (thymus) 既是內分泌系統也是淋巴系統的成員，因此於第 18 章介紹。胸腺可以容納正在發育的淋巴球，並分泌激素以調節淋巴球活動性。胸腺位於胸骨和主動脈弓之間的上縱膈 (圖 22.10)，由兩葉及連接其間之中橋組織所組成。兒童時期，此器官較堅硬、呈圓錐形，比成人時期更大，有豐富血管供應而呈深紅色。在 15 歲後，胸腺會萎縮並包含越來越少的淋巴組織，顏色會變成灰色，然後隨著脂肪滲入而變黃 (見圖 18.5)。在晚年，胸腺幾乎不能與中縱膈周圍的脂肪及纖維組織區分開。

胸腺的纖維囊延伸出小樑 (trabeculae)，又稱膈膜 (septa) 穿透腺體，並將腺體分成幾個角狀小葉。每個小葉都有一個緻密、染色呈深色的*皮質* (cortex) 及淺色的*髓質* (medulla)，由 T 淋巴球占據 (圖 22.10b)。皮質及髓質都具有**上皮細胞** (epithelial cells) 相互連接之分支網絡，這些上皮細胞對淋巴球發育有重要作用。在皮質，上皮細胞及微血管周圍細胞 (見圖 21.5) 圍繞著微血管並形成*血胸腺障壁* (blood thymus barrier)，將正在發育的淋巴球與過早暴露於血源性抗原隔離開來。髓質

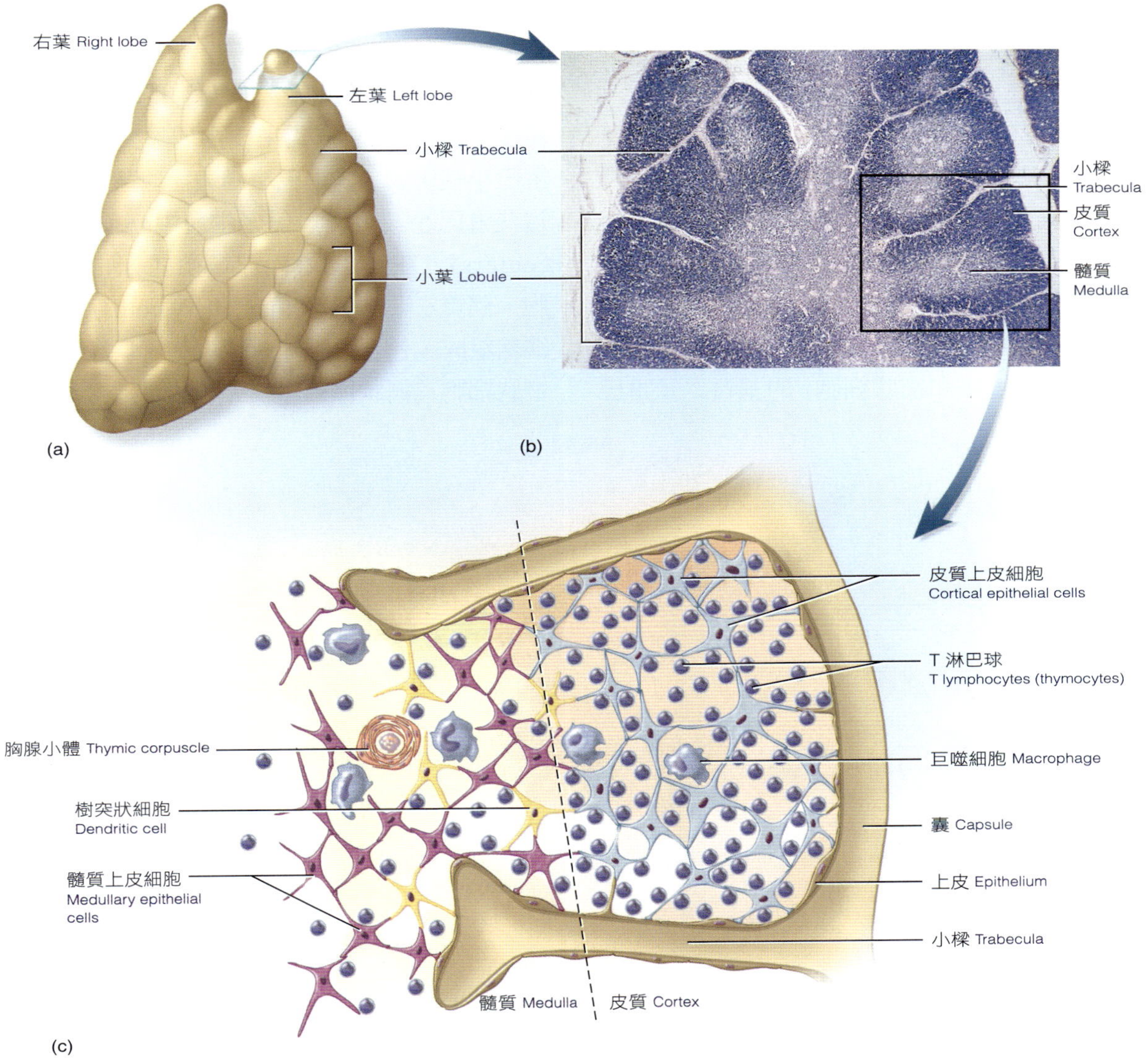

圖 22.10　胸腺。(a) 大體解剖；(b) 組織學；(c) 小葉的細胞結構。

• 器官中的哪些細胞分泌激素？APR

(b) ©Dennis Strete/McGraw-Hill Education

呈現角化上皮細胞捲繞狀之胸腺小體 (thymic corpuscles)，可用於組織學上辨識胸腺，胸腺小體在免疫系統的自我耐受 (self-tolerance) 中有作用 (避免攻擊人體自身的組織)。

胸腺的上皮細胞分泌幾種促進 T 淋巴球發育及作用的訊息分子，包含胸腺素 (thymosin)、胸腺 (thymulin)、胸腺生成素 (thymopoietin)、白介素 (interleukins) 及干擾素 (interferon)。若從新生哺乳動物中取出胸腺，就會被浪費，並且永遠不會產生免疫力。其他淋巴器官似乎也依賴胸腺素或 T 淋巴球，在經胸腺切除的動物體其淋巴器官也發育不良。T 淋巴球成熟與胸腺組織學的關係將在本章後面討論。

22.2f　淋巴結

淋巴結 (lymph nodes) 是數量最多的淋巴

器官，數以百計，具有兩種功能：清理淋巴並作為 T 淋巴球和 B 淋巴球活化的部位。淋巴結是一種細長或豆形的結構，通常長度小於 3 cm，一側有「**淋巴結門**」(hilum) 的凹陷 (圖 22.11)，被包裹在具有小樑的纖維囊中，小樑將淋巴結內部分隔成多個隔間。在囊及實質組織之間是一個狹窄的相對透明的空間，稱為**囊下竇** (subcapsular sinus)，其中包含網狀纖維、巨噬細胞及樹突狀細胞。腺體主要由網狀結締組織 (網狀纖維和網狀細胞) 的基質以及淋巴球和抗原呈現細胞的實質所組成。

實質被分為圍繞器官五分之四的外部 C 形的皮質 (cortex)，及延伸至肺門表面的內部髓質 (medulla)。皮質主要由卵形到圓錐形的淋巴小結組成。當淋巴小結與病原體作戰時，這些淋巴小結有淺染色之**生發中心** (germinal centers)，在此 B 淋巴球繁殖並分化為漿細胞。髓質主要由髓索 (medullary cords) 的分支網絡組成，包含淋巴球、漿細胞、巨噬細胞、網狀細胞及網狀纖維。皮質和髓質還含有充滿

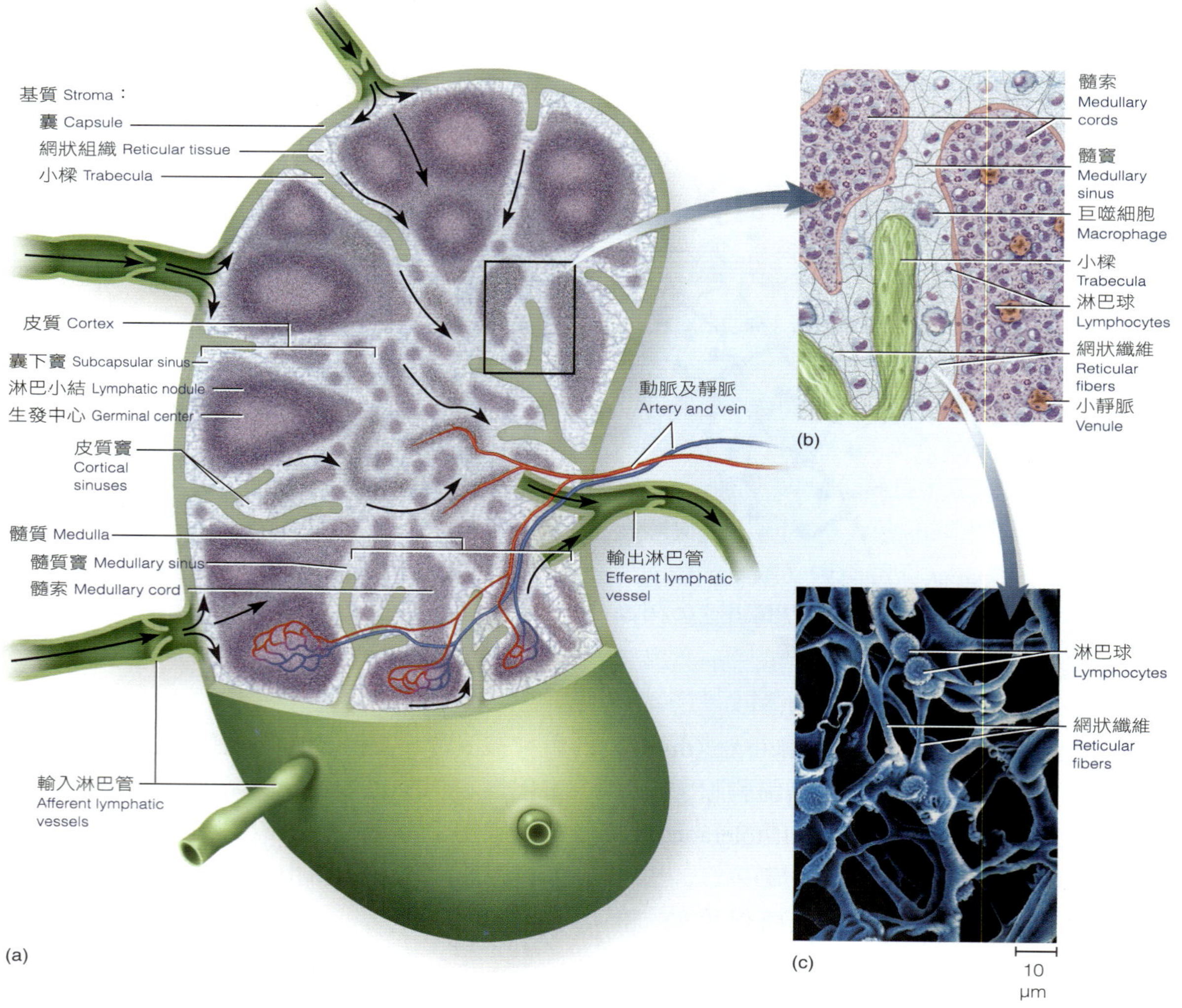

圖 22.11 **淋巴結解剖圖**。(a) 部分切開的淋巴結，顯示淋巴流途徑；(b) 為 (a) 方框的放大細節；(c) 髓質竇 (SEM) 中的網狀纖維基質及免疫細胞。 AP|R

淋巴的竇，與囊下竇相連。

幾條輸入**淋巴管** (afferent lymphatic vessels) 沿其凸面進入淋巴結。淋巴從這些管流入囊下竇，緩慢滲入皮質竇及髓質竇，並通過從淋巴門出來的一至三條**輸出淋巴管** (efferent lymphatic vessels) 離開淋巴結。其他淋巴器官沒有輸入淋巴管；淋巴結是唯一可以過濾淋巴的器官。淋巴結有幾個輸入淋巴管，但只有幾個輸出淋巴管，這是一種阻礙，會減慢淋巴流動並允許清理異物。竇的巨噬細胞和網狀細胞在淋巴離開淋巴結之前清除了約 99% 的雜質。淋巴在流向血液的過程中，流過一個又一個的淋巴結，因此變得清澈。

應用您的知識

從解剖學角度看，為什麼淋巴結是唯一可以過濾淋巴的淋巴器官？

血管也穿透淋巴結門。動脈跟隨著髓索，在髓質和皮質形成微血管床。在深層皮質 (deep cortex) 靠近髓質交界處，淋巴球可從血流遷移到淋巴結之實質中。深層皮質中之大多數淋巴球是 T 淋巴球。

淋巴結廣泛分佈，尤其集中在下列位置：

- 頸淋巴結 (cervical lymph nodes) 位於頸部的深層及淺層之群組，監測來自頭頸部的淋巴。
- 腋窩淋巴結 (axillary lymph nodes) 集中在腋窩，監測來自上肢及乳房的淋巴 (見圖 22.6b)。
- 胸淋巴結 (thoracic lymph nodes) 位於胸腔，接收來自肺、呼吸道及縱隔的淋巴。
- 腹部淋巴結 (abdominal lymph nodes) 監測來自泌尿及生殖系統的淋巴。
- 腸淋巴結 (intestinal lymph nodes) 及腸繫膜淋巴結 (mesenteric lymph nodes) 監測來自消化道的淋巴 (圖 22.12a)。
- 腹股溝淋巴結 (inguinal lymph nodes) 位於腹股溝 (圖 22.12b)，接收整個下肢的淋巴。
- 膕淋巴結 (popliteal lymph nodes) 位於膝蓋的後部，接收來自小腿的淋巴。

醫師常規觸診頸、腋窩及腹股溝區域的淺層淋巴結觀察是否腫大 [**淋巴腺炎** (lymphadenitis)[5]]。淋巴結是轉移性癌症的常見部位 (請參閱臨床應用 22.1)。

臨床應用 22.1

淋巴結及轉移癌

轉移 (metastasis) 是癌細胞脫離原始*原發腫瘤* (primary tumor)，進入到體內其他部位並形成新腫瘤的現象。由於微淋巴管的高通透性，轉移性癌細胞很容易進入淋巴管並在淋巴中傳播。它們傾向停留在遇到的第一個淋巴結中並在那裡繁殖，最後破壞淋巴結。癌性淋巴結腫脹，但相對結實、通常無痛。淋巴結的癌稱為*淋巴瘤* (lymphoma)[6]。

一旦腫瘤在一個淋巴結中建立，腫瘤細胞可能會從那裡移出並轉移到下一個淋巴結。但若早發現轉移病灶，則有時不僅可以切除原發腫瘤，而且可以切除該點下游最近的淋巴結，而根除癌症。例如，乳癌通常藉由腫塊切除術或乳房切除術，並伴隨附近腋窩淋巴結的切除進行合併治療。

22.2g 扁桃體

扁桃體 (tonsils) 是位於咽部入口處的淋巴組織，位於此處可以防止被攝入及吸入的病原體。每個扁桃體藉由上皮覆蓋，且有稱為**扁桃體隱窩** (tonsillar crypts) 之深凹槽 (圖 22.13)，內有淋巴小結。隱窩通常包含食物殘渣、死亡之白血球、細菌及抗原性化學物質。在隱窩下

5 *adeno* = gland 腺；*itis* = inflammation 炎症
6 *oma* = tumor 腫瘤，mass 腫塊

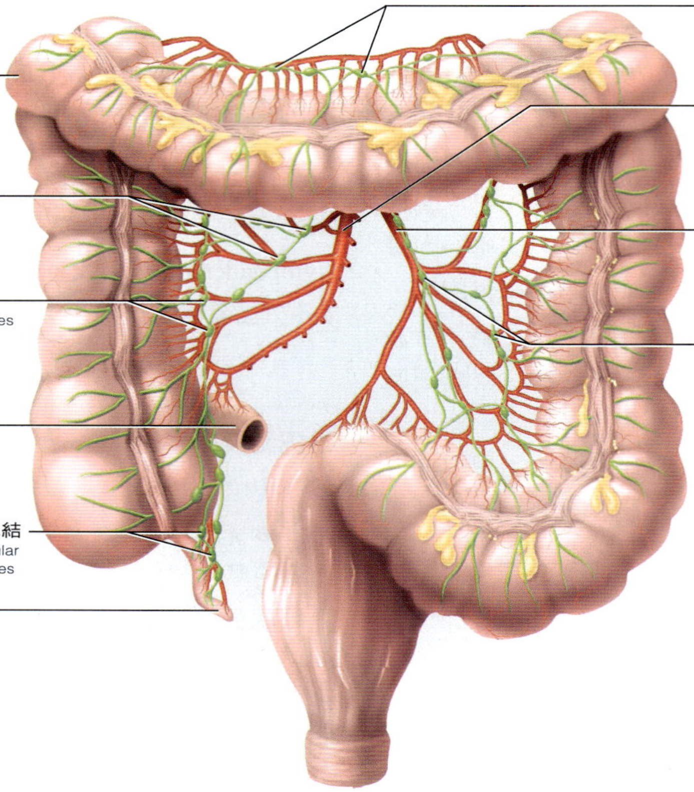

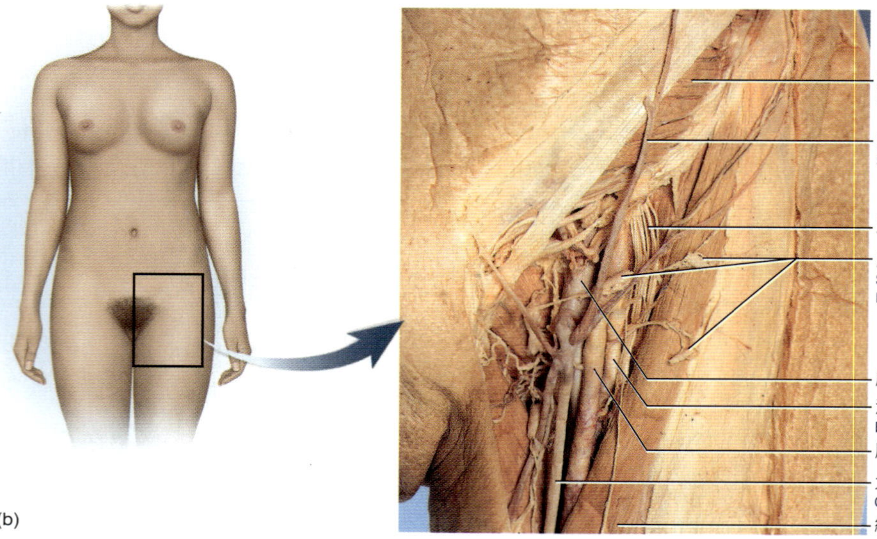

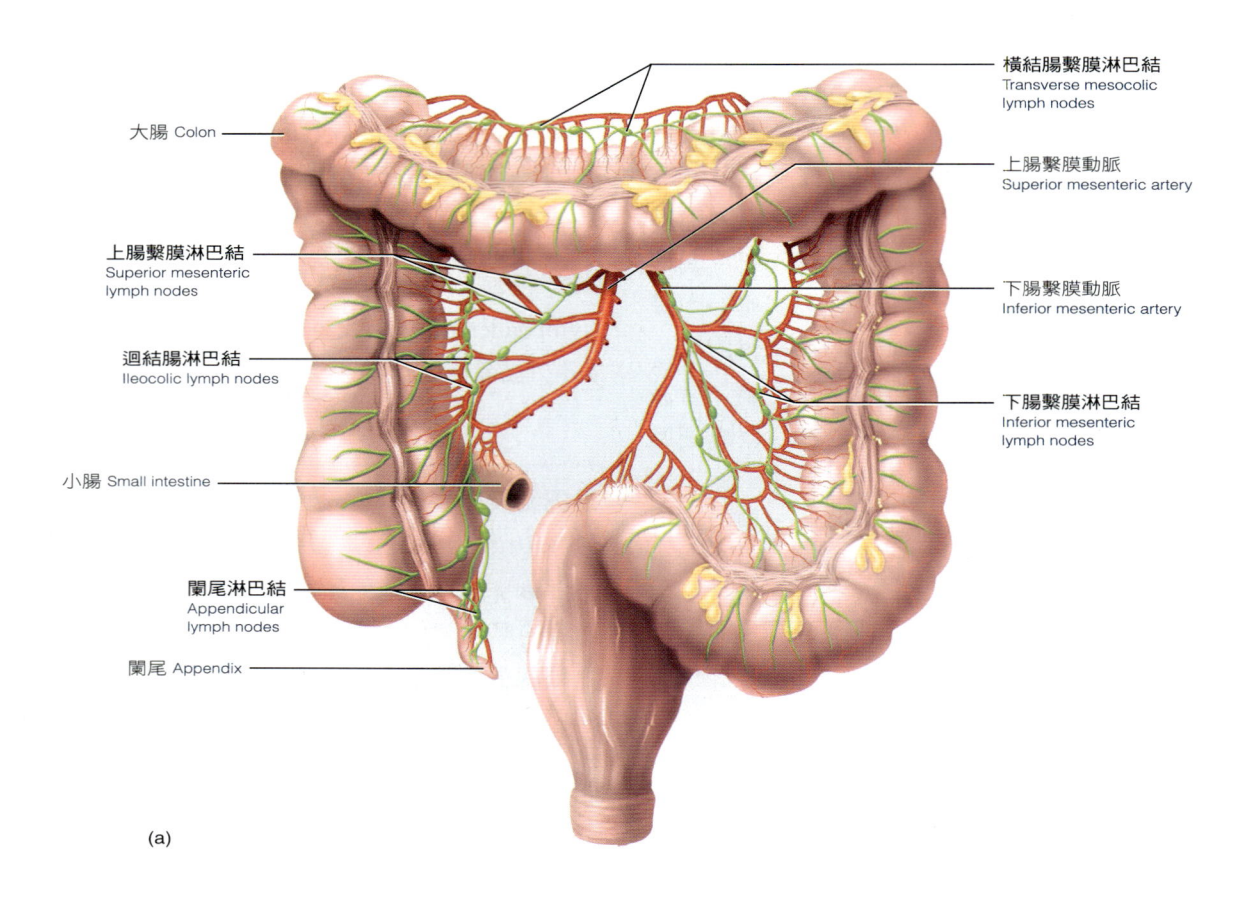

圖 22.12 部分區域的淋巴結聚集。(a) 與大腸相關的結腸繫膜淋巴結；(b) 男性大體腹股溝之腹股溝淋巴結。

APR

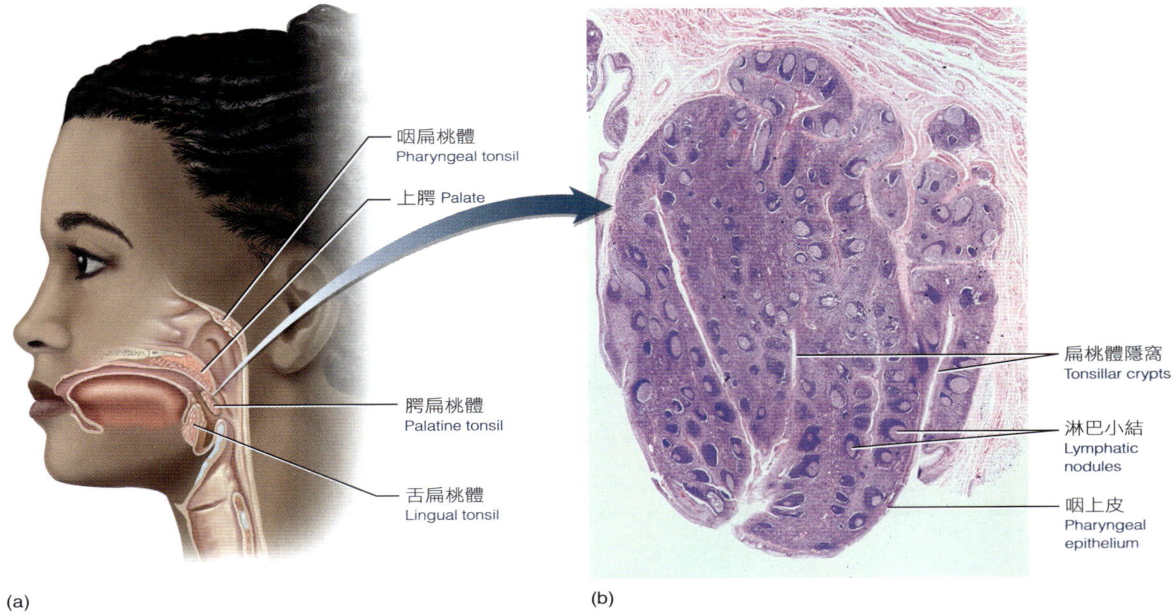

圖 22.13 **扁桃體**。(a) 扁桃體的位置；(b) 腭扁桃體的組織學。APR
(b) ©Biophoto Associates/Science Source

方，扁桃體藉由不完整的纖維囊與下面的結締組織部分隔離。

扁桃體主要分為三組：(1) 鼻腔後方的鼻咽壁上有一個位於中間的**咽扁桃體** [pharyngeal tonsil (adenoids)]；(2) 一對**腭扁桃體** (palatine tonsils) 位於口腔後緣；(3) 許多**舌扁桃體** (lingual tonsils)，每個都有一個隱窩，集中在舌根兩側 (見圖 24.5)。

腭扁桃體是最大的，最常被感染。*扁桃體炎* (tonsillitis) 是腭扁桃體的急性炎症，通常是因病毒或細菌感染引起。*扁桃體切除術* (tonsillectomy)[7] 曾經是對兒童進行的最常見之外科手術之一，現今此手術較少。扁桃體炎目前通常使用抗生素治療。

應用您的知識

吸入的病原體會影響或是最有可能影響哪些扁桃體？

7 *ec* = out 超出；*tomy* = cutting 切割

22.2h 脾臟

脾臟 (spleen) 是人體最大的淋巴器官，長至 12 cm、重約 150 g，位於左季肋區及橫膈膜下方，並位於胃的後外側 (圖 22.14；另見圖 A.6)，由第 10~12 肋骨保護。脾臟緊密地貼於橫膈膜、胃及腎臟之間，腎臟在靠近鄰近的內臟上有*胃區* (gastric area) 及*腎區* (renal area) 的壓痕，內側脾門有脾動脈、脾靜脈及淋巴管穿過。

實質有兩種類型的組織，以新鮮標本形式命名 (未染色的切片)：**紅髓** (red pulp) 由充滿濃縮紅血球的竇組成；及**白髓** (white pulp) 沿著脾動脈的小分支，由似套筒一樣聚集的淋巴球及巨噬細胞組成。在組織切片中，白髓呈現為淋巴球的卵圓形團，有小動脈通過。但是，白髓三維立體形狀並非卵圓形，而是圓柱形。

這兩種組織類型反映脾臟的多種功能，微血管滲透性很強，允許紅血球離開血流，積聚在紅髓，之後重新進入血流。脾臟是老化紅血球的墓地，脆弱的紅血球在穿過微血管壁進入

圖 22.14 **脾臟**。(a) 脾臟位於腹腔左上象限；(b) 內側表面的大體解剖；(c) 組織學。

• 哪些細胞使紅髓和白髓的顏色不同？AP|R

(a and c) ©Dennis Strete/McGraw-Hill Education

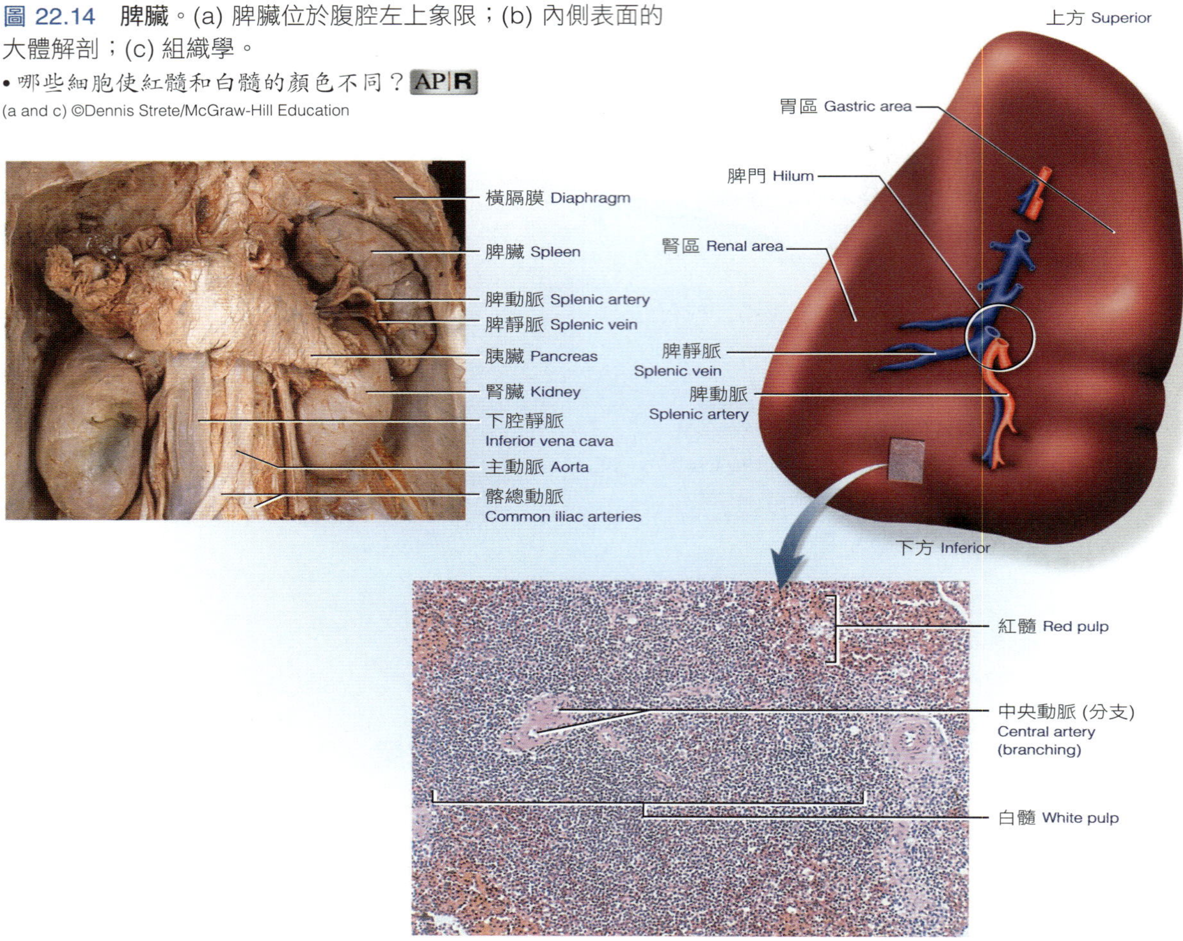

竇時破裂。巨噬細胞吞噬紅血球的碎片，就像處理血液中的細菌及其他細胞碎片一樣。脾臟在胎兒時期製造紅血球，若發生嚴重貧血，在成年人可能會恢復造血作用。

白髓的淋巴球及巨噬細胞監視血液中是否有異物，就像淋巴結監視淋巴一樣。脾臟是大量「常備」單核球的儲存庫，在緊急狀態下等待。如小腿感染、心肌梗塞或開放性傷口等，血管張力素 II 會刺激脾臟釋放大量單核球進入血流。單核球有助於抵抗感染並修復受損的組織。脾臟還可以藉由將多餘的血漿從血液中轉移到淋巴系統中，以穩定血量。

在你繼續閱讀之前

回答下列問題，以檢驗你對上節內容的理解：

4. T 淋巴球、B 淋巴球及自然殺手細胞有何共同點？自然殺手細胞在功能上與其他兩者有何不同？T 淋巴球及 B 淋巴球在功能上有何不同？
5. 抗原呈現細胞 (APC) 的功能為何？請說出三種抗原呈現細胞的名稱。
6. 何謂淋巴小結？說出三個淋巴小結的位置。
7. 兩個主要的淋巴器官為何？為何如此稱呼？描述此兩器官在產生分佈於其他器官的淋巴球的合作關係。
8. 描述淋巴結的皮質和髓質之間的結構及功能的差異。

9. 說出三種扁桃體，並說明數量及位置的不同。
10. 脾臟中的「髓」有兩種類型？其各自的功能為何？
11. 從何意義上來說，脾臟對於血液的作用與淋巴結對淋巴的作用是一樣。

臨床應用 22.2

脾切除術

脾破裂在左胸壁或腹壁受到打擊時最常見，例如在運動傷害及汽車事故中。如果下方的肋骨骨折，特別容易破裂，有時在腹部手術時會被切開。脾臟受傷時軟爛、血管大量出血、被膜 (囊) 薄，故難藉由手術修復。因此，此情況常見的手術方法是切除，*脾切除術* (splenectomy)。

脾功能的低下 [稱為*低脾功能症* (hyposplenism)] 通常並不嚴重，肝及骨髓的巨噬細胞可充分發揮其功能。但是脾切除術確實會讓人處於敗血病 (血液中的細菌)、肺炎球菌感染和過早死亡的風險中。因此若在可行的狀況下，外科醫生會嘗試將一部分脾臟留在原處，此情況脾臟會迅速再生。

有些人的脾臟會過度活動 [*脾功能亢進* (hypersplenism)]，過度吞噬血液中的有形成分會導致貧血、白血球減少症或血小板減少症。這可能是進行脾切除術的另一個原因。

22.3 與免疫有關的淋巴系統

預期學習成果

當您完成本節後，您應該能夠

a. 定義*免疫系統*並解釋其與淋巴系統的關係；
b. 確定人體對抗疾病的三道防線；
c. 區分先天性免疫及適應性免疫；
d. 區分體液免疫及細胞免疫；和
e. 描述 B 淋巴球及 T 淋巴球的生命史及免疫功能，以及其與淋巴器官解剖構造之間的關係。

免疫系統 (immune system) 分佈在人體幾乎每個器官中，由廣泛分佈的細胞所組成。免疫系統產生的多種化學物質可中和並消滅病原體；物理屏障防止入侵，如皮膚及黏膜；以及生理過程，如發燒、發炎。與其他人體系統不同，它不是器官系統，而是許多防禦性細胞及機制的統稱。在本書中不會詳細介紹免疫系統的細節，但是對免疫功能的簡要探討將有助於您對淋巴系統防禦作用之理解。

22.3a 防禦方式

我們對抗病原體有三道防線：(1) 入侵的物理屏障系統，主要是皮膚及黏膜；(2) 對越過第一道防線的病原體採取非特異性行動的系統；(3) **適應性免疫** (adaptive immunity)，不僅可以打敗入侵者，而且可以「記住」它，使身體在之後再次遭遇此入侵者時，可以很快擊敗，使我們從不注意任何症狀。

前兩個防禦稱為**先天性免疫** (innate immunity)，出生時就存在，並且它們對多種病原體具有相同的反應。它們沒有能力記住特定病原體或在未來遇到此病原體時做出不同的反應。除皮膚及黏膜外，先天性免疫的機制還包括嗜中性白血球、巨噬細胞、自然殺手細胞 (NK cell)，各種抗菌蛋白 (如干擾素) 以及炎症和發燒等過程。

第三種防禦方式稱為**適應性免疫** (adaptive immunity)，因為身體會適應特定病原體，並在之後接觸時更容易抵禦。適應性免疫比先天性免疫更具病原體特異性。人體對每種病原體都有獨立的免疫力。例如，對一種疾病 (如水痘) 的免疫力不會賦予對另一種疾病 (如麻疹) 的免疫力。區分病原體的不同是基於病原體的

抗原 (antigens) 複合分子，例如蛋白質和糖蛋白，在遺傳上將生物體，甚至是同一物種的不同成員彼此區分開，並觸發免疫反應。進行適應性免疫反應的是 T 淋巴球及 B 淋巴球。

一些細胞在先天性免疫及適應性免疫中都發揮作用，特別是巨噬細胞及輔助性 T 淋巴球。巨噬細胞在攻擊的微生物時沒有任何區別，但是巨噬細胞也發揮將外來抗原之呈現作用，以激活具有適應性免疫的淋巴球。輔助性 T 細胞 (T_H cell) 不僅激活具有適應性免疫的 B 淋巴球和毒殺性 T 淋巴球，而且幫助調節先天性非特異性炎症反應。

適應性免疫有兩種形式，稱為體液免疫 (humoral immunity) 和細胞免疫 (cellular immunity)。**體液免疫** (humoral immunity) 又稱**抗體媒介免疫** (antibody-mediated immunity)，是由 B 淋巴球及抗體所進行，稱為體液 (humoral) 是因為抗體在體液中自由循環。*humor* 是體液的古老用語。**細胞免疫** (cellular immunity) 又稱**細胞媒介免疫** (cell-mediated immunity)，是透過毒殺性 T 淋巴球所進行。本章不會深入探討防禦的細節，但是會探討 B 淋巴球及 T 淋巴球的活性，及其與淋巴器官的解剖結構之間的關係，B 淋巴球及 T 淋巴球是淋巴器官中最豐富的細胞。

B 淋巴球及 T 淋巴球有些共同點，我們在研究兩者的生命史差異前，先了解這些問題。兩類型都在紅骨髓開始發育為造血幹細胞 (hematopoietic stem cells, HSCs)。部分 HSC 產生淋巴球集落形成單位 (lymphocyte colony-forming units)，最終產生 B 淋巴球及 T 淋巴球 (見圖 19.8)。在它們參與免疫反應之前，兩種類型的淋巴球都必須在表面上形成抗原受體，使其具有識別、結合和反應抗原的**免疫能力** (immunocompetence)。此外，人體必須剔除對自身 (宿主) 抗原引起反應的淋巴球，使免疫系統不會攻擊自己的器官。自身反應性淋巴球的破壞或失活稱為**負向選擇** (negative selection)。僅約 2% 淋巴球在這種剔除過程中倖存下來。圖 22.15 比較 B 淋巴球及 T 淋巴球的生命史。

22.3b B 淋巴球與體液免疫

B 淋巴球獲得免疫能力，並在紅骨髓中經歷負向選擇。許多成熟具有免疫能力的 B 淋巴球保留在紅骨髓，而更多的 B 淋巴球則分散並分佈在其他部位，例如黏膜、脾臟，尤其是在淋巴結的皮質小結，以等待抗原隨淋巴進入。

體液免疫的基礎是產生 γ 球蛋白之**抗體** (antibodies) 蛋白，在血液、其他體液及某些免疫細胞表面上。當 B 淋巴球遇到外源抗原時，會內化並消化，並將抗原片段呈現給輔助性 T 淋巴球。輔助性 T 淋巴球分泌化學輔助因子 (helper factors)，刺激 B 淋巴球分裂以增加數量。大多數 B 淋巴球的子細胞分化為**漿細胞** (plasma cells)，漿細胞比 B 淋巴球大，並且也可能具有豐富的粗糙的內質網 (圖 22.16)，因為漿細胞在 4 到 5 天的生命期中每秒以高達 2,000 個分子的驚人速度分泌抗體。漿細胞主要在淋巴結之小結中生發中心發育。約有 10% 漿細胞保留在生發中心，其餘則從淋巴結移出，並遍佈骨髓及其他淋巴器官和組織。抗體在血液及其他體液中遍及全身，並以各種方式面對遇到的抗原而產生反應。

部分 B 淋巴球沒有變成漿細胞，而是變成了記憶細胞，它們可以存活數月至數年，如果再次遇到相同的抗原，將很快反應。這對病原體提供了持久的免疫力。

22.3c T 淋巴球與細胞免疫

從胎兒早期發育開始，未成熟的前驅 T 淋巴球從骨髓遷移至胸腺皮質，並大量繁殖。

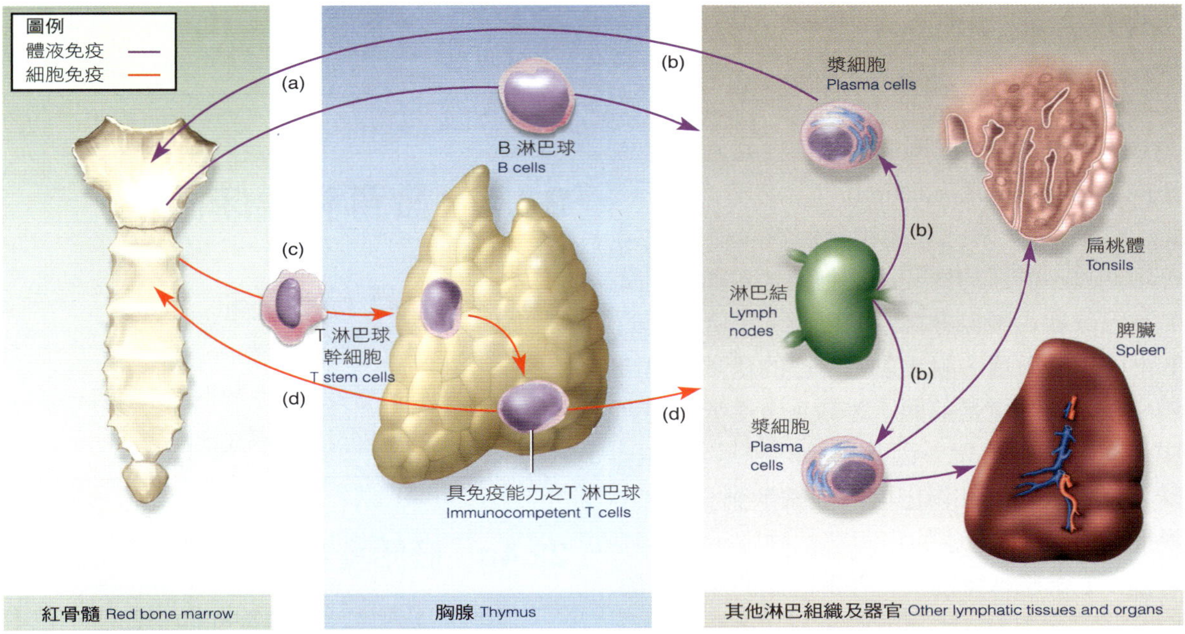

圖 22.15 **B 淋巴球和 T 淋巴球的生命史及遷移**。體液免疫以紫色箭頭表示，細胞免疫以紅色箭頭表示。(a) B 淋巴球在紅骨髓中獲得免疫能力 (左)，並有許多細胞遷移到各種淋巴組織及器官，包括淋巴結、扁桃體及脾臟 (右)；(b) 漿細胞在淋巴結中 (在其他部位) 發育，然後遷移到骨髓及其他淋巴器官，在那裡漿細胞用幾天的時間分泌抗體；(c) T 淋巴球幹細胞從骨髓中移出並在胸腺中獲得免疫能力；(d) 具有免疫能力的 T 淋巴球離開胸腺，並重新駐留在骨髓或是各種淋巴器官 (右)。

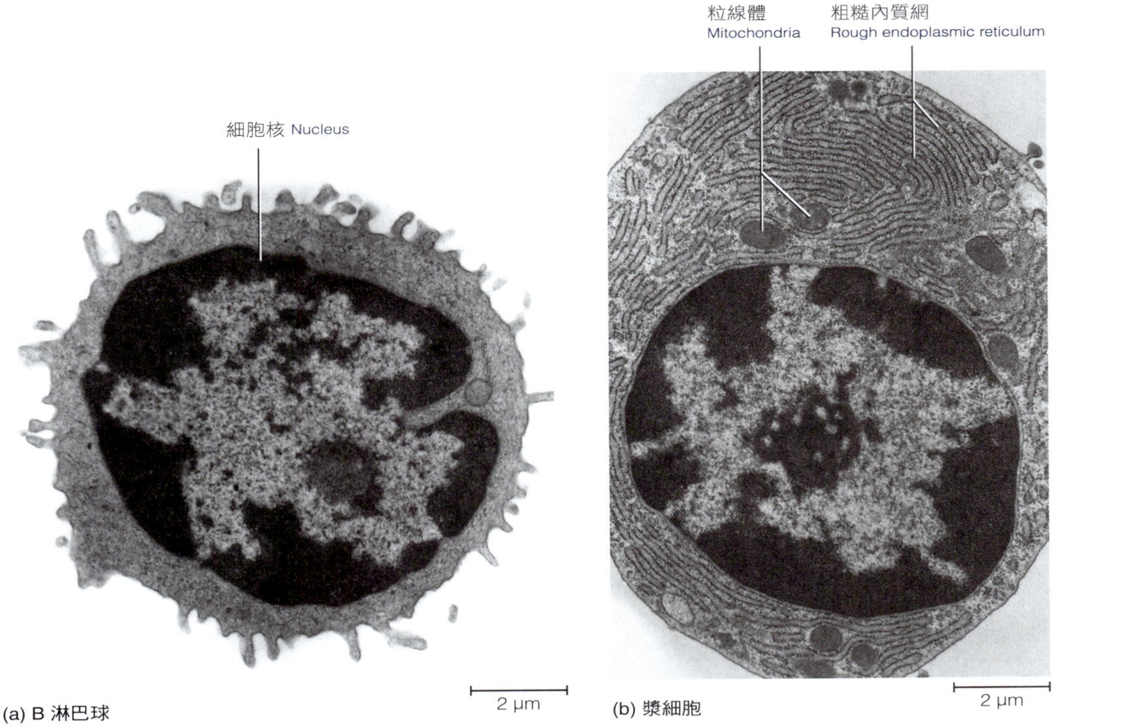

圖 22.16 **B 淋巴球及漿細胞**。(a) B 淋巴球幾乎完全被細胞核占據，胞漿體積很小；(b) 漿細胞具有更大體積的細胞質，充滿大量的內質網，這與細胞在合成蛋白質 (抗體) 的作用一致。

皮質的分支上皮細胞幾乎接觸每個 T 淋巴球，並測試它們對抗原的反應能力。允許中等反應性的 T 淋巴球存活，而無反應性 (無助於免疫力) 的細胞則因凋亡而死亡，此過程稱為**正向選擇** (positive selection)。

存活的 T 淋巴球遷移至髓質，並接受另一項測試。髓質的樹突狀細胞及巨噬細胞測試 T 淋巴球對人體自身抗原的反應。反應過度的 T 淋巴球被破壞，阻止攻擊自己的組織引起自體免疫疾病，這是前面所述的*負向選擇*。髓質中沒有血胸腺障壁，因此剩餘的少量 T 淋巴球可以進入血液和淋巴管，並擴散到全身。T 淋巴球在 B 淋巴球的相同部位駐留，包括紅骨髓。T 淋巴球特別集中在淋巴結的深層皮層中。

當毒殺性 T 淋巴球 (T_C cells) 遇到敵方細胞時，會直接攻擊，並以*致命* (lethal hit) 有毒化學物質對其破壞。這就是為什麼由 T 淋巴球進行的免疫稱為*細胞免疫* (又稱*細胞媒介免疫*) 的原因。與體液免疫一樣，部分 T 淋巴球作為記憶細胞保留下來，其壽命長達數十年，因此具有持久的保護作用。

應用您的知識

假設出現了一種新的病毒，該病毒選擇地破壞記憶性 T 淋巴球及 B 淋巴球。這種病毒的病理作用為何？

在你繼續閱讀之前

回答下列問題，以檢驗你對上節內容的理解：

12. 抵禦病原體的三道防線為何？
13. 適應性免疫與先天性免疫有何不同？
14. 體液免疫及細胞免疫有何不同？
15. B 淋巴球及 T 淋巴球各在何處獲得免疫能力？
16. B 淋巴球及漿細胞之間在結構及功能上有何不同？

22.4 發育和臨床觀點

預期學習成果

當您完成本節後，您應該能夠

a. 描述淋巴器官的胚胎起源；
b. 描述隨著年齡增長而發生的淋巴系統變化；
c. 描述常見的淋巴及免疫系統疾病。

22.4a 胚胎發育

胸腺的胚胎發育在 18.4a 節中描述。在本章我們探討淋巴管、淋巴結及脾臟的發育。

淋巴管開始於中胚層的內皮細胞內襯通道，稱為**淋巴囊** (lymph sacs)，其中部分源自血管出芽，然後脫離血管。其他起源於分離的中胚層通道，彼此合併後最終與靜脈系統連接。淋巴囊以類似於血管生成 (見 21.5a 節) 的方式增生、擴大及融合，而在中胚層形成越來越大的通道 (圖 22.17a)。流量最大的淋巴管後來發展出中膜和外膜，首先形成*頸淋巴囊* (jugular lymph sacs)，靠近頸內靜脈及鎖骨下靜脈連接處。第7週時，這些囊連接至原始靜脈，形成了胸管及右淋巴管的前驅。乳糜管起源於*正中淋巴囊* (median lymph sac)，最初從原始腔靜脈生長，然後從中分離出來。較小的淋巴管從淋巴囊向外生長，並伴隨血管生長到發育中的肢體。

隨著淋巴球侵入淋巴囊並在管腔中形成細胞團 (cell clusters)，淋巴結開始發展。血管生長進入這些細胞團，而在周圍形成結締組織囊 (圖 22.17b)。

脾臟是由間葉細胞發育而來，此間葉細胞入侵至後腸繫膜並朝向胃部。因此，脾

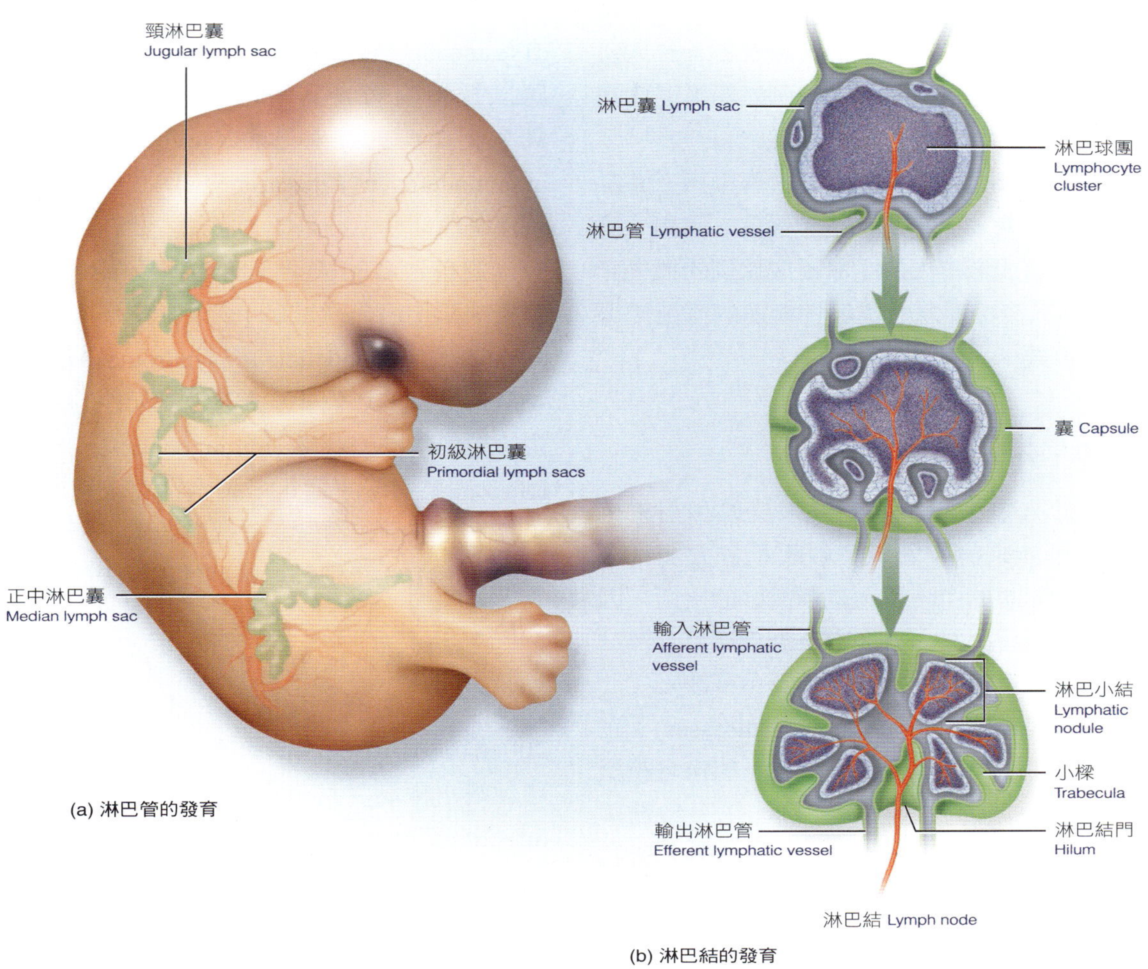

圖 22.17 **淋巴管及淋巴結的胚胎發育**。(a) 第 7 週胚胎顯示出右頸淋巴囊，並連接到未來的鎖骨下靜脈；初級淋巴囊將合併形成胸管；及正中淋巴囊，將成為乳糜池；(b) 淋巴結發育的階段。上圖：淋巴球聚集在淋巴囊中，並且血管生長進入其中。中圖：隨著血管的增生，在周圍形成纖維狀的囊。下圖：囊向內生長成小樑，隨著淋巴結的形成，小樑的內部再細分。

臟仍然包覆在腸繫膜中，並藉由*胃脾韌帶* (gastrosplenic ligament) 永久連接到胃。出生時脾臟發育未完全。具有免疫功能的淋巴球對脾臟組織的浸潤會刺激其出生後的發育。

22.4b 老化的淋巴及免疫系統

老化對淋巴系統的影響在免疫功能下降比在解剖學上的變化更多。免疫反應降低的原因很多，紅骨髓及淋巴組織的數量減少，因此造血幹細胞、白血球及抗原呈現細胞較少。隨著胸腺萎縮，胸腺激素減少。也許正因為如此，越來越多的淋巴球無法成熟並無法產生免疫能力。

輔助性 T 淋巴球較少，因此體液免疫及細胞免疫都因缺乏輔助性 T 淋巴球而受影響。毒殺性 T 淋巴球對抗原的反應較弱，感染時抗體增加速度較慢。隨著保護性的自然殺手細胞減少，使老年人越來越普遍罹患癌症。矛盾的是，儘管老年人正常的抗體反應較弱，但循環的*自體抗體* (autoantibodies) 卻增加了，這些抗體無法區分宿主抗原和外來抗原，因此會攻擊人體自身的組織，而導致各種自體免疫疾病 (autoimmune[8] diseases)，例如類風濕性關節炎。

隨著老年人免疫力的降低，傳染病不僅會變得更加普遍，而且還會更加嚴重。例如，流行性感冒造成老年人的生命不成比例的損失。在 60 歲以後接種急性季節性疾病的疫苗變得越來越重要。

22.4c 淋巴及免疫疾病

對於人體來說，區分外來抗原和宿主抗原，抵禦外來病原體以及引起不會太弱、太強、不會誤導的免疫反應是種微妙的平衡，因此有時可能會出錯。大多數免疫疾病可分為三類：自體免疫疾病、過敏反應及免疫缺陷。

自體免疫疾病 (autoimmune diseases)：正如前面所提，自體免疫疾病是由針對自身組織的免疫攻擊所導致的疾病。例如第一型糖尿病、風濕熱、類風濕性關節炎及全身性紅斑狼瘡。

過敏反應 (hypersensitivity)：對於抗原產生過度且有害免疫反應。最普遍的例子是過敏 (allergies)，這是對於大多數人可以耐受的環境抗原 [過敏原 (allergens)]，產生過度反應。過敏原存在於廣泛物質中，例如蜂、黃蜂毒液；常春藤及其他植物產生的毒素；霉、灰塵、花粉、動物皮屑；堅果、牛奶、雞蛋及貝類等食物；化妝品；乳膠；疫苗；以及青黴素、四環素及胰島素等藥物。在許多情況下，過敏原刺激嗜鹼性白血球及肥大細胞釋放組織胺及其他化學物質，這些化學物質會導致多種症狀：水腫、充血、眼睛含淚、流鼻涕、蕁麻疹、抽筋、腹瀉、嘔吐，及有時甚至是嚴重的循環衰竭 [過敏性休克 (anaphylactic shock)]。

免疫缺陷疾病 (immunodeficiency diseases)：免疫系統無法做出足夠強的反應以抵禦疾病。其中之一是先天疾病——嚴重複合型免疫缺乏症 (severe combined immunodeficiency disease, SCID)，此嬰兒出生時沒有功能性免疫系統，必須生活在無菌環境中以避免致命的感染。當然，最眾所皆知的免疫缺陷疾病是愛滋病 [後天免疫缺乏症候群 (acquired immunodeficiency syndrome, AIDS)]。AIDS 與 SCID 不同，這不是先天性的，而是由人類免疫缺陷病毒 (immunodeficiency virus, HIV) 感染引起，通常是透過性交、使用受污染的針頭進行藥物注射或透過胎盤從母親傳播給胎兒。HIV 特別針對輔助性 T 淋巴球 (CD4 cell)。

正常的輔助性 T 淋巴球計數為 600~1,200 個細胞/μL 血液；愛滋病的標準是計數低於 200 個細胞/μL，由於嚴重的輔助性 T 淋巴球耗竭，極易受到伺機性感染 (opportunistic infections)，此種感染只有在免疫系統較弱的人才會產生疾病。在愛滋病中，常見例子為弓形蟲 (Toxoplasma)(感染腦組織的原生動物)、肺囊蟲肺炎(Pneumocystis)(呼吸道真菌)、念珠菌 (Candida)(在口腔中生長成白色斑點的真菌)、單純疱疹、巨細胞病毒及結核病。伺機性感染是愛滋病死亡的主要原因。

表 22.1 簡述一些淋巴系統疾病。

在你繼續閱讀之前

回答下列問題，以檢驗你對上節內容的理解：

17. 胚胎中的淋巴囊如何形成？淋巴結如何形成？
18. 描述老年免疫系統功能下降的原因。
19. 三種主要之免疫系統疾病為何？請各舉一個例子。

8 *auto* = self 自體

表 22.1 淋巴系統疾病

何杰金氏症 (Hodgkin[9] disease)	淋巴結惡性腫瘤，早期症狀包括疼痛性淋巴結腫大，尤其是在頸部；發燒、厭食、減肥、盜汗及嚴重的瘙癢。在淋巴結活組織檢驗中發現特徵性的立德-史登堡氏細胞 (Reed-Sternberg cells) 時就可以確診。常進展至鄰近的淋巴結。放射及化學療法可治癒約四分之三的患者
非何杰金氏淋巴瘤 (Non-Hodgkin lymphoma)	此淋巴瘤類似於何杰金氏症，但更常見，在體內分佈較廣 (包括腋窩、腹股溝及股骨淋巴結)，並且沒有立德-史登堡氏細胞。死亡率高於何杰金氏症
淋巴結炎 (Lymphadenitis)[10] (lim-FAD-en-EYE-tis)	反應外來抗原的攻擊而使淋巴結發炎；以腫脹及壓痛為特徵
淋巴結腫大 (Lymphadenopathy)[11] (lim-FAD-en-OP-a-thee)	所有淋巴結疾病的統稱
淋巴管炎 (Lymphangitis)[12] (LIM-fan-JY-tis)	淋巴管發炎；沿血管的方向以發紅及疼痛為特徵
脾腫大 (Splenomegaly)[13]	脾腫大，有時無潛在疾病，但通常表示有感染，自體免疫疾病、心臟衰竭、肝硬化、何杰金氏症及其他癌症。脾腫大可能會「囤積」紅血球，引起貧血，並且可能變得脆弱並破裂

您可以在以下地方找到其他淋巴和免疫系統疾病

愛滋病 (22.4c 節)	淋巴結癌 (臨床應用 22.1)	嚴重的合併免疫缺陷疾病 (22.4c 節)
過敏 (22.4c 節)	伺機感染 (22.4c 節)	扁桃體炎 (22.2g 節)
自體免疫疾病 (22.4c 節)	脾破裂 (臨床應用 22.2)	

9 湯姆森・何杰金 (Thomas Hodgkin, 1798~1866)，英國醫師
10 *adeno* = gland 腺體；*itis* = inflammation 炎症
11 *adeno* = gland 腺體；*pathy* = disease 疾病
12 *ang* = vessel 管；*itis* = inflammation 炎症
13 *megaly* = enlargement 增大

學習指南

評估您的學習成果

為了測試你的知識，請與學習夥伴討論以下話題，或以書面形式討論，最好是憑記憶。

22.1 淋巴和淋巴管

1. 淋巴系統的解剖構造。
2. 淋巴系統的三個功能。
3. 淋巴的外觀及組成。
4. 微淋巴管的結構及其結構如何從組織間液中回收大顆粒。
5. 淋巴管的組織學及其與淋巴結的解剖學及功能關係。
6. 較大的淋巴管，包括 11 條淋巴幹、2 條淋巴導管以及淋巴返回血流的部位。
7. 使淋巴流經由淋巴管並防止其向後流動的機制。

22.2 淋巴球、組織及器官

1. 淋巴系統的七種主要防禦細胞類型。
2. 嗜中性白血球的功能。
3. 自然殺手細胞的功能。
4. 四種 T 淋巴球，其功能以及 T 所代表的含意。
5. B 淋巴球的功能，其與漿細胞的關係以及 B 所代表的含義。
6. 巨噬細胞的功能和類型，及其與血液中單核球的關係。
7. 樹突狀細胞及網狀細胞的位置和功能。
8. 瀰漫性淋巴組織的組織學、位置及類型。
9. 區分淋巴器官及淋巴組織的特徵。
10. 初級及次級淋巴器官之間的區別，以及此兩類別

的成員。
11. 紅骨髓的構造及功能，及其被認為是器官而非組織的原因。
12. 胸腺的位置、解剖構造、組織學及功能，以及與年齡相關的變化。
13. 淋巴結的解剖構造、組織學及功能。
14. 淋巴結的位置及人體主要淋巴結聚集的名稱。
15. 扁桃體的名稱、位置及功能，以及三種扁桃體的構造差異。
16. 脾臟的位置、解剖學、組織學及功能。

22.3 與免疫有關的淋巴系統

1. *免疫系統* (immune system) 的定義以及為何不將其視為器官系統。
2. 人體對抗病原體的三道防線以及先天性免疫和適應性免疫的不同。
3. 抗原的性質及其免疫功能的作用。
4. 先天性免疫的多種機制。
5. *適應性免疫* (adaptive immunity) 的定義，適應性免疫的兩種形式以及相關參與的因子。
6. B 淋巴球和 T 淋巴球的起源以及兩者在參與免疫反應之前必須經歷的過程。
7. B 淋巴球變成免疫補體的位置及隨後駐留的地方。
8. B 淋巴球遇到外來抗原時如何反應，及如何在體液免疫中提供免疫記憶。
9. T 淋巴球變得具有免疫能力的地方，及其隨後駐留的地方。
10. T 淋巴球遇到敵人細胞時如何反應，及如何在細胞免疫中提供免疫記憶。

22.4 發育和臨床觀點

1. 淋巴管、淋巴結及脾臟如何在人類胚胎中發育。
2. 老年人的淋巴組織和免疫反應如何變化，以及為什麼老年人更容易感染傳染病、癌症及自體免疫疾病。
3. 免疫系統疾病的三大種類。
4. 愛滋病的病因及其產生此疾病徵象和症狀的基本細胞機制。

回憶測試

1. 下列何淋巴器官具有輸入淋巴管 (afferent lymphatic vessels) 及輸出淋巴管 (efferent lymphatic vessels)？
   a. 脾臟 (spleen)
   b. 淋巴結 (lymph node)
   c. 扁桃體 (tonsil)
   d. 聚集的淋巴小結 (lymphatic nodule)
   e. 胸腺 (thymus)
2. 下列何種細胞與先天性免疫有關，而與適應性免疫無關？
   a. 輔助性 T 淋巴球 (helper T cells)
   b. 毒殺性 T 淋巴球 (cytotoxic T cells)
   c. 自然殺手細胞 (natural killer cells)
   d. B 淋巴球 (B cells)
   e. 漿細胞 (plasma cells)
3. ______使用致命打擊方式來殺死敵方細胞。
   a. 嗜中性白血球 (neutrophils)
   b. 嗜鹼性白血球 (basophils)
   c. 肥大細胞 (mast cells)
   d. 自然殺手細胞 (NK cells)
   e. 毒殺性 T 淋巴球 (cytotoxic T cells)
4. 下列何者是巨噬細胞？
   a. 微小膠細胞 (microglia)
   b. 漿細胞 (plasma cell)
   c. 網狀細胞 (reticular cell)
   d. 輔助性 T 淋巴球 (helper T cell)
   e. 肥大細胞 (mast cell)
5. 下列淋巴器官中，何者具有皮質 (cortex) 及髓質 (medulla)：(I) 脾臟 (spleen)；(II) 淋巴結 (lymph node)；(III) 胸腺 (thymus)；(IV) 紅骨髓 (red bone marrow)？
   a. 僅 II
   b. 僅 III
   c. 僅 II 及 III
   d. 僅 III 及 IV
   e. I、II 及 III
6. 何細胞形成血胸腺障壁 (blood-thymus barrier)？
   a. 星狀膠細胞 (astrocytes)
   b. 胸腺小體 (thymic corpuscles)
   c. T 淋巴球 (T cells)
   d. 樹突狀細胞 (dendritic cells)
   e. 皮質上皮細胞 (cortical epithelial cells)
7. B 淋巴球在何處獲得免疫能力 (immunocompetence)？
   a. 紅骨髓 (red bone marrow)
   b. 淋巴結的生發中心 (germinal centers of the lymph nodes)
   c. 胸腺皮質 (thymic cortex)
   d. 胸腺髓質 (thymic medulla)
   e. 脾臟的白髓 (white pulp)
8. 若不是負向選擇 (negative selection) 的過程，我們將會看到更多下列何者？

a. 過敏 (allergies)
b. MALT 中的淋巴小結 (lymphatic nodules)
c. 抗原呈現細胞 (antigen-presenting cells)
d. 免疫缺陷疾病 (immunodeficiency diseases)
e. 自體免疫疾病 (autoimmune diseases)

9. 淋巴結特別集中在所有這些部位，但除了：
a. 頸部 (cervical region)
b. 膕區 (popliteal region)
c. 腕部 (carpal region)
d. 腹股溝區域 (inguinal region)
e. 腸繫膜 (mesenteries)

10. 所有淋巴最後會在何部位重新進入血流？
a. 右心房 (right atrium)
b. 頸總動脈 (common carotid arteries)
c. 內髂靜脈 (internal iliac veins)
d. 鎖骨下靜脈 (subclavian veins)
e. 下腔靜脈 (inferior vena cava)

11. 任何能夠引起疾病的微生物都稱為______。

12. ______是乳白色的淋巴，從小腸吸收，富含脂肪。

13. 稱為______的淋巴管將淋巴從一個淋巴結，傳送至另一個淋巴結。

14. 排入鎖骨下靜脈的兩個淋巴管分別是右側的______和左側的______。

15. 第 14 題問題後面的導管從橫膈膜下方囊稱為______開始。

16. B 淋巴球先變成______細胞，再開始分泌抗體。

17. 任何處理抗原並呈現其片段，以激活免疫反應的細胞都稱為______。

18. ______是主要由造血之島 (hematopoietic islands) 及竇 (sinusoids) 組成的淋巴器官。

19. 淋巴細胞成卵圓形團塊位於扁桃體隱窩稱為______。

20. 抗體攻擊自己組織的任何疾病都稱為______疾病。

答案在附錄 A

建立您的醫學詞彙

說出每個詞彙的含義，並從本章中給出一個使用該詞彙的醫學專有名詞或稍微的改變該詞彙。

1. -gen
2. -itis
3. adeno-
4. -ectomy
5. -pathy
6. lympho-
7. immuno-
8. -megaly
9. -oma
10. chylo-

答案在附錄 A

這些陳述有什麼問題？

簡要說明下列各項陳述為什麼是假的，或將其改寫為真。

1. B 淋巴球在先天性免疫及適應性免疫中皆發揮作用。
2. 淋巴系統中有數十個或可能數百個淋巴導管 (collecting ducts)。
3. 在所有淋巴器官中，缺乏胸腺比缺乏脾臟容易生活。
4. T 淋巴球僅參與細胞免疫。
5. 產生抗體的漿細胞來自血液單核球。
6. 淋巴管進入淋巴結，但血管不會進入淋巴結。
7. 淋巴結由 B 淋巴球而非 T 淋巴球組成。
8. 淋巴小結是包覆在纖維囊中的永久性結構。
9. 扁桃體切除術被認為是大多數扁桃體炎的目前治療選擇。
10. 嗜中性白血球是免疫系統中最具攻擊性對抗細菌的細胞，又稱為自然殺手細胞 (natural killer cells)。

答案在附錄 A

測試您的理解力

1. 約有 10% 的人有一個或多個副脾 (accessory spleens)，通常直徑約 1 cm，位於主脾臟的脾門附近或埋在胰腺尾部。如果外科醫生以脾切除術作為脾功能亢進的治療方法 (請參見臨床應用 22.2)，為什麼尋找並切除任何副脾是重要的？忽略其中之一可能會有何後果？
2. 治療一名婦女的右乳房惡性腫瘤時，外科醫生將一些腋窩淋巴結切除。手術後，請解釋為何為患者右臂浮腫？
3. 請解釋為何對淋巴導流途徑的詳細瞭解，對癌症的臨床治療很重要。

4. 燒傷研究中心使用小鼠進行皮膚移植研究。為了防止移植排斥，在出生時對小鼠進行胸腺切除術。胸腺中未發育 B 淋巴球，這些小鼠也沒有體液免疫反應，非常容易感染。解釋為什麼去除胸腺會提高植皮成功率，但會對體液免疫產生不利影響。
5. 比較 B 淋巴球和漿細胞的結構，並說明其結構差異與功能差異的關係。

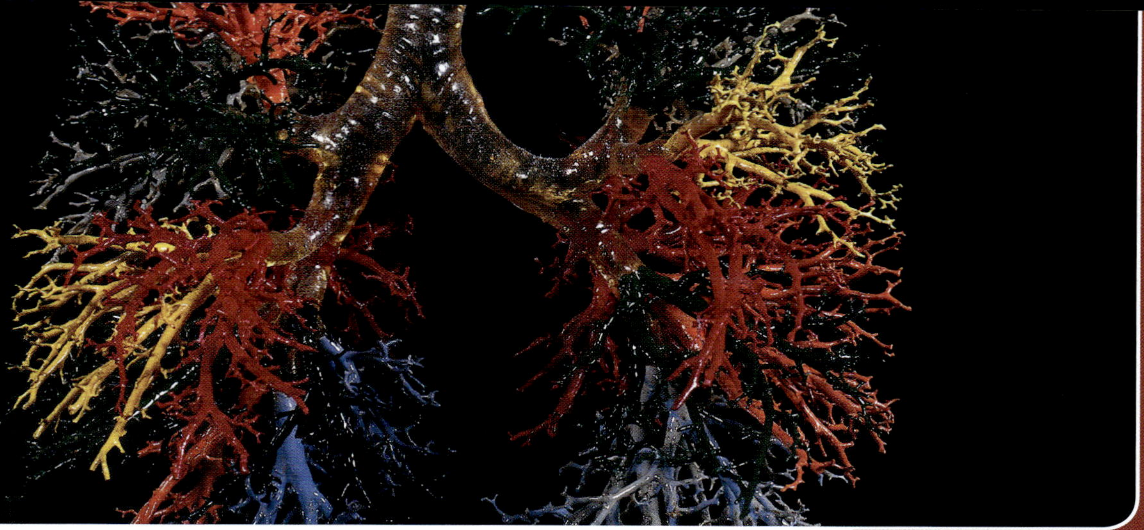

支氣管樹，每條支氣管肺節段以不同顏色顯示 (腐蝕鑄型)

CHAPTER 23

呼吸系統

王懷詩

章節大綱

23.1 呼吸系統概述

23.2 上呼吸道

- 23.2a 鼻
- 23.2b 咽
- 23.2c 喉

23.3 下呼吸道

- 23.3a 氣管和支氣管
- 23.3b 肺
- 23.3c 胸膜

23.4 呼吸的神經肌肉面

- 23.4a 呼吸肌
- 23.4b 呼吸的神經解剖

23.5 發育和臨床觀點

- 23.5a 產前和新生兒發育
- 23.5b 呼吸系統的老化
- 23.5c 呼吸病理學

學習指南

臨床應用

23.1 氣管造口術

23.2 肺塌陷

23.3 奧丁之詛咒

23.4 早產和呼吸窘迫症候群

複習

要瞭解本章，您可能會發現複習以下概念會有所幫助：

- 漿膜和黏膜 (3.5b 節)
- 篩骨、上頜骨、鼻骨和犁骨 (7.2 節)
- 基礎腦幹解剖學 (15.2 節)
- 自主神經系統的分類 (16.1c 節)
- 肺的血液循環 (21.2 節)

Anatomy & Physiology REVEALED®
aprevealed.com

模組 11：呼吸系統

呼吸代表生命。嬰兒的第一次呼吸和垂死之人的最後一口氣是人類經驗中最戲劇性的兩個時刻。但是為什麼我們要呼吸？歸結為一個事實，即我們大部分新陳代謝都直接或間接地需要 ATP。多數 ATP 合成過程都需要氧氣並產生二氧化碳，因此需要呼吸才能提供前者並排出後者。呼吸系統主要由將空氣輸送到肺的管道組成，在肺部將氧氣擴散到血液中，並從血液中除去二氧化碳。

呼吸系統和心血管系統具有如此緊密的功能和空間關係，以至於肺部疾病經常直接影響心臟，反之亦然。這兩個系統通常被共同視為*心肺系統* (cardiopulmonary system)。

23.1 呼吸系統概述

預期學習成果

當您完成本節後，您應該能夠

a. 敘述呼吸系統的功能；

b. 命名該系統的主要器官；

c. 區分傳導區和呼吸區；和

d. 區分上呼吸道和下呼吸道。

呼吸系統 (respiratory system) 是專門為血液提供氧氣並從血液中去除二氧化碳的器官系統。具有比通常認定的還要多樣化的功能：

1. **氣體交換** (gas exchange)：提供血液和空氣之間的氧氣和二氧化碳交換。
2. **溝通** (communication)：用於說話和其他發聲 (笑，哭)。
3. **嗅覺** (olfaction)：提供嗅覺，這在社會互動中，食物選擇，避免危險是重要的 (例如氣體洩漏或變質食品)。
4. **酸鹼平衡** (acid-base balance)：通過除去二氧化碳，有助於控制體液的 pH 值。過量的 CO_2 與水反應並釋放出氫離子：

$$CO_2 + H_2O \rightarrow H_2CO_3 \rightarrow HCO_3^- + H^+$$

因此，如果呼吸系統無法跟上 CO_2 的產生速度，則 H^+ 會積聚使體液的 pH 值異常偏低 [*酸中毒* (acidosis)]。

5. **血壓調節** (blood pressure regulation)：肺部合成稱為*血管收縮素* II (angiotensin II) 的血管收縮物，該血管收縮素有助於調節血壓。
6. **血小板生成** (blood platelet production)：大多數血小板是在肺中產生的。
7. **血液和淋巴液流動** (blood and lymph flow)：呼吸會在胸腔和腹部之間產生壓力梯度，從而促進淋巴液和靜脈血的流動。
8. **腹部內容物的排出** (expulsion of abdominal contents)：深吸氣後保持閉氣同時收縮腹部肌肉 [*持續閉氣用力* (Valsalva[1] maneuver)] 有助於在排尿、排便和分娩時排出腹部內容物。

呼吸系統的主要器官是鼻子、咽、喉、氣管、支氣管和肺 (圖 23.1)。在肺內，空氣沿一條主要由支氣管→細支氣管→肺泡組成的末端為袋狀的流動路徑 (一些細節將在以後介紹)。在**吸氣** (inspiration)[2] [吸入 (inhaling)] 期間，進入的空氣停在肺泡 (數百萬個薄壁的微觀氣囊) 中，並與穿過肺泡壁的血流交換氣體。它在**呼氣** (expiration)[呼出 (exhaling)] 期間呼出。

呼吸系統的**傳導區** (conducting zone) 是由僅用於氣流的通道組成，基本上是從鼻孔到細支氣管。在這些通道中沒有氣體與血液交換，因為它們的壁太厚無法充分地快速擴散氣體。**呼吸區** (respiratory zone) 由肺泡和其他遠端氣體交換區域組成。從鼻子到喉的呼吸道通常稱為**上呼吸道** (upper respiratory tract)(即頭和頸部的呼吸器官)，從氣管到肺的區域組成**下呼吸道** (lower respiratory tract)(胸部的呼吸器官)。但是這是不精確的術語，各種權威對於

1 安東尼奧・瑪麗亞・瓦爾薩爾瓦 (Antonio Maria Valsalva, 1666~1723)，義大利解剖學家

2 *spir* = to breathe 呼吸

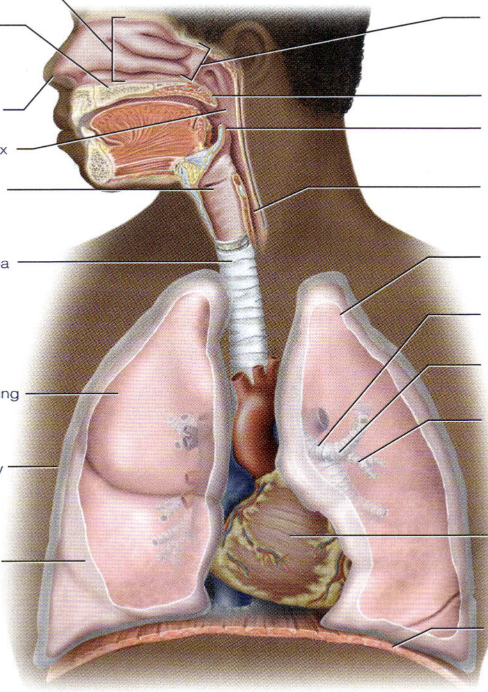

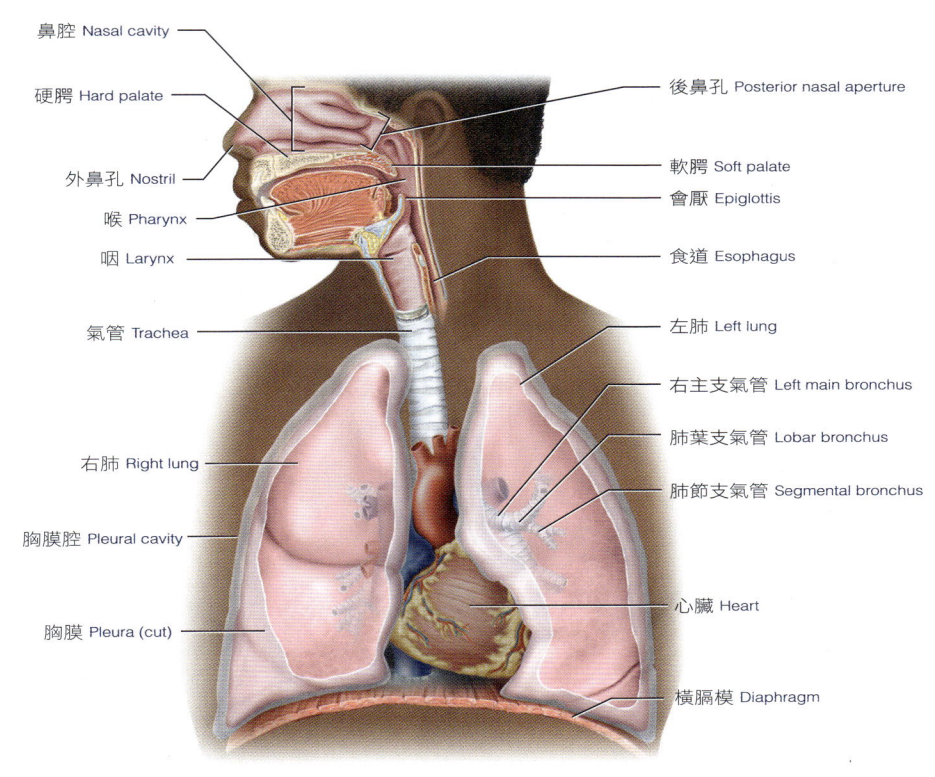

圖 23.1 呼吸系統。APR

上下呼吸道間的分界線位置有不同的認定。

在你繼續閱讀之前

回答下列問題，以檢驗你對上節內容的理解：

1. 除了向身體供應氧氣和清除二氧化碳之外，呼吸系統還有哪些功能？
2. 呼吸道的哪些部分屬於傳導區？哪些部分屬於呼吸區？這兩個區域在功能上有何不同？
3. 上呼吸道和下呼吸道有什麼區別？

23.2 上呼吸道

預期學習成果

當您完成本節後，您應該能夠

a. 追蹤氣體由鼻子到喉部的流動；
b. 描述這些通道的解剖結構；
c. 將上呼吸道任何部分的解剖構造與其功能聯繫起來；和
d. 描述說話時聲帶的作用。

23.2a 鼻

鼻 (nose) 具有多種功能：溫暖、清潔和濕潤吸入的空氣；偵測氣流中的氣味；用作放大聲音的共鳴腔。從稱為**鼻孔** [(nostrils) 或 (nares)(NAIR-eze)(單數為 *naris*)] 的一對前開口，延伸到稱為**後鼻孔** (posterior nasal apertures) 或**內鼻孔** (choanae)[3] (co-AH-nee) 的一對後開口 (圖 23.2b)。

鼻子在顏面部的型態是由骨骼和透明軟骨構成。它的上半部分由一對小鼻骨支撐在

3 *choana* = funnel 漏斗

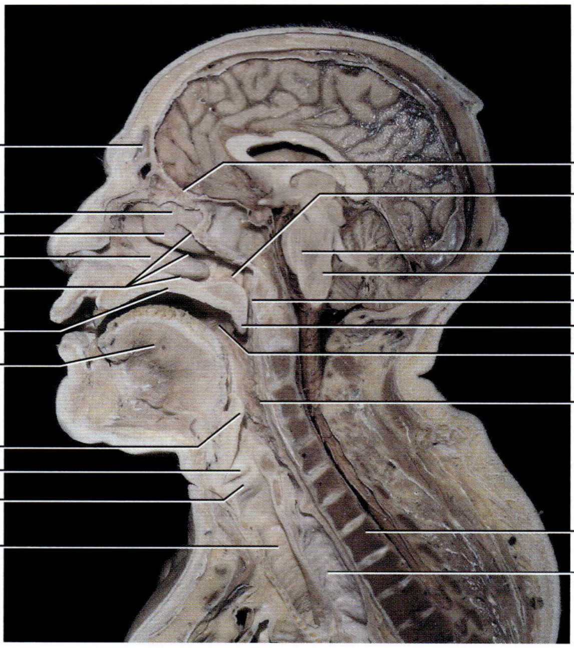

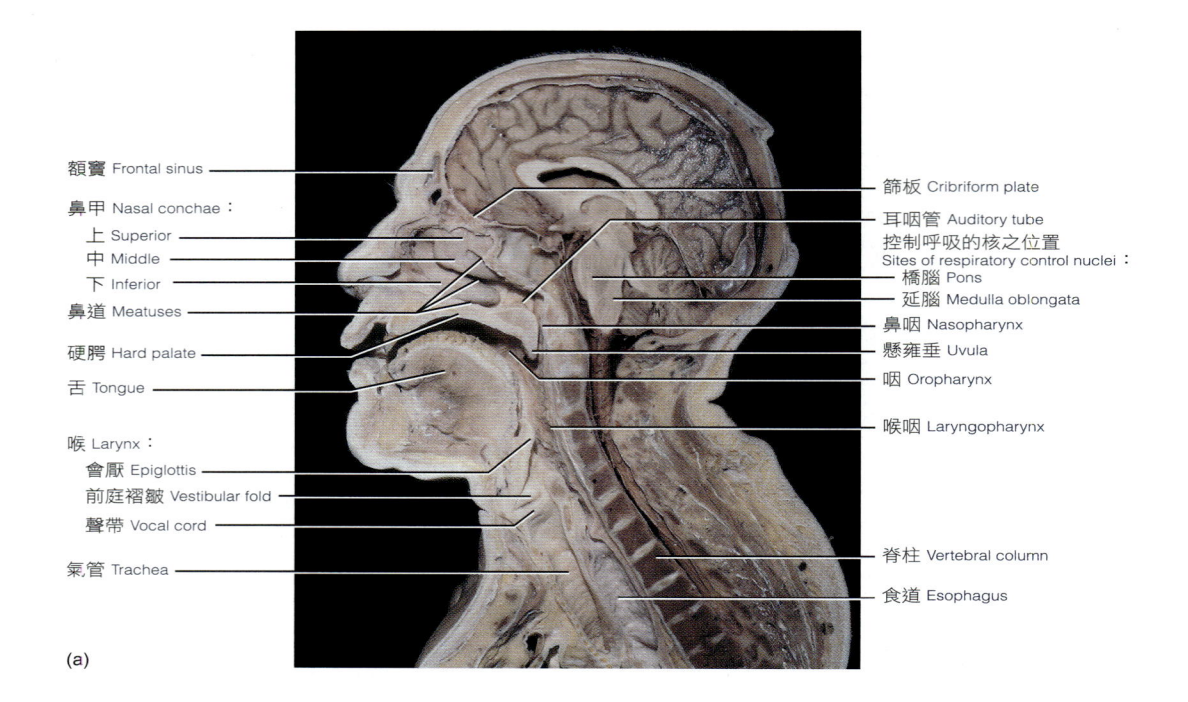

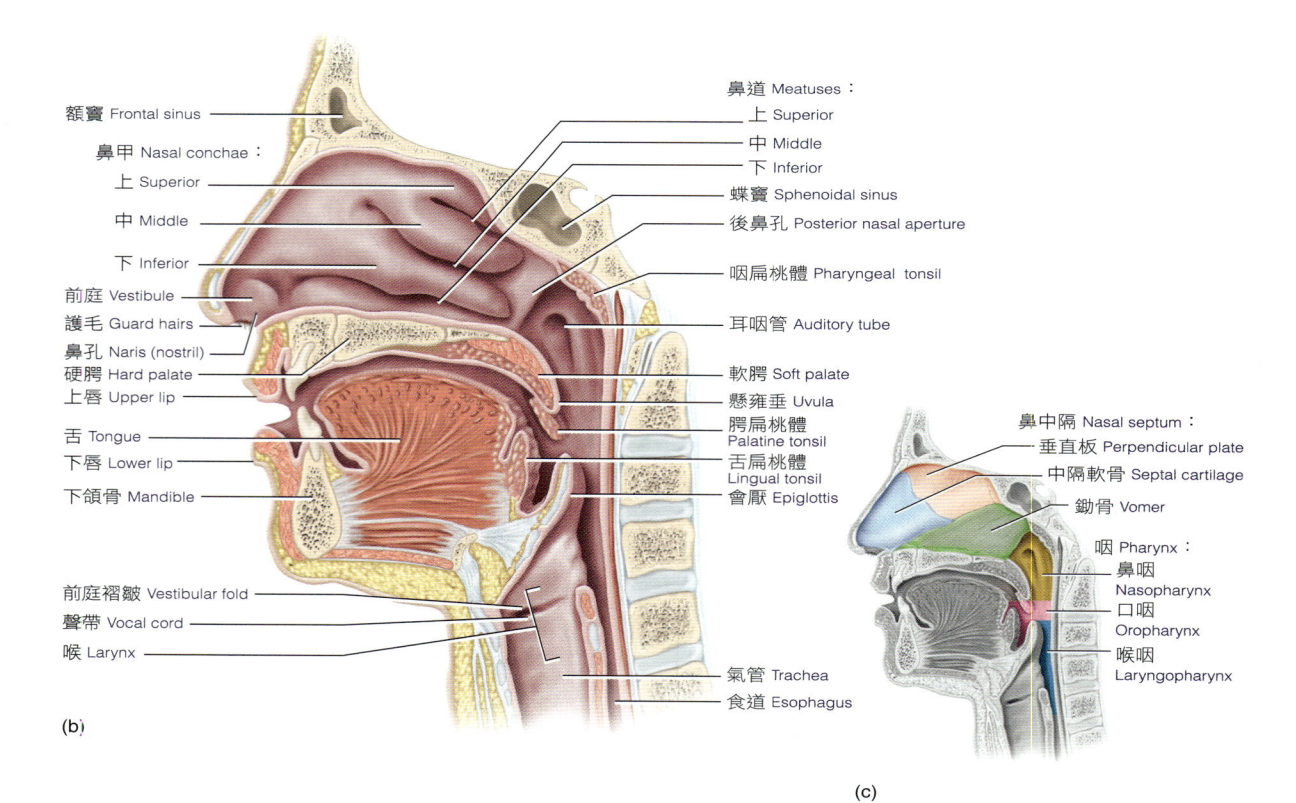

(a)

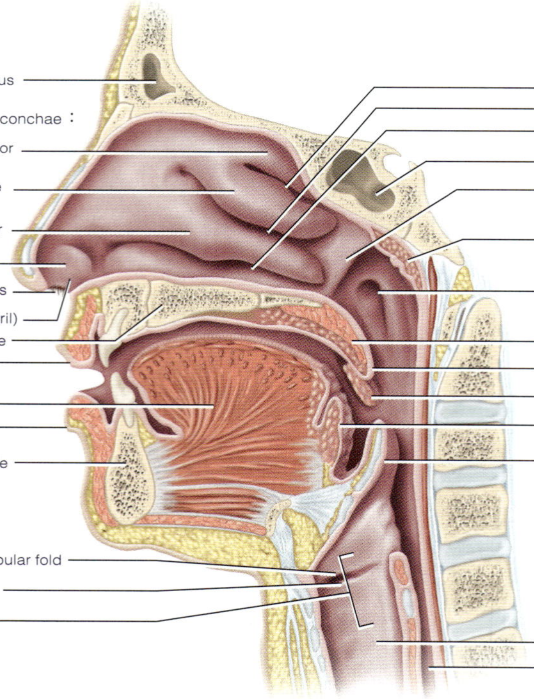

(b)

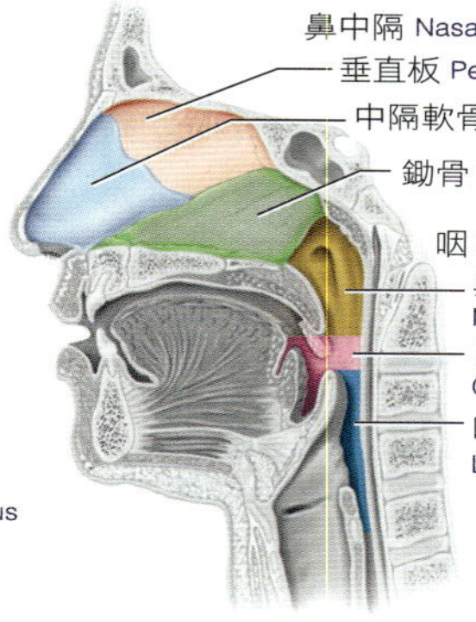

(c)

圖 23.2　上呼吸道解剖圖。(a) 頭部的正中切面；(b) 內部解剖；(c) 咽部區域。

• 在該圖的 (b) 部分上畫一條線，以標示上下呼吸道之間的界限。

中間，而上頷骨則在外側面。下半部由**外側** (lateral) 和**鼻翼軟骨** (alar cartilage) 支撐 (圖 23.3)。通過觸碰自己的鼻子，您可以輕鬆地找到鼻樑骨與下方更有彈性的軟骨之間的邊界。鼻下端於每個鼻孔側面的喇叭形部分，稱為**鼻翼** (ala nasi)[4] (AIL-ah NAZE-eye)，由鼻翼軟骨和緻密結締組織形成。

鼻腔 (nasal cavity) 始於每個鼻孔內部的一個稱為**前庭** (vestibule) 的小擴張腔，以鼻翼為界。該空間內襯有複層鱗狀上皮如面部皮膚，並有堅硬的**護毛** (guard hairs) 或**鼻毛** (vibrissae)(vy-BRISS-ee)，可阻擋昆蟲和空氣中大懸浮顆粒進入鼻腔。鼻腔由硬骨和透明軟骨構成的**鼻中隔** (nasal septum) 分成左右兩半，稱為**鼻窩** (nasal fossae)(FAW-see)。中隔具有三個組成部分：形成下部的犁骨 (vomer)，形成上部的篩骨 (ethmoid bone) 垂直板和形成前部的鼻中隔軟骨。鼻腔的頂部由篩骨和蝶骨形成，並且硬腭形成其底板。上腭將鼻腔與口腔分開，讓你在咀嚼食物時可以呼吸 (請參見臨床應用 7.2)。副鼻竇 (見圖 7.8) 和眼眶鼻淚管 (見圖 17.20b) 的排流進入鼻腔。

鼻腔內沒有太多空間。大部分被三個黏膜覆蓋的骨卷占據——**上** (superior)、**中** (middle) 和**下鼻甲** (inferior nasal conchae[5])(CON-kee) 或**鼻甲** (turbinates)——從側壁向中隔突出 (圖 23.2；另見圖 7.7)。每個鼻甲下方都有一條狹窄的空氣通道，稱為**道** (meatus)[6] (me-AY-tus)。這些通道的狹窄性和鼻甲產生的湍流確保大多數空氣在通過時接觸到黏膜。這個過程中，空氣中的大多數灰塵會黏在黏液上，空氣會從黏膜吸收水分和熱。因此，與空氣在洞穴狀空間中暢通無阻的情況相比，鼻甲可以更有效地清潔、溫暖和加濕空氣。

穿過前庭，鼻腔的黏膜 (mucosa 或 mucous membrane) 由纖毛偽複層柱狀上皮覆蓋在疏鬆的結締組織固有層上所組成 (見圖 3.7 和 3.32)。在大部分的黏膜，上皮被稱為**呼吸上皮** (respiratory epithelium)。每個**纖毛細胞** (ciliated cells) 的頂部具有約 200 個可動纖毛，並被一層黏液覆蓋。上皮細胞中第二多的是酒杯狀的**杯狀細胞** (goblet cells)，其分泌了大部分的黏液。呼吸上皮中較少的細胞還包含內分泌細胞，化學感應刷細胞 (brush cells) 和基底

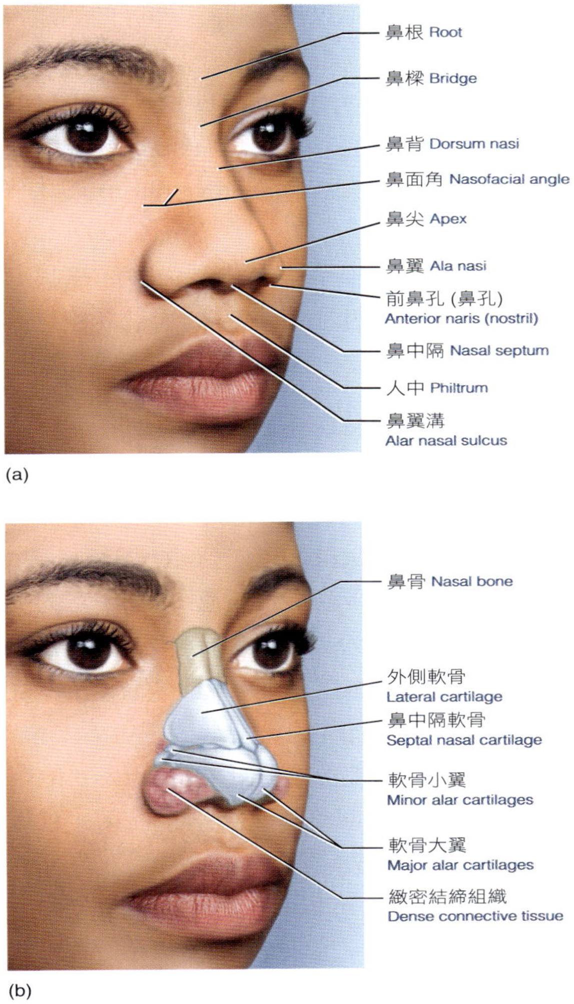

圖 23.3 鼻區解剖圖。(a) 外部解剖；(b) 塑造鼻型的結締組織。

• (b) 部分中哪個軟骨最深入面部？

4 *ala* = wing 翼；*nasi* = of the nose 鼻子的

5 *concha* = seashell 貝殼

6 *meatus* = passage 通道

幹細胞。

吸入的灰塵、花粉、細菌和其他異物被困在覆蓋上皮的黏液的黏毯中。上皮的纖毛的波浪性擺動將載有碎屑的黏液向後推到咽部，在咽部被吞嚥。這些微粒碎屑或是被消化或是經過消化道，而不是污染肺部。

鼻黏膜的一個小區域有**嗅覺上皮** (olfactory epithelium)，與嗅覺有關。占約 5 cm^2 的面積，位在鼻窩的頂部以及中隔和上鼻甲相鄰的部分。其構造和功能在 17.2b (圖 17.7) 中有詳細說明。與呼吸道上皮的顯著的對比是嗅覺上皮的纖毛是不動的。它們像一盤義大利麵條一樣平放在黏膜表面，用來結合氣味分子而不是推動黏液。

鼻腔固有層是疏鬆的 (蜂窩狀) 結締組織。在呼吸道黏膜中，它含有漿黏液腺體，可補充杯狀細胞產生的黏液。在嗅覺黏膜中，固有層具有大的漿液性**嗅腺** (olfactory glands)。它們分泌出一種水性漿液，可浸潤嗅覺纖毛，並促進氣味分子從吸入的空氣擴散到纖毛上的接受器。針對吸入病原體的免疫防禦，固有層有豐富的淋巴細胞以及將抗體分泌到組織液中的漿細胞。

固有層包含有助於溫暖空氣的大血管。下鼻甲有一個特別廣泛的靜脈叢，稱為**勃起組織** (erectile tissue)[**腫脹體** (swell body)]。每隔 30 至 60 分鐘，一側的勃起組織就會充血，並限制通過該窩的氣流。然後，大多數空氣被引導通過另一個鼻孔和窩，從而使充血的一側有時間從乾燥中恢復過來。因此，占優勢的空氣流每小時在左右鼻孔之間移動一次或兩次。

23.2b 咽

咽 (pharynx)(FAIR-inks) 或咽喉是由肌肉構成的漏斗狀構造，由內鼻孔到喉延伸約 13 cm (5 in.)。它具有三個區域：鼻咽 (nasopharynx)、口咽 (oropharynx) 和喉咽 (laryngopharynx)(圖 23.2c)。

鼻咽 (nasopharynx) 位於內鼻孔和軟腭的後方。它由耳咽 (咽鼓或歐氏咽鼓管) 管連接到中耳，並容納咽扁桃體。吸入的空氣穿過鼻咽時向下旋轉 90°。相對較大的粒子 (> 10 μm) 通常由於慣性而無法轉彎。它們與鼻咽後壁相撞並黏在扁桃體附近的黏膜上，該扁桃體位置良好，可以對空氣傳播的病原體做出反應。

口咽 (oropharynx) 位於舌根後方。它從軟腭的下端延伸到會厭的上端。它的前緣由舌根和咽門 (fauces)(FAW-seez) 以及口腔向咽部的開口形成。

喉咽 (laryngopharynx)(la-RIN-go-FAIR-inks) 始於會厭尖端，向下穿過喉部後方，終止於食道在環狀軟骨 (cricoid cartilage) 的水平位置 (稍後描述)。

鼻咽僅通過空氣並且內襯偽複層柱狀上皮，而口咽和喉咽則通過空氣，食物和飲料並內襯複層鱗狀上皮。咽部的肌肉在吞嚥和說話中起著必要的作用。

23.2c 喉

喉 (larynx)(LAIR-inks)[音箱 ("voice box")] 是一個軟骨腔，長約 4 cm (圖 23.4)。它的主要功能是防止食物和飲料進入呼吸道，但是它在包括人類在內的許多動物中已經演化出產生聲音 (發聲) 的附加作用。

喉的上開口被稱為**會厭** (epiglottis)[7] 的組織瓣保護 (圖 23.4c；圖 23.5)。靜止時，會厭通常幾乎垂直站立。然而，在吞嚥時，喉部的外在肌 (extrinsic muscles) 將喉部朝會厭向上拉，舌頭將會厭向下推動以使其會合，會厭關閉氣道並將食物和飲料引導到其後方的食道

7 *epi* = above 以上，upon 上面；*glottis* = back of the tongue 舌後

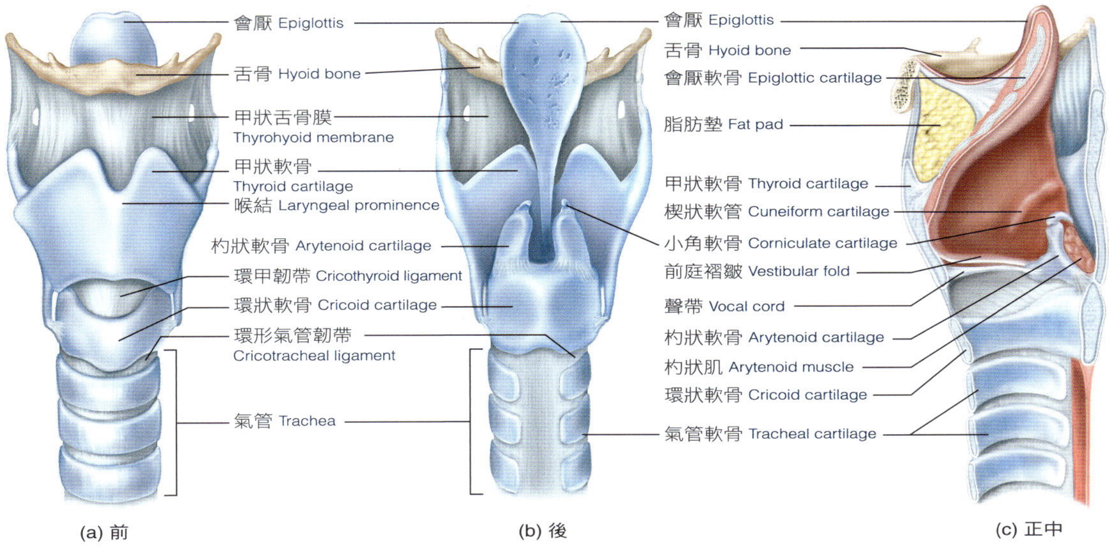

圖 23.4 **喉部解剖圖**。(a) 前；(b) 後；(c) 正中。大多數肌肉已被去除以顯示出軟骨。

• 這圖中哪三個軟骨比其他任何軟骨更易移動？APR

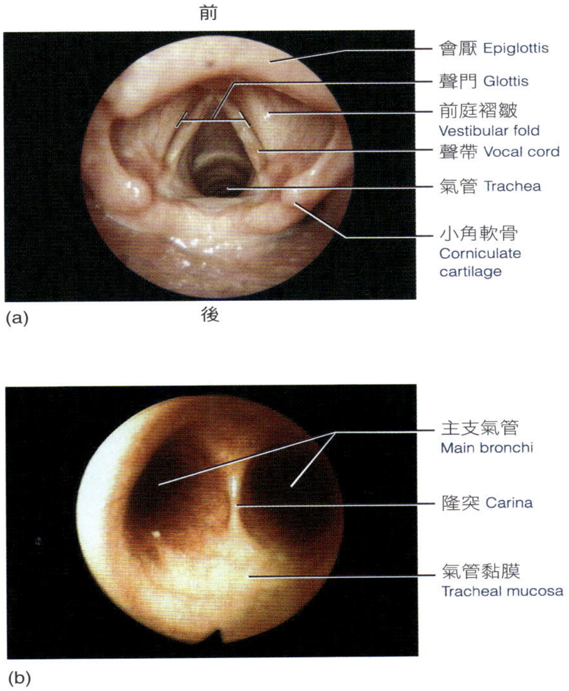

圖 23.5 **呼吸道的內視鏡視圖**。(a) 喉鏡的上視圖，用喉鏡觀察；(b) 氣管分叉，支氣管鏡下觀察其下端分支到的左右主支氣管。

(a) ©CNRI/Science Source, (b) ©BSIP/Newscom

中。

在嬰兒，喉部在咽喉相對較高的位置，會厭觸及軟腭。這會形成從鼻腔到喉部的或多或少的連續氣道，使嬰兒在吞嚥時能持續呼吸。會厭使牛奶偏離氣流，就像雨水從帳篷外流下來，而內部卻保持乾燥。到 2 歲時，舌根的肌肉變得更加發達，並迫使喉部下降到較低的位置。造成在同時呼吸和吞嚥時會窒息。

喉的框架由九塊軟骨組成。前三個是單獨的並且相對較大。最上面的**會厭軟骨** (epiglottic cartilage) 是會厭中的勺形彈性軟骨支撐板。喉的所有其他軟骨均為透明軟骨。其中最大的是**甲狀軟骨** (thyroid[8] cartilage)，以其盾狀形狀而得名。它廣泛地覆蓋喉的前側和外側。「亞當蘋果」是甲狀軟骨的前峰，稱為喉結 (laryngeal prominence)。睪固酮刺激這個突起的生長，因此男性比女性大。甲狀軟骨下

8 *thyr* = shield 盾牌；*oid* = resembling 類似

方是環形的**環狀軟骨** (cricoid[9] cartilage)(CRY-coyd)。甲狀軟骨和環狀軟骨基本上構成了音箱的「盒子」。

剩餘的軟骨較小，分為三對。甲狀軟骨後方是兩個**杓狀軟骨** (arytenoid[10] cartilages)(AR-ih-TEE-noyd)，並在其上端附有一對小角，即**小角軟骨** (corniculate[11] cartilages)(cor-NICK-you-late)。如前所述，杓狀軟骨和小角軟骨與言語的功能有關。一對**楔形軟骨** (cuneiform[12] cartilages)(cue-NEE-ih-form)支撐著杓狀軟骨和會厭之間的軟組織。

一組纖維韌帶將喉的軟骨結合在一起，形成上呼吸道的懸吊系統。稱為**甲狀舌骨膜** (thyrohyoid membrane) 的寬片將喉從其上方的舌骨懸吊下來。在下方，**環甲韌帶** (cricothyroid ligament) 將環形軟骨從甲狀腺軟骨懸掛下來。這是所有這些韌帶中最具重要臨床意義的，因為這是在氣管切開術中進行緊急切開之處，以在其上方的氣道受阻時恢復呼吸 (請參見臨床應用 23.1)。僅在美國，每天都要執行數百次這樣的救生程序。**環形氣管韌帶** (cricotracheal ligament) 將氣管懸吊於環形軟骨。所有這些統稱為*外在韌帶* (extrinsic ligaments)，因為它們將喉部連接到其他器官。*內生韌帶* (intrinsic ligaments) 完全包含在喉內，並將其九個軟骨相互連接。喉壁也有很多肌肉。深層的*內生肌* (intrinsic muscles) 操縱聲帶，而淺層*外在肌* (extrinsic muscles) 將喉部連接到舌骨，並在吞嚥時提高喉部。表 11.3 外在肌，也稱為*下舌骨肌群* (infrahyoid group) 的命名及描述。

在喉內，兩個纖維狀**前庭韌帶** (vestibular ligaments) 從前方的甲狀軟骨中點向後方的兩個小軟骨呈 V 形延伸 (圖 23.5a)。它們支撐**前庭褶皺** (vestibular folds)，前喉褶皺在吞嚥時關閉以防止窒息。下方平行的是**聲韌帶** (vocal ligaments)，它們支撐**聲帶** (vocal cords)[**聲帶** (vocal folds)]。聲帶及其間的開口統稱為**聲門** (glottis)。聲帶覆蓋有複層鱗狀上皮，最適合承受發聲過程中發生的振動和聲帶之間的接觸。

內生肌通過拉動小角軟骨和杓狀軟骨來控制聲帶，從而使軟骨旋轉。視軟骨旋轉方向而定，杓狀軟骨內收或外展聲帶 (圖 23.6)。氣體強行通過外展的聲帶之間使之振動，當聲帶相對繃緊時產生高音，而放鬆時則產生較低的聲音。成年男性的聲帶更長更厚，振動更慢，發出的聲音比女性低。聲音的大小取決於空氣通過聲帶間的力量。儘管聲帶產生最多的聲音，但它們不會產生可理解的語音。來自喉部的粗暴聲音被比喻為獵人的鴨子叫聲。它們通過咽部、口腔、舌頭和嘴唇的動作形成言語。

在你繼續閱讀之前

回答下列問題，以檢驗你對上節內容的理解：

4. 描述鼻腔黏膜的組織學以及出現的細胞類型和功能。
5. 寫出前鼻孔和後鼻孔的名稱，以標記鼻腔的起點和終點。
6. 鼻腔的左右兩半分別是什麼名稱？每個鼻窩壁上的三個卷狀褶皺分別是什麼？它們的功能是什麼？
7. 觸摸您的兩個喉軟骨並命名。寫出在活人中無法觸摸到的軟骨名稱。
8. 描述在發聲時內生肌，小角軟骨和杓狀軟骨的作用。

---

9 *crico* = ring 戒指；*oid* = resembling 類似
10 *aryten* = ladle 杓子；*oid* = resembling 類似
11 *corni* = horn 喇叭；*cul* = little 小；*ate* = possessing 具有
12 *cune* = wedge 楔形；*form* = shape 形狀

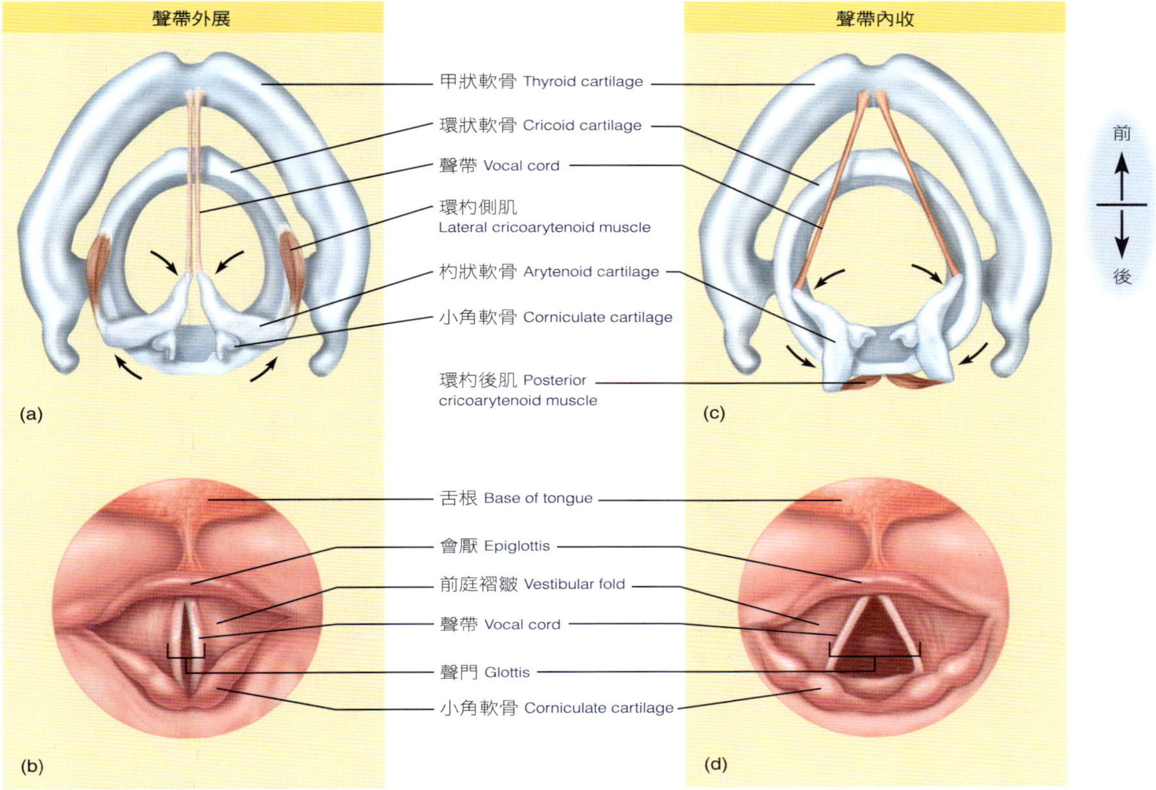

圖 23.6　喉部某些內在肌在聲帶上的作用。(a) 環杓外側肌 (lateral cricoarytenoid muscles) 內收聲帶；(b) 用喉鏡觀察到內收聲帶；(c) 環杓後肌 (posterior cricoarytenoid muscles) 外展聲帶；(d) 用喉鏡觀察到的聲帶外展。

23.3　下呼吸道

預期學習成果

當您完成本節後，您應該能夠

a. 追踪從氣管到肺泡的氣流；
b. 描述這些通道的解剖構造；
c. 將下呼吸道任何部分的解剖構造與其功能聯繫起來；
d. 將肺泡的微觀解剖構造與其在氣體交換中的作用聯繫起來；和
e. 描述胸膜與肺的關係。

如果觸摸您的喉部，您會發現甲狀軟骨的喉結僅略高於胸骨。其餘大部分呼吸道位於胸腔而不是頭部和頸部，因此被稱為下呼吸道。該部分從氣管延伸到肺泡。

23.3a　氣管和支氣管

氣管 (trachea)(TRAY-kee-uh)，或稱「風管」，位於食道的前方，長約 12 cm (4.5 in.)，直徑 2.5 cm (1 in.)(圖 23.7a)。它由 16 至 20 個 C 形透明軟骨環支撐，其中一些可以在喉和胸骨之間觸摸到。氣管的內壁是偽複層柱狀上皮，主要由分泌黏液的杯狀細胞，纖毛細胞和矮的基底幹細胞組成 (圖 23.7b 和 23.8)。黏液捕獲吸入的顆粒，纖毛往上擺動將充滿碎屑的黏液推向咽部，在咽部吞嚥。這種清除碎屑的機制稱為**黏膜纖毛自動扶梯** (mucociliary escalator)。

氣管上皮下面的結締組織含有淋巴小結，

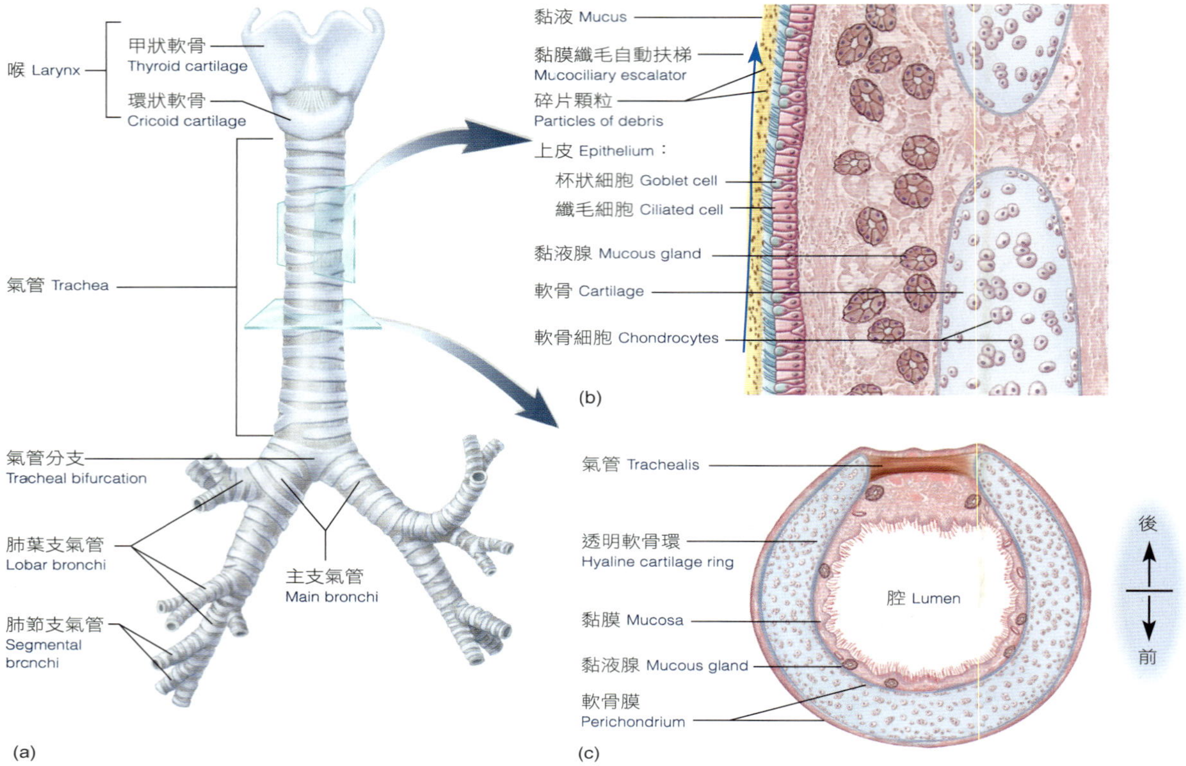

圖 23.7 **下呼吸道解剖圖**。(a) 前視圖；(b) 氣管的縱切面顯示了黏膜纖毛自動扶梯的作用；(c) 氣管橫切面，顯示 C 形氣管軟骨。AP|R

黏液和漿液腺以及氣管軟骨。就像真空吸塵器軟管中的鋼絲螺旋一樣，軟骨環會加固氣管並防止吸氣時塌陷。氣管 (trachea)[13] 是指這些軟骨環賦予的粗糙波浪狀的表面結構。C 型軟骨的開口朝後，為食道提供了當吞嚥的食物經過時的擴展空間。開口處被稱為**氣管平滑肌** (trachealis) 的平滑肌組織所連接 (圖 23.7c)。該肌肉的收縮或鬆弛使氣管變窄或變寬，以調節休息或運動狀況下的氣流。氣管的最外層稱為**外膜** (adventitia)，是纖維結締組織並且混入縱膈其他器官 (尤其是相鄰的食道) 的外膜。

在胸骨角和第五胸椎 (T5) 的上緣處是氣管分支 (tracheal bifurcation)，氣管分叉成左右支氣管。最下面的氣管軟骨有一個內部中間脊，稱為**隆突** (carina)[14] (ca-RY-na)，可將氣流引導到左右兩側 (圖 23.5b)。支氣管將在肺支氣管樹 (bronchial tree) 的討論時進一步探索。

臨床應用 23.1

氣管造口術

鼻腔功能的重要性在不經過它時則特別明顯。如果上呼吸道受阻，則可能需要在喉下方的氣管做暫時開口並插入一條管子使氣流通過－稱為氣管造口術 (tracheostomy)[15]。這樣可以防止窒息，但是吸入的空氣繞過鼻腔所以沒有加濕。如果開口時間過長，下呼吸道的黏膜會變乾並結痂，干擾呼吸道中黏液的清除以及促進感染。當患者使用呼吸器將空氣直接引入氣管時，此設備必須使空氣過濾和加濕以防止呼吸道受損。

13 *trache* = rough 粗
14 *carina* = keel 龍骨
15 *stomy* = making a hole 打洞

圖 23.8　**氣管上皮顯示纖毛細胞和非纖毛杯狀細胞。**杯狀細胞上的小突起是微絨毛。

• 杯狀細胞的功能是什麼？

23.3b　肺

每個**肺** (lung)(圖 23.9) 是一個稍微呈圓錐形的器官，其底部上有一個寬而凹的底部位於橫膈，並有一個鈍尖的峰 (稱為肺尖) 稍微突出於鎖骨上方。寬闊的**肋面** (costal surface) 壓在肋骨籠上，而較小的凹狀**肺臟縱膈面** (mediastinal surface) 朝內。肺臟縱膈面有一個稱為**肺門** (hilum) 的狹縫，由此處有主支氣管、血管、淋巴管和神經通過。這些構造構成**肺根** (root)。

肺部被鄰近的內臟擠住，因此既不充滿在整個肋骨籠中，也不對稱。在肺和橫膈膜下方，肋骨籠內的大部分空間被肝臟，脾臟和胃所占據 (見圖 A.5)。右肺比左肺短，因為肝在右側較高。左肺雖然較高，但比右肺窄，因為心臟向左傾斜，並在縱膈這一側占據了更多空間。在左肺的內側表面有一個凹痕，是心臟壓在該處造成的，稱為**心臟壓迹** (cardiac impression)(圖 23.9a)；部分可在肺前方的邊緣見到月牙形的**心臟切迹** (cardiac notch)。右肺有**上** (superior)、**中** (middle)、**下** (inferior) 三個葉。**水平裂** (horizontal fissure) 的深溝將上葉與中葉分開，一個類似的溝稱為**斜裂** (oblique fissure) 將中葉與下葉分開。左肺只有上、下葉和單個斜裂。

支氣管樹

每個肺包含一個氣管分支系統，稱為**支氣管樹** (bronchial tree)，從主支氣管 (main bronchus) 延伸到終末細支氣管 (terminal bronchioles)。從氣管分岔開始，右**主支氣管** (main bronchus[16])(BRON-cus) 長約 2 至 3 cm。它比左邊的稍寬也較垂直。因此，吸入 (吸進) 的異物通常停留在右支氣管中而不是左邊。就在進入肺部之前，右主支氣管分支出**上肺葉支氣管** (superior lobar bronchus)。主支氣管和肺葉支氣管一起進入肺門。上肺葉支氣管伸入肺上葉，主支氣管再延伸後分支成**中** (middle) 和**下肺葉支氣管** (inferior lobar bronchi)，到達肺的下兩葉。左主支氣管長約 5 cm，比右主支氣管狹窄且水平。它在分支之前進入左肺的肺門，然後向該肺的兩個肺葉分出上肺葉支氣管和下肺葉支氣管。

在兩個肺中，每個肺葉支氣管分支成**肺節支氣管** (segmental bronchi)。在右肺中有 10 個，在左肺中有 8 個肺節支氣管。它們中的每一個使肺組織的一個功能獨立的單元通氣，稱為**支氣管肺節** (bronchopulmonary segment)。本章的開頭處的照片顯示將每個支氣管肺節分別注入不同顏色的樹脂然後溶解掉實質組織而製成的支氣管樹。

主支氣管像氣管一樣由 C 形透明軟骨支撐，而肺葉和肺節支氣管則由交叉的月牙形軟

16 *bronch* = windpipe 氣管

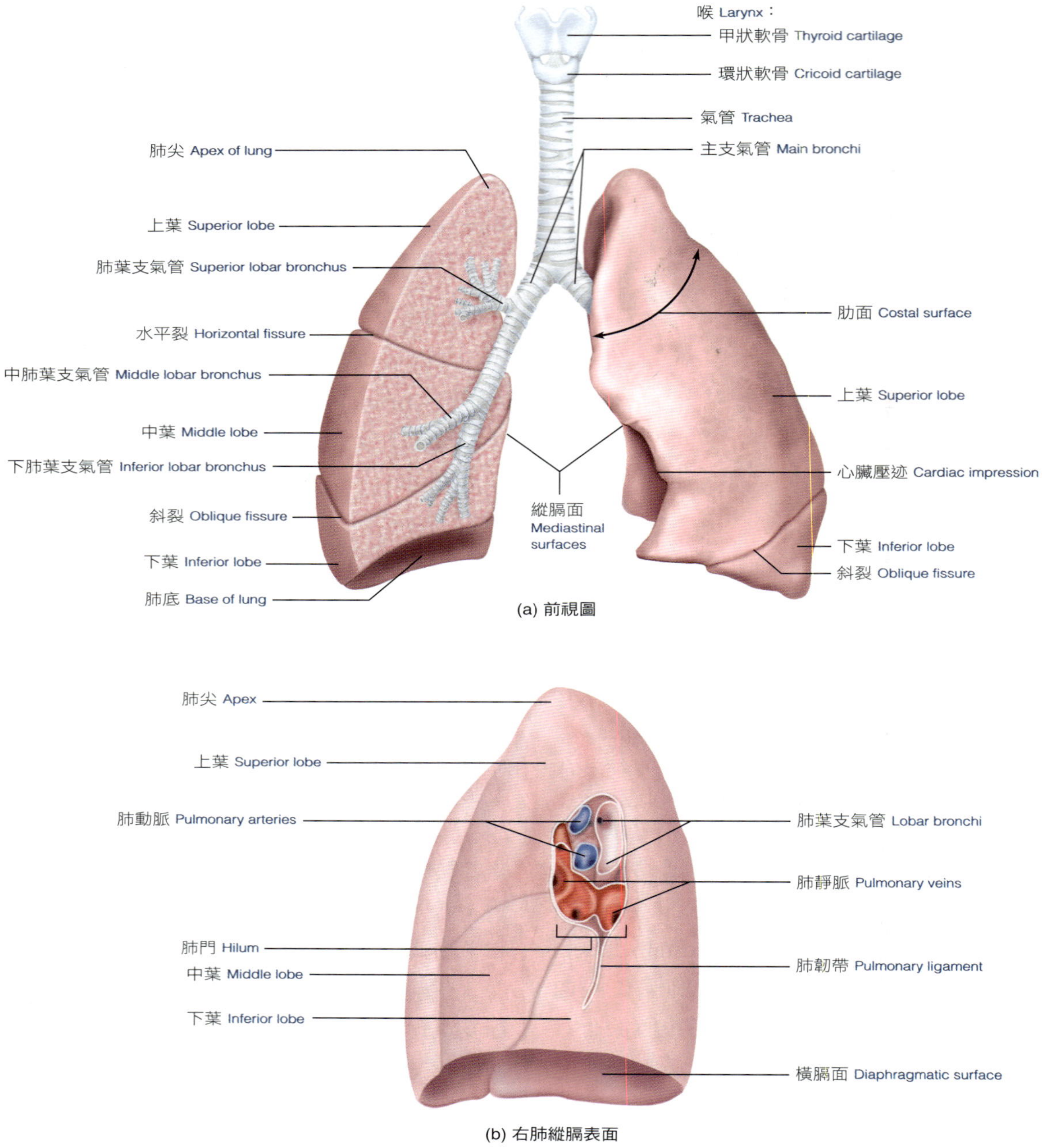

圖 23.9　肺部大體解剖。(a) 前視圖；(b) 縱膈表面，右肺。APR

骨板支撐 (圖 23.10)。所有的支氣管都襯有纖毛的偽複層柱狀上皮，但是隨著向遠端的發展，細胞會變短上皮變薄。上皮下面的固有層具有黏液腺和許多聚集的淋巴細胞 [黏膜相關淋巴組織 (mucosa-associated lymphatic tissue, MALT)]，對吸入的病原體具有良好的反應能力。支氣管樹的所有部分還具有大量的彈性結締組織，這些結締組織有助於在每個呼吸週期中從肺中排出空氣後彈回。黏膜還具有發育良好的平滑肌層，即黏膜肌層 (muscularis

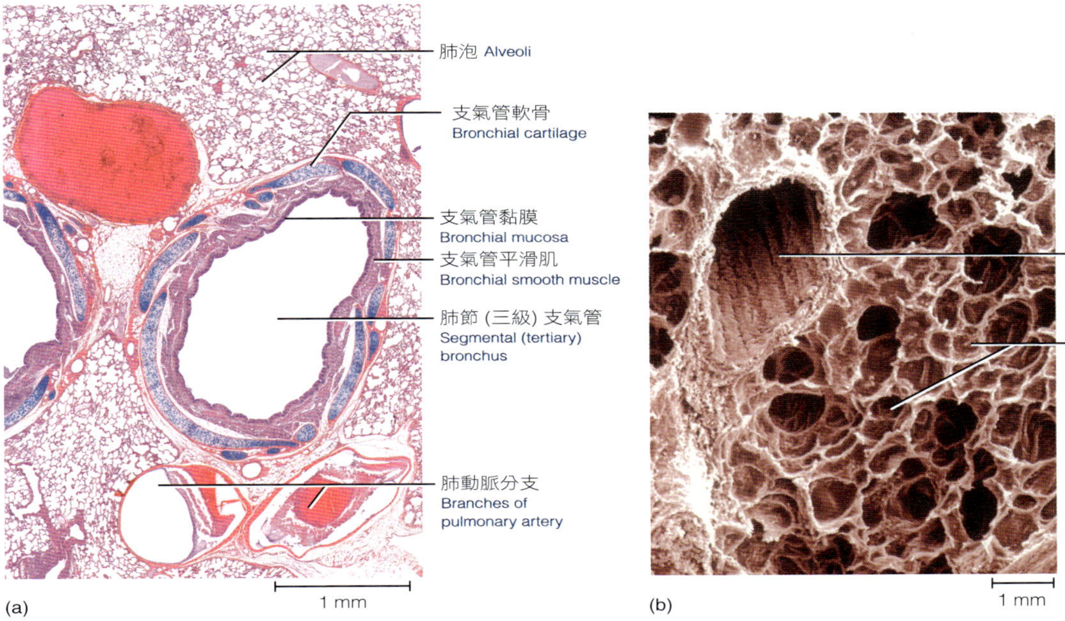

圖 23.10 **肺組織學**。(a) 光學顯微照片；(b) 掃描式電子顯微照片。注意肺部的海綿狀質地。

• 從組織學上而言，我們如何確定 (a) 部分中間的大通道是支氣管而不是細支氣管？

(a)© Microscape / SPL / Science Source，(b)© Biophoto Associates / Science Source

mucosae)，可調節氣道直徑和氣流。

細支氣管 (bronchioles)(BRON-kee-oles) 是氣道的延續部分，缺乏支撐性軟骨，直徑為 1 mm 或更小。由一條細支氣管通氣的一部分肺稱為**肺小葉** (pulmonary[17] lobule)。細支氣管的上皮在一開始較大較近端的通道中是纖毛偽複層柱狀。隨著向遠端發展，它變得越來越薄 (細胞沒有像之前那麼高) 並逐漸變成單層柱狀上皮，最後變成單層立方上皮。細支氣管缺乏黏液腺和杯狀細胞但仍具有纖毛。重要的一點是，纖毛比黏液腺和杯狀細胞存在於更深地的氣道。這確保了從這些腺體細胞向遠端排出的黏液仍可以被擺動的纖毛捕獲並從氣道清除。除上皮外，細支氣管的黏膜主要由平滑肌組成。死亡時該肌肉的痙攣性收縮導致細支氣管在大多數的組織切片中顯現出波狀內腔。

每一細支氣管分支為 50 到 80 條**終末細支氣管** (terminal bronchioles)，它們是傳導區的最終分支。每個肺中大約有 65,000 條。它們的直徑為 0.5 mm 或更小。每個終末細支氣管發出兩個或更多個較小的**呼吸性小支氣管** (respiratory bronchioles)，其壁上有突出的肺泡。這被認為是呼吸區的起點，因為壁上的肺泡參與了氣體交換。它們的壁上的平滑肌很少，最小的呼吸性小支氣管是無纖毛的。每個呼吸性小支氣管分支為 2 至 10 個細長的薄壁通道，稱為**肺泡管** (alveolar ducts)，其壁上也有肺泡。肺泡管和更小的分支具有無纖毛的單層鱗狀上皮。導管終止於**肺泡囊** (alveolar sacs)，肺泡囊是排列在稱為**前庭** (atrium) 的中央空間周圍的肺泡群。肺泡管和前庭之間的區別是它們的形狀—細長的通道或長度寬度相等的空間。有時將一個空間視為肺泡管還是中庭是一個主觀的判斷。

由於呼吸道傳導區中的空氣無法與血液交換氣體，因此傳導區的內腔稱為*解剖性死腔* (anatomical dead space)。在鬆弛狀態下，副

17 *pulmon* = lung 肺；*ary* = pertaining to 關於

交感神經纖維 (來自迷走神經) 刺激黏膜肌層並使氣道部分收縮。這樣可以將死腔減至最小而使更多的吸入空氣進入肺泡，在肺泡中可以使血液充氧。在運動中，交感神經使平滑肌鬆弛並擴張氣道。即使增加了死腔，但也使空氣更容易且更快速地流動，因此肺泡的通氣效果更好以相應於運動的需要。增加的氣流更多地補償了增加的死區。細支氣管對氣流的控制最大，原因有二：(1) 細支氣管是傳導區中數量最多的組成部分；(2) 平滑肌發達且缺乏限制性的軟骨，相對的直徑改變比較大的空氣通道的改變更大。細支氣管的縮小被稱為*支氣管收縮* (bronchoconstriction)，而擴張被稱為*支氣管擴張* (bronchodilation)。

如 21.2 節所述，肺部從肺動脈和支氣管動脈接收血液。肺動脈分支緊緊跟隨支氣管樹，到達肺泡周圍的微血管 (圖 23.11)，在此發生氣體交換。支氣管動脈的分支供應支氣管，細支氣管和其他一些肺組織。它們不延伸到肺泡。肺是唯一同時接受肺循環和體循環的血液供應的器官。

肺泡

每個人的肺都是海綿狀物質，約有 1.5 億個小囊，即肺泡，可提供約 70 m^2 的表面積用於氣體交換—大約等於手球場的面積或面積約 8.4 m (25 ft) 平方的房間。**肺泡** (alveolus)[18] (AL-vee-OH-lus) 是直徑約 0.2 至 0.5 mm 的小袋 (圖 23.11)。薄而寬的**鱗狀 (I 型) 肺泡細胞** [squamous (type I) alveolar cells] 覆蓋了約 95% 的肺泡表面積。它們的薄度使氣體可在肺泡和血流之間迅速擴散。其餘的 5% 被圓形到立方形的**大 (II 型) 肺泡細胞** [great (type II) alveolar cells] 覆蓋。即使它們覆蓋的表面積較小，大肺泡細胞數目明顯的超過鱗狀肺泡細胞。類似

18 *lveol* = small cavity 小腔，little space 小空間

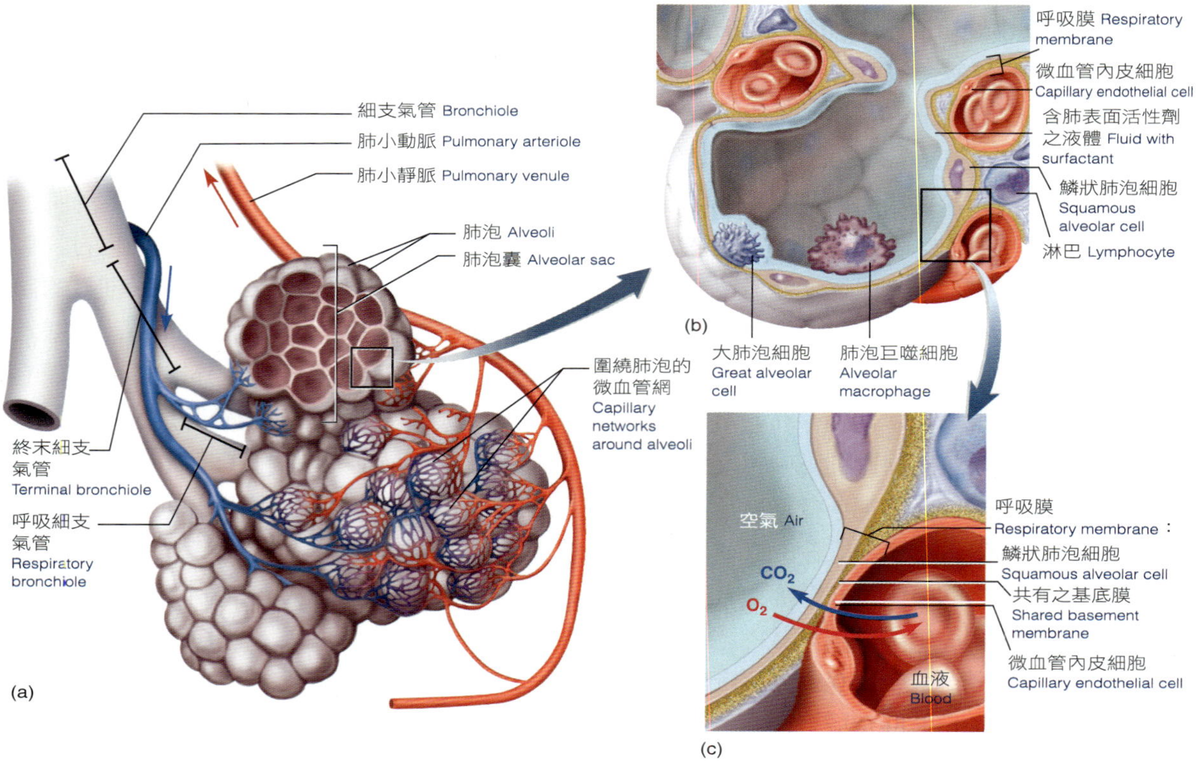

圖 23.11　肺泡。(a) 肺泡群及其血液供應；(b) 肺泡的構造；(c) 呼吸膜的構造。

於烘焙食品，我們可以分別將 I 型和 II 型肺泡細胞的形狀和表面積與薄餅皮對鬆餅的形狀做比較。大肺泡細胞具有兩種功能：(1) 當鱗狀肺泡細胞受損時修復肺泡上皮；(2) 分泌**肺表面活性劑** (pulmonary surfactant)，一種磷脂和蛋白質的混合物，覆蓋肺泡和最小的細支氣管，並防止它們在呼氣時塌陷。沒有表面活性劑，塌陷的肺泡壁會像濕紙片一樣黏在一起，在下一次吸氣時很難使肺泡充氣 (見臨床應用 23.4)。

肺中所有細胞最多的是**肺泡巨噬細胞** (alveolar macrophages)[**塵細胞** (dust cells)]，它們在肺泡腔和之間的結締組織中遊走。在較高處的呼吸道中未被黏液截留的塵埃顆粒會由肺泡巨噬細胞吞噬而使肺泡中沒有碎屑。在被感染或出血的肺中，巨噬細胞還會吞噬細菌和游離出的血球。每天有多達 1 億個肺泡巨噬細胞死亡後搭乘著黏膜纖毛扶梯，再被吞嚥和消化從而消除肺部的碎屑負擔。

每個肺泡被肺動脈提供的微血管網包圍。**呼吸膜** (respiratory membrane) 是肺泡空氣和血液之間的屏障，僅由鱗狀肺泡細胞，微血管鱗狀內皮細胞及其共有的基底膜組成 (圖 23.11b)。與通過微血管的紅血球直徑為 7 μm 相比，它們的總厚度僅為 0.5 μm。

防止液體在肺泡中積聚非常重要，因為氣體經由液體擴散過慢，無法使血液充分充氣。除了肺泡壁上的水分膜外，肺的微血管和豐富的淋巴微管吸收了多餘的液體，從而使肺泡保持乾燥。肺部的淋巴引流比在人體任何其他器官都更廣泛。這可以防止我們淹沒在自己的漿液中。

23.3c 胸膜

每個肺都由兩層漿膜包裹，即**胸膜** (pleura)(PLOOR-uh)。肺表面有一層**臟層胸膜** (visceral pleura) 延伸到肺葉之間的裂隙中。在肺門處臟層胸膜轉折形成**壁層胸膜** (parietal pleura)，附著在縱膈，肋骨籠的內表面和橫膈膜的上表面 (圖 23.12)。壁層胸膜的延伸部分，即**肺韌帶** (pulmonary ligament)，將其連接

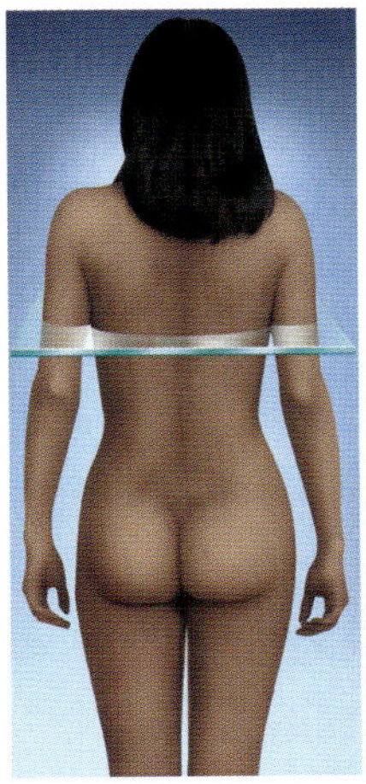
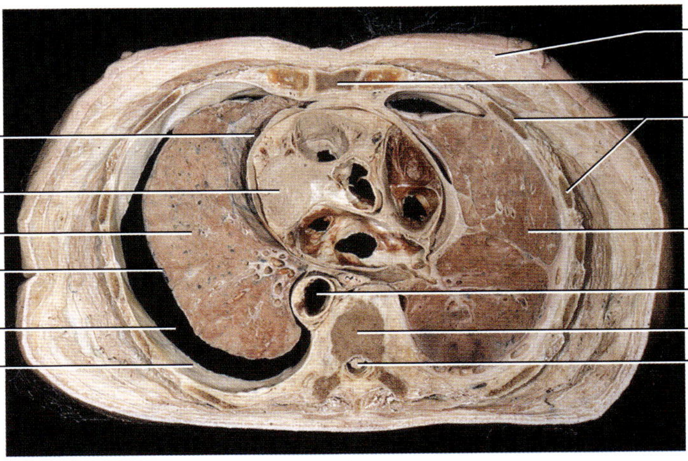

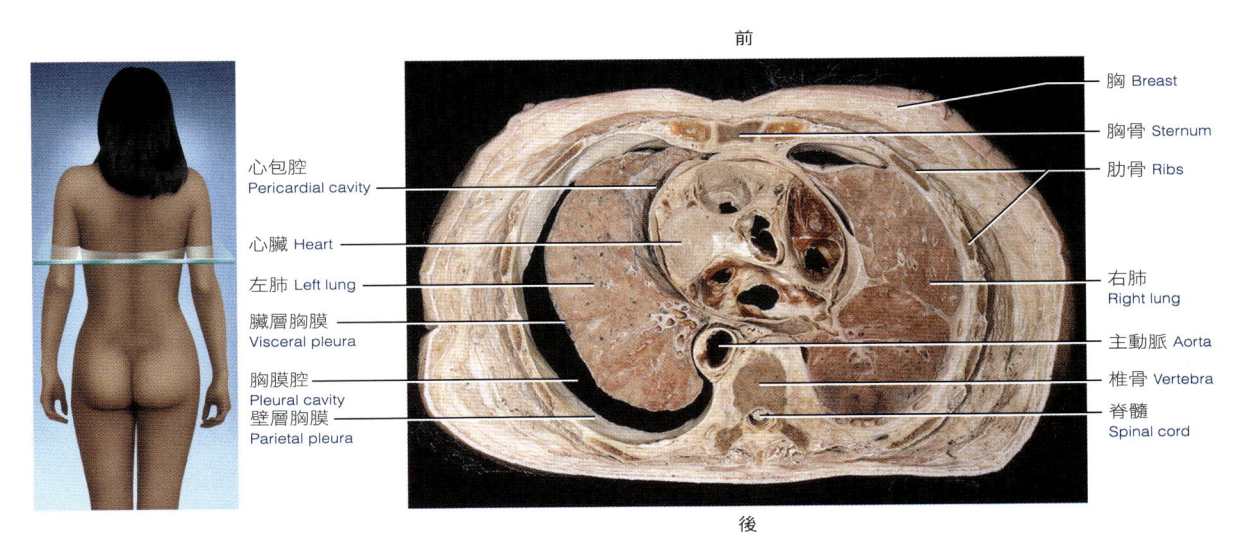

圖 23.12 **胸腔的橫切面**。這張照片的定位方向與讀者的身體一致。在左肺皺縮與胸壁分離，胸膜腔則尤為明顯，但是在活人中，肺部完全充滿了這個空間，壁層和臟層胸膜被壓在一起，而胸膜腔只是兩個膜之間的潛在空間，如這張照片的右側。

至橫膈膜。

壁層胸膜和臟層胸膜之間的空間稱為**胸膜腔** (pleural cavity)。它僅包含薄層濕滑的**胸膜液** (pleural fluid)。因此，胸膜腔僅是一個*潛在空隙* (potential space)，意味著在膜之間通常沒有空間。但是在病理條件下，該空間會充滿空氣或液體，從而分隔膜並壓縮肺部 [參見臨床應用 23.2 中的*氣胸* (pneumothorax)]。

胸膜和胸膜液具有三種功能：

1. **減少摩擦** (reduction of friction)：胸膜液起潤滑劑的作用，使肺部以最小的摩擦力進行擴張和收縮。
2. **產生壓力梯度** (creation of a pressure gradient)：在吸氣過程中，肋骨籠擴張並將壁層胸膜一起向外拉。臟層胸膜緊貼壁層胸膜，由於壁層胸膜在肺表面，因此其向外移動使肺擴張。因此，肺部內的氣壓下降到人體外部的大氣壓以下，並且外部空氣沿其壓力梯度向下流入肺部。
3. **分隔** (compartmentalization)：胸膜、縱膈和心包膜區分開胸腔器官，並防止一個器官的感染易於擴散到鄰近器官。

應用您的知識

肺壓縮性膨脹不全 (臨床應用 23.2) 與心包填塞 (臨床應用 1.2) 相比有什麼區別？

臨床應用 23.2

肺塌陷

肺塌陷 (pulmonary collapse)[*塌陷肺* (collapsed lung)] 或*肺膨脹不全* (atelectasis)[19] (AT-eh-LEC-ta-sis) 是部分或全部肺部都沒有空氣的一種狀態。尚未開始第一次呼吸的胎兒和新生兒正常狀態。呼吸開始後，肺塌陷的情況可分為兩類：壓迫性和吸收性肺膨脹不全。

壓縮性肺膨脹不全 (compression atelectasis) 是由於肺部受到外部壓力而阻止其完全擴張。壓力可能來自胸膜腔內的血液、漿液或空氣。空氣在胸膜腔內的狀態稱為*氣胸* (pneumothorax)[20]，通常是從「創傷口」到胸部——例如，當胸腔壁由刀刺穿或肋骨骨折，吸氣時空氣由傷口吸入。臟層和壁層胸膜分離，肺從胸膜壁縮回並塌陷。如果肺部表面變弱的氣囊區域 [稱為*氣泡* (bleb)] 破裂，空氣從肺部流入胸膜腔，則在沒有胸部傷口的情況下也會發生氣胸。

吸收性肺塌陷 (absorption atelectasis) 的發生是當氣體被吸收到血液中而不被新鮮空氣取代，而導致肺泡塌陷。當氣道由黏液栓或吸入的異物阻塞如一口食物，或被鄰近的腫瘤壓迫，或肺動脈瘤都可能導致吸收性肺塌陷。它也經常在手術後發生，特別是在患者疼痛且不願深呼吸或改變臥床時身體位置的情況下。鼓勵術後患者深呼吸可促進清除肺部的分泌物，使表面活性劑均勻分佈，並使空氣從通氣良好的肺泡流入通氣不良的肺泡。

當一個肺塌陷時，該胸膜腔中的正壓會使整個縱膈 (包括心臟和主要血管) 移向另一個胸膜腔，從而使該肺也受壓並部分塌陷。

在你繼續閱讀之前

回答下列問題，以檢驗你對上節內容的理解：

9. 灰塵顆粒被吸入並進入肺泡，而沒有被沿途捕獲。描述從鼻孔到肺泡經過的所有空氣通道的名稱。到達肺泡後會發生什麼？
10. 比較細支氣管的上皮與肺泡的上皮，並解釋構造差異與功能差異之間的關係。
11. 描述壁層和臟層胸膜與肺和胸壁的關係。

19 *atel* = imperfect 不完美；*ectasis* = expansion 擴張

20 *pneumo* = air 空氣，lung 肺

23.4 呼吸的神經肌肉面

預期學習成果

當您完成本節後，您應該能夠

a. 識別使肺通氣的肌肉並描述其各自的作用；
b. 描述控制呼吸的腦幹中心和周邊神經，並解釋其功能；和
c. 確定影響那些腦幹中心活動的傳入。

23.4a 呼吸肌

肺本身不通氣。它們包含的唯一肌肉是支氣管和細支氣管壁上的平滑肌，它不會產生氣流，而只會影響其速度。肺通氣的動力來自軀幹的骨骼肌，尤其是橫膈膜和肋間肌 (圖 23.13)。

肺通氣的原動力是**橫膈膜** (diaphragm)，是將胸腔與腹腔分隔開的肌肉穹頂。僅此一項就占肺氣流的三分之二。放鬆時，它向上鼓到最大程度，緊貼在肺的基部。此時肺部處於最小體積。當橫膈膜收縮時，會拉緊並變平，在放鬆的吸氣時下降約 1.5 cm，在深呼吸時下降約 7 cm。這樣使沿上下方向擴大胸腔，擴大肺部並吸入空氣。當橫膈膜鬆弛時，它再次向上隆起，壓縮肺部並排出空氣。

其他幾條肌肉也可以幫助橫膈膜發揮增

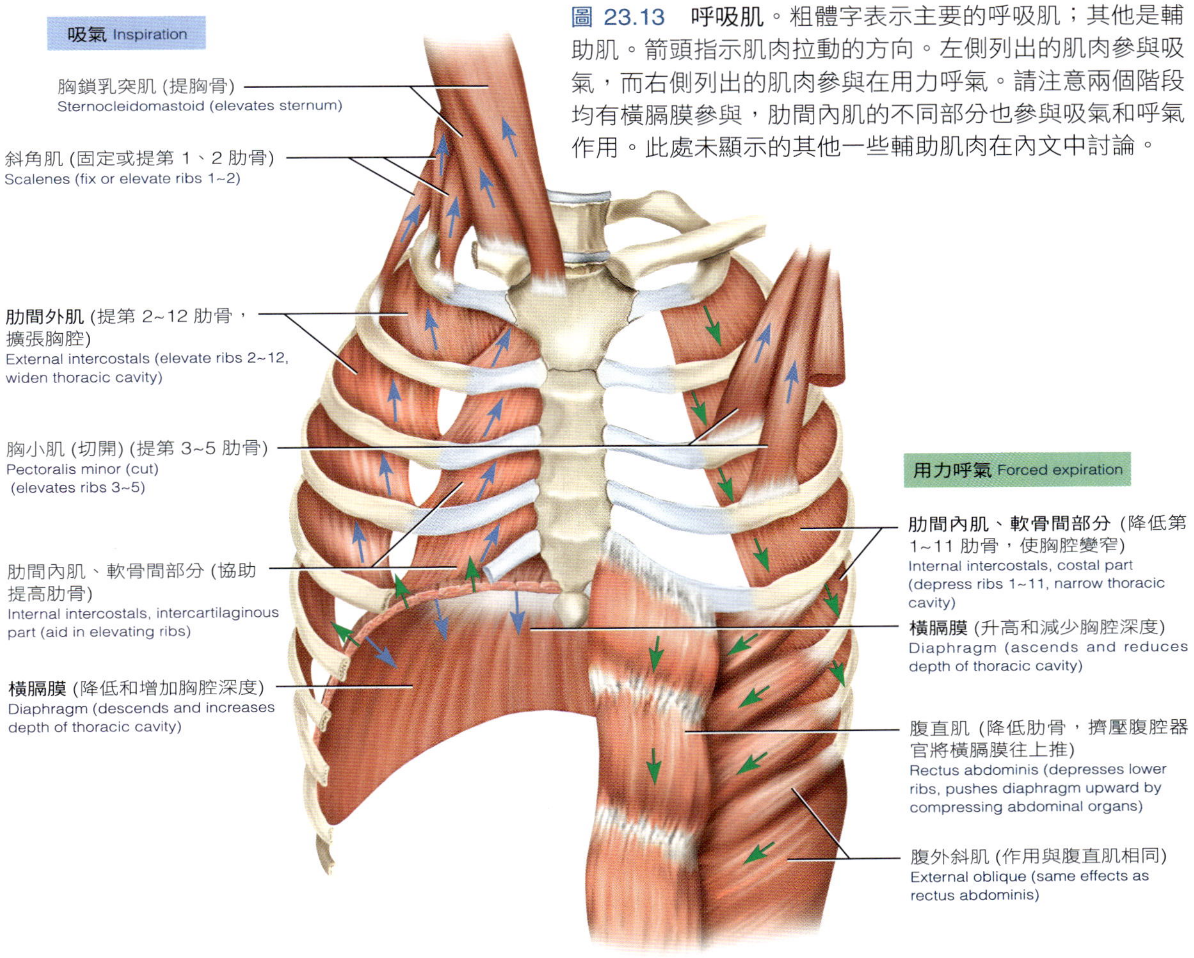

圖 23.13 **呼吸肌**。粗體字表示主要的呼吸肌；其他是輔助肌。箭頭指示肌肉拉動的方向。左側列出的肌肉參與吸氣，而右側列出的肌肉參與在用力呼氣。請注意兩個階段均有橫膈膜參與，肋間內肌的不同部分也參與吸氣和呼氣作用。此處未顯示的其他一些輔助肌肉在內文中討論。

效作用。其中主要的是肋骨之間的**內** (internal) 和**外肋間肌** (external intercostal muscles)。它們的主要功能是在呼吸過程中使胸籠變硬，並防止橫膈膜下降時胸籠向內塌陷。但是，它們也有助於胸籠的擴大和收縮，並增加大約三分之一肺部通氣的空氣。在安靜呼吸時，頸部的斜角肌起到固定器的作用，使第 1 和第 2 肋骨保持固定，而外肋間肌將其他肋骨向上拉。由於大多數肋骨的兩端都被固定—在近端 (後方) 與椎骨連接以及肋軟骨在遠端 (前方) 與胸骨連接－肋骨像水桶上的二個把手一樣向上擺動並推動胸骨向前。吸氣時橫膈膜的下降也將胸骨向前推。這些動作使胸部的橫向 (從左到右) 和前後尺寸增加。在深呼吸時，前後方向的尺寸會隨著胸部擴張而增加多達 20%。

胸部和腹部的其他肌肉也有助於呼吸，特別是在強制呼吸過程中，即比正常情況下進行更深的呼吸。這些被認為是呼吸的輔助肌肉 (accessory muscles)。豎脊肌 (erector spinae) 可使背部呈現弓形並增加前後方向胸腔的直徑，以及抬高上肋骨的幾條肌肉有助於深吸氣：頸部的胸鎖乳突肌 (sternocleidomastoids) 和斜角肌 (scalenes)；胸部的胸小肌 (pectoralis minor)、胸大肌 (pectoralis major) 和前鋸肌 (serratus anterior)；後上鋸肌 (serratus posterior superior)；以及內肋間肌的軟骨間部分 [intercartilaginous (interchondral) part](肋軟骨之間肌肉的前部)。儘管斜角肌僅在安靜的呼吸過程中固定上肋骨，但在用力吸氣過程中它們會抬高肋骨。

正常呼氣是通過肺部和胸籠的彈性以節省能量的被動過程。支氣管樹、肋骨與脊柱和胸骨的連接以及橫膈膜和其他呼吸肌的肌腱都有一定程度的彈性，當肌肉放鬆時，它們會彈回。當這些結構彈回時，胸籠的大小減小，肺中的氣壓升高到高於氣壓，並且空氣流出。正常呼氣所涉及的唯一肌肉力量是煞車動作——即肌肉是逐漸放鬆而不是突然放鬆，從而防止了肺部突然回縮。這使從吸氣到呼氣的過渡期更加順暢。

但是在用力呼氣期間 (例如，唱歌、大聲喊叫、咳嗽或打噴嚏或吹管樂器時)，腹直肌 (rectus abdominis) 將胸骨和下方肋骨往下拉，而內肋間肌 (肋骨之間的部分) 的肋骨間 [interosseous (costal) part](肋間部分) 將其他肋骨向下拉。這些動作可減小胸部直徑，並有助於比平常更快更徹底地排出空氣。導致強制性呼氣的其他肌肉包括下背部的背闊肌 (latissimus dorsi)、腹部的腹橫肌 (transverse) 和腹斜肌 (oblique)、後下鋸肌 (serratus posterior inferior)，甚至骨盆底的一些肌肉。它們會提高腹腔中的壓力，並將一些內臟 (例如胃和肝臟) 推向橫膈膜。這增加了胸腔中的壓力，因此有助於排出空氣。這種「腹式呼吸」在唱歌、公開演講、咳嗽和打噴嚏時尤其重要。

23.4b 呼吸的神經解剖

心跳和呼吸是身體兩個最明顯的節律過程，但心臟擁有自己的節律器，而肺部卻沒有。正如我們已經看到的，呼吸需要許多骨骼肌的協調作用。這些必須集中控制；因此，它們取決於大腦的傳出。呼吸控制在大腦的兩個層次。一個是大腦和意識，使我們能夠隨意吸氣或呼氣。幸運的是大多數時候我們呼吸時都不需特意思考，否則我們會擔心呼吸停止而無法入睡 (見臨床應用 23.3)。自主、無意識的呼吸週期由位於延髓和腦橋中的三個呼吸中心控制 (圖 23.14)。其中的每一個中心都是左右各一，每對之間橫向連接。

1. **腹側呼吸群** (ventral respiratory group, VRG) 是呼吸節律的主要節律器。它是延髓中的一個細長的神經網絡，向脊髓中的整合中心發

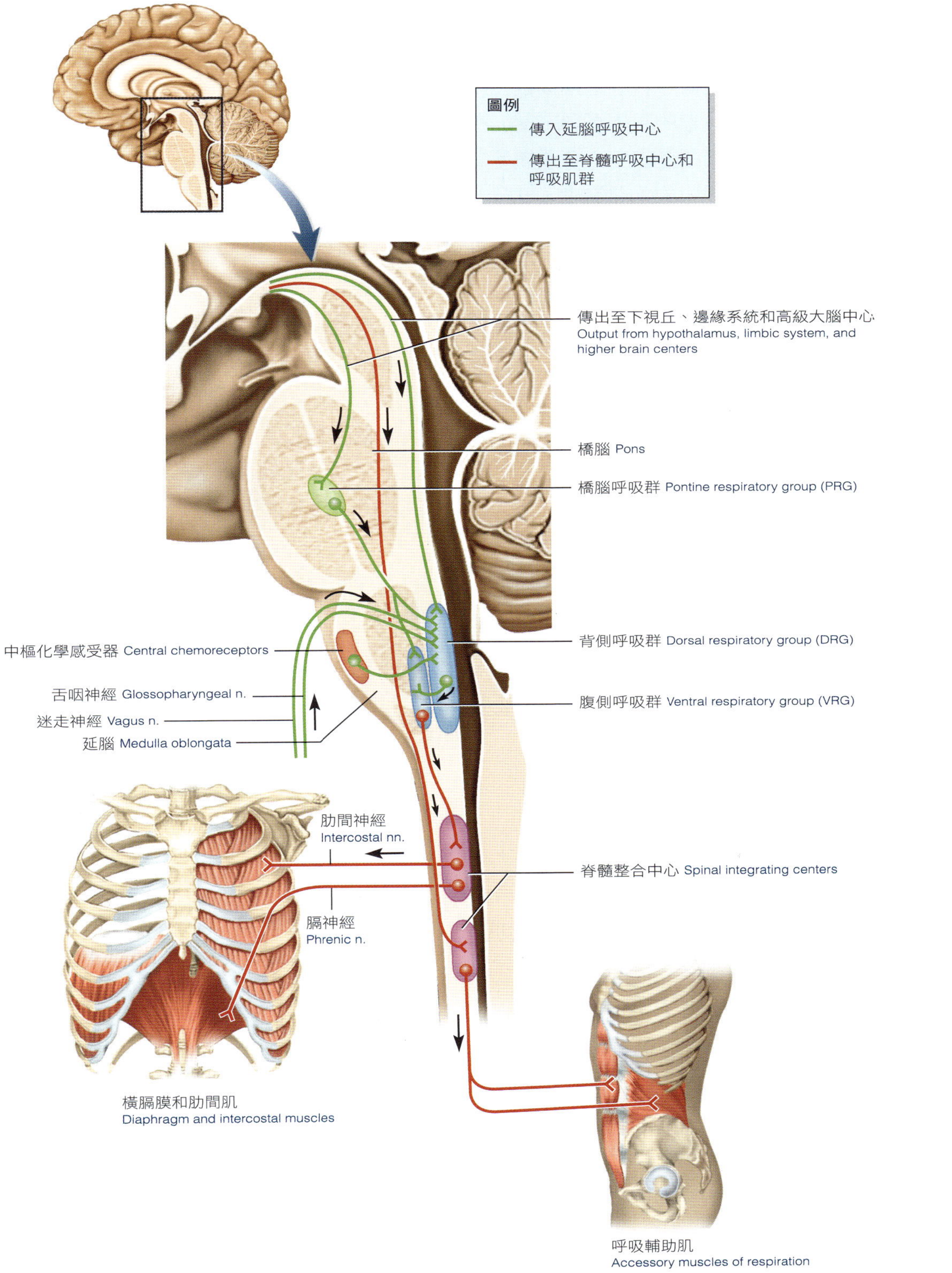

圖 23.14 中樞神經系統的呼吸中樞。腹式呼吸組 (ventral respiratory group, VRG) 是呼吸節律的主要節律器。它通過脊柱整合中心與呼吸肌進行連絡，整合中心通過肋間神經和膈神經向肌肉傳送訊號。見內文中解釋此處不同的傳入訊號調整腹式呼吸組的節律。

出輸出訊號。左右脊柱中心通過膈神經將訊號傳遞到橫膈膜，並通過肋間神經將訊號傳遞到肋外間肌。由腹側呼吸群週期性輸出產生這些肌肉收縮和放鬆的基本循環，從而引起吸氣和呼氣。以下的控制中心會改變基本節奏，以適應不斷變化的生理需求。

2. **背側呼吸群** (dorsal respiratory group, DRG) 是神經元組成的一個細長團塊，延伸大部分的長度在延髓到靠近中央管附近，腹側呼吸群的後方。顯然，它是一個整合中心從腦橋呼吸群 (下一個) 接收輸入。由中央和周圍化學接受器 (接下來將介紹)；以及來自肺部的 (牽張) 和刺激接受器。背側呼吸群向腹側呼吸群發出傳出訊號以調整呼吸節奏。
3. **橋腦呼吸群** (pontine respiratory group, PRG) (以前稱為呼吸調節中心 (pneumotaxic center)] 是腦橋中的一個核。接收從較高的大腦中心的傳入，再傳出到背側呼吸群和腹側呼吸群。它的作用是使呼吸更快或更慢，更淺或更深；並適應諸如睡眠、運動、發聲和情緒反應等情況。

這些呼吸中樞從多個來源接收輸入：

- **中樞化學接受器** (central chemoreceptors) 是腦幹神經元，對腦脊液的 pH 值變化特別敏感。它們集中在延髓前表面下方約 0.2 mm 處的二側。
- **周邊化學接受器** (peripheral chemoreceptors) 出現在主動脈弓和頸動脈體中 (圖 23.15)。對血液中的 O_2 和 CO_2 含量以及 pH 值反應。主動脈體通過迷走神經與延髓聯繫，而頸動脈體通過舌咽神經聯繫。
- **牽張接受器** (stretch receptors) 出現在支氣管和細支氣管的平滑肌以及臟層胸膜中。它們經由迷走神經與背側呼吸群聯繫並對肺的充氣做出反應。過度充氣會觸發保護反射，從而強烈地抑制吸氣。

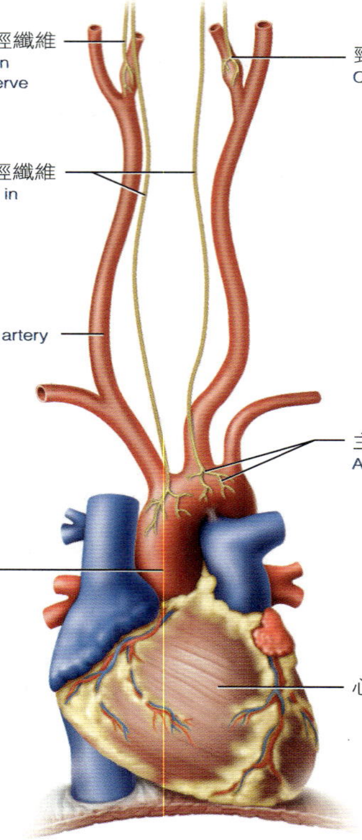

圖 23.15 呼吸的周邊化學感受器。

- **刺激接受器** (irritant receptors) 是氣道上皮中的神經末梢。它們對煙霧、灰塵、花粉、化學煙霧、冷空氣和過多的黏液做出反應。它們也通過迷走神經將訊號傳輸到背側呼吸群。背側呼吸群則會以保護性反射做出反應，例如咳嗽、支氣管收縮、呼吸變淺或摒住呼吸。
- **高級大腦中樞** (higher brain centers) 進入橋腦呼吸群、背側呼吸群和脊髓整合中樞。因此，邊緣系統、下丘腦和大腦皮層影響呼吸中樞。此輸入可以有意識地控制呼吸 (如屏住呼吸) 和情緒影響呼吸—例如，在氣喘、哭泣和大笑時，以及在焦慮引起一陣過度換氣時 (快速呼吸超過生理需要)。自主控制呼吸的訊息沿著皮質脊髓束向下傳播到脊髓中的呼吸神經元，繞過了腦幹中心。

臨床應用 23.3

奧丁之詛咒

在德國的傳說中，有一個名為奧丁 (Ondine) 的水中精靈曾經有一位凡人的情人。當她的愛人被證實不忠時，精靈之王對他施加了詛咒，使他喪失了自主的生理功能。 因此，他必須時時刻刻記得要呼吸，他無法入睡否則會死於窒息——精疲力竭，這是他當然的命運。

有些人患有一種稱為*奧丁之詛咒* (Ondine's curse) 的疾病，該疾病會失去自主呼吸功能——通常是由於脊髓灰質炎造成的腦幹損傷或脊髓外科手術的意外。奧丁之詛咒的受害者必須時時刻刻記得要呼吸，如果不使用機械呼吸器就會因*呼吸暫停* (apnea)(暫時停止呼吸) 被反覆喚醒而無法入睡。

應用您的知識

一些權威人士認為呼吸節律是*自主* (autonomic) 功能。討論一下你是否認為這是一個合適的詞。什麼是自主神經系統的動作器？(請參見第 16 章) 使肺通氣的動作器是什麼？這和這個問題有什麼關係？

在你繼續閱讀之前

回答下列問題，以檢驗你對上節內容的理解：

12. 解釋為什麼呼吸不受肺臟起搏器控制。
13. 什麼是呼吸的原動力？哪一肌肉群有最重要的增效作用？是什麼神經支配著這些肌肉？
14. 列舉一些其他在用力吸氣期間起作用的協同器，以及一些在用力呼氣起作用的協同器。
15. 說明調節呼吸節律的三對腦幹核的名稱和位置。每一個扮演什麼角色？
16. 呼吸核從哪些來源接收影響呼吸的輸入？

23.5 發育和臨床觀點

預期學習成果

當您完成本節後，您應該能夠

a. 描述呼吸系統的產前發育；
b. 描述老年時呼吸系統發生的變化；和
c. 描述一些常見的呼吸系統疾病。

23.5a 產前和新生兒發育

呼吸系統的第一個胚胎蹤跡是咽底部有一個稱為**肺溝** (pulmonary groove) 的小袋，約 3.5 週出現。此溝在縱隔上長成一條長管，即未來的氣管，並在第 4 週時分支成兩個**肺芽** (lung buds)(圖 23.16)。肺芽反覆分支並朝橫向和後方生長，占據心臟後方的空間。重複的分支產生了支氣管樹，該支氣管樹在第 6 個月結束之前已經完成到細支氣管。在妊娠的其餘時間和出生後，細支氣管萌發出肺泡。在大約在 10 歲即達到成年時肺泡的數目。

到第 8 週，心包膜的生長使肺與心臟隔離；到第 9 週時，橫膈膜形成並從腹腔中分隔出肺和胸膜。在第 28 週時呼吸系統通常已充分發育可以自主存活 (請參見臨床應用 23.4)。

到第 11 週時，胎兒開始呼吸運動，稱為**胎兒呼吸** (fetal breathing)，在該過程每天長達 8 個小時有規律地吸入和呼出羊水。胎兒呼吸會刺激肺部發育，並為子宮外的生活提供呼吸肌肉的環境。它在分娩時停止。當新生嬰兒開始呼吸空氣時，肺中的淋巴微管和微血管會迅速吸收肺中的液體。

對於剛出生的嬰兒，呼吸首先很費力。胎兒的肺部已塌陷且沒有空氣，新生兒必須非常費力地進行第一次呼吸才能使肺泡張開。一旦它們完全膨脹，肺泡通常再也不會塌陷。甚至肺部血管在胎兒中塌陷，但是隨著嬰兒的第一

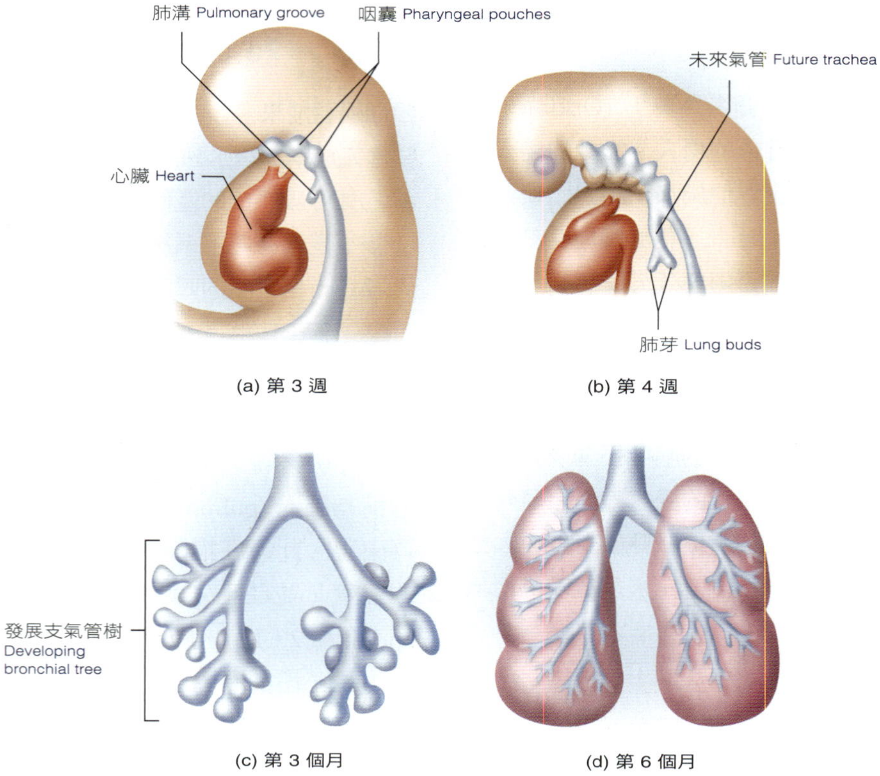

圖 23.16 **呼吸系統的胚胎發育**。(a) 第 3 週時出現肺溝；(b) 在第 4 週分化為肺芽和未來的氣管；(c) 在第 3 個月時支氣管樹的分支；(d) 第 6 個月時的肺葉。

次呼吸，胸腔壓力的下降會將血液流入肺循環並擴張血管。隨著肺阻力下降，卵圓孔和動脈導管關閉 (參見 21.5b)，肺血流量增加以配合氣流。

應用您的知識

在一項刑事調查中，病理學家對嬰兒進行了屍體解剖，將肺部取出，將其放入一桶水中，並得出嬰兒是活產嬰兒的結論。你認為病理學家觀察到什麼而得出此結論？有什麼對比性的觀察可以顯示嬰兒是死產？

臨床應用 23.4

早產和呼吸窘迫症候群

早產兒通常患有呼吸窘迫症候群 (respiratory distress syndrome, RDS)，也稱為肺透明膜病 (hyaline membrane disease)(比較成人呼吸窘迫症候群，表 23.1)。他們尚未產生足夠的肺表面張力素以保持肺泡在吸氣之間打開。因此，肺泡在呼氣過程中塌陷，需要付出很大的努力才能使它們重新充氣。嬰兒由於努力呼吸而變得精疲力盡，並且由於血液中的氧氣不足 [低血氧症 (hypoxemia)[21]] 而逐漸發紺 (cyanotic)(藍色)。肺泡上皮和微血管壁的逐漸破壞會導致血漿滲入肺泡空腔和肺泡之間的結締組織。血漿凝結、肺泡

21 *hypo* = deficiency 缺乏；*ox* = oxygen 氧氣；*emia* = blood condition 血液狀況

充滿纖維蛋白、纖維蛋白原和細胞碎片的具硬度之透明「膜」。最終，嬰兒無法用力吸氣使肺泡再次膨脹；未經治療，低氧血症和二氧化碳滯留會導致死亡 [高碳酸血症 (hypercapnia)[22]]。

呼吸窘迫症候群發生在妊娠 28 週之前出生的嬰兒約有 60%，而 32~36 週之間出生的嬰兒有 15% 至 20%。它是新生兒死亡的最常見原因，在美國每年約有 60,000 例病例和 5,000 例死亡。除早產外，呼吸窘迫症候群的一些危險因素還包括母體糖尿病，分娩時母親的鎮靜劑過量 (過度麻醉)、血液或羊水的吸入以及臍帶繞頸引起的胎兒缺氧。

呼吸窘迫症候群可以使用呼吸器將空氣吹入肺部並使肺泡保持充氣狀態 [吐氣末正壓 (positive end-expiratory pressure, PEEP)]，直到嬰兒的肺部產生自己的表面張力素為止，並可以給予外來的表面張力素 (例如由基因工程改造細菌生產) 霧氣。嬰兒也可以接受氧氣治療，但這是一種有限且有風險的治療，因為氧氣會產生破壞性的自由基，從而導致失明和嚴重的支氣管疾病。可以通過一種稱為體外膜氧合 (extracorporeal membrane oxygenation, ECMO) 的技術將氧氣的毒性降至最低，該技術類似於外科手術中使用的心肺體外循環方式。血液從嬰兒脖子上的導管流到機器中，該機器將其充氧，加溫並返回人體。但是，體外膜氧合 (ECMO) 是僅在極端情況下才使用的高風險方式。

23.5b 呼吸系統的老化

二十歲後，肺通氣量穩定下降，這是一個人逐漸失去體力的幾個因素之一。胸腔的肋軟骨和關節彈性變小，肺部的彈性組織變少，老年時的肺泡也較少。這相應減少了每次呼吸吸入的空氣量 [潮氣量 (tidal volume)]，一個人可以吸入空氣的最大量 [肺活量 (vital capacity)]，以及氣流的最大速度 [用力呼氣量 (forced expiratory volume)]。老年人清除肺部刺激物和病原體的能力也較弱，因此越來越容易呼吸道感染。肺炎比其他傳染病導致的老年人死亡人數更多，並且經常是在醫院和安養院感染。

慢性阻塞性肺疾病 (chronic obstructive pulmonary diseases)(見下一節) 在老年人中更為常見，因為它代表累積一生的退化性變化的影響。肺功能下降也導致心血管疾病和低氧血症，後者是所有其他器官系統退化性疾病的一個因素。因此，呼吸系統健康是老化過程中一個主要問題。

23.5c 呼吸病理學

多數呼吸系統疾病可以分類為限制性 (restrictive) 或阻塞性疾病 (obstructive disorders)。**限制性疾病** (restrictive disorders) 會使肺變硬，並降低其順應性 (compliance)(易於充氣) 和肺活量。一個例子是肺纖維化，其中肺的許多正常呼吸組織被纖維性瘢痕組織代替。纖維化是如結核病 (tuberculosis) 和煤礦工人的黑肺病 (black lung disease) 等疾病產生的影響。**阻塞性疾病** (obstructive disorders) 會使氣道狹窄並干擾氣流，因此呼氣需要更多的力氣並且可能呼出的氣比正常情況更少。氣道阻塞、支氣管收縮以及壓縮氣道的腫瘤或動脈瘤可導致阻塞性疾病。

慢性阻塞性肺疾病 (chronic obstructive pulmonary diseases, COPDs) 是一種長期氣流堵塞和肺通氣大幅度減少的疾病。主要的慢性阻塞性肺疾病 (COPD) 是慢性支氣管炎和肺氣腫。它們幾乎總是由吸菸引起，並且是老年死亡的少數主要原因之一。**慢性支氣管炎** (chronic bronchitis) 的特徵是氣道充血，有濃

22 *hyper* = excessive 過多；*capn* = smoke 煙霧，carbon dioxide 二氧化碳；*ia* = condition 條件

稠黏液和細胞碎片混合在一起的痰 (sputum)，並伴有慢性呼吸道感染和支氣管炎症。

肺氣腫 (emphysema)[23] (EM-fih-SEE-muh) 的特徵是肺泡壁破裂，海綿狀肺組織被相對較大的充氣腔所取代，從而導致肺泡表面積減少和血液充氧能力降低。任何慢性阻塞性肺疾病 (COPD) 也會導致肺原性心臟病 (cor pulmonale)——由於肺循環阻塞而導致心臟右側擴大和衰竭的可能。

在美國**哮喘** (asthma) 是兒童最常見的慢性呼吸道疾病，也是學生缺課和兒童住院的主要原因。所有病例中約有一半在 10 歲之前發病而在 40 歲之後發病的比例只有 15%。在美國哮喘每年奪去 3,400 人的生命。它通常是對空氣傳播之抗原 (過敏原) 刺激引起的過敏反應，造成強烈的支氣管收縮和氣道炎症。該反應通常導致嚴重的咳嗽、喘鳴，有時甚至令人窒息。死於哮喘窒息的人通常表現為呼吸道被凝膠狀的黏液堵塞而無法呼氣。甚至在屍體解剖時肺部仍是過度充氣的狀態。哮喘可以由擴張氣道並緩解炎症的藥物治療。

肺癌 (lung cancer) 導致的死亡比任何其他的癌症更多。吸菸約占病例的 85%，其中空氣污染排在第二位。菸草煙霧中至少含有 60 種致癌物。肺癌通常在慢性阻塞性肺疾病 (COPD) 之後或伴隨慢性阻塞性肺疾病 (COPD) 出現。

肺癌有三種形式，最常見的是**鱗狀細胞癌** (squamous-cell carcinoma)。由香菸煙霧引起的炎症反應，支氣管上皮的基底細胞增殖，纖毛的偽複層上皮轉化為更具抵抗力的複層鱗狀類型。當分裂的上皮細胞侵入支氣管壁時，支氣管發展出血性病變。支氣管壁腫瘤可壓縮氣道並引起肺遠端部分的肺膨脹不全 (atelectasis) (塌陷)。當功能性呼吸組織被緻密的糾結的角蛋白替代時肺功能也會下降。

23 *emphys* = inflamed 發炎

肺癌的第二種形式，幾乎同樣常見的是**腺癌** (adenocarcinoma)，其起源於固有層的黏液腺。最不常見但最危險的是**小細胞 (燕麥細胞) 癌** [small-cell (oat-cell) carcinoma]，占惡性肺腫瘤的 10% 至 20%。它以類似於燕麥粒的細胞群命名。燕麥細胞迅速侵入縱膈並轉移到其他器官。該癌症起源於主支氣管的神經內分泌細胞因此可能分泌過多的激素，如促腎上腺皮質激素 (ACTH)。反過來，這導致類似庫欣氏症候群的繼發性併發症 (見表 18.4)。

肺癌具有高度侵襲性。由於肺部有廣泛的淋巴引流，可迅速轉移至其他器官，尤其是心包膜、心臟、骨骼、肝臟、淋巴結和腦。肺部腫瘤的生長會引起咳嗽，但咳嗽是吸菸者中的日常情況因而很少引起很多警覺。通常出現嚴重問題的第一個跡像是咳血或因轉移到腦而引起的神經系統症狀。在許多情況下診斷出肺癌時，它已經轉移並且無法手術。相對於其他癌症，肺癌康復的機會很差，肺癌的五年存活率只有 18%。

娛樂性大麻在美國某些州的廣泛使用及其合法性已引起人們的關注，因為它是肺癌的危險因素。大麻吸食者比吸菸會更深地吸入並保持更長的時間，他們將大麻的「大麻葉菸」抽到最後一個小段，裡面有焦油和其他致癌物。迄今為止的研究還很有限，無法在使用大麻和肺癌之間建立顯著的相關性。正在進行的探討旨在改善研究方法並調查具有悠久大麻使用歷史的老年人。

表 23.1 簡要描述呼吸系統的其他疾病。

在你繼續閱讀之前

回答下列問題，以檢驗你對上節內容的理解：

17. 肺溝出現的時間和位置？簡述其進一步的發育。
18. 出生時肺部發生什麼變化？心血管系統會發生哪些相應的變化？

19. 說明老年時肺活量下降的一些原因。
20. 寫出兩種 COPD 的名稱並做出比較，並描述它們共同具有的一些病理作用。
21. 肺癌起源於哪種肺組織？如何殺死？

表 23.1 呼吸系統的疾病

急性鼻炎 (Acute rhinitis)	普通感冒。多種病毒引起上呼吸道的感染。症狀包括充血、鼻分泌物增加、打噴嚏和乾咳。尤其是通過接觸被黏膜污染的手而傳染；不是由口傳染
成人呼吸窘迫症候群 (Adult respiratory distress syndrome)	創傷、感染、燒傷、吸入嘔吐物、吸入有害氣體，藥物過量和其他原因引起的急性肺部炎症和肺泡損傷。肺泡損傷伴有嚴重的肺水腫和出血，接著是纖維化逐漸破壞肺組織。死亡率在 60 歲以下的病例中約占 40% 和 65 歲以上的病例中有 60%
肺炎 (Pneumonia)	由多種病毒、細菌、真菌或原生動物 [最常見的細菌是肺炎鏈球菌 (*Streptococcus pneumoniae*)] 引起的下呼吸道感染。導致肺泡充滿液體和死亡的白血球並使呼吸膜增厚，從而干擾氣體交換並引起低血氧症。對於嬰兒、老人和免疫系統受損的人 (例如愛滋病和白血病患者) 尤其危險
睡眠呼吸中止 (Sleep apnea)	睡眠期間停止呼吸 10 秒鐘或更長時間；有時每晚發生數百次，經常伴有躁動和打呼。可能是由於中樞神經系統呼吸中心功能改變，氣道阻塞或兩者都有。隨著時間的流逝，可能導致白天嗜睡、低血氧症、紅血球增多症、肺動脈高壓、鬱血性心衰竭和心律不整。最常見於肥胖者和男性
肺結核 (Tuberculosis, TB)	結核分支桿菌 (*Mycobacterium tuberculosis*) 的肺部感染，通過空氣、血液或淋巴液入侵肺。刺激肺在細菌周圍形成纖維小結節，稱為結核。進行性纖維化損害了肺的彈性回位和通氣，並導致肺出血和咳血。常見於貧困和無家可歸的人中，在愛滋病患者中尤為普遍

你可以在以下部分找到其他討論過的呼吸系統疾病

氣道阻塞 (23.5c 節)
哮喘 (23.5c 節)
肺膨脹不全 (臨床應用 23.2)
黑肺病 (23.5c 節)
慢性支氣管炎 (23.5c 節)
慢性阻塞性肺疾病 (23.5c 節)
呼吸困難 (臨床應用 11.2)
肺氣腫 (23.5c 節)
肺癌 (23.5c 節)
新生兒呼吸窘迫症候群 (23.5a 節)
奧丁的詛咒 (臨床應用 23.3)
氣胸 (臨床應用 23.2)
肺纖維化 (23.5c 節)

學習指南

評估您的學習成果

為了測試你的知識，請與學習夥伴討論以下話題，或以書面形式討論，最好是憑記憶。

23.1 呼吸系統概述

1. 呼吸系統的多種功能。
2. 呼吸道傳導區的目的和組成。
3. 呼吸道呼吸區的目的和組成。
4. 上呼吸道和下呼吸道的界線，以及各個區域有哪些器官。

23.2 上呼吸道

1. 鼻子的功能。
2. 鼻腔的前、後開口；鼻中隔和窩；以及塑造鼻子外型 (面部) 的骨骼和軟骨。
3. 鼻中隔的組成，哪些骨骼構成鼻腔頂部和地板。
4. 鼻甲和鼻道及其功能。
5. 鼻腔嗅覺和呼吸道上皮的組織學、空間分佈及其功能。
6. 鼻腔勃起組織的位置和功能。
7. 咽部的定義和三個區域，以及區域之間的界限。

8. 喉的定義和功能及其上、下的界限。
9. 聲門的構造和功能及其在嬰幼兒和成人中的運作方式。
10. 構成喉部的九塊軟骨，以及將喉部與上方的舌骨和下方的氣管結合的兩條韌帶。
11. 喉前庭褶皺和聲帶的位置和功能。
12. 喉部內生肌對聲帶的作用方式及其對發聲的影響。

23.3 下呼吸道

1. 氣管的大體解剖和組織學，其黏膜纖毛自動扶梯、支持軟骨和肌肉的功能意義。
2. 肺的表面解剖學，包括肺尖和肺根；肋和縱膈面；肺門；肺葉和肺裂；和左右肺之間的差異。
3. 從支氣管到肺泡的支氣管樹和空氣通道的依序分支；空氣道區域之間的組織學差異；以及這些組織學差異的功能意義。
4. 支氣管收縮、支氣管擴張，以及為什麼支氣管在調節肺氣流方面比氣道的任何其他區域都重要。
5. 肺循環和體循環的血液供應到肺，這兩種血液供應之間的解剖和功能差異。
6. 肺泡的構造；鱗狀和大肺泡細胞和肺泡巨噬細胞的形態和功能；肺表面張力素的來源和功能。
7. 分隔微血管血流和肺泡空氣空間的呼吸膜組成，此膜與氣體交換相關性。
8. 兩層胸膜；胸膜腔和液體；和胸膜的功能。

23.4 呼吸的神經肌肉面

1. 橫膈和肋間肌在呼吸中的作用；其他輔助呼吸肌的特性和作用；以及導致肺部通氣的胸腔運動。
2. 安靜呼吸和用力呼吸之間的肌肉動作差異。
3. 安靜呼氣的節省能量機制。
4. 三對腦幹呼吸控制核；位置；輸入和輸出路徑；和個別的功能。
5. 中樞和周邊化學感受器、牽張感受器、刺激感受器和影響呼吸的高級大腦中心。

23.5 發育和臨床觀點

1. 胚胎肺溝的發育及其分化為呼吸道和肺。
2. 胎兒呼吸的發生和功能。
3. 新生兒的呼吸適應性。
4. 老年人正常呼吸效率下降的原因及其對其他器官系統的影響。
5. 呼吸系統的限制性和阻塞性疾病之間的區別，各自舉例。
6. 慢性阻塞性肺疾病 (COPDs)；每個的共同原因；病理；及其對心臟的影響。
7. 肺癌如何產生；如何通過肺組織擴散；以及它如何轉移到其他器官。

回憶測試

1. 鼻腔被鼻中隔分為左右______。
   a. 鼻孔 (nares)
   b. 前庭 (vestibules)
   c. 鼻窩 (fossae)
   d. 內鼻孔 (choanae)
   e. 鼻甲 (conchae)
2. 喉的內生肌通過旋轉下列哪一構造來調節言語？
   a. 喉外肌 (the extrinsic laryngeal muscles)
   b. 甲狀軟骨 (the thyroid cartilage)
   c. 杓狀軟骨 (the arytenoid cartilage)
   d. 舌骨 (the hyoid bones)
   e. 聲帶 (the vocal cords)
3. 下列何者是與血液進行氣體交換的最大空氣通道？
   a. 呼吸性小支氣管 (the respiratory bronchioles)
   b. 終末細支氣管 (the terminal bronchioles)
   c. 主支氣管 (the main bronchi)
   d. 肺泡管 (the alveolar ducts)
   e. 肺泡 (the alveoli)
4. 下列何處的腫瘤最可能造成呼吸驟停？
   a. 橋腦 (pons)
   b. 中腦 (midbrain)
   c. 丘腦 (thalamus)
   d. 小腦 (cerebellum)
   e. 延髓 (medulla oblongata)
5. 缺少肺表面張力素最有可能引起？
   a. 慢性阻塞性肺疾病 (chronic obstructive pulmonary disease)
   b. 肺膨脹不全 (atelectasis)
   c. 氣胸 (pneumothorax)
   d. 慢性支氣管炎 (chronic bronchitis)
   e. 哮喘 (asthma)
6. 肺表面張力素 (pulmonary surfactant) 的來源是
   a. 臟層胸膜
   b. 支氣管腺體
   c. 肺泡微血管
   d. 鱗狀肺泡細胞
   e. 大肺泡細胞
7. 下列何者的數量最少，但直徑最大？
   a. 肺泡
   b. 終末細支氣管
   c. 肺泡管
   d. 肺節支氣管
   e. 呼吸性小支氣管
8. 下列何處的神經元決定呼吸的節律？
   a. 延髓
   b. 橋腦
   c. 中腦
   d. 橫膈膜
   e. 大腦皮質

9. 下列哪一肌肉有助於深度呼氣？
   a. 斜角肌
   b. 胸鎖乳突肌
   c. 腹直肌
   d. 外肋間肌
   e. 豎脊肌
10. 在支氣管樹中，下列哪一構造位於其餘所有分支的遠端？
   a. 黏液腺
   b. 纖毛細胞
   c. 肺泡管
   d. 軟骨環
   e. 杯狀細胞
11. 消化道和呼吸道共有的咽部部分，稱為______。
12. 在每個肺內，氣道形成複合分支的構造稱為______。
13. 鼻孔外側的鼻翼是由______軟骨形成的。
14. 鼻腔側壁上的三層捲折構造稱為______。
15. ______疾病會降低通過氣道的氣流速度。
16. 一些吸入的空氣不進行氣體交換，因為它充滿在呼吸道的______區。
17. 喉部最大的軟骨是______軟骨。
18. 呼吸節律的主要節律器在延髓的______。
19. 初級支氣管和肺血管由內側裂口處穿入肺的位置稱為______。
20. 吸入顆粒的最後一道防線的吞噬細胞稱為______。

答案在附錄 A

建立您的醫學詞彙

說出每個詞彙的含義，並從本章中給出一個使用該詞彙的醫學專有名詞或稍微的改變該詞彙。

1. trache-
2. alveol-
3. -ectasis
4. capn-
5. naso-
6. spir-
7. emphys-
8. pulmo-
9. broncho-
10. pneumo-

答案在附錄 A

這些陳述有什麼問題？

簡要說明下列各項陳述為什麼是假的，或將其改寫為真。

1. 聲門 (glottis) 是從喉部到氣管的開口。
2. 鼻腔黏膜具有明顯的微絨毛刷狀緣，用於嗅覺和推進黏液。
3. 每個肺位在壁層胸膜和臟層胸膜之間的空間。
4. 呼氣通常是由於肋間內肌的收縮引起的。
5. 人們通常稱為亞當蘋果的是喉部環狀軟骨的突起。
6. 每個肺有兩個裂隔開成為三葉。
7. 呼吸的節律器是腦橋的背面呼吸群。
8. 血液中的氣體是由主動脈和頸動脈竇監測。
9. 呼吸系統從食道的後側的萌芽開始發育。
10. 第 I 型肺泡細胞分泌肺表面活性物質。

答案在附錄 A

測試您的理解力

1. 討論傳導區和呼吸區的不同功能與在組織學上差異的相關性。
2. 從氣管的上端到下端，杯狀細胞與纖毛細胞的比例逐漸變化。你認為在氣管上部或氣管下部的纖毛細胞與杯狀細胞的比例較高？請依功能上的理論回答。
3. 細支氣管對氣道和氣流的作用類似於小動脈對循環系統和血流的作用。解釋或詳細說明這種比較。
4. 病人的左膈神經受損，導致橫膈膜左側而不是右側癱瘓。X 光片顯示吸氣時，橫膈膜的右側照常下降，但左側上升。解釋左橫膈膜的異常動作。
5. 一名 83 歲的婦女被送往醫院，一名重症監護護士試圖插入鼻胃管（「胃管」）進行餵食。患者開始表現出呼吸困難，胸部 X 光片顯示右胸膜腔中有空氣以及右肺塌陷。該患者在 5 天後死於呼吸系統併發症。說明 X 光片所顯示的疾病名稱，並解釋為何可能是因護理錯誤而引起。

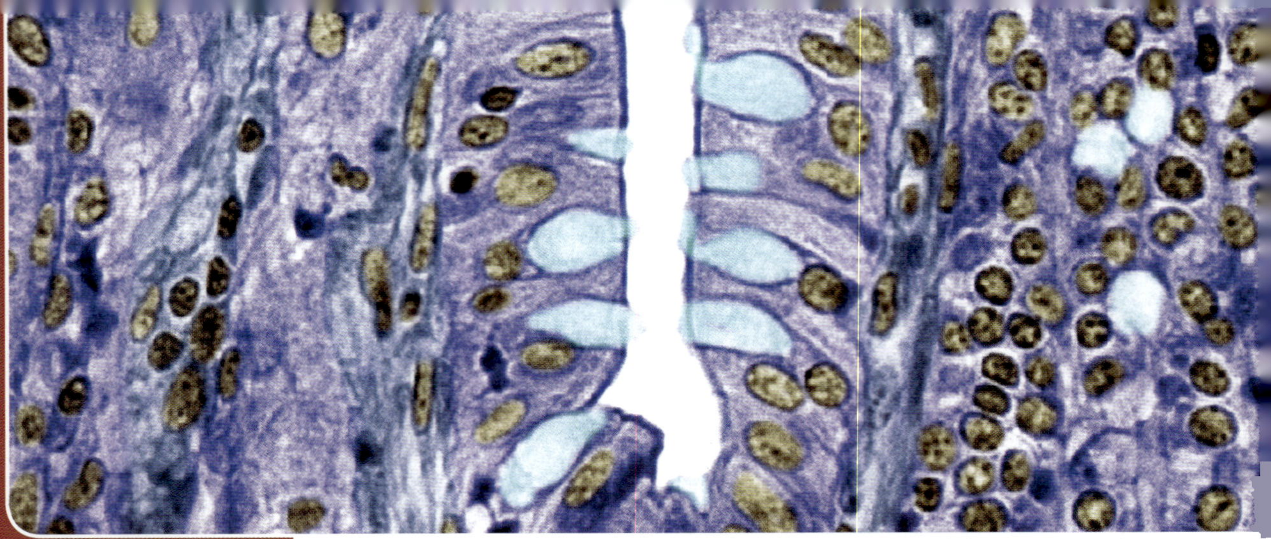

小腸內襯的柱狀上皮細胞。消化的營養物質經由這些細胞的表面吸收。圖片中的淺藍色球狀構造，是杯狀細胞的分泌物，在腸道上形成保護性黏液。

©Steve Gschmeissner/Science Source

CHAPTER

24 消化系統

馮琮涵

章節大綱

24.1 消化過程及一般解剖構造
- 24.1a 消化系統功能
- 24.1b 一般解剖構造
- 24.1c 神經支配
- 24.1d 血液循環
- 24.1e 與腹膜的關係

24.2 從口腔到食道
- 24.2a 口腔
- 24.2b 唾液腺
- 24.2c 咽部
- 24.2d 食道

24.3 胃
- 24.3a 胃的解剖構造
- 24.3b 胃的組織構造

24.4 小腸
- 24.4a 小腸的解剖構造
- 24.4b 小腸的組織構造

24.5 大腸
- 24.5a 大腸的解剖構造
- 24.5b 大腸的組織構造

24.6 消化的附屬腺體
- 24.6a 肝臟
- 24.6b 膽囊和膽汁通道
- 24.6c 胰臟

24.7 發育和臨床觀點
- 24.7a 胚胎發育
- 24.7b 老化的消化系統
- 24.7c 消化系統疾病

學習指南

臨床應用

24.1 牙齒與牙齦的疾病
24.2 胃食道逆流疾病
24.3 消化性潰瘍
24.4 憩室病和憩室炎
24.5 肝炎和肝硬化
24.6 膽結石

複習

要瞭解本章，您可能會發現複習以下概念會有所幫助：

- 刷狀緣和微絨毛 (2.2c 節)
- 胚盤和胚層 (4.2a 節)
- 自主神經系統 (第 16 章)
- 腹腔動脈和腸繫膜動脈的血液循環 (表 21.6、21.7)

Anatomy & Physiology REVEALED®
aprevealed.com

模組 12：消化系統

關於消化系統的許多基本功能的認知，起源在 1822 年的一次嚴重事故。一位加拿大航海家，亞歷克西斯・聖馬丁 (Alexis St. Martin) 當他站在密西根州麥其諾島上的一個貿易站外面時，被槍彈爆炸意外擊中。一名邊防軍醫生威廉・博蒙特 (William Beaumont) 被召喚到現場，他發現聖馬丁的肺部從傷口突出，肚子上有一個洞，「大得足以容納我的食指」。令人驚訝的是，聖馬丁倖存下來，但傷口還留著一個永久性的開口 (瘻管) 進入他的胃，傷口處只有一塊鬆弛的皮瓣覆蓋。

博蒙特將此事件視為學習消化系統的機會。因野外旅行而導致殘疾，聖馬丁同意參加博蒙特的實驗以交換食宿。在邊界地區簡陋的條件下，儘管對科學方法所知甚少，但博蒙特還是在幾年內對聖馬丁進行了 200 多次的實驗。他通過瘻管將食物放入胃中，然後每小時將其取出，以觀察消化過程。他將一小瓶胃液送給化學家進行分析。他證明了消化需要鹽酸，和一種未知的作用劑，我們現在知道是胃蛋白酶。聖馬丁的脾氣暴躁，在情緒爆發時，博蒙特觀察到幾乎沒有消化現象；我們現在知道這是由於交感神經系統對消化的抑制作用。

1833 年，博蒙特將他的研究成果彙集出版了一本書，成為了消化系統的科學研究與醫學治療的基礎知識，稱為胃腸病學 (gastroenterology)[1]。一段時間以來，許多學者仍然相信，胃基本上扮演研磨室、發酵桶或烹煮鍋的作用。其中一些人甚至將消化歸因於胃內的靈魂。然而直到俄羅斯的生理學家伊萬・巴夫洛夫 (Ivan Pavlov) 以博蒙特的研究為基礎，才證明博蒙特的研究結果是正確的，1904 年巴夫洛夫因其消化系統的研究貢獻而獲得諾貝爾獎。

1 *gastro* = stomach 胃；*entero* = intestine 腸；*logy* = study of 研究

24.1 消化過程及一般解剖構造

預期學習成果

當您完成本節後，您應該能夠

a. 確認消化系統的功能與主要過程；
b. 列出消化系統的管道區域和附屬器官；
c. 確認消化道的管壁構造；
d. 描述腸神經系統；和
e. 命名腸繫膜，並描述腸繫膜與消化系統的關聯。

消化系統實質上是一條拆解的作業線，主要的目的是將營養物質分解為可吸收的形式，以便於提供身體組織的利用。我們所吃的食物大部分都不能直接以食物的形式直接利用使用，營養必須分解成較小的分子，例如所有物種適用的胺基酸和單醣類。舉例來說，如果吃一塊牛肉會發生什麼。牛肉的肌凝蛋白與人體肌肉的肌凝蛋白幾乎沒有差別，但是兩者並不完全相同，即使它們完全相同，牛肉的肌凝蛋白也不可能直接被吸收，然後在血液中運送，並正確安裝在人體的肌肉細胞。每天食用的蛋白質一樣，必須將其分解成胺基酸分子，才能被身體吸收與利用。由於牛肉和人體的蛋白質都是由相同的 20 個胺基酸所組成，牛肉蛋白質分解成胺基酸之後，可能會成為人體的肌凝蛋白的一部分，但也可能轉變成胰島素、纖維蛋白原、膠原蛋白或任何其他的蛋白質。

24.1a 消化系統功能 AP|R

消化系統 (digestive system) 是處理食物的器官系統，從食物中提取養分，並排除殘留物。消化過程主要分五個階段：

1. **攝食** (ingestion)：有選擇地攝取食物；

2. **消化** (digestion)：經過機械分解和化學分解，將食物轉變成身體可以利用的形式；
3. **吸收** (absorption)：吸收養分，進入血液和淋巴中運送；
4. **壓實** (compaction)：吸收水分，將難以消化的殘留物壓實成為糞便；
5. **排便** (defecation)：糞便的排除。

24.1b 一般解剖構造

消化系統有兩個解剖部分，消化管道和附屬器官 (圖 24.1)。**消化道** (digestive tract) 是從口腔到肛門的肌肉管道。人的消化道長約 5 m (16 ft)。如果是死亡狀態，則肌肉張力喪失，消化道會變成約 9 m (30 ft)。消化道也被稱為消化管道 (alimentary[2] canal) 或腸道 (gut)。包括口腔、咽、食道、胃、小腸和大腸。胃和腸的部分，合稱為胃腸道 [gastrointestinal (GI) tract]。**附屬器官** (accessory organs) 包括牙齒、舌頭、唾液腺、肝臟、膽囊和胰臟。

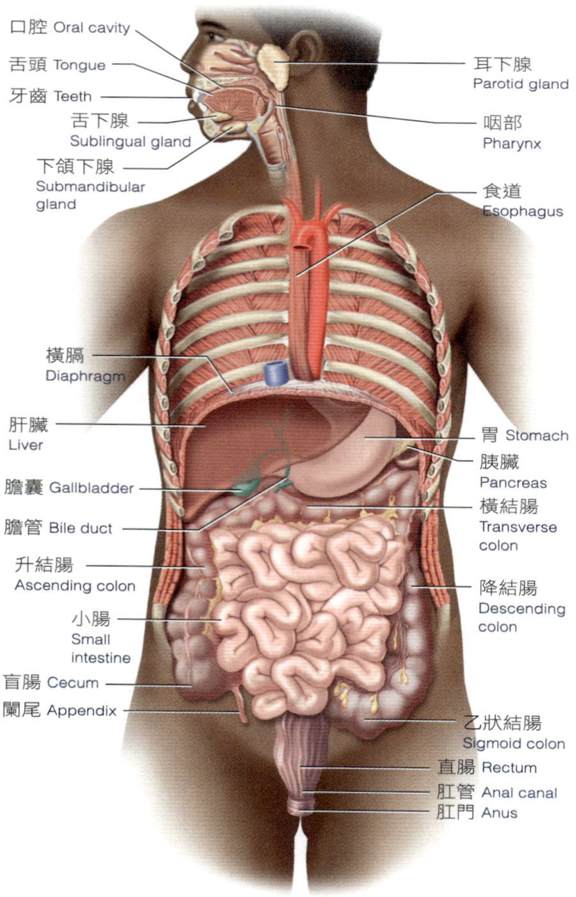

圖 24.1 消化系統。

消化道的上下兩端都開口在外界環境。消化道中的大部分物質，在被消化道的上皮細胞吸收之前，都被認為是在體外。嚴格定義的話，食物殘留物形成的糞便，永遠都不在體內。

大部分的消化道都具備基本的組織結構，如圖 24.2 所示，其管壁是由許多層的組織構成，從內到外依次為：

- 黏膜層 (Mucosa)
  - 上皮 (Epithelium)
  - 固有層 (Lamina propria)
  - 黏膜肌層 (Muscularis mucosae)
- 黏膜下層 (Submucosa)
- 肌肉層 (Muscularis externa)
  - 環走層 (Circular layer)
  - 縱走層 (Longitudinal layer)
- 漿膜層 (Serosa)
  - 疏鬆結締組織 (Areolar tissue)
  - 間皮 (Mesothelium)

上述組織結構在消化道的不同區域，會有些許的差異。

消化管道的內層稱為**黏膜層** (mucosa or mucous membrane)，是由上皮 (epithelium)、疏鬆的結締組織層組成的**固有層** (lamina propria)，以及一層平滑肌稱為**黏膜肌層** (muscularis mucosae)(MUSS-cue-LAIR-is mew-CO-see)，共同組成。大多數消化道中的上皮組織是屬於單層柱狀上皮，但是口腔、咽、食道和肛管不同。這些位於消化道的最上端與最下端部位，比胃和腸需要承受更大的摩擦，因

2 *aliment* = food 食物

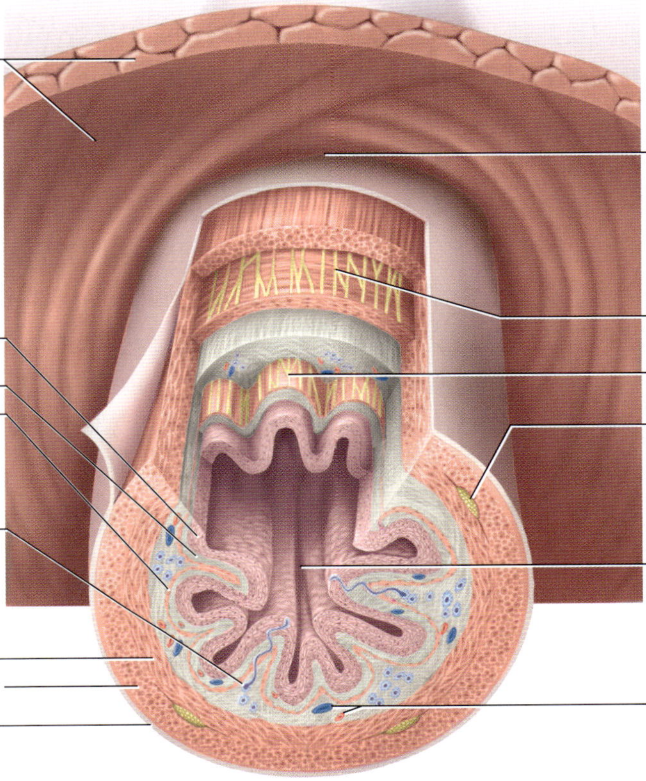

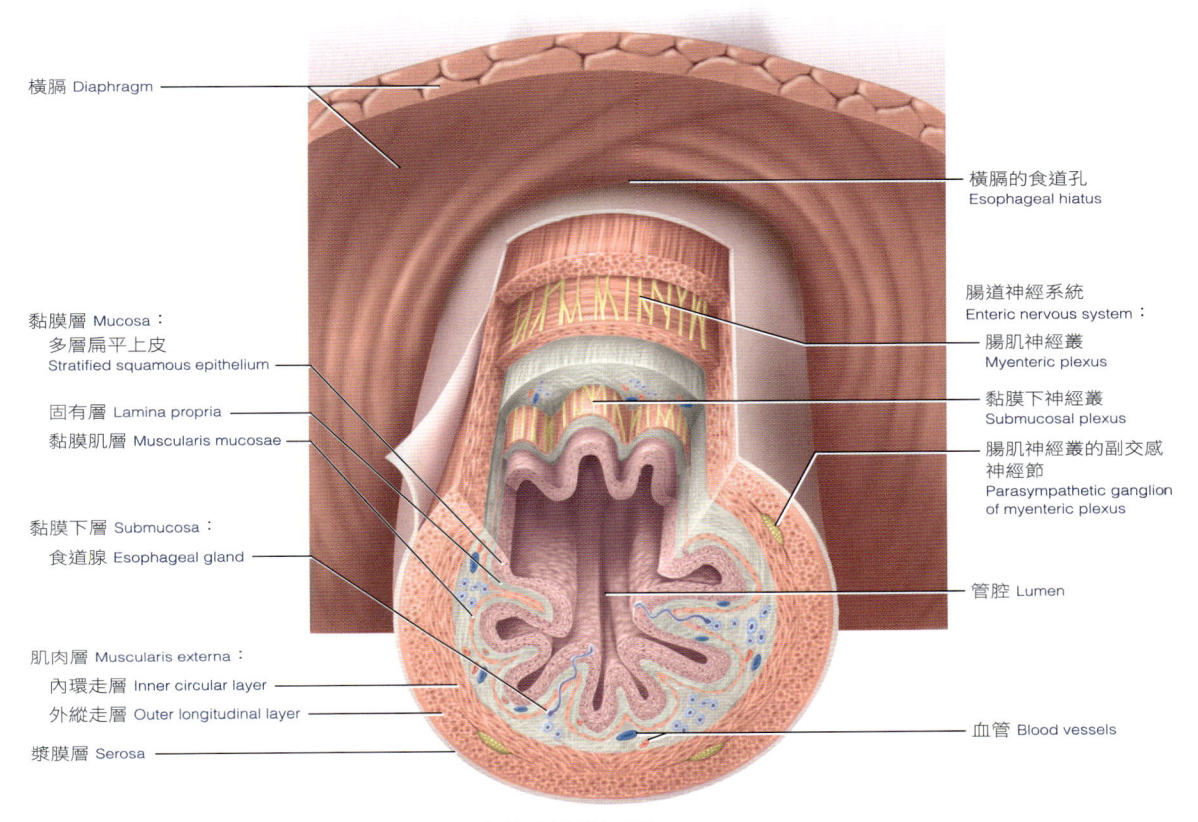

圖 24.2 **消化道的組織分層**。位於橫膈下方的食道橫切面。

此上皮組織是多層鱗狀上皮。黏膜肌層具收縮力，可使黏膜繃緊，並使管腔形成許多褶皺，可增加黏膜與食物接觸的表面積，可以提高消化和吸收的效率。因為消化道的黏膜層直接與外界的食物相接觸，通常含有大量的淋巴細胞和淋巴小結，稱為黏膜相關淋巴組織 (mucosa-associated lymphatic tissue, MALT)(請參閱 22.2b 節)。

黏膜下層 (submucosa) 是較厚的疏鬆結締組織層，包含血管、淋巴管、神經叢。某些消化管道的黏膜下層具有黏液腺體。在胃腸道的一些部分，黏膜相關的淋巴組織會延伸到黏膜下層。

肌肉層 (muscularis externa) 通常由兩層平滑肌組成，位在消化道的外部。內層的肌細胞是環狀排列，外層的肌肉細胞是縱向排列。在特定部位，環狀肌肉層會變厚，形成瓣膜 (或是括約肌) 調控物質通過消化道。消化道的肌肉層主要負責產生分節運動與蠕動，分別使食物和消化酶充分混合，以及推動物質通過管道。

漿膜 (serosa) 是由一層的疏鬆結締組織與最外層的單層鱗狀間皮共同組成。消化道的漿膜就是腹膜，從食道下端到直腸上端，消化道在腹腔的部分都會被漿膜包覆，呈現光滑的表面。咽部、大部分的食道和直腸則都沒有漿膜包覆，而是由纖維結締組織包覆，稱為**外膜** (adventitia)，呈現粗糙的表面，纖維構成的外膜，會與周圍器官的結締組織相聯合。

24.1c 神經支配

舌頭運動、咀嚼和吞嚥的動作，都是由六對腦神經 (V、VII 和 IX~XII) 與頸神經襻

(ansa cervicalis) 的軀體運動神經纖維所支配的骨骼肌來完成；這些肌肉及其神經支配整理在表 11.3。唾液腺則是由來自上頸神經節的交感神經纖維，以來自腦神經 VII 和 IX 中的副交感神經纖維所支配 (圖 15.29、15.31 和 16.4)。

從食道下端到肛管，消化道的肌肉大部分是平滑肌 (唯一的例外是肛門外括約肌)，因此只接受自主神經支配。消化道主要由副交感神經神經支配，支配食道到橫結腸的副交感神經纖維來自迷走神經。支配降結腸和直腸的副交感神經纖維，來自骨盆神經，是屬於下腹下神經叢的分支 (圖 16.7)。副交感神經的作用會使括約肌放鬆，並且刺激胃腸道的運動和分泌。因此是促進消化作用。

交感神經的作用較小，通常會抑制腸胃道的運動和分泌，並保持胃腸道的括約肌收縮並關閉。因此是抑制消化作用。從腹腔神經節發出的交感神經會支配胃、肝臟和胰臟；從上腸繫膜神經節發出的交感神經會支配小腸和大部分大腸；下腸繫膜神經節發出的交感神經會支配直腸 (圖 16.4)。

雖然消化道受到中樞神經系統的廣泛支配，但是如果這些外部的神經被切斷，消化系統仍能自主運作。這是因為食道、胃和腸子有自己的神經網絡，稱為**腸道神經系統** (enteric nervous system)，這系統具有超過 1 億個神經元，比脊髓的神經元還多。

這些神經元主要分佈在消化道管壁的兩個區域：在黏膜下層中的**黏膜下神經叢** (submucosal plexus)，以及在環走與縱走肌肉層中的**腸肌神經叢** (myenteric plexus)(圖 24.2)。副交感神經的節前纖維會終止於腸肌神經叢內的副交感自主神經節。從這些自主神經節發出的副交感節後神經纖維，不僅支配神經節外部的肌肉層，也會穿過肌肉層到達黏膜下層，參與形成黏膜下神經叢。腸肌神經叢控制蠕動和其他肌層的收縮；而黏膜下神經叢則控制黏膜肌層的運動和黏膜的腺體分泌。

消化道的感覺神經纖維負責偵測胃腸道壁的擴展狀態，和偵測管腔中的化學成分。這些感覺纖維會將感覺訊息傳送到鄰近的腸肌神經叢，形成**短反射弧** (short reflex arcs)，又稱為**腸肌反射弧** (myenteric[3] reflex arcs)。或是將感覺訊息藉由迷走神經傳回到中樞神經系統，形成**長反射弧** (long reflex arcs)，又稱為**迷走反射弧** (vagovagal reflex arcs)。這些內臟的反射弧可以使胃腸道的不同區域，藉由短距離和長距離的神經迴路相互調控。

24.1d 血液循環

在本章的結尾，我們將看到胚胎的消化道分為三個部分：前腸、中腸和後腸。這三個分段的定義是因為分別由三條不同的動脈負責血液供應。

- **前腸** (foregut) 包括口腔、咽、食道、胃和十二指腸的前段 (膽管開口以上)。在橫膈上方，胸主動脈向食道發出許多一連串細小的**食道動脈** (esophageal arteries)。在橫膈下方，前腸發育的其餘部分，接受來自**腹腔動脈幹** (celiac trunk) 的分支供應血液 (圖 21.23)。
- **中腸** (midgut) 包括十二指腸的後段 (膽管開口以下)、空腸和迴腸、盲腸、升結腸，至橫結腸前三分之二的部分。由**腸繫膜上動脈** (superior mesenteric artery) 的分支供應血液 (圖 21.24a)。
- **後腸** (hindgut) 包括橫結腸後三分之一、降結腸、乙狀結腸、直腸。由**腸繫膜下動脈** (inferior mesenteric artery) 的分支供應血液 (圖 21.24b)。

關於胃腸道的靜脈流向，最值得注意的要

3 *my* = muscle 肌肉；*enter* = intestine 腸

點是，橫膈下方的整個胃腸道靜脈血液最終都匯入肝門靜脈 (hepatic portal vein)，然後進入肝臟，所以這些胃腸道的靜脈血管匯集形成**肝門系統** (hepatic portal system)(表 21.7)。來自胃腸道以及其他腹腔內臟的靜脈血液，都會經過肝臟才會回到心臟進入循環。像其他門脈系統一樣，肝門系統有兩個串聯的微細管網絡。小腸中的微血管接收消化後吸收的養分，肝臟中的微血管，又稱為肝竇 (hepatic sinusoids)，則將這些養分輸送到肝細胞。這使肝臟有機會處理大部分的養分，並且清除腸道血液中的細菌或有害物質。

24.1e 與腹膜的關係

在處理食物時，胃和腸會進行費力的收縮，因此需要在腹腔中自由地運動。它們沒有被緊緊地固定在腹壁上，大部分的長度由結締組織膜包覆懸吊著，稱為**腸繫膜** (mesenteries) (圖 1.13 和 1.14)。腸繫膜將腹部臟器保持在適當的位置。腸繫膜產生些許的腹膜液，潤滑臟器並允許胃腸道自由移動，也可以防止小腸因為蠕動或是身體位置變化而扭轉糾纏。此外，供應消化道的血管和神經，以及許多淋巴結和淋巴管，也都位於腸繫膜內。

體壁腹膜 (parietal peritoneum) 屬於漿膜，內襯於腹腔壁 (圖 1.13 和 1.14)。體壁腹膜從腹腔的後中線，向腹腔內延伸形成**後腸繫膜** (posterior mesentery)，半透明的兩層腹膜往腹腔的消化道延伸。到達胃與小腸時，兩層腹膜分開包覆住胃和小腸，包覆器官的部分就形成漿膜層。在某些地方，兩層腹膜包覆器官後會再合併往前延伸，形成一層組織，稱為**前腸繫膜** (anterior mesentery)。前腸繫膜可能自由懸掛在腹腔中，或是附著在前腹壁或其他器官。

有兩片腸繫膜與胃相連，稱為網膜 (omenta)(圖 24.11)。**小網膜** (lesser omentum) 較短，從胃小彎 (lesser curvature) 連結到肝臟 (圖 24.3a)。膽管以及通往肝臟的主要血管都包覆在小網膜內。大型而且脂肪豐富的**大網膜** (greater omentum) 由胃大彎 (greater curvature) 的腸繫膜往下方延伸形成，像圍裙一般懸掛，鬆散地覆蓋在小腸前方。在其下緣處，會反折

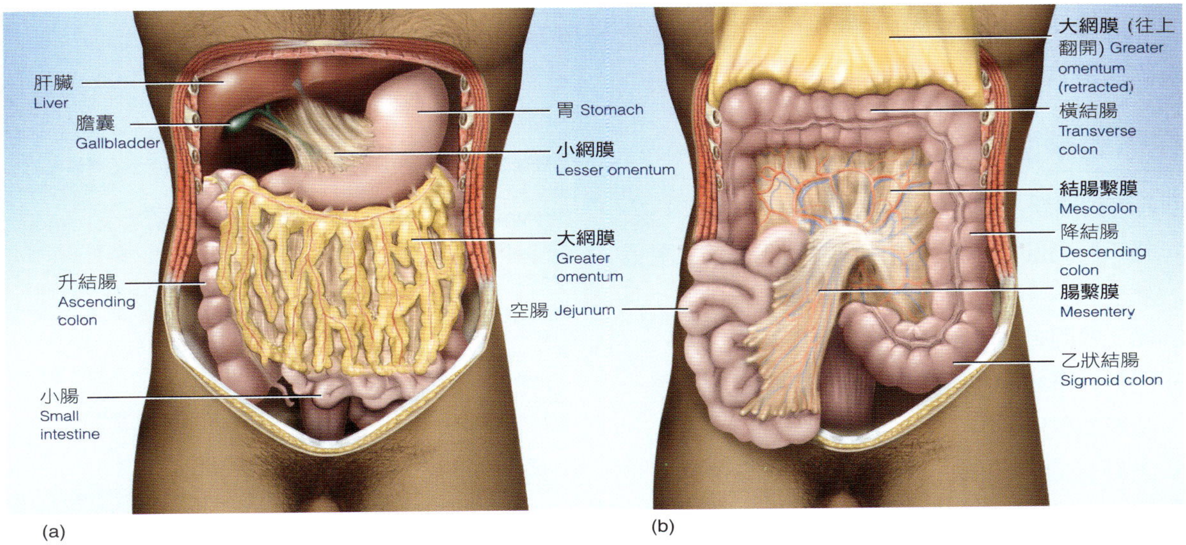

圖 24.3 與消化道連結的漿膜。(a) 大網膜與小網膜；(b) 大網膜向上掀開，小腸向下移出，以顯示結腸繫膜和腸繫膜。這些膜內含有腸繫膜動脈和靜脈。APR

並向上延伸；反折後的兩層腸繫膜合併就形成大網膜。反折向上的腸繫膜會包覆脾臟和橫結腸，形成橫結腸的漿膜層。腸繫膜從橫結腸往後方繼續延伸，一直延伸到後腹壁，形成**結腸繫膜** (mesocolon)(圖 24.3b)。

網膜呈現鬆散如蕾絲的外觀，因為其內有許多分佈不規則的脂肪組織。在肥胖者，大部分的腹部脂肪都堆積在腸繫膜中，又稱為*腸繫膜脂肪* (mesenteric fat)(圖 1.14b)。大網膜是人體抵禦毒素和感染的防線的一部分。大網膜內有許多的淋巴團，被稱為*乳白色斑點* (milky spots) 的淋巴組織，會執行「治安」功能，從腹腔積液中捕獲細菌、其他細胞和抗原，如果發現威脅，會啟動免疫反應。然而不幸的是，網膜的淋巴組織無法識別轉移的癌細胞，這些癌細胞可以聚集在網膜中，變成胃腸道、卵巢和其他癌症的繁殖地。

當整個器官都被腸繫膜 (漿膜) 包覆時，此器官稱為**腹膜內器官** (intraperitoneal[4] organ)。當器官靠在後腹壁，僅有前側被腹膜覆蓋，則稱此器官為**腹膜後器官** (retroperitoneal[5] organ)。十二指腸、大部分胰臟和升結腸與降結腸都是屬於腹膜後器官。胃、肝臟、小腸以及盲腸與乙狀結腸都是屬於腹膜內器官。

在你繼續閱讀之前

回答下列問題，以檢驗你對上節內容的理解：

1. 從口腔到肛門，按照順序命名消化道的主要區域。
2. 請比較固有層與黏膜下層有何異同？
3. 腸神經系統的兩個組成是什麼？兩者在位置和功能上有何不同？
4. 主動脈的哪三個主要分支動脈負責供應消化道？這三個動脈與消化道的胚胎發育之間有什麼關係？
5. 從後側體壁延伸而來，可使腸道懸吊在腹腔的漿膜名稱。以及由這種漿膜衍生形成的腸道最外層的構造名稱。

4 *intra* = within 內部
5 *retro* = behind 後方

24.2 從口腔到食道

預期學習成果

當您完成本節後，您應該能夠

a. 描述口腔內的牙齒、舌頭和其他器官；
b. 說明唾液腺的名稱和位置；
c. 描述咽縮肌的位置和功能；和
d. 描述食道的大體解剖和組織構造。

24.2a 口腔

口腔 [oral (buccal[6]) cavity] 也被稱為**嘴部** (mouth)。其功能包括食物攝入、味覺和其他感官反應、咀嚼、化學消化、吞嚥、言語和呼吸。口腔被臉頰、嘴唇和舌頭所圍繞 (圖 24.4)。其前方開口位於嘴唇之間稱為**口腔裂** (oral fissure)，其後方開口連接咽喉稱為**咽門**

6 *bucca* = cheek 臉頰

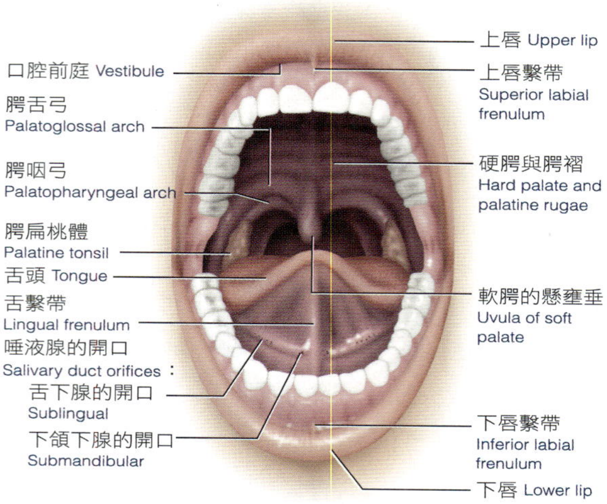

圖 24.4 嘴部。有關嘴部的內側視圖，請參見圖 A.2。APR

(fauces)[7] (FAW-seez)。口腔內襯有複層鱗狀上皮。在經常摩擦的區域會角質化，例如牙齦和硬腭；在其他較少摩擦的區域則沒有角質化，例如口腔底部、軟腭和臉頰與嘴唇的內側面。

臉頰和嘴唇

臉頰和嘴唇將食物保留在口腔，並在牙齒之間推擠幫助食物的咀嚼，另外對於清晰的語音和吮吸 (包括嬰兒哺乳) 與吹氣動作，也扮演重要角色。其組成主要是由皮下脂肪、臉頰的頰肌和嘴唇的口輪匝肌。嘴唇在前門牙中央上方有一黏膜褶片稱為**唇繫帶** (labial frenulum)[8] 連接到牙齦。**口腔前庭** (oral vestibule) 是指臉頰或是嘴唇與牙齒之間的空間，這空間使嘴唇與臉頰能自由移動，而且可以插入牙刷清潔牙齒的外表面。

嘴唇分為三個區域：(1) 皮膚區域 (cutaneous area) 為顏色像臉的部分，並有毛囊和皮脂腺。在上唇，這是鬍鬚生長的地方；(2) 紅色區域 (red area) 是嘴唇相交的無毛區域 (有人在此區域塗口紅)。它有異常高的真皮乳頭，使微血管和神經末梢更接近表皮表面。因此，該區域比皮膚區域更紅更敏感；(3) 唇黏膜 (labial mucosa) 是嘴唇的內表面，與牙齦和牙齒相接觸。它包含分泌黏液的唇腺體 (labial glands)。

7 *fauces* = throat 喉嚨
8 *labi* = lip 唇；*frenulum* = little bridle 小的約束帶

舌頭

舌頭 (圖 24.5) 雖然大型且肌肉發達，但是動作敏捷且具有多種功能的敏感器官：它有助於食物的攝入；它具有味覺，質地和溫度的感覺感受器，在接受或拒絕食物方面扮演重要角色；它壓縮並分解食物；它在牙齒之間精巧地翻動食物以進行咀嚼；它壓縮咀嚼食物，變成容易吞嚥的食團 (bolus)；它啟動吞嚥動作；它使口語表達清晰。舌頭的表面覆蓋有角化的多層鱗狀上皮，有許多**舌乳頭** (lingual papillae) 的突起，舌乳頭上面具有味蕾。圖 24.5 顯示了輪廓、葉狀和蕈狀乳頭。詳細的說明與味蕾的關係已在第 17.2a 段落中介紹。

舌頭的前三分之二部分，稱為**舌體** (body)，位於口腔。舌頭的後三分之一部分，稱為**舌根** (root)，位於口咽。在舌體和舌根之間有一排 V 形排列的輪廓乳頭，在輪廓乳頭後面有一個凹陷的溝，稱為**界溝** (terminal sulcus)。在舌頭的正中下方，有一黏膜的褶片

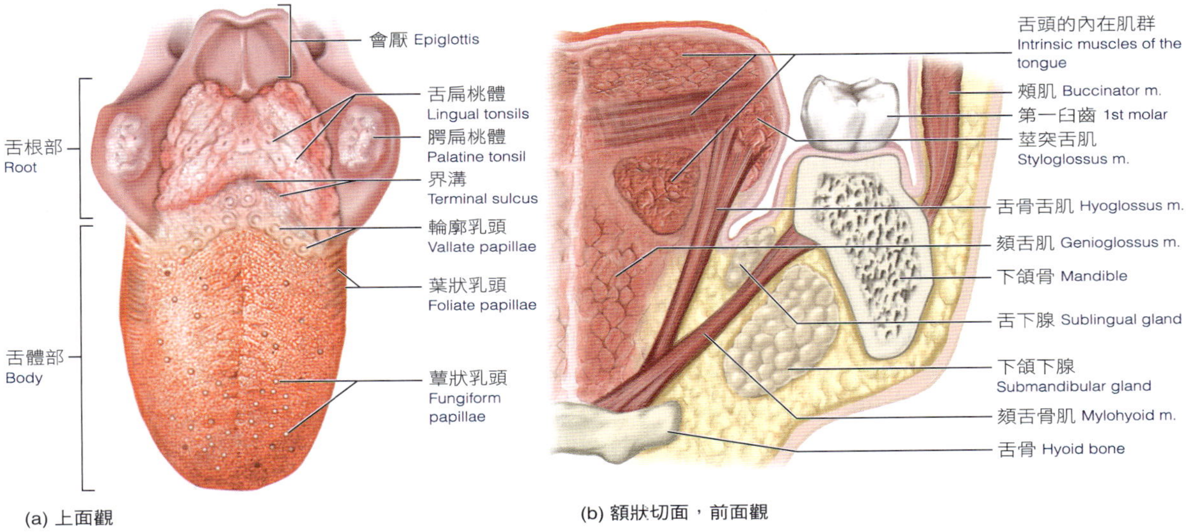

圖 24.5 舌頭。(a) 俯視圖；(b) 冠狀切面，前視圖。矢狀切面見圖 A.2。

稱為**舌繫帶** (frenulum)，將舌體附著在口腔底部。舌根表面含有舌扁桃體。在舌頭兩側有分泌漿液與黏液的**舌下腺** (lingual glands)，分泌一部分的唾液。

舌頭主要由骨骼肌組成。**內在肌** (intrinsic muscles) 的起端與止端，完全在舌頭內的肌肉，產生言語的微妙動作。**外在肌** (extrinsic muscles) 的起端位於其他地方，止端位在舌頭，以產生更強的力量操縱食物的運動。舌頭的外在肌包括頦舌肌 (genioglossus)、舌骨舌肌 (hyoglossus)、莖突舌肌 (styloglossus)、腭舌肌 (palatoglossus)(參見表 11.3，圖 11.12)。

上腭

上腭 (圖 24.4)，將口腔與鼻腔分隔開，所以可以在咀嚼食物時進行呼吸。上腭的前部堅硬，稱為**硬腭** [hard (bony) palate]，由上頜骨的腭突與腭骨的水平部組成，表面覆蓋口腔黏膜。硬腭前方的黏膜有橫向皺褶稱為**腭褶** (palatine rugae)，可以幫助舌頭保持和操縱食物。硬腭的後方是**軟腭** (soft palate)，主要由骨骼肌組成和腺體組織組成，沒有骨頭。軟腭正中央是一個圓錐形的突起，稱為**懸雍垂** (uvula)[9]，嘴巴大開在嘴後部可見此構造。懸雍垂有助於將食物保留在嘴裡，直到準備好吞嚥。

在口腔的後部兩側，各有兩個肌肉弓，從懸雍垂的側邊，向下延伸到口腔底部。前方的是**腭舌弓** (palatoglossal arch)，後方的是**腭咽弓** (palatopharyngeal arch)。後面的腭咽弓標誌著咽部的開始。腭扁桃體位於腭舌弓與腭咽弓之間的口腔壁。

牙齒

牙齒統稱為**牙列** (dentition)。負責咀嚼食物，將其分成小塊。這不僅使食物更容易吞嚥，也增加更多與消化酶接觸的表面積，從而加快化學消化作用。成人通常有 16 顆牙齒在下頜骨，16 顆在上頜骨。從中線到頜骨後部，分別有兩顆門牙，一顆犬齒，兩顆前臼齒，最多三顆臼齒 (圖 24.6b)。**門齒** (incisors) 形狀像鑿子可以切割食物。**犬齒** (canines) 形狀尖銳，可以刺破並撕裂食物。在許多哺乳動物中的犬齒是攻擊武器，但在人類進化過程中，犬齒的長度變短，幾乎與其他牙齒長度相同。**前臼齒** (premolars) 和**臼齒** (molars) 的表面相對較寬呈塊狀，適於壓碎、切碎和研磨食物。

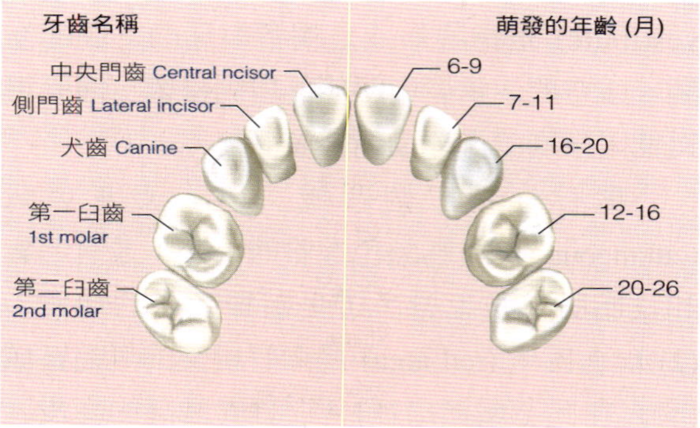

(a) 乳齒

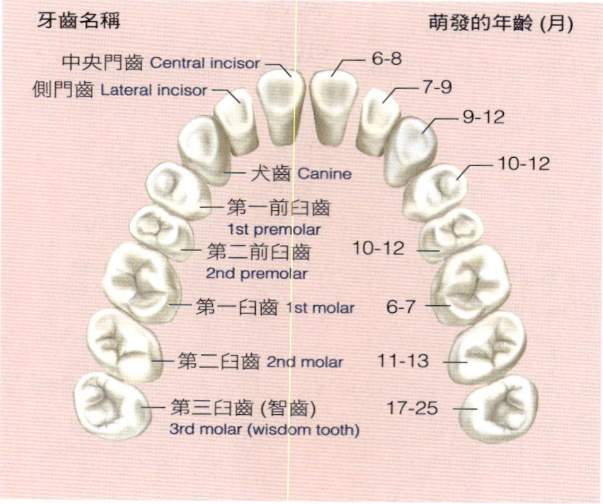

(b) 恆齒

圖 24.6 牙列。(a) 乳牙 (嬰兒)；(b) 恆牙。每張圖僅顯示上排牙齒。牙齒萌發的年齡是綜合上排與下排牙齒萌發的大致年齡。通常下頜牙齒萌發的時間比上頜牙齒萌發的時間更早一些。

• 3 歲的孩子缺少哪些牙齒呢？ AP|R

9 *uvula* = little grape 小葡萄

每個牙齒都嵌在**齒槽** (alveolus) 中，在牙齒和骨骼之間形成釘狀聯合關節 (gomphosis) (圖 24.7)。牙槽內襯有**牙周韌帶** (periodontal ligament) (PERR-ee-oh-DON-tul)，這是一種特化的骨膜，其膠原纖維的兩端分別滲入骨頭和牙齒。這樣可以將牙齒固著在齒槽中，但允許在咀嚼壓力下的輕微運動。牙周韌帶受本體感覺神經支配，使人能夠感知牙齒的運動狀態和咬合力。當以人工牙齒取代真牙時，便會失去了這種感覺。**牙齦** (gum; gingiva) 覆蓋齒槽骨。牙齒的區域由牙齒與牙齦的關係來定義：**牙冠** (crown) 是指牙齒沒有牙齦附著的上方部分，**牙根** (root) 是指牙齒插入牙齦下方齒槽的部分，而**牙頸** (neck) 則是指牙冠、牙根和牙齦相交接的部分。通常門齒和犬齒只有一個牙根；前臼齒有一個或兩個牙根；第一和第二臼齒有兩個或三個牙根。在第三臼齒中，牙根通常融合成一個。位在牙齒和牙齦之間的空間稱為**牙齦溝** (gingival sulcus)。牙齦溝的衛生對牙齒健康尤為重要 (請參閱臨床應用 24.1)。

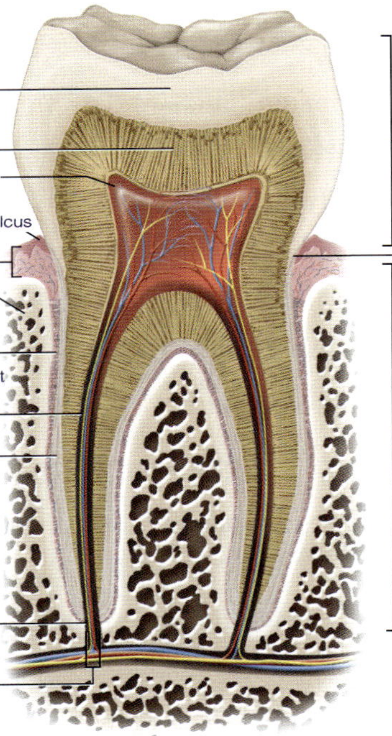

圖 24.7　**牙齒及齒槽的結構**。顯示的例子是臼齒。
• 在此顯示的所有牙齒的構造中，哪些構造不是活的組織？

臨床應用 24.1

牙齒與牙齦的疾病

食物會在牙齒上留下黏性的殘留物，稱為牙菌斑 (plaque)，主要是細菌和糖類組成。如果斑塊沒有透過刷牙和使用牙線清潔徹底清除，細菌會積聚，代謝分解醣類，並釋放出乳酸和其他酸性物質。這些酸性物質會溶解齒釉質和牙本質的礦物質，而細菌分泌的酶會消化膠原蛋白和其他有機成分。牙齒被侵蝕形成的孔洞，稱為*齲齒* (dental caries)[10]。如果沒有修補，齲齒可以完全穿透牙本質並擴散到牙髓腔。這就需要拔牙或進行*根管治療* (root canal therapy)，除去牙髓腔的內含物，並用惰性堅固的材料代替。

當牙菌斑在牙齒表面鈣化時，稱為*牙結石* (calculus)。牙結石會卡在牙齦溝中，使牙齒和牙齦分開，使得細菌容易入侵。這會導致牙齦發炎，稱為*牙齦炎* (gingivitis)。幾乎每個人在某個時候都曾經發生牙齦炎。在某些情況下，細菌會從牙齦溝擴散到齒槽骨中，並開始溶解齒槽骨，導致*牙周病* (periodontal disease)。70 歲以上的老年人，大約有 86% 患有牙周疾病，當罹患牙周疾病約有 80% 至 90%的 永久齒會脫落。

牙齒的大部分是由堅硬的淡黃色組織，稱為**牙本質** (dentin) 所組成，牙本質在牙冠部有**齒釉質** (enamel)(又稱琺瑯質) 覆蓋，在牙根部則有**黏合質** (cement) 覆蓋。牙本質和黏合質是具有活細胞的結締組織，許多細胞的突起嵌入鈣化的基質中。*黏合質細胞* (cementocytes) 隨機地分散在類似於骨穴的微小腔洞中。*牙本質細胞 (生齒細胞)* (odontoblasts) 則襯在牙髓腔周邊，並且具有細長的突起，穿入牙本質中微小的平行隧道中。齒釉質不是組織，是在牙

10 *caries* = rottenness 腐爛

齒發育過程尚未從牙齦冒出之前，就產生的無細胞分泌物。受損的牙本質和黏合質可以再生，但損壞的齒釉質則無法再生，必須依靠人工修復。

在牙齒內部，牙冠和牙根上部具有擴張的**牙髓腔** (pulp cavity)，在牙根下部則有一條狹窄的**根管** (root canal)。這些空間被**牙髓** (pulp) 占據，內含大量的疏鬆結締組織、血管、淋巴管和神經。這些神經和血管通過每個根管下端的一個小孔，稱為**頂孔** (apical foramen)，進入牙髓腔內。

閉口時牙齒的相接觸稱為咬合 (occlusion) (ah-CLUE-zhun)，而牙齒相接觸的表面稱為**咬合面** (occlusal surfaces)。前臼齒的咬合面有兩個圓形的凸起稱為**尖點** (cusps)；臼齒有四到五個尖點。當上下頷閉合以及左右滑動的咀嚼動作時，上下前臼齒和臼齒的尖點會互相嵌合。如果咬合面越契合則研磨和撕裂食物更有效率。

牙齒在牙齦下方生長，並以可預測的順序**萌發** (erupt)。二十顆**乳齒** (deciduous teeth) 在 6 到 30 個月大時從門牙開始逐漸萌發 (圖 24.6a)。在 6 至 25 歲之間，乳齒會逐漸被 32 個**恆齒** (permanent teeth) 取代。當恆齒位於乳齒的深層 (圖 24.8)，乳齒的根部會逐漸溶解，並且剩下牙冠時便會掉落。如果有的話，第三臼齒 (又稱智齒) 會在 17 至 25 歲之間萌發。在人類進化的過程中，臉變得平坦，頷骨縮短，幾乎沒有空間容納第三臼齒。因此，第三臼齒經常留在牙齦下方，由於受到鄰近的牙齒與骨骼擠壓，常導致它們無法萌發。

24.2b 唾液腺

唾液可以滋潤口腔；消化少量澱粉和脂肪；清潔牙齒；抑制細菌生長；溶解分子，從而刺激味蕾；並潤濕和潤滑食物，並將食物黏合在一起以幫助吞嚥。唾液是由 97.0% 至 99.5% 的水和以下溶質組成的溶液：

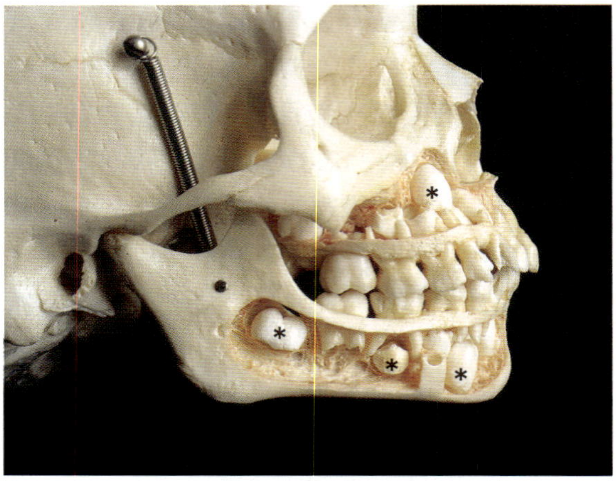

圖 24.8 兒童頭骨內的恆牙和乳牙。切開部位顯示乳牙已經萌發，在乳牙深處標示星號的是等待萌發的恆牙。

- **唾液澱粉酶** (salivary amylase)：一種在口腔中開始分解澱粉的酵素；
- **舌脂肪酶** (lingual lipase)：一種分解脂肪的酵素，當食物被吞嚥後會被胃內的胃酸激活；
- **黏液** (mucus)：可黏合並潤滑食物團塊，有助於吞嚥；
- **溶菌酶** (lysozyme)：一種殺死細菌的酵素；
- **免疫球蛋白 A** (immunoglobulin A, IgA)：一種抑制細菌生長的抗體；
- **電解質** (electrolytes)：包括鈉、鉀、氯、磷酸鹽和碳酸氫鹽等。

唾液腺分為兩種，內部的和外部的。**內部 (小) 唾液腺** [intrinsic (minor) salivary glands] 是指散佈在口腔組織中數量眾多的小腺體。它們包括舌頭的舌腺 (lingual glands)、嘴唇內側的唇腺 (labial glands) 和臉頰內側的頰腺 (buccal glands)。無論我們是否進食，它們都會以相當恆定的速率分泌唾液，但分泌量較少。這種小型的內部唾液腺可使口腔保持濕潤並抑制細菌生長。

外部 (大) 唾液腺 [extrinsic (major) salivary glands] 是指位於口腔黏膜外部的三對更大的唾液腺體。它們通過導管與口腔連通 (圖 24.9)，每天分泌 1.0 至 1.5 L 的唾液，主要是針對食物進入口中時產生分泌反應。以下是外部唾液腺的介紹：

1. **耳下腺** (parotid[11] gland)，又稱為腮腺，位於耳垂前方的皮膚深層。它的導管會跨過咀嚼肌表面，穿過臉頰的頰肌，開口在上排第二顆臼齒相對的臉頰內側。腮腺炎 (mumps) 是由病毒引起的腮腺發炎和腫脹。
2. **下頜下腺** (submandibular gland)，位於下頜骨體的中段，貼在內側的下緣，腺體會夾住頜舌骨肌 (mylohyoid muscle)。它的導管向前延伸到舌繫帶下方兩側，在靠近下排中央門牙的位置開口排入口腔 (圖 24.4)。
3. **舌下腺** (sublingual gland)，位於口腔底部。它有多個導管，在下頜下腺導管的開口後方排入口腔 (圖 24.4)。

11 *par* = next to 旁邊；*ot* = ear 耳

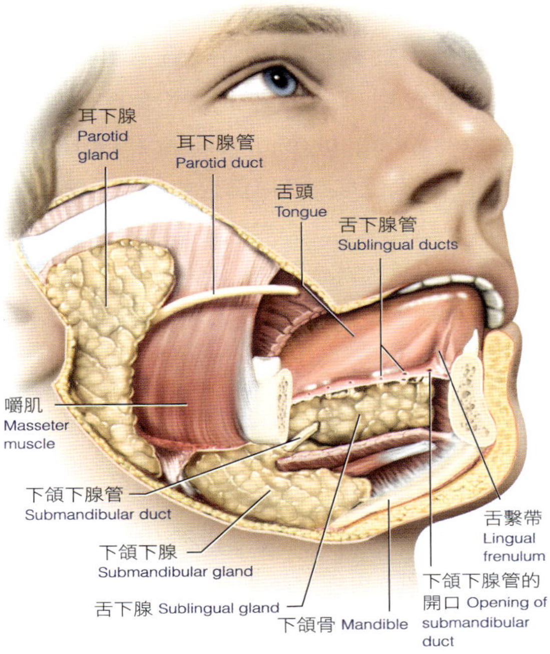

圖 24.9　外部唾液腺。下頜骨的右半邊已經被移除，以顯露出位於下頜骨內側的舌下腺。APR

這三種唾液腺都是複合型的管泡狀腺體，樹狀排列的分支導管，源頭都是腺泡結構。有些腺泡只有黏液細胞，有些只有漿液細胞，有些則是兩者混合 (圖 24.10)。混合型腺泡 (mixed acini)，黏液細胞圍繞著管腔，而漿液細胞則在外圍排列成半月形狀，稱為漿液半月 (serous demilune[12])。黏液細胞分泌唾液黏液，漿液細胞則分泌含水量較多的液體，富含澱粉酶和電解質。

唾液的分泌主要由副交感神經纖維負責控

12 *demi* = half 一半；*lune* = moon 月亮

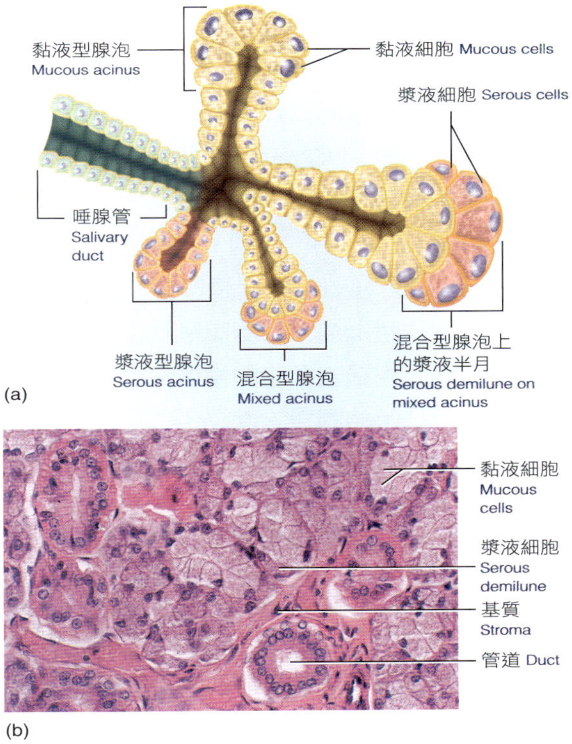

圖 24.10　唾液腺的顯微組織構造。(a) 在漿液腺與黏液腺混合的唾液腺組織中，常見到許多管道與腺泡的構造。分泌漿液的細胞通常會排列成新月狀，覆蓋在黏液腺泡的末端，稱為漿液新月。在此圖中無法顯示唾液腺的所有特徵；(b) 舌下腺的組織切片。

(b) ©Dennis Strete/McGraw-Hill Education

制，副交感神經纖維是由位於橋腦和延腦交界處的一群**唾液神經核** (salivatory nuclei) 發出。這些唾液神經核接收從口腔中的感覺感受器傳來的訊息，以及接收從高級大腦中樞對氣味、視覺或對食物聯想的感覺訊息。發出副交感神經纖維傳出到唾液腺的神經路徑，已經在前面段落進行描述 (請參閱 24.1c 節)。副交感神經纖維刺激富含水分與酵素的唾液分泌。交感神經纖維則刺激富含黏液的唾液分泌。

應用您的知識

請說明為什麼人在緊張時，會感覺口腔乾燥與發黏。(提示：請參考第 16 章中有關自主神經系統的訊息)

24.2c 咽部

如 23.2b 節所述 (圖 23.2c)，咽部是一種肌肉漏斗狀通道，將口腔與食道相連，以及將鼻腔與喉部相連。因此，咽部是消化道和呼吸道相交會的構造。它由三個區域組成，分別稱為鼻咽 (nasopharynx)、口咽 (oropharynx) 和喉咽 (laryngopharynx)。鼻咽是屬於呼吸管道，內襯偽複層柱狀上皮。口咽與喉咽由呼吸道和消化道共享，內襯未角化的複層鱗狀上皮，以適應食物通過時的磨損。

咽部的肌肉層，內層是縱向骨骼肌和外層是環狀骨骼肌，簡稱內縱外環。環形肌肉分為**上、中、下咽縮肌** (superior, middle, and inferior pharyngeal constrictors)，當吞嚥時，這些咽縮肌會依序收縮，迫使食物向下移動。當不吞嚥時，下咽縮肌仍保持收縮狀態，以避免空氣進入食道。下咽縮肌在生理學上可被認為是**食道的上方括約肌** (upper esophageal sphincter)。人死亡時，此肌肉會放鬆。因此，下咽縮肌被視為生理括約肌，而不是固定的解剖結構。

24.2d 食道

食道 (esophagus) 是直條的肌肉管道，長約 25 至 30 cm，位於氣管後方 (圖 24.1 和 24.2)。其上端開口位於第六頸椎 (C6) 和喉部的環狀軟骨之間。食道向下穿過縱隔腔後，在**食道裂孔** (esophageal hiatus) 的開口處穿過橫膈，繼續延伸 3 至 4 cm，並在第七胸椎 (T7) 處與胃連接。食道通向胃的開口稱為**賁門** (cardial orifice)，賁門的位置靠近心臟。由於**食道下方括約肌** (lower esophageal sphincter, LES) 的調控，食物在進入胃部之前會短暫停頓。食道下方括約肌可防止胃的內含物反流至食道，從而保護食道黏膜避免受到胃酸的侵蝕作用 (參見臨床應用 24.2)。

臨床應用 24.2

胃食道逆流疾病

似乎肚子攪動，加上腹腔中的壓力增加，會驅使胃的內容物回到食道。正常情形下，食道的下括約肌會阻止這種回流或*胃食道逆流* (gastroesophageal reflux) 現象。如果食道的下括約肌收縮力減弱，導致重複發生或是慢性回流，就會引發*胃食道逆流疾病* (gastroesophageal reflux disease, GERD)。胃酸，有時還有膽酸和胰腺酶也會反流至食道並刺激黏膜。這會引起「心灼熱」的感覺，儘管與心臟無關，但是因為食道在心臟後方，所以感覺像是心臟的問題。在美國，GERD 影響多達 50% 的人口，特別是白人男性。除了性別和種族因素之外，風險因素還包括年齡 (中年或以後)，體重過重，和吃完飯後立刻上床睡覺等。

心灼熱感通常可以用制酸劑控制，但是醫生和患者通常捨棄不用，因為僅治標不治本。在某些情況下，GERD 可能會導致更嚴重的併發症，如瘢痕形成和食道變狹窄，食道管壁的糜爛和發炎 (*糜爛性食道炎*)，食道扁平上皮轉變成腸型柱狀上皮，稱為巴瑞特氏食道 (Barrett[13] esophagus) 或是食道癌的形成。雖然大多數患有巴瑞特氏食道和食道癌的患者，具有 GERD 的長期病史，但是 GERD 患者中，只有 5% 到 15% 會發展為巴瑞特氏食道，只有不到 0.1% 會發展為食道癌。

食道壁的組織構造，如同稍早描述的消化道組織，但是具有一些區域特色。食道的黏膜層是未角質化的複層鱗狀上皮。黏膜下層包含**食道腺** (esophageal glands)，會分泌潤滑的黏液到管腔中。當沒有食物通過時，食道的黏膜和黏膜下層會折疊成縱嵴，使管腔的橫截面呈星形。

食道的外部肌肉層，在食道上部三分之一是骨骼肌，中間三分之一是骨骼肌和平滑肌混合組成，而下部三分之一則只有平滑肌。

食道的大部分位在縱隔腔中。食道的外層被結締組織外膜覆蓋，並且與氣管和胸主動脈的外膜合併再一起。食道在橫膈下方的短部分才會被漿膜覆蓋。

吞嚥 (deglutition)(DEE-glu-TISH-un) 是一項複雜的動作，涉及到口腔、咽部和食道的 22 多條肌肉，由延腦中的一對稱為**吞嚥中心** (swallowing center) 的神經核所調控。該中心通過三叉神經、顏面神經、舌咽神經和舌下神經 (腦神經 V、VII、IX 和 XII)，連結咽部和食道的肌肉，並協調一系列複雜的肌肉收縮，使食物順利而不會堵塞。

在你繼續閱讀之前

回答下列問題，以檢驗你對上節內容的理解：

6. 盡可能列出舌頭的許多功能。
7. 從中線到頜的後部，依次命名四種類型的牙齒。它們在功能上有何不同？
8. 內部和外部唾液腺在功能和位置上有何不同？說明外部唾液腺的名稱，並描述其位置。
9. 請描述食道的兩個組織構造特徵，特別是與吞嚥作用有關的組織構造。

24.3 胃 AP|R

預期學習成果

當您完成本節後，您應該能夠

a. 描述胃的解剖和組織結構；
b. 描述胃的神經支配和血管供應；
c. 描述胃黏膜中每種類型的上皮細胞及其功能；和
d. 解釋胃如何保護自己免於被消化。

胃是一個肌肉囊袋位於橫膈的左下方，腹腔的左上區域 (圖 24.1)。胃主要是儲存食物的器官，排空時內部容積約為 50 mL，一般餐後的內部容積增加為 1 至 1.5 L。當完全充滿時，最多可容納 4 L，並且會延伸至骨盆附近。胃會進行運動分解食物，使食物液化，並開始化學消化蛋白質和脂肪。食物將轉變成半糊狀或糊狀的混合物，稱為**食糜** (chyme)[14]。大部分消化作用在食糜進入小腸之後發生。胃還會產生分泌物，這些分泌物對維生素的吸收，食慾的控制以及消化道不同部分的相互協調至關重要。

24.3a 胃的解剖構造

胃大致呈 J 的形狀 (圖 24.11)，個子較高的人呈垂直，而個子較矮的人則近乎水平。我們可以從食道到十二指腸，經由兩條路徑來追蹤胃的邊緣。較短的路徑 (約 10 cm) 沿著胃的內側上緣，面對肝臟，稱為胃小彎 (lesser curvature)。較長的路徑 (約 40 cm) 沿著胃的外側下緣，稱為胃大彎 (greater curvature)。小網

13 諾曼・魯伯特・巴瑞特 (Norman R. Barrett, 1903~79)，英國外科醫師

14 *chyme* = juice 汁液

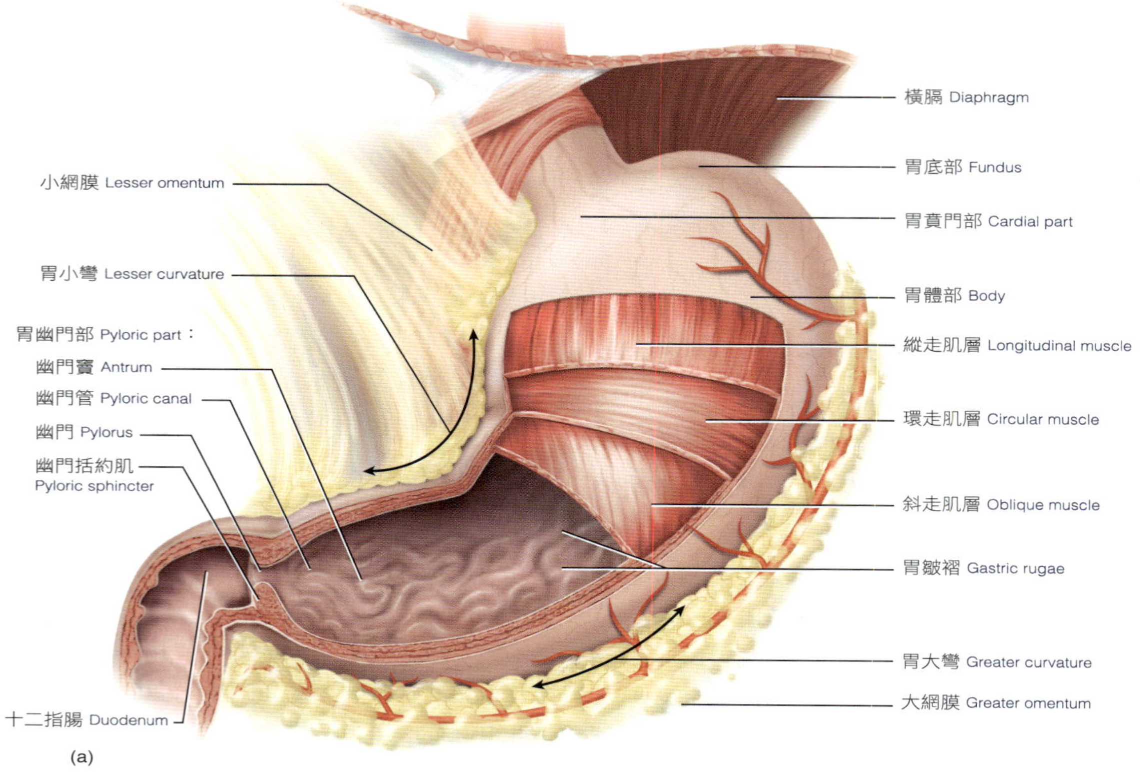

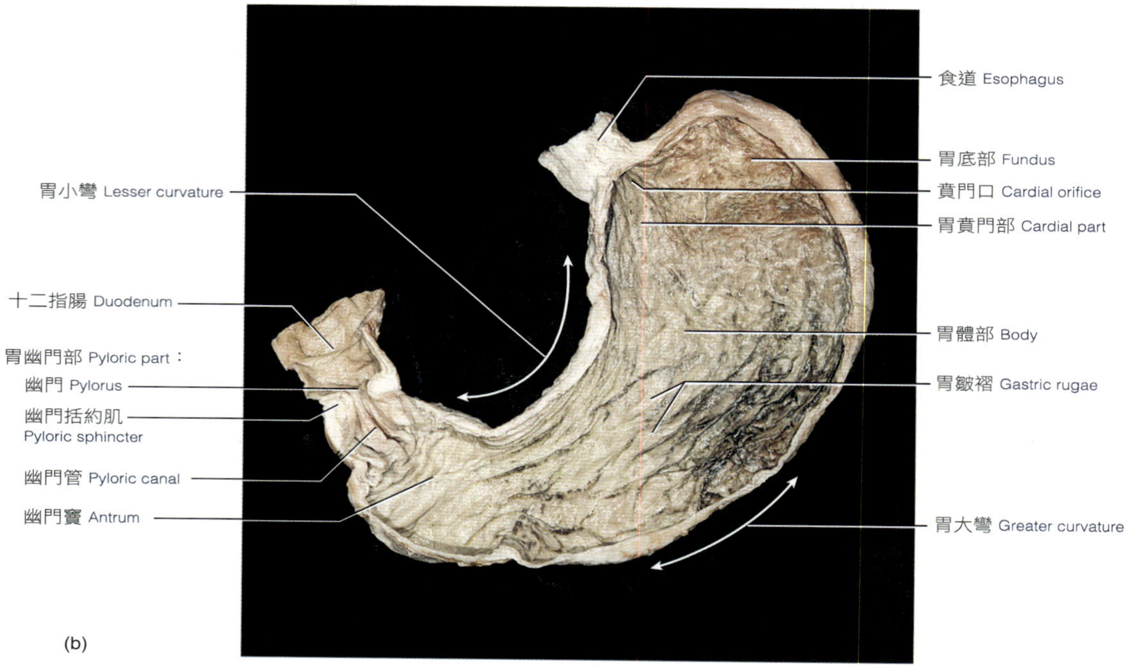

圖 24.11 胃。(a) 解剖構造；(b) 胃內部表面的照片。

• 胃的肌肉壁與食道的肌肉壁有何不同？APR

膜 (lesser omentum) 連結胃小彎到肝臟，大網膜 (greater omentum) 則從胃大彎延伸向下。

胃分為四個區域：(1) **賁門部** (cardial part)，距離賁門口約 3 cm 以內的小區域；(2) **胃底部** (fundus)，是與食道相接處上方呈圓頂狀的部分；(3) **胃體部** (body)，構成胃的大部分；(4) **幽門部** (pyloric part) 是胃的遠端稍微狹窄的部分；可再分為漏斗狀的**幽門竇** (antrum)[15] 和狹窄的幽門管 (pyloric canal)。幽門管的開口稱為**幽門** (pylorus)[16]，通過後就會進入十二指腸。幽門的管壁有很厚的環走平滑肌，即**幽門括約肌** (pyloric sphincter)，會管控食糜進入十二指腸。

24.3b 胃的組織構造

胃壁的組織構造與食道相似，但是有一些變化。黏膜表面是有腺體的單層柱狀上皮 (圖 24.12)。上皮細胞的頂端區域充滿黏蛋白。黏蛋白分泌後，遇水膨脹轉變成黏液。當胃部充滿食物時，黏膜層和黏膜下層呈現平坦且光滑，但是當胃排空時，這兩層會折疊成縱向皺紋，稱為**胃皺褶** (gastric rugae[17])。固有層幾乎完全被管狀腺體占據，將在稍後描述黏膜腺體。外部肌肉層有三層，而不是兩層，即外層縱向層，中間環狀層和內層斜走層 (圖 24.11a)。

> **應用您的知識**
> 將食道的上皮與胃的上皮進行比較。為什麼每種上皮類型最適合其各自器官的功能？

胃黏膜上有許多凹陷，稱為**胃小凹** (gastric pits)，內襯有與黏膜表面相同的柱狀上皮。兩個或三個管狀腺體會開口在胃小凹，並且位在固有層內。管狀腺體呈簡單波浪形或盤繞管，直徑沒有太多變化，在腺體通向胃小凹的位置會稍微變窄，稱為**腺體頸部** (neck)。在賁門和幽門區域，這些腺體分別稱為**賁門腺** (cardial glands) 和**幽門腺** (pyloric glands)。在胃的其餘部分腺體，則稱為**胃腺** (gastric glands) (圖 24.12b、c)。總的來說，胃腺具有以下細胞類型 (表 24.1)：

- **黏液細胞** (mucous cells)：負責分泌黏液，在賁門腺和幽門腺中，黏液細胞含量豐富。在胃腺中，稱為*黏液頸細胞* (mucous neck cells)，集中在胃腺的頸部。
- **生殖 (幹) 細胞** [regenerative (stem) cells]：位於胃小凹的底部和腺體的頸部，細胞分裂迅速，並產生新細胞。新產生的細胞向上遷移到胃表面，以及向下遷移到腺體，以替換死亡或是掉入胃內的細胞。
- **壁細胞** (parietal cells)：多位於腺體的上半部，會分泌鹽酸 (HCl)，一種消化助劑；以及分泌*內在因子* (intrinsic factor)，一種吸收維生素 B_{12} 所需的醣蛋白；還有分泌一種食慾刺激激素，稱作*饑餓素* (ghrelin)(GREL-in)。壁細胞主要在胃腺中發現，但少數位在幽門腺中。
- **主細胞** (chief cells)：因數量最多而得名，會分泌消化脂肪的*胃脂肪酶* (gastric lipase)，以及分泌*胃蛋白酶原* (pepsinogen)，胃蛋白酶原是消化蛋白質的*胃蛋白酶* (pepsin) 的前身。主細胞多位於胃腺的下半部，但在賁門腺和幽門腺中卻沒有主細胞。
- **腸內分泌細胞** (enteroendocrine cells)：集中在腺體的下端，分泌激素和其他調節消化的化學信號。腸內分泌細胞存在於胃的所有區域，在胃腺和幽門腺中含量最多。至少有八種不同類型，每種類型的細胞都會產生不同的化學信號。例如，G 細胞 (G cells) 分泌一

15 *antrum* = cavity 空腔
16 *pylorus* = gatekeeper 看門人
17 *ruga* = fold 折疊，crease 皺褶

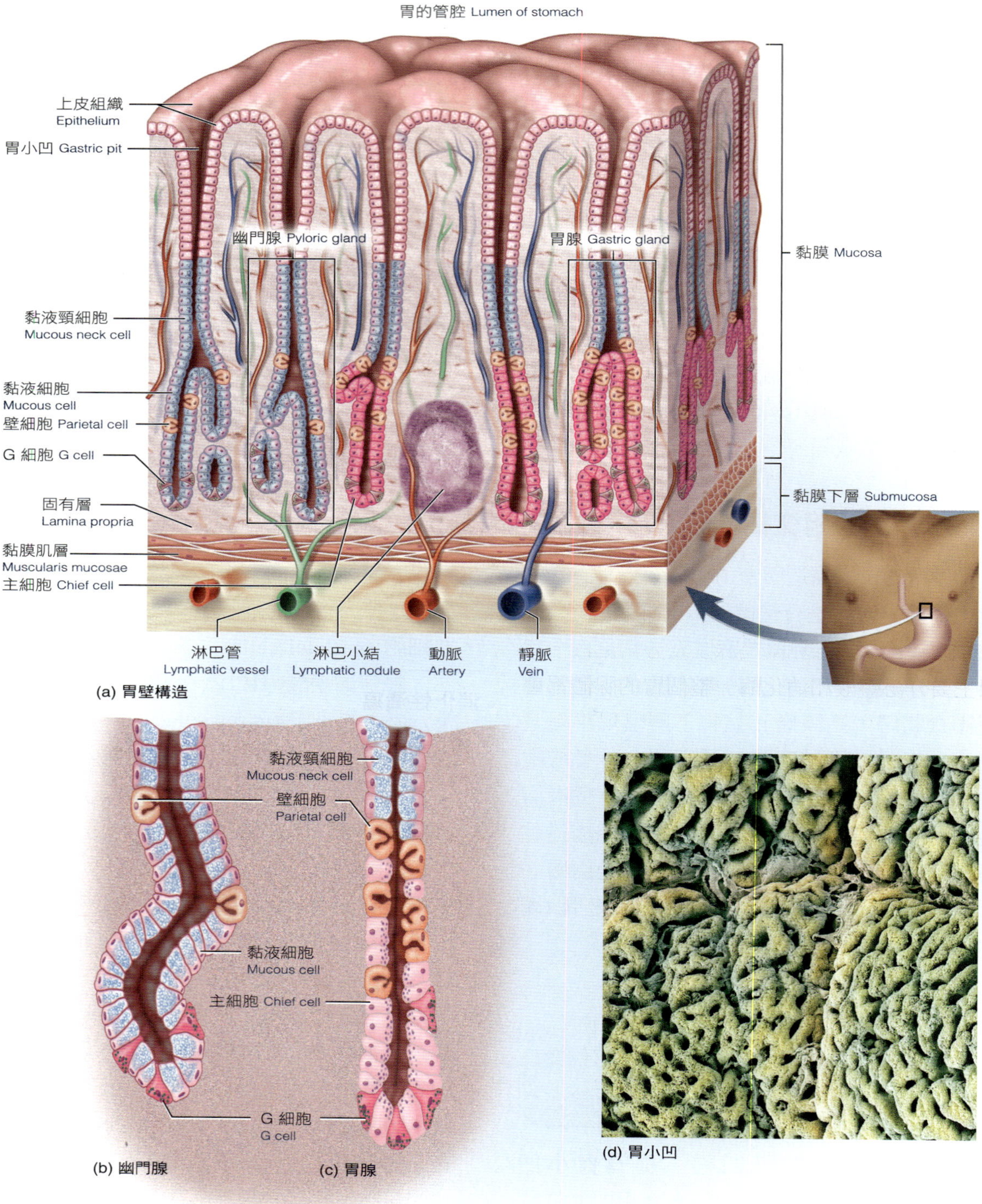

圖 24.12 胃壁的組織構造。(a) 一個組織塊顯示從黏膜到黏膜下層的組織構造；(b) 胃下端的幽門腺。注意腺體中沒有主細胞和相對較少的壁細胞；(c) 胃腺，在胃中最普遍存在的腺體類型；(d) 掃描式電子顯微鏡圖片顯示胃內有許多胃小凹的開口，開口被圓頂狀隆起的柱狀上皮細胞所包圍。AP|R

表 24.1 胃腺細胞的主要分泌物質與功能

分泌細胞	分泌物質	功能
黏液頸細胞	黏液	保護黏膜，避免胃壁被鹽酸與酶分解
壁細胞	鹽酸 (HCl)	活化胃蛋白酶和舌脂肪酶；幫助液化食物；將飲食中的鐵還原為可用形式 (Fe^{2+})；消滅攝入的病原體
	內在因子	幫助小腸吸收維生素 B_{12}
	飢餓素	當胃排空之後會分泌，使腦部產生飢餓的感覺
主細胞	胃蛋白酶原	轉變成胃蛋白酶分解蛋白質
	胃脂肪酶	分解脂肪
腸內分泌細胞	胃泌素	刺激胃腺分泌鹽酸與酶；刺激小腸蠕動；使迴盲瓣鬆弛
	血清素	刺激胃部運動
	組織胺	刺激鹽酸分泌
	體制素	抑制胃液分泌和運動；延遲胃排空；抑制胰液分泌；抑制膽囊收縮和抑制膽汁分泌；減少小腸的血液循環和營養吸收

種稱為*胃泌素* (gastrin) 的激素，會刺激胃腺的外分泌細胞分泌鹽酸和消化酶。

通常，賁門腺和幽門腺主要分泌黏液。胃腺主要分泌鹽酸和消化酶。整個胃的腺體都會分泌激素 (荷爾蒙)。

有些人喜歡吃羊肚或牛肚等，使用動物的胃製成的食物，我們的胃也可以消化這些食物。那麼為什麼人類的胃不會消化自己的胃呢？可以從三種方式保護胃，免受其造成的惡劣化學環境的影響：

1. **黏液覆蓋** (mucous coat)：濃稠，高度鹼性的黏液覆蓋在黏膜層，可抵抗鹽酸和消化酶的作用。
2. **緊密接合** (tight junctions)：上皮細胞之間通過緊密連接相連，因而防止胃液滲入細胞之間，並消化固有層的結締組織。
3. **上皮細胞置換** (epithelial cell replacement)：儘管有這些其他保護措施，但胃的上皮細胞只能存活 3 至 6 天，然後脫落下進入食糜，並與食物一起消化。然後被胃小凹的生殖幹細胞快速分裂後替換。

這些保護機制如果遭到破壞，會導致胃發炎和消化性潰瘍 (圖 24.13，臨床應用 24.3)。

臨床應用 24.3

消化性潰瘍

胃部發炎稱為*胃炎* (gastritis)，可能導致胃蛋白酶和鹽酸侵蝕胃壁，而造成*消化性潰瘍* (Peptic ulcers)(圖 24.13)。消化性潰瘍更常發生於十二指腸，偶爾發生在食道。如果不進行治療，繼續惡化可能會侵蝕主要血管，引起出血或器官穿孔，進而引發腹膜炎，兩者均可能致命。大多數 65 歲以上的人群，容易因此情況造成死亡。

一般普遍認為心理壓力會導致消化性潰瘍，但是目前沒有證據支持此論點。胃酸和胃蛋白酶分泌過多，可能會有影響，但是即使分泌正常，如果其他原因損害了黏膜的防禦能力也會導致潰瘍。已知許多或大多數潰瘍都與一種耐酸細菌有關，此細菌稱為幽門螺桿菌 (*Helicobacter pylori*)。它會侵入胃和十二指腸的黏膜，使得組織容易受到化學損傷。其他危險因素包括吸菸、服用阿斯匹林和其他非固醇類的消炎藥 (nonsteroidal anti-inflammatory drugs, NSAIDs)。非固醇類的消炎

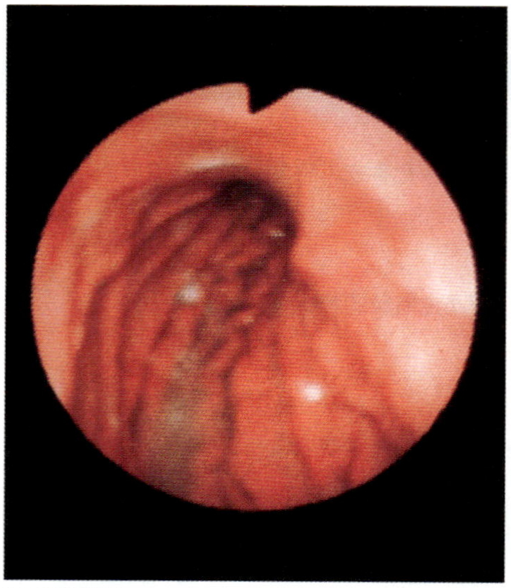

(a) 正常情形

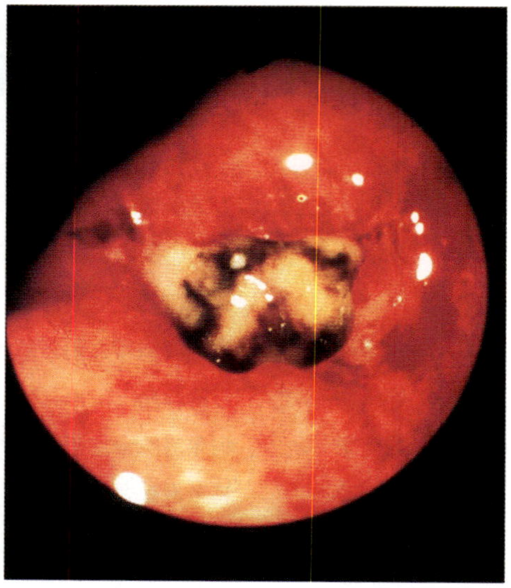

(b) 胃潰瘍

圖 24.13 **胃食道交界處的內視鏡圖**。可以看到食道通向胃賁門部的開口。(a) 從上方觀察到賁門部開口，顯示出健康的食道黏膜。小白點是來自內視鏡的光線反射；(b) 出血的消化性潰瘍。典型的消化性潰瘍通常呈橢圓形和黃白色。此圖中潰瘍的黃色底部被一些黑色的血塊遮蓋，潰瘍的周圍可見新鮮紅色的血液。

(a) ©CNRL/SPL/Science Source; (b) ©CNRL/SPL/Science Source

藥會抑制前列腺素的合成，而前列腺素通常會刺激分泌保護性黏液，以及分泌中和酸性的碳酸氫鹽。

不久之前，在美國廣泛使用的處方藥物是希每得定 (cimetidine)，主要通過減少胃酸分泌，以治療消化性潰瘍。組織胺 (histamine) 會與壁細胞的細胞膜上 H_2 感受器 (H_2 receptors) 相結合，進而刺激胃酸分泌；希每得定藥物是一種 H_2 阻斷劑 (H_2 blocker)，可以有效防止這種結合降低胃酸分泌。近年來，使用抗幽門螺桿菌的抗生素，與鉍劑懸浮液聯合治療潰瘍更為有效。這是一個更快速更便宜的療程，可以治癒約 90% 的消化性潰瘍。相比之下，H_2 阻斷劑的治癒率僅為 20% 到 30%。

在你繼續閱讀之前

回答下列問題，以檢驗你對上節內容的理解：

10. 區分胃的賁門部、胃底部、胃體部和幽門部。
11. 命名胃腺和幽門腺的細胞類型，並說明每種細胞分泌的物質。
12. 解釋為什麼胃不會消化自己。

24.4 小腸

預期學習成果

當您完成本節後，您應該能夠

a. 描述小腸的解剖和組織構結；和
b. 描述小腸對於消化作用和營養吸收的結構適應性。

胃一次向小腸「吐」約 3 mL 的食糜。幾乎所有的化學消化和營養吸收都發生在小腸。為了有效地發揮這些作用，小腸具有很大表面積與食糜相接觸。通過黏膜的許多皺褶和小腸的長度以達到表面積的增加。活體狀態小腸的長度約為 2.7 至 4.5 m；但是在屍體中，由於沒有肌肉張力，小腸的長度約 4 至 8 m。命名為小腸，不是指其長度，而是指其直徑較小，約 2.5 cm (1 in.)。

24.4a 小腸的解剖構造

小腸是一個彎曲纏繞的管狀構造，位在胃和肝臟下方的大部分腹腔內。小腸分為三個區域：十二指腸、空腸和迴腸 (圖 24.14)。

十二指腸 (duodenum)(dew-ODD-eh-num 或 DEW-oh-DEE-num) 構成小腸的前面 25 cm (10 in.)。起始於幽門括約肌，向左延伸呈弧形圍繞且緊貼著胰臟頭部，並在稱為**十二指腸空腸彎曲** (duodenojejunal flexure) 的急劇彎曲處，與空腸相接。十二指腸的命名是指它的長度，大約等於 12 根手指並排的寬度。[18] 十二指腸的前 2 cm 位於腹膜內，其餘部分與胰臟一起位於腹膜後。

十二指腸的內部具有橫向至螺旋狀的脊隆起，最高可達 1 cm，稱為**環皺襞** (circular folds)(圖 24.20)。這些環皺襞僅由黏膜層和黏膜下層所構成，小腸外部呈光滑表面。這些環皺襞使食糜沿著黏膜在螺旋路徑上流動，減慢其進程，導致與黏膜層有更多接觸，可以有效促進混合，消化和營養的吸收。

18 *duoden* = 12

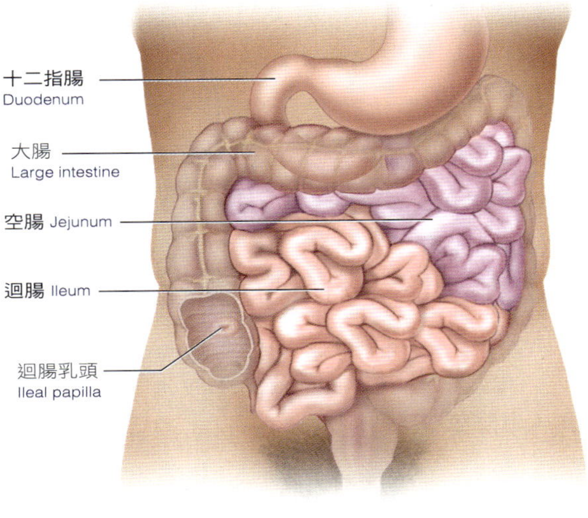

圖 24.14 小腸的解剖構造。APR

十二指腸壁緊鄰胰臟的頭部，內部有一顆明顯的突起，稱為**十二指腸大乳頭** (major duodenal papilla)，該乳頭是膽管和胰管通向十二指腸的管道開口。該乳頭也標誌著胚胎發育時，前腸和中腸的邊界。大多數的人，有一個較小的**十二指腸小乳頭** (minor duodenal papilla)，位在大乳頭的上方，主要是副胰管 (accessory pancreatic duct) 的開口。

十二指腸的功能是接收食糜、胰液和膽汁，並且促進這些物質的混合。此處呈酸性的胃液會被胰液中呈鹼性的碳酸氫鹽中和，脂肪被膽汁乳化，胃蛋白酶因為酸性降低 (pH 值升高) 而失去活性，並且胰液中的消化酶主導化學消化的工作。

空腸 (jejunum)(jeh-JOO-num) 約占十二指腸除外的小腸的前 40%，在活人中長度大約為 1.0 至 1.7 m。它的命名是因為早期解剖學家發現它通常是空的。[19] 大部分的空腸位於腹部的左上象限，也位於臍帶區域。空腸內部具有大、高、緊密間隔的環皺襞，外部肌肉層較厚，有豐富的血管供應，使得活體外觀呈現紅色。大部分的消化和吸收作用都在空腸進行。

迴腸 (ileum)[20] 約占十二指腸除外的小腸的後 60%，在活人中長度大約為 1.6 至 2.7 m。大部分的迴腸位於腹下區域和骨盆腔的上方。與空腸相比較，迴腸的肌肉層較薄，血管供應較少，使得活體外觀呈現粉紅色。迴腸內部的環皺襞較小、較低、較分散，迴腸末端甚至沒有環皺襞。在迴腸壁上通常有許多肉眼可見明顯的**淋巴小結聚集** (aggregated lymphatic nodules)，又稱為培氏斑 (Peyer patches)，在靠近大腸的迴腸部位會更加明顯。

小腸的末端是迴盲連接點 (ileocecal junction)(ILL-ee-oh-SEE-cul)，是迴腸與盲腸

19 *jejun* = empty 空的，dry 乾的
20 *from eilos* = twisted 扭曲的

交接處，此處的迴腸肌肉層會增厚，形成上下一對的**迴盲瓣** (ileocecal valves)，和稱為**迴腸乳頭** (ileal papilla)，突向盲腸內。迴腸乳頭的開口稱為**迴腸開口** (ileal orifice)。迴腸乳頭管控消化後的殘渣進入大腸，並且防止大腸內的殘渣或是糞便回流至迴腸。

空腸與迴腸都是屬於腹膜內器官，外部有漿膜覆蓋，這些漿膜是從腹部後方的腸繫膜衍生形成。與胃幽門相接的十二指腸前段也是有漿膜覆蓋，然而大部分的十二指腸都屬於腹膜後器官，由結締組織的纖維覆蓋。

24.4b 小腸的組織構造

小腸的組織結構與食道和胃的組織層相似，有些許特化以適合消化作用與營養吸收。內襯有單層柱狀上皮。外部肌肉層的特徵在於較厚的內層環走肌層和較薄的外層縱向肌層。

因應有效的消化作用和營養吸收，小腸具有較大的內部表面積。由於小腸有較大的長度，以及內部有三種折疊或凸起：環皺襞、絨毛和微絨毛，提供了很大的接觸面積。如果小腸的黏膜很光滑，如同水管的內部，則其表面積約為 0.3 至 0.5 m^2，但經過這些表面特化構造，小腸的實際表面積約為 200 m^2，這顯然是一個很大的優勢有利於營養的吸收。環皺襞使表面積增加了 2 到 3 倍，絨毛增加了 10 倍，微絨毛增加了 20 倍。

絨毛 (villi)(VIL-eye；單數為 villus) 是腸壁黏膜的舌狀或指狀突起，長約 0.5 至 1.0 mm (圖 24.15)。使絨毛的黏膜的外觀像毛巾表面。絨毛的長度在十二指腸中最長，在小腸遠端區域逐漸變短。絨毛由兩種上皮細胞組成：柱狀的**腸上皮細胞** (enterocytes)，或是稱為**吸收性細胞** (absorptive cells)，以及分泌黏液的**杯狀細胞** (goblet cells)。與胃的上皮細胞一樣，小腸的細胞之間也是由緊密結合連接，以防止消化酶滲入細胞之間。絨毛的核心是固有層的疏鬆結締組織，並包含一些週期性收縮的平滑肌細胞。有助於食糜在腸腔中的混合，並有助於脂質的吸收。

絨毛的核心還包含小動脈，微血管床，小靜脈和稱為**乳糜管** (lacteal)(LAC-tee-ul) 的微淋巴管。微血管吸收大部分的養分，而乳糜管則吸收大部分的脂質。脂質很少被微血管吸收的原因與它們的包裝有關。腸上皮細胞會將脂質包裹在由蛋白質和磷脂組成，稱為*乳糜微粒* (chylomicrons) 的小顆粒中，然後釋放到絨毛的核心。乳糜微粒的直徑太大 (約 60 至 750 nm)，無法穿過微血管壁而進入血液，但是微淋巴管之間的間隙較大 (圖 22.3)，可以將這些乳糜微粒吸收到淋巴中，藉由淋巴系統最終將它們輸送到血液中。乳糜管中含有脂肪的淋巴液稱為*乳糜* (chyle)，因為它具有乳白色的外觀。[21]

應用您的知識

請確認乳糜微粒進入血液的確切位置。(提示：請參閱第 22.1 節)

微絨毛 (microvilli) 是呈毛髮狀的突起，高約 1 μm，在每個腸上皮細胞的表面形成密集的，模糊的刷狀邊緣 (圖 2.12)。對於增加腸道接觸表面積非常重要，但這並不是微絨毛的唯一功能。某些稱為*刷狀邊緣酶* (brush border enzymes) 的消化酶嵌入細胞膜中，並執行消化蛋白質和碳水化合物的最後步驟。食糜必須與微絨毛接觸才能發生，因此稱為*接觸消化作用* (contact digestion)。這是食糜充分混合如此重要的原因之一。消化的最終產物經由腸上皮細胞的微絨毛吸收。

在小腸絨毛的底部之間，有許多小孔，是稱為**小腸隱窩** (intestinal crypts) 的管狀腺體的開口。這些隱窩類似於胃腺，一直延伸到黏膜

21 *lact* = milk 乳汁

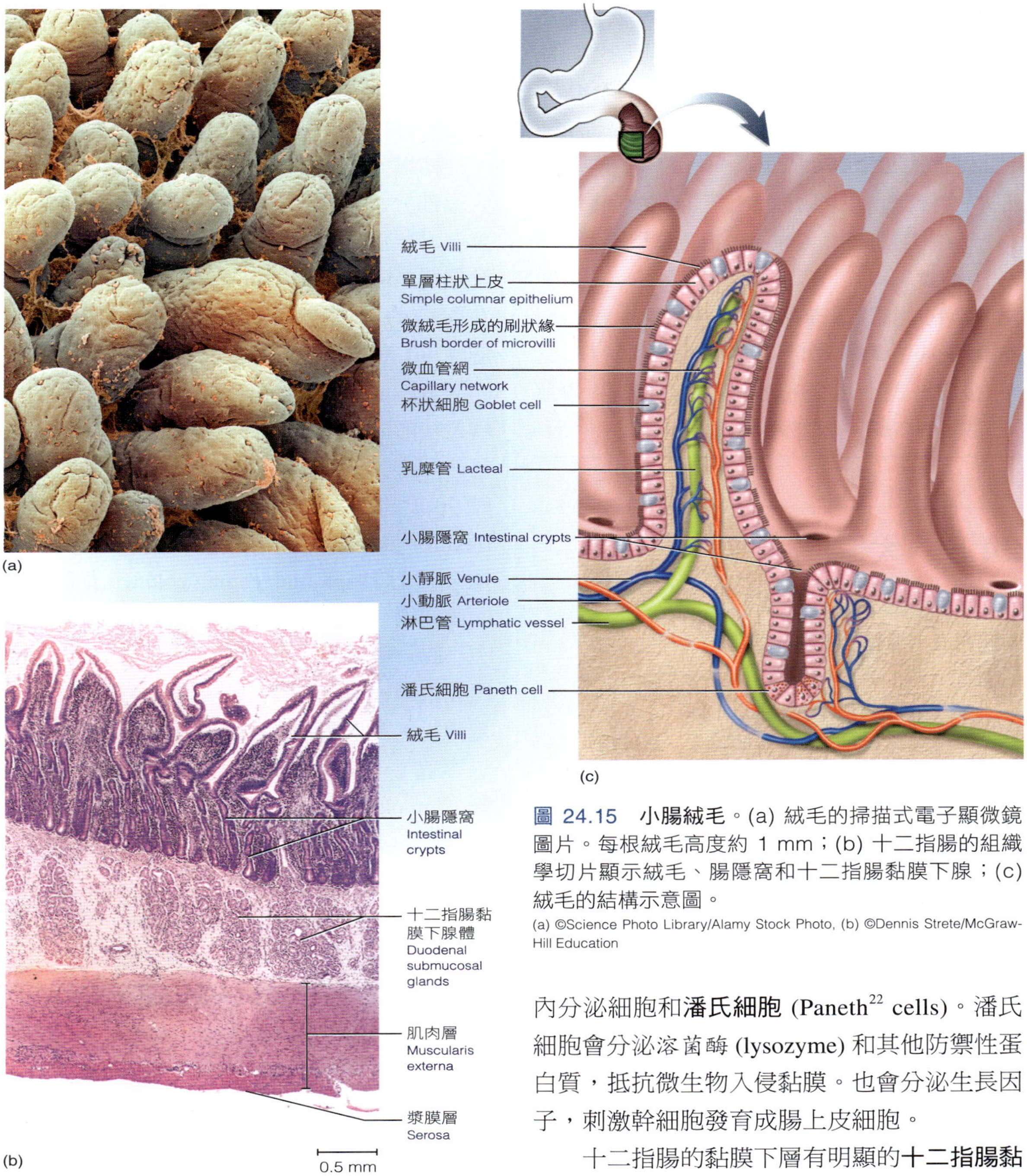

圖 24.15　小腸絨毛。(a) 絨毛的掃描式電子顯微鏡圖片。每根絨毛高度約 1 mm；(b) 十二指腸的組織學切片顯示絨毛、腸隱窩和十二指腸黏膜下腺；(c) 絨毛的結構示意圖。

(a) ©Science Photo Library/Alamy Stock Photo, (b) ©Dennis Strete/McGraw-Hill Education

肌層。在隱窩的上半部，與絨毛相似由腸上皮細胞和杯狀細胞組成。隱窩的下半部，以具有分裂能力的幹細胞為主。在 3 至 6 天的生命週期中，上皮細胞沿隱窩向上至絨毛的尖端，可能脫落被消化。在隱窩的深處，可以看到腸內分泌細胞和**潘氏細胞** (Paneth[22] cells)。潘氏細胞會分泌溶菌酶 (lysozyme) 和其他防禦性蛋白質，抵抗微生物入侵黏膜。也會分泌生長因子，刺激幹細胞發育成腸上皮細胞。

十二指腸的黏膜下層有明顯的**十二指腸黏膜下腺體** (duodenal submucosal glands)。這些黏膜下腺體會分泌大量的鹼性黏液，可以中和胃酸並保護腸黏膜免受侵蝕。整個小腸的固有層和黏膜下層都有大量的淋巴細胞，這些淋巴

22　約瑟夫・潘尼斯 (Josef Paneth, 1857~90)，奧地利醫師

細胞可以攔截病原體避免入侵血液。在小腸的某些地方，可以看到這些聚集的淋巴小結 (圖 22.8)，在迴腸中最為明顯。

在你繼續閱讀之前

回答下列問題，以檢驗你對上節內容的理解：

13. 命名小腸的三個區域，並描述每個區域的獨特特徵。
14. 說明小腸起端和末端的括約肌名稱。
15. 哪三種結構會增加小腸的吸收表面積？
16. 畫出一根小腸絨毛，並標記其上皮、刷狀緣、固有層、微血管和乳糜管。

24.5 大腸

預期學習成果

當您完成本節後，您應該能夠

a. 描述大腸的解剖和組織結構；和
b. 對比大腸和小腸的黏膜層。

大腸 (圖 24.16) 每天約接收 500 mL 無法消化的食物殘渣，通過吸收水分和鹽類，將其減少至約 150 mL 的糞便，並通過排便作用排除糞便。

24.5a 大腸的解剖構造

屍體中的大腸長度約 1.5 m (5 ft)，直徑約 6.5 cm (2.5 in.)。因為其直徑相對較大而命名。大腸由四個區域組成：盲腸、結腸、直腸和肛管。

盲腸 (cecum)[23] 是位於右下腹象限中迴腸乳頭下方的一個囊袋。蠕蟲狀的**闌尾** (appendix) 附著在盲腸下端，是一個 2 至 7 cm 長的盲管。闌尾的黏膜密佈著許多淋巴細胞，是免疫細胞的重要來源。食草的靈長類動物例如大猩猩和紅毛猩猩，有一個巨大的盲腸，裡面充滿了細菌，這些細菌會消化植物纖維。飲食更加混雜且易於消化的人類，只有闌尾可以作為大盲腸的痕跡。

結腸 (colon) 是介於迴盲瓣和直腸之間的大腸部分 (不包括盲腸、直腸和肛管)。結腸分為升結腸、橫結腸、降結腸和乙狀結腸。**升結腸** (ascending colon) 起始於迴腸乳頭，在腹腔的右側上行，靠近肝臟右葉的位置旋轉 90 度向左，此處稱為**右結腸彎曲** (right colic flexure) 或稱為**肝彎曲** (hepatic flexure)，轉彎後形成**橫結腸** (transverse colon)。橫結腸呈水平穿過上腹腔，靠近脾臟附近的位置旋轉 90 度向下，此處稱為**左結腸彎曲** (left colic flexure) 或稱為**脾臟彎曲** (splenic flexure)，轉彎後形成**降結腸** (descending colon)，從腹腔的左側經過。因此，升結腸、橫結腸與降結腸會在小腸的周圍，形成ㄇ字形的框架。骨盆腔比腹腔狹窄，因此結腸在髂嵴的位置向內和向下旋轉，然後下降通過骨盆入口並轉變成直腸。這導致了一個大致呈 S 形部分，稱為**乙狀結腸** (sigmoid[24] colon) [可以使用稱為乙狀結腸鏡 (sigmoidoscope) 的儀器對該區域進行檢查]。

直腸 (rectum)[25] 長約 15 cm，是大腸進入骨盆腔的延續部分。雖然稱為直腸，但是並不是完美的筆直，而是具有三個輕微的側彎曲以及一個前後彎曲。直腸黏膜比結腸光滑。內部具有三個**橫向直腸褶** (transverse rectal folds) 或是稱為**直腸瓣** (rectal valves)，可在排氣時留住糞便。大腸含有大約 7 到 10 L 的氣體，這些氣體是由於細菌對食物殘渣的作用所產生的。從肛門排出的氣體稱為腸胃氣或稱為屁 (flatus)，每天排出約 500 mL，其餘的則藉由結腸壁重新吸收。

大腸的最後 3 cm 是**肛管** (anal canal)(圖

23 *cec* = blind 盲的

24 *sigm* = sigma or S Σ 或 S 型；*oid* = resembling 類似

25 *rect* = straight 直的

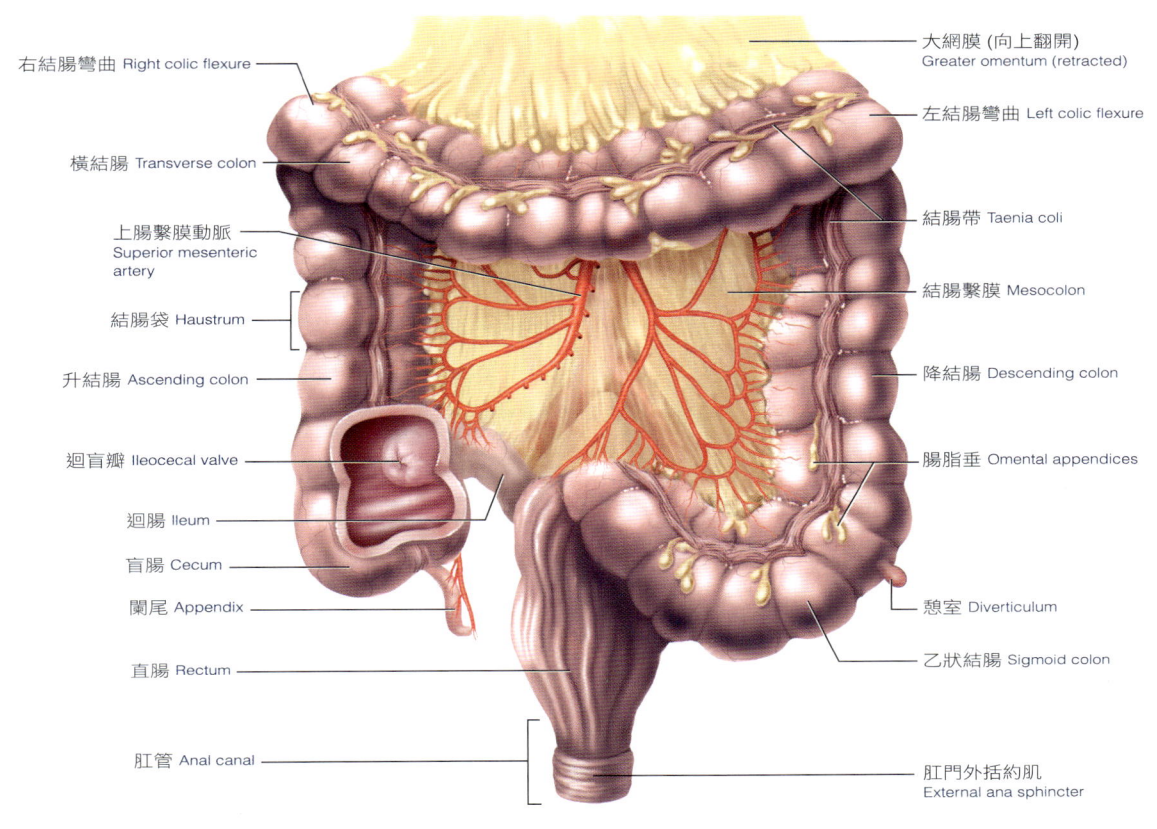

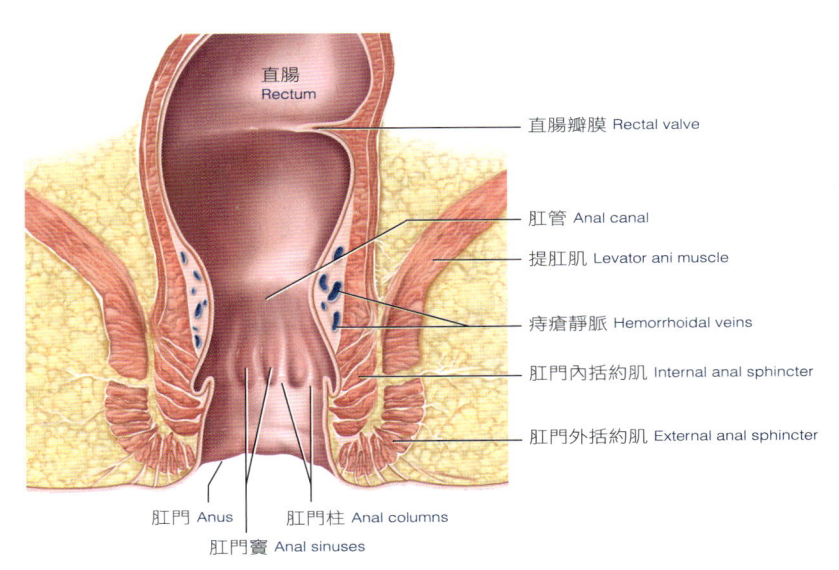

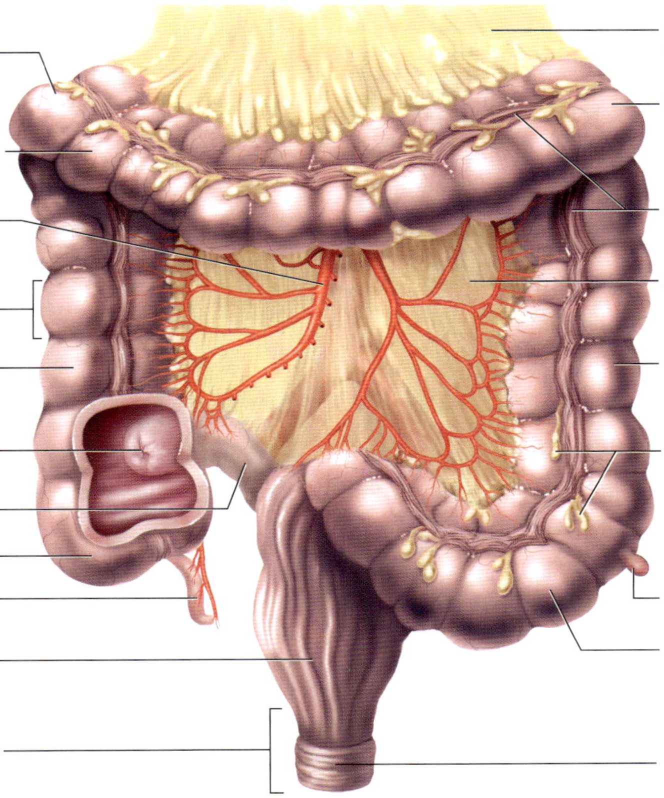

(a) 大腸的解剖構造

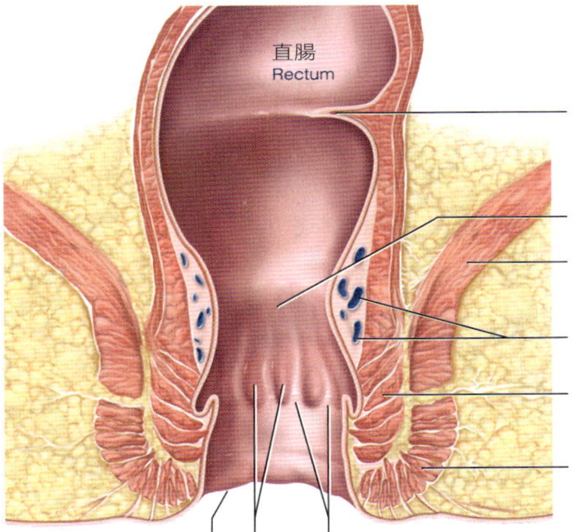

(b) 肛管

圖 24.16 **大腸**。(a) 解剖構造。在乙狀結腸顯示的憩室是一種病理特徵；參見臨床應用24.4；(b) 直腸下部和肛管的解剖構造。

• 哪個肛門括約肌受到自主神經系統的控制？哪個肛門括約肌受到軀體神經系統的控制？依據您的答案做解釋。APR

24.16b)，它會穿過骨盆底的提肛肌並開口於肛門。肛管的黏膜形成縱向的嵴隆起，稱為**肛門柱** (anal columns)，柱與柱之間的凹陷，稱為**肛門竇** (anal sinuses)。當糞便通過肛管時，會擠壓肛門竇並使其散發更多的黏液，從而潤滑肛管使排便順暢。在肛門柱和肛門開口周圍有明顯的**痔瘡靜脈** (hemorrhoidal veins) 形成淺層靜脈叢。這些靜脈與四肢的靜脈不同，它們沒有瓣膜，特別容易膨脹和靜脈積水。痔瘡 (hemorrhoids) 是永久性擴張的靜脈，在肛管內部或是肛門外部形成凸起。

結腸的外部肌肉層非常特殊。結長的環走肌肉與小腸一樣完全包圍結腸，但是縱向肌肉則集中在三條帶狀構造，這些帶狀構造稱為**結腸帶** (taeniae coli)(TEE-nee-ee CO-lye)。結腸帶的肌肉張力使結腸在長度上擠壓收縮，導致結腸壁形成袋狀隆起，稱為**結腸袋** (haustra)[26] (HAW-stra；單數為 haustrum)。然而，在直腸和肛管中，由於縱向肌肉形成連續的片層，因此沒有結腸袋構造。肛門的開口通常由兩個肌肉環閉合：一個是由環走肌層的平滑肌組成，稱為**肛門內括約肌** (internal anal sphincter)。另一個是由骨盆橫膈的骨骼肌組成，稱為**肛門外括約肌** (external anal sphincter)。肛門內括約肌由自主神經調控，當直腸因糞便而擴張時會自動鬆弛。肛門外括約肌則是由意志控制，能延後排便的時機。

升結腸和降結腸是屬於腹膜後器官，而橫結腸和乙狀結腸則被漿膜覆蓋，並藉由結腸繫膜固定在腹腔後壁。橫結腸與乙狀結腸的漿膜，經常具有功能未知的指狀脂肪團，稱為**腸脂垂** [omental (fatty) appendices]。

24.5b 大腸的組織構造

大腸黏膜層均具有單層柱狀上皮。在肛管下半部除外，因為靠近體表，該處具有非角質化的複層鱗狀上皮。後者對於糞便通過造成的磨損具有更大的抵抗力。大腸內沒有環皺襞或絨毛，但有腸隱窩 (圖 24.17)。大腸的腸隱窩比小腸的更深，杯狀細胞的密度更高。黏液是杯狀細胞的重要分泌物。固有層和黏膜下層具有豐富的淋巴組織，可保護大腸避免受到腸中細菌的侵害。

升結腸和橫結腸的黏膜專門用於吸收液體和電解質。在消化過程中，唾液腺、胃和小腸都會分泌大量的水分。這些水分幾乎都被大腸重新吸收。當水分的吸收受到阻礙時 (例如受到某些細菌的感染)，將導致糞便排出時的液體增多，稱為腹瀉 (diarrhea)。嚴重腹瀉會導致嚴重的脫水以及電解質的失衡，甚至危及性命。

在你繼續閱讀之前

回答下列問題，以檢驗你對上節內容的理解：

17. 從盲腸到肛門，依序說明大腸的不同區域。
18. 比較大腸的黏膜層與小腸的黏膜層有何不同？以及外部肌肉層有何不同？
19. 比較兩種肛門括約肌的位置、組成成分、以及功能有何不同？

24.6 消化的附屬腺體

預期學習成果

當您完成本節後，您應該能夠

a. 描述肝臟、膽囊和膽管系統的解剖和組織構造；
b. 描述肝臟和膽汁的功能；
c. 描述胰臟的解剖和組織構造；和
d. 列出胰臟的消化分泌物質及其功能。

小腸不僅從胃中吸收食糜，也接收從肝臟

26 *haustr* = to draw 拉引 (像一個錢包線)

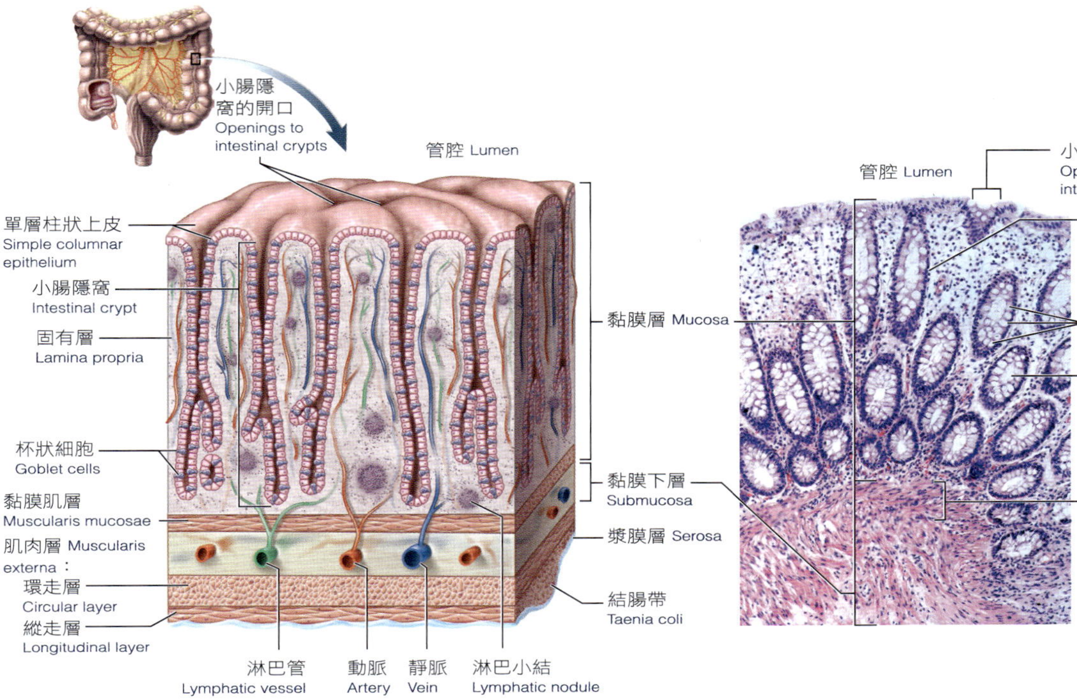

圖 24.17　結腸的組織構造。(a) 一個組織塊，顯示從黏膜 (頂端) 到漿膜 (底部) 的所有構造；(b) 結腸黏膜的組織照片。APR

(photo) ©Jose Luis Calvo/Shutterstock

和胰臟分泌的物質，這些分泌物會排放到胃和小腸交界的消化道中。肝臟與胰臟被認為是消化的輔助器官。另一個輔助器官是膽囊，在解剖構造與消化功能方面，膽囊都與肝臟息息相關。

臨床應用 24.4

憩室病和憩室炎

老年人經常發生*憩室病* (diverticulosis)，就是在結腸壁上出現小袋，或稱為*憩室* (diverticula)(參閱圖 24.16a)。在 60 歲以上的美國人和加拿大人中，大約有一半老年人會發生這種情況。通常歸因於低纖維的飲食。當糞便缺乏纖維時，結腸收縮使結腸壁上承受較大的壓力，因而膨脹突出，特別是在乙狀結腸區域最常發生。這是未經證實的假設，然而其他因素則是已知與可能的。一方面，結腸壁的張力隨著年齡的增長而減弱，另一方面也有遺傳成分。如果是同卵雙胞胎中的一位發生憩室病，另一位也有 40% 的機會發生，無論飲食是否不同。

憩室病有時會引起悶痛、輕度痙攣、便秘和血便，但通常無症狀，當患者進行結腸鏡檢查或 CT 掃描時才會發現。病徵可以通過增加攝入膳食纖維來緩解。憩室病最嚴重的後果，是增加了罹患結腸癌的風險，約有五分之一的憩室病會進展為憩室炎。

憩室炎 (Diverticulitis) 是憩室的發炎症狀，可能是由於憩室中堆積的糞便所引發。這會導致更劇烈的腹痛，腹腔的左下象限出現壓痛 (但是亞洲人多出現在右下象限)，有時還會出現噁心、嘔吐和發燒。憩室炎可能會使結腸穿孔，導致糞便洩漏到骨盆腔，引起危及生命的腹膜炎。憩室炎可以使用抗生素治療，服用止痛藥緩解疼痛，但有時需要手術切除受到影響的結腸區域。

24.6a 肝臟 APR

肝臟 (圖 24.18) 是紅棕色的腺體，位於橫膈下方，占據腹腔的右季肋區和上腹區。它是人體最大的腺體，重約 1.4 kg (3 英磅)。肝臟具有多種功能 (表 24.2)。從肝臟的多樣性和重要性來看，不難理解為什麼肝病，例如肝硬化、肝炎和肝癌會如此嚴重，甚至會致命 (臨床應用 24.5)。肝臟的許多功能中只有一種有助於消化，即膽汁的分泌。**膽汁** (Bile) 是一種綠色液體，含有礦物質、膽固醇、中性脂肪、磷脂質、膽色素和膽鹽。主要的色素是*膽紅素* (bilirubin)，來源於血紅素的分解。大腸內的細菌會將膽紅素代謝為*尿膽素原* (urobilinogen)，尿膽素原進一步轉化為*固膽素* (stercobilin)。該化合物使糞便呈褐色。在沒有膽汁分泌的情況下，糞便會呈現灰白色，並且帶有未消化的脂肪條紋 (*無膽色糞*)。膽酸 (膽鹽)[bile acids (bile salts)] 是由膽固醇合成的固醇類。卵磷脂則是一種*磷脂質*。膽鹽與磷脂質具有乳化脂肪的作用，就是將食物中的脂肪分解成較小的油滴，使更多的表面積暴露於脂肪酶的分解作用。脂肪的乳化提高了脂肪消化的效率。

肝臟的解剖構造

肝臟被包裹在一個纖維囊中，肝臟的大部分都被漿膜覆蓋。但是在肝臟與橫膈接觸的區域沒有漿膜覆蓋，此區域稱為肝臟的*裸露區* (bare area)。

肝臟表面分為右葉、左葉、方葉和尾葉。從前視圖來看，僅能看到較大的**右葉** (right lobe) 和較小的**左葉** (left lobe)。兩葉之間有**鐮狀韌帶** (falciform[27] ligament) 分隔開，此韌帶

27 *falci* = sickle 鐮刀；*form* = shape 形狀

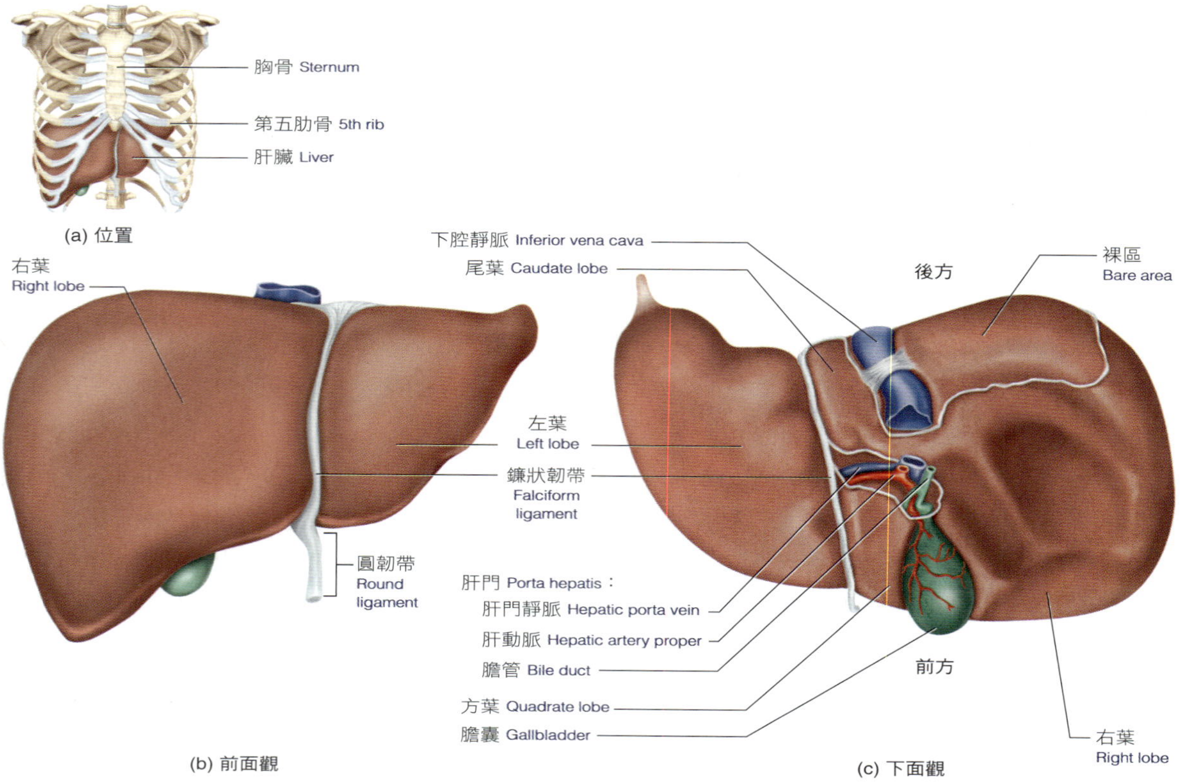

圖 24.18 肝臟的解剖構造。(a) 相對於胸廓的位置；(b) 前視圖；(c) 下視圖。APR

表 24.2 肝臟的功能

消化	合成膽鹽和卵磷脂，可乳化脂肪並促進脂肪的消化
醣類代謝	將飲食中的果糖和半乳糖轉化為葡萄糖。將過量的葡萄糖轉化成肝醣 (*肝醣生成*)，以穩定血糖濃度，當需要時再將肝醣分解釋放葡萄糖 (*肝醣分解*)，然而當葡萄糖需求超過儲存的肝醣時，則由脂肪和胺基酸合成葡萄糖 (糖質新生)。另外也會接收骨骼肌和其他組織中，因為無氧呼吸所產生的乳酸，並將乳酸轉化為丙酮酸或 6-磷酸葡萄糖，以儲存或釋放能量
脂質代謝	分解乳糜微粒的殘留物。進行人體大部分的脂肪合成 (*脂肪生成*)，並合成膽固醇和磷脂質。產生*極低密度脂蛋白* (VLDL)，並且將脂質轉運到脂肪組織和其他組織以供儲存或使用，也將脂肪儲存在肝細胞中。進行大多數的脂肪酸氧化作用。產生*高密度脂蛋白* (HDL) 的蛋白外殼，此外殼可從其他組織中吸收多餘的膽固醇，並將其運送回到肝臟，肝臟會將體內多餘的膽固醇以膽汁方式排出
蛋白質與胺基酸代謝	代謝胺基酸；除去其氨基 ($-NH_2$)，並將生成的氨轉化為*尿素*從尿液排除。可以合成一些胺基酸
維生素與礦物質代謝	將維生素 D_3 轉化為促鈣二醇，這是激素促鈣三醇的合成步驟；儲存 3 到 4 個月的維生素 D。儲存 10 個月的維生素 A 和足夠一到數年的維生素 B_{12}。以鐵蛋白形式儲存鐵，再需要時釋放。藉由膽汁排出多餘的鈣
血漿蛋白的合成	合成幾乎所有的血漿蛋白，包括白蛋白、α 和 β 球蛋白、纖維蛋白原、凝血酶原和其他一些凝血因子 (不合成血漿酶、肽激素或 γ 球蛋白)
藥物、毒素、激素的清除	去除酒精、抗生素和許多其他藥物的毒性。代謝膽紅素 (紅血球分解產生) 形成膽汁色素排出。使甲狀腺素和固醇類激素失去活性，並將其排出或轉化成其他形式從腎臟排泄
血液的清潔	星狀巨噬細胞可清除血液中的細菌和其他異物

是將肝臟附著在前腹壁的腸繫膜構造。鐮狀韌帶在肝臟的上方，分叉成左右各一片的**冠狀韌帶** (coronary[28] ligaments)，使肝臟固定在橫膈下方。**肝圓韌帶** (round ligament of liver)，位於鐮狀韌帶內，是胚胎臍靜脈閉鎖後遺留的纖維化構造。胚胎時的臍靜脈負責將充滿氧氣與養分的血液，從臍帶運送至胎兒的肝臟。

從肝臟的後方觀看，在膽囊旁邊有一個方形的**方葉** (quadrate lobe)。在下腔靜脈的旁邊則有**尾葉** (caudate[29] lobe)。在方葉與尾葉之間有許多管道進出，是**肝門** (porta hepatis)[30] 的所在位置，肝門是肝門靜脈和肝動脈的入口，是膽汁通道的出口。所有這些血管和膽汁通道都包覆在小網膜中。膽囊附著在肝臟的右葉和方葉之間的凹陷處。肝臟的後方有一個深溝，則是下腔靜脈通過的位置。

肝臟的組織構造

肝臟內部充滿了大量的小柱狀體，稱為**肝小葉** (hepatic lobules)，長約 2 mm，直徑 1 mm。肝小葉的柱狀體中心有**中央靜脈** (central vein) 穿過，堆疊成片狀的**肝細胞** (hepatocytes) 層板，會以中心靜脈為中心呈放射狀排列 (圖 24.19)。肝小葉的形狀可以比擬成，將整本書本張開，直到書的封面和封底碰觸的柱狀體。這本書的每張書頁，就像圍繞中央靜脈呈放射狀的肝細胞層板。

肝細胞組成的每片層板就是一層的上皮，約一到兩個細胞組成。肝細胞層板之間的空間是充滿血液的通道，稱為**肝竇** (hepatic sinusoids)。肝竇內襯有開孔型的微血管內

28 *coron* = crown 皇冠；*ary* = like 像，resembling 類似

29 caud = tail 尾巴

30 *porta* = gateway 門戶，entrance 入口；*hepatis* = of the liver 肝的

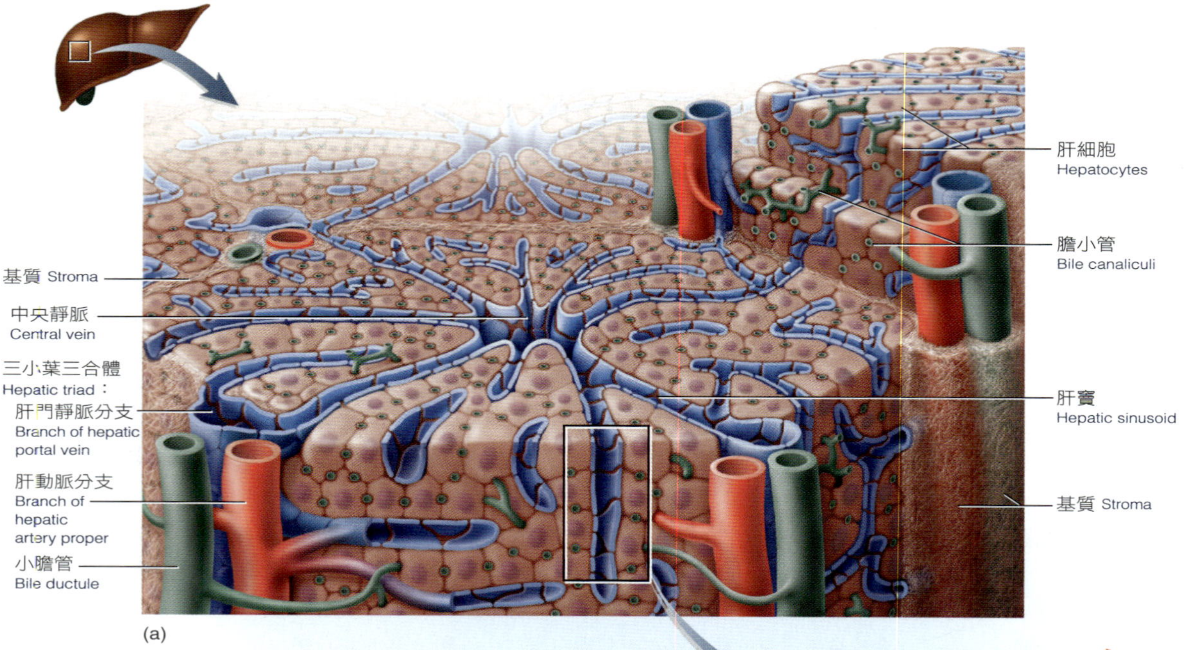

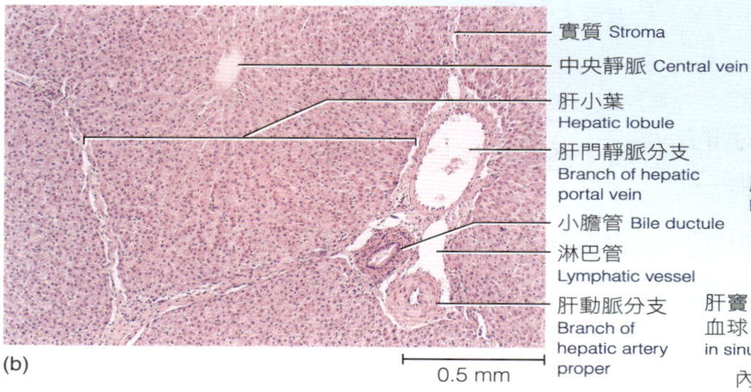

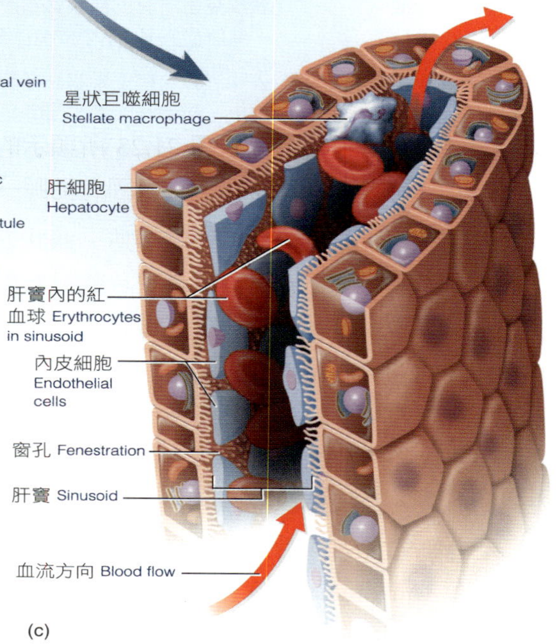

圖 24.19 **肝臟的組織構造**。(a) 肝小葉及其與血管和膽小管的關係。(b) 肝臟的組織切片。(c) 肝竇的構造。

• 第 21 章中的哪些血管會流入肝竇中？ AP|R

(b) ©Dennis Strete/McGraw-Hill Education

皮，該微血管內皮可以將肝細胞與血球細胞分開，但允許血漿進入肝細胞和內皮之間的空間。肝細胞具有微絨毛會伸入此空間。進餐後腸中吸收的物質經由血液循環進入肝竇中，肝細胞會藉由其微絨毛，迅速吸收血液中的葡萄糖、胺基酸、鐵、維生素和其他營養物質，以進行代謝或儲存。肝細胞還可以去除和分解激素、毒素、膽色素和藥物等。除了吸收功能，肝細胞會分泌白蛋白、脂蛋白、凝血因子、葡萄糖和其他產物釋放到血液中。肝竇內還含有稱為**星狀巨噬細胞** (stellate macrophages)，可清除血液中的細菌和碎片雜物。

肝細胞分泌的膽汁會進入位於肝細胞之間的狹窄通道，稱為**膽小管** (bile canaliculi)。膽汁從膽小管匯入小葉之間的**小膽管** (bile ductules)。這些小膽管最終匯入**右肝管和左肝管** (right and left hepatic ducts)，左右肝管在肝門處，離開肝臟的下表面。

肝小葉被稀疏的結締組織隔開。肝臟組織的橫截面中，在三個或更多個肝小葉相接觸的三角形區域中，結締組織尤其明顯。在這三角型的區域內，通常有兩條血管和一個小膽管，組合形成**肝小葉三合體** (hepatic triad)。兩條血管分別是肝小動脈和肝門靜脈的小分支。

肝臟的血液循環

肝臟從兩個來源獲取血液：大約 70% 來自**肝門靜脈** (hepatic portal vein) 和 30% 來自**肝動脈** (hepatic artery)。肝門靜脈匯集胃、腸、胰臟和脾臟的靜脈血液，從肝門進入肝臟；請詳閱肝門靜脈系統 (表 21.7)。除了脂質 (在淋巴系統中運輸)，小腸吸收的所有營養素均通過此途徑到達肝臟。供應肝臟的動脈血液，從腹主動脈的分支開始，遵循圖 21.23 所顯示的路徑：腹腔動脈幹→肝總動脈→肝固有動脈→左、右肝動脈，左右肝動脈從肝門進入肝臟。這些動脈將氧氣和其他物質輸送到肝臟。肝門靜脈和肝動脈的分支，會在肝小葉之間匯合，並且都將血液排入肝竇中。因此，在肝竇中靜脈和動脈血液會相互混合。混合的血液經過肝細胞處理後，匯流到位在肝小葉中央的中央靜脈中。中央靜脈的血液再逐漸匯聚成三條大型的**肝靜脈** (hepatic veins)，這些肝靜脈最終離開肝臟的上表面，並匯入下腔靜脈。

臨床應用 24.5

肝炎和肝硬化

肝炎 (Hepatitis)，肝臟的發炎症狀，通常是由於受到六種肝炎病毒株 (從 HVA 到 HVF) 的其中一種感染引起。這六種病毒株各有不同的傳播方式、疾病嚴重程度、受影響的年齡以及不同的預防策略。A 型肝炎 (傳染性肝炎) 常見且輕度。在美國的城市地區，超過 45% 的人已經感染。在照顧精神病患的日照中心和住宅機構內迅速傳播，可以通過未煮熟的海鮮，例如牡蠣，以及被病毒污染的食物和飲水，以及通過糞便經口傳播。A 型肝炎最多可引起 6 個月的疾病，但大多數人可以康復，然後對其具有永久免疫力。E 型肝炎，類似 A 型肝炎的傳播方式，在美國並不常見，但是在經濟落後的國家中，經由水傳播導致 E 型肝炎盛行和較高的死亡率。

B 型和 C 型肝炎在美國更為嚴重。兩者都是通過性行為，藉由血液和其他體液的接觸傳播；C 型肝炎的發病率已經超過愛滋病 (AIDS)，成為一種性傳播疾病。肝炎的初期症狀包括疲勞、不適、噁心、嘔吐和體重減輕。受感染的肝臟腫大變軟。黃疸或發黃皮膚，顯示肝細胞被破壞，膽汁通道阻塞，膽汁色素積聚在血液中。B 型和 C 型肝炎通常會導致慢性肝炎，並可能發展為肝硬化或肝癌。C 型肝炎是肝臟移植最常見的原因。

肝硬化 (cirrhosis) 是一種不可逆的肝臟發炎疾病。酒精中毒是造成這種情況最常見的原因，但是肝炎、膽結石、胰臟炎和其他情況也可能導致肝硬化。肝硬化的病程發展緩慢，但是死亡率很高，在美國是死亡的主要原因之一。肝硬化的特點是肝臟組織結構紊亂，疤痕組織與再生細胞的結節交替出現，使肝臟呈現塊狀或多節狀，質地變硬。與肝炎一樣，會導致膽道阻塞引發黃疸。隨著肝臟的惡化，蛋白質的合成下降，導致腹水，血液凝結異常和其他心血管疾病。由於疤痕組織阻塞肝臟血液的循環，導致血管新生，然而新生的血管卻會繞過肝臟。缺乏血液供應，肝臟的狀況更加惡化，細胞壞死增加，最終導致肝功能衰竭。預後的恢復狀況通常很差。

24.6b 膽囊和膽汁通道

由於肝臟的消化作用是膽汁的分泌，因此我們將進一步追踪膽汁從肝臟分泌之後的輸送管道與相關器官。其中最明顯的器官是**膽**

囊 (gallbladder)，位於肝臟底部的梨形囊狀器官，用於儲存並濃縮膽汁 (圖 24.20)。長約 10 cm，膽囊內部有高度折疊的黏膜層，黏膜表面是單層柱狀上皮。其頭部 [*底部* (fundus)] 通常略微突出超出肝臟下緣。其*頸部* (cervix) 連通**膽囊管** (cystic duct)，肝臟分泌的膽汁通過膽囊管進入膽囊，儲存的膽汁也是通過膽囊管離開膽囊。

當左右兩條肝管離開肝門時，幾乎立即會合形成**總肝管** (common hepatic duct)。總肝管延伸一小段之後，就會與膽囊管會合，形成**膽管** (bile duct)，下行通過小網膜後注入十二指腸內。膽管和主要胰管均開口在十二指腸的大乳頭 (major duodenal papilla)。通常，膽管與胰管在進入十二指腸之前，兩個導管會合併形成一個膨大的腔室，稱為**肝胰壺腹** (hepatopancreatic ampulla)。此處有平滑肌構成的**肝胰括約肌** (hepatopancreatic sphincter)，調節膽汁和胰液的釋放。

臨床應用 24.6

膽結石

膽結石 (gallstones) 是膽囊或是膽管中出現硬塊，通常由膽固醇、碳酸鈣和膽紅素組成。*膽石症* (cholelithiasis)[31] 是指膽結石的形成，在超過 40 歲以上的肥胖女性中最常見，但不限於此；

31 *chole* = bile *膽汁*，gall *膽汁*；*lith* = stone *石頭*；*iasis* = medical condition *身體狀況*

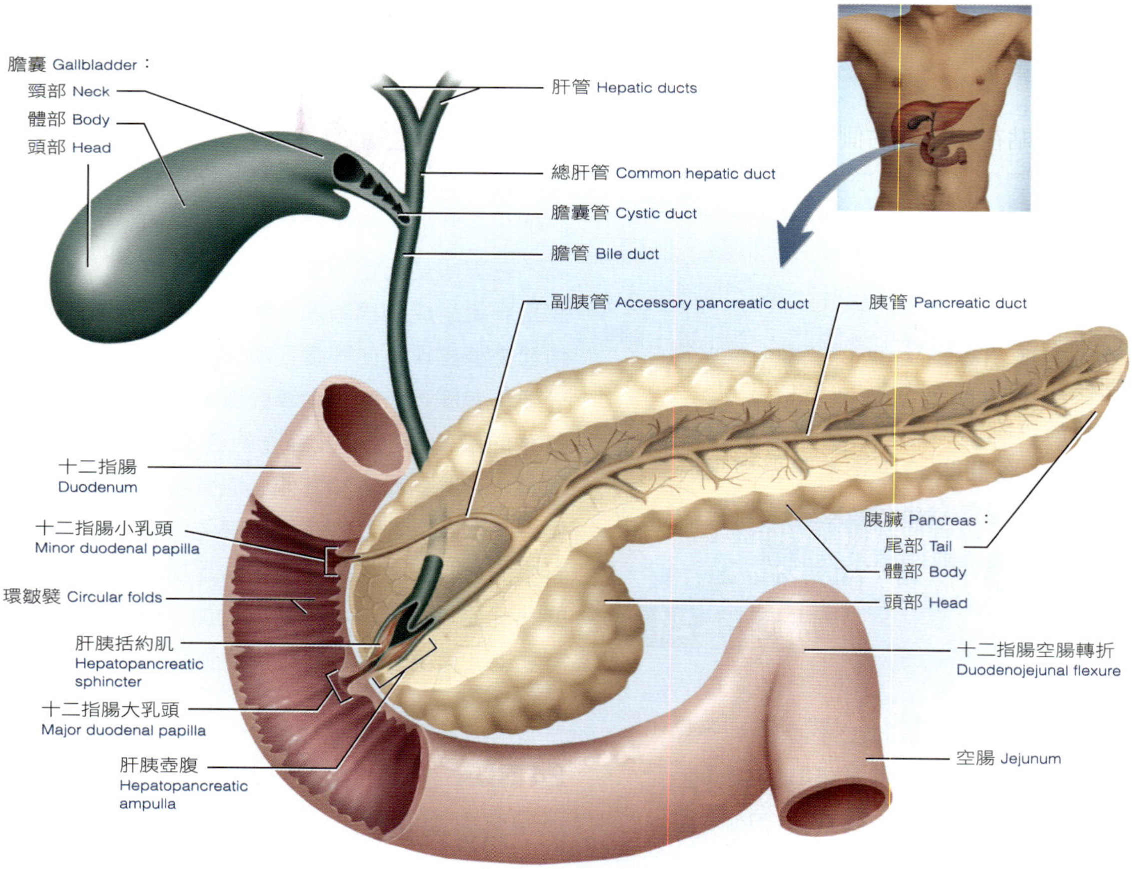

圖 24.20 膽囊、胰臟和膽汁通道的解剖構造。圖中的肝臟被省略以顯示膽囊 (附著在肝臟的下表面)，以及從肝組織延伸出來的肝管。APR

有時也會發生在男人，甚至是小孩。當膽固醇濃度過高而無法溶解，並以結晶的方式開始沉澱，並且逐漸變大，就會發生這種情況。膽囊可能包含數十個甚至更多的膽結石，有些直徑會超過 1 公分。當膽結石阻塞膽管或是膽囊收縮時，會引起劇烈疼痛。當膽汁因為膽結石堵塞，無法流入十二指腸，會引起黃疸 (膽汁色素積聚在皮膚)，脂肪消化不良，胰臟發炎和脂溶性維生素吸收不良等症狀。膽結石現在通常以微創腹腔鏡手術移除。由於膽囊濃縮膽汁容易引發膽結石，因此通常將膽囊與膽結石一起摘除，以防止復發。

24.6c 胰臟

大多數消化作用是依靠胰臟分泌的酵素進行。**胰臟** (pancreas)(圖 24.20) 位於胃大彎後部的海綿狀消化腺體。長約 15 cm，胰臟可以分為不同部位：胰臟頭部 (head) 呈球狀，十二指腸緊貼在頭部的右側；胰臟體部 (body) 位於中段；胰臟尾部 (tail) 位在左側呈長條錐狀，鈍端靠近脾臟。胰臟有非常薄的結締組織囊包覆和呈結節狀的表面。它是屬於腹膜後器官。其前表面覆蓋著體壁腹膜，而其後面與後腹壁的腹主動脈、左腎、左腎上腺和其他內臟相接觸。

胰臟是內分泌腺，也是外分泌腺。胰臟的內分泌部分是胰島 (pancreatic islets)，主要分泌胰島素和升糖素 (詳見 18.3f 節)。胰島最多集中在胰臟尾部。百分之九十九的胰臟是外分泌腺，會分泌消化酶和弱鹼性的碳酸氫鈉。胰臟的外分泌腺是屬於複雜的管泡狀腺體，也就是說，它具有許多分支的導管系統，而末端是呈囊泡狀的分泌細胞。分泌細胞內具有高密度的粗糙內質網，以及充滿分泌物的酶原顆粒 (zymogen granules)(圖 24.21)。較小的導管逐漸匯聚，先注入到位於胰臟中央的**主胰管** (pancreatic duct)，主胰管在肝胰壺腹處與膽管會合。通常，有一個較小的**副胰管** (accessory pancreatic duct)，從主胰管分支獨立進入十二指腸，形成十二指腸小乳頭 (minor duodenal papilla)。副胰管會繞過肝胰括約肌，因此即使沒有膽汁，胰液也可以從副胰管釋放到十二指腸內。

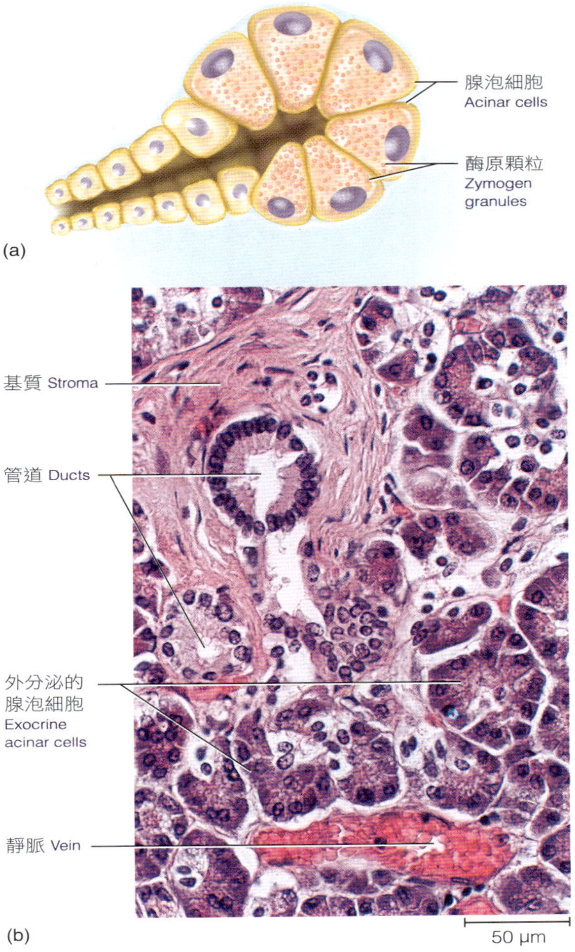

圖 24.21 胰臟的組織構造。(a) 腺泡；(b) 組織學切片顯示外分泌組織和一些結締組織的組織基質。
(b) ©Dennis Strete/McGraw-Hill Education

胰臟每天分泌約 1,200 至 1,500 mL 的胰液 (pancreatic juice)。胰液是水、碳酸氫鈉、其他電解質、消化酶和酶原的混合物 (表 24.3)。酶原是消化酶的非活性前身，在分泌細胞內不會活化，待釋放後才會被活化。碳酸氫鈉則是會中和胃酸，以保護十二指腸。

表 24.3 胰臟的外分泌物質與功能

分泌物質	功能
碳酸氫鈉	中和鹽酸
酶原	分泌後轉化為活性的消化酶
胰蛋白酶原	活化成胰蛋白酶，消化蛋白質
胰凝乳蛋白酶原	活化成胰凝乳蛋白酶，可消化蛋白質
羧肽酶原	活化成羧肽酶，水解小胜肽胺基酸末端的羧基 (–COOH)
酶	
胰澱粉酶	消化澱粉
胰脂肪酶	消化脂肪
核糖核酸酶	消化 RNA
去氧核糖核酸酶	消化 DNA

在你繼續閱讀之前

回答下列問題，以檢驗你對上節內容的理解：

20. 肝臟對消化有什麼作用？列出幾個肝臟的非消化功能。
21. 描述肝小葉的結構，以及血液流過肝小葉的流向。
22. 描述膽汁從肝細胞分泌之後的流動途徑，直到進入十二指腸的位置。
23. 描述胰液從胰臟腺泡細胞分泌，到注入十二指腸的流動途徑。
24. 解釋為什麼胰臟既是內分泌腺，也是外分泌腺。胰臟如何幫助消化作用？

24.7 發育和臨床觀點

預期學習成果

當您完成本節後，您應該能夠

a. 描述消化道、肝臟和胰臟的胚胎發育過程；
b. 描述消化系統在老化之後的一些結構和功能上的變化；和
c. 定義和描述一些常見的消化系統疾病。

24.7a 胚胎發育

在胚胎發育的初期，消化系統是最早出現的器官系統之一。在發育兩週後形成三胚層不久，胚胎在頭尾兩端的方向開始延伸變長。內胚層的卵黃囊，在頭尾兩端延伸形成前腸 (foregut) 和後腸 (hindgut)(圖 4.5a)。最初，胚胎和卵黃囊之間是一個很大的開口，但隨著胚胎的軀體繼續長大，連通卵黃囊的通道變得狹長，出現明顯管狀的中腸 (midgut)。在發育的第 4 週，消化道的前端破開，形成嘴巴；再 3 週之後，消化道的後端破開，形成肛門。

同時，胚胎的側緣向內折疊，原本扁平的胚盤變成圓柱形的軀體，並且形成胚胎的體腔。消化道變成藉由背側腸繫膜 (dorsal mesentery)，懸吊在體壁後方的細長管道 (圖 4.5c)。雖然消化道的上皮細胞是由內胚層衍生，覆蓋在消化道外側的中胚層，則衍生形成消化道的其他組織：固有層、黏膜下層、肌肉層和漿膜等。

發育第 5 週時，前腸出現膨脹，這膨脹的區域將來會逐漸發育成胃 (圖 24.22)。進一步的消化道發育會出現延長、旋轉以及不同的區

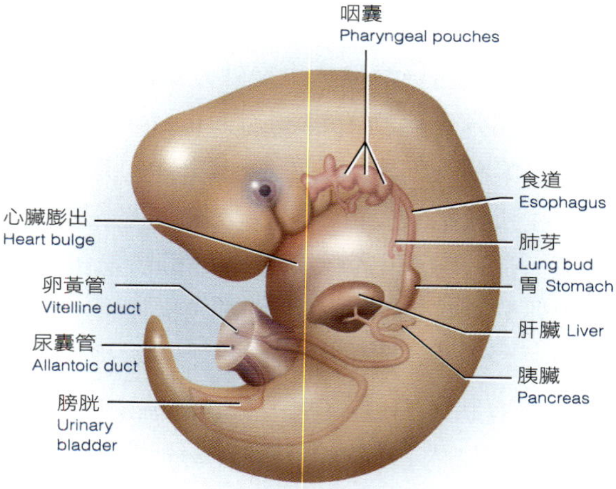

圖 24.22 發育第 5 週胚胎的側視圖。原始的胃是由前腸膨大的形式存在，肝臟芽和胰臟芽已經出現。中腸環已經靠近卵黃管，在發育的第 6 週時，中腸環會凸出進入臍帶內。

域分化成食道、胃、小腸和大腸。在發育第 6 週時，由於肝臟以及胃腸道的快速發育，然而胚胎的腹腔空間有限，因此快速變長的腸道便會從臍帶的位置脫出，形成臍帶疝氣。正常情形，通常在發育第 10 週時，腹腔變大之後，從肚臍脫出的腸道就會縮回到擴大的腹腔中。但是某些悲慘的情況，脫出的腸道沒有縮回腹腔，將導致嬰兒的腸道從肚臍外露，稱為臍膨出症 (omphalocele)[32]。

肝臟的發育是在第 3 週的中期，在前腸和中腸的交界處，有一個袋狀的膨出構造，稱為**肝芽** (liver bud)。肝芽與腸道的連接管道變窄，變成膽管 (bile duct)。從膽管的腹側面出現一個小突起，將來會變成膽囊和膽囊管。發育到第 12 週時，肝臟開始分泌膽汁進入腸道，所以腸道內容物變成深綠色。在胚胎的發育過程中，肝臟會產生胎兒大部分的血球細胞，但是這種造血功能在發育的最後 2 個月內逐漸消退。

胰臟發育的組織芽，在第 4 週左右開始出現，並在第 5 個月時，開始分泌胰島素。

出生時，新生兒的消化道內有深色黏稠的糞便，稱為**胎糞** (meconium)。會在新生兒腸道初次蠕動時排出。

24.7b 老化的消化系統

如同大多數的其他器官系統一樣，消化系統在老年時也有明顯的退行性變化 (衰老)。唾液分泌在年老時會減少，使得食物的風味降低，吞嚥更加困難，牙齒更容易出現齲齒蛀牙。許多老人因為齲齒和牙周病造成掉牙，所以會戴假牙。口腔和食道的複層鱗狀上皮，變得更薄且更容易磨損。甚至咀嚼的能力也會下降；年老時咀嚼肌肉失去其約 40% 的肌肉重量與收縮力，下頜骨在老化過程中會失去約 20% 的骨組織。

胃的黏膜萎縮，並分泌較少的鹽酸和內在因子。鹽酸缺乏會減少鈣、鐵、鋅和葉酸吸收。內在因子的減少會降低維生素 B_{12} 的吸收。由於這種維生素 B_{12} 是造血功能所必需的，缺乏維生素 B_{12} 會導致貧血。

「火燒心」(heartburn) 的胃灼熱現象會更加頻繁與明顯，是由於食道下括約肌 (賁門括約肌) 收縮力減弱，不能有效阻止胃酸逆流到食道。老年人最常見的消化系統問題是便秘，因為肌肉的張力降低，以及結腸的蠕動減弱。這似乎是由多種因素引起的：消化道的外部肌層萎縮，對神經傳遞物質反應變差，飲食中的纖維和水分較少，缺少運動等。肝臟、膽囊和胰臟在老年時，功能僅略為下降。肝功能的略為下降，可能是因為用藥過度，使得肝臟的排毒功能變得更加困難。

由於老年人的身體能量需求較低，以及感覺功能下降，對食物的吸引力降低，再加上行動不便，導致購物與烹調的意願降低，因此許多老年人的食量和食慾都出現下降。老年人需要的能量少於年輕人，因為老年人的基礎代謝率與生理功能較低。然而蛋白質、維生素和礦物質的需求沒有改變，但是因為食物的攝入和腸道的吸收減少，所以需要補充維生素和礦物質。老年人常發生營養不良的情形，常導致貧血和免疫力降低的情形。

24.7c 消化系統疾病

消化系統與外界相通，容易罹患多種疾病，表 24.4 中描述了其中的幾個疾病。運動障礙包括吞嚥困難 (dysphagia)，胃食道逆流 (gastroesophageal reflux disease, GERD) 和幽門阻塞。發炎性的疾病包括食道炎、胃炎、闌尾炎、結腸炎、憩室炎、胰臟炎、肝炎和肝硬

32 *omphalo* = navel 肚臍，umbilicus 臍；*cele* = swelling 腫脹，herniation 疝氣

表 24.4 一些消化系統的疾病

急性胰臟炎	嚴重的胰臟發炎。可能由外傷引起，導致胰腺酶滲入胰臟組織，消化組織並引起發炎和出血
闌尾炎	闌尾發炎。腫脹、疼痛，並有壞疽、穿孔和腹膜炎的危險
腹水	腹膜腔內的漿液積聚，經常引起腹部腫脹。經常由肝硬化引起，常與酒精中毒有關。患病的肝臟將液體「滲入」腹部
克羅恩氏症 (Crohn[33] disease)	小腸和大腸發炎，類似於潰瘍性結腸炎的症狀，可能和遺傳有關。產生顆粒狀病變和腸道纖維化；腹瀉；和下腹痛
吞嚥困難 (Dysphagia)[34]	吞嚥困難。可能是由於食道阻塞 (腫瘤或狹窄)，或是蠕動障礙 (由於神經肌肉疾病)
裂孔疝氣	部分的胃突出到胸腔內，胸腔的負壓可能導致胃膨大。通常會引起胃食道逆流 (尤其是當一個人仰臥時)
潰瘍性結腸炎	慢性發炎導致大腸潰瘍，尤其是乙狀結腸和直腸潰瘍。趨向於遺傳，但確切原因尚不清楚

您可以在以下地方找到其他消化系統疾病的討論

肝硬化 (臨床應用 24.5)	膽結石 (臨床應用 24.6)	巨結腸 (臨床應用 16.2)
便秘 (24.7b 節)	胃食道逆流 (臨床應用 24.2)	腮腺炎 (24.2b 節)
齲齒 (臨床應用 24.1)	牙齦炎 (臨床應用 24.1)	臍膨出 (24.7a 節)
腹瀉 (24.5b 節)	痔瘡 (24.5a 節)	消化性潰瘍 (臨床應用 24.3)
憩室炎 (臨床應用 24.4)	肝炎 (臨床應用 24.5)	牙周病 (24.7b 節和臨床應用 24.1)
憩室病 (臨床應用 24.4)	阻生臼齒 (24.2a 節)	
食道癌 (臨床應用 24.2)		

化。癌症的發生幾乎在消化系統的每個部分：口腔癌、食道癌、胃癌、結腸癌、直腸癌、肝癌和胰臟癌等。在美國，結腸癌和胰臟癌是導致癌症死亡的主要原因。

消化系統的疾病會表現為多種體徵和症狀：厭食 (食慾不振)、嘔吐、便秘、腹瀉、腹痛或消化道出血等。其中許多症狀是非特定的。例如，胃腸道出血得症狀，可能是由於消化道管壁、腸息肉、憩室病、胃腸道炎症、痔瘡、消化性潰瘍、寄生蟲感染或癌症等多種原因，造成靜脈曲張所引起的。噁心的症狀，甚至可能是由於非消化系統的疾病所引起，諸如腹部或腦幹的腫瘤、泌尿生殖器官的創傷或內耳功能障礙等。

前面說過，胚胎發育時的前腸、中腸和後腸是由不同的動脈供應加以定義。這種三段消化道的分法，也延伸到神經支配和疼痛感覺的接收。胃腸道的疼痛，通常被認為是來自腹壁的疼痛 (請參閱 17.1e 節中提到的轉移痛)。前腸引起的疼痛，轉移出現在上腹區；中腸引起的疼痛，轉移出現在臍區；後腸引起的疼痛，轉移出現在腹下區。

在你繼續閱讀之前

回答下列問題，以檢驗你對上節內容的理解：

25. 解釋為什麼胚胎發育的前腸和後腸，出現的時間比中腸更早。
26. 胚胎的腸道會發育突出單一個的芽，將來會形成哪些附屬的消化腺體？另外，發育出現一對的芽，將來合併形成什麼消化腺體？

33 布里爾・伯納德・克羅恩 (Burrill B. Crohn, 1884~1983)，美國腸胃病專家

34 *dys* = bad 不良，difficult 困難，abnormal 異常；*phag* = eating 飲食，swallowing 吞嚥

27. 解釋為什麼齲齒 (蛀牙)、便秘和火燒心等症狀，隨著消化系統的老化變得越來越普遍。
28. 解釋為何胃腸道出血和噁心的原因，其發生的位置與相關疾病之間，存在著不確定的證據。

學習指南

評估您的學習成果

為了測試你的知識，請與學習夥伴討論以下話題，或以書面形式討論，最好是憑記憶。

24.1 消化過程及一般解剖構造

1. 消化系統的基本重要功能，以及其執行此功能的五個階段。
2. 消化系統分為消化道與附屬消化器官，兩者的區別；以及這兩者的組成器官。
3. 消化管壁的組織分層，組織學構造，以及每一分層的功能。
4. 支配消化系統的腦神經；消化系統的副交感和交感神經系統支配，以及副交感與交感神經系統對消化作用的影響。
5. 腸神經系統的解剖構造組成，以及其在消化中的作用。
6. 胚胎的前腸、中腸和後腸將來分別發育成哪些構造，以及三段的血液供應。
7. 肝門系統及其與消化系統的關係。
8. 背側和腹側腸繫膜與消化系統的關係，與腹膜和漿膜的關係，大網膜、小網膜和結腸繫膜的解剖構造。
9. 腹膜內和腹膜後器官的定義，以及哪些消化器官是屬於腹膜後，哪些屬於腹膜內？

24.2 從口腔到食道

1. 嘴巴 (口腔) 的多種功能。
2. 口腔的所有解剖邊界和內含物。
3. 臉頰和嘴唇的解剖結構和功能。
4. 舌的解剖結構和功能，以及舌的內部肌肉和外部肌肉的區別。
5. 硬腭與軟腭的邊界、構造和功能；腭舌弓和腭咽弓及其與腭扁桃體的關係。
6. 成年永久齒的名稱；牙齒的組織和解剖構造；齒槽、牙周膜和牙齦等構造，與牙齒之間的關係。
7. 咀嚼的目的。
8. 唾液的組成和功能。
9. 內部唾液腺和外部唾液腺的區別；外部唾液腺的名稱和位置，以及其管道在口腔內的開口位置。
10. 唾液腺的導管系統、腺泡和分泌細胞的類型。
11. 唾液分泌的神經控制。
12. 咽部的解剖區域，和三個咽縮肌。
13. 食道的起端與末端位置；食道的上、下括約肌及其目的；食道管壁的組織結構。
14. 吞嚥的神經控制。

24.3 胃

1. 胃的位置和方位；內部體積；及其功能。
2. 胃的形狀和解剖分區；胃與大網膜及小網膜的關係；調節胃的入口與出口的括約肌。
3. 胃壁在組織學上，與食道及其他的消化道不同的部分。
4. 胃小凹與胃的黏膜腺體的關係。
5. 胃黏膜的三種腺體類型；在位置與功能上有何不同；這些腺體中的五種不同細胞類型；每種細胞類型的分泌物，以及這些分泌物的功能。
6. 胃如何保護自己免於被消化。

24.4 小腸

1. 小腸的基本重要功能；小腸的特殊長度與它的功能有何關係。
2. 定義十二指腸的起端和末端；十二指腸的長度；它與腹膜的關係；十二指腸壁的組織結構；十二指腸與膽管和胰管的關係；以及十二指腸的功能與小腸的其他部分有何不同。
3. 相對於小腸的其他部分，空腸如何定義；空腸的長度；空腸的功能與十二指腸和迴腸有何不同；以及空腸的功能與其解剖結構有何關係。
4. 相對於小腸的其他部位，迴腸如何定義；迴腸的長度；迴腸的功能與十二指腸和空腸有何不同；以及迴腸的功能與其解剖結構有何關係。
5. 迴盲接合與迴腸乳頭的結構和功能。
6. 環皺襞、絨毛和刷狀緣如何提高小腸的吸收功能效率。
7. 絨毛的結構；絨毛的上皮細胞類型；絨毛核心的內含物；和絨毛的微血管和乳糜管在營養吸收的作用有何不同。
8. 刷狀緣在接觸消化作用，與養分吸收所扮演的角色。
9. 小腸的腸隱窩的結構和細胞組成。
10. 小腸如何保護自己免受胃酸和細菌的侵害。

24.5 大腸

1. 大腸的功能。
2. 大腸的四個區域，區分的地標特徵及其長度。
3. 闌尾的位置、結構和功能。
4. 結腸的四個部分，區分的解剖學標誌。
5. 直腸和肛管的範圍、形狀和內部構造。
6. 大腸的特殊肌肉組織，包括結腸帶以及肛門的內外括約肌。
7. 大腸不同部位與腹膜的關係，結腸繫膜與其漿膜的脂肪附屬物。
8. 大腸黏膜與小腸黏膜的比較。

24.6 消化的附屬腺體

1. 肝臟的大小、形狀、位置和功能，肝臟在消化系統扮演的功能。
2. 膽汁的組成成分和功能。
3. 肝臟的分葉和韌帶，以及肝門和膽囊的位置。
4. 肝小葉與肝竇的結構；在肝竇內，肝細胞與血液的關係；以及星狀巨噬細胞的位置和作用。
5. 肝臟的靜脈和動脈血液供應；靜脈和動脈血液在何處混合；以及血液經由何種途徑離開肝臟。
6. 膽汁在何處產生，以及膽汁從肝臟分泌後流出的路徑。
7. 膽囊的位置、結構和功能；連接肝臟、膽囊和十二指腸的膽汁通道的構造。
8. 胰臟的位置、解剖與組織構造，以及胰臟的內分泌和外分泌 (消化) 功能。
9. 胰管與膽管以及十二指腸的構造關係。
10. 胰臟外分泌的分泌物功能。

24.7 發育和臨床觀點

1. 胚盤如何伸長和折疊，進而形成前腸、後腸以及中腸。
2. 請解釋為何消化道的黏膜層上皮組織是發育自內胚層，而管壁的其他組織是發育自中胚層。
3. 胚胎的消化道如何從簡單管狀，分段分化轉變成食道、胃和腸子。
4. 肝臟和胰臟如何從胚胎的消化道衍生形成。
5. 衰老如何影響唾液、牙齒、胃腸黏膜、腸道蠕動、肝功能、食慾和營養吸收。
6. 消化系統疾病的一些類型；每個類型中的範例；還有一些胃腸疾病常見的體徵和症狀。

回憶測試

1. 下列何者，不屬於腹膜後器官
   a. 肝臟　d. 升結腸
   b. 胰腺　e. 降結腸
   c. 十二指腸
2. 鐮狀韌帶連結______到腹壁。
   a. 結腸　d. 胰腺
   b. 肝　e. 胃
   c. 脾
3. 下列何種細胞具有刷狀緣的構造？
   a. 杯狀細胞　d. 壁細胞
   b. 腸上皮細胞　e. 主細胞
   c. 腸內分泌細胞
4. 腹膜腔內的細菌、毒素和細胞碎片，在______收集並清除。
   a. 肝臟　d. 大網膜
   b. 脾臟　e. 小網膜
   c. 胰腺
5. 乳糜管負責吸收食物中的______。
   a. 蛋白質　d. 維生素
   b. 碳水化合物　e. 脂質
   c. 酶
6. 以下所有因素都有助於增加小腸的吸收表面積，除了
   a. 長度　d. 環皺襞
   b. 刷狀緣　e. 絨毛
   c. 結腸袋
7. 下列何者是屬於牙周組織？
   a. 牙齦 (gingiva)　d. 牙髓 (pulp)
   b. 齒釉質 (enamel)　e. 牙本質 (dentin)
   c. 黏合質 (cement)
8. 胃的______類似於小腸的______。
   a. 胃小凹；腸隱窩
   b. 幽門腺；腸隱窩
   c. 胃皺襞；聚集性淋巴小結
   d. 壁細胞；杯狀細胞
   e. 胃腺；十二指腸黏膜下層腺體
9. 下列何種細胞會分泌消化酶？
   a. 主細胞　d. 杯狀細胞
   b. 黏液頸細胞　e. 腸內分泌細胞
   c. 壁細胞
10. 位於消化道的黏膜肌層與外部肌層之間的組織層，稱為______。
    a. 黏膜層　d. 漿膜層
    b. 固有層　e. 纖維層
    c. 黏膜下層
11. 消化道有一個廣泛的神經網絡，稱為______。
12. 控制食糜從胃中進入十二指腸的肌肉環稱為______。
13. ______唾液腺的命名，是因為位置在耳朵附近。
14. ______是複雜的靜脈，將胃和腸的血液匯集到肝臟。
15. 胃腸道運動的神經刺激，主要是由______神經的

副交感神經纖維支配。

16. 胃細胞中的______會分泌鹽酸。
17. 星狀巨噬細胞出現在肝臟充滿血液的環境中，此空間稱為______。
18. 從肝臟連結到胃小彎的漿膜構造，稱為______。
19. 牙根上有一層的鈣化組織，稱為______。
20. 舌頭表面的突起，有些具有味蕾的構造，這些突起稱為______。

答案在附錄 A

建立您的醫學詞彙

說出每個詞彙的含義，並從本章中給出一個使用該詞彙的醫學專有名詞或稍微的改變該詞彙。

1. gastro-
2. entero -
3. aliment-
4. retro-
5. bucco-
6. pyloro-
7. ruga
8. sigmo -
9. recto -
10. hepato-

答案在附錄 A

這些陳述有什麼問題？

簡要說明下列各項陳述為什麼是假的，或將其改寫為真。

1. 肝臟和胰臟都是屬於腹膜後器官。
2. 牙齒的主要組成成分是齒釉質。
3. 肝細胞分泌的膽汁會進入肝竇。
4. 大部分消化道被纖維外膜所覆蓋。
5. 小腸懸浮在大網膜的前層與後層之間。
6. 齒釉質和牙本質是牙齒根部的兩種重要組成成分。
7. 大網膜使胃懸吊在腹腔，並且將胃連結到體壁。
8. 胃腺的兩種主要類型是幽門腺和賁門腺。
9. 消化道的所有部位，外部肌層都有兩層。
10. 與小腸相反，大腸沒有絨毛或隱窩。

答案在附錄 A

測試您的理解力

1. 當患有胃食道逆流 (GERD) 的人 (請參見臨床應用 24.2) 躺下，發現他們躺向右側會比當躺向左側時，胃灼熱的狀況會更加嚴重。請以解剖構造說明此種效果的原因。
2. 囊性纖維化 (Cystic fibrosis, CF) 的特點，是異常黏稠的黏液、阻塞呼吸道和胰管。請預測囊性纖維化對兒童的消化、營養和生長的影響。
3. 請解釋如果小腸具有與食道相同類型的黏膜上皮，為何小腸的功能會變差。
4. 需要器官移植的患者 (尤其是兒童) 的新聞報導，經常會使人們打電話並提出捐贈他們的器官之一，例如腎臟，以拯救病人的生命。如果你在一個器官捐贈單位服務，面對一個善意的志願者，想要捐出他或她的肝臟，你將如何說明？
5. 在迴腸末端聚集的淋巴小結的功能意義是什麼？為何淋巴小結要聚集在這裡，而不會聚集在十二指腸或是空腸？

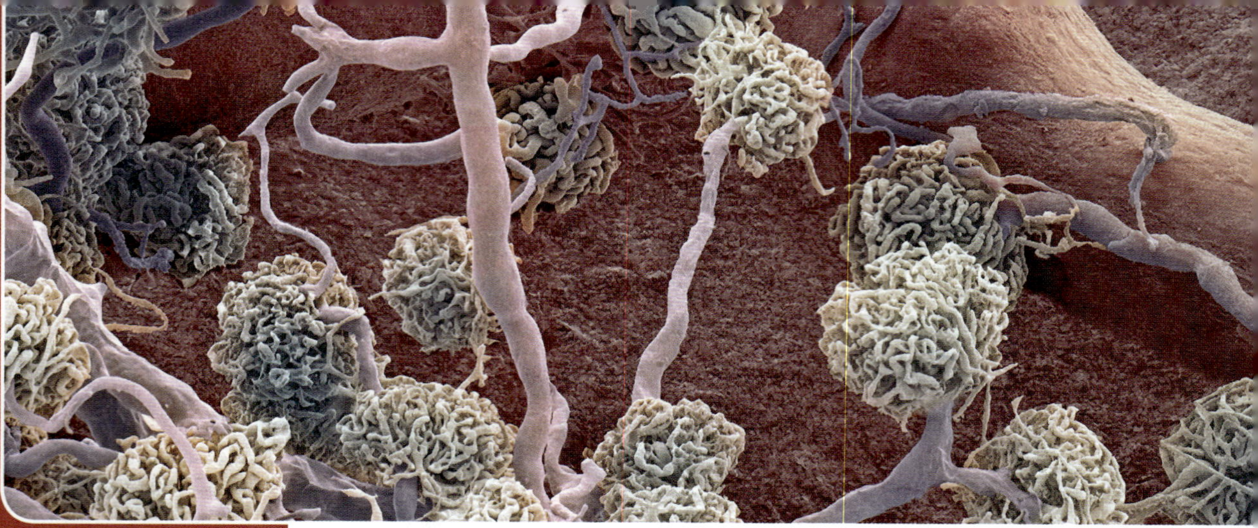

腎皮質的血管腐蝕鑄模 (掃描式電子顯微鏡；SEM)。每一個圓形的血液微血管團塊都是一個腎小球，血液在這裡被過濾，並開始產生尿液。

CHAPTER 25 泌尿系統

周光儀

章節大綱

25.1 泌尿系統的功能

25.2 腎臟

25.2a 位置和相關構造

25.2b 大體解剖學

25.2c 腎臟循環

25.2d 腎臟的神經支配

25.2e 腎元

25.3 輸尿管、膀胱和尿道

25.3a 輸尿管

25.3b 膀胱

25.3c 尿道

25.4 發育和臨床觀點

25.4a 產前的發育

25.4b 泌尿系統的老化

25.4c 泌尿系統疾病

學習指南

臨床應用

25.1 尿液中的血液和蛋白質

25.2 腎臟的放射影像學

25.3 腎結石

25.4 泌尿道感染

25.5 泌尿系統的發育異常

複習

要瞭解本章，您可能會發現複習以下概念會有所幫助：

- 尿路上皮 (表 3.3)
- 一般外分泌腺構造 (圖 3.29b)
- 窗形微血管 (21.1c 節)

Anatomy & Physiology REVEALED®
aprevealed.com

模組 13：泌尿系統

活著就會新陳代謝，而新陳代謝不可避免地會產生各種廢物，這些廢物是身體不需要的，如果任其堆積，確實對人是有毒的。我們通過呼吸道、消化道和汗腺將其中一部分的廢物排除體外，但泌尿系統是排泄廢物的主要途徑。腎臟是將代謝廢物從血液中分離出來的腺體。泌尿系統其他部分的作用僅用於運輸、儲存和排除尿液。

不過，腎臟的任務遠不止排泄廢物。它們在調節血容量和血壓、紅血球計數、血中氣體、血液酸鹼度以及電解質和酸鹼平衡方面也發揮著不可或缺的作用。在執行這些任務時，它們與內分泌、循環和呼吸系統有著非常密切的生理關係。

然而，從解剖學上泌尿系統與生殖系統關係密切。在許多動物中，卵子和精子都是通過尿道排出的，這兩個系統在進化史、胚胎發育和成年解剖學上有些共同之處。這一點在人類身上得到了反映，在胚胎中這兩個系統共同發育，在男性身上，尿道繼續作為尿液和精子的通道。因此，泌尿系統和生殖系統常被統稱為*泌尿生殖系統* [urogenital (U-G) system]，*泌尿外科醫生* (urologists) 同時治療泌尿系統和男性生殖系統疾病。由於它們的解剖和發育關係，我們在這最後兩章針對泌尿系統和生殖系統做討論。

25.1 泌尿系統的功能 AP|R

預期學習成果

當您完成本節後，您應該能夠

a. 泌尿系統器官的名稱和位置；

b. 列出除尿液形成外，腎臟的幾種功能；

c. 定義排泄 (excretion)；及

d. 辨識腎臟排泄的主要含氮廢物。

泌尿系統 (urinary system) 的主要作用是清洗血液中的代謝廢物，並將其通過尿液排出體外。它由六個主要器官組成：兩個**腎臟** (kidneys)、兩條**輸尿管** (ureters)、**膀胱** (urinary bladder) 和**尿道** (urethra)。圖 25.1 為這些器官的前、後面觀。泌尿道與女性的子宮和陰道以及男性的前列腺有著特別重要的關係。從圖 26.1 (男性) 和 26.10 (女性) 的矢狀切面可以最好地瞭解這些關係。本章的大部分重點是腎臟。

雖然這個系統的主要功能是排泄，但腎臟發揮的作用比人們一般瞭解到的要多：

- 它們過濾血漿，排泄有毒代謝廢物。
- 它們通過調節水分的輸出來調節血容量、血壓和滲透度。
- 它們能調節體液的電解質和酸鹼平衡。
- 它們能分泌激素*紅血球生成素* (erythropoietin)，刺激紅血球的生成，從而支援血液的攜氧能力。
- 它們通過執行激素骨化三醇 (活性維生素 D) 合成過程中的一個步驟來促進鈣的恆定和骨的代謝。
- 它們能清除血液中的激素和藥物，從而限制它們的作用。
- 它們可以解毒自由基。

在極度饑餓的條件下，它們通過從胺基酸合成葡萄糖來幫助維持血糖平衡 [這一過程稱為*葡萄糖新生作用* (gluconeogenesis)]。

排泄 (excretion) 是泌尿系統最明顯的功能，它是將體液中的廢物抽取出來並排出體外，從而防止人體代謝中毒的過程。其中腎臟排泄的含氮分子稱為**含氮廢物** (nitrogenous wastes)。這些中含量最多的是尿素，是蛋白質代謝的產物。如果腎臟功能不足，就會出現一種叫作**氮血症** (azotemia[1])(AZ-oh-TEE-me-

1 *azot* = nitrogen 氮氣；*emia* = blood condition 血液狀況

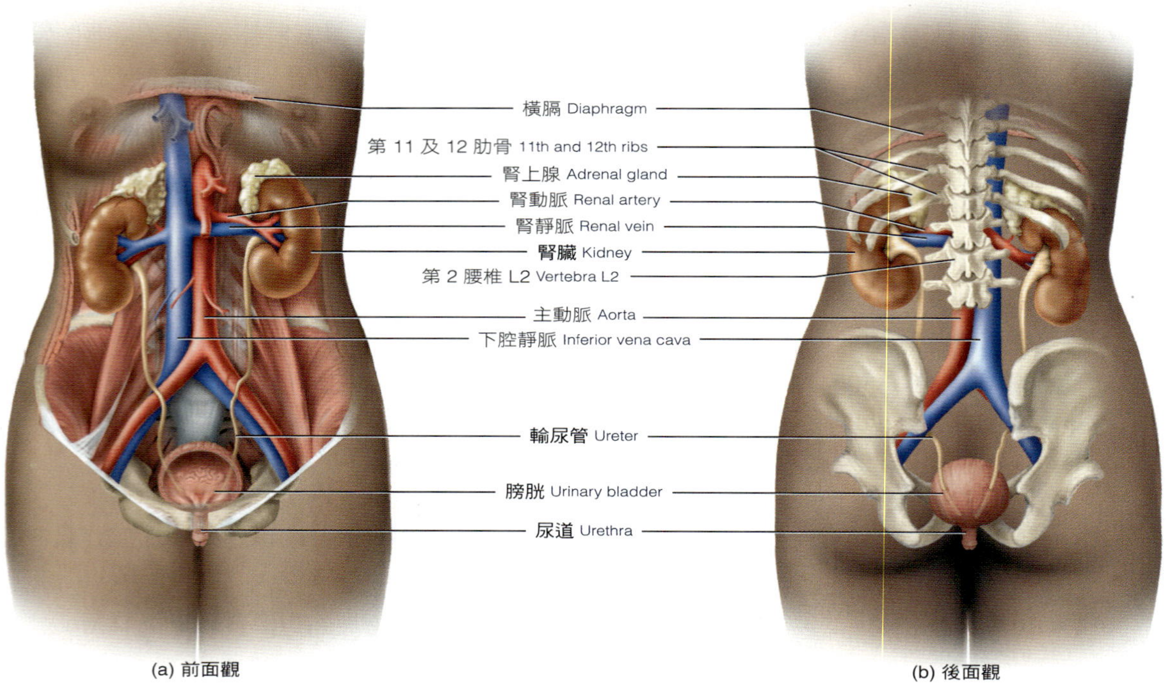

圖 25.1 泌尿系統。(a) 前面觀；(b) 後面觀。泌尿系統的器官用粗體字表示。

• 在自己或他人身上，觸診腎臟的位置。可以用什麼標記來確定它們的位置？APR

uh) 的病症，其中血液中的尿素濃度 [血液尿素氮 (blood urea nitrogen, BUN)] 異常高。在嚴重的腎功能衰竭中，氮血症會發展為**尿毒症** (uremia)(you-REE-me-uh)，這是一種合併腹瀉、嘔吐、呼吸困難 (呼吸困難) 和心律不整的綜合症。幾天內就會出現抽搐、昏迷和死亡，這強調了適當腎功能的重要性。

在你繼續閱讀之前

回答下列問題，以檢驗你對上節內容的理解：

1. 說明除形成尿液外的至少四種腎臟的功能。
2. 尿液中含氮廢物最多的是什麼？哪些專有名詞描述血液中這種廢物含量異常高，以及這種廢物引起的中毒？

25.2 腎臟

預期學習成果

當您完成本節後，您應該能夠

a. 描述腎臟的位置和一般外觀，以及與鄰近器官的關係；
b. 辨識腎臟的主要外在和內在特徵；
c. 追蹤血液在腎臟中的流動；
d. 描述腎臟的神經供應；
e. 追蹤液體在腎小管中的流動；以及
f. 說明腎小管各段的功能。

25.2a 位置和相關構造

腎臟靠後腹壁，位於 T12 至 L3 脊椎水平位置。第 12 肋骨穿過左腎近似中間部位。右腎比左腎稍低，因為其上方的肝臟大的右葉占據了空間。腎臟與輸尿管、膀胱、腎動脈和靜脈以及腎上腺 (adrenal[2] glands) 都在腹膜後 (圖 25.2)。左腎上腺靠在該腎的上極，右腎上腺靠在其腎的上內側表面。儘管腎臟和腎上腺確實相互影響，但它們的功能與腎臟的關係並不像它們的空間關係所顯示的那樣直接。

25.2b 大體解剖學

腎臟是一個複合管狀腺體，包含約 120 萬個功能性排泄單位，稱為**腎元** (nephrons)[3] (NEF-rons)。每個腎臟重約 150 g，長約 11 cm，寬約 6 cm，厚約 3 cm——大約一塊浴皂的大小。側面的表面是凸的，而內側的表面是凹的，並有一個裂縫，**腎門** (hilum)，在那裡它接收腎神經、血管、淋巴管和輸尿管。

腎臟由三層結締組織保護 (圖 25.2)：(1) 緊貼腹膜旁的纖維性**腎筋膜** (renal fascia)，將腎臟和相關器官與腹壁結合在一起。(2) **腎周脂肪囊** (perirenal fat capsule)，是一層脂肪組織，緩衝腎臟並將其固定。(3) **纖維囊** (fibrous capsule) 像玻璃紙包裹一樣包圍著腎臟，固定在腎門處，保護腎臟不受傷和感染。腎臟由膠原纖維懸吊，膠原纖維從纖維囊延伸，穿過脂肪到達腎筋膜。腎筋膜前面與腹膜融合，後面與腰肌筋膜融合。儘管如此，當一個人從躺著到站著時，如早上下床時，腎臟會下降 3 cm 左右。在某些情況下，腎臟會脫離並漂移到更低的位置，造成病理結果 [見表 25.1 中的腎下垂或「浮腎」(floating kidney)]。

腎實質是產生尿液的腺體組織，冠狀切面看起來呈 C 形，它環繞著內側的腔室，即**腎竇** (renal sinus)，由血液和淋巴管、神經和尿液收集構造占據。它環繞著一個內側空腔，即腎竇，由血液和淋巴管、神經和尿液收集結構占據。脂肪組織填滿了腎竇的剩餘空間，並將這些構造固定住。

腎實質分為兩個區域：外側**腎皮質** (renal

2 *ad* = to 往，toward 朝向，near 近；*ren* = kidney 腎臟；*al* = pertaining to 關於

3 *nephro* = kidney 腎臟

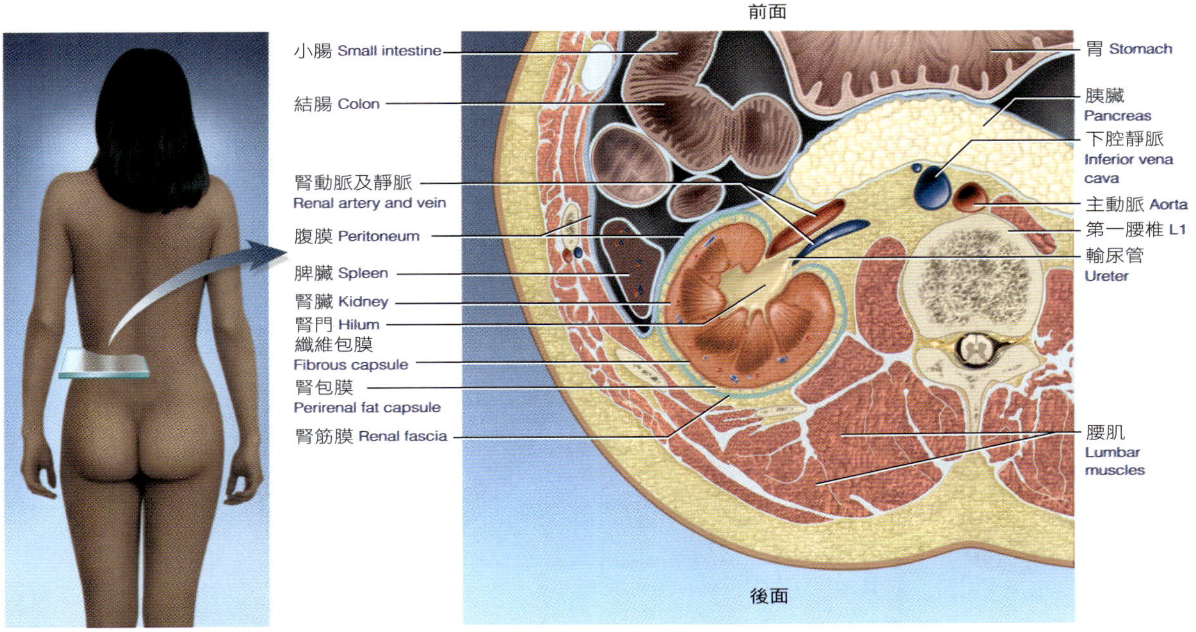

圖 25.2 **腎臟的位置**。位於脊椎 L1 水平的腹部橫切面，顯示腎臟與體壁和腹膜的關係。

• 如果腎臟不是腹膜後器官，你要把它另移到這個圖上的什麼地方？

cortex) 約 1 cm 厚，內側**腎髓質** (renal medulla) 面向腎竇 (圖 25.3)。皮質的延伸部分稱為**腎柱** (renal columns)，向腎竇突出，將髓質分為 6~10 個**腎錐** (renal pyramids)。每個腎錐呈圓錐形，寬闊的基底朝向皮質，鈍點稱為**腎乳頭** (renal papilla)，朝向腎竇。一個腎錐和上覆的皮質構成一個腎葉 (lobe)。

每個腎錐的乳頭都嵌在一個稱為**小腎盞** (minor calyx[4])(CAY-lix) 的杯中，小腎盞收集尿液。兩個或三個小腎盞 (CAY-lih-seez) 匯集形成一個**大腎盞** (major calyx)，兩個或三個大腎盞在腎竇內匯集形成漏斗狀的**腎盂** (renal pelvis[5])。輸尿管是腎盂的管狀延續，將尿液引流至膀胱。

25.2c 腎臟循環

雖然腎臟只占體重的 0.4%，但它們每分鐘接受約 1.2 L 血液，或心輸出量的 21% [腎臟分率 (renal fraction)]，更多的是為了清除廢物，而不是為了滿足腎臟組織的代謝需要。這是一個提示，腎臟在調節血容量和組成分是多麼重要。

腎臟循環的較大分區如圖 25.4 所示。每個腎臟都由主動脈產生的**腎動脈** (renal artery) 供應。在進入腎門之前或之後，腎動脈分成幾條**節動脈** (segmental arteries)，每條節動脈都會產生幾條**葉間動脈** (interlobar arteries)。一條葉間動脈穿透每個腎柱，在腎錐之間向皮質與髓質間的邊界*皮質髓質交界處* (corticomedullary junction) 行進。沿途，它再次分支形成**弓動脈** (arcuate arteries)，形成 90° 的急劇彎曲，並沿著腎錐的底部移動。每條弓動脈都會產生幾條**皮質放射動脈** (cortical radiate arteries)，向上進入皮質。

圖 25.5 顯示了循環的細小分支。當皮層弓動脈通過皮層上升時，一系列**傳入小動脈** (afferent arterioles) 像松樹的肢體一樣以近乎

4 *calyx* = cup 杯子
5 *pelv* = basin 盆地

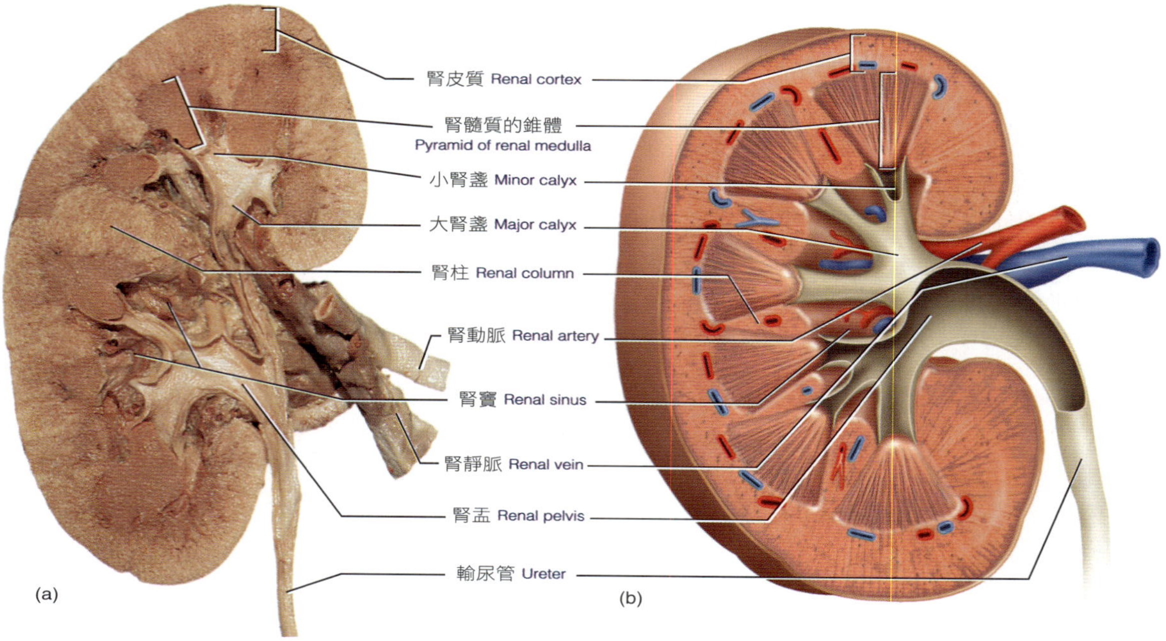

圖 25.3 腎臟的大體解剖 (後面觀)。(a)一張冠狀切面的照片；(b) 解剖學上主要的特點。APR
(a) ©McGraw-Hill Education/Rebecca Gray, photographer

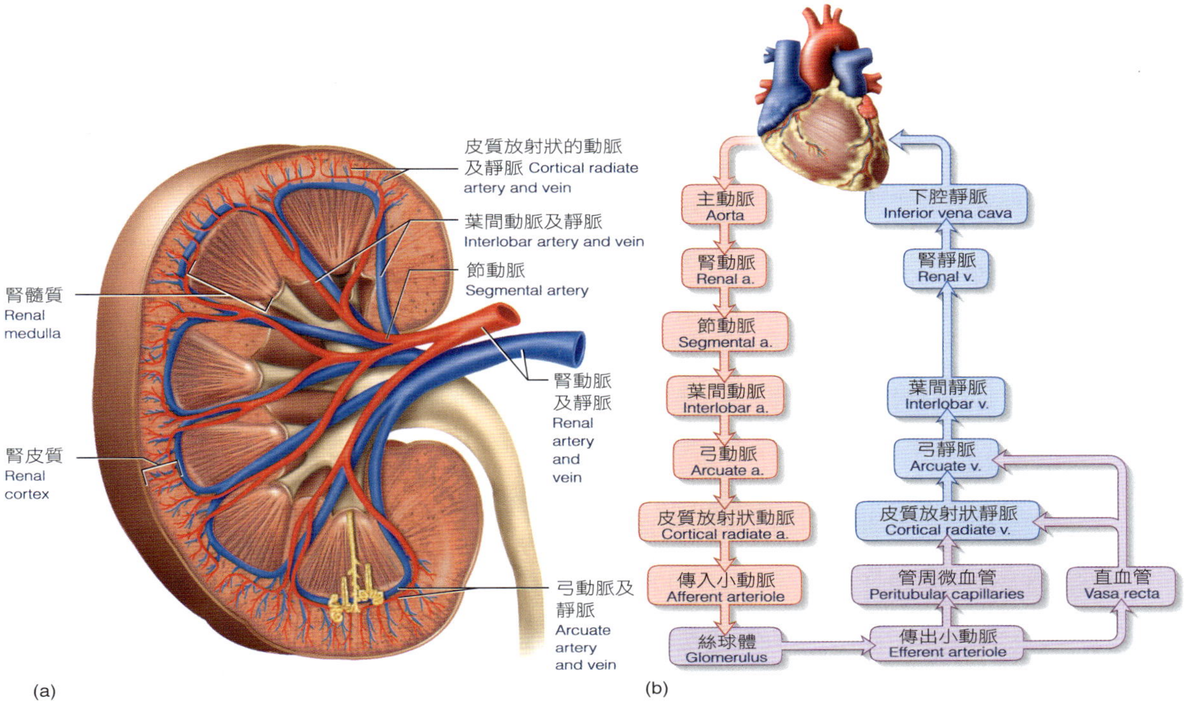

圖 25.4 **腎臟循環**。(a) 腎臟的大血管；(b)腎臟循環的流程圖。通過直血管的路徑 (而不是管周微血管)，只適用於近髓質腎元。

• 本圖中顯示的腎臟是從前面觀還是後面觀？您如何判斷？

直角的方式從皮層中產生。每個傳入小動脈供應一個腎元。它通向一個微血管球，稱為**絲球體** (glomerulus)[6] (glo-MERR-you-lus)，封閉在腎元構造中，稱為*絲球體囊* (glomerular capsule)，稍後再討論。絲球體由**傳出小動脈** (efferent arteriole) 引流。傳出小動脈通常通向**管周微血管** (peritubular capillaries) 叢，因其在腎小管周圍形成網路而得名。這些微血管吸收小管重吸收的水和溶質。

從管周微血管，血液依次流向**皮質放射狀靜脈** (cortical radiate veins)、**弓靜脈** (arcuate veins)、**葉間靜脈** (interlobar veins) 和**腎靜脈** (renal vein)。這些靜脈與同名的動脈平行行進。但沒有對應節動脈的節靜脈)。腎靜脈離開腎門，匯流至下腔靜脈。

腎髓質的血流量只占腎臟總血流量的 1% 到 2%，由稱為**直血管** (vasa recta)[7] 的血管網提供。這些血管來自於皮質深處腎元的傳出小動脈，最靠近髓質 [*近髓質腎元* (juxtamedullary nephrons)]。在這裡，傳出小動脈立即下降到髓質，並發出直血管而不是管周微血管。直血管的微血管通向小靜脈，上升並注入弓形靜脈和皮質放射狀靜脈。微血管夾在腎小管髓質部之間的緊密空間，並帶走腎小管這些重吸收的水和溶質。圖 25.4b 總結了腎臟血流的路線。

應用您的知識

你能辨識腎臟循環中的門脈系統嗎？

25.2d 腎臟的神經支配

每條腎動脈周圍都有神經和神經節組成的

6 *glomer* = ball 球；*ulus* = little 小

7 *vasa* = vessels 血管；*recta* = straight 直線

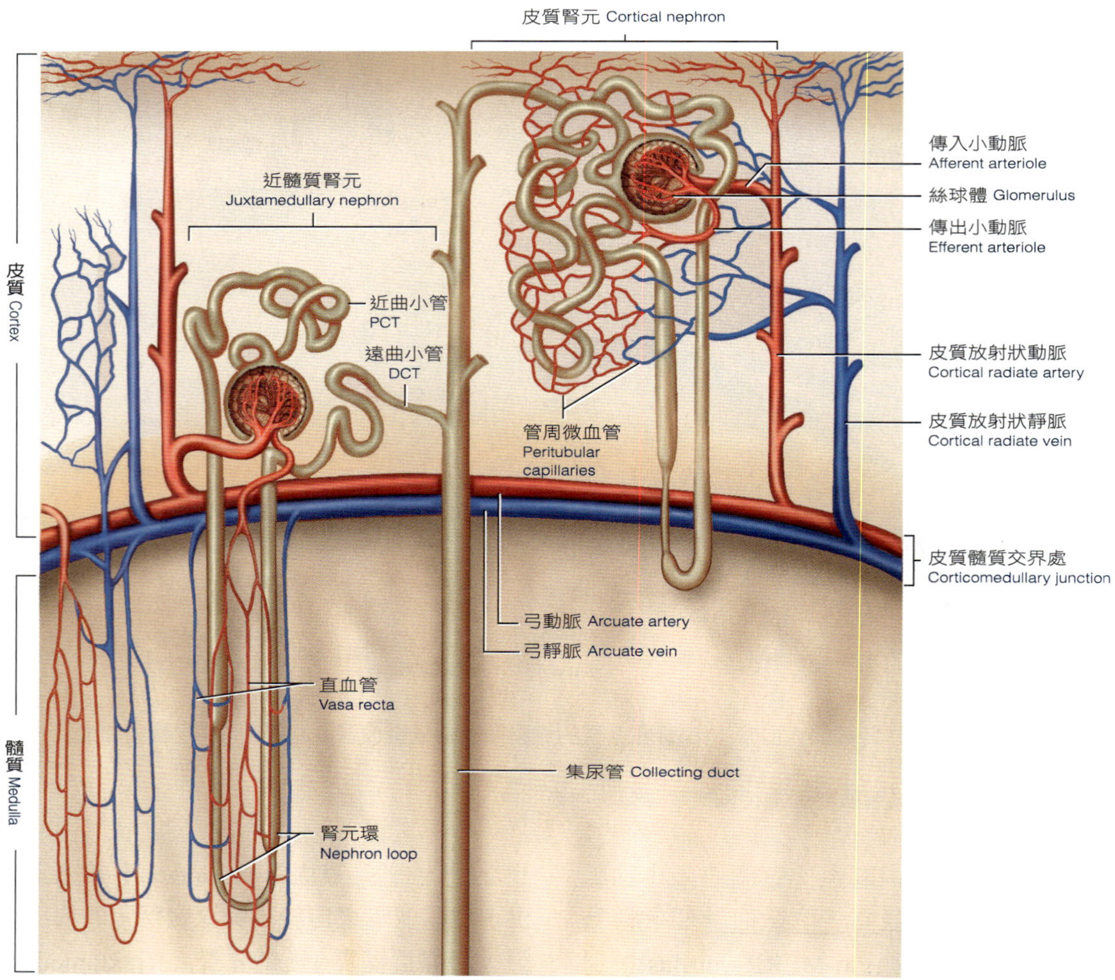

圖 25.5 **腎臟的微循環**。為清晰起見，左圖只顯示直血管，右圖只顯示管周微血管。在近髓質腎元中 (左邊)，傳出小動脈產生髓質的直血管。在皮質腎元中 (右邊)，腎元環幾乎沒有進入髓質，且傳出小動脈產生管周微血管 [DCT = 遠曲小管 (distal convoluted tubule)；PCT = 近曲小管 (proximal convoluted tubule)]。

腎神經叢 (renal plexus)(見圖 16.6)。神經叢沿著腎動脈的分支進入腎臟，向腎元的血管和彎曲小管發出神經纖維。腎神經叢包括交感和副交感神經的支配，以及從腎臟到脊髓的傳入疼痛纖維。交感神經來源於腹主動脈神經叢 (尤其是其上腸繫膜和腹腔神經節)。它們控制腎臟血流和尿液產生的速度；當血壓下降時，它們刺激腎臟分泌腎素 (renin)，腎素是一種活化恢復血壓的激素機制的酵素。副交感神經支配來自於迷走神經，其在腎臟中的功能尚不清楚。

25.2e 腎元 AP|R

腎元 (圖 25.6) 由兩個主要部分組成：一個是過濾血漿的腎小體 (renal corpuscle)，另一個是將濾液轉化為尿液的長腎小管 (renal tubule)。

在我們開始研究腎元的顯微解剖學之前，對尿液的產生過程有一個大致的瞭解是很有幫助的。這些知識將使構造細節具有功能意義。腎臟將血漿轉化為尿液的過程分為四個階段 (圖 25.7)：

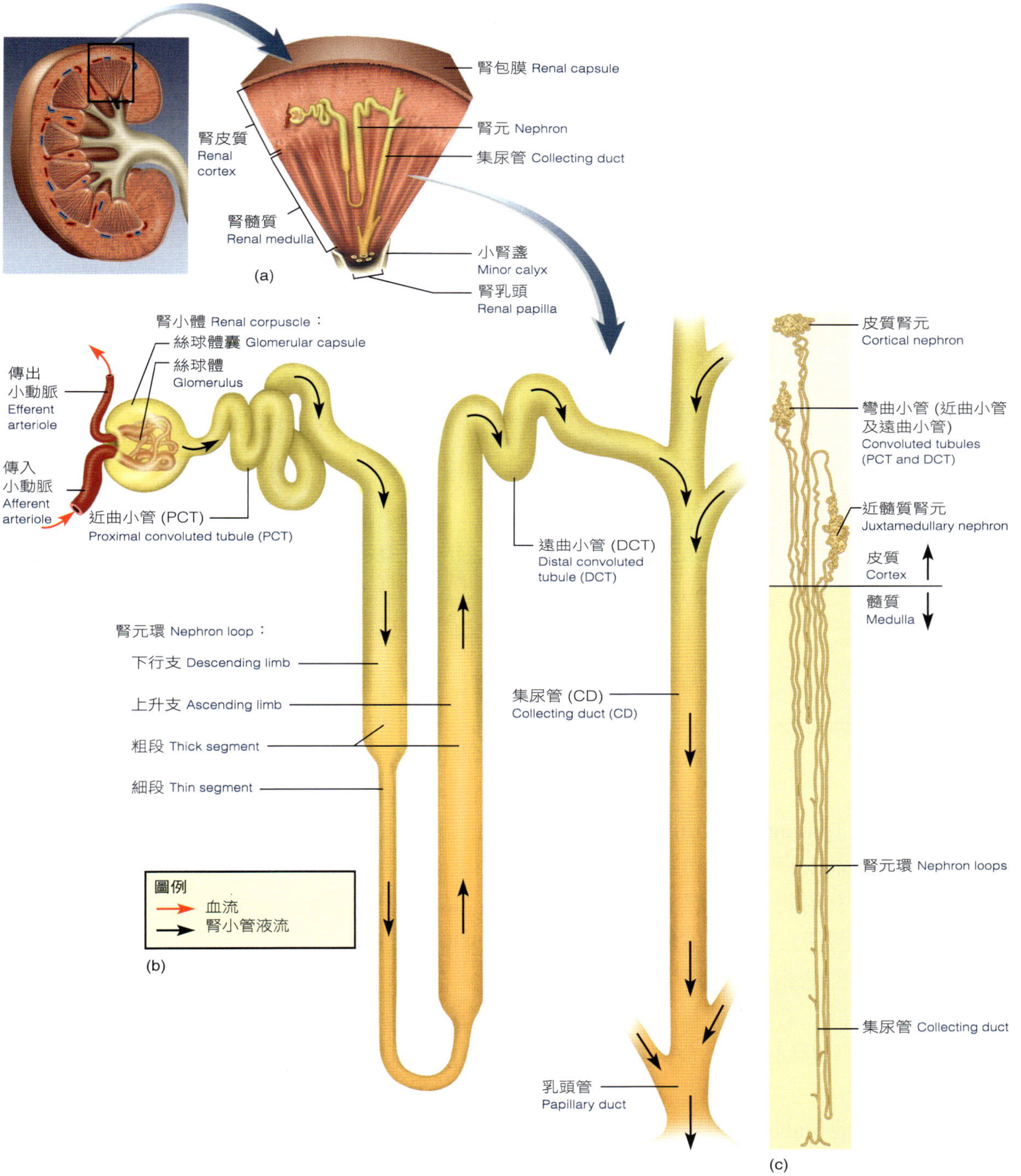

圖 25.6　腎元的顯微解剖學。(a) 腎元位在腎臟的一個楔形腎葉中；(b) 腎元的結構。腎元被拉長以分離彎曲的腎小管，為了便於說明便將腎元大大縮短；(c) 腎元環相對於彎曲的腎小管的真實比例。圖中顯示了三個腎元。它們的近曲小管和遠曲小管在每個腎元中合併成一堆。請注意腎元環的極端長度。APR

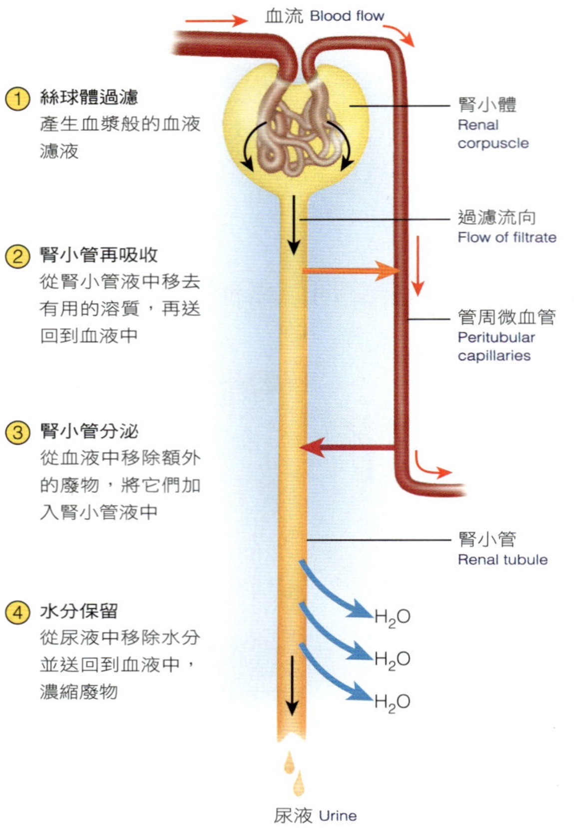

血流 Blood flow
① 絲球體過濾
產生血漿般的血液濾液
② 腎小管再吸收
從腎小管液中移去有用的溶質，再送回到血液中
③ 腎小管分泌
從血液中移除額外的廢物，將它們加入腎小管液中
④ 水分保留
從尿液中移除水分並送回到血液中，濃縮廢物
腎小體
Renal corpuscle
過濾流向
Flow of filtrate
管周微血管
Peritubular capillaries
腎小管
Renal tubule
H_2O
H_2O
H_2O
尿液 Urine

圖 25.7　**尿液形成的基本步驟**。步驟 2 和步驟 3 同時進行。APR

① **絲球體過濾** (glomerular filtration) 是指液體從血液中進入腎元，不僅攜帶廢物，還攜帶對身體有用的化學物質。從血液中過濾出來的液體稱為*絲球體濾液* (glomerular filtrate)。與血液相反，它不含細胞，且蛋白質含量很低。當它進入腎小管後，其成分很快被以下過程改變，我們稱之為*管液* (tubular fluid)。

② **腎小管再吸收** (tubular reabsorption)，即葡萄糖等有用物質從管液中重吸收回到血液中。

③ **腎小管分泌** (tubular secretion)，就是腎小管細胞從管周微血管中萃取血源性物質，如氫離子和一些藥物加入管液中，隨尿液排出。

④ **水分保留** (water conservation)，從液體中再吸收可變量的水來達成，這樣身體就不會損失過多水分的情況下排除代謝廢物。如果沒有水的再吸收，一個典型的成年人理論上每天會產生 180 公升的尿液，雖然在現實中，這將是一個不可能的事件，考慮到我們只有大約 5 公升的血液和大約 40 公升的身體總水量。通常腎臟排出的尿液與血漿相比呈**高張狀態** (hypertonic)，也就是說，尿液中廢物溶質與水的比例比血漿高。水的再吸收發生在腎小管的所有部分，是尿液通過集尿管時發生的最終變化。液體一旦進入這個集尿管道就被視為尿液。

現在我們可以檢查腎元的各別分段，它們對上述過程的貢獻，以及它們的構造如何適應它們各自的角色。

腎小體

腎小體 (renal corpuscle)(圖 25.8) 由絲球體和包圍它的兩層絲球體囊組成。絲球體囊的內層或臟層由包裹在微血管周圍的稱為*足細胞* (podocytes) 的精緻細胞所組成。壁層 (外層) 是簡單的鱗狀上皮。兩層由濾液收集**囊腔** (capsular space) 分隔。在組織切片中，囊腔表現為絲球體周圍的一個空的圓形或 C 形空間。

腎小體的對側稱為血管極和尿路極。在**血管極** (vascular pole)，傳入小動脈進入囊內，把血液帶到絲球體；緊挨著它的傳出小動脈從囊內把血液帶走。傳入小動脈明顯大於傳出小動脈；也就是說，絲球體的入口大，出口小。這使其微血管的血壓異常高，這是絲球體過濾的動力。在**尿路極** (urinary pole) 處，囊的壁層遠離腎小體，產生腎小管。在腎小管內，囊的單層鱗狀上皮轉變成單層立方上皮。

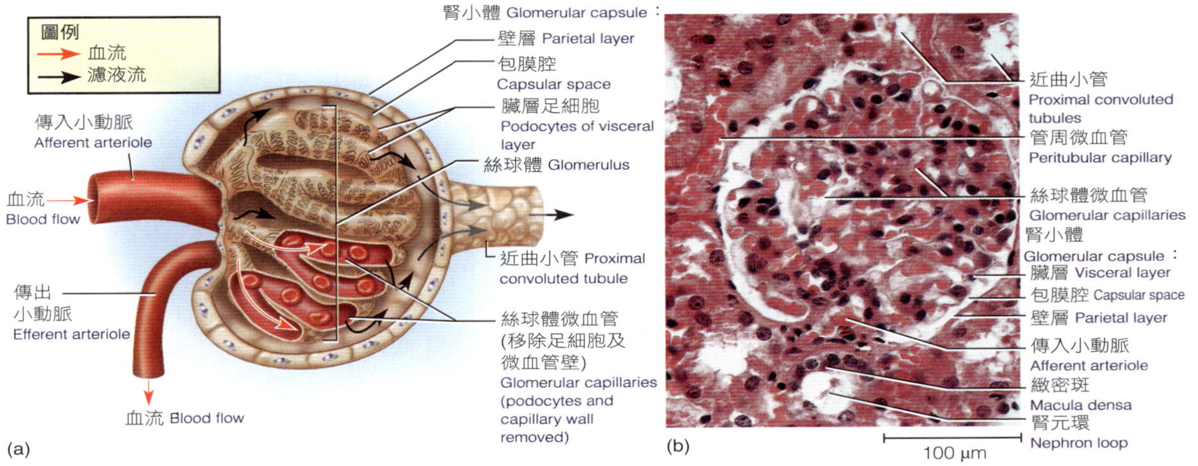

圖 25.8　腎小體。(a) 腎小體的解剖學構造；(b) 腎小體和環繞的腎小管切片的光學顯微鏡照片。APR

足細胞 (podocyte)[8] 的形狀有點像章魚，有一個球狀細胞體和幾條粗壯的手臂 (圖 25.9)。每條手臂都有許多小的延伸物，稱為**小足** (foot processe；pedicels[9]) 它們環繞著絲球體的微血管，並相互交錯就像用手環繞著一根管子，把手指繫在一起。小足之間有狹窄的**過濾縫隙** (filtration slits)。

腎小體的工作是絲球體的過濾作用。血液細胞和血漿蛋白被保留在血流中，因為它們太大無法通過稍後描述的屏障。水可以自由通過並攜帶小的溶質顆粒，如尿素、葡萄糖、胺基酸和電解質。絲球體高的血壓促使水和小溶質通過微血管壁排出而進入囊腔。囊腔的壓力促使濾液進入腎小管，最終一直到腎盞和腎盂。

任何離開血液的東西都必須通過一個叫做**過濾膜** (filtration membrane) 的屏障，過濾膜由三層組成 (圖 25.9c)：

1. **微血管內皮** (capillary endothelium)：絲球體的微血管有一個蜂窩狀的窗型內皮 (見圖 21.6)，蜂窩狀的大過濾孔直徑約 70~90 nm。它們的通透性比其他地方的微血管強得多，儘管過濾孔小到足以阻擋血液細胞。
2. **基底膜** (basement membrane)：這是內皮細胞下面的一層蛋白糖蠹 (一種蛋白質和碳水化合物的複合物)。對於大分子通過它就像沙粒試圖通過廚房用的海綿。少數顆粒可能會穿透它的小空間，但大多數都被擋住了。單從大小上看，基底膜排除了任何大於 8 nm 的分子。然而，一些較小的分子，也被蛋白糖蠹上的負電荷擋住了。血液白蛋白的直徑略小於 7 nm，但它也帶負電，也會被基底膜排斥。因此，血漿中的蛋白濃度約為 7%，但在絲球體濾液中僅為 0.03%。濾液中還含有一些微量的多胜肽激素。
3. **過濾縫隙** (filtration slits)：足細胞的小足間縫隙寬約 30 nm，也帶負電荷。這種電荷是蛋白質等大的陰離子最後的屏障。

幾乎所有小於 3 nm 的分子都能自由通過過濾膜。這包括水、電解質、葡萄糖、脂肪酸、胺基酸、含氮廢物和維生素。這類物質在濾液中的濃度與在血漿中的濃度大致相同。一些低分子量的物質被保留在血液中，因為它們與血漿蛋白結合在一起而不能通過過濾膜。例如，血液中大多數的甲狀腺激素與血漿蛋白結

8 *podo* = foot 腳；*cyte* = cell 細胞
9 *pedi* = foot 腳；*cel* = little 小

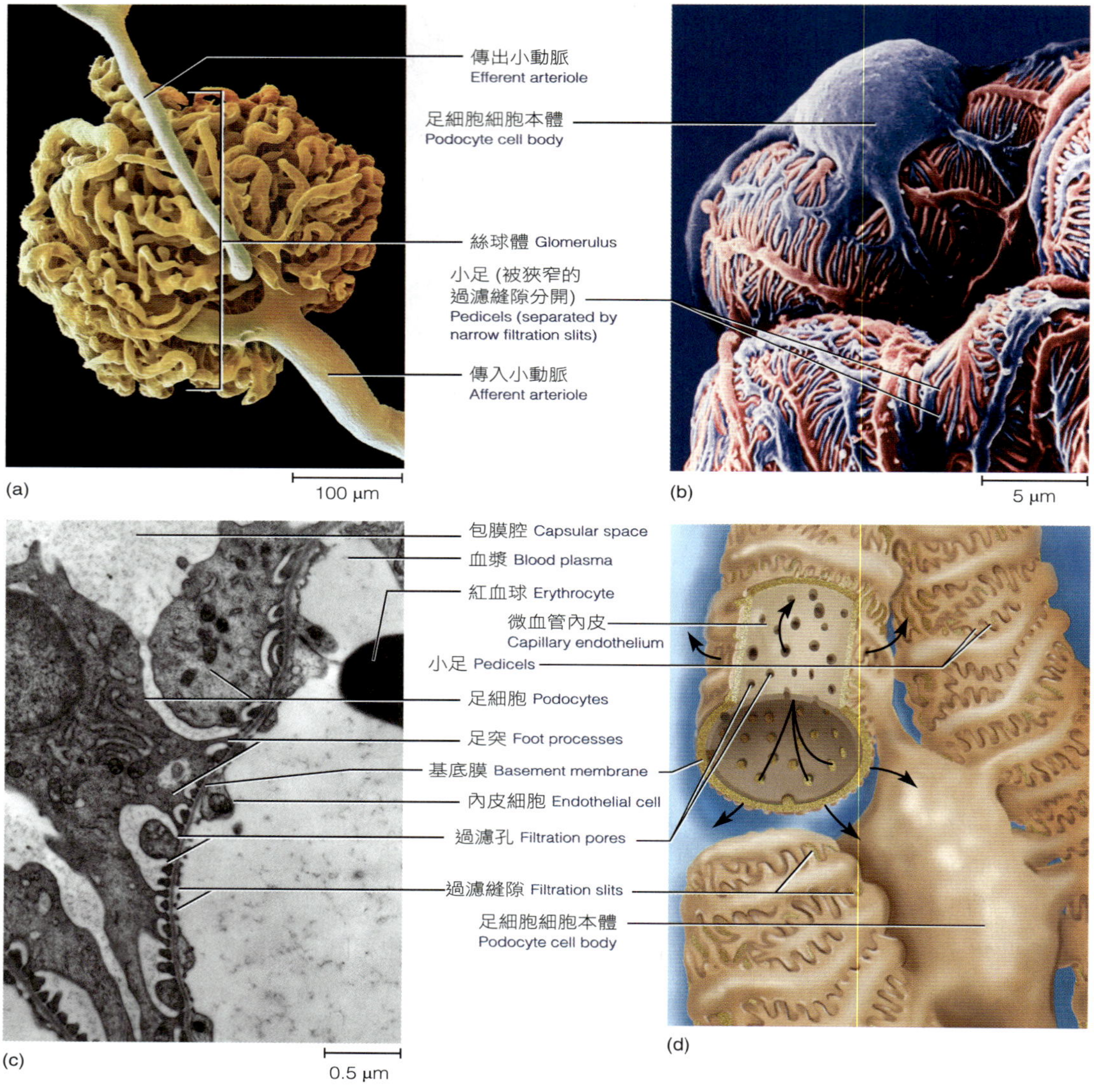

圖 25.9 絲球體的構造。(a) 絲球體及附近動脈的一個血管腐蝕鑄模圖 (掃描式電子顯微鏡；SEM)。請注意傳出小動脈比傳入小動脈窄得多，這導致絲球體的血壓異常高；(b) 絲球體的血液微血管緊密包裹在蜘蛛狀的足細胞中，形成絲球體囊的臟層 (掃描式電子顯微鏡；SEM)；(c) 血液微血管和足細胞，顯示微血管的過濾孔和足細胞的過濾縫 (穿透式電子顯微鏡；TEM)；(d) 絲球體濾液通過內皮和過濾縫隙產生。

• 傳出小動脈和傳入小動脈哪個比較大？這對絲球體的功能有什麼影響？

(a) ©Steve Gschmeissner/Getty Images; (b) ©Dr. Donald Fawcett/Science Source; (c) ©Biophoto Associates/Science Source

合的鈣和鐵，從而阻礙了腎臟的過濾。然而，未被結合的一小部分則自由地通過過濾膜並出現在尿液中。

臨床應用 25.1

尿液中的血液和蛋白質

尿液分析 (urinalysis) 是對尿液的物理和化學性質的分析，是病患入院時和常規體檢中最常規的步驟之一。它包括對血液和蛋白質的檢測，這兩

種物質通常在尿液中都是缺乏的。然而，如果過濾膜受損，可導致尿液中出現血液或蛋白質，分別稱為血尿 (hematuria)[10] 和蛋白尿 (白蛋白尿) [proteinuria (albuminuria)]。這些可能是腎臟感染、外傷和其他腎臟疾病的徵兆 (見本章末的表 25.1)。它們可以是暫時性的，不需要太多關注，也可以是慢性的及嚴重的。長跑者和游泳者常出現暫時性蛋白尿和血尿。劇烈運動會減少腎臟循環，因為血液會轉移到肌肉上。隨著血流量的減少，絲球體惡化，並將蛋白質和有時血液細胞滲漏入濾液中。當人們減少運動量時，它們就會再生。

腎小管

腎小管 (renal tubule) 是一條遠離絲球囊的管子，末端是髓質腎錐體的頂端。長約 3 cm，分為四個主要區域：近曲小管、腎元環、遠曲小管和集尿管 (見圖 25.6)。其中只有前三個是單個腎元的一部分；集尿管接受許多腎元的液體。腎小管的每個區域都有獨特的生理特性和尿液產生的角色。

近曲小管 (proximal convoluted tubule, PCT) 從絲球囊發出，是四個區域中最長和最捲曲的，因此在腎臟皮質組織學切片中占重要的地位。近曲小管有一個簡單的立方體上皮，有突出的微絨毛 [刷狀緣 (a brush border)]，這證明了這裡發生的大量吸收。微絨毛使組織切片中的上皮具有獨特的毛茸茸的外觀。

近曲小管同時進行腎小管的再吸收和分泌。它再吸收約 65% 的絲球體過濾液，並在此過程中消耗每日約 6% 的腺核苷三磷酸 (ATP) 支出。上皮細胞面對管液的表面有多種膜運輸蛋白，通過主動運輸和促進性擴散作用將溶質帶入細胞內。這些溶質和水通過細胞質 [**穿細胞路徑** (transcellular[11] route)]，從細胞基底和側面的細胞表面擴散出去或被主動幫浦出去，相鄰的管周血液微血管等待接收。水和溶質在上皮細胞之間也走**旁細胞路徑** (paracellular[12] route)。儘管細胞之間由緊密結合，但這些連接是相當滲漏的，並允許大量的液體通過。

近曲小管再吸收的溶質有鈉、鉀、鎂、磷酸、氯、碳酸氫鹽、葡萄糖、胺基酸、乳酸、蛋白質、小的胜肽、胺基酸、尿素和尿酸等。水是跟著滲透作用的。

通過腎小管分泌，近曲小管從血液中抽取許多溶質，並將它們添加到腎小管液中：氫離子和碳酸氫根離子、氨、尿素、尿酸、肌酐、膽酸、污染物和一些藥物 (例如：阿斯匹林、青黴素和嗎啡)。特別注意，尿素和尿酸在血液和腎小管液之間雙向流動，通過腎小管再吸收和腎小管分泌兩種方式運輸。

應用您的知識

近曲小管表現出一些與小腸相同構造上的適應性，原因也相同。討論它們的共同點是什麼，並說明原因。

臨床應用 25.2

腎臟的放射影像學

腎盂造影 (pyelography)[13] 是利用放射影像方法診斷尿中帶血或有泌尿道腫瘤或阻塞性腎結石症狀的患者 (見臨床應用 25.3)。在靜脈腎盂造影 (intravenous pyelography, IVP) 中，將顯影劑注入靜脈，在指定的時間間隔內拍攝腹部 X 光片，以追蹤造影劑被腎臟過濾並隨尿液排出的過程。

10 *hemat* = blood 血液；*uria* = urine condition 尿液狀況

11 *trans* = across 跨越

12 *para* = next to 旁邊

13 *pyelo* = renal pelvis 腎盂；*graphy* = imaging or recording process 成像或記錄過程

當腎元開始過濾血液中的顯影劑並填滿彎曲的腎小管時，腎皮質幾乎立即呈現「紅暈」(renal blush)。9 到 13 分鐘時，顯影劑在輸尿管和膀胱中明亮的顯示出來 (圖 25.10)。當病患膀胱排空後，再拍一張 X 光片，以尋找任何可能被顯影劑遮蔽的異常情況。藉著顯示腎結石、腫瘤或其他異常狀況的大小和位置，靜脈腎盂造影可以為外科醫生提供有效的指引。

有些患者因為對顯影劑有潛在的不良反應或因為腎功能太差無法有效過濾顯影劑而不能進行靜脈腎盂造影。靜脈腎盂造影的另一個選擇是*逆行腎盂造影* (retrograde pyelography)，即通過膀胱內的導管將顯影劑從下方注入輸尿管。

腎盂造影在世界各地仍被廣泛使用，但自 20 世紀 1990 年末以來，它在美國已大量的被電腦斷層掃描 (computed tomography, CT) 所取代，電腦斷層掃描可以顯示更多解剖上的細節和更具體的尿路阻塞的原因資訊。

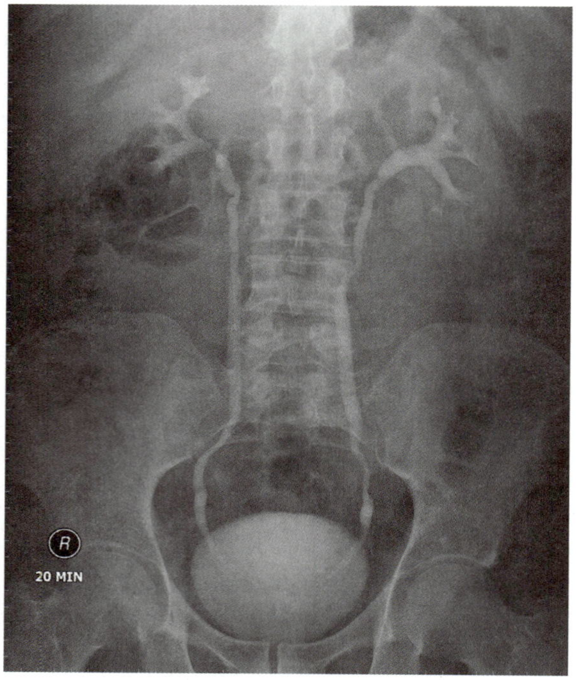

圖 25.10　一張靜脈腎盂造影圖。圖中顯示腎盞、腎盂、輸尿管和膀胱。

腎元環是主要在髓質中腎小管的一個長 U 形部分。它從近曲小管伸直的地方開始，向髓質或髓質內傾斜，形成腎元環的**下降支** (descending limb)。在其深部，腎元環轉彎 180 度，形成**上升支** (ascending limb)，上升支回到皮質，平行並靠近下降支 (見圖 25.6c)。腎元環的某些部分，稱為**粗節段** (thick segments)，有單層的立方上皮，而**細節段** (thin segment) 有單層的鱗狀上皮。粗節段參與鹽類通過腎小管壁的主動運輸，所以它們對 ATP 的需求量很大，並有粒線體來供應。這就是為什麼細胞相對的比較厚 (立方的) 的原因。細節段不參與主動運輸，但對水的滲透性相對的比較強。它不需要那麼多的 ATP，也不需要那麼多的粒線體，這就是為什麼細胞相對的較薄 (鱗狀的) 的原因。粗節段形成下降支的初始部分及部分或全部的上升支。細節段形成下降支的下面部分，在一些腎元中，細節段繞過彎曲處，並繼續形成上升支上行的一部分。

腎元環再吸收絲球體濾液中約 25% 的鈉、鉀、氯和 15% 的水。然而，它的主要功能是維持腎髓質中的滲透梯度。它經由將鈉離子、鉀離子和氯離子從上升支幫浦入髓質的組織液。

所有腎元的腎元環並不完全相同。腎元就位於腎囊的下方、靠近腎臟表面的腎元，稱為**皮質腎元** (cortical nephrons)。它們有相對較短的腎元環，在轉回之前只略微浸入外髓質 (見圖 25.6)，或者甚至在離開皮質之前就轉回。有些皮質的腎元根本沒有腎元環。靠近髓質的腎元被稱為**近髓質腎元** (juxtamedullary[14] nephrons)。它們有很長的腎元環，幾乎延伸到腎錐的尖點。只有 15% 的腎元是近髓質的，但這些腎元幾乎只負責維持髓質的滲透梯度；如果沒有這種梯度，我們就無法濃縮尿液和保存身體的水分。

14 *juxta* = next to 旁邊

重新進入腎皮質後，腎元環的上升支立即接觸到腎小體血管極的傳入和傳出小動脈，這兩個小動脈和腎元環的末端形成了**近絲球器** (juxtaglomerular apparatus)(JUX-tuh-glo-MER-you-lur) 用於監測進入遠曲小管的液體和調整腎元的表現 (圖 25.11)。這裡有三種特化的細胞類型：

1. **緻密斑** (macula densa)[15] 是一片細長的、間隔緊密的上皮細胞，位於腎元環的末端面向傳入小動脈的旁邊。這些細胞顯然是作為感測器，監測腎小管液的流動或成分，並與接下來描述的細胞溝通。
2. **顆粒 (近絲球) 細胞** [granular (juxtaglomerular) cells] 是在傳入小動脈中擴大的平滑肌細胞，及在某種程度上的傳出小動脈，直接位於緻密斑對面。當受到緻密斑刺激時，它們會擴張或收縮小動脈。顆粒細胞還能分泌腎素，這種酵素能引發血壓糾正的變化。
3. **環間膜細胞** (mesangial[16] cells)(mez-AN-jee-ul) 占據了傳入和傳出小動脈之間的裂隙。它們通過隙裂接合連接到緻密斑和顆粒細胞，並通過似激素的分泌物與它們溝通。近絲球器的外面，環間膜細胞還形成腎絲球微血管的支持性基質，吞噬組織碎片，收縮或放鬆絲球體的微血管，以調節其血液流量和過濾速率。

15 *macula* = spot 斑點，patch 斑塊；*densa* = dense 密集型
16 *mes* = in the middle 在中間；*angi* = vessels 血管

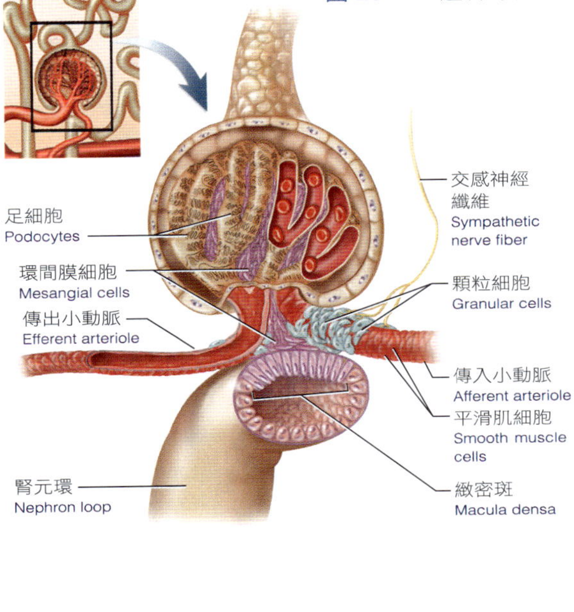

圖 25.11 近絲球器。

遠曲小管 (distal convoluted tubule, DCT) 是腎小管位於皮質的彎曲部分，一開始立刻在緻密斑之後。它是腎元的末端。與近曲小管相比，遠曲小管較短且較少彎曲，因此在組織學切片中較少見到它的切片。它有一個單層的立方上皮，表面光滑的細胞幾乎沒有微絨毛。它吸收不同量的鈉、鈣、氯和水，並將鉀和氫分泌到腎小管液中。不像近曲小管吸收大多數溶質和水的速率是恆定的，而遠曲小管吸收溶質和水的速率是可變的，由調節鈉和鉀排泄的醛固酮 (aldosterone) 激素決定。副甲狀腺素 (parathyroid hormone) 同時作用於近曲小管和遠曲小管，以調節鈣和磷酸的排泄。

集尿管 (collecting duct) 是一個直管，向下通入髓質。它是腎小管的一部分，但不是腎元的一部分；腎元和集尿管有單獨的胚胎起源。集尿管的皮質部分接受來自幾個腎元的遠曲小管管液。然後，該管繼續進入髓質，其大部分位於髓質。在腎乳頭附近，幾條集尿管匯合成一個較大的短伸出物，稱為**乳頭管** (papillary duct)。大約 30 條乳頭管匯集每個乳頭的尿液注入一個小腎盞。一旦尿液注入小腎盞，其成分或濃度就不會再發生變化。

集尿管由單層的立方上皮組成，有兩種細胞—間細胞 (「之間」) 和主細胞。**間細胞** (intercalated cells) 經由分泌氫離子或碳酸氫根離子到尿液中，擔任調節人體酸鹼平衡的角色。**主細胞** (principal cells) 再吸收鈉離子和水，並將鉀離子分泌到尿液中。它們展現腎臟調整水量，從而調整尿液滲透度的最後機

會。主細胞的膜上也有水通道，稱為水通道蛋白 (aquaporins)。當腎小管管液下降至集尿管時，水經由滲透作用通過這些水通道，從腎小管流出，進入髓質中越來越鹹的組織液中。腎元環所形成的滲透梯度使這種水的再吸收成為可能。再吸收的水被直血管的血液微血管帶走。

集尿管受兩種激素的影響，一種叫排鈉胜肽 (natriuretic peptides)，能增加尿液中鈉和水的排泄 (水跟隨鈉的排出經由滲透作用)，另一種叫抗利尿激素 (antidiuretic hormone)，能促進水滯留，減少尿量。

綜合以上所述，從絲球體過濾液形成到尿液離開腎臟的液體流向是絲球體囊→近曲小管→腎元環→遠曲小管→集尿管→乳頭管→小腎盞→大腎盞→腎盂→輸尿管。

在你繼續閱讀之前

回答下列問題，以檢驗你對上節內容的理解：

3. 將腎臟中從多到少的構造依次排列如下：絲球體、大腎盞、小腎盞、皮質放射狀的動脈、葉間動脈。
4. 追蹤一個紅血球從腎動脈到腎靜脈的路徑。
5. 簡述絲球體、近曲小管、腎元環、遠曲小管和集尿管的功能。
6. 描述足細胞的位置和外觀，並解釋其功能。
7. 思考尿液中的一個尿素分子。追蹤它從血流到離開腎臟的路徑。

25.3 輸尿管、膀胱和尿道

預期學習成果

當您完成本節後，您應該能夠

a. 描述輸尿管、膀胱、男性和女性尿道的功能解剖學。

尿液是不斷產生的，但幸運的是它不會不斷地從身體中排出。當我們允許時發生時，排尿 (micturition) 是偶發性的。這是由一個儲存尿液的裝置和及時釋放尿液的神經來控制的。

臨床應用 25.3

腎結石

腎鈣石 (renal calculus)[17] 或腎結石 (kidney stone) 是由鈣、磷酸鹽、尿酸和蛋白質組成的硬顆粒。腎結石的存在被稱為腎結石症 (nephrolithiasis)[18]。腎結石形成於腎盂，通常很小，在尿流中不被察覺。然而，有些結石會長到幾公分大，堵塞腎盂或輸尿管，當腎臟內壓力增加時，會導致腎元的破壞。大的、鋸齒狀的結石向下通向輸尿管，會刺激輸尿管強烈收縮，使其疼痛難忍。它還可以撕裂輸尿管，引起血尿。引起腎結石的原因包括高鈣血症 (血液中鈣含量過高)、脫水、酸鹼失衡、頻繁的尿路感染或前列腺腫大引起尿滯留。在美國，腎結石最常見的治療方法叫作震波碎石術 (shock wave lithotripsy, SWL)[19]。病人躺在手術台上，腹部或腎臟後方有一個充滿水的墊子。一到兩千次的水下電火花產生聚焦的衝擊波，將結石粉碎成「石粉」(“stone dust”)，隨後病人可以通過尿液排出。不過，非常大的結石 (大於或等於 2 cm) 可能需要外科手術取出，不適合做震波碎石術的人如：孕婦、病態肥胖患者和某一些人。

25.3a 輸尿管

腎盂將尿液漏入輸尿管，輸尿管是腹膜後的肌肉管，延伸至膀胱。長約 25 cm，靠近膀胱的最大直徑約為 1.7 cm。管腔非常狹窄，

17 *calc* = calcium 鈣，stone 石；*ul* = little 少量
18 *nephro* = kidney 腎臟；*lith* = stone 結石；*iasis* = medical condition 醫療條件
19 *litho* = stone 石頭；*tripsy* = crushing 破碎

容易被腎結石阻塞 (見臨床應用 25.3)。輸尿管經過膀胱後方，從下方進入膀胱，斜穿其肌肉壁，開口於其底部。每條輸尿管開口處有一小片膀胱黏膜作為瓣膜。

輸尿管有三層：內層黏膜、中層肌肉層和外層漿膜。泌尿上皮 (移形上皮) 襯於泌尿道由腎臟的小腎盞開始，延伸到輸尿管、膀胱和部分尿道。肌肉層在輸尿管的大部分長度是由兩層平滑肌組成，但第三層出現在下輸尿管。內層肌肉由縱向肌肉細胞組成；下一層表淺的細胞呈環形排列；下輸尿管的第三層也是最外層的肌肉也是縱向的。肌肉層收縮的蠕動波推動尿液從腎盂下行至膀胱。漿膜是一層結締組織層，將輸尿管與周圍組織連結起來。它在上端與腎囊融合，在下端與膀胱壁的結締組織融合。

25.3b 膀胱

膀胱 (圖 25.12) 是骨盆腔底部的一個肌肉囊袋，位於腹膜下及恥骨後方。在其扁平的上表面被壁層腹膜覆蓋，其他地方被纖維狀的漿膜覆蓋。膀胱的肌肉層稱為**逼尿肌** (detrusor)[20] (deh-TROO-zur)，由三層不明顯分開的平滑肌組成。黏膜有明顯的皺紋，稱為**皺襞** (rugae)[21] (ROO-jee)。膀胱充盈時，這些皺紋會被拉扯和變平，當膀胱排空時，這些皺紋會重新出現。膀胱底部有一個永久光滑的區域，稱為**膀胱三角** (trigone)[22]，是由尿道和兩個輸尿管的開口所界定的一個三角形。這是膀胱感染的常見部位 (見臨床應用 25.4)。

黏膜內有泌尿上皮，其獨特的表面傘狀細胞 (umbrella cells) 保護其不受 3.2b 節所述的高滲尿液的滲透作用。這裡的上皮比泌尿道其他地方的上皮發育得更好，因為它暴露在尿液中

---

20 *de* = down 下；*trus* = push 推
21 *ruga* = fold 褶皺，wrinkle 皺紋
22 *tri* = three 三；*gon* = angle 角

圖 25.12 膀胱和尿道 (冠狀切面)。(a) 女性；(b) 男性。
• 為什麼前列腺肥大會增加排空膀胱更困難？ AP|R

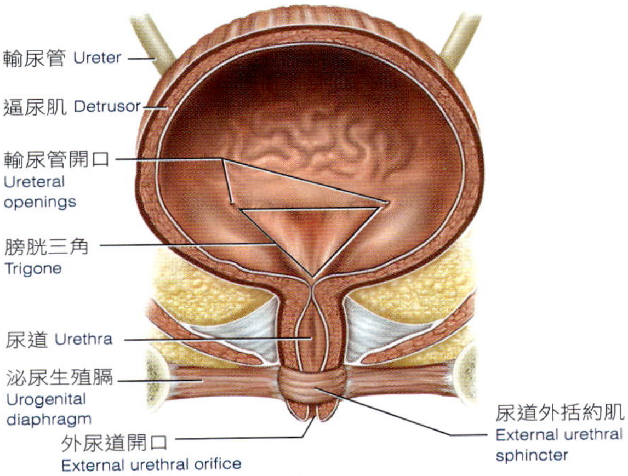

(a) 女性

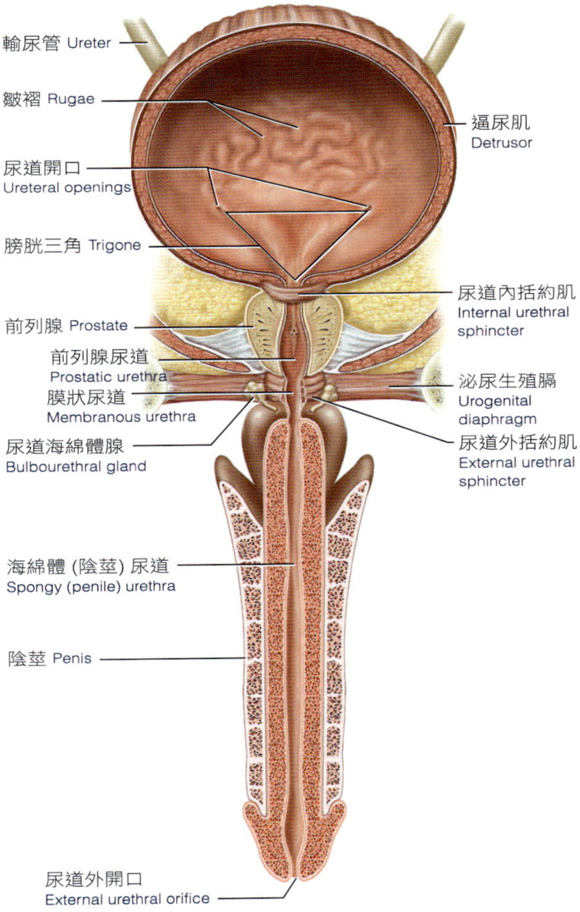

(b) 男性

的時間最久。膀胱排空時，上皮通常有 5 或 6 個細胞厚，但當膀胱充盈時，上皮會變薄至約 2 或 3 個細胞厚。膀胱是一個高度可膨脹的器官，能容納 800 mL 的尿液。男女膀胱和尿道與其他骨盆腔器官的關係照片，見圖 A.14。

臨床應用 25.4

泌尿道感染

膀胱感染稱為膀胱炎 (cystitis)[23] 這在女性中特別常見，因為大腸桿菌等細菌很容易從會陰部沿短尿道上行。由於這種風險，應教育年輕女孩千萬不要朝前擦拭肛門。如果膀胱炎沒有得到治療，細菌可沿輸尿管向上蔓延，引起腎盂炎 (pyelitis)[24] 感染腎盂。如果波及腎皮質和腎元，則稱為腎盂腎炎 (pyelonephritis)。腎臟感染也可因血源性細菌侵入而引起。腎結石或前列腺增生引起的尿液滯留會增加感染的危險。

25.3c 尿道

尿道將尿液排出體外。女性的尿道是一條 3 至 4 cm 長的管子，通過纖維結締組織與陰道前壁相連 (圖 25.12a)。它的開口，即**外尿道口** (external urethral orifice)，位於陰道口和陰蒂之間。男性尿道 (圖 25.12b) 長約 18 cm，有三個區域：(1) **前列腺尿道** (prostatic urethra) 起於膀胱，經過前列腺約 2.5 cm。在性高潮時，它從生殖腺接受精液。(2) **膜狀尿道** (membranous urethra) 是尿道穿過骨盆腔肌肉底的短 (0.5 cm) 薄壁部分。(3) **海綿體 (陰莖) 尿道** [spongy (penile) urethra] 長約 15 cm，經陰莖至外尿道口。因其周圍的勃起組織尿道海綿體 (corpus spongiosum) 而得名。男性尿道假設呈 S 形 (見圖 26.1)。它從膀胱向下穿過，進入陰莖根部時向前方轉彎，進入陰莖外側、垂體部分時又向下轉彎約 90°。陰莖尿道有黏液性**尿道腺** (urethral glands)。男女雙方的黏膜在膀胱附近有泌尿上皮，近外尿道口處有複層鱗狀上皮，在這兩者之間，男性的長尿道有複層和偽複層的柱狀上皮，而女性的短尿道只有偽複層上皮。

膀胱逼尿肌在尿道附近增厚，以保留膀胱內的尿液。由於這個括約肌是由平滑肌組成的，所以它是不隨意識控制的。當膀胱收縮時，尿液就會被上述輸尿管開口處的黏膜瓣膜和下輸尿管受到逼尿肌的壓迫而無法順著尿道回流。男性在膀胱頸部也有一個由平滑肌組成的**尿道內括約肌** (internal urethral sphincter)。這種括約肌在性高潮時收縮，防止精液進入膀胱。女性則沒有這種括約肌。然而，在兩性中，在尿道通過骨盆底的地方有一個由骨骼肌組成的**尿道外括約肌** (external urethral sphincter)。該括約肌可以隨意識控制尿液的釋放。

在你繼續閱讀之前

回答下列問題，以檢驗你對上節內容的理解：

8. 描述輸尿管與腎盂及膀胱壁的解剖關係。
9. 比較和對比尿道內、外括約肌的構造和功能。
10. 對比膀胱排空時與滿盈時膀胱壁的構造。
11. 命名並定義男性尿道的三段部分。

25.4 發育和臨床觀點

預期學習成果

當您完成本節後，您應該能夠

a. 描述泌尿系統的胚胎發育；
b. 描述老年時發生的退化性變化；
c. 描述腎衰竭的原因和影響；及
d. 簡要定義或描述幾種泌尿系統疾病。

---

23 *cyst* = bladder 囊；*itis* = inflammation 炎症
24 *pyel* = pelvis 骨盆

25.4a 產前的發育

也許令人驚訝的是，胚胎的泌尿系統在「安頓下來」("settling down") 並產生永久的一對腎臟之前，先發展出兩對原始的、暫時的腎臟。這個系統的發育彷彿重演了脊椎動物泌尿系統的進化史。在第 4 週的早期，頸部出現了一個叫前腎 (pronephros)[25] 的不成熟腎臟，類似於許多魚類和兩棲類胚胎和幼蟲的腎臟。在該週結束時，前腎就會消失。隨著它的退化，第二個腎臟，即中腎 (mesonephros)[26] 出現在胸腔到腰部區域。它在所有脊椎動物的胚胎中起了作用，但在大多數哺乳動物中卻不那麼重要，因為它們的廢物通過胎盤排出。大部分的中腎在第 2 個月末消失，但其集尿管——中腎管 (mesonephric duct) 仍然存在，對男性生殖道有重要的貢獻 (見 26.4a 節)。該管打開成胚胎泄殖腔 (cloaca)，是消化系統、泌尿系統和生殖系統的臨時直腸狀接收腔室。最後的腎臟，即後腎 (metanephros)[27] 在第 5 週出現，因此與中腎的存在互相重疊。

永久性尿道從每個中腎管的下端長出一個稱為輸尿管芽 (ureteric bud) 的小袋開始。閉合的輸尿管芽上端擴張並分支形成腎盂，然後是大、小腎盞，最後是集尿管 (圖 25.13)。每個集合管的頂端都有一頂後腎的腎臟組織帽。集尿管促使該帽分化成 S 形小管 (圖 25.14a)。血液微血管長入小管的一端，並在小管周圍生長成絲球體，形成雙壁絲球體囊。小管的另一端穿過與集尿管連接。小管逐漸變長，分化為近曲小管、腎環、遠曲小管。到出生時，每個腎臟都會以這種方式形成一百多萬個腎元。出生後不再形成腎元，但現有的腎元會繼續生長。出生時腎臟表面是呈塊狀的，但因為腎臟的生長而變得光滑。

腎臟起源於骨盆區域，隨後向上移位，這種運動稱為**腎臟的上升** (ascent of the kidney)。最初，腎臟的血流由主動脈的骨盆支供應，但隨著腎臟的上升，主動脈上新的動脈越來越高了就接管了供應腎臟的工作，而較低的動脈則退化。

在第 4 至 7 週，泄殖腔分為前泌尿生殖竇 (urogenital (U-G) sinus) 和後肛管 (anal canal)。泌尿生殖竇的上半部形成膀胱，下半部形成尿道。在嬰兒和兒童中，膀胱位於腹部。約 6 歲時開始下降到大骨盆，但直到青春期後才進入小骨盆，成為真正的骨盆器官。在其發育早期，膀胱與尿囊 (allantois) 相連，這是一個胚胎外囊，在 4.2b 節中描述。這種連接最終變成一個縮緊的通道，即臍尿管 (urachus) (yur-AY-kus)，連接膀胱到臍部。在成人中，臍尿管縮小為纖維索，即正中臍韌帶 (median umbilical ligament)(僅見臨床應用 25.5)。

胎兒發育的第 12 週左右開始產生尿液，但代謝廢物由胎盤清除，而不是由胎兒泌尿系統清除。胎兒的尿液會不斷地循環利用，因為胎兒會將尿液排入羊水，吞咽，然後再次排泄出去。

臨床應用 25.5

泌尿系統的發育異常

在腎臟的胚胎發育過程中，可能出現幾種異常情況 (見圖 1.4)。盆腔腎 (pelvic kidney) 是指腎臟不能上升，終生停留在骨盆腔內的情況。馬蹄腎 (horseshoe kidney) 是一個從左到右拱過腰部的單 C 形腎臟，它是腎臟上升時擠在一起合併成一個腎形成的。典型的 C 形腎會卡在腸繫膜下動脈上，使馬蹄腎不能再上升。有的人一個腎臟產生兩個輸尿管，是由於胚胎發育早期輸尿管芽分裂所致。通常兩個輸尿管排入膀胱，但在極少數情況下，其中一個輸尿管排入子宮、陰道、尿道

25 *pro* = first 第一；*nephros* = kidney 腎臟
26 *meso* = middle 中間；*nephros* = kidney 腎臟
27 *meta* = beyond 超越，next in a series 下一個系列；*nephros* = kidney 腎臟

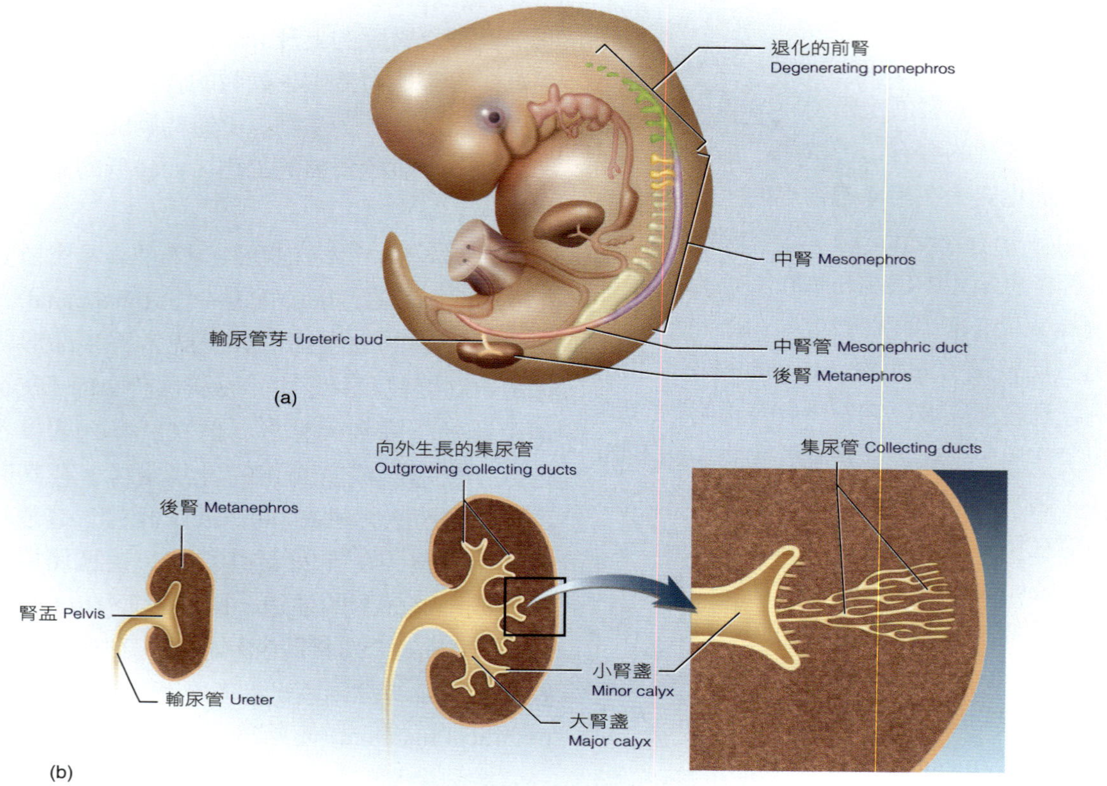

圖 25.13　泌尿道的胚胎發育。(a) 早期輸尿管芽和後腎對下中腎管的關係；(b) 輸尿管、腎盂、腎盞、集尿管的發育過程，這些都是由輸尿管芽發生的。

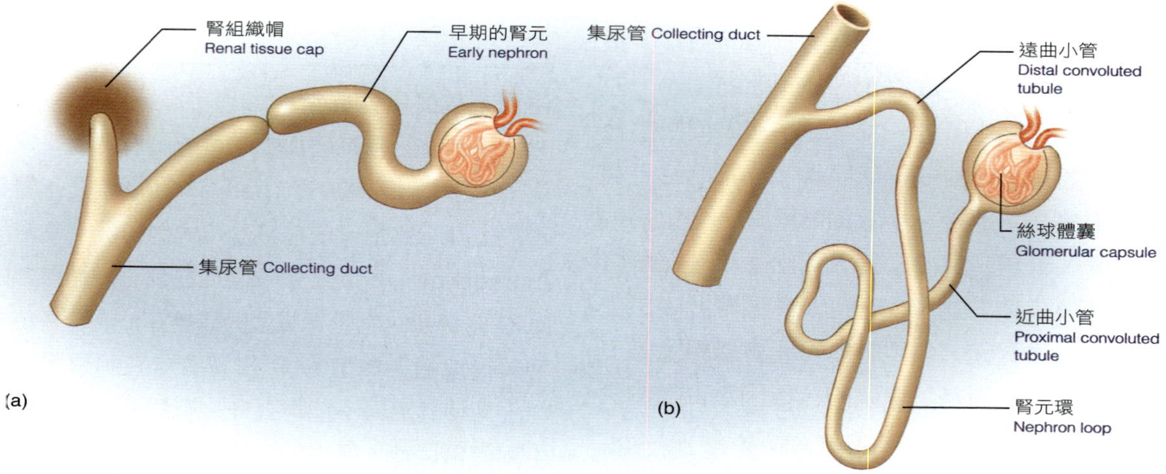

圖 25.14　腎元的胚胎發育。(a) 集尿管誘導中胚層分化成後腎 (metanephric) 組織帽，如最左邊所示。此帽分化成一個 S 形管，將成為腎元，如集尿管右邊叉子所示 (代表發育後期)；(b) 腎小管已開始分化為近和遠曲小管和腎元環。

或其他地方。這就需要經過外科手術矯正，使尿液不至於從尿道或陰道不斷地滴出。在某些情況下，臍尿管不能閉合；本章末尾測試您的理解力第 3 題討論了這種情況的後果。有些腎臟有一條副腎動脈 (accessory renal artery)，這是由於早期的暫時的腎動脈之一未能隨著永久性腎動脈的形成而退化。大多數這種不規則的情況不會引起功能問題，通常不會被發現，但在手術、X 光攝影或屍體解剖中可能會被發現。

25.4b 泌尿系統的老化

腎臟在老年時表現出驚人的萎縮程度。從 25 歲到 85 歲，腎元的數量減少了 30%~40%，剩下的絲球體中，有多達三分之一的絲球體出現動脈硬化、無血、無功能。90 歲的腎臟比 30 歲的腎臟小 20%~40%，接受的血液量只有一半。它們清除血液中的廢物的效率也相對降低。雖然腎功能的基準線即使在老年時也不足，但腎臟的儲備能力很小；因此，其他疾病可導致令人驚訝的快速腎功能衰竭。老年人的藥物劑量往往需要減少，因為腎臟不能那麼快地從血液中清除藥物。腎功能下降是老年人過度用藥的重要因素。

由於腎臟對抗利尿激素的反應減弱，而且口渴感減弱，因此老年時的水平衡變得更加不穩定。即使有免費的水，許多老年人的飲水量也不足以維持正常的血液滲透度，脫水是常見的。

尿排空和膀胱控制成為男性和女性的問題。80 歲以上的男性中，約有 80% 的人患有良性前列腺增生 (benign prostatic hyperplasia)，這是一種前列腺的非癌性增生，會壓迫尿道，降低尿流的力量，使膀胱難以排空。尿滯留會導致腎臟壓力逆流，加重腎元的衰竭。年老的婦女越來越多出現尿失禁 (urinary incontinence) (見表 25.1)，特別是如果她們的懷孕和生育史使骨盆肌肉和尿道外括約肌減弱。交感神經系統的衰老以及中風和阿茲海默症等神經疾病也會導致尿失禁。

25.4c 泌尿系統疾病

泌尿系統最嚴重的疾病是腎衰竭。急性腎衰竭 (acute renal failure) 是腎功能突然下降，通常是由外傷、出血或血栓切斷腎臟的血流引起的。慢性腎衰竭是一種長期、進行性且不可逆的腎臟功能喪失。其原因包括長期或反覆的腎臟感染、外傷、中毒、腎動脈粥樣硬化 (常與糖尿病併發) 或稱為急性腎絲球腎炎的自體免疫性疾病 (見表 25.1)。

腎元在短期損傷後可以再生和恢復腎功能，即使一些腎元被不可逆地破壞，其他腎元也可以變肥大並補償其失去的功能。事實上，一個人僅靠一個腎臟的三分之一就可以生存。然而，當 75% 的腎元丟失時，剩餘的腎元就不能維持恆定。其結果是氮質血症和酸血症，如果 90% 的腎功能喪失，就可能出現尿毒症。腎元功能的喪失也會導致貧血，因為紅血球的生成依賴於主要由腎臟分泌的激素紅血球生成素。

腎功能不全或衰竭必須通過腎移植或血液透析 (hemodialysis) 進行治療。血液透析是一種程式，通常是將動脈血通過透析機 (dialysis machine) 抽出。在機器中，血液通過浸泡在透析液中的透析膜管。廢物和多餘的水從血液中擴散到透析液中，透析液被丟棄，藥物可以添加到透析液中擴散到血液中。另一種方法稱為連續可攜帶腹膜透析 (continuous ambulatory peritoneal dialysis, CAPD)，使病人擺脫透析機，可在家中進行。透析液通過導管進入腹膜腔，吸收代謝廢物，然後從體內排出並丟棄。

其他一些泌尿系統疾病簡述於表 25.1。

表 25.1 泌尿系統的一些疾病

急性腎絲球腎炎 (Acute glomerulonephritis)	腎絲球體的自體免疫性炎症，通常是在鏈球菌 (*Streptococcus*) 感染之後。導致絲球體破壞，引起血尿、蛋白尿、水腫、絲球體過濾率降低和高血壓。可發展為慢性腎絲球體腎炎和腎衰竭，但多數人可從急性腎絲球體腎炎中恢復，無持久影響。
腎積水 (Hydronephrosis)[28]	由於腎結石、腎下垂 (下) 或其他原因造成輸尿管阻塞，導致腎盂和腎盞內液體壓力增加。可發展為腎絲球體過濾功能完全停止，腎臟萎縮。
腎下垂 (Nephroptosis)[29] (NEFF-rop-TOE-sis)	腎臟滑落到一個異常低的位置 (浮動的腎臟)。發生在身體脂肪太少而無法固定腎臟的人，以及腎臟長期受到震動的人，如卡車司機、馬術運動員和摩托車騎士。可使輸尿管扭曲或扭結，從而引起疼痛，阻礙尿液流動，並有可能導致腎積水。
腎病症候群 (Nephrotic syndrome)	腎絲球體損傷導致尿液中大量蛋白的排泄 (≥ 3.5 公克/天)。可由外傷、藥物、感染、癌症、糖尿病、紅斑狼瘡等疾病引起。血漿蛋白丟失導致水腫、腹水 (腹腔積液)、低血壓、易感染 (因免疫球蛋白流失)。
尿失禁 (Urinary incontinence)	憋不住尿，膀胱不自主漏尿。可能是由於尿道括約肌功能不全；膀胱易受刺激；懷孕時膀胱受壓；排尿口受阻，以致膀胱持續充盈並滴出尿液 [溢出性尿失禁 (overflow incontinence)]；由於膀胱壓力短暫上升而無法控制排尿，如大笑或咳嗽 [壓力性尿失禁 (stress incontinence)]；以及神經系統疾病，如脊髓損傷。

你可以在以下地方找到其他泌尿系統疾病的討論

氮血症 (Azotemia) (25.1 節) 膀胱炎 (Cystitis) (臨床應用 25.4) 血尿 (Hematuria) (臨床應用 25.1)	腎結石 (Kidney stones) (臨床應用 25.3) 蛋白尿 (Proteinuria) (臨床應用 25.1) 腎盂炎 (Pyelitis) (臨床應用 25.4)	腎盂腎炎 (Pyelonephritis) (臨床應用 25.4) 尿毒症 (Uremia) (25.1 節)

在你繼續閱讀之前

回答下列問題，以檢驗你對上節內容的理解：

12. 解釋為什麼腎臟的胚胎起源不同於從集尿管延伸到尿道的通道。
13. 老年時功能性腎元的數量是如何變化的？這種變化對身體的恆定和藥物劑量有什麼影響？
14. 腎衰竭的原因有哪些？描述一下腎衰竭的一些臨床症狀。
15. 遮住表 25.1 的右欄，憑記憶定義或描述左側的疾病。

學習指南

評估您的學習成果

為了測試你的知識，請與學習夥伴討論以下話題，或以書面形式討論，最好是憑記憶。

25.1 泌尿系統的功能

1. 泌尿系統的六種器官。
2. 腎臟的功能。
3. 排泄 (excretion) 的含義。
4. 含氮廢物、氮血症和尿毒症。

25.2 腎臟

1. 腎臟的位置及其與鄰近器官和腹膜的關係。
2. 腎臟的形狀和腎門的位置和目的。
3. 腎臟周圍的三層結締組織包圍著腎臟。
4. 腎皮質、髓質、腎錐體和腎竇之間的關係。
5. 腎錐體、小腎盞、大腎盞、腎盂、輸尿管之間的關係。

6. 腎動脈通往絲球體、管周微血管和直血管的所有分支；以及從這些血管通往腎靜脈的所有支流。
7. 腎臟交感、副交感、感覺神經支配的途徑，以及交感神經對腎功能的影響。
8. 尿液形成的四個基本步驟。
9. 腎元的含義及該構造的解剖成分。
10. 腎小體的構造細節，特別是絲球體微血管與足細胞之間的關係。
11. 絲球體中過濾膜的成分，以及該膜與尿液成分的相關性。
12. 絲球體過濾和流入腎小管液體的移動途徑。
13. 腎小管的成分，按液體流動的順序排列；哪些成分屬於單一腎元，哪些成分為多個腎元共用。
14. 近曲小管、腎元環、遠曲小管和集尿管之間的構造差異性；以及這些構造差異與它們功能的相關性。
15. 腎小管各部分對尿液最終成分的貢獻。
16. 近腎絲球器的位置、成分、功能與作用。

25.3 輸尿管、膀胱和尿道

1. 輸尿管的解剖學、功能和作用。
2. 膀胱的解剖學及其構造與功能的關係。
3. 女性和男性尿道的解剖構造、尿道括約肌的位置以及兩種括約肌功能的差異。

25.4 發育和臨床觀點

1. 從前腎到中腎再到後腎的發育順序。
2. 輸尿管芽的起源及由此產生的構造。
3. 腎元從中腎組織發育的模式。
4. 泄殖腔分化為肛管和泌尿生殖竇，泌尿生殖竇進一步分化為下泌尿道的器官。
5. 老年腎臟的變化及其對身體健康的影響。
6. 老年男性和女性經歷的尿失禁或尿滯留問題，以及造成男女之間這種差異的原因。
7. 腎衰竭的原因、作用和治療。

回憶測試

1. 哪一個不是腎臟的功能？
   a. 分泌激素 (to secrete hormones)
   b. 排出含氮廢物 (to excrete nitrogenous wastes)
   c. 儲存尿液 (to store urine)
   d. 控制血容量 (to control blood volume)
   e. 控制酸鹼平衡 (to control acid-base balance)
2. 腎元中緻密的微血管球稱為什麼構造？
   a. 腎元環 (the nephron loop)
   b. 管周神經叢 (the peritubular plexus)
   c. 腎小體 (the renal corpuscle)
   d. 腎絲球體 (the glomerulus)
   e. 直血管 (the vasa recta)
3. 腎臟在人體中的位置，哪一項不正確？
   a. 它們在主動脈的內側
   b. 它們是腹膜後的器官
   c. 右腎比左腎低
   d. 它們在肝臟、脾臟的下面
   e. 它們部分位於肋骨內
4. 下列哪一種構造最接近腎皮質？
   a. 壁層腹膜 (the parietal peritoneum)
   b. 腎筋膜 (the renal fascia)
   c. 纖維性囊 (the fibrous capsule)
   d. 腎周脂肪囊 (the perirenal fat capsule)
   e. 腎盂 (the renal pelvis)
5. 由集尿管再吸收的水進入哪一構造？
   a. 腎元環 (the nephron loop)
   b. 小腎盞 (the minor calyx)
   c. 輸尿管 (the ureter)
   d. 傳出小動脈 (the efferent arteriole)
   e. 直血管 (the vasa recta)
6. 絲球體和絲球體囊組成一個整體的
   a. 腎囊 (renal capsule)
   b. 腎小體 (renal corpuscle)
   c. 腎小葉 (kidney lobule)
   d. 腎葉 (kidney lobe)
   e. 腎元 (nephron)
7. 腎臟的______比其他任何一種構造都要多。
   a. 弓形動脈 (arcuate arteries)
   d. 傳入小動脈 (afferent arterioles)
   b. 小腎盞 (minor calyces)
   e. 集尿管 (collecting ducts)
   c. 髓質腎錐體 (medullary pyramids)
8. ______產生於胚胎輸尿管芽。
   a. 腎元 (nephron)
   b. 腎盂 (renal pelvis)
   c. 腎絲球體 (glomerulus)
   d. 膀胱 (urinary bladder)
   e. 近曲小管 (proximal convoluted tubule)
9. ______吸收不同量的水是根據抗利尿激素存在的水平。
   a. 近曲小管 (proximal convoluted tubule)
   b. 腎元環 (nephron loop)
   c. 遠曲小管 (distal convoluted tubule)
   d. 集尿管 (collecting duct)
   e. 膀胱 (urinary bladder)
10. 在皮質腎臟中，傳出小動脈的血液緊接著流向_______。
   a. 管周微血管 (the peritubular capillaries)

b. 弓狀動脈 (the arcuate artery)
c. 弓形靜脈 (the arcuate vein)
d. 直血管 (the vasa recta)
e. 絲球體 (the glomerulus)

11. 尿液中含氮廢物最多的是______。
12. 輸尿管、腎盂、腎盞和集尿管產生於一個胚胎袋，稱為______。
13. 兩個輸尿管和尿道的開口形成了一個光滑區域的邊界，位於膀胱底部稱為______。
14. ______是腎元環遠端的一群上皮細胞，監測管液的流量或成分。
15. 濾液要進入囊的空間，必須在______細胞的足部突起之間通過，這些細胞構成了絲球體囊的臟層。
16. 腎元哪個部位的特點是有刷狀緣，特別是長度很大？
17. 腎元環的______上皮細胞粒線體少，代謝活性低，但對水的滲透性很強。
18. 膀胱壁的平滑肌稱為______。
19. 每個腎椎都排入一個單獨的杯狀尿液貯器，稱為______。
20. 血液在進入皮質輻射動脈之前就流經______動脈。

答案在附錄 A

建立您的醫學詞彙

說出每個詞彙的含義，並從本章中給出一個使用該詞彙的醫學專有名詞或稍微的改變該詞彙。

1. azot-
2. nephro-
3. glomerul-
4. litho-
5. podo-
6. -uria
7. macula
8. juxta-
9. pelv-
10. cysto-

答案在附錄 A

這些陳述有什麼問題？

簡要說明下列各項陳述為什麼是假的，或將其改寫為真。

1. 輸尿管通過膀胱頂部的孔打開。
2. 腎臟分泌抗利尿激素，促進水的保留，防止脫水。
3. 腎臟的主要功能是將人的尿毒症調節在安全範圍內。
4. 緊密接合防止腎小管上皮細胞之間的物質滲漏。
5. 腎元由一個腎小體和三個腎小管組成：近曲小管、遠曲小管和集尿管。
6. 絲球體是位於囊腔內的血液微血管的複合體。
7. 足細胞的作用是在吸收不同量的水，調節尿液的滲透度和體積。
8. 泌尿道大部分由非角化的複層鱗狀上皮所連接。
9. 腎臟位於骨盆腔內。
10. 腎周圍血管有過濾縫隙，可以調節哪些血液中的溶質被保留在體內，哪些溶質被尿液排出。

答案在附錄 A

測試您的理解力

1. 如果沒有腎元環，集尿管就無法完成功能？為什麼？
2. 為什麼單層的鱗狀上皮作為膀胱的內襯，功能會很差？
3. 有些嬰兒的臍尿管未能閉合，它仍然保留一條從膀胱到臍部的開放通道 (尿道瘻管)。預測父母在換尿布時可能會看到什麼尿道瘻管的跡象。
4. 假設輸尿管從上面而不是從下面進入膀胱。你認為這會導致表 25.1 中的哪種疾病？請解釋原因。
5. 近曲小管和遠曲小管在構造上有哪些不同？這與它們的功能差異有什麼關係？

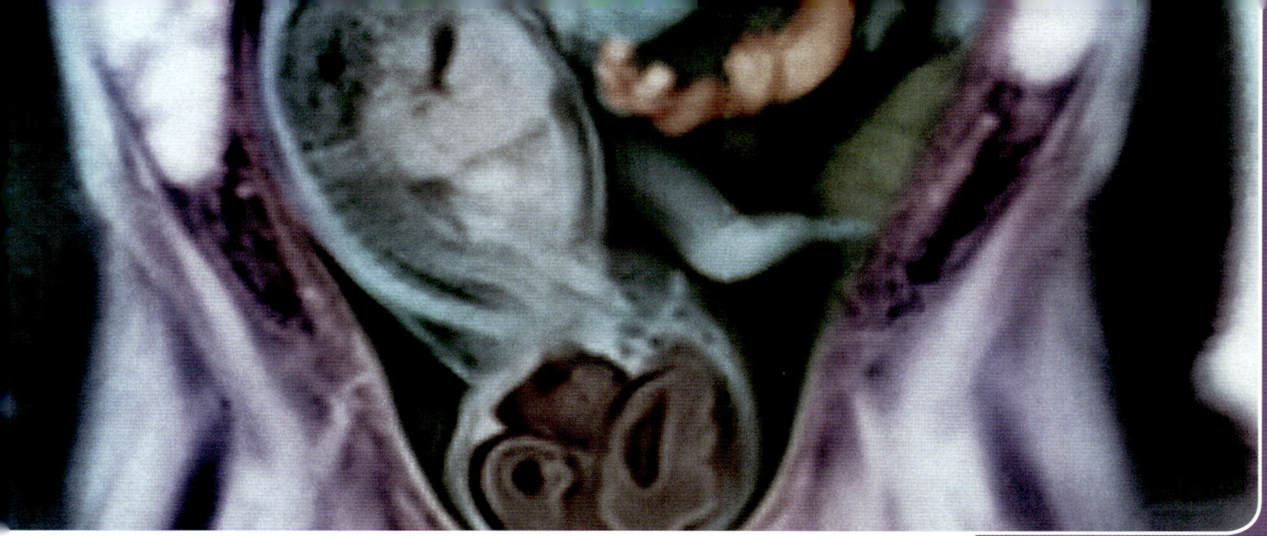

懷孕 36 週子宮內胎兒的磁振造影

©Simon Fraser/Science Source

PART 5

CHAPTER 26

生殖系統

李靜恬

章節大綱

26.1 有性生殖
- 26.1a 兩種性別
- 26.1b 生殖系統概述
- 26.1c 減數分裂及配子發生

26.2 男性生殖系統
- 26.2a 睪丸
- 26.2b 精子生成
- 26.2c 陰囊
- 26.2d 精子管道
- 26.2e 附屬腺體
- 26.2f 陰莖
- 26.2g 勃起和射精
- 26.2h 男性生殖系統疾病

26.3 女性生殖系統
- 26.3a 卵巢
- 26.3b 濾泡發育及卵子生成
- 26.3c 輸卵管
- 26.3d 子宮
- 26.3e 陰道
- 26.3f 外生殖器
- 26.3g 乳房及乳腺
- 26.3h 女性生殖系統疾病

26.4 生殖系統的發育及老化
- 26.4a 產前發育
- 26.4b 青春期
- 26.4c 生殖系統的老化

學習指南

臨床應用

26.1 精索靜脈曲張

26.2 污染對生殖系統的影響

26.3 子宮肌瘤和子宮癌

26.4 子宮內膜異位症

26.5 性傳播疾病

26.6 避孕方法

複習

要瞭解本章，您可能會發現複習以下概念會有所幫助：

- 有絲分裂 (2.4b 節)
- 染色體結構 (圖 2.24)
- 骨盆底肌肉 (表 11.8)
- 下丘腦釋放因子和垂體促性腺激素 (18.2b 節及 18.2c 節)
- 雄性素 (18.3e 節)

Anatomy & Physiology REVEALED®
aprevealed.com

模組 14：生殖系統

從我們對人體結構及功能的瞭解，整體完全運作就像是個奇蹟！但事實上，即便是現代醫學，也無法永久維持正常。隨著年齡增長，身體不可避免地發生退行性變化，最終我們會衰老。然而，我們的基因將會繼續存在新個體一後代。最後一章討論繁衍後代的男性及女性生殖系統。

26.1 有性生殖

預期學習成果

當您完成本節後，您應該能夠

a. 定義有性生殖 (sexual reproduction)；
b. 確定男性及女性之間最基本的生物學區別；
c. 定義基本生殖器官 (primary sex organs)、第二生殖器官 (secondary sex organs) 及第二性徵 (secondary sex characteristics)；和
d. 描述減數分裂的階段及遺傳作用，以及與精子及卵子產生的關係。

26.1a 兩種性別

有性生殖的本質是子代從父母 (biparental) 獲得基因，在遺傳學上具獨特性，與眾不同。在動物界中，物種藉由遺傳多樣性面對不斷變化的環境，這對於物種生存來說十分重要。為了實現此目標，父母必須分別產生**配子** (gametes)[1] (生殖細胞)，兩者的基因相遇並結合成**合子** (zygote)[2] (受精卵)。配子需要兩個特性才能成功繁殖：運動性使配子能夠相聚一起；充足的細胞質則有助於胚胎在前幾個細胞時，可以不斷地分裂。單一細胞無法兩種特性都具備，因為具有充足的細胞質，則意味著相對體積較大且較重，這並不適合用於運動。因此兩種任務分別分配給兩種配子，**精子** (sperm；spermatozoon) 是較小的配子，帶有推進器而活動力強；**卵子** (egg；ovum) 則具有較大體積。

根據定義，在任何有性生殖物種中，能產生卵子的個體是雌性，而產生精子的個體是雄性。但是這標準並不總是簡單，正如在性別發育時，有時會出現一些異常。然而，就基因來說具有 Y 染色體的人被歸類為男性；而缺乏 Y 染色體的人則被歸類為女性。通常男性的性染色體為 XY，其中 X 染色體來自母親，Y 染色體來自父親。女性則分別從父親及母親各繼承到一個 X，因此性染色體為 XX。

在哺乳動物中，雌性也是為胚胎發育及產前營養提供內部環境庇護的親代。為了使雌性發生受精及發育，雄性必須具有交配器官即陰莖，以將配子引入雌性生殖道，而雌性必須具有交配器官即陰道，以接受精子。

26.1b 生殖系統概述

男性的**生殖系統** (reproductive system) 能產生精子並將其引入女性體內。女性的生殖系統產生卵子、接受精子，以提供配子結合，懷孕、生育並哺餵嬰兒。

兩性的生殖系統皆由基本生殖器官及第二生殖器官所組成。**基本生殖器官** (primary sex organs) 或稱**性腺** (gonads)[3] 是指產生配子的器官，男性為睪丸、女性則為卵巢。第二生殖器官又稱為**外生殖器** (genitalia) 是指生殖所必需的所有其他器官，男性是由生殖管道、腺體及陰莖所組成，參與精子的儲存、存活及運輸；女性則是由輸卵管、子宮及陰道所組成，參與精子及卵子結合，並懷孕胎兒。

生殖器官依據位置，分為**外生殖器** (external genitalia) 及**內生殖器** (internal

1 *gam* = marriage 婚姻，union 結合
2 *zygo* = yoke 軛，union 聯合
3 *gon* = seed 種子

genitalia)(表 26.1)。外生殖器位於會陰部的菱形區域，以前面為恥骨聯合、後面是尾骨及兩側是坐骨粗隆為界線 (見圖 11.23)，除了女性會陰部的附屬腺體外，大多數都在外部可見 (見圖 26.20)。內生殖器主要位於骨盆腔，除了男性睪丸及陰囊中的一些相關導管。

第二性徵 (secondary sex characteristics) 是青春期發展的特徵，可以進一步區分性別，使伴侶相互吸引。從牛蛙的叫聲到孔雀的尾巴開屏，在動物界是眾所周知。在人類，對第二性徵的識別取決於對於性的吸引力，這判斷是主觀且有文化差異。通常考慮的第二性徵是恥毛和腋毛；男性面部的鬍子；與這些毛髮相關分泌氣味的頂漿腺；四肢及軀幹的毛髮質地及外觀的差異；女性的乳房；肌肉強度及體脂含量及分佈的差異；及聲音音調的差異。

26.1c 減數分裂及配子發生

若是將父親及母親的體細胞直接結合在一起，形成的新個體會帶給人類及有性生殖物種問題。假設男性精子如同體細胞一樣，有 46 條染色體；而卵子也有 46 條染色體，皆為正常的人類**雙套** (diploid)[4] ($2n$) 染色體，若兩者染色體結合，則他們的後代每個細胞將具有 92 條染色體，而再下一代將具有 184 條，依此類推。因此，為了世代相傳保持正常的染色體數目，精子及卵子的染色體必須為正常數量的一半，為**單套** (haploid)[5] 染色體，即是 23 條染色體 ($n = 23$)。這需要透過**減數分裂** (meiosis)[6] 之細胞分裂模式來實現，減數分裂在配子 (精子或卵) 產生過程中發生，稱為**配子發生** (gametogenesis)。

減數分裂在許多方面與有絲分裂相似 (請見 2.4b 節)，即使前期到末期也具有相同的名稱。然而，減數分裂需要連續兩次細胞分裂並產生四個子細胞，而不是僅一次分裂產生兩個子細胞。因此，減數分裂經歷**前期 I** (prophase I)、**中期 I** (metaphase I)、**後期 I** (anaphase I) 及**末期 I** (telophase I) 的階段，在「休息」期

4 *diplo* = douple 雙
5 *haplo* = half 一半
6 *meio* = to diminish 減少，make fewer 減少；*osis* = process 過程

表 26.1 外生殖器和內生殖器

外生殖器	內生殖器
男性	
陰莖 (Penis) 陰囊 (Scrotum)	睪丸 (Testes；單數 testis) 副睪 (Epididymides；單數 epididymis) 輸精管 (Ductus deferentes；單數 *ductus deferens*) 精囊 (Seminal vesicles) 前列腺 (Prostate) 尿道球腺 (Bulbourethral glands)
女性	
陰毛 (Mons pubis) 大陰唇 (Labia majora；單數 labium majus) 小陰唇 (Labia minora；單數 labium minus) 陰蒂 (Clitoris) 陰道口 (Vaginal orifice) 前庭球 (Vestibular bulbs) 前庭腺 (Vestibular glands) 尿道旁腺 (Paraurethral glands)	卵巢 (Ovaries) 輸卵管 (Uterine tube) 子宮 (Uterus) 陰道 (Vagina)

間稱為**間期** (interkinesis)，然後再經歷**前期 II** (prophase II)、**中期 II** (metaphase II)、**後期 II** (anaphase II) 及**末期 II** (telophase II)。前四個階段為**第一次減數分裂** (meiosis I)，後四個階段為**第二次減數分裂** (meiosis II)。最終結果是分裂成四個單套細胞，在男性分裂成四個精細胞；在女性，其中一個細胞變成成熟的卵細胞，另外三個變成微小的廢棄細胞 (極體)，極體很快死亡，原因在 26.3b 節中說明。

圖 26.1 顯示了每個階段染色體發生的事

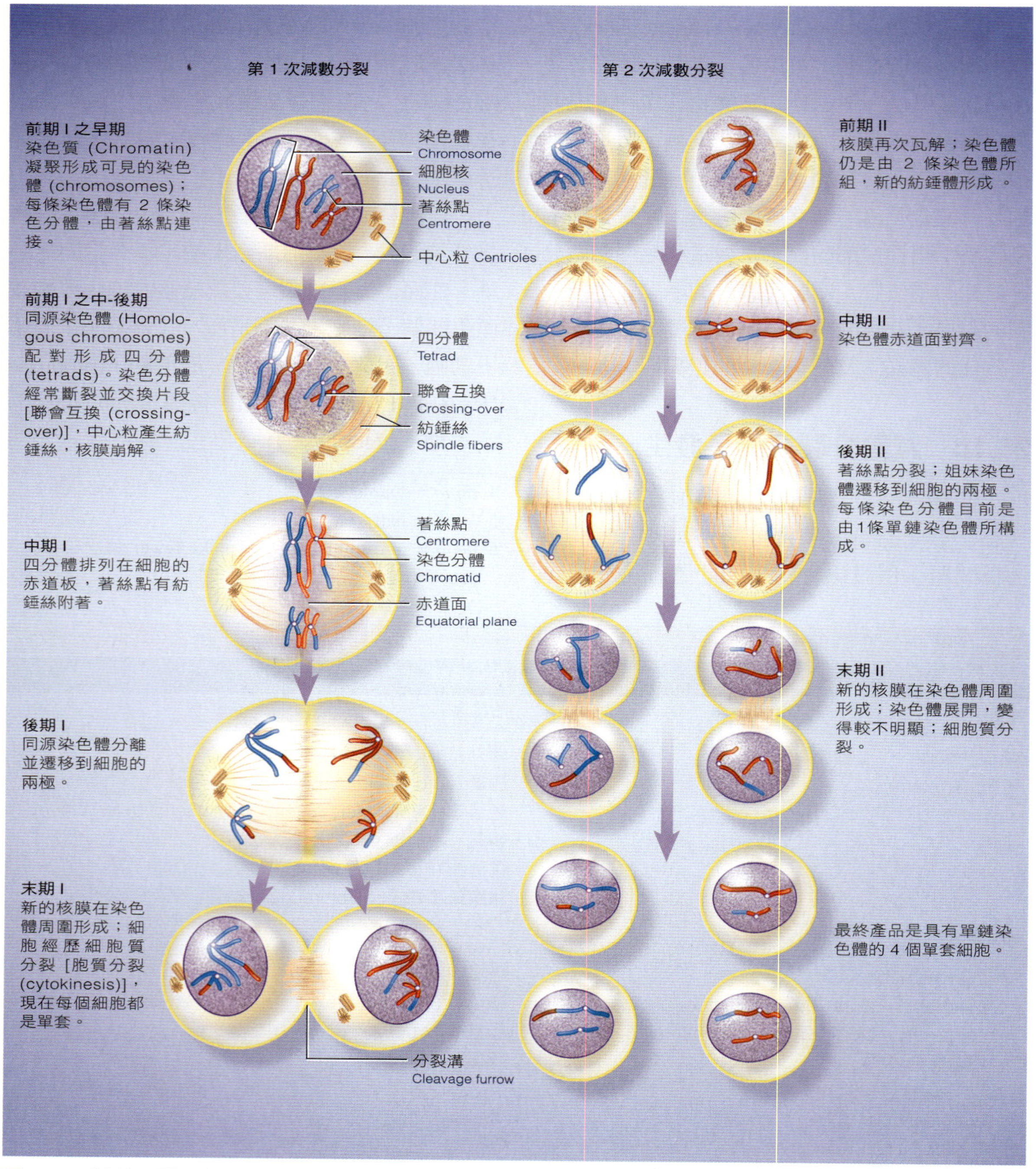
第 1 次減數分裂
第 2 次減數分裂
前期 I 之早期
染色質 (Chromatin) 凝聚形成可見的染色體 (chromosomes)；每條染色體有 2 條染色分體，由著絲點連接。
染色體
Chromosome
細胞核
Nucleus
著絲點
Centromere
中心粒 Centrioles
前期 I 之中-後期
同源染色體 (Homologous chromosomes) 配對形成四分體 (tetrads)。染色分體經常斷裂並交換片段 [聯會互換 (crossing-over)]，中心粒產生紡錘絲，核膜崩解。
四分體
Tetrad
聯會互換
Crossing-over
紡錘絲
Spindle fibers
中期 I
四分體排列在細胞的赤道板，著絲點有紡錘絲附著。
著絲點
Centromere
染色分體
Chromatid
赤道面
Equatorial plane
後期 I
同源染色體分離並遷移到細胞的兩極。
末期 I
新的核膜在染色體周圍形成；細胞經歷細胞質分裂 [胞質分裂 (cytokinesis)]，現在每個細胞都是單套。
分裂溝
Cleavage furrow
前期 II
核膜再次瓦解；染色體仍是由 2 條染色體所組，新的紡錘體形成。
中期 II
染色體赤道面對齊。
後期 II
著絲點分裂；姐妹染色體遷移到細胞的兩極。每條染色分體目前是由 1 條單鏈染色體所構成。
末期 II
新的核膜在染色體周圍形成；染色體展開，變得較不明顯；細胞質分裂。
最終產品是具有單鏈染色體的 4 個單套細胞。

圖 26.1 **減數分裂**。為簡單起見，此細胞僅顯示 2 對同源染色體。人體細胞是由 23 對染色體開始減數分裂。

件。總體而言，這些過程達到三個對於成功生殖重要的效果：

1. 男性產生四個具有尾巴且小體積的精子，以便有動力尋找卵子；女性產生具有儲存營養的大顆卵子，以早期滋養胚胎。
2. 將染色體數目減少一半，以便下一代染色體不會增加一倍。
3. 基因重組，使傳給後代的染色體具有新的及多樣化的基因組合。在前期 I，一個親代的每條染色體與另一親代的染色體同源 (homologous chromosome；matching chromosome)，形成一個四分體 (tetrad)。源自母親及源自父親的染色體各自在一個或多個位置斷裂並彼此交換，因而產生新的 DNA 組合，並傳遞給後代。

在本章的後續部分 (26.2b 和 26.3b 節) 中，我們將看到減數分裂如何與精子及卵子生成具體相關聯。

在你繼續閱讀之前

回答下列問題，以檢驗你對上節內容的理解：

1. 定義性腺及配子。解釋各名詞之間的關係。
2. 定義男性、女性、精子及卵子。
3. 確定兩性別的基本生殖器官及第二生殖器官。
4. 列出減數分裂的九個階段及三個最重要的作用。

26.2 男性生殖系統

預期學習成果

當您完成本節後，您應該能夠

a. 描述睪丸的解剖構造；
b. 描述精子發生 (spermatogenesis) 的過程，並與減數分裂相關聯；
c. 描述精細胞的結構及精液的組成；
d. 描述男性生殖系統的生殖管道及附屬腺體；
e. 描述陰莖的解剖構造；
f. 描述在勃起及射精時，男性生殖器官的功能；和
g. 說出男性生殖系統的常見疾病。

男性及女性的生殖系統，我們皆從基本生殖器官之性腺開始介紹，並說明如何產生配子。在男性，我們將追蹤精子從睪丸至陰莖的運送方向，研究過程中每個器官的解剖結構 (圖 26.2)。

26.2a 睪丸

睪丸 (testes; testicles) 是男性的性腺，可與內分泌腺、外分泌腺共同產生性激素及精子。睪丸是橢圓形、稍微扁平，長約 4 cm，前後之厚度約 3 cm，及左右之寬度約 2.5 cm (圖 26.3)。睪丸前表面及側面被**鞘膜** (tunica vaginalis)[7] 覆蓋，這是腹膜的囊狀延伸。睪丸本身有一個白色纖維囊，稱為**白膜** (tunica albuginea)[8] (TOO-nih-ca AL-byu-JIN-ee-uh)。結締組織隔膜是從纖維囊延伸到睪丸實質，將睪丸分成 200 至 300 個楔狀的小葉 (睪丸小葉)。每個小葉包含 1~3 個**曲細精管** (seminiferous[9] tubules)(SEM-ih-NIF-er-us)，曲細精管長達 70 cm，可製造精子。在曲細精管之間有**間質內分泌細胞** (interstitial endocrine cells) 的聚集，間質內分泌細胞可合成睪固酮。

曲細精管具有狹窄的管腔，內襯有較厚的**生發上皮** (germinal epithelium)(圖 26.3c 和 d)。上皮是由精子形成過程中的幾層細胞及較少數量的**支持細胞** [sustentacular[10] cells；**滋養細胞** (nurse cells)；**賽托利細胞** (Sertoli cells)]

7 *tunica* = coat 外套；*vagina* = sheath 鞘
8 *alb* = white 白色
9 *semin* = seed 種子，sperm 精子；*fer* = to carry 攜帶
10 *sustentacul* = support 支持

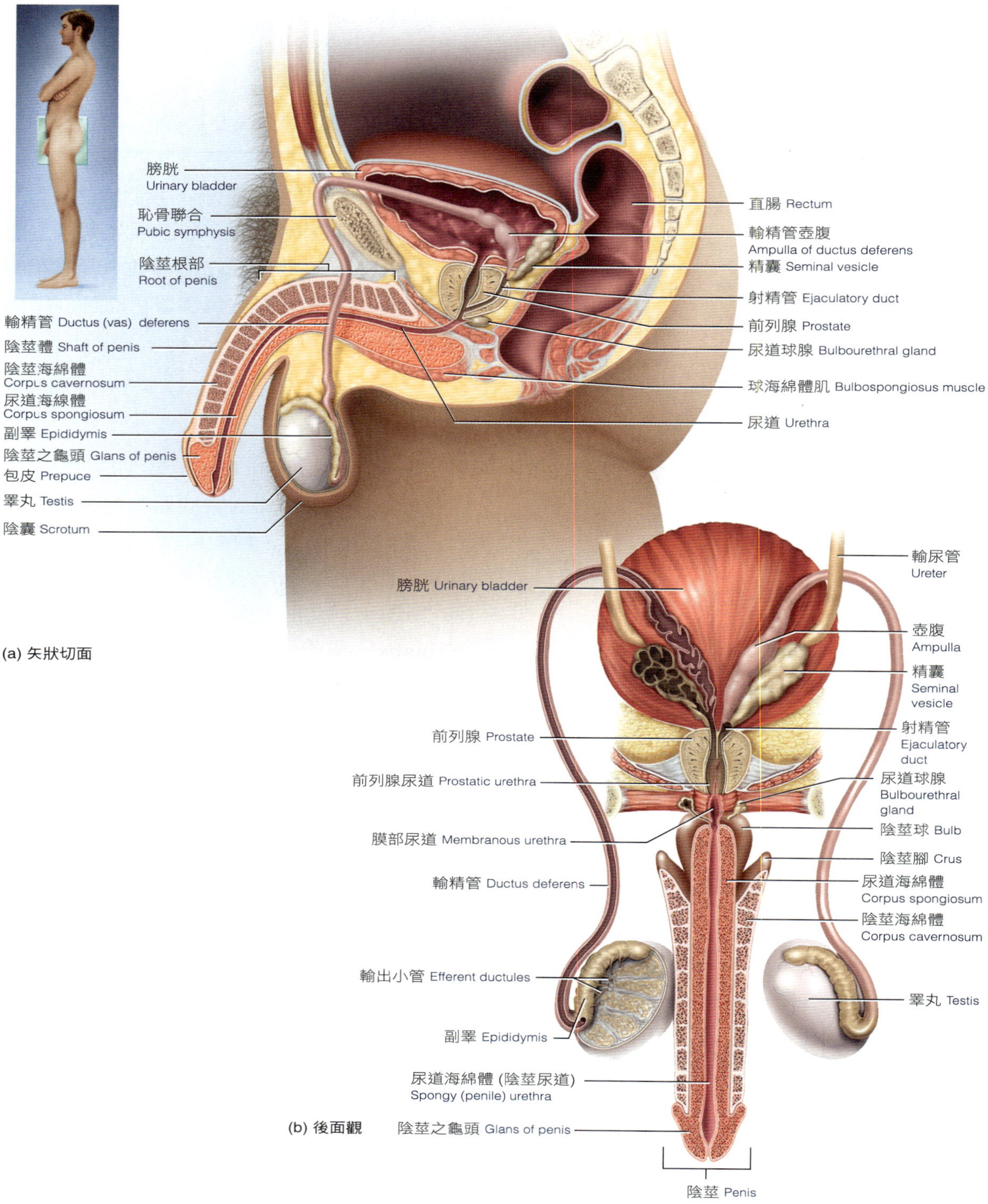

圖 26.2 男性生殖系統。(a) 矢狀切面；(b) 後面觀。相對應的大體解剖照片，請參見圖 A.14a。APR

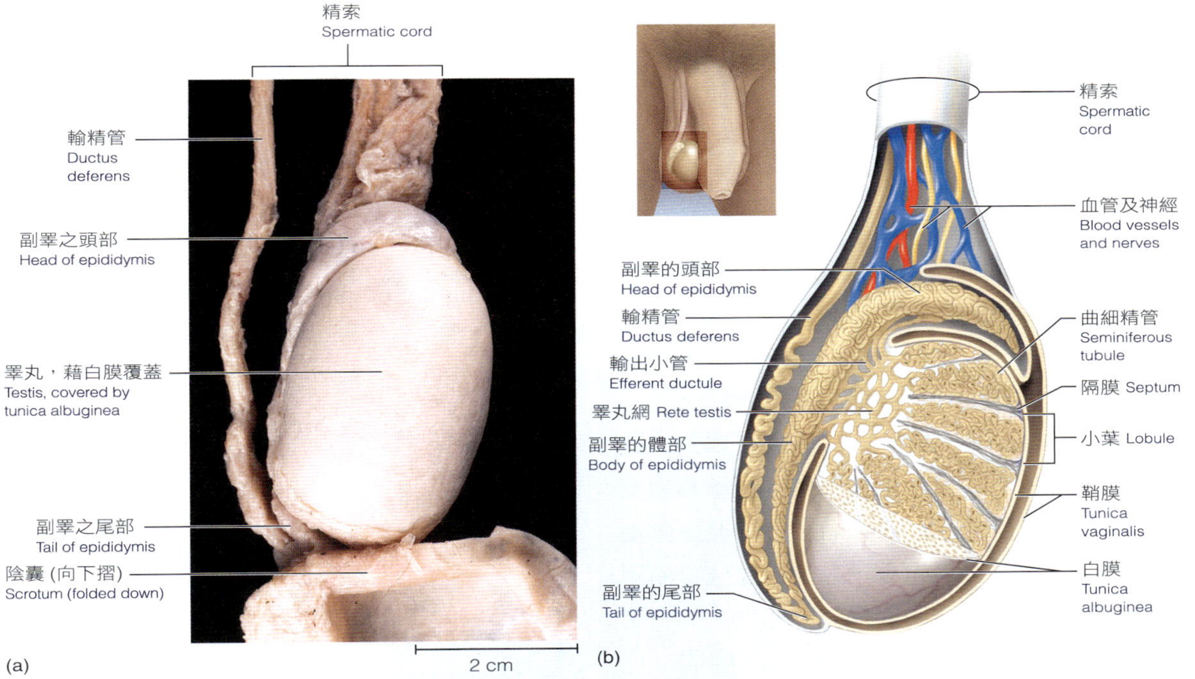

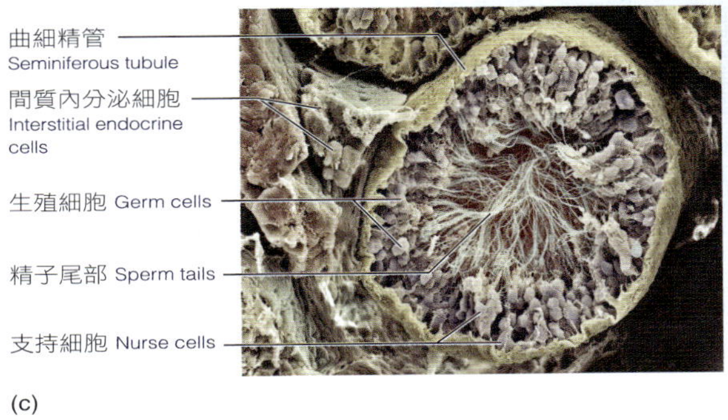

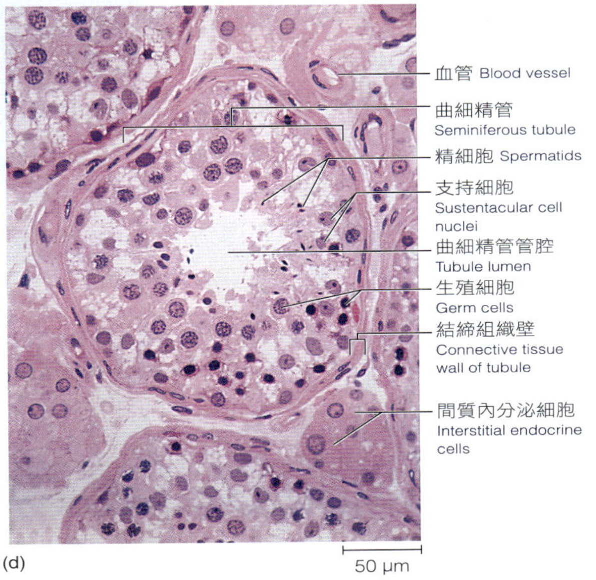

圖 26.3 **睪丸及相關結構**。(a) 陰囊被切開向下翻開，以露出睪丸及相關器官；(b) 睪丸、副睪及精索的解剖結構；(c) 曲細精管的掃描電子顯微照片；(d) 光學顯微照片。這區域之曲細精管此階段沒有成熟的精子。APR

(a) ©McGraw-Hill Education/Denis Strete, photographer, (c) ©Steve Gschmeissner/Science Source, (d) ©Ed Reschke/Getty Images

所組成，支持細胞可以保護生殖細胞並促進其發育。精子及發展中之精細胞稱為**生殖細胞** (germ cells)，依賴支持細胞提供營養、廢物清除、生長因子及其他需求。支持細胞會分泌一種激素為抑制素 (inhibin)，可調節精子的產生速度；支持細胞亦合成雄性素結合蛋白 (androgen-binding protein) 使睪丸對睪固酮有反應。

支持細胞形狀有些像樹幹，其根部在基底膜上展開，形成曲細精管的邊緣，而粗大的樹幹到達小管腔中。相鄰支持細胞之間的緊密連接形成**血睪障壁** (blood testis barrier, BTB)，可防止血液中的抗體、其他大分子及細胞間液進入生殖細胞。這很重要，因為生殖細胞與人體其他細胞在遺傳上並不同，若無血睪障壁則會遭受免疫系統的攻擊。當血睪障壁無法充分形成，並且免疫系統產生針對生殖細胞的抗體時，就可能會發生不孕的情況。

應用您的知識

您是否會預期在曲細精管壁內看見微血管？為何預期或不預期？

曲細精管進入一個稱為**睪丸網** (rete[11] testis)(REE-tee) 的網絡，睪丸網嵌在睪丸的後側。精子在睪丸網之中部分成熟，精子藉由支持細胞及部分網細胞 (rete cell) 之纖毛所分泌的液體一起移動。但是精子在男性生殖道中不會游動，在射精之前一直保持靜止。

睪丸動脈 (testicular artery) 供應睪丸血液，睪丸動脈來自腎動脈正下方的腹主動脈。這是一條細長的動脈，在穿過腹股溝管進入陰囊之前，沿腹後壁向下彎曲。睪丸動脈血壓很低，是少數沒有脈搏的動脈之一。因此流向睪丸的血液很少，氧氣供應很差。精子似乎透過發育成異常大顆的粒線體而得到補償，這可能使精子在女性生殖道低氧環境中生存的因素。

血液經由會聚形成的**睪丸靜脈** (testicular vein) 之靜脈網離開睪丸，此靜脈網穿過腹股溝的腹股溝管進入骨盆腔。右睪丸靜脈排入下腔靜脈，左睪丸靜脈排入左腎靜脈。每個睪丸的淋巴管伴隨靜脈穿過腹股溝管，並導流至靠近主動脈下方的淋巴結。然而，陰莖及陰囊的淋巴液，導流至鄰近髂動脈、髂靜脈及腹股溝區域的淋巴結。

來自脊髓節 T10 和 T11 的**睪丸神經** (testicular nerves) 支配至性腺。睪丸神經是感覺神經及運動神經的混合神經，主要包含交感神經纖維，及副交感神經纖維。感覺纖維與疼痛有關，而自主神經纖維則調節血管運動，以調節血流量。

11 *rete* = network 網絡

26.2b 精子生成

精子發生 (spermatogenesis) 是精子生成的過程，在早期的胚胎就開始進行。在胚胎體外的卵黃囊中 (參見圖 4.5)，**原始生殖細胞** (primordial germ cells) 形成並透過阿米巴運動遷移到胚胎本身，並停留在*生殖嵴* (gonadal ridges)(見 26.4a 節)，在那裡形成幹細胞稱為**精原細胞** (spermatogonia)。這些細胞在兒童時期一直處於休眠狀態，位於曲細精管周圍之基底膜附近，血睪障壁之外。精原細胞為雙套，在遺傳上與人體大多數其他細胞相同，因此不需要免疫系統的保護。

青春期睪固酮分泌增加，重新激活精原細胞，並引起精子發生。精子發生的基本步驟如下：請見圖 26.4 中相同編號的步驟。

1. 精原細胞進行有絲分裂。來自每個分裂的子細胞保留在曲細精管壁附近，作為幹細胞稱為 *A 型精原細胞* (type A spermatogonium)。A 型精原細胞是可以終生供應的幹細胞，因此男性在老年期仍保持充足量。另一個子細胞，稱為 *B 型精原細胞* (type B spermatogonium)，變成精子的過程中，稍微遷移遠離管壁。
2. B 型精原細胞增大並成為**初級精母細胞** (primary spermatocyte)，由於此細胞即將發生減數分裂，並在遺傳上不同於人體的其他細胞，因此必須保護它免受免疫系統的侵害。在初級精母細胞之前面，兩個支持細胞之間的緊密接合被拆除，而在初級精母細胞的後面形成一個新的緊密接合。此細胞向管腔內部前進，就像飛船穿過雙門氣閘一樣，受到血睪障壁的保護
3. 初級精母細胞進行第一次減數分裂 (meiosis I)，使染色體數目減少一半。單套染色體

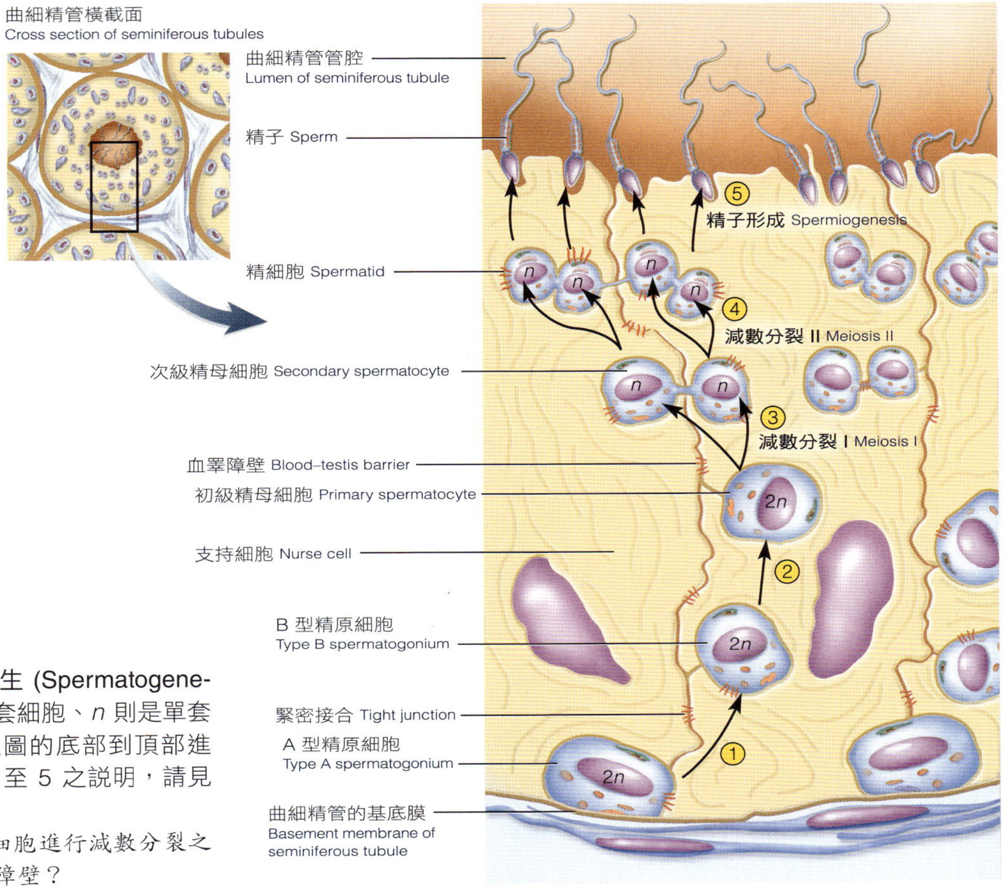

圖 26.4 **精子發生 (Spermatogenesis)**。2*n* 是指雙套細胞、*n* 則是單套細胞。此過程從圖的底部到頂部進行。有關步驟 1 至 5 之說明，請見內文。

• *為何初級精母細胞進行減數分裂之前必須通過血睪障壁？*

的子代細胞被稱為**次級精母細胞** (secondary spermatocyte)，為 23 條不成對的染色體，每個染色體都是由看起來相同的雙股所組成，這稱為染色分體 (chromatids)(見圖 2.24)。

④ 次級精母細胞經歷第二次減數分裂 (meiosis II)，此過程中每個染色分體分裂成獨立的單股染色體，並成為四個子細胞 (1 個次級精母細胞分裂成 2 個子細胞，故 2 個次級精母細胞分裂成 4 個子細胞) 稱為**精細胞** (spermatids)，每個子細胞具有 23 條單股染色體。

⑤ 精細胞不再分裂，而是經歷**精子形成** (spermiogenesis) 過程，此過程將精細胞分化成為一個成熟精子(permatozoon；sperm)。精子形成的變化是將過多的細胞質減少及尾部 (鞭毛) 生長，使精子成為輕便可移動的細胞 (圖 26.5)。

從初級精母細胞到成熟精子的所有階段都被包裹在支持細胞的捲鬚中，並透過緊密接合及間隙接合使支持細胞間連接。另外，子細胞通過狹窄的胞質橋 (cytoplasmic bridges) 保持彼此連接，直到精子形成的最後階段才完全分開。

在精子形成結束時，精子被釋放，並由支持細胞分泌的液體沖至曲細精管管腔中，從精原細胞變成成熟精子大約需要 74 天。年輕的成年男性每分鐘產生約 300,000 個精子，或每天產生 4 億個精子。

精子

精子有兩個部分：梨形頭部及長尾部 (圖

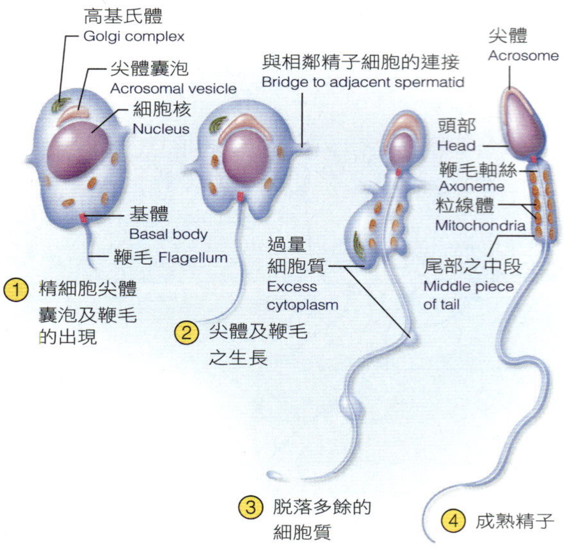

圖 26.5 精子形成。在此過程中，精細胞丟棄多餘的細胞質、長出尾部，並形成精子。

26.6)。**頭部** (head) 長約 4~5 µm、最寬處約 3 µm，具有三個結構：細胞核、尖體及鞭毛基體。其中最重要的是細胞核，此細胞核占了頭部的大部分，並且含有一個單套、緊縮的、遺傳上尚未有活性的染色體。**尖體** (acrosome)[12] 具溶酶體，呈薄帽的形式，覆蓋細胞核的頂端半部，尖體所含之酶會幫助精子成功滲透卵子。鞭毛的基體位於細胞核後端凹槽中。

尾部 (tail) 分為三個區域，分別稱為中段、主段及末段。**中段** (middle piece) 是最厚的部分，圓柱體長約 5~9 µm、寬為頭部的一半，其包含緊密圍繞鞭毛軸絲的大量粒線體。當精子向女性生殖道中移動時，粒線體會產生擺動尾部所需的 ATP。**主段** (principal piece) 長 40~45 µm，構成了大部分尾部，由軸絲組成，而軸絲被支持性細胞骨架細絲鞘包圍。當精子游至女性生殖道的黏膜時，這些細絲會使尾巴變硬並賦予更大的推進力。**末段** (endpiece) 是精子最窄部分，長 4~5 µm、僅由軸絲組成。

12 *acro* = tip 尖端，peak 高峰；*some* = body 身體

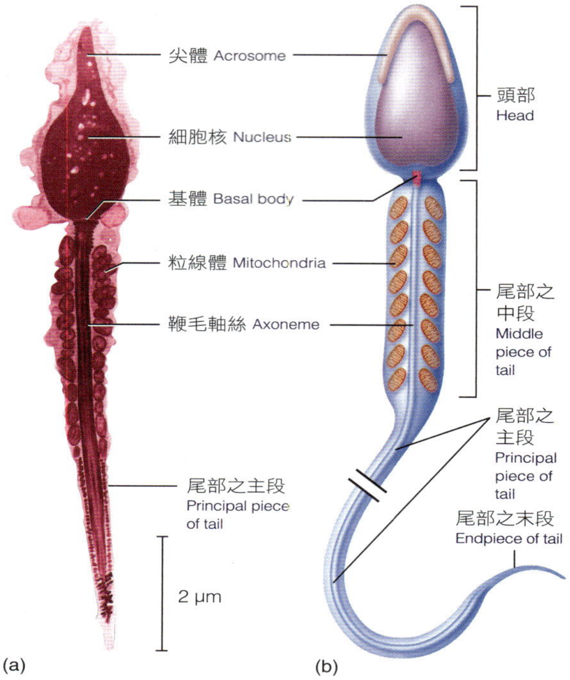

圖 26.6 成熟精子。(a) 精子 (TEM) 的頭部及尾部的一部分；(b) 精子構造。

(a) ©BSIP SA/Alamy

26.2c 陰囊

睪丸被包覆在**陰囊** (scrotum)[13] 中，此為會陰部之一袋皮膚、肌肉及纖維結締組織 (圖 26.7 和 26.8)。陰囊的皮膚具有皮脂腺、稀疏毛髮、豐富的感覺神經，以及相較其他部位皮膚更暗的色素沉著。陰囊由內部**中央隔膜** (median septum) 分為左右兩部分，可保護每個睪丸免受另一個睪丸的感染。隔膜的外部稱為**會陰縫** (perineal raphe)[14] (RAY-fee) 的接縫，會陰縫也沿陰莖的腹側向前延伸，並向後延伸至肛門邊緣。左睪丸通常懸吊在比右睪丸低的位置，使兩側睪丸在大腿之間不會相互擠壓。

陰囊不僅含睪丸，還有束狀的**精索** (spermatic cord)，包含血液、淋巴管、睪丸神經 (testicular nerves)、纖維結締組織及輸送精

13 *scrotum* = bag 袋子
14 *raphe* = seam 縫

子的輸精管 (ductus deferens)。精索向上穿過睪丸的後上方，可以輕易由陰囊的皮膚觸診到，接著繼續穿過恥骨的前側並進入 4 cm 的**腹股溝管** (inguinal canal)，腹股溝管下方的入口稱為腹股溝管外環 (external inguinal ring)，腹股溝管上方的出口進入骨盆腔稱為腹股溝管內環 (internal inguinal ring)。

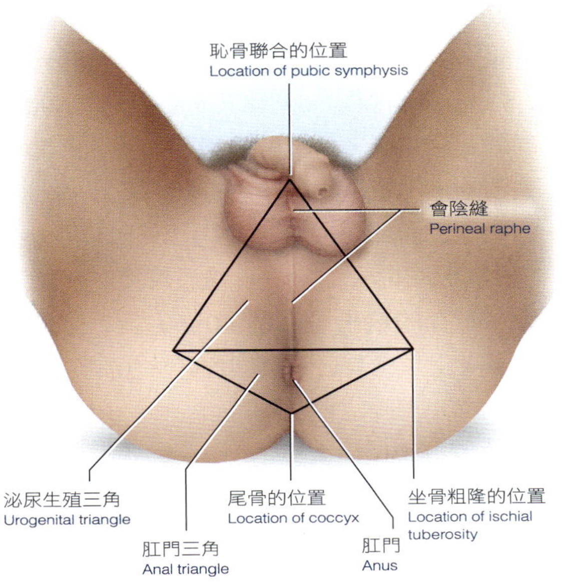

圖 26.7 男性會陰。此區域肌肉的詳細內容請見圖 11.23。APR

在部分哺乳動物中，睪丸位於腹盆腔且沒有陰囊。然而，為何人類及大多數其他哺乳動物的睪丸位在陰囊，這是生殖生物學家仍在爭論的議題，目前尚不清楚。但是無論何種原因，精子適應了稍低溫度的環境，而在核心體溫 37°C 時無法產生精子，其必須保持在 35°C 左右。陰囊具有三種調節睪丸溫度的機制 (圖 26.8)：

1. **提睪肌** (cremaster)[15]——腹內斜肌的延伸，束縛著精索。寒冷時，提睪肌收縮並將睪丸拉近身體，以保持溫暖；溫度較高時，提睪肌放鬆，將睪丸懸於離身體較遠的位置。
2. **肉膜筋膜** (dartos[16] fascia)——是種平滑肌位於皮下層，寒冷時會收縮，使陰囊繃緊並起

15 *cremaster* = suspender 吊帶
16 *dartos* = skinned 剝皮

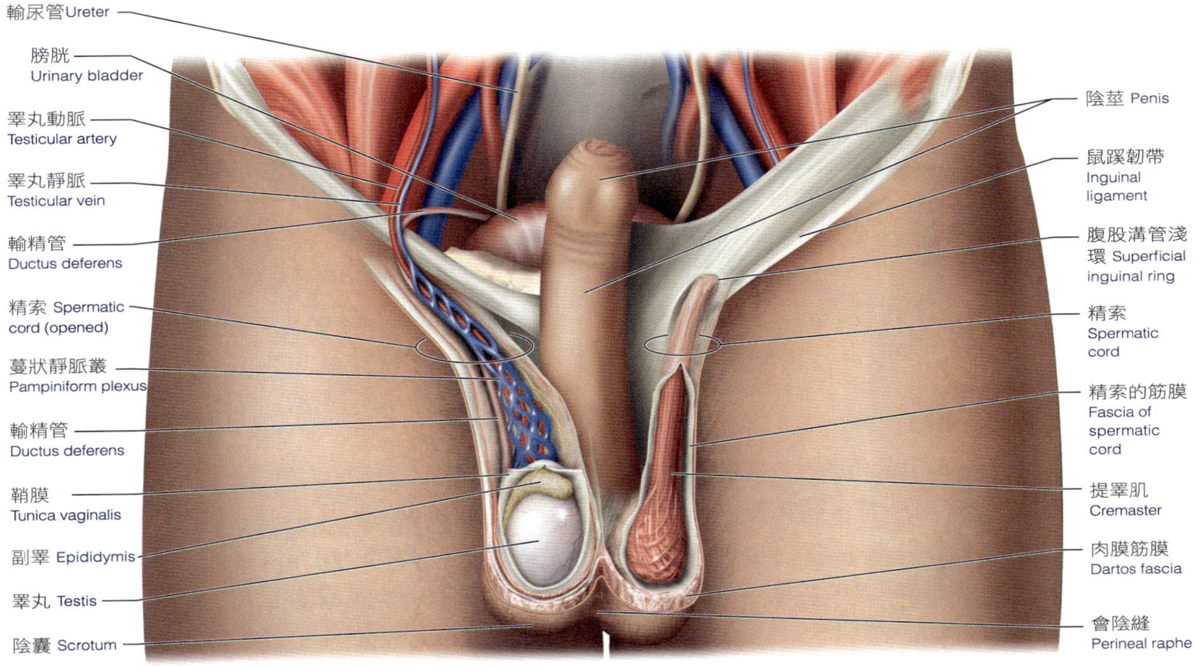

圖 26.8 陰囊及精索。APR

皺。此反應使睪丸緊貼著溫暖的身體，減少了陰囊的表面積，以減少熱量的散失。

3. **蔓狀靜脈叢** (pampiniform[17] plexus)——來自睪丸的廣泛靜脈網，圍繞精索中的睪丸動脈。蔓狀靜脈叢防止溫暖的動脈血使睪丸過熱，而抑制精子的產生，此靜脈叢可作為對流熱交換器 (countercurrent heat exchanger)。靜脈叢之上行的血液相對較低溫 (約 35°C)，可調節來自睪丸動脈之下行較高溫的血液 (37°C)。當動脈血到達睪丸時，會較骨盆腔時的溫度低 1.5~2.5°C。見臨床應用 26.1 為常見的蔓狀靜脈叢相關疾病。

臨床應用 26.1

精索靜脈曲張

精索靜脈曲張 (varicocele)(VAIR-ih-co-seal) 是蔓狀靜脈叢的異常擴張，看似一袋蚯蚓。這是靜脈曲張一種特殊情況，由靜脈叢之靜脈瓣的缺失或功能不全所引起，可能無症狀或是鈍痛至劇烈疼痛，當仰臥時疼痛通常會減輕。通常左側睪丸腫脹。此情況會使睪丸血流不順，並可能導致精子數量降低、精子缺陷及不育。精索靜脈曲張通常發生在青春期，雖然發生於約 10% 美國男性中，但 40% 接受不孕症治療的男性中亦可發現。

26.2d 精子管道

精子離開睪丸後，會經過一系列的精子管道 (spermatic ducts) 送至尿道，包含下列 (見圖 26.2)：

- **輸出小管** (efferent ductules)：每個睪丸的後側約有 12 條輸出小管，將精子帶至副睪 (見圖 26.3b)。輸出小管具有聚集的纖毛細胞，幫助推動精子前進。
- **副睪管** (duct of the epididymis)：**副睪** (epididymis)[18] (EP-ih-DID-ih-miss; plural, epididymides) 是精子成熟及儲存的部位，附著在睪丸的後側，由上端桿狀的頭部、較長的體部，及下端的細長尾部所組成。副睪的單條螺旋管包覆在結締組織中，導管長約 6 m，非常細長且高度旋繞，以被包裝於僅 7.5 cm 長的副睪。副睪管重新吸收約 90% 的睪丸分泌液。當精子離開睪丸時，仍是不成熟的 (不能使卵子受精)，但隨著穿過副睪的頭部及體部時成熟。大約 20 天時間內到達了尾部，精子儲存在此處及鄰近的輸精管中。儲存的精子可存留 40~60 天，但是若精子老化且沒有射精，就會分解由副睪重吸收。
- **輸精管** (ductus deferens)：副睪管在尾部伸直向上旋轉 180°，成為**輸精管** (ductus deferens)。輸精管較早的名稱 "vas deferens"，是輸精管切除術 (vasectomy) 的避孕手術名稱之基礎 (請參見臨床應用 26.6)。輸精管是長約 45 cm、直徑 2.5 mm 的肌肉管，向上穿過精索及腹股溝管進入骨盆腔，在此向內轉並接近膀胱。在膀胱和輸尿管之間通過後，輸精管在膀胱後方向下彎曲，並在末端擴大為**壺腹** (ampulla)。輸精管與精囊管匯合而結束。精囊在後面說明。輸精管具有非常狹窄的管腔及厚的平滑肌壁，被交感神經纖維支配。
- **射精管** (ejaculatory duct)：輸精管與精囊管匯合處，形成一條短的 (2 cm) 射精管，穿過前列腺並排入尿道。射精管是運送精子管道的最後一段。

男性尿道是由生殖系統及泌尿系統共同管道，長約 20 cm，由三個部分所組成：前列腺尿道 (prostatic urethra)、膜部尿

17 *pampin* = tendril 卷鬚；*form* = shape 形狀

18 *epi* = upon 上；*didym* = twins 雙胞胎，testes 睪丸

道 (membranous urethra) 及陰莖尿道 (penile urethra) [又稱尿道海綿體 (spongy urethra)](在 25.3c 節詳細說明)。儘管兼具尿液及生殖功能，但尿液及精液不會同時通過。射精時，尿道內括約肌會收縮，以防止尿液排空並使精液不會至膀胱。

26.2e 附屬腺體

男性生殖系統有三組附屬腺體 (accessory glands)(見圖 26.2)：

- **精囊 (精囊腺)**[seminal vesicles (seminal glands)]：這是膀胱後面一對腺體，與輸精管相連接。精囊長約 5 cm，或大約一個小指的尺寸，具有結締組織囊及位於平滑肌的下層。分泌部分是非常複雜的管道，具有許多分支，形成複雜的迷路，導管排空至射精管。
- **前列腺** (prostate)[19] (PROSS-tate)：這是一個圍繞尿道及射精管的正中結構，緊鄰膀胱下方。前列腺直徑約為 3 cm，實際上是由 30~50 個複管泡狀腺 (compound tubuloacinar glands) 包裹在一個纖維囊。前列腺通過尿道壁上約 20 個孔排入尿道。前列腺的基質是由結締組織及平滑肌所組成，就像精囊一樣。前列腺是老年人中最常見的兩種泌尿生殖系統功能障礙的根源 (請參見 26.2h 節)。
- **尿道球腺** (bulbourethral glands)：這是以尿道球腺位在陰莖近端之膨大的尿道球附近，以及其與陰莖尿道的匯合而命名。尿道球腺是棕色的球形腺體，直徑約 1 cm，與尿道的距離為 2.5 cm。性興奮時，尿道球腺會產生透明的潤滑液，以潤滑陰莖的頭部，為性交做準備。也許更重要的是，當潤滑液經過尿道時，可以中和酸性殘留的尿液，以保護精子。

精液

射精時一般會排出 2~5 mL 的**精液** (semen[20]；seminal fluid)，這是精子及腺體分泌物的複雜混合物，其中約 10% 是精子及來自精子運送管道的液體所組成。30% 是來自前列腺的稀薄乳白色液體；60% 是來自精囊的淡黃色黏性液體；尿道球腺分泌出少量液體。正常**精液計數** (sperm count) 每毫升約 5,000 萬至 1.2 億個精子。低於 2,000~2,500 萬 /mL 的精子通常不能使卵子受精，這與不孕 (infertility；sterility) 有關 (見表 26.2)。

前列腺素中有凝結酶作用於精囊分泌物之蛋白質，稱為前精液凝固蛋白 (proseminogelin)，可使新鮮精液黏稠。凝結酶將前精液凝固蛋白轉化為精液凝固蛋白 (seminogelin)，這是一種黏著蛋白，與血凝塊的纖維蛋白非常相似。這功能優勢似乎在於確保精液黏附在子宮頸及陰道上，而非流出體外。20~30 分鐘後，另一種前列腺酶[絲胺酸蛋白酶 (serine protease)] 分解精液凝固蛋白並液化精液，釋放出精子，使其在女性生殖道中遷移。精子運動需要能量，這些能量來自精囊所提供的果糖及其他糖類。精囊亦提供脂質稱為前列腺素 (prostaglandins)，這是因為在公牛的前列腺液中發現而得名，但後來發現在精囊液中的含量更高。前列腺素可能使子宮頸 (cervical canal) 的黏液變稀而促進精子從陰道進入子宮 (請參閱 26.3d 節)，並可能引起子宮收縮，將精液吸入子宮。當精子通過子宮時，也會抑制女性免疫系統攻擊精子。

26.2f 陰莖

陰莖 (penis)[21] 將精液放入陰道，陰莖一

19 *pro* = before 之前；*stat* = to stand 站立；經常被拼寫錯誤和發音錯誤的「prostrate」

20 *semen* = seed 種子

21 *penis* = tail 尾巴

半是內部之**根部** (root)，一半是外部可見的**陰莖體** (shaft) 及**龜頭** (glans)[22] (圖 26.9)。龜頭是在陰莖遠端膨脹的頭部，尿道外口 (external urethral orifice) 在尖端。鬆弛 (非勃起) 時，外部長度約為 8~10 cm (3~4 in.)、直徑為 3 cm；陰莖勃起時之典型尺寸長度是 13~18 cm (5~7 in.)、直徑 4 cm。

皮膚鬆散地附著在陰莖體，允許在勃起時的移動及擴張，並繼續形成龜頭的**包皮** (prepuce；foreskin)。包皮內表面及龜頭相對表面覆蓋類於眼瞼內表面的黏膜。在出生時及至少幾年後，這兩種膜牢固地融合在一起；因此，若試圖縮回嬰兒或兒童的包皮可能會造成傷害，經過幾年膜逐漸分離，通常在 17 歲時完成。成年的包皮藉由腹側皺褶稱為**繫帶** (frenulum)[23]，仍然固定在龜頭的近端邊緣。與部分來源相反，包皮中沒有腺體；然而部分男性，脫落的上皮細胞及液體的乳脂狀分泌物稱為包皮垢 (smegma)[24]，積聚在包皮底下。成人包皮的黏膜含有樹突狀細胞，這是免疫系統的組成 (見 22.2a 節)，因此可以保護身體出口避免感染，儘管這些細胞 (包含陰道的樹突狀細胞) 為人類免疫缺乏病毒 (HIV)，即愛滋病病毒 (AIDS) 提供了一個潛在的進入途徑。包皮

22 *glans* = acorn 橡實

23 *frenulum* = little bridle 小韁繩

24 *smegma* = unguent 軟膏，ointment 軟膏，soap 肥皂

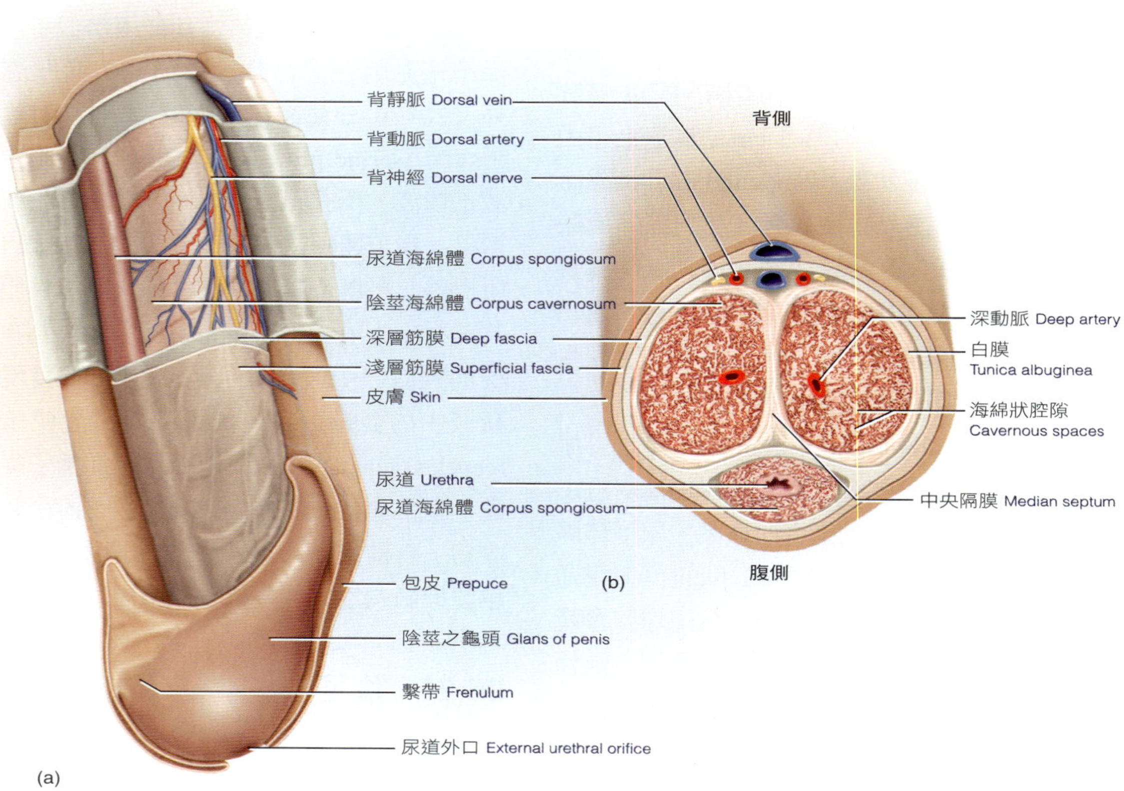

圖 26.9 陰莖的解剖構造。(a) 陰莖體的淺層解剖構造，側面觀；(b) 陰莖體的中間橫截面。

• 沒有白膜的尿道海綿體的功能益處為何？ APR

是陰莖中神經支配最密集和最敏感的區域，近端內表面的脊中分佈著大量的觸覺小體及神經。因此，包皮環切術去除了陰莖最敏感的部分，龜頭暴露的黏膜轉變成為薄、乾燥且較不敏感的表皮。

陰莖的方向術語可能讓人混淆，因為當陰莖鬆弛時其**背側** (dorsum) 是面向前方，而陰莖的腹側，稱為**尿道面** (urethral surface) 則是面向後方。這是因為在大多數哺乳動物中，陰莖呈水平，被皮膚緊貼腹部，指向前方。尿道穿過其下部，明顯為腹側。儘管我們是雙足姿勢及下垂的陰莖改變了解剖關係，但人類陰莖的方向術語依循與其他哺乳動物相同慣例。

陰莖體主要由三個**勃起組織** (erectile tissues) 的圓柱體組成，性興奮時充滿血液並導致增大及勃起。單一個勃起的**尿道海綿體** (corpus spongiosum)，沿著陰莖腹側通過並包圍陰莖尿道。尿道海綿體在遠端擴張以填充整個龜頭，在龜頭附近陰莖背側之兩側有**陰莖海綿體** (corpus cavernosum)(複數 corpora cavernosa)。每個海綿體都包覆在**白膜** (tunica albuginea) 的緊密纖維套中，之間被**正中隔膜** (median septum) 分開 (請注意睪丸也有白膜，陰囊也有正中隔膜)。

所有三個圓柱體的勃起組織均呈海綿狀，並包含無數微小的血竇，稱為**海綿狀腔隙** (cavernous spaces)，之間分隔為**小樑** (trabeculae)，這是由結締組織及平滑的**小樑肌** (trabecular muscle) 組成。在鬆弛的陰莖中，小樑肌張力使腔隙塌陷，組織中腔隙呈現狹縫。

陰莖向後旋轉 90°，並繼續延伸向內的體表處為陰莖根部。尿道海綿體在根部的內側終止成為擴張的**陰莖球** (bulb)，陰莖球由球海綿體肌 (bulbospongiosus muscle) 包覆，並固定在泌尿生殖三角的皮下組織中 (見圖 26.2a 和 26.7)。陰莖海綿體像 Y 形臂向兩側發散，稱為**陰莖腳** (crus)，將陰莖附著在骨盆的恥骨弓上，並附著在兩側的會陰膜。坐骨海綿體肌包覆兩側的陰莖腳，而陰莖腳的遠端，根部被**球海綿體肌** (bulbospongiosus muscle) 包覆 (參見表 11.8 中的圖 11.23a)。

陰莖從一對髂內動脈分支的**內陰 (陰莖) 動脈** [internal pudendal (penile) arteries] 接受血液。當每條動脈進入陰莖根部時，分成兩部分。一條分支為**背動脈** (dorsal artery)，沿著陰莖在皮下附近向背側行進，供應皮膚、筋膜和海綿體血液。另一條分支為**深動脈** (deep artery)，穿過海綿體的核心並發出較小的**螺旋動脈** (helicine[25] arteries)，穿過小樑並排入海綿狀腔隙。背動脈及深動脈之間有許多吻合，因此它們不是任何勃起組織的唯一血液來源。正中**深背靜脈** (deep dorsal vein) 從陰莖排出血液，其在深層筋膜下方的兩條背動脈之間運行，並流入前列腺靜脈叢。

陰莖之感覺神經及運動神經纖維豐富。龜頭具有豐富的觸覺、壓力及溫度感受器，尤其是在近端邊緣及繫帶上。它們藉由一對突出的**背神經** (dorsal nerves) 傳向**內陰神經** (internal pudendal nerves)，然後由薦神經叢到達脊髓段 S2~S4。陰莖體、陰囊、會陰等部位的感覺纖維對於性刺激也非常重要。

自主及軀體運動纖維將信號從脊髓的整合中心傳遞到陰莖及其他骨盆腔器官。交感神經纖維源自 T12~L2，透過下腹神經叢及骨盆神經叢，支配陰莖動脈、小樑肌、精子管道及附屬腺體。交感神經興奮會擴張陰莖動脈，即使在脊髓的薦脊髓區受損時也能誘發勃起。它們也反映特殊感覺及性思想的輸入而開始勃起。

副交感神經纖維從脊髓節 S2~S4 透過陰神經到達陰莖的動脈，副交感神經參與了自主反射弧，直接刺激陰莖及其他會陰器官時引起勃起 (請見下一節)。

---

25 *helic* = coil 線圈，helix 螺旋

26.2g 勃起和射精

整合所有關聯，讓我們現在簡要地看一下男性生殖器官在勃起及射精過程中如何協同運作。

性興奮時，副交感神經 (parasympathetic nerve) 纖維刺激陰莖海綿體深動脈的血管舒張，使血液流入海綿狀腔隙的速度超過其流出速度。海綿體膨脹 (變厚) 到中等程度，但是在周圍白膜是緊密的纖維套，限制橫向膨脹；因此，血液被迫向前推進，陰莖變長更甚於變厚。尿道海綿體也膨脹，但程度較小，尿道海綿體過大的壓力會壓迫尿道並干擾射精。尿道海綿體就如其名，仍相對是海綿狀，而陰莖海綿體變得更加堅硬，並承擔陰莖**勃起** (erection) 的大部分責任。

射精 (ejaculation) 分為發射及排出兩個階段。在發射 (emission) 時，交感神經系統 (sympathetic nervous system) 刺激輸精管中平滑肌的蠕動波，輸精管從副睪的尾部吸引成熟的精子，並運送至尿道。這使人意識到即將到來的性高潮，同時尿道球腺將澄清的精液分泌到尿道中，為精子做準備，其中一小部分可能會從陰莖的尖端滲出。

然後，輸精管壺腹收縮並推動精子進入前列腺尿道。附屬腺體的平滑肌收縮，先後從前列腺及精囊中補充精液，這些占精液體積的 90% 至 95%。

前列腺尿道中的精液刺激其壁感覺神經末梢，這些神經末梢會引發脊髓反射，從而導致射精的**排出** (expulsion) 階段。軀體運動神經纖維 (somatic motor nerve fibers) 從脊髓下段到圍繞在陰莖根部的球海綿體肌，此肌肉產生 5~6 次強烈的痙攣性收縮，使精液從尿道口噴出以達到**性高潮** (climax) 或**極度興奮** (orgasm)。如您所見，神經系統的副交感神經、交感神經及軀體運動神經在射精中扮演作用。您也可以直接記憶副交感神經使陰莖勃起，而交感神經使精液射出。

臨床應用 26.2

污染對生殖系統的影響

近幾十年來，科學界及大眾媒體對內分泌干擾化學物質 (endocrine disrupting chemicals, EDC) 感到興趣，EDC 會干擾我們的自身激素並可能破壞生殖、發育及體內平衡的環境因子。

經證實或懷疑的 EDC 存在於工業溶劑、潤滑劑、殺蟲劑、塑料 (包括食品罐內襯)、處方藥及醫療器械，甚至是嬰兒豆奶配方中。我們透過食物、飲水、受污染的空氣、土壤及家用化學品，以及在某些使用此類化學品的農業及製造業等職業中接觸到 EDC。

EDC 透過許多機制作用，EDC 或其代謝物可以藉由激活受體來模擬雌激素作用；拮抗雄性素作用；改變基因表達；或破壞調節自身雌激素及雄性素分泌的正負回饋。

EDCs 被認為至少暫時地影響廣泛的生殖異常，在男性為隱睪症 (睪丸未降)、尿道下裂 (尿道開口在陰莖腹側而非在尖端)、精子數量低、精子活力減少及睪丸癌；在女性中為乳房過早發育、早發性停經、乳癌、子宮肌瘤、子宮內膜異位症以及排卵與哺乳中斷。部分學者推測 EDC 可能是影響過去 50~70 年間精子數量下降及乳癌增加的歷史趨勢。

但在許多此類情況，數據是相互矛盾、薄弱或有爭議的。證據無論多麼令人不安，通常都是模糊及間接的。要證明特定生殖障礙與疑似 EDC 之間存在關聯是非常困難。一方面，我們不能在人類身上進行實驗，動物實驗的結果往往不能直接推論於人類。另一方面，影響可能會延遲數年、數十年，甚至幾代；人類生活中有太多變數，這掩蓋了因果關係—產前或嬰兒暴露，直到成年才可見；職業、居住和環境暴露的變化；移民及國際收養；暴露於環境化學物質的複雜混合物中，因此無法挑出任何一個原因，也無法知道它們如何相互作用，這些無法單獨產生影響。儘管有這些困難，EDC 仍是一個重要的議題，需要繼續研究。

26.2h 男性生殖系統疾病

前列腺是許多男性困擾的來源。20 歲時，前列腺重量通常約為 20 g，一直維持至約 45 歲，之後才開始緩慢增生。70 歲時，超過 80% 的男性呈現某種程度的**良性前列腺增生** (benign prostatic hyperplasia, BPH) ——非癌性增大。BPH 的併發症是前列腺會壓迫尿道，減緩尿液的流動使膀胱不易排空，有時會引發膀胱和腎臟的感染。

前列腺癌 (prostate cancer) 是男性中僅次於肺癌的第二大常見癌症，50 歲以上男性約占 9%。前列腺癌往往在腺體周圍形成，不會阻塞尿液流動，因此直到引起疼痛前，通常不會被注意。前列腺癌通常轉移到附近的淋巴結，然後再轉移到肺及其他器官。

前列腺緊鄰直腸的位置，可以採用直腸壁觸診前列腺以檢查是否有腫瘤，此過程稱為**肛門指檢** (digital rectal examination, DRE)。前列腺癌也可以透過血液中酸性磷酸酶 (acid phosphatase) 及絲胺酸蛋白酶 (serine protease) [又稱為前列腺特異性抗原 (prostate-specific antigen, PSA)] 的增加來診斷。儘早發現及治療，高達 80% 的前列腺癌患者可以存活，但若是擴散到前列腺被囊之外，只有 10% 至 50% 可以存活。老年男性前列腺切除術 (prostatectomy) 的風險超過益處，而前列腺癌常出現在老年期且生長緩慢，通常可以控制直到患者因其他原因之正常死亡。

男性也會罹患睪丸癌、陰莖癌和乳腺癌。與前列腺癌相比，**睪丸癌** (testicular cancer) 通常是較年輕時發作。睪丸癌是 15~34 歲男性最常見的實質固態瘤，通常是從無痛的睪丸腫塊或腫脹開始。男性應常規觸診睪丸 (通常在淋浴或浴缸中進行)，觀察是否大小正常及光滑的質地，若及早發現，睪丸癌是高度可治癒。

女人並不是唯一罹患**乳癌** (breast cancer) 的性別，在每 175 位女性，就約有 1 位男性有此疾病，約占男性癌症的 0.2% (五百分之一)。但是男性乳癌的死亡率比女性高，可能是因為他們不知道男性也會得乳癌，而且認為病徵是不太嚴重的原因所造成，或者拒絕接受治療、錯過時機。男性乳癌的病徵包括乳頭周圍的腫塊或壓痛；異常的膚色或質地；及液體流出。

表 26.2 提供有關男性生殖疾病的更多資訊。

在你繼續閱讀之前

回答下列問題，以檢驗你對上節內容的理解：

5. 說出睪丸中除了生殖細胞以外的兩種類型的細胞，並描述其位置和功能。
6. 說出從精原細胞到精細胞的精子發生階段，以及精細胞至精子的形成。確定生殖細胞從雙套變為單套的階段。
7. 描述精細胞的三個主要部分，並說明各部分包含哪些胞器或細胞骨架成分。
8. 從精子形成於睪丸到射精的時間，依序說出所有精子管道名稱。
9. 描述精囊、前列腺和尿道球腺的位置和功能。
10. 命名並描述陰莖的勃起組織及其相對位置。
11. 描述勃起及射精的機制。
12. 總結本節中討論的三種前列腺及睪丸的疾病。

表 26.2 部分的男性生殖系統疾病	
隱睪症 (Cryptorchidism)[26] (crip-TOR-ki-dizm)	一個或兩個睪丸未能完全下降到陰囊中。若不治療會導致不育，因為未下降的睪丸對於精子發生來說溫度太高。在大多數情況下，睪丸在嬰兒的第一年自然下降，若睪丸無下降，則可以藉由注射激素或手術來治療。另見臨床應用 26.2
尿道下裂 (Hypospadias)[27] (HY-po-SPAY-dee-us)	一種先天性缺陷，其中尿道開口在陰莖腹側或基部，而非在尖端；通常在大約在 1 歲時，以手術治療。另見臨床應用 26.2
不孕症 (Infertility)	由於精子數量少 (< 20~25 百萬/mL)、精子活力差或畸形精子比例高 (兩個頭部、尾部缺陷等)，而無法使卵子受精。這可能是因營養不良、淋病及其他感染、毒素或睪固酮缺乏所引起。另見臨床應用 26.2
陰莖癌 (Penile cancer)	占美國男性癌症的 1%；最常見於 50~70 歲的低收入之男性黑人。最常見於不可伸縮的包皮 (包莖) 且陰莖衛生差的男性；最不常見於出生時割過包皮的男性

其他的男性生殖系統疾病，您可以在下列地方找到討論		
良性前列腺肥大 (26.2h 節)	前列腺癌 (26.2h 節)	睪丸癌 (臨床應用 26.2，26.2h 節)
男性乳癌 (26.2h 節)	性傳播疾病 (臨床應用 26.5)	精索靜脈曲張 (臨床應用 26.1)
勃起功能障礙 (26.4c 節)		

26.3 女性生殖系統

預期學習成果

當您完成本節後，您應該能夠

a. 描述卵巢及支持韌帶的解剖結構；
b. 描述卵子發生及排卵的過程，以及與卵巢濾泡組織學變化的關係；
c. 追蹤女性生殖道並描述每個器官的大體解剖結構及組織學；
d. 描述在月經週期及月經過程中子宮內膜的變化；
e. 確定支持女性生殖器官的韌帶；
f. 描述女性生殖道的血液供應；
g. 識別女性的外生殖器；
h. 描述非哺乳期及哺乳期乳腺的結構；和
i. 描述乳癌及子宮頸癌的發展，以及危險因子、預防和治療。

圖 26.10 及 26.11 顯示了女性生殖道。骨盆腔的主要生殖器官是卵巢、輸卵管、子宮及陰道。我們將從基本生殖器官 (卵巢) 及配子 (卵) 生成開始介紹，然後依序介紹其餘部分。

26.3a 卵巢

女性性腺是**卵巢** (ovaries)[28]，產生卵細胞 (ova) 及性激素。卵巢是一個杏仁狀的器官，位於稱為卵巢窩 (ovarian fossa) 的骨盆後壁凹陷處。卵巢長約 3 cm、寬 1.5 cm、厚 1 cm。卵巢被囊與睪丸被囊一樣，稱為**白膜** (tunica albuginea)。卵巢的內部稍微地分為中央是**髓質** (medulla) 和外層是**皮質** (cortex)(圖 26.12)。髓質是纖維結締組織的核心，被卵巢的主要動脈及靜脈占據。皮質是卵巢**濾泡** (follicles) 所在的部位，每個濾泡都由一個發育中的卵子，及周圍有許多小**濾泡細胞** (follicular cells) 所組成。卵巢不像睪丸有一系列導管；是藉由濾泡破裂而排卵 (ovulation)，一次釋放一個卵子。

26 *crypt* = hidden 隱藏；*orchid* = testes 睪丸
27 *hypo* = below 下面；*spad* = to draw off (the urine) 排出 (尿液)
28 *ov* = egg 卵；*ary* = place for 地方

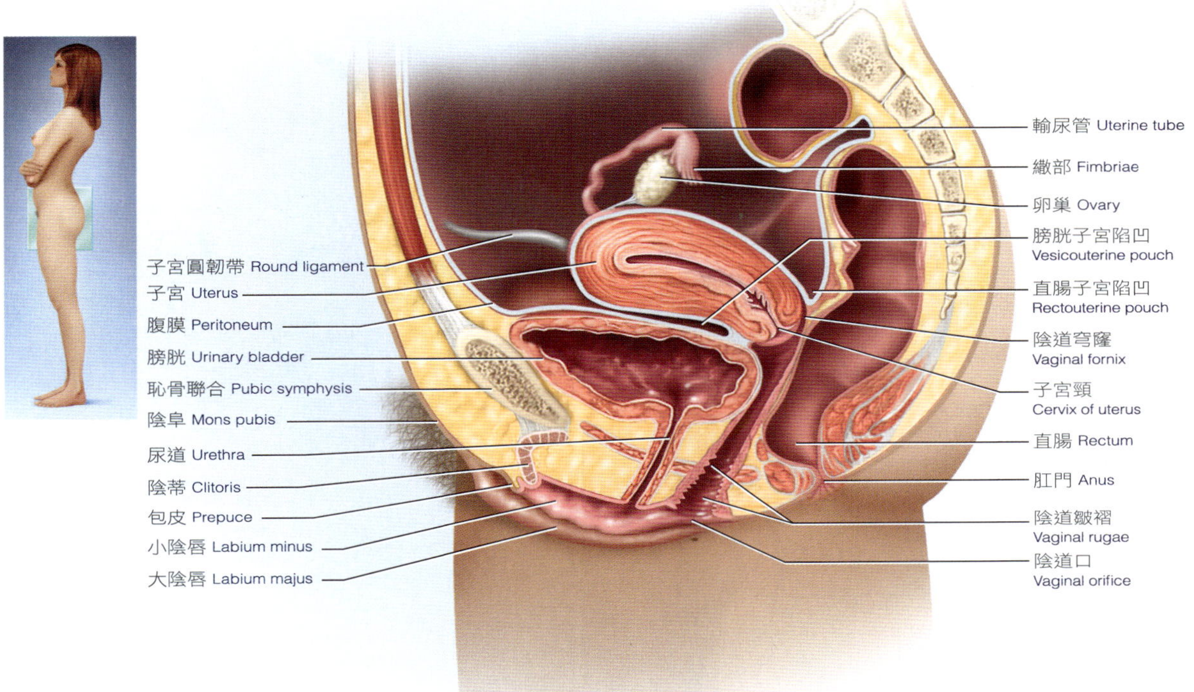

圖 26.10 **女性生殖系統**。相對應之大體解剖學照片，請參見圖 A.14b。APR

兒童時期卵巢表面光滑。在生育年齡，卵巢變得更加有波紋，因為不同階段的生長濾泡在表面產生凸起。停經後卵巢縮小，主要是由疤痕組織組成。

卵巢及其他內部生殖器藉由結締組織韌帶固定 (圖 26.11)。卵巢的內側極藉由**卵巢韌帶** (ovarian ligament) 與子宮相連，外側極藉由**懸韌帶** (suspensory ligament) 與骨盆壁相連。卵巢的前緣藉由稱為**卵巢繫膜** (mesovarium)[29] 的腹膜皺襞固定，此韌帶延伸至腹膜，稱為**闊韌帶** (broad ligament)。闊韌帶位於子宮的兩側，並在其上緣包圍著輸卵管。若你將這些韌帶想像成一個轉 90° 的 T (⊣)，垂直線代表子宮兩側的闊韌帶，並在其上端包裹輸卵管，而水平線代表在游離端包裹卵巢的卵巢繫膜。

卵巢接受來自兩條動脈的血液：**子宮動脈的卵巢分支** (ovarian branch of the uterine artery)，穿過卵巢繫膜並接近卵巢的內側極；以及**卵巢動脈** (ovarian artery)，穿過懸韌帶並接近外側極 (見圖 26.18)。卵巢動脈是相當於男性睪丸動脈的女性動脈，源自腹主動脈並沿著體後壁向下行至性腺。卵巢動脈及子宮動脈沿卵巢邊緣吻合，並發出多條小動脈，從一側進入卵巢。卵巢靜脈、淋巴管及神經也穿過懸韌帶，靜脈及淋巴管遵循類似於前述的睪丸路線。

29 *mes* = middle 中間；*ovari* = ovary 卵巢

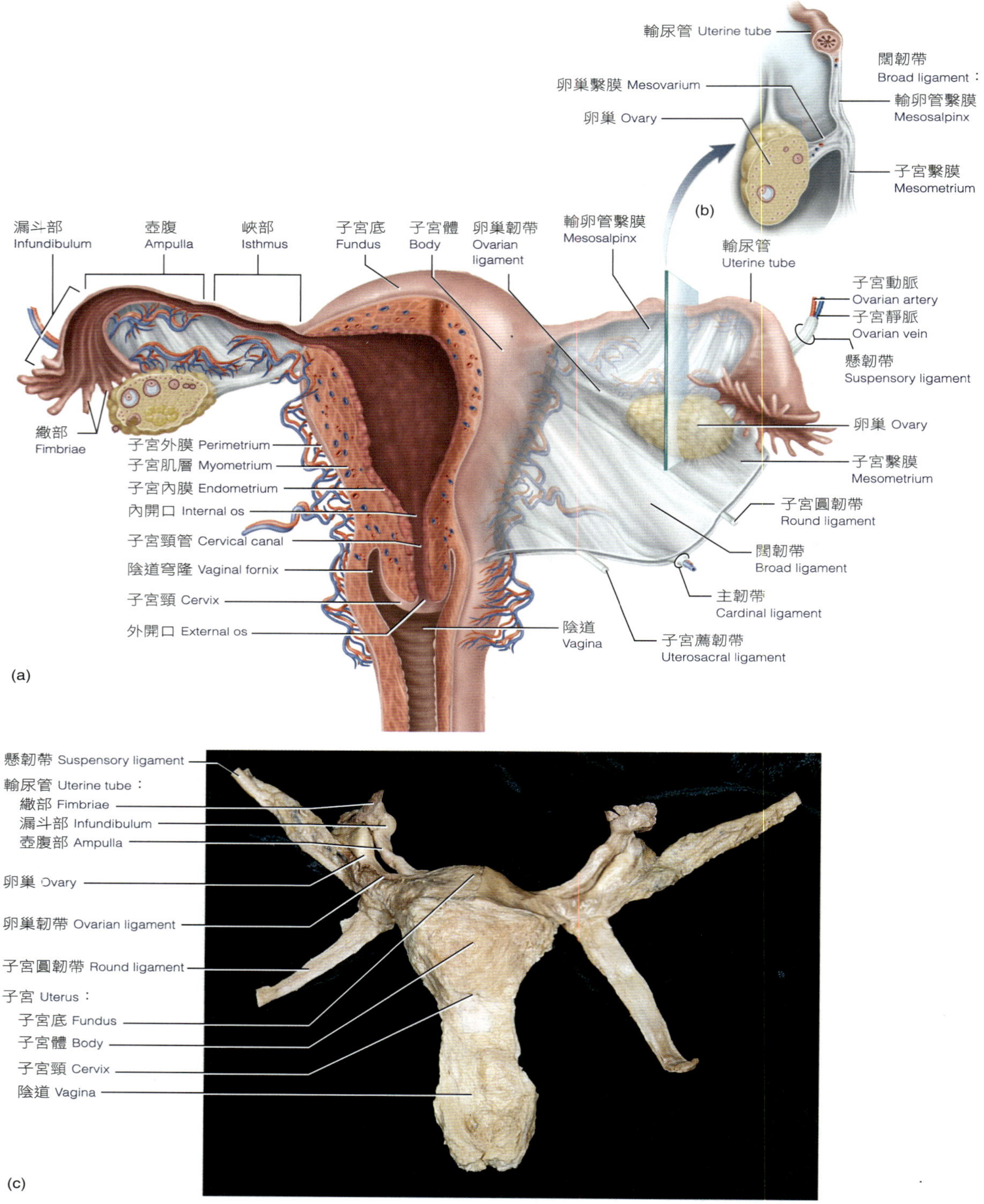

圖 26.11　女性生殖道及支持韌帶。(a) 生殖道的後面觀；(b) 輸卵管、卵巢與支持韌帶的相關性；(c) 主要女性生殖器官的大體解剖前面觀。AP|R

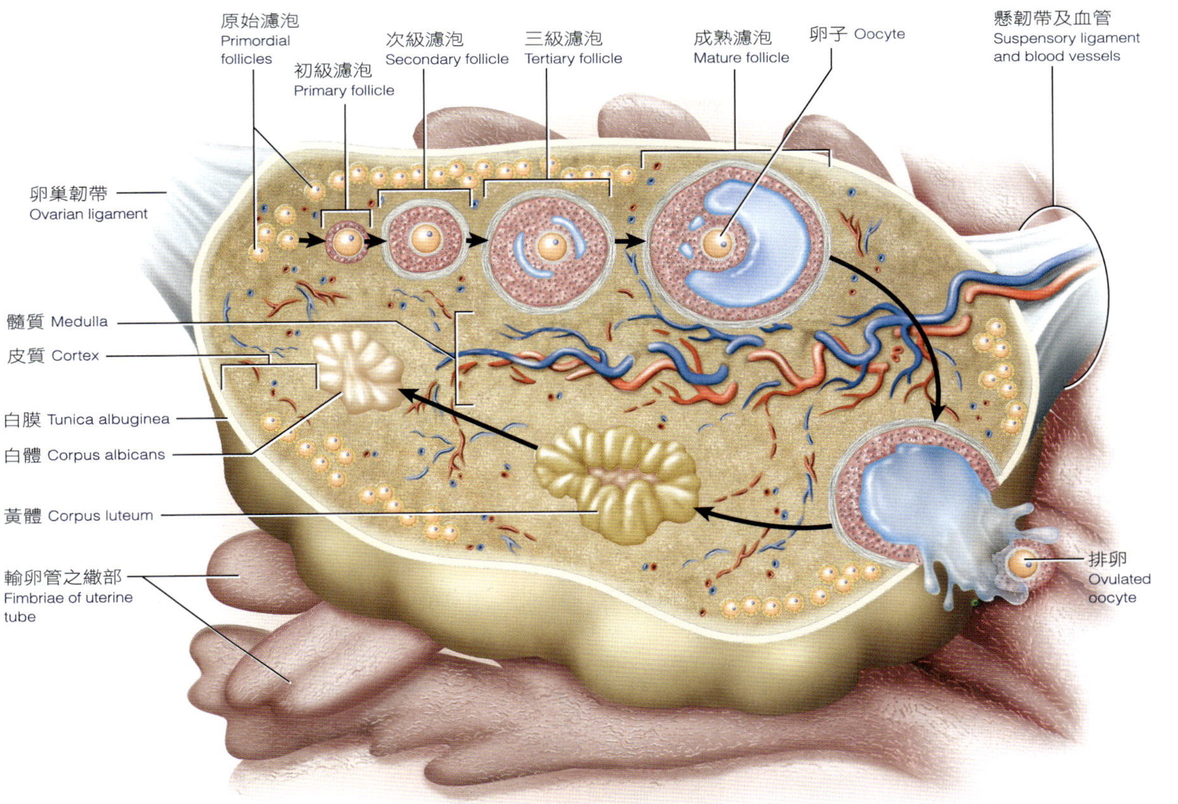

圖 26.12 **卵巢的結構**。箭頭表示濾泡的發育順序；濾泡不會在卵巢周圍遷移，而且在此並非顯示出所有濾泡類型同時存在的情況。APR

26.3b 濾泡發育及卵子生成 APR

經顯微鏡檢查，卵巢最顯著的特徵是有不同發育階段的各種濾泡 (圖 26.12)。要了解其外觀，需要對卵子及濾泡發育過程有基本的了解。

卵子的產生稱為**卵子發生** (oogenesis)[30] (OH-oh-JEN-eh-sis)(圖 26.13)，與精子發生一樣，採減數分裂以產生單套配子。然而某些部分與精子發生不同：這不是一個連續的過程，而是以**卵巢週期** (ovarian cycle) 的規律發生，每個原始生殖細胞 [卵原細胞 (oogonium)]，最後只產生一個有功能性的配子，其他子細胞則成為很快死亡的**微小極體** (polar bodies)。

女性與男性的原始生殖細胞一樣，源自胚胎的卵黃囊，在前 5~6 週定植於性腺嵴，然後分化為**卵原細胞** (oogonia)(OH-oh-GO-nee-uh)。卵原細胞皆在出生時成為**初級卵母細胞** (primary oocytes)。大多數初級卵母細胞在兒童時期死亡，以閉鎖 (atresia) 的過程進行「淘汰」，倖存的初級卵母細胞以休眠狀態直到青春期。從初級卵母細胞到受精時間的任何階段可稱為*卵子* (*egg*；*ovum*)。女孩在青春期開始時大約 200,000 個卵子，被認為是女性一生的生殖細胞來源。

生育年齡的女性，通常在每次月經期開始後約 14 天，從卵巢釋放卵子稱為*排卵* (ovulates)；然而有些特殊卵子會超過 14 天。除了在懷孕及哺乳期間，每個月都會有 20~25 個濾泡從童年休眠中甦醒。卵子重新開始發育，直到其中一個卵子大約 290 天後排卵。女

30 *oo* = egg *卵*；*genesis* = production *產生*

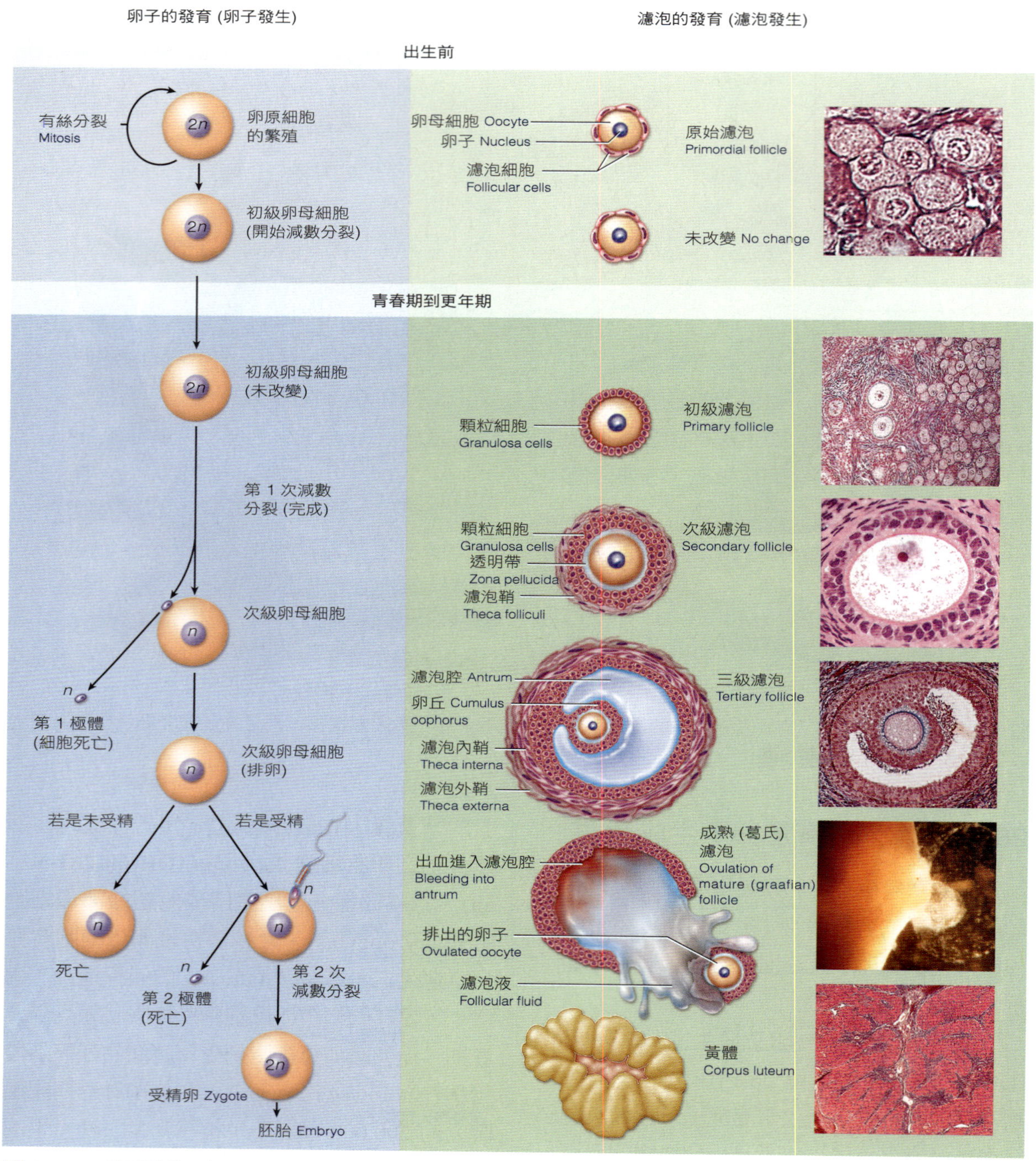

圖 26.13 卵子發生 (左) 及相應的濾泡發育 (右)。AP|R

性每月排卵一次，並不是因為卵子發育只需要一個月的時間，而是因為這 290 天的卵巢週期，發生在重疊的週期中。

重新激活的初級卵母細胞完成第一次減數分裂，分裂成一個較大的**次級卵母細胞** (secondary oocyte) 及一個**第一極體** (first polar body) 的小細胞 (圖 26.13)。第一次減數分裂將染色體數量減少一半，因此次級卵母細胞是單套。次級卵母細胞盡可能保留較多的細胞質，以便受精後可以不斷地細胞分裂並產生構成胚胎所需的眾多子細胞。若初級卵母細胞直接分成四個相等，但較小的細胞質，這將與目的不符合。第一個極體只是丟棄另一組單套染色體，細胞很快就會死亡。次級卵母細胞開始第二次減數分裂，然後再次進入發育停滯狀態，直到排卵後。若卵子受精，將完成第二次減數分裂並產生**第二個極體** (second polar body)。若無受精，就會死亡並且永遠不會完成減數分裂。

卵子發生的階段伴隨著**濾泡發生** (folliculogenesis)，即濾泡的一系列變化。初級卵母細胞最初被封閉在**原始濾泡** (primordial follicle) 中，此濾泡由緊密貼在卵母細胞上之單層鱗狀濾泡細胞所組成 (圖 26.14a)。原始濾泡集中在卵巢表面附近，隨著卵子的發育及增大，卵周圍的濾泡細胞形成立方狀；當卵子周圍具有單層立方細胞的濾泡稱為**初級濾泡** (primary follicle)。當卵子繼續變大時，濾泡細胞會繁殖並聚集，當形成兩層或多層，這些細胞就稱為**顆粒細胞** (granulosa cells)，此時期濾泡稱為**次級濾泡** (secondary follicle)。顆粒細胞在卵子周圍分泌一層糖蛋白凝膠，即**透明帶** (zona pellucida)[31]，而圍繞濾泡的結締組織形成纖維狀外殼，稱為**濾泡鞘** (theca[32] folliculi) (THEE-ca fol-IC-you-lye)。鞘膜及顆粒細胞是女性雌激素的主要來源。

大多數初級及次級濾泡退化，不再發育，但是部分濾泡開始在顆粒細胞中分泌富含雌激素的**濾泡液** (follicular fluid)。一旦出現濾泡液，此濾泡稱為**三級濾泡** (tertiary follicle)。濾泡液池生長並合併，形成**濾泡腔** (antrum)；因此，三級成熟濾泡又稱**空腔濾泡** (antral follicles)。此時，濾泡鞘也進一步分化為兩層，外層為纖維狀的濾泡外鞘 (theca externa) 及內層為細胞組成之濾泡內鞘 (theca interna)。濾泡在排卵前約 40~50 天達到腔期。約在排卵前 20 天，其中一個被選為優勢濾泡，即將要排卵的濾泡。其餘濾泡經歷閉鎖，即死亡。

排卵前一週內，優勢濾泡直徑擴大至 2.5 cm，像水泡一樣卵巢表面有隆起，被稱為**成熟濾泡** (mature follicle)、排卵前濾泡 (preovulatory follicle) 或是葛氏濾泡 (graafian follicle)(圖 26.14b)。此時卵母細胞被一群稱為卵丘 (cumulus oophorus)[33] (CUE-mew-lus oh-OFF-or-us) 的顆粒細胞貼在濾泡壁上。凝膠狀的透明帶仍將顆粒細胞與卵母細胞分開，並在

31 *zona* = zone 區域；*pellucid* = clear 清晰，transparent 透明

32 *theca* = box 盒子，case 箱子

33 *cumulus* = little mound 小丘；*oo* = egg 卵；*phor* = to carry 攜帶

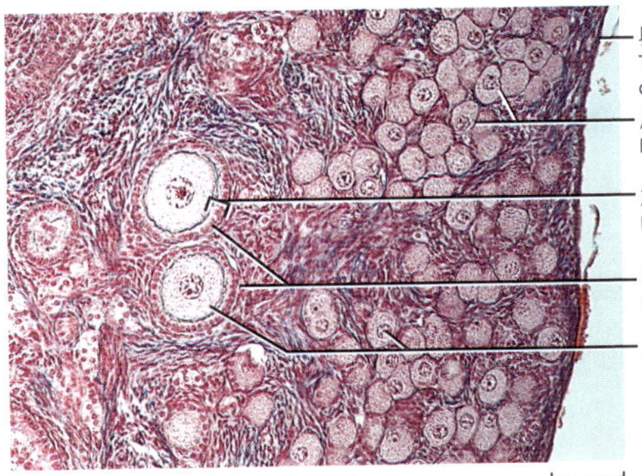

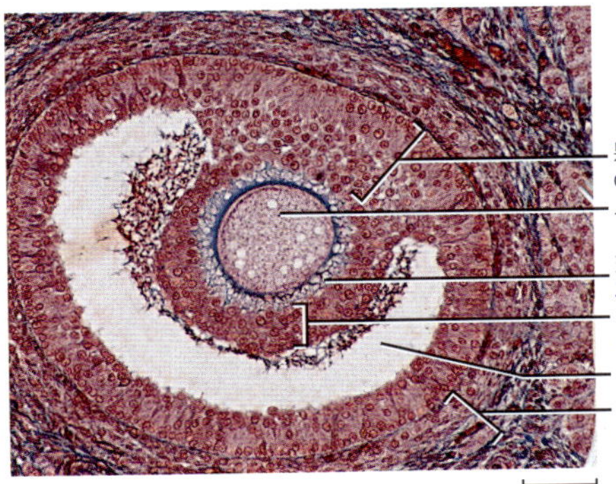

圖 26.14 卵巢濾泡。(a) 原發濾泡及初級濾泡。注意原發濾泡中卵母細胞周圍很薄的鱗狀細胞，以及初級濾泡中的單層立方細胞；(b) 成熟的 (排卵前) 濾泡。AP|R

(a) ©Ed Reschke/Getty Images; (b) ©Ed Reschke/Getty Images

組織切片中顯示清晰的空間。卵丘的最內層稱為**放射冠** (corona radiata)[34]。來自冠狀細胞及卵母細胞的微絨毛跨越透明帶，就像男性的血睪障壁，透明帶可以保護卵子免受抗體及其他有害化學物質的侵害，以確保未被放射冠細胞所篩選的任何物質，不會進入卵子。

APR 排卵通常發生在月經週期的第 14 天左右，只需 2 或 3 分鐘。在成熟濾泡上方的卵巢表面出現乳頭狀小斑 (stigma)，濾泡破裂釋放卵母細胞 (圖 26.15)。其餘濾泡塌陷並流入濾泡腔中，隨著凝結的血液被緩慢吸收，顆粒細胞及濾泡內鞘細胞增殖並充滿濾泡腔，並且在它們之間生長出緻密的微血管床。排卵後的濾泡變成**黃體** (corpus luteum)[35]，以積聚在濾泡內鞘細胞中的黃色脂質命名 (見圖 26.12)。這些細胞現在稱為**黃體細胞** (lutein cells)，黃體分泌大量黃體素，刺激子宮為可能的懷孕做準備。

若未懷孕，黃體會在第 24~26 天萎縮，這過程稱為退化 (involution)。約第 26 天完全退化，黃體變成不活化的疤痕，即**白體** (corpus albicans)[36]。若是懷孕，黃體會維持活性約 3 個月，產生黃體以維持早期妊娠。胎盤最終接續此任務。卵巢週期中的這些事件與子宮組織學的變化相關，我們將在後面進行探討。

34 *corona* = crown 皇冠；*radiata* = radiating 輻射
35 *corpus* = body 體；*lute* = yellow 黃色
36 *corpus* = body 體；*alb* = white 白色

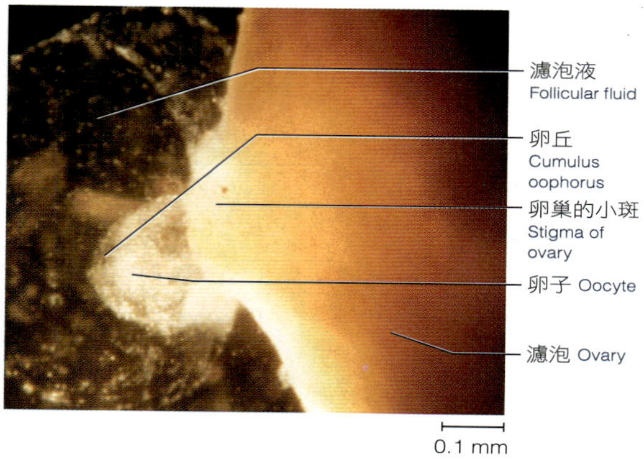

圖 26.15 **排卵**。內視鏡之照片。卵母細胞被一層卵丘細胞覆蓋。

26.3c 輸卵管

排卵的卵母細胞被排入**輸卵管** (uterine tube，以前稱 *fallopian tube*)(見圖 26.11)，長約 10 cm、具有纖毛的管道，從卵巢通向子宮。在遠端 (卵巢) 末端，張開成喇叭形的**漏斗部** (infundibulum)[37]，帶有羽狀突起的**繖部** (fimbriae)[38] (FIM-bree-ee)；輸卵管中間及最長部分是**壺腹** (ampulla)；靠近子宮的部分是較窄的**峽部** (isthmus)。輸卵管被包圍在**輸卵管繫膜** (mesosalpinx)[39] (MEZ-oh-SAL-pinks) 中，這是闊韌帶的上緣。

輸卵管壁富含平滑肌，黏膜高度皺褶成縱向嵴，上皮具有纖毛細胞及少量分泌性**無纖毛細胞** (peg cells)(圖 26.16)。纖毛向子宮擺動，並在輸卵管肌肉收縮的幫助下，將卵子輸送至子宮。

26.3d 子宮

子宮 (uterus)[40] 是厚實的肌肉腔，通向陰道頂部，在膀胱上方向前傾斜 (見圖 26.10 和 26.11)。功能是孕育胎兒、提供營養來源 (胎盤是部分由子宮組織組成)，並在妊娠末期分娩出胎兒。子宮呈梨形，上方是**子宮底** (fundus) 寬闊彎曲、中間稱為**子宮體** (body)，及下部之**子宮頸** (cervix)。子宮頸到子宮底約 7 cm，在子宮底最寬處之寬為 4 cm、厚 2.5 cm，懷孕的女性會增大。

37 *infundibulum* = funnel 漏斗
38 *fimbria* = fringe 邊緣
39 *meso* = mesentery 腸繫膜；*salpin* = trumpet 喇叭
40 *uterus* = womb 子宮

圖 26.16　**輸卵管的內襯上皮**。分泌細胞以紅色及綠色顯示，纖毛細胞的纖毛以黃色 (掃描電子顯微鏡) 顯示。APR

子宮腔大致呈三角形，兩個上角通向輸卵管。在未懷孕的子宮中，不是空腔而是潛在空間 (potential space)(見 1.2e 節)；相對的壁黏膜被壓在一起，之間幾乎沒有空間。子宮腔與陰道相通，藉由稱為**子宮頸管** (cervical canal) 通過子宮頸的狹窄通道。子宮頸管通向子宮體的上部開口是內開口 (internal os)[41] (發音為「oz」或「ose」)，通向陰道的開口是外開口 (external os)。子宮頸管包含分泌黏液的**子宮頸腺體** (cervical glands)，被認為可以防止微生物從陰道傳至子宮。接近排卵期時，黏液較平時更薄，讓精子更容易通過。

子宮壁

子宮壁 (uterine wall) 的組成為由外層之漿膜稱為子宮外膜 (perimetrium)、中間肌肉層稱為子宮肌層 (myometrium)，及內層之黏膜稱為子宮內膜 (endometrium)。子宮外膜是由單層鱗狀上皮組成，上面覆蓋著一層薄的網狀結締組織 (areolar tissue)。**子宮肌層** (myometrium)[42] 構成子宮壁的大部分，未妊娠的子宮厚度約 1.25 cm。子宮肌層主要是由平滑肌所組成，平滑肌束從子宮底向下延伸，並圍繞子宮體。子宮頸附近的子宮肌層肌肉較少，而纖維較多；子宮頸本身幾乎完全是纖維 (膠原蛋白)，而非肌肉所組成。剛結束經期的子宮肌層之肌肉細胞約厚度為 40 μm，在月經週期中間 (接近排卵期) 肌肉層約 2 倍，在懷孕期間肌肉層約達 10 倍。子宮肌層功能是能產生有助於分娩胎兒的子宮收縮。

子宮內膜或黏膜稱為**子宮內膜** (endometrium)[43]，為單層柱狀上皮、複管狀腺，以及白血球、巨噬細胞及其他細胞所組成 (圖 26.17)。子宮內膜淺層約占 1/2~2/3 稱為**功能**

41 *os* = mouth 口

42 *myo* = muscle 肌肉；*metr* = uterus 子宮

43 *endo* = inside 內部；*metr* = uterus 子宮

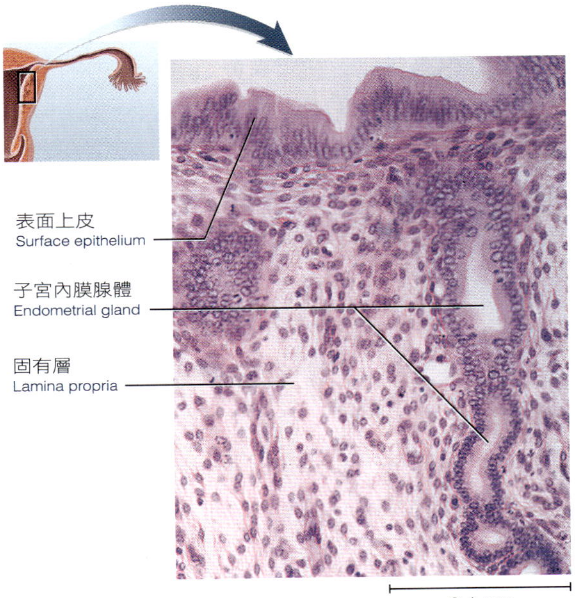

圖 26.17　**子宮內膜的組織學**。僅顯示功能層。APR

層 (functional layer；stratum functionalis)，在每月之經期都會脫落。深層為**基底層** (basal layer；stratum basalis)，能在下一個循環中重新生成新的功能層。當懷孕時，子宮內膜是胚胎附著的部位，並形成胎盤的母體部分。

臨床應用 26.3

子宮肌瘤和子宮癌

子宮肌瘤及子宮癌是子宮內的兩種病理性增生，一種是良性但是讓人感到困擾，另一種是惡性並且危及生命。前者在生育期最常見，後者在更年期後較常見。

子宮肌瘤 (平滑肌瘤)[uterine fibroids (leiomyomas[44])] 是子宮肌層平滑肌的良性腫瘤。子宮肌瘤發生在 70% 以上的女性，但大多數很小、沒有症狀，不被注意。然而，有些長得像柚子一樣大，會導致骨盆腔疼痛、月經量大且*痛經* (dysmenorrhea)、月經間期突然出血、反覆流產，以及因膀胱或結腸受壓迫引起的泌尿及腸道問題。子宮肌瘤通常是多發性的，但源於單一出現問題的平滑肌細胞。因為對於雌激素敏感，在生育期會生長，在更年期後會消退。子宮肌瘤在肥胖女性中更常見，在黑人與亞洲女性中的發生率是白人女性的 2~5 倍。子宮肌瘤藉由藥物、手術切除腫瘤或子宮切除術進行治療。

子宮癌 (uterine cancer) 通常起源於子宮頸腺體 [*子宮內膜癌* (endometrial cancer)]。子宮癌是第四項最常見的女性癌症 (僅次於肺癌、乳癌及結腸直腸癌)，約占女性人口 2%，通常在 59~70 歲之間。子宮癌的早期預警信號是停經後出血，通常藉由子宮切除術及骨盆腔放射線治療。若是早期發現與治療，治癒率很高——40%~95%。*子宮頸癌* (cervical cancer) 在 26.3h 節中討論。

44 *leio* = smooth 光滑；*myo* = muscle 肌肉；*oma* = tumor 腫瘤

子宮韌帶和腹膜

子宮由骨盆出口的骨盆底肌支撐，及腹膜褶皺在器官周圍形成支撐韌帶，就如腹膜在卵巢和輸卵管的作用一樣 (見圖 26.11)。**闊韌帶** (broad ligament) 是由兩部分組成：前面提到的*輸卵管繫膜* (mesosalpinx) 及子宮兩側的*子宮繫膜* (mesometrium)。子宮頸及陰道上部是由延伸至骨盆壁的*主韌帶* (cardinal ligaments)，又稱**子宮頸側韌帶** (lateral cervical ligaments) 所支撐。成對的*子宮薦韌帶* (uterosacral ligaments) 將子宮的後表面連接到薦骨上；子宮的前表面有一對*子宮圓韌帶* (round ligaments)，穿過腹股溝管，止於大陰唇。

當腹膜在各種骨盆腔器官周圍形成折疊時，會產生幾個死角凹槽或稱陷凹 (腹腔的延伸部分)。兩個主要形成的陷凹是子宮與膀胱之間的空間，稱為**膀胱子宮陷凹** (vesicouterine[45] pouch)；以及子宮與直腸之間的空間，稱為**直腸子宮陷凹** (rectouterine pouch)(請見圖 26.10)。

血液供應

子宮血液的供應對於月經週期及懷孕尤為重要。**子宮動脈** (uterine artery) 源自髂內動脈，穿過闊韌帶到達子宮 (圖 26.18)，子宮動脈會藉由分支，穿透子宮肌層並形成**弓狀動脈** (arcuate arteries)，弓狀動脈圍繞子宮行進，並與另一側的弓狀動脈相互吻合。沿著其路線會分支較小的動脈，這些動脈穿過子宮肌層的其餘部分，進入子宮內膜並形成**螺旋小動脈** (spiral arteries)。螺旋小動脈在子宮內膜腺體之間，朝向黏膜的表面盤繞 (圖 26.19)，有規律地收縮和擴張，使黏膜交替地蒼白及充血。

子宮組織學的週期性變化

子宮組織並非不會改變，適孕期的女性隨著**月經週期** (menstrual cycle)，子宮內膜增

45 *vesico* = bladder 膀胱

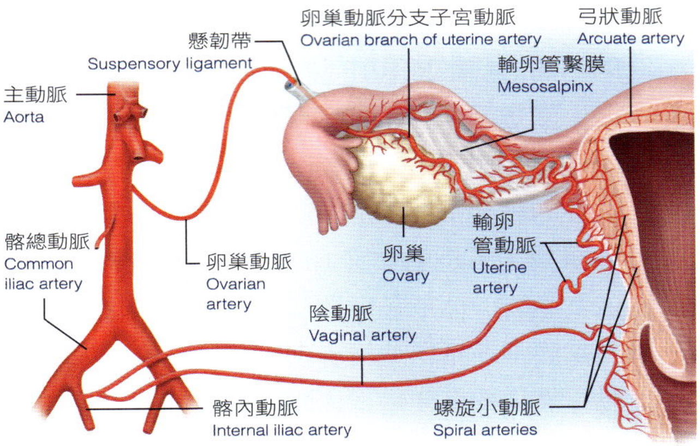

圖 26.18　女性生殖道的血液供應。從繪圖的角度來看，陰道、子宮和卵巢動脈的長度被誇大了，為了清晰起見，將主動脈從子宮移開。

生、剝落及排出的每月規律變化。子宮週期平均為 28 天，第 1 天被認為是經血由陰道分泌的第一天。若想瞭解為何會月經來潮，首先考慮子宮內膜的組織學變化。

增殖期 (proliferative phase) 是重建最後一次月經時，所失去之子宮內膜組織的時期。在月經結束時，大約第 5 天，子宮內膜厚度約 0.5 mm，僅由基底層所組成。在生長中濾泡分泌的雌激素刺激下，功能層在第 6~14 天透過有絲分裂重建。到第 14 天，子宮內膜厚

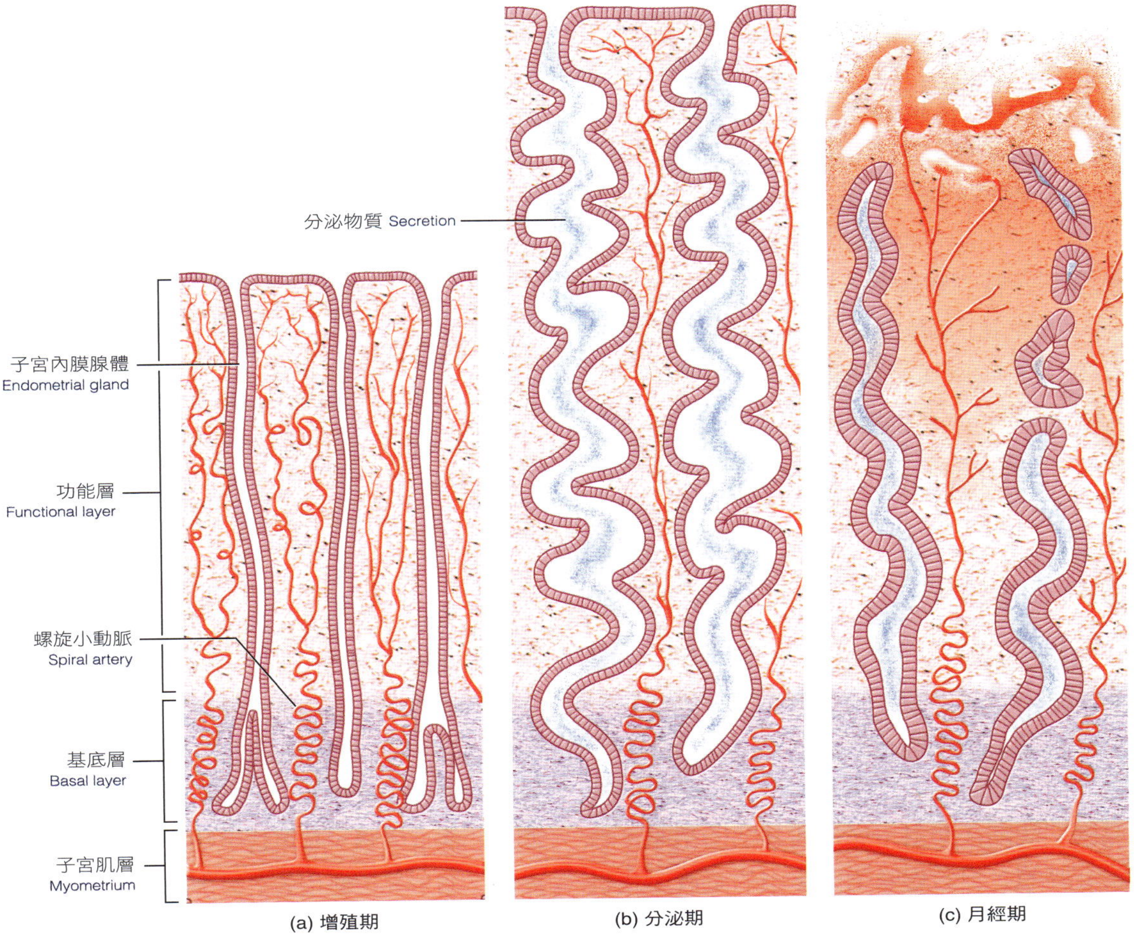

圖 26.19　子宮內膜在月經週期的變化。(a) 晚期增殖期。子宮內膜厚 2~3 mm，具有相對直、窄的子宮內膜腺體。螺旋小動脈在子宮內膜腺體向上穿透；(b) 分泌期。由於肝醣和黏液的積累，子宮內膜已增厚至 5~6 mm。子宮內膜腺體更寬，更明顯地盤繞，在組織切片中顯示鋸齒狀的外觀；(c) 月經期。缺血組織開始死亡並從子宮壁脫落，破裂的血管出血，組織內及子宮腔內的血液聚集。

度約為 2~3 mm (圖 26.19a)。

分泌期 (secretory phase) 是子宮內膜進一步增厚的時期，是由分泌物及液體蓄積，而非有絲分裂引起。典型的週期是第 15 天 (排卵後) 至第 26 天，並受到黃體中的黃體素刺激。此階段子宮內膜腺體變得更寬、更長、更捲曲。由於子宮內膜的腺體盤繞，垂直截面顯示這些腺體呈鋸齒狀 (圖 26.19b)。此階段子宮內膜細胞及子宮基質會儲存肝醣。分泌期結束時，子宮內膜的厚度約 5~6 mm，為柔軟、濕潤、營養豐富的床，懷孕時適合胚胎發育。

經前期 (premenstrual phase) 是月經週期的大約最後兩天所發生的子宮內膜變性時期。當黃體萎縮時，螺旋小動脈會出現痙攣性收縮，導致子宮內膜缺血 (血流中斷)。因此，經前期也稱為**缺血期** (ischemic phase)(iss-KEE-mic)。缺血會導致組織壞死，當血液供應被切斷時，細胞就會死亡。隨著子宮內膜腺體、基質及血管的退化，功能層會蓄積血液成池。壞死的子宮內膜從子宮內壁脫落，與腔內的血液及漿液混合形成**經液** (menstrual fluid)(圖 26.19c)。

當子宮內累積足夠經液，開始經陰道排出時**月經期** (menstrual phase；menses) 就開始了。第一天排出經液，即是月經週期的第一天。

26.3e 陰道

陰道 (vagina)[46] 是長約 8~10 cm 管道，可排出經液、接受陰莖及精液，以及分娩嬰兒。陰道壁很薄，但很容易伸展。陰道壁由外至內是外膜層、肌肉層及黏膜層組成。陰道在尿道及直腸之間向後傾斜；尿道與其前壁相連。陰道沒有腺體，但透過陰道壁滲出的漿液，及來自其上方的子宮頸腺體的黏液來潤滑。陰道稍微超出子宮頸，形成一個稱為**穹窿** (fornix)[47] 的凹窩 (見圖 26.10)。

陰道下端有橫向摩擦嵴，或稱**陰道皺褶** (vaginal rugae)，有助於性交過程中對男性及女性的刺激。在陰道口的黏膜向內折疊並形成一層膜，即是**處女膜** (hymen)，橫跨開口。在處女膜有一個或多個開口，可以讓精液通過。處女膜常在童年或青春期時，因為一般體力活動、衛生棉條使用或以陰道窺器的醫學檢查而撕裂，或是可能在第一次性交時撕裂。

陰道上皮在兒童時期是單層立方上皮，但青春期的雌激素將其轉變為複層鱗狀上皮，這是化生 (metaplasia) 的例子 (見 3.6b 節)。陰道上皮細胞富含肝醣，細菌將肝醣發酵成乳酸，而產生抑制病原體生長的低 pH 值 (約 pH3.5~4.0)。黏膜還具有稱為**樹突狀細胞** (dendritic cells) 的抗原呈現細胞，通常有助於抵禦感染，但卻也是 HIV 侵入女性身體的途徑。

應用您的知識

為何你認為陰道上皮在青春期會改變類型？可能變成何種類型的上皮，為何是複層鱗狀上皮？

臨床應用 26.4

子宮內膜異位症

子宮內膜在子宮以外部位的任何生長都稱為子宮內膜異位症 (endometriosis)。子宮內膜組織可以在卵巢表面或輸卵管、膀胱、陰道、骨盆腔、腹膜、小腸或大腸，甚至遠至肺及胸膜腔內停留和生長。這些異位部位的子宮內膜與子宮的作用相同，在每個月經週期增厚並與月經同步脫落。脫落的組織無處可去，會引起刺激並在體腔中形成

46 *vagina* = sheath 鞘

47 *fornix* = arch 拱門，vault 拱頂

疤痕組織及黏連。

子宮內膜異位症影響 6%~10% 的女性，通常會導致骨盆腔疼痛；痛經；與性交、排尿或排便相關的疼痛；陰道異常出血；有時可能影響不孕，最廣泛被接受的子宮內膜異位症理論是月經逆行 (retrograde menstruation)——經液向後流動並通過輸卵管，而非由陰道流出，控制管理的選擇包括激素治療及手術；在嚴重的情況下，可能需要進行子宮切除術作為最後的手段。目前尚無治癒的方法。

26.3f 外生殖器

女性的外生殖器占據了會陰的大部分，統稱為**女陰** (vulva)[48] 或**陰部** (pudendum)[49] (圖26.20)。女性的會陰與男性具有相同骨骼標誌，女性會陰的肌肉層對產科特別重要 (見表 11.8 和圖 11.23)。

陰阜 (mons[50] pubis)(見圖 1.9) 主要由覆蓋恥骨聯合的前方脂肪組織組成，上面覆蓋皮膚並有陰毛。**大陰唇** (labia majora)[51] (單數，labium majus) 是一對厚的皮膚皺襞及脂肪組織，位於陰阜下方、大腿之間；大陰唇之間的裂縫是*女陰裂* (pudendal cleft)。青春期陰毛生長在大陰唇的外側表面，內側表面無陰毛。大陰唇內側是完全無陰毛且更薄的**小陰唇** (labia minora)[52] (單數 *labium minus*)，小陰唇包圍的區域稱為**前庭** (vestibule)，包含尿道口及陰道口。在前庭的前緣，小陰唇合併並在陰蒂上形成一個帽狀的

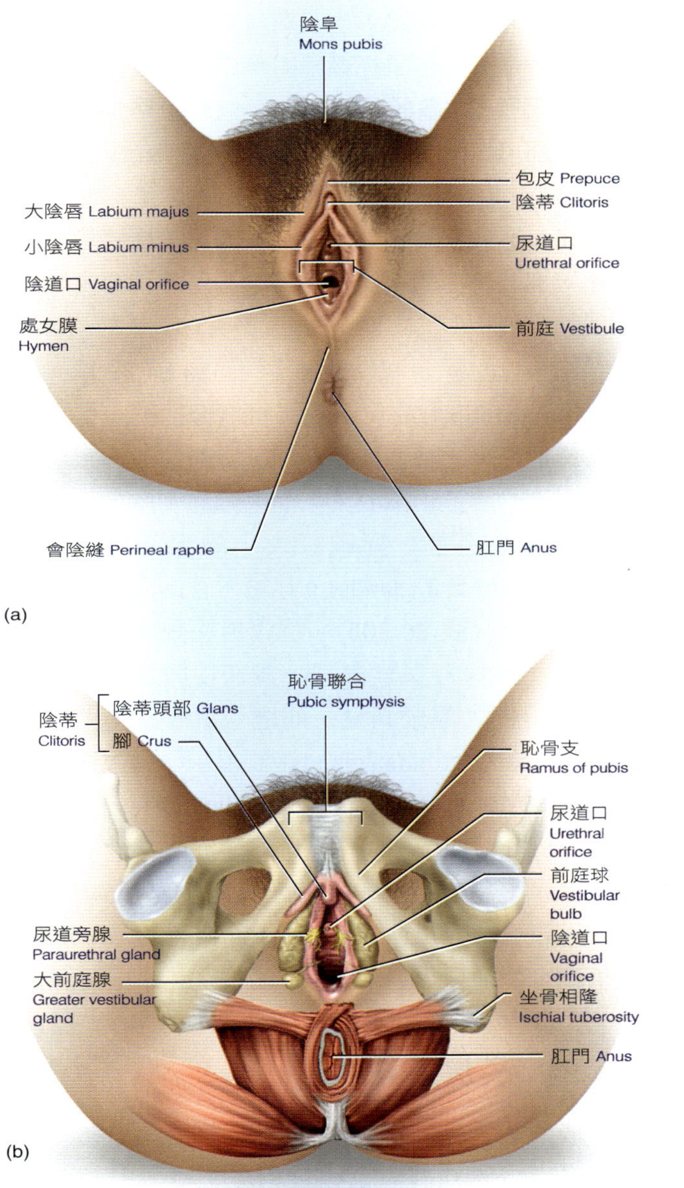

圖 26.20 **女性會陰**。(a) 表面解剖構造；(b) 皮下的解剖構造。APR

包皮 (prepuce)。

陰蒂 (clitoris)[53] (CLIT-er-is 或 cli-TOR-is) 在許多方面的結構與陰莖非常相似，但沒有泌

48 *vulva* = covering 覆蓋
49 *pudend* = shameful 恥
50 *mons* = mountain 山
51 *labi* = lip 唇；*major* = larger, greater 更大
52 *minor* = smaller 較小，lesser 更小

53 起源不確定；可能來自 *kleis* = door key 鑰匙，或 *klei* + *ein* = to close 關閉

尿作用。陰蒂的功能完全是感覺性的，是性刺激的主要中心。與陰莖不同，陰蒂幾乎完全位於內部，沒有海綿體，也沒有包圍尿道。本質上，陰蒂是一對包裹在結締組織中的陰莖海綿體。陰蒂頭部 [**龜頭** (glans)] 從包皮中略微突出。**體部** (body) 通過內部，低於恥骨聯合 (見圖 26.10)。在內部末端，陰莖海綿體像 Y 形一樣分叉、形成一對**腳** (crura)，與陰莖一樣將陰蒂連接到恥骨弓的兩側。陰蒂的循環及神經支配與陰莖很相似。

在大陰唇深處，一對稱為**前庭球** (vestibular bulbs) 的皮下勃起組織像括號一樣將陰道括起來。在性興奮期間，會充血並導致陰莖周圍的陰道稍微收緊，而增強性刺激。

陰道旁邊是一對豌豆大小的**大前庭腺** (greater vestibular glands)，其短導管通向前庭或陰道下部 (圖 26.20b)。這與男性尿道球腺是同源，能保持女陰濕潤，並在性興奮期間為性交提供大部分潤滑。前庭也由一些**小前庭腺** (lesser vestibular glands) 潤滑。一對**尿道旁腺 (女性前列腺)**[paraurethral glands (female prostate)] 在尿道外口附近通向前庭，在性高潮期間，腺體可能會排出液體，有時會大量排出。尿道旁腺與男性前列腺相同的胚胎結構，其液體類似前列腺分泌物。

26.3g 乳房及乳腺

成熟的女性**乳房** (breast)(圖 26.21) 是覆蓋在胸大肌上的組織，在青春期擴大並終生維持，大部分時間很少的**乳腺** (mammary gland)。乳腺在懷孕期間在乳房內發育，在哺乳期的乳房保持活性，並在女性停止哺乳時萎縮。

乳房有兩個主要區域：錐形至下垂的**體部** (body)，乳頭在其頂端；以及向腋窩的延伸部分，稱為**腋尾** (axillary tail)。腋尾淋巴管是乳癌轉移的重要途徑。

乳頭周圍環繞著環形的彩色區域，即是**乳暈** (areola)。與周圍皮膚相比，真皮的微血管及神經更靠近表面，使乳暈更敏感，顏色更深。在懷孕期間，乳暈及乳頭通常會進一步變深，使其在哺乳嬰兒的模糊視力下更明顯。當嬰兒吸允乳汁時，乳暈的感覺神經纖維對於觸發噴乳反射 (milk ejection reflex) 很重要。乳暈有稀疏的毛髮及**乳暈腺** (areolar glands)，在表面可見小突起。這些腺體的發育程度介於汗腺和乳腺之間。當女性哺乳時，乳暈腺及皮脂腺的分泌物保護乳暈免於皸裂和開裂。乳暈的真皮具有平滑肌纖維，可反應寒冷、觸摸及性興奮時收縮，使皮膚起皺並豎起乳頭。

非哺乳期之乳房內部主要由脂肪及膠原組織組成，乳房大小由脂肪組織的數量決定，與乳腺可以產生的乳汁量無關。**懸韌帶** (suspensory ligaments) 將乳房連接至上方皮膚真皮層及下方肌肉 (胸大肌) 筋膜。非哺乳期的乳房含有很少的腺體組織，但有導管系統分支，經過結締組織基質會聚在乳頭上。

當乳腺在懷孕期間發育時，會在乳頭周圍呈放射狀排列 15~20 個葉片，並由纖維基質彼此隔開。每葉都由一個**輸乳管** (lactiferous[54] duct) 引流，輸乳管接近乳頭處擴張形成輸乳竇 (lactiferous sinus)。在內部，這條導管反覆分支，最細的分支以囊袋作為末端，稱為腺泡。腺泡在乳房的每個葉內組織成葡萄狀的聚集，稱為小葉 (lobules)。每個腺泡由圍繞中央管排列的錐狀分泌細胞囊所組成 (見圖 3.29)。就像塑料網袋裡的柳橙，腺泡被分泌細胞周圍的收縮性**肌上皮細胞** (myoepithelial cells) 網絡包圍 (圖 26.21d)。當女性哺乳時，對乳頭的刺激會誘導腦下垂體後葉分泌催產素。催產素刺激肌上皮細胞收縮時，使乳汁從腺泡擠入輸乳管。

54 *lact* = milk 牛奶；*fer* = to carry 攜帶

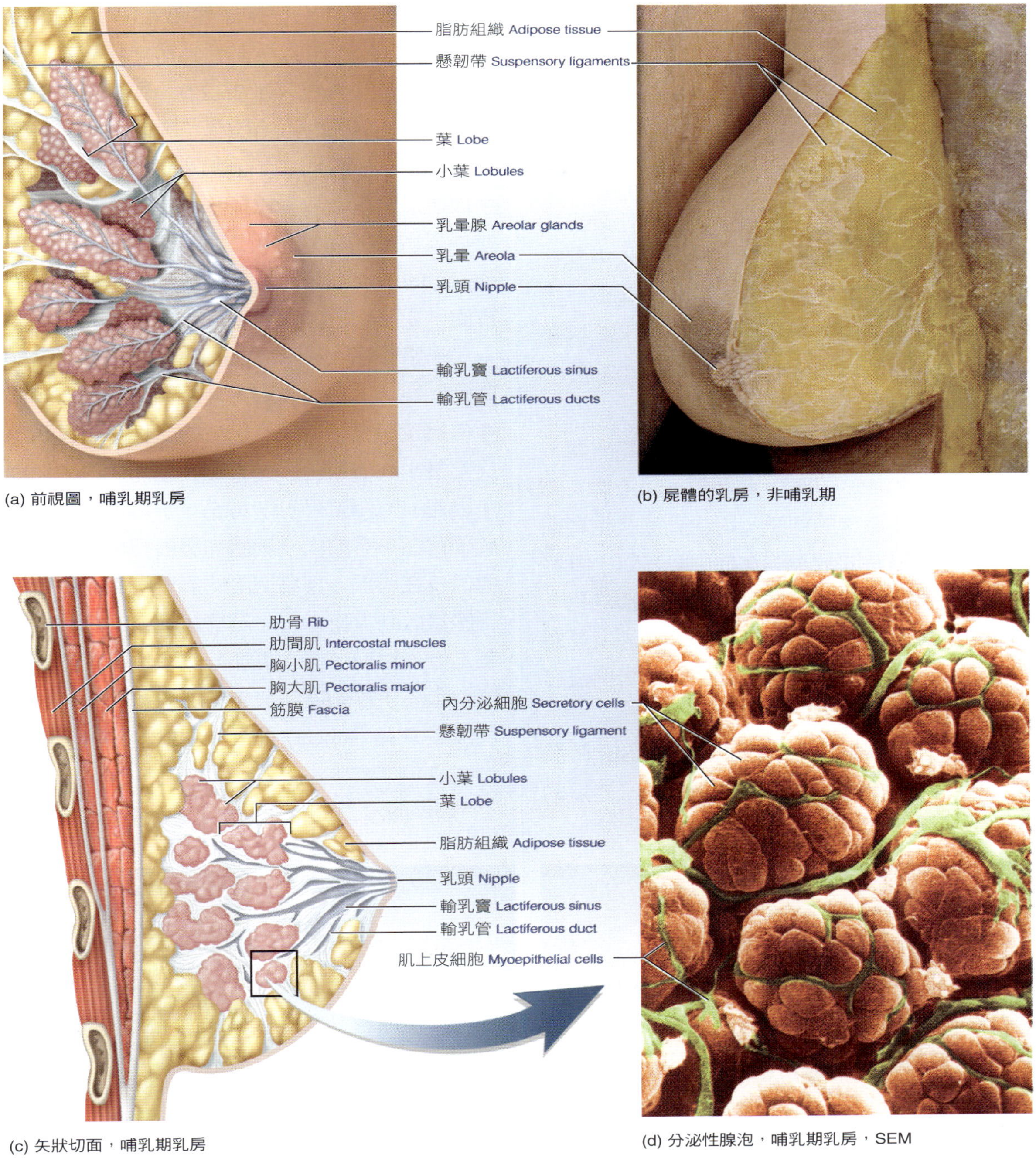

(a) 前視圖，哺乳期乳房
(b) 屍體的乳房，非哺乳期

(c) 矢狀切面，哺乳期乳房
(d) 分泌性腺泡，哺乳期乳房，SEM

圖 26.21 乳房。(a)、(c) 及 (d) 描繪哺乳期的乳房。(a) 和 (c) 中的一些特徵在 (b) 圖中非哺乳期的乳房是部分不存在。(c) 方框中的小葉包含許多如同 (d) 的微小腺泡。

• (d) 肌上皮細胞的功能為何？APR

(b) ©From Anatomy & Physiology Revealed, ©McGraw-Hill Education/The University of Toledo, photography and dissection, (d) ©Dr. Donald Fawcett/Science Source

26.3h 女性生殖系統疾病

臨床應用 26.3 及 26.4 描述一些常見的女性生殖系統疾病：子宮肌瘤、子宮癌及子宮內膜異位症。在此我們將討論兩種最常見的女性生殖系統癌症，乳癌及子宮頸癌。

乳癌 (breast cancer) 是全世界女性最常見及最致命的癌症，每 8 或 9 名美國女性中就有一人罹患乳癌。乳癌始於乳管細胞，並可能透過乳腺及腋窩淋巴管轉移到其他器官。乳癌跡象包括可觸及的腫塊 (腫瘤)、皮膚產生皺紋、皮膚質地改變及乳頭異常分泌。

BRCA1 及 *BRCA2* 基因與部分乳癌有關，但僅占乳癌的 5%~10%；大多數是非遺傳。部分腫瘤會受雌激素的刺激，因此乳癌在生育期及雌激素暴露時間較長的女性中較常見—青春期提早及停經較晚。其他風險因素包括老化、接觸放射線及致癌化學物質、過量飲酒及高脂肪攝取以及吸菸。然而，超過 70% 病例沒有任何明顯的風險因素。

大多數腫瘤是在乳房自我檢查 (BSE) 時發現，所以女性應進行每月例行檢查，這類的說明在網路上隨處可見。然而乳房 X 光檢查 (mammograms) 可以檢測到乳房自我檢查時，無法注意的小腫瘤 (圖 26.22)。乳癌治療通常是藉由乳房腫瘤切除術 (僅切除腫瘤) 或乳房根除術 (切除乳房，及有時切除腋窩淋巴結)。手術後通常進行放射線療法或化學療法，對於雌性素敏感的腫瘤也可以用雌激素阻斷劑 (如 tamoxifen) 治療。通常可以從身體其他部位的皮膚、脂肪和肌肉重建看起來自然的乳房。

子宮頸癌 (cervical cancer) 最常見於 30~50 歲的女性，尤其是吸菸、性生活較早、有頻繁性傳播疾病或子宮頸炎病史的女性。子宮頸癌通常是由性傳播病原體人類乳頭瘤病毒 (HPV) 所引起 (參見臨床應用 26.5)。子宮頸癌通常始於子宮頸下方的上皮細胞，發展緩慢並在幾年內保持在局部、容易切除的病變。然而，若癌細胞擴散到上皮下方之結締組織，則癌症被認為是侵入性的，並且更加危險，也可能致命。

預防子宮頸癌的最佳方法是藉由子宮頸抹片檢查 (Pap[55] smear) 進行早期檢測，這一種用

55 喬治・巴巴尼古拉烏 (George N. Papanicolau, 1883~1962)，希臘裔美國醫生及細胞學家

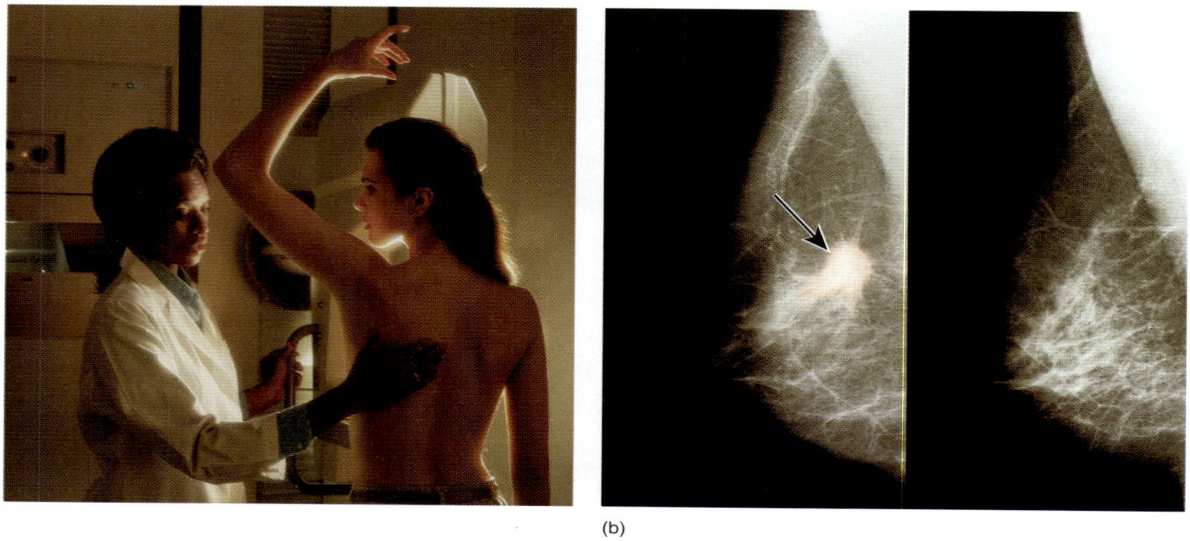

(b)

圖 26.22 乳房攝影術 (Mammography)。(a) 放射技師在乳房攝影中協助患者；(b) 有腫瘤 (箭頭) 乳房的乳房攝影照片與乳房正常纖維結締組織的外觀 (右) 進行比較。

(a) ©Jeff Kaufman/Getty Images, (b) ©UHB Trust/Getty Images

小扁棒或子宮頸刷從子宮頸及陰道中取出鬆散細胞，然後進行顯微鏡檢查。病理學家觀察具有發育不良 (異常發育) 或癌症跡象的細胞 (圖 26.23)。根據樣本細胞的異常程度 (如果有)，可能會建議患者在 3~6 個月內重複進行子宮頸抹片檢查及目視檢驗，或取出錐形組織以進行活組織檢查，評估癌前細胞或惡性細胞的侵襲深度。若是檢體的邊緣都正常，表示所有異常細胞被去除了，這可能被治癒。否則，可能需要子宮切除術或放射線治療。

表 26.3 簡要描述女性生殖系統的其他疾病及部分妊娠併發症。

在你繼續閱讀之前

回答下列問題，以檢驗你對上節內容的理解：

13. 卵子發生的階段為何？描述卵子發生與精子發生所有不同之處。
14. 描述在卵巢及月經週期過程中，卵巢濾泡及子宮內膜發生的變化。
15. 輸卵管黏膜的結構，與其功能有何關係？
16. 說出五種女陰之外部可見的結構，並描述它們之間的空間關係。
17. 說出女陰的附屬腺體，並說明位置及功能。
18. 非哺乳期與哺乳期的乳房結構有何不同？乳房及乳腺有什麼區別？
19. 解釋乳癌如何發展，並討論其危險因子、早期發現和治療。
20. 解釋子宮頸癌如何發展，並討論其危險因子、早期發現和治療。

26.4 生殖系統的發育及老化

預期學習成果

當您完成本節後，您應該能夠

a. 解釋性別分化是如何由性染色體及產前激素所決定；
b. 描述生殖系統的胚胎發育；
c. 描述男性及女性在解剖學發育的哪些方面有共同點，以及它們如何相互區分；
d. 描述睪丸下降到陰囊中的情況，以及與此相比卵巢下降的情況；
e. 確定青春期開始的激素刺激，比較女性及男性青春期的異同；和
f. 總結男女性生殖功能的中年變化。

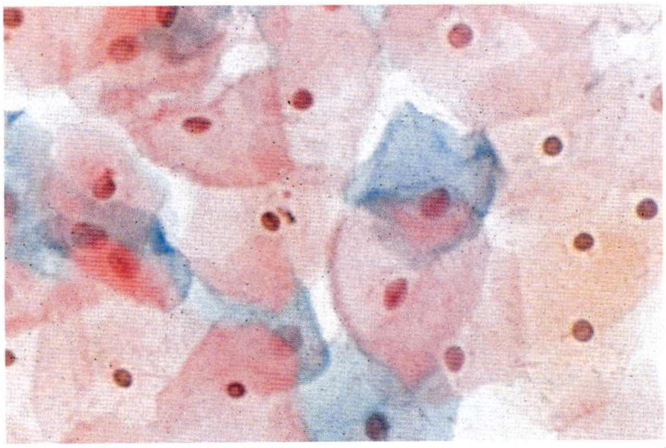

(a) 來自子宮頸的正常上皮細胞

20 μm

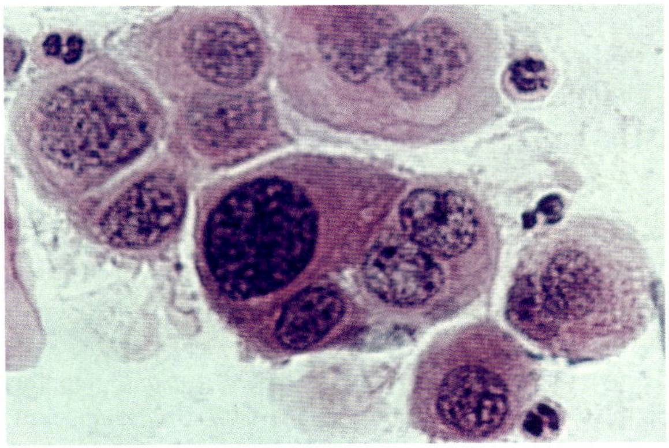

(b) 晚期子宮頸癌的惡性細胞

圖 26.23 子宮頸抹片檢查 (巴氏抹片)。(a) 來自子宮頸的正常上皮細胞；(b) 晚期子宮頸癌的惡性細胞。請注意增大的細胞核及相對減少的細胞質體積。

表 26.3 部分女性生殖系統的疾病

一般生殖系統的疾病	
閉經 (Amenorrhea)[56]	沒有月經。在懷孕、哺乳期、青春期提早及周圍期若是沒有月經屬於正常，但也可能由促性腺激素分泌不足、遺傳疾病、中樞神經系統疾病或體脂過低引起
痛經 (Dysmenorrhea)[57]	在沒有骨盆腔疾病的情況下，由子宮內膜之前列腺素分泌過多引起的痛經。前列腺素刺激子宮肌層及子宮血管收縮。通常開始約於 15 或 16 歲，影響多達 75% 的 15~25 歲女性。可能伴隨平滑肌瘤或子宮內膜異位症
骨盆腔炎 (Pelvic inflammatory disease, PID)	由於子宮、輸卵管或卵巢感染引起的急性、疼痛性炎症，通常由性傳播疾病 [披衣菌 (*Chlamydia*) 或奈瑟氏菌 (*Neisseria*)；見臨床應用 26.5] 的微生物引起。引起腹盆腔疼痛、排尿疼痛及不規則出血。可能導致不孕或需要手術切除受感染的輸卵管或其他器官。與許多異位妊娠病例有關
妊娠疾病	
胎盤早期剝離 (Abruptio placentae)[58]	胎盤與子宮壁過早分離，通常與子癇前症或可卡因 (cocaine) 使用有關。可能需要剖腹產
異位妊娠 (Ectopic[59] pregnancy)	將囊胚植入子宮正常位置以外的任何地方，例如輸卵管 (超過 90% 之病例)、子宮頸或腹腔；通常必須藉由手術終止，以防止嚴重及致命的出血
妊娠糖尿病 (Gestational diabetes)	大約 1%~3% 孕婦患有糖尿病，特徵是胰島素不敏感、高血糖、糖尿，以及胎兒過大、產傷的風險。葡萄糖代謝通常在嬰兒出生後恢復正常，但 40%~60% 的妊娠糖尿病婦女在懷孕後 15 年內發展為糖尿病
妊娠劇吐 (Hyperemesis gravidarum)[60]	妊娠早期長期嘔吐、脱水、鹼中毒及體重減輕，通常需要住院以穩定體液、電解質及酸鹼平衡；有時與肝損傷有關
前置胎盤 (Placenta previa)[61]	胎盤堵塞子宮頸，在胎盤與子宮分離之前，阻礙嬰兒出生，需要剖腹產
子癇前症 (妊娠毒血症) 及子癇 [Preeclampsia[62] (toxemia of pregnancy) and eclampsia]	高血壓及水腫迅速發作，尤其是面部及手部腫脹；蛋白尿及腎絲球過濾率降低；血液凝固增加；有時伴隨頭痛、視力障礙及小部位腦梗塞。發生於約 4% 的懷孕，尤其是第一次懷孕晚期的婦女。可發展為子癇，伴隨癲癇發作及廣泛的血管痙攣，有時對母親、胎兒或兩者都是致命的。子癇通常發生在分娩前或分娩後不久
自然流產 (Spontaneous abortion)	發生在 10%~15% 的妊娠中，通常是因為胎兒畸形或染色體異常無法生存，但也可能是母體異常、傳染病及藥物濫用引起

您可以在下列地方，找到其他的女性生殖系統疾病及男女性傳播疾病

女性乳癌 (臨床應用26.2，26.3h 節) 子宮頸癌 (26.3h 節)	子宮內膜異位症 (臨床應用 26.2、26.4) 性傳播疾病 (臨床應用 26.5)	子宮癌 (臨床應用 26.3) 子宮肌瘤 (臨床應用 26.3)

---

56 *a* = without 沒有；*meno* = monthly 每月；*rrhea* = flow 流量
57 *dys* = painful 疼痛，abnormal 異常；*meno* = monthly 每月；*rrhea* = flow 流量
58 *ab* = away 離開；*rupt* = to tear 撕裂；*placentae* = of the placenta 胎盤的
59 *ec* = out of 出；*top* = place 地方
60 *hyper* = excessive 過度；*emesis* = vomiting 嘔吐；*gravida* = pregnant woman 孕婦
61 *pre* = before之前；*via* = the way (obstructing the way) 路 (擋路)
62 *ec* = forth 前；*lampsia* = shining 閃亮

26.4a 產前發育

男性及女性的生殖系統起源於胚胎之性器官，在解剖學上「尚未分化」，但在遺傳上已注定分化成一種性別的生殖器。因此，睪丸及卵巢是從最初難以區分的未分化性腺 (indifferent gonad) 發育而來，而陰囊與大陰唇是從相同的胚胎結構發育而來。來自同一胚胎前體的任何兩個成熟器官，稱為**同源** (homologous)。

內生殖器

性腺在 5 至 6 週時出現為**性腺嵴** (gonadal ridge)，靠近中腎 (即原始腎臟)。與每個性腺嵴相鄰的是兩個導管，**中腎管** (mesonephric[63] ducts) 及**副中腎管** (paramesonephric[64] ducts)。在男性，中腎管發育成生殖道的一部分，而副中腎管退化。在女性，正好相反 (圖 26.24)。

導管分化成為男性或女性的器官，是由基因及激素之間的相互作用而決定。若受精卵具有性染色體 X 及 Y，則將會發育成男性；若是兩條 X 染色體而沒有 Y 染色體，則將發育成女性。因此，孩子的性別是在受孕 (受精) 時確定，這取決於卵子 (XX) 是由具有染色體 X 或 Y 的精子受精。

為何如此？答案在於 Y 染色體，其中一個稱為 SRY (Y 性別決定區) 的基因編碼，一種稱為**睪丸決定因子** (testis-determining factor, TDF) 的蛋白質。然後 TDF 與其他染色體上的基因相互作用，包括 X 染色體上的雄性素受體基因及啟動男性解剖學發育的基因。到 8~9 週，男性的性腺嵴已經成為一個基本的睪丸，其中間質內分泌細胞開始分泌睪固酮。睪固酮刺激中腎管發育成男性生殖管。胎兒睪丸的支持細胞會分泌另一種激素，導致副中腎管退化。

在女性胎兒中，睪固酮的缺乏導致中腎管退化，而副中腎管「預設」發育成女性生殖道。兩側導管分化成輸卵管。在它們的下端，導管融合形成單個子宮及陰道上部的三分之一。陰道下部三分之二發育為 25.4a 節中描述的泌尿生殖竇的產物。

看起來好像雄性素應該誘導男性生殖道的形成，而雌激素誘導女性生殖道的形成。然而，懷孕期間雌激素一直很高，所以若此機制下，這將使所有胎兒女性化。因此，女性的發育是因為雄性素含量低，而非雌激素的存在。

外生殖器

在第 8 週時，兩性的外生殖器是由以下性別未分化結構構成 (圖 26.25)：

- **生殖結節** (genital tubercle)，一個前正中芽；
- **泌尿生殖褶** (urogenital folds)，一對內側組織皺襞，在生殖結節的後方；
- **陰唇陰囊褶** (labioscrotal folds)，一對較大的組織皺襞，位於泌尿生殖褶的外側。

圖 26.23 顯示了兩性生殖器發育及分化的時間過程，透過顏色識別同源器官。女性中，上述所列出的三個結構分別成為陰蒂、小陰唇及大陰唇。在男性中，生殖結節伸長形成陽具 (phallus)；泌尿生殖褶融合包圍尿道並連接陽具形成陰莖；陰唇陰囊褶融合形成陰囊。

男性及女性生殖器的同源，在某些性發育異常中變得非常明顯。雄性素過多，陰蒂可能會變大，陰唇陰囊褶會融合，與陰莖和陰囊非常相似，此新生兒可能會被誤認是男性。在其他情況下，卵巢會下降到大陰唇，就像睪丸下降到陰囊一樣。

性腺的下降

男性及女性的性腺最初都在腹腔之高處發

63 *meso* = middle 中間；*nephr* = kidney 腎；以暫時的胚胎腎來命名

64 *para* = next to 旁邊

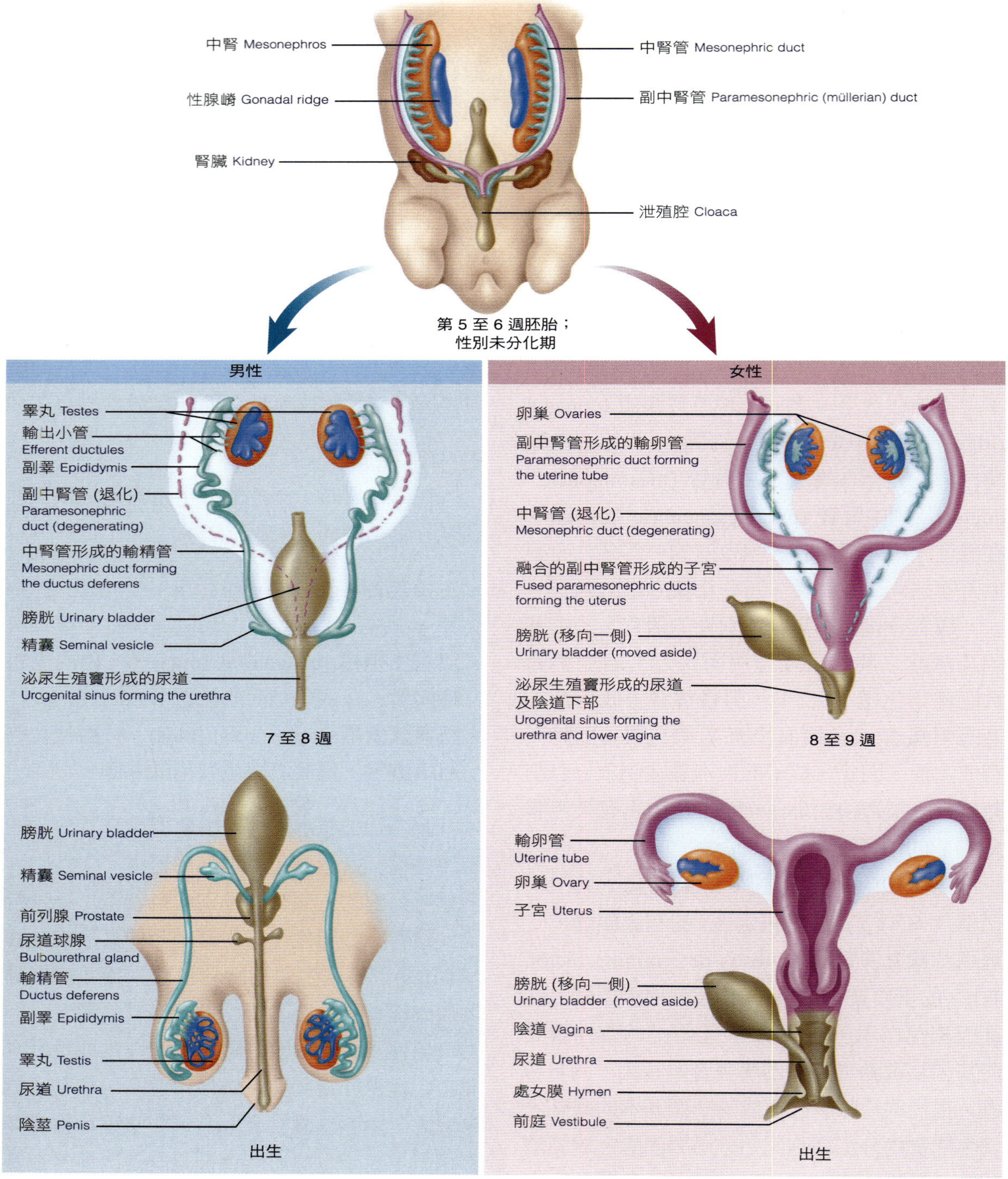

圖 26.24 **男性及女性生殖道的胚胎發育**。請注意，男性管道是從中腎管發展而來，而女性管道則從副中腎管發展而來；各性別的另一個導管將退化。

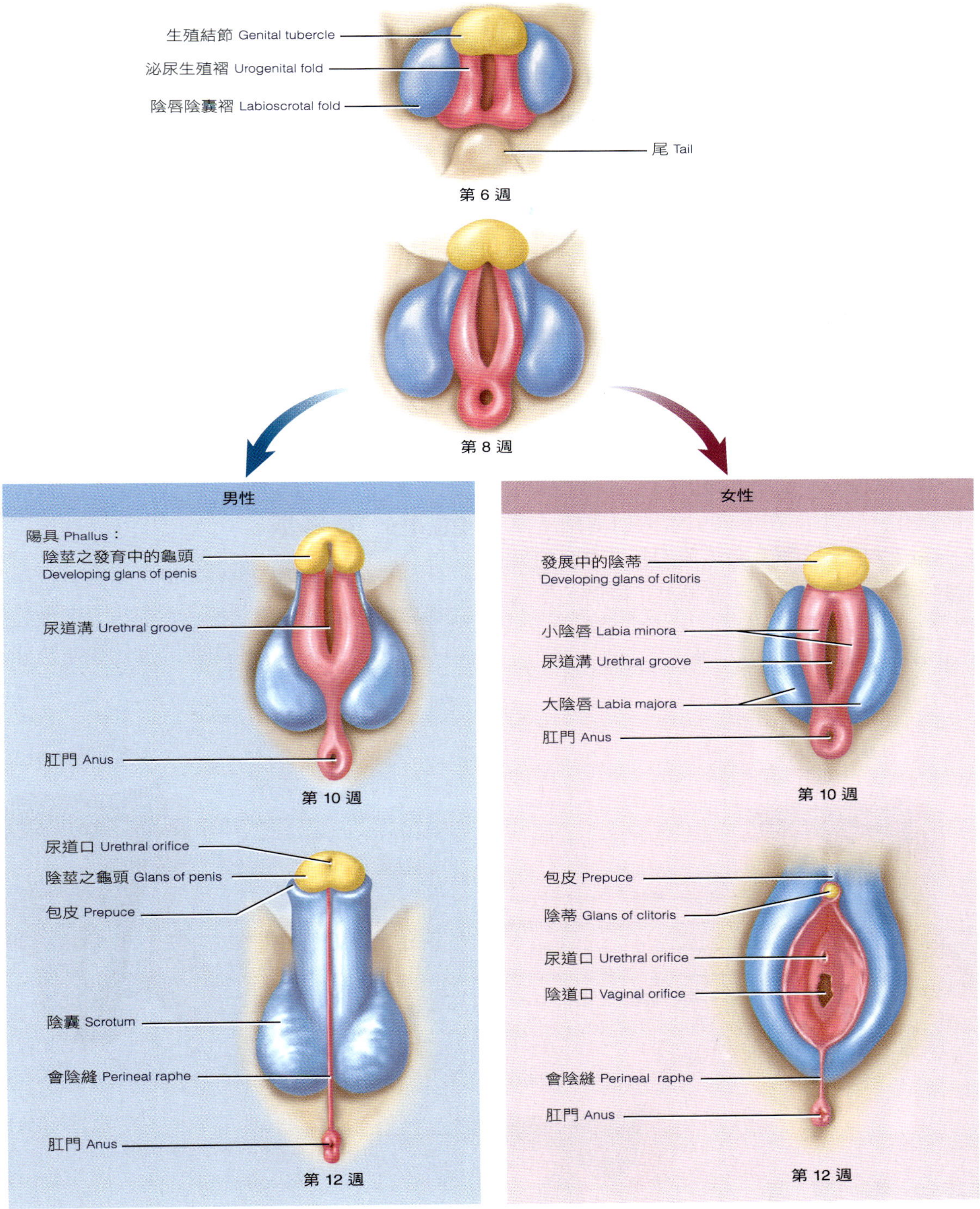

圖 26.25 **外生殖器的發育**。第 6 週時，胚胎具有三個原始結構—生殖結節、泌尿生殖褶及陰唇陰囊褶—這將成為男性或女性生殖器；第 8 週時，這些結構已經長大，但仍無法區分性別；在第 10 週時可以看到些微的性別分化；性別在 12 週內完全可辨別，相同顏色顯示男性及女性的同源結構。

育，然後遷移到骨盆腔 (卵巢) 或陰囊 (睪丸) 中。最明顯的遷移是**睪丸下降** (descent of the testes)(圖 26.26)。在胚胎中，稱為**睪丸引帶** (gubernaculum)[65] (GOO-bur-NACK-you-lum) 的結締組織索，從性腺延伸到腹盆腔底部。隨著其繼續生長，會穿過腹內斜肌及腹外斜肌之間並進入陰囊隆起 (scrotal swelling) 處。與睪丸的任何移動無關，腹膜也會形成一個折疊，延伸到陰囊，作為鞘突 (vaginal process)。睪丸引帶及鞘突形成一個低阻力路徑，腹股溝 (鼠蹊部)、腹股溝管是男孩和男性最常見的疝氣部位 [腹股溝疝氣 (inguinal hernia)；見臨床應用 11.4]。

睪丸下降最早在第 6 週開始，胚胎性腺的上部退化，而下部在睪丸引帶的引導向下遷移。在第 7 個月，睪丸突然穿過恥骨聯合前方的腹股溝管，進入陰囊。當睪丸下降時，伴隨著不斷延長的睪丸動脈和靜脈，及淋巴管、神經、輸精管，以及腹內斜肌延伸之肌肉所形成提睪肌。鞘突與腹腔分離，並作為囊持續存在，即鞘膜 (tunica vaginalis)，包覆睪丸的前側。儘管目前有多種假設，但睪丸下降的實際機制仍然不清楚，睪固酮刺激睪丸下降，但不知道如何進行。然而，大約 3% 的男孩出生時睪丸未下降或隱睪症 (cryptorchidism)(見表 26.2)。

卵巢也會下降，但程度較小。卵巢引帶從卵巢的下極延伸到陰唇陰囊褶。卵巢最終位於小骨盆邊緣的下方。卵巢引帶的下部成為子宮的圓韌帶，上部成為卵巢韌帶。

26.4b 青春期

與任何其他器官系統不同，生殖系統在出生後數年仍處於休眠狀態。然而，大多數男孩 10~12 歲、女孩 8~10 歲時，下丘腦開始分泌

65 *gubern* = rudder 舵，to steer 轉向，guide 引導

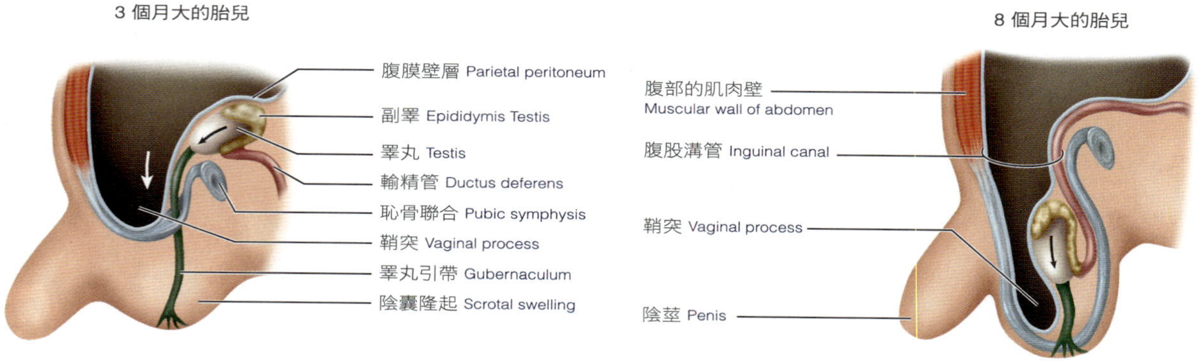

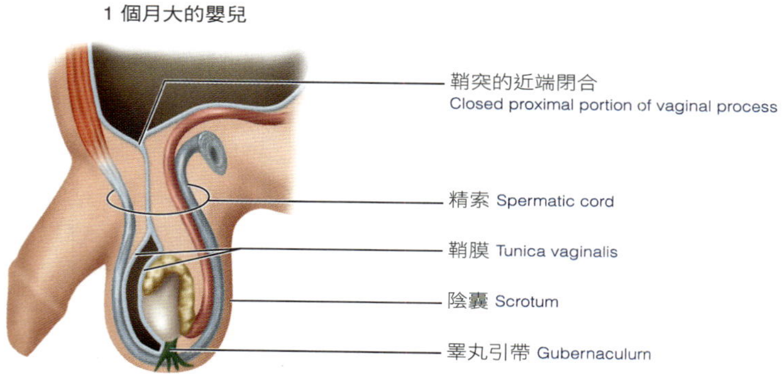

圖 26.26 睪丸下降。請注意，睪丸及精索位於腹膜後。稱為鞘突的腹膜延伸通過腹股溝管伴隨睪丸，並成為鞘膜。

• 為何此種男性解剖構造稱為鞘膜？

促性腺激素釋放激素 (GnRH)，以使腦下垂體分泌濾泡刺激素 (FSH) 及黃體生成素 (LH)，這些激素接著會刺激性腺分泌雌激素、黃體素及睪固酮。再加上生長激素及其他激素分泌激增，青少年身體表現明顯的解剖學變化，在**青春期** (puberty)[66] 也就是**青少年** (adolescence)[67] 的頭幾年，已經開始了。

男孩青春期的最早跡象通常是睪丸及陰囊增大；女孩則是乳房發育 (thelarche)[68] (thee-LAR-kee)，接續這些變化的是**陰毛初生** (pubarche)(pyu-BAR-kee)，陰毛和腋毛、皮脂腺及頂漿汗腺的生長。在女孩，第三個主要事件是**初經** (menarche)[69] (men-AR-kee)，即第一次月經期。初經並非立即具有生育能力。女孩最初的幾個月經週期通常是無排卵的 (anovulatory)(沒有卵子排卵)。大多數女孩在月經開始後大約一年左右開始定期排卵，這可能是因前面所述，卵子在排卵前需要約 300 天才能成熟。而相對於男性的初潮，是男性第一次射精。當一個人完全有生育能力時，青春期就結束了；而青少年期會一直持續到一個人在十多歲到二十歲出頭，達到完全身高。

青春期還會帶來許多其他變化，本書未提及。內外生殖器增大。肌肉及脂肪沉積的變化會導致一些男性與女性的差異，稱為第二性徵 (secondary sex characteristics)。喉部變大時，男聲音變深沉。睪固酮、雌激素及生長激素會導致長骨快速伸長，使青少年身高增長。此外，生殖解剖學的變化伴隨著對性的心理興趣，即由睪固酮在兩性中引起的性慾 (libido)，這使青少年父母感到焦慮 (睪固酮不僅由睪丸產生，而且少量是由卵巢及腎上腺皮質所產生)。

66 *puber* = grown up 長大

67 *adolesc* = to grow up 長大

68 *thel* = breast 乳房，nipple 乳頭；*arche* = beginning 開始

69 men = monthly 每月；arche = beginning 開始

臨床應用 26.5

性傳播疾病

性傳播疾病 (Sexually transmitted diseases, STDs) 在希波克拉底 (西元前 460~375 年) 紀錄以來，就廣為人知。在此，我們討論了三種細菌性 STDs——淋病、披衣菌及梅毒；以及三種病毒性 STD——生殖器疱疹、生殖器疣和肝炎。愛滋病在第 22 章 (22.4c 節) 討論。

所有性病都有一個潛伏期，在潛伏期病原體在沒有症狀的情況下繁殖；還有一個傳染期，即使沒有症狀，也可以將疾病傳染給其他人。性病常導致胎兒畸形、死產和新生兒死亡。

淋病 (Gonorrhea)(GON-oh-REE-uh) 是由淋病奈瑟氏菌 (*Neisseria gonorrhoeae*) 引起。Galen (129~C. 200 CE) 認為從陰莖排出的膿液是精液，因此命名為淋病 (gonorrhea)[70]。淋病會導致腹部不適、生殖器疼痛和分泌物、排尿疼痛及異常子宮出血，但大多數受感染的女性沒有症狀。淋病會使輸卵管形成疤痕，導致不孕。淋病可用抗生素治療。

非淋菌性尿道炎 (Nongonococcal urethritis, NGU) 是由淋病菌以外的病原體引起的任何尿道炎症。NGU 經常引起排尿疼痛或不適。最常見的細菌性 NGU 是披衣菌，由砂眼衣原體 (*Chlamydia trachomatis*) 引起。大多數披衣菌感染是無症狀的，但會引起尿道分泌物及睪丸或骨盆區域的疼痛。淋病及披衣菌經常同時發生，這是骨盆腔炎的常見原因 (見表 26.3)。

梅毒 (Syphilis)(SIFF-ih-liss) 是由螺旋細菌之梅毒螺旋體 (*Treponema pallidum*) 所引起。在 2~6 週的潛伏期後，感染部位會出現一個稱為下疳 (chancre)(SHAN-kur) 的小而堅硬的病變，在男性通常出現於陰莖上，但是在女性中，有時在陰道內而看不見。此會在 4~6 週內消失，結束梅毒的第一階段，經常有康復的錯覺，然而隨

70 *gono* = seed 種子；*rhea* = flow 流量

後的第二階段會出現廣泛的粉紅色皮疹、其他皮疹、發燒、關節疼痛和掉髮，這會在 3~12 週內消退，但症狀可能會持續長達 5 年。即使沒有症狀，也具有傳染性。此疾病可以發展到第三階段，即第三期梅毒 (神經梅毒)[tertiary syphilis (neurosyphilis)]，伴隨心血管損傷及導致癱瘓和癡呆的腦損傷。梅毒可以用抗生素治療。

生殖器疱疹 (Genital herpes) 是美國最常見的性病，有 20 至 4,000 萬人感染，通常是由第 2 型單純疱疹病毒 (herpes simplex virus type 2, HSV-2) 引起。經過 4~10 天的潛伏期，病毒會引起水泡，如在男性陰莖；在女性陰唇、陰道或子宮頸上；有時在男性或女性的大腿及臀部。2~10 天後，這些水泡破裂、滲出液並開始形成結痂。最初的感染可能無痛，也可能引起劇烈疼痛、尿道炎和陰莖或陰道的水樣分泌物。病變在 2 至 3 週內癒合，不留疤痕。然而，在此期間，HSV 定植於感覺神經及神經節，在此 HSV 可以休眠多年，然後沿著神經遷移並在身體的任何地方引起上皮病變。從一個地方移動到另一個地方是疱疹 (herpes)[71] 命名的基礎。大多數患者有 5 至 7 次復發，從間隔幾年到一年幾次不等。當病變存在時，感染者會傳染給性伴侶，有時甚至當病變不存在時也具有傳染力。HSV 感染會增加患子宮頸癌和愛滋病的風險。

生殖器疣 (尖銳濕疣)[Genital warts (condylomas)] 是由各種類型的人類乳突病毒 (human papillomavirus, HPV) 引起。在大多數情況下，HPV 感染會自行消失，不會引起任何健康問題。但若是 HPV 持續存在，可能會導致生殖器疣 (genital warts) 或更糟。男性疣通常出現在陰莖、會陰或肛門；女性則通常在子宮頸、陰道壁、會陰或肛門上。病變有時很小，幾乎看不見。生殖器疣可以用冷凍手術 (冷凍及切除)、雷射手術或干擾素治療。有一種 HPV 疫苗可用，並降低了生殖器疣的患病率。某些不同於生殖器疣的 HPV 菌株會導致陰莖癌、陰道癌、子宮頸癌、肛門癌及喉癌；幾乎所有的子宮頸癌及大約 70% 喉癌都是由 HPV 引起。

B 型肝炎 (Hepatitis B) 及 **C 型肝炎** (Hepatitis C) 是由 B 型及 C 型肝炎病毒 (HBV、HCV) 引起的炎症性肝病，在臨床應用 24.5 (24.6a 節) 中有介紹。儘管它們可以透過性以外的方式傳播，但其在 STD 越來越普遍。C 型肝炎有可能成為 21 世紀的主要流行病，已經遠超過愛滋病的流行，是美國肝移植的主要原因。

臨床應用 26.6

避孕方法

避孕 (contraception) 是指防止懷孕的任何程序或裝置。我們將在此介紹常見方式，以及其優缺點。

行為方法

如果想要節育 (abstinence)，禁慾 (避免性交) 是種完全可靠的方法。然而，許多並未完全禁慾的夫婦依靠基於自然家庭計畫 (fertility awareness) 的方法 [以前稱為安全期避孕法 (rhythm method)]——避免在預期排卵時間附近進行性交，這約有 25% 的失敗率，原因是缺乏約束，及難預測確切的排卵日期。必須在排卵前至少 7 天避免性交，以便在卵子排卵時生殖道中沒有存活的精子，並且在排卵後至少 2 天內必須避免性交，以便在引入精子時不會出現受精卵。性交中斷 (withdrawal；coitus interruptus) 要求男性在射精前退出陰莖，這通常會因為缺乏意志力而失敗，因為一些精子存在於尿道球腺精液中，而且因為在女陰的任何地方射出的精子都有可能進入生殖道。

障礙避孕法及殺精方法

障礙避孕法是在防止精子進入陰道或子宮。男用避孕套 (male condom) 是一個套膜，通常是乳膠材質，在勃起的陰莖上展開以收集精液。避孕

71 *herp* = to creep 蠕動

套便宜、方便，並且小心使用時非常可靠；此受歡迎程度僅次於避孕藥。*女用避孕套* (female condom) 是聚氨酯護套，兩端各有一個柔性環。內環套在子宮頸上，外環套在外生殖器上。避孕套與化學殺精劑一起使用時最有效，可用作非處方泡沫、乳膏及凝膠。大多數避孕套還可以防止疾病傳播，但動物膜避孕套對肝炎病毒及其他一些病原體沒有防護。

子宮帽 (diaphragm) 是一種乳膠或橡膠圓頂，放置在子宮頸上以阻止精子遷移。它需要身體檢查及處方以確保合適，若與殺精劑一起使用，則在便利性和可靠性方面可與避孕套相媲美。若沒有殺精劑，這便不是有效的方式。

避孕海綿 (contraceptive sponge) 是在性交前插入以覆蓋子宮頸的泡沫盤。避孕海綿浸漬了殺精子劑，並通過捕獲和殺死精子來發揮作用。這不需要處方或配件。海綿可提供長達 24 小時的保護，並且必須在最後一次性交後保留至少 6 小時。

激素方法

大多數激素避孕法是藉由模仿卵巢激素的抑制作用來防止排卵，而使濾泡不成熟。對於大多數女性來說，這很有效並且併發症最少。*複方口服避孕藥* (combined oral contraceptive) 或*避孕藥* (birth-control pill)，每天服用，每個週期 21 天。避孕藥有 28 天一包，每天都有標記，最後 7 粒藥丸是純糖，只是為了讓使用者養成每天服用一顆的習慣。停用激素 7 天後，月經就開始了。副作用包括吸菸者及有糖尿病、高血壓或凝血障礙病史的女性，心臟病發作或中風的風險升高。

其他激素方法不需要每天服用避孕藥。一種是皮膚貼劑，每週更換一次，經皮釋放雌激素及黃體素。另一種是柔軟靈活的陰道環，可釋放雌激素及黃體素，以便藉由陰道黏膜吸收。Medroxyprogesterone (商品名 Depo-Provera) 是一種黃體素，每 3 個月注射一次。這提供高度可靠的長期避孕，但是部分女性會有頭痛、噁心或體重增加的情形。

有些藥物，稱為*緊急避孕藥* (emergency contraceptive pills, ECPs) 或「事後避孕藥」(morning-after pills)，可在性交後長達 72 小時內口服，以防止囊胚著床 (見 4.2a 節)。ECP 有下列作用：抑制排卵；抑制輸卵管中的精子或卵子運輸；並防止植入。若經植入了囊胚，則沒有作用。

子宮內避孕器

子宮內避孕器 (Intrauterine devices, IUDs) 是有彈性的，通常是 T 形的裝置，透過子宮頸管插入子宮。大多數類型都有銅線包裹或銅套，其作用是刺激子宮內膜並干擾囊胚著床，銅製子宮內避孕器也會抑制精子活力。IUD 可以保留 5 到 12 年。

手術消毒

確定不想要更多孩子 (或任何孩子) 的人通常會選擇手術絕育。這需要切割及捆綁或夾住生殖管，以阻止精子或卵子的通過。手術消毒具有方便的優點，因為不需要進一步的關注。然而，這成本較高，對於後來改變主意的人來說，手術復原比原始手術更昂貴，而且往往不成功。男性選擇是*輸精管切除術* (vasectomy)，即通過陰囊上的小切口切斷輸精管。女性的選擇是*輸卵管結紮術* (tubal ligation)，切除一部分輸卵管以阻止卵子和精子相互接觸。這可以經由腹部的微創腹腔鏡手術來完成。

選擇避孕的方式

許多問題涉及到避孕方式的適當選擇，包括個人偏好、性活動模式、病史、宗教觀點、便利性、初始和持續成本以及疾病預防。然而，對於大多數人來說，兩個主要問題是安全性及可靠性。沒有一種避孕方法可以被推薦為最適合所有人。應向衛生部門、大學衛生服務機構、醫生或其他機構，尋求正確選擇及正確使用避孕方式所需的更多資訊。

26.4c 生殖系統的老化

由於睪固酮及雌激素減少，生育能力及性功能在中年及以後下降。大約 50~55 歲之間，男性和女性都會經歷一段*更年期* (climacteric) 的生理和心理變化，儘管 (關於男性停經的笑話除外) 只有女性會經歷*停經* (menopause)，即月經停止。

男性更年期

男性更年期 (male climacteric；andropause) 是生殖功能下降的時期，如果有的話，通常會在 50 歲初較明顯，這是由睪固酮及抑制素下降所引起。睪固酮的分泌在 20 歲達到高峰，約為 7 mg/天，然後在 80 歲穩定下降至 1/5。間質內分泌細胞 (睪固酮的來源) 及支持細胞 (抑制素的來源) 數量及分泌活性也相對減少。隨著睪固酮減少，精子數量及性慾也會下降。到 65 歲時，精子數量通常約為 20 多歲男性的三分之一。儘管如此，男人仍然有能力在晚年生育。

隨著睪固酮及抑制素減少，腦下垂體受到的抑制較少，分泌的 FSH 及 LH 增加。在某些情況下，這些促性腺激素會導致情緒變化、潮熱，甚至出現與停經期婦女類似的窒息感。然而，大多數男性在經歷更年期時幾乎沒有察覺，並不是所有的學者都承認男性更年期的存在。

大約 20% 的 60 多歲男性及 50% 80 多歲男性有*勃起功能障礙* (*陽痿*)[erectile dysfunction (impotence)]，即經常無法維持足夠的勃起進行性交。勃起功能障礙也可能是因高血壓、動脈粥樣硬化、藥物治療、糖尿病和心理原因所引起。然而，超過 90% 的勃起功能障礙的男性仍然能射精。

女性更年期及停經

女性更年期是因卵巢功能下降所引起，通常在卵巢減少到最後約 1,000 個卵子時開始，而且剩餘的濾泡及卵子對促性腺激素的反應較弱，因此濾泡分泌較少的雌激素及黃體素。沒有這些固醇類激素，子宮、陰道及乳房就會萎縮。隨著陰道變薄、膨脹性降低及乾燥，性交可能會變得不舒服，且陰道感染更常見。皮膚變薄，膽固醇增加 (增加心血管疾病的風險)，骨骼質量下降 (增加骨質疏鬆症的風險)。血管因激素平衡的變化而收縮和擴張，皮膚動脈的突然擴張可能引起*潮熱* (hot flashes)，一種從腹部向胸部、頸部及面部擴散的熱感。一天可發生數次潮熱，有時伴隨因頭部動脈突然擴張而引起的頭痛。部分人因為不斷變化的激素特徵，也會導致情緒改變。

女性更年期伴隨著**停經** (menopause) 及生育能力的結束。更年期通常發生在 45~55 歲之間，平均年齡在前一世紀穩定增加，現在大約是 52 歲。由於月經可以停幾個月然後又開始，所以很難準確確定停經的時間。當一年或更長時間沒有月經時，通常認為更年期已經發生。

在你繼續閱讀之前

回答下列問題，以檢驗你對上節內容的理解：

21. 什麼是中腎管及副中腎管？哪些因素決定了胎兒何者發育，及何者退化？
22. 何種男性及女性的構造，是由生殖結節及陰唇陰囊褶所發育而來？
23. 定義睪丸引帶並描述其功能。
24. 以下哪些事件會同時發生在男性及女性身上—乳房發育、陰毛、更年期、停經和男性更年期？請解釋。

學習指南

評估您的學習成果

為了測試你的知識，請與學習夥伴討論以下話題，或以書面形式討論，最好是憑記憶。

26.1 有性生殖

1. 有性生殖 (sexual reproduction) 的定義，以及這與配子及受精卵的必要性有何關係。
2. 兩種配子之間的角色區分；這與男性 (male) 及女性 (female) 的生物學定義有何關係；及兩性之間的染色體差異。
3. 基本生殖器官、第二生殖器官、第二性徵、內外生殖器的區別，以及所有相關的例子。
4. 減數分裂的階段，何時以及如何產生單套細胞，以及這對成功有性生殖的三個主要影響。

26.2 男性生殖系統

1. 睪丸的表面解剖構造；其內部分為睪丸小葉及曲細精管；睪丸網；間質內分泌細胞及其功能，以及其與曲細精管的關係。
2. 曲細精管的上皮；其細胞類型；以及這些細胞的功能。
3. 從主動脈到睪丸及下腔靜脈的血流路徑，以及血睪障壁的重要性。
4. 睪丸淋巴管及神經的解剖及功能。
5. 精子發生的細胞階段，及其與減數分裂 I、減數分裂 II 及精子形成的關係。
6. 精細胞的結構及各部分的功能。
7. 陰囊的解剖結構及內容物。
8. 精索、精索內容物，及其與腹股溝管以及腹股溝管內、外環的關係。
9. 溫度與精子發育的相關性，以及維持適當睪丸溫度的三種機制。
10. 將精子從睪丸輸送到尿道的一系列管道；每管道的解剖結構；以及男性尿道的三個部分。
11. 與精管相關的三組男性附屬腺體；腺體的解剖結構；以及各腺體對精液的貢獻。
12. 典型射精中的精液量及精子量；精液的成分；以及每個組件的功能。
13. 陰莖的解剖位置和尺寸，及其與鄰近器官的關係。
14. 陰莖的三個勃起組織及內部結構；勃起組織之結構與勃起作用的關係。
15. 陰莖的動脈供血及靜脈引流，以及鬆弛和勃起狀態之間的血流差異。
16. 陰莖的神經供應，交感神經、副交感神經及感覺神經與性功能的關係。
17. 陰莖勃起的機制。
18. 射精的階段及過程。
19. 良性前列腺增生及前列腺癌；前列腺癌的檢測及預後。
20. 睪丸癌和男性乳癌。

26.3 女性生殖系統

1. 卵巢的結構。
2. 卵巢的支持韌帶；其與卵巢動脈血供的關係；以及卵巢的靜脈和淋巴引流。
3. 卵子發生的主要事件以及它與精子發生的區別。
4. 卵子發生的細胞階段；其與減數分裂階段的關係；以及其與排卵和受精的關係。
5. 濾泡的類型；其與卵子發生及排卵的關係；以及濾泡排卵後的命運。
6. 成熟濾泡的細部結構。
7. 輸卵管的大體解剖及組織學。
8. 子宮的大體解剖；三層子宮壁的名稱及組織學特徵。
9. 子宮的支持韌帶；與骨盆腔腹膜的關係；以及其與供應子宮的血管的關係。
10. 在月經週期過程中子宮內膜發生的組織學變化。
11. 陰道的大體解剖及組織學。
12. 女陰的解剖結構，包括陰阜；大陰唇及小陰唇；前庭；陰蒂及包皮；前庭球；大、小前庭腺；及尿道旁腺。
13. 乳房的大體解剖；乳房及乳腺的區別；以及乳腺 (尤其是腺泡)、分泌細胞及肌上皮細胞以及導管系統的結構。
14. 乳癌及子宮頸癌：危險因子、檢測及治療。

26.4 生殖系統的發育及老化

1. 男性及女性生殖器發育的早期特徵；同源結構的意義及例子；以及出現明顯不同的男性及女性生殖器解剖結構的時間表。
2. 中腎管、副中腎管及其命運。
3. 性染色體、SRY 基因及激素是如何相互作用來決定性別。
4. 哪些男性及女性結構，從生殖結節、泌尿生殖褶及陰唇陰囊褶發展而來。
5. 性腺的下降；睪丸引帶的作用；以及男性和女性的血統如何不同。
6. 青春期是如何開始的；青春期 (puberty) 和青少年期 (adolescence) 的區別；男孩及女孩在青春期中的異同；以及少女乳房發育 (thelarche)、陰毛初生 (pubarche) 及初經 (menarche) 的意義。
7. 男性及女性更年期的激素原因，以及每性別在更年期的體徵及症狀。
8. 停經和女性更年期的區別，以及為什麼不能確定更年期的確切時間。

回憶測試

1. 輸精管 (ductus deferens) 是由胚胎的______發育而來。
   a. 中腎管 (mesonephric duct)
   b. 副中腎管 (paramesonephric duct)
   c. 陽具 (phallus)
   d. 陰唇陰囊褶 (labioscrotal folds)
   e. 泌尿生殖褶 (urogenital folds)
2. 睪丸 (testes) 下降時會通過：
   a. 腹股溝管 (inguinal canal)
   b. 精索 (spermatic cord)
   c. 輸精管 (ductus deferens)
   d. 曲細精管 (seminiferous tubule)
   e. 壺腹 (ampulla)
3. 四個精子 (spermatozoa) 是來自下列何者：
   a. 原始生殖細胞 (primordial germ cell)
   b. A 型精原細胞 (type A spermatogonium)
   c. B 型精原細胞 (type B spermatogonium)
   d. 次級精母細胞 (secondary spermatocyte)
   e. 精細胞 (spermatid)
4. 在射精之前，精子儲存於：
   a. 曲細精管 (seminiferous tubules)
   b. 副睪 (epididymis)
   c. 精囊 (seminal vesicles)
   d. 陰莖球 (bulb of the penis)
   e. 射精管 (ejaculatory ducts)
5. 睪固酮 (testosterone) 主要是由下列何者合成：
   a. 曲細精管 (seminiferous tubules)
   b. 支持細胞 (nurse cells)
   c. 間質內分泌細胞 (interstitial endocrine cells)
   d. 精囊 (seminal vesicles)
   e. 前列腺 (prostate)
6. 在成熟濾泡 (mature ovarian follicle) 中充滿液體的中央腔是
   a. 濾泡腔 (antrum)
   b. 透明帶 (zona pellucida)
   c. 濾泡鞘 (theca folliculi)
   d. 顆粒細胞 (granulosa)
   e. 小斑 (stigma)
7. 月經 (menstruation) 流失的組織是：
   a. 子宮外膜 (perimetrium)
   b. 子宮肌層 (myometrium)
   c. 基底層 (basal layer)
   d. 功能層 (functional layer)
   e. 角質層 (stratum corneum)
8. 睪丸 (testes) 可以透過下列何者，上提靠近身體以取暖：
   a. 主韌帶 (cardinal ligaments)
   b. 懸韌帶 (suspensory ligaments)
   c. 提睪肌 (cremasters)
   d. 球海綿體肌 (bulbospongiosus muscle)
   e. 副睪 (epididymis)
9. 子宮最窄的部分是：
   a. 子宮底 (fundus)
   b. 漏斗部 (infundibulum)
   c. 子宮體 (body)
   d. 壺腹 (ampulla)
   e. 子宮頸 (cervix)
10. 膀胱子宮陷凹 (vesicouterine pouch) 是腹膜腔之空間，位於子宮及下列何者之間：
    a. 穹窿 (fornix)
    b. 輸卵管 (uterine tube)
    c. 薦骨 (sacrum)
    d. 膀胱 (urinary bladder)
    e. 直腸 (rectum)
11. 在雄性素 (androgens) 的影響下，胚胎的______導管發育成男性生殖道。
12. 精子 (spermatozoa) 從精液中的______獲得運動能量。
13. ______是精索中的靜脈網絡，有助於使睪丸保持低於核心體溫的溫度。
14. 每個卵細胞都在充滿液體的空間中發育，稱為______。
15. 子宮的黏膜被稱為______。
16. 超過一半的精液是由一對稱為______的腺體分泌物所組成。
17. 血睪障壁是由______細胞之間的緊密連接形成。
18. 女性尿道旁腺與男性______來自相同的胚胎結構。
19. 在月經週期的分泌階段，稱為______的黃色結構會分泌黃體素。
20. 輸卵管的漏斗狀遠端稱為______，並具有稱為______的羽毛狀突起。

答案在附錄 A

建立您的醫學詞彙

說出每個詞彙的含義，並從本章中給出一個使用該詞彙的醫學專有名詞或稍微的改變該詞彙。

1. gameto-
2. gono-
3. hystero-
4. vagin-
5. alb-
6. ov-
7. oo-
8. -phor
9. lute-
10. metri-

答案在附錄 A

這些陳述有什麼問題？

簡要說明下列各項陳述為什麼是假的，或將其改寫為真。

1. 排卵後，濾泡開始沿著輸卵管向下移動到子宮。
2. 輸卵管從胚胎中腎管發育而來。
3. 每個初級卵母細胞產生四個卵細胞。
4. 排卵的濾泡稱為初級濾泡。
5. 子宮內膜在排卵後的前 5~10 天內分解。
6. 雄性素濃度高使胎兒發育男性生殖系統，而雌激素濃度高使胎兒發育女性生殖系統。
7. 男性陰囊和女性小陰唇發育源自相同的胚胎結構，即泌尿生殖褶。
8. 蔓狀靜脈叢用於保持睪丸溫暖。
9. 輸精管切除術包括切割副睪管，使精子無法到達輸精管。
10. 鞘膜是陰道的纖維外層。

答案在附錄 A

測試您的理解力

1. 最常見的男性絕育方法是輸精管切除術，其中輸精管被捆綁、切割或兩者皆進行。女性絕育的方法為何？為什麼此手術的難度和風險比輸精管切除術大？
2. 雙角子宮 (Uterus bicornis)(bicorn = 兩個角) 是種罕見的疾病，女性有兩個獨立的子宮，每個子宮都透過自己的子宮頸進入陰道。您認為胚胎發育的何種異常事件可以解釋此現象？
3. 假設尿道海綿體在陰莖勃起時變得像陰莖海綿體一樣充血。這會給性功能帶來什麼問題？有鑑於此，為何不將尿道海綿體封閉在白膜中是有益的？
4. 您認為哪些男性結構與女性的前庭球相同或同源？請解釋理由。
5. 如果未受精，卵母細胞在排卵後只能存活 24 小時。沿著輸卵管從漏斗部到子宮的過程大約需要 72 小時。有鑑於此，您認為受精通常發生在何處？

附錄 A

所選章節問題解答

提供各章末的「回憶測試」、「建立您的醫學詞彙」和「這些陳述有什麼問題？」以及圖例問題的解答。有關「應用您的知識」和「測試您的理解力」的答案可以在 Saladin 網站 http://www.mhhe.com/saladinha6e_answers 上找到。

第 1 章

回憶測試

1. a 2. b 3. c 4. e 5. a
6. a 7. d 8. e 9. b 10. d
11. 解剖 (dissection)
12. 旋後 (supinated)
13. 壁層 (parietal)
14. 腹膜後 (retroperitoneal)
15. 功能形態學 (functional morphology)
16. 觸診 (palpation)
17. 電腦斷層掃描 (computed tomography)
18. 器官 (organ)
19. 同側，對側 (ispsilateral, contralateral)
20. 肘，膕 (cubital, popliteal)

建立您的醫學詞彙

答案也許有所不同；這些都是可以接受的例子。

1. 分離—解剖學 (apart-anatomy)
2. 記錄過程—超音波檢查 (recording process-sonography)
3. 形狀—形態學 (shape-morphology)
4. 下方—下腹，胃下 (below- hypogastric)
5. 過程—旋後 (process-supination)
6. 小—胞器 (small-organelle)
7. 觸覺，感覺—觸診 (touch, feel-palpation)
8. 之前，前方—前臂 (before, in front-antebrachial)
9. 之中—腹膜內 (within-intraperitoneal)
10. 傾聽—聽診 (listen-auscultation)

這些陳述有什麼問題？

1. 脈搏 (pulse) 可在手腕處觸診測得。
2. 矢狀切面 (sagittal section) 只能穿過一個肺或兩個肺之間，而不能同時穿過左右兩肺。
3. 聽診 (Auscultation) 是傾聽身體發出的聲音。
4. 放射學 (Radiology) 涉及醫學影像的所有方法。
5. 超音波檢查 (Sonography) 不能用於透視骨骼，因此無法觀察到腦瘤。
6. 幾乎所有細胞都包含許多胞器。
7. 橫膈膜位於肺的下方。
8. 磁振造影 (MRI) 不使用游離輻射，對胎兒沒有已知的危險。
9. 壁層胸膜和臟層胸膜之間只有一層薄薄的液體。
10. DNA 不是首字母縮寫新字，是由第一個字母組成的縮略字，但無法像單字一樣發音。

圖例問題

1.2 磁振造影 (MRI) 在顯示軟組織 (例如眼睛及其肌肉和腦組織) 方面比 X 射線更好。X 射線在顯示堅硬，緻密的結構 (例如骨骼和牙齒) 方面比正子斷層掃描更好。

1.3 放射線攝影術 (Radiography) 和電腦斷層 (CT) 使用 X 射線，它們有可能引起突變和先天缺陷；超音波檢查未使用有害輻射。

1.7 正中矢狀切或正中。

1.14 不，膀胱位於腹膜腔外部；腹膜通過其上方的表面。

第 2 章

回憶測試

1. e 2. d 3. b 4. b 5. e
6. a 7. d 8. a 9. d 10. d
11. 微米 [micrometer (μm)]
12. 接受器 (receptor)
13. 通道 (gates)
14. 粒線體 (mitochondria)
15. 緊密連接 (tight junction)
16. 鱗狀的 (squamous)
17. 粒線體，細胞核 (mitochondria, nucleus)
18. 過氧化體，平滑內質網 (peroxisome, smooth ER)
19. 細胞黏附分子 (cell-adhesion molecules)
20. 吞噬作用 (phagocytosis)

建立您的醫學詞彙

答案可能有所不同；這些都是可以接受的例子。

1. 細胞—細胞學 (cell-cytology)
2. 扁平的，鱗片—鱗狀的 (flat, scale-squamous)
3. 形狀—梭形 (shape-fusiform)
4. 許多—多邊形 (many-polygonal)
5. 喜好，吸引—親水性 (loving, attracted to-hydrophilic)
6. 進食—吞噬作用 (eat-phagocytosis)
7. 內在，之中—內質的 (into, within-endoplasmic)
8. 糖—糖萼 (sugar-glycocalyx)
9. 顏色—染色體 (color-chromosome)
10. 超越，系列的下一階段—中期 (beyond, next in a series-metaphase)

這些陳述有什麼問題？

1. 人類細胞沒有細胞壁；它們的形狀由細胞骨架 (cytoskeleton) 維持。
2. 蛋白質僅占細胞膜分子的 1% 至 10%。
3. 穿過細胞膜的外周蛋白不具有通道。
4. 擴散作用 (diffusion) 是雙向的。
5. 刷狀緣由微絨毛而不是纖毛組成。
6. 依濃度梯度的移動時不使用 ATP。
7. 滲透 (osmosis) 是簡單的擴散作用。
8. 高基氏體製造溶酶體，而不產生過氧化物酶體 (peroxisomes)。
9. 橋粒 (desmosomes) 不構成從一個細胞到另一個細胞之間的通道。
10. 核仁 (nucleolus) 不是胞器。

圖例問題

2.2 細胞的中心比邊緣的部位薄，因此有更多的光線通過。

2.8 此部位伸入細胞質的區域。

2.13 微絨毛 (microvilli) 比纖毛 (cilia) 小得多，缺乏軸絲 (axonemes)，並且具有肌動蛋白的支持核心。

2.15 間隙接合 (gap junctions)。

2.16 微絲 (microfilament) 在微絨毛中起支持作用，微管 (microtubule) 形成纖毛和鞭毛 (flagella) 的軸絲。

第 3 章

回憶測試

1. a 2. b 3. c 4. e 5. d
6. a 7. b 8. e 9. b 10. b

11. 凋亡 (細胞程式性死亡) [apoptosis (programmed cell death)]
12. 間皮細胞 (mesothelium)
13. 陷窩 (lacunae)
14. 纖維 (fibers)
15. 膠原蛋白 (collagen)
16. 壞疽 (gangrene)
17. 基底膜 (basement membrane)
18. 基質 (matrix)
19. 全泌 (holocrine)
20. 簡單的 (simple)

建立您的醫學詞彙

答案可能有所不同；這些都是可以接受的例子。

1. 組織—組織學 (tissue-histology)
2. 之間—細胞間 (between-intercellular)
3. 板—層 (plate-lamella)
4. 形成，產生—纖維母細胞 (form, give rise to-fibroblast)
5. 網絡—網狀細胞 (network-reticulocyte)
6. 軟骨—軟骨細胞 (cartilage-chondrocyte)
7. 周圍—骨外膜 (around-periosteum)
8. 乳頭，女性—上皮 (nipple, female-epithelium)
9. 外—胞吐 (out of-exocytosis)
10. 死，死亡—壞死 (dead, death-necrosis)

這些陳述有什麼問題？

1. 食道上皮為非角質化複層鱗狀上皮。
2. 非細胞成分包括基質和纖維。
3. 偽複層柱狀上皮細胞中的所有細胞均位在基底膜上。
4. 纖維軟骨或透明關節軟骨上沒有軟骨膜覆蓋。
5. 覆蓋舌頭的上皮是輕度角質化的複層鱗狀上皮。
6. 巨噬細胞 (macrophage) 從單核細胞 (monocyte) 分化而來。
7. 腺體的分泌物是由其實質細胞產生的。基質 (stroma) 是一種無分泌性的支持構造。
8. 棕色脂肪組織不產生 ATP。
9. 化生 (metaplasia)是指一種成熟的組織類型轉變為另一種。
10. 腫瘤 (neoplasia) 是異常的組織生長 (腫瘤形成)。不成熟組織發育成成熟組織稱為分化 (differentiation)。

圖例問題

3.1 微管 (microtubule) 大致可以將其畫成兩個平行的條狀，例如圖 3.2 的右上，但是如果考慮到球狀微管蛋白分子(見圖 2.17)，則每個條狀都可以顯示為球形微管蛋白分子的線性鏈。

3.13 緻密規則的結締組織。

3.29 胞吐作用 (exocytosis)。

3.31 全泌腺體 (holocrine gland)(c)，因為其細胞在分泌過程中被破壞，需要持續的更新。

3.32 食道、胃和腸內襯有黏膜，肝、脾、胃和腸的外表面覆蓋有漿膜。

第 4 章

回憶測試

1. b 2. b 3. d 4. c 5. a
6. e 7. c 8. a 9. e 10. d
11. 致畸因子 (teratogens)
12. 染色體不分離 (nondisjunction)
13. 神經溝或神經管 (neural groove or neural tube)
14. 植入(implantation)
15. 滋胚層絨毛 (chorionic villi)
16. 頂體 (acrosome)
17. 輸卵管 (uterine tube)
18. 體節 (somites)
19. 多精入卵(polyspermy)
20. 胚胎 (embryo)

建立您的醫學詞彙

答案可能有所不同；這些都是可以接受的例子。

1. 半—單倍體 (half-haploid)
2. 性細胞—配子形成 (sex cell-gametogenesis)
3. 聯合—合子；受精卵 (union-zygote)
4. 滋養—滋養層細胞 (nourish-trophoblast)
5. 頭—水腦症 (head-hydrocephalus)
6. 女性—男性女乳症 (female-gynecomastia)
7. 產生—胚胎發育 (production of-embryogenesis)
8. 在一起，統一—合胞體滋養層 (together, united-syncytiotrophoblast)
9. 中—中胚層 (middle-mesoderm)
10. 怪物—致畸胎因子 (monster-teratogen

這些陳述有什麼問題？

1. 精子必須先獲能活化 (capacitation)
2. 受精 (fertilization) 發生在輸卵管中。
3. 幾個精子必須消化出一個路徑讓一個精子使卵受精。
4. 配子 (gametes) 必須是單倍體。
5. 神經系統起源於胚胎外胚層。
6. 「一袋水」是羊膜 (amnion)。
7. 這個問題描述的是致畸因子 (teratogen)，而不是誘變劑 (mutagen)。誘變劑會導致 DNA 發生變化。
8. 精子粒線體在受精時被破壞，沒有貢獻 DNA 到受精卵。
9. 所描述的階段是當我們第一次稱呼個體為胚胎 (embryo) 時。
10. 能量來自中段粒線體。

圖例問題

4.2 如果雞蛋尚未受精，它將在到達子宮時死亡。

4.9 大約 8 週。

4.10 有兩條動脈和一條靜脈。靜脈血的含氧量較動脈血高。

第 5 章

回憶測試

1. d 2. c 3. d 4. b 5. a
6. e 7. c 8. a 9. a 10. d
11. 皮膚，皮膚(dermato-, cutane-)
12. 豎毛肌 (立毛肌) [piloerector (arrector pili)]
13. 角蛋白，膠原蛋白 (keratin, collagen)
14. 紫紺 (cyanosis)
15. 真皮乳頭 (dermal papillae)
16. 耳垢 (earwax)
17. 皮脂腺 (sebaceous glands)
18. 角質層 (cuticle)
19. 真皮層乳頭 (dermal papilla)
20. 二級的 (second-degree)

建立您的醫學詞彙

答案可能有所不同；這些都是可以接受的例子。

1. 皮膚—皮膚學 (skin-dermatology)
2. 上方，以上—表皮 (above, upon-epidermal)
3. 下方—皮下 (below-subcutaneous)
4. 乳頭—乳突狀 (nipple-papillary)
5. 黑—黑色素瘤 (black-melanoma)
6. 藍—蒼藍症 (blue-cyanosis)
7. 透明—透明層 (clear-stratum lucidum)
8. 小—乳頭狀 (little-papilla)
9. 毛髮—豎毛肌 (hair-piloerector)
10. 癌—上皮細胞癌 (cancer-carcinoma)

這些陳述有什麼問題？

1. 基底細胞癌是最常見的皮膚癌類型。
2. 表皮細胞有絲分裂主要發生在基底層。
3. 真皮層 (dermis) 主要為膠原蛋白。
4. 維生素 D 的合成起始於角質細胞，在肝臟和腎臟中完成。
5. 真皮的乳頭層是皮膚承受大部分壓力最高的區域。
6. 毛髮的角質層 (表皮) 和皮層均由死細胞組成。
7. 皮下層 (hypodermis) 不是皮膚的一部分。
8. 各種人種的黑素細胞 (melanocytes) 的密度相似。
9. 黑色素瘤 (melanoma) 是最致命但最不常見的皮膚癌。
10. 孩子身上的毛髮大部分是柔毛。胎兒身上的是胎毛。

圖例問題

5.5 角質細胞

5.7 角質層

5.10 終毛；它們連接到恥骨、腋窩和鬍鬚區的粗毛髮的毛囊。

5.13 不對稱 (A)，邊緣不規則 (B) 和顏色 (C)。圖片沒有提供足夠的訊息用來判斷直徑 (D)。

第 6 章

回憶測試

1. e 2. a 3. d 4. c 5. d
6. c 7. d 8. e 9. b 10. d
11. 羥磷灰石 (hydroxyapatite)
12. 小管 (canaliculi)
13. 並列的 (appositional)
14. 骨元 (osteons)
15. 副甲狀 (parathyroid)
16. 關節軟骨 (articular cartilage)
17. 成骨細胞 (osteoblasts)
18. 骨質疏鬆症 (osteoporosis)
19. 幹骺 (metaphysis)
20. 膜內骨化 (intramembranous ossification)

建立您的醫學詞彙

答案可能有所不同；這些都是可以接受的例子。

1. 骨—骨外膜 (bone-periosteum)
2. 二倍—雙 (double-diploe)
3. 空間，空腔—腔隙 (space, cavity-lacuna)
4. 破壞，毀滅—破骨細胞 (breakdown, destroyer-osteoclast)
5. 病況—骨質疏鬆症 (medical condition-osteoporosis)
6. 跨—骨幹 (across-diaphysis)
7. 研究—骨科學 (study of-osteology)
8. 關節—關節的 (joint-articular)
9. 小—骨小管 (little-canaliculus)
10. 像，類似—類骨質 (like, resembling-osteoid)

這些陳述有什麼問題？

1. 這個問題描述的是海綿骨，而不是緻密骨。
2. 扁平骨的形成之前沒有出現透明軟骨的模型。
3. 最常見的骨病是骨質疏鬆症 (osteoporosis)。
4. 生長區是骨骺板 (epiphysial plate)。
5. 破骨細胞 (osteoclasts) 從與單核細胞有關的幹細胞發育而來。
6. 成年四肢骨的骨髓腔中大部分是黃骨髓。
7. 骨基質中的蛋白質是膠原蛋白。
8. 細胞肥大區的特徵是細胞增大，而不是有絲分裂 (mitosis)。
9. 只有紅色骨髓是造血的。
10. 外傷造成的骨折是應力性骨折，而不是病理性骨折。

圖例問題

6.1 寬的骨骺 (epiphyses) 提供了擴大的表面積，可用於骨骼關節以及肌腱和韌帶的附著。如果關節像骨幹處一樣的狹窄，關節將非常不穩定。

6.4 海綿骨。

6.6 髖骨嵴和胸骨嵴。

6.7 頂骨和額骨 (答案可能有所不同)。

6.9 肱骨，橈骨，尺骨，股骨，脛骨和腓骨 (任意兩個)。

6.11 細胞增殖和肥大區 (2 和 3)。

第 7 章

回憶測試

1. b 2. e 3. a 4. d 5. a
6. b 7. a 8. a 9. c 10. c
11. 囟門 (fontanelles)
12. 顳骨 (temporal)
13. 骨縫 (sutures)
14. 蝶骨 (sphenoid)
15. 纖維環 (anulus fibrosus)
16. 齒突 (dens)
17. 耳 (廓) 的 (auricular)
18. 錯誤，浮動的
19. 肋軟骨 (costal cartilage)
20. 劍突 (xiphoid process)

建立您的醫學詞彙

答案可能有所不同；這些都是可以接受的例子。

1. 頭骨—顱骨 (skull-cranial)
2. 時間—顳骨 (time-temporal bone)
3. 乳房—乳突 (breast-mastoid process)
4. 石頭—岩狀 (stone-petrous)
5. 層—板 (layer-lamina)
6. 翼—翼狀 (wing-pterygoid)
7. 嵴，嶺—雞冠 (crest, ridge-crista galli)
8. 眼淚—淚骨 (tears-lacrimal bone)
9. 肋—肋軟骨 (rib-costal cartilage)
10. 足—根 (foot-pedicle)

這些陳述有什麼問題？

1. 椎體是從骨原節 (sclerotome) 衍生出來的。
2. 成人的骨骼數目比兒童的骨骼少。
3. 上頜 (maxilla) 是上腭；頰骨是顴骨。
4. 顳骨和上頜骨的顴突 (zygomatic process) 也有助於形成弓形。
5. 硬腦膜 (dura mater) 鬆散地依附在大部分的顱骨。
6. 囟門 (Fontanelles) 是嬰兒顱骨的特徵，而不是成人的特徵。
7. 耳朵後面的腫塊是顳骨的乳突。
8. 成人平均有 206 塊骨骼；出生時的骨骼數目為 270 塊。
9. 大多數椎骨與二對肋骨形成關節。
10. 腰椎具有橫突，但沒有橫肋關節面。

圖例問題

7.7 它們會造成氣流擾動，並支撐使吸入空氣溫暖，清潔和潮濕的黏膜層。

7.8 頭骨的前部會更重，頭骨會往前傾斜。因此對立的部位需要更多的重量來平衡。

7.16 舌骨 (hyoid) 是纖巧而容易折斷的骨頭，以繩索、手或其他勒緊的方式環住脖子，會造成位於此處的舌骨骨折。

7.24 齒突 (dens) 若撕裂會嚴重損壞脊髓。

7.30 嬰兒的大多數關節仍是軟骨，因此對壓力的抵抗力不是很好。

7.35 腰椎和椎間盤必須承受人體的重量和舉起的重物的重量，因此最有可能造成此處椎間盤突出。頸椎和椎間盤承受的重量很小。

第 8 章

回憶測試

1. a 2. e 3. c 4. b 5. a
6. d 7. c 8. b 9. e 10. b
11. 髖骨 [hip (coxal) bone]
12. 肩胛骨 (scapula)
13. 56
14. 上髁 (epicondyles)
15. 鉤狀骨 (hamate)
16. 恥骨間盤 (interpubic disc)
17. 脛的 (crural)
18. 莖突 (styloid)
19. 轉子 (trochanters)
20. 內側縱 (medial longitudinal)

建立您的醫學詞彙

答案可能有所不同；這些都是可以接受的例子。

1. 胸部—胸大肌 (chest-pectoralis)
2. 高峰，頂點，骨端—肩峰 (peak, apex, extremity-acromion)
3. 小—小骨 (little-ossicle)
4. 上—棘上肌 (above-supraspinous)
5. 腕骨 (wrist-carpal)
6. 頭肱骨小頭 (head-capitulum)
7. 小髖臼 (little-acetabulum)
8. 超越，一系列的下一個掌骨 (beyond, next in a series-metacarpal)
9. 外耳耳廓 (ear-auricular)
10. 踝跗骨 (ankle-tarsal)

這些陳述有什麼問題？

1. 每隻手有八塊腕骨，但每隻腳只有七塊跗骨。
2. 每個手腳都有 14 塊指骨。
3. 上肢附著在盂肱關節處。
4. 肩下窩在肩胛骨 (scapula) 的前側，面向肋骨架 (胸腔)。這裡的肌肉無法按摩到。
5. 臂僅包含肱骨 (humerus)，而腿則包含脛骨和腓骨。
6. 鷹嘴突 (olecranon processes) 靠在桌面上。
7. 骨折最頻繁的是鎖骨 (clavicle)。
8. 橈骨的遠端與舟骨和半月骨形成關節。大多角骨和小多角骨位於腕骨的遠端排，未與橈骨相連接。
9. 鉤狀骨 (hamate) 不是種子骨；豆狀骨和髕骨是。
10. 那個開口是骨盆入口。

圖例問題

8.1 有關鎖骨經常斷裂的原因，請參見臨床應用 8.1。

8.2 它在關節盂處附著在肱骨上，在肩峰附著在鎖骨上。

8.5 在這隻成年的手中，兒童時期的骨骺板 (epiphysial plates) 已經閉合，骨骺 (epiphyses) 和骨幹 (diaphyses) 之間沒有縫隙。

8.6 出生時，胎兒頭必須穿過狹窄的骨盆入口和出口。如果顱骨間密合固定不能動，則無法做到。嬰兒必須在骨縫和囪門的骨頭未融合之前出生。

8.10 四：頭、內髁、外髁和髕骨表面。

8.14 種子骨。其他的在出生時就存在，但是種子骨的發育較晚，與因應諸如步行等壓力有關。

第 9 章

回憶測試

1. c 2. b 3. a 4. e 5. c
6. c 7. c 8. d 9. b 10. b
11. 滑膜液 (synovial fluid)
12. 滑囊 (bursa)
13. 支點 (pivot)
14. 運動學 (kinesiology)
15. 嵌合 (gomphosis)
16. 鋸齒狀的 (serrate)
17. 伸展 (extension)
18. 活動範圍
19. 風濕病學家 (rheumatologist)
20. 半月板 (menisci)

建立您的醫學詞彙

答案可能有所不同；這些都是可以接受的例子。

1. 關節—關節炎 (joint-arthritis)
2. 回復—復位 (back-reposition)
3. 一起—聯合 (together-symphysis)
4. 雙方—微動關節 (both-amphiarthrosis)
5. 生長—骨幹 (growth-diaphysis)
6. 環—迴旋 (around-circumduction)
7. 離開—外展 (away-abduction)
8. 朝內—內收 (toward-adduction)
9. 引導—外展 (to lead-abduction)
10. 運動—動力學 (motion-kinesiology)

這些陳述有什麼問題？
1. 骨關節炎 (osteoarthritis) 比類風濕性關節炎 (rheumatoid arthritis) 更為常見。
2. 治療關節炎的醫生是風濕病學家 (rheumatologist)。
3. 滑膜關節為動關節 (diarthroses)。
4. 半月板 (menisci) 是膝關節而非肘關節的特徵。
5. 這個動作使肩膀過度伸展；肘部不能過度伸展。
6. 外踝是腓骨的一部分，而不是脛骨的一部分。
7. 腳尖站立需要足掌屈曲，而不是足背屈曲。
8. 軟骨關節的骨頭之間沒有縫隙或潤滑液。
9. 滑膜液充滿在滑液囊，是由關節囊的滑膜分泌。
10. 骨縫是頭骨的特徵，而不是四肢的特徵。

圖例問題
9.1 嵌合關節是骨頭和牙齒之間的關節；牙齒不是硬骨。
9.3 恥骨間盤僅為纖維軟骨墊；恥骨聯合是纖維軟骨加上恥骨的相鄰區域。
9.4 指間關節不受常規壓縮。
9.14 圖譜。
9.17 不同的答案；例如，在走路或跑步時改變方向，在多岩石的小徑上行走，或檢查腳底是否有刺。
9.19 盂唇 (glenoid labrum)。

第 10 章

回憶測試
1. e 2. c 3. c 4. a 5. c
6. e 7. e 8. c 9. d 10. b
11. 突觸 (synaptic vesicles)
12. 神經肌肉接合點或運動神經終板 (neuromuscular junction or motor end plate)
13. 終池 (terminal cisterns)
14. 肌凝蛋白 (myosin)
15. 慢氧化型
16. 肌球蛋白 (myoglobin)
17. Z 盤 (Z discs)
18. 肌鈣蛋白 (troponin)
19. 肌母細胞 (myoblasts)
20. 蠕動 (peristalsis)

建立您的醫學詞彙
答案可能有所不同；這些都是可以接受的例子。
1. 肌肉—肌原纖維 (muscle-myofibril)
2. 形成—肌母細胞 (forming-myoblast)
3. 疼痛—纖維肌痛症 (pain-fibromyalgia)
4. 肉，肌肉—肌膜 (肌纖維膜)(flesh, muscle-sarcolemma)
5. 不良，異常，困難—肌肉萎縮 (bad, abnormal, difficult-dystrophy)
6. 殼—肌膜 (肌纖維膜)(husk-sarcolemma)
7. 對抗—拮抗 (against-antagonist)
8. 小—肌肉 (little-muscular)
9. 段—肌節 (segment-sarcomere)
10. 營養—萎縮 (nourishment-atrophy)

這些陳述有什麼問題？
1. 心肌也有橫紋。
2. 一條骨骼肌纖維僅接受一條運動神經纖維的支配。
3. I 帶不含肌球蛋白 (myosin)；這裡的主要蛋白質是肌動蛋白 (actin)。
4. 骨骼肌纖維是慢氧化形式。
5. 一個運動神經元可以支配從幾條到一千條肌纖維。
6. 鈣結合到肌鈣蛋白 (troponin)，而不是結合到原肌球蛋白 (tropomyosin)。
7. 眨眼反射取決於快速肌纖維，該纖維屬於白色第 II 類。
8. 每塊肌肉由多個運動單元所支配，一個運動單元僅支配任何一塊肌肉的一部分。
9. 當肌肉縮短時，會造成血管波狀。
10. 肌肉生長涉及肌肉纖維厚度的增加，而不是數量上的增加。

圖例問題
10.1 與其他類型的肌肉不同，這裡的骨骼肌顯示出長而平行的纖維，沒有分支或逐漸變細，每條纖維中都有許多核。其條紋也將其與平滑肌區別。
10.2 橫小管的功能是刺激終小池中鈣通道的打開。

第 11 章

回憶測試
1. b 2. c 3. a 4. c 5. e
6. e 7. a 8. a 9. c 10. d
11. 豎脊肌 (erector spinae)
12. 球海綿體 (bulbospongiosus)
13. 外部 (extrinsic)
14. 舌下的 (hypoglossal)
15. 胃的 (digastric)
16. 泌尿生殖三角 (urogenital triangle)
17. 白線 (linea alba)
18. 喉 (larynx)
19. 胸鎖乳突肌 (sternocleidomastoid)
20. 斜方肌 (trapezius)

建立您的醫學詞彙
答案可能有所不同；這些都是可以接受的例子。

1. 三角型—三角肌 (triangular-deltoid)
2. 提高—上唇提肌 (raise-levator labii superioris)
3. 眼睛—眼輪匝肌 (eye-orbicularis oculi)
4. 遠離，分開—腱膜 (away, apart-aponeurosis)
5. 之上—肌外膜 (upon-epimysium)
6. 手指，趾—屈指 (finger, toe-flexor digitorum)
7. 唇—降下唇肌 (lip-depressor labii inferioris)
8. 相同—同側 (same-ipsilateral)
9. 舌—舌下 (tongue-hypoglossal)
10. 二—二腹肌 (two-digastric)

這些陳述有什麼問題？

1. 胸鎖乳突肌 (sternocleidomastoid) 使頭部向前並向內傾斜。
2. 背闊肌 (latissimus dorsi) 位於斜方肌 (trapezius) 下方。
3. 這兩條肌肉在向前看 (保持頭部直立) 或向上看時會伸展頸部。
4. 顳肌使下頜骨抬高。
5. 斜方肌作用於肩胛骨和肩部，而不作用於脊椎骨或腰部。
6. 根據支點的位置，一流的槓桿可以產生比輸入力更大或更小的輸出力。
7. 橫膈膜未連接到肺部。
8. 包圍整個肌肉的結締組織是肌外膜 (epimysium)。在內的圍肌膜 (perimysium) 將肌肉分成束狀。
9. 口輪匝肌 (Orbicularis oris) 控制嘴唇，但與咀嚼和下頜運動無關。
10. 只有第 III、V、VII、XI 和 XII 對顱神經支配頭部和頸部的肌肉。

圖例問題

11.2 力量取決於肌肉束的排列和肌肉的大小。較大的平行肌肉比較小的羽狀肌強壯。

11.4 肱二頭肌和肱三頭肌的遠端 (兩個頭) 是間接的附著。肱肌和肱三頭肌的外側頭為直接的附著。

11.11 顴大肌，提上瞼肌，口輪匝肌 (答案可能有所不同)

11.13 如果下頜骨已經盡可能的移動到右外側，則右側翼內肌 (medial pterygoid) 將有助於將其拉回零位置或中線 (向內側移動)，或者它可能收縮得更多，從而導致偏向左外側。

11.19 胸小肌、鎖骨下肌、肋間上肌和前鋸肌。

第 12 章

回憶測試

1. c 2. e 3. b 4. d 5. d
6. e 7. b 8. a 9. d 10. a
11. 三角肌 (deltoid)
12. 大腳趾 (great toe)
13. 圓肌，方肌 (teres, qudadratus)
14. 膕旁肌 (hamstring)
15. 支持帶 (retinacula)
16. 內收拇肌 (adductor pollicis)
17. 股四頭肌 (quadriceps femoris)
18. 喙肱肌 (coracobrachialis)
19. 股薄肌 (gracilis)
20. 髂肌，腰大肌 (iliacus, psoas major)

建立您的醫學詞彙

答案可能有所不同；這些都是可以接受的例子。

1. 扇貝—前鋸肌 (scalloped-serratus anterior)
2. 背部—背闊肌 (the back-latissimus dorsi)
3. 頭—肱二頭肌 (head-biceps)
4. 下—棘下肌 (below-infraspinous)
5. 圓—旋前圓型 (round-pronator teres)
6. 深—屈指深肌 (deep-flexor digitorum profundus)
7. 骨—骨間肌 (bone-interosseous)
8. 臀—髂肌 (hip-iliacus)
9. 寬—闊背肌 (broad-latissimus dorsi)
10. 最大—臀大肌 (largest-gluteus maximus)

這些陳述有什麼問題？

1. 蹠肌 (plantaris) 由自身的肌腱附著於足部。
2. 胸小肌作用於肩胛骨，而不是作用於肱骨。
3. 股四頭肌 (quadriceps femoris) 是膝蓋的伸肌，而不是屈肌。
4. 肱二頭肌的頭部附著在肩胛骨上，而不是附著在前臂的骨骼上。
5. 骨間肌為扇形。
6. 穿過腕隧道的肌腱屬於前臂前側的屈肌，而不是伸肌。
7. 腰大肌 (psoas major) 和股直肌 (rectus femoris) 是屈曲髖關節的協同肌。
8. 膕旁肌 (hamstring) 損傷通常是由於膝蓋的快速伸展而不是屈曲引起的。
9. 臀大肌 (gluteus maximus) 是髖關節的伸肌。
10. 這些肌肉在脛骨的相對位置，互為拮抗。

圖例問題

12.2 三角肌 (deltoid)。

12.5 圓肌 (teres) 表示肌肉呈圓形，繩索狀；四頭肌 (quadratus) 表示肌肉呈四方形。

12.6 這兩塊肌肉位於前臂的遠端，而此切面代表較近端的肌肉。

12.12 爬樓梯時將身體提升到下一個更高的台階；走路或跑步時下肢的向後擺動 (答案可能有所不同)。

12.16 比目魚肌 (soleus)。

圖集 (Atlas)

肌肉測試 (圖 A.25)

1. f	11. x	21. k
2. b	12. m	22. d
3. k	13. n	23. f
4. p	14. e	24. b
5. h	15. g	25. a
6. y	16. v	26. u
7. z	17. f	27. j
8. w	18. c	28. i
9. c	19. x	29. g
10. a	20. w	30. q

圖例問題

A.1 口輪匝肌 (orbicularis oris)；斜方肌 (trapezius)。

A.5 肺，心臟，胸腺，肝臟，胃，脾臟，腎臟。

A.8 胸鎖乳突肌。

A.11 後方。

A.13 皮下脂肪 (脂肪組織)。

A.18 四。

A.19 在 (a) 部分，在第一掌骨的基部，「屈曲線」標誌在兩個引線之間。

A.20 股直肌 (rectus femoris) 深處。

A.21 腓骨 (fibula)。

A.24 沒有這樣的骨骼。大腳趾只有兩個趾骨，近端和遠端趾骨。

第 13 章

回憶測試

1. e 2. e 3. d 4. a 5. e
6. d 7. a 8. d 9. a 10. c

11. 傳入 (afferent)
12. 迴盪 (reverberating)
13. 無腦畸形 (anencephaly)
14. 樹突 (dendrites)
15. 寡樹突膠細胞 (oligodendrocytes)
16. 軸突細胞本體間的 (axosomatic)
17. 周邊神經系統 (peripheral nervous system)
18. 神經質，神經內膜 (neurilemma, endoneurium)
19. 神經節 (ganglia)
20. 突觸後 (postsynaptic)

建立您的醫學詞彙

答案可能有所不同；這些都是可以接受的例子。

1. 關於—滑稽的 (pertaining to-anaxonic)
2. 體—軸突細胞本體間的 (body-axosomatic)
3. 神經—神經質微粉 (nerve-neurosoma)
4. 脂質—脂褐素 (lipid-lipofuscin)
5. 樹，分支—軸樹 (tree, branch-axodendritic)
6. 小—樹突 (little-dendrite)
7. 假—偽單極 (false-pseudounipolar)
8. 少—寡突膠質細胞 (few-oligodendrocyte)
9. 攜帶—傳入 (carry-afferent)
10. 硬—多發性硬化症 (hard-multiple sclerosis)

這些陳述有什麼問題？

1. 交感神經 (sympathetic) 和副交感神經 (parasympathetic) 屬於自主神經系統，而不是體神經系統。
2. 神經元的觸發區位於神經體和軸突的交界處。
3. 膠質細胞數目大大超過大腦中的神經元數目。
4. 感覺 (傳入) 神經元將感覺器官連結到中樞神經系統。
5. 髓磷脂 (myelin) 也由中樞神經系統的寡突膠質細胞產生。
6. 髓鞘 (myelin sheath) 在神經膜的深層。
7. 中樞神經系統中也存在髓鞘間隙。
8. 中間神經元完全存在於中樞神經系統中。
9. 單極神經元具有軸突並產生動作電位。
10. 神經傳遞物質與突觸後神經元上的表面感受器結合，刺激或抑制作用。

圖例問題

13.1 周邊神經系統，因為它比中樞神經系統更容易受到創傷。中樞神經系統受到顱骨和椎骨的保護。

13.3 傳入 (afferent) 源自 af(ad)，意思是「朝向」，而 fer 意思是「攜帶」。傳入神經元向 CNS 傳遞訊號。傳出 (efferent) 來自 ef(ex)，意思是「出」。傳出神經元將訊號從中樞神經系統傳送出去。

13.4 存在多個樹突。

13.8 無髓鞘纖維傳導訊號的速度相對較慢，但它們占據較小的空間。

13.9 軸突細胞本體間的 (Axosomatic)。

第 14 章

回憶測試

1. e 2. c 3. d 4. d 5. e
6. c 7. c 8. a 9. e 10. b

11. 神經節 (ganglia)
12. 分支 (rami)
13. 脊髓與小腦的 (spinocerebellar)
14. 骶骨 (sacral)
15. 中樞模式發生器 (central pattern generator)
16. 膈 (phrenic)
17. 交叉 (decussation)
18. 本體感覺 (proprioception)
19. 後根 (posterior root)

20. 脛骨，腓總 (tibial, common fibular)

建立您的醫學詞彙

答案可能有所不同；這些都是可以接受的例子。

1. 尾—尾部 (tail-caudal)
2. 相反，反對—對側 (opposite, against-contralateral)
3. 側—前外側 (side-anterolateral)
4. 自己的—本體感受器 (of one's own-proprioceptor)
5. 細長—薄束 (slender-gracile fasciculus)
6. 脊髓—髓磷脂 (spinal cord-myelin)
7. 無—肌萎縮的 (without-amyotrophic)
8. 發炎—脊髓灰質炎 (inflammation-poliomyelitis)
9. 橫膈膜—膈 (diaphragm-phrenic)
10. 切，切片—皮節 (cut, section-dermatome)

這些陳述有什麼問題？

1. 薄束 (gracile fasciculus) 是一種感覺 (上升) 路徑。
2. 成年人的脊髓終止在第一腰椎 (L1) 處。
3. 脊髓的某些纖維傳送上行信號，而其他纖維則傳送下行信號。
4. 所有的脊神經都是混合神經。
5. 硬腦膜 (dura mater) 與椎骨之間有硬膜外腔。
6. 許多脊髓反射運用多突觸反射弧。
7. 膈神經 (phrenic nerve) 起源於頸神經叢，而不是臂叢神經。
8. 皮節 (dermatomes) 彼此重疊區域多達 50%。
9. 許多軀體反射包括大腦。
10. 脊髓軀體反射不需要與大腦連結，即使頸椎脊髓被切斷也仍能起作用。

圖例問題

14.4 必須是 T4，因為楔形束在 T6 以下不存在。

14.5 在將脊髓丘腦束升至大腦之前，熱刺激和冷刺激傳到脊髓的另一側。這種現象稱為交叉 (decussation)。

14.9 單極 (unipolar)[或偽單極 (pseudounipolar)]。

14.11 這會導致身體另一側相應區域內的感覺喪失。

14.15 如果左右膈神經都被切斷，則會發生呼吸停止；僅切斷其中之一會使癱瘓一半的橫膈膜，並嚴重減少同側肺的通氣。

14.22 如果膕旁肌 (hamstrings) 收縮，它們會促進膝蓋的屈曲，從而對抗膝腱反射。

第 15 章

回憶測試

1. c 2. d 3. e 4. a 5. e
6. c 7. a 8. d 9. e 10. e

11. 胼胝體 (corpus callosum)
12. 腦室，腦脊髓 (ventricles, cerebrospinal)
13. 髓樹 (arbor vitae)
14. 海馬體 (hippocampus)
15. 脈絡叢 (choroid plexus)
16. 中樞前的 (precentral)
17. 前面的 (frontal)
18. 聯合皮質 (association cortex)
19. 目錄式 (categorical)
20. 布洛卡氏區 (Broca area)

建立您的醫學詞彙

答案可能有所不同；這些都是可以接受的例子。

1. 轉彎，扭轉—迴 (turn, twist-gyrus)
2. 溝—溝 (groove-sulcus)
3. 腦—大腦 (brain-cerebrum)
4. 柄—莖 (stalk-peduncle)
5. 島—島葉 (island-insula)
6. 小—小腦 (little-cerebellum)
7. 新—新皮質 (new-neocortex)
8. 屋頂，蓋—頂蓋 (roof, cover-tectum)
9. 葉—葉 (leaf-folia)
10. 輻射—輻射冠 (radiating-corona radiata)

這些陳述有什麼問題？

1. 大腦縱裂將大腦分成左右大腦半球。
2. 黑質退化造成帕金森氏症。
3. 大腦半球之間的信號可以通過前和後連合傳遞。
4. 每個半球都有自己的側腦室，但是第三和第四腦室位於正中位置，並且不成對。
5. 脈絡叢僅產生 30% 的腦脊髓液。
6. 聽覺是顳葉的功能。
7. 腦幹沒有腦迴和腦溝。
8. 主要的視覺皮層位於頭部後方的枕葉。
9. 語音識別發生在顳葉；聲帶的控制位於額葉的布洛卡氏 (Broca) 區域。
10. 視神經傳遞視覺信號，而非運動信號。

圖例問題

15.7 (指出或標記圖中的構造)

15.8 (指出或標記圖中的構造)

15.18 有許多小的肌肉。

15.20 不；每個人都充分利用兩個半球。

第 16 章

回憶測試

1. b 2. c 3. e 4. e 5. a
6. e 7. d 8. d 9. c 10. c

11. 腎上腺素的 (adrenergic)
12. 雙重神經支配 (dual innervation)
13. 自主神經張力 (autonomic tone)
14. 迷走 (vagus)
15. 腸的 (enteric)
16. 神經嵴 (neural crest)
17. 交感神經 (sympathetic)

18. 節前的，節後的 (preganglionic, postganglionic)
19. 壓力感受器 (baroreceptor)
20. 血管舒張力 (vasomotor tone)

建立您的醫學詞彙

答案可能有所不同；這些都是可以接受的例子。

1. 規則—自主 (rule-autonomic)
2. 壓力—血管壓力感受器 (pressure-baroreceptor)
3. 內臟—內臟神經 (viscera-splanchnic nerves)
4. 腎臟—腎 (kidney-renal)
5. 感覺—交感 (feeling-sympathetic)
6. 旁邊—椎旁 (next to-paravertebral)
7. 分解，破壞—交感神經 (break down, destory-sympatholytic)
8. 自我—自主 (self-autonomic)
9. 分支—支 (branch-ramus)
10. 壁—壁內 (wall-intranural)

這些陳述有什麼問題？

1. 通常兩個分區會同時激活。
2. 灰和白交通支屬於交感神經，而不是副交感神經。
3. 使用生物反饋和其他方法，可以進行一定程度的自主控制。
4. 抑制消化。
5. 交感神經纖維經由胸和腰椎神經而不是顱神經離開中樞神經系統。
6. 這些反射的發生可以不涉及大腦，但可控性較差。
7. 所有副交感神經纖維均屬於膽鹼性。
8. 交感神經節前纖維和一些神經節後纖維也分泌乙醯膽鹼。
9. 自主神經系統也起源於神經管。
10. 一些交感神經纖維由交感神經鏈上升到三個頸神經節，而起源於此的突觸後纖維神經支配頭部中的多個目標器官，例如眼睛和唾液腺。

圖例問題

16.4 都不是；如第 11 章所述，吸氣和呼氣是由不受自主神經支配的骨骼肌達成。

16.5 交感神經元來自脊髓的側角，體神經元來自脊髓的前角。

16.7 迷走神經。

16.9 擴張，因為恐懼會激活交感神經分支，從而刺激瞳孔開大肌。

第 17 章

回憶測試

1. a 2. a 3. a 4. d 5. b
6. e 7. d 8. c 9. c 10. a

11. 中央凹 (fovea centralis)
12. 神經節 (ganglion)
13. 傷害感受器 (nociceptor)
14. 耳石 (otoliths)
15. 外毛細胞 (outer hair cells)
16. 鐙骨 (stapes)
17. 下丘 (inferior colliculi)
18. 味毛 (taste hairs)
19. 嗅球 (olfactory bulb)
20. 轉移痛 (referred pain)

建立您的醫學詞彙

答案可能有所不同；這些都是可以接受的例子。

1. 疼痛—疼痛感受器 (pain-nociceptor)
2. 無—嗅覺喪失 (without-anosmia)
3. 線—絲狀 (thread-filiform)
4. 耳—中耳炎 (ear-otitis media)
5. 滑輪—滑車 (pulley-trochlea)
6. 坑，凹陷—中央小窩 (pit, depression-fovea centralis)
7. 疼痛—止痛劑 (pain-analgesic)
8. 相似—葉狀 (like-folicate)
9. 鼓—鼓室 (drum-tympanic)
10. 開孔—鼓膜造口 (making a new opening-tympanostomy)

這些陳述有什麼問題？

1. 某些疼痛途徑繞過網狀結構並直接通向丘腦。
2. 觸覺傳入纖維終止於脊髓和延髓。
3. 舌頭上的這些特化味覺感受器的區域分佈不再被認可。
4. 它由視網膜神經節細胞的軸突組成。
5. 我們聽不到由外部毛細胞的傳入；所有的聽力都起源於內部的毛細胞。
6. 耳蝸神經纖維終止於延髓，前庭纖維終止於延髓和腦橋。
7. 視桿細胞和視錐細胞的外部部分朝向眼睛的後部，而不是朝向光線。
8. 嗅覺神經元直接暴露於外部環境。
9. 鼓膜具有迷走神經的感覺纖維和三叉神經。
10. 虹膜和水晶體之間的後房充滿房水。

圖例問題

17.3 中央後回；頂葉。

17.5 基底細胞可以分裂，其子細胞之一可以變成新的味覺細胞。

17.15 中耳高壓會干擾鼓膜的向內運動，因此會減少向內耳傳遞的振動。

17.17 球囊斑是垂直定向的，因此在升降機中向上或向下移動會導致耳石膜在毛細胞上向上或向下移動並彎曲其靜纖毛。

17.21 水汪汪的眼睛；眼淚將無法從眼表排出，會溢出眼瞼。

17.22 第 III 對腦神經 (CN III)，動眼神經。這條神經控制著四條肌肉，而其他的只控制一條肌肉。第 III 對腦神經對於眼球的向上，向下和側向看是必要的。

第 18 章

回憶測試

1. d 2. d 3. a 4. c 5. d
6. d 7. a 8. a 9. b 10. c
11. 腦下垂體前葉 (anterior pituitary)
12. 視上核 (supraoptic nucleus)
13. 瘦體素 (leptin)
14. 心房利尿鈉肽 (natriuretic peptides)
15. 糖皮質激素 (glucocorticoids)
16. 腦下垂體前葉
17. 神經內分泌 (neuroendocrine)
18. 間質的 (interstitial)
19. 束狀區 (zona fasciculata, ATCH)
20. 腸激素 (enteric hormones)

建立您的醫學詞彙

答案可能有所不同；這些都是可以接受的例子。

1. 分泌，分開—內分泌 (secrete, separate-endocrine)
2. 快速，急劇的—催產素 (quick, sharp-oxytocin)
3. 為，幫助—泌乳素 (for, favoring-prolactin)
4. 滋養—促性腺素分泌細胞 (nourish-gonadotroph)
5. 體—黃體 (body-corpus luteum)
6. 盾—甲狀腺 (shield-thyroid)
7. 鈉—促尿鈉排泄 (利尿劑) (sodium-natriuretic)
8. 熱—產熱 (heat-calorigenic)
9. 乳—乳促素細胞 (milk-lactotrope)
10. 恐懼，排斥—疏水 (fear, repulsion-hydrophobic)

這些陳述有什麼問題？

1. 內分泌腺沒有管道。
2. 心臟、大腦、胃和腎臟分泌激素，但通常不認為它們是內分泌腺體。
3. 腦下垂體後葉可儲存和釋放這兩種激素，但它們是在下視丘產生的。
4. 松果腺和胸腺分別在 7 歲和 14 歲之後萎縮。
5. 腎上腺的中心是腎上腺髓質。
6. 有幾個同時具有內分泌和外分泌功能的腺體，例如胰臟和肝臟。
7. 皮質類固醇由腎上腺皮質產生。腎上腺髓質沒有胰島細胞。
8. 腦下垂體柄不是管道。
9. 有兩對副甲狀腺和一對性腺。
10. 胰島 β 細胞分泌胰島素。

圖例問題

18.1 心臟，肝臟，胃，胎盤 (答案可能有所不同)。

18.2 後葉，或腦下垂體神經部。

18.6 分泌降鈣素。

18.9 分泌消化酶。

第 19 章

回憶測試

1. b 2. c 3. a 4. b 5. e
6. d 7. d 8. c 9. d 10. b
11. 造血作用(hematopoiesis)
12. 血比容 (hematocrit)
13. 巨噬細胞 (macrophages)
14. 白血球減少症 (leukopenia)
15. 血清 (serum)
16. 止血 (hemostasis)
17. 鐮刀型血球疾病 (sickle-cell disease)
18. 紅血球增多症 (polycythemia)
19. 巨核細胞 (megakaryocytes)
20. 紅血球生成素 (erythropoietin)

建立您的醫學詞彙

答案可能有所不同；這些都是可以接受的例子。

1. 血液—血液學 (blood-hematology)
2. 白—白血球 (white-leukocyte)
3. 血液狀況—貧血 (blood condition-anemia)
4. 前驅—紅血球母細胞 (precursor-erythroblast)
5. 紅—紅血球 (red-erythrocyte)
6. 大—巨核細胞 (large-megakaryocyte)
7. 骨髓—骨髓性白血病 (bone marrow-myeloid leukemia)
8. 血塊—血栓形成 (blood clot-thrombosis)
9. 大—巨噬細胞 (large-macrophage)
10. 形成，生產—造血作用 (formation, production-hematopoiesis)

這些陳述有什麼問題？

1. 血球比容值測定不是細胞計數，而是測量紅血球占血液的百分比。
2. 儘管淋巴細胞也由淋巴樣造血作用產生，但白血球也由骨髓造血作用產生。
3. 貧血是造成血液氧含量低的原因，而不是結果。
4. 嗜中性粒顆粒球是最活躍的抗菌白血球。
5. 停止流血的機制稱為止血；血栓形成是指血凝塊的形成，這只是這些機制之一。
6. 嗜中性顆粒球是最多的白血球。
7. 巨噬細胞來自單核細胞，而不是相反。
8. 淋巴組織也是白血球的重要來源。
9. 紅血球的壽命比大多數白血球長。
10. 白血病的白血球數目增加。

圖例問題

19.1 核。

19.3 發育中的紅血球在其核萎縮並從細胞中彈出時開始。

19.4 原血紅素基質群中心的鐵。

19.8 意思是「骨髓」，是指這個過程發生在紅骨髓中。

19.10 纖維蛋白。

第 20 章

回憶測試

1. d 2. b 3. a 4. d 5. e

6. e 7. d 8. a 9. b 10. b

11. 收縮，舒張 (systole, diastole)
12. 系統的 (systemic)
13. 冠狀溝 (coronary sulcus)
14. 心內膜下傳導網 (the subendocardial conducting network)
15. 間隙接合 (gap junctions)
16. 瓣膜脫垂 (valvular prolapse)
17. 迷走 (vagus)
18. 心肌梗塞 (myocardial infarction)
19. 心內膜 (endocardium)
20. 靜脈竇 (sinus venosus)

建立您的醫學詞彙

答案可能有所不同；這些都是可以接受的例子。

1. 心臟—心臟病學 (heart-cardiology)
2. 上，上面—心外膜 (upon, above-epicardium)
3. 半—半月 (half-semilunar)
4. 關於—冠狀 (pertaining to-coronary)
5. 小—室 (small-ventricle)
6. 源於—肌原性 (arising from-myogenic)
7. 月球—半月 (moon-semilunar)
8. 皇冠—冠狀 (crown-coronary)
9. 腹部—室 (belly-ventricle)
10. 帶—黏著小帶 (band-fascia adherens)

這些陳述有什麼問題？

1. 大約 20% 的血液通過心小靜脈回流入右心房。
2. 心包腔內除了薄薄的心包潤滑液外，什麼也沒有。
3. 信號通過 AV (非 SA) 節點到達心室。
4. 肺動脈瓣和主動脈瓣沒有腱索。
5. 心臟不需要神經刺激就可以跳動。
6. 心跳是由自己的心跳節律器而不是神經信號觸發的。
7. 達到這個目的的是動脈的吻合，而不是靜脈的吻合。
8. 原始心室僅發展為左心室。
9. 右心房入口處沒有瓣膜。
10. 每個心房只有兩條肺靜脈進入。

圖例問題

20.1 兩者。肺循環將血液輸送到肺以進行氣體交換。體循環的血液輸送營養至肺組織。

20.2 在左邊

20.7 心肉柱。它們是腔室壁的嵴，而不是腱索的附著處。

20.9 當心室收縮時，它們可防止 AV 瓣膜脫垂進入心房。

20.13 右心房。

20.14 間隙接合。

第 21 章

回憶測試

1. c 2. b 3. a 4. e 5. b

6. b 7. d 8. b 9. b 10. b

11. 有孔的 (fenestrated)
12. 連續毛細血管 (continuous capillaries)
13. 內皮細胞 (endothelium)
14. 總髂 (common iliac)
15. 化學感受器 (chemoreceptors)
16. 胞移作用 (transcytosis)
17. 上腔靜脈，下腔靜脈 (superior vena cava, inferior vena cava)
18. 頸動脈竇 (carotid sinuses)
19. 大腦動脈環 (cerebral arterial circle)
20. 貴要，頭 (basilic, cephalic)

建立您的醫學詞彙

答案可能有所不同；這些都是可以接受的例子。

1. 管—血管舒張 (vessel-vasodilation)
2. 添加—外膜 (added to-adventitia)
3. 窗—開孔 (window-fenestrated)
4. 頭—頭臂 (head-brachiocephalic)
5. 頸，喉—頸 (neck, throat-jugular)
6. 血管—管生成 (vessel-angiogenesis)
7. 腹部，腹部—腹腔動脈幹 (belly, abdomen-celiac trunk)
8. 膝上—膝動脈 (knee-genicular artery)
9. 的 (於)，屬於—血管滋養管 (of, belonging to-vasa vasorum)
10. 膀胱—膀胱動脈 (bladder-vesical artery)

這些陳述有什麼問題？

1. 肌肉在中膜 (tunica media) 中。
2. 接受從腹腔幹流出的血液。
3. 液體和血球細胞也通過微血管後小靜脈進入和離開循環。
4. 血液有時會通過門脈系統 (兩個微血管床) 或吻合

支 (繞過微血管)。
5. 它由兩條頭臂靜脈聯合而成。
6. 微血管的血流由微血管前括約肌調節。
7. 中膜主要由血管滋養管的微血管給予營養。
8. 動靜脈吻合使血液部經過微血管。
9. 有 80% 的人此環中缺少一條或多條動脈。
10. 從大腦回流到心臟的血液是通過內頸靜脈。

圖例問題

21.1 動脈的血壓更高，並且必須與心跳同步擴張和彈回。

21.6 內分泌腺，腎臟，小腸 (答案可能有所不同)。

21.10 靜脈壁較薄，彈性組織較少，因此較容易擴張以容納更多的血液。

21.12 動脈吻合：大腦動脈環，旋肱動脈和深掌弓。靜脈吻合：肘部附近的橈靜脈吻合，左右胃靜脈的吻合，足背靜脈弓連接大，小隱靜脈。(也有許多其他例子可以引用；答案可能有所不同。)

21.25 就像性腺動脈一樣，當性腺在靠近腎臟的腹腔上方開始發育時，這些靜脈短得多。靜脈隨著胎兒性腺的向下遷移而增長。

21.27 當關節運動暫時壓迫動脈並阻斷其流動時，吻合之血管可使血液繼續通過替代途徑流動。

第 22 章

回憶測試

1. b 2. c 3. e 4. a 5. c
6. e 7. a 8. e 9. c 10. d

11. 病原體 (pathogen)
12. 乳糜 (chyle)
13. 收集管 (collecting vessels)
14. 右淋巴管，胸管 (right lymphatic duct, thoracic duct)
15. 乳糜池 (cisterna chyli)
16. 血漿 (plasma)
17. 抗原呈現細胞 (antigen-presenting cells)
18. 紅骨髓 (red bone marrow)
19. 淋巴小結 (lymphatic nodules)
20. 自體免疫 (autoimmune)

建立您的醫學詞彙

答案可能有所不同；這些都是可以接受的例子。

1. 產生—病原 (producing-pathogen)
2. 發炎—淋巴結炎 (inflammation-lymphadenitis)
3. 腺—淋巴結炎 (gland- lymphadenitis)
4. 切除—扁桃體切除術 (cutting out-tonsillectomy)
5. 病—淋巴腺病 (disease-lymphadenopathy)
6. 水—淋巴的 (water-lymphatic)
7. 免除—免疫缺陷 (free-immunodeficiency)
8. 腫大—脾腫大 (enlargement-splenomegaly)
9. 腫塊，腫瘤—淋巴瘤 (mass, tumor-lymphoma)
10. 果汁—乳糜池 (juice-cisterna chyli)

這些陳述有什麼問題？

1. B 細胞僅參與後天免疫。
2. 只有兩個收集管。
3. 脾切除術很普遍，但是如果沒有深入的醫療，沒有胸腺就無法生存。
4. 輔助 T 細胞在體液免疫中也有作用。
5. 漿細胞來自 B 淋巴球。
6. 淋巴結也有血液供應。
7. B 細胞和 T 細胞均位於淋巴結中。
8. 淋巴小結是暫時的，沒有被膜。
9. 現在扁桃體切除術已經不像以前那樣普遍了。
10. 自然殺手細胞是一類淋巴球，而不是嗜中性顆粒球。

圖例問題

22.3 在淋巴微管中，內皮細胞之間的間隙要比在微血管中的大。

22.5 (1) 防止多餘的組織液積聚 (水腫)。(2) 使淋巴結中的免疫細胞不斷監測組織液中是否有異物。

22.6 脫離乳癌腫瘤的癌細胞進入淋巴管之後，通常會在附近的這些淋巴結中停留和增生微繼發性 (轉移性) 腫瘤。

22.10 上皮細胞。

22.14 紅血球是造成紅髓的顏色；淋巴細胞和巨噬細胞是造成白髓的顏色。

第 23 章

回憶測試

1. c 2. c 3. a 4. e 5. b
6. e 7. d 8. a 9. c 10. c

11. 喉咽 (laryngopharynx)
12. 支氣管樹 (bronchial tree)
13. 翼狀 (alar)
14. 甲 (conchae)
15. 阻塞的 (obstructive)
16. 傳導區 (conducting zone)
17. 甲狀腺 (thyroid)
18. 腹側呼吸群 (ventral respiratory group)
19. 門 (hilum)
20. 肺泡巨噬細胞 (alveolar macrophages)

建立您的醫學詞彙

答案可能有所不同；這些都是可以接受的例子。

1. 粗—氣管 (rough-trachea)
2. 小腔—肺泡 (small cavity-alveolus)
3. 擴張性—肺不張 (expansion-atelectasis)

4. 煙霧，二氧化碳—高碳酸血症 (smoke, carbon dioxide-hypercapnia)
5. 鼻—鼻中隔 (nose-nasal septum)
6. 呼吸—吸氣 (to breathe-inspiration)
7. 發炎—肺氣腫 (inflammation-emphysema)
8. 肺—肺 (lung-pulmonary)
9. 風管—支氣管 (windpipe-bronchus)
10. 空氣，肺—氣胸 (air, lung-pneumothorax)

這些陳述有什麼問題？
1. 聲門在喉的上端，而不是在 (氣管) 下端。
2. 嗅覺和黏液推進是鼻纖毛而不是微絨毛的作用。
3. 壁層和臟層胸膜之間的空間僅包含薄層的胸膜液。
4. 正常的呼氣不是由肌肉收縮產生的。
5. 「亞當蘋果」是甲狀軟骨的突起。
6. 左肺有兩葉和一個裂。
7. 呼吸的調節器是腹側呼吸組。
8. 主動脈和頸動脈竇監測血壓。
9. 呼吸系統從咽底產生的芽發育而成。
10. 表面活性劑由大 (II 型) 肺泡細胞產生。

圖例問題
23.2 這條線應該畫在喉和氣管之間。
23.3 鼻中隔。
23.4 會厭軟骨，小角軟骨和杓狀軟骨。
23.8 分泌黏液。
23.10 由於其壁中有軟骨板。

第 24 章

回憶測試
1. a 2. b 3. b 4. d 5. e
6. c 7. a 8. a 9. a 10. c
11. 腸道神經叢 (enteric nervous system)
12. 幽門括約肌 (pyloric sphincter)
13. 耳下腺的 (parotid)
14. 肝門系統 (hepatic portal system)
15. 迷走 (vagus)
16. 壁 (parietal)
17. 肝竇狀隙 (hepatic sinusoids)
18. 小網膜 (lesser omentum)
19. 牙骨質 (cementum)
20. 舌乳頭 (lingual papillae)

建立您的醫學詞彙
答案可能有所不同；這些都是可以接受的例子。
1. 胃—胃 (stomach-gastric)
2. 小腸—腸繫膜 (intestine-myenteric)
3. 食品—食物的 (food-alimentary)
4. 後面—腹膜後 (behind-retroperitoneal)
5. 臉頰—頰 (cheek-buccal)
6. 看門人—幽門 (gatekeeper-pylorus)
7. 折疊，摺痕—皺褶 (fold, crease-ruga)
8. 字母 S—乙狀結腸 (letter S-sigmoid colon)
9. 直—直腸 (straight-rectum)
10. 肝—肝細胞 (liver-hepatocyte)

這些陳述有什麼問題？
1. 胰腺是腹膜後的，但肝臟不是。
2. 牙齒主要由牙本質組成。
3. 膽汁被分泌到膽小管中，而不是在肝血竇中。
4. 大部分被漿膜覆蓋。
5. 前和後層彼此緊緊黏附在一起，並且不包覆小腸。
6. 琺瑯質是硬化的分泌物，而不是組織。
7. 大網膜未附著在體壁上。
8. 胃腺分類上與幽門和賁門腺不同，是最大多數的類型。
9. 胃的肌外層有三層。
10. 大腸沒有絨毛，但是有隱窩。

圖例問題
24.6 前臼齒和第三臼齒。
24.7 琺瑯質。
24.11 胃壁有三層肌肉；食道有兩層。
24.16 自主神經系統控制肛門內括約肌，而體神經系統控制肛門外括約肌。這可以從以下事實推斷出：內括約肌是平滑 (不隨意) 肌，而外括約肌是骨骼 (隨意) 肌。
24.19 肝門靜脈和左右肝動脈。

第 25 章

回憶測試
1. c 2. d 3. a 4. c 5. e
6. b 7. d 8. b 9. d 10. a
11. 尿素 (urea)
12. 輸尿管芽 (ureteric bud)
13. 三角區 (trigone)
14. 緻密斑 (macula densa)
15. 足細胞 (podocytes)
16. 近曲小管 (proximal convoluted tubule)
17. 細段 (thin segment)
18. 逼尿肌 (detrusor)
19. 腎小盞 (minor calyx)
20. 弓形的 (arcuate)

建立您的醫學詞彙
答案可能有所不同；這些都是可以接受的例子。
1. 氮—氮血症 (nitrogen-azotemia)
2. 腎—腎元 (kidney-nephron)
3. 小球—腎絲球體 (little ball-glomerulus)
4. 石—碎石術 (stone-lithotripsy)

5. 足—足細胞 (foot-podocyte)
6. 尿液—無尿 (urine-anuria)
7. 斑—緻密斑 (patch-macula densa)
8. 旁—近腎絲球 (next to-juxtaglomerular)
9. 盆—骨盆 (basin-pelvis)
10. 膀胱—膀胱炎 (bladder-cystitis)

這些陳述有什麼問題？

1 輸尿管開口於膀胱底部。
2. ADH 由腦下垂體後葉分泌。
3. 尿毒症是一種病理狀態，含有危險高量的含氮廢物；尿毒症沒有「安全限度」。
4. 大量的液體通過緊密接合。
5. 多個腎元共用一條收集管；它不是腎元的一部分。
6. 腎絲球不位於囊腔內。
7. 足細胞形成腎絲球的過濾縫；它們不會再吸收任何物質或控制滲透壓。
8. 大部分泌尿道襯有泌尿道上皮 (移形上皮)。
9. 腎臟通常在上腹腔中。
10. 腎濾過裂隙位於腎絲球，而不是在環腎小管微血管。

圖例問題

25.1 不能觸診到腎臟本體，但是可以通過觸摸第 11 肋骨和第 12 肋骨，並將其與此圖連結來推斷腎臟的位置。
25.2 須將其移入黑暗的腹膜腔內，向左上方，顯示脾臟和結腸，位於壁層腹膜的前方。
25.4 這是前視圖，因為腎動脈和靜脈位於輸尿管的前面。比較圖 25.3b 中的後視圖。
25.9 傳入小動脈大於傳出小動脈。使腎絲球具有一個大的入口，一個小的出口，造成的高血壓，這對過濾很重要。
25.12 前列腺肥大會壓迫前列腺尿道，即膀胱的出口。

第 26 章

回憶測試

1. a 2. a 3. c 4. b 5. c
6. a 7. d 8. c 9. e 10. d
11. 中腎 (mesonephric)
12. 果糖 (fructose)
13. 蔓狀靜脈叢 (pampiniform plexus)
14. 卵泡 (follicle)
15. 子宮內膜 (endometrium)
16. 精囊 (seminal vesicles)
17. 培 (nurse)
18. 前列腺 (prostate)
19. 黃體 (corpus luteum)
20. 漏斗部 (infundibulum fimbriae)

建立您的醫學詞彙

答案可能有所不同；這些都是可以接受的例子。

1. 婚姻，聯合—配子 (marriage, union-gamete)
2. 種植—淋病 (seed-gonorrhea)
3. 子宮—子宮切除術 (uterus-hysterectomy)
4. 鞘—陰道 (sheath-vagina)
5. 白—白膜 (white-tunica albuginea)
6. 卵—卵巢 (egg-ovary)
7. 卵—卵子生成 (egg-oogenesis)
8. 攜帶—卵丘 (to carry-cumulus oophorus)
9. 黃—黃體 (yellow-corpus luteum)
10. 子宮—子宮內膜 (uterus-endometrium)

這些陳述有什麼問題？

1. 卵泡 (濾泡) 不離開卵巢。
2. 輸卵管是從副中腎管發育而來。
3. 初級卵母細胞產生一個卵細胞和多達三個廢棄的極體。
4. 排卵的卵泡是成熟的 (葛氏) 卵泡。
5. 平均以 28 天週期排卵，在排卵後約 12 天子宮內膜開始剝落。
6. 由於雄性素低，女性生殖系統得以發育。
7. 小陰唇是，但是陰囊是由陰唇陰囊皺褶處發育。
8. 蔓狀靜脈叢有助於保持睪丸涼爽。
9. 輸精管切除術是切除輸精管 (輸精管)，而不是副睪。
10. 睪丸鞘膜包裹睪丸；它不是陰道的一部分。

圖例問題

26.4 減數分裂後，產生的子代細胞在遺傳上與身體其餘部分不同，如果不受保護，它們將受到血源性抗體或免疫細胞的攻擊。
26.9 如果將其限制在白膜內，海綿體的充血可能會壓迫尿道並阻擋射精。
26.21 它們壓縮腺泡並將乳汁排入輸乳管。
26.26 字根 vagin 一詞的意思是「鞘」，它恰當地將睪丸被膜描述為腹膜的鞘或囊。

生物醫學單詞元素詞典

a- no, not, without (atom, agranulocyte) 無，不，沒有 (原子，無顆粒白血球)

ab- away (abducens, abduction) 離開 (外展，外展)

acro- tip, extremity, peak (acromion, acromegaly, acrosome) 尖端，末端，尖峰 (肩峰，肢端肥大，頂體)

ad- to, toward, near (adsorption, adrenal) 接近，朝向，靠近 (吸附，腎上腺的)

adeno- gland (lymphadenitis, adenohypophysis, adenoids) 腺體 [淋巴腺炎，腺下腺 (垂體) 前葉，腺樣體]

aero- air, oxygen (aerobic, anaerobe) 空氣，氧氣 (有氧，厭氧菌)

af- toward (afferent) 導向 (傳入)

ag- together (agglutination) 一起 (凝集)

-al pertaining to (parietal, pharyngeal, temporal) 有關 (壁的，咽，顳)

ala- wing (ala nasi) 翼 (鼻翼)

albi- white (albicans, linea alba, albino) 白 (白色的，白線，白化症)

algi- pain (analgesic, myalgia) 疼痛 (鎮痛劑，肌痛)

allo- other, different (allele, allopathic) 其他，不同 (等位基因，對症療法)

amphi- both, either (amphiphilic, amphiarthrosis) 二者，二者中任何一個 (兩親的，雙關節)

an- without (anaerobic, anemic) 無 (無氧，貧血)

ana- **1.** up, build up (anabolic, anaphylaxis) 向上，建立 (合成代謝的，過敏反應)
2. apart (anaphase, anatomy) 分開 (後期，解剖)
3. back (anastomosis) 逆的 (吻合)

andro- male (androgen, andropause) 男性 (雄性素，男性更年期)

angi- vessel (angiogram, angioplasty, hemangioma) 血管 (血管造影，血管成形術，血管瘤)

ante- before, in front (antebrachium) 前，在前 (前臂)

antero- forward (anterior, anterograde) 前 (前，順行的)

anti- against (antidiuretic, antibody, antagonist) 對抗 (抗利尿劑，抗體，拮抗劑)

apo- from, off, away, above (apocrine, aponeurosis) 從，隔開，離開，上方 (頂泌的，腱膜)

artic- **1.** joint (articulation). **2.** speech (articulate) **1.** 關節 (關節)；**2.** 講話(口頭表達)

-ary pertaining to (axillary, coronary) 有關 (腋窩，冠狀動脈)

-ase enzyme (polymerase, kinase, amylase) 酶(聚合酶，激酶，澱粉酶)

ast-, astro- star (aster, astrocyte) 星號 (星狀體，星形膠質細胞)

-ata, -ate **1.** possessing like (corniculate, cruciate). **2.** plural of -a (stomata, carcinomata) **1.** 具有 (角狀的，十字形的)；**2.** 複數的 -a (氣孔，癌)

athero- fat (atheroma, atherosclerosis) 脂肪 (動脈粥瘤，動脈粥樣硬化)

atrio- entryway (atrium, atrioventricular) 入口 (心房，房室)

auto- self (autonomic, autoimmune) 自身 (自主的，自體免疫)

axi- axis, straight line (axial, axoneme, axon) 軸，直線 (軸向，鞭毛軸絲，軸突)

baro- pressure (baroreceptor, hyperbaric) 壓力 (壓力感受器，高壓)

bene- good, well (benign, beneficial) 好，良好 (良性，有益)

bi- two (bipedal, biceps, bifid) 二 (雙足，二頭肌，兩裂的)

bili- bile (biliary, bilirubin) 膽汁 (膽汁的，膽紅素)

bio- life, living (biology, biopsy, microbial) 生命，活的 (生物學，活體組織切片，微生物的)

blasto- precursor, bud, producer (fibroblast, osteoblast, blastomere) 前體，芽，生產者 (纖維母細胞，成骨細胞，卵裂球)

brachi- arm (brachium, brachialis, antebrachium) 臂 (肱，肱肌，前臂)

bucco- cheek (buccal, buccinator) 頰 (頰的，頰肌)

calc- calcium, stone (calcified, calcaneus, hypocalcemia) 鈣，石頭 (鈣化，踵骨，低鈣血症)

callo- thick (callus, callosum) 厚的 (癒傷組織，胼胝)

calyx cup, vessel, chalice (glycocalyx, renal calyx) 杯子，血管，酒杯 (糖萼，腎盞)

capito- head (capitis, capitate, capitulum) 頭 (頭，頭狀，肱骨小頭)

carcino- cancer (carcinogen, carcinoma) 癌 (致癌物，

瘧)
cardi- heart (cardiac, cardiology, pericardium) 心臟 (心臟的，心臟病學，心包)
carot- 1. carrot (carotene). 2. stupor (carotid) 1. 胡蘿蔔 (胡蘿蔔素)；2. 麻木 (頸動脈)
carpo- wrist (carpus, metacarpal) 腕 (腕，掌)
cata- down, break down (catabolism) 下，分解 (分解作用)
-cel little (pedicel) 小 (小梗)
celi- belly, abdomen (celiac) 腹，腹部 (腹腔的)
centri- center, middle (centromere, centriole) 中心，中間 (著絲粒，中心粒)
cephalo- head (cephalic, encephalitis) 頭 (頭，腦炎)
cervi- neck, narrow part (cervix, cervical) 頸，狹窄部分 (子宮頸，子宮頸的)
chole- bile (cholecystokinin, cholelithotripsy) 膽汁 (膽囊收縮素，碎膽石術)
chondro- **1.** grain (mitochondria). **2.** cartilage, gristle (chondrocyte, perichondrium) **1.** 顆粒 (粒線體)；**2.** 軟骨，脆骨 (軟骨細胞，軟骨膜)
chromo- color (trichromat, chromatin, cytochrome) 顏色 (三色視者，染色質，細胞色素)
chrono- time (chronotropic, chronic) 時間 (變時性，慢性的)
cili- eyelash (cilium, supraciliary) 睫毛 (纖毛，眉的)
circ- about, around (circadian, circumduction) 關於，圍繞 (晝夜，環動)
cis- cut (incision, incisor) 切割 (切開，門齒)
cistern, cisterna reservoir (Golgi cistern, cisterna chyli) 水庫 (高基氏池，乳糜池)
clast- break down, destroy (osteoclast) 分解，破壞 (破骨細胞)
-cle little (tubercle, corpuscle) 小 (結節，小體)
co- together (coenzyme, cotransport) 共同 (輔酶，共運輸)
collo- **1.** hill (colliculus). **2.** glue (colloid, collagen) **1.** 丘陵(丘)；**2.** 膠 (膠體，膠原蛋白)
contra- opposite (contralateral) 對立的 (對側的)
corni- horn (cornified, corniculate, cornu) 角 (角質，角狀的，角)
corono- crown (coronary, corona, coronal) 冠 (冠狀動脈，冠狀，冠狀的)
corpo- body (corpus luteum, corpora quadrigemina) 體 (黃體，四疊體)
corti- bark, rind (cortex, cortical) 樹皮，外皮 (皮質，皮質的)
costa- rib (intercostal, subcostal) 肋骨 (肋間，肋下)
coxa- hip (os coxae, coxal) 髖 (髖骨，臀部的)
crani- helmet (cranium, epicranius) 頭罩 (顱骨，顱頂肌)
crino- separate, secrete (holocrine, endocrinology) 分離，分泌 (全分泌，內分泌學)
crista- crest (crista ampullaris, mitochondrial crista) 嵴 (壺腹嵴，粒線體嵴)
cruci- cross (cruciate ligament) 交叉 (十字韌帶)
-cule, -culus small (canaliculus, trabecula, auricular) 小 (骨小管，骨小樑，耳廓的)
cune- wedge (cuneiform, cuneatus) 楔 (楔形的，楔狀)
cutane-, cuti- skin (subcutaneous, cuticle) 皮膚 (皮下，表皮)
cysto- bladder (cystitis, cholecystectomy) 膀胱 (膀胱炎，膽囊切除術)
cyto- cell (cytology, cytokinesis, monocyte) 細胞 (細胞學，胞質分裂，單核細胞)
de- down (defecate, deglutition, dehydration) 往下 (排便，吞嚥，脫水)
demi- half (demifacet, demilune) 一半 (半關節面，半月)
den-, denti- tooth (dentition, dens, dental) 牙齒 (齒系，齒突，齒的)
dendro- tree, branch (dendrite, oligodendrocyte) 樹，分支 (樹突，寡突膠質細胞)
derma-, dermato- skin (ectoderm, dermatology, hypodermic) 皮膚 (外胚層，皮膚學，皮下的)
desmo- band, bond, ligament (desmosome, syndesmosis) 帶，鍵，韌帶 (橋粒，韌帶聯合)
dia- **1.** across, through, separate (diaphragm, dialysis). **2.** day (circadian) **1.** 穿過，通過，分離 (橫膈膜，透析)；**2.** 天 (晝夜)
dis- **1.** apart (dissect, dissociate). **2.** opposite, absence (disinfect, disability) **1.** 分離 (解剖，分離)；**2.** 相反，缺乏 (消毒，失能)
dorsi- back (dorsal, dorsum, latissimus dorsi) 背 (背側，背部，背闊肌)
duc- to carry (duct, adduction, abducens) 攜帶 (管道，內收，外展)
dys- bad, abnormal, painful (dyspnea, dystrophy) 不良，異常，痛苦 (呼吸困難，營養不良)
e- out (ejaculate, eversion) 出 (射精，外翻)
-eal pertaining to (hypophysial, arboreal) 有關 (腦下垂體的，樹棲的)
ec-, ecto- outside, out of, external (ectopic, ectoderm, splenectomy) 外，在…之外，外部的 (異位的，外胚層，脾切除術)
ef- out of (efferent, effusion) 在…之外 (輸出的，滲出作用)
-el, -elle small (pedicel, fontanelle, organelle) 小 (椎根，囟門，胞器)

em- in, within (embolism, embedded) 裡面，內 (栓塞，嵌入)

emesi-, emeti- vomiting (emetic, hyperemesis) 嘔吐 (催吐藥，劇吐)

-emia blood condition (anemia, hypoxemia, hypovolemic) 血液狀況 (貧血，低氧血症，低血容的)

en- in, into (enzyme, parenchyma) 內，進入 (酶，實質)

encephalo- brain (encephalitis, telencephalon) 腦 (腦炎，端腦)

endo- within, into, internal (endocrine, endocytosis) 裡面，進入，內部 (內分泌，胞吞作用)

entero- gut, intestine (mesentery, myenteric) 腸，腸 (腸繫膜，腸肌層的)

epi- upon, above (epidermis, epiphysis, epididymis) 上，上方 (表皮，骨骺，副睪)

ergo- work, action (allergy, adrenergic) 作用，行動 (過敏，腎上腺素)

eryth-, erythro- red (erythema, erythrocyte) 紅 (紅斑，紅血球)

esthesio- sensation, feeling (anesthesia, somesthetic) 感覺，感覺 (麻醉，軀體感覺的)

eu- good, true, normal, easy (eukaryote, eupnea, aneuploidy) 良好，真實的，正常，容易 (真核細胞，呼吸正常，非整倍性)

exo- out (exocytosis, exocrine) 外 (胞吐作用，外分泌腺)

fasci- band, bundle (fascia, fascicle) 束帶，束 (筋膜，束)

fer- to carry (efferent, uriniferous) 攜帶 (傳出的，導尿的)

ferri- iron (ferritin, transferrin) 鐵 (鐵蛋白，運鐵蛋白)

fibro- fiber (fibroblast, fibrosis) 纖維 (纖維母細胞，纖維化)

fili- thread (myofilament, filiform) 絲 (肌絲，絲狀的)

flagello- whip (flagellum) 鞭 (鞭毛)

foli- leaf (folic acid, folia) 葉 (葉酸，葉)

-form shape (cuneiform, fusiform) 形狀 (楔狀骨，梭狀的)

fove- pit, depression (fovea) 凹洞，凹陷 (中央凹)

fusi- **1.** spindle (fusiform). **2.** pour out (perfusion) **1.** 紡錘狀 (梭狀的)；**2.** 流出 (擴散)

gamo- marriage, union (monogamy, gamete) 配對，聯合 (單偶制，配子)

gastro- belly, stomach (digastric, gastrointestinal) 腹部，胃 (二腹的，胃腸的)

-gen, -genic, -genesis producing, giving rise to (pathogen, carcinogenic, glycogenesis) 產生，引起 (病原體，致癌性，肝醣生成)

gesto- **1.** to bear, carry (ingest). **2.** pregnancy (gestation, progesterone) **1.** 承擔，攜帶 (攝取)；**2.** 懷孕 (妊娠，孕酮)

globu- ball, sphere (globulin, hemoglobin) 球，球形 (球蛋白，血紅蛋白)

glosso- tongue (hypoglossal, glossopharyngeal) 舌 (舌下的，舌咽)

glyco- sugar (glycogen, glycolysis, hypoglycemia) 糖 (糖原，糖解作用，低血糖症)

gono- **1.** angle, corner (trigone). **2.** seed, sex cell, generation (gonad, oogonium, gonorrhea) **1.** 角度，角落 (三角)；**2.** 種子，性細胞，世代 (性腺，卵子，淋病)

gradi- walk, step (retrograde, gradient) 步行，步 (逆行，梯度)

-gram recording of (sonogram, electrocardiogram) 記錄 (聲波圖，心電圖)

-graph recording instrument (sonograph, electrocardiograph) 記錄儀 (超音波檢查儀，心電圖儀)

-graphy recording process (sonography, radiography) 記錄過程 (超音波檢查，放射線攝影術)

gyro- turn, twist (gyrus) 轉，扭 (腦回)

hallu- great toe (hallucis) 大拇趾 (拇趾)

hem- blood (hemoglobin, hematology) 血液 (血紅素，血液學)

hemi- half (hemidesmosome, hemisphere, hemiazygos) 一半 (半橋粒，半球，半奇)

holo- whole, entire (holistic, holocrine) 全部，整體 (全面的，全泌的)

homeo- constant, unchanging, uniform (homeostasis, homeothermic) 穩定的，不變的，統一的 (恆定，恆溫的)

homo- same, alike (homologous, homozygous) 一樣，相同的 (同源的，同型合子的)

hydro- water (dehydration, hydrolysis, hydrophobic) 水 (脫水，水解，疏水)

hyper- above, above normal, excessive (hyperkalemia, hypertonic) 在上，高於正常，過度 (高血鉀症，高滲壓的)

hypo- below, below normal, deficient (hypogastric, hyponatremia, hypophysis) 在下，低於正常，不足 (腹下的，低鈉血症，腦下垂體)

-ia condition (anemia, hypocalcemia, osteomalacia) 狀況 (貧血，低鈣血症，骨軟化症)

-ic pertaining to (isotonic, hemolytic, antigenic) 有關 (等滲的，溶血的，抗原的)

-icle, -icul small (ossicle, canaliculus, reticular) 小 (小骨，骨小管，網狀的)

-in protein (trypsin, fibrin, globulin) 蛋白質 (胰蛋白酶，纖維蛋白，球蛋白)

infra- below (infraspinous, infrared) 低下 (棘下的，紅外線的)

inter- between (intercellular, intercalated, intervertebral) 之間 (細胞間的，插入的，椎間)

intra- within (intracellular, intraocular) 內 (細胞內，眼內的)

ischi- to hold back (ischium, ischemia) 阻止 (坐骨，局部缺血)

-ism **1.** process, state, condition (metabolism, rheumatism). **2.** doctrine, belief, theory (holism, reductionism, naturalism) **1.** 過程，狀態，狀況(代謝，風濕病)；**2.** 學說，信仰，理論 (整體論，化約主義，自然主義)

iso- same, equal (isometric, isotonic, isomer) 相同，相等 (等距，等滲的，異構物)

-issimus most, greatest (latissimus, longissimus) 最多，最大 (闊的，最長)

-ite little (dendrite, somite) 小 (樹突，體節)

-itis inflammation (dermatitis, gingivitis) 發炎 (皮膚炎，牙齦炎)

jug- to join (conjugated, jugular) 加入(接合，頸部的)

juxta- next to (juxtamedullary, juxtaglomerular) 緊鄰 (近髓質，近腎絲球的)

kali- potassium (hypokalemia) 鉀 (低血鉀症)

karyo- seed, nucleus (megakaryocyte, karyotype, eukaryote) 種子，核 (巨核細胞，核型，真核細胞)

kerato- horn (keratin, keratinocyte) 角 (角蛋白，角質細胞)

kine- motion, action (kinetic, kinase, cytokinesis) 移動，動作 (運力的，激酶，胞質分裂)

labi- lip (labium, levator labii) 唇 (唇，提上唇肌)

lacera- torn, cut (foramen lacerum, laceration) 撕裂，割傷 (破裂孔，撕裂)

lacrimo- tear, cry (lacrimal gland, puncta lacrimalia) 眼淚，哭泣 (淚腺，淚點)

lacto- milk (lactose, lactation, prolactin) 乳 (乳糖，泌乳，催乳素)

lamina- layer (lamina propria, laminar flow) 層 (固有層，層流)

latero- side (ipsilateral, vastus lateralis) 側 (同側，骨外側肌)

lati- broad (fascia lata, latissimus dorsi) 闊 (闊筋膜，背闊肌)

-lemma husk (sarcolemma, neurilemma) 外皮 (肌纖維膜，神經膜)

-let small (platelet) 小 (血小板)

leuko- white (leukocyte, leukemia) 白 (白血球，白血病)

levato- to raise (levator labii, elevation) 提升 (提上唇肌，提高)

ligo- to bind (ligand, ligament) 結合 (配體，韌帶)

litho- stone (otolith, lithotripsy) 碎石 (耳石，碎石術)

-logy study of (histology, physiology, hematology) 研究 (組織學，生理學，血液學)

lun- moon, crescent (lunate, lunule, semilunar) 月，新月 (月狀骨，甲弧影，半月)

lute- yellow (macula lutea, corpus luteum) 黃 (黃斑，黃體)

lyso-, lyto- split apart, break down (lysosome, hydrolysis, electrolyte, hemolytic) 分裂，分解 (溶酶體，水解，電解質，溶血)

macro- large (macromolecule, macrophage) 大的 (巨分子，巨噬細胞)

macula- spot (macula lutea, macula sacculi, macula densa) 點 (黃斑，球囊斑，緻密斑)

mali- bad (malignant, malocclusion, malformed) 壞的 (惡性，閉合不良，畸形的)

malle- hammer (malleus, malleolus) 槌 (槌骨，踝)

mammo- breast (mammary, Mammalia) 乳房 (乳房的，哺乳類)

masto- breast (mastoid, gynecomastia) 乳房 (乳突，男性女乳症)

medi- middle (medial, mediastinum, intermediate) 中 (內側，縱隔，中間的)

medullo- marrow, pith (medulla) 骨髓，髓 (延髓)

mega- large (megakaryocyte, hepatomegaly) 大 (巨核細胞，肝腫大)

melano- black (melanin, melanocyte, melancholy) 黑色 (黑色素，黑色素細胞，憂鬱)

mento- chin (mental, mentalis) 下巴 (頦的，頦肌)

mero- part, segment (sarcomere, centromere, merocrine) 部分，段 (肌節，著絲粒，局泌)

meso- in the middle (mesoderm, mesenchyme, mesentery) 中間 (中胚層，間葉，腸繫膜)

meta- beyond, next in a series (metaphase, metacarpal) 更遠，系列中的下一個 (中期，掌骨)

-meter measuring device (hemocytometer, spirometer) 量測裝置 (血球計，肺功能量計)

metri- **1.** length, measure (isometric, emmetropic). **2.** uterus (endometrium) **1.** 長度，測量 (等長的，正視眼的)；**2.** 子宮 (子宮內膜)

micro- small (microscopic, microglia) 小 (微觀，微膠細胞)

mito- thread, filament (mitochondria, mitosis) 線，絲 (粒線體，有絲分裂)

mono- one (monocyte, monomer, mononucleosis) 單個

(單核球，單體，單核白血球增多症)

morpho- form, shape, structure (morphology, amorphous) 形態，形狀，構造 (形態學，無定形的)

muta- change (mutagen, mutation) 改變 (誘變劑，突變)

myelo- 1. spinal cord (poliomyelitis, myelin). **2.** bone marrow (myeloid, myelocytic) **1.** 脊髓 (小兒麻痺，髓鞘)；**2.** 骨髓 (髓樣，骨髓細胞的)

myo-, mysi- muscle (myoglobin, myosin, epimysium) 肌肉 (肌球蛋白，肌凝蛋白，肌外膜)

natri- sodium (hyponatremia, natriuretic) 鈉 (低鈉血症，促尿鈉排泄)

neo- new (neonatal, gluconeogenesis) 新的 (初生兒，糖質新生作用)

nephro- kidney (nephron, hydronephrosis, mesonephros) 腎 (腎元，水腎，中腎)

neuro- nerve (aponeurosis, neurosoma, neurology) 神經 (腱膜，神經元本體，神經內科)

nucleo- nucleus, kernel (nucleolus, nucleic acid) 核仁，核 (核仁，核酸)

oo- egg (oogenesis, oocyte) 卵 (卵子生成，卵母細胞)

ob- 1. life (aerobic, microbe). **2.** against, toward, before (obstetrics, obturator, obstruction) **1.** 生命 (好氧的，微生物)；**2.** 反對，朝向，之前 (產科，閉孔肌，阻塞)

oculo- eye (oculi, oculomotor) 眼 (眼，動眼)

-oid like, resembling (colloid, sigmoid, ameboid) 像，類似 (膠體，乙狀的，變形)

-ole small (arteriole, bronchiole, nucleolus) 小 (小動脈，細支氣管，核仁)

oligo- few, a little, scanty (oligopeptide, oligodendrocyte, oliguria) 少，少量，不足 (寡肽，寡突膠質細胞，少尿症)

-oma tumor, mass (carcinoma, hematoma) 腫瘤，腫塊 (癌，血腫)

op- vision (optics, myopia, photopic) 視力 (視覺的，近視，適光的)

-opsy viewing, to see (biopsy, rhodopsin) 觀察，觀看 (活體組織切片，視紫質)

organo- tool, instrument (organ, organelle) 工具，儀器 (器官，胞器)

ortho- straight (orthopnea, orthodontics, orthopedics) 直 (端坐呼吸，矯正學，骨科)

-ose 1. full of (adipose). **2.** sugar (sucrose, glucose) **1.** 充滿 (脂肪)；**2.** 糖 (蔗糖，葡萄糖)

-osis 1. process (osmosis, exocytosis). **2.** condition, disease (cyanosis, thrombosis). **3.** increase (leukocytosis) **1.** 過程 (滲透，胞吐作用)；**2.** 狀況，疾病 (紫紺，血栓形成)；**3.** 增加 (白血球增多症)

osse-, oste- bone (osseous, osteoporosis) 骨 (骨的，骨質疏鬆症)

oto- ear (otolith, otitis, parotid) 耳 (耳石，耳炎，腮腺的)

-ous 1. full of (nitrogenous, edematous). **2.** pertaining to (mucous, nervous). **3.** like, characterized by (squamous, filamentous) **1.** 充滿(含氮，水腫)；**2.** 有關 (黏液的，神經的)；**3.** 喜歡的，特徵在於 (鱗狀，絲狀的)

ovo- egg (ovum, ovary, ovulation) 卵 (卵，卵巢，排卵)

oxy- 1. oxygen (hypoxia, oxyhemoglobin). **2.** sharp, quick (oxytocin) **1.** 氧 (缺氧，氧血紅素)；**2.** 敏銳，快速 (催產素)

palli- pale (pallor, globus pallidus) 蒼白 (蒼白，蒼白球)

pan- all (pancreas, panhysterectomy) 全 (胰臟，全子宮切除術)

papillo- nipple (papilla, papillary) 乳頭 (乳突，乳頭狀的)

para- next to (parathyroid, parotid) 旁 (副甲狀腺，腮腺的)

parieto- wall (parietal) 壁 (壁的)

patho- 1. disease (pathology, pathogen). **2.** feeling (sympathetic) **1.** 疾病 (病理學，病原體)；**2.** 感覺 (交感神經的)

pecto- 1. chest (pectoral, pectoralis). **2.** comblike (pectineus) **1.** 胸部 (胸，胸肌)；**2.** 梳狀 (恥骨的)

pedi- 1. foot (bipedal, pedicle). **2.** child (pediatrics) **1.** 腳 (雙足，椎根)；**2.** 兒童(兒科)

pelvi- basin (pelvis, pelvic) 盆 (骨盆，骨盆的)

-penia deficiency (leukopenia, thrombocytopenia) 缺乏 (白血球減少症，血小板減少症)

peri- around (periosteum, peritoneum, periodontal) 周圍 (骨外膜，腹膜，牙周的)

perone- fibula (peroneus tertius, peroneal nerve) 腓骨 (第三腓骨的，腓神經)

phago- eat (phagocytosis, macrophage) 吞吃 (吞噬作用，巨噬細胞)

philo- loving, attracted to (hydrophilic, amphiphilic) 愛好，被吸引 (親水的，兩親性)

phobo- fearing, repelled by (hydrophobic) 恐懼，被排斥 (疏水性)

phor- to carry, bear (diaphoresis, electrophoresis) 攜帶，承擔 (出汗，電泳)

physio- nature, natural cause (physiology, physician, physics) 自然，自然原因 (生理學，醫師，身體的)

-physis growth (diaphysis, hypophysis) 生長 (骨骺，腦下垂體)

pilo- hair (piloerection) 毛髮 (豎毛)

pino- drink, imbibe (pinocytosis) 喝，吸入 (胞飲作用)

planto- sole of foot (plantaris, plantar wart) 足底 (蹠，扁平疣)

plasi- growth (hyperplasia) 生長 (增生)

plasm- shaped, molded (cytoplasm, endoplasmic) 成形，模製 (細胞質，內質的)

plasti- form (thromboplastin) 塑型 (血栓形成素)

platy- flat (platysma) 扁平的 (頸闊肌)

pnea- breath, breathing (eupnea, dyspnea) 呼吸，呼吸 (呼吸正常，呼吸困難)

pneumo- air, breath, lung (pneumonia, pneumothorax) 空氣，呼吸，肺 (肺炎，氣胸)

podo- foot (pseudopod, podocyte) 足 (偽足，足細胞)

poies- forming (hematopoiesis, erythropoietin) 形成 (造血作用，紅血球生成素)

poly- many, much, excessive (polypeptide, polyuria) 多，多，過多 (多胜肽，多尿症)

primi- first (primary, primipara, primitive) 第一 (原發的，初產婦，原始的)

pro- **1.** before, in front, first (prokaryote, prophase, prostate). **2.** promote, favor (progesterone, prolactin) **1.** 之前，在前面，首先 (原核生物，前期，前列腺)；**2.** 促進，有利於 (助孕酮，催乳素)

pyro- **1.** fire (pyrogen). **2.** pear (pyriformis) **1.** 生火 (熱原)；**2.** 梨 (梨狀肌)

quadri- four (quadriceps, quadratus) 四 (股四頭肌，方形)

recto- straight (rectus abdominis, rectum) 直的 (腹直肌，直腸)

reno- kidney (renal, renin) 腎 (腎，腎素)

reti- network (reticular, rete testis) 網絡 (網狀的，睪丸網)

retro- behind, backward (retroperitoneal, retrovirus) 後面，向後 (腹膜後，反轉錄病毒)

rubo-, rubro- red (bilirubin, rubrospinal) 紅色 (膽紅素，紅核脊髓)

rugo- fold, wrinkle (ruga, corrugator) 皺褶，皺紋 (皺褶，皺眉)

sarco- flesh, muscle (sarcoplasm, sarcomere) 肉，肌肉 (肌漿，肌節)

scala- staircase (scalene, scala tympani) 樓梯 (斜角，鼓階)

sclero- hard, tough (sclera, sclerosis) 硬，強硬 (鞏膜，硬化)

scopo- see (microscope, endoscopy) 看 (顯微鏡，內視鏡)

secto- cut (section, dissection) 切割 (切片，解剖)

semi- half (semilunar) 半 (半月)

-sis process (diapedesis, amniocentesis) 過程 (血球滲出，羊膜穿刺術)

soma-, somato- body (somatic, somatotropin) 身體 (身體的，生長激素)

spiro- breathing (inspiration, spirometry) 呼吸 (吸氣，肺功能量計)

spleno- **1.** bandage (splenius capitis). **2.** spleen (splenic artery) **1.** 繃帶 (頭夾肌)；**2.** 脾 (脾動脈)

squamo- scale, flat (squamous, desquamation) 鱗屑，扁平狀 (鱗狀，脫皮)

stasi-, stati- put, remain, stay the same (hemostasis, homeostatic) 放置，維持，保持不變 (止血，體內恆定)

steno- narrow (stenosis) 狹窄 (狹窄)

ster-, stereo- solid, three-dimensional (steroid, stereoscopic) 固體，三維 (類固醇，立體)

sterno- breast, chest (sternum, sternocleidomastoid) 乳房，胸部 (胸骨，胸鎖乳突肌)

sub- below (subcutaneous, subclavicular) 低於 (皮下的，鎖骨下的)

supra- above (supraspinous, supraclavicular) 上方 (棘上的，鎖骨上的)

sym- together (sympathetic, symphysis) 共同 (交感神經的，聯合)

syn- together (synostosis, syncytium) 共同 (骨性接合，合體細胞)

tarsi- ankle (tarsus, metatarsal) 踝 (跗骨，蹠骨)

tecto- roof, cover (tectorial membrane, tectum) 頂，覆蓋 (覆膜，頂蓋)

telo- last, end (telophase, telencephalon, telodendria) 最後，末 [末期 (細胞週期)，端腦，端樹突]

terti- third (tertiary) 第三 (三級)

thermo- heat (thermogenesis, endothermic) 熱 (熱生成，吸熱的)

thrombo- blood clot (thrombosis, thrombin) 血凝塊 (血栓，凝血酶)

thyro- shield (thyroid cartilage, thyrohyoid) 盾 (甲狀軟骨，甲狀舌骨)

-tion process (circulation, pronation) 過程 (循環，旋前)

tomo- **1.** cut (tomography, atom, anatomy). **2.** segment (dermatome, myotome, sclerotome) **1.** 切割 (斷層掃描，原子，解剖)；**2.** 段 (皮節，生肌節，骨原節)

trans- across (transpiration, transdermal) 穿過 (蒸散，穿過皮膚的)

trapezi- **1.** table, grinding surface (trapezium). **2.** trapezoid (trapezius) **1.** 平台，磨削表面 (小多角骨)；**2.** 梯形(斜方肌)

tricho- hair (peritrichial) 毛髮 (周毛的)

troph- **1.** food, nourishment (heterotrophic, trophoblast). **2.** growth (dystrophy, hypertrophy) **1.** 食物，營養 (異營的，滋養層)；**2.** 生長 (營養不良，肥大)

tropo- to turn, change (metabotropic, gonadotropin) 轉向，改變 (代謝型的，促性腺激素)

tunica- coat (tunica intima, tunica vaginalis) 外套 [內膜，鞘膜(睪丸)]

tympano- drum, eardrum (tympanic, tensor tympani) 鼓，鼓膜 (鼓膜的，鼓膜張肌)

-ul small (trabecula, tubule, capitulum, glomerulus) 小 (骨小樑，小管，肱骨小頭，腎小球)

-uncle, -unculus small (homunculus, caruncle) 小 (小人，阜)

uni- one (unipennate, unipolar) 單一 (單羽狀的，單極)

uri- urine (glycosuria, urinalysis, diuretic) 尿 (糖尿，尿液分析，利尿劑)

vagino- sheath (invaginate, tunica vaginalis) 鞘 [內摺，鞘膜 (睪丸)]

vaso- vessel (vascular, vas deferens, vasa recta) 血管 (血管的，輸精管，直管)

ventro- belly, lower part (ventral, ventricle) 腹部，下部 (腹部，心室)

vertebro- spine (vertebrae, intervertebral) 脊柱 (脊椎，椎間)

vesico- bladder, blister (vesical, vesicular) 膀胱，水疱 (小泡，囊狀的)

villo- hair, hairy (microvillus) 毛，長毛的 (微絨毛)

vitre- glass (in vitro, vitreous humor) 玻璃 (體外，玻璃體液)

zygo- union, join, mate (zygomatic, zygote, azygos) 聯合，加入，伴侶 (顴的，合子，奇)

詞彙表

對於這本書的讀者，本詞彙表定義了許多可能是最有用的專有名詞，特別是經常提到而且無法在每次介紹時都要重新定義的專有名詞。專有名詞的定義是僅在這本書時使用。有些專有名詞在生物學和醫學領域，具有更廣泛的含義，但是這超出了本書的範圍。圖片的標示將有助於傳達專有名詞的含義。

A

abdominal cavity (腹腔)：介於橫膈與骨盆緣之間的體腔 (圖 1.11)。

abdominopelvic cavity (腹盆腔)：腹腔和盆腔的統稱，介於橫膈和骨盆底之間連續的體腔 (圖 1.11)。

abduction (外展)：朝向遠離身體正中平面的動作，如舉起右臂，使右臂遠離身體正中平面的動作 (圖 9.8)。

accessory organ (附屬器官)：較小的器官連結或是嵌入另一個主要器官，並執行相關功能；例如，毛髮、指甲和汗腺是皮膚的附屬器官。

acetylcholine (ACh) (乙醯膽鹼)：一種神經傳遞物質，由軀體運動神經纖維、副交感神經纖維和一些其他神經元所釋放。此物質包含膽鹼和乙醯基結構。

acidophil (嗜酸性)：可被酸性染料染色的細胞，例如垂體嗜酸細胞 (圖 18.3)。

acinar gland (腺泡腺)：一種腺體，其分泌細胞聚集形成膨大的囊狀或泡狀 (圖 3.30)。

acinus (囊泡，腺泡)：指腺體分泌細胞聚集形成的囊狀或泡狀構造 (圖 3.29)。

acromial region (肩峰區)：指肩膀的最高頂點。

actin (肌動蛋白)：一種細胞內的絲狀蛋白，構成支持性的細胞骨架，並與其他蛋白質相互作用，特別是與肌凝蛋白的互動，造成細胞的運動；對肌肉收縮和吞噬作用、阿米巴運動和細胞分裂等細胞膜的變形非常重要 (另請參見微絲)。

action (動作)：指經由肌肉收縮產生的動作；肌肉的功能。

action potential (動作電位)：一種快速的電壓變化，其中細胞膜內外會短暫反轉電極性；具有自我傳播的效果，在神經元和肌肉細胞中產生行進的激發波。

acute (急性)：與突發疾病有關，大多有嚴重的影響與持續時間短 (請與慢性作比較)。

adaptive immunity (適應性免疫)：針對特定疾病的病原體或其他致病物質的免疫防禦能力。來自先前的接觸、免疫的記憶和再接觸後的迅速反應；可分成 T 淋巴細胞為主的細胞免疫，和抗體為主的體液免疫。

adduction (內收)：朝向身體正中平面的運動，例如從雙腿分開的情況，將雙腳併攏的動作 (圖 9.8)。

adenohypophysis (垂體腺體部)：腦下垂體的前三分之二部位，包含垂體前葉的大部分，主要合成並且分泌促性腺激素，促甲狀腺激素，促腎上腺皮質激素，生長激素和泌乳激素 (圖 18.2)。

adenosine triphosphate (ATP) (腺嘌呤核苷三磷酸)：一種由腺嘌呤、核糖和三個磷酸根化合而成的分子，具有能量轉移的功能。簡單而言，此分子可以藉由磷酸鍵捕獲能量，並且將儲存在磷酸鍵的能量，轉移到其他的化學反應中，此分子釋放能量後會水解，產生腺嘌呤核苷二磷酸和一個游離的磷酸根。

adipocyte (脂肪細胞)：含脂肪的細胞。

adipose tissue (脂肪組織)：由許多脂肪細胞組成的疏鬆結締組織 (圖 3.18)。

adrenal gland (腎上腺)：一種內分泌腺，位於每個腎臟的上端；由外層的腎上腺皮質和內層的腎上腺髓質所組成。皮質與髓質具有獨立功能和胚胎的起源 (圖 18.8)。

adult stem cell (成體幹細胞)：人體任何一種器官內的未分化細胞，這些細胞會繁殖和分化，以替換損壞的細胞或是正常的細胞更新。成體幹細胞的發展比胚胎幹細胞有較多的限制性 (另請參閱胚胎幹細胞)。

adventitia (纖維外膜)：由疏鬆結締組織包圍形成器官最外面的纖維外層，例如血管或食道的外層。

afferent (傳入，輸入)：將物質或是訊號傳入。例如傳入神經元，將神經訊號傳向中樞神經系統。輸入小動脈攜帶血液進入組織。

afferent neuron (傳入神經元)：參見感覺神經元。

aging (老化)：隨著時間的流逝，身體在成長和發育方面逐漸變差的變化。

agonist (致效劑，主要動作肌)：參見主要動作肌。

agranulocyte (無顆粒白血球)：白血球內沒有特異性的細胞質顆粒 (如淋巴球和單核球) (圖 19.1)。

alveolus (肺泡，空泡)：有下列四種含義：1. 肺臟的微小氣囊；2. 囊泡狀腺；3. 骨頭上凹洞，例如齒槽；4. 任何小的構造空間。

Alzheimer disease (AD) (阿茲海默症)：一種衰老性的腦退化疾病，通常以記憶力減退開始，逐漸嚴重喪失精神和運動能力，並最終導致死亡。

ameboid movement (阿米巴運動)：形容細胞的運動方式，類似阿米巴原蟲的爬行方式。例如白血球伸出偽足進行運動。

amnion (羊膜)：透明膜包圍住發育中的胎兒，並含有羊水。分娩時會破裂的「水袋」(圖 4.11)。

ampulla (壺腹)：管狀器官變寬或膨大的部分，例如半規導管或輸卵管。

anastomosis (吻合)：相反分支的匯合現象；兩條血管合併使血流混合，或是指兩條神經或導管的匯合 (圖 21.12)。

anatomical position (解剖姿勢)：一個定義的標準化身體姿勢，使解剖學的專有名詞與方位描述有標準化的依據。解剖姿勢定義為身體直立、兩腳併攏、手臂在身體兩側自然下垂、眼睛平視前方、手掌掌面向前 (圖 1.7)。

anatomy (解剖學)：兩種含義：1. 身體的結構；2. 研究結構的科學 (另請參閱形態學)。

anemia (貧血)：紅血球或血紅素缺乏症。

aneurysm (動脈瘤)：指心臟腔室或血管壁變薄膨出的部位，此部位有出血的危險 (圖 21.3)。

angiogenesis (血管新生作用)：新血管的生長。胚胎時期和出生後都會發生。

angiography (血管造影術)：將放射性物質注入血管，並以 X 光照相，使血管的分支與分佈情形呈現 (圖 1.2)。

antagonist (拮抗肌，拮抗劑)：兩種含義：1. 在關節處與主要動作肌肉相反作用的肌肉；2. 與主要激素或藥物作用相反的另一種物質。

antebrachium (前臂)：從肘部到手腕之間的手部區域。

anterior (前方)：1. 指身體的前面部位 (面部、腹部)，也稱為腹側，特別是在胚胎發育的描述；2. 指頭端部位，特別是在非人類的動物描述，因為動物多四足行走。

anterior root (前根)：脊神經的分支，連結在脊髓前側，由運動神經纖維組成，也稱為*腹根* (圖 14.13)。

antibody (抗體)：一種免疫球蛋白會與抗原反應；可以在血漿中、其他體液以及某些白血球細胞的表面及白血球的衍生物中發現。

antigen (抗原)：任何能夠與抗體結合，並且引發免疫反應的分子。

antigen-presenting cell (APC) (抗原呈現細胞)：指細胞吞噬抗原，並將抗原的片段呈現在細胞膜其表面，讓其他的細胞識別，以啟動免疫系統；主要是巨噬細胞和 B 淋巴細胞。

antrum (腔室)：囊腔或囊狀空間，例如胃的下端或是卵巢的濾泡內的空腔。

aorta (主動脈)：從左心室延伸的大型動脈，會下降到腹腔，並且發出其他動脈分支，是體循環最主要的血管 (圖 21.16)。

aortic arch (主動脈弓)：主動脈的一部分，呈倒立 U 形繞過心臟，分支出頭臂幹軀幹、左頸總動脈和左鎖骨下動脈；然後繞到心臟後面成為降主動脈 (圖 21.16)。

apex (頂端、尖部)：身體器官的頂峰或尖部區域，例如心臟、肺臟或肩膀都有。

apical surface (頂面)：上皮細胞最上方的表面，與底面相對，通常具有微絨毛或纖毛；通常有特化溝造用於吸收、分泌或其他胞膜運輸，或與細胞外化學信號相互作用 (圖 2.5)。

apocrine (頂泌)：與特定的汗腺有關，具有大型管腔，相對濃厚、芳香的分泌物，例如乳腺。此種腺體細胞的分泌方式，是將位於細胞頂部的分泌顆粒連同部分細胞質一起釋出 (圖 3.31、圖 5.10)。

aponeurosis (腱膜)：肌肉末端呈現寬而扁平的肌腱，附著於骨骼或其他軟組織，如腹壁和頭皮深層。

apoptosis (凋亡)：細胞在完成其功能之後，正常的死亡過程。通常涉及 DNA 的自毀成片段，細胞萎縮，最後被巨噬細胞吞噬。凋忙亡也稱為*計畫性細胞死亡* (請與壞死作比較)。

appendicular (附肢)：意指四肢及其支撐的骨骼帶 (圖 7.1)。

arcuate (弓狀)：外型成 L 形或 U 形彎曲或弧形，如腎臟和子宮的弓狀動脈。

areolar tissue (蜂窩組織)：一種疏鬆的結締組織，其纖維散佈，細胞的間距大，有許多充滿液體的空間；幾乎所有上皮細胞的下方都可以發現 (圖

3.14)。

arrector muscle (豎毛肌)：連結毛囊的一束平滑肌細胞，交感神經興奮時會刺激收縮，可以使毛髮豎起 (圖 5.6)。

arteriole (小動脈)：肉眼無法看見的小動脈，負責將血液引導到微血管。

artery (動脈)：血管的一種，負責運送血液遠離心臟，引導血液到其他部位。冠狀動脈是將血液遠離主動脈進入心臟壁。

articular cartilage (關節軟骨)：一層薄的透明軟骨，覆蓋在滑膜關節的骨頭表面，可減少摩擦，使關節運動順暢 (圖 9.4)。

articulation (關節)：指骨骼與骨骼的交接處，分為可動、少動或不可動關節。

aspect (方位，層面)：身體或結構的特定層面，或是特定方位，例如前面。

association area (關聯區域)：大腦皮層的一些區域，這些區域沒有直接接受感覺輸入或是直接控制骨骼肌的運動，但能解讀感覺訊息，以計畫運動順序，是記憶儲存和認知的區域。

atherosclerosis (動脈粥樣硬化)：一種血管退化的疾病，在血管壁上出現斑塊，斑塊由脂質、平滑肌和巨噬細胞共同組成；可導致動脈阻塞、動脈彈性喪失、高血壓、心臟病、腎衰竭和中風。

ATP：參見腺嘌呤核苷三磷酸。

atrioventricular (AV) node (房室結)：位於心臟的心房中隔，一群特化的心肌細胞，負責將心房的電位傳導到心室。

atrioventricular (AV) valves (房室瓣)：位於心房與心室之間的二尖瓣與三尖瓣。

atrium (心房；腔房，前庭)：兩種含義：1. 指位於心臟上方的左右心房，分別接受全身和肺臟的靜脈血液；2. 指肺泡囊的中央區域，肺泡的開口匯聚於此。

atrophy (萎縮)：因為衰老、不使用或是疾病而導致組織縮小。

auditory ossicles (聽小骨)：三塊中耳的小骨頭，負責將聲波震動從鼓膜傳遞到內耳。由外而內依序是槌骨、砧骨、鐙骨。

auricle (耳殼)：兩種含義：1. 指外耳突出頭部側面的部分；2. 指耳朵形狀的結構，如心耳。

autoantibody (自體抗體)：抗體無法區分自己的組織或是外來物質，導致抗體攻擊自己身體的組織，引發自體免疫的疾病。

autoimmune disease (自體免疫疾病)：抗體無法區分自己的組織或是外來物質，導致抗體攻擊自己身體的組織，引發的疾病。例如，系統性紅斑狼瘡和風濕熱。

autolysis (自溶)：細胞以內部的酵素將自己分解。

autonomic nervous system (ANS) (自主神經系統)：神經系統的一部分，與運動相關，主要支配腺體分泌、平滑肌和心肌的收縮；可以分為交感和副交感神經分系，並且在很大程度上不受意識控制 (請比較軀體神經系統)。

autosome (體染色體)：除了性染色體之外的其他染色體。體染色體上遺傳的基因與性別無關。

avascular (無血管)：缺乏血管的一些組織，例如上皮和軟骨。

axial (中軸)：位於身體中央的部分，如頭、頸和軀幹；不包括附肢 (圖 7.1)。

axillary (腋窩)：與腋下有關的區域。

axon (軸突)：神經元的一條細胞突起，可以從細胞本體傳出動作電位；也稱為神經纖維。神經元通常只有一根軸突，比樹突更長，分支更少 (圖 13.4)。

axoneme (軸絲)：纖毛或鞭毛的核心，通常由「9 + 2」微管陣列組成，提供支持和動力 (圖 2.13)。

axon terminal (軸突終端球)：軸突末端膨大的構造，許多突觸小泡和神經傳遞物質釋放的部位。也稱為終端按鈕 (圖 13.11)。

B

baroreceptor (壓力感受器)：位於心臟、主動脈弓和頸動脈竇管壁的壓覺接收構造，偵測血壓的變化引發自主神經反射。

basal lamina (基底層)：由膠原蛋白、蛋白聚醣和醣蛋白構成的薄層構造，可以將上皮和其他細胞連結至鄰近的結締組織；屬於上皮的基底膜的一部分，也位在一些非上皮細胞周圍，例如肌肉細胞和許旺氏細胞 (圖 13.8)。

basal nuclei (基底神經核)：位於大腦深部的灰質，負責協調姿勢和運動，以及學習的運動技能，也稱為基底神經節 (圖 15.15)。

basal surface (底面)：在上皮組織中，細胞的最底部，會與基底膜或是下層的細胞相連接。

base (底部)：錐形器官的下方最寬部分，例如子宮底部。或是指器官的下部，例如大腦下方，又稱為大腦底部。

basement membrane (基底膜)：一薄層物質，位在上皮組織最深層的細胞底部，將上皮組織與下面的結締組織相連結；由上皮細胞的基底層與結締組織的細網狀纖維共同組成 (圖 3.32)。

basophil (嗜鹼性球)：1. 可以用鹼性染料染色的細胞，例如垂體嗜鹼細胞 (圖 18.3)；2. 具有大型鹼性染料染色顆粒的白血球，會產生肝素、組織胺和其他與炎症有關的化學物質 (圖 19.1)。

belly (腹)：骨骼肌的起端與止端中間肥厚的部分 (圖 11.4)。

bipedalism (雙足行走)：習慣使用兩條腿走路；這是人類的許多特徵之一，需要許多骨骼的特化才能使用兩腿行走。

blastocyst (囊胚)：胚胎發育成空心球狀的階段，具有植入子宮壁的著床能力；由內部細胞團或稱為胚母細胞，以及外層圍成囊狀的滋養層細胞共同構成 (圖 4.3)。

blood-brain barrier (血腦屏障)：介於大腦的血液和神經組織之間的屏障，此構造可以有效阻隔許多血液中的物質，防止它們影響大腦的神經組織；由微血管內皮細胞之間的緊密接合，內皮細胞的基底膜，以及星狀膠細胞延伸的足構造，包圍在血管周圍，共同組成的屏障。

B lymphocyte (B 淋巴球)：淋巴球的一種，功能如同抗原呈現細胞，屬於體液免疫的細胞，會分化成漿細胞產生抗體；也稱為 B 細胞。

body (身體)：許多含義：1. 整個生物體；2. 細胞的一部分，例如神經元的細胞本體，包含細胞核和大部分胞器；3. 器官最大或主要的部分，例如胃體部或子宮體部等，亦稱為*本體*。

bolus (團塊)：一團的物質，尤其是指通過消化道的食物或糞便。

bone (骨)：1. 鈣化的結締組織；也被稱為*骨組織*；2. 骨骼，由骨組織、纖維組織、骨髓、軟骨和其他組織共同組成的器官。

brachial (肱的)：與手臂有關的構造。

brachium (肱部)：位於肩部與肘部之間的區域。

brainstem (腦幹)：腦部下方呈桿狀的部分，除去大腦和小腦之後剩下的部位 (許多學者認為間腦不屬於腦幹，由延腦、橋腦和中腦共同構成腦幹)(圖 15.6)。

bronchiole (細支氣管)：肺部空氣通道，管徑通常為 1 mm 或更小，並且管壁沒有軟骨，但具有相對豐富的平滑肌、彈性組織和單層立方有纖毛的上皮。

bronchus (支氣管)：相對較大的肺部空氣通道，管壁上有軟骨支撐；氣體從氣管分支的初級支氣管、第二級的肺葉支氣管、第三級肺節支氣管，之後空氣繼續進入細支氣管。

brush border (刷狀緣)：由上皮細胞頂端的微絨毛構成，用於增加接觸的表面積並促進吸收 (圖 3.6)。

buccal (頰部)：與臉頰有關。

bulb (球部)：器官末端的膨大構造，例如陰莖球、毛球或嗅球。

bursa (滑膜囊)：在滑膜關節處，充滿滑液的囊狀構造，有助於肌肉或關節的運動 (圖 9.5)。

C

calcaneal tendon (跟腱)：位在腳後跟的厚肌腱，由小腿的腓腸肌與比目魚肌的聯合肌腱形成連結在跟骨；也稱為*阿基里斯腱* (圖 12.18)。

calcification (鈣化)：由於鈣鹽的沉積使組織變硬；也被稱為*礦化*。

calculus (結石)：鈣化團塊，尤其是發生在腎臟 (腎結石) 或膽囊 (膽結石)。

calvaria (頭蓋)：顱頂的圓形區域，形成頭顱骨的屋頂；一般是指眼睛和耳朵上方的顱骨部分；又稱為頭顱蓋。

calyx (盞)：杯狀結構，如腎臟的腎盞 (圖 25.3)。

canal (管)：管狀通道或隧道，例如耳咽管、半規管或髁管。

canaliculus (小管；小樑)：微小的管狀或是針狀構造，如在骨組織中的骨小樑 (圖 6.4)。

cancellous bone (鬆質骨)：參見海綿狀骨。

capillary (微血管)：在心血管和淋巴系統中，最窄小的管狀類型；可以與周圍組織進行物質交換。

capillary bed (微血管床)：由微血管構成的網狀構造，從小動脈分支形成網狀血管再匯聚成小靜脈 (圖 21.9)。

capsule (被囊；囊)：一種纖維結構的覆蓋物，包圍住重要構造，例如脾臟或滑膜關節的外層構造。

carbohydrate (碳水化合物)：一種親水性的有機化合物，由碳與水化合形成，包括糖、澱粉、肝醣和纖維質。

cardiac center (心跳中樞)：位於延腦的一個神經核，具有調控心跳的速度和強度的自主反射功能。

cardiac muscle (心肌)：構成心臟壁的橫紋肌，不受意志控制 (圖 20.14)。

cardiomyocyte (心肌細胞)：構成心肌的細胞。

cardiopulmonary system (心肺系統)：心臟和肺部的統稱，強調兩者之間緊密的構造和生理關係。

cardiovascular system (心血管系統)：由心臟和血管組成的器官系統，負責血液運輸 (請與循環系統作比較)。

carotid body (頸動脈體)：位在頸總動脈分支附近的小細胞團，此細胞團包含感覺細胞，負責偵測血液

的酸鹼值 (pH 值)，以及二氧化碳和氧氣的含量 (圖 21.4)。

carotid sinus (頸動脈竇)：頸內動脈底部膨大的構造，管壁包含壓力感受器，負責監測血壓變化 (圖 21.4)。

carpal (腕骨；腕部)：與手腕或腕骨相關的構造。

carrier (載體)：兩種含義：1. 一種蛋白質具有攜帶溶質通過細胞膜的功能，稱為轉運蛋白；2. 基因攜帶者，沒有表現出特殊的遺傳性疾病，但是體內具有相關的遺傳疾病基因，並可能將其傳遞給下一代。

cartilage (軟骨)：一種特化的結締組織，具有橡膠狀的基質，軟骨細胞位在穴中，沒有血管；軟骨覆蓋在許多骨頭的關節表面，也具有支撐器官的功能，例如耳朵和喉部。

caudal (尾端)：具有以下含義：1. 與尾巴有關或是器官狹窄的尾狀部分；2. 與身體軀幹的下部有關，其他動物出現尾巴的部位 (請與頭端作比較)；3. 距離額頭較遠的部位，尤其是描述關於大腦和脊髓的結構，例如，延腦位於橋腦的尾端 (請與吻端作比較)。

celiac (腹腔)：與腹部有關的構造。

celiac trunk (腹腔動脈幹)：腹主動脈通過橫膈之後的動脈分支，負責供應胃、脾臟、胰臟、肝臟和上腹部的其他內臟 (圖 21.23)。

cell (細胞)：構成組織的最小生命單位，大多數的細胞是由細胞膜、細胞質和細胞核所組成。

cell body (細胞本體)：細胞的主要部分，也是細胞核所在的位置，尤其是神經元具有較大的細胞本體。

cellular junction (細胞接合)：一些蛋白質的複合物，將相鄰的細胞彼此連結，或是將細胞與細胞外物質連結；當連接兩個細胞時，也稱為*細胞間接合*構造。包括橋粒、半橋粒、緊密連結、間隙連結和其他類型 (圖 2.15)。

central (中心；中樞)：相對靠近身體中軸的部位，例如中樞神經系統；相反的名詞是周邊。

central canal (中央管)：具有以下含義：1. 骨組織中骨元中央的小管，內含血管和神經；也稱為骨元小管；2. 脊髓中央的小管，含有腦脊髓液。

central nervous system (CNS) (中樞神經系統)：腦和脊髓 (請與周邊神經系統作比較)。

central pattern generator (中樞模式生成器)：中樞神經系統內的神經核，負責釋放重複的運動訊息，產生有規律節奏的肌肉收縮，例如步行和呼吸運動。

centriole (中心粒)：由九個三束的微小管組成的短圓柱狀胞器，通常與另一個中心粒呈垂直配對。細胞進行有絲分裂構成紡錘體的兩端點；構造與纖毛或鞭毛底部的基體相同 (圖 2.19)。

cephalic (頭部的)：與頭部有關的構造。

cerebellum (小腦)：腦部重要的部分，位於腦幹後方與大腦下方，負責維持平衡、運動協調，以及運動技能的學習 (圖 15.9)。

cerebrospinal fluid (CSF) (腦脊髓液；腦脊液)：充滿在腦部的腦室、脊髓中央管以及中樞神經系統與腦膜之間的液體。

cerebrum (大腦)：腦部最大最上方的部分，中央的縱裂將大腦分為左右兩個大腦半球。

cervical (頸部)：與脖子或頸部有關的部位。

cervix (子宮頸)：1. 頸部；2. 器官狹窄如頸狀的部分，例如子宮頸和膽囊頸 (圖 26.12)。

chemoreceptor (化學感受器)：專門用於檢測化學物質的構造或是細胞，如頸動脈體和味蕾。

chief cell (主要細胞；主細胞)：構成器官或組織的主要細胞，如副甲狀腺或胃腺等組織內的主要細胞。

choana (後鼻孔)：鼻腔後方的開口。

chondrocyte (軟骨細胞)：成熟的軟骨細胞；由軟骨母細胞在周圍堆積軟骨基質，將自己封閉在洞穴中形成軟骨細胞 (圖 3.19)。

chorion (絨毛膜)：位於羊膜外的胎膜；構成胎盤的一部分，具有多種功能，包括胎兒營養獲取、廢物清除和激素分泌 (圖 4.8)。

chromatid (染色分體)：在細胞分裂中期時，出現的兩條棒狀體構造，兩條染色分體以著絲點相連結 (圖 2.24)。

chromatin (染色質)：在細胞間期，細胞核內呈絲狀的物質，由 DNA 和蛋白質共同組成，所有的染色體都是由染色質纏繞構成。

chromosome (染色體)：細胞核內的遺傳物質，由 DNA 和蛋白質共同組成，在細胞間期，呈絲狀結構，當細胞進行有絲分裂或是減數分裂時，絲狀的染色質便會纏繞聚集形成棒狀染色體。正常情形，體細胞的細胞核內含有 46 條染色體，生殖細胞除外 (圖 2.24)。

chronic (慢性的)：與漸進性疾病有關，發病較晚、進展緩慢和持續時間長 (請與急性作比較)。

chime (食糜)：在胃和小腸中經過消化後的食物。

cilium (纖毛)：一種類似頭髮的突起構造，從許多細胞的表面凸出；通常不動、孤立，擔任感覺接收或未知角色；在一些上皮細胞的頂部表面有大量纖毛 (如呼吸道和輸卵管)，會擺動推動物質從上皮的表面通過 (圖 2.13)。

circulatory system (循環系統)：心血管系統以及淋巴

免疫系統合稱為循環系統，因為前者有血液，後者有淋巴液在管內循環流動 (請與心血管系統作比較)。

circumduction (迴旋動作)：繞行關節的運動，附肢的一端保持穩定，另一端則進行繞圈的運動 (圖 9.11)。

cistern (池)：充滿液體的空間或囊袋，例如淋巴系統的乳糜池，或是細胞內的內質網和高基氏體的終池 (圖 2.19)。

coelom (體腔)：由中胚層或是內襯腹膜所圍成的體內空腔。胚胎發育時的胚內體腔會被橫膈分為胸腔和腹骨盆腔。

collagen (膠原蛋白)：體內含量最豐富的蛋白質，形成許多結締組織的纖維，真皮、肌腱和骨骼的含量豐富。

colony-forming unit (CFU) (部落形成單位)：由單一個骨髓細胞，分化形成許多不同的多功能幹細胞，並產生許多前驅細胞，進而產生特定類型的成熟細胞 (圖 19.8)。

commissure (連合；接合處)：1. 腦部或脊髓內的一束神經纖維，連結到大腦或脊髓的對側；2. 兩片眼瞼、嘴唇或陰唇相接合的位置。眼瞼的接合處，也稱為*眼角* (圖 15.2、圖 17.20)。

compact bone (緻密骨)：骨組織的一種形式，位於骨骼表面，主要由骨元構成。具有完全礦化的基質，沒有容納骨髓的空間 (圖 6.4)(請與海綿骨作比較)。

computed tomography (CT) (電腦斷層掃描)：一種醫學影像的檢查方法，使用 X 射線和電腦，使身體的切面呈現圖像；圖像稱為*電腦斷層掃描圖片* (圖 1.2)。

conception (受孕)：卵子受精產生合子，懷孕的開始。

conceptus (胚體)：受孕之後的胚胎個體，範圍廣泛。從受精卵到足月胎兒，包含胎膜、胎盤和臍帶等。請比較胚胎；胎兒；前胚。

condyle (髁)：骨頭表面的關節狀突起，通常是旋鈕的形式 (如下頜骨)，但在脛骨近端突起則相對平坦 (圖 7.15)。

congenital (先天性)：出生時就存在的疾病。例如構造缺陷、梅毒感染或遺傳性疾病。

congenital anomaly (先天性異常結構)：出生時就出現的構造異常或是位置異常，導因於胚胎發育的缺陷；先天性的缺陷。

connective tissue (結締組織)：通常由細胞、纖維與胞外基質共同組成。胞外基質的含量比細胞體積大；形成器官的支撐框架和外層被囊，也可以將構造連結在一起，將其固定在適當的位置；具有儲存能量 (如在脂肪組織中儲存脂肪) 或運輸物質 (如血液)。

contralateral (對側)：指身體的相對一側。在反射弧中，刺激來自身體的一側，反應則是在另一側的肌肉 (請與同側作比較)。

convergent (匯聚)：聚在一起的*協同肌肉群*，和匯聚收斂的神經迴路。

cornified (角質化)：表面具有厚的角蛋白，如表皮的角質層。

corona (冠狀)：像皇冠的結構，例如神經纖維的放射冠，或頭顱骨的冠狀縫。

coronal plane (冠狀切面)：就是額狀切面。

corona radiate (放射冠)：1. 腦部中的神經纖維束，排列方式主要從丘腦散開到大腦的不同皮質區域，形狀像皇冠；2. 包圍在成熟卵細胞的透明層外圍，呈立方形的濾泡細胞。

coronary (冠狀的)：1. 像皇冠的，包圍的；2. 包圍心臟的血管。

coronary artery (冠狀動脈)：從主動脈基部分支出的兩條動脈，負責供應心臟壁的血液。

coronary circulation (冠狀循環系統)：負責心臟壁的血液循環系統 (圖 20.11)。

corpus (體部)：1. 組織的主體，例如陰莖海綿體；2. 器官的主要較大部分，例如子宮體或胃體部等。器官較小區域則會稱為頭部、尾部、底部或頸部。

corpus callosum (胼胝體)：連結左右大腦半球之間的神經纖維束。大腦的正中矢狀切面，在第三腦室的上方可以觀察到此構造，這些神經纖維匯聚形成 C 字型 (圖 15.2)。

corpus luteum (黃體)：卵巢將卵子排出後，濾泡細胞形成的淡黃色細胞團，會分泌助孕激素，調節月經週期的後半段。如果卵子受精，懷孕的前 7 週黃體會持續維持激素的分泌。

corrosion cast (腐蝕鑄型)：參見血管腐蝕鑄型技術。

cortex (皮質)：一些器官的外層構造，如腎上腺、大腦、淋巴結和卵巢等器官；皮質所包覆的內層組織稱為髓質。

corticospinal tract (皮質脊髓徑)：從大腦皮質發出的神經纖維束，下行穿過腦幹和脊髓，此神經束攜帶大腦皮層的運動訊息，傳遞到脊髓內支配四肢骨骼肌的神經元，控制肢體的精細動作 (圖 14.6)。

costal (肋骨的)：與肋骨有關的構造。

costal cartilage (肋軟骨)：板狀的透明軟骨，連接肋骨末端與胸骨；肋軟骨構成胸籠前面的區域。

coxal (髖部的)：與髖部或臀部有關的構造。

cranial (顱骨的；頭端的)：1. 與顱骨有關的構造；2. 在相對靠近頭部的位置，或朝向頭部的方位 (請與尾部作比較)。

cranial nerve (腦神經)：與腦部連接的神經，總共 12 對，從顱骨的孔洞穿過。

cranium (顱骨)：頭顱的骨骼中，與腦部相接觸的骨骼，構成顱腔保護大腦；由額骨、頂骨、顳骨、枕骨、蝶骨和篩骨共同構成。

crest (嵴)：狹窄的突起構造，例如神經嵴或髂嵴。

cricoid cartilage (環狀軟骨)：喉部最下方的軟骨，連接喉部與氣管。

crista (脊，嵴)：一種類似嵴的突起結構，例如篩骨的雞冠，內耳的壺腹脊，或粒線體內部的嵴。

cross section (c.s.) (橫切面)：垂直於身體或器官長軸的切面 (圖 3.2)。

crural (腿部的)：與腿部有關的構造；或是指器官延伸的腳 (另請參閱 Crus)。

crus (腳，腿)：1. 從膝蓋到腳踝之間的部位。小腿；2. 器官延伸如腿部的構造，例如陰莖腳和陰蒂腳 (圖 26.1)。

CT scan (電腦斷層掃描)：藉由斷層掃描身體所得到的影像 (圖 1.2)。

cubital region (肘區)：手肘可彎曲的前方區域。

cuboidal (立方的)：形狀大致像立方體，就是高度和寬度約略相等。

cuneiform (楔狀)：呈三角楔形，如楔狀軟骨和楔形骨。

cusp (尖瓣)：1. 心臟、靜脈和淋巴管內，構成瓣膜的皮瓣；2. 在前臼齒或臼齒的咬合面上，圓錐狀的突起構造。

cutaneous (皮膚的)：與皮膚有關的構造。

cuticle (外皮)：1. 毛髮的最外層，由單層重疊的鱗狀細胞構成；2. 一層死亡的表皮細胞覆蓋在指甲的近端；也稱為指甲上皮。

cytokinesis (胞質分裂)：細胞分裂時，隨著細胞核已經分離後，將細胞質分為兩部分的過程。

cytology (細胞學)：研究細胞的結構與功能的科學。

cytoplasm (細胞質)：在細胞膜和核膜之間的細胞內物質。含有胞漿、胞器、內含物和細胞骨架。

cytoskeleton (細胞骨架)：細胞內由蛋白質構成的微絲、中間絲和微小管。提供細胞的支持、運動，以及細胞內運送分子和胞器的軌道 (圖 2.16)。

cytosol (胞漿)：細胞內的透明、無特定形狀的膠狀物質，胞器和其他物質皆含在其中。可以說細胞質是由胞器與胞漿組成。

cytotoxic T cell (殺手 T 細胞)：T 淋巴細胞的其中一種，負責攻擊並摧毀受感染的體細胞、癌細胞和移植的組織細胞。

D

daughter cells (子細胞)：細胞經過有絲分裂或減數分裂所產生的新細胞。

decussation (交叉)：中樞神經系統內的神經纖維，從一側跨越中線到另外一側，因此產生神經纖維交叉的情形。特別是在脊髓、延腦和視神經都有神經交叉的現象。請與半側交叉作比較。

deep (深層的)：與身體表面的距離較遠；反面的意思是淺層的。例如，骨骼比骨骼肌的位置更深層。

dendrite (樹突)：一種神經元的突起構造，接收來自其他細胞或是環境的刺激訊息，將信號傳遞到神經元的細胞本體。樹突與軸突相比較，通常更短、更多分支，而且不會產生動作電位 (圖 13.4)。

dendritic cell (樹突狀細胞)：存在於表皮、陰道黏膜和其他上皮組織的一種表現抗原的細胞。

denervation atrophy (去神經萎縮)：因為支配骨骼肌的運動神經元死亡，或是支配骨骼肌的運動神經纖維被截斷，導致骨骼肌出現萎縮。

dense bone (緻密骨)：見緻密骨 (compact bone)。

dense connective tissue (緻密結締組織)：一種特殊的結締組織，具有高密度的纖維，相對較少的基質和細胞；例如在肌腱和真皮。如果細胞外的纖維排列整齊平行，則可以歸類為緻密規則結締組織；如果細胞外的纖維排列交錯雜亂，則歸類為緻密不規則結締組織 (圖 3.16、圖 3.17)。

depression (凹陷，下壓)：1. 骨骼表面的凹陷處；2. 使構造向下降的關節運動，例如肩膀下垂或是開口時下巴的下壓 (圖 9.9)。

dermal papilla (真皮乳頭)：1. 真皮向上延伸的隆起，可以與表皮接觸面形成波浪形介面，以抵抗壓力和避免表皮滑動 (圖 5.3)；2. 毛囊基部的真皮突入構造，提供毛髮的血液 (圖 5.6)。

dermatome (皮節)：1. 在胚胎發育中，從體節衍生形成的一組中胚層細胞，會移動到表皮的下方，形成真皮組織 (請與肌節、骨節作比較)；2. 在成年人中，身體皮膚的一個區域，此區域內的感覺是由一條的脊神經所負責接收 (圖 14.21)。

dermis (真皮)：皮膚的組成構造，位於表皮的下層，由緻密不規則結締組織構成。

desmosome (胞橋小體，橋粒)：斑塊狀的細胞間結合構造，將鄰近細胞連結在一起 (圖 2.15)。

desquamation (脫屑)：請參見去角質。

diaphragm (橫膈)：片狀的肌肉構造，將胸腔與腹腔隔開，在呼吸運動中扮演重要角色。

diaphysis (骨幹)：長骨的中間部分 (圖 6.1)。

diarthrosis (可動關節)：參見滑膜關節。

diencephalon (間腦)：位在中腦和胼胝體之間的腦部構造；由丘腦、上丘腦和下丘腦共同組成 (圖 15.11)。

differentiation (分化)：從尚未特化的細胞或是組織，發育轉變成具有特殊的構造與功能的過程。

digestive system (消化系統)：特化的器官系統。可以將食物攝入，進行化學分解，將養分吸收，以及排出難消化的殘渣等功能。

digit (指，趾)：手指或腳趾。

digital rays (指輻線)：胚胎發育時，在手板或是腳板中逐漸出現的指狀構造。

dilation (擴張)：器官內部或是管狀構造 (如血管) 的管腔變寬，或是瞳孔變大。

diploid (2*n*) (二倍體)：細胞或個體具有成對的同源染色體。除了生殖細胞經過減數分裂的第一次分裂使同源染色體分離，其餘的體細胞都屬於二倍體。

distal (遠端)：距離起端或是附著點較遠的位置；例如，手腕位於手肘的遠端 (請與近端作比較)。

dorsal (背側的)：參見後側。

dorsal root (背根)：參見後根。

dorsal root ganglion (背根神經節)：參見後根神經節。

dorsiflexion (足背曲屈)：腳踝的向上關節運動，關節角度變小，腳趾朝上 (圖 9.17)。

dorsum (背面)：身體區域的背側面，尤其是手或腳帶有指甲的背側面；陰莖的上面或前面也稱為背面。

Down syndrome (唐氏症)：參見第 21 對染色體的三體症。

duct (導管，管道)：上皮內襯的管狀通道，例如半規導管或腺體導管。

duodenum (十二指腸)：小腸的第一部分，長度約 25 cm，從胃部的幽門口延伸到十二指腸空腸交接的彎曲。主要接收胃部的食糜，和肝臟分泌的膽汁與胰臟分泌的胰液。

dural sheath (硬膜鞘)：硬腦膜的腦膜層延伸進入脊椎管的構造，鬆散地包覆脊髓，形成脊髓的硬膜。

dura mater (硬腦膜)：包圍大腦和脊髓的三種腦膜中，最厚與最外層的腦膜。

dynein (動力蛋白)：一種運動蛋白，參與纖毛和鞭毛的擺動，以及細胞內分子和胞器的移動。

dyspnea (呼吸困難)：費力地呼吸，呼吸困難。

E

eccrine (外分泌)：腺體細胞將其分泌物質通過胞吐作用釋放到細胞外。也稱為*局部分泌* (merocrine) (圖 3.31a)。

ectoderm (外胚層)：胚胎發育出現三胚層的最外層，外胚層會發育成神經系統和表皮組織。

ectopic (異位)：在異常的位置；例如異位妊娠和異位心臟節律點。

edema (水腫)：過多的組織液堆積，導致組織腫脹。

effector (動作器)：對刺激產生反應，負責執行動作的分子、細胞或器官。

efferent (傳出，輸出)：將物質或訊號送出，例如血管攜帶血液從組織中輸出；或是神經纖維將中樞神經系統的訊號傳遞出去。

efferent neuron (傳出神經元)：參見運動神經元。

elastic cartilage (彈性軟骨)：軟骨的一種，軟骨基質中有大量的彈性纖維，使軟骨具有彈性和回復性；在會厭和耳廓中的軟骨屬於彈性軟骨 (圖 3.20)。

elastic fiber (彈性纖維)：一種結締組織的纖維，由彈性蛋白組成，在張力下可以伸展，並在張力釋放時回復其原先長度；在皮膚和肺部組織中含量豐富。

elasticity (彈性)：結構被拉伸然後釋放，構造可以回復原狀的特性。

elastin (彈性蛋白)：一種能夠伸展和回彈的纖維蛋白。存在皮膚、呼吸管道、動脈、彈性軟骨等位置。

elevation (上提)：使身體部位抬高的關節運動。例如肩膀上提，或是下巴的上提使嘴巴關閉 (圖 9.9)。

embryo (胚胎)：發育中的個體。在人類中，大約在受精 16 天後，發育出外胚層、中胚層和內胚層。發育至第 8 週結束，所有器官系統都已具備雛形。8 週以前的稱為*胚* (因為與其他動物相似)，8 週之後稱為*胎* (fetus)(已經具備人類的外型)。在其他動物，從受精卵分裂成兩細胞時期到出生前，都稱為胚胎。

embryogenesis (胚胎發生)：從囊胚在子宮壁著床，發育成三胚層，一直到第 8 週形成胚的發育過程。

embryology (胚胎學)：研究胚胎從受精到出生的發育過程的科學。

embryonic disc (胚盤)：早期胚胎發育時形成的平板狀構造，最初由兩層細胞層而後轉變成三層構造。

embryonic stage (胚胎期)：從受精後第 16 天到第 8 週結束的發育時期。另請參見胎期。

embryonic stem cell (胚胎幹細胞)：一種胚胎期未分化的細胞，可以複製到多達 150 個細胞。可以發展成任何類型的胚胎細胞或成人細胞。

encapsulated nerve ending (包膜的神經末梢)：被特化的結締組織包覆或是連結的任何感覺神經類型，這些包覆構造可以增強感覺的敏感度，對刺激產生反應。

endocardium (心內膜)：襯在心臟內部的組織層，由單層鱗狀上皮與薄薄的疏鬆結締組織層共同組成。

endochondral ossification (軟骨內骨化)：硬骨發育的過程。先發育出大致形狀的透明軟骨，然後再由硬骨組織取代軟骨組織的過程 (請與膜內骨化作比較) (圖 6.9)。

endocrine gland (內分泌腺)：屬於無管腺，分泌的激素釋放到血液中；例如甲狀腺和腎上腺 (請與外分泌腺作比較)。

endocrine system (內分泌系統)：體內化學物質的聯絡系統。由內分泌腺體與其他組織和器官內的激素分泌細胞共同組成。

endocytosis (內胞噬吞作用)：任何藉由囊泡運輸方式，將物質從細胞外送入細胞內的作用。包括胞飲作用、接受器介導的內胞噬吞作用與吞噬作用 (圖 2.11)。

endoderm (內胚層)：胚胎發育時三胚層的最內層。將來會發育成消化道與呼吸道內襯的黏膜上皮以及其相關的腺體。

endogenous (內生性)：起源於內部，例如在體內合成的膽固醇是屬於內生性，而從飲食獲取的膽固醇屬於外生性 (請與外生性作比較)。

endometrium (子宮內膜)：黏膜子宮植入部位和來源月經分泌物。

endoplasmic reticulum (ER) (內質網)：細胞質內相互連接的小管或通道系統；根據小管表面是否有核糖體附著，分為粗糙內質網與平滑內質網 (圖 2.19)。

endothelium (內皮層)：位於血管、心臟和淋巴管內襯的單層鱗狀上皮。

enteric (腸的)：與小腸有關的構造，如腸內激素。

eosinophil (嗜酸性球)：白血球的一種，細胞內具有大型可以被嗜伊紅染料染色的顆粒，通常具有雙葉的核；其功能是吞食抗體抗原的複合物、過敏原以及發炎物質。也會分泌物質對抗入侵的寄生蟲 (圖 19.1)。

epiblast (上胚層；外胚層)：早期胚胎發育成兩胚層時，面對羊膜腔的胚層細胞。這些上胚層細胞在原腸化過程中，會遷移以取代下胚層轉變形成內胚層，並且形成中胚層，仍留在表面的上胚層細胞則轉變成外胚層。

epicardium (心外膜)：心臟壁的最外層，由單層鱗狀上皮覆蓋一層薄薄的疏鬆結締組織所組成。在許多區域，心外膜有許多厚的脂肪層。心外膜也稱為臟層心包膜。

epicondyle (上髁)：在骨骼的髁突上方的骨性突起或嵴狀構造，例如在肱骨和股骨的遠端具有此種構造 (圖 8.10)。

epidermis (表皮)：角質化的多層鱗狀上皮，構成皮膚的最表層，覆蓋真皮 (圖 5.1)。

epigastric (上腹部)：位於腹部臍區的上方靠近內側的區域，在肋下線的下方，鎖骨中線的內側區域 (圖 1.10)。

epiglottis (會厭)：咽部的一片皮瓣組織，吞嚥時可以蓋住聲門，使吞嚥的物質離開呼吸道進入食道。

epiphysial plate (骨骺板)：在兒童或青少年的長骨中，介於骨端與骨幹之間的板狀透明軟骨，是長骨延長的生長區 (圖 6.9)。

epiphysis (骨骺端)：1. 長骨的骨端 (圖 6.1)；2. 腦上腺，也就是松果體。

epithelium (上皮組織)：基本組織的一種類型，由單層或多層緊密連結的細胞組成，幾乎沒有細胞間物質，無血管；形式許多器官的覆蓋物和內襯，以及形成腺體的實質部。

equilibrium (平衡)：1. 平衡感覺。2. 一種穩定的狀態，在一個系統中，兩個相反的反應速率達到相等，所以系統中的變化很小或是沒有變化，例如化學平衡。

erectile tissue (勃起組織)：一種特殊的組織，當血液流入時會膨脹，如陰莖、陰蒂和鼻腔的下鼻甲。

erythrocyte (紅血球)：紅色的血球細胞。

erythropoiesis (紅血球生成)：紅細胞的製造產生。

eversion (外翻)：腳掌的向外側翻轉的動作 (圖 9.17)。

evolution (演化)：一個族群經過一段時間後產生遺傳組成的變化；使人類的形態和功能產生適應環境的機制。

excitability (興奮性)：細胞對刺激的反應能力，特別是神經細胞和肌肉細胞對刺激產生膜電位改變的反應；又稱為應激性。

excretion (排泄)：從細胞或是身體排除代謝廢物的過程。請與分泌作比較。

excursion (移動)：咀嚼時下頜骨左右移動的動作 (圖

9.15)。

exfoliation (去角質，剝蝕)：多層鱗狀上皮的上層鱗狀細胞從表面脫落。也稱為脫屑。可以抽樣檢查這些脫落的細胞狀態，如子宮頸抹片檢查，也稱為脫落細胞學檢查 (圖 3.12)。

exocrine gland (外分泌腺)：一種腺體，會將分泌物質藉由導管傳遞到另一個器官或是體表。例如唾液腺和胃腺 (請與內分泌腺作比較)。

exocytosis (胞吐作用)：一種顆粒的釋放方式，細胞的分泌顆粒藉由與細胞膜融合，將顆粒內的物質釋放到細胞外；腺體的分泌及細胞廢物的排除，大多利用此作用完成 (圖 2.11)。

exogenous (外生性)：物質來自外部，例如從飲食中攝取的膽固醇 (請與內生性作比較)。

expiration (呼氣)：1. 呼氣；2. 快死了。

extension (伸展)：一種關節的動作，使關節的兩根骨骼之間的角度變大 (拉直關節)(請與屈曲作比較)(圖 9.7)。

external acoustic meatus (外聽道)：顳骨的管道，將聲波傳遞到鼓膜；也稱為外耳道。

exteroceptor (外部感受器)：主要負責接收來自體外的刺激，例如眼睛或耳朵。請與內部感受器作比較。

extracellular fluid (ECF) (細胞外液)：任何沒有包含在細胞內的體液；例如血液、淋巴液和組織液。

extrinsic (外生性的，外在的)：1. 來自外部的，如外在凝血因子；或稱為外生性；2. 沒有完全包含在器官內，但可以使器官產生動作，例如手部和眼球的外在肌肉 (請與內在的作比較)。

F

facet (關節小面)：骨頭上光滑的小型關節表面；小關節面可能是平坦、微凹或微凸；例如，脊椎骨的關節小面。

facilitated diffusion (促進擴散)：溶質通過細胞膜的運送過程，從高濃度往低濃度運送，借助載體蛋白快速地進行物質的運送；不會消耗 ATP。

fallopian tube (輸卵管)：參見子宮管。

fascia (筋膜)：在肌肉之間或是在肌肉與皮膚之間的一層結締組織 (圖 11.1)。

fascicle (束)：包圍在結締組織中的一束肌肉或神經纖維；許多束聚集在一起構成整個肌肉或神經。也稱為束 (fasciculus)(圖 11.1)。

fat (脂肪)：1. 三酸甘油酯分子；2. 脂肪組織。

female (女性)：在人類中，沒有 Y 染色體的個體；通常，每個體細胞中有兩個 X 染色體，並具有產生卵子的生殖器官，可以接受精子，提供受精和胚胎發育，排出足月胎兒以及哺育嬰兒。

femoral (股骨的)：與股骨或大腿有關的構造。

femoral region (股骨區)：介於髂骨到膝蓋之間的區域；大腿區域。

femoral triangle (股骨三角)：腹股溝的三角形區域，縫匠肌、內收長肌與腹股溝韌帶構成三個邊界，股靜脈、股動脈和股神經都通過此三角形區域，並且靠近身體表面 (圖 21.33)。

fenestrated (窗型的)：穿孔或裂縫，例如某些微血管和大動脈的彈性膜 (圖 21.6)。

fetal stage (胎期)：胚胎發育從第 9 週開始直到出生的時期；這段時期所有人體器官系統都已具備雛形，會持續成長和分化，直到有能力在離開子宮後依然能維持生命 (請比較胚胎期與胎兒)。

fetus (胎兒)：在人類胚胎發育中，個體從第 9 週開始時，所有器官系統已具備雛形，直到出生。這段時期的個體稱為胎兒。另請參閱胚體；胚。

fiber (纖維)：1. 在肌肉組織學中，是指骨骼肌細胞 (又稱為肌纖維)；2. 在神經組織學中，是指神經元的軸突 (又稱為神經纖維)；3. 任何長條線狀結構，例如結締組織的膠原纖維或彈性纖維或纖維質等，或是其他無法消化食物纖維。

fibrinogen (纖維蛋白原)：一種蛋白質，由肝臟製造，存在於血漿、精液和其他體液；黏性纖維蛋白的前身物質，可以形成凝塊的基質。

fibroblast (纖維母細胞)：結締組織的細胞，會產生纖維和基質；在肌腱和韌帶中的主要細胞類型。

fibrocartilage (纖維軟骨)：軟骨的一種類型，軟骨基質中含有較粗的膠原纖維束，在椎間盤、關節的半月板、恥骨聯合，和一些肌腱與骨骼連接處都可以發現 (圖 3.21)。

fibrosis (纖維化)：在受傷的組織部位，以纖維形成的疤痕組織，取代原先的組織型態；也稱為疤痕化 (請與再生作比較)。

fibrous connective tissue (纖維性結締組織)：任何具有大量纖維的結締組織，例如疏鬆、網狀、緻密規則和緻密不規則結締組織等。

filament (絲)：一種細長的線狀結構，例如肌肉細胞中的肌絲，和細胞骨架中的微絲和中間絲。

filtration (過濾)：液體受到生理上的壓力，通過一層膜的過程。其中水分子和一些小分子溶質可以通過膜，而較大的粒子則無法通過。此過濾現象在微血管內的液體進出過程尤為重要。

finger (手指)：手部的五根指頭的任何一個，包括大拇指。

first-order neuron (一階神經元)：一種傳入 (感覺) 的神經元，它接收感覺感受器傳入的感覺訊息，傳向位於脊髓或大腦中的二級神經元 (圖 14.5)。另請參閱二階神經元和三階神經元。

fissure (裂，隙)：1. 骨頭的裂縫，例如眶上裂；2. 深溝，例如左右大腦半球之間的縱向腦裂。

fix (固定)：1. 使結構穩定，例如穩定肌可以穩定關節，防止不必要關節動作；2. 藉由固定劑的處理以保存組織。

fixative (固定劑)：一種化學物質，可以防止組織衰變，例如福馬林或酒精。

fixator (固定器，穩定肌)：在特定的關節運動時，具有穩定關節，防止骨骼產生運動的肌肉。例如當肱二頭肌收縮，使肘部彎曲時，大菱形肌具有穩定與固定肩胛骨的作用。

flagellum (鞭毛)：細胞延伸的一種長條、可擺動、通常是單一毛狀的構造；人類細胞中，唯一具有鞭毛的是精細胞的尾巴。

flat bone (扁平骨)：呈現平板狀的骨頭，例如頂骨或胸骨。

flexion (屈曲)：一種關節運動，多數情況下屈曲動作，是指兩個骨骼之間的角度變小 (圖 9.7) (請與伸展作比較)。

flexor (屈肌)：收縮時會使關節屈曲的肌肉。

fMRI (功能性核磁共振造影)：功能性核磁共振造影的縮寫。

follicle (濾泡，囊泡)：小空泡狀，例如毛囊、甲狀腺濾泡或卵巢濾泡 (圖 26.14)。參看淋巴小結。

foramen (孔，洞)：骨骼或是器官的孔洞，在多數情況下有血管和神經通過。

foramen magnum (大孔)：顱腔內最大的孔洞，位於枕骨與椎骨相關節的位置，又稱為枕骨大孔。此處脊髓與腦幹連結，椎動脈由此進入顱腔。

foramen ovale (卵圓孔)：1. 位於蝶骨大翼的卵圓形孔洞，三叉神經的分支，下頜神經通過此孔；2. 在胎兒心房中隔的卵圓形孔洞，允許血液直接從右心房流向左心房，並繞過肺循環。

forebrain (前腦)：胚胎時期，大腦最前端的部分，將來發育成大腦和間腦 (圖 13.14)。

foregut (前腸)：1. 胚胎時期，消化道最前端的部分；也就是消化道與卵黃囊連通的整個前段部分，都稱為前腸 (圖 4.5)；2. 在成人中，從口腔到消十二指腸乳頭的消化道，都是由前腸發育形成，前腸有獨立的血液供應和神經支配，與中腸和後腸各不相同。

formed element (有形元素)：血液或是淋巴液中，具有形狀的構造，例如紅血球、白血球或血小板；血液中的任何細胞或細胞碎片都屬於有形元素。細胞外液的成分，則不屬於有形元素。

fossa (窩)：器官或組織中的凹陷構造，例如右心房的卵圓窩或顱骨的腦窩。

fovea (小凹)：器官或組織中的小凹陷，例如股骨頭部的中央凹，或視網膜的中央小凹。

free nerve ending (游離的神經末梢)：指裸露的感覺神經末梢，缺乏結締組織或是特化的細胞加以包覆；包括熱覺、冷覺和痛覺的受體屬於此類型；也稱為*無被囊的神經末梢*。

frontal plane (額狀面，冠狀面)：平行額骨的方向，通過身體或器官的解剖切面。可將身體分成前後兩半。也稱為*冠狀面* (圖 1.7)。

functional magnetic resonance imaging (fMRI) (功能性核磁共振造影)：核磁共振呈像的一種變化，可以觀察到組織代謝活動的瞬間變化，而不是只有靜態圖像；經常應用在研究變化迅速的大腦活動模式，以及其他診斷研究。

fundus (底部)：某些器官的底部或是最寬廣的部分，如胃底部和子宮底部。

funiculus (神經束)：由許多神經纖維徑所組成的較大神經束。脊髓白質可以分為三個主要神經束，分別是後側束、外側束和前側束。

fusiform (梭形)：紡錘形，中間較厚，兩端漸細的構造。例如平滑肌細胞的形狀或肌肉內部的肌梭 (圖 2.3)。

G

gamete (配子)：卵子或精細胞。

gametogenesis (配子生成)：卵子或精子的產生過程。

ganglion (神經節)：在周邊神經系統中，神經元的細胞本體聚集形成的構造，通常會如同繩結聯成一串。

gangrene (壞疽)：缺血引起的組織壞死。

gap junction (間隙接合)：一種細胞間的連結構造，細胞膜上有圍成環狀的蛋白質，中央有孔洞相連通，允許溶質從一個細胞的細胞質擴散到另一個細胞內；功能包括在發育中的胚胎，細胞間的營養傳遞，以及心肌細胞和平滑肌細胞之間的電子傳遞 (圖 2.15)。

gastric (胃)：與胃有關構造。

gastrointestinal (GI) system (胃腸道)：消化道的大部分，胃和腸道的部分。

gate (閘門，通道)：一種位於細胞膜上的蛋白質通道，可以根據化學物質、電刺激或機械刺激而打開或關閉，進而達到控制物質通過細胞膜的作用。

general senses (一般感覺)：諸如觸覺、熱覺、冷覺、痛覺、振動感覺和壓覺等感覺，由分佈在身體各處的相對較簡單的感覺器官接收。另請參見軀體感覺和特殊感覺。

genitalia (生殖器官)：骨盆的生殖器官，包括位於骨盆腔的*內生殖器*，和位於會陰部的*外生殖器*；大部分的外生殖器從外部可見，但有些位於皮下，在皮膚和骨盆底的肌肉之間。

genitourinary (G-U) system (生殖泌尿系統)：參見泌尿生殖系統 (urogenital system)。

germ cell (生殖細胞)：配子或任何會發育成為配子的前驅細胞。

germ layer (胚層)：指胚胎的三個胚層 (外胚層、中胚層或內胚層) 中的任何一層。

gestation (懷孕期)：懷孕。

gland (腺體)：特化成分泌的器官；在某些情況下，單個細胞也構成腺體，例如杯狀細胞。

glial cell (膠細胞)：神經系統內六種支持細胞的任何一種 (在中樞神經系統中的寡突膠細胞、星狀膠細胞、微小膠細胞和室管膜細胞；在周邊神經系統中的許旺氏細胞和衛星細胞)；構成神經系統的大部分，並執行對神經元的各種保護和支持作用。也稱為*神經膠細胞*。

glomerular capsule (絲球囊)：腎臟皮質內，包住每個腎絲球的雙層球囊；接受腎絲球的濾出液，並引導濾出液進入曲折的近曲小管 (圖 25.8)。

glomerulus (絲球體)：腎臟皮質中的微血管形成的絲團狀構造，可過濾血漿，並產生腎絲球的濾出液，濾出液經過進一步處理最終形成尿液 (圖 25.9)。

glucose (葡萄糖)：一種單醣類，也被稱為血糖；肝醣、澱粉、纖維素和麥芽糖都是由葡萄糖合成；而蔗糖或乳糖分子中，葡萄糖占一半。人體生理學有關的異構體，也稱為*右旋糖*。

gluteal (臀部的)：與臀部有關的構造。

glycocalyx (醣萼)：位於細胞膜外面的一層碳水化合物，與細胞膜的磷脂質和蛋白質形成共價結合的穩定構造；所有人類細胞的表面都具有糖外被 (圖 2.12)。

glycogen (肝醣)：由肝臟、肌肉、子宮和陰道細胞合成的葡萄糖聚合物，是一種可以儲存能量的多醣體。

glycolipid (醣脂類)：磷脂分子與碳水化合物共價鍵合形成的化合物，存在於細胞膜。

glycoprotein (醣蛋白)：蛋白質與碳水化合物形成的複合物，其中蛋白質占主導地位；在黏液和細胞的醣外被中醣蛋白的含量很多。

glycosaminoglycan (GAG) (醣胺聚醣，黏多醣，糖胺聚多糖)：由具有胺基結合的多醣體組成形成；主要組成是蛋白聚醣。黏多醣主要用於形成組織凝膠的黏性，和增加軟骨的硬度。

goblet cell (杯狀細胞)：單一個分泌黏液的腺細胞，細胞形狀近似酒杯，存在於許多黏膜的上皮組織中 (圖 3.7)。

Golgi complex (高基氏體)：胞器的一種，由許多平行的小池所組成，形狀像一疊的盤子。功能是修飾和包裝新合成的蛋白質，以及將蛋白質與碳水化合物合成醣蛋白 (圖2.19)。

Golgi vesicle (高基氏小泡)：從高基氏體釋放出的膜狀囊泡，囊泡內含有其化學產物；可以作為溶酶體，保留在細胞中，或是形成分泌顆粒，藉由胞吐作用釋放到細胞外。

gonad (生殖腺)：卵巢或睪丸。

gonadal ridge (生殖嵴)：性腺發育過程中，最早期的胚胎蹤跡。位於腎臟附近的條狀組織，在受精後第 5 至 6 週時，最初的生殖細胞從卵黃囊移動到腎臟附近形成*生殖嵴*構造。

granulocyte (顆粒性白血球)：白血球的三種類型 (嗜中性、嗜酸性或嗜鹼性白血球)，此三種白血球的細胞質內具有大型的胞質顆粒 (圖 19.1)。

granulosa cells (顆粒細胞)：卵巢卵泡中形成多層立方上皮的細胞，是分泌固醇類性激素的細胞 (圖 26.14)。

gray matter (灰質)：中樞神經系統中的一個區域或組織層，其中富含許多神經元的細胞本體、樹突和突觸；形成脊髓的核心，腦幹的神經核，大腦皮質和小腦皮質 (圖 15.4)。

great toe (大拇趾)：腳部內側最大的腳趾。

great vessels (大血管)：直接與心臟連接的最大血管；上腔靜脈和下腔靜脈，肺動脈幹和主動脈。

gross anatomy (大體解剖)：可以用肉眼觀察到的人體結構。

ground substance (基質)：透明無定型的物質，結締組織中的纖維和細胞都位於基底質中；包括血清、疏鬆結締組織中的凝膠，和鈣化骨組織。

guard hairs (防護毛)：粗硬的毛髮，可以防止昆蟲、碎片雜物或其他異物進入耳朵、鼻子或眼睛；也稱為*鬚*。

gustatory (味覺的)：與味覺有關的構造。

gyrus (腦回)：大腦或小腦皮質中的褶皺 (圖 15.1)。

H

hair cell (毛細胞)：耳蝸、半規導管、球囊、橢圓囊內的感覺細胞，這些感覺細胞的頂端表面有許多排成條紋狀的微絨毛，微絨毛的頂端有膠膜，對相對運動會產生反應；負責接收聽覺和平衡感覺 (圖 17.14)。

hair follicle (毛囊)：皮膚上的斜向上皮內凹，含有毛髮，並向下延伸到真皮或皮下層。

hair receptor (毛髮感受器)：纏繞著毛囊的游離感覺神經末梢，負責偵測毛髮的感覺。

haploid (*n*) (單倍體)：具有單套未配對染色體的細胞。在人類中，具有單倍體的細胞，是經過第一次減數分裂之後的生殖細胞，以及成熟的卵子和精子。

head (頭部)：1. 人體的最高部位，位於脖子上方；2. 器官的膨大末端，例如骨頭、胰臟或副睪都具有頭部區域。

helper T cell (輔助型 T 細胞)：T 淋巴球的一種，在體液和細胞免疫作用中，負責執行中心協調的角色；人類免疫不全的病毒 (HIV) 主要攻擊此種細胞，使體液與細胞免疫作用無法協調，導致免疫缺陷。

hematocrit (血比容)：血液體積的百分比，主要是紅血球占血液的容積。

hematoma (血腫)：組織中血液凝聚形成的腫脹；形成的瘀傷可以從皮膚看見。

hematopoiesis (造血功能)：生產製造血液的任何血球與有形元素。

hematopoietic tissue (造血組織)：任何可以造血的組織，特別是紅骨髓和淋巴組織。

hemidecussation (半交叉)：一條神經或是神經徑，其中的一半神經纖維會交叉跨越進入對側的中樞神經系統內，另一半的神經纖維則保留在同一側。特別是視神經交叉 (請與交叉作比較)。

hemoglobin (血紅蛋白，血紅素)：紅血球內的紅色色素蛋白質；負責運輸血液中約 98.5% 的氧氣和 5% 二氧化碳。

hemostasis (止血)：通過血管強直性收縮的機制、血小板栓塞和血液凝結等作用，使血液的流出停止。

hepatic (肝的)：與肝臟有關的構造。

hepatic portal system (肝門系統)：連接腸道微血管與肝臟竇狀隙的血管網絡，負責將剛消化吸收的養分直接送入肝臟。

hepatocyte (肝細胞)：構成肝臟實質的立方形腺體細胞。

hiatus (裂孔)：開口或間隙，例如橫膈的食管裂孔。

hilum (門)：器官表面上的一個位置，其中血管、淋巴管或神經進入和離開器官的地方。通常會形成凹面或裂縫，外型呈豆形的器官，門的位置大約為在中間區域，例如淋巴結、腎臟和肺臟 (圖 23.9)。

hindbrain (後腦)：腦部的最尾端部位，由延腦、橋腦和小腦組成 (圖 13.14)。

hindgut (後腸)：1. 胚胎時期的後段消化道；也就是消化道與卵黃囊連通的整個後段部分，都稱為後腸 (圖 4.5)；2. 在成人中，從橫結腸後段到肛管的消化道，都是由後腸發育形成，後腸有獨立的血液供應和神經支配，與前腸和中腸各不相同。

histological section (組織切片)：通常是組織的薄切片，貼附在載玻片上，並以人工染色使組織的微觀結構更明顯。

histology (組織學)：1. 組織和器官的微細構造；2. 研究這種微細構造的科學。

holocrine gland (全泌腺)：一種外分泌腺，其分泌方式是由整個分泌細胞破裂將分泌物質全部釋出；例如皮脂腺。

homeostasis (恆定作用)：生物體會持續維持體內相對穩定的狀態，儘管其外部環境發生較大的變化。

homologous (同源器官，同源染色體)：1. 具有相同的胚胎或演化來源，但功能不一定完全相同，例如陰囊和大陰唇兩者屬於同源器官；2. 兩個具有相同結構和基因位點的染色體，但不一定是相同的對偶基因；每對同源染色體，一個來自父親，另一個來自母親。

hormone (荷爾蒙，激素)：由內分泌腺體或是獨立細胞所分泌的化學訊息物質，釋放後進入血液，運送到遠處具有此化學物質受體的細胞，並可以觸發其生理反應。

hyaline cartilage (透明軟骨)：一種軟骨的類型，具有清晰透明的基質，和微細的膠原蛋白纖維。與其他基質含有明顯大量的彈性纖維，或是較粗的膠原蛋白束的其他類型軟骨不同 (圖 3.19)。

hyaluronic acid (透明質酸，玻尿酸)：一種醣胺聚醣，在結締組織中含量特別豐富。會聚集形成組織膠。

hydrolysis (水解)：一種化學反應，會將其中的水分子分解成氫離子與氫氧根離子，這些離子可以裂解有機分子中的共價鍵。例如，將澱粉消化分解成葡萄糖，將蛋白質分解成胺基酸，或是將 ATP 分解為 ADP 和磷酸鹽等。

hyperextension (過度伸展)：一種關節運動，使兩根骨頭之間張開的角度超過 180° (圖 9.7)。

hyperplasia (增生)：通過細胞的增值，而不是藉由細胞的變大，使組織增大 (請與肥大作比較)。

hypertrophy (肥大)：通過細胞的變大，而不是藉由細胞的增殖，使組織變大。例如，肌肉在運動的影響下會變大 (請與增生作比較)。

hypoblast (下胚層)：早期胚胎發育成兩胚層時，遠離羊膜腔的胚層細胞。將來會形成卵黃囊，進一步在原腸化過程中，被上胚層母細胞所取代。

hypochondriac (季肋區)：腹部的上方兩側區域，位於肋下線和鎖骨中線外側的腹部上方區域 (圖 1.10)。

hypodermis (皮下組織)：皮膚深層的結締組織；也稱為淺筋膜。當富含脂肪組織時，又稱為皮下脂肪。

hypogastric (下腹區)：位於腹部臍區的下方靠近內側的區域，在結節間線的下方，鎖骨中線的內側區域。也稱為恥骨區 (圖 1.10)。

hypophysial portal system (垂體門脈系統)：連接下丘腦的微血管叢與腦下垂體前葉的微血管叢的循環系統；攜帶下丘腦釋放的刺激或抑制因子，進入腦下垂體前葉影響其激素的分泌 (圖 18.2)。

hypophysis (垂體)：也稱為腦下垂體。

hypothalamic thermostat (下丘腦恆溫器)：位於下丘腦的一群神經核，負責調節身體的溫度。

hypothalamo-hypophysial tract (下丘腦垂體神經束)：下丘腦內的神經核發出的神經纖維束，通過腦下垂體柄，終止在腦下垂體的後葉。此神經束將下丘腦產生的催產激素和抗利尿激素，傳遞並儲存在腦下垂體後葉，並且在收到訊號時，刺激腦下垂體將這些激素釋放到血液中 (圖 18.2)。

hypothalamus (下丘腦，下視丘)：腦部間腦的下方部位，形成第三腦室的側壁和地板，並且向下延伸形成腦下垂體的後葉；負責控制許多基本的生理功能，如食慾、口渴和體溫調節等功能 (圖 15.2)。

hypothesis (假說)：一種有依據的推測或是猜想，可以藉由實驗或是資料收集，加以測試或驗證其真偽。

hypoxemia (低血氧症)：血液中的氧氣不足。

hypoxia (缺氧)：任何組織中的氧氣不足；可能導致組織壞死。

I

immune system (免疫系統)：身體對抗疾病的防禦系統。包括白血球和其他免疫細胞，防禦的化學物質，以及對抗感染的生理防禦屏障 (如皮膚與黏膜)。不是由單一個器官系統構成，而是結合許多器官系統共同組成的防禦體系 (請參看適應性免疫力，先天免疫力)。

immunity (免疫力)：抵抗感染或疾病的能力 (請參看適應性免疫力，先天免疫力)。

implantation (著床)：受精卵接觸子宮內膜，並且植入其中的過程。

inclusion (包涵體，內含物)：細胞質中除了胞器與細胞骨架之外，其他可見的物體；通常是外來的異物或是儲存的細胞產物，例如病毒、灰塵顆粒、脂肪滴、肝醣顆粒或色素。

infarction (梗塞)：1. 組織因為血流中斷，導致突然壞死，通常是由於動脈阻塞引起；例如腦梗塞和心肌梗塞；2. 組織的一個區域因缺血而導致壞死。

inferior (下方)：比其他構造更低的位置。以解剖姿勢為觀點，與其他構造的相對位置作比較；例如，胃在橫膈的下方。

infundibulum (漏斗部)：任何漏斗形狀的通道或結構，例如輸卵管的遠端部位，以及連結腦下垂體與下丘腦的部位。

inguinal (鼠蹊部，腹股溝)：與腹股溝有關的構造 (圖 1.10)。

innate immunity (先天免疫力)：從出生就已經具備的免疫能力，對抗感染或疾病的非特異性防禦能力，並且不需要事先與抗原進行接觸；例如皮膚、黏膜、發炎、發燒和干擾素等 (請參看適應性免疫力)。

innervation (神經支配)：器官受到的神經影響。

inspiration (吸氣)：吸入氣體。

integument (體被)：皮膚。

integumentary system (體被系統)：由皮膚以及其衍生物共同組成的系統。含有皮膚、皮脂腺、汗腺、毛髮和指甲等。

interatrial septum (心房中隔)：位於左右心房之間的隔膜。

intercalated disc (間盤)：兩個心肌細胞之間連結的複合物，包括間隙接合與胞橋小體等接合構造所組成。顯微鏡觀察在心肌細胞的相互連接位置，呈現深色的線條，是心肌的特徵。間盤構造負責心肌細胞之間的機械與電子訊號的傳遞 (圖 20.14)。

intercellular (細胞間)：細胞之間。

intercellular junction (細胞間的連接構造)：參見細胞接合。

intercostal (肋間)：在肋骨之間，例如肋間肌、肋間動脈、肋間靜脈和肋間神經。

interdigitate (指狀接合)：相互交叉像手指一樣合在一起。例如，真皮與表皮的交界、腎臟的足細胞，以及心肌的間盤。

interneuron (中間神經元，聯絡神經元)：一種位在中樞神經系統內的神經元，負責轉傳感覺訊號或是運動信號，可能位於傳遞路徑之間的任何位置。

interoceptor (內部感受器)：主要負責接收來自體內的刺激。請與外部感受器作比較。

interosseous membrane (骨間膜)：連結在兩根骨頭的骨幹區域的一層纖維膜、橈骨與尺骨，以及脛骨與腓骨之間都有骨間膜 (圖 8.4)。

interstitial (間質)：1. 組織中的細胞外空間；2. 位在其他結構之間，例如睪丸的間質內分泌細胞。

interstitial fluid (間質液)：位於組織間質空間中的液體，也稱為組織液。

intervertebral disc (椎間盤)：介於兩個相鄰脊椎骨的椎體之間的軟骨墊。

intracellular (細胞內)：在細胞內部。

intracellular fluid (ICF) (細胞內液)：細胞內部主要的液體成分。體液的主要成分之一。

intramembranous ossification (膜內骨化)：硬骨生成的過程，沒有先發育出軟骨，而是由一片緻密的間質組織，直接發育成硬骨 (圖 6.7)(請與軟骨內骨化作比較)。

intraperitoneal (腹膜內)：腹膜腔內 (請與腹膜後作比較)。

intrinsic (內生性的，內在的)：1. 從內部產生的，例如內生性的凝血因子；2. 完全包含在器官內，例如手部和眼球的內在肌肉 (請與外在的作比較)。

inversion (內翻)：將腳底翻轉向內側的足部運動 (圖 9.17)。

involuntary (不隨意的)：不是由意識控制的動作。例如自主神經系統和心臟與平滑的肌肉收縮。

involution (退化)：組織或器官因為自噬作用導致的萎縮退化，如青春期後的胸腺萎縮，和懷孕後的子宮退化。

ipsilateral (同側)：在身體的同一側，例如反射弧，當身體的一側受到刺激，導致身體同一側的肌肉產生收縮反應 (請與對側作比較)。

ischemia (缺血)：血液流向組織的狀態，不足以滿足其代謝需要；組織可能因為缺氧或廢物堆積，導致組織的壞死。

isthmus (峽部)：連接兩個較大組織之間的狹窄部位；例如，在甲狀腺前方的狹部，以及輸卵管的狹部連接壺腹部與子宮。

J

joint (關節)：指骨骼與骨骼的交接處。

K

keratin (角質蛋白)：由角質細胞形成的堅韌蛋白質，構成頭髮、指甲和表皮的角質層。

keratinized (角質化)：用角質蛋白覆蓋，例如表皮。

keratinocyte (角質細胞)：表皮最主要的細胞，製造角質蛋白，最終死亡。死掉的角質細胞構成表皮的角質層。

kyphosis (駝背症，脊柱後凸曲)：側面觀察脊柱，在胸部或是骨盆部位向後凸出的情形，比正常彎曲更加明顯 (請與脊柱前凸作比較)(圖 7.19)。誇張的胸椎後凸畸形，通常是由於骨質疏鬆症引起，稱為過度駝背 (圖 7.21)。

L

labium (唇)：像唇的構造，例如嘴部的嘴唇，和女性陰部的大陰唇、小陰唇。

lacrimal (淚腺的)：與眼淚或淚腺有關的構造。

lacteal (乳糜管)：位於小腸絨毛內部的微淋巴管，負責吸收飲食中的脂質。

lacuna (窩)：在骨骼和軟骨等組織中的小空腔或凹陷。

lamella (薄板，薄層)：一小片的薄板或薄層組織，例如骨薄板 (圖 6.4)。

lamellar corpuscle (層狀小體)：球狀的感覺感受器，一條或幾條神經樹突，被許旺氏細胞形成洋蔥狀的構造所包覆；此感覺小體在真皮、腸繫膜、胰臟和其他一些內臟中都可以發現。主要偵測深層的壓力、拉伸和高頻振動。也稱為帕氏小體 (圖 17.1)。

lamina (薄層)：很薄的一層，例如脊椎骨的椎板或黏膜的固有層 (圖 3.32、圖 7.25)。

lamina propria (固有層)：在黏膜層上皮組織下方的疏鬆結締組織 (圖 3.32)。

laryngopharynx (喉咽)：咽部的下方部位，與口咽和鼻咽共同構成咽部。喉咽的範圍是從舌骨後方延伸到食道的開口 (圖 23.2)。

larynx (喉部)：在頸部由軟骨構成的腔室。喉部內含有聲帶 (圖 23.4)。

lateral (外側)：遠離器官的中線或身體的正中平面 (請與內側作比較)。

leg (小腿)：1. 膝蓋和腳踝之間的身體部位；2. 器官延伸如腿部的構造。另請參閱腳 (crus)。

lesion (損傷，病變)：病變組織損傷的區域，例如皮膚擦傷或心肌梗塞。

leukocyte (白血球)：有細胞核的血球細胞；分為嗜中性球、嗜酸性球、嗜鹼性球、淋巴球、單核球，也

稱為白血球細胞 (圖 19.1)。

leukopoiesis (白血球生成)：白血球從造血幹細胞發育生成的過程。

libido (性慾)：對性的心理渴望。

ligament (韌帶)：連結在兩個構造之間，外形呈條狀或索狀的強韌膠原組織，特別是連結骨頭與另一根骨頭。以及可以用來固定器官；例如膝蓋的十字韌帶，以及肝臟的鐮狀韌帶。

light microscope (LM) (光學顯微鏡)：顯微鏡的一種，藉由可見光產生顯微圖像。

limb (肢體)：1. 連結在肩膀或髖部的身體附肢。參見上肢與下肢；2. 另一個構造的附屬物或延伸結構，例如腎小管的下降肢。

limb bud (肢芽)：胚胎發育的小突出物，將來會進一步衍生形成上肢或下肢。

limbic system (邊緣系統)：位於腦部內的環狀結構，包圍胼胝體和丘腦，由扣帶回、海馬回、杏仁核和其他結構組成；功能包括學習和情感 (圖 15.14)。

line (線)：1. 任何狹長的標記。另請參見白線 (linea)；2. 骨頭上細長的，略微凸起的嵴狀線條，例如頭顱骨的頸線 (圖 7.4)。

linea (白線)：解剖線，例如腹部正中的白線。

lingual (舌的)：與舌頭有關的構造。

lipid (脂質)：一種疏水性高的有機化合物，分子內氫與氧原子的比例很高。包括固醇類、脂肪酸、三酸甘油酯 (脂肪)、磷脂類和前列腺素。

LM (光學顯微鏡)：1. 光學顯微鏡；2. 光學顯微圖片，通過光學顯微鏡拍攝的照片。

load (乘載，負載)：1. 吸收氧氣或二氧化碳在血液中運輸；2. 靠肌肉收縮所能產生的力量。

lobe (葉)：1. 器官結構的細分，例如腺體、肺臟或是大腦都有分葉。葉的周圍有明顯可見的分隔構造，例如裂縫或隔膜；2. 耳垂，位於耳朵下方，無軟骨，垂懸於耳廓下方的部分。

lobule (小葉)：器官的分葉中更小獨立部分，特別是腺體具有小葉。

long bone (長骨)：骨頭的長度明顯大於寬度，如股骨或肱骨等。通常用作槓桿。

longitudinal section (l.s.) (縱切面)：縱向切面，沿著身體或是器官的最長軸進行切割所切出的截面 (圖 3.2)。

loose connective tissue (疏鬆結締組織)：蜂窩狀或網狀的組織；一種結締組織具有大量的基底質和散佈的纖維與細胞。

lordosis (脊柱前凸)：側面觀察脊柱，在頸部或是腰部向前凸出的情形，比正常彎曲更加明顯 (請與脊柱後凸作比較)(圖 7.19)。誇張的腰椎前凸畸形，通常是由於肥胖或是懷孕所引起，稱為過度前凸 (圖 7.21)。

lower limb (下肢)：從髖部延伸的附肢。包括從髖部到膝蓋的大腿，從膝蓋到腳踝的小腿區域，以及腳踝和腳部。下肢經常也稱為腿部，其實明確的腿部是指小腿部分。

lumbar (腰部)：位在胸籠和骨盆之間，與下背部和側面有關的區域。

lumen (內腔)：中空器官的內部空間，例如血管腔、食道管腔，或是被細胞包圍的空間，如腺泡腔。

lymph (淋巴液)：淋巴管和淋巴結中含有的液體，由組織液流入淋巴管形成。

lymphatic (淋巴的)：1. 與淋巴系統有關構造；2. 運送淋巴液的任何管子，如微淋巴管、淋巴收集管、淋巴幹、淋巴總管 (圖 22.1)。

lymphatic nodule (淋巴小結)：淋巴細胞短暫聚集形成的小球狀結構，多出現在在黏膜和淋巴器官內；也稱為淋巴濾泡 (圖 22.8)。

lymphatic system (淋巴系統)：一種器官系統，由淋巴管、淋巴結、扁桃體、脾和胸腺等器官組成；功能包括組織液的雜物清理和免疫力。

lymph node (淋巴結)：沿著淋巴管分部的小型結狀器官；可以過濾淋巴液，並包含淋巴細胞和巨噬細胞，清除淋巴液中的抗原 (圖 22.11)。

lymphocyte (淋巴球)：相對較小的白血球細胞，具有多種類型和不同的作用，參與先天免疫、體液免疫和細胞免疫 (圖 19.1)。

lysosome (溶酶體)：一種膜包覆的胞器，含有多種酶的混合物，功能是在細胞內和細胞外，消化分解外來的異物、病原體和老舊的胞器 (圖 2.19)。

lysozyme (溶酶酵素)：一種在淚液、牛奶、唾液、黏液和其他體液中發現的酶，可以分解消化細菌的細胞壁，而將細菌消滅；也被稱為胞壁酸酶。

M

macrophage (巨噬細胞)：身體的細胞，與白血球不同，專門負責吞噬作用。通常由血液中的單核球，進入結締組織後衍生形成，吞噬抗原之後，就變成抗原呈現細胞。

macula (黃斑)：斑塊或斑點，例如視網膜的黃斑部，和內耳的球囊斑。

magnetic resonance imaging (MRI) (磁振造影)：使用強磁場和無線電波，以及電腦處理，產生身體內部圖像的方法 (圖 1.2)。

male (男性)：在人類中，具有 Y 染色體的個體；男性的每一個體細胞中，都含有一個 X 和一個 Y 染色體，男性具有產生精子以及運送管道的生殖器官。

mammary gland (乳腺)：女性的乳房在懷孕與哺乳期間，快速發育出分泌乳汁的腺體；沒有懷孕或哺乳的女性，乳房中的乳腺僅有管道的發育。

mast cell (肥大細胞)：一種結締組織的細胞，類似於血液中的嗜鹼性球，會分泌組織胺、肝素以及其他與發炎有關的化學物質；通常會集中在微血管周圍。

matrix (基質)：1. 組織的細胞外物質；2. 一種物質或架構，其他構造嵌入其中，例如血塊中的纖維基質；3. 一團的表皮細胞，位於毛髮根部或指甲根部，毛髮與指甲從此部位發育成長；4. 粒線體內的液體，含有檸檬酸循環的酶。

meatus (管道)：一端有開口的管道，例如耳道或聽道。

mechanoreceptor (機械感受器)：一種感覺神經末梢或器官，專門用於偵測機械刺激，例如觸覺、壓覺、拉伸或振動感覺。

medial (內側)：朝向靠近器官或身體的中線 (請與外側作比較)。

median plane (正中平面)：切過身體或器官正中線的矢狀切面，身體或器官被切成左右相等的一半。也稱為*正中矢狀平面* (圖 1.7)(請與矢狀平面作比較)。

mediastinum (縱膈)：胸腔的正中分區。位於左與右胸膜腔之間的空間，其中包含心臟、大血管和胸腺等器官 (圖 1.11)。

medical imaging (醫學影像)：使用無侵入性或是僅有微創的方式，以檢視人體內部構造，並獲得影像，包括 X 射線、MRI、PET、CT 和超音波檢查等。

medulla (髓質)：一種組織位於某些器官皮質的深處，例如腎上腺、淋巴結、毛髮和腎臟都有皮質與髓質。

medulla oblongata (延腦)：腦幹最尾端的部分，在頭顱骨的顱骨大孔上方，連結脊髓與大腦的其他部位 (圖 15.2)。

meiosis (減數分裂)：一種細胞分裂的形式。二倍體的生殖細胞，經過兩次分裂產生四個單倍體的子細胞；僅在生殖細胞中才會發生減數分裂。

melanin (黑色素)：由黑色素細胞和其他一些細胞，產生的棕色或黑色的色素顆粒。提供皮膚、毛髮、眼睛和其他一些器官組織的顏色。

melanocyte (黑色素細胞)：位於表皮基底層的一種細胞，會合成並分泌釋放黑色素。

meninges (腦膜，腦脊膜)：在中樞神經系統與周圍骨骼之間的三層纖維膜構造：硬膜、蛛網膜、軟膜 (圖 15.3)。

mesenchyme (間葉)：從中胚層衍生的一種膠狀胚胎結締組織；將來能分化成所有成熟的結締組織和大多數的肌肉組織。

mesentery (腸繫膜)：一種漿膜構造，可以將腸子包覆，固定在一起並懸吊在腹壁上；是臟層腹膜的延續構造 (圖 1.14、圖 24.3)。

mesocolon (結腸繫膜)：背側腸繫膜的一部分，包覆橫結腸，並將其固定在腹壁 (圖 24.3)。

mesoderm (中胚層)：胚胎發育成三胚層的中間層；主要發育成肌肉和結締組織。

mesothelium (間皮)：覆蓋漿膜的單層鱗狀上皮。

metaphysis (幹骺端)：長骨的骨幹和骨骺端之間的區域，具有軟骨組織，可以繼續生長。當軟骨組織被硬骨組織代替，骨頭的長度就停止 (圖 6.9)。

metaplasia (化生，轉變)：一種成熟組織的經過轉化變成另一種組織。例如，在過度換氣的鼻腔黏膜上皮，從偽複層柱狀上皮轉變成複層鱗狀上皮。

metarteriole (後小動脈)：連結小動脈與微血管床之間的短血管，此短血管沒有中層，只有在連接微血管的位置前方，有平滑肌細胞形成的括約肌 (圖 21.9)。

metastasis (轉移)：癌細胞從原始腫瘤的位置，擴散到新位置，並且在發展成新的腫瘤。

microfilament (微絲)：一種細胞骨架，由肌動蛋白組成的細絲，會構成微絨毛的支撐核心，在細胞膜的內部構成支持的骨架，以及在肌肉收縮中造成運動。另請參見肌動蛋白。

micrograph (顯微照片)：用顯微鏡拍攝的照片。

micrometer (μm) (微米)：千分之一毫米，或 10^{-6} m；用來表達細胞的大小，常用的長度單位。

microtubule (微小管)：細胞內的圓柱狀細胞骨架，由微管蛋白組成。構成中心粒、纖毛和鞭毛核心的軸絲，以及部分的細胞骨架。

microvillus (微絨毛)：細胞膜的延伸構造，可以增加細胞的接觸表面積，有利於吸收和一些感覺方面的功能；與纖毛和鞭毛不同，微絨毛的尺寸較小，而且沒有核心的軸絲。

midbrain (中腦)：腦幹的一小段，位於橋腦和間腦之間 (圖 15.2)。

midgut (中腸)：1. 胚胎消化道的中間部分，位於消化道與卵黃囊交接處 (圖 4.5)；2. 在成人中，從十二指腸乳頭到橫結腸中段的消化道部分，都是由中腸發育形成。中腸有獨立的血液供應和神經支配，與前腸和後腸各不相同。

midsagittal plane (正中矢狀平面)：參見正中平面。

mineralization (礦物質化)：參見鈣化。

mitochondrion (粒線體)：一種特化的胞器，用於合成 ATP，由雙層膜所構成，內膜皺褶稱為嵴。

mitosis (有絲分裂)：細胞分裂的一種形式。分裂一次，產生兩個相同遺傳物質的子細胞；有時僅指遺傳物質或細胞核的分裂，但不包括胞質分裂，隨後才出現胞質分裂。

mixed nerve (混合神經)：一條神經同時含有傳入 (感覺) 的神經和傳出 (運動) 的神經纖維。

monocyte (單核球)：一種白血球細胞，會從血液中移動到組織之間，並轉化為巨噬細胞 (圖 19.1)。

morphology (形態學)：解剖學，尤指從功能的觀點介紹構造。

morula (桑葚胚)：受精卵發育成由 16 個或更多相同外觀的細胞，共同組成表面凹凸不平的胚，外觀如同桑葚，因此得名。桑葚胚進一步發育成囊胚，囊胚會著床於子宮內膜。

motor neuron (運動神經元)：負責將中樞神經系統的運動訊號，傳出到任何動作器 (肌肉或腺體) 的神經元；也稱為*傳出神經元*。運動神經元的軸突也稱為*傳出神經纖維*。

motor protein (運動蛋白)：任何能使細胞或細胞的部分構造產生運動的蛋白，由於運動蛋白能與其他分子結合，快速產生分子結構的改變，然後快速回復，並且可以重複進行；例如，肌球蛋白、動力蛋白和驅動蛋白。

motor unit (運動單位)：一個運動神經元和其支配的所有骨骼肌細胞，稱為一個運動單位。

mouth (嘴，口)：1. 任何空腔或空心器官的狹窄開口；2. 口腔，以嘴唇、臉頰和咽門為界。

MRI (磁振造影)：參見核磁共振造影。

mucosa (黏膜層)：人體管道最內襯的組織層，管腔與外界相通 (呼吸、消化、泌尿和生殖管道)。由上皮、結締組織 (固有層)，以及些許平滑肌 (黏膜肌層) 共同組成，也稱為*黏膜* (圖 3.32)。

mucosa-associated lymphatic tissue (MALT)(黏膜相關淋巴組織)：淋巴細胞的集合體，包括許多器官黏膜層中的淋巴小結。

mucous gland (黏液腺)：分泌黏液的腺體，例如大腸和鼻腔的腺體 (請與漿液腺作比較)。

mucous membrane (黏膜)：參見黏膜層。

mucus (黏液)：由黏膜的黏液細胞所產生的黏稠分泌物，由醣蛋白和黏蛋白所組成；用於將物質黏結在一起以便於食物的咀嚼，並具有保護黏膜避免受到感染和磨損。

multipotent (多功能)：與幹細胞有關的功能，可以分化為多種，但不是無限種的成熟細胞類型；例如，骨髓的聚落形成單位可以產生多種類型的白血球細胞。

muscle fiber (肌纖維)：就是指骨骼肌細胞。

muscularis externa (外層肌肉)：某些內臟的外部肌肉壁，例如食道和小腸 (圖 24.2)。

muscularis mucosae (黏膜肌層)：在黏膜固有層下方的一層平滑肌層 (圖 3.32)。

muscular system (肌肉系統)：由骨骼肌組成的器官系統，主要用於維持身體的姿勢和產生關節的運動。心肌和平滑肌不列入肌肉系統的一部分。

muscular tissue (肌肉組織)：一種特化成細長狀，可以電刺激，專門用於收縮的組織。肌肉組織的三種類型是骨骼肌、心肌和平滑肌。

mutagen (突變原，誘變劑)：任何會引起突變的物質，包括病毒、化學物質和離子輻射等。

mutation (突變，變異)：染色體或 DNA 分子產生的任何結構改變，通常會導致結構或功能發生變化。

myelin (髓鞘)：一種圍繞神經纖維的脂質鞘，由寡突膠細胞或許旺氏細胞的細胞膜，緊密包覆纏繞神經纖維所形成 (圖 13.7)。

myelination (髓鞘化)：寡突膠細胞或許旺細胞的細胞膜，緊密包覆纏繞神經纖維形成髓鞘的過程。

myelin sheath gap (髓鞘間隙)：在髓鞘與髓鞘之間的間隙，此間隙區域的神經纖維無髓鞘包覆；此間隙提供動作電位的發生，因而形成跳躍式傳導。此間隙又稱為*蘭氏結* (圖 13.4)。

myeloid tissue (髓樣組織)：骨髓。

myenteric plexus (腸肌神經叢)：由位於消化道外部肌層之間的副交感神經元，所形成的神經叢；主要負責控制消化道的蠕動。

myocardium (心肌層)：心臟的中間肌肉層。

myoepithelial cell (肌上皮細胞)：一種上皮細胞，特化形成具有像肌肉細胞一樣的收縮能力；在瞳孔的擴張，和腺體分泌物的排出，都扮演重要角色。

myofibril (肌原纖維)：在心肌細胞或骨骼肌細胞內，由一束肌絲的細胞骨架聚集形成 (圖 10.2)。

myofilament (肌原纖維絲)：肌細胞內負責的產生收縮的蛋白質微絲，主要是肌凝蛋白或肌動蛋白組成 (圖 10.3)。

myosin (肌凝蛋白)：一種運動蛋白，構成肌肉的粗肌絲，有球狀可運動的頭部，會與肌動蛋白相結合。

myotome (生肌節)：在第 4 週的胚胎發育時期，由體節衍生形成的一團中胚層細胞，將來會發育成該區域的體壁肌肉以及軀幹肌肉 (請與皮節和骨節作比較)。

N

nasal concha (鼻甲)：鼻腔內三個彎曲滾筒狀的片狀構造，由骨板和黏膜組成。在每個鼻窩中從鼻腔側壁往鼻中隔延伸，用於使吸入的空氣能加溫、清潔和加濕 (圖 23.2)。

nasal septum (鼻中隔)：位於鼻腔中央的隔板，由硬骨與軟骨共同組成，將鼻腔分隔成左右鼻窩。

nasopharynx (鼻咽)：位於咽部最上方，從後鼻孔延伸到軟腭的上方區域 (圖 23.2)。

natural killer (NK) cell (自然殺手細胞)：一種淋巴細胞，會攻擊並摧毀身體內的癌細胞或受感染的細胞，不需要事先接觸或是經過特異性免疫反應；身體的先天免疫機制之一。

necrosis (壞死)：由於感染、創傷或缺氧，導致組織發生死亡 (請與凋亡作比較)。

neonate (新生兒)：嬰兒出生不超過 4 週，稱為新生兒。

neoplasia (腫瘤，贅生物)：新組織的異常生長，例如腫瘤。

nephron (腎元)：每個腎臟中約有 120 萬個過濾血液，產生尿液的單位；由腎絲球、腎小球囊、近曲小管、腎元環和遠曲小管所組成 (圖 25.6)(請與腎小管作比較)。

nerve (神經)：周邊神經的線狀器官，由許多神經纖維組成，包裹在結締組織中。

nerve fiber (神經纖維)：單一個神經元的軸突。

nerve impulse (神經衝動)：沿著神經纖維傳遞的動作電位波動；也就是神經的信號。

nervous system (神經系統)：由腦、脊髓、神經和神經節所共同組成的器官系統，特化為快速傳遞訊息的功能。

nervous tissue (神經組織)：由神經元和神經膠細胞組成的組織。

neural circuit (神經迴路)：一群相互連接的神經元，沿著定義的路徑傳導信號，產生持續、重複、匯聚或發散的輸出信號 (圖 13.12)。

neural crest (神經嵴)：一團的外胚層細胞，開始出現在神經溝的邊緣，神經管形成後，從神經管背側分離出來，主要形成神經、神經節和腎上腺髓質 (圖 13.13)。

neural groove (神經溝)：胚胎背側外胚層的一條縱向凹痕，凹痕兩端閉合形成神經管，是中樞神經系統的先驅構造 (圖 13.13)。

neural pool (神經池)：中樞神經系統內一群相互連接的神經元，執行單一個整體動作的功能；例如腦幹的血管調節中樞，和大腦皮質的語音中樞。

neural tube (神經管)：胚胎背側外胚層形成的中空管狀構造，將來會發育為中樞神經系統 (圖 13.13)。

neuroglia (神經膠原細胞)：神經組織中除了神經元以外的所有細胞；對神經元執行許多支持和保護作用。

neurohypophysis (神經垂體，腦下腺後葉)：腦下垂體的後三分之一部分，主要由腦垂體後部和柄部與下丘腦連結；儲存和分泌抗利尿激素和催產激素 (圖 18.2)。

neuromuscular junction (NMJ)(神經肌肉交會處)：神經纖維和肌肉細胞之間的突觸構造 (圖 10.6)。

neuron (神經元)：神經細胞；一種可以電氣激發的細胞，專門用於產生和傳遞動作電位，以及分泌化學物質刺激鄰近細胞 (圖 13.4)。

neurosoma (神經元本體)：神經元的細胞本體，包含細胞核，通常會延伸出軸突和樹突；也簡稱為細胞本體或核周體 (圖 13.4)。

neurotransmitter (神經傳遞物質)：在軸突末端釋放的一種化學物質，用以刺激相鄰的細胞；例如，乙醯膽鹼、去甲腎上腺素和血清素。

neutrophil (嗜中性球)：白血球的一種，通常細胞核呈多葉，會藉由吞噬作用、細胞內消化和分泌殺菌的化學物質，消滅細菌 (圖 19.1)。

nitrogenous waste (含氮廢物)：任何代謝過程產生排泄在尿液中的含氮物質；主要是氨、尿素、尿酸和肌酸酐。

nociceptor (痛覺感受器)：一種特化的神經末梢，專門偵測組織的損傷，並產生疼痛的感覺；也稱為疼痛感受器。

node of Ranvier (蘭氏結)：參見髓鞘間隙。

nonkeratinized (未角質化)：與複層鱗狀上皮有關，此種上皮表面缺乏死亡且緊密堆疊的角質細胞。此種上皮位在口腔、咽部、食道、肛管和陰道。

notochord (脊索)：在所有脊索動物 (包括人類) 的胚胎發育中，出現在背部中央的桿狀構造。在成年人後，殘留的脊索形成椎間盤的髓核構造。

nuchal (頸的)：與頸部背側有關的構造。

nuclear envelope (核套膜，核被膜)：包裹細胞核的雙層膜，有稱為核孔的孔洞構造，允許分子在核質和細胞質之間傳遞 (圖 2.19)。

nuclear medicine (核子醫學)：使用放射性同位素治療疾病，或是顯示身體的診斷圖像。

nucleus (細胞核，神經核)：1. 含有 DNA 遺傳物質，並且被雙層膜包覆的細胞胞器；2. 位於腦部白質中的神經元集合體，包括基底神經核和腦幹神經核；3. 結構的中心，例如椎間盤的髓核，或是原子核。

nucleus pulposus (髓核)：椎間盤中心的膠狀物質。

nurse cell (滋養細胞)：位於曲細精管管壁的支持細胞，負責包圍、保護並滋養精子。也稱為睪丸支持細胞；或是賽托利氏細胞 (圖 26.3、圖 26.4)。

O

oblique section (斜切面)：切過細長器官的斜向切面，介於縱切和橫切之間 (圖 3.2)。

occlusion (咬合，閉塞)：1. 閉口時，上下牙齒的表面匯合；2. 解剖通道的堵塞，例如動脈被血栓或粥樣硬化斑塊所阻塞。

olfactory (嗅覺的)：與嗅覺有關的構造。

omentum (網膜)：小網膜是指從胃小彎連到肝臟腹側腸繫膜；大網膜是指從胃大彎延伸下垂覆蓋住小腸，並且連接到橫結腸的腸繫膜 (圖 24.3)。

oocyte (卵母細胞)：發育中的卵細胞，在第一次減數分裂之後至卵受精之前的階段，卵母細胞是屬於單倍體階段。

oogenesis (卵細胞生成)：經過一系列的有絲分裂和減數分裂之後，產生受精卵的發育過程。又稱為女性配子發生。

ophthalmic (眼睛的)：與眼部或視力相關的構造；視覺的。

opposition (對掌)：大拇指接近或觸摸同一手掌其他手指的運動 (圖 9.16)。

optic (視覺的)：與視力或眼睛相關的構造。

optic chiasm (視神經交叉)：位於大腦底部、下丘腦前方呈 X 型的構造，由兩條視神經會合形成，交叉後形成視徑。

oral cavity (口腔)：一個空腔，前面開口由嘴唇管控，側面是臉頰，後面是咽部；也稱為頰腔。

orbit (眼眶)：顱骨的眼窩。

organ (器官)：由至少兩種不同的組織類型組成，有明顯的結構邊界或形狀，而且具有特定功能的任何解剖結構，就可以稱為器官。許多器官是微觀的，許多器官內還包含較小的器官，例如皮膚器官含有眾多微小的感覺器官。

organelle (胞器)：細胞內執行的特定代謝作用的任何構造，稱為胞器。例如粒線體、中心粒、內質網和細胞核；細胞骨架和內含物不屬於胞器。

organism (生物體)：任何活著的生物個體。例如細菌、植物或人類。

organogenesis (器官生成)：胚胎發育時，胚層細胞分化為特定器官和器官系統的過程；器官生成的時間，主要發生在受精的第 16 天至第 8 週結束。此過程結束時，胚將轉化為胎。

organ system (器官系統)：構成人體的 11 個相互連接的系統中的任何一個，負責執行身體的一項基本功能；例如消化、泌尿和呼吸系統。

oropharynx (口咽)：人體咽部的中段。位於口腔後方、軟腭的下方、會厭的上方區域 (圖 23.2)。

osmoreceptor (滲透壓感受器)：下丘腦的神經元，負責偵測細胞外液的滲透壓。

osmosis (滲透壓)：水分子通過選擇性通透膜時所產生的壓力。水分子會從溶質濃度較低較稀少的一方，擴散到溶質濃度較高較黏稠的一方。

osseous (骨的)：與骨骼有關的構造。

ossification (骨化)：硬骨的生成。另請參閱軟骨內骨化與膜內骨化。

osteoarthritis (OA) (骨關節炎)：一種慢性的關節退化疾病，出現關節軟骨喪失，骨刺生長和運動受損等症狀；幾乎所有人隨著年齡增長，都會出現不同程度的骨關節炎。

osteoblast (成骨細胞)：由骨原細胞分化形成一種生成骨骼的細胞。會在細胞周圍沉積骨基質，最終成為成熟的骨細胞。

osteoclast (破骨細胞)：一種位於骨小樑表面的巨噬細胞。會溶解骨基質，並將骨骼儲存的礦物質釋出，回到細胞外液。

osteocyte (骨細胞)：當成骨細胞被自身產生的骨基質包圍，並被困在一個空隙中，就轉變為成熟的骨細胞。

osteogenesis (硬骨生成)：參見骨化。

osteon (骨元)：緻密骨的結構單位，由同心圓排列的許多骨板，包圍中央管形成的圓柱形構造 (圖 6.4)。

osteoporosis (骨質疏鬆症)：一種退化性的骨疾病，特徵是骨質流失，容易導致自發性骨折，或是脊柱的畸形；原因包括老化、雌激素分泌不足、運動不足。

ovary (卵巢)：女性的生殖器官。產生卵子、雌激素和黃體酮。

oviduct (輸卵管)：參見子宮管。

ovulation (排卵)：成熟的卵子，從卵巢的成熟濾泡破裂釋出。

ovum (卵子)：女性配子從第一次減數分裂完成直到受精時的稱呼；也稱為初級卵母細胞，或簡稱卵子。

P

pacinian corpuscle (帕氏小體)：參見層狀小體。

palate (腭)：介於口腔與鼻腔之間水平的分隔板狀構造。

palatine (腭的)：與上腭有關的構造，例如腭骨和腭扁桃體。

palmar region (手掌區域)：手部的前表面 (手掌)。

pancreas (胰臟)：位於上腹腔的重要腺體，在胃的附近，會分泌消化酶和碳酸氫鈉，進入十二指腸幫助消化。也會分泌激素釋放到血液中。

pancreatic islets (胰島)：位於胰臟內小型的內分泌細胞團，負責分泌胰島素、升糖素和體制素，以及一些細胞間的傳遞物質；也稱為蘭氏小島 (圖 18.9)。

papilla (乳頭)：外型呈圓錐形或乳頭狀的結構，例如舌頭表面的舌乳頭，或是毛囊基部的真皮乳頭。

papillary (乳頭狀)：1. 與乳頭相似的構造，例如心臟的乳頭狀肌；2. 像乳頭的突起構造，例如真皮的乳突層。

parasympathetic nervous system (副交感神經系統)：自主神經的一個分系，該系統藉由顱神經和薦椎神經傳出神經纖維，釋放膽鹼性神經傳遞物質，對目標器官產生影響 (圖 16.7)。

parathyroid glands (副甲狀腺)：小型內分泌腺，通常為四個，附著在甲狀腺的後側 (圖 18.7)。

parenchyma (實質部)：器官內負責執行主要生理功能的組織部分，例如腺體內的分泌腺屬於實質部。其他的組織主要提供支持結構。

parietal (體壁的)：1. 類似牆壁的構造，如在胃腺中的壁細胞，和頭顱骨的頂骨；2. 兩層膜的外層，例如胸膜、心包膜或腎小球囊都具有壁層 (圖 1.12) (請與臟壁層作比較)。

pathogen (病原體)：任何引起疾病的微生物。

pectoral (胸的)：與胸部有關的構造。

pectoral girdle (胸帶，肩帶)：將上肢連接至中軸骨的環狀構造；由兩個肩胛骨和兩個鎖骨共同組成肩帶。

pedal (足的)：與腳相關的構造。

pedicel (足狀)：參見小腳。

pedicle (小腳)：小腳狀的突起，如椎骨的小腳和腎臟的足細胞 (圖 7.22)。

pelvic cavity (骨盆腔)：真骨盆包圍的空間，包含膀胱、直腸和內部的生殖器官 (圖 1.11)。

pelvic girdle (骨盆帶)：三個骨頭形成的環狀構造，由兩個髖骨和薦椎骨所組成，可以將股骨連接到中軸骨。另請參閱骨盆 (圖 8.6)。

pelvis (骨盆部)：1. 由骨盆帶及其相關韌帶和肌肉，共同形成像盆子一樣的構造。形成腹腔下部和骨盆腔的牆壁和地板；2. 盆狀結構，例如腎臟的腎盂 (圖 25.3)。

perfusion (灌流)：廣義地說，血液流向任何組織或器官。具體地說，在給定的單位時間內流入特定的組織的血液量，例如每分鐘多少毫升。

pericardial cavity (心包腔)：介於心包膜的壁層和臟層之間的狹窄空腔，含有心包液。

pericardium (心包膜)：包圍住心臟的兩層漿膜。其臟層貼在心臟表面，形成心外膜；其壁層形成心包腔的外層 (圖 20.4)。

perichondrium (軟骨膜)：一層包覆在透明軟骨或彈性軟骨外面的纖維性結締組織 (圖 3.19)。

perineum (會陰)：兩側大腿之間的區域，由尾骨、恥骨聯合和坐骨結節構成區域的邊界；會陰含有泌尿生殖管道和消化管道的開口 (圖 26.7、圖 26.20)。

periosteum (骨外膜)：覆蓋在骨骼表面的纖維性結締組織 (圖 6.4)。

peripheral (周邊的)：距離身體或器官中心較遠的位置，如周邊的視覺和周邊的血管；相反詞是中央的。

peripheral nervous system (PNS)(周邊神經系統)：神經系統的一部分，由所有神經和神經節共同組成；除中樞神經系統之外的其他神經系統 (請與中樞神經系統作比較)。

peristalsis (蠕動)：沿著管狀器官進行波狀的收縮，例如食道或輸尿管。蠕動會將管道內的物質向前推送。

peritoneum (腹膜)：襯在腹腔的漿膜，覆蓋內臟的表面，也會形成腸繫膜。

perivascular (血管周邊)：與血管周圍有關的區域。

peroxisome (過氧化氫小體)：一種膜狀胞器，內涵許多酶的混合物；負責清除自由基、酒精和其他藥物的毒素，並可以分解脂肪酸；取名為過氧化氫酶體，主要是因為此胞器可以清除代謝過程中產生的過氧化氫。

PET (正子放射斷層掃描)：參見正電子放射斷層掃描的說明。

phagocytosis (吞噬作用)：細胞內吞作用的一種形式，細胞會伸出偽足，將異物包裹成囊泡的形式，送入細胞質中，此囊泡稱為吞噬體 (圖 2.11)。

pharyngeal arch (咽弓)：胚胎的咽部區域，五對膨大呈弓狀的構造 (圖 4.7)。

pharyngeal pouch (咽囊)：胚胎的口腔內側，膨大的咽弓之間呈囊袋狀的凹陷構造；咽囊在魚類和兩棲動物會裂開形呈腮裂，但在人類，會凹陷形成中耳腔、腭扁桃體、胸腺、副甲狀腺和甲狀腺的 C 細胞等構造 (圖 4.7)。

pharynx (咽部)：在頸部由肌肉構成的通道，是呼吸道和消化道的共通管道 (圖 23.2)。

phospholipid (磷脂質)：一種脂質分子，分子的頭端是由親水性的磷酸基團和含氮的膽鹼基團組合而成，分子的尾端是由兩個疏水性的脂肪酸基團組成；是構成細胞膜和許多膜狀胞器重要的組成脂質分子，另外也參與飲食脂肪的乳化，和肺部表面活性劑的成分 (圖 2.7)。

photoreceptor (感光感受器，感光細胞)：特化成可以吸收光線，並產生神經電位訊號的細胞或是器官；眼睛視網膜的桿狀細胞、錐狀細胞和神經節細胞。

phrenic (膈的)：1. 與橫膈有關的構造，如膈神經；2. 與心理精神有關，如精神分裂症。

physiology (生理作用，生理學)：1. 身體正常功能的運作過程；2. 對這種功能的研究。

pineal gland (松果體，松果腺)：小圓錐形的內分泌腺體。位於腦部第三腦室頂部後方，產生褪黑激素和血清素，可能參與情緒和青春期發育有關 (圖 15.2)。

pinocytosis (胞飲作用)：細胞內吞作用的一種形式，細胞膜向內凹陷，將細胞外液攝入細胞，形成胞飲小泡 (圖 2.11)。

pituitary gland (腦下垂體，腦下腺)：懸垂於下丘腦下方的內分泌腺體，位在蝶骨的蝶鞍中；分泌許多種類的激素，大部分調節其他腺體的活動 (圖 18.2)。

placenta (胎盤)：懷孕的子宮內膜形成的盤狀器官，由母體和胎兒組織的共同組合形成。懷孕期間具有多種功能，以及在母體與胎兒之間進行物質的交換，包括氣體、營養和廢物 (圖 4.10)。

plantar (蹠部)：與腳底有關的構造。

plantar flexion (蹠曲)：指踝關節的運動，使腳趾向下，如踩油門，腳踩汽車踏板的動作，或以腳尖站立時足底的彎曲動作 (圖 9.17)。

plaque (斑塊)：指物質堆積形成的小斑點或盤狀構造，例如牙菌斑、動脈粥樣硬化的脂肪斑塊，以及阿茲海默症的澱粉樣斑塊。

plasma (血漿)：血液中除去細胞之後的液體成分。

plasma cell (漿細胞)：一種結締組織的細胞，從 B 淋巴細胞分化形成，會分泌抗體 (圖 22.16)。

plasma membrane (細胞膜)：圍繞細胞的膜狀構造，可以控制分子進出細胞 (圖 2.6)。

platelet (血小板)：血液中的一種成分元素，有骨髓中的巨核細胞的細胞質脫落形成。當血管出血時，血小板會引發止血作用。另外可以溶解血塊、刺激發炎反應，與促進組織增長的功能 (圖 19.9)。

pleura (胸膜)：圍繞肺臟的兩層漿膜構造。胸膜的臟壁層貼附在肺臟表面，胸膜的體壁層則貼附在肋骨的內部 (圖 23.12)。

pleural cavity (胸膜腔)：介於胸膜的臟壁層與體壁層之間的狹窄空腔，內含胸膜液 (圖 23.12)。

plexus (叢)：淋巴管、血管或神經形成的網狀構造，例如腦部腦室中的脈絡叢，與臂神經叢 (圖 14.16)。

pluripotent (多潛能的)：與胚胎幹細胞有關的構造，從胚胎時期的桑葚胚細胞，到可以產生任何類型的胚胎或成熟細胞。廣義地說，某些成年幹細胞具有廣闊的發展潛力，能夠產生各種各樣的細胞形態。參見多潛能幹細胞。

pluripotent stem cell (PPSC)(多潛能幹細胞)：位於骨髓的一種幹細胞，可以分化產生血液中許多不同種類的細胞。

pons (橋腦)：位於中腦和延腦之間的腦幹部分。

popliteal (膕的)：與膝蓋後部 (膕窩) 有關的構造。

portal system (門脈系統)：一種特殊的血液循環通路，連通兩個微血管網 (圖 21.12)。

positron emission tomography (PET)(正子放射斷層掃描)：利用放射性同位素會放射出正電子，電腦偵測以呈現圖像的特性，將放射性同位素注射到組織，以檢查組織生理狀態的方法 (圖 1.2)。

posterior (後面，後方端)：1. 與人體後側或背側有關的構造；2. 與尾部有關的構造，常用於描述具有尾部的動物。

posterior nasal aperture (後鼻孔)：每個鼻窩的後方邊界，連通鼻腔與咽部；也稱為鼻後孔或後鼻孔 (圖 23.2)。

posterior root (後根，背根)：脊神經的一個分支連接到脊髓的後側，由感覺神經纖維組成，也稱為背根 (圖 14.11)。

posterior root ganglion (後根神經節)：連接在脊神經後根，靠近脊髓附近的一顆膨大構造，內含有傳入感覺神經元的細胞本體；也稱為背根神經節 (圖 14.11)。

postganglionic (神經節後的)：與神經節後方有關

的構造，從神經節發出到達遠端的目標器官 (圖 16.2)。

postsynaptic (突觸後的)：與神經元或其他細胞有關的構造，主要在突觸位置，接收突觸前神經元傳遞的信號 (圖 13.10)。

potential space (潛在的空間)：通常是指介於兩層膜之間的一個解剖空間，此空間可能閉鎖，但是在出現空氣、液體或其他物質時，則會被撐開。例如胸膜腔和子宮腔。

preembryo (前胚)：指尚未發育形成三胚層 (外胚層，中胚層和內胚層) 之前的人類胚胎。當三胚層形成之後，個體才被視為胚胎 (比較胚體；胚胎)。

preembryonic stage (前胚時期)：從受精到第 16 天的發育時期，當三胚層出現之後，則胚的時期開始。

preganglionic (神經節前的)：與神經元前方有關的構造，主要將中樞神經系統發出的信號傳遞到神經節 (圖 16.2)。

prepuce (包皮)：覆蓋在陰莖龜頭或是陰蒂的皮膚摺片。

presynaptic (突觸前的)：與神經元有關的構造，此神經元會傳出信號到突觸 (圖 13.10)。

prime mover (主要動作肌)：產生關節運動的主要肌肉。也稱為致效劑。

process (突起，過程)：骨頭或其他組織的突出構造，例如頭顱骨的乳突。

programmed cell death (PCD)(計畫性的細胞死亡)：參見細胞凋亡。

projection pathway (投射路徑)：從起源 (例如感覺器官) 出發至終止點 (例如主要感覺皮質) 的神經信號傳遞途徑 (圖 17.16)。

pronation (旋前)：前臂的旋轉動作，使手掌轉向下方或後方 (圖 9.13)。

prone (俯臥)：身體躺著臉部朝下的姿勢。

proprioception (本體感覺)：非視覺的感知，通常是潛意識的感覺到身體的位置和運動，來自身體的本體感受器，和內耳前庭器的感覺訊息。

proprioceptor (本體感受器)：位在肌肉、肌腱和關節囊的感覺感受器，負責偵測肌肉收縮和關節運動。

prostate (前列腺)：1. 男性的生殖腺體，位於膀胱下方，包圍著尿道，腺體分泌的物質形成精液的一部分 (圖 26.2)。2. 女性生殖腺位於尿道的兩側，分泌類似於男性前列腺液，稱為*尿道旁腺* (paraurethral gland)(圖 26.20)。

protein (蛋白質)：由 50 個或更多的胺基酸組成的多胜肽類。

proteoglycan (蛋白聚醣)：一種蛋白質與碳水化合物聚合形成的複合物，碳水化合物占主導地位；形成一種凝膠，將細胞和組織連結在一起的，填充在臍帶和眼睛內部，也具有潤滑關節，以及形成軟骨的基質。也稱為*黏多醣*。

protraction (前引，前突)：身體的部位在水平面上的向前運動，例如下頜骨向前突出準備咬一口蘋果的動作 (圖 9.15)。

protuberance (隆凸)：骨頭長出或突出的部分，例如下頜骨的頦隆凸。

proximal (近端的)：相對靠近起點或附著點的位置。例如，肩膀在肘部的近端 (請與遠端作比較)。

pseudopod (偽足)：暫時的細胞質向外延伸，用於細胞的運動和吞噬作用。

pseudostratified columnar epithelium (偽複層柱狀上皮)：一種特殊的單層上皮組織，每個上皮細胞都與基底膜相接處，但並非所有細胞都能突出到管腔，因此看起來類似多層的上皮 (圖 3.7)。

pubic (恥骨的)：與生殖器的區域有關的構造。參看腹下區。

Pudendum (陰部)：參見陰門；女陰。

pulmonary (肺部的)：與肺臟有關的構造。

pulmonary circuit (肺循環)：肺部血流的路徑，引導血液流到肺泡進行氣體交換，然後將血液導回到心臟；從心臟的右心室發出回到左心房 (圖 21.13)。

R

radiography (放射影像)：利用 X 光射線，使身體內部呈現影像的技術 (圖 1.2)。

radiology (放射影像學)：醫學的一個分科，主要利用一些方法，例如 X 光射線、超音波、核磁共振、電腦斷層掃描、正電子放射斷層掃描等，使身體內部呈現影像的學問。

ramus (分支)：解剖構造的分支，例如神經的分支或恥骨分支。

receptive field (接收區域)：一個感覺神經元負責接收的上皮表面區域 (圖 17.2)。

receptor (接受器)：1. 專用於偵測刺激的細胞或器官構造，例如味覺細胞或眼睛；2. 一種蛋白質分子，可以與化學物質如激素、神經傳遞物質或氣味分子相結合，並做出反應。

receptor-mediated endocytosis (接受器介導的胞吞作用)：一種囊泡運送模式，細胞外液中的特定分子藉由與細胞表面的接受器結合，然後細胞膜內凹，將與受體結合的特定分子包入囊泡中，送進細胞內 (圖 2.11)。

rectus (直肌)：肌纖維呈平行排列的肌肉名稱，例如股直肌和腹直肌。

reflected (反折)：折回或翻離某物，通常為了顯露解剖構造，而將另一種結構反折 (圖 9.24)。

reflex (反射)：對於刺激產生的定型、自動、非自願的反應；包括軀體反射，其中動作器是骨骼肌；內臟 (自主) 反射，其中動作器通常是內臟肌肉、心肌或腺體。

reflex arc (反射弧)：一種簡單的神經路徑，用以調節反射動作；通常涉及一種感受器、一條傳入神經纖維、有時一個或多個中間神經元、一條傳出神經纖維和動作器 (圖 14.22)。

regeneration (再生)：以原始類型的新組織取代損壞的組織 (請比較纖維化)。

renal (腎的)：與腎臟有關的構造。

renal tubule (腎小管)：形成尿液的導管，通過水分和溶質的再吸收和再分泌作用，將腎小球濾出液轉換形成尿液。由腎元的近曲小管、腎元環和遠曲小管組成，尿液形成後排入集尿管和乳頭管 (圖 25.6) (請與腎元作比較)。

renin (腎素)：腎臟產生的一種酶，負責將血管收縮素原轉化為血管收縮素 I，是製造血管收縮素 II 的第一步驟。

reproductive system (生殖系統)：專門用於產生後代的器官系統。

resistance (阻力，抵抗力)：1. 阻擋液體流動，例如阻擋血管中的血液或細支氣管中的空氣流動；2. 抵抗關節運動；例如使肌肉承受負重，肌肉會呈現收縮狀態，卻無法產生動作；3. 抵抗感染或疾病的非特異性能力，不是針對特異的病原體產生的免疫力。

respiratory system (呼吸系統)：專門用於吸入空氣，並且與血液進行氣體交換的器官系統。由肺部以及從鼻子到支氣管空氣通道共同組成。

reticular cell (網狀細胞)：構成淋巴器官中構成網狀結締組織中的分支狀細胞。

reticular fiber (網狀纖維)：一種細的分支的膠原纖維，表面有醣蛋白。存在於淋巴器官和其他一些組織器官的基質中。

reticular tissue (網狀組織)：結締組織的一種，由網狀細胞和網狀纖維構成。在骨髓和淋巴器官中含量較多，其他器官含量較少 (圖 3.15)。

retraction (後縮)：身體的部位在水平面上的向後運動，例如下頜骨在臼齒之間磨食物時，向後縮回的動作 (圖 9.15)。

retroperitoneal (腹膜後)：位於腹膜和體壁之間，而不是在腹膜腔內。描述某些腹部的內臟，例如腎臟、輸尿管和胰臟都屬於腹膜後器官。請比較腹膜內器官。

ribosome (核糖體)：位在細胞質內或是附著在粗糙內質網與核膜上的顆粒構造，由核糖體 RNA 和酶組成；專門讀取訊息 RNA 的核苷酸序列，並依照相對應的胺基酸序列，組合成蛋白質。

risk factor (危險因子)：任何環境因素或個人特質，導致患上特定疾病的機會增加；內在危險因子包括年齡、性別和種族；外在危險因子包括飲食、吸菸和職業。

root (根)：1. 器官的一部分組織，嵌入其他器官內，因此無法從外觀察到，例如牙根、髮根或陰莖根部。請與軸幹作比較；2. 脊神經鄰近脊髓的近端。

rostral (吻部，前端)：相對較靠近額頭的部位，尤其是關於腦部和脊髓的描述。例如額葉位於頂葉的前端 (請比較尾端)。

rotation (旋轉)：身體部位的旋轉運動，例如肱骨或前臂圍繞其縱軸轉動 (圖 9.14)。

rough endoplasmic reticulum (粗糙內質網)：內質網的一種，特徵是許多扁平、平行的膜狀物，外部鑲嵌許多核糖體；參與製造蛋白質，並且從細胞釋出，以及其他功能。參看內質網與平滑內質網 (圖 2.19)。

ruga (皺；褶)：1. 中空器官內部黏膜的皺褶，例如胃和膀胱；通常這些器官是呈鬆弛狀態，所以黏膜形成皺褶，但是當器官填滿則會撐開；2. 隆起的組織，例如硬　和陰道等器官具有隆起的皺褶 (圖 24.11)。

S

sagittal plane (矢狀面)：任何從前到後，從頭到尾延伸的平面，並將身體分為左右兩部分 (圖 1.7)(請比較正中平面)。

sarcomere (肌節)：在骨骼肌和心肌中，肌原纖維的一部分，位於兩個 Z 盤之間的構造，構成一個收縮單元 (圖 10.4)。

sarcoplasmic reticulum (SR)(肌質網，肌漿網)：肌細胞的平滑內質網，儲存鈣離子的構造 (圖 10.8)。

satellite cell (衛星細胞)：1. 周邊神經系統的一種神經膠細胞，位在神經節內圍繞保護著神經元的細胞本體；2. 骨骼肌肌肉的幹細胞，當肌肉受損時，在一定程度上幫助肌肉細胞的再生。

scanning electron microscope (SEM) (掃描式電子顯微鏡)：一種使用電子束代替光束的顯微鏡，可以使物體表面呈現高解像度的三維圖像；比光學顯微鏡的放大倍率更高 (請比較穿透式電子顯微鏡)。

Schwann cell (許旺氏細胞)：周邊神經系統的一種神經膠細胞，形成神經膜包圍所有的周邊神經纖維，有部分會形成髓鞘；也會包覆神經肌肉接合處；也稱為*神經膜細胞* (圖 13.4)。

sclerosis (硬化)：組織變硬，通常有疤痕組織形成，例如中樞神經系統的*多發性硬化症*，和血管的*動脈粥樣硬化*。

sclerotome (骨節)：在胚胎發育的第 4 週從體節分離出的一群中胚層細胞，將來發育成一節一節的脊椎骨 (請與皮節、肌節作比較)。

sebaceous gland (皮脂腺)：屬於全泌腺體，與毛囊連接，並產生油性分泌物，稱為皮脂 (圖 5.10)。

sebum (皮脂)：皮脂腺分泌的油性物質，保持皮膚和頭髮柔韌。

secondary sex characteristic (第二性徵)：在青春期發展的特徵，進一步區分性別，而且可以促進兩性之間的吸引。例如皮下脂肪的分佈，聲音的高低，女性的乳房，男性面部毛髮和分泌的腺體。

secondary sex organ (次要性器官)：除了對生殖至關重要的卵巢和睪丸之外的其他生殖器官，例如外生殖器、生殖導管和附屬的生殖腺體。

second-order neuron (二級神經元)：一種中間神經元，接收來自一階神經元的感覺信號，並且將訊號轉傳到更遠的目的地，通常是中樞神經系統內的丘腦 (圖 14.5)(另請參閱一階神經元與三階神經元)。

secretion (分泌物，分泌)：1. 細胞釋放的一種化學物質執行特定的生理功能，例如激素或消化酶，而不是廢物；2. 釋放此類化學物質的過程，通常藉由胞吐作用 (請比較排泄作用)。

secretory vesicle (分泌囊泡)：高基氏體形成的囊狀胞器，內含分泌物質，從細胞表面藉由胞吐作用釋放。

section (切片)：參見組織切片。

selection pressure (選擇性壓力)：一種自然的力量，有利於一些物種的繁殖，進而淘汰其他物種，從而驅動進化的過程；包括氣候、天敵、疾病、競爭和食物供應等。人類的進化史，顯示人體的構造與生理，適應了遇到的選擇壓力。

SEM (掃描式電子顯微鏡)：1. 掃描電子顯微鏡；2. 使用掃描電子顯微鏡，得到的掃描電子顯微照片。請比較 TEM。

semen (精液)：男性射出的液體，包含精子和前列腺和精囊的分泌物。

semicircular duct (半規導管)：內耳內呈環狀，充滿液體的細管，負責偵測頭部旋轉的角加速度。此細導管封閉在一個稱為半規管的骨骼管道中。內耳中有三個半規導管 (圖 17.12)。

semilunar valve (半月瓣)：由新月形尖瓣組成的瓣膜，包括心臟的主動脈瓣和肺動脈瓣，以及靜脈和淋巴管內都具有瓣膜 (圖 20.7)。

sense organ (感覺器官)：任何對刺激會產生反應的特化器官，並產生有意義的神經信號，可能是微小簡單的構造，例如觸覺小體；或大型複雜的構造，例如眼睛或耳朵；可以對體內或體外的刺激產生反應。

sensory neuron (感覺神經元)：一種神經元，可以對刺激產生反應，並且將感覺訊號傳導到中樞神經系統；因此也稱為*傳入神經元*。感覺神經元的軸突又稱為*傳入神經纖維*。

septum (隔片，隔膜)：兩個構造或是空間之間的分隔構造，例如鼻中隔或心室中隔。

serosa (漿膜層)：參見漿膜。

serous fluid (漿液)：一種類似血清的水樣液體，由血液的濾出液、組織液或是漿液腺的分泌物所形成；具有潤濕漿膜的作用。

serous gland (漿液腺)：一種分泌的腺體，分泌物質較為水樣不黏稠，例如胰腺或淚腺 (請比較黏液腺)。

serous membrane (漿膜)：位於體腔內襯，或是包覆在臟器表面的膜狀構造，如腹膜、胸膜或心包膜；由單層鱗狀間皮組織和薄薄的一層疏鬆結締組織組成 (圖 3.32)。

Sertoli cell (賽托利氏細胞，睪丸支持細胞)：請參看滋養細胞。

serum (血清)：1. 血液除去血球細胞以及凝血物質之後，殘留的液體稱為血清；與血漿基本相同，除了缺乏纖維蛋白原。常用來作為疫苗的媒介載體；2. 漿液。

sex chromosomes (性染色體)：X 和 Y 染色體，決定一個人的性別的染色體。

shaft (軸，主幹)：1. 長骨的中段或骨幹；2. 器官外部呈圓柱形的部分，例如毛髮或陰莖的主幹 (請與根部作比較)。

short bone (短骨)：長度沒有明顯比寬度大的骨頭，例如位於手腕和腳踝的骨頭。

sign (體徵)：任何觀察者都可以明確辨認的疾病指標，例如發紺或皮膚病變 (請比較症狀)。

simple columnar epithelium (單層柱狀上皮)：由單層柱狀形的細胞組成的上皮，細胞的高度明顯比其寬度高 (圖 3.6)。

simple cuboidal epithelium (單層立方上皮)：由單層立方形的細胞組成的上皮，細胞的高度和寬度約略相等；通常這種上皮的細胞，在組織切片中呈正方形 (圖 3.5)。

simple diffusion (簡單擴散)：粒子的淨運動是由高濃度朝向低濃度移動，而且是自發的運動，不會消耗能量；粒子的移動可能涉及通過細胞膜或透析膜。

simple squamous epithelium (單層鱗狀上皮)：由一層薄而扁平的細胞組成的上皮 (圖 3.4)。

sinoatrial (SA) node (竇房結)：在心臟右心房靠近上腔靜脈附近的細胞團，會自主規律地釋放電流，充當心律的起動器。

sinus (竇)：1. 顱骨中充滿空氣的空間 (圖 7.8)；2. 管腔相對擴張的靜脈，管壁缺乏平滑肌，無血管收縮能力，例如腦部的硬膜靜脈竇，心臟的冠狀竇；3. 器官內充滿液體的小空間，例如淋巴結的竇；4. 與竇房結有關的心臟節律，如*竇性心律*。

sinusoid (竇狀隙)：組織中充滿血液的不規則空間，血管的內皮細胞之間有較大的間隙；在肝臟、骨髓、脾臟和其他一些器官可以發現此構造 (圖 22.9)。

skeletal muscle (骨骼肌)：有橫紋的隨意肌，幾乎都附著在骨頭上 (圖 10.1)。

skeletal system (骨骼系統)：由骨頭、韌帶、骨髓、骨膜、關節軟骨及其他相關組織與骨頭。

smear (抹片，塗片)：一種使用組織塗抹的方式，用於顯微鏡檢查的方法，而不是利用刀子將組織切片；例如血液、骨髓、腦脊髓液和子宮頸抹片檢查。

smooth endoplasmic reticulum (平滑內質網)：內質網的一種，特徵是許多管狀分支的膜狀物，表面沒有核糖體附著；參與排毒、合成固醇類，並在肌肉中儲存鈣離子 (參看內質網與粗糙內質網)(圖 2.19)。

smooth muscle (平滑肌)：沒有橫紋的不隨意肌，血管壁和許多內臟都由平滑肌構成 (圖 3.27)。

sodium-potassium pump (鈉鉀幫浦)：一種轉運蛋白，在每個轉運過程中，將三個鈉離子運出細胞外，將兩個鉀離子送進細胞內，只消耗一個 ATP 分子。

somatic (身體壁的)：1. 與整個身體有關的；2. 與皮膚、骨骼和骨骼肌有關的構造；3. 與身體所有細胞有關的，除了生殖細胞之外。

somatic motor fiber (軀體運動神經纖維)：支配骨骼肌並刺激其收縮的神經纖維，與自主神經纖維相反。

somatic nervous system (軀體神經系統)：神經系統的一個組成，包括來自皮膚、肌肉、骨骼的傳入神經纖維，以及支配骨骼肌的傳出纖維 (請比較自主神經系統)。

somatosensory (軀體感覺)：1. 廣泛分佈在皮膚、肌肉、肌腱、關節囊和內臟的一般感覺，而不是僅在頭部的特殊感覺；2. 與大腦皮質的中央後回有關的構造，此區域接收軀體感覺感受器接收的訊號 (參看一般感覺與特殊感覺)。

somatotopy (軀感覺定位圖)：在產生刺激的身體位置，與感覺信號投射在大腦或脊髓中的位置，產生點對點相對應的關係，從而產生在中樞神經系統，可以描繪出身體的感覺定位「圖」(圖 15.17)。

somesthetic (軀體感覺的)：參見軀體感覺。

somite (體節)：胚胎發育第 20 天左右，開始出現的中胚層節段團塊，最終的數量達到 44 對體節；一個體節會分為三個組織團——皮節、肌節和骨節，分別發育形成皮膚、肌肉和脊椎骨等 (另見皮節、肌節和骨節)(圖 4.11)。

sonography (超音波影像)：藉由超音波的特性使身體內部呈現影像 (圖 1.3)。

special senses (特殊感覺)：由位在頭部的感覺器官所負責接收的味覺、嗅覺、聽覺、平衡感覺和視覺，這些感覺器官在構造上比較複雜 (參看一般感覺)。

sperm (精子)：精子細胞。參看精液。2. 男性射出的液體；精液。包含精子和腺體的分泌物。

spermatogenesis (精子生成)：男性精母細胞經過有絲分裂和減數分裂，一系列產生精子的過程；男性的配子生成。

spermatozoon (精子細胞)：雄性配子 (圖 26.6)。

sphincter (括約肌)：肌肉構成的環狀構造，可以控制管道開口的打開或關閉；例如在眼瞼、尿道口、胃和十二指腸交接處都有括約肌構造 (圖 24.11)。

spinal column (脊柱)：參見脊椎柱。

spinal cord (脊髓)：穿過脊柱的神經柱，與腦部共同構成中樞神經系統。

spinal nerve (脊神經)：從脊髓發出，並且通過椎間孔的 31 對神經中的任何一條 (圖 14.11)。

spindle (梭狀)：1. 中間較厚和兩端較細的長條結構；2. 有絲分裂和減數分裂時，細胞內微管組成像橄欖球形狀的複合物，引導染色體移動 (圖 2.23)；3. 骨骼肌內的伸張感受器 (稱為肌梭)(圖 17.1)。

spine (棘)：1. 脊柱；2. 骨頭上的尖脊或突起，例如肩胛骨的棘或是脊椎骨的棘 (圖 8.2)。

spinothalamic tract (脊髓丘腦束)：從脊髓和腦幹傳遞到丘腦的一束神經纖維，負責傳遞一般感覺 (觸、癢、熱、冷、疼痛和壓力) 訊息 (圖 14.5)。

splanchnic (內臟的)：與消化道有關的構造。

spongy bone (海綿骨)：一種骨組織的形式，在扁平骨、不規則骨、短骨以及長骨骨端的內部可以發現，骨基質呈現多孔網狀的片狀或是棒狀結構，孔洞中充滿骨髓；也叫作疏鬆骨 (請比較緻密骨)(圖 6.4)。

squamous (鱗狀，扁平)：扁平鱗片狀，例如在表皮的最表層細胞，以及漿膜的細胞 (圖 2.3、圖 3.12)。

stain (染色)：一種塗在組織上的色素，可以使細胞核、細胞質、細胞外物質和其他組織之間的對比度增加。

stem cell (幹細胞)：任何未分化的細胞，可以分裂與分化成許多特殊功能的細胞，例如血球細胞和生殖細胞。

stenosis (狹窄症)：人體的管狀通道或開口出現狹窄的病理症狀，例如食道、輸卵管或心臟的瓣膜開口。

stereocilium (靜纖毛)：一種很長有時會分支的微絨毛構造，微絨毛內部缺乏像真正纖毛的軸絲，因此不會擺動。在副睪中扮演吸收的角色，在內耳中扮演訊息傳遞的角色。

sternal (胸骨的)：與胸骨有關的構造，或是胸部的上方區域。

stimulus (刺激)：一種在細胞周圍的化學或物理物質，能夠創造細胞的生理反應，尤其是能被感覺細胞偵測到的物質，例如化學藥品、光和壓力。

strain (應變力)：骨頭或其他結構承受壓力時的變形程度。請比較壓力。

stratified (複層)：1. 複層；2. 上皮的種類，其中有兩層或多層細胞構成，有些細胞位於其他細胞之上，而不會與基底膜接觸。

stratified cuboidal epithelium (複層立方上皮)：上皮的一種，由兩層或多層細胞組成，其中最表層細胞的高度和寬度大約相等 (圖 3.10)。

stratified squamous epithelium (複層鱗狀上皮)：上皮的一種，由兩層或多層細胞組成，其中最表層的細胞扁平且薄 (圖 3.9)。

stratum (層)：任何層狀組織，例如皮膚的角質層，或子宮的基底層。

stratum corneum (角質層)：表皮最表層死亡的角質細胞構成 (圖 5.1)。

stress (應力，壓力)：1. 施加於身體任何部位的機械力量；壓力在刺激骨骼生長時很重要。請比較應變力；2. 任何環境的影響，破壞了體內的平衡狀態，引起生理反應，尤其是使得垂體-腎上腺軸的荷爾蒙分泌增加。

striated muscle (橫紋肌)：一種肌肉組織，細胞出現明顯條紋。骨骼肌和心肌。參看橫紋。

striations (橫紋)：在骨骼肌和心肌的細胞中，交替出現的明帶與暗帶，主要是因為細胞內肌絲特殊的重疊模式所形成 (圖 10.1)。

stroma (基質)：腺體、淋巴器官或其他內臟的結締組織框架，與負責執行生理功能的實質組織不同。

subcutaneous (皮下)：在皮膚下面。

submucosa (黏膜下層)：器官黏膜下方的疏鬆結締組織 (圖 24.2)。

submucosal plexus (黏膜下神經叢)：消化道黏膜下層內的副交感神經細胞與神經叢，負責控制腺體的分泌，以及黏膜肌層的運動。

sulcus (溝)：器官表面上的凹溝，例如在腦部、心臟或骨骼表面 (圖 15.1)。

superficial (淺層)：相對靠近表面；相反詞是深層。例如，肋骨比肺臟淺層。

superior (上方)：以解剖姿勢的參考位置，高於其他結構；例如，肺部位於橫膈的上方。

supination (旋後)：前臂的旋轉運動，轉動前臂使掌面朝上或朝前 (圖 9.13)。

supine (仰臥)：身體臉部朝上躺著的姿勢。

suprarenal (腎上腺的)：與腎上腺有關的構造，例如腎上腺動脈。

surfactant (表面張力素)：一種化學物質，可以干擾水分子之間形成氫鍵，從而降低了水分子的內聚力；在肺泡中，一種由磷脂與蛋白質混合形成的表面活性劑，可以防止肺泡塌陷。

suture (縫)：顱骨的任何兩塊骨頭的接合線，例如在額骨和頂骨之間冠狀縫 (圖 7.6)。

sympathetic nervous system (交感神經系統)：自主神經系統的一個分系，從胸腰段脊髓傳出的神經纖維，通常會對目標器官產生腎上腺素的作用，此系統包括鄰近脊椎骨的椎旁神經節和腎上腺髓質 (圖 16.4)。

symphysis (聯合)：一種關節，其中兩個骨骼藉由纖維軟骨結合在一起；例如在椎體之間，以及在左右恥骨之間 (圖 8.6)。

symptom (症狀)：生病的人可以感知的主觀表徵，但是其他人無法客觀地感覺到，例如噁心或頭痛。(請與體徵作比較)。

synapse (突觸)：1. 軸突末端與另一個細胞的連接點 (圖 13.11)；2. 兩個心肌或平滑肌細胞之間的間隙接合，一個細胞可以傳遞電刺激到另一個細胞；稱為電突觸。

synaptic cleft (突觸裂隙)：位於軸突的突觸末端和鄰近細胞之間的狹窄裂縫，神經傳遞物質通過突觸裂擴散到鄰近細胞 (圖 13.11)。

synaptic vesicle (突觸小泡)：在突觸末端內的球狀胞器；內含神經傳遞物質 (圖 13.11)。

syndrome (症候群，綜合症)：特定的疾病導致同時出現一組的症狀和體徵。

synergist (增效劑，協同肌)：一群肌肉與主要動作肌共同收縮，使關節運動能穩定運作。

synovial fluid (滑液)：一種類似於蛋清的潤滑液體，存在於滑膜關節腔和滑液囊內。

synovial joint (滑膜關節)：一種關節種類，關節外面有被囊包裹，兩塊骨頭之間有狹小縫隙，縫隙內有潤滑性滑液；大多數的滑膜關節都是可以運動的。也稱為動關節 (圖 9.4)。

systemic (系統性的、全身性的)：與身體整體有關，例如全身循環或稱體循環。

systemic circuit (體循環，全身循環)：從左心室發出的所有血管，傳送血液到身體的所有器官，然後再送回到右心房，循環全身的血管迴路；除了心臟的冠狀循環和肺循環以外的所有心血管系統 (圖 20.1)。

T

tactile (觸覺)：與觸覺有關的構造。

tail (尾部)：1. 器官一端的細長凸起，例如胰臟或副睪的尾巴 (圖 24.19)；2. 在脊椎動物中，從肛門延伸出的附屬構造，包含一部分延伸的脊柱；在人類僅限於胚胎時期才有尾部 (圖 4.11)。

target cell (標的細胞)：受到神經纖維或化學物質 (例如激素) 支配控制的細胞。

tarsal (踝部，眼瞼)：1. 與腳踝有關；2. 與眼瞼邊緣有關。

TEM (穿透式電子顯微鏡)：1. 穿透式電子顯微鏡；2. 穿透式電子顯微鏡拍攝的照片 (請比較 SEM)。

temporal (時間的，顳骨的)：1. 與時間有關，如神經元的時間加成性；2. 與頭部側面有關，如顳骨。

tendinous cords (腱索)：從心室的乳頭肌前端延伸出，連結到房室瓣的纖維構造，可以防止心室收縮時房室瓣脫垂 (圖 20.7)。

tendon (肌腱)：與肌肉連接的膠原蛋白索，通常會連結到骨頭，肌肉收縮的張力會轉移到肌腱 (參看腱膜)。

teratogen (致畸劑)：任何能造成發育缺陷的物質，包括化學物質、傳染性微生物和輻射。

teres (圓，柱)：圓形，圓柱；常用於形成肌肉和韌帶，例如大圓肌和圓韌帶。

testis (睪丸)：雄性生殖腺；產生精子和睪丸激素 (雄性激素)。

thalamus (丘腦)：間腦的最大部分，位於胼胝體下方，側面膨出到腦室。幾乎所有感覺訊號都會傳遞到丘腦，再由丘腦傳遞到大腦 (圖 15.11)。

theory (理論)：一種解釋性的陳述，關於現象簡要彙整已知的知識，並且提供進一步的研究方向；例如，細胞膜的流體鑲嵌理論和細胞理論。

thermoreceptor (溫度感受器)：專門偵測冷或熱的構造或神經元，在皮膚和黏膜中可以發現。

third-order neuron (三階級神經元)：腦部內的中間神經元，主要接收從二階神經元傳遞的感覺信號，三階神經元通常位在丘腦，負責將感覺訊號轉傳到最終目的地，就是大腦的感覺皮質；在某些情況下，有四階神經元完成通路 (圖 14.5)(另請參閱一階神經元，二階神經元)。

thoracic (胸部的)：與胸部有關的構造。

thorax (胸部)：身體軀幹的一部分，介於頸部與橫膈之間的部位。

thymus (胸腺)：位於心臟上方，縱膈腔內的淋巴器官。是使 T 淋巴細胞分化並變成具備免疫能力的器官 (圖 18.5)。

thyroid cartilage (甲狀軟骨)：大型像盾牌一樣的軟骨，圍繞包護喉部的前方與側面，同時提供聲帶的附著，以及舌下肌肉群的連結 (圖 23.4)。

thyroid gland (甲狀腺)：位於頸部的內分泌腺，位於喉部下方，部分組織會蓋住氣管 (圖 18.6)。

tight junction (緊密接合)：上皮細胞之間像拉鍊狀的連接構造，可以限制物質從細胞之間通過 (圖 2.15)。

tissue (組織)：由相同種類的細胞和胞外基質聚集形成，通常構成器官的一部分，並且執行其特定的功能；人體四種基本組織是上皮、結締、肌肉和神經組織。

tissue gel (組織凝膠)：黏稠的膠體物質，形成許多組織的基底質；主要成分是透明質酸或其他的糖胺聚醣。

T lymphocyte (T 淋巴細胞)：一種淋巴細胞，參與先天免疫、體液免疫和細胞免疫；有多種細胞形式，包括輔助型 T 細胞、細胞毒殺型 T 細胞和抑制型 T 細胞；也稱為 T 細胞。

trabecula (小樑，小柱)：薄板或片狀的組織，例如海綿骨的鈣化小梁，或是腺體內分隔的纖維小柱(圖 6.4)。

trachea (氣管)：由軟骨支撐的管道，從喉部下端到初級支氣管，引導氣體進出肺臟。

tract (徑，道)：1. 在中樞神經系統中，有相同起源、目的地和功能的一整束神經纖維，例如皮質脊髓徑，大腦的連合徑；2. 連續的解剖通道。如消化道。

transitional epithelium (移形上皮)：泌尿管道的複層上皮，在器官呈現鬆弛或是拉撐時，能夠改變的細胞的層數與上皮的厚度 (圖 3.11)。

transmembrane protein (跨膜蛋白)：貫穿整層的細胞膜的一種蛋白質，可以連通細胞內與細胞外液。(圖 2.8)

transmission electron microscope (TEM)(穿透式電子顯微鏡)：一種使用電子束代替光束的顯微鏡，可以使超薄的細胞或組織切片，顯現高解析度的二維圖像；具有極高的放大倍率 (請比較掃描式電子顯微鏡)。

transport protein (轉運蛋白，載體蛋白)：參見載體。

transverse plane (橫面，水平面)：垂直於器官長軸的切面，或是通過人體解剖位置時的水平面 (圖 1.7)。

transverse section (橫切面，水平切面)：參見橫截面。

transverse (T) tubule (橫小管)：肌肉細胞的細胞膜向細胞內延伸的橫向小管，負責傳導動作電位進入肌漿，並激發肌質網釋放鈣離子 (圖 10.2)。

trauma (創傷)：因外力造成的身體傷害。例如跌倒、槍傷、車禍事故或燒傷。

trisomy-21 (染色體第 21 對三體)：存在三條的第 21 號染色體，而不是通常的兩條；導致不同程度的智力低下，預期壽命縮短，臉部和手部的結構異常。也被稱為*唐氏症*。

trochanter (轉子)：在股骨近端的兩個大型凸起構造，提供肌肉的附著。

trunk (軀幹)：1. 除了頭部、頸部和四肢之外的身體部位；2. 大型的血管、淋巴管或神經，大多有許多較小的分支；例如肺動脈幹和脊神經幹 (圖 14.16)。

T tubule (T 小管)：參見橫小管。

tubercle (結節)：在骨頭上的圓形凸起，例如肱骨的大結節。

tuberosity (粗隆)：骨頭上的粗糙區域，例如脛骨或坐骨的結節。

tubuloacinar gland (管泡腺)：腺體的一種，其分泌的細胞排列成管狀以及腺泡狀兩種形式 (圖 3.30)。

tunic (層)：包圍器官的層狀構造，例如血管層或眼球的構造層 (圖 21.1)。

tympanic membrane (鼓膜)：耳膜。

U

ultrastructure (超微結構)：從細胞到分子層級的微細構造，通過穿透式電子顯微鏡可以觀察到的結構，包括細胞膜、細胞骨架、胞器與大型分子的構造。

umbilical (臍的)：1. 與臍帶有關的構造；2. 與肚臍區域或部位有關。

undifferentiated (未分化)：尚未發展到具備成熟功能的細胞或組織；有能力分化成一個或多個特化的細胞或組織；例如，幹細胞和胚胎組織。

unencapsulated nerve ending (無被囊包覆的神經末梢)：參見游離神經末梢。

unipotent (單一潛能)：與幹細胞有關，僅能分化為單一種類型的成熟細胞。如精母細胞只能產生精子，或是表皮的基底細胞只能產生角質細胞。

unit membrane (單位膜)：由雙層磷脂質與蛋白質共同組成的膜狀構造。單層的單位膜形成細胞膜與許多胞器的膜，而雙層的單位膜則形成核膜和包圍粒線體 (圖 2.6)。

unmyelinated (無髓鞘的)：缺乏髓鞘 (圖 13.7)。

upper limb (上肢)：由肩部延伸的附肢，包括從肩膀到肘部的手臂，從肘部到腕部的前臂，手腕和手部；廣義地稱為手臂。

urea (尿素)：尿液中含量最豐富的含氮廢物，由肝臟將體內的氨和二氧化碳化合形成。

urethra (尿道)：將尿液從膀胱引導到身體外部的管道；在雄性，還負責傳遞精液，作為泌尿和生殖共通管道。

urinary system (泌尿系統)：特化的器官系統，負責過濾血漿，排除含氮的廢物，並且調節人體的水分、酸鹼度和電解質的平衡。

urogenital (U-G) system (泌尿生殖系統)：泌尿系統與生殖系統的統稱。

urothelium (泌尿上皮)：泌尿道特化的複層上皮，上皮的表層細胞具有圓頂狀保護特徵，又稱為*傘狀細胞*。此種上皮可以改變細胞層數，以適應器官的延展或放鬆。也稱為*移形上皮* (圖 3.11)。

uterine tube (子宮管，輸卵管)：從子宮延伸到卵巢的管道構造，可以朝向子宮輸送卵子或胚體。

V

varicose vein (靜脈曲張)：靜脈呈現永久性的彎曲與擴張狀態，由於喪失靜脈瓣膜的能力；特別常見於下肢、食道和肛管(又稱為痔瘡)。

vas (脈管)：脈管或導管。

vascular (血管的)：與血管有關的。

vascular corrosion cast (血管腐蝕鑄型)：器官和組織血管的可視化技術，可以觀察到微細血管。主要技術是經由血管注射將血液沖洗乾淨，然後注入樹脂，並使其固化，然後利用腐蝕劑將真實組織溶解，僅留下樹脂鑄模；然後可以使用掃描電子顯微鏡觀察 (圖 10.5、圖 21.2b、圖 25.9a)。

vasoconstriction (血管收縮)：由於肌肉中層的平滑肌收縮，使血管變窄。

vasodilation (血管擴張)：由於肌肉中層的平滑肌鬆弛，因此血壓將血管壁外推，導致血管變寬。

vasomotion (血管運動)：血管的收縮或擴張。

vein (靜脈)：將血液帶入心臟心房的任何血管。

ventral (腹側)：參見前側。

ventral root (腹根)：參見前根。

ventricle (腦室，心室)：腦部或心臟內充滿液體的腔室 (圖 15.4、圖 20.7)。

venule (小靜脈)：最小的靜脈類型，接受微血管的血液。

vertebra (脊椎)：構成脊柱的骨骼。

vertebral column (椎柱，脊柱)：身體後側 33 塊脊椎骨組成的柱狀構造；包圍保護脊髓，支持頭顱和胸廓，並提供四肢和維持姿勢的肌肉附著。

vesicle (囊泡，小泡)：1. 充滿液體的組織囊，例如精囊；2. 充滿液體的球形胞器，例如突觸小泡或分泌囊泡。

vestibular apparatus (前庭器)：位於內耳的構造，與身體的平衡，以及頭部的方位與運動的知覺有關。包括半規導管、橢圓囊和球囊。

vestibule (前庭)：開口後方的膨大空間構造；例如，位於牙齒和臉頰之間的口腔前庭，鼻孔後方膨大的鼻前庭，女性大陰唇所圍成的陰道前庭，和內耳的耳蝸和半規管所連通的內耳前庭。

viscera (內臟)：包含在體腔中的器官，如腦部、心臟、肺臟、胃、腸和腎臟。

visceral (內臟的，臟壁的)：1. 與內臟有關的構造；2. 兩層膜的深層或內層構造，例如胸膜、心包膜或腎小球囊都有臟壁層 (圖 1.12)(請比較壁層)。

visceral muscle (內臟肌肉)：位在血管壁、消化道、呼吸道、泌尿道和生殖道管壁的平滑肌。

volar (掌的)：與手指前面有關的構造，與手掌皮膚延續的表面)。

voluntary (隨意的)：由意識控制的，如骨骼肌肉。

vulva (陰門；女陰)：女性的外生殖器統稱；包含陰阜、大陰唇和在大陰唇之間所有外部結構；也稱為陰部 (圖 26.20)。

W

white matter (白質)：有髓鞘的白色神經組織，位於大腦和小腦的皮質深層，但是位在脊髓灰質的淺層 (圖 15.4)。

X

X chromosome (X 染色體)：性染色體中較大的染色體，男性的體細胞內只有一個 X 染色體，女性的體細胞內含有兩個 X 染色體。

xiphoid process (劍突)：在胸骨下端小塊尖銳的軟骨或硬骨突起 (圖 7.27)。

X-ray (X 射線)：1. 一種高能具穿透力的電磁射線，其波長在 0.1 至 10 奈米 (nm) 範圍內；常用於診斷和治療；2. 使用 X 射線得到的圖片；放射影像。

Y

Y chromosome (Y 染色體)：性染色體中較小的染色體，僅在男性的細胞中發現，除了主要具有睪丸發育的基因外，幾乎沒有其他遺傳功能。

yolk sac (卵黃囊)：脊椎動物的胚胎發育時期，出現的一層膜狀構造，包圍與儲存卵黃。在人類卵黃囊是第一批血液和生殖細胞的起源處 (圖 4.5)。

Z

zygomatic arch (顴弓)：位於耳朵前方，由顳骨、顴骨和顴骨的顴突共同連結形成的弓狀結構；是咀嚼肌的起端附著處 (圖 7.5)。

zygote (合子)：指單一顆細胞的受精卵。

中文索引

A 型精原細胞　type A spermatogonium　816
B 型精原細胞　type B spermatogonium　816
I 帶　I band　279
X 光攝影　radiograph　4
X 射線　X-ray　4
β-腦內啡　beta-endorphin　411
γ-胺基丁酸　gamma-aminobutyric acid, GABA　411

一劃

一般的　general　431
一般感覺　general senses　473, 478
乙醯膽鹼　acetylcholine　410
乙醯膽鹼危機　cholinergic crisis　283

二劃

二尖瓣　bicuspid valve　629
二腹肌　digastric　23, 320
二腹肌　digastric muscle　187
二腹肌窩　digastric fossa　320
人為現象　artifact　129
人類乳突病毒　human papillomavirus, HPV　848
人體解剖學圖集　Atlas of Human Anatomy　2
十二指腸　duodenum　22
十字韌帶　cruciate ligament　257

三劃

三叉神經痛　Trigeminal neuralgia　491
三角肌　deltoid　302
三角肌　deltoid muscle　218
三級肌管　tertiary myotubes　292
上　superior　14
上　supra-　265
上小腦腳　superior cerebellar peduncles　465
上方　superior　13, 14
上丘腦　epithalamus　469
上甲狀腺動脈　superior thyroid arteries　581
上皮　epithelial　65
上皮細胞　epithelia　33
上和下腸繫膜動脈　superior and inferior mesenteric arteries　673
上眼靜脈　superior ophthalmic vein　666
上提　elevate　254
上棘　anterior superior spines　15
上腎上腺動脈　superior suprarenal artery　583
上腔靜脈　superior vena cava　622
上腹　epigastric　23
上膀胱動脈　superior vesical arteries　689
上橄欖核　superior olivary nucleus　544
下　inferior　14
下　infra-　265
下小腦腳　inferior peduncles　467
下方　inferior　14
下丘腦　hypothalamus　469
下丘腦恆溫器　hypothalamic thermostat　471
下甲狀腺動脈　inferior thyroid arteries　581
下舌骨肌群　infrahyoid group　728
下行止痛纖維　descending analgesic fibers　430, 465
下疳　chancre　847
下胰十二指腸動脈　inferior pancreaticoduodenal artery　671
下腎上腺動脈　inferior suprarenal artery　583
下腔靜脈　inferior vena cava　622
下腹　hypogastric　23
下鼻甲　inferior nasal concha　191
下頜下神經節　submandibular ganglion　515
下頜舌骨肌　mylohyoid　320
下壓　depress　254
口咽　oropharynx　726
口感　mouthfeel　534
口輪匝肌　Orbicularis oris　315
大　large　24
大　magnum　25
大分子　macromolecules　9
大孔　foramen magnum　25

大多角骨 trapezium 25
大血管 great vessels 622
大的 magnus 24
大動脈和靜脈 great arteries and veins 622
大陰唇 labia majora 133
大菱形肌 rhomboid major 340
大腦半球 cerebral hemispheres 416, 426, 472
大腦的中淺靜脈 superficial middle cerebral vein 666
大腦動脈環 cerebral arterial circle 665
大腦腳 cerebral peduncle 465
大腦鐮 falx cerebri 456, 666
大網膜 greater omentum 672, 763
女用避孕套 female condom 849
女陰裂 pudendal cleft 837
子染色體 daughter chromosome 58
子宮 uterus 22
子宮內膜 endometrium 833
子宮內膜異位症 endometriosis 836
子宮內膜癌 endometrial cancer 834
子宮內避孕器 Intrauterine devices, IUDs 849
子宮外膜 perimetrium 833
子宮肌層 myometrium 833
子宮帽 diaphragm 849
子宮圓韌帶 round ligaments 834
子宮頸 cervical canal 821
子宮頸癌 cervical cancer 834
子宮薦韌帶 uterosacral ligaments 834
子宮繫膜 mesometrium 834
小型運動單位 small motor units 284
小菱形肌 rhomboid minor 340
小圓肌 teres minor 344
小腦 cerebellum 22, 426
小腦天幕 tentorium cerebelli 456
小腦腳 cerebellar peduncles 461
小腦鐮 falx cerebelli 456
小網膜 lesser omentum 761
小腿 leg 354
小彎 lesser curvature 671
小纖維蛋白 fibrillin 80
干擾素 interferon 705
弓形核 arcuate nucleus 471
弓形蟲 Toxoplasma 716
弓狀束 arcuate fasciculus 473

四劃

不同剖面 planes of sections 66
中小腦腳 middle peduncles 467
中心管線 central line 679
中心體 centriole 55
中央管 central canals 157, 414
中央靜脈導管 central venous catheter, CVC 679
中央縱向靜脈 central longitudinal vein 704
中央纖維 central fiber 403
中耳炎 otitis media 539
中胚層 mesoderm 104
中期 metaphase 58
中腎 mesonephros 803
中腎上腺動脈 middle suprarenal artery 583
中腎管 mesonephric duct 803
中軸區域 axial regions 15
中間肌腱 intermediate tendon 320
中間部 pars intermedia 573
中間絲 intermediate filaments 48
中間層 intermediate layer 144
中節 midpiece 103
中腦 midbrain 455
中端 middle 220
中樞模式生成器 central pattern generators 465
中膜 tunica media 698
內 medial 216
內分泌 endocrine 571
內生肌 intrinsic muscles 728
內生韌帶 intrinsic ligaments 728
內皮 endothelium 626
內皮細胞 endothelial cells 460
內在因子 intrinsic factor 763
內在肌 intrinsic muscles 320
內收 adduction 255, 256
內收大肌 adductor magnus 24
內收肌裂孔 adductor hiatus 681
內收拇肌 adductor pollicis 353
內收拇趾肌 adductor hallucis 367
內肋間肌 internal intercostal muscles 324
內括約肌 internal sphincters 302
內胚層 endoderm 104
內側 (內收肌) 腔室 medial (adductor) compartment 356
內側 medial 232

內側膝狀核 medial geniculate nucleus 465
內開口 internal os 833
內腹 endogastric 23
內彈力層 internal elastic lamina 651
內膜 tunica interna 698
內質網 endoplasmic reticulum, ER 50
內頸靜脈 internal jugular 666
內翼肌 medial pterygoid muscles 319
內囊 internal capsule 473
內臟的 visceral 431
內臟神經 splanchnic nerves 509
內臟異位 situs inversus 8
內臟痛 visceral pain 531
內臟錯位 situs perversus 8
分支 branches 657
分泌性囊泡 secretory vesicle 42
分流通道 shunts 642
分期 staging 77
分裂 cleavage 104
分裂溝 cleavage furrow 58
切片機 microtome 66
切面 plane 13
切除性切片檢查 excisional biopsy 77
切開性 (核心) 切片檢查 incisional (core) biopsy 77
切開復位 open reduction 169
反向視網膜 inverted retina 566
反射亢進 hyperreflexia 446
反裂性骨折 contrafissura fracture 210
孔 foramen 25
尺神經 ulnar nerve 219
尺骨 ulna 218
尺骨 ulnaris 339
尺側屈腕肌 flexor carpiulnaris 339
尺靜脈 ulnar vein 674
巴氏抹片 Pap smear 71
巴瑞特氏食道 Barrett esophagus 761
幻肢感覺 phantom limb sensations 532
心小靜脈 small cardiac veins 634
心內膜 endocardium 93
心包炎 pericarditis 623
心包填塞 cardiac tamponade 19, 624
心外膜 epicardium 623
心肌梗塞 myocardial infarction (MI) 95, 632, 634, 635
心肌細胞 cardiomyocytes 290
心肺系統 cardio-pulmonary system 12, 722
心絞痛 angina pectoris 635
心搏過緩 bradycardia 447
心電圖 electrocardiogram, ECG or EKG 639
心管 heart tube 293
心雜音 heart murmur 644
心臟 cardiac 87
心臟肥大 cardiomegaly 643
心臟病學 cardiology 23
心臟神經叢 cardiac nerves 511, 638
心臟超音波檢查 echocardiography 7
心臟傳導阻滯 heart block 638
手腕 wrist 227
支持性結締組織 supportive connective tissue 74
支持細胞 supporting cells 535
支流 tributaries 657
支氣管收縮 bronchoconstriction 734
支氣管動脈 bronchial arteries 659
支氣管縱膈淋巴幹 bronchomediastinal 700
支氣管擴張 bronchodilation 734
日夜節律 circadian rhythms 580
月經逆行 retrograde menstruation 837
止端 insertion 304
比目魚肌 soleus 361
毛芽 hair bud 145
毛釘 hair peg 145
毛球 hair bulb 145
水平板 horizontal plate 193
水通道蛋白 aquaporins 800
水痘 varicella 436
水痘帶狀疱疹病毒 varicellazoster virus 436
父母 biparental 810
牙 odonto 23
牙本質細胞 (生齒細胞) odontoblasts 757
牙周病 periodontal disease 757
牙結石 calculus 757
牙齦炎 gingivitis 757

五劃

丘腦 thalamus 426, 469
丘腦外皮質調節系統 extrathalamic cortical modulatory system 466
丘腦間連合 interthalamic adhesion 469
主支氣管 main bronchus 731

主要的味覺 primary taste 535
主動脈 aorta 622
主韌帶 cardinal ligaments 834
主幹 trunk 438
主纖毛 primary cilium 43
代謝 metabolism 30
冬胺酸 aspartate 411
凹陷性骨折 depressed fracture 210
功能性磁振造影 functional MRI, fMRI 6
包皮垢 smegma 822
包涵體 inclusions 35
半棘肌 semispinalis 322
半腱肌 semitendinosus 360
半膜肌 semimembranosus 264, 265, 301, 360
半橋粒 hemidesmosomes 47
去神經萎縮 denervation atrophy 288
去神經超敏反應 denervation hypersensitivity 504
去極化 depolarizes 639
右上肋間靜脈 right superior intercostal vein 669
右位心 dextrocardia 8
右和左髂總動脈 right and left common iliac arteries 663
右鎖骨下動脈 right subclavian artery 663
四分體 tetrad 813
四肢 extremities 15
四級灼傷 fourth-degree burns 149
外 lateral 14
外分泌腺 exocrine glands 571
外在肌 extrinsic muscles 726, 728
外在韌帶 extrinsic ligaments 728
外肋間肌 external intercostal muscles 324
外泌汗腺 eccrine sweat glands 141
外胚層 ectoderm 104
外展 abduction 255
外展小趾肌 abductor digiti minimi 367
外展拇肌 abductor hallucis 367
外展拇長肌 abductor pollicis longus 350
外側 lateral 14
外側和內側髕骨支持帶 lateral and medial patellar retinacula 264
外側腓骨 fibula 226
外開口 external os 833
外彈力層 external elastic lamina 652
外膜 tunica externa 698
外頸動脈和內頸動脈 external and internal carotid artery 664
外頸靜脈 external jugular 666
失調現象 ataxia 482
孕吐 morning sickness 110
左上肋間靜脈 left superior intercostal vein 669
左前降支 left anterior descending (LAD) branch 633
左胃動脈 left gastric 671
巨核母細胞 megakaryoblasts 614
巨核細胞 megakaryocytes 613
巨噬細胞系統 macrophage system 702
平均紅血球血紅蛋白 mean corpuscular hemoglobin, MCH 612
平均紅血球體積 mean corpuscular volume, MCV 612
平面縫合 plane suture 242
平滑 smooth 290
平滑肌 smooth 87
平滑絨毛膜 smooth chorion 112
未分化性腺 indifferent gonad 843
末期 telophase 58
本體感覺 proprioception 426
正子斷層造影 positron emission tomography 24
正中淋巴囊 median lymph sac 714
正中裂孔 median aperture 459
正中臍韌帶 median umbilical ligament 803
正腎上腺素 norepinephrine 410
甘胺酸 glycine 411
生毛基質 germinal matrix 145
生物反饋 biofeedback 505
生長因子 growth factors 168, 614
生殖嵴 gonadal ridges 816
生殖器疣 genital warts 848
生發層 germinative layer 144
用力呼氣量 forced expiratory volume 743
甲狀舌骨肌 thyrohyoid 320
甲狀軟骨 thyroid cartilage 81, 320, 581
甲狀腺功能亢進症 hyperthyroidism 582
甲狀腺憩室 thyroid diverticulum 590
甲狀腺機能低下症 hypothyroidism 582
甲促素 thyrotropin 575
白介素 interleukins 705
白肌 white muscles 288
白血球差值計數 differential WBC count 612
白質 white matter 406, 416

皮下組織 hypodermis 126
皮脂腺 sebaceous glands 141
皮節圖 dermatome map 443
皮膚血管收縮 cutaneous vasoconstriction 127
皮膚血管擴張 cutaneous vasodilation 127
皮膚並指症 cutaneous syndactyly 235
皮膚區域 cutaneous area 755
皮質 cortex 24, 704, 706
皮質重置 cortical remapping 533
皮質顆粒 cortical granules 103
皮質髓質交界處 corticomedullary junction 790
矢狀 sagittal 13
立方 cuboidal 33
立德-史登堡氏細胞 Reed-Sternberg cells 717

六劃

交通支 communicating rami 508
交換血管 exchange vessels 654
交感神經系統 sympathetic nervous system 824
交感張力 sympathetic tone 506
交感腎上腺系統 sympathoadrenal system 513
仰臥 supine 13
伏隔核 nucleus accumbens 475
光蛋白 photopsins 559
光照性皮膚老化 photoaging 146
全心傳導阻滯 total heart block 638
全血細胞計數 complete blood count, CBC 611
再生醫學 regenerative medicine 96
再極化 repolarizes 639
同向性 isotropic 279
同側 ipsilateral 17
同源 homologous chromosome；matching chromosome 813
同種異體移植物 allograft 150
同種移植物 homograft 150
吐氣末正壓 positive end-expiratory pressure, PEEP 743
地方性 endemic 593
地方性甲狀腺腫 endemic goiter 583
多孔塗層假體 porous-coated prostheses 270
多巴胺 dopamine 411
多形核白血球 polymorphonuclear leukocytes, PMNs 607
多核的 multinuclear 50
多能 multipotent 60
多發性硬化症 multiple sclerosis, MS 408
多裂肌 multifidus 329
多模式的 multimodal 477
多邊形 polygonal 33
安全期避孕法 rhythm method 848
弛緩性麻痺 flaccid paralysis 283
成骨發育不全症 Osteogenesis imperfecta, OI 84
早期自然流產 early spontaneous abortions 118
有孔型微血管 fenestrated capillaries 571
有形成分 formed element 599
有性生殖 sexual reproduction 810
有氧呼吸 aerobic respiration 54
有顆粒細胞 granulocytes 599
次級 secondary 292
次級淋巴器官 secondary lymphatic organs 703
次級微血管 secondary capillaries 575
次級腦泡 secondary vesicles 416
次級鼓膜 secondary tympanic membrane 542
灰質 gray matter 416
羊膜 amnion 22, 24, 110, 688
老年性萎縮 senile atrophy 95
老年斑塊 senile plaques 498
老繭 calluses 130
耳下唾液腺 parotid salivary gland 515
耳丘 auricular hillocks 565
耳神經節 otic ganglion 515
耳硬化症 otosclerosis 543
耳蝸神經核 cochlear nucleus 544
耳聾 deafness 543
肉毒桿菌 botulism 283
肉毒梭菌 Clostridium botulinum 283
肋下線 subcostal line 15
肋脊關節 costovertebral joint 209
肋骨小面 costal facets 201
肋骨間 interosseous (costal) part 738
肋軟骨 costal cartilage 82
肋間淋巴幹 intercostal 700
肌上皮細胞 myoepithelial cells 554
肌內膜 endomysium 281
肌外膜 epimysium 281
肌肉骨骼系統 musculoskeletal system 12
肌肉張力 muscle tone 258
肌肉組織 muscular tissue 65
肌肉腔室 muscle compartment 305, 339

肌肉萎縮性脊髓側索硬化症 amyotrophic lateral sclerosis, ALS 432
肌束膜 perimysium 281, 300
肌紅蛋白尿 myoglobinuria 302
肌動蛋白 actin 43, 48, 602
肌梭 muscle spindles 300, 444
肌間中隔 intermuscular septa 305
肌質網 sarcoplasmic reticulum 52
肌凝蛋白 ATP 酶 myosin ATPase 285
自主 autonomic 741
自主神經系統 autonomic nervous system, ANS 290, 504
自我耐受 self-tolerance 705
自律性 autorhythmicity 290
自然家庭計畫 fertility awareness 848
自噬 autophagy 54
自體免疫性疾病 autoimmune disease 408
自體免疫疾病 autoimmune diseases 716
自體抗體 autoantibodies 47, 715
自體移植 autografts 150
舌下神經 hypoglossal nerve 189
舌神經 lingual nerve 535
舌骨舌肌 hyoglossus 756
舌腺 lingual glands 758
色素上皮 pigment epithelium 554
色素視網膜 pigment retina 565
血小板生成素 thrombopoietin 614
血小板衍生生長因子 platelet-derived growth factor, PDGF 615
血小板栓 platelet plugs 613, 614
血小板細胞 thrombocytes 614
血比容 hematocrit 600, 606
血母細胞 hemocytoblasts 688
血尿 hematuria 797
血島 blood islands 604, 688
血栓栓塞症 thromboembolism 616
血栓溶解酶 clotdissolving enzyme 613
血胸腺障壁 blood thymus barrier 704
血液尿素氮 blood urea nitrogen, BUN 788
血液透析 hemodialysis 805
血清素 serotonin 411, 614
血鈣高 hypercalcemia 581
血群 blood groups 605
血腦障蔽 blood-brain barrier, BBB 405
血管內膜 tunica interna 93
血管化 vascular 74
血管加壓素 vasopressin 579
血管母細胞 angioblasts 688
血管收縮 vasoconstriction 650
血管收縮素 II angiotensin II 722
血管收縮劑 vasoconstrictors 613
血管周足 perivascular feet 405
血管造影 angiography 4
血管運動 vasomotion 651
血管運動中樞和心臟中樞 vasomotor and cardiac centers 653
血管擴張 vasodilation 650
血影蛋白 spectrin 602
血漿素 plasmin 615
血糖 glycemia 585

七劃

成牙質細胞 odontoblast 23
成骨細胞 osteoblasts 157
伸小指肌 extensor digiti minimi 24
伸拇趾長肌 extensor hallucis longus 361
伸拇短肌 extensor pollicis brevis 350, 367
伸指肌 extensor digitorum muscle 24
伸展 extension 254, 255
伸趾長肌 extensor digitorum longus 361
伸趾短肌 extensor digitorum brevis 367
伺機性感染 opportunistic infections 716
低色素性 hypochromic 617
低血氧症 hypoxemia 742
低血鈉症 hyponatremia 23
低脾功能症 hyposplenism 711
佝僂病 rickets 158
冷凍蝕刻法 freeze-fracture method 32
冷感受器 cold receptors 527
冷覺感受器 cold receptors 506
利尿鈉 natriuretic 23
卵子 egg；ovum 829
卵巢 ovaries 24
卵巢動脈 ovarian artery 674
卵巢窩 ovarian fossa 826
卵黃囊 yolk sac 106, 110, 603, 688
卵圓孔 foramen ovale 641, 689
卵圓形 ovoid 33
卵圓窩 fossa ovalis 643, 689
卵管妊娠 tubal pregnancies 107

吞噬作用 phagocytosis 41
吞噬體 phagosome 42
吞嚥 deglutition 318, 761
吞嚥困難 dysphagia 781
吸收性肺塌陷 absorption atelectasis 736
吸收海灣 resorption bays 158
吸氣 inspiration 324
吸暫停 apnea 741
坐骨 ischium 224
坐骨尾骨肌 ischiococcygeus 333
坐骨海綿肌 ischiocavernosus muscles 332
坐骨神經痛 sciatica 443
夾肌 splenius 322
妊娠劇吐 hyperemesis gravidarum 110
尾巴 tail 278
尾骨肌 coccygeus 333
尾側 caudal 14
尾部 tail 779
尾椎 coccygeal vertebrae 196
尿失禁 urinary incontinence 805
尿液分析 urinalysis 796
尿溶蛋白 uroplakins 74
尿道外括約肌 external urethral 302
尿道外括約肌 external urethral sphincter 332
尿道海綿體 spongy urethra 821
尿道壓肌 compressor urethrae muscles 332
尿膽素原 urobilinogen 774
尿囊 allantois 110
局泌 merocrine 91
形式和功能的統一性 unity of form and function 2
快速 (第一次) 疼痛 fast (first) pain 531
快速 quick 444
快速阻擋多精受精 fast block to polyspermy 103
抑制素 inhibin 815
抑制激素 inhibiting hormones 575
抗交感神經藥 Sympatholytics 520
抗利尿激素 antidiuretic hormone 471, 800
抗重力肌 antigravity muscles 275
抗原 antigens 75, 605
抗原呈現細胞 antigen-presenting cells, APCs 610
抗原活性片段 antigenic determinants 702
抗副交感神經藥 Parasympatholytics 520
抗體 antibodies 605
更年期 climacteric 850
杏仁核 amygdala 483
杜普勒超音波掃描 Doppler ultrasound scan 7
束支阻滯 bundle branch block 638
男用避孕套 male condom 848
肛尾韌帶 anococcygeal ligament 332
肛門三角 anal triangle 334
肛門外括約肌 external anal sphincter 332
肝巨噬細胞 hepatic macrophages 703
肝炎 Hepatitis 777
肝素 heparin 75
肝動脈 hepatic artery 674
肝硬化 cirrhosis 777
肝總動脈 common hepatic 671
肝竇 hepatic sinusoids 753, 676
肝臟的門脈系統 hepatic portal system 659
良性前列腺增生 benign prostatic hyperplasia 805
角母蛋白 eleidin 129
角回 angular gyrus 482
角度加速 angular acceleration 546
角質層 stratum corneum 126
谷胺酸 glutamate 410
豆狀核 lentiform nucleus 477
貝爾氏癱瘓 Bell palsy 491
足底疣 Plantar warts 147
足細胞 podocytes 794
足部 foot 354
防禦素 defensins 127
初始片段 initial segment 402
初級淋巴器官 primary lymphatic organ 703
初級微血管 primary capillaries 575
初級腦泡 primary vesicles 415
初覺胎動 quickening 293
延腦 medulla oblongata 455

八劃

免疫系統 immune system 12
免疫活性 immunocompetent 703
乳白色斑點 milky spots 754
乳房 mammae 142
乳突細胞 mastoid cells 539
乳腺 mammary glands 141
乳頭體 mammillary bodies 471
乳頭體神經核 mammillary nuclei 471
乳糜 chyle 696, 701, 768
乳糜微粒 chylomicrons 768

乳糜管　lacteals　696
兩點觸覺辨認能力　two-point touch discrimination　530
制式的　stereotyped　444
刷狀邊緣酶　brush border enzymes　768
刷細胞　brush cells　725
刺激　stimulation　444
周皮層　periderm　144
周邊神經疾病　peripheral neuropathy　431
周邊插入的靜脈導管　peripherally inserted venous catheter　679
周邊纖維　peripheral fiber　403
味覺細胞　taste cells　535
呼吸困難　dyspnea　325, 643
呼吸窘迫症候群　respiratory distress syndrome, RDS　742
呼吸調節中心　pneumotaxic center　740
呼吸黏膜　respiratory mucosa　536
呼氣　expiration　324
咀嚼　mastication　318
咀嚼肌　masseter　194
固膽素　stercobilin　774
奇靜脈　azygos vein　669
奇靜脈系統　azygos sysyem　669
奈瑟氏菌　Neisseria　842
屈小指短肌　flexor digiti minimi brevis　309, 367
屈曲　flexion　254, 255
屈肌　flexor　339
屈肌支持帶　flexor retinaculum　220
屈拇趾長肌　flexor hallucis longus　366
屈拇趾短肌　flexor hallucis brevis　367
屈趾長肌　flexor digitorum longus　366
帕金森綜合症　parkinsonism　499
底部　fundus　778
念珠菌　Candida　716
性交中斷　withdrawal；coitus interruptus　848
性別差異　sexually dimorphic　226
性病疣　venereal warts　147
性費洛蒙　sex pheromones　142
性慾　libido　847
性類固醇　sex steroids　584
披衣菌　Chlamydia　842
抽象性半球　representational hemisphere　486
拐杖癱瘓　crutch paralysis　443
放射冠　corona radiata　473
杵狀髮　club hair　139
松果沙　pineal sand　580
枕肌　occipitalis　25
枕骨大孔　foramen magnum　182
枕腹　occipital belly　315
枕寰關節　atlanto-occipital joint　241
沿著濃度梯度下降　down a concentration gradient　40
泄殖腔　cloaca　803
泌尿外科醫生　urologists　787
泌尿生殖三角　urogenital triangle　334
泌尿生殖系統　genitourinary system　12
泌尿生殖系統　urogenital (U-G) system　787
泌尿生殖系統　urogenital system　12
泌尿生殖竇　urogenital (U-G) sinus　803
法氏囊　bursa　702
泛腦下垂體功能不足　panhypopituitarism, PHP　578
狐臭　bromhidrosis　142
盂肱關節　glenohumeral joint　241
直　rectus　25
直線加速　linear acceleration　546
空放大　empty magnification　31
耵聹腺　ceruminous glands　141
股二頭肌　biceps femoris　360
股三角　femoral triangle　681, 687
股中間肌　vastus intermedius　358
股內側肌　vastus medialis　358
股四頭肌　quadriceps femoris　264, 304
股四頭肌肌腱　quadriceps femoris tendon　230
股外側肌　vastus lateralis　358
股直肌　rectus femoris　301, 358
股後肌群　hamstring muscles　257
股骨　femur　226
股動脈　femoral artery　674, 677
股靜脈　femoral vein　674, 677
肩胛下肌　subscapularis　260, 344
肩胛舌骨肌　omohyoid　320
肩胛骨　scapula；shoulder blade　216
肱二頭肌　biceps brachii　217, 258, 300, 305, 345
肱三頭肌　triceps brachii　303, 305, 345
肱肌　brachialis　303
肱骨　humerus　218
肱動脈　brachial　677
肱橈肌　brachioradialis　345
肱靜脈　brachial vein　674

肺支氣管樹 bronchial tree 730
肺泡巨噬細胞 alveolar macrophages 610, 703
肺炎鏈球菌 Streptococcus pneumoniae 745
肺表面活性劑 pulmonary surfactant 735
肺門 hilum 659
肺活量 vital capacity 743
肺原性心臟病 cor pulmonale 743
肺動脈幹 pulmonary trunk 622
肺韌帶 pulmonary ligament 735
肺塌陷 pulmonary collapse 736
肺膨脹不全 atelectasis 736
肺靜脈 pulmonary veins 622
肺囊蟲肺炎 Pneumocystis 716
肽聚醣 proteoglycans 76
表皮 epidermis 126
表面活性劑 surfactant 115
表層 superficial 265
近 proximal 14
近側 proximal 17
近端 proximal 220
近髓質腎元 juxtamedullary nephrons 791
長關聯纖維 long association fibers 473
門齒孔 incisive foramina 193
阻力血管 resistance vessels 651
阻力運動 resistance exercises 288
阻塞性疾病 obstructive disorders 743
阿奇里斯腱 Achilles tendon 303
附肢 appendages 15
附肢區域 appendicular regions 16
附屬腺體 accessory glands 821
非侵入性 noninvasive 4
非意識 involuntary 444
非整倍體 aneuploidy 118
非隨意肌 involuntary muscle 289

九劃

侵入性 invasive 4
促甲狀腺素細胞 thyrotropic cells 577
促甲狀腺激素釋放激素 thyrotropin-releasing hormone 575
促性腺細胞 gonadotropic cells 577
促性腺激素 gonadotropins 575
促泌乳細胞 prolactin cells 578
促腎上腺皮質細胞 corticotropic cells 578
促鈣二醇 calcidiol 587
促凝劑 procoagulants 613
促體素細胞 somatotropic cells 578
冠狀動脈疾病 coronary artery disease, CAD 635
冠狀縫 coronal suture 187
前 (伸肌) 腔室 anterior (extensor) compartment 356
前 anterior 14
前 pre 265
前方 anterior 13, 14
前外側系統 anterolateral system 429
前正中裂 anterior median fissure 421, 461
前列腺 prostate 22
前列腺尿道 prostatic urethra 820
前列腺特異性抗原 prostate-specific antigen, PSA 825
前列腺素 prostaglandins 821
前肋間動脈 anterior intercostal arteries 669
前突 protract 254
前庭耳蝸神經 vestibulocochlear nerve 544
前庭核 vestibular nuclei 430
前庭眼球反射 vestibulo-ocular reflex 550
前根 anterior root 425
前部 anterior divisions 438
前頂蓋核 pretectal nuclei 563
前期 prophase 58
前腎 pronephros 803
前置胎盤 placenta previa 113
前腹 anterior belly 320
前葉 anterior lobe 573
前精液凝固蛋白 proseminogelin 821
前鋸肌 serratus anterior 325, 339, 738
前縱韌帶 anterior longitudinal ligament 211
前臂 forearm 15
前額葉 prefrontal cortex 475
前邊界層 anterior border layer 554
勃起功能障礙 (陽痿) erectile dysfunction (impotence) 850
咬合 occlusion 758
咽門 fauces 726
咽縮肌 pharyngeal constrictors 321
咽囊 pharyngeal pouches 108, 118, 590
垂直板 perpendicular plate 193
垂腕症 wrist drop 443
垂體性侏儒症 pituitary dwarfism 167
垂體神經部 neurohypophysis 575
垂體腺體部 adenohypophysis 573

室間隔　interventricular septum　629
屍僵　rigor mortis　285
幽門瓣　pyloric valve　302
後 (屈肌) 腔室　posterior (flexor) compartment　356
後上鋸肌　serratus posterior superior　329, 738
後下鋸肌　serratus posterior inferior　329, 738
後天免疫缺乏症候群　acquired immunodeficiency syndrome, AIDS　716
後方　posterior　13, 14
後正中溝　posterior median sulcus　421
後肋間動脈　posterior intercostal artery　668
後肛管　anal canal　803
後放電　after-discharge　413
後根　posterior root　425
後部　posterior divisions　438
後期　anaphase　58
後腎　metanephros　803
後腹　posterior belly　320
後葉　posterior lobe　575
後縮　retract　254
急性腎衰竭　acute renal failure　805
恢復衝程　recovery stroke　285
扁平足　pes planus　234
扁桃體切除術　tonsillectomy　709
扁桃體炎　tonsillitis　709
拮抗或協同的作用　antagonistic or cooperative effects disease　519
持續閉氣用力　Valsalva maneuver　722
指骨　phalanges　218
指骨　phalanx　220
指輻線　digital rays　115
星狀　stellate　33
星狀膠細胞增多症　astrocytosis　406
星狀體　aster　58
查加斯氏病　Chagas　516
毒殺性 T 淋巴球　cytotoxic T cells；TC cells　702
流體結締組織　fluid connective tissue　74
玻璃腔　vitreous chamber　554
玻璃體　vitreous body　76
盆腔腎　pelvic kidney　803
砂眼衣原體　Chlamydia trachomatis　847
穿細胞作用　transcytosis　656
突觸　synapse　402
紅肌　red muscles　287
紅色區域　red area　755
紅血球母細胞　erythroblast (normoblast)　604
紅血球生成素　erythropoietin, EPO　604, 787
紅血球計數　RBC count　606
紅血球部落形成單位　erythrocyte colony-forming unit, ECFU　604
紅血球增多症　erythrocytosis　616
紅核脊髓徑　rubrospinal tracts　430
紅核脊髓神經束　rubrospinal tract　464
胃　gastric　23
胃大彎　greater curvature　672, 761
胃小彎　lesser curvature　753, 761
胃泌素　gastrin　765
胃炎　gastritis　765
胃食道逆流　gastroesophageal reflux　760
胃食道逆流疾病　gastroesophageal reflux disease, GERD　760
胃脂肪酶　gastric lipase　763
胃區　gastric area　709
胃蛋白酶　pepsin　763
胃蛋白酶原　pepsinogen　763
胃脾韌帶　gastrosplenic ligament　715
胃腸病學　gastroenterology　749
胃腸道　gastrointestinal (GI) tract　750
胃腸學　gastroenterology　23
背枝　posterior ramus　312
背神經　dorsal nerve　233
背側　dorsal　13, 14
背側骨間肌　dorsal interosseous muscle　368
背動脈　dorsal artery　233
背闊肌　latissimus dorsi　738
胎毛　lanugo　115
胎兒　fetus　104
胎便　meconium　115
胎脂　vernix caseosa　115, 146
胎動　quickening　115
胎盤早期剝離　abruptio placentae　113
胎盤通透率　placental conductivity　114
胚外中胚層　extraembryonic mesoderm　107
胚胎　embryo　104
胚胎柄　embryonic stalk　688
胚胎發生　embryogenesis　104
胞液　cytosol　35
胞飲小泡　pinocytotic vesicles　41
胞飲作用　pinocytosis　41
胞器　organelles　35

胞橋結合　desmosomes　638
重大　major　24
降下唇肌　depressor labii inferioris　309
降口角肌　depressor anguli oris　316
限制性　restrictive　743
風濕病　rheumatism　267
食道裂孔疝氣　hiatal hernia　334
食團　bolus　755
香港腳　athlete's foot　147

十劃

致命　lethal hit　714
致癌物　carcinogens　57
致癌基因　Oncogenes　57
俯臥　prone　13
剖面　section　13
剝落細胞學　exfoliate cytology　70
原甲區　primary nail field　145
原血小板　proplatelets　614
原紅血球母細胞　proerythroblast　604
原發性弧度　primary curvature　197
原發性高血壓　primary hypertension　691
原發腫瘤　primary tumor　707
原腸　primitive gut　107, 118
原纖絲　protofilaments　48
唇腺　labial glands　758
唇腺體　labial glands　755
唇黏膜　labial mucosa　755
套膜蛋白　envelope protein　130
容量血管　capacitance vessels　657
島　islands　704
恥骨　pubis　224
恥骨尾骨肌　pubococcygeus　333
核孔複合體　nuclear pore complex　50
核質　nucleoplasm　50
核糖體　ribosomes　50
核糖體群　polyribosomes　604
根管治療　root canal therapy　757
格雷解剖學　Gray's Anatomy　2
氣泡　bleb　736
氣疽　gas gangrene　95
氣胸　pneumothorax　736
氣管　trachea　730
氣管分支　tracheal bifurcation　730
氣管造口術　tracheostomy　730
泰薩氏症　Tay-Sachs disease　408
浮腫　dropsy　644
海馬回　hippocampus　485
海綿狀血管瘤　Cavernous hemangiomas　136
消化性潰瘍　Peptic ulcers　765
消化管道　alimentary canal　750
特殊的　special　431
特殊感覺　special senses　473, 477
疱疹　herpes　848
真皮　dermis　126
真皮骨　dermal bones　162
破骨細胞刺激因子　osteoclast-stimulating factor　168
破傷風　tetanus　283
破傷風梭菌毒素　Clostridium tetani　283
神經　nerve　431
神經　nervous　65
神經內膜　endoneurium　406
神經支配　innervation　313
神經外胚層　neuroectoderm　414
神經生長因子　nerve growth factors　405, 409
神經收斂迴路　neural convergence　560
神經收斂現象　neural convergence　513
神經束造影　tractography　473
神經性休克　neurogenic shock　446
神經性耳聾　nerve deafness　543
神經性垂體芽　neurohypophysial bud　590
神經板　neural plate　108
神經退化性疾病　neurodegenerative diseases　498
神經發散現象　neural divergence　513
神經視網膜　neural retina　565
神經軸突結節　varicosities　507
神經傳遞物質　neurotransmitter　399
神經嵴細胞　neural crest cell　521, 590
神經溝　neural groove　109
神經節　ganglion　24
神經管　neural tube　108, 118, 521
神經管缺陷　neural tube defects　109
神經膜　neurilemma　406
神經整合　neural integration　410
神經褶　neural fold　109
神經叢　nerve plexuses　437
神經藥理學　neuropharmacology　520
神經纖維　nerve fiber　431
紋狀體　corpus striatum　477

紡錘狀　fusiform　33
索　cord　440, 704
缺血　ischemia　302, 531
胰液　pancreatic juice　779
胸大肌　pectoralis major　24, 25, 301, 325, 341, 738
胸小肌　pectoralis minor　339, 738
胸主動脈　thoracic aorta　663
胸半棘肌　semispinalis thoracis　322, 329
胸甲狀肌　sternothyroid　320
胸骨柄　manubrium　204
胸骨體　body　204
胸淋巴結　thoracic lymph nodes　707
胸棘肌　spinalis thoracis　329
胸椎　thoracic vertebrae　196
胸椎後曲　thoracic kyphosis　197
胸腰神經分系　thoracolumbar division　508
胸腺　thymulin　705
胸腺　thymus　19, 580
胸腺小體　thymic corpuscles　705
胸腺生成素　thymopoietin　705
胸腺依賴性　thymus-dependent　611, 702
胸腺素　thymosin　705
胸鎖乳突肌　sternocleidomastoid　322, 738
胸髂肋肌　iliocostalis thoracis　329
胸籠　thoracic cage　200
胼胝體　corpus callosum　22, 472
脂肪細胞　adipocyte　23
脂肪組織　adipose tissue　74, 75
脂褐質　lipofuscin　400
脂質筏　lipid rafts　74
脆骨病　brittle bone disease　84
脊柱側彎　scoliosis　197
脊柱過度後曲　hyperkyphosis　197
脊突椎　vertebra prominens　200
脊神經　spinal nerves　416
脊椎　spinae　25
脊椎穿刺　spinal tap　424
脊髓反射　spinal reflexes　444
脊髓丘腦徑　spinothalamic tract　464
脊髓灰質炎　poliomyelitis　432
脊髓段　segment　422
脊髓管控　spinal gating　533
蚓狀肌　lumbrical muscles　367
衰老萎縮　senescence atrophy　288
訊息整合中心　integrating center　444
記憶性 T 淋巴球　memory T cells；TM cells　702
起泡　blebbing　95
起端　origin　304
迴腸　ileum　25
迷走神經張力　vagal tone　639
退化　involution　832
逆行腎盂造影　retrograde pyelography　798
酒色斑　port-wine stain　136
酒糟　rosacea　146
釘狀聯合關節　gomphosis　757
釘狀關節　gomphoses　242
針抽吸活體檢查　needle biopsy　77
馬凡氏症候群　Marfan syndrome　80
馬蹄腎　horseshoe kidney　803
骨肉瘤　osteosarcoma　155
骨性　bony　241
骨性並指症　osseous syndactyly　235
骨盆　pelvis　222
骨盆後曲　pelvic kyphosis　197
骨盆帶　pelvic girdle　222
骨面標記　bone markings　172
骨原層　osteogenic layer　156
骨鈣素　osteocalcin　158
骨間部分　interosseous part　324
骨間掌側肌　palmar interosseous　301
骨間膜　interosseous membrane　231, 244
骨膜層　periosteal layer　455
骨質　diploe　187
骨質疏鬆症　osteoporosis　168, 169
骨骼　bone　83
骨骼　skeletal　87
骨骼肌　skeletal muscles　444
骨骼肌幫浦　skeletal muscle pump　657
骨髓　bone marrow　702
骨髓母細胞　myeloblasts　611
骨髓組織　myeloid tissue　161
高密度脂蛋白　HDL　775
高碳酸血症　hypercapnia　743

十一劃

茄科植物　Atropa belladonna　520
停經　menopause　850
側枝　collateral　659
側裂孔　lateral apertures　459

偽足 pseudopods 42
偽單極神經元 pseudounipolar 402
偽複層柱狀 pseudostratified columnar 68
副甲狀腺 parathyroid glands 168
副甲狀腺素 parathyroid hormone 799
副交感神經 parasympathetic nerve 824
副交感張力 parasympathetic tone 506
副胰管 accessory pancreatic duct 767
副腎動脈 accessory renal artery 805
動力蛋白臂 dynein arms 44
動力衝程 power stroke 285
動脈粥樣硬化 atherosclerosis 635
動脈韌帶 ligamentum arteriosum 22, 643, 689
動脈瘤剝離 dissecting aneurysm 652
動脈導管 ductus arteriosus 689
動態平衡 homeostasis 504
培氏斑 Peyer patches 703, 767
基本生殖器官 primary sex organs 810
基底 base 222
基底神經節 basal ganglia 476
基底細胞 basal cells 535
基底層 basal lamina 283
基底層 basal layer 144
基底層 stratum basale 129
基底膜 basement membrane 33
宿主細胞 host cells 702
密接合 tight junctions 45
帶狀疱疹 herpes zoster 436
帶狀疱疹 shingles 436
帶狀疱疹後神經痛 postherpetic neuralgia, PHN 436
張力線 tension lines 132
強啡肽 dynorphins 533
捻髮音 crepitus 269
排卵 ovulates 829
排卵 ovulation 826
排尿 micturition 800
排鈉胜肽 natriuretic peptides 800
接受器引導的內吞作用 receptor-mediated endocytosis 41
接觸性皮膚炎 contact dermatitis 147
接觸消化作用 contact digestion 768
斜方肌 trapezius 25, 322
斜角肌 scalenes 322, 738
斜頭 oblique head 353, 367
旋前 pronation 257
旋後 supination 257
旋後肌 supinator 254
旋轉袖肌肉 rotator cuff 217
晝夜節律 circadian rhythm 471
梅毒螺旋體 Treponema pallidum 847
條紋 striae 131
梭內肌纖維 intrafusal fibers 529
梭狀芽胞桿菌屬 Clostridium 95
淋巴 lymph 696
淋巴母細胞 lymphoblasts 611
淋巴球集落形成單位 lymphocyte colonyforming units 712
淋巴細胞 lymphocytes 75, 85
淋巴組織 lymphatic tissue 696
淋巴管 lymphatic vessels 696
淋巴瘤 lymphoma 707
淋巴器官 lymphatic organs 696
淋巴錨定絲 lymphatic anchoring filaments 698
淋病奈瑟氏菌 Neisseria gonorrhoeae 847
淚囊 lacrimal sac 193
淡黃色覆層 buffy coat 600
深 deep 14
深層 deep 18, 265
深層皮質 deep cortex 707
混合型腺泡 mixed acini 759
淺 superficial 14
淺層 superficial 18
牽引 traction 169
牽扯 twitch 287
犁骨 vomer 725
現神經纖維原團塊 neurofibrillary tangles 498
球狀 spheroidal 33
球海綿體肌 bulbocavernosus 332
球結膜 bulbar conjunctiva 551
球窩關節 ball-andsocket joint 227
球囊 saccule 541
理智性半球 categorical hemisphere 486
痔瘡 hemorrhoids 658, 772
眶上切迹 supraorbital notch 187
眶額皮質 orbitofrontal cortex 475
眼內壓 intraocular pressure 554
眼底鏡 ophthalmoscope 555
眼輪匝肌 orbicularis oculi 302, 315, 316

第 2 型單純疱疹病毒　herpes simplex virus type 2, HSV-2　848
第二生殖器官　secondary sex organs　810
第二性徵　secondary sex characteristics　810, 847
第三期梅毒 (神經梅毒)　tertiary syphilis (neurosyphilis)　848
第三腓骨　fibularis tertius　361
粒線體 DNA　mitochondrial DNA, mtDNA　54
細胞　cellulae　30
細胞免疫　cellular immunity　712
細胞凋亡　apoptosis　54
細胞骨架　cytoskeleton　35, 55
細胞膜　plasma membrane　9
細胞質　cytoplasm　35
細胞學　cytology　9, 65
細胞-黏附分子　cell-adhesion molecules　650
終末細支氣管　terminal bronchioles　731
終絲　terminal filum　424
組合母音　Combining vowels　23
組織工程　tissue engineering　96
組織胺　histamine　75, 411
組織液　tissue fluid　66
組織學　histology　9
脛前肌　tibialis anterior　361
脛前和脛後動脈　anterior and posterior tibial arteries　681
脛後肌　tibialis posterior　366
脛後靜脈　posterior tibial veins　684
脛骨　tibia　226
蛋白尿 (白蛋白尿)　proteinuria (albuminuria)　797
許旺氏細胞　Schwann cell　283
貧血　anemia　23
軟角質蛋白　soft keratin　136
軟骨內　endochondral　162
軟骨性　cartilaginous　241
軟骨發育不全侏儒症　Achondroplastic dwarfism　167
軟骨間部分　intercartilaginous (interchondral) part　324, 738
軟骨聯合　synchondroses　244
透明　lucidum　25
透明角質顆粒　keratohyalin granules　129
透明帶　zona pellucida　103
透明軟骨　hyaline cartilage　83
透明層　stratum lucidum　25
透析機　dialysis machine　805
造血的　hematopoietic　161
造血組織　hematopoietic tissue　162
造血幹細胞　hematopoietic stem cells, HSCs　712
連接子　connexon　47
連續可攜帶腹膜透析　continuous ambulatory peritoneal dialysis, CAPD　805
閉孔膜　obturator membrane　224
閉合復位　closed reduction　169
閉鎖　atresia　829
陰莖尿道　penile urethra　821
陰莖異常小　micropenis　578
頂泌汗腺　apocrine　141
頂泌汗腺 apocrine sweat glands　141
頂蓋　tectum　429
頂體反應　acrosomal reaction　102
視叉上核　suprachiasmatic nucleus　471
視神經　optic nerve　554
視神經小泡　optic vesicles　416
視紫紅質　rhodopsin　558
視網膜　retina　550, 554

十二劃

異向性　anisotropic　279
異位妊娠　ectopic pregnancy　107
異位縫合　metopic suture　207
異形紅血球症　poikilocytosis　617
異種移植物　heterograft　150
異種移植物　xenograft　150
疏水性　hydrophobic　35
疏鬆　loose　77
傘細胞　umbrella cells　73
創傷後血管壞死　posttraumatic avascular necrosis　228
喉咽　laryngopharynx　726
單核母細胞　monoblasts　611
單核球　monocytes　75, 85
單能　unipotent　60
單層上皮細胞　simple epithelium　68
尋常型天皰瘡　pemphigus vulgaris　47
尋常疣　Common warts　147
惡性　malignant　57
掌長肌　palmaris longus　303
掌長肌　palmaris longus　7, 347
掌骨　metacarpals　218
掌腱膜　palmar aponeurosis　304

提上唇肌 levator labii superioris 316
提上瞼肌 levator palpebrae superioris 315
提肛肌 levator ani 332
提肩胛肌 levator scapulae 340
斑塊 (動脈瘤) plaque (atheroma) 635
斑塊 macula 546
最大 largest 24
最大 maximus 24
最大的 largest 25
最長肌群 longissimus 329
棘上肌 supraspinatus 260, 344
棘下肌 infraspinatus 260, 344
棘肌群 spinalis 329
棘狀 spinosum 129
椎動脈 vertebral arteries 200
椎間盤突出 herniated disc 199
椎靜脈 vertebral veins 200, 666
椎體交叉 pyramidal decussation 461
游離 ionizing 4
無血管 avascular 67
無肢畸形 amelia 121
無核的 anuclear 50
無排卵的 anovulatory 847
無顆粒細胞 agranulocytes 599
痙攣性腦性麻痺 spastic cerebral palsy 121
痛風性關節炎 gouty arthritis 270
痛經 dysmenorrhea 834
短暫性腦缺血發作 transient ischemic attack, TIA 482
短關聯纖維 short association fibers 473
硬化症 sclerosis 406
硬角質蛋白 hard keratin 136
硬節 sclerotome 208
硬腦脊膜 dura mater 182
硬膜外麻醉 epidural anesthesia 424
程序性細胞死亡 programmed cell death 54
筋膜 fascia 300
筋膜切開術 fasciotomy 303
筋膜黏連 fascia adherens 638
筋膜懸帶 fascial sling 320
結合線 cement line 159
結核分支桿菌 Mycobacterium tuberculosis 745
結核病 tuberculosis 743
結構、內和外板 inner and outer table 156
結締 connective 65
結膜囊 conjunctival sac 551
絨毛膜 chorion 110, 688
絲胺酸蛋白酶 serine protease 821, 825
絲球 glomerulosa 584
絲球體 glomeruli 537
絲球體濾液 glomerular filtrate 794
絲球體囊 glomerular capsule 791
絲聚蛋白 filaggrin 130
脾切除術 splenectomy 711
脾功能亢進 hypersplenism 711
脾動脈 splenic arteries 671
腋動脈 axillary artery 674
腋窩 axillary 677
腋窩淋巴結 axillary lymph nodes 707
腎上腺危象 adrenal crisis 578
腎上腺靜脈 suprarenal vein 583
腎小管 renal tubule 792
腎小體 renal corpuscle 792
腎盂炎 pyelitis 802
腎盂造影 pyelography 797
腎盂腎炎 pyelonephritis 802
腎素 renin 792
腎動脈 renal artery 7
腎區 renal area 709
腎結石症 nephrolithiasis 800
腎鈣石 renal calculus 800
腎葉 lobe 790
腎靜脈 renal vein 674
腎臟分率 renal fraction 790
腓骨長肌 fibularis longus 366
腓骨短肌 fibularis brevis 366
腓腸肌 gastrocnemius 300, 361
腓靜脈 fibular veins 684
腔 lumen 21
腔室症候群 compartment syndrome 302
腕肌 flexor carpi radialis 304
腕骨 carpal 218
腕隧道症候群 carpal tunnel syndrome 347
著床 implantation 104
詞尾 suffix 23
詞首 prefix 23
詞首字母縮寫 initialisms 24
詞根 root 23

詞幹 stem 23
超音波掃描圖 sonogram 6
軸突 axoneme 55
軸突側分支 axon collaterals 402
軸突運送 axonal transport 402
開放性動脈導管 patent ductus arteriosus, PDA 643
間骨板 interstitial lamellae 159
間腦 diencephalon 455
間葉 mesenchyme 162
間隙接合 gap junctions 46, 638
陽具 phallus 843
雄性素結合蛋白 androgen-binding protein 815
韌帶聯合 syndesmoses 242
項韌帶 nuchal ligament 200
順應性 compliance 743
黃體生成素 luteinizing hormone 575
黑色素 melanin 129
黑色蛋白素 melanopsin 559
黑肺病 black lung disease 743
黑素體 melanosomes 129
黑頭粉刺 comedo 147

十三劃

莖下頜韌帶 stylomandibular ligament 258
莖舌骨肌 stylohyoid muscles 194
莖舌骨韌帶 stylohyoid ligaments 194
莖突舌肌 styloglossus 756
莖突舌骨肌 stylohyoid 320
催產素 oxytocin 471
傳入的神經纖維 afferent nerve fibers 444
傳出的神經纖維 efferent nerve fibers 444
傳導性耳聾 conduction deafness 543
傷害感受器 nociceptors 527
嗅覺小孔 olfactory foramina 537
嗜中性球 neutrophils 75, 85
嗜中性顆粒球 neutrophils 45, 54
嗜色物質 chromatophilic substance 400
嗜酸性球 eosinophils 85
嗜鹼性球 basophils 85
圓小肌 teres minor 260
圓韌帶 round ligament 689
圓錐動脈幹 conotruncus 641
塌陷肺 collapsed lung 736
奧丁之詛咒 Ondine's curse 741
微小膠細胞 microglia 610, 703
微血管血管瘤 Capillary hemangiomas 136
微絨毛 microvilli 42
微絲 microfilaments 48
微管 microtubules 44, 55, 48
微管蛋白 tubulin 48
微囊性 microcytic 617
感染性心內膜炎 infective endocarditis 643
感壓接受器 baroreceptors 653
感覺小人 sensory homunculus 478
搭接縫合 lap suture 242
新生兒溶血病 hemolytic disease of the newborn, HDN 606
會陰 perineum 334
會陰深橫肌 deep transverse perineal muscles 332
會陰淺橫肌 superficial transverse perineal muscles 332
會厭 epiglottis 320
楔狀核 cuneate nucleus 428
極低密度脂蛋白 VLDL 775
溢出性尿失禁 overflow incontinence 806
溢乳 galactorrhea 578
溶血 hemolyze 606
溶菌酶 lysozyme 551, 768
溶酶體 lysosomes 52
滑動肌絲理論 sliding filament mechanism 285
滑液 synovial fluid 93
滑液關節 synovial joints 241
痰 sputum 744
睪丸 testicles 24
睪丸神經 testicular nerves 818
睫狀肌 ciliary muscle 513
睫狀神經節 ciliary ganglion 513
腦下垂體前葉及後葉 anterior and posterior pituitary 573
腦下垂體囊 hypophysial pouch 590
腦下腺窩 hypophysial fossa 190
腦內啡 enkephalins 533
腦回 gyrus 472
腦室系統 ventricles 414
腦脊膜 meninges 182, 415
腦脊膜層 meningeal layer 455
腦脊髓液 cerebrospinal fluid, CSF 404
腦梗塞 cerebral infarction 95
腦幹 brainstem 426
腦溝 sulcus 472

腦膜炎 meningitis 459
腫瘤 tumor (neoplasm) 57
腫瘤抑制基因 Tumor suppressor, TS 57
腭舌肌 palatoglossus 756
腭褶 palatine rugae 756
腮腺炎 mumps 759
腰大肌 psoas major 355
腰方肌 quadratus lumborum 329
腰淋巴幹 lumbar trunks 700
腰椎 lumbar vertebrae 196
腰椎前凸 lumbar lordosis 197
腰椎穿刺 lumbar puncture 424, 459
腰椎過度前凸 hyperlordosis 197
腰髂肋肌 iliocostalis lumborum 329
腳背 dorsum 233
腳趾離地 toe-off 257
腳跟著地 heel strike 256
腸內分泌細胞 enteroendocrine cells 587
腸骨 ilium 25
腸淋巴結 intestinal lymph nodes 707
腸淋巴幹 intestinal trunk 700
腸道 gut 750
腸繫膜脂肪 mesenteric fat 754
腸繫膜淋巴結 mesenteric lymph nodes 707
腹內斜肌 internal oblique 326
腹主動脈叢 abdominal aortic plexus 515
腹外斜肌 external oblique 326
腹枝 anterior ramus 312
腹直肌 rectus abdominis 25, 300, 326, 738
腹股溝疝氣 inguinal hernia 334, 846
腹股溝淋巴結 inguinal lymph nodes 707
腹股溝管內環 internal inguinal ring 819
腹股溝管外環 external inguinal ring 819
腹側 ventral 13, 14
腹斜肌 oblique 738
腹部淋巴結 abdominal lymph nodes 707
腹腔妊娠 abdominal pregnancy 107
腹腔神經叢或太陽神經叢 solar plexus 511
腹膜炎 peritonitis 516
腹橫肌 transverse 738
腹橫肌 transversus abdominis 326
萬能幹細胞 pluripotent stem cells 60
葛瑞夫茲氏病 Graves disease 582
蜂窩組織 areolar tissue 77
裘馨氏肌肉失養症 Duchenne muscular dystrophy, DMD 294
解剖 dissection 4
解剖性死腔 anatomical dead space 733
解剖學 anatomy 4
解剖學專有名詞 Terminologia Anatomica, TA 22
跟腱 calcaneal tendon 303
較大 larger 24, 25
較大的運動單位 large motor units 284
載體引導的運輸 carriermediated transport 41
運動小人 motor homunculus 480
運動蛋白 motor protein 44, 402
運動單位 motor unit 277
過度伸展 hyperextension 254
過敏 allergies 716
過敏性休克 anaphylactic shock 716
過敏原 allergens 716
電子細胞計數儀 electronic cell counters 612
電子顯微鏡 Electron microscopes 31
電腦斷層導引穿刺檢查 CT guided needle biopsy 77
鼓室神經 tympanic nerve 515
鼓索神經 chorda tympani 513
鼓膜反射 tympanic reflex 540
鼓膜造口術 tympanostomy 540

十四劃

菱形肌 rhomboids 306
僧帽細胞 mitral cells 537
塵埃細胞 dust cells 610
對後 posterior 14
對流熱交換器 countercurrent heat exchanger 820
對側 contralateral 17
對側忽視症候群 contralateral neglect syndrome 484
慢性阻塞性肺疾病 chronic obstructive pulmonary diseases 743
滲透度 osmolarity 601
滲透壓感受器 osmoreceptors 471
漏斗部 infundibulum 471
管液 tubular fluid 794
精子管道 spermatic ducts 820
精索靜脈曲張 varicocele 820
精胺酸加壓素 arginine vasopressin 579
精液凝固蛋白 seminogelin 821
網狀脊髓徑 reticulospinal tracts 465
網狀細胞 reticulocyte 604

網狀組織 reticular tissue 77
網狀結構 reticular formation 429
網狀激活系統 reticular activating system 466
網膜 omenta 753
緊急避孕藥 emergency contraceptive pills, ECPs 849
腐蝕鑄型技術 vascular corrosion cast 32
腿 Leg 17
膀胱炎 cystitis 802
膈神經 phrenic nerves 438
蜘蛛膜下腔 subarachnoid space 456
誘導多能幹細胞 induced pluripotent stem (iPS) cells 60
誘變劑 mutagens 57
赫普隆氏病 Hirschsprung disease 516
輔助因子 helper factors 712
輔助肌肉 accessory muscles 738
輔助性 T 淋巴球 helper T cells；TH cells 702
遠 distal 14
遠側 distal 17, 22
酶原顆粒 zymogen granules 779
酸中毒 acidosis 722
酸性套 acid mantle 126
酸性磷酸酶 acid phosphatase 825
鼻中隔軟骨 septal cartilage 193
鼻咽 nasopharynx 726

十五劃

葡萄糖胺聚醣 glycosaminoglycans, GAG 76
葡萄糖新生作用 gluconeogenesis 787
劍突 xiphoid process 204
噴乳反射 milk ejection reflex 838
層 stratum 25
層 tunics 649
層狀小體 lamellar corpuscles 135
廢用萎縮 disuse atrophy 288
彈性軟骨 elastic cartilage 83
德米西丁 dermcidin 127
摩擦 friction rub 623
摩擦嵴 friction ridges 131
數位減像血管攝影 digital subtraction angiography, DSA 4
漿液半月 serous demilune 759
漿細胞 plasma cells 601, 702
潛在空間 potential space 736, 833
潮氣量 tidal volume 743
潮熱 hot flashes 850
熱感受器 warm receptors 527
皺褶邊緣 ruffled border 158
盤狀 discoidal 33
線性骨折 linear fractures 210
緩慢 (第二次) 疼痛 slow (second) pain 531
緩慢阻擋多精受精 slow block to polyspermy 103
緻密不規則結締組織 dense irregular connective tissue 77
緻密規則 dense regular 77
緻密結締組織 dense connective tissue 77
膕肌 popliteus 366
膕淋巴結 popliteal lymph nodes 707
膕窩 popliteal fossa 360
膜 membrane 162
膜內 intramembranous 162
膜內 intramembranous 162
膜周邊蛋白 peripheral proteins 37
膜部尿道 membranous urethra 820
膜電位 membrane potential 86
膠質瘤 gliomas 406
蝶鞍 sella turcica 573
衛星狀巨噬細胞 stellate macrophages 610
複方口服避孕藥 combined oral contraceptive 849
複雜斑塊 complicated plaque 635
複雜斑塊 complicated plaques 689
調節 accommodation 557
調節性 T 淋巴球 regulatory T cells；TR Cell 702
豎立 erector 25
豎脊肌 erector spinae 25, 738
踝 malleolus 25
適應性免疫 adaptive immunity 611
震波碎石術 shock wave lithotripsy, SWL 800
鞍背 dorsum sellae 190
鞍結節 tuberculum sellae 190
鞏膜靜脈竇 canal of Schlemm 22
頜聯合 mental symphysis 208
頦肌 mentalis 317
頦舌肌 genioglossus 756
頦舌骨肌 geniohyoid 320
整合蛋白 integral proteins 37

十六劃

蒲金氏細胞 Purkinje cells 636
凝血因子 clotting factors 614

凝血因子 XII factor XII 615
凝視中心 gaze centers 465
器官系統 organ system 65
壁內神經節 intramural ganglion 513
壁層 parietal layer 623
憩室 diverticula 773
憩室炎 Diverticulitis 773
憩室病 diverticulosis 773
戰鬥或逃跑 fight-or-flight 04
橈尺關節 radioulnar joint 241
橈骨 radius 218
橈側伸腕長肌 extensor carpi radialis longus 22
橈側屈腕肌 flexor carpi radialis 347
橈動脈 radial artery 677
橈靜脈 radial veins 677
橋粒 desmosomes 45
橋腦 pons 455
機械優勢 mechanical advantage 306
橢圓囊 utricle 541
橫狀 transverse 13
橫紋肌 striated 87
橫膈 diaphragm 22
橫膈膜 diaphragm 324
橫橋 cross-bridge 285
橫頭 transverse head 353, 367
橫斷 transection 446
橫竇 transverse sinus 666
澱粉樣蛋白 amyloid protein 498
濃度梯度較高 up its concentration gradient 41
篩骨 ethmoid bone 725
篩竇 ethmoidal sinus 191
糖皮質素 glucocorticoids 578, 584
親水性 hydrophilic 35
輸卵管 fallopian tube 22
輸卵管 uterine (fallopian) tube 102
輸卵管結紮術 tubal ligation 849
輸卵管繫膜 mesosalpinx 834
輸尿管 ureter 7
輸尿管芽 ureteric bud 803
輸乳竇 lactiferous sinus 838
輸精管 ductus deferens 819
輸精管切除術 vasectomy 820, 849
鋸齒縫合 serrate suture 242
錐蟲 trypanosomes 516
錐體 pyramids 429
錐體徑 pyramidal tracts 429
隨意肌 voluntary 87
靜脈曲張 varicose veins 658
靜脈插管 (導管) intravenous cannula (catheter) 679
靜脈腎盂造影 intravenous pyelography, IVP 797
靜脈韌帶 ligamentum venosum 689
靜脈導管 ductus venosus 689
鞘突 vaginal process 846
鞘膜 tunica vaginalis 846
頭 head 222
頭小凹 fovea capitis 262
頭半棘肌 semispinalis capitis 322
頭皮屑 dandruff 130
頭位 vertex position 115
頭夾肌 splenius capitis 322
頭側 cephalic 14
頭部 head 278, 779
頭頂到坐姿的臀部曲線位置 crown-torump length, CRL 114
頭最長肌 longissimus capitis 329
頭棘肌 spinalis capitis 329
頰肌 buccinator 317
頰腺 buccal glands 758
頸內動脈 internal carotid artery 653
頸半棘肌 semispinalis cervicis 322
頸外動脈 external carotid artery 653
頸夾肌 splenius cervicis 322
頸動脈神經叢 carotid plexus 511
頸淋巴結 cervical lymph nodes 707
頸淋巴幹 jugular 700
頸淋巴囊 jugular lymph sacs 714
頸部 cervix 778
頸最長肌 longissimus cervicis 329
頸棘肌 spinalis cervicis 329
頸椎 cervical vertebrae 196
頸椎前凸 cervical lordosis 197
頸總動脈 common carotid artery 653
頸髂肋肌 iliocostalis cervicis 329
頸襻 ansa cervicalis 320

十七劃

壓力反射 baroreflex 506
壓力性尿失禁 stress incontinence 806
壓力感受器 baroreceptors 506

壓力點　pressure points　687
壓縮性肺膨脹不全　compression atelectasis　736
濕性壞疽　wet gangrene　95
營養孔　nutrient foramina　704
環狀軟骨　cricoid cartilage　726
環骨板　circumferential lamellae　159, 166
癌症　cancer　57
瞳孔光反射　photopupillary reflex　554
瞳孔收縮肌　pupillary constrictor　513
縫匠肌　sartorius　300, 358
縫合　sutures　242
縱向腦裂　longitudinal cerebral fissure　472
聯合　symphyses　244
膽石症　cholelithiasis　778
膽利鈣醇　cholecalciferol　587
膽紅素　bilirubin　774
膽結石　gallstones　778
膽酸 (膽鹽)　bile acids (bile salts)　774
膽鹼酯酶抑製劑　cholinesterase inhibitors　283
臀大肌　gluteus maximus　25, 224, 355
臀小肌　gluteus minimus　224, 355
臀中肌　gluteus medius　224, 355
髂骨　hip bones　222
臂　arm　17
避孕　contraception　848
避孕海綿　contraceptive sponge　849
避孕藥　birth-control pill　849
醛固酮　aldosterone　799
錘骨　malleus　25
闊背肌　latissimus dorsi　341
闊頸肌　platysma　317
隱性脊柱裂　spina bifida occulta　416
隱睪症　cryptorchidism　846
顆粒細胞　granule cells　537
顆粒細胞　granulosa cells　103
黏合質細胞　cementocytes　757
黏附醣蛋白　adhesive glycoproteins　76
黏度　viscosity　601
黏液　mucus　91
黏液性水腫　myxedema　583
黏液頸細胞　mucous neck cells　763
黏蛋白　mucin　91
黏膜肌層　muscularis mucosae　732
黏膜相關淋巴組織　mucosa-associated lymphatic tissue, MALT　732, 751

十八劃

翼狀肌　pterygoid muscles　319
翼突　pterygoid process　190
叢　plexus　312
叢狀細胞　tufted cells　537
叢密絨毛膜　villous chorion　112
擴散張量造影　DTI　473
濾泡　follicles　577
濾泡內鞘　theca interna　831
濾泡外鞘　theca externa　831
濾泡刺激素　follicle-stimulating hormone　575
瞼結膜　palpebral conjunctiva　551
臍尿管　urachus　803
臍疝氣　umbilical hernia　334
臍動脈　umbilical artery　674
臍膨出症　omphalocele　781
覆蓋　cover　19
蹠方肌　quadratus plantae　367
蹠肌　plantaris　361
蹠側骨間肌　plantar interosseous muscles　368
軀體的　somatic　431
軀體的感受器　somatic receptors　444
軀體疼痛　somatic pain　531
軀體感覺　somatosensory　440
軀體感覺　somatosensory senses　478
軀體感覺　somesthetic senses　478
軀體運動神經纖維　somatic motor nerve fibers　824
轉移　metastasis　707
轉移　metastasizing　57
轉袖肌群　rotator cuff　260
鎖骨　clavicle；collarbone　216
鎖骨下　subclavian　677
鎖骨下動脈和靜脈　subclavian artery and vein　205
鎖骨下淋巴幹　subclavian　700
鎖骨中線　midclavicular line　15
雙叉　bifid　200
雙耳聽力　binaural hearing　546
雙能量 X 光吸光式測定儀　dualenergy X-ray absorptiometry, DXA　172
雞眼　corns　130
鞭毛　flagella　42
額狀　frontal　13

額腹 frontal belly 315

十九劃

薄核 gracile nucleus 426
薦骨 sacrum 22, 202
薦椎 sacral vertebrae 196
瓣膜脫垂 valvular prolapse 629
邊緣 brim 20
邊緣系統 limbic system 470
鏈球菌 Streptococcus 806
關節小面 articular facet 205
關節炎 arthritis 267
關節軟骨 articular cartilage 82
關節鏡 arthroscope 266
關節鏡檢查 arthroscopy 266
類交感神經藥 Sympathomimetics 520
類骨組織 osteoid tissue 162
類副交感神經藥 Parasympathomimetics 520
髂外靜脈 external iliac veins 675
髂肌 iliacus 355
髂肌 iliacus muscle 224
髂骨 ilium 224
髂骨尾骨肌 iliococcygeus 333
髂嵴間線 intertubercular1 line 15
髂總動脈 common iliac arteries 671

二十劃

嚴重複合型免疫缺乏症 severe combined immunodeficiency disease, SCID 16
礦物皮質素 mineralocorticoids 584
竇性心律 sinus rhythm 640
繼發性弧度 secondary curvatures 198
繼發性高血壓 secondary hypertension 691
觸覺細胞 tactile cell 527
觸覺盤 tactile disc 129
釋放激素 releasing hormones 575

二十一劃

嚼肌 masseter 300, 319
饑餓素 ghrelin 763

二十二劃

囊性脊柱裂 spina bifida cystica 416
囊泡 vesicles 41, 109
聽診 auscultation 639
臟層 visceral layer 623

二十三劃

曬斑 solar lentigines 146
纖毛 cilia 42
纖毛病變 ciliopathies 43
纖維外層 fibrous layer 156
纖維性 fibrous 241
纖維狀 fibrous 33
纖維蛋白 fibrin 615, 601
纖維蛋白原 fibrinogen 615
纖維軟骨 fibrocartilage 83
纖維結締組織 fibrous connective tissue 74
纖維環 fibrous rings 626
變形性骨炎 osteitis deformans 168
變形蟲 Amoeba 45
顯微鏡 microscope 23
顯微鏡的 microscopic 23
顯微鏡學 microscopy 23
顯微鏡學家 microscopist 23
髓索 medullary cords 706
髓質 medulla 704, 706
髓鞘 myelin sheath 404
體 body 222
體 corpus 24
體上動脈 superior hypophysial artery 575
體外受精 in vitro fertilization, IVF 60
體外膜氧合 extracorporeal membrane oxygenation, ECMO 743
體位性低血壓 orthostatic hypotension 521, 689
體制素 somatostatin 575
體液免疫 humoral immunity 712
體被系統 integumentary system 126
體部 body 779
體溫過低 hypothermia 23
體節 somites 108, 118, 208
體運動神經元 somatic motor neurons 281
鱗狀 squamous 33

二十四劃

癱瘓性焦慮症 paralysis agitans 499
髕骨 patella 226
髕韌帶 patellar ligament 230
鷹嘴 olecranon 219
齲齒 dental caries 757

二十五劃

顱薦神經分系　craniosacral division　513
髖臼　acetabulum　24
髖骨　coxal　172
髖骨　ossa coxae　222

二十七劃

顳下頜關節功能障礙　temporomandibular joint dysfunction, TMD　258
顳肌　temporalis　301, 319
顳動脈　temporal artery　674
顴大肌　zygomaticus major　300
顴弓　zygomatic arch　187
顴骨的　zygomatic　25

英文索引

A

abdominal aortic plexus 腹主動脈叢 515
abdominal lymph nodes 腹部淋巴結 707
abdominal pregnancy 腹腔妊娠 107
abduction 外展 255
abductor digiti minimi 外展小趾肌 367
abductor hallucis 外展拇肌 367
abductor pollicis longus 外展拇長肌 350
abruptio placentae 胎盤早期剝離 113
absorption atelectasis 吸收性肺塌陷 736
accessory glands 附屬腺體 821
accessory muscles 輔助肌肉 738
accessory pancreatic duct 副胰管 767
accessory renal artery 副腎動脈 805
accommodation 調節 557
acetabulum 髖臼 24
acetylcholine 乙醯膽鹼 410
Achilles tendon 阿奇里斯腱 303
Achondroplastic dwarfism 軟骨發育不全侏儒症 167
acid mantle 酸性套 126
acid phosphatase 酸性磷酸酶 825
acidosis 酸中毒 722
acquired immunodeficiency syndrome, AIDS 後天免疫缺乏症候群 716
acrosomal reaction 頂體反應 102
actin 肌動蛋白 43, 48, 602
acute renal failure 急性腎衰竭 805
adaptive immunity 適應性免疫 611
adduction 內收 255, 256
adductor hallucis 內收拇趾肌 367
adductor hiatus 內收肌裂孔 681
adductor magnus 內收大肌 24
adductor pollicis 內收拇肌 353
adenohypophysis 垂體腺體部 573
adhesive glycoproteins 黏附醣蛋白 76
adipocyte 脂肪細胞 23
adipose tissue 脂肪組織 74, 75
adrenal crisis 腎上腺危象 578
aerobic respiration 有氧呼吸 54
afferent nerve fibers 傳入的神經纖維 444
after-discharge 後放電 413
agranulocytes 無顆粒細胞 599
aldosterone 醛固酮 799
alimentary canal 消化管道 750
allantois 尿囊 110
allergens 過敏原 716
allergies 過敏 716
allograft 同種異體移植物 150
alveolar macrophages 肺泡巨噬細胞 610, 703
amelia 無肢畸形 121
amnion 羊膜 22, 24, 110, 688
Amoeba 變形蟲 45
amygdala 杏仁核 483
amyloid protein 澱粉樣蛋白 498
amyotrophic lateral sclerosis, ALS 肌肉萎縮性脊髓側索硬化症 432
anal canal 後肛管 803
anal triangle 肛門三角 334
anaphase 後期 58
anaphylactic shock 過敏性休克 716
anatomical dead space 解剖性死腔 733
anatomy 解剖學 4
androgen-binding protein 雄性素結合蛋白 815
anemia 貧血 23
aneuploidy 非整倍體 118
angina pectoris 心絞痛 635
angioblasts 血管母細胞 688
angiography 血管造影 4
angiotensin II 血管收縮素 II 722
angular acceleration 角度加速 546
angular gyrus 角回 482
anisotropic 異向性 279
anococcygeal ligament 肛尾韌帶 332
anovulatory 無排卵的 847

ansa cervicalis 頸襻 320
antagonistic or cooperative effects disease 拮抗或協同的作用 519
anterio 前方 13
anterior (extensor) compartment 前 (伸肌) 腔室 356
anterior and posterior pituitary 腦下垂體前葉及後葉 573
anterior and posterior tibial arteries 脛前和脛後動脈 681
anterior belly 前腹 320
anterior border layer 前邊界層 554
anterior divisions 前部 438
anterior intercostal arteries 前肋間動脈 669
anterior lobe 前葉 573
anterior longitudinal ligament 前縱韌帶 211
anterior median fissure 前正中裂 421, 461
anterior ramus 腹枝 312
anterior root 前根 425
anterior superior spines 上棘 15
anterior 前；前方 14
anterolateral system 前外側系統 429
antibodies 抗體 605
antidiuretic hormone 抗利尿激素 471, 800
antigenic determinants 抗原活性片段 702
antigen-presenting cells, APCs 抗原呈現細胞 610
antigens 抗原 75, 605
antigravity muscles 抗重力肌 275
anuclear 無核的 50
aorta 主動脈 622
apnea 吸暫停 741
apocrine sweat glands 頂泌汗腺 141
apocrine 頂泌汗腺 141
apoptosis 細胞凋亡 54
appendages 附肢 15
appendicular regions 附肢區域 16
aquaporins 水通道蛋白 800
arcuate fasciculus 弓狀束 473
arcuate nucleus 弓形核 471
areolar tissue 蜂窩組織 77
arginine vasopressin 精胺酸加壓素 579
arm 臂 17
arthritis 關節炎 267
arthroscope 關節鏡 266
arthroscopy 關節鏡檢查 266
articular cartilage 關節軟骨 82
articular facet 關節小面 205
artifact 人為現象 129
aspartate 冬胺酸 411
aster 星狀體 58
astrocytosis 星狀膠細胞增多症 406
ataxia 失調現象 482
atelectasis 肺膨脹不全 736
atherosclerosis 動脈粥樣硬化 635
athlete’s foot 香港腳 147
atlanto-occipital joint 枕寰關節 241
Atlas of Human Anatomy 人體解剖學圖集 2
atresia 閉鎖 829
Atropa belladonna 茄科植物 520
auricular hillocks 耳丘 565
auscultation 聽診 639
autoantibodies 自體抗體 47, 715
autografts 自體移植 150
autoimmune disease 自體免疫 (性) 疾病 408, 706
autonomic nervous system, ANS 自主神經系統 290, 504
autonomic 自主 741
autophagy 為自噬 54
autorhythmicity 自律性 290
avascular 無血管 67
axial regions 中軸區域 15
axillary artery 腋動脈 674
axillary lymph nodes 腋窩淋巴結 707
axillary 腋窩 677
axon collaterals 軸突側分支 402
axonal transport 軸突運送 402
axoneme 軸突 55
azygos sysyem 奇靜脈系統 669
azygos vein 奇靜脈 669

B

ball-andsocket joint 球窩關節 227
baroreceptors 壓力感受器；感壓接受器 506, 653
baroreflex 壓力反射 506
Barrett esophagus 巴瑞特氏食道 761
basal cells 基底細胞 535
basal ganglia 基底神經節 476
basal lamina 基底層 283
basal layer 基底層 144
base 基底 222
basement membrane 基底膜 33

basophils 嗜鹼性球 85
Bell palsy 貝爾氏癱瘓 491
benign prostatic hyperplasia 良性前列腺增生 805
beta-endorphin β-腦內啡 411
biceps brachii 肱二頭肌 217, 258, 300, 305, 345
biceps femoris 股二頭肌 360
bicuspid valve 二尖瓣 629
bifid 雙叉 200
bile acids (bile salts) 膽酸 (膽鹽) 774
bilirubin 膽紅素 774
binaural hearing 雙耳聽力 546
biofeedback 生物反饋 505
biparental 父母 810
birth-control pill 避孕藥 849
black lung disease 黑肺病 743
bleb 氣泡 736
blebbing 起泡 95
blood groups 血群 605
blood islands 血島 604, 688
blood thymus barrier 血胸腺障壁 704
blood urea nitrogen, BUN 血液尿素氮 788
blood-brain barrier, BBB 血腦障蔽 405
body 體；胸骨體胸骨體；體部 222, 204, 779
bolus 食團 755
bone markings 骨面標記 172
bone marrow 骨髓 702
bone 骨骼 83
bony 骨性 241
botulism 肉毒桿菌 283
brachial vein 肱靜脈 674
brachial 肱動脈 677
brachialis 肱肌 303
brachioradialis 肱橈肌 345
bradycardia 心搏過緩 447
brainstem 腦幹 426
branches 分支 657
brim 邊緣 20
brittle bone disease 脆骨病 84
bromhidrosis 狐臭 142
bronchial arteries 支氣管動脈 659
bronchial tree 肺支氣管樹 730
bronchoconstriction 支氣管收縮 734
bronchodilation 支氣管擴張 734
bronchomediastinal 支氣管縱膈淋巴幹 700
brush border enzymes 刷狀邊緣酶 768
brush cells 刷細胞 725
buccal glands 頰腺 758
buccinator 頰肌 317
buffy coat 淡黃色覆層 600
bulbar conjunctiva 球結膜 551
bulbocavernosus 球海綿體肌 332
bundle branch block 束支阻滯 638
bursa 法氏囊 702

C

calcaneal tendon 跟腱 303
calcidiol 促鈣二醇 587
calculus 牙結石 757
calluses 老繭 130
canal of Schlemm 鞏膜靜脈竇 22
cancer 癌症 57
Candida 念珠菌 716
capacitance vessels 容量血管 657
Capillary hemangiomas 微血管血管瘤 136
carcinogens 致癌物 57
cardiac nerves 心臟神經叢 511
cardiac plexus 心臟神經叢 638
cardiac tamponade 心包填塞 19, 624
cardiac 心臟 87
cardinal ligaments 主韌帶 834
cardiology 心臟病學 23
cardiomegaly 心臟肥大 643
cardiomyocytes 心肌細胞 290
cardio-pulmonary system 心肺系統 12, 722
carotid plexus 頸動脈神經叢 511
carpal tunnel syndrome 腕隧道症候群 347
carpal 尺骨 218
carriermediated transport 載體引導的運輸 41
cartilaginous 軟骨性 241
categorical hemisphere 理智性半球 486
caudal 尾側 14
Cavernous hemangiomas 海綿狀血管瘤 136
cell-adhesion molecules 細胞-黏附分子 650
cellulae 細胞 30
cellular immunity 細胞免疫 712
cement line 結合線 159
cementocytes 黏合質細胞 757
central canals 中央管 157, 414
central fiber 中央纖維 403

central line 中心管線 679
central longitudinal vein 中央縱向靜脈 704
central pattern generators 中樞模式生成器 465
central venous catheter, CVC 中央靜脈導管 679
centriole 中心體 55
cephalic 頭側 14
cerebellar peduncles 小腦腳 461
cerebellum 小腦 22, 426
cerebral arterial circle 大腦動脈環 665
cerebral hemispheres 大腦半球 416, 426, 472
cerebral infarction 腦梗塞 95
cerebral peduncle 大腦腳 465
cerebrospinal fluid, CSF 腦脊髓液 404
ceruminous glands 耵聹腺 141
cervical canal 子宮頸 821
cervical cancer 子宮頸癌 834
cervical lordosis 頸椎前凸 197
cervical lymph nodes 頸淋巴結 707
cervical vertebrae 頸椎 196
cervix 頸部 778
Chagas 查加斯氏病 516
chancre 下疳 847
Chlamydia trachomatis 砂眼衣原體 847
Chlamydia 披衣菌 842
cholecalciferol 膽利鈣醇 587
cholelithiasis 膽石症 778
cholinergic crisis 乙醯膽鹼危機 283
cholinesterase inhibitors 膽鹼酯酶抑製劑 283
chorda tympani 鼓索神經 513
chorion 絨毛膜 110, 688
chromatophilic substance 嗜色物質 400
chronic obstructive pulmonary diseases 慢性阻塞性肺疾病 743
chyle 乳糜 696, 701, 768
chylomicrons 乳糜微粒 768
cilia 纖毛 42
ciliary ganglion 睫狀神經節 513
ciliary muscle 睫狀肌 513
ciliopathies 纖毛病變 43
circadian rhythm 晝夜節律；日夜節律 471, 580
circumferential lamellae 環骨板 159, 166
cirrhosis 肝硬化 777
clavicle；collarbone 鎖骨 216
cleavage furrow 分裂溝 58
cleavage 分裂 104
climacteric 更年期 850
cloaca 泄殖腔 803
closed reduction 閉合復位 169
Clostridium botulinum 肉毒梭菌 283
Clostridium tetani 破傷風梭菌毒素 283
Clostridium 梭狀芽胞桿菌屬 95
clotdissolving enzyme 血栓溶解酶 613
clotting factors 凝血因子 614
club hair 杵狀髮 139
coccygeal vertebrae 尾椎 196
coccygeus 尾骨肌 333
cochlear nucleus 耳蝸神經核 544
cold receptors 冷覺感受器；冷感受器 506, 527
collapsed lung 塌陷肺 736
collateral 側枝 659
combined oral contraceptive 複方口服避孕藥 849
Combining vowels 組合母音 23
comedo 黑頭粉刺 147
common carotid artery 頸總動脈 653
common hepatic 肝總動脈 671
common iliac arteries 髂總動脈 671
Common warts 尋常疣 147
communicating rami 交通支 508
compartment syndrome 腔室症候群 302
complete blood count, CBC 全血細胞計數 611
compliance 順應性 743
complicated plaques 複雜斑塊 689, 635
compression atelectasis 壓縮性肺膨脹不全 736
compressor urethrae muscles 尿道壓肌 332
conduction deafness 傳導性耳聾 543
conjunctival sac 結膜囊 551
connective 結締 65
connexon 連接子 47
conotruncus 圓錐動脈幹 641
contact dermatitis 接觸性皮膚炎 147
contact digestion 接觸消化作用 768
continuous ambulatory peritoneal dialysis, CAPD 連續可攜帶腹膜透析 805
contraception 避孕 848
contraceptive sponge 避孕海綿 849
contrafissura fracture 反裂性骨折 210
contralateral neglect syndrome 對側忽視症候群 484
contralateral 對側 17

cor pulmonale 肺原性心臟病 743
cord 索 440, 704
corns 雞眼 130
corona radiata 放射冠 473
coronal suture 冠狀縫 187
coronary artery disease, CAD 冠狀動脈疾病 635
corpus callosum 胼胝體 22, 472
corpus striatum 紋狀體 477
corpus 體 24
cortex 皮質 24, 704, 706
cortical granules 皮質顆粒 103
cortical remapping 皮質重置 533
corticomedullary junction 皮質髓質交界處 790
corticotropic cells 促腎上腺皮質細胞 578
costal cartilage 肋軟骨 82
costal facets 肋骨小面 201
costovertebral joint 肋脊關節 209
countercurrent heat exchanger 對流熱交換器 820
cover 覆蓋 19
coxal 髖骨 172
craniosacral division 顱薦神經分系 513
crepitus 捻髮音 269
cricoid cartilage 環狀軟骨 726
cross-bridge 橫橋 285
crown-torump length, CRL 頭頂到坐姿的臀部曲線位置 114
cruciate ligament 十字韌帶 257
crutch paralysis 拐杖癱瘓 443
cryptorchidism 隱睪症 846
CT guided needle biopsy 電腦斷層導引穿刺檢查 77
cuboidal 立方 33
cuneate nucleus 楔狀核 428
cutaneous area 皮膚區域 755
cutaneous syndactyly 皮膚並指症 235
cutaneous vasoconstriction 皮膚血管收縮 127
cutaneous vasodilation 皮膚血管擴張 127
cystitis 膀胱炎 802
cytology 細胞學 9, 65
cytoplasm 細胞質 35
cytoskeleton 細胞骨架 35, 55
cytosol 胞液 35
cytotoxic T cells；TC cells 毒殺性 T 淋巴球 702

D

dandruff 頭皮屑 130
daughter chromosome 子染色體 58
deafness 耳聾 543
deep cortex 深層皮質 707
deep transverse perineal muscles 會陰深橫肌 332
deep 深；深層 14, 18, 265
defensins 防禦素 127
deglutition 吞嚥 318, 761
deltoid muscle 三角肌 218
deltoid 三角肌 302
denervation atrophy 去神經萎縮 288
denervation hypersensitivity 去神經超敏反應 504
dense connective tissue 緻密結締組織 77
dense irregular connective tissue 緻密不規則結締組織 77
dense regular 緻密規則 77
dental caries 齲齒 757
depolarizes 去極化 639
depress 下壓 254
depressed fracture 凹陷性骨折 210
depressor anguli oris 降口角肌 316
depressor labii inferioris 降下唇肌 309
dermal bones 真皮骨 162
dermatome map 皮節圖 443
dermcidin 德米西丁 127
dermis 真皮 126
descending analgesic fibers 下行止痛纖維 430, 465
desmosomes 胞橋結合 638
desmosomes 橋粒 45
dextrocardia 右位心 8
dialysis machine 透析機 805
diaphragm 子宮帽 849
diaphragm 橫膈；橫膈膜 22, 324
diencephalon 間腦 455
differential WBC count 白血球差值計數 612
digastric fossa 二腹肌窩 320
digastric muscle 二腹肌 187
digastric 二腹肌 23, 320
digital rays 指輻線 115
digital subtraction angiography, DSA 數位減像血管攝影 4
diploe 骨質 187
discoidal 盤狀 33
dissecting aneurysm 動脈瘤剝離 652
dissection 解剖 4
distal 遠；遠側；遠端 14, 17, 220

disuse atrophy 廢用萎縮 288
diverticula 憩室 773
Diverticulitis 憩室炎；憩室病 773
DNA mitochondrial DNA, mtDNA 粒線體 54
dopamine 多巴胺 411
Doppler ultrasound scan 杜普勒超音波掃描 7
dorsal artery 背動脈 233
dorsal interosseous muscle 背側骨間肌 368
dorsal nerve 背神經 233
dorsal 背側 13, 14
dorsum sellae 鞍背 190
dorsum 腳背 233
down a concentration gradient 沿著濃度梯度下降 40
dropsy 浮腫 644
DTI 擴散張量造影 473
dualenergy X-ray absorptiometry, DXA 雙能量 X 光吸光式測定儀 172
Duchenne muscular dystrophy, DMD 裘馨氏肌肉失養症 294
ductus arteriosus 動脈導管 689
ductus deferens 輸精管 819
ductus venosus 靜脈導管 689
duodenum 十二指腸 22
dura mater 硬腦脊膜 182
dust cells 塵埃細胞 610
dynein arms 動力蛋白臂 44
dynorphins 強啡肽 533
dysmenorrhea 痛經 834
dysphagia 吞嚥困難 781
dyspnea 呼吸困難 325, 643

E

early spontaneous abortions 早期自然流產 118
eccrine sweat glands 外泌汗腺 141
echocardiography 心臟超音波檢查 7
ectoderm 外胚層 104
ectopic pregnancy 異位妊娠 107
efferent nerve fibers 傳出的神經纖維 444
egg；ovum 卵子 829
elastic cartilage 彈性軟骨 83
electrocardiogram, ECG or EKG 心電圖 639
Electron microscopes 電子顯微鏡 31
electronic cell counters 電子細胞計數儀 612
eleidin 角母蛋白 129
elevate 上提 254
embryo 胚胎 104
embryogenesis 胚胎發生 104
embryonic stalk 胚胎柄 688
emergency contraceptive pills, ECPs 緊急避孕藥 849
empty magnification 空放大 31
endemic goiter 地方性甲狀腺腫 583
endemic 地方性 593
endocardium 心內膜 93
endochondral 軟骨內 162
endocrine 內分泌 571
endoderm 內胚層 104
endogastric 內腹 23
endometrial cancer 子宮內膜癌 834
endometriosis 子宮內膜異位症 836
endometrium 子宮內膜 833
endomysium 肌內膜 281
endoneurium 經內膜 406
endoplasmic reticulum, ER 內質網 50
endothelial cells 內皮細胞 460
endothelium 內皮 626
enkephalins 腦內啡 533
enteroendocrine cells 腸內分泌細胞 587
envelope protein 套膜蛋白 130
eosinophils 嗜酸性球 85
epicardium 心外膜 623
epidermis 表皮 126
epidural anesthesia 硬膜外麻醉 424
epigastric 上腹 23
epiglottis 會厭 320
epimysium 肌外膜 281
epithalamus 上丘腦 469
epithelia 上皮細胞 33
epithelial 上皮 65
erectile dysfunction (impotence) 勃起功能障礙 (陽痿) 850
erector spinae 豎脊肌 25, 738
erector 豎立 25
erythroblast (normoblast) 紅血球母細胞 604
erythrocyte colony-forming unit, ECFU 紅血球部落形成單位 604
erythrocytosis 紅血球增多症 616
erythropoietin, EPO 紅血球生成素 604, 787
ethmoid bone 篩骨 725
ethmoidal sinus 篩竇 191
exchange vessels 交換血管 654

excisional biopsy 切除性切片檢查 77
exfoliate cytology 剝落細胞學 70
exocrine glands 外分泌腺 571
expiration 呼氣 324
extension 伸展 254, 255
extensor carpi radialis longus 橈側伸腕長肌 22
extensor digiti minimi 伸小指肌 24
extensor digitorum brevis 伸趾短肌 367
extensor digitorum longus 伸趾長肌 361
extensor digitorum muscle 伸指肌 24
extensor hallucis brevis 伸拇短肌 367
extensor hallucis longus 伸拇趾長肌 361
extensor pollicis brevis 伸拇短肌 350
external anal sphincter 肛門外括約肌 332
external and internal carotid artery 外頸動脈和內頸動脈 664
external carotid artery 頸外動脈 653
external elastic lamina 外彈力層 652
external iliac veins 髂外靜脈 675
external inguinal ring 腹股溝管外環 819
external intercostal muscles 外肋間肌 324
external jugular 外頸靜脈 666
external oblique 腹外斜肌 326
external os 外開口 833
external urethral sphincter 尿道外括約肌 332
external urethral 尿道外括約肌 302
extracorporeal membrane oxygenation, ECMO 體外膜氧合 743
extraembryonic mesoderm 胚外中胚層 106
extrathalamic cortical modulatory system 丘腦外皮質調節系統 466
extremities 四肢 15
extrinsic ligaments 外在韌帶 728
extrinsic muscles 外在肌 726, 72

F

factor XII 凝血因子 XII 615
fallopian tube 輸卵管 22
falx cerebelli 小腦鐮 456
falx cerebri 大腦鐮 456, 666
fascia adherens 筋膜黏連 638
fascia 筋膜 300
fascial sling 筋膜懸帶 320
fasciotomy 筋膜切開術 303
fast (first) pain 快速 (第一次) 疼痛 531
fast block to polyspermy 快速阻擋多精受精 103
fauces 咽門 726
female condom 女用避孕套 849
femoral artery 股動脈 674, 677
femoral triangle 股三角；股三角區 681, 687
femoral vein 股靜脈 674, 677
femur 股骨 226
fenestrated capillaries 有孔型微血管 571
fertility awareness 自然家庭計畫 848
fetus 胎兒 104
fibrillin 小纖維蛋白 80
fibrin 纖維蛋白 601, 615
fibrinogen 纖維蛋白原 615
fibrocartilage 纖維軟骨 83
fibrous connective tissue 纖維結締組織 74
fibrous layer 纖維外層 156
fibrous rings 纖維環 626
fibrous 纖維性；纖維狀 33, 241
fibula 外側腓骨 226
fibular veins 腓靜脈 684
fibularis brevis 腓骨短肌 366
fibularis longus 腓骨長肌 366
fibularis tertius 第三腓骨 361
fight-or-flight 戰鬥或逃跑 504
filaggrin 絲聚蛋白 130
flaccid paralysis 弛緩性麻痺 283
flagella 鞭毛 42
flexion 屈曲 254, 255
flexor carpi radialis 腕肌 304
flexor carpi radialis 橈側屈腕肌 347
flexor carpiulnaris 尺側屈腕肌 339
flexor digiti minimi brevis 屈小指短肌 309, 367
flexor digitorum longus 屈趾長肌 366
flexor hallucis brevis 屈拇趾短肌 367
flexor hallucis longus 屈拇趾長肌 366
flexor retinaculum 屈肌支持帶 220
flexor 屈肌 339
fluid connective tissue 流體結締組織 74
follicles 濾泡 577
follicle-stimulating hormone 濾泡刺激素 575
foot 足部 354
foramen magnum 大孔；枕骨大孔 25, 182
foramen ovale 卵圓孔 641, 689
foramen 孔 25

forced expiratory volume　用力呼氣量　743
forearm　前臂　15
formed element　有形成分　599
fossa ovalis　卵圓窩　643, 689
fourth-degree burns　四級灼傷　149
fovea capitis　頭小凹　262
freeze-fracture method　冷凍蝕刻法　32
friction ridges　摩擦嵴　131
friction rub　摩擦　623
frontal belly　額腹　315
frontal　額狀　13
functional MRI, fMRI　功能性磁振造影　6
fundus　底部　778
fusiform　紡錘狀　33

G

galactorrhea　溢乳　578
gallstones　膽結石　778
gamma-aminobutyric acid, GABA　γ-胺基丁酸　411
ganglion　神經節　24
gap junctions　間隙接合　46, 638
gas gangrene　氣疽　95
gastric area　胃區　709
gastric lipase　胃脂肪酶　763
gastric　胃　23
gastrin　胃泌素　765
gastritis　胃炎　765
gastrocnemius　腓腸肌　300, 361
gastroenterology　胃腸學；胃腸病學　23, 749
gastroesophageal reflux disease, GERD　胃食道逆流疾病　760
gastroesophageal reflux　胃食道逆流　760
gastrointestinal (GI) tract　胃腸道　750
gastrosplenic ligament　胃脾韌帶　715
gaze centers　凝視中心　465
general senses　一般感覺　473, 478
general　一般的　431
genioglossus　頦舌肌　756
geniohyoid　頦舌骨肌　320
genital warts　生殖器疣　848
genitourinary system　泌尿生殖系統　12
germinal matrix　生毛基質　145
germinative layer　生發層　144
ghrelin　饑餓素　763
gingivitis　牙齦炎　757
glenohumeral joint　盂肱關節　241
gliomas　膠質瘤　406
glomerular capsule　絲球體囊　791
glomerular filtrate　絲球體濾液　794
glomeruli　絲球體　537
glomerulosa　絲球　584
glucocorticoids　糖皮質素　578, 584
gluconeogenesis　葡萄糖新生作用　787
glutamate　谷胺酸　410
gluteus maximus　臀大肌　25, 224, 355
gluteus medius　臀中肌　224, 355
gluteus minimus　臀小肌　224, 355
glycemia　血糖　585
glycine　甘胺酸　411
glycosaminoglycans, GAG　葡萄糖胺聚醣　76
gomphoses　釘狀關節　242
gomphosis　釘狀聯合關節　757
gonadal ridges　生殖嵴　816
gonadotropic cells　促性腺細胞　577
gonadotropins　促性腺激素　575
gouty arthritis　痛風性關節炎　270
gracile nucleus　薄核　426
granule cells　顆粒細胞　537
granulocytes　有顆粒細胞　599
granulosa cells　顆粒細胞　103
Graves disease　葛瑞夫茲氏病　582
gray matter　灰質　416
Gray's Anatomy　格雷解剖學　2
great arteries and veins　大動脈和靜脈　622
great vessels　大血管　622
greater curvature　胃大彎　672, 761
greater omentum　大網膜　672, 763
growth factors　生長因子　168, 614
gut　腸道　750
gyrus　腦回　472

H

hair bud　毛芽　145
hair bulb　毛球　145
hair peg　毛釘　145
hamstring muscles　股後肌群　257
hard keratin　硬角質蛋白　136
HDL　高密度脂蛋白　775
head　頭；頭部　222, 278, 779
heart block　心臟傳導阻滯　638

heart murmur 心雜音 644
heart tube 心管 293
heel strike 腳跟著地 256
helper factors 輔助因子 712
helper T cells；TH cells 輔助性 T 淋巴球 702
hematocrit 血比容 600, 606
hematopoietic stem cells, HSCs 造血幹細胞 712
hematopoietic tissue 造血組織 162
hematopoietic 造血的 161
hematuria 血尿 797
hemidesmosomes 半橋粒 47
hemocytoblasts 血母細胞 688
hemodialysis 血液透析 805
hemolytic disease of the newborn, HDN 新生兒溶血病 606
hemolyze 溶血 606
hemorrhoids 痔瘡 658, 772
heparin 肝素 75
hepatic artery 肝動脈 674
hepatic macrophages 肝巨噬細胞 703
hepatic portal system 肝臟的門脈系統 659
hepatic sinusoids 肝竇 676, 753
Hepatitis 肝炎 777
herniated disc 椎間盤突出 199
herpes simplex virus type 2, HSV-2 第 2 型單純疱疹病毒 848
herpes zoster 帶狀疱疹 436
herpes 疱疹 848
heterograft 異種移植物 150
hiatal hernia 食道裂孔疝氣 334
hilum 肺門 659
hip bones 髖骨 222
hippocampus 海馬回 485
Hirschsprung disease 赫普隆氏病 516
histamine 組織胺 75, 411
histology 組織學 9
homeostasis 動態平衡 504
homograft 同種移植物 150
homologous chromosome；matching chromosome 同源 813
horizontal plate 水平板 193
horseshoe kidney 馬蹄腎 803
host cells 宿主細胞 702
hot flashes 潮熱 850
human papillomavirus, HPV 人類乳突病毒 848
humerus 肱骨 218
humoral immunity 體液免疫 712
hyaline cartilage 透明軟骨 83
hydrophilic 親水性 35
hydrophobic 疏水性 35
hyoglossus 舌骨舌肌 756
hypercalcemia 血鈣高 581
hypercapnia 高碳酸血症 743
hyperemesis gravidarum 妊娠劇吐 110
hyperextension 過度伸展 254
hyperkyphosis 脊柱過度後曲 197
hyperlordosis 腰椎過度前凸 197
hyperreflexia 反射亢進 446
hypersplenism 脾功能亢進 711
hyperthyroidism 甲狀腺功能亢進症 582
hypochromic 低色素性 617
hypodermis 皮下組織 126
hypogastric 下腹 23
hypoglossal nerve 舌下神經 189
hyponatremia 低血鈉症 23
hypophysial fossa 腦下腺窩 190
hypophysial pouch 腦下垂體囊 590
hyposplenism 低脾功能症 711
hypothalamic thermostat 下丘腦恆溫器 471
hypothalamus 下丘腦 469
hypothermia 體溫過低 23
hypothyroidism 甲狀腺機能低下症 582
hypoxemia 低血氧症 742

I

I band I 帶 279
ileum 迴腸 25
iliacus muscle 髂肌 224
iliacus 髂肌 355
iliococcygeus 髂骨尾骨肌 333
iliocostalis cervicis 頸髂肋肌 329
iliocostalis lumborum 腰髂肋肌 329
iliocostalis thoracis 胸髂肋肌 329
ilium 腸骨；髂骨 25, 224
immune system 免疫系統 12
immunocompetent 免疫活性 703
implantation 著床 104
in vitro fertilization, IVF 體外受精 60
incisional (core) biopsy 切開性 (核心) 切片檢查 77
incisive foramina 門齒孔 193

inclusions 包涵體 35
indifferent gonad 未分化性腺 843
induced pluripotent stem (iPS) cells 誘導多能幹細胞 60
infective endocarditis 感染性心內膜炎 643
inferior nasal concha 下鼻甲 191
inferior pancreaticoduodenal artery 下胰十二指腸動脈 671
inferior peduncles 下小腦腳 467
inferior suprarenal artery 下腎上腺動脈 583
inferior thyroid arteries 下甲狀腺動脈 581
inferior vena cava 下腔靜脈 622
inferior 下；下方 14
infra- 下 265
infrahyoid group 下舌骨肌群 728
infraspinatus 棘下肌 260, 344
infundibulum 漏斗部 471
inguinal hernia 腹股溝疝氣 334, 846
inguinal lymph nodes 腹股溝淋巴結 707
inhibin 抑制素 815
inhibiting hormones 抑制激素 575
initial segment 初始片段 402
initialisms 詞首字母縮寫 24
inner and outer table 結構、內和外板 156
innervation 神經支配 313
insertion 止端 304
inspiration 吸氣 324
integral proteins 整合蛋白 37
integrating center 訊息整合中心 444
integumentary system 體被系統 126
intercartilaginous (interchondral) part 軟骨間部分 738
intercartilaginous part 軟骨間部分 324
intercostal 肋間淋巴幹 700
interferon 干擾素 705
interleukins 白介素 705
intermediate filaments 中間絲 48
intermediate layer 中間層 144
intermediate tendon 中間肌腱 320
intermuscular septa 肌間中隔 305
internal capsule 內囊 473
internal carotid artery 頸內動脈 653
internal elastic lamina 內彈力層 651
internal inguinal ring 腹股溝管內環 819
internal intercostal muscles 內肋間肌 324
internal jugular 內頸靜脈 666
internal oblique 腹內斜肌 326
internal os 內開口 833
internal sphincters 內括約肌 302
interosseous (costal) part 肋骨間 738
interosseous membrane 骨間膜 231, 244
interosseous part 骨間部分 324
interstitial lamellae 間骨板 159
interthalamic adhesion 丘腦間連合 469
intertubercular1 line 髂嵴間線 15
interventricular septum 室間隔 629
intestinal lymph nodes 腸淋巴結 707
intestinal trunk 腸淋巴幹 700
intrafusal fibers 梭內肌纖維 529
intramembranous 膜內 162
intramural ganglion 壁內神經節 513
intraocular pressure 眼內壓 554
Intrauterine devices, IUDs 子宮內避孕器 849
intravenous cannula (catheter) 靜脈插管 (導管) 679
intravenous pyelography, IVP 靜脈腎盂造影 797
intrinsic factor 內在因子 763
intrinsic ligaments 內生韌帶 728
intrinsic muscles 內在肌 320, 728
invasive 侵入性 4
inverted retina 反向視網膜 566
involuntary muscle 非隨意肌 289
involuntary 非意識 444
involution 退化 832
ionizing 游離 4
ipsilateral 側 17
ischemia 缺血 302, 531
ischiocavernosus muscles 坐骨海綿肌 332
ischiococcygeus 坐骨尾骨肌 333
ischium 坐骨 224
islands 島 704
isotropic 同向性 279

J

jugular lymph sacs 頸淋巴囊 714
jugular 頸淋巴幹 700
juxtamedullary nephrons 近髓質腎元 791

K

keratohyalin granules 透明角質顆粒 129

L

labia majora 大陰唇 133
labial glands 唇腺體；唇腺 755, 758
labial mucosa 唇黏膜 755
lacrimal sac 淚囊 193
lacteals 乳糜管 696
lactiferous sinus 輸乳竇 838
lamellar corpuscles 層狀小體 135
lanugo 胎毛 115
lap suture 搭接縫合 242
large motor units 較大的運動單位 284
large 大 24
larger 較大 24, 25
largest 最大；最大的 24, 25
laryngopharynx 喉咽 726
lateral and medial patellar retinacula 外側和內側髕骨支持帶 264
lateral apertures 側裂孔 459
lateral 外；外側 14
latissimus dorsi 闊背肌；背闊肌 341, 738
left anterior descending (LAD) branch 左前降支 633
left gastric 左胃動脈 671
left superior intercostal vein 左上肋間靜脈 669
leg 腿；小腿 17, 354
lentiform nucleus 豆狀核 477
lesser curvature 胃小彎 671, 753, 761
lesser omentum 小網膜 761
lethal hit 致命 714
levator ani 提肛肌 332
levator labii superioris 提上唇肌 316
levator palpebrae superioris 提上瞼肌 315
levator scapulae 提肩胛肌 340
libido 性慾 847
ligamentum arteriosum 動脈韌帶 22, 643, 689
ligamentum venosum 靜脈韌帶 689
limbic system 邊緣系統 470
linear acceleration 直線加速 546
linear fractures 線性骨折 210
lingual glands 舌腺 758
lingual nerve 舌神經 535
lipid rafts 脂質筏 74
lipofuscin 脂褐質 400
lobe 腎葉 790
long association fibers 長關聯纖維 473
longissimus capitis 頭最長肌 329
longissimus cervicis 頸最長肌 329
longissimus 最長肌群 329
longitudinal cerebral fissure 縱向腦裂 472
loose 疏鬆 77
lucidum 透明 25
lumbar lordosis 腰椎前凸 197
lumbar puncture 腰椎穿刺 424, 459
lumbar trunks 腰淋巴幹 700
lumbar vertebrae 腰椎 196
lumbrical muscles 蚓狀肌 367
lumen 腔 21
luteinizing hormone 黃體生成素 575
lymph 淋巴 696
lymphatic anchoring filaments 淋巴錨定絲 698
lymphatic organs 淋巴器官 696
lymphatic tissue 淋巴組織 696
lymphatic vessels 淋巴管 696
lymphoblasts 淋巴母細胞 611
lymphocyte colonyforming units 淋巴球集落形成單位 712
lymphocytes 淋巴細胞 75, 85
lymphoma 淋巴瘤 707
lysosomes 溶酶體 52
lysozyme 溶菌酶 551, 768

M

macromolecules 大分子 9
macrophage system 巨噬細胞系統 702
macula 斑塊 546
magnum 大 25
magnus 大的 24
main bronchus 主支氣管 731
major 重大 24
male condom 男用避孕套 848
malignant 惡性 57
malleolus 踝 25
malleus 錘骨 25
mammae 乳房 142
mammary glands 乳腺 141
mammillary bodies 乳頭體 471
mammillary nuclei 乳頭體神經核 471
manubrium 胸骨柄 204
Marfan syndrome 馬凡氏症候群 80
masseter 咀嚼肌 194

masseter　嚼肌　300, 319
mastication　咀嚼　318
mastoid cells　乳突細胞　539
maximus　最大　24
mean corpuscular hemoglobin, MCH　平均紅血球血紅蛋白　612
mean corpuscular volume, MCV　平均紅血球體積　612
mechanical advantage　機械優勢　306
meconium　胎便　115
medial (adductor) compartment　內側 (內收肌) 腔室　356
medial geniculate nucleus　內側膝狀核　465
medial pterygoid muscles　內翼肌　319
medial　內；內側　14, 232
median aperture　正中裂孔　459
median lymph sac　正中淋巴囊　714
median umbilical ligament　正中臍韌帶　803
medulla oblongata　延腦　455
medulla　髓質　704, 706
medullary cords　髓索　706
megakaryoblasts　巨核母細胞　614
megakaryocytes　巨核細胞　613
melanin　黑色素　129
melanopsin　黑色蛋白素　559
melanosomes　黑素體　129
membrane potential　膜電位　86
membrane　膜　162
membranous urethra　膜部尿道　820
memory T cells；TM cells　記憶性 T 淋巴球　702
meningeal layer　腦脊膜層　455
meninges　腦脊膜　182, 415
meningitis　腦膜炎　459
menopause　停經　850
mental symphysis　頜聯合　208
mentalis　頦肌　317
merocrine　局泌　91
mesenchyme　間葉　162
mesenteric fat　腸繫膜脂肪　754
mesenteric lymph nodes　腸繫膜淋巴結　707
mesoderm　中胚層　104
mesometrium　子宮繫膜　834
mesonephric duct　中腎管　803
mesonephros　中腎　803
mesosalpinx　輸卵管繫膜　834
metabolism　代謝　30
metacarpals　掌骨　218
metanephros　後腎　803
metaphase　中期　58
metastasis　轉移　707
metastasizing　轉移　57
metopic suture　異位縫合　207
microcytic　微囊性　617
microfilaments　微絲　48
microglia　微小膠細胞　610, 703
micropenis　陰莖異常小　578
microscope　顯微鏡　23
microscopic　顯微鏡的　23
microscopist　顯微鏡學家　23
microscopy　顯微鏡學　23
microtome　切片機　66
microtubules　微管　44, 48, 55
microvilli　微絨毛　42
micturition　排尿　800
midbrain　中腦　455
midclavicular line　鎖骨中線　15
middle peduncles　中小腦腳　467
middle suprarenal artery　中腎上腺動脈　583
middle　中端　220
midpiece　中節　103
milk ejection reflex　噴乳反射　838
milky spots　乳白色斑點　754
mineralocorticoids　礦物皮質素　584
mitral cells　僧帽細胞　537
mixed acini　混合型腺泡　759
monoblasts　單核母細胞　611
monocytes　單核球　75, 85
morning sickness　孕吐　110
motor homunculus　運動小人　480
motor protein　運動蛋白　44, 402
motor unit　運動單位　277
mouthfeel　口感　534
mucin　黏蛋白　91
mucosa-associated lymphatic tissue, MALT　黏膜相關淋巴組織　732, 751
mucous neck cells　黏液頸細胞　763
mucus　黏液　91
multifidus　多裂肌　329
multimodal　多模式的　477

multinuclea 多核的 50
multiple sclerosis, MS 多發性硬化症 408
multipotent 多能 60
mumps 腮腺炎 759
muscle compartment 肌肉腔室 305, 339
muscle spindles 肌梭 300, 444
muscle tone 肌肉張力 258
muscular tissue 肌肉組織 65
muscularis mucosae 黏膜肌層 732
musculoskeletal system 肌肉骨骼系統 12
mutagens 誘變劑 57
Mycobacterium tuberculosis 結核分支桿菌 745
myelin sheath 髓鞘 404
myeloblasts 骨髓母細胞 611
myeloid tissue 骨髓組織 161
mylohyoid 下頜舌骨肌 320
myocardial infarction 心肌梗塞 95, 632, 635
myoepithelial cells 肌上皮細胞 554
myoglobinuria 肌紅蛋白尿 302
myometrium 子宮肌層 833
myosin ATPase 肌凝蛋白 ATP 酶 285
myxedema 黏液性水腫 583

N

nasopharynx 鼻咽 726
natriuretic peptides 鈉胜肽 800
natriuretic 利尿鈉 23
needle biopsy 針抽吸活體檢查 77
Neisseria gonorrhoeae 淋病奈瑟氏菌 847
Neisseria 奈瑟氏菌 842
nephrolithiasis 腎結石症 800
nerve deafness 神經性耳聾 543
nerve fiber 神經纖維 431
nerve growth factors 神經生長因子 405, 409
nerve plexuses 神經叢 437
nerve 神經 431
nervous 神經 65
neural convergence 神經收斂迴路 560
neural convergence 神經收斂現象 513
neural crest cell 神經嵴細胞 521, 590
neural divergence 神經發散現象 513
neural fold 神經褶 109
neural groove 神經溝 109
neural integration 神經整合 410
neural plate 神經板 108
neural retina 神經視網膜 565
neural tube defects 神經管缺陷 109
neural tube 神經管 108, 118, 521
neurilemma 神經膜 406
neurodegenerative diseases 神經退化性疾病 498
neuroectoderm 神經外胚層 414
neurofibrillary tangles 現神經纖維原團塊 498
neurogenic shock 神經性休克 446
neurohypophysial bud 神經性垂體芽 590
neurohypophysis 垂體神經部 575
neuropharmacology 神經藥理學 520
neurotransmitter 神經傳遞物質 399
neutrophils 嗜中性顆粒球；嗜中性球 45, 54, 75, 85
nociceptors 傷害感受器 527
noninvasive 非侵入性 4
norepinephrine 正腎上腺素 410
nuchal ligament 項韌帶 200
nuclear pore complex 核孔複合體 50
nucleoplasm 核質 50
nucleus accumbens 伏隔核 475
nutrient foramina 營養孔 704

O

oblique head 斜頭 353, 367
oblique 腹斜肌 738
obstructive disorders 阻塞性疾病 743
obturator membrane 閉孔膜 224
occipital belly 枕腹 315
occipitalis 枕肌 25
occlusion 咬合 758
odonto 牙 23
odontoblast 成牙質細胞 23
odontoblasts 牙本質細胞 (生齒細胞) 757
olecranon 鷹嘴 219
olfactory foramina 嗅覺小孔 537
omenta 網膜 753
omohyoid 肩胛舌骨肌 320
omphalocele 臍膨出症 781
Oncogenes 致癌基因 57
Ondine's curse 奧丁之詛咒 741
open reduction 切開復位 169
ophthalmoscope 眼底鏡 555
opportunistic infections 伺機性感染 716
optic nerve 視神經 554
optic vesicles 視神經小泡 416

orbicularis oculi 眼輪匝肌 302, 315, 316
Orbicularis oris 口輪匝肌 315
orbitofrontal cortex 眶額皮質 475
organ system 器官系統 65
organelles 胞器 35
origin 起端 304
oropharynx 口咽 726
orthostatic hypotension 體位性低血壓 521, 689
osmolarity 滲透度 601
osmoreceptors 滲透壓感受器 471
ossa coxae 髖骨 222
osseous syndactyly 骨性並指症 235
osteitis deformans 變形性骨炎 168
osteoblasts 成骨細胞 157
osteocalcin 骨鈣素 158
osteoclast-stimulating factor 破骨細胞刺激因子 168
Osteogenesis imperfecta, OI 成骨發育不全症 84
osteogenic layer 骨原層 156
osteoid tissue 類骨組織 162
osteoporosis 骨質疏鬆症 168, 169
osteosarcoma 骨肉瘤 155
otic ganglion 耳神經節 515
otitis media 中耳炎 539
otosclerosis 耳硬化症 543
ovarian artery 卵巢動脈 674
ovarian fossa 卵巢窩 826
ovaries 卵巢 24
overflow incontinence 溢出性尿失禁 806
ovoid 卵圓形 33
ovulates 排卵 829
ovulation 排卵 826
oxytocin 催產素 471

P

palatine rugae 腭褶 756
palatoglossus 腭舌肌 756
palmar aponeurosis 掌腱膜 304
palmar interosseous 骨間掌側肌 301
palmaris longus 掌長肌 7, 303, 347
palpebral conjunctiva 瞼結膜 551
pancreatic juice 胰液 779
panhypopituitarism, PHP 泛腦下垂體功能不足 578
Pap smear 巴氏抹片 71
paralysis agitans 癱瘓性焦慮症 499
parasympathetic nerve 副交感神經 824
parasympathetic tone 副交感張力 506
Parasympatholytics 抗副交感神經藥 520
Parasympathomimetics 類副交感神經藥 520
parathyroid glands 副甲狀腺 168
parathyroid hormone 副甲狀腺素 799
parietal layer 壁層 623
parkinsonism 帕金森綜合症 499
parotid salivary gland 耳下唾液腺 515
pars intermedia 中間部 573
patella 髕骨 226
patellar ligament 髕韌帶 230
patent ductus arteriosus, PDA 開放性動脈導管 643
pectoralis major 胸大肌 24, 25, 301, 325, 341, 738
pectoralis minor 胸小肌 339, 738
pelvic girdle 骨盆帶 222
pelvic kidney 盆腔腎 803
pelvic kyphosis 骨盆後曲 197
pelvis 骨盆 222
pemphigus vulgaris 尋常型天皰瘡 47
penile urethra 陰莖尿道 821
pepsin 胃蛋白酶 763
pepsinogen 胃蛋白酶原 763
Peptic ulcers 消化性潰瘍 765
pericarditis 心包炎 623
periderm 周皮層 144
perimetrium 子宮外膜 833
perimysium 肌束膜 281, 300
perineum 會陰 334
periodontal disease 牙周病 757
periosteal layer 骨膜層 455
peripheral fiber 周邊纖維 403
peripheral neuropathy 周邊神經疾病 431
peripheral proteins 膜周邊蛋白 37
peripherally inserted venous catheter 周邊插入的靜脈導管 679
peritonitis 腹膜炎 516
perivascular feet 血管周足 405
perpendicular plate 垂直板 193
pes planus 扁平足 234
Peyer patches 培氏斑 703, 767
phagocytosis 吞噬作用 41
phagosome 吞噬體 42
phalanges 指骨 218
phalanx 指骨 220

phallus 陽具 843
phantom limb sensations 幻肢感覺 532
pharyngeal constrictors 咽縮肌 321
pharyngeal pouches 咽囊 108, 118, 590
photoaging 光照性皮膚老化 146
photopsins 光蛋白 559
photopupillary reflex 瞳孔光反射 554
phrenic nerves 膈神經 438
pigment epithelium 色素上皮 554
pigment retina 色素視網膜 565
pineal sand 松果沙 580
pinocytosis 胞飲作用 41
pinocytotic vesicles 胞飲小泡 41
pituitary dwarfism 垂體性侏儒症 167
placenta previa 前置胎盤 113
placental conductivity 胎盤通透率 114
plane suture 平面縫合 242
plane 切面 13
planes of sections 不同剖面 66
plantar interosseous muscles 蹠側骨間肌 368
Plantar warts 足底疣 147
plantaris 蹠肌 361
plaque (atheroma) 斑塊 (動脈瘤) 635
plasma cells 漿細胞 601, 702
plasma membrane 細胞膜 9
plasmin 血漿素 615
platelet plugs 血小板栓 613, 614
platelet-derived growth factor, PDGF 血小板衍生生長因子 615
platysma 闊頸肌 317
plexus 叢 312
pluripotent stem cells 萬能幹細胞 60
Pneumocystis 肺囊蟲肺炎 716
pneumotaxic center 呼吸調節中心 740
pneumothorax 氣胸 736
podocytes 足細胞 794
poikilocytosis 異形紅血球症 617
poliomyelitis 脊髓灰質炎 432
polygonal 多邊形 33
polymorphonuclear leukocytes, PMNs 多形核白血球 607
polyribosomes 核糖體群 604
pons 橋腦 455
popliteal fossa 膕窩 360
popliteal lymph nodes 膕淋巴結 707
popliteus 膕肌 366
porous-coated prostheses 多孔塗層假體 270
port-wine stain 酒色斑 136
positive end-expiratory pressure, PEEP 吐氣末正壓 743
positron emission tomography 正子斷層造影 24
posterior (flexor) compartment 後 (屈肌) 腔室 356
posterior belly 後腹 320
posterior divisions 後部 438
posterior intercostal artery 後肋間動脈 668
posterior lobe 後葉 575
posterior median sulcus 後正中溝 421
posterior ramus 背枝 312
posterior root 後根 425
posterior tibial veins 脛後靜脈 684
posterior 後方；對後 13, 14
postherpetic neuralgia, PHN 帶狀疱疹後神經痛 436
posttraumatic avascular necrosis 創傷後血管壞死 228
potential space 潛在空間 736, 833
power stroke 動力衝程 285
pre 前 265
prefix 詞首 23
prefrontal cortex 前額葉 475
pressure points 壓力點 687
pretectal nuclei 前頂蓋核 563
primary capillaries 初級微血管 575
primary cilium 主纖毛 43
primary curvature 原發性弧度 197
primary hypertension 原發性高血壓 691
primary lymphatic organ 初級淋巴器官 703
primary nail field 原甲區 145
primary sex organs 基本生殖器官 810
primary taste 主要的味覺 535
primary tumor 原發腫瘤 707
primary vesicles 初級腦泡 415
primitive gut 原腸 107, 118
procoagulants 促凝劑 613
proerythroblast 原紅血球母細胞 604
programmed cell death 程序性細胞死亡 54
prolactin cells 促泌乳細胞 578
pronation 旋前 257
prone 俯臥 13
pronephros 前腎 803

prophase 前期 58
proplatelets 原血小板 614
proprioception 本體感覺 426
proseminogelin 前精液凝固蛋白 821
prostaglandins 前列腺素 821
prostate 前列腺 22
prostate-specific antigen, PSA 前列腺特異性抗原 825
prostatic urethra 前列腺尿道 820
proteinuria (albuminuria) 蛋白尿 (白蛋白尿) 797
proteoglycans 肽聚醣 76
protofilaments 原纖絲 48
protract 前突 254
proximal 近；近側；近端 14, 17, 220
pseudopods 偽足 42
pseudostratified columnar 偽複層柱狀 68
pseudounipolar 偽單極神經元 402
psoas major 腰大肌 355
pterygoid muscles 翼狀肌 319
pterygoid process 翼突 190
pubis 恥骨 224
pubococcygeus 恥骨尾骨肌 333
pudendal cleft 女陰裂 837
pulmonary collapse 肺塌陷 736
pulmonary ligament 肺韌帶 735
pulmonary surfactant 肺表面活性劑 735
pulmonary trunk 肺動脈幹 622
pulmonary veins 肺靜脈 622
pupillary constrictor 瞳孔收縮肌 513
Purkinje cells 蒲金氏細胞 636
pyelitis 腎盂炎 802
pyelography 腎盂造影 797
pyelonephritis 腎盂腎炎 802
pyloric valve 幽門瓣 302
pyramidal decussation 椎體交叉 461
pyramidal tracts 錐體徑 429
pyramids 錐體 429

Q

quadratus lumborum 腰方肌 329
quadratus plantae 蹠方肌 367
quadriceps femoris tendon 股四頭肌肌腱 230
quadriceps femoris 股四頭肌 264, 304
quick 快速 444
quickening 初覺胎動 293
quickening 胎動 115

R

radial artery 橈動脈 677
radial veins 橈靜脈 677
radiograph X 光攝影 4
radioulnar joint 橈尺關節 241
radius 橈骨 218
RBC count 紅血球計數 606
receptor-mediated endocytosis 接受器引導的內吞作用 41
recovery stroke 恢復衝程 285
rectus abdominis 腹直肌 25, 300, 326, 738
rectus femoris 股直肌 301, 358
rectus 直 25
red area 紅色區域 755
red muscles 紅肌 287
Reed-Sternberg cells 立德-史登堡氏細胞 717
regenerative medicine 再生醫學 96
regulatory T cells；TR Cell 調節性 T 淋巴球 702
releasing hormones 釋放激素 575
renal area 腎區 709
renal artery 腎動脈 7
renal calculus 腎鈣石 800
renal corpuscle 腎小體 792
renal fraction 腎臟分率 790
renal tubule 腎小管 792
renal vein 腎靜脈 674
renin 腎素 792
repolarizes 再極化 639
representational hemisphere 抽象性半球 486
resistance exercises 阻力運動 288
resistance vessels 阻力血管 651
resorption bays 吸收海灣 158
respiratory distress syndrome, RDS 呼吸窘迫症候群 742
respiratory mucosa 呼吸黏膜 536
restrictive 限制性 743
reticular activating system 網狀激活系統 466
reticular formation 網狀結構 429
reticular tissue 網狀組織 77
reticulocyte 網狀細胞 604
reticulospinal tracts 網狀脊髓徑 465
retina 視網膜 550, 554
retract 後縮 254

retrograde menstruation 月經逆行 837
retrograde pyelography 逆行腎盂造影 798
rheumatism 風濕病 267
rhodopsin 視紫紅質 558
rhomboid major 大菱形肌 340
rhomboid minor 小菱形肌 340
rhomboids 菱形肌 306
rhythm method 安全期避孕法 848
ribosomes 核糖體 50
rickets 佝僂病 158
right and left common iliac arteries 右和左髂總動脈 663
right subclavian artery 右鎖骨下動脈 663
right superior intercostal vein 右上肋間靜脈 669
rigor mortis 屍僵 285
root canal therapy 根管治療 757
root 詞根 23
rosacea 酒糟 146
rotator cuff 旋轉袖肌肉 217
rotator cuff 轉袖肌群 260
round ligament 圓韌帶 689
round ligaments 子宮圓韌帶 834
rubrospinal tract 紅核脊髓神經束 464
rubrospinal tracts 紅核脊髓徑 430
ruffled border 皺褶邊緣 158

S

saccule 球囊 541
sacral vertebrae 薦椎 196
sacrum 薦骨 22, 202
sagittal 矢狀 13
sarcoplasmic reticulum 肌質網 52
sartorius 縫匠肌 300, 358
scalenes 斜角肌 322, 738
scapula；shoulder blade 肩胛骨 216
Schwann cell 許旺氏細胞 283
sciatica 坐骨神經痛 443
sclerosis 硬化症 406
sclerotome 硬節 208
scoliosis 脊柱側彎 197
sebaceous glands 皮脂腺 141
secondary capillaries 次級微血管 575
secondary curvatures 繼發性弧度 198
secondary hypertension 繼發性高血壓 691
secondary lymphatic organs 次級淋巴器官 703
secondary sex characteristics 第二性徵 847
secondary sex characteristics 第二性徵 810
secondary sex organs 第二生殖器官 810
secondary tympanic membrane 次級鼓膜 542
secondary vesicles 次級腦泡 416
secondary 次級 292
secretory vesicle 分泌性囊泡 42
section 剖面 13
segment 脊髓段 422
self-tolerance 自我耐受 705
sella turcica 蝶鞍 573
semimembranosus 半膜；半膜肌 265, 264, 301, 360
seminogelin 精液凝固蛋白 821
semispinalis capitis 頭半棘肌 322
semispinalis cervicis 頸半棘肌 322
semispinalis thoracis 胸半棘肌 322, 329
semispinalis 半棘肌 322
semitendinosus 半腱肌 360
senescence atrophy 衰老萎縮 288
senile atrophy 老年性萎縮 95
senile plaques 老年斑塊 498
sensory homunculus 感覺小人 478
septal cartilage 鼻中隔軟骨 193
serine protease 絲胺酸蛋白酶 821, 825
serotonin 血清素 411, 614
serous demilune 漿液半月 759
serrate suture 鋸齒縫合 242
serratus anterior 前鋸肌 325, 339, 738
serratus posterior inferior 後下鋸肌 329, 738
serratus posterior superior 後上鋸肌 329, 738
severe combined immunodeficiency disease, SCID 嚴重複合型免疫缺乏症 716
sex pheromones 性費洛蒙 142
sex steroids 性類固醇 584
sexual reproduction 有性生殖 810
sexually dimorphic 性別差異 226
shingles 帶狀疱疹 436
shock wave lithotripsy, SWL 震波碎石術 800
short association fibers 短關聯纖維 473
shunts 分流通道 642
simple epithelium 單層上皮細胞 68
sinus rhythm 竇性心律 640
situs inversus 內臟異位 8
situs perversus 內臟錯位 8

skeletal muscle pump 骨骼肌幫浦 657
skeletal muscles 骨骼肌 444
skeletal 骨骼 87
sliding filament mechanism 滑動肌絲理論 285
slow (second) pain 緩慢 (第二次) 疼痛 531
slow block to polyspermy 緩慢阻擋多精受精 103
small cardiac veins 心小靜脈 634
small motor units 小型運動單位 284
smegma 包皮垢 822
smooth chorion 平滑絨毛膜 112
smooth 平滑肌；平滑 87, 290
soft keratin 軟角質蛋白 136
solar lentigines 曬斑 146
solar plexus 腹腔神經叢或太陽神經叢 511
soleus 比目魚肌 361
somatic motor nerve fibers 軀體運動神經纖維 824
somatic motor neurons 體運動神經元 281
somatic pain 軀體疼痛 531
somatic receptors 軀體的感受器 444
somatic 軀體的 431
somatosensory senses 軀體感覺 478
somatosensory 軀體感覺 440
somatostatin 體制素 575
somatotropic cells 促體素細胞 578
somesthetic senses 軀體感覺 478
somites 體節 108, 118, 208
sonogram 超音波掃描圖 6
spastic cerebral palsy 痙攣性腦性痲痺 121
special senses 特殊感覺 473, 477
special 特殊的 431
spectrin 血影蛋白 602
spermatic ducts 精子管道 820
spheroidal 球狀 33
spina bifida cystica 囊性脊柱裂 416
spina bifida occulta 隱性脊柱裂 416
spinae 脊椎 25
spinal gating 脊髓管控 533
spinal nerves 脊神經 416
spinal reflexes 脊髓反射 444
spinal tap 脊椎穿刺 424
spinalis capitis 頭棘肌 329
spinalis cervicis 頸棘肌 329
spinalis thoracis 胸棘肌 329
spinalis 棘肌群 329
spinosum 棘狀 129
spinothalamic tract 脊髓丘腦徑 464
splanchnic nerves 內臟神經 509
splenectomy 脾切除術 711
splenic arteries 脾動脈 671
splenius capitis 頭夾肌 322
splenius cervicis 頸夾肌 322
splenius 夾肌 322
spongy urethra 尿道海綿體 821
sputum 痰 744
squamous 鱗狀 33
staging 分期 77
stellate macrophages 衛星狀巨噬細胞 610
stellate 星狀 33
stem 詞幹 23
stercobilin 固膽素 774
stereotyped 制式的 444
sternocleidomastoid 胸鎖乳突肌 322, 738
sternothyroid 胸甲狀肌 320
stimulation 刺激 444
stratum basale 基底層 129
stratum corneum 角質層 126
stratum lucidum 透明層 25
stratum 層 25
Streptococcus pneumoniae 肺炎鏈球菌 745
Streptococcus 鏈球菌 806
stress incontinence 壓力性尿失禁 806
striae 條紋 131
striated 橫紋肌 87
styloglossus 莖突舌肌 756
stylohyoid ligaments 莖舌骨韌帶 194
stylohyoid muscles 莖舌骨肌 194
stylohyoid 莖突舌骨肌 320
stylomandibular ligament 莖下頜韌帶 258
subarachnoid space 蜘蛛膜下腔 456
subclavian artery and vein 鎖骨下動脈和靜脈 205
subclavian 鎖骨下；鎖骨下淋巴幹 677, 700
subcostal line 肋下線 15
submandibular ganglion 下頜下神經節 515
subscapularis 肩胛下肌 260
subscapularis 肩胛下肌 344
suffix 詞尾 23
sulcus 腦溝 472
superficial middle cerebral vein 大腦的中淺靜脈 666

superficial transverse perineal muscles 會陰淺橫肌 332
superficial 淺；淺層；表層 14, 18, 265
superior and inferior mesenteric arteries 上和下腸繫膜動脈 673
superior cerebellar peduncles 上小腦腳 465
superior hypophysial artery 體上動脈 575
superior olivary nucleus 上橄欖核 544
superior ophthalmic vein 上眼靜脈 666
superior suprarenal artery 上腎上腺動脈 583
superior thyroid arteries 上甲狀腺動脈 581
superior vena cava 上腔靜脈 622
superior vesical arteries 上膀胱動脈 689
superior 上方 13, 14
supination 旋後 257
supinator 旋後肌 254
supine 仰臥 13
supporting cells 支持細胞 535
supportive connective tissue 支持性結締組織 74
supra- 上 265
suprachiasmatic nucleus 視叉上核 471
supraorbital notch 眶上切迹 187
suprarenal vein 腎上腺靜脈 583
supraspinatus 棘上肌 344
surfactant 表面活性劑 115
sutures 縫合 242
sympathetic nervous system 交感神經系統 824
sympathetic tone 交感張力 506
sympathoadrenal system 交感腎上腺系統 513
Sympatholytics 抗交感神經藥 520
Sympathomimetics 類交感神經藥 520
symphyses 聯合 244
synapse 突觸 402
synchondroses 軟骨聯合 244
syndesmoses 韌帶聯合 242
synovial fluid 滑液 93
synovial joints 滑液關節 241

T

tactile cell 觸覺細胞 527
tactile disc 觸覺盤 129
tail 尾巴 278
tail 尾部 779
taste cells 味覺細胞 535
Tay-Sachs disease 泰薩氏症 408
tectum 頂蓋 429
telophase 末期 58
temporal artery 顳動脈 674
temporalis 顳肌 301, 319
temporomandibular joint dysfunction, TMD 顳下頜關節功能障礙 258
tension lines 張力線 132
tentorium cerebelli 小腦天幕 456
teres minor 小圓肌 260, 344
terminal bronchioles 終末細支氣管 731
terminal filum 終絲 424
Terminologia Anatomica, TA 解剖學專有名詞 22
tertiary myotubes 三級肌管 292
tertiary syphilis (neurosyphilis) 第三期梅毒 (神經梅毒) 848
testicles 睪丸 24
testicular nerves 睪丸神經 818
tetanus 破傷風 283
tetrad 四分體 813
thalamus 丘腦 426, 469
theca externa 濾泡外鞘 831
theca interna 濾泡內鞘 831
thoracic aorta 胸主動脈 663
thoracic cage 胸籠 200
thoracic kyphosis 胸椎後曲 197
thoracic lymph nodes 胸淋巴結 707
thoracic vertebrae 胸椎 196
thoracolumbar division 胸腰神經分系 508
thrombocytes 血小板細胞 614
thromboembolism 血栓栓塞症 616
thrombopoietin 血小板生成素 614
thymic corpuscles 胸腺小體 705
thymopoietin 胸腺生成素 705
thymosin 胸腺素 705
thymulin 胸腺 705
thymus 胸腺 19, 580
thymus-dependent 胸腺依賴性 611, 702
thyrohyoid 甲狀舌骨肌 320
thyroid cartilage 甲狀軟骨 81, 320, 581
thyroid diverticulum 甲狀腺憩室 590
thyrotropic cells 促甲狀腺素細胞 577
thyrotropin 甲促素 575
thyrotropin-releasing hormone 促甲狀腺激素釋放激素 575
tibia 脛骨 226

tibialis anterior 脛前肌 361
tibialis posterior 脛後肌 366
tidal volume 潮氣量 743
tight junctions 密接合 45
tissue engineering 組織工程 96
tissue fluid 組織液 66
toe-off 腳趾離地 257
tonsillectomy 扁桃體切除術 709
tonsillitis 扁桃體炎 709
total heart block 全心傳導阻滯 638
Toxoplasma 弓形蟲 716
trachea 氣管 730
tracheal bifurcation 氣管分支 730
tracheostomy 氣管造口術 730
traction 牽引 169
tractography 神經束造影 473
transcytosis 穿細胞作用 656
transection 橫斷 446
transient ischemic attack, TIA 短暫性腦缺血發作 482
transverse head 橫頭 353, 367
transverse sinus 橫竇 666
transverse 腹橫肌 738
transverse 橫狀 13
transversus abdominis 腹橫肌 326
trapezium 大多角骨 25
trapezius 斜方肌 25, 322
Treponema pallidum 梅毒螺旋體 847
tributaries 支流 657
triceps brachii 肱三頭肌 303, 305, 345
Trigeminal neuralgia 三叉神經痛 491
trunk 主幹 438
trypanosomes 錐蟲 516
tubal ligation 輸卵管結紮術 849
tubal pregnancies 卵管妊娠 107
tuberculosis 結核病 743
tuberculum sellae 鞍結節 190
tubular fluid 管液 794
tubulin 微管蛋白 48
tufted cells 叢狀細胞 537
tumor (neoplasm) 腫瘤 57
Tumor suppressor, TS 腫瘤抑制基因 57
tunica externa 外膜 698
tunica interna 內膜 698
tunica interna 血管內膜 93
tunica media 中膜 698
tunica vaginalis 鞘膜 846
tunics 層 649
twitch 牽扯 287
two-point touch discrimination 兩點觸覺辨認能力 530
tympanic nerve 鼓室神經 515
tympanic reflex 鼓膜反射 540
tympanostomy 鼓膜造口術 540
type A spermatogonium A 型精原細胞 816
type B spermatogonium B 型精原細胞 816

U

ulna 尺骨 218
ulnar nerve 三角肌 219
ulnar vein 尺靜脈 674
ulnaris 尺骨 339
umbilical artery 臍動脈 674
umbilical hernia 臍疝氣 334
umbrella cells 傘細胞 73
unipotent 單能 60
unity of form and function 形式和功能的統一性 2
up its concentration gradient 濃度梯度較高 41
uperior 上 14
upraspinatus 棘上肌 260
urachus 臍尿管 803
ureteric bud 輸尿管芽 803
ureter 輸尿管 7
urinalysis 尿液分析 796
urinary incontinence 尿失禁 805
urobilinogen 尿膽素原 774
urogenital (U-G) sinus 泌尿生殖竇 803
urogenital (U-G) system 泌尿生殖系統 787
urogenital system 泌尿生殖系統 12
urogenital triangle 泌尿生殖三角 334
urologists 泌尿外科醫生 787
uroplakins 尿溶蛋白 74
uterine (fallopian) tube 輸卵管 102
uterosacral ligaments 子宮薦韌帶 834
uterus 子宮 22
utricle 橢圓囊 541

V

vagal tone 迷走神經張力 639

vaginal proces 鞘突 846
Valsalva maneuver 持續閉氣用力 722
valvular prolapse 瓣膜脫垂 629
varicella 水痘 436
varicellazoster virus 水痘帶狀疱疹病毒 436
varicocele 精索靜脈曲張 820
varicose veins 靜脈曲張 658
varicosities 神經軸突結節 507
vascular corrosion cast 腐蝕鑄型技術 32
vascular 血管化 74
vasectomy 輸精管切除術 820, 849
vasectomy 輸精管切除術 849
vasoconstriction 血管收縮 650
vasoconstrictors 血管收縮劑 613
vasodilation 血管擴張 650
vasomotion 血管運動 651
vasomotor and cardiac centers 血管運動中樞和心臟中樞 653
vasopressin 血管加壓素 579
vastus intermedius 股中間肌 358
vastus lateralis 股外側肌 358
vastus medialis 股內側肌 358
venereal warts 性病疣 147
ventral 腹側 13, 14
ventricles 腦室系統 414
vernix caseosa 胎脂 115, 146
vertebra prominens 脊突椎 200
vertebral arteries 椎動脈 200
vertebral veins 椎靜脈 200, 666
vertex position 頭位 115
vesicles 囊泡 41, 109
vestibular nuclei 前庭核 430
vestibulocochlear nerve 前庭耳蝸神經 544
vestibulo-ocular reflex 前庭眼球反射 550
villous chorion 叢密絨毛膜 112
visceral layer 臟層 623
visceral pain 內臟痛 531
visceral 內臟的 431
viscosity 黏度 601
vital capacity 肺活量 743
vitreous body 玻璃體 76
vitreous chamber 玻璃腔 554
VLDL 極低密度脂蛋白 775
voluntary 隨意肌 87
vomer 犁骨 725

W

warm receptors 熱感受器 527
wet gangrene 濕性壞疽 95
white matter 白質 406, 416
white muscles 白肌 288
withdrawal；coitus interruptus 性交中斷 848
wrist drop 垂腕症 443
wrist 手腕 227

X

xenograft 異種移植物 150
xiphoid process 劍突 204
X-ray X 射線 4

Y

yolk sac 卵黃囊 06, 110, 603, 688

Z

zona pellucida 透明帶 103
zygomatic arch 顴弓 187
zygomatic 顴骨的 25
zygomaticus major 顴大肌 300
zymogen granules 酶原顆粒 779